KEATING ON BUILDING CONTRACTS

AUSTRALIA

The Law Book Company
Brisbane ● Sydney ● Melbourne ● Perth

CANADA

Carswell
Ottawa ● Toronto ● Calgary ● Montreal ● Vancouver

Agents:
Steimatzky's Agency Ltd, Tel Aviv;
N.M. Tripathi (Private) Ltd, Bombay;
Eastern Law House (Private) Ltd, Calcutta;
M.P.P. House, Bangalore;
Universal Book Traders, Delhi;
Aditya Books, Delhi;
Macmillan Shuppan KK, Tokyo;
Pakistan Law House, Karachi, Lahore

KEATING ON BUILDING CONTRACTS

SIXTH EDITION

BY

THE HON. SIR ANTHONY MAY, M.A.
One of Her Majesty's Justices, of Inner Temple

With Commentaries on J.C.T. Forms of Contract

BY

ADRIAN WILLIAMSON, M.A.,
of Middle Temple, Barrister

and a Commentary on the I.C.E. Conditions of Contract

BY

JOHN UFF, Q.C.,
B.Sc.(Eng.), Ph.D., C.Eng., F.I.C.E., F.C.I.Arb.
of Gray's Inn
Nash Professor of Engineering Law
King's College, London

Original Author

DONALD KEATING, Q.C., B.A., F.C.I.Arb.,
of Lincoln's Inn

LONDON
SWEET & MAXWELL
1995

First Edition 1955   by Donald Keating
Second Impression 1956
Second Edition 1963   by Donald Keating
Third Edition 1969   by Donald Keating
Fourth Edition 1978   by Donald Keating
Fifth Edition 1991   by Anthony May
Sixth Edition 1995   by Anthony May

Published in 1995 by Sweet & Maxwell Limited
of South Quay Plaza, 183 Marsh Wall,
London E14 9FT
Typeset by Mendip Communications Ltd,
Frome, Somerset
Printed in Great Britain by
The Bath Press, Bath, Avon

No natural forests were destroyed to make this product; only farmed timber was used and replanted.

A CIP catalogue record for this book is available from the British Library

ISBN 0 421 525606

The index was prepared by Jeanne Bradbury

All rights reserved.
UK statutory material in this publication is acknowledged as Crown copyright.
No part of this publication may be reproduced or transmitted in any form or by any means, or stored in any retrieval system of any nature without prior written permission, except for permitted fair dealing under the Copyright, Designs and Patents Act 1988, or in accordance with the terms of a licence issued by the Copyright Licensing Agency in respect of photocopying and/or reprographic reproduction.
Application for permission for other use of copyright material including permission to reproduce extracts in other published works shall be made to the publishers.
Full acknowledgement of author, publisher and source must be given.

©
Donald Keating
1995

EDITOR'S ACKNOWLEDGMENT

All the primary research for the first 17 chapters of the 5th edition and much other work besides was carried out by the Members of Keating Chambers, 10 Essex Street, whose names are given below. They have all done equivalent work and provided continued support for this 6th edition. The editor wishes to express his warmest thanks for their sustained work and support and to acknowledge that without them this edition could not have been produced.

IAN PENNICOTT, B.A., LL.M. (Cantab.)
of Middle Temple, Barrister

PAUL DARLING, B.A. (Oxon.), B.C.L.
of Middle Temple, Barrister

FINOLA O'FARRELL, B.A. (Dunelm.)
of Inner Temple, Barrister

ALEXANDER NISSEN, LL.B.
of Middle Temple, Barrister

MICHAEL BOWSHER, B.A. (Oxon.)
of Middle Temple, Barrister

NERYS A. JEFFORD, M.A. (Oxon.), LL.M. (Virginia)
of Gray's Inn, Barrister

PUBLISHER'S ACKNOWLEDGMENT

The copyright documents appearing at the following pages are reproduced with permission of R.I.B.A. Publications and BEC Publications.

1980 JCT Local Authorities with Quantities Main Contract	520
NSC/A (1991 edition) and NSC/C (1991 edition)	811
NSC/W (1991 edition)	942
TNS/2 (1980 edition, 1991 Revision)	955

Copyright in the Standard Form of Agreement for the Appointment of an Architect appearing at page 1120 is held by and reproduced with permission of: R.I.B.A., R.I.A.S., R.S.U.A., A.C.A.

Copyright in the I.C.E. Conditions of Contract (6th edition) appearing at page 962 is held by and reproduced with permission of:
  Institution of Civil Engineers
  Federation of Civil Engineering Contractors
  Association of Consulting Engineers

PREFACE TO FIFTH EDITION

It has been the greatest privilege to have been able to produce a new edition of Donald Keating's book during his active professional career. I have learnt as no one else could the sheer quality of his fourth edition. Although my word processor has enabled me to do some rearranging on a scale which a manual edition would never have contemplated, there is very little of the fourth edition which does not reappear somewhere in this book, and unaltered except where later authority demanded a change. Donald's calm acceptance on the first floor of 10 Essex Street that I on the second floor was probably murdering his book may have been induced in part by the thought that, for the first time for over 30 years, he was going to be able to submit credibly in Court that the content of the book which bears his name is wrong. Long may he be able to do so.

The most outstanding development in the law relating to building contracts since the publication of the fourth edition of this book happened in July 1990, when a Committee of the House of Lords consisting of seven Law Lords decided *Murphy v. Brentwood District Council*. In departing from *Anns v. Merton London Borough Council* and overruling *Dutton v. Bognor Regis U.D.C.*, they not only swept away 13 years and more of the English law of negligence, but demonstrated that many decisions of the past decade, not all at first instance, were wrongly decided. (It is tempting to question whether an appellate system which produces this kind of upheaval in such a comparatively short time is best suited to the needs of the customer.) The law of negligence has in general gone back to where it was in 1970. Chapter 7 of this edition, written in the immediate aftermath of *Murphy*, attempts to state without undue nostalgia what the law now is and to grapple with those problems which *Murphy* does not clearly resolve. It is suggested, for instance, that the law of professional negligence needs reconsideration. Should a professional person's normal obligation to his client continue to exist in tort as well as in contract?

Besides many instances where cases decided since the publication of the fourth edition have required a revision or recasting of the text or addition to it, I have spent some time with concurrent causes in Chapter 8, bonds in Chapter 10 and ICC arbitration in Chapter 16, where I have also wrestled with *Crouch*. There is a new Chapter 14 about the impact of the European Economic Community on building contracts, and a new Chapter 15 discusses a number of statutes including the Limitation Act 1980, the Building Act 1984 and the Insolvency Act 1986. Adrian Williamson has rewritten the commentaries on the 1980 JCT Forms of Main Contract and Sub-Contract and John Uff has written a new commentary on the sixth edition of the I.C.E. Conditions recently published.

Preface to Fifth Edition

As my acknowledgment following the title page says, I have been helped and supported beyond measure by the team at 10 Essex Street. The editorial staff at Sweet & Maxwell has given me every possible help and I am particularly grateful for being provided at the outset with a scanned text on disk of the fourth edition of the book. Alison Wilmot did much of the initial typing of the commentaries in Chapters 18 to 21 for Adrian Williamson and John Uff and we are most grateful. And I am grateful not least to 10 Essex Street as a whole for sustained practical and personal encouragement.

This edition aims to state the law on January 1, 1991. Cases reported after October 12, 1990 have been included at proof stage and therefore under some space constraint.

Anthony May
10 Essex Street
London
WC2A 3AA

PREFACE TO SIXTH EDITION

Although the general appearance of this edition does not greatly differ from that of the fifth edition, much has changed in detail. Cases decided since 1990 have resulted in substantial revisions and additions throughout, but in particular to Chapter 7 (Negligence and Economic Loss), Chapter 8 (Damages), Chapter 16 (Arbitration) and Chapter 17 (Litigation). There was a flurry of important cases in the middle of 1994, including *Henderson v. Merrett Syndicates*, in which the House of Lords considered the concepts underlying claims for economic loss in tort and the ambit of claims for professional negligence; *Trafalgar House Construction v. General Surety* and *Perar BV v. General Surety and Guarantee Co.* in which the Court of Appeal considered, controversially perhaps, aspects of the law relating to bonds; and *Crown Estates Commissioners v. John Mowlem & Co.* where the Court of Appeal defined the extent to which a final certificate under the Standard Form of Building Contract may be conclusive. These are included and discussed. Michael Bowsher has revised and expanded Chapter 14 (the European Community) and Adrian Williamson and John Uff have laboured to deal with the flow of amendments to standard forms as well as with recent case law.

As with the fifth edition, I have been immeasurably helped and supported by the team at Keating Chambers whose names appear following the title page. They have kept me in touch with developments throughout the time since the fifth edition and between them have checked and commented on the entire text of the first 17 chapters. My profound thanks to them and to Richard Harding, also of Keating Chambers, who has contributed substantially in conjunction with Sweet & Maxwell to the compilation of the index. Sweet & Maxwell have as before given me all possible help and encouragement and I am most grateful.

This edition aims to state the law on January 1, 1995. Cases reported after October 1, 1994 have been included at proof stage and therefore under some space constraint.

Anthony May
Royal Courts of Justice
London

CONTENTS

	Page
Editor's Acknowledgment	v
Publisher's Acknowledgment	vii
Preface to Fifth Edition	ix
Preface to Sixth Edition	xi
Table of Cases	xxi
Table of European Cases	civ
Table of Statutes	cvi
Table of Statutory Instruments	cxii
Table of Rules of the Supreme Court	cxiv
Table of European Legislation	cxvi
Table of References in Chapters 1–17 to the JCT Standard Form of Building Contract (1980 Edition)	cxviii
Abbreviations	cxix

Chapter 1—The Nature of a Building Contract — 1

1. Introduction — 1
2. The Persons Concerned in a Building Contract — 2
3. Contract Documents — 3
4. A Typical Building Operation—Traditional Procedure — 5
5. Design and Build Contracts — 7
6. Management Contracts — 9
7. Smaller Contracts — 10
8. Alternative Dispute Resolution — 10

Chapter 2—Formation of Contract — 12

1. Elements of Contract — 12
2. Offer and Acceptance — 13
   (a) *Invitation to tender* — 13
   (b) *Tender* — 14
   (c) *Letter of intent* — 16
   (d) *Estimates* — 17
   (e) *Standing offers* — 17
   (f) *Rejection and revocation of offer* — 18
   (g) *Unconditional acceptance* — 19
   (h) *Acceptance by conduct* — 26
   (i) *Acceptance by post, telex or fax* — 26

		(j) *Notice of terms*	27
3.	Formalities of Contract		28
	(a)	*Contracts requiring writing*	28
	(b)	*Deeds*	30
4.	Capacity of Parties		30
	(a)	*Minors (or Infants)*	31
	(b)	*Aliens*	31
	(c)	*Bankrupts*	31
	(d)	*Persons of unsound mind*	32
	(e)	*Corporations*	32
	(f)	*Contracts by local authorities*	34
	(g)	*Government contracts*	34
	(h)	*Partnerships*	35
	(i)	*Unincorporated associations*	35

Chapter 3—Construction of Contracts   36

A.	CONSTRUCTION OF CONTRACTS		36
1.	Expressed Intention		37
	(a)	*Extrinsic evidence—not normally admissible*	37
	(b)	*Extrinsic evidence—when admissible*	39
2.	Rules of Construction		43
3.	Alterations		48
4.	Implied Terms		48
	(a)	*Statutory implication*	49
	(b)	*Necessary implication*	50
		(i) *Implication to make contract work*	50
		(ii) *Implication of "usual" terms—employer*	51
		(iii) *Implication of "usual" terms—contractor*	56
5.	Construction of Deeds		63
6.	The Value of Previous Decisions		63
B.	RISK, INDEMNITY AND EXCLUSION CLAUSES		64
1.	Risk Clauses		66
2.	Indemnity Clauses		66
3.	Exclusion Clauses		68
4.	Unfair Contract Terms Act 1977		70

Chapter 4—The Right to Payment and Varied Work   74

A.	THE RIGHT TO PAYMENT		74
1.	Lump Sum Contracts		74
	(a)	*Entire contracts*	75

	(b)	*Substantial performance*	78
	(c)	*Non-completion*	80
2.		Contracts Other than for a Lump Sum	82
3.		*Quantum Meruit*	84

B.		VARIED WORK	86
1.		What is Extra Work?	87
	(a)	*Lump sum contract for whole work—widely defined*	87
	(b)	*Lump sum contract for whole work—exactly defined*	89
	(c)	*Measurement and value contracts*	91
	(d)	*Other common features*	92
2.		Agent's Authority	94
3.		Payment for Extra Work	95
4.		Rate of Payment	101
5.		Appropriation of Payments	102

Chapter 5—Employer's Approval and Architect's Certificates   103

A.		EMPLOYER'S APPROVAL	103

B.		ARCHITECT'S CERTIFICATES	105
1.		Types of Certificate	105
2.		Certificates as Condition Precedent	109
3.		Recovery of Payment without Certificate	110
4.		Binding and Conclusive Certificates	113
5.		Attacking a Certificate	117
	(a)	*Not within the architect's jurisdiction*	117
	(b)	*Not properly made*	118
	(c)	*Disqualification of the certifier*	121
	(d)	*Effect of an arbitration clause*	124

Chapter 6—Excuses for Non-Performance   126

1.	Inaccurate Statements Generally	126
2.	Misrepresentation—before 1964	128
3.	Negligent Misstatement	132
4.	Misrepresentation Act 1967	133
5.	Collateral Warranty	139
6.	Death	142
7.	Frustration and Impossibility	143
8.	Illegality	150
9.	Economic Duress	154

10.	Default of Other Party	156
	(a) *Repudiation generally*	156
	(b) *Repudiation by contractor*	163
	(c) *Repudiation by employer*	165
	(d) *Party cannot rely on own wrong*	168

Chapter 7—Negligence and Economic Loss 169

1.	Introduction	169
2.	Liability for Physical Damage	171
3.	Other Categories of Negligence	180
	(a) *Negligent misstatement*	188
	(b) *Possible further categories*	198

Chapter 8—Default of the Parties—Damages 200

1.	Principles upon which damages are awarded	200
2.	Causation and concurrent causes	207
	(a) *Concurrent causes—tort*	209
	(b) *Concurrent causes—contract*	209
3.	Various general considerations	214
4.	Contractor's breach of contract	219
5.	Employer's breach of contract	225

Chapter 9—The Time for Completion and Liquidated Damages 236

A.	TIME FOR COMPLETION	236
B.	LIQUIDATED DAMAGES	240
1.	Generally	240
2.	Defences to Claim for Liquidated Damages	242
	(a) *Agreed sum is a penalty*	242
	(b) *Omission of date in contract*	249
	(c) *Waiver*	249
	(d) *Final certificate*	250
	(e) *Employer causing delay*	250
	(f) *Breach of condition precedent by employer*	252
	(g) *Extension of time*	253
	(h) *Rescission or determination*	255

Contents

Chapter 10—Default of the Parties—Various Matters   256

1. Forfeiture Clauses   256
    (a) *The nature of forfeiture clauses*   257
    (b) *The mode of forfeiture*   257
    (c) *Employer's default*   260
    (d) *Effect of forfeiture*   260
2. Materials and Plant   262
    (a) *Ownership of materials and plant*   262
    (b) *Vesting clauses*   264
3. Lien   265
4. Defects and Maintenance Clauses   266
    (a) *Meaning of terms*   266
    (b) *Investigation for defects*   266
    (c) *Notice is required*   267
    (d) *Alternative claim in damages*   267
    (e) *Liability after expiry of period*   268
5. Guarantees and Bonds   269
    (a) *Guarantees*   269
    (b) *Bonds*   273
6. Liability to Third Parties   277
    (a) *Who is liable*   277
    (b) *Nuisance from building operations*   280
7. Contractor's Duty of Care towards Employer   282
8. Claim for Breach of Confidence   283

Chapter 11—Various Equitable Doctrines and Remedies   284

1. Estoppel   284
2. Waiver   286
3. Variation and Rescission   288
4. Rectification   288
5. Specific Performance   292
6. Injunction   293

Chapter 12—Assignments, Substituted Contracts and Subcontracts   296

1. Assignments   296
    (a) *Assignment by contractor of burden*   296
    (b) *Assignment by contractor of benefit*   298
    (c) *Assignment by employer of burden*   304
    (d) *Assignment by employer of benefit*   305

2.	Substituted Contracts		307
3.	Subcontractors		307
	(a)	Liability for subcontractors	307
	(b)	Relationship between subcontractors and employer	308
	(c)	Prime cost and provisional sums	311
4.	Nominated Subcontractors and Nominated Suppliers		311
	(a)	Delay in nomination	312
	(b)	Problems inherent in nomination	312
	(c)	Express terms of main contract	313
	(d)	Implied terms of main contract	314
	(e)	Repudiation by nominated subcontractor	317
	(f)	Protection of employer	319
5.	Relationship Between Subcontractor and Main Contractor		320

Chapter 13—Architects, Engineers and Surveyors — 325

1.	Meaning and Use of the term "Architect"		325
2.	Registration		326
3.	The Position of the Architect		329
	(a)	The contract with the employer	329
	(b)	The architect's authority as agent	330
	(c)	Excess of authority by architect	332
	(d)	Architect's personal liability on contracts	334
	(e)	Fraudulent misrepresentation	335
	(f)	Misconduct as agent	336
	(g)	The architect's duties to the employer	338
	(h)	Architects' duties in detail	343
	(i)	Breach of architect's duties to employer	355
	(j)	Duration of architect's duties	358
	(k)	Remuneration	359
	(l)	The architect's lien	362
	(m)	Property in plans and other documents	363
	(n)	Copyright in plans and design	363
	(o)	Architect's duties to contractor and others	366
4.	Engineers and Others		368
5.	Quantity Surveyors		369
	(a)	Their duties generally	369
	(b)	Architect's authority to engage quantity surveyor	370
	(c)	Duties to employer	371
	(d)	Remuneration	372
	(e)	Duties to contractor and others	373

Contents

Chapter 14—The European Community   374

1. Introduction   374
2. Procurement   376
3. Restrictive Agreements and Competition   383
4. Product Liability   389
5. Services Liability   391
6. Harmonisation of Aspects of Construction Law or Forms of Contract   391
7. Jurisdiction   391
8. Contracts (Applicable Law) Act 1990   395

Chapter 15—Various Legislation   397

1. Defective Premises Act 1972   397
2. Control of Pollution Act 1974 and Environmental Protection Act 1990   401
3. Limitation Act 1980 and Latent Damage Act 1986   403
4. Building Act 1984 and the Building Regulations   411
5. Insolvency Act 1986   415
   - (a) *Insolvency generally*   415
   - (b) *Insolvency of contractor*   417
   - (c) *Insolvency of employer*   421

Chapter 16—Arbitration   422

1. Introduction   422
2. What is an Arbitration Agreement?   423
3. Jurisdiction of the Arbitrator   426
4. Disqualification for Bias   433
5. Ousting the Jurisdiction of the Court   436
6. The Right to Insist on Arbitration   438
7. Arbitration Procedure   445
8. Control by the Court   451
9. Arbitration under ICC Rules   460

Chapter 17—Litigation   466

1. Features of Building Contract Litigation   466
2. Official Referees   467
3. County Court jurisdiction   470
4. Pleadings   472

5.	Contractor's "Claims"	478
6.	Scott or Official Referee's Schedule	480
7.	Preparation for Trial	487
	(a) *Preparation of evidence*	487
	(b) *Discovery*	492
	(c) *Preliminary Point*	494
	(d) *Plans, photographs, models, mechanically recorded evidence*	495
	(e) *View*	495
	(f) *Various interlocutory matters*	496
	(g) *Settlement of actions*	498
8.	Set-off and Counterclaim	498
9.	Summary Judgment and Interim Payment	502
10.	Interest	506
11.	Costs	508
	(a) *Costs are discretionary*	510
	(b) *Recovery of small sums*	512
	(c) *Notice to admit facts*	512
	(d) *Admissions on summons for directions*	512
	(e) *Payment into court*	513
	(f) *Written offers*	517
	(g) *Costs where there are cross-claims*	517

Chapter 18—The JCT Standard Form of Building Contract (1980 Edition) 520

Chapter 19—Commentary on JCT Nominated Sub-Contract Agreement NSC/A and Conditions NSC/C 811

Chapter 20—Ancillary Standard Forms 942

1. JCT Standard Form of Employer/Nominated Sub-Contractor Agreement (NSC/W) 942
2. JCT Standard Form of Warranty by a Nominated Supplier (Agreement TNS/2) 955

Chapter 21—The I.C.E. Form of Contract—6th Edition 1991 962

Appendix—Standard Form of Agreement for the Appointment of an Architect (1992 R.I.B.A. Edition) 1120

Index 1153

TABLE OF CASES

A. v. B. (1992) 8 Const.L.J. 263 515
A. v. C. [1982] R.P.C. 509; [1981] 2 W.L.R. 629; [1980] 2 All E.R. 347; *sub nom.* A. and B. v. C., D., E., F., G. and H. [1980] 2 Lloyd's Rep. 200; affirming [1982] 1 Lloyd's Rep. 166 438
A. and B. v. C. and D. *See* A. v. C.
AMF International v. Magnet Bowling [1968] 1 W.L.R. 1028; (1968) 112 S.J. 522; [1968] 2 All E.R. 789; 66 L.G.R. 706 ...... 65, 225, 278, 324, 546, 547, 552, 610, 1010, 1011
A. Cameron v. John Mowlem & Co. 52 B.L.R. 24; 25 Con.L.R. 11, C.A.; affirming *Financial Times*, December 12, 1990, C.A. 426, 460, 500, 891, 892
AB Contractors v. Flaherty (1978) 16 B.L.R. 8, C.A. 501
A/S Tankexpress v. Compagnie Financière Belge de Petroles S.A. [1949] A.C. 76; [1949] L.J.R. 170; 93 S.J. 26; [1948] 2 All E.R. 939; 82 Ll.L.Rep. 43, H.L.; affirming (1947) 80 Ll.L.Rep. 365, C.A. 40
Aberdeen Harbour Board v. Heating Enterprises (Aberdeen), 1989 S.C.L.R. 716; 1990 S.L.T. 416; affirming 1988 S.L.T. 762 623
Abram Steamship Co. v. Westville Shipping Co. [1923] A.C. 773, H.L. 129
Abrams v. Ancliffe [1978] 2 N.Z.L.R. 420, N.Z. Sup. Ct. 192
Absolom (F. R.) v. Great Western (London) Garden Village Society [1933] A.C. 592 108
Abu Dhabi Gas Liquefaction Co. v. Eastern Bechtel Corp.; Eastern Bechtel Corp. v. Ishikawajima Harima Heavy Industries (1982) 126 S.J. 524; [1982] Com.L.R. 215; [1982] 2 Lloyd's Rep. 425, C.A. 427
Acrecrest v. Hattrell (W. S.) & Partners [1983] Q.B. 260; [1982] 3 W.L.R. 1076; (1982) 126 S.J. 729; [1983] 1 All E.R. 17; (1982) 264 EG 245; (1983) 113 New L.J. 64; (1983) 22 B.L.R. 88, C.A.; affirming [1980] J.P.L. 172; (1979) 252 EG 1107 .... 94, 413, 414
Acrow (Automation) v. Rex Chain Belt Inc. [1971] 1 W.L.R. 1676; 115 S.J. 642; [1971] 3 All E.R. 1175, C.A. 56
Acsim (Southern) v. Danish Contracting and Development Co., 47 B.L.R. 55 and 59, C.A. 323, 499, 500, 502, 886
Adamastos Shipping Co. v. Anglo-Saxon Petroleum Co. [1959] A.C. 133; [1958] 2 W.L.R. 688; 102 S.J. 290; [1958] 1 All E.R. 725; *sub nom.* Anglo-Saxon Petroleum Co. v. Adamastos Shipping Co. [1958] 1 Lloyd's Rep. 78, H.L.; reversing *sub nom.* Anglo-Saxon Petroleum Co. v. Adamastos Shipping Co. [1957] 2 Q.B. 233; [1957] 2 W.L.R. 968; 101 S.J. 405; [1957] 2 All E.R. 311; [1957] 1 Lloyd's Rep. 271; [1957] C.L.Y. 3306, C.A.; restoring [1957] 2 W.L.R. 509; 101 S.J. 267; [1957] 1 All E.R. 673; [1957] 1 Lloyd's Rep. 79 .... 23, 44, 45, 46
Adams v. Richardson & Starling [1969] 1 W.L.R. 1645; 113 S.J. 282, 832; [1969] 2 All E.R. 122 1, C.A. Petition for leave to appeal to the House of Lords refused .. 47, 61, 68, 268
Aden Refinery Co. v. Ugland Management Co., Ugland Obo One, The [1987] Q.B. 650; [1986] 3 W.L.R. 949; (1986) 130 S.J. 861; [1986] 3 All E.R. 737; [1986] 2 Lloyd's Rep. 336; (1986) 136 New L.J. 1089; (1986) 83 L.S.Gaz. 3429, C.A. 457
Advanced Technology Structures v. Cray Valley Products [1993] BCLC 723; *The Times*, December 29, 1992, C.A. 305
Aesco Steel Incorporated v. J. A. Jones Construction Company and Fidelity and Deposit Company of Maryland (1988) 4 Const.L.J. 310 323
Afovos Shipping Co. S.A. v. Pagnan (R.) and Lli (F.); Afovos, The [1983] 1 W.L.R. 195; (1983) 127 S.J. 98; [1983] 1 All E.R. 449; [1983] Com.L.R. 83; [1983] 1 Lloyd's Rep. 335; [1984] 2 L.M.C.L.Q. 189, H.L.; affirming [1982] 1 W.L.R. 848; (1982) 126 S.J. 242; [1982] 3 All E.R. 18; [1982] 1 Lloyd's Rep. 562; [1982] Com.L.R. 128, C.A.; reversing [1980] 2 Lloyd's Rep. 469 .... 159, 166, 237
Aghios Nicolaos, The. *See* Blue Horizon Shipping Co. S.A. v. Man (E.D. & F.); Aghios Nicolaos, The.

Table of Cases

Agip SpA v. Navigazione Alta Italia SpA; Nai Genova and Nai Superba, The [1984] 1 Lloyd's Rep. 353, C.A.; *affirming* [1983] 2 Lloyd's Rep. 333; (1983) 133 New L.J. 621; [1983] Con.L.R. 170 .... 289, 291

Agrabele, The. *See* Van Weelde (Gebr.) Scheepvaartkantoor B.V. v. Compania Naviera. See Orient S.A.; Agrabele, The.

Agroexport State Enterprise for Foreign Trade v. Compagnie Européene de Cereales [1974] 1 Lloyd's Rep. 499 154

Agromet Motoimport v. Maulden Engineering Co. (Beds.) [1985] 1 W.L.R. 762; (1985) 129 S.J. 400; [1985] 2 All E.R. 436; (1985) 82 L.S.Gaz. 1937 .... 410, 460

Aiden Shipping Co. v. Interbulk; Vimeria, The [1986] A.C. 965; [1986] 2 W.L.R. 1051; [1986] 2 All E.R. 409; [1986] 2 Lloyd's Rep. 117; (1986) 83 L.S.Gaz. 1895; (1986) 136 New L.J. 514, H.L.; reversing [1985] 1 W.L.R. 1222; [1985] 129 S.J. 812; (1985) 82 L.S.Gaz. 3529; (1985) 135 New L.J. 1165; C.A.; reversing (1986) 130 S.J. 429; [1985] 3 All E.R. 641; [1986] 1 Lloyd's Rep. 107; [1985] 2 Lloyd's Rep. 377   510

Ailsa Craig Fishing Co. v. Malvern Fishing Co. and Securicor (Scotland), [1983] 1 W.L.R. 964; (1983) 127 S.J. 508; [1983] 1 All E.R. 101; (1983) 80 L.S.Gaz. 2516, H.L.; (1981) S.L.T. 130, First Division 65

Ajayi v. Briscoe (R. T.) (Nigeria) [1964] 1 W.L.R. 1326; 108 S.J. 857; [1964] 3 All E.R. 556, P.C. 286

Akerhielm v. De Mare [1959] A.C. 789; [1959] 3 W.L.R. 108; 103 S.J. 527; [1959] 3 All E.R. 485, P.C. 130

Al Kandari v. Brown (J. R.) & Co. [1988] Q.B. 665; [1988] 2 W.L.R. 671; (1988) 132 S.J. 462; [1988] 1 All E.R. 833; (1988) 138 New L.J. 62; (1988) Fam. Law 382; [1988] L.S.Gaz. April 13, 1988, C.A.; reversing [1987] Q.B. 514; [1987] 2 W.L.R. 449; (1987) 131 S.J. 225; [1987] 2 All E.R. 302; (1987) 84 L.S.Gaz. 825; (1987) 137 New L.J. 36 199

Al Saudi Banque v. Clarke Pixley [1990] Ch. 313; [1990] 2 W.L.R. 344; [1989] 3 All E.R. 361; [1990] BCLC 46; 1989 Fin.L.R. 353; (1989) 5 BCC 822; 1989 P.C.C. 442; (1989) 139 New L.J. 1341; [1990] L.S.Gaz. March 14, 36 197

Alan (W. J.) & Co. v. El Nasr Export & Import Co. [1972] 2 Q.B. 189; [1972] 2 W.L.R. 800; 116 S.J. 139; [1972] 2 All E.R. 127; [1972] 1 Lloyd's Rep. 313, C.A. reversing [1971] 1 Lloyd's Rep. 407 .... 259, 287

Albacruz (Cargo Owners) v. Albazero (Owners) [1977] A.C. 774, H.L. 201, 216

Albazero, The. *See* Albacruz (Cargo Owners) v. Albazero (Owners).

Albion Sugar Co. v. William Tankers and Davies. *See* John S. Darbyshire, The.

Alcock (Douglas Alexander) v. Wraith, 59 B.L.R. 20; [1991] EGCS 137; [1991] NPC 135; *The Times*, December 23, 1991, C.A. 278, 279

Alderslade v. Hendon Laundry [1945] K.B. 189 65

Alexander v. Mercouris [1979] 1 W.L.R. 1270; (1979) 123 S.J. 604; [1979] 3 All E.R. 305; (1979) 252 EG 911, C.A. 397, 398

Alghussein Establishment v. Eton College [1988] 1 W.L.R. 587; (1988) 132 S.J. 750, H.L.; affirming *The Times*, February 16, 1987, C.A. 168

Allen v. Emmerson [1944] K.B. 362, D.C. 46

—— v. McAlpine (Sir Alfred) & Sons; Bostic v. Bermondsey & Southwark Group Hospital Management Committee; Sternberg v. Hammond [1968] 2 Q.B. 229; [1968] 2 W.L.R. 366; [1968] 1 All E.R. 543; *sub nom.* Allen v. McAlpine (Sir Alfred) & Sons; Bostic v. Bermondsey & Southwark Hospital Management Committee; Sternberg v. Hammond (1968) 112 S.J. 49, 72; C.A. 496

—— v. Robles. Compagnie Parisienne de Garantie, Third Party [1969] 1 W.L.R. 1193; [1969] 3 All E.R. 154; [1969] 2 Lloyd's Rep. 61; *sub nom.* Allen v. Robles (1969) 113 S.J. 484, C.A. 129, 162

—— (J.) v. London Export Corp. [1981] 2 Lloyd's Rep. 632 510

Alliance & Leicester Building Society v. Edgestop; Same v. Dhanoa; Same v. Samra; Mercantile Credit Co. v. Lancaster; *sub nom.* Alliance & Leicester Building Society v. Hamptons [1993] 1 W.L.R. 1462; [1994] 2 All E.R. 38; [1993] NPC 79; [1993] EGCS 93 .... 131, 208

Allied Marine Transport v. Vale do Rio Doce Navegação S.A.; Leonidas D, The [1985] 1 W.L.R. 925; (1985) 129 S.J. 431; [1985] 2 All E.R. 796; [1985] 2 Lloyd's Rep. 18; (1985) 82 L.S.Gaz. 2160, C.A.; reversing [1984] 1 W.L.R. 7; (1983) 127 S.J. 729; [1983] 3 All E.R. 737; [1983] 2 Lloyd's Rep. 411 448

Table of Cases

Alltrans Express v. CVA Holdings [1984] 1 W.L.R. 394; (1984) 128 S.J. 47; [1984] 1 All E.R. 685; (1984) 81 L.S.Gaz. 430, C.A. 510

Almond v. Birmingham Royal Institution for the Blind [1968] A.C. 37; [1967] 3 W.L.R. 196; 131 J.P. 409; 111 S.J. 353; [1967] 2 All E.R. 317; 65 L.G.R. 355; 12 R.R.C. 91; [1967] R.A. 113, H.L.; affirming *sub nom.* Almond v. Birmingham Corporation [1966] 2 Q.B. 395; [1966] 2 W.L.R. 374; 110 S.J. 16; [1966] 1 All E.R. 602; 64 L.G.R. 125; *sub nom.* Almond v. Birmingham Royal Institution for the Blind, LVC/2051/1962, 130 J.P. 151; [1966] R.V.R. 71; 11 R.R.C. 381; [1965] C.L.Y. 3330; [1966] R.A. 21; [1966] C.L.Y. 10259, C.A.; reversing [1965] R.V.R. 79; 11 R.R.C. 47; [1965] R.A. 28, Lands Tribunal 1014

Alpenstow v. Regalian Properties [1985] 1 W.L.R. 721; (1985) 129 S.J. 400; [1985] 2 All E.R. 545; [1985] 1 EGLR 164; (1984) 274 EG 1141; (1985) 135 New L.J. 205; (1985) 82 L.S.Gaz. 2241 22

Aluminium Industrie Vaassen B.V. v. Romalpa Aluminium [1976] 1 W.L.R. 676; 120 S.J. 95; [1976] 2 All E.R. 552; [1976] 1 Lloyd's Rep. 443, C.A.; affirming (1975) 119 S.J. 318 .... 263, 1057

Amalgamated Building Contractors v. Waltham Holy Cross U.D.C. [1952] W.N. 400; [1952] 2 T.L.R. 269; 96 S.J. 530; [1952] 2 All E.R. 452; 50 L.G.R. 667, C.A.; affirming [1952] 1 T.L.R. 1165; 50 L.G.R. 429 ...... 223, 250, 252, 253, 254, 521, 627, 630

Amalgamated Investment & Property Co. v. Walker (John) & Sons [1977] 1 W.L.R. 164; (1976) 32 P. & C.R. 278, C.A. 144, 147, 149

—— (in liquidation) v. Texas Commerce International Bank [1982] Q.B. 84; [1981] 3 W.L.R. 565; (1981) 125 S.J. 623; [1981] 3 All E.R. 577; [1981] Com.L.R. 236, C.A.; affirming [1981] 2 W.L.R. 554; (1980) 125 S.J. 133; [1981] 1 All E.R. 923; [1981] Com.L.R. 37 .... 130, 284, 285

—— Re [1985] Ch. 349; [1984] 3 W.L.R. 1101; (1984) 128 S.J. 798; [1984] 3 All E.R. 272; [1985] FLR 11; (1985) 82 L.S.Gaz. 276 270

Ambatielos v. Jurgens [1923] A.C. 175 38

American Airlines Inc. v. Hope; Banque Sabbag S.A.L. v. Hope [1974] 2 Lloyd's Rep. 301, H.L.; affirming [1973] 1 Lloyd's Rep. 233, C.A.; affirming *sub nom.* Banque Sabbag S.A.L. v. Hope; American Airlines Inc. v. Hope [1972] 1 Lloyd's Rep. 253 289

American Cyanamid Co. v. Ethicon [1975] A.C. 396; [1975] 2 W.L.R. 316; 119 S.J. 136; [1975] 1 All E.R. 504; [1975] F.S.R. 101; [1975] R.P.C. 513, H.L.; reversing [1974] F.S.R. 312, C.A. 294, 295, 382

Amherst v. Walker (James) Goldsmith & Silversmith [1983] Ch. 305; [1983] 3 W.L.R. 334; (1983) 127 S.J. 391; [1983] 2 All E.R. 1067; (1984) 47 P. & C.R. 85; (1982) 267 EG 163, C.A. 238

Anchor Brewhouse Developments v. Berkley House (Docklands) Developments (1987) 38 B.L.R. 82; (1988) 4 Const.L.J. 29 282

Anderson v. Norwich Union Fire Insurance Society [1977] 1 Lloyd's Rep. 253, C.A. .. 623

—— (W. B.) & Sons v. Rhodes (Liverpool) [1967] 2 All E.R. 850 197

Andrabell, Re [1984] 3 All E.R. 407 263

André et Cie. S.A. v. Ets. Michel Blanc & Fils [1979] 2 Lloyd's Rep. 427, C.A.; affirming [1977] 2 Lloyd's Rep. 166 134

—— v. Marine Transocean; Splendid Sun, The [1981] 1 Q.B. 694; [1981] 3 W.L.R. 43; (1981) 125 S.J. 395; [1981] 2 All E.R. 993; [1981] Com.L.R. 95; [1981] 2 Lloyd's Rep. 29, C.A.; affirming [1980] 1 Lloyd's Rep. 333 448

Andreae v. Selfridge & Co. [1938] Ch. 1 .... 279, 280

Andrews v. Belfield (1857) 2 C.B.(N.S.) 779 .... 104, 105

—— v. Hopkinson [1957] 1 Q.B. 229; [1956] 3 W.L.R. 732; 100 S.J. 768; [1956] 3 All E.R. 422 308

—— v. Schooling [1991] 1 W.L.R. 783; [1991] 3 All E.R. 723; (1991) 135 S.J. 446; (1991) 23 H.L.R. 316; 53 B.L.R. 68; 26 Con.L.R. 33; *The Times*, March 21, 1991, C.A. 398

Table of Cases

Andos Springs (Owners) v. World Beauty (Owners). World Beauty, The [1970] P. 144; [1969] 3 W.L.R. 110; *sub nom.* World Beauty, The (1969) 113 S.J. 363; [1969] 1 Lloyd's Rep. 350; *sub nom.* World Beauty, The, Owners of Steam Tanker Andros Springs v. Owners of Steam Tanker World Beauty [1969] 3 All E.R. 158, C.A.; affirming in part [1969] P. 12; [1968] 3 W.L.R. 929; *sub nom.* World Beauty, The. Owners of the Steam Tanker Andros Springs v. Owners of the Steam Tanker World Beauty, The, 112 S.J. 879; [1968] 1 Lloyd's Rep. 507 206
Angelakis Shipping Co. S.A. v. Compagnie National Algerienne de Navigation; Attika Hope, The [1988] 1 Lloyd's Rep. 439 302
Angelia, The. *See* Trade and Transport Incorporated v. Lino Kaiun Kaisha Ltd.
Angelic Star, The [1988] 1 FTLR 94; [1988] 1 Lloyd's Rep. 122, C.A. 244
Anglia Television v. Reed [1972] 1 Q.B. 60 .... 215, 223, 225
Anglian Water Authority v. RDL Contracting, 43 B.L.R. 98; 27 Con.L.R. 77 .... 106, 119, 458, 1093
Anglo-Continental Holidays v. Typaldos (London), 111 S.J. 599, [1967] 2 Lloyd's Rep. 61, C.A. 215
Annefield, The [1971] P. 168; [1971] 2 W.L.R. 320; [1971] 1 Lloyd's Rep. 1, C.A. 63
Anns v. Merton London Borough Council [1978] A.C. 728; [1977] 2 W.L.R. 1024; (1977) 121 S.J. 377; (1977) 75 L.G.R. 555; [1977] J.P.L. 514; (1977) 243 EG 523, 591; *sub nom.* Anns v. London Borough of Merton [1977] 2 All E.R. 492, H.L.; affirming *sub nom.* Anns v. Walcroft Property Co. (1976) 241 EG 311, C.A. .. 169, 170, 176, 180, 181, 191, 192, 193, 199, 405, 414
Antaios Compania Naviera S.A. v. Salen Rederierna AB [1985] A.C. 191; [1984] 3 W.L.R. 592; (1984) 128 S.J. 564; [1984] 3 All E.R. 229; [1984] 2 Lloyd's Rep. 235; [1984] L.M.C.L.Q. 547; (1984) 81 L.S.Gaz. 2776; [1985] J.B.L. 200, H.L.; affirming [1988] 1 W.L.R. 1362; (1983) 127 S.J. 730; [1983] 3 All E.R. 777; [1983] 2 Lloyd's Rep. 473; [1983] Com.L.R. 262, C.A. 44, 422, 437, 456, 457
Antino v. Epping Forest District Council, 53 B.L.R. 56; (1991) 155 J.P. 663; (1991) 155 J.P.N. 426; *The Times*, March 11, 1991, D.C. 412
Antisell v. Doyle (1899) 2 I.R. 275 (Irish Q.B.D.) 330, 370
Antonis P. Lemos, The. *See* Samick Lines Co. v. Owners of the Antonis P. Lemos.
Appleby v. Myers (1867) L.R. 2 C.P. 651 .... 55, 75, 77, 79, 80, 82, 83, 84, 91, 148, 149, 150, 226, 262, 265, 266, 360
Applegate v. Moss; Archer v. Moss [1971] 1 Q.B. 406; [1971] 2 W.L.R. 541; *sub nom.* Archer v. Moss; Applegate v. Moss (1970) 114 S.J. 971; [1971] 1 All E.R. 747; C.A. ... 130, 407
Aquila Design (GRB) Products v. Cornhill Insurance (1987) 3 BCC 364; [1988] BCLC 134; C.A. 509
Aquis Estates v. Minton [1975] 1 W.L.R. 1452; 119 S.J. 710; [1975] 3 All E.R. 1043; 30 P. & C.R. 300, C.A.; reversing (1974) 119 S.J. 99; [1975] J.P.L. 99 .... 160, 258, 259
Arab African Energy Corp. v. Olie Producten Nederland BV [1983] 2 Lloyd's Rep. 419; [1983] Com.L.R. 195 .... 456, 465
Arab Monetary Fund v. Hashim (No. 9) [1993] 1 Lloyd's Rep. 543 .... 336, 337
Arbiter Investments v. Wiltshier London (1991) 7 Const.L.J. 49 274
Archbold's (Freightage) v. Spanglett (S.), Randali (Third Party) [1961] 1 Q.B. 374; [1961] 2 W.L.R. 170; 105 S.J. 149; [1961] 1 All E.R. 417, C.A. 152
Archdale (James) & Co. v. Comservices [1954] 1 W.L.R. 459; 98 S.J. 143 [1954] 1 All E.R. 210, C.A.; [1953] 6 B.L.R. 52, C.A. 43, 65, 66, 607
Archer v. Brown [1985] Q.B. 401; [1984] 3 W.L.R. 350; (1984) 128 S.J. 532; [1984] 2 All E.R. 267; (1984) 134 New L.J. 235; (1984) 81 L.S.Gaz. 2770 .... 132, 207, 214, 224, 334
Archital Luxfer v. Boot (Henry) Construction [1981] 1 Lloyd's Rep. 642 ...... 448, 459, 510, 518
—— v. Dunning (A. J.) & Son (Weyhill) [1987] 1 FTLR 372; 47 B.L.R. 1; (1989) 5 Const.L.J. 47, C.A. 442, 503, 504, 891
Architectural Installation Services v. James Gibbons Windows 46 B.L.R. 91; 16 Con.L.R. 68 .... 162, 258, 259
Archivent Sales & Developments v. Strathclyde Regional Council (1985) 27 B.L.R. 98, Ct. of Session, Outer Hse. 264, 308, 587, 687
Arcos v. Electricity Commission (1973) 12 B.L.R. 65 (New South Wales C.A.) 82, 97

Table of Cases

Arenson v. Arenson. *See* Arenson v. Casson, Beckman Rutley & Co.
—— v. Casson, Beckman Rutley & Co. [1975] 3 W.L.R. 815; 119 S.J. 810; [1975] 3 All E.R. 901; [1976] 1 Lloyd's Rep. 179, H.L.; reversing *sub nom.* Arenson v. Arenson [1973] Ch. 346; [1973] 2 W.L.R. 553; 117 S.J. 247; [1973] 2 All E.R. 235; *sub nom.* Arenson v. Arenson and Casson, Beckman, Rutley & Co. [1973] 2 Lloyd's Rep. 104, C.A. 120, 187, 197, 330, 367, 424, 425
Argolis Shipping Co. S.A. v. Midwest Steel and Alloy Corp.; Angeliki, The [1982] 2 Lloyd's Rep. 594 459
Argy Trading Development Co. v. Lapid Developments [1977] 3 All E.R. 785; [1977] 1 Lloyd's Rep. 67 285
Argyll (Duchess of) v. Beuselinck [1972] 2 Lloyd's Rep. 172 338
Aries Tanker Corp. v. Total Transport; Aries, The [1977] 1 W.L.R. 185; (1977) 121 S.J. 117; [1977] 1 All E.R. 398; [1977] 1 Lloyd's Rep. 334, H.L.; affirming [1976] 2 Lloyd's Rep. 256, C.A. 499, 500
Armagas v. Mundogas S.A. [1986] 2 W.L.R. 1063; (1986) 130 S.J. 430; [1986] 2 All E.R. 385; [1986] 2 Lloyd's Rep. 109; (1986) 83 L.S.Gaz. 2002, H.L.; affirming [1986] A.C. 717; [1985] 3 W.L.R. 640; (1984) 129 S.J. 362; [1985] 3 All E.R. 795; [1985] 1 Lloyd's Rep. 1; (1984) 82 L.S.Gaz. 2169, C.A. 332, 335, 337
Armitage v. Palmer (1960) 175 EG 315, C.A.; affirming (1958) 173 EG 91; [1959] C.L.Y. 317 346
Armour v. Thyssen Edelstahlwerke AG [1991] 2 A.C. 339; [1990] 3 W.L.R. 810; (1990) 134 S.J. 1337; [1990] 3 All E.R. 481; [1991] 1 Lloyd's Rep. 395; [1991] BCLC 28; [1990] BCC 925; *The Times*, October 25, 1990, H.L. 263, 1057
Armstrong v. Jackson [1917] 2 K.B. 822 129
—— v. Sheppard & Short [1959] 2 Q.B. 384; [1959] 3 W.L.R. 84; 123 J.P. 401; 103 S.J. 508; [1959] 2 All E.R. 651; C.A. 346
—— v. South London Tramways Co. (1891) 7 T.L.R. 123, C.A. 120
—— v. Strain [1952] 1 K.B. 232; [1952] 1 T.L.R. 82; [1952] 1 All E.R. 139; C.A.; affirming [1951] 1 T.L.R. 856 .... 130, 136, 335, 336
Aruna Mills v. Dhanrajmal Gobindram [1968] 1 Q.B. 655; [1968] 2 W.L.R. 101; [1968] 1 All E.R. 113; [1968] 1 Lloyd's Rep. 304; *sub nom.* Aruna Mills v. Dhanrajmal Gobindram (1967) 111 S.J. 924 202
Ashbury Railway Carriage and Iron Co. v. Riche (1875) L.R. 7 H.L. 653 333
Ashby v. Ebdon [1985] Ch. 394; [1985] 2 W.L.R. 279; (1984) 128 S.J. 686; [1984] 3 All E.R. 869; (1984) H.L.R. 1; (1984) 81 L.S.Gaz. 2935 413
Ashcroft v. Curtin [1971] 1 W.L.R. 1731; 115 S.J. 687; [1971] 3 All E.R. 1208, C.A. 214
Ashmore v. Corp. of Lloyd's [1992] 1 W.L.R. 446; [1992] 2 All E.R. 486; (1992) 136 S.J. (LB) 113; [1992] 2 Lloyd's Rep. 1; *The Times*, April 3, 1992; *The Independent*, April 3, 1992; *Financial Times*, April 7, 1992, H.L. 495
Ashmore, Benson, Pease & Co. v. Dawson (A. V.) [1973] 1 W.L.R. 828; 117 S.J. 203; [1973] 2 All E.R. 856; [1973] 2 Lloyd's Rep. 21; [1973] R.T.R. 473, C.A. 152, 153
Ashville Investments v. Elmer Contractors [1989] Q.B. 488; [1988] 3 W.L.R. 867; (1988) 132 S.J. 1553; [1988] 2 All E.R. 577; (1987) 37 B.L.R. 55; (1987) 10 Con.L.R. 72; (1987) 3 Const.L.J. 193, C.A. 63, 290, 291, 426, 427, 428, 431, 453, 454, 761, 763, 764, 1092
Ashwell and Nesbit v. Allen & Co. (1912) H.B.C. (4th ed.) Vol. 2, p. 462 C.A. 96, 117, 310
Asia Construction Co. v. Crown Pacific 44 B.L.R. 135 454
Aspell v. Seymour [1929] W.N. 152 304
Asphaltic Wood Pavement Co., *ex p.* Lee and Chapman, *Re* (1885) 30 Ch.D. 216, C.A. 303, 418, 420, 500
Associated Bulk Carriers v. Koch Shipping Inc.; The Fuohsan Maru [1978] 2 All E.R. 254; (1977) 122 S.J. 708; [1978] 1 Lloyd's Rep. 24; (1977) 7 B.L.R. 18, C.A. 438, 440, 502
Associated Distributors v. Hall [1938] 2 K.B. 83 248
Associated Japanese Bank (International) v. Crédit du Nord S.A. [1989] 1 W.L.R. 255; [1988] 3 All E.R. 902; (1989) 133 S.J. 81; 1989 Fin.L.R. 117; [1989] L.S. Gaz. February 22, 43 13

xxv

Table of Cases

Associated Provincial Picture Houses v. Wednesbury Corporation [1948] 1 K.B. 223; [1948] L.J.R. 190; 177 L.T. 641; 63 T.L.R. 623; 112 J.P. 55; 92 S.J. 26; [1947] 2 All E.R. 680; 45 L.G.R. 635, C.A.; affirming [1947] L.J.R. 678 1081
Associated Recordings (Sales) v. Thomson Newspapers (1967) 111 S.J. 376, C.A. 514
Astilleros Canarios S.A. v. Cape Hatteras Shipping Co. Inc. and Hammerton Shipping Co. S.A. [1982] 1 Lloyd's Rep. 518 .... 95, 97, 100, 250, 251
Astra Trust v. Adams and Williams [1969] 1 Lloyd's Rep. 81 22
Astro Vencedor Compania Naviera S.A. of Panama v. Mabanaft G.m.b.H.; Damianos, The [1971] 2 Q.B. 588; [1971] 3 W.L.R. 24; 115 S.J. 284; *sub nom.* Astro Vencedor Compania Naviera S.A. v. Mabanaft G.m.b.H. [1971] 1 Lloyd's Rep. 602; [1971] 2 All E.R. 1301, C.A. 427
Aswan Engineering Establishment Co. v. Lupdine (Thurger Bolle, third party). *See* M/S Aswan Engineering Establishment Co. v. Lupdine (Thurger Bolle, third party).
Ata ul Haq v. City Council of Nairobi (1962) 28 B.L.R. 76, P.C. 115
Atimed Anguillia v. Estate & Trust Agencies (1927) [1938] A.C. 624, P.C. 142
Atlantic Computer Systems, *Re* (No. 1) [1992] Ch. 505; [1992] 2 W.L.R. 367; [1992] 1 All E.R. 476; [1990] BCC 859; [1991] BCLC 606; *Financial Times*, August 1, 1990, C.A.; reversing [1990] BCC 454; [1990] BCLC 729; *Financial Times*, June 13, 1990 417
Atlantic Marine Transport Corp. v. Coscol Petroleum Corp.; Pina, The [1992] 2 Lloyd's Rep. 103, C.A. 289
Atlantic Shipping and Trading Co. v. Louis Dreyfus & Co. [1922] 2 A.C. 250 437
Atlas Express v. Kafco (Importers and Distributors) [1989] Q.B. 833; [1989] 3 W.L.R. 389; (1989) 133 S.J. 977; [1989] 1 All E.R. 641; (1990) 9 Tr.L.R. 56; (1989) 139 New L.J. 111 155
Attica Sea Carriers Corporation v. Ferrostaal-Poseidon Bulk Reederei GmbH, *The Times*, November 25, 1975; [1976] 1 Lloyd's Rep. 250, C.A. 162
Attika Hope, The. *See* Angelakis (G. & N.) Shipping Co. S.A. v. Compagnie National Algerienne de Navigation: Attika Hope, The.
Att.-Gen. v. Briggs (1855) 1 Jur.(N.S.) 1084 119
—— v. Cape (Jonathan); Att.-Gen. v. Times Newspapers [1976] Q.B. 752; [1975] 3 W.L.R. 606; 119 S.J. 696; [1975] 3 All E.R. 484 283
—— v. Guardian Newspapers (No. 2) [1990] 1 A.C. 109, H.L. 283
—— v. Nissan [1970] A.C. 179; [1969] 2 W.L.R. 926; [1969] 1 All E.R. 629; *sub nom.* Nissan v. Att.-Gen., 113 S.J. 207, H.L.; affirming *sub nom.* Nissan v. Att.-Gen. [1968] 1 Q.B. 286; [1967] 3 W.L.R. 1044; 111 S.J. 544; [1967] 2 All E.R. 1238; [1967] C.L.Y. 128, C.A.; reversing in part [1968] 1 Q.B. 286; [1967] 3 W.L.R. 109; [1967] 2 All E.R. 200; *sub nom.* Naim Nissan v. Att.-Gen. (1967) 111 S.J. 195 494
—— v. Stewards & Co. (1901) 18 T.L.R. 131, H.L. 18
Att.-Gen. of Australia v. Adelaide Steamship Co. [1913] A.C. 781 384
Att.-Gen of Hong Kong v. Humphreys Estate (Queen's Gardens) [1987] A.C. 114; [1987] 2 W.L.R. 343; (1987) 131 S.J. 194; [1987] 2 All E.R. 387; (1987) 54 P. & C.R. 96; (1987) 84 L.S.Gaz. 574, P.C. 285
—— v. Ko Hon Mau (trading as Ko's Construction Company) 44 B.L.R. 144, C.A. 294, 1055, 1081
—— v. Wang Chong Construction (1992) Const.L.J. 137 (Hong Kong C.A.) 116
Attwood v. Emery (1856) 26 L.J.C.P. 73 237
Aughton (formerly Aughton Group) v. M.F. Kent Services, 57 B.L.R. 1, C.A. 321, 423, 439
Australian Blue Metal v. Hughes [1963] A.C. 74; [1962] 3 W.L.R. 802; 106 S.J. 628; [1962] 3 All E.R. 335; P.C. 259
Auto Concrete Curb v. Southern River Conservation Authority (1994) 10 Const.L.J. 39 .... 192, 367, 973
Avery v. Bowden (1855) 6 E. & B. 953 161
Avon County Council v. Howlett [1983] 1 W.L.R. 605; (1983) 127 S.J. 173; [1983] 1 All E.R. 1073; (1983) 81 L.G.R. 555; [1983] IRLR 171; (1983) 133 New L.J. 377; C.A.; reversing [1981] IRLR 447 284
Axel Johnson Petroleum AB v. M.G. Mineral Group [1992] 1 W.L.R. 270; [1992] 2 All E.R. 163; (1991) 135 S.J. (LB) 60, C.A. 499

Table of Cases

B. & S. Contracts and Design v. Victor Green Publications (1984) 128 S.J. 279; [1984] I.C.R. 419; (1984) 81 L.S.Gaz. 893, C.A.; affirming [1982] I.C.R. 654 155
BICC v. Burndy Corp. [1985] Ch. 232; [1985] 2 W.L.R. 132; (1984) 128 S.J. 750; [1985] 1 All E.R. 417; (1984) 81 L.S.Gaz. 3011, C.A. 261, 499
B.L. Holdings v. Wood (Robert J.) and Partners (1979) 123 S.J. 570; (1979) 12 B.L.R. 7, C.A.; reversing [1978] J.P.L. 833; (1978) 10 B.L.R. 48; [1978] 122 S.J. 525 345
B.P. Chemicals v. Kingdom Engineering (1994) 10 Const.L.J. 116 507
B.P. Exploration Co. (Libya) v. Hunt (No. 2) [1983] 2 A.C. 352; [1982] 2 W.L.R. 253; [1982] 1 All E.R. 925, H.L.; affirming [1981] 1 W.L.R. 232; (1980) 125 S.J. 165, C.A.; affirming [1979] 1 W.L.R. 783; (1979) 123 S.J. 455 .... 146, 149, 150, 507, 508
BWP (Architectural) v. Beaver Building Systems, 42 B.L.R. 86 .... 501, 886
Babanaft International Co. S.A. v. Avanti Petroleum Inc.; Ottenia, The [1982] 1 W.L.R. 871; (1982) 126 S.J. 361; [1982] 3 All E.R. 244; [1982] Com. L.R. 104; [1982] 2 Lloyd's Rep. 99; (1982) 79 L.S.Gaz. 953 C.A.; affirming; [1982] 1 Lloyd's Rep 448; [1982] Com.L.R. 40 452
Baber v. Kenwood Manufacturing Co. [1978] 1 Lloyd's Rep. 175; (1977) 121 S.J. 606, C.A. 121
Bacal Construction (Midlands) v. Northampton Development Corp. (1975) 237 EG 955; (1975) 8 B.L.R. 88 .... 60, 88, 89, 141, 987
Bacal Contracting v. Modern Engineering (Bristol) [1980] 2 All E.R. 655 418
Bacon v. Cooper Metals [1982] 1 All E.R. 397 .... 214, 221
Baden, Delvaux and Lecuit v. Societe General [1985] BCLC 258 C.A.; [1983] Com.L.R. 88 512
Baese Pty v. R. A. Bracken (1989) 52 B.L.R. 130 (Supreme Court of New South Wales) 242, 632, 770
Bagot v. Stevens Scanlan & Co. [1966] 1 Q.B. 197; [1964] 3 W.L.R. 1162; 108 S.J. 604; [1964] 3 All E.R. 577; [1964] 2 Lloyd's Rep. 353 .... 186, 357, 404
Bailey v. De Crespigny (1869) L.R. 4 Q.B. 180 .... 143, 147, 149, 154
—— v. Thurston [1903] 1 K.B. 137, C.A. 359
Baker v. Gray (1856) 25 LJCP 161 260
Balcomb v. Wards Construction (Medway); Pethybridge v. Wards Construction (Medway) (1981) 259 EG 765 346
Baldwin & Francis v. Patents Appeal Tribunal [1959] A.C. 663; [1959] 2 W.L.R. 826; 103 S.J. 451; [1959] 2 All E.R. 433; [1959] R.P.C. 221; H.L.; affirming *sub nom.* R. v. Patents Appeal Tribunal, *ex p.* Baldwin & Francis [1959] 1 Q.B. 105; [1958] 2 W.L.R. 1010; 102 S.J. 438, *sub nom.* Baldwin & Francis v. Patents Appeal Tribunal [1958] 2 All E.R. 368; C.A.; [1958] C.L.Y. 2459; affirming *sub nom. Re* Baldwin & Francis's Application [1957] R.P.C. 465; [1957] C.L.Y. 2608, D.C. 41
Balfour v. Barty-King; Hyder & Sons (Builders), Third Parties [1957] 1 Q.B. 496; [1957] 2 W.L.R. 84; 101 S.J. 62; [1957] 1 All E.R. 156; [1956] 2 Lloyd's Rep. 646; C.A.; affirming [1956] 1 W.L.R. 779; 100 S.J. 472; [1956] 2 All E.R. 555; [1956] 1 Lloyd's Rep. 600 279
Balfour Beatty v. Chestermount Properties (1993) 62 B.L.R. 1 .... 251, 252, 254, 640, 641
—— Construction v. Parsons Brown and Newton (1991) 7 Const.L.J. 205; *Financial Times*, November 7, 1990, C.A. 409
—— Construction (Scotland) v. Scottish Power (1994) C.I.L.L. 925; *The Times*, March 23, 1994; 1993 S.L.T. 1005; reversing 1992 S.L.T. 811 (O.H.), H.L. 203, 204
Balkanbank v. Taher, *The Times*, February 19, 1994 488
Balli Trading v. Afalona Shipping, Coral, The [1993] 1 Lloyd's Rep. 1; (1992) 136 S.J. (LB) 259; [1992] *Gazette*, 23 September, 40; *The Times*, August 18, 1992, C.A.; reversing [1992] 2 Lloyd's Rep. 158 504
Banbury v. Bank of Montreal [1918] A.C. 626 132
Banbury Railway v. Daniel (1884) 54 L.J.Ch. 265 .... 262, 265
Banco Central S.A. and Trevelan Navigation Inc. v. Lingoss & Falce and B.F.I. Line; Raven, The [1980] 2 Lloyd's Rep. 266 302
Banham (Raymond) v. Consolidated Hotels (1976) *Malayan Law Journal* 5 327
Bank of Australia v. Palmer [1897] A.C. 540, P.C. 37

Table of Cases

Bank of Boston Connecticut (formerly Colonial Bank) v. European Grain and Shipping; Dominique, The [1989] A.C. 1056; [1989] 2 W.L.R. 440; (1989) 133 S.J. 219; [1989] 1 All E.R. 545; [1989] 1 Lloyd's Rep. 431; [1989] L.S.Gaz. March 8, 43, H.L.; reversing 82, 161, 226, 302, 499
Bank of India v. Trans Continental Commodity Merchants [1983] 2 Lloyd's Rep. 298; [1982] 1 Lloyd's Rep. 586 272
Bank of New Zealand v. Simpson (1900) A.C. 182; 69 L.J.P.C. 22; 82 L.T. 102; 48 W.R. 591; 16 T.L.R. 211 40
Bank of Upper Canada v. Bradshaw (1867) 1 L.R.P.C. 479, P.C. 337
Bank Line v. Capel (Arthur) & Co. [1919] A.C. 435 146
Bank Mellat v. GAA Development Construction Co. [1988] FTLR 409; [1988] 2 Lloyd's Rep. 44 .... 461, 462, 464
—— v. Helleniki Techniki S.A. [1984] Q.B. 291; [1983] 3 W.L.R. 783; (1983) 127 S.J. 618; [1983] 3 All E.R. 428; [1983] Com.L.R. 273; (1983) 133 New L.J. 597, C.A.; affirming [1983] Com.L.R. 174 .... 460, 463, 464
Banque de Paris et Des Pays-Bas (Suisse) S.A. v. Costa de Naray [1984] 1 Lloyd's Rep. 21, C.A. 503
Banque Financière de la Cité S.A. v. Westgate Insurance Co., *sub nom.* Banque Keyser Ullmann S.A. v. Skandia (U.K.) Insurance Co. [1991] 2 A.C. 249; [1990] 3 W.L.R. 364; [1990] 2 All E.R. 947; [1990] 2 Lloyd's Rep. 377; (1990) 134 S.J. 1265; (1990) 140 New L.J. 1074; [1990] L.S.Gaz., October 3, 36 H.L.; affirming [1990] 1 Q.B. 665; [1989] 3 W.L.R. 25; (1989) 133 S.J. 817; [1988] 2 Lloyd's Rep. 513; [1989] 2 All E.R. 952; 1989 Fin.L.R. 1, C.A.; reversing 182, 211, 487, 492
Banque Keyser Ullmann S.A. v. Skandia (U.K.) Insurance Co. *See* Banque Financière de La Cité S.A. v. Westgate Insurance Co.
Banque Paribas v. Venaglass (1994) C.I.L.L. 918, C.A. 86
Barclays Bank v. Fairclough Building (1994) C.I.L.L. 945; *The Times*, May 11, 1994, C.A. 208
—— v. Glasgow City Council; Kleinwort Benson v. Same; *sub nom.* Kleinwort Benson v. City of Glasgow District Council; Barclays Bank v. Same [1993] Q.B. 429; [1992] 3 W.L.R. 827; [1993] 5 Admin.L.R. 382 394
—— v. Miller; Frank (Third Party) [1990] 1 W.L.R. 343; [1990] 1 All E.R. 1040, C.A. 496
Barker (George) (Transport) v. Eynon [1974] 1 W.L.R. 462; (1973) 118 S.J. 240; [1974] 1 All E.R. 900; [1974] 1 Lloyd's Rep. 65, C.A.; reversing [1973] 1 W.L.R. 1461; 117 S.J. 631; [1973] 3 All E.R. 374 .... 162, 265
Barrett Bros (Taxis) v. Davies (Lickiss and Milestone Motor Policies at Lloyd's Third Parties) [1966] 1 W.L.R. 1334; 110 S.J. 600; *sub nom.* Lickiss v. Milestone Motor Policies at Lloyds [1966] 2 All E.R. 972; [1966] 2 Lloyd's Rep. 1, C.A. 286
Barton v. Piggott (1874) L.R. 10 Q.B. 86 152
—— (Alexander) v. Armstrong (Alexander Ewan) [1976] A.C. 104; [1975] 2 W.L.R. 1050; *sub nom.* Barton v. Armstrong (1973) 119 S.J. 286; [1975] 2 All E.R. 465, P.C. 131
Basildon District Council v. Lesser (J. E.) (Properties) [1985] Q.B. 839; [1984] 3 W.L.R. 812; [1985] 1 All E.R. 20; (1984) 1 Const.L.J. 57; (1987) 8 Con.L.R. 89; (1984) 134 New L.J. 330; (1984) 81 L.S.Gaz. 1437 .... 60, 67, 208
Bastable, *Re* [1901] 2 K.B. 518, C.A. 417
Bateman (Lord) v. Thompson (1875) H.B.C. (4th ed.) Vol. 2, p. 36, C.A. 105, 114, 117
Bates v. Burchall [1884] W.N. 108 516
—— (Thomas) & Son v. Thurrock Borough Council; Crux Development, Third Party [1976] J.P.L. 34; *The Times*, October 23, 1975, C.A. 55
—— v. Wyndham's (Lingerie) [1981] 1 W.L.R. 505; (1980) 125 S.J. 32; [1981] 1 All E.R. 1077; (1980) 257 EG 381; (1980) 41 P. & C.R. 345, C.A.; affirming (1979) 39 P. & C.R. 517 .... 24, 289, 290, 291
Batty v. Metropolitan Property Realisations [1978] Q.B. 554; [1978] 2 W.L.R. 500; (1977) 122 S.J. 63; [1978] 2 All E.R. 445; (1977) 245 EG 43; (1977) 7 B.L.R. 7, C.A. 187
Bauche v. Woodhouse Drake [1977] 2 Lloyd's Rep. 516 152
Baxter v. F. W. Gapp & Co. [1939] 2 K.B. 271, C.A. 357

Table of Cases

Baylis Baxter v. Sabath [1958] 1 W.L.R. 529; 102 S.J. 347; [1958] 2 All E.R. 209, C.A.   518
Baytur S.A. v. Finagro Holdings S.A. [1992] Q.B. 610; [1991] 3 W.L.R. 866; [1991] 4 All E.R. 129; (1991) 135 S.J. (LB) 52; [1992] 1 Lloyd's Rep. 134; *The Times*, June 21, 1991; *Financial Times*, June 26, 1991; *The Independent*, June 19, 1991, C.A. 302
Beaton v. Nationwide Anglia Building Society (formerly Nationwide Building Society) [1991] 2 EGLR 145; [1991] 38 EG 218; *The Times*, October 8, 1990, D.C. 196, 198
Beattie v. Gilroy (1882) 10 R. (Ct. of Sess.) 226 371
Beaufort House Development v. Zimmcor (International) Inc.; Zimmcor Co. and Cigna Insurance Co. of Europe S.A.-N.V., 50 BLR 91, 27 Con.L.R. 101, C.A.; reversing 21 Con.L.R. 87 1034
Beamont v. Humberts (A Firm) [1990] 49 EG 46; *The Times*, July 17, 1990, C.A.; affirming 196
Beazer (C. H.) v. C.J. Associates (1985) 4 Con.L.R. 93 493
Beckett v. Cohen [1972] 1 W.L.R. 1593; 116 S.J. 882; [1973] 1 All E.R. 120; (1972) 71 L.G.R. 46, D.C. 154
Bedford Insurance Co. v. Instituto de Resseguros do Brazil [1985] Q.B. 966; [1984] 3 W.L.R. 726; (1984) 128 S.J. 701; [1984] 3 All E.R. 766; [1984] 1 Lloyd's Rep. 210; 1985 FLR 49; [1984] L.M.C.L.Q. 386; (1984) 134 New L.J. 34; (1985) 82 L.S.Gaz. 37, D.C. 333
Beeston v. Marriott (1863) 8 L.T. 690 265
Behzadi v. Shaftesbury Hotels [1992] Ch. 1; [1991] 2 W.L.R. 1251; [1991] 2 All E.R. 477; (1990) 62 P. & C.R. 163; (1990) 140 New L.J. 1385; *The Independent*, August 22, 1990, C.A. 239
Beigtheil & Young v. Stewart (1900) 16 T.L.R. 177 .... 334, 335
Belcher v. Roedean School (1901) 85 L.T. 468, C.A. 429, 435, 453
Bell v. Lever Bros. [1932] A.C. 161 .... 13, 143
—— v. Peter Browne & Co. [1990] 2 Q.B. 495; [1990] 3 W.L.R. 510; [1990] 3 All E.R. 124; (1990) 140 New L.J. 701, C.A. 406
—— (A.) & Son (Paddington) v. CBF Residential Care and Housing Association, 16 Con.L.R. 62; 46 B.L.R. 102; (1989) 5 Const.L.J. 194 .... 252, 629, 631
Bellamy v. Davey [1891] 3 Ch. 540 .... 308, 419
Bellway (South East) v. Holley (I. R.) [1984] 28 B.L.R. 139; (1984) 1 Const.L.J. 63 ... 268
Belvoir Finance Co. v. Stapleton [1971] 1 Q.B. 210; [1970] 3 W.L.R. 530; 114 S.J. 719; [1970] 3 All E.R. 664, C.A. 152
Ben Shipping Co. (Pte) v. An Bord Bainne; C. Joyce, The [1986] 2 All E.R. 177; [1986] 2 Lloyd's Rep. 285 38
Bendall v. McWhirter [1952] 2 Q.B. 466; [1952] 1 T.L.R. 1332; 96 S.J. 344; [1952] 1 All E.R. 1307; [1952] C.L.Y. 257 417
Bennett & White (Calgary) v. Municipal District of Sugar City No. 5 [1951] A.C. 786, P.C. 264, 265, 1055
Benstrete Construction v. Angus Hill (1987) 38 B.L.R. 115; (1988) 4 Const.L.J. 114, C.A. 430
Bentley (Dick) Productions v. Smith (Harold) (Motors) [1965] 1 W.L.R. 623; [1965] 2 All E.R. 65; 109 S.J. 329, C.A. 42, 140
Bere v. Slades [1989] 46 EG 100; 25 Con.L.R. 1; (1990) 6 Const.L.J. 30 196
Beresford (Lady) v. Driver (1852) 22 L.J.Ch. 407 363
Beresforde v. Chesterfield Borough Council [1989] 39 EG 176; (1990) 10 Tr.L.R. 6, C.A. 196
Berkeley Administration Inc. v. McClelland [1990] F.S.R. 505 509
Berry v. Berry [1929] 2 K.B. 316 42
Best v. Glenville [1960] 1 W.L.R. 1198; 104 S.J. 934; [1960] 3 All E.R. 478; 12 P. & C.R. 48; 58 L.G.R. 333, C.A. 153
Beswick v. Beswick [1968] A.C. 58; [1967] 3 W.L.R. 932; 111 S.J. 540; [1967] 2 All E.R. 1197, H.L.; affirming [1966] Ch. 538; [1966] 3 W.L.R. 396; 110 S.J. 507; [1966] 3 All E.R. 1; [1966] C.L.Y. 1915, C.A.; reversing [1965] 3 All E.R. 858; [1965] C.L.Y. 632 216
Bevan Investments v. Blackhall & Struthers (1977) 11 B.L.R. 78, N.Z.C.A. .. 201, 202, 205, 214, 215, 216, 220, 356
Bickerton (T. A.) & Son v. North West Metropolitan Regional Hospital Board. *See* North West Metropolitan Regional Hospital Board v. Bickerton & Sons.

Table of Cases

Bickerton & Son v. North West Metropolitan Regional Hospital Board [1969] 1 All E.R. 977; *sub nom.* Bickerton (T. A.) & Son v. North West Metropolitan Regional Hospital Board (1968) 67 L.G.R. 83, C.A. 308
Big Island Contracting v. Skink (1990) 52 B.L.R. 110 (Hong Kong C.A.) 590
Bigg v. Boyd Gibbins [1971] 1 W.L.R. 913; 115 S.J. 406; [1971] 2 All E.R. 183, C.A. ... 15
—— v. Howard Son & Gooch [1990] 12 EG 111 356
Biggin & Co. v. Permanite (Wiggins & Co., Third Parties) [1951] 2 K.B. 314; [1951] 2 T.L.R. 159; 95 S.J. 414; [1951] 2 All E.R. 191, C.A.; reversing in part [1951] 1 K.B. 422; [1950] 2 All E.R. 859; *sub nom.* Biggin & Co. and Archibold Bathgate (Building Materials) v. Permanite, 66 T.L.R. (Pt. 2) 944 .... 218, 324
Bilcon v. Fegmay Investments [1966] 2 Q.B. 221; [1966] 3 W.L.R. 118; 110 S.J. 618; [1966] 2 All E.R. 513 456
Billings (A. C.) & Sons v. Riden [1958] A.C. 240; [1957] 3 W.L.R. 496; 101 S.J. 645; [1957] 3 All E.R. 1, H.L.; affirming *sub nom.* Riden v. Billings (A.C.) & Sons [1957] 1 Q.B. 46; [1956] 3 W.L.R. 704; 100 S.J. 748; [1956] 3 All E.R. 357; [1956] C.L.Y. 5837, C.A. 174
Billyack v. Leyland Construction Co. [1968] 1 W.L.R. 471; 112 S.J. 274; [1968] 1 All E.R. 783; 66 L.G.R. 506 .... 47, 62, 114, 117, 267
Bilton (G.) & Sons v. Mason (1957) (Unreported) 556
Bilton (Percy) v. Greater London Council [1982] 1 W.L.R. 794; (1982) 126 S.J. 397; [1982] 2 All E.R. 623; [1982] 80 L.G.R. 617; (1982) 20 B.L.R. 1 H.L.; affirming [1981] 79 L.G.R. 463; (1981) 17 B.L.R. 1, C.A. 167, 241, 251, 253, 312, 314, 318, 644, 645, 714, 718, 731
Birch v. Paramount Estates (1956) 16 EG 396, C.A. 139
Bird v. McGaheg (1849) 2 C. & K. 707 .... 359, 362
—— v. Smith (1848) 12 Q.B. 786 117
Birdseye v. Dover Harbour Commissioners (1881) H.B.C. (4th ed.) Vol. 2, p. 76 371
Birkett v. Hayes [1982] 1 W.L.R. 816; (1982) 126 S.J. 399; [1982] 2 All E.R. 70, C.A. 507
—— v. James [1978] A.C. 297; [1977] 3 W.L.R. 38; (1977) 121 S.J. 444; [1977] 2 All E.R. 801, H.L. 443, 496, 497
Birmingham and District Land Co. v. L.N.W. Ry (1888) 40 Ch.D. 268 285
Birmingham Corporation v. Sowsberry (1969) 113 S.J. 877 223
—— v. West Midland Baptist (Trust) Association (Inc.) [1970] A.C. 874; [1969] 3 W.L.R. 389; 20 P. & C.R. 1052; *sub nom.* Birmingham City Corporation v. West Midland Baptist (Trust) Association Inc., 113 S.J. 606; 67 L.G.R. 571; affirming *sub nom.* West Midland Baptist (Trust) Association (Inc.) v. Birmingham Corporation [1968] 2 Q.B. 188; [1968] 2 W.L.R. 535; 111 S.J. 851; *sub nom.* West Midlands Baptist (Trust) Association (Inc.) v. Birmingham City Corporation, 132 J.P. 127; [1968] 1 All E.R. 205; 19 P. & C.R. 9, C.A.; reversing 18 P. & C.R. 125 [1967] J.P.L. 161, Lands Tribunal 205
Bishop and Baxter v. Anglo-Eastern Trading and Industrial Co. [1944] K.B. 12 23
Biss v. Lambeth, Southwark and Lewisham Area Health Authority (Teaching) [1978] 1 W.L.R. 382; (1978) 122 S.J. 32; [1978] 2 All E.R. 125, C.A. 497
Bisset v. Wilkinson [1927] A.C. 177 127
Black & Decker v. Flymo [1991] 1 W.L.R. 753; [1991] 3 All E.R. 158; [1991] F.S.R. 93; *The Times*, November 21, 1990 488
Blackpool Borough Council v. F. Parkinson 58 BLR 85 .... 693, 694
Blackpool & Fylde Aero Club v. Blackpool Borough Council [1990] 1 W.L.R. 1195; [1990] 3 All E.R. 25; 88 L.G.R. 864; (1991) 155 L.G.Rev. 246; (1991) 3 Admin.L.R. 322, C.A. 14, 383
Blackwell v. Derby Corp. (1909) 75 J.P. 29; H.B.C. (4th ed.), Vol. 2, p. 401, C.A. 435
Blaenau Gwent Borough Council v. Khan (Sabz Ali), *The Times*, May 4, 1993, D.C. ... 412
—— v. Lock (Contractors' Equipment) (1994) 37 Con.L.R. 121 1076
Blair v. Osborne & Tomkins [1971] 2 Q.B. 78; [1971] 2 W.L.R. 503; 114 S.J. 865; *sub nom.* Blair v. Tomkins (Alan S.) and Osborne (Frank) (Trading as Osborne & Tomkins (A Firm)) [1971] 1 All E.R. 468, C.A. 365
Blexen v. G. Percy Trentham, 54 B.L.R. 37; [1990] 42 EG 133; 21 Con.L.R. 61, C.A. .. 460
Bliss v. South East Thames Regional Health Authority [1987] I.C.R. 700; [1985] IRLR 308, C.A.; reversing (1984) 134 New L.J. 121 224

Table of Cases

Bloeman (F. J.) Pty v. Council of the City of Gold Coast [1973] A.C. 115; [1972] 3 W.L.R. 33; 116 S.J. 395; [1972] 3 All E.R. 357, P.C. 161, 428
Blow v. Norfolk County Council [1967] 1 W.L.R. 1280; 131 J.P. 6; 111 S.J. 811; [1966] 3 All E.R. 579; 66 L.G.R. 1; [1966] R. v. R. 557, C.A.; reversing (1965) 16 P. & C.R. 342; 119 EG 479, Lands Tribunal 494
Blue Circle Industries v. Holland Dredging Co. (U.K.) (1987) 87 B.L.R. 40 .... 100, 424, 428, 761, 1092
Blue Flame Mechanical Services v. David Lord Engineering (1992) 8 Const.L.J. 266 .. 439
Blue Horizon Shipping Co. S.A. v. Man (E. D. & F.); Aghios Nicolaos, The [1980] 1 Lloyd's Rep. 17, C.A.; reversing [1979] 1 Lloyd's Rep. 475 510
Blue Town Investment v. Higgs & Hill [1990] 1 W.L.R. 696; [1990] 2 All E.R. 897; (1990) 134 S.J. 934; [1990] 32 EG 49; [1990] L.S.Gaz. April 11, 47 282
Blyth Shipbuilding Co., Re [1926] Ch. 494, C.A. 262
Boiler Inspection and Insurance Co. of Canada v. Sherwin-Williams Co. of Canada [1951] A.C. 319; [1951] 1 T.L.R. 497; 95 S.J. 187; [1951] 1 Lloyd's Rep. 91, P.C. 211
Bolam v. Friern Hospital Management Committee [1957] 1 W.L.R 582; 101 S.J. 357; [1957] 2 All E.R. 118 .... 338, 339
Bolivinter Oil S.A. v. Chase Manhattan Bank [1984] 1 W.L.R. 392; (1984) 128 S.J. 153; [1984] 1 Lloyd's Rep. 251, C.A. 276
Bolton v. Mahadeva [1972] 1 W.L.R. 1009; 116 S.J. 564; [1972] 2 All E.R. 1322, C.A. 79, 80, 81, 223
—— Partners v. Lambert (1889) 41 Ch.D. 295 333
Bond Worth, Re [1980] Ch. 228; [1979] 3 W.L.R. 629; (1979) 123 S.J. 216; [1979] 3 All E.R. 919 263
Bonnington Castings v. Wardlaw [1956] 1 A.C. 613; [1956] 2 W.L.R. 707; 100 S.J. 207; [1956] 1 All E.R. 615; 54 L.G.R. 153; sub nom. Wardlaw v. Bonnington Castings, 1956 S.C. (H.L.) 26; 1956 S.L.T. 135, H.L.; affirming sub nom. Wardlaw v. Bonnington Castings, 1955 S.C. 320; 1955 S.L.T. 225; [1955] C.L.Y. 1075 .. 207, 209
Bonomi v. Backhouse (1861) 9 H.L.C. 503, H.L. 281
Booner v. Eyre (1777) 1 Hy Bl. 273 79
Boorman v. Brown (1842) 3 Q.B. 511 187
Boot (Henry) & Sons (London) v. Uttoxeter Urban District Council [1924] 88 J.P. 118 258
—— Building v. Croydon Hotel and Leisure Co. (1986) 2 Const.L.J. 183; (1987) 36 B.L.R. 41, C.A. 633, 689, 690
—— Construction v. Central Lancashire New Town Development Corporation (1980) 15 B.L.R. 8 .... 46, 47, 213, 253, 547, 564, 646, 676
Borden (U.K.) v. Scottish Timber Products and McNicol Brownlie [1981] Ch. 25; [1979] 3 W.L.R. 672; (1979) 123 S.J. 688; [1979] 3 All E.R. 961; [1980] 1 Lloyd's Rep. 160, C.A.; reversing [1979] 2 Lloyd's Rep. 168; (1978) 122 S.J. 825 263
Borthwick (Thomas) (Glasgow) v. Faure Fairclough [1968] 1 Lloyd's Rep. 16 .... 423, 425
Boskalis Westminster Construction v. Liverpool City Council (1983) 24 B.L.R. 83; (1983) 133 New L.J. 576 458
Bostel Bros. v. Hurlock [1949] 1 K.B. 74; [1948] L.J.R. 1846; 64 T.L.R. 495; 92 S.J. 361; [1948] 2 All E.R. 312; C.A. 151
Botterill v. Ware Guardians (1886) 2 T.L.R. 621 110
Bottoms v. York Corporation (1892) H.B.C. (4th ed.) Vol. 2, p. 208, C.A. 88, 96, 141, 143, 146, 987
Bovis Construction (South Eastern) v. Greater London Council (Unreported, May 28, 1985) (C.A.) 473
Bower v. Peate (1876) 1 Q.B.D. 321 .... 279, 280
Bowmakers v. Barnet Instruments [1945] K.B. 65 152
Box v. Midland Bank [1981] 1 Lloyd's Rep. 434, C.A. 518
Boyd & Forrest v. Glasgow and South Western Railway, 1915 S.C. (H.L.) 20 130
Bozson v. Altrincham U.D.C. (1903) 67 J.P. 397, C.A. 22
Brabant, The [1967] 1 Q.B. 588; [1966] 2 W.L.R. 909; 110 S.J. 265; [1966] 1 All E.R. 961; [1965] 2 Lloyd's Rep. 546 46
Bradford Building Soc. v. Borders [1941] 2 All E.R. 205, H.L. 132

Table of Cases

Bradley Egg Farm v. Clifford [1943] 2 All E.R. 378, C.A. 35
Bramall & Ogden v. Sheffield City Council (1983) 29 B.L.R. 73, D.C. 47, 246, 458, 596,
                                       598, 633
Branca v. Cobarro [1947] K.B. 854; [1948] L.J.R. 43; 177 L.T. 332; 63 T.L.R. 408;
 [1947] 2 All E.R. 101; C.A. 22
Brandeis Goldschmidt & Co. v. Western Transport [1981] Q.B. 864; [1981] 3 W.L.R.
 181; (1981) 125 S.J. 395; [1982] 1 All E.R. 28; [1980] F.S.R. 481, C.A. 234
Brandt's (William) Sons & Co. v. Dunlop Rubber Co. [1905] A.C. 454 299
Brauer & Co. (Great Britain) v. Clark (James) (Brush Materials) [1952] W.N. 422; [1952]
 2 T.L.R. 349; 96 S.J. 548; [1952] 2 All E.R. 497; [1952] 2 Lloyd's Rep. 147, C.A.;
 reversing [1952] W.N. 187; [1952] 1 T.L.R. 953; 96 S.J. 246; [1952] 1 All E.R. 981;
 [1952] 1 Lloyd's Rep. 385 .... 146, 154
Brecknock and Abergavenny Canal Navigation v. Pritchard (1796) 6 Term Rep. 750 ... 266
Breeze v. McKennon (R.) & Son (1986) 130 S.J. 16; (1986) 83 L.S.Gaz. 123; (1985) 135
 New L.J. 1233; (1985) 32 B.L.R. 41, C.A. 505
Brekkes v. Cattel [1972] Ch. 105; [1971] 2 W.L.R. 647; 115 S.J. 10; [1971] 1 All E.R.
 1031 386
Bremer Handelsgesellschaft mbH v. Ets Soules et Cie [1985] 2 Lloyd's Rep. 199, C.A.;
 affirming [1985] 1 Lloyd's Rep. 160 .... 433, 435
—— v. Finagrain Compagnie Commerciale Agricole et Financière S.A. [1981] 1 Lloyd's
 Rep. 224; [1981] 2 Lloyd's Rep. 259, C.A. 259
Bremer Vulkan Schiffbau und Maschinenfabrik v. South India Shipping Corp.; Gregg v.
 Raytheon *sub nom.* Gregg v. Raytheon; Bremer Vulkan Schiffbau und Maschinen-
 fabrik v. South India Shipping Corp. [1981] A.C. 909; [1981] 2 W.L.R. 141; (1981)
 125 S.J. 114; [1981] 2 All E.R. 289; [1981] 1 Lloyd's Rep. 253; [1981] Com.L.R. 19,
 H.L.; affirming [1980] 2 W.L.R. 905; (1979) 124 S.J. 396; [1980] 1 All E.R. 420;
 [1980] 1 Lloyd's Rep. 255, C.A.; affirming [1979] 3 W.L.R. 471; (1979) 123 S.J.
 504; [1979] 3 All E.R. 194; 78 L.S.Gaz. 834 .... 146, 160, 446, 447,
                                        453
Brewer Street Investments v. Barclays Woollen Co. [1954] 1 Q.B. 428; [1953] 3 W.L.R.
 869; 97 S.J. 796; [1953] 2 All E.R. 1330, C.A.; affirming [1953] C.P.L. 231; 161 EG
 264 85
Brewin v. Chamberlain (Unreported) 362
Brice v. Bannister (1878) 3 Q.B.D. 569, C.A. 299, 303
Brickfield Properties v. Newton; Rosebell Holdings v. Newton [1971] 1 W.L.R. 862; 115
 S.J. 307; [1971] 3 All E.R. 328, C.A. 347, 357, 409, 473
Briddon v. G.N. Railway (1858) 28 L.J.Ex. 51 148
Bridge v. Campbell Discount Co. [1962] A.C. 600; [1962] 2 W.L.R. 439; 106 S.J. 94;
 [1962] 1 All E.R. 385; H.L.; reversing *sub nom.* Campbell Discount Co. v. Bridge
 [1961] 1 Q.B. 445; [1961] 2 W.L.R. 596; 105 S.J. 232; [1961] 2 All E.R. 97; [1967]
 C.L.Y. 3908, C.A. 245, 247, 248
Briess v. Woolley [1954] A.C. 333; [1954] 2 W.L.R. 832; 98 S.J. 286; [1954] 1 All E.R.
 909; H.L.; reversing *sub nom.* Briess v. Rosher [1953] 2 Q.B. 218; [1953] 2 W.L.R.
 608; 97 S.J. 209; [1953] 1 All E.R. 717; [1953] C.L.Y. 523, C.A. 335
Brightman v. Tate [1919] 1 K.B. 463 151
Brightside Kilpatrick Engineering Services v. Mitchell Construction (1973) [1975] 2
 Lloyd's Rep. 493, C.A. 109, 322, 441, 828, 830, 841
Brinkibon v. Stahag Stahl und Stahlwarenhandelsgesellschaft mbH [1983] 2 A.C. 34;
 [1982] 2 W.L.R. 264; (1982) 126 S.J. 116; [1982] 1 All E.R. 293; [1982] Com.L.R.
 72, H.L.; affirming [1980] 2 Lloyd's Rep. 556 27
Bristol Corporation v. Aird (John) & Co. [1913] A.C. 241 .... 123, 434, 435, 439, 441
British & Beningtons v. N. W. Cachar Tea Co. [1923] A.C. 48 160
British Airways Board v. Taylor [1976] 1 W.L.R. 13; (1975) 120 S.J. 7; [1976] 1 All E.R.
 65; [1976] 1 Lloyd's Rep. 167; [1975] 62 Cr.App.R. 174; 18 Man.Law. 146; H.L.;
 affirming on different grounds [1975] 1 W.L.R. 1197; 119 S.J. 559; [1975] 3 All E.R.
 307; 18 Man. Law 46; [1975] 2 Lloyd's Rep. 434; [1975] Crim. L.R. 471; D.C. .. 154
British and Commonwealth Holdings v. Quadrex Holdings [1989] Q.B. 842; [1989] 3
 W.L.R. 723; [1989] 3 All E.R. 492; (1989) 122 S.J. 694; [1989] L.S.Gaz. June 14,
 42, C.A.; reversing (1989) 139 New L.J. 13 .... 238, 239, 240, 504, 505

Table of Cases

British Bank for Foreign Trade v. Novinex [1949] 1 K.B. 623; *sub nom.* British Bank for
  Foreign Trade v. Novimex [1949] L.J.R. 658; 93 S.J. 146; [1949] 1 All E.R. 155,
  C.A. 24
British Crane Hire Corporation v. Ipswich Plant Hire [1975] Q.B. 303; [1974] 2 W.L.R.
  856; (1973) 118 S.J. 387; [1974] 1 All E.R. 1059, C.A. 28
British Eagle International Air Lines v. Compagnie Nationale Air France [1975] 1 W.L.R.
  758; 119 S.J. 368; [1975] 2 All E.R. 390; [1975] 2 Lloyd's Rep. 43, H.L.; reversing in
  part [1974] 1 Lloyd's Rep. 429, C.A.; affirming [1973] 1 Lloyd's Rep. 414 .... 310, 415,
  420, 663, 1069
British Electrical and Associated Industries (Cardiff) v. Patley Pressings (Reid Bros.
  (Glasgow), Third Party; Douglas Scott, Fourth Party) [1953] 1 W.L.R. 280; 97 S.J.
  96; [1953] 1 All E.R. 94 23
British Glanzstoff Manufacturing Co. v. General Accident [1913] A.C. 143; 1912 S.C.
  591, H.L. 255, 307
British Guiana Credit Corporation v. Da Silva [1965] 1 W.L.R. 248; 109 S.J. 30,
  P.C. 20, 25
British Movietonews v. London and District Cinemas [1952] A.C. 166; [1951] 2 T.L.R.
  571; 95 S.J. 499; [1951] 2 All E.R. 617 H.L., reversing [1951] 1 K.B. 190; 66 T.L.R.
  (Pt. 2) 203; 94 S.J. 504; [1950] 2 All E.R. 390, C.A. 85, 143, 148
British Railways Board v. Jenkinson [1968] C.L.Y. 3074, C.A. 515
British Steel v. Celtic Process Control (1991) 63 B.L.R. 119; 28 Con.L.R. 70 309
British Steel Corp. v. Cleveland Bridge & Engineering Co. [1984] 1 All E.R. 504; (1983)
  B.L.R. 94; [1982] Com.L.R. 54 .... 15, 16, 17, 24, 84, 85, 236
British Thomson-Houston Co. v. West (1903) 19 T.L.R. 493 250
British Transport Commission v. Gourley [1956] A.C. 185; [1956] 2 W.L.R. 41; 100 S.J.
  12; [1955] 3 All E.R. 796; 49 R. & I.T. 11; [1955] 2 Lloyd's Rep. 475; [1955] T.R.
  303; 34 A.T.C. 305, H.L.; reversing *sub nom.* Gourley v. British Transport
  Commission, *The Times*, April 2, 1954; [1954] C.L.Y. 868 218
British Waggon Co. v. Lea & Co. (1880) 5 Q.B.D. 149 .... 297, 298
British Westinghouse Co. v. Underground Electric Rys [1912] A.C. 673 .... 201, 206,
  1044
Broadoak Properties v. Young & White [1989] 1 EGLR 263 356
Brodie v. Cardiff Corp. (1919) A.C. 337, H.L. 45, 100, 112, 331
Brogden v. Metropolitan Railway (1877) 2 App.Cas. 666, H.L. 26
Bromley London Borough v. Rush and Tompkins [1987] B.L.R. 94; (1985) 1 Const.L.J.
  374; [1985] C.I.L.L. 179 405
Broome v. Cassell & Co. *See* Cassell & Co. v. Broome.
Brown v. Bateman (1867) L.R. 2 C.P. 272 .... 261, 264, 265
—— v. D.P.P. [1956] 2 Q.B. 369; [1956] 2 W.L.R. 1087; 120 J.P. 303; 100 S.J. 360;
  [1956] 2 All E.R. 189; 54 L.G.R. 266; D.C.; affirming *sub nom.* D.P.P. v. Gibbs
  [1955] Crim.L.R. 650; [1955] C.L.Y. 1588 34
—— v. Gilbert-Scott (1992) 35 Con.L.R. 39 351
—— v. Gould [1972] Ch. 53; [1971] 3 W.L.R. 334; 115 S.J. 406; [1971] 2 All E.R. 1505;
  22 P. & C.R. 871 .... 22, 24
—— v. I.R.C. [1965] A.C. 244; [1964] 3 W.L.R. 511; 108 S.J. 636; [1964] 3 All E.R. 119;
  [1964] T.R. 269; 43 A.T.C. 244; 42 T.C. 42; 1964 S.C. 180; 1964 S.L.T. 302, H.L.;
  affirming *sub nom.* Brown (Burnett and Reid) v. I.R.C., 107 S.J. 718; [1963] T.R.
  247; 42 A.T.C. 244; 1963 S.C. 331; 1963 S.L.T. 347; [1963] C.L.Y. 1745 41
—— v. Raphael [1958] Ch. 636; [1958] 2 W.L.R. 647; 102 S.J. 269; [1958] 2 All E.R. 79;
  C.A. 126
—— (Christopher) v. Genossenschaft Oesterreichischer Waldbesitzer [1953] 1 Lloyd's
  Rep. 495, C.A. 432
—— & Davis v. Galbraith [1972] 1 W.L.R. 997; 116 S.J. 545; [1972] 3 All E.R. 31; [1972]
  R.T.R. 523; [1972] 2 Lloyd's Rep. 289, H.L. 25, 51
—— (Ian Keith) v. CBS (Contractors) [1987] 1 Lloyd's Rep. 279 455
—— Jenkinson & Co. v. Percy Dalton (London) [1957] 2 Q.B. 621; [1957] 3 W.L.R. 403;
  101 S.J. 610; [1957] 2 All E.R. 844; [1957] 2 Lloyd's Rep. 1; C.A.; reversing [1957]
  Lloyd's Rep. 31 151
Browning v. War Office [1963] 1 Q.B. 750; [1963] 2 W.L.R. 52; 106 S.J. 957; [1962] 3 All
  E.R.1089; [1962] 2 Lloyd's Rep. 363, C.A.; reversing (1962) 106 S.J. 452 220

Table of Cases

Brownton v. Moore (Edward) Inbucom [1985] 3 All E.R. 499; (1985) 82 L.S.Gaz. 1165, C.A. 305
Bruce (W.) v. Strong (J.) (A Firm) [1951] 2 K.B. 447; 95 S.J. 381; [1951] 1 All E.R. 1021; [1951] 2 Lloyd's Rep. 5, C.A. 439, 443
Bruno Zornow (Builders) v. Beechcroft Developments, 51 B.L.R. 16; 16 Con.L.R. 30; (1990) 6 Const.L.J. 132 .... 246, 598
Brunsden v. Beresford (1883) 1 Cab & El. 125 110
—— v. Humphrey (1884) 14 Q.B.D. 141 .... 472, 473
—— v. Staines Local Board (1884) 1 Cab & El. 272 .... 114, 124
Brunswick Construction v. Nowlan (1974) 49 D.L.R. (3d) 93, Canada Supreme Ct. ... 60
Brutus v. Cozens [1973] A.C. 854; [1972] 3 W.L.R. 521; [1972] 2 All E.R. 1297; 56 Cr.App.R. 799; [1973] Crim.L.R. 56; *sub nom.* Cozens v. Brutus, 116 S.J. 647, H.L.; reversing Cozens v. Brutus [1972] 1 W.L.R. 484; 116 S.J. 217; [1972] 2 All E.R. 1 D.C. 43
Bryant v. Birmingham Hospital Saturday Fund [1938] 1 All E.R. 503 .... 146, 548
—— v. Flight (1839) 5 M. & W. 114 .... 359, 360
Buccleuch (Duke of) v. Metropolitan Board of Works (1870) L.R. 5 Exch. 221 760
Buckingham v. Daily News [1956] 2 Q.B. 534; [1956] 3 W.L.R. 375; 100 S.J. 528; [1956] 2 All E.R. 904; C.A. 495
Buckinghamshire County Council v. Moran [1990] Ch. 623; [1989] 3 W.L.R. 152; (1989) 133 S.J. 849; [1989] 2 All E.R. 225; 88 L.G.R. 145; (1989) 58 P. & C.R. 236; (1989) 139 New L.J. 257, C.A. affirming 494
Buckland v. Palmer [1984] 1 W.L.R. 1109; (1984) 128 S.J. 565; [1984] 3 All E.R. 554; [1985] R.T.R. 5; (1984) 81 L.S.Gaz. 2300, C.A. 473
—— and Garrard v. Pawson & Co. (1890) 6 T.L.R. 421 361
Bulfield v. Fournier (1894) 11 T.L.R. 62; 11 T.L.R. 282, C.A. 337
Bulk Oil (Zug) AG v. Sun International and Sun Oil Trading Co. [1984] 1 W.L.R. 147; [1984] 1 All E.R. 386; [1983] 2 Lloyd's Rep. 587; (1984) 81 L.S.Gaz. 36, C.A.; affirming (1983) 127 S.J. 857; [1983] 1 Lloyd's Rep. 655; [1983] Com.L.R. 68 ... 458
Bullock v. London General Ominbus Co. [1907] 1 K.B. 264 511
Bulmer (H. P.) v. Bollinger (J.) S.A. [1974] Ch. 401; [1974] 3 W.L.R. 202; 118 S.J. 404; [1974] 2 All E.R. 1226; [1974] F.S.R. 334; [1975] R.P.C. 321, C.A.; affirming [1974] F.S.R. 263 375
Bunge Corp. v. Tradax Export S.A. [1981] 1 W.L.R. 711; (1981) 125 S.J. 373; [1981] 2 All E.R. 540; [1981] 1 Lloyd's Rep. 1, H.L.; affirming [1981] 2 All E.R. 524; [1980] 1 Lloyd's Rep. 294, C.A.; reversing [1980] 2 Lloyd's Rep. 477 .... 157, 158, 238, 239
Burchell v. Clark (1876) 2 C.P.D. 88 45
Burden (R. B.) v. Swansea Corporation [1957] 1 W.L.R. 1167; 101 S.J. 882; [1957] 3 All E.R. 243; 5 L.G.R. 381, H.L.; affirming (1956) 54 L.G.R. 161; [1956] C.L.Y. 875, C.A. 119, 124, 343, 536, 582, 670, 695
Burgess v. Purchase & Sons (Farms) [1983] Ch. 216; [1983] 2 W.L.R. 361; [1983] 2 All E.R. 4 121
Burnet v. Francis Industries [1987] 1 W.L.R. 802; [1987] 2 All E.R. 323; (1987) 84 L.S.Gaz. 2194, C.A. 504
Burr v. Ridout, *The Times*, February 22, 1893 .... 360, 361
Bush v. Watkins (1851) 154 Beav. 425 48
—— v. Whitehaven Trustees (1888) 52 J.P. 392; H.B.C. (4th ed.) Vol. 2, p. 120, C.A. 85, 144
Bushwall Properties v. Vortex Properties; Same v. Same [1976] 1 W.L.R. 591; 120 S.J. 183; [1976] 2 All E.R. 283, C.A.; reversing [1975] 1 W.L.R. 1649; (1974) 119 S.J. 846; [1975] 2 All E.R. 214 .... 20, 23, 506
Butler Machine Tool Co. v. Ex-cell-o Corp. (England) [1979] 1 W.L.R. 401; (1977) 121 S.J. 406; [1979] 1 All E.R. 965, C.A. 18, 20
Butlin's Settlement Trusts, *Re*; Butlin v. Butlin [1976] Ch. 251; [1976] 2 W.L.R. 547; (1975) 119 S.J. 794; [1976] 2 All E.R. 483 289
Byford v. Russell [1907] 2 K.B. 522, D.C. 265
Byrne v. Kinematograph Renters Society [1958] 1 W.L.R. 762; 102 S.J. 509; [1958] 2 All E.R. 579 384
—— v. Van Tienhoven (1880) 5 C.P.D. 344 .... 18, 19, 26
Bywater v. Curnick (1906) H.B.C. (4th ed.) Vol. 2, p. 393, C.A. 55, 235

Table of Cases

C. & P. Haulage v. Middleton [1983] 1 W.L.R. 1461; (1983) 127 S.J. 730; [1983] 3 All E.R. 94, C.A. 201, 215, 228

CCC Films (London) v. Impact Quadrant Films [1985] Q.B. 16; [1984] 3 W.L.R. 245; (1984) 128 S.J. 297; [1984] 3 All E.R. 298; (1984) 81 L.S.Gaz. 1046; (1984) 134 New L.J. 657 215

C.S.I. International Co. v. Archway Personnel (Middle East) [1980] 1 W.L.R. 1069; (1980) 124 S.J. 576; [1980] 3 All E.R. 215, C.A.; reversing (1980) 124 S.J. 291 ... 498

Cable (1956) v. Hutcherson Bros. Pty. (1969) 43 A.L.J.R. 321, Australia High Ct. 8, 59

Cahoon v. Franks (1967) 63 D.L.R. (2d) 274, Supreme Ct. 473

Calder v. Kitson Vickers (H.) (Engineers) [1988] I.C.R. 232, C.A. 320

Caledonia (E. E.) v. Orbit Value Co. [1994] 1 W.L.R. 221; *The Times,* May 30, 1994, C.A. 65, 67, 213

Caledonian Railway v. North British Railway (1881) 6 App.Cas. 114 43

Camden v. Batterbury (1860) 7 C.B.(N.S.) 864 29

—— London Borough Council v. McInerney (Thomas) and Sons (1986) 3 Const.L.J. 293, (1987) 9 Con.L.R. 99 106

Camilla Cotton Oil Co. v. Granadex S.A.; Shawnee Processors Inc. v. Same [1976] 2 Lloyd's Rep. 10, H.L.; reversing (1975) 119 S.J. 115; [1975] 1 Lloyd's Rep. 470, C.A. 442, 453

Cammell Laird & Co. v. Manganese Bronze & Brass Co. [1934] A.C. 402 .... 58, 59, 104, 316, 534

Campbell v. Edwards [1976] 1 W.L.R. 403; (1975) 119 S.J. 845; [1976] 1 All E.R. 785; [1976] 1 Lloyd's Rep. 522, C.A. 120, 121, 1094

—— v. Meacocks (1993) C.I.L.L. 886 406

—— (Donald) & Co. v. Pollak [1927] A.C. 732 .... 510, 511

Cana Construction Co. v. Queen, The (1973) 37 D.L.R. (3d) 418; 21 B.L.R. 12, Canada Supreme Ct. 17, 85

Canada Enterprises Corp. v. MacNab Distilleries [1987] 1 W.L.R. 813; [1981] Com.L.R. 167, C.A. 504

Canada Steamship Lines v. R. [1952] A.C. 192; [1952] 1 T.L.R. 261; 96 S.J. 72; [1952] 1 All E.R. 305; [1952 1 Lloyd's Rep. 1, P.C. 64, 606

Candler v. Crane, Christmas & Co. [1951] 2 K.B. 164; [1951] 1 T.L.R. 371; 95 S.J. 171; [1951] 1 All E.R. 426; C.A. 189, 190

Candlewood Navigation Corp. v. Mitsui OSK Lines [1986] A.C. 1; [1985] 3 W.L.R. 381; (1985) 129 S.J. 506; [1985] 2 All E.R. 935; [1985] 2 Lloyd's Rep. 303; (1985) 82 L.S.Gaz. 2912; (1985) 135 New L.J. 677, P.C. 172, 173, 1006

Cann v. Willson (1888) 39 Ch.D. 39 189

Cannon v. Villars (1878) 8 Ch.D. 415 40

Canterbury Pipe Lines v. Att.-Gen. [1961] N.Z.L.R. 785 436

—— v. Christ Church Drainage (1979) 16 B.L.R. 76 (N.Z.C.A.) 32, 88, 101, 107, 109, 112, 160, 167, 257, 260, 330, 334, 434

Caparo Industries v. Dickman [1990] 2 A.C. 605; [1990] 2 W.L.R. 358; [1990] 1 All E.R. 568; (1990) 134 S.J. 494; [1990] BCC 164; [1990] BCLC 273; [1990] E.C.C. 313; [1990] L.S.Gaz. March 28, 42; (1990) 140 New L.J. 248, H.L.; reversing [1989] Q.B. 653; [1989] 2 W.L.R. 316; (1989) 133 S.J. 221; [1989] 1 All E.R. 798; (1989) 5 BCC 105; [1989] BCLC 154; 1989 PCG 125, C.A., reversing in part 170, 176, 180, 181, 182, 187, 189, 190, 197

Captain George K, The. *See* Palmeo Shipping Inc. v. Continental Ore Corporation.

Car and Universal Finance Co. v. Caldwell [1965] 1 Q.B. 525; [1964] 2 W.L.R. 600; 108 S.J. 15; [1964] 1 All E.R. 290; C.A. affirming 107 S.J. 738; [1963] 2 All E.R. 547; [1963] C.L.Y. 3121 128

Carl Zeiss v. Smith (Herbert) & Co. [1969] 1 Ch. 93; [1968] 3 W.L.R. 281; F.S.R. 316; *sub nom.* Carl Zeiss Stiftung v. Smith (Herbert) & Co.; Dehn v. Lauderdale (1968) 112 S.J. 441; *sub nom.* Carl-Zeiss Stiftung v. Smith (Herbert) & Co. (A Firm) [1968] 2 All E.R. 1002; [1969] R.P.C. 316, C.A.; reversing *sub nom.* Carl Zeiss Stiftung v. Smith (Herbert) & Co.; Dehn v. Lauderdale (1968) 112 S.J. 399; *sub nom.* Carl Zeiss Stiftung v. Smith (Herbert) & Co. [1968] F.S.R. 316; [1969] R.P.C. 316 494

Table of Cases

Carl Zeiss Stiftung v. Rayner and Keeler (No. 3); Rayner & Keeler v. Courts [1967] 1 A.C. 853; *sub nom.* Carl Zeiss Stiftung v. Rayner & Keeler [1966] 3 W.L.R. 125; 110 S.J. 425; [1966] 2 All E.R. 536; [1967] R.P.C. 497, H.L.; reversing [1965] Ch. 596; [1965] 2 W.L.R. 277; 109 S.J. 51; [1965] 1 All E.R. 300; [1965] R.P.C. 141, C.A.; reversing [1964] R.P.C. 299; [1965] C.L.Y. 557 473
Carlill v. Carbolic Smoke Ball Co. [1892] 2 Q.B. 484 .... 14, 127, 329
Carlisle Place Investments v. Wimpey Construction (U.K.) (1980) 15 B.L.R. 109 .... 445, 454, 455
Carlton Contractors v. Bexley Corporation (1962) L.G.R. 331; (1962) 106 S.J. 391 .... 34, 94, 291, 331, 332, 973
Carnell Computer Technology v. Unipart Group, 45 B.L.R. 100; 16 Con.L.R. 19 490
Carney v. Herbert [1985] A.C. 301; [1984] 3 W.L.R. 1303; [1985] 1 All E.R. 438; (1984) 81 L.S.Gaz. 3500, P.C. 151
Carpenters Estates v. Davies [1940] Ch. 160 292
Carr v. Berriman (J.A.) Pty (1953) 27 A.L.J. 273 93
Carreras Rothmans v. Freeman Mathews Treasure [1985] Ch. 207; [1984] 3 W.L.R. 1016; (1984) 128 S.J. 614; [1985] 1 All E.R. 155; (1984) 81 L.S.Gaz. 2375; 1985 P.C.C. 222 .... 310, 420, 1069
Carter (John) (Fine Worsteds) v. Hanson Haulage (Leeds) [1965] 2 Q.B. 495; [1965] 2 W.L.R. 553; 109 S.J. 47; [1965] 1 All E.R. 113; [1965] 1 Lloyd's Rep. 49, C.A. .. 131
Cartledge v. Jopling (E.) & Sons [1963] A.C. 758; [1963] 2 W.L.R. 210; 107 S.J. 73; [1963] 1 All E.R. 341; [1963] 1 Lloyd's Rep. 1; H.L.; affirming [1962] 1 Q.B. 189; [1961] 3 W.L.R. 838; 105 S.J. 884; [1961] 3 All E.R. 482; [1961] 2 Lloyd's Rep. 61; C.A.; [1961] C.L.Y. 5055 .... 357, 403, 404
Carus-Wilson & Greene, *Re* (1886) 18 Q.B.D. 7 .... 425, 426
Castellain v. Preston (1883) 11 Q.B.D. 380 67
Cathery (Malcolm Charles) (t/a King Cathery Partnership) v. Lithodomos, 41 B.L.R. 76, C.A. 499, 500, 509, 518
Cattan (L. E.) v. Michaelides (A.) & Co. (A firm) (Turkie, Third Party, George (Trading as Yarns & Fibres Co.), Fourth Party) [1958] 1 W.L.R. 717; 102 S.J. 470; [1958] 2 All E.R. 125; [1958] 1 Lloyd's Rep. 479 511
Cattle v. Stockton Waterworks Co. (1875) L.R. 10 Q.B. 453 177
Cehave N.V. v. Bremer Handelgesellschaft m.b.H.; Hansa Nord, The [1976] Q.B. 44; [1975] 3 W.L.R. 447; 119 S.J. 678; [1975] 3 All E.R. 739; [1975] 2 Lloyd's Rep. 445, C.A.; reversing [1974] 2 Lloyd's Rep. 216 158
Cellulose Acetate Silk Co. v. Widnes Foundry (1925) [1933] A.C. 20 .... 241, 244, 249
Central Insurance Co. v. Seacalf Shipping Corp.; Aiolos, The [1983] 2 Lloyd's Rep. 25, C.A. 299
Central London Property Trust v. High Trees House [1947] K.B. 130; [1956] 1 All E.R. 256; [1947] L.J.R. 77; 175 L.T. 333; 62 T.L.R. 557 .... 19, 285
Central Provident Fund Board v. Ho Bock Kee (t/a Ho Bok Kee General Contractor) (1981) 17 B.L.R. 21, C.A. Singapore 258
Centrala Morska Importowo Eksportowa (known as Centro mor) v. Companhia Nacional de Navegacao S.A.RL [1975] 2 Lloyd's Rep. 69 .... 459, 510
Ceylon (Government of) v. Chandris [1965] 3 All E.R. 48; [1965] 2 Lloyd's Rep. 204 211
Chabot v. Davies [1936] 3 All E.R. 221 .... 364, 366
Chambers v. Goldthorpe [1901] 1 K.B. 624 354
Chandler Bros. v. Boswell [1936] 3 All E.R. 179, C.A. 164, 227, 297, 321, 322
Chandris v. Isbrandtsen-Moller Co. [1951] 2 All E.R. 618; 84 Ll.L.Rep. 347, C.A.; reversing in part 66 T.L.R. (Pt. 1) 971; 94 S.J. 303; [1950] 1 All E.R. 768; 83 Ll.L.Rep. 385 450
Channel Tunnel Group and France Manche S.A. v. Balfour Beatty Construction [1993] A.C. 334; [1993] 2 W.L.R. 262; [1993] 1 All E.R. 664; (1993) 137 S.J. (LB) 36; [1993] 1 Lloyd's Rep. 291; 61 B.L.R. 1; [1993] NPC 8; *The Times*, January 25, 1993, H.L.; affirming [1992] Q.B. 656; [1992] 2 W.L.R. 741; [1992] 2 All E.R. 609; [1992] 136 S.J. (LB) 54; 56 B.L.R. 23; [1992] 2 Lloyd's Rep. 7; (1992) 8 Const.L.J. 150; [1992] NPC 7; *The Times*, January 23, 1992; *Financial Times*, January 29, 1992, C.A. 156, 167, 293, 438, 441, 456, 463, 1093

Table of Cases

Chantrey Martin (a Firm) v. Martin [1953] 2 Q.B. 286; [1953] 3 W.L.R. 459; 97 S.J. 539; [1953] 2 All E.R. 691; 46 R. & I.T. 516, C.A. 363
Chapelton v. Barry U.D.C. [1940] 1 K.B. 532 28
Chaplin v. Hicks [1911] 2 K.B. 786 214
Chapman v. Walton (1833) 10 Bing. 57 338
Chapple v. Cooper (1844) 13 M. & W. 252 31
—— v. Electrical Trades Union [1961] 1 W.L.R. 1290; 105 S.J. 723 476
Charlotte Thirty and Bison v. Croker, 24 Con.L.R. 46 305
Charnock v. Liverpool Corporation [1968] 1 W.L.R. 1498; 112 S.J. 781; [1968] 3 All E.R. 473; *sub nom.* Charnock v. Liverpool Corporation and Kirby's (Commercial) [1968] 2 Lloyd's Rep. 113, C.A. 13, 25, 26, 56, 236, 237
Charon (Finchley) v. Singer Sewing Machine Co. (1968) 112 S.J. 536; 207 EG 140 66
Charrington v. Simons & Co. [1971] 1 W.L.R. 598; 115 S.J. 265; [1971] 2 All E.R. 588; 22 P. & C.R. 558, C.A.; reversing [1970] 1 W.L.R. 725; 114 S.J. 169; [1970] 2 All E.R. 257; 21 P. & C.R. 364 282
Chatbrown v. Alfred McAlpine Construction (Southern) (1987) 35 B.L.R. 44; (1987) 3 Const.L.J. 104; (1988) 11 Con.L.R. 1, C.A.; affirming (1987) 7 Con.L.R. 131 ..... 439, 501, 504, 890, 892
Chatsworth Investments v. Cussins (Contractors) [1969] 1 W.L.R. 1; (1968) 112 S.J. 843; [1969] 1 All E.R. 143, C.A. 297
Chaudry v. Prabhakar [1989] 1 W.L.R. 29; (1989) 133 S.J. 82, C.A. 195
Cheall v. APEX [1983] A.C. 180; [1983] I.C.R. 398; [1983] 2 W.L.R. 679; [1983] 1 All E.R. 1130; [1983] IRLR 215; (1983) 133 New L.J. 538, H.L.; [1983] Q.B. 126; [1982] 3 W.L.R. 685; (1982) 126 S.J. 623; [1982] 3 All E.R. 855; [1982] I.C.R. 543; [1982] IRLR 362; (1982) 79 L.S.Gaz. 921, C.A.; reversing [1982] I.C.R. 231; [1982] IRLR 102 .... 55, 168, 260
Cheddar Valley Engineering v. Chaddlewood Homes [1992] 1 W.L.R. 820; [1992] 4 All E.R. 942; [1992] *Gazette*, 15 July, 35; *The Times*, April 7, 1992 494
Cheeseman v. Bowaters United Kingdom Paper Mills [1971] 1 W.L.R. 1773; 115 S.J. 931; [1971] 3 All E.R. 513, C.A. 515
Cheffick v. J.D.M. Associates (No. 2), 22 Con.L.R. 16 .... 478, 509, 510
Chell Engineering v. Unit Tool and Engineering Co. [1950] W.N. 146; [1950] 1 All E.R. 378, C.A. 287, 518
Chelmsford District Council v. Evers (T. J.) (1984) 25 B.L.R. 99; (1984) 1 Const.L.J. 65 .... 347, 357, 358, 405
Chemidus Wavin Ltd v. Société pour La Transformation et L'Exploitation des Reines Industrielles S.A. [1978] 3 C.M.L.R. 514 (C.A.) 387
Chermar Productions v. Prestest (1992) 8 Const.L.J. 44; (1991) 7 BCL 46 294
Cherry v. Allied Insurance Brokers [1978] 1 Lloyd's Rep. 274 196
Chester Grosvenor Hotel Company v. Alfred McAlpine Management, 56 B.L.R. 115 .... 72, 73
Chichester Joinery v. John Mowlem, 42 B.L.R. 100; 23 Con.L.R. 30, D.C. 20
Childs v. Blacker. *See* Childs v. Gibson.
—— v. Gibson, Childs v. Blacker, Same v. Same [1954] 1 W.L.R. 809; 98 S.J. 351; *sub nom.* Childs v. Blacker, Same v. Gibson [1954] 2 All E.R. 243, C.A. 517, 518, 519
Chilean Nitrate Sales Corp. v. Marine Transportation Co. and Pansuiza Compania de Navegación S.A. *See* Nitrate Corp. of Chile v. Pansuiza Compania de Navegación S.A.; Chilean Nitrate Sales Corp. v. Marine Transportation Co. and Pansuiza Compania de Navegación S.A.; Marine Transportation Co. v. Pansuiza Compania de Navegación S.A.; Hermosa, The.
Chillingworth v. Esche [1924] 1 Ch. 97 22
Chin Keow v. Government of Malaysia [1967] 1 W.L.R. 813; 111 S.J. 333, P.C. .. 338, 339, 341
China-Pacific S.A. v. Food Corp. of India, The; Winson, The [1982] A.C. 939; [1981] 3 W.L.R. 860; (1981) 125 S.J. 808; [1981] 3 All E.R. 688; [1982] 1 Lloyd's Rep. 117, H.L.; reversing [1981] Q.B. 403; [1980] 3 W.L.R. 891; (1980) 124 S.J. 614; [1980] 3 All E.R. 556; [1980] 2 Lloyd's Rep. 213, C.A.; reversing [1979] 2 All E.R. 35; [1979] 1 Lloyd's Rep. 167 .... 96, 286

Table of Cases

Choko Star, The. *See* Industrie Chimiche Italia Centrale v. Tsauliris (Alexander G.) Maritime Co.; Pancristo Shipping Co. S.A. and Bula Shipping Corp.; Choko Star, The.
Circle Thirty Three Housing Trust v. Fairview Estates (Housing) (1987) 8 Con.L.R. 1; (1984–85) 1 Const.L.J. 282, C.A. 409
City and Westminster Properties (1934) v. Mudd [1959] Ch. 129; [1958] 3 W.L.R. 312; 102 S.J. 582; [1958] 2 All E.R. 733 38
City Centre Properties (I.T.C. Pensions) v. Hall (Matthew) & Co. (Sued in the Name of Tersons) [1969] 1 W.L.R. 772; 113 S.J. 303; *sub nom.* City Centre Properties (I.T.C. Pensions) v. Tersons [1969] 2 All E.R. 1121, C.A. Petition for leave to appeal to the House of Lords refused 453
City General Insurance Co. v. Bradford (Robert) & Co.; City General Insurance Co. v. Bradford (Robert) (Overseas) and Bradford (Robert) & Co.; National Insurance and Guarantee Corporation v. Bradford (Robert) & Co. and Bradford (Robert) (Overseas) [1970] 1 Lloyd's Rep. 520, C.A. 498
City of London Corp. v. Bovis Construction [1992] 3 All E.R. 697; 49 B.L.R. 1; 84 L.G.R. 660; [1989] J.P.L. 263; (1989) 153 L.G.Rev. 166, C.A. 282, 295, 401, 1019
Clark v. Kirby-Smith [1964] Ch. 506; [1964] 3 W.L.R. 239; 108 S.J. 462; [1964] 2 All E.R. 835; *sub nom.* Clark and Mills v. Kirby-Smith [1964] 2 Lloyd's Rep. 172 186
—— v. Woor [1965] 1 W.L.R. 650; 109 S.J. 251; [1965] 2 All E.R. 353 407
Clarke v. Bruce Lance & Co. [1988] 1 W.L.R. 881; (1987) 131 S.J. 1698; [1988] 1 All E.R. 364; (1988) 7 Tr.L. 200; (1987) 137 New L.J. 1064; (1988) 85 L.S.Gaz. 37, C.A. 199
—— & Sons v. Axtell Yates Hallet (1989) 30 Con.L.R. 123 408
Clay v. Crump (A. J.) & Sons [1964] 1 Q.B. 533; [1963] 3 W.L.R. 866; 107 S.J. 664; [1963] 3 All E.R. 687, C.A. 176, 348
—— v. Yates (1856) 1 H. & N. 73 151
Clayton v. Woodman & Son (Builders) [1962] 2 Q.B. 533; [1962] 1 W.L.R. 585; 106 S.J. 242; [1962] 2 All E.R. 33, C.A.; reversing [1961] 3 W.L.R. 987; 105 S.J. 889; [1961] 3 All E.R. 249; [1961] C.L.Y. 825, Leave to appeal to H.L. dismissed *sub nom.* Woodman & Son (Builders) v. Ware (Charles E.) & Son [1962] 1 W.L.R. 920 .... 176, 551
Clea Shipping Corp. v. Bulk Oil International, Alaskan Trader (No. 2), The [1984] 1 All E.R. 129; [1983] 2 Lloyd's Rep. 645; [1984] L.M.C.L.Q. 378 162
Clemence v. Clarke (1880) H.B.C. (4th ed.) Vol. 2, p. 54, C.A. 119, 120, 124, 343, 520, 695
Cleveland Bridge and Engineering. *See* Greater London Council v. Cleveland Bridge and Engineering Co.
Clifford v. Watt (1870) L.R. 5 C.P. 577 143
Clippens Oil v. Edinburgh and District Water [1907] A.C. 291, H.L. 222
Clough v. London and North Western Ry (1871) L.R. 7 Exch. 26 129
Clough Mill v. Martin [1985] 1 W.L.R. 111; (1984) 128 S.J. 850; [1984] 3 All E.R. 982; (1985) 82 L.S.Gaz. 116; [1985] L.M.C.L.Q. 15, C.A.; reversing [1984] 1 W.L.R. 1067; (1984) 128 S.J. 564; [1984] 1 All E.R. 721; (1984) L.S.Gaz. 2375 263
Clyde Bank, etc. Trustees v. Fidelity & Deposit Co. of Maryland, 1916 S.C. (H.L.) 69 .... 272, 275
Clydebank Engineering & Shipbuilding Co. v. Don Jose Ramos [1905] A.C. 6 .... 240, 243, 244, 245, 246, 250
Coastal States Trading (U.K.) v. Mebro Mineraloelhandelsgesellschaft GmbH [1986] 1 Lloyd's Rep. 465 235
Coburn v. Colledge (1897) 1 Q.B. 702 472
Codelfa Construction Pty v. State Rail Authority (1982) 149 C.L.R. 337, High Ct. of Australia 147
Cohen v. Nessdale [1982] 2 All E.R. 97, C.A.; affirming [1981] 3 All E.R. 118; (1982) 263 EG 437 22
Coker v. Young (1860) 2 F. & F. 98 87
Colbart v. Kumar (H.) 59 B.L.R. 89; 28 Con.L.R. 58; (1992) 8 Const.L.J. 268; [1992] NPC 32 .... 534, 544

xxxviii

Table of Cases

Colchester Borough Council v. Smith [1992] Ch. 421; [1992] 2 W.L.R. 728; [1992] 2 All E.R. 561, C.A.; affirming [1991] Ch. 448; [1991] 2 W.L.R. 540; [1991] 2 All E.R. 29; (1990) 62 P. & C.R. 242 285
Cole-Hamilton v. Boyd [1963] S.C.H.L. 1 306
Coleman v. Gittins (1884) 1 T.L.R. 8 118
Coleman Street Properties v. Denco Miller (1982) 31 B.L.R. 32 .... 65, 607, 623
Collen v. Wright (1857) 8 E. & B. 647 .... 333, 334
Collier v. Mason (1858) 25 Beav. 200 .... 120, 1094
Collinge v. Hayward (1839) 9 Ad. & El. 633 .... 67, 408
Collins v. Howell-Jones (1981) 259 EG 331, C.A. 138, 139
Columbus Co. v. Clowes [1903] 1 K.B. 244 .... 345, 355, 360
Comdel Commodities v. Siporex Trade S.A. (No. 2) [1991] 1 A.C. 148; [1990] 3 W.L.R. 1; [1990] 2 All E.R. 552; (1990) 134 S.J. 1124; [1990] 2 Lloyd's Rep. 207; (1990) 140 New L.J. 890, H.L.; affirming [1990] 1 All E.R. 216; [1989] 2 Lloyd's Rep. 13; *The Times*, April 3, 1989, C.A.; affirming in Part [1988] 2 Lloyd's Rep. 590 .. 451, 1096
Comfort Hotels v. Wembley Stadium [1988] 1 W.L.R. 872; (1988) 132 S.J. 967; [1988] 3 All E.R. 53 488
Comiat v. South African Transport Services (1991) Con.L.Y.B. 1994 1093
Commercial Bank of Tasmania v. Jones [1893] A.C. 313, P.C. 30, 270, 297, 305
Commissioner for Roads v. Reed & Stuart (1974) 12 B.L.R. 55 (High Court of Australia) 82, 93
Commonwealth Smelting v. Guardian Royal Exchange Assurance [1986] 1 Lloyd's Rep. 121, C.A.; affirming [1984] 2 Lloyd's Rep. 608; [1984] 134 New L.J. 1018 ...... 43, 623
Compagnie Algerienne de Meunerie v. Katana Societa di Navigatione Marittima S.P.A., The Nizetti [1960] 2 Q.B. 115; [1960] 2 W.L.R. 719; 104 S.J. 327; [1960] 2 All E.R. 55; [1960] 1 Lloyd's Rep. 132; C.A.; affirming [1959] 1 Q.B. 527; [1959] 2 W.L.R. 366; 103 S.J. 178; [1959] 1 All E.R. 272; [1958] 2 Lloyd's Rep. 502; [1959] C.L.Y. 3045 154
Compagnie Commerciale Sucres et Denrées v. C. Czarnikow [1990] 1 W.L.R. 1337, H.L. 157, 239
Compagnie Européene de Cereals S.A. v. Tradax Export S.A. [1986] 2 Lloyd's Rep. 307 453
Compagnie Générale Maritime v. Diakan Spirit S.A.; Ymnos, The [1981] 1 Lloyd's Rep. 550; [1982] Com.L.R. 228 158
Compagnie Nouvelle France Navigation, S.A. v. Compagnie Navale Afrique de Nord (The Oranie and The Tunisie) [1966] 1 Lloyd's Rep. 477; 116 New L.J. 948, C.A. 453
Compania Colombiana de Seguros v. Pacific Steam Navigation Co.; Empresa de Telefona de Bogota v. Same [1965] 1 Q.B. 101; [1964] 2 W.L.R. 484; 108 S.J. 75; [1964] 1 All E.R. 216; [1963] 2 Lloyd's Rep. 479 304
Compania Financiera "Soleada" S.A., Netherlands Antilles Ships Management Corp. and Dammers and van der Heide's Shipping and Trading Co. v. Hamoor Tanker Corp. Inc.; Borag, The [1981] 1 W.L.R. 274; (1981) 125 S.J. 185; [1981] 1 All E.R. 856; [1981] 1 Lloyd's Rep. 483; [1981] Com.L.R. 29, C.A.; reversing [1980] 1 Lloyd's Rep. 111 214
Compania Naviera Termar S.A. v. Tradax Export S.A. [1966] 1 Lloyd's Rep. 566; 116 New L.J. 809, H.L.; affirming [1965] 2 Lloyd's Rep. 79, C.A.; reversing [1965] 1 Lloyd's Rep. 198; [1965] C.L.Y. 3611 38
Compania Panamena Europea Navigacion v. Leyland (Frederick) & Co. [1947] A.C. 428; [1947] L.J.R. 716; 176 L.T. 524, H.L. 52, 53, 110, 111, 112, 117, 120, 122, 123, 124, 166, 369, 435, 685
Comptoir D'Achat et de Vente du Boerenbond Belge S/A v. Luis de Ridder Limitada (The Julia) [1949] A.C. 293; [1949] L.J.R. 513; 65 T.L.R. 126; 93 S.J. 101; [1949] 1 All E.R. 269; 82 Ll.L.Rep. 270 77
Computer & Systems Engineering v. John Lelliott (Ilford) 54 B.L.R. 1; *The Times*, February 21, 1991, C.A.; affirming *The Times*, May 23, 1989 .... 63, 607, 623
Comyn Ching & Co. (London) v. Oriental Tube Co. [1981] Com.L.R. 67; (1981) 17 B.L.R. 47, C.A. 13, 58, 65, 218, 316, 324
Concadoro, The [1916] 2 A.C. 199, P.C. 643
Concorde Construction Co. v. Colgan Co. (1984) 29 B.L.R. 120, High Ct. of Hong Kong 690

Table of Cases

Connaught Restaurants v. Indoor Leisure [1994] 1 W.L.R. 501, C.A.; [1993] 46 EG 184; [1993] NPC 118; [1993] EGCS 143; (1993) 143 New L.J. 1188; *The Times*, July 27, 1993, C.A.; reversing [1992] 2 EGLR 252; (1992) 8 Const.L.J. 372 .... 501, 511
Conquer v. Boot [1928] 2 K.B. 336 .... 409, 473
Constable Hart & Co. v. Peter Lind & Co. *See* Lind (Peter) and Co. v. Constable Hart and Co.
Constantine (Joseph) SS. Line v. Imperial Smelting Corporation [1942] A.C. 154 .... 143, 145
Convent Hospital v. Eberlin & Partners (1988) 14 Con.L.R. 1; (1989) 23 Con.L.R. 112, C.A. 131, 134
Conway v. Crowe Kelsey & Partner (1994) C.I.L.L. 927 187
Cooden Engineering Co. v. Stanford [1953] 1 Q.B. 86; [1952] 2 T.L.R. 822; 96 S.J. 802; [1952] 2 All E.R. 915, C.A. 246
Cook v. S. *See* Cook v. Swinfen.
—— v. Swinfen [1967] 1 W.L.R. 457; *sub nom.* Cook v. S., 110 S.J. 964; [1967] 1 All E.R. 299; [1966] C.L.Y. 9533, C.A.; reversing in part *sub nom.* Cook v. S. [1966] 1 W.L.R. 635; [1966] 1 All E.R. 248; *sub nom.* Cook v. Swinfen, 109 S.J. 972; [1965] C.L.Y. 3708 345
—— International Inc. v. B.V. Handelmaatschappij Jean Delvaux [1985] 2 Lloyd's Rep. 225; affirming [1985] 1 Lloyd's Rep. 120, C.A.; affirming (1983) 133 New L.J. 1042, D.C. 433, 435
Coombe v. Coombe [1951] 2 K.B. 215, C.A. 284, 285
—— v. Greene (1843) 11 M. & W. 480 167
Cooper v. Jarman (1866) L.R. 3 Eq. 98 142
—— v. Langdon (1842) 10 M. & W. 785; (1841) 9 M. & W. 60 .... 94, 331
—— v. Micklefield Coal & Lime Co. (1912) 107 L.T. 457 .... 298, 305
—— v. Uttoxeter Burial Board (1864) 11 L.T. 565 .... 110, 287
Coppée Lavalin v. Ken-Ren [1994] 2 W.L.R. 631, H.L. 456, 460, 463, 464
Corby District Council v. Holst & Co. [1985] 1 W.L.R. 427; (1985) 129 S.J. 172; [1985] 1 All E.R. 321; (1984) 28 B.L.R. 35; (1985) 135 New L.J. 56; (1985) 82 L.S.Gaz. 681, C.A. 517
Corfield (Alexander) v. Grant (David) 59 B.L.R. 102; 29 Con.L.R. 58; [1992] EGCS 36 .... 348, 350
Cork Corporation v. Rooney (1881) 7 Lr.Ir. 191 293
Cornwall v. Henson [1900] 2 Ch. 298 166
Corporation of the City of Adelaide v. Jennings Industries [1984–85] 156 C.L.R. 274; (1985) 1 Const.L.J. 197, High Ct. of Australia 318
Cort v. Ambergate etc. Railway Co. (1851) 17 Q.B. 127 166
Cory v. London Corporation [1951] 2 K.B. 476; [1951] 2 T.L.R. 174; 115 J.P. 371; 95 S.J. 465; [1951] 2 All E.R. 85; [1951] 1 Lloyd's Rep. 475, C.A.; affirming [1951] 1 K.B. 8; 66 T.L.R. (Pt. 2) 265; 114 J.P. 422; [1950] 2 All E.R. 584; 84 Ll.L.Rep. 278 .... 55, 165
—— (William) & Son v. Wingate Investments (London Colney); J. H. Coomes & Partners, Third Party (1980) 17 B.L.R. 104, C.A.; (1978) 248 EG 687 ... 205, 206, 221
Costain International v. Att.-Gen., The [1983] B.L.R. 48, Hong Kong C.A. 106, 108
Cottage Club Estates v. Woodside Estates (Ambersham) [1928] 2 K.B. 463 304
Cotton v. Wallis [1955] 1 W.L.R. 1168; 99 S.J. 779; [1955] 3 All E.R. 373, C.A. ... 62, 338, 339, 350, 351, 534, 545, 592
County & District Properties v. Jenner (C.) & Sons [1976] 2 Lloyd's Rep. 728; (1974) 3 B.L.R. 38, D.C. 67, 408
County Personnel (Employment Agency) v. Pulver (Alan R.) & Co. [1987] 1 W.L.R. 916; (1987) 131 S.J. 474; [1987] 1 All E.R. 289; [1986] 2 EGLR 246; (1987) 84 L.S.Gaz. 1409; (1989) 136 New L.J. 1138, C.A. 221, 356
Courtney & Fairbairn v. Tolaini Brothers (Hotels) [1975] 1 W.L.R. 297; (1974) 119 S.J. 134; [1975] 1 All E.R. 716, C.A. 24, 25
Cousins (H.) & Co. v. D. & C. Carriers [1971] 2 Q.B. 230; [1971] 2 W.L.R. 85; (1970) 114 S.J. 882; [1971] 1 All E.R. 55; [1970] 2 Lloyd's Rep. 397, C.A. 506
Coward, *Re* (1887) 57 L.T. 285 43
Crabb v. Arun District Council [1976] Ch. 179; [1975] 3 W.L.R. 847; 119 S.J. 711; [1975] 3 All E.R. 865; (1975) 32 P. & C.R. 70, C.A. 284, 285

Table of Cases

Crane v. Hegeman-Harris Co. Inc. [1939] 4 All E.R. 68, C.A. 427, 761
Cranleigh Precision Engineering v. Bryant [1965] 1 W.L.R. 1293; 109 S.J. 830; [1964] 3 All E.R. 289; [1966] R.P.C. 81 22
Craven-Ellis v. Canons [1936] 2 K.B. 403 86
Cremdean Properties v. Nash (1977) 244 EG 547, C.A.; affirming (1977) 241 EG 837 .... 89, 127, 129, 135, 138
Cremer v. General Carriers S.A. [1974] 1 W.L.R. 341; (1973) 117 S.J. 873; [1974] 1 All E.R. 1; *sub nom.* Cremer (Peter), Westfaelische Central Genossenschaft G.m.b.H. and Intergraan N.V. v. General Carriers S.A.; Dona Mari, The [1973] 2 Lloyd's Rep. 366 506
—— (Peter) v. Granaria B.V. [1981] 2 Lloyd's Rep. 583 285
Crestar v. Carr (1987) 131 S.J. 1154; [1987] 2 FTLR 135; (1987) 37 B.L.R. 113; (1987) 3 Const.L.J. 286; (1987) 84 L.S.Gaz. 1966, C.A. 116, 118, 630
Cricklewood Property and Investment Trust v. Leighton Investment Trust [1945] A.C. 221 .... 143, 145, 147
Crittall Manufacturing Co. v. L.C.C. (1910) 75 J.P. 203 311
Crofter Hand Woven Harris Tweed Co. v. Veitch [1942] A.C. 435 384
Cromlech Property Co. v. Costain Construction Co. (1986) 10 Con.L.R. 110, D.C. ... 306
Cropper v. Smith (1884) 26 Ch.D. 700 477
Crosby (J.) & Sons v. Portland Urban District Council (1967) 5 B.L.R. 121, D.C. 93, 474, 1048
Croshaw v. Pritchard (1899) 16 T.L.R. 45 17
Cross v. Leeds Corporation (1902) H.B.C. (4th ed.), Vol. 2, p. 339, C.A. 123, 124, 435
Croudace v. Lambeth London Borough (1986) 33 B.L.R. 20, C.A.; (1984) 1 Const.L.J. 128; [1984] C.I.L.L. 136 .... 53, 112, 119, 120, 204, 439, 505, 654
Croudace Construction v. Cawoods Concrete Products [1978] 2 Lloyd's Rep. 55; [1978] 8 B.L.R. 20, C.A. 69
Crown Estates Commissioners v. John Mowlem & Co., *The Independent*, September 5, 1994, C.A. 108, 116, 124, 452, 534, 544, 692, 694
Crown House Engineering v. Amec Projects 48 B.L.R. 32; (1990) 6 Const.L.J. 141, C.A. 86, 502, 504, 505
Crowshaw v. Pritchard (1899) 16 T.L.R. 45; (1899) H.B.C. (4th ed., 1914) 41
Crux v. Aldred (1866) 14 W.R. 656 243
Cullen v. Thomson's Trustees & Kerr (1862) 4 Macq. 424 335
Cullinane v. British "Rema" Manufacturing Co. [1954] 1 Q.B. 292; [1953] 3 W.L.R. 923; 97 S.J. 811; [1953] 2 All E.R. 1257, C.A. 223, 518
Culworth Estates v. Society of Licensed Victuallers [1991] 2 EGLR 54; [1991] 39 EG 132; (1991) 62 P. & C.R. 211; [1991] EGCS 16; *The Times*, February 28, 1991; *The Daily Telegraph* March 18, 1991, C.A.; affirming [1990] 2 EGLR 36; [1990] 29 EG 49; (1991) 61 P. & C.R. 33 221
Cunliffe v. Hampton Wick Local Board (1893) H.B.C. (4th ed.) Vol. 2, p. 250; 9 T.L.R. 378, C.A. 119, 267, 268
Cunningham-Reid v. Buchanan-Jardine [1988] 1 W.L.R. 678; [1988] 2 All E.R. 438; [1988] L.S.Gaz. May 4, 33, C.A. 442, 453
Curran v. Northern Ireland Co-ownership Housing Association [1987] A.C. 718; [1987] 2 W.L.R. 1043; (1987) 131 S.J. 506; [1987] 2 All E.R. 13; (1987) 19 H.L.R. 318; (1987) 38 B.L.R. 1; (1987) 84 L.S.Gaz. 1574; H.L.; reversing [1986] 8 N.I.J.B. 1, C.A. 180, 196
Currie v. Misa (1875) L.R. 10 Ex. 153 13
Curtin v. Greater London Council (1970) 114 S.J. 932; 69 L.G.R. 281, C.A. 13
Curtis v. Chemical Cleaning and Dyeing Co. [1951] 1 K.B. 805; [1951] 1 T.L.R. 452; 95 S.J. 253; [1951] 1 All E.R. 631, C.A. 27
—— (D. H.) (Builders), *Re* [1978] Ch. 162; [1978] 2 W.L.R. 28; (1977) 121 S.J. 707; [1978] 2 All E.R. 183 418
Cushla, *Re* [1979] 3 All E.R. 415; [1979] S.T.C. 615 418
Cutsforth v. Mansfield Inns [1986] 1 W.L.R. 558; (1986) 130 S.J. 314; [1986] 1 All E.R. 577; [1986] 1 C.M.L.R. 1; (1985) 83 L.S.Gaz. 1232, D.C. 389
Cutter v. Powell (1795) 6 Term Rep. 320 .... 75, 80, 359, 360
Cutts v. Head [1984] Ch. 290; [1984] 2 W.L.R. 349; [1984] 1 All E.R. 597; (1984) 128 S.J. 117; (1984) 81 L.S.Gaz. 509, C.A. 448, 449, 493, 517

Table of Cases

Czarnikow v. Roth, Schmidt & Co. [1922] 2 K.B. 478 .... 122, 436, 437, 439
—— (C.) v. Centrala Handlu Zagranicznego Rolimpex [1979] A.C. 351; [1978] 3 W.L.R. 274; (1978) 122 S.J. 506; [1978] 2 All E. R. 1043; [1978] 2 Lloyd's Rep. 305, H.L.; affirming [1978] Q.B. 176; [1977] 3 W.L.R. 677; (1977) 121 S.J. 527; [1978] 1 All E.R. 81; [1977] 2 Lloyd's Rep. 201, C.A. 154

D. & C. Builders v. Rees [1966] 2 Q.B. 617; [1966] 2 W.L.R. 288; 109 S.J. 971; [1965] 3 All E.R. 837; [1965] C.L.Y. 1486, C.A. 288
D. & F. Estates v. Church Commissioners [1989] A.C. 177; [1988] 2 EGLR 213; 15 Con.L.R. 35; H.L. ... 169, 170, 171, 172, 173, 174, 177, 179, 193, 194, 277, 278, 307, 397, 405, 414, 975
DSL Group v. Unisys International Services (1994) C.I.L.L. 942 218
Daintrey, *Re* [1893] 2 Q.B. 116 494
Dakin & Co. v. Lee [1916] 1 K.B. 566 .... 79, 80, 287
Dallman v. King (1837) 7 L.J.C.P. 6 104
Dalmia Dairy Industries v. National Bank of Pakistan (1977) 121 S.J. 442; [1978] 2 Lloyd's Rep. 223, C.A. 427, 432, 462, 463, 464
Dalton v. Angus (1881) 6 App.Cas. 740 .... 67, 277, 278, 279, 281
Damon Compania Naviera S.A. v. Hapag-Lloyd International S.A.; Blankenstein, The [1985] 1 W.L.R. 435; (1985) 129 S.J. 218; (1985) 1 All E.R. 475; [1985] 1 Lloyd's Rep. 93; (1985) 82 L.S.Gaz. 1644, C.A.; affirming [1983] 3 All E.R. 510; [1983] 2 Lloyd's Rep. 522; [1983] Com.L.R. 204 .... 21, 161
Damond Lock Grabowski v. Laing Investments (Bracknell) 60 B.L.R. 112 455
Daniels (H. E.) v. Carmel Exporters and Importers [1953] 2 Q.B. 242; [1953] 3 W.L.R. 216; 97 S.J. 473; [1953] 2 All E.R. 401; [1953] 2 Lloyd's Rep. 103 473
Darley Main Colliery v. Mitchell (1886)11 App.Cas. 127, H.L. 281
Darlington Borough Council v. Wiltshier Northern, *The Times*, July 4, 1994, C.A. 216, 220, 306
Dartford Union v. Trickett (1888) 59 L.T. 754 26
Daulia v. Four Millbank Nominees [1978] Ch. 231; [1978] 2 W.L.R. 621; 121 S.J. 851; [1978] 2 All E.R. 557; (1977) 36 P. & C.R. 244, C.A. 14
Davie v. New Merton Board Mills [1959] A.C. 604; [1959] 2 W.L.R. 331; 103 S.J. 177; [1959] 1 All E.R. 346; [1959] 2 Lloyd's Rep. 587; [1958] C.L.Y. 2265, H.L.; affirming [1958] 1 Q.B. 210; [1958] 2 W.L.R. 21; 102 S.J. 14; [1958] 1 All E.R. 67, C.A.; reversing [1957] 2 Q.B. 368; [1957] 2 W.L.R. 747; 101 S.J. 321; [1957] 2 All E.R. 38, 384n. 341
Davies v. Collins [1945] 1 All E.R. 247 .... 297, 298
—— v. Swansea Corporation (1853) 8 Exch. 808; (1853) 22 L.J.Ex. 297 .... 248, 257, 260
—— (A.) & Co. (Shopfitters) v. Old (William) (1969) 113 S.J. 262; 67 L.G.R. 395 ..... 46, 323
Davis v. Afa-Minerva [1974] 2 Lloyd's Rep. 27 351
—— v. Hedges (1871) L.R. 6 Q.B. 687 .... 287, 473, 519
—— v. Parry (1988) H.L.R. 452 196
—— v. Radcliffe [1990] 1 W.L.R. 821; [1990] 2 All E.R. 536; (1990) 134 S.J. 1078; [1990] BCC 472; [1990] BCLC 647; [1990] L.S.Gaz. May 23, 43, P.C.; affirming 1989 Fin.L.R. 266 180
—— & Co., *ex p.* Rawlings, *Re* (1888) 22 Q.B.D. 193, C.A. 420
—— Contractors v. Fareham U.D.C. [1956] A.C. 696; [1956] 3 W.L.R. 37; 100 S.J. 378; [1956] 2 All E.R. 145; 54 L.G.R. 289; H.L.; affirming [1955] 1 Q.B. 302; [1955] 2 W.L.R. 388; 99 S.J. 109; [1955] 1 All E.R. 275, C.A.; [1955] C.L.Y. 271 .... 38, 85, 143, 144, 146, 147, 535
Davison v. Reeves (1892) 8 T.L.R. 391 .... 142, 359
Davstone Estate's Leases, *Re*, Manprop v. O'Dell [1969] 2 Ch. 378; [1969] 2 W.L.R. 1287; 113 S.J. 366; [1969] 2 All E.R. 849; 20 P. & C.R. 395 .... 113, 122
Davy Offshore v. Emerald Field Contracting (1991) 55 B.L.R. 1; 27 Con.L.R. 138 .. 95, 99, 330
Dawber Williamson Roofing v. Humberside County Council (1979) 14 B.L.R. 70; October 22, 1979, D.C. 261, 264, 308, 588, 603, 738, 884
Dawby, *Re* (1885) 15 Q.B.D. 426, C.A. 425

xlii

Table of Cases

Dawnays v. Minter (F. G.) and Trollope and Colls [1971] 1 W.L.R. 1205; [1971] 2 Lloyd's Rep. 192; *sub nom.* Dawnays v. Minter (F.G.), 115 S.J. 434; [1971] 2 All E.R. 1389, C.A. 503, 889
Dawson v. Great Northern and City Railway [1905] 1 K.B. 260, C.A. 306
De Beers Abrasive Products v. International General Electric Co. of New York [1975] 1 W.L.R. 972; 119 S.J. 439; [1975] 2 All E.R. 599; [1975] F.S.R. 323 127
De Bernardy v. Harding (1853) 8 Exch. 822 227
De Bry v. Fitzgerald [1990] 1 W.L.R. 552; [1990] 1 All E.R. 560; [1990] 1 C.M.L.R. 781, C.A. 395, 509
De Lassalle v. Guildford [1901] 2 K.B. 215, C.A. 42
De Meza and Stuart v. Apple, Van Straten, Shena and Stone [1975] 1 Lloyd's Rep. 498, C.A.; affirming [1974] 1 Lloyd's Rep. 508 208
De Morgan Snell & Co., *Re* (1892) H.B.C. (4th ed.) Vol. 2, p. 185, C.A. 368
De Rosaz (In the Goods of) 2 P.D. 66 37
Dean v. Ainley [1987] 1 W.L.R. 1729; (1987) 131 S.J. 1589; [1987] 3 All E.R. 784; (1987) 284 EG 1244; (1987) 84 L.S.Gaz. 2450, C.A. 220
—— v. Prince [1954] Ch. 409; [1954] 2 W.L.R. 538; 98 S.J. 215; [1954] 1 All E.R. 749; 47 R. & I.T. 494, C.A.; reversing [1953] Ch. 590; [1953] 3 W.L.R. 271; 97 S.J. 490; [1953] 2 All E.R. 636; [1953] C.L.Y. 525 .... 120, 1094
Dear v. Thames Water (1992) 33 Con.L.R. 43 180
Dearle v. Hall (1828) 3 Russ. 1 302
Decro-Wall International S.A. v. Practioners in Marketing; Same v. Same [1971] 1 W.L.R. 361; *sub nom.* Decro-Wall International S.A. v. Practitioners in Marketing (1970) 115 S.J. 171; [1971] 2 All E.R. 216, C.A. 156, 159, 166
Deloitte Haskins & Sells v. National Mutual Life Nominees [1993] A.C. 774; [1993] 3 W.L.R. 347; [1993] 2 All E.R. 1015; (1993) 137 S.J. (LB) 152; [1993] BCLC 1174; (1993) 143 New L.J. 883, P.C. 196
Dennehy v. Bellamy [1938] 2 All E.R. 262 437
Denny, Mott & Dickson v. Fraser (James B.) & Co. [1944] A.C. 262 144
Department of the Environment v. Farrans (Construction) (1982) 19 B.L.R. 1; [1981] 5 N.I.J.B. 234, 631, 632, 652
—— v. Thomas Bates [1991] 1 A.C. 499; [1990] 3 W.L.R. 457; [1990] 2 All E.R. 943; [1990] 46 EG 115; (1990) 134 S.J. 1077; 50 B.L.R. 61; 21 Con.L.R. 54; H.L.; affirming [1989] 1 All E.R. 1075; [1989] 26 EG 121; 13 Con.L.R. 1; 44 B.L.R. 88; (1989) 139 New L.J. 39, C.A. 169, 173, 177, 179
Department of Transport v. Smaller (Chris) (Transport) [1989] A.C. 1197; [1989] 2 W.L.R. 578; (1989) 133 S.J. 361; [1989] 1 All E.R. 897; (1989) 139 New L.J. 363, H.L. 496, 497
Derby & Co. v. Weldon (No. 7) [1990] 1 W.L.R. 1156; [1990] 3 All E.R. 161 493
—— v. —— (No. 8) [1991] 1 W.L.R. 73; [1990] 3 All E.R. 762; (1991) 135 S.J. 84; *The Times*, August 29, 1990, C.A. 493
—— v. —— (No. 9), *The Times*, November 9, 1990, C.A. 489, 491, 492
Derrick v. Williams (1939) 55 T.L.R. 676 478
Derry v. Peek (1889) 14 App.Cas. 337 130
Design 5 v. Keniston Housing Association (1986) 38 B.L.R. 123; (1986) 34 B.L.R. 92 220
Diamantis Pateras, The [1966] 1 Lloyd's Rep. 179; 116 New L.J. 639 194
Diana Prosperity, The. *See* Reardon Smith Line v. Hansen-Tangen; Hansen-Tangen v. Sanko Steamship Co.; Diana Prosperity, The.
Dickinson v. Dodds (1876) 2 Ch.D. 463 C.A. 19
Didymi: Corp. v. Atlantic Lines and Navigation Co.; Didymi, The [1988] 2 Lloyd's Rep. 108, C.A. 24
Dietz v. Lennig Chemicals [1969] 1 A.C. 170; [1967] 3 W.L.R. 165; [1967] 2 All E.R. 282; *sub nom.* Dietz (formerly Wilson) v. Lennig Chemicals (1967) 111 S.J. 354, H.L.; affirming [1966] 1 W.L.R. 1349; 110 S.J. 448; [1966] 2 All E.R. 962; [1966] C.L.Y. 9423, C.A. 27, 128
Diggle v. Ogston Motor Co. (1915) 112 L.T. 1029 .... 104, 258
Dillingham Construction Pty v. Downs [1972] 2 N.S.W.L.R. 49; (1972) 13 B.L.R. 97 .... 89, 141, 191, 192, 987
Dillon v. Jack (1903) 23 N.Z.L.R. 547 261
Dimes v. Grand Junction Canal (Proprietors) (1852) 3 H.L.Cas. 794, H.L. 103

Table of Cases

Dineen v. Walpole [1969] 1 Lloyd's Rep. 261; (1969) 209 EG 827; 119 New L.J. 746, C.A. 448, 510
Director General of Fair Trading v. Smiths Concrete, *sub nom.* Supply of Ready Mixed Concrete, *Re* [1992] Q.B. 213; [1991] 3 W.L.R. 707; [1991] 4 All E.R. 150; [1992] I.C.R. 229; *The Times*, July 26, 1991; *The Independent*, August 2, 1991, C.A.; reversing [1991] I.C.R. 52, R.P.Ct. 385
Dixon v. Hatfield (1825) 2 Bing. 439 310
—— v. Metropolitan Board of Works (1881) 7 Q.B.D. 418 148
Docker v. Hyams [1969] 1 W.L.R. 1060; 113 S.J. 381; [1969] 3 All E.R. 808; [1969] 1 Lloyd's Rep. 487, C.A.; affirming [1969] 1 Lloyd's Rep. 333. Petition for leave to appeal to the House of Lords refused 105
Dodd v. Churton [1897] 1 Q.B. 562 .... 143, 241, 250, 251, 252, 580
Dodd Properties (Kent) v. Canterbury City Council [1980] 1 W.L.R. 433; (1979) 124 S.J. 84; [1980] 1 All E.R. 928; (1979) 253 EG 1335; (1979) 13 B.L.R. 45, C.A.; reversing [1979] 2 All E.R. 118; (1978) 248 EG 229, D.C. 205, 206, 214, 220, 221
Doe d. Tatum v. Catomore (1851) 16 Q.B. 745 48
Dole Dried Fruit & Nut Co. v. Trustin Kerwood [1990] 2 Lloyd's Rep. 309; *The Independent*, May 22, 1990, C.A. 500
Doleman & Sons v. Ossett Corpn [1912] 3 K.B. 257, C.A. 438, 437
Dolling-Baker v. Merrett [1990] 1 W.L.R. 1205; [1991] 2 All E.R. 890; (1990) 134 S.J. 806; [1990] L.S.Gaz. Oct. 3, 40, C.A. 492, 493
Dominion Mosaics and Tile Co. v. Trafalgar Trucking Co. [1990] 2 All E.R. 246; [1989] 22 EG 101; 26 Con.L.R. 1; (1989) 139 New L.J. 364, C.A. 222
Domsalla v. Barr (Trading as A.B. Construction) [1969] 1 W.L.R. 630; 113 S.J. 265; [1969] 3 All E.R. 487, C.A. 476
Donkin and Leeds, etc.; Canal Co. *Re*, (1893) 9 T.L.R. 192; H.B.C. (4th ed.), Vol. 2, p. 239 (D.C.) 435
Donoghue v. Stevenson [1932] A.C. 562 .... 171, 172, 193
Dorset County Council v. Southern Felt Roofing Co. 48 B.L.R. 96; (1990) 6 Const.L.J. 37; (1990) 10 Tr.L.R. 96, C.A.; affirming 26 Con.L.R. 128 .... 65, 608
Dorset Yacht Co. v. Home Office. *See* Home Office v. Dorset Yacht Co.
Douglas Construction v. W.H.T.S.O. (1985) 31 B.L.R. 88 431
Douglas (R.M.) Construction v. C.E.O. Building Services (1985) 1 Const.L.J. 232; [1985] C.I.L.L. 164 724
Dove v. Banhams Patent Locks [1983] 1 W.L.R. 1436; (1983) 127 S.J. 748; [1983] 2 All E.R. 833; (1983) 133 New L.J. 538 405
Dowson & Mason v. Potter [1986] 1 W.L.R. 1419; (1986) 130 S.J. 841; [1986] 2 All E.R. 418; (1986) 83 L.S.Gaz. 3429, C.A. 283
Doyle v. Olby (Ironmongers) [1969] 2 Q.B. 158; [1969] 2 W.L.R. 673; 113 S.J. 128; [1969] 2 All E.R. 119, C.A. 132, 137, 207, 334
Drake & Scull v. McLaughlin (1992) 60 B.L.R. 102 893
Drane v. Evangelou [1978] 1 W.L.R. 455; 121 S.J. 793; [1978] 2 All E.R. 437; (1977) 36 P. & C.R. 270; (1977) 246 EG 137, C.A. 200
Draper v. Manvers (Earl) (1892) 9 T.L.R. 73 35
Drew & Co. v. Josolyne (1887) 18 Q.B.D. 590 .... 258, 303, 304, 420
Dreyfus (Louis) et Cie v. Parnaso Cia Naviera S.A. (The Dominator) [1960] 2 Q.B. 49; [1960] 2 W.L.R. 637; [1960] 1 All E.R. 759; 104 S.J. 287; [1960] 1 Lloyd's Rep. 117, C.A.; reversing [1959] 1 Q.B. 498; [1959] 2 W.L.R. 405; 103 S.J. 221; [1959] 1 All E.R. 502; [1959] 1 Lloyd's Rep. 125; [1959] C.L.Y. 3039 39
Dubai Bank v. Galadari (No. 7) [1992] 1 W.L.R. 106; [1992] 1 All E.R. 658; [1992] Gazette, 19 February, 31 492
Duke of Westminster v. Guild [1985] 1 Q.B. 688; [1984] 3 W.L.R. 630; (1984) 128 S.J. 581; [1984] 3 All E.R. 144; (1984) 48 P. & C.R. 42; (1983) 267 EG 763, C.A. 51
Dumenil (Peter) & Co. v. Ruddin (James) [1953] 1 W.L.R. 815; 97 S.J. 437; [1953] 2 All E.R. 294; [1953] 2 Lloyd's Rep. 4; C.A. 159
Dunaberg Railway v. Hopkins (1877) 36 L.T. 733 .... 114, 117
Duncan v. Blundell (1820) 3 Stark. 6 .... 56, 76, 355
—— v. Topham (1849) 8 C.B. 225 237
Dunkirk Colliery Co. v. Lever (1878) 9 Ch.D. 20 .... 206, 261
Dunlop v. New Garage and Motor Co. [1915] A.C. 79 .... 243, 1039

xliv

Table of Cases

Dunlop v. Woollahra Municipal Council [1981] 2 W.L.R. 693; (1981) 125 S.J. 199; [1981] 1 All E.R. 1202, P.C. 345
Dunlop & Ranken v. Hendall Steel Structures. Pitchers (Garnishees) [1957] 1 W.L.R. 1102; 101 S.J. 852; [1957] 3 All E.R. 344, D.C. 323, 1073
Dunlop & Sons v. Balfour Williamson & Co. [1892] 1 Q.B. 507, C.A. 63
Dunlop Pneumatic Tyre Co. v. Selfridge & Co. [1915] A.C. 847 .... 13, 216
Dunne v. English (1874) L.R. 18 Eq. 524 337
Duquemin v. Raymond Slater (1993) 65 B.L.R. 124 500
Dutton v. Bognor Regis Urban District Council [1972] 1 Q.B. 373; [1972] 2 W.L.R. 299; (1971) 116 S.J. 16; 70 L.G.R. 57, *sub nom.* Dutton v. Bognor Regis United Building Co. [1972] 1 All E.R. 462; [1972] 1 Lloyd's Rep. 227, C.A., affirming [1971] 2 All E.R. 1003 .... 169, 414
—— v. Louth Corp. (1955) 116 EG 128, C.A. 130, 132, 291, 372
Dyer v. Build/Lind Partnership [1983] B.L.R. 23, D.C. 163, 165, 458

ECC Quarries v. Merriman, 45 B.L.R. 90, D.C. 1094
Eads v. Williams (1854) 4 De G.M. & G. 674 425
Eagle Star Insurance Co. v. Yuval Insurance Co. [1978] 1 Lloyd's Rep. 357, C.A. 437, 439
Eaglesham v. McMaster [1920] 2 K.B. 169 .... 120, 124, 426
Eames London Estates v. North Hertfordshire District Council (1981) 259 EG 491; [1982] B.L.R. 50 .... 342, 346
Earl of Stradbroke v. Mitchell. *See* Rouse v. Mitchell.
Earle (G. & T.) (1925) v. Hemsworth R.D.C. (1928) 140 L.T. 69, C.A. 304
Earth and General Contracts v. Manchester Corporation (1958) 108 L.J. 665 166
East v. Maurer [1991] 1 W.L.R. 461; [1991] 2 All E.R. 733, C.A. 132
East Ham Corporation v. Sunley (Bernard) & Sons [1966] A.C. 406; [1965] 3 W.L.R. 1096; 109 S.J. 874; [1965] 3 All E.R. 619; 64 L.G.R. 43; [1965] 2 Lloyd's Rep. 425, H.L.; reversing [1965] 1 W.L.R. 30; 108 S.J. 918; [1965] 1 All E.R. 210; [1964] 2 Lloyd's Rep. 491; 63 L.G.R. 119; [1964] C.L.Y. 362, C.A. 113, 115, 117, 124, 202, 220, 225, 351, 430, 431, 545, 684
Easton v. Ford Motor Co. [1993] 1 W.L.R. 1511; [1993] 4 All E.R. 257; (1993) 137 S.J. (LB) 146; *The Times*, April 29, 1993, C.A. 478
Ebdy v. M'Gowan (1870) H.B.C. (4th ed.) Vol. 2, p. 9 363
Eccles v. Southern (1861) 3 F. & F. 142 311
Eckersley v. Binnie (1988) 18 Con.L.R. 1, C.A. 338, 340, 347
—— v. Mersey Docks and Harbour Board [1894] 2 Q.B. 667, C.A. 434
Edelman v. Boehm (1964) S.A.L.J. (Ct. of Australia) 358
Edgeworth Construction v. Lea & Associates (1993) 66 B.L.R. 56 .... 192, 367, 973
Edgington v. Fitzmaurice (1885) 29 Ch.D. 459 126
Edginton v. Clark [1964] 1 Q.B. 367; [1963] 3 W.L.R. 721; 107 S.J. 617; [1963] 3 All E.R. 468; C.A. 511
Edmunds v. Lloyds Italico & l'Ancora Compagnia di Assicurazioni & Riassicurazione S.p.A. [1986] 1 W.L.R. 492; (1986) 130 S.J. 242; [1986] 2 All E.R. 249; [1986] 1 Lloyd's Rep. 326; (1986) 83 L.S.Gaz. 876, C.A. 506
Edwards v. Bairstow and Harrison [1956] A.C. 14; [1955] 3 W.L.R. 410; 99 S.J. 558; [1955] 3 All E.R. 48; [1955] T.R. 209; 48 R. & I.T. 534; 36 T.C. 207; 34 A.T.C. 198; H.L.; reversing [1954] T.R. 155; 47 R. & I.T. 340; 33 A.T.C. 131; T.C. Leaflet No. 1692; [1954] C.L.Y. 1555, C.A.; restoring [1954] T.R. 65; 4 R. & I.T. 177; 33 A.T.C. 58; T.C. Leaflet No. 1680 469
—— v. Newland & Co. (E. Burchett, Third Party) [1950] 2 K.B. 534; 66 T.L.R. (Pt. 2) 321; 94 S.J. 351; [1950] 1 All E.R. 1072, C.A. 296
—— v. Skyways [1964] 1 W.L.R. 349; 108 S.J. 279; [1964] 1 All E.R. 494 .... 20, 23
Edwards, *Re, ex p.* Chambers (1873) L.R. 8 Ch. 289 421
El Awadi v. Bank of Credit and Commerce International S.A. [1990] 1 Q.B. 606; [1989] 3 W.L.R. 220; (1989) 133 S.J. 784; [1989] 1 All E.R. 242; 1989 Fin.L.R. 192 51
Elbinger Actien-Gesellschaft, etc. v. Armstrong (1874) L.R. 9 Q.B. 473 324
Electric Power Equipment v. R.C.A. Victor Co. (1964) 46 D.L.R. (2d) 722; affirming (1963) 41 D.L.R. (2d) 727; [1964] C.L.Y. 578 148

Table of Cases

Electricity Supply Nominees v. Longstaff and Shaw (1987) 3 Const.L.J. 183, C.A. 497
—— v. IAF Group [1993] 1 W.L.R. 1059; [1993] 3 All E.R. 372; [1993] 37 EG 155; [1992] EGCS 145; (1992) 67 P. & C.R. 28; *The Times*, January 21, 1993 72
Elgindata (No. 2), *Re* [1992] 1 W.L.R. 1207; [1993] 1 All E.R. 232; [1993] BCLC 119; (1992) 136 S.J. (LB) 190; [1992] *Gazette*, 15 July, 33; *The Times*, June 18, 1992, C.A. 511
Elkington v. Wandsworth Corporation (1924) 41 T.L.R. 76 .... 358, 361
Ellerine Bros. v. Klinger [1982] 1 W.L.R. 1375; (1982) 126 S.J. 592; [1972] 2 All E.R. 737; (1982) 79 L.S.Gaz. 987, C.A. 440
Ellerman Lines v. Lancaster Maritime Co.; Lancaster, The [1980] 2 Lloyd's Rep. 497 302
Ellis v. Hamlen (1810) 3 Taunt. 52 80
Ellis-Don v. Parking Authority of Toronto (1978) 28 B.L.R. 98, Sup. Ct. of Ontario ... 52, 154, 227, 231
Ellis Mechanical Services v. Wates Construction (1976) 2 B.L.R. 57; [1978] 1 Lloyd's Rep. 33, C.A. 440, 445, 501, 502, 504, 1074
Elmes v. Burgh Market Co. (1891) H.B.C. (4th ed.) Vol. 2, p. 170 .... 118, 119
Elphinstone (Lord) v. Markland Iron and Coal Co. (1886) 11 App.Cas. 332 245
Elpis Maritime Co. v. Marti Chartering Co.; Maria D., The [1992] 1 A.C. 21; [1991] 3 W.L.R. 330; [1991] 3 All E.R. 758; [1991] 2 Lloyd's Rep. 311; (1991) 135 S.J. (LB) 100; [1991] 141 New L.J. 1109, H.L.; reversing [1991] 1 Lloyd's Rep. 521, C.A. 29
Elsley v. Collins Insurance Agencies (1978) 83 D.L.R. (3d) 1, Can.Sup.Ct. 241, 249
Elwes v. Maw (1802) 3 East 38 262
Elwood, *Re* [1927] 1 Ch. 455 46
Emanuel (H. & N.) v. Greater London Council, 115 S.J. 226; [1971] 2 All E.R. 835; 69 L.G.R. 346; [1971] 2 Lloyd's Rep. 36, C.A.; affirming (1970) 114 S.J. 653; *The Times*, July 21, 1970 279
Emden v. Carte (1881) 19 Ch.D. 311; (1881) 17 Ch.D. 768; affirming (1881) 17 Ch.D. 169 .... 359, 417
Emeh v. Kensington and Chelsea and Westminster Area Health Authority [1985] Q.B. 1012; [1985] 2 W.L.R. 233; (1984) 128 S.J. 705; [1984] 3 All E.R. 1044; (1984) 81 L.S.Gaz. 2856, C.A. 207
Emson Contractors v. Protea Estates (1988) 4 Const.L.J. 119; (1987) 39 B.L.R. 126 .... 106, 694
Emson Eastern (In receivership) v. EME Development 55 B.L.R. 114; 26 Con.L.R. 57 .... 590, 626, 663
Enco Civil Engineering v. Zeus International Developments (1991) 56 B.L.R. 43 .... 1073, 1093
English and American Insurance Co. v. Smith (Herbert) & Co. (a firm) [1988] F.S.R. 232; (1987) 137 New L.J. 148 493
English Exporters (London) v. Eldonwall; Same v. Same [1973] Ch. 415; [1973] 2 W.L.R. 435; (1972) 117 S.J. 224; [1973] 1 All E.R. 726; (1972) 25 P. & C.R. 379 490
English Industrial Estates Corporation v. George Wimpey & Co. (1972) 116 S.J. 945; (1972) 71 L.G.R. 127; [1973] 1 Lloyd's Rep. 118, C.A. 46, 527, 546, 547, 597, 982
—— v. Kier Construction; Same v. Moss Construction Northern, 56 B.L.R. 93 ..... 93, 1057
Entores v. Miles Far East Corporation [1955] 2 Q.B. 327; [1955] 3 W.L.R. 48; 99 S.J. 384; [1955] 2 All E.R. 493; [1955] 1 Lloyd's Rep. 511; C.A. 26, 27
Equitable Debenture Assets Corp. v. Moss (William) (1984) 1 Const.L.J. 131 ... 60, 94, 413
Erich Schroeder, The [1974] 1 Lloyd's Rep. 192 .... 459, 510
Eriksson v. Whalley [1971] 1 N.S.W.L.R. 397 258
Ernst & Whinney v. Willard Engineering (Dagenham) (1987) 3 Const.L.J. 292; (1988) 40 B.L.R. 67, Official Referee 185, 186
Esal (Commodities) and Relton v. Oriental Credit and Wells Fargo Bank N.A.; Banque de Caire S.A.E. v. Wells Fargo Bank N.A. [1985] 2 Lloyd's Rep. 546; [1986] FLR 70, C.A. 275
Eshelby v. Federated European Bank [1932] 1 K.B. 254 478
Esmil v. Fairclough Civil Engineering (1982) 19 B.L.R. 129, C.A. 23, 45
Ess v. Truscott (1837) 2 M. & W. 385 119

Table of Cases

Esso Petroleum Co. v. Hall Russell & Co. (Shetland Islands Council Third Party) [1989]
  A.C. 643; [1989] 1 Lloyd's Rep. 8, H.L. 67
—— v. Harper's Garage (Stourport) [1968] A.C. 269; [1967] 2 W.L.R. 871; 111 S.J. 174;
  [1967] 1 All E.R. 699, H.L.; reversing in part [1966] 2 Q.B. 514; [1966] 2 W.L.R.
  1043; 110 S.J. 265; [1966] 1 All E.R. 725; [1966] C.L.Y. 12022; C.A.; reversing
  [1966] 2 Q.B. 514; [1965] 3 W.L.R. 469; 109 S.J. 511; [1965] 2 All E.R. 933; [1965]
  C.L.Y. 3878 383
—— v. Mardon (1976) 2 B.L.R. 82, C.A. 127, 139, 140, 141, 186, 190, 191, 192, 197,
  309, 334
Etablissements Chainbaux S.A.R.L. v. Harbormaster [1955] 1 Lloyd's Rep. 303 164
Ethiopian Oilseeds and Pulses Export Corp. v. Rio del Mar Foods [1990] 1 Lloyd's Rep.
  86; *The Times*, August 11, 1989 .... 291, 427
Eugenia, The. *See* Ocean Tramp Tankers Corporation v. V/O Sovfracht.
Euro-Diam v. Bathurst [1990] 1 Q.B. 35 .... 52, 151, 152
Europa Holdings v. Circle Industries (U.K.) [1993] BCLC 320, C.A. 510
Evans v. Carte (1881) H.B.C. (4th ed.) Vol. 2, p. 78, D.C. 370
—— v. Heathcote [1918] 1 K.B. 418, C.A. 384
—— Construction Co. v. Charrington & Co. and Bass Holdings [1983] Q.B. 810; [1983]
  2 W.L.R. 117; [1983] 1 All E.R. 310; (1982) 264 EG 347; (1982) 79 L.S.Gaz. 1138,
  C.A. 410
—— (J.) & Son (Portsmouth) v. Merzario (Andrea) [1976] 1 W.L.R. 1078; 120 S.J. 734;
  [1976] 2 All E.R. 930; [1976] 2 Lloyd's Rep. 165, C.A.; reversing [1975] 1 Lloyd's
  Rep. 162 .... 27, 42, 140
—— Marshall & Co. v. Bertola S.A. [1976] 2 Lloyd's Rep. 17, H.L.; reversing [1973] 1
  W.L.R. 349; (1972) 117 S.J. 225; [1973] 1 All E.R. 992; *sub nom.* Evans Marshall &
  Co. v. Bertola S.A. and Independent Sherry Importers [1973] 1 Lloyd's Rep. 453;
  [1953] 2 Lloyd's Rep. 373, C.A. 215
Everett v. Ribbands [1952] 2 Q.B. 198; [1952] 1 T.L.R. 933; 116 J.P. 221; 96 S.J. 229;
  [1952] 1 All E.R. 823; 50 L.G.R. 389; affirming [1952] 1 K.B. 112; [1951] 2 T.L.R.
  829; 115 J.P. 582; 95 S.J. 698; [1951] 2 All E.R. 818; 50 L.G.R. 57, I.C.L.C.
  6158 494
Everglade Maritime Inc. v. Schiffahrtsgesellschaft Detlef von Appen GmbH; Maria, The
  [1993] Q.B. 780; [1993] 3 W.L.R. 176; [1993] 3 All E.R. 748; [1993] 2 Lloyd's Rep.
  168, C.A.; affirming [1993] 1 W.L.R. 33; [1992] 3 All E.R. 851; [1992] 2 Lloyd's
  Rep. 167 .... 450, 458
Ewing & Lawson v. Hanbury & Co. (1990) 16 T.L.R. 140 290
Exormisis Shipping S.A. v. Oonsoo, the Democratic Peoples Republic of Korea and the
  Korean Foreign Transportation Corporation [1975] 1 Lloyd's Rep. 432; [1975] 2
  Lloyd's Rep. 402 451
Export Credit Guarantee Department v. Universal Oil Products Co. & Procon Inc. and
  Procon (Great Britain) [1983] 1 W.L.R. 339; (1983) 127 S.J. 408; [1983] 2 All E.R.
  205; [1983] 2 Lloyd's Rep. 152; (1983) 133 New L.J. 662; [1983] B.L.R. 106, H.L.;
  affirming (1982) 126 S.J. 853; [1983] 1 Lloyd's Rep. 448; [1982] Com.L.R. 232,
  C.A. 245, 248
Eyre v. Measday [1986] 1 All E.R. 488; (1986) 136 New L.J. 91, C.A. 340
Ezekial v. McDade (1994) 10 Const.L.J. 122; (1993) 37 Con.L.R. 140 223

Fairclough Building v. Borough Council of Port Talbot (1992) 62 B.L.R. 86, C.A. .. 14, 383
—— v. Rhuddlan Borough Council (1985) 30 B.L.R. 26; (1985) 2 Const.L.J. 55; [1985]
  C.I.L.L. 208, C.A.; affirming (1983) 3 Con.L.R. 20, D.C. 312, 314, 318, 319, 570,
  691, 714, 718, 730
—— v. Vale of Belvoir Superstore, 56 B.L.R. 74; 28 Con.L.R. 1 .... 454, 655
Fairfield-Mabey v. Shell U.K. (Metallurgical Testing Services) (Scotland) (Third Party)
  [1989] 1 All E.R. 576; 45 B.L.R. 113; 27 Con.L.R. 1 .... 211, 212, 488
Fairweather (H.) v. Asden Securities (1979) 12 B.L.R. 40, D.C. 115, 631, 696
—— v. Wandsworth London Borough Council (1988) 39 B.L.R. 106 ... 212, 314, 317, 560,
  580, 639
Fakes v. Taylor Woodrow Construction [1973] Q.B. 436; (1972) 2 W.L.R. 161; (1972)
  117 S.J. 13; [1973] 1 All E.R. 670, C.A. 439

Table of Cases

Falck v. Williams [1900] A.C. 176, P.C. 15
Falcke v. Scottish Imperial Insurance Co. (1886) 34 Ch.D. 234 96
Falle v. Le Sueur & Le Huguel (1859) 12 Moore P.C.C. 501, P.C. 298
Farr (A.E.) v. Admiralty [1953] 1 W.L.R. 965; 97 S.J. 491; [1953] 2 All E.R. 512; [1953]
 2 Lloyd's Rep. 173 .... 55, 64, 369, 1006
—— v. Ministry of Transport [1960] 1 W.L.R. 956; 104 S.J. 705; [1960] 3 All E.R.
 88 .... 454, 1060
Farrans (Construction) v. Dunfermline District Council, 1988 S.L.T. 466; 1988 S.C.
 120; 1988 S.C.L.R. 272 652
Farrow v. Wilson (1869) L.R. 4 C.P. 744 142
Farthing v. Tomkins (1893) 9 T.L.R. 566 361
Feather (Thomas) & Co. (Bradford) v. Keighley Corporation (1953) 52 L.G.R. 30 165,
 249, 261
Federal Commerce and Navigation Co. v. Molena Alpha Inc.; Nanfri, The; Benfri, The;
 Lorfri, The [1979] A.C. 757; [1978] 3 W.L.R. 991; (1978) 122 S.J. 843; [1979] 1 All
 E.R. 307; [1979] 1 Lloyd's Rep. 201, H.L.; affirming in part [1978] Q.B. 927; [1978]
 3 W.L.R. 309; (1978) 122 S.J. 347; [1978] 3 All E.R. 1066, C.A.; reversing [1978] 1
 Lloyd's Rep. 581 .... 158, 159, 499, 500, 501
Felix v. Shiva [1983] Q.B. 820 [1982] 3 W.L.R. 444; (1982) 126 S.J. 413; [1982] 3 All
 E.R. 263; (1982) 264 EG 1083, C.A. 504
Fell v. Gould Grimwalde Shirbon Partnership (1992) 36 Con.L.R. 62 514
Fellowes & Son v. Fisher [1976] Q.B. 122; [1975] 3 W.L.R. 184; 119 S.J. 390; [1975] 2
 All E.R. 829, C.A. 294
Felthouse v. Bindley (1862) 6 L.T. 157; (1862) 11 C.B.(N.S.) 869 26
Felton v. Wharrie (1906) H.B.C. (4th ed.), Vol. 2, p. 398, C.A. 164, 166, 225, 239, 250
Fenton Insurance Co. v. Gothaer Versicherungbank VVaG [1991] 1 Lloyd's Rep. 172;
 The Times, July 4, 1990 166
Fercometal S.A.R.L. v. Mediterranean Shipping Co. S.A. [1989] A.C. 788, H.L. .. 161, 163
Ferguson v. Dawson (John) and Partners (Contractors) [1976] 1 W.L.R. 346; 120 S.J.
 603; [1976] 3 All E.R. 817; [1976] 2 Lloyd's Rep. 669; [1979] IRLR 346, C.A.;
 affirming [1976] 1 Lloyd's Rep. 143 320
—— & Associates v. Sohl (1992) 62 B.L.R. 95, C.A. 77, 219
Fibrosa Spolka Akcyjna v. Fairbairn Lawson Combe Barbour [1943] A.C. 32 .. 77, 147, 149
Ficom S.A. v. Sociedad Cadex [1980] 2 Lloyd's Rep. 118 97
Fielding & Platt v. Selim Najjar [1969] 1 W.L.R. 357; 113 S.J. 160; [1969] 2 All E.R. 150,
 C.A. 153
Fillite (Runcorn) v. Aqua-Lift (A Firm) 45 B.L.R. 27; 26 Con.L.R. 66; (1989) 5
 Const.L.J. 197, C.A. 290, 428
Findlay v. Railway Executive [1950] W.N. 570; 66 T.L.R. (Pt. 2) 836; 94 S.J. 778; [1950]
 2 All E.R. 969; C.A. 515
Finelli v. Dee (1968) 67 D.L.R. (2d) 393 162
Finelvet AG v. Vinava Shipping Co. [1983] 1 W.L.R. 1469; (1983) 127 S.J. 680; [1983] 2
 All E.R. 658; [1983] 1 Lloyd's Rep. 503; [1983] Com.L.R. 126; (1983) L.S.Gaz.
 2684 147
Finers (A Firm) v. Miro [1991] 1 W.L.R. 35; [1991] 1 All E.R. 182; (1990) 134 S.J. 1039;
 (1990) 140 New L.J. 1387; *The Independent*, September 19, 1990, C.A. 493
Finnegan v. Allen [1943] K.B. 425; [1943] 1 All E.R. 493 425
—— v. Ford Sellar Morris (1991) 53 B.L.R. 38 689
—— (J. F.) v. Community Housing (1993) 65 B.L.R. 103 ..... 244, 247, 253, 629, 631, 632,
 633
—— v. Sheffield City Council, 43 B.L.R. 124; (1989) 5 Const.L.J. 54, O.R. 230, 430,
 651, 653, 1092, 1094
Finnish Marine Insurance Co. v. Protective National Insurance Co. [1990] 1 Q.B. 1078;
 [1990] 2 W.L.R. 914; [1989] 2 All E.R. 929; [1989] 2 Lloyd's Rep. 99, D.C. 394
Firbank's Executors v. Humphreys (1886) 18 Q.B.D. 54, C.A. 333
Firma C-Trade S.A. v. Newcastle Protection and Indemnity Association; Fanti, The;
 Socony Mobil Oil Inc. v. West of England Shipowners Mutual Insurance Associ-
 ation; Padre Island, The (No. 2) [1991] 2 A.C. 1; [1990] 3 W.L.R. 78; [1990] 2 All
 E.R. 705; (1990) 134 S.J. 833; [1990] BCLC 625; [1990] 2 Lloyd's Rep. 191, H.L.;
 reversing [1989] 1 Lloyd's Rep. 239, C.A. 261, 323

Table of Cases

First National Commercial Bank v. Humberts (1994) 10 Const.L.J. 141 .... 405, 406
First National Securities v. Jones [1978] Ch. 109; [1978] 2 All E.R. 221; [1978] 2 W.L.R. 475; (1977) 121 S.J. 760, C.A. 30
Fischbach and Moore of Canada v. Noranda Mines (1978) 84 D.L.R. (3d) 465, Sask. C.A. 53
Fisher v. Raven; Raven v. Fisher [1964] A.C. 210; [1963] 2 W.L.R. 1137; 127 J.P. 383; 107 S.J. 373; [1963] 2 All E.R. 389; 47 Cr.App.R. 174, H.L.; affirming *sub nom*. R. v. Fisher, 107 S.J. 177; [1963] 1 All E.R. 744, C.C.A. 32
—— v. Val De Travers Asphalt Co. (1876) 1 C.P.D. 511; (1976) 45 L.J.Q.B. 479 224
—— v. Wellfair (P. G.); Fox v. Wellfair (P. G.) (1981) 125 S.J. 413; [1981] 2 Lloyd's Rep. 514; [1981] Con.L.R. 140; [1982] 19 B.L.R. 52; (1982) 263 EG 589, 657, C.A.; [1979] I.C.R. 834; (1979) 124 S.J. 15, E.A.T. 422, 455
Fitzgerald v. Thomas Tilling (1907) 96 L.T. 718, C.A. 515
Fletcher v. Tayleur (1855) 25 L.J.C.P. 65 222
—— & Stewart v. Jay & Partners (1976) 17 B.L.R. 38, C.A. 218, 324
Florida Hotels Pty v. Mayo (1965) 113 C.L.R. 588 .... 350, 355
Foakes v. Beer (1884) 9 App.Cas. 605 288
Foley v. Classique Coaches [1934] 2 K.B. 1 24
Food Corp. of India v. Antclizo Shipping Corp.; Antclizo, The [1988] 1 W.L.R. 603; (1988) 132 S.J. 752; [1988] 2 All E.R. 513; [1988] 2 Lloyd's Rep. 93; [1988] 2 F.T.L.R. 124; (1988) 138 New L.J. 135, H.L. affirming [1987] 2 F.T.L.R. 114, C.A.; affirming [1987] 2 Lloyd's Rep. 130, C.A., affirming [1986] 1 Lloyd's Rep. 181 448
—— v. Marastro Cia Naviera S.A.; Trade Fortitude, The [1987] 1 W.L.R. 134; (1986) 130 S.J. 649; [1986] 2 All E.R. 500; [1986] 2 Lloyd's Rep. 209; (1986) 136 New L.J. 607; (1986) 83 L.S.Gaz. 2919 C.A.; reversing [1985] 2 Lloyd's Rep. 579 450
Forbes v. Git [1922] 1 A.C. 256, P.C. 48
Ford v. White & Co. (A Firm) [1964] 1 W.L.R. 885; 108 S.J. 542; [1964] 2 All E.R. 755 356
Ford & Bemrose, *Re* (1902) H.B.C. (4th ed.) Vol. 2, p. 324; 18 T.L.R. 443, C.A. 64, 82, 88, 89, 90, 141
Forestal Minosa v. Oriental Credit [1986] 1 W.L.R. 631; (1986) 130 S.J. 202; [1986] 2 All E.R. 400; [1986] 1 Lloyd's Rep. 329; [1986] FLR 171; (1986) 83 L.S.Gaz. 779, C.A. 504
Forey v. London Buses [1991] 1 W.L.R. 327; [1991] 2 All E.R. 936; [1992] P.I.Q.R. P48; *The Times*, January 30, 1991, C.A. 471
Forman & Co. Proprietary v. The Ship "Liddesdale" [1900] A.C. 190, P.C. 79, 96
Forster v. Outred & Co. [1982] 1 W.L.R. 86; [1981] 125 S.J. 309; [1982] 2 All E.R. 753 405
Foster & Dicksee v. Hastings Corporation (1903) 87 L.T. 736 295
Four Point Garage v. Carter [1985] 3 All E.R. 12; *The Times*, November 19, 1984 264
Fox, *Re*, Oundle and Thrapston R.D.C. v. The Trustee, Ellis Partridge & Co. (Leicester) v. The Trustee [1948] Ch. 407; [1948] L.J.R. 1733; 112 J.P. 294; 92 S.J. 310; [1948] 1 All E.R. 849; 46 L.G.R. 305, D.C. 420
Fox v. Wellfair (P. G.) *See* Fisher v. Wellfair (P. G.); Fox v. Wellfair (P. G.).
Franklin v. Darke (1862) 6 L.T. 291 98
Fraser v. Thames Television [1984] Q.B. 44; [1983] 2 W.L.R. 917; (1983) 127 S.J. 379; [1983] 2 All E.R. 107; (1983) 133 New L.J. 281 283
Fredk. Betts v. Pickfords [1906] 2 Ch. 87 .... 330, 332
Freeman v. Chester [1911] 1 K.B. 783 435
—— v. Hensler (1900) H.B.C. (4th ed.), Vol. 2, p. 292, C.A. 52, 227
—— & Lockyer (A Firm) v. Buckhurst Park Properties (Mangal) [1964] 2 Q.B. 480; [1964] 2 W.L.R. 618; 108 S.J. 96; [1964] 1 All E.R. 630, C.A. 330
Freevale v. Metrostore Holdings [1984] Ch. 199; [1984] 2 W.L.R. 496; [1984] 1 All E.R. 495; (1984) 47 P. & C.R. 481; (1984) 128 S.J. 116; (1984) 81 L.S.Gaz. 516 417
Frost v. Knight (1872) 7 Ex. 111 .... 161, 162
—— v. Moody Homes; Hoskisson v. Donald Moody (1990) 6 Const.L.J. 43 222
Fryer v. London Transport Executive, *The Times*, December 4, 1982, C.A. 515

xlix

Table of Cases

G.K.N. Centrax Gears v. Matbro, 120 S.J. 401; [1976] 2 Lloyd's Rep. 555, C.A. 203, 215, 454
G.K.N. Contractors v. Lloyds Bank (1985) 30 B.L.R. 48, C.A. 276
G.N. Railway v. Witham (1873) L.R. 9 C.P. 16 18
GPT Realisations (in Liquidation) v. Panatown, 61 B.L.R. 88; 29 Con.L.R. 16 691
G. W. Atkins v. Scott (1991) 7 Const.L.J. 215, C.A. 221
Gallagher v. Hirsch (1899) N.Y. 45 App.Div. 467 93
—— v. McDowell [1961] N.I. 26 174
Garden Cottage Foods v. Milk Marketing Board [1984] A.C. 130; [1983] 3 W.L.R. 143; (1983) 127 S.J. 460; [1983] 2 All E.R. 770; [1983] 3 C.M.L.R. 43; [1984] F.S.R. 23; [1983] Com.L.R. 198, H.L.; reversing [1982] Q.B. 1114; [1982] 3 W.L.R. 514; (1982) 126 S.J. 446; [1982] 3 All E.R. 292; [1982] 2 C.M.L.R. 542, C.A. 294, 389
Garden Neptune Shipping v. Occidental Worldwide Investment Corp. and Concord Petroleum Corp. [1990] 1 Lloyd's Rep. 330, C.A.; reversing [1989] 1 Lloyd's Rep. 305 .... 132, 134, 135
Gardener Steel v. Sheffield Brothers (Profiles) [1978] 1 W.L.R. 916; (1978) 122 S.J. 488; [1978] 3 All E.R. 399, C.A. 507
Garnac Grain Co. Inc. v. Faure (H. M. F.) & Fairclough [1968] A.C. 1130; [1967] 3 W.L.R. 143n.; *sub nom.* Garnac Grain Co. Inc. v. Faure (H. M. F.) & Fairclough and Bunge Corporation, 111 S.J. 434; [1967] 2 All E.R. 353; *sub nom.* Garnac Grain Co., Inc. v. Faure (H. M. F.) & Fairclough and Bunge Corporation; Bunge Corporation v. Faure (H. M. F.) & Fairclough [1967] 1 Lloyd's Rep. 495, H.L.; affirming *sub nom.* Garnac Grain Co. Inc. v. Faure (H. M. F.) & Fairclough and Bunge Corporation [1966] 1 Q.B. 656; [1965] 3 W.L.R. 934; 109 S.J. 571; [1965] 3 All E.R. 273; [1965] 2 Lloyd's Rep. 229; [1965] C.L.Y. 34; C.A.; reversing [1965] 2 W.L.R. 696; 108 S.J. 693; [1965] 1 All E.R. 47n.; [1964] 2 Lloyd's Rep. 296; [1964] C.L.Y. 602 .... 206, 330, 336
Garner v. Cleggs (A Firm) [1983] 1 W.L.R. 862; [1983] 2 All E.R. 398, C.A. 449
Garrett v. Banstead and Epsom Downs Railway (1864) 12 L.T. 654 295
—— v. Salisbury, etc., Railway (1866) L.R. 2 Eq. 358 295
Garrud, *Re, ex p.* Newitt (1881) 16 Ch.D. 522 C.A. 248, 259, 261, 265, 417
Gascoine v. Pyrah, *The Times*, November 26, 1991; *The Independent*, December 11, 1991 394
Gaskins v. British Aluminium Co. [1976] Q.B. 524; [1976] 2 W.L.R. 6; 119 S.J. 848; [1976] 1 All E.R. 208, C.A. 513, 514, 515
Gator Shipping Corp. v. Trans-Asiatic Oil S.A. and Occidental Shipping Establishment; Odenfeld, The [1978] 2 Lloyd's Rep. 357 162
Gaze v. Port Talbot Corp. (1929) 93 J.P. 89 167
Geary, Walker & Co. v. Lawrence (W.) & Son (1906) H.B.C. (4th ed.) Vol. 2, p. 382, C.A. 321
Gebruder Naf v. Ploton (1890) 25 Q.B.D. 13, C.A. 362
Geier (orse. Braun) v. Kujawa, Weston and Warne Bros. (Transport); Weston (Third Party); Warne Bros. (Transport) (Third Party) [1970] 1 Lloyd's Rep. 364 27
General Billposting Co. v. Atkinson [1909] A.C. 118 159
General Building and Maintenance v. Greenwich London Borough Council [1993] IRLR 535; (1993) 65 B.L.R. 57; *The Times*, March 9, 1993 .... 375, 380
General Re-Insurance Corp. v. Forsakringsaktiebolaget Fennia Patria [1983] Q.B. 856; [1983] 3 W.L.R. 318; (1983) 127 S.J. 389; [1983] 2 Lloyd's Rep. 287, C.A.; reversing [1982] Q.B. 1022; [1982] 2 W.L.R. 528; (1982) 126 S.J. 32; [1982] 1 Lloyd's Rep. 87; [1981] Com.L.R. 280 41
General Steam Navigation Co. v. Rolt (1858) 6 C.B.(N.S.) 550 273
General Surety & Guarantee Co. v. Parker (Francis) (1977) 6 B.L.R. 16, D.C. 276
Geogas S.A. v. Trammo Gas; Baleares, The [1991] 1 W.L.R. 776; [1991] 3 All E.R. 554; [1991] 2 Lloyd's Rep. 318; (1991) 135 S.J. (LB) 101; (1991) 141 New L.J. 1037; *The Independent*, July 19, 1991; *The Times*, July 23, 1991; *Financial Times*, July 23, 1991, H.L.; affirming [1991] 2 Q.B. 139; [1991] 2 W.L.R. 794; [1991] 2 All E.R. 710; [1991] 1 Lloyd's Rep. 349; *The Times*, November 26, 1990, C.A.; reversing [1990] 2 Lloyd's Rep. 130 457

Table of Cases

Getreide-Import-Gesellschaft m.b.h. v. Contimar S.A. Compania Industrial Comercial y
  Maritima [1953] 1 W.L.R. 793; 97 S.J. 434; [1953] 2 All E.R. 223; [1953] 1 Lloyd's
  Rep. 572; affirming [1953] 1 W.L.R. 207; 97 S.J. 66; [1953] 1 All E.R. 257; [1952] 2
  Lloyd's Rep. 551, C.A. 432
Gibbon v. Pease [1905] 1 K.B. 810 363
Gibbs v. Guild (1881) 8 Q.B.D. 296 .... 357, 404
—— v. Tomlinson (1992) 35 Con.L.R. 86 239
Gibraltar (Government of) v. Kenney [1956] 2 Q.B. 410; [1956] 3 W.L.R. 466; 100 S.J.
  551; [1956] 3 All E.R. 22 .... 428, 454, 761
Gibson v. Manchester City Council [1979] 1 W.L.R. 294; (1979) 123 S.J. 201; [1979] 1
  All E.R. 972; (1979) 77 L.G.R. 405; [1979] J.P.L. 532, H.L.; reversing [1978] 1
  W.L.R. 520; (1978) 122 S.J. 80; [1978] 2 All E.R. 583; [1978] 76 L.G.R. 365;
  [1978] J.P.L. 246, C.A. 14
Giffen v. Drake & Scull (1993) 37 Con.L.R. 84 C.A. 423
Gilbert & Partners v. Knight (1968) 112 S.J. 155; sub nom. Gilbert & Partners (A Firm) v.
  Knight [1968] 2 All E.R. 248, C.A. 84, 100, 360
Gilbert-Ash (Northern) v. Modern Engineering (Bristol) [1974] A.C. 689; (1973) 3
  W.L.R. 421; 117 S.J. 745; [1973] 3 All E.R. 195; 72 L.G.R. 1, H.L.; reversing sub
  nom. Modern Engineering (Bristol) v. Gilbert-Ash (Northern) [1973] 71 L.G.R.
  162, C.A. 119, 162, 228, 248, 260, 323, 431, 440, 498, 499, 500, 501, 503, 527,
                                                                568, 669, 762, 885, 889, 891, 1073, 1074
Giles v. Thompson; Devlin v. Baslington [1994] 1 A.C. 142; [1993] 2 W.L.R. 908; [1993]
  3 All E.R. 321; [1993] R.T.R. 289; (1993) 137 S.J. (LB) 151; (1993) 143 New L.J.
  884; The Times, June 1, 1993, H.L.; affirming The Times, January 13, 1993, see also
  Sanders v. Templar 305
Giles (Electrical Engineers) v. Plessey Communications Systems [1985] 1 W.L.R. 243;
  (1985) 129 S.J. 116; [1985] 1 All E.R. 499; (1984) 29 B.L.R. 21; (1984) 1 Const.L.J.
  206; (1985) 82 L.S.Gaz. 1012, C.A. 468
Gill & Duffus S.A. v. Berger & Co. Inc. [1984] A.C. 382; [1984] 2 W.L.R. 95; [1984] 1 All
  E.R. 438; (1984) 128 S.J. 47; [1984] 1 Lloyd's Rep. 622; [1983] Com.L.R. 122,
  C.A.; [1981] 2 Lloyd's Rep. 233; [1981] Com.L.R. 253 107
Gillespie Bros. & Co. v. Bowles (Roy) Transport; Rennie Hogg (Third Party) [1973] 1
  Q.B. 400; [1972] 3 W.L.R. 1003; 116 S.J. 861; [1973] 1 All E.R. 193; [1973] 1
  Lloyd's Rep. 10; [1973] R.T.R. 95, C.A.; reversing [1972] R.T.R. 65; [1971] 2
  Lloyd's Rep. 521 .... 47, 64
Gilmour v. McLeod, 12 N.Z.L.R. S.C. 334 18
Glasgow and South Western Railway v. Boyd & Forest [1915] A.C. 526, H.L.; sub nom.
  Boyd & Forrest v. Glasgow and South Western Railways, 1915 S.C. (H.L.) 20 129
Glasgow Corporation v. Muir [1943] A.C. 44 281
Gleeson (M. J.) v. London Borough of Hillingdon (1970) 215 EG 165 ... 246, 546, 548, 596
—— (M. V.) v. Sleaford U.D.C. (1953) H.B.C. (10th ed.) 521 92
Glegg v. Bromley [1912] 3 K.B. 474 301
Glenlion Construction v. The Guiness Trust (1988) 39 B.L.R. 89; (1988) 11 Con.L.R.
  126; (1988) 4 Const.L.J. 39 .... 54, 55, 458, 626, 651, 653,
                                                                                                                        1031
Glenn v. Leith (1853) 1 Comm. Law Rep. 569 109
Gloucestershire County Council v. Richardson (Trading as W. J. Richardson & Son)
  [1969] 1 A.C. 480; [1968] 3 C.A. 645; sub nom. Gloucestershire County Council v.
  Richardson, 112 S.J. 759; [1968] 2 All E.R. 1181; 67 L.G.R. 15, H.L., affirming
  [1967] 3 All E.R. 458, C.A. 49, 57, 58, 59, 311, 312, 313, 315, 316, 495, 591, 602,
                                                                                               627, 727, 732, 736
Glynn v. Margetson & Co. [1893] A.C. 351 .... 46, 976
Gola Sports v. General Sportcraft Co. [1982] Com.L.R. 51, C.A. 23
Gold v. Haringey Health Authority [1988] Q.B. 481; [1987] 3 W.L.R. 649; [1987] 2 All
  E.R. 888; [1988] 1 FLR 55; (1987) 17 Fam. Law 417; (1987) 137 New L.J. 541;
  (1987) 84 L.S.Gaz. 1812, C.A.; reversing [1987] 1 FLR 125; (1987) 17 Fam. Law
  16 .... 338, 339
—— v. Patman & Fotheringham [1958] 1 W.L.R. 697; 102 S.J. 470; [1958] 2 All E.R.
  497; [1958] 1 Lloyd's Rep. 587; C.A.; reversing [1957] 2 Lloyd's Rep. 319 .... 45, 46,
                                                                                          66, 148, 150, 494, 546, 612

Table of Cases

Golden Bay Realty PTE v. Orchard Twelve Investments PTE [1991] 1 W.L.R. 981; (1991) 135 S.J. (LB) 29, P.C. 243
Goldman (Allan William) v. Hargrave (Rupert William Edeson) [1967] 1 A.C. 645; [1966] 3 W.L.R. 513; 110 S.J. 527; [1966] 2 All E.R. 989; [1966] 2 Lloyd's Rep. 65, P.C.; affirming *sub nom.* Hargreaves v. Goldman (1963) 37 A.L.J.R. 277; [1964] C.L.Y. 3538 279
Goldsworthy v. Brickell [1987] Ch. 378; [1987] 2 W.L.R. 133; (1987) 131 S.J. 102; [1987] 1 All E.R. 853; (1987) 84 L.S.Gaz. 654, C.A. 511
Goodchild v. Greatness Timber Co. [1968] 2 Q.B. 372; [1968] 2 W.L.R. 1283; 112 S.J. 192; [1968] 2 All E.R. 255, C.A. 494
Goodwin & Sons v. Fawcett (1965) 195 EG 27 257
Goodyear v. Weymouth Corporation (1865) 35 L.J.C.P. 12 .... 100, 101, 113, 120, 692
Goold v. Evans & Co. [1951] 2 T.L.R. 1189, C.A. 495
Gordano Building Contractors v. Burgess [1988] 1 W.L.R. 890; (1988) 132 S.J. 1091; (1988) 138 New L.J. 127; [1988] L.S.Gaz., August 24, 36, C.A. 509
Gordon Durham & Co. v. Haden Young, 52 B.L.R. 61; 27 Con.L.R. 109; [1991] EGCS 4 .... 829, 830, 849
Goulston Discount Co. v. Clark [1967] 2 Q.B. 493; [1966] 3 W.L.R. 1280; 110 S.J. 829; [1967] 1 All E.R. 61; [1966] C.L.Y. 5508, C.A. 30
Gouriet v. Union of Post Office Workers [1978] A.C. 4325; [1977] 3 W.L.R. 300; [1977] 3 All E.R. 70; *sub nom.* Att-Gen. v. Gouriet; Post Office Engineering Union v. Gouriet; Union of Post Office Workers v. Gouriet (1977) 121 S.J. 543, H.L.; reversing [1977] Q.B. 729; [1977] 2 W.L.R. 310; 121 S.J. 103; [1977] 1 All E.R. 696, C.A. 413
Government of Ceylon v. Chandris. *See* Ceylon (Government of) v. Chandris.
Government of Gibraltar v. Kenney. *See* Gibraltar (Government of) v. Kenney.
Government of Swaziland Central Transport Administration and Alfko Aussenhandels GmbH v. Leila Maritime Co. and Mediterranean Shipping Co.; Leila, The [1985] 2 Lloyd's Rep. 172 .... 28, 285
Governors of Peabody Donation Fund v. Parkinson (Sir Lindsay) & Co. *See* Peabody Donation Fund v. Sir Lindsay Parkinson.
Grafton v. Eastern Counties Railway (1853) 8 Ex. 699 109
Graham H. Roberts Pty v. Naurbeth Investments Pty [1974] 1 N.S.W.L.R. 93 294
Graham (James) & Co. (Timber) v. Southgate-Sands [1986] Q.B. 80; [1985] 2 W.L.R. 1044; (1985) 129 S.J. 331; [1985] 2 All E.R. 344; 1985 FLR 194; (1985) 35 New L.J. 290; (1985) 82 L.S.Gaz. 1408, C.A. 29
Grainger & Son v. Gough [1896] A.C. 325 14
Gran Gelato v. Richcliff (Group) [1992] Ch. 560; [1992] 2 W.L.R. 867; [1992] 1 All E.R. 865; [1992] 1 EGLR 297; [1991] EGCS 136; (1992) 142 New L.J. 51; *The Independent*, December 18, 1991; *The Times*, December 19, 1991 .... 137, 199
Granges Aluminium A.B. v. The Cleveland Bridge and Engineering Co., *The Times*, May 15, 1990, C.A. 457
Grant v. Australian Knitting Mills [1936] A.C. 85 .... 170, 173
—— v. Gold Exploration, etc., Syndicate [1900] 1 Q.B. 233 336
—— v. Sun Shipping Co. [1948] A.C. 549; [1949] L.J.R. 727; 92 S.J. 513; [1948] 2 All E.R. 238; 81 Ll.L.Rep. 383; 1948 S.C. 73; 1949 S.L.T. 25, H.L. 212
—— (Martin) & Co. v. Sir Lindsay Parkinson & Co. (1984) 1 Const.L.J. 220; [1984] 29 B.L.R. 31; [1984] C.I.L.L. 137; (1984) 3 Con.L.R. 12, C.A. 55, 322
Gray v. T. P. Bennett & Son, 43 B.L.R. 63; 13 Con.L.R. 22 .... 350, 353, 408
Greater London Council v. Cleveland Bridge and Engineering Co. (1986) 34 B.L.R. 50; (1987) 8 Con.L.R. 30, C.A.; affirming [1984] C.I.L.L. 106; (1984) 34 B.L.R. 50 .... 50, 223, 237
—— v. Ryarsh Brick Co. (1985) 4 Con.L.R. 85 309
Greater Nottingham Co-operative Society v. Cementation Piling and Foundations [1989] Q.B. 712, C.A. 185, 186, 194, 469
Greaves & Co. Contractors v. Baynham Meikle & Partners [1975] 1 W.L.R. 1095; 119 S.J. 373; [1975] 3 All E.R. 99; [1975] 2 Lloyd's Rep. 325, C.A.; affirming [1974] 1 W.L.R. 1261; 118 S.J. 595; [1974] 3 All E.R. 666; [1975] 1 Lloyd's Rep. 31 ... 8, 9, 50, 59, 61, 338, 340, 1007, 1065

Table of Cases

Green v. Rozen [1955] 1 W.L.R. 741; 99 S.J. 473; [1955] 2 All E.R. 797 498
—— (R. H.) & Silley Weir v. British Railways Board [1985] 1 All E.R. 237; (1980) 17
  B.L.R. 94 .... 67, 408
—— (R. W.) v. Cade Bros. Farms [1978] 1 Lloyd's Rep. 602 .... 47, 73
Greenmast Shipping Co. S.A. v. Jean Lion et Cie S.A., Saronikos, The [1986] 2 Lloyd's
  Rep. 277 .... 85, 86
Greenwood v. Francis [1899] 1 Q.B. 312 272
—— v. Hawkings (1907) 23 T.L.R. 72 26
—— v. Martins Bank [1932] 1 K.B. 371 .... 284, 285
Greer v. Kettle [1938] A.C. 156 63
Grey v. Pearson (1857) 6 H.L.Cas. 61 43
Grist v. Bailey [1967] Ch. 532; [1966] 3 W.L.R. 618; 110 S.J. 791; [1966] 2 All E.R.
  875 13
Groom v. Crocker [1939] 1 K.B. 194 186
Gross v. Lewis Hillman [1970] Ch. 445; [1969] 3 W.L.R. 787; 113 S.J. 737; [1969] 3 All
  E.R. 1476, C.A.; affirming *sub nom.* Gross v. Lewis Hillman and Henry James &
  Partners (A Firm) (1968) 208 EG 619. Petition for leave to appeal to the House of
  Lords not granted 130
Guardian Ocean Cargoes; Transorient Ship Cargoes; Middle East Agents S.A.L. and
  Med Lines S.A. v. Banco do Brasil S.A. (No. 3); Golden Med, The [1992] 2 Lloyd's
  Rep. 193; *Financial Times*, February 26, 1992; *The Times*, March 19, 1992 ...... 235, 506
Guild & Co. v. Conrad [1894] 2 Q.B. 885, C.A. 30
Guinness v. Saunders *sub nom.* Guinness v. Ward [1988] 1 W.L.R. 863; (1988) 132 S.J.
  820; (1988) 4 BCC 377; [1988] 2 All E.R. 940; 1988 PCC 270; (1988) 138 New L.J.
  142; [1988] BCLC 607, C.A.; affirming [1988] BCLC 43 500
Guinness Peat Properties v. Fitzroy Robinson Partnership [1987] 1 W.L.R. 1027; (1987)
  131 S.J. 801; [1987] 2 All E.R. 716; (1987) 38 B.L.R. 57; (1987) 137 New L.J. 452;
  (1987) 8 L.S.Gaz. 1882, C.A. 493
Guyana and Trinidad Mutual Fire Insurance Co. v. R. K. Plummer and Associates
  (1992) 8 Const.L.J. 171, P.C. 275
Gwyther v. Gaze (1875) H.B.C. (4th ed.) Vol. 2, p. 34 .... 361, 370, 372

Habib Bank v. Habib Bank AG Zurich [1981] 1 W.L.R. 1265; (1980) 125 S.J. 512;
  [1981] 2 All E.R. 650; [1982] R.P.C. 19, C.A.; affirming [1982] R.P.C. 1 285
Hackney Borough Council v. Doré [1922] 1 K.B. 431, D.C. 643
Hadley v. Baxendale (1854) 9 Ex. 341 .... 201, 202, 203, 204, 214, 215, 222, 233, 243, 306,
  323, 650
Hagop Ardahalian v. Unifert International S.A.; Elissar, The [1984] 2 Lloyd's Rep. 84,
  C.A.; affirming [1984] 1 Lloyd's Rep. 206; (1983) 133 New L.J. 1103 .... 433, 435,
  454
Halbot v. Lens [1901] 1 Ch. 344 334
Hale v. Victoria Plumbing Co. [1966] 2 Q.B. 746; [1966] 3 W.L.R. 47; 110 S.J. 331;
  [1966] 2 All E.R. 672, C.A. 499
Halifax Building Society v. Edell [1992] Ch. 436; [1992] 3 W.L.R. 136; [1992] 3 All E.R.
  389; [1992] 1 EGLR 195; (1993) 12 Tr.L.R. 117; [1992] 18 EG 151; [1992] EGCS
  33; [1992] NPC 38; *The Times*, March 11, 1992 196
Hall v. Meyrick [1957] 2 Q.B. 455; (1957) 3 W.L.R. 273; 101 S.J. 574; [1957] 2 All E.R.
  722, C.A.; reversing [1957] 2 W.L.R. 438; 101 S.J. 229; [1957] 1 All E.R. 208 214
Hall & Tawse Construction v. Strathclyde Regional Council, 1990 S.L.T. 774 .. 1024, 1074,
  1076
Hall & Wodehouse v. Panorama Hotel Properties [1974] 2 Lloyd's Rep. 413, C.A. 460
Hallett's Estate, *Re*, Knatchbull v. Hallett (1880) 13 Ch.D. 696 263
Halliard Property Co. v. (Segal) (Jack) [1978] 1 W.L.R. 377; (1977) 122 S.J. 186; [1978]
  1 All E.R. 1219; [1978] 36 P. & C.R. 134; (1977) 245 EG 230 479
Halliday v. Hamilton's (Duke) Trustees (1903) 5 F. 800 123
Hambro Life Assurance v. Young White & Partners (1987) 38 B.L.R. 16; (1988) 4
  Const.L.J. 48; (1987) 284 EG 227, C.A.; affirming (1987) 8 Con.L.R. 130; (1986)
  33 B.L.R. 119; [1985] 2 EGLR 165; (1985) 275 EG 1127; (1985) 1 Const.L.J. 287;
  (1985) C.I.L.L. 189, C.A. 218

Table of Cases

Hamer v. Sharp (1874) L.R. 19 Eq. 108 331
Hamilton v. Watson (1845) 12 Cl. & F. 109, H.L. 271
Hamlyn v. Wood & Co. [1891] 2 Q.B. 488 52
Hamlyn Construction Co. v. Air Couriers, McMorran (Third Party) [1968] 1 Lloyd's Rep. 395 356
Hammond and Waterton, Re (1890) 62 L.T. 808 426
Hampton v. Glamorgan County Council [1917] A.C. 13, H.L. 308, 311
Hanak v. Green [1958] 2 Q.B. 9; [1958] 2 W.L.R. 755; 102 S.J. 329; [1958] 2 All E.R. 141; C.A. 498, 499, 500, 517
Hancock v. Brazier (B. W.) (Anerley) [1966] 1 W.L.R. 1317; [1966] 2 All E.R. 901, C.A.; affirming 110 S.J. 368; [1966] 2 All E.R. 7 .... 61, 267
Hancock Shipping Co. v. Kawasaki Heavy Industries; Casper Trader, The [1992] 1 W.L.R. 102; [1992] 3 All E.R. 132; [1991] 2 Lloyd's Rep. 237; (1991) 135 S.J. (LB) 77; *The Times*, July 16, 1991, C.A. 409
Hang Wah Chong Investment Co. v. Att-Gen. of Hong Kong [1981] 1 W.L.R. 1141; (1981) 125 S.J. 426, P.C. 308
Hanson (W.) (Harrow) v. Rapid Civil Engineering and Usborne Developments (1987) 38 B.L.R. 106; (1988) 11 Con.L.R. 119 .... 28, 262, 264
Harbour Assurance Co. (U.K.) v. Kansa General International Insurance Co. [1993] Q.B. 701; [1993] 3 W.L.R. 42; [1993] 3 All E.R. 897; [1993] 1 Lloyd's Rep. 455; *The Times*, March 1, 1993, C.A.; reversing [1992] 1 Lloyd's Rep. 81; *Financial Times*, October 15, 1991 .... 151, 428, 429, 760, 1092
Harbutts "Plasticine" v. Wayne Tank and Pump Co. [1970] 1 Q.B. 447; [1970] 2 W.L.R. 198; 114 S.J. 29; [1970] 1 All E.R. 225; [1970] 1 Lloyd's Rep. 15; C.A. 160, 221, 222, 506
Hardwick Game Farm v. Suffolk Agricultural and Poultry Producers' Association; Lillico (William) (First Third Party); Grimsdale & Sons (Second Third Party); Kendall (Henry) and Sons (First Fourth Party); Holland-Colombo Trading Society (Second Fourth Party). *See* Kendall (Henry) & Sons (A Firm) v. Lillico (William) & Sons.
Hargreaves (B.) v. Action 2000 [1993] BCLC 1111; 62 B.L.R. 72; *The Times*, December 28, 1992, C.A. 418, 499
Harmer v. Cornelius (1858) 5 C.B.(N.S.) 236 .... 56, 338, 355
Harmony Shipping Co. S.A. v. Saudi Europe Line, Same v. Orri (Trading as Saudi Europe Line); Same v. Davis [1981] 1 Lloyd's Rep. 377, C.A.; reversing [1979] 1 W.L.R. 1380; (1979) 123 S.J. 691; [1980] 1 Lloyd's Rep. 44; *sub nom.* Harmony Shipping Co. S.A. v. Davis [1979] 3 All E.R. 177, C.A. 491
Harrington v. Victoria Graving Dock Co. (1878) 3 Q.B.D. 549 336
Harris v. Wyre Forest District Council. *See* Smith v. Eric S. Bush; Harris v. Wyre Forest District Council.
Harrison, *ex p.* Jay (1880) 14 Ch.D. 19, C.A. 419, 1054
Harrison v. Seymour (1866) L.R. 1 C.P. 518 272
—— v. Southwark & Vauxhall Water Co. [1891] 2 Ch. 409 280
—— v. Thompson [1989] 1 W.L.R. 1325; (1989) 133 S.J. 1545; [1989] L.S.Gaz. November 22, 41 459
—— (M.) & Co. (Leeds) v. Leeds City Council (1980) 14 B.L.R. 118, C.A. 312, 579, 627, 1028
—— (W. F.) & Co. v. Burke [1956] 1 W.L.R. 419; 100 S.J. 300; [1956] 2 All E.R. 169, C.A. 302
Hart v. Aga Khan Foundation (U.K.) [1984] 1 W.L.R. 994; (1984) 128 S.J. 531; [1984] 2 All E.R. 439; (1984) 81 L.S.Gaz. 2537; C.A.; affirming (1983) 127 S.J. 597; [1984] 1 All E.R. 239; (1983) 80 L.S.Gaz. 2437; [1983] 133 New L.J. 869 508
—— v. Hart (1881) 18 Ch.D. 670 40
—— v. O'Connor [1985] A.C. 1000; [1985] 1 N.Z.L.R. 159; [1985] 3 W.L.R. 214; (1985) 129 S.J. 484; [1985] 2 All E.R. 880; [1985] 82 L.S.Gaz. 2658, P.C. 32
—— v. Porthgain Harbour Co. [1903] 1 Ch. 690 .... 262, 264, 265
Hart Dyke (Sir W.), *Ex p.*; Morrish, *Re* (1882) 22 Ch.D. 410 255

Table of Cases

Harvela Investments v. Royal Trust Co. of Canada (C.I.) [1986] A.C. 207; [1985] 3 W.L.R. 276; (1985) 128 S.J. 522; [1985] 2 All E.R. 966; (1985) 135 New L.J. 730; (1985) 82 L.S.Gaz. 3171, H.L.; reversing [1985] Ch. 103; [1984] 3 W.L.R. 1280; (1984) 128 S.J. 701; [1985] 1 All E.R. 261; (1984) 81 L.S.Gaz. 2850, C.A.; reversing [1984] 2 W.L.R. 884; (1984) 128 S.J. 348; [1984] 2 All E.R. 65; (1984) 81 L.S.Gaz. 1837 .... 14, 329
Harvey v. Facey [1893] A.C. 552 15
—— v. Lawrence (1867) 15 L.T. 571 .... 114, 117
—— v. Shelton (1844) 7 Beav. 455 455
Hasker v. Hall (1958) (Unreported) 339
Hatrick (A. C.) (N.Z.) v. Nelson Carlton Construction Co. (In Liquidation) [1964] N.Z.L.R. 72 120
Haviland v. Long (Dunn Trust, Third Parties) [1952] 2 Q.B. 80; [1952] 1 T.L.R. 576; 96 S.J. 186; [1952] 1 All E.R. 463, C.A.; affirming [1951] W.N. 532; 95 S.J. 817; 1 C.L.C. 5417 218
Hawkins (George) v. Chrysler (U.K.) and Burne Associates (a firm) (1986) 38 B.L.R. 36, C.A. 50, 61, 174, 338, 340, 348
Hawthorn v. Newcastle, etc., Railway (1840) 3 Q.B. 734n. 260
Hayes v. Bowman [1989] 1 W.L.R. 456; (1989) 133 S.J. 569; [1989] 2 All E.R. 293, C.A. 497
—— v. James & Charles Dodd (A Firm) [1990] 2 All E.R. 815, C.A. 224
Hayter v. Nelson Home Insurance [1990] 2 Lloyd's Rep. 265; 23 Con.L.R. 88; *The Times*, March 29, 1990 .... 440, 1074, 1092
Heaven v. Pender (1883) 11 Q.B.D. 503 172
Hebridean Coast, The, Citrine (Lord) (Owner) v. Hebridean Coast (Owners) [1961] A.C. 545; [1961] 2 W.L.R. 48; 105 S.J. 37; [1961] 1 All E.R. 82; [1960] 2 Lloyd's Rep. 423, H.L.; affirming [1960] 3 W.L.R. 29; [1960] 1 W.L.R. 861; 104 S.J. 507; [1960] 2 All E.R. 85; [1960] 1 Lloyd's Rep. 227, C.A.; affirming [1959] 3 W.L.R. 569; 103 S.J. 673; [1959] 3 All E.R. 126; [1959] 2 Lloyd's Rep. 122; [1959] C.L.Y. 3063 .... 223, 229
Hedley Byrne & Co. v. Heller & Partners [1964] A.C. 465; [1963] 3 W.L.R. 101; 107 S.J. 454; [1963] 2 All E.R. 575; [1963] 1 Lloyd's Rep. 485, H.L.; affirming [1962] 1 Q.B. 396; [1961] 3 W.L.R. 1225; 105 S.J. 910; [1961] 3 All E.R. 891; [1961] C.L.Y. 518, C.A.; affirming *The Times*, December 21, 1960; [1960] C.L.Y. 186 ...... 68, 70, 89, 128, 129, 133, 177, 180, 182, 183, 184, 187, 188, 189, 190, 192, 193, 194, 195, 196, 198, 199, 341
Heglibiston Establishments v. Heyman (1977) 246 EG 567; (1977) 36 P. & C.R. 351; 121 S.J. 9851, C.A. 151
Heilbut, Symons & Co. v. Buckleton [1913] A.C. 30; [1911–13] All E.R.Rep. 83; 82 L.J.K.B. 245; 107 L.T. 769; 20 Mans. 54, H.L. 42, 129, 139
Helstan Securities v. Hertfordshire County Council [1978] 3 All E.R. 262, *sub nom.* Helston Securities v. Hertfordshire County Council (1978) 76 L.G.R. 735 .... 299, 305, 601, 975
Hemmens v. Wilson Browne (A Firm) [1994] 2 W.L.R. 323; [1993] 4 All E.R. 826; *The Times*, June 30, 1993 199
Hemming v. Hale (1859) 7 C.B.(N.S.) 487 341
Henderson v. Merrett Sydicates [1994] 3 W.L.R. 761, H.L. .. 171, 177, 178, 181, 182, 183, 184, 186, 187, 188, 190, 194, 198
Hendy Lennox (Industrial Engines) v. Grahame Puttick [1984] 1 W.L.R. 485; (1984) 128 S.J. 220; [1984] 2 All E.R. 152; [1984] 2 Lloyd's Rep. 422; (1984) 81 L.S.Gaz. 585 263
Henriksens Rederi A/S v. Rolimpex (T.H.Z.); Brede, The [1974] Q.B. 233; [1973] 3 W.L.R. 556; [1973] 2 Lloyd's Rep. 333; 117 S.J. 600; [1973] 3 All E.R. 589, C.A.; affirming [1972] 2 Lloyd's Rep. 511 .... 404, 498, 500
Henshaw (Joshua) & Sons v. Rochdale Corporation [1944] K.B. 381, C.A. 256, 260
Henthorn v. Fraser [1892] 2 Ch. 27 26
Herbert Construction v. Atlantic Estates (1993) C.I.L.L. 858, C.A. 689
Herkules Piling v. Tilbury Construction, 61 B.L.R. 107; 32 Con.L.R. 112; *The Times*, September 21, 1992 299
Herman v. Morris (1919) 35 T.L.R. 574, C.A. 46

Table of Cases

Hermcrest v. G. Percy Trentham, 53 B.L.R. 104; 25 Con.L.R. 78, C.A.; affirming 24 Con.L.R. 117 .... 841, 887, 891
Hersent Offshore S.A. v. Burmah Oil Tankers (1978) 10 B.L.R. 1; [1978] 2 Lloyd's Rep. 565, D.C. 99, 1052
Heskell v. Continental Express [1950] W.N. 210; 94 S.J. 339; [1950] 1 All E.R. 1033; 83 Ll.L.Rep. 438 211
Heyman v. Darwins [1942] A.C. 356 .... 156, 158, 160, 161, 162, 226, 290, 426, 427, 428, 429, 433, 437, 439, 442, 453, 760, 1092
Heys v. Tindall (1861) 1 B. & S. 296 349
Heywood v. Weller (A Firm) [1976] Q.B. 446; [1976] 2 W.L.R. 101; (1975) 120 S.J. 9; [1976] 1 All E.R. 300; [1976] 2 Lloyd's Rep. 88, C.A. 75
Hick v. Raymond & Reid [1893] A.C. 22, H.L. 236, 237
Hickman & Co. v. Roberts [1913] A.C. 229 .... 110, 122, 123, 426, 436
Higgs & Hill Building v. Campbell (Denis) [1983] Com.L.R. 34; (1982) 28 B.L.R. 47, D.C. 424, 432, 762, 923
—— v. University of London (1983) 24 B.L.R. 139 .... 457, 459, 580, 613
High Mark (M.) Sdn Bhd v. Patco Malaysia Sdn Bhd (1984) 28 B.L.R. 129, High Ct. of Malaya 366
Hill v. Chief Constable of West Yorkshire [1989] A.C. 53, H.L. 170, 172, 180
—— v. South Staffs Railway (1865) 12 L.T.(N.S.) 63 124
—— v. —— (1874) L.R. 18 Eq. 154 99
—— v. Thomas [1893] 2 Q.B. 333, C.A. 1020
—— (Edwin) & Partners v. Leakcliffe Properties (1984) 272 EG 63, 179; (1984) 134 New L.J. 788; (1984) 29 B.L.R. 43, D.C. 358
—— (J. M.) & Sons v. London Borough of Camden, 18 B.L.R. 31, C.A. 164, 223, 257, 671
—— Samuel Bank Limited v. Frederick Brand Partnership (1994) 10 Const.L.J. 72 306
—— (William) Organisation v. Sunley & Sons (1983) 22 B.L.R. 1, C.A. 65, 116, 185, 408
Hillas & Co. v. Arcos (1932) 147 L.T. 503 .... 23, 24, 45
Himley Brick Co. v. Lamb (W. T.) & Sons and Seifert (Robin) (Third Party), *The Guardian*, January 16, 1962 .... 334, 335
Hindustan Steam Shipping Co. v. Siemens Brothers & Co. [1955] 1 Lloyd's Rep. 167 . 194
Hirji Mulji v. Cheong Yue SS. Co. [1926] A.C. 497 428
Hiron v. Pynford South, 60 B.L.R. 78; [1992] 28 EG 112 184
Hiscox v. Outhwaite (No. 1) [1992] 1 A.C. 562; [1991] 3 W.L.R. 297; [1991] 3 All E.R. 641; [1991] 2 Lloyd's Rep. 435; *The Times*, July 29, 1991; *Financial Times*, July 31, 1991; *The Independent*, July 31, 1991, H.L.; affirming [1991] 2 W.L.R. 1321; [1991] 3 All E.R. 124 [1991] 2 Lloyd's Rep. 1; *The Times*, March 19, 1991, C.A.; affirming *The Times*, March 7, 1991; *The Independent*, March 12, 1991; *Financial Times*, March 15, 1991 285
Hoare v. McAlpine [1923] 1 Ch. 167 280
Hobbs v. Turner (1902) 18 T.L.R. 235, C.A. 309, 311
Hobbs Padgett & Co. (Reinsurance) v. Kirkland (J. C.) (1969) 113 S.J. 832; [1969] 2 Lloyd's Rep. 547, C.A. 23, 425
Hochster v. De La Tour (1853) 2 E. & B. 678 .... 161, 165
Hoenig v. Isaacs [1952] 1 T.L.R. 1360; [1952] 2 All E.R. 176, C.A. 75, 76, 77, 78, 79, 80, 81, 163, 120, 286, 287, 481, 500, 533
Hoffmann-La Roche (F.) & Co. A.G. v. Secretary of State for Trade and Industry [1975] A.C. 295; [1974] 3 W.L.R. 104; 118 S.J. 500; [1974] 2 All E.R. 1128, H.L.; affirming [1973] 3 W.L.R. 805; 117 S.J. 713, *sub nom.* Secretary of State for Trade and Industry v. Hoffmann-La Roche (F.) & Co. A.G. [1973] 3 All E.R. 945, C.A.; reversing [1973] 3 W.L.R. 805 294
Hohenzollern, etc., and City of London Corp., *Re* (1886) 54 L.T. 596; H.B.C. (4th ed.), Vol. 2, p. 100, C.A. 109, 427
Holbeach Plant Hire v. Anglian Water Authority, 14 Con.L.R. 101, D.C. 234
Holden v. Webber (1860) 29 Beav. 117 337
Holland Dredging (U.K.) v. The Dredging and Construction Co. and Imperial Chemical Industries (Third Party) (1987) 37 B.L.R. 1, C.A. 982, 990, 994, 1048

Table of Cases

Holland Hannen & Cubitts (Northern) v. Welsh Health Technical Services Orgnisation
 (1987) 7 Con.L.R. 1; (1987) 35 B.L.R. 1; [1985] C.I.L.L. 217, C.A. 52, 53, 75, 76,
  80, 81, 84, 96, 99, 312, 317, 338, 339, 340, 346, 347, 348, 495, 569
Holleran v. Daniel Thwaites [1989] 2 C.M.L.R. 917 389
Holliday v. National Telephone Co. [1899] 2 Q.B. 392 279
Hollier v. Rambler Motors (AMC) [1972] 2 Q.B. 71; [1972] 2 W.L.R. 401; (1971) 116
 S.J. 158; [1972] 1 All E.R. 399; [1972] R.T.R. 190, C.A. 27, 28, 65
Holman v. Johnson (1775) 1 Cowp. 341 151
Holman Construction v. Delta Timber Company [1972] N.Z.L.R. 1081 .... 19, 193
Holme v. Brunskill (1878) 3 Q.B.D. 495 272
—— v. Guppy (1838) 3 M. & W. 387 250
Holt, *ex p.* Gray (1888) 58 L.J.Q.B. 5 .... 309, 416
Holt v. Heatherfield Trust [1942] 2 K.B. 1 302
Holwell Securities v. Hughes [1974] 1 W.L.R. 155; (1973) 117 S.J. 912; [1974] 1 All E.R.
 161; (1973) 26 P. & C.R. 544, C.A.; affirming [1973] 1 W.L.R. 757; 117 S.J. 447;
 [1973] 2 All E.R. 476; 26 P. & C.R. 28 .... 20, 26, 27
Home & Overseas Insurance Co. v. Mentor Insurance Co. (U.K.) [1990] 1 W.L.R. 153;
 [1989] 3 All E.R. 74; [1989] 1 Lloyd's Rep. 473; (1989) 133 S.J. 44; [1989] L.S.Gaz.
 February 15, 36, C.A.; affirming 44, 437, 504
Home Office v. Dorset Yacht Co. [1970] A.C. 1004; [1970] 2 W.L.R. 1140; [1970] 2 All
 E.R. 294; [1970] 1 Lloyd's Rep. 453; *sub nom.* Dorset Yacht Co. v. Home Office, 114
 S.J. 375, H.L.; affirming *sub nom.* Dorset Yacht Co. v. Home Office [1969] 2 Q.B.
 412; [1969] 2 W.L.R. 1008; 113 S.J. 227; [1969] 2 All E.R. 564; C.A.; affirming 113
 S.J. 57; [1968] C.L.Y. 2638 .... 172, 177, 179, 414
Honeywill & Stein v. Larkin Bros. [1934] 1 K.B. 191 .... 278, 279
Hong Guan & Co. v. Jumbahoy (R.) & Sons [1960] A.C. 684; [1960] 2 W.L.R. 754; 104
 S.J. 367; [1960] 2 All E.R. 100; [1960] 1 Lloyd's Rep. 405, P.C. 23, 643
Hong Kong Fir Shipping Co. v. Kawasaki Kisen Kaisha [1962] 2 Q.B. 26; [1962] 2
 W.L.R. 474; 106 S.J. 35; [1962] 1 All E.R. 474; [1961] 2 Lloyd's Rep. 478; C.A.;
 affirming [1961] 2 W.L.R. 716; 105 S.J. 347; [1961] 2 All E.R. 257; [1961] 1 Lloyd's
 Rep. 159; [1961] C.L.Y. 8255 .... 158, 159
Hookway (F. E.) & Co. v. Hooper (H. W.) & Co. [1950] 2 All E.R. 842n; 84 Ll.L.Rep.
 335, 443, C.A. 437
Hoole Urban District Council v. Fidelity & Deposit Co. of Maryland [1916] 2 K.B. 568,
 C.A. 273
Hopgood v. Brown [1955] 1 W.L.R. 213; 99 S.J. 168; [1955] 1 All E.R. 550, C.A. 284
Hopper, *Re* (1867) L.R. 2 Q.B. 367 436
Hornal v. Neuberger Products [1957] 1 Q.B. 247; [1956] 3 W.L.R. 1034; 100 S.J. 915;
 [1956] 3 All E.R. 970, C.A. 130
Hornibrook (M. R.) (Pty) v. Newham (Eric) (Wallerawang) Pty (1971) 45 A.L.J.R. 523,
 Australian High Ct. 86
Horrocks v. Forray [1976] 1 W.L.R. 230; (1975) 119 S.J. 866; [1976] 1 All E.R. 737;
 (1975) 6 Fam. Law 15, C.A. 20
Hosking v. De Havilland [1949] 1 All E.R. 540 67
Hoskins v. Woodham [1938] 1 All E.R. 692 61
Hospitals for Sick Children v. McLaughlin & Harvey (1990) 19 Con.L.R. 25; (1990) 6
 Const.L.J. 245 .... 221, 222, 339
Hotham v. East India Co. (1787) 1 T.R. 638 111
Hotson v. East Berkshire Health Authority *sub nom.* Hotson v. Fitzgerald [1987] A.C.
 750; [1987] 3 W.L.R. 232; (1987) 131 S.J. 975; [1987] 2 All E.R. 909; (1987) 84
 L.S.Gaz. 2365, H.L.; reversing [1987] 2 W.L.R. 287; [1987] 1 All E.R. 210; (1986)
 130 S.J. 925; (1986) 136 New L.J. 1163; (1987) 84 L.S.Gaz. 37, C.A.; affirming
 [1985] 1 W.L.R. 1036; (1985) 129 S.J. 558; [1985] 3 All E.R. 167; (1985) 82
 L.S.Gaz. 2818 .... 207, 209, 214
Hounslow v. Twickenham Garden Developments [1971] Ch. 233; [1970] 3 W.L.R. 538;
 114 S.J. 603; 69 L.G.R. 109; *sub nom.* London Borough of Hounslow v. Twickenham
 Garden Development [1970] 3 All E.R. 326 .. 29, 52, 113, 120, 162, 256 258, 262 292,
  293, 294, 625, 658, 659
Household Insurance Co. v. Grant (1879) 4 Ex.D. 216 26
Howard v. Pickford Tool Co. [1951] 1 K.B. 417; 95 S.J. 44, C.A. 160

lvii

Table of Cases

Howard v. Shirlstar Container Transport [1990] 1 W.L.R. 1292; [1990] 3 All E.R. 366, C.A. 151
—— de Walden Estates v. Costain Management Design, 55 B.L.R. 124; 26 Con.L.R. 141 .... 570, 1026, 1049
—— (John) & Co. (Northern) v. Knight (J. P.) [1969] 1 Lloyd's Rep. 364; 119 New L.J. 698 22
—— Marine and Dredging Co. v. Ogden (A.) & Sons (Excavations) [1978] Q.B. 574; [1978] 2 W.L.R. 515; [1978] 2 All E.R. 1134; (1977) 122 S.J. 48; [1978] 1 Lloyd's Rep. 334; (1977) 9 B.L.R. 34, C.A. 42, 134, 135, 138, 139, 140, 190
Howden v. Powell Duffryn Steam Coal Co. 1912 S.C. 920 109
Howe Richardson Scale Co. v. Polimex-Cekop [1978] 1 Lloyd's Rep. 161, C.A. 276
Howell v. Falmouth Boat Construction Co. [1951] A.C. 837; [1951] 2 T.L.R. 151; 95 S.J. 413; [1951] 2 All E.R. 278; *sub nom.* Falmouth Boat Construction Co. v. Howell [1951] 2 Lloyd's Rep. 45, H.L.; affirming *sub nom.* Falmouth Boat Construction Co. v. Howell [1950] 2 K.B. 16; 66 T.L.R. (Pt. 1) 487; [1950] 1 All E.R. 538, 88 Ll.L.Rep. 320, C.A. 152
Hubbard v. Pitt [1976] Q.B. 142; [1975] I.C.R. 308; [1975] 3 W.L.R. 201; 119 S.J. 393; [1975] 3 All E.R. 1, C.A.; affirming on different grounds [1975] I.C.R. 77; [1975] 2 W.L.R. 254; (1974) 118 S.J. 791; [1975] 1 All E.R. 1056 294
Hudson v. Elmbridge Borough Council [1991] 1 W.L.R. 880; [1991] 4 All E.R. 55; *The Times*, November 29, 1990, C.A. 513
—— (Ronald) and Hudson (Andrea) v. National House Building Council (1991) 7 Const.L.J. 123, C.A. 513
Hughes v. Architects' Registration Council of the United Kingdom [1957] 2 Q.B. 550; [1957] 3 W.L.R. 119; 101 S.J. 517; [1957] 2 All E.R. 436, D.C. 327, 328
—— v. Lenny (1839) 5 M. & W. 183 362
—— v. Metropolitan Ry (1877) 2 App.Cas. 439 .... 162, 259, 285, 286
—— v. Percival (1883) 8 App.Cas. 443 .... 278, 280
—— (C. W. & A. L.), *Re* [1966] 1 W.L.R. 1369, 110 S.J. 404; [1966] 2 All E.R. 702 .. 420
Hultquist v. Universal Pattern and Precision Engineering Co. [1960] 2 Q.B. 467; [1960] 2 W.L.R. 886; 104 S.J. 427; [1960] 2 All E.R. 266, C.A. 515
Humber Oil Terminals Trustee v. Harbour and General Works (Stevin) 59 B.L.R. 1; (1991) 7 Const.L.J. 333, C.A. 982, 990
Humphreys v. James (1850) 20 L.J.Ex. 88 303
Hunt v. Bishop (1853) 8 Ex. 675 .... 52, 167
—— v. Douglas (R. M.) (Roofing) [1990] 1 A.C. 398; [1989] L.S.Gaz. January 5, 40, H.L. 508
—— v. S.E. Railway (1875) 45 L.J.Q.B. 87 257
—— v. Wimbledon Local Board (1878) 4 C.P.D. 48 360
Hunter v. Fitzroy Robinson and Partners [1978] F.S.R. 167; (1977) 10 B.L.R. 84 .... 364, 365, 366
Hurle-Hobbs, *Re* [1944] 2 All E.R. 262 235
Huron Liberian Co. v. Rheinoel [1985] 2 Lloyd's Rep. 58 449
Hussey v. Eels [1990] 2 Q.B. 227; [1990] 2 W.L.R. 234; [1990] 1 All E.R. 449; [1990] 19 EG 77; (1990) 140 New L.J. 53, C.A. 221
—— v. Horne-Payne (1874) 4 App.Cas. 311 21
Hutchinson v. Harris (1978) 10 B.L.R. 19, C.A. 78, 207, 212, 223, 224, 234, 349, 351, 354, 355
Hyams v. Stuart King [1908] 2 K.B. 696 478
Hyde v. Wrench (1840) 3 Beav. 334 19
Hydraulic Engineering Co. v. McHaffie (1878) 4 Q.B.D. 670, C.A. 237, 324
Hydrocarbons Great Britain v. Cammell Laird Shipbuilders and Automotive Products (t/a Ap Precision Hydraulics); Redman Broughton; Blackclawson International, 53 B.L.R. 84, C.A.; reversing 25 Con.L.R. 131 .... 44, 218, 409
Hyundai Engineering Construction Co. v. Active Building and Civil Construction, 45 B.L.R. 62 .... 432, 762, 763, 923
Hyundai Heavy Industries Co. v. Papadopoulos [1980] 1 W.L.R. 1129; (1980) 124 S.J. 592; [1980] 2 All E.R. 29; [1980] 2 Lloyd's Rep. 1, H.L.; affirming [1979] 1 Lloyd's Rep. 130, C.A. 82, 161, 270

Table of Cases

I.C.I. v. Bovis (1992) 32 Con.L.R. 90; (1992) 8 Const.L.J. 293 .... 475, 477, 481
I.E. Contractors v. Lloyds Bank and Rafidain Bank [1990] 2 Lloyd's Rep. 496; 51 B.L.R. 1; *Financial Times*, July 17, 1990, C.A.; reversing in part [1989] 2 Lloyd's Rep. 205 275
IMI Cornelius (U.K.) v. Alan J. Bloor, 57 B.L.R. 108 221
I.R.C. v. Raphael [1935] A.C. 96 37
Ibmac v. Marshall (Homes) (1968) 208 EG 851, C.A. 79
Idyll v. Dinerman Davison (1971) 1 Const.L.J. 294 (C.A.) 409, 473
Imodco v. Wimpey Major Projects and Taylor Woodrow International 40 B.L.R. 1, C.A. 220, 439, 440, 504, 505
Imperial Bank of Canada v. Begley [1936] 2 All E.R. 367, P.C. 212
Imperial College of Science and Technology v. Norman and Dawbarn (A Firm) (1986) 2 Const.L.J. 280; (1987) 8 Con.L.R. 107 209
Imperial Tobacco Co. v. Parsley [1936] 2 All E.R. 515 245
Independent Broadcasting Authority v. E.M.I. Electronics and B.I.C.C. Construction
Independent Broadcasting Authority v. E.M.I. Electronics and B.I.C.C. Construction (1980) 14 B.L.R. 1, H.L. affirming; (1978) 11 B.L.R. 29, C.A. 13, 42, 48, 57, 58, 60, 61, 140, 194, 209, 281, 309, 314, 315, 316, 338, 339, 340, 348, 736
Industrie Chimiche Italia Centrale v. NEA Ninemia Shipping Co. S.A., Emmanuel C, The [1983] 1 All E.R. 686; [1983] 1 Lloyd's Rep. 310; [1983] Con.L.R. 7 65
―― v. Tsauliris (Alexander G.) Maritime Co.; Pancristo Shiping Co. S.A. and Bula Shipping Corp. Choko Star, The [1987] 1 Lloyd's Rep. 508, C.A. 453
Ingham v. Emes [1955] 2 Q.B. 366; [1955] 2 W.L.R. 245; 99 S.J. 490; [1955] 2 All E.R. 740, C.A. 57, 58
Inglefield, *Re* [1933] Ch. 1 263
Inglis v. Buttery (1878) 3 App.Cas. 552 38
Instrumatic v. Supatrase [1969] 1 W.L.R. 519; 113 S.J. 144; [1969] 2 All E.R. 131, C.A. 469
Interfoto Picture Library v. Stiletto Visual Programmes [1989] Q.B. 433; (1988) 7 Tr.L.R. 187, C.A. 28
International Minerals v. Karl O. Helm [1986] 1 Lloyd's Rep. 81 234
International Tank and Pipe S.A.K. v. Kuwait Aviation Fuelling Co. K.S.C. [1975] Q.B. 224; [1974] 3 W.L.R. 721; 118 S.J. 752; [1975] 1 All E.R. 242; [1975] 1 Lloyd's Rep. 8, C.A. 452
Intraco v. Notis Shipping Corp. of Liberia; Bhoja Trader, The [1981] Com.L.R. 184; [1981] 2 Lloyd's Rep. 256, C.A. 276
Investors in Industry Commercial Properties v. South Bedfordshire District Council; Ellison & Partners and Hamilton Associates (Third Parties) [1986] Q.B. 1034; [1986] 2 W.L.R. 937; [1986] 1 All E.R. 787; (1985) 5 Con.L.R. 1; [1986] 1 EGLR 252; (1986) 2 Const.L.J. 108; (1985) 32 B.L.R. 1; (1986) 83 L.S.Gaz. 441; (1986) 136 New L.J. 118, C.A. 180, 329, 339, 341, 343
Ios I, The [1987] 1 Lloyd's Rep. 321 459
Ipswich Borough Council v. Fisons [1990] Ch. 709; [1990] 2 W.L.R. 108; [1990] 1 All E.R. 730; (1990) 134 S.J. 517; [1990] 04 EG 127; [1990] L.S.Gaz. February 21, 32, C.A.; affirming [1989] 3 W.L.R. 818; (1989) 133 S.J. 1090; [1989] 2 All E.R. 737 ... 456, 457
Iron Trades Mutual Insurance Co. v. J. K. Buckenham [1990] 1 All E.R. 808; [1989] 2 Lloyd's Rep. 85, D.C. 406
Ishag v. Allied Bank International, Fuhs and Kotalimbora [1981] 1 Lloyd's Rep. 92 289
Islington Metal and Plating Works [1984] 1 W.L.R. 14; (1984) 128 S.J. 31; [1983] 3 All E.R. 218; (1984) 81 L.S.Gaz. 354; [1983] Com.L.R. 176; (1983) 133 New L.J. 847 418
Ismail v. Polish Ocean Lines; Ciechocinek, The [1976] 1 All E.R. 902; [1976] 1 Lloyd's Rep. 189, C.A.; reversing [1975] 2 Lloyd's Rep. 170 332
Ives and Barker v. Willans [1894] 2 Ch. 478, C.A. 434

JEB Fasteners v. Marks, Bloom & Co. [1983] 1 All E.R. 583, C.A.; affirming [1982] Com.L.R. 226; [1981] 3 All E.R. 289 .... 127, 134, 189
J. & J. Fee v. Express Lift Co. (1993) 34 Con.L.R. 147 54

Table of Cases

Jackson v. Barry Railway [1893] 1 Ch. 238, C.A. 434
—— v. Eastbourne Local Board (1886) H.B.C. (4th ed.) Vol. 2, p. 88 ...... 44, 88, 141, 143, 148
—— v. Horizon Holidays [1975] 1 W.L.R. 1468; 119 S.J. 759; [1975] 3 All E.R. 92, C.A. 216
Jacobowicz v. Wicks [1956] Crim.L.R. 697, D.C. 326
Jadrarska Slobodna Plovidba v. Oleagine S.A.; Luke Botic, The [1984] 1 W.L.R. 300; (1984) 128 S.J. 46; [1983] 3 All E.R. 602; [1984] 1 Lloyd's Rep. 145; (1984) 81 L.S.Gaz. 197, C.A. 452
James v. James (1869) 19 L.T. 809 453
—— Archdale & Co. v. Comservices. *See* Archdale (Jas.) & Co. v. Comservices.
—— (Jonathan) v. Balfour Beatty Building (1991) C.I.L.L. 666 478
James McNaughton Paper Group v. Hicks Anderson [1991] 2 Q.B. 113; [1991] 2 W.L.R. 641; [1991] 1 All E.R. 134; [1990] BCC 891; [1991] BCLC 235; (1990) 140 New L.J. 1311; *The Independent*, September 11, 1990, C.A. 181, 189, 197
Jameson v. Simon (1899) 1 F. (Ct. of Sess.) 1211 .... 339, 350
Janov v. Morris [1981] 1 W.L.R. 1389; [1981] 3 All E.R. 780, C.A. 497
Japan Line v. Aggeliki Charis Compania Maritima S.A. and Davies and Potter; Angelic Grace, The (1979) 123 S.J. 487; [1980] 1 Lloyd's Rep. 288, C.A. 450, 454
Jardine Engineering v. Shimizu (1992) 63 B.L.R. 96 (Hong Kong High Court) 54, 55
Jartay Developments, *Re* (1983) 22 B.L.R. 134 690
Jarvis v. Moy, Davies, Smith, Vandervell & Co. [1936] 1 K.B. 399 186
—— Brent v. Rawlinson Constructions (1990) 6 Const.L.J. 292 .... 253, 286, 629
—— (J.) & Sons v. Westminster City Council. *See* Westminster Corporation v. Jarvis (J.) & Sons.
—— (John) v. Rockdale Housing Association (1987) 3 Const.L.J. 24; (1987) 36 B.L.R. 48; (1986) 10 Con.L.R. 51, C.A.; affirming (1985) 5 Con.L.R. 118 .... 45, 259, 312, 571, 661, 671, 672, 715
Jefco Mechanical Services v. London Borough of Lambeth (1983) 24 B.L.R. 1, C.A. ... 39, 643
Jefford v. Gee [1970] 2 Q.B. 130; [1970] 2 W.L.R. 702; 114 S.J. 206; [1970] 1 All E.R. 1202; *sub nom.* Jefford and Jefford v. Gee [1970] 1 Lloyd's Rep. 107, C.A. 508
Jemrix, The [1981] Com.L.R. 196; [1981] 2 Lloyd's Rep. 544 443
Jenkins v. Betham (1855) 15 C.B. 168 345
Jennings v. Tavener [1955] 1 W.L.R. 932; 99 S.J. 543; [1955] 2 All E.R. 769 61
Jepson (H. N.) & Partners v. Severn Trent Water Authority (1982) 20 B.L.R. 53, C.A. 15, 329, 359
Jersey (Earl of) v. Guardians of Neath (1889) 22 Q.B.D. 555, C.A. 46, 47
Jeune v. Queen Cross Properties [1974] Ch. 97; [1973] 3 W.L.R. 378; 117 S.J. 680; [1973] 3 All E.R. 97; 26 P. & C.R. 98 292
Job Edwards v. Birmingham Navigations [1924] 1 K.B. 341, C.A. 279
Jobson v. Johnson [1989] 1 W.L.R. 1026; [1989] 1 All E.R. 621, C.A. 242, 243, 244, 247, 249, 261
John Mowlem & Co. v. Carlton Gate Development Co., 51 B.L.R. 104; 21 Con.L.R. 113; (1990) 6 Const.L.J. 298 504
John S. Darbyshire, The; Albion Sugar Co. v. William Tankers [1977] 2 Lloyd's Rep. 457 22
Johnson v. Agnew [1980] A.C. 367; [1979] 2 W.L.R. 487; (1979) 123 S.J. 217; [1979] 1 All E.R. 883; (1979) 38 P. & C.R. 424; (1979) 251 EG 1167, H.L.; affirming [1978] Ch. 176; [1978] 2 W.L.R. 806; (1977) 122 S.J. 230; [1978] 3 All E.R. 314; (1977) 38 P. & C.R. 107, C.A. 161, 201, 205, 226
—— v. Moreton [1980] A.C. 37; [1978] 3 W.L.R. 538; (1978) 122 S.J. 697; [1978] 3 All E.R. 37; (1978) 37 P. & C.R. 243; (1978) 247 EG 895, H.L.; affirming (1977) 35 P. & C.R. 378; 241 EG 759, C.A. 70
—— v. Raylton (1881) 7 Q.B.D. 438, C.A. 298
—— v. Ribbins (Sir Francis Pittis & Son (A Firm), Third Party) [1977] 1 W.L.R. 1458; (1977) 121 S.J. 817; [1977] 1 All E.R. 806, C.A. 511
—— v. Weston (1859) 1 F. & F. 693 97
Johnston v. Cheape (1817) 5 Dow. 247 425
Johnstone v. Milling (1886) 16 Q.B.D. 460, C.A. 267

Table of Cases

Jones, *ex p.* Nichols (1883) 22 Ch.D. 782 421
Jones v. Manchester Corporation [1952] 2 Q.B. 852; [1952] 1 T.L.R. 1589; 116 J.P. 412;
    [1952] 2 All E.R. 125, C.A. 338
—— v. North (1875) L.R. 19 Eq. 426 384
—— v. St John's College, Oxford (1870) L.R. 16 Q.B. 115 .... 44, 52, 143, 250, 251, 369
—— v. Sherwood Computer Services [1992] 1 W.L.R. 277; [1992] 2 All E.R. 170; *The
    Times,* December 14, 1989, C.A. 113, 120, 121, 1094
—— v. Stroud District Council [1986] 1 W.L.R. 1141; (1986) 130 S.J. 469; [1988] 1 All
    E.R. 5; (1986) 84 L.G.R. 886; (1986) 279 EG 213; (1986) 2 Const.L.J. 185; (1986)
    34 B.L.R. 27; (1987) 8 Con.L.R. 23; [1986] 2 EGLR 133, C.A. 220, 221
—— (Ctr.) v. Cannock (1852) 3 H.L.C. 700 167
Joo Yee Construction Proprietary (In liquidation) v. Diethelm Industries Proprietary
    (1991) 7 Const.L.J. 53, High Ct. of Singapore 310, 420, 663, 1069
Joscelyne v. Nissen [1970] 2 Q.B. 86; [1970] 2 W.L.R. 509; (1969) 114 S.J. 55; [1970] 1
    All E.R. 1213, C.A. 289
Jowett v. Neath R.D.C. (1916) 80 J.P.J. 207 424
Julia, The. *See* Comptoir d'Achat et de Vente du Boerenband Belge S/A v. Luis de Ridder
    Limitada
Junior Books v. Veitchi Co., The [1983] A.C. 520; [1982] 3 W.L.R. 477; (1982) 126 S.J.
    538; [1982] 3 All E.R. 201; [1982] Com.L.R. 221; (1982) 79 L.S.Gaz. 1413; (1981)
    21 B.L.R. 66, H.L. 169, 171, 172, 174, 183, 193, 194

K/S Norjarl A/S v. Hyundai Heavy Industries Co. [1992] Q.B. 863; [1991] 3 W.L.R.
    1025; [1991] 3 All E.R. 211; [1991] 1 Lloyd's Rep. 524; [1991] EGCS 20; (1991)
    141 New L.J. 343; *The Independent,* February 22, 1991; *The Times,* March 12, 1991;
    Financial Times, March 5, 1991, C.A.; affirming [1991] 1 Lloyd's Rep. 260; *The
    Times,* November 8, 1990 451
Kaines (U.K.) v. Oesterreichische Warenhandelsgesellschaft Austrowaren Gesellschaft
    mbH (formerly CGL Handelsgesellschaft mbH) [1993] 2 Lloyd's Rep. 1, C.A. 206
Kaliszewska v. Clague (J.) and Partners [1984] C.I.L.L. 131; (1984) Const.L.J. 137;
    (1984) 5 Con.L.R. 62 .... 285, 346, 408
Karen Oltmann, The. *See* Partenreederei M.S. Karen Oltmann v. Scarsdale Shipping Co.;
    Karen Oltmann, The.
Katcher I, The (No. 2) [1969] P. 72, [1969] 2 W.L.R. 401; [1968] 2 Lloyd's Rep. 29;
    [1968] 3 All E.R. 350 .... 514, 515
Kathmer Investments v. Woolworth [1970] 2 S.A.L.R. 498 290
Kaukomarkkinat O/Y v. Elbe Transport-Union GmbH; Kelo, The [1985] 2 Lloyd's Rep.
    85 305
Kaye (P. & M.) v. Hosier & Dickinson [1972] 1 W.L.R. 146; (1971) 116 S.J. 75; [1972] 1
    All E.R. 121, H.L.; affirming [1970] 1 W.L.R. 1611; 114 S.J. 929; [1971] 1 All E.R.
    301, C.A. ... 56, 113, 114, 115, 116, 117, 118, 269, 430, 431, 534, 569, 590, 593, 626,
    672, 692, 695, 696, 1026, 1034, 1045, 1060
—— (Sidney); Firmin (Eric) & Partners (A Firm) v. Bronesky, (1973) 226 EG 1395, C.A. ... 361
Kearley v. Thomson (1890) 24 Q.B.D. 742 151
Keen, *Re, ex p.* Collins [1902] 1 K.B. 555 .... 264, 418, 1055
Keen v. Holland [1984] 1 W.L.R. 251; (1983) 127 S.J. 764; [1984] 1 All E.R. 75; (1984)
    47 P. & C.R. 639; (1984) 269 EG 1043; (1983) 80 L.S.Gaz. 3078, C.A. 28, 285
—— v. Mear (1920) 89 L.J.Ch. 513 331
Keighley, Maxsted & Co. v. Durant [1901] A.C. 240 332
Kellett v. Mayor of Stockport (1906) 70 J.P. 154 119
—— v. New Mill U.D.C. (1900) H.B.C. (4th ed.) Vol. 2, p. 298 .... 110, 111, 112
—— v. York Corp. (1894) 10 T.L.R. 662 66
Kelly Pipelines v. British Gas, 48 B.L.R. 126 18
Kelner v. Baxter (1866) L.R. 2 C.P. 174 333
Kelo, The. *See* Kaukomarkkinat O/Y v. Elbe Transport-Union GmbH.
Kelsen v. Imperial Tobacco Co. (of Great Britain and Ireland) [1957] 2 Q.B. 334; [1957]
    2 W.L.R. 1007; 101 S.J. 446; [1957] 2 All E.R. 343 .... 282, 346
Kemble v. Farren (1829) 6 Bing. 141 245
Kemp v. Baerselman [1906] 2 K.B. 604, C.A. 298, 305

Table of Cases

Kemp v. Rose (1858) 1 Gift. 258; 32 L.T.(O.S.) 51; 22 J.P. 721; 5 Jur.(N.S.) 919; 114 R.R. 429 .... 37, 87, 90, 123, 249, 346, 626
Kendall (Henry) & Sons (A Firm) v. Lillico (William) & Sons; Holland Colombo Trading Society v. Grimsdale & Sons; Grimsdale & Sons v. Suffolk Agricultural Poultry Producers' Association [1969] 2 A.C. 31; [1968] 2 W.L.R. 110 28
Kennedy v. Barrow-in-Furness Corp. (1909) H.B.C. (4th ed.), Vol. 2, p. 411 .... 114, 425, 426, 428
Kenning v. Eve Construction [1989] 1 W.L.R. 1189, *The Times*, November 29, 1988 .. 491
Kensington & Chelsea & Westminster Area Health Authority v. Wettern Composites (1985) 31 B.L.R. 57; [1985] 1 All E.R. 346; (1984) 134 New L.J. 887, D.C. 340, 342, 350, 353, 354, 405, 574
Kenyon, Son & Craven v. Baxter Hoave & Co. [1971] 1 W.L.R. 519; [1971] 2 All E.R. 708; [1971] 1 Lloyd's Rep. 232 68
Kerr v. John Mottram [1940] 1 Ch. 657 692
Ketteman v. Hansel Properties [1987] A.C. 189; [1987] 2 W.L.R. 312; (1987) 131 S.J. 134; [1988] 1 All E.R. 38; [1987] 1 FTLR 284; (1987) 85 L.G.R. 409; (1987) 36 B.L.R. 1; [1987] 1 EGLR 237; (1987) 84 L.S.Gaz. 657; (1987) 137 New L.J. 100; H.L.; affirming [1984] 1 W.L.R. 1274; (1984) 128 S.J. 800; [1985] 1 All E.R. 352; (1985) 49 P. & C.R. 257; (1985) 27 B.L.R. 1; [1984] C.I.L.L. 109; (1984) 271 EG 1099; (1984) 81 L.S.Gaz. 3018, C.A. 170, 403, 405, 410, 478
Khan v. Armaguard [1994] 1 W.L.R. 1204 C.A. 495
—— v. Goleccha International [1980] 1 W.L.R. 1482; (1980) 124 S.J. 848; [1980] 2 All E.R. 259; (1980) 40 P. & C.R. 193, C.A. 473
Kiddle v. Lovett (1885) 16 Q.B.D. 605 224
Kiely & Sons v. Medcraft (1965) 109 S.J. 829, C.A. 79
Kijowski v. New Capital Properties, 15 Con.L.R. 1 408
Kilby & Gayford v. Selincourt (1973) 229 EG 1343, C.A. 503
Kim Barker v. Aegon Insurance Co. (U.K.), *The Times*, October 9, 1989, C.A. 509
Kimber v. William Willett [1947] K.B. 570; [1947] L.J.R. 650; 176 L.T. 566; 63 T.L.R. 153; 91 S.J. 206; [1947] 1 All E.R. 361, C.A. 224
Kimberley v. Dick (1871) L.R. 13 Eq. 1 .... 123, 331, 346, 436
King v. Liverpool City Council [1986] 1 W.L.R. 890; (1986) 130 S.J. 505; [1986] 3 All E.R. 544; (1986) 84 L.G.R. 871; [1986] 1 EGLR 181; (1986) 278 EG 278; (1986) 18 H.L.R. 307; (1986) 83 L.S.Gaz. 2492; (1986) 136 New L.J. 334, C.A. 277
—— v. Thomas McKenna [1991] 2 Q.B. 480; [1991] 2 W.L.R. 1234; [1991] 1 All E.R. 653; 54 B.L.R. 48; *The Times*, January 30, 1991, C.A. 449, 457, 458, 459
—— v. Victor Parsons & Co. [1973] 1 W.L.R. 29; 116 S.J. 901; [1973] 1 All E.R. 206; [1973] 1 Lloyd's Rep. 189, C.A.; affirming [1972] 1 W.L.R. 801; (1971) 116 S.J. 239; [1972] 2 All E.R. 625; [1972] 1 Lloyd's Rep. 213 .... 130, 224, 407, 408
—— v. Weston-Howell [1989] 1 W.L.R. 579; (1989) 133 S.J. 750; [1989] 2 All E.R. 375; (1989) New L.J. 399, C.A. 513, 515
King's Motors (Oxford) v. Lax [1970] 1 W.L.R. 426; 114 S.J. 168; [1969] 3 All E.R. 665 24
Kingston-upon-Hull Corporation v. Harding [1892] 2 Q.B. 494, C.A. ... 270, 271, 272, 273
Kinlen v. Ennis U.D.C. [1916] 2 I.R. 299, H.L. 38, 290
Kinnear v. Falcon Films [1994] 3 All E.R. 42 394
Kirby v. Chessum & Sons (1914) 79 J.P. 81, C.A. 66, 564
Kiriri Cotton Co. v. Dewani [1960] A.C. 192; [1960] 2 W.L.R. 127; 104 S.J. 49; [1960] 1 All E.R. 177, P.C. 151
Kirk v. Bromley Union (1848) 12 Jur. 85 .... 98, 99
Kirk and Kirk v. Croydon Corporation [1956] J.P.L. 585 .... 55, 96, 716
Kirklees Metropolitan Borough Council v. Yorkshire Woollen District Transport Co. (1978) 77 L.G.R. 448 18
Kissavos Shipping Co. S.A. v. Empressa Cubuna de Fletes; Agathan, The [1982] 2 Lloyd's Rep. 211, C.A. 145
Kitts v. Moore [1895] 1 Q.B. 253, C.A. 453
Kiu May Construction Co. v. Wai Cheong Co. (1983) 29 B.L.R. 137, High Ct. of Hong Kong 503

lxii

Table of Cases

Kleinwort Benson v. Malaysia Mining Corp. Berhad [1989] 1 W.L.R. 379; (1989) 133 S.J. 262; [1989] 1 All E.R. 785; [1989] 1 Lloyd's Rep. 556; (1989) 139 New L.J. 221; [1989] L.S.Gaz., April 26, 35, C.A. 16, 20, 309
Knight v. Burgess (1864) 33 L.J.Ch. 727 298
Knox & Robb v. The Scottish Garden Suburb Co., 1913 S.C. 872 370
Knutsford (S. S.) v. Tillmans [1908] A.C. 406 46
Koch Marine Inc. v. D'Amica Societa di Navigazione a.r.L.; Elena d'Amico, The [1980] 1 Lloyd's Rep. 75 .... 203, 206
Kodros Shipping Corp. of Monrovia v. Empreso Cubana de Fletes of Havana, Cuba; The "Evia" [1983] 1 A.C. 736; [1982] 3 W.L.R. 637; (1982) 126 S.J. 656; [1982] 3 All E.R. 350; [1982] 2 Lloyd's Rep. 307; [1982] Com.L.R. 199, H.L.; affirming [1982] 1 Lloyd's Rep. 334; [1982] Com.L.R. 44, C.A.; reversing [1981] 2 Lloyd's Rep. 627; [1981] Com.L.R. 243 .... 145, 146
Kofi Sunkersette Obu v. Staruss (A.) & Co. [1951] A.C. 243; 95 S.J. 137, P.C. 359
Kollerich & Cie S.A. v. State Trading Corp. of India [1980] 2 Lloyd's Rep. 32, C.A.; affirming [1979] 2 Lloyd's Rep. 442 298
Kooragang Investments Pty v. Richardson & Wrench [1982] A.C. 462; [1981] 3 W.L.R. 493; [1981] 3 All E.R. 65, P.C. 331, 335
Kostas Melas, The. See S. L. Sethia Liners v. Naviagro Maritime Corp.; Kostas Melas, The
Koufos v. Czarnikow (C.) [1969] 1 A.C. 350; [1967] 3 W.L.R. 1491; 111 S.J. 848; sub nom. Koufos v. Czarnikow (C.); Heron II, The [1967] 3 All E.R. 686; sub nom. Czarnikow (C.) v. Koufos [1967] 2 Lloyd's Rep. 457, H.L.; affirming sub nom. Czarnikow (C.) v. Koufos [1966] 2 Q.B. 695; [1966] 2 W.L.R. 1397; [1966] 2 All E.R. 593; [1966] 1 Lloyd's Rep. 595; [1966] C.L.Y. 11174, C.A.; reversing 593; [1966] 1 Lloyd's Rep. 595; [1966] C.L.Y. 11174, C.A.; reversing 110 S.J. 287; [1966] 1 Lloyd's Rep. 259 .... 201, 202, 203, 225, 324
Kruger Townwear v. Northern Assurance Co. [1953] 1 W.L.R. 1049; 97 S.J. 542; [1953] 2 All E.R. 727n., D.C. 436, 453
Krupp Handel GmbH v. Intermare Transport GmbH; Elbe Ore, The [1986] 1 Lloyd's Rep. 176 449
Kruse v. Questier & Co. [1953] 1 Q.B. 669; [1953] 2 W.L.R. 850; 97 S.J. 281; [1953] 1 All E.R. 954; [1953] 1 Lloyd's Rep. 310 .... 428, 761

L/M International Construction v. The Circle Ltd Partnership (1992) 37 Con.L.R. 72, C.A. 509
L.R.E. Engineering Services v. Otto Simon Carves (1981), (1983) 24 B.L.R. 127 ..... 52, 55, 322
Lacey (William) (Hounslow) v. Davis [1957] 1 W.L.R. 932; 101 S.J. 629; [1957] 2 All E.R. 712 .... 15, 16, 85
Laidlaw v. Hastings Pier Co. (1874) H.B.C. (4th ed.), Vol. 2, p. 13 .... 101, 433
Laing (John) Construction v. County and District Properties [1983] Com.L.R. 40; [1983] B.L.R. 1 .... 313, 370, 755
Lakeman v. Mountstephen (1874) L.R. 7 H.L. 17, H.L. 30, 310
Lakers Mechanical Services v. Boskalis Westminster Construction 23 Con.L.R. 1 .... 438, 442
Lakshmijit s/o Bhai Suchit v. Sherani (Faiz Mohammed Khan) (as Administrator for the Estate of Shahbaz Khan, deceased) [1974] A.C. 605; [1974] 2 W.L.R. 232; sub nom. Lakshmijit v. Sherani (1973) 118 S.J. 35; [1973] 3 All E.R. 737, P.C. 160, 166
Lamacrest (Contracts) v. J.I. Case Europe, J.I. Case Europe v. Lamacrest (Contracts) 58 B.L.R. 37, C.A. 469
Lamb v. Camden London Borough Council [1981] Q.B. 625; [1981] 2 W.L.R. 1038; (1981) 125 S.J. 356; [1981] 2 All E.R. 408, C.A. 203, 207
Lambert v. Lewis [1982] A.C. 225; [1981] 2 W.L.R. 713; [1981] 1 All E.R. 1185; [1981] Lloyd's Rep. 17; sub nom. Lexmead (Basingstoke) v. Lewis (1981) 125 S.J. 310; [1981] R.T.R. 346, H.L.; reversing [1980] 2 W.L.R. 299; (1979) 124 S.J. 50; [1980] 1 All E.R. 978; [1980] R.T.R. 152; [1980] 1 Lloyd's Rep. 311, C.A.; reversing in part sub nom. Lambert v. Lewis; Lexmead (Basingstoke), Third Party; Dixon-Bate (B.), Fourth Party [1979] R.T.R. 61; [1978] 1 Lloyd's Rep. 610 .... 179, 207, 224

lxiii

Table of Cases

Lamport v. Holt Lines v. Coubro & Scrutton (M. & I.) and Coubro & Scrutton (Riggers and Shipwrights); Raphael, The [1982] 2 Lloyd's Rep. 42, C.A.; affirming [1981] 2 Lloyd's Rep. 659; [1982] Com.L.R. 123 .... 64, 606
Lamprell v. Billericay Union (1849) 18 L.J.Ex. 282; (1849) 3 Ex. 283 ..... 98, 102, 107, 118, 119, 239
Lancashire and Cheshire Association of Baptist Churches Inc. v. Howard & Seddon Partnership (a firm) [1993] 3 All E.R. 467 .... 177, 184, 187, 195
Lancashire Welders v. Harland & Wolff [1950] W.N. 540; 94 S.J. 855; [1950] 2 All E.R. 1096; C.A. 513
Land and Property Trust Co. (No. 3) [1991] 1 W.L.R. 601; [1991] 3 All E.R. 409; [1991] BCC 459; [1991] BCLC 856; *The Times*, May 7, 1991, C.A. 511
Landless v. Wilson (1880) R. (Ct. of Sess.) 289 359
Langton v. Hughes (1813) 1 M. & S. 593 152
Lanphier v. Phipos (1831) 8 C. & P. 475 338
Lansdowne v. Somerville (1862) 3 F. & F. 236 346
Lansing Linde v. Kerr [1991] 1 W.L.R. 251; [1991] 1 All E.R. 418; [1991] I.C.R. 428; [1991] IRLR 80; (1990) 140 New L.J. 1458; *The Independent*, October 11, 1990, C.A. 294
Lapthorn v. St. Aubyn (1885) 1 Cab. & El. 486 101
Larsen v. Sylvester [1908] A.C. 295, H.L. 47
Laserbore v. Morrison Biggs Wall (1993) C.I.L.L. 896 86
Laurence v. Lexcourt Holdings [1978] 1 W.L.R. 1128; (1977) 122 S.J. 681; [1978] 2 All E.R. 810 .... 13, 128, 134
Lauritzen v. Wijsmuller [1990] 1 Lloyd's Rep. 1, C.A. 143, 145
Lavery v. Pursell (1888) 39 Ch.D. 508 29
Law v. Redditch Local Board [1892] 1 Q.B. 127, C.A. 246
Law Society, The v. Persaud, *The Times*, May 10, 1990 508
Lawlor v. Gray [1984] 3 All E.R. 345 473
Lawrence David v. Ashton [1991] 1 All E.R. 385; [1989] I.C.R. 123; [1989] IRLR 22; [1989] F.S.R. 87, C.A. 294
Lawson v. Wallasey Local Board (1883) 48 L.T. 507, C.A. 55, 117, 118, 227, 287
Lawther v. Council of Royal College of Veterinary Surgeons. *See* Lawther (Samuel McKee) v. Council of the Royal College of Veterinary Surgeons.
—— (Samuel McKee) v. Council of the Royal College of Veterinary Surgeons [1968] 1 W.L.R. 1441; *sub nom.* Lawther v. Council of Royal College of Veterinary Surgeons (1968) 112 S.J. 625, P.C. 327
Lazarus Estates v. Beasley [1956] 1 Q.B. 702, C.A. 122
L'Estrange v. Graucob [1934] 2 K.B. 394 27
Le Lievre v. Gould [1893] 1 Q.B. 491, C.A. 172
L'Office Cherifien des Phosphates v. Yamashita-Shinnihon Steamship Co.; Boucraa, The [1994] 2 W.L.R. 39; [1993] 3 W.L.R. 266; [1993] 3 All E.R. 686; [1993] 2 Lloyd's Rep. 149; [1993] NPC 64; *The Times*, April 16, 1993, C.A. 448
Le Scroog v. General Optical Council [1982] 1 W.L.R. 1238; (1982) 126 S.J. 610; [1982] 3 All E.R. 257; (1982) 79 L.S.Gaz. 1138, P.C. 327
Leach (Hubert C.) v. Crossley (Norman) & Partners (1984) 30 B.L.R. 95; (1987) 8 Con.L.R. 7, C.A. 469
Leader v. Duffey (1888) 13 App.Cas. 294 43
Leaf v. International Galleries (A Firm) [1950] 2 K.B. 86; 66 T.L.R. (Pt. 1) 1031; [1950] 1 All E.R. 693, C.A. 129
Leakey v. National Trust for Places of Historic Interest and Natural Beauty [1980] Q.B. 485; [1980] 2 W.L.R. 65; (1979) 123 S.J. 606; [1980] 1 All E.R. 17; (1979) 78 L.G.R. 100, C.A.; affirming [1978] Q.B. 849; [1978] 2 W.L.R. 774; (1978) 122 S.J. 231; [1978] 3 All E.R. 234; (1978) 76 L.G.R. 488 293
Leavey (J.) & Co. v. Hirst [1944] K.B. 24 478
Lebeaupin v. Crispin [1920] 2 K.B. 714 643
Lee v. Bateman (Lord), *The Times*, October 31, 1893 352
—— v. Showmen's Guild of Great Britain [1952] 2 Q.B. 329; [1952] 1 T.L.R. 1115; 96 S.J. 296; [1952] 1 All E.R. 1175; C.A. 113, 437
—— v. Walker (1872) L.R. 7 C.P. 121 345

Table of Cases

Lee (John) & Son (Grantham) v. Railway Executive [1949] W.N. 373; 65 T.L.R. 604; 93 S.J. 587; [1949] 2 All E.R. 581, C.A., affirming [1949] 2 All E.R. 230 47
—— (Paula) v. Zehil & Co. [1983] 2 All E.R. 390 201
Leedsford v. City of Bradford (1956) 24 B.L.R. 45, C.A. 89, 308
Legal Aid Board v. Russell [1991] 2 A.C. 317; [1991] 2 W.L.R. 1300; *The Times*, May 22, 1991; *The Independent*, May 24, 1991, H.L.; affirming [1990] 2 Q.B. 607; [1990] 3 W.L.R. 526; [1990] 3 All E.R. 18, C.A. 508, 513
Leggott v. Barrett (1880) 15 Ch.D. 306 .... 38, 48
Leicester Board of Guardians v. Trollope (1911) 75 J.P. 197; H.B.C. (4th ed.) Vol. 2, p. 419 .... 352, 353
Leicester County Council v. Faraday (Michael) and Partners [1941] 2 K.B. 205 363
Leigh and Sillivan v. Aliakmon Shipping Co. [1986] A.C. 785; [1986] 2 W.L.R. 902; (1986) 130 S.J. 357; [1986] 2 All E.R. 145; [1986] 2 Lloyd's Rep. 1; (1986) 136 New L.J. 415; H.L.; affirming [1985] Q.B. 350; (1985) 129 S.J. 69; [1985] 2 All E.R. 44; [1985] 1 Lloyd's Rep. 199; [1985] L.M.C.L.Q. 1; (1985) 82 L.S.Gaz. 203; (1985) 135 New L.J. 285, C.A.; reversing [1983] 1 Lloyd's Rep. 203 .... 169, 173, 177, 183, 1006
Leila, The. *See* Government of Swaziland v. Leila Maritime Co.
Lelliott (John) v. Byrne Bros. (1992) 31 Con.L.R. 88 59
Leon Engineering and Construction Co. v. Ka Duk Investment Co., 47 B.L.R. 139; (1989) 5 Const.L.J. 288, High Ct. of Hong Kong 367
Lep Air Services v. Rolloswin Investments. *See* Moschi v. Lep Air Services.
Les Fils Dreyfus et cie Société Anonyme v. Clarke [1958] 1 W.L.R. 300; 102 S.J. 173; [1958] 1 All E.R. 459; C.A.; reversing (1958) 108 L.J. 122 299
Leslie & Co. v. Commissioners of Works (1914) 78 J.P. 462 19
—— v. The Managers of the Metropolitan Asylums District (1901) 68 J.P. 86, C.A. 55, 311
Lesser Design & Build v. Surrey University, 56 B.L.R. 57 433
Letang v. Cooper [1965] 1 Q.B. 232; [1964] 3 W.L.R. 573; 108 S.J. 519; [1964] 2 All E.R. 929; [1964] 2 Lloyd's Rep. 339, C.A.; reversing [1964] 2 Q.B. 53; [1964] 2 W.L.R. 642; 108 S.J. 180; [1964] 1 All E.R. 669; [1964] 1 Lloyd's Rep. 188 .. 472, 473
Leung Construction Co. v. Tai Poon (1985) 1 Const.L.J. 299, Hong Kong C.A. 439
Levy v. Assicurazioni Generali [1940] 3 All E.R. 427 644
Lewis v. Brass (1877) 3 Q.B.D. 667, C.A. 22
—— v. Hoare (1881) 44 L.T. 66, H.L. 110, 269, 270, 303
Lewisham London Borough v. Leslie & Co. (1978) 250 EG 1289; (1978) 12 B.L.R. 22, C.A. 408
Lexair v. Edgar W. Taylor (1993) B.L.R. 87 .... 321, 322, 424
Leyland Shipping Co v. Norwich Union Fire Insurance Society [1918] A.C. 350 211
Liberian Shipping Corporation "Pegasus" v. King (A.) & Sons [1967] 2 Q.B. 86; [1967] 2 W.L.R. 856; 111 S.J. 91; [1967] 1 All E.R. 934; [1967] 1 Lloyd's Rep. 303, C.A. 437, 1096
Libra Shipping and Trading Corp. v. Northern Sales; Aspen Trader, The [1981] 1 Lloyd's Rep. 273, C.A. 452, 1105, 1096
Lickiss v. Milestone Motor Policies at Lloyd's. *See* Barrett Bros. (Taxis) v. Davies (Lickess and Milestone Motor Policies at Lloyd's Third Parties).
Liesbosch Dredger v. Edison [1933] A.C. 449 .... 178, 214
Lilly (Walter) v. Westminster City Council (1994) C.I.L.L. 937, D.C. 407
Lind (Peter) & Co. v. Constable Hart and Co. [1979] 2 Lloyd's Rep. 248; *sub nom.* Constable Hart & Co. v. Lind (Peter) (1978) 9 B.L.R. 1 25
—— v. Mersey Dock & Harbour Board (1972) 2 Lloyd's Rep. 234 .... 15, 19, 26, 85
Linden Garden Trust v. Lenesta Sludge Disposals; St Martin's Property Corp. v. Sir Robert McAlpine & Sons [1994] 1 A.C. 85; [1993] 3 W.L.R. 408; [1993] 3 All E.R. 417; (1993) 137 S.J.(LB) 183; [1993] EGCS 139; (1993) 143 New L.J. 1152; *The Times*, July 23, 1993; *The Independent*, July 30, 1993, H.L.; reversing in part 57 B.L.R. 57; 30 Con.L.R. 1; (1992) 8 Const.L.J. 180; *Financial Times*, February 20, 1992; *The Times*, February 27, 1992; *The Independent*, March 6, 1992, C.A.; reversing 52 B.L.R. 93; 25 Con.L.R. 28; [1991] EGCS 11 .... 216, 221, 299, 305, 306, 601, 975
Lindenberg v. Canning (1992) 62 B.L.R. 147 .... 56, 60, 176
Linge v. Grayston Scaffolding (1983) 133 New L.J. 829, D.C. 278

Table of Cases

Lintest Builders v. Roberts (1980) 13 B.L.R. 38, C.A.; affirming (1978) 10 B.L.R. 120 .... 56, 569, 672, 1026
Lipkin Gorman v. Karpnale [1991] A.C. 548; [1991] 3 W.L.R. 10; [1992] 4 All E.R. 512; (1991) 135 S.J.(LB) 36; (1991) 141 New L.J. 815; *The Times,* June 7, 1991; *Financial Times,* June 11, 1991; *The Guardian,* June 13, 1991; *The Independent,* June 18, 1991, H.L.; reversing [1989] 1 W.L.R. 1340; [1992] 4 All E.R. 409; (1990) 134 S.J. 234; [1990] L.S.Gaz. January 31, 40; 1989 Fin.L.R. 137; [1989] BCLC 756; (1989) 139 New L.J. 76, C.A.; reversing [1992] 4 All E.R. 331 511
Lips Maritime Corp. v. President of India [1988] A.C. 395; [1987] 3 W.L.R. 572; (1987) 131 S.J. 1085; [1987] 3 All E.R. 110; [1987] 2 FTLR 477; (1987) FLR 313; [1987] 2 Lloyd's Rep. 311; (1987) 137 New L.J. 734; (1987) 84 L.S.Gaz. 2765, H.L.; reversing [1987] 2 W.L.R. 906; [1987] 1 FTLR 50; 131 S.J. 422; [1987] FLR 91; [1987] 1 All E.R. 957; [1987] 1 Lloyd's Rep. 131; (1987) 84 L.S.Gaz. 1333, C.A.; reversing (1984) 134 New L.J. 969 .... 233, 234
Lister v. Romford Ice and Cold Storage Co. [1957] A.C. 555; [1957] 2 W.L.R. 158; 121 J.P. 98; 101 S.J. 106; [1957] 1 All E.R. 125 *sub nom.* Romford Ice & Cold Storage Co. v. Lister [1956] 2 Lloyd's Rep. 505, H.L.; affirming *sub nom.* Romford Ice and Cold Storage Co. v. Lister [1956] 2 Q.B. 180; [1955] 3 W.L.R. 631; 99 S.J. 794; [1955] 3 All E.R. 460; [1955] 2 Lloyd's Rep. 325; [1955] C.L.Y. 984, C.A. 187
Litster v. Forth Dry Dock and Engineering Co. [1990] 1 A.C. 546; [1989] 2 W.L.R. 634; [1989] I.C.R. 341; (1989) 133 S.J. 455; [1989] 1 All E.R. 1134; [1989] IRLR 161; (1989) 139 New L.J. 400; [1989] 2 C.M.L.R. 194; [1989] L.S.Gaz. June 14, 18, H.L. 375
Liverpool City Council v. Irwin [1977] A.C. 239; (1976) 238 EG 879; (1984) 13 H.L.R. 38, H.L. 50, 51
Liverpool Roman Catholic Archdiocesan Trustees v. Gibberd (1987) 7 Con.L.R. 113 .... 409, 472
Livingstone v. Rawyards Coal Company (1880) 5 App.Cas. 25, H.L. 200
Lloyd v. Grace, Smith & Co. [1912] A.C. 176 .... 332, 335, 353
—— v. Wright; Dawson v. Wright [1983] Q.B. 1065; [1983] 3 W.L.R. 223; (1983) 127 S.J. 304; [1983] 2 All E.R. 969, C.A. 431, 437
—— Bros. v. Milward (1895) H.B.C. (4th ed.) Vol. 2, p. 262, C.A. 125
—— (J. J.) Instruments v. Northern Star Insurance Co. [1987] FTLR 14; [1987] FLR 120; [1987] 1 Lloyd's Rep. 32, C.A. 68, 210, 211
Lloyds v. Kitson Environmental Services (1994) C.I.L.L. 940 218
Lloyds Bank v. Guardian Assurance and Trollope & Colls (1987) 35 B.L.R. 34, C.A. 282, 401
Lobb (Alec) Garages v. Total Oil Great Britain [1985] 1 W.L.R. 173; (1985) 129 S.J. 83; [1985] 1 All E.R. 303; [1985] 1 EGLR 33; (1985) 273 EG 659; (1985) 129 S.J. 83; (1985) 82 L.S.Gaz. 45, C.A.; affirming [1983] 1 W.L.R. 87; (1982) 126 S.J. 768; [1983] 1 All E.R. 944; (1983) 133 New L.J. 401, D.C. 155
Locke v. Morter (1885) 2 T.L.R. 121 .... 359, 371
Locumal (K.) & Sons v. Lotle Shipping [1985] 2 Lloyd's Rep. 28, C.A. 285
Lodder v. Slowey [1904] A.C. 442, P.C. 227, 258
Lodge Holes Colliery Co. v. Wednesbury Corporation [1908] A.C. 323 222
Logicrose v. Southend United Football Club [1988] 1 W.L.R. 1256; *The Times,* March 5, 1988 .... 336, 337
Loke Hong Kee Pte v. United Overseas Land (1982) 126 S.J. 343; [1983] B.L.R. 35, P.C. 115, 258
Lombard Finance v. Brookplain Trading [1991] 1 W.L.R. 271; [1991] 2 All E.R. 762, C.A. 272
Lombard North Central v. Butterworth [1987] Q.B. 527; [1987] 2 W.L.R. 7; (1987) 1 All E.R. 267; (1987) 6 T.L.R. 65; (1986) 83 L.S.Gaz. 2750, C.A. 157, 238, 245
London & N.W. & G.W. Railway v. Billington [1899] A.C. 79, H.L. 439
London & N.W. Railway v. Jones [1915] 2 K.B. 35 439
London & South of England Building Society v. Stone [1983] 1 W.L.R. 1242; (1983) 127 S.J. 446; [1983] 3 All E.R. 105; (1983) 267 EG 69; (1983) L.S.Gaz. 3048, C.A.; reversing (1982) 261 EG 463 .... 206, 212
London and Manchester Assurance Co. v. O. & H. Construction [1989] 29 EG 65; (1990) 6 Const.L.J. 155 .... 277, 282, 293

Table of Cases

London and South West Railway v. Flower (1875) 1 C.P.D. 77 267
London Borough of Islington v. Turriff Construction (March 26, 1990) (Unreported) 450, 459
London Chatham and Dover Railway v. South Eastern Railway [1893] A.C. 429 H.L. 233, 651
London Congregational Union Incorporated v. Harriss [1988] 1 All E.R. 15; (1986) 280 EG 1342; (1987) 3 Const.L.J. 37; (1987) 25 B.L.R. 58; (1987) 8 Con.L.R. 52; [1986] 2 EGLR 155, C.A.; reversing in part [1985] 1 All E.R. 335; [1984] C.I.L.L. 85; (1984) 1 Const.L.J. 54 .... 187, 404, 405
London County Council v. Boot (Henry) & Sons [1959] 1 W.L.R. 1069; 103 S.J. 918; [1959] 3 All E.R. 636; 59 L.G.R. 357; H.L.; reversing *sub nom.* Boot (Henry) & Sons v. London County Council [1959] 1 W.L.R. 133; 103 S.J. 90; [1959] 1 All E.R. 77; 57 L.G.R. 15; [1958] C.L.Y. 343, C.A.; restoring (1957) 56 L.G.R. 51; [1957] C.L.Y. 355 .... 37, 38, 44
London Export Corporation v. Jubilee Coffee Roasting Co. [1958] 1 W.L.R. 661; 102 S.J. 452; [1958] 2 All E.R. 411; [1958] 1 Lloyd's Rep. 367; C.A.; affirming [1958] 1 W.L.R. 271; 102 S.J. 178; [1958] 1 All E.R. 494; [1958] 1 Lloyd's Rep. 197 41
London Gas Light Co. v. Chelsea Vestry (1860) 2 L.T. 217 109
London General Omnibus Co. v. Holloway [1912] 2 K.B. 72 271
London School Board v. Northcroft (1889) H.B.C. (4th ed.) Vol. 2, p. 147 ... 363, 371, 372
London Steam Stone Sawmills Co. v. Lorden (1900) H.B.C. (4th ed.) Vol. 2, p. 301, D.C. 92
London Weekend Television v. Paris and Griffith (Sued as Representatives of the Test and County Cricket Board) (1969) 113 S.J. 222 289
Long v. Lloyd [1958] 1 W.L.R. 753; 102 S.J. 488; [1958] 2 All E.R. 402; C.A. 129
Longley (James) & Co. v. Reigate and Banstead Borough (1983) 22 B.L.R. 31; (1983) 133 New L.J. 1099, C.A. 318
—— v. South West Thames Regional Health Authority (1983) 127 S.J. 597; (1984) 25 B.L.R. 56; (1983) 80 L.S.Gaz. 2362 .... 450, 479, 488, 490
Lonrho v. Shell Petroleum Co. (No. 2) [1982] A.C. 173; [1980] 1 W.L.R. 627; (1980) 124 S.J. 412, H.L.; affirming [1980] Q.B. 358; [1980] 2 W.L.R. 367; (1980) 124 S.J. 205, C.A.; affirming *The Times*, February 1, 1978 414
Lonsdale & Thompson v. Black Arrow Group [1993] Ch. 361; [1993] 2 W.L.R. 815; [1993] 3 All E.R. 648; (1992) 65 P. & C.R. 392; [1993] 2 Lloyd's Rep. 428; [1993] 25 EG 145; [1992] EGCS 154; *The Times*, December 11, 1992 218
Love & Stewart v. S. Instone (1917) 33 T.L.R. 475 22
Lovelock v. King (1831) 1 Moo. & Rob. 60 96
—— (E. J. R.) v. Exportles [1968] 1 Lloyd's Rep. 163, C.A. 23
Low v. Bouverie [1891] 3 Ch. 82 285
Lowfield Distribution v. Modern Engineering (Bristol) 15 Con.L.R. 27 497
Lubenham Fidelities and Investment Co. v. South Pembrokeshire District Council and Wigley Fox Partnership (1986) 33 B.L.R. 39; (1986) 6 Con.L.R. 85; (1986) 2 Const.L.J. 111, C.A.; affirming [1985] C.I.L.L. 214 ... 52, 53, 107, 109, 111, 112, 122, 166, 167, 168, 330, 354, 367, 368, 469, 660, 669, 684, 685, 764, 1073
Lucas v. Godwin (1837) 3 Bing.N.C. 737 239
Ludbrook v. Barrett (1877) 46 L.J.Q.B. 798 368
Ludgater v. Love (1881) 44 L.T. 694, C.A. 336
Lurcott v. Wakely [1911] 1 K.B. 905, C.A. 266
Lusty (David Michael) v. Finsbury Securities, 58 B.L.R. 66, C.A. 227, 341, 491
Luxmoore-May v. Messenger May Baverstock (A Firm) [1990] 1 W.L.R. 1009; [1990] 1 All E.R. 1067; [1990] 07 EG 61; [1990] E.C.C. 516; (1990) 140 New L.J. 89, C.A.; reversing [1989] 04 EG 115; (1988) 138 New L.J. 341 .... 338, 340, 341
Luxor (Eastbourne) v. Cooper [1941] A.C. 108 .... 49, 51, 52, 55, 64, 227
Lyde v. Russell (1830) 1 B. & Ad. 394 262
Lynch v. Thorne [1956] 1 W.L.R. 303; 100 S.J. 225; [1956] 1 All E.R. 744; C.A. 52, 58, 60, 61, 62, 399

M. J. Gleeson v. Taylor Woodrow Construction, 21 Con.L.R. 71; (1989) 49 B.L.R. 95   241
M/S Aswan Engineering Establishment Co. v. Iron Trades Mutual Insurance Co. [1987] 1 Lloyd's Rep. 289 1007

Table of Cases

M/S Aswan Engineering Establishment Co. v. Lupdine [1987] 1 W.L.R. 1; [1987] 1 All E.R. 135; (1987) 6 T.L.R. 1; (1986) 130 S.J. 712; [1986] 2 Lloyd's Rep. 347; (1986) 83 L.S.Gaz. 2661, C.A. 57, 1014
McAlpine v. Lanarkshire etc. Railway (1889) 17 R. 113 53
—— & Son v. Transvaal Provincial Administration (1974) 3 S.A.L.R. 506 ... 53, 54, 97, 100
—— Humberoak v. McDermott International (No. 1), 58 B.L.R. 1; 28 Con.L.R. 76; (1992) 8 Const.L.J. 383; *Financial Times*, March 13, 1992, C.A.; reversing 51 B.L.R. 34, 24 Con.L.R. 68 .... 85, 145, 146, 207, 223, 228, 241, 251, 474, 475
McArdle, *Re* [1951] Ch. 669; 95 S.J. 284; [1951] 1 All E.R. 905; C.A. 302
MacCann (John) & Co. v. Pow [1974] 1 W.L.R. 1643; 118 S.J. 717; [1975] 1 All E.R. 129, C.A. 341
McCawick v. Liverpool Corporation [1947] A.C. 219 267
McConkey (Edward) v. Amec, 27 Con.L.R. 88; *The Times*, February 28, 1990, C.A. ... 66
McConnell v. Kilgallen (1878) 2 L.R.Ir. 119 346
McCutcheon v. MacBrayne (David) [1964] 1 W.L.R. 125; 108 S.J. 93; [1964] 1 All E.R. 430; [1964] 1 Lloyd's Rep. 16; 1964 S.C.(H.L.) 28; 1964 S.L.T. 66; reversing [1963] 1 Lloyd's Rep. 123; 1962 S.C. 506; 1963 S.L.T. 30; [1963] C.L.Y. 519; affirming [1962] 1 Lloyd's Rep. 303; 1962 S.L.T. 231; [1962] C.L.Y. 472 28
McDermid v. Nash Dredging & Reclamation Co. [1987] A.C. 906; [1987] 3 W.L.R. 212; [1987] I.C.R. 917; (1987) 131 S.J. 973; [1987] 2 All E.R. 878; [1987] 2 FTLR 357; [1987] IRLR 334; [1987] 2 Lloyd's Rep. 201; (1987) 84 L.S.Gaz. 2458, H.L.; affirming [1986] Q.B. 965; [1986] 3 W.L.R. 45; [1986] I.C.R. 525; (1986) 130 S.J. 372; [1986] 2 All E.R. 676; [1986] 2 Lloyd's Rep. 24; [1986] IRLR 308; (1986) 83 L.S.Gaz. 1559, C.A.; reversing in part *The Times*, July 31, 1984 341
McDonagh v. Kent Area Health Authority (1984) 134 New L.J. 567, D.C. 399
McDonald v. Dennys Lascalles (1933) 48 C.L.R. 457 .... 161, 226
—— v. Workington Corporation (1892) H.B.C. (4th ed.) Vol. 2, p. 228, C.A. 88, 141, 143, 146
McDougall v. Aeromarine of Emsworth [1958] 1 W.L.R. 1126; 102 S.J. 860; [1958] 3 All E.R. 431; [1958] 2 Lloyd's Rep. 343 .... 236, 237, 262
McEllistrim v. Ballymacelligott Co-operative Agricultural and Dairy Society [1919] A.C. 548 384
McEntire v. Crossley Brothers [1985] A.C. 457, H.L. 263
McGuinness v. Kellog Company of Great Britian [1988] 1 W.L.R. 913; [1988] 2 All E.R. 902; (1988) 138 New L.J. 150; [1988] L.S.Gaz. July 20, 45, C.A. 495
McInerny v. Lloyds Bank [1974] 1 Lloyd's Rep. 246, C.A.; affirming [1973] 2 Lloyd's Rep. 389 .... 189, 197
Macintosh v. Midland Countries Railway (1845) 14 L.J.Ex. 338 167
MacJordan Construction v. Brookmount Erostin, 56 B.L.R. 1; [1992] BCLC 350; *The Times*, October 29, 1991, C.A. 310, 661, 668, 689, 690
MacKay, *Ex p.* (1873) L.R. 8 Ch.App. 643 415
MacKay v. Dick (1881) 6 App.Cas. 251 .... 22, 52, 104
McLaughlin & Harvey v. P. & O. Developments (formerly Town & City Properties) (Developments) 55 B.L.R. 101; 28 Con.L.R. 15 .... 452, 694
McLoughlin v. O'Brian [1983] A.C. 410; [1982] 2 W.L.R. 982; (1982) 126 S.J. 347; [1982] 2 All E.R. 298; [1982] R.T.R. 209; (1982) 79 L.S.Gaz. 922, H.L.; reversing [1981] 1 Q.B. 599; [1981] 2 W.L.R. 1014; (1980) 125 S.J. 169; [1981] 1 All E.R. 809, C.A. 180, 224
Mack Trucks (Britain), *Re* [1967] 1 W.L.R. 780; 111 S.J. 435; [1967] 1 All E.R. 977 .. 417
Magee v. Pennine Insurance Co. [1969] 2 Q.B. 507; [1969] 2 W.L.R. 1278; 113 S.J. 303; [1969] 2 All E.R. 891; [1969] 2 Lloyd's Rep. 378, C.A. 13
Mahesan S/O Thambiah v. Malaysia Government Officers' Co-operative Housing Society [1979] A.C. 374; [1978] 2 W.L.R. 444; (1978) 122 S.J. 31; [1978] 2 All E.R. 405, P.C. 336, 337
Mahmoud and Ispahani; *Re* [1921] 2 K.B. 716 151
Major v. Greenfield (1965) N.Z.L.R. 1035 115
Malcolm v. Chancellor, Masters and Scholars of the University of Oxford, *The Times*, December 19, 1990, C.A.; reversing *The Times*, March 23, 1990 21
Mallozzi v. Carapelli SpA [1976] 1 Lloyd's Rep. 407, C.A.; affirming [1975] 1 Lloyds Rep. 229 25

Table of Cases

Malmesbury Railway v. Budd (1876) 2 Ch.D. 113 435
Maltin (C. M. A.) Engineering v. Donne (J.) Holdings (1980) 15 B.L.R. 61 .... 454, 455
Manchester City v. Fram Gerrard (1974) 6 B.L.R. 74 .... 65, 321, 606, 610, 670, 674
Manchester Diocesan Council of Education v. Commercial & General Investments [1970] 1 W.L.R. 241; 114 S.J. 70; [1969] 3 All E.R. 1593; 21 P. & C.R. 38 19
Mander Raikes & Marshall v. Severn Trent Water Authority (1980) 16 B.L.R. 39 360
Mann v. D'Arcy [1968] 1 W.L.R. 893; [1968] 2 All E.R. 172; *sub nom.* Mann v. D'Arcy (1968) 112 S.J. 310 35
Manufacturers Mutual Insurance v. Queensland Government Railways [1969] 1 Lloyd's Rep. 214 .... 339, 1006, 1007
Marc Rich & Co. AG v. Bishop Rock Marine Co.; Bethmarine Co. and Nippon Kaiji Kyokai; Nicholas H, The [1994] 1 W.L.R. 1071; [1992] 2 Lloyd's Rep. 481; *Financial Times*, July 15, 1992 .... 170, 174, 181, 185
Marchant v. Casewell & Redgrave and the N.H.B.R.C. [1976] J.P.L. 752; (1976) 240 EG 127 412
Maredelanto Compania Naviera S.A. v. Bergbau–Handel G.m.b.H.; Mihalis Angelos, The [1971] 1 Q.B. 164; [1970] 3 W.L.R. 601; 114 S.J. 548; [1970] 3 All E.R. 125; [1970] 2 Lloyd's Rep. 43, C.A.; reversing [1970] 2 W.L.R. 907; [1970] 1 All E.R. 673; [1970] 1 Lloyd's Rep. 118 .... 159, 160
Marfani & Co. v. Midland Bank [1968] 1 W.L.R. 956; 112 S.J. 396; [1968] 2 All E.R. 573; [1968] 1 Lloyd's Rep. 411, C.A.; affirming [1968] 1 W.L.R. 956; [1967] 3 All E.R. 967 339
Marine Contractors Inc. v. Shell Petroleum Development Co. of Nigeria [1984] 2 Lloyd's Rep. 77; (1985) 27 B.L.R. 127; (1984) 81 L.S.Gaz. 1044, C.A.; affirming [1983] Com.L.R. 251 .... 456, 465
Markland v. Manchester Corporation [1936] A.C. 360; [1934] 1 K.B. 566, H.L. 339
Marks v. Board (1930) 46 T.L.R. 424 22
Marsden v. Sambell (1880) 43 L.T. 120 .... 257, 258, 259
Marsden v. Urban District Council v. Sharp (1931) 47 T.L.R. 549 267
Marshall v. Broadhurst (1831) 1 Cr. & J. 403 142
—— v. Lindsey County Council [1935] 1 K.B. 516, C.A. 339
—— v. Mackintosh (1898) 78 L.T. 750 .... 163, 222
Marten v. Royal College of Veterinary Surgeons' Disciplinary Committee [1966] 1 Q.B. 1; [1965] 2 W.L.R. 1228; 109 S.J. 376; [1965] 1 All E.R. 949, D.C. 327
Martin French (A.) v. Kingswood Hill [1961] 1 Q.B. 96; [1960] 2 W.L.R. 947; 104 S.J. 447; [1960] 2 All E.R. 251, C.A. 516, 517
Marton Construction Co. v. Kigass, 46 B.L.R. 109; 15 Con.L.R. 116 .... 15, 394
Maryon v. Carter (1830) 4 C. & P. 295 148
Mason v. Levy Auto etc. [1967] 2 Q.B. 530 279
Matania v. National Provincial Bank and Elevenist Syndicate [1936] 2 All E.R. 633; (1936) 155 L.T. 74, C.A. 279, 281
Mathind v. E. Turner & Sons, *sub nom.* E. Turner v. Mathind, 23 Con.L.R. 16; (1989) 5 Const.L.J. 273, C.A. 503
Matsoukis v. Priestman & Co. [1913] 1 K.B. 681 .... 149, 643
Matthews v. Kuwait Bechtel Corporation [1959] 2 Q.B. 57; [1959] 2 W.L.R. 702; 103 S.J. 393; [1959] 2 All E.R. 345; C.A. 187, 190, 341
Maunder, *Re* (1883) 49 L.T. 535 .... 425, 436
May v. Mills (1914) 30 T.L.R. 287 432
May & Butcher v. King, The (Note) [1934] 2 K.B. 17 24
Mayer v. Harte [1960] 1 W.L.R. 770; 104 S.J. 603; [1960] 2 All E.R. 840; C.A. 511
Mayer Newman v. Al Ferro Commodities Corp. S.A.; John C. Helmsing, The [1990] 2 Lloyd's Rep. 290; *The Times*, April 9, 1990, C.A. 452, 1074, 1092
Mayfield Holdings v. Moana Reef [1973] 1 N.Z.L.R. 309, Supreme Ct., Auckland 162, 293
Maynard v. West Midlands Regional Health Authority [1984] 1 W.L.R. 634; [1984] 128 S.J. 317; [1985] 1 All E.R. 635; (1983) 133 New L.J. 641; (1984) 81 L.S.Gaz. 1926, H.L. 339
Meadows and Kenworthy, *Re* (1896) H.B.C. (4th ed.), Vol. 2, p. 265, C.A. .. 101, 117, 124, 433

Table of Cases

Mears v. Safecar Security [1982] 3 W.L.R. 366; [1982] I.C.R. 626; [1983] Q.B. 54; [1982] 2 All E.R. 865; [1982] IRLR 183; (1982) 79 L.S.Gaz. 921, C.A.; affirming [1981] I.C.R. 409; [1981] 1 W.L.R. 1214; [1981] IRLR 99, E.A.T. 37, 38
—— Construction v. Samuel Williams (1977) 16 B.L.R. 49 .... 1052, 1077
Mediterranean and Eastern Export Co. v. Fortress Fabrics (Manchester) [1948] W.N. 244; [1948] L.J.R. 1536; 64 T.L.R. 337; 92 S.J. 362; [1948] 2 All E.R. 186; 81 Ll.L.Rep. 401 .... 422, 423, 425
Medway Oil & Storage Co. v. Continental Contractors [1929] A.C. 88 518
—— v. Silica Gel Corporation (1928) 33 Com.Cas. 159 316
Medway Packaging v. Meurer Maschinen GmbH [1990] 2 Lloyd's Rep. 112; *The Times*, May 7, 1990, C.A.; affirming [1990] 1 Lloyd's Rep. 383; *Financial Times*, October 20, 1989 393
Meikle v. Maufe [1941] 3 All E.R. 144 .... 363, 364, 366
Mellowes PPG v. Snelling Construction 49 B.L.R. 109 .... 323, 502, 881
Mendelssohn v. Normand [1970] 1 Q.B. 177; [1969] 3 W.L.R. 139; (1969) 113 S.J. 263; [1969] 2 All E.R. 1215, C.A. 27, 28
Menetone v. Athawes (1764) 3 Burr. 1592 77
Meng Leong Development Pte v. Jip Hong Trading Co. Pte [1985] A.C. 511; [1984] 3 W.L.R. 1263; (1984) 128 S.J. 852; [1985] 1 All E.R. 120; (1984) 81 L.S.Gaz. 3336, P.C. 285
Mercer v. Chief Constable of the Lancashire Constabulary; Holder v. Same [1991] 1 W.L.R. 367; [1991] 2 All E.R. 504; *The Times*, February 22, 1991; *The Independent*, March 6, 1991, C.A. 487, 488
Mercers Co. v. New Hampshire Insurance Co. *See* Wardens and Commonalty of the Mystery of Mercers of the City of London v. New Hampshire Insurance Co.
Mersey Steel and Iron Co. v. Naylor, Benzon & Co. (1884) 9 App.Cas. 434 .... 159, 163, 165, 166
Mertens v. Home Freehold Co. [1921] 2 K.B. 526, C.A. 77, 78, 145, 219
Merton London Borough v. Leach (Stanley Hugh) (1985) 32 B.L.R. 51; (1986) 2 Const.L.J. 189 .... 50, 52, 53, 55, 213, 330, 354, 474, 552, 559, 638, 639, 644, 652, 654, 655, 693, 764, 979
—— v. Lowe (1982) 18 B.L.R. 130, C.A. 119, 212, 342, 347, 351, 354, 357, 691
Metal Box v. Currys [1988] 1 W.L.R. 175; (1988) 132 S.J. 52; [1988] 1 All E.R. 341; (1987) 84 L.S.Gaz. 3657 .... 507, 508
Metal Scrap Trade Corp. v. Kate Shipping Co. [1990] 1 W.L.R. 115; [1990] 1 All E.R. 397; (1990) 134 S.J. 261; [1990] L.S.Gaz. March 28, 36; [1990] 1 Lloyd's Rep. 297; (1990) 140 New L.J. 170; H.L.; reversing 454
Metcalf v. Bouck (1871) 25 L.T. 539 384
Metropolitan Tunnel and Public Works v. London Electric Railway [1926] Ch. 371, C.A. 423, 439, 442
Metropolitan Water Board v. Dick, Kerr & Co. [1918] A.C. 199 .... 146, 147, 149, 150
Micklewright v. Mullock (1974) 232 EG 337 423
Mid Glamorgan County Council v. J. Devonald Williams and Partner (1992) 8 Const.L.J. 61; (1992) 29 Con.L.R. 61 475
—— v. The Land Authority for Wales, 49 B.L.R. 61 .... 1093, 1097
Middlemiss & Gould (a firm) v. Hartlepool Corporation (1972) 1 W.L.R. 1643; 116 S.J. 966; [1973] 1 All E.R. 172, C.A. 460
Midland Bank v. Bardgrove Property Services and John Willmott (W. B.) (1992) 65 P. & C.R. 153; 60 B.L.R. 7; (1993) 9 Const.L.J. 49; [1992] 37 EG 126; (1993) 9 Const.L.J. 49; [1992] NPC 83; [1992] EGCS 87, C.A.; affirming 24 Con.L.R. 98; [1991] 2 EGLR 283 281
Midland Silicones v. Scruttons. *See* Scruttons v. Midland Silicones.
Mihalis Angelos, The. *See* Maredelanto Compania Naviera S.A. v. Bergbau–Handel G.m.b.H.
Milestone v. Yates [1938] 2 All E.R. 439 .... 125, 309, 311, 521
Miliangos v. Frank (George) (Textiles) [1976] A.C. 443; [1975] 3 W.L.R. 758; 119 S.J. 774; [1975] 3 All E.R. 801; [1975] 2 C.M.L.R. 585; [1976] 1 Lloyd's Rep. 207, H.L.; affirming [1975] Q.B. 487; [1975] 2 W.L.R. 555; 119 S.J. 322; [1975] 1 All E.R. 1076; [1975] 1 C.M.L.R. 630; [1975] 1 Lloyd's Rep. 587, C.A.; reversing (1974) 119 S.J. 10; [1975] 1 C.M.L.R. 121; [1975] 1 Lloyd's Rep. 436 .... 205, 219

Table of Cases

Miller v. Cannon Hill Estates [1931] 2 K.B. 113 .... 61, 139
—— v. L.C.C. (1934) 50 T.L.R. 479 .... 47, 48, 252, 254
—— (James) & Partners v. Whitworth Street Estates (Manchester) [1970] A.C. 583; [1970] 2 W.L.R. 728; 114 S.J. 225; [1970] 1 All E.R. 796; [1970] 1 Lloyd's Rep. 269, H.L.; reversing *sub nom.* Whitworth Street Estates (Manchester) v. Miller (James) and Partners [1969] 1 W.L.R. 377; 113 S.J. 126; [1969] 2 All E.R. 210, C.A. 38, 464, 1098
Millers Machinery v. Way (1934) 40 Comm.Cas. 204 .... 204, 205
Millican v. Tucker [1980] 1 W.L.R. 640; (1980) 124 S.J. 276; [1980] 1 All E.R. 1083, C.A.; reversing (1979) 123 S.J. 860 518
Mills v. Dunham [1891] 1 Ch. 576, C.A. 45
Mineralimportexport v. Eastern Mediterranean Maritime; Golden Leader, The [1980] 2 Lloyd's Rep. 573 39
Ministry of Housing and Local Government v. Sharp [1970] 2 Q.B. 223; [1970] 2 W.L.R. 802; 114 S.J. 109; [1970] 1 All E.R. 1009; 68 L.G.R. 187; 21 P. & C.R. 166; C.A.; reversing [1969] 3 W.L.R. 1020; 133 J.P. 595; 113 S.J. 469; [1969] 3 All E.R. 225; 20 P. & C.R. 1101 .... 197, 198
Minscombe Properties v. Sir Alfred McAlpine & Son (1986) 2 Const.L.J. 303; [1986] 2 EGLR 15; (1986) 279 EG 759, C.A. 220
Minster Investments v. Hyundai Precision and Industry Co., *The Times*, January 26, 1988; *The Independent*, February 23, 1988 394
Minster Trust v. Traps Tractors [1954] 1 W.L.R. 963; 98 S.J. 456; [1954] 3 All E.R. 136 .... 53, 61, 104, 105, 106, 117, 119, 122, 534, 630
Minter (F. G.) & Welsh Health Technical Services Organisation (1980) 13 B.L.R. 7, C.A.; reversing (1979) 11 B.L.R. 1 .... 63, 205, 232, 234, 650, 651, 653, 970
Mitchell v. Guildford Union (Guardians of) (1903) 68 J.P. 84 311
—— (George) (Chesterhall) v. Finney Lock Seeds [1983] 2 A.C. 803; [1983] 3 W.L.R. 163; [1983] 2 All E.R. 737; [1983] 2 Lloyd's Rep. 272; [1983] Com.L.R. 209, H.L.; affirming [1982] 3 W.L.R. 1036; (1982) 126 S.J. 689; [1983] 1 All E.R. 108; [1983] 1 Lloyd's Rep. 168; (1982) 79 L.S.Gaz. 1444; [1981] 1 Lloyd's Rep. 476, C.A. 65, 68, 71
Mitsui & Co. v. Novorossiysk Shipping Co.; Gudermes, The [1993] 1 Lloyd's Rep. 311, C.A.; reversing [1991] 1 Lloyd's Rep. 456 174
Mitsui Construction Co. v. Att.-Gen. of Hong Kong (1986) 33 B.L.R. 1; (1986) 10 Con.L.R. 1; (1986) 2 Const.L.J. 133, P.C.; (1984) 26 B.L.R. 113, C.A. of Hong Kong 44, 64, 92, 115, 1052
Mobil Oil Hong Kong and Dow Chemical (Hong Kong) v. Hong Kong United Dockyards; Hau Lien, The [1991] 1 Lloyd's Rep. 309, P.C. 174
Modern Buildings Wales v. Limmer & Trinidad Co. [1975] 1 W.L.R. 1281; 119 S.J. 641; [1975] 2 All E.R. 549; [1975] 2 Lloyd's Rep. 318, C.A. 321, 439
Modern Engineering (Bristol) v. Gilbert-Ash (Northern). *See* Gilbert-Ash (Northern) v. Modern Engineering (Bristol).
—— v. Miskin (C.) & Son [1981] 1 Lloyd's Rep. 135; (1980) 15 B.L.R. 820, C.A. 454
Modern Trading Co. v. Swale Building and Construction 24 Con.L.R. 59 450
Moffatt v. Dickson (1853) 13 C.B. 543 359
—— v. Laurie (1855) 15 C.B. 583 .... 84, 359
Mogul Steamship Co. v. McGregor Gow & Co. [1892] A.C. 25, H.L. 384
Molloy v. Liebe (1910) 102 L.T. 616 .... 99, 553
Molynexus v. Richard [1906] 1 Ch. 34 292
Mona, etc., v. Rhodesia Rys [1949] 2 All E.R. 1014 55
Monarch Steamship Co. v. A/B Karlshamns Oljefabriker [1949] A.C. 196; [1949] L.J.R. 772; 65 T.L.R. 217; 93 S.J. 117; [1949] 1 All E.R. 1; *sub nom.* A/B Karlshamns Oljefabriker v. Monarch Steamship Co., 82 Ll.L.Rep. 137; 1949 S.C.(H.L.) 1; 1949 S.L.T. 51, H.L.; affirming *sub nom.* A/B Karlshamns Oljefabriker v. Monarch Steamship Co., 80 Ll.L.Rep. 151; 1947 S.C. 179; 1947 S.L.T. 140 .... 207, 211
Mondel v. Steel (1941) 8 M. & W. 858 .... 287, 499, 500
Moneypenny v. Hartland (1826) 2 C. & P. 378 .... 345, 346, 355, 360
Monk Construction v. Norwich Union (1992) 62 B.L.R. 107, C.A. 16
Monks v. Dillon (1882) 12 L.R.Ir. 321 346

lxxi

Table of Cases

Monmouth County Council v. Costelloe & Kemple (1965) 63 L.G.R. 429, C.A.; reversing *sub nom.* Monmouthshire County Council v. Costelloe & Kemple (1964) 63 L.G.R. 131; [1965] C.L.Y. 369 .... 118, 355, 1092, 1093
Monro v. Bognor U.D.C. [1915] 3 K.B. 167 C.A. 427, 429, 761
Moody v. Ellis (Trading as Warwick & Ellis) (1984) 26 B.L.R. 39, C.A. 469, 547, 764
Moon v. Witney Union (1837) 3 Bing.N.C. 814 370
Moorcock, The (1889) 14 P.D. 64 50
Moore v. Assignment Courier [1977] 1 W.L.R. 638; (1977) 121 S.J. 155; [1977] 2 All E.R. 842; (1977) 35 P. & C.R. 400, C.A. 504
—— v. Shawcross [1954] J.P.L. 431 14
—— (D. W.) v. Ferrier [1988] 1 W.L.R. 267; (1988) 132 S.J. 227; [1988] 1 All E.R. 418, C.A. 405
Moresk Cleaners v. Hicks [1966] 2 Lloyd's Rep. 338; 116 New L.J. 1546 .... 339, 341, 342
Morgan v. Birnie (1833) 9 Bing. 672 .... 109, 118
—— v. Lariviere (1875) L.R. 7 H.L. 423 109
—— v. Morgan (1832) 2 L.J.Ex. 56 435
—— Crucible v. Hill Samuel Bank [1991] Ch. 259; [1991] 2 W.L.R. 655, [1991] 1 All E.R. 142; (1990) 140 New L.J. 1605; [1991] BCC 82; [1991] BCLC 178; *The Independent*, October 25, 1990, C.A.; reversing [1990] 3 All E.R. 330; [1990] BCC 686; [1991] BCLC 18; (1990) 140 New L.J. 1271 .... 189, 197
—— Grenfell (Local Authority Finance) v. Sunderland Borough Council and Seven Seas Dredging, 49 B.L.R. 31; 21 Con.L.R. 122; (1991) 7 Const.L.J. 110 .... 454, 1076, 1097
Morris v. Baron & Co. [1918] A.C. 1 42
—— v. Redland Bricks. *See* Redland Bricks v. Morris.
Morrison-Knudsen Co. v. State of Alaska (1974) 519 P.2d 834 .... 762, 925
Morrison-Knudsen Co. Inc. v. B.C. Hydro & Power Authority [1978] 85 D.L.R. (3d) 186; [1978] 4 W.W.R. 193, Brit.Col. C.A. 84, 86, 160, 227, 1036
Morrison-Knudsen International v. Commonwealth of Australia (1972) 13 B.L.R. 114; 46 A.L.J.R. 265 .... 89, 191, 198
Morrison Steamship Co. v. Greystoke Castle (Cargo Owners) [1947] A.C. 265; [1947] L.J.R. 297; 176 L.T. 66; 63 T.L.R. 11; [1946] 2 All E.R. 696, H.L.; affirming *sub nom.* The Cheldale [1945] P. 10 198
Morse v. Barrett (Leeds) (1993) 9 Const.L.J. 158 177
Moschi v. Lep Air Services [1973] A.C. 331; [1972] 2 W.L.R. 1175; 116 S.J. 372; [1972] 2 All E.R. 393, H.L.; affirming *sub nom.* Lep Air Services v. Rolloswin Investments [1971] 3 All E.R. 45, C.A. 161, 166, 270
Moseley v. Simpson (1873) L.R. 16 Eq. 226 436
Moss v. L. & N.W. Railway (1874) 22 W.R. 532 519
—— v. Swansea Corp. (1910) 74 J.P. 351 129
Mottram Consultants v. Sunley (Bernard) & Sons (1974) 118 S.J. 808; [1975] 2 Lloyd's Rep. 197, H.L.; affirming *sub nom.* Sunley (Bernard) & Sons v. Mottram Consultants (1973) 228 EG 723, C.A. 323, 501, 643
Mowbray v. Merryweather [1895] 2 Q.B. 640 224
Mowlem (John) v. Eagle Star Insurance (1992) 62 B.L.R. 126 368
—— v. Liberal Jewish Synagogue (unreported) March 27, 1990 488
Muirhead v. Industrial Tank Specialities [1986] Q.B. 507; [1985] 3 W.L.R. 993; [1985] 3 All E.R. 705; [1985] E.C.C. 225; [1983] 129 S.J. 855; (1985); 135 New L.J. 1106; (1986) 83 L.S.Gaz. 117, C.A. 178, 194
Multi-Construction (Southern) v. Stent Foundations, 41 B.L.R. 98; 14 Con.L.R. 110 .... 762, 923
Munro v. Butt (1858) 8 E.B. 739 .... 75, 80
—— v. Wivenhoe etc., Railway (1865) 12 L.T. 655 295
Munton v. Greater London Council [1976] 1 W.L.R. 649; [1976] 2 All E.R. 815; *sub nom.* Munton v. Newham London Borough Council, 120 S.J. 149; (1976) 32 P. & C.R. 269; (1976) 74 L.G.R. 416, C.A.; affirming (Ref. No. 43/1974) (1974) 29 P. & C.R. 278, Lands Tribunal 22
Murfin v. United Steel Companies (Power, Gas Corporation, Third Party) [1957] 1 W.L.R. 104; 101 S.J. 61; [1957] 1 All E.R. 23; 55 L.G.R. 43, C.A. 67, 606

Table of Cases

Murphy v. Brentwood District Council [1991] 1 A.C. 398; [1990] 3 W.L.R. 414; [1990] 2 All E.R. 908; (1990) 22 H.L.R. 502; (1990) 134 S.J. 1076; 21 Con.L.R. 1; 89 L.G.R. 24; (1990) 6 Const.L.J. 304; (1990) 154 L.G.Rev. 1010; 50 B.L.R. 7; (1991) 3 Admin.L.R. 37; H.L.; reversing [1990] 2 W.L.R. 944; [1990] 2 W.L.R. 944; [1990] 2 All E.R. 269; 88 L.G.R. 333; (1990) 134 S.J. 458; [1990] L.S.Gaz. February 7, 42, C.A.; affirming 13 Con.L.R. 96 .... 70, 169, 170, 172, 173, 174, 176, 177, 178, 179, 180, 181, 188, 193, 194, 197, 198, 199, 221, 222, 397, 405, 412, 413, 414

—— (J.) & Sons v. Southwark London Borough Council (1983) 127 S.J. 119; (1983) 81 L.G.R. 383; (1983) 22 B.L.R. 41, C.A.; (1982) 18 B.L.R. 755
Murray (Edmund) v. B.S.P. International Foundations (1992) 33 Con.L.R. 1, C.A. 71, 72
Murray Film Finances v. Film Finances (unreported) May 19, 1994 (C.A.) 409, 477
Murray Pipework v. U.I.E. Scotland (1990) 6 Const.L.J. 56 490
Museprime Properties v. Adhill Properties [1990] 36 EG 144; (1990) 61 P. & C.R. 111 ... 128
Mutual Life and Citizens' Assurance Co. v. Evatt (Clive Raleigh) [1971] A.C. 793; [1971] 2 W.L.R. 23; *sub nom.* Mutual Life & Citizens' Assurance Co. v. Evatt, 114 S.J. 932; [1971] 1 All E.R. 150; [1970] 2 Lloyd's Rep. 441, P.C. 190, 196
Mutual Shipping Corp. v. Bayshore Shipping Co.; Montan, The [1985] 1 W.L.R. 625; (1985) 129 S.J. 219; [1985] 1 All E.R. 520; [1985] 1 Lloyd's Rep. 189; (1985) 82 L.S.Gaz. 1329, C.A.; affirming [1984] 1 Lloyd's Rep. 389 459
Mvita Construction Co. v. Tanzania Harbours Authority, 46 B.L.R. 19, Ct. of Tanzania ... 259, 1083
Myers v. Sarl (1860) 3 E. & E. 306 98
—— (G. H.) & Co. v. Brent Cross Service [1934] 1 K.B. 46 .... 57, 59

NEI Thompson v. Wimpey Construction U.K. (1988) 39 B.L.R. 65; (1988) 4 Const.L.J. 46, C.A. 323, 501
NHBC Building Control Services v. Sandwell Borough Council, 50 B.L.R. 101; [1991] C.O.D. 17, D.C. 412
N.V. Amsterdamsche Lucifersfabrieken v. H. & H. Trading Agencies [1940] 1 All E.R. 587 .... 517, 519
N.Z. Netherlands Society v. Kuys [1973] 1 W.L.R. 1126, P.C. 338
Nabarro v. Cope & Co. [1938] 4 All E.R. 565 .... 282, 283
Nai Genova, The & Nai Superba, The. *See* Agip S.p.A. v. Navigazione Alta Italia S.p.A.
Nash v. Inman [1908] 2 K.B. 1, C.A. 31
—— Dredging v. Kestrel Marine [1986] S.L.T. 62 1076
National Bank of Greece S.A. v. Pinios Shipping Co. (No. 1) and George Dionysios Tsitsilanis; Maire, The (No. 3) [1990] 1 A.C. 637; [1989] 3 W.L.R. 1330; [1990] 1 All E.R. 78; (1990) 134 S.J. 261; [1990] 1 Lloyd's Rep. 225; [1990] CCLR 18; [1990] L.S.Gaz. January 31, 33; (1989) 139 New L.J. 1711, H.L.; reversing [1989] 3 W.L.R. 185; (1989) 133 S.J. 817; [1989] 1 All E.R. 213; [1988] 2 Lloyd's Rep. 126, C.A. 50, 234
National Bank of Nigeria v. Awolesi [1964] 1 W.L.R. 1311; 108 S.J. 818; [1965] 2 Lloyd's Rep. 389, P.C. 271, 272
National Carriers v. Panalpina (Northern) [1981] A.C. 675; [1981] 2 W.L.R. 45; (1980) 125 S.J. 46; [1981] 1 All E.R. 161; (1982) 43 P. & C.R. 72, H.L. 143, 145, 146
National Coal Board v. Galley [1958] 1 W.L.R. 16; 102 S.J. 31; [1958] 1 All E.R. 91, C.A. 24
—— v. Leonard & Partners (1985) 31 B.L.R. 117 .... 82, 360
—— v. Neill (William) & Son [1985] Q.B. 300; [1984] 3 W.L.R. 1135; (1984) 128 S.J. 814; [1984] 1 All E.R. 555; (1984) 26 B.L.R. 81; [1984] 81 L.S.Gaz. 2930; (1983) 133 New L.J. 938, D.C. 43, 45, 59, 77, 108, 114, 116, 124, 266, 267, 268
National Enterprises v. Racal Communications; Racal Communications v. National Enterprises [1975] Ch. 397; [1975] 2 W.L.R. 222; 118 S.J. 735; [1974] 3 All E.R. 1010; [1975] 1 Lloyd's Rep. 225, C.A.; affirming [1974] Ch. 251; [1974] 2 W.L.R. 733; (1973) 118 S.J. 329; [1974] 1 All E.R. 1118; [1974] 2 Lloyd's Rep. 21 452
National House-Building Council v. Fraser [1983] 1 All E.R. 1090; (1983) 22 B.L.R. 143; (1983) 133 New L.J. 376 408

Table of Cases

National Justice Compania Naviera S.A. v. Prudential Assurance Co., Ikarian Reefer, The [1993] 2 Lloyd's Rep. 68; [1993] 37 EG 158; *The Times*, March 5, 1993 .... 488, 491
National Trust v. Haden Young (1993) C.I.L.L. 890; *The Times*, August 11, 1994, C.A. 66, 608
National Westminster Bank plc v. Daniel [1993] 1 W.L.R. 1453, C.A. 503
—— v. Halesowen Presswork & Assemblies [1972] A.C. 785; [1972] 2 W.L.R. 455; 116 S.J. 138; [1972] 1 All E.R. 641; [1972] 1 Lloyd's Rep. 101, H.L.; reversing *sub nom.* Halesowen Presswork & Assemblies v. Westminster Bank [1971] 1 Q.B. 1; [1970] 3 W.L.R. 625; [1970] 3 All E.R. 473, C.A.; reversing [1970] 2 W.L.R. 754; 113 S.J. 939; [1970] 1 All E.R. 33 .... 37, 303, 418
—— v. Morgan [1985] A.C. 686; [1985] 2 W.L.R. 588; (1985) 129 S.J. 205; [1985] 1 All E.R. 821; (1985) 17 H.L.R. 360; 1985 FLR 266; (1985) 135 New L.J. 254; (1985) 82 L.S.Gaz. 1485, H.L.; reversing [1983] 3 All E.R. 85; (1983) 133 New L.J. 378, C.A. 27
—— v. Riley [1986] FLR 213; (1986) BCLC 268, C.A. 270
Nea Agrex S.A. v. Baltic Shipping Co. [1976] Q.B. 933; [1976] 2 W.L.R. 925; 120 S.J. 351; [1976] 2 All E.R. 842; [1976] 2 Lloyd's Rep. 47, C.A. 45, 437, 694
Neale v. Richardson [1938] 1 All E.R. 753 .... 100, 110, 112, 430, 431
Neck v. Taylor [1893] 1 Q.B. 560, C.A. 509
Nelson v. Dahl (1879) 12 Ch.D. 568 41
—— v. Spooner (1861) 2 F. & F. 613 360
Nene Housing Society v. National Westminster Bank (1980) 16 B.L.R. 22 ..... 110, 274, 658
Neodox v. Swinton and Pendlebury B.C. (1958) 5 B.L.R. 38 .... 53, 54, 89, 979
Neuchatel Asphalte Co. v. Barnett [1957] 1 W.L.R. 356; 101 S.J. 170; [1957] 1 All E.R. 362, C.A. 46
Nevill (H. W.) (Sunblest) v. Wilham Press & Son (1982) 20 B.L.R. 78 ... 63, 116, 267, 591, 593, 626, 696
New England Reinsurance Corp. and First State Insurance Co. v. Messoghios Insurance Co. S.A. [1992] 2 Lloyd's Rep. 251, C.A.; reversing [1992] 1 Lloyd's Rep. 201 394
New Fenix Compagnie v. General Accident [1911] 2 K.B. 619, C.A. 509
New Zealand Shipping Co. v. Satterthwaite (A. M.) & Co. [1975] A.C. 154; [1974] 2 W.L.R. 865; 118 S.J. 387; [1974] 1 All E.R. 1015; *sub nom.* New Zealand Shipping Co. v. Satterthwaite (A. M.) & Co.; Eurymedon, The [1974] 1 Lloyd's Rep. 534, P.C. 13, 26, 69, 97
—— v. Société des Ateliers et Chantiers de France [1919] A.C. 1 .... 147, 168, 419
Newfoundland Government v. Newfoundland Ry (1888) 13 App.Cas. 199, P.C. 82, 83, 302, 304
Newman, *Re* (1876) 4 Ch.D. 724, C.A. 243, 246
Newport (Essex) Engineering Co. v. Press & Shear Machinery Co. (1981) (1983) 24 B.L.R. 71, C.A. 505
Newton Abbot Development Co. v. Stockman Bros. (1931) 47 T.L.R. 616 .... 117, 221
Nichols v. Marsland (1876) 2 Ex.D. 1, C.A. 148
Nicholson v. Little [1956] 1 W.L.R. 829; 100 S.J. 490; [1956] 2 All E.R. 699, C.A. 519
Nicolene v. Simmonds [1953] 1 Q.B. 543; [1953] 2 W.L.R. 717; 97 S.J. 247; [1953] 1 All E.R. 822; [1953] 1 Lloyd's Rep. 189, C.A., affirming [1952] 2 Lloyd's Rep. 419 ..... 19, 23, 536
Nippon Menkwa Kabushiki Kaisha v. Dawson Bank (1935) Lloyd's L.L.R. 147, P.C. 285
Nissan v. Att.-Gen. *See* Att.-Gen. v. Nissan.
Nitrate Corp. of Chile v. Pansuiza Compania de Navegación S.A.; Chilean Nitrate Sales Corp. v. Marine Transportation Co. and Pansuiza Compania de Navegación S.A.; Marine Transportation Co. v. Pansuiza Compania de Navegación S.A.; Hermosa, The [1980] 1 Lloyd's Rep. 638 159
Nitrigin Eireann Teoranta v. Inco Alloys [1992] 1 W.L.R. 498; [1992] 1 All E.R. 854; (1992) 135 S.J. (LB) 213; 60 B.L.R. 65; [1992] *Gazette*, 22 January, 34; [1991] NPC 17; (1991) 141 New L.J. 1518; *The Times*, November 4, 1991; *The Independent*, November 28, 1991 .... 178, 194, 405
Nitrophosphate and Odams' Chemical Manure Co. v. London & St Katherine Dock Co. (1878) 9 Ch.D. 503, C.A. 148
Nocton v. Ashburton [1914] A.C. 932 187

Table of Cases

Nokes v. Doncaster Amalgamated Collieries [1940] A.C. 1014 .... 296, 297, 298
Nordenfelt v. Maxim Nordenfelt Guns and Ammunition Co. [1894] A.C. 535 383
Norta Wallpapers (Ireland) v. Sisk and Sons (Dublin) [1978] I.R. 114; 14 B.L.R. 49, Sup. Ct. of Ireland 58, 61, 315, 316, 727
North Ocean Shipping Co. v. Hyundai Construction Co. [1979] Q.B. 705; [1979] 3 W.L.R. 419; (1978) 123 S.J. 352; [1978] 3 All E.R. 1170; *sub nom.* North Ocean Shipping Co. v. Hyundai Construction Co. and Hyundai Shipbuilding and Heavy Industries Co.; Atlantic Baran, The [1979] 1 Lloyd's Rep. 89 .... 13, 154, 155
North West Leicestershire District Council v. East Midlands Housing Association [1981] 1 W.L.R. 1396; (1981) 125 S.J. 513; (1982) 80 L.G.R. 84; [1981] 3 All E.R. 364 ..... 34, 331, 332
North West Metropolitan Regional Hospital Board v. Bickerton (T. A.) & Son [1970] 1 W.L.R. 607; 114 S.J. 243; [1970] 1 All E.R. 1039; 68 L.G.R. 447, H.L.; affirming *sub nom.* Bickerton & Sons v. North West Metropolitan Regional Hospital Board, 112 S.J. 922; [1969] 1 All E.R. 977; 67 L.G.R. 83, C.A.; reversing *sub nom.* Bickerton (T. A.) & Sons v. North West Metropolitan Regional Hospital Board (1968) 66 L.G.R. 597; 207 EG 533 ..... 46, 93, 167, 308, 311, 312, 317, 318, 319, 546, 602, 604, 714, 715, 718, 727, 728, 737, 1066
North-Western Salt Co. v. Electrolytic Alkali Co. [1914] A.C. 461 384
Northampton Gas Light Co. v. Parnell (1855) 24 L.J.C.P. 60 .... 117, 258, 425
Northern Ireland Co-Ownership Housing Association [1987] A.C. 718, H.L. 170
Northern Regional Health Authority v. Crouch (Derek) Construction Co. [1984] Q.B. 644; [1984] 2 W.L.R. 676; (1984) 128 S.J. 279; [1984] 2 All E.R. 175; (1984) 26 B.L.R. 1, C.A.; affirming (1983) 24 B.L.R. 60, D.C. 24, 100, 112, 125, 422, 426, 427, 429, 430, 431, 432, 440, 454, 552, 630, 762, 830, 849, 1074, 1092, 1094, 1097
Northumberland Avenue Hotel Co., *Re* (1887) 56 L.T. 833, C.A. 154
Northwood v. Aegan (1994) 10 Const.L.J. 157 275
Norwegian American Cruises A/S v. Paul Mundy [1988] 2 Lloyd's Rep. 343; *The Times*, April 22, 1988, C.A. 285
Norwich City Council v. Harvey (Paul Clarke) [1989] 1 W.L.R. 828; (1989) 133 S.J. 694; [1989] 1 All E.R. 1180; 45 B.L.R. 14; (1989) 139 New L.J. 40, C.A.; affirming 65, 70, 185, 186, 608
Nova (Jersey) Knit v. Kammgarn Spinnerei GmbH [1977] 1 W.L.R. 713; (1977) 121 S.J. 170; [1977] 2 All E.R. 463; [1977] 1 Lloyd's Rep. 463, H.L.; reversing [1976] 2 Lloyd's Rep. 155, C.A. 439
Nuttall v. Manchester Corp. (1892) 8 T.L.R. 513; (1892) H.B.C. (4th ed.), Vol. 2, p. 203 (D.C.) 435
Nuttall and Lynton and Barnstaple Railway Co., *Re* (1899) 82 L.T. 17 .... 88, 141
Nye Saunders (a firm) v. Bristow (A. E.) (1987) 37 B.L.R. 92 .... 339, 340, 343, 346, 360, 370

Occidental Worldwide Investment Corporation v. Skibbs A/S Avanti, Skibs A/S Glarona, Skibs A/S Navalis; Siboen, The and Sibotre, The [1976] 1 Lloyd's Rep. 293 154
Ocean Tramp Tankers Corporation v. V/O Sovfracht. The Eugenia [1964] 2 Q.B. 226; [1964] 2 W.L.R. 114; 107 S.J. 931; [1964] 1 All E.R. 161; [1963] 2 Lloyd's Rep. 381, C.A. reversing [1963] 2 Lloyd's Rep. 155; [1963] C.L.Y. 3200 144
O'Connor v. Hume [1954] 1 W.L.R. 824; 98 S.J. 370; [1954] 2 All E.R. 301; C.A. 37
Oddy v. Phoenix Assurance Co. [1966] 1 Lloyd's Rep. 134; (1966) 116 New L.J. 554 623
Offord v. Davies (1862) 12 C.B.(N.S.) 748 18
Ogilvie Builders v. Glasgow (1994) C.I.L.L. 930 651
Oldschool v. Gleeson (Construction) (1976) 4 B.L.R. 103, D.C. 225, 350
Olley v. Marlborough Court [1949] 1 K.B. 532; [1949] L.J.R. 360; 65 T.L.R. 95; 93 S.J. 40; [1949] 1 All E.R. 127; C.A.; affirming [1948] 1 All E.R. 955 .... 27, 28
One Hundred Simcoe Street v. Frank Burger Contractor (1968) 66 D.L.R. 2d. 602 (Ontario C.A.) 153
Oram Builders v. Pemberton (H. J.) & Pemberton (C.) (1985) 1 Const.L.J. 233; (1984) 29 B.L.R. 23; [1985] C.I.L.L. 169 .... 430, 1094

lxxv

Table of Cases

Oscar Chess v. Williams [1957] 1 W.L.R. 370; 101 S.J. 186; [1957] 1 All E.R. 325, C.A. 139
Osenton (Charles) & Co. v. Johnston [1942] A.C. 130 442
Oshawa (City of) v. Brennan Paving Co. [1935] S.C.R. 76, Supreme Ct. of Canada 111
Ossory Road v. Balfour Beatty (1993) C.I.L.L. 882 .... 66, 609, 911
Othieno (Chrisphine) v. Cooper (G.) & Cooper (M.), 57 B.L.R. 128; 72 Con.L.R. 30 .... 431, 441
Overbrooke Estates v. Glencombe Properties [1974] 1 W.L.R. 1335; 118 S.J. 775; [1974] 3 All E.R. 511 .... 136, 139
Overseas Tankship v. Morts Dock & Engineering Co. (The Wagon Mound) [1961] A.C. 388; [1961] 2 W.L.R. 126; 105 S.J. 85; [1961] 1 All E.R. 404; [1961] 1 Lloyd's Rep. 1; P.C.; reversing *sub nom.* Mort's Dock and Engineering Co. v. Overseas Tankship (U.K.) (The Wagon Mound) [1959] 2 Lloyd's Rep. 697; [1960] C.L.Y. 883, C.A.; reversing [1958] 1 Lloyd's Rep. 575; [1958] C.L.Y. 899 .... 170, 201, 202
Overseas Union Mutual v. A.A. Mutual [1988] 2 Lloyd's Rep. 63 290
Overstone v. Shipway [1962] 1 W.L.R. 117; 106 S.J. 14; [1962] 1 All E.R. 52, C.A. 473
Owen v. Nicholl [1948] W.N. 138; 92 S.J. 244; [1948] 1 All E.R. 707, C.A. 425
—— v. Tate [1976] Q.B. 402; [1975] 3 W.L.R. 369; (1974) 119 S.J. 575; [1975] 2 All E.R. 129, C.A. 96, 269, 564
—— (Edward) Engineering v. Barclays Bank International [1977] 3 W.L.R. 764; (1977) 121 S.J. 617; [1978] 1 All E.R. 976; [1978] 1 Lloyd's Rep. 166; (1977) 6 B.L.R. 1, C.A. 276
Ownit Homes Proprietary v. D. and F. Mancuso Investments Proprietary (1990) 6 Const.L.J. 161; Federal Ct. of Australia 364
Oxford Shipping Co. v. Nippon Yusen Kaisha; Eastern Saga, The [1984] 3 All E.R. 835; [1984] 2 Lloyd's Rep. 373 427
Oxford University Press v. John Stedman Group (1990) 34 Con.L.R. 1 60
Oxy Electric v. Zainuddin [1991] 1 W.L.R. 115; [1990] 2 All E.R. 902; [1990] 3 PLR 115; *The Times,* June 28, 1990 .... 281, 282

P. & M. Kaye v. Hosier & Dickinson. *See* Kaye (P. & M.) v. Hosier & Dickinson. .. 430, 439
P. T. Dover Chemical v. Lee Chang Yung Chemicals (1990) 2 H.K.L.R. 257 (Hong Kong C.A.) 458
Paal Wilson & Co. A/S v. Partenreederei Hannah Blumenthal [1983] 1 A.C. 854; [1982] 3 W.L.R. 1149; (1982) 126 S.J. 835; [1983] 1 All E.R. 34; [1983] Com.L.R. 20; [1983] 1 Lloyd's Rep. 103, H.L.; affirming [1983] 1 A.C. 854; [1982] 3 W.L.R. 49; (1982) 126 S.J. 292; [1982] 3 All E.R. 394; [1982] 1 Lloyd's Rep. 582; [1982] Com.L.R. 117, C.A.; affirming [1981] 3 W.L.R. 823; [1982] 1 All E.R. 197; [1987] Lloyd's Rep. 438; [1981] Com.L.R. 231 .... 146, 447
Pacific Associates v. Baxter [1990] 1 Q.B. 993; [1989] 3 W.L.R. 1150; (1989) 133 S.J. 123; [1989] 2 All E.R. 159; 44 B.L.R. 33; 16 Con.L.R. 90; (1989) New L.J. 41, C.A.; affirming 13 Con.L.R. 80 .... 70, 113, 120, 185, 186, 192, 330, 367, 973
Paczy v. Haendler & Natermann GmbH [1981] F.S.R. 250; [1981] 1 Lloyd's Rep. 302; [1981] Com.L.R. 12, C.A.; reversing [1980] F.S.R. 526; [1979] F.S.R. 420 .... 438, 462
Padbury v. Holliday v. Greenwood (1912) 28 T.L.R. 494, C.A. 277, 279
Page v. Llandaff etc., District Council (1901) H.B.C. (4th ed.) Vol. 2, p. 316 120
—— v. Newman (1829) B. & C. 378 (Ct. of Kings Bench) 233
Pagnan v. Feed Products [1987] 2 Lloyd's Rep. 601, C.A. 20, 21
—— (R.) & Fratelli v. Corbisa Industrial Agropacuaria [1970] 1 W.L.R. 1306; 114 S.J. 568; [1970] 1 All E.R. 165; [1970] 2 Lloyd's Rep. 14, C.A.; affirming [1969] 2 Lloyd's Rep. 129 206
—— S.p.A. v. Tradax Ocean Transportation S.A. [1987] 3 All E.R. 565; [1987] 2 Lloyd's Rep. 342, C.A.; affirming [1987] 1 All E.R. 81; [1986] 2 Lloyd's Rep. 646 154
Palacath v. Flanagan [1985] 2 All E.R. 161; [1985] 1 EGLR 86; (1985) 274 EG 143; (1985) 135 New L.J. 364 424
Palaniappa Chettiar (A.R.P.L.) v. Arunasalam Chettiar (P.L.A.R.) [1962] A.C. 294; [1962] 2 W.L.R. 548; *sub nom.* Palaniappa Chettiar v. Arunsalam Chettiar, 106 S.J. 110; *sub nom.* Chettiar v. Chettiar [1962] 1 All E.R. 494, P.C. 151, 152

Table of Cases

Palmeo Shipping Inc. v. Continental Ore Corporation; Captain George K., The [1970] 2 Lloyd's Rep. 21 .... 146, 147
Palmer v. Durnford (a firm) [1992] Q.B. 483; [1992] 2 W.L.R. 407; [1992] 2 All E.R. 122; (1991) 141 New L.J. 591; *The Times*, November 11, 1991 491
Panalpina International Transport v. Densil Underwear [1981] 1 Lloyd's Rep. 187 ...... 203, 215
Panama & South Pacific Telegraph Co. v. India Rubber, etc., Co. (1875) L.R. 10 Ch.App. 515 336
Panamena Europa Navegacion v. Leyland (Frederick) & Co. *See* Compania Panamena Europo Navegacion v. Leyland (Frederick) & Co.
Panchaud Frères S.A. v. Etablissments General Grain Co. [1970] 1 Lloyd's Rep. 53, C.A.; reversing [1969] 2 Lloyd's Rep. 109 160
—— v. Pagnan (R.) & Fratelli [1974] 1 Lloyd's Rep. 394, C.A. 506, 507
Pan Ocean Shipping Co. v. Creditcorp.; Trident Beauty, The [1994] 1 W.L.R. 161, H.L.; [1993] 1 Lloyd's Rep. 443; (1993) 137 S.J. (LB) 53; *The Times*, January 28, 1993, C.A. 303
Panorama Developments (Guildford) v. Fidelis Furnishing Fabrics [1971] 2 Q.B. 711; [1971] 3 W.L.R. 440; 115 S.J. 433; [1971] 3 All E.R. 16, C.A. 21, 33
Pao On v. Lau Yiu Lang [1980] A.C. 614; [1979] 3 W.L.R. 435; [1979] 3 All E.R. 65; (1979) 123 S.J. 319, P.C. 13, 42, 97, 154, 155
Parker v. South Eastern Ry (1877) 2 C.P.D. 416 .... 27, 28
—— (Lee) v. Izzet (No. 2) [1972] 1 W.L.R. 775 22
Parkinson (Sir Lindsay) & Co. v. Commissioners of His Majesty's Works and Public Buildings [1949] 2 K.B. 632; [1950] 1 All E.R. 208; C.A.; affirming [1948] W.N. 446; 93 S.J. 27 .... 43, 85, 95, 100, 102, 143, 146, 148
—— v. Triplan [1973] 1 Q.B. 609; [1973] 2 W.L.R. 632; 117 S.J. 146; [1973] 2 All E.R. 273, C.A.; affirming (1972) 117 S.J. 36 .... 509, 510
Parry v. Boyle (1986) 83 Cr.App.R. 310; [1987] R.T.R. 282; [1986] Crim.L.R. 551, D.C. 496
—— v. Cleaver [1970] A.C. 1; [1969] 2 W.L.R. 821; 113 S.J. 147; [1969] 1 All E.R. 555; 6 K.I.R. 265; [1969] 1 Lloyd's Rep. 183, H.L.; reversing [1968] 1 Q.B. 195; [1967] 3 W.L.R. 739; 111 S.J. 415; [1967] 2 All E.R. 1168; 2 K.I.R. 844, C.A. 220
Parsons v. Sexton (1847) 4 C.B. 899 104
—— (H.) (Livestock) v. Uttley Ingham & Co. [1978] Q.B. 791; [1977] 3 W.L.R. 990; (1977) 121 S.J. 811; [1978] 1 All E.R. 525; [1977] 2 Lloyd's Rep. 522, C.A. 200, 201, 202, 203, 204
Partenreederei M.S. Karen Oltmann v. Scarsdale Shipping Co.; Karen Oltmann, The [1976] 2 Lloyd's Rep. 708 41
Partington & Son (Builders) v. Tameside Metropolitan Borough Council (1985) 2 Const.L.J. 67; (1985) 5 Con.L.R. 99; [1985] C.I.L.L. 213; (1985) 32 B.L.R. 150 ... 431, 552
Partington Advertising Co. v. Willing & Co. (1896) 12 T.L.R. 176 262
Parton v. Cole (1841) 11 L.J.Q.B. 70 96
Pashby v. Birmingham Corp. (1856) 18 C.B. 2 .... 101, 109, 433
Patel v. Smith (W. H.) (Eziot) [1987] 1 W.L.R. 853; (1987) 131 S.J. 888; [1987] 2 All E.R. 569; (1987) 84 L.S.Gaz. 2049, C.A. 282
Patman & Fotheringham v. Pilditch (1904) H.B.C. (4th ed.) Vol. 2, p. 368 90
Pattinson v. Luckley (1875) L.R. 10 Ex. 330 .... 48, 81
Pauling v. Dover Corporation (1855) 24 L.J.Ex. 128 258
—— v. Pontifex (1852) 2 Saund. & M. 59 14
Payabi (Zainalabdin) and Baker Rasti Lari v. Armstel Shipping Corp.; Jay Bola, The [1992] Q.B. 907; [1992] 2 W.L.R. 898; [1992] 3 All E.R. 329; (1992) 136 S.J. (LB) 52; [1992] 2 Lloyd's Rep. 63; *The Times*, February 26, 1992 410
Peabody Donation Fund Governors v. Parkinson (Sir Lindsay) & Co. [1985] A.C. 210; [1984] 3 W.L.R. 953; (1984) 128 S.J. 753; [1984] 3 All E.R. 529; [1985] 83 L.G.R. 1; (1984) 28 B.L.R. 1; [1984] C.I.L.L. 128; (1984) 81 L.S.Gaz. 3179, H.L.; affirming [1983] 3 W.L.R. 754; (1983) 127 S.J. 749; [1983] 3 All E.R. 417; (1984) 47 P. & C.R. 402; [1984] 82 L.G.R. 138; (1984) 25 B.L.R. 108, C.A. ... 169, 177, 180, 181, 414

Table of Cases

Peachdart, *Re* [1984] Ch. 131; [1983] 3 W.L.R. 878; (1983) 127 S.J. 839; [1983] 3 All E.R. 204; (1984) 81 L.S.Gaz. 204 263
Peak Construction (Liverpool) v. McKinney Foundations (1971) 69 L.G.R. 1, C.A. 47, 48, 238, 239, 241, 250, 252, 469, 629, 756, 1033, 1040
Peal Furniture Co. v. Adrian Share (Interiors) [1977] 1 W.L.R. 464; (1976) 121 S.J. 156; [1977] 2 All E.R. 211, C.A. 513
Pearce v. Brooks (1866) L.R. 1 Ex. 213 151
—— v. Hereford Corporation (1968) 66 L.G.R. 647 .... 67, 991
—— v. Tucker (1862) 3 F. & F. 136 56
Pearson v. Dublin Corporation [1907] A.C. 351; (1906) H.B.C. (3rd ed.) Vol. 2, p. 453 ... 130, 131, 135, 192, 335
—— v. Naydler [1977] 1 W.L.R. 899; (1977) 121 S.J. 304; [1977] 3 All E.R. 531 510
Peat v. Jones & Co. (1881) 8 Q.B.D. 147 418
Peco Arts Inc. v. Hazlitt Gallery [1983] 1 W.L.R. 1315; (1983) 127 S.J. 806; [1983] 3 All E.R. 193; (1984) 81 L.S.Gaz. 203 407
Penarth Dock Engineering Co. v. Pounds [1963] 1 Lloyd's Rep. 359 237
Pennsylvania Shipping Co. v. Cie Nat. de Navigacion [1936] 2 All E.R. 1167 129
Penny v. Wimbledon U.D.C. [1899] 2 Q.B. 72, C.A. 279
Pentagon Construction (1969) Co. v. United States Fidelity and Guaranty Co. [1978] 1 Lloyd's Rep. 93, Brit.Col.C.A. 1006
Penvidic Contracting Co. v. International Nickel Co. of Canada (1975) 53 D.L.R. (3d) 748, Canada Supreme Ct. 214
Pepper v. Birland (1792) 1 Peake N.P. 139 102
Pepys v. London Transport Executive [1975] 1 W.L.R. 234; (1974) 118 S.J. 882; [1975] 1 All E.R. 748; (1974) 29 P. & C.R. 248, C.A. 459
Perar BV v. General Surety and Guarantee Co. (1994) 66 B.L.R. 72, C.A. ... 110, 275, 658, 662
Percival v. L.C.C. Asylums Committee (1918) 87 L.J.K.B. 677 .... 17, 18
Perestrello e Companhia Limitada v. United Paint Co.; Same v. Same [1969] 1 W.L.R. 570; *sub nom.* Perestrello e Companhia Limitada v. United Paint Co. (1968) 113 S.J. 36; [1969] 3 All E.R. 479, C.A. 215, 223, 476
Perini Corporation v. Commonwealth of Australia, 12 B.L.R. 82 (Sup.Ct. of New South Wales) 52, 53, 111, 166, 369, 1036
Perini Pacific v. Greater Vancouver Sewerage and Drainage District (1966) 57 D.L.R. (2d) 307 .... 250, 251
Perl (P.) (Exporters) v. Camden London Borough [1984] Q.B. 342; [1983] 3 W.L.R. 769; [1983] 127 S.J. 581; (1980) 80 L.S.Gaz. 2216, C.A. 179, 207, 277
Perry v. Phillips (Sidney) & Son (A Firm) [1982] 1 W.L.R. 1297; (1982) 126 S.J. 626; [1982] 3 All E.R. 705; (1983) 22 B.L.R. 120; (1982) 263 EG 888; (1982) 79 L.S.Gaz. 1175, C.A.; reversing [1982] 1 All E.R. 1005; [1981] 260 EG 389 .. 206, 214, 223, 224, 356
—— v. Sharan Development Co. [1937] 4 All E.R. 390 61
—— v. Stopher [1959] 1 W.L.R. 415; 103 S.J. 311; [1959] 1 All E.R. 713, C.A. 510
—— v. Tendring District Council; Thurban v. Same (1984) 30 B.L.R. 118; [1985] 1 EGLR 260; [1985] C.I.L.L. 145; (1984) 1 Const.L.J. 152; (1984) 3 Con.L.R. 74 .... 306, 339, 404, 406, 414
Peter Pan Manufacturing Corporation v. Corsets Silhouette [1964] 1 W.L.R. 96; 108 S.J. 97; [1963] 3 All E.R. 402; [1963] R.P.C. 45 283
Peters (Allan) (Jewellers) v. Brocks Alarms [1968] 1 Lloyd's Rep. 387 202
Pethick Bros. v. Metropolitan Water Board (1911) H.B.C. (4th ed.), Vol. 2, p. 456, C.A. 432
Petredec v. Tokumaru Kaium [1994] 1 Lloyd's Rep. 162 452
Petrofina of Brussels v. Compagnie Italiana Trasporto Olii Minerali of Genoa (1937) 53 T.L.R. 650 117
Petrofina (U.K.) v. Magnaload [1984] Q.B. 127; [1983] 3 W.L.R. 805; (1983) 127 S.J. 729; [1983] 3 All E.R. 35; [1983] 2 Lloyd's Rep. 91; (1984) 25 B.L.R. 37; (1983) 80 L.S.Gaz. 2677 .... 321, 1007
Petty v. Cooke (1871) L.R. 6 Q.B. 790 271
Peyman v. Lanjani [1985] Ch. 457; [1985] 2 W.L.R. 154; (1984) 128 S.J. 853; [1984] 3 All E.R. 703; (1984) 48 P. & C.R. 398; (1985) 82 L.S.Gaz. 43, C.A. 161

Table of Cases

Pfeiffer (E.), Weinkellerei-Weineinkauf GmbH & Co. v. Arbuthnot Factors [1988] 1 W.L.R. 150; (1988) 132 S.J. 89; [1987] BCLC 522; (1987) 3 BCC 608; (1988) 85 L.S.Gaz. 38 .... 263, 302, 1057
Philips Hong Kong v. Att.-Gen. of Hong Kong, 61 B.L.R. 41; *The Times*, February 15, 1993, P.C. 240, 243, 244, 247
Phillips v. Foxall (1872) L.R. 7 Q.B. 666 .... 270, 272
—— v. Ward [1956] 1 W.L.R. 471, C.A. 356
—— Products v. Hyland [1987] 1 W.L.R. 659; (1985) 129 S.J. 47; [1987] 2 All E.R. 620; (1988) 4 Const.L.J. 53; [1985] Tr.L. 98; (1985) 82 L.S.Gaz. 681, C.A. 72
Phoenix General Insurance Co. Greece S.A. v. Halvanon Insurance; Same v. Administration Asiguraliror de Stat [1988] Q.B. 216; [1987] 2 W.L.R. 512; (1987) 131 S.J. 257; [1987] 2 All E.R. 152; [1987] FLR 48; [1986] 2 Lloyd's Rep. 552; (1987) 84 L.S.Gaz. 1055, C.A.; reversing [1987] 2 W.L.R. 512; [1986] 1 All E.R. 908; [1985] FLR 368; [19085] 2 Lloyd's Rep. 599; (1985) 135 New L.J. 1081 .... 151, 152
Phonogram v. Lane [1982] Q.B. 938; [1981] 3 W.L.R. 736; (1981) 125 S.J. 527; [1981] 3 All E.R. 182; [1982] C.M.L.R. 615; [1981] Com.L.R. 228, C.A. 333
Phonographic Equipment (1958) v. Muslu [1961] 1 W.L.R. 1379; 105 S.J. 947; [1961] 3 All E.R. 626, C.A. 248
Photo Production v. Securicor Transport [1980] A.C. 827; [1980] 2 W.L.R. 283; (1980) 124 S.J. 147; [1980] 1 All E.R. 556; [1980] 1 Lloyd's Rep. 545, H.L. reversing [1978] 1 W.L.R. 856; (1978) 122 S.J. 315; [1978] 3 All E.R. 146; [1978] 2 Lloyd's Rep. 172, C.A. 68, 69, 159, 160, 163, 164, 221, 226, 243, 351, 428, 609
Pickering v. Ilfracombe Railway (1868) L.R. 3 C.P. 235 107
—— v. Sogex Services (1982) 263 EG 770; (1982) 20 B.L.R. 66 305
Pickwell v. Camden London Borough Council [1983] Q.B. 962; [1983] 2 W.L.R. 583; (1982) 126 S.J. 397; [1983] 1 All E.R. 602; (1982) 80 L.G.R. 798, D.C. 235
Pigott Foundations v. Shepherd Construction (1994) C.I.L.L. 947 .... 838, 893
Pillings (C. M.) & Co. v. Kent Investments (1985) B.L.R. 80; (1985) 1 Const.L.J. 393; [1985] C.I.L.L. 181, C.A. 107, 108, 440, 501, 503
Pinson v. Lloyds and National Provincial Foreign Bank [1941] 2 K.B. 72 476
Pioneer Shipping v. B.T.P. Tioxide; Nema, The [1982] A.C. 724; [1981] 3 W.L.R. 292; (1981) 125 S.J. 542; [1981] 2 All E.R. 1030; [1981] 2 Lloyd's Rep. 239; [1981] Com.L.R. 197; H.L.; affirming [1980] Q.B. 547; [1980] 3 W.L.R. 326; [1980] 3 All E.R. 117; *sub nom.* B.T.P. Tioxide v. Pioneer Shipping and Armada Marine S.A.; Nema, The [1980] 2 Lloyd's Rep. 339, C.A.; reversing [1980] 2 Lloyd's Rep. 83 ..... 36, 63, 143, 145, 148, 149, 437, 456, 457
Piper Double Glazing v. D.C. Contracts [1994] 1 W.L.R. 777 450
Pirelli General Cable Works v. Faber (Oscar) & Partners [1983] 2 A.C. 1; [1983] 2 W.L.R. 6; (1983) 127 S.J. 16; [1983] 1 All E.R. 65; (1983) 265 EG 979; (1983) 733 New L.J. 63, H.L.; reversing (1982) 263 EG 879, C.A. 169, 170, 187, 404, 405, 406
Pitcaithly & Co. v. Mclean & Son (1911) 31 N.Z.L.R. 648 18
Pitchers v. Plaza (Queensbury) [1940] 1 All E.R. 151, C.A. 439
Pitt v. P.H.H. Asset Management [1994] 1 W.L.R. 327, C.A. 25, 29
Planché v. Colburn (1831) 8 Bing. 14 227
Platt v. Parker (1886) 2 T.L.R. 786, C.A. 259
Plimsaul v. Kilmorey (Lord) (1884) 1 T.L.R. 48 .... 371, 372
Podar Trading Co., Bombay v. François Tagher, Barcelona [1949] 2 K.B. 277; [1949] L.J.R. 1470; 65 T.L.R. 433; 93 S.J. 406; [1949] 2 All E.R. 62; 82 Ll.L.Rep. 705, D.C. 643
Pole v. Leask (1863) 33 L.J.Ch. 155 332
Polish Steam Ship Co. v. Atlantic Maritime Co., Garden City (No. 2), The [1985] Q.B. 41; [1984] 3 W.L.R. 300; (1984) 128 S.J. 469; [1984] 3 All E.R. 59; [1984] 2 Lloyd's Rep. 37; (1984) 81 L.S.Gaz. 1367, C.A.; reversing [1983] Q.B. 687; [1983] 2 W.L.R. 798; (1983) 127 S.J. 304; [1983] 2 All E.R. 541; [1983] 1 Lloyd's Rep. 485 508
Polk (R. L.) & Co. (Great Britain) v. Hill (Edwin) [1988] 18 EG 71; (1988) 41 B.L.R. 84 306

Table of Cases

Port Jackson Stevedoring Pty v. Salmond & Spraggon (Australia) Pty; New York Star, The [1981] 1 W.L.R. 138; (1980) 124 S.J. 756; [1980] 3 All E.R. 257, P.C.; reversing *sub nom.* Salmond & Spraggon (Australia) Pty v. Joint Cargo Services Pty; New York Star, The [1979] 1 Lloyd's Rep. 298, Aust. High Ct.; affirming [1979] 1 Lloyd's Rep. 445, N.S.W.C.A. 69, 161
Porter v. Freudenberg [1915] 1 K.B. 857 31
—— v. Tottenham U.D.C. [1915] 1 K.B. 776, C.A. 55
Portman v. Middleton (1858) 4 C.B.(N.S.) 322 76
Porzelack K.G. v. Porzelack (U.K.) [1987] 1 W.L.R. 420; (1987) 131 S.J. 410; [1987] 1 All E.R. 1074; [1987] F.S.R. 353; [1987] 2 C.M.L.R. 333; [1987] E.C.C. 407; (1987) 84 L.S.Gaz. 735; (1987) 137 New L.J. 219 510
Post Office v. Aquarius Properties (1987) 54 P. & C.R. 61; [1987] 1 All E.R. 1055; (1987) 281 E.G. 798; [1987] 1 EGLR 40; (1987) 84 L.S.Gaz. 820, C.A.; [1985] 2 EGLR 105; (1985) 276 EG 923 266
—— v. Hampshire County Council [1980] Q.B. 124; [1979] 2 W.L.R. 907; (1979) 123 S.J. 421; [1979] 2 All E.R. 818, C.A. 518
—— v. Mears Construction [1979] 2 All E.R. 813 .... 191, 198
Potton Homes v. Coleman Contractors (Overseas) (1984) 128 S.J. 282; (1984) 28 B.L.R. 19; (1984) 81 L.S.Gaz. 1044, C.A. 276
Poulton v. Wilson (1858) 1 F. & F. 403 265
Pound (A. V.) & Co. v. Hardy (M. W.) & Co. Inc. [1956] A.C. 588; [1956] 2 W.L.R. 683; 100 S.J. 208; [1956] 1 All E.R. 639, *sub nom.* Hardy (M. W.) & Co. Inc. v. Pound (A. V.) & Co. [1956] 1 Lloyd's Rep. 255, H.L.; affirming *sub nom.* Hardy (M. W.) & Co., Inc. v. Pound (A. V.) & Co. [1955] 1 Q.B. 499; [1955] 2 W.L.R. 589; 99 S.J. 204; [1955] 1 All E.R. 666; [1955] 1 Lloyd's Rep. 155; [1955] C.L.Y. 2485, C.A.; reversing [1954] 2 Lloyd's Rep. 428 154
Pratt v. Swanmore Builders and Baker [1980] 2 Lloyd's Rep. 504 .... 455, 456
—— (Valerie) v. Hill (George) (a firm) (1987) 38 B.L.R. 25, C.A. 349, 353
Prenn v. Simmonds [1971] 1 W.L.R. 1381; 115 S.J. 654; [1971] 3 All E.R. 237, H.L. 38, 40, 966
President of India v. La Pintada Compania Navigacion S.A. [1985] A.C. 104; [1984] 3 W.L.R. 10; (1984) 128 S.J. 414; [1984] 2 All E.R. 773; [1984] 2 Lloyd's Rep. 9; [1984] C.I.L.L. 110; [1984] L.M.C.L.Q. 365; (1984) 81 L.S.Gaz. 1999, H.L.; reversing [1984] 1 Lloyd's Rep. 305, D.C. 233, 235
—— v. Lips Maritime Corp.; Lips, The. *See* Lips Maritime Corp. v. President of India; Lips, The.
Prestcold (Central) v. Minister of Labour [1969] 1 W.L.R. 89; (1968) 112 S.J. 865; [1969] 1 All E.R. 69; 6 K.I.R. 449; [1969] 1 T.R. 1; [1968] T.R. 317, C.A.; reversing [1968] 1 W.L.R. 741; 112 S.J. 356; [1968] 1 All E.R. 1048; 4 K.I.R. 396; [1968] T.R. 29; 47 A.T.C.S. 21, D.C. 45
Prestige v. Brettell [1938] 4 All E.R. 346, C.A. 110, 112, 431
Preston v. Torfaen Borough Council [1983] EGCS 137; [1993] NPC 111; *The Times,* July 21, 1983; *The Independent,* September 24, 1993; (1993) 65 B.L.R. XX, C.A. 195, 199
Price v. Strange [1978] 1 Ch. 337, C.A. 292
Prickett v. Bader (1856) 1 C.B.(N.S.) 296 227
Priestley v. Stone (1888) 4 T.L.R. 730; H.B.C. (4th ed.) Vol. 2, p. 134 ... 90, 126, 130, 195, 343, 346, 368, 372
Prince of Wales Dock Co. v. Fownes Forge Co. (1904) 90 L.T. 527, C.A. 324
Printing Machinery v. Linotype and Machinery [1912] 1 Ch. 566 .... 427, 761
Pritchett etc., Co. v. Currie [1916] 2 Ch. 515, C.A. 262, 308, 419
Procter & Lavender v. Crouch (G. T.) (1966) 110 S.J. 273; 198 EG 391 519
Proctor & Gamble v. Peter Cremer [1988] 3 All E.R. 843 160
Prodexport State Company for Foreign Trade v. E. D. & F. Man [1973] 1 Q.B. 389; [1973] 3 W.L.R. 845; 116 S.J. 663; [1972] 1 All E.R. 355; [1972] 2 Lloyd's Rep. 375 454
Produce Brokers Co. v. Olympia Oil and Cake Co. [1916] 1 A.C. 314, H.L. 44, 427
Proetta v. Times Newspaper [1991] 1 W.L.R. 337; [1991] 4 All E.R. 46, C.A. 513
Property Investments (Development) v. Byfield Building Services (1985) 31 B.L.R. 47 453

Table of Cases

Proudfoot v. Hart (1890) 25 Q.B.D. 42 266
Provident Accident & White Cross Insurance Co. v. Dahne and White [1937] 2 All E.R.
255 271
Prudential Assurance Co. v. Fountain Page [1991] 1 W.L.R. 756; [1991] 3 All E.R.
878 488
—— v. Newman Industries (No. 2) [1982] Ch. 204; [1982] 2 W.L.R. 31; (1981) 126 S.J.
32; [1982] 1 All E.R. 354; [1981] Can.L.R. 265, C.A. 216
Public Works Commissioners v. Hills [1906] A.C. 368 .... 243, 244, 247
Punjab National Bank v. De Boinville [1992] 1 W.L.R. 1138; [1992] 3 All E.R. 104;
[1992] 1 Lloyd's Rep. 7; (1991) 141 New L.J. 85; *The Times*, June 4, 1991; *Financial Times*, June 5, 1991, C.A.; affirming *Financial Times*, February 1, 1991 .... 39, 190
Purser & Co. (Hillingdon) v. Jackson [1977] Q.B. 166; (1976) 242 EG 689 474
Pye v. British Automobile Commercial Syndicate [1906] 1 K.B. 425 246
Pym v. Campbell (1856) 6 E. & B. 370 42
Pyrok v. Chee Tai (1988) 41 B.L.R. 124 (Supreme Court of Hong Kong) 106, 841

QBE Insurance (U.K.) v. Mediterranean Insurance and Reinsurance Co. [1992] 1
W.L.R. 573; [1992] 1 All E.R. 12; [1992] 1 Lloyd's Rep. 435 513
Quarries (E.C.C.) v. Merriman (1988) 45 B.L.R. 90 .... 116, 118
Queensland Electricity Generating Board v. New Hope Collieries [1989] 1 Lloyd's Rep.
205, P.C. 24
Quickmaid Rental Services v. Reece (Trading as Forge Service Station) (1970) 114 S.J.
372; *The Times*, April 22, 1970, C.A. 42
Quinn v. Burch Bros (Builders) [1966] 2 Q.B. 370; [1966] 2 W.L.R. 1017; 110 S.J. 214;
[1966] 2 All E.R. 283; 1 K.I.R. 9, C.A.; affirming [1966] 2 Q.B. 370; 2 W.L.R. 430;
[1965] 3 All E.R. 801; *sub nom.* Quin v. Burch Bros (Builders), 109 S.J. 921; [1965]
C.L.Y. 597 .... 207, 320

R. v. Abadom [1983] 1 W.L.R. 126; (1982) 126 S.J. 562; [1983] 1 All E.R. 364; (1983) 76
Cr.App.R. 48; [1983] Crim.L.R. 254; (1983) 133 New L.J. 132; (1982) 79 L.S.Gaz.
1412, C.A. 490
—— v. Architects' Registration Tribunal, *ex p.* Jaggar [1945] 2 All E.R. 131 326
—— v. Breeze [1973] 1 W.L.R. 994; [1973] 2 All E.R. 1141; [1973] Crim.L.R. 458; *sub nom.* Architects' Registration Council v. Breeze, 117 S.J. 284; 57 Cr.App.R. 654,
C.A. 328
—— v. Demers [1900] A.C. 103 (P.C.) 17, 18
—— v. Gough (Robert) [1993] A.C. 646; [1993] 2 W.L.R. 883; [1993] 2 All E.R. 724;
(1993) 137 S.J. (LB) 168; (1993) 97 Cr.App.R. 188; (1993) 157 J.P. 612; (1993) 143
New L.J. 775; (1993) 157 J.P.N. 394; *The Times*, May 24, 1993; *The Independent*,
May 26, 1993, H.L.; affirming [1992] 4 All EG 481; (1992) 136 S.J. (LB) 197 (1993)
157 J.P. 612; [1992] Crim.L.R. 895; (1993) 157 J.P.N. 249; (1992) 142 New L.J.
787; *The Guardian*, May 27, 1992; *The Independent*, June 3, 1992; *The Times*, June 3,
1992, C.A. 433, 454
—— v. Hartley [1972] 2 Q.B. 1; [1972] 2 W.L.R. 101; (1971) 116 S.J. 56; [1972] 1 All
E.R. 599; [1972] Crim.L.R. 309; *sub nom.* R. v. Hartley (Philip Gamble) (1971) 56
Cr.App.R. 189; [1972] J.C.L. 93, C.A. 32
—— v. Islington London Borough Council, *ex p.* Building Employers Confederation
[1989] IRLR 382; 45 B.L.R. 45; 26 Con.L.R. 45; [1989] C.O.D. 432; (1989) 1
Admin.L.R. 102; (1989) 153 L.G.Rev. 948, D.C. 34
—— v. Mulvihill [1990] 1 W.L.R. 438; [1990] 1 All E.R. 436; (1990) 134 S.J. 578; (1990)
90 Cr.App.R. 372; [1989] Crim.L.R. 908; (1989) 1 Admin.L.R. 33, C.A. 434
—— v. Patents Appeal Tribunal, *ex p.* Baldwin and Francis. *See* Baldwin & Francis v.
Patents Appeal Tribunal.
—— v. Peto (1826) 1 Y. & J.Ex. 37 .... 92, 94, 95, 331
—— v. Secretary of State for Transport, *ex p.* Factortame (No. 2) (C–213/89) [1991] A.C.
603; [1990] 3 W.L.R. 818; (1990) 134 S.J. 1189; [1991] 1 All E.R. 70; [1991] 1
Lloyd's Rep. 10; [1990] 3 C.M.L.R. 375; (1990) 140 New L.J. 1457; (1991) 3
Admin.L.R. 333, H.L. 294

Table of Cases

R. v. Walsall Metropolitan Borough Council, *ex p.* Yapp, *The Times*, August 6, 1993; *The Independent*, September 22, 1993; C.A. 34
—— v. Walter Cabott Construction, 21 B.L.R. 42 .... 52, 625
R. & B. Customs Brokers Co. v. United Dominions Trust (Saunders Abbott (1980), third party) [1988] 1 W.L.R. 321; (1988) 132 S.J. 300; [1988] 1 All E.R. 847; [1988] R.T.R. 134; (1988) L.S.Gaz. March 16, 42, C.A. 73
R. G. Carter v. Clarke [1990] 1 W.L.R. 578; [1990] 2 All E.R. 209, C.A. 504
R. M. Douglas Construction v. Bass Leisure, 53 B.L.R. 119; 25 Con.L.R. 38; (1991) 7 Const.L.J. 114 .... 107, 440
Rabin v. Gerson Berger Association [1986] 1 W.L.R. 526; (1986) 130 S.J. 15; [1986] 1 All E.R. 374; (1986) 136 New L.J. 17, C.A.; affirming [1985] 1 W.L.R. 595; (1985) 129 S.J. 224; [1985] 1 All E.R. 1041; (1985) 135 New L.J. 184; (1985) 82 L.S.Gaz. 1486, C.A. 37
Radford v. De Froberville (Lange third party) [1977] 1 W.L.R. 1262; *sub nom.* Radford v. DeFroberville [1978] 1 All E.R. 33; (1977) 121 S.J. 319; (1977) 35 P. & C.R. 316; (1977) 7 B.L.R. 35 .... 205, 219, 220
—— v. Hair [1971] Ch. 758; [1971] 2 W.L.R. 1101; 115 S.J. 306; [1971] 2 All E.R. 1089 442
Raineri v. Mills; Wiejski (Third Party) [1981] A.C. 1050; [1980] 2 W.L.R. 847; (1980) 124 S.J. 328; [1980] 2 All E.R. 145; (1980) 41 P. & C.R. 71, H.L.; affirming [1980] 2 W.L.R. 189; (1979) 123 S.J. 605; [1979] 3 All E.R. 763; (1979) 39 P. & C.R. 129; [1979] 252 EG 165, C.A. 238, 240
Ramac Construction Co. v. Lesser (J. E.) (Properties) (1975) 119 S.J. 695; [1975] J.P.L. 530; [1975] 2 Lloyd's Rep. 430; 237 EG 807 441
Ramsden & Carr v. Chessum & Sons (1913) 110 L.T. 274, H.L. 311
Ramsgate Victoria Hotel Co. v. Montefiore (1866) L.R. 1 Exch. 109 19
Randell v. Trimen (1856) 18 C.B. 786 .... 333, 334
Rands v. Oldroyd [1959] 1 Q.B. 204; [1958] 3 W.L.R. 583; 123 J.P. 1; 102 S.J. 811; [1958] 3 All E.R. 344; 56 L.G.R. 429, D.C. 34
Ranger v. Great Western Ry (1854) 5 H.L.Cas. 72 ..... 94, 98, 119, 120, 124, 225, 226, 227, 243, 247, 261, 435
Rank File Distributors v. Lanterna Editrice [1992] International Law of Procedure 58 394
Raphael, The. *See* Lamport & Holt Lines v. Carbro & Scrutton (M. & I.) and Coubro & Scrutton (Riggers and Shipwrights); Raphael, The.
Rapid Building Group v. Ealing Family Housing Association (1984) 24 B.L.R. 5, C.A. ... 250, 252, 430, 630
Rasnoimport, V/O v. Guthrie & Co. [1966] 1 Lloyd's Rep. 1 334
Rath v. C. S. Lawrence (P. J. Crook & Co. (A Firm) (Third Party)) [1991] 1 W.L.R. 399; [1991] 3 All E.R. 679; 26 Con.L.R. 19; (1991) 7 Const.L.J. 348, C.A. 497
Rawlings v. General Trading Co. [1921] 1 K.B. 635 384
Rayack Construction v. Lampeter Meat Co. (1979) 12 B.L.R. 30 689
Reardon Smith Line v. Hansen-Tangen; Hansen-Tangen v. Sanko Steamship Co.; Diana Prosperity, The [1976] 1 W.L.R. 989; 120 S.J. 719; [1976] 3 All E.R. 750; [1976] 2 Lloyd's Rep. 621, H.L. 44, 297
—— v. Ministry of Agriculture Fisheries and Food; Carlton Steamship Co. v. Same; Cape of Good Hope Motor Ship Co. v. Same [1963] A.C. 691; [1963] 2 W.L.R. 439; 107 S.J. 133; [1963] 1 All E.R. 545; [1963] 1 Lloyd's Rep. 12, H.L. [1962] 1 Q.B. 42, C.A. 149
—— v. Yngvar Hansen-Tangen; Yngvar Hansen-Tangen v. Sanko Steamship Co. [1976] 1 W.L.R. 989; 120 S.J. 719; *sub nom.* Reardon Smith Line v. Hansen-Tangen; Hansen-Tangen v. Sanko Steamship Co. [1976] 3 All E.R. 570, H.L.; affirming *sub nom.* Reardon Smith Line v. Yngvar Hansen-Tangen Sanko Steamship Co. (third party), 120 S.J. 329; *sub nom.* Reardon Smith Line v. Yngvar Hansen-Tangen and Sanko Steamship Co.; Diana Prosperity, The [1976] 2 Lloyd's Rep. 60, C.A. 40, 44
Record v. Bell [1991] 1 W.L.R. 853; [1991] 4 All E.R. 471; (1990) 62 P. & C.R. 192; *The Times*, December 21, 1990 29
Redgrave v. Hurd (1881) 20 Ch.D. 1, C.A. 128, 129

Table of Cases

Redland Bricks v. Morris [1970] A.C. 652; [1969] 2 W.L.R. 1437; 113 S.J. 405; [1969] 2 All E.R. 576, H.L.; reversing *sub nom.* Morris v. Redland Brick [1967] 1 W.L.R. 967; 111 S.J. 373; [1967] 3 All E.R. 1, C.A. 292, 293
Reed v. Van Der Vorm (1987) 35 B.L.R. 136; (1985) 5 Con.L.R. 111; (1986) 2 Const.L.J. 142 .... 430, 431
Rees v. Lines (1837) 8 C. & P. 126 .... 76, 166
Rees and Kirby v. Swansea City Council (1985) B.L.R. 1; (1985) 129 S.J. 622; [1985] C.I.L.L. 188; (1985) 1 Const.L.J. 378; (1985) 5 Con.L.R. 34; (1985) 82 L.S.Gaz. 2905, C.A.; reversing in part (1984) 128 S.J. 46; (1984) 35 B.L.R. 129 .... 232, 235, 286, 651, 652, 653, 970
Rees Hough v. Redland (1985) 2 Cons.L.R. 109 .... 20, 28
—— v. Redland Reinforced Plastics (1985) 27 B.L.R. 136; [1984] C.I.L.L. 84; (1984) Const.L.J. 67; (1984) 134 New L.J. 706 .... 71, 72
Reeves v. Barlow (1884) 12 Q.B.D. 436, C.A. 264
Regent OHG Aisestadt & Barig v. Francesco of Jermyn Street [1981] 3 All E.R. 327; [1981] Com.L.R. 78 79
Reid v. Batte (1829) Moo & M. 413 .... 96, 100
—— v. Macbeth & Gray [1904] A.C. 223, H.L. 262
—— v. Rush & Tompkins Group [1990] 1 W.L.R. 212; [1989] 3 All E.R. 228; [1989] IRLR 265; [1989] 2 Lloyd's Rep. 167; [1990] I.C.R. 61; [1990] R.T.R. 144; 27 Con.L.R. 4; (1989) 139 New L.J. 680, C.A. 182, 185
Reidar v. Arcos [1927] 1 K.B. 352, C.A. 241
Reigale v. Union Manufacturing Co. [1918] 1 K.B. 592 50
Reliance Shopfitters v. Hyams (1960) H.H. Percy Lamb Q.C. Official Referee (unreported) 101
Renard Construction v. Minister of Public Works (1992) 33 Con.L.R. 72 ...... 104, 227, 258
Renown Investments (Holdings) v. Shepherd (F.) and Son (1976) 120 S.J. 840, C.A. 498
Renton v. Palmyra Trading Corporation of Panama. The Caspiana [1957] A.C. 149; [1957] 2 W.L.R. 45; 101 S.J. 43; [1956] 3 All E.R. 957; [1956] 2 Lloyd's Rep. 379; affirming [1956] 1 Q.B. 462; [1956] 2 W.L.R. 232; 100 S.J. 53; [1956] 1 All E.R. 209; [1955] 2 Lloyd's Rep. 722; [1955] C.L.Y. 2553, C.A.; reversing [1955] 3 W.L.R. 535; 99 S.J. 762; [1955] 3 All E.R. 251; [1955] 2 Lloyd's Rep. 301 46
Resolute Maritime Inc. v. Nippon Kaiji Kyokai [1983] 1 W.L.R. 857; (1983) 127 S.J. 491; [1983] 2 All E.R. 1; [1983] 1 Lloyd's Rep. 431; (1983) 133 New L.J. 401 ...... 135, 136
Restick v. Crickmore [1994] 1 W.L.R. 420 (C.A.) 471
Rhodes v. Allied Dunbar (Pension Services), *sub nom.* Offshore Ventilation, *Re* [1989] 1 W.L.R. 800; [1989] 1 All E.R. 1161; (1989) 133 S.J. 1170; (1989) 58 P. & C.R. 42; (1989) 5 BCC 160; [1989] 19 EG 70; [1989] BCLC 318, C.A.; reversing 302
—— v. Rhodes (1882) 7 App.Cas. 192 43
Richard Roberts Holdings v. Douglas Smith Stimson Partnership (No. 2), 46 B.L.R. 50; 22 Con.L.R. 69 .... 187, 216, 221, 342, 348
—— v. —— (No. 3), 47 B.L.R. 113; 22 Con.L.R. 94; (1990) 6 Const.L.J. 70 490
Richard Saunders (a firm) v. Eastglen [1990] 3 All E.R. 946; *The Times,* July 28, 1989 487
Richards v. May (1883) 10 Q.B.D. 400, D.C. 101
—— (Michael) Properties v. Corporation of Wardens of St Saviour's Parish, Southwark [1975] 3 All E.R. 416 22
Richardson v. Buckingham County Council, 115 S.J. 249; (1971) 69 L.G.R. 327; *sub nom.* Richardson v. Buckinghamshire County Council, Sydney Green (Civil Engineering) and Road Reconstruction (Contracting) [1971] 1 Lloyd's Rep. 533, C.A.; reversing (1970) 68 L.G.R. 662 .... 67, 1010
—— v. Silvester (1873) L.R. 9 Q.B. 34 15
—— v. West Lindsey District Council [1990] 1 W.L.R. 522; [1990] 1 All E.R. 296; 48 B.L.R. 1; (1989) 139 New L.J. 1263, C.A. 180
Riches v. Westminster Bank [1947] A.C. 390; 176 L.T. 405; 63 T.L.R. 211; 91 S.J. 191; [1947] 1 All E.R. 469; 28 T.C. 159; H.L.; affirming [1945] Ch. 381; [1945] 1 All E.R. 466 506
Richurst v. Pimenta [1993] 1 W.L.R. 519; [1993] 2 All E.R. 539 452

Table of Cases

Rickards (Charles) v. Oppenhaim [1950] 1 K.B. 616; 66 T.L.R. (Pt. 1) 435; 94 S.J. 161; [1950] 1 All E.R. 420, C.A. 98, 164, 238, 239, 286, 287, 288
Ridehalgh v. Horsefield and Isherwood [1994] 3 W.L.R. 462; (1992) 24 H.L.R. 453; [1992] NPC 46; [1992] EGCS 45 511
Rigby v. Bristol Corproation (1860) 29 L.J.Ex. 359 88
Rimmer v. Liverpool City Council [1985] Q.B. 1; [1984] 2 W.L.R. 426; (1984) 128 S.J. 225; [1984] 1 All E.R. 930; (1984) 47 P. & C.R. 516; (1984) 269 EG 319; (1984) 82 L.G.R. 424; (1984) 12 H.L.R. 23; (1984) 81 L.S.Gaz. 664, C.A. 173, 398, 399, 400
Ripley v. Lordan (1860) 2 L.T. 154 104
Riverlate Properties v. Paul [1975] Ch. 133; [1974] 3 W.L.R. 564; [1974] 2 All E.R. 656; 28 P. & C.R. 220; *sub nom.* Riverplate Properties v. Paul, 118 S.J. 644, C.A.; affirming (1973) 227 EG 333 .... 289, 290, 291
Riverstone Meat Co. Pty v. Lancashire Shipping Co. [1961] A.C. 807; [1961] 2 W.L.R. 269; 105 S.J. 148; [1961] 1 All E.R. 495; *sub nom.* Riverstone Meat Co. Pty v. Lancashire Shipping Co. (The Muncaster Castle) [1961] 1 Lloyd's Rep. 57; H.L.; reversing [1960] 1 Q.B. 536; [1960] 2 W.L.R. 86; 104 S.J. 50; [1960] 1 All E.R. 193; [1959] 2 Lloyd's Rep. 553; [1960] C.L.Y. 2942, C.A.; reversing [1959] 1 Q.B. 74; [1958] 3 W.L.R. 482; 102 S.J. 656; [1958] 3 All E.R. 261; [1958] 2 Lloyd's Rep. 255; [1958] C.L.Y. 3132 341
Roach v. G.W. Railway (1841) 10 L.J.Q.B. 89 247
Robert (A.) & Co. v. Leicestershire County Council [1961] Ch. 555; [1961] 2 W.L.R. 1000; 105 S.J. 425; [1961] 2 All E.R. 545; 59 L.G.R. 349 .... 34, 289, 331, 332, 973
Roberts v. Brett (1865) 34 L.J.C.P. 24; (1865) 11 H.L.Cas. 337, H.L. 237, 269
—— v. Bury Improvement Commissioners (1870) L.R. 5 C.P. 310 .... 53, 111, 112, 117, 118, 250, 255, 257, 260
—— v. Elwells Engineers [1972] 2 Q.B. 586; [1972] 3 W.L.R. 1; 116 S.J. 431; [1972] 2 All E.R. 890; [1973] 1 Lloyd's Rep. 153, C.A. 28
—— v. Hampson (J.) [1990] 1 W.L.R. 94; (1989) 133 S.J. 1234; [1989] 2 All E.R. 504; [1990] L.S.Gaz. January 31, 74 196
—— v. Havelock (1832) 3 B. & Ad. 404 .... 76, 77, 84
—— v. Watkins (1863) 14 C.B.(N.S.) 592 119
Robertson v. French (1803) 4 East 130 .... 46, 139, 976
Robins v. Goddard [1905] 1 K.B. 294 .... 113, 124, 431
Robinson v. Beaconsfield R.D.C. [1911] 2 Ch. 188, C.A. 278
—— v. Harman (1848) 1 Ex. 850 200
Robophone Facilities v. Blank [1966] 1 W.L.R. 1428; 110 S.J. 544; [1966] 3 All E.R. 128, C.A. 26, 243, 246
Robson v. Drummond (1831) 2 B. & Ad. 303 298
Rocco Guiseppe & Figli SpA v. Tupinave; Graziela Ferraz, The [1992] 1 W.L.R. 1094; [1992] 3 All E.R. 669; [1992] 2 Lloyd's Rep. 452; *The Times*, April 3, 1992; *Financial Times*, April 10, 1992 451
Rockland Industries Inc. v. Amerada Minerals Corp. of Canada (1980) 108 D.L.R. (3d) 513, Can.Sup.Ct. 332
Roe v. Minister of Health; Woolley v. Same [1954] 2 Q.B. 66; [1954] 2 W.L.R. 915; 98 S.J. 319; [1954] 2 All E.R. 131; C.A.; affirming [1954] 1 W.L.R. 128; 98 S.J. 30 .... 340, 345
—— v. Siddons (1888) 22 Q.B.D. 224 40
Roebuck v. Mungovin [1994] 2 W.L.R. 290, H.L. 497
Roger v. James (1891) 8 T.L.R. 67; H.B.C. (4th ed.) Vol. 2, p. 172, C.A. 350, 355
Rogers v. Parish (Scarborough) [1987] Q.B. 933; [1987] 2 W.L.R. 353; (1987) 131 S.J. 233; [1987] 2 All E.R. 232; [1987] R.T.R. 312; (1987) 6 T.L.R. 55; [1987] 84 L.S.Gaz. 905, C.A. 57
Rolimpex (Ch. E.) v. Avra Shipping Co.; Angeliki, The [1973] 2 Lloyd's Rep. 226 452
Ronex Properties v. Laing (John) Construction [1983] Q.B. 398; [1982] 3 W.L.R. 875; (1982) 126 S.J. 727; [1982] 3 All E.R. 961; (1982) 79 L.S.Gaz. 1413, C.A. 403
Rooke v. Dawson [1895] 1 Ch. 480 329
Rookes v. Barnard [1964] A.C. 1129; [1964] 2 W.L.R. 269; 108 S.J. 93; [1964] 1 All E.R. 367; [1964] 1 Lloyd's Rep. 28, H.L.; reversing [1963] 1 Q.B. 623; [1962] 3 W.L.R. 260; 106 S.J. 371; [1962] 2 All E.R. 579; [1962] C.L.Y. 3063, C.A.; restoring [1961] 3 W.L.R. 438; 105 S.J. 530; [1961] 2 All E.R. 825; [1961] C.L.Y. 8432 200

Rosehaugh Stanhope (Broadgate Phase 6) v. Redpath Dorman Long and Rosehaugh Stanhope (Broadgate Phase 7) 50 B.L.R. 69; 26 Con.L.R. 80; *The Times*, July 23, 1990, C.A. 503, 1034
Ross v. Caunters [1980] Ch. 297; [1979] 3 W.L.R. 605; (1979) 123 S.J. 605; [1979] 3 All E.R. 580 .... 187, 199
Ross T. Smyth & Co. v. T. D. Bailey, Son & Co. [1940] 3 All E.R. 60 (H.L.) 159
Rossiter v. Miller (1878) 3 App.Cas. 1124 .... 20, 22
Rous v. Mitchell, *sub nom.* Earl of Stradbroke v. Mitchell [1991] 1 W.L.R. 469; [1991] 1 All E.R. 676; (1990) 61 P. & C.R. 314; [1991] 1 EGLR 1; [1991] 03 EG 128; (1990) 140 New L.J. 1386, C.A.; affirming [1989] 50 EG 45 .... 131, 258, 429, 442
Routledge v. McKay, Nugent (Third Party), Ashgrove (Fourth Party), Mawson (Fifth Party) [1954] 1 W.L.R. 615; 98 S.J. 247; [1954] 1 All E.R. 855; 47 R. & I.T. 244, C.A. 42
Rover International v. Cannon Film Sales [1989] 1 W.L.R. 912; [1988] BCLC 710; [1989] 3 All E.R. 423, C.A.; reversing 77, 86, 161, 226
Rowe v. Turner Hopkins & Partners [1980] 2 N.Z.L.R. 550, New Zealand High Ct. ... 208
Rowlands (Mark) v. Berni Inns [1985] Q.B. 211; [1985] 3 W.L.R. 964; (1985) 129 S.J. 811; [1986] 3 All E.R. 473; [1985] 2 EGLR 92; (1985) 276 EG 191; [1985] 2 Lloyd's Rep. 437; (1985) 135 New L.J. 962; (1986) 83 L.S.Gaz. 35, C.A.; affirming (1984) 134 New L.J. 236 65
Rowling v. Takaro Properties [1988] A.C. 473; [1988] 2 W.L.R. 418; (1988) 132 S.J. 126; [1988] 1 All E.R. 163; (1988) 85 L.S.Gaz. 35, P.C. 180
Roxburghe v. Cox (1881) 17 Ch.D. 520, C.A. 302, 303
Royal Borough of Kingston-upon-Thames v. AMEC Civil Engineering (1993) 35 Con.L.R. 39 .... 1074, 1076
Royscott Trust v. Rogerson [1991] 2 Q.B. 297; [1991] 3 W.L.R. 57; [1991] 3 All E.R. 294; (1991) 135 S.J. 444; [1992] R.T.R. 99; (1992) 11 Tr.L.R. 23; [1991] CCLR 45; (1991) 141 New L.J. 493; *The Times*, April 3, 1991; *The Independent*, April 10, 1991; *The Daily Telegraph*, April 25, 1991, C.A. 137
Rumbelows v. A.M.K. (A Firm) and Fivesnow Sprinkler Installations (1982) 19 B.L.R. 25 .... 58, 315, 736
Rumput (Panama) S.A. v. Islamic Republic of Iran Shipping Lines; Leage, The [1984] 2 Lloyd's Rep. 259 304
Rush & Tompkins v. Greater London Council [1989] A.C. 1280; 43 B.L.R. 1; 22 Con.L.R. 114, H.L. 493, 494, 850
Russell v. Russell (1880) 14 Ch.D. 474 .... 442, 453
—— v. Sa da Bandiera (1862) 13 C.B.(N.S.) 149 .... 56, 95, 97, 100, 112, 117, 250
—— v. Trickett (1865) 13 L.T. 280 271
—— Brothers (Paddington) v. John Lelliott Management (1993) C.I.L.L. 877 285
Rutter v. Palmer [1922] 2 K.B. 87 64
Ruxley Electronics v. Forsyth [1994] 1 W.L.R. 650, C.A. 220
Ryeford Homes v. Sevenoaks District Council 46 B.L.R. 34; [1989] 2 EGLR 281; 16 Con.L.R. 75; (1990) J.P.L. 36; (1990) 6 Const.L.J. 170; (1989) 139 New L.J. 255 277
Rylands v. Fletcher (1866) L.R. 3 H.L. 330, H.L. 277
Rees v. Berrington (1795) 2 Ves.Jun. 540 272

S.C.M. (United Kingdom) v. Whittall (W. J.) & Son [1971] 1 Q.B. 137; [1970] 3 W.L.R. 694; 114 S.J. 706; [1970] 3 All E.R. 245, C.A.; affirming [1970] 1 W.L.R. 1017; 114 S.J. 268; [1970] 2 All E.R. 417; 8 K.I.R. 1073 178
S. L. Sethia Liners v. Naviagro Maritime Corp.; Kostas Melas, The [1980] Com.L.R. 3; [1981] 1 Lloyd's Rep. 18 .... 450, 1074
S.M.K. Cabinets v. Hili Modern Electronics Pty [1984] V.R. 391; (1984) 1 Const.L.J. 159, Supreme Ct. of Victoria 251
S. & M. Hotels v. Legal and General Assurance Society, 115 S.J. 888; [1972] 1 Lloyd's Rep. 157 623
Sabah Flour and Feedmills SDN BHD v. Comfez [1988] 2 Lloyd's Rep. 18, C.A.; affirming 43, 46
Sage (Frederick) & Co. v. Spiers & Ponds (1915) 31 T.L.R. 204 28

Table of Cases

Saint Line v. Richardson Westgarth [1940] 2 K.B. 99 .... 205, 324, 650
Saipern v. Dredging Voz [1993] 2 Lloyd's Rep. 315 .... 186, 208
Salfour Corporation v. Lever [1981] 1 Q.B. 168, C.A. 336
Salliss (Michael) v. E.C.A. Calil (1988) 4 Const.L.J. 125 367
Salmon, Re and Woods, ex p. Gould (1885) 2 Mow. Bkptcy. Cas. 137 262
Salsbury v. Woodland [1970] 1 Q.B. 324; [1969] 3 W.L.R. 29; 113 S.J. 327; [1969] 3 All E.R. 863, C.A. 278, 496
Saltman Engineering Co., Ferotel and Monarch Engineering Co. (Mitcham) v. Campbell Engineering Co. [1963] 3 All E.R. 413n.; 65 R.P.C. 203, C.A. 283
Samick Lines Co. v. Antonis P. Lemos (Owners); Antonis P. Lemos, The [1985] A.C. 711; [1985] 2 W.L.R. 468; (1985) 129 S.J. 171; [1985] 1 All E.R. 695; [1985] 1 Lloyd's Rep. 283; (1985) 82 L.S.Gaz. 1715, H.L.; affirming [1984] 2 W.L.R. 825; (1984) 128 S.J. 297; [1984] 2 All E.R. 353; [1984] 1 Lloyd's Rep. 464; [1984] L.M.C.L.Q. 374; (1984) 81 L.S.Gaz. 740, C.A.; affirming [1983] 2 Lloyd's Rep. 310 427
Samuels v. Davies [1943] 1 K.B. 526, C.A. 57
Sanders (Arthur), Re (1981) 17 B.L.R. 125 .... 310, 419, 420, 689, 690, 1069
Sanderson v. Blyth Theatre Co. [1903] 2 K.B. 533 511
Sassoon (M. A.) & Sons v. International Banking Corporation [1927] A.C. 711 38
Satef-Huttenes Alberns SpA v. Paloma Tercera Shipping Co. S.A.; Pegase, The [1981] 1 Lloyd's Rep. 175; [1980] Com.L.R. 9 215
Sattin v. Poole (1901) (unreported); H.B.C. (4th ed.) Vol. 2, p. 306 D.C. 108, 118, 251, 252, 253
Saunders v. Edwards [1987] 1 W.L.R. 1116; (1987) 131 S.J. 1039; [1987] 2 All E.R. 651; (1987) 84 L.S.Gaz. 2193; (1987) 137 New L.J. 389; (1987) 84 L.S.Gaz. 2535, C.A. 132, 151, 224, 507
—— & Collard v. Broadstairs Local Board (1890) H.B.C. Vol. 2, p. 164 P.C. 353, 355
—— and Forster v. A. Mark & Co., February 6, 1980, unreported, C.A. 236
—— (Executrix of the Estate of Rose Maud Gallie) v. Anglia Building Society [1971] A.C. 1004; [1970] 3 W.L.R. 1978; *sub non.* Saunders v. Anglia Building Society, 114 S.J. 885; *sub nom.* Saunders (Executrix of the Estate of Rose Maud Gallie) v. Anglia Building Society (formerly Northampton Town and Country Building Society) [1970] 3 All E.R. 961, H.L. 14, 27
Sauter Automation v. Goodman (H. C.), (Mechanical Services) (in liquidation) (1986) 34 B.L.R. 81 .... 20, 322
Savage Brothers v. Shillington (Heating and Plumbing) [1985] 2 N.I.J.B. 82; [1985] N.I. 85 841
Savory (E. B.) & Co. v. Lloyds Bank [1933] A.C. 201 339
Sayers v. Harlow Urban District Council [1958] 1 W.L.R. 623; 122 J.P. 351; 102 S.J. 419; [1958] 2 All E.R. 342 208
Scally v. Southern Health and Social Services Board [1992] 1 A.C. 294; [1991] 3 W.L.R. 778; [1991] 4 All E.R. 563; [1991] I.C.R. 771; (1991) 135 S.J. 172; [1991] IRLR 522; (1991) 141 New L.J. 1482; *The Times*, October 24, 1991; *The Independent*, October 25, 1991; *Financial Times*, October 30, 1991; *The Guardian*, November 20, 1991, H.L. 183
Scammell (G.) and Nephew v. Ouston [1941] A.C. 251 .... 23, 160
Scandinavian Trading Co. A/B v. Zodiac Petroleum S.A. and William Hudson; Al Hofuf, The [1981] 1 Lloyd's Rep. 81 160
Scandinavian Trading Tanker Co. A.B. v. Flota Petrolera Ecuatoriana; Scaptrade, The (1982) 126 S.J. 853; (1983) 133 New L.J. 133, C.A.; affirming [1981] 2 Lloyd's Rep. 425; [1981] Com.L.R. 214 .... 157, 243, 261, 286
Scania (Great Britain) v. Andrews [1992] 1 W.L.R. 578; [1992] 3 All E.R. 143; (1992) 142 New L.J. 493; *The Times*, March 20, 1992, C.A. 514
Scarborough R.D.C. v. Moore (1968) 112 S.J. 986; 118 New L.J. 1150; *The Times*, November 26, 1968, C.A. 469
Scarf (Benjamin) v. Jardine (Alfred George) (1882) 7 App.Cas. 345 .... 163, 332
Schal International v. Norwich Union Life Insurance Society 28 Con.L.R. 129 495
Schindler Lifts (Hong Kong) v. Shui On Construction Co. (1984) 29 B.L.R. 95, C.A. of Hong Kong 439, 504

Table of Cases

Schott Kem v. Bentley [1991] 1 Q.B. 61; [1990] 3 W.L.R. 397; [1990] 3 All E.R. 850, C.A. 505
Schuler v. Wickman Machine Tool Sales [1974] A.C. 235; [1973] Lloyd's Rep. 53, H.L.; affirming *sub nom.* Wickman Machine Tool Sales v. Schuler (L.) A.G. [1972] 1 W.L.R. 840; 116 S.J. 352; [1972] 2 All E.R. 1173, C.A. 37, 38, 42, 44, 158
Science Research Council v. Nassé; Leyland Cars v. Vyas [1980] A.C. 1028; [1979] I.C.R. 921; [1979] 3 W.L.R. 762; (1979) 123 S.J. 768; [1979] 3 All E.R. 673; *sub nom.* Nassé v. Science Research Council; Vyas v. Leyland Cars [1979] IRLR 4650, H.L.; affirming [1979] Q.B. 144; [1978] 3 W.L.R. 754; [1978] 3 All E.R. 1196; (1978) 13 I.T.R. 367; *sub nom.* (1978) 122 S.J. 593; [1978] 1 IRLR 352, C.A.; reversing [1978] I.C.R. 777; (1978) 122 S.J. 316; [1978] IRLR 201 492
Scobie & McIntosh v. Clayton Bowmore, 49 B.L.R. 119; 22 Con.L.R. 78 885
Scott v. Avery (1856) 5 H.L.C. 811 437
—— v. Carluke Local Authority (1879) 6 R. 616 .... 123, 435
—— v. Liverpool Corp. (1858) 28 L.J.Ch. 230 .... 109, 122, 425
—— v. Van Sandau (1841) 1 Q.B. 102 453
—— Group v. Macfarlane [1978] 1 N.Z.L.R. 553, N.Z.C.A. 182
Scottish Special Housing Association v. Wimpey Construction U.K. [1986] 1 W.L.R. 995; (1986) 130 S.J. 592; [1986] 2 All E.R. 957; (1986) 34 B.L.R. 1; (1986) 2 Const.L.J. 149; (1987) 9 Con.L.R.; (1986) 136 New L.J. 753; (1986) 83 L.S.Gaz. 2652, H.L.; reversing (1985) 31 B.L.R. 18, Ct. of Session 65, 66, 607
Scragg (Ernest) & Sons v. Perseverance Banking and Trust Co. [1973] 2 Lloyd's Rep. 101, C.A. 289
Scrivener v. Pask (1866) L.R. 1 C.P. 715 .... 88, 141, 331
Scruttons v. Midland Silicones [1962] A.C. 446; [1962] 2 W.L.R. 186; 106 S.J. 34; [1962] 1 All E.R. 1; *sub nom.* Midland Silicones v. Scruttons [1961] 2 Lloyd's Rep. 365, H.L.; affirming *sub nom.* Midland Silicones v. Scruttons [1961] 1 Q.B. 106; [1960] 3 W.L.R. 372; 104 S.J. 603; [1960] 2 All E.R. 737; [1960] 1 Lloyd's Rep. 571; C.A.; affirming [1959] 2 Q.B. 171; [1959] 2 W.L.R. 761; 103 S.J. 415; [1959] 2 All E.R. 289; [1959] 1 Lloyd's Rep. 289; [1959] C.L.Y. 3029 .... 69, 216
Seager v. Copydex [1967] 1 W.L.R. 923; 111 S.J. 335; [1967] 2 All E.R. 415; 2 K.I.R. 828; [1967] F.S.R. 211; [1967] R.P.C. 349, C.A.; reversing [1967] R.P.C. 349. Petition for leave to appeal to the House of Lords dismissed 283
—— v. Copydex (No. 2) [1969] 1 W.L.R. 809; 113 S.J. 281; [1969] 2 All E.R. 718; [1969] F.S.R. 261; *sub nom.* Seager v. Copydex [1969] R.P.C. 250, C.A. 283
Sealace Shipping Co. v. Oceanvoice; Alecos M., The [1991] 1 Lloyd's Rep. 120; *The Times*, September 25, 1990, C.A.; reversing [1990] 1 Lloyd's Rep. 82 207
Sealand of the Pacific v. McHaffie (Robert C.) (1974) 51 D.L.R. (3d) 702, British Columbia C.A. 186, 341, 342, 348
Seath v. Moore (1886) 11 App.Cas. 350, H.L. 262
Seaton v. Heath [1900] A.C. 135, H.L.; [1899] 1 Q.B. 782, C.A. 271
Seaworld Ocean Line Co. S.A. v. Catseye Maritime Co.; Kelaniua, The [1989] 1 Lloyd's Rep. 30, C.A. 457
Secretary of State for Transport, *ex p.* Factortame. *See* R. v. Secretary of State for Transport, *ex p.* Factortame (No. 2).
Secretary of State for the Environment v. Essex Goodman & Suggitt [1986] 1 W.L.R. 1432; [1985] 2 EGLR 168; (1986) 130 S.J. 574; (1985) 275 EG 308; (1985) 32 B.L.R. 140; (1985) 1 Const.L.J. 302; (1986) 83 L.S.Gaz. 2755, Official Referee ... 356, 405
—— v. Euston Centre Investments [1994] 1 W.L.R. 563 457
Secretary of State for Transport v. Birse-Farr Joint Venture (1993) 62 B.L.R. 36 .. 107, 234, 1074, 1076, 1093
Seddon v. North Eastern Salt Co. [1905] 1 Ch. 326 .... 129, 133
Segbedzi v. Glah (1989) 139 New L.J. 1303, C.A. 362
Sellar v. Highland Ry 1919 S.C. (H.L.) 19 435
Senanayake v. Cheng [1966] A.C. 63; [1965] 3 W.L.R. 715; 109 S.J. 756; [1965] 3 All E.R. 296, P.C. 129
Sethia Liners v. State Trading Corp. of India [1986] 1 W.L.R. 1398 C.A. 504
Sevenoaks, etc., Railway v. London, Chatham, etc., Railway (1879) 11 Ch.D. 625 266

lxxxvii

Table of Cases

Shaffer (James) v. Findlay Durham & Brodie (sued as a firm) [1953] 1 W.L.R. 106; 97 S.J. 26, C.A. 159
Shah v. Karanjia [1993] 4 All E.R. 792 511
Shamrock SS. Co. v. Storey (1899) 81 L.T. 413 C.A. 23, 24
Shanklin Pier v. Detel Products [1951] 2 K.B. 854; 95 S.J. 563; [1951] 2 All E.R. 471; [1951] 2 Lloyd's Rep. 187 .... 139, 308, 309
Shanning International v. George Wimpey International [1988] 1 W.L.R. 981; [1988] 3 All E.R. 475; 43 B.L.R. 36; (1989) 5 Const.L.J. 60, C.A. 503, 505
Sharp v. Sweeting (E. T.) & Son [1963] 1 W.L.R. 665; 107 S.J. 666; [1963] 2 All E.R 455 174
Sharpe v. San Paulo Railway (1873) L.R. 8 Ch.App. 597 .... 87, 90, 94, 97, 99, 109, 113, 114, 120, 122, 124, 141, 332, 551
Shaw v. Groom [1970] 1 All E.R. 702; 21 P. & C.R. 137, C.A. 152, 153
Shayler v. Woolf [1946] Ch. 320; [1947] L.J.R. 71; 175 L.T. 170; 90 S.J. 357; [1946] 2 All E.R. 54, C.A. 304
Shearson Lehman Brothers v. Maclaine Watson & Co. (No. 3) [1988] 1 W.L.R. 946; (1988) 138 New L.J. 185 .... 493, 505
Sheffield v. Conrad (1987) 22 Con.L.R. 108, C.A. 164
Sheldon v. Outhwaite (R. H. M.) (Underwriting Agencies) [1994] 1 W.L.R. 754; *The Times,* December 8, 1993 407
Shell Pensions Trust v. Pell Fischmann & Partners [1986] 2 All E.R. 911; (1987) 3 Const.L.J. 57; (1986) 6 Con.L.R. 117; (1986) 136 New L.J. 238 489
Shell U.K. v. Lostock Garage [1976] 1 W.L.R. 1187; 120 S.J. 523, C.A. 49
Shepherd (F. C.) & Co. v. Jerrom [1987] Q.B. 301; [1986] 3 W.L.R. 801; [1986] I.C.R. 802; (1986) 130 S.J. 665; [1986] 3 All E.R. 589; [1986] IRLR 358, C.A.; reversing [1985] I.C.R. 552; [1985] IRLR 275; (1985) 82 L.S.Gaz. 2162, E.A.T. 145
Sherratt (W. A.) v. Bromley (John) (Church Stretton) [1985] Q.B. 1038; [1985] 2 W.L.R. 742; (1985) 129 S.J. 67; [1985] 1 All E.R. 216; [1985] FLR 85; (1985) 82 L.S.Gaz. 44, C.A. 513
Sherry, *Re* (1884) 25 Ch.D. 692 271
Shields Furniture v. Goff [1973] I.C.R. 187; [1973] 2 All E.R. 653; [1973] I.T.R. 233, N.I.R.C. 26
Shipway v. Broadwood [1899] 1 Q.B. 389, C.A. 336
Shirlaw v. Southern Foundries (1926) [1939] 2 K.B. 206 50
Shore v. Wilson (182) 9 Cl. and Fin. 355; 11 Sim. 615n.; 4 Stat.Tr.N.S.App. 1370; 5 Scott, N.R. 958; 7 Jur. 789n.; 8 E.R. 450, H.L.; subsequent proceedings *sub nom.* Att.-Gen. v. Shore (1843), 11 Sim. 592; 1 L.T.O.S. 166; 7 J.P. 392; 7 Jur. 781; 59 E.R. 1002; *sub nom.* Att.-Gen. v. Wilson (1848), 16 Sim. 210 .... 40, 41
—— & Horwitz Construction Co. v. Franki of Canada [1964] S.C.R. 589, Sup. Ct. of Canada 229, 230
Shui On Construction Co. v. Shui Kay Co. (1985) 4 Const.L.J. 305, H.K. Supreme Ct. 367
Sidaway v. Board of Governors of Bethlem Royal Hospital and the Maudsley Hospital [1985] A.C. 871; [1985] 2 W.L.R. 480; (1985) 129 S.J. 154; [1985] 1 All E.R. 643; (1985) 135 New L.J. 203; (1985) 82 L.S.Gaz. 1256, H.L.; affirming [1984] Q.B. 498; [1984] 2 W.L.R. 778; (1984) 128 S.J. 301; [1984] 1 All E.R. 1018; (1984) 81 L.S.Gaz. 899, C.A. 339, 340
Sika Contracts v. Gill (B.L.) and Closeglen Properties (1978) 9 B.L.R. 11 .... 95, 331, 334
Simaan General Contracting Co. v. Pilkington Glass [1987] 1 W.L.R. 516; (1987) 131 S.J. 297; [1987] 1 All E.R. 345; (1987) 3 Const.L.J. 300; (1987) 84 L.S.Gaz. 819; (1986) 136 New L.J. 824, Official Referee 493, 509
—— v. —— (No. 2) [1988] Q.B. 758; [1988] 2 W.L.R. 761; (1988) 132 S.J. 463; [1988] 1 All E.R. 791; [1988] FTLR 469; (1988) 40 B.L.R. 28; (1988) 138 New L.J. 53; (1988) L.S.Gaz. March 16, 44, C.A. 181, 188, 189, 194, 199
Simons v. Patchett (1857) 7 E. & B. 568 334
Simple Simon Catering v. Binstock Miller (J. E.) & Co. (1973) 117 S.J. 529; (1973) 228 EG 527, C.A. 356
Simplex v. The Borough of St Pancras (1958) 14 B.L.R. 80 .... 88, 96, 97, 569, 716, 1026, 1049
—— Floor Finishing v. Duvanceau (1941) D.L.R. 260 (Supreme Court of Canada) 93

Table of Cases

Simplicity Products Co. (A Firm) v. Domestic Installations Co. [1973] 1 W.L.R. 837; 117 S.J. 267; [1973] 2 All E.R. 619, C.A. 442, 469
Simpson v. Thomson (1877) 3 App.Cas. 279 .... 67, 177, 199
Sims v. Foster Wheeler [1966] 1 W.L.R. 769, C.A. 224, 320, 324
Sinclair v. Bowles (1829) 9 B. & C. 92 .... 76, 80
Sindell (William) v. Cambridgeshire County Council [1994] 1 W.L.R. 1016 C.A. 13, 14, 136, 137
—— v. North West Thames Regional Health Authority [1977] I.C.R. 294; (1977) 121 S.J. 170; (1977) 4 B.L.R. 151, H.L. 756
Singh v. Ali [1960] A.C. 167; [1960] 2 W.L.R. 180; 104 S.J. 84; [1960] 1 All E.R. 269; P.C. 152
—— v. Atombrook [1989] 1 W.L.R. 810; (1989) 133 S.J. 1133; [1989] 1 All E.R. 385, C.A. 410
Siporex Trade S.A. v. Banque Indosuez [1986] 2 Lloyd's Rep. 146 275
—— v. Comdel Commodities [1986] 2 Lloyd's Rep. 428; (1986) 136 New L.J. 538 453
Sky Petroleum v. V.I.P. Petroleum [1974] 1 W.L.R. 576; (1973) 118 S.J. 311; [1974] 1 All E.R. 954 292
Slater v. Baker (1767) 2 Wils. 359 338
—— v. Duquemin (1992) 29 Con.L.R. 24 .... 226, 500
Sloyan (T.) & Sons (Builders) v. Brothers of Christian Instruction [1974] 3 All E.R. 715; [1975] 1 Lloyd's Rep. 183 .... 509, 518
Small v. Middlesex Real Estates [1921] W.N. 245 .... 167, 501
Smallman v. Smallman [1972] Fam. 25; [1971] 3 W.L.R. 588; 115 S.J. 527; [1971] 3 All E.R. 717, C.A. 22, 25, 154
Smallman Construction v. Redpath Dorman Long, 47 B.L.R. 15; 25 Con.L.R. 105; (1989) 5 Const.L.J. 62, C.A. 505
Smith v. Barton (1866) 15 L.T. 294 346
—— v. Bradford Metropolitan Council (1982) 126 S.J. 624; (1982) 44 P. & C.R. 171; (1982) 80 L.G.R. 713; (1983) H.L.R. 86; (1982) 79 L.S.Gaz. 1176, C.A. 399
—— v. Bush (Eric S.); Harris v. Wyre Forest District Council [1990] 1 A.C. 831; [1989] 2 W.L.R. 790; (1989) 133 S.J. 597; (1990) 9 Tr.L.R. 1; 87 L.G.R. 685; (1989) 21 H.L.R. 424; [1989] 2 All E.R. 514; [1989] 17 EG 68 and [1989] 18 EG 99; (1989) 139 New L.J. 576; (1989) 153 L.G.Rev. 984, H.L.; affirming 70, 72, 181, 182, 183, 190, 196, 198
—— v. H. & S. International [1991] 2 Lloyd's Rep. 127 .... 429, 440
—— v. Howden Union (1890) H.B.C. (4th ed.) Vol. 2, 156 .... 111, 260
—— v. Johnson (1899) 15 T.L.R. 179 219
—— v. Littlewoods Organisation; Maloco v. Same *sub nom.* Smith v. Littlewoods Organisation (Chief Constable, Fife Constabulary, third party) [1987] A.C. 241; [1987] 2 W.L.R. 480; (1987) 131 S.J. 226; [1987] 1 All E.R. 710; (1987) 84 L.S.Gaz. 905, (1987) 137 New L.J. 149, H.L. 277, 279, 283
—— v. Martin [1925] 1 K.B. 745; 94 L.J.K.B. 645, C.A. 432, 760
—— v. Mayor of Harwich (1857) 26 L.J.C.P. 257 154
—— v. Morgan [1971] 1 W.L.R. 803; 115 S.J. 288; [1971] 2 All E.R. 1500; 22 P. & C.R. 618 24
—— v. Rudhall (1862) 3 F. & F. 143 310
—— v. South Wales Switchgear [1978] 1 W.L.R. 165; (1977) 122 S.J. 61; [1978] 1 All E.R. 18; (1977) 8 B.L.R. 5, H.L. 28, 64, 65, 324
—— v. U.M.B. Chrysler (Scotland), 1978 S.C. 1, H.L. 65
—— (A.) & Son (Bognor Regis) v. Walker [1952] 2 Q.B. 319; [1952] 1 T.L.R. 1089; 96 S.J. 260; [1952] 1 All E.R. 1008, C.A. 151
—— & Smith Glass v. Winstone Architectural Cladding Systems (1993) C.I.L.L. 898 323
—— & Snipes Hall Farm v. River Douglas Catchment Board [1949] 2 K.B. 500 C.A. 59, 266
—— (Brian) v. Wheatsheaf Mills [1939] 2 K.B. 302 474
—— Kline & French Laboratories v. Long [1989] 1 W.L.R. 1, C.A. 132, 334
—— New Court Securities v. Scrimgeour Vickers (Asset Management) [1994] 1 W.L.R. 1271; [1992] BCLC 1104; *The Times*, April 7, 1992, C.A. 132

Table of Cases

Smiths v. Middleton (No. 2) [1986] 1 W.L.R. 598; (1986) 130 S.J. 144; [1986] 2 All E.R. 539; (1986) 83 L.S.Gaz. 967, C.A. 515
Sneade v. Wotherton [1904] 1 K.B. 295 478
Sneezum, *ex p*. Davis, *Re* (1876) 3 Ch.D. 463 421
Snow (John) v. Woodcroft (1985) BCLC 54 263
Société Commerciale de Reassurance v. Eras International (formerly Evas (U.K.)) (Note); Eras Eil Actions, The [1992] 2 All E.R. 82; [1992] 1 Lloyd's Rep. 570, C.A. 406
Société Franco-Tunisienne D'Armement-Tunis v. Government of Ceylon (The "Massalia") [1959] 1 W.L.R. 787; 103 S.J. 675; [1959] 3 All E.R. 25; [1959] 2 Lloyd's Rep. 1, C.A.; reversing [1959] 1 Lloyd's Rep. 244 459
Société Italo-Belge Pour le Commerce et L'Industrie S.A. (Antwerp) v. Palm and Vegetable Oils (Malaysia) SDN BHD [1982] 1 All E.R. 19; [1981] 2 Lloyd's Rep. 695; [1981] Com.L.R. 249 285
Sole v. Hallt (W. J.) [1973] 1 Q.B. 574; [1973] 2 W.L.R. 171; (1972) 117 S.J. 110; [1973] 1 All E.R. 1032; (1972) 14 K.I.R. 116 208
Solle v. Butcher [1950] 1 K.B. 671; 66 T.L.R. (Pt. 1) 448; [1949] 2 All E.R. 1107; C.A. 13
Sonat Offshore S.A. v. Amerada Hess Development and Texaco (Britain) [1987] 2 FTLR 220; [1988] 1 Lloyd's Rep. 145; [1988] 39 B.L.R. 1, C.A. 47, 65, 501
Sotiros Shipping Inc. v. Shmeiet Solholt; Solholt, The (1983) 127 S.J. 305; [1983] 1 Lloyd's Rep. 605; [1983] Com.L.R. 114, C.A.; [1981] Com.L.R. 201; [1981] 2 Lloyd's Rep. 574 .... 206, 220
South Australian Railways Commissioner v. Egan (1973) 47 A.L.J.R. 140 109
South East Thames Regional Health Authority v. Lovell (Y. J.) (London) (1985) 32 B.L.R. 127; (1987) 9 Const.L.R. 36 305
South Eastern Railway v. Warton (1861) 2 F. & F. 457 122
South Hetton Coal Co. v. Haswell Coal Co. [1898] 1 Ch. 465 C.A. 14
South Shropshire District Council v. Amos [1986] 1 W.L.R. 1271; (1986) 130 S.J. 803; [1987] 1 All E.R. 340; [1986] 2 EGLR 194; (1986) 280 EG 635; (1986) 26 R.V.R. 235; (1986) 136 New L.J. 800; (1986) 83 L.S.Gaz. 3513, C.A. 493
Southern Foundries (1926) v. Shirlaw [1940] A.C. 701 .... 55, 165
Southern Water Authority v. Carey [1985] 2 All E.R. 1077 .... 69, 70
—— v. Duvivier (No. 1) [1984] C.I.L.L. 90; (1984) 1 Const.L.J. 70; (1985) 27 B.L.R. 111 185
Southway Group v. Wolff 57 B.L.R. 33; 28 Con.L.R. 109; [1991] EGCS 82; *The Independent*, August 30, 1991, C.A. 298
Spartan Steel & Alloys v. Martin & Co. (Contractors) [1973] Q.B. 27; [1972] 3 W.L.R. 502; 116 S.J. 648; [1972] 3 All E.R. 557; 14 K.I.R. 75, C.A. 178
Spaven v. Milton Keynes Borough Council (1991) C.I.L.L. 643; *The Times*, March 16, 1990, C.A. 478
Spenborough Corporation v. Cooke, Sons & Co. See Spenborough Urban District Council's Agreement, *Re*.
Spenborough Urban District Council's Agreement, *Re*; Spenborough Corporation v. Cooke Sons & Co. [1968] Ch. 139; [1967] 2 W.L.R. 1403; [1967] 1 All E.R. 959; 65 L.G.R. 300; *sub nom*. Spenborough Corporation v. Cooke Sons & Co. (1967) 111 S.J. 253 18
Spicer v. Smee [1946] 1 All E.R. 498 279
—— (Keith) v. Mansell [1970] 1 W.L.R. 333; (1969) 114 S.J. 30; [1970] 1 All E.R. 462, C.A. 35
Spiro v. Glencrown Properties [1991] Ch. 537; [1991] 2 W.L.R. 931; [1991] 1 All E.R. 600; (1990) 134 S.J. 1479; [1991] 02 EG 167; (1990) 62 P. & C.R. 402; (1990) 134 New L.J. 1754; *The Independent*, December 5, 1990 29
—— v. Lintern [1973] 1 W.L.R. 1002; 117 S.J. 584; [1973] 3 All E.R. 319, C.A. 285
Spittle v. Bunney [1988] 1 W.L.R. 847; (1988) 132 S.J. 754; [1988] 3 All E.R. 1031; (1988) 138 New L.J. 56; (1988) 18 Fam. Law 433, C.A. 507
Sport International Bussum BV v. Inter-Footwear [1984] 1 W.L.R. 776; (1984) 128 S.J. 383; [1984] 2 All E.R. 321; (1984) 81 L.S.Gaz. 1992; (1984) 134 New L.J. 568, H.L.; affirming [1984] 1 All E.R. 376, C.A. 261

Table of Cases

Spriggs v. Sotheby Parke Bernet & Co. [1986] 1 Lloyd's Rep. 487; [1986] 1 EGLR 13; (1986) 278 EG 969, C.A.; affirming (1984) 272 EG 1171 69
Spring v. Guardian Assurance [1994] 3 W.L.R. 354, H.L. 182, 190, 197
Stadhard v. Lee (1863) 3 B. & S. 364 .... 104, 258, 259, 321
Staffordshire Area Health Authority v. South Staffordshire Waterworks Co. [1978] 1 W.L.R. 1387; (1978) 122 S.J. 331; [1978] 3 All E.R. 769; (1978) 77 L.G.R. 17, C.A. 18, 43, 148
Stag Line v. Tyne Ship Repair Group; Zinnia, The [1984] 2 Lloyd's Rep. 211; (1985) 4 Tr.L. 33 72
Stanor Electric v. R. Mansell (1988) C.I.L.L. 399 246
Stansbie v. Troman [1948] 2 K.B. 48; [1948] L.J.R. 1206; 64 T.L.R. 226; 92 S.J. 167; [1948] 1 All E.R. 599; 46 L.G.R. 349, C.A.; affirming [1947] L.J.N.C.C.R. 134, Cty. Ct. 283
Stapley v. Gypsom Mines [1953] A.C. 663; [1953] 3 W.L.R. 279; 97 S.J. 486; [1953] 2 All E.R. 478; H.L.; reversing [1952] 2 Q.B. 575; [1952] 1 All E.R. 1092; [1952] C.L.Y. 2217, C.A. 209
Star Steamship v. Beogradska [1988] 2 Lloyd's Rep. 583 22
Startup v. Macdonald (1843) 6 M. & G. 593 236
State Trading Corporation of India v. Cie. Française d'Importation et de Distribution [1983] 2 Lloyd's Rep. 679 238
—— v. E. D. & F. Man (Sugar) [1981] Com.L.R. 235, C.A. 275, 276
—— v. Golodetz (M.) [1989] 2 Lloyd's Rep. 277, C.A.; reversing; [1988] 2 Lloyd's Rep. 182 .... 157, 239, 273
Stead Hazel v. Cooper [1933] 1 K.B. 840 417
Steam Herring Fleet v. Richards & Co. (1901) 17 T.L.R. 731 222
Steamship Mutual Underwriting Association v. Trollope and Colls (City) (1986) 33 B.L.R. 77; (1986) Con.L.R. 11; (1986) 2 Const.L.J. 224, C.A.; affirming (1985) 6 Con.L.R. 11; (1985) 2 Const.L.J. 75 .... 357, 404, 409, 472, 473
Steel Co. of Canada v. Willand Management (1966) 58 D.L.R. (2d) 595, Supreme Court 60
Steele v. Gourley (1887) 3 T.L.R. 118 35
Stegmann v. O'Connor (1899) 8 I.L.T. 62 C.A. 80
Sterling Engineering Co. v. Patchett [1955] A.C. 534; [1955] 2 W.L.R. 424; 99 S.J. 129; [1955] 1 All E.R. 369; sub nom. Patchett v. Sterling Engineering Co. 72 R.P.C. 50, H.L. reversing sub nom. Patchett v. Sterling Engineering Co. (1953) 71 R.P.C. 61; [1954] C.L.Y. 2382, C.A.; restoring (1953) 70 R.P.C. 184; [1953] C.L.Y. 2606 .... 49, 364
Stevens v. Gourley (1859) 7 C.B.(N.S.) 99 152
—— v. Mewes & Davies (1910) June 8 C.A. 94
—— v. Taylor (1860) 2 F. & F. 419 .... 167, 259, 260
Stevenson v. McLean (1880) 5 Q.B.D. 346 19
—— v. Watson (1879) 4 C.P.D. 148 .... 109, 368
Steward v. Rapley [1989] 15 EG 198; (1989) Tr.L.R. 161, C.A. 356
Stewart v. Rearell's Garage [1952] 2 Q.B. 545 57
—— Gill v. Horatio Myer & Co. [1992] Q.B. 600; [1992] 2 W.L.R. 721; [1992] 2 All E.R. 257; (1991) 11 Tr.L.R. 86; (1992) 142 New L.J. 241, C.A. 73, 501
—— (Lorne) v. Sindall (William) and N.W. Thames Regional Health Authority (1987) 35 B.L.R. 109; (1988) 11 Con.L.R. 99 .... 52, 493, 494, 849
—— (Robert) & Sons v. Carapanayoti & Co. [1962] 1 W.L.R. 34; 106 S.J. 16; [1962] 1 All E.R. 418; [1961] 2 Lloyd's Rep. 387 245
Stiff v. Eastbourne Local Board (1869) 20 L.T. 339 271
Stirling v. Maitland (1864) 5 B. & S. 840 165
Stockloser v. Johnson [1954] 1 Q.B. 476; [1954] 2 W.L.R. 439; 98 S.J. 178; [1954] 1 All E.R. 630, C.A. 248
Stockport Metropolitan Borough Council v. O'Reilly (William) [1983] 2 Lloyd's Rep. 70; [1983] Com.L.R. 32 .... 94, 95, 453, 455
Stocks v. Dobson (1853) 4 De G.M. & G. 11 302
Stoddart v. Union Trust [1912] 1 K.B. 181, C.A. 304
Stooke v. Taylor (1880) 5 Q.B.D. 569 .... 498, 499
Stotesbury v. Turner [1943] K.B. 370 493
Stovin-Bradford v. Volpoint Properties [1971] 1 Ch. 1007, C.A. 361, 363, 365, 366

Table of Cases

Stratford Borough v. Ashman (J. H.) (N. P.) [1960] N.Z.L.R. 503 114
Strongman (1945) v. Sincock [1955] 2 Q.B. 525; [1955] 3 W.L.R. 360; 99 S.J. 540; [1955] 3 All E.R. 90, C.A. 141, 1015
Stroud Architectural Systems v. John Laing Construction (1993) 35 Con.L.R. 135 263
Strutt v. Whitnell [1975] 1 W.L.R. 870; 119 S.J. 236; [1975] 2 All E.R. 510; 29 P. & C.R. 488, C.A. 220
Stubbs v. Holywell Railway (1867) L.R. 2 Ex. 311 .... 142, 341, 359
Sudbrook Trading Estate v. Eggleton [1983] 1 A.C. 444; [1982] 3 W.L.R. 315; (1982) 126 S.J. 512; [1982] 3 All E.R. 1; (1982) 44 P. & C.R. 153; (1982) 79 L.S.Gaz. 1175; (1983) 265 EG 215, H.L.; reversing [1981] 3 W.L.R. 361; (1981) 125 S.J. 513; [1981] 3 All E.R. 105; (1981) 260 EG 1033, C.A. 24, 430
Suisse Atlantique Société D'Armement Maritime S.A. v. N.V. Rotterdamsche Kolen Centrale [1967] 1 A.C. 361; [1966] 2 W.L.R. 944; 110 S.J. 367; [1966] 2 All E.R. 61; [1966] 1 Lloyd's Rep. 529; H.L.; affirming [1965] 1 Lloyd's Rep. 533; [1965] C.L.Y. 3610, C.A.; affirming [1965] 1 Lloyd's Rep. 166 .... 47, 68, 157, 158, 159, 161, 162, 163, 164, 244, 255, 1039
Suleman v. Shahsavari [1988] 1 W.L.R. 1181; (1988) 132 S.J. 1243; (1988) 138 New L.J. 241; [1988] L.S.Gaz. September 7, 38, D.C. 334
Summers v. Congreve Horner & Co. and Independent Insurance Co. [1992] 40 EG 144; 27 Con.L.R. 53; [1992] NPC 91; [1992] EGCS 101; *The Times*, August 24, 1992, C.A.; reversing [1991] 2 EGLR 139; [1991] 36 EG 160; [1991] NPC 83; [1991] EGCS 80; *The Independent*, July 9, 1991; *The Times*, July 22, 1991 350
—— v. Soloman (1857) 26 L.J.Q.B. 301 332
Sumpter v. Hedges [1898] 1 Q.B. 673 81
Sun Valley Poultry v. Micro-Biologicals and Ivaz SRL (Third Party), *The Times*, May 14, 1990, C.A. 215
Sunley & Co. v. Cunard White Star [1940] 1 K.B. 740, C.A. 222, 230
Supamarl v. Federated Homes (1987) 9 Con.L.R. 25 .... 167, 258, 498
Surrendra Overseas v. Government of Sri Lanka [1977] 1 W.L.R. 565; [1977] 2 All E.R. 481; [1977] 1 Lloyd's Rep. 653 694
Surrey County Council v. Bredero Homes [1993] 1 W.L.R. 1361, C.A. 201, 215
Surrey Heath Borough Council v. Lovell Construction (1990) 48 B.L.R. 108; (1988) 42 B.L.R. 25, C.A. 29, 52, 56, 256, 294, 569, 609
Sutcliffe v. Chippendale & Edmondson (1971) 18 B.L.R. 149 .... 162, 163, 350, 354, 369, 545, 659, 668, 684, 686
—— v. Thackrah [1974] A.C. 727; [1974] 2 W.L.R. 295; 118 S.J. 148; [1974] 1 All E.R. 859; [1974] 1 Lloyd's Rep. 318, H.L.; reversing [1973] 1 W.L.R. 888; 117 S.J. 509; [1973] 2 All E.R. 1047; [1973] 2 Lloyd's Rep. 115, C.A. 53, 56, 113, 120, 121, 122, 123, 163, 166, 167, 330, 350, 354, 355, 367, 369, 370, 424, 425, 426, 434, 552, 692, 973, 1093
Sutherland Shire Council v. Heyman (1985) 60 A.L.R. 1; [1985] 59 A.L.J.R. 564; (1986) 2 Const.L.J. 150, High Ct. of Australia; reversing (1982) 1 Const.L.J. 161, Australia S.C. of New S. Wales 176, 198
Swansea City Council v. Glass [1992] Q.B. 844; [1992] 3 W.L.R. 123; [1992] 2 All E.R. 680; 90 L.G.R. 265; (1991) 24 H.L.R. 327; [1992] 1 EGLR 303; [1991] NPC 127; [1991] EGCS 133; *The Times*, December 18, 1991, C.A. 405
Sweet & Maxwell v. Universal News Services [1964] 2 Q.B. 699; [1964] 3 W.L.R. 356; 108 S.J. 478; [1964] 3 All E.R. 30; [1965] C.L.J. 41, C.A. 159
Swingcastle v. Alastair Gibson (A Firm) [1991] 2 A.C. 223; [1991] 2 W.L.R. 1091; [1991] 2 All E.R. 353; [1991] 17 EG 83; (1991) 135 S.J. 542; [1991] CCLR 55; [1991] EGCS 46; (1991) 141 New L.J. 563; *The Times*, April 19, 1991; *Financial Times*, April 24, 1991; *The Independent*, May 16, 1991, H.L.; reversing [1990] 1 W.L.R. 1223; [1990] 3 All E.R. 463; [1990] 34 EG 49; [1990] CCLR 127; (1990) 140 New L.J. 818, C.A. 206, 357
Swiss Bank Corp. v. Brink's-MAT [1986] Q.B. 853; [1986] 3 W.L.R. 12; (1986) 130 S.J. 446; [1986] 2 All E.R. 188; [1986] 2 Lloyd's Rep. 79 66
Sydall v. Castings [1967] 1 Q.B. 302; [1966] 3 W.L.R. 1126; 110 S.J. 790; [1966] 3 All E.R. 770, C.A. 44

Table of Cases

Sykes v. Midland Bank Executor and Trustee Co. [1971] 1 Q.B. 113; [1970] 3 W.L.R. 273; 114 S.J. 225; [1970] 2 All E.R. 471, C.A.; reversing [1969] 2 Q.B. 518; [1969] 2 W.L.R. 1173; 113 S.J. 243; [1969] 2 All E.R. 1238 214
—— (F. & G.) (Wessex) v. Fine Fare [1967] 1 Lloyd's Rep. 53, C.A.; reversing in part [1966] 2 Lloyd's Rep. 205 24
Symonds v. Lloyd (1859) 6 C.B.(N.S.) 691 41
Symphony Group v. Hodgson [1994] Q.B. 179; [1993] 3 W.L.R. 830; [1993] 4 All E.R. 143; (1993) 137 S.J. (LB) 134; (1993) 143 New L.J. 725; *The Times*, May 4, 1993; *The Independent*, May 14, 1993, C.A. 511
Syros Shipping Co. S.A. v. Elaghill Trading Co.; Proodos C, The [1981] 3 All E.R. 189; [1981] Com.L.R. 80; [1980] 2 Lloyd's Rep. 390 284

T. & S. Contractors v. Architectural Design Associates (1993) C.I.L.L. 842 223
Tai Hing Cotton Mill v. Kamsing Knitting Factory (A Firm) [1979] A.C. 91; [1978] 2 W.L.R. 62; (1977) 121 S.J. 662; [1978] 1 All E.R. 515, P.C. 214
—— v. Liu Chong Bank [1986] A.C. 80; [1985] 3 W.L.R. 317; (1985) 129 S.J. 503; [1985] 2 All E.R. 947; [1986] FLR 14; [1985] 2 Lloyd's Rep. 313; (1985) 135 New L.J. 680; (1985) 82 L.S.Gaz. 2995: [2 Prof.Neg. 17], P.C. 51, 183
Tara Civil Engineering v. Moorfield Developments; 46 B.L.R. 72; 16 Con.L.R. 46; (1989) 5 Const.L.J. 308 .... 294, 295, 1026, 1081, 1082
Tarbox v. St Pancras Metropolitan Borough [1952] W.N. 254; [1952] 1 T.L.R. 1293; 96 S.J. 360; [1952] 1 All E.R. 1306, C.A. 476
Targett v. Torfaen Borough Council [1992] 3 All E.R. 27; (1991) 24 H.L.R. 164; [1992] 1 EGLR 274; [1992] P.I.Q.R. P125; [1991] EGCS 125; [1991] NPC 126; (1991) 141 New L.J. 1698, C.A. 173, 174
Tarry v. Ashton (1876) 1 Q.B.D. 314 279
Tate & Lyle Industries v. Davy McKee (London) [1990] 1 Q.B. 1068; [1990] 2 W.L.R. 203; [1990] 1 All E.R. 157; (1989) 133 S.J. 1605; 48 B.L.R. 59; [1990] 1 Lloyd's Rep. 116; (1990) 6 Const.L.J. 79; [1990] L.S.Gaz. February 14, 40; (1989) 139 New L.J. 1710, C.A.; affirming [1989] 2 All E.R. 641; 16 Con.L.R. 1; [1989] 2 Lloyd's Rep. 70 .... 457, 467
Tate & Lyle Food and Distribution v. Greater London Council [1983] 2 A.C. 509; [1983] 2 W.L.R. 649; [1983] 1 All E.R. 1159; [1983] 46 P. & C.R. 243; (1983) 81 L.G.R. 4434; [1983] 2 Lloyd's Rep. 117, H.L.; reversing [1982] 1 W.L.R. 970; [1982] 2 All E.R. 854; (1982) 80 L.G.R. 753, C.A.; reversing [1982] 1 W.L.R. 149; (1981) 125 S.J. 865; [1981] 3 All E.R. 716 .... 215, 216, 231, 508
Taverner & Co. v. Glamorgan County Council (1941) 57 T.L.R. 243 .... 98, 99
Taylor v. Caldwell (1863) 32 L.J.Q.B. 164; 3 B. & S. 826 .... 143, 148
—— v. Hall (1870) 1 R. 4 C.L. 467 369
—— v. Western Valleys Sewerage Board (1911) 75 J.P. 409, C.A. 433
—— (C. R.) (Wholesale) v. Hepworth [1977] 1 W.L.R. 659; (1976) 121 S.J. 15; [1977] 2 All E.R. 784; (1976) 244 EG 631 221
—— Fashions v. Liverpool Victoria Friendly Society; Old & Campbell v. Same [1981] Q.B. 133; [1981] 2 W.L.R. 576; [1981] 1 All E.R. 897; [1981] Com.L.R. 34; (1979) 251 EG 159 285
Taylor Woodrow Construction (Midlands) v. Charcon Structure (1987) 7 Con.L.R. 1; (1983) 266 EG 40, C.A. 293, 414
Team Services v. Keir Management (1993) 63 B.L.R. 76 (C.A.); 61 B.L.R. 99; [1992] NPC 128 .... 39, 83, 84, 643, 886
Technistudy v. Kelland [1976] 1 W.L.R. 1042; (1976) 120 S.J. 436; [1976] 3 All E.R. 632, C.A. 79, 512
Telfair Shipping Corp. v. Intersea Carriers S.A. [1983] Lloyd's Rep. 351 .... 472, 473
—— v. Intersea Carriers S.A.; Carolina P, The (1985) 129 S.J. 283; [1985] 1 All E.R. 243; [1984] 2 Lloyd's Rep. 467; (1985) 82 L.S.Gaz. 1781; 1 W.L.R. 553 .... 67, 106, 119, 408
Teltsher Brothers v. London & India Dock Investments [1989] 1 W.L.R. 770; [1989] 2 EGLR 261; (1989) 133 S.J. 660 410
Temloc v. Errill Properties (1988) 39 B.L.R. 30; (1988) 4 Const.L.J. 63, C.A. 37, 236, 241, 242, 348, 349, 632, 770, 1040

Table of Cases

Temperley v. Blackrod Manufacturing Co. (1907) 71 J.P. 341 336
Tennant Radiant Heat v. Warrington Development Corp. [1988] 11 EG 71; (1988) 4
   Const.L.J. 321; (1988) 1 EGLR 41, C.A. 208, 213
Tern Construction Group v. R.B.S. Garages (1992) 34 Con.L.R. 137 .... 75, 521, 663
Terry v. Duntze (1878) 2 H.Bl. 389 76
Tersons v. Colman (E. Alec) Investments (1973) 225 EG 2300, C.A. 404
—— v. Stevenage Development Corporation [1965] 1 Q.B. 37; [1964] 2 W.L.R. 225; 107
   S.J. 852; [1963] 3 All E.R. 863; [1963] 2 Lloyd's Rep. 333; [1963] R.A. 393,
   C.A. 47, 73, 252, 628, 1052
Tesam Distribution v. Schuh Mode Team GmbH [1989] L.S.Gaz. December 20, 38,
   C.A., *The Times*, October 24, 1989 (C.A.) 393, 394
Test Valley Borough Council v. Greater London Council [1979] J.P.L. 827; (1979)
   B.L.R. 63 .... 60, 61, 62
Tew v. Newbold-on-Avon United School Board (1884) 1 Cab. & El. 260 251
Thackwell v. Barclays Bank [1986] 1 All E.R. 676 151
Thake v. Maurice [1986] Q.B. 644; [1986] 2 W.L.R. 337; [1986] 1 All E.R. 479; (1986)
   136 New L.J. 92; (1986) 83 L.S.Gaz. 123, C.A.; affirming [1985] 2 W.L.R. 215;
   (1985) 129 S.J. 86; [1984] 2 All E.R. 513; (1985) 82 L.S.Gaz. 871, D.C. 340
Thames Iron Works, etc., Co. v. Royal Mail, etc., Co. (1861) 13 C.B.(N.S.) 358 96
Tharsis Sulphur & Copper Co. v. M'Elroy & Sons (1878) 3 App.Cas. 1040 (H.L.) ... 88, 95,
   96, 98, 107, 143, 716
Thew (R. & T.) v. Reeves [1981] 3 W.L.R. 190; (1981) 125 S.J. 358; [1981] 2 All E.R.
   964, C.A. 518
Thomas v. Bunn; Wilson v. Graham; Lea v. British Aerospace [1991] 1 A.C. 362; [1991]
   2 W.L.R. 27; [1991] 1 All E.R. 193; (1991) 135 S.J. 16; (1991) 140 New L.J. 1789;
   The Independent, December 14, 1990; *The Times*, December 17, 1990; *The Guardian*,
   December 17, 1990, H.L.; reversing *The Times*, June 22, 1990 508
—— v. Hammersmith Borough Council [1938] 3 All E.R. 203 358
—— v. Portsea Steamship Co. [1912] A.C. 1 423
—— J. Dyer Co. v. Bishop International Engineering Co. 303 F.2d 655 (6th Circuit
   1962) 323
—— Saunders Partnership v. Harvey (1990) 9 Tr.L.R. 78; 30 Con.L.R. 103; *The
   Independent*, May 5, 1989, D.C. 131
Thompson v. ASDA-MFI Group [1988] Ch. 341; [1988] 2 W.L.R. 1093; (1988) 132 S.J.
   497; [1988] IRLR 340; [1988] 2 All E.R. 722 .... 55, 168, 260
—— v. Lohan (T.) (Plant Hire) and Hurdiss (J. W.) [1987] 1 W.L.R. 649; [1987] 2 All
   E.R. 631; (1987) 131 S.J. 358; [1988] T.L.R. 65; [1987] IRLR 148; (1987) 84
   L.S.Gaz. 979, C.A. 66, 72
Thompson (Miles Charles) v. Clive Alexander & Partners (A Firm), 59 B.L.R. 77; 28
   Con.L.R. 49; (1992) 8 Const.L.J. 199 398
Thorn v. London Corp. (1876) 1 App.Cas. 120 (H.L.) 52, 85, 88, 89, 100, 101, 129,
   141, 143, 144, 146, 987
Thornton v. Shoe Lane Parking [1971] 2 Q.B. 163; [1971] 2 W.L.R. 585; (1970) 115 S.J.
   75; [1971] 1 All E.R. 686; [1971] R.T.R. 79; [1971] 1 Lloyd's Rep. 289; C.A. 27
Thornton Hall v. Wembley Electrical Appliances [1947] 2 All E.R. 630, C.A. 122, 337,
   338, 355
Three Rivers Trading Co. v. Gwinear & District Farmers (1967) 111 S.J. 831,
   C.A. 23, 41
Three Valleys Water Committee v. Binnie & Partners (a firm), 52 B.L.R. 42 .... 457, 458
Thune v. London Properties; Thune v. Dominion Properties; Thune v. Reksten [1990]
   1 W.L.R. 562; [1990] 1 All E.R. 972; [1990] BCC 293; (1990) 140 New L.J. 403,
   C.A. 509
Thyssen Engineering GmbH v. Higgs & Hill, 23 Con.L.R. 101 440
Thyssen (Great Britain) v. Afan Borough Council (1978) 15 B.L.R. 98, C.A. 459, 511
Tilcon v. Land and Real Estate Investments [1987] 1 W.L.R. 46; [1987] 1 All E.R. 615;
   (1987) 131 S.J. 76; (1986) 83 L.S.Gaz. 3673, C.A. 157, 409, 479
Tilling v. Whiteman [1980] A.C. 1; [1979] 2 W.L.R. 401; (1979) 123 S.J. 202; [1979] 1
   All E.R. 737; (1979) 38 P. & C.R. 341; [1979] J.P.L. 834; (1979) 250 EG 51, H.L.;
   reversing [1978] 3 W.L.R. 137; (1978) 122 S.J. 434; [1978] 3 All E.R. 1103; (1978)
   37 P. & C.R. 427; (1978) 246 EG 1107, C.A. 495

Table of Cases

Timber Shipping Co. S.A. v. London and Overseas Freighter [1972] A.C. 1; [1971] 2 W.L.R. 1360; [1971] 2 All E.R. 599; sub nom. London & Overseas Freighters v. Timber Shipping Co., 115 S.J. 404; [1971] 1 Lloyd's Rep. 523, H.L. 39
Tingay v. Harris [1967] 2 Q.B. 327; [1967] 2 W.L.R. 577; 110 S.J. 926; [1967] 1 All E.R. 385; [1966] C.L.Y. 2053, C.A. 365, 515
Tinn v. Hoffman (1873) 29 L.T. 271 18
Tins Industrial Co. v. Kono Insurance (1987) 42 B.L.R. 110, Hong Kong Ct. of Appeal 273, 274
Tinsley v. Milligan [1993] 3 W.L.R. 126; [1993] 2 All E.R. 65; [1993] NPC 97; [1993] EGCS 118; *The Times*, June 28, 1993; *The Independent*, July 6, 1993, H.L.; affirming [1992] Ch. 310; [1992] 2 W.L.R. 508; [1992] 2 All E.R. 391; (1991) 63 P. & C.R. 152; (1991) 135 S.J. (LB) 108; [1991] NPC 100; *The Times*, August 22, 1991, C.A. 151, 152
Tito v. Waddell [1975] 1 W.L.R. 1303; 119 S.J. 680; [1975] 3 All E.R. 997 496
Titterton v. Cooper (1882) 9 Q.B.D. 473 (C.A.) 418
Tiverton Estates v. Wearwell [1975] Ch. 146; [1974] 2 W.L.R. 176; (1973) 117 S.J. 913; [1974] 1 All E.R. 209; [1973] 27 P. & C.R. 24, C.A. 22
Toepfer v. Continental Grain Co. (1973) 117 S.J. 649; [1974] 1 Lloyd's Rep. 11, C.A.; affirming [1973] 1 Lloyd's Rep. 289 .... 101, 102, 1094
—— v. Cremer (1975) 119 S.J. 506; [1975] 2 Lloyd's Rep. 118, C.A.; affirming [1975] 1 Lloyd's Rep. 406 159
—— v. Warinco A.G. [1978] 2 Lloyd's Rep. 569 .... 287, 332
Togo Amusement v. Estonian Shipping Co. [1989] 1 Lloyd's Rep. 542; *The Times*, March 31, 1987, C.A.; affirming [1988] 2 FTLR 34 515
Token Construction v. Charlton Estates (1973) 1 B.L.R. 50 630
Tolhurst v. Portland Cement Manufacturers [1903] A.C. 414, H.L.; [1902] 2 K.B. 660, C.A. 297, 298, 299, 304, 305, 306
Tolley v. Morris [1979] 1 W.L.R. 592; (1979) 123 S.J. 353; [1979] 2 All E.R. 561, H.L.; affirming [1979] 1 W.L.R. 205; (1978) 122 S.J. 437; [1979] 1 All E.R. 71, C.A. .. 497
Tomlin v. Standard Telephones and Cables [1969] 1 W.L.R. 1378; 113 S.J. 641; [1969] 3 All E.R. 201; [1969] 1 Lloyd's Rep. 309, C.A. 494
Tool Metal Manufacturing Co. v. Tungsten Electric Co. [1955] 1 W.L.R. 761; 99 S.J. 470; [1955] 2 All E.R. 657; 72 R.P.C. 209; H.L.; reversing [1954] 1 W.L.R. 862; 98 S.J. 389; [1954] 2 All E.R. 28; 71 R.P.C. 201; C.A.; [1954] C.L.Y. 618; restoring (1953) 71 R.P.C. 1 .... 98, 259, 286, 287
Tooth v. Hallett (1869) L.R. 4 Ch.App. 242 .... 247, 303
Toronto Dominion Bank v. Rooke and Rodenbush, 49 B.C.L.R. 168, British Columbia C.A. 271
Torridge District Council v. Turner, 90 L.G.R. 173; 59 B.L.R. 31; (1992) 156 J.P.N. 636; *The Times*, November 27, 1991, D.C. 412
Total Transport Corp. of Panama v. Amoco Transport Company; Altus, The [1985] 1 Lloyd's Rep. 423 241
Totalstone Construction v. Hillhouse (1991) C.I.L.L. 667 478
Tout and Finch, *Re* [1954] 1 W.L.R. 178; 98 S.J. 62; [1954] 1 All E.R. 127; 52 L.G.R. 70 .... 304, 310, 420, 421, 663, 690, 1069
Toward, *Re*, *ex p*. Moss (1884) L.R. 14 Q.B.D. 319 (C.A.) 420
Town & City Properties (Development) v. Wiltshier Southern and Gilbert Powell, 44 B.L.R. 109 .... 446, 455, 764, 765
Townsend v. Stone Toms & Partners [1981] 1 W.L.R. 1153; (1981) 125 S.J. 428; [1981] 2 All E.R. 690, C.A. 514
—— v. —— (1984) 128 S.J. 659; (1985) 27 B.L.R. 26; (1984) 81 L.S.Gaz. 2293, C.A. 212, 514, 684, 686
—— (Builders) v. Cinema News and Property Management [1959] 1 W.L.R. 119; 123 J.P. 115; 103 S.J. 74; 57 L.G.R. 174, sub nom. Townsend (Builders) v. Cinema News & Property Management (David A. Wilkie & Partners Third Party) [1959] 1 All E.R. 7, C.A. 45, 52, 94, 152, 153, 195, 345, 413, 1014
—— v. —— (1982) 20 B.L.R. 118, C.A. 1014
Tozer Kemsley v. J. Jarvis & Sons (1983) 4 Con.L.R. 24 .... 405, 609
Tracomin S.A. v. Gibbs Nathaniel (Canada) [1985] 1 Lloyd's Rep. 586 .... 435, 455

Trade and Transport v. Lino Kaiun Kaisha [1973] 1 W.L.R. 210; (1972) 117 S.J. 123; [1973] 2 All E.R. 144; [1972] 2 Lloyd's Rep. 154 147
Trade Indemnity Co. v. Workington Harbour and Dock Board [1937] A.C. 1 (H.L.) ... 118, 269, 271, 273
Trafalgar House Construction v. General Surety (1994) 66 B.L.R. 42 (C.A.) 110, 273, 274, 984, 1119
Trafalgar Tours v. Henry [1990] 2 Lloyd's Rep. 298; *The Times*, June 8, 1990, C.A. 477
Tramountana Armadora S.A. v. Atlantic Shipping Co. S.A. [1978] 2 All E.R. 870; [1978] 1 Lloyd's Rep. 391 .... 448, 449, 510
Tramp Shipping Corporation v. Greenwich Marine Inc. [1975] I.C.R. 261; [1975] 1 W.L.R. 1042; 119 S.J. 300; [1975] 2 All E.R. 989; [1975] 2 Lloyd's Rep. 314, C.A.; affirming [1974] 2 Lloyd's Rep. 210 149
Trans Trust S.P.R.L. v. Danubian Trading Co. [1952] 2 Q.B. 297; [1952] 1 T.L.R. 1066; 96 S.J. 312; [1952] 1 All E.R. 970; [1952] 1 Lloyd's Rep. 348, C.A.; reversing in part [1952] 1 K.B. 285; [1952] 1 T.L.R. 13; [1952] 1 All E.R. 89; [1951] 2 Lloyd's Rep. 644, I.C.L.C. 9206 214
Transag Haulage v. Leyland Daf Finance plc, *The Times*, January 15, 1994 262
Travel & General Insurance v. Barron, *The Times*, November 25, 1988 273
Tredegar v. Harwood [1929] A.C. 72 308
Treml v. Gibson (Ernest W.) & Partners (1984) 272 EG 68; (1984) 1 Const.L.J. 162 .. 356
Trenberth (John) v. National Westminster Bank (1979) 123 S.J. 388; (1979) 39 P. & C.R. 104; (1979) 253 EG 151 282
Trendtex Trading Corp. v. Credit Suisse [1982] A.C. 679; [1981] 3 W.L.R. 766; (1981) 125 S.J. 761; [1981] 3 All E.R. 520; [1981] Com.L.R. 262, H.L.; affirming [1980] Q.B. 629; [1980] 3 W.L.R. 367; (1980) 124 S.J. 396; [1980] 3 All E.R. 721, C.A. 305
Trentham (G. Percy) v. Archital Luxfer [1993] 1 Lloyd's Rep. 25 at 27 (C.A.) 21, 26
Trident International Freight Services v. Manchester Ship Canal Co. [1990] BCLC 263; [1990] BCC 694, C.A. 510
Trill v. Sacher [1993] 1 W.L.R. 1379; [1993] 1 All E.R. 961, C.A. 497
Tripp v. Armitage (1839) 4 M. & W. 687 .... 262, 265
Trollope & Colls v. North West Metropolitan Regional Hospital Board [1973] 1 W.L.R. 601; 117 S.J. 355; [1973] 2 All E.R. 260, H.L. 50, 51, 241, 251, 318
—— v. Singer (1913) H.B.C. (4th ed.) Vol. 2, p. 849 .... 167, 255
Trollope & Colls and Holland & Hannen and Cubitts (trading as Nuclear Civil Constructors) (A Firm) v. Atomic Power Constructors [1963] 1 W.L.R. 333; 107 S.J. 254; [1962] 3 All E.R. 1035 .... 18, 20, 21, 25, 85
Troop v. Gibson (1986) 277 EG 1134; [1986] 1 EGLR 1, C.A. 285
Tsakivoglou & Co. v. Noblee Thorl GmbH [1962] A.C. 93; [1961] 2 W.L.R. 633; 105 S.J. 346; [1961] 2 All E.R. 179; [1961] 1 Lloyd's Rep. 329, H.L.; affirming [1960] 2 Q.B. 348; [1960] 2 W.L.R. 869; 104 S.J. 426; [1960] 2 All E.R. 160; [1960] 1 Lloyd's Rep. 349; [1960] C.L.Y. 535, C.A.; affirming [1960] 2 Q.B. 318; [1959] 2 W.L.R. 179; 103 S.J. 112; [1959] 1 All E.R. 45; [1958] 2 Lloyd's Rep. 515; [1959] C.L.Y. 539 .... 49, 143
Tubeworkers v. Tilbury Construction (1985) 30 B.L.R. 67; [1985] C.I.L.L. 187; (1985) 1 Const.L.J. 385, C.A. 504, 891
Tudor Grange Holdings v. Citibank N.A. [1992] Ch. 53; [1991] 3 W.L.R. 750; [1991] 4 All E.R. 1; (1991) 135 S.J. (LB) 3; [1991] BCLC 1009; *The Times*, April 30, 1991 70
Tukan Timber v. Barclays Bank [1987] 1 FTLR 154; [1987] FLR 208; [1987] 1 Lloyd's Rep. 171 276
Tullis v. Jacson [1892] 3 Ch. 44 .... 113, 122, 131, 335
Turner v. Fenton [1982] 1 W.L.R. 52; [1981] 1 All E.R. 8 442
—— v. Garland & Christopher (1853) H.B.C. (4th ed.) Vol. 2 p. 2 .... 339, 340
—— & Goudy v. McConnell [1985] 1 W.L.R. 898; (1985) 129 S.J. 467; [1985] 2 All E.R. 34; (1985) 30 B.L.R. 108; (1985) 1 Const.L.J. 392, C.A. 439
—— (East Asia) v. Builders Federal (Hong Kong) and Josef Gartner, 42 B.L.R. 122, High Ct., Singapore 453
Turriff v. Richards & Wallington (Contracts) [1981] Com.L.R. 39; 18 B.L.R. 13 .. 160, 453
—— v. Welsh National Water Development Authority (1979), 1994 Con.L.Y.B. 122; 32 B.L.R. 117 994
—— Construction v. Regalia Knitting Mills (1971) 222 EG 169 .... 15, 16, 84

Table of Cases

Tuta Products v. Hutcherson Bros. (1972) 46 A.L.J.R. 549 93

UBAF v. European American Banking Corp.; Pacific Colocotronis, The [1984] Q.B. 713; [1984] 2 W.L.R. 508; (1984) 128 S.J. 243; [1984] 2 All E.R. 226; [1984] 1 Lloyd's Rep. 258; (1984) L.S.Gaz. 429, C.A. 132
Unimarine S.A. of Panama v. Canadian Transport Co. of Vancouver B.C.; Canadian Transport Co. v. A.S. Gerrards Rederi of Kristiansand; A.S. Gerrards Rederei of Kristiansand v. Ceres Hellenic Shipping Enterprises; Catherine L, The [1982] Com.L.R. 5; [1982] 1 Lloyd's Rep. 484 511
Union of India v. Aaby (E. B.)'s Rederi A/S [1975] A.C. 797; [1974] 3 W.L.R. 269; 118 S.J. 595; [1974] 2 All E.R. 874; *sub nom.* Aaby (E. B.)'s Rederi A/S v. Union of India; Evji, The [1974] 2 Lloyd's Rep. 57, H.L.; affirming on other grounds *sub nom.* Aaby's (E. B.) Rederi A/S v. Union of India; Evje, The [1973] 1 Lloyd's Rep. 509; C.A.; affirming [1972] 2 Lloyd's Rep. 129 .... 427, 428, 433
Union Transport v. Continental Lines S.A. and Conti Lines [1992] 1 W.L.R. 15; [1992] 1 All E.R. 161; [1992] 1 Lloyd's Rep. 229; (1992) 136 S.J. (LB) 18; [1992] *Gazette* 15 January, 30; *The Times*, December 16, 1991; *Financial Times*, December 17, 1991; *The Independent*, January 10, 1992, H.L.; reversing [1991] 2 Lloyd's Rep. 48, C.A. 393
Unisys International Services (formerly Sperry Rand) v. Eastern Counties Newspapers and Eastern Counties Newspapers Group [1991] 1 Lloyd's Rep. 538, C.A. 448
Unit Four Cinemas v. Tosara Investment [1993] 2 EGLR 11 455
United Australia v. Barclays Bank [1941] A.C. 1 .... 163, 337
United Bank of Kuwait v. Hammond [1988] 1 W.L.R. 1051; [1988] 132 S.J. 1388; [1988] 3 All E.R. 418; (1988) 138 New L.J. 281, C.A.; reversing (1987) 137 New L.J. 921 335
United Dominions Trust v. Western; B. S. Romanay (Trading as Romanay Car Sales) Third Party [1976] Q.B. 513; [1976] 2 W.L.R. 64; 119 S.J. 792; [1975] 3 All E.R. 1077, C.A. 27
United Scientific Holdings v. Burnley Borough Council; Cheapside Land Development Co. v. Messels Service Co. [1978] A.C. 904; [1977] 2 W.L.R. 806; (1977) 121 S.J. 223; (1977) 33 P. & C.R. 220; (1977) 75 L.G.R. 407; (1977) 243 EG 43, H.L.; reversing *sub nom.* United Scientific Holdings v. Burnley Corp. (1976) 238 EG 487, C.A. 158, 238, 239
United Trading Corp. S.A. v. Allied Arab Bank; Murray Clayton v. Rafidair Bank [1985] 2 Lloyd's Rep. 554, C.A. 276
Unitramp v. Jenson & Nicholson (S.); Baiona, The [1992] 1 W.L.R. 862; [1992] 1 All E.R. 346; [1991] 2 Lloyd's Rep. 121; *Financial Times*, March 1, 1991 452
Universal Cargo Carriers Corporation v. Citati [1957] 1 W.L.R. 979; 101 S.J. 762; [1957] 3 All E.R. 234; [1957] 2 Lloyd's Rep. 191, C.A.; affirming [1957] 2 Q.B. 401; [1957] 2 W.L.R. 713; 101 S.J. 320; [1957] 2 All E.R. 70; [1957] 1 Lloyd's Rep. 174 458
Universe Tankships Inc. of Monrovia v. International Transport Workers' Federation and Laughton; Universe Sentinel, The [1983] A.C. 366; [1982] 2 W.L.R. 803; [1982] I.C.R. 262; [1982] 2 All E.R. 67; [1982] 1 Lloyd's Rep. 537; [1982] Com.L.R. 149; [1982] IRLR 200, H.L.; affirming [1981] I.C.R. 129; [1980] IRLR 363; [1980] 2 Lloyd's Rep. 523, C.A.; reversing in part [1980] IRLR 239 155
University of Glasgow v. Whitfield (William) and Laing (1988) 42 B.L.R. 66 .. 60, 193, 341, 405
University of Warwick v. Sir Robert McAlpine, 42 B.L.R. 1 ..... 58, 316, 341, 348, 487, 490, 491, 492
Upfill v. Wright [1911] 1 K.B. 506, D.C. 151
Urmston v. Whitelegg (1891) 7 T.L.R. 295, C.A. 384
Uxbridge Permanent Benefit Building Society v. Pickard [1939] 2 K.B. 248, C.A. 335

Van der Zijden Wildhandel (P. J.) NV v. Tucker & Cross [1976] 1 Lloyd's Rep. 341; for previous proceedings see [1975] 2 Lloyd's Rep. 240 507

Table of Cases

Van Lynn Developments v. Pelias Construction Co. (formerly Jason Construction Co.) [1969] 1 Q.B. 607; [1968] 3 W.L.R. 1141; *sub nom.* Van Lynn Developments v. Pelias Construction Co. (1968) 112 S.J. 819; [1968] 3 All E.R. 824; C.A. 302
Van Weelde (Gebr.) Scheepvaart Kantoon B.V. v. Compania Naviera Sea Orient S.A.; Agrabele, The [1987] 2 Lloyd's Rep. 223, C.A.; reversing [1985] 2 Lloyd's Rep. 496 448
Vantage Navigation Corp. v. Suhail and Saud Bahwan Building Materials; Alev, The [1989] 1 Lloyd's Rep. 138 155
Ventouris v. Mountain; Italia Express, The [1991] 1 W.L.R. 607; [1991] 3 All E.R. 472; [1991] 1 Lloyd's Rep. 441; (1991) 141 New L.J. 237; *Financial Times,* February 15, 1991; *The Times,* February 18, 1991, C.A.; reversing [1990] 1 W.L.R. 1370; [1990] 3 All E.R. 157; [1990] 2 Lloyd's Rep. 154; (1990) 140 New L.J. 666; [1990] L.S.Gaz. October 3, 40 493
Verrall v. Great Yarmouth Borough Council [1981] Q.B. 202; [1980] 3 W.L.R. 258; [1980] 1 All E.R. 839, C.A. 293, 504
Vesta v. Butcher [1989] A.C. 852, C.A.; [1986] 2 All E.R. 488 .... 208, 211
Viceroy Homes v. Ventury Homes (1991) 43 C.L.R. 312; [1992] 8 Const.L.J. 80 364
Victoria Laundry (Windsor) v. Newman Industries Coulson & Co. (Third Parties) [1949] 2 K.B. 528; 65 T.L.R. 274; 93 S.J. 371 [1949] 1 All E.R. 997, C.A.; reversing in part [1948] W.N. 397; 64 T.L.R. 567; 92 S.J. 617; [1948] 2 All E.R. 806 ..... 201, 202, 204, 222, 223, 225, 324
Victoria University of Manchester v. Hugh Wilson (1984) 1 Const.L.J. 162 60
Vigers v. Cook [1919] 2 K.B. 475, C.A. 76, 80
——, Sons & Co. v. Swindell [1939] 3 All E.R. 590 .... 307, 308, 309, 310, 331, 333
Viking Grain Storage v. White (T. H.) Installations (1985) 33 B.L.R. 103; [1985] C.I.L.L. 206; (1985) 3 Con.L.R. 52 .... 7, 38, 40, 60
Vincent v. Cole (1828) 1 M. & M. 257 96
Virgin Management v. de Morgan Group (1994) C.I.L.L. 924 (C.A.) 469
Voest Alpine v. Chevron [1987] 2 Lloyd's Rep. 547 24
Vosper Throncroft v. Ministry of Defence [1976] 1 Lloyd's Rep. 58 24

W.H.T.S.O. v. Haden Young. *See* Welsh Health Technical Services Organisation v. Haden Young.
Wadsworth v. Lydell [1981] 1 W.L.R. 598; (1981) 125 S.J. 309; [1981] 2 All E.R. 401, C.A. 214, 233, 234, 652
—— v. Smith (1871) L.R. 6 Q.B. 332 425
Waghorn v. Wimbledon Local Board (1877) H.B.C. (4th ed.) Vol. 2, p. 52 .... 370, 372
Wagman v. Vare Motors [1959] 1 W.L.R. 853; 103 S.J. 600; [1959] 3 All E.R. 326, C.A. 515
Wagstaffe v. Bentley [1902] 1 K.B. 124, C.A. 515
Wakefield and Barnsley Banking Co. v. Normanton Local Board (1881) 44 L.T. 697, C.A. 304
Walford v. Miles [1992] 2 A.C. 128; [1992] 2 W.L.R. 184; [1992] 1 All E.R. 453; (1992) 64 P. & C.R. 166; [1992] 1 EGLR 207; [1992] 11 EG 115; [1992] NPC 4; *The Times,* January 27, 1992; *The Independent,* January 29, 1992, H.L.; affirming [1991] 2 EGLR 185; [1991] 27 EG 114 and [1991] 28 EG 81; (1990) 62 P. & C.R. 410; [1990] EGCS 158; *The Independent,* January 15, 1991, C.A.; reversing [1990] 1 EGLR 212; [1990] 12 EG 107, D.C. 25
Walker, Re ex p. Barter (1884) 26 Ch.D. 510, C.A. 419, 1054
Walker v. Boyle; Boyle v. Walker [1982] 1 W.L.R. 495; (1981) 125 S.J. 724; [1982] 1 All E.R. 634; (1982) 44 P. & C.R. 20; (1982) 261 EG 1090; (1982) 79 L.S.Gaz. 954 ... 135, 139, 233
—— v. L. & N.W. Railway (1876) 1 CPD 518 .... 247, 259
—— v. Turpin [1994] 1 W.L.R. 196; [1993] 4 All E.R. 865; *The Times,* November 2, 1993 C.A. 513
—— v. Wilsher (1889) 23 Q.B.D. 335 493
Wall v. Rederiaktiebolaget [1915] 3 K.B. 66 .... 242, 249
Wallersteiner v. Moir; Moir v. Wallersteiner (No. 2) [1975] Q.B. 373; [1975] 2 W.L.R. 389; 119 S.J. 97; [1975] 1 All E.R. 849, C.A. 507

Table of Cases

Wallis v. Robinson (1862) 3 F. & F. 307, N.P. 94
Walpole v. Partridge & Wilson (A firm) [1994] Q.B. 106; [1993] 3 W.L.R. 1093; [1994] 1 All E.R. 385; *The Times*, July 8, 1993; *The Independent*, September 23, 1993, C.A. 491
Walter & Sullivan v. Murphy (J.) & Sons, Same v. Same [1955] 2 Q.B. 584; [1955] 2 W.L.R. 919; 99 S.J. 290; [1955] 1 All E.R. 843; C.A. 299
Walter Lawrence v. Commercial Union Properties (1984) 4 Con.L.R. 37 643
Walters v. Whessoe & Shell Refining Co. (1960) 6 B.L.R. 23, C.A. 65
Walton Harvey v. Walker and Homfrays [1931] 1 Ch. 274, C.A. 147, 149
Walton-on-the-Naze U.D.C. v. Moran (1905) H.B.C. (4th ed.) Vol. 2, p. 376 91
Ward v. Cannock Chase District Council [1986] Ch. 546; [1986] 2 W.L.R. 660; (1986) 130 S.J. 316; [1985] 3 All E.R. 537; (1986) 84 L.G.R. 898; (1986) 83 L.S.Gaz. 1553 .... 207, 220, 221, 224, 277
Wardens and Commonalty of the Mystery of Mercers of the City of London v. New Hampshire Insurance Co., *sub nom.* The Mercers Co. v. New Hampshire Insurance Co. [1992] 1 W.L.R. 792; [1992] 3 All E.R. 57; [1992] 2 Lloyd's Rep. 365; 60 B.L.R. 26; Con.L.R. 30; (1993) 9 Const.L.J. 66; *Financial Times*, June 4, 1992, C.A.; reversing [1991] 1 W.L.R. 1173; [1991] 4 All E.R. 542; (1991) 135 S.J. 541; [1992] 1 Lloyd's Rep. 431; (1991) 7 Const.L.J. 130; *The Times*, March 22, 1991 .... 270, 272, 505, 507
Warehousing and Forwarding Co. of East Africa v. Jaffevali & Sons [1964] A.C. 1; [1963] 3 W.L.R. 489; 107 S.J. 700; [1963] 3 All E.R. 571, P.C. 22, 332, 333
Warlow v. Harrison (1859) 1 E. & E. 309 14
Warner Bros. Records Inc. v. Rollgreen [1976] Q.B. 430; [1975] 2 W.L.R. 816; (1974) 119 S.J. 253; [1975] 2 All E.R. 105, C.A.; affirming (1974) 119 S.J. 164 .... 302, 494
Warner (J. E.) v. Basildon Development Corp. (1989) C.I.L.L. 484 306
Warren, *Re, ex p.* Wheeler [1938] Ch. 725, D.C. 420
Warwick University v. Sir Robert McAlpine, May 4, 1990 (Unreported), C.A. 194
Watcham v. Att.-Gen. of East Africa Protectorate [1919] A.C. 533 38
Wates v. G.L.C. (1984) 25 B.L.R. 7, C.A.; affirming *The Times*, March 25, 1982 ... 38, 143, 145, 146, 148
—— Construction v. Bredero Fleet (1963) 63 B.L.R. 128 .... 40, 583, 1051
—— (London) v. Franthom Property (1991) 53 B.L.R. 23; (1991) 7 Const.L.J. 243, C.A. 39, 643, 689
Wathes (Western) v. Austins (Menswear) (1975) 119 S.J. 527; [1976] 1 Lloyd's Rep. 14, C.A. 164
Watson v. Canada Permanent Trust Co. (1972) 27 D.L.R. (3d) 735, British Columbia Supreme Ct. 19
—— v. Prager [1991] 1 W.L.R. 726; [1991] I.C.R. 603; [1991] 3 All E.R. 487 436
Watteau v. Fenwick [1893] 1 Q.B. 346 332
Watts v. Morrow [1991] 1 W.L.R. 1421; [1991] 4 All E.R. 937; (1991) 23 H.L.R. 608; 54 B.L.R. 86; [1991] 2 EGLR 152; [1991] 43 EG 121; 26 Con.L.R. 98; (1992) 8 Const.L.J. 73; [1991] EGCS 88; (1991) 141 New L.J. 1331; [1991] NPC 98; [1992] *Gazette*, 8 January, 33; *The Independent*, August 20, 1991; *The Guardian*, September 4, 1991, C.A.; reversing [1991] 14 EG 111; [1991] 15 EG 113; 24 Con.L.R. 123 ... 221, 223, 224, 356
—— v. Shuttleworth (1861) 7 H. & N. 353 272
Watts, Watts & Co. v. Mitsui & Co. [1917] A.C. 227 .... 242, 249
Watts & Watts v. Morrow (1990) 24 Con.L.R. 224
Waugh, *Re, ex p.* Dickin (1876) 4 Ch.D. 524 .... 260, 265, 418, 419
Waugh v. British Railways Board [1980] A.C. 521; [1979] 3 W.L.R. 150; (1979) 123 S.J. 506; [1979] 2 All E.R. 1169; [1979] IRLR 364, H.L.; reversing (1978) 122 S.J. 730; *The Times*, July 29, 1978, C.A. 493
Waverley v. Carnaud Metalbox Engineering [1994] 1 Lloyd's Rep. 38 447
Way v. Latilla [1937] 3 All E.R. 759 .... 86, 360
Wayne Tank and Pump Co. v. Employers' Liability Assurance Corporation [1974] Q.B. 57; [1973] 3 W.L.R. 483; 117 S.J. 564; [1973] 3 All E.R. 825; [1973] 2 Lloyd's Rep. 237, C.A., reversing [1972] 2 Lloyd's Rep. 141 .... 68, 163, 210, 211, 990, 1007
Webster v. Bosanquet [1912] A.C. 394, P.C. 244, 246

Table of Cases

Webster v. Cecil (1861) 30 Beav. 62 290
Weddell v. Pearce (J. A.) & Major [1988] Ch. 1; [1987] 3 W.L.R. 592; (1987) 131 S.J.
  1120; [1987] 3 All E.R. 624; [1988] L.S.Gaz. September 7, 33 299
Weller v. Akehurst [1981] 3 All E.R. 411; (1981) 32 P. & C.R. 320; (1980) 257 EG
  1259 .... 238, 240
—— & Co. v. Foot and Mouth Disease Research Institute [1966] 1 Q.B. 569; [1965] 3
  W.L.R. 1082; 109 S.J. 702; [1965] 3 All E.R. 560; [1965] 2 Lloyd's Rep. 414 177
Wells v. Army & Navy Co-operative Society (1902) 86 L.T. 764; (1902) H.B.C. (4th ed.)
  Vol. 2, p. 353, C.A. 46, 53, 54, 167, 212, 241, 251, 580
—— (Merstham) v. Buckland Sand and Silica Co. [1965] 2 Q.B. 170; [1964] 2 W.L.R.
  453; 108 S.J. 177; [1964] 1 All E.R. 41 308
Welsh Health Technical Services Organisation v. Haden Young (1987) 37 B.L.R. 130,
  D.C. 308
Wenlock (Baroness) v. River Dee Co. (1887) 36 Ch.D. 674, C.A. 32
Wentworth v. Cock (1839) 10 A. & E. 42 298
—— v. Wiltshire County Council [1993] Q.B. 654; [1993] 2 W.L.R. 175; [1993] 2 All
  E.R. 256; (1992) 136 S.J. (LB) 198; 90 L.G.R. 625; [1992] NPC 72; [1992] *Gazette*,
  15 July, 36; (1993) 3 Admin.L.R. 188; (1992) 142 New.L.J. 1376; *The Times*, May
  22, 1992; *The Independent*, May 29, 1992, C.A. 235, 508
Wessex Regional Health Authority v. HLM Design (1994) 10 Const.L.J. 165 187
West Faulkner Associates v. Newham London Borough, 61 B.L.R. 81; [1992] EGCS
  139; (1992) 31 Con.L.R. 105 .... 355, 469, 625, 661
West Leigh Colliery Co. v. Tunnicliffe & Hampson [1908] A.C. 27 281
West Midland Baptist (Trust) Association (Inc.) v. Birmingham City Corporation. *See*
  Birmingham Corporation v. West Midland Baptist Association.
West Wiltshire District v. Garland; Cond, Third Party [1993] Ch. 409; [1993] 3 W.L.R.
  626; [1993] 4 All E.R. 246; *The Times*, March 4, 1993 414
Westerton, *Re* [1919] 2 Ch. 104 302
Westminster City Council v. Clifford Culpin & Partners (1987) 137 New.L.J. 736; 12
  Con.L.R. 117, C.A. 497
—— v. Jarvis (J.) & Sons [1970] 1 All E.R. 943, H.L.; reversing *sub nom.* Jarvis (J.) & Sons
  v. Westminster City Council [1969] 1 W.L.R. 1448; 113 S.J. 755; [1969] 3 All E.R.
  1025, C.A.; reversing (1968) 118 New L.J. 590; *The Times*, June 18, 1968 ..... 591, 626,
                                                                                             645, 1043, 1068
Wettern Electric v. Welsh Development Agency [1983] Q.B. 796; [1983] 2 W.L.R. 897;
  [1983] 2 All E.R. 629; (1984) 47 P. & C.R. 113 .... 20, 26, 51, 61
Wharf Properties v. Eric Cumine Associates (1991) 20 Con.L.R. 84, P.C. 340
—— v. —— (No. 2) (1991) 7 Const.L.J. 251; 52 B.L.R. 1, P.C. 472, 475, 486, 652
Wheeler v. Stratton (1911) 105 L.T. 786 81
Whincup v. Hughes (1871) L.R. 6 C.P. 78 77
Whipham v. Everitt, *The Times*, March 22, 1990 361
Whitaker v. Dunn (1887) 3 T.L.R. 602, D.C. 81, 83
White, *Re*. (1901) 17 T.L.R. 461, D.C. 243
White v. Jones [1993] 3 W.L.R. 730; [1993] 3 All E.R. 481; [1993] NPC 37; (1993) 143
  New L.J. 473; *The Times*, March 9, 1993; *The Independent*, March 5, 1993, C.A. 181,
                                                                                                189, 199
—— v. St Albans City and District Council, *The Times*, March 12, 1990, C.A. 282
—— and Carter (Councils) v. McGregor [1962] A.C. 413; [1962] 2 W.L.R. 17; 105 S.J.
  1104; [1961] 3 All E.R. 1178; 1962 S.C. (H.L.) 1; 1962 S.L.T. 9, H.L.; reversing
  1960 S.C. 276; 1961 S.L.T. 144; [1961] C.L.Y. 1472 .... 160, 162, 206
—— (Arthur) (Contractors) v. Tarmac Civil Engineering [1967] 1 W.L.R. 1508; 111 S.J.
  831; [1967] 3 All E.R. 586, H.L.; reversing *sub nom.* Spalding v. Tarmac Civil
  Engineering [1966] 1 W.L.R. 156; 109 S.J. 995; [1966] 1 All E.R. 209; 64 L.G.R.
  111; [1965] C.L.Y. 2694; [1966] C.L.Y. 8258, C.A. 66, 68
Whiteford v. Hunter [1950] W.N. 553; 94 S.J. 758; H.L.; reversing *The Times*, July 30,
  1948 339
Whitehouse v. Jordan [1981] 1 W.L.R. 246; (1980) 125 S.J. 167; [1981] 1 All E.R. 267,
  H.L.; affirming [1980] 1 All E.R. 650, C.A. 338, 339, 345, 351, 491
Whiteside v. Whiteside [1950] Ch. 65; 66 T.L.R. (Pt. 1) 126; [1949] 2 All E.R. 913;
  [1949] T.R. 457; C.A.; affirming [1949] Ch. 448 288

c

Table of Cases

Whitley & Sons v. Clwyd County Council (1983) 22 B.L.R. 48, C.A. 40, 457
Whittal Builders Co. v. Chester-le-Street District Council, 40 B.L.R. 82; 11 Con.L.R. 40
  D.C. 30, 230, 231, 284, 285, 625
Whitworth Street Estates (Manchester) v. James Miller and Partners. *See* Miller (James) &
  Partners v. Whitworth Street Estates (Manchester).
Widnes Foundry v. Cellulose Acetate [1931] 2 K.B. 393, C.A. 242
Wigan Metropolitan Borough Council v. Sharkey Brothers (1988) 4 Const.L.J. 162,
  (1987) 43 B.L.R. 115 1097
Wildhandel N.V. v. Tucker & Cross [1976] 1 Lloyd's Rep. 341 459
Wilkie v. Scottish Aviation, 1956 S.C. 198 361
Wilkinson, *Re, ex p.* Fowler [1905] 2 K.B. 713 .... 309, 310, 420, 663,
                                                                                                                 1069
Wilkinson v. Clements (1872) L.R. 8 Ch. 96 292
Willcock v. Pickford Removals [1949] 1 Lloyd's Rep. 244, C.A. 432
Willcox v. Kettell [1937] 1 All E.R. 222 515
Willday v. Taylor (1976) 241 EG 835, C.A. 474
Willesford v. Watson (1873) L.R. 8 Ch. 473 .... 432, 439
William Cox v. Fairclough Buildings, 16 Con.L.R. 7 834
William Tomkinson v. The Parochial Church Council of St. Michael (1990) 6 Const.L.J.
  319 .... 56, 268, 569, 672
Williams v. Atlantic Assurance Co. [1933] 1 K.B. 81 299
—— v. Beesley [1973] 1 W.L.R. 1295 (H.L.) 469
—— v. Fitzmaurice (1858) 3 H. & N. 844 .... 87, 91, 1060
—— v. Roffey & Nicholls (Contractors) [1991] 1 Q.B. 1; [1990] 2 W.L.R. 1153; [1990] 1
  All E.R. 512; 48 B.L.R. 69; (1991) 10 Tr.L.R. 12; (1989) 139 New L.J. 1712; [1990]
  L.S.Gaz. March 28, 36, C.A. 13, 78, 97, 155,
                                                                                                                 288
—— v. Settle [1960] 1 W.L.R. 1072; 104 S.J. 847; [1960] 2 All E.R. 806, C.A. 366
—— (Fraser) v. Prudential Holborn (1993) B.L.R. 1, C.A. 22
Willment Brothers v. North West Thames Regional Health Authority (1984) 26 B.L.R.
  51, C.A. 303, 418, 664
Wilmot v. Alton [1897] 1 Q.B. 17 421
—— v. Smith (1828) 3 C. & P. 453 96
Wilsher v. Essex Area Health Authority [1988] A.C. 1074; [1988] 2 W.L.R. 557; (1988)
  132 S.J. 418; [1988] 1 All E.R. 871; (1988) 138 New L.J. 78, H.L.; affirming [1987]
  Q.B. 730; [1987] 2 W.L.R. 425; [1986] 3 All E.R. 801; (1986) 130 S.J. 749; (1986)
  136 New L.J. 1061; (1986) 83 L.S.Gaz. 2661, C.A. 207, 338,
                                                                                                                 339
Wilson v. General Iron Screw Colliery Co. (1877) 47 L.J.Q.B. 239 222
—— v. Wilson [1969] 1 W.L.R. 1470; 113 S.J. 625; [1969] 3 All E.R. 945; 20 P. & C.R.
  780 63
Wilson Smithett & Cape (Sugar) v. Bangladesh Sugar and Food Industries Corp. [1986] 1
  Lloyd's Rep. 378 17
Wimpey Construction v. Civil and Public Services Association (1988) 5 Const.L.J.
  162 432
—— U.K. v. Poole (1984) 128 S.J. 969; [1984] 2 Lloyd's Rep. 499; (1985) 27 B.L.R.
  58 .... 338, 340,
                                                                                                                 1007
Winter, *Re, ex p.* Bollard (1878) 8 Ch.D. 225 .... 260, 264,
                                                                                                                 1055
Wise v. Perpetual Trustee Co. [1903] A.C. 139, P.C. 35
Wolmershausen, *Re* (1890) 62 L.T. 541 272
Wolverhampton Corp. v. Emmons [1901] 1 K.B. 515, C.A. 292
Wong Lai Ying v. Chinachem Investment Co. (1979) 13 B.L.R. 81, P.C. 143, 146,
                                                                                                                 148
Wood v. Tendring Rural Sanitary Authority (1886) 3 T.L.R. 272, D.C. 255, 307
Wood Hall v. The Pipeline Authority, 53 A.L.J.R. 487, High Ct. of Australia 276
Woodar Investment Development v. Wimpey Construction U.K. [1980] 1 W.L.R. 277;
  (1980) 124 S.J. 184; [1980] 1 All E.R. 571, H.L. 159, 216
Woodfield Co. v. Thompson & Sons (1919) 367 T.L.R. 43, C.A. 147

Table of Cases

Woodhouse A. C. Israel Cocoa S.A. v. Nigerian Produce Marketing Co. [1972] A.C. 741; [1972] 2 W.L.R. 1090; 116 S.J. 329; [1972] 2 All E.R. 271; [1972] 1 Lloyd's Rep. 439, H.L.; affirming [1971] 2 Q.B. 23; [1971] 2 W.L.R. 272; [1971] 1 All E.R. 665; *sub nom.* Woodhouse v. Nigerian Produce Marketing Co. (1970) 115 S.J. 56; *sub nom.* Woodhouse A. C. Israel Cocoa S.A. and A. C. Israel Cocoa Inc. v. Nigerian Produce Marketing Co. [1971] 1 Lloyd's Rep. 25, C.A.; reversing [1970] 2 All E.R. 124; [1970] 1 Lloyd's Rep. 295 .... 99, 259, 285, 287

Woodspring District Council v. Venn (J. A.) (1985) 5 Con.L.R. 54; (1985) 1 Const.L.J. 313; [1985] C.I.L.L. 169, D.C. 409

Woodworth v. Conroy; Conroy v. Woodworth [1976] Q.B. 884; [1976] 2 W.L.R. 338; (1975) 119 S.J. 810; [1976] 1 All E.R. 107, C.A. 363

Woollerton and Wilson v. Costain (Richard) [1970] 1 W.L.R. 411; 114 S.J. 170 .... 282, 346

Worboys v. Acme Investments (1969) 210 EG 335; 119 New L.J. 322, C.A. 341, 346

Workington Harbour & Dock Board v. Trade Indemnity Co. (No. 2) [1938] 2 All E.R. 101, H.L. 274

Workman, Clark & Co. v. Lloyd Brazileno [1908] 1 K.B. 968 (C.A.) 108, 474

World Beauty, The. Owners of the Steam Tanker Andros Springs v. Owners of the Steam Tanker World Beauty. *See* Andros Springs (Owners) v. World Beauty (Owners)

World Pride Shipping v. Daiichi Chuo Kisen Kaisha; Golden Anne, The [1984] 2 Lloyd's Rep. 489 437

Worlock v. SAWS (1983) 265 EG 774; (1983) 22 B.L.R. 66, C.A.; (1981) 260 EG 920; (1982) 20 B.L.R. 94 412

Wormell v. R.H.M. Agricultural (East) [1987] 1 W.L.R. 1091; (1987) 131 S.J. 1085; [1987] 3 All E.R. 75; [1988] T.L.R. 114; (1987) 84 L.S.Gaz. 2197, C.A.; reversing [1986] 1 W.L.R. 336; (1985) 129 S.J. 166; [1986] 1 All E.R. 769; (1986) 83 L.S.Gaz. 786 58

Wraight v. P. H. & T. (Holdings) (1968) 13 B.L.R. 26 .... 664, 672

Wright v. British Railways Board [1983] 2 A.C. 773; [1983] 3 W.L.R. 211; [1983] 2 All E.R. 698, H.L. 507, 508

Wroth v. Tyler [1974] Ch. 30 [1983] 2 W.L.R. 405; (1972) 117 S.J. 90; [1973] 1 All E.R. 897; 25 P. & C.R. 138 201

Yates Building Co. v. Pulleyn (R. J.) & Sons (York) (1975) 119 S.J. 370; (1975) 237 EG 183; C.A.; reversing (1973) 228 EG 1597 27

Yeadon Waterworks Co. & Wright, *Re* (1895) 72 L.T. 832, C.A. 255, 307

Yeoman Credit v. Odgers, Vospers Motor House (Plymouth) (Third Party) [1962] 1 W.L.R. 215; 106 S.J. 75; [1962] 1 All E.R. 789, C.A. 308

Yeu Shing Construction Co. v. Att.-Gen. of Hong Kong, 40 B.L.R. 131, High Ct. of Hong Kong 429, 436, 453

Yianni v. Evans (Edwin) & Sons [1981] 3 W.L.R. 843; [1982] Q.B. 438; (1981) 259 EG 969; (1981) 125 S.J. 694 196

Yin (Chai Sau) v. Sam (Liew Kwee) [1962] A.C. 304; [1962] 2 W.L.R. 765; 106 S.J. 217; P.C. 151

Yonge v. Toynbee [1910] 1 K.B. 215, C.A. 333

Yorkshire Dale S.S. Co. v. Minister of War Transport [1942] A.C. 691 211

Yorkshire Joinery Co. (in Liquidation), *Re* (1967) 111 S.J. 701; 117 New L.J. 652 421

Yorkshire Water Authority v. Sir Alfred McAlpine & Son (Northern) (1985) 32 B.L.R. 114 .... 982, 993, 999, 1048

Youell v. Bland Welch & Co. (No. 3) [1991] 1 W.L.R. 122 488

—— v. —— [1992] 2 Lloyd's Rep. 127, C.A.; 190

Young v. Blake (1887) H.B.C. (4th ed.) Vol. 2, p. 110 .... 90, 141, 346

—— v. Kitchen (1878) 3 Ex.D. 127 .... 302, 304

—— v. Sun Alliance and London Insurance [1977] 1 W.L.R. 104; 120 S.J. 469; [1976] 3 All E.R. 561; [1976] 2 Lloyd's Rep. 189, C.A. 623

—— v. White (1911) 28 T.L.R. 87 311

—— & Marten v. McManus Childs [1969] 1 A.C. 454; [1968] 3 W.L.R. 630; 112 S.J. 744; [1968] 3 All E.R. 1169; 67 L.G.R. 1, H.L.; affirming *sub nom.* Prior v. McManus Childs [1967] C.L.Y. 354 .... 49, 56, 57, 58, 59, 62, 315, 316

Yrazu v. Astral Shipping Co. (1904) 20 T.L.R. 153 643

Table of Cases

Yuen Kun Yeu v. Att.-Gen. of Hong Kong [1988] A.C. 175; [1987] 3 W.L.R. 776; (1987) 131 S.J. 1185; [1987] 2 All E.R. 705; (1987) 84 L.S.Gaz. 2049; [1987] FLR 291; (1987) 137 New L.J. 566, P.C. 170, 180, 193, 195, 198

Z.I.C. v. N.K. [1987] 2 Lloyd's Rep. 596 20
Zim Properties v. Procter (Inspector of Taxes) (1985) 129 S.J. 68; (1984) 58 T.C. 371; [1985] S.T.C. 90; (1985) 82 L.S.Gaz. 124; 218
Zimmer v. Zimmer Manufacturing Co. [1968] 1 W.L.R. 1349; [1968] 3 All E.R. 449; [1968] R.P.C. 363; *sub nom.* Zimmer Orthopaedic v. Zimmer Manufacturing (1968) 112 S.J. 640, C.A.; varying [1968] 1 W.L.R. 852; [1968] 2 All E.R. 309; *sub nom.* Zimmer Orthopaedic v. Zimmer Manufacturing (1968) 112 S.J. 335; [1968] R.P.C. 362 498

TABLE OF EUROPEAN CASES

Ballast Nedam Groep N.V. v. Belgium (C–389/92) [1994] I E.C.R. 1289; [1994] 2 C.M.L.R. 836 380
Bavaria Fluggesellschaft Schwabe & Co. KG v. Eurocontrol (9/77) [1977] E.C.R. 1517; [1980] 3 C.M.L.R. 566 392
Belgian Roofing Felt-BELASCO v. Commission (246/86) [1986] E.C.R. 2117; [1991] 4 C.M.L.R. 96 .... 386, 387
Belgische Radio en Televisie v. SV S.A.BAM (127/73) [1974] E.C.R. 51; [1974] 2 C.M.L.R. 238 388
Bellini & others (27, 28 & 29/86) [1987] E.C.R. 3347 380
Bier v. Mines de Potasse d'Alsace (21/76) [1976] E.C.R. 1735; [1977] 1 C.M.L.R. 284 394
Bureau National Interprofessionnel du Cognac v. Clair (123/83) [1985] E.C.R. 391; [1985] 2 C.M.L.R. 43 387

Cassis de Dijon. *See* Rewe-Zentral AG v. Bundesmonopolverwaltung für Branntwein .. 375
Commission v. Denmark (C–243/89) (not yet reported) 379, 381
—— v. Ireland (45/87) [1988] E.C.R. 4929; [1989] 1 C.M.L.R. 225 .... 376, 379
—— v. Italy (C–107/92) (not yet reported) but *see* (1994) Public Procurement Law Review CS10 380
—— v. Italy (199/85) [1987] E.C.R. 1039 381
—— v. Italy (C–272/91R) [1992] I E.C.R. 457 387
—— v. Italy (C–296/92) [1994] I E.C.R. 1 387
—— v. Italy (C–360/89) [1992] I E.C.R. 3401 377
—— v. Italy (C–362/90) [1992] I E.C.R. 2353 .... 380, 381
—— v. Spain (C–24/91) [1992] I E.C.R. 1989 380
Custom Made Commercial Ltd v. Stawa Metallbau GmbH (C–288/92) [1994] I E.C.R. 2913 393

Dassonville. *See* Procureur du Roi v. Dassonville
Delimitis v. Henniger Bräu AG (C–234/89) [1991] I E.C.R. 935; [1992] 5 C.M.L.R. 210 388
Du Pont de Nemours Italiana SpA v. Unita Sanitovia Locale No. 2 di Carrara (C–21/88) [1990] I E.C.R. 889; [1991] 3 C.M.L.R. 25 .... 377, 379

Effer SpA v. Kantner (38/81) [1982] E.C.R. 825 393

Faccini Dori v. Recreb Srl (C–91/92) [1994] I E.C.R. 3325 375
Foster v. British Gas (C–188/89) [1990] I E.C.R. 3313; [1990] 2 C.M.L.R. 833 375
Francovich v. Italian Republic (C–6 & 9/90) [1991] I E.C.R. 5357; [1993] 2 C.M.L.R. 66 375
Fratelli Costanzo SpA v. Comune di Milano (103/88) [1989] E.C.R. 1839; [1990] 3 C.M.L.R. 239 381

Gebroeders Beentjes B.V. v. Staat der Nederlanden (31/87) [1988] E.C.R. 4635; [1990] 1 C.M.L.R. 287 .... 377, 378
Gestión de Hóteleras Internacional S.A. v. Communidad Autónoma de Canarias (C–331/92) [1994] I E.C.R. 1329 378

Table of European Cases

Hubbard v. Hamburger (C–20/92) *The Times*, July 16, 1993 376

Industrie Tessili Italiana Como v. Dunlop AG (12/76) [1976] E.C.R. 1473; [1977] 1 C.M.L.R. 26 393

Kalfelis v. Schröder, Münchmeyer, Hengst & Co. (189/87) [1988] E.C.R. 5565 394
Keck and Mithouard (C–267–268/91) [1995] 1 C.M.L.R. 101 375

Laboraton Bruneau (C–351/88) [1991] I E.C.R. 3641; [1994] 1 C.M.L.R. 707 377
Lufttransportunternehmen GmbH & Co. KG v. Eurocontrol (29/76) [1976] E.C.R. 1514; [1977] 1 C.M.L.R. 88 392

Marleasing v. La Comercial International de Alimentación S.A. (C–106/89) [1990] I E.C.R. 4135; [1992] 1 C.M.L.R. 305 375

Netherlands v. Rüffer (814/79) [1980] E.C.R. 3807; [1981] 3 C.M.L.R. 293 .... 392, 394

Procureur de Roi v. Dassonville (8/74) [1974] E.C.R. 837; [1974] 2 C.M.L.R. 436 375

Rewe-Zentral AG v. Bundesmonopolverwaltung für Branntwein (120/78) [1979] E.C.R. 649; [1979] 3 C.M.L.R. 494 375
Rich & Co. v. Società Italiana Impianti (C–190/89) [1991] I E.C.R. 3855; [1991] I.L.Pr. 524 395
Rush Portuguesa Lda v. Office Nationale D'Immigration (C–113/89) [1990] I E.C.R. 1417; [1991] 2 C.M.L.R. 818 377

Shevanai v. Kreischer (266/85) [1987] E.C.R. 239; [1987] 3 C.M.L.R. 782 393
Società Italiana Vetro SpA v. Commission (T68 & 77–78/89) [1992] II E.C.R. 1403; [1992] 5 C.M.L.R. 302 387
Société Jakob Handte et Cie GmbH v. Société Traitements Mécano-Chimiques des Surfaces (C–26/91) [1992] I E.C.R. 3967; [1993] I.L.Pr. 5 393

Transporoute et Travaux S.A. v. Minister of Public Works (76/81) [1981] E.C.R. 417; [1982] 3 C.M.L.R. 382 .... 379, 380

United Brands Co. v. Commission (27/76) [1978] E.C.R. 207; [1978] 1 C.M.L.R. 429 387

Vereniging van Cementhandelaren v. Commission (8/72) [1972] E.C.R. 977; [1973] C.M.L.R. 7 387

Zelger v. Salinitri (56/79) [1980] E.C.R. 89; [1980] 2 C.M.L.R. 635 393

TABLE OF STATUTES

1677	Statute of Frauds (29 Car. 2, c. 3)—		1925	Law of Property Act (15 & 16 Geo. 5, c. 20)—	
	s.4	29, 269		s.1(6)	29
1697	The Administration of Justice Act (8 & 9 Will. 3, c. 11)—			s.40	29
				s.136(1)	304
	s.8	274		s.205(1)	29
1774	Fives Prevention (Metropolis) Act (14 Geo. 3, c. 78)—		1927	Auctions (Bidding Agreements) Act (17 & 18 Geo. 5, c. 12)	384
	s.83	150	1931	Architects (Registration) Act (21 & 22 Geo. 5, c. 33)—	
	s.84	150			
1828	Statute of Frauds Amendment Act (9 Geo. 4, c. 14)—			s.3(3)	327
	s.6	132		s.5(1)	327
1838	Judgments Act (1 & 2 Vict., c. 110)—			s.6(1)	327
				s.6A	327
	s.17	508		s.7(1)	327, 328
1854	Common Law Procedure Act (17 & 18 Vict., c. 125)	458		(2)	327
1856	Mercantile Law Amendment Act (19 & 20 Vict., c. 97)—			(4)	328
				(5)	328
	s.3	29		s.8	328
1875	Public Health Act (38 & 39 Vict., c. 55)	410		s.9	328
				s.11	328
1878	Bills of Sale Act (41 & 42 Vict., c. 31)	261		s.15	327
				s.17	326
1889	Public Bodies Corrupt Practices Act (52 & 53 Vict., c. 69)—			Sched. 4	327
				Sched. 5	327
	s.1	336	1934	Law Reform (Miscellaneous Provisions) Act (24 & 25 Geo. 5, c. 41)	233
1890	Partnership Act (53 & 54 Vict., c. 39)—				
	s.1	35		s.3(1)	150
	s.5	35		County Courts Act (24 & 25 Geo. 5, c. 53)	518
1893	Sale of Goods Act (56 & 57 Vict., c. 71)	58	1935	Law Reform (Married Woman and Tortfeasors) Act (25 & 26 Geo. 5, c. 30)	324
1906	Prevention of Corruption Act (6 Edw. 7, c. 34)—				
	s.1	336	1936	Public Health Act (26 Geo. 5 & 1 Edw. 8, c. 49)	411
	s.2(1)	336			
	Marine Insurance Act (6 Edw. 7, c. 41)—		1938	Architects Registration Act (1 & 2 Geo. 6, c. 54)—	
	s.41	152		s.1(1)	325
1913	Bankruptcy and Deeds of Arrangement Act (3 & 4 Geo. 5, c. 34)—			s.1A	327
				s.2	326
				s.3	326
	s.15	688		s.4(2)	326
1914	Bankruptcy Act (4 & 5 Geo. 5, c. 59)	415	1939	Limitation Act (2 & 3 Geo. 6, c. 21)	407
	s.31	418		s.26	130
	s.38(c)	416		London Building Acts (Amendment) Act (2 & 3 Geo. 6, c. xcvii)	2
	s.54	417			
1916	Prevention of Corruption Act (6 & 7 Geo. 5, c. 64)—				
	s.2	336		Pt. VI	411, 1013

Table of Statutes

1943	Law Reform (Frustrated Contracts) Act (6 & 7 Geo. 6, c. 40) 82, 143, 149, 359, 507, 1085
	s.1(1) 150
	(2) 150
	(3) 150
	(5) 150
	s.2(3) 146, 150
	s.3(1) 149
1945	Law Reform (Contributory Negligence) Act (8 & 9 Geo. 6, c. 28) 213
	s.1 208
	s.4 .... 207, 208
1947	Crown Proceedings Act (10 & 11 Geo. 6, c. 44) 34
1948	Companies Act (11 & 12 Geo. 6, c. 38)—
	s.319(4) 420
1950	Arbitration Act (14 Geo. 6, c. 27) 423, 441, 451
	s.1 452
	s.3(1) 421
	(2) 421
	s.4 .... 321, 436, 438, 439, 453, 503
	(1) 438
	s.7 451
	s.10 .... 426, 451
	(1)(b) 452
	(2) 452
	s.11 432
	s.12(1) 446
	(6) 446
	(a) 464, 508
	(g) 456
	(h) 293, 456, 463
	s.13(3) 456
	s.13A 146, 160, 448
	s.14 450
	s.16 460
	s.18 450
	(2) 450
	(3) 451
	s.19A 450, 459, 506, 1076
	s.22(1) 458
	s.23 .... 454, 463
	(1) 435
	s.24 434
	(1) 120, 123 434, 435, **436**, 452
	(2) 429, 436, 442, 453
	(3) 436, 441, 442
	s.25 453
	(4) 437
	s.26 .... 426, 459
	(1) 460, 464
	(2) 460
	s.27 .... 437, 452, 1096

1950	Arbitration Act—*cont.*
	s.32 .... 423, 425
1957	Occupiers' Liability Act (c. 31) 61, 279, 283
	s.2 282
	Housing Act (5 & 6 Eliz. 2, c. 56)—
	s.6 61
1960	Corporate Bodies' Contracts Act (8 & 9 Eliz. 2, c. 46) ... 33
	s.1 34
1961	Public Health Act (9 & 10 Eliz. 2, c. 64) 411
1962	Recorded Delivery Service Act (10 & 11 Eliz. 2, c. 27)—
	s.1 328
1963	London Government Act (c. 33) 34
1964	Resale Prices Act (c. 58) 384
1966	Building Control Act (c. 27) 154
1967	Misrepresentation Act (c. 7) 127, 128, 133, 141, 142, 160, 189, 191, 198
	s.1 .... **133**
	(a) 129
	(b) 129
	s.2 .... **134**
	(1) 132, 133, 134, 135, 136, 137, 233
	(2) 133, 136, 137
	(3) 137
	s.3 .... 71, 133, 137, **138**
1968	Trade Descriptions Act (c. 29) 154, 328
	Civil Evidence Act (c. 64) 488, 490
	Pt. I 489
1969	Architects Registration (Amendment) Act (c. 42)—
	s.4 326
	Family Law Reform Act (c. 46)—
	s.1 31
	s.12 31
	Auctions (Bidding Agreements) Act (c. 56) 384
	Employers' Liability (Compulsory Insurance) Act (c. 57) 1011
1972	Civil Evidence Act (c. 30) 488, 489, 490
	Defective Premises Act (c. 36) 8, 61, 62, 368, 397, 404, 413
	s.1(1) 397, **398**
	(2) **399**
	(3) **399**
	(4) 399, **400**
	(5) 400
	s.2 398
	(1) 397, 398
	(7) 398

1972	Defective Premises Act—*cont.*		1977	Restrictive Trade Practices Act	
	s.3	400		(c. 19)	384
	s.4	399		Torts (Interference with Goods) Act (c. 32)—	
	s.6(2)	397			
	(3)	397		s.7(4)	81
	European Communities Act (c. 68)—			Administration of Justice Act (c. 38)—	
	s.9(1)	33		s.17(2)	460
	(2)	333, 383		Unfair Contract Terms Act (c. 50)	67, 69, 198, 268, 269
	Local Government Act (c. 70)—			s.1(1)	70
	ss. 94–98	34		(3)	70
	s.94(2)	34		s.2	64, 71
	s.105	34		(1)	71, 72
	s.135	377		(2)	71, 72, 184, 188, 196
	(2)	34		s.3	72
	(4)	34		(2)(b)	323
	s.272	34		s.4	73
1973	Supply of Goods (Implied Terms) Act (c. 13)—			s.5	72
				s.6	71, 72, 138
	s.7(2)	57		s.7	71, 138
	Fair Trading Act (c. 41)	389		s.8(1)	138
	ss.6–11	385		s.9	71, 161
	ss.47–55	385		s.10	70
	s.56	385		s.11	196
	ss.84–87	385		(1)	71, 138
	ss.88–93B	385		(2)	28, 71, 138
1974	Control of Pollution Act (c. 40)	295, 403		(4)	71
				(5)	71
	Pt. III	279, 282, 407		s.12	72
				s.13	70, 72
	s.60	279, 407		(1)(b)	501
	s.61	279, 407		s.26	70
	s.67	407		s.27	70
1975	Arbitration Act (c. 3)	423, 440, 441, 461		Sched. 2	71, 138
				Sched. 2, para. C	28
	s.1	304, 438, 440	1978	Employment Protection (Consolidation) Act (c. 44)—	
	(1)	438, 462			
	(4)	438		s.11	37, 38
	s.7(1)	423		Civil Liability (Contribution) Act (c. 47)	208, 224, 278, 324
	Litigants in Person (Costs and Expenses) Act (c. 47)	508			
				s.1	408
1976	Restrictive Practices Court Act (c. 33)	384		(4)	218
			1979	Estate Agents Act (c. 38)—	
	Restrictive Trade Practices Act (c. 34)	138, 383		s.21	337
				Arbitration Act (c. 42)	423, 441, 451, 456, 460, 765
	s.1(1)	384			
	(3)	385		s.1	113, 437, 460, 465, 467
	s.2	385		(1)	456, 458
	s.6(1)	384, 385		(2)	456
	s.7	385		(3)(a)	457
	s.10	385		(b)	457
	s.11	384, 385		(4)	457
	s.12	385		(5)	457, 460
	s.19	385		(6)	457
	s.31(9)	385		(6A)	457
	s.35	385		(7)	457
	(1)	385		s.2	437, 456
	(2)	386		s.3	436
	s.43(1)	385		(1)	465
	(3)	384, 385			

1979	Arbitration Act—*cont.*	
	s.5	447
	s.6(3)	451
	(4)	451
	Sale of Goods Act (c. 54)—	
	s.1(1)	264
	s.3	31
	(3)	31
	ss.12–15	49, 157
	s.14	57
	(6)	57
	s.17	262, 263
	s.18	263
	s.25(1)	264, 687
	s.53(1)(a)	499
	(3)	500
	s.55(3)	71
	s.61	592
1980	Competition Act (c. 21)	389
	s.2	386
	ss.5–10	386
	Magistrates' Courts Act (c. 43)—	
	s.127	412
	Limitations Act (c. 58)	268, 406, 408, 410, 515
	s.1	403
	s.2	358, 404
	s.5	357, 404
	s.7	410, 460
	s.8	357, 404, 990
	s.9	405
	s.10	357, 409
	s.11A	390, 406
	s.14A	358, 404, 406
	s.14B	404, 406
	s.26	407
	s.29	404
	s.30	404
	s.31	404
	s.32	130, 357, 358, 407
	(1)(b)	406
	(2)	407
	(5)	406
	s.34(1)	410
	(3)	410, 1096
	(4)	410
	s.35	404, 473
	(1)	478
	(3)	409
	(4)	409
	(5)	409, 410
	(6)	410
	s.38(11)	410
	(12)	410
	Local Government, Planning and Land Act (c. 65)	377
	Pt. III	34
	Highways Act (c. 66)—	
	s.59(3)	1020
	(4)	1020
1981	Supreme Court Act (c. 54)	233
	s.18	468
	(1A)	511
	s.32	505
	s.33	496
	s.35A	232, 235, 498, 506, 507, 516
	(2)	233
	(4)	506
	s.37(1)	293
	s.43A	125, 430, 431, 1097
	s.51	511, 512
	(1)	510
	s.68(1)(a)	467
1982	Civil Jurisdiction and Judgments Act (c. 27)—	
	s.2(1)	391
	s.3(3)	392
	ss.41–46	393
	Sched. 4	392
	Supply of Goods and Services Act (c. 29)	21
	ss.12–15	49
	s.12	49
	ss.13–15	49, 157
	ss.13–16	49
	s.14	236
	s.15	24, 84
	s.20(5)	49
	Administration of Justice Act (c. 53)	233
	s.15(6)	450, 459
	s.59	467
1984	Occupier's Liability Act (c. 3)	61, 1003, 1011
	s.1	282, 283
	s.2(4)(b)	279
	County Courts Act (c. 28)—	
	s.15	470
	s.17	470
	s.18	470
	s.35	473
	s.40	470
	(1)	471
	(3)	519
	(4)	471
	s.41	471
	(3)	471
	s.42	471
	(1)	471
	(3)	471
	s.45	512
	s.69	506
	Housing and Building Control Act (c. 29)	154
	Building Act (c. 55)	94, 411
	Pt. II	412
	ss.3–5	411
	s.6	411
	s.7	411

Table of Statutes

1984 Building Act—*cont.*
ss.8–11 411
s.16 412
s.17 412
s.35 412
s.36 413
   (6) 413
s.38 .... 397, 413, 414
   (3) 414
ss.121–123 2
s.134 413

1985 Companies Act (c. 6) 415
s.35 .... 33, 332
s.35A 33
s.35B 33
s.36 33
   (4) 333
s.395 .... 263, 420
s.396 420
s.399 .... 263, 420
s.404 .... 263, 420
s.405 .... 263, 420
s.614 420
s.726(1) 509
Sched. 19 420
Insolvency Act (c. 65) 415
Housing Associations Act (c. 69)—
s.74 336
Sched. 6, para. 1(2) 336

1986 Agricultural Holdings Act (c. 5) 131
Latent Damage Act (c. 37) 403, 404, 406
s.3 306
Insolvency Act (c. 45) 263, 415, 1057
s.8 416
s.11(3) 417
s.37 417
s.44 417
s.107 415
ss.117–160 416
s.144 416
s.145 416
ss.147–160 416
s.165(3) 417
s.167(1) 417, 418
s.178 .... 417, 662
s.179 417
s.130(2) 416
s.278 416
s.283 416
s.284 416
   (4) 419
s.306 416
s.307 416
s.314 .... 417, 418
s.315 .... 417, 662
   (3) 417

1986 Insolvency Act—*cont.*
s.315(5) 417
s.316 417
s.317 417
s.318 417
s.323 .... 303, 418, 501
s.328(3) 415
s.339 420
s.340 420
s.342 420
s.360 32
   (1)(a) 32
   (4) 32
s.363(1) 415
s.376 417
s.382 421
s.411 418
s.436 416
Sched. 4 418
Pt. II 417
Sched. 5 417
Pt. I 418

1987 Minors' Contracts Act (c. 13)—
s.2 31
s.3 31
Consumer Protection Act (c. 43) 414
Pt I. 389, 390, 406
s.1(1) 390
   (2) 390
s.2 390
s.3 390
s.4 390
   (1)(c) 390
s.5 390
s.6(4) 390
   (6) 390, 406
s.7 390
s.46(3) 390
Sched. 1 .... 390, 406

1988 Local Government Act (c. 9)—
Pt. II 34
ss.17–22 377
s.32 34
Sched. 2 377
Copyright, Designs and Patents Act (c. 48)—
Pt. III 364
s.1 364
s.3 364
s.4 364
s.10 364
s.11(2) 364
s.12 364
   (4) 364
s.16 364
s.17 364
s.51 364
s.65 364
s.90 365

Table of Statutes

1988	Copyright, Designs and Patents Act—*cont.*	
	s.90(4)	365
	s.92	365
	s.96	365
	s.97(1)	366
	(2)	366
	Housing Act (c. 50)—	
	s.46(2)	336
	Sched. 5, para. 1(2)	336
1989	Electricity Act (c. 29)—	
	s.16(1)	646
	Law of Property (Miscellaneous Provisions) Act (c. 34)	983
	s.1(1)(b)	30
	(3)	30
	(10)	30
	(11)	30
	s.2(1)	29
	(2)	29
	(3)	29
	(6)	29
	Companies Act (c. 40)—	
	ss.93–107	263, 420
	s.108	33
1990	Contracts (Applicable Law) Act (c. 36)	395
	Sched. 1	396
	Courts and Legal Services Act (c. 41)—	
	s.2(1)	470
	s.5	487
	s.92	410
	s.99	432
	s.100	125, 430, 431, 1097
	s.102	146, 160, 448
	s.103	446
	Environmental Protection Act (c. 43)	407
	Pt. I	402
1990	Environmental Protection Act—*cont.*	
	Pt. II	402
	Pt. III	402
	s.1	402
	s.2(1)	402
	s.2(5)–(7)	402
	s.3	402
	(5)	402
	s.6	402
	s.7	402
	(1)	402
	(2)	402
	(4)	402
	(7)	402
	(10)	402
	s.13	402
	s.14	402
	s.79(1)	403
	ss.80–82	407
	s.80	403
	(2)	403
	s.81	403
	(3)	403
	s.143(2)–(4)	402
1991	Civil Jurisdiction and Judgments Act (c. 12)	391
	Criminal Justice Act (c. 53)—	
	s.17(1)	412
	Water Resources Act (c. 57)—	
	s.14	34
	Sched. 4, para. 4	34
1992	Local Government Act (c. 19)	377
1993	Clean Air Act (c. 11)—	
	Pt. VI	402
	Noise and Statutory Nuisance Act (c. 40)	407, 403
1994	Insolvency (No. 2) Act (c. 12)	420

TABLE OF STATUTORY INSTRUMENTS

1969	Restrictive Trade Practises (Information Agreements) Order (S.I. 1969 No. 1842)	385
1973	House-building Standards (Approved Scheme, etc.) Order (S.I. 1973 No. 1843)	398
1975	House-building Standards (Approved Scheme, etc.) Order (S.I. 1975 No. 1462)	398
1976	Restrictive Trade Practises (Service) Order (S.I. 1976 No. 98)	384
1977	House-building Standards (Approved Scheme, etc.) Order (S.I. 1977 No. 642)	398
1979	House-building Standards (Approved Scheme, etc.) Order (S.I. 1979 No. 381)	398
1982	Supply of Goods and Services Act 1982 (Commencement) Order (S.I. 1982 No. 1770)	49
1985	Building Regulations (Inner London) Regulations (S.I. 1985 No. 1936)	411
	Construction Plant and Equipment (Harmonisation of Noise Emission Standards) Regulations (S.I. 1985 No. 1968)	403
1986	Insolvency Rules (S.I. 1986 No. 1925)—	
	r.4.90	418
	r.4.181	415
1987	Building Regulations (Inner London) Regulations (S.I. 1987 No. 798)	411
	Architects' Qualifications (EEC Recognition) Order (S.I. 1987 No. 1824)	327
1988	Architects Qualifications (E.C. Recognition) Order (S.I. 1988 No. 2241)	327
1989	Civil Jurisdiction and Judgments Act 1982 (Amendment) Order (S.I. 1989 No. 1346)—	
	art. 18	392
1989	Local Government (Direct Labour Organisations) (Competition) Regulations (S.I. 1989 No. 1588)	34
1991	The Environmental Protection (Prescribed Processes and Substances) Regulations (S.I. 1991 No. 472)	402
	High Court and County Courts Jurisdiction Order (S.I. 1991 No. 724)—	
	art. 4	470
	art. 7	470
	(3)	471
	(4)	471
	(5)	470, 471
	Environmental Protection (Amendment of Regulations) Regulations (S.I. 1991 No. 836)	402
	Public Supply Contracts Regulations (S.I. 1991 No. 2679)	378
	Public Works Contracts Regulations (S.I. 1991 No. 2680)	378
	reg. 8	380
	reg. 10(2)	380
	reg. 12(14)	380
	reg. 13(1)	380
	reg. 24	379
	reg. 31	382
	Courts and Legal Services Act 1990 (Commencement No. 7) Order (S.I. 1991 No. 2730)	448
	Building Regulations (S.I. 1991 No. 2768)	411
1992	Environmental Protection (Prescribed Processes and Substances) (Amendment) Regulations (S.I. 1992 No. 614)	402
	Building Regulations (Amendment) Regulations (S.I. 1992 No. 1180)	411
	Utilities Supply and Works Contracts Regulations (S.I. 1992 No. 3279)	378
	reg. 10	379
	reg. 11	380
	reg. 15	380
	reg. 30	382
	(7)	383

Table of Statutory Instruments

1993	Judgment Debts (Rate of Interest) Order (S.I. 1993 No. 564)	508	1993	Environmental Protection (Prescribed Processes and Substances) (Amendment) (No. 2) Regulations (S.I. 1993 No. 2405) ... 402
	Environmental Protection (Prescribed Processes and Substances) (Amendment) Regulations (S.I. 1993 No. 1749)	402		Public Services Contract Regulations (S.I. 1993 No. 3228) ... 378

TABLE OF RULES OF THE SUPREME COURT (R.S.C.)

R.S.C. Ord. 1, r. 4(1) 467
6, r. 8(1) 404
11 394
    r. 1(2) 392
14 .... 439, 440, 450, 467, 474, 502, 504, 512, 1096
    r. 1 502
    r. 3 504
        (2) 504
    r. 4 503
    r. 5 502
14A 494, 504
    r. 1(1) 504
15, r. 2 498
        (1) 519
        (3) 519
    r. 6(5) 410
        (6) 410
16 .... 67, 496
    r. 4(4) 483
    r. 10(1) 516
        (2) 517
17 304
18 481
    r. 6 472
    r. 7 472
    r. 8 475
        (4) 506
    r. 9 441
    r. 11 .... 472, 494
    r. 12 476
        (1)(c) 475, 483, 484, 486
        (6) 476
        (7) 476
    r. 13 .... 475, 482
        (4) 482
    r. 14 475
    r. 17 .... 498, 516
20 477
    r. 1 477
    r. 2 478
    r. 3 478
    r. 4 .... 477, 478
    r. 5 478
        (3) 410
        (5) 409
    r. 8 .... 409, 478
22 .... 448, 515
    r. 1 513
        (1) 513
        (2) 513
        (3) 513

R.S.C., Ord. 22—*cont.*
    r. 1(4) 513
        (5) 473, 513
        (8) 516
    r. 2 .... 516, 518
    r. 3(1) 513
        (2) 514
        (4) 514
        (5) 516
    r. 4(3) 514
    r. 5 514
    r. 6 513
    r. 7 515
    r. 14 517
23 508
    r. 1(1) 509
        (a) 509
24 492
25 496
    r. 3(1)(c) 470
    r. 4 512
    r. 6(2A) 470
    r. 8(1)(b) 491
26 477
27, r. 2 .... 477, 512
    r. 3 .... 513, 519
29 .... 440, 502, 515, 1105
    Pt. II 505
    r. 1 293
    r. 2 496
    r. 3 496
    r. 6 362
    r. 11 505
        (1)(c) 505
    r. 12 505
        (1)(c) 505
32, r. 6 477
33, r. 3 494
    r. 4 494
    r. 5 469
    r. 6 496
34, r. 3(2) 476
35, r. 8(1) 496
36, r. 1 467
    r. 2 467
    r. 3 467
    r. 4 467
        (3) 467
    r. 5(3) 468
    r. 6(1) 468
        (4) 468, 512
    r. 8 469

Table of Rules of the Supreme Court

R.S.C., Ord. 36—cont.	
r. 10	469
r. 11	469
38, r. 2A	487
(2)	488
(7)(a)	488
r. 3	489
r. 4	489
r. 5	495
rr. 35–43	489
r. 38	490, 493
r. 42	490
r. 43	490
40	496
47, r. 1	519
(a)	504
55	328
58, r. 4	443, 468, 469
59, r. 1A	468
r. 1B	468
(1)(b)	511
r. 10(2)	503
62	508
r. 2(4)	510
r. 3(3)	510
(4)	511
r. 5(4)	513
(6)	516
r. 6	511
(7)	512
r. 9(1)(a)	517
(b)	514
(d)	517
(b)	514, 515
r. 18	508
65	1099
r. 5(1)	27
(2b)	27
72, r. 1(2)	423
73	451, 458
r. 5	460
86	503
94, r. 6	328

TABLE OF EUROPEAN LEGISLATION

EUROPEAN COMMUNITY TREATIES AND CONVENTIONS

1927	Geneva Convention on the Execution of Foreign Arbitral Awards (September 26)	461
1957	Rome. Treaty Establishing the European Economic Community (March 25): 298 U.N.T.S. 167	374
	Art. 6 376,	379
	Art. 7 376,	509
	Arts. 30–37	375
	Art. 30 .... 376, 377,	379
	Arts. 48–50	375
	Arts. 59–66	375
	Art. 59	379
	Arts. 67–73h	375
	Arts. 85–90	383
	Art. 85	388
	(1) 386, 387, 388,	389
	(2)	387
	(3)	388
	Art. 86 .... 387, 388,	389
	Art. 169 .... 374, 381,	382
	Art. 171(2)	374
	Art. 189 374,	391
	Art. 220	392
1965	Hague Convention on Service Abroad of Judicial and Extrajudicial Documents in Civil or Commercial Matters (Hague XIV) (November 15)	392
1968	Brussels Convention on Jurisdiction and the Enforcement of Judgments in Civil and Commercial Matters (September 27): [1978] O.J. L304/1 . 391, 392, 396,	509
	Art. 2	393
	Arts. 5–6A	393
	Art. 5(1) 393,	394
	(3)	394

1968	Brussels Convention on Jurisdiction and Enforcement of Judgments in Civil and Commercial Matters (September 27)—cont.	
	Art. 6	394
	Art. 16	393
	Art. 17	393
	Art. 18	393
	Arts. 21–23 393,	395
	Art. 26	395
	Art. 27	395
	Art. 29	395
	Art. 31	395
	Art. 33	395
	Arts. 46–48	395
	Art. 50	395
	Art. 51	395
	Art. 52	395
	Art. 53	393
1970	Hague Convention on Taking of Evidence Abroad in Civil or Commercial Matters (Hague XX) (March 18) ...	392
1980	Rome. Convention on Law Applicable to Contractual Obligations (June 19)	396
	Art. 1(2)(d)	396
	Art. 3	396
	Art. 4	396
1986	Luxembourg. The Single European Act. (February 17): [1987] O.J. L169/1 ..... 374, 375,	376
1988	Lugano Convention (September 16)	392
	Art. 1	392
	Preamble, para. 4	392
1992	Maastricht Treaty on European Union (February 7): [1992] O.J. C191/1, [1992] 1 C.M.L.R. 719	374

DIRECTIVES AND REGULATIONS

Dir. 68/151 (European Council First Directive on Company Law): [1968] O.J. Spec. Ed. 41	
Art. 9	33

Dir. 71/305: [1971] O.J. Spec. Ed. 682	378
Dir. 85/374: [1985] O.J. L210/29	389
Dir. 85/384: [1985] O.J. L223/15	327

Table of European Legislation

Dir. 85/614: [1985] O.J. L376/1 327
Dir. 86/17: [1986] O.J. L27/71 327
Dir. 89/106: [1989] O.J. L40/12 376
Dir. 89/665: [1989] O.J. L395/33 382
Dir. 89/995: [1989] O.J. L395/33 .... 378, 382
Dir. 92/13: [1992] O.J. L76/4 ...... 378, 381, 382
    Art. 2(7) 383
    Art. 8 382
Dir. 92/50: [1992] O.J. L209/1 377
Dir. 93/36: [1993] O.J. L199/1 377
Dir. 93/37: [1993] O.J. L199/54 .... 377, 381
    Art. 7(3) 380
    Art. 14 380
Dir. 93/38: [1993] O.J. L199/84 ... 378, 381
    Art. 3 379
    Art. 5 379
    Art. 7(2) 380
    Art. 20 380
Reg. 4064/89: [1990] O.J. L257/14 388

TABLE OF REFERENCES IN CHAPTERS 1-17 TO THE JCT STANDARD FORM OF BUILDING CONTRACT (1980 ed.)

Cl. 2	351
2.2.1	45
2.2.2.2	288
5	3
5.4	480
5.7	283
6	94, 150, 153, 154
6.1.4	96
6.1.5	413
12	352, 353
13	489
14	314
16	264
17	266
19	298, 299
19.1	305
20	66, 224, 278
21	66
22	66, 148, 150, 441
23.3.3	251, 252
24	240, 252, 253
24.2	241
25	150, 164, 253, 272
25.3.1	254
25.3.1.2	255
25.3.3	255
25.4.5	253
25.4.6	253
25.4.7	307, 314, 324
Cl. 25.4.8	253
25.4.10	254
26	150, 227, 228, 312
26.2.1	479, 480
26.6	228
27	109, 160, 247, 257, 259
27.1	355
27.6.4	75
27.6.5	75
27.6.6	75
28	150, 160, 257, 259
28A	150
30	167, 321, 452
30.1	107
30.4	108
30.5.1	293
30.6.2	311
30.7	108
30.9	114, 452
30.9.1.1	116
35	290, 311, 312, 313
35.13	420
35.13.5	309
35.24	318
36	311, 312, 419
36.4.4	33
41	424, 427
41.3	254
41.4	290, 431

ABBREVIATIONS

In addition to standard abbreviated references to Law Reports which may be found in such other works as Current Law Year Book, the following are used in this edition:

C.A.	= Court of Appeal
D.C.	= Divisional Court
H.L.	= House of Lords
P.C.	= Privy Council
B.L.R.	= Building Law Reports
Const. L.J.	= Construction Law Journal
Con. L.R.	= Construction Law Reports
Con. L.Y.B.	= Construction Law Year Book
C.I.L.L.	= Construction Industry Law Letter
Hals.	= Halsbury's Laws of England
H.B.C.	= Hudson's Building Contracts
R.S.C.	= Rules of the Supreme Court

CROSS-REFERENCES

In an appropriate context, references to a chapter or page are to that chapter or page of this book.

Chapter 1

THE NATURE OF A BUILDING CONTRACT

		Page
1.	Introduction	1
2.	The Persons Concerned in a Building Contract	2
3.	Contract Documents	3
4.	A Typical Building Operation—Traditional Procedure	5
5.	Design and Build Contracts	7
6.	Management Contracts	9
7.	Smaller Contracts	10
8.	Alternative Dispute Resolution	10

1. INTRODUCTION

"A building contract is an entire contract for the sale of goods and work and labour for a lump sum price payable by instalments as the goods are delivered and the work is done."[1]

Relation to the general law of contract. The phrase "building contract" in this book is used to include any contract where one person[2] agrees for valuable consideration to carry out building or engineering works for another. It thus covers every contract from, for example, a simple oral agreement to repair a garage roof to elaborate public works contracts. The law of building contracts is a part of the general law of contract[3] and is not governed by any codifying statute. All the elements of a simple contract must be present[4] and the general rules of performance and discharge of contract apply to a building contract. Where the general principles of the law of contract apply to problems of common occurrence in building contracts they have been dealt with in detail in this book. But where they apply to problems which rarely arise in building contracts, *e.g.* mistake avoiding a contract, a mere outline has been given and for further information reference must be made to one of the standard works on the law of contract.[5]

---

[1] Lord Diplock in *Modern Engineering v. Gilbert-Ash* [1974] A.C. 689 at 717 (H.L.). For entire contracts, see p. 75. Not all building contracts provide for payment by instalments.
[2] This includes a corporation – see Chap. 2.
[3] English law is referred to throughout the book unless the contrary is indicated. A reader who has not previously studied any law may find it useful to read Professor Glanville Williams, *Learning the Law*.
[4] See Chap. 2.
[5] *e.g. Chitty on Contracts* (27th ed., 1994).

2. THE PERSONS CONCERNED IN A BUILDING CONTRACT

The employer and the contractor. The employer for whose benefit the work is carried out and the contractor who must carry out the work are the principal parties to a building contract. The employer has frequently been termed "the building owner", and the contractor the "builder"[6] or the "building contractor". For the sake of clarity and because the Standard Form of Building Contract[7] uses the terms, the parties are generally referred to in this book as "employer" and "contractor", unless a reference to a decided case involves the use of other terms.

In addition to the parties to the contract, there are usually in a large contract several other persons involved. These may include the architect or engineer, the quantity surveyor and other consultants. Although they are not parties, they may materially affect the legal relationship between the contractor and the employer. A short note on their position is given in this chapter although a full account, where appropriate, will be found in other chapters. There is no requirement of the law that there shall be such persons employed in a building contract and many smaller contracts are entered into and completed without their employment.

The architect. The term is ordinarily used in this book to describe the person who is engaged by the employer to carry out the duties of an architect referred to in Chapter 13.[8] In the broadest sense his duties are to prepare plans and specifications and supervise the execution of the works on behalf of the employer so that they may be completed in accordance with the contract. He is therefore the agent of the employer and owes him a contractual duty of professional care, notwithstanding that the employer and contractor ordinarily contract on the understanding that many matters may arise under the contract where the architect has to make a decision in a fair and unbiased manner.[9] A surveyor or some other person may carry out the duties and occupy the position of an architect in a building contract.

The engineer. In an engineering contract the person who carries out the

---

[6] This term received judicial consideration under a now repealed statute formerly relating to bankruptcy law—see H.B.C. (7th ed., 1946), p. 105. It has also been defined for the purpose of the London Building Acts 1930–39 in s. 4 of the London Building Acts (Amendment) Act 1939. See also ss. 121–123 of the Building Act 1984.
[7] Joint Contracts Tribunal Standard Form of Building Contract (1980 ed.). See further Chap. 18. This is the successor of the document referred to in previous editions of this book as the "R.I.B.A. Form". Further references will normally be to the "Standard Form of Building Contract".
[8] See Chap. 13. Thus references to "architect" do not refer to a person who, though he may have qualified as an architect, does not practise as such but acts as, say, an expert adviser or salaried assistant to a large contractor.
[9] *Sutcliffe v. Thackrah* [1974] A.C. 727 (H.L.). See further p. 121. The architect may also owe his client a parallel professional duty in tort—see "Professional negligence" on p. 186.

duties and occupies a position similar to that of an architect in a building contract is normally termed the engineer.[10]

The quantity surveyor. The quantity surveyor is employed by or on behalf of the employer to estimate the quantities of the proposed works and set them out in the form of bills of quantities for the purposes of tender. He may also be employed to measure and value variations and to do such other works of measurement and valuation as the architect may require.[11] In some cases the architect takes out his own quantities and does his own measuring of the works.

Consultants. In large building contracts, consultants other than the architect and quantity surveyor are often engaged by the employer for special purposes. There may for instance be a structural engineer, a mechanical and electrical engineer, an acoustics consultant or others. Their roles are often imprecisely defined in the contract, but generally their functions are more limited than those of the architect and confined to the design and supervision of those parts of the works within their special expertise.

Project Manager. In some large building contracts, the employer may engage a project manager in addition to the architect and some or all of the consultants mentioned above. A project manager's role is organisational, but his exact relationship with the architect, consultants, contractor and subcontractors varies from one contract to another. Contractors also sometimes employ a person whom they call the project manager.

Sub-contractors.[12] The contractor frequently subcontracts, or, as it is sometimes termed, sublets, much of the work to sub-contractors. If the architect or the employer has nominated the sub-contractor he is termed a nominated sub-contractor.

Sureties. Persons known as sureties may give various guarantees. They may guarantee the performance of the works by the contractor or due payment by the employer, or less commonly the good faith of the architect or other persons having control of money.[13]

3. CONTRACT DOCUMENTS

Contract documents contain the terms of the contract and are to be

---

[10] See generally Chap. 13, Section 3. Note that surveyors, engineers and others may not term themselves architects unless registered under the Architects Registration Acts 1931–1969.
[11] See generally Chap. 13.
[12] See generally Chap. 12.
[13] See generally Chap. 10, Section 5.

distinguished from other documents such as invitations to tender[14] or mere representations[15] not intended to form part of the contract. It is a question partly of fact and partly of construction[16] to determine which documents are contractual, but those here briefly referred to are common.[17]

Agreement or articles of agreement.   This usually sets out the date, the parties, the intended works and the consideration. It may also name the architect and quantity surveyor and provide in certain circumstances for their replacement.

Conditions.   Elaborate conditions are often made part of the contract and attempt to provide for the various problems which can arise during and after the execution of the works.

Architects' plans and drawings.   In some smaller contracts these may show the works in full detail, but in larger contracts often do not aim to do so. Further detailed drawings and instructions are therefore necessary and their timely production can be a source of much dispute.

Bills of quantities.   Bills of quantities quantify the works in detail and are ordinarily prepared in accordance with an agreed standard method of measurement. Their purpose "is to put into words every obligation or service which will be required in carrying out the building project".[18] They may not form part of the contract although submitted to the contractor for tender.[19] Generally it requires express words in the articles of agreement to make the bills of quantities a contract document.[20]

Specification.   This term is much less exact in meaning than "bills of quantities". It usually means a document which describes the work to be done and the goods to be supplied. There is no standard or customary method for the preparation of a specification and its meaning must be considered in each contract. Thus in the Standard Form of Building Contract where quantities do not form part of the contract, it has the meaning just stated, whereas it does not have such meaning in the version where quantities form part.[21] In the I.C.E. conditions it has the meaning stated above but does not give quantities of work, this function being performed by a separate Bill of Quantities.

---

[14] See Chap. 2, Section 2.
[15] See Chap. 6, Section 1.
[16] See Chap. 3.
[17] See Chap. 18 for a discussion of the contract documents in the various versions of the Standard Form of Building Contract.
[18] Simon Report, para. 55. See n.23 below for the Simon Report.
[19] See pp. 90 and 141.
[20] See p. 90.
[21] See Chap. 18. In the 1980 Standard Form of Building Contract, with quantities, there is no reference to a specification, although clause 5 does refer to "descriptive schedules or other like documents necessary for use in carrying out the Works" – see p. 557.

Other documents. A variety of other documents such as letters, estimates, memoranda, and in some cases the tender or invitation to tender, may contain terms of the contract. Where parties have apparently finally stated their agreement in a document, it may be difficult to show that other documents (or oral statements) not expressly incorporated or referred to contain terms of the contract.[22]

4. A TYPICAL BUILDING OPERATION—TRADITIONAL PROCEDURE

The scope of the law of building contracts and some of the problems which may arise are illustrated in the following summary.[23]

The employer obtains a sufficient interest in the land upon which he proposes to build to enable him to give the contractor possession of the site. If the contract is of any substance he usually employs an architect who, if authorised to do so, engages a quantity surveyor on behalf of the employer. The architect translates the employer's wishes into detailed plans and the quantity surveyor measures the amount of work and materials necessary to complete the plans and sets this out in detail in bills of quantities. Any appropriate planning consents are obtained and all statutory requirements taken into account.[24] The contract must then be placed. This is done either by open or limited competition[25] or by individual negotiation.[26] Forms of tender are sent out with bills of quantities, specification, plans and conditions of contract, or such other information as the architect may think desirable. If good practice is followed the documents intended to form part of the contract will be clearly stated. The contractor estimates the cost of the works on the basis of the amount of work and materials shown on the plans and described in the bills of quantities and the specification or other documents supplementing or replacing the bills of quantities. He then submits his estimate, *i.e.* tender, and it is the normal practice that such tender is an offer capable of acceptance. Where there is more than one tender the employer with the advice and assistance of his architect selects one of the tenders, usually, though not necessarily, the lowest. When the employer notifies the

---

[22] See Chap. 3.
[23] For further reading see the Government publications: *The Placing and Management of Building Contracts* (H.M.S.O., 1944) (the Simon Report); *The Placing and Management of Contracts for Building and Civil Engineering Work* (H.M.S.O., 1964) (the Banwell Report). Procedure can, of course, vary at the will of the parties.
[24] Town and country planning law, the detail of Building Regulations and special statutory controls are outside the scope of this book.
[25] For a suggested procedure for limited competitive tendering, see *A Code of Procedure for Single Stage Selective Tendering* (April 1989) obtainable from the National Joint Consultative Committee for Building.
[26] See "Procurement legislation" on p. 377 for relevant E.C. legislation.

contractor of his unqualified acceptance, a binding contract comes into existence. The contract is frequently expressed in a formal document such as the Standard Form of Building Contract or, for engineering works, the I.C.E. Conditions.

The works are carried out by the contractor under the supervision of the architect. It is usual for interim payments of the contract sum to be made from time to time as the architect certifies that work of a certain value has been carried out. Such payments are subject to the retention of a percentage of the value of the work carried out, the money retained ("retention money") being held by way of security until completion of the works. After the completion of the works it is usual for the contractor to be under an express obligation to make good defects which appear during a certain period often termed the "defects liability" or "maintenance" period.[27]

Numerous difficulties may arise. For example, the completion of the works may be delayed by the ordering of variations, by late or inadequate instructions, by shortage of materials or delay on the part of subcontractors. The contractor may find that he is required to execute more work or spend more money to complete than he originally estimated. A third party injured by a falling object or annoyed by dust and noise may make a claim against the contractor or the employer. One or both of the parties may become bankrupt or go into liquidation. A breach of contract by one of the parties may give rise to a claim by the other for damages or even to bring the contract to an end, either by virtue of an express clause or under the general law of contract. After completion, disputes may arise about defects alleged to exist or to have appeared during the defects liability or maintenance period. Any of these events may affect the obligations of a surety.[28]

When the works have been completed the architect usually has the power to decide the amount of money payable to the contractor and to state his decision in the form of a certificate. In arriving at the final sum he may have to take into account many matters, some of which are mentioned above. The result may be that the final certificate is for a very different sum from that stated as the original contract sum.[29] If the parties cannot agree on the amount to be paid under the contract or on some other matter which has arisen during the course of the building operations, there may have to be legal proceedings, but the parties may have expressly limited their right to have the dispute resolved in two ways. First, the contract may provide that the architect's decision on certain matters shall be binding and conclusive. Secondly it may provide for the arbitration of any disputes arising between them.[30]

The Joint Contracts Tribunal publishes a number of versions of its

---

[27] See Chap. 10, Section 4.
[28] Discussion of the various matters appearing in this paragraph appears in subsequent chapters.
[29] Under the Standard Form of Building Contract, the contract sum can be varied by the operation of numerous clauses.
[30] See n.28 above.

Chapter 1—A Typical Building Operation—Traditional Procedure

Standard Form of Building Contract, of which the 1980 Local Authorities version With Quantities is reproduced with a commentary in Chapter 18. This Form generally follows the traditional procedure.

5. DESIGN AND BUILD CONTRACTS

The traditional procedure outlined above has developed since the early days of railway contracts in the nineteenth century, and is probably still applied today in a majority of large building or engineering contracts. It is based upon the principle that, in general, the employer, through his agents, provides the design which the contractor carries out. This principle is often not consistently applied,[31] and in any event there have always been some contracts where the contractor has, to greater or lesser degree, accepted responsibility for design.

In recent times it has become increasingly common for contractors to offer, in addition to building the works, to perform some or all of the duties of architect, engineer or even surveyor, as performed in traditional contracts. The commercial argument for such an approach is either that it is necessary because the contractor alone possesses the specialist knowledge and skill to design and carry out specialist works or, in other cases, that there will be savings of costs or time or both compared with the traditional procedure. Such contracts are sometimes termed "package deal" contracts.[32]

Documents proffered for consideration by contractors require scrutiny to see whether they afford reasonable protection for the employer. In particular it should be considered how far, if at all, by express terms they affect the term of suitability for purpose which is ordinarily implied. This implied term is valuable. If the design turns out to be unsuitable it is no defence to the contractor that he had exercised reasonable skill and care in its preparation. It thus affords greater protection to the employer than he obtains under the traditional procedure where, ordinarily, it is a defence for the architect or engineer to show that he used reasonable skill and care in preparing the design.[33]

The Standard Form of Building Contract and the I.C.E. Conditions (see Chapters 18 and 21) are each wholly unsuitable for use as design and build contracts. The Joint Contracts Tribunal publish a Standard Form of Building Contract With Contractor's Design. This provides for the contractor to complete the design of the Works as well as their construction, and the contractor has an equivalent liability to the employer for the design as would an architect acting independently under a separate contract with the

---

[31] See p. 57 for fitness for purpose; p. 315 for design by specialist sub-contractors; p. 533 for the contractor's position under the Standard Form of Building Contract.
[32] For an example judicially considered, see *Viking Grain Storage v. T.H. White Installations* (1985) 33 B.L.R. 103.
[33] See Chap. 13 generally and in particular "The degree of skill required" on p. 338.

employer. Subject to the application of the Defective Premises Act 1972 for dwellings,[34] the contractor's design liability for consequential loss may be limited to a specific agreed sum.

Construction of contract. The ordinary rules of construction apply.[35] In so far as the contractor is performing duties of architects, engineers and surveyors, cases dealing with such duties when performed by persons as independent professional men[36] may be of some assistance although care must be taken to have regard to the different subject-matter. Again when considering the performance of duties similar to those carried out by a contractor in a traditional contract some of the decided cases may help but caution is required. Apparently identical terms of contract may, because of the different subject-matter, have a different meaning. An obvious example is that relating to a "defects" clause.[37] In the traditional type of contract it ordinarily excludes defects of design, while in design and build contracts it ordinarily includes them.

Suitability for purpose. In a design and build contract there is ordinarily an implied term that the finished work will be reasonably suitable for the purpose for which the contractor knows it is required.[38] But one must always exercise caution when placing a contract into a particular category. Thus it appears that where a contractor is invited to tender to design and build, and submits a design which is adopted by the employer's architect acting in the traditional sense and thereafter a formal contract is entered into whereby the contractor's obligations are limited to performing specific works described in the contract, the contractor is not liable in damages for breach of contract if the works do not fulfil the result which, to his knowledge, was sought to be achieved by the employer.[39] But he may be liable if he has expressly guaranteed the result.[40] And he might in special circumstances be liable in tort.[41]

"Turnkey". This term is sometimes used in design and build contracts. It may be that it is intended to indicate that upon completion the key can be turned and everything will be ready. It has been said that it is not a term of art,[42] *i.e.* it has no precise legal meaning.[43]

---

[34] See p. 397 for the Defective Premises Act 1972.
[35] See Chap. 3.
[36] See Chap. 13.
[37] See Chap. 10, Section 4.
[38] *Greaves & Co. Ltd v. Baynham Meikle* [1975] 1 W.L.R. 1095 at 1098 (C.A.). See further "Fitness for purpose of completed works" and "Package deals" on p. 59.
[39] *Cable (1956) Ltd v. Hutcherson Ltd* (1969) 43 A.L.J.R. 321 (High Court of Australia).
[40] *Steel Co. of Canada Ltd v. Willand Management Ltd* [1966] S.C.R. 746 (Supreme Court of Canada).
[41] See generally Chap. 7 and in particular "Contractor's pre-contract information" on p. 192.
[42] *Cable (1956) Ltd v. Hutcherson Ltd* (1969) 43 A.L.J.R. 321 at 324 (High Court of Australia).
[43] See "Term of art" on p. 44.

Chapter 1—Design and Build Contracts

Professional men. Contractors sometimes engage independent professional men to carry out design and other services to fulfil part of the contractor's obligations to the employer. Arising out of such engagement they owe the contractor a duty to carry out their work properly. The requisite standard will be at least one of reasonable skill and care.[44] Where they know that the contractor is under an absolute duty to provide finished work reasonably suitable for a purpose of which they have knowledge they are, it seems, ordinarily under such a duty themselves to the contractor in carrying out design or other services.[45] Further, although not engaged by the employer, they might in certain circumstances owe him a duty of care in tort.[46]

The employer may himself engage independent professional men to protect his interests. They owe him a duty of care arising out of the engagement.[47] An architect or engineer in such a position usually is, or is supposed to be, an inspector only, whether of the design, the works or both. If such architect or engineer is given authority as agent of the employer, the terms of such agency and his actions should be such as not to interfere with the duties of design, administration and supervision undertaken by the contractor towards the employer. If there is such interference, liabilities may be confused and the employer may find himself deprived of, or hindered in the enforcement of, his remedy against the contractor by the operation of doctrines of law such as variation, waiver or estoppel.[48]

Employers sometimes engage a surveyor to check the contractor's valuations, to price variations and to perform some other duties comparable with those carried out by a quantity surveyor in the traditional procedure. This can usually be accommodated without great difficulty in a design and build contract and some contractors encourage it, presumably on the basis that it will help to avoid disputes over payment.

6. MANAGEMENT CONTRACTS

For large building projects, management contracts are now fairly common.[49] They are more akin to the traditional procedure than to design and build contracts. They have varying procedures, but the main feature is that there is a management contractor who generally does little or no direct construction work himself, but organises and co-ordinates those who do. The management contractor is usually paid the prime cost of the works[50] plus a

---

[44] See p. 338.
[45] *Greaves & Co. Ltd v. Baynham Meikle* [1975] 1 W.L.R. 1095 (C.A.).
[46] See generally "Negligent Misstatement" on p. 188 and in particular "Consultants" on p. 195. For the position of salaried architects and comparable employees of the contractor see p. 329.
[47] See n.44 above.
[48] See p. 284.
[49] The JCT publishes a Standard Form of Management Contract with related standard Works Contract Conditions.
[50] Most management contracts define "prime cost" in an elaborate schedule. The expression

fee which may be increased by a bonus related to the amount by which the actual cost of the works is less than a target cost. The construction works are carried out by works contractors who may be subcontractors of the management contractor or, less frequently, in direct contract with the employer. Architects, quantity surveyors and other consultants are usually engaged by the employer as with the traditional procedure. The increasing use of management contracts reflects among other things an appreciation that the complexity of modern building requires the planning and organisational skills of specialists. On the other hand, with the employer engaging a larger number of parties, responsibility is diffused and theoretical legal liability more difficult to enforce in practice. By comparison, a design and build contract is likely to be more straightforward for employers.

7. SMALLER CONTRACTS

The 1980 Standard Form of Building Contract reproduced with a commentary in Chapter 18 is a sophisticated contract suitable for large projects. One of its features is that there are most elaborate provisions for nominating subcontractors. For smaller contracts, there are several other standard possibilities. The 1963 Standard Form of Building Contract, which the 1980 Form superseded, was also for large projects but was less sophisticated and is still sometimes used. It should be appreciated by anyone considering using this now outdated Form that it contains difficulties and deficiencies which the 1980 Form has sought to deal with.

The JCT publishes a Standard Intermediate Form of Building Contract[51] and a Standard Agreement for Minor Building Works. The Intermediate Form has provision for Named Subcontractors, being subcontractors who are named in the contract documents and whom the contractor is obliged to employ as subcontractors upon a standard form of Named Subcontract. The Minor Works Form is a comparatively simple contract where subcontracting is forbidden without the written consent of the architect which is not to be unreasonably withheld.

8. ALTERNATIVE DISPUTE RESOLUTION

The resolution of building contract disputes by litigation or arbitration tends by its very nature to be lengthy and expensive for all parties. In an industry where cash flow is important, it is often difficult for parties to wait months or

---

usually in essence in this context denotes the basic cost to the management contractor of carrying out the works. His profit and overheads, and sometimes his site and supervision costs, are taken to be covered by the fee. Compare "P.C. or prime cost sums" on p. 93.

[51] See generally Darryl Royce, "Tugging at the Contract: Some Preliminary Reflections on the J.C.T. Intermediate Form of Building Contract" (1984) 1 Const.L.J. 97.

Chapter 1—Alternative Dispute Resolution

even years to have their disputes resolved. Growing dissatisfaction with these problems has led the construction industry, among others, to consider other possibilities than litigation or arbitration. One possibility is know as Alternative Dispute Resolution ("ADR"). ADR is a non-binding flexible tool which both parties can use in order to try to settle their differences cheaply and quickly. A mediator or conciliator is appointed to discuss with each side how the dispute may best be resolved. This may involve pointing out strong and weak points in the parties' respective cases, clarifying misunderstandings or promoting a settlement of the dispute on terms that could involve the making of further contracts between the parties. The Commercial Court has recently emphasised the importance of considering ADR in commercial cases.[52] It is thought that such considerations are equally applicable to building contract cases.

---

[52] Practice Statement (Commercial Cases: Alternative Dispute Resolution) [1994] 1 W.L.R. 14.

CHAPTER 2

FORMATION OF CONTRACT

		Page
1.	Elements of Contract	12
2.	Offer and Acceptance	13
	(a) *Invitation to tender*	13
	(b) *Tender*	14
	(c) *Letter of intent*	16
	(d) *Estimates*	17
	(e) *Standing offers*	17
	(f) *Rejection and revocation of offer*	18
	(g) *Unconditional acceptance*	19
	(h) *Acceptance by conduct*	26
	(i) *Acceptance by post, telex or fax*	26
	(j) *Notice of terms*	27
3.	Formalities of Contract	28
	(a) *Contracts requiring writing*	28
	(b) *Deeds*	30
4.	Capacity of Parties	30
	(a) *Minors (or Infants)*	31
	(b) *Aliens*	31
	(c) *Bankrupts*	31
	(d) *Persons of unsound mind*	32
	(e) *Corporations*	32
	(f) *Contracts by local authorities*	34
	(g) *Government contracts*	34
	(h) *Partnerships*	35
	(i) *Unincorporated associations*	35

1. ELEMENTS OF CONTRACT

The essence of a building contract, like any other contract, is agreement. In deciding whether there has been an agreement and what its terms are the court looks for an offer to do or forbear from doing something by one party and an acceptance[1] of that offer by the other party, turning the offer into a promise.[2] The law further requires that a party suing on a promise must show

---

[1] See Section 2 below.
[2] See *Chitty* (27th ed.), Vol. 1, Chap. 2.

Chapter 2—Elements of Contract

that he has given consideration for the promise, unless the promise was given by deed. There is consideration where "an act or forbearance of the one party or the promise thereof is the price for which the promise of the other is bought".[3] In the ordinary building contract the consideration given by the employer is the price paid or the promise to pay,[4] and by the contractor is the carrying out of the works or promise to carry them out. The parties must have the capacity to make a contract,[5] and any formalities required by law must be complied with.[6] Both the consideration and the objects of the contract must not be illegal.[7] If there is fraud or misrepresentation the contract may be voidable,[8] while if there is a mutual mistake about some serious fundamental matter of fact this may have the effect of making the contract void.[9]

2. OFFER AND ACCEPTANCE

(a) Invitation to tender

The employer, normally acting through his architect, sends out an invitation to tender for the proposed works. This document usually includes the proposed conditions of contract, plans, and a specification and often unpriced bills of quantities, *i.e.* a bill with the quantities of work set out but the price column blank. An invitation to tender is not normally an offer binding the employer to accept the lowest or any tender. It is comparable to an advertisement that one has a stock of books to sell or houses to let and such advertisements have been described as "offers to negotiate—offers to receive

---

[3] *Pollock on Contracts* (12th ed.), p. 130, adopted by Lord Dunedin in *Dunlop v. Selfridge* [1915] A.C. 847 at 855 (H.L.). See also *Currie v. Misa* (1875) L.R. 10 Ex. 153 at 162. For a case where forbearance was held to be valuable consideration see *Comyn Ching v. Oriental Tube* (1979) 17 B.L.R. 47 at 79 (C.A.); *cp. IBA v. EMI and BICC* (1980) 14 B.L.R. 1 (H.L.), where forbearance did not result in a collateral warranty.

[4] For the consideration given where the employer was not to pay, see *Charnock v. Liverpool Corporation* [1968] 1 W.L.R. 1498 at 1505 (C.A.). For performance of an existing contractual duty as consideration, see *New Zealand Shipping Co. Ltd v. A.M. Satterthwaite & Co. Ltd* [1975] A.C. 154 (P.C.); *North Ocean Shipping Co. Ltd v. Hyundai Construction Co. Ltd* [1979] Q.B. 705; *Pao On v. Lau Yiu Long* [1980] A.C. 614 (P.C.); *Comyn Ching v. Oriental Tube* (1979) 17 B.L.R. 47 (C.A.); *Williams v. Roffey Brothers* [1991] 1 Q.B. 1 (C.A.).

[5] See Section 4 of this chapter.

[6] See Section 3 of this chapter.

[7] See Chap. 6, Section 8.

[8] See Chap. 6, Sections 1 and 2.

[9] See *Bell v. Lever Bros* [1932] A.C. 161 (H.L.) reviewed by Steyn J. in *Associated Japanese Bank v. Credit du Nord* [1989] 1 W.L.R. 255 at 264; *William Sindall v. Cambridgeshire C.C.* [1994] 1 W.L.R. 1016 (C.A.); *Chitty* (27th ed.) Vol. 1, Chap. 5. Mistake in this sense does not appear to have been argued in a reported building contract case, neither does it seem important in practice. For these reasons it is not discussed further in this book. For rectification where there has been a mistake in expressing the contract, see Chap. 11, Section 4. For the equitable powers of the court in cases of mistake, see *Solle v. Butcher* [1950] 1 K.B. 671 (C.A.); *Grist v. Bailey* [1967] 1 Ch. 532; *Curtin v. GLC* (1970) 114 S.J. 932 (C.A.). See also *Magee v. Pennine Insurance Co. Ltd* [1969] 2 Q.B. 507 (C.A.); *Laurence v. Lexcourt Holdings* [1978] 1 W.L.R. 1128 (H.L.); *cp. William Sindall v. Cambridgeshire C.C.* [1994] 1 W.L.R. 1016 at 1035 (C.A.).

offers—offers to chaffer".[10] It follows that the clause frequently inserted in tenders to the effect that the employer does not undertake to accept the lowest or any tender is probably unnecessary in law.[11] But an express offer to accept the lowest tender can be binding and have the effect of turning the invitation to tender into an offer,[12] or it may possibly be a unilateral or "if contract", being an offer which the offeror may be free to revoke until the offeror starts to perform its condition.[13] To be in law an offer, an invitation to tender must be construed as a contractual offer capable of being converted by acceptance into a legally enforceable contract.[14] Where tenders are solicited from selected parties all of them known to the invitor and the invitation prescribes a clear, orderly and familiar procedure, a tenderer submitting a conforming tender before the prescribed deadline may be contractually entitled at least to have his tender opened and considered in conjunction with all other conforming tenders. An invitor who failed to open or consider such a tender was held to be in breach of contract.[15] But a tenderer is always at risk of having his tender rejected, either on its intrinsic merits or on the ground of some disqualifying factor personal to the tenderer.[16]

Statements of fact in the invitation to tender about such matters as the quantities or the site or existing structures may, if a contract is entered into, have no legal effect at all, or they may take effect as representations, or they may form collateral warranties or they may give rise to a claim for negligent misstatement or they may subsequently become incorporated into the contract.[17] It is a question partly of fact, partly of construction to determine the nature of such statements.

(b) Tender

The contractor's offer to carry out the works is usually termed a tender.[18] It

---

For mistake as to the nature of a document, see *Saunders v. Anglia Building Society* [1971] A.C. 1004 (H.L.).

[10] Bowen L.J. in *Carlill v. Carbolic Smoke Ball Co.* [1893] 1 Q.B. 256 at 268 (C.A.); *Grainger & Son v. Gough* [1896] A.C. 325 at 334 (H.L.). See also the building contract case of *Moore v. Shawcross* [1954] C.L.Y. 342; [1954] J.P.L. 431.

[11] cf. *Pauling v. Pontifex* (1852) 2 Saund. & M. 59. For E.C. requirements for tenders, see pp. 376 et seq.

[12] cf. *South Hetton Coal Co. v. Haswell Coal Co.* [1898] 1 Ch. 465 (C.A.) approved in *Harvela Ltd v. Royal Trust Co.* [1986] A.C. 207 (H.L.); *Warlow v. Harrison* (1859) 1 E. & E. 309.

[13] See Lord Diplock in *Harvela Ltd v. Royal Trust Co.* [1986] A.C. 207 at 224 (H.L.); *Daulia Ltd v. Four Millbank* [1978] 1 Ch. 231 at 238 (C.A.).

[14] See *Gibson v. Manchester C.C.* [1979] 1 W.L.R. 294 (H.L.), where a statement that "the corporation may be prepared to sell the house to you at the purchase price of £2,725 ..." was not an offer.

[15] *Blackpool and Fylde Aero Club v. Blackpool Borough Council* [1990] 1 W.L.R. 1195 (C.A.).

[16] *Fairclough Building v. Borough Council of Port Talbot* (1992) 62 B.L.R. 86 (C.A.) where, without personal impropriety, a director of a tenderer was the husband of the Council's Principal Architect.

[17] For a full discussion, see Chap. 6 and for negligent misstatement Chap. 7, Section 3(a).

[18] The term is here used in a completely different sense from that of the tender of goods or money which may amount to a defence under a contract—see *Chitty* (27th ed.), Vol. 1, 21–069.

Chapter 2—Offer and Acceptance

may well happen that as a result of negotiation[19] it is the employer who eventually makes the offer. In any event a statement, to amount to an offer, must be definite and unambiguous.[20] The person making the offer is for the purposes of this part of the law termed the offeror; the person to whom it is made, the offeree.

Costs of tendering. The cost to the contractor of preparing his tender, including any amended tender necessitated by bona fide alterations in the bills of quantities and plans, may be considerable, but in ordinary circumstances there is no implication that the tenderer will be paid for this work.[21] "[H]e undertakes this work as a gamble, and its cost . . . he hopes will be met out of the profits of such contracts as are made as a result of tenders which prove to be successful."[22] But the contractor may be able to recover a reasonable sum for work done at the employer's request which falls outside the normal work which a contractor performs gratuitously.[23] In *William Lacey (Hounslow) Ltd v. Davis*,[24] the contractor submitted a tender for the rebuilding of war-damaged premises. The tender was not accepted, but in the belief that the contract would be placed with him the contractor subsequently prepared various further estimates, schedules and the like which the employer made use of in negotiation with the War Damage Commission, but he never placed any contract with the contractor. It was held that the contractor was entitled to a reasonable sum for the work carried out subsequent to the tender. There was held to be an implied promise to pay. The modern legal analysis may be that the obligation to pay sounds "in quasi-contract or, as we now say, restitution".[25]

If the employer invites a tender without any intention of entering into a contract and the contractor, believing the invitation to tender to be genuine, incurs expense in tendering, the contractor may have a claim for damages in fraud against the employer.[26]

Design costs. As part of the process of tendering, specialist contractors sometimes carry out works of design. It is thought that, in the absence of

---

[19] See "Lengthy negotiations for a contract" on p. 20; "Unconditional acceptance" on p. 19; "Negotiations after contract" on p. 25.
[20] *Falck v. Williams* [1900] A.C. 176 (P.C.); *Harvey v. Facey* [1893] A.C. 552 (P.C.); *Bigg v. Boyd Gibbins Ltd* [1971] 1 W.L.R. 913 (C.A.). An acceptance must also be unambiguous, see *Peter Lind & Co. Ltd v. Mersey Docks and Harbour Board* [1972] 2 Lloyd's Rep. 234.
[21] *William Lacey (Hounslow) Ltd v. Davis* [1957] 1 W.L.R. 932. The principle is based on custom; *ibid.* at pp. 934 and 935. For expenses of entering an architectural competition, *cp. Jepson & Partners v. Severn Trent Water Authority* (1982) 20 B.L.R. 53 (C.A.).
[22] *William Lacey (Hounslow) Ltd v. Davis* [1957] 1 W.L.R. 932 at 934.
[23] *ibid.*
[24] [1957] 1 W.L.R. 932.
[25] *British Steel. v. Cleveland Bridge* [1984] 1 All E.R. 504 at 511 and (1981) 24 B.L.R. 94 at 122; Chitty (27th ed.), Vol. 1, 29–127; see also *Marston Construction Co. v. Kigass* (1989) 46 B.L.R. 109; *cp. Turriff Construction v. Regalia* (1971) 9 B.L.R. 20; *Regalian Properties v. London Dockland Development Corporation* unreported, Rattee J., November 2, 1994.
[26] *cf. Richardson v. Silvester* (1873) L.R. 9 Q.B. 34. For fraud, see p. 130.

agreement,[27] the costs of such works are part of the costs of tendering so that by analogy with the *Lacey* case if there is no contract they are irrecoverable unless the employer makes some use of the design or causes the contractor to carry out work beyond what is normal in the circumstances.

Restrictive tendering arrangements. There is United Kingdom and European Community legislation aimed at promoting competition, preventing restrictive tendering agreements and prohibiting national or local restrictions on contracting. This is discussed in Sections 2 and 3 of Chapter 14.

(c) Letter of intent

Documents so described are frequently sent. It is a question upon the facts of each case whether the sending of a letter of intent can give rise to any, and if any, what, liability.[28]

A letter of intent ordinarily expresses an intention to enter into a contract in the future but creates no liability in regard to that future contract. Construed in its factual context, it may have no binding effect. It may exceptionally take effect as an executory ancillary contract entitling the recipient to interim costs if the intended future contract is not made and, perhaps, imposing liabilities, *e.g.* for the quality or suitability of work done. It may effect an "if" contract under which the writer asks the recipient to carry out a certain performance and promises that, if he does so, he will receive remuneration in return. But an "if" contract must contain the necessary terms. It may result in no contract, but the law may nevertheless impose an obligation on the party who makes a request to pay a reasonable sum for such work as has been done pursuant to the request if the intended future contract is not made. If the intended future contract is made, the rights of the parties are normally governed by that contract, the letter of intent ceasing to have effect.[29]

In *Turriff Construction v. Regalia*,[30] a design and build contractor[31] offered to the employer to undertake certain urgent works of design necessary to obtain estimates and planning permission provided he obtained an

---

[27] For an example of such an agreement arising out of a letter of intent, see *Turriff Construction v. Regalia* (1971) 9 B.L.R. 20.
[28] See generally S. N. Ball, "Work carried out in pursuance of Letters of Intent—Contract or Restitution?" (1983) 99 L.Q.R. 572.
[29] This paragraph is based on *British Steel v. Cleveland Bridge* [1984] 1 All E.R. 504, *Turriff Construction v. Regalia* (1971) 9 B.L.R. 20 and *Monk Construction v. Norwich Union* (1992) 62 B.L.R. 107 (C.A.). See also *Kleinwort Benson v. Malaysia Mining* [1989] 1 W.L.R. 379 at 391 (C.A.) for the concept of a "comfort letter". See also S. N. Ball, *op. cit.*
[30] (1971) 9 B.L.R. 20.
[31] For a discussion of such contracts see p. 7.

assumption of liability to pay for such work. He indicated that he would regard receipt of a letter of intent as an acceptance of his offer. The employer sent a letter of intent and it was held that he was liable to pay for the work carried out. In *British Steel v. Cleveland Bridge*,[32] suppliers of steel castings were held entitled to a reasonable sum in quasi-contract or restitution. In *Wilson Smithett v. Bangladesh Sugar*,[33] a letter of intent was construed as an acceptance of an offer binding both parties.

(d) Estimates

There may be an offer although the contractor makes it on a document called an estimate. Thus in *Croshaw v. Pritchard*[34] the employer's architect sent a letter to the defendants asking them if they "would be willing to give us a tender in competition for the work", and wrote later enclosing information required for tender. In a letter headed "Estimate" the defendants wrote to the architect saying "our estimate ... amounts to the sum of £1,230". This was accepted. The defendants then purported to withdraw their estimate and, when sued for the difference between £1,230 and the cost incurred in having the work executed by another contractor, claimed that they had made no offer capable of acceptance. This defence was rejected and the damages claimed awarded to the plaintiff. It was further held that there was no custom that a letter such as that written by the defendants could not amount to an offer, and it was said that if such a custom existed it would be bad and not enforceable.[35]

In a Canadian case, an employer was liable for the inaccuracy of an "estimate" of the cost of part of the works, it being intended as a reliable basis for a tenderer's calculations.[36]

(e) Standing offers

Tenders are sometimes invited for the periodic carrying out of work.[37] If the contractor tenders and there is an acceptance, the result depends upon the construction of the documents, but can have one of three well-known consequences.[38] First, there may be a contract for the carrying out of a definite amount of work during a certain period. Secondly, there may be a contract in which the employer agrees to order such work as he needs during the period. In such a case the employer is in breach of contract if during the period he places orders for the work elsewhere, and the contractor is in

---

[32] [1984] 1 All E.R. 504.
[33] [1986] 1 Lloyd's Rep. 378.
[34] (1899) 16 T.L.R. 45; *sub nom. Crowshaw v. Pritchard*, H.B.C. (4th ed.), Vol. 2, p. 274.
[35] H.B.C. Report, p. 276.
[36] *Cana Construction v. The Queen* (1973) 37 D.L.R. (3d) 418.
[37] Most of the cases deal with the supply of goods but the principle applies to contracts of work and labour; *R. v. Demers* [1900] A.C. 103 (P.C.).
[38] *Percival Ltd v. L.C.C. Asylums Committee* (1918) 87 L.J.K.B. 677 at 678.

breach if he refuses to carry out the work during the period.[39] Thirdly, there may be a standing offer on the part of the contractor to carry out certain work during the period if and when the employer chooses to give an order.[40] The contractor may revoke his offer for future orders unless there is consideration to keep it open or the documents are under seal,[41] but if before revocation an order in the terms of the agreement is given, a contract comes into existence for that order and the contractor must carry it out.[42] If no order at all is given during the period,[43] or if less work is ordered than the probable amount indicated in the invitation to tender, whether because the work is given to another contractor or otherwise,[44] the contractor has no action for breach of contract.[45] Contracts of indefinite or very long duration may be construed as determinable upon reasonable notice, particularly if they are affected by inflation.[46]

(f) Rejection and revocation of offer

Rejection. A rejection, which takes effect when it is communicated to the offeror, kills the offer so that it cannot thereafter be accepted.[47] It is a matter of construction whether a particular statement does or does not constitute a rejection.

Counter-offer. A counter-offer operates as a rejection killing the offer which it addresses, and a purported acceptance may in law be a counter-offer if it materially alters the terms proposed.[48]

Revocation. An offer may be revoked at any time before acceptance unless consideration has been given to keep it open;[49] or the offeror is, in special circumstances, estopped from acting inconsistently with the

---

[39] *ibid.* at p. 679. *cf. Att.-Gen. v. Stewards & Co. Ltd* (1901) 18 T.L.R. 131 (H.L.); *Kelly Pipelines v. British Gas* (1989) 48 B.L.R. 126.
[40] *Percival Ltd v. L.C.C. Asylums Committee* (1918) 87 L.J.K.B. 677 at 67.
[41] *Offord v. Davies* (1862) 12 C.B.(N.S.) 748; *G.N. Railway v. Witham* (1873) L.R. 9 C.P. 16 at 19.
[42] *G.N. Railway v. Witham* (1873) L.R. 9 C.P. 16.
[43] See *R. v. Demers* [1900] A.C. 103 (P.C.).
[44] See *Att.-Gen. v. Stewards & Co. Ltd* (1901) 18 T.L.R. 131 (H.L.).
[45] *ibid.*; *Gilmour v. McLeod*, 12 N.Z.L.R. S.C. 334; *Pitcaithly & Co. v. Mclean & Son* (1911) 31 N.Z.L.R. 648.
[46] *Re Spenborough U.D.C.'s Agreement; Spenborough Corporation v. Cooke Sons & Co. Ltd* [1968] Ch. 139; *Staffordshire Health Authority v. South Staffordshire Waterworks* [1978] 1 W.L.R. 1387; *cp. Kirklees M.B.C. v. Yorkshire Woollen* (1978) 77 L.G.R. 448; and see Article, (1980) 96 L.Q.R. 177. See p. 358 for Architect's Engagements.
[47] *Tinn v. Hoffman and Co.* (1873) 29 L.T.R. 271 at 278; *Trollope & Colls v. Atomic Power Constructions Ltd* [1963] 1 W.L.R. 333 at 337. See also *Chitty* (27th ed.) 2–063; *cp.* "Acceptance by post, telex or fax" on p. 26.
[48] *Trollope & Colls v. Atomic Power Constructions Ltd* [1963] 1 W.L.R. 333 applied in *Butler Machine Tool v. Ex-Cell-O Corporation* [1979] 1 W.L.R. 401 (C.A.), and see *Chitty* (27th ed.) Vol. 1, 2–019. See also "Battle of Forms" on p. 19.
[49] *Byrne v. Van Tienhoven* (1880) 5 C.P.D. 344.

Chapter 2—Offer and Acceptance

existence of the offer.[50] Revocation of the offer is not effective until it has been communicated to the offeree.[51] In the ordinary case an offeree who has acted on the offer cannot recover damages in tort if the offer is revoked before acceptance.[52]

Lapse of offer. An offer can expressly state the time within which it is open for acceptance. If that time expires without acceptance the offer lapses. Where negotiations were taking place between contractor and employer in the course of which the contractor's offer lapsed but the contractor proceeded to carry out the work without ever concluding an express contract with the employer the contractor recovered a reasonable sum.[53] If no time is stated the offer remains in force for a reasonable time and upon the expiry of that time it lapses.[54] What is reasonable depends on whether on the facts the offeree should, in fairness to both parties, be regarded as having refused the offer. The parties' conduct after the making of the offer is relevant.[55]

Death. "It is admitted law that, if a man who makes an offer dies, the offer cannot be accepted after he is dead."[56]

(g) Unconditional acceptance

There is an acceptance of the offer bringing a binding contract into existence when the offeree makes an unconditional acceptance.[57] If he suggests any new terms there cannot be an acceptance and this may amount to a fresh offer[58] although a mere request for information about the terms of an offer does not amount to a counter-offer.[59]

"Battle of Forms". This expression refers to an offer followed by a series of counter-offers where each party successively seeks to stipulate different terms, often their own standard printed terms. "In some cases the battle is

---

[50] *Watson v. Canada Permanent Trust Co.* (1972) 27 D.L.R. (3d) 735, British Columbia Supreme Court applying the principle sometimes known as that stated in *Central London Property Trust Ltd v. High Trees House Ltd* [1947] K.B. 130. See p. 285.
[51] *Byrne v. Van Tienhoven* (1880) 5 C.P.D. 344; *cf. Dickinson v. Dodds* (1876) 2 Ch.D. 463 (C.A.).
[52] *Holman Construction Ltd v. Delco Timber Co. Ltd* [1972] N.Z.L.R. 1081, New Zealand Supreme Court, discussed on p. 193.
[53] *Peter Lind & Co. Ltd v. Mersey Docks & Harbour Board* [1972] 2 Lloyd's Rep. 234.
[54] *Ramsgate Victoria Hotel Co. v. Montefiore* (1866) L.R. 1 Ex. 109.
[55] See *Manchester Diocesan Council for Education v. Commercial & General Investments Ltd* [1970] 1 W.L.R. 241 at 248.
[56] Mellish L.J. in *Dickinson v. Dodds* (1876) 2 Ch.D. 463 at 475 (C.A.); *cf.* "Death" on p. 142.
[57] See *Nicolene v. Simmonds* [1953] 1 Q.B. 543 (C.A.). Problems as to the existence of a contract and as to its meaning when it is decided that there is a contract are closely related and it may be useful to refer to the next chapter on construction of contracts.
[58] *Hyde v. Wrench* (1840) 3 Beav. 334; *cf. Leslie & Co. v. Commissioners of Works* (1914) 78 J.P. 462; *Peter Lind & Co. Ltd v. Mersey Docks & Harbour Board* [1972] 2 Lloyd's Rep. 234; and see "Counter-offer" on p. 18.
[59] *Stevenson v. McLean* (1880) 5 Q.B.D. 346.

won by the man who fires the last shot",[60] the other party being taken to have agreed his terms by conduct in proceeding to perform the agreement without objection. Sometimes agreement is reached by an amalgamation of both parties' proposed terms and conditions construed together.[61] Such battles quite often occur with building contracts.[62]

Lengthy negotiations for a contract. It is sometimes difficult to determine whether a concluded contract has come into existence when there have been lengthy negotiations between the parties but no formal contract has ever been signed. It is suggested that a useful approach is to ask whether the following can be answered in the affirmative:[63]

(a) in the relevant period of negotiation did the parties intend to contract?[64]
(b) at the time when they are alleged to have contracted, had they agreed with sufficient certainty upon the terms which they then regarded as being required in order that a contract should come into existence?
(c) did those terms include all the terms which, even though the parties did not realise it, were in fact essential[65] to be agreed if the contract was to be legally enforceable and commercially workable?
(d) was there a sufficient indication of acceptance by the offeree of the offer as then made complying with any stipulation in the offer itself as to the manner of acceptance?[66]

Some of these matters are discussed further below.

All negotiations should be considered.[67] This is important, especially where there have been meetings at which oral statements were made showing

---

[60] *Butler Machine Tool v. Ex-Cell-O Corporation* [1979] 1 W.L.R. 401 at 404 (C.A.).
[61] *ibid.*
[62] *e.g. Rees Hough v. Redland* 2 Con.L.R. 109; *Sauter Automation v. Goodman* (1986) 34 B.L.R. 81; *Chichester Joinery v. John Mowlem* (1987) 42 B.L.R. 100.
[63] See *Pagnan v. Feed Products* [1987] 2 Lloyd's Rep. 601 at 610 and 619 (C.A.) and propositions applied by Megaw J. in *Trollope & Colls Ltd v. Atomic Power Constructions Ltd* [1963] 1 W.L.R. 333 at 336. See also *British Guiana Credit Corp. v. Da Silva* [1965] 1 W.L.R. 248 (P.C.); *Bushwall Properties Ltd v. Vortex Properties Ltd* [1976] 1 W.L.R. 591 at 603 (C.A.).
[64] For the requirement that the parties intended to create a legal relationship, see *Edwards v. Skyways Ltd* [1964] 1 W.L.R. 349 and authorities referred to therein (offer to make *ex gratia* payment does not carry necessary or even probable implication that the agreement is to be without legal effect). See also *Horrocks v. Forray* [1976] 1 W.L.R. 230 (C.A.); *ZIC v. NK* [1987] 2 Lloyd's Rep. 596 (which reaches no conclusion on the point there at issue but lists some of the main authorities); *Kleinwort Benson v. Malaysia Mining* [1989] 1 W.L.R. 379 (C.A.).
[65] "If some particulars essential to the agreement still remain to be settled afterwards there is no contract"; Lord Blackburn in *Rossiter v. Miller* (1878) 3 App.Cas. 1124 at 1151 (H.L.).
[66] *Holwell Securities Ltd v. Hughes* [1974] 1 W.L.R. 155 (C.A.); *Wettern Electric v. Welsh Agency* [1983] Q.B. 796 at 802; Chitty (27th ed.) 2–027.
[67] *Pagnan v. Granaria* [1986] 2 Lloyd's Rep. 547; *Pagnan v. Feed Products* [1987] 2 Lloyd's Rep. 601 (C.A.).

that essential terms, not referred to in certain correspondence, were still awaiting agreement at the time of such correspondence.[68]

If, however, a transaction has been fully performed, there may be a concluded contract even though an analysis which identifies the coincidence of offer and acceptance cannot strictly be made.

> "The fact that the transaction was performed on both sides will often make it unrealistic to argue that there was no intention to enter into legal relations. It will often be difficult to submit that the contract is void for vagueness or uncertainty. Specifically, the fact that the transaction is executed makes it easier to imply a term resolving any uncertainty, or, alternatively, it may make it possible to treat a matter not finalised as inessential."[69]

Essential terms. Subject to the question at (c) above, "the parties are to be regarded as masters of their contractual fate" in determining what terms are essential.[70] "It is for the parties to decide whether they wish to be bound and, if so, by what terms, whether important or unimportant."[71]

It is thought that agreement as to parties, price, time and description of works is normally the minimum necessary to make the contract commercially workable. Lack of agreement as to parties can arise when companies have common directors and there is confusion as to which company is intended to be a contracting party.[72] It can also arise when there is an issue as to whether a contract is with an agent or his principal.[73] Price is discussed on p. 24 and time on p. 236. Silence by the parties as to either price or time may not alone prevent a contract coming into existence, for if the other essential terms are agreed a reasonable charge or time for completion will be implied by the Supply of Goods and Services Act 1982.[74] The description of the works may be in wide terms[75] and it may be subject to the retrospective operation of a variation clause. Thus in *Trollope & Colls Ltd v. Atomic Power Constructions Ltd*[76] an offer was made in February 1959 to carry out certain works for £x. In June 1959, while the parties were still negotiating the terms of the contract, work commenced and was still continuing in April 1960 when the parties agreed upon all the essential terms including a clause

---

[68] *Hussey v. Horne-Payne* (1879) 4 App.Cas. 311 at 316 (H.L.); *Panorama Developments (Guildford) Ltd v. Fidelis Furnishing Fabrics Ltd* [1971] 2 Q.B. 711 (C.A.).
[69] Steyn L.J. in *G. Percy Trentham v. Archital Luxfer* [1993] 1 Lloyd's Rep. 25 at 27 (C.A.); *cf. Pagnan v. Feed Products* [1987] 2 Lloyd's Rep. 601 at 620 (C.A.).
[70] *Pagnan v. Feed Products* [1987] 2 Lloyd's Rep. 601 at 611 (C.A.)
[71] *ibid.* at 619.
[72] *cp. Damon v. Hapag-Lloyd* [1985] 1 W.L.R. 435.
[73] See the *Panorama Developments (Guildford) Ltd v. Fidelis Furnishing Fabrics Ltd* [1971] 2 Q.B. 711 (C.A.). See also p. 332.
[74] See p. 49; see also *Malcolm v. Chancellor, Masters and Scholars of the University of Oxford, The Times*, December 19, 1990 (C.A.).
[75] See p. 87.
[76] [1963] 1 W.L.R. 333.

providing for the variation of the contract work. By April 1960, as a result of variations, the work to be carried out and the price to be paid if there was a contract differed from the work and price referred to in the February 1959 offer, but it was held that a contract came into existence upon the terms finally agreed in April 1960.[77]

"Subject to contract". If a purported acceptance is expressed to be "subject to contract", or some other words[78] are used which show that further negotiations or events are contemplated, there is no concluded contract.[79] The words "subject to contract" have acquired a definite ascertained legal meaning.[80] They mean more than that acceptance must be in writing and at the lowest those who use them guard against being contractually bound without further action on their part.[81] Very exceptionally the words may be used in relation to an agreement which is nevertheless binding.[82] There may be a concluded contract where the parties have agreed upon all the terms and merely agree that these shall later be embodied in a formal document.[83]

Certainty of terms. "In order to constitute a valid contract the parties must so express themselves that their meaning can be determined with a

---

[77] It followed that the contractors were bound to complete and accept payment in accordance with the contract and were not entitled to stop work and claim payment on a *quantum meruit*.
[78] e.g. "subject to strike and lock-out clauses": *Love & Stewart Ltd v. S. Instone* (1917) 33 T.L.R. 475; "subject to surveyor's report": *Marks v. Board* (1930) 46 T.L.R. 424; "subject to satisfactory survey": *Astra Trust Ltd v. Adams & Williams* [1969] 1 Lloyd's Rep. 81; "subject to satisfactory running trials": *John Howard & Co. v. J. P. Knight Ltd* [1969] 1 Lloyd's Rep. 364; "subject to satisfactory completion of two trial voyages": *Albion Sugar v. William Tankers* [1977] 2 Lloyd's Rep. 457, resulting in an agreement for the two trials but no time charter-party; "subject to satisfactory mortgage": *Lee Parker v. Izzet (No. 2)* [1972] 1 W.L.R. 775; "subject to details": *Star Steamship v. Beogradska* [1988] 2 Lloyd's Rep. 583. cf. *Mackay v. Dick* (1881) 6 App.Cas. 251 (H.L.). For a contract subject to ratification by the principal of the person purporting to make it, see *Warehousing, etc., Ltd v. Jafferali & Sons Ltd* [1964] A.C. 1 (P.C.).
[79] *Rossiter v. Miller* (1878) 3 App.Cas. 1124 (H.L.); *Bozson v. Altrincham U.D.C.* (1903) 67 J.P. 397 (C.A.); *Chillingworth v. Esche* [1924] 1 Ch. 97 (C.A.); cf. *Branca v. Cobarro* [1947] K.B. 854 (C.A.); *Smallman v. Smallman* [1972] Fam. 25 at 32 (C.A.); *Brown v. Gould* [1972] Ch. 53; *Tiverton Estates Ltd v. Wearwell Ltd* [1975] Ch. 146 (C.A.); *Munton v. G.L.C.* [1976] 1 W.L.R. 649 (C.A.). For a discussion of the principles relating to a contract subject to a suspensive condition, see *Cranleigh Precision Engineering Ltd v. Bryant* [1965] 1 W.L.R. 1293.
[80] *Chillingworth v. Esche* [1924] 1 Ch. 97 (C.A.). The words, once introduced, can only cease to apply if the parties expressly or by necessary implication so agree, see *Cohen v. Nessdale* [1987] 2 All E.R. 97 (C.A.).
[81] *Fraser Williams v. Prudential Holborn* (1993) 64 B.L.R. 1 (C.A.).
[82] As in *Alpenstow v. Regalian* [1985] 1 W.L.R. 721.
[83] *Rossiter v. Miller* (1878) 3 App.Cas. 1124 (H.L.); *Lewis v. Brass* (1877) 3 Q.B.D. 667 (C.A.); *Love & Stewart Ltd v. S. Instone* (1917) 33 T.L.R. 475. See also the very special case of *Richards (Michael) Properties Ltd v. St Saviours Parish, Southwark* [1975] 3 All E.R. 416 where the words "subject to contract" were added by mistake to a concluded contract and therefore were rejected as surplusage. In *Munton v. G.L.C.* [1976] 1 W.L.R. 649 (C.A.), the Court of Appeal emphasised that this was a very special case which in no way altered the "sanctity of the words subject to contract" (p. 656).

reasonable degree of certainty."[84] Thus agreements for the sale of goods "on hire-purchase terms over two years",[85] and "subject to war clause",[86] have been held to be too vague.[87] But "a distinction must be drawn between a clause which is meaningless and a clause which is yet to be agreed. A clause which is meaningless can often be ignored while still leaving the contract good; whereas a clause which has yet to be agreed may mean that there is no contract at all because the parties have not agreed on all the essential terms".[88]

Reference to reasonable requirements or standards is not too vague; the court (or arbitrator when there is an arbitration clause) can, in default of agreement, determine what is reasonable.[89]

Meaningless words. An apparent agreement containing meaningless words may be treated in one of three ways: the meaningless words may be ignored and the rest of the clause in which they appear enforced; or the clause in which they appear may be struck out but the rest of the agreement enforced; or the whole agreement may exceptionally be vitiated. Which of these may occur depends on the importance which the parties are considered to have attached to the clause and, presumably, on the remaining integrity of the agreement shorn of the meaningless words.[90] If a clause taken literally is almost incomprehensible, the court may be prepared to "translate" it if the parties' intention is clear, even though this might involve using words not to be found in the contract.[91]

Where an otherwise clear acceptance was expressed to be subject to "the usual conditions of acceptance" and there were no usual conditions of acceptance so that the words were meaningless, the court ignored the words quoted and held that the writer of the words was bound by the clear terms of the rest of the document and there was a contract in existence.[92] A contract

---

[84] Lord Maugham in *Scammell v. Ouston* [1941] A.C. 251 at 255 (H.L.); *Bushwall Properties Ltd v. Vortex Properties Ltd* [1976] 1 W.L.R. 591 (C.A.); *cf.* Lord Wright, *Hillas & Co. Ltd v. Arcos Ltd* (1932) 147 L.T. 503 at 504 (H.L.) and see "Valid meaning" on p. 45.
[85] *Scammell v. Ouston* [1941] A.C. 251 (H.L.).
[86] *Bishop & Baxter v. Anglo-Eastern Co. Ltd* [1944] 1 K.B. 12 (C.A.).
[87] See also *British Electrical, etc., Ltd v. Patley Pressings Ltd* [1953] 1 W.L.R. 280—"Subject to force majeure conditions" too vague; but see Denning L.J. in *Nicolene v. Simmonds*, [1953] 1 Q.B. 543 at 552 (C.A.), and *cf.* *Hong Guan & Co. Ltd v. R. Jumabhoy & Sons Ltd* [1960] A.C. 684 at 700. (P.C.), a sale "subject to *force majeure* and shipment" valid; *Three Rivers Trading Co. v. Gwinear and District Farmers* (1967) 111 S.J. 831 (C.A.)—sale of "400 tons (approx.)" of barley not void for uncertainty; and see *Edwards v. Skyways Ltd* [1964] 1 W.L.R. 349.
[88] Denning L.J. in *Nicolene v. Simmonds*, [1953] 1 Q.B. 543 at 551 (C.A.); *Lovelock Ltd v. Exportles* [1968] 1 Lloyd's Rep. 163 (C.A.). See also "subject to contract" above; *cf.* *Shamrock SS. Co. Ltd v. Storey* (1899) 81 L.T. 413 (C.A.); *Hobbs Padgett and Co. (Reinsurance) v. J. C. Kirkland Ltd* [1969] 2 Lloyd's Rep. 547 (C.A.).
[89] See *Sweet & Maxwell Ltd v. Universal News Services Ltd* [1964] 2 Q.B. 699 (C.A.).
[90] *Nicolene v. Simmonds* [1953] 1 Q.B. 543 (C.A.); *Gola Sports v. General Sportcraft Co.* [1982] Com.L.R. 51 (C.A.); for another example of the first possibility, see *Adamastos Shipping v. Anglo-Saxon Petroleum* [1959] A.C. 133 (H.L.).
[91] *Esmil v. Fairclough* (1981) 19 B.L.R. 129.
[92] *Nicolene v. Simmonds* [1953] 1 Q.B. 543 (C.A.).

made upon "usual terms" as to one of its incidents can be valid, and the term will be enforced if the contents of the term and its general use by the class of persons who make such contracts is proved.[93]

Price. In the vast majority, at least, of substantial transactions the price will be an essential term, but it is a question of construction whether it indeed is.[94] It is thought that an agreement to do specified work which is silent as to price can be binding if the price is not in the circumstances essential. If there is a binding agreement, the law implies a promise on the part of the employer to pay a reasonable charge.[95] If there is an agreement to do work "at a price to be agreed" by the parties and the agreement is executory (*i.e.* nothing done by either party in performance of the agreement), there is no binding contract.[96] If the agreement is executed wholly or in part, the employer must pay a reasonable price for work done, and it seems, the terms of the contract are binding.[97]

An agreement where there is a formula or other machinery for determining the price is valid. If the machinery breaks down for any reason, the court may substitute its own machinery to determine a fair and reasonable price if, on the true construction of the agreement, the machinery was a subsidiary and non-essential part of the contract.[98] Arguments that contractual machinery is inadequate "exert minimal attraction".[99]

An agreement to do work at a price to be agreed or, in default of agreement, to be determined by arbitration is valid,[1] it being a question of construction whether a document containing an arbitration clause has this effect.[2] Where there is such an agreement there is an obligation on the parties to try to agree the price and refusal to discuss is a repudiation.[3] Where work

---

[93] *Shamrock SS. Co. Ltd v. Storey* (1899) 81 L.T. 413 (C.A.).
[94] *B.S.C. v. Cleveland Bridge Co.* [1984] 1 All E.R. 504 and the cases there cited.
[95] See Supply of Goods and Services Act 1982, s. 15 and p. 84.
[96] *May & Butcher Ltd v. The King* [1934] 2 K.B. 17 (H.L.); *British Bank for Foreign Trade Ltd v. Novinex Ltd* [1949] 1 K.B. 623; *King's Motors (Oxford) Ltd v. Lax* [1970] 1 W.L.R. 426; *Smith v. Morgan* [1971] 1 W.L.R. 803; *Brown v. Gould* [1972] Ch. 53; *Courtney & Fairbairn Ltd v. Tolaini Brothers (Hotels) Ltd* [1975] 1 W.L.R. 297 (C.A.).
[97] *Foley v. Classique Coaches* [1934] 2 K.B. 1 (C.A.); *National Coal Board v. Galley* [1958] 1 W.L.R. 16 (C.A.); see also *Hillas v. Arcos* (1932) 147 L.T. 503 (H.L.).
[98] *Sudbrooke Trading v. Eggleton* [1983] 1 A.C. 444 (H.L.); *Didymi Corporation v. Atlantic Lines* [1988] 2 Lloyd's Rep. 108 (C.A.); *cp. Northern Regional Health Authority v. Derek Crouch* [1984] Q.B. 644 (C.A.) discussed on p. 429.
[99] *Queensland Electricity v. New Hope Collieries* [1989] 1 Lloyd's Rep. 205 at 210 (P.C.).
[1] *May & Butcher Ltd v. The King* [1934] 2 K.B. 17 (H.L.); *Hillas v. Arcos* (1932) 147 L.T. 503 (H.L.); *Foley v. Classique Coaches* [1934] 2 K.B. 1 (C.A.); *F. & G. Sykes (Wessex) Ltd v. Fine Fare Ltd* [1966] 2 Lloyd's Rep. 205, *affd.* [1967] 1 Lloyd's Rep. 53 (C.A.), although reversed in part on different grounds. See also *Brown v. Gould* [1972] Ch. 53; *Courtney & Fairbairn Ltd v. Tolaini Brothers (Hotels) Ltd* [1975] 1 W.L.R. 297 (C.A.); *Thomas Bates Ltd v. Wyndhams Ltd* [1981] 1 W.L.R. 505 at 519.
[2] *ibid.*; *Vosper Thorneycroft Ltd v. Ministry of Defence* [1976] 1 Lloyd's Rep. 58; *Voest Alpine v. Chevron* [1987] 2 Lloyd's Rep. 547.
[3] *F. & G. Sykes (Wessex) Ltd v. Fine Fare Ltd* [1966] 2 Lloyd's Rep. 205, 213; *Foley v. Classique*

Chapter 2—Offer and Acceptance

was carried out pursuant to an offer stating "The above quotations will remain fixed price until June 3, 1975; any work carried out after this date to be negotiated", it was held that there was a concluded contract which continued after June 3, 1975 and that it was subject to an implied term that rates for subsequent work would be reasonable.[4]

The parties may agree upon the price after work has commenced but so as to show that they intended the agreement to operate retrospectively to cover the work already carried out.[5]

Contract to negotiate. The law does not recognise such a contract because it would be too uncertain to have any binding force.[6] But an agreement not to negotiate for a specified period with anyone except a particular party may be enforceable,[7] and a clause dependent on future agreement between the parties may be unenforceable without vitiating the whole contract.[8]

Price payable by another. There can be a contract with the employer to do work for the employer, subject to implied duties owed to the employer to exercise reasonable skill and complete within a reasonable time, but upon terms that payment is not to be by the employer but by another person,[9] and such a contract can exist at the same time as a separate contract with that other person.[10]

Negotiations after contract.

"Where negotiations are in progress between parties intending to enter into a contract the whole of those negotiations must be looked at to determine when if at all, the contract comes into being. ... Once the contract comes into being, however, subsequent negotiations by either party seeking, for example, to obtain better terms will not affect the existence of the previously concluded contract."[11]

Coaches [1934] 2 K.B. 1 at 12 (C.A.). For meaning and effect of repudiation, see p. 156. See also *Smallman v. Smallman* [1972] Fam. 25 at 32 (C.A.).
[4] *Constable Hart & Co. Ltd v. Peter Lind & Co. Ltd* (1978) 9 B.L.R. 4 (C.A.).
[5] See *Trollope & Colls Ltd v. Atomic Power Ltd* [1963] 1 W.L.R. 333.
[6] *Courtney & Fairbairn Ltd v. Tolaini Brothers (Hotels) Ltd* [1975] 1 W.L.R. 297 (C.A.); *Walford v. Miles* [1992] 2 A.C. 128 (H.L.).
[7] *Walford v. Miles* [1992] 2 A.C. 128 at 139 (H.L.); *Pitt v. P.H.H. Asset Management* [1994] 1 W.L.R. 327 (C.A.).
[8] *Mallozzi v. Carapelli* [1976] 1 Lloyd's Rep. 407.
[9] *Charnock v. Liverpool Corporation* [1968] 1 W.L.R. 1498 (C.A.), a car repair case. For the consideration given, see *ibid.* p. 1505. See also *Brown and Davis v. Galbraith* [1972] 1 W.L.R. 997 (C.A.). For the implied duty of skill, see p. 56, and the implied duty as to time, p. 236.
[10] *Charnock v. Liverpool Corporation* [1968] 1 W.L.R. 1498 (C.A.).
[11] *British Guiana Credit Corp. v. Da Silva* [1965] 1 W.L.R. 248, 255 (P.C.). See also "Subsequent conduct of parties" on p. 38.

(h) Acceptance by conduct

The offeror cannot bind the offeree by a stipulation that silence will amount to acceptance,[12] but acceptance can be by conduct showing an intention to accept the terms of the offer.[13] It is a question in each case whether conduct, known to the offeror, shows such an intention.[14] Thus if an offer is made to a contractor for the performance of certain work upon stated terms, and without making any express acceptance, or counter-offer, the contractor carries out the work, he is bound by the terms of the offer.[15] The same principles apply to an employer who, without any express acceptance, or counter-offer, permits a contractor to carry out work the subject matter of an offer subject to certain terms. He is bound by those terms.[16]

(i) Acceptance by post, telex or fax

The general rule is that acceptance must be communicated to the offeror, and does not become effective until it reaches him[17] but if the acceptance is by post special rules may apply. Where the circumstances are such that the parties must have contemplated that the post might be used as a means of communication the acceptance is complete as soon as it is posted[18] although the ordinary rule still applies that revocation of the offer is not effective until it reaches the offeree. Therefore if in such circumstances an acceptance is posted before the offeree knows of the revocation of the offer a contract comes into existence.[19]

The special rules as to acceptance by post do not apply where there is a contract by telex. Where telex communication is instantaneous and between principals the contract is concluded where and when acceptance is communicated to the offeror. Where communication is not instantaneous no universal rule applies. Reference must be made to the intentions of the

---

[12] *Felthouse v. Bindley* (1862) 11 C.B.(N.S.) 869.
[13] *Charnock v. Liverpool Corporation* [1968] 1 W.L.R. 1498 at 1507 (C.A.); *cf. G. Percy Trentham v. Archital Luxfer* (1992) 63 B.L.R. 44 (C.A.).
[14] See as examples *Shields Furniture Ltd v. Golt* [1973] 2 All E.R. 655; *Fairline Shipping Corporation v. Adamson* [1975] Q.B. 180; *Wettern Electric v. Welsh Agency* [1983] Q.B. 796 at 802.
[15] *Brogden v. Metropolitan Railway* (1877) 2 App.Cas. 666 (H.L.); *Dartford Union v. Trickett* (1888) 59 L.T. 754; *Greenwood v. Hawkings* (1907) 23 T.L.R. 72; *Robophone Facilities Ltd v. Blank* [1966] 1 W.L.R. 1428; *Peter Lind & Co. Ltd v. Mersey Docks & Harbour Board* [1972] 2 Lloyd's Rep. 235; *New Zealand Shipping Co. Ltd v. Satterthwaite & Co. Ltd* [1975] A.C. 154 (P.C.).
[16] *ibid*. For the position where no price is fixed see p. 24.
[17] *Entores Ltd v. Miles Far East Corporation* [1955] 2 Q.B. 327 (C.A.).
[18] *Henthorn v. Fraser* [1892] 2 Ch. 27 at 33; *Holwell Securities Ltd v. Hughes* [1974] 1 W.L.R. 155 (C.A.).
[19] *Byrne v. Van Tienhoven* (1880) 5 C.P.D. 344; see also *Household Insurance Co. v. Grant* (1879) 4 Ex.D. 216.

parties, sound business practice and in some cases to a judgment where the risks should lie.[20]

There is no authority yet about the formation of a contract using fax machines, although Rules of Court provide that documents which do not require personal service may be served by fax.[21] It is submitted that there is no essential difference between acceptance by fax and acceptance by telex.

The artificial concept of acceptance by posting yields to the express terms of the offer. Thus where an option to purchase a freehold was exercisable by "notice in writing to ..." the defendant, it was held that actual communication of the acceptance was necessary notwithstanding that the parties contemplated that the post might be used.[22] Accordingly there was no valid exercise of the option where the notice was lost in the post.[23]

(j) Notice of terms

A party to a contract cannot be bound by a term of which he has no notice. In particular, if the other party seeks to rely on some clause limiting his common law obligations he must prove strictly that the clause on which he seeks to rely is part of the contract.[24] He can do this by a signed contract which includes the clause, for a person who has signed a contract is ordinarily, in the absence of fraud or misrepresentation[25] or undue influence,[26] bound by its terms whether he has read it or not.[27] Failing such a document it is a question in each case whether reasonably sufficient steps have been taken to give notice of the terms.[28]

To succeed in enforcing a particularly onerous or unusual printed clause, a party has to show that it was brought fairly and reasonably to the attention of

---

[20] *Brinkibon Ltd v. Stahag Stahl* [1983] 2 A.C. 34 (H.L.) applying *Entores v. Miles Far East Corporation* [1955] 2 Q.B. 327 (C.A.).
[21] R.S.C., Ord. 65, r. 5(1) and (2B).
[22] *Holwell Securities Ltd v. Hughes* [1974] 1 W.L.R. 155 at 157 (C.A.). Lawton L.J. in his judgment at p. 161 set out other qualifications to the concept. See also *Yates Building v. Pulleyn, The Times,* February 26, 1975 (C.A.).
[23] *Holwell Securities Ltd v. Hughes* [1974] 1 W.L.R. 155 (C.A.).
[24] *Olley v. Marlborough Court* [1949] 1 K.B. 532 at 549 (C.A.); *Mendelssohn v. Normand Ltd* [1970] 1 Q.B. 177 (C.A.); *Thornton v. Shoe Lane Parking Ltd* [1971] 2 Q.B. 163 (C.A.); *Hollier v. Rambler Motors (A.M.C.) Ltd* [1972] 2 Q.B. 71 (C.A.); *cf.* s. 11(2) and para. (c) of Sched. 2 of the Unfair Contract Terms Act 1977.
[25] See, *e.g. Curtis v. Chemical Cleaning Co.* [1951] 1 K.B. 805 (C.A.); *Mendelssohn v. Normand Ltd* [1970] 1 Q.B. 177 (C.A.). See also *Dietz v. Lennig Chemicals Ltd* [1969] 1 A.C. 170 (H.L.); *J. Evans & Son v. Andrea Merzario* [1976] 1 W.L.R. 1078 (C.A.).
[26] *National Westminster Bank v. Morgan* [1985] A.C. 686.
[27] *Parker v. S.E. Railway* (1877) 2 C.P.D. 416 at 421; *L'Estrange v. Graucob* [1934] 2 K.B. 394 at 403 (C.A.). For mistake as to nature of document, see *Saunders v. Anglia Building Society* [1971] A.C. 1004 (H.L.); *United Dominions Trust v. Western* [1976] Q.B. 513 (C.A.).
[28] *Parker v. S.E. Railway* (1877) 2 C.P.D. 416; *Thornton v. Shoe Lane Parking Ltd* [1971] 2 Q.B. 163 (C.A.). For a person not bound by notice in foreign language, see *Geier v. Kujawa Western & Warne Bros (Transport) Ltd* [1970] 1 Lloyd's Rep. 364.

the other party.²⁹ Where work was done in pursuance of a typewritten offer which had on the face of it, in very small print, an exemption clause relating to delay caused by strikes, it was held that the employer was bound by the clause although he had never read it.³⁰ If in such a case the clause had been on the back of the document with no reference to its existence on the face of the document the contractor might not have been able to rely on it.³¹

An offer "subject to our General Conditions of Contract obtainable on request" was held to refer to the conditions current at the time of the offer.³²

Course of dealing. "If two parties have made a series of similar contracts each containing certain conditions, and then they make another without expressly referring to those conditions it may be that those conditions ought to be implied."³³ This principle occasionally applies in building contracts.³⁴ More often, the complexity of both subject-matter and of the terms usually contained in express written contracts precludes it.

3. FORMALITIES OF CONTRACT

The general rule of law is that no formalities are required for the formation of a contract. It may be written, oral or partly oral and partly in writing.³⁵ To this rule there are, for the purposes of the law relating to building contracts, two exceptions: first, contracts for the sale of land can now only be in writing and secondly contracts of guarantee must be written or evidenced in writing.

(a) Contracts requiring writing

Contracts for the sale of land. A contract for the sale or other disposition of an interest in land can only be made in writing and only by

---

[29] *Interfoto Picture Library v. Stiletto Visual Programmes* [1989] Q.B. 433 (C.A.); *cf.* s. 11(2) and para. (c) of Sched. 2 of the Unfair Contract Terms Act 1977.
[30] *Frederick Sage & Co. Ltd v. Spiers & Ponds Ltd* (1915) 31 T.L.R. 204; *cf. L'Estrange v. Graucob* [1934] 2 K.B. 394 (C.A.). See also *British Road Services v. Crutchley (Arthur V.) Ltd* [1968] 1 All E.R. 811 (C.A.).
[31] *Parker v. S.E. Railway* (1877) 2 C.P.D. 416; *Olley v. Marlborough Court* [1949] 1 K.B. 532 (C.A.) and other authorities referred to in note above; see also *Chapelton v. Barry U.D.C.* [1940] 1 K.B. 532 (C.A.).
[32] *Smith v. South Wales Switchgear* [1978] 1 W.L.R. 165 (H.L.)
[33] Lord Reid in *McCutcheon v. David MacBrayne Ltd* [1964] 1 W.L.R. 125 at 127 (H.L.); see also *Hardwick Game Farm v. Suffolk, etc., Association* [1969] 2 A.C. 31 at 90, 104, 105, 130 (H.L.); *Mendelssohn v. Normand Ltd* [1970] 1 Q.B. 177 (C.A.); *Hollier v. Rambler Motors (A.M.C.) Ltd* [1972] 2 Q.B. 71 (C.A.); *Roberts v. Elwells Engineers Ltd* [1972] 2 Q.B. 586 (C.A.); *British Crane Hire Corporation Ltd v. Ipswich Plant Hire Ltd* [1975] Q.B. 303 (C.A.); *Amalgamated Investment and Property Co. Ltd v. Texas Thomas International Bank Ltd* [1982] Q.B. 84 (C.A.), commented on in *Keen v. Holland* [1984] 1 W.L.R. 251 (C.A.); *The "Leila"* [1985] 2 Lloyd's Rep. 172 at 178.
[34] *e.g. Rees-Hough Ltd v. Redland* (1985) 2 Con.L.R. 109; *Hanson v. Rapid Civil Engineering* (1987) 38 B.L.R. 106.
[35] See "Contract only partly in writing" on p. 42.

incorporating all the terms which the parties have expressly agreed in one document or, where contracts are exchanged, in each.[36] An option to purchase land is such a contract, but a notice exercising an option to purchase is not,[37] neither is an independent collateral contract[38] nor a "lock out" agreement relating to the sale of land.[39] Terms may be incorporated by reference to some other document.[40] The document incorporating the terms must be signed by or on behalf of each party to the contract.[41] Since a contract to which these rules apply can only be made in writing, contracts which do not comply are, it seems, void and the former law relating to part performance no longer applies.[42] If the parties fail to record all the terms of an agreement in writing, either party may apply to the Court for rectification or there may be possible remedies in estoppel or by means of a collateral contract.[43]

A normal building contract is not a contract for the sale or other disposition of an interest in land because the contractor is merely given a licence to enter the land.[44] A contract to grant a building lease, *i.e.* a lease, part of the consideration for the grant of which consists of a promise by the lessee to build on the demised land, must be evidenced in writing.[45]

Contracts of suretyship and guarantee.[46] A contract of guarantee is a promise to answer for the debt, default or miscarriage of another and must be contained in, or evidenced by, a note or memorandum in writing signed by the surety or his agent,[47] although the writing need not show the consideration for which the promise was given.[48] A contract of guarantee intended to be made by more than one co-surety is not binding unless all anticipated parties become bound.[49]

---

[36] Law of Property (Miscellaneous Provisions) Act 1989. s. 2(1). This section came into force on September 29, 1989. For the law before that date under s. 40 of the Law of Property Act 1925, see the 4th Edition of this book on p. 22.
[37] *Spiro v. Glencrown Properties* [1991] Ch. 537.
[38] *Record v. Bell* [1991] 1 W.L.R. 853.
[39] *Pitt v. P.H.H. Asset Management* [1994] 1 W.L.R. 327 (C.A.).
[40] s. 2(2) of the 1989 Act.
[41] s. 2(3) of the 1989 Act.
[42] See Law Commission No. 164 (1987).
[43] *ibid.* For rectification, see p. 288; for estoppel, see p. 284; for collateral contracts, see p. 139.
[44] *Camden v. Batterbury* (1860) 7 C.B.(N.S.) 864; *cf. Lavery v. Pursell* (1888) 39 Ch.D. 508. See also *Hounslow, London Borough Council v. Twickenham Gardens Development Ltd* [1971] 1 Ch. 233 discussed on p. 293; *cp. Surrey Heath B.C. v. Lovell Construction* (1988) 42 B.L.R. 25 at 51.
[45] See Law of Property (Miscellaneous Provisions) Act 1989, s. 2(6) and Law of Property Act 1925, s. 205(1).
[46] For guarantees generally, see p. 269.
[47] Statute of Frauds 1677, s. 4. For a recent case on the section, see *Elpis Maritime v. Marti Chartering* [1992] 1 A.C. 21 (H.L.).
[48] Mercantile Law Amendment Act 1856, s. 3. There were formerly certain other contracts required to be evidenced in writing, and a large body of law, some of which is now obsolete, developed. As the subject is now of such limited application to building contracts, it is not further dealt with here.
[49] *James Graham and Co. v. Southgate-Sands* [1986] Q.B. 80 (C.A.).

It may sometimes be difficult to distinguish between a guarantee which is required to be evidenced in writing and an indemnity which is not. A leading case is *Lakeman v. Mountstephen*[50] where the contractor, M, was carrying out drainage work for a local board. Certain private persons disregarded notices to make connections with the drain. The chairman of the board, L, said to M: "What objection have you to making the connections?" M replied: "None, if you or the board will order the work, or become responsible for the payment." L replied: "Go on and do the work, and I will see you paid." It was held that L had given an indemnity and was liable personally despite the absence of writing. He had assumed a primary liability to pay M and had not entered into a mere contract of guarantee, for this requires that there be a principal debtor who is primarily liable, and a surety who becomes liable only on his default.[51]

(b) Deeds

Deeds,[52] sometimes called specialty contracts, were formerly always documents which effected contracts under seal. This no longer need apply to deeds executed by individuals for which a seal is no longer required.[53] A deed is validly executed by an individual if it is signed by him in the presence of a witness who attests the signature and if it is delivered as a deed.[54] An instrument is not a deed unless it makes clear on its face that it is intended to be a deed by the person making it and is validly executed as a deed. Sealing is still required by parties other than individuals. Modern practice does not require a wax or wafer seal.[55]

The main characteristics of deeds are that they do not require consideration and that they have a 12-year limitation period.[56]

4. CAPACITY OF PARTIES

There are certain categories of persons whose capacity to make contracts is

---

[50] (1874) L.R. 7 H.L. 17 (H.L.). See also *Guild & Co. v. Conrad* [1894] 2 Q.B. 885 at 895 (C.A.).
[51] For a full discussion of the distinction between guarantee and indemnity, see *Chitty* (27th ed.) Vol. 2, 42–007, 42–026. See also *Goulston Discount Co. Ltd v. Clark* [1967] 2 Q.B. 493 (C.A.). For a case of novation, *i.e.* substitution of one debtor for another, see *Commercial Bank of Tasmania v. Jones* [1893] A.C. 313 (P.C.).
[52] For "Construction of Deeds", see p. 63.
[53] Law of Property (Miscellaneous Provisions) Act 1989, s.1(1)(b). This section came into force on July 31, 1990. It does not apply to instruments delivered as deeds before that date—see s. 1(11).
[54] s. 1(3).
[55] *First National Securities v. Jones* [1978] Ch. 109 (C.A.). For a strange case where a local authority was estopped by convention from denying that an agreement was under seal, see *Whittal Builders v. Chester-le-Street D.C.* (1987) 40 B.L.R. 82.
[56] For the 12-year limitation period, see p. 404.

Chapter 2—Capacity of Parties

less than that of the ordinary person, or in respect of whose contracts special rules apply.

(a) Minors (or Infants)[57]

A minor is a person under 18 years of age.[58] The general position is that contracts made by a minor are not binding on him save that he must pay a reasonable price for necessaries which he has received.[59] So far as goods are concerned necessaries are defined as "goods suitable to the condition in life of the minor ... and to his actual requirements at the time of the sale and delivery".[60] Necessaries can include services, such as lodging and even attendance if the minor's position in society warrants it, and an infant was held liable on a contract for the burial of his wife and children.[61] There seems therefore to be no reason in principle why a contract for building work could not be a contract for necessaries,[62] but a contractor is ill-advised to enter into a contract with a minor. Apart from the perils of the law relating to necessaries, a minor cannot hold any legal estate in land,[63] and might not therefore be able to grant possession of the site for completion of the works. The contractor's better course where he has been negotiating with a minor is to make the contract with the trustees of the land in which the minor has a beneficial interest.

(b) Aliens

An alien is liable upon, and can enforce, contracts within the jurisdiction of the English courts unless he is an alien enemy. For the purpose of the enforceability of contracts an alien enemy is a person, whatever his nationality, resident in or carrying on business in the enemy's country, or in a country within the effective control of the enemy.[64]

(c) Bankrupts

An undischarged bankrupt may enter into any contract provided that he does not commit the criminal offences of:

---

[57] See Family Law Reform Act 1969, s. 12.
[58] Family Law Reform Act 1969, s. 1.
[59] Sale of Goods Act 1979, s. 3 (goods sold and delivered)—it is not clear whether the same rule applies to necessaries which are not goods, *i.e.* that he pays a reasonable price, not necessarily the contract sum; probably it does—*Nash v. Inman* [1908] 2 K.B. 1 at 8 (C.A.); *cp.* s. 2 of the Minors' Contracts Act 1987 for guarantees of minors' obligations and s. 3 of the Act for the Court's power to order restitution.
[60] Sale of Goods Act 1979, s. 3(3).
[61] *Chapple v. Cooper* (1844) 13 M. & W. 252.
[62] There is no such case reported.
[63] Law of Property Act 1925, s. 1(6).
[64] *Porter v. Freudenberg* [1915] 1 K.B. 857 (C.A.); see further, *Chitty* (27th ed.), Vol. 1, 11–013.

(i) either alone or jointly with any other person obtaining credit to the extent of the prescribed amount[65] or more from any person without informing that person that he is an undischarged bankrupt; or
(ii) engaging in any business under a name other than that in which he was adjudicated bankrupt without disclosing to all persons with whom he enters into any business transaction the name in which he was adjudicated bankrupt.[66]

(d) Persons of unsound mind

Contracts with persons of unsound mind whose affliction is not apparent and whose consequent incapacity is not known to the other contracting party are to be judged by the same standards as those made by a person of sound mind. Such contracts will not be rescinded for incapacity and unfairness if the other party is guilty of no unconscionable conduct.[67]

(e) Corporations

A corporation is a legal person, that is to say it is regarded by the law as a legal entity quite distinct from the person or persons who may for the time being be the member or members of the corporation. A corporation sole is composed of one office holder such as a bishop or the Public Trustee,[68] and a corporation aggregate of more than one person such as the members of a company.[69] Local authorities are corporations.

The *ultra vires* doctrine. Corporations may be broadly classified as those incorporated by charter, either express or implied, and those incorporated as the result of an Act of Parliament. A chartered corporation has at common law the power "to bind itself to such contracts as an ordinary person can bind himself to".[70] But a statutory corporation being a statutory creature can only enter into such contracts as are necessary to attain the objects of its creation. Any purported contract for purposes beyond these objects is *ultra vires* (*i.e.* beyond its powers) and therefore void. For a person

---

[65] s. 360(1)(a) and (4) of the Insolvency Act 1986. The prescribed amount in currently £250 (S.I. 1986 No. 1996, Art. 3, Sched., Pt II).
[66] Insolvency Act 1986, s. 360. See *Fisher v. Raven* [1964] A.C. 210 (H.L.); *R. v. Hartley* [1972] 2 Q.B. 1 (C.A. Crim. Div.).
[67] *Hart v. O'Connor* [1985] A.C. 1000 (P.C.).
[68] The provision, noted above under "Deeds", that a seal is no longer required for an individual's deed does not apply to a corporation sole—see s. 1(10) of the Law of Property (Miscellaneous Provisions) Act 1989.
[69] See *Chitty* (27th ed.), Vol. 1, 9–001.
[70] *Wenlock (Baroness) Ltd v. River Dee Co.* (1887) 36 Ch.D. 674 at 685 (C.A.).

dealing with a company registered under the Companies Act 1985, which includes the ordinary commercial company, the position is much simplified. The validity of an act done by a company shall not be called into question on the ground of lack of capacity by reason of anything in the company's memorandum. The power of a board of directors to bind a company or authorise others to do so shall in favour of a person dealing with the company in good faith, be deemed to be free of any limitation under the company's constitution. A person shall be presumed to have acted in good faith unless the contrary is proved and a person shall not be regarded as acting in bad faith by reason only of his knowing that an act is beyond the powers of the directors under the company's constitution. A party to a transaction with a company is not bound to enquire as to whether it is permitted by the company's memorandum or as to any limitation on the powers of the board of directors to bind the company or authorise others to do so.[71]

The formalities required of contracts made by corporations are for practical purposes the same as those for individuals,[72] except that a corporation's deed has to be sealed.[73]

Corporation acts through its agents. A corporation acts through its agents and, even though a contract purported to be entered into is within the powers of the corporation, to be binding it must be within the express or ostensible authority of the agent. Directors of a company registered under the Companies Act 1985 have authority to bind the company and the position of a person dealing with them is dealt with above. At one time the secretary of such a company had very little authority on its behalf. It has now been held that he has ostensible authority to make contracts on its behalf in connection with the administrative side of its affairs such as employing staff and ordering cars and so forth.[74] It is thought that such authority extends to works of repair and maintenance of a company's premises, but it must be a matter of doubt how far it extends to building contracts generally.

Where a person represents that he has authority which he does not possess, and thereby induces another to enter into a contract which is void for want of authority, that other person, if he has suffered loss, can sue the first for breach of warranty of authority.[75]

---

[71] ss. 35, 35A and 35B of the Companies Act 1985 as amended by s. 108 of the Companies Act 1989. These sections came into force on February 4, 1991. They replaced the original version of s. 35, which was first enacted by s. 9(1) of the European Communities Act 1972. The purpose of the amendment was to ensure that English law more fully reflected Article 9 of the European Council First Directive on Company Law.
[72] See s. 36 of the Companies Act 1985 (in relation to companies registered under the Companies Act 1985) and s. 1 of the Corporate Bodies' Contracts Act 1960 (in relation to other bodies corporate).
[73] See Section 3 of this chapter under "Deeds" and generally.
[74] *Panorama Development (Guildford) Ltd v. Fidelis Furnishing Fabrics Ltd* [1971] 2 Q.B. 711 (C.A.).
[75] See cases cited on p. 333. For the authority of the architect, see p. 330. For the authority of senior officers of local authorities, see below.

(f) Contracts by local authorities

A local authority must make standing orders with regard to the making of contracts by them or on their behalf for the execution of works,[76] but a person entering into a contract with a local authority is not bound to inquire whether the standing orders have been complied with and non-compliance does not invalidate any contract entered into by or on its behalf.[77]

Local authority contracts do not have to be under seal.[78] In practice local authorities frequently do enter into substantial contracts under seal. This gives them the benefit of a 12-year limitation period[79] and avoids questions whether a person had authority to contract on their behalf. Senior officers are likely to be held to have such authority.[80]

The making by local authorities of public supply or works contracts is regulated by Part II of the Local Government Act 1988, the local authority being required to exercise certain functions without reference to non-commercial matters.[81] The use by local authorities of Direct Labour Organisations is regulated by Part III of the Local Government, Planning and Land Act 1980.[82]

Members of local authorities and flood defence committees. Where they have a pecuniary interest in any contract or proposed contract they must disclose the fact, and must not take part in the consideration or discussion of, or vote on any question with respect to, the contract.[83] A person failing to comply with these requirements commits a criminal offence.[84]

(g) Government contracts

Contracts with government departments can be enforced by or against the Crown.[85]

---

[76] Local Government Act 1972, s. 135(2). The London Government Act 1963 applies to London.
[77] Local Government Act 1972, s. 135(4). See *North West Leicestershire D.C. v. East Midlands Housing Association* [1981] 1 W.L.R. 1396 for a consideration of its statutory predecessor.
[78] The Corporate Bodies' Contracts Act 1960.
[79] See p. 404.
[80] See *e.g. Carlton Contractors v. Bexley Corporation* (1962) L.G.R. 331—borough surveyor; *Roberts & Co. Ltd v. Leicestershire County Council* [1961] Ch. 555—officers of county architect's department; *cp. North West Leicestershire D.C. v. East Midlands Housing Association* [1981] 1 W.L.R. 1396 where a clerk of the council did not have authority. See also p. 330.
[81] s. 17(1) of the Act. For a case applying the provisions, see *R. v. London Borough of Islington* (1989) 45 B.L.R. 45.
[82] As amended by s. 32 of the Local Government Act 1988; *cf.* the Local Government (Direct Labour Organisations) (Competition) Regulations 1989. For an application for judicial review arising out of these provisions, see *R. v. Walsall Metropolitan Borough Council, ex p. Yapp and Street* (1993) 65 B.L.R. 44 (C.A.).
[83] See Local Government Act 1972, ss. 94–98, 105, 272; Water Resources Act 1991 s. 14 and Sched. 4, para. 4.
[84] *Ibid.* s. 94(2). See *Brown v. D.P.P.* [1956] 2 Q.B. 369; *Rands v. Oldroyd* [1959] 1 Q.B. 204.
[85] For the right to sue the Crown and the procedure, see the Crown Proceedings Act 1947.

(h) Partnerships

Partnership is "the relationship which subsists between persons carrying on business in common with a view to profit".[86] A partnership is not a corporation and in general a partner acting for the purposes of the partnership can enter into a contract on behalf of the other partners so as to make them liable.[87]

(i) Unincorporated associations

An unincorporated association is a general term given to a group of persons neither a corporation nor a partnership who act together for certain purposes.[88] A typical example is a club. As it has no corporate existence contracts cannot be made on its behalf and a member is not liable unless he made the contract or authorised or ratified it.[89] Members of the committee who enter into the contract are liable, and in general a person dealing with a club is normally entitled to look to the members of the committee of management.[90]

---

[86] Partnership Act 1890, s. 1; *Keith Spicer Ltd v. Mansell* [1970] 1 W.L.R. 333 (C.A.).
[87] s. 5 of the 1890 Act. See generally *Lindley on Partnership* (16th ed.) and, *e.g. Mann v. D'Arcy* [1968] 1 W.L.R. 893.
[88] See further *Chitty* (27th ed.), Vol. 1, 9–063 *et seq.* For Trade Unions, see *Chitty* 9–075 *et seq.*
[89] *Bradley Egg Farm Ltd v. Clifford* [1943] 2 All E.R. 378 (C.A.); *Wise v. Perpetual Trustee Co.* [1903] A.C. 139 (P.C.).
[90] *Steele v. Gourley* (1887) 3 T.L.R. 118, 119; *Bradley Egg Farm Ltd v. Clifford* [1943] 2 All E.R. 378 (C.A.); *cf. Draper v. Manvers (Earl)* (1892) 9 T.L.R. 73.

CHAPTER 3

CONSTRUCTION OF CONTRACTS

		Page
A.	**Construction of Contracts**	36
1.	Expressed Intention	37
	(a) *Extrinsic evidence—not normally admissible*	37
	(b) *Extrinsic evidence—when admissible*	39
2.	Rules of Construction	43
3.	Alterations	48
4.	Implied Terms	48
	(a) *Statutory implication*	49
	(b) *Necessary implication*	50
	(i) *Implication to make contract work*	50
	(ii) *Implication of "usual" terms—employer*	51
	(iii) *Implication of "usual" terms—contractor*	56
5.	Construction of Deeds	63
6.	The Value of Previous Decisions	63
B.	**Risk, Indemnity and Exclusion Clauses**	64
1.	Risk Clauses	66
2.	Indemnity Clauses	66
3.	Exclusion Clauses	68
4.	Unfair Contract Terms Act 1977	70

A. Construction of Contracts

Many of the problems likely to arise under a building contract are concerned with the meaning to be given to words in a written contract. The process by which the courts arrive at this meaning is termed construing a contract, and the meaning, as determined by the court, the construction of the contract.[1]

"The object sought to be achieved in construing any commercial contract is to ascertain . . . what each [party] would have led the other reasonably to assume were the acts that he was promising to do or to refrain from doing by the words in which the promises on his part were expressed."[2]

---

[1] For a full exposition, see *Norton on Deeds* (2nd ed.), and for a shorter account, see *Odgers on the Construction of Deeds and Statutes* (5th ed.). See also *Chitty* (27th ed.) 12–039 *et seq*. Problems of construction and of formation of contract are often closely related and reference should also be made to Chap. 2, especially the sections dealing with offer and acceptance.

[2] Lord Diplock in *Pioneer Shipping v. B.T.P Tioxide* [1982] A.C. 724 at 736 (H.L.).

Chapter 3—Expressed Intention

1. EXPRESSED INTENTION

In construing a contract the court applies the rule of law that, "while it seeks to give effect to the intention of the parties, [it] must give effect to that intention as expressed, that is, it must ascertain the meaning of the words actually used".[3] For the purposes of construction "intention" does not mean motive, purpose, desire or a state of mind but intention as expressed, and the common law adopts an objective standard of construction excluding general evidence of actual intention of the parties. Thus while, as will be shown below, it permits evidence of the circumstances in which the contractual document was made, of the special meaning of words, of customs and certain other matters to assist the court in arriving at the expressed intention of the parties, nevertheless the fundamental rule is that the words must speak for themselves.[4] The parties cannot come into court to give evidence of what they intended to say.[5] If the rule were otherwise, "all certainty would be taken from the words in which the parties have recorded their agreement".[6]

(a) Extrinsic evidence—not normally admissible

It follows from the principle just stated that, for a written contract, no evidence outside the document itself, *i.e.* extrinsic evidence, may normally be adduced to contradict, vary, add to or subtract from the written terms.[7]

Blanks. Where a complete blank is left in a material part of the contract evidence is not admissible to fill it.[8] Thus where the date for completion was omitted, and to insert it would result in the imposition of an onerous obligation under a liquidated damages clause, the court refused to admit evidence that each party had been told of the date.[9]

Preliminary negotiations. Although restricted evidence of the factual background is admissible,[10] when the parties have entered into a final

---

[3] *Inland Revenue Commissioners v. Raphael* [1935] A.C. 96 at 142 (H.L.); *Schuler A.G. v. Wickman Machine Tool Sales Ltd* [1974] A.C. 235 (H.L.).
[4] *ibid.*
[5] But note that in certain circumstances equity will rectify a contract mistakenly expressed. See p. 288.
[6] *Inland Revenue Commissioners v. Raphael* [1935] A.C. 96 at 142 (H.L.); see also *London County Council v. Henry Boot & Sons Ltd* [1959] 1 W.L.R. 1069 at 1077 (H.L.).
[7] *Bank of Australia v. Palmer* [1897] A.C. 540 at 545 (P.C.); *National Westminster Bank v. Halesowen Presswork* [1972] A.C. 785 at 818 (H.L.); *O'Connor v. Hume* [1954] 1 W.L.R. 824 at 830 (C.A.); *Rabin v. Gerson Berger* [1986] 1 W.L.R. 526 (C.A.).
[8] *In the goods of De Rosaz* (1877) 2 P.D. 66 at 69. For an exceptional case where, under s. 11 of the Employment Protection (Consolidation) Act 1978, gaps in a contract of employment were filled, see *Mears v. Safecar Security* [1983] 1 Q.B. 54 at 80.
[9] *Kemp v. Rose* (1858) 1 Giff. 258. For a case where the expression "£ nil" in a liquidated damages clause was construed *not* to be equivalent to a blank, see *Temloc v. Errill Properties* (1987) 22 B.L.R. 30 (C.A.).
[10] See "Factual background" below.

concluded contract in writing the preliminary negotiations such as letters cannot be referred to for the purpose of explaining the parties' intention.[11] In one case[12] a covering letter sent with the tender stated that the tender was "subject to" a certain term. After negotiations a formal contract was signed which defined the contract documents without including the letter, although in the contract documents, as defined, there was a reference to part of the letter for a different purpose. It was held that that term was not part of the contract.

Subsequent conduct. "[I]t is not legitimate to use as an aid in the construction of the contract anything which the parties said or did after it was made,"[13] and this rule applies even where there is an ambiguity in the contract.[14] The rule applies particularly where a contract is arrived at in the course of correspondence. All the letters must be looked at in order to determine whether, and at what stage, the parties intended to make themselves contractually liable, but when that stage has been established subsequent correspondence cannot be taken into account in construing the contract.[15]

Deletions from printed documents. It is unclear whether in construing a contract it is permissible to look at deletions from printed documents and, if it is permissible, for what purpose. There are two schools of thought. One school, supported by weighty, if elderly, authority[16] but followed recently,[17] says that you may not take account of such deletions at all. The other school holds that "when the parties use a printed form and delete parts of it one can, in my opinion, pay regard to what has been deleted as part of the surrounding circumstances in the light of which one must construe what they have chosen

---

[11] *Inglis v. Buttery* (1878) 3 App.Cas. 552 (H.L.); *Leggott v. Barrett* (1880) 15 Ch.D. 306 at 311 (C.A.); *Kinlen v. Ennis U.D.C.* [1916] 2 I.R. 299 (H.L.); *Davis Contractors Ltd v. Fareham Urban District Council* [1956] A.C. 696 (H.L.); *L.C.C. v. Boot* [1959] 1 W.L.R. 1069 (H.L.); *Prenn v. Simmonds* [1971] 1 W.L.R. 1381 (H.L.). For building contract cases, see, *e.g. Wates Ltd v. G.L.C.* (1983) 25 B.L.R. 1 at 22; *Viking Grain v. T.H. White* (1985) 33 B.L.R. 103 at 116—evidence of negotiations not admissible on questions of implication of terms, but see n.34 below. Contrast "Agreed factual assumption" and "Parties' own dictionary" below.
[12] *Davis Contractors Ltd v. Fareham Urban District Council* [1956] A.C. 696 (H.L.).
[13] Lord Reid in *Whitworth Street Estates (Manchester) Ltd v. James Miller & Partners Ltd* [1970] A.C. 583 at 603 (H.L.). See also *Wates Ltd v. G.L.C.* (1983) 25 B.L.R. 1 at 29.
[14] *Schuler A.G. v. Wickman Machine Tool Sales Ltd* [1974] A.C. 235 at 252, 265 (H.L.). In the *Schuler* case doubt was expressed as to the authority of *Watcham v. East African Protectorate* [1919] A.C. 533 (P.C.) which dealt with an ambiguous title to land.
[15] *Bushwall Properties Ltd v. Vortex Properties Ltd* [1976] 1 W.L.R. 591 at 603 (C.A.). For an exceptional case where, under s. 11 of the Employment Protection (Consolidation) Act 1978, evidence of subsequent conduct was held to be admissible, see *Mears v. Safecar Security* [1983] 1 Q.B. 54 at 80.
[16] *Inglis v. Buttery* (1878) 3 App.Cas. 552 (H.L.); *Ambatielos v. Jurgens* [1923] A.C. 175 at 185 (H.L.); *M.A. Sassoon & Sons v. International Banking Corporation* [1927] A.C. 711 at 712 (P.C.); see also *City & Westminster Properties (1934) Ltd v. Mudd* [1959] Ch. 129; *Prenn v. Simmonds* [1971] 1 W.L.R. 1381 (H.L.).
[17] *Compania Naviera Termar v. Tradax Export* [1965] 1 Lloyd's Rep. 198 at 204; *Ben Shipping v.*

to leave in".[18] Applying this principle, the House of Lords referred to the deletion in an existing contract of a clause giving the employer an express right of set-off as part of the surrounding circumstances showing that the parties directed their minds to the question of set-off and decided that it should not be allowed. This second school has support to the effect that the court is entitled to look at deleted words to see if any assistance can be derived from them in solving an ambiguity in words retained,[19] and that a word or phrase in the deleted part of a clause may throw light on the meaning of the same word or phrase in what remains of the clause.[20] But by deleting a provision parties are not to be deemed to have agreed the converse. They may have had all sorts of reasons for making the deletion.[21] Further, however, the manner in which deletions and amendments have been effected may itself provide a powerful reason for construing the agreement by reference to the deletions and amendments.[22] It has further been held that there is no difference here between a deletion and an omission.[23]

In this confusion, it is submitted that the second school is generally to be preferred. Where parties have made a contract in a document which contains deletions, to look at the deletions does not offend the principle discussed above which prevents reference to preliminary negotiations. The deletion is physically contained in the concluded contract. It is submitted that the court should first construe the retained words. If they are unambiguous, reference to the deletion is unnecessary. If they are ambiguous, reference to deletions from printed documents should be permitted to see whether objectively they throw light on the meaning of the retained words. There may be no logical difference between a visible deletion and an omission proved to have been made, but it is submitted that the case for considering invisible omissions is less persuasive, especially if the words of the contract are unambiguous.

(b) Extrinsic evidence—when admissible

To the general rule that extrinsic evidence is not admissible to interpret a

---

An-Board Bainne [1986] 2 Lloyd's Rep. 285 at 291; *Wates Construction v. Franthom Property* (1991) 53 B.L.R. 23 (C.A.).

[18] Lord Cross, stating the majority view in *Mottram Consultants Ltd v. Bernard Sunley & Sons* [1975] 2 Lloyd's Rep. 197 at 209 (H.L.), Lords Hodson and Wilberforce agreeing; Lords Morris and Salmon dissenting, but on another point and not dealing with this issue. See further p. 501. For earlier cases consistent with the *Mottram* case, see *Chitty* (27th ed.), Vol. 1, 12–058, note 65. For discussion relating to the Standard Form, see p. 642.

[19] Diplock J. in *Louis Dreyfus v. Parnaso Cia. Naviera* [1959] 1 Q.B. 498 at 513.

[20] Lloyd J. *Mineralimportexport v. Eastern Mediterranean Maritime* [1980] 2 Lloyd's Rep. 572 at 575. See also Lord Reid in *Timber Shipping Co. v. London & Overseas Freighters* [1972] A.C. 1 at 15 (H.L.); Slade L.J. in *Jefco Mechanical Services Ltd v. Lambeth* (1983) 24 B.L.R. 1 at 8 (C.A.); *Team Services v. Kier Management* (1993) 63 B.L.R. 76 (C.A.).

[21] *Mineralimportexport v. Eastern Mediterranean Maritime* [1980] 2 Lloyd's Rep. 572 at 575; *cf. Wates Construction v. Franthom Property* (1991) 53 B.L.R. 23 at 36 (C.A.).

[22] See *Punjab National Bank v. de Boinville* [1992] 1 W.L.R. 1138 (C.A.).

[23] *Team Services v. Kier Management* (1993) 63 B.L.R. 76 (C.A.)—Lloyd and Kennedy L.JJ. Hoffman L.J. dissented in the result but did not deal with this particular point.

written contract there are many qualifications and exceptions relevant to building contracts of which the most important are now discussed.

Factual background. Contracts are not made in a vacuum. There is always a setting in which they have to be placed.[24] Restricted evidence is admissible "of the factual background known to the parties at or before the date of the contract, including evidence of the 'genesis' and objectively the 'aim' of the transaction".[25] "What the court must do must be to place itself in thought in the same factual matrix as that in which the parties were."[26]

Surrounding circumstances. The court does not ascertain the intention of the parties by an interpretation based purely on internal linguistic considerations.[27] It must "inquire beyond the language and see what the circumstances were with reference to which the words were used, and the object, appearing from those circumstances, which the person using them had in view".[28] Thus evidence can be given to identify persons and things referred to in the document and to explain the circumstances existing at the time of its making.[29] "In construing all instruments you must know what the facts were when the agreement was entered into."[30] "Such facts give very little help in the construction if the words of the deed[31] are clear, but they will help very much if the words are ambiguous."[32] They may assist in deciding what terms, if any, are to be implied.[33] But this principle does not permit evidence to be made available of negotiations before contract or of the parties' subjective intentions.[34]

Foreign and technical words. The meaning of foreign and technical

---

[24] *Reardon Smith Line v. Hansen-Tangen* [1976] 1 W.L.R. 989 at 995 (H.L.); *cf. A. Bell & Son v. CBF Residential Care and Housing* (1989) 46 B.L.R. 102 at 107.
[25] *Prenn v. Simmonds* [1971] 1 W.L.R. 1381 at 1385 (H.L.).
[26] *Reardon Smith Line v. Hansen-Tangen* [1976] 1 W.L.R. 989 at 997 (H.L.).
[27] *Prenn v. Simmonds* [1971] 1 W.L.R. 1381 at 1384 (H.L.); see also n.11 above.
[28] *ibid.*
[29] *Shore v. Wilson* (1842) 9 Cl. & F. 355 (H.L.).
[30] Jessel M.R. in *Cannon v. Villars* (1878) 8 Ch.D. 415 at 419; *Hart v. Hart* (1881) 18 Ch.D. 670 at 693. See also, *Bank of New Zealand v. Simpson* [1900] A.C. 182 at 187 (P.C.), *A/s Tankexpress v. Compagnie Financière Belge des Petroles S.A.* [1949] A.C. 76 (H.L.).
[31] The principle applies to all written instruments—*Shore v. Wilson* (1842) 9 Cl. & F. 355 (H.L.).
[32] Lord Esher M.R. in *Roe v. Siddons* (1888) 22 Q.B.D. 224 at 233 (C.A.). For a case, upon rather special facts, discussing the duty of an arbitrator to decide whether there is an ambiguity which requires the admission of extrinsic evidence, see *F. G. Whitley & Sons v. Clwyd County Council* (1982) 22 B.L.R. 48 (C.A.). See also *Wates Construction v. Bredero Fleet* (1993) 63 B.L.R. 128.
[33] See *British Movietonews Ltd v. London and District Cinemas Ltd* [1952] A.C. 166 at 183 (H.L.).
[34] See n.27 above and *Viking Grain v. T.H. White* (1985) 33 B.L.R. 103 at 116—evidence of negotiations (as distinct from circumstances) not admissible on questions of implication of terms. It is suggested that *Viking Grain* is correct on this point, although *British Movietonews Ltd v. London and District Cinemas Ltd* [1952] A.C. 166 (H.L.) was not considered in the judgment.

Chapter 3—Expressed Intention

words can be proved.[35] If there is no dispute about the meaning of technical words the court can inform itself about them by any means that is reliable and ready to hand, such as an explanation by counsel or by reference to dictionaries or in cases of difficulty by calling in aid an assessor.[36]

Custom and usage. Evidence is admissible to show that words were used according to a special custom or usage attaching to the trade or locality applicable to the contract.[37] The custom must be strictly proved and must be notorious so that everybody in the trade or locality concerned enters into a contract with that custom as an implied term.[38] It must not be inconsistent with the express or necessarily implied terms of the contract,[39] must be reasonable and not against the law[40]

Parties' own dictionary. Where words in a contract are capable of more than one meaning but the parties have negotiated on the agreed basis that the words have one meaning only, it is permissible to look at the negotiations to find out "their own dictionary meaning".[41]

Agreed factual assumption. When parties have acted in a transaction upon an agreed assumption that a particular state of facts between them is to be accepted as true, each is to be regarded as estopped as against the other from questioning as regards that transaction the truth of the facts so assumed.[42] Evidence to establish the agreed assumption is admissible which, it is suggested, might conceivably include evidence of facts occurring after the making of the contract in so far as they go to establish the existence at the time the contract was made of the agreed assumption.

Attacking the contract. Evidence is admissible to show an unfulfilled condition precedent, *e.g.* to show that an obligation was not to arise until an event, such as a third person's approval, had taken place and the event has

---

[35] *Shore v. Wilson* (1842) 9 Cl. & F. 355 (H.L.); *R. v. Patents Appeal Tribunal, ex p. Baldwin & Francis Ltd* [1959] 1 Q.B. 105 (C.A.); affd. *sub nom. Baldwin & Francis Ltd v. Patents Appeal Tribunal* [1959] A.C. 663 (H.L.).
[36] *Baldwin & Francis Ltd v. Patents Appeal Tribunal* [1959] A.C. 663 at 679, 691 (H.L.).
[37] See *Symonds v. Lloyd* (1859) 6 C.B.(N.S.) 691 ("Reduced brickwork" means brickwork 9 inches thick); *cf. Crowshaw v. Pritchard* (1899) H.B.C. (4th ed., 1914), Vol. 2, p. 274 also 16 T.L.R. 45. See p. 17.
[38] *Nelson v. Dahl* (1879) 12 Ch.D. 568 at 575 (C.A.); *Brown v. Inland Revenue Commissioners* [1965] A.C. 244 at 258, 262 and 266 (H.L.); *General Reinsurance v. Fennia* [1983] Q.B. 856 at 872 (C.A.).
[39] *ibid.*; *London Export Corporation Ltd v. Jubilee Coffee Roasting Co. Ltd* [1958] 1 W.L.R. 661 at 675 and 677 (C.A.).
[40] *ibid.*; *Crowshaw v. Pritchard* (1899) H.B.C. (4th ed., 1914), Vol 2, p. 274 also 16 T.L.R. 45; *Three Rivers Trading Co. v. Gwinear and District Farmers* (1967) 111 S.J. 831 (C.A.), sale of "400 tons (approx.)" of barley; custom that seller could deliver 10 per cent less than figure stated held to be unreasonable.
[41] *The Karen Oltmann* [1976] 1 Lloyd's Rep. 708 at 712.
[42] See "Estoppel by convention" on p. 285.

not occurred either at all or within the time limited by the agreement[43] or that a contract is void or voidable because of misrepresentation, fraud, mistake, illegality, duress, minority or made by a mentally disordered person[44] or that the contract has been varied, rescinded, or is subject to an estoppel.[45] Evidence of rescission can be given even though the original contract was by deed and the rescission was oral,[46] or if the original contract was required to be evidenced in writing and has been orally rescinded.[47]

To claim rectification. See p. 288.

To show collateral warranties. Where it is alleged that the written contract does not contain the whole of the agreement entered into and that there is a collateral warranty (sometimes termed collateral contract)[48] evidence of such a warranty is admissible.[49] But so far as there is a collateral contract the sole effect of which is to vary or add to the terms of the principal contract, it is viewed with suspicion by the law and must be strictly proved, for any laxity on this point would enable parties to escape from the full performance of their obligations and lessen the authority of written contracts.[50] There must be a clear intention to contract.[51] Although the reluctance of the courts to find collateral warranties or collateral contracts has been said to be out of date,[52] the reluctance seems to continue.[53]

To show consideration. "There is no doubt... that extrinsic evidence is admissible to prove the real consideration where (a) no consideration, or a nominal consideration, is expressed in the instrument, or (b) the expressed consideration is in general terms or ambiguously stated, or (c) a substantial consideration is stated, but an additional consideration exists. The additional consideration must not, however, be inconsistent with the terms of the written instrument."[54]

Contract only partly in writing. Different considerations apply when the contract is in truth, not exclusively in writing, but partly in writing and partly oral and/or by conduct.[55] In such a case the court admits evidence of

---

[43] *Pym v. Campbell* (1856) 6 E. & B. 370 at 374.
[44] *Norton on Deeds* (2nd ed.), p. 151; *Chitty* (27th ed.), Vol. 1, 8–064.
[45] *Schuler v. Wickman* [1974] A.C. 235 at 261 (H.L.). For variation and estoppel, see p. 284.
[46] *Berry v. Berry* [1929] 2 K.B. 316.
[47] *Morris v. Baron* [1918] A.C. 1 (H.L.).
[48] For meaning, see p. 139.
[49] *De Lassalle v. Guildford* [1901] 2 K.B. 215 (C.A.).
[50] *Heilbut Symons & Co. v. Buckleton* [1913] A.C. 30 at 47 (H.L.); *Routledge v. McKay and Others* [1954] 1 W.L.R. 615 (C.A.); *Dick Bentley Ltd v. Harold Smith (Motors) Ltd* [1965] 1 W.L.R. 623 (C.A.); *Quickmaid Rental Services Ltd v. Reece* (1970) 114 S.J. 372 (C.A.).
[51] *Heilbut Symons & Co. v. Buckleton* [1913] A.C. 30 (H.L.); *Howard Marine v. A. Ogden & Sons* [1978] Q.B. 574 (C.A.); *IBA v. EMI and BICC* (1980) 14 B.L.R. 1 at 22 (H.L.).
[52] *Evans & Sons v. Andrea Merzario* [1976] 1 W.L.R. 1078 at 1081 (C.A.).
[53] See, *e.g. IBA v. EMI and BICC* (1980) 14 B.L.R. 1 (H.L.).
[54] *Pao On v. Lau Yiu Long* [1980] A.C. 614 at 631 (P.C.).
[55] *Evans & Sons v. Andrea Merzario* [1976] 1 W.L.R. 1078 at 1081 (C.A.). The majority of the

Chapter 3—Expressed Intention

the oral part of the contract and/or the conduct and construes the contract according to all its terms gathered from the documents, words and conduct comprising the contract.[56]

2. RULES OF CONSTRUCTION[57]

A rule of law takes effect although the parties may have expressed a contrary intention, but a rule of construction merely "points out what a court shall do in the absence of express or implied intention to the contrary".[58] It is therefore only applied to assist the court where there is some ambiguity or inconsistency, for if the words are plain the court gives effect to them.[59] No rule of construction is individually of such importance that it is regarded as paramount.[60] There are no special rules of construction applicable to building contracts.[61]

Ordinary meaning. With an ordinary English word and where it is not contended that there is anything in the context which would result in it having a special meaning, the court adopts the ordinary meaning and decides as a matter of fact whether the facts of the case are within the ordinary meaning or not.[62] "The grammatical and ordinary sense of the words is to be adhered to unless that would lead to some absurdity, or some repugnance or inconsistency with the rest of the instrument, in which case the grammatical and ordinary sense of the words may be modified so as to avoid that absurdity or inconsistency, but no further."[63] The "absurdity" in the last sentence is, apparently, limited to that which would arise if reading the document as a whole it is clear that the parties intended a special meaning to be given to a word and that to give it its ordinary meaning would therefore create an absurdity.[64]

In a contract relating to any art or trade or business, the court gives words

---

Court of Appeal did not seem to agree wholly with the approach of Lord Denning and dealt with the case as a contract partly in writing, partly oral and partly by conduct.
[56] *ibid.*
[57] Sometimes termed "canons of construction".
[58] *Re Coward* (1887) 57 L.T. 285 at 291 (C.A.).
[59] *Leader v. Duffey* (1888) 13 App.Cas. 294 at 301 (H.L.); *James Archdale & Co. v. Comservices* [1954] 1 W.L.R. 459 at 463 (C.A.).
[60] Parker L.J. in *Sabah Flour v. Comfez* [1988] 2 Lloyd's Rep. 18 at 20 (C.A.).
[61] *cf. National Coal Board v. William Neill & Son* [1985] Q.B. 300.
[62] *Commonwealth Smelting v. G.R.E.* [1986] 1 Lloyd's Rep. 121 at 126 (C.A.) considering *Brutus v. Cozens* [1973] A.C. 854 (H.L.).
[63] Lord Wensleydale in *Grey v. Pearson* (1857) 6 H.L.Cas. 61 at 106 (H.L.); *cf.* Lord Blackburn in *Caledonian Railway v. North British Railway* (1881) 6 App.Cas. 114 at 131 (H.L.).
[64] *Rhodes v. Rhodes* (1882) 7 App.Cas. 192 at 205 (H.L.); *cf. Staffordshire Area Health Authority v. Staffordshire Waterworks* [1978] 1 W.L.R. 1387. See also *Sir Lindsay Parkinson & Co. Ltd v. Commissioners of Works* [1949] 2 K.B. 632 at 662 (C.A.), but *cf. British Movietonews Ltd v. London and District Cinemas Ltd* [1952] A.C. 166 at 183 (H.L.).

any special technical, trade, or customary meaning which the parties must have intended the words to bear.[65]

Term of art. This is used to describe words or phrases which have acquired a precise legal meaning ordinarily applied by the courts, but:

"where a word or phrase which is a 'term of art' is used by an author who is not a lawyer, particularly in a document which he does not anticipate may have to be construed by a lawyer, he may have meant by it something different from its meaning when used by a lawyer as a term of art."[66]

Reasonable meaning. "When the terms of a contract are ambiguous and one construction would lead to an unreasonable result, the court will be unwilling to adopt that construction."[67] "If detailed semantic and syntactical analysis of words in a commercial contract is going to lead to a conclusion that flouts business common sense, it must be made to yield to the business common sense."[68] The court is unlikely to be driven by semantic niceties to adopt an improbable and unbusinesslike interpretation, if a sensible and businesslike one is reasonably available.[69] "It is axiomatic that a document should, so far as possible, be construed so as not to defeat the parties' intention."[70] There are other cases which suggest that if there is no ambiguity the court will enforce the terms however absurd or unreasonable they may be,[71] and there are examples of contractors being held to the harsh terms of plainly worded contracts.[72] But it is thought that, with the complexity of modern building contracts both factually and in their drafting, these cases may now have limited application.

Internal consistency. A legal draftsman is presumed to aim at uniformity. The same words will be presumed to have the same meaning

---

[65] *Produce Brokers Co. Ltd v. Olympia Oil & Cake Co. Ltd* [1916] 1 A.C. 314 at 324 (H.L.); *cf. Reardon Smith Line v. Hansen-Tangen* [1976] 1 W.L.R. 989 at 996 (H.L.) and see also "Custom and usage" and "Parties' own dictionary", above.

[66] Diplock L.J. in *Sydall v. Castings Ltd* [1967] 1 Q.B. 302 at 314 (C.A.). In *L.C.C. v. Boot (Henry) & Sons Ltd* [1959] 1 W.L.R. 1069 at 1075 (H.L.) it was said that, in construing a contract, no help could be got from the then Working Rule Agreement, which was "not an artistically drawn document".

[67] Lord Esher M.R. in *Dodd v. Churton* [1897] 1 Q.B. 562 at 566 (C.A.); *Schuler A.G. v. Wickman Machine Tool Sales Ltd* [1974] A.C. 235 at 251, 256, 265 and 272 (H.L.).

[68] *Antaios Compania v. Salen A.B.* [1985] A.C. 191 at 201 (H.L.); *cf. Home and Overseas Insurance v. Mentor Insurance* [1990] 1 W.L.R. 153 for the effect of an "honourable engagement" provision in a reinsurance contract.

[69] *Mitsui v. A.G. of Hong Kong* (1986) 33 B.L.R. 1 at 14 (P.C.).

[70] Nicholls L.J. in *Hydrocarbons Great Britain v. Cammell Laird Shipbuilders* (1991) 53 B.L.R. 84 (C.A.).

[71] *Jones v. St. John's College, Oxford* (1870) L.R. 6 Q.B. 115, distinguished in *Dodd v. Churton* [1897] 1 Q.B. 562 (C.A.); *Adamastos Shipping v. Anglo Saxon Petroleum* [1959] A.C. 133 at 177 (H.L.).

[72] *e.g. Jackson v. Eastbourne Local Board* (1886) H.B.C. (4th ed., 1914), Vol. 2, p. 88 (H.L.).

Chapter 3—Rules of Construction

throughout the document and different words to refer to a different thing or concept.[73]

Valid meaning. "Where a clause is ambiguous a construction which will make it valid is to be preferred to one which will make it void."[74] This principle is sometimes expressed by the maxim *verba ita sunt intelligenda ut res magis valeat quam pereat*, which has particular reference to documents prepared by businessmen who "often record the most important agreements in crude and summary fashion".[75]

Clerical errors corrected. Where there is a manifest error in a document, the court will put a sensible meaning on it by correcting or reading the error as corrected.[76]

Contract read as a whole. "The contract must be construed as a whole, effect being given, so far as practicable, to each of its provisions."[77] Construing a contract may involve two stages; first, the court may have to determine which documents are contractual,[78] secondly, having decided which documents form part of the contract, it must give effect to all the terms and endeavour to reconcile inconsistencies by the rules of construction. In doing this it will be assisted if the parties have expressly[79] or impliedly[80] indicated that certain clauses or documents are to prevail in the event of an inconsistency.

Written words prevail. Where there is a contract contained in a printed form with clauses inserted or filled in which are inconsistent with printed words, "the written words are entitled to have a greater effect attributed to them than the printed words, inasmuch as the written words were the immediate language and terms selected by the parties themselves for the

---

[73] *John Jarvis v. Rockdale Housing Association* (1986) 36 B.L.R. 48 at 61 (C.A.) applying *Prestcold (Central) Ltd v. Minister of Labour* [1969] 1 W.L.R. 89 at 97.
[74] Kay L.J. in *Mills v. Dunham* [1891] 1 Ch. 576 at 590 (C.A.).
[75] Lord Wright in *Hillas v. Arcos* (1932) 147 L.T. 503 at 514 (H.L.); *Adamastos Shipping Co. Ltd v. Anglo-Saxon Petroleum Co. Ltd* [1959] A.C. 133 at 161 (H.L.); *Nea Agrex S.A. v. Baltic Shipping Co. Ltd* [1976] 2 W.L.R. 925 at 934 (C.A.); for a building contract case, see *Gold v. Patman & Fotheringham Ltd* [1958] 1 W.L.R. 697 at 702 (C.A.); *cp. Esmil v. Fairclough* (1981) 19 B.L..R. 129. See also "Certainty of terms" on p. 22.
[76] *Burchell v. Clark* (1876) 2 C.P.D. 88 at 97. For an example, see *Townsend (Builders) Ltd v. Cinema News, etc., Ltd* [1959] 1 W.L.R. 119 at 122 (C.A.)—the case is more fully reported at (1958) 20 B.L.R. 118 (C.A.).
[77] Lord Atkinson in *Brodie v. Cardiff Corp.* [1919] A.C. 337 at 355 (H.L.); *National Coal Board v. William Neill & Son* [1985] Q.B. 300 at 319. See also "Ordinary meaning" above.
[78] *e.g.* whether quantities are part of the contract—see Chap. 4. See also, as to offer and acceptance, Chap. 2.
[79] *e.g. Brodie v. Cardiff Corp.* [1919] A.C. 337 at 344 (H.L.); and see clause 2.2.1 of the Standard Form of Building Contract. Engineering contracts frequently have a clause specifying the order of priority of a number of incorporated documents.
[80] As where there are written and printed parts of the contract—see below.

expression of their meaning".[81] If printed words by an express clause state that the printed form is to prevail over written words a difficult question of construction arises,[82] but it seems that if the clause is sufficiently clear the printed form will prevail.[83] Provisions in a written document generally prevail over those in a document which the written document incorporates.[84]

Ejusdem generis rule. This rule is that where there are words of a particular class followed by general words, the general words are treated as referring to matters of the same class. Thus a ship was exempted from liability for non-delivery of a cargo if the port was unsafe "in consequence of war, disturbance or any other cause". It was held that danger from ice was not within the meaning of "any other cause" which must be limited to causes similar to war or disturbance.[85] In a clause permitting an extension of time to be granted to the contractor, if the works were "delayed by reason of any alteration or addition . . . or in case of combination of workmen, or strikes, or by default of the subcontractors . . . or other causes beyond the contractor's control", the "other causes" were limited to those _ejusdem generis_ with the causes particularised, and did not therefore include the employer's own default in failing to give possession of the site.[86] Where the words "et cetera" were inserted between words describing a particular class and general words it was held that their meaning was too vague to prevent the operation of the rule.[87]

For the rule to operate, it is necessary to construe a class from the particular words.[88] This will not normally be possible unless there are at least two particular things which precede the general words.[89]

"The tendency of the more modern authorities is to attenuate the application of the rule of _ejusdem generis,_"[90] and it does not apply if the parties show that they intended its exclusion.[91] It has been suggested that the rule,

---

[81] Lord Ellenborough in _Robertson v. French_ (1803) 4 East 130; _Glynn v. Margetson_ [1893] A.C. 351 (H.L.); _Adamastos Shipping Co. Ltd v. Anglo-Saxon Petroleum Co. Ltd_ [1959] A.C. 133 (H.L.); _Renton (G.H.) & Co. Ltd v. Palymyra Trading Corp._ [1957] A.C. 149 (H.L.); _The Brabant_ [1967] 1 Q.B. 588; _A. Davies & Co. (Shopfitters) v. William Old_ (1969) 113 S.J. 262 (C.A.). See also _Neuchatel Asphalte Co. Ltd v. Barnett_ [1957] 1 W.L.R. 356 (C.A.).
[82] _English Industrial Estates v. Wimpey_ [1973] 1 Lloyd's Rep. 118 (C.A.); _Henry Boot v. Central Lancashire New Town D.C._ (1980) 15 B.L.R. 1 at 19; see further p. 546.
[83] _Gold v. Patman & Fotheringham Ltd_ [1958] 1 W.L.R. 697 at 701 (C.A.); _N.W. Metropolitan Regional Hospital Board v. T.A. Bickerton & Son Ltd_ [1970] 1 W.L.R. 607 at 617 (H.L.); _English Industrial Estates v. Wimpey_ [1973] 1 Lloyd's Rep. 118 (C.A.).
[84] _Adamastos Shipping v. Anglo-Saxon Petroleum_ [1959] A.C. 133 (H.L.); _Sabah Flour v. Comfez_ [1988] 2 Lloyd's Rep. 18 at 20 (C.A.).
[85] _S.S. Knutsford Ltd v. Tillmans & Co._ [1908] A.C. 406.
[86] _Wells v. Army & Navy Co-op. Society_ (1902) H.B.C. (4th ed., 1914), Vol. 2, p. 353 at 357 (C.A.). See further p. 250.
[87] _Herman v. Morris_ (1919) 35 T.L.R. 574 (C.A.).
[88] _Henry Boot v. Central Lancashire New Town D.C._ (1980) 15 B.L.R. 1 at 15.
[89] _Re Elwood_ [1927] 1 Ch. 455 at 461.
[90] _Allen v. Emmerson_ [1944] K.B. 362 at 367 (D.C.). Note that this decision dealt with the construction of a statute.
[91] _Jersey (Earl of) v. Guardians of Neath_ (1889) 22 Q.B.D. 555 (C.A.).

ordinarily applied to deeds, wills and statutes, is of less force with a contract and still less force with a commercial contract.[92] "Where you find the word 'whatsoever' following ... upon certain substantives, it is often intended to repel ... the implication of the so-called doctrine of *ejusdem generis*."[93] Thus where there was a clause somewhat similar to those cited above save that the general words "of what kind soever" were used the rule did not apply, and these words were given their ordinary unrestricted meaning.[94]

***Contra proferentem* rule.** This expression means "against the profferer", *i.e.* against the person who drafted or tendered the document. If there is an ambiguity in a document which all the other methods of construction have failed to resolve so that there are two alternative meanings to certain words, the court may construe the words against the party who put forward the document and give effect to the meaning more favourable to the other party.[95] Where there was a clause enabling the architect to extend the time for completion and the employer sought to rely on the clause to enable him to claim liquidated damages,[96] it was held for various reasons that the employer could not rely on it. It was said that in case those reasons were wrong, then in any event the employer could not rely on the clause for it was ambiguous and would therefore be given the construction favourable to the contractor.[97] Of a form of contract devised by the employer, it was said "the liquidated damages and extension of time clauses in printed forms of contract must be construed strictly *contra proferentem*".[98]

In principle, the *contra proferentem* rule should not be applied to standard forms of contract drafted, not by the parties, but by representative bodies such as the Joint Contracts Tribunal or the Institution of Civil Engineers.[99]

The expression is sometimes more loosely used to refer to a strict construction of certain kinds of clause, *e.g.* exemption clauses[1] or liquidated

---

[92] *Henry Boot v. Central Lancashire New Town D.C.* (1980) 15 B.L.R. 1, where H.H. Judge Fay Q.C. declined to apply the rule to clause 23(h) of the 1963 JCT Standard Form of Building Contract.
[93] Fry L.J. in *Jersey (Earl of) v. Guardians of Neath* (1889) 22 Q.B.D. 555 at 566 (C.A.); *cf. Gillespie Brothers v. Roy Bowles* [1973] Q.B. 400 (C.A.) and contrast *Sonat v. Amerada Hess* [1988] 1 Lloyd's Rep. 145 (C.A.).
[94] *Larsen v. Sylvester* [1908] A.C. 295 (H.L.).
[95] *John Lee & Son v. Railway Executive* [1949] 2 All E.R. 581 at 583 (C.A.); *Billyack v. Leyland Construction Co. Ltd* [1968] 1 W.L.R. 471 at 477. See also *Adams v. Richardson & Starling Ltd* [1969] 1 W.L.R. 1645 (C.A.), discussed on p. 268.
[96] See Chap. 9.
[97] *Miller v. L.C.C.* (1934) 50 T.L.R. 479 at 482, discussed further on p. 252.
[98] Salmon L.J. in *Peak Construction (Liverpool) Ltd v. McKinney Foundations Ltd* (1970) 1 B.L.R. 111 at 121; also at (1971) 69 L.G.R. 1 at 11 (C.A.); *cf. Bramall & Ogden v. Sheffield City Council* (1983) 29 B.L.R. 73.
[99] *Tersons Ltd v. Stevenage Dev. Corporation* [1963] 2 Lloyd's Rep. 333 at 368 (C.A.); *cf. R.W. Green Ltd v. Cade Bros Farms* [1978] 1 Lloyd's Rep. 602 at 607; and consider the approach to demurrage clauses—*Suisse Atlantique v. N.V. Rotterdamsche, etc.* [1967] A.C. 361 (H.L.). See Chaps. 18 to 21 for consideration of standard forms of contract of the kind referred to in the text.
[1] See p. 68.

damages clauses,[2] against the person seeking to rely on them. For such cases, a strict construction applies from the nature of the clause, not because one party drafted or tendered the document.[3]

Recitals. A recital is an introductory part of a document, usually beginning with the word "Whereas ...", which indicates what the parties want to effect by their contract. Recitals often intentionally or in effect contain definitions or descriptions of the subject matter of the succeeding contract.

> "If there is any doubt about the construction of that document the recital may be looked at in order to determine what is the true construction; but if there is no doubt about the construction the rights of the parties are governed entirely by the operative part of the writing or deed."[4]

Irreconcilable clauses. The court always endeavours to resolve an apparent inconsistency,[5] but if two clauses cannot be reconciled it will give effect to that which states the intention of the parties. Finally, if it is unable otherwise to ascertain which clause should prevail, it will give effect to the earlier clause and reject the later.[6]

3. ALTERATIONS

Alterations made before a contract is signed are binding.[7] It is presumed that alterations apparent on a document were made before execution.[8] Alterations or erasures made after execution by one party without the consent of the other are of no effect.[9] If both parties alter a document after execution by agreement this is a variation of the contract.

4. IMPLIED TERMS

There is a distinction between construction, which is determining the meaning of words which are in the contract, and implication which is (in effect) supplying words which are not in the contract.

---

[2] See *Miller v. L.C.C.* (1934) 50 T.L.R. 479; *Peak Construction (Liverpool) Ltd v. McKinney Foundations Ltd* (1970) 1 B.L.R. 111; see also p. 240.
[3] *cf. IBA v. EMI and BICC* (1978) 11 B.L.R. 29 at 55 (C.A.), where a true *contra proferentem* argument would have yielded in the face of a strict construction of an exception clause. The case went to the House of Lords (reported at (1980) 14 B.L.R. 1) where the point was not disapproved.
[4] Brett L.J in *Leggott v. Barrett* (1880) 15 Ch.D. 306 at 311 (C.A.). For misstatement of facts in recitals in deeds, see p. 63.
[5] *Bush v. Watkins* (1851) 14 Beav. 425 at 432.
[6] *Forbes v. Git* [1922] 1 A.C. 256 at 259 (P.C.). See also "Meaningless words" on p. 23.
[7] For the effect of deletions in a printed form, see p. 38.
[8] *Doe d. Tatum v. Catomore* (1851) 16 Q.B. 745.
[9] See *Pattinson v. Luckley* (1875) L.R. 10 Ex. 330.

Chapter 3—Implied Terms

It has been said that there are three different senses in which the expression "implied term" is used.[10] The first is a term which does not depend on the actual intention of the parties but on a rule of law such as the implied terms in a contract for the sale of goods.[11] This is discussed under "Statutory implication" below. The second is where the law in some circumstances holds that a contract is dissolved if there is a vital change of conditions.[12] The third is where a term is sought to be implied based on an intention imputed to the parties from their actual circumstances. This sense is discussed under "Necessary implication" below.

(a) Statutory implication[13]

Supply of Goods and Services Act 1982. Part II of this Act applies to contracts, made on or after July 4, 1983,[14] "for the supply of a service",[15] and a building contract is such a contract. In general the effect of the Act is to put into statutory form minimum terms which the law ordinarily implies in a contract for services.

In a contract for the supply of a service where the supplier is acting in the course of a business, there is an implied term that he will carry out the service with reasonable care and skill (section 13). Subject to time being fixed in a manner agreed by the contract or determined by the course of dealing between the parties, there is an implied term that the supplier will carry out the service within a reasonable time (section 14). Subject to equivalent qualifications, there is an implied term to pay the supplier a reasonable charge (section 15). The implied terms may be negatived or varied by express agreement or by the course of dealing between the parties or by a binding usage, but an express term does not negative a term implied by the Act unless it is inconsistent with it (section 16). The Act does not prejudice any rule of law which imposes a duty stricter than that imposed by sections 13 and 14 (section 16).

---

[10] Lord Wright in *Luxor (Eastbourne) Ltd v. Cooper* [1941] A.C. 108 at 137 (H.L.); *cf. Sterling Engineering Co. Ltd v. Patchett* [1955] A.C. 534 at 547 (H.L.). See also *Tsakiroglou & Co. Ltd v. Noblee Thorl GmbH* [1962] A.C. 93 at 122 (H.L.); *Young & Marten v. McManus Childs* [1969] 1 A.C. 454 at 465 (H.L.); *Gloucestershire County Council v. Richardson* [1969] 1 A.C. 480 at 503 (H.L.). For another use of the term see "Custom and Usage" on p. 41. For an interesting discussion of terminology, see Halsbury (4th ed.), Vol. 9, paras. 351 *et seq*. For a classification by Lord Denning, see *Shell U.K. Ltd v. Lostock Garage Ltd* [1976] 1 W.L.R. 1187 at 1195 (C.A.).
[11] See Sale of Goods Act 1979, ss. 12-15; Supply of Goods and Services Act 1982, ss. 13-15 discussed below. A building contract is a contract for the supply of services but is not a contract for the sale of goods, but see "Implication of 'usual' terms" below.
[12] This approach to the judicial basis of frustration is, it seems, now in disfavour, see p. 143, "Frustration generally," but it is convenient to retain this classification of meaning given to the expression "implied term" as there are numerous reported cases, including decisions of the House of Lords, where the words are used in this second sense.
[13] See also n.11 above.
[14] S.I. 1982/1770 and s. 20(5) of the Act.
[15] s. 12.

(b) Necessary implication

There are varieties of implication which the courts make in seeking to establish the imputed or presumed intention of the parties,[16] and categories of implication have been referred to as shades of a "continuous spectrum".[17] Within the spectrum, two broad areas or categories may be discerned.[18] The first appears where the parties have drawn up a detailed contract but it is necessary to insert a term to make it work. This is sometimes termed *"The Moorcock*[19] *approach"*. The second is where in all contracts of a certain type, such as building contracts, the law implies certain usual terms unless the parties have shown an intention to exclude or modify them.[20] In each category the implication must be necessary and the term must be reasonable, but terms which are not necessary will not be implied merely because the court regards them as reasonable.[21] It seems that in the first category it is for the party putting forward the term to establish its existence, and in the second for the party denying the term to establish its absence.

(i) *Implication to make contract work*

The court does not make or improve contracts. Its:

> "function is to interpret and apply the contract which the parties have made for themselves. If the express terms are perfectly clear and free from ambiguity, there is no choice to be made between different possible meanings; the clear terms must be applied even if the court thinks some other terms would have been more suitable. An unexpressed term can be implied if and only if the court finds that the parties must have intended that term to form part of their contract; it is not enough for the court to find that such a term would have been adopted by the parties as reasonable even if it had been suggested to them; it must have been a term that went without saying, a term *necessary* to give business efficacy to the contract, a term which, though tacit, formed part of the contract which the parties made for themselves."[22]

---

[16] *Liverpool City Council v. Irwin* [1977] A.C. 239 at 253 (H.L.).
[17] *ibid*. Lord Wilberforce at 254. For a useful discussion relating to a building contract, see *London Borough of Merton v. Leach* (1985) 32 B.L.R. 51 at 73 *et seq*.
[18] *Liverpool City Council v. Irwin* [1977] A.C. 239 at 255, 257 (H.L.); *National Bank of Greece v. Pinios Co. No. 1* [1990] A.C. 637 at 644 (C.A.) unaffected by the decision in the House of Lords, *ibid*. at 637 (H.L.); *cp*. also *Greaves & Co. Ltd v. Baynham Meikle* [1975] 1 W.L.R. 1095 at 1099, 1103 (C.A.); *George Hawkins v. Chrysler* (1986) 38 B.L.R. 36 at 47 (C.A.).
[19] (1889) 14 P.D. 64 (C.A.).
[20] See n.18 above.
[21] *Liverpool City Council v. Irwin* [1977] A.C. 239 at 262 (H.L.); *George Hawkins v. Chrysler* (1986) 38 B.L.R. 36 at 49 (C.A.), at p. 49.
[22] Lord Pearson in *Trollope & Colls Ltd v. North West Metropolitan Regional Hospital Board* [1973] 1 W.L.R. 601 at 609 (H.L.); see also *The Moorcock* (1889) 14 P.D. 64 (C.A.); *Reigate v. Union Manufacturing Co. Ltd* [1918] 1 K.B. 592 at 605 (C.A.). See *Shirlaw v. Southern Foundries (1926) Ltd* [1939] 2 K.B. 206 at 227 (C.A.) for the test of what answer the parties would give to the "officious bystander"; *G.L.C. v. Cleveland Bridge* (1984) 34 B.L.R. 50 at 78 (C.A.)—no

Chapter 3—Implied Terms

The test of implication, therefore, is necessity—"such obligation should be read into the contract as the nature of the contract itself implicitly requires, no more, no less". The term sought to be implied must be one without which the whole transaction would become "inefficacious, futile and absurd".[23] The implication may be necessary because "language is imperfect and there may be, as it were, obvious interstices in what is expressed which have to be filled up".[24] What the court does, if so persuaded, is in effect "to rectify a particular—often a very detailed—contract by inserting in it a term which the parties have not expressed".[25]

A term sought to be implied under this heading has to be what the parties must have intended and therefore is not implied if it provides only one of several possible solutions to the matter in question.[26]

In *Trollope & Colls Ltd v. North West Metropolitan Regional Hospital Board*,[27] the contract provided for the work to be carried out in phases.[28] Phase III was to commence six months after the issue of the certificate of practical completion of phase I and was to be completed on April 30, 1972. There was delay in completing phase I, so that the period for completion of phase III which would have been 30 months if there had been no such delay became 16 months. There was express provision for extension of time for the completion of phase I but not for the extension of the completion date for phase III if phase I was delayed. The House of Lords refused to imply a term extending the time for completion of phase III by a period equal to the extension of time for completion of phase I properly allowable in respect of phase I. The express terms were clear so there was no room for implication and the parties must be taken to have accepted the risks involved; in any event there were four or five different ways in which the question of extension of time in the event of delay in completion of phase I might have been dealt with.

(ii) *Implication of "usual" terms—employer*
Where there is a comprehensive written contract such as the Standard Form of Building Contract there may be very little room for the implication of any

---

implied term of due diligence beyond contractor's express obligation to comply with key dates.
[23] *Tai Hing v. Liu Chong Hing Bank* [1986] A.C. 80 at 104 (P.C.), citing *Liverpool City Council v. Irwin* [1977] A.C. 239 at 254 and 262 (H.L.).
[24] *Luxor (Eastbourne) Ltd v. Cooper* [1941] A.C. 108 at 137 (H.L.).
[25] Lord Cross in *Liverpool City Council v. Irwin* [1977] A.C. 239 at 258 (H.L.); cf. *Duke of Westminster v. Gould* [1985] 1 Q.B. 688 at 697 *et seq.* (C.A.); *Wettern Electric v. Welsh Development Agency* [1983] Q.B. 796.
[26] *Trollope & Colls Ltd v. North West Metropolitan Regional Hospital Board* [1973] 1 W.L.R. 601 at 610, 614 (H.L.); see also *Brown & Davis Ltd v. Galbraith* [1972] 1 W.L.R. 997 (C.A.); *El Awadi v. Bank of Credit S.A.* [1990] Q.B. 606 at 623.
[27] [1973] 1 W.L.R. 601 (H.L.).
[28] Such contracts seem to give rise to problems of construction; for the position where the Standard Form of Building Contract is used, see p. 596. In the *Trollope & Colls* case there was one contract but three sets of conditions based on the 1963 Standard Form of Building Contract.

terms, for if the parties have dealt expressly with a matter in the contract, no term dealing with the same matter can be implied.[29] But where there is no express contract, or its terms do not deal with the matters about to be mentioned, certain terms are usually implied. Such terms are often referred to as "warranties".

Co-operation. "Generally speaking, where B is employed by A to do a piece of work which requires A's co-operation ... it is implied that the necessary co-operation will be forthcoming."[30] The employer impliedly agrees to do all that is necessary on his part to bring about completion of the contract.[31] For example, he must give possession of the site within a reasonable time.[32] He may be obliged to obtain planning permission or Building Regulation consent in sufficient time to enable the contractor to proceed without delay.[33] If an architect is to supervise the work the employer must appoint an architect.[34]

Where a certifier is failing to apply the terms of a contract properly to the detriment of the contractor and where the contract does not contain a relevant arbitration clause,[35] it is ordinarily an implied term on the part of the employer that he will require the certifier to perform his duties properly.[36]

---

[29] See, e.g. *Lynch v. Thorne* [1956] 1 W.L.R. 303 (C.A.); *Jones v. St John's College, Oxford* (1870) L.R. 6 Q.B. 115 at 126; cf. *Euro-Diam Ltd v. Bathurst* [1990] Q.B. 1 at 40 (C.A.). The principle is sometimes expressed *expressio unius est exclusio alterius*. But if certain warranties are expressly excluded, the principle cannot be relied on to imply warranties as to matters where warranties are not expressly excluded, *Thorn v. London Corp.* (1876) 1 App.Cas. 120 at 131 (H.L.). See generally Halsbury (4th ed.), Vol. 12, para. 1476.
[30] Lord Simon in *Luxor (Eastbourne) Ltd v. Cooper* [1941] A.C. 108 at 118 (H.L.). See L. F. Burrows (1968) 31 M.L.R. 390.
[31] *Mackay v. Dick* (1881) 6 App.Cas. 251 at 263 (H.L.); *London Borough of Merton v. Leach* (1985) 32 B.L.R. 51 at 81, adopting the sentence in the text. cf. *Hamlyn v. Wood* [1891] 2 Q.B. 488 (C.A.); *Holland Hannen & Cubitts v. W.H.T.S.O.* (1983) 18 B.L.R. 80 at 117; *Lorne Stewart v. William Sindall* (1986) 35 B.L.R. 109 at 127 et seq.—co-operation by main contractor in relation to a subcontractor's name borrowing arbitration.
[32] *Freeman v. Hensler* (1900) H.B.C. (4th ed.), Vol. 2, p. 292 (C.A.); *The Queen v. Walter Cabott Ltd* (1975) 21 B.L.R. 46 (Canadian Federal Court of Appeals), where it was held on the facts that more than the actual site upon which the structure stands was required to erect the structure; *Canterbury Pipe Lines v. Christchurch Drainage* (1979) 16 B.L.R. 76 at 90 (New Zealand C.A.); *Hounslow L.B.C. v. Twickenham Garden Developments* [1971] Ch. 233 at 247—implied negative obligation on the employer not to revoke the contractor's licence to occupy the site otherwise than in accordance with the contract; cp. *L.R.E. Engineering v. Otto Simon Carves* (1981) 24 B.L.R. 127; *Surrey Heath B.C. v. Lovell Construction* (1988) 42 B.L.R. 25 at 51.
[33] This will depend on the facts and the express terms of the contract, but see *Ellis-Don v. Parking Authority of Toronto* (1978) 28 B.L.R. 98 at 110; cf. *Townsend v. Cinema News & Property Management* (1958) 20 B.L.R. 118 at 142. For statutory obligations under the Standard Form of Building Contract, see p. 562.
[34] *Hunt v. Bishop* (1853) 8 Ex. 675.
[35] See *Lubenham v. South Pembrokeshire D.C.* (1986) 33 B.L.R. 39 (C.A.) discussed below.
[36] *Panamena v. Leyland* in the Court of Appeal, (1943) 76 Lloyd's Rep. 113, explained in the judgment of Macfarlan J. in the Supreme Court of New South Wales in *Perini Corporation v. Commonwealth of Australia* (1969) 12 B.L.R. 82. See also *Canterbury Pipe Lines Ltd v. Christchurch Drainage Board* (1979) 16 B.L.R. 76 (New Zealand Court of Appeal)—contractor had no implied right to suspend work where Engineer wrongly refused to certify.

Chapter 3—Implied Terms

The negative aspect of the same principle is that the employer should not interfere with the proper performance by the certifier of the duties imposed upon him by the contract.[37] If to the employer's knowledge the architect persists in applying the contract wrongly in regard to those matters where the architect must act fairly between the parties, he must dismiss him and appoint another.[38]

If, however, the contract contains a wide arbitration clause, there may not be any need or scope for the positive implications referred to in the previous paragraph. In *Lubenham v. South Pembrokeshire D.C.*,[39] such terms were held not to be implied where the arbitration clause in a 1963 Standard Form of Building Contract expressly permitted arbitration upon interim certificates during the currency of the contract and before practical completion.[40] There was one simple remedy[41] available to the contractor needing no implied term, namely to go to arbitration and have the certificates corrected. It is submitted that the mere presence of a wide arbitration clause may not alone be decisive. In addition, the court may consider the precise state of the employer's knowledge. In the *Lubenham* case, it was said on the facts that the employers were doubtless content to be guided by the architects as experts and that such acquiescence did not expose them to liability to pay sums higher than had been certified. If it were established that an employer knew perfectly well that his architect was failing to certify in accordance with the contract, it is thought that he would not be allowed to shelter behind the arbitration clause.

The implied term of co-operation extends to those things which the architect must do to enable the contractor to carry out the work and the employer is liable for any breach of this duty by the architect.[42] If instructions, nominations, information, plans or details are required, they must be supplied at reasonable times.[43] This may include a duty to give instructions to a nominated subcontractor and may extend to instructions relating to the subcontractor's bad design.[44] What is reasonable depends

---

[37] *Perini Corporation v. Commonwealth of Australia* (1969) 12 B.L.R. 82; Devlin J. in *Minster Trust Ltd v. Traps Tractors Ltd* [1954] 1 W.L.R. 963 at 975; *Panamena v. Leyland* [1947] A.C. 428 (H.L.); *Sutcliffe v. Thackrah* [1974] 2 A.C. 727.

[38] *Panamena v. Leyland* [1947] A.C. 428 at 436 (H.L.), discussed on p. 110.

[39] (1986) 33 B.L.R. 39 at 58 (C.A.). See also *Croudace v. London Borough of Lambeth* (1986) 33 B.L.R. 20 at 34 (C.A.).

[40] For the substantially similar arbitration clause in the current Standard Form of Building Contract, see p. 757.

[41] In practice, the remedy may not be at all simple.

[42] *London Borough of Merton v. Leach* (1985) 32 B.L.R. 51 at 81; *Neodox v. Swinton and Pendlebury B.C.* (1958) 5 B.L.R. 38 at 41.

[43] *Roberts v. Bury Commissioners* (1870) L.R. 5 C.P. 310 at 325; *McAlpine v. Lanarkshire, etc., Railway* (1889) 17 R. 113; *Wells v. Army & Navy Co-op. Society* (1902) H.B.C. (4th ed.), Vol. 2, p. 346 at 352 (C.A.); *Neodox v. Swinton and Pendlebury B.C.* (1958) 5 B.L.R. 38. See also *McAlpine & Son v. Transvaal Provincial Administration* [1974] 3 S.A.L.R. 506, particularly the minority judgments of Corbett A. J. A. and Jansen J. A.; cp. *Fischbach & Moore of Canada v. Noranda Mines* (1978) 84 D.L.R. (3d) 465. For claims for damages by the contractor arising out of breach of these duties, see pp. 227 and 478.

[44] *Holland, Hannen and Cubitts Ltd v. W.H.T.S.O.* (1981) 18 B.L.R. 80.

upon the express terms of the contract in question and all the circumstances.[45] But the particular terms should always be carefully considered. In *Neodox v. Swinton and Pendlebury B.C.*,[46] it was said that what was reasonable did not depend solely upon the convenience and financial interests of the contractor. It depended also on the point of view of the engineer and his staff and the employer. The contract there provided for the works, including the order of the works, to be carried out on the direction of the engineer. It is thought that it may not be appropriate to consider reasonableness from the point of view of the architect or engineer or employer where the order of the works is a matter solely for the contractor. The prime consideration is, it is suggested, that instructions should be given at such times and in such manner as not to hinder or prevent the contractor from performing his duties under the contract.[47] Since the principal relevant contractor's duty is to complete within the stipulated time, the obligation of the architect or engineer to furnish drawings and instructions "could validly be performed within a reasonable time of the conclusion of the contract".[48]

Where a contract is running late so that, unless the contractor increases the rate of progress, it will not be completed to time, it is sometimes said that it is reasonable to supply instructions at such a rate as will enable the contractor to continue with the works at the existing rate of progress. Expressed thus the proposition is, it is submitted, too wide. The actual rate of progress is, ordinarily, a factor to be considered. But there may well be other factors, such as the contractor's expressed intention to increase the rate of progress and his ability to achieve that intention. Further, it is sometimes said[49] that the prime consideration is the contractor's own stated requirements of the time when he is to be supplied with instructions. Again, it is thought that this is too wide. The contractor's stated requirements are a factor but not decisive. The contractor cannot unilaterally determine what is a reasonable time, and a contractor does not prove a claim based on late instructions merely by establishing non-compliance with requests for instructions or a schedule of dates for instructions which he has sent to the architect. Agreement by the architect with such a schedule, or even acquiescence, may, it is submitted, be relevant evidence on the question what is reasonable. In most cases, the critical question will be to determine on all the facts when the contractor really needs the instructions.

---

[45] Guidance can be obtained from *Wells v. Army & Navy Society* and the *Neodox* and *McAlpine* cases and referred to in n.43 above.
[46] (1958) 5 B.L.R. 38.
[47] This passage (in the terms of the First Supplement to the 4th ed. on p. 6) quoted with apparent approval in *Glenlion Construction v. The Guinness Trust* (1987) 39 B.L.R. 89 at 103. See also *Jardine Engineering v. Shimizu* (1992) 63 B.L.R. 96 (Hong Kong High Court); *J. & J. Fee Ltd v. Express Lift Co.* (1993) 34 Con.L.R. 147.
[48] Corbett A.J.A. in *McAlpine & Son v. Transvaal Provincial Administration* [1974] 3 S.A.L.R. 506 at 535; *cf. Glenlion Construction v. The Guinness Trust* (1987) 39 B.L.R. 89.
[49] Relying upon the dictum of Wright J. in the *Wells v. Army & Navy Co-op. Society* (1902) H.B.C. (4th ed.), Vol. 2, pp. 346 at 352 (C.A.).

Chapter 3—Implied Terms

Sometimes contractors, at the commencement of or early in the course of a contract, prepare and submit to the architect a programme of works showing completion at a date materially before the contract date. The architect may approve such programme or accept it without comment. It is then argued that the contractor has a claim for damages for failure by the architect to issue instructions at times necessary to comply with the programme. Every case must depend upon the particular express terms and circumstances. In *Glenlion Construction v. The Guinness Trust*,[50] it was held, under a 1963 J.C.T Standard Form of Contract, first that the contractor was entitled to programme to complete before the contractual completion date and to complete on the earlier date, but secondly that there was no implied term that the employer should so perform the agreement as to enable the contractor to complete by the earlier date. The contractor was not *obliged* to complete by the earlier date and the unilateral imposition of an earlier completion date would result in the whole balance of the contract being lost.[51]

Not to prevent completion. "In general . . . a term is necessarily implied in any contract, the other terms of which do not repel the implication, that neither party shall prevent the other from performing it."[52] A term of this nature cannot be implied if it is illegal[53] or contrary to an express term of the contract.[54] The particular implied term relied on should be expressly pleaded, and "except possibly in the rare cases where the wrongful act alleged is independent of the contract" it is circumlocution to add a general allegation of prevention.[55] The employer does not impliedly warrant the fitness of the site,[56] nor, it seems, that there will be no wrongful interference by third parties.[57] The employer is not, in the absence of fraud or collusion, responsible for delay caused by a subcontractor, even though under the terms of the contract the subcontractor was nominated by the employer or his architect without consultation with the contractor.[58] The employer is

---

[50] (1987) 39 B.L.R. 89.
[51] *ibid.* at p.105, quoting with apparent approval a passage from the Supplement to the 4th ed. of this book (on p. 6) substantially reproduced in this and the preceding paragraph.
[52] Lord Asquith in *Cory Ltd v. City of London Corp.* [1951] 2 K.B. 476 at 484 (C.A.); see *Lawson v. Wallasey Local Board* (1883) 48 L.T. 507 (C.A.); *Bywaters v. Curnick* (1906) H.B.C. (4th ed.), Vol. 2, p. 393 (C.A.); *London Borough of Merton v. Leach* (1985) 32 B.L.R. 51 at 79; *Jardine Engineering v. Shimizu* (1992) 63 B.L.R. 96 (Hong Kong High Court).
[53] *Cory Ltd v. City of London Corp.* [1951] 2 K.B. 476 (C.A.).
[54] *Farr v. The Admiralty* [1953] 1 W.L.R. 965; *Martin Grant v. Sir Lindsay Parkinson* (1984) 29 B.L.R. 31—a case between contractor and subcontractor.
[55] Devlin J. in *Mona, etc., Ltd v. Rhodesia Rys. Ltd* [1949] 2 All E.R. 1014 at 1016; *Luxor v. Cooper* [1941] A.C. 108 at 149 (H.L.); *cf.* Lord Atkin in *Southern Foundries v. Shirlaw* [1940] A.C. 701 at 717 (H.L.); *Thompson v. ASDA-MFI Plc.* [1988] Ch. 241 considering *Cheal v. A.P.E.X* [1983] 1 A.C. 180 at 189.
[56] *Appleby v. Myers* (1867) L.R. 2 C.P. 651, and see pp. 89 and 146.
[57] *Porter v. Tottenham U.D.C.* [1915] 1 K.B. 776 (C.A.); *L.R.E. Engineering v. Otto Simon Carves* (1981) 24 B.L.R. 127.
[58] *Leslie & Co. Ltd v. The Managers of the Metropolitan Asylums District* (1901) 68 J.P. 86 (C.A.); *Kirk & Kirk v. Croydon Corporation* [1956] J.P.L. 585. *Cp. Thomas Bates & Son Ltd v. Thurrock*

liable for delay caused by his servants and agents.[59] This liability usually extends to delay on the part of the architect or the engineer under a typical building or engineering contract.[60] There is, it is submitted, an implied term that the employer will not so act as to disqualify the architect.[61]

Unjustified interference by the employer in the supply of goods necessary for the contract is a breach of the implied term, notwithstanding that the supplier has no contract direct with the contractor.[62]

(iii) *Implication of "usual" terms—contractor*

Workmanship. The contractor must do the work with all proper skill and care.[63] It is suggested that this is a continuing duty during construction and not only upon completion.[64] In deciding what degree of skill is required the court will, it is submitted, consider all the circumstances of the contract including the degree of skill expressly or impliedly professed by the contractor.[65] Breach of the duty includes the use of materials containing patent defects, even though the source of such materials has been chosen by the employer.[66] It may also include relying uncritically and without due precautions on an incorrect plan supplied by the employer where an ordinarily competent builder should have had grave doubts about the plan's correctness.[67]

Borough Council, The Times, October 23, 1975 (C.A.) where, contrary to the ordinary rule, the employer was held liable for a nominated subcontractor's default upon the special wording of the contract. Under the 1980 Standard Form of Building Contract, there are extensive express provisions relating to nominated subcontractors—see p. 701.

[59] *Russell v. Sa da Bandeira* (1862) 13 C.B.(N.S.) 149.

[60] See *Sutcliffe v. Thackrah* [1974] 2 A.C. 727 (H.L.). The case of *Re de Morgan Snell & Co.* (1891) H.B.C. (4th ed.), Vol. 2, p. 185 (C.A.), so far as it is to contrary effect, should no longer be considered as of general application.

[61] See *Sutcliffe v. Thackrah* [1974] 2 A.C. 727 (H.L.). For the meaning of disqualification of a certifier see p. 121. For whether acts by an employer in breach of the implied term can be treated as repudiation see p. 165.

[62] *Acrow (Automation) Ltd v. Rex Chainbelt Inc.* [1971] 1 W.L.R. 1676 at 1680 (C.A.).

[63] *Young & Marten v. McManus Childs* [1969] 1 A.C. 454 at 465 (H.L.); *Charnock v. Liverpool Corporation* [1968] 1 W.L.R. 1498 (C.A.); *Duncan v. Blundell* (1820) 3 Stark. 6; *Pearce v. Tucker* (1862) 3 F. & F. 136. The duty is sometimes expressed as one to do the work in a good and workmanlike manner. For compliance with Building Regulations, see pp. 152, and Chap. 15, section 4.

[64] See *Surrey Heath B.C. v. Lovell Construction* (1988) 42 B.L.R. 25 at 34 considering Lord Diplock (dissenting) in *P. & M. Kaye v. Hosier & Dickinson* [1972] 1 W.L.R. 146 at 165 (H.L.) and unaffected by the decision in the Court of Appeal at (1990) 48 B.L.R. 108 (C.A.); *Lintest Builders Ltd v. Roberts* (1978) 10 B.L.R. 120 and (1980) 13 B.L.R. 38 (C.A.); *William Tomkinson v. Parochial Church Council of St. Michael* (1990) 6 Const L.J. 319. At least, the employer acquires a right to require the contractor to remedy the bad work at the time it is done—see *Lintest* at 13 B.L.R. 43.

[65] *Duncan v. Blundell* (1820) 3 Stark. 6 at 7; *Harmer v. Cornelius* (1858) 5 C.B.(N.S.) 236; *Young & Marten v. McManus Childs* [1969] 1 A.C. 454 at 468 and 472 (H.L.).

[66] *Young & Marten v. McManus Childs* [1969] 1 A.C. 454 at 469, 470 (H.L.).

[67] *Lindenberg v. Canning* (1992) 62 B.L.R. 147, where the plan incorrectly showed obviously load-bearing walls as non-load-bearing.

Chapter 3—Implied Terms

Materials. The law as to implied warranties[68] was considered fully by the House of Lords in the cases of *Young & Marten v. McManus Childs*[69] and *Gloucestershire County Council v. Richardson*.[70]

Warranties of fitness for purpose and good quality. If the contractor is to supply materials he warrants that the materials he will use are (1) reasonably fit for the purpose for which they will be used and (2) of good quality, unless the express terms of the contract and any admissible surrounding circumstances show that the parties intended to exclude either or both warranties.[71] The two warranties correspond substantially with the warranties implied by section 14 of the Sale of Goods Act 1979[72] upon a contract for the sale of goods,[73] so that where there is no limitation upon the contractor's right of recourse against his supplier he will in the case of defective materials[74] or goods have his remedy over against his supplier who in turn will have his remedy over and so on down the chain of contracts until the manufacturer or other author of the defect is reached.[75]

The effect of the second warranty is, in the ordinary case, to make the contractor liable for latent defects even though the employer may have chosen the materials or nominated the supplier and there has been no lack of care and skill on the part of the contractor.[76] Thus in *Young & Marten v. McManus Childs*,[77] the agent of the employer,[78] a highly skilled and experienced person, relied on his own skill and judgment in the choice of "Somerset 13" tiles to be fixed by the contractor. After fixing and exposure to weather, defects appeared which required the replacement of the tiles. It was held that although the warranty of fitness for purpose was excluded the warranty of quality was not, and the contractor was liable. Lord Pearce stated

---

[68] Used here in the sense of "implied terms".
[69] [1969] 1 A.C. 454 (H.L.).
[70] [1969] 1 A.C. 480 (H.L.).
[71] *Young & Marten v. McManus Childs* [1969] 1 A.C. 454 (H.L.); *Gloucestershire County Council v. Richardson* [1969] A.C. 480 (H.L.); *Myers v. Brent Cross Service Co.* [1934] 1 K.B. 46 (D.C.), explained in *Young & Marten's* case at pp. 467, 471, 474 and 478; *Samuels v. Davies* [1943] 1 K.B. 526 (C.A.); *Stewart v. Reavell's Garage* [1952] 2 Q.B. 545; *Ingham v. Emes* [1955] 2 Q.B. 366 (C.A.); *cf. IBA v. EMI and BICC* (1980) 14 B.L.R. 1 at 48.
[72] For cases which consider this section, see, *e.g. Aswan Engineering Co. v. Lupdine* [1987] 1 W.L.R. 1 (C.A.); *Rogers v. Parish Ltd* [1987] 2 W.L.R. 353 (C.A.) and note that s. 14(6) has a statutory definition of "merchantable quality" in terms introduced by the now repealed s. 7(2) of the Supply of Goods (Implied Terms) Act 1973.
[73] *Young & Marten v. McManus Childs* [1969] 1 A.C. 454 (H.L.), noting that Lord Upjohn's view, at p. 475, was that the obligation upon the contractor in respect of materials was higher than that upon the seller of goods.
[74] Materials are "goods" for the purposes of the Sale of Goods Act 1979.
[75] *Young & Marten v. McManus Childs* [1969] 1 A.C. 454 at 466 (H.L.); *Gloucestershire County Council v. Richardson* [1969] A.C. 480 (H.L.).
[76] It makes him "... an insurer in respect of the defects which he could not prevent and of which he did not know": Lord Wilberforce in *Young & Marten v. McManus Childs* [1969] 1 A.C. 454 at 479 (H.L.).
[77] [1969] 1 A.C. 454 (H.L.).
[78] In fact the main contractor contracting with his subcontractor, but the principle is the same as in the case of employer and contractor, and for convenience the usual terminology is used.

by way of illustration of the general principle:

> "It is frequent for builders to fit baths, sanitary equipment, central heating and the like, encouraging their clients to choose from the wholesaler's display rooms which they prefer. It would, I think, surprise the average householder if it were suggested that simply by exercising a choice he had lost all right of recourse in respect of the quality of the fittings against the builder who normally has a better knowledge of these matters."[79]

Exclusion of warranties. Reference is sometimes made to the practical convenience of having a chain of contractual liability from employer to main contractor to subcontractor or supplier.[80] But the chain can be broken.[81] Exclusion of usual warranties depends upon the contract and surrounding circumstances.[82] So far as it is a question of surrounding circumstances, it is a question of fact and degree,[83] but some principles can be stated.

The warranty of fitness for purpose is excluded if in the selection of the materials in question the employer placed no reliance on the contractor's skill and judgment.[84] The facts of *Young & Marten v. McManus Childs*[85] illustrate the point. The warranty is excluded where the employer fails to disclose some relevant abnormal circumstance relating to the use of the material and thus does not make known to the contractor the particular purpose for which the materials are required.[86] The warranty is excluded if it is inconsistent with express terms[87] or if the contractor contracts on the basis of a disclaimer of responsibility.[88]

Circumstances will not often exclude the warranty of quality as they did not in *Young & Marten v. McManus Childs*.[89] The court will, however, infer an intention to exclude the warranty of quality if the employer chooses

---

[79] [1969] 1 A.C. 454 at 470 (H.L.).

[80] *e.g.* Lord Fraser in *IBA v. EMI and BICC* (1980) 14 B.L.R. 1 at 44 (H.L.) with reference to *Young & Marten v. McManus Childs* [1969] 1 A.C. 454 (H.L.); *University of Warwick v. Sir Robert McAlpine* (1988) 42 B.L.R. 1 at 11.

[81] As *e.g.* in the Irish case of *Norta v. John Sisk Ltd* (1977) 14 B.L.R. 49 referred to with apparent approval by Lord Fraser in *IBA v. EMI and BICC* (1980) 14 B.L.R. 1 (H.L.); *University of Warwick v. Sir Robert McAlpine* (1988) 42 B.L.R. 1.

[82] See n.71 above.

[83] *Young & Marten v. McManus Childs* [1969] 1 A.C. 454 at 471 (H.L.).

[84] See cases cited in n.71 above; *Cammell Laird & Co. Ltd v. Manganese Bronze and Brass Co. Ltd* [1934] A.C. 402 (H.L.), a case on the Sale of Goods Act 1893, but the principle is the same; *Young & Marten v. McManus Childs* [1969] 1 A.C. 454 at 472 and 479 (H.L.); *Comyn Ching v. Oriental Tube* (1979) 17 B.L.R. 47 at 81; *Norta v. John Sisk* (1977) 14 B.L.R. 49 cited in *IBA v. EMI and BICC* (1980) 14 B.L.R. 1 at 25 and 45; *University of Warwick v. Sir Robert McAlpine* (1988) 42 B.L.R. 1.

[85] See n.84 above.

[86] *Ingham v. Emes* [1955] 2 Q.B. 366 (C.A.).

[87] *Young & Marten v. McManus Childs* [1969] 1 A.C. 454 at 471 (H.L.); *Gloucestershire County Council v. Richardson* [1969] A.C. 480 at 495 (H.L.); see also *Lynch v. Thorne* [1956] 1 W.L.R. 303 (C.A.).

[88] *Young & Marten v. McManus Childs* [1969] 1 A.C. 454 at 471 (H.L.); *cp. Wormell v. RHM Agriculture* [1987] 3 All E.R. 75.

[89] See above and see also *Rumbelow v. A.M.K.* (1980) 19 B.L.R. 25 at 42.

Chapter 3—Implied Terms

materials which he and the contractor know can only be obtained from a supplier upon terms which remove or substantially limit the contractor's right of recourse against his supplier for defects of quality in such materials.[90] In *Gloucestershire County Council v. Richardson*,[91] the contractor was directed to enter into a contract for the supply of concrete columns at a price and upon terms which had been fixed by the employer. One of the terms limited liability for defective goods to free replacement and excluded liability for consequential loss. It was held[92] that this showed an intention that the contractor should not be liable for latent defects due to bad manufacture. Other circumstances which influenced the House were that the design, materials, specification, quality and price of the columns were fixed without reference to the contractor,[93] and that under the form of contract used[94] there was no right to object to the nomination or to insist on an indemnity.[95]

As to repairing contracts it has been said:

"... less cogent circumstances may be sufficient to exclude an implied warranty of quality where the use of spare parts is only incidental to what is in essence a repairing operation where the customer's main reliance is on the skill of the tradesman, than in a case where the main element is the supply of an article, the installation being merely incidental."[96]

Fitness for purpose of completed works. Where the employer makes known to the contractor the particular purpose for which the work is to be done and the work is of a kind which the contractor holds himself out as performing, and the circumstances show that the employer relied on the contractor's skill and judgment in the matter, there is an implied warranty that the work as completed will be reasonably fit for the particular purpose.[97] The contractor's duty includes, it is submitted, the performance of any works of design necessary to complete the work to the requisite standard.[98] The warranty may apply only to a part or parts of the works.[99] The warranty is

---

[90] *Young & Marten v. McManus Childs* [1969] 1 A.C. 454 at 466, 471 (H.L.); *Gloucestershire County Council v. Richardson* [1969] A.C. 480 at 497, 503, 504, 507 (H.L.).
[91] [1969] A.C. 480 (H.L.).
[92] By a majority, Lord Pearson dissenting.
[93] See the speeches of Lord Pearce and Lord Wilberforce.
[94] R.I.B.A. Form, 1939 ed., printed in the 1st and 2nd editions of this book.
[95] As there was in the case of nominated subcontractors under clause 21 of the contract—see Lord Pearce, p. 495, and Lord Wilberforce, p. 507. Lord Upjohn at pp. 502 and 503 expressed a different view.
[96] Lord Reid in *Young & Marten v. McManus Childs* [1969] 1 A.C. 454 at 468 (H.L.), commenting on dictum of du Parcq J. in *Myers v. Brent Cross* [1934] 1 K.B. 46 at 55 (D.C.). See also Lord Wilberforce in *Young & Marten's* case at 476.
[97] *Greaves & Co. Ltd v. Baynham Meikle* [1975] 1 W.L.R. 1095 at 1098 (C.A.); *cp. National Coal Board v. Neill* [1985] Q.B. 300 at 317; *John Lelliott v. Byrne Bros* (1992) 31 Con.L.R. 88 at 92; see also cases cited in note 84 above; *Smith & Snipes Hall Farm Ltd v. River Douglas Catchment Board* [1949] 2 K.B. 500 (C.A.) and *Cable (1956) Ltd v. Hutcherson Ltd* (1969) 43 A.L.J.R. 321, discussed on p. 8. See also "Licences" on p. 61.
[98] See n.97 above.
[99] *Cammell Laird & Co. Ltd v. Manganese Bronze & Brass Co. Ltd* [1934] A.C. 402 (H.L.).

excluded in the same circumstances as those set out above relating to materials alone.[1] It follows that, in a building contract where the contractor is bound to complete according to detailed plans and specification or bills of quantities for which he was not responsible, the room for the operation of such an implied warranty is small.[2] But where a contractor had expressly warranted the fitness of the works, it was held that such warranty overrode the duty to comply with the detailed specification[3] and contractors generally have an obligation to warn of design defects which they believe exist,[4] or whose existence they ought as ordinarily competent contractors to suspect.[5] Where a contractor undertook to build a house in accordance with plans supplied by the employer's architect, but there was no supervision by the architect and the employer relied upon the experience, judgment and skill of the contractor to supervise the construction, it was held that the contractor was liable to the employer for failing to warn him of obvious defects in the plans which resulted in defects.[6]

Package deals. Where a contractor agrees in the course of his business both to design and construct works, a term of fitness for purpose of the completed works will readily be implied unless excluded by the express terms of the contract or other particular circumstances.[7] Where the package is to design and construct dwellings for a local authority, there may be an implied term that the dwellings will on completion be fit for habitation.[8] In *IBA v. EMI and BICC*,[9] a main contractor was held liable for negligent design on the part of a nominated subcontractor upon the express terms of the main

---

[1] See n.97 above.
[2] See *Lynch v. Thorne* [1956] 1 W.L.R. 303 at 311 (C.A.). Note comment on the application of this principle to this case on p. 62.
[3] *Steel Co. of Canada Ltd v. Willand Management Ltd* [1966] S.C.R. 746 (Supreme Court of Canada).
[4] *Equitable Debenture v. William Moss* (1984) 1 Const. L.J. 131 at 134; *Victoria University of Manchester v. Hugh Wilson* (1984) 1 Const.L.J. 162; *cp. University of Glasgow v. William Whitfield* (1988) 42 B.L.R. 66; *Oxford University Press v. John Stedman Group* (1990) 34 Con.L.R. 1 at 68. See generally Hilary Nicholls, "Contractors' Duty to Warn" (1989) 5 Const.L.J. 175.
[5] *Lindenberg v. Canning* (1992) 62 B.L.R. 147.
[6] *Brunswick Construction v. Nowlan* (1974) 49 D.L.R. (3d) and 21 B.L.R. 27 (Supreme Court of Canada). This case was followed in *Lindenberg v. Canning* (1992) 62 B.L.R. 147 where *Lynch v. Thorne* [1956] 1 W.L.R. 303 (C.A.) was referred to but not followed. Upon the particular facts, the dissenting judgment of Dickson J. in the *Brunswick* case is attractive.
[7] See, *e.g. Viking Grain v. T.H. White* (1985) 33 B.L.R. 103; *cp. Bacal Construction v. Northampton D.C.* (1975) 8 B.L.R. 88 where there was an implied term or warranty by the employer that the ground conditions would accord with the hypotheses upon which the contractor had been instructed to design the foundations. Contrast the position of the professional consultant who designs but does not construct as in *George Hawkins v. Chrysler* (1986) 38 B.L.R. 36 (C.A.).
[8] *Test Valley B.C. v. G.L.C.* (1979) 13 B.L.R. 63 (C.A.); *Basildon D.C. v. J.E. Lesser* [1985] 1 All E.R. 20. See also "Sale of buildings" below.
[9] (1980) 14 B.L.R. 1 (H.L.).

Chapter 3—Implied Terms

contract, but the view was expressed that he might well have been liable upon an implied term as to fitness for purpose.[10]

Licences. Where there was a licence to occupy a new factory unit for 12 months while the licensee's factory, held under a lease from the licensor, was extended, it was held to be an implied term of the licence that the licensed premises would be sound and suitable for the licensee's manufacturing purposes.[11] Under a lease, there would have been no such implication.[12]

Specialist contractors. The implication of fitness more readily arises where a contractor is employed because of a specialist skill he professes.[13]

Sale of buildings. Where there is a contract for the sale of a house to be erected, or in the course of erection, there is, subject to the express terms of the contract, "... a threefold implication: that the builder will do his work in a good and workmanlike manner; that he will supply good and proper materials; and that it will be reasonably fit for human habitation".[14] The implication extends to the whole house including the parts, if any, built before the contract of sale was made,[15] but it does not arise if the contractor merely sells a house which he has already completed.[16]

The contractor may become liable for breach of statutory duty in respect of dwellings provided to the order of a person to that person and to others who acquire an interest in the dwelling.[17] He has a statutory duty to visitors under the Occupiers' Liability Act 1957,[18] and to persons other than visitors, *e.g.* trespassers, under the Occupiers' Liability Act 1984. He may also be liable in tort to persons who suffer physical injury to their person or property as a result of his negligence.[19]

---

[10] At pp. 26, 44, and 47. The Irish case of *Norta v. John Sisk* (1977) 14 B.L.R. 49, where a contractor was held not liable for his subcontractor's design, turned on different facts—see *IBA* case at 25 and 45. See also *George Hawkins v. Chrysler* (1986) 38 B.L.R. 36 at 55. See generally Michael Regan, "Fitness, Quality and Skill and Care" (1987) 3 Const. L.J. 241.
[11] *Wettern Electric v. Welsh Development Agency* [1983] Q.B. 796.
[12] *ibid.* at 808.
[13] See cases cited in n.84 above. See also *Adams v. Richardson and Starling Ltd* [1969] 1 W.L.R. 1645 (C.A.)—specialists in eradication of dry rot. See also p. 7 for design and build contracts; p. 315 for nominated subcontractors, p. 338 for the analogous position of the professional man.
[14] *Hancock v. B.W. Brazier (Anerley) Ltd* [1966] 1 W.L.R. 1317 at 1332 (C.A.). See also *Miller v. Cannon Hill Estates* [1931] 2 K.B. 113; *Perry v. Sharon Development Co.* [1937] 4 All E.R. 390 (C.A.); *Jennings v. Taverner* [1955] 1 W.L.R. 932; *Lynch v. Thorne* [1956] 1 W.L.R. 303 (C.A.); *Greaves & Co. v. Baynham Meikle* [1975] 1 W.L.R. 1095 at 1098; *IBA v. EMI and BICC* (1978) 11 B.L.R. 29 at 51 (C.A.); *Test Valley B.C. v. Greater London Council* (1979) 13 B.L.R. 63 (C.A.)—one local authority so liable to another.
[15] *Hancock v. B.W. Brazier (Anerley) Ltd* [1966] 1 W.L.R. 1317 (C.A.).
[16] See cases cited in n.14 above; *Hoskins v. Woodham* [1938] 1 All E.R. 692; *Minster Trust Ltd v. Traps Tractors Ltd* [1954] 1 W.L.R. 963 at 975.
[17] Defective Premises Act 1972; see p. 397.
[18] As amended by the Defective Premises Act 1972.
[19] See Chap. 7, Section 2 and in particular "Personal injury" on p. 174. For the letting of houses at a low rent, see the Housing Act 1957, s. 6.

Effect of express terms. "[I]f a builder has done his work badly, and defects afterwards appear, he is not to be excused from liability except by clear words."[20] So where a house was sold and defects appeared it was held that a clause providing for the making good of defects discovered within six months did not deprive the purchaser of damages for defects discovered after six months.[21] But in *Lynch v. Thorne*[22] a builder agreed to sell a house to be completed according to a detailed specification which provided for nine-inch solid brick walls with no rendering. One of the walls when completed permitted the entry of driving rain which made a room uninhabitable. It was held that there was no implied warranty of fitness with regard to the wall because it had been constructed exactly in accordance with the specification and to have built it with cavities or with rendering so as to make it waterproof would not have been a compliance with the contract. Accordingly the purchaser failed in his claim against the builder in respect of the wall.[23] It is possible that the case is distinguishable where no sale of land is involved and the employer does not rely on his own skill and judgment in the choice of the specified item.[24] It is thought that today it would be necessary to consider both the Defective Premises Act 1972[25] and whether the purchaser had a claim for breach of the Building Regulations.[26]

Effect of price. The standard of work to be carried out depends upon the terms of the contract express or implied. The question whether the price is high or low in relation to the work is, it is submitted, irrelevant in considering what standard of work is required,[27] unless the parties have expressly or impliedly agreed that the amount of the price is to affect the standard of the work.

---

[20] *Hancock v. B.W. Brazier (Anerley) Ltd.* [1966] 1 W.L.R. 1317 at 1334 (C.A.); see also *Billyack v. Leyland Construction Co. Ltd* [1968] 1 W.L.R. 471.
[21] *ibid.*
[22] [1956] 1 W.L.R. 303 (C.A.); *cp. Test Valley B.C. v. G.L.C.* (1979) 13 B.L.R. 63 at 80 (C.A.), where it is said that the building owner in *Lynch v. Thorne* "insisted on providing a specification which formed part of the contract". It is not clear that *insistence* can be derived from *Lynch v. Thorne*.
[23] Note that for a claim relating to a window it was conceded that the purchaser could succeed for breach of implied warranty because the specification did not so precisely identify the nature of the work, p. 309. See also Lord Parker C.J. at p. 311.
[24] Contracts for the sale of land and for work and labour differ in that in the former but not the latter the rule of *caveat emptor* still applies fundamentally (*Young & Marten Ltd v. McManus Childs Ltd* [1969] 1 A.C. 454 (H.L.), Lord Upjohn at p. 472).
[25] See p. 397.
[26] See p. 411.
[27] *cf. Cotton v. Wallis* [1955] 1 W.L.R. 1168 (C.A.), but note that this case, discussed on p. 545, was a dispute between architect and employer and is not, it is submitted, an authority on disputes between employer and contractor.

Chapter 3—Construction of Deeds

5. CONSTRUCTION OF DEEDS

Deeds[28] are construed in the same way as other documents save that where one party wishes to deny the truth of a statement in the deed he may be estopped (*i.e.* prevented) from doing so by the application of a further rule known as estoppel by deed. This is a rule of evidence founded on the principle that a solemn and unambiguous statement or engagement in a deed must be taken as binding between parties and privies and therefore as not admitting any contradictory proof.[29] Statements of fact in recitals are subject to the rule.[30] Statements in the deed may bind all or only one or some of the parties according to the construction of the deed.[31] The estoppel does not operate where the deed was fraudulent or, in general, where it was illegal,[32] nor where there was a common mistake of fact giving rise to a right to rectification,[33] nor where the party seeking to set up the estoppel caused the misstatement of fact to appear in the deed.[34]

6. THE VALUE OF PREVIOUS DECISIONS

Common form contracts. The court is very reluctant to depart from a previous long-standing decision upon the meaning of a common form of contract in constant use because the parties are taken thereafter to have contracted upon the basis of that meaning.[35] But one version of a Standard Form of Building Contract should not, it is submitted, be construed with reference to a later version,[36] although the court sometimes comments on such later versions.[37]

Similar contracts. Different shades of caution have been expressed.

> "To some extent decisions on one contract may help by way of analogy or illustration in the decision of another contract. But however similar the contracts may appear the decision as to each must depend on the consideration of the language of the particular contract read in the light of

---

[28] For the formal requirements of deeds, see p. 30.
[29] Lord Maugham in *Greer v. Kettle* [1938] A.C. 156 at 171 (H.L.).
[30] *ibid.*
[31] *ibid.*; see also generally *Halsbury* (4th ed.), Vol. 12, paras. 1353 *et seq.*
[32] *ibid.*
[33] *Wilson v. Wilson* [1969] 1 W.L.R. 1470 and for rectification, see p. 288.
[34] *Greer v. Kettle* [1938] A.C. 156 (H.L.).
[35] *Dunlop & Sons v. Balfour Williamson & Co.* [1892] 1 Q.B. 507 at 518 (C.A.); *The Annefield* [1971] P. 169, 183 and 185 (C.A.). For the importance of certainty in the construction of contracts in standard terms, see *Pioneer Shipping v. B.T.P. Tioxide (The Nema)* [1982] A.C. 724 at 743 (H.L.); *cp. Ashville Investments v. Elmer Contractors* [1989] Q.B. 488 at 495 (C.A.); *Computer & Systems Engineering v. John Lelliott* (1990) 54 B.L.R. 1 at 8 (C.A.).
[36] *H.W. Nevill v. William Press & Son* (1981) 20 B.L.R. 78 at 91.
[37] See, *e.g. F.G. Minter v. W.H.T.S.O.* (1980) 13 B.L.R. 1 at 20 (C.A.).

the material circumstances of the parties in view of which the contract is made."[38]

By contrast, "comparison of one contract with another can seldom be a useful aid to construction and may be ... positively misleading".[39] There are however many instances in which one building contract has been used to assist in the construction of another.[40]

B. RISK, INDEMNITY AND EXCLUSION CLAUSES

These three types of clauses are dealt with together because their subject-matter overlaps and common problems of construction arise. In particular, a consideration of loss caused by negligence is potentially relevant to all three types of clause.

Loss caused by negligence. There are statutory limitations on the extent to which a person can exclude or limit his liability for loss or damage resulting from negligence.[41] Even where these limitations do not apply, it is inherently improbable that one party to a contract should intend to absolve the other party from the consequences of the latter's negligence,[42] and even more inherently improbable that one party should agree to discharge by indemnity the liability of the other party for acts for which the other is responsible.[43] To achieve either of these improbabilities, very clear words must be used. Equally, a person is not exempted from liability for the negligence of his servants unless adequate words are used.[44]

If a clause contains language which expressly[45] exempts the person in whose favour it is made from the consequences of his own negligence, effect is given to that provision. If there is no express reference to negligence, the court considers whether the words used are wide enough, in their ordinary meaning, to cover the person's negligence. If a doubt arises here, it is resolved against the person relying on the clause. If the words used are wide enough, the court considers whether the exempted head of damage may be based on

---

[38] Lord Wright in *Luxor v. Cooper* [1941] A.C. 108 at 130 (H.L.).
[39] Lord Bridge in *Mitsui v. A.G. of Hong Kong* (1986) 33 B.L.R. 1 at 18 (P.C.).
[40] e.g. *Re Ford & Bemrose* (1902) H.B.C. (4th ed.), Vol. 2, p. 324 (C.A.); also (1902) 18 T.L.R. 443. In H.B.C. (7th ed.), Chap. IV, there is a collection of words and phrases judicially interpreted.
[41] See s. 2 of the Unfair Contract Terms Act discussed on p. 70. See generally "Limiting Liability for Negligence" by Professor N.E. Palmer (1982) 45 M.L.R. 322.
[42] *Gillespie Bros & Co. v. Roy Bowles Transport* [1973] Q.B. 400 at 419 (C.A.).
[43] *Smith v. South Wales Switchgear* [1978] 1 W.L.R. 165 at 168 (H.L.).
[44] *Rutter v. Palmer* [1922] 2 K.B. 87 at 92 (C.A.); cf. *Canada Steamship Lines v. The King* [1952] A.C. 192 (P.C.); *Lamport & Holt Lines v. Coubro & Scrutton* [1982] 2 Lloyd's Rep. 42 (C.A.).
[45] Use of the word "negligence" or a synonym is necessary. An indemnity against "all claims or demands whatsoever" or "any liability, loss, claim or proceedings whatsoever" was not an express reference to negligence—*Smith v. South Wales Switchgear* [1978] 1 W.L.R. 165 at 169, 173 (H.L.). Accordingly, *Farr v. The Admiralty* [1953] 1 W.L.R. 965, cited in the 4th Edition of this book, might not be followed today.

Chapter 3—The Value of Previous Decisions

some other possible ground than negligence. If there is such another ground which is not too fanciful or remote, the clause is construed as not exempting from negligence. But if there is no such other ground, the clause is construed as applying to losses caused by negligence.[46]

This approach of construction is applied, in the light of other provisions of the contract, both to exclusion clauses and to indemnity clauses,[47] and has been applied, for instance, to the indemnity in clause 14(b) of the 1939 R.I.B.A. Standard Form of Building Contract.[48] It has also been applied to payment clauses where the benefit for which the payment is stipulated may cease because of the payee's negligence.[49]

By contrast, limitation clauses, although they are read *contra proferentem*[50] and must be clearly expressed, are not judged by the specially exacting standards which are applied to exclusion and indemnity clauses. This is because there is no high degree of improbability that one party would agree to limit the other's liability, especially where the potential liability may be very great in proportion to the sums which could reasonably be charged for the services to be provided by that party.[51] In this context it appears that a limitation clause is one which limits liability without purporting to exclude it altogether. It follows that negligence on the part of a person in breach of contract does not prevent him from relying upon a limitation clause.[52] Further, it would appear that the clause can be relied upon by him to limit a claim in tort.[53]

By further contrast, where a party expressly assumes the sole risk of classes of events causing damage (*e.g.* fire) against which he is obliged to insure, the contract is likely to be construed as imposing on that party the whole risk of such damage including that caused by the negligence of the other party. Such was the conclusion of the House of Lords in *Scottish Special Housing Association v. Wimpey*[54] considering clauses 18(2) and 20[C] of a 1963

---

[46] *Canada Steamship Lines v. The King* [1952] A.C. 192 at 208 (P.C.) considering *Alderslade v. Hendon Laundry* [1945] K.B. 189 (C.A.); *Smith v. South Wales Switchgear* [1978] 1 W.L.R. 165 (H.L.); *Smith v. U.B.M. Chrysler (Scotland)* (1978) S.C. (H.L.) 1; *Lamport & Holt Lines v. Coubro & Scrutton* [1982] 2 Lloyd's Rep. 42 (C.A.); *Dorset County Council v. Southern Felt Roofing* (1989) 48 B.L.R. 96 (C.A.); *E.E. Caledonia Ltd v. Orbit Valve Co.* [1994] 1 W.L.R. 1515 (C.A.); *cf. Rutter v. Palmer* [1922] 2 K.B. 87 at 92 (C.A.); *Comyn Ching v. Oriental Tube* (1979) 17 B.L.R. 47 at 88 (C.A.); and see the summary of the law in *Industrie Chimiche v. Nea Ninemia Shipping* [1983] 1 Lloyd's Rep. 310 at 312.
[47] *Smith v. South Wales Switchgear* [1978] 1 W.L.R. 165 (H.L.); *cf. Hollier v. Rambler Motors (AMC) Ltd* [1972] 2 Q.B. 71 (C.A.).
[48] *A.M.F. International v. Magnet Bowling* [1968] 1 W.L.R. 1028 following *Walters v. Whssoe* (1960) 6 B.L.R. 23 (C.A.); *City of Manchester v. Fram Gerrard* (1974) 6 B.L.R. 70 at 89.
[49] See *Sonat Offshore v. Amerada Hess Development* (1987) 39 B.L.R. 1 (C.A.).
[50] See p. 47.
[51] *Ailsa Craig Fishing v. Malvern Fishing* [1983] 1 W.L.R. 964 at 970 (H.L.); *George Mitchell v. Finney Lock Seeds* [1983] 2 A.C. 803 at 814 (H.L.).
[52] *George Mitchell v. Finney Lock Seeds* [1983] 2 A.C. 803 at 814 (H.L.).
[53] *William Hill v. Bernard Sunley* (1982) 22 B.L.R. 1 at 29 (C.A.).
[54] [1986] 1 W.L.R. 995 (H.L.) approving *James Archdale & Co. v. Comservices* [1954] 1 W.L.R. 459 (C.A.); *cf. Coleman Street Properties v. Denco Miller* (1982) 31 B.L.R. 32; *Mark Rowlands v. Bernie Inns* [1986] Q.B. 211 (C.A.); *Norwich City Council v. Harvey* [1989] 1 W.L.R. 828

Standard Form of Building Contract.[55] Clauses relevant to the negligent operation of plant have been similarly construed.[56]

1. RISK CLAUSES

In the absence of express provisions dealing with the risk of damage to the works, the contractor's liability depends upon what he has undertaken to perform, but it seems that where he has to complete the works he must, as an incident of the duty to complete, make good any damage to the works occurring before completion,[57] unless the damage is so great and the circumstances such that the contract is frustrated[58] or the damage was caused by the employer's default.[59] In practice written contracts frequently contain a clause stating upon whom rests the risk of damage to the works.[60] It may be coupled with a clause providing for insurance against the risk.[61] It seems that if the contractor is required to effect insurance his duty is to insure himself and does not extend to insuring the employer unless express words are used.[62]

2. INDEMNITY CLAUSES

An indemnity clause is a clause where one party (*e.g.* an insurer) agrees to make good a loss suffered by another. One of the parties may indemnify the other against certain losses, *i.e.* he may promise to make good any loss suffered by the other party in respect of damage or claims arising out of various matters such as injury to persons or property.[63] An indemnity can be

---

(C.A.); *Ossory Road v. Balfour Beatty* (1993) C.I.L.L. 882; *National Trust v. Haden Young* (1993) C.I.L.L. 890 and *The Times*, August 11, 1994 (C.A.). See generally J. Kodwo Bentil, "Liability for Fire Damage under the Standard Form of Building Contract" (1987) 3 Const.L.J. 83.

[55] See now clauses 20.2 and 22C of the 1980 Form discussed on p. 607.

[56] See *Arthur White (Contractors) v. Tarmac Civil Engineering* [1967] 1 W.L.R. 1508 (H.L.); *Thompson v. T. Lohan (Plant Hire)* [1987] 1 W.L.R. 649 (C.A.); *cp. McConkey v. Amec* (1990) 27 Con.L.R. 88 (C.A.).

[57] *Gold v. Patman & Fotheringham Ltd* [1958] 1 W.L.R. 697 at 703 (C.A.); *Charon (Finchley) v. Singer Sewing Machine Co.* (1968) 112 S.J. 536.

[58] For frustration, see p. 143.

[59] See cases cited above under "Loss caused by negligence".

[60] *e.g. Kellett v. York Corp.* (1894) 10 T.L.R. 662; *Scottish Special Housing Association v. Wimpey Construction* [1986] 1 W.L.R. 995 (H.L.); and see clause 20 of the Standard Form of Building Contract on p. 605.

[61] *e.g. James Archdale & Co. Ltd v. Comservices Ltd* [1954] 1 W.L.R. 459 (C.A.); clauses 21 and 22 of the Standard Form of Building Contract on p. 610; *cf. Swiss Bank Corporation v. Brink's-Mat* [1986] 2 Lloyd's Rep. 79 at 95.

[62] *Gold v. Patman & Fotheringham Ltd* [1958] 1 W.L.R. 697 (C.A.).

[63] See, *e.g.* clause 20 of the Standard Form of Building Contract discussed on p. 605. See also *Kirby v. Chessum & Sons Ltd* (1914) 79 J.P. 81 (C.A.), where despite a clause in the employer's favour the contractor was entitled to an indemnity from the employer where the adjoining owner recovered damages from the contractor for trespass committed by him while he was obeying the architect's orders. For cases on the indemnity clause in the I.C.E. conditions

Chapter 3—Indemnity Clauses

expressed to apply to liabilities occurring before, as well as after, the date on which the indemnity itself is given.[64] It is no defence to an employer sued by a third person that he is indemnified by the contractor,[65] although he can join the contractor as third party to the proceedings between himself and the third person.[66]

Where the contractor gives the employer an indemnity against claims by third parties and there is an exception to the indemnity the courts tend to construe the exception so that it does not operate to deprive the indemnity of effect.[67] But where an indemnity was construed as extending to loss caused by the plaintiffs' breach of statutory duty but not to loss caused by their negligence, it was held that, since on the facts the plaintiffs' negligence was a cause, although not the only cause of liability, the indemnity did not cover the loss.[68]

The discussion of "Loss caused by negligence" above applies to indemnity clauses and the Unfair Contract Terms Act limits the extent to which a person can rely on an unreasonable indemnity clause in a consumer contract.[69]

Subrogation. An indemnifier who makes good a loss suffered by another party is entitled to be subrogated to the rights of the person indemnified against third parties. But these rights can only be pursued in the name of the person indemnified even if the indemnifier has an independent direct claim of his own.[70]

Limitation period for liability under indemnity clauses. Where there is an obligation to indemnify against loss, the cause of action does not arise until the loss has been established,[71] so that the limitation period runs from the date when the liability or loss indemnified against is established or incurred.[72] This may be after the expiry of the ordinary limitation period. Such clauses are therefore potentially very onerous.

Insurance policy—exceptions. Where a loss is caused by two causes, one within the general words describing the risk insured and one within the

---

(1955 ed.), see *C.J. Pearce & Co. v. Hereford Corp.* (1968) 66 L.G.R. 647; *Richardson v. Buckinghamshire C.C.* (1970) 68 L.G.R. 662.
[64] See *Basildon District Council v. J.E. Lesser (Properties)* (1984) 8 Con. L.R. 89 at 101.
[65] *Dalton v. Angus* (1881) 6 App.Cas. 740 at 829 (H.L.).
[66] See R.S.C., Order 16.
[67] See *Hosking v. De Havilland Ltd* [1949] 1 All E.R. 540; *Murfin v. United Steel Companies Ltd* [1957] 1 W.L.R. 104 (C.A.), and see further p. 606.
[68] *E.E. Caledonia Ltd v. Orbit Valve Co.* [1994] 1 W.L.R. 1515 (C.A.).
[69] See p. 73.
[70] *Esso Petroleum v. Hall Russell* [1989] A.C. 643 (H.L.) applying *Simpson & Co. v. Thompson* (1877) 3 App.Cas. 279 (H.L.) and *Castellain v. Preston* (1883) 11 Q.B.D. 380 (C.A.).
[71] *Collinge v. Hayward* (1839) 9 Ad. & El. 633 and other cases cited in *Halsbury* (3rd ed.), Vol. 24, para. 393; *County & District Properties v. C. Jenner & Son Ltd* [1976] 2 Lloyd's Rep. 728.
[72] *R. & H. Green & Silley Wier v. British Railways Board* (1980) 17 B.L.R. 94; *Telfair Shipping Corporation v. Inersea Carriers* [1985] 1 W.L.R. 553.

exception to those words, the insurer is not liable.[73] Where, however, there were two effective causes of loss, one within the insurance and the other not, it was held that the insured could recover under the policy.[74]

3. EXCLUSION CLAUSES

This term is intended to refer to clauses variously termed exclusion, exception, exemption or limitation clauses.[75] It is a convenient description of clauses relied on by a party who would otherwise be under a liability in contract[76] to exclude or limit that liability. Such clauses must be distinguished from those which define the parties' rights and duties, such as agreed damages clauses[77] or defects clauses which confer additional rights,[78] and which are construed like any other clauses in the contract whereas exclusion clauses are construed against the party seeking to rely on them.[79]

The leading case on the construction of exclusion clauses is *Photo Production v. Securicor Transport*.[80] Securicor for a very modest charge agreed to provide a night patrol service for four visits per night. Their contract incorporated printed standard conditions which exempted them from any loss "except in so far as such loss is solely attributable to the negligence of the company's employees acting within the course of their employment...". On a Sunday night the duty employee of Securicor deliberately started a fire which got out of control and a large part of the premises were burned down causing loss of £615,000. Although the starting of the fire was deliberate, it was not established that he intended to destroy the factory. The House of Lords held that upon the construction of the clause and having regard to the surrounding circumstances, which included the very modest charge for its services provided by Securicor, the clause exempted Securicor from liability.

> "Any persons capable of making a contract are free to enter into any contract they may choose: and providing the contract is not illegal or avoidable it is binding upon them.... In the end, everything depends upon the true construction of the clause in dispute..."[81]

---

[73] *Wayne Tank & Pump Co. Ltd v. Employers Liability Ltd* [1974] 1 Q.B. 57 (C.A.); *cf. E.E. Caledonia Ltd v. Orbit Valve Co.* [1994] 1 W.L.R. 1515 (C.A.).

[74] *J.J. Lloyd Instruments v. Northern Star Insurance* [1987] 1 Lloyd's Rep. 32 (C.A.). See also "Concurrent causes" on p. 209.

[75] For a classification see *Kenyon, Son & Craven v. Baxter Hoare & Co.* [1971] 1 W.L.R. 519.

[76] In tort the issue is whether the defendant by his words has shown that he does not intend to undertake any liability towards the plaintiff—see *Hedley Byrne v. Heller & Partners* [1964] A.C. 465 (H.L.); see also "Disclaimer" on p. 198.

[77] *Suisse Atlantique, etc. v. N.V. Rotterdamsche Kolen Centrale* [1967] A.C. 361 (H.L.); *Arthur White (Contractors) Ltd v. Tarmac Civil Engineering Ltd* [1967] 1 W.L.R. 1508 at 1520 (H.L.).

[78] See p. 267.

[79] *Adam v. Richardson & Starling Ltd* [1969] 1 W.L.R. 1645 at 1653 (C.A.).

[80] [1980] A.C. 827 (H.L.); *cf. George Mitchell (Chesterhall) v. Finney Lock Seeds* [1983] 2 A.C. 803 at 812 (H.L.)

[81] Lord Salmon in *Photo Production v. Securicor Transport* [1980] A.C. 827 at 853 (H.L.).

Chapter 3—Exclusion Clauses

"Parties are free to agree to whatever exclusion or modification of all types of obligations as they please within the limits that the agreement must retain the legal characteristics of a contract; and must not offend against the equitable rule against penalties . . . Since the presumption is that the parties by entering into the contract intended to accept the implied obligations exclusion clauses are to be construed strictly and the degree of strictness appropriate to be applied to their construction may properly depend upon the extent to which they involve departure from the implied obligations."[82]

"In commercial contracts between business-men capable of looking after their own interests and of deciding how risks inherent in the performance of various kinds of contract can be most economically borne (generally by insurance), it is, in my view, wrong to place a strained construction upon words in an exclusion clause which are clear and fairly susceptible of one meaning only even after due allowance has been made for the presumption in favour of the implied primary and secondary obligations."[83]

In considering exclusion clauses, reference must be made to the Unfair Contract Terms Act 1977,[84] but this Act "applies to consumer contracts and those based on standard terms and enables exception clauses to be applied with regard to what is just and reasonable. It is significant that Parliament refrained from legislating over the whole field of contract. After this Act, in commercial matters generally, when the parties are not of unequal bargaining power, and when risks are normally borne by insurers, not only is the case for judicial intervention undemonstrated, but there is everything to be said, and this seems to be parliament's intention, for leaving the parties free to apportion the risks as they think fit and for respecting their decisions".[85]

Third Parties. Third parties to a contract cannot rely upon an exclusion clause in the contract,[86] unless it was made as agent for the third party and certain other conditions are fulfilled.[87] Thus subcontractors did not have the benefit of contractual protection resulting from main contract taking-over certificates, since they were not parties to the main contract which the main contractor had not entered into as agent for the subcontractors.[88] On the

---

[82] Lord Diplock in *Photo Production v. Securicor Transport* [1980] A.C. 827 at 850 (H.L.).
[83] Lord Diplock in *Photo Production v. Securicor Transport* [1980] A.C. 827 at 851 (H.L.); *cf. Spriggs v. Sotherby Parke Bernet* [1986] 1 Lloyd's Rep. 487 at 495 (C.A.).
[84] See below.
[85] Lord Wilberforce in *Photo Production v. Securicor Transport* [1980] A.C. 827 at 843 (H.L.); for the meaning of the exclusion of "any consequential loss or damage" in a contract for the supply of masonry blocks, see *Croudace Construction v. Cawoods Concrete Products* [1978] 2 Lloyd's Rep. 55 (C.A.).
[86] *Scruttons Limited v. Midland Silicones Ltd* [1962] A.C. 446 (H.L.).
[87] *New Zealand Shipping Co. Ltd v. Satterthwaite Ltd* [1975] A.C. 154 (P.C.—majority 3:2); *Port Jackson Stevedoring v. Salmond and Spraggon* [1981] 1 W.L.R. 138 (P.C.).
[88] *Southern Water Authority v. Carey* [1985] 2 All E.R. 1077. Note that the consideration of

other hand, notices of disclaimer are capable in principle, subject to the Unfair Contract Terms Act 1977, of negativing a duty of care in tort,[89] and a contractual exclusion clause in a contract between A and B is sometimes relevant to the existence of a duty of care between B and C.[90]

4. UNFAIR CONTRACT TERMS ACT 1977[91]

This Act imposes limits on the extent to which civil liability for breach of contract, or for negligence or other breach of duty, can be avoided by means of contract terms or otherwise.[92] Apart from its effect upon notices or contract terms purporting to exclude or limit liability for negligence,[93] the Act's application to substantial building contracts may be limited to cases where large contractors contract on their own domestic standard forms.[94] But the Act may more frequently apply to private house building or house purchase. So far as is likely to be relevant to building contracts, it applies only to "business liability" as defined in section 1(3) of the Act. It does not apply to contracts where goods are sold or supplied and which are made between parties whose places of business are in the territories of different States.[95] The material provisions of the Act do not apply where English law is the proper law of the contract only by choice of the parties. But conversely the Act can apply where a choice of law clause applies the law of some country outside the United Kingdom wholly or mainly for the purpose of evading the operation of the Act.[96]

Negligence liability. For the purposes of the Act, "negligence" means the breach of a contractual obligation to take reasonable care or to exercise reasonable skill or breach of an equivalent common law duty.[97] A person

---

potential tortious liability in this case has to be reconsidered in the light of *Murphy v. Brentwood District Council* [1991] 1 A.C. 398 (H.L.). See generally Chap. 7.

[89] See *Hedley Byrne v. Heller & Partners* [1964] A.C. 465 (H.L.).
[90] See, *e.g. Pacific Associates v. Baxter* [1990] Q.B. 993 (C.A.); *cf. Smith v. Eric S. Bush* [1990] A.C. 831 at 858 (H.L.) where the disclaimer was held not to satisfy the test of reasonableness under the Unfair Contract Terms Act 1977; *Southern Water Authority v. Carey* [1985] 2 All E.R. 1077 subject to the *caveat* in n.88 above; *Norwich City Council v. Harvey* [1989] 1 W.L.R. 828 (C.A.).
[91] See generally, Adams and Brownsword "The Unfair Contract Terms Act: A Decade of Discretion" (1988) 104 L.Q.R. 94.
[92] Evasion of the provisions of the Act by means of a secondary contract is ineffective—see s. 10 of the Act, which applies however to clauses modifying prospective liability and not to compromises of retrospective claims—see *Tudor Grange Holdings v. Citibank* [1992] Ch. 53. See also s. 13 of the Act. For the relation between the doctrine of freedom of contract and of statutory intervention for the protection of persons entering into contracts, see *Johnson v. Moreton* [1980] A.C. 37 at 65 *et seq.* (H.L.).
[93] See "Negligence liability" below.
[94] See "Liability arising in contract" below.
[95] s. 26 of the Act.
[96] s. 27 of the Act.
[97] s. 1(1) of the Act.

Chapter 3—Unfair Contract Terms Act 1977

cannot by reference to any contract term or to a notice given generally or to particular persons exclude or restrict his liability for death or personal injury resulting from negligence.[98] In the case of other loss or damage, a person cannot so exclude or restrict his liability for negligence except in so far as the term or notice satisfies the requirement of reasonableness.[99] The requirement of reasonableness in relation to a contract term is stated in section 11(1) of the Act as:

> "... that the term shall have been a fair and reasonable one to be included having regard to the circumstances which were, or ought reasonably to have been, known to or in the contemplation of the parties when the contract was made."[1]

The test is to be judged as between the parties to the particular contract at the time the contract is made. The relevant circumstances are those which were then known to or in the contemplation of *both* parties.[2]

In relation to a non-contractual notice, the requirement of reasonableness is:

> "... that it should be fair and reasonable to allow reliance on it, having regard to all the circumstances obtaining when the liability arose or (but for the notice) would have arisen."[3]

It is for those claiming that a contract term or notice satisfies the requirement of reasonableness to show that it does.[4] Where reliance upon a relevant contract term has to satisfy the requirement of reasonableness, it may be found to do so and have effect notwithstanding that the contract has been terminated by breach or by the acceptance of a repudiation.[5] In considering whether the requirement of reasonableness is satisfied, appellate courts treat original decisions with the utmost respect and refrain from interfering with them unless satisfied that they proceeded upon some erroneous principle or were plainly and obviously wrong.[6]

The House of Lords has held that a disclaimer by a building society on its own behalf and on behalf of a surveyor carrying out a valuation of a modest

---

[98] s. 2(1) of the Act.
[99] s. 2(2) of the Act; *cf.* s. 3 of the Misrepresentation Act 1967 as amended discussed on p. 138.
[1] For the purposes of s. 2 of the Act, the court or arbitrator is not, it seems, specifically required to have regard to the matters specified in Schedule 2 of the 1977 Act. There would be such a requirement if ss. 6 or 7 of the Act also applied to relevant transaction—see s. 11(2) and *cf. Rees Hough v. Redland Reinforced Plastics* (1984) 27 B.L.R. 136 at 151. See also s. 11(4).
[2] *Edmund Murray v. B.S.P. International Foundations* (1992) 33 Con.L.R. 1 at 14 (C.A.).
[3] See also s. 11(4).
[4] s. 11(5) of the Act.
[5] s. 9 of the Act. For repudiation, see p. 156 and in particular "Acceptance of repudiation" on p. 160.
[6] See *George Mitchell (Chesterhall) v. Finney Lock Seeds* [1983] 2 A.C. 803 at 816 (H.L.)—a decision on the rather different wording of the now obsolete s. 55(3) of the Sale of Goods Act 1979. The decisive factor in that case in the decision that reliance on the term in question was not fair and reasonable was evidence that the seller, who was seeking to rely on the term, had a practice of waiving it in genuine cases thus demonstrating a recognition that it was unreasonable.

dwelling house for mortgage purposes which purports to exclude liability for negligence is a notice within the Act which, to be effective, has to satisfy the requirement of reasonableness. It was further held that on the facts of that case the requirement of reasonableness was not satisfied.[7] The decision applies generally to valuations in broadly similar circumstances. But it is not necessarily unreasonable for professional men in all circumstances to seek to exclude or limit their liability for negligence and the decision might not apply to valuations of industrial property, large blocks of flats or very expensive houses.[8]

Section 2(1) of the Act is concerned with protecting victims of negligence and not with arrangements between wrongdoers and other persons for the sharing or bearing of the burden of compensating victims.[9] A clause in a plant hire agreement, making the plant owner's driver the servant or agent of the hirer, was held not to satisfy the requirement of reasonableness in section 2(2) of the Act when the owner tried to rely on the clause to avoid liability to the hirer for the driver's negligence.[10] But a similar clause was not affected by the Act where a third party was killed as a result of the plant driver's negligence, since there was no exclusion or restriction of liability to the plaintiff widow sought to be achieved by reliance on the clause.[11]

Liability arising in contract. Where one contracting party deals as a consumer[12] or on the other's written standard terms of business, that other party cannot by reference to any contract term exclude or restrict any liability of his for breach of contract except in so far as the contract term satisfies the requirement of reasonableness.[13] The Act may also prevent making a liability or its enforcement subject to restrictive or onerous conditions, excluding or restricting any right or remedy in respect of the liability, or subjecting a person to any prejudice in consequence of his pursuing any such right or remedy, and excluding or restricting rules of evidence or procedure.[14] Thus a clause in written standard terms of business seeking to exclude rights of

---

[7] *Smith v. Eric S. Bush* [1990] A.C. 831 (H.L.).
[8] See Lord Griffiths in *Smith v. Eric S. Bush* [1990] A.C. 831 at 858, 859 (H.L.) and see his list of considerations at p. 858.
[9] *Thompson v. T. Lohan (Plant Hire)* [1987] 1 W.L.R. 649 (C.A.).
[10] *Philips Products v. Hyland* [1987] 1 W.L.R. 659 (C.A.).
[11] *Thompson v. T. Lohan (Plant Hire)* [1987] 1 W.L.R. 649 at 656 (C.A.).
[12] See s. 12 of the Act. See also s. 5 of the Act for "guarantees" of consumer goods, and s. 6 of the Act for other provisions where possession or ownership of goods passes.
[13] s. 3 of the Act. For the requirement of reasonableness, see "Negligence liability" above. For building contract cases where reliance on standard conditions of sale did not satisfy the requirement of reasonableness, see *Rees Hough v. Redland Reinforced Plastics* (1984) 27 B.L.R. 136; *Edmund Murray v. B.S.P. International Foundations* (1992) 33 Con.L.R. 1 (C.A.); *cf. Stag Line v. Tyne Shiprepair Group* [1984] 2 Lloyd's Rep. 211 at 222. For a case where the requirement of reasonableness was satisfied, see *Chester Grosvenor v. Alfred McAlpine* (1991) 56 B.L.R. 115.
[14] See s. 13 of the Act.

set-off in wide terms failed to satisfy the requirement of reasonableness and was held to be ineffective.[15]

A house purchaser and an individual contracting for the construction of a dwelling house will both, it seems, normally deal as consumers. A company entering into a transaction which is merely incidental to the carrying on of a business deals as a consumer unless a degree of regularity is established so as to make the transaction an integral part of the business.[16] It may be, therefore, that a business company which makes a single building contract with a contractor to build a headquarters office building and for that purpose engages an architect deals in each instance as a consumer. But it has been held that the owners of a luxury hotel who engaged management contractors to do work to the hotel did not deal as consumers since systematic rebuilding and refurbishment was an essential part of their business.[17]

It may sometimes be difficult to determine whether a particular form of building contract constitutes the contractor's written standard terms of business. It has been held that "what is required for terms to be standard is that they should be regarded by the party which advances them as its standard terms and that it should habitually contract on those terms".[18] It is suggested that important considerations should include (a) whether the contract was drafted by or on behalf of the contractor, and (b) whether it is proffered by the contractor as his preferred standard terms for the kind of contract in question. The fact that the contractor may historically have contracted on other terms for different kinds of contract or because he could not persuade employers to accept his preferred terms may be seen as incidental. It might even be that a form of contract which the contractor had never previously succeeded in using is nevertheless his standard terms of business. It is thought that a contract made on a standard form of contract drafted, not by the contractor, but by a representative body such as the Joint Contracts Tribunal or the Institution of Civil Engineers would not be a contract on the contractor's written standard terms of business, even if it was a form of contract which the contractor frequently entered into.[19]

Unreasonable indemnity clauses. A person dealing as a consumer cannot by reference to any contract term be made to indemnify another person (whether a party to the contract or not) in respect of liability that may be incurred by the other for negligence or breach of contract, except in so far as the contract terms satisfies the requirement of reasonableness.[20]

---

[15] *Stewart Gill Ltd v. Horatio Myer & Co. Ltd* [1992] Q.B. 600 (C.A.); *cf. Electricity Supply Nominees v. IAF Group plc.* [1993] 2 All E.R. 372.
[16] *R. & B. Customs Brokers v. United Dominions Trust* [1988] 1 W.L.R. 321 (C.A.).
[17] *Chester Grosvenor v. Alfred McAlpine* (1991) 56 B.L.R. 115.
[18] H.H. Judge Stannard in *Chester Grosvenor v. Alfred McAlpine* (1991) 56 B.L.R. 115 at 133.
[19] See *Tersons Ltd v. Stevenage Dev. Corporation* [1963] 2 Lloyd's Rep. 333 at 368 (C.A.); *cf. R.W. Green Ltd v. Cade Bros Farms* [1978] 1 Lloyd's Rep. 602 at 607.
[20] s. 4 of the Act. For the requirement of reasonableness, see "Negligence liability" above.

CHAPTER 4

THE RIGHT TO PAYMENT AND VARIED WORK

		Page
A.	**The Right to Payment**	74
1.	Lump Sum Contracts	74
	(a) *Entire contracts*	75
	(b) *Substantial performance*	78
	(c) *Non-completion*	80
2.	Contracts Other than for a Lump Sum	82
3.	*Quantum Meruit*	84
B.	**Varied Work**	86
1.	What is Extra Work?	87
	(a) *Lump sum contract for whole work—widely defined*	87
	(b) *Lump sum contract for whole work—exactly defined*	89
	(c) *Measurement and value contracts*	91
	(d) *Other common features*	92
2.	Agent's Authority	94
3.	Payment for Extra Work	95
4.	Rate of Payment	101
5.	Appropriation of Payments	102

A. The Right to Payment

The contractor's right to payment depends upon the wording of the contract. Within the limits of legality parties can make what arrangements they please, but there are three broad heads under which the right can arise, *viz*: (a) a lump sum contract, (b) an express contract other than for a lump sum and (c) a claim for a reasonable sum frequently called a *quantum meruit*.

1. LUMP SUM CONTRACTS

A lump sum contract is a contract to complete a whole[1] work for a lump sum, *e.g.* to build a house for £60,000. If the house is completed in every detail required by the contract[2] the contractor is entitled to £60,000,[3] and if extra

---

[1] Sometimes termed an "entire" or a "specific" work.
[2] See Part B of this chapter for discussion of work which may be impliedly included in the contract.
[3] Subject to any unfulfilled condition precedent such as an architect's certificate—see Chapter 5.

Chapter 4—Lump Sum Contracts

work was carried out he may be able to recover further payment.[4] If he does not complete the house, detailed clauses may provide what amount, if any, he is to receive.[5] But parties entering into a contract do not always contemplate its breach, and in the absence of such clauses, and even to some extent when they are present, a difficult problem may arise. This has two aspects. The first is what payment, if any, the contractor can recover. The second is what claim, if any, the employer has for damages. This chapter is concerned with the first aspect, Chapter 8 with the second.

If a contractor agrees to do a whole work according to a specification which consists of 40 items for a lump sum of £5,000 and fails to carry out 20 of the items, it is obvious that he is not entitled to recover the whole of the £5,000 and that the employer may have an action against him for damages. But is the contractor entitled to recover any of the £5,000? Can the employer say to him, "You agreed to complete the whole and to be paid when the whole was completed.[6] The work is incomplete, therefore you are entitled to nothing"? And can the employer rely on the same argument where only two out of the 40 items are omitted? These problems, which have greatly exercised the courts,[7] require discussion of entire contracts and substantial performance.

(a) Entire contracts

An entire contract is one where entire performance by one party is a condition precedent to the liability of the other party[8] and where therefore the contractor's right to payment depends on entire performance on his part. "An entire contract is an indivisible contract, one where the entire fulfilment of the promise by either party is a condition precedent to the right to call for the fulfilment of any part of the promise by the other."[9] Whether a contract is an entire one is a matter of construction.[10]

Clear words are needed to bring an entire contract into existence.[11] The

---

[4] See Part B of this chapter. The contract may provide many other ways in which a amount different from the original contract sum may eventually become payable—see, *e.g.* Commentary on the Articles of Agreement of the Standard Form of Building Contract, Chap. 18.
[5] See, *e.g.* Standard Form of Building Contract, clause 27.6.4 to 6.
[6] See *Appleby v. Myers* (1867) L.R. 2 C.P. 651 at 661.
[7] See cases cited below and in Notes to *Cutter v. Powell* (1795) 2 Sm.L.C. 1. For a useful judicial summary, see *Holland Hannen & Cubitts v. W.H.T.S.O.* (1981) 18 B.L.R. 80 at 122. The text which follows does not, however, precisely follow that summary.
[8] *Cutter v. Powell* (1795) 6 T.R. 320; *Munro v. Butt* (1858) 8 E.B. 739; *Appleby v. Myers* (1867) L.R. 2 C.P. 651; *Hoenig v. Isaacs* [1952] 2 All E.R. 176 (C.A.). See also *Heywood v. Wellers* [1976] Q.B. 446 (C.A.)—solicitor's contract.
[9] H.B.C. (7th ed.), p. 165, citing *Cutter v. Powell* (1795) 2 Sm.L.C. 1; note Somervell L.J.'s interpretation of *Cutter v. Powell* in *Hoenig v. Isaacs* [1952] 2 All E.R. 176 at 178 (C.A.).
[10] *Hoenig v. Isaacs* [1952] 2 All E.R. 176 at 178, 180. The Standard Form of Building Contract (see Chap. 18) has been held not to be an entire contract—*Tern Construction Group v. RBS Garages Ltd* (1992) 34 Con.L.R. 137.
[11] *Appleby v. Myers* (1867) L.R. 2 C.P. 651 at 661; *Hoenig v. Isaacs* [1952] 2 All E.R. 176 at 180 (C.A.); Smith's L.C. Notes to *Cutter v. Powell* (13th ed.), Vol. 2, p. 26.

type of contract which may be entire is that where the contractor undertakes some simple clear obligation such as to put some broken article or part of a house in working order and completely fails to do so. In such a case he may be entitled to nothing although he has expended much work and labour, for the main purpose of the contract is that the article or part of the house shall work and there is no scope in the contract for terms collateral to the main purpose.[12]

It is perhaps academically debateable whether or not a lump sum contract is by definition an entire contract.[13] It is submitted that, subject to provisions for instalments, (i) most lump sum contracts are entire contracts in the sense that "the builder can recover nothing on the contract if he stops work before the work is completed in the ordinary sense—in other words abandons the contract",[14] but (ii) most lump sum contracts are not entire contracts in the sense that they are construed as excluding the principle of substantial performance.[15]

Instalments. A contract which gives the contractor an enforceable right to instalments cannot to that extent be an entire contract because the contractor has the right to call for fulfilment of part of the employer's promise before he has entirely completed his own promise.[16] But entire contract considerations may still apply to incompletely earned instalments.

The right to instalments may arise expressly or by implication. The nature of the right under an express provision is a matter of construction of the words. The inference of an implied right is governed by the usual rules,[17] but it has been said that:

"a man who contracts to do a long costly piece of work does not contract, unless he expressly says so that he will do all the work, standing out of pocket until he is paid at the end. He is entitled to say, '... there is an understanding all along that you are to give me from time to time, at the reasonable times, payments for work done.'"[18]

It was held that a shipwright who had undertaken to put a ship into thorough repair—apparently no price was agreed—was entitled to demand payment for part of the work he had carried out.[19] It seems to be implied in the absence of clear words that a person carrying out repairing work to

---

[12] *Duncan v. Blundell* (1820) 3 Stark. 6; *Sinclair v. Bowles* (1829) 9 B. & C. 92; *Portman v. Middleton* (1858) 4 C.B.(N.S.) 322; see *Hoenig v. Isaacs* [1952] 2 All E.R. 176 at 178 (C.A.). See also *Vigers v. Cook* [1919] 2 K.B. 475 (C.A.)—an undertaker's contract.
[13] Contrast the analysis of the law in Law Commission Report 121 (1983) with Denning L.J. in *Hoenig v. Isaacs* [1952] 2 All E.R. 176 (C.A.) and with *Holland Hannen & Cubitts v. W.H.T.S.O.* (1981) 18 B.L.R. 80 at 122.
[14] Somervell L.J. in *Hoenig v. Isaacs* [1952] 2 All E.R. 176 at 178 (C.A.).
[15] See below.
[16] *Terry v. Duntze* (1878) 2 H.Bl. 389.
[17] See Chap. 3.
[18] Phillimore J. in *The Tergeste* [1903] P. 26 at 34; *cf. Rees v. Lines* (1837) 8 C. & P. 126.
[19] *Roberts v. Havelock* (1832) 3 B. & Ad. 404.

Chapter 4—Lump Sum Contracts

another's property is entitled to payment from time to time before completion.[20]

Retention money. The contract may provide

"for progress payments to be made as the work proceeds, but for retention money to be held until completion. Then entire performance is usually a condition precedent to payment of the retention money but not, of course, to the progress payments. The contractor is entitled to payment *pro rata* as the work proceeds, less a deduction for retention money. But he is not entitled to the retention money until the work is entirely finished, without defects or omissions."[21]

This, however, again depends on the words of the contract, as for example whether the expression "practical completion", giving the contractor a right to release of part of the retention money, means "apparent perfect completion" or "completion in the ordinary sense" or something else.[22]

Recovery of money paid. If the employer pays money under a contract which the contractor fails to complete, the employer can recover that money in an action for money had and received if there has been a total failure of consideration.[23] If the employer has received any of the benefit bargained for from performance by the contractor, there has not been a total failure of consideration[24] and any payment is not normally recoverable even though it was made in advance of performance.[25] In such circumstances the employer can claim damages for breach of contract.[26] In his claim he has to give credit for the value of work performed by the contractor.[27] But in one case, where a contractor who had repudiated had been paid on account more than the value of the work he had carried out and exceptionally the cost of completion was less than the contract price, the employer was held to be entitled to repayment of the difference in addition to nominal damages.[28] The legal

---

[20] *Menetone v. Athawes* (1764) 3 Burr. 1592; *Roberts v. Havelock* (1832) 3 B. & Ad. 404; *Appleby v. Myers* (1867) L.R. 2 C.P. 651 at 660.

[21] Denning L.J. in *Hoenig v. Isaacs* [1952] 2 All E.R. 176 at 181 (C.A.), where it was also held that the £400 not paid by the employer could not be treated as retention money because it formed so large a proportion of the contract sum. If the parties so desired they could expressly make such a large sum retention money. See also *National Coal Board v. Neill* [1985] Q.B. 300 at 309, 321.

[22] For a discussion relating to the retention provisions of the Standard Form of Building Contract, see pp. 688 *et seq.*

[23] *Fibrosa Spolka Akcyjna v. Fairbairn Lawson Ltd* [1943] A.C. 32 (H.L.).

[24] *ibid.*; *The Julia* [1949] A.C. 293 (H.L.); *Rover International v. Cannon Film* [1989] 1 W.L.R. 912 (C.A.).

[25] *Fibrosa Spolka Akcyjna v. Fairbairn Lawson Ltd* [1943] A.C. 32 (H.L.); *Whincup v. Hughes* (1871) L.R. 6 C.P. 78.

[26] See Chap. 8.

[27] *Fibrosa Spolka Akcyjna v. Fairbairn Lawson Ltd* [1943] A.C. 32 (H.L.) and see especially *Mertens v. Home Freeholds Co.* [1921] 2 K.B. 526 (C.A.) the facts of which are set out on p. 219.

[28] *Ferguson & Associates v. Sohl* (1992) 62 B.L.R. 95 (C.A.).

basis of this obviously just result was expressed to be restitution of money for which there had been no consideration.

The combined effect of the rules relating to recovery of money paid and damages for breach of contract can operate somewhat capriciously to favour employer or contractor according to whether the contract price was high or low, and the value of the partial performance by the contractor in relation to the amount of money, if any, paid to the contractor by way of instalments or advance upon the contract price.[29]

(b) Substantial performance

In the ordinary lump sum contract[30] the employer cannot refuse to pay the contractor merely because there are a few defects and omissions. If there is substantial completion he must pay the contract price[31] subject to a deduction by way of set-off or counterclaim for the defects.[32]

In *Hoenig v. Isaacs*,[33] the plaintiff was employed to decorate a one-room flat and provide it with certain furniture for a sum of £750, the terms of payment being "net cash, as the work proceeds, and balance on completion." The plaintiff claimed that he had carried out the work under the contract and asked for payment of the unpaid balance of £350 of the contract price. The defendant entered into occupation of the flat and used the furniture but refused to pay, complaining of faulty design and bad workmanship. The Official Referee found that the door of a wardrobe required replacing, and that a bookshelf, which was too short, would have to be remade, which would require alterations being made to a bookcase. He held that there had been substantial compliance with the contract and awarded £294, being the £350 claimed less £56, the cost of remedying the defects. This finding was upheld by the Court of Appeal which rejected the defendant's contention that there had been non-performance of an entire contract, and that therefore the plaintiff was not entitled to any further payment under the contract, but could only claim on a *quantum meruit*.[34]

---

[29] See the Law Commission Report No. 121 (1983), whose recommendations are apparently not going to be adopted; Goff and Jones, *The Law of Restitution*; and consider the effect of applying various different figures to the facts of *Mertens v. Home Freeholds Co.* [1921] 2 K.B. 526 (C.A.).

[30] Denning L.J. said of the contract in *Hoenig v. Isaacs* (for the facts see below) "I think this contract should be regarded as an ordinary lump sum contract".

[31] Subject to any unfulfilled condition precedent imposed by the contract, *e.g.* an architect's certificate.

[32] *Hoenig v. Isaacs* [1952] 2 All E.R. 176 (C.A.); *cf. Williams v. Roffey Brothers* [1991] 1 Q.B. 1 (C.A.); *Hutchinson v. Harris* (1978) 10 B.L.R. 19 appears to be authority for the proposition that this principle can apply to an architect's right to payment under the stages of the R.I.B.A. Conditions of Engagement. For set-off and counterclaim, see p. 498.

[33] [1952] 2 All E.R. 176 (C.A.).

[34] It was not necessary for the defendant to argue that the plaintiff was entitled to nothing because apparently the defendant was satisfied that if the work were measured and valued on a *quantum meruit* basis the amount found due to the plaintiff would not exceed the £400 already paid. (See pp. 181 and 183 of the report.) Presumably it was conceded by the defendant that he had accepted the work and impliedly promised to pay a reasonable sum.

Chapter 4—Lump Sum Contracts

The principle applied by the court in *Hoenig v. Isaacs* is usually traced back to Lord Mansfield C.J., who said:

> "Where mutual covenants go to the whole of the consideration on both sides, they are mutual conditions, the one precedent to the other. But where they go only to a part, where a breach may be paid for in damages, there the defendant has a remedy on his covenant and shall not plead it as a condition precedent."[35]

The principle is illustrated by the law relating to sale of goods which makes a distinction between conditions, breach of which gives a right to reject the goods, and warranties, breach of which gives no right to reject the goods but leaves the buyer to his claim for damages.[36] In applying the principle to building contracts, although the question is one of construction, "when a contract provides for a specific sum to be paid on completion of specified work, the courts lean against a construction which would deprive the contractor of any payment at all simply because there are some defects or omissions".[37] It is suggested that words at least as strong as "complete in every particular" relating to the payment provisions would be needed to exclude the principle.

What is substantial completion. One test to be applied is whether the work was "finished" or "done" in the ordinary sense even though part of it is defective.[38] And "it is relevant to take into account both the nature of the defects and the proportion between the cost of rectifying them and the contract price".[39] Thus it is not sufficient to consider the cost of rectification alone. In one case where the contract price was £520 and the cost of remedying the defects was £200 the Court of Appeal upheld a finding that there had been substantial completion.[40] But in *Bolton v. Mahadeva*[41] where the cost of remedying defects was £174 against a contract price of £560 the Court of Appeal allowed an appeal against a finding that there had been substantial completion. The contract was to provide central heating and the defects were such that the system did not heat the house adequately and fumes were given out so as to make living rooms uncomfortable. The work was ineffective for its primary purpose.[42]

---

[35] *Boone v. Eyre* (1777) 1 Hy.Bl. 273, cited by Somervell L.J., *Hoenig v. Isaacs* [1952] 2 All E.R. 176 at 178 (C.A.).

[36] *Hoenig v. Isaacs* [1952] 2 All E.R. 176 at 178 (C.A.). For a sale of goods case *cp. Regent v. Francesco of Jermyn St.* [1981] 3 All E.R. 327.

[37] Denning L.J. in *Hoenig v. Isaacs* [1952] 2 All E.R. 176 at 181 (C.A.). For the analogy with the grant of specific performance in contracts for the sale of land when a vendor fails to make title to some insignificant part, see the judgment of Romer L.J. in *Hoenig v. Isaacs*.

[38] See *Hoenig v. Isaacs* [1952] 2 All E.R. 176 at 179 (C.A.), referring to *Dakin v. Lee* [1916] 1 K.B. 566 (C.A.) and *Appleby v. Myers* (1867) L.R. 2 C.P. 651 at 661. See also *Foreman & Co. Proprietary v. The Ship "Liddesdale"* [1900] A.C. 190 at 200 (P.C.).

[39] *Bolton v. Mahadeva* [1972] 1 W.L.R. 1009 at 1013 (C.A.).

[40] *Kiely & Sons v. Medcraft* (1965) 109 S.J. 829 (C.A.). See also *Ibmac Ltd v. Marshall (Homes) Ltd* 208 E.G. 851, November 23, 1968 (C.A.)—one-third value not substantial completion.

[41] [1972] 1 W.L.R. 1009 (C.A.).

[42] See also *Technistudy Ltd v. Kelland* [1976] 1 W.L.R. 1042 at 1045 (C.A.).

The Right to Payment and Varied Work

(c) Non-completion

This may occur by express or implied agreement, because the employer prevents completion, because the contractor in breach of contract fails to complete or because the contract is frustrated. If the contractor fails to complete in breach of contract, his breach will normally amount to repudiation. Prevention by the employer may amount to repudiation.[43]

When entire completion[44] is a condition precedent to payment, the contractor cannot recover anything either under the contract or on a *quantum meruit* if he has failed to complete in every detail.[45] For an ordinary lump sum contract, the contractor cannot recover anything either under the contract or on a *quantum meruit* unless he shows substantial completion.[46] These propositions are subject to exceptions discussed below.

It has been said that the rule that a contractor who has not substantially completed cannot recover payment does not work hardly upon him if only he is prepared to remedy the defects before seeking to resort to litigation to recover the lump sum.[47] It seems to follow that ordinarily there is an implied duty upon an employer to give a willing contractor an opportunity to remedy defects, breach of which duty amounts to prevention. Such duty does not, it is submitted, arise if the defects are so grave as to show that the contractor is unable to perform the contract.[48]

Express agreement or implied promise to pay. If there is an express agreement, its terms will govern the contractor's right to payment. In obvious cases where agreement is clearly reached, there will be little problem. In less obvious cases, the court may nevertheless spell out an agreement by conduct,[49] and an implied promise to pay a reasonable sum for the work done can arise from acceptance or waiver.

Acceptance. If the contractor can prove a fresh contract to pay for the work done he can recover on that contract.[50] Such a contract may be inferred from the acceptance by the employer of the work done with the full knowledge of the failure to complete,[51] but it is difficult to prove acceptance from mere occupation and use of the building works.[52] Thus in *Sumpter v.*

---

[43] For repudiation, see p. 156 and especially "Work partly carried out" on p. 225.
[44] See p. 75.
[45] *Cutter v. Powell* (1795) 2 Sm.L.C. 1; *Sinclair v. Bowles* (1829) 9 B. & C. 92; see also *Ellis v. Hamlen* (1810) 3 Taunt. 52, but see Ridley J. in *Dakin v. Lee* [1916] 1 K.B. 566 at 572 (C.A.); *Stegmann v O'Connor* (1899) 81 L.T. 627 (C.A.); *Vigers v. Cook* [1919] 2 K.B. 475 (C.A.).
[46] See p. 78.
[47] *Bolton v. Mahadeva* [1972] 1 W.L.R. 1009 at 1015 (C.A.).
[48] See p. 156—"Repudiation—generally."
[49] See *Holland Hannen & Cubitts v. W.H.T.S.O.* (1981) 18 B.L.R. 80 at 125. See also "Acceptance" below.
[50] *Hoenig v. Isaacs* [1952] 2 All E.R. 176 at 181 (C.A.); *Holland Hannen & Cubitts v. W.H.T.S.O.* (1981) 18 B.L.R. 80.
[51] *Munro v. Butt* (1858) 8 E. & B. 738; *Appleby v. Myers* (1867) L.R. 2 C.P. 651. Acceptance does not prevent the employer counterclaiming for damages for defects—see p. 287.
[52] "In the case of goods sold and delivered, it is easy to show a contract from the retention of

Hedges,[53] S contracted to build a house for H for £565. S did work to the value of £333, received part payment and then abandoned the contract. H completed the house, incorporating the work carried out by S. S sued for the difference between the money he had received and the value of his work, but did not recover.[54] It was said that:

> "there are cases in which though the plaintiff has abandoned the performance of a contract, it is possible for him to raise the inference of a new contract to pay but in order that that may be done the circumstances must be such as to give an option to the defendant to take or not to take the benefit of the work done. ... The mere fact that a defendant is in possession of what he cannot help keeping or even has done work upon it affords no ground for such an inference. He is not bound to keep unfinished a building which in an incomplete state would be a nuisance on his land."[55]

Waiver. "It is always open to a party to waive a condition which is inserted for his benefit."[56] On the facts in *Hoenig v. Isaacs*,[57] the court held that, even if entire performance was a condition precedent, the employer by entering into occupation and using the furniture had waived the condition and could no longer rely on it. This is not inconsistent with *Sumpter v. Hedges*[58] because the contract included a number of chattels which the employer could have avoided using, but did in fact use and therefore put himself "in the same position as a buyer of goods who by accepting them elects to treat a breach of condition as a breach of warranty".[59]

Unpaid instalments. The cancellation or rescission of a contract (other than for sale of land or goods) in consequence of repudiation does not affect accrued rights to the payment of instalments of the contract price, unless the

---

goods; but this is not so where work is done on real property", Bramwell B. in *Pattinson v. Luckley* (1875) 10 Ex. 330 at 334.

[53] [1898] 1 Q.B. 673 (C.A.).

[54] In earlier editions of this book it was suggested that it was just possible that this case might be decided differently today having regard to developments in the doctrine of restitution and unjust enrichment. But the approach of the Court of Appeal in *Bolton v. Mahadeva* [1972] 1 W.L.R. 1009 suggests that this is unlikely. See also *Holland Hannen & Cubitts v. W.H.T.S.O.* (1981) 18 B.L.R. 80 at 123. It seems that any change in the law to deal with a principle which can sometimes cause injustice must come from Parliament—see The Law Commission's Working Paper No. 65. For statutory recognition of the doctrine of unjust enrichment in relation to goods, see the Torts (Interference with Goods) Act 1977, s. 7(4).

[55] Collins L.J. in *Sumpter v. Hedges* [1898] 1 Q.B. 673 at 676 (C.A.); see also *Whitaker v. Dunn* (1887) 3 T.L.R. 602 (D.C.), a very strong case, where substantial performance might perhaps have been argued, and *Wheeler v. Stratton* (1911) 105 L.T. 786.

[56] Denning L.J. in *Hoenig v. Isaacs* [1952] 2 All E.R. 176 at 181 (C.A.).

[57] [1952] 2 All E.R. 176 (C.A.).

[58] [1898] 1 Q.B. 673 (C.A.).

[59] Somervell L.J. in *Hoenig v. Isaacs* [1952] 2 All E.R. 176 at 180 (C.A.). In *Sumpter v. Hedges* [1898] 1 Q.B. 673 (C.A.), the employer was held liable to account for the value of unfixed materials which he had used in the works. For goods, see the Torts (Interference with Goods) Act 1977.

contract so provides.[60] Accordingly unless there is some provision to the contrary not amounting to a penalty,[61] or unless there has been a total failure of consideration,[62] the employer cannot, subject to set-off, refuse to pay unpaid instalments which have become payable to the contractor under the terms of the contract.[63]

Impossibility or frustration. If the failure to complete is due to impossibility of performance or frustration and the employer has obtained a valuable benefit from the work done, the contractor can recover from the employer such sum as the court considers just.[64]

2. CONTRACTS OTHER THAN FOR A LUMP SUM

Generally. The manner of payment can be arranged in a variety of ways and it is impossible to attempt any exhaustive classification. A contract to do a whole work in consideration of the payment of different sums for different parts of the work is prima facie subject to the same rules about completion as an ordinary lump sum contract.[65] A contract to do a whole work with a provision for payment of each completed part of the whole may be a divisible contract in the sense that if the whole is not completed through the default of the contractor, he may be entitled to payment under the contract for those parts he has completed subject to the employer's right to counterclaim for non-completion of the whole.[66]

Measurement and value contracts. A contract where the amount of work when completed is to be measured and valued according to a schedule,[67] or formula, or at cost plus a fixed fee[68] or percentage of the cost, or at a reasonable price, is usually described as a measurement and value contract and is contrasted with a lump sum contract.[69] If the agreement is to

---

[60] *Hyundai Heavy Industries Co. Ltd v. Papadopoulos* [1980] 1 W.L.R. 1129 (H.L.); *Bank of Boston v. European Grain* [1989] 2 W.L.R. 440 at 445 (H.L.).
[61] See Chap. 9, Part B.
[62] See "Recovery of money paid" above.
[63] See further Chap. 10, Section 1, "Forfeiture Clauses".
[64] Law Reform (Frustrated Contracts) Act 1943—see p. 149. For a case where payment on termination was contractually provided for, see *National Coal Board v. Leonard & Partners* (1985) 31 B.L.R. 117.
[65] *Appleby v. Myers* (1867) L.R. 2 C.P. 651.
[66] *Newfoundland Government v. Newfoundland Ry.* (1888) 13 App.Cas. 199 (P.C.).
[67] For an example of a Schedule of Rates contract, see *Arcos v. Electricity Commission* (1973) 12 B.L.R. 65 (New South Wales C.A.), where it was said (at p. 75) that "the reason for having a schedule of rates contract is that the extent of the work cannot at the outset be predicated so that a contract price may be firmly stated. The nature of the work is certain, but its extent is not." For an example of a hybrid contract, see *Commissioner for Roads v. Reed & Stuart* (1974) 12 B.L.R. 55 (High Court of Australia).
[68] See "Management Contracts" on p. 9.
[69] See *Re Ford & Bemrose* (1902) H.B.C. (4th ed.), Vol. 2, p. 324 at 333 (C.A.) (18 T.L.R. 443). See also p. 91.

do a whole work to be measured and valued and paid for on completion, entire completion may be a condition precedent to payment.[70] But it is submitted that normally the rule of substantial completion will apply, so that if the work is substantially performed, the contractor will be entitled to have it measured and valued and to be paid at the contract rate for the work done, subject to the employer's counterclaim for damages for defects and omissions.[71] It seems that in a repairing or jobbing contract the contractor is prima facie entitled to be paid for the work he has carried out,[72] though he may if he chooses contract not to be paid until completion.[73]

Cost plus percentage contracts. Such contracts sometimes contain an elaborate description of the method of calculating the cost. Where they do not and there is a simple agreement to pay a percentage upon the cost of labour and materials, "cost" means, it is submitted, the actual cost honestly and properly expended in carrying out the works. The contractor is not, it is submitted, disentitled from such cost merely because it exceeds what was anticipated. But it is thought that there would normally be an implied term that the contractor would carry out the works with reasonable economy so that expenditure in excess of what was reasonable would be irrecoverable. It would be a question of fact and degree in each case.[74] A formally drafted cost plus contract will usually have a clause intended to protect an employer against waste or extravagance on the part of the contractor.[75]

Cash discount. The building industry is familiar with two types of discount, *viz*: discounts for prompt payment and trade discounts which are granted to specific purchasers by virtue of their commercial standing with the seller. The first is contingent on prompt payment: the second is allowable in any event. The expression "cash discount" may refer to one or the other depending on the proper construction of the contract. It is submitted that the expression "cash discount" used in a neutral context will generally refer to a discount for prompt payment.[76] The "discount for cash" in clause 36.4.4 of the Standard Form of Building Contract and the "cash discount" in clause 4.16.1.1 of the JCT Nominated Sub-Contract Conditions NSC/C are explicitly prompt payment discounts.[77] A majority of the Court of Appeal has

---

[70] *Whitaker v. Dunn* (1887) 3 T.L.R. 602 (D.C.).
[71] *cf. Newfoundland Government v. Newfoundland Ry.* (1888) 13 App.Cas. 199 (P.C.).
[72] *Appleby v. Myers* (1867) L.R. 2 C.P. 651.
[73] *ibid.* at p. 661.
[74] In the 4th edition of this book, reference was made to remarks by H.H. Sir Brett Cloutman V.C. in an unreported case to the effect that the contractor is not disentitled from recovering actual cost merely because through some lack of efficiency on his part it exceeds a reasonable sum, but is disentitled from the cost of labour or materials expended in so wasteful a manner that it cannot truly be said to be part of the cost of the contract works. The formulation in the text is now preferred.
[75] See also "Management Contracts" on p. 9.
[76] See Hoffman L.J., dissenting in the result, in *Team Services v. Kier Management* (1993) 63 B.L.R. 76 at 91 (C.A.).
[77] See pp. 734 and 856 respectively.

held that "cash discount" in a one-off subcontract, held to have been drafted by omitting the phrase "if payment is made within fourteen days" from a standard form used by the parties as a precedent, was not to be construed as a prompt payment discount.[78]

3. QUANTUM MERUIT

The expression *quantum meruit* means "the amount he deserves" or "what the job is worth" and in most instances denotes a claim for a reasonable sum. It is used to refer to various circumstances where the court awards a money payment whose amount at least is not determined by a contract. In some instances, the basis for the payment also is less than contractual.

> "A *quantum meruit* claim (like the old actions for money had and received and for money paid) straddles the boundaries of what we now call contract and restitution; so the mere framing of a claim as a *quantum meruit* claim, or a claim for a reasonable sum, does not assist in classifying the claim as contractual or quasi-contractual."[79]

A claim on a *quantum meruit* cannot arise if there is an existing contract between the parties to pay an agreed sum.[80] But there may be a *quantum meruit* claim where there is:

(a) *an express agreement to pay a reasonable sum.*
(b) *no price fixed.* If the contractor does work under a contract express or implied and no price is fixed by the contract, he is entitled to be paid a reasonable sum for his labour and the materials supplied.[81] If such a contract, or an express agreement to be paid a reasonable sum, is for a whole work, completion may be made a condition precedent to payment, but it seems that in the absence of clear words the contractor is entitled from time to time to demand payment on account of the value of the work he has done.[82]
(c) *a quasi-contract.* This may occur where, for instance, there are failed negotiations. If work is carried out while negotiations as to the terms of the contract are proceeding but agreement is never reached upon

---

[78] *Team Services v. Kier Management* (1993) 63 B.L.R. 76 (C.A.). See also "Deletions from printed documents" at p. 38.
[79] Robert Goff J. in *British Steel Corporation v. Cleveland Bridge and Engineering* [1984] 1 All E.R. 504 at 509; *cf. Holland Hannen & Cubitts v. W.H.T.S.O.* (1981) 18 B.L.R. 80 at 123. See also Goff & Jones, *The Law of Restitution* (4th ed.) and an article by Professor Jones, (1977) 93 L.Q.R. 273.
[80] *Gilbert & Partners v. Knight* [1968] 2 All E.R. 248 (C.A.), the facts of which appear on p. 360; *cf. Morrison-Knudsen v. British Columbia Hydro and Power Authority* (1978) 85 D.L.R. (3d) 186; (1991) 7 Const.L.J. 227 (British Columbia Court of Appeal).
[81] *Moffatt v. Laurie* (1855) 15 C.B. 583; *Turriff Construction Ltd v. Regalia Knitting Mills Ltd* (1971) 9 B.L.R. 20 discussed on p. 16; *cf. Holland Hannen & Cubitts v. W.H.T.S.O.* (1981) 18 B.L.R. 80 at 125—the decision on the 12th Issue. See also s. 15 of the Supply of Goods and Services Act 1982.
[82] *Roberts v. Havelock* (1832) 3 B. & Ad. 404; *Appleby v. Myers* (1867) L.R. 2 C.P. 651.

essential terms, the contractor is entitled to be paid a reasonable sum for the work carried out.[83]

"Both parties confidently expected a contract to eventuate. In these circumstances, to expedite performance under that anticipated contract, one requested the other to commence the contract work, and the other complied with that request. ... if, contrary to their expectation, no contract was entered into, then the performance of the work is not referable to any contract of which the terms can be ascertained, and the law simply imposes an obligation on the party who made the request to pay a reasonable sum for such work as has been done pursuant to that request, such an obligation sounding in quasi-contract or, as we now say, in restitution."[84]

(d) *work outside a contract*.[85] Where there is a contract for specified work but the contractor does work outside the contract at the employer's request the contractor is entitled to be paid a reasonable sum for the work outside the contract on the basis of an implied contract.[86] In *Parkinson v. Commissioners of Works*[87] the contractor agreed under a varied contract to carry out certain work to be ordered by the Commissioners on a cost plus profit basis subject to a limitation as to the total amount of profit. The Commissioners ordered work to a total value of £6,600,000 but it was held that on its true construction the varied contract only gave the Commissioners authority to order work to the value of £5,000,000. It was held that the work that had been executed by the contractors included more than was covered, on its true construction, by the variation deed, and that the cost of the uncovenanted addition had therefore to be paid for by a *quantum meruit*.[88] The contractor thus recovered more than the total fixed profit.[89] *Parkinson's case* deals only with payment for extra work and does not support claims, which are sometimes advanced, that whole contract works should be revalued on a *quantum meruit* on the ground

---

[83] *Trollope & Colls Ltd v. Atomic Power Constructions Ltd* [1963] 1 W.L.R. 333; *Peter Lind & Co. Ltd v. Mersey Docks and Harbour Board* [1972] 2 Lloyd's Rep. 234.
[84] Robert Goff J. in *British Steel Corporation v. Cleveland Bridge and Engineering* [1984] 1 All E.R. 504 at 511; *cf. William Lacey (Hounslow) Ltd v. Davis* [1957] 1 W.L.R. 932; *Brewer Street Investments v. Barclays Woollens* [1954] 1 Q.B. 428 (C.A.).
[85] See also "Work outside the contract" on p. 100.
[86] *Thorn v. London Corporation* (1876) 1 App.Cas. 120 at 127 (H.L.); *Parkinson & Co. v. Commissioners of Works* [1949] 2 K.B. 632 (C.A.); *Greenmast Shipping v. Jean Lion* [1986] 2 Lloyd's Rep. 277; see also *Cana Construction Co. v. The Queen* (1973) 37 D.L.R. (3d) 418, Supreme Court of Canada; 21 B.L.R. 12.
[87] [1949] 2 K.B. 632 (C.A.).
[88] See Viscount Simon in *British Movietonews v. London and District Cinemas* [1951] A.C. 166 at 184 (H.L.); *cf. Thorn v. London Corporation* (1876) 1 App.Cas. 120 at 128 (H.L.). *Parkinson's* case should be treated with caution since it is a special case on its facts—see *McAlpine Humberoak v. McDermott International* (1992) 58 B.L.R. 1 at 19 (C.A.)—and relies heavily on the now discredited case of *Bush v. Whitehaven Trustees* (1888) 52 J.P. 392 (C.A.) and H.B.C. (4th ed.), Vol. 2 at 122 which is not "worth recording as an exposition of any principle of law"—Lord Radcliffe in *Davis Contractors v. Fareham U.D.C.* [1956] A.C. 696 at 732 (H.L.).
[89] See also p. 101, "Rate of Payment."

that the conditions under which the works were carried out were fundamentally different from those contemplated at the time of the contract.[90]

(e) *work under a void contract.* If a contractor carries out work or renders services under a contract subsequently found to be void, he is entitled to a *quantum meruit* for the work or services.[91]

Assessment of a reasonable sum. The courts have laid down no rules limiting the way in which a reasonable sum is to be assessed. Where a *quantum meruit* is recoverable for work done outside a contract, it is wrong to regard the work as though it had been performed to any extent under the contract. The contractor should be paid at a fair commercial rate for the work done.[92] Where a *quantum meruit* is recoverable for work done pursuant to a void contract, it is wrong in principle to apply the provisions of the void contract to the assessment of the *quantum meruit*.[93] But it is unclear whether, in determining what is a reasonable sum, it is permissible or relevant to consider the plaintiff's conduct in performing the work and whether by reason of such conduct the defendant has suffered any unnecessary additional costs.[94] Useful evidence in any particular case may include abortive negotiations as to price,[95] prices in a related contract,[96] a calculation based on the net cost of labour and materials used plus a sum for overheads and profit, measurements of work done and materials supplied, and the opinion of quantity surveyors, experienced builders or other experts as to a reasonable sum. Although expert evidence is often desirable there is no rule of law that it must be given and in its absence the court normally does the best it can on the materials before it to assess a reasonable sum.[97]

B. VARIED WORK

Introduction. A contractor frequently carries out, or is asked to carry out, work for which he considers he is entitled to payment in excess of the original contract sum. To recover such payment he must be prepared to prove:

---

[90] See *Morrison-Knudsen v. British Columbia Hydro and Power Authority* (1978) 85 D.L.R. (3d) 186; (1991) 7 Const.L.J. 227 (British Columbia Court of Appeal) which considers English authorities.
[91] *Craven-Ellis v. Canons Ltd* [1936] 2 K.B. 403 (C.A.); *Rover International v. Cannon Film* [1989] 1 W.L.R. 912 (C.A.).
[92] *Greenmast Shipping v. Jean Lion* [1986] 2 Lloyd's Rep. 277 at 279; *Laserbore Ltd v. Morrison Biggs Wall Ltd* (1993) C.I.L.L. 896, where on the facts reasonable rates were preferred to the vagaries of a cost plus calculation.
[93] *Rover International v. Cannon Film* [1989] 1 W.L.R. 912 at 927 (C.A.).
[94] See *Crown House Engineering v. Amec Projects* (1989) 48 B.L.R. 32 (C.A.).
[95] *Way v. Latilla* [1937] 3 All E.R. 759 at 764 and 766 (H.L.); *M.R. Hornibrook (Pty) Ltd. v. Eric Newham* (1971) 45 A.L.J.R. 523.
[96] See *Banque Paribas v. Venaglass Ltd* (1994) C.I.L.L. 918 (C.A.), where it was said that, in valuing a *quantum meruit* entitlement between a developer and a freeholder, the quantity surveyor would be entitled, in so far as it helped him to do so, to refer to the prices in the building contract between the developer and the building contractor.
[97] See generally "Expert witnesses" on p. 488 and "Contingency" on p. 214.

Chapter 4—What is Extra Work?

(1) that it is extra work not included in the work for which the contract sum is payable;
(2) that there is a promise express or implied to pay for the work;
(3) that any agent who ordered the work was authorised to do so, and
(4) that any condition precedent to payment imposed by the contract has been fulfilled.

If he cannot prove these requirements, or those of them which are in dispute and are relevant, he may be able to recover payment if he can rely upon an architect's final and conclusive certificate or an arbitrator's award in his favour. These matters are dealt with in detail below.

1. WHAT IS EXTRA WORK?

Meaning. There is no generally accepted definition of extra work, but in a lump sum contract it may be defined as work not expressly or impliedly included in the work for which the lump sum is payable.[98] If work is included in the original contract sum the contractor must carry it out and cannot recover extra payment for it, although he may not have thought at the time of entering into the contract that it would be necessary for the completion of the contract.[99] The question is one of construction in each case, but lump sum contracts may be broadly classified into those in which the contractor's obligation is defined in wide terms, such as "to build a house", and those in which it is defined in exact terms, such as "to execute so many cubic metres of digging."

(a) Lump sum contract for whole work—widely defined

Indispensably necessary works. Where the contractor must complete a whole work,[1] such as a house, or a railway from A to B, for a lump sum, the courts readily infer a promise on his part to provide everything indispensably necessary to complete the whole work.[2] Such necessary works are not extras for they are impliedly included in the lump sum.[3] Examples of the applications of this principle are as follows:

(i) Work not expressly specified. In *Williams v. Fitzmaurice*[4] there was a contract to build a house "to be completed and dry and fit for Major Fitzmaurice's occupation by August 1, 1858". In the specification the contractor undertook to provide "the whole of the materials men-

---

[98] cf. *Kemp v. Rose* (1858) 1 Giff. 258 at 268.
[99] *Sharpe v. San Paulo Railway* (1873) L.R. 8 Ch.App. 597.
[1] Sometimes referred to as a "specific" or an "entire" work.
[2] *Williams v. Fitzmaurice* (1858) 3 H. & N. 844; *Coker v. Young* (1860) 2 F. & F. 98; *Sharpe v. San Paulo Railway* (1873) L.R. 8 Ch.App. 597.
[3] *ibid.*
[4] (1858) 3 H. & N. 844.

tioned or otherwise in the foregoing particulars necessary for the completion of the work", and "to perform all the works of every kind mentioned and contained in the foregoing specification for the sum of £1,100". Flooring was omitted from the specification, and the contractor, on this ground, refused to put it in unless it was paid for as an extra. The employer thereupon turned the contractor off the site, seized flooring boards brought upon the site by the contractor and used them to complete. It was held that the contractor could recover neither the amount outstanding under the contract nor the cost of the floorboards, for, although they were omitted from the specification, "it was clearly to be inferred from the language of the specification that the plaintiff was to do the flooring".[5]

(ii) Work not taken out on the quantities supplied to the contractor for tender,[6] or wrongly stated on the drawings. In *Sharpe v. San Paulo Railway*[7] the contractor had undertaken to make a railway line "from terminus to terminus complete".[8] In carrying out the work it was found that the engineer's original plan was quite inadequate and had to be replaced by another. As a result the contractor, upon the engineer's orders, carried out nearly two million cubic yards of excavation in excess of the quantities of work set out in a schedule to the contract, and thus nearly doubled the excavation originally contemplated. It was held that these works were not "in any sense of the words extra works".[9]

(iii) Unexpected labour caused by difficulties of the terrain,[10] or by the proposed method of carrying out the works.[11]

(iv) Work caused by the lawful and not unreasonable exercise by the employer of statutory powers existing at the time of entering into the contract.[12]

(v) Work carried out in a manner directed by the engineer, where the contract set out no specific method of carrying out particular

---

[5] *ibid.* at p. 851.
[6] *Scrivener v. Pask* (1866) L.R. 1 C.P. 715; *Re Ford and Bemrose* (1902) H.B.C. (4th ed.), Vol. 2, p. 324 (C.A.).
[7] (1873) L.R. 8 Ch.App. 597.
[8] *ibid.* at p. 608, and note clause 25 of the contract in that case set out on p. 599 of the Report.
[9] *ibid.* See also *Thorn v. London Corporation* (1876) 1 App.Cas. 120 (H.L.), explained in *Re Ford and Bemrose* (1902) H.B.C. (4th ed.), Vol. 2, 324 at 332 (C.A.).
[10] *Bottoms v. York Corporation* (1892) H.B.C. (4th ed.), Vol. 2, p. 208 (C.A.); *McDonald v. Workington Corporation* (1892) H.B.C. (4th ed.), Vol. 2, p. 228 (C.A.); *Re Nuttall & Lynton & Barnstaple Railway* (1899) H.B.C. (4th ed.), Vol. 2, p. 279 and (1899) 82 L.T. 17 (C.A.). See *Jackson v. Eastbourne Local Board* (1885) H.B.C. (4th ed.), Vol. 2, p. 81 at p. 90 (H.L.), for statement of principle.
[11] *Thorn v. London Corporation* (1876) 1 App.Cas. 120 (H.L.); *Tharsis Sulphur & Copper Co. v. M'Elroy & Sons* (1878) 3 App.Cas. 1040 (H.L.); *Canterbury Pipe Lines v. Canterbury Drainage* (1979) 16 B.L.R. 76 at 121. *cf. Bacal Construction v. Northampton D.C.* (1975) 8 B.L.R. 88 (C.A.) discussed on p. 141; *Simplex v. Borough of St Pancras* (1958) 14 B.L.R. 80—architect's instruction held to be a variation even though without it the contractor would have been in breach of contract.
[12] *Rigby v. Bristol Corporation* (1860) 29 L.J.Ex. 359.

Chapter 4—What is Extra Work?

operations necessary to complete the works but provided that the works should be carried out under the engineer's directions and in the best manner to his satisfaction.[13]

No implied warranties by employer. A contractor who has been put to unexpected expense because of inaccurate quantities or drawings or impracticable plans cannot usually recover the expense by bringing an action for breach of an implied warranty that the plans, drawings or bills of quantities are accurate or practicable. No such warranties are implied merely from the fact that these documents are submitted to the contractor for tender,[14] nor even from their attachment to the contract as a schedule[15] but the express words of the invitation to tender may show an intention to warrant the accuracy of statements which it contains.[16] Where tender documents contain a notice that the tenderer must satisfy himself of the correctness of statements in the documents, "the notice may, at the least, have validity as an element in determining whether there was a misrepresentation upon which [the tenderer] relied."[17]

Two Australian cases have considered whether an employer owed a duty of care to a tendering contractor in relation to information supplied. In one case,[18] the possible existence of a duty of care was not ruled out at an interlocutory stage before all the relevant facts had been established, it being held that certain contractual provisions did not by themselves necessarily amount to a disclaimer sufficient to negative the duty. In the other,[19] the employer was held not to have assumed responsibility for the completeness or accuracy of tender information about special site conditions. Both cases addressed the question with reference to *Hedley Byrne v. Heller & Partners*.[20]

(b) Lump sum contract for whole work—exactly defined

Bills of quantities contract. The term bills of quantities contract is used here to describe a contract where the bills of quantities form part of the contract and describe the work to be carried out for which a lump sum is

---

[13] *Neodox v. Swinton and Pendlebury B.C.* (1958) 5 B.L.R. 34; *cp. Leedsford v. City of Bradford* (1956) 24 B.L.R. 45 (C.A.)—artificial stone to be obtained from X Ltd "or other approved firm" did not give contractor option to submit any firm for approval, the approval not to be unreasonably withheld. Insistence on X Ltd did not entitle contractor to additional payment.

[14] *Thorn v. London Corporation* (1876) 1 App.Cas. 120 (H.L.); *Re Ford and Bemrose* (1902) H.B.C. (4th ed.), Vol. 2, p. 324 (C.A.). See further p. 126 a full discussion of inaccurate statements and when they give rise to a remedy.

[15] *ibid.*

[16] See *Bacal Construction v. Northampton D.C.* (1975) 8 B.L.R. 88 (C.A.).

[17] *Cremdean Properties v. Nash* (1977) 241 E.G. 837 at 841 upheld at (1977) 244 E.G. 547 (C.A.). For misrepresentation, see Chap. 6, sections 2, 3 and 4.

[18] *Morrison-Knudsen International v. Commonwealth of Australia* (1972) 13 B.L.R. 114 (High Court of Australia).

[19] *Dillingham Construction v. Downs* (1972) 13 B.L.R. 97 (Supreme Court of New South Wales).

[20] [1964] A.C. 465 (H.L.). For a full discussion, see Chap. 7 and in particular "Employer's pre-contract information" on p. 191.

payable.[21] The quantities "are introduced into the contract as part of the description of the contract work" and "the plans do not go to quantity".[22] The contractor may be, and usually is, bound by the terms of the contract to carry out work in excess of that stated in the bills of quantities if it is necessary to complete the contract, but in a bills of quantities contract such excess work is extra work.[23] This type of contract has been said to be "obviously unsafe" for an employer because it can hardly ever be known beforehand what exact quantities of work may be necessary to complete;[24] conversely it may save the contractor much trouble and loss.[25]

It is sometimes a difficult question of construction to determine whether the quantities form part of the contract. The mere fact that quantities are submitted to the contractor for the purposes of tender does not make them form part.[26] They have been held not to form part where there was an express power reserved under the contract to the architect to rectify any mistakes in the quantities upon which the contractor's tender was based,[27] where there was a schedule to a contract to do work according to a specification,[28] and where there was a contract to erect certain buildings in accordance with plans and specification and the specification consisted of a bill of quantities with rather fuller description than usual.[29] But quantities were held to form part of the contract where the contract was to do work "according to the plans and the quantities there given by the architect".[30] In *Patman & Fotheringham v. Pilditch*,[31] the contract was to erect and complete, fit for occupation, a block of flats for a lump sum "according to the plans, invitation to tender, specification and bills of quantities signed by the contractors". Channell J. decided, though not "by any means without doubt",[32] that the quantities signed by the contractors formed part of the contract. They were therefore entitled to recover for all work done by them in completing the contract which had been omitted from or understated in the bills of quantities. The judge expressly reserved[33] the case of "things that everybody must understand are to be done, but which happen to be omitted from the

---

[21] Bills of quantities may be an important contract document without describing the work for which a lump sum is payable; see p. 92. In such a case the contract is not a bills of quantities contract in the sense used here.
[22] *Patman and Fotheringham v. Pilditch* (1904) H.B.C.(4th ed.), Vol. 2, p. 368 at 373.
[23] *Kemp v. Rose* (1858) 1 Giff. 258; *Patman and Fotheringham v. Pilditch* (1904) H.B.C. (4th ed.), Vol. 2, p. 368.
[24] *Kemp v. Rose* (1858) 1 Giff. 258 at 268.
[25] See the advice of Stephen J. to contractors in *Priestley v. Stone* (1888) H.B.C. (4th ed.), Vol. 2, p. 134 at 140.
[26] *Re Ford and Bemrose* (1902) H.B.C. (4th ed.), Vol. 2, p. 324 (C.A.).
[27] *Young v. Blake* (1887) H.B.C. (4th ed.), Vol. 2, p. 110.
[28] *Sharpe v. San Paulo Railway* (1873) L.R. 8 Ch.App. 597.
[29] *In Re Ford and Bemrose* (1902) H.B.C. (4th ed.), Vol. 2, p. 324 (C.A.).
[30] *Kemp v. Rose* (1858) 1 Giff. 258.
[31] (1904) H.B.C. (4th ed.), Vol. 2, p. 368.
[32] At p. 372. It was necessary to distinguish the very strong case of *Re Ford and Bemrose* (1902) H.B.C. (4th ed.), Vol. 2, p. 324 (C.A.) and the dictum of Lord Esher at p. 330.
[33] At p. 373.

Chapter 4—What is Extra Work?

quantities", and thought that it would be covered by *Williams v. Fitzmaurice*.[34]

Other exactly defined contracts. A bills of quantities contract is the most exact way of defining the amount of work for which the unadjusted lump sum is payable. Where bills of quantities do not so define the amount of work, that information obviously has to be derived from elsewhere. It may come from the drawings read with any specification or other description of the work. Such other forms of contract may define the work with considerable precision, especially if the contract incorporates detailed and fully dimensioned drawings. It was said of the contract in *Williams v. Fitzmaurice*[35] that, "the contract was that the house should be complete and fit for occupation by August 1, 1858, and not that the works therein before mentioned should be completed by that day."[36] It follows that the contractor could conversely, by clear words, limit his obligation to works expressly described in, *e.g.* a specification. Work not so described would be extra work.[37]

Contractor's implied obligations. Even in an exactly defined contract there is usually room for the implication of some obligations by the contractor so that their performance is not extra work. But the greater the detail used in the bills of quantities or other contract documents to describe the obligation for which the lump sum is payable the less scope there is for such implication.[38]

(c) Measurement and value contracts

In a measurement and value contract[39] it is usually immaterial whether any particular item of work that a contractor has to do is in the contract or not, because the contractor is entitled to be paid for it at the contract rate if it is applicable, or at a reasonable price if it is not.[40] But where such a contract provides for the payment of a specified sum of money for a specified item of work, it is a question of construction to determine what work is impliedly included in that item of work and is not therefore extra work. It is submitted that the principles of construction applicable to lump sum contracts apply to each item.[41] And it may be important to determine whether work is of the type contemplated by the contract and therefore governed by the conditions

---

[34] (1858) 3 H. & N. 844 and see p. 87.
[35] p. 87.
[36] (1858) 3 H. & N. 844 at 851.
[37] See notes to Standard Form of Building Contract dealing with the position where quantities do not form part on p. 536.
[38] See cases cited above in this chapter, and for implication of terms generally, see Chap. 3. For design and build contracts, see Chap. 1.
[39] For meaning, see p. 82.
[40] *Re Walton-on-the-Naze U.D.C. v. Moran* (1905) H.B.C. (4th ed.), Vol. 2, p. 376 at 380.
[41] *cf. Appleby v. Myers* (1867) L.R. 2 C.P. 651.

of the contract including price, or is work outside the contract[42] and not therefore subject to the contract conditions or price.

Comparison with bills of quantities contract. A bills of quantities contract is not a measurement and value contract in the sense in which the term is used in this book. Where the contract was for a "lump sum", the bills of quantities forming part of the contract, and "all variations to be ... added to, or deducted from the lump sum", it was held that the final account must be taken by adjusting the lump sum for variations, and not by remeasuring the works as carried out and applying the bill rates to the quantities so found.[43] But bills of quantities can form part of a measurement and value contract where they do not define the work for which a lump sum is payable but constitute a schedule defining units of measurement and rates for pricing those units.[44]

Pricing errors. The difference between a contract to do the work described in the bills of quantities for a lump sum and a measurement and value contract is important when considering pricing errors.[45] Assume two contracts, one for a lump sum, the other one measurement and value. Bills of quantities are in each case a contract document. Say the contractor in pricing the bills of quantities has correctly stated his price per unit of measurement but has incorrectly extended the price and this error has been incorporated into the lump sum in the one contract and into his estimated total of prices in the other. Neither party noticed the error before the contract was made and there is no ground for rectification.[46] If the contract is for a lump sum there is, it is submitted, no implied right to have the contract price adjusted to take account of the error.[47] If the contract is one of measure and value where the contractor is to be paid £x per unit of measurement, the error will disappear on valuation of the measured work at completion.

(d) Other common features

Omissions. The contract usually gives the employer or the architect power to order part of the work to be omitted with a consequent adjustment of the contract price. There is little English authority dealing with the exercise of such a power. On the construction of the contract it may not extend to the ordering of variations,[48] and it may not give the employer the

---

[42] For meaning, see p. 100.
[43] *London Steam Stone Sawmills Co. v. Lorden* (1900) H.B.C. (4th ed.), Vol. 2, p. 301 (D.C.).
[44] See below and see I.C.E. Conditions clause 56 on p. 1058; *cp. Mitsui v. A.G. of Hong Kong* (1986) 33 B.L.R. 1 (P.C.).
[45] See p. 101 for effect of pricing errors on pricing variations.
[46] See p. 288.
[47] The unreported case of *M. V. Gleeson Ltd v. Sleaford U.D.C.* (1953) noted in H.B.C. (10th ed.), p. 521, may be of assistance.
[48] *R. v. Peto* (1826) 1 Y. & J.Ex. 37.

Chapter 4—What is Extra Work?

right to omit part of the work from the contract with the object of giving it or similar work in substitution to another contractor.[49]

Contractor's option. Removing or limiting an option provided to the Contractor by the contract may constitute a variation.[50] Thus where an engineering contract entitled the contractor to crush and use hard material arising from excavation and demolition works or to import suitable material for fill, an instruction that all hard arisings were to be crushed was held to be a variation.[51]

P.C. or prime cost sums. The contractor sometimes undertakes to do work or provide materials at the "P.C." or at the "prime cost sum" of £x. These terms are usually defined in the contract. In the Standard Form of Building Contract, prime cost work or materials can only be carried out or supplied by nominated subcontractors or suppliers[52] and the cost resulting from the nomination is substituted in the final account for the prime cost sum in the contract.[53] If there is no contractual definition and where there is no question of nomination, the ordinary meaning[54] of prime cost is, it is submitted, estimate[55] of net cost, and the intention is therefore that the contractor should only charge the employer the actual cost to himself. If this cost is less or more than that stated in the contract the contract sum is adjusted accordingly, subject always to the principles relating to extra work set out in this chapter.

Provisional sums. The contract sum may include a provisional sum or provisional amount to cover some expenditure the amount of which is not known at the time of entering into the contract. Thus it may be for extras, or for some item which cannot be exactly estimated, or for a subcontract which has to be placed after the main contract is entered into.[56] The term is usually

---

[49] See the American case of *Gallagher v. Hirsch* (1899) N.Y. 45 App.Div. 467; *Simplex Floor Finishing v. Duranceau* (1941) D.L.R. 260 (Supreme Court of Canada); the Australian cases of *Carr v. J. A. Berriman Pty. Ltd* (1953) 27 A.L.J.R. 273; *Commissioner of Main Roads v. Reed & Stuart* (1974) 12 B.L.R. 55 (High Court of Australia).
[50] *Crosby v. Portland U.D.C.* (1967) 5 B.L.R. 121; *English Industrial Estates v. Kier Construction* (1991) 56 B.L.R. 93.
[51] *English Industrial Estates v. Kier Construction* (1991) 56 B.L.R. 93.
[52] *Bickerton v. N.W. Metropolitan Regional Hospital Board* [1970] 1 W.L.R. 607 at 610 and 623 (H.L.). Lord Reid said at p. 610 that the ordinary meaning of "prime cost sums" was "sums entered or provided in bills of quantities for work to be executed by nominated subcontractors".
[53] See p. 701.
[54] See p. 43.
[55] See *Bickerton v. N.W. Metropolitan Regional Hospital Board* [1970] 1 W.L.R. 607 at 610 (H.L.); *cf. Tuta Products v. Hutcherson Bros* (1972) 46 A.L.J.R. 549 (High Court of Australia), where there was said to be an inference that prime cost sums, which were only estimates over which the builder had no control, were inherently subject to adjustment when the true cost emerged.
[56] See further p. 311. For the meaning of the term in the Standard Form of Building Contract, see p. 581.

defined, but the general rule is that the original contract sum is adjusted according to whether the actual expenditure ordered is greater or less than the provisional sum. It is usual to provide for an adjustment of the contractor's profit in accordance with the alteration of the contract sum.

Effect of Building Regulations. Compliance with Building Regulations as the works are carried out may require unanticipated work to be done.[57] Subject to relevant express terms[58] there is, it is submitted, normally an implied term by the contractor not to complete the work in a manner which contravenes relevant Building Regulations or other statutory requirements as to methods of construction. Can the contractor recover extra payment for unanticipated work required to comply with the Building Regulations? The answer depends, it is submitted, upon the application of the principles set out earlier in this chapter and in particular on: (a) whether the work for which the contract sum is payable is defined in terms wide enough to include work unspecified but necessary to comply with Building Regulations,[59] and (b) where the contract work was not defined in such wide terms, whether the contractor sought the employer's instructions before carrying out the unanticipated work necessary to comply with the Building Regulations or whether he can otherwise show a promise to pay.[60]

2. AGENT'S AUTHORITY

An architect or other agent of the employer in the position of the architect has no implied power to vary the terms of the contract,[61] or to vary the contract works such as by ordering extras,[62] or to order as extras works impliedly included in the work for which the contract sum is payable.[63] If therefore the contractor has carried out extra work under the authority of the architect he must show: (a) that the architect had an authority to order extra work, and (b) that the particular work for which he is claiming was properly ordered within the scope of that authority.[64] If there is a written contract the question is one of construction, otherwise it is a question of fact.[65]

---

[57] See generally "Building Act 1984 and the Building Regulations" on p. 411.
[58] e.g. clause 6 of the Standard Form of Building Contract on p. 561; and See *Townsend (Builders) v. Cinema News* [1959] 1 W.L.R. 119 (C.A.) more fully reported at 20 B.L.R. 118 (C.A.); *Acrecrest v. Hattrell* [1983] Q.B. 260 at 267 (C.A.); *Equitable Debenture Assets Corporation v. William Moss* (1984) 2 Con. L.R. 1. For implied terms, see pp. 48 *et seq.*
[59] See p. 87.
[60] See p. 98.
[61] *Sharpe v. San Paulo Railway* (1873) L.R. 8 Ch.App. 597; *Stockport M.B.C. v. O'Reilly* [1978] 1 Lloyd's Rep. 595 at 601.
[62] *R. v. Peto* (1826) 1 Y. & J.Ex. 37; *Cooper v. Langdon* (1842) 10 M. & W. 785; *Ranger v. G.W. Railway* (1854) 5 H.L.C. 72 (H.L.); *Carlton Contractors v. Bexley Corporation* (1962) 60 L.G.R. 331.
[63] *Sharpe v. San Paulo Railway* (1873) L.R. 8 Ch.App. 597.
[64] See n.62 above.
[65] *Wallis v. Robinson* (1862) 3 F. & F. 307, N.P.; *R. v. Peto* (1826) 1 Y. & J. Ex. 37 noting the remarks of Moulton L.J. in the unreported case of *Stevens v. Mewes & Davis* (1910) June 8 (C.A.), cited H.B.C. (10th ed.), p. 532.

Chapter 4—Agent's Authority

A contract to do a whole work usually gives the architect an express power to order extras. Such a power will not, in the absence of express words, be construed as extending beyond the scope of the original whole work.[66] It is possible that, if there is a provisional sum for extras, its amount might place some limit on the extent of the architect's authority.[67] An architect is not ordinarily obliged to exercise a power to order a variation simply because it is fair to do so.[68]

An architect who gives instructions to the contractor which are not empowered by any provision in the contract does not:

"saddle the employer with liability. The architect is not the employer's agent in that respect. He has no authority to vary the contract. Confronted with such acts, the parties may either acquiesce, in which case the contract may be *pro tanto* varied and the acts cannot be complained of, or a party may protest and ignore them. But he cannot saddle the employer with responsibility for them."[69]

If work outside the contract is ordered to the knowledge of the employer the contractor will normally be able to recover a reasonable price for such work on a fresh contract.[70]

An architect who orders extras without or in excess of his authority may be liable to the contractor for breach of warranty of authority. An architect who orders work without disclosing that he is acting as agent for an employer may be held personally liable. The fact that such a person is acting in a professional capacity does not necessarily exclude his personal liability.[71]

3. PAYMENT FOR EXTRA WORK

The mere fact that a contractor has carried out extra work does not of itself entitle him to demand extra payment. He must show an express or implied contract to pay.[72] This he may do either by proving that the work was properly ordered under a provision in the original contract entitling him to payment,[73] or that there is a fresh contract to pay for the work.[74]

Production of Agreement. Where the agreement is in writing and the

---

[66] *R. v. Peto* (1826) 1 Y. & J. Ex. 37; *Russell v. Sa da Bandeira* (1862) 13 C.B.(N.S.) 149; *cf. Sir Lindsay Parkinson & Co. Ltd v. Commissioners of Works* [1949] 2 K.B. 632 (C.A.), discussed p. 85.
[67] For provisional sums, see p. 93.
[68] *Davy Offshore v. Emerald Field Contracting* (1991) 55 B.L.R. 1 at 61.
[69] *Stockport M.B.C. v. O'Reilly* [1978] 1 Lloyd's Rep. 595 at 601.
[70] *Russell v. Sa da Bandeira* (1862) 13 C.B.(N.S.) 149; *Astilleros Canarios v. Cape Hatteras Shipping* [1982] 1 Lloyd's Rep. 518.
[71] *Sika Contracts v. Gill and Closeglen Properties* (1978) 9 B.L.R. 11.
[72] *Tharsis Sulphur and Copper Co. v. M'Elroy & Sons* (1878) 3 App.Cas. 1040 at 1053 (H.L.).
[73] See below.
[74] See p. 98, "Implied promise to pay"; p. 100, "Work outside the contract".

contractor is claiming payment for extra work he must produce the written agreement to prove that the work claimed for is an extra,[75] unless the extra work is work outside the contract and was therefore carried out under a separate contract express or implied.[76]

Work done without request. If the contractor has undertaken to do specified work with certain materials for an agreed price, and without request uses better materials or does more work, this does not entitle him to demand extra payment;[77] and if the materials or work are not in accordance with the contract he may not be able to recover the contract price because he has not completed the contract.[78] Mere permission by the employer to do work different from that contracted for must be distinguished from a request. Thus contractors had undertaken as part of a lump sum contract to make certain girders. They found that it was impracticable or very expensive to make them in the specified way and applied for, and were granted, permission to make them thicker. Lord Blackburn said: "I think there is nothing in that to imply that there was to be a payment for that additional thickness."[79]

Emergency. It is possible that a contractor who in an emergency, when it is impossible to obtain instructions from the employer, expends money in preserving the employer's property can recover payment.[80]

No knowledge of increased expense. If the contractor has undertaken to carry out certain work at an agreed price and the employer consents to the execution of different work, the employer is not liable for any increased cost unless he knows, or must be taken to know, that the different work will cost more.[81]

---

[75] *Vincent v. Cole* (1828) 1 M. & M. 257.
[76] *Vincent v. Cole* (1828) 1 M. & M. 257; *Reid v. Batte* (1829) Moo. & M. 413; *Parton v. Cole* (1841) 11 L.J.Q.B. 70.
[77] *Wilmot v. Smith* (1828) 3 C. & P. 453; *Bottoms v. York Corporation* (1892) H.B.C. (4th ed.), Vol. 2, p. 208 (C.A.).
[78] *Forman v. The Liddesdale* [1900] A.C 190 (P.C.); *Ashwell and Nesbit Ltd v. Allen & Co.* (1912) H.B.C. (4th ed.), Vol. 2, p. 462 (C.A.); *Holland Hannen & Cubitts v. W.H.T.S.O.* (1981) 18 B.L.R. 80 at 121—the decision on the eleventh issue.
[79] *Tharsis Sulphur and Copper Co. v. M'Elroy & Sons* (1878) 3 App.Cas. 1040 at 1053 (H.L.). The majority of the House of Lords seem to have decided the case on the grounds that: (a) the work was not an extra; (b) there was no order in writing as required by the contract. See also *Kirk & Kirk Ltd v. Croydon Corporation* [1956] J.P.L. 585; *cp. Simplex Concrete Piles Ltd v. St Pancras Borough Council* (1958) 14 B.L.R. 80.
[80] *Falcke v. Scottish Imperial Insurance Co.* (1886) 34 Ch.D. 234 at 248–249 (C.A.) appears to be an authority to the contrary, but the court might imply a request; consider the authorities collected and the comment in Goff and Jones, *The Law of Restitution* (4th ed.), Chap. 15. And see the statements of principle in *China Pacific v. Food Corporation of India* [1982] A.C. 939 at 961 and 965 (H.L.)—a case about salvage of goods; *Owen v. Tate* [1976] Q.B. 402 (C.A.). See also (1977) 93 L.Q.R. 273. See also clause 6.1.4 of the 1980 Standard Form of Building Contract.
[81] *Lovelock v. King* (1831) 1 Moo. & Rob. 60; *Johnson v. Weston* (1859) 1 F. & F. 693; *Thames Iron Works, etc., Co. v. Royal Mail, etc., Co.* (1861) 13 C.B.(N.S.) 358 at 378.

Chapter 4—Payment for Extra Work

Absence of consideration.[82] The contractor may refuse to carry out certain work unless the employer promises to pay for it as extra work. If it appears that the work is not in fact extra work because it is included in the work for which the original contract sum is payable, the employer's promise may not be binding for lack of consideration.[83] Where a contract is silent on some particular, it may be possible to argue that better definition in that particular is a matter of mutual benefit and that acceptance of the definition by each party is supported by consideration moving from the other.[84]

An agreement to pay an additional sum for no extra work may not always fail for lack of consideration. Where a subcontract carpenter was in financial difficulties and the agreed price for his work was too low, it was held that there was consideration for the main contractor's promise to pay an additional amount for the same work in that the main contractor thereby secured benefits or obviated disbenefits from the continuing relationship with the subcontractor.[85] The benefits were (i) seeking to ensure that the subcontractor did not stop work in breach of contract, (ii) avoiding the penalty for delay and (iii) avoiding the trouble and expense of engaging others to complete the work.

Work exceeding contract limit. Contracts sometimes have clauses limiting the value of variations which can be ordered. Problems can arise in determining whether the value has been exceeded.[86] If the value is exceeded, it is suggested that the principles discussed in this chapter would determine whether the contractor was entitled to payment. An architect would have no implied authority to order work in excess of the limit. The contractor might be able to establish a new contract or implied promise by the employer to pay.

Written orders. Contracts frequently provide that extras must be ordered in a certain manner. The purpose of these provisions is usually to prevent unauthorised or extravagant claims for extras. A frequent requirement is that there must be a written order signed by the architect and that no extras will be paid for unless so ordered. In such a contract a proper written order is a condition precedent to payment for extras.[87]

---

[82] *Sharpe v. San Paulo Railway* (1873) L.R. 8 Ch.App. 597 at 608, James L.J., "It is perfectly *nudum pactum*." See also nn.3 and 4 to Chap. 2 on p. 13. For the right to set up by way of an equitable defence, despite the absence of consideration, a promise acted upon by the promisee so as to affect his legal position and for the limitations to that right, see "Promissory estoppel" on p. 285. For a promise to perform a duty owed to another, see *New Zealand Shipping Co. Ltd v. A. M. Satterthwaite & Co. Ltd* [1975] A.C. 154 (P.C.); *Pao On v. Lau Yiu Long* [1980] A.C. 614 at 632 (P.C.).

[83] But *cp. Simplex Concrete Piles v. St Pancras Borough Council* (1958) 14 B.L.R. 80.

[84] See *Ficom v. Sociedad Cadex* [1980] 2 Lloyd's Rep. 118 at 132.

[85] *Williams v. Roffey Brothers* [1991] 1 Q.B. 1 (C.A.); *cf.* "Economic duress" on p. 154.

[86] See, *e.g. Arcos Industries v. Electricity Commission of N.S.W.* (1973) 12 B.L.R. 65 (Supreme Court of New South Wales); *cf.* the form of contract in *McAlpine & Son. v. Transvaal Provincial Administration* (1974) 3 S.A.L.R. 506.

[87] *Russell v. Sa da Bandeira* (1862) 13 C.B.(N.S.) 149; *Taverner & Co. Ltd v. Glamorgan County Council* (1941) 57 T.L.R. 243; *cf. Astilleros Canarios v. Cape Hatteras Shipping* [1982] 1 Lloyd's Rep. 518.

The form of the order will depend upon the wording of the contract, but in general the writing relied on must be a clear definite order and not a mere passing reference to some extra work. Thus progress certificates referring to work claimed to be an extra,[88] and unsigned sketches and drawings prepared in the architect's office[89] have been held not to be written orders. The contract may require that such orders must be given before the extra work is carried out,[90] but it may be that if an otherwise valid written order is given retrospectively the courts will treat this as a waiver of the requirement.

Recovery without written orders. The general rule is that in the absence of written orders, or other formalities which are conditions precedent to payment, the contractor cannot recover either under the contract, or on a fresh contract to pay a reasonable sum, even though the employer has had the benefit of the extra work.[91] To this rule there are certain exceptions discussed in the following paragraphs.

Implied promise to pay.

"When there is a condition in the contract that extras shall not be paid for unless ordered in writing by the architect . . . and the employer orders work which he knows, or is told, will cause extra cost, a jury[92] or an arbitrator may find that there was an implied promise by the employer that the work should be paid for as an extra and especially so in cases where any other inference from the facts would be to attribute dishonesty to the employer."[93]

Such a promise may be implied where there has been a waiver of the condition. "In order to constitute a waiver there must be conduct which leads the other party reasonably to believe that the strict legal rights will not be insisted on."[94] Thus in principle a written waiver by the employer would be effective,[95] and even an oral waiver would be sufficient if it were a clear undertaking not to rely on the condition.[96] In *Molloy v. Liebe* the contractor

---

[88] *Tharsis Sulphur and Copper Co. v. M'Elroy & Sons and others* (1878) 3 App.Cas. 1040 (H.L.).
[89] *Myers v. Sarl* (1860) 3 E. & E. 306.
[90] *Lamprell v. Billericay Union* (1849) 18 L.J.Ex. 282.
[91] *Kirk v. Bromley Union* (1848) 12 Jur. 85; *Ranger v. G.W. Railway* (1854) 5 H.L.C. 72 (H.L.); *Taverner & Co. Ltd v. Glamorgan County Council* (1941) 57 T.L.R. 243.
[92] Note that juries do not decide such matters today. The judge decides questions of fact, or remits them to a referee—see Chap. 17.
[93] Extract from H.B.C. (6th ed.), p. 313, referred to with approval by Humphreys J., *Taverner & Co. Ltd v. Glamorgan County Council* (1941) 57 T.L.R. 243 at 245. See also *Tool Metal Manufacturing Co. Ltd v. Tungsten Electric Co. Ltd* [1955] 1 W.L.R. 761 (H.L.) and other authorities referred to at n.82 above and consider restitution referred to in n.80 above.
[94] Denning L.J. in *Rickards v. Oppenheim* [1950] 1 K.B. 616 at 626 (C.A.)—see "Waiver" on p. 286.
[95] See *Taverner & Co. Ltd v. Glamorgan County Council* (1941) 57 T.L.R. 243 at 245.
[96] See *Molloy v. Liebe* (1910) 102 L.T. 616; cf. *Franklin v. Darke* (1862) 6 L.T. 291. In certain circumstances the contractor may be able to say that the employer is estopped from setting up the absence of a written order as a defence. For estoppel there must be a clear unequivocal representation by the employer, see *Woodhouse Ltd v. Nigerian Produce Ltd* [1972] A.C. 741 (H.L.). See also p. 284.

Chapter 4—Payment for Extra Work

maintained that certain work was extra work. The employer said that it was not and insisted on the work being done. Upon arbitration the arbitrator held that the work was extra work, and inferred a promise on the part of the employer to pay for it if it should be found to be extra work, although it was not ordered in writing as an extra in the manner required by the contract. The arbitrator's award was upheld, and it was said that it was difficult to see how he could have drawn any other inference without attributing dishonesty to the employer.[97]

In *Holland Hannen & Cubitts v. W.H.T.S.O.*,[98] windows installed by a nominated subcontractor in a partly constructed hospital were defective and remedial works were carried out. Most of the remedial works were held to include design changes, but the architect had refused to issue a variation instruction to effect the changes. It was held that the resulting windows were not in accordance with the main contract or the subcontract so that neither the main contractor nor the subcontractor could recover payment under those contracts. But it was further held that, notwithstanding the architect's refusal to issue a variation instruction, the employer and the architect had by their words and conduct agreed to the arrangement whereby the subcontractor provided the altered windows. The result was a new contract between the subcontractor and the employer, to which the main contractor was not a party, that in consideration of the subcontractor providing windows for the hospital the employer would pay them a *quantum meruit*.[99]

Acceptance of work orally ordered by the architect does not show an implied promise to pay,[1] neither has the architect any implied authority to waive a term of the contract requiring extras to be ordered in writing.[2] But the court may find that where the employer has desired the execution of extra works, and has stood by and seen the expenditure on them, and taken the benefit of that expenditure, that it would be a fraud on the part of the employer to refuse to pay on the ground that the work was not properly ordered. In such a case the employer will be ordered to account for the value of the extra work.[3] The mere fact that work was done on oral orders by an agent and payment is then refused is by itself no indication of fraud.[4]

A contractor cannot, it seems, rely on the absence of a written order to avoid the subsequent necessity of giving notice of an intention to claim where the contractual validity of the oral instruction is not challenged by the employer.[5]

---

[97] *Molloy v. Liebe* (1910) 102 L.T. 616 at 617.
[98] (1981) 18 B.L.R. 80.
[99] ibid. at 125; cf. *Davy Offshore v. Emerald Field Contracting* (1991) 55 B.L.R. 1.
[1] *Taverner v. Glamorgan County Council* (1941) 57 T.L.R. 243; *Kirk v. Bromley Union* (1848) 12 Jur. 85.
[2] *Sharpe v. San Paulo Railway* (1873) L.R. 8 Ch.App. 597.
[3] *Hill v. South Staffs Railway* (1865) 12 L.T.(N.S.) 63 at 65 also at (1874) L.R. 18 Eq. 154; cf. *Kirk v. Bromley Union* (1848) 12 Jur. 85.
[4] *Taverner & Co. Ltd v. Glamorgan County Council* (1941) 57 T.L.R. 243 at 246.
[5] *Hersent v. Burmah Oil* [1978] 2 Lloyd's Rep. 565.

Work outside the contract. Extra work may be of the kind contemplated by clauses of the contract which provide for the ordering of extras or it may be so peculiar and so different that it is outside the contract.[6] It may be work outside the contract if it is carried out after completion of the original contract work.[7] Extra work outside the contract is not governed by the terms of the contract, and need not therefore be ordered in writing. The employer is liable to pay a reasonable price for such work carried out at his request,[8] but may exceptionally not be so liable if the original contract is not expressly or by implication replaced by a new contract[9] and if there is no other basis for liability as *e.g.* an implied promise to pay. "In order to make a person liable on a *quantum meruit* there has to be a necessary implication that the person liable is agreeing to pay."[10] It is unlikely to be sufficient for a contractor to claim after the works are completed that extra work is outside the terms of the contract.[11]

Arbitration clause. If there is an arbitration clause in the contract it may be so worded as to give the arbitrator, on a proper reference being made, "power to dispense with the conditions precedent and to order that, notwithstanding the non-performance of those conditions precedent a liability may be established on which money may be ordered to be paid".[12] In *Brodie v. Cardiff Corporation*[13] the architect refused to issue a written order for extras on the ground that work required to be carried out was included in the contract price. On a reference the arbitrator awarded sums of money to be paid in respect of the extras despite the absence of an order in writing and his decision was upheld.

Architect's Final Certificate. The parties may by the contract give the architect power to decide various matters finally between them, and to state his decision in the form of a certificate.[14] Having given the architect this power they are not allowed by the courts, in the absence of fraud or other special circumstances, to attack his decision upon such matters. His

---

[6] *Thorn v. London Corporation* (1876) 1 App.Cas. 120 (H.L.); *Goodyear v. Weymouth Corporation* (1865) 35 L.J.C.P. 12; *Blue Circle Industries v. Holland Dredging* (1987) 37 B.L.R. 40 (C.A.); *cf. Sir Lindsay Parkinson & Co. Ltd v. Commissioners of Works* [1949] 2 K.B. 632 (C.A.), discussed on p. 85.
[7] *Russell v. Sa da Bandeira* (1862) 13 C.B.(N.S.) 149.
[8] *Reid v. Batte* (1829) Moo. & M. 413; *Russell v. Sa da Bandeira*; *Astilleros Canarios v. Cape Hatteras Shipping* [1982] 1 Lloyd's Rep. 518.
[9] *Gilbert & Partners v. Knight* [1968] 2 All E.R. 248 (C.A.); *cf. Thorn v. London Corporation* (1876) 1 App.Cas. 120 at 134 (H.L.).
[10] *ibid.* Davis L.J. at 251.
[11] See *McAlpine & Son v. Transvaal Provincial Administration* (1974) 3 S.A.L.R. 506.
[12] Greer L.J. in *Prestige & Co. Ltd v. Brettell* [1938] 4 All E.R. 346 at 354 (C.A.), referring to *Brodie v. Cardiff Corporation* [1919] A.C. 337 (H.L.) and *Neale v. Richardson* [1938] 1 All E.R. 753 (C.A.); *cf. Northern Regional Health Authority v. Derek Crouch* [1984] Q.B. 644 (C.A.) and see "Crouch" on p. 429. For arbitration generally, see Chap. 16.
[13] [1919] A.C. 337 (H.L.).
[14] For mistakes of law by architects and grounds for attacking their certificates, see Chap. 5.

certificate is binding and conclusive upon them.[15] Thus where architects have certified by final certificates that certain money is due to the contractor, employers have not been allowed to go behind the certificate and say that a smaller sum was due because the certificate included payment for extras not ordered in writing[16] or not otherwise ordered properly,[17] or for work which was not extra work,[18] or for work which had not been done at all.[19] It is a matter of construction in each case to determine whether the architect's decision is intended to be binding and conclusive on matters relating to extras.[20] It seems that "conclusive evidence" clauses are construed neither more nor less strictly than other clauses since, unlike clauses which seek to exclude liability, they can work to the benefit of either party.[21]

4. RATE OF PAYMENT

Work within the contract. Extra work of the kind contemplated by the contract will be paid for in the manner provided by the terms of the contract.[22] Payment will usually be at or with reference to the contract rates. If there are no relevant rates, it will be a reasonable sum. Where the contract provided that "Additional work shall be paid for at rates pro rata to the estimate" and there were no rates in the estimate which was for a lump sum, it was held that these words had no application to the pricing of extra work for which a reasonable sum was therefore payable.[23]

Effect of pricing errors. When the contractor has made an error in his pricing of the tender for a lump sum contract and there are no grounds for rectification,[24] and the contract provides for payment of variations at rates shown in the tender, a difficult question can arise when pricing variations and the error is apparent. Should any, and if any, what, adjustment be made in the rates shown in the tender to arrive at the new rate for pricing variations?[25]

---

[15] See generally Chap. 5.
[16] *Goodyear v. Weymouth Corporation* (1865) 35 L.J.C.P. 12; *Laidlaw v. The Hastings Pier Co.* (1874) H.B.C. (4th ed.), Vol. 2, p. 13.
[17] *Lapthorne v. St. Aubyn* (1885) 1 Cab. & El. 486.
[18] *Laidlaw v. The Hastings Pier Co.* (1874) H.B.C. (4th ed.) Vol. 2, p. 13; *Richards v. May* (1883) 10 Q.B.D. 400 (D.C.).
[19] *Laidlaw v. The Hastings Pier Co.* (1874) H.B.C. (4th ed.) Vol. 2, p. 13; For a sale of goods case where a mistake subsequently admitted by an official certifier did not invalidate the certificate, see *Toepfer, Alfred C. v. Continental Grain Co.* [1974] 1 Lloyd's Rep. 11 (C.A.), but note that this was a certificate *in rem, i.e.* upon which numerous persons in a chain of transactions would rely. The *Toepfer* case was approved in *Gill & Dufus v. Berger (No. 2)* [1984] A.C. 382 at 394 (H.L.) and applied in *Gill & Dufus v. Berger* [1982] 1 Lloyd's Rep. 101.
[20] See *Pashby v. Birmingham Corporation* (1856) 18 C.B. 2; *Re Meadows & Kenworthy* (1896) H.B.C. (4th ed.), Vol. 2, p. 265 (C.A., aff. H.L.). See further, Chap. 5.
[21] *Gill & Dufus v. Berger* [1982] 1 Lloyd's Rep. 101 at 104.
[22] *Thorn v. London Corporation* (1876) 1 App.Cas. 120 at 134, 127 (H.L.); *Canterbury Pipe Lines v. Christchurch Drainage* (1979) 16 B.L.R. 76 at 122 (New Zealand Court of Appeal).
[23] *Reliance Shopfitters Ltd v. Hyams* (1960) unrep., H.H. Percy Lamb Q.C., Official Referee.
[24] See p. 288.
[25] The lump sum is not altered, see p. 92.

Many surveyors in practice claim to make an adjustment.[26] It is thought that there is no generally accepted custom and that the question must always be one of construction. The matter can conveniently be dealt with by an express term.[27]

Work outside the contract.[28] For work outside the contract the contractor is entitled to a reasonable sum.[29] The normal rule is that however great the amount of work outside the contract, the work within the contract is paid for at the contract rates and only work outside the contract is paid for at a reasonable rate;[30] but:

> "if a man contracts to work by a certain plan, and that plan is so entirely abandoned that it is impossible to trace the contract, and to what part of it the work shall be applied, in such a case the workman shall be permitted to charge for the whole work done by measure and value, as if no contract at all had ever been made."[31]

5. APPROPRIATION OF PAYMENTS

An employer may from time to time pay money generally on account without appropriating it to any particular items or part of the work. If the contractor has carried out extra work for which he has no claim for payment from the employer because of the failure of a condition precedent or for some other reason, the contractor cannot appropriate the money to payment of such extra work.[32] The general rule is that in the absence of a specific appropriation by the debtor the creditor may appropriate payments on account to whatever debts he pleases, but

> "before such a question can arise, it must be plain that there must be two debts. The doctrine never has been held to authorise a creditor receiving money on account to apply it towards the satisfaction of what does not, nor ever did, constitute any legal or equitable demand against the party making the payments."[33]

---

[26] *e.g.* assume a lump sum of £1,000 is £45 less than it would have been but for an error in extending a unit price; it is sometimes said that a reduction of 45/1045 should be made in pricing variations.
[27] See, *e.g. A Code of Procedure for Single Stage Selective Tendering* (April 1989) obtainable from the National Joint Consultative Committee for Building.
[28] See also p. 100.
[29] See p. 85.
[30] *Sir Lindsay Parkinson & Co. Ltd. v. Commissioners of Works* [1949] 2 K.B. 632 (C.A.).
[31] Lord Kenyon in *Pepper v. Burland* (1792) 1 Peake N.P. 139.
[32] *Lamprell v. Billericay Union* (1849) 18 L.J.Ex. 282.
[33] *ibid.* A similar rule was applied to work illegal under the Defence Regulations. See p. 154.

Chapter 5

EMPLOYER'S APPROVAL AND ARCHITECT'S CERTIFICATES

		Page
A.	Employer's Approval	103
B.	Architect's Certificates	105
	1. Types of Certificate	105
	2. Certificates as Condition Precedent	109
	3. Recovery of Payment without Certificate	110
	4. Binding and Conclusive Certificates	113
	5. Attacking a Certificate	117
	(a) *Not within the architect's jurisdiction*	117
	(b) *Not properly made*	118
	(c) *Disqualification of the certifier*	121
	(d) *Effect of an arbitration clause*	124

A. EMPLOYER'S APPROVAL.

Construction against employer. A contract may provide that work must be completed to the approval of the employer. "There is, after all, nothing to prevent a party from requiring that work shall be done to his own satisfaction."[1] Such a provision if construed in the employer's favour would be very onerous. If goods do not meet with the approval of a buyer and he rejects them the seller can sell the goods for what they are worth. But in the case of a building contract, when the work is fixed to the land it becomes the property of the owner of the land.[2] If the employer is entitled to say, "I do not approve of the work; you have not carried out your contract, therefore you cannot recover on the contract", the contractor is in an unfortunate position. He cannot sell the work to a third party because it is not his property. He cannot recover on the contract because he has not fulfilled it. He will have great difficulty even in showing an implied promise to pay a reasonable sum, because mere use and occupation of building work is not evidence of such a promise.[3] For these reasons, and perhaps also because of the maxim "no man shall be a judge in his own cause",[4] clauses of this nature are given a

---

[1] *Minster Trust v. Traps Tractors* [1954] 1 W.L.R. 963 at 973.
[2] See p. 262.
[3] See p. 80.
[4] See *Dimes v. Grand Junction Canal (Proprietors)* (1852) 3 H.L.Cas. 794 (H.L.).

reasonable construction and are construed against the employer as discussed in the following two paragraphs.[5]

Not usually a condition precedent to payment. The court leans against a construction making the approval of the employer a condition precedent to payment, and prefers a construction making the promise to complete according to the employer's approval, and the promise to pay independent of one another.[6] In such a case if the work does not meet with the employer's approval he cannot refuse to pay under the contract, but can only seek a reduction in the contract price by way of set-off, or counterclaim for damages.[7]

Reasonable, honest and not capricious. Normally the employer's approval must not be unreasonably, or dishonestly, or capriciously withheld.[8] What is reasonable is a question of fact.[9] The right to withhold approval may by the terms of the contract be limited to certain parts or qualities of the work.[10] If approval is subject to the completion of certain tests which the employer through his own default fails to carry out, he cannot withhold his approval because the work has not satisfied other tests not agreed upon in the contract.[11]

Express words. Exceptionally, however, the court may be constrained by express words.

> "Where from the whole tenor of the agreement it appears that however unreasonable and oppressive a stipulation or condition may be, the one party intended to insist upon and the other to submit to it, a court of justice cannot do otherwise than give full effect to the terms which have been agreed upon between the parties ... without stopping to consider how far they may be reasonable or not."[12]

Thus a subcontract provided that if the subcontract works did not proceed as rapidly and satisfactorily as required by the main contractors or their agent,

---

[5] *Dallman v. King* (1837) 7 L.J.C.P. 6; *Stadhard v. Lee* (1863) 32 L.J.Q.B. 75.
[6] *Dallman v. King* (1837) 7 L.J.C.P. 6, at 9, 11. Another way of stating the effect of this proposition is to say that the court treats the promise to complete to the employer's approval as a mere term and not as a condition.
[7] *ibid.* See "Substantial performance" on p. 78.
[8] *Dallman v. King* (1837) 7 L.J.C.P. 6; *Parsons v. Sexton* (1847) 4 C.B. 899; *Andrews v. Belfield* (1857) 2 C.B.(N.S.) 779. See also *Cammell Laird & Co. v. The Manganese Bronze and Brass Co.* [1934] A.C. 402 (H.L.)—sale of goods to be completed to "entire satisfaction" of a third party; *Minster Trust v. Traps Tractors* [1954] 1 W.L.R. 963 at 973.
[9] *Ripley v. Lordan* (1860) 2 L.T. 154.
[10] *ibid.*
[11] *Mackay v. Dick* (1881) 6 App.Cas. 251 (H.L.).
[12] Cockburn C.J. in *Stadhard v. Lee* (1863) 32 L.J.Q.B. 75 at 78; *Diggle v. Ogston Motor Co.* (1915) 112 L.T. 1029. See also *Minster Trust Ltd v. Traps Tractors* [1954] 1 W.L.R. 963 at 973; cp. *Renard Constructions v. Minister for Public Works* (1992) 33 Con.L.R. 72 (New South Wales Court of Appeal).

Chapter 5—Employer's Approval

the main contractors could put on extra men themselves and deduct the additional cost from the money due under the subcontract. The court was satisfied that the intention was that this power could be exercised if the main contractors "were dissatisfied, whether with or without sufficient reason", with the progress of the work. It was added that, in the circumstances, the clause was not unreasonable as the main contractors were probably under stringent terms themselves to complete to time.[13]

Where a contractor had undertaken to complete a carriage to B's "convenience and taste", it was held (despite a jury's verdict in favour of the contractor) that B was entitled to reject it if it did not accord with his convenience and taste, assuming that his rejection was bona fide and not capricious.[14] But the rejection of goods which can be resold differs in substance from that of work to land which cannot.

Approval by alter ego. If work is to be done to the satisfaction of an agent it may, on the construction of the contract, "be plain that he is to function only as the *alter ego* of his master",[15] and not to act in the independent manner of an architect as the term "architect" is used in this chapter. Approval by such an agent is, it is submitted, subject to the same principles as apply to the employer's approval.

Approval by employer and architect. Where work was to be carried out to the approval of both the employer and the architect and they had expressed their approval, and the architect had given a final certificate of satisfaction which the contract made binding upon the parties, it was held that the employer, in the absence of fraud or collusion, could not claim for damages for defects.[16]

B. Architect's Certificates

1. TYPES OF CERTIFICATE

In building contracts, the certifier is usually an architect or surveyor. In engineering contracts, he is usually an engineer. In other construction contracts, there may be provision for other professionals or individuals to certify. The text which follows refers to "architect" and "architect's certificate" generally to apply to all such persons and their certificates.

Formal requirements.[17] The formal requirements of an architect's

---

[13] *ibid.*
[14] *Andrews v. Belfield* (1857) 2 C.B.(N.S.) 779. See also *Docker v. Hyams* [1969] 1 W.L.R. 1060 at 1065 (C.A.) where the effect of cases dealing with agreements to provide ships or goods to the purchaser's approval is reviewed.
[15] *Minster Trust Ltd v. Traps Tractors* [1954] 1 W.L.R. 963 at 973.
[16] *Bateman (Lord) v. Thompson* (1875) H.B.C. (4th ed.), Vol. 2, p. 36 (C.A.).
[17] See also "Form of certificate" on p. 118.

certificate depend on the terms of the contract, but building contracts seldom stipulate precise formalities. In any event, minor immaterial errors will not invalidate a certificate if no one is misled.[18] It must, however, clearly and unambiguously appear that the document relied upon is the physical expression of a certifying process and regard should be had to its "form", "substance" and "intent".[19] The document should be "the expression in a definite form of the exercise of the judgment, opinion or skill of the engineer, architect or surveyor in relation to some matter provided for by the terms of the contract".[20] It is crucially important that any certificate should be clear and unambiguous so that the parties know where they are and should not be left in doubt or dispute as to their consequent mutual rights and liabilities.[21] The use of the word "certify" is not, in most contracts, mandatory but the architect would be well advised to use the word[22] and to follow as closely as he can the language of the clause from which his power to certify derives.

A certificate is not normally effective unless it is issued or delivered. Mere signature is not enough.[23] What constitutes issuance or delivery will depend on the terms of the contract and many contracts deal expressly with the service of notices and certificates.[24] Where a local authority contract required certificates to be issued to the local authority employer with a duplicate to be sent to the contractor, it was held that, to be issued, the certificate had to be sent to the employer's Treasury Department so that payment could be effected.[25] It is thought that, if the contract is silent, delivery of the certificate to both the employer and the contractor is likely to be an implied requirement.

The nature and effect of an architect's certificate depends upon the construction of the particular contract, but in general such certificates may be divided into

(i) progress or interim certificates,
(ii) final certificates and

---

[18] *Emson Contractors v. Protea Estates* (1987) 39 B.L.R. 126.
[19] *Token Construction v. Charlton Estates* (1973) 1 B.L.R. 48 at 52 (C.A.) citing *Minster Trust v. Traps Tractors Ltd* [1954] 1 W.L.R. 963.
[20] *ibid.* adopting H.B.C. (10th ed.), p. 479. Contrast *Costain International Ltd v. Attorney General* (1983) 23 B.L.R. 48 (Hong Kong C.A.) where it was held that an "order in writing signed by the engineer" effecting a "variation in time for completion of the contract" was not a "certificate" for the purposes of an arbitration clause similar to clause 66(2) of the I.C.E. Conditions limiting arbitration before completion, *inter alia*, to disputes concerning the withholding of any certificate.
[21] *Token Construction v. Charlton Estates* (1973) 1 B.L.R. 48 at 58 (C.A.); *cf. Pyrok Industries v. Chee Tat Engineering* (1988) 41 B.L.R. 124 (Hong Kong High Court).
[22] *Token Construction v. Charlton Estates* (1973) 1 B.L.R. 48 at 57 (C.A.).
[23] *London Borough of Camden v. Thomas McInerney* (1986) 2 Const.L.J. 293; *cf. Token Construction v. Charlton Estates* (1973) 1 B.L.R. 48 (C.A.) where the point was not decided.
[24] *cf. Anglian Water Authority v. R.D.L. Contracting* (1988) 43 B.L.R. 98 holding that notice of an engineer's decision under clause 66 of the I.C.E. Conditions was on the facts properly served on the employer.
[25] *London Borough of Camden v. Thomas McInerney* (1986) 2 Const.L.J. 293.

Chapter 5—Types of Certificates

(iii) other certificates.

These are discussed in the following paragraphs.

Progress or interim certificates. These certificates are issued from time to time during the course of the work certifying that, in the opinion of the architect, work has been carried out, and, in some cases, materials supplied, to the value of £x.

> "Certification may be a complex exercise involving an exercise of judgment and an investigation and assessment of potentially complex and voluminous material. An assessment by an engineer of the appropriate interim payment may have a margin of error either way.... At the interim stage it cannot always be a wholly exact exercise. It must include an element of assessment and judgment. Its purpose is not to produce a final determination of the remuneration to which the contractor is entitled but is to provide a fair system of monthly progress payments to be made to the contractor."[26]

They are thus approximate estimates, made in some instances for the purpose of determining whether the employer is safe in making a payment in advance of the contract sum,[27] in others whether he is under a duty to pay an instalment and, if so, how much he is to pay.[28] Such certificates are not normally binding upon the parties as to quality or amount and are subject to adjustment on completion.[29] It has, however, been held under the 1963 Standard Form of Building Contract that the employer is not obliged to pay more than the amount stated as due on the face of an interim certificate. Whatever the cause of an undervaluation, the contractor's remedy is to request the architect to make an appropriate adjustment in a subsequent certificate or to take the dispute to arbitration.[30] An employer who has a bona fide arguable contention that an interim certificate overvalues the contractor's right to payment has an equivalent remedy and can resist proceedings for summary judgment on that ground.[31]

Subject to the effect of words showing that it is merely intended to make advances on money not legally due until completion,[32] a progress certificate properly given creates a debt due.[33] Subject to rights of set-off, the contractor can seek summary judgment for the amount certified upon the issue of a

---

[26] Hobhouse J. in *The Secretary of State for Transport v. Birse-Farr Joint Venture* (1993) 62 B.L.R. 36 at 53.
[27] See *Tharsis Sulphur and Copper Co. v. M'Elroy* (1878) 3 App.Cas. 1040 (H.L.); *cf. Canterbury Pipe Lines v. Christchurch Drainage* (1979) 16 B.L.R. 76 at 95 (New Zealand C.A.).
[28] See Standard Form of Building Contract, clause 30.1.
[29] *Lamprell v. Billericay Union* (1849) 18 L.J.Ex. 282.
[30] *Lubenham v. South Pembrokeshire D.C.* (1986) 33 B.L.R. 39 at 55 (C.A.).
[31] *C.M. Pillings v. Kent Investments* (1985) 30 B.L.R. 80 (C.A.); *cf. R.M. Douglas v. Bass* (1990) 53 B.L.R. 119 and see "No dispute" on p. 439.
[32] See p. 76 and *cf. Canterbury Pipe Lines v. Christchurch Drainage* (1979) 16 B.L.R. 76 at 95 (New Zealand C.A.).
[33] *Pickering v. Ilfracombe Railway* (1868) L.R. 3 C.P. 235.

certificate for payment of an instalment.[34] If an employer's claim to set-off raises issues which have to be referred to arbitration, payment of the amount due in an interim certificate is not, without express words, a condition precedent to the employer's right to go to arbitration.[35]

Final certificates. A final certificate may certify the amount finally payable to the contractor under the contract, or the satisfaction of the architect that work conforms with the contract, or both.[36] Upon these matters the architect's decision embodied in his certificate is often binding and conclusive on the parties. This is discussed below. If an architect or engineer issues an unqualified certificate authorising final payment, that is in practice likely to be irrebuttable evidence of his satisfaction, whether or not the contract contains terms providing for certification and whether or not, if it does, they provide for such a certificate to have a final or conclusive effect.[37]

Other certificates. The contract may empower the architect to certify various matters, such as the happening of an event which entitles the employer to exercise a right of forfeiture,[38] or to record an extension of time given by the architect to the contractor.[39] The architect's decision may be binding and conclusive upon these matters.[40]

Retention money. It is usual to provide for the retention of a percentage of the value, sometimes subject to a limit as to amount, to provide a fund for the payment of amending defects.[41] In one case the contractor was "entitled ... under certificates ... to payment by the employer from time to time by instalments, when in the opinion of the architect actual work to the value of £1,000 [had] been executed in accordance with the contract, at the rate of 90 per cent of the value of the work so executed ...". It was held that an arbitration award was wrong on the face of it in finding that the contractor was only entitled to 90 per cent of each completed £1,000; he was entitled to payment of 90 per cent of the value of work actually executed at the time of granting a certificate.[42]

---

[34] *Workman, Clark & Co. v. Lloyd Brazileno* [1908] 1 K.B. 968 (C.A.). For summary judgment, see p. 502 and for set-off and counterclaim, see p. 498.
[35] *C.M. Pillings v. Kent Investments* (1985) 30 B.L.R. 80 (C.A.).
[36] See, *e.g.* clause 30.9 of the Standard Form of Building Contract discussed on p. 692; *Crown Estates Commissioners v. John Mowlem & Co. Ltd* (1994) Const. L.J. 311 (C.A.).
[37] *National Coal Board v. Neill* [1985] Q.B. 300 at 308. The judgment expresses it as being factually "conclusive" evidence of satisfaction.
[38] For forfeiture, see p. 256.
[39] See *Sattin v. Poole* (1901) H.B.C. (4th ed.), Vol. 2, p. 306 (D.C.). Contrast *Costain International Ltd v. Attorney-General* (1983) 23 B.L.R. 48 (Hong Kong C.A.) referred to in n.20 above. For liquidated damages and extension of time, see pp. 240 *et seq.*
[40] See p. 113.
[41] See, *e.g.* clause 30.4 of the Standard Form of Building Contract discussed on p. 688.
[42] *F.R. Absalom Ltd v. Great Western (London) Garden Village Society* [1933] A.C. 592 at 611 (H.L.).

2. CERTIFICATES AS CONDITION PRECEDENT

The contract may show by express words, or upon reading it as a whole, that the architect's[43] certificate is a condition precedent to payment whether interim or final. It is a condition precedent if upon the true construction of the contract the employer only agrees to pay what is certified by the architect,[44] or only to pay upon a certificate of satisfactory completion by the architect.[45] In such a case if the contractor fails to obtain the certificate required for payment he has no present claim at law or in equity,[46] unless he can show one of the special circumstances discussed in the next section of this chapter. He may, however, have an immediate right of arbitration to seek to secure a certificate or alter the contents of an existing one.[47]

The Court of Appeal of New Zealand has held that a contractor has no implied right of temporary suspension of the works for non-payment upon the wrongful withholding of a progress certificate whose issue was a condition precedent to payment.[48]

The contractor may be able to show that on the wording of the contract a certificate is not a condition precedent to payment.[49] If the contract only requires a certificate showing the architect's satisfaction, the contractor can sue on the contract when he has obtained such a certificate notwithstanding that it does not certify that a sum of money is payable.[50]

Contracts may provide that the issue of various certificates other than payment certificates is a condition precedent to the exercise of certain rights, e.g. to deduct liquidated damages,[51] to the right of a main contractor to claim damages for delay from a subcontractor[52] or to initiate a process leading to contractual determination of the contractor's employment.[53]

---

[43] "Architect" is used to mean the architect as defined by the contract. See p. 119, "Given by wrong person".
[44] *Sharpe v. San Paulo Railway* (1873) L.R. 8 Ch.App. 597 at 612; *Lubenham v. South Pembrokeshire D.C.* (1986) 33 B.L.R. 39 at 55 (C.A.) considering the 1963 Standard Form of Building Contract; *cf. South Australian Railways Commissioner v. Egan* (1973) 47 A.L.J.R. 140.
[45] *Morgan v. Birnie* (1833) 9 Bing. 672; *Grafton v. Eastern Counties Railway* (1853) 8 Ex. 699; *Scott v. Liverpool Corporation* (1858) 28 L.J.Ch. 230; *Westwood v. The Secretary of State for India* (1863) 7 L.T. 736; *Wallace v. Brandon & Byshottles U.D.C.* (1903) H.B.C. (4th ed.), Vol. 2, p. 362 (C.A.).
[46] *Scott v. Liverpool Corporation* (1858) 28 L.J.Ch. 230 at 239; *Glenn v. Leith* (1853) 1 Comm. Law Rep. 569; *Stevenson v. Watson* (1879) 4 C.P.D. 148; *Morgan v. Lariviere* (1875) L.R. 7 H.L. 423 (H.L.).
[47] *Lubenham v. South Pembrokeshire D.C.* (1986) 33 B.L.R. 39 (C.A.).
[48] *Canterbury Pipe Lines v. Christchurch Drainage* (1979) 16 B.L.R. 76; *cf. Lubenham v. South Pembrokeshire D.C.* (1986) 33 B.L.R. 39 at 70 (C.A.).
[49] See the Scottish case of *Howden v. Powell Duffryn Steam Coal Co.*, 1912 S.C. 920; *Re Hohenzollern, etc., and City of London Contract Corporation* (1886) 54 L.T. 596, H.B.C. (4th ed.), Vol. 2, p. 100 (C.A.); *cf. London Gas Light Co. v. Chelsea Vestry* (1860) 2 L.T. 217.
[50] *Pashby v. Birmingham Corporation* (1856) 18 C.B. 2 at 32.
[51] See p. 252.
[52] *Brightside Kilpatrick v. Mitchell Construction* [1975] 2 Lloyd's Rep. 493 at 497.
[53] See p. 256 for determination and p. 655 for clause 27 of the Standard Form of Building Contract, where the requirement is a "notice" not a certificate.

Third parties. Assignees of the contractor are in no better position than the contractor,[54] but third parties whose rights arise on completion may be able to enforce such rights although no certificate of completion has been given. Thus where H lent money to T, a contractor, on the employer's guarantee to repay upon completion of the contract works in accordance with the building contract, it was held that H could recover from the employer when the works were completed in fact, although no certificate of completion had been given as required by the building contract. The contract of guarantee between H and the employer did not require certificated completion.[55] Similarly a claim against a surety under a bond, whose condition was to satisfy damages suffered by the employer from the contractor's default, succeeded without an architect's certificate of the amount of loss suffered by the employer and caused by the determination of the contractor's employment upon receivership.[56] The certificate under the building contract was held to be irrelevant to a claim under the bond.

3. RECOVERY OF PAYMENT WITHOUT CERTIFICATE

Certificate not a condition precedent. If a certificate is not a condition precedent to recovery, the contractor will obviously be able to recover without one.[57]

Waiver of condition precedent. The requirement of a certificate as a condition precedent to payment is for the benefit of the employer. He may therefore waive his right to insist upon a certificate. It is submitted that the same principles apply as in the case of waiver of a condition requiring written orders.[58]

Disqualification of the certifier. If as a result of fraud, collusion, or otherwise the architect is disqualified as certifier and fails to grant a certificate the condition precedent goes and the contractor can sue.[59]

Prevention by the employer. The mere failure of the architect to certify where there has been no fraud or collusion or wrongful interference by the employer does not of itself enable the contractor to recover.[60] But if the

---

[54] *Lewis v. Hoare* (1881) 44 L.T. 66 (H.L.). For assignments, see p. 296.
[55] *ibid.*
[56] *Nene Housing Society v. National Westminster Bank* (1980) 16 B.L.R. 22; *cf. Perar BV v. General Surety and Guarantee Co. Ltd* (1994) 66 B.L.R. 72 (C.A.); *Trafalgar House Construction v. General Surety* (1994) 66 B.L.R. 42 (C.A.).
[57] See "Certificates as Condition Precedent" above.
[58] See p. 97.
[59] *Panamena Europea Navigacion v. Frederick Leyland* [1947] A.C. 428 (H.L.); *Hickman v. Roberts* [1913] A.C. 229 (H.L.); *Brunsden v. Beresford* (1883) 1 Cab. & El. 125. For full discussion of disqualification, see p. 121.
[60] *Neale v. Richardson* [1938] 1 All E.R. 753 (C.A.); *Botterill v. Ware Guardians* (1886) 2 T.L.R. 621; *Cooper v. Uttoxeter Burial Board* (1864) 11 L.T. 565; *cf. Kellett v. New Mills U.D.C.*

employer or his agent prevents the architect giving a certificate, the employer cannot rely on its absence, for "no person can take advantage of the non-fulfilment of a condition the performance of which has been hindered by himself".[61] In *Croudace v. London Borough of Lambeth*,[62] the architect under the contract retired and no one was appointed to take his place. It was common ground that the contractor's claim for loss and expense under the agreement could not be maintained by action in the absence of a certificate from the architect. The court held nevertheless that the employer's acts and omissions, including but not limited to their failure to appoint a successor architect, amounted to a failure by them to take such steps as were necessary to enable the contractor's claim for loss and expense to be ascertained and amounted to a breach of contract.[63]

If the architect wrongly neglects, or deliberately, as a result of a mistaken view of his powers, refuses to issue a certificate, and the employer concurs in his action and the contractor has done everything necessary for the issue of the certificate, the employer cannot take advantage of the absence of the certificate,[64] at least if there is no relevant arbitration clause. Thus a contract provided that payment should be made upon the issue by the employer's surveyor (acting in the position of an architect) of a certificate that the work had been satisfactorily carried out. The surveyor contended that his function of certification extended to economy of time, labour and materials, and demanded, with the concurrence of the employer, certain information for this purpose. It was not given and the surveyor therefore refused to certify. The court held that on the construction of the contract his function of certifying was confined to whether the work had been satisfactorily carried out and that an "illegitimate condition precedent to any consideration of the granting of a certificate" had been insisted on by the surveyor and the employer. Consequently the employer could not rely on the absence of the certificate. If the employer had, contrary to the surveyor, taken the correct view of the surveyor's functions it would have been his duty to appoint another surveyor. Failure to appoint another surveyor would have absolved the contractor from the necessity of obtaining a certificate.[65] There was, however, no arbitration clause in the contract in question. Where there is a wide arbitration clause, the contractor's remedy may be to take immediate arbitration proceedings to secure the appropriate certificate.[66]

(1900) H.B.C. (4th ed.), Vol. 2, p. 298; *Scott v. Liverpool Corporation* (1858) 28 L.J.Ch. 230 at 236.
[61] Blackburn J. in *Roberts v. Bury Commissioners* (1870) L.R. 5 C.P. 310 at 326; *Panamena Europea Navigacion v. Frederick Leyland* [1947] A.C. 428 (H.L.).
[62] (1986) 33 B.L.R. 20 (C.A.).
[63] The court referred to *Smith v. Howden Union* H.B.C. (4th ed.), Vol. 2, 156.
[64] *Panamena Europea Navigacion v. Frederick Leyland* [1947] A.C. 428 (H.L.); *Hotham v. East India Co.* (1787) 1 T.R. 638; *Oshawa (City of) v. Brennan Paving Co. Ltd* [1955] S.C.R. 76, Supreme Court of Canada; *cp. Perini v. Commonwealth of Australia* (1969) 12 B.L.R. 82.
[65] *Panamena Europea Navigacion v. Frederick Leyland* [1947] A.C. 428 at 435 and 436 (H.L.); see also *Kellett v. New Mills U.D.C.* (1900) H.B.C. (4th ed.), Vol. 2, p. 298 at 300.
[66] *Lubenham v. South Pembrokeshire D.C.* (1986) 33 B.L.R. 39 (C.A.) and see p. 53. Contrast

Where the interference of the employer's agents delayed works so that they were not completed to time, the employer was not allowed to resist payment on the ground that the absence of the architect's certificate extending time made the contractor liable to penalties.[67]

Death or incapacity of the certifier. The position upon the death or incapacity of the architect depends upon the construction of the contract. The matter may be dealt with expressly,[68] or it may be an implied term that the employer has a right to appoint a new architect.[69] The right may also be a duty and failure to appoint a new architect a breach of contract by the employer entitling the contractor to damages.[70] If there is no term express or implied providing for the appointment of a new architect, it is submitted that the employer cannot rely upon the absence of a certificate caused by the death or incapacity of the architect.[71]

Award superseding a certificate. An arbitration clause may be so worded that on a proper reference the arbitrator can decide whether the architect was right in withholding a certificate, and if he finds in the contractor's favour award a sum of money to be paid notwithstanding the absence of a certificate, a condition precedent.[72]

The refusal of the arbitrator to deal with the matter may enable the contractor to sue in the courts. Thus where an architect was also the arbitrator he refused both to grant a certificate and to arbitrate. The arbitration clause was wide enough to override the clause making certificates a condition precedent. It was held that, neither party having taken any steps to stay the proceedings or appoint a new arbitrator, the court had jurisdiction to deal with the contractor's claim.[73]

Canterbury Pipe Lines v. Christchurch Drainage (1979) 16 B.L.R. 76 at 120 (New Zealand C.A.) where the employer "not only refused to meet the progress payment but denied the [contractor] the opportunity to obtain redress for it through arbitration". For an article critical of the *Lubenham* decision, see I. N. Duncan Wallace Q.C., "Interim Certificates—Another Heresy? The *Lubenham* Case" (1987) 3 Const.L.J. 172.
[67] *Russell v. Sa da Bandeira* (1862) 13 C.B.(N.S.) 149; see also *Roberts v. Bury Commissioners* (1870) L.R. 5 C.P. 310. For penalties, used here in the sense of liquidated damages, see p. 240.
[68] See: Articles of Agreement, Standard Form of Building Contract; cases cited under "Given by wrong person", p. 119.
[69] *cf. Panamena Europea Navigacion v. Frederick Leyland* [1947] A.C. 428 at 436 (H.L.).
[70] *Croudace v. London Borough of Lambeth* (1986) 33 B.L.R. 20 (C.A.).
[71] *cf. Kellett v. New Mills U.D.C.* (1900) H.B.C. (4th ed.), Vol. 2, p. 298 at 300.
[72] *Brodie v. Cardiff Corporation* [1919] A.C. 337 (H.L.); *Neale v. Richardson* [1938] 1 All E.R. 753 (C.A.); *Prestige & Co. v. Brettell* [1938] 4 All E.R. 346 (C.A.); *cf. Northern Regional Health Authority v. Derek Crouch* [1984] Q.B. 644 (C.A.) and see "Crouch" on p. 429. For arbitration generally, see Chap. 16.
[73] *Neale v. Richardson* [1938] 1 All E.R. 753 (C.A.); *cf. Northern Regional Health Authority v. Derek Crouch* [1984] Q.B. 644 (C.A.) and see "Crouch" on p. 429. For arbitration generally, see Chap. 16.

Chapter 5—Binding and Conclusive Certificates

4. BINDING AND CONCLUSIVE CERTIFICATES

Certificate may be binding and conclusive. An architect in granting ordinary certificates in building contracts is not an arbitrator.[74] But his decision as stated in his certificate may be as binding and conclusive between the parties as if it were an award.[75] Because he is not an arbitrator he cannot be compelled to state his reasons for the purposes of an appeal under section 1 of the Arbitration Act 1979,[76] and he may not be obliged to observe the rules of natural justice by giving both parties a hearing or other opportunity to state their case.[77] It has been said that the object of making the architect's decision in a final certificate binding and conclusive is to have the benefit of his skill and knowledge as an independent man to decide what is finally due between the parties without recourse to the enormous expense and trouble often involved in judicial proceedings.[78] But it may be that the court[79] would entertain an application for a declaration and other relief if the architect has departed from his instructions in a material respect so that either party would be able to say that the certificate was not binding because he had not done what he was appointed to do.[80]

Effect of such certificates. When parties have agreed that the architect shall decide matters finally between them they are not allowed in the absence of fraud or special circumstances[81] to go behind his decision upon such matters merely because they are dissatisfied with it. Thus, if the question of

---

[74] *Sutcliffe v. Thackrah* [1974] A.C. 727 (H.L.); *cf. Pacific Associates v. Baxter* [1990] Q.B. 993 (C.A.) where it was decided that an engineer did not owe the contractor a duty of care in relation to certification. See also p. 366.

[75] *Goodyear v. Weymouth Corporation* (1865) 35 L.J.C.P. 12 at 17. It is difficult to be consistent in the use of terms, for words such as "conclusive", "final and conclusive", "binding and conclusive", "final", have been used to describe an architect's certificate or decision against which there is no appeal to the courts, or to arbitration. Such certificates or decisions are frequently called "final", but this is not completely satisfactory, as a final certificate in the sense defined on p. 108 may be conclusive on some matters only, or not conclusive at all—*Robins v. Goddard* [1905] 1 K.B. 294 (C.A.), discussed in *East Ham Borough Council v. Bernard Sunley & Sons Ltd* [1966] A.C. 406 at 434, 441 and 447 (H.L.).

[76] See p. 456.

[77] See *Hounslow London Borough Council v. Twickenham Garden Developments* [1971] Ch. 233 at 259—a decision with reference to a notice under clause 25(1) of the 1963 Standard Form of Building Contract. Most certificates in practice depend on the architect receiving information from the contractor. It is thought that architects would normally be ill-advised to issue certificates adverse to the contractor in avoidable ignorance of his case. See further "Parties not heard" on p. 120.

[78] *Sharpe v. San Paulo Railway* (1873) L.R. 8 Ch.App. 597 at 609 and 611; *Tullis v. Jacson* [1892] 3 Ch. 441 at 444.

[79] Or arbitrator, if there is a comprehensive arbitration clause—see p. 124.

[80] *Jones v. Sherwood Computer Services* [1992] 1 W.L.R. 277 (C.A.). See further "Mistake by architect" on p. 120; and consider *Re Davstone Estates Ltd's Leases* [1969] 2 Ch. 378 applying *Lee v. Showmen's Guild of Great Britain* [1952] 2 Q.B. 329 at 342 and 354 (C.A.); *Kaye (P. & M.) Ltd v. Hosier & Dickinson* [1972] 1 W.L.R. 146 at 157 (H.L.)—"The court retains ultimate control in seeing that the architect acts properly and honestly and in accordance with the contract"—Lord Wilberforce.

[81] See pp. 117 *et seq.*

extras is within the architect's jurisdiction to decide finally, the contractor cannot recover more than the amount allowed by the certificate.[82] Conversely, the employer cannot go behind the certificate and say that a lesser sum is due.[83] If a certificate is given which the contract shows was intended to be a final expression of the architect's satisfaction, the employer is not allowed subsequently to allege that there are any defects.[84]

When is a certificate binding and conclusive? It is a question of construction in each case to determine whether it was intended that a particular certificate should be conclusive upon the matter with which it purports to deal. Beyond this, it is not possible to formulate a comprehensive test to determine whether a certificate is binding and conclusive.[85] Express words are frequently used such as, for example, that "the certificate of the engineer ... shall be binding and conclusive on both parties".[86] It seems that prima facie a final certificate which is a condition precedent to payment is conclusive.[87] Progress certificates are usually not conclusive.[88] An arbitration clause may prevent a certificate from being conclusive.[89]

In *National Coal Board v. Neill*,[90] it was held on a review of the authorities that there was no rule of law or principle of construction applicable to building contracts that, where the contract contains a term that a structure is to be erected in a prescribed manner and to the satisfaction of the employer's architect or engineer, the contractor fulfils that obligation if the architect or engineer is in fact satisfied even though the structure has not been erected in the prescribed manner. The general principles of construction apply and the meaning of any clause must be ascertained from within the particular contract by construing the contract as a whole and giving effect so far as possible to every part of it. In the *National Coal Board* case, the engineer had issued an unqualified certificate of satisfaction, but the obligation to satisfy the engineer was held to be cumulative upon other obligations. The balance of English authority was said to favour a cumulative approach, but there was in fact held to be no particular applicable rule of law.[91]

---

[82] *Sharpe v. San Paulo Railway* (1873) L.R. 8 Ch.App. 597; *Brunsden v. Staines Local Board* (1884) 1 Cab. & El. 272.
[83] See p. 100.
[84] *Harvey v. Lawrence* (1867) 15 L.T. 571; *Bateman (Lord) v. Thompson* (1875) H.B.C. (4th ed.), Vol. 2, p. 36 (C.A.); *Dunaberg Railway v. Hopkins* (1877) 36 L.T. 733; *Kaye (P. & M.) Ltd v. Hosier & Dickinson* [1972] 1 W.L.R. 146 (H.L.), discussed further on p. 115; *cf. Billyack v. Leyland Construction Co. Ltd* [1968] 1 W.L.R. 471.
[85] *cf. Halsbury* (4th ed.), Vol. 4(2), p. 357, para. 426.
[86] *Kennedy v. Barrow-in-Furness Corporation* (1909) H.B.C. (4th ed.), Vol. 2, p. 411 at 413 (C.A.). See p. 692 for a discussion of the effect of clause 30.9 of the Standard Form of Building Contract.
[87] *Sharpe v. San Paulo Railway* (1873) L.R. 8 Ch.App. 597.
[88] See p. 107.
[89] See p. 124.
[90] [1985] Q.B. 300.
[91] *cp.*, however, the older cases cited in the *National Coal Board* judgment and also *Stratford*

Chapter 5—Binding and Conclusive Certificates

The paramount consideration is that the question whether, and if so to what extent, a certificate is binding and conclusive "must depend upon the construction of [the] particular contractual documents and though a consideration of the opinions of courts on other words in other contracts in other cases is of assistance the adjudication . . . involves thereafter a return to a study of the contract under review".[92] Modern cases to which reference might with caution[93] be made include:

(i) *East Ham Corporation v. Bernard Sunley*,[94] where the arbitration clause in the 1950 Revision of the R.I.B.A. Standard Form of Building Contract was held to be subject to the final certificate clause so that the architect's final certificate was conclusive and could not be reopened by the arbitrator save in the exceptional circumstances therein stated.

(ii) *P. & M. Kaye v. Hosier & Dickinson*,[95] where a majority of the House of Lords held that a final certificate issued under a 1963 J.C.T. Standard Form of Building Contract was conclusive in proceedings begun both before and after the date of its issue. The majority refused on procedural grounds to entertain a construction raised for the first time in the House of Lords. Lord Diplock, dissenting, considered that construction and held that the final certificate was conclusive that everything which had to be done had by the date of the certificate been done and all defects made good but that there was no exclusion of claims for alleged earlier defects and their consequences.[96]

(iii) *Ata Ul Haq v. City Council of Nairobi*,[97] where it was held that a certificate issued at the beginning of the maintenance period terminated the contractor's obligations subject only to the maintenance period provisions.

(iv) *Fairweather v. Asden Securities*,[98] where an Official Referee held under a pre-1976 version of the 1963 J.C.T. Standard Form of Building Contract and following the majority decision in *P. & M. Kaye v. Hosier & Dickinson*[99] that the final certificate was conclusive as to time. Once the architect had issued a final certificate, he was *functus*

Borough Council v. Ashman (1960) N.Z.L.R. 503 at 517 and Major v. Greenfield (1965) N.Z.L.R. 1035 at 1061.

[92] *Ata Ul Haq v. City Council of Nairobi* (1962) 28 B.L.R. 76 at 95 (P.C.); *cp. Mitsui v. A.G. of Hong Kong* (1986) 33 B.L.R. 1 at 18 (P.C.).

[93] It should be particularly noted that the final certificate clause in the Standard Form of Building Contract has been amended on a number of occasions over the years, most recently in 1987.

[94] [1966] A.C. 406 (H.L.).

[95] [1972] 1 W.L.R. 146 (H.L.).

[96] This case is discussed further on p. 268.

[97] (1962) 28 B.L.R. 76 (P.C.); see also *Loke Hong Kee v. United Overseas Land* (1982) 23 B.L.R. 35 (P.C.), a one-off decision reached as a matter of pure construction without reference to any previous authority.

[98] (1979) 12 B.L.R. 40.

[99] [1972] 1 W.L.R. 146 (H.L.).

officio and was precluded from subsequently issuing any valid certificate under clause 22.[1]

(v) *H.W. Nevill (Sunblest) v. Wm. Press*,[2] where a different Official Referee followed Lord Diplock's dissenting judgment in *P. & M. Kaye v. Hosier & Dickinson* in holding that a final certificate under a pre-1976 version of the 1963 J.C.T. Standard Form of Building Contract was not conclusive as to consequential losses suffered by the employer between practical completion and the date of the final certificate.

(vi) *William Hill v. Bernard Sunley*,[3] where the Court of Appeal held that a final certificate which was conclusive to bar a contractual claim also barred an equivalent claim in tort.[4]

(vii) *Crestar v. Carr*,[5] where the Court of Appeal decided that the final certificate under a pre-1980 J.C.T. Minor Works Contract had no conclusive effect.

(viii) *Attorney-General of Hong Kong v. Wang Chong Construction*,[6] where the Hong Kong Court of Appeal held that the maintenance certificate in the Hong Kong Government standard building form was not conclusive that the works had been performed in accordance with the contract.

(ix) *Crown Estates Commissioners v. John Mowlem & Co. Ltd*,[7] where the Court of Appeal held that the conclusive effect of clause 30.9.1.1 of the Standard Form of Building Contract is not restricted to such materials and workmanship as are expressly reserved by the contract to the opinion of the architect for approval of quality and standards respectively, but that it includes all materials and workmanship where approval of such matters is inherently something for the opinion of the architect.[8]

"And" clauses. A contractor must frequently complete work according to a specification or to a certain standard *and* to the satisfaction of the architect. It is a question of construction in each case whether this imposes a double obligation on the contractor.[9] In some cases it has been held that it does not, in the sense that when the architect had given a certificate of satisfaction the employer was not permitted to give evidence showing that the

---

[1] *cf. E.C.C Quarries v. Merriman* (1988) 45 B.L.R. 90.
[2] (1981) 20 B.L.R. 78.
[3] (1982) 22 B.L.R. 1 (C.A.). See also *Wharf Properties v. Eric Cumine Associates* (1984) 29 B.L.R. 106 (Hong Kong High Court)—deciding that a subcontractor's final certificate was conclusive and following *William Hill v. Bernard Sunley* on the tort point.
[4] For tortious claims generally, see Chap. 7 and in particular pp. 183 *et seq.*
[5] (1987) 37 B.L.R. 113 (C.A.).
[6] (1992) 8 Const.L.J. 137 (Hong Kong C.A.).
[7] (1994) 10 Const. L.J. 311 (C.A.).
[8] For commentary on clause 30.9.1.1, see p. 692.
[9] *National Coal Board v. Neill* [1985] Q.B. 300.

Chapter 5—Attacking a Certificate

certificate, an oral statement of satisfaction is sufficient.[26] In all cases it must be clear that there was an intention to issue the certificate in question and that it was in substance what the contract required.[27] The ordinary rules of construction apply[28] so that the test of intention, it is submitted, is objective. It is thought that evidence of surrounding circumstances such as relevant letters or conversations would frequently be admissible in deciding whether a document (or, in the unusual case, an oral statement) was the certificate. Thus in *London Borough of Merton v. Lowe*,[29] a certificate was held upon the facts of the case to be the final certificate, although not so expressed upon its face, by reference in particular to an accompanying letter which said "We are enclosing the final certificate".

Delegation of duties. In giving his certificate, the architect is entitled to make use of the assistance of others, such as, for example, a quantity surveyor, for detailed matters of measurement and valuation, but the certificate must be his. He cannot delegate his whole function of certifying.[30] An engineer may receive help from his resident or project engineer. "In the commercial world many decisions are made by people such as [the engineer], who append their signatures to letters drafted by others. It would require compelling evidence to establish in such circumstances that the decision was not that of the signatory."[31]

Given by wrong person. A certificate must be given by the person or persons authorised by the contract.[32] Thus, if a particular person is named as the certifier, in the absence of a term indicating the contrary, that person and no other can give the certificate.[33] Where the contract identifies the certifier by description, as, for example, "anyone whom from time to time the (employer) might choose to select as chief engineer",[34] or "AB or other the engineer" of the employer,[35] then the person who is the properly appointed

---

[26] *Roberts v. Watkins* (1863) 14 C.B.(N.S.) 592; *Elmes v. Burgh Market Co.* (1891) H.B.C. (4th ed.), Vol. 2, p. 170.
[27] See *Token Construction Company Ltd v. Charlton Estates Ltd* (1973) 1 B.L.R. 48 (C.A.) (not overruled on this point by *Modern Engineering (Bristol) Ltd v. Gilbert Ash (Northern) Ltd* [1974] A.C. 689 (H.L.)) applying a passage from *Minster Trust Ltd v. Traps Tractors Ltd* [1954] 1 W.L.R. 963 at 982, Devlin J.
[28] See Chap. 3.
[29] (1981) 18 B.L.R. 130 (C.A.).
[30] *Clemence v. Clarke* (1880) H.B.C. (4th ed.), Vol. 2, pp. 54 and 59 (C.A.); *cf. Burden Ltd v. Swansea Corporation* [1957] 1 W.L.R. 1167 at 1173 (H.L.); *cf.* also *Croudace v. London Borough of Lambeth* (1986) 33 B.L.R. 20 (C.A.) where the finding of the employer's breach of contract in not appointing a new architect implicitly assumes that his duties cannot be delegated.
[31] *Anglian Water Authority v. R.D.L. Contracting* (1988) 43 B.L.R. 98 at 112.
[32] *Lamprell v. Billericay Union* (1849) 18 L.J. Ex. 282.
[33] *Ess v. Truscott* (1837) 2 M. & W. 385; *Att.-Gen. v. Briggs* (1855) 1 Jur.(N.S.) 1084.
[34] *Ranger v. G.W. Railway* (1854) 5 H.L.C. 72 at 91 (H.L.).
[35] *Kellett v. Mayor of Stockport* (1906) 70 J.P. 154. See also *Cunliffe v. Hampton Wick Local Board* (1893) H.B.C. (4th ed.), Vol. 2, p. 250 (C.A.); also 9 T.L.R. 378.

engineer (or architect as the case may be) at the time when the certificate is required to be given has power to certify.[36]

Parties not heard.   The architect is not normally bound to give anything in the nature of a formal hearing.[37] Where the contract provided that the certifier's decision on a wide range of matters was to "be final and without appeal" it was said that he could if he wished hear arguments from the parties, and state his own view to obtain their opinions, provided that he gave equal opportunity to each party and did not allow his judgment to be influenced by directions given to him in his capacity solely as agent for the employer.[38] On the special wording of another contract it was said that he must hear the parties before giving his certificate in relation to any dispute.[39]

Mistake by architect.   A certificate of the architect intended to be binding and conclusive "cannot be impeached for mere negligence, or mere mistake or mere idleness on the part of the architect".[40] The position was formerly said to be different where there is a valuation.[41] But in *Campbell v. Edwards*,[42] Lord Denning M.R. said that the law has been transformed because the parties now have, since the decisions of the House of Lords in *Sutcliffe v. Thackrah*[43] and *Arenson v. Arenson*,[44] a claim for negligence against architects and valuers.[45] The distinction sometimes made between a

---

[36] *Ranger v. G.W. Railway* (1854) 5 H.L.C. 72 (H.L.); *cp. Croudace v. London Borough of Lambeth* (1986) 33 B.L.R. 20 at 33 (C.A.)—the architect under the contract was the employer's "Chief Architect", but the Court of Appeal's decision seems to be that a successor had to be nominated under the contract, not merely to the office.

[37] See Megarry J. in *Hounslow L.B.C. v. Twickenham Garden Developments* [1971] 1 Ch. 233 at 259, applying *Panamena etc. v. Leyland* [1947] A.C. 428; *A. C. Hatrick (N.Z.) Ltd v. Nelson Carlton Construction Co. Ltd* [1964] N.Z.L.R. 72.

[38] Channell J. in *Page v. Llandaff, etc., District Council* (1901) H.B.C. (4th ed.), Vol. 2, p. 316 at 320. For employer's influence, see p. 123.

[39] *Eaglesham v. McMaster* [1920] 2 K.B. 169 at 174—a contract in which the architect was both certifier and arbitrator. Such a contract is unlikely today because of the effect of the Arbitration Act 1950, s. 24(1), see p. 436. See also *Armstrong v. South London Tramways Co.* (1891) 7 T.L.R. 123 (C.A.).

[40] Lindley L.J. in *Clemence v. Clarke* (1880) H.B.C. (4th ed.), Vol. 2, p. 54 at 65 (C.A.); *Goodyear v. Weymouth Corporation* (1865) 35 L.J.C.P. 12; *Sharpe v. San Paulo Railway* (1873) L.R. 8 Ch.App. 597. See also *Campbell v. Edwards* [1976] 1 W.L.R. 403 (C.A.)—valuation not impeachable for mistake; *Toepfer v. Continental Grain Co.* [1974] 1 Lloyd's Rep. 11 (C.A.)—grain purchase—"Official ... certificates of inspection to be final as to quality." Binding, despite admitted mistake—but it was a certificate *in rem* (see p. 101).

[41] *Collier v. Mason* (1858) 25 Beav. 200; approved in *Dean v. Prince* [1954] Ch. 409 (C.A.), distinguished in *Toepfer v. Continental Grain Co.* [1974] 1 Lloyd's Rep. 11 (C.A.) and said by Lord Denning M.R. in *Campbell v. Edwards* [1976] 1 W.L.R. 403 at 407 (C.A.) to require reconsideration. See now *Jones v. Sherwood Computer Services* [1992] 1 W.L.R. 277 (C.A.).

[42] *Campbell v. Edwards* [1976] 1 W.L.R. 403 at 407 (C.A.).

[43] [1974] A.C. 727 (H.L.).

[44] [1977] A.C. 405 (H.L.).

[45] Whereas an employer may have a claim against his architect, the better view appears to be that a contractor normally does not—see *Pacific Associates v. Baxter* [1990] Q.B. 993 (C.A.) and see generally pp. 366 *et seq.*

Chapter 5—Attacking a Certificate

speaking and a non-speaking valuation is not a relevant distinction, the real question being whether it is possible to say from all the evidence which is properly before the court what the valuer or certifier has done and why he has done it. The first step is to see what the parties have agreed as a matter of contract to remit to the expert. If he has departed from his instructions in a material respect, either party would be able to say that the certificate was not binding because he had not done what he was appointed to do.[46] Otherwise:

> "it is simply the law of contract. If two persons agree that the price of property should be fixed by a valuer on whom they agree, and he gives that valuation honestly and in good faith, they are bound by it. Even if he has made a mistake they are still bound by it. The reason is because they have agreed to be bound by it."[47]

It has never been held that the law relating to valuations also applies to a conclusive architect's certificate. The point is unlikely to arise factually since it is improbable both that an architect's certificate would be open to the limited challenge indicated in the previous paragraph and that the parties had failed to take steps to prevent it becoming conclusive, *e.g.* by starting arbitration proceedings within the prescribed time. It is suggested, however, that there is no relevant distinction in principle between conclusive share valuations and conclusive architect's certificates.

(c) Disqualification of the certifier

Professional independence. An architect is not an arbitrator but he has "two different types of function to perform. In many matters be is bound to act on his client's instructions, whether he agrees with them or not; but in many other matters requiring professional skill he must form and act on his own opinion".[48] This was said with reference to the architect's position under the Standard Form of Building Contract but it may be taken as applicable to most forms of building contract where the architect performs the traditional duties of agent for the employer of supervision and of certification.

The employer and the contractor make their contract on the understanding that in all matters where the architect has to apply his

---

[46] *Jones v. Sherwood Computer Services* [1992] 1 W.L.R. 277 (C.A.).
[47] Lord Denning M.R. in *Campbell v. Edwards* [1976] 1 W.L.R. 403 at 407 (C.A.); *Jones v. Sherwood Computer Services* [1992] 1 W.L.R. 277 (C.A.) not following *Burgess v. Puchase & Sons* [1983] Ch. 216; *cf. Baber v. Kenwood Manufacturing* [1978] 1 Lloyd's Rep. 175 (C.A.). For the related topic of determination by an expert, see John Kendall, *Dispute Resolution: Expert Determination* (1992).
[48] Lord Reid in *Sutcliffe v. Thackrah* [1974] A.C. 727 at 737 (H.L.). There are many old cases (excerpts from which are set out in earlier editions of this book) referring to the dual function or dual capacity as it was sometimes called of the architect. Their basis is not, it is submitted, essentially different from the exposition by the House of Lords in *Sutcliffe v. Thackrah* but they frequently use words which speak in terms of the architect as an adjudicator or quasi-arbitrator and these terms should no longer be used. It is suggested that it is still, however, correct and useful when referring to those functions where the architect must act fairly to say that he must act "independently".

professional skill he will act in a fair and unbiased[49] manner in applying the terms of the contract.[50] Such matters include not only certificates for payment and for satisfaction with the works but many instances where the architect has to form a professional opinion upon matters which will affect the amount paid to (or to be deducted from) the contractor.

If the architect fails to act fairly where the contract requires him to do so he is said to be disqualified as a certifier and his certificates are of no effect,[51] and he remains disqualified unless the contractor with full knowledge of the facts waives the breach.[52] An employer may, however, be able to rely on an erroneous certificate issued by an honest but incompetent architect.[53]

Fraud, collusion, dishonesty. Fraud or collusion with one of the parties, or dishonesty, disqualifies the certifier.[54] It has been held that a clause providing that the architect's certificate should not be set aside or attempted to be set aside on the ground of fraud or collusion was not void as against public policy, and consequently an allegation of fraud on the part of the architect in giving a certificate was not entertained by the court.[55] The decision has been strongly criticised by Scrutton L.J.,[56] and is, it is submitted, open to review by the Court of Appeal.[57]

Failure to certify independently. Without any fraud or turpitude on the part of the architect he may so mistake his position, or lack the firmness to repel unworthy communications by one of the parties, that he loses the independence required of him and therefore becomes disqualified.[58] Thus in *Hickman v. Roberts*[59] the architect failed to issue certificates at the proper time, and wrote to the contractor saying, "had you better not call and see my clients, because in the face of their instructions to me I cannot issue a certificate whatever my own private opinion in the matter". It was held that

---

[49] See further on this the heading "Known interests do not disqualify" below.
[50] *Sutcliffe v. Thackrah* [1974] A.C. 727 at 737 (H.L.). Lord Morris, p. 751 and Lord Salmon, p. 759 also use the term "impartially" as part of the description of the duty of the architect. But in the context they do not use it as suggesting that the architect should or could have the impartiality of an arbitrator. As to this see Lord Dilhorne at pp. 756–757.
[51] *Hickman v. Roberts* [1913] A.C. 229 (H.L.).
[52] *ibid.* at pp. 233, 235 and 238. See also *Thornton Hall & Partners v. Wembley Electrical Appliances Ltd* [1947] 2 All E.R. 630 at 634 (C.A.).
[53] *Lubenham v. South Pembrokeshire D.C.* (1986) 33 B.L.R. 39.
[54] *South Eastern Railway v. Warton* (1861) 2 F. & F. 457; *Sharpe v. San Paulo Railway* (1873) L.R. 8 Ch.App. 597.
[55] *Tullis v. Jacson* [1892] 3 Ch. 441.
[56] *Czarnikow v. Roth, Schmidt & Co.* [1922] 2 K.B. 478 at 488 (C.A.); *cf. Scott v. Liverpool Corporation* (1856) 25 L.J.Ch. 230 at 232.
[57] See Denning L.J. in *Lazarus Estates Ltd v. Beasley* [1956] 1 Q.B. 702 at 712 (C.A.)—"Fraud unravels everything... It vitiates judgments, contracts and all transactions whatsoever." See also *Re Davstone Estates Ltd's Leases* [1969] 2 Ch. 378.
[58] *Hickman v. Roberts* [1913] A.C. 229 (H.L.); *Panamena v. Frederick Leyland & Co.* [1947] A.C. 428 at 437 (H.L.). For a discussion of the position of certifiers who are not, or are not in the position of, architects, see the case, not on a building contract, of *Minster Trust Ltd v. Traps Tractors Ltd* [1954] 1 W.L.R. 963.
[59] [1913] A.C. 229 (H.L.).

he had become so much under the influence of the employer that he had lost his independence, and had not recovered it when he gave a final certificate. It was therefore set aside.

Unknown interests. A certifier is disqualified if he conceals any unusual interest which might influence his mind as certifier, such as a promise to the employer (as opposed to a mere estimate) that the final cost should not exceed a certain figure.[60]

Known interests do not disqualify. The known interests of the architect at the time of entering into the contract do not disqualify him.[61] The interests of the architect which the contractor knows of, or, it is submitted, must be taken to know of, at the time of entering into the contract include:

(a) that the architect will have given an estimate of the cost to the employer;
(b) that he is paid by and is liable to dismissal by or in damages for negligence to the employer; and
(c) that he "has in divers ways to look after the interest"[62] of the employer, including supervising the works to see that they comply with the contract.

There is "neither unfairness nor partisanship in ensuring that the work is properly carried out".[63] A contractor cannot therefore claim that the architect "must be in the position of an independent arbitrator, who has no other duty which involves acting in the interests of one of the parties".[64]

The architect may consult with the employer, and report to him on the quality of the work, and upon the contractor's expenditure and give him an estimate of the proper sum to be paid to the contractor. Such actions, in the absence of fraud or collusion, do not disqualify him, provided he does not submit to the employer's control and influence[65] so as to be incapable of forming an independent view when he comes to give his certificate.[66] On a

---

[60] *Kimberley v. Dick* (1871) L.R. 13 Eq. 1; *Kemp v. Rose* (1858) 1 Giff. 258. The giving of an estimate is part of an architect's duties under the R.I.B.A. Appointment of an Architect (printed on p. 1120) and this must be known to contractors.
[61] *Bristol Corporation v. Aird* [1913] A.C. 241 at 258 (H.L.); *cf.* the position of an arbitrator under the Arbitration Act 1950, s. 24(1). See p. 436.
[62] *Sutcliffe v. Thackrah* [1974] A.C. 727 at 741 (H.L.).
[63] *ibid.* See also *Scott v. Carluke Local Authority* (1879) 6 R. 616 at 617; *Cross v. Leeds Corporation* (1902) H.B.C. (4th ed.), Vol. 2, p. 339 (C.A.); but noting that the terminology now should be that used in *Sutcliffe v. Thackrah*. See also p. 338 for a full discussion of the architect's duties to the employer of which duties the contractor must, it is submitted, at least in outline, be treated as having knowledge.
[64] *Panamena v. Frederick Leyland & Co.* [1947] A.C. 428 at 437 (H.L.).
[65] See, *e.g.* the facts of *Hickman v. Roberts* [1913] A.C. 229 (H.L.).
[66] *Panamena v. Frederick Leyland & Co.* [1947] A.C. 428 (H.L.) distinguishing *Hickman v. Roberts* [1913] A.C. 229 (H.L.) and approving the Scottish cases of *Scott v. Carluke L.A.* (1879) 6 R. 616 and *Halliday v. Hamilton's Trustees* (1903) 5 F. 800. For what amounts to interference or obstruction in the issue of certificates where the Standard Form of Building

legal matter such as the construction of the contract the architect is entitled to consult with the employer's solicitor and counsel,[67] provided, it is submitted, he treats what they say not as a direction but as advice only which he is in no way bound to follow. Architects often in practice may think it more appropriate to take independent advice.

An architect is not disqualified merely because he is a shareholder in,[68] or even the president of,[69] the employer company, or is the employee of the employer,[70] provided that the contractor knows, or it seems, must be taken to know, of the architect's interest.[71] With local authority contracts, the architect is very often an employee of the employer.

(d) Effect of an arbitration clause

The effect of an arbitration clause in a contract upon the conclusiveness of a certificate must depend upon the words of each contract. The following are possibilities:

(a) *No effect.* The certificate may remain conclusive in a court of law and not be within the scope of the arbitration agreement.[72]

(b) *Certificate not conclusive at all.* Where a contract provides that either the architect's certificate or the arbitrator's award is a condition precedent to payment the courts of law do not have jurisdiction to open up the architect's certificate merely because there was a right of appeal against it to an arbitrator.[73] But the wording of the arbitration clause may show that the certificate was not intended to be binding at all.[74]

(c) *Certificate conclusive except upon arbitration.* The certificate may be conclusive in a court of law, but subject to review by arbitration under an arbitration clause in the contract.[75] Where an arbitration clause empowers the arbitrator to open up, review and revise certificates, it

---

Contract is used, see excerpt from *Burden v. Swansea Corporation* [1957] 1 W.L.R. 1167 at 1180 (H.L.) on p. 670. Such conduct would, it is submitted, if acquiesced in by the architect, disqualify him.
[67] See *Panamena v. Frederick Leyland & Co.* [1947] A.C. 428 at 437 and 444 (H.L.).
[68] *Ranger v. G.W. Railway* (1854) 5 H.L.C. 72 (H.L.); *Hill v. South Staffs Railway* (1865) 12 L.T. 63, 65.
[69] *Panamena v. Frederick Leyland & Co.* [1947] A.C. 428 (H.L.).
[70] *Cross v. Leeds Corporation* (1902) H.B.C. (4th ed.), Vol. 2, p. 339 (C.A.).
[71] *Ranger v. G.W. Railway* (1854) 5 H.L.C. 72 (H.L.).
[72] *Re Meadows and Kenworthy* (1896) H.B.C. (4th ed.), Vol. 2, p. 265 (C.A., affd. H.L.); *Brunsden v. Staines Local Board* (1884) 1 Cab. & El. 272; *East Ham Borough Council v. Bernard Sunley & Sons Ltd* [1966] A.C. 406 (H.L.).
[73] *Sharpe v. San Paulo Railway* (1873) L.R. 8 Ch.App. 597 at 613; *Eaglesham v. McMaster* [1920] 2 K.B. 169.
[74] *Robins v. Goddard* [1905] 1 K.B. 294 (C.A.), a decision correct on its facts but not apparently authority for any general principle—*East Ham Borough Council v. Bernard Sunley & Sons Ltd* [1966] A.C. 406 at 434, 441 and 447 (H.L.). See also *Ranger v. G.W. Railway* (1854) 5 H.L.C. 72 (H.L.); *National Coal Board v. Neill* [1985] Q.B. 300 at 309.
[75] *Sharpe v. San Paulo Railway* (1873) L.R. 8 Ch.App. 597; *Clemence v. Clarke* (1880) H.B.C., 4th ed., Vol. 2, pp. 54 and 65; *Eaglesham v. McMaster* [1920] 2 K.B. 169; *cf. Crown Estates Commissioners v. John Mowlem & Co. Ltd* (1994) 10 Const. L.J. 311 (C.A.).

may be that the court does not have equivalent powers[76] other than by agreement between the parties under section 43A of the Supreme Court Act 1981.[77]

(d) *Certificate or award conclusive.* It seems that if a contract provides that either a certificate of the architect or an award of the arbitrator is to be conclusive, the certificate is conclusive if given before a dispute had arisen but not if given thereafter.[78]

---

[76] See *Northern Regional Health Authority v. Derek Crouch* [1984] Q.B. 644 (C.A.) and see "Crouch" on p. 429.
[77] As inserted by s. 100 of the Courts and Legal Services Act 1990.
[78] *Lloyd Bros. v. Milward* (1895) H.B.C. (4th ed.), Vol. 2, p. 262 (C.A.); *Milestone v. Yates* [1938] 2 All E.R. 439.

CHAPTER 6

EXCUSES FOR NON-PERFORMANCE

		Page
1.	Inaccurate Statements Generally	126
2.	Misrepresentation—before 1964	128
3.	Negligent Misstatement	132
4.	Misrepresentation Act 1967	133
5.	Collateral Warranty	139
6.	Death	142
7.	Frustration and Impossibility	143
8.	Illegality	150
9.	Economic Duress	154
10.	Default of Other Party	156
	(a) *Repudiation generally*	156
	(b) *Repudiation by contractor*	163
	(c) *Repudiation by employer*	165
	(d) *Party cannot rely on own wrong*	168

1. INACCURATE STATEMENTS GENERALLY

Many disputes arise as to the effect of inaccurate statements. In the invitation to tender and other negotiations leading up to the conclusion of a contract, statements of fact may be made by the employer or his agent about such matters as the quantities of work involved, the nature of the site or the methods by which the work can be carried out. Such statements, if they are intended to be acted upon by the contractor, are termed representations.[1]

Contractual term. If a statement has been expressly made a term of a contract, *e.g.* where a report about soil conditions is incorporated into the contract and expressly warranted to be true, the plaintiff's remedy, if its inaccuracy causes him loss, is to claim damages for breach of the contract.[2] If such a statement does not form part of the contract, and did not act as an inducement to the contractor to enter into the contract, it is of no legal effect.[3]

---

[1] *Priestley v. Stone* (1888) 4 T.L.R. 730; H.B.C. (4th ed.), Vol. 2, p. 134 (C.A.). For a case where a statement of belief as to a fact involved a representation of having reasonable grounds for that belief, see *Brown v. Raphael* [1958] Ch. 636 (C.A.). The general principles set out in this section and Section 4 of this chapter apply equally to the employer seeking a remedy although the difference in circumstances reduces the opportunities for their application.
[2] See Chap. 8.
[3] See *Edginton v. Fitzmaurice* (1885) 29 Ch.D. 459 (C.A.).

Chapter 6—Inaccurate Statements Generally

Misrepresentation. An untrue representation is a misrepresentation. A misrepresentation which induces[4] the making of a contract and causes[5] loss may result in legal liability:

(i) if it is made fraudulently,[6] or
(ii) if it is an actionable negligent misstatement,[7] or
(iii) under the Misrepresentation Act 1967,[8] or
(iv) if it is or becomes a collateral warranty.[9]

Additionally innocent misrepresentation may in certain circumstances entitle the other party to an order rescinding the contract or to elect to rescind it.[10]

Mere "puff". A "puff" is a statement which by its nature, and in the context in which it is made, is not intended to have legal effect[11]—a statement which any ordinary reasonable man would take "with a large pinch of salt".[12] An announcement by a builder that he is the best builder in town is likely to be a mere "puff".

Honest opinion. A mere statement of honest opinion not impliedly involving a statement of fact is not actionable.[13] But "the word 'representation' is an extremely wide term; I cannot see why one should not be making a representation when giving information or when stating one's opinion or belief".[14] Circumstances which can impliedly give rise to a statement of opinion involving a statement of fact include those where facts are not equally known to both sides, where a statement of opinion by one who knows the facts best very often involves a statement by him of material fact.[15] A misstatement of material fact is one of the elements in a claim for, or based on, misrepresentation.[16] The category of a mere statement of honest opinion is to be distinguished from that of the negligent misstatement made by a person in circumstances in which he owes a duty of care to the plaintiff.[17]

---

[4] Whether there has been a misrepresentation inducing a contract depends on all the facts including, in an appropriate case, the contents and effect of a non-contractual notice requiring the party to satisfy himself of the correctness of statements made—*Cremdean v. Nash* (1977) 241 E.G. 837 upheld at (1977) 244 E.G. 547; *cf. JEB Fastners v. Marks Bloom & Co.* [1983] 1 All E.R. 583 (C.A.).
[5] See *Strover v. Harrington* [1988] Ch. 390 at 411.
[6] See "Fraudulent misrepresentation" below.
[7] See generally Chap. 7, Section 3 and in particular "Negligent misstatement" on p. 188.
[8] See Section 4 of this chapter.
[9] See Section 5 of this chapter.
[10] See "Innocent misrepresentation" below.
[11] *Carlill v. Carbolic Smokeball Company* [1893] 1 Q.B. 256 at 261 and 266 (C.A.).
[12] See *De Beers Limited v. International Company Limited* [1975] 1 W.L.R. 972 at 978.
[13] *Bisset v. Wilkinson* [1927] A.C. 177 (P.C.).
[14] Bridge L.J in *Cremdean Properties v. Nash* (1977) 244 E.G. 547 at 551 (C.A.) with reference to use of "representation" in the Misrepresentation Act 1967.
[15] *ibid.* p. 182; *Esso Petroleum Company Limited v. Mardon* [1976] Q.B. 801 at 826, 830 (C.A.) discussed on p. 140.
[16] See below.
[17] Discussed on pp. 188 *et seq.*

2. MISREPRESENTATION—BEFORE 1964

Two landmarks in the development of the law of misrepresentation are the case in 1964 of *Hedley Byrne v. Heller & Partners*[18] which developed the tort of negligent misstatement and the Misrepresentation Act 1967 which introduced a statutory cause of action for misrepresentation for statements made after April 21, 1967. Before 1964 it was thought that no claim could arise out of a negligent misstatement which was not a breach of contract or a breach of a fiduciary duty.[19] The Misrepresentation Act is not a code of law but a statutory amendment to existing law and an understanding of the old law is still necessary since many cases still of importance cannot otherwise be understood. The developments are in the main additions to the previous law whose principles and remedies largely remain.

Innocent misrepresentation. Before 1964, the general principle was that a person induced to enter into a contract by an innocent misrepresentation of a material fact was entitled, upon discovering the falsity of the representation, to rescission of the contract, but was not entitled to recover damages unless the misrepresentation was also a breach of contract.[20] The remedy of rescission remains.[21] The injured party either takes proceedings for an order rescinding the contract, or elects to rescind and refuses to carry out the contract and, if sued for breach, sets up the misrepresentation by way of defence.[22] The rescission is ineffective until it is communicated to the other party unless that other party prevented communication fraudulently.[23] Subject to matters discussed in the next paragraph, any misrepresentation which in fact induces a person to enter into a contract entitles him to rescind it and the question whether or not the misrepresentation would have induced a reasonable person to enter into the contract relates only to matters of proof.[24]

Rescission is an equitable remedy and is subject to certain bars. There must be *restitutio in integrum, i.e.* the parties must be restored to their original positions. If this cannot be done rescission will not be granted. Contractors after completing the contract works, a branch railway, claimed rescission of the contract and a reasonable sum on a *quantum meruit* on the ground of the innocent misrepresentation of the railway company's engineer as to the nature of the strata through which the railway passed. The remedy was refused because the contractors had completed the railway after full

---

[18] [1964] A.C. 465 (H.L.).
[19] See the exposition of the law in *Hedley Byrne v. Heller & Partners* [1964] A.C. 465 (H.L.).
[20] *Redgrave v. Hurd* (1881) 20 Ch.D. 1 (C.A.); see also *Dietz v. Lennig Chemicals Ltd* [1969] 1 A.C. 170 (H.L.).
[21] See, *e.g. Laurence v. Lexcourt Holdings* [1978] 1 W.L.R. 1128.
[22] *Dietz v. Lennig Chemicals Ltd* [1969] 1 A.C. 170 (H.L.).
[23] *Car and Universal Finance Co. Ltd v. Caldwell* [1965] 1 Q.B. 525 (C.A.).
[24] *Museprime Properties v. Adhill Properties* [1990] 2 E.G.L.R. 196, approving a passage from Goff and Jones, *The Law of Restitution* (3rd ed.), at p. 168 now to be found in 4th ed. at p. 198.

Chapter 6—Misrepresentation—before 1964

knowledge of the facts, and *restitutio* had become impossible.[25] It seems likely that, where any building works have been carried out pursuant to the contract materially affecting the employer's land,[26] rescission will be refused even where the work was carried out without knowledge of the untruth of the representation. Affirmation of the contract by taking some substantial[27] step towards its performance after discovery of the untruth bars rescission.[28] Delay in seeking rescission, or the acquisition of an interest in the subject-matter of the contract by a purchaser innocent of the untruth of the representation bars rescission.[29] It was formerly the law that "if the contract has been executed by the completion of a conveyance or lease or the formal assignment of a chattel, then rescission cannot be obtained on the ground of innocent misrepresentation by the vendor or lessor".[30] This principle, known as the rule in *Seddon v. North Eastern Salt Co.*,[31] was removed by section 1(b) of the Misrepresentation Act 1967.[32]

If the misrepresentation complained of had become a term of the contract, rescission for innocent misrepresentation was not granted at common law,[33] but this impediment to rescission was removed by section 1(a) of the Misrepresentation Act 1967.[34]

The right of rescission for a misrepresentation not forming part of the contract must be carefully distinguished from the right of a party to treat a contract as at an end (also sometimes called rescission) if the other party repudiates the contract. Where the injured party accepts such repudiation he is not only released from further performance but is entitled to damages for breach of contract.[35] Damages are never awarded for an innocent misrepresentation which does not form part of the contract.[36]

---

[25] *Glasgow and South Western Railway v. Boyd & Forrest* [1915] A.C. 526 (H.L.), reported fully sub nom. *Boyd & Forrest v. Glasgow and South Western Railway*, 1915 S.C.(H.L.) 20; *cf. Moss v. Swansea Corp.* (1910) 74 J.P. 351; *Thorn v. London Corp.* (1876) 1 App.Cas. 120 at 127 (H.L.); *Abram Steamship Co. Ltd v. Westville Shipping Co. Ltd* [1923] A.C. 773 (H.L.)—a shipbuilding case.

[26] No case deals with partial completion of building works as a bar to rescission on the ground of the impossibility of *restitutio*.

[27] See *Abram Steamship Co. Ltd v. Westville Shipping Co. Ltd* [1923] A.C. 773 (H.L.); *cf. Senanayake v. Cheng* [1966] A.C. 63 (P.C.)—a partnership case.

[28] *Boyd & Forrest v. Glasgow and South Western Railway*, 1915 S.C. (H.L.) 20; *Leaf v. International Galleries* [1950] 2 K.B. 86 (C.A.); *Long v. Lloyd* [1958] 1 W.L.R. 753 (C.A.).

[29] *Clough v. London & N.W. Railway* (1871) L.R. 7 Exch. 26. See also *Allen v. Robles* [1969] 1 W.L.R. 1193 (C.A.)—a repudiation case.

[30] McCardie J. in *Armstrong v. Jackson* [1917] 2 K.B. 822 at 825.

[31] (1905) 1 Ch. 326. The existence of the rule was judicially doubted, see, *e.g. Leaf v. International Galleries* [1950] 2 K.B. 86 (C.A.).

[32] See p. 133.

[33] *Pennsylvania Shipping Co. v. Cie. Nat. de Navigacion* [1936] 2 All E.R. 1167 at 1171; *Leaf v. International Galleries* [1950] 2 K.B. 86 at 93, 95 (C.A.); *Cremdean Properties v. Nash* (1977) 244 E.G. 547 (C.A.).

[34] See p. 133.

[35] For repudiation, see p. 156.

[36] *Redgrave v. Hurd* (1881) 20 Ch.D. 1 (C.A.); *Heilbut, Symons & Co. v. Buckleton* [1913] A.C. 30 at 51 (H.L.); *Hedley Byrne & Co. Ltd v. Heller* [1964] A.C. 465 at 539 (H.L.).

Protection against misrepresentation. An agreement could be so worded as to afford "... complete protection against innocent misrepresentation".[37]

Fraudulent misrepresentation. In the leading case of *Derry v. Peek*,[38] Lord Herschell said: "fraud is proved when it is shown that a false representation has been made (1) knowingly, (2) without belief in its truth, or (3) recklessly, careless whether it is true or false. Although I have treated the second and third as distinct cases, I think the third is but an instance of the second, for one who makes a statement under such circumstances can have no real belief in the truth of what he states. To prevent a false statement being fraudulent there must always be an honest belief in its truth ... If fraud be proved, the motive of the person guilty of it is immaterial; it matters not that there was no intention to cheat or injure the person to whom the statement is made."[39] Fraud in this sense always involves dishonesty even if the motive is not personal gain.[40] A statement made carelessly or negligently, as where, for example, a quantity surveyor carelessly misstates the quantities,[41] cannot in itself be fraudulent,[42] neither is it fraud merely because a person honestly but erroneously believes his statement to be true although according to its objective meaning it is not true[43] but recklessness may be of such a degree as to be dishonesty and the fact that an alleged belief in the truth of a statement is destitute of all reasonable foundation may suffice in itself to convince the court that it was not really entertained and that the representation was fraudulent.[44]

In *Pearson v. Dublin Corporation*[45] the contractor undertook to carry out a high-level outfall sewer and outfall works for a lump sum. It was an elaborate scheme, an essential feature of which was the use of a wall shown on the maps and drawings supplied by the employer's engineers as extending for a depth of nine feet below the ordnance datum line. In fact it rarely extended as much as three feet. It was therefore useless for the purpose proposed and the contractor was put to extra expense. The defendant's engineers responsible for the drawings and description had carried out no accurate survey and had

---

[37] Lord Shaw in *Boyd & Forrest v. Glasgow and South Western Railway*, 1915 S.C.(H.L.) 20 at 36 referring to a typical clause warning the contractor that no allowance would be made if the soil should turn out to be different from what it was stated to be.
[38] (1889) 14 App.Cas. 337 (H.L.).
[39] *ibid.* at 374.
[40] *ibid.*; *Armstrong v. Strain* [1952] 1 K.B. 232 (C.A.); *Dutton v. Louth Corp.* (1955) 116 E.G. 128 (C.A.). For the standard of proof, see *Hornal v. Neuberger Products* [1957] 1 Q.B. 247 (C.A.). Contrast *Applegate v. Moss* [1971] 1 Q.B. 406 (C.A.) and *King v. Victor Parsons* [1973] 1 W.L.R. 29 (C.A.) for the lesser meaning of "fraud" in s. 26 of the Limitation Act 1939 (now replaced by s. 32 of the Limitation Act 1980—see p. 407).
[41] *Priestley v. Stone* (1888) 4 T.L.R. 730; H.B.C. (4th ed.), Vol. 2, p. 134 (C.A.).
[42] *Derry v. Peek* (1889) 14 App.Cas. 337 (H.L.).
[43] *Akerhielm v. De Mare* [1959] A.C. 789 (P.C.). See also *Gross v. Lewis Hillman Ltd* [1970] Ch. 445 (C.A.).
[44] Lord Herschell in *Derry v. Peek* (1889) 14 App.Cas. 337 at 375 (H.L.); *Akerhielm v. De Mare* [1959] A.C. 789 (P.C.).
[45] [1907] A.C. 351 (H.L.).

Chapter 6—Misrepresentation—before 1964

doubts whether the wall existed or was of the description stated, and "rashly and without inquiry represented nine feet of wall where no wall existed".[46] This was held to be evidence of fraud. The case is also of interest in that the contract provided that "the contractor is to satisfy himself as to the dimensions ... of all existing works", and that the corporation did not hold itself responsible for the accuracy of statements about existing works. It was held that while such clauses might have furnished a complete answer to any claim for breach of warranty[47] they afforded no defence to an action for fraud, for they might well be part of the fraud being inserted in the hope that no tests would be made.[48] Lord Loreburn said:

"no one can escape liability for his own fraudulent statements by inserting in a contract a clause that the other party shall not rely upon them. I will not say that a man himself innocent may not under any circumstances, however peculiar, guard himself by apt and express clauses from liability for the fraud of his own agents. It suffices to say that in my opinion the clauses before us do not admit of such a construction."[49]

The plaintiff must always prove that the fraudulent misrepresentation was an inducement,[50] but the defendant cannot succeed in his defence by showing that there were other more weighty causes which contributed to the plaintiff's decision, "for in this field the court does not allow an examination into the relative importance of contributory causes".[51] A person liable for deceit, whether personally or vicariously, is not entitled to deny by a plea of contributory negligence that his deceit was the sole effective cause of the damage suffered by his victim.[52] It seems, however, that if a material statement in a notice is made recklessly, without an honest belief in its truth, the notice is a nullity and it is irrelevant whether the recipient of the notice was in fact deceived.[53]

Fraudulent misrepresentation must be specifically pleaded in the claim and an amendment so to plead outside the limitation period may not be

---

[46] *Pearson v. Dublin Corp.* (1906) H.B.C. (3rd ed.), Vol. 2, p. 453. Note: a fuller account of the facts can be found in H.B.C. (3rd ed.), Vol. 2, than in the reports of the House of Lords decision.
[47] [1907] A.C. 351 at 366 (H.L.).
[48] Lord Ashbourne at p. 360.
[49] [1907] A.C. 351 at 353 (H.L.); *cf. Tullis v. Jacson* [1892] 3 Ch. 441, discussed on p. 122. See also *John Carter (Fine Worsteds) Ltd v. Hanson Haulage (Leeds) Ltd* [1965] 2 Q.B. 495 (C.A.). For a detailed discussion of the liability of the employer where there is an agent such as the architect, see p. 335.
[50] See, *e.g. Convent Hospital v. Eberlin & Partners* (1988) 14 Con.L.R. 1; (1989) 23 Con.L.R. 112 (C.A.); *Thomas Saunders Partnership v. Harvey* (1989) 30 Con.L.R. 103.
[51] *Barton v. Armstrong* [1976] A.C. 104 at 118 (P.C.). The "field" referred to includes duress. This means "the compulsion under which a person acts through fear of personal suffering"—*Halsbury* (4th ed.), Vol. 9, para. 297. Duress is not further referred to in this book as it is not thought likely to be of much importance in building contracts, but "Economic duress" is discussed on p. 154.
[52] *Alliance & Leicester Building Society v. Edgestop Ltd* [1993] 1 W.L.R. 1462. For contributory negligence, see p. 207.
[53] See *Earl of Stradbroke v. Mitchell, The Times,* October 4, 1990 (C.A.)—a case concerning a notice to quit served under the Agricultural Holdings Act 1986.

allowed.[54] Section 2(1) of the Misrepresentation Act 1967 may enable a plaintiff to sue without having to allege fraud, but if it becomes necessary to allege fraud for some other reason, it must be properly pleaded.[55] No action may be brought for a fraudulent representation as to character or credit unless the representation is in writing signed by the defendant.[56]

Pricing errors. Where before the contract is signed an error is discovered by the employer in the pricing of the contractor's tender operating in favour of the employer, mere failure clearly to draw the contractor's attention to the error before the contract is signed is not in itself evidence of fraud,[57] although the employer is under a moral duty to the contractor to draw his attention to the errors.[58]

Remedies for fraud. Where the contractor has been induced to enter into the contract by a fraudulent misrepresentation he can on discovering the fraud avoid the contract[59] and treat it as at an end, or he can affirm the contract and complete. In either event he can recover damages in an action for the tort of deceit.[60] The correct measure of damages in the tort of deceit is an award which will put the plaintiff into the position he would have been in if the fraudulent representation had not been made to him.[61] Where losses are made in the course of running a business, the assessment of damages for deceit can include both the actual losses incurred and loss of profit that could have reasonably been anticipated.[62]

3. NEGLIGENT MISSTATEMENT

A negligent misstatement or misrepresentation may give rise to an action in tort for damages for financial loss since the law will imply a duty of care when

---

[54] See *Garden Neptune Shipping v. Occidental* [1990] 1 Lloyd's Rep. 330 (C.A.); see also "Amendments" on p. 409.
[55] *ibid.* and see p. 133 for the Misrepresentation Act.
[56] s. 6 of the Statute of Frauds Amendment Act 1828; *Banbury v. Bank of Montreal* [1918] A.C. 626; *UBAF Ltd v. European American Banking Corporation* [1984] Q.B. 713 (C.A.).
[57] *Dutton v. Louth Corp.* (1955) 116 E.G. 128 (C.A.). *cf. Bottoms v. York Corp.* (1892) H.B.C. (4th ed.), Vol. 2, p. 208 (C.A.).
[58] *Dutton v. Louth Corp.* (1955) 116 E.G. 128 (C.A.). See also p. 291. The contractor might have had a remedy in rectification had he sought it.
[59] Unless, it seems, *restitutio* is impossible or the rights of innocent purchasers have arisen—see cases cited on p. 128.
[60] See *Archer v. Brown* [1985] Q.B. 401 and generally *Chitty on Contracts* (27th ed.), Vol. 1, 6–026 *et seq*. For a summary of the elements of an action for deceit, see *Bradford Building Soc. v. Borders* [1941] 2 All E.R. 205 at 211 (H.L.).
[61] *Doyle v. Olby (Ironmongers) Ltd* [1969] 2 Q.B. 158 (C.A.); *Smith Kline & French v. Long* [1989] 1 W.L.R. 1 (C.A.); *Saunders v. Edwards* [1987] 1 W.L.R. 1116 at 1121 (C.A.); *cf. Smith New Court Securities v. Scrimgeour Vickers* [1994] 1 W.L.R. 1271 (C.A.). In certain circumstances the measure of damages in tort differ from contract; see *McGregor on Damages* (15th ed.), paras. 1718 *et seq.*; *Archer v. Brown* [1985] Q.B. 401.
[62] *East v. Maurer* [1991] 1 W.L.R. 461 (C.A.).

Chapter 6—Negligent Misstatement

a party seeking information from a party possessed of special skill trusts him to exercise due care, and that party knew or ought to have known that reliance was being placed on his skill and judgment. The leading case which developed this liability is *Hedley Byrne v. Heller & Partners*.[63] There is a full discussion in Section 3 of Chapter 7 on p. 180.

4. MISREPRESENTATION ACT 1967

The Misrepresentation Act 1967 is short but, in some aspects, difficult to understand,[64] and it made the law more complex. It enlarged the right of rescission for innocent misrepresentation (section 1). It introduced two statutory rights to damages for misrepresentation. One is a statutory cause of action for damages for misrepresentations made during contractual negotiations unless the representor proves that he had reasonable ground to believe that the facts represented were true (section 2(1)). The other is linked to the right to rescind (section 2(2)). The Act also makes contractual provisions purporting to exclude liability for misrepresentation ineffective unless the party relying on it establishes that the provision is fair and reasonable (section 3).

The main parts of the Act are printed below with a discussion. The headings are the side headings of the Act.

Section 1. Removal of certain bars to rescission for innocent misrepresentation

"Where a person has entered into a contract after a misrepresentation has been made to him, and—
(a) the misrepresentation has become a term of the contract; or
(b) the contract has been performed;
or both, then, if otherwise he would be entitled to rescind the contract without alleging fraud, he shall be so entitled, subject to the provisions of this Act, notwithstanding the matters mentioned in paragraphs (a) and (b) of this section."

Subsection (b) removes "the rule in *Seddon v. North Eastern Salt Co. Ltd*". For this and the effect upon the right to rescission of a misrepresentation becoming a term of the contract, see p. 128. Other bars to rescission, *e.g.* affirmation, impossibility of *restitutio*, delay, rights of the innocent purchaser, remain.[65]

---

[63] [1964] A.C. 464 (H.L.).
[64] Many articles have been written about the Act—see Current Law Statute Citator 1947-71, p. 432; in particular see Fairest [1967] C.L.J. 239; Atiyah and Treitel (1967) 30 M.L.R. 396—a highly critical analysis. See also *Chitty* (27th ed.), Vol. 1, 6–057 *et seq.*; Cheshire & Fifoot, *Contract* (12th ed.), pp. 294 *et seq.*
[65] See further commentary on Section 2(2) below.

Section 2. Damages for misrepresentation

"(1) Where a person has entered into a contract after a misrepresentation has been made to him by another party thereto and as a result thereof he has suffered loss, then, if the person making the misrepresentation would be liable to damages in respect thereof had the misrepresentation been made fraudulently, that person shall be so liable notwithstanding that the misrepresentation was not made fraudulently, unless he proves that he had reasonable ground to believe and did believe up to the time the contract was made that the facts represented were true.

(2) Where a person has entered into a contract after a misrepresentation has been made to him otherwise than fraudulently, and he would be entitled, by reason of the misrepresentation, to rescind the contract, then, if it is claimed, in any proceedings arising out of the contract, that the contract ought to be or has been rescinded, the court or arbitrator may declare the contract subsisting and award damages in lieu of rescission, if of opinion that it would be equitable to do so, having regard to the nature of the misrepresentation and the loss that would be caused by it if the contract were upheld, as well as to the loss that rescission would cause to the other party.

(3) Damages may be awarded against a person under subsection (2) of this section whether or not he is liable to damages under subsection (1) thereof, but where he is so liable any award under the said subsection (2) shall be taken into account in assessing his liability under the said subsection (1)."

Section 2(1). Section 2(1) has the effect of enabling a plaintiff to sue for misrepresentation without having to allege fraud.[66] The ungainly reference to fraudulent misrepresentation derives from the common law anomaly that a plaintiff could recover damages for fraudulent, but not for innocent misrepresentation.[67] It is submitted that the statutory cause of action requires the same elements as are required for fraudulent misrepresentation but without the fraud. There must be a misrepresentation of fact[68] which intentionally induces the other party to enter into a contract[69] and which causes loss. "To succeed in an action for misrepresentation, a plaintiff must show that the loss he has suffered is caused by, and is the result of, the misrepresentation."[70]

It is no defence to the misrepresentation to say that the person misled could have checked and found out the facts for himself,[71] but if he knows the

---

[66] *Garden Neptune Shipping v. Occidental* [1990] 1 Lloyd's Rep. 330 (C.A.).
[67] See Section 2 of this chapter.
[68] *Andre & Cie S.A. v. Ets. Michel Blanc* [1979] 2 Lloyd's Rep. 427 (C.A.)—a misrepresentation of foreign law is misrepresentation of fact. For the width of the word "representation", see "Honest opinion" on p. 127.
[69] See *Howard Marine v. Ogden & Sons* [1978] Q.B. 574 at 596 (C.A.); cf. *JEB Fasteners v. Marks Bloom & Co.* [1983] 1 All E.R. 583 (C.A.); *Convent Hospital v. Eberlin & Partners* (1989) 23 Con.L.R. 112.
[70] *Strover v. Harrington* [1988] Ch. 390 at 411.
[71] *Laurence v. Lexcourt Holdings* [1978] 1 W.L.R. 1128 at 1137.

Chapter 6—Misrepresentation Act 1967

misrepresentation to be false and knows the true position he cannot complain.[72]

The statutory cause of action is wider than that arising in a plea of fraudulent misrepresentation, since it includes cases where the defendant did believe up to the time the contract was made that the facts represented were true but did not have reasonable ground for that belief.[73] Dishonesty is not an essential element as it is in fraud.[74] But there can be cases where there is an exact coincidence of fact between the statutory cause of action and a cause of action in fraudulent misrepresentation, where the issue is whether the alleged representors had reasonable ground for believing, and did believe, that the facts alleged to have been represented were true.[75]

The test of whether the defendant had reasonable ground to believe that the facts represented were true is objective.[76] It does not depend on the existence of a duty to check the accuracy of the facts, although it may perhaps loosely be equivalent to the question whether the defendant was negligent. Facts such as are necessary to establish a claim in negligence must ordinarily exist but it is not for the plaintiff to prove negligence, but for the defendant to prove the statutory defence. "In the course of negotiations leading to a contract the statute imposes an absolute obligation not to state facts which the representor cannot prove he had reasonable grounds to believe."[77]

The right to damages under section 2(1) is not linked to the right of rescission, so that damages under the subsection may be claimed despite the existence of bars to rescission such as affirmation of the contract.

Servants or agents. Problems arise as to the knowledge, or lack of it, of servants or agents. The employer is, it is submitted, liable where his servants lacked reasonable grounds for their belief. He is probably also liable for his agents, such as independent architects or engineers, who are employed to act for the project in question, so that a claim under the section would lie on the facts of *Pearson v. Dublin Corporation*.[78] But it is thought unlikely that the employer is liable for the lack of reasonable grounds of belief of the independent expert whose opinion he sought on some special matter, such as, *e.g.* water levels or strata, provided the employer had reasonable grounds for believing and did believe the expert's report to be true. It is not clear how far the knowledge or lack of knowledge of the employer and his

---

[72] *Strover v. Harrington* [1988] Ch. 390 at 407.
[73] See, *e.g. Walker v. Boyle* [1982] 1 W.L.R. 495 at 508.
[74] See p. 130.
[75] *Garden Neptune Shipping v. Occidental* [1989] 1 Lloyd's Rep. 305, but see [1990] 1 Lloyd's Rep. 330 (C.A.).
[76] *Howard Marine v. Ogden & Sons* [1978] Q.B. 574 at 598 (C.A.).
[77] Bridge L.J. in *Howard Marine v. Ogden & Sons* [1978] Q.B. 574 at 596 (C.A.); *cf. Resolute Maritime v. Nippon Kaiji* [1983] 1 W.L.R. 857 at 861; *Cremdean Properties v. Nash* (1977) 244 E.G. 547 (C.A.). For the loose equivalence with negligence, see Lord Denning M.R. in *Howard Marine* (dissenting in the result) at 593. For the separate cause of action of negligent misstatement, see p. 132.
[78] See p. 130.

servants or agents, or of various servants and agents, can be added together so as to prevent proof of reasonable grounds of belief.[79]

The Act is concerned with representations between contracting parties and liability rests with principals. Accordingly an agent, acting within his express or ostensible authority, cannot be held personally liable under the Act when he makes a statement which is untrue in circumstances where he did not have reasonable grounds to believe that it was true.[80]

In normal conveyancing transactions, the purchaser's solicitors have actual or at least ostensible authority to receive information and information given to them correcting a misrepresentation will be imputed to the purchaser.[81] This could, depending on the facts, also apply to other circumstances.

Section 2(2). This gives a right to apply for a discretionary remedy of damages instead of rescission where the misrepresentation is wholly innocent, *i.e.* neither fraudulent nor made with that element of fault which prevents a defence being established under section 2(1). If there is a claim for rescission, the Court in exercising its discretion has to compare the damages which could alternatively be awarded with the loss which rescission would cause to the defendant.[82]

The possibility of a claim for damages under section 2(2) is thought to be of limited value to a contractor because, it is submitted, he must prove that he would be entitled to rescission if damages were not awarded,[83] and in consequence his claim for damages fails if one of the bars to rescission exists, such as affirmation, delay or impossibility of *restitutio*. If the contractor discovers the misrepresentation before work starts he can, as before the Act, in the ordinary case, rescind, and the section now gives him a right to apply for damages. But if, as seems likely, the right to rescission must exist at the date of hearing,[84] and meanwhile the employer has had the works carried out by another contractor, the court cannot, or alternatively, would not, it is thought, declare the contract subsisting so as to be able to award damages.

Repudiation. The terms "rescind", "rescinded" and "rescission" are not, it is submitted, intended to have the meaning of an acceptance of repudiation[85] so as to bring the contract to an end.

Damages. "Stated broadly, the measure of damages payable under the

---

[79] *cf. Armstrong v. Strain* [1952] 1 K.B. 232 (C.A.) discussed on pp. 335–336, and in Atiyah and Treitel, *op. cit.* at p. 374. For a case of a principal not liable for an agent acting outside the limits of his authority which limits had been made clear to the plaintiff, see *Overbrooke Estates Ltd v. Glencombe Properties Ltd* [1974] 1 W.L.R. 1335.
[80] *Resolute Maritime v. Nippon Kaiji* [1983] 1 W.L.R. 857.
[81] *Strover v. Harrington* [1988] Ch. 390 at 409.
[82] *William Sindall v. Cambridgeshire C.C.* [1994] 1 W.L.R. 1016 at 1037 (C.A.). For the measure of damages, see below.
[83] See discussion, Atiyah and Treitel, *op. cit.* at p. 377.
[84] *ibid.*
[85] This is also called sometimes "rescission", see p. 156.

Misrepresentation Act 1967 is that sum of money which will place the plaintiff in the position he would have been in if the representation had not been made."[86] Section 2(3) contemplates that the measure of damages under subsection (1) may be greater than under subsection (2). The Court of Appeal has construed the section so that the measure of damages for misrepresentation under section 2(1) is the same as that which applies to an action for fraudulent misrepresentation at common law. A plaintiff can thus recover all losses which he has suffered as a result of relying on the misrepresentation, even if the losses are unforeseeable, provided that they are not otherwise too remote.[87] The result is that in some cases he recovers more damages than if his claim is for breach of contract,[88] which, for this purpose, includes breach of collateral warranty. The measure of damages in lieu of rescission for innocent misrepresentation under section 2(2) is the difference in value between what the plaintiff was misled into thinking he was contracting for and the value of what he in fact received. Such damages should therefore never exceed the sum which would have been payable had the representation been a warranty.[89]

Misrepresentation incorporated into the contract. A statement of fact by the employer as to the nature of the soil, or the site or the like is often made in the tender documents and is at that stage a representation. When the contract is signed such statements are often expressly incorporated into the contract. It is thought that the remedies under the Act apply notwithstanding such incorporation, so that the contractor may seek damages for breach of contract or under this section or both in the alternative. Matters to be considered include:

(a) In certain circumstances he may recover more damages under the Act than for breach of contract—see above.
(b) If there is no clause in the contract excluding or restricting the employer's liability or the contractor's remedy and he has lost the right to rescission, he may prefer the claim for breach of contract so as not to have to meet the statutory defence of reasonable ground of belief under section 2(1).
(c) If there is such a clause he may prefer his remedy under the Act so as to be able to apply to have the clause set aside or reduced in its effect under section 3 of the Act.

---

[86] Sir Donald Nicholls V.-C. in *Gran Gelato v. Richcliff* [1992] Ch. 560 at 575.
[87] *Royscot Trust Ltd v. Rogerson* [1991] 2 Q.B. 297 (C.A.).
[88] See *Doyle v. Olby (Ironmongers) Ltd* [1969] 2 Q.B. 158 (C.A.).
[89] *William Sindall v. Cambridgeshire C.C.* [1994] 1 W.L.R. 1016 (C.A.).

Section 3. Avoidance of provision excluding liability for misrepresentation[90]

"If a contract contains a term which would exclude or restrict—
  (a) any liability to which a party to a contract may be subject by reason of any misrepresentation made by him before the contract was made; or
  (b) any remedy available to another party to the contract by reason of such a misrepresentation;
that term shall be of no effect except in so far as it satisfies the requirement of reasonableness as stated in section 11(1) of the Unfair Contract Terms Act 1977; and it is for those claiming that the term satisfies the requirement to show that it does."

The requirement of reasonableness as stated in section 11(1) of the Unfair Contract Terms Act 1977 is:

". . . that the term shall have been a fair and reasonable one to be included having regard to the circumstances which were, or ought reasonably to have been, known to or in the contemplation of the parties when the contract was made."[91]

The "agreement". A notice which is not a term of a contract is not within the section.[92] The contract must, it is submitted, be enforceable[93] and can be made before the contract in question and even before the commencement of the Act. It can also, it is submitted, be contained within the "contract" referred to in the section and includes, it is submitted, a provision relating to misrepresentations which have become incorporated into the contract. It is doubtful whether a contractual term could be devised which would be allowed to defeat the purpose of section 3, *e.g.* by deeming statements of fact not to be representations within the Act. Such a term is likely to be treated as one excluding or restricting liability and within section 3.[94]

"Fair and reasonable". The presumption is against allowing reliance on the provision, the burden of proof being explicitly placed on the party relying on it. Subject to this, no principle applies save as stated in the section. Effect is only given to the provision to the extent (if any) that may be "fair and reasonable" having regard to the circumstances contemplated by the parties

---

[90] This section was substituted for the section originally enacted by s. 8(1) of the Unfair Contract Terms Act 1977. For an application of the originally enacted wording, which included the words "fair and reasonable", see *Howard Marine v. Ogden & Sons* [1978] Q.B. 574 (C.A.).
[91] For the purposes of s. 3 of the Misrepresentation Act alone, the court or arbitrator is not, it seems, specifically required to have regard to the matters specified in Schedule 2 of the 1977 Act. There would be such a requirement if ss. 6 or 7 of that Act also applied to relevant transaction—see s. 11(2).
[92] *Collins v. Howell-Jones* (1981) 259 E.G. 331 (C.A.).
[93] *cf.* Atiyah and Treitel, *op. cit.* at p. 379, who canvass the idea of a "subject to contract" agreement (see p. 22), but this is, it is submitted, in law a nullity. *cf.* definition of "agreement" in the Restrictive Trade Practices Act 1976—see p. 384.
[94] Bridge L.J. in *Cremdean Properties v. Nash* (1977) 244 E.G. 547 at 551 (C.A.). See Scarman L.J. *ibid.* for Humpty Dumpty's wrong approach.

Chapter 6—Misrepresentation Act 1967

or which they ought reasonably to have contemplated.[95] This may introduce a substantial element of uncertainty as to the ultimate apportionment of risks in some contracts and make the estimator's task very difficult. A common form clause in a standard printed contract may not achieve the "accolade of fairness and reasonableness".[96]

Agent's authority. The section only applies to a provision which would exclude or restrict liability for a misrepresentation made by a party or his duly authorised agent. It has no application to a notice limiting the authority of an agent.[97]

5. COLLATERAL WARRANTY

In Chapter 20, certain written subsidiary standard forms of contract are discussed. They and similar contracts are sometimes referred to as "collateral contracts", "collateral warranties" or "warranties". The word "collateral" imports that the contract is subsidiary to a main or principal contract. The word "warranty" in this context means "enforceable contractual promise" and in substance means the same as "contract". These contracts have in law all the manifestations and requirements of ordinary contracts and in principle they have no special features. The legal consideration for the subsidiary promise is often the making of the principal contract or a promise to nominate the other party as a subcontractor or supplier.

The term "collateral warranty" in this Section is used to refer to essentially the same legal relationship but arising in a less structured way. If a contractor can show that, although a statement is not a term of the building contract, nevertheless it was, in effect, a promise by the employer that, in consideration of the contractor entering into the contract, the employer would warrant or guarantee the accuracy of the statement, then if the statement is incorrect the contractor can recover damages from the employer for breach of warranty.[98] There is, in effect, a collateral contract. "Such collateral contracts, the sole effect of which is to vary or add to the terms of the principal contract, are viewed with suspicion by the law. They must be proved strictly."[99] It is not

---

[95] For a case which considered and applied the originally enacted version of this clause, see *Howard Marine v. Ogden & Sons* [1978] Q.B. 574 (C.A.).
[96] *Walker v. Boyle* [1982] 1 W.L.R. 495 at 508.
[97] *Overbrooke Estates Ltd v. Glencombe Properties Ltd* [1974] 1 W.L.R. 1335; *Collins v. Howell-Jones* (1980) 259 E.G. 331 (C.A.), discussed at (1981) 97 L.Q.R. 522.
[98] *Heilbut, Symons & Co. v. Buckleton* [1913] A.C. 30 (H.L.); *Routledge v. McKay* [1954] 1 W.L.R. 615 (C.A.). *Esso Petroleum Co. Ltd v. Mardon* [1976] Q.B. 801 (C.A.). For employer relying on collateral warranty of fitness, see *Miller v. Cannon Hill Estates Ltd* [1931] 2 K.B. 113 (D.C.); *Birch v. Paramount Estates Ltd* (1956) 16 E.G. 396 (C.A.)—"as good as show house". For employer recovering damages for breach of collateral warranty from manufacturer who supplied contractor, see *Shanklin Pier Ltd v. Detel Products Ltd* [1951] 2 K.B. 854, discussed on p. 309.
[99] *Heilbut, Symons & Co. v. Buckleton* [1913] A.C. 30 at 47 (H.L.); *Oscar Chess Ltd v. Williams*

every representation, whether made innocently, negligently or fraudulently, which is intended to be acted on and which is acted on that creates a contractual relationship. There has to be an intention to make a contract.[1] If the court is satisfied that on the totality of the evidence the parties intended or must be taken to have intended the statement to form part of the basis of the contractual relations between them then it will award damages for its inaccuracy.[2] The court will more readily find such an intention if the party by whom it was made had, or professed to have special knowledge and skill in relation to the subject-matter of the statement and made it with the intention of inducing the other party, who had less knowledge, to enter into the contract.[3]

In *IBA v. EMI and BICC*,[4] there was a contract for the construction of three television masts to be designed, supplied and erected by nominated subcontractors. There was an occasion when one of the masts began to oscillate violently and the plaintiff employer wrote directly to the subcontractor suggesting that design data should be investigated and confirmed. The subcontractor replied saying that they were "well satisfied that the structures will not oscillate dangerously". On receiving this assurance, the plaintiffs took no further action. When one of the masts subsequently collapsed, the plaintiffs contended that the assurance was a contractual warranty. The judge and the Court of Appeal held in their favour on this issue. The House of Lords reversed this decision holding that there was no evidence that, at the time when the assurance was given, either party intended to make a contract.

Not all warranties of the kind described above are collateral in the sense of being subsidiary to the making of a main or principal contract.[5] If an alleged warranty is collateral in this sense, the intention to make a contract may be less difficult to establish and the making of the principal contract can be consideration for the collateral promise. If it is not so collateral, the warranty can only have contractual force if a separate independent contract is made and that requires an intention to make a contract on both sides.[6]

There is no rule that a statement of future fact or a forecast cannot be a warranty.[7] Thus where the agent of an intending lessor stated to the prospective lessee of a petrol station that there was an anticipated throughput of 200,000 gallons per year this, upon the facts, was found to be a warranty

---

[1957] 1 W.L.R. 370 (C.A.). See also p. 42 and discussion based on *Evans (J.) & Sons (Portsmouth) Ltd v. Andrea Merzario Ltd* [1976] 1 W.L.R. 1078 (C.A.).
[1] See *IBA v. EMI and BICC* (1980) 14 B.L.R. 1 at 23 and 41 (H.L.) discussed below; *cf. Howard Marine v. Ogden & Sons* [1978] Q.B. 574 at 591.
[2] *Esso Petroleum Co. Ltd v. Mardon* [1976] Q.B. 801 at 826 (C.A.).
[3] *Esso Petroleum Co. Ltd v. Mardon* [1976] Q.B. 801 (C.A.); *Dick Bentley, etc., Ltd v. Harold Smith (Motors) Ltd* [1965] 1 W.L.R. 623 (C.A.).
[4] (1980) 14 B.L.R. 1 (H.L.).
[5] *IBA v. EMI and BICC* (1980) 14 B.L.R. 1 at 41 (H.L.); *cp. Dick Bentley, etc., Ltd v. Harold Smith (Motors) Ltd* [1965] 1 W.L.R. 623 (C.A.);
[6] See Lord Fraser in *IBA v. EMI and BICC* (1980) 14 B.L.R. 1 at 41 (H.L.).
[7] *Esso Petroleum Co. Ltd v. Mardon* [1976] Q.B. 801 (C.A.).

Chapter 6—Collateral Warranty

that the statement was arrived at after careful consideration and the lessor was liable in damages for loss resulting from his lack of such care.[8]

Where the employer, an architect, was in breach of his promise either to obtain licences or stop the work if he could not, the contractor recovered damages for breach of warranty.[9]

In *Bacal (Midland) Limited v. Northampton Development Corporation*[10] the contract was for the contractor to design and build.[11] He was instructed by the employer to design the foundations upon certain hypotheses as to the nature of the ground conditions. It was held that there was an implied warranty on the part of the employer that such conditions would accord with the hypotheses.

It has been frequently held that the mere inclusion of plans, bills of quantities and specification in the invitation to tender does not show that the employer is warranting their accuracy.[12] The same rule has been applied even where such statements have been incorporated in schedules to the contract.[13] The principle upon which these decisions are based is that a contractor who has undertaken to complete a whole work such as a house, a railway line or a bridge, should satisfy himself that any statements about the amount of work involved, or the condition of the site, or the methods of carrying out the work are accurate and practicable; he is not therefore entitled to assume that such statements are warranties.[14] He can accept them as honest representations made by skilled persons, but beyond that they do not go.[15]

The preceding paragraph, largely based on nineteenth century cases, was quoted with apparent approval in a 1972 Australian case.[16] It is thought that the paragraph still states the law but that it has to be read subject to considerations arising from the Misrepresentation Act and the law about collateral warranties and negligent misstatement.[17]

---

[8] *ibid.*
[9] *Strongman (1945) Ltd v. Sincock* [1955] 2 Q.B. 525 (C.A.). For the architect's authority as agent, see p. 330.
[10] (1976) 8 B.L.R. 88 (C.A.).
[11] For such contracts generally, see Chap. 1.
[12] *Scrivener v. Pask* (1866) L.R. 1 C.P. 715; *Thorn v. London Corp.* (1876) 1 App.Cas. 120 (H.L.); *Jackson v. Eastbourne Local Board* (1886) H.B.C. (4th ed.), Vol. 2, p. 81 (H.L.); *Young v. Blake* (1887) H.B.C. (4th ed.), Vol. 2, p. 110; *Bottoms v. York Corp.* (1892) H.B.C. (4th ed.), Vol. 2, p. 208 (C.A.); *McDonald v. Workington Corp.* (1892) 9 T.L.R. 230; H.B.C. (4th ed.), Vol. 2, p. 228 (C.A.); *Re Nuttall and Lynton and Barnstaple Railway* (1899) H.B.C. (4th ed.), Vol. 2, p. 279 (C.A.) also (1899) 82 L.T. 17; *Re Ford and Bemrose* (1902) H.B.C. (4th ed.), Vol. 2, p. 324 (C.A.).
[13] *Sharpe v. San Paulo Railway* (1873) L.R. 8 Ch.App. 597; *Re Ford and Bemrose* (1902) H.B.C. (4th ed.), Vol. 2, p. 324 (C.A.).
[14] *McDonald v. Workington Corp.* (1892) 9 T.L.R. 230; H.B.C. (4th ed.), Vol. 2, p. 228 at 231 (C.A.); *Re Ford and Bemrose*, see n.12 above.
[15] *Re Ford and Bemrose* (1902) H.B.C. (4th ed.), Vol. 2, p. 324 at 330 (C.A.).
[16] *Dillingham Construction v. Downs* [1972] 2 N.S.W.L.R. 49 at 56 (New South Wales High Court) also 13 B.L.R. 97 at 107—a claim for negligent misstatement failed on the facts because there was held to be no assumption by the employer of the responsibility to provide full and accurate information about site conditions. The quotation was from the 3rd edition of this book, but the same text is retained in this edition.
[17] See Chap. 7, Section 3 on p. 180.

Facts which support a claim for breach of collateral warranty may also prompt a claim under the Misrepresentation Act.[18] Material differences are that:

(i) if a contractual warranty is established, there is liability independent of fault, whereas reasonable ground to believe the truth of the representation is a defence under the Act;

(ii) under the Act it is not necessary to establish that the representation was contractual, only that it induced the making of the principal contract;

(iii) the measure of damages is tortious under the Act but contractual for breach of collateral warranty.

6. DEATH[19]

The general rule. Upon the death of either the contractor or the employer the benefit and burden of existing contracts other than personal contracts pass to their respective legal personal representatives.[20] The personal representatives must honour those obligations of the deceased that could have been enforced against him even if the contract is not beneficial to the estate,[21] although in the case of an enforceable onerous contract they ought not "to neglect any opportunity that may present itself of coming to terms with the other contracting party that may benefit the estate".[22]

Personal contracts. The liability of a person to perform personal obligations ceases with his death, the contract having been rendered impossible.[23] Thus in a contract of master and servant the death of either party brings the contract to an end.[24] In a contract of personal confidence such as that with an architect the death of the architect brings the contract to an end,[25] although the death of the employer does not normally have this effect.[26]

The employment of the contractor may be personal in that his obligations cannot be performed by his personal representatives. In such a case the position will be similar to that on the death of the architect.

---

[18] Or possibly for negligent misstatement, but see p. 183 under "Contractual influences".
[19] cf. "Death" on p. 142.
[20] *Marshall v. Broadhurst* (1831) 1 Cr. & J. 403; *Cooper v. Jarman* (1866) L.R. 3 Eq. 98; *Ahmed Anguillia, etc. v. Estate & Trust Agencies (1927) Ltd* [1938] A.C. 624 (P.C.).
[21] *Ahmed Anguillia, etc. v. Estate & Trust Agencies (1927) Ltd* [1938] A.C. 624 at 634, 639 (P.C.).
[22] *ibid.* at p. 635.
[23] *Stubbs v. Holywell Railway* (1867) L.R. 2 Ex. 311.
[24] *Farrow v. Wilson* (1869) L.R. 4 C.P. 744.
[25] *Stubbs v. Holywell Railway* (1867) L.R. 2 Ex. 311; see also "Duration of architect's duties" on p. 358.
[26] *Davison v. Reeves* (1892) 8 T.L.R. 391 (the employment of a civil engineer by a contractor).

7. FRUSTRATION AND IMPOSSIBILITY

Impossibility at time of contract. Actual physical impossibility of performing the contract, whatever means are employed[27] which exists at the time of entering into the contract is, subject to express terms or warranties, an excuse for non-performance.[28] But the contractor is liable in damages if he has warranted the possibility of the work[29] or if he has positively and absolutely contracted to do the work.[30]

Frustration generally. Very rarely[31] after the contract has been lawfully entered into and is in course of operation there may arise some intervening event or change of circumstances of so catastrophic[32] or fundamental a nature as to determine the contract prematurely[33] by the operation of the doctrine of frustration.[34] At least five theories have been advanced at different times of the jurisprudential foundation for the doctrine of frustration.[35] But the formulation in *Davis Contractors v. Fareham*[36] is now usually regarded as "the classic statement of the doctrine".[37] It was there said that frustration:

"occurs wherever the law recognises that without default of either party a

---

[27] Note that, in the cases of *Thorn v. London Corp.* (1876) 1 App.Cas. 120 (H.L.), *Bottoms v. York Corp.* (1892) H.B.C. (4th ed.), Vol. 2, p. 208 (C.A.); *McDonald v. Workington Corp.* (1892) 9 T.L.R. 230; H.B.C. (4th ed.), Vol. 2, p. 228 (C.A.) and *Jackson v. Eastbourne Local Board* (1885) H.B.C. (4th ed.), Vol. 2, p. 81 (H.L.), it was in each case possible to complete the work at great expense. Physical impossibility is an express excuse under the I.C.E. conditions, clause 13—see p. 992.

[28] *Taylor v. Caldwell* (1863) 3 B. & S. 826; *Clifford v. Watts* (1870) L.R. 5 C.P. 577; *cf. Tharsis, etc. v. M'Elroy and Sons* (1878) 3 App.Cas. 1040, 1052–1053 (H.L.). See also *Bell v. Lever Bros* [1932] A.C. 161 (H.L.) for mistake avoiding the contract.

[29] *Clifford v. Watts* (1870) L.R. 5 C.P. 577 at 588.

[30] *Jones v. St. John's College, Oxford* (1870) L.R. 6 Q.B. 115; *cf. Baily v. De Crespigny* (1869) L.R. 4 Q.B. 180 at 185; *Dodd v. Churton* [1897] 1 Q.B. 562 (C.A.), and see further p. 251.

[31] "Frustration is a doctrine only too often invoked by a party to a contract who finds performance difficult or unprofitable, but it is very rarely relied on with success. It is in fact a kind of last ditch," Harman L.J. in *Tsakiroglou & Co. Ltd v. Noblee Thorl GmbH* [1960] 2 Q.B. 318 at 370 (C.A.); affd. [1962] A.C. 93 (H.L.); *cf. Lauritzen v. Wijsmuller* [1990] 1 Lloyd's Rep. 1 at 8 (C.A.).

[32] See Asquith L.J. in *Sir Lindsay Parkinson & Co. Ltd v. Commissioners of Works* [1949] 2 K.B. 632 at 665 (C.A.).

[33] "It kills the contract itself," Lord Simon in *Constantine Ltd v. Imperial Smelting Ltd* [1942] A.C. 154 at 163 (H.L.).

[34] *Cricklewood Property & Investment Trust Ltd v. Leighton's Investment Trust Ltd* [1945] A.C. 221 at 228 (H.L.); *British Movietonews Ltd v. London & District Cinemas Ltd* [1952] A.C. 166 (H.L.); *Davis Contractors Ltd v. Fareham U.D.C.* [1956] A.C. 696 (H.L.). It will be observed that the Law Reform (Frustrated Contracts) Act 1943 treats impossibility of performance as an aspect of frustration.

[35] See Lord Roskill in *National Carriers v. Panalpina* [1981] A.C. 675 at 717 (H.L.); and see *ibid.* at 687, 693 and 702.

[36] [1956] A.C. 696 (H.L.).

[37] *Wates v. Greater London Council* (1983) 25 B.L.R. 1 at 27 (C.A.); see in particular *National Carriers v. Panalpina* [1981] A.C. 675 at 688 and 717 (H.L.); *Wong Lai Ying v. Chinachem* (1979) 13 B.L.R. 81 (P.C.); *Pioneer Shipping v. B.T.P. Tioxide (The Nema)* [1982] A.C. 724 at 744 and 751 (H.L.) where Lord Roskill said that it should be unnecessary in future cases to search back beyond *Davis Contractors Ltd v. Fareham U.D.C.* [1956] A.C. 696 (H.L.).

contractual obligation has become incapable of being performed because the circumstances in which performance is called for would render it a thing radically different from that which was undertaken by the contract. *Non haec in foedera veni.* It was not this that I promised to do."[38]

In deciding whether a contract has been frustrated, "the data for decision are, on the one hand, the terms and construction of the contract, read in the light of the then existing circumstances, and on the other hand the events which have occurred".[39]

"In the nature of things there is often no room for any elaborate inquiry. The court must act upon a general impression of what its rule requires. It is for this reason that special importance is necessarily attached to the occurrence of any unexpected event that, as it were, changes the face of things. But, even so, it is not hardship or inconvenience or material loss itself which calls the principle of frustration into play. There must be as well such a change in the significance of the obligation that the thing undertaken would if performed, be a different thing from that contracted for."[40]

In *Davis Contractors v. Fareham*,[41] the contractors entered into a contract to build 78 houses for a fixed price within a contract period of eight months. Attached to their tender had been a letter stating that their tender was subject to adequate supplies of labour being available as and when required, but it was held that this letter was not a contract document.[42] There were unanticipated shortages of labour and materials and, although work never actually stopped, the shortages caused such delay that the contract took 22 months to complete and as a result cost the contractors about £17,000 more than the contract price. These facts were held not to frustrate the contract and the contractors had to bear the loss themselves, even though in one sense it might be said that the "basis" or "footing" of the contract, *i.e.* adequate supplies of labour and materials, had gone, for "it by no means follows that disappointed expectations lead to frustrated contracts",[43] and the risk of loss to the contractors caused through the delay which occurred was on the contractors.[44]

A steel fabrication contract, which provided recompense for additional work, delay and disruption resulting from changes in revised drawings and

---

[38] Lord Radcliffe in *Davis Contractors Ltd v. Fareham U.D.C.* [1956] A.C. 696 at 729 (H.L.), echoing the language of Lord Cairns in *Thorn v. London Corp.* (1876) 1 App.Cas. 120 at 127 (H.L.); see also *The Eugenia* [1964] 2 Q.B. 226 at 239 (C.A.); *Amalgamated Investment Ltd v. John Walker Ltd* [1977] 1 W.L.R. 164 (C.A.).
[39] Lord Wright in *Denny, Mott & Dickinson Ltd v. James B. Fraser & Co. Ltd* [1944] A.C. 265, 274–275 (H.L.).
[40] *Davis Contractors Ltd v. Fareham U.D.C.* [1956] A.C. 696 at 729 (H.L.).
[41] [1956] A.C. 696 (H.L.).
[42] See "Preliminary negotiations", p. 37.
[43] At p. 715, Lord Simonds.
[44] *Bush v. Whitehaven Trustees* (1888) H.B.C. (4th ed.), Vol. 2, p. 130 (C.A.), strongly relied on by the contractors, was held not to be an authority for any proposition of law.

Chapter 6—Frustration and Impossibility

for reasons beyond the fabricator's control, was not frustrated by the issue of a large number of revised drawings many of which required additional information in response to technical queries.[45]

Whether a contract is frustrated is in the ultimate analysis a question of law.[46] But often it will be a question of degree whether the effect of, for instance, delay suffered and likely to be suffered will be such as to bring about frustration.[47] In such cases the question may be one of mixed law and fact.[48] In some cases it is possible to determine at once whether or not the doctrine can be legitimately invoked. In others, where there is delay caused in the performance of contractual obligations, it is often necessary to wait upon events to see whether actual and prospective delay result in frustration.[49] The fact that after the happening of an event the parties treated the contract as still subsisting is not conclusive that the event did not frustrate the contract.[50] The court appears reluctant to interfere with an arbitrator's decision that a contract has been frustrated if it is reached by applying right legal test.[51]

When frustration occurs both parties are automatically[52] discharged from any further obligation unless the party alleging that there is a breach can prove that the circumstances leading to the frustration were brought about by the default of the other party, in which case that other party will be liable in damages.[53] Thus where a contractor deliberately delayed work hoping that by so doing completion would be prevented by a government prohibition against construction of houses, and it was in fact so prevented, he was held to be liable in damages.[54]

Express terms. If the terms of the contract show that the parties contemplated and provided for a particular event, that event cannot frustrate the contract.[55] But in considering a clause relied on as expressly providing for the event alleged to frustrate the contract the court determines whether that

---

[45] *McAlpine Humberoak v. McDermott International* (1992) 58 B.L.R. 1 (C.A.).
[46] *Pioneer Shipping v. B.T.P. Tioxide (The Nema)* [1982] A.C. 724 at 752 (H.L.).
[47] *ibid.*
[48] *National Carriers v. Panalpina* [1981] A.C. 675 at 688 (H.L.).
[49] *Pioneer Shipping v. B.T.P. Tioxide (The Nema)* [1982] A.C. 724 at 752 (H.L.).
[50] *Kissavos Shipping v. Empresa Cubana (The Agathon)* [1982] 2 Lloyd's Rep. 211 (C.A.).
[51] *Pioneer Shipping Ltd v. B.T.P. Tioxide Ltd (The Nema)* [1982] A.C. 724 (H.L.); *Kodros Shipping v. Empresa Cubana (No. 2)* [1983] 1 A.C. 736 (H.L.); *Wates v. Greater London Council* (1983) 25 B.L.R. 1 at 33 (C.A.).
[52] See, *e.g. National Carriers v. Panalpina* [1981] A.C. 675 at 712 (H.L.); *Lauritzen v. Wijsmuller* [1990] 1 Lloyd's Rep. 1 at 8 (C.A.)
[53] *Constantine Ltd v. Imperial Smelting Ltd* [1942] A.C. 154 (H.L.). A custodial sentence imposed on an employee is capable of frustrating a contract of employment and the employee could not say that the frustration was self-induced in order to gain an advantage—*Shepherd & Co. v. Jerrom* [1987] Q.B. 301 (C.A.).
[54] *Mertens v. Home Freeholds Co.* [1921] 2 K.B. 526 (C.A.). See further p. 219 for the measure of damages. See also *Lauritzen v. Wijsmuller* [1989] 1 Lloyd's Rep. 148 for an extensive analysis by Hobhouse J. of varieties of "self-induced" frustration; and see further *Lauritzen v. Wijsmuller* [1990] 1 Lloyd's Rep. 1 (C.A.) upholding Hobhouse J.
[55] *Cricklewood Property & Investment Trust Ltd v. Leighton's Investment Trust Ltd* [1945] A.C. 221 at 228 (H.L.); *cf. Wates v. Greater London Council* (1983) 25 B.L.R. 1 (C.A.); *McAlpine Humberoak v. McDermott International* (1992) 58 B.L.R. 1 (C.A.).

event is in fact so abnormal or of such a nature as to fall outside what the parties could possibly have contemplated in the clause.[56] An example is given below[57] of a case where the court held that an interruption in the work was of such a kind as to frustrate the contract despite an express provision for interruption.

Arbitration agreements. An arbitration agreement cannot be frustrated by such delay by either or both parties in preparing for the arbitration and bringing it to a hearing that a satisfactory trial is no longer possible. Both parties have a mutual obligation to progress the arbitration and a failure so to do is a default which excludes the operation of the doctrine of frustration. Further, there is no sufficient frustrating event.[58]

Leases. The doctrine of frustration can apply to a lease so as to bring it to an end if a frustrating event occurs, but it is "hardly ever" likely to apply in practice.[59]

Difficulty or expense no excuse. Unexpected difficulty or expense is in general no excuse for non-performance.[60] The contractor in such a case cannot rely on his ignorance of such matters as defects in the soil[61] nor on any implied warranty by the employer that the bills of quantities, plans and specification are accurate[62] or that the work is capable of performance in the manner set out in the invitation to tender.[63] He should make his own investigations[64] or limit his liability to exactly stated quantities of work.[65]

Prohibition by law. If after entering into the contract the completion of the works becomes permanently prohibited by law this normally frustrates the contract.[66] If the prohibition is not permanent the test would seem to be

---

[56] *Sir Lindsay Parkinson Ltd v. Commissioners of Works* [1949] 2 K.B. 632 at 665 (C.A.); see also *Bank Line Ltd v. Capel* [1919] A.C. 435 (H.L.); *Wong Lai Ying v. Chinachem* (1979) 13 B.L.R. 81 (P.C.); *Kodros Shipping v. Empresa Cubana (The Evia) (No. 2)* [1983] 1 A.C. 736 (H.L.); cf. *B.P. Exploration Co. v. Hunt (No. 2)* [1983] 2 A.C. 352 (H.L.) for the application of s. 2(3) of the Law Reform (Frustrated Contracts) Act 1943 and see p. 149.
[57] See discussion in the text of *Metropolitan Water Board v. Dick Kerr & Co. Ltd* [1918] A.C. 119 (H.L.).
[58] *Paal Wilson v. Partenreederei* [1983] 1 A.C. 854 (H.L.) applying *Bremer Vulkan v. South India Shipping* [1981] A.C. 909 (H.L.). For delay in arbitrations, see pp. 448 *et seq.* and s. 13A of the Arbitration Act 1950 as inserted by s. 102 of the Courts and Legal Services Act 1990.
[59] *National Carriers v. Panalpina* [1981 A.C. 675 (H.L.).
[60] *Bottoms v. York Corp.* (1892) H.B.C. (4th ed.), Vol. 2, p. 208 (C.A.); *McDonald v. Workington Corp.* (1893) 9 T.L.R. 230; H.B.C. (4th ed.), Vol. 2, p. 228 (C.A.); *Brauer Ltd v. Clark Ltd* [1952] 2 All E.R. 497 (C.A.); *Davis Contractors Ltd v. Fareham U.D.C.* [1955] 1 Q.B. 302 (C.A.); *The "Captain George K"* [1970] 2 Lloyd's Rep. 21.
[61] *Bottoms v. York Corp.* (1892) H.B.C. (4th ed.), Vol. 2, p. 208 (C.A.); *McDonald v. Workington Corp.* (1893) 9 T.L.R. 230; H.B.C. (4th ed.), Vol. 2, p. 228 (C.A.).
[62] See Section 5 of this chapter.
[63] *Thorn v. London Corp.* (1876) 1 App.Cas. 120 (H.L.).
[64] *McDonald v. Workington Corp.* (1893) 9 T.L.R. 230; H.B.C. (4th ed.), Vol. 2, p. 228 (C.A.).
[65] e.g. *Bryant v. Birmingham Hospital Saturday Fund* [1938] 1 All E.R. 503 (defects in soil); and see generally "Bills of quantities contract" on p. 89.
[66] *Baily v. de Crespigny* (1869) L.R. 4 Q.B. 180. cf. *Walton Harvey Ltd v. Walker and Homfrays Ltd* [1931] 1 Ch. 274 (C.A.); *Amalgamated Investment Ltd v. John Walker Ltd* [1977] 1 W.L.R. 164 (C.A.).

"whether the interruption (caused by the prohibition) was so long as to destroy the identity of the work and service when resumed, with the work and service when interrupted".[67] Thus in *Metropolitan Water Board v. Dick Kerr & Co. Ltd*,[68] the contractors in July 1914, before the outbreak of war, entered into a contract to construct reservoirs at an agreed price within a period of six years. In February 1916 the government prohibited the continuance of the work and seized and sold the contractor's plant and materials, and the work was still prohibited when the case came before the House of Lords in 1918. It was held that the contract was at an end, and this notwithstanding that the engineer had power to extend the time for completion "prospectively or retrospectively" in the event of any "difficulties, impediments, obstructions, oppositions . . . whatsoever and howsoever occasioned".[69]

War.

"Except in cases of supervening illegality, arising from the fact that the contract involves a party in trading with someone who has become an enemy, a declaration of war does not prevent the performance of a contract; it is the acts done on furtherance of the war which may or may not prevent performance, depending on the individual circumstances of the case. If there is any presumption at all, it relates to the duration of the state of war, not to the effects which the war may have on the performance of the contract."[70]

Building contracts often have clauses providing contractual consequences of the outbreak of hostilities.[71]

Delay. Increased cost to the contractor caused by unforeseen delay due to shortage of labour and materials or other causes not the fault of the employer is a risk which, in the absence of express terms to the contrary, is undertaken by the contractor,[72] and it seems unlikely[73] that delay which does not result in a stoppage of work[74] can be sufficient to frustrate the contract.

---

[67] Lord Wright in *Cricklewood Property & Investment Trust Ltd v. Leighton's Investment Trust Ltd* [1945] A.C. 221 at 236 (H.L.); *Woodfield Co. Ltd v. Thompson & Sons Ltd* (1919) 367 T.L.R. 43 (C.A.).
[68] [1918] A.C. 119 (H.L.).
[69] See also *Fibrosa, etc. v. Fairbairn, etc., Ltd* [1943] A.C. 32 (H.L.); *New Zealand Shipping Co. v. Ateliers, etc., de France* [1919] A.C. 1 (H.L.). It has been held on rather special facts by a majority of 4:1 of the High Court of Australia (Brennan J. dissenting) that an injunction restraining noisy building operations between certain hours frustrated a contract to build an underground railway—*Codelfa Construction v. State Railway Authority of New South Wales* (1982) 149 C.L.R. 337.
[70] *Finelvelt A.G. v. Vinava Shipping Co. Ltd* [1983] 1 W.L.R. 1469 at 1481.
[71] See pp. 698 and 1085.
[72] See *Davis Contractors Ltd v. Fareham U.D.C.* [1956] A.C. 696 (H.L.). For shipping cases, see *The "Captain George K"* [1970] 2 Lloyd's Rep 21; *The Anglia* [1973] 1 W.L.R. 210.
[73] In view of *Davis Contractors Ltd v. Fareham U.D.C.* [1956] A.C. 696 (H.L.).
[74] *cf. Metropolitan Water Board v. Dick Kerr & Co. Ltd* [1918] A.C. 119 (H.L.) where work stopped; *Pioneer Shipping v. B.T.P. Tioxide (The Nema)* [1982] A.C. 724 (H.L.)—arbitrator's decision that a charterparty was frustrated by delay caused by a strike upheld.

Change in prices. The contract is not affected by an unanticipated and wholly abnormal rise or fall in prices or a sudden depreciation in the currency unless these events, upon the principles set out above, are of such gravity as to frustrate the contract.[75] It is thought that little short of a catastrophe[76] to the currency would suffice.

Destruction by fire, flood, landslip etc. Where a contractor undertakes to complete a whole work for a specified price and the contract works are destroyed by fire, flood or the like, he is not, subject to the express terms of the contract, released from his obligation to complete, and normally the contract is not frustrated.[77] If he undertakes to do work on another's building and that building is destroyed the contract may or may not be frustrated according to the application of the principles set out above.[78] If the soil upon which he has undertaken to build is destroyed by flood and the like, then, it is submitted, normally the contract is frustrated.[79] Where in Hong Kong an unforeseeable landslip brought a 13 storey block of flats and hundreds of tons of earth onto the site obliterating the building works, killing 67 people and resulting in lengthy and uncertain delay, it was held that this was "a major interruption fundamentally changing the character and the duration of the contract performance" and thus a frustrating event.[80]

Weather and acts of God. Bad weather and storms do not generally excuse a contractor for he must be taken to have contemplated their possibility.[81] But if there is an exceptional and extraordinary rainfall[82] or snowfall,[83] or flooding[84] or earthquake,[85] or other weather "such as could not reasonably be anticipated", it may be an act of God.[86] This in itself does not

---

[75] *British Movietonews Ltd v. London & District Cinemas Ltd* [1952] A.C. 166, 185 (H.L.); *cp. Staffordshire Area Health Authority v. South Staffordshire Water Works* [1978] 1 W.L.R. 1387 at 1398 (C.A.).
[76] See Asquith L.J. in *Sir Lindsay Parkinson & Co. Ltd v. Commissioners of Works* [1949] 2 K.B. 632 at 665 (C.A.). There was little enthusiasm to argue that rates of inflation current in 1975 (about 25 per cent) had this effect on building contracts. Such an argument did not succeed in *Wates v. Greater London Council* (1983) 25 B.L.R. 1 (C.A.).
[77] *Appleby v. Myers* (1867) L.R. 2 C.P. 651; *Gold v. Patman & Fotherington Ltd* [1958] 1 W.L.R. 697 at 704 (C.A.).
[78] See *Appleby v. Myers* where on the facts of the contract it was held to be frustrated (although the modern term "frustration" was not used). But many contracts today expressly provide for fire to the employer's building—see, *e.g.* clause 22 of the Standard Form of Building Contract on p. 613.
[79] See *Taylor v. Caldwell* (1863) 3 B. & S. 826.
[80] *Wong Lai Ying v. Chinachem* (1979) 13 B.L.R. 81 (P.C.).
[81] *Maryon v. Carter* (1830) 4 C. & P. 295; *Jackson v. Eastbourne Local Board* (1885) H.B.C. (4th ed.), Vol. 2, p. 81 (H.L.); *Electric Power Equipment v. R.C.A. Victor Co.* (1964) 46 D.L.R. (2d) 722 (British Columbia C.A.).
[82] *Dixon v. Metropolitan Board of Works* (1881) 7 Q.B.D. 418.
[83] *Briddon v. G.N. Railway* (1858) 28 L.J.Ex. 51.
[84] *Nichols v. Marsland* (1876) 2 Ex.D. 1 (C.A.).
[85] *ibid.*
[86] Fry L.J. in *Nitrophosphate and Odams' Chemical Manure Co. v. London & St. Katherine Docks Co.* (1878) 9 Ch.D. 503 at 516 (C.A.). For *"force majeure"*, see p. 643.

excuse a breach of contract,[87] but the parties may, on the construction of the contract, have intended that an act of God should bring the contract to an end.[88] There has been no reported case arising out of the hurricane in October 1987.

Strikes. Strikes do not ordinarily frustrate contracts,[89] although the principles set out above must be applied to the circumstances of any particular case to see whether, exceptionally, there is such certainty of a long duration of the strike or other effect as to frustrate the contract.[90] It is usual to provide expressly for delay caused by strikes.

Compliance with Building Regulations.[91] This may require heavy expenditure as, for example, when the site is opened up and it is found that elaborate foundations are necessary for a simple building. It is thought that in some cases the expenditure required in comparison with that contemplated may be so heavy that the contract is frustrated.[92]

Effect of discharge by impossibility or frustration. Frustration of the contract discharges the parties from further obligations,[93] and at common law the contractor under the ordinary lump sum contract for a whole work could not recover the cost of work he had carried out.[94] Money paid under a contract thereafter frustrated was recoverable, but only if the consideration for the payment had wholly failed.[95]

Law Reform (Frustrated Contracts) Act 1943.[96] The Act provides

---

[87] *Baily v. de Crespigny* (1869) L.R. 4 Q.B. 180 at 185.
[88] *ibid.*
[89] *Metropolitan Water Board v. Dick, Kerr & Co.* [1917] 2 K.B. 1, 35; *Reardon Smith Line v. Min. of Agriculture* [1962] 1 Q.B. 42 at 81 (C.A.). For meaning of "strike" in a charterparty, see *Tramp Shipping Corp. v. Greenwich Marine Inc.* [1975] 1 W.L.R. 1042 at 1046–1047 (C.A.). For delay caused by a strike where the obligation is to complete within a reasonable time, see p. 237.
[90] *cf. Matsoukis v. Priestman & Co.* [1915] 1 K.B. 681; *Pioneer Shipping v. B.T.P. Tioxide (The Nema)* [1982] A.C. 724 (H.L.).
[91] See generally p. 411.
[92] There is no authority directly in point. The argument would be difficult; see p. 146, "Difficulty or expense no excuse," and consider *Walton Harvey Ltd v. Walker and Homfrays Ltd* [1931] 1 Ch. 274 (C.A.); *Amalgamated Investment Ltd v. John Walker Ltd* [1977] 1 W.L.R. 164 (C.A.).
[93] See p. 145. The ordinary arbitration clause remains effective—see p. 428.
[94] *Appleby v. Myers* (1867) L.R. 2 C.P. 651. For the position of the employer, see *Fibrosa Spolka v. Fairbairn Lawson* [1943] A.C. 32 (H.L.).
[95] *Fibrosa Spolka v. Fairbairn Lawson* [1943] A.C. 32 (H.L.); see also *B.P. Exploration Co. v. Hunt (No. 2)* [1979] 1 W.L.R. 783 at 798.
[96] There is a full exposition of the operation of the Act, particularly s. 3(1), by Robert Goff J. in *B.P. Exploration Co. v. Hunt (No. 2)* [1979] 1 W.L.R. 783. The Court of Appeal, at [1981] 1 W.L.R. 232, upheld his decision although they said that they got no help from the use by the judge of the term "unjust enrichment" which is not in the Act. The House of Lords, at [1983] 2 A.C. 352, dismissed the further appeal on grounds which do not materially affect the original exposition.

that where a contract governed by English law has become impossible of performance or has been otherwise frustrated and the employer has obtained a valuable benefit from the contract works, the contractor can recover from the employer such sum not exceeding the value of the benefit as the court having regard to all the circumstances of the case considers just.[97] Conversely money paid by the employer is recoverable, or if payable, ceases to be payable provided that if the contractor has incurred expenses in performance of the contract the court may, if it considers it just to do so, having regard to all the circumstances of the case, allow the contractor to retain or, as the case may be, recover the whole or any part of the money paid or payable before frustration up to the amount of the expenses incurred.[98] The Act takes effect subject to the provisions of the contract.[99] It does not require a detailed accountancy exercise.[1] Interest can be awarded under section 3(1) of the Law Reform (Miscellaneous Provisions) Act 1934.[2]

A contractor, under an entire contract,[3] who relies solely on the Act may be in no better position than at common law. He must show that the employer has received a valuable benefit, and the amount he can recover cannot exceed the value of such benefit.[4] So where the contract works are totally destroyed before use or occupation by the employer he may recover nothing.[5] It is probably more in the interest of both parties to deal expressly with matters most likely to frustrate the contract, and in particular to provide for insurance[6] against the more common risks.[7]

8. ILLEGALITY

No assistance from the court. If at the time of entering into a contract its performance or its object or the consideration for performance is illegal or contrary to sound morals, the contract is void.[8] If its completion becomes illegal after performance has commenced, the contract is frustrated and both parties are discharged from further performance.[9] No enforceable rights can,

---

[97] s. 1(1), (3).
[98] s. 1(2).
[99] s. 2(3). See *B.P. Exploration Co. v. Hunt (No. 2)* [1981] 1 W.L.R. 232 (C.A.); *cf.* clauses 6, 22, 25, 26, 28 and 28A of the Standard Form of Building Contract.
[1] *B.P. Exploration Co. v. Hunt (No. 2)* [1981] 1 W.L.R. 232 at 242 (C.A.).
[2] *B.P. Exploration Co. v. Hunt (No. 2)* [1983] 2 A.C. 352 (H.L.).
[3] For meaning, see p. 75 and cases there cited, in particular *Appleby v. Myers* (1867) L.R. 2 C.P. 651.
[4] s. 1(3). For difficulties in the interpretation and application of the Act, see *Chitty on Contracts* (27th ed.), Vol. 1, 23–053 *et seq.*
[5] See *B.P. Exploration Co. v. Hunt (No. 2)* [1979] 1 W.L.R. 783 at 801.
[6] Note the effect of s. 1(5).
[7] For reinstatement by insurers after destruction by fire, see the Fires Prevention (Metropolis) Act 1774, ss. 83 and 84. See also *Gold v. Patman & Fotheringham Ltd* [1958] 1 W.L.R. 697 (C.A.), discussed on p. 612.
[8] See generally *Chitty on Contracts* (27th ed.), Vol. 1, Chap. 16.
[9] See *Metropolitan Water Board v. Dick, Kerr & Co.* [1918] A.C. 119 (H.L.). See also p. 138.

in general, accrue under an illegal or immoral contract for "no court will lend its aid to a man who founds his cause of action upon an immoral or illegal act."[10] If the contract is illegal in the sense that its performance is absolutely prohibited, or only permitted under a licence which is not obtained, the general rule is that the contractor cannot recover payment for illegal work even if he did not know of the illegality,[11] while the employer cannot recover instalments which he has paid under the contract.[12] If the contract is one where only the object of the building's use is immoral or illegal, it would seem that a contractor who was ignorant of such object would be able to recover for the work done and materials supplied, provided that he ceased work as soon as he became aware of the immoral or illegal purpose.[13] The position might arise in a contract to do work on premises to be used for prostitution.[14]

Severance. In cases where an ancillary part of a contract is illegal, it may be possible to sever the illegal part and enforce the lawful remainder.[15] In one case, the question whether a particular kind of illegality rendered void both an arbitration agreement and the remainder of the contract in which it was contained depended on the nature of the illegality.[16]

Contracts tainted with illegality. This is where the contract is not itself illegal, but it has a connection with some other illegal transaction which renders it obnoxious.[17] The courts have tended to adopt a pragmatic approach. Where the plaintiff's action in truth arose directly out of illegality, he was likely to fail. Where the plaintiff had a genuine claim, to which allegedly unlawful conduct was incidental, he was likely to succeed.[18] But the "public conscience test" developed in these cases has been disapproved by the House of Lords and it is unclear how they would now be decided.[19]

---

[10] Lord Mansfield C.J. in *Holman v. Johnson* (1775) 1 Cowp. 341 at 343; *Brightman v. Tate* [1919] 1 K.B. 463; *Brown Jenkinson & Co. Ltd v. Percy Dalton (London) Ltd* [1957] 2 Q.B. 621, 635, 639 (C.A.); *Palaniappa Chettiar v. Arunasalam Chettiar* [1962] A.C. 294 (P.C.).

[11] *Re Mahmoud and Ispahani* [1921] 2 K.B. 716 (C.A.); *Bostel Bros Ltd v. Hurlock* [1949] 1 K.B. 74 (C.A.); *cf. Yin v. Sam* [1962] A.C. 304 (P.C.); *Phoenix Insurance v. Halvanon Insurance* [1988] Q.B. 216 (C.A.).

[12] *Smith & Son Ltd v. Walker* [1952] 2 Q.B. 319 at 328 (C.A.); *Kearley v. Thomson* (1889) 24 Q.B.D. 742 at 745–746 (C.A.).

[13] See *Clay v. Yates* (1856) 1 H. & N. 73; *Pearce v. Brooks* (1866) L.R. 1 Ex. 213; *Kiriri Cotton Co. Ltd v. Dewani* [1960] A.C. 192 (P.C.).

[14] *cf. Pearce v. Brooks* (1866) L.R. 1 Ex. 213. The case of *Upfill v. Wright* [1911] 1 K.B. 506 (D.C.) cited in earlier editions of this book is entertaining, but see now *Heglibiston Establishment v. Heyman* (1977) P.& C.R. 351 at 362 (C.A.).

[15] See *Carney v. Herbert* [1985] A.C. 301 (P.C.).

[16] *Harbour Assurance v. Kansa General International* [1993] Q.B. 701 (C.A.).

[17] Staughton J. in *Euro-Diam Ltd v. Bathurst* [1990] Q.B. 1 at 15 upheld at [1990] Q.B. 1 (C.A.); *cf. Howard v. Shirlstar Container Transport* [1990] 1 W.L.R. 1292 (C.A.).

[18] Bingham L.J. in *Saunders v. Edwards* [1987] 1 W.L.R. 1116 at 1134 (C.A.). The subject is extensively further dealt with in *Thackwell v. Barclays Bank* [1986] 1 All E.R. 676; *Euro-Diam Ltd v. Bathurst* [1990] Q.B. 1 (C.A.)—see especially Kerr L.J. at 34 *et seq.*; *Tinsley v. Milligan* [1992] Ch. 310 (C.A.).

[19] See the opinion of Lord Goff in *Tinsley v. Milligan* [1993] 3 W.L.R. 126 (H.L.). Lord Goff dissented in the result, but Lord Browne-Wilkinson, who gave the leading opinion of the

Excuses for Non-performance

Return of Goods. The owner of goods the possession of which has passed to another under an illegal contract is entitled to the return of the goods or their value provided that the owner does not have to rely on the illegal contract or plead its illegality to support his claim.[20] The court will look at the contract when it is just and proper to do so, as when it is necessary for the assessment of damages in an action by the owner for conversion of the goods.[21]

Contravention of statute. The general principle is that "what is done in contravention of the provisions of an Act of Parliament cannot be made the subject-matter of action",[22] but the application of this principle involves careful consideration of the statutory provisions in question and the particular breach complained of.[23] Where a contract is legal but an illegality is committed in the course of performing it, the question is whether Parliament intended that the offender should be precluded from enforcing the contract or whether breaches of the statute should attract only the civil or criminal penalties enacted.[24]

Insurance policies. In a non-marine insurance policy,[25] there is no implied warranty, in the insurance sense of a term whose breach discharges the insurer from liability even if the breach is unconnected with the loss, that the adventure insured is a lawful one and that so far as the insured can control the matter it must be carried out in a lawful manner.[26]

Building Regulations. Where contravention of Building Regulations or similar provisions[27] are alleged a distinction is drawn between contracts illegal as formed and contracts illegal only as performed.[28] The contractor cannot recover payment for carrying out work which on the face of the contract must contravene the statutory provision.[29] In *Stevens v. Gourley*[30]

---

majority, expressly agreed at p. 146 with Lord Goff's opinion about the "public conscience test".

[20] *Tinsley v. Milligan* [1993] 3 W.L.R. 126 (H.L.); *Bowmakers Ltd v. Barnet Instruments Ltd* [1945] 1 K.B. 65 (C.A.); *Singh v. Ali* [1960] A.C. 167 (P.C.), distinguished in *Palaniappa Chettiar v. Arunasalam Chettiar* [1962] A.C. 294 (P.C.).

[21] *Belvoir Finance Co. Ltd v. Stapleton* [1971] 1 Q.B. 210 at 218 (C.A.).

[22] Lord Ellenborough C.J. in *Langton v. Hughes*, 1 M. & S. 593 at 596; *cf. Howell v. Falmouth Boat Construction Co. Ltd* [1951] A.C. 837 (H.L.); see also *Barton v. Piggott* (1874) L.R. 10 Q.B. 86.

[23] See, *e.g. Phoenix Insurance v. Halvanon Insurance* [1988] Q.B. 216 at 273 (C.A.).

[24] *Shaw v. Groom* [1970] 2 Q.B. 504 (C.A.); *Bauche v. Woodhouse Drake* [1977] 2 Lloyd's Rep. 516.

[25] For marine policies, see s. 41 of the Marine Insurance Act 1906.

[26] *Euro-Diam Ltd v. Bathurst* [1990] Q.B. 1 at 40 (C.A.).

[27] See generally p. 411.

[28] For a full discussion of this principle, see Cheshire and Fifoot, *Contract* (12th ed.), pp. 353 *et seq.* See also *Archbolds (Freightage) Ltd v. S. Spanglett Ltd* [1961] 1 Q.B. 374 (C.A.); *Ashmore, Benson Ltd v. Dawson Ltd* [1973] 1 W.L.R. 828 (C.A.).

[29] Cases cited in n.18 above; *Stevens v. Gourley* (1859) 7 C.B.(N.S.) 99; *Townsend (Builders) Ltd v. Cinema News, etc., Ltd* [1959] 1 W.L.R. 119 (C.A.), also 20 B.L.R. 118.

[30] (1859) 7 C.B.(N.S.) 99.

Chapter 6—Illegality

the contractor undertook to erect and in fact completed a shop made of wood and resting on wooden foundations with the deliberate intention of evading statutory provisions which required that buildings should be made of incombustible material. It was held that he could not recover payment because of the contravention of the statute.[31] But where a contract is on the face of it capable of performance in accordance with the relevant statutory provisions and the contravention arises only in the mode of carrying it out, then the contractor may or may not, according to the particular circumstances, be able to recover payment for work which contravened the statute. Thus in *Townsend (Builders) Ltd v. Cinema News, etc., Ltd*,[32] the work as specified did not, but as completed did, involve a contravention of a by-law. It was held that there was no "fundamental illegality pervading the whole work and the whole contract"[33] and that the contractor was entitled to recover payment[34] having regard to the following: the by-law in question; the contractor's ignorance until the work was far advanced that there would be a contravention; a temporary waiver of the contravention by the local authority and to the ease with which compliance could be secured by the insertion of a partition. It seems that had it not been for the special circumstances just set out the contractor would not have recovered payment.[35]

In the *Townsend* case, the employer recovered as damages the cost of making the works comply with the by-laws on a counterclaim for breach of an express term to comply with by-laws.[36] It is submitted that an employer who knows of, or becomes aware of, the contractor's intention to contravene by-laws cannot recover as damages any loss resulting from the breach.[37] Whether or not he would be debarred from recovering damages for other breaches would seem to depend upon whether the contravention brought about a "fundamental illegality"—see above.

Town and Country Planning Acts. It seems that the same general principles apply to contravention of town and country planning legislation as apply to contravention of Building Regulations.[38]

Obtaining necessary consents. Where consents, *e.g.* of the local authority, must be obtained to make a contract lawful it depends on the particular contract whether the contractor or the employer must obtain them

---

[31] The building was, on the magistrate's order, removed.
[32] [1959] 1 W.L.R. 119 (C.A.), also 20 B.L.R. 118.
[33] [1959] 1 W.L.R. 119 at 125.
[34] For the architect's liability, see pp. 195 and 345.
[35] See in particular the judgment of Lord Cohen at [1959] 1 W.L.R. 119 at 126. See also *One Hundred Simcoe Street v. Frank Burger Contractors* (1968) 66 D.L.R. (2d) 602, (Ontario C.A.); *Fielding & Platt Ltd v. Najjar* [1969] 1 W.L.R. 357 (C.A.).
[36] R.I.B.A. form (1939 ed.), clause 3, printed on p. 274 of the 2nd edition of this book. For the current clause, see clause 6 of the Standard Form of Building Contract on p. 561.
[37] *Ashmore Benson Ltd v. Dawson Ltd* [1973] 1 W.L.R. 828 (C.A.).
[38] *cf. Best v. Glenville* [1960] 1 W.L.R. 1198 (C.A.)—a landlord and tenant case; see also *Shaw v. Groom* [1970] 1 Q.B. 504 (C.A.).

and whether, if they are not obtained, the parties are discharged from further obligations under the contract.[39] It seems that in the absence of express words the party who has to obtain the consent or licence does not give an absolute warranty that he will obtain it, but a warranty to use all due diligence.[40] In a commercial case where a seller had an obligation to obtain an export licence, this was held not to amount to a warranty to maintain the licence in the face of supervening government intervention.[41]

Building Licences. Earlier editions of this book had discussion of the Defence Regulations 1939 and the Building Control Act 1966[42] under which certain building work was unlawful without a licence. Reference is retained here as a means only of finding the material if necessary.[43]

The Trade Description Act 1968. This Act imposes criminal sanctions for its contravention. Its purpose as regards goods is to prevent sellers from attaching false descriptions to the goods, and for services "to make it an offence if the person providing the services recklessly makes a false statement as to what he has done".[44] In *Beckett v. Cohen*[45] a builder who promised to build a garage in about 10 days "as the existing" neighbouring garage did not commit an offence when he did not complete it in 10 days and it was not exactly like the other garage. "Parliament never intended ... to make a criminal offence out of what is really a breach of warranty."[46]

9. ECONOMIC DURESS

An agreement made under duress in the form of illegitimate economic pressure which amounts to a coercion of will and which vitiates consent may be voidable.[47] "It must be shown that the payment made or the contract

---

[39] See *Ellis-Don v. Parking Authority of Toronto* (1978) 28 B.L.R. 98 (Supreme Court of Ontario) for a case where the employer was in breach of contract for not obtaining necessary permits in time and the contractor was entitled to assume that a proper application had been made.
[40] See *Smith v. Mayor of Harwich* (1857) 26 L.J.C.P. 257; *Baily v. de Crespigny* (1869) L.R. 4 Q.B. 180; *Brauer & Co. Ltd v. Clark, etc., Ltd* [1952] 2 All E.R. 497 (C.A.); cp. *Pagnan v. Tradax Ocean* [1987] 2 Lloyd's Rep. 342 (C.A.)—absolute obligation to obtain export certificate coupled with a cancellation clause if export prohibited or restricted. See also clause 6 of the Standard Form on p. 561; *Re Northumberland Avenue Hotel Co.* (1887) 56 L.T. 833 (C.A.)—approval of plans by third party not obtained; *A.V. Pound & Co. Ltd v. M.W. Hardy & Co. Inc.* [1956] A.C. 588 (H.L.); *Compagnie Algerienne, etc. v. Katana Societa, etc.* [1960] 2 Q.B. 115 (C.A.); *Smallman v. Smallman* [1972] Fam. 25 at 31 (C.A.); *Agroexport v. Cie. Europeene* [1974] 1 Lloyd's Rep. 499.
[41] *Czarnikow Ltd v. Rolimpex* [1979] A.C. 351 (H.L.).
[42] Suspended in 1968 and eventually repealed by the Housing and Building Control Act 1984.
[43] See the 2nd edition of the book for the Defence Regulations and the 4th edition for the Building Control Act.
[44] *Beckett v. Cohen* [1972] 1 W.L.R. 1593 at 1596 (D.C.); see also *British Airways Board v. Taylor* [1976] 1 W.L.R. 13 (H.L.).
[45] [1972] 1 W.L.R. 1593 (D.C.).
[46] *Beckett v. Cohen* [1972] 1 W.L.R. 1593 at 1596 (D.C.).
[47] *Occidental Worldwide Investment v. Skibs A/S Avanti* [1976] 1 Lloyd's Rep. 293; *North Ocean*

Chapter 6—Economic Duress

entered into was not a voluntary act."[48] It must also be shown that the pressure exerted was illegitimate.[49] It is not clear precisely what is meant by "illegitimate",[50] but a sufficiently coercive threat to break a contract may amount to economic duress. This may occur typically where a party to an existing contract compels by coercion uncovenanted additional payment by threatening not to perform the contract if his demand is not met.[51] It could in principle occur in a building contract if, for example, a subcontractor has undertaken work at a fixed price and, before he has completed the work, he declines to continue with it unless the contractor agrees to pay an increased price. Such an agreement could be voidable for economic duress if the subcontractor was held guilty of securing the contractor's promise by taking unfair advantage of the difficulties he would cause if he did not complete the work.[52]

But commercial pressure without coercion is insufficient. If there is no sufficient coercion, a threat to repudiate a pre-existing contractual obligation or an unfair use of a dominant bargaining position is insufficient to invalidate the consideration for the agreement.[53]

"In determining whether there was coercion of will such that there was no true consent, it is material to inquire whether the person alleged to have been coerced did or did not protest; whether, at the time he was allegedly coerced into making the contract, he did or did not have an alternative course open to him such as an adequate legal remedy; whether he was independently advised; and whether after entering the contract he took steps to avoid it."[54]

Shipping v. Hyundai Construction [1979] Q.B. 705; *Pao On v. Lau Yiu Long* [1980] A.C. 614 at 635 (P.C.); *Universe Tankships v. International Transport Workers Federation* [1983] 1 A.C. 366 at 384 and 400 (H.L.). The prevailing conceptual analysis of the law of economic duress has been strongly questioned in P. S. Atiyah, "Economic Duress and the 'Overborne Will'" (1982) 98 L.Q.R. 197. See also Roger Halson, "Opportunism, Economic Duress and Contractual Modifications" (1991) 107 L.Q.R. 649.

[48] Lord Scarman in *Pao On v. Lau Yiu Long* [1980] A.C. 614 at 636 (P.C.).
[49] *Universe Tankships v. International Transport Workers Federation* [1983] 1 A.C. 366 at 384, 400 (H.L.).
[50] *cf. B. & S. Contracts and Design v. Victor Green Publications* [1984] I.C.R. 419 at 423 (C.A.).
[51] *North Ocean Shipping v. Hyundai Construction* [1979] Q.B. 705 at 719; *B. & S. Contracts and Design v. Victor Green Publications* [1984] I.C.R. 419 (C.A.); *Atlas Express v. Kafco (Importers and Distributors)* [1989] Q.B. 833; *Vantage Navigation v. Suhail and Saud Bahwan Building Materials* [1989] 1 Lloyd's Rep. 138 at 145.
[52] See *Williams v. Roffey Bros* [1991] 1 Q.B. 1 at 13 (C.A.). Glidewell L.J.'s reference here to economic duress was not central to the main decision.
[53] *Pao On v. Lau Yiu Long* [1980] A.C. 614 at 634 and 635 (P.C.). A plea of economic duress is closely allied to, but different from, a plea of absence of consideration—see pp. 12 and 42. See also *C.T.N. v. Gallagher* [1994] 4 All E.R. 714 (C.A.).
[54] Lord Scarman in *Pao On v. Lau Yiu Long* [1980] A.C. 614 at 635 (P.C.); *cf. Alec Lobb (Garages) v. Total Oil* [1983] 1 W.L.R. 87 at 93—not affected by the decision in the Court of Appeal at [1985] 1 W.L.R. 173 (C.A.).

10. DEFAULT OF OTHER PARTY

(a) Repudiation generally

The word "repudiation" is ambiguous and has several meanings,[55] but it is the most convenient term to describe circumstances where "one party so acts or so expresses himself as to show that he does not mean to accept the obligations of a contract any further".[56] Such a repudiation if accepted by the innocent party releases the innocent party from further performance.[57]

Every breach of contract entitles the other party to damages to compensate for the loss sustained in consequence of the breach. But, with the exceptions discussed below and subject to express contractual rights of determination,[58] breach of contract by one party does not discharge the other party from performance of his unperformed obligations.[59]

There are two circumstances in which breach of contract by one party entitles the other to elect to put an end to all remaining primary obligations of both parties.[60] These are:

(i) where the contracting parties have agreed, whether by express words or implication of law that *any* breach of the contractual term in question shall entitle the other party to elect to put an end to all remaining primary obligations of both parties, *i.e.* where there is a *breach of condition*;

(ii) where the event resulting from the breach of contract has the effect of depriving the other party of substantially the whole benefit which it was the intention of the parties that he should obtain from the contract, *i.e.* where there is a *fundamental breach*.[61]

Operation of the election to put an end to all remaining primary obligations of both parties is variously referred to as the "determination" or "rescission" of the contract or as "treating the contract as repudiated" or "accepting the repudiation" of the contract breaker. The first two of these expressions are, however, misleading if it is thought that for all purposes the contract is at an end and can be disregarded.[62]

Where there is a breach of condition or fundamental breach, the cause of action in *damages* does not depend on the innocent party electing to rescind the contract. Depending on the circumstances, the election may occur

---

[55] See *Heyman v. Darwins* [1942] A.C. 356 at 378 and 398 (H.L.).
[56] *ibid.*, Lord Simon at p. 361.
[57] *Heyman v. Darwins* [1942] A.C. 356 (H.L.).
[58] See p. 256 for such determination clauses.
[59] See, *e.g. Photo Production v Securicor* [1980] A.C. 827 at 849 (H.L.); *Decro-Wall International S.A. v. Practitioners in Marketing* [1971] 1 W.L.R. 361 (C.A.); *Channel Tunnel Group v. Balfour Beatty* [1992] Q.B. 656 at 666 (C.A.).
[60] For the meaning of "primary obligations" here, see Lord Diplock in *Photo Production v. Securicor* [1980] A.C. 827 at 848 (H.L.).
[61] Lord Diplock in *Photo Production v Securicor* [1980] A.C. 827 at 849 (H.L.).
[62] *ibid.* and see Lord Wilberforce *ibid.* at 845.

later.[63] The innocent party may alternatively elect not to rescind the contract, but the breach will nevertheless in principle sustain a claim for damages.

Breach of condition. A condition in this context is a contractual term breach of which entitles the other party to operate the election referred to above irrespective of the nature or seriousness of the breach.[64] Whether a contractual term is a condition is a question of construction. A term may be a condition

   (i) by statutory implication,[65] or
   (ii) because the parties have explicitly made it so, or
   (iii) because the court so construes it.

Condition by explicit agreement. It is open to the parties to agree that, as regards any particular obligation, any breach shall entitle the party not in default to treat the contract as repudiated,[66] *i.e.* to make the term a condition, even if it would not be so in the absence of such a provision.[67] The parties may use language which explicitly says that a contractual term is to be so regarded. The actual use of the word "condition" is not required. "Any term or terms of the contract, which, fairly read, have the effect indicated are sufficient."[68] A common instance is where it is stipulated that "time is of the essence".[69]

Condition by construction. Although the parties may not have explicitly agreed that a contractual term is a condition, the court may find that it is. If the parties have not expressly ascribed a degree of importance to the consequences of breach, the court asks what consequences ought to be attached to it having regard to the contract as a whole.[70] This must inevitably involve a value judgment about the commercial significance of the term in question.[71] The court does not here consider the breach actually committed since parties to commercial transactions should be entitled to know their rights at once and should not, when possible, be required to wait upon events before those rights can be determined.[72] The court will not be over ready,

---

[63] *Tilcon v. Land and Real Estate* [1987] 1 W.L.R. 46 (C.A.).
[64] See, *e.g. Suisse Atlantique v. N. V. Rotterdamsche Kolen Centrale* [1967] 1 A.C. 361 at 422 (H.L.).
[65] See, *e.g.* ss. 12–15 of the Sale of Goods Act 1979 and contrast, *e.g.* ss. 13–15 of the Supply of Goods and Services Act 1982 where there are "implied terms".
[66] *Bunge Corporation v. Tradax* [1981] 1 W.L.R. 711 at 715 (H.L.); *Scandinavian Trading v. Flota Ecuatoriana* [1983] 2 A.C. 694 at 702 (H.L.).
[67] See *Lombard v. Butterworth* [1987] Q.B. 527 at 535 (C.A.).
[68] Lord Wilberforce in *Bunge Corporation v. Tradax* [1981] 1 W.L.R. 711 at 716 (H.L.).
[69] See p. 237; *cf. Scandinavian Trading v. Flota Ecuatoriana* [1983] 2 A.C. 694 at 703 (H.L.).
[70] *Bunge Corporation v. Tradax* [1981] 1 W.L.R. 711 at 715 (H.L.); *Compagnie Commerciale Sucres et Denrées v. C. Czarnikow* [1990] 1 W.L.R. 1337 (H.L.).
[71] See *State Trading Corporation of India v. Golodetz* [1989] 2 Lloyd's Rep. 277 (C.A).
[72] Lord Roskill in *Bunge Corporation v. Tradax* [1981] 1 W.L.R. 711 at 725 (H.L.); see also Lord Wilberforce *ibid.* at 715.

unless required by statute or previous authority, to construe a term in a contract as a condition,[73] and will be unlikely to do so where the effect of some breaches of the term is trivial.[74]

If a term is described as a "condition," this is a strong indication that the parties intended any breach, however small, to be repudiatory, but the description is not conclusive and yields to the discovery of the parties' intention as disclosed by the contract read as a whole.[75] Conversely the use of the word "warranty" to describe a term is not conclusive that that term is not a condition. In insurance law, breach of warranty is treated as breach of condition[76] and it may well be that in a building contract the parties intend an express "warranty" of performance or as to the result or use of the works to have the effect of a condition.

Fundamental breach. Contractual terms are classified as either:

(i) conditions in the sense discussed above, or
(ii) warranties, being terms whose breach sounds in damages but does not terminate or entitle the other party to terminate the contract, or
(iii) "intermediate" or "innominate" terms.[77]

Intermediate terms are terms capable of operating as conditions or warranties according to the gravity of the breach[78] and it is thought that, in building contracts, most terms which are not conditions are intermediate.[79] There is thus fundamental breach when the gravity of the breach of an intermediate term has the effect of depriving the other party of substantially the whole benefit which it was the intention of the parties that he should obtain from the contract. To amount to repudiation a breach must go to the root of the contract.[80]

Other tests have been to ask whether the breach is total[81] or fundamental[82]

---

[73] *Cehave N.V. v. Bremer mbH* [1976] 1 Q.B. 44 at 70 (C.A.), Roskill L.J.
[74] *Cehave N.V. v. Bremer mbH* [1976] 1 Q.B. 44 (C.A.); *Hong Kong Fir Shipping v. Kawasaki Kison Kaisha* [1962] 2 Q.B. 26 (C.A.); *Schuler (L.) A.G. v. Wickman Machine Tool Sales* [1974] A.C. 235 (H.L.).
[75] *Schuler (L.) A.G. v. Wickman Machine Tool Sales* [1974] A.C. 235 (H.L.).
[76] *ibid.* at p. 256.
[77] *Hong Kong Fir Shipping v. Kawasaki Kison Kaisha* [1962] 2 Q.B. 26 (C.A.); see also Lord Scarman in *Bunge Corporation v. Tradax* [1981] 1 W.L.R. 711 at 717 (H.L.); Lord Simon in *United Scientific Holdings v. Burnley Council* [1978] A.C. 904 at 945 (H.L.); Robert Goff J. in *Compagnie General Maritime v. Diakan Spirit* [1982] 2 Lloyd's Rep. 574 at 583 *et seq.* See also F. M. B. Reynolds, "Discharge of Contract by Breach" (1981) 97 L.Q.R. 541 who argues convincingly that *three* categories are unnecessary and that classification into (i) conditions and (ii) other promises, to which the "gravity of the breach" test (see below in the text) can be applied, is preferable.
[78] See Diplock L.J. in *Hong Kong Fir Shipping v. Kawasaki Kison Kaisha* [1962] 2 Q.B. 26 at 70 (C.A.); *Bunge Corporation v. Tradax* [1981] 1 W.L.R. 711 at 717 (H.L.).
[79] See Lord Scarman in *Bunge Corporation v. Tradax* [1981] 1 W.L.R. 711 at 717H (H.L.).
[80] *Federal Commerce v. Molena Alpha* [1979] A.C. 757 at 779 (H.L.). See also the cases there cited; *Cehave N.V. v. Bremer mbH* [1976] 1 Q.B. 44 at 60 (C.A.)
[81] *Heyman v. Darwins* [1942] A.C. 356 at 397 (H.L.).
[82] *Suisse Atlantique v. N. V. Rotterdamsche Kolen Centrale* [1967] 1 A.C. 361 at 397 and 410 (H.L.).

Chapter 6—Default of Other Party

or whether the effect of the breach is such that it would be unfair to leave the injured party to a remedy in damages.[83] In commercial contracts, in particular those relating to shipping, a prime test seems to be whether the commercial purpose of the enterprise is frustrated.[84] It is submitted that, in relation to building contracts, to ask whether the breach goes to the root of the contract is often more helpful. The deliberate character of a breach makes it easier for, but does not compel, the court to find that it was fundamental.[85]

"Repudiation" is a drastic conclusion which should only be held to arise in clear cases of a refusal, in a matter going to the root of the contract, to perform contractual obligations.[86] It may consist of a renunciation, an absolute refusal to perform the contract,[87] or it may arise as the result of a breach, or breaches of contract such that "the acts and conduct of the party evince an intention no longer to be bound by the contract".[88] Repudiation before performance is due is termed an anticipatory breach.[89]

Erroneous expression of view. There can be repudiation where a party intends to fulfil a contract, but "is determined to do so only in a manner substantially inconsistent with his obligations and not in any other way".[90] But it is not a repudiation merely to put forward in good faith an interpretation of the contract which is wrong,[91] the more especially if it is put forward in such a way as to show that it is open to correction.[92] A party who bona fide relies upon an express stipulation in a contract in order to rescind or terminate the contract is not, by that fact alone, treated as having repudiated his contractual obligations if he turns out to be mistaken as to his rights.[93] It is necessary to pay proper regard to the impact of the party's

---

[83] *Decro-Wall International S.A. v. Practitioners in Marketing* [1971] 1 W.L.R. 361 at 380 (C.A.).
[84] *Hong Kong Fir Shipping v. Kawasaki Kison Kaisha* [1962] 2 Q.B. 26 (C.A.).
[85] *Suisse Atlantique v. N. V. Rotterdamsche Kolen Centrale* [1967] 1 A.C. 361, at 394, 398, 415, 429 and 435 (H.L.).
[86] Lord Wilberforce in *Woodar v. Wimpey* [1980] 1 W.L.R. 277 at 283 (H.L.). See also *Ross T. Smyth & Co. Ltd v. T. D. Bailey, Son & Co.* [1940] 3 All E.R. 60 at 71 (H.L.).
[87] *Suisse Atlantique v. N. V. Rotterdamsche Kolen Centrale* [1967] 1 A.C. 361 at 412, 421 (H.L.); *Mersey Steel & Iron Co. Ltd v. Naylor* (1884) 9 App.Cas. 434 at 439 and 443 (H.L.).
[88] *General Billposting Co. Ltd v. Atkinson* [1909] A.C. 118 at 122 (H.L.).
[89] *The Mihalis Angelos* [1971] 1 Q.B. 164 (C.A.); *Federal Commerce v. Molena Alpha* [1979] A.C. 757 at 778 (H.L.); *Afovos Shipping v. Pagnan* [1983] 1 W.L.R. 195 at 203 (H.L.). For a discussion and sub-classification of anticipatory breach into (a) breach by evinced intention and (b) breach by impossibility, see *Chilean Nitrate Sales v. Marine Transportation* [1982] 1 Lloyd's Rep. 570 at 572 *et seq.* (C.A.).
[90] *Ross T. Smyth & Co. Ltd v. T. D. Bailey, Son & Co.* [1940] 3 All E.R. 60 at 72 (H.L.).
[91] *ibid.*; *Mersey Steel & Iron Co. Ltd v. Naylor* (1884) 9 App.Cas. 434 (H.L.); *James Shaffer Ltd v. Findlay, Durham & Brodie* [1953] 1 W.L.R. 106 (C.A.); *Peter Dumenil v. James Ruddin* [1953] 1 W.L.R. 815 (C.A.); *Sweet & Maxwell Ltd v. Universal News Services Ltd* [1964] 2 Q.B. 699 (C.A.); *Toepfer v. Cremer* [1975] 2 Lloyd's Rep. 118 at 125 (C.A.).
[92] *ibid.* especially *Ross T. Smyth & Co. Ltd v. T. D. Bailey, Son & Co.* [1940] 3 All E.R. 60 at 72 (H.L.); *Sweet & Maxwell Ltd v. Universal News Services Ltd* [1964] 2 Q.B. 699 at 737 (C.A.).
[93] Lord Wilberforce in *Woodar v. Wimpey* [1980] 1 W.L.R. 277 at 283 (H.L.) expressing the conclusion of the majority—Lords Salmon and Russell (dissenting) held that contractual rescission on grounds unjustified in law is always repudiation.

Excuses for Non-performance

conduct on the other party.[94] It is thought that, if either party to a building contract operates contractual determination machinery upon a mistaken, albeit bona fide, view of the facts or his legal rights, that will normally be repudiation. The impact of such conduct on the other party suggests no other conclusion.[95]

Subsequent excuses for alleged repudiation. A party who is alleged to have repudiated a contract can subsequently rely on any defence notwithstanding that at the time of the alleged repudiation he gave other or no reasons by way of excuse,[96] unless he is estopped by his conduct and the other party's reliance thereon from relying upon a reason different from that which he gave at the time of the alleged repudiation.[97]

Arbitration agreements. In certain limited circumstances, one party to an arbitration agreement may treat the other party as guilty of repudiatory breach of that agreement.[98]

Acceptance of repudiation.[99] "Repudiation by one party standing alone does not terminate the contract. It takes two to end it, by repudiation on the one side, and acceptance of the repudiation on the other."[1] The innocent party must make it plain that "in view of the wrongful act of the party who has repudiated he claims to treat the contract as at an end".[2] By doing this he is usually said to rescind[3] the contract. He is released from further performance of primary obligations[4] and can sue at once for damages even though the time

---

[94] Lord Scarman *ibid.* at 299.
[95] *cf. Canterbury Pipe Lines v. Christchurch Drainage* (1979) 16 B.L.R. 76.
[96] *British and Beningtons v. North Western Cachar Tea* [1923] A.C. 48 at 71 (H.L.); *Scammell v. Ouston* [1941] A.C. 251 at 268 (H.L.); *The Mihalis Angelos* [1971] 1 Q.B. 164 at 195 (C.A.); *Scandinavian Trading v. Zodiac Petroleum* [1981] 1 Lloyd's Rep. 81.
[97] *Panchaud Frères S.A. v. Etablissements General Grain Co.* [1970] 1 Lloyd's Rep. 53 (C.A.). The text of the 4th edition of this book is here retained, but see the discussion of *Panchaud Frères* by Hirst J. in *Procter & Gamble v. Peter Cremer* [1988] 3 All E.R. 843 concluding at 852 that "no distinctive principle of law can be distilled from the *Panchaud* case". For determination under the Standard Form of Building Contract, see clauses 27, 28 discussed on pp. 658 *et seq.*
[98] See *Bremer Vulkan v. South India Shipping Corporation* [1981] A.C. 909 at 980 (H.L.); *Turriff v. Richards & Wallington* (1981) 18 B.L.R. 19; see also p. 448 and s. 13A of the Arbitration Act 1950 as inserted by s. 102 of the Courts and Legal Services Act 1990.
[99] Note that *Harbutt's "Plasticine" v. Wayne Tank and Pump* [1970] 1 Q.B. 447 (C.A.), discussed in this context in the 4th edition of this book was overruled in *Photo Production v. Securicor* [1980] A.C. 827 (H.L.).
[1] Lord Simon in *Heyman v. Darwins* [1942] A.C. 356 at 361 (H.L.); *White & Carter (Councils) Ltd v. McGregor* [1962] A.C. 413 at 432 (H.L.); *Lakshmijt v. Sherani* [1974] A.C. 605 at 616 (P.C.); *Aquis Estates Ltd v. Minton* [1975] 1 W.L.R. 1452 (C.A.); *cf. Morrison-Knudsen v. British Columbia Hydro and Power Authority* (1978) 85 D.L.R. (3d) 186; (1991) 7 Const.L.J. 227 (British Columbia Court of Appeal). Where there is no acceptance the injured party cannot obtain a bare declaration that there was conduct constituting a repudiation—*Howard v. Pickford Tool Co. Ltd* [1951] 1 K.B. 417 (C.A.).
[2] Lord Simon in *Heyman v. Darwins* [1942] A.C. 356 at 361 (H.L.).
[3] See p. 128 for misrepresentation and p. 136 for the view that references in the Misrepresentation Act 1967 to rescission are not to acceptance of repudiation.
[4] See n.60 above.

Chapter 6—Default of Other Party

for performance has not yet arisen.[5] Acceptance of repudiation by the employer does not affect the contractor's accrued rights to the payment of instalments of the contract price unless the contract otherwise provides.[6]

> "[T]he contract is not rescinded as from the beginning. Both parties are discharged from the further performance of the contract, but rights are not divested or discharged which have already been unconditionally acquired. ... the contract is discharged so far as it is executory only."[7]

But advance payments may be recoverable if the contractor has provided no consideration in the nature of part performance.[8]

A full arbitration clause will normally continue to apply to disputes arising upon an acceptance of repudiation.[9] A clause barring liability unless suit was brought within one year after an event was held to be "indistinguishable from an arbitration clause, or a forum clause, which, on clear authority, survive a repudiatory breach".[10] The terms of the contract may be referred to for the purpose of assessing damages.[11]

If the innocent party does not elect to accept the repudiation but affirms[12] the contract, the defaulting party may continue to rely on the terms of the contract, including any agreed damages or cancellation clause,[13] unless on its true construction any term excluding or limiting his liability was not intended to cover the kind of breach which has been committed.[14] Where the time for performance has not yet arisen, the defaulting party "has the opportunity of withdrawing from his false position, and even if he does not, may escape ultimate liability because of some supervening event"[15] which frustrates the contract.[16] Where the contract remains in existence the innocent party's obligations continue, and he cannot thereafter terminate the contract for a breach he has waived,[17] although if the breach is not remedied or excused

---

[5] Lord Simon in *Heyman v. Darwins* [1942] A.C. 356 at 361 (H.L.); *Hochster v. de la Tour* (1853) 2 E. & B. 678. This type of repudiation is termed "anticipatory breach".

[6] *Hyundai Industries v. Papadopoulos* [1980] 1 W.L.R. 1129 (H.L.).

[7] Dixon J. in *McDonald v. Dennys Lascelles Ltd* (1933) 48 C.L.R. 457 at 476, quoted with approval by Lord Wilberforce in *Johnson v. Agnew* [1980] A.C. 367 at 396 (H.L.); *cf. Damon Compania Naviera v. Hapag-Lloyd* [1985] 1 W.L.R. 435 (C.A.); *Bank of Boston v. European Grain* [1989] A.C. 1056 at 1098 (H.L.). See also s. 9 of the Unfair Contract Terms Act 1977 discussed on p. 71.

[8] *Rover International v. Cannon Film* [1989] 1 W.L.R. 912 at 932 (C.A.).

[9] *Heyman v. Darwins* [1942] A.C. 356 (H.L.).

[10] *Port Jackson v. Salmond & Spraggon* [1981] 1 W.L.R. 138 at 145 (P.C.).

[11] *Bloeman (F. J.) Pty Ltd v. Gold Coast City* [1973] A.C. 115 (P.C.); *Lep Air Services Ltd v. Rolloswin Ltd* [1973] A.C. 331 (H.L.). For arbitration, see Chap. 16.

[12] Affirmation must be unequivocal and with knowledge of the facts giving rise to the right to rescind and of the right to rescind itself—*Peyman v. Lanjani* [1985] Ch. 457 (C.A.).

[13] See *Fercometal v. Mediterranean Shipping* [1989] A.C. 788 at 805 (H.L.), Lord Ackner concluding that the innocent party has two choices only, to affirm the contract or treat it as finally and conclusively discharged.

[14] *Suisse Atlantique v. N. V. Rotterdamsche Kolen Centrale* [1967] 1 A.C. 361 (H.L.).

[15] *Heyman v. Darwins* [1942] A.C. 356 at 361 (H.L.).

[16] *ibid.*; *Avery v. Bowden* (1855) 6 E. & B. 953, where after refusal but before the time for performance the contract became illegal because of the outbreak of war.

[17] *Frost v. Knight* (1872) L.R. 7 Ex. 111 at 112; *Hughes v. Metropolitan Railway* (1877) 2

before performance is due, he can then enforce his claim under or for breach of the contract.[18]

The innocent party is not, it seems, in the ordinary case, bound to accept a repudiation before performance is completed in order to reduce the amount ultimately payable to him by the defaulting party,[19] but it is doubtful whether this principle can have any application to repudiation by the employer in the ordinary building contract where the employer's assent is required to go on his land for its performance.[20] In an extreme case[21] where an innocent party has no legitimate interest, financial or otherwise, in performing the contract rather than claiming damages, the court may decline in the exercise of its general equitable jurisdiction to allow the innocent party to enforce his full contractual rights.[22]

Repudiation and contractual determination clauses. A party who purports to operate a contractual determination clause when he is not entitled to do so either factually or legally is likely to repudiate the contract.[23] This is because a party who acts upon a contractual determination clause usually refuses or ceases to perform his own obligations. If this is not in accordance with the contract, he will usually himself be in fundamental breach.

Contractual determination clauses do not exclude common law remedies available upon repudiation unless the agreement expressly provides that the contractual rights are to be the exclusive remedy for the breaches in question.[24] It is theoretically possible that such an exclusion might also arise by implication, but it is thought that in practice this is unlikely.

It is an open question whether an employer, faced with default by the contractor which might both amount to repudiation and entitle the employer to operate a contractual determination clause, can hedge his position so as to avail himself of both opportunities. Logically this may not be possible, since

---

App.Cas. 439 (H.L.); *Suisse Atlantique v. N. V. Rotterdamsche Kolen Centrale* [1967] 1 A.C. 361 (H.L.); *Allen v. Robles* [1969] 1 W.L.R. 1193 (C.A.).

[18] *Frost v. Knight* (1872) L.R. 7 Ex. 111; *Heyman v. Darwins* [1942] A.C. 356 (H.L.); *White & Carter (Councils) Ltd v. McGregor* [1962] A.C. 413 (H.L.).

[19] *White & Carter (Councils) Ltd v. McGregor* [1962] A.C. 413 (H.L.)—a Scottish appeal where the majority (3:2) of the House of Lords held that an advertising contractor who did not accept a repudiation was entitled to perform his contract and recover the full contract price. See also p. 206.

[20] See *Finelli v. Dee* (1968) 67 D.L.R. (2d) 393 (Ontario C.A.); *Hounslow (London Borough) v. Twickenham Garden Developments* [1971] Ch. 233 at 252–254, but note comments on p. 293; *Mayfield Holdings v. Moana Reef* [1973] 1 N.Z.L.R. 309 (New Zealand Supreme Court). See also *Barker, George (Transport) Ltd v. Eynon* [1974] 1 W.L.R. 462 (C.A.); *Attica Sea Carriers v. Ferrostaal-Poseidon GmbH* [1976] 1 Lloyd's Rep. 250 (C.A.).

[21] See *Gator Shipping Corporation v. Trans-Asiatic Oil* [1978] 2 Lloyd's Rep. 357 at 374 (C.A.).

[22] See *Clea Shipping Corporation v. Bulk Oil International (No. 2)* [1983] 2 Lloyd's Rep. 645, where the authorities are reviewed.

[23] See, *e.g. Architectural Installation Services v. James Gibbons* (1989) 16 Con.L.R. 68 at 73.

[24] *Modern Engineering (Bristol) v. Gilbert-Ash* [1974] A.C. 689 (H.L.); *Architectural Installation Services v. James Gibbons Windows* (1989) 46 B.L.R. 91 at 100; *Sutcliffe v. Chippendale & Edmondson* (1971) 18 B.L.R. 149 at 160.

to operate the contract is to affirm it, which is inconsistent with accepting a repudiation.[25] It may, however, depend on the order in which the alternatives are effected. An acceptance of repudiation followed in the alternative by a contractual determination expressed to be without prejudice to the acceptance of repudiation might achieve the contractual determination if there was held to have been no repudiation to accept.[26] A single notice which is not framed in the alternative may or may not serve to effect either possibility. A notice explicitly operating a contractual determination clause will normally not serve in the alternative as an acceptance of repudiation.[27] A notice expressed neutrally may serve as an acceptance of repudiation if a contractual determination relying on it is held to be ineffective.[28]

(b) Repudiation by contractor[29]

Refusal or abandonment. An absolute refusal to carry out the work or an abandonment of the work before it is substantially completed, without any lawful excuse, is a repudiation.[30]

Defects. A breach consisting of mere negligent omissions or bad workmanship where the work is substantially completed does not go to the root of the contract in the ordinary lump sum contract,[31] and is not therefore a repudiation.

Can omissions or bad work as they occur during the course of the work be treated as repudiation? It is submitted that in the ordinary case they cannot if they are not such as to prevent substantial completion, but that there is a repudiation where, having regard to the construction of the contract and all the facts and circumstances, the gravity of the breaches is such as to show that the contractor does not intend to or cannot substantially perform his obligations under the contract.[32] In *Sutcliffe v. Chippendale and Edmondson,*[33] it was held that the contractor's:

---

[25] cf. *Fercometal v. Mediterranean Shipping* [1989] A.C. 788 at 805 (H.L.).
[26] See *Scarf v. Jardine* (1882) 7 A.C. 345 at 360 (H.L); *United Australia v. Barclays Bank* [1941] A.C. 1 at 30 (H.L.).
[27] *E. R. Dyer v. Simon Build/Peter Lind Partnership* (1982) 23 B.L.R. 23 at 33; cf. *Mvita Construction v. Tanzania Harbours Authority* (1988) 46 B.L.R. 19 at 33 (Court of Appeal of Tanzania).
[28] *Architectural Installation Services v. James Gibbons Windows* (1989) 46 B.L.R. 91 at 100. See also "Forfeiture clauses" on p. 256 and in particular "Ascertainment of the event" on p. 258.
[29] The specific matters discussed must be read with "Repudiation—generally", above.
[30] *Mersey Steel & Iron Co. Ltd v. Naylor* (1884) 9 App.Cas. 434 (H.L.); *Marshall v. Mackintosh* (1898) 78 L.T. 750; *Hoenig v. Isaacs* [1952] 2 All E.R. 176 (C.A.).
[31] *Hoenig v. Isaacs* [1952] 2 All E.R. 176 (C.A.); see generally Chap. 4.
[32] *Suisse Atlantique v. N.V. Rotterdamsche Kolen Centrale* [1967] 1 A.C. 361 at 422 (H.L.); see also *Wayne Tank Co. Ltd v. Employers Liability Ltd* [1974] Q.B. 57 at 73 (C.A.) subject to the qualification that the effect of an acceptance of repudiation on exception clauses there stated (at 74A) was overruled in *Photo Production v. Securicor* [1980] A.C. 827 (H.L.).
[33] (1971) 18 B.L.R. 157 at 161. This was the first instance decision leading to *Sutcliffe v. Thackrah* [1974] A.C. 727 (H.L.). The quoted part of the first instance decision was not appealed against.

"manifest inability to comply with the completion date requirements, the nature and number of complaints from subcontractors and [the architect's] own admission that in May and June the quality of work was deteriorating and the number of defects was multiplying, many of which he had tried unsuccessfully to have put right, all point to the truth of the plaintiff's expressed view that the contractors had neither the ability, competence or the will by this time to complete the work in the manner required by the contract."

Hence the plaintiff was justified in ordering the contractors off the site.[34]

Delay. Delay on the part of the contractor where time is not of the essence of the contract does not amount to a repudiation unless it is such as to show that he will not, or cannot, carry out the contract.[35] In *Hill v. London Borough of Camden*,[36] it was held on the facts that a contractor, who had reduced his workforce to such an extent that it might have been said that they were not proceeding "regularly and diligently" within the meaning of Clause 25 of the JCT Form, had not by such conduct repudiated the contract.

In most cases[37] it is desirable to give notice that continuance of the delay will be treated as repudiation before purporting to accept the repudiation by dismissing the contractor. In *Felton v. Wharrie*[38] the contractor had not finished the work by the completion date, and when asked by the employer's agent whether it would take one, two, three or four months, replied that he could not say. He proceeded with the work and two weeks later the employer without any express right under the contract, and without any warning forcibly ejected the contractor from the site. It was held that the employer had no right to determine the contract.

"If he were going to act upon the plaintiff's conduct as being evidence of his not going on, he ought to have told him of it, and to have said, 'I treat that as a refusal', and the man would know of it; but the fact of allowing him to go on cannot be any evidence of justification of re-entry."[39]

Where time is of the essence either by the terms of the contract, or as a result of a notice making it of the essence,[40] and the contractor fails to complete to time the employer is entitled to treat the contract as at an end and to dismiss the contractor from the site.[41]

---

[34] *cf. Wathes (Western) v. Austins (Mensware)* (1975) 9 B.L.R. 113—but cases concerning repudiation in the context of exclusion clauses decided before *Photo Production v. Securicor* [1980] A.C. 827 (H.L.), should be treated with some caution. For a case where a contractor's defects did not amount to repudiation, see *Sheffield v. Conrad* (1987) 22 Con.L.R. 108 (C.A.).
[35] *Felton v. Wharrie* (1906) H.B.C. (4th ed.), Vol. 2, p. 398 (C.A.); *Chandler Bros. v. Boswell* [1936] 3 All E.R. 179 at 185 (C.A.); *Suisse Atlantique v. N. V. Rotterdamsche Kolen Centrale* [1967] 1 A.C. 361 (H.L.).
[36] (1980) 18 B.L.R. 31 (C.A.).
[37] *cf. Etablissements Chainbaux v. Harbormaster Ltd* [1955] 1 Lloyd's Rep. 303.
[38] (1906) H.B.C. (4th ed.), Vol. 2, p. 398 (C.A.).
[39] Lord Alverstone L.C.J. at p. 400. For express rights, see Chap. 10, "Forfeiture Clauses".
[40] See pp. 237 *et seq.*
[41] *Rickards v. Oppenheim* [1950] 1 K.B. 616 at 628 (C.A.).

Chapter 6—Default of Other Party

Other breaches of contract. It is a question in each case whether other breaches of contract go to the root of the contract. For example, it has been held that sub-letting part of the contract works, contrary to an express provision was not a repudiation.[42]

Repudiation and forfeiture.[43] A distinction must be made between the acceptance of repudiation bringing a contract to an end, and the determination of the contract under an express power.[44] If the event giving rise to the exercise of an express right to determine was a repudiation by the contractor, the employer is, subject to the express terms of the contract, entitled to all the damages that flow from non-completion, including the enhanced cost of completing by another contractor.[45] But such damages may not be payable if the event relied on was not a repudiation. Thus in *Feather v. Keighley Corporation*,[46] the contractor undertook not to sub-let work without consent, the contract providing that for breach of this term the employer could either absolutely determine the contract, or could claim £100 by way of liquidated damages. The contractor sub-let without consent, and the employer thereupon determined the contract and claimed as damages the increased cost of completing by another contractor. It was held that there had only been a breach of a collateral term, not a repudiation, and that the employer having chosen his remedy of determining the contract was not entitled to claim damages.

(c) Repudiation by employer[47]

Refusal. An absolute refusal by the employer to carry out his part of the contract, whether made before the works commenced or while they are being carried out is a repudiation of the contract.[48]

Rendering completion impossible. It is, in general, a repudiation if the employer wrongfully by his own acts, and without lawful excuse,[49] renders completion impossible.[50]

Possession of site. The employer repudiates the contract if he fails to give

---

[42] *Feather v. Keighley Corp.* (1953) 52 L.G.R. 30.
[43] See also "Repudiation and contractual determination clauses" on p. 162.
[44] *cf. E. R. Dyer v. Simon Build/Peter Lind* (1982) 23 B.L.R. 23 and see Chap. 10, "Forfeiture Clauses"
[45] See *Marshall v. MacKintosh* (1889) 78 L.T. 750. For the measure of damages see p. 219.
[46] (1953) 52 L.G.R. 30.
[47] The specific matters discussed must be read with "Repudiation—generally" above.
[48] *Hochster v. de la Tour* (1853) 2 E. & B. 678; *Mersey Steel & Iron Co. Ltd v. Naylor* (1884) 9 App.Cas. 434 (H.L.).
[49] See *Cory Ltd v. City of London Corp.* [1951] 2 K.B. 476 (C.A.).
[50] *Stirling v. Maitland* (1864) 5 B. & S. 840 and 852; *Roberts v. Bury Commissioners* (1870) L.R. 4 C.P. 755; *Southern Foundries v. Shirlaw* [1940] A.C. 701 at 717 and 741 (H.L.). For the employer's duty to co-operate and not to prevent completion, see pp. 56 *et seq.*

possession of the site at all, or without lawful excuse ejects the contractor from the site before completion.[51]

Order not to complete. A clear unjustified order not to complete the works is a repudiation.[52]

Failure to pay instalments. This cannot be a repudiation if there is no contractual duty to pay them.[53] Where there is such a duty it is a question in each case whether failure to pay is a repudiation. Failure to pay one instalment out of many due under the terms of the contract is not ordinarily sufficient to amount to a repudiation.[54] It was held to be a repudiation where a company had only paid £10,000 out of £24,000 then due.[55] A failure to pay is less likely to be a repudiation if it occurs towards the end of a contract.[56]

Under-certification. Can an employer who pays certificates issued by the architect be guilty of repudiation if those certificates are substantially too low?[57] There are difficulties in saying that he can because prima facie he is doing what the contract requires of him. But it has now been settled that the architect is the employer's agent when giving his certificate.[58] It has been held that an employer cannot stand by and take advantage of his architect applying a wrong principle in certifying.[59] It has been more recently held that, where there was a wide arbitration clause and where the employer had not interfered with or obstructed the issue of certificates, the employer was not obliged to pay more than the amount stated on the certificate. The contractor's simple remedy was to go to arbitration and have the certificates corrected.[60] There is thus a narrow dividing line between cases where an employer who has paid certified amounts may be in breach of contract and cases where he may not. In principle, if there are circumstances in which he may be in breach, he could also in extreme cases be in repudiatory breach. But it seems that this would at least require both clear knowledge by the

---

[51] *ibid.*; *Felton v. Wharrie* (1906) H.B.C. (4th ed.), Vol. 2, p. 398 (C.A.); *cf. Earth & General Contractors Ltd v. Manchester Corp.* (1958) 108 L.J. 665—interference with possession not repudiation.
[52] *Cort v. Ambergate Railway* (1851) 17 Q.B. 127.
[53] *Rees v. Lines* (1837) 8 C. & P. 126; see p. 75.
[54] *Mersey Steel & Iron Co. Ltd v. Naylor* (1884) 9 App.Cas. 434 (H.L.); *Decro-Wall International S.A. v. Practitioners in Marketing* [1971] 1 W.L.R. 361 (C.A.); *Lakshmijit v. Faiz Sherani* [1974] A.C. 605 at 616 (P.C.); *Afovos Shipping v. Pagnan* [1983] 1 W.L.R. 195 at 202 (H.L.); *cf. Fenton Insurance v. Gothaer Versicherungsbank* [1991] 1 Lloyd's Rep. 172.
[55] *Lep Air Services Ltd v. Rolloswin Ltd* [1973] A.C. 331 at 344, 346 and 353 (H.L.).
[56] *Cornwall v. Henson* [1900] 2 Ch. 298 (C.A.).
[57] For certificates generally, see Chap. 5.
[58] *Sutcliffe v. Thackrah* [1974] A.C. 727 (H.L.).
[59] *Panamena, etc. v. Frederick Leyland & Co. Ltd* [1947] A.C. 428 (H.L.), discussed on p. 111. See also the *Panamena* case in the Court of Appeal at (1943) 76 Lloyd's Rep. 113 at 124 where it was said that the interference there was a repudiation; and *cf.* the judgment of Macfarlan J. in the Supreme Court of New South Wales in *Perini Corporation v. Commonwealth of Australia* (1969) 12 B.L.R. 82.
[60] *Lubenham v. South Pembrokeshire D.C.* (1986) 33 B.L.R. 39 (C.A.). See discussion on p. 53.

Chapter 6—Default of Other Party

employer that the architect was persistently undercertifying and a contract without a relevant arbitration clause.[61]

No general right to suspend work. Although particular contracts may give the contractor express rights if certificates are not paid, there is no general right to suspend work if payment is wrongly withheld.[62] This is consistent with the principle that, except where there is a breach of condition or fundamental breach of contract, breach of contract by one party does not discharge the other party from performance of his unperformed obligations.[63]

Other breaches. It depends upon the construction of the contract and the circumstances whether the acts and conduct of the employer show that he no longer intends to be bound by the contract. Thus, assuming there is a breach, it may or may not be a repudiation if the employer fails to appoint an architect,[64] or to supply plans[65] or materials,[66] or to make a fresh nomination of a subcontractor.[67]

Where a contractor was carrying out work for an employer under two separate contracts, he was held not to be entitled to stop work on one contract because the employer had not paid on the other contract.[68]

If the employer interferes with the architect in the performance of those functions where he has to act fairly between the employer and the contractor[69] it is, it is submitted, a question in each case depending both upon the nature of the employer's acts and their effect whether such interference amounts to a repudiation.

---

[61] For the principles which the architect must apply when certifying under the Standard Form of Building Contract, see clause 30.
[62] *Lubenham v. South Pembrokeshire D.C.* (1986) 33 B.L.R. 39 at 70 (C.A.); *cf. Canterbury Pipe Lines v. Christchurch Drainage* (1979) 16 B.L.R. 76 (New Zealand C.A.); *Supamarl v. Federated Homes* (1981) 9 Con.L.R. 25; *Channel Tunnel Group v. Balfour Beatty* [1992] Q.B. 656 at 666 (C.A.).
[63] See p. 156.
[64] *Coombe v. Greene* (1843) 11 M. & W. 480; *Hunt v. Bishop* (1853) 8 Ex. 675; *Ctr. Jones v. Cannock* (1852) 3 H.L.C. 700.
[65] *Wells v. Army & Navy Co-op. Society* (1902) 86 L.T. 764; H.B.C. (4th ed.), Vol. 2, p. 356 (C.A.); *Trollope & Colls v. Singer* (1913) H.B.C. (4th ed.), Vol. 1, p. 849; *cf. Stevens v. Taylor* (1860) 2 F. & F. 419.
[66] *Macintosh v. Midland Counties Railway* (1845) 14 L.J.Ex. 338; *cf. Gaze Ltd v. Port Talbot Corp.* (1929) 93 J.P. 89.
[67] See *Bickerton (T. A.) & Son Ltd v. N.W. Regional Hospital Board* [1970] 1 W.L.R. 607 (H.L.); *cf. Percy Bilton v. Greater London Council* [1982] 1 W.L.R. 794 (H.L.). The circumstances in which such a breach might be repudiatory are not discussed. See also p. 317.
[68] *Small & Sons Ltd v. Middlesex Real Estates Ltd* [1921] W.N. 245.
[69] See *Sutcliffe v. Thackrah* [1974] A.C. 727 at 737 (H.L.) and submission on p. 56 that there is an implied term that the employer will not so act as to disqualify the architect. For disqualification, see p. 121.

(d) Party cannot rely on own wrong

Where one party has failed to perform a condition of the contract, the other party cannot rely on its non-performance if it was caused by his own wrongful acts.[70] This principle has been considered elsewhere in respect of the contractor's failure to complete the contract work,[71] to obtain written orders for extras,[72] to obtain the architect's certificate,[73] and to complete to time.[74] To attract the principle that a party to a contract is not permitted to take advantage of his own breach of duty, the duty must be one that is owed to the other party under the contract. A duty, whether contractual or non-contractual, owed to a stranger to the contract does not suffice.[75] The principle is probably a rule of construction and not an absolute rule of law.[76] It applies to a party seeking to obtain a benefit under a continuing contract on account of his own breach as much as to a party who relies on his own breach to avoid a contract and thereby escape his obligations.[77]

A similar principle is applied to the construction of contracts which provide that, upon the happening of certain events, the contract shall become void. When such an event occurs either party may declare the contract void provided he has not himself in breach of a duty owed to the other party been the means of bringing about the event;[78] for example, an insolvent contractor cannot rely on his own insolvency to escape from the contract.[79]

---

[70] *Roberts v. Bury Commissioners* (1870) L.R. 4 C.P. 755; *cp. Lubenham v South Pembrokeshire D.C.* (1986) 33 B.L.R. 39 at 57 (C.A.). See article by J. F. Burrows (1965) 31 M.L.R. 390. For clauses purporting to exempt a party from the consequences of his own negligence, see p. 64.
[71] See p. 80.
[72] See p. 97.
[73] See p. 110.
[74] See p. 250.
[75] *Cheal v. A.P.E.X* [1983] 2 A.C. 180 at 189; *cf. Thompson v. ASDA-MFI Plc.* [1988] Ch. 241 at 266.
[76] See *Alghussein Establishment v. Eton College* [1988] 1 W.L.R. 587 at 595 (H.L.).
[77] *ibid.* at 594.
[78] *New Zealand Shipping Co. v. Ateliers, etc., de France* [1919] A.C. 1 (H.L.); *Cheal v. A.P.E.X.* [1983] 2 A.C. 180 at 189.
[79] *New Zealand Shipping Co. v. Ateliers, etc., de France* [1919] A.C. 1 at 13 (H.L.).

Chapter 7

NEGLIGENCE AND ECONOMIC LOSS

		Page
1.	Introduction	169
2.	Liability for Physical Damage	171
3.	Other Categories of Negligence	180
	(a) *Negligent misstatement*	188
	(b) *Possible further categories*	198

1. INTRODUCTION

Between the publication of the 4th and 5th editions of this book, there was an astonishing revolution and counter-revolution in the English law of negligence. In July 1990, a Judicial Committee of seven Law Lords deciding *Murphy v. Brentwood District Council*[1] unanimously departed from the 1977 House of Lords decision of *Anns v. Merton London Borough Council*[2] and overruled the 1971 Court of Appeal decision of *Dutton v. Bognor Regis U.D.C.*[3] In addition "all decisions subsequent to *Anns* which purported to follow it" were overruled.[4] It is accordingly necessary to read all English authorities concerning negligence decided between 1971 and 1990 with extreme caution. There are very many of them and many of these contain decisions or dicta which are wrong. Many of them concerned building contracts. Even some House of Lords decisions not specifically departed from in *Murphy* are nevertheless suspect.[5] Some cases cited in this chapter on points for which it is thought that they remain authority are nevertheless *Anns* cases and should be treated cautiously. However, the counter-revolution began historically in about 1985,[6] and for the most part Court of Appeal

---

[1] [1991] 1 A.C. 398 (H.L.); see also *Department of Environment v. Thomas Bates* [1991] 1 A.C. 499 (H.L.); *D. & F. Estates v. Church Commissioners* [1989] A.C. 177 (H.L.).
[2] [1978] A.C. 728 (H.L.).
[3] [1972] 1 Q.B. 373 (C.A.).
[4] See *Murphy v. Brentwood District Council* [1991] 1 A.C. 398 at 457, 472, 482 and 491 (H.L.). For a trenchantly critical discussion of this development, see Sir Robin Cooke, "An Impossible Distinction" (1991) 107 L.Q.R. 46. See also I. N. Duncan Wallace Q.C., "Anns Beyond Repair" (1991) 107 L.Q.R. 228; Prof. B.S. Markesinis and Simon Deakin, "The Random Element of Their Lordships Infallible Judgment" (1992) 55 M.L.R. 619.
[5] *e.g. Junior Books v. Veitchi Co.* [1983] 1 A.C. 520 (H.L.); *Pirelli v. Oscar Faber & Partners* [1983] 2 A.C. 1 (H.L.). These are discussed below.
[6] See for its progress, *e.g. Governors of the Peabody Donation Fund v. Sir Lindsay Parkinson* [1985] A.C. 210 (H.L.); *Leigh and Sillivan v. Aliakmon Shipping* [1986] A.C. 785 (H.L.); *Curran v.*

decisions between then and 1990 adopted a restrictive approach to *Anns* which anticipated its eventual demise.

Summary.[7] To establish a claim in negligence, a plaintiff must show that the defendant owes him a duty of care and that there has been a breach of that duty causing actionable damage.[8] Definition of the circumstances in which a defendant owes a duty of care is closely related to definition of what is actionable damage. The critical question is whether the scope of the duty of care in the circumstances of the case is such as to embrace damage of the kind which the plaintiff claims to have suffered.[9] Whatever the nature of the harm sustained, the court asks whether the damage was reasonably foreseeable and considers the nature of the relationship between the parties and whether in all the circumstances it is fair, just and reasonable to impose a duty of care.[10] Generally, the damage necessary to sustain a claim in negligence must be actual physical injury to person or property other than property which is the product of the negligence itself. Normally a plaintiff claiming in negligence cannot recover economic loss. Economic loss is only recoverable where there is a special relationship amounting to reliance by the plaintiff on the defendant or where the economic loss is truly consequential upon actual physical injury to person or property. There are a few rogue cases which do not accord with this summary. Since damage is an essential ingredient of the cause of action in negligence, the limitation period will not start to run until the damage has occurred.[11]

Physical damage and economic loss. The decided cases draw a distinction between loss caused by physical damage and economic loss. This is because the existence of a duty of care not to cause foreseeable direct physical damage is in most circumstances obvious, whereas the existence of a duty of care not to cause economic loss requires special analysis. It may be that the criteria applicable to cases of physical damage and to cases of economic loss are the same, *viz;* that the damage should be reasonably foreseeable, that the relationship between the parties should be sufficiently proximate and that it should be fair, just and reasonable to impose a duty of care.[12] It is, however, convenient to consider liability for physical damage separately from other categories of negligence.

Northern Ireland Co-ownership Housing Association [1987] A.C. 718 (H.L.); *Yuen Kun Yeu v. Attorney-General of Hong Kong* [1988] A.C. 175 (P.C.); *Hill v. Chief Constable of West Yorkshire* [1989] A.C. 53 (H.L.); *D. & F. Estates v. Church Commissioners* [1989] A.C. 177 (H.L.).

[7] The bare summary in this paragraph is developed in the rest of the chapter.

[8] See, *e.g. Grant v. Australian Knitting Mills* [1936] A.C. 85 at 103 (P.C.); *Overseas Tankship v. Morts Dock and Engineering* [1961] A.C. 388 at 425 (P.C.).

[9] *Murphy v. Brentwood District Council* [1991] 1 A.C. 398 at 485 (H.L.); *Caparo Industries v. Dickman* [1990] A.C. 605 at 627 (H.L.).

[10] *Marc Rich v. Bishop Rock Marine* [1994] 1 W.L.R. 1071 (C.A.).

[11] *Pirelli v. Oscar Faber & Partners* [1983] 2 A.C. 1 (H.L.); *Ketteman v. Hansel Properties* [1987] A.C. 189 (H.L.). For limitation generally, see p. 403.

[12] See *Marc Rich v. Bishop Rock Marine* [1994] 1 W.L.R. 1071 (C.A.).

Chapter 7—Introduction

Negligence contrasted with breach of contract. It may be helpful to summarise dogmatically[13] that liabilities under a contract are governed by its terms. Necessary terms may in appropriate circumstances be implied and implied terms to the effect that a contracting party will exercise due skill and care in performing what he agrees to do are not uncommon. Breaches of express or implied contractual terms give rise to a liability to pay damages. Those damages may extend to the consequences naturally arising or actually contemplated by the parties and are intended to put the injured party as nearly as money can in the same position as if the contract had been performed. Such consequences can and frequently do include pure economic loss. By contrast, the damage which will sustain a claim in negligence does not normally extend to economic loss and a negligence claim cannot normally be equated with a claim for breach of contractual warranty.[14] The essential difference is that between a dangerous defect which causes external physical damage and a defect of quality. A builder who builds defectively will ordinarily be liable for breach of contract to the employer with whom he contracts. But he will not normally be liable *in negligence*[15] to the employer, nor to a third party with whom he did not contract, on account of a mere defect even if the third party now owns the building. Such a liability would only normally arise if, for example, the building collapsed and caused physical injury to the third party personally or to his property other than the building itself. Equivalent considerations will normally apply as between an employer and a subcontractor with whom the employer has no contractual relationship.[16]

2. LIABILITY FOR PHYSICAL DAMAGE

The modern law derives from and is limited by the leading case of *Donoghue v. Stevenson*,[17] a decision of the House of Lords by a majority of three to two. The case was about the supposed snail in the ginger beer bottle which was supposed to have caused the Scottish pursuer physical injury. It was held that the manufacturer of an article of food, medicine or the like, sold by him to a distributor in circumstances which prevent the distributor or the ultimate purchaser or consumer from discovering by inspection any defect, is under a legal duty to the ultimate purchaser or consumer to take reasonable care that

---

[13] See this book *passim* for full consideration of the matters covered by this summary.
[14] See Lord Brandon in *Junior Books v. Veitchi* [1983] 1 A.C. 520 at 551 (H.L.); *D. & F. Estates v. Church Commissioners* [1989] A.C. 177 at 203 (H.L.).
[15] He might however be liable in other ways, *e.g.* upon an assignment or a collateral warranty—see pp. 296 and 139 respectively.
[16] See *Henderson v. Merrett Syndicates Ltd.* [1994] 3 W.L.R. 761 at 790 (H.L.) and notwithstanding *Junior Books v. Veitchi* [1983] 1 A.C. 520 (H.L.)—see "Specialist subcontractors" on p. 193.
[17] [1932] A.C. 562 (H.L.).

the article is free from defect likely to cause injury to health. Lord Atkin's famous passage says this:[18]

> *"At present I content myself with pointing out that in English law there must be, and is, some general conception of relations giving rise to a duty of care, of which the particular cases found in the books are but instances.... The rule that you are to love your neighbour becomes in law, you must not injure your neighbour; and the lawyer's question, Who is my neighbour? receives a restrictive reply. You must take reasonable care to avoid acts or omissions which you can reasonably foresee would be likely to injure your neighbour. Who, then, in law is my neighbour? The answer seems to be—persons who are so closely and directly affected by my act that I ought reasonably to have them in contemplation as being so affected when I am directing my mind to the acts or omissions which are called in question."*

He then referred with approval to cases[19] which indicated that the duty was to avoid physical injury to person or property.[20] There may also be limited circumstances where one person may owe a plaintiff a duty to prevent another person from damaging the plaintiff's person or property where there is a manifest risk of such damage if the duty is neglected.[21]

A chattel which causes physical injury to person or property is to be contrasted with a chattel which is merely defective in quality even to the extent of being valueless. For mere quality defects, "the manufacturer's liability at common law arises only under and by reference to the terms of any contract to which he is a party in relation to the chattel; the common law does not impose on him any liability in tort to persons to whom he owes no duty in contract but who, having acquired the chattel, suffer economic loss because the chattel is defective in quality."[22] This applies also to dangerous defects once they are dicovered because the danger is then known. "The chattel is either capable of repair at economic cost or it is worthless and must be scrapped. In either case the loss sustained by the owner or hirer of the chattel is purely economic."[23]

Donoghue v. Stevenson[24] itself was confined to "articles of common

---

[18] [1932] A.C. 562 at 580 (H.L.); see Lord Reid in *Dorset Yacht Co. v. Home Office* [1970] A.C. 1004 at 1027 (H.L.)—the passage "should I think be regarded as a statement of principle. It is not to be treated as if it were a statutory definition. It will require qualification in new circumstances. But I think that the time has come when we can and should say that it ought to apply unless there is some justification or valid explanation for its exclusion". See also Lord Diplock at 1060.

[19] *Heaven v. Pender* (1883) 11 Q.B.D 503 (C.A.); *Le Lievre v. Gould* [1893] 1 Q.B. 491 (C.A.).

[20] See Lord Brandon in *Junior Books v. Veitchi* [1983] 1 A.C. 520 at 549 (H.L.); *D. & F. Estates v. Church Commissioners* [1989] A.C. 177 at 202 (H.L.).

[21] *Dorset Yacht Co. v. Home Office* [1970] A.C. 1004 (H.L.); but see *Hill v. Chief Constable of West Yorkshire* [1989] A.C. 53 (H.L.).

[22] Lord Bridge in *Murphy v. Brentwood District Council* [1991] 1 A.C. 398 at 475 (H.L.); see also Lord Oliver at 487; cf. *D. & F. Estates v. Church Commissioners* [1989] A.C. 177 at 206 (H.L.); *Candlewood Navigation v. Mitsui O.S.K. Lines* [1986] A.C. 1 (H.L.).

[23] ibid.

[24] [1932] A.C. 562 (H.L.).

Chapter 7—Liability for Physical Damage

household use, where every one, including the manufacturer, knows that the articles will be used by other persons than the actual ultimate purchaser".[25] But the principle applies so as to place the builder of premises under a duty to take reasonable care to avoid injury through latent defects in the premises to the person or property of those whom he should have in contemplation as likely to suffer injury if care is not taken.[26] For a plaintiff to have a right to claim in negligence for loss caused to him by reason of loss of or damage to property, he has to have either the legal ownership in or a possessory title to the property when the damage occurs. Contractual rights relating to the property are insufficient.[27]

In the absence of a contractual duty or a special relationship of proximity, a builder owes no duty of care in tort in respect of the quality of his work,[28] and the principle does not extend to bring home liability towards an occupier who knows the full extent of the defect yet continues to occupy the building. He has discovered the defect in time to avert any possibility of injury and his loss is purely economic and irrecoverable in negligence. "It is the latency of the defect which constitutes the mischief."[29]

A landlord who is responsible for the design and construction of a house let by him is under a duty to take reasonable care that the house is free from defects likely to cause injury to any person whom he ought reasonably to have in contemplation as likely to be affected by such defects.[30] Thus a tenant who was injured by falling down dangerously constructed stone steps recovered damages in negligence from his local authority landlord.[31] The landlord did not in this case avoid liability by showing that the tenant knew of the existence of the danger. For:

> "knowledge of the existence of a danger does not always enable a person to avoid the danger. In simple cases it does. In other cases, especially where buildings are concerned, it would be absurdly unrealistic to suggest that a person can always take steps to avoid a danger once he knows of its existence, and that if he does not do so he is the author of his own misfortune. ... Knowledge, or opportunity for inspection, does not by itself always negative a duty of care or break the chain of causation. Whether it does so depends on all the circumstances. It will only do so

---

[25] Lord Atkin at [1932] A.C. 562 at 583 (H.L.).
[26] See Lord Keith in *Murphy v. Brentwood District Council* [1991] 1 A.C. 398 at 462 (H.L.). See also Lord Bridge at 475; *D. & F. Estates v. Church Commissioners* [1989] A.C. 177 (H.L.).
[27] See *Candlewood Navigation v. Mitsui O.S.K. Lines* [1986] A.C. 1 (H.L.); *Leigh and Sillivan v. Aliakmon Shipping* [1986] A.C. 785 (H.L.).
[28] *D. & F. Estates v. Church Commissioners* [1989] A.C. 177 (H.L.); *Murphy v. Brentwood District Council* [1991] 1 A.C. 398 at 480 (H.L.).
[29] Lord Keith in *Murphy v. Brentwood District Council* [1991] 1 A.C. 398 at 462 (H.L.); see also ibid. at 470; Lord Bridge at 475; *D. & F. Estates v. Church Commissioners* [1989] A.C. 177 at 206 (H.L.); *Department of Environment v. Thomas Bates* [1991] 1 A.C. 499 at 519 (H.L.); cf. *Grant v. Australian Knitting Mills* [1936] A.C. 85 at 103 *et seq.* (P.C.).
[30] *Rimmer v. Liverpool City Council* [1985] Q.B. 1 (C.A.); *Target v. Torfaen Borough Council* [1992] 3 All E.R. 27 (C.A.).
[31] *Target v. Torfaen Borough Council* [1992] 3 All E.R. 27 (C.A.).

when it is reasonable to expect the plaintiff to remove or avoid the danger, and unreasonable for him to run the risk of being injured by the danger."[32]

Personal injury. A contractor will be liable if a plaintiff suffers personal injury because of the contractor's negligence. In one case, contractors were held liable in negligence to a plaintiff who was injured by a falling concrete canopy,[33] and in another, to a plaintiff who fell and was injured when the heel of her ordinary high-heeled shoe went through a negligently repaired hole in a wooden floor board.[34] Where contractors carrying out reconstruction works obstructed the normal approach to a house so that it was impassable, they were held liable when a visitor was injured while using a dangerous alternative route suggested by the contractors' workmen.[35]

Physical damage to property. "In most claims in respect of physical damage to property the question of the existence of a duty of care does not give rise to any problem because it is self-evident that such a duty exists and the contrary view is unarguable."[36] But the nature of the damage may put it on the borderline between physical damage and economic loss. If so:

> "[t]he essential question which has to be asked in every case . . . is whether the relationship between the plaintiff and the defendant is such . . . that it imposes upon the latter a duty to take care to avoid or prevent that loss which has in fact been sustained."[37]

Further, the relationship between the parties may not be sufficiently close or it may not be just and reasonable to impose a duty of care.[38]

"Other property". To sustain a claim in negligence, physical damage to property must normally be damage to property other than the property which is the product of the negligence.[39] Where a whole building is erected and equipped by the same contractor, the building is ordinarily to be regarded as one unit.[40] If in such a building defective foundations damage the superstructure, that will not be physical damage to other property sufficient to found a claim against the contractor in negligence.[41]

---

[32] Sir Donald Nicholls V.-C. in *Target v. Torfaen Borough Council* [1992] 3 All E.R. 27 at 37 (C.A.).
[33] *Sharpe v. E.T. Sweeting & Son Ltd* [1963] 1 W.L.R. 665.
[34] *Gallagher v. McDowell Ltd* [1961] N.I.L.R. 26 (Northern Ireland C.A.).
[35] *A.C. Billings Ltd v. Riden* [1958] A.C. 240 (H.L.); *cf. George Hawkins v. Chrysler (U.K.)* (1986) 38 B.L.R. 36 (C.A.).
[36] Lord Brandon in *Mobil Oil Hong Kong v. Hong Kong United Dockyards* [1991] 1 Lloyd's Rep. 309 at 328 (P.C.); *cf. Murphy v. Brentwood District Council* [1991] 1 A.C. 398 at 487 (H.L.).
[37] Lord Oliver in *Murphy v. Brentwood District Council* [1991] 1 A.C. 398 at 485 (H.L.). For a borderline case, see *Mitsui v. Novorossiysk Shipping* [1993] 1 Lloyd's Rep. 311 (C.A.).
[38] *Marc Rich v. Bishop Rock Marine* [1994] 1 W.L.R. 1071 (C.A.).
[39] *D. & F. Estates v. Church Commissioners* [1989] A.C. 177 (H.L.); *cf.* Lord Brandon in *Junior Books v. Veitchi* [1983] 1 A.C. 520 at 549 and 551 (H.L.).
[40] Lord Keith in *Murphy v. Brentwood District Council* [1991] 1 A.C. 398 at 470 (H.L.).
[41] Moreover, once the first cracks are detected, the loss is purely economic and irrecoverable in

Chapter 7—Liability for Physical Damage

"The reality is that the structural elements in any building form a single indivisible unit of which the different parts are essentially interdependent. To the extent that there is any defect in one part of the structure it must to a greater or lesser degree necessarily affect all other parts of the structure. Therefore any defect in the structure is a defect in the quality of the whole."

If it weakens the structure, it is not a dangerous defect liable to cause damage to "other property".[42]

But if "some distinct item incorporated in the structure ... positively malfunctions so as to inflict positive damage on the structure in which it is incorporated", there may be liability in tort. If defective electrical wiring installed by a subcontractor causes a fire which damages the building or if a central heating boiler explodes, the electrical subcontractor or the boiler manufacturer may be held liable for damages.[43] If work is carried out to part of an existing structure, there may be liability in negligence if there is physical damage to other parts of the structure or its contents by the careless execution of the work.[44]

It is unclear how these principles should apply where different parts of an existing building are in different ownerships. It is possible that damage to the structure or fabric of one flat caused by careless work to another flat in the

---

tort—see Lord Bridge in *Murphy v. Brentwood District Council* [1991] 1 A.C. 398 at 478 (H.L.) and see "Economic loss" below.

[42] Lord Bridge in *Murphy v. Brentwood District Council* [1991] 1 A.C. 398 at 478 (H.L.). See also Lord Oliver at 484.

[43] *Murphy v. Brentwood District Council* [1991] 1 A.C. 398 at 470, 478 (H.L.). It seems that these possibilities may depend more on the severity and speed of the damage than a clear application of the "other property" principle. Lord Keith's formulation at p. 470 contrasts a single contractor with an electrical *sub*contractor. This by itself begs the question whether, where a subcontractor builds defective foundations which cause the superstructure, built by others, to crack slightly but not to collapse, the employer who has no contract with the subcontractor has a claim in negligence. It is thought that he should not, if only because it would be capricious to hold the subcontractor liable in this instance when in otherwise identical circumstances the contractor who does not subcontract the construction of the foundations himself is not liable—see *Henderson v. Merrett Syndicates Ltd* [1994] 3 W.L.R. 761 at 790 (H.L.). But the distinction in principle between the electrical subcontractor who causes a fire and the foundations subcontractor who causes cracks in the superstructure is not altogether clear, and Lord Jauncey at p. 497 appears to contemplate possible tortious liability where a steel frame erected by a specialist contractor failed to give adequate support to floors or walls built by others. Lord Bridge's formulation at p. 478 has the building as a single indivisible unit apparently irrespective of whether parts were subcontracted and his negligent electrician is not in terms a subcontractor. The clear general message from *Murphy* as a whole is that the "complex structure theory" mooted in *D. & F. Estates v. Church Commissioners* [1989] A.C. 177 (H.L.) is, with the electrical fire and boiler explosion exceptions, rejected, but the position of subcontractors is not yet fully resolved. See however *Jacobs v. Morton & Partners* (1994) C.I.L.L. 965. See also *M/S Aswan Engineering Establishment Co. v. Lupdine Ltd* [1987] 1 W.L.R. 1 at 21 (C.A.).

[44] *D. & F. Estates v. Church Commissioners* [1989] A.C. 177 at 207 (H.L.)—defective plasterwork damaging carpets; *Barclays Bank v. Fairclough Building* (1994) 10 Const.L.J. 48 (reversed on another point at [1994] 3 W.L.R. 1057 (C.A.))—roof cleaning contaminating other parts of the building with asbestos fibres.

same building would give rise to a claim in negligence by the owner of the damaged flat.[45]

It seems that, if a building collapses when it is unoccupied and causes no damage other than to itself, there is no claim in negligence against the builder nor against the local authority who carelessly passed its plans or inspected its construction.[46] There may however, depending on the circumstances, be a claim in negligence against the careless architect, engineer or other professional person.[47]

Negligent instructions. An architect or engineer who issues instructions which he knows or ought to know are likely to cause injury to person or property may be liable in negligence if injury results.[48] It seems that he may also be liable if he fails to issue appropriate instructions to prevent such injury in circumstances when he ought to have done so.

In *Clayton v. Woodman & Son*, an architect was held liable at first instance[49] for negligence in issuing instructions which resulted in personal injury to the plaintiff bricklayer. The facts found were that the architect instructed the plaintiff on site to cut a chase in a gable without giving any instructions as to shoring or strutting and against the expressed wishes of the plaintiff, who thought that the gable was unsafe. The chase was cut and later in the day, as the plaintiff removed a small piece of stone from the side of the gable, the whole gable toppled inwards and fell, injuring the plaintiff. This decision was reversed on appeal, but on the facts.[50] In *Clay v. A.J. Crump & Sons*,[51] an architect who negligently permitted a demolition contractor to leave a dangerous wall standing was held liable when the wall collapsed and injured a labourer working for building contractors who subsequently came onto the site.

Economic loss. Economic loss is monetary loss and pure economic loss is monetary loss unrelated to physical injury to person or "other" property.[52]

> "The infliction of physical injury to person or property of another universally requires to be justified. The causing of economic loss does not. If it is to be categorised as wrongful it is necessary to find some factor

---

[45] See *Lindenberg v. Canning* (1992) 62 B.L.R. 147 at 161.
[46] See *Murphy v. Brentwood District Council* [1991] 1 A.C. 398 at 469, 479 and 497 (H.L.).
[47] See "Professional negligence" below.
[48] *Clay v. A.J. Crump & Sons* [1964] 1 Q.B. 533 (C.A.); see also *Caparo Industries v. Dickman* [1990] A.C. 605 at 636 (H.L.).
[49] [1962] 2 Q.B. 533 (C.A.).
[50] [1962] 1 W.L.R. 585 (C.A.); see *Clay v. A.J. Crump & Sons* [1964] 1 Q.B. 533 at 570 (C.A.).
[51] [1964] 1 Q.B. 533 (C.A.).
[52] The damage in *Anns v. Merton London Borough Council* [1978] A.C. 728 (H.L.) was pure economic loss—see Lord Keith in *Murphy v. Brentwood District Council* [1991] 1 A.C. 398 at 466 (H.L.), adopting Deane J. in *Council of the Shire of Sutherland v. Heyman* 157 C.L.R. 424 at 503 (High Court of Australia).

Chapter 7—Liability for Physical Damage

beyond the mere occurrence of the loss and the fact that its occurrence could be foreseen."[53]

Pure economic loss may be recoverable against a party who owes the loser a relevant contractual duty. "But it is not recoverable in tort in the absence of a special relationship of proximity imposing on the tortfeasor a duty of care to safeguard the plaintiff from economic loss."[54] It is thought that the right to recover pure economic loss in tort, not flowing from physical injury, does not extend beyond situations where the loss is sustained by a plaintiff who relies on a defendant who has assumed responsibility to the plaintiff as in *Hedley Byrne v. Heller & Partners*.[55]

The loss sustained by a building owner from an ordinary building defect is the cost of rectifying the defect. This is pure economic loss and is ordinarily irrecoverable in tort.[56] The loss sustained by a building owner from a dangerous building defect is also irrecoverable pure economic loss once the defect is detected.[57]

> "The only qualification I would make to this is that, if a building stands so close to the boundary of the building owner's land that after discovery of the dangerous defect it remains a potential source of injury to persons or property on neighbouring land or on the highway, the building owner ought, in principle, to be entitled to recover in tort from the negligent builder the cost of obviating the danger, whether by repair or demolition, so far as the cost is necessarily incurred in order to protect himself from liability to third parties."[58]

It is thought that there can in appropriate circumstances be a distinction between a defect which has been detected and repaired and a defect which is known about but which remains unrepaired or inadequately repaired

---

[53] Lord Oliver in *Murphy v. Brentwood District Council* [1991] 1 A.C. 398 at 487 (H.L.).
[54] Lord Bridge in *Murphy v. Brentwood District Council* [1991] 1 A.C. 398 at 475 (H.L.). For a critical appraisal of this state of the law, see Jane Stapleton, "Duty of Care and Economic Loss: A Wider Agenda" (1991) 107 L.Q.R. 249.
[55] [1964] A.C. 465 (H.L.)—see *Murphy v. Brentwood District Council* [1991] 1 A.C. 398 at 466, 493 (H.L.). *D. & F. Estates v. Church Commissioners* [1989] A.C. 177 (H.L.); *Henderson v. Merrett Syndicates Ltd* [1994] 3 W.L.R. 761 at 775 (H.L.); *cf. Dorset Yacht Co. v. Home Office* [1970] A.C. 1004 at 1027 (H.L.); *Governors of the Peabody Donation Fund v. Sir Lindsay Parkinson* [1985] A.C. 210 at 241 (H.L.) For other authorities, see *Cattle v. Stockton Waterworks Co.* (1875) L.R. 10 Q.B. 453; *Simpson & Co. v. Thompson* (1878) 3 App.Cas. 279; *Weller & Co. v. Foot and Mouth Disease Research Council* [1966] 1 Q.B. 569; *Leigh and Sillivan v. Aliakmon Shipping* [1986] A.C. 785 (H.L.). For *Hedley Byrne* and negligent misstatements, see below.
[56] *Department of Environment v. Thomas Bates* [1991] 1 A.C. 499 at 520 (H.L.); *cf. Lancashire and Cheshire Association of Baptist Churches v. Howard & Seddon Partnership* [1993] 3 All E.R. 467.
[57] *D. & F. Estates v. Church Commissioners* [1989] A.C. 177 (H.L.); *Murphy v. Brentwood District Council* [1991] 1 A.C. 398 at 462, 475 and 483 (H.L.).
[58] Lord Bridge in *Murphy v. Brentwood District Council* [1991] 1 A.C. 398 at 475 (H.L.); but see Lord Oliver at 489 who was "not at the moment convinced". Lord Bridge's dictum was applied in *Morse v. Barrett (Leeds) Limited* (1993) 9 Const.L.J. 158.

because its cause is undiagnosed. So long as the latter causes no physical damage to other property, any loss is purely economic and there is no cause of action. If the defect subsequently does cause damage to other property, a cause of action then arises. In these circumstances, it is thought that the fact that the defect was known about earlier does not render the subsequent physical damage irrecoverable economic loss. If the building owner ought reasonably to have diagnosed the cause of the defect and had it repaired before it caused physical damage, the defendant could argue on appropriate facts that the building owner's recovery should be reduced or extinguished by his contributory negligence.[59]

Consequential economic loss. Although pure economic loss is irrecoverable in negligence unless there is a special relationship, economic loss which is consequential upon actionable physical damage to person or property is sometimes recoverable. Consequential economic loss is habitually awarded in personal injury cases, *e.g.* for future loss of earnings. It has also been awarded in commercial cases,[60] but there is no clear principle to determine when such loss is recoverable and when it is not.[61]

In *S.C.M. (United Kingdom) v. W.J. Whittall & Son*,[62] the defendant contractors damaged an electricity cable serving the plaintiffs' typewriter factory. The plaintiffs had molten materials in machines and the loss of electricity caused damage to the materials and machines and consequent loss of production. It was held that the defendants, knowing that the cable served factory owners, owed the plaintiffs a duty of care and were liable for the material damage and consequent loss of production. A description of the economic loss which the plaintiffs were entitled to recover was that it was "truly consequential" on the material damage.[63] In the similar case of *Spartan Steel & Alloys v. Martin & Co. (Contractors)*,[64] defendant contractors damaged an electricity cable serving the plaintiffs' factory. The plaintiffs had molten materials in machines and had to empty the furnace to prevent damage. The metal depreciated in value—(this loss was admitted); they lost the profit on that melt—(not greatly disputed); and they lost four further melts while the electricity was off. It was held by a majority that the loss of profit on the immediate melt was recoverable but that on the other four was not because that was economic loss independent of physical damage. A

---

[59] See *Nitrigin Eireann Teoranta v. Inco Alloys Ltd* [1992] 1 W.L.R. 498. See also p. 173 for the plaintiff who is injured as a result of a danger of whose existence he is aware.
[60] See in addition to the cases cited below *Liesbosch v. Edison* [1933] A.C. 449 (H.L.), usually referred to on the subject of a plaintiff's impecuniosity.
[61] See *Murphy v. Brentwood District Council* [1991] 1 A.C. 398 at 486 (H.L.); *cf. Henderson v. Merrett Syndicates Ltd* [1994] 3 W.L.R. 761 at 774 (H.L.), where Lord Goff uses the expression "economic loss which is ... parasitic upon physical damage".
[62] [1971] 1 Q.B. 337 (C.A.).
[63] See Lord Denning M.R. at 342. See also *ibid.* at 346 for Lord Denning's answer to the question "where is the line to be drawn?"
[64] [1973] Q.B. 27 (C.A.); see also *Muirhead v. Industrial Tank Specialists Ltd* [1986] Q.B. 507 (C.A.).

Chapter 7—Liability for Physical Damage

description of the economic loss which plaintiffs may recover was when it is the "immediate consequence" of a breach of duty to safeguard the plaintiff from that kind of loss.[65]

It is also possible that where economic loss suffered by a distributor in a chain between the manufacturer and the ultimate consumer consists of a liability to pay damages to the ultimate consumer for physical injuries sustained by him, or consists of a liability to indemnify a distributor lower in the chain of distribution for its liability to the ultimate consumer for damages for physical injuries, such economic loss is recoverable under the *Donoghue v. Stevenson* principle from the manufacturer.[66] If this principle is correct and extends to circumstances where the ultimate consumer suffers damage to his property, a contractor might, for instance, recover in tort from the negligent manufacturer of a boiler, if the boiler exploded and damaged the employer's property so that the contractor was liable to the employer for breach of contract.

Liability for negligence of subcontractors.

"It is trite law that the employer of an independent contractor is, in general, not liable for the negligence or other torts committed by the contractor in the course of the execution of the work. To this general rule, there are certain well-established exceptions or apparent exceptions."[67]

Thus a main contractor is not generally liable, other than in contract, for the negligence of his subcontractors. But

"if in the course of supervision the main contractor in fact comes to know that the subcontractor's work is being done in a defective and foreseeably dangerous way and if he condones that negligence on the part of the subcontractor, he will no doubt make himself potentially liable for the consequences as a joint tortfeasor."[68]

Local authorities. The liability of a local authority for any negligence in performing their statutory functions of securing compliance with the Building Regulations is no greater than that of the negligent builder whose fault was the primary cause of the damage.[69] Thus the local authority is not liable if the building is defective in quality nor for economic loss in the terms

---

[65] See Lord Denning M.R. at 39 and Lawton L.J. at 47.
[66] See *Lambert v. Lewis* [1982] A.C. 225 at 278 (H.L.).
[67] Lord Bridge in *D. & F. Estates v. Church Commissioners* [1989] A.C. 177 at 208 (H.L.). Exceptionally a special relationship between a defendant and a third party may render the defendant liable for the acts of the third party—see *Dorset Yacht Co. v. Home Office* [1970] A.C. 1004 (H.L.); *P. Perl (Exporters) v. Camden London Borough Council* [1984] Q.B. 342 (C.A.).
[68] *ibid.* at 209.
[69] *Murphy v. Brentwood District Council* [1991] 1 A.C. 398 at 479, 481, 483 (H.L.); *Department of Environment v. Thomas Bates* [1991] 1 A.C. 499 at 519 (H.L.). See also "Liability of local authority" on p. 414.

discussed above.[70] Local authorities owe no duty to activate their statutory powers to warn a building owner that he is heading for financial disaster.[71] It is an open question whether a local authority might be liable in negligence for carelessly passing defective plans or for careless inspection of building works if this causes physical damage to person or property other than the product of the negligence.[72] If there is such a liability, it may not nevertheless extend to benefit an original building owner who is himself obliged to comply with the Building Regulations.[73]

3. OTHER CATEGORIES OF NEGLIGENCE

Apart from claims for physical injury to person or property, there is no "single general principle to provide a practical test which can be applied to every situation to determine whether a duty of care is owed and, if so, what is its scope".[74] Rather, there are "distinct and recognisable situations as guides to the existence, the scope and the limits of the varied duties of care which the law imposes".[75] "At the margin, the boundaries of a man's responsibilities for acts of negligence have to be fixed as a matter of policy."[76] It is thought however that, with limited exceptions and apart from cases of physical injury to person or property, the situations where the law has recognised a duty of care to guard against economic loss are limited to those derived from *Hedley Byrne v. Heller & Partners*.[77] These are dicussed below under "Negligent misstatement".

During the counter-revolution referred to in the opening paragraph of this

---

[70] *Murphy v. Brentwood District Council* [1991] 1 A.C. 398 (H.L.). For non-liability of public regulatory authorities generally, see *Curran v. Northern Ireland Co-ownersip Housing Association* [1987] A.C. 718 (H.L.); *Yuen Kun Yeu v. Attorney-General of Hong Kong* [1988] A.C. 175 (P.C.); *Hill v. Chief Constable of West Yorkshire* [1989] A.C. 53 (H.L.); *Davis v. Radcliffe* [1990] 1 W.L.R. 821 (P.C.).
[71] *Governors of the Peabody Donation Fund v. Sir Lindsay Parkinson* [1985] A.C. 210 (H.L.) *cf Dear v. Thames Water* (1992) 33 Con.L.R. 43, where a claim in negligence against a public authority alleging failure to exercise statutory powers to prevent flooding did not succeed. See also *King v. London Borough of Harrow* (1994) 39 Con.L.R. 21.
[72] The builder is liable in negligence for physical injury to person or property caused by his carelessness—see *e.g.* Lord Keith in *Murphy v. Brentwood District Council* [1991] 1 A.C. 398 at 462 (H.L.)—the liability of the local authority is not greater than that of the builder but it may not be co-extensive. In *Murphy*, the local authority appear to have conceded a limited duty of care, but Lord Mackay L.C. (at 457), Lord Keith (at 463) and Lord Jauncey (at 492) all reserved the question.
[73] See *Investors in Industry v. South Bedfordshire D.C.* [1986] Q.B. 1034 (C.A.); *Richardson v. West Lindsey District Council* [1990] 1 W.L.R. 522 (C.A.)—both cases decided before *Anns v. Merton London Borough Council* [1978] A.C. 728 (H.L.) was departed from.
[74] Lord Bridge in *Caparo Industries v. Dickman* [1990] A.C. 605 at 617 (H.L.) citing *Governors of the Peabody Donation Fund v. Sir Lindsay Parkinson* [1985] A.C. 210 at 239 *et seq.* (H.L.); *Yuen Kun Yeu v. Attorney-General of Hong Kong* [1988] A.C. 175 at 190 *et seq.*; *Rowling v. Takaro Properties* [1988] A.C. 473 at 501 (P.C.); *Hill v. Chief Constable of West Yorkshire* [1989] A.C. 53 at 60 (H.L.). See also Lord Roskill in *Caparo Industries* at 628, and Lord Oliver *passim*.
[75] Lord Bridge in *Caparo Industries v. Dickman* [1990] A.C. 605 at 618 (H.L.).
[76] Lord Wilberforce in *McLoughlin v. O'Brian* [1983] 1 A.C. 410 at 420 (H.L.).
[77] [1964] A.C. 464 (H.L.).

Chapter 7—Other Categories of Negligence

chapter and before the House of Lords departed from *Anns v. Merton London Borough Council*[78] in *Murphy v. Brentwood District Council*,[79] a number of cases considered the circumstances in which a defendant could be under a duty of care to safeguard a plaintiff from economic loss.[80] Many of these cases concluded that the plaintiff's claim in negligence failed in circumstances where, after *Murphy,* such a claim would probably not be advanced at all. The principles which emerged necessarily assumed that *Anns* was correctly decided and to that extent should be viewed with caution.

It is now routinely accepted that, in addition to the requirement that the loss should be foreseeable, the requirements for the existence of a duty of care are:

(a) a special relationship of proximity,
(b) reliance by the plaintiff on the defendant (which may be seen as an aspect of their relationship and without which the negligence will usually have no causative effect)[81] and
(c) that the existence of the duty should be just and reasonable.[82]

"The true question in each case is whether the particular defendant owed to the particular plaintiff a duty of care having the scope which is contended for, and whether he was in breach of that duty with consequent loss to the plaintiff. A relationship of proximity in Lord Atkin's sense must exist before any duty of care can arise, but the scope of the duty must depend on all the circumstances of the case."[83]

"In determining whether or not a duty of care of particular scope was incumbent upon a defendant it is material to take into consideration whether it is just and reasonable that it should be so."[84]

Assuming responsibility. "Proximity" is an elusive concept[85] and what is just and reasonable can be cynically measured as the length of the particular judge's boot.[86] Another approach considers whether the defendant

---

[78] [1978] A.C. 728 (H.L.).
[79] [1991] 1 A.C. 398 (H.L.).
[80] See *e.g. Simaan General Contracting v. Pilkington Glass* [1988] Q.B. 758 (C.A.).
[81] See *Henderson v. Merrett Syndicates Ltd* [1994] 3 W.L.R. 761 at 776 (H.L.). Reliance is important in pure economic loss cases, but may not be a prerequisite in all cases—see *White v. Jones* [1993] 3 W.L.R. 730 at 738 (C.A.).
[82] See *e.g. Smith v. Bush* and *Harris v. Wyre Forest D.C.* [1990] A.C. 831 at 865 (H.L.); *Simaan General Contracting Co. v. Pilkington Glass (No. 2)* [1988] Q.B. 758 at 781 (C.A.); *Caparo Industries v. Dickman* [1989] Q.B. 653 at 678 (C.A.); *Marc Rich v. Bishop Rock Marine* [1994] 1 W.L.R. 1071 (C.A.).
[83] Lord Keith in *Governors of the Peabody Donation Fund v. Sir Lindsay Parkinson* [1985] 1 A.C. 210 at 240 (H.L.).
[84] *ibid.* at 241; see also Lord Oliver in *Caparo Industries v. Dickman* [1990] A.C. 605 at 633 (H.L.).
[85] See, *e.g.* Bingham L.J. in *Caparo Industries v. Dickman* [1989] Q.B. 653 at 678 (C.A.).
[86] *cf. James McNaughton Paper Group v. Hicks Anderson & Co.* [1991] 2 Q.B. 113 (C.A.), where the concept of fairness was said to be elusive and perhaps no more than one of the criteria by which proximity is to be judged.

can be properly said to have assumed responsibility to guard against the plaintiff's loss. "The question in any given case is whether the nature of the relationship is such that one party can fairly be said to have assumed responsibility to the other as regards the reliability of the advice or information."[87] Although this approach was not universally favoured,[88] it is thought that it may now be preferred.

In one case, the Court of Appeal was:

"prepared to accept ... that in some cases (if rare) of pure economic loss the court may be willing to find the existence of a duty of care owed by a defendant to a plaintiff even in the absence of evidence of any actual voluntary assumption by the defendant of such duty and/or of any reliance on such assumption. We shall accordingly proceed on the basis that, on appropriate facts, the court may be willing to hold that, having regard to the special circumstances and the relationship between the parties, a defendant should be treated *in law* (even though not in fact) as having assumed responsibility to the plaintiff which is capable of giving rise to a claim for damages for pure economic loss."[89]

In *Henderson v. Merrett Syndicates Ltd*, Lord Goff, with whom the four other Law Lords all agreed, said that in the *Hedley Byrne* case "all of their Lordships spoke in terms of one party having assumed or undertaken a responsibility towards the other".[90] Having referred to criticisms of that approach, Lord Goff then said:

"However, at least in cases such as the present ... there seems to be no reason why recourse should not be had to the concept, which appears after all to have been adopted, in one form or another, by all of their Lordships in [the *Hedley Byrne* case]. ... In addition, the concept provides its own explanation why there is no problem in cases of this kind about liability for pure economic loss; for if a person assumes responsibility to another in respect of certain services, there is no reason why he should not be liable in damages for [*sc.* to] that other in respect of economic loss which flows from the negligent performance of those services. It follows that, once the case is identified as falling within the *Hedley Byrne* principle, there should be no need to embark upon any further inquiry whether it is 'fair, just and reasonable' to impose liability for economic loss.... The concept indicates

---

[87] Richmond P. in *Scott Group Ltd v. McFarlane* [1978] 1 N.Z.L.R. 553 (New Zealand Court of Appeal) cited with agreement by Lord Bridge in *Caparo Industries v. Dickman* [1990] A.C. 605 at 624 (H.L.); see also *Hedley Byrne v. Heller & Partners* [1964] A.C. 464 (H.L.); Lord Goff in *Spring v. Guardian Assurance* [1994] 3 W.L.R. 354 at 369 (H.L.).

[88] See *Smith v. Bush* and *Harris v. Wyre Forest D.C.* [1990] A.C. 831 at 862 (H.L.); Lord Roskill in *Caparo Industries v. Dickman* [1990] A.C. 605 at 628 (H.L.); see also *Caparo Industries v. Dickman* in the Court of Appeal [1989] Q.B. 653 at 684 and 698; *Reid v. Rush and Tompkins* [1989] 2 Lloyd's Rep. 167 (C.A.). See also Kit Barker, "Unreliable Assumptions in the Modern Law of Negligence" (1993) 109 L.Q.R. 461.

[89] *Banque Keyser Ullman S.A. v. Skandia (U.K.) Insurance* [1990] Q.B. 665 at 797 (C.A.).

[90] [1994] 3 W.L.R. 761 at 775 (H.L.).

too that in some circumstances, for example where the undertaking to furnish the relevant service is given on an informal occasion, there may be no assumption of responsibility."

There will usually, but not perhaps always, be some factual manifestation by the defendant of his assuming responsibility. The motorist assumes responsibility to others on or near the highway by driving his motor car on the road. Where there is not such a manifestation but the law treats the defendant as having assumed responsibility, the linguistic result may be to discard the word "voluntary" from a formulation sometimes used of "voluntary assumption of responsibility". The defendant is simply taken to have assumed responsibility.[91] It is thought that this formulation is capable of comprehending a large proportion of those factual circumstances where the law has recognised the existence of a duty of care and that it is surer and less elusive than that discussed in the preceding section. The formulation is further useful in that it directs some attention to what may be taken to be the legitimate expectations of the defendant.

Contractual influences. Although it has been said that there is a duty of care "wherever there is a relationship equivalent to contract",[92] there has been uncertainty about the effect upon tortious relationships of contractual exclusion clauses[93] and in a wider context there has been much debate about how, or indeed whether, claims in negligence can exist in an essentially contractual context. These questions are related to the problems with claims for professional negligence discussed below.

There is Privy Council authority, in a case concerning banks, suggesting that there may be no remedy in tort at all where the responsibility in question was assumed contractually.[94] But the passage in question is to be seen as dealing with the issue whether a tortious duty of care could be established which was more extensive than that which was provided under the relevant contract.[95] The law now is that "an assumption of responsibility coupled with the concomitant reliance may give rise to a tortious duty of care irrespective of whether there is a contractual relationship between the parties, and in consequence, unless the contract precludes him from doing so, the plaintiff, who has available to him concurrent remedies in contract and tort, may choose that remedy which appears to him to be the most advantageous".[96]

---

[91] See Lord Jauncey in *Smith v. Bush* and *Harris v. Wyre Forest D.C.* [1990] A.C. 831 at 871 (H.L.).
[92] Lord Devlin in *Hedley Byrne v. Heller & Partners* [1964] A.C. 464 at 530 (H.L.).
[93] See, *e.g.* Lord Roskill in *Junior Books v. Veitchi Co.* [1983] 1 A.C. 520 at 546 (H.L.); *cf.* Lord Brandon in *Leigh and Sillivan v. Aliakmon Shipping Co.* [1986] A.C. 785 at 817 (H.L.).
[94] *Tai Hing Cotton Mill v. Liu Chong Haing Bank* [1986] A.C. 80 at 107 (P.C.). See also *Scally v. Southern Health and Social Services Board* [1992] A.C. 294 (H.L.) which applied *Tai Hing* in holding that a claim for breach of duty has to be considered by reference to the parties' contractual relationship and not in tort.
[95] *Henderson v. Merrett Syndicates Ltd* [1994] 3 W.L.R. 761 at 781 (H.L.).
[96] Lord Goff in *Henderson v. Merrett Syndicates Ltd* [1994] 3 W.L.R. 761 at 789 (H.L.). The four other Law Lords all agreed with Lord Goff's opinion.

Since it appears that, where there is a contract, the scope of the tortious duty will not be greater than that undertaken contractually, the only (but important) significance of the concurrent tortious duty is that it may afford a longer limitation period.[97] It seems, therefore, that you may be able to sidestep a contractual limitation defence by bringing your claim in negligence. It may be possible to avoid this consequence by a contractual term stipulating in effect that any claim in tort shall not be brought after the expiry of the contractual limitation period, but such a stipulation might not pass the test of reasonableness imposed by section 2(2) of the Unfair Contract Terms Act 1977.[98]

However, in *Henderson v. Merrett Syndicates Ltd*,[99] Lord Goff placed a considerable limitation on the application of the principle stated in the previous paragraph when he said:

> "I strongly suspect ... that in many cases in which a contractual chain comparable to that in the present case is constructed it may well prove to be inconsistent with an assumption of responsibility which has the effect of, so to speak, short circuiting the contractual structure so put in place by the parties. It cannot therefore be inferred from the present case that other sub-agents will be held directly liable to the agent's principal in tort. Let me take the analogy of the common case of an ordinary building contract, under which main contractors contract with the building owner for the construction of the relevant building and the main contractor sub-contracts with sub-contractors or suppliers (often nominated by the building owner) for the performance of work or the supply of materials in accordance with standards and subject to terms established in the sub-contract. I put on one side cases in which the sub-contractor causes physical damage to property of the building owner, where the claim does not depend on an assumption of responsibility by the sub-contractor to the building owner; though the sub-contractor may be protected from liability by a contractual exemption clause authorised by the building owner. But if the sub-contracted work or materials do not in the result conform to the required standard, it will not ordinarily be open to the building owner to sue the sub-contractor or supplier direct under the *Hedley Byrne* principle, claiming damages from him on the basis that he has been negligent in relation to the performance of his functions. For there is generally no assumption of responsibility by the sub-contractor or supplier direct to the building owner, the parties having so structured their relationship that it is inconsistent with any such assumption of responsibility."

---

[97] For limitation in contract and in tort, see pp. 403 *et seq*. For a case decided shortly before *Henderson v. Merrett Syndicates Ltd* [1994] 3 W.L.R. 761 (H.L.), see *Lancashire and Cheshire Association of Baptist Churches v. Howard & Seddon Partnership* [1993] 3 All E.R. 467 where the defendants were, however, held to owe no duty to guard against the loss claimed, which was held to be irrecoverable economic loss. *cf. Hiron v. Pynford South* (1991) 60 B.L.R. 78.
[98] For the Unfair Contract Terms Act 1977, see p. 70. See also "Disclaimer" on p. 198.
[99] [1994] 3 W.L.R. 761 at 790 (H.L.).

Chapter 7—Other Categories of Negligence

In a number of cases, the court has declined to find tortious duties more extensive than those imposed by the terms of a contract between the parties.

In *William Hill Organisation v. Bernard Sunley & Sons*,[1] there was a claim for allegedly defective stone cladding and mosaic which failed in contract on final certificate and limitation defences. The Court of Appeal further held that the contract itself circumscribed the boundaries of the defendants' duty in tort and defined its content. Accordingly it was not open to the plaintiffs to disregard those clauses of the contract which provided for the conclusive effect of the Final Certificate but to claim a remedy for breaches which were only ascertainable by reference to the contract itself. The plaintiffs were not entitled to claim a remedy in tort which was wider than the obligations assumed by the defendants under their contract.

Where assignees of a long lease of an office development claimed in negligence against engineers, nominated mechanical subcontractors and ductwork subcontractors for deficiencies in air conditioning ductwork, it was held that the damage was exclusively comprehended within the defendants' contracts to construct and the contractual obligations of the plaintiffs and of their assignees to repair under the lease.[2] Where subcontractors entered into a JCT collateral warranty covering design and selection of materials, this direct limited contract was held to be inconsistent with any assumption of responsibility beyond that which had been expressly undertaken. The rights and obligations of the parties should be solely dependent on the contract.[3] A claim by contractors in negligence against engineers under a FIDIC Engineering Contract for breach of an alleged duty to act impartially in certifying failed by reference to terms in the contract between the contractors and the employer.[4] And a claim by an employer in tort against subcontractors failed where the subcontractors were in effect held entitled to the benefit of a Taking-Over Certificate issued under the main contract between the employer and the main contractor.[5]

In a shipping case, there was held to be no duty of care owed by a classification society to cargo-owners because the relationship between shipowners and those shipping goods under bills of lading was regulated by an intricate blend of internationally accepted contractual rights and immunities in the Hague Rules and it was not fair, just and reasonable to impose additionally the duty of care contended for.[6] It is thought that similar considerations often apply to sophisticated building contracts.

It seems therefore that, not only may a relevant direct contract limit or negative a duty of care in tort owed by one party to the contract to the other

---

[1] [1982] 22 B.L.R. 1 (C.A.).
[2] *Ernst & Whinney v. Willard* (1987) 40 B.L.R. 67.
[3] *Greater Nottingham Co-operative Society v. Cementation Piling* [1989] Q.B. 71 (C.A.); *cf. Reid v. Rush and Tompkins* [1989] 2 Lloyd's Rep. 167 (C.A.).
[4] *Pacific Associates v. Baxter* [1990] Q.B. 993 (C.A.); *cf. Norwich City Council v. Harvey* [1989] 1 W.L.R. 828 (C.A.).
[5] *Southern Water v. Lewis & Duvivier* (1984) 27 B.L.R. 111.
[6] *Marc Rich v. Bishop Rock Marine* [1994] 1 W.L.R. 1071 (C.A.).

(other than for physical injury unless there is an enforceable specific exemption clause), but also that such a duty of care will not be found between parties who are both in a contractual chain but who are not in direct contract, except in circumstances such as those in *Henderson v. Merrett Syndicates Ltd* which Lord Goff described as "most unusual".[7] It is difficult to see how a person can assume responsibility towards someone with whom he is not in contract to any greater extent than he has assumed responsibility towards the person with whom he is most closely related commercially, *i.e.* the person with whom he is in contract.

Professional negligence. Breach of a professional person's obligations to his client is habitually referred to as professional negligence. The duties of architects, engineers and surveyors to their employer are discussed in Chapter 13 and the standard of professional skill and care which the law requires is discussed mainly under the heading "The degree of skill required" on p. 338. There is usually a contract between the employer and the professional and in the contractual context professional negligence is a breach of contract. But the duty may, it seems, at the same time be tortious. Thus not only may the employer have the benefit of a potentially more favourable limitation period, but the employer may be able to recover in a negligence action, brought outside the contractual limitation period against his architect or engineer, economic loss which he could not recover in a negligence action against the contractor or a subcontractor.

There were cases before 1976 which held that a professional person's liability to his client is normally a liability in contract alone.[8] The view was that "where the breach of duty alleged arises out of a liability independently of the personal obligation undertaken by contract, it is tort, and it may be tort even though there may happen to be a contract between the parties, if the duty in fact arises independently of that contract. Breach of contract occurs where that which is complained of is a breach of duty arising out of the obligations undertaken by the contract".[9] Thus an architect's obligation was held to be founded in contract alone.[10]

However, in *Esso Petroleum v. Mardon*,[11] Lord Denning M.R. suggested that the cases referred to in the previous paragraph were in conflict with other

---

[7] [1994] 3 W.L.R. 761 at 790D (H.L.). See also *Pacific Associates v. Baxter* [1990] Q.B. 993 (C.A.); *Norwich City Council v. Harvey* [1989] 1 W.L.R. 828 (C.A.); *cf. Ernst & Whinney v. Willard* (1987) 40 B.L.R. 67; *Saipem v. Dredging VO2* [1993] 2 Lloyd's Rep. 315 at 322.

[8] See *Jarvis v. Moy, Davies, Smith, Vanderville* [1936] 1 K.B. 399 (C.A.); *Groom v. Crocker* [1939] 1 K.B. 194 (C.A.); *Clark v. Kirby-Smith* [1964] Ch 506; *Bagot v. Stevens Scanlan* [1966] 1 Q.B. 197; *cf. Sealand of the Pacific v. McHaffie* (1975) 51 D.L.R. (3d) 702 (British Columbia C.A.).

[9] Greer L.J. in *Jarvis v. Moy, Davies, Smith, Vanderville* [1936] 1 K.B. 399 at 405 (C.A.); *cf. Greater Nottingham Co-operative Society v. Cementation Piling* [1989] Q.B. 71 (C.A.).

[10] *Bagot v. Stevens Scanlan* [1966] 1 Q.B. 197—Diplock L.J. sitting as an additional Queen's Bench judge.

[11] [1976] Q.B. 801 (C.A.).

Chapter 7—Other Categories of Negligence

cases of high authority[12] and that "in the case of a professional man, the duty to use reasonable care arises not only in contract, but is also imposed by the law apart from contract, and is therefore actionable in tort".[13] It has now been held that persons who perform services of a professional or quasi-professional nature possessing a special expertise may assume responsibility giving rise to a tortious liability irrespective of whether there is a contractual relationship between the parties, so that the plaintiff may choose between concurrent remedies in contract or tort.[14] This understanding of the law has been applied by Official Referees to architects and engineers.[15]

It is submitted that, for the construction industry at least, this state of the law has the unsatisfactory result that professional people's contracts are singled out for special adverse treatment which may not reflect commercial reality. Take the facts in *Pirelli v. Oscar Faber & Partners*[16] as an example. There was a claim against consulting engineers for negligence resulting in damage to a factory chimney which cracked and it was held that the cause of action accrued when the damage came into existence, not when it was discovered or should with reasonable diligence have been discovered. Not surprisingly in the then state of the law, the defendants did not argue (at least in the House of Lords) that the plaintiffs' only claim was in contract. But since the counter-revolution referred to in the opening paragraph of this chapter, there would be no claim in negligence against the contractor who built such a chimney nor the local authority who passed its plans or inspected its construction, since the cracking, once known, would be damage to the thing itself and irrecoverable economic loss. It seems that the engineer alone is to be liable in negligence in these circumstances for pure economic loss and subject to a potentially longer limitation period.[17] He may even be denied the benefit of a limitation of liability provision in his contract by virtue of section

---

[12] He cited *Boorman v. Brown* (1842) 3 Q.B. 511 at 525 and *Nocton v. Lord Ashburton* [1914] A.C. 932 at 956 (H.L.); and, for the relationship of master and servant, *Lister v. Romford Ice and Cold Storage* [1957] A.C. 555 at 587 (H.L.) and *Matthews v. Kuwait Bechtel Corporation* [1959] 2 Q.B. 57 (C.A.).

[13] *ibid.* at 819. Lord Denning went on to say (at 820) that the damages should be the same whether the professional person is sued in contract or in tort.

[14] *Henderson v. Merrett Syndicates Ltd* [1994] 3 W.L.R. 761 (H.L.) applying *Hedley Byrne v. Heller & Partners* [1964] A.C. 464 (H.L.) and approving *Midland Bank Trust Co. v. Hett, Stubbs & Kemp* [1979] Ch. 384. See also *Caparo Industries v. Dickman* [1990] A.C. 605 at 619 (H.L.); *Arenson v. Arenson* [1977] A.C. 405 at 434; *Batty v. Metropolitan Property Realisations* [1978] Q.B. 554 (C.A.); *Ross v. Caunters* [1980] Ch. 297 at 322; *Pirelli v. Oscar Faber & Partners* [1983] 2 A.C. 1 (H.L.); *Richard Roberts v. Douglas Smith Stimson* (1988) 46 B.L.R. 50 at 57; *Lancashire and Cheshire Association of Baptist Churches v. Howard & Seddon Partnership* [1993] 3 All E.R. 467.

[15] *Wessex Regional Health Authority v. H.L.M. Design* (1994) 10 Const.L.J. 165 at 186; *Conway v. Crowe Kelsey & Partner* (1994) 39 Con. L.R. 1. These cases, which wrestled with uncertain law before *Henderson v. Merrett Syndicates Ltd* [1994] 3 W.L.R. 761 (H.L.), are plainly to be taken as correctly decided.

[16] [1983] 2 A.C. 1 (H.L.).

[17] *cf.* on this question Ralph Gibson L.J. in *London Congregational Union v. Harriss* [1988] 1 All E.R. 15 at 25C (C.A.), but note that the damage to property to which he there refers would now probably be regarded as pure economic loss—see "Economic loss" above.

2(2) of the Unfair Contract Terms Act.[18] It is true that he assumed responsibilities to his client, but he assumed them in accordance with the terms of a contract and subject to its limitations. It is arguable that, where the client has the benefits conferred by a negotiated enforceable agreement, he should not be accorded the uncovenanted additional benefit of a potentially much longer limitation period simply because the other contracting party is "professional". Everyone who enters into a contract assumes responsibilities and the essence of the law under discussion is that concurrent duties in tort are also co-extensive with those in contract. It is suggested that the commercial reality in the construction industry is that professionals hold out no greater special skills than main contractors or numerous specialist subcontractors nor is their "proximity" to the building owner any closer.

Even assuming that a professional person owes his client a duty of care in tort as well as in contract, it is thought that architects, engineers and surveyors are not ordinarily to be taken to have assumed responsibility to third parties who are not their clients to any greater extent than contractors or local authorities. Thus a careless professional would be liable if his carelessness caused physical injury to a third party's person or property other than property which is itself the product of the negligence,[19] but would not be liable for a third party's economic loss to the extent discussed under "Economic loss" above.

(a) Negligent misstatement

Apart from cases where there is physical injury as discussed above and claims for professional negligence by a client against his professional adviser,[20] claims in negligence are now, it seems, limited to cases where there is a special relationship of proximity imposing on the tortfeasor a duty of care to safeguard the plaintiff from economic loss.[21] Such cases may be gathered under the umbrella of negligent misstatement and derive from *Hedley Byrne v. Heller & Partners.*[22] A negligent misstatement or misrepresentation may give rise to an action for damages for financial loss since the law will imply a duty of care when a party seeking information from a party possessed of special skill trusts him to exercise due care, and that party knew or ought to have known that reliance was being placed on his skill and judgment. Liability for economic loss due to negligent misstatement is confined to cases where the statement or advice is given to a known recipient for a specific purpose of which the maker of the statement is aware and upon which the

---

[18] For this Act, see p. 70.
[19] See also "Negligent instructions" above.
[20] See "Professional negligence" above.
[21] See *Murphy v. Brentwood District Council* [1991] 1 A.C. 398 at 435 (H.L.); *cf. Simaan General Contracting v. Pilkington Glass* [1988] Q.B. 758 (C.A.).
[22] [1964] A.C. 464 (H.L.). It should however be noted that the *Hedley Byrne* principle is not exclusively limited to negligent misstatement—see *Henderson v. Merrett Syndicates Ltd* [1994] 3 W.L.R. 761 at 776 (H.L.).

Chapter 7—Other Categories of Negligence

recipient has relied and acted upon to his detriment.[23] The law adopts a restrictive approach to any extension of the scope of the duty of care beyond the person directly intended by the maker of the statement to act upon it. Matters to be considered are the purpose for which the statement was made and the purpose for which it was communicated to the plaintiff; the relationships between the maker and receiver of the statement and any relevant third party; the size of the class to which the plaintiff belongs; the state of knowledge of the defendant; and whether and to what extent the plaintiff was entitled to rely on the statement.[24] The misstatement must play a real and substantial part in inducing the plaintiff to act, though it need not by itself be decisive.[25] No duty arises if the person making the statement shows that he is not assuming or accepting a duty to be careful.[26] Thus a banker in a situation where a duty would otherwise have arisen, was not liable to an inquirer where he gave a favourable reference, but said it was given "without responsibility".[27]

There is no general rule that claims in negligence may succeed on proof of foreseeable economic loss caused by the defendant.[28] For liability in negligence, there must be something more than mere misstatement.[29] There is the additional requirement that expressly or by implication from the circumstances the speaker or writer has undertaken some responsibility.[30] If a person assumes a responsibility to tender deliberate advice, there can be a liability if the advice is given negligently.[31] There may be liability deriving from relationships which are "'equivalent to contract', that is, where there is an assumption of responsibility in circumstances in which, but for the absence of consideration, there would be a contract".[32]

If reliance on a careless statement results in direct physical injury, the maker of the statement may be liable in negligence.[33]

It has been said that the persons who may be potentially liable for negligent misstatement are

---

[23] *Hedley Byrne v. Heller & Partners* [1964] A.C. 464 (H.L.); *Cann v. Willson* 39 Ch. D. 39; the dissenting judgment of Denning L.J. in *Candler v. Crane Christmas & Co.* [1951] 2 K.B. 164 at 174 (C.A.); *Caparo Industries v. Dickman* [1990] A.C. 605 (H.L.); *James McNaughton Paper Group v. Hicks Anderson & Co.* [1991] 2 Q.B. 113 (C.A.). Reliance may not be a prerequisite in all cases—see *White v. Jones* [1993] 3 W.L.R. 730 at 738 (C.A.).
[24] *James McNaughton Paper Group v. Hicks Anderson & Co.* [1991] 2 Q.B. 113 (C.A.); *cf. Morgan Crucible v. Hill Samuel* [1991] Ch. 295 (C.A.).
[25] *J.E.B. Fasteners v. Marks Bloom and Co.* [1983] 1 All E.R. 583 (C.A.).
[26] *Hedley Byrne v. Heller & Partners* [1964] A.C. 464 at 492, 504, 511, 533 and 540 (H.L.); *McInerny v. Lloyds Bank Ltd* [1974] 1 Lloyd's Rep. 246 (C.A.).
[27] *Hedley Byrne v. Heller & Partners* [1964] A.C. 464 (H.L.); but see "Disclaimer" below.
[28] *Simaan General Contracting v. Pilkington Glass* [1988] Q.B. 758 at 782 (C.A.).
[29] There may in appropriate circumstances be liability under the Misrepresentation Act 1967 or for fraudulent misrepresentation—see pp. 133 and 130.
[30] *Hedley Byrne v. Heller & Partners* [1964] A.C. 465 at 483 (H.L.).
[31] *Hedley Byrne v. Heller & Partners* [1964] A.C. 465 at 494, 497 and 529 (H.L.).
[32] Lord Devlin in *Hedley Byrne v. Heller & Partners* [1964] A.C. 465 at 429 (H.L.).
[33] *Caparo Industries v. Dickman* [1990] A.C. 605 at 636 (H.L.). See also "Negligent instructions" above.

"those persons such as accountants, surveyors, valuers and analysts, whose profession and occupation it is to examine books, accounts and other things, and to make reports on which other people—other than their clients—rely in the ordinary course of business."[34]

The majority of the Privy Council were of the view that the duty of care was limited to persons who carry on or hold themselves out as carrying on the business or profession of giving advice.[35] This view is not binding upon the English courts and has been rejected by the Court of Appeal.[36]

"To import such a duty [of care] the representation must normally, I think, concern a business or professional transaction whose nature makes clear the gravity of the enquiry and the importance and influence attached to the answer ... A most important circumstance is the form of the enquiry and of the answer."[37]

The *Hedley Byrne* principle has been expressly applied to a "number of different categories of person who perform services of a professional or quasi-professional nature".[38] These include bankers, solicitors, surveyors and valuers, accountants, insurance brokers and Lloyd's managing agents.[39] Although it is thought that there may be grounds relevant to the construction industry for questioning the commercial logic of placing professional people into a category not also occupied by others to whom the term "professional" is usually not applied,[40] it is plain that in the present state of the law circumstances may arise where architects, engineers, quantity surveyors and other construction professionals could be held liable under the *Hedley Byrne* principle.

Although the duty of care will normally be owed to the recipient of the statement, that will not always be exclusively so. An employer who gave a reference for a former employee was held to owe that employee a duty to take reasonable care in its preparation making him liable in negligence if he failed to do so and the employee thereby suffered damage.[41]

---

[34] Denning L.J. in *Candler v. Crane Christmas & Co.* [1951] 2 K.B. 164 at 174 (C.A.)—part of a longer passage cited as "a masterly analysis" by Lord Bridge in *Caparo Industries v. Dickman* [1990] A.C. 605 at 623 (H.L.).
[35] *Mutual Life Ltd v. Evatt* [1971] A.C. 793 (P.C.).
[36] *Esso Petroleum v. Mardon* [1976] Q.B. 801 (C.A.); see also *Caparo Industries v. Dickman* [1990] A.C. 605 at 637 (H.L.).
[37] Lord Pearce in *Hedley Byrne v. Heller & Partners* [1964] A.C. 464 at 539 (H.L.); cf. *Howard Marine and Dredging v. A. Ogden & Sons* [1978] 1 Q.B. 574 at 591 and 600 (C.A.).
[38] Lord Goff in *Henderson v. Merrett Syndicates Ltd* [1994] 3 W.L.R. 761 at 777 (H.L.).
[39] See for bankers, *Hedley Byrne v. Heller & Partners* [1964] A.C. 464 (H.L.); for solicitors, *Midland Bank Trust Co. v. Hett, Stubbs & Kemp* [1979] Ch. 384; for surveyors and valuers, *Smith v. Bush* and *Harris v. Wyre Forest D.C.* [1990] A.C. 831 (H.L.); for accountants, *Caparo Industries v. Dickman* [1990] A.C. 605 (H.L.); for insurance brokers, *Youell v. Bland Welch & Co. (No. 2)* [1990] 2 Lloyd's Rep. 431 at 459; *Punjab National Bank v. de Boinville* [1992] 1 W.L.R. 1138 (C.A.); for Lloyd's managing agents, *Henderson v. Merrett Syndicates Ltd* [1994] 3 W.L.R. 761 (H.L.).
[40] See "Professional negligence" on p. 186.
[41] *Spring v. Guardian Assurance* [1994] 3 W.L.R. 354 (H.L.).

Possible circumstances discussed. Circumstances where a liability for negligent misstatement has been held or might be held to arise are discussed below. The discussion should be treated cautiously, since many of the cases cited were decided before *Anns v. Merton London Borough Council*[42] was departed from.[43]

Employer's pre-contract information. It is common in building contracts, and more particularly engineering contracts, for information to be given in tender documents about the soil and other relevant conditions. Such information is usually accompanied by a clause purporting to prevent a duty of care arising or otherwise to avoid liability in so far as the information is incorrect. Apart from the effect of such a disclaimer,[44] it seems that an employer who has, or professes himself as having, special knowledge of such matters as soil conditions and represents to the contractor that his statements are accurate or have been made after reasonable care and inquiry and does not use words showing a refusal to assume liability, can be liable to the contractor in damages if he has been negligent.[45] Upon such facts the contractor may also have a claim for damages for breach of collateral warranty or for misrepresentation under the Misrepresentation Act 1967.[46]

The New South Wales case of *Dillingham Ltd v. Downs*[47] provides an interesting discussion of the principles to be applied. The plaintiffs, engineering contractors, undertook to carry out certain works in a harbour, involving, *inter alia*, the breaking up and removal of rock on the sea floor. The employer was the Government and had for many years had the management and control of dredging and rock removal from the harbour. For a period of two years prior to calling for tenders it had extensive surveys, soundings and borings carried out to provide basic material for incorporation in the specification and attached drawings. Much of this material was incorporated into the tender documents. The question was whether the government department was under an obligation to exercise reasonable care in the assembling and presentation to the plaintiffs of material relative to the existence of worked-out mines beneath the surface and other faults in the soil which, in the event, disrupted the contract and caused great expense to the contractors.

It was said that the matters to be considered to decide whether a duty arose and its nature and extent were "the material provisions of the contract

---

[42] [1978] A.C. 728 (H.L.).
[43] See the opening paragraph of this chapter.
[44] Discussed below under "Disclaimer".
[45] See *Esso Petroleum v. Mardon* [1976] Q.B. 801 (C.A.).
[46] See p. 139 for collateral warranties and p. 133 for the Misrepresentation Act 1967.
[47] [1972] 2 N.S.W.L.R. 49 and 13 B.L.R. 97 (Supreme Court of New South Wales); see also *Morrison-Knudsen International v. Commonwealth of Australia* (1972) 46 A.L.J.R. 265 and 13 B.L.R. 114 (High Court of Australia); *Post Office v. Mears Construction Ltd* [1979] 2 All E.R. 813.

documents, the position, conduct, knowledge and intention of each of the parties and the communications passing between them".[48]

There were terms of the specification requiring that the tenderer "should fully inform himself on these aspects" (the site conditions) and that though relevant information was given "in good faith and is believed to be accurate" the tenderer "must satisfy himself regarding the adequacy and accuracy of his information on site conditions".[49] It was apparent from the documents that the information as to site conditions supplied was not intended to be complete and exhaustive. The tenderers made a site visit but never sought advice from a geologist or an engineer and were obviously anxious to obtain the contract. Upon the particular facts it was held that there had been no assumption of liability by the employer so as to make it liable in negligence and in any event there had been no reliance by the contractor.

The Supreme Court of Canada has held that engineers might be liable for negligent misrepresentation to contractors for errors in tender documents which they prepared and that a prima facie duty of care was not negated by either the existence or the terms of the contract between the contractors and the employer.[50] The Ontario Court of Appeal has held that an engineer's failure to include all relevant information in tender documents constituted negligent misrepresentation and breach of a duty of care owed to the contractor.[51]

Contractor's pre-contract information. In a New Zealand case,[52] a builder was held liable to an employer in negligence in relation to precontractual estimates of the likely cost of the construction of residential units on the basis of which the employer committed himself to the scheme. In so far as this case relies on *Anns v. Merton London Borough Council*,[53] it should now be treated with caution, but it is thought that such a claim might still succeed on appropriate facts.[54] If a contractor provided a pre-contract design which was adopted by the employer's architect, and the subsequent building contract did not make the contractor contractually liable for the design, he might nevertheless be held liable in tort if the employer had sufficiently relied on his design.

---

[48] *ibid.* Hardie J. at 56 and at 106 in the B.L.R. report. This statement of principle appears to be consistent with the approach of the Court of Appeal in *Esso Petroleum v. Mardon* [1976] Q.B. 801 (C.A.).
[49] Compare the clause relied on by the employer in *Pearson v. Dublin Corporation* [1907] A.C. 351 (H.L.), the facts of which are set out on p. 130, but note that in the *Dillingham* case fraud was not alleged, and on the facts appearing in the report could not have been alleged.
[50] *Edgeworth Construction v. N.D. Lea & Associates* (1993) 66 B.L.R. 56.
[51] *Auto Concrete Curb Ltd v. Southern River Conservation Authority* (1994) 10 Const.L.J. 39. This decision is unconvincing, it is submitted, in distinguishing *Pacific Associates v. Baxter* [1990] Q.B. 993 (C.A.).
[52] *J. & J.C. Abrams v. Ancliffe* [1978] 2 N.Z.L.R. 420.
[53] [1978] A.C. 728 (H.L.).
[54] In addition to *Anns*, the court also cited and followed *Hedley Byrne v. Heller & Partners* [1964] A.C. 464 (H.L.) and *Esso Petroleum v. Mardon* [1976] Q.B. 801 (C.A.).

In another New Zealand case,[55] a contractor asked a subcontractor to tender for the delivery of timber. A tender was made on September 15, 1970. In reliance on the tender price the contractor made up his contract figure and entered into a main contract on September 23, 1970. The subcontractor then discovered an error in his tender and withdrew it before acceptance. It was held that the contractor could have no remedy in negligence against the subcontractor on the *Hedley Byrne*[56] principle.

Contractor's duty to warn. Since the contractor almost invariably has a contract with the employer, any duty to warn, for instance, that the design is or may be defective, must derive, if at all, from an express or implied term of the contract.[57] The contractor does not ordinarily owe a duty of care to the architect to guard the architect from a potential liability to his client for a defective design, since the architect's loss is purely economic.[58]

Specialist subcontractors. In *Junior Books v. Veitchi Co.*,[59] specialist flooring subcontractors laid a floor at the pursuers' factory which the pursuers alleged was negligently defective. They claimed the cost of relaying the floor and various items of economic and financial loss consequential on replacement. They did not allege that there was any danger of injury to people or property. It was held that, where the relationship was sufficiently close, a duty in tort extended to avoid causing pure economic loss consequential on defects in the work. It is thought that the facts do not sustain a *Donoghue v. Stevenson*[60] negligence claim as now understood.[61] There was no physical damage, let alone to "other property".[62] Lord Roskill's leading opinion overtly applies the *Anns* two stage test[63] and, were it not a decision of the House of Lords itself, *Junior Books* would stand overruled by *Murphy v. Brentwood District Council*.[64]

It is, however, still judicially suggested that *Junior Books* might be understood on the basis that there was a special relationship of proximity between the building owner and the subcontractor which was sufficiently akin to contract to introduce the element of reliance so that the scope of the subcontractor's duty of care was wide enough to embrace economic loss.[65]

---

[55] *Holman Construction Ltd v. Delta Timber Co. Ltd* [1972] N.Z.L.R. 108 (New Zealand Supreme Court).
[56] *Hedley Byrne v. Heller & Partners* [1964] A.C. 465 (H.L.).
[57] See "Fitness for purpose of completed works" on p. 59.
[58] *University of Glasgow v. William Whitfield* (1988) 42 B.L.R. 66.
[59] [1983] 1 A.C. 520 (H.L.).
[60] [1932] A.C. 562 (H.L.).
[61] See Section 2 of this chapter.
[62] See *Junior Books v. Veitchi Co.* [1983] 1 A.C. 520 at 545B (H.L.) and see Lord Brandon's dissenting opinion at 547 which is now acknowledged to state the law—*D. & F. Estates v. Church Commissioners* [1989] A.C. 177 at 202 (H.L.).
[63] See *Junior Books v. Veitchi Co.* [1983] 1 A.C. 520 at 548 (H.L.).
[64] [1991] 1 A.C. 398 (H.L.). See the opening paragraph of this chapter.
[65] See *Murphy v. Brentwood District Council* [1991] 1 A.C. 398 at 427 and 441 (H.L.); *Yuen Kun Yeu v. Attorney-General of Hong Kong* [1988] A.C. 175 at 196 (P.C.).

But it is not clear that the case was decided on such a basis nor is it clear what features of its commonplace facts support a sufficient special relationship. The duties were all averred to flow from the defenders' position as reasonably competent flooring contractors, and not from any relationship which they had as such with the pursuers.[66] The case has been classified as "unique"[67] and it is thought that it should at most be regarded as a case of no general application.[68]

Usually, where an employer obtains advice from a specialist, there is a direct contract or collateral warranty and this may regulate or even negative a duty of care in tort.[69] It is, however, possible that special factual circumstances may arise where an employer relies on specific advice from a specialist with whom he is not in contract so that the specialist assumes a duty to guard the employer against economic loss.[70]

In *IBA v. EMI and BICC*,[71] the contractor undertook to design and supply for the employer a television mast designed by the subcontractor. The mast failed, and, it being accepted by the subcontractor that they owed a duty of care to the employer, it was held that they were in breach of that duty in respect of the design. Further, after the works had started, defects appeared in a similar mast being erected elsewhere and the employer was concerned whether tests should be carried out. The subcontractor gave the employer certain assurances as to the mast as a consequence of which no tests were carried out. The assurances were given negligently and the subcontractor was also liable to the employer in respect of the negligent assurances.

---

[66] See the extract from the opinion of the Lord Ordinary at [1983] 1 A.C. 523 and see Lord Keith at 535 who said that *Hedley Byrne v. Heller & Partners* [1964] A.C. 464 (H.L.) was not in point except in so far as it established that reasonable anticipation of physical injury is not a *sine qua non* for the existence of a duty of care.

[67] See *D. & F. Estates v. Church Commissioners* [1989] A.C. 177 at 202 and 215 (H.L.).

[68] It is thought that the House of Lords must have departed from *Junior Books* in *Murphy v. Brentwood District Council* [1991] 1 A.C. 398 (H.L.) had they been specifically invited to do so; *cf. Henderson v. Merrett Syndicates Ltd* [1994] 3 W.L.R. 761 at 791 (H.L.). For other strictures, see *Muirhead v. Industrial Tank Specialists* [1986] Q.B. 507 at 523 *et seq.* (C.A.); *Simaan General Contracting Company v. Pilkington Glass* [1988] Q.B. 758 at 773 and 784 (C.A.); *Greater Nottingham Co-operative Society v. Cementation Piling and Foundation* [1989] Q.B. 71 (C.A.). *Junior Books* was not followed in *Nitrigin Eireann Teoranta v. Inco Alloys Ltd.* [1992] 1 W.L.R. 498.

[69] See *Greater Nottingham Co-operative Society v. Cementation Piling and Foundation* [1989] Q.B. 71 (C.A.); and see generally "Contractual influences" above and p. 139 for collateral warranties.

[70] See *Simaan General Contracting Co. v. Pilkington Glass (No. 2)* [1988] Q.B. 758 at 781 (C.A.). For the reasons explained in the text, it is thought that *Junior Books v. Veitchi Co* [1983] 1 A.C. 520 (H.L.) does not exemplify such special factual circumstances. Such a claim against a specialist subcontractor failed in the Court of Appeal in *Warwick University v. Sir Robert McAlpine* unreported May 4, 1990 (C.A.), it being held on the facts that the employer had not relied on the specialist; see also *Hindustan Steam Shipping Co. Ltd. v. Siemans Bros. & Co. Ltd* [1955] 1 Lloyd's Rep. 167; *The Diamantis Pateras* [1966] 1 Lloyd's Rep. 179—shipbuilding cases at first instance where a duty of care was held to exist as between employer and subcontractor, although in each case the claim failed on the facts.

[71] (1980) 14 B.L.R. 1 (H.L.).

Chapter 7—Other Categories of Negligence

Consultants. It is thought that an architect, engineer, surveyor or other consultant may in appropriate circumstances be liable in negligence to the employer for careless statements made before entering into a contract of engagement with the employer in so far as such matters are not encompassed by the subsequent engagement. Each might, in exceptional circumstances, be held to have assumed responsibility for gratuitous advice unrelated to a subsequent engagement.[72] But the mere submission by architects of designs without any express statement about their technical qualities was held not to give rise to a claim for negligent misstatement.[73] It is thought that an architect or other consultant engaged by a design and build contractor[74] might be liable in negligence to the employer, if there was sufficient particular evidence that the consultant had assumed such responsibility and that the employer had relied on the particular consultant. This might happen if, for instance, there had been a pre-contract meeting at which the contractor in the presence of the consultant proferred the consultant's expertise to encourage the employer to enter into the contract. Consultants may also, in some circumstances, become liable to the contractor for loss caused by reliance on a negligent misstatement,[75] particularly in respect of an answer to some specific inquiry on a matter and in circumstances where the contractor reasonably relies upon the architect's judgment or skill or his ability to make careful inquiry. But the consultant would probably not be liable if he expresses his statement to be given "without responsibility" or otherwise in such a way as to show that he does not accept a duty of care towards the contractor.[76]

Where a local authority proposing to build a housing estate commissioned a report from a foundations expert, purchasers of one of the houses under the Housing Act 1980 were held to have no claim in negligence against the expert when cracks caused by defective foundations appeared in their walls. They did not proceed on appeal with a claim for negligent misstatement and their claim to be in an exceptional category entitling them to recover economic loss also failed.[77]

An architect may in some circumstances be liable in tort to a contractor or others. In *Townsends Ltd v. Cinema News, etc., Ltd*,[78] there was a statutory duty upon the contractor to serve notice upon the sanitary authority before executing certain work, but there was proved to be a clear practice that the

---

[72] See *Hedley Byrne v. Heller & Partners* [1964] A.C. 464 (H.L.); *Yuen Kun Yeu v. A.-G. of Hong Kong* [1988] A.C. 175 at 192 (P.C.); cf. *Chaudhry v. Prabhakar* [1989] 1 W.L.R. 29 (C.A.).
[73] *Lancashire and Cheshire Association of Baptist Churches v. Howard & Seddon Partnership* [1993] 3 All E.R. 467.
[74] See p. 7 for design and build contractors.
[75] *Hedley Byrne v. Heller & Partners* [1964] A.C. 465, 503, 530 and 539 (H.L.). *Priestley v. Stone* (1888) 4 T.L.R. 730; H.B.C. (4th ed.), Vol. 2, p. 134 (C.A.) so far as it is to the contrary must be considered as overruled.
[76] *ibid.*; and see "Disclaimer" below. See also "Negligent certificate" on p. 366.
[77] *Preston v. Torfaen Borough Council* (1993) 65 B.L.R. (C.A.).
[78] [1959] 1 W.L.R. 119 (C.A.) more fully reported at (1958) 20 B.L.R. 118 (C.A.).

contractor "relies upon the architect to do all the work and give the notices and see that regulations are complied with".[79] The contractor relied in this case upon the architect serving the proper notice and seeing that the by-laws were complied with. The architect failed to carry out these tasks properly. There was a breach of the by-laws causing loss to the employer which he was entitled to recover from the contractor. In turn the contractor recovered this loss from the architect who, having undertaken a duty towards the contractor, was liable to him for its negligent performance although it was undertaken gratuitously.

Building Society valuations. Where a surveyor agrees to carry out a mortgage valuation of a modest house for a prospective mortgagee knowing that the prospective mortgagor has paid a valuation fee and will probably rely on the valuation in deciding whether or not to purchase the house, the surveyor owes a duty of care to the mortgagor to exercise reasonable skill and care in carrying out the valuation.[80] It is thought that such a duty of care may not necessarily arise where there is a survey of commercial premises and no contractual relationship with the prospective purchasers.[81] A disclaimer purporting to exclude the surveyor's liability for negligence is subject to the requirement of reasonableness in the Unfair Contract Terms Act 1977.[82] In the ordinary case the surveyor is unlikely to establish that such a disclaimer was a fair and reasonable one.[83] If there is specific ground for suspicion, the surveyor's duty requires him to take reasonable steps to follow the trail of suspicion behind furniture or under carpets.[84] By obtaining and disclosing a valuation, a mortgagee does not assume responsibility to the purchaser for the valuation,[85] although he does owe a duty to take reasonable care to select a reasonably competent valuer.[86]

Financial Advice. In *Hedley Byrne v. Heller & Partners*,[87] the appellant advertising agents placed orders which they were liable to pay for themselves.

---

[79] Lord Evershed M.R. at (1958) 20 B.L.R. 118 at 142 (C.A.).
[80] *Smith v. Bush* and *Harris v. Wyre Forest D.C.* [1990] A.C. 831 (H.L.) approving *Yianni v. Edwin Evans & Sons* [1982] Q.B. 438; *cf. Beaumont v. Humberts The Times*, July 17, 1990 (C.A.) and [1990] 49 E.G. 46; *cp. Curran v. Northern Ireland Co-Ownership Housing Association* [1987] A.C. 718 (H.L.); *McCullagh v. Lane Fox* (1994) 38 Con. L.R. 24. For the principles on which damages are awarded, see "Negligent survey" on p. 356. For the possibility of complaint to the Building Societies' Ombudsman, see *Halifax Building Society v. Edell* [1992] Ch. 436.
[81] See *Smith v. Bush* and *Harris v. Wyre Forest D.C.* [1990] A.C. 831 at 859 (H.L.).
[82] See ss. 2(2) and 11 of the Act and see generally p. 70.
[83] See *Smith v. Bush* and *Harris v. Wyre Forest D.C.* [1990] A.C. 831 (H.L.); *cf. Davis v. Parry* (1988) H.L.R. 452; *Beaton v. Nationwide Anglia Building Society, The Times*, October 8, 1990 and (1991) C.I.L.L. 635.
[84] See *Smith v. Bush* and *Harris v. Wyre Forest D.C.* [1990] A.C. 831 at 851 (H.L.) citing *Roberts v. J. Hampson & Co.* [1990] 1 W.L.R. 94; *cp. Bere v. Slades* (1989) 25 Con.L.R. 1.
[85] *Smith v. Bush* and *Harris v. Wyre Forest D.C.* [1990] A.C. 831 at 847 (H.L.); but *cp. Beresforde v. Chesterfield B.C.* [1989] 2 E.G.L.R. 149 (C.A.).
[86] *ibid.* at 865.
[87] [1964] A.C. 465 (H.L.); *cf. Mutual Life Ltd v. Evatt* [1971] A.C. 793 at 801 (P.C.); *Cherry v.*

Chapter 7—Other Categories of Negligence

They asked their bankers to inquire into the financial stability of their client company. The bankers made inquiries of the respondents, who gave favourable references "without responsibility". In reliance on the references, the appellants placed the orders which resulted in loss. It was held that a negligent misrepresentation may give rise to an action for damages for financial loss since the law will imply a duty of care when a party seeking information from a party possessed of special skill trusts him to exercise due care, and that party knew or ought to have known that reliance was being placed on his skill and judgment. The disclaimer, however, negatived the duty. In other circumstances, there has been held to be no negligence[88] or no duty of care,[89] but the Court of Appeal has held on particular facts that, where a plaintiff company had taken over another company, their claim against the advisers, accountants and directors of the company that had been taken over alleging negligent representations in documents issued to the plaintiffs' advisers in the course of the bid was not bound to fail.[90]

References. An employer who gave a reference for a former employee was held to owe that employee a duty to take reasonable care in its preparation making him liable in negligence if he failed to do so and the employee thereby suffered damage. The employee was not limited to bringing a claim in defamation or injurious falsehood where the employer would have a defence of qualified privilege.[91]

Other examples. A large oil company, which had special knowledge and skill in estimating the throughput of filling stations and who induced a prospective tenant of a filling station to enter into a written tenancy agreement by carelessly representing its potential throughput, were held to be liable to the tenant in damages for their misrepresentation.[92] There has been held to be liability where inquiry is made of a public servant who "knows, or ought to know, that others, being his neighbours in this regard, would act on the faith of the statement being accurate".[93] It is possible that a duty may be owed to others, such as the contractor, engaged in a building project where a person, such as the architect or the engineer, makes statements before or during that project which he knows, or ought to know, may be acted upon by those others as being accurate.[94]

Allied Insurance Brokers [1978] 1 Lloyd's Rep. 274 at 280; *Deloitte Haskins & Sells v. National Mutual Life Nominees* [1993] A.C. 774 at 786 (P.C.).

[88] See, *e.g. McInerny v. Lloyds Bank Ltd* [1974] 1 Lloyd's Rep. 246 (C.A.).

[89] See, *e.g. Caparo Industries v. Dickman* [1990] A.C. 605 (H.L.); *Al Saudi Bank v. Clarke Pixley* [1990] Ch. 313; *James McNaughton Paper Group v. Hicks Anderson & Co.* [1991] 2 W.L.R. 641 (C.A.).

[90] *Morgan Crucible v. Hill Samuel* [1991] Ch. 295 (C.A.).

[91] *Spring v. Guardian Assurance* [1994] 3 W.L.R. 354 (H.L.).

[92] *Esso Petroleum v. Mardon* [1976] Q.B. 801 (C.A.); *cf. Anderson (W. B.) & Sons Ltd v. Rhodes Ltd* [1967] 2 All E.R. 850.

[93] *Ministry of Housing v. Sharp* [1970] 2 Q.B. 223 at 268 (C.A.)—this case is not, however, a clear reliance case—see *Murphy v. Brentwood District Council* [1991] 1 A.C. 398 at 446 (H.L.).

[94] See cases cited above; *Arenson v. Arenson* [1977] A.C. 405 at 438 (H.L.).

Disclaimer. In some instances, a disclaimer has been held to negative a duty of care.[95] In others, the Unfair Contract Terms Act 1977 has prevented the defendant from relying on a disclaimer.[96]

It is common in building contracts, and more particularly engineering contracts, for there to be a clause in the tender documents referring to certain information about the soil and other relevant conditions purporting to prevent a duty of care arising or otherwise to avoid liability in so far as the information is incorrect. Each case depends on its own facts and circumstances and particularly the terms of the disclaimer. If there is a clear disclaimer at tender stage, it is thought that a contractor, who is unable to recover under the resulting contract nor under a collateral warranty nor under the Misrepresentation Act 1967, is unlikely to succeed in tort except perhaps exceptionally where the Unfair Contract Terms Act 1977 prevents the employer from relying on the disclaimer.[97] But in an Australian case,[98] where there was a "contractor must satisfy himself" clause in the contract, it was held as a matter of law, and without any decision upon the facts, that the terms of the contract did not prevent the contractor setting up a duty upon the employer in negligence for failure to take reasonable care to ensure that information was accurate and not false or misleading.

(b) Possible further categories

It is not necessarily to be supposed that the reliance cases are the only possible category of cases in which a duty to take reasonable care to avoid or prevent pecuniary loss can arise.[99] The law is prepared to develop new categories of negligence incrementally,[1] and there are a few cases which do not readily fit into the two main categories discussed above.[2] These cases include:

> *Morrison Steamship Co. Ltd v. Greystoke Castle (Cargo Owners)*[3] where there was a ship collision and cargo owners became liable for general average contribution. The cargo was not damaged. It was held by a

---

[95] See *e.g. Hedley Byrne v. Heller & Partners* [1964] A.C. 464 (H.L.); *Post Office v. Mears Construction Ltd* [1979] 2 All E.R. 813; *cf. Henderson v. Merrett Syndicates Ltd* [1994] 3 W.L.R. 761 at 777 (H.L.).
[96] *Smith v. Bush* and *Harris v. Wyre Forest D.C.* [1990] A.C. 831 (H.L.); see p. 70 for the Unfair Contract Terms Act 1977; *cf. Beaton v. Nationwide Anglia Building Society, The Times,* October 8, 1990.
[97] See "Employer's pre-contract information" above; see also p. 133 for the Misrepresentation Act 1967, p. 139 for collateral warranties and p. 70 for the Unfair Contract Terms Act 1977.
[98] *Morrison-Knudsen International v. Commonwealth of Australia* (1972) 46 A.L.J.R. 265 and 13 B.L.R. 114 (High Court of Australia).
[99] *Murphy v. Brentwood District Council* [1991] 1 A.C. 398 at 446 (H.L.).
[1] *Yuen Kun Yeu v. Attorney-General of Hong Kong* [1988] A.C. 175 at 191 (P.C.) citing Brennan J in *Council of the Shire of Sutherland v. Heyman* (1985) 59 A.L.J.R. 564 at 588.
[2] See *Murphy v. Brentwood District Council* [1991] 1 A.C. 398 at 446 (H.L.) and note that *Minister of Housing v. Sharp* [1970] 2 Q.B. 223 (C.A.) there referred to has been cited in this Chapter under "Negligent misstatement".
[3] [1947] A.C. 265 (H.L.).

Chapter 7—Other Categories of Negligence

narrow majority that the cargo owners had a direct claim against the owners of the colliding ship on the ground that their obligation was to share in the expenditure *ab initio* and not merely to contribute by way of indemnity towards the owners' expenditure. The case may turn on specialities of maritime law.[4]

Ross v. Caunters,[5] where a gift to a beneficiary under a will was void because the beneficiary's husband had witnessed the will due to negligence of the testator's solicitors. It was held that the solicitors owed a duty of care to the beneficiary sufficient to sustain a claim for financial loss and there were no considerations to negative or reduce or limit the scope of the duty. *Ross v. Caunters* was approved by the Court of Appeal in *White v. Jones*[6] where a claim in negligence by disappointed beneficiaries succeeded against solicitors who had failed to carry out the testator's instructions before he died. The Court explained the duty of care owed by the solicitors in part by inquiring whether there was a special relationship of proximity and whether it was fair, just and reasonable that liability should be imposed, *i.e.* by reference to requirements discussed on p. 181. But the judgments also indicate that the facts exemplified a "very special situation" and that *Ross v. Caunters* was in a category of its own.[7] In normal conveyancing transactions a solicitor acting as the agent of the vendor does not owe a separate duty of care to the purchaser.[8]

It is thought that no identifiable category of negligence emerges from these cases beyond a general point that solicitors may occasionally owe a duty of care to guard against financial loss to third parties who are not their clients and who do not themselves rely upon their advice. The relevance to building contracts is that it seems unlikely that a negligence claim will succeed which does not come within the principles discussed in sections 1 or 2(a) of this Chapter.[9]

---

[4] See *Murphy v. Brentwood District Council* [1991] 1 A.C. 398 at 429 and 445 (H.L.); *cf. Hedley Byrne v. Heller & Partners* [1964] A.C. 465 at 518 (H.L.); *Simaan General Contracting Company v. Pilkington Glass* [1988] Q.B. 758 at 771 (C.A.); *cp. Simpson & Co. v. Thompson* (1878) 3 App.Cas. 279 (H.L.).

[5] [1980] Ch. 297; *cf. Al-Kandari v. J.R. Brown & Co.* [1987] Q.B. 514. In so far as *Ross v. Caunters* applies *Anns v. Merton London Borough Council* [1978] A.C. 728 (H.L.), it could be said to have been overruled by *Murphy v. Brentwood District Council* [1991] 1 A.C. 398 (H.L.), but it seems from *Murphy* that the House of Lords did not so regard it—see Lord Oliver at 446. See, however, *Clarke v. Bruce Lance & Co.* [1988] 1 W.L.R. 881 (C.A.).

[6] [1993] 3 W.L.R. 730 (C.A.). Leave to appeal to the House of Lords has been granted. See also *Hemmens v. Wilson Browne* [1994] 2 W.L.R. 323.

[7] See Sir Donald Nicholls V.-C. [1993] 3 W.L.R. 730 at 740 and Farquharson L.J. at 748.

[8] *Gran Gelato v. Richcliff* [1992] Ch. 560.

[9] Such a claim did not succeed in *Preston v. Torfaen Borough Council* (1993) 65 B.L.R. (C.A.).

CHAPTER 8

DEFAULT OF THE PARTIES—DAMAGES

		Page
1.	Principles upon which damages are awarded	200
2.	Causation and concurrent causes	207
	(a) *Concurrent causes—tort*	209
	(b) *Concurrent causes—contract*	209
3.	Various general considerations	214
4.	Contractor's breach of contract	219
5.	Employer's breach of contract	225

Introduction. A breach of contract which has not been excused gives the injured party the right to bring an action for damages. If he merely proves the breach, but no loss, he is awarded nominal damages, *e.g.* £1 or less.[1] If he proves actual loss, he is awarded substantial damages as compensation.[2] This section is concerned with the amount of damages recoverable where there is actual loss. A short account of the general principles upon which the courts award damages for breach of contract will be given, with a discussion of causation followed by a discussion of the application of those principles to breaches by the contractor and the employer.

1. PRINCIPLES UPON WHICH DAMAGES ARE AWARDED

Damages are awarded to put the plaintiff as nearly as possible "in the same position as he would have been in if he had not sustained the wrong for which he is now getting compensation or reparation".[3] Accordingly, the approach to assessing damages for breach of contract, where the wrong is a failure to perform an enforceable promise, differs from that in tort, where the wrong is damage caused by a breach of duty.[4] "Where a party sustains a loss by reason of a breach of contract, he is, so far as money can do it, to be placed in the same situation with regard to damages, as if the contract had been performed."[5] In tort the measure is the loss caused by the wrong and a greater

---

[1] See *McGregor on Damages*, (15th ed.), Chap. 10. For aggravated and exemplary damages, neither of which normally apply in building contracts, see *Rookes v. Barnard* [1964] A.C. 1129 (H.L.); *Broome v. Cassell* [1972] A.C. 1027 (H.L.); *Drane v. Evangelou* [1978] 1 W.L.R. 455 (C.A.).
[2] *ibid.*
[3] Lord Blackburn in *Livingstone v. Rawyards Coal Company* (1880) 5 App.Cas. 25 at 39 (H.L.).
[4] See, however, Scarman L.J. in *Parsons v. Uttley Ingham* [1978] Q.B. 791 at 807 (C.A.).
[5] *Robinson v. Harman* (1848) 1 Ex. 850 at 855, said by Lord Pearce to be "the underlying rule of the common law", *Koufos v. Czarnikow Ltd* [1969] 1 A.C. 350 at 414 (H.L.); *British*

Chapter 8—Principles upon which Damages are Awarded

sum is sometimes recoverable.[6] This chapter is concerned mainly with damages for breach of contract.

Damages for breach of contract. "The governing purpose of damages is to put the party whose rights have been violated in the same position,[7] so far as money can do, as if his rights had been observed."[8] "The general principle for the assessment of damages is compensatory . . . ."[9] But if this purpose were relentlessly pursued it would lead to the party in default having to pay "for all loss *de facto* resulting from a particular breach however improbable, however unpredictable".[10] The courts therefore set a limit to the loss for which damages are recoverable, and loss beyond such limit is said to be too remote.

The famous rule as stated in the case of *Hadley v. Baxendale*[11] is:

"Where two parties have made a contract which one of them has broken the damages which the other party ought to receive in respect of such breach of contract should be such as may fairly and reasonably be considered either [1] arising naturally, *i.e.* according to the usual course of things from such breach of contract itself, or [2] such as may reasonably be supposed to have been in the contemplation of both parties at the time they made the contract, as the probable result of the breach of it."[12]

The rule has two limbs which have been indicated by the insertion into the quoted text of the figures [1] and [2].[13]

Westinghouse v. Underground Electric Railways [1912] A.C. 673 at 689 (H.L.); see also *The Albazero* [1977] A.C. 774 at 841 (H.L.); *Johnson v. Agnew* [1980] A.C. 367 at 400 (H.L.); *Bevan Investments v. Blackhall & Struthers* (1977)11 B.L.R. 78 at 95 (New Zealand Court of Appeal). Where the defendant has a choice of more than one method of performance, damages are generally assessed by reference to the method which is least unfavourable to him—see *Paula Lee v. Robert Zehil* [1983] 2 All E.R. 390.

[6] In tort, "the defendant will be liable for any type of damage which is reasonably foreseeable as liable to happen even in the most unusual case, unless the risk is so small that a reasonable man would in the whole circumstances feel justified in neglecting it".—Lord Reid in *Koufos v. Czarnikow* [1969] 1 A.C. 350 at 387 (H.L.) at p. 387. See also *Overseas Tankship (U.K.) Ltd v. Morts Dock & Engineering Co. Ltd* [1961] A.C. 388 (P.C.); and see discussion in Salmond on Torts (19th ed., 1987), Chap. 22. Liability may be wider in tort (*Koufos* case at 385) and comparison between damages in tort and contract is not helpful (*ibid.* at 413). For a claim for deceit, see *Doyle v. Olby (Ironmongers) Ltd* [1969] Q.B. 158 (C.A.). See also *Broome v. Cassell* [1972] A.C. 1027 at 1076, 1080, 1130 (H.L.)—exemplary damages not recoverable for deceit; *cf. Archer v. Brown* [1985] Q.B. 401 and see p. 132.

[7] But not in a better position—see *C. & P. Haulage v. Middleton* [1983] 1 W.L.R. 1461 at 1467 (C.A.).

[8] Asquith L.J. in *Victoria Laundry Ltd v. Newman Ltd* [1949] 2 K.B. 528 at 539 (C.A.).

[9] Lord Wilberforce in *Johnson v. Agnew* [1980] A.C. 367 at 400 (H.L.); *cf. Surrey County Council v. Bredero Homes Ltd* [1993] 1 W.L.R. 1361 (C.A.).

[10] *ibid.*

[11] (1854) 9 Ex. 341.

[12] *ibid.*, Alderson B. at p. 354.

[13] See *Victoria Laundry Ltd v. Newman Ltd* [1949] 2 K.B. 528 at 537 (C.A.); *Koufos v. Czarnikow* [1969] 1 A.C. 350 at 421 (H.L.); *Wroth v. Tyler* [1974] 1 Ch. 30; *Parsons v. Uttley Ingham* [1978] Q.B. 791 (C.A.).

Default of the Parties—Damages

The first limb of *Hadley v. Baxendale*. Two leading cases in which the rule has been discussed are *Victoria Laundry v. Newman Industries*[14] and *Koufos v. Czarnikow*,[15] the latter considering the former at length with a number of other cases.[16] In the *Victoria Laundry* case, Asquith L.J. in a "classic judgment"[17] stated six propositions which emerged, he said, from the authorities as a whole.[18] Taking account of the opinions of the House of Lords in *Koufos v. Czarnikow*, the first limb of the rule may be elaborated into these propositions[19] based on those of Asquith L.J.:

(1) the aggrieved party is only entitled to recover such part of the loss actually resulting as may fairly and reasonably be considered as arising naturally, that is according to the usual course of things, from the breach of contract.

(2) The question is to be judged as at the time of the contract.

(3) In order to make the contract breaker liable it is not necessary that he should actually have asked himself what loss was liable to result from a breach of the kind which subsequently occurred. It suffices that, if he had considered the question, he would as a reasonable man have concluded that the loss of the type in question, not necessarily the specific loss, was "liable to result".

(4) The words "liable to result" should be read in the sense conveyed by the expressions "a serious possibility" and "a real danger" and "not unlikely to occur".[20]

For the first limb, therefore, knowledge of certain basic facts according to the usual course of things is imputed, but no special knowledge.

The second limb of *Hadley v. Baxendale*. This depends on additional

---

[14] [1949] 2 K.B. 528 (C.A.).

[15] [1969] 1 A.C. 350 (H.L.).

[16] The House of Lords expressed differing views as to the *Victoria Laundry* case, but two years earlier they applied it without criticism in a building contract case—*East Ham Borough Council v. Bernard Sunley & Sons Ltd* [1966] A.C. 406 at 440, 445 and 450; see also *Overseas Tankship (U.K.) Ltd v. Morts Dock & Engineering Co. Ltd* [1961] A.C. 388 at 420 (P.C.). Neither case is referred to in the speeches in the *Koufos* case.

[17] *Aruna Mills Ltd v. Gobindram* [1968] 1 Q.B. 655 at 668; see also *Allan Peters (Jewellers) Ltd v. Brocks Alarms Ltd* [1968] 1 Lloyd's Rep. 387 at 392.

[18] [1949] 2 K.B. 528 at 539 *et seq*.

[19] With the exception of the last five words (which derive from the opinion of Lord Reid in *Koufos v. Czarnikow* [1969] 1 A.C. 350 at 388 (H.L.)) and some words at the end of proposition (3) (which derive from *Parsons v. Uttley Ingham* [1978] Q.B. 791 at 813 (C.A.)), these propositions are taken from the judgment of Richmond P. in *Bevan Investments v. Blackhall & Struthers* (1977) 11 B.L.R. 78 at 106 (New Zealand Court of Appeal). The case is not binding authority in England, but is thought to contain an accurate and clear synthesis of the two leading English cases on which the passage depends. For a shorter formulation, see Scarman L.J. in *Parsons v. Uttley Ingham* at 806.

[20] The phrase "on the cards", used in the *Victoria Laundry* case, was applied by Lord Upjohn and Lord Pearson in *East Ham Borough Council v. Bernard Sunley & Sons Ltd* [1966] A.C. 406 at 445 and 451 (H.L.) but is so heavily criticised in the *Koufos* case that it is probably better not to rely on it. See also *G.K.N. Centrax Gears Ltd v. Marbro Ltd* [1976] 2 Lloyd's Rep. 555 at 579 (C.A.).

Chapter 8—Principles upon which Damages are Awarded

special knowledge by the defendant. The passage from *Hadley v. Baxendale* quoted above is followed by:

"If the special circumstances were communicated by the plaintiffs to the defendants, and thus known to both parties, the damages resulting from the breach of such a contract, which they would reasonably contemplate, would be the amount of injury which would ordinarily follow from a breach of contract under these special circumstances so known and communicated."[21]

As with the first limb, the question is to be judged at the time of the contract so that damages claimed under the second limb will not be awarded unless the plaintiff has particular evidence to show that the defendant then knew the special circumstances relied on.

The first limb of the rule contains the necessity for knowledge of certain basic facts upon the basis of which there is a "horizon of contemplation".

"Additional or 'special' knowledge, however, may extend the horizon to include losses that are outside the natural course of events. And of course the extension of the horizon need not always *increase* the damages; it might introduce a knowledge of particular circumstances, *e.g.* a subcontract, which show that the plaintiff would in fact suffer *less* damage than a more limited view of the circumstances might lead one to expect."[22]

"It must always be a question of circumstances what one contracting party is presumed to know about the business activities of another."[23]

Propositions (2), (3) and (4) apply to both limbs of the rule. The necessary degree of likelihood of the loss occurring was considered at length in *Koufos v. Czarnikow* by reference to phrases such as those given at (4) above. But "the result in any particular case need not depend upon giving pride of place to any one of such phases".[24] It seems that the degree of likelihood can be less than evens,[25] even slight,[26] but that to equate it with what is reasonably foreseeable could be misleading. "To bring in reasonable foreseeability appears to me to be confusing measure of damages in contract with measure of damages in tort. A great many extremely unlikely results are reasonably foreseeable."[27]

In the *Victoria Laundry* case[28] a laundry company, intending to enlarge its

---

[21] *Hadley v. Baxendale* (1854) 9 Ex. 341 at 354. For a clear modern application, see *Panalpina v. Densil Underwear* [1981] 1 Lloyd's Rep. 187 at 191; *cf. Koch Marine v. D'Amica Societa Di Navigazione* [1980] 1 Lloyd's Rep. 75 at 87.
[22] Lord Pearce in *Koufos v. Czarnikow* [1969] 1 A.C. 350 at 416 (H.L.).
[23] Lord Jauncey in *Balfour Beatty v. Scottish Power* (1994) C.I.L.L. 925 (H.L.); *The Times*, March 23, 1994.
[24] *ibid.* Lord Morris at 397.
[25] See especially *ibid.* Lord Reid.
[26] *Parsons v. Uttley Ingham* [1978] Q.B. 791 at 813 (C.A.).
[27] Lord Reid at 389; contrast Scarman L.J. in *Parsons v. Uttley Ingham* [1978] Q.B. 791 at 807 (C.A.); *cp. Lamb v. Camden Council* [1981] Q.B. 625 (C.A.).
[28] [1949] 2 K.B. 528 (C.A.).

business, ordered a boiler from the defendants, delivery to be on a certain date. Owing to the defendant's default delivery was several months late and as a result the laundry lost certain specially lucrative contracts. It was held that though the defendants were not liable for the loss of profits on these particular contracts of which they had no knowledge, nevertheless they knew, or must be taken to have known from the circumstances and their position as engineers and businessmen, that there was bound to be business loss of some sort, and were liable for such loss on the basis of their knowledge actual or imputed.

In *Parsons v. Uttley Ingham*,[29] the defendants supplied a hopper for pig nuts to feed pigs and when they installed it failed to ensure that the ventilator was open with the result that the pig nuts became mouldy. The pigs died. The defendants who could have contemplated illness caused by their breach but not the particular rare illness which caused the deaths were held liable. It is thought that the principles applied in this case may well be relevant in building contract cases in relation to defects in the works.

In *Balfour Beatty v. Scottish Power*,[30] the Board agreed to supply temporary power for Balfour Beatty's concrete batching plant. There was a power failure and the Board were held to be in breach of contract. Balfour Beatty were constructing an aqueduct by continuous concrete pour and as a result of the power failure had to demolish what had been constructed and start again. They claimed the cost of doing so as damages. It was held that the Board did not and were not to be presumed to know of the practice of construction by continuous concrete pour and the claim failed.

"Consequential" loss. Building and other contracts sometimes have clauses excluding liability for "consequential" loss.[31] The construction of each such clause will depend on its own words and context, but generally consequential loss is likely to approximate to loss within the second limb of *Hadley v. Baxendale*. It is loss which is in some way less direct or more remote than that loss or damage which remains recoverable despite the exclusion clause. "Consequential" does not cover loss which directly and naturally results in the ordinary course of events. Where sellers were in breach of contract in supplying masonry blocks, there was a clause in their contract seeking to exclude their liability for consequential loss or damage caused by or resulting from late supply. This clause was held not to exclude claims against the buyers by their subcontractors for delay in the subcontractors' work caused by the absence of the materials which the sellers ought to have delivered.[32]

Date of assessment. With a decrease in the value of money this is often a

---

[29] [1978] Q.B. 791 (C.A.).
[30] (1994) C.I.L.L. 925 (H.L.); *The Times*, March 23, 1994.
[31] For exclusion clauses generally, see p. 68.
[32] *Croudace Construction v. Cawoods Concrete Products* [1978] 2 Lloyd's Rep. 55 (C.A.); *cf. Millars*

Chapter 8—Principles upon which Damages are Awarded

matter of the greatest moment, although an award of interest may, in theory at least, mitigate the effect of choosing an early date.[33]

The general rule, both in contract and in tort, is that damages should be assessed as at the date when the cause of action arises.[34] But there are many exceptions and it has been said that "this so-called general rule ... has been so far eroded in recent times ... that little of practical reality remains of it".[35] Where the measure of damages is the cost of repair or reinstatement, the date of assessment is the date when it was first reasonable in all the relevant circumstances[36] for the plaintiff to undertake the repair or reinstatement works.[37] This is part of the principle that a defendant must mitigate his loss "but, in the ultimate analysis, the question is one of the reasonableness of the plaintiffs actions or inaction".[38] A reasonable date should normally at least include a reasonable time for the employer to survey the defects, obtain any necessary reports and arrange for the repairs.

If the plaintiff has not carried out the works at the date of the hearing, there is a prima facie presumption that the costs then prevailing are those which should be adopted. An earlier date will, of course, normally be taken where the plaintiff has already carried out the works and an earlier date will also be taken where the plaintiff, acting reasonably, should have carried out the works at some earlier date than he did or, as the case may be, than the date of the hearing.[39] It may be reasonable for a plaintiff, who starts proceedings which are contested and conducts then with reasonable expedition, to delay carrying out the works until the result of the contested proceedings is known.[40]

In the *Dodd Properties v. Canterbury City Council*,[41] the defendants had, in the course of building operations, damaged the plaintiffs' commercial garage premises. The cost of repair had more than doubled between the date of the damage and the date of trial. The plaintiff was held entitled to the higher

---

Machinery v. Way (1934) 40 Comm. Cas. 204; *Saint Line v. Richardsons Westgarth* [1940] 2 K.B. 99; *F.G. Minter v. W.H.T.S.O.* (1980) 13 B.L.R. 1 at 15 (C.A.); *Pigott Foundations v. Shepherd Construction* (1993) 67 B.L.R. 48 at 68.

[33] For awards of interest, see pp. 506 *et seq*. See also generally articles at (1979) 95 L.Q.R. 270; (1980) 96 L.Q.R. 341; (1981) 97 L.Q.R. 445; (1982) 98 L.Q.R. 406.

[34] *Miliangos v. George Frank (Textiles) Ltd* [1976] A.C. 443 at 468 (H.L.); *Dodd Properties v. Canterbury City Council* [1980] 1 W.L.R. 433 at 450 and 454 (C.A.).

[35] Ormrod L.J. in *Cory & Son v. Wingate Investments* (1980) 17 B.L.R. 104 at 121 (C.A.).

[36] These include the conduct of the defendant—see *Cory & Son v. Wingate Investments* (1980) 17 B.L.R. 104 (C.A.).

[37] *Dodd Properties v. Canterbury City Council* [1980] 1 W.L.R. 433 at 451 (C.A.); *cf. West Midland Baptist v. Birmingham Corporation* [1970] A.C. 874 at 903 (H.L.).

[38] *Radford v. Froberville* [1977] 1 W.L.R. 1262 at 1287; *cf. Johnson v. Agnew* [1980] A.C. 367 at 400 *et seq*. (H.L.).

[39] *Dodd Properties v. Canterbury City Council* [1980] 1 W.L.R. 433 at 458 (C.A.); *Cory & Son v. Wingate Investments* (1980) 17 B.L.R. 104 (C.A.); *cf. Tito v. Waddell (No. 2)* [1977] Ch. 106 at 332.

[40] *Radford v. Froberville* [1977] 1 W.L.R. 1262 at 1287; *Dodd Properties v. Canterbury City Council* [1980] 1 W.L.R. 433 (C.A.); *cf. Bevan Investments v. Blackhall & Struthers* (1977) 11 B.L.R. 78 (New Zealand Court of Appeal).

[41] [1980] 1 W.L.R. 433 (C.A.).

figure. For various reasons of which "financial stringency" was one, it made commercial good sense to defer the repairs.

> "A plaintiff who is under a duty to mitigate is not obliged, in order to reduce the damages, to do that which he cannot afford to do: particularly where, as here, the plaintiffs 'financial stringency', so far as it was relevant at all, arose, as a matter of common sense, if not as a matter of law, solely as a consequence of the defendants' wrong-doing."[42]

It was a relevant factor that the defendants had never admitted liability. Although in the *Dodd Properties* case the claim was in tort, the same principles apply to the date for assessing damages for breach of contract.[43]

Where the measure of damages is the diminution in value of the property, the date of assessment is normally the date when the cause of action arises.[44] Where the damages awarded are for pecuniary loss, these are assessed at the date when the loss is incurred or, for future loss, at the date of trial.[45]

Mitigation of loss. The award of damages as compensation is qualified by a principle, "which imposes on a plaintiff the duty of taking all reasonable steps to mitigate the loss consequent on the breach, and debars him from claiming any part of the damage which is due to his neglect to take such steps".[46] But this "does not impose on the plaintiff an obligation to take any step which a reasonable and prudent man would not ordinarily take in the course of his business".[47] Any gain resulting from the plaintiff's reasonable steps in mitigation must be balanced against the loss caused by the breach. Any loss resulting from such reasonable steps is recoverable.[48] The onus of proof is on the defendant to prove any failure to mitigate.[49] Generally it is

---

[42] *ibid.* at 453.
[43] See, *e.g. Cory & Son v. Wingate Investments* (1980) 17 B.L.R. 104 (C.A.).
[44] *Dodd Properties v. Canterbury City Council* [1980] 1 W.L.R. 433 at 457 (C.A.); *Perry v. Sidney Phillips* [1982] 1 W.L.R. 1297 (C.A.).
[45] *Dodd Properties v. Canterbury City Council* [1980] 1 W.L.R. 433 (C.A.); *Swingcastle v. Gibson* [1990] 1 W.L.R. 1223 at 1236 (C.A.) unaffected by the decision of the House of Lords at [1991] 2 A.C. 223.
[46] Lord Haldane in *British Westinghouse v. Underground Railways Co.* [1912] A.C. 673 at 689 (H.L.); *The World Beauty* [1970] P. 144 (C.A.); *cp. Sotiros Shipping v. Sameiet Solholt* [1983] 1 Lloyd's Rep. 605 at 608 (C.A.); *Kaines v. Osterreichische* [1993] 2 Lloyd's Rep. 1 at 10 (C.A.).
[47] *British Westinghouse v. Underground Railways Co.* [1912] A.C. 673 at 689 (H.L.) referring to James L.J. in *Dunkirk Colliery Co. v. Lever* (1878) 9 Ch.D. 20 at 25 (C.A.). For a recent case, see *London and South England Building Society v. Stone* [1983] 1 W.L.R. 1242 (C.A.) especially at 1262 *et seq.* For the position where there has been non-acceptance of repudiation, see *White and Carter (Councils) Ltd v. McGregor* [1962] A.C. 413 (H.L.), referred to on p. 162, but it is doubtful whether this case applies to the usual building contract.
[48] *British Westinghouse v. Underground Railways Co.* [1912] A.C. 673 at 691 (H.L.); *The World Beauty* [1970] P. 144 (C.A.); *Pagnan (R.) Fratelli v. Corbisa Industrial* [1970] 1 W.L.R. 1306 (C.A.); *Koch Marine v. D'Amica Societa Di Navigazione* [1980] 1 Lloyd's Rep. 75 at 88.
[49] *British Westinghouse v. Underground Railways Co.* [1912] A.C. 673 (H.L.); *Garnac Grain Co. Inc. v. Faure & Fairclough Ltd* [1968] A.C. 1130 at 1140 (H.L.).

Chapter 8—Principles upon which Damages are Awarded

legitimate to ask what damage the plaintiff has really suffered as a result of the defendant's breach.[50]

2. CAUSATION AND CONCURRENT CAUSES

A number of initial distinctions are necessary, *i.e.* first, whether the claim is in contract or in tort where different considerations apply; secondly, if it is in contract, whether it is brought under the contract or as damages for breach of it;[51] and thirdly, if there are competing causes one of which is the responsibility of the defendant, whether the other cause is the responsibility of the plaintiff on the one hand, or of another actual or potential defendant or third party or of no one on the other.

Causation generally. "Causation is a mental concept, generally based on inference or induction from uniformity of sequence as between two events that there is a causal connection between them."[52] For a plaintiff to succeed in a claim for damages, he has to establish on the balance of probabilities an effective causal connection between the defendant's breach of contract or negligence and the plaintiff's loss.[53] An intervening act by a third party,[54] or by the plaintiff[55] may break the chain of causation. But an act by the plaintiff will not normally break the chain of causation if it was reasonable.[56] Variations ordered by the employer after the contractor is already in culpable delay will not normally deprive the employer of his right to damages, subject, it is thought, to an appropriate adjustment for any additional time resulting from the variations.[57]

Contributory negligence. The Law Reform (Contributory Negligence) Act 1945 provides for a claimant's damages to be reduced to such extent as the court or arbitrator[58] thinks just and reasonable where the claimant suffers damage as the result partly of his own fault and partly of the fault of another

---

[50] *Sealace Shipping v. Oceanvoice Shipping, The Times,* September 25, 1990 (C.A.). For an illustration of failure to mitigate, see *Hutchinson v. Harris* (1978) 10 B.L.R. 19 at 43 (C.A.).
[51] See "Claims under or for breach of the contract" on p. 228.
[52] Lord Wright in *Monarch Steamship Co. v. Karlshamns Oljefabriker* [1949] A.C. 196 at 228 (H.L.).
[53] See *Monarch Steamship Co. v. Karlshamns Oljefabriker* [1949] A.C. 196 at 226 (H.L.); *Bonnington Castings v. Wardlaw* [1956] A.C. 613 (H.L.); *Hotson v. East Berkshire Area Health Authority* [1987] A.C. 750 (H.L.); *Wilsher v. Essex Area Health Authority* [1988] A.C. 1074 (H.L.). *Galoo Ltd v. Bright Grahame Murray* [1994] 1 W.L.R. 1360 (C.A.); *Banque Bruxelles Lambert v. Eagle Star* (1993) 68 B.L.R. 39.
[54] See *Lamb v. Camden London Borough Council* [1981] Q.B. 625 (C.A.); *P.Perl (Exporters) v. Camden London Borough Council* [1984] Q.B. 342 (C.A.); *Ward v. Cannock Chase District Council* [1986] Ch. 546; *Beoco Ltd v. Alfa Laval Co. Ltd* [1994] 3 W.L.R. 1179 (C.A.).
[55] *Quinn v. Burch Bros (Builders)* [1966] 2 Q.B. 370 (C.A.); cf. *Lambert v. Lewis* [1982] A.C. 225 at 277 (H.L.).
[56] See *Emeh v. Kensington & Chelsea Health Authority* [1985] Q.B. 1012 (C.A.).
[57] See *McAlpine Humberoak v. McDermott International* (1992) 58 B.L.R. 1 at 35 (C.A.).
[58] See the definition of "court" in s. 4 of the Act.

person.⁵⁹ The Act applies to claims in tort.⁶⁰ It also applies to claims in contract where the defendant's contractual liability is the same as his liability in the tort of negligence independently of the existence of any contract⁶¹ unless the parties have by their contract varied that position.⁶² The Act may also apply where the defendant's liability arises from a contractual obligation which is expressed in terms of taking care but does not correspond to a common law duty to take care which would exist independently of contract.⁶³ It does not apply where the defendant's liability arises from a strict contractual obligation, even if his breach of contract might otherwise be characterised as a tortious fault,⁶⁴ and does not apply where the defendant's liability arises from some contractual provision which does not depend on negligence on the part of the defendant.⁶⁵ A person liable for deceit, whether personally or vicariously, is not entitled to deny by a plea of contributory negligence that his deceit was the sole effective cause of the damage suffered by his victim.⁶⁶ Where the plaintiff admits some negligence or expects it to be found against him, he will seek an apportionment lest such negligence prevents him recovering all.⁶⁷

Statutory contribution. The Civil Liability (Contribution) Act 1978 enables contribution to be recovered from any other person liable in respect of the same damage, whatever the legal basis of his liability, whether it is tort, breach of contract, breach of trust or otherwise. This Act (to which reference for its exact terms must be made) enables a just and equitable apportionment, including a complete indemnity, to be made.⁶⁸ It does not affect express or implied contractual or other rights to indemnity or contribution which would be enforceable apart from the Act.

---

⁵⁹ See s. 1 of the Act.
⁶⁰ See the definition of "fault" in s. 4 of the Act.
⁶¹ *Vesta v. Butcher* [1989] A.C. 852 (C.A.) upholding Hobhouse J. at [1986] 2 All E.R. 488 (the case went to the House of Lords on other issues—[1989] A.C. 852); *Sayers v. Harlow U.D.C.* [1958] 1 W.L.R. 623 (C.A.).
⁶² *Vesta v. Butcher* [1986] 2 All E.R. 488 at 510.
⁶³ These are category (2) cases as described by Hobhouse J. in *Vesta v. Butcher* [1986] 2 All E.R. 488 at 508; see the *Vesta* case in the Court of Appeal at [1989] A.C. 852 (C.A.) and see also *De Meza v. Apple* [1974] 1 Lloyd's Rep. 508; *Rowe v. Turner Hopkins & Partners* [1980] 2 N.Z.L.R. 550 (New Zealand High Court); *Basildon D.C. v. Lesser* [1985] Q.B. 839.
⁶⁴ *Barclays Bank v. Fairclough Building* [1994] 3 W.L.R. 1057 (C.A.).
⁶⁵ These are category (1) cases as described by Hobhouse J. in *Vesta v. Butcher* [1986] 2 All E.R. 488 at 508; see *ibid.* at 509; *Basildon D.C. v. Lesser* [1985] Q.B. 839; *Tennant Radiant Heat v. Warrington Development Corporation* (1988) 1 E.G.L.R. 41 (C.A.).
⁶⁶ *Alliance & Leicester Building Society v. Edgestop Ltd* [1993] 1 W.L.R. 1462. For fraudulent misrepresentation, see p. 130.
⁶⁷ See *Sole v. W.J. Hallt Ltd* [1973] Q.B. 574 at 582; *De Meza v. Apple* [1974] 1 Lloyd's Rep. 508.
⁶⁸ For an application of the Act's provisions, see *Saipem v. Dredging VO2* [1993] 2 Lloyd's Rep. 315.

(a) Concurrent causes—tort

In tort, the law is reasonably clear. If there are competing causes neither of which is the responsibility of the plaintiff, he can recover in full if he establishes that the cause for which the defendant is liable caused or materially contributed to his loss.[69] (This is referred to below as *the tortious solution*.) "The question must be determined by applying common sense to the facts of each particular case."[70] The principle was applied in a building case where an aerial television mast collapsed from two separate causes operating at the same time. The less important of the causes was negligent design by subcontractors, but they were held liable on the basis that their negligence materially contributed to the collapse.[71] There can be contribution between two or more defendants or between a defendant and one or more third parties.[72] If the plaintiff's loss was partly his own fault, his damages may be reduced on account of his contributory negligence.[73]

(b) Concurrent causes—contract

In contract, the law is not so clear. There is a confusing number of possible factual permutations which can be illustrated by hypothetical building contract claims, *viz*:

> **Case A.** *where an employer claims damages against two defendants, e.g. for defects caused both by the architect's defective design and the contractor's defective work.*
>
> **Case B.** *where a contractor claims payment under the contract, e.g. for delay resulting from variation instructions and there is a competing cause of delay. The competing cause of delay could be (i) no one's fault, e.g. bad weather, or (ii) the contractor's own delay in breach of contract.*
>
> **Case C.** *where the contractor claims damages for breach of contract, e.g. for delay resulting from late instructions. The competing cause of delay could be (i) no one's fault, or (ii) the contractor's own delay in breach of contract.*

For each of these possibilities and on the assumption that all competing

---

[69] *Bonnington Castings v. Wardlaw* [1956] A.C. 613 (H.L.); *Hotson v. East Berkshire Area Health Authority* [1987] A.C. 750 (H.L.).
[70] Lord Reid in *Stapley v. Gypsum Mines* [1953] A.C. 663 at 681 (H.L.).
[71] *IBA v. EMI and BICC* (1980) 14 B.L.R. 1 at 37 (H.L.); see also *Imperial College v. Norman and Dawbarn* (1986) 2 Const. L.J. 280—a claim in tort against architects, as to which see "Professional negligence" on p. 186.
[72] See "Statutory contribution" above.
[73] See "Contributory negligence" above.

causes at least materially contributed to the loss (see the tortious solution referred to above):

(a) the competing causes could be of approximately equal efficacy, or
(b) one cause could be of significantly greater efficacy than the other.

Any solution for Cases B and C must take account of the fact that Cases B(ii) and C(ii) have an obverse. Not only does the plaintiff in each of these cases have a claim against the defendant, but the defendant potentially has a counterclaim against the plaintiff in which the concurrent cause problem would also arise. This is referred to as *the obverse problem*.

Claims under the contract. If a contractor brings a delay claim, for instance, under the contract—Case B above—his entitlement depends on the meaning of the clause or clauses on which he relies. That meaning may exceptionally be determinative without any sophisticated analysis of causation, even if there is more than one competing cause of delay. The meaning may, however, explicitly or indirectly raise a question of causation. Thus, if the contract entitles the contractor to additional payment if the works are delayed by variations, it may be necessary in essence to determine whether the variations *caused* the delay because that is a question which the contract on its true construction raises. In insurance, if there are two approximately equal causes, one within the policy and the other within an exception, the loss cannot be recovered under the policy. The effect of the cover is not to impose on the insurer liability for something which is within the exception.[74] It is thought that this is no more than an example of a causation problem being resolved as a matter of the construction of the contract.

The law unclear—summary conclusion. It is suggested in summary that the present law is that:

(a) the plaintiff succeeds in full on Case A against either defendant or both provided he establishes that the relevant cause or causes at least materially contributed to the loss.
(b) the plaintiff succeeds in Cases B and C, if he establishes that the cause on which he relies was the effective, dominant cause of delay.
(c) the defendant succeeds on his counterclaim in Cases B(ii) and C(ii), if he establishes that the cause on which he relies was the effective, dominant cause of delay.

The law unclear—discussion. There is authority of varying weight for a number of (as initially presented) disjointed propositions each of which is for convenience given a label, *viz*:

---

[74] *Wayne Tank Co. v. Employers Liability* [1974] Q.B. 57 at 69 (C.A.); *cf. J.J. Lloyd Instruments v. Northern Star Insurance* [1987] 1 Lloyd's Rep. 32 (C.A.).

Chapter 8—Causation and Concurrent Causes

(a) *the Devlin approach*. If a breach of contract is one of two causes of a loss, both causes co-operating and both of approximately equal efficacy, the breach is, sufficient to carry judgment for the loss.[75]

(b) *the dominant cause approach*. If there are two causes, one the contractual responsibility of the defendant and the other the contractual responsibility of the plaintiff, the plaintiff succeeds if he establishes that the cause for which the defendant is responsible is the effective, dominant cause.[76] Which cause is dominant is a question of fact,[77] which is not solved by the mere point of order in time,[78] but is to be decided by applying common sense standards.[79]

(c) *the burden of proof approach*. If part of the damage is shown to be due to a breach of contract by the plaintiff, the claimant must show how much of the damage is caused otherwise than by his breach of contract, failing which he can recover nominal damages only.[80]

There is also:

(d) *the tortious solution* referred to above, *i.e.* the plaintiff recovers if the cause on which he relies caused or materially contributed to the loss.

The tortious solution as applied in tort is coupled with statutory provisions for reducing the plaintiff's claim if his negligence partly caused the loss. There is as yet no generally applicable provision for reducing a plaintiff's claim in contract.[81] But there can be contribution between two actual or potential defendants, *i.e.* in Case A.[82]

It is submitted that there is a material distinction between Case A on the one hand and Cases B and C on the other. The dominant cause approach does not in terms apply to Case A. It is thought that the right answer for Case

---

[75] *Heskell v. Continental Express Ltd* [1950] 1 All E.R. 1033 at 1048 (Devlin J.); *Banque Keyser Ullman v. Skandia (U.K.) Insurance* [1990] Q.B. 665 at 717 (Steyn J.); *cf. ibid.* at 814 (C.A.) unaffected by the decision in the House of Lords [1990] 3 W.L.R. 364 (H.L.); *Fairfield-Mabey v. Shell U.K. Ltd* (1989) C.I.L.L. 514; *cf. J.J. Lloyd Instruments v. Northern Star Insurance* [1987] 1 Lloyd's Rep. 32 (C.A.); *cp.* however *Wayne Tank Co. v. Employers Liability* [1974] Q.B. 57 at 73 (C.A.) which may nevertheless not affect the general proposition stated in the text.

[76] See *Leyland Shipping v. Norwich Union* [1918] A.C. 350 at 370 (H.L.); *Yorkshire Dale Steamship v. Minister of War Transport* [1942] A.C. 691 (H.L.); *Monarch Steamship Co. v. Karlshamns Oljefabriker* [1949] A.C. 196 at 227 (H.L.); *Boiler Inspection and Insurance Company v. Sherwin-Williams* [1951] A.C. 319 (P.C.); *Wayne Tank Co. v. Employers Liability* [1974] Q.B. 57 (C.A.); *cf. Galoo Ltd v. Bright Grahame Murray* [1994] 1 W.L.R. 1360 (C.A.).

[77] *Leyland Shipping v. Norwich Union* [1918] A.C. 350 at 358, 359, 363 and 369 (H.L.).

[78] *Leyland Shipping v. Norwich Union* [1918] A.C. 350 at 363 (H.L.).

[79] *Yorkshire Dale Steamship v. Minister of War Transport* [1942] A.C. 691 (H.L.); *cf. Galoo Ltd v. Bright Grahame Murray* [1994] 1 W.L.R. 1360 (C.A.).

[80] *Government of Ceylon v. Chandris* [1965] 3 All E.R. 48 at 57, Mocatta J. in a damage to cargo case, "applying no authority because there is none, but the result follows, in my view, from the principles involved".

[81] See "Contributory negligence" above. It is thought that Cases B and C in the text are unlikely to come within categories (2) or (3) as described by Hobhouse J. in *Vesta v. Butcher* [1986] 2 All E.R. 488 at 508.

[82] See "Statutory contribution" above.

A is the Devlin approach coupled with the tortious approach. Thus the employer in Case A can recover in full from either defendant whatever the efficacy of the cause for which that defendant is responsible provided that it materially contributed to the loss and provided that the plaintiff does not recover twice over.[83] The defendants can recover contribution from each other.[84]

It is thought that both the tortious solution and the Devlin approach should be rejected for Cases B and C, if only because of the obverse problem. If you apply either of these tests to the plaintiff's claim, you get an insoluble clash when you apply the same test, as logically you must, also to the defendant's counterclaim. Further, the Devlin approach is not apt for Cases B(i) or C(i) if the competing cause is of greater efficacy than the plaintiff's cause, although it is a possible solution for those cases if the competing causes are of approximately equal efficacy. If the plaintiff's cause is dominant, the Devlin approach necessarily produces the same result as the dominant cause approach.[85]

It is submitted that the burden of proof approach should be rejected for Cases B and C, if only because of the obverse problem. Applying the burden of proof approach would mean that, whatever the relative efficacy of the competing causes, the plaintiff would never succeed on his claim and the defendant would never succeed on his counterclaim. There is some building contract authority suggesting the rejection of the burden of proof approach,[86] which is thought also to be inconsistent with the dominant cause approach. The burden of proof approach is not in terms apt for Cases B(i) and C(i). It is further submitted that the burden of proof should require the plaintiff to establish that the loss resulted from the cause on which he relies and that he will do so if he establishes that it was the dominant cause. He should not be required additionally to disprove lesser alternative causes altogether.

The dominant cause approach is supported as indicated above by authority of great weight in insurance cases. It is thought that the principles, so far as they apply, apply to contracts generally.[87] It is accordingly submitted

---

[83] There is good authority that this is the accepted answer for Case A. See *Imperial Bank of Canada v. Begley* [1936] 2 All E.R. 367 at 375 (P.C.); *Hutchinson v. Harris* (1978) 10 B.L.R. 19 at 22; *Townsend v. Stone Toms & Partners* (1984) 27 B.L.R. 26 (C.A.); *cf. Grant v. Sun Shipping Co.* [1948] A.C. 549 at 563 (H.L.); *London Borough of Merton v. Lowe* (1981) 18 B.L.R. 130 at 145 (C.A.) *London and South of England Building Society v. Stone* [1983] 1 W.L.R. 1242 (C.A.).

[84] See "Statutory contribution" above.

[85] See *Fairfield-Mabey v. Shell U.K. Ltd* (1989) C.I.L.L. 514 where H.H. Judge Bowsher Q.C. adopted the Devlin approach without considering other possibilities but found on the facts that the competing cause was dominant.

[86] See *Wells v. Army & Navy Co-operative Society* (1902) 86 L.T. 764; H.B.C. (4th ed.), Vol. 2, p. 346 at 355 (C.A.) where Vaughan Williams L.J. said: "In law, I wholly deny the proposition Mr. Bray put forward, which was this really in effect: 'Never mind how much delay there may be caused by the conduct of the building owner, the builder will not be relieved from penalties if he too has been guilty of delay in the execution of the works. I do not accept that proposition in law.'"

[87] In *H. Fairweather & Co. v. London Borough of Wandsworth* (1987) 39 B.L.R. 106, an arbitrator

that the dominant cause approach is or should be the correct approach, as the law now stands,[88] for Case C and for Case B also, unless exceptionally the contract on its true construction provides an explicit answer without sophisticated analysis. This solution resolves the obverse problem. Although the Devlin approach is possible for Cases B(i) and C(i) where the competing causes are of approximately equal efficacy, the dominant cause approach can accommodate those cases on the basis that the competing cause, *ex hypothesi* of approximately equal efficacy, is a cause which is at the contractor's risk in relation to his own costs. It is thought that consistency and common sense suggest adopting the dominant cause approach throughout for Cases B and C.

Concurrent causes of action. All the cases discussed in the preceding paragraphs and their variants are to be distinguished from circumstances where there is a single factual cause of loss potentially affording one person two causes of action. This will only cause difficulties if different rights of recovery apply to each cause of action. In one case, an indemnity was construed as extending to loss caused by the plaintiffs' breach of statutory duty but not to loss caused by their negligence. Since on the facts the plaintiffs' negligence was a cause, although not the only cause of liability, the indemnity did not cover the loss.[89]

Apportionment. The Law Commission's Working Paper No. 114 (1990) "Contributory Negligence as a Defence in Contract" proceeds on the basis that, broadly speaking, the law does not currently permit apportionment where the defendant is liable only in contract. In a landlord and tenant case, the Court of Appeal made an apportionment of two concurrent causes as between a plaintiff's claim and a defendant's counterclaim where one was a claim in tort and the other a claim in contract.[90] The apportionment was made "as a matter of causation" and explicitly not by any application of the Law Reform (Contributory Negligence) Act 1945. It is thought that such a decision is unlikely in building contracts for Cases B or C above under the present law.[91] But the complexity of the analysis in this section and the uncertainty of its result warrant statutory intervention. The Law Commission's provisional conclusion was that where the loss or damage suffered by the plaintiff results

---

had adopted the dominant cause approach to a contractor's delay claim under a 1963 Standard Form of Building Contract. The court considered *obiter* that this approach was not correct, referring to *Henry Boot Construction v. Central Lancashire* (1980) 15 B.L.R. 1 and *London Borough of Merton v. Leach* (1985) 32 B.L.R. 31 (which do not directly address the problem), but otherwise without detailed reasons.

[88] But see "Apportionment" below.
[89] *E.E. Caledonia Ltd v. Orbit Valve Co.* [1994] 1 W.L.R. 1515 (C.A.). See also "Loss caused by negligence" on p. 64.
[90] *Tennant Radiant Heat v. Warrington Development Corporation* (1988) 1 E.G.L.R. 41 (C.A.).
[91] In the Law Commission's Working Paper No. 114, this case is referred to in para. 3.20 as "an unusual application of causation principles"—see also para 4.26.

partly from his own conduct and partly from the defendant's breach of contract, it is correct in principle for the damages to be apportioned.[92]

3. VARIOUS GENERAL CONSIDERATIONS

Impecuniosity. Damage resulting from the impecuniosity of the innocent party known to the defaulting party at the time of making the contract may not be too remote.[93] In a New Zealand case,[94] the plaintiff had for financial reasons delayed carrying out rectification works necessitated by the defendant's breach of contract beyond the date when he might otherwise have carried them out so that the cost was increased by inflation. It was held that the fact that the plaintiff might find itself in a position of such difficulty, from a commercial and common sense point of view, that it was unable to complete the work although otherwise equipped to do so was within the first limb of the rule in *Hadley v. Baxendale*. He accordingly recovered costs calculated at the date of trial. This decision accords in the result, though not entirely in the reasoning, with English decisions discussed under the heading "Date of assessment" above.[95] Where expenditure results from or is increased by the plaintiff's financial inability to pursue a less expensive alternative, the critical question will often be whether in incurring the expenditure the plaintiff acted reasonably.[96]

Contingency. A loss dependent upon a contingency is not necessarily too remote, however difficult the assessment of damages may be,[97] but in order to recover more than nominal damages, there must be proof of some loss.[98] There is a distinction here between causation, which must be established on the balance of probabilities,[99] and quantification, where the court may be persuaded to assess damages on unsatisfactory evidence where it is satisfied nevertheless that the plaintiff has suffered substantial loss.[1] Where evidence is unsatisfactory, there is a presumption that an existing state of things will

---

[92] See also David I. Bristow Q.C., "Contributory Fault in Construction Contracts" (1986) 2 Const.L.J. 252.
[93] *Trans Trust S.P.R.L. v. Danubian Trading Co. Ltd* [1952] 2 Q.B. 297 (C.A.); *Wadsworth v. Lydall* [1981] 1 W.L.R. 598 at 602 and 605 (C.A.); contrast *Compania Financiera v. Hamoor Tanker Corporation* [1981] 1 W.L.R. 274 (C.A.). For the limited application of *The Liesbosch* [1933] A.C. 449 (H.L.), see *Dodd Properties v. Canterbury City Council* [1980] 1 W.L.R. 433 at 458 (C.A.); *Perry v. Sidney Phillips* [1982] 1 W.L.R. 1297 at 1307 (C.A.); *Archer v. Brown* [1985] Q.B. 401 at 417.
[94] *Bevan Industries v. Blackhall & Struthers* (1977) 11 B.L.R. 78 (New Zealand Court of Appeal).
[95] See also *Perry v. Sidney Phillips* [1982] 1 W.L.R. 1297 at 1307 (C.A.).
[96] See, *e.g. Bacon v. Cooper (Metals) Ltd* [1982] 1 All E.R. 397.
[97] *Chaplin v. Hicks* [1911] 2 K.B. 786 (C.A.); *Hall v. Meyrick* [1957] 2 W.L.R. 458; this case was subsequently reversed but on different grounds [1957] 2 Q.B. 455 (C.A.).
[98] *Sykes v. Midland Bank Executor Co.* [1971] 1 Q.B. 113 (C.A.); *cf. Bevan Investments v. Blackhall & Struthers* [1977] 11 B.L.R. 78 at 125 (New Zealand Court of Appeal).
[99] *Hotson v. East Berkshire Health Authority* [1987] A.C. 750 (H.L.).
[1] See *Ashcroft v. Curtin* [1971] 1 W.L.R. 1731 (C.A.); *Penvidic Contracting Co. v. International Nickel of Canada* (1975) 53 D.L.R. (3d) 748 at 757; *Tai Hing Mill v. Kamsing Factory* [1979]

continue.² The court will not, however, indulge in pure speculation where a plaintiff fails to prove that any sum is due.³

Loss of profits and loss of good will. Such losses may be recoverable on the principles stated above. It will be necessary to prove facts sufficient to come within one limb or the other of the rule in *Hadley v. Baxendale*⁴ and in particular that the defendant had sufficient general or specific knowledge that the product of the contract was to be put to profit earning commercial use affecting customers or clients.⁵ If the breach is calculated to cause a loss of goodwill a reasonable sum can be awarded without positive proof,⁶ but it is suggested that if it is sought to recover substantial sums under this head particulars should be given and evidence of actual loss adduced.⁷ Damages for loss of repeat orders may be recoverable.⁸ But compensatory damages are not awarded to a plaintiff, who has himself suffered no loss, of the profit which a defendant has gained for himself by his breach of contract.⁹

Wasted expenditure. Such losses are recoverable if they are reasonably in the contemplation of the parties as likely to be wasted when the contract is entered into and the innocent party elects to claim wasted expenditure instead of loss of profits.¹⁰ A plaintiff claiming damages for breach of contract has an unfettered choice whether to claim loss of profits or wasted expenditure. But he can only recover wasted expenditure if the expenditure would have been recovered as profit if the contract had been performed. The burden of showing on the balance of probabilities that it would not have been so recovered is on the defendant.¹¹ Expenditure wasted during the currency of a loss making contract is not recoverable if it resulted from a bad initial bargain and not from the defendant's breach of contract.¹²

Managerial expenses. The expenditure of managerial time in remedying an actionable wrong done to a trading concern can be claimed as special damages, but the extent to which the trading routine was disturbed

---

A.C. 91 at 106 (P.C.); *cf. Sun Valley Poultry v. Micro-Biologicals Ltd, The Times,* May 14, 1990 (C.A.). See also "Hudson formula" on p. 230.
² *Evans Marshall & Co. Ltd v. Bertola Ltd* [1976] 2 Lloyd's Rep. 17 at 26 (H.L.).
³ See *Tate & Lyle v. G.L.C.* [1982] 1 W.L.R. 149 at 152, Forbes J., the point being unaffected by subsequent appeals—[1982] 1 W.L.R. 971 (C.A.) and [1983] 2 A.C. 509 (H.L.).
⁴ See p. 201.
⁵ See, *e.g. Satef-Huttens v. Paloma Tercera* [1981] 1 Lloyd's Rep. 175 where on the facts some loss of profits was recoverable but a claim for loss of goodwill was too speculative; *cf. Panalpina v. Densil Underwear* [1981] 1 Lloyd's Rep. 187. For problems of proof, see *Bevan Investments v. Blackhall & Struthers* (1977) 11 B.L.R. 78 at 110 ff. (New Zealand Court of Appeal).
⁶ *Anglo-Continental Holidays v. Typaldos (London)* [1967] 2 Lloyd's Rep. 61 (C.A.).
⁷ *Perestrello Ltda v. United Paint Co. Ltd* [1969] 1 W.L.R. 570 (C.A.).
⁸ *G.K.N. Centrax Gears Ltd v. Marbro Ltd* [1976] 2 Lloyd's Rep. 555 (C.A.).
⁹ *Surrey County Council v. Bredero Homes Ltd* [1993] 1 W.L.R. 1361 (C.A.).
¹⁰ *Anglia Television Ltd v. Reed* [1972] 1 Q.B. 60 (C.A.), discussed 35 M.L.R. 423.
¹¹ *C.C.C. Films v. Impact Quadrant Films* [1985] Q.B. 16.
¹² *C. & P. Haulage v. Middleton* [1983] 1 W.L.R. 1461 (C.A.).

must be proved by reference, for example, to records of the time spent by managerial staff on particular projects.[13]

Credit for increased cost. Since the plaintiff is in principle entitled to be put in the same situation as if the contract had been performed, he may have to give credit for increased costs which he would have incurred on that hypothesis. If, for instance, an engineer's structural design is deficient in breach of contract, it may be that a competent design would have cost more to construct than the deficient design. In those and similar circumstances, if damages are assessed as the cost of repair or reinstatement, the plaintiff has to give credit for that difference in cost,[14] unless perhaps exceptionally the defendant warranted at the outset that a proper design could be achieved at the original cost.

Third party losses. Unless there has been an effective assignment of the benefit of the contract, a third party cannot generally sue for damages on a contract to which he was not a party.[15] A holding company, for instance, cannot normally recover a loss caused to its subsidiary where the subsidiary is a separate company.[16] There are certain exceptions. A building contract prohibited the assignment without consent of the benefit of the contract. The employer transferred the property to a third party within the same group of companies. A purported assignment of the benefit of the contract was ineffective as no consent to the assignment was obtained from the contractor. It was nevertheless held that, where the contract was for a large development of property which, to the knowledge of both employer and contractor, was going to be occupied, and possibly purchased, by third parties and not by the employer itself, the parties were to be treated as having entered into the contract on the basis that the employer would be entitled to enforce against the contractor contractual rights on behalf of those third parties who would suffer from defective performance of the contract but were unable to acquire rights under it.[17] It seems that the third party needs the co-operation of the

---

[13] *Tate & Lyle v. G.L.C.* [1982] 1 W.L.R. 149 at 152, Forbes J., the point being unaffected by subsequent appeals—[1982] 1 W.L.R. 971 (C.A.) and [1983] 2 A.C. 509 (H.L.). See also "Contingency" above and "Cost of reports" below.

[14] See *Bevan Investments v. Blackhall & Struthers* (1977) 11 B.L.R. 78 (New Zealand Court of Appeal).

[15] *Dunlop Pneumatic Tyre Co. Ltd v. Selfridge & Co. Ltd* [1915] A.C. 847 (H.L.); *Midland Silicones Ltd v. Scruttons Ltd* [1962] A.C. 446 (H.L.); *Beswick v. Beswick* [1968] A.C. 58 (H.L.); *Prudential Assurance v. Newman Industries* [1982] Ch. 204 at 210 (C.A.). This rule has been much criticised—see, *e.g. Darlington B.C. v. Wiltshier Northern Ltd* (1994) 69 B.L.R. 1 (C.A.) especially the judgment of Steyn L.J. For assignments, see Chap. 12, especially "Assignment of warranties" on p. 305.

[16] *Richard Roberts v. Douglas Smith Stimson* (1988) 46 B.L.R. 50 at 69.

[17] *Linden Gardens v. Lenesta Sludge Disposals* [1993] 3 W.L.R. 408 (H.L.) applying *The Albazero* [1977] A.C. 774 at 846 (H.L.). See also *Woodar v. Wimpey* [1980] 1 W.L.R. 277 at 283, 297 (H.L.) explaining *Jackson v. Horizon Holidays* [1975] 1 W.L.R. 1468 (C.A.); *Pan Atlantic v. Pine Top* [1988] 2 Lloyd's Rep. 505; *Darlington B.C. v. Wiltshier Northern Ltd* (1994) 69 B.L.R. 1 (C.A.).

original contracting party to bring such a claim and that the third party may have no means of compelling co-operation.[18]

A person may perhaps recover his company's losses as damages where that company is personal to him so that its losses are his losses.[19]

Cost of reports. Subject to principles discussed in this chapter, it seems that the cost of experts' reports and the like are recoverable as damages if their main purpose was to help the plaintiff deal with the defendant's breach of contract on the ground, but (if at all) as costs in the proceedings if their main purpose was related to the conduct of the proceedings.[20] There may possibly be circumstances where the plaintiff has a choice between making the claim as damages or as costs.[21] A corporate litigant may also sometimes recover as costs the actual direct costs of expert assistance provided by its own staff.[22]

Sums paid in settlement of third party claims. Where a defendant's breach of contract renders the plaintiff liable to a third party,[23] the plaintiff can normally recover the amount of that liability as damages for the breach.[24] If the plaintiff reasonably compromises the third party liability, the amount paid under the compromise is admissible prima facie evidence of the loss caused by the defendant's breach, although further evidence may be adduced to determine the actual loss.[25] The plaintiff must prove that the settlement was reasonable but does not have to prove strictly the claim made against him in all its particulars.[26] It will usually also be necessary to establish the plaintiff's liability to the third party and the defendant's liability to the plaintiff, since evidence of the compromise is relevant only to the measure of

---

[18] There may be other complications as well. See the commentary to the *Linden Gardens* case at (1993) 63 B.L.R. 1.
[19] *Lee v. Sheard* [1956] 1 Q.B. 192; *Esso Petroleum Co. Ltd v. Mardon* [1976] Q.B. 801 (C.A.); *George Fischer (Great Britain) Ltd v. Multi Construction Ltd* (1992) C.I.L.L. 795, upheld December 21, 1994. But see *Richard Roberts v. Douglas Smith Stimson* (1988) 46 B.L.R. 50 at 71.
[20] *Hutchinson v. Harris* (1978) 10 B.L.R. 19 at 39 (C.A.); cp. *Peak Construction (Liverpool) Ltd v. McKinney Foundations Ltd* (1970) 1 B.L.R. 111 at 121 and 69 L.G.R. 1 at 10 (C.A.), damages, and *Bolton v. Mahadeva* [1972] 1 W.L.R. 1009 at 1014 (C.A.), costs and see also *Manakee v. Brattle* [1970] 1 W.L.R. 1607; *Ross v. Caunters* [1980] Ch. 297 at 323—legal expenses of investigating a claim before the issue of the writ only recoverable as costs. For work done by a claims' consultant, see *James Longley v. South West Regional Health Authority* (1983) 25 B.L.R. 56.
[21] *Manakee v. Brattle* [1970] 1 W.L.R. 1607.
[22] *In re Nossen's Patent* [1969] 1 W.L.R. 639.
[23] As, for instance, where a subcontractor's breach puts the main contractor in breach of the main contract and liable to the employer. See also "Other losses" on p. 224.
[24] The claim will fail where the defendant's breach did not cause the liability to the third party—see *Fairfield-Mabey v. Shell U.K. Ltd* (1989) C.I.L.L. 514.
[25] *Biggin & Co. Ltd v. Permanite Ltd* [1951] 2 K.B. 314 (C.A.). See also *MISR Travel v. Conference and Reunion Organisers* (1984) 134 New L.J. 150 (C.A.)—"you have to show that the settlement that you came to was a reasonable one altogether"; *Holland Hannen & Cubitts v. W.H.T.S.O.* (1985) 35 B.L.R. 1 at 15 (C.A.).
[26] *Oxford University Press v. John Stedman Group* (1990) 34 Con.L.R. 1.

damages.[27] It is relevant to prove that the compromise was made upon legal advice, but in such circumstances evidence of the legal advisers is not normally relevant or admissible.[28] It is unclear whether the content of such advice can ever be admissible.[29]

A special difficulty sometimes arises with management contracts, which often provided in substance that the management contractor's liability to the employer for defects or delay shall be limited to any amount which he actually recovers from the subcontractor responsible. Can the subcontractor successfully avoid liability by arguing that the management contractor has suffered no loss? It is thought that each case depends on the construction of the particular management contract and the subcontract and that no general principle can be stated. However, the subcontractor's argument is likely to be thought unmeritorious.[30] A management contract, for instance, which in substance stipulates that the management contractor *shall* be liable but that the liability shall only be enforced to the extent that he recovers from the subcontractor is likely to be held effective to defeat the subcontractor's argument.[31]

Tax. The incidence of actual or hypothetical tax may have to be taken into account in assessing damages. In general deductions for tax are only made where the loss for which the damages are awarded would have been taxable in the hands of the plaintiff *and* the damages themselves are not taxable in his hands.[32] Damages do not currently attract value added tax.[33]

Foreign currency. A court or arbitrator can give judgment or make an

---

[27] *Fletcher & Stewart v. Jay & Partners* (1976) 17 B.L.R. 38 (C.A.); *Comyn Ching v. Oriental Tube* (1979) 17 B.L.R. 47 at 89 (C.A.); *cf.* s. 1(4) of the Civil Liability (Contribution) Act 1978.
[28] *Biggin & Co. Ltd v. Permanite Ltd* [1951] 2 K.B. 314 at 321 (C.A.); *cf. Comyn Ching v. Oriental Tube* (1979) 17 B.L.R. 47 at 89 (C.A.).
[29] There are two inconsistent decisions of official referees on this topic. In *Lloyds v. Kitsons Environmental Services* (1994) 67 B.L.R. 102, it was held that a plaintiff has an option to seek to establish that he acted reasonably in relying on legal advice, in which event he waives privilege in relation to documents relevant to the advice. In *D.S.L. Group v. Unisys International Services* (1994) 67 B.L.R. 117, it was held that the content (as opposed to the fact) of the legal advice was not relevant to the issue of reasonableness. It is submitted that view in the *D.S.L. Group* case is to be preferred.
[30] *cf. Haviland v. Long* [1952] 2 Q.B. 80 (C.A.); see also *Hambro Life Assurance v. White Young & Partners* (1987) 38 B.L.R. 16 (C.A.); *Lonsdale & Thompson Ltd v. Black Arrow Group* [1993] Ch. 361.
[31] See *Hydrocarbons Great Britain v. Cammell Laird Shipbuilders* (1991) 53 B.L.R. 84 (C.A.); *cf.* clauses 1.7 and 3.21 of the JCT Standard Form of Management Contract and clause 1.6 of the JCT Works Contract Conditions.
[32] See *British Transport Commission v. Gourley* [1956] A.C. 185 (H.L.). For a full discussion, see *McGregor on Damages* (15th ed.), Chap. 13, and *Chitty* (26th ed.), Vol. 1, paras. 1841 *et seq.* For Capital Gains Tax, see *Zim Properties v. Procter* [1985] S.T.C. 90.
[33] This includes liquidated damages which under current Customs & Excise practice are not regarded as the consideration for any supply. VAT is regarded as payable on a court award which is the consideration for a specific taxable supply, *e.g.* professional fees of a person registered for VAT.

Chapter 8—Various General Considerations

award expressed in a foreign currency where the claim is for a debt due in a foreign currency, where the proper law of the contract is that of a foreign country and when the money of account is of that country or possibly some country other than the United Kingdom.[34] Conversion into sterling for enforcement purposes is at the date when the court authorises enforcement.[35]

4. CONTRACTOR'S BREACH OF CONTRACT

Cost of Completion. Where the contractor fails to complete,[36] the measure of damages in the first instance is the difference between the contract price and the amount it would actually cost the employer to complete the contract work substantially as it was originally intended, and in a reasonable manner, and at the earliest reasonable opportunity.[37] Thus in *Mertens v. Home Freeholds Co.*,[38] the contractor agreed to build a house in 1916 for £1,900. It was an unprofitable contract and he therefore deliberately delayed the work so that as a result the work was stopped by government decree. The earliest moment at which the employer could build was 1919 when it would have cost him £4,153 to complete.[39] It was held that the employer could recover the difference between £4,153 and £1,900, plus £825 paid to the contractor, less £495 being the value of the work done by the contractor before he ceased work, making a total of £2,583. In one case the plaintiff recovered the cost of rebuilding the premises where the defendant had supplied mortar so inferior that the local authority condemned the building.[40]

If exceptionally the cost of completion is less than the contract price, the employer is entitled to nominal damages. But in one such case, where a contractor who had repudiated had been paid on account more than the value of the work he had carried out, the employer was held to be entitled to repayment of the difference in addition to his nominal damages.[41]

Offer to complete. Where a contractor who has repudiated[42] his contract

---

[34] *Miliangos v. George Frank (Textiles)* [1976] A.C. 443 at 467 and 501 (H.L.). For the detailed application of this principle, see *McGregor on Damages* (15th ed.), paras. 644 *et seq.*
[35] *ibid.*
[36] For repudiation by the contractor, see p. 163; for the position where the employer determines the contract or ejects the contractor from the site under an express clause, see p. 256; and for liquidated damages for non-completion, see p. 240.
[37] *Mertens v. Home Freehold Co.* [1921] 2 K.B. 526 (C.A.); *Radford v. De Froberville* [1977] 1 W.L.R. 1262.
[38] [1921] 2 K.B. 526 (C.A.).
[39] *i.e.* all the contract works, not merely the unfinished works.
[40] *Smith v. Johnson* (1899) 15 T.L.R. 179.
[41] *Ferguson & Associates v. Sohl* (1992) 62 B.L.R. 95 (C.A.). The legal basis of this obviously just result was expressed to be restitution of money for which there had been no consideration.
[42] For meaning, see p. 156.

offers to complete under a new contract it is a question of fact in each case whether an employer who does not accept such offer is acting reasonably in mitigation of his loss.[43] If it is unreasonable to refuse such an offer, damages are calculated as if the offer had been accepted.[44] Each case will depend on its facts, but it is thought that conduct which amounts to repudiation by a contractor is likely to render reasonable an employer's refusal to reengage him.

Defective work. Where there has been substantial completion the measure of damages is the amount which the work is worth less by reason of the defects and omissions, and is normally calculated by the cost of making them good,[45] *i.e.* the cost of reinstatement.[46] In the 5th edition of this book, it was stated that the plaintiff in such a case has to show that he intends to carry out the reinstatement works and that it is reasonable to do so.[47] But a majority decision of the Court of Appeal has held that what a plaintiff intends to do with his damages is immaterial and that reasonableness only arises as a matter of mitigation.[48] The majority held that "if there is no alternative course which will provide what he requires, or none which will cost less, he is entitled to the cost of repair or reinstatement even if it is very expensive".[49] A plaintiff must prove that he has suffered loss, but if the court is satisfied that the his property has been or will be repaired in consequence of the defendant's breach of contract, the court is not further concerned with whether the plaintiff has had to pay for the repairs out of his own pocket or whether funds have come from some other source.[50] Damages will not normally be reduced because the loss might also be recoverable from public funds[51] or from insurance.[52]

Sometimes, perhaps more often in tort than for breach of contract, the

---

[43] *Strutt v. Whitnell* [1975] 1 W.L.R. 870 (C.A.), and see "Mitigation of loss" on p. 206.
[44] See *Sotiros Shipping v. Sameiet Solholt* [1983] 1 Lloyd's Rep. 605 (C.A.).
[45] Denning L.J. in *Hoenig v. Isaacs* [1952] 2 All E.R. 176 at 181 (C.A.); for facts, see p. 78.
[46] *East Ham Borough Council v. Bernard Sunley & Sons Ltd* [1966] A.C. 406; *cf. Bevan Investments v. Blackhall & Struthers* (1977) 11 B.L.R. 78 (New Zealand Court of Appeal); *Dodd Properties v. Canterbury City Council* [1980] 1 W.L.R. 433 at 456 (C.A.); *Radford v. De Froberville* [1977] 1 W.L.R. 1262.
[47] *Imodco v. Wimpey and Taylor Woodrow* (1987) 40 B.L.R. 1 at 19, 25 (C.A.); *Radford v. De Froberville* [1977] 1 W.L.R. 1262 at 1283; *cf. Dean v. Ainley* [1987] 1 W.L.R. 1729 (C.A.); *Ward v. Cannock Chase D.C.* [1986] Ch. 546; *Minscombe Properties v. Sir Alfred McAlpine* (1986) 2 Const.L.J. 303 (C.A.); see also "Betterment" below.
[48] *Ruxley Electronics Ltd v. Forsyth* [1994] 1 W.L.R. 650 (C.A.)—Staughton and Mann L.JJ, Dillon L.J. dissenting to the effect that the law is as was stated in the 5th edition. It is not easy to reconcile the majority decision with the Court of Appeal cases cited in n.47. The House of Lords allowed a petition for leave to appeal on June 30, 1994. See also Steyn L.J. in *Darlington B.C. v. Wiltshier Northern Ltd* (1994) 69 B.L.R. 1 (C.A.); *Barclays Bank v. Fairclough Building (No. 2)* (1994) 39 Con.L.R. 144.
[49] Staughton L.J. in *Ruxley Electronics Ltd v. Forsyth* [1994] 1 W.L.R. 650 at 661 (C.A.).
[50] *Jones v. Stroud D.C.* [1986] 1 W.L.R. 1141 at 1150 (C.A.).
[51] *Design 5 v. Keniston Housing Association* (1986) 34 B.L.R. 92.
[52] *Browning v. The War Office* [1963] 1 Q.B. 750; *Parry v. Cleaver* [1970] A.C. 1 (H.L.); see also *McGregor on Damages* (15th ed.), para. 1482.

Chapter 8—Contractor's Breach of Contract

proper measure of damages is not the cost of reinstatement but the difference in value between the work as it is and as it ought to have been.[53] This will be so in particular where the plaintiff has no prospect or intention of rebuilding,[54] or where it would otherwise be unreasonable as between the plaintiff and the defendant to award the cost of reinstatement.[55] A claim for diminution in value will not normally exceed the relevant costs of reinstatement.[56] In one case, however, an employer was awarded as damages the difference between the value of houses as they ought to have been completed by the contractor and their value as they were in fact completed, although the only loss the employer had suffered was the cost of voluntarily putting right defects at the request of subsequent purchasers.[57] If all the necessary remedial works have been successfully carried out, residual diminution in value is not additionally recoverable.[58]

Betterment. Where works of repair or reinstatement result in the plaintiff having a better or newer building than he would have had but for the wrong for which damages are claimed, a deduction from the damages awarded will usually not be made for betterment if the plaintiff has no reasonable choice,[59] unless perhaps this would be absurd.[60] If a plaintiff chooses to rebuild to a higher standard than is strictly necessary, he can recover the cost of the works less a credit for betterment, unless the new works are so different as to break the chain of causation.[61] If the remedial works are executed as part of a larger programme of work, it may be appropriate to award damages based on the cheapest estimate of the cost of the remedial works by themselves.[62]

Where the defendant asserts that reinstatement works carried out by the plaintiff were unnecessarily expensive, the question is whether the plaintiff

---

[53] *Dodd Properties v. Canterbury City Council* [1980] 1 W.L.R. 433 at 465 (C.A.); *Cory & Son v. Wingate Investments* (1980) 17 B.L.R. 104 at 121 (C.A.); *Ward v. Cannock Chase D.C.* [1986] Ch. 546; *cp. County Personnel v. Alan R. Pulver* [1987] 1 W.L.R. 916 at 925 (C.A.) and *Watts v. Morrow* [1991] 1 W.L.R. 1421 (C.A.) for the normal rule where property is acquired following negligent advice by surveyors.
[54] See, *e.g. C.R. Taylor v. Hepworths* [1977] 1 W.L.R. 659; *Ward v. Cannock Chase D.C.* [1986] Ch. 546; *Hussey v. Eels* [1990] 2 W.L.R. 234 (C.A.); *G.W. Atkins v. Scott* (1991) 7 Const.L.J. 215 (C.A.); *Culworth Estates v. Society of Licensed Victuallers The Times*, February 2, 1991 (C.A.); *cp. IMI Cornelius v. Bloor* (1991) 35 Con.L.R. 1.
[55] *C.R. Taylor v. Hepworths* [1977] 1 W.L.R. 659 at 667.
[56] See *Murphy v. Brentwood D.C.* [1991] 1 A.C. 398 (C.A.)—unaffected by the House of Lords decision at [1991] 1 A.C. 398 (H.L.).
[57] *Newton Abbot Development Co. Ltd v. Stockman Bros* (1931) 47 T.L.R. 616, referred to without apparent disapproval in *Linden Gardens v. Lenesta Sludge Disposals* [1993] 3 W.L.R. 408 (H.L.).
[58] *Murphy v. Brentwood D.C.* [1991] 1 A.C. 398 at 430 and 436 (C.A.)—unaffected by the House of Lords decision at [1991] 1 A.C. 398 (H.L.).
[59] *Harbutt's "Plasticine" Ltd v. Wayne Tank and Pump Co. Ltd* [1970] 1 Q.B. 447 (C.A.), overruled in *Photo Production v. Securicor* [1980] A.C. 827 (H.L.) but on a different point.
[60] See *Bacon v. Cooper (Metals) Ltd* [1982] 1 All E.R. 397 at 400.
[61] See *Richard Roberts v. Douglas Smith Stimson* (1988) 46 B.L.R. 50 at 69. See also *Hospitals for Sick Children v. McLaughlin & Harvey* (1990) 19 Con.L.R. 25 at 97 and (1990) 6 Const.L.J. 245 at 248.
[62] See *Jones v. Stroud D.C.* [1986] 1 W.L.R. 1141 at 1150 (C.A.).

acted reasonably and, in tort at least, may be expressed as whether what he did was reasonably foreseeable.[63] A plaintiff who acts upon apparently competent expert advice will normally be taken to have acted reasonably unless some quite clearly unreasonable course was adopted,[64] and unless perhaps the expert's proposals were outside the range of those which an ordinarily competent equivalent expert would have proposed so as to have been negligent.[65]

Destruction of premises. Where a breach results in the destruction of the premises or part of them and the innocent party has no option but to rebuild, the measure of damages is the cost of replacement.[66] He is not entitled to recover the cost of improvements made voluntarily,[67] but he is not subject to a deduction merely because he gets new for old, nor for improvements which are no more than the result of complying with statutory requirements current at this time of rebuilding. Where rebuilding commercial premises after a fire was more expensive, taking loss of business into account, than acquiring different premises, the court rejected the defendant's contention that damages should be assessed as the diminution in value of the damaged premises and awarded the plaintiff the cost of acquiring the different premises.[68]

Delay. Damages for a contractor's failure in breach of contract to complete on time are often the subject of a provision for liquidated damages.[69] Otherwise his liability is for general damages awarded on the principles discussed at the outset of this chapter and depending on his actual or imputed knowledge at the time when the contract was made. Thus it seems that where the works are for industry or commerce the contractor will almost inevitably be liable for some loss, for example, "in a contract to build a mill the builder knows that a delay on his part will result in the loss of business".[70] If he is building houses or blocks of flats for letting, then on analogy with shipping cases he is probably liable for loss of rent.[71] It may be

---

[63] See *Hospitals for Sick Children v. McLaughlin & Harvey* (1990) 19 Con.L.R. 25 and (1990) 6 Const.L.J. 245.
[64] *Lodge Holes Colliery v. The Borough of Wednesbury* [1908] A.C. 323 at 325 (H.L.); see also *Clippens Oil v. Edinburgh and District Water* [1907] A.C. 291 at 304 (H.L.); *cp. Murphy v. Brentwood District Council* [1991] 1 A.C. 398 (C.A.)—the point about delegating performance not affected by the decision in the House of Lords at [1991] 1 A.C. 398 (H.L.).
[65] See *Hospitals for Sick Children v. McLaughlin & Harvey* (1990) 19 Con.L.R. 25 and (1990) 6 Const.L.J. 245; *cf. Frost v. Moody Homes* (1989) C.I.L.L. 504.
[66] *Harbutt's "Plasticine" Ltd v. Wayne Tank and Pump Co. Ltd* [1970] 1 Q.B. 447 (C.A.).
[67] *ibid.* p. 476.
[68] *Dominion Mosaics v. Trafalgar Trucking* [1990] 2 All E.R. 246 (C.A.).
[69] For liquidated damages, see Part B of Chap. 9.
[70] Parke B. in *Hadley v. Baxendale* (1854) 23 L.J.Ex. 179 at 181; and see *Victoria Laundry Ltd v. Newman Ltd* [1949] 2 K.B. 528 (C.A.). For loss of a machine, see *Sunley & Co. Ltd v. Cunard White Star Ltd* [1940] 1 K.B. 740 (C.A.).
[71] See *Fletcher v. Tayleur* (1855) 25 L.J.C.P. 65; *Wilson v. General Iron Screw Colliery Co. Ltd* (1877) 47 L.J.Q.B. 239; *Steam Herring Fleet Ltd v. Richards & Co. Ltd* (1901) 17 T.L.R. 731. *cf. Marshall v. Mackintosh* (1898) 78 L.T. 750, but note that this was a building agreement.

that in cases where works, such as those for public buildings, would not produce rents or profits, the contractor would be liable for loss of interest on capital lying idle.[72] If to the contractor's knowledge the contract works consist of an expansion of a factory or other profit-earning structure, he is liable for loss of business resulting from his breach.[73] The extent of his liability varies according to his knowledge, and only includes loss of profit from specially lucrative contracts if he knew of them at the time of entering into the contract.[74] Loss of profit should be expressly pleaded and is inconsistent with a claim for capital expenditure incurred to make that profit.[75]

The period of time to be taken in calculating general damages for delay by a contractor will be the additional time which his breach of contract is calculated or assessed to have caused.[76] Extras ordered after the contractor is already in culpable delay will not normally deprive the employer of his right to damages since, "if a contractor is already a year late through his culpable fault, it would be absurd that the employer should lose his claim for unliquidated damages just because, at the last moment, he orders an extra coat of paint".[77]

Going slow. Interim slowness not resulting in a failure to complete on time may not be a breach of contract at all.[78] If it is, damages solely flowing from a failure of the contractor to perform the works at the contract rate will, if any, ordinarily be small.[79]

Inconvenience, discomfort and distress. Modest[80] damages may be recoverable under these heads where the contract is for works to the plaintiff's own house and home, but not where it is a commercial enterprise[81]

---

[72] See *The Hebridean Coast* [1961] A.C. 545 (H.L.); *Birmingham Corporation v. Sowsbery* (1969) 113 S.J. 877.
[73] By analogy with *Victoria Laundry Ltd v. Newman Ltd* [1949] 2 K.B. 528 (C.A.).
[74] *ibid*. In *T. & S. Contractors v. Architectural Design Associates* (1993) C.I.L.L. 842, a plaintiff recovered loss resulting from a fall in the property market, but it is questioned whether the issue of causation was sufficiently addressed.
[75] *Perestrello Ltd v. United Paint Co. Ltd* [1969] 1 W.L.R. 570 (C.A.); see also *Cullinane v. British "Rema" Manufacturing Co.* [1954] 1 Q.B. 292 (C.A.); *Anglia Television v. Reed* [1972] 1 Q.B. 60 (C.A.).
[76] See generally "Causation and Concurrent Causes" at p. 207.
[77] Lloyd L.J. in *McAlpine Humberoak v. McDermott International* (1992) 58 B.L.R. 1 at 35 (C.A.). For the position where the employer claims liquidated damages, see *Amalgamated Building Contractors Ltd v. Waltham Holy Cross U.D.C.* [1952] 2 All E.R. 452 at 454 (C.A.) and generally "Retrospective extension" at p. 253.
[78] See *G.L.C. v. Cleveland Bridge and Engineering* (1984) 34 B.L.R. 50 (C.A.).
[79] *Hill v. London Borough of Camden* (1980) 18 B.L.R. 31 at 40 (C.A.).
[80] See *Perry v. Sidney Phillips* [1982] 1 W.L.R. 1297 at 1303 (C.A.); *Watts v. Morrow* [1991] 1 W.L.R. 1421 (C.A.). For a review of awards, see Kim Franklin, "Damages for Heartache" and "More Heartache" (1988) 4 Const.L.J. 264 and (1992) 8 Const.L.J. 318. See also *Ezekial v. McDade* (1993) 37 Con.L.R. 140; (1994) 10 Const.L.J. 122, where on particular facts £6,000 was awarded under this head.
[81] *Hutchinson v. Harris* (1978) 10 B.L.R. 19 at 37; *cf. Bolton v. Mahadeva* [1972] 1 W.L.R. 1009

unless perhaps the contract was itself one to provide peace of mind or freedom from distress.[82] They are awarded, if at all, for physical consequences of the breach actually suffered and not for the tension or frustration of a person involved in a legal dispute in which the defendant refuses to meet his liabilities.[83] As a matter of public policy, the court will not investigate in this kind of case whether a breach of contract caused or contributed to the breakdown of a plaintiff's marriage.[84] Discretionary interest is not normally awarded on damages under these heads.[85] In *Hutchinson v. Harris*,[86] the plaintiff had a house which she intended to convert into maisonettes and a flat for letting, and employed the defendant as architect for these purposes. The defendant was negligent in the performance of her duties of supervision and certification. It was held that damages for distress caused by the negligence were not recoverable because this was a commercial enterprise. They would have been recoverable for inconvenience and distress caused to an owner kept out of his house and home through having to do extensive repairs to it.

Other losses. If as a result of defective work by the contractor not in accordance with the contract, a third party is injured, or suffers loss and sues the employer, the latter may be able to recover from the contractor the amount of the damages or the sum paid by way of settlement of the claim.[87] In so far as employer and contractor may each be liable to a third party in tort for the same damage, there may be contribution under the Civil Liability (Contribution) Act 1978.[88] If the employer himself suffers personal injury or loss as a result of the contractor's defective workmanship or materials he may, subject to the terms of the contract, be able to recover damages.[89]

Lack of inspection by architect. The contractor is not, subject to the express terms of the contract, entitled to a reduction in damages because the

---

(C.A.); *King v. Victor Parsons & Co.* [1973] 1 W.L.R. 29 (C.A.).; see also *Archer v. Brown* [1985] Q.B. 401 at 424. For claims in tort for nervous shock, see *McLoughlin v. O'Brian* [1983] 1 A.C. 410 (H.L.).

[82] See *Hayes v. James & Charles Dodd* [1990] 2 All E.R. 815 (C.A.); *Bliss v. S.E. Thames R.H.A.* [1987] I.C.R. 700 at 718 (C.A.); *Watts and Watts v. Morrow* [1991] 1 W.L.R. 1421 (C.A.).

[83] *Perry v. Sidney Phillips* [1982] 1 W.L.R. 1297 at 1307 (C.A.); *cf. Ward v. Cannock Chase D.C.* [1986] Ch. 546.

[84] *Watts and Watts v. Morrow* (1990) 24 Con.L.R. 125, unaffected by [1991] 1 W.L.R. 1421 (C.A.).

[85] *Saunders v. Edwards* [1987] 1 W.L.R. 1116 (C.A.). See "Discretionary interest" on p. 506.

[86] (1978) 10 B.L.R. 19.

[87] *Fisher v. Val de Travers* (1876) 45 L.J.Q.B. 479; *Kiddle v. Lovett* (1885) 16 Q.B.D. 605; *Mowbray v. Merryweather* [1895] 2 Q.B. 640 (C.A.); *Sims v. Foster Wheeler Ltd* [1966] 1 W.L.R. 769 (C.A.); *cp. Lambert v. Lewis* [1982] A.C. 225 (H.L.). See also p. 217, "Sums paid in settlement of third party claims". Note that there is usually a clause in the contract providing for an indemnity by the contractor against such claims—see clause 20 of the Standard Form of Building Contract, and see p. 605, and for subcontracts, p. 904.

[88] See "Statutory contribution" on p. 208.

[89] *Kimber v. William Willett Ltd* [1947] K.B. 570 (C.A.). See also p. 282. For the contractor's liability in tort, see Chap. 7.

architect, clerk of works or other agent of the employer failed to discover defects as the work was carried out.[90]

5. EMPLOYER'S BREACH OF CONTRACT

No work carried out. If there is a repudiation of the contract by the employer before any work is carried out the damages recoverable are, it seems, prima facie the amount of profit which the parties knew, or must be taken to have assumed, the contractor would have made if he had been permitted to complete in the ordinary way.[91] Further damages resulting from unusual circumstances are recoverable according to the employer's knowledge of those circumstances.[92]

Election to claim wasted expenditure. The contractor may, it seems, elect to claim wasted expenditure instead of loss of profit, and can include pre-contract expenditure made in preparation for performance provided it was such as would have been reasonably in the contemplation of the employer at the time of entering into the contract.[93]

Work partly carried out. Where the contract work has been partly carried out and the contract is brought to an end by the employer's repudiation, the contractor is entitled to be paid the value of the work done at contract prices,[94] and to claim in addition damages, the measure of which is normally the loss of profit on the unfinished balance.

> "If while [the contractor] was duly proceeding to fulfil his contract, he was wrongfully impeded by the Respondents, and by them prevented from doing what he had undertaken to do, they would be answerable to him in damages for all the consequences of their wrongful act. Such damages would of course be in part calculated on the value of the plant and other articles of which he had been wrongfully deprived; but the effect would not be to alter the relative position of the parties as to the contract itself, to entitle the Appellant to say there had been no contract, or that he was to be paid for what he had done without reference to the contract. . . . The right of the Appellant would be, to recover such amount of damages as would put him in, as nearly as possible, the same position as if no such wrong had been committed—that is, not as if there had been no contract, but as if he had been allowed to complete the contract without interruption."

---

[90] *East Ham Corp. v. Bernard Sunley & Sons Ltd* [1966] A.C. 406 (H.L.); *A.M.F. International Ltd v. Magnet Bowling Ltd* [1968] 1 W.L.R. 1028 at 1053; cf. *Oldschool v. Gleeson* (1976) 4 B.L.R. 103 at 122.
[91] See *Ranger v. G. W. Railway* (1854) 5 H.L.C. 72 (H.L.); *Victoria Laundry Ltd v. Newman Ltd* [1949] 2 K.B. 528 (C.A.); *Koufos v. Czarnikow Ltd* [1969] 1 A.C. 350 at 424 (H.L.).
[92] See p. 203.
[93] See *Anglia Television Ltd v. Reed* [1972] 1 Q.B. 60 (C.A.)—actor who repudiated contract for leading role in film which was abandoned liable for expenses incurred before contract signed.
[94] *Felton v. Wharrie* (1906) H.B.C. (4th ed.), Vol. 2, p. 398 (C.A.); see further p. 164.

He was not entitled "to an account of work already done, to be taken on terms different from those for which he had contracted".[95]

"When a party to a simple contract, upon breach by the other contracting party of a condition of the contract, elects to treat the contract as no longer binding upon him, the contract is not rescinded as from the beginning. Both parties are discharged from further performance of the contract, but rights are not divested or discharged which have already been unconditionally acquired. Rights and obligations which arise from the partial execution of the contract and causes of action which have accrued from its breach alike continue unaffected. ... when a contract ... is dissolved at the election of one party because the other has not observed an essential condition or has committed a breach going to its root, the contract is determined so far as it is executory only and the party in default is liable for damages for its breach."[96]

Thus if, when a contractor accepts an employer's repudiation, instalments have become due under the contract, they remain payable.[97] The contractor may additionally be entitled to payment at contractual rates for work done but not covered by the instalments. If the contract does not provide for instalments, the contractor is entitled to payment at contractual rates for all the work done. If the contract does not have provision, or complete provision, for calculating the amount of the payment in the events which have occurred, the court will assess a reasonable sum. The assessment remains, however, a contractual entitlement. It is thought that this applies in principle also where there is an entire contract with a single undivided lump sum, although the court will have to make an assessment of the proportion of the lump sum which represents the contractual value of the work done. In each instance, the contractor is additionally entitled to damages. The employer is entitled to abatement of the contractual price if the incomplete work is defective.[98]

It is thought that the contractor does not have an option, as an alternative to the claim outlined above, of ignoring the contract and claiming a reasonable price for work and labour done on a *quantum meruit*. There is authority to the effect that he does have such an option,[99] and this has not

---

[95] Lord Cranworth L.C. in *Ranger v. G.W. Railway* (1854) 5 H.L.C. 72 at 96 (H.L.); see also Lord Brougham at 118.
[96] Dixon J. in *McDonald v. Dennys Lascelles* (1933) 48 C.L.R. 457 at 476 approved and adopted by Lord Wilberforce in *Johnson v. Agnew* [1980] A.C. 367 at 396 (H.L.) and by Lord Brandon in *Bank of Boston v. European Grain* [1989] A.C. 1056 at 1098 (H.L.); *cf. Heyman v. Darwins* [1942] A.C. 356 at 399 (H.L.); *Photo Production v. Securicor* [1980] A.C. 827 (H.L.), especially at 849 *et seq.* and in particular at 849F–H; *Rover International v. Cannon Film* [1989] 1 W.L.R. 912 (C.A.).
[97] *Bank of Boston v. European Grain* [1989] A.C. 1056 (H.L.).
[98] *Slater v. Duqemin Ltd* (1992) 29 Con.L.R. 24, a case which in substance adopts at p. 27 the law as stated in this paragraph. For abatement, see p. 499.
[99] *Planché v. Colburn* (1831) 8 Bing. 14; *De Bernardy v. Harding* (1853) 8 Exch. 822 at 824; *Prickett v. Badger* (1856) 1 C.B.(N.S.) 296; *Appleby v. Myers* (1867) L.R. 2 C.P. 651 at 659;

Chapter 8—Employer's Breach of Contract

uncommonly in the past been taken to be the law.[1] It is now thought however that the alternative claim cannot stand in the face of the logic of the House of Lords authorities referred to above.[2] If it were the law, it could result in substantial injustice if a contractor who was losing money heavily on a contract became entitled to payment for past work on a more favourable basis than the contract provided and when his losses were not caused by the employer's breach.

Work completed. Where the employer's breach does not prevent completion the damages recoverable, if any, will vary according to the circumstances. There may be identifiable additional work the direct cost of which can normally be claimed. Delay caused by the employer may give rise to a claim for damages[3] at least where the contract does not provide for an extension of time on account of the delay.[4] Delay may, for example, turn a summer contract into a winter contract thus causing increased cost of working,[5] or it may keep plant or machinery or even, in some cases, men, idle. There may be disruption which reduces productivity or causes other losses. All these heads of loss require consideration of the principles discussed at the outset of this Chapter.

Lodder v. Slowey [1904] A.C. 442 at 453 (P.C.); *Chandler Bros. Ltd v. Boswell* [1936] 3 All E.R. 179 at 186 (C.A.); *Luxor (Eastbourne) v. Cooper* [1940] A.C. 108 at 141 (H.L.); *Lusty v. Finsbury Securities* (1991) 58 B.L.R. 66 (C.A.); *cf. Morrison-Knudsen v. British Columbia Hydro and Power Authority* (1978) 85 D.L.R. (3d) 186; (1991) 7 Const.L.J. 227 (British Columbia Court of Appeal) which decided that where a contract has been completed without acceptance of a repudiation there can be no *quantum meruit* recovery; *Renard Constructions v. Minister for Public Works* (1992) 33 Con.L.R. 72 at 128 *et seq.* (New South Wales Court of Appeal).

[1] *e.g.* in the 4th edition of this book on p. 152, but with the qualification in n.77.
[2] *i.e. Ranger v. G.W. Railway* (1854) 5 H.L.C. 72 (H.L.) and the cases cited in n.96 above. Of the cases cited in n.99 which support the alternative, *Planché v. Colburn* is a shortly reported case which does not unambiguously do so—it concerned the repudiation of an entire single lump sum contract and can be reconciled with the view expressed in the text; *De Bernardy v. Harding* is *obiter*; *Prickett v. Badger* is a commission agent case; *Appleby v. Myers* is *obiter*; *Lodder v. Slowey* is a decision of the Privy council which takes the matter very shortly; *Chandler Bros Ltd v. Boswell* is a clear statement by the Court of Appeal without reference to specific authority of what is said to be "well settled" law; *Luxor (Eastbourne) v. Cooper* is *obiter*; *Lusty v. Finsbury Securities* applies *Planché v. Colburn* and *Prickett v. Badger* without reference to other authority. In *Lusty v. Finsbury Securities,* the same award would have resulted from applying the law preferred in the text. The plaintiff would have been awarded the amount to which he was entitled under the contract before its repudiation, such amount being assessed as a reasonable sum in the absence, in the events which had occurred, of any other contractual means of calculation. The 19th-century cases generally seem to assume that, when a contract is "rescinded" upon repudiation, it ceases to be in force at all so that no action would lie for breach of it—see, *e.g.* the argument in *De Bernardy v. Harding* (1853) 8 Exch. 822 at 823. This is not the modern law. See also Goff and Jones, *The Law of Restitution* (4th ed.), pp. 425 *et seq.* and see also their 2nd edition at p. 380 for a passage omitted subsequent editions.
[3] *Lawson v. Wallasey Local Board* (1883) 48 L.T. 507 (C.A.); *cf. Ellis-Don v. Parking Authority of Toronto* (1978) 28 B.L.R. 98 at 121 (Supreme Court of Ontario).
[4] Most such contracts also provide for a consequential *contractual* right to additional payment—see, *e.g.* clause 26 of the Standard Form of Building Contract on p. 647. See also "Claims under or for breach of the contract" below.
[5] *Freeman v. Hensler* (1900) H.B.C. (4th ed.), Vol. 2, p. 292 (C.A.).

Default of the Parties—Damages

Claims under or for breach of the contract. The distinction should always be sharply observed.[6] Most sophisticated building contracts give the contractor *contractual* rights to additional payment in circumstances some of which may also, or might otherwise, be breaches of contract by the employer.[7] Such rights are usually additional to, and not in substitution for, the contractor's common law remedy of damages for breach of contract.[8] A claim under the contract will depend on the relevant terms. It may have the advantage of the right to payment as the work proceeds under the architect's certificate but be subject to the fulfilment of certain conditions precedent, *e.g.* as to notices. Where the claim is for breach of contract the court is the more likely to resolve matters of doubt in the contractor's favour and, even where the evidence of loss is very unsatisfactory, if satisfied that there was substantial loss, will make some award.[9]

Claims for delay or disruption. Apart from direct additional building costs and other specifically identifiable expenses resulting from the breach, contractor's claims for delay and disruption are commonly brought under one or more of these heads:

(a) increased preliminaries;
(b) overheads;
(c) loss of profit;
(d) loss of productivity or uneconomic working;
(e) increased costs resulting from inflation;
(f) interest for non-payment of money.

Such claims are often for commercial or other reasons greatly exaggerated both as to the extent of delay caused by the employer's breach and in quantification. The basis for calculation is often excessively theoretical ignoring the principles that damages are to compensate for *actual* loss and must be proved. "It is not the function of the Courts where there is a breach of contract knowingly . . . to put the plaintiff in a better financial position than if the contract had been properly performed."[10]

Increased preliminaries. The expression "preliminaries" is a loose term, but it generally refers to the first part of a traditional bill of quantities where are commonly collected items of necessary cost which do not usually become part of the finished works. These costs often depend on time. Examples are water and electricity for the works, scaffolding, plant, small

---

[6] See *McAlpine Humberoak v. McDermott International* (1992) 58 B.L.R. 1 at 22 (C.A.).
[7] See, *e.g.* clause 26 of the Standard Form of Building Contract and clause 52 of the I.C.E. Conditions at pp. 647 and 1049 respectively.
[8] See *Modern Engineering v. Gilbert-Ash* [1974] A.C. 689 (H.L.). See also clause 26.6 of the Standard Form of Building Contract on p. 649.
[9] See "Contingency" on p. 214.
[10] Ackner L.J. in *C. & P. Haulage v. Middleton* [1983] 1 W.L.R. 1461 at 1467 (C.A.).

tools and site supervision. Delay will increase many of these costs and if so the extra cost is recoverable.

Claims for increased preliminaries are frequently made and for convenience allowed upon a calculation which uses amounts in the contract bills proportioned to the length of the delay compared with the original contract period. For a claim under the contract, such a calculation may be justified by the terms of the contract. It is suggested that for a damages claim it would be wrong in principle, although sometimes not perhaps seriously so in practice. For damages, the calculation should be of the actual additional costs. Items of cost in the preliminary bill are at best estimates before the contract is made and are often in practice somewhat arbitrary. A proportionate amount of relevant bill items might or might not be the same as the contractor's actual additional cost in the event. His actual additional costs ought to be known, recorded and capable of being proved.

For idle plant and machinery there are various ways in which loss may arise. One is hiring charges. This is appropriate where the contractor was hiring the machinery.[11] If he owned the machinery it seems that he can only recover hiring charges if he proves that he has lost the opportunity of hiring it out, and even then it must not be assumed that the machinery could necessarily have been hired for the whole of the equivalent of the period when it was idle. If he does not prove loss of opportunity of hiring, his loss is assessed by such factors as loss of interest on the capital lying idle, depreciation and maintenance.[12]

Overheads. This is another loose term referring to the costs of running the contractor's general business as distinct from the site costs of the particular contract.[13] If particular head office costs are proved to have been increased by a contract's delay, they are recoverable. Examples would be the cost of extra staff recruited because the particular contract was in difficulties or the cost of extra telephone calls and postage in the period of delay. But substantial claims of this kind are rarely made because most contractors are able to cope with delay on a particular contract with their existing resources whose cost is reasonably constant. Accordingly claims for loss of overheads are usually made on a different basis.

A contractor's overheads are commonly taken to be recovered out of the income from his business as a whole and ordinarily where completion of one contract is delayed the contractor claims to have suffered a loss arising from the diminution of his income from the job and hence the turnover of his business. But he continues to incur expenditure on overheads which he cannot materially reduce or, in respect of the site, can only reduce, if at all, to

---

[11] *Shore & Horwitz Construction Co. Ltd v. Franki of Canada Ltd* [1964] S.C.R. 589 (Supreme Court of Canada).
[12] *ibid.*; and see shipping cases applied in *The Hebridean Coast* [1961] A.C. 545 (H.L.).
[13] For some assistance see *Shore & Horwitz Construction Co. Ltd v. Franki of Canada Ltd* [1964] S.C.R. 589 (Supreme Court of Canada).

a limited extent. But for the delay, the workforce would have had the opportunity of being employed on another contract which would have had the effect of contributing to the overheads during the overrun period.[14] There is some authority that a claim on this basis is sustainable.[15] But it is suggested that, in order to succeed, a contractor has in principle to prove that there was other work available which, but for the delay, he would have secured but which in fact because of the delay he did not secure.[16] He might do this by producing invitations to tender which he declined with evidence that the reason for declining was that the delay in question left him insufficient capacity to undertake other work. He might alternatively show from his accounts a drop in turnover and establish that this resulted from the particular delay rather than from extraneous causes. If loss of turnover resulting from delay is not established, the effect of the delay is only that receipt of the money is delayed. It is not lost.

Loss of profit. Contractors commonly claim a loss of profit arising out of the diminution in turnover, but it seems that to establish this claim he must show, as with overheads, that at the time of the delay he could have used the lost turnover profitably.[17] A claim for loss of profit does not, it is submitted, fail merely because the contract in question was unprofitable. The question is what the contractor would have done with the money if he had received it at the proper time. Even if, at that time, the contractor's business was making a loss a sum analogous to loss of profit is, it is submitted, recoverable if the loss of turnover increased the loss of the business.

"Hudson formula". This is a formula[18] for calculating claims for loss of overheads and profit taken together, although with suitable data a similar formula could be devised for either individually. It calculates the loss as the contractor's overhead and profit percentage based on a fair annual average multiplied by the contract sum and the period of delay and divided by the contract period.[19] It is suggested that claims for overheads and profit have to

---

[14] See *Finnegan v. Sheffield City Council* (1988) 43 B.L.R. 124 at 134.
[15] *Finnegan v. Sheffield City Council* (1988) 43 B.L.R. 124 at 134 (H.H. Sir William Stabb Q.C.); *Whittal Builders v. Chester-le-Street D.C.* unreported (Mr Recorder Percival Q.C.)—the report at 11 Con.L.R. 40 is a different part of the case and 40 B.L.R. 82 is a different case altogether; *Shore & Horwitz Construction Co. Ltd v. Franki of Canada Ltd* [1964] S.C.R. 589 (Supreme Court of Canada); *Ellis-Don v. Parking Authority of Toronto* (1978) 28 B.L.R. 98 (Supreme Court of Ontario). See also "Hudson formula" below.
[16] Such facts were found in *Whittal Builders v. Chester-le-Street D.C.* (unreported—see n.15 above) at p. 11 of the transcript and in *Ellis-Don v. Parking Authority of Toronto* [1978] 28 B.L.R. 98 at 124 (Supreme Court of Ontario) but in neither case is the evidential basis for the findings rehearsed in the judgments.
[17] *ibid.* and see *Sunley (B.) & Co. Ltd v. Cunard White Star Ltd* [1940] 1 K.B. 740 (C.A.).
[18] To be found in H.B.C. (10th ed.), p. 599.
[19] See *Finnegan v. Sheffield City Council* (1988) 43 B.L.R. 124 at 136; see also "Overheads" and cases at n.15 above. For a mathematical illogicality in the formula, see commentary on *Ellis-Don v. Parking Authority of Toronto* at 28 B.L.R. 102 and see the same commentary at pp. 103 *et seq.* for United States' judicial criticism of a similar formula.

be established in principle as described above before use of the formula is considered. There may then be more acceptable ways of proving the loss than by means of a formula. If a formula is to be adopted, it would presumably be on the basis that the court was satisfied that the contractor had suffered a real loss and was doing its best on the evidence available to quantify it.[20] It may be that a formula would not be adopted where better proof of actual loss could have been provided but the contractor failed to provide it.[21]

Loss of productivity or uneconomic working. This is a head of claim sometimes made where there has been delay in completion or disturbance of the contractor's regular and economic progress even though, on occasion, the ultimate delay in completion is small or does not occur. As regards machinery and plant it is ordinarily comparatively easy to compare the contemplated periods of use with the actual periods and then to apply the measure of damages as discussed above. Labour is more difficult. Some contractors add an arbitrary percentage to the contemplated labour costs. It is difficult to see how this can be sustained.[22] There can be no custom or general rule because the loss will vary in each case. A better starting point is to compare actual labour costs with those contemplated.[23] Thus a particular activity or part of the works is taken and, where the contract price can be ascertained, as by reference to the priced bills, the labour element is extracted. This is a matter for experienced surveyors and is done by taking the unit price and applying constants which are generally accepted in the trade. From the contractor's records the actual labour content for the activity or part is extracted. From the difference must be deducted any expenditure upon labour which was not caused by the breach, *e.g.* delay or disturbance caused by bad weather, strikes, nominated subcontractors or the contractor's own inefficiency. If the original contract price was arrived at in a properly organised competition or as the result of negotiation with a skilled surveyor acting on behalf of the employer, the adjusted figure for the difference is some evidence of loss of productivity.

Increased costs resulting from inflation. Claims are sometimes made for increased costs of labour or materials on the basis that these costs were incurred at a later and more expensive time because of the employer's delay. In principle such costs are recoverable and can be proved by reference to actual increases or possibly by using published inflation indices. Many contracts, however, contain fluctuation or cost variation clauses under which the contractor is entitled to additional payment for inflationary increases. He

---

[20] See "Contingency" on p. 214.
[21] *cf. Tate & Lyle v. G.L.C.* [1982] 1 W.L.R. 149 at 152, Forbes J., the point being unaffected by subsequent appeals—[1982] 1 W.L.R. 971 (C.A.) and [1983] 2 A.C. 509 (H.L.).
[22] *cf. Tate & Lyle v. G.L.C.* [1982] 1 W.L.R. 149 where a broadly similar claim based on a percentage failed.
[23] Such an approach was adopted in *Whittal Builders v. Chester-le-Street D.C.* (unreported—see n.15 above).

cannot recover twice but might conceivably argue that his actual increased costs were greater than those recovered under the clause so that he was entitled to recover the difference as damages.

Interest for non-payment of money. If the employer fails to pay money due under the contract the contractor may consider the recovery of interest under one of four heads. The first is under an express term of the contract providing for the payment of interest in specific circumstances at a quantified rate.[24] The second is under an express term of the contract which does not provide for interest as such, but which is construed as giving the contractor a contractual right to what is in effect an interest payment.[25] The third is where he recovers judgment and applies for interest under section 35A of the Supreme Court Act 1981.[26] The fourth is as damages.

"Direct loss and/or expense". In principle the court is prepared to construe contracts with appropriate words as giving a contractual right to what are often called "finance charges". In *F. G. Minter v. W.H.T.S.O.*,[27] the Court of Appeal construed a contractual right to "direct loss and/or expense" under a 1963 Standard Form of Building Contract as including a right to be paid finance charges on other primary loss and expense. The court was not deterred from this construction by its former reluctance, discussed below, to award interest as damages.

> "I do not think that today we should allow medieval abhorrence to usury to make us shrink from implying a promise to pay interest in a contract if by refusing to imply it we thereby deprive a party of what the contract appears on its natural interpretation to give him. There should be no presumption in favour of an anomaly and an anachronism."[28]

Other provisions of the particular contract confined the right to finance charges to the period between the loss and expense being incurred and the making of a written application for its reimbursement resulting in a need for tedious successive applications. In *Rees & Kirby v. Swansea City Council*,[29] the court excluded from a calculation of direct loss and expense under materially the same contractual provisions a period during which delay in paying the primary loss and expense was attributable to an independent cause.

Interest as damages. Formerly, the law was that "interest is not due on

---

[24] *e.g.* clause 60(7), I.C.E. conditions (6th ed.)—see p. 1071. There is nothing comparable in the Standard Form of Building Contract.
[25] See "Direct loss and/or expense" below.
[26] See p. 506.
[27] (1980) 13 B.L.R. 1 (C.A.). See also *Ogilvie Builders v. Glasgow District Council* (1994) 68 B.L.R. 121.
[28] Stephenson L.J. in *F. G. Minter Ltd v. W.H.T.S.O.* [1980] 13 B.L.R. 1 at 17 (C.A.).
[29] (1985) 30 B.L.R. 1 (C.A.).

money secured by a written instrument, unless it appears on the face of the instrument that interest was intended to be paid, or unless it be implied from the usage of trade".[30] In *London Chatham and Dover Railway v. South Eastern Railway*,[31] the House of Lords held that interest could not be given by way of damages for detention of a debt, the law upon the subject, unsatisfactory though it was, then being too long settled to be departed from. The House of Lords would probably have departed from that law in 1984,[32] but for the intervention of statute[33] and an intervening decision,[34] then approved by the House of Lords, which limited the common law denial of interest as damages to claims for general damages as discussed below.

The law now is that the court can award interest as *special* damages in a claim for late payment in breach of contract of a *debt*.[35] It cannot do so in a claim for damages.[36] "There is no such thing as a cause of action in damages for late payment of damages. The only remedy which the law affords for delay in paying damages is the discretionary award of interest pursuant to statute."[37] But interest has been awarded as damages under section 2(1) of the Misrepresentation Act 1967 in a claim for the return of a deposit.[38] Interest cannot be awarded as damages for late payment of a debt where the debt was paid before proceedings were brought.[39]

The distinction between a claim for general damages, where interest cannot be awarded as damages, and a claim for special damages, where interest can be so awarded, is the same as the distinction between the first and second limbs of the rule in *Hadley v. Baxendale*.[40]

> "The surviving principle of legal policy is that it is a legal presumption that in the ordinary course of things a person does not suffer any loss by reason of the late payment of money. This is an artificial presumption, but is justified by the fact that the usual loss is an interest loss and that compensation for this has been provided for and limited by statute."[41]

---

[30] Lord Tenterden C.J. in *Page v. Newman* (1829) B. & C. 378 at 380 (Court of Kings Bench).
[31] [1893] A.C. 429 (H.L.).
[32] See *President of India v. La Pintada Compania* [1985] A.C. 104 (H.L.).
[33] The Law Reform (Miscellaneous Provisions) Act 1934 and the Administration of Justice Act 1982 amending the Supreme Court Act 1981.
[34] *Wadsworth v. Lydall* [1981] 1 W.L.R. 598 (C.A.).
[35] *President of India v. La Pintada Compania* [1985] A.C. 104 (H.L.); *President of India v. Lips Maritime* [1988] A.C. 395 (H.L.).
[36] A claim for liquidated damages is a claim for damages, not debt—see *President of India v. Lips Maritime* [1988] A.C. 395 at 424 (H.L.)—unless perhaps there is a contractual provision stipulating that it shall be recoverable as a debt.
[37] Lord Brandon in *President of India v. Lips Maritime* [1988] A.C. 395 at 425 (H.L.).
[38] *Walker v. Boyle* [1982] 1 W.L.R. 495 at 508.
[39] *President of India v. La Pintada Compania* [1985] A.C. 104 (H.L.). See s. 35A(2) of the Supreme Court Act 1981 for statutory interest where payment is made after proceedings are instituted but before judgment.
[40] (1854) 9 Ex. 341—see p. 202. See *President of India v. La Pintada Compania* [1985] A.C. 104 at 127 (H.L.).
[41] Hobhouse J. in *International Minerals v. Karl O. Helm* [1986] 1 Lloyd's Rep. 81 at 104 approved by Neill L.J. in *President of India v. Lips Maritime* [1988] A.C. 395 at 410 (C.A.).

On the face of it, this might seem to mean that, where a plaintiff incurs bank interest charges on an overdraft, "the more the defaulting party can show that this was not because of some unusual or 'special' circumstances of the particular contract but because of the well-known way in which the relevant trade or business is normally carried on, the less likely will it be that the plaintiff can cover his loss".[42] This possible anomaly could readily occur in building contracts since:

> "the loss of the interest which [the contractor] has to pay on the capital he is forced to borrow and on the capital which he is not free to invest would be recoverable for the employer's breach of contract within the first rule in *Hadley v. Baxendale* (1854) 9 Ex. 341 without resorting to the second."[43]

The anomaly would be if the contractor who had said to the employer before making the contract "by the way, my bank charges me 2% over base rate on my overdraft" was able to claim interest as special damages for late payment, but the contractor who allowed this commonplace fact to be taken for granted could not.[44] It would be further anomalous if a contractor's claim for *compound* interest turned on whether he had added words such as "with quarterly rests" to the remark suggested in the previous sentence.[45]

A claim for interest as special damages must be pleaded and proved[46] either as interest paid to a bank or as interest which would otherwise have been earned from investment.[47]

Simple or compound interest? Where interest is payable under an express term of the contract, simple or compound interest will be awarded according to the express words as construed. Normally a bank is impliedly entitled to charge compound interest on an overdraft and this is not dependent on whether or not the account can be categorised as a mercantile account current for mutual transactions.[48] If it can be established that a claimant is entitled to recover a sum of interest as a debt, he may also be entitled to recover interest upon that debt.[49] Thus the court has awarded

---

[42] Nicholls L.J. in *President of India v. Lips Maritime* [1988] A.C. 395 at 413 (C.A.). This case was about currency exchange losses which the House of Lords held did not come within the principle in *President of India v. La Pintada Compania* [1985] A.C. 104 (H.L.).
[43] Stephenson L.J. in *F.G. Minter v. W.H.T.S.O.* (1980) 13 B.L.R. 1 at 15 (C.A.).
[44] It may be possible to avoid the anomaly by reasoning such as that of Neill L.J. in *President of India v. Lips Maritime* [1988] A.C. 395 at 412 (C.A.), reversed on appeal but not on this point; the reasoning was applied in *Holbeach Plant Hire v. Anglian Water Authority* (1988) 14 Con.L.R. 101; *cf. D.O.E. for Northern Ireland v. Farrans* (1981) 19 B.L.R. 1 at 22 (Northern Ireland High Court) applying *Wadsworth v. Lydall* [1981] 1 W.L.R. 598 (C.A.). It is thought that it is high time to abandon what remains of the common law rule.
[45] See "Simple or compound interest?" below.
[46] See *Hutchinson v. Harris* (1978) 10 B.L.R. 19 at 42 (C.A.).
[47] See *Brandeis Goldschmidt v. Western Transport* [1981] Q.B. 864 at 873 (C.A.); *cf.* the passage from *F.G. Minter v. W.H.T.S.O.* (1980) 13 B.L.R. 1 at 15 (C.A.) quoted in the text.
[48] *National Bank of Greece v. Pinios Shipping* [1990] A.C. 637 (H.L.).
[49] *The Secretary of State for Transport v. Birse-Farr Joint Venture* (1993) 62 B.L.R. 36 at 66; *cf.* the Commentary to clause 60(7) of the I.C.E. Form of Contract on p. 1075.

compound interest in a claim for "direct loss and/or expense" under a contract as discussed above.[50] Discretionary interest pursuant to statute is simple interest only,[51] although the court has an equitable discretion to award compound interest where the defendant is presumed to have invested a particular fund, held in a fiduciary capacity, to earn compound interest or where the defendant would have had to borrow at compound interest a sum equivalent to that which is to be repaid.[52] It may be that awards of interest as damages as discussed above can only be for simple interest,[53] although it is suggested that the question ought to turn on the extent of the defendant's knowledge at the time the contract was made.

Bonus. Where an employer's delay prevented the contractor earning a bonus for completion to time, the whole of the bonus was awarded as damages to the contractor,[54] but it seems that for contracts providing for such a bonus the measure of damages is not automatically its full amount.[55]

Unusual circumstances. In all cases the employer's liability for damages resulting from such circumstances depends upon his knowledge at the time of entering into the contract.[56]

Local Authorities. When settling a claim for damages, or for money due, by a contractor, local authorities sometimes used to take the point that they could not include a sum for interest because such payment was contrary to law rendering them liable to the possibility of surcharge. It is submitted that, provided the local authority acts bona fide in the interests of the ratepayers and with reasonable business acumen the inclusion of such a sum is not contrary to law[57] and, further, if its exclusion results in litigation they would ordinarily be acting against the interest of the ratepayers. This is because, quite apart from the possibility of a claim for interest as damages, interest is ordinarily awarded under section 35A of the Supreme Court Act 1981. A contractor would normally be justified in refusing a sum offered which did not include simple interest and instituting proceedings in order to obtain such interest[58] and would normally recover costs.

---

[50] *Rees & Kirby v. Swansea City Council* (1985) 30 B.L.R. 1 (C.A.).
[51] See s. 35A of the Supreme Court Act 1981; *cf. Coastal States Trading v. Mebro* [1986] 1 Lloyd's Rep. 465; *Wentworth v. Wiltshire C.C.* [1993] Q.B. 654 (C.A.).
[52] See *Westdeutsche Bank v. Islington Borough Council* [1994] 1 W.L.R. 938 (C.A.).
[53] See *President of India v. La Pintada Compania* [1985] A.C. 104 at 120 (H.L.).
[54] *Bywaters v. Curnick* (1906) H.B.C. (4th ed.), Vol. 2, p. 393 (C.A.).
[55] *ibid.* at p. 397.
[56] See p. 202.
[57] *Re Hurle-Hobbs* [1944] 1 All E.R. 249 (D.C.); [1944] 2 All E.R. 261 (C.A.); *cf. Pickwell v. Camden L.B.C.* [1983] Q.B. 962 (C.A.)—see Ormrod L.J. at 1004, "The question for the Court is whether the evidence establishes that no reasonable local authority could have made a settlement on such terms".
[58] See p. 203.

CHAPTER 9

THE TIME FOR COMPLETION AND LIQUIDATED DAMAGES

		Page
A.	**Time for Completion**	236
B.	**Liquidated Damages**	240
1.	Generally	240
2.	Defences to Claim for Liquidated Damages	242
	(a) *Agreed sum is a penalty*	242
	(b) *Omission of date in contract*	249
	(c) *Waiver*	249
	(d) *Final certificate*	250
	(e) *Employer causing delay*	250
	(f) *Breach of condition precedent by employer*	252
	(g) *Extension of time*	253
	(h) *Rescission or determination*	255

A. Time for Completion

Generally. Formal contracts usually make elaborate provisions for the date of completion and its extension, progress and failure to proceed diligently. If no time is specified for completion of the contract a reasonable time for completion will normally be implied.[1] What is a reasonable time is a question of fact[2] to be considered in relation to circumstances which existed at the time when the contractual services were performed but excluding circumstances which were under the control of the party performing those services.[3] A person obliged to complete within a reasonable time "fulfils his obligation, notwithstanding protracted delay, so long as such delay is

---

[1] Supply of Goods and Services Act 1982, s. 14; *Charnock v. Liverpool Corp.* [1968] 1 W.L.R. 1498 (C.A.); *Startup v. Macdonald* (1843) 6 M. & G. 593. There is no room for implying such a term where damages for non-completion are expressly tied to contractual machinery—see *Temloc v. Errill Properties* (1987) 39 B.L.R. 30 at 38 (C.A.).

[2] *Startup v. Macdonald* (1843) 6 M. & G. 593; *Hick v. Raymond & Reid* [1893] A.C. 22 at 32 and 33 (H.L.); *McDougall v. Aeromarine Ltd* [1958] 1 W.L.R. 1126—a shipbuilding case. The test is objective—*Charnock v. Liverpool Corp.* [1968] 1 W.L.R. 1498 (C.A.).

[3] *B.S.C. v. Cleveland Bridge and Engineering* [1984] 1 All E.R. 504 at 512 reported more fully at 24 B.L.R. 94. "What is reasonable depends upon all the circumstances of the case, including the conditions operating during the period when the work is being done. It would follow that as to whether a reasonable time has been taken up in the doing of the works cannot be decided in advance; it can only be decided after the work has been done."—*Sanders and Forster v. A. Mark & Co.* 6th February 1980 (C.A.) at p. 14 of transcript (unreported).

attributable to causes beyond his control, and he has acted neither negligently nor unreasonably".[4] Thus a strike occurring after the contract was entered into was taken into account.[5] But car repairers, who were under-staffed and were aware of the holiday period approaching and that for commercial reasons they had to give priority to certain other work, were not able to rely on delay caused by these factors in assessing a reasonable time.[6]

Requirements to complete which have been considered by the courts include, "as soon as possible",[7] "within a reasonable time",[8] "as speedily as possible",[9] "directly",[10] "forthwith",[11] "such delivery date cannot be guaranteed".[12]

It has been suggested that, where there is no express provision as to progress, business efficacy requires the implication of a term that the contractor will proceed with reasonable diligence and maintain reasonable progress.[13] It is thought that while such a term may have to be implied in some cases each contract and its surrounding circumstances must be considered, and that there is no such rule of general application. It may well be that in some cases the contractor's only duty is to complete by the due date.[14] In *G.L.C. v. Cleveland Bridge and Engineering*,[15] the contract provided for completion of parts of the works by key dates and for forfeiture for failure to execute the works with due diligence and expedition. It was held that, notwithstanding the forfeiture clause, there was no implication of a requirement to execute the works with due diligence and expedition but only a duty to proceed with such diligence and expedition as were reasonably required in order to meet the key dates and the completion date in the contract.

Time of the essence. If the contractor fails to comply with the terms of the contract as to time, he is in breach of contract and liable in damages and the employer may have express remedies under the contract.[16] Whether or not the breach enables the employer to treat the contract as at an end requires

---

[4] *Hick v. Raymond & Reid* [1893] A.C. 22 at 32 (H.L.).
[5] *ibid.*
[6] *Charnock v. Liverpool Corp.* [1968] 1 W.L.R. 1498 (C.A.).
[7] *Attwood v. Emery* (1856) 26 L.J.C.P. 73.
[8] *Hydraulic Engineering Co. v. McHaffie* (1878) 4 Q.B.D. 670 (C.A.).
[9] *Penarth Dock Engineering Co. v. Pounds* [1963] 1 Lloyd's Rep. 359.
[10] *Duncan v. Topham* (1849) 8 C.B. 225.
[11] *Roberts v. Brett* (1865) 34 L.J.C.P. 241.
[12] *McDougall v. Aeromarine Ltd* [1958] 1 W.L.R. 1126.
[13] H.B.C. (10th ed.), p. 314.
[14] This passage in the 4th edition of this book was quoted with apparent approval in the result of the case in *G.L.C. v. Cleveland Bridge and Engineering* (1984) 34 B.L.R. 50 at 66 (Staughton J.), upheld in C.A. at (1986) 34 B.L.R. 72.
[15] (1984) 34 B.L.R. 50.
[16] Where a contractor is under an obligation to complete on or before a particular date he has the whole of that day to perform his duty—*Afovos Shipping Co. v. Pagnan* [1983] 1 W.L.R. 195 at 201 (H.L.); but a clause providing for completion on a specified day cannot, without clear

a consideration of the principles of repudiation of contracts and of time being of the essence of the contract. Although the terminology is retained, the rules relating to time being of the essence are no more than a particular application of the law of repudiation,[17] but having regard to the historical development of the law relating to time being of the essence it is convenient to treat it separately.

Time being of the essence means that one or more stipulations as to time are conditions breach of which discharges the other party from the obligation to continue to perform any of his own promises.[18] Delay in performance is treated as going to the root of the contract without regard to the magnitude of the breach.[19] The injured party may elect to terminate the contract and recover damages in respect of the other party's outstanding obligations.[20] But if the right to accept the repudiation has been waived, the injured party may not terminate the contract without serving a notice making time of the essence.[21]

There is no general concept of time being of the essence of a contract as a whole. The question is whether time is of the essence of a particular term. It normally arises in the context of failure to complete a contract on the date specified, but it can arise also in relation to other terms of the contract, *e.g.* the giving of notices.[22] It is quite possible in the same contract to have some time stipulations which are conditions and others which are not.

"Time will not be considered to be of the essence unless: (1) the parties expressly stipulate that conditions as to time must be strictly complied with; or (2) the nature of the subject-matter of the contract or the surrounding circumstances show that time should be considered to be of the essence."[23] It is possible by express provision in the contract to make time of the essence even if it would not be so otherwise.[24] Such a provision is not one which purports to fix the damages for breach of the obligation and is not subject to the law governing penalty clauses.[25]

---

words, be construed as meaning that completion can take place within a reasonable period after the date fixed—*Raineri v. Miles* [1981] A.C. 1050 (H.L.); *cf. Amherst v. James Walker* [1983] Ch. 305 at 315 (C.A.).

[17] *United Scientific Holdings Ltd v. Burnley Council* [1978] A.C. 904 at 944 *et seq.* (H.L.). See p. 156 for repudiation generally.

[18] *United Scientific Holdings Ltd v. Burnley Council* [1978] A.C. 904 at 927 and 945 (H.L.).

[19] *Lombard plc. v. Butterworth* [1987] Q.B. 527 at 535 (C.A.).

[20] *ibid.*; *Charles Rickards Limited v. Oppenheim* [1950] 1 K.B. 616 (C.A.); *Peak Construction v. McKinney Foundations* (1971) 1 B.L.R. 111 at 120 (C.A.).

[21] *Rickards v. Oppenheim* [1950] 1 K.B. 616 (C.A.); *State Trading Corporation v. Compagnie Française* [1983] 2 Lloyd's Rep. 679; *cf. Nichemen v. Gatoil* [1987] 2 Lloyd's Rep. 46 (C.A.).

[22] *British Holding plc. v. Quadrex* [1989] 3 W.L.R. 723 at 736 (C.A.).

[23] Halsbury (4th ed.), Vol. 9, para. 481, approved in *United Scientific Holdings v. Burnley Council* [1978] A.C. 904 at 937, 944 and 958 (H.L.); *Bunge Corporation v. Tradax S.A.* [1981] 1 W.L.R. 711 at 716 and 729 (H.L.).

[24] *Lombard plc. v. Butterworth* [1987] Q.B. 527 at 535 (C.A.) and see the cases cited at 536; *cf. United Scientific Holdings v. Burnley Council* [1978] A.C. 904 at 923 (H.L.); *Weller v. Akehurst* [1981] 3 All E.R. 411 at 415.

[25] *Lombard plc. v. Butterworth* [1987] Q.B. 527 at 536 and 537 (C.A.). For penalty clauses, see p. 242.

Chapter 9—Time for Completion

In general time is of the essence in mercantile contracts,[26] although it cannot be so if a date is neither specified nor capable of exact determination by the parties.[27] Building contracts are not mercantile contracts and the normal rule is that time is not of the essence in building contracts,[28] unless it is expressly so provided.[29] It seems that ordinarily it is not of the essence where the contract includes provisions for extension of time and the payment of liquidated damages for delay.[30] But in one case where there were such provisions, but also the words "time shall be considered as of the essence of the contract on the part of the contractor", it was said "no doubt this gave the Corporation the right to determine the contract at the end of the 24 months period as extended by the architect".[31]

Notice making time of the essence. Where a reasonable time for performance has elapsed and either time was not originally of the essence or has ceased to be of the essence by waiver[32] or agreement, the employer can serve a notice requiring completion by a certain date.[33] He is really telling the contractor that unless he completes by such date he will treat his failure as a repudiation of the contract.[34] If the notice was not given prematurely, and the date for completion was not unreasonably soon in all the circumstances, judged at the time when the notice was given,[35] and the contractor fails to complete by such date, the employer can treat the contract as at an end and dismiss the contractor from the site.[36] The contractor's financial circumstances are irrelevant, it seems, to the reasonableness of the notice.[37] The employer cannot, however, effectively serve a notice making time of the

---

[26] *Bunge Corporation v. Tradax S.A.* [1981] 1 W.L.R. 711 (H.L.); *Compagnie Commerciale Sucres et Denrées v. C. Czarnikow* [1990] 1 W.L.R. 1337 (H.L.); cp. *State Trading Corporation of India v. Golodetz* [1989] 2 Lloyd's Rep. 277 (C.A)—time not of the essence of a subsidiary obligation to open a performance guarantee.
[27] *British Holdings plc. v. Quadrex* [1989] 3 W.L.R. 723 at 737 (C.A.).
[28] *Lucas v. Godwin* (1837) 3 Bing.N.C. 737 at 744.
[29] See, e.g. Lord Diplock in *United Scientific Holdings v. Burnley Council* [1978] A.C. 904 at 923 (H.L.) referring to a lease but the principle applies also to building contracts; cf. *Gibbs v. Tomlinson* (1992) 35 Con.L.R. 86.
[30] *Lamprell v. Billericay Union* (1849) 3 Ex. 283 at 308; *Felton v. Wharrie* (1906) H.B.C. (4th ed.), Vol. 2, p. 398 at 400 (C.A.).
[31] Salmon L.J. in *Peak Construction v. McKinney Foundations* (1971) 1 B.L.R. 111 at 120 (C.A.). The other members of the court did not deal with the point.
[32] Time does not cease to be of the essence by waiver where one party by indulgence grants the other fixed extensions of time—*Nichemen v. Gatoil* [1987] 2 Lloyd's Rep. 46 (C.A.).
[33] *United Scientific Holdings v. Burnley Council* [1978] A.C. 904 at 946 (H.L.); *Rickards v. Oppenheim* [1950] 1 K.B. 616 (C.A.); *Felton v. Wharrie* (1906) H.B.C. (4th ed.), Vol. 2, p. 398 (C.A.), the facts of which appear on p. 164; cf. *Behzadi v. Shaftesbury Hotels* [1992] Ch. 1 (C.A.).
[34] *United Scientific Holdings v. Burnley Council* [1978] A.C. 904 at 946 (H.L.).
[35] *Rickards v. Oppenheim* [1950] 1 K.B. 616 at 624 (C.A.). Thus a subsequent strike may not excuse the contractor, *ibid*.
[36] *Felton v. Wharrie* [1906] H.B.C. (4th ed.), Vol. 2, p. 398 (C.A.); *Rickards v. Oppenheim* [1950] 1 K.B. 616 (C.A.); *United Scientific Holdings v. Burnley Council* [1978] A.C. 904 (H.L.).
[37] *British Holdings plc. v. Quadrex* [1989] Q.B. 842 (C.A.).

essence if he is not himself ready, willing and able to complete, *i.e.* apparently, if his own breach of contract is affecting the contractor's ability to complete.[38] A notice making time of the essence does not expunge or cancel a time breach already committed.[39]

Contractual notices. There is a distinction between (i) obligations for whose performance time is of the essence as discussed above and (ii) rights whose enforcement may depend on taking certain steps at strict times. Building contracts often enable the contractor, the employer or the architect to serve notices and for resulting rights to depend on those notices. It is a question of construction whether strict compliance with any stipulated time provision for serving such notices is necessary to secure the resulting rights. If it is, the rights will be lost if the time for service is not strictly observed.[40]

B. Liquidated Damages

1. GENERALLY

The parties often agree that a liquidated (*i.e.* fixed and agreed) sum shall be paid as damages for some breach of a contract. A typical clause provides that if the contractor shall fail to complete by a date stipulated in the contract, or any extended date he shall pay or allow the employer to deduct liquidated damages at the rate of £x per day or week for the period during which the works are uncompleted.[41] Such a clause may result in a considerable saving of costs, because it often arises that "although undoubtedly there is damage the nature of the damage is such that proof of it is extremely complex, difficult and expensive".[42] Where there is such a clause and the contractor has failed to complete to time, he is prima facie liable to a claim for the liquidated damages either by way of action or by deduction (if there is an express power) or by a set-off. There can be no inquiry into the actual loss suffered. But he may have a defence to the claim[43] either by proving that the agreed sum is a penalty, or by showing the existence of one of the other matters set out below. If he establishes such a defence it may still leave the employer the right to pursue a claim for unliquidated damages (*i.e.* an

---

[38] *ibid.*
[39] *Raineri v. Miles* [1981] A.C. 1050 (H.L.).
[40] Analogous cases are those relating to rent review clauses in leases, *e.g. Weller v. Akehurst* [1981] 3 All E.R. 411. For the notices provisions of the Standard Form of Building Contract, see Chap. 18.
[41] *cf.* clause 24 of the Standard Form of Building Contract.
[42] *Clydebank Engineering Co. v. Don Jose Yzquierdo y Castaneda* [1905] A.C. 6 at 11 (H.L.); *cf. Philips Hong Kong v. Attorney General of Hong Kong* (1993) 61 B.L.R. 41 (P.C.).
[43] Where the employer has set up a claim to deduct liquidated damages as a defence, the contractor will plead the matters discussed in Section 2 of this part of this chapter by way of reply to defence or possibly by an amendment of his claim. For the approach to the construction of liquidated damages clauses see "*Contra proferentem* rule" on p. 47.

ordinary claim for damages) for delay.[44] No general rule can be stated as to the date from which such unliquidated damages are recoverable. This depends upon the contract, the particular defence established and the circumstances. Where the employer causes delay,[45] damages are not, it is submitted, in any event recoverable from a date earlier than that when the works could have been completed but for such delay, but it is not clear whether the delay sets time at large so that the works do not have to be completed before a reasonable time has elapsed.[46] Even if time does become at large, it seems that the price does not.[47]

Exhaustive remedy? Subject to defences discussed below, the nature and effect of a liquidated damages clause depends on its construction. Some such clauses provide an exhaustive remedy for the breach or breaches with which they deal so that the injured party cannot choose to claim general damages instead. The effect of such a clause, therefore, is to limit the defendant's liability.[48]

In *Cellulose Acetate v. Widnes Foundry*,[49] a contract for delivery and erection of an acetone recovery plant provided that the contractors should pay by way of penalty £20 for every week that completion was later than a stipulated time. Completion was 30 weeks late and the contractors were held liable for £600 and not a greater actual loss. In *Temloc v. Errill Properties*,[50] the parties provided in the Appendix of a 1980 Standard Form of Building Contract against clause 24.2 that liquidated damages for delay should be "£ nil". It was held that on a proper construction of the contract the parties had agreed that there should be no damages for delayed completion. It was said that completing the relevant part of the Appendix of this form of contract constituted an exhaustive agreement of the damages which were, or were

---

[44] See *Peak Construction v. McKinney Foundations* (1970) 69 L.G.R. 1 at 11 and 16 (C.A.) also at 1 B.L.R. 111 at 121 and 126. See "Exhaustive remedy?" below.

[45] See p. 250.

[46] See *Trollope & Colls Ltd v. N.W. Metropolitan Regional Hospital Board* [1973] 1 W.L.R. 601 at 607 (H.L.) where the majority of the House of Lords said that Lord Denning had been wrong when, in the Court of Appeal, he had said that *Dodd v. Churton* [1897] 1 Q.B. 562 (C.A.) established that time became at large. The House did not comment on *Wells v. Army & Navy Co-operative Society Ltd* (1902) H.B.C. 346 (C.A.) or *Peak Construction v. McKinney Foundations* (1970) 69 L.G.R. 1 (C.A.) also at 1 B.L.R. 111 which were cited to the House in argument in support of the same proposition. See also the discussion in *Bilton v. Greater London Council* (1981) 17 B.L.R. 1 (C.A.) where the point was however not decided—the actual decision was upheld on appeal at (1982) 20 B.L.R. 1 (H.L.)—and *McAlpine Humberoak v. McDermott International* (1992) 58 B.L.R. 1 at 21 (C.A.).

[47] *McAlpine Humberoak v. McDermott International* (1992) 58 B.L.R. 1 at 22 (C.A.).

[48] *cf. Elsley v. J. G. Collins* (1978) 83 D.L.R. 1 at 14 *et seq*. (Supreme Court of Canada). In some charterparties, there may be circumstances where a demurrage (or liquidated damages) clause is not an exhaustive remedy for a breach giving rise to losses of more than one character—see *Reidar v. Arcos* [1927] 1 K.B. 352 (C.A.); *Total Transport v. Amoco Trading* [1985] 1 Lloyd's Rep. 423.

[49] [1933] A.C. 20 (H.L.).

[50] (1987) 39 B.L.R. 30 (C.A.); *cf. M. J. Gleeson v. Taylor Woodrow Construction* (1989) 49 B.L.R. 95; *Pigott Foundations v. Shepherd Construction* (1993) 67 B.L.R. 48 at 67.

not, to be payable. It was not open to the employer to claim general damages instead.[51]

It is suggested that in building contracts at least a clause providing for payment by the contractor of liquidated damages for delay will normally operate as a limitation of the contractor's liability.[52] The question tends to be confused with a related but different question where the agreed sum is an unenforceable penalty.[53] "In many cases a man before entering into a contract wishes to know for what he is to be liable if he breaks it, and so he agrees a sum payable by him in that event. That obviously has nothing to do with figures fixed *in terrorem*."[54] Both cases mentioned in the previous paragraph concerned sums which were clearly less than an estimate of likely loss,[55] although the decision in *Temloc v. Errill Properties* would have been the same if a substantial rate for liquidated damages had been entered into the Appendix.[56] It is suggested that there is no difference in principle where the rate is not obviously less than an estimate of likely loss. Unless the express words of the contract show that the employer does have a choice, where a liquidated damages clause is not a penalty and is enforceable, it should be construed as a mutual covenant binding both parties.

2. DEFENCES TO CLAIM FOR LIQUIDATED DAMAGES

(a) Agreed sum is a penalty

If the agreed sum, whatever it is called in the contract, is a penalty it will not be enforced by the courts.[57] The onus of showing that the clause is a penalty

---

[51] In *Baese Pty Ltd v. R.A. Bracken* (1989) 52 B.L.R. 130 (Supreme Court of New South Wales), the court construed liquidated damages provisions where "nil" had been put in the appendix for the rate of liquidated damages as not providing an exhaustive remedy. The court considered the question to be one of construction of the particular contract and said that the contracts in *Temloc v. Errill Properties* and *Cellulose Acetate v. Widnes Foundry* were materially different. It is questioned whether this was essentially so at least for the contract in *Temloc v. Errill Properties*.

[52] There are charterparty cases which suggest that the plaintiff may have a choice either to sue under the liquidated damages clause or to ignore it and claim general damages without limitation—see, *e.g. Wall v. Rederiaktiebolaget* [1915] 3 K.B. 66 approved in *Watts v. Mitsui* [1917] A.C. 227 at 246 (H.L.); but see Lord Finlay at 235—"If this clause had appeared for the first time I think it might have been construed as imposing a limitation on the damages to be recovered, but the penalty clause is an old one with a settled meaning...." See also *Jobson v. Johnson* [1989] 1 W.L.R. 1026 (C.A.) and n.51 above. See generally A.H. Hudson, "Penalties Limiting Damages" (1985) 101 L.Q.R. 480.

[53] This is discussed separately below.

[54] Scrutton L.J. in *Widnes Foundry v. Cellulose Acetate* [1931] 2 K.B. 393 (C.A.)—the case referred to in the previous paragraph of the text in the Court of Appeal.

[55] *cf.* Scrutton L.J. in *Widnes Foundry v. Cellulose Acetate* [1931] 2 K.B. 393 at 407 (C.A.)—"I find great difficulty in saying that an estimate less than the actual loss can ever be a penalty *in terrorem*."

[56] See Nourse L.J. at p. 39.

[57] *Watts, Watts & Co. Ltd v. Mitsui & Co. Ltd* [1917] A.C. 227 (H.L.); *cf. Jobson v. Johnson* [1989] 1 W.L.R. 1026 (C.A.).

Chapter 9—Defences to Claim for Liquidated Damages

clause lies upon the party who is sued upon it, and the "court should not be astute to descry a 'penalty clause'".[58] It is sometimes a matter of some difficulty to determine whether agreed damages are, in the particular circumstances of the case, penalties or liquidated damages, but the principles applied by the courts are well established. "The classic form of penalty clause is one which provides that upon breach of a primary obligation under the contract a secondary obligation shall arise on the part of the party in breach which does not represent a genuine pre-estimate of any loss likely to be sustained by him as the result of the breach of primary obligation but is substantially in excess of that sum."[59]

A clause in a contract whose form is duly prescribed by statute is not subject to the ordinary rules relating to penalties.[60]

Lord Dunedin's propositions. The principles were summarised in Lord Dunedin's speech to the House of Lords in *Dunlop Ltd v. New Garage Co. Ltd*[61] The relevant extracts will be set out in the text followed by discussion on the application of the principles to building contracts.

"1. Though the parties to a contract who use the words 'penalty' or 'liquidated damages' may prima facie be supposed to mean what they say, yet the expression used is not conclusive. The court must find out whether the payment stipulated is in truth a penalty or liquidated damages..."

There have been several building contract cases in which an agreed sum has been held to be liquidated damages although termed a "penalty",[62] and vice versa.[63]

"2. The essence of a penalty is a payment of money stipulated as in terrorem of the offending party; the essence of liquidated damages is a genuine covenanted pre-estimate of damage."[64]

The principle is not limited to sums of money. It can also apply to a clause requiring a transfer of property as a penalty.[65] But an agreed sum may not be a

---

[58] *Robophone Facilities v. Blank* [1966] 1 W.L.R. 1428 at 1447 (C.A.). This case is also interesting for Diplock L.J.'s discussion at 1447 *et seq.* of the relationship between a liquidated damages clause and the second limb of the rule in *Hadley v. Baxendale* (1854) 9 Exch. 341. The passage is cited with evident approval in *Philips Hong Kong v. Attorney General of Hong Kong* (1993) 61 B.L.R. 41 at 60 (P.C.).
[59] Lord Diplock in *Scandinavian Trading v. Flota Ecuatoriana* [1983] 2 A.C. 694 at 702 (H.L.).
[60] *Golden Bay Ltd v. Orchard Ltd* [1991] 1 W.L.R. 981 (P.C.).
[61] [1915] A.C. 79 at 86 (H.L.).
[62] e.g. *Ranger v. G.W. Railway* (1854) 5 H.L.C. 72 (H.L.); *Crux v. Aldred* (1866) 14 W.R. 656; *Re White* (1901) 17 T.L.R. 461 (D.C.); *Clydebank, etc., Co. v. Yzquierdo, etc.* [1905] A.C. 6 (H.L.).
[63] e.g. *Re Newman* (1876) 4 Ch.D. 724 (C.A.); *Public Works Commissioner v. Hills* [1906] A.C. 368 (P.C.).
[64] Citing *Clydebank, etc., Co. v. Yzquierdo, etc.* [1905] A.C. 6 (H.L.); *cf. Photo Production v. Securicor* [1980] A.C. 827 at 850 (H.L.).
[65] *Jobson v. Johnson* [1989] 1 W.L.R. 1026 at 1034 (C.A.).

genuine pre-estimate yet not be a penalty. This arises where a party is unwilling to run the risk of paying the heavy damages which might result from his breach, and therefore deliberately limits his liability to a smaller sum than that which might be awarded as unliquidated damages.[66] A stipulation for immediate repayment of a loan and all other monies due to the lender if the borrower failed to make instalment repayments on the due dates was held not to be a penalty.[67]

"3. The question whether a sum stipulated is penalty or liquidated damages is a question of construction to be decided upon the terms and inherent circumstances of each particular contract, judged of as at the time of the making of the contract, not as at the time of the breach."[68]

"The fact that the issue has to be determined objectively, judged at the date the contract was made, does not mean what happens subsequently is irrelevant. On the contrary it can provide valuable evidence as to what could reasonably be expected to be the loss at the time the contract was made." On the other hand,

"Except possibly in the case of situations where one of the parties to the contract is able to dominate the other as to the choice of the terms of a contract, it will normally be insufficient to establish that a provision is objectionably penal to identify situations where the application of the provision could result in a larger sum being recovered by the injured party than his actual loss."

Arguments after the event based on hypothetical possible situations where it is said that the loss might be less than the sum specified "should not be allowed to divert attention from the correct test as to what is a penalty— namely is it a genuine pre-estimate of what the loss is likely to be?—to the different question, namely are there possible circumstances where a lesser loss might be suffered?"[69]

"4. To assist this task of construction various tests have been suggested, which if applicable to the case under consideration may prove helpful, or even conclusive. Such are:

(a) It will be held to be a penalty if the sum stipulated for is extravagant and unconscionable in amount in comparison with the greatest loss that could conceivably be proved to have followed from the breach."[70]

---

[66] *Cellulose Acetate v. Widnes Foundry* [1933] A.C. 20 (H.L.); *cf. Suisse Atlantique, etc. v. N.V. Rotterdamsche Kolen Centrale* [1967] 1 A.C. 361 at 421 (H.L.); see also "Exhaustive remedy?" on p. 241.
[67] *The Angelic Star* [1988] 1 Lloyd's Rep. 122 at 125.
[68] Citing *Public Works Commissioner v. Hills* [1906] A.C. 368 (P.C.) and *Webster v. Bosanquet* [1912] A.C. 394 (P.C.); *cf. Jobson v. Johnson* [1989] 1 W.L.R. 1026 at 1033 (C.A.).
[69] Lord Woolf in *Philips Hong Kong v. Attorney-General of Hong Kong* (1993) 61 B.L.R. 41 at 59, 58 and 63 (P.C.); applied in *J. F. Finnegan v. Community Housing* (1993) 65 B.L.R. 103.
[70] Citing *Clydebank, etc., Co. v. Yzquierdo, etc.* [1905] A.C. 6 (H.L.).

Chapter 9—Defences to Claim for Liquidated Damages

In practice this is probably the most important test to be applied. Lord Halsbury in the *Clydebank* case[71] indicates the approach:

"if you agreed to build a house in a year, and agreed that if you did not build the house for £50, you were to pay a million of money as a penalty, the extravagance of that would become at once apparent. Between such an extreme case as I have supposed and other cases, a great deal must depend on the nature of the transaction—the thing to be done, the loss likely to accrue to the person who is endeavouring to enforce the performance of the contract, and so forth."

In considering the question the unequal financial position of the parties is irrelevant. "The word unconscionable ... does not bring in at all the idea of an unconscionable bargain. It is merely a synonym for something which is extravagant and exorbitant."[72] Also irrelevant is any question of disproportion between the amount of the contract sum and the agreed sum payable on breach.[73] This principle might apply, for example, where building works are required for an important exhibition. In such a case a proper sum for liquidated damages might be so high that after the running of quite a short period of delay it might exceed the contract sum.

"(b) It will be held to be a penalty if the breach consists only in not paying a sum of money, and the sum stipulated is a sum greater than the sum which ought to have been paid.[74] *This though one of the most ancient instances is truly a corollary to the last test ..."*

This test is based on the principle that because the exact amount of the loss is known a greater sum payable cannot be a genuine pre-estimate of the loss.[75]

"(c) There is a presumption (but no more) that it is penalty when 'a single lump sum is made payable by way of compensation, on the occurrence of one or more or all of several events, some of which may occasion serious and others but trifling damage.' "[76]

An example of this principle arose where, in addition to the usual payment of £x per week for delay, there was also a provision that in case the contract should not be in all things duly performed by the contractors they should pay to the employers £1,000 as liquidated damages. It was held that the latter

---

[71] [1905] A.C. 6 at 10 (H.L.); *cf. Export Credits Guarantee Dept. v. Universal Oil* [1983] 1 W.L.R. 399 (H.L.).
[72] Lord Wright M.R. in *Imperial Tobacco Co. v. Parslay* [1936] 2 All E.R. 515 at 521. See also *Robert Stewart & Sons Ltd v. Carapanayoti* [1962] 1 W.L.R. 34, 40; Lord Radcliffe in *Bridge v. Campbell Discount Co. Ltd* [1962] A.C. 600 at 626 (H.L.)—"the courts of equity never undertook to serve as a general adjuster of men's bargains."
[73] *ibid.*
[74] Citing *Kemble v. Farren* (1829) 6 Bing. 141.
[75] *Kemble v. Farren* (1829) 6 Bing. 141.
[76] Citing Lord Watson in *Lord Elphinstone v. Monkland Iron & Coal Co.* (1886) 11 App.Cas. 332 (H.L.); *cf. Lombard plc v. Butterworth* [1987] Q.B. 527 at 540 *et seq.* (C.A.).

sum was a penalty.[77] But where it was provided that in default of completion by the specified date the contractor should forfeit and pay the sum of £100 and £5 for every seven days of delay it was held that as these sums were payable on a single event only they were liquidated damages.[78]

Sectional completion and partial possession. Difficulties can arise where a single sum is stipulated for liquidated damages but the works are to be completed in sections at different times or where the employer takes possession of part of the works before completion of the whole. The principle under discussion is relevant so that, unless there are effective provisions for dividing the single sum between the sections or reducing it in proportion to the part taken into possession, a claim for liquidated damages will fail. Such claims have been held to fail:

(a) where there were no effective provisions for sectional completion;[79]
(b) where in a local authority housing contract a provision to reduce the damages upon partial possession was held to be inconsistent with liquidated damages expressed in the form "at the rate of £20 per week for each uncompleted dwelling";[80] and
(c) in a contract for two houses where part of a single sum for liquidated damages was claimed for late completion of one of the houses but there was no contractual machinery to effect the reduction.[81]

"On the other hand:

(d) It is no obstacle to the sum stipulated being a genuine pre-estimate of damage, that the consequences of the breach are such as to make precise pre-estimation almost an impossibility. On the contrary, that is just the situation when it is probable that pre-estimated damage was the true bargain between the parties."[82]

A calculation based partly on a formula applied to the total value of the contract was held to be a perfectly sensible approach in a situation where it would be obvious that substantial loss would be suffered in the event of delay but what the loss would be would be virtually impossible to calculate

---

[77] *Re Newman ex p. Capper* (1876) 4 Ch.D. 724 (C.A.); see also *Cooden Engineering Co. Ltd v. Stanford* [1953] 1 Q.B. 86 at 98 (C.A.).
[78] *Law v. Redditch Local Board* [1892] 1 Q.B. 127 (C.A.); *cf. Pye v. British Automobile Commercial Syndicate* [1906] 1 K.B. 425. For a hire case, see *Robophone Facilities Ltd v. Blank* [1966] 1 W.L.R. 1428 (C.A.).
[79] *M. J. Gleeson v. London Borough of Hillingdon* (1970) 215 E.G. 165; *Bruno Zornow (Builders) v. Beechcroft Developments* (1989) 51 B.L.R. 16. There is now a Sectional Completion Supplement to the Standard Form of Building Contract.
[80] *Bramall & Ogden v. Sheffield City Council* (1983) 29 B.L.R. 73—what the judge described (at p. 88) as a "very technical" argument succeeded upon an application of the *contra proferentem* rule—see p. 47.
[81] *Stanor Electric v. R. Mansell* (1988) C.I.L.L. 399.
[82] Citing the *Clydebank* case, Lord Halsbury; *Webster v. Bosanquet* [1912] A.C. 394 (P.C.), Lord Mersey.

Chapter 9—Defences to Claim for Liquidated Damages

precisely in advance.[83] A calculation which produced a genuine pre-estimate as between the employer and the contractor was held not to fail on the ground that it was the product of a formula required of the employer by a funding third party.[84]

Forfeiture clauses. Forfeiture clauses are fairly common in building contracts and take a number of forms. Commonly, for instance, an employer is empowered to determine the contract or the contractor's employment under it if the contractor defaults in specified respects and the clause provides consequences following the determination which can include forfeiture of, for example, plant on site.[85] Such clauses can raise two related but rather different questions, *viz.* first whether the contractor could claim relief against forfeiture, and secondly whether the clause itself is a penalty clause which the court will not enforce.[86] The first of these questions is considered in Chapter 10.[87]

Forfeiture clauses as penalties. Some forfeiture clauses have been held to be unenforceable as penalties.[88] In *Ranger v. G. W. Railway*,[89] for example, there was a clause providing that upon forfeiture the contractor was to receive no further payment, that all moneys then due or to become due to him and all tools and materials on the works were to become the property of the employer, and the contractor was to make up any deficiency in the cost of completion.[90] This clause was held to impose a penalty, and Lord Cranworth, referring to the cost to the employers of completion, said[91] that "the amount of their damage was capable of exact admeasurement"; the employers were entitled to recoup themselves out of the property seized to the extent of their loss and no further.

A clause purporting to forfeit retention money upon default is open to the objection that it may be a penalty, for the amount of the retention money increases with no relation to the cost of completion, and in the normal course increases as the cost of completion decreases.[92] A clause forfeiting only the unfixed materials on the site is not open to the same objections, for the

---

[83] *Philips Hong Kong v. Attorney-General of Hong Kong* (1993) 61 B.L.R. 41 at 60 (P.C.); see also *J. F. Finnegan v. Community Housing* (1993) 65 B.L.R. 103.
[84] *J. F. Finnegan v. Community Housing* (1993) 65 B.L.R. 103.
[85] See *e.g.* clause 27 of the Standard Form of Building Contract and clause 63 of the I.C.E. Conditions at pp. 655 and 1079 respectively.
[86] See *Jobson v. Johnson* [1989] 1 W.L.R. 1026 at 1041 (C.A.).
[87] See "Relief against forfeiture" on p. 261.
[88] See generally Hugh Beale, "Penalties in Termination Provisions" (1988) 104 L.Q.R. 355.
[89] (1854) 5 H.L.C. 72 (H.L.).
[90] There was also a clause providing for specified sums increasing each week to be paid as "penalties in case of delay". This was held to provide for liquidated damages.
[91] At p. 108.
[92] See *Public Works Commissioner v. Hills* [1906] A.C. 368 (P.C.); *Walker v. L. & N. W. Railway* (1876) 1 C.P.D. 518 at 532; *cf. Roach v. G. W. Railway* (1841) 10 L.J.Q.B. 89; *Tooth v. Hallett* (1869) L.R. 4 Ch.App. 242; *Bridge v. Campbell Discount Co. Ltd* [1962] A.C. 600 (H.L.).

amount of materials at any one time is likely to be reasonably constant except that towards completion it will decrease.[93]

In one case it was provided that upon forfeiture for the contractor's default the amount of money already paid to the contractor[94] should be considered the full value of the works which had been executed up to that time and that materials should be forfeited without any further payment. The provision was held to be enforceable although the contractor had not become entitled to any payment for work done at the time of forfeiture.[95]

Set-off clauses. Clauses providing expressly for a right of set-off are common. They are enforceable provided they do not amount to a penalty. Thus a contractor relied on a clause in a subcontract to withhold money from a subcontractor.[96] Part of the clause said: "...if the subcontractor fails to comply with any of the conditions of this subcontract the contractor reserves the right to suspend or withhold payment...". This was unenforceable as a penalty because large sums of money could be withheld for trivial breaches.[97]

A clause is not a penalty clause if it provides for payment of money upon the happening of a specified event which is not a breach of a contractual duty owed by the payer to the payee.[98] The court will not in such a case relieve a party from the consequences of an onerous or commercially imprudent bargain.[99] If a sum of money is payable, not in respect of any breach of contract, but by one of the parties when he exercises a contractual right under the contract, then no question of penalty or liquidated damages arises.[1] But it is not clear whether equity can intervene to relieve against payment of that sum of money where it is such that it would he held to be a penalty if it were payable upon breach of the contract.[2]

Damages where the agreed sum is a penalty.[3] Where the agreed sum is a penalty the employer has an option. He may either rely on his claim for

---

[93] See *Re Garrud, ex p. Newitt* (1881) 16 Ch.D. 522 (C.A.). For vesting clauses operating upon forfeiture, see p. 264, noting that there is an implied right of revesting in respect of unused materials.
[94] There was an express provision for payment by instalments.
[95] *Davies v. Swansea Corporation* (1853) 8 Exch. 808.
[96] *Modern Engineering (Bristol) Ltd v. Gilbert Ash (Northern) Ltd* [1974] A.C. 689 (H.L.); for set-off generally, see p. 498.
[97] *ibid.* pp. 698, 703, 711 and 723. The case does not embody "any significant extension of the penalty area"—Slade L.J. in *Export Credits Guarantee Dept. v. Universal Oil Products* [1983] 1 Lloyd's Rep. 448 at 459 (C.A.) affirmed [1983] 1 W.L.R. 399 (H.L.).
[98] *Export Credits Guarantee Dept. v. Universal Oil* [1983] 1 W.L.R. 399 at 402 (H.L.).
[99] *ibid.* at 403.
[1] *Associated Distributors Ltd v. Hall* [1938] 2 K.B. 83; considered in *Bridge v. Campbell Discount Co. Ltd* [1962] A.C. 600 (H.L.), where two of their lordships accepted this principle, two did not and the fifth left the matter open. In any event their lordships' views were *obiter*.
[2] See *Bridge v. Campbell Discount Co. Ltd* [1962] A.C. 600 (H.L.) where their lordships considered the matter *obiter* and differed in their views in the same manner as set out in n.1; see also *Stockloser v. Johnson* [1954] 1 Q.B. 476 (C.A.); *Phonographic Equipment (1958) Ltd v. Muslu* [1961] 1 W.L.R. 1379 (C.A.).
[3] See also "Damages where employer causes delay" on p. 252.

Chapter 9—Defences to Claim for Liquidated Damages

the penalty, in which case he cannot recover more than the actual loss which he proves up to the amount of the penalty, or he can ignore the penalty and sue for unliquidated damages.[4] The effect, of course, is the same unless the law is that by following the latter course he is entitled to damages if he proves them in excess of the penalty. Cases are rare since it is inherently unlikely that an employer could prove both (a) that the agreed sum was so great that it was not a genuine pre-estimate of the loss, and (b) that he has as a result of the breach suffered loss greater than the penalty.[5]

There is authority in charterparty cases suggesting that a plaintiff can recover more than the agreed sum if it is held to be a penalty.[6] On the other hand there are judicial indications to the contrary.[7] It is suggested that the charterparty cases are special to the clauses in question,[8] and that in building contracts the question is open. It is submitted that it would be inequitable to permit an employer to impose an excessive liquidated damages clause *in terrorem* and then to avoid its effect in order to recover more. Further, where the nature of the clause is usually, as is suggested above, to limit the contractor's liability, there is every reason why the contractor should not be denied that limitation simply because the employer's estimate of his loss was not genuine.[9]

(b) Omission of date in contract

There must be a date from which liquidated damages can run and if the date is omitted from a written contract the court will not fix a date from conflicting oral evidence.[10]

(c) Waiver

There may be an express or implied waiver by the employer. An express undertaking not to enforce the clause at all, or to extend the time from which

---

[4] *Watts v. Mitsui* [1917] A.C. 227 (H.L.); *Feather & Co. v. Keighley Corp.* (1953) 52 L.G.R. 30 at 33; but see *Cellulose Acetate Ltd v. Widnes Foundry (1925) Ltd* [1933] A.C. 20 at 25 (H.L.).
[5] *cf.* the *Cellulose Acetate Ltd v. Widnes Foundry (1925) Ltd* [1933] A.C. 20 (H.L.). See further an article 91 L.Q.R. 25.
[6] See *Wall v. Rederiaktiebolaget* [1915] 3 K.B. 66 approved in *Watts v. Mitsui* [1917] A.C. 227 at 246 (H.L.); see also *Jobson v. Johnson* [1989] 1 W.L.R. 1026 (C.A.). The law was so stated in the 4th edition of this book (although it was modified in the First Supplement) by reference also to *Feather & Co. v. Keighley Corporation* (1953) 52 L.G.R. 30 at 33 but this is thought to be a somewhat special case of limited application.
[7] See the nn. to para. 449 of *McGregor on Damages* (15th ed.); see also *Elsley v. J.G. Collins Insurance* (1978) 83 D.L.R. (3d) 1 at 14 *et seq.* (Supreme Court of Canada); *Rapid Building v. Ealing Family Housing* (1984) 29 B.L.R. 5 at 20 (C.A.); *Jobson v. Johnson* [1989] 1 W.L.R. 1026 at 1033 (C.A.); perhaps also *Beckham v. Drake* (1849) 2 H.L. Cas. 579 at 622 and 645.
[8] See Lord Finlay in *Watts v. Mitsui* [1917] A.C. 227 at 235 (H.L.); and see above under "Exhaustive remedy?".
[9] The view preferred in the text has strong support from *Elsley v. J.G. Collins Insurance* (1978) 83 D.L.R. (3d) 1 at 14 *et seq. McGregor on Damages* (15th ed.) comes to the opposite conclusion at para. 449.
[10] *Kemp v. Rose* (1858) 1 Giff. 258 at 266; see p. 37 and p. 626.

liquidated damages are to run, is, it is submitted, binding notwithstanding the absence of consideration.[11] Waiver may be implied from circumstances, *e.g.* if the contract provides that the liquidated damages are to be deducted from time to time as progress payments are made and the employer fails to deduct them, he may have no right to deduct them from payments subsequently becoming due. But in the absence of words indicating the contrary, where, after there has been delay, payment of the contract price is made in full, this in itself does not operate as a bar to the recovery of liquidated damages.[12]

(d) Final certificate

Where the architect's decision is final and he has power to extend the time and to take into account in his final certificate any liquidated damages due, then he will be presumed to have extended the time for completion unless it is proved or admitted[13] that the matter has not been determined by him, or was not expressly or impliedly within his jurisdiction.[14] But the architect's final certificate certifying the amount due to the contractor in settlement of the contract does not estop the employer from bringing an action for liquidated damages if the contract did not give the architect power to deal with liquidated damages.[15]

(e) Employer causing delay

If the employer prevents the completion of the works in any way, as, for example, by failing to give possession of the site[16] or to provide plans at the proper time,[17] or by interfering improperly through his agent in the carrying out of the works,[18] or by ordering extras which necessarily delay the works,[19] or by failing to deliver components he is bound to provide,[20] or by delay in giving essential instructions,[21] the general rule is that he loses the right to claim liquidated damages for non-completion to time, for he "cannot insist on a condition if it is his own fault that the condition has not been fulfilled".[22]

---

[11] See p. 286.
[12] *Clydebank Engineering Co. v. Yzquierdo y Castaneda* [1905] A.C. 6 (H.L.).
[13] See *Jones v. St John's College, Oxford* (1870) L.R. 6 Q.B. 115.
[14] Phillimore J. in *British Thomson-Houston Co. v. West* (1903) 19 T.L.R. 493 at 494, approving passage from H.B.C. (2nd ed.), Vol. 1, p. 332.
[15] *British Thomson-Houston Co. v. West* (1903) 19 T.L.R. 493. See also p. 117.
[16] *Holme v. Guppy* (1838) 3 M. & W. 387; *Felton v. Wharrie* (1906) H.B.C. (4th ed.), Vol. 2, p. 398 (C.A.); *Rapid Building v. Ealing Family Housing* (1984) 29 B.L.R. 5 (C.A.).
[17] *e.g. Roberts v Bury Commissioners* (1870) L.R. 5 C.P. 310.
[18] *e.g. Russell v. Sa da Bandeira* (1862) 13 C.B.(N.S.) 149.
[19] *e.g. Dodd v. Churton* [1897] 1 Q.B. 562 (C.A.); *cf. Astilleros Canarios v. Cape Hatteras* [1982] 1 Lloyd's Rep. 518 at 526.
[20] *Perini Pacific v. Greater Vancouver Sewerage and Drainage District* (1966) 57 D.L.R. (2d) 307 (British Columbia C.A.).
[21] *Peak Construction (Liverpool) Ltd v. McKinney Foundations Ltd* (1971) 69 L.G.R. 1 (C.A.) also 1 B.L.R. 111.
[22] *Amalgamated Building Contractors Ltd v. Waltham Holy Cross U.D.C.* [1952] 2 All E.R. 452 at

Chapter 9—Defences to Claim for Liquidated Damages

The rule probably applies even if the contractor has by his own delays disabled himself from completing by the due date.[23] If the prevention occurs after the contractual completion date when the contractor is already in delay, it seems that the employer is able to recover liquidated damages up to the date of prevention and may be able to do so beyond.[24] There are two exceptions to the general rule, the first to be mentioned being of limited, and the second of general application.

Extras ordered under absolute contract. The wording of the contract may be such that the contractor binds himself absolutely to complete the contract work with extras within the stipulated time, subject to payment of liquidated damages in default, even though extras may be ordered and no extension of time is granted. Such a contract, though it is very onerous and the contractor may have committed himself to an impossibility, will be enforced provided the extras were such as were contemplated by the contract.[25] But if there is any ambiguity in the contract the courts will not construe it so as to impose such an unreasonable obligation on the contractor and will give effect to the general rule stated above.[26] A provision that the ordering of extras is not to "vitiate" the contract or "is not to vitiate the contract or the claim for penalties" is not sufficient to impose this absolute obligation on the contractor.[27]

Extension of time for employer's delay. If the employer or his architect makes a valid extension of time in respect of the delay which he has caused, a new date is set for completion and, subject to any further extension

---

455 (C.A.); *Wells v. Army & Navy Co-operative Society* (1902) H.B.C. (4th ed.), Vol. 2, p. 346 at p. 354 (C.A.); *Trollope & Colls Ltd v. N.W. Metropolitan Regional Hospital Board* [1973] 1 W.L.R. 601 at 607 (H.L.); *Bilton v. Greater London Council* (1982) 20 B.L.R. 1 at 13 (H.L.); *S.M.K. Cabinets v. Hili Modern Electrics* [1984] V.R. 391 (Full Supreme Court of Victoria); *cf. McAlpine Humberoak v. McDermott International* (1992) 58 B.L.R. 1 at 21 (C.A.).

[23] See the convincing analysis in *S.M.K. Cabinets v. Hili Modern Electrics* [1984] V.R. 391 at 398 *et seq.* (Full Supreme Court of Victoria) citing among others a number of English authorities; *cf. Astilleros Canarios v. Cape Hatteras* [1982] 1 Lloyd's Rep. 518 at 526, Staughton J. doubting indications to the contrary in *Perini Pacific v. Greater Vancouver Sewerage and Drainage District* (1966) 57 D.L.R. (2d) at 319 (British Columbia C.A.).

[24] See *McAlpine Humberoak v. McDermott International* (1992) 58 B.L.R. 1 at 35 (C.A.) citing *S.M.K. Cabinets v. Hili Modern Electrics* [1984] V.R. 391 at 398 *et seq.* The question might be complicated if an architect's certificate was a condition precedent to the right to recover liquidated damages; *cf. Balfour Beatty v. Chestermount Properties* (1993) 62 B.L.R. 1 at 35 where Colman J. speaks of conceptual difficulties requiring further review of this point. For the position under the Standard Form of Building Contract, see the *Balfour Beatty* case generally and the commentary to clause 25.3.3 of the Contract at p. 641.

[25] *Jones v. St John's College, Oxford* (1870) L.R. 6 Q.B. 115; *Tew v. Newbold-on-Avon United District School Board* (1884) 1 Cab. & El. 260; *Sattin v. Poole* (1901) H.B.C. (4th ed.), Vol. 2, p. 306 (D.C.).

[26] *Dodd v. Churton* [1897] 1 Q.B. 562 (C.A.); *Wells v. Army & Navy Co-operative Society* (1902) H.B.C. (4th ed.), Vol. 2, p. 346 (C.A.).

[27] *ibid.*

or special defences raised by the contractor, liquidated damages will be payable from that extended date in the event of non-completion. There must be an express contractual power to make the extension and the employer cannot for his own benefit purport to extend the time because of his own delay if there is no express power in the contract.[28] Any purported extension must comply strictly with the provisions of the contract, and where the extension is for the employer's benefit and the contract was imposed by him on the contractor it will, if it is ambiguous, be construed against the employer.[29] Where delay is solely caused by the employer, then unless clear words are used, a power to extend time because of the employer's delay cannot, it seems, be exercised retrospectively.[30]

Damages where employer causes delay. Where the right to claim liquidated damages is lost because the employer causes delay, the contractor is obliged to complete within a reasonable time[31] and the employer is entitled to claim unliquidated damages if the contractor fails to do so.[32] It is thought that where the cause of the unenforceability of the liquidated damages provision is the employer's act, the Court would not permit the employer to recover greater damages than the liquidated damages which would, if enforceable, have been payable.[33]

(f) Breach of condition precedent by employer

The contract may provide that some condition precedent must be fulfilled before the employer can claim liquidated damages. Thus in the Standard Form of Building Contract, the architect's certificate under clause 24 is such a condition precedent.[34] Similarly, where a contract imposes a duty on the

---

[28] *Dodd v. Churton* [1897] 1 Q.B. 562 (C.A.).
[29] *Miller v. L.C.C.* (1934) 50 T.L.R. 479 and 482; *Peak Construction (Liverpool) Ltd v. McKinney Foundations Ltd* (1971) 69 L.G.R. 1 (C.A.). *cf. Tersons Ltd v. Stevenage Development Corporation* [1963] 2 Lloyd's Rep. 333 at 368 (C.A.). See p. 47.
[30] *Amalgamated Building Contractors Ltd v. Waltham Holy Cross U.D.C.* [1952] 2 All E.R. 452 at 455 (C.A.); *Miller v. L.C.C.* (1934) 50 T.L.R. 479. The point is not free from doubt for in *Sattin v. Poole* (1901) H.B.C. (4th ed.), Vol. 2, p. 306, referred to with approval in the *Amalgamated Building Contractors* case, an extension was granted after completion to a date in the past and the contractor was not permitted to adduce evidence to show that the delay was caused by the employer. But the contractor had specifically asked the architect to extend the time after he had completed the works, and it was not argued that the architect lacked the power to grant the extension. In *Miller's* case an extension made after completion because of extras ordered by the employer was held to be invalid, but Denning L.J. in the *Amalgamated Building Contractors* case (at p. 455) said that he regarded *Miller's* case as turning on the very special wording of the contract. For an example of clear words, see *Balfour Beatty v. Chestermount Properties* [1993] 62 B.L.R. 1 construing clause 25.3.3 of the Standard Form of Building Contract and see commentary to that clause at p. 641.
[31] *i.e.* time is at large—see p. 250.
[32] *Rapid Building v. Ealing Family Housing* (1984) 29 B.L.R. 5 at 16 and 19 (C.A.).
[33] The point was argued but not decided in *Rapid Building v. Ealing Family Housing* (1984) 29 B.L.R. 5 (C.A.). See also "Damages where the agreed sum is a penalty" on p. 248.
[34] *Amalgamated Building Contractors* at p. 454; *cf. A. Bell & Son v. C.B.F. Residential Care* (1989)

Chapter 9—Defences to Claim for Liquidated Damages

architect to extend the time and he fails to perform that duty in accordance with the contract the employer is unable to claim liquidated damages.[35]

(g) Extension of time

It is common to provide an express power[36] for the extension of the time for completion and if an extension has been granted it operates wholly or partially as a defence to a claim for liquidated damages from the original completion date. The type of events for which provision is made falls under two heads,[37] *viz:* (a) delay caused by the employer, considered above, and (b) delay not caused by the employer, *e.g.* strikes, *force majeure*,[38] shortage of materials and labour and other events which though they may cause unavoidable delay do not, or might not, excuse the contractor.[39] If there is no express power to extend time for a delay which is not the fault of the employer, the contractor takes the risk of that delay and will not avoid liquidated damages.[40]

Compliance with contract. Extensions of time for delay whether caused by the employer[41] or not[42] must comply with the terms of the contract unless one of the parties waives a condition inserted for his benefit.

Retrospective extension. It is clearly desirable that when possible an extension of time should be granted to a date in the future so that the contractor can plan his work accordingly, and where the delay is caused by the employer an extension can sometimes only be granted to a future date;[43] but where the delay is not caused by the employer and an extension is for the benefit of the contractor the position is different. This is illustrated by the facts of *Amalgamated Building Contractors Co. Ltd v. Waltham Holy Cross U.D.C.*[44] The contractors were liable under a modified R.I.B.A. form, 1939 edition, to complete the works by February 7, 1949. On January 19, 1949, the contractors applied for a 12-month extension because of labour and

---

46 B.L.R. 102; *Jarvis Brent Ltd v. Rowlinson* (1990) 6 Const. L.J. 292; *J.F. Finnegan v. Community Housing* (1993) 65 B.L.R. 103. See also commentary to clause 24 on p. 628.
[35] *ibid.*; *cf.* clause 25 of the Standard Form of Building Contract.
[36] *cf. Bilton v. Greater London Council* (1982) 20 B.L.R. 1 at 14 (H.L.).
[37] *cf. Henry Boot v. Central Lancashire New Town* (1980) 15 B.L.R. 1 at 12.
[38] For meaning, see p. 643; *cf. Bilton v. Greater London Council* (1982) 20 B.L.R. 1 at 14 (H.L.).
[39] For excuses for non-completion, see Chap. 6. In the Standard Form of Building Contract, clauses 25.4.5, .6 and .8 correspond roughly with (a) in the text, and the other sub-clauses correspond with (b).
[40] *Bilton v. Greater London Council* (1982) 20 B.L.R. 1 at 13 *et seq.* (H.L.), where the withdrawal of a nominated subcontractor was held not to be the "fault" of the employer.
[41] See p. 250.
[42] See *Sattin v. Poole* (1901) H.B.C. (4th ed.), Vol. 2, p. 306 at 314, construing a clause indistinguishable (*Amalgamated Building Contractors Ltd v. Waltham Holy Cross U.D.C.* [1952] 2 All E.R. 452 at 455 (C.A.)) from clause 18 of the R.I.B.A. form (1939 ed.).
[43] See p. 250.
[44] [1952] 2 All E.R. 452 (C.A.).

materials difficulties.⁴⁵ The architect did not reply beyond a formal acknowledgment.⁴⁶ The work was completed on August 28, 1950, and on December 20, 1950, the architect wrote to the contractors stating that he had decided that "an addition of 15 weeks bringing the completion date to May 23, 1949, would be a fair and reasonable extension".⁴⁷ He also wrote to the employers certifying in accordance with the contract. If the architect's extension had been invalid the employers could not have claimed liquidated damages at all, but it was held that it was valid. Denning L.J. said that this was a case where the cause of delay operated partially but not wholly, every day, until the works were completed. It must follow that an architect could not decide the length of the extension until after completion; therefore the parties must have intended that he could in such circumstances grant an extension retrospectively. And the same principle would apply:

> "where the contractors, near the end of the work, have overrun the contract time for six months without legitimate excuse ... Now suppose ... a strike occurs and lasts a month. The contractors can get an extension of time for that month. The architect can clearly issue a certificate which will operate retrospectively. He extends the time by one month from the original completion date, and the extended time will obviously be a date which is past."⁴⁸

The wording of the contract may indicate that the extension of time must be granted before completion whether the delay is caused by the employer or not. Thus in *Miller v. L.C.C.*⁴⁹ the architect had the power to grant an extension, and "to assign such other time or times for completion as to him may seem reasonable." It was held that these words were not apt to refer to the fixing of a date *ex post facto*, and that a purported extension made after completion was invalid, and this though the power of extending could be exercised "prospectively or retrospectively", for "retrospectively" referred to after the causes of delay and not to after completion.⁵⁰ In *Balfour Beatty v. Chestermount Properties*,⁵¹ the Court construed clause 25.3.1 of the Standard Form of Building Contract as having equivalent effect. It was held however that, where variation instructions generating additional time were issued at a

---

⁴⁵ Invoking clause 18(ix), the equivalent of clause 25.4.10 in the Standard Form of Building Contract.
⁴⁶ It was suggested by Denning L.J. at p. 455 that if the contractors were dissatisfied they should have asked for arbitration. In the unmodified Standard Form of Building Contract this could not have been opened until after the completion of the works unless the employers consented—see now clause 41.3 of the 1980 Form. In any event without co-operation arbitration is rarely quick.
⁴⁷ The court rejected a submission that this letter was too informal.
⁴⁸ Denning L.J. in *Amalgamated Building Contractors Ltd v. Waltham Holy Cross U.D.C.* [1952] 2 All E.R. 452 at 454 (C.A.)
⁴⁹ (1934) 50 T.L.R. 479.
⁵⁰ The delay was caused by the employer but the case was distinguished by Denning L.J. in the *Amalgamated Building Contractors Ltd v. Waltham Holy Cross U.D.C.* [1952] 2 All E.R. 452 at 454 (C.A.) primarily because of the wording of the clause referred to in the text.
⁵¹ [1993] 62 B.L.R. 1.

Chapter 9—Defences to Claim for Liquidated Damages

time when the contractor was in culpable delay, the Works being incomplete after the latest extended Completion Date, clause 25.3.3 was wide enough to include Relevant Events which occurred after as well as before any previously fixed Completion Date.[52]

Extension and contractor's claim for damages. Where the contractor has a claim for damages against the employer for the latter's delay an extension of time does not, in the absence of express words, release the claim.[53]

(h) Rescission or determination

If the contract is brought to an end by determination or otherwise, then prima facie all future obligations cease and no claim can be made for liquidated damages accruing after determination.[54] But there may be some special clause which has the effect of keeping the provision for payment of liquidated damages alive although the work has been taken out of the hands of the contractor.[55]

---

[52] See commentaries to clauses 25.3.1.2 and 25.3.3 at pp. 640 and 641.
[53] *Trollope & Colls v. Singer* (1913) H.B.C. (4th ed.), Vol. 1, p. 849, and see *Roberts v. Bury Commissioners* (1870) L.R. 5 C.P. 310 at 327.
[54] See *Ex p. Sir W. Hart Dyke, re Morrish* (1882) 22 Ch.D. 410 (C.A.) (forfeiture of a lease); *British Glanzstoff Manufacturing Co. Ltd v. General Accident, etc., Ltd* [1913] A.C. 143 (H.L.); *Suisse Atlantique, etc. v. N. V. Rotterdamsche Kolen Centrale* [1967] 1 A.C. 361 at 398 (H.L.), and see generally p. 256. *cf. Wood v. Tendring Rural Sanitary Authority* (1886) 3 T.L.R. 272 (D.C.).
[55] See *Re Yeadon Waterworks Co. & Wright* (1895) 72 L.T. 832 (C.A.). In such a case there is no determination of the contract but only a forfeiture of certain rights; see p. 257.

CHAPTER 10

DEFAULT OF THE PARTIES—VARIOUS MATTERS

		Page
1.	Forfeiture Clauses	256
	(a) *The nature of forfeiture clauses*	257
	(b) *The mode of forfeiture*	257
	(c) *Employer's default*	260
	(d) *Effect of forfeiture*	260
2.	Materials and Plant	262
	(a) *Ownership of materials and plant*	262
	(b) *Vesting clauses*	264
3.	Lien	265
4.	Defects and Maintenance Clauses	266
	(a) *Meaning of terms*	266
	(b) *Investigation for defects*	266
	(c) *Notice is required*	267
	(d) *Alternative claim in damages*	267
	(e) *Liability after expiry of period*	268
5.	Guarantees and Bonds	269
	(a) *Guarantees*	269
	(b) *Bonds*	273
6.	Liability to Third Parties	277
	(a) *Who is liable?*	277
	(b) *Nuisance from building operations*	280
7.	Contractor's Duty of Care towards Employer	282
8.	Claim for Breach of Confidence	283

1. FORFEITURE CLAUSES

The contractor has a licence to occupy the site for the purposes of the contract.[1] If the employer revokes the licence before completion, thus preventing the contractor carrying out the work, there is prima facie a repudiation by the employer.[2] To justify his act he must show either that

---

[1] *Joshua Henshaw & Sons v. Rochdale Corporation* [1944] K.B. 381 (C.A.); *Hounslow London Borough Council v. Twickenham Garden Developments* [1971] Ch. 233, where Megarry J., in a judgment discussed on p. 293, considered the nature of the contractor's licence under the Standard Form of Building Contract; cf. *Surrey Heath B.C. v. Lovell Construction* (1988) 42 B.L.R. 25 at 51.
[2] See p. 165.

Chapter 10—Forfeiture Clauses

there was a repudiation by the contractor which he has accepted,[3] or that he has acted under an express power of the contract contained in what is sometimes called a forfeiture clause.

(a) The nature of forfeiture clauses

"Forfeiture clause" is a loose term used to describe a clause in a written building contract giving the employer the right upon the happening of an event to determine the contract or the contractor's employment under it, or to eject the contractor from the site, or otherwise to take the work substantially out of his hands.[4] The right may be stated to arise upon the happening of any event,[5] provided there is no illegality, and the clause is not void because it is contrary to the policy of the law, *e.g.* that materials should be forfeited on bankruptcy.[6] So far as the right arises on bankruptcy, it is discussed in Section 5 of Chapter 15. Examples of other events upon which the right can arise are[7] not proceeding with the works to the satisfaction of the architect,[8] not proceeding with due diligence,[9] not completing to time,[10] and not complying with the architect's orders.[11] Events which give rise to a contractual right to determine may or may not also amount to repudiation.[12] It is thought that the court would not normally exercise its equitable jurisdiction to grant relief against forfeiture where a party operates or purports to operate a forfeiture clause in a building contract.[13]

(b) The mode of forfeiture

Compliance with the contract. The requirements of the contract must be properly complied with, for the courts construe forfeiture clauses strictly,[14] and a wrongful forfeiture by the employer or his agent normally

---

[3] See p. 160 and see especially "Repudiation and contractual determination clauses" on p. 162.
[4] In this sense clause 27 of the Standard Form of Building Contract is a forfeiture clause although the word "forfeiture" is never used. Note that clause 28 gives the contractor the right of bringing his employment to an end upon the happening of certain events. For commentary on these clauses, see pp. 658 *et seq.*
[5] *Davies v. Swansea Corporation* (1853) 22 L.J.Ex. 297.
[6] See p. 419.
[7] For a longer list, see H.B.C. (7th ed.), p. 404.
[8] *Davies v. Swansea Corporation* (1853) 22 L.J.Ex. 297.
[9] *Roberts v. Bury Commissioners* (1870) L.R. 5 C.P. 310; *Canterbury Pipe Lines v. Christchurch Drainage* (1979) 16 B.L.R. 76 (New Zealand Court of Appeal).
[10] *Marsden v. Sambell* (1880) 43 L.T. 120.
[11] *Hunt v. S.E. Railway* (1875) 45 L.J.Q.B. 87; *Canterbury Pipe Lines v. Christchurch Drainage* (1979) 16 B.L.R. 76 (New Zealand Court of Appeal).
[12] See "Repudiation and contractual determination clauses" on p. 162.
[13] See "Relief against forfeiture" on p. 261. This is a different question from whether an injunction will issue to enforce or restrain a forfeiture as to which see "Injunction to enforce disputed forfeiture" on p. 293.
[14] *Roberts v. Bury Commissioners* (1870) L.R. 5 C.P. 310 at 326; in *Hill v. London Borough of Camden* (1980) 18 B.L.R. 31 at 47 (C.A.) the court did not welcome a "blatantly formalistic point" taken to defeat a determination; see also *Goodwin & Sons v. Fawcett* (1965) 195 E.G.

Default of the Parties—Various Matters

amounts to a repudiation on the part of the employer.[15] There must be some definite unqualified act showing that the power has been exercised, although writing or other formality is not necessary unless expressly required.[16] The contract may require a certain notice to be given, and that such notice must set out the default complained of.[17] In appropriate circumstances the notice may be of a general character and need not necessarily refer to the number of the clause which is being invoked, provided that there is no doubt that it is exercising or purporting to exercise the contractual power of determination.[18] But it is obviously preferable to state explicitly the clause relied on and to follow its actual wording as closely as possible. It seems that if a material statement in such a notice is made recklessly, without an honest belief in its truth, the notice is a nullity.[19] Forfeiture in reliance on such a notice would be ineffective and would normally amount to repudiation by the employer.

Ascertainment of the event. Where the architect has the power to ascertain whether the event giving rise to the right to forfeit has arisen, his decision can only be attacked in those circumstances, described in Chapter 5,[20] where his certificates can be attacked.[21] If the contract gives the employer the right to ascertain whether the event has arisen, his determination must, in the absence of words to the contrary, be reasonable.[22] But the contract may make it clear that he is entitled to exercise a right of forfeiture when, in his opinion, whether reasonable or not, the event, such as delay, has arisen.[23] It may be reasonable for a main contractor, himself under onerous obligations

---

27; *cp. Eriksson v. Whalley* [1971] 1 N.S.W.L.R. 397; *Central Provident v. Ho Bock Kee* (1981) 17 B.L.R. 21 (Singapore Court of Appeal).

[15] *Lodder v. Slowey* [1904] A.C. 442 (P.C.), and see p. 156 for repudiation, and p. 225 for the contractor's claim for damages.

[16] *Drew v. Josolyne* (1887) 14 Q.B.D. 590 at 597 (C.A.); see also *Marsden v. Sambell* (1880) 43 L.T. 120 where it was held to be no exercise of a right of forfeiture by the employer merely sending an agent "to keep an eye" on houses being built. For a sale of land case, see *Aquis Estates Ltd v. Minton* [1975] 1 W.L.R. 1452 (C.A.).

[17] See *Pauling v. Dover Corporation* (1855) 24 L.J.Ex. 128; *cf. Boot & Sons Ltd v. Uttoxeter U.D.C.* (1924) 88 J.P. 118 (C.A.).

[18] *Supamarl v. Federated Homes* (1981) 9 Con. L.R. 25 at 30; *cf. Hounslow London Borough Council v. Twickenham Garden Developments* [1971] Ch. 233 at 264; *Architectural Installation Services v. James Gibbons Windows* (1989) 46 B.L.R. 91 at 97.

[19] See *Earl of Stradbroke v. Mitchell, The Times*, October 4, 1990 and [1991] 03 E.G. 128 and 04 E.G. 132 (C.A.)—a case concerning a notice to quit served under the Agriculatural Holdings Act 1986.

[20] See p. 117.

[21] See *Northampton Gas Light Co. v. Parnell* (1855) 15 C.B. 630, where the architects' decision was not conclusive.

[22] *Stadhard v. Lee* (1863) 3 B. & S. 364; *cf. Renard Constructions v. Minister for Public Works* (1992) 33 Con.L.R. 72 (New South Wales Court of Appeal); see p. 104.

[23] *Stadhard v. Lee* (1863) 3 B. & S. 364; *cf. Diggle v. Ogston Motor Co.* (1915) 112 L.T. 1029; *Loke Hong Kee v. United Overseas Land* (1982) 23 B.L.R. 35 (P.C.) where a determination clause was construed so that the opinion of the architect that the progress of the works was unsatisfactory was not subject to review by the arbitrator. The function of the arbitrator was limited to deciding whether as a matter of fact the opinion was given and was bona fide (at p. 46).

to complete, to forfeit a sub-contract, where the exercise of a similar power by the employer would be unreasonable.[24] Where a Standard Form of Building Contract provided that the contractor should not give a notice determining his employment "unreasonably or vexatiously", it was held that the test of reasonableness was that of a reasonable contractor, circumstanced in all respects as was the contractor at the time when he gave the notice to determine. "Vexatiously" connotes an ulterior motive to oppress, harass or annoy.[25]

Time of forfeiture. When an event occurs which gives rise to the right to forfeit, the power of forfeiture must be exercised within a reasonable time or the employer will be deemed to have waived his right unless the event is a continuing breach of contract.[26] Where the contract provides for termination of the contract by a warning notice followed by a termination notice and two notices have been served, a party can only rely on that provision if an ordinary commercial businessman can see that there is a sensible connection between the two notices both in content and in time.[27] And the employer cannot exercise his right if the rights of third parties have intervened, or if he has treated the contract as subsisting.[28] But he can forfeit if a fresh event arises.[29]

Where the contract provides for completion by a certain date and also provides for forfeiture for delay, and the completion date has passed, it is a question of construction whether the forfeiture clause for delay can still be enforced. Thus where the object of the clause was to enable the architect to "have the means of requiring the works to be proceeded with in such a manner and at such a rate of progress as to ensure their completion at the time stipulated" it was held that the clause did not apply after the completion date.[30] But in another contract where the clause provided "for the execution of the work with due diligence and as much expedition as the surveyor shall require", it was held that the clause was as much applicable to the fulfilment of the contract within a reasonable time as to its completion by the contract date. Therefore a forfeiture under the terms of the clause was valid although

---

[24] *Stadhard v. Lee* (1863) 3 B. & S. 364.

[25] *John Jarvis v. Rockdale Housing Association* (1986) 36 B.L.R. 48 at 68 (C.A.); see also the commentary on clauses 27 and 28 of the Standard Form of Building Contract on pp. 658 *et seq.*

[26] *Marsden v. Sambell* (1880) 43 L.T. 120; *Aquis Estates Ltd v. Minton* [1975] 1 W.L.R. 1452 (C.A.); *cf. Mvita Construction v. Tanzania Harbours Authority* (1988) 46 B.L.R. 19 at 30 and 31 (Court of Appeal of Tanzania) citing this passage in the 4th edition of this book.

[27] *Architectural Installation Services v. James Gibbons Windows* (1989) 46 B.L.R. 91 at 98.

[28] *Marsden v. Sambell* (1880) 43 L.T. 120 at 122; *Re Garrud, ex p. Newitt* (1881) 16 Ch.D. 522 at 533 (C.A.); *Platt v. Parker* (1886) 2 T.L.R. 786 at 787 (C.A.); *cf. Hughes v. Metropolitan Railway* (1877) 2 App.Cas. 439 (H.L.); *Tool Metal Manufacturing Co. Ltd v. Tungsten Electric Co. Ltd* [1955] 1 W.L.R. 761 (H.L.); *Australian Blue Metal Ltd v. Hughes* [1963] A.C. 74 (P.C.); *Alan (W.J.) & Co. v. El Nasr Co.* [1972] 2 Q.B. 189 (C.A.); *Woodhouse A.C. v. Nigerian Produce Co.* [1972] A.C. 741 (H.L.); *Bremer Handelsgesellschaft v. Finagrain* [1981] 2 Lloyd's Rep. 259 at 263 (C.A.).

[29] *Stevens v. Taylor* (1860) 2 F. & F. 419; *Re Garrud, ex p. Newitt* (1881) 16 Ch.D. 522 (C.A.).

[30] *Walker v. L. & N.W. Railway* (1876) 1 C.P.D. 518 at 530.

the original date of completion had been ignored by the parties.[31] It should be noted that many contracts provide for the extension of the original completion date.[32]

(c) Employer's default

Forfeiture by the employer is wrongful if he or his agents have, in breach of a contractual duty owed to the contractor,[33] been the means of bringing about the event which gave rise to the right to forfeit,[34] *e.g.* where delay by the contractor was caused by the wrongful failure of the architect to give proper plans,[35] or by the wrongful and improper withholding of a certificate by the architect.[36]

(d) Effect of forfeiture

The parties may agree that any consequences may follow the exercise of a right of forfeiture,[37] provided there is no illegality, nor fraud on the bankruptcy law,[38] and the clause is not so onerous that it will not be enforced on the grounds that it is a penalty.[39] The employer is usually given the right to take possession of the site and complete the works.[40] In addition there is frequently a clause vesting the property in unfixed materials, and perhaps plant, in the employer,[41] or there may be merely a right to seize the materials[42] or hold them by way of lien[43] until they are built into the works, or there may be clauses giving the employer rights to use the contractor's plant and materials.[44] Some of these matters are considered further in the next section.

---

[31] *Joshua Henshaw & Sons v. Rochdale Corporation* [1944] K.B. 381 (C.A.); *cf. Canterbury Pipe Lines v. Christchurch Drainage* (1979) 16 B.L.R. 76 at 108 *et seq.* (New Zealand Court of Appeal).
[32] See p. 253.
[33] *Cheall v. A.P.E.X.* [1983] 2 A.C. 180 at 189 (H.L.); *cf. Thompson v. ASDA-MFI Group* [1988] Ch. 241.
[34] *Roberts v. Bury Commissioners* (1870) L.R. 5 C.P. 310; *New Zealand Shipping Co. Ltd v. Ateliers de France* [1919] A.C. 1 (H.L.); *Alghussein Establishment v. Eton College* [1988] 1 W.L.R. 587 (H.L.).
[35] *Roberts v. Bury Commissioners* (1870) L.R. 5 C.P. 310; *cf. Stevens v. Taylor* (1860) 2 F. & F. 419.
[36] *Smith v. Howden Union* (1890) H.B.C. (4th ed.), Vol. 2, p. 156. For certificates generally, see Chap. 5.
[37] *Davies v. Swansea Corporation* (1853) 22 L.J.Ex. 297.
[38] See pp. 419 *et seq.*
[39] See p. 242 and *cf. Modern Engineering v. Gilbert-Ash* [1974] A.C. 689 at 698, 704 and 711 (H.L.). See also "Forfeiture clauses as penalties" on p. 247.
[40] For a comprehensive list of clauses which had then come before the courts, see H.B.C. (7th ed.), p. 432.
[41] See further p. 264.
[42] See *Baker v. Gray* (1856) 25 L.J.C.P. 161.
[43] See *Re Waugh, ex p. Dickin* (1876) 4 Ch.D. 524.
[44] See *Hawthorn v. Newcastle, etc. Railway* (1840) 3 Q.B. 734n.; *Re Winters, ex p. Bolland* (1878) 8 Ch.D. 225.

Chapter 10—Forfeiture Clauses

Bills of sale. The ordinary forfeiture clause is not within the Bills of Sale Acts 1878 and 1882. The contract in which it is contained does not therefore require to be registered under the Acts.[45]

Employer's duty to account. When an employer in exercise of his rights under a forfeiture clause enters and completes the work and uses the contractor's materials or plant, or holds retention money due to the contractor, he must, subject to the provisions of the contract, account to the contractor, *i.e.* show that the materials and plant and money were expended reasonably.[46] But the court would, it seems, in principle, make full allowance for extra cost caused by the disruption and delay occasioned by the contractor's default.[47]

Employer's claim for damages. Where the employer determines the contract under a forfeiture clause because of some breach of contract by the contractor, the employer's right to damages depends upon the wording of the contract. He may not be entitled to the enhanced cost of completing by another contractor if the breach for which he determined the contract did not amount to a repudiation and the contract does not so provide.[48]

Relief against forfeiture.[49] In some instances, notably with forfeiture clauses in leases for non-payment of rent, the court has an equitable jurisdiction to grant relief against forfeiture. This is usually on condition that the defendant pays an appropriate sum of money with interest and costs.[50] It is thought most unlikely that the court would ever grant this remedy to relieve a contractor from the consequences of a forfeiture clause in a building contract.[51]

Injunctions to enforce or restrain forfeiture. These are discussed in Section 6 of Chapter 11 on p. 293.

---

[45] *Brown v. Bateman* (1867) L.R. 2 C.P. 272; *Re Garrud, ex p. Newitt* (1881) 16 Ch.D. 522 (C.A.).
[46] *Ranger v. G.W. Railway* (1854) 5 H.L.C. 72 (H.L.).
[47] *cf. Dunkirk Colliery Co. v. Lever* (1878) 9 Ch.D. 20 at 25 (C.A.); see also *Fulton v. Dornwell* (1885) 4 N.Z.L.R. 207; *Dillon v. Jack* (1903) 23 N.Z.L.R. 547.
[48] *Feather v. Keighley Corporation* (1953) 52 L.G.R. 30, see further p. 164. The express words of the clause often give him the right to recover such costs. See also "Repudiation and contractual determination clauses" on p. 162.
[49] See also "Forfeiture clauses as penalties" on p. 247.
[50] See, *e.g. Jobson v. Johnson* [1989] 1 W.L.R. 1026 at 1041 (C.A.).
[51] See by analogy *Scandinavian Trading v. Flota Ecuatoriana* [1983] 2 A.C. 694 (H.L.) where such relief was held inappropriate in the case of a withdrawal clause under a time charterparty for practical reasons and because it was a contract for services for which specific performance would not be granted; *Sport International v. Inter-Footwear* [1984] 1 W.L.R. 776 (H.L.); *cf. B.I.C.C. v. Burndy Corporation* [1985] Ch. 232 (C.A.); *Firma C-Trade v. Newcastle Protection*

2. MATERIALS AND PLANT

(a) Ownership of materials and plant

Materials brought onto the site by the contractor remain his property, in the absence of a provision to the contrary, until they become affixed to the land, *i.e.* are built into the works,[52] whereupon they become the property of the owner of the freehold.[53] If the employer has an estate or interest less than the freehold, he enjoys the property during such estate or interest.[54] In the case of ships the property passes when the materials are fixed, "or, in a reasonable sense, made part of the corpus."[55]

When the property has passed, the contractor cannot, without an express right, remove the materials even though the employer may have severed them and they are no longer fixed,[56] but if he is under an obligation to keep the property in repair for a certain period then it seems that he will have an implied right to remove and replace defective materials during the period.[57]

Where there is a clause providing for the certification of the amount payable to the contractor in respect of materials upon their delivery, it appears that the property passes upon the making of the relevant certificate even though the materials are not fixed.[58]

In the case of plant erected for the purposes of the work and attached to the land so that technically it is fixed, there is sometimes an express provision for its removal by the contractor. But in any event it is submitted that, by analogy with so-called trade fixtures in the law of landlord and tenant,[59] it would not pass to the freeholder. If the property in such plant has, by express agreement, passed to the employer, it is implied that upon completion it re-vests in the contractor and can be removed.[60] In the absence of express agreement to the contrary it seems that hoardings erected by the contractor remain his property so that he can let them for advertising.[61]

---

and Indemnity [1991] 2 A.C. 1 (H.L.) where Saville J. had held at first instance that the doctrine of relief against forfeiture was inapplicable to a commercial contract; *cp.* however *Hounslow L.B.C. v. Twickenham Garden Developments* [1971] Ch. 233; *Transag Haulage Ltd v. Leyland Daf Finance plc, The Times,* January 15, 1994.

[52] *Tripp v. Armitage* (1839) 4 M. & W. 687; *cf. Dawber Williamson v. Humberside C.C.* 14 B.L.R. 70; *Hanson v. Rapid Civil Engineering* (1987) 38 B.L.R. 106.

[53] *Elwes v. Maw* (1802) 3 East 38.

[54] *ibid.*

[55] *Seath v. Moore* (1886) 11 App.Cas. 350 at 381 (H.L.); for other cases on ships, see *Re Salmon and Woods, ex p. Gould* (1885) 2 Morr.Bkptcy.Cas. 137; *Reid v. Macbeth & Gray* [1904] A.C. 223 (H.L.); *Re Blyth Shipbuilding, etc., Co. Ltd* [1926] Ch. 494 (C.A.). *cf. McDougall v. Aeromarine Ltd* [1958] 1 W.L.R. 1126.

[56] *Lyde v. Russell* (1830) 1 B. & Ad. 394.

[57] *Appleby v. Myers* (1867) L.R. 2 C.P. 651 at 659.

[58] *Banbury etc., Railway v. Daniel* (1884) 54 L.J.Ch. 265. For the passing of property in contracts for the sale of goods, see s. 17 of the Sale of Goods Act 1979. For an example between contractor and supplier, see *Pritchett, etc., Co. Ltd v. Currie* [1916] 2 Ch. 515 (C.A.).

[59] See *Woodfall's Law of Landlord and Tenant* (1994), paras. 13.142 and 143.

[60] *Hart v. Porthgain Harbour Co. Ltd* [1903] 1 Ch. 690.

[61] *Partington Advertising Co. v. Willing & Co.* (1896) 12 T.L.R. 176.

Retention of title clauses.[62] Under contracts for the sale of goods, the legal property in specific or ascertained goods is transferred to the buyer at such time as the parties to the contract intend it to be transferred, regard being had to the terms of the contract, the conduct of the parties and the circumstances of the case.[63] Where suppliers contract to supply materials for building contracts, unless the contract expressly stipulates otherwise, the property will usually pass not later than the time when they are delivered.[64] A clause in a contract for the sale of building materials, providing for the full legal ownership in the materials to remain with the seller until payment is made may be effective against a liquidator or trustee.[65] But such a clause may not effectively extend beyond the time when the materials are incorporated into the works,[66] and the clause on its true construction may create a registrable charge so that attempts to acquire rights over the finished product including any proceeds of sale may be ineffective for want of registration under section 395 of the Companies Act 1985.[67] Where, however, there are permitted sub-sales of unaltered materials, a clause retaining title and making the purchaser trustee for the seller of the materials or the proceeds of their sub-sale may be effective.[68] The abolition under the Insolvency Act 1986 of the doctrine of reputed ownership[69] may have removed one potential obstacle to the effectiveness of retention of title clauses.

A clause in a main contract, stipulating that the property in unfixed materials was to pass to the employer when their value had been included in an interim certificate under which the contractor had received payment, was held ineffective to transfer to the employer the property in a subcontractor's materials where the property in them had not passed from the subcontractor to the contractor. A clause in the subcontract that the subcontractor was

---

[62] See generally G. Antoinette Williams, "Reservation of Title in the Construction Industry: Who wants it?—Some Economic Perspectives on Risk—Allocation" (1987) 3 Const.L.J. 252.

[63] s. 17 of the Sale of Goods Act 1979; cf. *McEntire v. Crossley Brothers* [1895] A.C. 457 (H.L.).

[64] See s. 18 of the Sale of Goods Act 1979. Under the rule in this section, the property may pass earlier than upon delivery.

[65] *Aluminium Industrie Vaassen v. Romalpa Aluminium* [1976] 1 W.L.R. 676 (C.A.); *John Snow v. Woodcroft* (1985) B.C.L.C. 54; cf. *Armour v. Thyssen Edelstahlwerke A.G.* [1991] 2 A.C. 339 (H.L.(Sc.)). A clause retaining legal ownership is to be distinguished from one which retains only equitable rights—see *In re Bond Worth Ltd* [1980] Ch. 228; *Stroud Architectural Systems v. John Laing Construction* (1993) 35 Con.L.R. 135.

[66] See *Borden (U.K.) v. Scottish Timber* [1981] Ch. 25 (C.A.); cf. *Hendy Lennox v. Grahame Puttick* [1984] 1 W.L.R. 485, where engines incorporated without change into generating sets remained the seller's property until the generating sets became the property of sub-buyers; *Re Andrabell Ltd* [1984] 3 All E.R. 407.

[67] *In re Bond Worth Ltd* [1980] Ch. 228; *In re Peachdart* [1984] Ch. 131; *Clough Mill Ltd v. Martin* [1984] 1 W.L.R. 1067; *Pfeiffer GmbH v. Arbuthnot Factors* [1988] 1 W.L.R. 150; cf. *Borden (U.K.) v. Scottish Timber* [1981] Ch. 25 at 42 (C.A.). For the characteristics of a charge, see *In re George Inglefield* [1933] Ch. 1 at 27 (C.A.). s. 395 of the Companies Act 1985 will be amended when ss. 93 to 107 of the Companies Act 1989 are brought into force. The section which will then render an unregistered charge void will be amended s. 399 of the Companies Act 1985 and there will be other changes, *e.g.* in amended ss. 404 and 405.

[68] *Aluminium Industrie Vaassen v. Romalpa Aluminium* [1976] 1 W.L.R. 676 (C.A.) applying *In re Hallett's Estate* (1880) 13 Ch.D 696 (C.A.); cf. *In re Bond Worth Ltd* [1980] Ch. 228.

[69] See "Vesting of property" on p. 416.

deemed to have notice of all the provisions of the main contract did not operate to make the main contract clause part of the subcontract.[70] If, however, the materials are supplied under a contract of sale, rather than a contract for work and materials,[71] the employer may claim that he has acquired a good title to them under section 25(1) of the Sale of Goods Act 1979. Such a claim would in principle succeed where the contractor, having possession of the materials with the consent of the seller, delivers or transfers them to the employer who receives them in good faith without notice that the seller has retained the property in them.[72]

(b) Vesting clauses

It is common to have a clause which purports to vest materials and sometimes plant in the employer before they are fixed.[73] The principal objects of such a clause are to provide a security to the employer for money advanced and to enable the employer to obtain the speedy completion of the works by another contractor in the event of the original contractor's default, by providing materials and plant on the site ready to use free from the claims of the original contractor, and his creditors, or his trustee in bankruptcy or liquidator. Whether or not the clause achieves its purpose depends upon the words used.[74] If the formula used is "the materials shall become and be",[75] or "be and become"[76] the property of the employer, then normally "the clause means what it says, operates according to its tenor, and effectively transfers the title".[77] If, on the other hand, words like "considered to be",[78] or "deemed to be" (the property of the employer) are used, the clause may be ineffective to achieve its purpose and the property may remain in the contractor.[79] Even so the contract must, it is submitted, be read as a whole to ascertain the intention of the parties.

In one case although the materials had become vested in the employer they were subject to such rights on the part of the contractor that they could not be

---

[70] *Dawber Williamson v. Humberside C.C.* 14 B.L.R. 70; *cf. Hanson v. Rapid Civil Engineering* (1987) 38 B.L.R. 106; see also clause 16 of the Standard Form of Building Contract and in particular "Passing of property" on p. 587.
[71] The relevant point is that the Sale of Goods Act 1979 applies to the former but not the latter—see s. 1(1) of that Act.
[72] See *Archivent v. Strathclyde Regional Council* (1984) 27 B.L.R. 98 (Court of Session—Outer House); *Four Point Garage v. Carter* [1985] 3 All E.R. 12; *cf. Hanson v. Rapid Civil Engineering* (1987) 38 B.L.R. 106, where there was held to have been no sale or disposition transferring the materials to the employer.
[73] See, *e.g.* clause 16 of the Standard Form of Building Contract discussed on p. 587.
[74] *Bennett, etc., Ltd v. Sugar City* [1951] A.C. 786 (P.C.).
[75] *ibid.*
[76] See *Reeves v. Barlow* (1884) 12 Q.B.D. 436 (C.A.).
[77] Lord Reid in *Bennett, etc., Ltd v. Sugar City* [1951] A.C. 786 at 814 (P.C.). The clause is not effective if it contravenes the principles of the bankruptcy law, see p. 419.
[78] See *Re Keen, ex p. Collins* [1902] 1 K.B. 555; *cf. Brown v. Bateman* (1867) L.R. 2 C.P. 272; *Hart v. Porthgain Harbour Co. Ltd* [1903] 1 Ch. 690.
[79] *Bennett, etc., Ltd v. Sugar City* [1951] A.C. 786 at 814 (P.C.); *cf. Re Winter, ex p. Bolland* (1878) 8 Ch.D. 225.

seized by the sheriff under an execution upon a judgment against the employer.[80]

Where the materials and plant have vested in the employer there are normally implied rights on the part of the contractor to the use of the materials and plant for the purposes of the contract,[81] and to the re-vesting and removal of unused materials and plant upon completion.[82] Further the contractor may have a right and perhaps an obligation to replace defective materials.[83]

Bills of sale.   The ordinary vesting clause does not operate as a bill of sale.[84]

Vesting clause operating on bankruptcy.   Such a clause is prima facie void.[85]

3. LIEN

A lien in the broad sense of a right of one party to retain the property of the other frequently arises under a building contract. It may be express[86] or implied.[87] An implied lien over unfixed materials may arise in favour of the employer where he has advanced money to the contractor on the security of such materials[88] Where there is an express provision for a lien on unfixed materials to arise in favour of the employer upon giving notice to the contractor, the right to the lien is lost if before the notice is given the materials have been seized by the sheriff under a *fi. fa.*[89] A lien is ordinarily effective against a receiver of a company,[90] but so far as a right of lien may arise upon the bankruptcy of the contractor, it is on general principles void as against his trustee in bankruptcy.[91]

---

[80] *Beeston v. Marriott* (1863) 8 L.T. 690.
[81] *Bennett, etc., Ltd v. Sugar City* [1951] A.C. 786 (P.C.). For an express right, see *Beeston v. Marriott* (1863) 8 L.T. 690.
[82] *Hart v. Porthgain Harbour Co. Ltd* [1903] 1 Ch. 690.
[83] *Appleby v. Myers* (1867) L.R. 2 C.P. 651.
[84] *Brown v. Bateman* (1867) L.R. 2 C.P. 272; *Re Garrud, ex p. Newitt* (1881) 16 Ch.D. 522 (C.A.). See p. 261.
[85] See p. 419.
[86] See *Banbury, etc., Railway v. Daniel* (1884) 54 L.J.Ch. 265. *cf. Poulton v. Wilson* (1858) 1 F. & F. 403.
[87] *Tripp v. Armitage* (1839) 4 M.& W. 687; *Re Waugh, ex p. Dickin* (1876) 4 Ch.D. 524. There is no statutory lien on land in favour of contractors as in some jurisdictions, *e.g.* Ontario: Construction Lien legislation.
[88] *ibid.*
[89] *Byford v. Russell* [1907] 2 K.B. 522 (D.C.).
[90] *George Barker (Transport) Ltd v. Eynon* [1974] 1 W.L.R. 462 (C.A.).
[91] See p. 419.

Default of the Parties—Various Matters

4. DEFECTS AND MAINTENANCE CLAUSES

There is frequently a clause in building contracts which provides that the contractor shall make good defects, or repair or maintain the works for a certain period after completion. This period is sometimes referred to as the "defects liability period" or "maintenance period". As a security for the contractor's observance of his obligations, part of the contract sum, termed retention money, is usually retained by the employer until the end of the period, and is not released until the architect gives a certificate evidencing his satisfaction that the works accord with the contract.[92]

(a) Meaning of terms

The nature and extent of the obligations of the contractor, and the rights of the employer vary according to the terms of each contract, but in general an obligation to maintain the works imposes a wider duty than one merely to make good defects, and extends to matters of wear and tear, whereas a defects clause does not.[93] An obligation to repair the works may include the re-building of parts destroyed by flood or fire,[94] but, subject to express terms, if substantially the whole of the works is destroyed the contract is frustrated and the liability ceases.[95] Under a repairing clause the contractor has ordinarily an implied right, if he thinks it necessary for its fulfilment, to replace parts of the works,[96] though the extent of any duty of replacement must depend, it is submitted, on the nature of the works, the degree to which he had the right of selecting materials or design, and whether there is also an express clause, *e.g.* in an engineering contract, to keep in working order.[97]

(b) Investigation for defects

The nature and extent of the investigations which the employer should carry out if he is to obtain the full benefit of a defects clause depends upon the circumstances of each case and on the wording of the clause. In a contract to construct sewers the contractor undertook to maintain and keep them in

---

[92] See *National Coal Board v. William Neill* [1985] Q.B. 300 at 321; and see clause 17 of the Standard Form of Building Contract discussed on p. 590. For certificates, see Chap. 5.
[93] *Sevenoaks, etc., Railway v. London, Chatham, etc., Railway* (1879) 11 Ch.D. 625.
[94] *Brecknock and Abergavenny Canal Navigation v. Pritchard* (1796) 6 Term Rep. 750. For some assistance see *Smith & Snipes Hall Farm Ltd v. River Douglas Catchment Board* [1949] 2 K.B. 500 (C.A.).
[95] *Appleby v. Myers* (1867) L.R. 2 C.P. 651; see further p. 148.
[96] *Appleby v. Myers* (1867) L.R. 2 C.P. 651.
[97] As in *Appleby v. Myers* (1867) L.R. 2 C.P. 651. Some assistance may be gained from the construction of repairing covenants in leases, see *Proudfoot v. Hart* (1890) 25 Q.B.D. 42 (C.A.); *Lurcott v. Wakely* [1911] 1 K.B. 905 (C.A.); *Post Office v. Aquarius Properties* [1987] 1 All E.R. 1055 (C.A.) and the cases there considered. See further *Woodfall's Law of Landlord and Tenant* (1994) Chap. 13, Sections 1 and 2.

proper working order for three months after completion, and to amend and make good all defects which should appear within that period. After two months a stoppage occurred in a sewer, but the cause, the extensive failure to concrete bends properly, was not discovered until after the end of the three months. It was held that the employer was entitled under the clause to recover the cost of making good the defective work.[98] In a contract to construct a road the contractor was liable to make good bad work discovered within five years. Just before the expiry of the period the employer discovered by means of trial borings that the concrete was defective and not in accordance with the contract. Further investigations after the expiry of the period showed similar defects in many other parts of the road, but it was held that the employer was limited to a claim for the defects actually discovered within the five years.[99]

(c) Notice is required

If the contractor is not in possession of the site then in the absence of express terms to the contrary, notice of the defects is, it seems, necessary before he can become liable and if the employer without giving notice to the contractor amends defects himself he cannot rely on the defects clause as against the contractor.[1] "The reason of the thing is this, that, where there is knowledge in the one party and not in the other there notice is necessary."[2] It has not been decided what the position would be if the contractor is not given notice but has actual knowledge. His liability in such a case would depend on the wording of the contract, *e.g.* the contract may make the giving of notice a condition precedent to the contractor's liability. If the contractor knows of the defect and states that he will not carry out his obligation or disables himself from carrying it out, he may, it seems, be liable despite the absence of notice.[3]

(d) Alternative claim in damages

The contractor's liability in damages is not removed by the existence of a defects clause except by clear words,[4] so that in the absence of such words the clause confers an additional right and does not operate to exclude the

---

[98] *Cunliffe v. The Hampton Wick Local Board* (1893) 9 T.L.R. 378, H.B.C. (4th ed.), Vol. 2, p. 250 (C.A.).
[99] *Marsden Urban District Council v. Sharp* (1931) 47 T.L.R. 549; affd. 48 T.L.R. 23 (C.A.) and explained by Diplock L.J. in *Hancock v. Brazier, B. W. (Anerley) Ltd* [1966] 2 All E.R. 1. For the alternative claim in damages, see below.
[1] *London and S.W. Railway v. Flower* (1875) 1 C.P.D. 77.
[2] *ibid.*, Brett J. at p. 85. This principle has been often applied in the law of landlord and tenant, see, *e.g. McCarrick v. Liverpool Corporation* [1947] A.C. 219.
[3] *Johnstone v. Milling* (1886) 16 Q.B.D. 460 (C.A.) (landlord and tenant).
[4] *Hancock v. Brazier (Anerley) Ltd* [1966] 1 W.L.R. 1317 (C.A.); see also *Billyack v. Leyland Construction Co. Ltd* [1968] 1 W.L.R. 471; *H.W. Nevill (Sunblest) v. William Press & Son* (1981) 20 B.L.R. 78 at 88; *cf. National Coal Board v. William Neill* [1985] Q.B. 300 at 321.

contractor's liability for breach of contract.[5] Clear words in this context usually require the kind of architect's binding and conclusive certificate referred to under the next heading. It is a matter of construction in each case whether a term relating to defects and headed "Guarantee" is an exclusion clause to be construed against the contractor or confers an additional right and is therefore to be construed like any other term.[6] But it is thought that most defects liability clauses will be construed to give the contractor the right, as well as to impose the obligation, to remedy defects which come within the clause. If the employer fails to give notice, or otherwise to avail himself of a defects clause and brings a claim for damages he may, on the principle of mitigation of loss,[7] be liable to some reduction in the damages which would ordinarily be awarded. He may not be able to recover more than the amount that it would have cost the contractor to perform his obligation.[8]

(e) Liability after expiry of period

In the absence of words to the contrary, the contractor's liability for not completing the works in accordance with the contract continues until barred by the Limitation Act 1980 and thus extends for the period of six years for a simple contract, and 12 years for a deed, from the date when the cause of action against him arose.[9] A cause of action for ordinary failure to build in accordance with the contract normally arises at practical completion. A cause of action for failure to comply with defects liability obligations normally arises at such later date after practical completion as the contract prescribes for carrying out those obligations.[10] If defects are concealed by the contractor, this may result in an extension of the limitation period.[11] A contractor may be liable under the express terms of a guarantee, warranty or indemnity for many years.[12]

Where there is a defects clause and at the end of the defects liability period a binding and conclusive final certificate of satisfaction is given by the architect then, in the absence of fraud or other special circumstances,[13] the contractor's liability in contract for any defects which may appear thereafter

---

[5] *ibid.*

[6] *Adams v. Richardson & Starling Ltd* [1969] 1 W.L.R. 1645 at 1653 (C.A.). For exclusion clauses, see p. 68 and for the effect of the Unfair Contract Terms Act 1977, see p. 70.

[7] *cf. National Coal Board v. William Neill* [1985] Q.B. 300 at 321. For mitigation, see p. 206 and for the position under the Standard Form of Building Contract, see p. 593.

[8] See *William Tomkinson v. Parochial Church Council of St. Michael* (1990) 6 Const.L.J. 319.

[9] See Section 3 of Chap. 15. The limitation periods in the text do not relate to liability for death or personal injuries. Note that in *Cunliffe v. Hampton Wick Local Board* (1893) 9 T.L.R. 378, H.B.C. (4th ed.), Vol. 2, p. 250 (C.A.), it was held that completion of "the several works" meant "the whole works" and not each section thereof.

[10] *cf. Bellway (South East) v. Holley* (1984) 28 B.L.R. 139—a decision under a N.H.B.C. House Purchaser's Agreement.

[11] See p. 407.

[12] See, *e.g. Adams v. Richardson & Starling Ltd* [1969] 1 W.L.R. 1645 (C.A.) where the period was 10 years. For liability under an indemnity in relation to limitation, see p. 408.

[13] See Chap. 5.

comes to an end,[14] and this notwithstanding that the certificate may have been granted after the commencement of legal proceedings in respect of the defects in question.[15]

5. GUARANTEES AND BONDS

(a) Guarantees

A contract of guarantee is a promise to answer for the debt, default or miscarriage of another.[16] An ancillary contract of guarantee or suretyship is frequently entered into as a form of security against the default of one of the parties to the contract or of a person concerned with it. The person giving the guarantee is termed a surety.[17] The surety may guarantee performance by the contractor, payment by the employer, or the fidelity of the architect or any other person connected with the contract who may have responsibility for money. The wording of the principal contract may be such that the obtaining of a surety, or sureties, may be a condition precedent to the right to call for payment.[18]

The ordinary rule is that a surety who discharges the debt is entitled to be indemnified by the debtor but a person who discharges a debt without request from the debtor and under no necessity so to do ordinarily has no right to such indemnity.[19]

Liability of the surety. The liability of the surety depends upon the wording of the contract in each case.[20] In the absence of some special provision a surety for performance by the contractor is not liable for the repayment of loans made by the employer to enable the contractor to complete, of which loans the surety had no knowledge.[21] A surety for

---

[14] See "Binding and conclusive certificates" on p. 113.
[15] *Kaye (P. & M.) Ltd v. Hosier & Dickinson* [1972] 1 W.L.R. 147 (H.L.) discussed pp. 115 and 593 in relation to the Standard Form of Building Contract, noting that the question whether the contractor can be liable for consequential losses arising from defects appearing before the certificate may arise under other contracts.
[16] See Statute of Frauds 1677, s. 4. The term is not used here in the sense of a guarantee or warranty by a person of his own performance, as to which see p. 139. For the requirement for guarantees to be in writing, see "Contracts of suretyship and guarantee" on p. 29. For "guarantees" as exclusion clauses, consider the Unfair Contract Terms Act 1977 discussed at p. 70.
[17] For general accounts of the law of guarantees and suretyship, see *Chitty on Contracts* (27th ed.) Vol. 2, Chap. 42; *Rowlatt on Principal and Surety* (4th ed.) generally and especially pp. 225–228; *Andrews and Millett on the Law of Guarantees*.
[18] See *Roberts v. Brett* (1865) 11 H.L.Cas. 337 (H.L.).
[19] *Owen v. Tate* [1976] 1 Q.B. 402 (C.A.), discussed 92 L.Q.R. 188.
[20] *Lewis v. Hoare* (1881) 44 L.T. 66 (H.L.). Note what is said below about the specially favoured position of a surety.
[21] *Trade Indemnity Co. v. Workington Harbour and Dock Board* [1937] A.C. 1 (H.L.).

performance by the contractor is normally liable for loss due to the contractor's fraud.[22]

Discharge of the surety. Completion or release[23] of the promise guaranteed discharges the surety from further obligation.[24] In a guarantee of completion by the contractor, it seems that completion in fact discharges the surety unless the contract of guarantee expressly requires certificated completion.[25]

Repudiation. An innocent party who accepts the repudiation[26] of his contract by the party whose obligation is guaranteed does not thereby release the surety.[27] Thus a surety guaranteed payment of £40,000 payable by instalments. The debtor defaulted in payment and the creditor accepted his default as a repudiation of the contract at a time when there was £14,000 which had not yet fallen due for payment. It was held that the surety was liable for the total sum due under the contract including the sums not yet payable at the time of acceptance of repudiation.[28]

Repudiation of the principal contract by the beneficiary of the contract of guarantee, if it is accepted, will discharge the surety. A non-repudiatory breach will not, without more, do so. Discharge should depend on the importance of the breach in relation to the risk undertaken.[29]

Fraud. A certificate of completion obtained by the fraud of the contractor does not discharge a surety for completion, because fraud is one of the acts against which the surety has guaranteed, at any rate if it was guaranteed that the work should be "well and truly" done.[30] Neither in such a case does payment of retention money to the contractor discharge the surety, nor failure by the employer to exercise an option of superintendence.[31] But it seems that if there is a duty to superintend, and the fraud is permitted because of failure to perform that duty, the surety is discharged.[32] The surety must be immediately informed of the discovery of any fraud or dishonesty.[33]

---

[22] *Kingston-upon-Hull Corporation v. Harding* [1892] 2 Q.B. 494 (C.A.).
[23] See *Commercial Bank of Tasmania v. Jones* [1893] A.C. 313 (P.C.).
[24] *Lewis v. Hoare* (1881) 44 L.T. 66 (H.L.).
[25] *ibid.*
[26] See p. 160.
[27] *Lep Air Services Ltd v. Rolloswin Ltd* [1973] A.C. 331 (H.L.); *cf. In re Amalgamated Investment and Property Co.* [1985] Ch. 349 at 389 *et seq.*
[28] *Lep Air Services Ltd v. Rolloswin Ltd* [1973] A.C. 331 (H.L.); *cf. Hyundai Heavy Industries v. Papadopoulos* [1980] 1 W.L.R. 1129 (H.L.).
[29] *National Westminster Bank v. Riley* (1986) B.C.L.C. 268 (C.A.); *Mercers v. New Hampshire Insurance* (1992) 60 B.L.R. 26 (C.A.).
[30] *Kingston-upon-Hull Corporation v. Harding* [1892] 2 Q.B. 494 (C.A.)—defective work deliberately covered up on approach of clerk of works; discovered after completion and full payment.
[31] *ibid.*
[32] *ibid.*
[33] *Phillips v. Foxall* (1872) L.R. 7 Q.B. 666.

Invalid payment. A surety for payment is not discharged if the payment made can be set aside by process of law, as, *e.g.* a payment in fraud of creditors under the bankruptcy law.[34]

Non-disclosure. In some cases a surety may be discharged because of the failure of the person for whose benefit the guarantee is made to disclose some fact affecting the obligation. There is not, as in a contract of insurance, a general duty to disclose all material facts which might affect the mind of the surety, *i.e.* contracts of suretyship are not contracts *uberrimae fidei*,[35] but there may be special circumstances which require some disclosure to be made.[36] It has been said that disclosure is necessary if "there is anything that might not naturally be expected to take place between the parties"[37] (referring to the contract of which an obligation is guaranteed). The duty depends upon the particular circumstances of each transaction.[38] Thus a surety for performance was released where the employer had not disclosed that the works were to be executed under the joint supervision of his own surveyor and the surveyor of an undisclosed third party.[39] Where there was a fidelity guarantee, an employer did not disclose to the surety that a servant had previously been dishonest, the surety having no knowledge of this dishonesty. It was held that the employer could not enforce the guarantee upon the subsequent dishonesty of the servant.[40] But in a guarantee of performance by a contractor who was to carry out certain harbour works, a surety could not escape liability because of undisclosed difficulties of terrain, where the building contract had expressly warned the contractor to make all proper inspections of the site himself.[41]

Conduct to prejudice of surety (laches). "A surety is undoubtedly and not unjustly the object of some favour both at law and in equity, and . . . is not to be prejudiced by any dealings without his consent between the secured creditor and the principal debtor."[42] Conduct which prejudices the surety's position may discharge the surety's obligation.[43] But:

"mere omission on the part of the employer, mere passive acquiescence in

---

[34] *Petty v. Cooke* (1871) L.R. 6 Q.B. 790.
[35] *Seaton v. Heath* [1899] 1 Q.B. 782, 792 (C.A.); reversed. on another point [1900] A.C. 135 (H.L.); *Provident Accident & White Cross Insurance Co. Ltd v. Dahne and White* [1937] 2 All E.R. 255.
[36] *ibid; cf. Toronto Dominion Bank v. Rooke* (1984) 49 B.C.L.R. 168 (British Columbia Court of Appeal); see also *Chitty on Contracts* (27th ed.) Vol. 2, 42–020.
[37] Lord Campbell in *Hamilton v. Watson* (1845) 12 Cl. & F. 109 and 119 (H.L.).
[38] Lord Atkin in *Trade Indemnity Co. v. Workington Harbour & Dock Board* [1937] A.C. 1 at 17 (H.L.).
[39] *Stiff v. Eastbourne Local Board* (1869) 20 L.T. 339; Contrast *Russell v. Trickett* (1865) 13 L.T. 280.
[40] *London General Omnibus Co. Ltd v. Holloway* [1912] 2 K.B. 72 (C.A.).
[41] *Trade Indemnity Co. v. Workington Harbour & Dock Board* [1937] A.C. 1 (H.L.).
[42] Lord Selborne in *Re Sherry* (1884) 25 Ch.D. 692 at 703 (C.A.); *National Bank of Nigeria Ltd v. Oba M. S. Awolesi* [1964] 1 W.L.R. 1311 (P.C.).
[43] *Kingston-upon-Hull Corporation v. Harding* [1892] 2 Q.B. 494 (C.A.).

acts which are improper on the part of the employer, will not release the surety. If there be an omission to do some act which the employer has contracted with the surety to do, or to preserve some security to the benefit of which the surety is entitled, the case is different."[44]

Merely irregular conduct on the part of the creditor, even if prejudicial to the interests of the surety, does not discharge the surety. But there may be particular circumstances in which the surety may be discharged, as if the creditor acts in bad faith towards him or is guilty of concealment amounting to misrepresentation or causes or connives at the default by the principal debtor.[45]

Thus a mere failure to exercise an option to superintend on the part of the employer did not release the surety,[46] although it seems that if there had been a duty to superintend and the loss had resulted through failure to exercise that duty the surety would have been released.[47] Similarly a surety will be released from loss resulting from fire if the employer has not carried out a duty to insure the works against fire.[48] In the case of a fidelity guarantee the surety must be immediately informed in the event of any dishonesty on the part of the person whose fidelity is guaranteed.[49]

The release of a co-surety discharges the other sureties to the extent of the contribution which would have been paid by the released surety.[50]

Material alteration in contract. Any material alteration of the obligation guaranteed releases the surety if it is capable of prejudicing the surety.[51] Thus extending the time for performance releases a surety for completion,[52] unless there is an express provision for the extension of time as, *e.g.* in clause 25 of the Standard Form of Building Contract.[53] It is submitted that on general principles a material variation of the contract works, not within the scope of a clause permitting the ordering of variations, discharges the surety. The same result may follow if there is an overpayment, as when retention money is prematurely advanced to the contractor, for the surety loses the strong inducement which otherwise would have operated on the

---

[44] *ibid.* Bowen L.J. at p. 508. For failure to give notice to the surety of the contractors' default as expressly required by a bond, see *Clyde Bank, etc., Trustees v. Fidelity & Deposit Co. of Maryland* 1916 S.C.(H.L.) 69.

[45] See *Bank of India v. Patel* [1983] 2 Lloyd's Rep. 298 at 302 (C.A.) upholding Bingham J. at [1982] 1 Lloyd's Rep. 506 at 515.

[46] *Kingston-upon-Hull Corporation v. Harding* [1892] 2 Q.B. 494 (C.A.).

[47] *ibid.*

[48] *Watts v. Shuttleworth* (1861) 7 H. & N. 353.

[49] *Phillips v. Foxall* (1872) L.R. 7 Q.B. 666.

[50] *Re Wolmershausen* (1890) 62 L.T. 541.

[51] *Holme v. Brunskill* (1877) 3 Q.B.D. 495 (C.A.) and see cases cited below and *National Bank of Nigeria Ltd v. Oba M. S. Awolesi* [1964] 1 W.L.R. 1311 (P.C.); *Bank of India v. Patel* [1982] 1 Lloyd's Rep. 506 at 515 upheld at [1983] 2 Lloyd's Rep. 298 at 302 (C.A.); *cf. Lombard Finance v. Brookplain Trading* [1991] 1 W.L.R. 271 (C.A.). See also *Mercers v. New Hampshire Insurance* (1992) 60 B.L.R. 26 (C.A.) for a discussion of the extent of such release.

[52] *Rees v. Berrington* (1795) 2 Ves.Jun. 540; *Harrison v. Seymour* (1866) L.R. 1 C.P. 518.

[53] See *Greenwood v. Francis* [1899] 1 Q.B. 312 (C.A.). See also p. 633.

Chapter 10—Guarantees and Bonds

contractor's mind to induce him to finish on time.[54] But the surety is not released if the retention money was obtained by fraud.[55] Where a building contract provided for the final determination of all questions by the employer's architect, but the parties chose to go to arbitration it was held that the surety was not liable to pay the costs of the arbitration.[56]

(b) Bonds

Bonds are archaic and, it is suggested, thoroughly undesirable in that they are frequently expressed in outmoded language and create obligations whose legal interpretation may be unclear. "I may be allowed to remark that it is difficult to understand why businessmen persist in entering upon considerable obligations in old-fashioned forms of contract which do not adequately express the true transaction."[57] There is no difficulty in principle in composing guarantees in clear modern language to effect the intended relationships and obligations.[58] The old practice nevertheless persists especially with international contracts.

A bond is a promise by deed whereby the person giving the promise (the obligor or bondsman) promises to pay another person (the obligee) a sum of money.[59] Ordinarily the bondsman only becomes obliged to make payment when called upon to do so.[60] In the construction industry, the most common kind of bond is a performance bond entered into by a bank or insurance company at the behest of the contractor and in favour of the employer. In substance, the bondsman promises to pay up to the amount of the bond if the contractor fails to perform his contract. It is a matter of construction whether this amounts to a guarantee of performance requiring proof of both breach and damage or to a promise to pay in circumstances which are less onerous to establish. Enforcing the bondsman's liability is colloquially referred to as "calling the bond". The bank or insurance company makes a charge to the contractor for giving the bond and will almost invariably obtain a counter-indemnity from the contractor or a parent or associated company.[61] The requirement to procure a bond may be a stipulation of the construction contract which, subject to express words, may or may not be a condition.[62]

---

[54] *General Steam Navigation Co. v. Rolt* (1858) 6 C.B.(N.S.) 550 at 595.
[55] *Kingston-upon-Hull Corporation v. Harding* [1892] 2 Q.B. 494 (C.A.).
[56] *Hoole Urban District Council v. Fidelity & Deposit Co. of Maryland* [1916] 2 K.B 568 (C.A.).
[57] Lord Atkin in *Trade Indemnity v. Workington Harbour and Dock Board* [1937] A.C. 1 at 17 (H.L.); *cf. Trafalgar House Construction v. General Surety* (1994) 66 B.L.R. 42 at 49, 52 and 54 (C.A.); *Tins Industrial Co. v. Kono Insurance* (1987) 42 B.L.R. 110 at 119 and 120 (Hong Kong Court of Appeal).
[58] The I.C.C. publishes Uniform Rules and Model Forms for Contract Guarantees.
[59] See *Halsbury* (4th ed.), Vol. 12, para. 1385.
[60] *Trafalgar House Construction v. General Surety* (1994) 66 B.L.R. 42 at 50 (C.A.).
[61] Without an express counter-indemnity, the bondsman may not be able to recover from the party on whose behalf the bond was issued—see *Travel & General Insurance v. Barron, The Times*, November 25, 1988.
[62] See *State Trading Corporation of India v. Golodetz* [1989] 2 Lloyd's Rep. 277 (C.A). For conditions, see "Breach of condition" and subsequent paragraphs on p. 157.

Where the bondsman is to be approved by the employer, it may be implied that such approval will not be unreasonably withheld.[63]

Conditional bonds. A conditional bond is one which is expressed to be "conditioned" upon a particular event or events and commonly upon the satisfactory performance of the contractor. The employer's right to recover from the bondsman depends on the construction of the bond. If in substance the bond guarantees the contractor's performance, the employer has to establish damages occasioned by the breach or breaches of conditions and, if he succeeds, he recovers the amount of the damages proved.[64] It is thought that the position then is either that the judgment remains as security for the recovery of damages for other future breaches not sustained at the date of the commencement of the first action, or that the employer can bring a second action for such future breaches up to the balance of the amount of the bond remaining from the first recovery.[65] But the Court of Appeal has held that a performance bond, whose condition included that upon default by a subcontractor the surety should satisfy and discharge the damages sustained by the main contractor, was not a guarantee but a bond one of whose alternative conditions required the surety to pay that which the main contractor asserted in good faith to be the amount of his damages including damages or the like payable to the employer.[66] The bond was thus construed

---

[63] *Arbiter Investments v. Wiltshier* (1987) 14 Con.L.R. 16 (Note).
[64] See *Nene Housing Society v. The National Westminster Bank* (1980) 16 B.L.R. 22; *Tins Industrial Co. v. Kono Insurance* (1987) 42 B.L.R. 110 (Hong Kong Court of Appeal).
[65] See *Workington Harbour & Dock Board v. Trade Indemnity Co. Ltd (No. 2)* [1938] 2 All E.R. 101 at 105 (H.L.). This case was decided at a time when the Statute [1697] 8 & 9 Wm. 3 c. 11 was in force. (The statute is sometimes confusingly called the Breaches of Bonds Act 1696, although its first seven sections were not concerned with bonds. The confusion with the dates arises from the contemporary dating system whereby the New Year then conventionally started on March 25—see G. M. Trevelyan, *England under Queen Anne*, Vol. 1, p. viii.) The statute was repealed under a general repealing act in 1948. The passage in Lord Atkin's opinion at [1938] 2 All E.R. 105 D–F follows the language of s. 8 of the statute closely and is probably stating a statutory, not a common law, position—*cf.* Slesser L.J. in the Court of Appeal at [1937] 3 All E.R. 146. The First Supplement to the 4th edition of this book said, in effect, that the passage in Lord Atkin's opinion was no longer the law as it turned on a repealed statute. The Court of Appeal of Hong Kong did not agree with this in *Tins Industrial Co. v. Kono Insurance* (1987) 42 B.L.R. 110 at 118 for the reasons there given. The present editor considers that the requirement to establish both breach by the contractor and loss by the employer is a matter of general law and construction not dependent on statute; that the passage in Lord Atkin's opinion, although it reads as a statement of general law not dependent on statute, is in fact a statement of statutory law now repealed; and that, although it is unlikely to have been the intention of Parliament to change the law by a general repealing, the *procedural* consequences of a judgment may have derived only from the statute. It is noted, however, that the procedural consequences were expressed in the statute to occur only "if judgment shall be given for the plaintiff on a demurrer, or by confession, or *nihil dicit*". Accordingly the second alternative in this sentence in the text (*i.e.* that the employer can bring a second action) is, with caution, preferred as the present state of the law.
[66] *Trafalgar House Construction v. General Surety* (1994) 66 B.L.R. 42 (C.A.). For a forthright assessment of this decision, see I. N. Duncan Wallace Q.C., "Loose Cannons in the Court of Appeal" (1994) 10 Const.L.J. 190.

to be little different from an on demand bond. The court did not address the question, which is discussed below in relation to on demand bonds, whether the main contractor would be liable to account to the bondsman, if his actual damages turned out to be less than those which he had asserted in good faith. In another case, where the condition of a performance bond included that, on default by the contractor, the surety should satisfy and discharge damages sustained by the employer, the Court of Appeal construed "default" to mean breach of contract and held that the contractor was not in breach of contract upon going into administrative receivership. The terms of the building contract provided a code for what should happen on the insolvency of the contractor and it did not make sense to talk of the contractor's obligations to continue the works once the employment of the contractor had been terminated. The employer's assignee did not therefore recover under the bond.[67] In a case where it was held that a performance bond was not a contract of guarantee, it was further held that the surety could not set off against the employer's claim on the bond claims which the contractor had against the employer.[68]

Other forms of bond may be conditional on facts or events other than the contractor's performance, so that, if the relevant facts or events are established, the beneficiary can recover without proving a breach.[69] There is a bias or presumption in favour of a construction which holds a performance bond to be conditioned upon the presentation of documents rather than the existence of facts, but the presumption is rebuttable if the meaning of the bond is plain. If the bond is conditioned on the presentation of documents, it is a matter of construction whether documents which comply strictly with the terms of the bonds are necessary. Generally there is less need for strict compliance with performance bonds than with letters of credit.[70] Where a condition of notification in writing of non-performance had not been fulfilled, the employer did not recover when the contractor subsequently failed to complete and went into liquidation.[71]

"On demand bonds". These are unconditional bonds obliging the bondsman to pay simply on demand.[72] Problems that they raise include whether an employer who calls an on demand bond has to account for the amount received, and if so to whom and upon what legal principle.

---

[67] *Perar BV v. General Surety and Guarantee Co. Ltd* (1994) 66 B.L.R. 72 (C.A.).
[68] *Northwood v. Aegon* (1994) 10 Const.L.J. 157; (1993) 38 Con.L.R. 1.
[69] See, *e.g. Esal Commodities v. Oriental Credit* [1985] 2 Lloyd's Rep. 546 (C.A.); *Siporex Trade v. Banque Indosuez* [1986] 2 Lloyd's Rep. 146; *cf. State Trading Corporation of India v. E.D. & F. Man* (1981) Comm.L.R. 235 (C.A.); *Guyana and Trinidad Mutual Fire Insurance v. R.K. Plummer and Associates* (1992) 8 Const.L.J. 171 (P.C.) where the obligation in issue was held to be a guarantee, not a bond, but features of a related conditional bond are discussed.
[70] *I.E. Contractors v. Lloyds Bank* (1990) 51 B.L.R. 1 (C.A.).
[71] *Clydebank and District Water Trustees v. Fidelity and Deposit Co. of Maryland* [1916] S.C. (H.L.) 69.
[72] It is not understood why contractors ever agree to procure such bonds other than a belief that they will not obtain the contract if they do not.

In *Edward Owen v. Barclays Bank*,[73] contractors agreed with Libyan customers to supply and erect glass houses in Libya. There was to be a performance guarantee for 10 per cent of the contract price. The guarantee, given by an English bank, was payable "on demand without proof or conditions". There was no evidence of any default or breach of contract on the part of the contractor. It was held that, subject only to proof of fraud on the part of the employer, the bond could be enforced with the result that the contractor became liable upon his indemnity to the English bank. Lord Denning said that, in so far as such bond was enforceable without any breach at all, it bore the colour of a discount which the contractor, if he were wise, would take into account when quoting his price. "These performance guarantees are virtually promissory notes payable on demand."[74] In the absence of fraud, the court will normally not grant an injunction restraining the enforcement of an on demand bond, but the underlying contract cannot be entirely ignored. If the contractor had lawfully avoided the underlying contract or there was a failure of its consideration, the court might prevent a call on the bond.[75]

Although the reference to a discount in *Edward Owen v. Barclays Bank*[76] suggests that the employer would not be obliged to account, the decision concerned whether the bondsman had to pay, and did not address questions of subsequent account. It is submitted that, where in relation to a building contract a contractor has at the request of the employer procured an unconditional bond, the court may depending on all the circumstances be able to imply into the building contract a term that the employer should account to the contractor for the proceeds of the bond. There may in some circumstances alternatively be a collateral contract to equivalent effect.[77] If this were correct, where the employer's loss was either nil or less than the amount recovered under the bond, the contractor would be entitled to recover in part or in whole.[78]

Release by employer. Some bonds are expressly for fixed periods and

---

[73] [1978] Q.B. 159 (C.A.).
[74] Lord Denning at 170; *cp. General Surety & Guarantee Co. v. Francis Parker* (1977) 6 B.L.R. 16; *Howe Richardson Scale v. Polimex-Cekop* [1978] 1 Lloyd's Rep. 161 (C.A.); *Wood Hall Ltd v. The Pipeline Authority* (1979) 53 A.L.J.R. 487 (High Court of Australia); *United Trading Corporation v. Allied Arab Bank* [1985] 2 Lloyd's Rep. 554 at 558 (C.A.).
[75] *Potton Homes v. Coleman Contractors* (1984) 28 B.L.R. 19 (C.A.); *cf. Howe Richardson Scale v. Polimex-Cekop* [1978] 1 Lloyd's Rep. 161 (C.A.); *Intraco v. Notis Shipping* [1981] 2 Lloyd's Rep. 256 (C.A.); *State Trading Corporation of India v. E.D. & F. Man* (1981) Comm.L.R. 235 (C.A.); *Bolvinter Oil v. Chase Manhattan Bank* [1984] 1 Lloyd's Rep. 251 (C.A.); *G.K.N. Contractors v. Lloyds Bank* (1985) 30 B.L.R. 48 (C.A.); *Tukan Timber v. Barclays Bank* [1987] 1 Lloyd's Rep. 171.
[76] [1978] Q.B. 159 (C.A.).
[77] It is thought that an implied term or collateral contract might more readily be found in building contracts than in contracts of sale. In building contracts, an on demand bond is more likely to be seen as intended as a security for performance than as a discount.
[78] Although the bond money itself will not have been paid by the contractor, it may readily be taken that he or his counter-indemnifier will have eventually provided its value.

others come to an end at stated times, *e.g.* on a particular date or at practical completion. Subject to the express provisions such as these, it is submitted that the typical bond guaranteeing performance of the contract according to its conditions extends to any latent defects for which the contractor may be liable in accordance with those conditions. The bondsman's liability therefore does not determine upon completion of the works save in so far as the contractor's obligations end at that stage. Further, it is not thought that there is any implied right to require the employer to release the bondsman upon completion of the works.

6. LIABILITY TO THIRD PARTIES

The carrying out of building operations may involve one of the parties in liability in tort to a third party for injury to his person or property. The possible heads of liability may include trespass,[79] nuisance, disturbance of easements, negligence, liability under the rule in *Rylands v. Fletcher*,[80] and liability to persons coming upon dangerous premises. Negligence is discussed in Chapter 7, otherwise for the nature of these torts reference must be made to one of the standard works.[81] In this section it is proposed to deal only with the question of who is liable for the torts committed, and to give a short account of certain aspects of the law of nuisance and trespass as they particularly apply to demolition and construction operations.

(a) Who is liable?

Contractor. It is a general principle that a person is always liable for any tort he commits.[82] The contractor therefore can always be sued for torts which he has committed even though the employer may also be liable.[83] The contractor is also liable for the torts of his servants committed in the course of their employment,[84] but so far as torts are committed by sub-contractors or their servants, the contractor is only liable in the same manner and to the same extent as the employer is liable for the contractor's torts.[85] Normally, it

---

[79] See, *e.g. London and Manchester Assurance v. O. and H. Construction* (1990) 6 Const.L.J. 155.
[80] (1866) L.R. 3 H.L. 330 (H.L.); see also *Ryeford Homes v. Sevenoaks District Council* (1990) 6 Const.L.J. 170.
[81] *e.g.* Salmond (20th ed.); *Winfield and Jolowicz* (13th ed.); *Clerk and Lindsell* (16th ed.); *Gale on Easements* (15th ed.).
[82] See *Dalton v. Angus* (1881) 6 App.Cas. 740 at 831 (H.L.).
[83] *ibid.* For the extent of a contractor's potential liability in negligence to persons with whom he is not in contract, see generally Chap. 7. For the possible liability of a contractor to an adjoining owner for damage done by vandals and the like, see *Smith v. Littlewoods* [1987] A.C. 241 (H.L.); *cf. P.Perl (Exporters) v. Camden London Borough Council* [1984] Q.B. 342 (C.A.); *King v. Liverpool City Council* [1986] 1 W.L.R. 890 (C.A.); and *cp. Ward v. Cannock Chase District Council* [1986] Ch. 546.
[84] See, *e.g.* Salmond (20th ed.) para. 21.1.
[85] *D. & F. Estates v. The Church Commissioners* [1989] A.C. 177 at 208 *et seq.* (H.L.); *cf. Padbury v. Holliday & Greenwood Ltd* (1912) 28 T.L.R. 494 (C.A.), and see p. 320. The contractor

seems, the contractor does not owe a duty other than in contract to supervise his subcontractors.[86]

Employer. The general rule is that a person is not responsible for the torts of an independent contractor.[87] Thus an employer, who engaged a contractor whom he reasonably believed to be competent, to fell a tree on his land, was held not liable when the negligent felling of the trees caused telephone wires to fall across a highway so that the plaintiff was injured avoiding the anticipated consequences of an approaching car striking the wires.[88] But there are certain important qualifications and exceptions to this rule.[89] Both the general rule and the exceptions apply whether the claim is in negligence, nuisance or trespass.[90]

In practice therefore the employer can frequently be sued for a tort committed by the contractor. Thus he is liable:

(a) Where the result of building operations is to cause damage or loss to a third party and the employer does not impose on the contractor the duty of avoiding such damage or loss.[91]

(b) Where the carrying out of the work gives rise to some duty which the employer himself owes to the plaintiff,[92] for "a person causing something to be done, the doing of which casts on him a duty, cannot escape from the responsibility attaching on him of seeing that duty performed by delegating it to a contractor. He may bargain with the contractor that he shall perform the duty and stipulate for an indemnity from him if it is not performed, but he cannot thereby relieve himself from liability to those injured by the failure to perform it".[93] Whenever the work "of its very nature involves a risk of damage

---

may expressly agree to indemnify the employer against claims arising out of the execution of the works, see p. 66, and *cf.* clause 20 of the Standard Form of Building Contract.

[86] See *D. & F. Estates v. The Church Commissioners* [1989] A.C. 177 at 208 *et seq.* (H.L.) and see also the decision in the Court of Appeal at (1987) 36 B.L.R. 72; *cp.* however *Linge v. Grayston Scaffolding* (1983) 133 N.L.J. 829 where a main contractor was held liable (with others) for personal injury to an employee of scaffolding subcontractors.

[87] *Dalton v. Angus* (1881) 6 App.Cas. 740 at 829 (H.L.); *D. & F. Estates v. The Church Commissioners* [1989] A.C. 177 at 208 (H.L.); *cf. Honeywill & Stein v. Larkin Bros* [1934] 1 K.B. 191 (C.A.); *Salsbury v. Woodland* [1970] 1 Q.B. 324 (C.A.). The term "independent contractor" is used in contrast with "servant" for whose torts he is liable. The architect in the ordinary professional position is an independent contractor: *A.M.F. International Ltd v. Magnet Bowling Ltd* [1968] 1 W.L.R. 1028.

[88] *Salsbury v. Woodland* [1970] 1 Q.B. 324 (C.A.).

[89] See *Alcock v. Wraith* (1991) 59 B.L.R. 16 (C.A.) where the exceptions are listed and discussed.

[90] *Alcock v. Wraith* (1991) 59 B.L.R. 16 at 26 (C.A.).

[91] *Robinson v. Beaconsfield R.D.C.* [1911] 2 Ch. 188 (C.A.). (Contract for removal of sewage but no provision for its disposal; employer liable for contractor's trespass with sewage.)

[92] *Salsbury v. Woodland* [1970] 1 Q.B. 324 at 347 (C.A.).

[93] Lord Blackburn in *Dalton v. Angus* (1881) 6 App.Cas. 740 at 829 (H.L.); *Hughes v. Percival* (1883) 8 App.Cas. 443 at 446 (H.L.). For the statutory right of contribution or indemnity, see Civil Liability (Contribution) Act 1978 which enables contribution to be recovered from any

to a third party" the employer is liable.[94] Examples of the application of this principle making the employer liable are where the contractor interfered with the right of support of an adjoining building;[95] where the work is to a wall or other division between adjoining properties and involves the risk of weakening or damaging the structure of the neighbouring property;[96] where the works caused much dust and noise;[97] where extra hazardous techniques were used;[98] where electrical installations were so negligently carried out that a house caught fire damaging adjoining property;[99] and where persons on the highway were injured by the negligence of independent contractors.[1] The employer's liability for injuries to visitors to the site caused by its dangerous condition resulting from the works carried out by the contractor is governed by the Occupiers' Liability Acts 1957 and 1984.[2]

(c) Where fire is negligently caused on the site by the contractor in performance of the contract and spreads, causing damage.[3]

The employer is not liable for the casual or collateral negligence of the contractor or his servants.[4] The application of this principle is not always easy but an example occurred where the servant of sub-contractors, employed to insert metallic casements, left a tool on a sill and the wind blew the casement knocking off the tool which injured the plaintiff. It was held that the main contractor was not liable.[5]

---

other person liable in respect of the same damage, whatever the legal basis of his liability whether tort, breach of contract, breach of trust or otherwise.

[94] Romer L.J. in *Matania v. National Provincial Bank Ltd and Elevenist Syndicate* [1936] 2 All E.R. 633 at 648 (C.A.).

[95] *Bower v. Peate* (1876) 1 Q.B.D. 321; *Dalton v. Angus* (1881) 6 App.Cas. 740 (H.L.); see also "Easements" on p. 281.

[96] *Alcock v. Wraith* (1991) 59 B.L.R. 16 (C.A.), where re-roofing one of two terraced houses resulted in damp penetrating the adjoining house.

[97] *Matania v. National Provincial Bank Ltd and Elevenist Syndicate* [1936] 2 All E.R. 633 (C.A.); *Andreae v. Selfridge & Co. Ltd* [1938] Ch. 1 (C.A.). See also Part III of the Control of Pollution Act 1974 and in particular ss. 60 and 61 (discussed on p. 401) for control of noise on construction sites.

[98] *Honeywill & Stein v. Larkin Bros* [1934] 1 K.B. 191 (C.A.) (open magnesium flash near curtains); *The Pass of Ballater* [1942] P. 112 (oxy-acetylene burner in confined space where danger of petrol fumes).

[99] *Spicer v. Smee* [1946] 1 All E.R. 489 where Atkinson J. stated that the employer was always liable for a nuisance created by his independent contractor applying dictum of Scrutton L.J. *Job Edwards Ltd v. Birmingham Navigations* [1924] 1 K.B. 341 at 355 (C.A.).

[1] *Tarry v. Ashton* (1876) 1 Q.B.D. 314; *Penny v. Wimbledon U.D.C.* [1899] 2 Q.B. 72 (C.A.); *Holliday v. National Telephone Co.* [1899] 2 Q.B. 392 (C.A.).

[2] See esp. s. 2(4)(b).

[3] *Balfour v. Barty-King* [1957] 1 Q.B. 496 (C.A.); *Emanuel (H. & N.) Ltd v. G.L.C.* [1971] 2 All E.R. 835 (C.A.); see also *Goldman v. Hargrave* [1967] 1 A.C. 645 (P.C.); *Mason v. Levy Auto, etc., Ltd* [1967] 2 Q.B. 530; *cp. Smith v. Littlewoods* [1987] A.C. 241 (H.L.) for damage to adjoining property by fire caused by vandal third parties.

[4] *Penny v. Wimbledon U.D.C.* [1899] 2 Q.B. 72 at 78.

[5] *Padbury v. Holliday* (1912) 28 T.L.R. 494 (C.A.). *cf. Holliday v. National Telephone Co.* [1899] 2 Q.B. 392 and see Salmond (20th ed.) p. 480.

(b) Nuisance from building operations

Building operations often substantially interfere with adjoining owners' enjoyment of their property because of noise, dust and perhaps vibration. Such matters in some circumstances might be held to be a nuisance and form grounds for an injunction prohibiting their continuance, or an action for damages, or both.[6] If this were the result of ordinary building operations "the business of life could not be carried on",[7] for old buildings could not be pulled down and new erected in their place. But the law takes a common-sense view of the matter and if "operations ... such as demolition and building ... are reasonably carried on and all proper and reasonable steps are taken to ensure that no undue inconvenience is caused to neighbours whether from noise, dust, or other reasons, the neighbours must put up with it".[8]

The duty to minimise inconvenience.

"Those who say that their interference with the comfort of their neighbours is justified ... are under a specific duty ... to use reasonable and proper care and skill. It is not a correct attitude to say: 'We will go on and do what we like until somebody complains.' That is not their duty to their neighbours. Their duty is to take proper precautions, and to see that the nuisance is reduced to a minimum. It is no answer for them to say: 'But this would mean that we should have to do the work more slowly than we would like to do it, or it would involve putting us to some extra expense.' All those questions are matters of common sense and degree and quite clearly it would be unreasonable to expect people to conduct their work so slowly or expensively, for the purpose of preventing a transient inconvenience that the cost and trouble would be prohibitive. It is all a question of fact and degree ... The use of reasonable care and skill in connection with matters of this kind may take various forms. It may take the form of restricting the hours during which work is to be done; it may take the form of limiting the amount of a particular type of work which is being done simultaneously within a particular area; it may take the form of using proper scientific means of avoiding inconvenience."[9]

Where no steps at all were taken to avoid inconvenience the employer[10] was held liable in damages for nuisance.[11] The measure of damages was held[12] to be not all the loss suffered, £4,000, as a result of the building

---

[6] See generally *Salmond*, Chap. 5.
[7] Vaughan Williams J. in *Harrison v. Southwark & Vauxhall Water Co.* [1891] 2 Ch. 409 at 413.
[8] Sir Wilfrid Greene M.R. in *Andreae v. Selfridge & Co. Ltd* [1938] Ch. 1 at 5 (C.A.).
[9] Sir Wilfrid Greene M.R. in *Andreae v. Selfridge & Co. Ltd* [1938] Ch. 1 at 9 *et seq.* (C.A.).
[10] This is one of the cases where the employer is liable for the actions of the contractor, see above.
[11] *Andreae v. Selfridge & Co. Ltd* [1938] Ch. 1 (C.A.). See also *Hoare v. McAlpine* [1923] 1 Ch. 167.
[12] By the Court of Appeal reducing the damages originally awarded.

operations, but that part of the loss and inconvenience attributable to the failure to take proper precautions as defined above, £1,000. Damages were awarded against an employer where part of a building was being altered and no steps were taken to minimise the nuisance, although sheets would have reduced the dust and other working arrangements might have reduced the loss caused to the adjoining occupier (a singing instructor) by the noise.[13]

Right of support and easements. Building operations may infringe the right of natural support to land of adjoining owners and a variety of easements including rights of light, air and drainage, rights of way and rights of support.[14] In particular where a right of support is established,[15] withdrawal of support resulting in actual damage to the adjoining land, as for instance by excavating beside or beneath neighbouring foundations, will in most instances give rise to liability of both the contractor and the employer, and the employer will in such a case be liable for negligence by his contractor.[16] "He is not in the actual position of being responsible for injury, no matter how occasioned, but he must be vigilant and careful, for he is liable for injuries to his neighbour caused by any want of prudence and precaution, even though it may be *culpa levissima*."[17] "Those who engage in operations inherently dangerous must take precautions which are not required of persons engaged in the ordinary routine of daily life."[18] But actual physical damage is a necessary ingredient of the tort of interference with a neighbour's right to subjacent and lateral support of land.[19] A claim for damages based on the risk of future potential damage will fail, so that a plaintiff who installed sheet piling to eliminate a risk of future collapse failed to recover damages from developers of the adjoining site or their contractors whose works had created the risk but not yet caused actual physical damage. The court might have granted a *quia timet* mandatory injunction requiring the contractor to carry out specific works to remove the risk had the plaintiffs applied for one instead of themselves installing the sheet piling.[20]

In an appropriate case, disturbance of an easement will be restrained by injunction, and normally a plaintiff who has a seriously arguable case will not be required to take the risk of applying for an interlocutory injunction before proceeding to a full trial.[21]

---

[13] *Matania v. National Provincial Bank Ltd and Elevenist Syndicate* (1936) 155 L.T. 74 (C.A.).
[14] For easements generally, see *Gale on Easements* (15th ed.).
[15] For the acquisition of rights of support, see *Gale on Easements* (15th ed.), Chap. 10.
[16] *Dalton v. Angus* (1881) 6 App.Cas. 740 at 829 (H.L.); *Bower v. Peate* (1876) 1 Q.B.D. 321.
[17] Lord FitzGerald in *Hughes v. Percival* (1883) 8 App.Cas. 443 at 455 (H.L.).
[18] Lord Macmillan in *Glasgow Corporation v. Muir* [1943] A.C. 448 at 456 (H.L.); *cf. IBA v. EMI and BICC* (1980) 14 B.L.R. 1 at 28 where Lord Edmund-Davies said that risks might be so manifest and substantial and their elimination so difficult to ensure with reasonable certainty that the only proper course would be to abandon the project altogether.
[19] *Bonomi v. Backhouse* (1861) 9 H.L.C. 503 (H.L.); *Darley Main Colliery v. Mitchell* (1886) 11 App.Cas. 127 (H.L.); *West Leigh Colliery v. Tunnicliffe and Hampson* [1908] A.C. 27 (H.L.); *Midland Bank v. Bardgrove Property Services* (1992) 60 B.L.R. 1 (C.A.).
[20] *Midland Bank v. Bardgrove Property Services* (1992) 60 B.L.R. 1 (C.A.).
[21] *Oxy-Electric v. Zainuddin* [1991] 1 W.L.R. 115—the risk arises from the usual undertaking as

Tower cranes. The jib of a modern tower crane travels through a wide area of air space. Without a licence from the adjoining owner, the incursion of the jib of a tower crane into his air space is a trespass and in an appropriate case the court will grant an injunction to restrain such an incursion without proof of actual loss.[22] In one case, the injunction was suspended for a period to enable the defendants to complete the building,[23] but such a suspension has been regarded as incorrect in the absence of special circumstances.[24] In practice, therefore, it will, normally be necessary to obtain a licence.

7. CONTRACTOR'S DUTY OF CARE TOWARDS EMPLOYER

Such a duty may arise in tort or by statute or as an implied term of the contract. Two instances are discussed below. In every case the effect of any express clause in the contract dealing with the matter must be considered.

Employer's visits to site. If the contractor knows that the employer is going to walk about on the site, it is his duty to make the site reasonably safe.[25] Further a contractor, who is aware of a danger or has reasonable grounds to believe that it exists, and knows or has reasonable grounds to believe that the employer may come into the vicinity of the danger and the risk is one against which in the circumstances he may reasonably be expected to offer some protection, owes the employer a duty to take such care as is reasonable in all the circumstances to see that the employer does not suffer injury by reason of the danger.[26]

The employer has no implied contractual right to enter the site at any time without the contractor's knowledge, and to expect to find the site ready and safe for his visit.[27] If the employer does enter the site without warning and without the knowledge of the contractor it seems that he does so at his own

---

to damages which a plaintiff seeking an interlocutory injunction is obliged to give. In the *Oxy-Electric* case, the plaintiff's claim was not struck out on the ground that there was no undertaking; *cp. Blue Town Investments v. Higgs and Hill* [1990] 1 W.L.R. 696, where a plaintiff's claim in a right of light case, which was extremely unlikely to succeed, was struck out when the plaintiff was not prepared to apply for an interlocutory injunction and give an undertaking in damages. For recent noise cases, see *Lloyds Bank v. Guardian Assurance* (1986) 35 B.L.R. 34 (C.A.); *City of London Corporation v. Bovis Construction* [1992] 3 All E.R. 697 and (1988) 49 B.L.R. 1 (C.A.). See also Part III of the Control of Pollution Act 1974 discussed on p. 401. For injunctions, see further p. 293.

[22] *Anchor Brewhouse Developments v. Berkley House* (1987) 38 B.L.R. 82; *cf. Kelsen v. The Imperial Tobacco Co. Ltd* [1957] 2 Q.B. 334; *London and Manchester Assurance v. O. and H. Construction* (1990) 6 Const.L.J. 155. For a comprehensive review, see A. J. Wait, "Oversailing Tower Cranes: Problems of Trespass" (1989) 5 Const. L.J. 117.

[23] *Woollerton & Wilson Ltd v. Richard Costain Ltd* [1970] 1 W.L.R. 411.

[24] *Anchor Brewhouse Developments v. Berkley House* (1987) 38 B.L.R. 82; *Patel v. W.H. Smith (Eziot) Ltd* [1987] 1 W.L.R. 853 (C.A.); *cf. Charrington v. Simons & Co. Ltd* [1971] 1 W.L.R. 598 (C.A.); *John Trenberth v. National Westminster Bank* (1980) 39 P. & C.R.104.

[25] *Nabarro v. Cope & Co.* [1938] 4 All E.R. 565 at 569; Occupiers Liability Act 1957, s. 2.

[26] See s. 1 of the Occupiers' Liability Act 1984; *cf. White v. St. Albans City and District Council, The Times,* March 12, 1990 (C.A.).

[27] *Nabarro v. Cope & Co.* [1938] 4 All E.R. 565 at 568.

Chapter 10—Contractor's Duty of Care towards Employer

risk,[28] so that where an employer in such circumstances trod on an unsafe plank and fell and was injured, he was unable to recover damages from the contractor.[29]

Theft of employer's property. Arising out of the contractual relationship between the parties is a duty on the part of the contractor to take reasonable care with regard to the state of the employer's house if he leaves it empty during the performance of his work.[30]

8. CLAIM FOR BREACH OF CONFIDENCE

Persons involved in building contracts may have a remedy in respect of the unauthorised use or disclosure of confidential matter. It may arise in contract for:

> "if two parties make a contract, under which one of them obtains for the purpose of the contract or in connection with it some confidential matter, then, even though the contract is silent on the matter of confidence, the law will imply an obligation to treat that confidential matter in a confidential way, as one of the implied terms of the contract."[31]

But remedies under this head are not limited to those for breach of contract. Thus where the plaintiff, in the course of negotiations with the defendant where no contract resulted disclosed certain methods of manufacture which the defendant subsequently used, it was held that the plaintiff had a claim in damages,[32] the measure being analogous to that in tort.[33] In a suitable case an injunction can be obtained.[34] The remedies are not confined to commercial or domestic secrets but extend also to public secrets.[35] The claim is additional to any which may exist for breach of copyright or analogous statutory rights.[36]

---

[28] See n. 25 above.
[29] *Nabarro v. Cope & Co.* [1938] 4 All E.R. 565. It is thought that the result would be the same today under the Occupiers' Liability Act 1957, but see now s. 1 of the Occupiers' Liability Act 1984, whose rules are in place of the rule of the common law for persons other than visitors.
[30] *Stansbie v. Troman* [1948] 2 K.B. 48 (C.A.)—decorator left alone in house goes out leaving it with catch of Yale lock fastened back; liable for theft while absent; *cf. Smith v. Littlewoods* [1987] A.C. 241 at 264 (H.L.).
[31] Lord Greene M.R. in *Saltman Engineering Co. Ltd v. Campbell Engineering Co. Ltd* (1948) [1963] 3 All E.R. 413 at 414 (C.A.); *cf. Fraser v. Thames Television* [1984] Q.B. 44 at 58 *et seq.* For an example of an express clause, see clause 5.7 of the Standard Form of Building Contract.
[32] *Seager v. Copydex Ltd* [1967] 1 W.L.R. 923 (C.A.).
[33] *Seager v. Copydex Ltd (No. 2)* [1969] 1 W.L.R. 809 (C.A.); *cp. Dowson & Mason v. Potter* [1986] 1 W.L.R. 1419 (C.A.).
[34] *Peter Pan Manufacturing Corporation v. Corsets Silhouette Ltd* [1963] 3 All E.R. 402; *Attorney-General v. Jonathan Cape Ltd* [1976] Q.B. 752; *Attorney-General v. Guardian Newspapers (No. 2)* [1990] A.C. 109 (H.L.).
[35] *Attorney-General v. Jonathan Cape Ltd* [1976] Q.B. 752; *Attorney-General v. Guardian Newspapers (No. 2)* [1990] A.C. 109 (H.L.).
[36] See p. 363.

CHAPTER 11

VARIOUS EQUITABLE DOCTRINES AND REMEDIES

		Page
1.	Estoppel	284
2.	Waiver	286
3.	Variation and Rescission	288
4.	Rectification	288
5.	Specific Performance	292
6.	Injunction	293

1. ESTOPPEL

Estoppel is an equitable doctrine. Where it applies, usually as a defence,[1] a party is prevented (or estopped) from successfully asserting what would or might otherwise be his legal rights. In many instances it is the approximate legal equivalent of colloquial expressions such as: "you can't now just turn round and say that." Estoppel is a large subject and an outline only is given here.[2] For building contract purposes, it is appropriate to consider:

(a) estoppel by representation,
(b) estoppel by convention, and
(c) promissory estoppel.[3]

Estoppel by representation. If a party makes a representation with the intention and effect of inducing another party to alter his position to his detriment in reliance on the representation, the party making the representation may be estopped from relying on facts which are at variance with the representation.[4] The representation must be a representation of fact

---

[1] *Combe v. Combe* [1951] 2 K.B. 215 (C.A.); *Syros Shipping v. Elaghill Trading* [1980] 2 Lloyd's Rep. 390; *cf. Amalgamated Property Co. v. Texas Bank* [1982] Q.B. 85 at 130 (C.A.). In certain circumstances, in relation to land, estoppel may lead to the creation of a proprietary interest, *Crabb v. Arun District Council* [1976] Ch. 179 (C.A.).
[2] For a full account, see, *e.g.* Halsbury (4th ed.), Vol. 16, paras. 951 *et seq.*; Spencer Bower and Turner, *Estoppel by Representation*, (3rd ed.).
[3] See also estoppel by deed, discussed on p. 63.
[4] See, *e.g. Greenwood v. Martins Bank* [1933] A.C. 51 at 57 (H.L.); *Hopgood v. Brown* [1955] 1 W.L.R. 215 at 224 (C.A.); *cf. Avon County Council v. Howlett* [1983] 1 W.L.R. 605 (C.A.). For a building contract case where a plea of estoppel failed because the relevant party did not act to their detriment on the strength of the representation, see *Whittal Builders v. Chester-le-Street D.C.* (1987) 40 B.L.R. 82 at 89.

or of an existing state of mind or belief and not a future promise.[5] It must be unambiguous and unequivocal.[6] It may be by words or by acts or conduct including, where there is a duty to speak or act, by silence or inaction.[7] Where the negligent designer of a bungalow gave reassuring advice to the plaintiff owner about internal cracks which had appeared within the limitation period, he was held to be estopped from relying on evidence that the plaintiff's cause of action had accrued more than six years before the commencement of her subsequent action.[8]

Estoppel by convention. Where parties have acted upon a common assumption of fact or law on the basis of which they have regulated their subsequent dealings, they will be estopped from subsequently denying that the assumption is true if it would be unjust or unconscionable to permit them to resile from it. Once a common assumption is revealed to be erroneous, the estoppel will not apply to future dealings.[9]

Promissory estoppel. Where a party has made an unequivocal promise or representation to another party that he will not enforce his strict legal rights and the promise or representation is intended to be relied on and is in fact relied on, the first party may be estopped from successfully asserting his strict legal rights if it would be unconscionable or unjust to allow him to do so.[10]

"It is the first principle upon which all Courts of Equity proceed, that if parties who have entered into definite and distinct terms involving certain

---

[5] *Nippon Menkwa Kabushiki Kaisha v. Dawsons Bank* (1935) Lloyd's L.L.R. 147 at 151 (P.C.); *Argy Trading v. Lapid Developments* [1977] 1 Lloyd's Rep. 67 at 76.
[6] *Woodhouse Ltd. v. Nigerian Produce Ltd* [1972] A.C. 741 at 755, 768 and 771 (H.L.); *Low v. Bouverie* [1891] 3 Ch. 82 at 106 (C.A.).
[7] *Greenwood v. Martins Bank* [1933] A.C. 51 at 57 (H.L.); *Spiro v. Lintern* [1973] 1 W.L.R. 1002 at 1010 (C.A.); *cf. Meng Leong v. Jip Hong* [1985] A.C. 511 (P.C.).
[8] *Kaliszewska v. John Clague and Partners* (1984) 1 Const.L.J. 137.
[9] *Hiscox v. Outhwaite* [1992] 1 A.C. 562 at 574 and 583 (C.A.) not considered in the House of Lords at 599; *Norwegian American Cruises v. Paul Mundy* [1988] 2 Lloyd's Rep. 343 (C.A.); *cf. Amalgamated Property Co. v. Texas Bank* [1982] Q.B. 85 at 122, 126 and 130 (C.A.); *Keen v. Holland* [1984] 1 W.L.R. 251 (C.A.); *K. Locumal & Sons v. Lotte Shipping* [1985] 2 Lloyd's Rep. 28 (C.A.); *Government of Swaziland v. Leila Maritime* [1985] 2 Lloyd's Rep. 172 at 178; *Troop v. Gibson* (1986) 277 E.G. 1134 (C.A.); *Colchester Borough Council v. Smith* [1991] Ch. 448 and [1992] Ch. 421 (C.A.). For a building contract case where a plea of estoppel by convention succeeded, see *Whittal Builders v. Chester-le-Street D.C.* (1987) 40 B.L.R. 82 at 89; for one where it failed, see *Russell Brothers (Paddington) v. John Lelliott Management* (1993) C.I.L.L. 877. See also "Agreed factual assumption" on p. 41.
[10] *Hughes v. Metropolitan Railway Co.* (1877) 2 App.Cas. 439 (H.L.); *Birmingham and District Land v. London and North Western Railway* (1888) 40 Ch.D. 268 (C.A.); *Central London Property Trust Ltd v. High Trees House Ltd* [1947] K.B. 130; *Combe v. Combe* [1951] 2 K.B. 215 (C.A.); *Woodhouse Ltd v. Nigerian Produce Ltd* [1972] A.C. 741 (H.L.); *Peter Cremer v. Granaria B.V.* [1981] 2 Lloyd's Rep. 583 at 587; *Société Italo-Belge v. Palm and Vegetable Oils* [1981] 2 Lloyd's Rep. 695; *cf. Crabb v. Arun District Council* [1976] Ch. 179 (C.A.); *A.-G. of Hong Kong v. Humphreys Estate* [1987] A.C. 114 (P.C.); *Taylors Fashions v. Liverpool Victoria Trustees* [1982] Q.B. 133 (Note); *Habib Bank Ltd v. Habib Bank A.G.* [1981] 1 W.L.R. 1265 at 1285 (C.A.).

legal results ... afterwards by their own act and with their own consent enter upon a course of negotiation which has the effect of leading one of the parties to suppose that the strict rights arising under the contract will not be enforced, or will be kept in suspense, or held in abeyance, the person who otherwise might have enforced those rights will not be allowed to enforce them where it would be inequitable having regard to the dealings which have thus taken place between the parties."[11]

The promisor can resile from his promise on giving reasonable notice giving the promisee a reasonable opportunity of resuming his position and the promise only becomes final and irrevocable if the promisee cannot resume his position.[12] The promise need not be supported by consideration.[13]

2. WAIVER

Waiver is related to, if not a species of, estoppel. A party to a contract may act so as to show that he does not intend to enforce a contractual right or require performance of a contractual obligation. By so acting, he may by waiver lose the right or cease to be entitled to the performance either temporarily or permanently. "It is always open to a party to waive a condition which is inserted for his benefit."[14] In building contracts, waiver is often asserted and sometimes upheld where contractual time limits are allowed to be exceeded or where requirements for written notices are not insisted on.[15] A breach of contract may be waived, as may a right to effect a contractual determination or to accept a repudiation.[16]

> "In order to constitute a waiver there must be conduct which leads the other party reasonably to believe that the strict legal rights will not be insisted upon. The whole essence of waiver is that there must be conduct which evinces an intention to affect the legal relations of the parties. If that cannot properly be inferred, there is no waiver."[17]

If, in a contract where time is of the essence, the defendant:

---

[11] Lord Cairns L.C. in *Hughes v. Metropolitan Railway Co.* (1877) 2 App.Cas. 439 at 448 (H.L.); *cf. Tool Metal Manufacturing Co. Ltd v. Tungsten Electric Co. Ltd* [1955] 1 W.L.R. 761 (H.L.); *Scandinavian Trading v. Flota Ecuatorina* [1983] Q.B. 529 at 534 unaffected by the decision of the House of Lords at [1983] 2 A.C. 694 (H.L.); for a building contract application, see *Rees & Kirby v. Swansea City Council* (1985) 30 B.L.R. 1 at 21 (C.A.).
[12] *Ajayi v. R. T. Briscoe (Nigeria) Ltd* [1964] 1 W.L.R. 1326 (P.C.).
[13] See *China-Pacific S.A. v. Food Corporation of India* [1981] Q.B. 403 at 429 (C.A.), the passage being unaffected by the decision of the House of Lords at [1982] A.C. 939 (H.L.).
[14] Denning L.J. in *Hoenig v. Isaacs* [1952] 2 All E.R. 176 at 181 (C.A.).
[15] See *Lickiss v. Milestone Motor Policies* [1966] 2 All E.R. 972 at 975 (C.A.); *cf. Rees & Kirby v. Swansea City Council* (1985) 30 B.L.R. 1 at 21 (C.A.), see also cases cited in *Chitty on Contracts* (27th ed.), under 22–040.
[16] For repudiation generally, see p. 156 and in particular "Repudiation and contractual determination clauses" on p. 162.
[17] Denning L.J. in *Charles Rickards v. Oppenheim* [1950] 1 K.B. 616 at 626 (C.A.); *cf. Jarvis Brent Ltd v. Rowlinson* (1990) 6 Const.L.J. 292 at 298.

"led the plaintiffs to believe that he would not insist on the stipulation as to time, and that, if they carried out the work, he would accept it, and they did it, he could not afterwards set up the stipulation as to time against them.... By his conduct he evinced an intention to affect their legal relations. He made, in effect, a promise not to insist on his strict legal rights. That promise was intended to be acted on, and was in fact acted on. He cannot afterwards go back on it."[18]

If a waiver is supported by consideration, it is contractually binding and new rights and obligations arise.[19] If a waiver is not supported by consideration, it may not irrevocably alter the rights of the parties, but the waiver may be retracted for the future at least on reasonable notice.[20]

Waiver by the employer. In an entire contract, if the contractor tenders work as being in fulfilment of the contract and the employer enters into possession and uses the building, he may depending on the circumstances waive his right to insist on entire performance as a condition of payment.[21] But the employer does not waive his claim for damages for defective work merely by occupying and using the contract works,[22] nor by paying money on account,[23] nor in full,[24] nor by suffering judgment for the whole contract sum to be entered against him.[25]

Waiver by contractor. If the employer delays the works or otherwise commits a breach of contract while the work is being carried out the contractor does not waive a claim for damages merely by continuing with the work.[26]

Waiver by architect. An architect or engineer has no implied authority from the building owner to vary or waive the terms of a building contract.[27]

---

[18] Denning L.J. in *Charles Rickards v. Oppenheim* [1950] 1 K.B. 616 at 623 (C.A.).
[19] See "Variation and Rescission" below.
[20] *Charles Rickards v. Oppenheim* [1950] 1 K.B. 616 (C.A.); *cf. Tool Metal Manufacturing Co. v. Tungsten Electrical Co.* [1955] 1 W.L.R. 761 (H.L.); *Woodhouse A.C. v. Nigerian Produce Co.* [1972] A.C. 741 at 757 (H.L.); *Alan & Co. v. El Nasr Co.* [1972] 2 Q.B. 189 (C.A.).
[21] See *Hoenig v. Isaacs* [1952] 2 All E.R. 176 at 181 (C.A.). For entire contracts, see p. 75.
[22] *Dakin v. Lee* [1916] 1 K.B. 566 (C.A.).
[23] *Cooper v. Uttoxeter Burial Board* (1864) 11 L.T. 565.
[24] *Davis v. Hedges* (1871) L.R. 6 Q.B. 687, unless paid under a binding and conclusive certificate. See p. 113.
[25] *Mondel v. Steel* (1841) 8 M. & W. 858; *Davis v. Hedges* (1871) L.R. 6 Q.B. 687; *Chell Engineering v. Unit Tool Co.* [1950] 1 All E.R. 378 (C.A.), and see Chap. 17 on p. 518. Payment or judgment may be evidence of satisfaction, although not a waiver. It may be advisable to state that they are without prejudice to a claim for defects.
[26] *Lawson v. Wallasey Local Board* (1883) 48 L.T. 507 (C.A.).
[27] *Toepfer v. Warinco* [1978] 2 Lloyd's Rep. 569 at 577; see also "The architect's authority as agent" on p. 330 and particularly "Variations" on p. 331.

3. VARIATION AND RESCISSION

Parties may by mutual agreement vary the terms of an existing agreement and it is a good excuse to an allegation of non-performance to prove that the obligation has been performed according to a varied agreement. Such an agreement in effect discharges the original agreement and replaces it with the varied agreement. The agreement varying the original agreement must normally be supported by consideration.[28]

Variation of the contract works is usually governed by express terms and has been considered in Chapter 4.

Rescission by agreement. The parties may have mutually agreed to rescind the contract and treat it as at an end.

4. RECTIFICATION

After a written contract has been entered into one of the parties may discover that it does not correctly set out his intention. He may find, for example, that a price or a period of time is wrong. He can approach the other party and ask him to agree that the contract shall be altered so as to correct the mistake. Alternatively he may be able to rely on an express term for the rectification of certain errors.[29] If he is unable to reach such an agreement or rely on a contractual right he may have grounds for seeking the discretionary[30] remedy of rectification.

Common mistake.

"Rectification is a remedy which is available where parties to a contract, intending to reproduce in a more formal document the terms of an agreement upon which they are already *ad idem*, use, in that document, words which are inapt to record the true agreement reached between them. The formal document may then be rectified so as to conform with

---

[28] See *Williams v. Roffey Brothers* [1991] 1 Q.B. 1 (C.A.) and see generally *Chitty on Contracts* (27th ed.), Vol. 1, 22–029 *et seq.*; *cf.* Denning L.J. in *Rickards v. Oppenheim* [1950] 1 K.B. 616 at 623 (C.A.). For release of money due, see *Foakes v. Beer* (1884) 9 App.Cas. 605 (H.L.); *D. & C. Builders Ltd v. Rees* [1966] 2 Q.B. 617 (C.A.).
[29] *e.g.* clause 2.2.2.2 of the Standard Form of Building Contract.
[30] See *Whiteside v. Whiteside* [1950] Ch. 65 at 71 (C.A.). The discretion is not exercised arbitrarily. If the plaintiff proves his case in accordance with the principles set out in the text, rectification will ordinarily be granted unless he is guilty of conduct such as delay or acquiescence which is a ground for refusing relief or there are some special circumstances such as arose in the *Whiteside* case in connection with tax considerations in a family matter. On the discretion of the court in equitable matters generally see the standard textbooks such as Snell or Hanbury. For fundamental mistake avoiding the contract at common law, for other equitable powers of the court not amounting to rectification and for mistake as to the nature of a document, see p. 13.

Chapter 11—Rectification

the true agreement which it was intended to reproduce and enforced in its rectified form."[31]

The court has power to rectify any document which the parties intended should record the terms of their agreement, whether or not the document is signed or otherwise executed in any formal way.[32]

The party seeking rectification must produce "convincing proof"[33] that there was a common intention, of which there was some outward expression of accord, in regard to a paricular provision or aspect of the agreement continuing up to the moment of execution of the document which intention, by a mistake, the document failed to express.[34] He must also show that the instrument, if rectified as claimed, would accurately represent the true agreement between the parties at the time of its execution.[35] He does not have to show that there was before the execution of the document a binding and conclusive contract.[36] Where two persons have agreed expressly upon the meaning of a particular phrase but do not record the definition in the contract itself, if one of them seeks to enforce the agreement on the basis of some other meaning he can be prevented by an action for rectification.[37]

Unilateral mistake. If one party makes a mistake in expressing the contract and the other party has no knowledge of that mistake rectification is not granted. Where the other party at the time of the contract knows of and takes advantage of the mistake rectification is granted.[38] For a claim for rectification in these circumstances to succeed, it must be shown, first, that one party was mistaken as to the contents of the document; secondly, that the other party had actual knowledge of the mistake on the part of the first party; thirdly, that the other party did not draw the first party's attention to the mistake; and fourthly, that the mistake was one calculated to benefit the second party. In these circumstances, it is inequitable to allow the second party to resist rectification on the ground that the mistake was not a mutual mistake.[39]

In *Roberts & Co. Ltd v. Leicestershire County Council*[40] the plaintiffs

---

[31] Lord Diplock in *American Airlines Inc. v. Hope* [1974] 2 Lloyd's Rep. 301 at 307 (H.L.); see also *Re Butlin's Settlement Trusts* [1976] 1 Ch. 251 at 260.
[32] *Atlantic Marine Transport v. Coscol Petroleum* [1991] 1 Lloyd's Rep. 246 at 250.
[33] *Joscelyne v. Nissen* [1970] 2 Q.B. 86 at 98 (C.A.); *Ernest Scragg & Sons Ltd v. Perseverance Banking Ltd* [1973] 2 Lloyd's Rep. 101 at 104 (C.A.); *cf. ibid.* p. 103 "satisfied beyond reasonable doubt"; *Thomas Bates Ltd v. Wyndham's Ltd* [1981] 1 W.L.R. 505 at 514 (C.A.).
[34] *Joscelyne v. Nissen* [1970] 2 Q.B. 86 (C.A.); *The "Nai Genova"* [1984] 1 Lloyd's Rep. 353 at 359 (C.A.).
[35] *The "Nai Genova"* [1984] 1 Lloyd's Rep. 353 (C.A.).
[36] *Joscelyne v. Nissen* [1970] 2 Q.B. 86 (C.A.).
[37] Megaw J. in *London Weekend Television Ltd v. Harris and Griffith* (1969) 113 S.J. 222, referred to in *Joscelyne v. Nissen* [1970] 2 Q.B. 86 at 98 (C.A.).
[38] *Riverlate Properties Ltd v. Paul* [1975] Ch. 133 (C.A.).
[39] *Thomas Bates Ltd v. Wyndham's Ltd* [1981] 1 W.L.R. 505 at 516 (C.A.); *The "Nai Genova"* [1984] 1 Lloyd's Rep. 353 at 360 *et seq.* (C.A.). For a case where a claim for rectification of this kind failed, see *Ishag v. Allied Bank* [1981] 1 Lloyd's Rep. 92 at 96.
[40] [1961] Ch. 555.

submitted a tender which specified a period for completion of 18 months. The defendants wrote stating that the tender was accepted and that a formal contract would shortly be submitted for execution. The contract was sent to the plaintiffs who sealed it believing the completion period to be 18 months. In fact they had failed to notice that the period inserted by the defendants was 30 months. Before the defendants sealed the contract there were two meetings by the end of the second of which the defendants must have known that the plaintiffs believed the period to be 18 months. However, the defendants sealed the contract without ever telling the plaintiffs of their mistake. It was held that, although the plaintiffs could not have rectification on the ground that there was a mistake in expressing a common intention, they were entitled to rectification on the ground that the defendants were prevented or estopped by their conduct from saying that there was no such mistake. It appears that the basis of the court's approach is that the plaintiff in such circumstances must prove conduct of the defendant such as to make it inequitable that he should be allowed to object to the rectification of the document.[41]

A typical case where rectification will not be granted is where a contractor makes arithmetical errors, operating against his interest in the tender, which are incorporated in the contract price without either party being aware of the errors before the contract is signed.[42]

Arbitrators.[43]   Although an arbitrator does not have power to make a binding award as to the initial existence of the agreement from which his jurisdiction derives,[44] he may have jurisdiction to grant rectification of the agreement if the terms of the arbitration agreement are construed to be wide enough. In *Ashville Investments v. Elmer Construction*,[45] the Court of Appeal held that a claim for rectification was within the jurisdiction of an arbitrator appointed under clause 35 of the 1963 Standard Form of Building Contract.[46] But the claim for rectification was not a dispute or difference "as to the construction of this contract".[47] Claims for rectification do not arise

---

[41] *Thomas Bates Ltd v. Wyndham's Ltd* [1981] 1 W.L.R. 505 at 515 (C.A.).
[42] *Riverlate Properties Ltd v. Paul* [1975] Ch. 133 (C.A.); *Ewing & Lawson v. Hanbury & Co.* (1900) 16 T.L.R. 140; *Kinlen v. Ennis U.D.C.* [1916] 2 I.R. 299 and 309 (H.L.); *cf. Webster v. Cecil* (1861) 30 Beav. 62.
[43] For Arbitration generally, see Chap. 16.
[44] *Heyman v. Darwins* [1942] A.C. 356 at 366 (H.L.); *Ashville Investments v. Elmer Construction* [1989] Q.B. 488 (C.A.). See also p. 426.
[45] [1989] Q.B. 488 (C.A.). See also the cases referred to in the judgments in the *Ashville Investments* case and also *Overseas Union Mutual v. A.A. Mutual* [1988] 2 Lloyd's Rep. 63 at 70.
[46] *cf. Kathmer Investments v. Woolworths* [1970] 2 S.A.L.R. 498 (Supreme Court of South Africa). For the equivalent clause in the 1980 Standard Form of Building Contract, see clause 41.4 on p. 758 where there is an express power to rectify the contract so that it accurately reflects the true agreement between the parties.
[47] *Ashville Investments v. Elmer Contractors* [1989] Q.B. 488 at 503 (C.A.).

Chapter 11—Rectification

"under" a principal contract,[48] but rectification will be within the scope of an arbitration clause which empowers the arbitrator to decide disputes "arising out of" the contract.[49] It is not clear whether, where the initial existence of the agreement is not in doubt, an arbitrator would have power to entertain a claim for rectification of the arbitration clause itself.[50]

Checking the bills of quantities. It is common practice for the employer or his agent, *e.g.* the quantity surveyor, to check the calculations in the priced bills of quantities of the successful tenderer before a contract is finally concluded. If the employer discovers arithmetical errors[51] operating against the contractor's interest but these errors remain and are incorporated into the contract price, is the contractor entitled to rectification? The answer requires the application of the principles set out above to the facts of each case, but as a guide the following approach is suggested:

(i) If the errors are clearly brought to the attention of the contractor and he decides to keep to his tender price and conditions, there cannot be rectification as there is no mistake.

(ii) If, in addition to the facts in (i) above, the parties agree upon some alteration in the tender price or upon some other alteration in the suggested terms of contract, *e.g.* as to calculation of prices for variations but by mistake the contract does not express these agreed alterations, then upon the agreement being clearly proved there can be rectification.[52]

(iii) If errors are not brought to the attention of the contractor and he, ignorant of them, signs the contract, proof of these facts alone does not, it is submitted, give the contractor grounds for rectification,[53] but if the contractor proves clearly[54] that at the time of entering into the contract he believed the contract price to consist of the true totals of the properly calculated prices in the bills and that the employer at that time knew of the contractor's belief there can be rectification.[55]

---

[48] *Ashville Investments v. Elmer Contractors* [1989] Q.B. 488 at 502 (C.A.); *Fillite v. Aqua-Lift* (1989) 45 B.L.R. 27 (C.A.).
[49] See *Ethiopian Oilseeds v. Rio del Mar* [1990] 1 Lloyd's Rep. 86.
[50] It is suggested that he would not. See May L.J. in *Ashville Investments v. Elmer Contractors* [1989] Q.B. 488 at 499 (C.A.) suggesting that in some cases an arbitrator should not be invited to adjudicate upon his own jurisdiction.
[51] See *A Code of Procedure for Single Stage Selective Tendering* (April 1989) obtainable from the National Joint Consultative Committee for Building for the recommended procedure.
[52] See *Carlton Contractors v. Bexley Corp.* (1962) 60 L.G.R. 331.
[53] Neither do they give him a right to damages in fraud, see *Dutton v. Louth Corp.* (1955) unreported, except in (1955) 116 E.G. 128 (C.A.), discussed p. 132. For the importance of the distinction between lump sum contracts and measure and value contracts, see pp. 74 and 82. For the effect of pricing errors on valuation of variations, see p. 92. For misrepresentation, see pp. 128 *et seq.*
[54] For the standard of proof, see p. 289.
[55] See *Riverlate Properties Ltd v. Paul* [1975] Ch. 133 (C.A.); *Thomas Bates Ltd v. Wyndham's Ltd* [1981] 1 W.L.R. 505 at 516 (C.A.); *The "Nai Genova"* [1984] 1 Lloyd's Rep. 353 at 360 *et seq.* (C.A.).

5. SPECIFIC PERFORMANCE

Specific performance is a decree issued by the court ordering the defendant to perform his promise. It is an equitable remedy granted by the court in its discretion, such discretion being exercised according to well-established principles. Thus the court will not grant a decree where the common law remedy of damages will adequately compensate the plaintiff, nor where the court cannot properly supervise performance. For these reasons "it is settled that, as a general rule, the court will not compel the building of houses".[56] Thus the court does not often order specific performance of a contract to build or do repairs but it has jurisdiction to do so and sometimes does.[57]

Building agreement. Where there is a purchase or lease of land and an agreement to carry out building works forms part of the consideration on one side or the other the court will order specific performance of the agreement to build if the following conditions are satisfied:

(a) "that the building work ... is defined by contract; that is to say that the particulars of the work are so far definitely ascertained that the court can sufficiently see what is the exact nature of the work of which it is asked to order the performance."[58]

(b) "that the plaintiff has a substantial interest in having the contract performed which is of such a nature that he cannot adequately be compensated for breach of the contract by damages."[59]

(c) "that the defendant is in possession of the land on which the work is contracted to be done."[60]

Building contract—special circumstances. It is suggested that there may be special circumstances, even in the case of the ordinary building contract where there is no element of a transaction in land, where specific performance would be granted. The works would have to be exactly defined,[61] the defendant capable of carrying them out and damages an inadequate remedy. The position might arise in relation to specialised works when no other contractor is available to perform them.[62]

---

[56] Sir G. Mellish L.J. in *Wilkinson v. Clements* (1872) L.R. 8 Ch. 96 at 112.
[57] *Price v. Strange* [1978] 1 Ch. 337 at 359 (C.A.); *cf. Hounslow L.B.C. v. Twickenham Garden Developments* [1971] Ch. 233 at 251.
[58] Romer L.J. in *Wolverhampton Corp. v. Emmons* [1901] 1 K.B. 515 at 525 (C.A.). See also *Molyneux v. Richard* [1906] 1 Ch. 34.
[59] *ibid.*
[60] Farwell J. in *Carpenters Estates Ltd v. Davies* [1940] Ch. 160 at 164, extending the words of Romer L.J. in the *Wolverhampton* case, who said "that the defendant has by the contract obtained possession of land".
[61] See cases cited above; *Morris v. Redland Brick Ltd* [1970] A.C. 652 (H.L.); *Jeune v. Queens Cross Properties Ltd* [1974] 1 Ch. 97—order requiring landlord to reinstate stone balcony.
[62] *cf. Sky Petroleum Ltd v. VIP Petroleum Ltd* [1974] 1 W.L.R. 576—contract for supply of petrol enforced at time when other supplies might not be available.

6. INJUNCTION

The equitable remedy of an injunction ordering a person to do something or restraining him from continuing a wrong is not normally granted in building contracts as between employer and contractor for the same reasons that a decree of specific performance is not granted.[63] On the other hand, injunctions are sometimes granted to third parties to restrain trespass[64] or nuisance caused by building operations,[65] to require reinstatement of damage caused by trespass,[65a] or to enforce certain financial obligations of modern building contracts.[66] A claim to an interlocutory injunction under s. 37(1) of the Supreme Court Act 1981 is incidental to and dependent on the enforcement of a substantive right and cannot exist in isolation.[67]

Injunction to enforce disputed forfeiture. In *Hounslow London Borough Council v. Twickenham Garden Developments*,[68] Megarry J. refused an injunction whose effect would have been to exclude the contractor from the site. Notice of determination had been served under clause 25(1) of the 1963 Standard Form of Building Contract based on the alleged failure of the contractor "to proceed regularly and diligently with the works". The allegation was hotly disputed by the contractor and there were affidavits before the court upon the issues of fact. It was held that the case fell considerably short of any standard upon which it would be safe to grant an interlocutory injunction for "what is involved is the application of an uncertain concept to disputed facts".[69] Despite the importance to the Borough on social grounds of securing due completion of the works there was a contract in existence and the contractors were not to be stripped of their rights under it however desirable that might be for the Borough. An earlier Irish case[70] was distinguished upon the ground that there the engineer's certificate of default had been conclusive whereas in the instant case the architect's opinion was not.[71]

---

[63] For the principles upon which mandatory injunctions are granted, see *Morris v. Redland Brick Ltd* [1970] A.C. 652 (H.L.); *cf. Leakey v. National Trust* [1978] Q.B. 849 at 869; *Taylor Woodrow Construction v. Charcon Structures* (1982) 7 Con.L.R. 1 (C.A.); *London and Manchester Assurance v. O. and H. Construction* (1990) 6 Const.L.J. 155. For injunctions generally, see the notes to R.S.C., Ord. 29, r. 1 in *The Supreme Court Practice* 1995. For injunctions under s. 12(6)(h) of the Arbitration Act 1950, see "Interim injunction" on p. 456. For *Mareva* injunctions to prevent the dissipation of assets, see *The Supreme Court Practice* 1995 at 29/1/20 *et seq.*
[64] See *London and Manchester Assurance v. O. and H. Construction* (1990) 6 Const.L.J. 155.
[65] See generally "Nuisance from building operations" on p. 280.
[65a] See *Jordan v. Norfolk County Council* [1994] 1 W.L.R. 1353.
[66] See the Commentary to clause 30.5.1 of the Standard Form of Building Contract on p. 689 and the cases there cited.
[67] *Channel Tunnel Group v. Balfour Beatty* [1993] A.C. 334 (H.L.). The substantive right is usually a cause of action but need not be a claim for relief to be granted by an English court.
[68] [1971] Ch. 233; *cf. Verrall v. Great Yarmouth Borough Council* [1981] Q.B. 202 (C.A.).
[69] *Hounslow London Borough Council v. Twickenham Garden Developments* [1971] Ch. 233 at 269.
[70] *Cork Corporation v. Rooney* (1881) 7 L.R.Ir. 191.
[71] The *Hounslow* case was not followed in *Mayfield Holdings v. Moana Reef* [1973] 1 N.Z.L.R.

The *Hounslow* case was decided at a time when it was generally accepted that before a plaintiff could obtain an interim injunction he had to show a *prima facie* case in his favour.[72] Subsequently the House of Lords in *American Cyanamid Co. v. Ethicon Ltd*[73] held that there is no such rule and that it is sufficient in the first instance for the plaintiff to show that there is a serious issue to be tried.[74] The court then considers damages. If they are an adequate remedy for the plaintiff an injunction is not granted. If they are inadequate and the defendant would be protected against the effect of an injunction by the plaintiff's undertaking as to damages[75] then it becomes a question of the balance of convenience whether or not an injunction should be granted. The court takes into account the parties' ability to pay damages.[76]

Having regard to the *Cyanamid* case, it is submitted that, on the facts in the *Hounslow* case, and assuming that all contractual requirements as to notices and the like have been complied with, an injunction would now be granted.[77] The contractor would be protected by the undertaking in damages. The injunction would enable the employer to complete his project. Where an employer had served notice under clause 63 of the I.C.E. Conditions (5th edition) expelling the contractor from the site, the contractor who challenged the contractual effectiveness of the expulsion failed to obtain an injunction restraining its implementation. It was held that the balance of convenience strongly favoured the court supporting the Engineer's decision.[78] The position might be different if it appears that the employer is, or might be, unable to fulfil his undertaking in damages. But even here it does seem a

---

309 (Supreme Court, Auckland) nor in Victoria—see *Chermar Productions v. Prestest* (1991) 7 B.C.L. 46; (1992) 8 Const.L.J. 44 (Supreme Court of Victoria). In a New South Wales case after disputes arose, the owner secured possession of the site and wrote revoking the contractor's licence to be upon the site. Notice of arbitration was given. It was held that, on the assumption that the revocation was wrongful, an injunction would not be granted to the builder since damages would be a sufficient remedy—*Graham H. Roberts Pty. Ltd v. Naurbeth Investments Pty. Ltd* [1974] 1 N.S.W.L.R. 93.

[72] See *Fellowes v. Fisher* [1976] Q.B. 122 (C.A.).

[73] [1975] A.C. 396; *cf. Garden Cottage Foods v. Milk Marketing Board* [1984] A.C. 130 (H.L.); *R. v. Secretary of State for Transport. ex parte Factortame Ltd* [1991] 1 A.C. 603 (ECJ and H.L.).

[74] If, however, it will not be possible to hold a trial before the period for which the plaintiff claims to be entitled to an injunction has expired, or substantially expired, it is proper to take into account the plaintiff's prospects of success in the substantive trial—see *Lansing Linde Ltd v. Kerr* [1991] 1 W.L.R. 251 (C.A.); *Lawrence David v. Ashton* [1991] 1 All E.R. 385 at 395 (C.A.).

[75] The plaintiff as a condition of obtaining an interim injunction has to give an undertaking to pay to the defendant his damages suffered by the grant of the injunction if the defendant ultimately succeeds. See para. 29/1/12 of *The Supreme Court Practice* 1995, and for the position of the Crown see *Hoffmann-La Roche (F.) & Co. A.G. v. Secretary of State for Trade and Industry* [1975] A.C. 295 (H.L.).

[76] *American Cyanamid Co. v. Ethicon Ltd* [1975] A.C. 396; *Fellowes v. Fisher* [1976] Q.B. 122 (C.A.); *Hubbard v. Pitt* [1976] Q.B. 142 (C.A.).

[77] In *American Cyanamid Co. v. Ethicon Ltd* [1975] A.C. 396 the *status quo* was protected by the grant of an interim injunction and that would not be the instant case. Nevertheless, it is thought that the principle stated in the text would apply; *cf. Surrey Heath B.C. v. Lovell Construction* (1988) 42 B.L.R. 25 at 51.

[78] *Tara Civil Engineering v. Moorfield Developments* (1989) 46 B.L.R. 72; *cf. A.-G. of Hong Kong v. Ko Hon Mau* (1988) 44 B.L.R. 144 (Hong Kong Court of Appeal).

strong step to maintain the contractor in possession for an indefinite period. This achieves a kind of contractor's lien on land such as exists by statute in some jurisdictions,[79] but not in England and Wales.

No injunction restraining forfeiture. It is thought that the *American Cyanamid* case does not affect the principle that in the ordinary case the contractor cannot obtain an injunction restraining forfeiture by the employer, because this would be equivalent to ordering specific performance of the contract and the court does not normally grant this remedy in the case of a building contract.[80] The contractor can be adequately compensated in damages for any wrongful forfeiture.[81]

Injunction in aid of the criminal law. There is jurisdiction to grant such an injunction but it is invoked exceptionally and with great caution. But the court may, for instance, grant an injunction to restrain contravention of the Control of Pollution Act 1974 by excessive noise on a building site where the inference is that unlawful operations would continue unless and until effectively restrained by the law and that nothing short of an injunction would be effective.[82]

---

[79] *e.g.* Ontario: Construction Lien legislation.
[80] *Garrett v. Banstead and Epsom Downs Railway* (1864) 12 L.T. 654; *Munro v. Wivenhoe, etc., Railway* (1865) 12 L.T. 655; *Tara Civil Engineering v. Moorfield Developments* (1989) 46 B.L.R. 72; *cf. Foster & Dicksee v. Hastings Corporation* (1903) 87 L.T. 736—interim injunction granted pending arbitration on whether forfeiture justified; *Garrett v. Salisbury, etc., Railway* (1866) L.R. 2 Eq. 358.
[81] *Munro v. Wivenhoe, etc., Railway* (1865) 12 L.T. 655 at 657, and see the cases cited in n.76 above. For the measure of damages, see p. 225.
[82] *City of London Corporation v. Bovis Construction* (1988) 49 B.L.R. 1 (C.A.).

CHAPTER 12

ASSIGNMENTS, SUBSTITUTED CONTRACTS AND SUBCONTRACTS

		Page
1.	Assignments	296
	(a) *Assignment by contractor of burden*	296
	(b) *Assignment by contractor of benefit*	298
	(c) *Assignment by employer of burden*	304
	(d) *Assignment by employer of benefit*	305
2.	Substituted Contracts	307
3.	Subcontractors	307
	(a) *Liability for subcontractors*	307
	(b) *Relationship between subcontractors and employer*	308
	(c) *Prime cost and provisional sums*	311
4.	Nominated Subcontractors and Nominated Suppliers	311
	(a) *Delay in nomination*	312
	(b) *Problems inherent in nomination*	312
	(c) *Express terms of main contract*	313
	(d) *Implied terms of main contract*	314
	(e) *Repudiation by nominated subcontractor*	317
	(f) *Protection of employer*	319
5.	Relationship Between Subcontractor and Main Contractor	320

1. ASSIGNMENTS

In considering assignments it is essential to distinguish between the benefit and the burden of a contract. In the normal building contract the burden on the contractor is the duty to complete the works, and his benefit is the right to receive the contract money when it falls due. The burden on the employer is the duty to pay such money, and the benefit is the right to have the works completed.

(a) Assignment by contractor of burden

It is a general principle that the burden of a contract cannot be assigned without the consent of the other party. Therefore the contractor cannot assign his liability to complete.[1] "A debtor cannot relieve himself of his

---

[1] *Nokes v. Doncaster Amalgamated Collieries Ltd* [1940] A.C. 1014 (H.L.).

liability to his creditor by assigning the burden of the obligation to someone else. This can only be brought about by the consent of all three, and involves the release of the original debtor."[2] In substance, therefore, there has to be a novation.

Novation. A novation is a tripartite agreement by which an existing contract between A and B is discharged and a fresh contract is made between A and C usually on the same terms as the first contract. If by agreement with the employer the contractor ceases to be liable and a fresh contractor takes his place, there is a novation and not an assignment.[3] Thus there is a novation where the contractor is a firm but a limited company is formed which takes over the contractor's business and the employer accepts the company in place of the original firm.[4]

Vicarious performance. In some cases a contractor is entitled to secure the vicarious performance of his obligations while remaining liable for non-performance himself.[5] The leading case is *British Waggon Co. v. Lea*.[6] The Parkgate Co., which was under a contract to Lea to keep certain railway wagons in repair for a number of years, went into liquidation[7] and assigned its contract (*i.e.* both benefit and burden) to the British Waggon Co. It was held that Lea could not refuse to accept performance of the contract by the British Waggon Co. This case has been explained by Lord Simon in the House of Lords where he said[8]:

> "I may add that a possible confusion may arise from the use of the word 'assignability' in discussing some of the cases usually cited on this subject. Thus in *British Waggon Co. v. Lea* the real point of the decision was that the contract which the Parkgate company had made with Lea for the repair of certain wagons did not call for the repairs being necessarily effected by the Parkgate company itself, but could be adequately performed by the Parkgate company arranging with the British Waggon company that the latter should execute the repairs. Such a result does not depend on assignment at all. It depends on the view that the contract of repair was duly discharged by the Parkgate company by getting the repairs satisfactorily effected by a third party. In other words, the contract bound

---

[2] Collins M.R. in *Tolhurst v. Associated Portland Cement* [1902] 2 K.B. 660 at 668 (C.A.).
[3] See *Commercial Bank of Tasmania v. Jones* [1893] A.C. 313 (P.C.); see also *Chatsworth Investments Ltd v. Cussins (Contractors) Ltd* [1969] 1 W.L.R. 1 at 4 and 6 (C.A.).
[4] As in *Chandler Bros v. Boswell* [1936] 3 All E.R. 179 at 183 (C.A.).
[5] *Nokes v. Doncaster Amalgamated Collieries Ltd* [1940] A.C. 1014 (H.L.); *Davies v. Collins* [1945] 1 All E.R. 247 at 249 (C.A.). For a shipbuilding case see *The "Diana Prosperity"* [1976] 2 Lloyd's Rep. 60 (C.A.) upheld on appeal at [1976] 1 W.L.R. 989 (H.L.).
[6] (1880) 5 Q.B.D. 149 (D.C.).
[7] It was not dissolved at the time of trial. See Cockburn C.J. at p. 151.
[8] *Nokes v. Doncaster Amalgamated Collieries Ltd* [1940] A.C. 1014 at 1019 (H.L.).

the Parkgate company to produce a result, not necessarily by its own efforts, but, if it preferred, by vicarious performance through a subcontract or otherwise."

It is a matter of construction of the contract whether or not the contractor has the right of securing vicarious performance.[9] He has the right where it is a matter of indifference whose hand should do the work,[10] as in the *British Waggon* case, where the repairs were "a rough description of work which ordinary workmen conversant with the business would be perfectly able to execute".[11] If the employer acquiesces in vicarious performance he may lose the right to any objection he might otherwise possess.[12]

The contractor does not have the right of performing by another if, either there is a prohibition in the contract,[13] or there is some personal element in his obligation. The contract can be personal in this sense if it was made with the contractor because of his skill or special knowledge,[14] or because of his personality or character.[15] A contract to build a lighthouse was held to be personal,[16] and clearly most contracts of a specialist nature are personal. It is submitted that with large contracts involving great experience of site management and the appointment of men to positions of authority and other managerial duties, the administrative duties of the main contractor are personal.[17]

Some contractual obligations may be personal, but others arising out of the same contract may be performed vicariously. A contract may be construed as imposing personal obligations even though the nominal contracting party is a £100 company.[18]

(b) Assignment by contractor of benefit

It is common for a contractor to assign the retention money or other sums due under the contract in order to secure advances from merchants, bankers and others. The assent of the employer to such assignments is not necessary

---

[9] *Davies v. Collins* [1945] 1 All E.R. 247 at 249 (C.A.); and see *Tolhurst v. Associated Portland Cement Manufacturers Ltd* [1903] A.C. 414 (H.L.), explained at p. 1020 of *Nokes'* case by Lord Simon.
[10] *Davies v. Collins* [1945] 1 All E.R. 247 (C.A.).
[11] *British Waggon* case at p. 153.
[12] *Falle v. Le Sueur & Le Huguel* (1859) 12 Moore P.C.C. 501 (P.C.).
[13] See, *e.g.* clause 19 of the Standard Form of Building Contract on p. 598.
[14] *Robson v. Drummond* (1831) 2 B. & Ad. 303 (an extreme case; see *British Waggon Co. v. Lea* (1880) 5 Q.B.D. 149 at 153); *Wentworth v. Cock* (1839) 10 A. & E. 42 at 45; *Knight v. Burgess* (1864) 33 L.J.Ch. 727; *Johnson v. Raylton* (1881) 7 Q.B.D. 438 (C.A.); *Davies v. Collins* [1945] 1 All E.R. 247 (C.A.); *Edwards v. Newland & Co.* [1950] 2 K.B. 534 (C.A.); *Kollerich v. State Trading* [1980] 2 Lloyd's Rep. 32 (C.A.); *Southway Group v. Wolff* (1991) 57 B.L.R. 33 (C.A.).
[15] See *Kemp v. Baerselman* [1906] 2 K.B. 604 (C.A.); *Cooper v. Micklefield Coal & Lime Co.* (1912) 107 L.T. 457.
[16] Anon., cited by Patteson J. in *Wentworth v. Cock* (1839) 10 A. & E. 42 at 45.
[17] *cf. Edwards v. Newland & Co.* [1950] 2 K.B. 534 at 542 (C.A.).
[18] *Southway Group v. Wolff* (1991) 57 B.L.R. 33 (C.A.).

and if after notice he ignores the assignment and pays the money to the contractor he will have to pay the money again to the assignee.[19] If, however, the contract under which the money is payable expressly prohibits the assignment of the right to receive it, any purported assignment will be invalid and the assignee cannot enforce a claim for such monies against the employer.[20] A subcontract which permitted the subcontractor to assign sums payable under the subcontract but otherwise prohibited assignment of the benefit of the subcontract was held not to permit assignment of the right to arbitrate under the discrete arbitration clause.[21]

Such assignments may be legal or equitable. The main difference is that under a legal assignment the assignee can sue in his own name for the money assigned, whereas under an equitable assignment the assignee must sue in the name of the assignor or, if he refuses to be joined as plaintiff, must add him as defendant. The difference is therefore in the main a matter of procedure.[22] It seems, however, that if an equitable assignee commences an action without joining the assignor, the action is not a nullity, although the equitable assignee cannot recover damages or a perpetual injunction until the assignor has been joined and the action will be stayed pending joinder.[23] The court can overlook non-joinder of the assignor, if no objection is taken,[24] but if any objection is raised it will dismiss the claim of an equitable assignee who does not bring the assignor before the court.[25]

An assignment of part of a debt or legal thing in action is merely an equitable assignment and is not effective to transfer the legal right.[26] If the assignor of part of a debt sues his debtor for the debt, he must join the assignee in the proceedings before he can recover the debt or even that part of it which was not assigned.[27]

Legal assignment. A legal assignment derives its authority from section 136 of the Law of Property Act 1925. It must be absolute,[28] in writing, and

---

[19] *Brice v. Bannister* (1878) 3 Q.B.D. 569 (C.A.). This applies whether the assignment is legal or equitable. For a discussion of clause 19 of the Standard Form of Building Contract, see p. 601.
[20] *Linden Gardens v. Lenesta Sludge Disposals* [1994] 1 A.C. 85 (H.L.); *Helstan Securities Ltd v. Herts C.C.* [1978] 3 All E.R. 262.
[21] *Herkules Piling v. Tilbury Construction* (1992) 61 B.L.R. 107.
[22] *Tolhurst v. Associated Portland Cement Manufacturers Ltd* [1903] A.C. 414 (H.L.). For procedure when seeking summary judgment on an assignment, see *Les Fils Dreyfus, etc. v. Clarke* [1958] 1 W.L.R. 300 (C.A.).
[23] *Weddell v. Pearce & Major* [1988] Ch. 26. This could affect questions of limitation as it did in *Weddell's* case.
[24] *Brandt's Sons & Co. v. Dunlop Rubber Co.* [1905] A.C. 454 (H.L.); *cf. Central Insurance v. Seacalf Shipping* [1983] 2 Lloyd's Rep. 25 at 34 (C.A.).
[25] *William v. Atlantic Assurance Co. Ltd* [1933] 1 K.B. 81 (C.A.).
[26] *ibid.*
[27] *Walter & Sullivan Ltd v. J. Murphy & Sons Ltd* [1955] 2 Q.B. 584 (C.A.).
[28] For examples of assignments which were not absolute, see *The Halcyon the Great* [1984] 1 Lloyd's Rep. 283; *Herkules Piling v. Tilbury Construction* (1992) 61 B.L.R. 107.

express notice in writing[29] of the assignment must be given to the debtor.[30] In such a case the assignee can sue in his own name for the debt or thing in action assigned and has all legal and other remedies for the same and can give a good discharge without the concurrence of the assignor.[31]

An assignment of retention money or instalments earned, but not payable at the date of assignment, is absolute and within the section.[32] An assignment of unearned instalments is good in equity, and may, if it is of a definite sum, be good at law.[33]

A mortgage of all moneys due or to become due by way of security for advances is absolute and within the section.[34] In such a case there will either be an express right of redemption by the mortgagor[35] (*i.e.* the contractor), or such a right will be implied by equity.[36] But where contractors charged the sum of £1,080 due to them under a contract as security for advances until such advances were repaid, this was held to be a conditional assignment and not within the section, though it was a good equitable assignment.[37]

The assignment of part of an entire debt is not within the section. Therefore if no provision is made in the contract for the payment of instalments or for retention money the contractor cannot make a legal assignment of part of the contract sum.[38]

Equitable assignment. An equitable assignment usually arises where there is a clear intention to assign a debt or other thing in action but one of the requirements of section 136 of the Law of Property Act 1925 has not been

---

[29] Some kind of formal notification is required—see *Herkules Piling v. Tilbury Construction* (1992) 61 B.L.R. 107 where disclosure of an assignment upon discovery in arbitration proceedings was held to be insufficient. See, *e.g. Gatoil Anstalt v. Omennial* [1980] 2 Lloyd's Rep. 489 for a case where a suspensory notice was held not to be within the section.
[30] s. 136(1)—"Any absolute assignment by writing under the hand of the assignor (not purporting to be by way of charge only) of any debt or any other legal thing in action, of which express notice in writing has been given to the debtor, trustee or other person from whom the assignor would have been entitled to receive or claim such debt or thing in action, is effectual in law...."
[31] *ibid.*
[32] *G. & T. Earle (1925) Ltd v. Hemsworth R.D.C.* (1928) 140 L.T. 69 (C.A.).
[33] *G. & T. Earle (1925) Ltd v. Hemsworth R.D.C.* (1928) 140 L.T. 69 at 71 (C.A.); *Walker v. Bradford Old Bank* (1884) 12 Q.B.D. 511; *Jones v. Humphreys* [1902] 1 K.B. 10 at 13; *Re Tout and Finch* [1954] 1 W.L.R. 178; *cf. Brice v. Bannister* (1878) 3 Q.B.D. 569 (C.A.); *Durham Bros v. Robertson* [1898] 1 Q.B. 765 (C.A.); *Drew v. Josolyne* (1887) 18 Q.B.D. 590 (C.A.); *Rayack Construction v. Lampeter Meat* (1979) 12 B.L.R. 30; *Re Arthur Sanders Ltd* (1981) 17 B.L.R. 125; *cf. Re Jartay Developments Ltd* (1982) 22 B.L.R. 134; *Mac-Jordan Construction v. Brookmount Erostin* (1991) 56 B.L.R. 1 (C.A.).
[34] *Tancred v. Delagoa Bay, etc., Railway* (1889) 23 Q.B.D. 239.
[35] *ibid.*
[36] As in *Hughes v. Pump House Hotel Co.* [1902] 2 K.B. 190 (C.A.).
[37] *Durham Bros. v. Robertson* [1898] 1 Q.B. 765 (C.A.).
[38] *Williams v. Atlantic Assurance Co.* [1933] 1 K.B. 81 (C.A.), though it would be good as an equitable assignment.

satisfied. Except that an equitable assignment of an equitable interest must be in writing,[39] no particular form is required provided the meaning is clear,[40] and a clearly defined fund is specified.[41] Thus it was held that clause 11(h) of the former Standard Form of Subcontract[42] operated as a valid equitable assignment to the subcontractor of that part of the retention money held by the employer under the main contract which was due to the subcontractor under the subcontract thereby creating a trust in favour of the subcontractor.[43] And a letter by the main contractor (a limited company) to the employer directing him to pay direct to the subcontractor a sum of money out of the next certificate to be issued was held to be a valid equitable assignment, and not void as against the receiver of the debenture-holders of the main contractor as being an unregistered charge within the meaning of section 79[44] of the Companies Act 1929.[45]

An equitable assignment can be of future property,[46] and it need not be absolute but may be by way of a charge.[47] But a charge within section 396 of the Companies Act 1985 created by a company will be void against the liquidator and any creditor of the company if it is not duly registered.[48]

Notice to the employer. Written notice to the debtor of the assignment is

---

[39] See s. 53(1)(c) of the Law of Property Act 1925.
[40] *Brandt's Sons & Co. v. Dunlop Rubber Co.* [1905] A.C. 454 at 462 (H.L.); *cf. Re McArdle* [1951] Ch. 669 (C.A.); *South East Thames R.H.A. v. Lovell* (1985) 32 B.L.R. 127 at 134 *cf. Kijowski v. New Capital Properties* (1987) 15 Con.L.R. 1 at 8.
[41] *Percival v. Dunn* (1885) 29 Ch.D. 128; *cf. Re Warren, ex p. Wheeler* [1938] Ch. 725 (D.C.).
[42] Reproduced on p. 591 of the 4th edition of this book.
[43] *Re Tout and Finch* [1954] 1 W.L.R. 178; *Rayack Construction v. Lampeter Meat* (1979) 12 B.L.R. 30; *Re Arthur Sanders Ltd* (1981) 17 B.L.R. 125; *cf. Re Jartay Developments Ltd* (1982) 22 B.L.R. 134. See now clause 4.22 of NSC/C on p. 859. For the possible effect of *British Eagle Ltd v. Air France* [1975] 1 W.L.R. 758 (H.L.) (discussed on p. 420) on cases such as these, see *Re Arthur Sanders Ltd* (1981) 17 B.L.R. 125 at 140; *Joo Yee Construction v. Diethelm Industries* (1991) 7 Const.L.J. 53 (High Court of Singapore); see also *Carreras Rothmans v. Freeman Mathews* [1985] Ch. 207. It has been held that the right in clause 30.5.1 of the Standard Form of Building Contract (see pp. 680 and 689) to have a retention fund set aside is not in the nature of a floating charge which would be void if it were not registered in accordance with section 395 of the Companies Act 1985—*Mac-Jordan Construction v. Brookmount Erostin* (1991) 56 B.L.R. 1 at 17 (C.A.). See also Peter McCartney, "The Status of Retention Funds in Insolvency" (1992) 8 Const.L.J. 360.
[44] Now s. 395 of the Companies Act 1985 for which see note below.
[45] *Ashby Warner & Co. Ltd v. Simmons* (1936) 155 L.T. 48(C.A.); *cf. Re Kent & Sussex Sawmills Ltd* [1947] Ch. 177; *Walter & Sullivan Ltd v. Murphy & Sons Ltd* [1955] 2 Q.B. 584 (C.A.); *In Re Welsh Irish Ferries Ltd* [1986] Ch. 471; *Annangel Glory v. M. Golodetz* [1988] 1 Lloyd's Rep. 45.
[46] *Tailby v. The Official Receiver* (1888) 13 App.Cas. 523 at 546 (H.L.); *Re Tout and Finch* [1954] 1 W.L.R. 178; *cf. Annangel Glory v. M. Golodetz* [1988] 1 Lloyd's Rep. 45 at 49.
[47] As in *Durham Bros v. Robertson* [1898] 1 Q.B. 765 (C.A.). For what was intended in a charge on "retention money", see *West Yorkshire Bank Ltd v. Isherwood Bros Ltd* (1912) 28 T.L.R. 593.
[48] s. 395 of the Companies Act 1985. This section will be amended when ss. 93 to 107 of the Companies Act 1989 are brought into force. The section which will then render an unregistered charge void will be amended s. 399 of the Companies Act 1985 and there will be other changes, *e.g.* in amended ss. 404 and 405.

necessary to perfect a legal assignment.[49] Such assignment is complete from the date on which the notice is received by the debtor.[50] It should bring to the notice of the debtor with reasonable certainty the fact of the assignment so as to prevent him paying the debt to the original creditor.[51]

Notice to the debtor is not essential to an equitable assignment but is advisable for several reasons. The assignee is bound by any payments the debtor makes to the assignor without notice of the assignment,[52] and by the rule in *Dearle v. Hall*[53] the priority of an assignee against other assignees depends not upon the dates of the assignment but upon the order of giving notice to the debtor.[54] An equitable assignee of a contractual option who has not given notice to the grantor of the option cannot exercise the option in his own name so as to bind the grantor.[55] An assignee does not automatically become a party to a pending arbitration on the assignment taking effect in equity. He must at least give notice to the other side and submit to the jurisdiction of the arbitrator.[56]

Consideration. Consideration is not necessary to support a legal assignment,[57] nor an equitable assignment which is absolute and of an existing debt.[58] Where an equitable assignment is conditional or by way of charge or of future property, consideration is, it seems, necessary.[59]

Subject to equities. An assignee, whether legal or equitable, takes subject to equities. This means "subject to all rights of set-off and other defences which were available against the assignor".[60] Thus the assignee of moneys due under the contract takes subject to any claim by the employer arising out of the contract such as for defective work or for damages for delay.[61] Other applications of the principle are given below.

The only exception to the rule that the assignee takes subject to equities is

---

[49] See above.
[50] *Holt v. Heatherfield Trust Ltd* [1942] 2 K.B. 1.
[51] *Van Lynn Developments Ltd v. Pelias Construction Co. Ltd* [1969] 1 Q.B. 607, 613 and 615 (C.A.); see also *W. F. Harrison & Co. Ltd v. Burke* [1956] 1 W.L.R. 419 (C.A.).
[52] *Stocks v. Dobson* (1853) 4 De G.M. & G. 11.
[53] (1828) 3 Russ. 1; cf. *Ellerman Lines v. Lancaster Maritime* [1980] 2 Lloyd's Rep. 497 at 503; *Rhodes v. Allied Dunbar* [1987] 1 W.L.R. 1703 at 1708 reversed on appeal on another point at [1989] 1 W.L.R. 800 (C.A.) and see 806.
[54] Cf. *Pfeiffer GmbH v. Arbuthnot Factors* [1988] 1 W.L.R. 150 at 163; *The Attika Hope* [1988] 1 Lloyd's Rep. 439.
[55] *Warner Bros. Records Inc. v. Rollgreen Ltd* [1976] Q.B. 430 (C.A.). See, however, *Chitty on Contracts* (27th ed.) Vol. 1, p. 955 at n.26.
[56] *Baytur S.A. v. Fingaro Holdings* [1992] Q.B. 610 (C.A.).
[57] *Re Westerton* [1919] 2 Ch. 104.
[58] *Holt v. Heatherfield Trust Ltd* [1942] 2 K.B. 1; *Re McArdle* [1951] Ch. 669 at 674 (C.A.).
[59] *Holt v. Heatherfield Trust Ltd* [1942] 2 K.B. 1; *Re McArdle* [1951] Ch. 669 (C.A.).
[60] James L.J. in *Roxburghe v. Cox* (1881) 17 Ch.D. 520 at 526 (C.A.). But this does not include rights against an intermediate assignee—*Banco Central v. Lingoss & Falce* [1980] 2 Lloyd's Rep. 266.
[61] *Young v. Kitchin* (1878) 3 Ex.D. 127; *Newfoundland Govt. v. Newfoundland Railway* (1888) 13 App.Cas. 199 (P.C.); cf. *Bank of Boston v. European Grain* [1989] A.C. 1056 at 1109 (H.L.).

"that after notice of an assignment of a chose in action,[62] the debtor cannot by payment or otherwise do anything to take away or diminish the rights of the assignee as they stood at the time of the notice".[63] Where, after notice, the employer advanced money to the contractor to enable him to complete, it was held that such advance could not be set off against the moneys assigned and he must pay the assignee.[64] It has been held that an employer could not set off a claim under a new contract with the contractor entered into after the notice of assignment, even though the new contract came into existence as the result of the exercise of an option in the original contract.[65] It was further held that although the employer, by an express clause in the original contract, was empowered to deduct or set off damages due from the contractor to the employer against any money due from the employer to the contractor, this did not enable him to set off claims arising out of concurrent and separate contracts.[66]

If an assignee of money due under a contract receives payment pursuant to the assignment, he will not normally be obliged to make repayment to the debtor, if repayment becomes due as between the assignor and the debtor under their contract. The liability to make such repayment remains with the assignor and the debtor has no claim against the assignee in restitution.[67]

Certificated completion. If the building contract requires a certificate of completion before the final balance is payable an assignee is in no better position than the contractor, and cannot therefore recover payment until the certificate has been issued.[68]

Forfeiture. An assignee takes subject to any right of the employer to forfeit or determine the contract, and if upon such forfeiture or determination the money assigned ceased to be payable by the employer the assignee will have no claim against the employer,[69] although he may, according to the terms of the assignment, have a claim for damages against the contractor.[70]

Fraud. Where a certificate for payment was obtained by fraud between the contractor and the architect, it was held that the assignees of retention

---

[62] *i.e.* a debt or thing in action.
[63] James L.J. in *Roxburghe v. Cox* (1881) 17 Ch.D. 520 at 526 (C.A.).
[64] *Brice v. Bannister* (1878) 3 Q.B.D. 569 (C.A.).
[65] *Re Asphaltic Wood Pavement Co., ex p. Lee and Chapman* (1885) 30 Ch.D. 216 (C.A.). This is of particular significance in insolvency: see Insolvency Act 1986, s. 323; *National Westminster Bank Ltd v. Halesowen, etc., Ltd* [1972] A.C. 785 esp. at p. 821 (H.L.); *cf. Willment Brothers v. North West Thames R.H.A.* (1984) 26 B.L.R. 51 (C.A.).
[66] *Re Asphaltic Wood Pavement Co., ex p. Lee and Chapman* (1885) 30 Ch.D. 216 (C.A.).
[67] *Pan Ocean Shipping v. Creditcorp* [1994] 1 W.L.R. 161 (H.L.).
[68] Lord Blackburn in *Lewis v. Hoare* (1881) 44 L.T. 66 at 67 (H.L.).
[69] *Tooth v. Hallett* (1869) L.R. 4 Ch.App. 242; *Drew v. Josolyne* (1887) 18 Q.B.D. 590 (C.A.).
[70] See *Humphreys v. James* (1850) 20 L.J.Ex. 88.

moneys due on the certificate, although innocent of the fraud, were in no better position than the contractor and the fraud was a good defence against them.[71] If the contract was induced by a fraudulent misrepresentation the employer can rescind the contract or set up the fraud as a defence to a claim by an assignee, but he cannot set off against an innocent assignee a claim for damages for the tort of deceit, for this is a personal claim against the wrongdoer.[72]

Employer cannot counterclaim. The employer's right against the assignee is limited to a set-off up to the amount of the claim. He cannot go beyond this and counterclaim against the assignee.[73]

Arbitration clause. Unless the subject-matter of the contract is such that it cannot be assigned,[74] it seems that the assignee of moneys due can enforce, and will be subject to, an arbitration clause in the contract.[75]

Rival claims. If there are rival claims to moneys due under the contract, either between assignor and assignee, or as a result of claims such as that of a trustee in bankruptcy, the employer should call upon the claimants to interplead, *i.e.* to commence a form of proceeding to determine to whom the money should be paid.[76] If the employer does this he will pay the right claimant and can normally recover his costs out of the moneys assigned. If he does not take this course and chooses to pay the wrong person he will have to pay twice over and may have to pay the costs of the successful claimant.[77]

(c) Assignment by employer of burden

The employer cannot without the contractor's assent assign the burden of the contract, *i.e.* the liability to pay the contract moneys.[78] If the contractor's

---

[71] *Wakefield and Barnsley Banking Co. v. Normanton Local Board* (1881) 44 L.T. 697 (C.A.).
[72] *Stoddart v. Union Trust Ltd* [1912] 1 K.B. 181 at 194 (C.A.). See commentary on this case, *Chitty on Contracts* (27th ed.), 19–040.
[73] *Young v. Kitchin* (1878) 3 Ex.D. 127; *Newfoundland Government v. Newfoundland Railway* (1888) 13 App.Cas. 199 (P.C.).
[74] See p. 299. See also *Glegg v. Bromley* [1912] 3 K.B. 474 (C.A.); *Compania Colombiana de Seguras v. Pacific Steam Navigation Co.* [1965] 1 Q.B. 101.
[75] *Shayler v. Woolf* [1946] Ch. 320 at 323 (C.A.); confining statement of Wright J. in *Cottage Club Estates Ltd v. Woodside Estates Co. (Amersham) Ltd* [1928] 2 K.B. 463 to its particular facts. See also *Aspell v. Seymour* [1929] W.N. 152 (C.A.); *Rumput (Panama) v. Islamic Republic of Iran shipping Lines* [1984] 2 Lloyd's Rep. 259 for a case under s. 1 of the Arbitration Act 1975; Mustill & Boyd, *Commercial Arbitration* (2nd ed.) pp. 137 *et seq.*
[76] s. 136(1) of the Law of Property Act 1925; this, it seems, applies only to legal assignments, but apart from the section the employer has a right to call for an interpleader issue where the assignment is equitable: R.S.C., Ord. 17; and see, *e.g. Drew v. Josolyne* (1887) 18 Q.B.D. 590 (C.A.).
[77] *G. & T. Earle (1925) Ltd v. Hemsworth R.D.C.* (1928) 140 L.T. 69 at 71 (C.A.). For an example in a company liquidation of a summons to determine the issue in the Chancery Division, see *Re Tout and Finch* [1954] 1 W.L.R. 178.
[78] *Tolhurst v. Associated Cement Ltd* [1903] A.C. 414 (H.L.).

consent is obtained there is a novation, and the original employer is released and a new one takes his place.[79]

(d) Assignment by employer of benefit

An employer can assign his rights under the contract provided that there is nothing of a personal nature about the rights,[80] and provided that the assignment in question is not precluded by the terms of the contract.[81] A clause providing that "The employer shall not without written consent of the contractor assign this contract" was construed to prohibit the assignment without consent of the benefit of the contract both in the sense of the right to future performance and the right to benefits accrued under the contract.[82]

Assignment of causes of action. It is a fundamental principle of English law that a person cannot assign a bare right to litigate, and such purported assignments are void.[83] This may occur where it is likely that the assignee may make a profit out of the litigation.[84] But if, looking at the totality of the transaction, the assignment is of a property right or interest, or if the assignee has a sufficient genuine commercial interest in taking the assignment and in enforcing it for his own benefit, there is no reason why the assignment should be struck down as an assignment of a bare cause of action.[85] It is thought that assignees of causes of action in building contract cases of the kind discussed below usually do have a sufficient genuine commercial interest.[86] But if the benefit to the assignee from the assignment of a right to litigate is disproportionate to the assignee's commercial interest, the assignment will fail.[87]

Assignment of warranties. Modern developers often dispose of newly-

---

[79] *Commercial Bank of Tasmania v. Jones* [1893] A.C. 313 (P.C.).
[80] *Kemp v. Baerselman* [1906] 2 K.B. 604 (C.A.); *Cooper v. Micklefield Coal & Lime Co.* (1912) 107 L.T. 457; *Tolhurst v. Associated Cement Ltd* [1903] A.C. 414 (H.L.); *Charlotte Thirty v. Croker* (1990) 24 Con.L.R. 46.
[81] See *Helstan Securities Ltd v. Herts C.C.* [1978] 3 All E.R. 262.
[82] *Linden Gardens v. Lenesta Sludge Disposals* [1994] 1 A.C. 85 (H.L.). See also Commentary to Clause 19.1 of the Standard Form of Building Contract on p. 601.
[83] For an analysis of the modern law of champerty in the context of road traffic claims, see *Giles v. Thompson* [1993] 2 W.L.R. 908 (H.L.).
[84] *Trendtex Trading v. Credit Suisse* [1982] A.C. 679 (H.L.); *cf. South East Thames R.H.A. v. Lovell* (1985) 32 B.L.R. 127 at 139.
[85] *Trendtex Trading v. Credit Suisse* [1982] A.C. 679 at 703 (H.L.); *Brownton v. Edward Moore Inbucon* [1985] 3 All E.R. 499 (C.A.); *cf. The Kelo* [1985] 2 Lloyd's Rep. 85 at 89.
[86] *cf. South East Thames R.H.A. v. Lovell* (1985) 32 B.L.R. 127; *Pickering v. Sogex Services* (1982) 20 B.L.R. 71.
[87] *Advanced Technology v. Cray Valley Products* (1992) 63 B.L.R. 59 (C.A.). The disproportion in this case was described as "massive" (on p. 74) and "absurd" (on p. 75), but no other guidance is given relating to the extent of disproportion necessary to negative a genuine commercial interest.

built properties to purchasers who want also to acquire the benefit of contractual rights which the developer has against builders, consultants or others. The various legal schemes for achieving this are often complicated. One means is to effect additional direct contracts with the purchaser, which may for safety need to be under seal and which will take effect according to their terms.[88] Another means often considered is for the developer to assign his contractual rights to the purchaser. Is this effective and, if it is, what losses can the assignee recover? Usually the sale will have been for full value and the main question is whether the defendant could successfully assert that, since the assignor has suffered no loss, the assignee has no more than a nominal claim. Put another way, can an assignee of contractual rights successfully attach his own losses to the assigned right? The answer may not be the same for both legal and equitable assignees.[89]

Where there is a legal assignment of the benefit of a contractual promise, an assignee who also has a sufficient interest in the building can claim such loss as the assignor could have claimed but for the assignment, this question to be determined by the application of normal *Hadley v. Baxendale* principles.[90] Thus the assignee can claim the cost of rectifying defects to the building caused by breach of the assigned right and may be able to claim other losses provided that they are of a class of loss which the assignor could have claimed. The assignee can claim losses which the assignor could, but for the assignment, have claimed on behalf of the assignee.[91] It is submitted, but with caution, that the same principle can apply to an equitable assignment of

---

[88] See, *e.g. Hill Samuel v. Frederick Brand Partnership* (1994) 10 Const.L.J. 72 where consultants entered into "duty of care" letters which were contractually effective but their terms did not on the facts sustain the purchaser's claim.

[89] This may be of particular significance with large developments where the developer sells to more than one purchaser, since the assignment of part of a right can only be an equitable assignment—see p. 299.

[90] *Linden Gardens v. Lenesta Sludge Disposals* (1992) 57 B.L.R. 57 at 80 (C.A.)—the case subsequently went to the House of Lords at [1993] 3 W.L.R. 408 where this point was not addressed—where Staughton L.J. said that, where the assignment is of a cause of action for damages, the assignee can recover no more than the assignor could have recovered if there had been no assignment and if the building had not been transferred to the assignee; *Darlington B.C. v. Wiltshier Northern Ltd* (1994) 69 B.L.R. 1 (C.A.); *cf. Dawson v. Great Northern and City Railway* [1905] 1 K.B. 260 (C.A.)—a claim for statutory compensation—where the assignee plaintiff recovered the reinstatement cost for structural damage on the basis that the assignment did not place any greater burden on the defendants than if the claim had been made by the assignor. She did not recover for damage to her trade stock because she could not recover a greater amount of compensation than the assignor could have recovered. See also the majority decision in *Tolhurst v. Associated Portland Cement* [1903] A.C. 414 (H.L.)— especially Lord Lindley at 423, "The Imperial Company could not by alienation or otherwise increase the burdens which Mr Tolhurst undertook to bear. But this is the only limit which I can find in the present case". *cf. Cromlech Property Co. v. Costain Construction* (1986) 10 Con.L.R. 110. See also John Cartwright, (1990) 6 Const.L.J. at 14 and (1993) 9 Const.L.J. 281. For assigned rights in *tort*, see *Cole-Hamilton v. Boyd* [1963] S.C. (H.L.) 1; *Perry v. Tendring D.C.* (1984) 30 B.L.R. 118 at 143; *R. L. Polk v. Edwin Hill & Partners* (1988) 41 B.L.R. 84; *cf. J. E. Warner v. Basildon Development Corporation* (1989) C.I.L.L. 484; s. 3 of the Latent Damage Act 1986; G. Robertson, "Defective Premises and Subsequent Purchasers" (1983) 99 L.Q.R. at 559. For *Hadley v. Baxendale* (1854) 9 Ex. 341 and see pp. 201 *et seq.*

[91] *Darlington B.C. v. Wiltshier Northern Ltd* (1994) 69 B.L.R. 1 (C.A.).

the benefit of a contractual promise. It may be that the assignee of a tortious right can recover no more than the assignor's actual loss.[92]

2. SUBSTITUTED CONTRACTS

If by agreement or because of forfeiture a new contractor is substituted for the original it is a question of construction how far the new contractor is subject to the liabilities of the original contractor. If the contract between the new contractor and the employer expressly or impliedly incorporates or refers to the original contract both contracts must be read together.[93] Thus a new contractor has been held liable in liquidated damages for delay caused by the original contractor.[94] In another case, where the events were similar, but the contracts were different, it was held that the liquidated damages clause applied only where the original contractor completed, and that the new contractor was not liable.[95]

When a new contractor is to take over uncompleted building works it is advisable to draw up a schedule showing exactly the work already carried out, including any authorised alterations, and specifying any defects. Preferably such schedule should be agreed and signed by the new contractor.

3. SUBCONTRACTORS

(a) Liability for subcontractors

The contractor, in the ordinary case and subject to any term to the contrary,[96] is liable to the employer for any default by the subcontractor in carrying out the terms of the main contract, for the contractor is merely securing the vicarious performance of his own obligations.[97]

"Or other approved". It has been held that a contractor who was required to obtain stone from "the X Co. or other approved firm" was not

---

[92] See the tort cases referred to in n.90. The problem is substantially affected by the effect on tortious claims of decisions culminating in *D. & F. Estates v. Church Commissioners* [1989] A.C. 177 (H.L.)—see generally Chap. 7. In tort, damage is an essential ingredient of the cause of action (as it is not in contract). Put simply, an assignee obviously could not attach his own injuries to an assignor's personal injury cause of action and it is thought that the same principle may apply to other sustainable claims in tort.

[93] *cf. Vigers, Sons & Co. v. Swindell* [1939] 3 All E.R. 590 at 594.

[94] *Re Yeadon Waterworks Co. v. Wright* (1895) 72 L.T. 832 (C.A.). The wording of both contracts should be carefully studied.

[95] *British Glanzstoff Manufacturing Co. Ltd v. General Accident, etc., Corporation Ltd*, 1912 S.C. 591; *affd.* [1913] A.C. 143 (H.L.); *Wood v. Tendring Rural Sanitary Authority* (1886) 3 T.L.R. 272.

[96] *e.g.* clause 25.4.7 of the Standard Form of Building Contract—extension of time for delay on the part of nominated subcontractors and nominated suppliers—see p. 636.

[97] See p. 297. For the default of nominated subcontractors and nominated suppliers, see p. 314.

entitled to extra payment when the employer refused permission to obtain cheaper stone from a supplier other than the X Co. The words "or other approved firm" were said to add nothing to the rights of the contractor. The employer's architect was not bound to act reasonably in withholding his consent for another firm, and did not have to give reasons for withholding such consent.[98] The principle that the architect, providing that he is acting honestly, has an absolute right to require performance by the named firm is, it is submitted, not confined to the use of materials.

(b) Relationship between subcontractors and employer[99]

A subcontractor who has entered into a contract with the main contractor to which the employer is not a party has no cause of action against the employer for the price of work done or goods supplied under his contract,[1] unless he sues under a valid assignment.[2] Neither has he any lien on goods supplied, the property in which has passed to the main contractor.[3] Conversely the employer normally has no claim in contract against a subcontractor unless he can rely on a collateral warranty, and the employer may acquire no property in a subcontractor's goods even though he has paid the main contractor for them if the property has not passed to the main contractor under the subcontract.[4]

Collateral warranty. If a subcontractor or supplier warrants the quality of his work or goods, as the case may be, in consideration of the employer causing the contractor to enter into a contract with the subcontractor or supplier, the employer can sue the subcontractor or supplier for loss caused by breach of that warranty.[5]

In *Shanklin Pier Ltd v. Detel Products* the plaintiffs were owners of a pier

---

[98] *Leedsford Ltd v. Bradford Corp.* (1956) 24 B.L.R. 45 (C.A.), following *Tredegar (Viscount) v. Harwood* [1929] A.C. 72 (H.L.); *cf.* on the question of reasonableness *Hang Wah Investment v. A.-G. of Hong Kong* [1981] 1 W.L.R. 1141 (P.C.).

[99] See generally G. N. Prentice, "Remedies of Building Sub-Contractors against Employers" (1983) 46 M.L.R. 409.

[1] *Hampton v. Glamorgan County Council* [1917] A.C. 13 (H.L.); *Vigers, Sons & Co. Ltd v. Swindell* [1939] 3 All E.R. 590; *cf. W.H.T.S.O. v. Haden Young* (1987) 37 B.L.R. 130 at 139.

[2] See above.

[3] *Pritchett, etc., Co. Ltd v. Currie* [1916] 2 Ch. 515 (C.A.), distinguishing and doubting *Bellamy v. Davey* [1891] 3 Ch. 540. There is nothing in English law which corresponds to the mechanics lien legislation in relation to building works which exists in some other common law jurisdictions. It is a matter for discussion at least whether there should be.

[4] *Dawber Williamson v. Humberside County Council* (1979) 14 B.L.R. 70; *cp. Archivent v. Strathclyde Regional Council* (1984) 27 B.L.R. 98 (Court of Session). Generally and subject to express terms, the property in a subcontractor's materials passes when they are fixed or when they are paid for. See also clause 4.15.4 of NSC/C on p. 855 and "Retention of title clauses" on p. 263.

[5] *Shanklin Pier Ltd v. Detel Products* [1951] 2 K.B. 854; *Andrews v. Hopkinson* [1957] 1 Q.B. 229; *Yeoman Credit Ltd v. Odgers* [1962] 1 W.L.R. 215 at 222 (C.A.); *Wells (Merstham) Ltd v.*

which they wished to have repaired and repainted, and for this purpose had engaged a contractor and had specified the use of bituminous paint. The defendants then warranted to the plaintiffs that their paint would be suitable for repainting the pier, would give a surface impervious to rust and would have a life of seven to 10 years. In reliance on this warranty the plaintiffs instructed the contractor to place an order for, and to use, the defendants' paint in lieu of the bituminous paint. The defendants' paint was a complete failure, and the plaintiffs recovered damages from the defendants[6] for breach of the warranty referred to, although the contract for the sale of the paint was between the defendants and the contractor.

A warranty can be given in respect of time, design or other matters and can be expressed in a formal document.[7]

Claim in negligence by employer. An employer may in certain circumstances have a claim in negligence against a subcontractor (a) for physical injury to his person or property other than property which is the product of the negligence,[8] and (b) for negligent advice.[9]

Direct payment clause. The main contract may provide for direct payment by the employer to the subcontractor in the event of the main contractor's default.[10] In the absence of an express provision the employer has no such right,[11] and to be effective the words of the contract must be clear.[12] Such a clause is for the benefit of the employer as it encourages specialists to tender at reasonable prices knowing that they have a good chance of being paid.[13] It has never been held that such a clause creates a contractual relationship between employer and a specialist contractor to whom payment can be made under the clause.[14] Neither has it been held to raise the implication of a trust.[15] The right of the employer to pay direct is, it

---

Buckland Sand & Silica Ltd [1965] 2 Q.B. 170; *Bickerton Ltd v. N.W. Hospital Board* [1969] 1 All E.R. 977, 982 and 995 (C.A.); *Esso Petroleum Co. Ltd v. Mardon* [1976] Q.B. 801 (C.A.); *Greater London Council v. Ryarsh Brick Co.* (1985) 4 Con.L.R. 85; *cf. Kleinwort Benson v. Malaysia Mining* [1989] 1 W.L.R. 379 (C.A.); *British Steel v. Celtic Process Control* (1991) 63 B.L.R. 119. See also Prof. Wedderburn [1959] C.L.J. 58. For collateral warranties generally see p. 139.

[6] The plaintiffs may not have been able to recover damages from the contractors; see pp. 57 *et seq.* For a case where an assurance by a sub-contractor designer was not intended as a warranty although it was a negligent misstatement, see *IBA v. EMI and BICC* (1980) 14 B.L.R. 1 (H.L.).

[7] See, *e.g.* the forms at pp. 942 and 955.

[8] See generally Section 2 of Chap. 7.

[9] See "Specialist subcontractors" on p. 193.

[10] See, *e.g.* clause 35.13.5 of the Standard Form of Building Contract.

[11] *Re Holt, ex p. Gray* (1888) 58 L.J.Q.B. 5.

[12] *Milestone v. Yates* [1938] 2 All E.R. 439.

[13] *Re Wilkinson, ex p. Fowler* [1905] 2 K.B. 713.

[14] *cf. Hobbs v. Turner* (1902) 18 T.L.R. 235 (C.A.); *Milestone v. Yates* [1938] 2 All E.R. 439; *Vigers, Sons & Co. Ltd v. Swindell* [1939] 3 All E.R. 590.

[15] *cf.* Clause 27(f) of the 1963 Standard Form of Building Contract. There is no equivalent clause in the 1980 Form.

seems, good as against the main contractor's trustee in bankruptcy or liquidator[16] where the employer continues the contract.

Orders by employer. If the employer gives a direct order to a subcontractor to carry out work or deliver goods he may make himself liable to the subcontractor on an express or implied promise to pay the subcontractor.[17]

Orders by architect. An architect has no implied authority to contract on behalf of the employer, and in the absence of express authority any attempt he makes to bind the employer is not effective unless the employer with full knowledge of all the facts ratifies the architect's act.[18] In *Vigers v. Swindell* the main contract was in the then current R.I.B.A. form which included a provision for direct payment to subcontractors,[19] but which expressly provided that the exercise of this right did not create privity of contract between the employer and the subcontractor. The main contractor went into liquidation and T became the new contractor as a result of a letter from the architect stating, "you yourself will be taking on this contract". The employer, S, knew of this and at the architect's request signed a mandate to her bank authorising it to pay T, "or such nominated subcontractors as appear on the certificates signed by the architect". Certain subcontractors, V & Co., then carried out work and the architect purported to pledge S's credit to V & Co. for the cost of the work. S did not know before the work was finished that the architect had pledged her credit. It was held that V & Co. could not recover from S, for the new contract with T was on the same terms as the original contract. The architect had no authority to pledge S's credit, and had not been given authority by the mandate to the bank to pay subcontractors, for this was referable to the provision for direct payment in the original contract. Neither had S, with knowledge of the facts, ratified the architect's unauthorised act.[20]

Production of main contract. Where the subcontractor claims that he is entitled to payment from the employer for work extra to the main contract he may, in addition to proving a contract with the employer, have to produce the

---

[16] *Re Wilkinson, ex p. Fowler* [1905] 2 K.B. 713; *Re Tout and Finch Ltd* [1954] 1 W.L.R. 178; For the possible effect of *British Eagle Ltd v. Air France* [1975] 1 W.L.R. 758 (H.L.) (discussed p. 420) on cases such as these, see *Re Arthur Sanders Ltd* (1981) 17 B.L.R. 125 at 140; *Joo Yee Construction v. Diethelm Industries* (1991) 7 Const.L.J. 53 (High Court of Singapore); and see also *Carreras Rothmans v. Freeman Mathews* [1985] Ch. 207; *Mac-Jordan Construction v. Brookmount Erostin* (1991) 56 B.L.R. 1 (C.A.).
[17] *Dixon v. Hatfield* (1825) 2 Bing. 439; *Smith v. Rudhall* (1862) 3 F. & F. 143; cf. *Lakeman v. Mountstephen* (1874) L.R. 7 H.L. 17 (H.L.). See further p. 30.
[18] *Vigers, Sons & Co. Ltd v. Swindell* [1939] 3 All E.R. 590; *Ashwell & Nesbitt Ltd v. Allen & Co.* (1912) H.B.C. (4th ed.), Vol. 2, p. 462 (C.A.). See p. 330.
[19] Clause 15(b) of the 1931 ed. of the R.I.B.A. form.
[20] *Vigers, Sons & Co. Ltd v. Swindell* [1939] 3 All E.R. 590. In such a case the sub-contractor may have a remedy against the architect. See p. 331.

main contract, if it was in writing, to show that it did not include the work for which the claim is made.[21]

(c) Prime cost and provisional sums

It is common to describe the sums that the contractor is to pay for the work of subcontractors as prime cost sums or provisional sums.[22] The contractor is usually only entitled to charge the employer the net sums expended plus a very small percentage[23] and therefore a favourable contract with the subcontractor is for the employer's benefit. For this reason it was once thought that there was a presumption in such cases that the contractor was acting as agent on behalf of the employer in making such contracts.[24] But it has now been clearly stated by the House of Lords that no inference is to be drawn from the inclusion of a provisional sum for certain goods in a lump sum contract, that the contractor is ordering the goods as agent of the employer.[25] In the special circumstances of one case in which there was an option for either the contractor or the employer to pay provisional sums to the specialists, it was held that the employer was liable.[26]

4. NOMINATED SUBCONTRACTORS AND NOMINATED SUPPLIERS

It is frequently provided in the main contract that the employer may nominate subcontractors. It is then the normal practice for the architect to negotiate with the subcontractor and settle the terms of his subcontract without prior consultation with the main contractor, merely informing him of the terms of the proposed subcontract at the time of nomination.[27] In such a case the architect does not act as the agent of the employer,[28] therefore, the contractor has, apart from any express term in the main contract, no cause of action against the employer in respect of any delay or default on the part of the nominated subcontractor.[29]

---

[21] See *Eccles v. Southern* (1861) 3 F. & F. 142.
[22] See also p. 93.
[23] *cf.* clauses 35, 36 and 30.6.2 of the Standard Form of Building Contract.
[24] *Crittall Manufacturing Co. v. L.C.C.* (1910) 75 J.P. 203.
[25] *Hampton v. Glamorgan County Council* [1917] A.C. 13 at 22 (H.L.), overruling *Crittall's* case and distinguishing *Hobbs v. Turner* (1902) 18 T.L.R. 235 (C.A.). *Young v. White* (1911) 28 T.L.R. 87, which followed *Crittall's* case, will not, it is submitted, be followed; see *Hampton's* case at p. 17. See also *Ramsden & Carr v. Chessum & Sons* (1913) 110 L.T. 274 (H.L.); *Bickerton, T. A. & Son Ltd v. North West Regional Hospital Board* [1970] 1 W.L.R. 607 at 615 (H.L.).
[26] *Hobbs v. Turner* (1902) 18 T.L.R. 235 (C.A.). See the remarks of Lord Haldane in *Hampton's* case at pp. 20 and 21. See also *Milestone v. Yates* [1938] 2 All E.R. 439.
[27] See, *e.g.* the procedure in *Gloucestershire County Council v. Richardson* [1969] 1 A.C. 480 (H.L.) referred to on p. 59.
[28] *Mitchell v. Guildford Union (Guardians of)* (1903) 68 J.P. 84; *Leslie & Co. Ltd v. Managers of Metropolitan Asylums District* (1901) 68 J.P. 86 (C.A.).
[29] *ibid.* See also p. 56.

Assignments, Substituted Contracts and Subcontracts

(a) Delay in nomination

If there is delay in making a nomination the contractor may have claims for extra time and payment against the employer.[30] The money claim may arise either as a claim for damages for breach of an express or implied term,[31] or for reimbursement under the express terms of the contract.[32] If a nominated subcontractor withdraws, delay in making a timeous nomination of a new subcontractor may have an equivalent result, although delay caused by the first nominated subcontractor's withdrawal is the main contractor's risk.[33]

(b) Problems inherent in nomination

The system is an ingenious attempt to give the employer the benefit of two opposing concepts. Theoretically it enables him to have all the advantages of choosing his own specialist contractor and of bargaining with him for his price and the terms of his contract and for the performance of services, such as detailed technical design, which an architect cannot carry out, but avoids the disadvantages of a multiplicity of direct contracts. The achievement of these objects at first sight appears incompatible.[34] The result has been, particularly in those common form contracts where contractors were party to the drafting, provisions which are sometimes incomplete or unsatisfactory,[35] or otherwise at least complex.[36] Further, perhaps influenced to some extent by the suggestion that it seems unjust in the absence of clear language to make a contractor liable for a nominated subcontractor over whose activities he has such little control,[37] the court has, in a number of cases,[38] refused to hold a contractor liable for the default of a nominated subcontractor or supplier even though it has sometimes left the employer without apparent remedy.[39] The system of nomination tends to give rise to difficulties and obscurities,[40] and problems frequently require a consideration of the terms of the main contract, of the subcontract in question and of the surrounding circumstances, including in particular those relating to the actual nomination.

---

[30] *cf. Percy Bilton v. Greater London Council* [1982] 1 W.L.R. 794 (H.L.).
[31] See p. 55.
[32] Under the Standard Form of Building Contract there is a contractual right to payment and, it seems, a right to damages—see clauses 26 and 35 on pp. 647 and 701.
[33] *Percy Bilton v. Greater London Council* [1982] 1 W.L.R. 794 (H.L.).
[34] See the remarks of Lord Reid in *Bickerton v. North West Metropolitan Regional Hospital Board* [1970] 1 W.L.R. 607 at 611 (H.L.).
[35] See, *e.g.* the 1963 Standard Form of Building Contract, clauses 11, 27, 28 and 30.
[36] See the 1980 Standard Form of Building Contract clauses 35 and 36.
[37] See *Bickerton v. North West Metropolitan Regional Hospital Board* [1970] 1 W.L.R. 607 (H.L.).
[38] *Gloucestershire County Council v. Richardson* [1969] 1 A.C. 480 (H.L.), discussed on p. 59; *Bickerton's* case, discussed on p. 318; *Fairclough Building v. Rhuddlan B.C.* (1985) 30 B.L.R. 26 (C.A.); *John Jarvis v. Rockdale Housing Association* (1986) 36 B.L.R. 48 (C.A.).
[39] *cf.* however *Percy Bilton v. Greater London Council* [1982] 1 W.L.R. 794 (H.L.).
[40] See, *e.g.* *M. Harrison v. Leeds City Council* (1980) 14 B.L.R. 118; *Holland Hannen & Cubitts v.*

(c) Express terms of main contract

These must be considered first. Those relating to the Standard Form of Building Contract and the I.C.E. Conditions are discussed on pp. 713 and 1064 respectively. The Government form of contract (Form GC/Works 1 (3rd edition) December 1989) contains in Clause 31(2)[41] what is, presumably, intended to be an unqualified guarantee by the contractor of the performance of nominated subcontractors and suppliers.

Description of work in main contract. The traditional method, and that contemplated by the Standard Form of Building Contract,[42] is to give little description of the subcontract works, but to include an item such as "P.C. Sum for steelwork to be supplied and erected by a nominated subcontractor, £x". Therefore, at the time of entering into the contract there is an estimate of price and a description of the type of work to be ordered but not of the works themselves. Subsequently, when the nomination is made the description of the works becomes known. At this stage, by necessary implication, it is submitted, such description defines the work as between employer and contractor. But a distinction must be drawn between the description of the work and the terms of the subcontract subject to which it is to be carried out. There is, it is submitted, ordinarily no necessity[43] to imply that the terms of the subcontract become terms of the main contract. In *Gloucestershire County Council v. Richardson*,[44] the main contract was in the R.I.B.A. form (1939 edition). The House of Lords rejected an argument that the contractor was liable to the employer for latent defects in components delivered by a nominated supplier. The contractor's liability to the employer was limited to the same extent as the nominated supplier's liability to the contractor was limited under the express terms of the subcontract which the contractor had been directed to enter into.

Description of subcontract works written into main contract. This is sometimes done. Its advantages are that it avoids argument as to the description of the subcontract work and it enables the contractor to know the work to be carried out at the time when he tenders instead of after the contract has been agreed. But problems of construction may arise. Thus the description of the subcontract works may include an obligation to design. This may be express, *e.g.* to design, supply and erect a certain plant,

---

W.H.T.S.O. (1981) 18 B.L.R. 80; *John Laing v. County and District Properties* (1982) 23 B.L.R. 1.

[41] Referred to (in an earlier version) in *Gloucestershire County Council v. Richardson* in the Court of Appeal [1967] 3 All E.R. 458 at 473, but never tested in any reported case.

[42] See clause 35, and see Standard Method of Measurement of Building Works: 7th ed.—A51 Nominated sub-contractors.

[43] See p. 50.

[44] [1969] 1 A.C. 480 (H.L.)—see p. 59.

or implied, *e.g.* to provide a heating system which will satisfy a certain defined performance specification. Are these design obligations undertaken by the contractor? Ordinarily it is thought that they are, but it is necessary to consider all the terms of the contract. Thus where the Standard form of building contract is used it is not clear beyond argument that, without amendment of the conditions of contract,[45] such a description as that given above of the subcontract works written into the bills of quantities or specification as the case may be, necessarily imposes the obligation of design upon the contractor.

IBA v. EMI and BICC[46] was a case where a description of the subcontract works was written into the main contract. Upon the particular terms of the main contract (not in common form) it was held that the main contractor had accepted liability for the subcontractor's design of the works. On the facts it was found that this design was negligently carried out, so that it was not necessary to consider whether the liability for design went further and extended to a warranty of fitness for purpose. But the House seemed to take the view that it was an absolute liability for fitness for purpose and was not limited to that of due care.[47]

(d) Implied terms of main contract[48]

The contractor is ordinarily as liable for performance by his subcontractor as by himself.[49] But the fact of and the circumstances surrounding nomination and the words of the main contract may bring about a departure, to greater or lesser degree, from the contractor's usual implied obligations. The problems are often difficult and vary according to the particular main contract and the circumstances, but an approach is suggested below.

Time. Nomination does not, it is submitted, affect the contractor's liability for delay unless the terms of the main contract[50] or the surrounding circumstances show an intention to exclude such liability.[51]

Materials—patent defects. There is, it is submitted, an implied term of the main contract that materials or goods supplied by nominated suppliers or used by nominated subcontractors will not contain defects that reasonable inspection by the contractor would disclose, unless the express terms of the main contract or the surrounding circumstances show an intention to

---

[45] See clause 14 of the Standard Form of Building Contract, and discussion on p. 585.
[46] (1980) 14 B.L.R. 1 (H.L.).
[47] See especially pp. 26, 44 and 47.
[48] For implied terms generally, see pp. 48 *et seq.*
[49] See p. 307.
[50] *e.g.* clause 25.4.7 of the Standard Form of Building Contract, discussed on p. 645; *cf. Percy Bilton v. Greater London Council* [1982] 1 W.L.R. 794 (H.L.); *Fairclough Building v. Rhuddlan B.C.* (1985) 30 B.L.R. 26 (C.A.); *cp. H. Fairweather v. London Borough of Wandsworth* (1987) 39 B.L.R. 106.
[51] An analogy can be made with liability for defects in materials, see below.

Chapter 12—Nominated Subcontractors and Nominated Suppliers

exclude such term.[52] The requisite standard of inspection will vary according to the terms of the main contract and the surrounding circumstances.

Materials—latent defects. There is an implied term of the main contract that the materials or goods to be supplied by nominated suppliers or used by nominated subcontractors will be of good quality, unless the express terms of the main contract or the surrounding circumstances show an intention to exclude such term. This term makes the contractor liable for latent defects even where the exercise of all proper skill and care on his part at the time of delivery or fixing would not have disclosed such defects. An instruction to place a subcontract upon terms which limit the contractor's right of recourse may exclude the term. Other circumstances which, in the case of the delivery of a completed component, may assist the court to find an intention to exclude the term are if the design, choice of materials, specification, quality and price were fixed without reference to the contractor and there was no right to object to the nomination or to insist on an indemnity from the supplier.[53]

Design of materials. In so far as the contractor is liable for the quality of materials, he is liable for any selection of the constituent parts of the materials and other acts by the subcontractor or supplier which, in one sense of the term, may be considered as design. Such liability is of particular significance where the materials are made-up components such as concrete columns or beams.[54]

Workmanship. It is, it is submitted, a question of construction in each case to determine whether the nomination of a subcontractor excludes or reduces the main contractor's liability for the workmanship of the subcontractor which would exist if the subcontractor had not been nominated.[55]

Fitness for purpose. Where the employer has not relied on the contractor's skill and judgment in the selection of a nominated subcontractor or nominated supplier, or the work or materials they are to carry out or supply, a term that such work or materials will be reasonably fit for their purpose is not normally implied, unless the express terms of the main

---

[52] See *Young & Marten Ltd v. McManus Childs Ltd* [1969] 1 A.C. 454 (H.L.); *Gloucestershire County Council v. Richardson* [1969] 1 A.C. 480 (H.L.); *Norta v. John Sisk* (1976) 14 B.L.R. 49 at 57 (Irish High Court); *cf. IBA v. EMI and BICC* (1980) 14 B.L.R. 1 at 45 (H.L.). See also "Design", below.
[53] *ibid.*
[54] As in *Gloucestershire County Council v. Richardson* [1969] 1 A.C. 480 (H.L.) where the exact proportions of the mix of the concrete were left to the decision of the supplier and the defect in the columns was due to an excess of a chemical in the mix.
[55] See *Norta v. John Sisk* (1976) 14 B.L.R. 49 at 57 (Irish High Court); *cf. IBA v. EMI and BICC* (1980) 14 B.L.R. 1 at 45 (H.L.); *Rumbelows Ltd v. A.M.K.* (1980) 19 B.L.R. 25; and see by analogy the cases dealing with materials and fitness for purpose; see also p. 57.

contract[56] or the surrounding circumstances show that the parties intended the contractor to accept such liability.[57]

The practical significance of this principle is great and frequently does not seem to be appreciated. It means that under the ordinary procedures of nomination currently in use the employer has no remedy against the contractor if, for example, tiles, bricks, windows, mechanical plant, heating or air conditioning systems or other specially designed aspects of the works, the subject of nomination, are of good quality but unfit for their purpose. Even an employer using the Government form of contract[58] has, it seems, no remedy where the contractor has supplied what he was told to supply or the subcontractor has built what was agreed to be built.

Partial reliance upon the contractor's skill and judgment is sufficient to give rise to the warranty of fitness for purpose on the part of the contractor so as to make him responsible for the subcontractor, at any rate in respect of that area where there has been such partial reliance.[59] But to be effective partial reliance must be such as to constitute a substantial and effective inducement to the employer to enter into the main contract.[60]

Design. Where there is no description of the subcontract works in the main contract, and no express obligation to design on the part of the contractor, his liability, if any, for design by a nominated subcontractor, must arise as an implied term of the main contract.[61] It is thought that the court would not easily find that it was necessary to imply a term, in such circumstances, that the contractor was, in effect, guaranteeing any design work carried out by the nominated subcontractor. It might more readily listen to such an argument where the contractor had accepted a nomination of a subcontractor and the subcontract contained an express duty to design.[62] But even here the position cannot be approached as one of general principle and must depend upon the particular circumstances. In one case a nominated subcontractor had accepted the obligation both of supplying windows and designing them. The design was defective and work was held up while the problems were solved. It was held that the architect, either under the express terms or of the ordinary implied term on the part of the

---

[56] See *IBA v. EMI and BICC* (1980) 14 B.L.R. 1 (H.L.).
[57] *Young & Marten Ltd v. McManus Childs Ltd* [1969] 1 A.C. 454 (H.L.); *Gloucestershire County Council v. Richardson* [1969] 1 A.C. 480 (H.L.); *Norta v. John Sisk* (1976) 14 B.L.R. 49 (Irish Supreme Court); *cf. IBA v. EMI and BICC* (1980) 14 B.L.R. 1 at 45 (H.L.); *Comyn Ching v. Oriental Tube* (1981) 17 B.L.R. 47 at 81 (C.A.); *University of Warwick v. Sir Robert McAlpine* (1988) 42 B.L.R. 1 unaffected on this point by the unreported decision of the Court of Appeal on April 4, 1990; see also generally p. 57.
[58] See p. 313.
[59] See *Cammell Laird v. Manganese Bronze* [1934] A.C. 402 (H.L.).
[60] *Medway Oil and Storage v. Silica Gel Corporation* (1928) 33 Com.Cas. (H.L.) 195.
[61] For implication of terms, see p. 48. For how far the employer has a remedy against his architect when the R.I.B.A. Standard Form of Agreement for the Appointment of an Architect clauses 1.3.7, 3.2.2 and 4.2.5 apply, see p. 347.
[62] See discussion of the position under the Standard Form of Building Contract on p. 713.

Chapter 12—Nominated Subcontractors and Nominated Suppliers

employer to do all things necessary to enable the contractor to carry out and complete the works, should have issued an instruction requiring a variation of the design of the windows so as to enable the works to be carried out and completed.[63]

Installation or shop drawings. Nominated subcontractors are often required to produce "installation drawings" or "shop drawings". The status of such drawings is unclear both factually and in law. They are usually based upon and contrasted with "design drawings" themselves usually produced by consultants. Irrespective of the label given to various drawings, factual questions can arise whether installation or shop drawings contain part of the design or whether they are in effect part of the subcontractor's work.[64] It is then a question of law, depending on the express and implied terms of the particular contract, whether the main contractor is responsible for such design as the drawings contain. Consultants' design drawings are sometimes said to contain the "design intent" and it is thought that, in so far as further drawings or specification are necessary to develop that design intent into something that can be built, the further drawings will be part of the design.[65] There is, however, undoubtedly a blurred borderline between design and workmanship. For example, a carpenter choosing a suitable nail in a sense makes a design choice. But such a choice would usually be regarded as a normal incident of good workmanship.

Where under the terms of the subcontract a nominated subcontractor was obliged to produce installation drawings in good time to meet an agreed programme, it was held that the main contractor had an equivalent obligation and that the employer was not in breach of a main contract term to provide necessary drawings in due time if the subcontractor failed to produce the drawings on time.[66]

Guarantee. A nominated subcontractor or nominated supplier may give a guarantee or warranty to the contractor. Although every case requires consideration it is thought that the courts will ordinarily refuse to imply that the guarantee or warranty is part of the main contract. The result is that it cannot be enforced by the employer and is of no value to the employer.

(e) Repudiation by nominated subcontractor

In *Bickerton v. N.W. Metropolitan Regional Hospital Board*[67] the contract was

---

[63] *Holland Hannen & Cubitts v. W.H.T.S.O.* (1981) 18 B.L.R. 80.
[64] cf. *H. Fairweather v. London Borough of Wandsworth* (1987) 39 B.L.R. 106 at 116.
[65] This accords with the decision in Issue 1 in *Holland Hannen & Cubitts v. W.H.T.S.O.* (1981) 18 B.L.R. 80 at 114.
[66] *H. Fairweather v. London Borough of Wandsworth* (1987) 39 B.L.R. 106.
[67] [1970] 1 W.L.R. 607 (H.L.).

the 1963 edition of the R.I.B.A Form of Contract. S Ltd were nominated to provide the heating system. Before they had carried out any substantial part of the work, they went into voluntary liquidation and the liquidator refused to complete the subcontract. The contractor's contentions that he was entitled to a renomination and to damages for delay awaiting such renomination and that he was not liable to reimburse the employer for the expenditure incurred in completing the subcontract works over and above the original subcontract price were upheld by the House of Lords. The contract did not deal expressly with the points. The chief factor influencing the House seems to have been that by the terms of the main contract the contractor had neither the duty nor the right to carry out any of the work the subject-matter of the P.C. sum in the Bills and which it was stated by the contract had to be carried out by a nominated subcontractor.[68] Although the contractor was ultimately responsible for the nominated subcontractor, such responsibility could not exist, and the contract could not be completed, unless there was a nominated subcontractor in existence. Therefore if the first fell out another must be nominated.[69] But under the pre-1980 J.C.T. Standard Form of Building Contract, so long as the first subcontract subsisted, the main contractor was responsible for its administration including any decision whether to determine the subcontractor's employment for default. The architect had no power, duty or right to give instructions to the main contractor either to determine or not to determine the subcontract.[70]

In *Percy Bilton v. Greater London Council*,[71] it was held, again under the 1963 edition of the R.I.B.A Form of Contract, that the main contractor took the risk of delay directly caused by the withdrawal of a nominated subcontractor. Delay resulting from complete withdrawal did not come within clause 23(g), which entitled the contractor to an extension of time for delay on the part of a nominated subcontractor. But the employer was obliged, upon the withdrawal of a nominated subcontractor, to renominate within a reasonable time and failure to do so was a breach of contract. Under a pre-1980 J.C.T. Standard Form of Building Contract, the contractor was held entitled to reject as invalid an instruction nominating subcontractors who would not complete within the time allowed under the main contract.[72] Such an instruction was also invalid if the proposed new subcontract did not

---

[68] The current version of the Standard Form of Building Contract is unchanged in this respect, see p. 713.
[69] The *Bickerton* case was distinguished and not followed in *City of Adelaide v. Jennings Industries* (1985) 1 Const.L.J. 197 (High Court of Australia) on the basis that the R.A.I.A. Form of Contract was significantly different from the R.I.B.A. Form.
[70] *James Longley v. Borough of Reigate* (1982) 22 B.L.R. 31 (C.A.). For the position under the 1980 Standard Form of Building Contract, see clause 35.24 on p. 710; see also clause 59(2) of the I.C.E. Conditions on p. 1061.
[71] [1982] 1 W.L.R. 794 (H.L.).
[72] *Fairclough Building v. Rhuddlan B.C.* (1985) 30 B.L.R. 26 (C.A.); see also *Percy Bilton v. Greater London Council* (1981) 17 B.L.R. 1 at 18 (C.A.) and [1982] 1 W.L.R. 794 at 802 (H.L.); cf. *Trollope & Colls v. North West Metropolitan Regional Hospital Board* [1973] 1 W.L.R.

include work necessary to remedy defects left in the first subcontractor's work.[73]

While *Bickerton's* case and those which followed it turned upon the express words of the main contract, the principle that certain work is reserved to be carried out by a nominated subcontractor is to be found in other forms of contract and the decisions may, therefore, wholly or partly apply. The I.C.E. Conditions deal elaborately with the position.[74] The effect of clause 63(7) of Government form of contract (Form GC/Works/1, 3rd edition) has yet to be tested in court.

(f) Protection of employer

As will have appeared above, the system of nomination of subcontractors may result in the employer in some cases having no remedy in contract against the contractor for defaults which may cause great loss and leave him with no remedy at all unless he can find that, fortuitously, there was an informal collateral warranty[75] given by the subcontractor, or he can persuade the court to find that he has a remedy in negligence against the subcontractor.[76] The best protection against this position is to avoid nomination. The nomination provisions of the 1980 Standard Form of Building Contract have clarified some former problems, but they are complicated. The reasons advanced in favour of nomination are that it gives the employer the choice of a specialist contractor, it enables him to obtain the best price for specialist works and it enables him to have the advantage of design work which his professional advisers cannot carry out. None of these arguments is valid save the first. Even here the employer can issue a list of subcontractors any one of whom he will approve. The rest is a matter of tendering procedure. Nomination can be avoided if specialist works are described in terms of performance specification and the main contractors invited to tender are given sufficient time to make their own inquiries among specialist subcontractors. If there is a competition among main contractors it will reflect any competition among specialist subcontractors. As regards the total time, there should be no difference. Instead of the architect spending months in negotiation with prospective nominated subcontractors before sending out the invitation to tender the same period will be absorbed by the main contractor. As regards detailed design, if the specialist subcontractors are not prepared to do this for nothing in the hope of getting the work, one of them can be employed on a separate contract to carry out the design.

If there must be nominations then it would appear (although it has never

---

601 (H.L.). It is thought that this ground of invalidity applies equally to an original nomination and to a renomination.

[73] *Fairclough Building v. Rhuddlan B.C.* (1985) 30 B.L.R. 26 (C.A.).
[74] See p. 1061.
[75] See p. 139. In some cases the employer may have a remedy against his architect or other professional adviser, see Chap. 12.
[76] See Chap. 7.

been tested) that the rigorous provisions of the Government form of contract would avoid most legal problems in that they appear to have the intention of putting all the risks, save lack of fitness for purpose, upon the contractor. Presumably the pricing of government tenders (by contractors who remain solvent) reflects this acceptance of risks.

A palliative is, while retaining the nomination system, to enter into formal collateral contracts[77] between the employer and the subcontractors or suppliers. Depending on the wording of the collateral contracts, and the solvency of the subcontractors or suppliers if and when the contracts have to be enforced, this procedure is of value.

Writing the description of the subcontract works into the main contract sometimes assists[78] but the effect depends upon the particular words of the main contract.[79] Using the JCT Intermediate Form of Building Contract with its simpler provisions for Named Subcontractors may also be considered.

A further possibility is to enter into direct contracts with specialist contractors. Various committees over the past 40 years have decried this procedure without seeming to understand the defects of the modern system of nomination. If the contractual arrangements are carefully prepared, and the employer engages an administrative contractor to co-ordinate the various direct contracts and the administration is skilfully and conscientiously carried out this procedure is probably no worse and could well be better than the present system of nomination.

5. RELATIONSHIP BETWEEN SUBCONTRACTOR AND MAIN CONTRACTOR

The relationship between a subcontractor and the main contractor depends upon the construction of the subcontract.[80] The Standard Form of Subcontract for use where the subcontractor is nominated under the Standard Form of Building Contract, is available and is printed with a commentary on p. 811. There are also available Standard Forms of Subcontract where the subcontractor is not nominated. The ordinary rules of construction of contracts apply,[81] and much of the law set out earlier as between contractor and employer applies, with such modifications as the context makes necessary. In a case where the contractor forfeited a

---

[77] For forms and a commentary see p. 942.
[78] See p. 313.
[79] For the position where the Standard Form of Building Contract is used, see p. 713.
[80] For the implication of a duty to supply necessary equipment in a labour only subcontract, see *Quinn v. Burch Bros (Builders) Ltd* [1966] 2 Q.B. 370 (C.A.). For duties as regards safety, see *Sims v. Foster Wheeler Ltd* [1966] 1 W.L.R. 769 (C.A.). For the tests whether an orally engaged person is a subcontractor or an employee, see *Ferguson v. John Dawson & Partners (Contractors) Ltd* [1976] 1 W.L.R. 1213 (C.A.); *cf. Calder v. H. Kitson Vickers* [1988] I.C.R. 232 (C.A.).
[81] See pp. 36 *et seq.*

Chapter 12—Relationship Between Subcontractor and Main Contractor

subcontract for delay the court took into account the contractor's onerous position under the main contract.[82]

Incorporation of terms. Where the parties do not sign a formal subcontract they sometimes seek to incorporate terms of contract. This is satisfactory provided the essential terms of the subcontract are agreed and the words relied on as having the effect of incorporation are clear. An example of a form of words which caused some argument was where an order form was expressed to be "in full accordance with the appropriate form for nominated subcontractors (R.I.B.A. 1965 ed.)". After considering expert evidence that this would be understood in the trade to be a reference to the former "Green Form" of nominated subcontract,[83] the court held that these words did incorporate the Green Form including the arbitration agreement which it contains and, there being a dispute, granted a stay of proceedings.[84] In another case where the terms of a contractor's order referred both to "a JCT form of subcontract incorporating Main Contract conditions" and to the contractor's own "Standard Conditions of Contract", the court held that a subcontract came into existence incorporating the terms of NSC/4a,[85] but that its arbitration agreement did not apply.[86]

Incorporation of main contract terms. The parties sometimes seek to incorporate the main contract or some of it. This is inherently likely to cause problems having regard to the difference of subject matter and is not to be recommended. If such incorporation is attempted each contract must be construed according to its own words, but there are some reported cases which may be of some assistance. Thus it was agreed that "the terms of payment for the work... shall be exactly the same as those set forth in clause 30 of the [main] ... contract".[87] Clause 30 provided for the retention of money up to an amount exceeding the sum payable under the subcontract, and for the repayment of such fund by certain sums at the end of various periods. It was held that effect could be given to the subcontract clause on the basis that there should be a retention fund, and repayments in the same proportion that the subcontract sum bore to the main contract sum. In another case[88] the main contract empowered the employer to order the contractor to remove a subcontractor guilty of delay. The subcontract contained a recital to the effect that the subcontractor agreed to carry out the

---

[82] *Stadhard v. Lee* (1863) 3 B. & S. 364, referred to at pp. 104 and 257.
[83] Reproduced on p. 576 of the 4th edition of this book.
[84] *Modern Building Wales Ltd v. Limmer & Trinidad Co. Ltd* [1975] 1 W.L.R. 1281 (C.A.); *cf. Petrofina v. Magnaload* (1983) 25 B.L.R. 37 at 46; *Aughton v. M.F. Kent Services* (1991) 57 B.L.R. 1 (C.A.); contrast *City of Manchester v. Fram Gerrard* (1974) 6 B.L.R. 70 at 94; *Co-operative Wholesale Society v. Saunders & Taylor* (1994) 30 Con.L.R. 77. See p. 438 for stay of proceedings under s. 4 of the Arbitration Act 1950.
[85] See Chap. 19—NSC/4a has now been superseded.
[86] *Lexair v. Edgar W. Taylor* (1993) 65 B.L.R. 87.
[87] *Geary, Walker & Co. Ltd v. W. Lawrence & Son* (1906) H.B.C. (4th ed.), Vol. 2, p. 382 (C.A.).
[88] *Chandler Bros Ltd v. Boswell* [1936] 3 All E.R. 179 (C.A.).

work in accordance with the terms of the main contract. It dealt expressly with many of the matters in the main contract but not with the power to order the removal of the subcontractor. The main contractor upon the order of the employer removed the subcontractor for delay, and upon the latter's action for breach of contract it was held: (1) that the subcontract was not frustrated[89] when the employer ordered the subcontractor's removal; (2) that the removal clause in the main contract was not imported into the subcontract by the recital which only meant that the subcontractor "was to provide work of the quality and with the dispatch which was stipulated for in the head contract".[90] Therefore as the subcontractor had not been guilty of such delay as to show an intention to repudiate the contract[91] the main contractor was in breach of the subcontract.

In *Brightside Kilpatrick v. Mitchell Construction (1973) Ltd*,[92] the main contractor's order to the subcontractor referred to the conditions relating to the subcontract "being those embodied in R.I.B.A. as above". The court, after referring to the difficulty of construing the words, held that their effect was that the subcontractual relationship should be such as to be consistent with all those terms in the head contract that specifically dealt with matters relating to subcontractors. This in turn led to a consideration of Clause 27 of the 1963 R.I.B.A. contract and to the ruling that it was necessary to read into the contractual relationship between the contractor and the subcontractor what would have been agreed between them in any formal contract had they entered into a contract in the former "Green Form" of nominated subcontract.[93]

Subcontractor's access to site. The extent and times of such access may be the subject of express terms. Otherwise it is likely to be implied that the subcontractor will have such reasonable access as will enable him properly to perform his subcontract obligations. In a case where access was stopped for three months as a consequence of picketing arising out of a strike, it was held, on the construction of a provision requiring the contractor to afford access to the subcontractor, that there was no breach of contract by the contractor.[94]

Set-off. There are no special rules as to set-off applicable to building contracts and, in particular, to subcontracts. Thus if, for example, a contractor is liable to pay a nominated subcontractor money upon the

---

[89] See p. 143 for frustration.
[90] Greer L.J. in *Chandler Bros Ltd v. Boswell* [1936] 3 All E.R. 179 at 185 (C.A.).
[91] *ibid*.
[92] [1975] 2 Lloyd's Rep. 493 (C.A.).
[93] *cf. Sauter Automation v. Goodman* (1986) 34 B.L.R. 81 at 88; *Martin Grant v. Sir Lindsay Parkinson* (1984) 29 B.L.R. 31 at 38 (C.A.); *Lexair v. Edgar W. Taylor* (1993) 65 B.L.R. 87; see also "Battle of forms" on p. 19; see n.83 above for the Green Form.
[94] *L.R.E. Engineering Services v. Otto Simon Carves* (1981) 24 B.L.R. 127.

direction of the architect, but satisfies the court that there is a triable issue whether he has a cross-claim for delay, he is entitled to leave to defend upon an application for summary judgment.[95] Some forms of subcontract have elaborate provisions seeking to exclude or limit the contractor's right of set-off against sums otherwise payable to the subcontractor.[96] In construing such provisions, the court starts with the presumption that neither party intends to abandon any remedies, such as the right of set-off, arising by operation of law and clear express words must be used in order to rebut this presumption.[97]

Certificate condition precedent. The terms of the subcontract may make the certificate of the architect given under the main contract a condition precedent to payment under the subcontract.[98] Some subcontracts contain "pay when paid" clauses stipulating in effect that the subcontractor's right to payment does not arise until the main contractor is himself paid the relevant sum by the employer. In the United States, such a clause has been construed as postponing payment by a main contractor for a reasonable period of time but not as disentitling a subcontractor from payment where the employer becomes insolvent and the main contractor remains unpaid.[99] There is no reported English authority construing a "pay-when-paid" clause in this way and there is, it seems, no reason in principle why the English courts should not give effect to a properly drafted clause according to its true construction.[1] It is thought, however, that such a clause might come within the Unfair Contract Terms Act 1977[2] so as to be subject to the requirement of reasonableness. It is unclear whether a court which considered such a clause to be unreasonable in *certain* circumstances would find the clause to be wholly ineffective or ineffective only in those circumstances.

Damages. The principles upon which damages are awarded between the parties to a subcontract are those set out in Chapter 8. The second limb of the

---

[95] *Modern Engineering v. Gilbert-Ash* [1974] A.C. 689 (H.L.). For summary judgment, see p. 502. For set-off, see p. 498.
[96] See, *e.g.* clauses 4.26 to 4.29 of NSC/C on p. 862.
[97] *Modern Engineering v. Gilbert-Ash* [1974] A.C. 689 at 717 (H.L.); *cf. Mottram Consultants v. Bernard Sunley* [1975] 2 Lloyd's Rep. 197 at 205 (H.L.); *NEI-Thompson v. Wimpey Construction* (1987) 39 B.L.R. 65 at 72 (C.A.); *Acsim (Southern) v. Danish Contracting* (1989) 47 B.L.R. 55 (C.A.); *Mellowes PPG v. Snelling Construction* (1989) 49 B.L.R. 109. For a full discussion of the set-off clauses of NSC/C, see p. 889.
[98] See *Dunlop & Ranken Ltd v. Hendall* [1957] 1 W.L.R. 1102; see also *A. Davies & Co. (Shopfitters) v. William Old* (1969) 113 S.J. 262.
[99] *Thomas J. Dyer Co v. Bishop International Engineering Co.* 303 F 2d 655 (6th Circuit 1962). See also *Aesco Steel Incorporated v. J.A. Jones Construction Company and Fidelity and Deposit Company of Maryland* (1988) 4 Const.L.J. 310. A similar analysis is to be found in the decision of Master Towle in the High Court of New Zealand in *Smith & Smith Glass Ltd v. Winstone Architectural Cladding Systems Ltd* (1993) C.I.L.L. 898, citing a number of American authorities and distinguishing between clauses which provide for the subcontractor to be paid "if" the main contractor is paid and "when" the main contract is paid.
[1] *cf. Firma C-Trade v. Newcastle Protection and Indemnity* [1991] 2 A.C. 1 (H.L.).
[2] See s. 3(2)(b). For the Unfair Contract Terms Act generally, see p. 70.

rule in *Hadley v. Baxendale*[3] has particular application as the subcontractor frequently knows of the losses the contractor is likely to suffer as a result of his default.[4] Thus he will be liable for the amount of liquidated damages payable as a result of his delay if he has notice of such liability in the main contract.[5] He will not be liable if he does not have notice, as the liability to pay liquidated damages is not a natural consequence of delay,[6] but he will be liable for such damages as he should, as a businessman in the trade, have contemplated as a serious possibility (or not unlikely)[7] to result from his breach,[8] and such damages may in many cases be no less than the liquidated damages payable under the main contract.[9] If the contractor has settled a claim by the employer arising out of the subcontractor's default the amount of the settlement is admissible prima facie evidence of the amount of the loss caused by the subcontractor, but not of his liability.[10] And if the contractor has to pay damages to a plaintiff arising out of the subcontractor's breach which he would not have had to pay if there had been no breach, the contractor's right to damages from the subcontractor for that breach is not affected by the fact that the plaintiff recovered against the contractor and another defendant; and that on an apportionment between the contractor and the other defendant under the Law Reform (Married Women and Tortfeasors) Act 1935 the contractor was held to be partly to blame.[11] But so far as the contractor relies on an express indemnity in the subcontract he may fail completely if the loss was partly caused by himself.[12]

Inaccurate statements. The general principles are set out in Chapter 7 and in particular under "Contractor's pre-contract information" on p. 192.

---

[3] (1854) 9 Ex. 341 and see p. 201.
[4] See, *e.g. Hydraulic Engineering Co. Ltd v. McHaffie* (1878) 4 Q.B.D. 670.
[5] *ibid.* See, *e.g.* the fifth recital of Agreement NSC/A on p. 814; but see also clause 25.4.7 of the Standard Form of Building Contract for delay on the part of nominated subcontractors.
[6] *ibid.; Elbinger Actien-Gesellschaft, etc. v. Armstrong* (1874) L.R. 9 Q.B. 473. For a clause limiting the sub-contractor's liability, see *Prince of Wales Dock Co. v. Fownes Forge Co.* (1904) 90 L.T. 527 (C.A.); *cf. Saint Line Ltd v. Richardsons* [1940] 2 K.B. 99.
[7] *Koufos v. Czarnikow Ltd* [1969] 1 A.C. 350 at 383 (H.L.).
[8] *Victoria Laundry Ltd v. Newman Ltd* [1949] 2 K.B. 528 (C.A.) and see generally p. 201.
[9] Liquidated damages in main contracts are frequently modest in relation to possible losses. In any event the contractor's own losses are often heavy so that the subcontractor's total liability is usually greater than the liquidated damages in the main contract.
[10] *Biggin & Co. Ltd v. Permanite Ltd* [1951] 2 K.B. 314 (C.A.); *Fletcher & Stewart v. Peter Jay & Partners* (1976) 17 B.L.R. 38 (C.A.); *Comyn Ching v. Oriental Tube* (1979) 17 B.L.R. 47 (C.A.); see also "Sums paid in settlement of third party claims" on p. 217.
[11] *Sims v. Foster Wheeler Ltd* [1966] 1 W.L.R. 769 (C.A.). For liability of persons in respect of the same damage, see the Civil Liability (Contribution) Act 1978 and "Statutory contribution" on p. 208.
[12] *A.M.F. International Ltd v. Magnet Bowling Ltd* [1968] 1 W.L.R. 1028 applying *Walters v. Whessoe* [1968] 2 All E.R. 816n. (C.A.); *Smith v. South Wales Switchgear* [1978] 1 W.L.R. 165 (H.L.); see also p. 64.

Chapter 13

ARCHITECTS, ENGINEERS AND SURVEYORS

		Page
1.	Meaning and Use of the term "Architect"	325
2.	Registration	326
3.	The Position of the Architect	329
	(a) *The contract with the employer*	329
	(b) *The architect's authority as agent*	330
	(c) *Excess of authority by architect*	332
	(d) *Architect's personal liability on contracts*	334
	(e) *Fraudulent misrepresentation*	335
	(f) *Misconduct as agent*	336
	(g) *The architect's duties to the employer*	338
	(h) *Architects' duties in detail*	343
	(i) *Breach of architect's duties to employer*	355
	(j) *Duration of architect's duties*	358
	(k) *Remuneration*	359
	(l) *The architect's lien*	362
	(m) *Property in plans and other documents*	363
	(n) *Copyright in plans and design*	363
	(o) *Architect's duties to contractor and others*	366
4.	Engineers and Others	368
5.	Quantity Surveyors	369
	(a) *Their duties generally*	369
	(b) *Architect's authority to engage quantity surveyor*	370
	(c) *Duties to employer*	371
	(d) *Remuneration*	372
	(e) *Duties to contractor and others*	373

1. MEANING AND USE OF THE TERM "ARCHITECT"

"An 'architect' is one who possesses, with due regard to aesthetic as well as practical considerations, adequate skill and knowledge to enable him (i) to originate, (ii) to design and plan, (iii) to arrange for and supervise the erection of such buildings or other works calling for skill and design in planning as he might, in the course of his business, reasonably be asked to carry out or in respect of which he offers his services as a specialist."[1] The

---

[1] This is the final sentence of the test applied by the tribunal set up under the Architects

use of the term architect is now, in general, restricted to architects registered under statutory provisions.

2. REGISTRATION[2]

Use of title "Architect". A person is prohibited from practising or carrying on business under any name, style or title containing the word "architect"[3] unless he is a person registered in the Register of Architects.[4] "'Practising' ... means: Holding out for reward to act in a professional capacity in activities which form at least a material part of his business. A man is not practising who operates incidentally, occasionally, in an administrative capacity only, or in pursuit of a hobby."[5] A person is not treated as not practising by reason only that he is in the employment of another person.[6] The prohibition does not affect the use of the designation "Naval Architect", "Landscape Architect", or "Golf-Course Architect", or the validity of any building contract in customary form.[7]

A body corporate, firm or partnership may carry on business under the style or title of architect if the business of the body corporate, firm or partnership so far as it relates to architecture is under the control and management of a superintendent who is a registered person and who does not act at the same time in a similar capacity for any other body corporate, firm or partnership; and if in every premises where such business is carried on and is not personally conducted by the superintendent such business is bona fide conducted under the direction of the superintendent by an assistant who is a registered person.[8]

Contravention of these provisions is a criminal offence, the person guilty being liable to be fined.[9] It would follow that, presumably, such a person could not sue for fees for work carried out while he was contravening the Acts.[10]

Registration Act 1938, s. 2, in deciding whether a person was an architect practising on July 29, 1938, and was cited without disapproval in *R. v. Architects' Registration Tribunal, ex p. Jaggar* [1945] 2 All E.R. 131 at 134.

[2] For an account of registration and of the professional conduct of an architect, see Rimmer's *The Law relating to the Architect* (2nd ed., 1964), Chap. 7.

[3] See *Jacobowitz v. Wicks* [1956] Crim.L.R. 697 (D.C.); use of letters "Dip.Ing.Arch." not an offence.

[4] Architects Registration Act 1938, s. 1(1). This Act together with the Architects (Registration) Act 1931 and the Architects Registration (Amendment) Act 1969, may be cited together as the Architects Registration Acts 1931 to 1969 (s. 4 of the 1969 Act).

[5] This is the other sentence of the test referred to in note above.

[6] Architects Registration Act 1938, s. 4(2).

[7] *ibid.* s. 1(1), proviso.

[8] Architects (Registration) Act 1931, s. 17.

[9] Architects Registration Act 1938, s. 3; for certain special defences, see the proviso to s. 3. See also Rimmer, *op. cit.* p. 191.

[10] See "Illegality" on p. 150. It has been held, upon similar legislation in Singapore, that a person could not sue for fees for work carried out while he was contravening the Acts—*Raymond Banham v. Consolidated Hotels Ltd* (1976) *Malayan Law Journal* 5.

The Architects' Registration Council. This is a statutory corporation one of whose duties is the maintenance of the Register of Architects.[11] It must also appoint annually a Board of Architectural Education, an Admission Committee,[12] and a Discipline Committee.[13]

The right to be registered. A person who makes an application to the Registration Council in the prescribed manner and pays the prescribed fee[14] is entitled to be registered if the Council is satisfied on a report of the Admission Committee that he is an architect member of the Royal Academy or of the Royal Scottish Academy, or that he has passed any examination in architecture which is for the time being recognised by the Council or that he possesses the prescribed qualifications.[15]

European qualifications. A qualified national of a Member State of the European Community may apply for registration and is entitled to be registered if he satisfied the qualification requirements and pays the prescribed fee.[16] An architect established in another Member State of the European Community may practise or carry on business under the title "architect" while visiting the United Kingdom without being registered under the Act if he is enroled on a list of visiting EEC architects.[17]

Removal of names from register. If a registered person is convicted of a criminal offence or if the Discipline Committee, after an inquiry, report to the Council that the person has been guilty of conduct disgraceful[18] to him in his capacity as an architect, the Council may cause his name to be removed from the register and he is then, during such period as the Council determine, disqualified for registration under the Acts.[19] Written notice served by registered post of a proposed inquiry must be served on the person concerned and he is entitled upon application to be heard by the Discipline Committee in person or by counsel or a

---

[11] Architects (Registration) Act 1931, s. 3(3).
[12] Architects (Registration) Act 1931, s. 5(1).
[13] Architects (Registration) Act 1931, s. 7(2).
[14] Prescribed means prescribed by regulations made under the Act. The regulations can be obtained from the Council—Architects (Registration) Act 1931, s. 15.
[15] 1931 Act, s. 6(1); the qualifying examinations and prescribed qualifications are set out in regulations which can be obtained from the Council, 1931 Act, s. 15.
[16] Architects (Registration Act) 1931 s. 6A as inserted by Architects' Qualifications (EEC Recognition) Order 1987 (S.I. 1987 No. 1824 and further amended by S.I. 1988 No. 2241). The qualifications are as stated in the section and as listed in the Fourth and Fifth Schedules. Relevant Directives are 85/384, 85/614 and 86/17.
[17] Architects Registration Act 1938, s. 1A as inserted by Architects' Qualifications (EEC Recognition) Order 1987 (S.I. 1987 No. 1824 and further amended by S.I. 1988 No. 2241).
[18] For a discussion of the meaning of "disgraceful", see *Hughes v. Architects' Registration Council* [1957] 2 Q.B. 550 (D.C.). See also *Marten v. Royal College of Veterinary Surgeons' Disciplinary Committee* [1966] 1 Q.B. 1 (D.C.); *Lawther v. Royal College of Veterinary Surgeons* [1968] 1 W.L.R. 1441 (P.C.); *Le Scroog v. Optical Council* [1982] 1 W.L.R. 1238 (P.C.). For the Architects' Registration Council Code of Professional Conduct, apply to the Council.
[19] 1931 Act, s. 7(1).

solicitor.[20] Where the Council intends to remove the name of any person from the register for a criminal offence or professional misconduct a written notice must first be served on him by registered letter, and, on an application being made by that person in the prescribed manner within three months from the date of the service of the notice, the Council must consider any representations with regard to the matter which may be made by him to the Council either in person or by counsel or by a solicitor.[21] The Council may at any time, either of their own motion or on the application of the person concerned, cause his name to be restored to the register.[22]

For the purpose of maintaining the register the Council may at any time by notice in writing served on any registered person inquire if such person has changed his regular business address, and if no answer is received within six months from the sending of such notice, the Council must send to the said person a further notice by post as a registered letter, and if no answer is received within three months from the sending of such further notice, the Council may remove the name of such person from the register.[23]

Where the Council has removed the name of any person from the register, other than in consequence of his death, they must forthwith serve written notice by registered post on that person and where they have determined that there shall be a period of disqualification the determination must be specified in the notice.[24]

Any person aggrieved by the removal of his name from the register, or by a determination of the Council that he be disqualified for registration during any period, may, within three months from the date on which notice of the removal or determination was served on him, appeal to the High Court against the removal or determination, and on any such appeal the court may give such directions in the matter as they think proper and the order of the court is final.[25]

Trade Descriptions Act 1968. A false statement by a person that he was an architect was held to be an offence under this Act.[26]

---

[20] *ibid.* s. 7(4). Service may be by recorded delivery: Recorded Delivery Service Act 1962, s. 1 and Sched. 1.
[21] *ibid.* s. 7(5).
[22] *ibid.* s. 7(1).
[23] *ibid.* s. 11.
[24] *ibid.* s. 8.
[25] *ibid.* s. 9; the appeal is to a divisional court. For procedure see R.S.C., Ords. 55 and 94, r. 6. See also *Hughes v. Architects' Registration Council* [1957] 2 Q.B. 550 (D.C.).
[26] *R. v. Breeze* [1973] 1 W.L.R. 994 (C.A., Crim.Div.).

3. THE POSITION OF THE ARCHITECT

(a) The contract with the employer

The contract may come into existence as the result of an individual agreement or a competition. The normal rules of formation of contract apply.[27] If there is a competition, the rules of entry and its announcement must be studied to see what is the entitlement of the winner[28] and whether the organisers make a definite promise to employ the successful or best competitor.[29] Contracts need not be in writing[30] and it is still the practice for much work to be carried out without any formal agreement, leaving the law to supply the necessary terms by implication.[31] It should be remembered in this context that what architects may take for granted or regard as customary may be quite unfamiliar to many of their clients. A written contract of engagement is desirable for all but the simplest commissions. As a minimum, it should clearly define the responsibilities undertaken by the architect and their timing, his fees and when they are to be paid, and the extent to which he is to be responsible for design, specification, supervision or other activities which may be undertaken by others. The R.I.B.A. publish a standard form of agreement for the "Appointment of an Architect" some of whose more important clauses are intended to limit the architect's liability.[32]

Limited companies performing architect's duties. The R.I.B.A. Code of Professional Conduct does not now prohibit a member from engaging in activities as a proprietor or director of a limited company provided that his conduct complies with the Principles of the Code and the Rules applying to his circumstances. Provided that there is no contravention of the Architects Registration Acts,[33] there is nothing to prevent limited companies performing architectural services, and many do, with or without building the works as well.[34] Often they employ architects as employees. Any claim against such companies for breach of contract is governed by the ordinary rules.

---

[27] See Chap. 2.
[28] See *Jepson & Partners v. Severn Trent Water Authority* (1982) 20 B.L.R. 53 (C.A.).
[29] *cf. Rooke v. Dawson* [1895] 1 Ch. 480; *Carlill v. Carbolic Smokeball Co.* [1893] 1 Q.B. 256 (C.A.); *Harvela Investments v. Royal Trust Company* [1985] Ch. 103 (C.A.). The R.I.B.A. has special rules for architectural competitions.
[30] See "Formalities of contract" on p. 28.
[31] For general principles as to implication of terms, see p. 48, and for the approach of the courts to the duties of architects see this Section of this Chapter.
[32] See, *e.g.* Conditions 3.2.2, 4.1.7 and 4.2.5 and *cf. Investors in Industry v. South Bedfordshire D.C.* (1985) 32 B.L.R. 1 at 36 *et seq.* (C.A.). The form is printed on p. 1120. It was first published in June 1992 and there have been subsequent amendments. It replaced the former Architect's Appointment printed in the 5th edition of this book which itself replaced the former R.I.B.A. Conditions of Engagement printed in the 4th edition of this book.
[33] See p. 326.
[34] Design and build contracts are discussed on p. 7.

The architect's duty to act fairly. The architect is engaged by the employer to act as his agent for the purpose of securing the completion of the works in an economical and efficient manner. He must perform these duties properly and if he fails to do so may be liable to the employer in damages. But in performing them he must act fairly and professionally in applying the terms of the building contract. An architect acting under the ordinary building contract is the employer's agent throughout notwithstanding that in the administration of the contract he has to act in a fair and professional manner.[35] The obligation to act fairly extends to such of his duties as require him to use his professional skill and judgment in forming an opinion or making a decision where he is holding the balance between his client and the contractor. Typical of such duties are those requiring him to issue certificates or to grant extensions of time. An architect is not, however, ordinarily obliged to exercise a power to order a variation when it is fair to do so.[36]

(b) The architect's authority as agent

An architect's authority is strictly limited by the terms of his employment.[37] His authority as agent[38] is a question in each case, but it is possible to consider how far for certain matters which have come before the courts he has an implied authority from his position as architect.

Tenders. An architect engaged "to originate ... design and ... arrange for the erection of buildings"[39] has, it is submitted, implied authority to invite tenders, but he may not, except perhaps in special circumstances, have implied authority to employ a quantity surveyor to prepare bills of quantities.[40] The invitation to tender may contain a specification, plans, drawings and bills of quantities. There is no implied warranty that the

---

[35] *Sutcliffe v. Thackrah* [1974] A.C. 727 (H.L.); *cf. Arenson v. Arenson* [1977] A.C. 405 (H.L.); *London Borough of Merton v. Leach* (1985) 32 B.L.R. 51 at 77 *et seq.*; *Pacific Associates v. Baxter* [1990] Q.B. 993 (C.A.); *cf. Canterbury Pipe Lines v. Christchurch Drainage* (1979) 16 B.L.R. 76 (New Zealand C.A.). See also *Lubenham v. South Pembrokeshire D.C.* (1986) 33 B.L.R. 39 at 52 (C.A.) reciting submissions by counsel with apparent approval. See also "Professional independence" on p. 121.

[36] *Davy Offshore v. Emerald Field Contracting* (1991) 55 B.L.R. 1 at 61.

[37] *Fredk. Betts Ltd v. Pickfords Ltd* [1906] 2 Ch. 87 at 95; and see cases cited below. For a statement of the law applicable in considering whether there is an agency relationship, see *Garnac Grain Co. Inc. v. H. M. F. Faure & Fairclough* [1968] A.C. 1130 at 1137 (H.L.); *cf. Freeman & Lockyer v. Buckhurst Park Properties* [1964] 2 Q.B. 480 especially at 502 *et seq.* (C.A.)—a case about a claim *by* architects.

[38] For agency generally, see *Bowstead on Agency* (15th ed.) and *Chitty* (27th ed.), Vol. 2, Chap. 31.

[39] See definition cited on p. 325.

[40] See *Antisell v. Doyle* (1899) 2 I.R. 275 (Irish Q.B.D.), the majority holding that there was then no customary authority in Ireland for an architect to engage a quantity surveyor. Certain older English authorities are referred to. Sir P. O'Brien L.C.J. dissented to the effect that, if the employer impliedly or expressly authorised the architect to invite tenders, she impliedly authorised the engagement of a quantity surveyor. For the position where the R.I.B.A. Appointment of an Architect applies, see condition 4.1.1 on p. 1146. For quantity surveyors, see p. 369.

Chapter 13—The Position of the Architect

statements in these documents are accurate,[41] and the architect has no implied authority to warrant their accuracy.[42] If he does so and the contractor is put to extra cost as a result, the employer is not, in the absence of fraud, liable for breach of warranty unless he knew of or ratified the architect's statement,[43] although the contractor may have a remedy against the architect.[44] Further, if the architect was acting within his ostensible authority in making the statements the contractor may have a remedy against the employer for innocent misrepresentation or negligent misstatement.[45]

Contracts. In the absence of some express power acceptance should be by the employer. It seems reasonably clear that an architect engaged for the purposes referred to in the last paragraph has no implied power to bind the employer by acceptance of a tender,[46] and he cannot without authority pledge the employer's credit.[47] A chartered civil engineer who accepted a quotation without disclosing that he was acting as agent for a client was held personally liable on the ensuing contract.[48] It was not sufficient to avoid liability that he had written on his firm's professional notepaper and that it was apparent that he was acting in a professional capacity.

Supervision. It is part of the normal duties of the architect to supervise the work and there is implied such authority as is necessary to ensure that the work is carried out according to the terms of the contract.[49]

Variations. The architect has no implied authority to vary the works or to order extras,[50] or to order as extras works impliedly included in the work for which the contract sum is payable.[51] A contract between employer and contractor giving the employer's architect power to order variations constitutes express authority to do so, but such an express power must be exercised within the scope of the contract.[52] An architect cannot, without the

---

[41] See p. 141.
[42] *Scrivener v. Pask* (1865) L.R. 1 C.P. 715.
[43] *ibid.*
[44] See below.
[45] See pp. 128 *et seq.*; *cp.* however *Kooragang v. Richardson & Wrench* [1982] A.C. 462 (P.C.).
[46] See *Vigers, Sons & Co. Ltd v. Swindell* [1939] 3 All E.R. 590; and *cf.* estate agent cases such as *Hamer v. Sharp* (1874) L.R. 19 Eq. 108; *Keen v. Mear* (1920) 89 L.J.Ch. 513. A local authority architect may have authority as an official: *Roberts & Co. Ltd v. Leicestershire C.C.* [1961] Ch. 55; *Carlton Contractors v. Bexley Corporation* (1962) 106 S.J. 391; *cp.* North West Leicestershire D.C. v. East Midlands Housing Association [1981] 1 W.L.R. 1396 (C.A.).
[47] *Vigers, Sons & Co. Ltd v. Swindell* [1939] 3 All E.R. 590.
[48] *Sika Contracts v. Gill and Closeglen Properties* (1978) 9 B.L.R. 11.
[49] *R. v. Peto* (1826) 1 Y. & J. 37; *Kimberley v. Dick* (1871) L.R. 13 Eq. 1; *Brodie v. Cardiff Corporation* [1919] A.C. 337 at 351 (H.L.); *cf.* the R.I.B.A. Appointment of an Architect (printed at p. 1120) which limit the architect's usual duties to inspection to determine that the works are being executed generally in accordance with the contract—clause 3.10.
[50] *Cooper v. Langdon* (1841) 9 M. & W. 60.
[51] See p. 94.
[52] See p. 94. For an emergency, see p. 96 and, where the R.I.B.A. Appointment of an Architect applies see condition 1.2.4 on p. 1142.

employer's knowledge or consent, bind the employer by a promise that a condition of the contract will be waived.[53]

Arrangements with adjoining owners. An architect employed merely to superintend the construction of works has no implied power to agree with adjoining owners to vary the works in such a way as to affect the rights of his employer.[54]

Employed architect. Where the architect is an employee of the employer he has that authority which the employer holds him out as having by virtue of his position and the particular facts, so that in some cases his authority may be greater than that of an architect engaged as an independent person.[55]

(c) Excess of authority by architect

Position of the employer. If the architect exceeds the authority of his employment, the employer is not liable for his acts unless there is apparent or ostensible authority so that the employer is prevented from denying the authority of his architect[56] or unless the employer subsequently ratifies the architect's acts.

An example of agency by estoppel would arise if E has appointed A to be his architect with express authority to order goods on his behalf, and A has given several orders to S, a supplier. If E then withdraws his authority from A and fails to notify S, he is liable to S on any contracts which A purports to make on his behalf.[57] This principle only applies if the person dealing with the alleged agent had no notice of the lack of authority, and the burden of proof is on such person to prove the agency, or that the alleged principal is estopped from disputing it.[58]

The employer can subsequently ratify an unauthorised contract of the architect provided it was professedly made on his behalf, even though he was not named,[59] and the contract was within the powers of the employer to

---

[53] *Sharpe v. San Paulo Railway* (1873) 8 Ch.App. 597; *Toepfer v. Warinco* [1978] 2 Lloyd's Rep. 569 at 577.
[54] *Fredk. Betts Ltd v. Pickfords Ltd* [1906] 2 Ch. 87.
[55] *Roberts & Co. Ltd v. Leicestershire C.C.* [1961] Ch. 55; *Carlton Contractors v. Bexley Corporation* (1962) 106 S.J. 391; *cp. North West Leicestershire D.C. v. East Midlands Housing Association* [1981] 1 W.L.R. 1396 (C.A.).
[56] See *Pole v. Leask* (1863) 33 L.J.Ch. 155. See also *Ismail v. Polish Ocean Lines* [1976] Q.B. 893 at 903 (C.A.) and see *Bowstead on Agency* (15th ed.) p. 290 and *Chitty* (27th ed.), Vol. 2, 31–055 on the relationship between apparent or ostensible authority and estoppel. For cases where the agent is fraudulent, see *Lloyd v. Grace, Smith & Co.* [1912] A.C. 716 (H.L.); *Armagas v. Mundogas* [1986] A.C. 717 (H.L.). For directors of companies, see s. 35 of the Companies Act 1985.
[57] *Summers v. Solomon* (1857) 26 L.J.Q.B. 301; *Scarf v. Jardine* (1882) 7 App.Cas. 345 at 349 (H.L.); *Watteau v. Fenwick* [1893] 1 Q.B. 346; *cf. Rockland Industries v. Amerada Minerals* (1980) 108 D.L.R. (3d) 513 (Supreme Court of Canada).
[58] *Pole v. Leask* (1863) 33 L.J.Ch. 155 at 162.
[59] *Keighley, Maxsted & Co. v. Durant* [1901] A.C. 240 (H.L.); see also *Warehousing & Forwarding Co., etc., Ltd v. Jafferali & Sons Ltd* [1964] A.C. 1 (P.C.).

make,[60] and the employer was in existence at the time when the contract was made.[61] The last question may arise where a promoter of a company purports to make contracts on behalf of a company which has not yet been formed.[62]

If an agent contracts subject to ratification by his principal there is no concluded contract until ratification is obtained, and accordingly it seems that if the person who has entered into such "contract" with the agent withdraws from it before ratification it cannot be ratified so as to bring a binding contract into existence.[63]

The employer is only bound by the ratification of a contract if at the time of ratification he had full knowledge of all the material facts, or there was an intention to ratify the contract whatever it may have been.[64]

Position of the architect. The architect may be liable in an action for breach of warranty of authority at the suit of the contractor or other person who has suffered loss as a result of the architect exceeding his authority. The principle upon which the action is based is:

> "that where a person by asserting that he has the authority of the principal induces another person to enter into any transaction which he would not have entered into but for that assertion, and the assertion turns out to be untrue, to the injury of the person to whom it is made, it must be taken that the person making it undertook that it was true and he is liable personally for the damage that has occurred."[65]

The liability arises:

> "(a) if he has been fraudulent, (b) if he has without fraud untruly represented that he had authority when he had not, and (c) also where he innocently represents that he has authority where the fact is either, (1) that he never had authority or (2) that his original authority has ceased by reason of facts of which he has not knowledge or means of knowledge."[66]

Thus the architect might be liable where, without his knowledge, his authority has ceased by reason of the employer's death.[67] He cannot be liable

---

[60] *Ashbury Railway v. Riche* (1875) L.R. 7 H.L. 653 (H.L.); cf. *Bedford Insurance v. Instituto de Resseguros* [1985] Q.B. 966.
[61] *Kelner v. Baxter* (1866) L.R. 2 C.P. 174.
[62] For personal liability of promoters, see Companies Act 1985 s. 36(4) (formerly s. 9(2) of the European Communities Act 1972) and *Halsbury* (4th ed.), Vol. 7, para. 51; cf. *Phonogram v. Lane* [1982] Q.B. 938 (C.A.).
[63] *Warehousing & Forwarding Co., etc., Ltd v. Jafferali & Sons Ltd* [1964] A.C. 1 at 9 (P.C.). The point is difficult, see *Bolton Partners v. Lambert* (1889) 41 Ch.D. 295 (C.A.) apparently to the opposite effect, but distinguished and doubted in subsequent cases referred to in *Warehousing v. Jafferali*. See further *Chitty on Contracts* (27th ed.), Vol. 2, 31–029.
[64] *Bowstead on Agency* (15th ed.), Article 16, p. 64 and see *Vigers v. Swindell* [1939] 3 All E.R. 590, the facts of which are set out on p. 310.
[65] Lord Esher M.R. in *Firbank's Executors v. Humphreys* (1886) 18 Q.B.D. 54 at 60 (C.A.). See also *Randell v. Trimen* (1856) 18 C.B. 786; *Collen v. Wright* (1857) 8 E. & B. 647.
[66] Buckley L.J. in *Yonge v. Toynbee* [1910] 1 K.B. 215 at 227 (C.A.).
[67] *Yonge v. Toynbee* [1910] 1 K.B. 215 (C.A.).

if the other party was aware of his lack of authority,[68] so that where there is a written contract, such as the Standard Form of Building Contract, it is difficult for a contractor to succeed in an action for breach of warranty of authority on some matter arising out of the contract, for he has notice of the extent of the architect's authority. The same principle would apply to a subcontractor under a subcontract whereby he is expressed to have notice of the terms of the main contract.[69]

Damages. The starting point in considering the measure of damages in an action for breach of warranty of authority is to compare the plaintiff's position before the representation of authority with his position brought about by the representation.[70] Damages normally include the loss on any contract which cannot be enforced for the want of authority, and may include the costs of unsuccessful proceedings to enforce the contract against the alleged principal.[71] If there is doubt about an agent's authority it may be advisable, before suing the principal, to give notice to the agent that such proceedings will be at his cost if they fail for lack of authority.[72] The date for assessing the loss may be the date when it was accepted or adjudged that the agent had no authority.[73]

(d) Architect's personal liability on contracts

The general rule is that an agent is not personally liable on contracts entered into on behalf of a disclosed principal, but in certain circumstances the architect may find himself liable on contracts made on behalf of his employer. This liability must be distinguished from that discussed in the last subsection which arises not on the original contract but on an implied warranty that the architect had authority to make it.

The architect is personally liable where he contracts on behalf of the employer but without disclosing the existence of a principal.[74] In such a case the contract may be enforced either against the architect or, upon discovering his existence, against the employer.[75] And the architect may make himself personally liable if he signs a contract in his own name without excluding his liability.[76] Thus an architect was held personally liable at the

---

[68] *Halbot v. Lens* [1901] 1 Ch. 344.
[69] See the fourth recital to the Articles of Agreement of the Standard Form of Subcontract on p. 814.
[70] *Doyle v. Olby (Ironmongers) Ltd* [1969] 2 Q.B. 158 at 167 (C.A.); *Esso v. Mardon* [1976] Q.B. 801 (C.A.); *Archer v. Brown* [1985] Q.B. 401; *Smith Kline & French Laboratories v. Long* [1989] 1 W.L.R. 1 (C.A.).
[71] *Randell v. Trimen* (1856) 18 C.B. 786; *Simons v. Patchett* (1857) 7 E. & B. 568; *Collen v. Wright* (1857) 8 E. & B. 647; *V/O Rasnoimport v. Guthrie & Co.* [1966] 1 Lloyd's Rep. 1.
[72] As in *Collen v. Wright* (1857) 8 E. & B. 647.
[73] See *Suleman v. Shahsavari* [1988] 1 W.L.R. 1181.
[74] See *Bowstead on Agency* (15th ed.), Art. 105; *cf. Sika Contracts v. Gill and Closeglen Properties* (1978) 9 B.L.R. 11.
[75] *ibid.*
[76] See *Bowstead*, Art. 106; *Beigtheil & Young v. Stewart* (1900) 16 T.L.R. 177; *cf. Himley Brick*

suit of a subcontractor where he had signed an order in this manner although earlier correspondence had referred to the existence of his clients and the judge considered that the main contractor was the person who ultimately ought to find the money.[77]

(e) Fraudulent misrepresentation

An architect who makes a fraudulent misrepresentation,[78] intending it to be acted upon, is liable in damages for the tort of deceit at the suit of the person who acted upon the statement and suffered loss, and it is no excuse that he merely acted as the agent of his employer, for "all persons directly concerned in the commission of a fraud are to be treated as principals... The contract of agency or of service cannot impose any obligation on the agent or servant to commit or assist in the committing of a fraud".[79]

The employer is liable for his own fraudulent misrepresentations, and for any fraud committed by the architect in the execution of his authority,[80] even though it is done for the benefit of the architect,[81] and even though the employer is innocent.[82] But the employer would not be liable for his agent's deceit where the agent was not authorised to do what he was purporting to do, where what he was purporting to do was not within the class of acts that an agent in his position is usually authorised to do and when the employer had done nothing to represent that the agent was so authorised, the third party's belief that the agent was authorised being derived solely from reliance on the agent himself.[83] In *Pearson v. Dublin Corporation* it was held that a clause providing that the contractors must not rely on any representation would not protect the employer from an action for the fraudulent misrepresentation of his engineers, but a passage from Lord Loreburn's speech suggested that it might be possible by apt and express clauses in special circumstances for an employer to guard himself from liability for the fraud of his agents.[84]

Fraud involves dishonesty, and the employer cannot be liable for his architect's misrepresentation if neither of them had a guilty mind; "you cannot add an innocent state of mind to an innocent state of mind and get as

---

Co. v. Lamb & Sons The Guardian, January 16, 1962—no contract where suppliers at architect's request "reserved" bricks.

[77] *Beigtheil & Young v. Stewart* (1900) 16 T.L.R. 177, Bigham J. See also "Contracts" on p. 331.
[78] See p. 130 for the elements of fraud.
[79] Lord Westbury in *Cullen v. Thomson's Trustees & Kerr* (1862) 4 Macq. 424 at 432.
[80] *Lloyd v. Grace, Smith & Co.* [1912] A.C. 716 (H.L.); *Uxbridge Permanent Benefit Building Society v. Pickard* [1939] 2 K.B. 248 (C.A.); *United Bank of Kuwait v. Hammoud* [1988] 1 W.L.R. 1051 (C.A.); see also *Briess v. Woolley* [1954] A.C. 333 (H.L.).
[81] *ibid.*
[82] *Pearson v. Dublin Corporation* [1907] A.C. 351 (H.L.); as explained in *Armstrong v. Strain* [1952] 1 K.B. 232 at 258 (C.A.). See p. 130 for the facts of *Pearson's* case.
[83] *Armagas v. Mundogas* [1986] A.C. 717 (H.L.); *cf. Kooragang Investments v. Richardson & Wrench* [1982] A.C. 462 (P.C.).
[84] For the passage in extenso, see p. 131. See also *Tullis v. Jacson* [1892] 3 Ch. 441, discussed on p. 122.

a result a dishonest state of mind".[85] So if the architect were innocently to make statements about the contract works or the site and the employer knew of facts which rendered those statements untrue but had neither authorised the architect to make the statements nor hoped, nor suspected that he would make them,[86] nor knew he had made them, then there could be no fraud.[87] There would be fraud so as to make the employer liable if he had deliberately employed the architect hoping that he would, innocently, make the false statements.[88]

A contract may be rescinded for fraud on the part of an undisclosed principal.[89]

(f) Misconduct as agent

Bribes and secret commissions. Any secret dealing which might tend to prevent an agent performing his duties faithfully to his principal is presumed by the law to be corrupt.[90] Criminal liability can arise both in respect of the agents of private principals and of public bodies.[91] Quite apart from criminal liability, any secret dealing between the architect and the contractor, or other person, is a fraud on the employer, and entitles him to dismiss the architect,[92] and recover any money paid by way of bribe or secret commission.[93] Further, the employer may rescind the contract between himself and the contractor or other person concerned,[94] and if he has suffered loss he can recover damages from the architect and the contractor or other person.[95]

The Privy Council has held that a plaintiff, as against the briber and the agent bribed, has alternative remedies:

---

[85] Devlin J. in *Armstrong v. Strain* [1951] 1 T.L.R. 856 at 872, referred to with approval in the Court of Appeal [1952] 1 K.B. 232 at 246.
[86] *cf. Ludgater v. Love* (1881) 44 L.T. 694 (C.A.).
[87] *Armstrong v. Strain* [1952] 1 K.B. 232 (C.A.).
[88] *cf. Ludgater v. Love* (1881) 44 L.T. 694 (C.A.).
[89] *Garnac Grain Co. Inc. v. H. M. F. Faure & Fairclough Ltd* [1965] 1 All E.R. 47, overruled on different points [1966] 1 Q.B. 650 (C.A.); [1968] A.C. 1130 (H.L.). For rescission, see "Innocent misrepresentation" on p. 128.
[90] *Harrington v. Victoria Graving Dock Co.* (1878) 3 Q.B.D. 549; *Shipway v. Broadwood* [1899] 1 Q.B. 369 (C.A.); *cf. Logicrose v. Southend Football Club* [1988] 1 W.L.R. 1256; *cf.* also s. 2 of the Prevention of Corruption Act 1916.
[91] See Public Bodies Corrupt Practices Act 1889 s. 1, Prevention of Corruption Act 1906 ss. 1 and 2(1) and Prevention of Corruption Act 1916 s. 2. The Housing Corporation and Housing for Wales are public bodies for these purposes—see the Housing Associations Act 1985, s. 74 and Sched. 6, para. 1(2) and the Housing Act 1988, s. 46(2) and Sched. 5, para 1(2). For the relevant law see *Archbold* (44th ed.), paras. 31-153 *et seq.* at pp. 3426 *et seq.*
[92] *Temperley v. Blackrod Manufacturing Co. Ltd* (1907) 71 J.P. 341.
[93] *Grant v. Gold Exploration, etc., Syndicate* [1900] 1 Q.B. 233; *cf. Arab Monetary Fund v. Hashim* [1993] 1 Lloyd's Rep. 543.
[94] *Panama & South Pacific Telegraph Co. v. India Rubber, etc., Co.* (1875) L.R. 10 Ch.App. 515; *Logicrose v. Southend Football Club* [1988] 1 W.L.R. 1256.
[95] *Salford Corporation v. Lever* [1891] 1 Q.B. 168 (C.A.); *Mahesan v. Malaysia Housing Society* [1979] A.C. 374 (P.C.).

(1) for money had and received under which he can recover the amount of the bribe,
(2) for damages for fraud, under which he can recover the amount of the actual loss sustained in consequence of his entering into the transaction in respect of which the bribe was given;

and is bound to elect, at the time when judgment is to be entered, between the claim for the bribe and the claim for damages.[96] There are separate causes of action against the briber and the agent bribed but satisfaction of judgment against one of them constitutes satisfaction *pro tanto* of the claim against the other.[97]

The court will not listen to evidence of a custom to pay secret commissions,[98] but an agent accused of accepting a secret commission may be able to show that his principal must have been aware that he had received a commission.[99]

It was, apparently at one time the practice in some cases for the architect to charge the contractor with the cost of taking out the quantities or measuring up deviations. Unless the architect accounts fully to the employer for any sums received, or makes it clear to the employer that he will receive such sums, giving their amount,[1] this procedure would seem to be a fraud on the employer, coming within the principles stated above.

Conflict of duty and interest. An agent must not put his personal interest in conflict with his duty towards his principal.[2] Thus where a surveyor who had been engaged to supervise certain work to be carried out by a building company[3] subsequently became managing director of that company, it was said that this was a breach of duty going to the root of his contract with the employer making him liable to dismissal without, it seems, any right to payment for the work he had done, his contract being entire.[4]

The employer may waive his rights in respect of his agent's breach of duty. Thus if he engages an agent with full knowledge of circumstances which give rise to a conflict between the agent's duty and his interest, or continues to

---

[96] *Mahesan v. Malaysia Housing Society* [1979] A.C. 374 (P.C.); *cf. Armagas v. Mundogas* [1986] A.C. 717 (H.L.); *Logicrose v. Southend Football Club* [1988] 1 W.L.R. 1256; *Arab Monetary Fund v. Hashim* [1993] 1 Lloyd's Rep. 543.
[97] *Mahesan v. Malaysia Housing Society* [1979] A.C. 374 (P.C.) citing *United Australia v. Barclays Bank* [1941] A.C. 1 (H.L.).
[98] *Bulfield v. Fournier* (1894) 11 T.L.R. 62; *affd.* 11 T.L.R. 282 (C.A.).
[99] *Holden v. Webber* (1860) 29 Beav. 117.
[1] See *Dunne v. English* (1874) L.R. 18 Eq. 524.
[2] *Bank of Upper Canada v. Bradshaw* (1867) 1 L.R.P.C. 479 at 489 (P.C.); *Thornton Hall v. Wembley Electrical Appliances* [1947] 2 All E.R. 630 (C.A.); *Logicrose v. Southend Football Club* [1988] 1 W.L.R. 1256; *cf.* s. 21 of the Estate Agents Act 1979 for the obligation of estate agents to disclose personal interests.
[3] And thus for present purposes was in the same position as an architect.
[4] *Thornton Hall v. Wembley Electrical Appliances* [1947] 2 All E.R. 630 at 634 (C.A.). For entire contracts, see p. 75.

employ him without protest after discovery of such circumstances, he waives his right to rely on the breach of duty.[5]

(g) The architect's duties to the employer

The architect must serve the employer faithfully as his agent.[6] Further, by holding himself out as an architect, he impliedly warrants that he possesses the requisite ability and skill.[7] Consequently if he fails to exercise such skill he is liable in damages if any loss is suffered, and may not be able to recover his fees.

The degree of skill required. An architect's liability is not, in the ordinary case, absolute in the sense that he is liable whenever loss results from his acts.[8] It must be shown that he has been negligent, *i.e.* that he has failed to exercise the standard of care required, and that the negligence complained of is a matter of substance.[9]

> "Where you get a situation which involves the use of some special skill or competence, then the test as to whether there has been negligence or not is ... the standard of the ordinary skilled man exercising and professing to have that special skill."[10]

This test, frequently applied in cases of medical negligence, applies to all professions or callings which require special skill, knowledge or experience.[11] "The law does not require of a professional man that he be a paragon, combining the qualities of polymath and prophet."[12] It seems surprisingly that the standard required may not be higher where the client deliberately obtains and pays for someone with specially high skills.[13]

Thus, unless there are special circumstances, the normal measure of an

---

[5] *Thornton Hall v. Wembley Electrical Appliances* [1947] 2 All E.R. 630 (C.A.); *cf. N.Z. Netherlands Society v. Kuys* [1973] 1 W.L.R. 1126 (P.C.).
[6] See above and *Bowstead on Agency* (15th ed.) generally.
[7] *Harmer v. Cornelius* (1858) 5 C.B.(N.S.) 236 at 246; see also *Jones v. Manchester Corporation* [1952] 2 Q.B. 852 at 876 (C.A.).
[8] See *Greaves & Co. Ltd v. Baynham Meikle* [1975] 1 W.L.R. 1905 (C.A.) discussed below; *George Hawkins v. Chrysler (U.K.)* (1986) 38 B.L.R. 36 (C.A.); *cp. IBA v. EMI and BICC* (1980) 14 B.L.R. 1 (H.L.); *Holland Hannen & Cubitts v. W.H.T.S.O.* (1985) 35 B.L.R. 1 (C.A.). See also condition 1.2.1 of the R.I.B.A. Appointment of an Architect on p. 1142.
[9] *Cotton v. Wallis* [1955] 1 W.L.R. 1168 (C.A.); a difficult case discussed further on p. 545.
[10] McNair J. in *Bolam v. Friern Hospital Management Committee* [1957] 1 W.L.R. 582 at 586 approved in *Whitehouse v. Jordan* [1981] 1 W.L.R. 246 (H.L.); *Chin Keow v. Government of Malaysia* [1967] 1 W.L.R. 813 (P.C.); *cf. Lanphier v. Phipos* (1831) 8 C. & P. 475 at 479; *Chapman v. Walton* (1833) 10 Bing. 57 at 63; *Slater v. Baker* (1767) 2 Wils. 359.
[11] *Gold v. Haringey Health Authority* [1988] Q.B. 481 at 489 (C.A.); *cf. Luxmoore-May v. Messenger May Baverstock* [1990] 1 W.L.R. 1009 at 1020 (C.A.).
[12] Bingham L.J. (dissenting on the facts) in *Eckersley v. Binnie* (1988) 18 Con.L.R. 1 at 80 (C.A.); *cf.* "It is easy and tempting to impose too high a standard in order to see that the innocent victims of the disaster are compensated by the defendants' insurers." *ibid.* at 81.
[13] *George Wimpey v. Poole* (1984) 27 B.L.R. 58 at 76 *et seq.*; *cf. Argyll (Duchess of) v. Beuselinck* [1972] 2 Lloyd's Rep. 172 at 183; *Greaves & Co. Ltd v. Baynham Meikle* [1975] 1 W.L.R. 1905 (C.A.) discussed below; *Wilsher v. Essex A.H.A.* [1987] Q.B. 730 (C.A.).

architect's skill is that of ordinarily skilled architects.[14] An error of judgment may or may not amount to negligence.[15] If the majority of architects would, under the circumstances, have done the same thing this normally provides a good defence, for "a defendant charged with negligence can clear himself if he shows that he acted in accord with general and approved practice".[16] Where there is no one accepted practice, he will not be negligent if he acted in accordance with a practice accepted as proper by a responsible body of architects,[17] even if another body of competent professional opinion considered the practice wrong.[18]

If a course proposed by the architect is in accordance with competent practice but has risks, it is thought that the ordinarily competent architect ought normally to warn his client of the risks.[19] If the possibility of danger emerging is reasonably apparent, then to take no precautions is negligence even though others in like circumstances have in the past not taken proper precautions.[20] Thus if the nature of the contract clearly imposes a duty on the architect, such as inspecting the work of one contractor before it is covered up by another contractor's work, then it is not sufficient that he has done what was customary if he fails to inspect.[21] But if an architect, out of the ordinary course, is employed upon a novel process, of which he does not profess experience, then its failure may be consistent with proper skill on his part.[22] He may profess experience by not refusing the job and not warning the client of his inexperience.[23] "The graver the foreseeable consequences of

---

[14] For a detailed example of the application of this test, see *Holland Hannen & Cubitts v. W.H.T.S.O.* (1981) 18 B.L.R. 80 at 126.

[15] *Whitehouse v. Jordan* [1981] 1 W.L.R. 246 (H.L.).

[16] Maugham L.J. in *Marshall v. Lindsey County Council* [1935] 1 K.B. 516 at 540 (C.A.), cited by Lord Porter in *Whiteford v. Hunter* [1950] W.N. 553 (H.L.). For an example of the application of this principle, see *Perry v. Tendring D.C.* (1984) 30 B.L.R. 118 at 145.

[17] See *Bolam v. Friern Hospital Committee* [1957] 1 W.L.R. 582; *Cotton v. Wallis* [1955] 1 W.L.R. 1168 (C.A.); *Hasker v. Hall* (1958) unrep. but noted at length in the R.I.B.A. Journal for October 1958; *Chin Keow v. Govt. of Malaysia* [1967] 1 W.L.R. 813 (P.C.); *Gold v. Haringey Health Authority* [1988] Q.B. 481 (C.A.). For the meaning of "faulty design" in an insurance policy, see *Manufacturers Mutual Insurance Ltd v. Queensland Government Railways* [1969] 1 Lloyd's Rep. 214 (Australia High Court—fault in operation, not in preparation).

[18] *Maynard v. West Midlands R.H.A.* [1984] 1 W.L.R. 634 (H.L.); cf. *Hospitals for Sick Children v. McLaughlin & Harvey* (1990) 19 Con.L.R. 25 and (1990) 6 Const.L.J. 245.

[19] Cp. *Sidaway v. Governors of Bethlem Royal Hospital* [1985] A.C. 871 (H.L.).

[20] *Savory & Co. v. Lloyds Bank Ltd* [1932] 2 K.B. 122 at 136 (C.A.); *Markland v. Manchester Corporation* [1934] 1 K.B. 566; affd. [1936] A.C. 360 (H.L.). cf. *Marfani & Co. Ltd v. Midland Bank Ltd* [1968] 1 W.L.R. 956 at 972, 975 and 980 (C.A.); *Investors in Industry v. South Bedfordshire D.C.* (1985) 32 B.L.R. 1 at 37 (C.A.); *Nye Saunders & Partners v. Alan E. Bristow* (1987) 37 B.L.R. 92 (C.A.). See also p. 349.

[21] *Jameson v. Simon* (1899) 1 F. (Ct. of Sess.) 1211 at 1222. This is a Scottish case with the work carried out by various individual contractors, and therefore requiring a higher degree of supervision than in the usual English contract where there is only one contractor. The defendant was held liable although he had followed the custom of local architects.

[22] *Turner v. Garland & Christopher* (1853) H.B.C. (4th ed.), Vol. 2, p. 2 at 3 cited with approval in *IBA v. EMI and BICC* (1980) 14 B.L.R. 1 at 28 (H.L.); cf. *Wilsher v. Essex A.H.A.* [1987] Q.B. 730 at 749 (C.A.).

[23] *Moresk Cleaners Ltd v. Hicks* [1966] 2 Lloyd's Rep. 338, discussed below.

failure to take care, the greater the necessity for special circumspection ... The law requires even pioneers to be prudent."[24]

State of the art. Architects are not judged by hindsight.[25] What may subsequently be negligent, after warning of a risk in a publication likely to be read in the profession, may not have been negligent in the light of ordinary professional knowledge at the time of the act or omission complained of.[26]

Warranty of fitness. A designer can, by contract, enter into a duty beyond that of using skill and care in his design.[27] He may do this either expressly or, in particular circumstances it may be implied that he has warranted that he will achieve a certain result. Thus in *Greaves & Co. v. Baynham Meikle*[28] "package deal" contractors undertook to the employer to produce a warehouse the first floor of which would be suitable for the use of stacker trucks. They engaged the defendants, who were structural engineers, as experts to carry out the design. In all the circumstances it was held that the defendants were liable in damages for designing a floor which failed because they had impliedly warranted that the floor would be reasonably fit for the purpose for which they knew it was required.[29] The Court of Appeal emphasised that it was not laying down any general principle as to the obligations and liabilities of professional men.

> "It is not open to this court, except where there are special facts and special circumstances, to extend the responsibilities of a professional man beyond the duty to exercise all reasonable skill and care in conformity with the usual standards of his profession."[30]

Expert evidence. Where a building, of ordinary description, of which an architect has had abundant experience, proves a failure that is evidence of want of skill or attention.[31] There may also be cases where it can be concluded without expert evidence that some action by an architect was so obviously necessary that no reasonably prudent architect would fail to take it.[32] But in most cases expert evidence from an equivalently qualified

---

[24] Lord Edmund-Davies in *IBA v. EMI and BICC* (1980) 14 B.L.R. 1 at 28 (H.L.).
[25] *George Wimpey v. D.V. Poole* (1984) 27 B.L.R. 58 at 78; *Eckersley v. Binnie* (1988) 18 Con.L.R. 1 at 80 (C.A.); *cf. Kensington etc. Health Authority v. Wettern Composites* (1984) 31 B.L.R. 57 at 74; *Luxmoore-May v. Messenger May Baverstock* [1990] 1 W.L.R. 1009 at 1020 (C.A.); *Wharf Properties v. Eric Cumine Associates* (1991) 29 Con.L.R. 84 at 112 (P.C.).
[26] *Roe v. Minister of Health* [1954] 2 Q.B. 66 (C.A.).
[27] *cf. IBA v. EMI and BICC* (1980) 14 B.L.R. 1 (H.L.).
[28] [1975] 1 W.L.R. 1095 (C.A.). For package deals or "design and build" contracts, see p. 7.
[29] *cf. Holland Hannen & Cubitts v. W.H.T.S.O.* (1985) 35 B.L.R. 1 (C.A.).
[30] Neill L.J. in *George Hawkins v. Chrysler (U.K.)* (1986) 38 B.L.R. 36 at 55 (C.A.); *cp. Eyre v. Measday* [1986] 1 All E.R. 488 (C.A.); *Thake v. Maurice* [1986] Q.B. 644 (C.A.)—both medical cases.
[31] Erle J. in *Turner v. Garland & Christopher* (1853) H.B.C. (4th ed.), Vol. 2, p. 2.
[32] See *Sidaway v. Governors of Bethlem Royal Hospital* [1985] A.C. 871 at 900 (H.L.); but *cp. Nye Saunders & Partners v. Alan E. Bristow* (1987) 37 B.L.R. 92 at 108 (C.A.).

architect is necessary to prove negligence.[33] Evidence from other professionals is unlikely to be sufficient.[34]

Delegation of duties. On the principles stated in Chapter 12, the contract with the architect is personal in the sense that he cannot arrange for the general performance of his duties by another person.[35] The essential characteristic of the duty is that, if it is not performed, it is not a defence for the architect to show that he delegated its performance to a person whom he reasonably believed to be competent to perform it.[36]

In *Moresk Cleaners Ltd v. Hicks*,[37] an architect was engaged to draw up plans, specification and contracts for building an extension to the plaintiff's laundry. The work involved the design of a reinforced concrete structure on a sloping site. The architect knew of a contractor whose partners were qualified engineers, and he invited the contractor to design and build the structure. After erection it became defective because of negligent design in that, *inter alia*, purlins were not strong enough and portal frames should have been, but were not, tied together. It was contended for the architect that he was entitled to delegate certain specialist design tasks to qualified specialist subcontractors, and, alternatively, that he was acting as agent for the employer to employ the contractor to design the structure. These arguments were rejected and it was said[38]

"... if a building owner entrusts the task of designing a building to an architect he is entitled to look to that architect to see that the building is properly designed. The architect has no power whatever to delegate his duty to anybody else, certainly not to a contractor ... If the defendant was not able, because this form of reinforced concrete was a comparatively new form of construction, to design it himself, he had three courses open to

---

[33] *Worboys v. Acme Investment Ltd* (1969) 4 B.L.R. 133 at 139 (C.A.); *Investors in Industry v. South Bedfordshire D.C.* (1985) 32 B.L.R. 1 at 38 (C.A.); *cf. Chin Keow v. Government of Malaysia* [1967] 1 W.L.R. 813 at 817 (P.C.)—there may be a danger that expert evidence will introduce a standard higher than that required by law—and contrast *Midland Bank v. Hett, Stubbs and Kemp* [1979] Ch. 384 at 402; *University of Glasgow v. Whitfield and Laing* (1988) 42 B.L.R. 66 at 79. For general observations on experts' reports, see *University of Warwick v. Sir Robert McAlpine* (1988) 42 B.L.R. 1 at 22—these referred to as "illuminating" in the Court of Appeal April 4, 1990 unreported. See also "Experts' Reports" at p. 489.
[34] See *Investors in Industry v. South Bedfordshire D.C.* (1985) 32 B.L.R. 1 at 39 (C.A.). See *Lusty v. Finsbury Securities* (1991) 58 B.L.R. 66 (C.A.) for a party to the proceedings himself giving opinion evidence.
[35] See p. 297; *Hemming v. Hale* (1859) 7 C.B.(N.S) 487 at 498; *Stubbs v. Holywell Railway* (1867) L.R. 2 Ex. 311. For analogous problems in the law of master and servant, see *Davie v. New Merton Board Mills* [1959] A.C. 604 (H.L.); shipowners, see *Riverstone Meat Co. Pty. Ltd v. Lancashire Shipping Co. Ltd* [1961] A.C. 807 (H.L.); estate agents, see *McCann (John) & Co. v. Pow* [1974] 1 W.L.R. 1643 (C.A.).
[36] See *McDermid v. Nash Dredging* [1987] A.C. 906 at 919 (H.L.); *cf. Luxmoore-May v. Messenger May Baverstock* [1990] 1 W.L.R. 1009 at 1021 (C.A.).
[37] [1966] 2 Lloyd's Rep. 338. See also *Sealand of the Pacific v. McHaffie* (1975) 51 D.L.R. (3d) 702, British Columbia C.A.—architect negligent who relied on recommendation of suitability of materials by supplier.
[38] At p. 342. See also *Hedley Byrne v. Heller & Partners* [1964] A.C. 465 at 486 (H.L.).

him. One was to say: 'This is not my field.' The second was to go to the client, the building owner, and say: 'This reinforced concrete is out of my line. I would like you to employ a structural engineer to deal with this aspect of the matter.' Or he can, while retaining responsibility for the design, himself seek the advice and assistance of a structural engineer, paying for his service out of his own pocket but having at any rate the satisfaction of knowing that if he acts upon that advice and it turns out to be wrong, the person whom he employed to give the advice will owe the same duty to him as he, the architect, owes to the building owner."[39]

In *London Borough of Merton v. Lowe*,[40] the defendants were engaged as architect to design and supervise the erection of a new indoor swimming pool which they designed with suspended ceiling rendered with a coat of "Pyrok", a proprietary product. Pyrok were nominated as subcontractors. Eventually it was established that "Pyrok" was unsuitable for its purpose and it was suggested that the architects were responsible for the faulty design of the mix used by Pyrok. The *Moresk Cleaners* case was distinguished on the grounds that there the architect had virtually handed over to another the whole task of design. Here Pyrok were nominated subcontractors employed for a specialised task using their own proprietary materials. In view of successful work done elsewhere the architect's decision to use Pyrok was reasonable and no witness was called to suggest that it was not reasonable.[41]

The terms of employment of the architect must be considered in each case. Bearing in mind that normally the architect is responsible for the design of the building as a whole and "very much the captain of the ship",[42] it must be a question of construction whether the employer has expressly or impliedly agreed that the architect is not to be responsible for duties ordinarily entrusted to him.[43] One matter which the court may take into account is whether the employer has a remedy against the nominated subcontractor or other person relied on by the architect as performing such duties,[44] for it is thought that the court would be unwilling, unless compelled to do so, to find that the employer had no remedy against anyone for bad design.

Where the R.I.B.A. Appointment of an Architect is used, conditions 3.2.2, 4.1.7 and 4.2.5 provide in effect that the architect is not to be responsible for work, including design work, done by consultants or specialist contractors,

---

[39] *cf. Sealand of the Pacific v. McHaffie* (1974) 2 B.L.R. 74 (British Columbia C.A.); *Richard Roberts v. Douglas Smith Stimson* (1988) 46 B.L.R. 50 at 66; *Eames v. North Hertfordshire D.C.* (1980) 18 B.L.R. 50 at 70.
[40] (1981) 18 B.L.R. 130 (C.A.).
[41] *ibid.* at 148.
[42] H.H. Judge Smout Q.C. in *Kensington etc. Health Authority v. Wettern Composites* (1984) 31 B.L.R. 57 at 74.
[43] Consider the R.I.B.A. Appointment of an Architect printed on p. 1120 and referred to in the next paragraph.
[44] See p. 319, "Protection of employer".

subcontractors or suppliers, nor for the contractor's operational methods.[45] These clauses:

"clearly contemplate that where a particular part of the work ... involves specialist knowledge or skill beyond that which an architect of ordinary competence may reasonably be expected to possess, the architect is at liberty to recommend to his client that a reputable independent consultant, who appears to have the relevant specialist knowledge or skill, shall be appointed by the client to perform this task. If following such a recommendation a consultant with these qualifications is appointed, the architect will normally carry no legal responsibility for the work to be done by the expert which is beyond the capability of an architect of ordinary competence; in relation to the work allotted to the expert, the architect's legal responsibility will normally be confined to directing and coordinating the expert's work in the whole. However, this is subject to one important qualification. If any danger or problem arises in connection with the work allotted to the expert, of which an architect of ordinary competence reasonably ought to be aware and reasonably could be expected to warn the client, despite the employment of the expert, and despite what the expert says or does about it, the duty of the architect [is] to warn the client."[46]

Where it is known that the contract between the employer and the contractor will contain provision for measurement by a skilled quantity surveyor an architect is not, it is submitted, in the ordinary case in breach of duty to the employer if he relies on such measurements,[47] provided, it seems, that the measurements are not grossly wrong.[48] But where an architect was held under a duty to warn about possible inflation when giving an estimate of cost, he was held not to have discharged that duty by consulting a quantity surveyor to prepare a schedule of cost.[49]

(h) Architects' duties in detail

The detailed duties of an architect must depend upon the application of the general principles stated above to the particular facts of the case, including any special terms.[50] So far as these duties are based upon what a competent experienced architect would do in the circumstances, they are a proper subject for a member of that profession rather than for a lawyer. To give some

---

[45] See pp. 1149 *et seq.*
[46] Slade L.J. in *Investors in Industry v. South Bedfordshire D.C.* (1985) 32 B.L.R. 1 at 37 (C.A.) speaking of similar clauses in the former R.I.B.A. Conditions of Engagement.
[47] See *Clemence v. Clarke* (1880) H.B.C. (4th ed.), Vol. 2, pp. 54 and 58 (C.A.); *R. B. Burden Ltd v. Swansea Corporation* [1957] 1 W.L.R. 1167 (H.L.); both are cases on the architect's duty as certifier (see pp. 105 *et seq.*).
[48] *Priestley v. Stone* (1888) H.B.C. (4th ed.), Vol. 2, p. 134 at 142 (C.A.).
[49] *Nye Saunders v. Alan E. Bristow* (1987) 37 B.L.R. 92 (C.A.).
[50] *e.g.* R.I.B.A. Appointment of an Architect—see p. 1120.

guidance there is first set out the list of duties suggested by Hudson, himself a practising architect as well as a lawyer. Although the last edition of *Hudson's Building Contracts* edited by Hudson was published in 1926, it is thought that the list remains fairly comprehensive. There is further discussion in the paragraphs which follow.

Hudson's list of duties.[51]

"(i) To advise and consult with the employer (not as a lawyer) as to any limitation which may exist as to the use of the land to be built on, either (*inter alia*) by restrictive covenants or by the rights of adjoining owners or the public over the land, or by statutes[52] and by-laws affecting the works to be executed.[53]

(ii) To examine the site, sub-soil and surroundings.[54]

(iii) To consult with and advise the employer as to the proposed work.

(iv) To prepare sketch plans and a specification having regard to all the conditions which exist and to submit them to the employer for approval,[55] with an estimate of the probable cost, if requested.[56]

(v) To elaborate and, if necessary, modify or amend the sketch plans as he may be instructed and prepare working drawings and a specification or specifications.

(vi) To consult with and advise the employer as to obtaining tenders, whether by invitation or by advertisement, and as to the necessity or otherwise of employing a quantity surveyor.[57] (Engineers do not so often employ a quantity surveyor.)

(vii) To supply the builder with copies of the contract drawings and specification, supply such further drawings and give such instructions as may be necessary, supervise the work, and see that the contractor performs the contract, and advise the employer if he commits any serious breach thereof.[58]

(viii) To perform his duties to his employer as defined by any contract with his employer or by the contract with the builder, and generally to act as the employer's agent in all matters connected with the work and the contract, except where otherwise prescribed by the contract with the builder, as, for instance, in cases where he has under the contract to act as arbitrator or quasi-arbitrator."[59]

Law and practice. An architect's duties are comparable, in some aspects,

---

[51] At p. 9 of the 7th ed. The footnotes have been inserted.
[52] *e.g.* town and country planning legislation.
[53] See "Law and practice" below.
[54] See "Examination of site" below.
[55] For the position where the employer does not approve, see p. 360.
[56] See "Estimates" and "Plans, drawings, specifications and quantities" below.
[57] See p. 369.
[58] For supervision, see p. 349.
[59] The term "quasi-arbitrator" is now no longer used, see p. 121.

Chapter 13—The Position of the Architect

to those of ecclesiastical surveyors, of whom it has been said that, they "could not be expected to supply minute and accurate knowledge of the law; but we think under the circumstances they might properly be required to know the general rules applicable to the valuation of ecclesiastical property".[60] An architect must have sufficient knowledge of those principles of law relevant to his professional practice in order reasonably to protect his client from damage and loss. This may mean that in particular cases he should advise his client that he knows little or nothing of the relevant law and that the client should obtain legal advice.[61]

The law of which an architect should know the general rules includes, it is submitted, all statutes and by-laws affecting the building, the main principles of town and country planning law, and private rights likely to affect the works. He should also, it is thought, have a general knowledge of the law as applied to the more important clauses, at least, of standard forms of building contract particularly if he is to act as architect under such a contract. If his working drawings, plans or directions result in a building which contravenes the by-laws or building regulations which apply to it,[62] this is, it is submitted, some but not conclusive,[63] evidence of breach of duty. It would appear to be part of his duty to keep himself informed of recent relevant changes in the law, including important decisions.[64]

An architect who relied on the interpretation by the local authority of certain planning legislation, as a result of which his clients suffered loss was held not to have been negligent. The case concerned a difficult point of law, and it was reasonable in the circumstances to rely on the planning authority. The view which he had accepted was one widely held to be correct by others in property development, including a senior employee of the plaintiffs.[65]

Examination of site. It is part of the general duties of the architect to examine the site to ascertain whether it is suitable for the work to be carried out.[66] He must not rely on what he is told by a third person,[67] nor by a former agent of the employer.[68] It would appear also to be part of his duty to observe

---

[60] Jervis C.J. in *Jenkins v. Betham* (1855) 15 C.B. 168 at 189.
[61] See Gibson J. in *B.L. Holdings v. Wood* (1978) 10 B.L.R. 48 at 70—the decision overruled on appeal at (1979) 12 B.L.R. 1 (C.A.) but not, it is thought, so as to impugn the passage indicated.
[62] See *Townsends (Builders) v. Cinema News* [1959] 1 W.L.R. 119 (C.A.) and more fully reported at (1958) 20 B.L.R. 118 (C.A.), discussed on pp. 153 and 195.
[63] Even counsel may be wrong in giving legal advice but "not negligent, just mistaken, as any lawyer and judge might be"—Lawton J. in *Cook v. S.* [1966] 1 W.L.R. 635 at 641; *cf. Whitehouse v. Jordan* [1981] 1 W.L.R. 246 at 257 (H.L.).
[64] See *Lee v. Walker* (1872) L.R. 7 C.P. 121 (patent agent). Generally for the duty to keep up to date, see *Roe v. Minister of Health* [1954] 2 Q.B. 66 (C.A.).
[65] *B.L. Holdings v. Wood* (1979) 12 B.L.R. 1 (C.A.); *cf. Dunlop v. Woollahra Municipal Council* [1982] A.C. 158 (P.C.)—advice by solicitor on a finely balanced point of law not negligent.
[66] *Moneypenny v. Hartland* (1826) 2 C. & P. 378; *Columbus Co. v. Clowes* [1903] 1 K.B. 244; *E.H. Cardy & Son v. Taylor* (1994) 38 Con.L.R. 79.
[67] *Columbus Co. v. Clowes* [1903] 1 K.B. 244.
[68] *Moneypenny v. Hartland* (1826) 2 C. & P. 378.

whether there are obvious rights of way, light[69] or other private rights which might be affected by the proposed works. If the works require a site or soil investigation, as in very many instances they will, it is the architect's duty to recommend such an investigation and to seek his client's authority to arrange it.[70] The investigation or other considerations may result in the need for a structural engineer or other specialist to design suitable foundations,[71] and the architect should so advise if he does not himself have the necessary skill.

Estimates. If the architect is asked for an estimate of the cost of the proposed work he should give an honest and careful estimate,[72] which should normally consider and if necessary warn about the possibility of inflation.[73] He should not enter into a firm undertaking that the estimate will not be exceeded, unless he discloses this to the contractor before the building contract is entered into; failure to disclose disqualifies him from carrying out his independent duties under the contract.[74]

Plans, drawings, specifications and quantities. By analogy with the duty of a valuer it seems to be no excuse where the plans and drawings are defective that he has shown them to the employer and told him to examine them for himself.[75] But clients who were experienced property developers and passed plans showing no downstairs lavatories in a speculative housing development were held to be not entitled subsequently to complain of their absence.[76] If the architect's plans involve a trespass he may be personally liable to an adjoining owner for a trespass so caused.[77] The quantities are usually taken out by the client's quantity surveyor, but, if the architect takes them out himself or has a quantity surveyor do the work for him, he is liable for loss caused by errors due to negligence.[78] If the architect were to accept from the client's quantity surveyor quantities which were grossly wrong he might be liable to the employer for negligence if loss resulted.[79]

---

[69] See *e.g. Armitage v. Palmer* [1960] C.L.Y. 326 (C.A.).
[70] See *Eames v. North Hertfordshire D.C.* (1980) 18 B.L.R. 50 at 70.
[71] *cf. Kaliszewska v. John Clague & Partners* (1984) 5 Con.L.R. 62; *Balcombe v. Wards Construction* (1981) 259 E.G. 765.
[72] *Moneypenny v. Hartland* (1826) 2 C. & P. 378; for the position when his estimate is substantially less than the lowest tender, see p. 360.
[73] *Nye Saunders v. Alan E. Bristow* (1987) 37 B.L.R. 92 (C.A.).
[74] *Kimberley v. Dick* (1871) L.R. 13 Eq. 1; *Kemp v. Rose* (1858) 1 Giff. 258; see p. 123.
[75] *Smith v. Barton* (1866) 15 L.T. 294; *cf. Holland Hannen & Cubitts v. W.H.T.S.O.* (1985) 35 B.L.R. 1 at 20 (C.A.).
[76] *Worboys v. Acme Investments* (1969) 4 B.L.R. 136 (C.A.).
[77] *Monks v. Dillon* (1882) 12 L.R.Ir. 321. For examples of trespass from works of construction, see *Kelson v. Imperial Tobacco* [1957] 2 Q.B. 334—advertising sign; *Armstrong v. Sheppard & Short* [1959] 2 Q.B. 384—sewer, discharge of effluent; *Woolerton and Wilson v. Richard Costain* [1970] 1 W.L.R. 411—crane jib. See also "Nuisance from building operations" on p. 280.
[78] *M'Connell v. Kilgallen* (1878) 2 L.R.Ir. 119 at 121. See also *Young v. Blake* (1887) H.B.C. (4th ed.), Vol. 2, p. 110; *Lansdowne v. Somerville* (1862) 3 F.& F. 236; *Nye Saunders v. Alan E. Bristow* (1987) 37 B.L.R. 92 (C.A.). For quantity surveyors, see p. 369.
[79] Lord Esher M.R. in *Priestley v. Stone* (1888) H.B.C. (4th ed.), Vol. 2, p. 134 at 142 (C.A.); 4 T.L.R. 730; *cf. Nye Saunders v. Alan E. Bristow* (1987) 37 B.L.R. 92 (C.A.).

Design. The usual standard of duty is that of reasonable care, but in special circumstances it may be implied that the architect has warranted that his design will be suitable for the purpose required by his client.[80] The architect cannot delegate his duty without his client's consent.[81] His duties do not end when work starts. He "is under a continuing duty to check that his design will work in practice and to correct any errors which may emerge".[82] The duty continues to completion[83] and may continue to the issue of a final certificate[84] although the action which the architect should take may vary according to the time when the error is discovered. The subsequent discovery of a design error does not necessarily mean that the architect's original design was negligent.[85]

R.I.B.A. Appointment of an Architect.[86] Where the architect is engaged upon these terms, he is expressly obliged, by clause 4.02 of Schedule 2, to advise on the need for other consultants' services and on the scope of those services. At the scheme design and detailed design stages, he is obliged, by clauses D.02 and E.02, to provide information to, discuss proposals with and incorporate input of other consultants. By condition 4.1.7, the client is to hold each consultant, and not the architect, responsible for the work entrusted to that consultant. By condition 4.2.5 the client is to hold any specialist contractor, subcontractor or supplier, and not the architect, responsible for any design work entrusted to them. The architect is obviously responsible for his own design, but by conditions 4.1.5 and 4.2.4 he also has to co-ordinate and integrate into the overall design the services of consultants and specialists. He may also, it is thought, be responsible for architectural features or consequences of a consultant's or specialist's design.[87]

If there is negligent design by directly appointed consultants or a directly appointed specialist contractor, the employer will normally have a remedy for breach of contract. The employer may possible have a remedy in tort against a subcontractor who carries out design,[88] but this will only be so in special circumstances where the employer has positively relied on the

---

[80] See "The degree of skill required" and "Warranty of fitness" on pp. 338 and 340.
[81] See "Delegation of duties" on p. 341.
[82] *Brickfield Properties Ltd v. Newton* [1971] 1 W.L.R. 862 at 873 (C.A.); *London Borough of Merton v. Lowe* (1981) 18 B.L.R. 130 (C.A.); *Chelmsford District Council v. Evers* (1983) 25 B.L.R. 99.
[83] *Chelmsford District Council v. Evers* (1983) 25 B.L.R. 99.
[84] *London Borough of Merton v. Lowe* (1981) 18 B.L.R. 130 (C.A.); *cf. Eckersley v. Binney* (1988) 18 Con.L.R. 1 at 67 (C.A.) for keeping abreast of developing knowledge after completion.
[85] *London Borough of Merton v. Lowe* (1981) 18 B.L.R. 130 at 148 (C.A.); see also "State of the art" on p. 340.
[86] This is printed on p. 1120.
[87] *cf. Holland Hannen & Cubitts v. W.H.T.S.O.* (1985) 35 B.L.R. 1 (C.A.) where a majority held that an engineer advising on the structure of a hospital floor was not responsible for its appearance.
[88] See p. 193.

subcontractor for advice.[89] The employer ordinarily has no claim for such design against the main contractor,[90] although this will depend on the terms of the main contract and on whether the employer relevantly relied on the main contractor.[91] There is a serious danger, therefore, that if no further steps were taken the employer would be without remedy in many cases for loss caused by detailed design carried out by specialist subcontractors or suppliers. The JCT publish forms of direct agreement between employer and subcontractor and a warranty for suppliers which give the employer a remedy in contract for negligent design.[92] It is thought that an architect, who relied upon condition 4.2.5 of the R.I.B.A. Appointment of an Architect to escape liability for a specialist's design, might be found to be in breach of duty to his client if he had failed to recommend the use of the form of agreement between subcontractor and employer or the warranty as the case may be and had taken no other suitable step to protect his client's interests.

Inquiries as to materials. An architect may be in breach of duty to his client if he fails to make proper inquiries about the suitability of materials but merely relies upon the recommendation or expertise of a supplier.[93] But where an engineer selected shower room tiles which turned out to be slippery after careful investigation of R.I.B.A. product data sheets and trade brochures and after consulting with an experienced specialist flooring firm, he was held on the facts not to have been negligent.[94]

Advising on the contract. Some clients are very familiar with forms of contract, but others are not. At least for those clients who are not, it is suggested that the architect has a duty to give general advice.[95] Standard forms of contract have advantages and disadvantages and different forms are obviously more suitable for different types and sizes of contract. Specially drafted contracts are sometimes appropriate. The architect's general advice should include practical guidance on the advantages and disadvantages and on the requirements and common pitfalls[96] of the suggested form of contract.

---

[89] See *University of Warwick v. Sir Robert McAlpine* unreported, (C.A. April 4, 1990), reversing the factual decision of Garland J. on this issue at (1988) 42 B.L.R. 1.
[90] See discussion of position under the Standard Form of Building Contract, pp. 714 *et seq.* See also *Holland Hannen & Cubitts v. W.H.T.S.O.* (1980) 18 B.L.R. 80; *University of Warwick v. Sir Robert McAlpine* (1988) 42 B.L.R. 1.
[91] See *University of Warwick v. Sir Robert McAlpine* (1988) 42 B.L.R. 1; *cf. IBA v. EMI and BICC* (1980) 14 B.L.R. 1 (H.L.).
[92] Printed and discussed in Chap. 20.
[93] See *Sealand of the Pacific v. Robert C. McHaffie* (1974) 51 D.L.R. (3d) 702, British Columbia C.A; *Richard Roberts v. Douglas Smith Stimson* (1988) 46 B.L.R. 50. Consider also *Clay v. Crump (A.J.) & Sons Ltd* [1964] 1 Q.B. 533 at 559 (C.A.). For an example where the architect should have made inquiries of a design by nominated subcontractors, see *Holland Hannen & Cubitts v. W.H.T.S.O.* (1981) 18 B.L.R. 89 at 127.
[94] *George Hawkins v. Chrysler (U.K.)* (1986) 38 B.L.R. 36 (C.A.).
[95] *cf.* clause J. 01 of Sched. 2 of the R.I.B.A. Appointment of an Architect on p. 1140 and see also "Law and practice" on p. 345. See also *Corfield v. Grant* (1992) 59 B.L.R. 102 at 126.
[96] See, *e.g.* that illustrated by *Temloc v. Errill Properties* (1987) 39 B.L.R. 30 (C.A.).

He should, it is thought, have regard to the likelihood of a particular event occurring and the losses which might result when carrying out the project in question. If, for example, interference with the works causing a suspension or delay is reasonably foreseeable as liable to occur then it may well be that he should draw this to his client's attention and perhaps suggest that appropriate amendments to the form should be considered. If nominated subcontractors and nominated suppliers are to be engaged, he should, it is thought, ordinarily recommend the use of the form of agreement between the subcontractor and the employer and, in some cases, of the warranty by a nominated supplier.[97] Insurance almost always requires particular consideration.

He should certainly see that all necessary blanks and appendices[98] in the form of contract are duly completed, that the contract is in form complete and that the contract documents are clearly identified. If the contract is made by exchange of correspondence without a formal contract document, he should see that all essential terms are unambiguously agreed.[99] He should consider recommending that the contract should be a deed[1] to secure the longer twelve year limitation period.[2] But he should be cautious about giving advice on specifically legal points and should consider recommending that the client takes separate legal advice. He should be particularly cautious about drafting contracts himself or recommending amendments to standard forms and should usually in this respect either take legal advice himself or see that the client does so.

Failure to take such steps as are referred to in the preceding two paragraphs may furnish some prima facie evidence of negligence, but each case would depend on its own facts.

Recommending contractors. It may, by analogy with estate agents letting houses,[3] be the duty of the architect, in recommending contractors, to make inquiries as to their solvency and capabilities. An architect who recommended two builders as "very reliable" was held liable for negligent misrepresentation when the chosen builder proved to be very unreliable.[4] In some cases it may be the duty of the architect to obtain competitive tenders but, in the absence of evidence of loss, damages for breach will be nominal.[5]

Supervision.

"It can be said that when a person engages an architect in relation to the

---

[97] See n.93 above.
[98] See, e.g. *Temloc v. Errill Properties* (1987) 39 B.L.R. 30 (C.A.).
[99] See "Essential terms" and "Certainty of terms" at pp. 21 and 22 respectively.
[1] See "Deeds" on p. 30.
[2] For limitation, see p. 403.
[3] See *Heys v. Tindall* (1861) 1 B. & S. 296.
[4] *Valerie Pratt v. George J. Hill* (1987) 38 B.L.R. 25 (C.A.)—the finding of the Official Referee to this effect not being challenged on appeal.
[5] See *Hutchinson v. Harris* (1978) 10 B.L.R. 19 at 24 (C.A.).

building of a house, he is entitled to expect that the architect will perform his duties in such a manner as to safeguard his interests and that he will do all that is reasonably within his power to ensure that the work is properly and expeditiously carried out, so as to achieve the end result as contemplated by the contract. In particular the building owner is entitled to expect his architect so to administer the contract and supervise the work, as to ensure, as far as is reasonably possible, that the quality of work matches up to the standard contemplated."[6]

The quality of the contractor's work is the responsibility of the architect both generally and for the purpose of interim certificates. The architect must give such reasonable supervision to the works as enables him to give an honest certificate that the work has been properly carried out.[7] He is not required personally to measure or check every detail, but should check substantial and important matters, such as, for example, the bottoming of a cement floor, especially if failure to do so will result in the work being covered up and therefore not being capable of inspection at a later stage.[8] It has been held on particular facts that, following the key setting out, there was no duty on the architect to see that proper setting out was maintained.[9] It is for the architect to tell the quantity surveyor, if there is one, about defects for which allowance should be made in the measurement and valuation for interim certificates. But prolonged and detailed inspection and measurement at interim stage is impractical and not to be expected.[10]

"As is well-known, the architect is not permanently on the site but appears at intervals, it may be of a week or a fortnight, and he has, of course, to inspect the progress of the work. When he arrives on the site there may be many very important matters with which he has to deal: the work may be getting behind hand through labour troubles; some of the suppliers of materials or the subcontractors may be lagging; there may be physical trouble on the site itself, such as, for example, finding an unexpected amount of underground water. All these are matters which may call for important decisions by the architect. He may in such circumstances think that he knows the builder sufficiently well and can rely upon him to carry out a good job[11]; that it is more important that he should deal with urgent

---

[6] H.H. Judge Stabb Q.C. in *Sutcliffe v. Chippendale & Edmondson* (1971) 18 B.L.R. 149 at 162—the case which on a different point became in the House of Lords *Sutcliffe v. Thackrah* [1974] A.C. 727 (H.L.); cf. *Corfield v. Grant* (1992) 59 B.L.R. 102 at 119. For the supervision to be expected from a consulting engineer, see *Oldschool v. Gleeson* (1976) 4 B.L.R. 105 at 123; *Kensington etc. Health Authority v. Wettern Composites* (1984) 31 B.L.R. 57 at 82.

[7] *Jameson v. Simon* (1899) 1 F. (Ct. of Sess.) 1211; *Rogers v. James* (1891) 8 T.L.R. 67; H.B.C. (4th ed.), Vol. 2, p. 172 (C.A.); *Cotton v. Wallis* [1955] 1 W.L.R. 1168 (C.A.).

[8] *Jameson v. Simon* (1899) 1 F. (Ct. of Sess.) 1211; see also *Florida Hotels Pty. v. Mayo* (1965) 113 C.L.R. 588 (Aust.); but note R.I.B.A. Appointment of an Architect conditions 3.1.1 to 3.1.3 and K-L. 08. pp. 1146 and 1141.

[9] *Gray v. T. P. Bennett & Son* (1987) 43 B.L.R. 63 at 82.

[10] *Sutcliffe v. Chippendale & Edmondson* (1971) 18 B.L.R. 149 at p. 165; cf. *Summers v. Independent Insurance, The Times,* August 24, 1992 (C.A.).

[11] cf. *Sutcliffe v. Chippendale & Edmondson* (1971) 18 B.L.R. 149 at p. 162.

matters on the site than that he should make a minute inspection on the site to see that the builder is complying with the specifications laid down by him ... It by no means follows that, in failing to discover a defect which a reasonable examination should have disclosed, in fact the architect was necessarily thereby in breach of his duty to the building owner so as to be liable in an action for negligence. It may well be that the omission of the architect to find the defects was due to no more than an error of judgment,[12] or was a deliberately calculated risk which, in all the circumstances of the case, was reasonable and proper."[13]

Before suing the architect for negligence in supervision or certification, the employer does not have to prove the builder's inability to pay. He can proceed, if he wishes, solely against the architect. "No doubt the builder is also liable. It is a case of concurrent breaches of contract producing the same damage. In my judgment the plaintiff has an action against both, although she cannot obtain damages twice over."[14]

It may be that the standard of care required in supervision before giving his final certificate is higher where that certificate is binding on the employer[15] than where it can be appealed against to an arbitrator or the court.[16]

It seems that, if the building contract requires the contractor to complete the works to the architect's reasonable satisfaction, the architect is, subject to clear language in the contract to the contrary, entitled to have regard to the amount of the price and is not in breach of duty to the employer for permitting a lower standard of work where the price is low than one would expect where the price is high.[17] Certain minimum standards are, however, obviously required whatever the price.

R.I.B.A. Appointment of an Architect.[18] By clause K-L. 08 of Schedule 2, the architect is obliged "at intervals appropriate to the stage of construction [to] visit the Works to inspect the progress and quality of the Works and to determine that they are being executed generally in accordance

---

[12] *cf.* now *Whitehouse v. Jordan* [1981] 1 W.L.R. 246 (H.L.)—an error of judgment may or may not be negligent.

[13] Lord Upjohn in *East Ham Corporation v. Bernard Sunley* [1966] A.C. 406 at 443 (H.L.). The discussion was concerned with the meaning of "reasonable examination" in clause 24 of the 1939 R.I.B.A. form (revised 1950).

[14] H.H. Judge Fay Q.C. in *Hutchinson v. Harris* (1978) 10 B.L.R. 22; *cf. London Borough of Merton v. Lowe* (1981) 18 B.L.R. 130 at 145 (C.A.).

[15] See *London Borough of Merton v. Lowe* (1981) 18 B.L.R. 130 (C.A.); *cf.* commentary to clause 2 of the Standard Form of Building Contract, p. 544.

[16] See "Crouch" on p. 429.

[17] *Cotton v. Wallis* [1955] 1 W.L.R. 1168 (C.A.) discussed on p. 545. The Court of Appeal by a majority upheld the finding of the county court judge that an architect who passed some trifling defects but nothing "rank bad" was not guilty of negligence; *Davis v. Afa-Minerva* [1974] 2 Lloyd's Rep. 27 at 31; *Brown v. Gilbert-Scott* (1992) 35 Con.L.R. 120 (Note); *cf. Photo Production v. Securicor* [1980] A.C. 827 (H.L.) where the court took price into account in construing an exclusion clause in a contract to provide night security.

[18] See p. 1120.

with the Contract Documents". Unless the client requires more frequent visits with any consequential variation in fees, condition 3.1.1 requires the architect to "make such visits to the Works as the Architect at the date of the Appointment reasonably expected to be necessary". Condition 3.2.2 provides that the client will hold the contractor, not the architect, responsible for the contractor's operational methods and for the proper execution of the works. It is thought that the intention is to make it clear that the architect is not warranting compliance by the contractor with the building contract but that, read in the light of other clauses, it is not intended to exempt the architect from a duty of care in supervising the contractor.

By clause 3.11, "where frequent or constant inspection is required a clerk or clerks of works will be employed. They may be employed either by the client or by the architect and will in either event be under the architect's direction or control". By clause 3.12, "where frequent or constant inspection by the architect is agreed to be necessary, a resident architect may be appointed by the architect on a part or full time basis". It is thought that it is part of an architect's duty to advise the client when a clerk of works and a resident architect should be appointed. If a clerk of works or resident architect is employed by the architect, he will normally be liable for their negligence.[19]

Clerk of works. The duties of supervision where there is a clerk of works require special consideration. His powers and duties as between himself and the contractor depend upon the terms of the building contract. In *Leicester Board of Guardians v. Trollope* the building contract provided that he was to "be considered and act solely as the inspector and assistant of the architect".[20] It was said that the clerk of works was appointed to protect the interests of the employer against the contractor mainly because the architect could not be there all the time,[21] and that when a clerk of works is employed the architect is responsible to see that his design is carried out, but is entitled to leave the supervision of matters of detail to the clerk of works.[22] In that case an architect was held liable in damages where dry rot resulted from a failure to carry out the design of the lower floor. A series of concrete blocks had to be made, and the architect admitted that he had not checked whether they were made properly or not. It was said that "if the architect had taken steps to see that the first block was all right and he had then told the clerk of works that

---

[19] *cf.* clauses 2.37 and 4.13 which appear to provide that a clerk of works or resident architect employed by the architect are expected to be paid for by the client at hourly rates in addition to any percentage fee.
[20] *Leicester Board of Guardians v. Trollope* (1911) 75 J.P. 197; H.B.C. (4th ed.), Vol. 2, p. 419; the contract was described by Channell J. as of the usual character. *cf.* clause 12 of the Standard Form of Building Contract and condition 3.3 of the R.I.B.A. Appointment of an Architect at pp. 573 and 1146 respectively.
[21] Channell J. in *Leicester Board of Guardians v. Trollope* (1911) 75 J.P. 197; H.B.C. (4th ed.), Vol. 2, p. 419 at 423.
[22] *ibid.*; see also *Lee v. Bateman (Lord)*, *The Times*, October 31, 1893.

the work in the others was to be carried out in the same way, I would have been inclined to hold that the architect had done his duty".[23] The case is of interest because it was alleged that the deviation from the design was due to the fraud of the clerk of works, and it was held that even if this were so the architect could still be liable.[24] If an architect acquiesces in the appointment and carrying out of his duties by an incompetent clerk of works, he cannot afterwards set up such incompetence as a defence.[25]

Clerk of works as agent. The clerk of works "has been aptly described as the Regimental Sergeant-Major. It is accepted that he acts as the eyes and ears of the architects, and has a responsibility to keep the architects informed as to what is or is not happening on site".[26] But the terms of the building contract usually give him very limited powers as agent and do not appoint him as agent for the architect to give instructions on his behalf.[27] Despite this, architects sometimes encourage the clerk of works to act as their agents, in particular in the giving of "site instructions". This procedure can lead to confusion and to claims for damages for delay by the contractor unless the parties carefully agree upon the status to be accorded to the clerk of works, his exact degree of authority and the procedure to be followed, such agreement to take effect by way of variation of the contract.

Clerk of works' manual.[28] The R.I.B.A. and the Institute of Clerks of Works have collaborated to produce this manual. It is specifically directed to the position and duties of the clerk of works when the Standard Form of Building Contract is used, but it is thought that it is of general importance as stating the modern view of the clerk of works.

Liability of and for clerk of works to others. By analogy with the duties owed by architects, the clerk of works is under a duty of care to the employer by virtue of his engagement. Conversely an employer has been held vicariously liable for the negligence of his clerk of works and, where the architect was also negligent, on the facts of that case their respective liabilities were held to be 20 per cent and 80 per cent, so that the employer's claim

---

[23] *Leicester Board of Guardians v. Trollope* (1911) 75 J.P. 197; H.B.C. (4th ed.), Vol. 2, p. 419 at p. 200 of the J.P. Report; *cf. Gray v. T. P. Bennett & Son* (1987) 43 B.L.R. 63 at 82.

[24] *ibid.* Note that one of the grounds of this part of the decision was that the fraud, if any, was perpetrated by the clerk of works in his own interest and not in the interest of his employer. Since the decision in *Lloyd v. Grace, Smith & Co.* [1912] A.C. 716 (H.L.), this part of the judgment cannot be supported on this ground—see further "Fraudulent misrepresentation" on p. 130. But it may be that it is part of the architect's duty to take reasonable care to guard against fraud by the clerk of works.

[25] *Saunders & Collard v. Broadstairs Local Board* (1890) H.B.C. (4th ed.), Vol. 2, p. 164 (D.C.); *cf. Valerie Pratt v. George J. Hill* (1987) 38 B.L.R. 25 (C.A.).

[26] H.H. Judge Smout Q.C. in *Kensington etc. Health Authority v. Wettern Composites* (1984) 31 B.L.R. 57 at 85.

[27] See his position under clause 12 of the Standard Form of Building Contract and for further discussion, see p. 574.

[28] R.I.B.A. Publications Ltd 1984, 2nd ed.

against the architect was reduced by 20 per cent.[29] It is now questionable whether a clerk of works would be liable in tort to third parties, except perhaps where exceptionally his want of care caused personal injury or physical damage.[30]

Certificates. In *Sutcliffe v. Thackrah* the official referee held[31] that an architect had, in the circumstances, been negligent in issuing an interim certificate for an excessive sum of money. The employer paid the amount certified. The contractor went into liquidation and the employer lost the money. Reluctantly, the Court of Appeal, taking the view that it was bound by an earlier decision,[32] held that the architect could not be liable for damages because he was performing his special function as a certifier. The House of Lords unanimously allowed the appeal[33] and thereby settled that an architect owes a duty of care towards his client in the performance of all his duties, including those of certifying, and is not entitled to any special exemption. In certifying, the architect has to:

> "act in a fair and unbiased manner and it must therefore be implicit in the owner's contract with the architect that he shall not only exercise due care and skill but also reach such decisions fairly, holding the balance between the client and the contractor."[34]

There was nothing incompatible between being fair and being careful. At the same time the House emphasised that proving negligence against an architect for over-certification may often be difficult. An architect, like other professional men, can be wrong without being negligent.

The architect's liability extends both to interim and final certificates[35] and indeed to all his functions under the contract. It has been held that an architect's fees were not liable to abatement where the employer had recovered damages against the architect for her negligent supervision and certification.[36]

It is accepted law that judges and arbitrators are entitled to immunity from actions for negligence in respect of the performance of their duties[37] but this does not apply to certifiers. It seems that there might be circumstances where there is in effect an arbitration, although not one that is within the provisions

---

[29] *Kensington etc. Health Authority v. Wettern Composites* (1984) 31 B.L.R. 57 at p. 87.
[30] See Chap. 7 generally and see p. 176 for position of architects.
[31] Reported at first instance as *Sutcliffe v. Chippendale and Edmondson* (1971) 18 B.L.R. 157.
[32] *Chambers v. Goldthorpe* [1901] 1 K.B. 624 at 638 (C.A.). For other cases which dealt with the point, see the report of *Sutcliffe v. Thackrah* and pp. 225–227 of the 3rd ed. of this book.
[33] [1974] A.C. 727 (H.L.)—overruling *Chambers v. Goldthorpe* [1901] 1 K.B. 624 (C.A.) and distinguishing cases which appeared to follow it.
[34] *ibid.* Lord Reid at 737; *cf. London Borough of Merton v. Leach* (1985) 32 B.L.R. 51 at 78; *Lubenham v. South Pembrokeshire D.C.* (1986) 33 B.L.R. 36 at 52 *et seq.* (C.A.). The test of fairness is objective—see *Canterbury Pipe Lines v. Christchurch Drainage* (1979) 16 B.L.R. 76 at 97 *et seq.* (New Zealand C.A.).
[35] See *London Borough of Merton v. Lowe* (1981) 18 B.L.R. 130 (C.A.).
[36] *Hutchinson v. Harris* (1978) 10 B.L.R. 19 (C.A.).
[37] *Sutcliffe v. Thackrah* [1974] A.C. 727 at 744, 753, 754 and 757 (H.L.) and see p. 424.

Chapter 13—The Position of the Architect

of the Arbitration Acts.[38] For this to arise there must have been a submission either of a specific dispute or of present points of difference or of defined differences that may in the future arise and an agreement that the decision will be binding.[39] These circumstances do not apply to the role of the architect under the Standard Form of Building Contract or ordinary forms of building contract. It is possible that they arise in respect of the engineer giving his decision under clause 66 of the I.C.E. Conditions of Contract.[40]

Notices. It has been held under a JCT Standard Form of Building Contract (1963 edition), where a contractor's failure to proceed regularly and diligently was extreme, that the architect was in breach of his contract with the employer in failing to serve a contractual notice so as to enable the Contractor's employment to be determined.[41]

(i) Breach of architect's duties to employer

Breach of the architect's duties to the employer may consist in misconduct in his position as agent or in failure to exercise the requisite skill of an architect.[42] Either breach, if so serious as to go to the root of his contract with the employer,[43] renders him liable to be dismissed,[44] and he may not be able to recover his fees if his work is useless or results in a loss to the employer.[45] He will be liable in an action for damages for loss suffered, the measure of damages being calculated upon the principles set out in Chapter 8, so that in some cases damages may greatly exceed the claim for fees.[46] The employer may either bring a separate action, or counterclaim to the architect's action for fees.[47] As with any breach of contract the employer must act reasonably and keep his loss resulting from the architect's breach of duty to the minimum. Thus, for example, if the plans are found to be wrong because of the architect's failure to measure the site properly the employer must normally give him the opportunity of making the plans good, and if he does not will only be awarded nominal damages.[48] But where a design was found

---

[38] See Chap. 16.
[39] *Sutcliffe v. Thackrah* [1974] A.C. 727 at 752 (H.L.).
[40] See the wording of cl. 66 of both the 1955 and 1973 editions and consider *Monmouth C.C. v. Costelloe & Kemple* (1965) L.G.R. 429 (C.A.).
[41] *West Faulkner Associates v. London Borough of Newham* (1992) 31 Con.L.R. 105. See commentary to clause 27.1 of the Standard Form of Building Contract at p. 658.
[42] See p. 338.
[43] See p. 156.
[44] See *Harmer v. Cornelius* (1858) 5 C.B.(N.S.) 236; *Duncan v. Blundell* (1820) 3 Stark. 6; *Thornton Hall v. Wembley Electrical Appliances* [1947] 2 All E.R. 630 (C.A.).
[45] *Moneypenny v. Hartland* (1826) 2 C.& P. 378; *cp. Hutchinson v. Harris* (1978) 10 B.L.R. 24 (C.A.); see also p. 360.
[46] See *Saunders & Collard v. Broadstairs Local Board* (1890) H.B.C. (4th ed.), Vol. 2, p. 164. In *Florida Hotels Pty v. Mayo* (1965) 113 C.L.R. 588 (Aust.) the architect was held liable for damages paid by the employer to a workman for injuries caused by the architect's negligence in supervision of the works.
[47] See, *e.g. Rogers v. James* (1891) H.B.C. (4th ed.), Vol. 2, p. 172 (C.A.).
[48] *Columbus Co. v. Clowes* [1903] 1 K.B. 244.

to be defective after work had begun and the work had to be completed to a new design, the plaintiff recovered the cost of completing the works in accordance with the new design, less an allowance for the additional costs had the new design been incorporated originally.[49]

Unauthorised subcontracting. Breach by an architect of his duty of personal performance[50] does not of itself amount to a total failure of consideration so as to entitle the employer to the return of fees paid for work carried out. Damages, other than nominal,[51] are only recoverable to the extent that actual loss is proved.[52] If the architect is a person of fame such loss may, it is submitted, be capable of proof. Further, if the unauthorised subcontracting is discovered, the employer can, it is submitted, require the architect to resume personal performance and failure to do so may well, it is thought, amount to a repudiation by the architect of his contract of employment with the employer rendering him liable to dismissal.

Negligent survey.[53] Where an architect or surveyor is engaged to survey and report upon the condition of a property by an intending purchaser who acts on the report and purchases, the measure of damages arising from a negligent survey is normally the difference in value between the property as it was reported to be and its value in the condition in which it in fact was.[54] The difference may be less than the cost of amending the defects negligently omitted from the report,[55] but may be equivalent to the cost of repair.[56] Certain consequential losses may be recoverable in addition to the difference in value,[57] but these will not, it seems, normally include the cost of alternative accommodation during repair.[58] At least where the normal measure of damage applies, the plaintiff's cause of action accrues for limitation purposes at the date when he acts upon the negligent report or survey.[59] Where a surveyor carries out a negligent valuation for a prospective mortgagee who

---

[49] *Bevan Investments v. Blackhall & Struthers* (1977) 11 B.L.R. 78 (New Zealand C.A.).
[50] See p. 298.
[51] See p. 200.
[52] *Hamlyn Construction Co. Ltd v. Air Couriers* [1968] 1 Lloyd's Rep. 395.
[53] See also "Building Society valuations" on p. 196.
[54] *Phillips v. Ward* [1956] 1 W.L.R. 471 (C.A.); *Ford v. White & Co.* [1964] 1 W.L.R. 885; *Simple Simon Catering v. Binstock Miller* (1973) 228 E.G. 527 (C.A.); *Perry v. Sidney Phillips & Son* [1982] 1 W.L.R. 1297 (C.A.); *County Personnel v. Alan R. Pulver* [1987] 1 W.L.R. 916 at 925 (C.A.); *Watts v. Morrow* [1991] 1 W.L.R. 1421 (C.A.).
[55] *ibid.*
[56] *Steward v. Rapley* [1989] 1 E.G.L.R. 159 (C.A.).
[57] See *Perry v. Sidney Phillips & Son* [1982] 1 W.L.R. 1297 (C.A.)—inconvenience; *Treml v. Ernest W. Gibson & Partners* (1984) 272 E.G. 68—cost of temporary works to make building safe and other losses; *Broadoak Properties v. Young & White* [1989] 1 E.G.L.R. 263 at 267—investigation costs. See also "Inconvenience discomfort and distress" on p. 223.
[58] *Bigg v. Howard Son & Gooch* (1990) 32 Con.L.R. 39.
[59] *Secretary of State for the Environment v. Essex Goodman & Suggitt* [1986] 1 W.L.R. 1432. For limitation generally, see p. 403.

advances money on the faith of the valuation but otherwise would not have done so, the mortgagee is entitled to be compensated at a proper rate of interest for being deprived of the sum advanced during an appropriate period and for their agents' and legal costs on a resale.[60] It appears that, where the mortgagee would upon receipt of a proper valuation have advanced a lesser sum, he is entitled to interest on the difference between that sum and the amount in fact advanced in reliance on the negligent valuation.

Liability in tort. An architect's potential liability in tort is discussed in Chapter 7 in particular under "Negligent instructions" on p. 176, "Professional negligence" on p. 186 and "Consultants" on p. 195.

Limitation of actions—contract. Actions against the architect in contract must be commenced within six years of the date on which the cause of action accrued, or 12 years if his engagement is by deed.[61] Time runs, it is submitted, from the date of breach of duty and not from its discovery,[62] unless the employer can rely on the provisions of the Limitation Act 1980 relating to fraud, deliberate concealment or mistake.[63]

When does the cause of action arise? This depends on the terms of the contract. Where an architect was engaged to prepare plans and perform the duties of supervision required by the R.I.B.A. form of building contract it was said that the correct approach was that "a claim against an architect for negligence in the design of a building raises a cause of action different from that of negligence in supervising its erection in purported compliance with that design".[64] Upon this approach where the design was carried out outside the limitation period a claim for defective design is prima facie barred notwithstanding that supervision by the architect was carried out within the period. But in such a case a claim may arise under a separate cause of action which arose after the design was originally carried out in respect of a breach of the architect's "continuing duty to check that his design will work in practice and to correct any errors which may emerge".[65] A somewhat different view has been expressed by the Full Court of South Australia which suggested that where there is the usual engagement of an architect to design and supervise there is an entire contract "to see the business through" so that a claim for damages for defective design work carried out more than six years (or 12 years as the case may be) before issue of the writ would not be barred if

---

[60] *Swingcastle v. Gibson* [1991] 2 A.C. 223 (H.L.) overruling *Baxter v. F. W. Gapp & Co.* [1939] 2 K.B. 271 (C.A.). See also *Banque Bruxelles Lambert v. Eagle Star* (1993) 68 B.L.R. 39.
[61] Limitation Act 1980 ss. 5 and 8. See also s. 10 for claims for contribution. See generally "Contract" on p. 404.
[62] See *Gibbs v. Guild* (1881) 8 Q.B.D. 296 at 302; *Cartledge v. Jopling (E. & Sons) Ltd* [1963] A.C. 758 at 782 (H.L.); *Bagot v. Stevens Scanlan & Co. Ltd* [1966] 1 Q.B. 197.
[63] s. 32 of the Limitation Act 1980.
[64] *Brickfield Properties Ltd v. Newton* [1971] 1 W.L.R. 862 at 869 (C.A.).
[65] *Brickfield Properties Ltd v. Newton* [1971] 1 W.L.R. 862 at 873 (C.A.); *London Borough of Merton v. Lowe* (1981) 18 B.L.R. 130 (C.A.); *Chelmsford District Council v. Evers* (1983) 25 B.L.R. 99; *cf. Steamship Mutual v. Trollope & Colls* (1986) 33 B.L.R. 77 (C.A.).

performance of any of the architect's duties, such as those relating to supervision, was carried out within the period of six years.[66]

It is thought that, when the R.I.B.A. Appointment of an Architect[67] is the basis of the contract, causes of action can accrue from time to time as various duties are, or should have been, performed.

Limitation of actions—tort. Subject to the provisions of the Limitation Act 1980 as to fraud, fraudulent concealment and mistake, actions must be commenced within six years of the cause of action accruing,[68] or within three years of the date of the plaintiff's relevant knowledge.[69] If the liability of the architect is in the tort of negligence the cause of action does not accrue until there has been both the breach of duty and damage to the plaintiff. Considerations relating to limitation where the claim is in negligence are discussed in Section 3 of Chapter 15 particularly under "Tort" on p. 404 and "Latent Damage" on p. 406.

(j) Duration of architect's duties

Completion of works. In the normal course, if the architect is employed to arrange for and supervise the building of a complete works, then, in the absence of express terms to the contrary,[70] he has the right and duty to act as architect until completion of the works, and if the employer wrongfully dismisses him, the architect can recover damages for breach of contract,[71] or possibly a reasonable sum for the work he has carried out.[72] In the normal course there is an implied term that the employer will not prevent the architect from earning his remuneration.[73]

Termination or resignation. The contract between architect and employer frequently provides that the engagement of the architect may be terminated at any time by either party upon giving reasonable notice.[74] In the absence of a provision for earlier termination an architect who gives up his duties without the employer's consent before the completion of a whole work

---

[66] *Edelman v. Boehm* (1964) S.A.L.J. (Full Court of South Australia); *cf. Chelmsford District Council v. Evers* (1983) 25 B.L.R. 99 at 106.
[67] See p. 1120.
[68] Limitation Act 1980 ss. 2 and 32.
[69] s. 14A of the Limitation Act 1980; see "Latent damage" on p. 406.
[70] See, *e.g.*, if they apply, condition 1.6 of the R.I.B.A. Appointment of an Architect on p. 1145.
[71] *Thomas v. Hammersmith Borough Council* [1938] 3 All E.R. 203 (C.A.). *Edwin Hill & Partners v. Leakcliffe Properties* (1984) 29 B.L.R. 43 at 68; *cf. Rutledge v. Farnham Local Board of Health* (1861) 2 F. & F. 406. It is doubtful whether an architect can insist on completing and charging for plans—see "Acceptance of repudiation" on p. 160.
[72] *Elkington v. Wandsworth Corporation* (1924) 41 T.L.R. 76. See however the view expressed under "Work partly carried out" on p. 225.
[73] Slesser L.J. in *Thomas v. Hammersmith Borough Council* [1938] 3 All E.R. 203 (C.A.).
[74] See, *e.g.* R.I.B.A. Appointment of an Architect condition 1.6.5.

which he has undertaken is in breach of contract and prima facie is not entitled to his fees.[75]

Death. The services of the architect are personal and his death therefore brings his contractual duties to an end.[76] The architect's personal representatives can, subject to the effect of the Law Reform (Frustrated Contracts) Act 1943,[77] recover money earned by the architect and payable at the time of his death, and are not limited to a claim for a reasonable sum if instalments were payable under the contract.[78] The death of the employer does not normally bring the contract between himself and the architect to an end.[79]

Bankruptcy. Upon the bankruptcy of the architect the benefit and burden of his contract with the employer do not, it is submitted, vest in his trustee in bankruptcy because the architect's duties are personal. The contract therefore continues and the architect can sue for his fees although his trustee in bankruptcy can intervene in the action and claim the proceeds.[80]

(k) Remuneration

Employer liable. The architect must in the absence of express terms look to the person who employed him for payment.[81]

The right to remuneration. There is a presumption that an architect is entitled to be paid something for his work for, "generally speaking, people who do work for others expect to be paid for it".[82] If there is an agreement for employment and the employer is to fix the amount, the employed person may, it seems, obtain a reasonable payment.[83] Where sketch plans and probationary drawings are sent in by way of tender, or subject to approval, and they are not accepted or approved the architect is not, it seems, entitled to be paid for such work,[84] unless there is an express or implied agreement to pay.[85]

---

[75] See *Cutter v. Powell* (1795) 2 *Smith's Leading Cases* 1, and other cases discussed in Chap. 4; see also for repudiation, p. 156.
[76] See also R.I.B.A. Appointment of an Architect, condition 1.6.6.
[77] See p. 149.
[78] *Stubbs v. Holywell Railway* (1867) L.R. 2 Ex. 311.
[79] *Davison v. Reeves* (1892) 8 T.L.R. 391.
[80] *Emden v. Carte* (1881) 17 Ch.D. 169 at 768 (C.A.); *Bailey v. Thurston* [1903] 1 K.B. 137 (C.A.).
[81] *Locke v. Morter* (1885) 2 T.L.R. 121.
[82] Maule J. in *Moffatt v. Laurie* (1855) 15 C.B. 583; *Landless v. Wilson* (1880) 8 R. (Ct. of Sess.) 289.
[83] *Bryant v. Flight* (1839) 5 M. & W. 114; *Bird v. McGaheg* (1849) 2 C. & K. 707; *cf. Kofi Sunkersette Obu v. A. Strauss & Co. Ltd* [1951] A.C. 243 (P.C.).
[84] *Moffat v. Dickson* (1853) 13 C.B. 543; *Moffatt v. Laurie* (1855) 15 C.B. 583; *cf. Jepson v. Severn Trent Water Authority* (1982) 20 B.L.R. 53 (C.A.).
[85] See *Moffat v. Dickson* (1853) 13 C.B. 543 at 575; and see "Costs of tendering" on p. 15.

Estimates. Where an architect prepares plans and drawings and from them gives an estimate of the probable cost, he may not be able to recover any remuneration if the lowest tender is substantially higher than the estimate and the employer therefore refuses to carry on with the project.[86] In the absence of an express term,[87] it is a question whether, in all the circumstances, it is an implied condition of the architect's employment that the works should be capable of being exercised at or reasonably near the estimated cost.[88] Where there is such an implied condition, and the tenders are too high, the employer must act reasonably to mitigate his loss so far as possible.[89] Thus it may be that the employer can substantially achieve his desired object despite reductions in the work to be done. In such a case it seems that he should give the architect the opportunity of altering his plans so as to effect the reductions.[90]

When right to remuneration arises. It is a question in each case whether the architect must complete his whole task before he has the right to call for payment of his services,[91] or whether he is entitled to be paid for what he actually does,[92] or at various stages of his work.[93]

Amount of remuneration. An express agreement may govern the amount of the remuneration. In the absence of such an agreement the architect is entitled to a reasonable sum, the amount of which is a question of fact.[94] A reasonable sum is not recoverable where an express agreement for payment exists. Thus in *Gilbert & Partners v. Knight*[95] a surveyor agreed to prepare drawings, arrange tenders and supervise works of alteration, the cost of which he estimated at roughly £600, for a fee of £30. The employer ordered extra work which brought the total cost to £2,283 but the surveyor did not, while the work was going on, tell the employer that he would require

---

Where the R.I.B.A. Appointment of an Architect applies there are express provisions for payment by instalments. See also *Mander Raikes & Marshall v. Severn-Trent Water Authority* (1980) 16 B.L.R. 39; *National Coal Board v. Leonard & Partners* (1985) 31 B.L.R. 117—upheld on appeal on July 16, 1986 (unreported).

[86] See *Nelson v. Spooner* (1861) 2 F. & F. 613; *Burr v. Ridout*, The Times, February 22, 1893; cf. *Nye Saunders v. Alan E. Bristow* (1987) 37 B.L.R. 117 (C.A.).

[87] See, *e.g.* R.I.B.A. Appointment of an Architect on p. 1120—see especially the various services relating to cost in Sched. 2. It is a difficult question of construction what effect those conditions would have in engagements to which they apply where the abandonment of the project is due to a faulty estimate of the architect.

[88] *Nelson v. Spooner* (1861) 2 F. & F. 613; for the duty of the architect in giving an estimate, see *Moneypenny v. Hartland* (1826) 2 C. & P. 378; *Nye Saunders v. Alan E. Bristow* (1987) 37 B.L.R. 117 (C.A.); see also *Hunt v. Wimbledon Local Board* (1878) 4 C.P.D. 48.

[89] See p. 206.

[90] See *Columbus v. Clowes* [1903] 1 K.B. 244 at 247; for the authority of the architect to employ a quantity surveyor to reduce the quantities, see p. 370.

[91] See *Cutter v. Powell* (1795) 2 *Smith's Leading Cases* 1, and see generally Chap. 4.

[92] See *Appleby v. Myers* (1867) L.R. 2 C.P. 651 at 660.

[93] See, *e.g.* R.I.B.A. Appointment of an Architect on p. 1120.

[94] *Bryant v. Flight* (1839) 5 M. & W. 114. See also *Way v. Latilla* [1937] 3 All E.R. 759 (H.L.) for the position where there has been inconclusive negotiations as to fees.

[95] [1968] 2 All E.R. 248 (C.A.).

further fees, and was held to be bound by the existing agreement to perform services for £30 and could not recover a reasonable sum on a new implied contract.

Implication of R.I.B.A. scale. The R.I.B.A. scale, first issued in 1872, but no longer explicitly incorporated as expected percentage fee scales in the R.I.B.A. Appointment of an Architect,[96] was based on a percentage of the cost of the works. Various attempts were made to persuade the courts that the percentage charges from time to time set out in the scale were customary and reasonable, and should therefore, in the absence of express agreement, be payable automatically. The argument has in the past been rejected[97] on the ground that the architect was only entitled to charge for work he had actually carried out.[98] However, in *Whipham v. Everitt*,[99] where no building contract was placed because the tenders were too high, certain eminent architects were called to prove that it was customary in such a case for the architect to be paid for the plans and preliminary work on the percentage basis set out in the R.I.B.A. scale. It was held by Kennedy J. that the architect was entitled to a reasonable remuneration, and that, although the R.I.B.A. scale was not binding in law because it was not a custom of so universal an application as to be an implied term of every contract, nevertheless it was right to take into consideration the practice adopted by the large proportion of the profession, as shown by the rules drawn up by the Council of the R.I.B.A. for the guidance of the members of the profession.

The architect may be able to prove that his particular employer was, in the circumstances of the case, well acquainted with the R.I.B.A. scale and a custom to pay according to the scale, and that he must therefore be taken to have contracted on that basis.[1] In a case concerning copyright where both parties were familiar with the former R.I.B.A. Conditions of Engagement it was said that, they "may be assumed to have had regard to them",[2] and the court looked at the Conditions to assist in the determination of the issue.

Assessment of reasonable sum. A reasonable sum for the services of the architect will vary according to the circumstances of each case, and its

---

[96] See Sched. 3.
[97] *Gwyther v. Gaze* (1875) H.B.C. (4th ed.), Vol. 2, p. 34; *Burr v. Ridout*, *The Times*, February 22, 1893; *Farthing v. Tomkins* (1893) 9 T.L.R. 566; and see *Elkington v. Wandsworth Corporation* (1925) 41 T.L.R. 76. See the 4th edition of this book at p. 222 for the court's reluctance to imply a term that Ryde's Scale of charges for the valuation of land should be used.
[98] See Lord Coleridge in *Farthing v. Tomkins* (1893) 9 T.L.R. 566, objecting that where the work was abandoned, a scale charge would be unfair because it included supervision not carried out.
[99] *The Times*, March 22, 1900.
[1] *Buckland and Garrard v. Pawson & Co.* (1890) 6 T.L.R. 421; *cf.* Lawton L.J. in *Sidney Kaye, Eric Firmin & Partners v. Bronesky* (1973) 4 B.L.R. 1 at 7 (C.A.). See also the Scottish case of *Wilkie v. Scottish Aviation Ltd*, 1956 S.C. 198.
[2] *Stovin-Bradford v. Volpoint Properties Ltd* [1971] 1 Ch. 1007 at 1014 (C.A.). For copyright, see p. 363.

amount is a question of fact in each case.³ In *Brewin v. Chamberlain*,⁴ Birkett J. had to consider what sum was payable under the then R.I.B.A. Scale of Charges for partial services. The relevant clause merely directed that the charge was on a *quantum meruit* and gave no guide as to how it was to be ascertained save that it was subject to a maximum of one-sixth of the percentage charge for complete services. The principles applied by Birkett J. are, therefore, of general application to claims on a *quantum meruit*. It was contended on behalf of the employer that the charge should be assessed on a time basis,⁵ and on behalf of the architect that it should be assessed on a percentage basis. It was held that the time spent, and the fact that the maximum recoverable was expressed to be a percentage, were only two of the relevant factors, neither of which was dominant. Other relevant factors were that the work was not a straightforward ordinary task; that the drawings prepared were of great merit; that the architect was a person of standing⁶ and had considerable experience; and the amount and nature of the work which was involved, including such matters as interviews with the authorities and correspondence, as well as the work of preparing the drawings.

(1) The architect's lien

Where an architect or surveyor has been employed to carry out a specific work such as preparing plans or a survey, his right to payment, in the absence of express terms, arises as soon as he has done the work satisfactorily and has given his employer a reasonable opportunity of ascertaining whether it has been properly done.⁷ Thereafter he may retain the plans or survey until he is paid and does not lose his right of subsequently suing for a reasonable price because he has demanded a sum in excess of a reasonable price.⁸ An employer who brings proceedings for the recovery of such documents may obtain them by paying into court the amount claimed as fees to abide the event of the action.⁹ The court has no jurisdiction on such an application to assess the value of the claim for fees or to rule on the validity of the claim to retain the documents.¹⁰

Discovery and inspection. The benefit of a professional man's lien may be lost if his client, in legal proceedings, can obtain inspection of the documents with the consequent right to copy them. Where accountants claimed a lien on documents, but had counterclaimed for the payment of the

---

³ *Bird v. McGaheg* (1849) 2 C. & K. 707.
⁴ Only reported by way of an excerpt from the judgment in Rimmer's *Law relating to the Architect* (2nd ed.), p. 304.
⁵ See now Sched. 3 of the R.I.B.A. Appointment of an Architect on p. 1148.
⁶ See also *Bird v. McGaheg* (1849) 2 C. & K. 707.
⁷ *Hughes v. Lenny* (1839) 5 M. & W. 183 at 191.
⁸ *ibid.*
⁹ R.S.C., Ord. 29, r. 6.
¹⁰ See *Segbedzi v. Glah* (1989) N.L.J. 1303 (C.A.) following *Gebruder Naf v. Ploton* (1890) 25 Q.B.D. 13 (C.A.).

balance of their fees and the amount of such fees was in issue, it was held that the plaintiffs, their clients, were entitled to inspection of the documents.[11]

(m) Property in plans and other documents

Property in plans. In the ordinary building contract the property in the plans and drawings prepared for and used in the works passes to the employer on payment of the remuneration provided under the contract, and any custom to the effect that the architect is allowed to retain the plans is unreasonable and will not be enforced.[12]

Property in documents prepared as agent. "If an agent brings into existence certain documents while in the employment of his principal, they are the principal's documents and the principal can claim that the agent should hand them over."[13] It seems that such documents include communications with the contractor, subcontractors, local authorities and others on behalf of the employer.[14]

Property in documents prepared as professional man. Documents prepared by the architect as a professional man for his own assistance in carrying out his expert work, are not "documents brought into existence by an agent on behalf of his principal, and therefore they cannot be said to be the property of the principal".[15] Thus the employer is not, in the absence of express agreement, entitled to demand memoranda, calculations, draft plans and other documents which the architect has prepared to assist him in carrying out his duties.[16]

(n) Copyright in plans and design[17]

Apart from any express term,[18] "the architect owns the copyright in the plans and also in the design embodied in the owner's building. The building owner may not therefore reproduce the plans or repeat the design in a new building without the architect's express or implied consent".[19] The protection is

---

[11] *Woodworth v. Conroy* [1976] Q.B. 884 (C.A.).
[12] *Gibbon v. Pease* [1905] 1 K.B. 810 at 813 (C.A.), applying *Ebdy v. M'Gowan* (1870) H.B.C. (4th ed.), Vol. 2, p. 9.
[13] MacKinnon L.J. in *Leicester County Council v. Michael Faraday & Partners Ltd* [1941] 2 K.B. 205 at 216 (C.A.).
[14] *Beresford (Lady) v. Driver* (1852) 22 L.J.Ch. 407.
[15] MacKinnon L.J. in *Leicester County Council v. Michael Faraday & Partners Ltd* [1941] 2 K.B. 205 at 216 (C.A.).
[16] *Leicester County Council v. Michael Faraday & Partners Ltd* [1941] 2 K.B. 205 (C.A.); *London School Board v. Northcroft* (1889) H.B.C. (4th ed.), Vol. 2, p. 147; see also *Chantrey Martin v. Martin* [1953] 2 Q.B. 286 (C.A.).
[17] For a helpful article, see Patrick Wheeler, "Copyright in Construction Drawings and Works of Architecture" (1991) 7 Const.L.J. 75.
[18] See, *e.g.* conditions 1.7 and 2.3 of the R.I.B.A. Appointment of an Architect on pp. 1144 and 1146.
[19] Uthwatt J. in *Meikle v. Maufe* [1941] 3 All E.R. 144 at 152; *cf. Stovin-Bradford v. Volpoint Ltd* [1971] Ch. 1007 (C.A.); there is no infringement by reconstructing the original building—

afforded by the Copyright, Designs and Patents Act 1988 and includes literary work and artistic work.[20] Artistic work includes paintings, drawings, diagrams, plans, engravings and photographs irrespective of artistic quality, and works of architecture being either buildings or models for buildings.[21] The blueprint of a new shop front has been held to be an original literary work, and therefore an unauthorised copying was a breach of copyright.[22] Copyright in a literary or artistic work normally expires at the end of the period of 50 years from the end of the calendar year in which the author dies.[23]

The case of *Meikle v. Maufe*[24] raised points of considerable interest. In 1912 H employed X, an architect, to erect certain buildings to be used as furniture showrooms. There were no express terms of engagement, and the possibility of extending the building southward was discussed. In 1935 H employed M, an architect, to extend the building southward. The extended facade consisted of repetitions, with minor alterations, of the design of the original facade, and the interior was reproduced to a substantial degree. Y, the owner of the copyright originally vested in X, brought proceedings for breach of copyright, and various arguments were raised by way of defence. It was said that there could be no separate copyright in a building as distinct from the copyright in the plans on which the building was based; alternatively, that if there was a separate copyright in the building then it was vested in the builder, and further that it was an implied term of the contract of engagement in 1912 that the employer could reproduce the design in an extension southwards. All these arguments were rejected, and it was held that the architect owned the copyright of the design embodied in the building as well as the plans.[25] Uthwatt J. referred to a feature of the architect's copyright—"apart from some express or implied bargain to the contrary, the architect is free, if so minded, to repeat the building for another owner."[26]

---

s. 65 of the Copyright, Designs and Patents Act 1988; cf. *Hunter v. Fitzroy Robinson & Partners* (1977) 10 B.L.R. 84. The law of copyright and its allied subjects is complex. Only the briefest introduction is given here. See further, Copinger and Skone James, *Law of Copyright*; A. D. Russell-Clarke, *Copyright and Industrial Designs*; Morris & Quest, *Design* (1987); Rimmer's *Law relating to the Architect* (2nd ed.), Chap. 5. For breach of confidence, see p. 283.

[20] ss. 1, 3 and 4 of the Copyright, Designs and Patents Act 1988. For an Australian decision, see *Ownit Homes Pty Ltd v. D. and F. Mancuso Investments Pty Ltd* (1989) 5 B.C.L. 64 and (1990) 6 Const.L.J. 161 (Federal Court of Australia); for a Canadian decision, see *Viceroy Homes v. Ventury Homes* (1991) 43 C.L.R. 312; (1992) 8 Const.L.J. 80 (Ontario Court of Justice).

[21] s. 4 of the Copyright, Designs and Patents Act 1988; for design documents or models recording or embodying a design for anything other than an artistic work, see s. 51 of the 1988 Act and the new unregistered design right provided by Part III of the Act.

[22] *Chabot v. Davies* [1936] 3 All E.R. 221.

[23] s. 12 of the Copyright, Designs and Patents Act 1988; see ss. 10 and 12(4) for joint authorship, and s. 11(2) for the position where the author is in the employment of another under a contract of service; *Sterling Engineering Co. v. Patchett* [1955] A.C. 534 (H.L.).

[24] [1941] 3 All E.R. 144. It is thought that the substance of this decision is unaffected by the Copyright, Designs and Patents Act 1988, but all cases decided before the Act must be read with and subject to the Act.

[25] See quotation above. For the measure of damages, see below.

[26] At p. 152; see now generally ss. 16 and 17 of the Copyright, Designs and Patents Act 1988.

Licence to reproduce. This can be by express agreement,[27] or it can arise either from conduct as where the architect issues plans to the contractor for use in the erection of the building, or from the application of the ordinary rules relating to the implication of terms[28] into the contract between architect and employer. Copyright is transmissible by assignment in writing, by testamentary disposition or by operation of law, as personal or moveable property.[29]

Partial services by architect. The R.I.B.A. Appointment of an Architect provides expressly in conditions 2.3.2 and 2.3.3 for the client's limited entitlement to reproduce the architect's design where the architect has not completed and been paid for the detailed design and production information. Where there is no such express agreement and the architect's engagement is terminated before completion of his services, the question whether any, and is so what, licence is to be implied must depend upon the express terms and the surrounding circumstances in each case.[30] In one case,[31] the architect was engaged to prepare plans suitable for obtaining full planning approval. He did this and charged the full scale fee applicable for work to that stage. Subsequently the owner sold the land and handed over the plans which were used by the builder. It was held that there was no breach of copyright because the architect had granted an implied licence to the owner.[32] In another case[33] the architect again agreed to carry out certain design work with a view to obtaining planning approval. Both parties were familiar with the then R.I.B.A. scale of fees. They agreed upon a fee of 100 guineas which was nominal in comparison with the full stage payment. It was held that, while it was necessarily implied that the architect licensed the owners to make use of the drawings for the purpose of obtaining planning permission, there was no implication, in the circumstances, of a licence to use the drawings for erecting a building. It seems, from the cases just referred to, that the implied licence, if any, will only take effect from the time of payment (or, probably, tender of payment) by the client.[34]

Remedies for breach of copyright. The main remedies are damages, and, in appropriate cases, an injunction to restrain the breach.[35] Where,

---

[27] See, *e.g.* condition 2.3 of the R.I.B.A. Appointment of an Architect on p. 1146. See also ss. 90(4) and 92 of the Copyright, Designs and Patents Act 1988.
[28] *cf. Blair v. Osborne & Tomkins* [1971] 2 Q.B. 78 (C.A.); *Hunter v. Fitzroy Robinson & Partners* (1977) 10 B.L.R. 84. For the implication of terms, see p. 48.
[29] See s. 90 of the Copyright, Designs and Patents Act 1988.
[30] See *Stovin-Bradford v. Volpoint Ltd* [1971] 1 Ch. 1007 (C.A.).
[31] *Blair v. Osborne & Tomkins* [1971] 2 Q.B. 78 (C.A.).
[32] *cf. Hunter v. Fitzroy Robinson & Partners* (1977) 10 B.L.R. 84.
[33] *Stovin-Bradford v. Volpoint Properties Ltd* [1971] 1 Ch. 1007 (C.A.).
[34] The case of *Tingay v. Harris* [1967] 2 Q.B. 327 (C.A.) may be referred to on the point but is probably of no assistance. Lord Denning, in *Blair v. Osborne & Tomkins* [1971] 2 Q.B. 78 at 85 (C.A.), approaches the matter on the basis that the licence only takes effect on payment.
[35] See the Copyright, Designs and Patents Act 1988, s. 96; *cf. Hunter v. Fitzroy Robinson &*

however, the defendant did not know, and had no reason to believe, that copyright subsisted in the work, the plaintiff is not entitled to damages, but this is without prejudice to any other remedy.[36] If the infringement of copyright is flagrant, the court may award such additional damages as the justice of the case may require.[37]

Measure of damages. Damages are to a certain extent at large,[38] but a sound basis from which to begin their assessment is the sum that "might fairly have been charged for a licence to use the copyright for the purpose for which it is used."[39] In *Meikle v. Maufe* a comparatively small sum was awarded on the grounds that:

(i) the original design was such that the only market for it was its repetition in an extension of the original building,
(ii) the plaintiff, although the person in whom the copyright was now vested, was not himself personally responsible for the original design, and
(iii) that when the defendant, before undertaking the work, informed the plaintiff of his intention to do so, the plaintiff wrote to him wishing him well.

This was not a licence, but the "defendant may well be forgiven for thinking that, qua Meikle,[40] Maufe had a free hand so far as the artistic necessities of the building required him to follow the original design".[41]

(o) Architect's duties to contractor and others[42]

Negligent certificate. If the employer suffers loss the architect is liable.[43] But it now seems unlikely that a contractor or subcontractor working under a normal modern building contract could successfully bring a claim in tort against the architect for negligent certification.[44] The leading case is *Pacific*

Partners (1977) 10 B.L.R. 84—injunction refused; *High Mark v. Patco Malaysia* (1984) 28 B.L.R. 129 (High Court of Malaya)—injunction granted.
[36] s. 97(1) of the Copyright, Designs and Patents Act 1988.
[37] s. 97(2) of the Copyright, Designs and Patents Act 1988; *Williams v. Settle* [1960] 1 W.L.R. 1072 (C.A.).
[38] *Chabot v. Davies* [1936] 3 All E.R. 221; *Meikle v. Maufe* [1941] 3 All E.R. 144 at 153. This means that the judge has a certain discretion and is not necessarily limited to pecuniary loss actually proved. For damages generally, see Chap. 8.
[39] Uthwatt J. in *Meikle v. Maufe* [1941] 3 All E.R. 144 at 153 referring to *Chabot v. Davies* where this was the basis upon which damages were assessed; *Stovin-Bradford v. Volpoint Properties Ltd* [1971] 1 Ch. 1007 (C.A.); *Hunter v. Fitzroy Robinson & Partners* (1977) 10 B.L.R. 84 at 94.
[40] The plaintiff.
[41] *Meikle v. Maufe* [1941] 3 All E.R. 144 at 155.
[42] This includes liability in tort generally, as to which see a standard textbook such as Salmond, Clerk & Lindsell.
[43] See p. 354.
[44] The upheaval of the law of negligence discussed in Chap. 7 is too recent to be confident about this.

Associates v. Baxter[45] in which a contractor claimed damages for economic loss against the engineer alleging negligent certification and breach of the duty to act fairly and impartially in administering the contract. The contract with the employer contained an arbitration clause and a disclaimer under which the defendants were not themselves to be held liable to the plaintiffs for any acts or omissions under the contract. The Court of Appeal upheld the judge's decision striking out the claim as disclosing no reasonable cause of action. The court reviewed dicta in the House of Lords[46] and decisions at first instance[47] suggesting that architects or engineers might owe contractors a duty of care of the kind alleged, but concluded that there was no basis on which a duty of care to prevent economic loss could be imposed on the engineer in favour of the contractor. The conclusion depends on elements of the modern law relating to negligence and economic loss discussed in Chapter 7 and particularly on the contractual structure of the relationship between employer, contractor and engineer. The existence of the arbitration clause enabling the contractor to challenge certificates was important if not decisive.[48] "It will be rare in these days for a contract for engineering works of any substance in which a consulting engineer is appointed not to have an arbitration clause."[49] It is thought that the decision of the majority at least would have been the same even without the disclaimer.[50] Although it might be argued that the decision turns on its own facts, it is thought that it is of general application and that the first instance decisions should be taken to be wrongly decided.[51]

It remains possible that an architect or engineer might be liable to a contractor for negligent certification if there were no arbitration clause,[52] or

---

[45] [1990] Q.B. 993 (C.A.); contrast *Edgeworth Construction v. N.D. Lea & Associates* (1993) 66 B.L.R. 56 (Supreme Court of Canada).

[46] *Sutcliffe v. Thackrah* [1974] A.C. 727 at 736 and 744 (H.L.); *Arenson v. Arenson* [1977] A.C. 405 at 438 (H.L.).

[47] *Lubenham v. South Pembrokeshire D.C.* unreported, H.H. Judge Newey Q.C. May 26, 1983, but reported in the Court of Appeal essentially on other topics at (1986) 33 B.L.R. 36 (C.A.); *Shui On Construction v. Shui Kay* (1985) 1 Const.L.J. 305 (Hong Kong High Court); *Michael Salliss v. Calil* (1988) 4 Const.L.J. 125.

[48] See Purchas L.J. at 1024, Ralph Gibson L.J at 1028/9, Russell L.J. at 1037; *cf. Lubenham v. South Pembrokeshire D.C.* (1986) 33 B.L.R. 36 at 58 (C.A.) for a parallel decision.

[49] Purchas L.J. at 1024.

[50] See Purchas L.J. at 1023, Ralph Gibson L.J at 1030, Russell L.J. at 1037; *cf.* Russell L.J. at 1038.

[51] See *Pacific Associates v. Baxter* [1990] Q.B. 993 at 1019B and 1020C (C.A.); *cf. Leon Engineering & Construction v. Ka Duk Investments* (1989) 47 B.L.R. 139 (High Court of Hong Kong). The Supreme Court of Canada has held that engineers might be liable for negligent misrepresentation to contractors for errors in tender documents which they prepared and that a prima facie duty of care was not negated by either the existence or the terms of the contract between the contractors and the employer—*Edgeworth Construction v. N.D. Lea & Associates* (1993) 66 B.L.R. 56. The Ontario Court of Appeal has held that an engineer's failure to include all relevant information in tender documents constituted negligent misrepresentation and breach of a duty of care owed to the contractor—*Auto Concrete Curb Ltd v. Southern River Conservation Authority* (1994) 10 Const.L.J. 39. This decision is unconvincing, it is submitted, in distinguishing *Pacific Associates v. Baxter*.

[52] See *Pacific Associates v. Baxter* [1990] Q.B. 993 at 1024 (C.A.).

for the tort of procuring a breach of contract if he interfered with the contractor's rights by deliberately misapplying the contractual provisions with the intention of depriving the contractor of the larger sums to which he would otherwise be entitled.[53]

Negligent misstatements. The possibility that an architect might be liable to a contractor for negligent misstatement is discussed in Chapter 7 in particular under "Consultants" on p. 195. See also "Negligent instructions" on p. 176.

Fraud. The architect is liable to the contractor for a fraudulent misrepresentation upon which the contractor has relied and thereby suffered damage[54]; and he is liable to the contractor for any refusal to certify or incorrect certification which is fraudulent and collusive or corrupt.[55]

Breach of warranty of authority. This has been discussed on p. 333.

Breach of statutory duty in connection with the provision of dwellings. This could arise under the Defective Premises Act 1972 and has been discussed on p. 397.

4. ENGINEERS AND OTHERS

Meaning of term "engineer". No exact definition can be given of the term "engineer". It is sometimes used to describe a person who undertakes to carry out engineering and constructional works, but such a person is a contractor in the sense in which that term is used in this book. The term "engineer" is here used to describe one who, in relation to engineering or constructional works, carries out duties analogous to those carried out by an architect in a building contract. Such engineers frequently specialise and are usually members of some professional body, but the law does not require registration or qualification before a person can practise as an engineer, or term himself "engineer".

Consulting engineer. In large modern building contracts, there is frequently a team of consultants led by the architect. Such a team usually includes a structural engineer, frequently also a mechanical and electrical (or

---

[53] *Lubenham v. South Pembrokeshire D.C.* (1986) 33 B.L.R. 36 at 74 (C.A.); *John Mowlem v. Eagle Star Insurance* (1992) 62 B.L.R. 126. For a review of Canadian authorities, see John R. Singleton, "The Consultants' Liability to the Builder" (1986) 2 Const.L.J. 87.
[54] See p. 130.
[55] *Ludbrook v. Barrett* (1877) 46 L.J.Q.B. 798; *Stevenson v. Watson* (1879) 4 C.P.D. 148,; *Priestley v. Stone* (1888) 4 T.L.R. 730; H.B.C. (4th ed.), Vol. 2, p. 134 (C.A.); *Re De Morgan Snell & Co.* (1892) H.B.C. (4th ed.), Vol. 2, p. 185 (C.A.); *cf. Lubenham v. South Pembrokeshire D.C.* (1986) 33 B.L.R. 36 at 74 (C.A.).

Chapter 13—Engineers and Others

services) engineer and sometimes other engineers as well. These engineers often have specific contractual functions to be found in the mass of contract documents, but usually do not have wide contractual administrative powers such as building contracts usually give to the architect and engineering contracts to the engineer.

Resident engineer. In large contracts, or overseas contracts, there is sometimes appointed, in addition to a chief engineer, a resident engineer[56] who, as his name suggests, stays continuously on the site while the works are being carried out.

Other persons in the position of an architect. There are many contracts in which, although the term "architect" is never used, much of the law relating to architects, save registration,[57] applies. This arises where, in a contract for work and labour, there is a person placed in the position of exercising the duties of an architect. The most common example is the engineer in an engineering contract.[58] But he may be termed a surveyor,[59] a contract administrator,[60] a clerk of works,[61] a supervising officer,[62] a director of works,[63] or whatever else the parties choose to call him.

5. QUANTITY SURVEYORS

(a) Their duties generally

A quantity surveyor's duties in a building contract include, "taking out in detail the measurements and quantities from plans prepared by an architect, for the purpose of enabling builders to calculate the amounts for which they would execute the plans".[64] His duties may also include other works of measurement such as taking measurements for the purpose of certificates[65] and preparing a bill of variations. He is normally employed by the employer

---

[56] For the use of the term in the I.C.E. Conditions (1955 ed. and 1973 ed.), see clause 1(1)(d) on p. 966.
[57] See p. 326.
[58] *e.g.* the I.C.E. Conditions.
[59] *e.g. Panamena v. Leyland* [1947] A.C. 428 (H.L.).
[60] See Article 3B of the 1980 Standard Form of Building Contract on p. 530 and the J.C.T. Agreement for Minor Building Works.
[61] *e.g. Jones v. St John's College* (1870) L.R. 6 Q.B. 115. Note that this is quite contrary to the usual meaning given to the term. See p. 352.
[62] *e.g. A. E. Farr Ltd v. The Admiralty* [1953] 1 W.L.R. 965, a contract using Form CCC/Wks/1 General Conditions of Government Contracts.
[63] See, *e.g. Perini Corporation v. Commonwealth of Australia* (1969) 12 B.L.R. 82 (Supreme Court of New South Wales).
[64] Morris J. in *Taylor v. Hall* (1870) I.R. 4 C.L. 467 at 476. Note that the reference was to a "building surveyor", but obviously referred to a "quantity surveyor" as that term is generally understood.
[65] *cf. Sutcliffe v. Chippendale & Edmondson* (1971) 18 B.L.R. 149 at 165—the case which on a different point became in the House of Lords *Sutcliffe v. Thackrah* [1974] A.C. 727 (H.L.).

to whom he owes a duty of care. The extent of his authority, which can be given in a number of ways, may derive from or be limited by the express terms of the building contract.[66]

In some cases a quantity surveyor may be employed by the contractor as, for example, where he is engaged by the contractor to take out quantities for the purposes of tender where quantities do not form part of the contract. The building contract may show that in regard to some matters he is intended to exercise his judgment fairly and professionally[67] as between the parties.

Qualification or registration is not required by law before a person can practise as a quantity surveyor, but there are certain well-known professional bodies to one of which most quantity surveyors belong.

(b) Architect's authority to engage quantity surveyor

If the employer himself engages the quantity surveyor he is, of course, liable to pay him. But sometimes the architect engages a quantity surveyor. If the employer knows that work is being done which normally involves the employment of a quantity surveyor, he may be taken to have tacitly assented to such employment, or, in any event, he may subsequently ratify it.[68] Otherwise the architect's authority to do this may be express[69] or implied.

To take out quantities for tender. An architect's authority to engage a quantity surveyor has been implied where the employer has authorised the architect to obtain tenders, and such tenders could only be obtained if quantities were prepared and issued,[70] but in modern conditions no useful rule of general application can, it is submitted, be stated. No authority to engage a quantity surveyor is implied where the employer's building plans are still inchoate and no definite order to proceed has been given to the architect.[71]

Reducing tenders. The invitation to tender may result in tenders which are higher than the amount which the employer is prepared to expend. In such a case the plans, specification and bills of quantities are sometimes altered for the purpose of obtaining smaller tenders. It is doubtful whether the architect has any implied authority to employ a quantity surveyor for this purpose.[72] There would certainly seem to be no grounds for implying such an

---

[66] See *John Laing v. County and District Properties* (1982) 23 B.L.R. 1 at 13.
[67] See *Sutcliffe v. Thackrah* [1974] A.C. 727 (H.L.).
[68] *Evans v. Carte* (1881) H.B.C. (4th ed.), Vol. 2, p. 78 at 80 (D.C.). For the requisites of ratification, see p. 332.
[69] See, *e.g.* condition 4.1.1 of the R.I.B.A. Appointment of an Architect on p. 1146.
[70] *Waghorn v. Wimbledon Local Board* (1877) H.B.C. (4th ed.), Vol. 2, p. 52; see also *Gwyther v. Gaze* (1875) H.B.C. (4th ed.), Vol. 2, p. 34; *Moon v. Witney Union* (1837) 3 Bing.N.C. 814.
[71] *Knox & Robb v. The Scottish Garden Suburb Co. Ltd*, 1913 S.C. 872. See also *Antisell v. Doyle* [1899] 2 I.R. 275; *Nye Saunders v. Alan F. Bristow* (1987) 37 B.L.R. 92 (C.A.). For breach of warranty of authority, see p. 332.
[72] *Evans v. Carte* (1881) H.B.C. (4th ed.), Vol. 2, p. 78.

Chapter 13—Quantity Surveyors

authority where the tenders are higher than expected because of some error or miscalculation on the part of the architect.[73]

Measuring variations. If by the building contract a quantity surveyor has to measure variations, then, in principle, it seems that the architect has implied authority to employ a quantity surveyor. If the contract merely provides that additions or deductions shall be ascertained and valued and the contract price adjusted, with no provision for the employment of a quantity surveyor, then it seems that it is the duty of the architect to measure,[74] and he would therefore have no implied authority to employ a quantity surveyor. In such a case the architect's right to be paid by the employer depends upon the contract, but he cannot in default of payment by the employer recover from the contractor.[75] If the contract is one of some magnitude then, even in the absence of any express provisions, the architect may by custom have authority to call in a quantity surveyor to measure.[76] There are no modern cases reported dealing with such a custom.

(c) Duties to employer

The quantity surveyor, like any professional man, owes a duty to the person by whom he is employed to carry out his work with proper care. The standard of care owed may be ascertained by reference to the same principles as those governing the architect's duties.[77] In general the test is whether he has failed to take the care of an ordinarily competent quantity surveyor in the circumstances. Where the employer suffered a loss of £118 in a £12,000 contract because of an arithmetical error in the surveyor's accounts, it was held not to be negligence, for the error was due to the slip of a competent clerk who normally carried out his duties properly.[78] Negligence on the part of the surveyor makes him liable in damages upon the principles which apply to architects.[79]

Lithography. The surveyor, as agent, must not make any secret commissions.[80] If he employs his own lithographer for making copies of the bills of quantities, it seems that he is entitled to retain any small cash

---

[73] See p. 360.
[74] *cf. Beattie v. Gilroy* (1882) 10 R. (Ct. of Sess.) 226.
[75] *Locke v. Morter* (1885) 2 T.L.R. 121.
[76] *Birdseye v. Dover Harbour Commissioners* (1881) H.B.C. (4th ed.), Vol. 2, p. 76; *cf. Plimsaul v. Kilmorey (Lord)* (1884) 1 T.L.R. 48. In *Birdseye's* case the total amount of the works was about £4,000, and the custom proved applied to works over £2,000. To allow for inflation an appropriate multiplier would have to be applied to arrive at a comparable figure for today. Even so it must not be assumed that the court would, as a matter of course, find such a custom proved. For proof of custom, see p. 41.
[77] See p. 338.
[78] *London School Board v. Northcroft* (1889) H.B.C. (4th ed.), Vol. 2, p. 147.
[79] See p. 366.
[80] See p. 336.

discount, but should give the employer the benefit of any commission or trade discount.[81]

Checking bills of quantities. The surveyor frequently checks bills of quantities submitted for tender for errors. It was said that if he discovers errors of substance operating against the interest of the contractor he is under a moral but not a legal duty to inform the contractor[82] and by so doing is not, it is submitted, in breach of duty to the employer. The NJCC Code of Procedure for Single Stage Selective Tendering (April 1989) provides that the quantity surveyor should examine priced bills of quantities submitted by tenderers in order to detect any errors in the tender. Where errors are found, the tenderer should be given an opportunity of withdrawing or amending his tender.[83] If these procedures are expressly incorporated as part of the tender documents, there is probably a contractual obligation binding the employer to follow this procedure.

(d) Remuneration

Amount. The amount of the remuneration may be expressly agreed. Failing such agreement the surveyor is entitled to a reasonable sum for his services. The amount of such sum is a question of fact in each case, and the courts do not automatically award payment at the scale rates laid down by the main professional institutions.[84] It has been held that a custom that a surveyor should be paid two and a half per cent on the lowest tender when no tender was accepted was unreasonable, and one and a half per cent was awarded.[85]

Payment by employer, architect or contractor. In the normal modern building contract the quantity surveyor is employed by the employer, and prima facie in such a case the employer is liable to pay him.[86] Where the employment is by the architect on behalf of the employer it must have been authorised or subsequently ratified or acquiesced in.[87] If the architect has personally employed the quantity surveyor for his own purposes[88] then he and not the employer is liable. He may also be liable in an action for breach of warranty of authority.[89] In the past certain difficulties arose from the fact that building contracts often used to provide that the

---

[81] *London School Board v. Northcroft* (1889) H.B.C. (4th ed.), Vol. 2, p. 147.
[82] See *Dutton v. Louth Corporation* (1955) 116 E.G. 128 (C.A.). See also p. 291.
[83] See para. 6 of the Code of Procedure.
[84] See cases cited p. 361 upon implication of the R.I.B.A. Scale.
[85] *Gwyther v. Gaze* (1875) H.B.C. (4th ed.), Vol. 2, p. 34, Quain J.
[86] *Waghorn v. Wimbledon Local Board* (1877) H.B.C. (4th ed.), Vol. 2, p. 52; *Priestley v. Stone* (1888) 4 T.L.R. 730; H.B.C. (4th ed.), Vol. 2, p. 134 (C.A.).
[87] See p. 332.
[88] *e.g. Plimsaul v. Kilmorey (Lord)* (1884) 1 T.L.R. 48.
[89] See p. 333.

contractor should pay the surveyor's charges out of money to be paid to the contractor under the building contract, but this is no longer the practice.[90]

(e) Duties to contractor and others

The position is analogous to that of the architect discussed on p. 366.

---

[90] The old law arising from this practice was discussed in the 4th edition of this book at pp. 231 *et seq.*

CHAPTER 14

THE EUROPEAN COMMUNITY

		Page
1.	Introduction	374
2.	Procurement	376
3.	Restrictive Agreements and Competition	383
4.	Product Liability	389
5.	Services Liability	391
6.	Harmonisation of Aspects of Construction Law or Forms of Contract	391
7.	Jurisdiction	391
8.	Contracts (Applicable Law) Act 1990	395

1. INTRODUCTION

The law of the European Community has potentially far-reaching implications for the construction industry. Certain relevant aspects of Community law are discussed briefly in this chapter.[1]

The European Community is established in its current form by Treaty between its Member States.[2] The Community legislates by means of a number of different instruments. The two principal legislative instruments are the regulation and directive.[3] A regulation is of general application and is binding as law in all Member States once it comes into force. A directive operates as an instruction to Member States to legislate or to amend existing legislation so as to ensure that national legislation in all Member States achieves the results required by the directive. The directive specifies the date by which the relevant implementing legislation is to come into force in all Member States. If a Member State fails adequately to implement a directive by the required date, it may be fined by the European Court of Justice under Article 171(2) of the Treaty. Article 169 sets out a procedure by which the

---

[1] For general discussions of the institutional and substantive aspects of Community law see, for example, Hartley, *The Foundations of European Community Law* (3rd ed.); Weatherill & Beaumont, *EC Law*; Wyatt and Dashwood, *European Community Law* (3rd ed.); Kapteyn and van Themaat, *Introduction to the Law of the European Communities* (2nd ed.); Schermers & Waelbroeck, *Judicial Protection in The European Communities* (5th ed.).
[2] Treaty Establishing the European Economic Community, Rome, March 25, 1957; as amended by subsequent Treaties, in particular The Single European Act, Luxembourg, February 17, 1986 and The Treaty on European Union, Maastricht, February 7, 1992. These are compositely referred to in the text as "the Treaty".
[3] Art. 189 of the Treaty.

Chapter 14—Introduction

Commission first warns the relevant Member State by means of reasoned opinion and may then bring the default before the European Court of Justice. The defaulting Member State may also be liable to compensate those who suffer loss by reason of a failure to implement a directive.[4]

In certain circumstances an individual may be able to rely upon a directive conferring legal rights on that individual against an emanation of the State, or a body which has been made responsible, pursuant to a measure adopted by the State, for providing a public service under the control of the State and has for that purpose special powers beyond those which result from the normal rules applicable in relations between individuals.[5] Directives have the added significance that in applying national law, a national court is required to interpret national law as far as possible in the light of the wording and purpose of any relevant directive in order to achieve the result pursued by the directive. The national court is subject to this obligation regardless of whether the national law was adopted before or after the directive.[6]

In addition to the process of law-making and development initiated by the Community legislators, Community law and the objectives of the Treaty are actively developed by the European Court of Justice.[7]

The Objectives of Community Law. The economic system established by the Community is based on four "freedoms". These are the free movement of legal and natural persons,[8] the freedom to provide services,[9] the free movement of capital and payments,[10] and the free movement of goods.[11] Of these freedoms, the free movement of goods was initially subject to the most active development, in particular by a series of far-ranging decisions of the European Court of Justice.[12]

---

[4] Joined Cases C 6 & 9/90, *Francovich v. Italian Republic*: [1991] I E.C.R. 5357, [1993] 2 C.M.L.R. 66.

[5] Case C–188/89, *Foster v. British Gas*: [1990] I E.C.R. 3313, [1990] 2 C.M.L.R. 833; Case C–91/92, *Paola Faccini Dori v. Recreb Srl*: [1994] I E.C.R. 3325. Detailed discussion of this complex topic falls outside the scope of this chapter. For full discussion, see the general works referred to above and Collins, *European Community Law In The United Kingdom* (4th ed.).

[6] Case C–106/89, *Marleasing v. La Comercial Internacional de Alimentación SA*: [1990] I E.C.R. 4135, [1992] 1 C.M.L.R. 305; see also *Litster v. Forth Dry Dock Engineering Co. Ltd* [1990] 1 A.C. 546, [1989] 2 C.M.L.R. 194 and *Bulmer v. Bollinger* [1974] Ch. 401, [1974] 2 C.M.L.R. 91; for a building contract case, see *General Building & Maintenance plc v. Greenwich B.C.* (1993) 65 B.L.R. 57.

[7] For a general discussion of Community Law and the Court's role in its development see, Slynn, *Introducing a European Legal Order*; For a detailed discussion of the practice and procedure of the European Court of Justice see Lasok, *The European Court of Justice: Practice and Procedure* (2nd ed.); For discussions of the relative roles of the European Courts and National Courts see Koopmans, *European Law and the Role of the Courts* and Slynn, *European Law and the National Judge* (published as Butterworth Lectures 1991-92).

[8] Arts. 48–58 of the Treaty.

[9] Arts. 59–66 of the Treaty.

[10] Arts. 67–73h of the Treaty.

[11] Arts. 30–37 of the Treaty.

[12] Case 8/74, *Dassonville*: [1974] E.C.R. 837, [1974] 2 C.M.L.R. 436; Case 120/78, *Cassis de Dijon*: [1979] E.C.R. 649, [1979] 3 C.M.L.R. 494; for most recent developments see Cases C 267–268/91, *Keck and Mithouard*: *The Times*, November 25, 1993.

Meanwhile legislation and case law, in particular following the Single European Act, have made significant steps to develop the other three freedoms in areas such as the mutual recognition of professional qualifications.[13]

Full application of these freedoms ought to lead to an uninhibited trade in construction materials and services throughout the Community so that contractors, professionals and producers of materials and components should be able to compete without restriction in any Member State. A number of political, social and technical obstacles have however significantly hindered the achievement of this goal. In particular, technical problems in establishing common standards for construction products and practice only began to be properly addressed after the Community adopted the "New Approach to Harmonisation".[14]

2. PROCUREMENT

Introduction. One of the principal obstacles to harmonisation and the establishment of a single construction market has been a persistent national and even local preference in the procurement policies of central governments, local authorities and public utility undertakings throughout the Community.

For example, the exercise of discrimination in letting such contracts has been found to be in breach of the principle of free movement of goods expressed in Article 30, and the principle of non-discrimination expressed in Article 6.[15] In *The Commission of the European Communities v. Ireland*,[16] the European Court of Justice found that a refusal by Irish authorities to check whether products conforming to national or international standards recognised in other Member States offered guarantees of safety and suitability equivalent to those offered by the relevant Irish standard was incompatible with Article 30 and incapable of any justification in Community law. As a result of the refusal to make such checks, a tenderer could only secure the contract by using Irish materials.

---

[13] Development is often made in unexpected areas, see for example, Case C–20/92, *Hubbard v. Hamburger. The Times*, July 16, 1993, relevant to applications for security for costs.

[14] [1985] O.J. C136/1. For construction products, see, *e.g.* Council Directive 89/106 on the approximation of laws, regulations and administrative provisions of the Member States relating to construction products [1989] O.J. L40/12; Communication of the Commission with regard to the interpretative documents of Council Directive 89/106: [1994] O.J. C62; CEN Report, "Standardization Programme—European Standardization In The Field Of the Construction Products As Defined By The Directive 89/106/EEC" November 1993; BRE Digest "European Legislation and Standardisation" November 1992. Progress of Harmonisation in these and other areas is described in detail in "Construction Monitor" published each month for the Department of the Environment by *Building*.

[15] This article has been renumbered by the Treaty on European Union. It was formerly Art. 7.

[16] (1988) 44 B.L.R. 1; Case 45/87: [1988] E.C.R. 4929, [1989] 1 C.M.L.R. 225. This is commonly called the *Dundalk* case.

A restriction on trade between Member States will be a breach of Article 30 even if nationals of the State which has restricted trade will also be affected. Thus the Court of Justice found that a requirement imposed by Italian legislation that local authorities should obtain at least 30 per cent of their supplies from companies established in the Mezzogiorno region was incompatible with Article 30 and incapable of justification.[17] The Court found that this was discrimination against products from other Member States. Such discrimination on a national basis is a sufficient, but not a necessary, criterion for infringement of Article 30.[18]

Procurement legislation. In the United Kingdom, the only legislative controls on the competitive process have been in local government legislation. The Local Government Act 1972 provides that local authorities should set out formal contracting procedures which would usually involve competitive tender.[19] The Local Government Act 1988 expressly requires authorities to give reasons for their procurement decisions and prohibits contract awards based on certain non-commercial grounds.[20]

The introduction of compulsory competitive tendering has had a significant impact on the letting of certain local government contracts for construction and related services.[21]

Since 1971, there has been much complicated Community legislation regulating the procurement procedures of government bodies. This has been replaced by recent directives which consolidate the existing legislation, extend it to cover utilities and to add to the remedies available for breach of procurement law as expressed either by the Treaty or the legislation. The principal Community legislation is as follows:

(1) Council Directive 93/37 concerning the co-ordination of procedures for the award of public works contracts[22];
(2) Council Directive 93/36 co-ordinating procedures for the award of public supply contracts[23];
(3) Council Directive 92/50 relating to the co-ordination of procedures for the award of public service contracts[24];

---

[17] Case C–21/88, *Du Pont de Nemours Italiana SpA v. Unità Sanitaria Locale no. 2 di Carrara*: [1990] I E.C.R. 889, [1991] 3 C.M.L.R. 25; see also Case C–351/88, *Laboratori Bruneau*: [1991] I E.C.R. 3641, [1994] 1 C.M.L.R. 707; Case C–360/89, *Commission v. Italy*: not yet reported but noted at (1992) *Public Procurement Law Review* 408.
[18] See also Case 31/87, *Gebroeders Beentjes B.V. v. Staat der Nederlanden*: [1988] E.C.R. 4635, [1990] 1 C.M.L.R. 287; Case C–113/89, *Rush Portuguesa Lda v. Office Nationale D'Immigration*: [1990] I E.C.R. 1417, [1991] 2 C.M.L.R. 818.
[19] s. 135 of the Local Government Act 1972.
[20] ss. 17-22 and Sched. 2 of the Local Government Act 1988.
[21] Local Government Planning and Land Act 1980; Local Government Act 1988; Local Government Act 1992. For a detailed account of these rules see Cirell & Bennett, *Compulsory Competitive Tendering—Law & Practice*.
[22] [1993] O.J. L199/54.
[23] [1993] O.J. L199/1.
[24] [1992] O.J. L209/1.

(4) Council Directive 89/995 on the co-ordination of laws, regulations and administrative provisions relating to the application of review procedures to the award of public supply and public works contracts[25];
(5) Council Directive 93/38 co-ordinating the procurement procedures of entities operating in the water, energy, transport and telecommunications sectors[26];
(6) Council Directive 92/13 co-ordinating the laws, regulations and administrative provisions relating to the application of Community rules on the procurement procedures of entities operating in the water, energy, transport and telecommunications sectors.[27]

This legislation has been implemented in the United Kingdom by the following regulations:

(1) The Public Works Contracts Regulations 1991[28];
(2) The Public Supply Contracts Regulations 1991[29];
(3) The Public Services Contracts Regulations 1993[30];
(4) The Utilities Supply and Works Contracts Regulations 1992.[31]

The legislation, which applies to all works contracts[32] with a value exceeding 5 million ECUs[33] let by a public body or utility,[34] makes detailed provision for tenders for works contracts, and for the way in which such contracts are to be awarded. There are significant differences between the rules applicable to public bodies and to utilities.[35] Generally, the rules for

---

[25] [1989] O.J. L395/33.
[26] [1993] O.J. L199/84.
[27] [1992] O.J. L76/4.
[28] S.I. 1991 No. 2680, as amended.
[29] S.I. 1991 No. 2679.
[30] S.I. 1993 No. 3228.
[31] S.I. 1992 No. 3279. Dir. 93/38 was due to have been implemented by the United Kingdom Government by July 1, 1994, so as to bring service contracts within the scope of these regulations. United Kingdom regulations are expected to be adopted in the near future. The European Court of Justice has held that the previous Public Works Directive 71/305 is capable of having direct effect in Member States after the date for its implementation without any implementing national legislation—Case 31/87, *Gebroeders Beentjes B.V. v. Staat der Nederlanden*: [1988] E.C.R. 4635, [1990] 1 C.M.L.R. 287.
[32] The rules relating to supplies and services contracts are significantly different. For the definition of a works contract in the context of a mixed contract for construction works at a hotel and casino and the operation of the hotel, see Case C-331/92, *Gestión de Hoteleras Internacional S.A. v. Communidad Autónoma de Canarias*: [1994] I E.C.R. 1329.
[33] For the period January 1, 1994, to December 31, 1995, this is fixed at £3,743,203—see Commission Notice: [1993] O.J. C341/10.
[34] The question whether a prospective employer is a public body or a utility may itself raise difficult issues relating to the structure of government bodies and quangos, or the structure of privatised utilities. See Harden, "Defining the Range of Application of the Public Sector Procurement Directives in the United Kingdom" (1992) *Public Procurement Law Review* 362. The definition of bodies covered in the telecommunications sector is currently the subject of a reference to the European Court of Justice, [1993] O.J. C287/6, discussed in (1994) *Public Procurement Law Review* CS30.
[35] For full discussion of the relevant legislation see Trepte, *Public Procurement in the EEC*; Digings & Bennett, *EC Public Procurement, Law and Practice*; Geddes, *Public Procurement—A Practical Guide*; Bright, *Public Procurement Handbook*; for a discussion of the obstacles to

utilities are more flexible.[36] There are also certain categories of contract that are exempted from full compliance with the legislation.[37]

Open procurement in the Community is intended to achieve two principal goals, *viz*: first, to create a single market in the Community and to further the Community's economic aims by ensuring that public authorities do not make purchasing decisions based on local preference; secondly, to increase competition by opening up procurement contracts to a wider class of contractors, suppliers or service providers. The basic principles of Article 6 of the Treaty that discrimination on grounds of nationality is prohibited, of Article 30 that quantitative or equivalent restrictions on the movement of goods should be prohibited and of Article 59 that persons established in one Member State should be free to provide services in another Member State are implicit in the legislation and are not to be infringed.[38] In so far as these principles are derived from the Treaty rather than from the legislation, they apply even to contracts falling below the financial threshold.

In *Commission v. Denmark*,[39] it was stated that there is a broader principle of equal treatment of tenderers.

"[E]ven though the directive does not expressly mention the principle of equal treatment of tenderers, it is nevertheless the case that the duty to observe this principle goes to the essence of this directive which ... is aimed particularly at developing effective competition in the public procurement markets ... it is sufficient to note first of all that respect for the principle of equality in the treatment of tenderers demands that tenders should conform to the requirement of the tender specifications in order to ensure an objective comparison between the tenders submitted by the various tenders ... this requirement [the requirement of equal treatment] would not be fulfilled if tenderers were allowed to diverge from the fundamental requirements of the general conditions [of tender]."

Generally, a prior call for competition must be made for intended contracts by complying with specific advertising procedures. These include placing notices in prescribed forms in the *Official Journal of the European Community*. Employers must give preference where possible to European

---

establishment of the regime, see Cox, *The Single Market Rules and the Enforcement Regime After 1992*; for a short description of the regime from a French perspective see Gohon, *Les Marchés Publics Européens*.

[36] e.g. there is provision for utilities to enter into framework agreements: reg. 10 of S.I. 1992 No. 3279; Art. 5 of Directive 93/38.

[37] e.g. contracts let by bodies in the United Kingdom in connection with their activities in exploiting areas for the extraction of oil or gas—see Art. 3 of Directive 93/38; Commission Decision 93/327: [1993] O.J. L129/25; Commission Decision 93/425: [1993] O.J. L196/55; see also reg. 24 of The Public Works Contracts Regulations 1991 for Public Housing Scheme Works Contracts.

[38] In addition to the *Dundalk* and *Du Pont* cases referred to in nn.16 and 17, see Case 76/81, *SA Transporoute et Travaux v. Minister of Public Works*: [1981] E.C.R. 417, [1982] 3 C.M.L.R. 382.

[39] Case C–243/89: unreported but an unofficial translation of the judgment appears at (1993) *Public Procurement Law Review* CS158.

standards or specifications.[40] Standards must not be imposed which would discriminate against contractors, suppliers or service providers from other Member States.

Contracting authorities have certain choices of procedure. The three principal procedures are the open, restricted and negotiated procedures. Public bodies may only use the negotiated procedure in exceptional cases, such as where the nature of the works or their risks do not permit overall contract pricing.[41] Utilities may use any of these procedures. In summary, an open procedure involves the employer advertising its intention to seek offers for a works contract and sending tender documents to all tenderers that ask for them and considering all tenders received. Tenders may then be excluded on specific grounds, including technical capacity[42] and financial standing,[43] before the tenders are compared on their merits.[44] The restricted procedure requires the employer to invite potential tenderers to express an interest in being selected to tender. Once these requests are received the employer identifies its chosen tenderers in accordance with the procedure required by the regulations. Tender documents are then sent to those selected tenderers and they have a fixed period to respond with a tender. In cases of urgency, public employers benefit from a reduction in the time periods required for the various stages in the restricted procedure.[45] In the negotiated procedure the employer consults tenderers of its choice and negotiates the terms of the contract with one or more of them.

In certain exceptional circumstances, most of the procedure, including even the prior call for competition, may be dispensed with. The exceptions include circumstances of extreme urgency or where for technical, artistic or other reasons connected with protection of exclusive rights, the contract may only be performed by a particular contractor.[46]

Contracts must be awarded to either the lowest or most economically advantageous tenderer[47] and the employer must state in advance which of

---

[40] Reg. 8 of S.I. 1991 No. 2680; Reg. 11 of S.I. 1992 No. 3279.
[41] Art. 7(2) of Dir. 93/38; Reg. 10(2) of S.I. 1991 No. 2680.
[42] "Technical Capacity" was held to include the tenderer's ability to carry out the works with proper regard for health and safety in *General Building & Maintenance plc v. Greenwich B.C.* (1993) 65 B.L.R. 57; see also Case C-362/90, *Commission v. Italy*: [1992] I E.C.R. 2353.
[43] See Joined Cases 27, 28 & 29/86, *Bellini & others*: [1987] E.C.R. 3347.
[44] In Case C-389/92, *Ballast Nedam Groep N.V. v. Belgium*: [1994] I E.C.R. 1289, [1994] 2 C.M.L.R. 836 the court considered the circumstances in which companies in a group can be treated as a single undertaking for purposes of establishing their standing and capacity.
[45] Art. 14 of Dir. 93/37; Reg. 12(14) of S.I. 1991 No. 2680.
[46] Art. 7(3) of Dir. 93/37 and Art. 20 of Dir. 93/38. Reg. 13(1) of S.I. 1991 No. 2680 and Reg. 15 of S.I. 1992 No. 3279. There is a distinction between urgency which allows a public body an accelerated timetable, and extreme urgency which permits any employer to avoid even the need for a prior call for competition. The extreme urgency exception was very narrowly interpreted by the European Court of Justice in Case C-24/91, *Commission v. Spain*: [1992] I E.C.R. 1989 (see (1992) *Public Procurement Law Review* 320) and Case C-107/92, *Commission v. Italy*: see (1994) *Public Procurement Law Review* CS10.
[47] For the procedure to be followed when a tender is abnormally low, see Case 76/81, *SA Transporoute et Travaux v. Minister of Public Works*: [1982] E.C.R. 417, [1982] 3 C.M.L.R.

these will be awarded the contract. If the employer states that it will award the contract to the most economically advantageous tenderer, it must identify the criteria it will use in assessing economic advantage and the relative ranking of the these criteria. The employer must take care in awarding the contract not to discriminate between tenderers other than on the previously specified grounds. Notice of any contract award must be published.

Particular care must be taken in any post-tender discussions. The Council and Commission have stated that:

> "In open and restricted procedures all negotiations with candidates or tenderers on fundamental aspects of contracts, variations in which are likely to distort competition, and in particular on prices, shall be ruled out; however, discussions with candidates or tenderers may be held but only for the purpose of clarifying or supplementing the content of their tenders or the requirements of the contracting authorities and provided this does not involve discrimination."[48]

Remedies. Contractors who have been excluded from a tender or who have not been awarded a contract may make a complaint to the E.C. Commission for an infringement of procurement law. The E.C. Commission may bring proceedings against the relevant Member State for a finding of default under Article 169 of the Treaty.[49] The Commission may apply for and obtain interim measures[50] from the President of the European Court of Justice to restrain the breach. The order is directed to the relevant Member State.[51]

Directive 92/13, which provides remedies to restrain breaches of the legislation by utilities, expressly provides for a corrective mechanism to be operated by the Commission that is similar to but more formalised than the

---

382; Case 103/88, *Fratelli Costanzo SpA v. Comune di Milano* [1989] E.C.R. 1839, [1990] 3 C.M.L.R. 239.

[48] Statements regarding Dirs. 93/37 and 93/38: [1994] O.J. L111/114. These statements have no binding legislative force, but must be taken as an authoritative interpretation of the law. They nevertheless flow logically from the discussion of the principle of equal treatment the European Court of Justice in Case C–243/89, *Commission v. Denmark*: referred to in n.39.

[49] See p. 374 above for the procedure. Proceedings under Art. 169 can only be brought for a breach which still persists at the time for compliance stated in the reasoned opinion—Case C–362/90, *Commission v. Italy*. It may be therefore that, if the breach can no longer be remedied, proceedings cannot be brought. It is however apparent from the orders in Case 199/85, *Commission v. Italy* [1987] E.C.R. 1039 and the *Lottomatica* cases, Case C–272/91R, *Commission v. Italy*: [1992] I E.C.R. 457, that the Court may set aside a contract that has already been concluded. It is an open question whether this can be done when the performance of a works contract makes it impossible to remedy an infringement of procurement law committed before award of the contract.

[50] To obtain such an order the Commission must show a prima facie case of breach of procurement law and show that interim measures are urgently required in order to prevent "serious and irreparable" damage—Art. 83(2) of the Rules of Procedure of the Court of Justice.

[51] The Member State is generally treated as being automatically in breach of the law, regardless of its actual involvement in it. See Case C–296/92, *Commission v. Italy*: [1994] I E.C.R. 1, and the note upon it at (1994) *Public Procurement Law Review* CS100.

Article 169 procedure described in the previous paragraph.[52] This mechanism cannot be operated once the contract has been concluded.

The E.C. Commission's lack of resources severely limit its ability to review the operation of procurement procedures in the Community.[53] Before specific legislative provision was made by Member States, the direct enforcement of rights by dissatisfied tenderers in national courts was at best a theoretical possibility.[54] The Remedies' Directives[55] principally require Member States to enable dissatisfied contractors to seek and, if an infringement of procurement law is found, obtain the following remedies:

(1) interim measures requiring the contracting authority to correct the infringement or prevent further damage to the undertakings affected by the infringement. The available interim measures must include an order for the suspension of the procedure for the award of the contract and of the implementation of any decision taken by the employer[56];
(2) an order to set aside any unlawful decision including the removal of discriminatory specifications in any document relating to the contract award procedure;
(3) an order for the payment of damages to any person harmed by an infringement.

Such provision is now made by Regulation 31 of the Public Works Contracts Regulations 1991 and Regulation 30 of The Utilities Supply and Works Contracts Regulations 1991. These implement Directive 89/665 for contracts let by public bodies and Directive 92/13 for contracts let by utilities respectively.[57] The United Kingdom regulations both include a provision, permitted by the directives, that recovery of damages is the only remedy available after the offending contract has been concluded. There remains substantial uncertainty about the measure of damages to be awarded.[58] For

---

[52] Art. 8 of Dir. 92/13.
[53] See José Maria Fernández Martin, "The European Commission's Centralised Enforcement of Public Procurement Rules: A Critical View" (1993) *Public Procurement Law Review* 40.
[54] See the discussion on p. 358 of the 5th edition of this book.
[55] Dirs. 89/995 and 92/13.
[56] The directives both provide that Member States may provide that, when considering whether to order interim measures, the body responsible for ordering such measures may take into account the probably consequences of the measures for all interests likely to be harmed, as well as the public interest, and may decide not to grant such measures where their adverse consequences could exceed their benefits. It is suggested that English courts would in any event adopt such an approach by applying the test in *American Cyanamid v. Ethicon* [1975] A.C. 396 (H.L.).
[57] In England & Wales application is to be made to the High Court. For fuller analyses see, Bowsher, *Prospects for Establishing an Effective Tender Challenge Régime: Enforcing Rights Under EC Procurement Law in English Courts*, (1994) *Public Procurement Law Review* 30; Weatherill, *Remedies for Enforcing the Public Procurement Rules*, Arrowsmith (ed.) 271; D'Sa, *European Community Law and Civil Remedies in England and Wales* 251–272.
[58] See the works referred to in n.57 and Arrowsmith, *The Implications of the Court of Justice Decision in Marshall for Damages in the Field of Public Procurement* (1993) *Public Procurement Law Review* CS164. If the recovery of damages under Community legislation is inadequate, it may be appropriate to consider whether a claim might be made for breach of an implied

Chapter 14—Procurement

utilities contracts however it is expressly provided that, if the Court is satisfied that a contractor would have had a real chance of being awarded a contract if that chance had not been adversely affected by the infringement, the contractor shall be entitled to damages amounting to its costs of preparing the tender and participating in the procedure leading to award of the contract.[59]

3. RESTRICTIVE AGREEMENTS AND COMPETITION

Introduction. Contractors have, it seems, often entered into agreements, formal or informal, with other contractors restricting their prices or otherwise limiting their freedom to tender in a freely competitive manner. Such agreements are also, it seems, common among producers or suppliers of materials. It is now also becoming common for contractors to enter into joint ventures with their competitors to perform a specific contract, or to set up an enterprise specialising in a particular field of the construction industry. The integration of the European market has also encouraged non-United Kingdom contractors to enter into arrangements with local contractors as an effective means of expanding their operations into the United Kingdom.

Any agreement of these types may distort competition. Both United Kingdom and E.C. law operate to protect and encourage the operation of such competition. Any business operating in the United Kingdom may be subject to the domestic law on this subject, or the competition law of the European Community derived from Articles 85 to 90 of the Treaty of Rome.

Under United Kingdom law before 1956, restrictive agreements or arrangements were solely governed by the common law. These agreements may now be registrable under the Restrictive Trade Practices Act 1976 and important consequences flow from registration, or the failure to register. As a result of section 2 of the European Communities Act 1972 these agreements may also be subject to the provisions of the Treaty of Rome which are effective in the United Kingdom. A brief account is given below. For these purposes the most important provisions are Articles 85 and 86.[60]

Contractor's position at common law. Agreements between contractors limiting their rights to tender are in restraint of trade.[61] They are

---

contract as discussed in *Blackpool and Fylde Aero Club v. Blackpool B.C.* [1990] 1 W.L.R 1195 (C.A.) and *Fairclough Building v. Borough Council of Port Talbot* (1992) 62 B.L.R. 86 (C.A.).
[59] Reg. 30(7) of S.I. 1992 No. 3279; Art. 2(7) of Dir. 92/13.
[60] For further references see *Chitty on Contracts* (27th ed., 1994); Green, *Commercial Agreements and Competition Law, Practice and Procedure in the UK and EEC* (1986); Bellamy & Child *Common Market Law of Competition* (4th ed., 1994); Allan & Hogan, *Competition Laws of United Kingdom and Republic of Ireland*; Goyder, *EEC Competition Law* (2nd ed., 1993); Whish, *Competition Law* (3rd ed., 1993); and on matters of procedure, Kerse, *E.C. Anti-Trust Procedure* (3rd ed., 1994).
[61] For the principle, see *Nordenfelt v. Maxim Nordenfelt Co.* [1894] A.C. 535 at 565 (H.L.); *Esso Petroleum Co. v. Harpers Garage (Stourport)* [1968] A.C. 269 (H.L.). For a detailed discussion

prima facie invalid, but if supported by consideration will be enforced by the courts if they are reasonable both in the interests of the parties and of the public. It is a question for the court in each case to decide whether such a contract is reasonable, but in considering what is reasonable between the parties the law "regards the parties as the best judges of what is reasonable as between themselves".[62] There is no reported case of an agreement between contractors restricting their right to tender being held to be unreasonable, although price fixing and marketing arrangements in other branches of trade and industry have from time to time been held to be unreasonable.[63] There is apparently no case reported in which an agreement reasonable in the interests of the parties has been held to be unenforceable because it is unreasonable in the interests of the public.[64] An agreement between two contractors that one should not tender has been enforced.[65]

Employer's position at common law. An employer whose interests are adversely affected because of a restrictive tendering agreement is unlikely to have any effective remedy at common law,[66] unless he has previously taken from a contractor a warranty not to enter into such an agreement and can prove a breach of it.

The Restrictive Trade Practices Act 1976.[67] This statute makes registrable a wide range of agreements under which specified restrictions are accepted by two or more parties in respect of the supply of goods[68] or services[69] and also in respect of the construction or carrying out of buildings, structures and other works by contractors.[70] The term "agreement" includes

---

of the whole subject, see Wilberforce, Campbell and Elles, *Restrictive Trade Practices and Monopolies* (2nd ed., 1966) and supplement.

[62] *North Western Salt Co. v. Electrolytic Alkali Co.* [1914] A.C. 461 at 471 (H.L.).

[63] *e.g. Urmston v. Whitelegg* (1891) 7 T.L.R. 295 (C.A.); *Evans v. Heathcote* [1918] 1 K.B. 418 (C.A.); *McEllistrim v. Ballymacelligott Co-op Society* [1919] A.C. 548 (H.L.).

[64] *cf. Att.-Gen. of Australia v. Adelaide Steamship Co.* [1913] A.C. 781 at 796 (P.C.).

[65] *Metcalf v. Bouck* (1871) 25 L.T. 539; *Jones v. North* (1875) L.R. 19 Eq. 426; *cf. Rawlings v. General Trading Co.* [1921] 1 K.B. 635 (C.A.)—knock-out agreement at auction not illegal. Now subject to the Actions (Bidding Agreements) Act 1927 and the Auctions (Bidding Agreements) Act 1969.

[66] Conspiracy is a form of action which comes to mind but it will fail if the defendants show that their predominant object was to further or protect their interests—see *Mogul Steamship Co. v. McGregor Gow & Co.* [1892] A.C. 25 (H.L.); *Crofter Hand Woven Harris Tweed Co. v. Veitch* [1942] A.C. 435 (H.L.); *Byrne v. Kinematograph Renters Society* [1958] 1 W.L.R. 762. There is no building contract case reported in which this form of action against contractors has been attempted.

[67] Only the briefest introduction is given here. Earlier legislation governing restrictive trade practices has now been consolidated in the Restrictive Trade Practices Act 1976 and the Restrictive Practices Court Act 1976. Both Acts are consolidating Acts although there has been substantial re-wording and re-arrangement. References are to the Restrictive Trade Practices Act 1976 unless otherwise stated. For loan finances and credit facilities, see the Restrictive Trade Practices Act 1977.

[68] ss. 1(1) and 6(1). For restriction of price maintenance on goods, see the Resale Prices Act 1964.

[69] ss. 1(1) and 11; Restrictive Trade Practices (Services) Order 1976. (S.I. 1976 No. 98).

[70] s. 43(3).

Chapter 14—Restrictive Agreements and Competition

an arrangement not intended to be legally enforceable and the term "restriction" includes any negative obligation, whether express or implied, and whether absolute or not.[71] The restrictions specified include those relating to prices, terms and conditions,[72] quantities and descriptions, processes and the persons or classes of persons to, for or from whom or the areas or places in which goods are to be supplied or acquired or works carried out.[73] Certain information agreements are also registrable.[74] The agreements must in due course be proved to the satisfaction of the Restrictive Practices Court not to be contrary to the public interest. If they are found to be contrary to the public interest they become void and the court can prevent their enforcement.[75] If the agreements are not registered in accordance with the Acts they are void and unenforceable.[76]

Restrictions are deemed to be contrary to the public interest unless the court is satisfied of certain matters.[77] The result is, to take one example, that an agreement as to the adjusting of tender prices is registrable and it is most unlikely that the Restrictive Practices Court would be satisfied that it was not contrary to the public interest. An agreement between a few contractors made ad hoc for one occasion is, it is submitted, registrable.

Fair Trading Act 1973. In certain circumstances market conditions may be such that there exists a monopoly or complex monopoly situation.[78] A reference may be made by the Director General of Fair Trading to the Monopolies and Mergers Commission and if the Monopolies and Mergers Commission concludes that there exists a monopoly or complex monopoly situation and that that situation operates or may be expected to operate against the public interest, the Commission may recommend appropriate remedial action.[79] The parties may then either enter into binding undertakings with the Director General of Fair Trading, or the Secretary of State for Trade and Industry may by legislation provide for changes to be made to market conditions or to the parties' own activities.[80]

---

[71] s. 43(1).
[72] See *Re Birmingham Association of Building Trades Employers' Agreement* [1963] 1 W.L.R. 484—agreement that members shall press for inclusion of R.I.B.A. form; *Re Electrical Installations Agreement* [1970] 1 W.L.R. 1391—agreement between seven electrical contractors not to tender until after discussions registrable; *Re Building Employers Confederation's Application* [1985] I.C.R. 167.
[73] ss. 6(1), 11 and 43(3).
[74] ss. 7 and 12; Restrictive Trade Practices (Information Agreements) Ord. 1969 (S.I. 1696 No. 1842).
[75] ss. 1(3), 2 and 35; but see *Director General of Fair Trading v. Smiths Concrete* [1991] 4 All E.R. 150 for limits on the court's ability to enforce.
[76] s. 35(1).
[77] ss. 10, 19 and 31(9).
[78] ss. 6 to 11 of the Fair Trading Act 1973.
[79] ss. 47 to 55 and 84 to 87 of the Fair Trading Act 1973; see also *Electrical Contracting at Exhibition Halls in London* Cmnd. 995 (1990).
[80] ss. 56, and 88 to 93B of the Fair Trading Act 1973.

The Competition Act 1980. This statute was enacted to fill the substantial gaps left by the previous legislation. It introduced a new procedure, involving a preliminary investigation by the Director General of Fair Trading and, if appropriate, a reference to the Monopolies and Mergers Commission, for the control of "anti-competitive practices".[81] Where the Director General makes an investigation and finds that it is appropriate to make a reference he may accept from the persons concerned undertakings to vary or terminate the relevant practice instead of making the reference. If a reference is made and the Monopolies and Mergers Commission identifies an anti-competitive practice that operated or may be expected to operate against the public interest the Commission may recommend appropriate remedial action. The Secretary of State for Trade and Industry may act on that report by prohibiting any such anti-competitive practice.[82]

Remedies of Employer by reason of the Acts. Any person affected by a breach of the duty to register an agreement can bring an action for breach of that duty.[83] It seems therefore that, where an employer enters into a contract and then discovers that the price has been increased or the terms of the contract are adverse to his interests by reason of an unregistered but registrable agreement, he has a remedy in damages[84] against the persons who should have registered.

An injunction has been granted restraining persons from giving effect to an agreement interfering with the plaintiffs' trade, which the court was satisfied would be held to be void by the Restrictive Trade Practices Court.[85]

E.C. Competition Law.[86] Article 85(1) of the Treaty of Rome prohibits all agreements between undertakings, decisions by associations of undertakings and concerted practices which may affect trade between Member States and which have as their object the prevention, restriction or distortion of competition within the Common Market. Any price fixing arrangement, or agreement to co-ordinate competitive behaviour which has an effect upon trade between Member States is likely to fall within this Article.[87] Agreements for exchange of information between competitors may

---

[81] Definition of "anti-competitive practice" is provided in s. 2 of the Competition Act 1980.
[82] See ss. 5 to 10 of the Competition Act 1980.
[83] s. 35(2) of the 1976 Act.
[84] Or, in the appropriate case, a set-off, see p. 498.
[85] *Brekkes Ltd v. Cattel* [1972] Ch. 105.
[86] See generally Bentil, "Applicability of EEC Economic Competition Law for the Regulation of Restrictive Practices within the Construction Industry" (1991) 7 Constr.L.J. 167; Bowsher, "Competition Law within the EEC and its Effect on Construction" and Ainsworth, "Competition law Enforcement in the Construction Industry" in *Legal Obligations in Construction* (Uff & Lavers, ed.); Bentil, "Legal Regime of EEC Economic Competition Oversight and Anti-Competitive or Restrictive Practices within the Building or Construction Industry" (1993) I.C.L.R. 471.
[87] See *Building and Construction Industry in the Netherlands* [1992] O.J. L92/1; (1992) Const.L.J. 273. See also *Order of Court of Justice* [1992] 5 C.M.L.R. 297; Case 246/86, *Belgian Roofing*

also fall within Article 85(1).[88] Article 85(2) provides that any prohibited agreement is automatically void. Such an agreement is, therefore, unenforceable.[89]

The Commission has published a number of notices indicating that certain categories of agreement may be expected to fall outside the scope of Article 85(1). The legislative weight of these notices is open to question and they do not bind a court. Nevertheless they do represent an authoritative interpretation of the law. The *Notice on Agreements of Minor Importance*,[90] the *Notice on Co-operation Agreements*[91] and the *Notice on Sub-Contracting Agreements*[92] are likely to form a basis for treating many agreements in the construction industry as falling outside the scope of Article 85(1).

The requirement that trade between Member States must be affected for E.C. law to apply is widely construed. The requirement will be satisfied by the existence of an actual or potential effect, direct or indirect, on the normal pattern of trade across borders within the E.C.[93] A potential effect on trade between Member States may be found even though the conduct takes place in only one Member State, when such conduct may deflect trade from the channels that it might otherwise follow.[94] It is nevertheless thought that most construction agreements will have no effect on trade between Member States.

Article 86 prohibits "abuse" of "a dominant position" in a "substantial part" of the E.C. An enterprise is considered dominant if it is able to prevent effective competition or has the capacity to act, to an appreciable extent, independently of its competitors, suppliers and customers.[95] The Commission has found that suppliers of certain categories of construction materials enjoy such a dominant position,[96] but it is not thought that any contractors have been found to enjoy such a position. A collective dominant position can exist where two or more companies act jointly.[97]

The Commission of the European Community has the power to issue a

---

Felt—BELASCO v. Commission: [1989] E.C.R. 2117, [1991] 4 C.M.L.R. 96; *Dutch Crane Hire Association*: [1994] O.J. L117/30.

[88] *Building and Construction Industry in the Netherlands* [1992] O.J. L92/1.

[89] The doctrine of severance is, however, applicable so that objectionable provisions may, in appropriate circumstances, be severed from the agreement leaving the remainder in effect—see, *e.g. Chemidus Wavin Ltd v. Société pour la Transformation et L'Exploitation des Reines Industrielles S.A.* [1978] 3 C.M.L.R. 514 (C.A.).

[90] [1986] O.J. C232/2.

[91] [1968] O.J. C75/3.

[92] [1979] O.J. C1/2.

[93] Case 123/83, *Bureau National Interprofessionnel du Cognac v. Clair*: [1985] E.C.R. 391, [1985] 2 C.M.L.R. 43.

[94] Case 8/72, *Vereniging van Cementhandelaren v. Commission*: [1972] E.C.R. 977, [1973] C.M.L.R. 7.

[95] Case 27/76, *United Brands Co. v. Commission*: [1978] E.C.R. 207, [1978] 1 C.M.L.R. 429.

[96] For example, in *BPB Industries plc*: [1989] O.J. L10/50, [1990] 4 C.M.L.R. 464, the Commission found that BPB enjoyed a dominant position in the supply of plasterboard in Great Britain and the Island of Ireland. This decision is the subject of an appeal.

[97] Joined Cases T 68 & 77–78/89, *Società Italiana Vetro SpA v. Commission*: [1992] II E.C.R. 1403, [1992] 5 C.M.L.R. 302.

"negative clearance" where it finds no violation of Articles 85(1) or 86 or to grant an "exemption" pursuant to Article 85(3) declaring Article 85(1) inapplicable. The granting of individual exemptions under Article 85(3) on the application of one or more of the parties to an agreement is an important part of the Commission's activity in the competition field. The Commission is entitled to grant an exemption upon finding that all four conditions specified in Article 85(3) have been satisfied. There are a few instances of contractors applying for such individual exemption or for negative clearance for their activities.[98] These will typically involve joint ventures established for the carrying out of construction works. A joint venture established for one project only would not normally fall within Article 85(1) and would not therefore need to be subject of a notification. This may not be the case, however, if that project were to involve a concession agreement so that parties were inevitably becoming involved in a long-term relationship for operation of the finished works.[99] In certain circumstances a joint venture may be treated by Community law as if it were a merger. It would then fall to be reviewed under the relevant national or Community merger control provisions.[1]

Remedies for violation of E.C. competition law.[2] It seems likely, although it is not decided, that Articles 85 and 86 may give rise to a cause of action in damages or for an injunction at the suit of a party injured by the abusive conduct of a dominant undertaking or the operation of a prohibited agreement. Both articles have, in the parlance of Community law, "direct effect" and create individual rights enforceable in national courts.[3] A decision of the House of Lords is now taken to indicate that, in principle, a right of action for damages exists in English law under Article 86 on the basis

---

[98] See, *e.g. Eurotunnel*: [1988] O.J. L311/36—a negative clearance was granted by the Commission for the construction contract for the Channel Tunnel between Eurotunnel and a consortium of eight contractors, and the "*maître d'oeuvre*" contract between Eurotunnel and four firms of construction professionals; *FIEC/CEETB*, 18th Report on Competition Policy, para. 60—the applicants sought exemption for an agreement for the standardisation of tender procedures for the provision of specialist equipment by subcontractors to building contractors and negative clearance was granted after amendments had been made to the agreement on the basis of the Commission's suggestions.

[99] It is unclear whether "partnering" arrangements, by which an employer and contractor enter into a long-term arrangement for the contractor to carry out works on a number of future projects, comply with E.C. competition and procurement law—see Trepte, "Partnering: Political Correctness or False Modesty?" (1993) *European Competition Law Review* 204.

[1] Reg. 4064/89 [1990] O.J. L257/14.

[2] See generally D'Sa, *European Community Law and Civil Remedies in England and Wales* 230 *et seq.*; Whish, "The Enforcement of EC Competition Law in Domestic Courts of Member States" (1994) *European Business Law Review* 3. For the interpretation of E.C. competition law by national courts, see *Notice on Co-operation between National Courts and the Commission in applying Articles 85 and 86 of the EEC Treaty*: [1993] O.J. C39/613; C–234/89, *Delimitis v. Henniger Bräu A.G.*: [1991] I E.C.R. 935, [1992] 5 C.M.L.R. 210.

[3] Case 127/73, *Belgische Radio en Televisie v. SV SABAM*: [1974] E.C.R. 51, [1974] 2 C.M.L.R. 238.

of breach of statutory duty.[4] It would seem that Article 85(1) should also, therefore, give rise to an action in damages even though this would lead to the anomalous result that conduct of a kind which would rarely be actionable in damages under United Kingdom domestic law would be actionable in damages under Community law. The right to damages would, as a consequence, turn on whether some actual or potential effect on inter-State trade could be made out. It is not even clear who would be entitled to bring such an action.

In principle, an injunction should also be available to prevent the continuation of a breach of Article 85(1) or Article 86 at the suit of an individual injured by that breach, on the basis of the normal principles relating to injunctions.[5]

It seems, therefore, that an employer may recover damages if he has suffered or is continuing to suffer loss by virtue of any action by contractors which violates Articles 85(1) or Article 86 and which also affects inter-State trade. A national price-fixing or tender allocation cartel might fall foul of these provisions.[6]

Reform of United Kingdom Restrictive Trade Practices Law. In the fifth edition of this book, it was stated that the Government had announced proposals for wide-ranging reform of the law on restrictive trade practices in a White Paper.[7] No such reform has been forthcoming and it now seems unlikely that it will occur. A further Green Paper on reform of aspects of the Fair Trading Act 1973 and the Competition Act 1980 was published in November 1992,[8] but it appears that no significant reform will follow this Green Paper.[9]

4. PRODUCT LIABILITY

Consumer Protection Act 1987. This Act was passed in order to implement Council Directive 85/374 dated July 25, 1985.[10] The directive

---

[4] *Garden Cottage Foods v. Milk Marketing Board* [1984] A.C. 10 (H.L.) which was only an interlocutory decision.
[5] In *Cutsforth v. Mansfield Inns* [1986] 1 W.L.R. 558, [1986] 1 C.M.L.R. 1 suppliers of amusement machines obtained an injunction restraining a brewery company from excluding them from the brewery's tied houses on the basis of Art. 85(1) and subsidiary Community legislation; see also *Holleran and Evans v. Daniel Thwaites* [1989] 2 C.M.L.R. 917.
[6] There may however be serious practical difficulties in recovering damages—see the remarks of Jeremy Lever Q.C. to the House of Commons Foreign Affairs Committee in that Committee's Report entitled "Europe After Maastricht: Interim Report", p. 67, para. 29.
[7] "Opening Markets: New Policy on Restrictive Trade Practices" Cmnd. 727, July 1989.
[8] "Abuse of Market Power" Cmnd. 2100 (1992).
[9] The unsatisfactory history of the proposed reform of United Kingdom competition law is set out in an appendix to Whish, *Competition Law*.
[10] Part I of the Act with which this Section of this chapter deals was brought into force on March 1, 1988.

forms an appendix to the Act but does not form part of the Act, although it can be used as an aid to its construction.[11]

Part I of the Act provides for liability for damage caused by defective products. Where damage is caused wholly or partly by a defect in a product, the producer is liable for the damage. An importer in the course of business into a Member State of the European Community may also be liable. So also in certain circumstances may a supplier.[12] The Act constitutes as a supply of goods the performance of any contract by the erection of any building or structure on any land in so far as it involves the provision of any goods by means of their incorporation into the building, structure or works.[13] Damage means death or personal injury or any loss of or damage to any property including land ordinarily and in fact mainly intended for private use, occupation or consumption. It does not include damage to the product itself.[14] There is a defect in a product if the safety of the product is not such as persons generally are entitled to expect and safety relates to risks of damage to property as well as risks of death or personal injury.[15] There are certain statutory defences including a "development risks defence".[16] Section 6(4) of the Act has the effect of permitting contributory negligence to be a partial or complete defence. Liability under the Act may not be limited or excluded by any contract term, by any notice or by any other provision.[17] There are special limitation provisions applicable to claims under the Consumer Protection Act 1987.[18]

Accordingly, there may be liability under the Act if defects in goods supplied as part of construction works cause death, personal injury or damage to private property. The liability is unexplored judicially, but it might in certain circumstances be a rather wider liability than that now available under a negligence claim.[19]

Measure of damages. The Act does not deal specifically with the measure of damages recoverable. Since there is no liability without damage to persons or property other than the thing itself, it seems likely that the damages recoverable are limited to compensating the plaintiff for the injury or damage to property caused and would not extend to the cost of repairing the defective product or compensating the plaintiff for its loss in value.

---

[11] s. 1(1); see also the Introduction to this chapter for interpretation of legislation.
[12] s. 2 of the Consumer Protection Act 1987; "product" includes any goods or electricity—see s. 1(2) of the Act.
[13] s. 46(3) of the Consumer Protection Act 1987.
[14] s. 5 of the Consumer Protection Act 1987.
[15] s. 3 of the Consumer Protection Act 1987.
[16] See s. 4 of the Consumer Protection Act 1987 generally and in particular s. 4(1)(e).
[17] s. 7 of the Consumer Protection Act 1987.
[18] See s. 11A of the Limitation Act 1980 as enacted by s. 6(6) and Sched. 1 of the Consumer Protection Act 1987.
[19] For negligence, see Chap. 7.

5. SERVICES LIABILITY

For some time the Community has considered initiatives to harmonise national laws relating to the liability of service providers for providing defective services. At one stage it was suggested that such harmonisation might be effected by a directive specifically harmonising aspects of construction liability. No formal proposal has yet been made.[20]

6. HARMONISATION OF ASPECTS OF CONSTRUCTION LAW OR FORMS OF CONTRACT

As part of the initiative to harmonise the laws governing liability for services in the construction industry, there were investigations whether it was appropriate to harmonise certain key concepts in construction law. The future of this initiative is uncertain.[21]

There has been discussion about whether it is necessary or appropriate to establish a common form of construction contract for use throughout the Community.[22] The existing forms of contract prepared by the Commission for use on projects funded by European Community institutions have been the subject of comment in a similar context.[23]

7. JURISDICTION

The Civil Jurisdiction and Judgments Act 1982. This Act came into force in the United Kingdom on January 1, 1987.[24] By section 2(1) the Act gave effect as part of the national law to the 1968 Brussels Convention on Jurisdiction and the Enforcement of Judgments in Civil and Commercial Matters.[25] Although not strictly an item of E.C. legislation,[26] the parties to

---

[20] For discussion of the initiatives, see Dalby, "Liability and Warranties in the Construction Industry Recent Developments—A Framework for Change" (1994) 10 Const.L.J. 104; for the Commission's view as to its intentions, see Commission Press Release of June 24, 1994, and Communication to the Council and the European Parliament (Com(94)260 final).

[21] For a discussion of aspects of law that might usefully be subject to harmonisation, see Uff & Jefford, "European Harmonisation in the Field of Construction" (1993) I.C.L.R. 122.

[22] See for example, Fernyhough, "Un contrat-type européen est-il compatible avec la legislation anglaise de marchés privés de travaux?" delivered at the Assises "Justice-Construction" in November 1992 in the First Chamber of the Court of Appeal of Paris.

[23] Gould and Helps "European Standard General Conditions of Contract?" 21 *International Business Lawyer* 271. For a review of some of the cultural obstacles to any such harmonisation, see Einbinder, "The Role of an Intermediary between Contractor and Owner on International Construction Projects: A French Contractor's Viewpoint" [1994] I.C.L.R. 175.

[24] For more detailed discussion of the Act, see Dicey & Morris, *The Conflict of Laws* (12th ed.); O'Malley and Layton, *European Civil Practice*; Kaye, *Civil Jurisdiction and Enforcement of Foreign Judgments*.

[25] The Convention forms an Appendix to the Act.

[26] See Art. 189 of the Treaty of Rome.

the Convention are all member states of the Community[27] and the European Court of Justice has jurisdiction to give rulings on the interpretation of the Convention.[28] In interpreting the Convention, the United Kingdom Courts are expressly entitled to consider three reports on the Convention and the Accession Convention, namely reports by Mr P. Jenard, by Professor Peter Schlosser and by Professors Evrigenis and Kerameus.[29]

The Convention sets out uniform rules for the jurisdiction of national courts and the enforcement of judgments. The Act makes similar provision for the different jurisdictions within the United Kingdom.[30] Where the Act gives jurisdiction to the English High Court, leave is no longer required to serve process out of the jurisdiction.[31]

The 1982 Act has been amended by the Civil Jurisdiction and Judgments Act 1991 to give effect to the Lugano Convention between the Member States of EFTA[32] and the European Community. The Lugano Convention and Brussels Convention have broadly equivalent effect.

Civil and Commercial Matters. The scope of the application of the Convention is limited to civil and commercial matters of an international nature.[33] The concept of civil and commercial matters is not dependent on classifications in domestic law but is to be given an independent Convention meaning.[34] The Convention expressly does not apply to administrative matters. It is not clear whether it applies to public works contracts. On this point, the Schlosser report[35] explains that the French legal system has a concept of the administrative contract which would include such public works contracts, whereas in Germany such works are carried out on the basis of private law. It is thought that it is more in keeping with the objectives and scheme of the Convention for such contracts to be treated as civil and commercial matters.[36]

---

[27] The parties to the Convention are Belgium, the Federal Republic of Germany, France, Italy, Luxembourg, the Netherlands, Denmark, the Republic of Ireland, the United Kingdom, Greece, Spain and Portugal; see also Art. 220 of the Treaty of Rome.
[28] The 1971 Protocol on the interpretation of the Convention of September 27, 1968 on Jurisdiction and the Enforcement of Judgments in Civil and Commercial Matters.
[29] See s. 3(3) of the Act as amended by the Civil Jurisdiction and Judgments Act 1982 (Amendment) Order 1989 (S.I. 1989 No. 1346), art. 8.
[30] Sched. 4.
[31] See R.S.C., Ord. 11, r. 1(2).
[32] The Lugano Convention has only been ratified by Switzerland, Sweden, Norway and Finland and is only in force in relation to those countries.
[33] Art. 1 of the Convention and para. 4 of its Preamble. Other treaties of similar scope are the Hague Conventions on Service Abroad of Judicial and Extrajudicial Documents in Civil or Commercial Matters (1965) and on the Taking of Evidence Abroad in Civil or Commercial Matters (1970).
[34] The *Eurocontrol* cases: Case 29/76, [1976] E.C.R. 1541, [1977] 1 C.M.L.R. 88 and Case 9/77, [1979] E.C.R. 1517, [1980] 1 C.M.L.R. 566; Case 814/79, *Netherlands v. Rüffer* [1980] E.C.R. 3807, [1981] 3 C.M.L.R. 293.
[35] Para. 26.
[36] *cf.* the approach in *Eurocontrol*: [1976] E.C.R. 1541 at 1551.

Chapter 14—Jurisdiction

Jurisdiction. The basic principle of the Convention is that a party is generally to be sued in the courts of its domicile.[37] By Articles 52 and 53 of the Convention, a party's domicile is to be determined largely by national law, and sections 41 to 46 of the 1982 Act deal with domicile in the United Kingdom. The Convention provides optional additional bases of jurisdiction and permits parties to agree in writing the court which is to have jurisdiction. A party may also submit to a court's jurisdiction.[38] In some cases the Convention prescribes an exclusive basis of jurisdiction.[39] Articles 21 to 23 contain rules for resolving conflicts of jurisdiction. Where there is a conflict of jurisdiction between the English court and that of a state which is not a party to the Convention, the English court retains a jurisdiction to stay or strike out proceedings on the basis of the doctrine of *forum non conveniens*.[40]

Contract. Under Article 5(1) of the Convention, in matters relating to a contract, a person domiciled in a Contracting State may be sued in another Contracting State in the courts for the place of performance of the obligation in question. The parties may agree the place of performance.[41] Otherwise, how a national court decides whether it has jurisdiction under this Article involves a sequence of complex questions.[42] The Court must decide where the place of performance of the obligation in question is according to the law applicable to that obligation, the applicable law being found by the Court's own rules as to conflict of laws.[43] The leading case on what is the relevant obligation for this purpose is *Shevanai v. Kreischer*,[44] which concerned an architect's claim for fees. The European Court of Justice held that the relevant obligation was that which formed the actual basis of the legal proceedings, *i.e.* the obligation to pay the fees rather than the obligation to do work. Article 5(1) does not apply to a dispute between the manufacturer of goods and a plaintiff that acquires those goods from a buyer from the original manufacturer.[45] This decision suggests that Article 5(1) does not apply to a dispute between an employer and a subcontractor where there was no contract between them.

A national Court may have jurisdiction under Article 5 even where the existence of the contract is disputed.[46] It is thought that quasi-contractual

---

[37] See Art. 2.
[38] See Arts. 5 to 6A, 17 and 18.
[39] See Art. 16.
[40] *In re Harrods (Buenos Aires) Ltd* [1992] Ch. 72 (C.A.).
[41] Case 56/79, *Zelger v. Salinitri*: [1980] E.C.R. 89, [1980] 2 C.M.L.R. 635.
[42] The questions are clearly set out in O'Malley, para. 17.03.
[43] Case 12/76, *Industrie Tessili Italiana Como v. Dunlop A.G.*: [1976] E.C.R. 1473, [1977] 1 C.M.L.R. 26; Case C–288/92, *Custom Made Commercial Ltd v. Stawa Metallbau GmbH*: not yet reported.
[44] Case 266/85, [1987] E.C.R. 239, [1987] 3 C.M.L.R. 782. See also *Medway Packaging v. Meurer* [1990] 2 Lloyd's Rep. 112; *Union Transport plc v. Continental Lines S.A.* [1992] 1 W.L.R. 15 (H.L.).
[45] Case C–26/91, *Société Jakob Handte et Cie GmbH v. Société Traitements Mécano-chimiques des Surfaces*: [1992] I E.C.R. 3967, [1993] I.L.Pr. 5.
[46] Case 38/81, *Effer SpA v. Kantner*. [1982] E.C.R. 825. Compare *Tesam Distribution v. Schuh*

claims, such as a claim on a *quantum meruit*, are probably within the scope of Article 5(1).[47]

Tort. Under Article 5(3) of the Convention, in a claim based on tort, delict or quasi-delict, a person domiciled in a Contracting State may be sued in another Contracting State in the courts for the place where the harmful event occurred. The Convention only addresses the question of jurisdiction and does not determine what law the national Court with jurisdiction applies in finding whether tortious liability exists. It is suggested that the Convention leaves the national Court to apply its own rules of conflicts of laws.

The place where the harmful event occurred may be either where the damage occurred or where the event occurred which gave rise to the damage.[48] Where a claim is one for negligent misstatement,[49] it is submitted that the place where damage occurs may be the place where the negligent misstatement was either received or relied on or where either physical damage occurs or the relevant economic loss is suffered.[50]

Co-defendants, third party proceedings and counterclaims. Article 6 of the Convention is of particular importance to the kind of multi-party dispute which is common in the building industry. It provides that a person domiciled in a Contracting State may also be sued, where he is one of a number of defendants, in the courts for the place where any one of them is domiciled, provided that there is a link between the claims made against each of the defendants.[51] Such a person may be sued as a third party in an action on a warranty or guarantee or in any other third-party proceedings, in the court seised of the original proceedings, unless these were instituted solely with the object of removing him from the jurisdiction of the court which

---

Mode Team GmbH, The Times, October 24, 1989 (C.A)—Plaintiffs had to establish that there was a serious question as to the existence of the contract which called for a trial; applied in *Rank File Distributors v. Lanterna Editrice* [1992] *International Law of Procedure* 58; *New England Reinsurance Corp. v. Messoghios Insurance Co. S.A.* [1992] 2 Lloyd's Rep. 251 (C.A.); cf. *Finnish Insurance Co. v. Protective Insurance Co.* [1990] 2 W.L.R. 914—a case concerning R.S.C., Ord. 11, service out of the jurisdiction with leave where the plaintiffs sought a declaration that there was no contract between them and the defendants.

[47] Art. 5(1) might well be wide enough to cover a claim for payment for work done in anticipation of a contract being entered into as in *Marston v. Kigass* (1989) 46 B.L.R. 109. But in *Barclays Bank v. Glasgow City Council* [1993] Q.B. 429, a consensual relationship closely akin to a contract was required to confer jurisdiction under Art. 5(1). Since the restitutionary claim was based on the contention that the claim was void *ab initio*, the Court did not have jurisdiction. The question has been referred to the European Court of Justice.

[48] Dicey & Morris, Rule 28(3); Case 21/76, *Bier v. Mines de Potasse d' Alsace*: [1976] E.C.R. 1735, [1977] 1 C.M.L.R. 284.

[49] See p. 188.

[50] Contrast Case 814/79, *Rüffer*: [1980] E.C.R. 3807, at 3836. See *Minster Investments v. Hyundai Precision Industry Co.* [1988] 2 Lloyd's Rep. 621—the place where the harmful event occurred was England where there was receipt of the negligently produced certificate which the plaintiffs were intended to and did rely on.

[51] Case 189/87, *Kalfelis v. Schröder, Münchmeyer, Hengst & Co.* [1988] E.C.R. 5565, applied in *Gascoine v. Pyrah: The Times*, November 26, 1991; *Hagen v. Zeehaghe*: [1990] I E.C.R. 1845; *Kinnear v. Falcon Films* [1994] 3 All E.R. 42.

would be competent in his case. A counterclaim arising from the same contract or facts on which the original claim was based may be brought in the court in which the original claim is pending.

Lis pendens.   Articles 21 to 23 of the Convention variously require a national Court to decline jurisdiction or permit it to stay proceedings where parties seek to invoke the jurisdiction of different Courts in the same or related actions.

Arbitration.   Arbitration is expressly excluded from the scope of the Convention. The Convention does not apply to proceedings in which the incorporation of an arbitration clause is in dispute, nor to proceedings to enforce an award or dismiss an arbitrator or extend his powers.[52]

Recognition and Enforcement of Judgments.   Article 26 provides for a judgment given in a Contracting State to be recognised in the other Contracting States without any special procedure being required.[53] There are certain exceptions in Article 27. Article 29 provides that the substance of a foreign judgment may not be reviewed under any circumstances including, presumably, where litigation concerning the same project takes place in more than one jurisdiction. Article 31 provides that a judgment given in one Contracting State and enforceable in that State shall be enforced in another Contracting State when, on application of an interested party, an order for enforcement has been issued there. The procedure for making application is governed by the law of the State in which enforcement is sought.[54] Under Article 51, a settlement which has been approved by a court in the course of proceedings and is enforceable in the State in which it was concluded shall be enforceable in the State in which enforcement is sought under the same conditions as "authentic instruments".[55]

8. CONTRACTS (APPLICABLE LAW) ACT 1990

In any dispute with a transnational element the court must settle not only any relevant question of jurisdiction, but must also determine which law to apply to the dispute. The determination of the applicable law in relation to

---

[52] Case C–190/89, *Marc Rich & Co. v. Società Italiana Impianti*: [1991] I E.C.R. 3855; [1992] 1 Lloyd's Rep. 342 where the E.C.J. held that the Convention was "intended to exclude arbitration in its entirety". See also Jenard Report Chapter III and Schlosser Report, paras. 63 to 65 but *cf.* Schlosser (1991) 7 Arb.Int. 227 and 243.

[53] The simplicity of the improved rights of enforcement of judgments is an important factor to take into account in deciding whether to order security for costs against a plaintiff resident in a State which is a party to the Convention—*De Bry v. Fitzgerald* [1990] 1 W.L.R. 552 (C.A.). For security for costs, see p. 508.

[54] See Art. 33 and see also Arts. 46–48.

[55] "Authentic instruments" are defined in Art. 50. For the position regarding other settlements see Case C–414/92, *Solo Kleinmotoren GmbH v. Emilio Boch*: [1994] I E.C.R. 2237.

contractual obligations is now governed by the Contracts (Applicable Law) Act 1990, which came into force on April 1, 1991[56] and applies to contracts made after that date. The Act gives the Rome Convention[57] the force of law in the United Kingdom. However, the practical effect of the Convention is likely to be similar to that of the common law. Parties to a contract may choose the law to govern the contract. Such a choice may be made expressly or it may be apparent from the terms of the contract or the circumstances of the case.[58] If no choice has been made, the contract will be governed by the law of the country with which it is most closely connected, which is likely to be its place of performance.[59] These rules apply to any situation involving the choice of law between different countries, whether or not the countries concerned have signed the Convention.

The Act does not, however, apply to arbitration agreements and the common law doctrine of the proper law of the contract will still apply to determine the applicable law of an arbitration agreement.[60]

---

[56] By the Contracts (Applicable Law) Act 1990 (Commencement No.1) Order 1991 (S.I. 1991 No. 707). For a detailed discussion of the operation of the Act see: Kaye, *The New Private International Law of Contract of the European Community*; Dicey & Morris, *The Conflict of Laws*, Chap. 32.

[57] The EEC Convention on the Law Applicable to Contractual Obligations 1980, which appears at Sched. 1 to the Act. Unlike the Brussels Convention, the Rome Convention was not derived from any provision of the EEC Treaty, but was drawn up by the Member States meeting to continue the work already done on the Brussels Convention.

[58] Art. 3.

[59] Art. 4.

[60] Art. 1(2)(d).

Chapter 15

VARIOUS LEGISLATION

		Page
1.	Defective Premises Act 1972	397
2.	Control of Pollution Act 1974 and Environmental Protection Act 1990	401
3.	Limitation Act 1980 and Latent Damage Act 1986	403
4.	Building Act 1984 and the Building Regulations	411
5.	Insolvency Act 1986	415
	(a) *Insolvency generally*	415
	(b) *Insolvency of contractor*	417
	(c) *Insolvency of employer*	421

1. DEFECTIVE PREMISES ACT 1972

The Defective Premises Act 1972, which came into operation on January 1, 1974, imposes duties upon persons taking on work for or in connection with the provision of a dwelling.[1] The liability extends to contract work, work done without a contract but in circumstances where a *quantum meruit* may be claimed, to work done voluntarily, and to cases in which a building owner does the work himself.[2] The duties are additional to any duty otherwise owed[3] and cannot be excluded or restricted.[4] Thus it is still necessary to consider the position in contract and in tort[5] and under section 38 of the Building Act 1984.[6] Breach of the duty imposed by the statute gives rise, it is submitted, to a claim for damages at the suit of a person to whom the duty is owed and who has suffered damage by reason of the breach.[7] The Act does not apply to the repair or enlargement of a dwelling nor in certain circumstances where there is an "approved scheme".[8] For a period until 1979, the National House-Building Council's schemes were approved

---

[1] For a discussion of the Act and its origins, see *D. & F. Estates v. Church Commissioners* [1989] A.C. 177 at 193 *et seq.* (H.L.); *cf. Murphy v. Brentwood District Council* [1991] 1 A.C. 398 (H.L.) for the Act's significance in relation to liabilities in negligence.
[2] *Alexander v. Mercouris* [1979] 1 W.L.R. 1270 at 1273 (C.A.).
[3] s. 6(2). For a highly critical article by J. R. Spencer see [1974] C.L.J. 307.
[4] s. 6(3).
[5] See Chap. 7.
[6] See Section 4 of this chapter.
[7] This is not expressed in the statute but arises from the general principles relating to actions for breach of statutory duty. See Salmond and Heuston, *Torts* (19th ed.), pp. 273 *et seq.*
[8] See ss. 1(1) and 2(1).

schemes for the purposes of section 2 of the Act. But the last such scheme came to an end on March 31, 1979, thus removing a major potential restriction on the operation of the Act.[9] The Act had no retrospective effect, so persons who had taken on work before the Act came into force owed no duty to the plaintiffs under the statute.[10]

The duty to build dwellings properly. Section 1(1) of the Act provides:

"A person taking on work for or in connection with the provision of a dwelling (whether the dwelling is provided by the erection or by the conversion or enlargement of a building) owes a duty—
  (a) if the dwelling is provided to the order of any person, to that person; and
  (b) without prejudice to paragraph (a) above, to every person who acquires an interest (whether legal or equitable) in the dwelling;
to see that the work which he takes on is done in a workmanlike or, as the case may be, professional manner, with proper materials and so that as regards that work the dwelling will be fit for habitation when completed."

At first sight, it might be thought that the standard to be achieved corresponds substantially with that required by the usual implied terms upon sale of a house in the course of erection.[11] But the section has been construed so that fitness for habitation is a measure of the standard required in the performance of the duty imposed, so that a plaintiff has to prove in all cases that the defect alleged makes the dwelling unfit for habitation. It was thought unreasonable to construe the section so that defendants were liable to a person who was not even the original purchaser for trivial defects.[12] A person within the section doing professional work has to do it in a professional manner. It is thought that all persons coming within the section are under a strict duty to fulfil its requirements, and that it would not be a defence to show that the work was done with proper care. Section 1(1) imposes liability not only for misfeasance but also for non-feasance and so it applies to a failure to carry out necessary work as well as to carrying out work badly. Further, "if, when the work is completed, the dwelling is without some essential attribute—*e.g.* a roof or a damp course—it may well then be unfit for human habitation even though the problems resulting from the lack of that attribute have not then become patent".[13]

It is a question in each case whether a person has taken on work within the

---

[9] See s. 2(1) and the House-building Standards (Approved Scheme, etc.) Orders 1973 (S.I. 1973 No. 1843), 1975 (S.I. 1975 No. 1462), 1977 (S.I. 1977 No. 642) and 1979 (S.I. 1979 No. 381). The 1979 Order was ineffective since the documents with the numbers referred to in it were never published. Other schemes can be approved under the Act. For the position where there is compulsory acquisition, see s. 2(7).
[10] *Alexander v. Mercouris* [1979] 1 W.L.R. 1270 (C.A.); *Rimmer v. Liverpool City Council* [1985] Q.B. 1 at 7 (C.A.).
[11] See p. 61. Such seems to have been the intention of the Law Commission Working Paper No. 40 "Civil Liability of Vendors and Lessors for Defective Premises".
[12] *Thompson v. Clive Alexander & Partners* (1992) 59 B.L.R. 77.
[13] Balcombe L.J. in *Andrews v. Schooling* [1991] 1 W.L.R. 783 at 790 (C.A.).

meaning of the Act. Thus ordinarily it will include the main contractor and any professional person, such as an architect, engineer or quantity surveyor and any subcontractor specifically employed on or in connection with the provision of the dwelling. But, it seems, other persons may be liable. Thus a person, not a qualified architect, who provides plans for the dwelling is, it is submitted, within the section, and so also is a supplier who makes up some component specifically for the dwelling in question. How far other suppliers who provide such goods as boilers suitable for use in dwellings to a builder can be liable must depend upon the application of the section to the facts of a particular case. It is not clear whether a local authority performing its duties under the Building Regulations can ever come within the section.[14]

Defence of "Instructions". Section 1(2) and (3) of the Act provide:

"(2) A person who takes on any such work for another on terms that he is to do it in accordance with instructions given by or on behalf of that other shall, to the extent to which he does it properly in accordance with those instructions, be treated for the purposes of this section as discharging the duty imposed on him by subsection (1) above except where he owes a duty to that other to warn him of any defects in the instructions and fails to discharge that duty.

(3) A person shall not be treated for the purposes of subsection (2) above as having given instructions for the doing of work merely because he has agreed to the work being done in a specified manner, with specified materials or to a specified design."

There is no definition of the word "instructions" and it is difficult to understand its ambit. Subsection (3) helps in that it contrasts a mere agreement that work shall be done in a specified way with the giving of instructions. At least it seems fairly clear that a person in the position of the purchaser in *Lynch v. Thorne*[15] would ordinarily have a remedy under the Act. At the other end of the spectrum a contractor performing work under the Standard Form of Building Contract according to architect's instructions or in accordance with the contract documents is, it is submitted, and subject to the exception as to warning,[16] entitled to the defence provided by subsection (2). Between these extremes it must be a question in each case whether the communication relied on is an instruction or a mere agreement.

The Act does not itself impose a duty of warning and presumably does not refer to a mere moral duty. The result is, it is thought, that the exception as to a duty to warn must refer to a duty arising in contract or conceivably in tort.[17]

---

[14] See also s. 1(4) discussed below. For local authorities' liability as landlords to tenants under s. 4 of the Act, see *e.g. Rimmer v. Liverpool City Council* [1985] Q.B. 1 at 10 (C.A.); *McDonagh v. Kent Area Health Authority* (1981) 134 N.L.J. 567; *Smith v. Bradford Metropolitan Council* (1982) 44 P. & C.R. 171 (C.A.).
[15] [1956] 1 W.L.R. 303 (C.A.), discussed on p. 62.
[16] See below.
[17] See Chap. 7.

Various Legislation

The extent of an express or implied duty to warn arising under the Standard Form of Building Contract is discussed on p. 533.

Persons owing the duty. Section 1(4) of the Act provides:

"A person who—
(a) in the course of a business which consists of or includes providing or arranging for the provision of dwellings or installations in dwellings; or
(b) in the exercise of a power of making such provision or arrangements conferred by or by virtue of any enactment;
arranges for another to take on work for or in connection with the provision of a dwelling shall be treated for the purposes of this section as included among the persons who have taken on the work."

This includes the person often termed "the developer" within the ambit of those who take on work.

Limitation of actions. Section 1(5) of the Act provides that any cause of action for breach of the duty imposed by the section shall be deemed for limitation purposes to have accrued at the time when the dwelling was completed. If after that time a person who has done work for or in connection with the provision of the dwelling does further work to rectify the work he has already done, any such cause of action in respect of that further work is deemed to have accrued at the time when the further work was finished.[18]

This provides a limitation period which would usually start at a date different from that relevant to a claim in tort.[19]

Continuing duty upon disposal of premises. Section 3 of the Act imposes a continuing duty of care upon persons who have carried out works of construction, repair, maintenance or demolition upon premises after they have disposed of them. There are exceptions to the duty.[20]

Measure of damages. This is not dealt with by the Act. It is thought unlikely that the intention is to exclude economic loss as now understood from damages recoverable under the Act,[21] since the owner of the dwelling can obviously recover the cost of repairing defects in the dwelling resulting from the breach of statutory duty. It is not clear whether consequential economic loss is recoverable.[22]

---

[18] For limitation generally, see Section 3 of this chapter.
[19] See *Rimmer v. Liverpool City Council* [1985] Q.B. 1 at 15 (C.A.).
[20] See also p. 61. The matter is dealt with summarily as it is more suitable to a work on torts, see, *e.g.* Salmond and Heuston, *Torts* (19th ed.), pp. 333 *et seq.*
[21] See "Economic loss" on p. 176.
[22] See "Consequential economic loss" on p. 178.

2. CONTROL OF POLLUTION ACT 1974 AND ENVIRONMENTAL PROTECTION ACT 1990

Noise on construction sites.[23] Part III of the Control of Pollution Act 1974 concerns noise. There are general statutory provisions (now in the Environmental Protection Act 1990 as amended) for summary proceedings to prevent noise amounting to a nuisance.[24] Additionally there are specific provisions in the Control of Pollution Act 1974 for control of noise on construction sites. The local authority is empowered to serve a notice imposing requirements as to the way in which construction works are to be carried out. Notices may in particular specify the plant or machinery which is or is not to be used, the hours during which the works may be carried out and the level of noise which may be emitted. There is a right of appeal to a magistrates' court. A person who contravenes any requirement of the notice without reasonable excuse is guilty of an offence.[25] Such notices apply only to works being carried out or going to be carried out at the time of the notice. A fresh notice was required for works on the same site under a separate, later contract.[26] But there is nothing in the Act which prevents the High Court from imposing by injunction an embargo which is more extensive than that prescribed by a notice under the Act.[27]

There are provisions for a person intending to carry out construction work to apply to the local authority for consent, which the local authority may give subject to conditions or limitations. Again there is a right of appeal to a magistrates' court. A person who knowingly carries out works or permits works to be carried out in contravention of any such condition is guilty of an offence.[28] There are also provisions regulating the level of noise which is acceptable emanating from new buildings to which a noise abatement order will apply.[29]

The Environmental Protection Act 1990. This Act contains legislation of potential relevance to the construction industry relating, amongst other

---

[23] See generally A. J. Waite, "Statutory Controls on Construction Site Noise" (1990) 6 Const.L.J. 97.
[24] See ss. 80–82 of the Environmental Protection Act 1990 as amended by the Noise and Statutory Nuisance Act 1993 which came into force on January 5, 1994; and see "Statutory nuisances" below.
[25] s. 60 of the Control of Pollution Act 1974.
[26] *Walter Lilly v. Westminster City Council* (1994) C.I.L.L. 937 (D.C.).
[27] See *Lloyds Bank v. Guardian Assurance* (1986) 35 B.L.R. 34 (C.A.); *cf. City of London Corporation v. Bovis Construction* [1992] 3 All E.R. 697 and (1988) 49 B.L.R. 1 (C.A.).
[28] s. 61 of the Control of Pollution Act 1974. For an article on this section see Sumit Chakravorty (1993) 9 Const.L.J. 170.
[29] s. 67 of the Control of Pollution Act 1974.

things, to Integrated Pollution Control and Air Pollution Control,[30] Waste on Land[31] and Statutory Nuisances and Clean Air.[32] Some of the provisions of the Act are not yet in force.[33]

Pollution control. Section 1 of the Act contains broad definitions of the "environment" and "pollution of the environment":

"(2) The 'environment' consists of all, or any, of the following media, namely, the air, water and land; and the medium of air includes the air within buildings and the air within other natural or man-made structures above or below ground.

(3) 'Pollution of the environment' means pollution of the environment due to the release (into any environmental medium) from any process of substances which are capable of causing harm to man or any other living organisms supported by the environment."

By section 2(1) of the Act, the Secretary of State may, by regulations, prescribe any description of process for the carrying on of which, after a prescribed date, an authorisation is required under section 6.[34] Section 3 empowers the Secretary of State to make regulations establishing standards, objectives or requirements in relation to prescribed processes or substances, in particular as to releases of substances from prescribed processes.[35]

Authorisations under section 6 may, by section 7(1), be subject to specific conditions. Section 7 introduces a number of important concepts into the Act, including the objective of ensuring that, in carrying on a prescribed process, the *best available techniques not entailing excessive cost* (BATNEEC) will be used to prevent the release of prescribed substances into the environment and/or to render these and other substances harmless.[36] There is a similar implied condition in all authorisations.[37] The requirement of authorisation and what will be necessary to get it need to be borne in mind by those developing and designing premises where prescribed processes are carried on.[38]

---

[30] Part I of the Act.
[31] Part II of the Act, not discussed further.
[32] Part III of the Act.
[33] There have been 3 Commencement Orders in 1994 alone mainly relating to Part II. Importantly, ss. 143(2) to (4) requiring the maintaining of public registers of contaminated land are not in force.
[34] See also ss. 2(5) to (7) for the prescribing of substances. The Environmental Protection (Prescribed Processes and Substances) Regulations 1991 (S.I. 1991 No. 472 as amended by S.I.s 1991 No. 836, 1992 No. 614, 1993 Nos. 1749, 2405) designate a range of processes (including those involved in fuel and power production, metal production and processing and the mineral and chemical industries) for either central or local control (see s. 4) and prescribe a number of substances. See also the Clean Air Act 1993, Part VI, for the relationship of that Act with the Environmental Protection Act 1990 and prescribed processes.
[35] No such regulations have yet been made, but "plans" have been made under s. 3(5).
[36] ss. 7(2) and 7(10).
[37] s. 7(4). See also s. 7(7) for the further concept of the "best practicable environmental option".
[38] See also s. 13 for enforcement notices where there is contravention of a condition of authorisation and s. 14 for prohibition notices where a prescribed process involving an imminent risk of serious pollution of the environment is carried on.

Statutory nuisances. Section 79(1) of the Act defines as "statutory nuisances" various matters including any premises in such a state as to be prejudicial to health or a nuisance; the emission of smoke, other fumes and noise from premises so as to be prejudicial to health or a nuisance and noise which is prejudicial to health or a nuisance emitted from or caused by a vehicle, machinery or equipment in a street.[39] These provisions, and those for their enforcement, exist alongside those of the Control of Pollution Act 1974.

Local authorities are given power by section 80 to serve an abatement notice and it is an offence to contravene such a notice.[40] The persons on whom an abatement notice shall be served are specified in section 80(2) and include, depending on the circumstances, the person responsible for the nuisance and the owner or occupier of the premises. Where an abatement notice has not been complied with, the local authority itself may abate the nuisance.[41]

The provisions are relevant both to the design of premises and to site control during their construction.[42]

3. LIMITATION ACT 1980 AND LATENT DAMAGE ACT 1986

The Limitation Act 1980 imposes limits of time within which actions must be brought or they become barred. The Act must be referred to for its full effect and in particular there are special provisions for personal injuries which are not discussed in this book.[43] There are ordinary time limits which are in certain instances subject to extension or exclusion.[44] There are important differences between claims in contract and claims in tort. The Act bars a plaintiff's remedy not his cause of action and a defence of limitation must be specifically pleaded.[45] If a defence of limitation is raised, it is initially for the plaintiff to show that his cause of action accrued within the limitation period. If he does so, the burden passes to the defendants to show that the apparent accrual of a cause of action is misleading and that in reality it accrued at an earlier date.[46]

---

[39] This last statutory nuisance was added by amendment by the Noise and Statutory Nuisance Act 1993 with consequential amendments to ss. 80 and 81.

[40] Where the nuisance arises on industrial, trade or business premises, it may be a defence to prove that "the best practicable means" were used to prevent, or counteract the effects of, the nuisance.

[41] s. 81(3).

[42] Also relevant to site noise are the Construction Plant and Equipment (Harmonisation of Noise Emission Standards) Regulations 1985 implementing various E.C. directives.

[43] For architects and professional men see p. 357.

[44] See s. 1 of the Limitation Act 1980. The main extensions and exclusions relevant to building contracts are discussed under "Latent damage", "Fraud, concealment or mistake" and "Claims for contribution" below. See also "Indemnities" below.

[45] *Ronex Properties v. John Laing Construction* [1983] Q.B. 398 (C.A.); *Ketteman v. Hansel Properties* [1987] A.C. 189 (H.L.); R.S.C., Ord. 18, r. 8(1).

[46] *Cartledge v. Jopling* [1962] 1 Q.B. 189 (C.A.) upheld at [1963] A.C. 758 at 784 (H.L.);

An action in the High Court is brought for limitation purposes when the writ is issued.[47] Issuing but not serving a protective writ may not be regarded with judicial favour.[48] A set-off or counterclaim is deemed to have commenced on the same date as the original action.[49]

Contract. The ordinary time limit for an action founded on simple contract is six years from the date on which the cause of action accrues,[50] or 12 years for a contract by deed.[51] Time runs from the date of breach and not from its discovery.[52] If a person liable or accountable for a debt or other liquidated pecuniary claim acknowledges the claim in writing or makes any payment in respect of it, the right is treated as having accrued on and not before the date of the acknowledgment or payment.[53]

Where a contractor is liable under an entire contract to complete works, the limitation period for defects runs, it is submitted, from the date of completion or purported completion, and not from any earlier date when that part of the works, the subject-matter of the defects, was carried out. It is thought that this also applies to a contract where payment is by instalments but the contractor's obligation is to carry out *and complete* the works. For breaches by the employer, time runs from the breach, so that, for example, if drawings and instructions are not supplied at the proper time, it runs, it is submitted, from the date when they should have been supplied. A set-off which is a defence to the claim cannot be defeated by a period of limitation not applicable to the claim.[54]

Tort. The ordinary time limit for an action founded on tort is six years from the date on which the cause of action accrues.[55] It seems that the same time limit applies to an action for breach of statutory duty.[56] For negligence claims, where damage is an essential ingredient, the cause of action accrues when the damage occurs.[57] It does not accrue when the negligent act is

---

London Congregational Union v. Harriss [1988] 1 All E.R. 15 (C.A.); *cf. Perry v. Tendring District Council* (1984) 30 B.L.R. 118 at 141.

[47] For third party proceedings, see s. 35 of the Limitation Act 1980 and see also "Arbitration" below.

[48] See *Steamship Mutual v. Trollope & Colls* (1986) 33 B.L.R. 77 (C.A.). Note also that the period for which a writ is valid for service in the first instance is four months—see R.S.C., Ord. 6, r. 8(1).

[49] s. 35 of the Limitation Act 1980.

[50] s. 5 of the Limitation Act 1980.

[51] s. 8 of the Limitation Act 1980.

[52] *Gibbs v. Guild* (1881) 8 Q.B.D. 296 at 302; *Cartledge v. Jopling (E. & Sons) Ltd* [1963] A.C. 758 at 782 (H.L.); *Bagot v. Stevens Scanlan & Co. Ltd* [1966] 1 Q.B. 197.

[53] See ss. 29, 30 and 31 of the Limitation Act 1980.

[54] *Henriksens Rederi A/S v. Rolimpex* [1974] 1 Q.B. 233 (C.A.); see also *Tersons v. Alec Colman Investments* (1973) 225 E.G. 230 (C.A.).

[55] s. 2 of the Limitation Act 1980.

[56] See "Limitation of actions" on p. 400 for the time limit for a claim under the Defective Premises Act 1972.

[57] See *Pirelli v. Oscar Faber & Partners* [1983] 2 A.C. 1 (H.L.). This is subject to ss. 14A and 14B of the Limitation Act 1980 and the Latent Damage Act 1986—see below.

Chapter 15—Limitation Act 1980 and Latent Damage Act 1986

committed if damage does not then also occur. Nor does the cause of action accrue when the damage is discovered or should with reasonable diligence have been discovered.[58]

The damage which is necessary to found an action in negligence is normally actual physical injury to person or property other than property which is the product of the negligence.[59] In most instances there will be no difficulty in determining when such damage occurs. Cases on this topic decided before the counter-revolution referred to in the opening paragraph of Chapter 7 are thought to be obsolete (if not wrongly decided), except in so far as they remain relevant to claims in tort for professional negligence, or unless the "complex structure theory" can found a negligence claim where the damage is other than catastrophic.[60]

A cause of action for negligent misstatement or advice may accrue when the plaintiff acts on the statement or advice to his potential future detriment even if the actual financial loss occurs at a later date,[61] but it is a question of fact in each case when the damage occurs.[62] A cause of action against a surveyor for a negligent survey has been held to arise when the plaintiff relies on the survey report by committing himself to acquiring the property.[63] If the result of a negligent misstatement is physical damage, it seems that the cause of action accrues when that damage occurs.[64]

Claims under statute. The time limit for bringing an action for any sum recoverable by virtue of any enactment is six years from the date on which the cause of action accrued.[65] When such date is depends on the construction of the relevant statute.[66]

---

[58] *Pirelli v. Oscar Faber & Partners* [1983] 2 A.C. 1 (H.L.).
[59] See generally Chap. 7. For a decision which highlights the distinction for limitation purposes between physical damage to other property and economic loss, see *Nitrigin Eireann Teoranta v. Inco Alloys Ltd* [1992] 1 W.L.R. 498.
[60] For "Professional negligence", see p. 186. The "complex structure theory" was mooted in *D. & F. Estates v. Church Commissioners* [1989] A.C. 177 (H.L.) and considered in *Murphy v. Brentwood District Council* [1991] 1 A.C. 398 (H.L.) and is discussed under "Other property" on p. 174. The "obsolete" cases include *Dove v. Banhams Patent Locks* [1983] 1 W.L.R. 1436; *Tozer Kemsley v. J. Jarvis & Sons* (1983) 4 Con.L.R. 24; *Chelmsford District Council v. Evers* (1983) 25 B.L.R. 99; *Kensington and Chelsea v. Wettern Composites* (1984) 31 B.L.R. 57; *London Borough of Bromley v. Rush & Tompkins* (1985) 35 B.L.R. 94; *Ketteman v. Hansel Properties* [1987] A.C. 189 (H.L.); *London Congregational Union v. Harriss* [1988] 1 All E.R. 15 (C.A.); *University of Glasgow v. Whitfield* (1988) 42 B.L.R. 66; and numerous cases against local authorities directly based upon *Anns v. Merton London Borough Council* [1978] A.C. 728 (H.L.) and now overruled by *Murphy v. Brentwood District Council* [1991] 1 A.C. 398 (H.L.).
[61] See *Forster v. Outred & Co.* [1982] 1 W.L.R. 86 (C.A.); *D.W. Moore & Co. v. Ferrier* [1988] 1 W.L.R. 267 (C.A.); *Bell v. Peter Browne & Co.* [1990] 3 W.L.R. 510 (C.A.); *cf. Midland Bank Trust Co. v. Hett, Stubbs & Kemp* [1979] Ch. 384; *Iron Trade Mutual Insurance v. J. K. Buckenham* [1990] 1 All E.R. 808.
[62] *D. W. Moore & Co. v. Ferrier* [1988] 1 W.L.R. 267 (C.A.).
[63] *Secretary of State for the Environment v. Essex Goodman & Suggitt* [1986] 1 W.L.R. 1432. See also *First National Commercial Bank v. Humberts* (1994) 10 Const.L.J. 141.
[64] See *Pirelli v. Oscar Faber & Partners* [1983] 2 A.C. 1 (H.L.); *cf. Dove v. Banhams Patent Locks* [1983] 1 W.L.R. 1436.
[65] s. 9 of the Limitation Act 1980.
[66] See, *e.g. Swansea Council v. Glass* [1992] Q.B. 844 (C.A.).

Latent damage. The Latent Damage Act 1986 amended the Limitation Act 1980 in the light of dissatisfaction resulting from *Pirelli v. Oscar Faber & Partners*.[67] It had there been held that the date of accrual of a cause of action in tort caused by the negligent design or construction of a building was the date when the damage came into existence, and not the date when the damage was discovered or could with reasonable diligence have been discovered. The amendments effected by the Act extend the limitation period, for claims in tort but not in contract,[68] by three years starting from the date when the plaintiff had both the knowledge required for bringing an action for damages in respect of the relevant damage and a right to bring such an action. There is an overriding time limit for actions for negligence (other than for personal injury) of 15 years from the act of negligence to which the damage is alleged to be attributed.[69] Difficulties were also appreciated with successive owners, to whom the Latent Damage Act in certain circumstances gives a fresh cause of action.[70]

The Latent Damage Act was passed upon an understanding of the law before the counter-revolution referred to in the opening paragraph of Chapter 7. It now seems that the main provisions will have little effect in building contract cases, since the kind of damage with which it was intended to deal is damage for which there is now no cause of action, *i.e.* damage to the building itself and damage which, once it becomes known, is irrecoverable economic loss.[71] The Act is capable of applying to claims for negligent misstatement or advice where the plaintiff was for a time unaware of the fact or consequences of the defendant's negligence.[72] It might apply generally to claims for professional negligence.[73] It might also apply if the "complex structure theory" can found a negligence claim where the damage is other than catastrophic.[74] One incidental consequence of the Act in the present state of the law is to impose an overriding time limit of 15 years for negligence claims other than those for personal injury irrespective, it seems, of latent damage.

Consumer Protection Act 1987. There are special limitation provisions for actions for damages by virtue of Part I of the Consumer Protection Act 1987.[75]

---

[67] [1983] 2 A.C. 1 (H.L.).
[68] *Iron Trade Mutual Insurance v. J. K. Buckenham* [1990] 1 All E.R. 808; *Société Commerciale de Réassurance v. ERAS* [1992] 2 All E.R. 82 (C.A.).
[69] See ss. 14A and 14B of the Limitation Act 1980 as amended. The sections do not apply if there is deliberate concealment within s. 32(1)(b) of the 1980 Act—see s. 32(5).
[70] See s. 3 of the Latent Damage Act; *Perry v. Tendring District Council* (1984) 30 B.L.R. 118.
[71] See generally Chap. 7.
[72] See *Iron Trade Mutual Insurance v. J. K. Buckenham* [1990] 1 All E.R. 808; *Bell v. Peter Browne & Co.* [1990] 3 W.L.R. 510 (C.A.); *Campbell v. Meacocks* (1993) C.I.L.L. 886; *First National Commercial Bank v. Humberts* (1994) 10 Const.L.J. 141.
[73] See, however, *Iron Trade Mutual Insurance v. J. K. Buckenham* [1990] 1 All E.R. 808.
[74] See "Other property" on p. 174.
[75] s. 11A of the Limitation Act 1980 as inserted by s. 6(6) and Sched. 1 of the Consumer Protection Act 1987. See "Product liability" on p. 389.

Fraud, concealment or mistake. Section 32 of the Limitation Act 1980 provides that where the action is based upon the fraud of the defendant, or any fact relevant to the plaintiff's right of action has been deliberately concealed from him by the defendant, or the action is for relief from the consequence of a mistake, the period of limitation does not begin to run until the plaintiff has discovered the fraud, concealment or mistake or could with reasonable diligence have discovered it.[76] The deliberate commission of a breach of duty in circumstances in which it is unlikely to be discovered for some time amounts to deliberate concealment of the facts involved in that breach of duty.[77] The Court of Appeal has held that section 32 of the 1980 Act is not to be construed so as to enable a plaintiff to rely on deliberate concealment by a defendant after a cause of action has accrued to defeat a time bar which would otherwise apply to the claim.[78]

The statutory provisions relating to deliberate concealment were a reformulation of provisions in section 26 of the Limitation Act 1939, which referred to a cause of action being "concealed by the fraud" of the defendant. This had been interpreted by the court in terms of the 1980 reformulation.[79] Thus in *Clark v. Woor*,[80] the plaintiffs, who knew nothing of building and had no architect or other person to supervise the works, relied on the defendant, a builder, to treat them in a decent, honest way in building them a house with best Dorking bricks. The defendant, an experienced bricklayer, could not get Dorking bricks and substituted without the plaintiffs' knowledge Ockley bricks containing a substantial portion of seconds which failed after eight years. It was held that there was that special relationship between the parties which brought the defendant's behaviour within the meaning of fraud as it was used in the 1939 Act so that the plaintiffs were not barred by expiry of time.

These principles were subsequently developed in the Court of Appeal. Thus, it was said that "if a builder does his work badly, so that it is likely to give rise to trouble thereafter, and then covers up his bad work so that it is not discovered for some years, then he cannot rely on the statute as a bar to the claim".[81] The concealment must be deliberate or reckless "like the man who turns a blind eye".[82] But mere shoddy or incompetent work which was subsequently covered up in the due succession of building work was not sufficient. The conscience of the defendant had to be affected so that it was unconscionable for the defendant to proceed with the work without putting it

---

[76] For reasonable diligence, see *Peco Arts v. Hazlitt Gallery* [1983] 1 W.L.R. 1315—a case of mistake.
[77] s. 32(2) of the Limitation Act 1980.
[78] *Sheldon v. R.H.M. Outhwaite Ltd* [1994] 1 W.L.R. 754. The decision was by a majority and with hestitation. Leave to appeal was granted. The judgments contain a detailed consideration of the statutory and case law history of what is now deliberate concealment.
[79] See *King v. Victor Parsons & Co.* [1973] 1 W.L.R. 29 (C.A.).
[80] [1965] 1 W.L.R. 650.
[81] *Applegate v. Moss* [1971] 1 Q.B. 406 at 413 (C.A.), where it was held that a developer was liable for the fraud of his contractor.
[82] *King v. Victor Parsons & Co.* [1973] 1 W.L.R. 29 at 34 (C.A.).

right.[83] It was not sufficient, in the absence of very special circumstances, that the defendant ought to have known the fact or facts which constituted the cause of action against him, if he did not have actual knowledge.[84] But knowledge could be inferred from the evidence.[85] The mere existence of professional supervision and inspection on behalf of the employer did not prevent an issue of fact arising whether there had been fraudulent concealment.[86]

In a case decided under the 1980 Act, a contractor hacked back concrete nibs supposed to support brickwork and took deliberate steps to conceal what was going on from the architect, engineer and clerk of works. The contractor was held to have deliberately concealed facts relevant to the plaintiff employer's right of action so as to postpone the start of the limitation period until the time when a bulge in the brickwork resulting from the hacking was discovered.[87] In another case, there was an equivalent finding in relation to defective joists, lack of bedding for drains and defective foundations.[88] In another case, an architect who, in designing foundations for a bungalow, was alleged to have deliberately rejected current wisdom as idealistic and to have taken a risk which he could not rationally justify, was held on the facts to have made no more than an "honest blunder". The judge said, however, that he would have accepted that there had been deliberate concealment if he had not rejected the full allegation.[89]

Indemnities.[90] Where there is an obligation to indemnify against loss, the cause of action does not arise until the loss has been established,[91] so that the limitation period runs from the date when the liability or loss indemnified against is established or incurred.[92] This may be after the expiry of the ordinary limitation period.

Claims for contribution. Claims to recover contribution under section 1 of the Civil Liability (Contribution) Act 1978 are barred after two years

---

[83] *William Hill Organisation v. Bernard Sunley & Sons* (1982) 22 B.L.R. 1 (C.A.); *cf. London Borough of Lewisham v. Leslie & Co.* (1978) 12 B.L.R. 22 (C.A.); *Clarke & Sons v. Axtell Yates Hallet* (1989) 30 Con.L.R. 123.
[84] *King v. Victor Parsons & Co.* [1973] 1 W.L.R. 29 at 36 (C.A.).
[85] *ibid.*
[86] *London Borough of Lewisham v. Leslie & Co.* (1978) 12 B.L.R. 22 (C.A.); *cf. William Hill Organisation v. Bernard Sunley & Sons* (1982) 22 B.L.R. 1 (C.A.).
[87] *Gray v. T. P. Bennett & Son* (1987) 43 B.L.R. 63.
[88] *Kijowski v. New Capital Properties* (1987) 15 Con.L.R. 1—this is, however, in other respects an "obsolete" case in the terms of n.60 above.
[89] *Kaliszewska v. John Clague & Partners* (1984) 5 Con.L.R. 62.
[90] For indemnities generally, see p. 66.
[91] *Collinge v. Hayward* (1839) 9 Ad. & El. 633 and other cases cited in *Halsbury* (4th ed.) Vol. 20, para. 315; *County & District Properties v. C. Jenner & Son Ltd* [1976] 2 Lloyd's Rep. 728.
[92] *R. & H. Green & Silley Wier v. British Railways Board* (1980) 17 B.L.R. 94; *Telfair Shipping Corporation v. Inersea Carriers* [1985] 1 W.L.R. 553; *cf. National House-Building Council v. Fraser* (1982) 22 B.L.R. 143.

Chapter 15—Limitation Act 1980 and Latent Damage Act 1986

from the date on which the right to contribution accrues. Such a right accrues when a judgment is given or an arbitration award made for the relevant damage against the person claiming contribution or, if there is no judgement or award, on the date when he agrees with the recipient the amount to be paid.[93]

Amendments.[94] Amendments to add or substitute a new claim[95] may only be made after the expiry of a relevant limitation period if the new cause of action arises out of the same or substantially the same facts as are already in issue in the original action.[96] Such an amendment ordinarily takes effect from the date of the original document which it amends, but the court may exceptionally allow an amendment on terms, such as that it shall take effect from a specified later date.[97] Whether a proposed amendment would introduce a new claim is a mixed question of fact and law and a matter of degree and is substantially a matter of impression. Whether a new cause of action arises out of the same or substantially the same facts is also a question of degree.[98] Where an original claim alleged defects in an air-conditioning system, leave to amend after the expiry of the limitation period to add claims alleging defects in the walls of the same building was refused.[99] In another case, a claim for negligent misstatement was held to be conceptually different from a claim for a negligent act and therefore constituted a new cause of action. As the facts required to establish negligent misstatement differed significantly from the facts originally pleaded (although there was some degree of overlap), there was no jurisdiction to allow the proposed amendment.[1] However, an amendment to introduce a new remedy based upon the same breach of contract or duty does not constitute a new claim.[2] Leave to amend may be refused if allowing the amendment would cause injustice.[3] The burden of persuading the court that it would

---

[93] s. 10 of the Limitation Act 1980.
[94] For amendments generally, see p. 477.
[95] See "Causes of action" on p. 472.
[96] s. 35(3), (4) and (5) of the Limitation Act 1980 in effect adopting the narrower approach of Edmund Davies and Cross L.JJ. in *Brickfield Properties v. Newton* [1971] 1 W.L.R. 862 at 879 and 881 (C.A.); R.S.C., Ord. 20, r. 5(5).
[97] *Liverpool Roman Catholic Archdiocesan Trustees v. Gibberd* (1986) 7 Con.L.R. 113 exercising powers in R.S.C., Ord. 20, r. 8; *cf. Tilcon v. Land and Real Estate Investments* [1987] 1 W.L.R. 46 (C.A.).
[98] *Steamship Mutual v. Trollope & Colls* (1986) 33 B.L.R. 77 (C.A.) considering *Conquer v. Boot* [1928] 2 K.B. 336 (C.A.), *Brickfield Properties v. Newton* [1971] 1 W.L.R. 862 (C.A.), *Idyll v. Dinerman Davison* (1971) 1 Const.L.J. 294 (C.A.) and *Circle Thirty-Three Housing v. Fairview Estates* (1984) 8 Con.L.R. 1 (C.A.); *Murray Film v. Film Finances* (unreported) May 19, 1994 (C.A.); *Welsh Development Agency v. Redpath Dorman Long* [1994] 1 W.L.R. 1409 (C.A.). See also *Hancock Shipping v. Kawasaki* [1992] 1 W.L.R. 1025 (C.A.).
[99] *Steamship Mutual v. Trollope & Colls* (1986) 33 B.L.R. 77 (C.A.); see also *Balfour Beatty Construction v. Parsons Brown & Newton Ltd* (1991) 7 Const.L.J. 205 (C.A.).
[1] *Hydrocarbons Great Britain v. Cammell Laird Shipbuilders (No. 2)* 58 B.L.R. 123.
[2] *Tilcon Limited v. Land and Real Estate Investments* [1987] 1 W.L.R. 46 (C.A.); *Murray Film Finances v Film Finances Ltd* (unreported) May 19, 1994 (C.A.).
[3] *Woodspring District Council v. J. A. Venn Ltd* (1985) 5 Con.L.R. 54.

be just and equitable to allow such an amendment is on the party seeking it.[4]

A new party may be added or substituted if this is necessary for the determination of the original action.[5] If this occurs, time ceases to run against the new party from the date of joinder which will normally be the date when the new defendant is served.[6] The addition or substitution of a new party is not considered necessary for the determination of the original action unless either:

(i) the new party is substituted for an original party in order to correct a mistake in the name of the original party where the mistake was a genuine mistake and was not misleading[7]; or
(ii) any claim made in the original action cannot be maintained unless the new party is added or substituted.[8]

Arbitration. The Limitation Act 1980 and any other limitation enactments apply to arbitrations as they apply to actions in the High Court.[9] For limitation purposes an arbitration is treated as being commenced when one party serves on the other a notice requiring him to appoint or agree to the appointment of an arbitrator or requiring the dispute to be referred to a person named or designated in the agreement. There are provisions for serving the notice.[10] A notice of arbitration is thus an important document for limitation purposes and care should be taken with its drafting and service. The time limit for an action to enforce an arbitrator's award is six years from the date of failure to honour the award.[11]

---

[4] *Hancock Shipping Company Ltd v. Kawasaki Heavy Industries Ltd* [1992] 1 W.L.R. 1025 (C.A.).
[5] s. 35(5) of the Limitation Act 1980.
[6] *Ketteman v. Hansel Properties* [1987] A.C. 189 (H.L.); *Payabi v. Armstel Shipping Corporation* [1992] Q.B. 907; *cf.* ss. 38(11) and (12) of the Limitation Act 1980 as added by s. 92 of the Courts and Legal Services Act 1990 and see n.47 above; *cp. Yorkshire Regional Health Authority v. AMEC Building Ltd* (1994) 10 Const.L.J. 336.
[7] s. 35(6) of the Limitation Act 1980; R.S.C., Ord. 20, r. 5(3); *Singh v. Alombrook Ltd* [1989] 1 W.L.R. 810 (C.A.); *Teltscher Brothers v. London and India Dock Investments Ltd* [1989] 1 W.L.R. 770; *Evans Construction Company Ltd v. Charrington & Co Ltd* [1983] Q.B. 810 (C.A.).
[8] s. 35(6) of the Limitation Act 1980; R.S.C., Ord. 15, r. 6(5). The addition or substitution of a party is considered necessary only where (i) property is vested in the new party and the plaintiff's claim relating to that property would be liable to be defeated without joinder of the new party; or (ii) the cause of action is vested in the new party and the plaintiff jointly but not severally; or (iii) the new party is the Attorney General; or (iv) the new party is a company in which the plaintiff is a shareholder and on whose behalf the claim has been brought; or (v) the new party is liable jointly but not severally with a defendant and without joinder the claim might be unenforceable—R.S.C., Ord. 15, r. 6(6).
[9] s. 34(1) of the Limitation Act 1980.
[10] See s. 34(3) and (4) of the Limitation Act 1980.
[11] s. 7 of the Limitation Act 1980; *Agromet Motoimport v. Maulden Engineering* [1985] 1 W.L.R. 762.

4. BUILDING ACT 1984 AND THE BUILDING REGULATIONS[12]

The Public Health Acts 1875 and 1936 enabled local authorities to make by-laws regulating the construction of buildings. There were model by-laws which many local authorities adopted with or without changes or additions. The Public Health Act 1961 provided for the replacement of local building by-laws by the Building Regulations which, when they came into force in 1966, applied throughout England and Wales with the exception on Inner London for which the London Building Acts remained in force. The current consolidating statute is the Building Act 1984 and the current Building Regulations are the Building Regulations 1991[13] (which came into force on June 1, 1992) and the Building Regulations (Amendment) Regulations 1992[14] (which came into force on June 26, 1992). The Public Health Act 1936 remains in force in relation to drains and sewers. Certain buildings are or may be exempt from the Building Regulations,[15] and a requirement of the Building Regulations may be relaxed or dispensed with upon application to the Secretary of State.[16]

Inner London has now largely been brought within the national system,[17] but certain provisions of the London Building Acts remain in force.[18] Additionally the provisions of Part VI of the London Building Acts (Amendment) Act 1939 relating to the rights of building and adjoining owners and comprising the procedure for settling difference by the award of three (if necessary) surveyors remain in force.

For the purpose of providing practical guidance with respect to the requirements of any provision of Building Regulations, there is provision for approved documents.[19] A failure to comply with an approved document does not of itself render a person liable to civil or criminal proceedings, but compliance or otherwise with an approved document may be relied on as tending to negative or establish liability.[20]

Passing or rejection of plans. Where plans of any proposed work are deposited, it is generally the duty of the local authority to pass the plans unless they are defective or show that the proposed work would contravene any of the Building Regulations. If they are so defective, the local authority

---

[12] See generally Knight's *Building Control Law* and Knight's *Building Regulations*; Powell-Smith & Billington, *The Building Regulations* (7th ed.).
[13] S.I. 1991 No. 2768. See also Karen Gough, "The Building Regulations 1985: Something New or More of the Same?" (1986) 2 Const.L.J. 262.
[14] S.I. 1992 No. 1180.
[15] See ss. 3–5 inclusive of the Building Act 1984.
[16] ss. 8–11 inclusive of the Building Act 1984.
[17] See the Building Regulations (Inner London) Regulations 1985 and 1987 (S.I. 1985 No. 1936 and S.I. 1987 No. 798).
[18] For details, see Knight's *Building Control Law*, pp. 280 *et seq.*
[19] s. 6 of the Building Act 1984.
[20] s. 7 of the Building Act 1984.

may reject them or pass them conditionally by request or consent in writing. Where deposited plan are accompanied by a certificate of compliance given by an approved person and prescribed evidence that an approved scheme applies or of prescribed insurance, the local authority may not generally reject the plans on the ground of non-compliance with the Building Regulations.[21]

Supervision. Where the work is to be supervised by the local authority, there is a prescribed system for giving notices to the local authority at certain stages of the construction so that inspections may be made. The notices have to be given by a "person carrying out building work", which is not limited to the person who physically performs the work but includes the owner of premises on which the works are to be performed and who authorised the works.[22] There is a parallel system in Part II of the Building Act 1984 for supervision of building works by approved inspectors such as NHBC Building Control Services Limited, a wholly owned subsidiary of the NHBC.[23]

Contravention. A person contravening the Building Regulations is liable on summary conviction to a fine not exceeding level 5 on the standard scale (currently £5,000) and to a further fine not exceeding £50 for each day on which the default continues.[24] The terms of the statute suggest that in some instances at least the offence may be a continuing one. But it has been held that breach of Regulation A1 in failing so to construct a building that the loads imposed are sustained and transmitted to the ground safely is not a continuing offence so that a prosecution brought outside the 6 month time limit imposed by section 127 of the Magistrates' Courts Act 1980 was out of time.[25] Contravention occurs when the builder purports to complete the work in question and is proved to have no intention to complete the works in accordance with the regulations. A builder who intends so to complete but is prevented from doing so by the building owner is not in breach. Parts of a building may reach a stage where there is contravention of the regulations before the builder has completed the whole.[26] The local authority may by

---

[21] s. 16 of the Building Act 1984. For approval of persons and schemes, see s. 17. See John Dyson Q.C. and John Bishop, "The Potential Liability of Local Authorities and 'Approved Inspectors' after *Peabody* and the 1984 Act" (1985) 1 Const.L.J. 264.

[22] See reg. 14 and *Blaenau Gwent B.C. v. Khan* (1993) 35 Con.L.R. 65 (D.C.). For a discussion of the practicalities of determining the legal meaning of expressions in the Building Regulations, see *Worlock v. SAWS* (1982) 22 B.L.R. 66 (C.A.), but note that this case generally must be read in the light of *Murphy v. Brentwood District Council* [1991] 1 A.C. 398 (H.L.).

[23] See *NHBC Building Control v. Sandwell Borough Council* (1990) 50 B.L.R. 101 (C.A.); see also John Dyson Q.C. and John Bishop, "The Potential Liability of Local Authorities and 'Approved Inspectors' after *Peabody* and the 1984 Act" (1985) 1 Const.L.J. 264. For a case on an earlier version of the NHBC scheme and still of some application see *Marchant v. Casewell & Redgrave and the N.H.B.R.C.* (1976) J.P.L. 752.

[24] s. 35 of the Building Act 1984 and s. 17(1) of the Criminal Justice Act 1991.

[25] *Torridge D.C. v. Turner* (1991) 59 B.L.R. 31 (C.A.).

[26] *Antino v. Epping Forest District Council* (1991) 53 B.L.R. 56 (D.C.).

Chapter 15—Building Act 1984 and the Building Regulations

notice require removal or alteration of offending work, and this power does not affect the right of the local authority, the Attorney-General or any other person to apply for an injunction for the removal or alteration of any work on the ground that it contravenes any regulation or any provision of the Act.[27]

Civil liability of builder.[28] Section 38 of the Building Act 1984 provides that, subject to the provisions of the section, breach of a duty imposed by building regulations, shall, so far as it causes damage, be actionable except in so far as the regulations provide otherwise. There is provision for the regulations to provide prescribed defences. Liability does not arise until a regulation is made bringing the section into force and this had not yet been done.[29] It will be necessary to consider the regulations when they appear, in particular the prescribed defences but the effect could be to provide for a very wide range of matters for which civil proceedings can be brought. Actions under the Act may well effectively supersede those under the Defective Premises Act 1972 and must be considered in relation to actions for breach of contract.

Apart from potential statutory civil liability, a contractor who builds in contravention of the Building Regulations may, depending on its terms, be in breach of his contract with the employer. This might be so if there was an unqualified term, such as existed in early versions of the 1963 Standard Form of Building Contract, obliging the contractor to comply with statutory requirements.[30] If there is no such express term, a contravention of the Building Regulations might be strong evidence that the contractor was in breach of an express or implied obligation of good workmanship or, possibly, of fitness for purpose. The court might alternatively imply a term that the contractor would build lawfully in accordance with the regulations.[31] Where the contractor builds in accordance with the contractual design but in contravention of the Building Regulations, his liability may turn on whether he was aware of the contravention.[32] Where such a contravention is inadvertent, the 1980 Standard Form of Building Contract provides that the contractor is not to be liable to the Employer.[33] Contravention of the Building Regulations may be evidence of want of care by the contractor but, apart from contract, the builder of a house or other structure is liable at

---

[27] s. 36 of the Building Act 1984 and, for injunctions, s. 36(6); cf. *Gouriet v. Union of Post Office Workers* [1978] A.C. 435 (H.L.); *Ashby v. Ebdon* [1985] Ch. 394.
[28] See generally Donald Keating Q.C., "Breach of Building Regulations" (1984) 1 Const.L.J. 87, but disregard the passage headed "Tortious liability" in the light of *Murphy v. Brentwood District Council* [1991] 1 A.C. 398 (H.L.).
[29] The section came into force for the purpose only of enabling regulations to be made on December 1, 1984—see s. 134 of the Act.
[30] See *Townsend (Builders) v. Cinema News* [1959] 1 W.L.R. 119 (C.A.) more fully reported at 20 B.L.R. 118 (C.A.); *Acrecrest v. Hattrell* [1983] Q.B. 260 at 267 (C.A.); *Equitable Debenture Assets Corporation v. William Moss* (1984) 2 Con.L.R. 1.
[31] See also "Effect of Building Regulations" on p. 94.
[32] See *Equitable Debenture Assets Corporation v. William Moss* (1984) 2 Con.L.R. 1.
[33] See clause 6.1.5 on p. 562.

common law for negligence only where actual damage, either to person or property other than the building or structure itself, results from carelessness on his part in the course of construction.[34]

Breach of statutory duty.[35] Although section 38(3) of the Building Act 1984 appears to contemplate the possibility at least of an actionable breach of duty apart from the section, it appears that there is no common law liability for breach of statutory duty (as distinct from the limited liability in negligence referred to above) independent from that potentially available under section 38 of the Act.[36] "[T]here is nothing in the terms or purpose of the statutory provisions which support the creation of a private law right of action for breach of statutory duty."[37] It is thought that the very existence of section 38 is against such an independent right of action.

Liability of local authority. A local authority is not generally liable either to an original or subsequent owner for the cost of repairing a building which is defective in breach of the Building Regulations.[38] The approval of plans and the inspection of a building in the course of construction by the local authority in performance of their statutory function do not introduce the principle of reliance by a subsequent purchaser sufficient to found a duty of care.[39] It is an open question whether a local authority might be liable in negligence for carelessly passing defective plans or for careless inspection of building works if this causes physical damage to person or property.[40]

---

[34] *D. & F. Estates v. Church Commissioners* [1989] A.C. 177 (H.L.). For a fuller account, see generally Chap. 7. See also the Consumer Protection Act 1987 discussed in Section 2 of Chap. 14.

[35] See generally R. A. Buckley, "Liability in Tort for Breach of Statutory Duty" (1984) 100 L.Q.R. 204.

[36] This is still not absolutely clear. The state of the law before *Murphy v. Brentwood District Council* [1991] 1 A.C. 398 (H.L.), quoted in the next sentence of the text, on whether breach of the Building Regulations *per se* gave rise to a liability in damages was reviewed in *Perry v. Tendring District Council* (1984) 30 B.L.R. 118 where it was held on conflicting authority that it did not. The reference in *Perry* to *Taylor Woodrow Construction v. Charcon Structures* is now at (1982) 7 Con.L.R. 1 at 12 (C.A.). See also *Dorset Yacht Co. v. Home Office* [1970] A.C. 1004 at 1030 (H.L.); *D. & F. Estates v. Church Commissioners* [1989] A.C. 177 at 214A (H.L.) where Lord Oliver seems to contemplate the possibility of an independent claim for breach of statutory duty; *Acrecrest v. Hattrell* [1983] Q.B. 260 at 267 (C.A.); and see generally *Lonrho v. Shell Petroleum* [1982] A.C. 173 (H.L.); *West Wiltshire D.C. v. Garland* [1993] Ch. 409.

[37] Lord Oliver in *Murphy v. Brentwood District Council* [1991] 1 A.C. 398 at 490 (H.L.). This sentence is prefaced by the words "*Ex hypothesi*", but it is not entirely clear what this refers to. See also his reference to a claim for breach of statutory duty at 483, and see Lord Mackay L.C. at 457 and Lord Bridge at 481.

[38] *Murphy v. Brentwood District Council* [1991] 1 A.C. 398 (H.L.) departing from *Anns v. Merton London Borough Council* [1978] A.C. 728 (H.L.) and overruling *Dutton v. Bognor Regis Urban District Council* [1972] 1 Q.B. 373 (C.A.); *cf. Peabody Donation Fund v. Sir Lindsay Parkinson* [1985] A.C. 210 (H.L.). *Murphy* does not explicitly deal with original owners, but in the absence of a sufficient contract with the local authority to support a claim, it is thought that their position is the same as that of subsequent owners. See further Chap. 7 generally and in particular "Local authorities" on p. 179.

[39] See *Murphy v. Brentwood District Council* [1991] 1 A.C. 398 at 481 and 483 (H.L.).

[40] The builder is liable in negligence for physical injury to person or property caused by his carelessness—see, *e.g.* Lord Keith in *Murphy v. Brentwood District Council* [1991] 1 A.C. 398

5. INSOLVENCY ACT 1986

(a) Insolvency generally

The term insolvency is used here to cover bankruptcy and the winding up of insolvent companies both of which are now mainly covered by the Insolvency Act 1986. This Act repealed and replaced the Bankruptcy Act 1914 and consolidated with modifications certain provisions of the Insolvency Act 1985 and the Companies Act 1985. In general the same rules apply to personal and corporate insolvency but there are certain differences some of which are referred to below. No exposition is given of bankruptcy or winding up in general, for which reference should be made to the standard textbooks,[41] but attention is drawn here to some matters particularly relevant to building contracts.

Upon insolvency, subject to provisions as to preferential payments, the insolvent's liabilities are paid in full unless the assets are insufficient to meet them, in which case the liabilities abate in equal proportions between themselves.[42] "A man is not allowed, by a stipulation with a creditor, to provide for a different distribution of his effects in the event of bankruptcy from that which the law provides."[43] The court will not give effect to such a stipulation even where it is part of arrangements and the parties "had good business reasons for entering into them and did not direct their minds to the question how the arrangements might be affected by the insolvency of one or more of the parties".[44]

Control by the court. Every bankruptcy is under the general control of the court and the court has full power, subject to the provisions of the Insolvency Act 1986, to decide all questions of priorities and all other questions, whether of law or fact, arising in any bankruptcy.[45]

This power, in its former statutory form, was exercised where, after the contractor's bankruptcy, direct payment of a provisional sum was made to a subcontractor upon the latter giving the employer an indemnity against any claim by the contractor's trustee. There was apparently no express right of direct payment. The contractor's trustee applied to the architect for a certificate for the amount of the provisional sum and it was refused. It was

---

at 462 (H.L.)—the liability of the local authority is not greater than that of the builder but it may not be co-extensive. In *Murphy*, the local authority appear to have conceded a limited duty of care, but Lord Mackay L.C (at 457), Lord Keith (at 463) and Lord Jauncey (at 492) all reserved the question.

[41] *e.g. Williams and Hunter on Bankruptcy*; *Muir Hunter on Personal Insolvency*; *Buckley on Companies*; *Palmer's Company Law*.

[42] See ss. 107 and 328(3) of the Insolvency Act 1986 and 4.181 of the Insolvency Rules 1986.

[43] James L.J. in *Ex parte Mackay* (1873) 8 Ch.App. 643 at 647 applied to companies in *British Eagle v. Air France* [1975] 1 W.L.R. 758 (H.L.).

[44] See *British Eagle v. Air France* [1975] 1 W.L.R. 758 at 780 (H.L.); *cf.* however "Equitable assignment" on p. 300.

[45] s. 363(1) of the Insolvency Act 1986.

held that the court had jurisdiction to order the architect to make such a certificate, and an order was made leaving the subcontractor to prove in the bankruptcy.[46] There is no comparable express general power on a winding up,[47] but on these facts, the court could, it is thought, declare that the payment was not in accordance with the contract and require the employer to account to the liquidator for the sum paid.

Vesting of property. All the property belonging to or vested in a bankrupt at the commencement of the bankruptcy vests in his trustee in bankruptcy to be distributed among his creditors.[48] The bankruptcy commences on the day on which the order is made and continues until the individual is discharged.[49] The trustee may also claim for the bankrupt's estate property which has been acquired by, or has devolved upon, the bankrupt after the commencement of the bankruptcy.[50] The former provisions of s. 38(c) of the Bankruptcy Act 1914 relating to reputed ownership are not reproduced in the Insolvency Act 1986 and the doctrine is accordingly abolished.[51]

In a winding up, there is no automatic vesting of the property. The liquidator takes the company's property into his custody or under his control unless there is an order of the court vesting the property in the liquidator.[52]

Stay of proceedings—winding up by the court.

"When a winding-up order has been made or a provisional liquidator has been appointed, no action or proceedings shall be proceeded with or commenced against the company or its property, except by leave of the court and subject to such terms as the court may impose."[53]

Administration. An administration order is intended as a statutory alternative to an administrative receiver. An administrator will be appointed by the court only when it is satisfied that such an order is likely to achieve the survival of the company or a more advantageous realisation of its assets than would be achieved on a winding up.[54] During the period for which an administration order is in force there is a moratorium on proceedings against

---

[46] *Re Holt, ex p. Gray* (1888) 58 L.J.Q.B. 5 (D.C.).
[47] See ss. 147–160 of the Insolvency Act 1986.
[48] See s. 283 of the Insolvency Act 1986 which defines the bankrupt's estate and s. 306 for vesting in the trustee immediately on his appointment taking effect. For definition of property, see s. 436.
[49] See s. 278 of the Insolvency Act 1986; see also s. 284 for restrictions on dispositions between the day of the presentation of the petition and the vesting.
[50] See s. 307 of the Insolvency Act 1986.
[51] See *Muir Hunter on Personal Insolvency* para. 3–145. A discussion on reputed ownership relating in particular to unfixed materials in building contracts appeared on p. 191 of the 4th edition of this book to which reference can, if necessary, be made.
[52] See ss. 144 and 145 of the Insolvency Act 1986.
[53] s. 130(2) of the Insolvency Act 1986. See generally ss. 117 to 160 for winding up by the court.
[54] s. 8 of the Insolvency Act 1986.

the company or steps to enforce any security against the company unless the administrator consents or the leave of the court is obtained.[55]

(b) Insolvency of contractor

Upon the contractor's bankruptcy the benefit and burden of the contract passes, subject to the effect of any valid forfeiture clause, to his trustee in bankruptcy unless the contract is personal. In the latter case the trustee cannot complete, but if the contractor completes, the contract moneys are payable to, and recoverable by, the contractor's trustee.[56] In a winding up the contract remains vested in the company and the liquidator may "carry on the business of the company so far as may be necessary for its beneficial winding up".[57]

Disclaimer. The trustee has a power to disclaim any onerous property including any unprofitable contract.[58] There is no longer a specific time limit for the exercise of this power[59] but any person interested may apply in writing to the trustee requiring him to decide whether he will disclaim or not and if he does not give a notice of disclaimer within 28 days or such further time as the court may allow[60] he will be deemed to have adopted the contract.[61] The effect of disclaimer is to bring the contract to an end from the date of disclaimer and the employer can thereupon prove in the bankruptcy for his prospective loss.[62] The liquidator has a similar power to disclaim.[63] There are special provisions relating to disclaimer of leaseholds and dwelling houses.[64]

Completion. If the trustee or liquidator adopts the contract and decides to complete, he steps into the shoes of the contractor and takes the contract and the contractor's property subject to the rights of the employer unless they contravene the bankruptcy law.[65] Thus if the trustee in completing is guilty of

---

[55] s. 11(3) of the Insolvency Act 1986. For circumstances in which the court will grant leave, see *Re Atlantic Computer Systems plc* [1992] Ch. 505 (C.A.).
[56] *Emden v. Carte* (1881) 17 Ch.D. 768 (C.A.).
[57] Insolvency Act 1986, ss. 165(3) and 167(1) and Sched. 4 Part II; *cf.* for the trustee's powers, s. 314 and Sched. 5. In carrying on the business the liquidator is not ordinarily personally responsible: *Stead Hazel v. Cooper* [1933] 1 K.B. 840; neither is a receiver if he does not enter into any new contract, but he is liable upon any new contract: Insolvency Act 1986, s 37; *Re Mack Trucks (Britain) Ltd* [1967] 1 All E.R. 977. For administrative receivers, see s. 44.
[58] Insolvency Act 1986, s. 315; *Re Bastable* [1901] 2 K.B. 518 (C.A.); *cf.* for receivers *Freevale v. Metrostore Holdings* [1984] Ch. 199.
[59] Formerly the disclaimer had to be within 12 months of the trustee's appointment or within 12 months of knowledge of the contract if it did not come within his knowledge within a month of his appointment—s. 54 of the Bankruptcy Act 1914 (repealed).
[60] For extension of time limits, see s. 376 of the Insolvency Act 1986.
[61] s. 316 of the Insolvency Act 1986.
[62] s. 315(3) and (5) of the Insolvency Act 1986; see further *Williams on Bankruptcy*.
[63] s. 178 of the Insolvency Act 1986.
[64] ss. 179, 317 and 318 of the Insolvency Act 1986.
[65] *Re Garrud, ex p. Newitt* (1881) 16 Ch.D. 522 at 531 (C.A.); *Bendall v. McWhirter* [1952] 2 Q.B. 466 at 487 (C.A.).

delay or other default giving rise to a right of forfeiture, the right can be validly exercised against him.[66]

The trustee when completing becomes personally liable on the contract.[67] The liquidator is not normally personally liable.[68]

Where there is a provision which by its nature cannot be performed by the trustee or by the company, as where a company in liquidation was under an obligation to keep the works in repair for 15 years, the court may presume that the obligation cannot be carried out and allow the employer to prove his prospective damages.[69] These damages may be set off against payments and retention money due to the contractor upon completion.[70]

The trustee may, with the sanction of the creditors' committee, refer any dispute to arbitration.[71] The liquidator in a voluntary winding up may do so without sanction but in a winding up by the court requires the sanction of the court or of the liquidation committee.[72]

Mutual dealings. If the employer is in possession of retention money or otherwise owes money to the contractor he can, subject to the provisions of the Insolvency Act 1986, set off against it any claims he proves against the contractor.[73] The statutory set-off, which is mandatory,[74] is not limited to dealings arising out of contract and can extend to taxes where a rebate is due.[75] It also extends to claims in contract for unliquidated damages.[76] But where money is held for a special or specific purpose inconsistent with the right of set-off the provisions do not apply. This arose where an employer

---

[66] *Re Keen, ex p. Collins* [1902] 1 K.B. 555 (D.C.); see also *Re Waugh* (1876) 4 Ch.D. 524; *Re Garrud, ex p. Newitt* (1881) 16 Ch.D. 522 (C.A.).
[67] *Titterton v. Cooper* (1882) 9 Q.B.D. 473 (C.A.). He has a right to recoup himself from the assets of the estate. For the liability of a debenture holder's receiver for a defendant's costs of an action continued by the receiver after a compulsory winding up order had been made, see *Bacal Contracting v. Modern Engineering* [1980] 2 All E.R. 645.
[68] See n.57 above.
[69] *Re Asphaltic Wood Pavement Co., ex p. Lee and Chapman* (1885) 30 Ch.D. 216 (C.A.).
[70] *ibid.; cf. Willment Brothers v. North West Thames R.H.A.* (1984) 26 B.L.R. 51 (C.A.); see further below, "Mutual dealings".
[71] s. 314 and Sched. 5 Part I of the Insolvency Act 1986.
[72] ss. 165(3) and 167(1) and Sched. 4 of the Insolvency Act 1986.
[73] For mutual credit and set-off see s. 323 of the Insolvency Act 1986 for bankruptcy and for companies Rule 4.90 of the Insolvency Rules 1986—see s. 411 of the Insolvency Act 1986; see, *e.g. Re Asphaltic Wood Pavement Co., ex p. Lee & Chapman* (1885) 30 Ch.D. 216 (C.A.); *National Westminster Bank Ltd v. Halesowen Presswork* [1972] A.C. 785 (H.L.) for an important review of cases under s. 31 of the Bankruptcy Act 1914; *Willment Brothers v. North West Thames R.H.A.* (1984) 26 B.L.R. 51 (C.A.). *Re Asphaltic* was applied at first instance in *B. Hargreaves Ltd v. Action 2000* (1992) C.I.L.L. 720 (unaffected on this point by (1992) 62 B.L.R. 72 (C.A.)), where it was held that Rule 4.90 did not avail a debtor against a claim by a Receiver which accrued to him before the winding up.
[74] *National Westminster Bank Ltd v. Halesowen Presswork* [1972] A.C. 785 (H.L.).
[75] *Re D. H. Curtis (Builders) Ltd* [1978] Ch. 162; *Re Cushla Ltd* [1979] 3 All E.R. 415.
[76] *Peat v. Jones & Co.* (1882) 8 Q.B.D. 147 (C.A.); *cf. Re Islington Metal and Plating Works* [1983] 3 All E.R. 218.

under a building contract held retention money as trustee for nominated subcontractors.[77]

Forfeiture, lien and seizure clauses. Most contracts contain clauses purporting to give the employer certain rights upon the bankruptcy or winding up of the contractor. These clauses are not effective if they are contrary to the principles of the bankruptcy law. Thus a provision that upon the contractor's bankruptcy unfixed materials or plant should be forfeited and vest in the employer is void, for an agreement that, "upon a man's becoming bankrupt, that which was his property up to the date of the bankruptcy should go over to someone else and be taken away from his creditors, is void as being a violation of the bankrupt law".[78] For the same reason it seems that a right of lien on unfixed materials, the property of the contractor, arising on his bankruptcy is void. But if the property in the materials or plant is already vested in the employer at the time of bankruptcy a right of seizure effective on the bankruptcy is good.[79] And if a right of forfeiture or lien is enforceable upon bankruptcy and other events, and is exercised because of some other event such as delay, the forfeiture or lien is good even though the contractor has become bankrupt, provided the employer at the time of enforcing his right had no notice of any available act of bankruptcy committed before the contract was entered into.[80]

A forfeiture clause operating upon the contractor's bankruptcy and not purporting to transfer any of the contractor's property is, it seems, valid and enforceable although it may prevent the contractor's trustee from completing the contract.[81]

The position of subcontractors. A subcontractor[82] must prove in the bankruptcy or winding up for any debts due to him from the contractor. He has no lien or charge on money due to the contractor from the employer in respect of work carried out on goods supplied,[83] but if he still retains the property in goods supplied he can sometimes retain the goods as against the

---

[77] *Re Arthur Sanders Ltd* (1981) 17 B.L.R. 125 applying *National Westminster Bank Ltd v. Halesowen Presswork* [1972] A.C. 785 (H.L.).
[78] James L.J. in *Re Harrison, ex p. Jay* (1880) 14 Ch.D. 19 at 25 (C.A.); *Re Walker, ex p. Barter* (1884) 26 Ch.D. 510 (C.A.). The clause is void as against the trustee, but was said by Cotton L.J. in *Re Harrison* at p. 26 to be good as between the parties.
[79] *Re Walker, ex p. Barter* (1884) 26 Ch.D. 510 (C.A.).
[80] *Re Waugh, ex p. Dickin* (1876) 4 Ch.D. 524; *cf.* Insolvency Act 1986 s. 284(4).
[81] *cf. Re Walker, ex p. Barter* (1884) 26 Ch.D. 510 (C.A.); *New Zealand Shipping Co. v. Ateliers de France* [1919] 1 A.C. 1 at 13 (H.L.); *Woodfall on Landlord and Tenant* (1994) para. 17–075 for the operation of forfeiture clauses in leases which frequently provide for re-entry in the case of the lessee's bankruptcy.
[82] This includes a person supplying goods under a contract with the contractor, sometimes referred to as a supplier or "nominated supplier". See, *e.g.* clause 36 of the Standard Form of Building Contract on p. 732.
[83] *Pritchett, etc., Co. Ltd v. Currie* [1916] 2 Ch. 515 (C.A.), doubting *Bellamy v. Davey* [1891] 3 Ch. 540.

trustee.[84] If there is a clause in the contract providing that the employer may, if the contractor delays payment to the subcontractor, pay the subcontractor direct such a power is not annulled or revoked by the bankruptcy or winding up of the contractor and a subcontractor can be paid in full in priority to the trustee.[85] "Wages" payable under a labour only subcontract were not preferential debts under section 319(4) of the Companies Act 1948.[86]

Retention of title clauses. Such clauses are discussed in Section 2 of Chapter 10.[87] Their application usually becomes critical where one relevant party is insolvent.

Assignees. Subject to the effect of the provisions of the Insolvency Act 1986,[88] the assignee of money earned by the contractor at the date of his bankruptcy may have the right to payment of such money when it accrues due in priority to the trustee in bankruptcy,[89] and even though by completing under the original contract the trustee has perfected the title of the assignee to the money.[90] In such a case the right of the assignee to payment is not defeated merely because the trustee has expended his own money in completing.[91] But a charge within s. 396 of the Companies Act 1985 created by a company is void against the liquidator and any creditor of the company unless it is duly registered.[92]

An assignment of money to be earned after bankruptcy is bad as against the

---

[84] See "Retention of title clauses" on p. 263. cf. Re Fox, ex p. the Oundle and Thrapston R.D.C. [1948] 1 Ch. 407 (D.C.)—a decision under the now abolished doctrine of reputed ownership (see "Vesting of property" above).

[85] Re Wilkinson, ex p. Fowler [1905] 2 K.B. 713; Re Tout and Finch [1954] 1 W.L.R. 178. For the possible effect of British Eagle Ltd v. Air France [1975] 1 W.L.R. 758 (H.L.) on cases such as these, see Re Arthur Sanders Ltd (1981) 17 B.L.R. 125 at 140; Joo Yee Construction v. Diethelm Industries (1991) 7 Const.L.J. 53 (High Court of Singapore); and see also Carreras Rothmans v. Freeman Mathews [1985] Ch. 207. See also p. 705, and clause 35.13 of the Standard Form of Building Contract, and see p. 300 for equitable assignment of retention moneys. See also Peter McCartney, "The Status of Retention Funds in Insolvency" (1992) 8 Const.L.J. 360.

[86] Re C. W. & A. C. Hughes Ltd [1966] 1 W.L.R. 1369. s. 319(4) of the Companies Act 1948 became s. 614 and Sched. 19 of the Companies Act 1985 which was repealed but not replaced by the Insolvency Act 1986.

[87] See "Retention of title clauses" on p. 263.

[88] See, e.g. ss. 339 and 340 of the Insolvency Act 1986 relating to transactions at an undervalue and preferences. Note that s. 342 relating to orders under ss. 339 and 340 was amended by the Insolvency (No. 2) Act 1994.

[89] Drew v. Josolyne (1887) 18 Q.B.D. 590 (C.A.); Re Davis & Co., ex p. Rawlings (1888) 22 Q.B.D. 193 (C.A.); Re Tout and Finch [1954] 1 W.L.R. 178; Re Warren, ex p. Wheeler [1938] Ch. 725 (D.C.); see also cases in n.85 above.

[90] Re Toward, ex p. Moss (1884) L.R. 14 Q.B.D. 318 (C.A.); Re Asphaltic Wood Pavement Co., ex p. Lee and Chapman (1885) 30 Ch.D. 216 (C.A.); Drew v. Josolyne (1887) 18 Q.B.D. 590 (C.A.); Re Tout and Finch [1954] 1 W.L.R. 178 but see n.85 above.

[91] Re Asphaltic Wood Pavement Co., ex p. Lee and Chapman (1885) 30 Ch.D. 216 (C.A.); Drew v. Josolyne (1887) 18 Q.B.D. 590 (C.A.).

[92] s. 395 of the Companies Act 1985. This section will be amended when ss. 93–107 of the Companies Act 1989 are brought into force. The section which will then render an unregistered charge void will be amended s. 399 of the Companies Act 1985 and there will be other changes, e.g. in amended ss. 404 and 405.

trustee, for it is an "established principle of bankruptcy law that it is impossible to assign the profits of a business earned after the bankruptcy".[93]

Where the money assigned is not recoverable by the assignee because of the contractor's bankruptcy he can, if he has a provable bankruptcy debt,[94] prove his claim in the contractor's bankruptcy.

Arbitration clauses—bankruptcy. Where the trustee has adopted a contract which contains a term referring any differences arising thereout or in connection therewith to arbitration, such term is enforceable by or against him.[95] Even when there has been no adoption, if the contractor had become a party to an arbitration agreement[96] before the commencement of his bankruptcy the court has a discretion upon the application of the trustee with the consent of the creditors' committee, or upon the application of any other party to the agreement, to make an order that the matter be determined by arbitration.[97]

(c) Insolvency of employer

Upon the bankruptcy or winding up of the employer the position is governed by the ordinary law of bankruptcy and winding up. See the matters discussed above in relation to the contractor, of which disclaimer is probably the most important.

If the contract requires the contractor to give credit for materials supplied or for work and labour he has, it seems, upon the employer's bankruptcy, the right to refuse further performance without payment.[98]

In a liquidation the contractor cannot claim as owner of materials incorporated in the building, but only as an unsecured creditor.[99]

---

[93] Wynn-Parry J. in *Re Tout and Finch* [1954] 1 W.L.R. 178; *Re Jones, ex p. Nichols* (1883) 22 Ch.D. 782 (C.A.); *Wilmot v. Alton* [1897] 1 Q.B. 17 (C.A.). The principle applies to the winding up of an insolvent company—see *Re Tout and Finch*; cf. *Mac-Jordan Construction v. Brookmount Erostin* (1991) 56 B.L.R. 1 (C.A.).
[94] See s. 382 of the Insolvency Act 1986 and *Muir Hunter on Personal Insolvency* pp. 3220–3222 (paras. 3–382 to 3–388).
[95] Arbitration Act 1950, s.3(1). For arbitration generally, see Chap. 16.
[96] For meaning, see p. 423.
[97] Arbitration Act 1950, s. 3(2).
[98] *Re Edwards, ex p. Chalmers* (1873) L.R. 8 Ch. 289; *Re Sneezum, ex p. Davis* (1876) 3 Ch.D. 463 at 473.
[99] *Re Yorkshire Joinery Co.* (1967) 111 S.J. 701. See also p. 262.

CHAPTER 16

ARBITRATION

		Page
1.	Introduction	422
2.	What is an Arbitration Agreement?	423
3.	Jurisdiction of the Arbitrator	426
4.	Disqualification for Bias	433
5.	Ousting the Jurisdiction of the Court	436
6.	The Right to Insist on Arbitration	438
7.	Arbitration Procedure	445
8.	Control by the Court	451
9.	Arbitration under ICC Rules	460

1. INTRODUCTION

"Arbitration is usually no more and no less than litigation in the private sector. The arbitrator is called upon to find the facts, apply the law and grant relief to one or other or both of the parties."[1]

The settlement of disputes arising out of building contracts by arbitration, rather than by the ordinary courts, is common practice. The advantages of this procedure are that, where the substantial questions are matters of fact, a final and conclusive decision can be obtained in a manner which theoretically is quicker and cheaper[2] than the ordinary processes of law. In particular the appointment as arbitrator of a person experienced in building matters such as an architect or engineer may shorten proceedings as he will have personal knowledge, which he is entitled to use,[3] of customs and technical terms and processes. Although in general arbitrators are obliged to receive all relevant evidence, in practice the amount of evidence required to prove a case before a professionally or technically qualified arbitrator may be materially less than in proceedings in court where the role of the judge is to find strictly on the

---

[1] Sir John Donaldson M.R. in *Northern Regional Health Authority v. Derek Crouch* [1984] Q.B. 644 at 670 (C.A.).

[2] *cf. Antaios Compania v. Salen A.B.* [1985] A.C. 191 at 208 (H.L.). But arbitrations are regrettably sometimes longer and dearer. One attraction of arbitrations is that they are private. See also "Arbitration procedure" on p. 445.

[3] *Mediterranean and Eastern Export Co. Ltd v. Fortress Fabrics (Manchester) Ltd* [1948] 2 All E.R. 186 (C.A.). He must not, however, make use of special personal expertise material to the dispute without disclosing his knowledge or view to the parties and giving them a proper opportunity to deal with it—see *Fox v. P. G. Wellfair Ltd* [1981] 2 Lloyd's Rep. 514 (C.A.).

Chapter 16—Introduction

evidence before him.[4] The courts are no longer jealous of the jurisdiction of arbitrators and the modern tendency is, more especially in commercial arbitrations, to endeavour to uphold the awards of the skilled persons that the parties themselves have selected to decide the question at issue between them.[5]

English arbitrations are regulated by the Arbitration Act 1950 as amended by the Arbitration Act 1979.[6] The Arbitration Act 1975 applies to arbitration agreements which are not "domestic" in particular where there is an application to stay court proceedings.[7]

This chapter deals with some parts of the law of arbitration which more particularly affect building contracts. For an account of arbitration procedure, the powers of the arbitrator, admissibility of evidence, costs, the arbitrator's remuneration and other general matters, reference must be made to one of the standard works such as Mustill & Boyd, Commercial Arbitration.[8]

2. WHAT IS AN ARBITRATION AGREEMENT?

The statutory definition. For the purposes of the Arbitration Act 1950 an arbitration agreement is a "written agreement to submit present or future differences to arbitration, whether an arbitrator is named therein or not".[9] Such an agreement is governed by the Act. Where it is contended that an arbitration agreement is incorporated by reference into another contract, distinct and specific written words are needed to effect the incorporation and to satisfy the requirement for writing.[10]

---

[4] *Metropolitan Tunnel and Public Works Ltd v. London Electric Railway* [1926] Ch. 371 (C.A.). Note that the litigant before an arbitrator must often necessarily be ignorant of the extent of the arbitrator's technical knowledge on any particular item and how far, therefore, evidence on that item is necessary. But the arbitrator must give the parties an opportunity to deal with matters which might affect his decision—*Thomas Borthwick (Glasgow) Ltd v. Faure Fairclough Ltd* [1968] 1 Lloyd's Rep. 16; *Micklewright v. Mullock* (1974) 232 E.G. 237.

[5] Lord Goddard C.J. in *Mediterranean and Eastern Export Co. Ltd v. Fortress Fabrics (Manchester) Ltd* [1948] 2 All E.R. 186 at 189 (C.A.). See also the general policy of the 1979 Arbitration Act towards appeals from arbitrators discussed below. In City of London commercial arbitrations (*cf.* R.S.C., Ord. 72, r. 1(2)), it is common for procedures, by agreement, to be simpler and rely more upon the trade or business knowledge of the arbitrator than is usual in building disputes.

[6] The Report of the Mustill Committee (1989) recommended that new legislation should set out the essential principles of the existing law in a more comprehensive and logical way. See now the Department of Trade and Industry's Consultation Paper containing a draft Arbitration Bill noted at (1994) C.I.L.L. 931.

[7] See "The Right to Insist on Arbitration" on p. 438.

[8] All references in this chapter to Mustill & Boyd are to the 2nd ed. (1989). Much of Chap. 17 also applies to arbitrations.

[9] Arbitration Act 1950, s. 32. For non-domestic arbitration agreements and certain foreign awards, see the Arbitration Act 1975 where in s. 7(1) there is a somewhat different definition.

[10] See *Giffen v. Drake & Scull* (1993) 37 Con.L.R. 84 (C.A.); *Aughton v. M. F. Kent Services* (1991) 57 B.L.R. 1 (C.A.), where Sir John Megaw held that *Thomas v. Portsea Steamship Co.* [1912] A.C. 1—a charterparty/bill of lading case—applied to engineering subcontracts and

The parties can agree orally to the settlement of disputes by arbitration, but oral agreements are not governed by the Act and are subject to many disadvantages. For example, the arbitrator's authority is revocable at any time before the award is made, and an award is not enforceable under the provisions of the Act.[11] An implied arbitration agreement cannot be a written agreement within the statutory definition,[12] but it is possible that an *ad hoc* extension of jurisdiction deriving from a written submission may come within the Act.[13] Arbitration agreements should therefore be in writing.

A distinction is sometimes made between a "submission", *i.e.* the actual submission of a particular, existing dispute or disputes, and an "agreement to refer", *i.e.* an agreement to refer future disputes, if they arise, to arbitration.[14] Both these terms are comprised in the statutory definition. Thus both the arbitration clause in the Standard Form of Building Contract, and a written agreement to submit an existing dispute arising out of an oral contract are arbitration agreements for the purposes of the Act.

An arbitrator is not liable in damages for negligence in performing his judicial duties.[15] When the House of Lords considered the extent of this judicial immunity, Lord Morris said:

"There may be circumstances in which what is in effect an arbitration is not one that is within the provisions of the Arbitration Act. The expression quasi-arbitrator should only be used in that connection. A person will only be an arbitrator or quasi-arbitrator if there is a submission to him either of a specific dispute or of present points of difference or of defined differences that may in the future arise and if there is agreement that his decision will be binding."[16]

The difference between arbitration and certification. Where clear words are used referring disputes or differences to arbitration,[17] the court will

---

Gibson L.J. held that the requirement for a written arbitration agreement was not satisfied for different reasons. *Lexair v. Edgar W. Taylor* (1993) 65 B.L.R. 87 preferred and applied the reasoning of Sir John Megaw. See also *Co-operative Wholesale Society v. Saunders & Taylor* (1994) 39 Con.L.R. 77.

[11] See Mustill & Boyd, *Commercial Arbitration*, p. 6.
[12] *Blue Circle Industries v. Holland Dredging* (1987) 37 B.L.R. 40 at 50 (C.A.).
[13] See *Higgs & Hill v. Campbell Denis* (1982) 28 B.L.R. 47 at 68, 69 and 74. The point was taken and in the result (but without detailed reasons) apparently decided according to the text.
[14] *ibid.*
[15] *Sutcliffe v. Thackrah* [1974] A.C. 727 at 736, 744, 753, 754 and 758 (H.L.). In the subsequent decision of the House of Lords in *Arenson v. Arenson* [1977] A.C. 405 there are passages (pp. 430, 431, 440 and 442) which indicate that the matter is not concluded, but it is submitted that the balance of judicial view supports the passage in the text, and that if there is any personal liability on the part of an arbitrator it does not arise out of mere negligence in the performance of his judicial duties but in respect of such matters as impropriety going beyond mere negligence or some deliberate non-performance of his duties causing loss to the parties.
[16] *Sutcliffe v. Thackrah* [1974] A.C. 727 at 752 (H.L.); see also *Arenson v. Arenson* [1977] A.C. 405 at 424, 429 (H.L.); *Palacath v. Flanagan* [1985] 2 All E.R. 161 at 164.
[17] *e.g.* Standard Form of Building Contract, clause 41. See *Jowett v. Neath R.D.C.* (1916) 80

Chapter 16—What is an Arbitration Agreement?

have little difficulty in deciding that there is an arbitration agreement. But sometimes a difficult question of construction arises. The intention of the parties is the test. If the intention is that differences should be settled by a judicial inquiry worked out in a judicial manner upon evidence submitted, the case is one of arbitration.[18] If, on the other hand, a person is appointed "to ascertain some matter for the purpose of preventing differences from arising, not of settling them when they have arisen",[19] this is a mere valuation, or, where the matter to be ascertained is to be stated in a certificate, a certification.[20] Intermediate between the case where a full judicial inquiry into a dispute is intended and that where a third person is to give a decision merely to prevent a dispute arising is the case where:

> "though a person is appointed to settle disputes that have arisen, still it is not intended that he shall be bound to hear evidence or arguments. In such cases it may often be difficult to say whether he is intended to be an arbitrator or to exercise some function other than that of an arbitrator. Such cases must be determined each according to its particular circumstances."[21]

Prima facie if a person is appointed to decide a matter solely by using his own eyes, knowledge and skill, he is a valuer or certifier and not an arbitrator for the purposes of the Arbitration Act.[22] But the parties may by clear words select as an arbitrator a person skilled in the trade intending that he shall decide disputes using his own skill and knowledge of the trade generally.[23] If the court finds that this was their intention the arbitrator's award will be upheld although no evidence was put before him.[24] The intention will not be presumed if the arbitrator selected is not an expert,[25] and in any event the arbitrator must hear the evidence of any party who puts in a claim to be heard.[26]

J.P.J. 207; *Hobbs Padgett & Co. v. Kirkland* (1969) 113 S.J. 832 (C.A), "suitable arbitration clause", valid agreement.

[18] Lord Esher M.R. in *Re Carus-Wilson and Greene* (1886) 18 Q.B.D. 7 at 9 (C.A.);. See also Arbitration Act 1950, s. 32; *Sutcliffe v. Thackrah* [1974] A.C. 727 (H.L.).

[19] Lord Esher M.R. in *Re Carus-Wilson and Greene* (1886) 18 Q.B.D. 7 (C.A.).

[20] *ibid.*; *Northampton Gas Light Co. v. Parnell* (1855) 24 L.J.C.P. 60; *Scott v. Liverpool Corp.* (1858) 28 L.J.Ch. 230; *Wadsworth v. Smith* (1871) L.R. 6 Q.B. 332; *Kennedy Ltd v. Barrow-in-Furness Corp.* (1909) H.B.C. (4th ed.), Vol. 2, p. 411 (C.A.); *Finnegan v. Allen* [1943] K.B. 425 at 436 (C.A.). See also *Arenson v. Arenson* [1977] A.C. 405 (H.L.).

[21] Lord Esher M.R. in *Re Carus-Wilson and Greene* (1886) 18 Q.B.D. 7 (C.A.).

[22] *Re Dawdy* (1885) 15 Q.B.D. 426 (C.A.); *Wadsworth v. Smith* (1871) L.R. 6 Q.B. 332.

[23] *Mediterranean, etc., Ltd v. Fortress Fabrics Ltd* [1948] 2 All E.R. 186 (C.A.); *Eads v. Williams* (1854) 24 L.J.Ch. 531. Note that it is misconduct for the arbitrator to use knowledge of special facts such as that one of the parties was bankrupt, acquired elsewhere than in the arbitration proceedings before him: *Owen v. Nicholl* [1948] 1 All E.R. 707 (C.A.). See also *Thomas Borthwick (Glasgow) Ltd v. Faure Fairclough Ltd* [1968] 1 Lloyd's Rep. 16 at 29. And see "Misconduct" on p. 454.

[24] *ibid.*

[25] *Mediterranean, etc., Ltd v. Fortress Fabrics Ltd* [1948] 2 All E.R. 186 (C.A.).

[26] *Re Maunder* (1883) 49 L.T. 535; *cf. Johnston v. Cheape* (1817) 5 Dow. 247.

It has been held in the case of valuers that, if it appears that an arbitration was not intended, the mere fact that evidence is heard by a valuer,[27] or that an umpire is appointed,[28] or that valuers are termed arbitrators with power to appoint an umpire does not turn a valuation into an arbitration.[29]

The granting of certificates in a building contract is not an arbitration for the purposes of the Arbitration Act,[30] unless express words show that the certificates were intended to be given only after arbitration proceedings.[31] An engineer has been held not to be an arbitrator although he was termed "the exclusive judge" of a very wide range of matters arising under the contract and it was provided that his certificates should have the force and effect of awards.[32] Difficulties of terminology have arisen because a certifier must frequently act fairly and impartially in applying the terms of the contract.[33] He has sometimes in the past been referred to as a quasi-arbitrator or even an arbitrator,[34] but these terms should no longer be used for a person performing the usual duties of a certifier.[35]

An Adjudicator appointed under clause 4.30 of NSC/C is not an arbitrator within the meaning of section 26 of the Arbitration Act 1950 and his decision cannot be enforced summarily under that section.[36]

3. JURISDICTION OF THE ARBITRATOR

"A non-statutory arbitrator derives his jurisdiction from the agreement of the parties at whose instance he is appointed. He has such jurisdiction as they agree to give him and none that they do not. The only inherent limitation is that he cannot make a binding award as to the initial existence of the agreement from which his jurisdiction is said to derive."[37]

The extent of the arbitrator's jurisdiction depends upon the proper construction of the agreement in each case and in all the circumstances,[38] there being a presumption that the parties intended that all disputes arising

---

[27] *Re Dawdy* (1885) 15 Q.B.D. 426 (C.A.).
[28] *Re Carus-Wilson and Greene* (1886) 18 Q.B.D. 7 (C.A.); *Re Hammond and Waterton* (1890) 62 L.T. 808.
[29] *ibid.*
[30] *Sutcliffe v. Thackrah* [1974] A.C. 727 (H.L.).
[31] See cases cited at n.20 above; *cf. Eaglesham v. McMaster* [1920] 2 K.B. 169.
[32] *Kennedy Ltd v. Barrow-in-Furness Corp.* (1909) H.B.C. (4th ed.), Vol. 2, p. 411 (C.A.).
[33] See *Sutcliffe v. Thackrah* [1974] A.C. 727 (H.L.) discussed on p. 121. See also Chap. 5 "Professional independence" on p. 121.
[34] See, *e.g. Hickman & Co. v. Roberts* [1913] A.C. 229 (H.L.).
[35] *Sutcliffe v. Thackrah* [1974] A.C. 727 at 752 (H.L.).
[36] *A. Cameron v. John Mowlem & Co.* (1990) 52 B.L.R. 24 (C.A.) and see p. [766].
[37] Bingham L.J. in *Ashville Investments v. Elmer Contractors* [1989] Q.B. 488 at 506 (C.A.); see also *ibid.* May L.J. at 495.
[38] *Heyman v. Darwins Ltd* [1942] A.C. 356 at 360 (H.L.); *Ashville Investments v. Elmer Contractors* [1989] Q.B. 488 at 506 (C.A.); *cf. Northern Regional Health Authority v. Derek Crouch* [1984] Q.B. 644 at 660 (C.A.).

Chapter 16—Jurisdiction of the Arbitrator

from a particular transaction should be determined by the same tribunal.[39] An arbitrator may be empowered by the terms of the arbitration agreement to grant wider relief than might be available in court.[40] The arbitrator under an ordinary clause can decide questions of law such as the construction of the contract, including the implication of customs.[41] Without sufficient express agreement of all relevant parties, an arbitrator appointed under two or more references does not have jurisdiction to hear disputes to be determined in each of the references concurrently however convenient that might be and however closely related the disputes.[42]

Where an arbitration agreement incorporates one of a variety of institutional arbitration rules,[43] the arbitrator will have the powers conferred by those rules which may also affect his jurisdiction.[44]

Where the agreement is to refer disputes or differences which have arisen "in respect of", or "with regard to", or "under",[45] or "out of"[46] the contract, or where similar words are used, then prima facie it will give the arbitrator jurisdiction to decide all allegations of breach of the contract by either party,[47] and possibly allegations of tort closely associated with the allegations of breach of contract.[48] In *Ashville Investments v. Elmer Contractors*,[49] the Court of Appeal distinguished earlier authorities[50] in holding that the jurisdiction of an arbitrator empowered to determine disputes "as to any matter or thing of whatsoever nature arising ... in connection with" a 1963 Standard Form of Building Contract extended to claims for rectification of the agreement for mistake and for misrepresentation or negligent

---

[39] See *Ashville Investments v. Elmer Contractors* [1989] Q.B. 488 at 502 (C.A.); *Ethiopian Oilseeds v. Rio del Mar* [1990] 1 Lloyd's Rep. 86 at 97.

[40] See *Northern Regional Health Authority v. Derek Crouch* [1984] Q.B. 644 (C.A.); *cf. Ashville Investments v. Elmer Contractors* [1989] Q.B. 488 at 495 (C.A.). See also "Crouch" on p. 429.

[41] *Produce Brokers Co. v. Olympia Oil and Cake Co.* [1916] 1 A.C. 314 (H.L.); *Re Hohenzollern, etc., and City of London Corp.* (1886) 54 L.T. 596; H.B.C. (4th ed.), Vol. 2, p. 100 (C.A.). This may be a ground for refusing a stay—see "Point of law" on p. 442.

[42] *Oxford Shipping v. Nippon Yusen Kaisha* [1984] 2 Lloyd's Rep. 373. See also pp. 760 and 922 for discussion of clause 41 of the Standard Form of Building Contract and clause 9 of the Standard Form of Subcontract. For a case where the court appointed the same arbitrator for two disputes under s. 10 of the Arbitration Act 1950, the parties consenting to a means of returning to court for the appointment of another arbitrator if disadvantages resulted—see *Abu Dhabi Gas v. Eastern Bechtel* [1982] 2 Lloyd's Rep. 425 (C.A.).

[43] See those set out in Appendix 4 of Mustill & Boyd, *Commercial Arbitration* (2nd ed.), pp. 743 *et seq*. They include the ICC Rules—discussed on p. 460 and the I.C.E. Arbitration Procedure (1983).

[44] See, *e.g. Dalmia v. National Bank* [1978] 2 Lloyd's Rep. 223 at 284 (C.A.).

[45] *Heyman v. Darwins Ltd* [1942] A.C. 356 at 366 (H.L.); *Produce Brokers Co. Ltd v. Olympia Oil & Cake Co. Ltd* [1916] 1 A.C. 314 (H.L.); *Re Hohenzollern, etc., and City of London Corp.* (1886) 54 L.T. 596; H.B.C. (4th ed.), Vol. 2, p. 100 (C.A.).

[46] *Union of India v. Aaby's Rederi A/S* [1975] A.C. 797 (H.L.).

[47] See authorities in nn.45 and 46; *cp.* also *The Antonis P. Lemos* [1985] A.C. 711 at 727 (H.L.).

[48] *Astro Vencedor S.A. v. Mabanaft* [1971] 2 Q.B. 588 (C.A.).

[49] [1989] Q.B. 488 (C.A.); *cf. Ethiopian Oilseeds v. Rio del Mar* [1990] 1 Lloyd's Rep. 86.

[50] *Printing Machinery v. Linotype and Machinery* [1912] 1 Ch. 566; *Monro v. Bognor U.D.C.* [1915] 3 K.B. 167 (C.A.); *Crane v. Hegeman-Harris* [1939] 4 All E.R. 68 (C.A.).

misstatement.[51] But the claim for rectification was not a dispute or difference "as to the construction of this contract."[52] Nor do claims for rectification, mirepresentation, negligent misrepresentation or a claim under a collateral contract arise "under" a principal contract.[53] But a clause which referred to arbitration "any dispute or difference arising under" the agreement was construed to include the question whether the agreement was initially illegal.[54]

Repudiation, frustration, and void contracts. It was at one time thought that the jurisdiction of an arbitrator under an ordinary arbitration agreement did not extend to questions of whether the contract had been repudiated,[55] but the House of Lords in *Heyman v. Darwins Ltd*[56] finally settled that an arbitrator appointed under a clause such as those referred to in the preceding two paragraphs has jurisdiction to decide whether a contract has been repudiated by one of the parties. "The arbitration clause constitutes a self-contained contract collateral or ancillary to the ... agreement itself."[57] Where one party accepts the other's repudiation, he is released from further performance of primary obligations, but the contract itself is not rescinded and the arbitration clause normally survives.[58] Such a clause is also effective where it is alleged that some supervening event has frustrated a contract,[59] whether partly executed or wholly executory (*i.e.* where no step has been taken towards its performance) at the date of the event.[60] Where an agreement refers disputes "arising out of" the contract the arbitrator has power not merely to determine whether the contract is frustrated but also to decide what is due to the parties upon such frustration.[61] But "if the dispute is

---

[51] The court additionally did not follow *obiter dicta* of Purchas L.J. in *Blue Circle Industries v. Holland Dredging* (1987) 37 B.L.R. 40 at 53 (C.A.) considering similar words in clause 66 of the I.C.E. Conditions 5th edition. For rectification, see p. 288 especially "Arbitrators" on p. 290.
[52] *Ashville Investments v. Elmer Contractors* [1989] Q.B. 488 at 503 (C.A.).
[53] *Ashville Investments v. Elmer Contractors* [1989] Q.B. 488 at 502 (C.A.); *Fillite v. Aqua-Lift* (1989) 45 B.L.R. 27 (C.A.).
[54] *Harbour Assurance v. Kansa* [1993] Q.B. 701 (C.A.).
[55] See *Hirji Mulji v. Cheong Yue Steamship Co.* [1926] A.C. 497 (P.C.); and for a building contract case, see Moulton L.J. in *Kennedy Ltd v. Barrow-in-Furness Corp.* (1909) H.B.C. (4th ed.), Vol. 2, p. 411 at 415 (C.A.).
[56] [1942] A.C. 356 (H.L.); *Bloemen (F. J.) Pty Ltd v. Gold Coast City Council* [1973] A.C. 115 at 126 (P.C.).
[57] Lord Diplock in *Bremer Vulcan v. South India Shipping Corporation* [1981] A.C. 909 at 980 (H.L.). See also *Harbour Assurance v. Kansa* [1993] Q.B. 701 (C.A.).
[58] *Heyman v. Darwins Ltd* [1942] A.C. 356 at 399 (H.L.); *cf. Photo Production v. Securicor* [1980] A.C. 827 and see "Acceptance of repudiation" on p. 160.
[59] *Heyman v. Darwins Ltd* [1942] A.C. 356 at 366 (H.L.); *Gibraltar (Govt of) v. Kenney* [1956] 2 Q.B. 410. For frustration generally, see p. 143.
[60] *Kruse v. Questier & Co. Ltd* [1953] 1 Q.B. 669.
[61] *Gibraltar (Govt. of) v. Kenney* [1956] 2 Q.B. 410. Whether the arbitrator has such a power where "under" is used has not been decided, but probably he has: see *Union of India v. Aaby's Rederi A/S* [1975] A.C. 797 (H.L.) disapproving dicta by Lord Porter in *Heyman v. Darwins Ltd* [1942] A.C. 356 at 398 (H.L.), and by Sellers L.J. in *Gibraltar (Govt. of) v. Kenney* to the

whether the contract which contains the clause has ever been entered into all, that issue cannot go to arbitration under the clause, for the party who denies that he has ever entered into the contract is thereby denying that he has ever joined in the submission."[62] So too if the contract is initially invalid and the invalidity impeaches the arbitration clause itself. An arbitration clause is, however, capable of being construed to cover the question whether the agreement was initially illegal, if the clause itself is not directly impeached.[63]

Fraud. By express words the parties can agree to submit questions of fraudulent misrepresentation to the arbitrator,[64] but in the absence of express words the ordinary clause may not extend to allegations of fraudulent misrepresentation rendering a contract voidable.[65] "When it is said that the contract was induced by fraud it may well be clear that, if it was, the making of the independent arbitration clause was also induced by fraud."[66] An arbitrator will, however, normally have jurisdiction to consider allegations of fraud in the performance of the contract unless the court exercises its power under section 24(2) of the Arbitration Act 1950 to give leave to revoke his authority.[67]

"Crouch". In *Northern Regional Health Authority v. Derek Crouch*,[68] the Court of Appeal considered the comparative powers of an arbitrator and the court where the arbitration clause of a 1963 Standard Form of Building Contract empowered the arbitrator "to open up, review and revise any certificate, opinion, decision ... as if no such certificate, opinion, decision, ... had been given." The question was whether, if disputes were to be determined in court,[69] the court had equivalent powers. It was held that the

---

effect that "arising out of" was wider than "under". See also *Fillite v. Aqua-Lift* (1989) 45 B.L.R. 27 (C.A.).

[62] Lord Simon in *Heyman v. Darwins Ltd* [1942] A.C. 356 at 366 (H.L.). See also *Harbour Assurance v. Kansa* [1993] Q.B. 701 at 723 (C.A.).

[63] *Harbour Assurance v. Kansa* [1993] Q.B. 701 (C.A.), holding that Lord Simon's dicta to the contrary in *Heyman v. Darwins* [1942] A.C. 356 at 366 (H.L.)—the sentence immediately following that quoted above in the text—was not part of the *ratio decidendi*. See also *Smith Ltd v. H. & S. International* [1991] 2 Lloyd's Rep. 127 at 130.

[64] Lord Porter in *Heyman v. Darwins Ltd* [1942] A.C. 356 at 392 (H.L.).

[65] *Monro v. Bognor U.D.C.* [1915] 3 K.B. 167; *Heyman v. Darwins Ltd* [1942] A.C. 356 (H.L.); *cf. Belcher v. Roedean School, etc., Ltd* (19012) 85 L.T. 468; *Earl of Stradbroke v. Mitchell*, The Times, October 4, 1990 (C.A.). An allegation of fraud may in any event be a ground for refusing a stay of proceedings. See p. 442.

[66] Ralph Gibson L.J. in *Harbour Assurance v. Kansa* [1993] Q.B. 701 at 712 (C.A.).

[67] The fact that the court's power to give leave to revoke is discretionary indicates that an arbitrator's jurisdiction can otherwise exist. *cf. Yeu Shing Construction v. A.G. of Hong Kong* (1988) 40 B.L.R. 131 (High Court of Hong Kong). For revocation see p. 452.

[68] [1984] Q.B. 644 (C.A.). See generally Karen Gough and Roger Dyer, "*Crouch* in Perspective" (1985) 1 Const.L.J. 333; and for a highly critical discussion, see I. N. Duncan Wallace Q.C., "Construction Contracts: The Architect, the Arbitrator and the Courts" (1986) 2 Const.L.J. 13.

[69] As by agreement between the parties, or where a defendant made no application to stay

court did not have such powers.[70] "The limit of the court's jurisdiction would be to declare inoperative any certificate or opinion given by the architect if the architect had no power to give such certificate or opinion or had otherwise erred in law. The court could not (as the arbitrator could) substitute its discretion for that of the architect."[71] But it seems that the court would have or assume the powers of an arbitrator if the arbitration machinery breaks down or is incapable of operating.[72] It seems further that the court does have power to deal with cases which do not require revision of an architect's certificate or decision,[73] and that it can determine the rights of the parties where a certificate is inconclusive in determining those rights.[74]

It is, it is submitted, debatable whether the *Crouch* decision:

(1) turned on the construction of the particular arbitration clause; or
(2) decides more generally that, where there is an arbitration clause whatever its terms, the court does not have power to substitute its discretion for that of the architect whereas the arbitrator does; or
(3) decides that some architect's certificates in some building contracts cannot be revised by the court and cannot be revised at all unless under the terms of an appropriate arbitration clause.

On one interpretation, the *Crouch* decision itself is in favour of the first view,[75] as is a subsequent decision of the Court of Appeal,[76] where it was held that the arbitration clause in a J.C.T. Agreement for Minor Building Works was not a clause of the kind to which the *Crouch* decision applies.[77] On another

---

proceedings begun in court, or where the court had in its discretion refused a stay—see pp. 437 *et seq.*

[70] Distinguishing *Neale v. Richardson* [1938] 1 All E.R. 753; following a dictum of Lord Wilberforce in *P. & M. Kaye v. Hosier & Dickinson* [1972] 1 W.L.R. 146 at 158 (H.L.); not following a dictum of Lord Pearson in *East Ham Corporation v. Bernard Sunley* [1966] A.C. 406 at 447 (H.L.).

[71] Browne-Wilkinson L.J. at 667—where he also implies that the arbitrator would have "a right to modify contractual rights". It is submitted that, taken literally, this could be misleading. The arbitrator has power to revise architect's certificates etc., but that is implementing the parties' contractual rights which remain unmodified; *cf.* on this point *Partington & Son v. Tameside* (1985) 32 B.L.R. 150 at 165.

[72] *ibid.* at 668; *Sudbrook Trading Estate v. Eggleton* [1983] A.C. 444 (H.L.); *cf. Reed v. Van Der Vorm* (1985) 35 B.L.R. 136; *Davy Offshore v. Emerald Field Contracting* (1991) 55 B.L.R. 1 at 78.

[73] See, *e.g. Finnegan v. Sheffield City Council* (1988) 43 B.L.R. 124.

[74] *Rapid Building v. Ealing Family Housing* (1984) 29 B.L.R. 5 at 14 (C.A.).

[75] "It [the arbitration clause] is, however, a rather special clause" and ". . . special powers given to the arbitrator . . ."—Sir John Donaldson M.R. at 670 and 672 respectively. See also s. 43A of the Supreme Court Act 1981 as inserted by s. 100 of the Courts and Legal Services Act 1990, referred to below.

[76] *Benstrete Construction v. Angus Hill* most fully reported at (1988) 4 Const.L.J. 114 (C.A.). It seems that in truth there was no *Crouch* point in issue in *Benstrete* at all, as the counterclaim for defects was not dependent on revising any certificate or decision of the architect.

[77] H.H. Judge Smout Q.C. had decided otherwise in *Oram Builders v. Pemberton* (1985) 29 B.L.R. 23. The decision in *Benstrete* is very short, given without argument and without reference to *Oram Builders*. See also *Othieno v. Cooper* (1991) 57 B.L.R. 128 which also makes no reference to *Oram Builders*.

Chapter 16—Jurisdiction of the Arbitrator

interpretation, the *Crouch* decision is in favour of the second view as is at least one other decision of the Court of Appeal.[78] There are at least three first instance decisions in favour of either the second or the third view.[79] It is submitted that the question generally should turn on (a) what powers the Court intrinsically has, and (b) the construction of the contract. It is suggested that the court's power to make declarations, if no other, is sufficient for all cases where an architect's certificate or decision is not by contract immutable. In the absence of express words, the existence of an arbitration clause will usually indicate that the parties did not intend certificates to be immutable and the court will, it is submitted, have jurisdiction unless, as in *Crouch* itself, the terms of the arbitration clause itself show that only the arbitrator was to have the relevant power.[80]

It is possible that strictly the decision in *Crouch* may be *obiter*[81] and the point is in any event open in the House of Lords.[82] It has, however, been applied generally,[83] though not universally.[84] The point may not, however, be taken to the House of Lords since section 100 of the Courts and Legal Services Act 1990 now provides[85] that the High Court may exercise specific powers conferred on an arbitrator by an arbitration agreement if all parties to the agreement agree. If all parties to the agreement do not agree, the court will not have the statutory power and the House of Lords would no doubt take notice of the fact that Parliament had legislated on an apparent assumption that the court did not otherwise have such power.

Overlap with court proceedings. There is no inherent objection to an action and an arbitration proceeding side by side.[86] An arbitrator is entitled to

---

[78] See *Ashville Investments v. Elmer Contractors* [1989] Q.B. 488 at 495, 503 and 507 (C.A.).

[79] *Oram Builders v. Pemberton* (1985) 29 B.L.R. 23; *Reed v. Van der Vorm* (1985) 35 B.L.R. 136; *Finnegan v. Sheffield City Council* (1988) 43 B.L.R. 124. Clause 41.4 of the 1980 Standard Form of Building Contract empowers the Arbitrator "to rectify the contract so that it accurately reflects the true agreement made by the Employer and the Contractor"—see p. 758. Does this mean that the Court has no such power under this form of contract? For rectification generally, see p. 288 and for an arbitrator's powers of rectification generally, see p. 290.

[80] The suggestions in this paragraph are, it is thought, consistent with *Othieno v. Cooper* (1991) 57 B.L.R. 128.

[81] See Dunn L.J. at 663 and generally; *cf. Reed v. Van der Vorm* (1985) 35 B.L.R. 136 at 144; *Partington & Son v. Tameside* (1985) 32 B.L.R. 150.

[82] Relevant previous authority or dicta are in *Robins v. Goddard* [1905] 1 K.B. 294 (C.A.); *Neale v. Richardson* [1938] 1 All E.R. 753 (C.A.); *Prestige v. Brettell* [1938] 4 All E.R. 346 (C.A.); *East Ham Corporation v. Bernard Sunley* [1966] A.C. 406 at 424, 432, 434 and 447 (H.L.); *Hosier & Dickinson v. P. & M. Kaye* [1972] 1 W.L.R. 146 at 157 (H.L.); *Modern Engineering v. Gilbert-Ash* [1974] A.C. 689 at 720 (H.L.).

[83] See, *e.g. Douglas Construction v. W.H.T.S.O.* (1985) 31 B.L.R. 88.

[84] See *Partington & Son v. Tameside* (1985) 32 B.L.R. 150; see also for a robust criticism, I. N. Duncan Wallace Q.C., "Construction Contracts: The Architect, the Arbitrator and the Courts" (1986) 2 Const.L.J. 13.

[85] As an inserted s. 43A of the Supreme Court Act 1981.

[86] *Lloyd v. Wright* [1983] Q.B. 1065 (C.A.); *Northern Regional Health Authority v. Derek Crouch* [1984] Q.B. 644 at 660 (C.A.); *Douglas Construction v. W.H.T.S.O.* (1985) 31 B.L.R. 88.

refuse to decide any issue which overlaps with court proceedings and he is usually in the best position to decide whether such an overlap exists.[87] The court, it seems, should reciprocate.[88] But "it is well settled that the court has jurisdiction to restrain an arbitrator from deciding issues which are being litigated before the court".[89]

Official referee as arbitrator. By section 11 of the Arbitration Act 1950,[90] an official referee[91] may, if in all the circumstances he thinks fit and subject to permission from the Lord Chief Justice, accept appointment as sole arbitrator by or by virtue of an arbitration agreement.

Challenge to arbitrator's jurisdiction. Where the scope of the arbitration clause is in dispute, then in the absence of express language[92] the arbitrator's decision as to the extent of his own jurisdiction is not final,[93] and an arbitrator cannot decide whether a condition precedent to his jurisdiction has been fulfilled.[94] Thus where a building contract provided that a "reference ... shall not be opened until after the completion ... of the works", and a reference was opened before completion it was held that the award was bad. "If one thing is quite plain, it is that an arbitrator cannot give himself jurisdiction by deciding in his favour some preliminary point upon which his jurisdiction depends."[95] But it seems that, if the parties make a sufficiently formal *ad hoc* submission to the arbitrator to determine his jurisdiction, his determination may be binding.[96]

If the arbitrator's jurisdiction is challenged he should not refuse to act until it has been determined by some court which has power to determine it finally. He should inquire into the merits of the issue to satisfy himself as a preliminary matter whether he ought to get on with the arbitration or not,

---

[87] *Northern Regional Health Authority v. Derek Crouch* [1984] Q.B. 644 at 666 (C.A.).
[88] *ibid.* at 669.
[89] *ibid.* at 673; see also "Injunction to restrain arbitration proceedings" on p. 453.
[90] As amended by s. 99 of the Courts and Legal Services Act 1990. The former unamended s. 11 gave parties greater opportunity to appoint Official Referees as arbitrators, but surprisingly the opportunity was rarely taken. For a case where the procedure for making an application was discussed, see *Wimpey Construction v. Civil and Public Services Association* (1988) 5 Const.L.J. 162.
[91] For official referees, see p. 467.
[92] *e.g. Willesford v. Watson* (1873) L.R. 8 Ch.App. 473. See cases cited in nn. 93 and 95. See *Dalmia v. National Bank* [1978] 2 Lloyd's Rep. 223 at 284 (C.A.) for the extent of an arbitrator's jurisdiction under the ICC Rules, as to which see further on p. 460.
[93] *Pethick Bros v. Metropolitan Water Board* (1911) H.B.C. (4th ed.), Vol. 2, p. 456 (C.A.); *May v. Mills* (1914) 30 T.L.R. 287; *Smith v. Martin* [1925] 1 K.B. 745; 94 L.J.K.B. 645 (C.A.).
[94] *ibid.*
[95] Bankes L.J. in *Smith v. Martin* (1925) 94 L.J.K.B. 645 at 646 (C.A.). See also *Getreide-Import-Gesellschaft mbH v. Contimar SA Cia, etc.* [1953] 1 W.L.R. 793 (C.A.); *Christopher Brown Ltd v. Genossenschaft Oesterreichischer, etc.* [1954] 1 Q.B. 8; *Willcock v. Pickfords* [1979] 1 Lloyd's Rep. 244 (C.A.); *Hyundai Engineering v. Active Building* (1988) 45 B.L.R. 62 at 70.
[96] *Higgs & Hill v. Campbell Denis* (1982) 28 B.L.R. 47.

and if it becomes abundantly clear to him that he has no jurisdiction then he might well take the view that he should not go on with the hearing at all.[97]

Extras. Where the contract contains power to order extras, it is submitted that the ordinary arbitration clause covers disputes about such extras,[98] but the arbitration clause may expressly or by implication exclude certain matters, such as extras, from the jurisdiction of the arbitrator.[99]

Certificates. The jurisdiction of the arbitrator to decide whether a certificate was wrongly withheld, or to open up a certificate, has been considered in Chapter 5.[1]

Terms of reference. An arbitrator's jurisdiction may be limited by his particular terms of reference, *e.g.* by the terms of the notice of dispute which initiated the arbitration.[2]

4. DISQUALIFICATION FOR BIAS

The Court may revoke the authority of an arbitrator who is not impartial and will set aside an arbitrator's award which is infected with bias. The case more often advanced is "imputed bias",[3] although *a fortiori* sufficient actual bias obviously also has the same result.

> "I think it possible, and desirable, that the same test should be applicable in all cases of apparent bias, whether concerned with justices or members of other inferior tribunals, or with jurors, or with arbitrators. ... having ascertained the relevant circumstances, the court should ask itself whether, having regard to those circumstances, there was a real danger of bias on the part of the relevant member of the tribunal in question, in the sense that he might unfairly regard (or have unfairly regarded) with favour, or disfavour, the case of a party to the issue under consideration by him . . . ."[4]

---

[97] Devlin J. in *Christopher Brown Ltd v. Genossenschaft Oesterreichischer, etc.* [1954] 1 Q.B. 8 at 12, 13; *cf. Northern Regional Health Authority v. Derek Crouch* [1984] Q.B. 644 at 674 (C.A.).
[98] *Heyman v. Darwins Ltd* [1942] A.C. 356 (H.L.); *Union of India v. Aaby's (E.B.) Rederi A/S* [1975] A.C. 797 (H.L.). *Laidlaw v. Hastings Pier Co.* (1874) H.B.C. (4th ed.), Vol. 2, p. 13; *cf. Pashby v. Birmingham Corp.* (1856) 18 C.B. 2.
[99] *Re Meadows and Kenworthy* (1896) H.B.C. (4th ed.), Vol. 2, p. 265 (C.A.), *affd.* (H.L.); *Taylor v. Western Valleys Sewerage Board* (1911) 75 J.P. 409 (C.A.); *Pashby v. Birmingham Corp.* (1856) 18 C.B. 2.
[1] See pp. 112 and 124. For the Standard Form of Building Contract see Chap. 18.
[2] See *Lesser Design & Build v. Surrey University* (1991) 56 B.L.R. 57.
[3] See, *e.g. Bremer v. Ets Soules* [1985] 2 Lloyd's Rep. 199 at 201 (C.A.); *Hagop Ardahalian v. Unifert International* [1984] 2 Lloyd's Rep. 84 at 89 (C.A.).
[4] Lord Goff in *R. v. Gough* [1993] A.C. 646 at 670 (H.L.). See also *Cook International v. B.V.*

The architect as arbitrator. The architect under the contract has frequently in past years been appointed arbitrator under an arbitration clause in the contract. It has been said that this places him in a position "invoking and possibly involving on occasions considerable trouble".[5] It has often resulted in contractors opposing an application for a stay of proceedings,[6] or otherwise attacking the arbitration upon the grounds that the architect has an interest in the outcome of the proceedings and is therefore disqualified. The principles upon which the courts decide whether an architect is disqualified have been stated by the courts, and an account follows, but it must be read subject to the effect of section 24 of the Arbitration Act 1950, discussed below.[7] This section makes it unlikely that parties will appoint the architect (or engineer in an engineering contract) as arbitrator. But they may. In any event there may remain a person who can be termed a quasi-arbitrator,[8] and it is submitted that the law set out below applies also to such a person.

Interests which have not disqualified. Parties to an arbitration are normally entitled to an unbiased arbitrator with no interest in the result of the proceedings.[9] Where the architect under a contract is appointed arbitrator for that contract he is interested to the extent that he is employed and paid by one of the parties to the dispute,[10] and is probably further interested in that in his capacity as agent for the employer he may have given orders relating to the matter in dispute, or have already expressed a strong view on the subject, and may even "be judge, so to speak, in his own quarrel".[11] Such interests have been held not to be sufficient in themselves to disqualify the architect from acting as arbitrator.[12] It has been held that the contractor must show, if not that the architect is biased, that at least there is a probability that he would be biased.[13] The basis of these decisions was that "the court ... ought to hold that nothing known at the time of the contract, nothing fairly to be expected from the position of the engineer when he becomes arbitrator, can be alleged as a ground why it should not keep the parties to their bargain".[14] It has further been held that the architect was not disqualified because he owned shares in the employer company, when the contractor knew or must be taken

---

Handel [1985] 2 Lloyd's Rep. 225 at 231. See also the cases cited in the judgment in that case and *cf. R. v. Mulvihill* [1990] 1 W.L.R. 438 (C.A.).
[5] Lord Shaw of Dunfermline in *Bristol Corp. v. Aird* [1913] A.C. 241 at 252 (H.L.).
[6] See p. 438 for stay of proceedings.
[7] For the hybrid position of the engineer under clause 66 of the I.C.E. Conditions, see p. 1101.
[8] See passage from *Sutcliffe v. Thackrah* [1974] A.C. 727 at 752 (H.L.) set out on p. 424.
[9] See Mustill & Boyd, *Commercial Arbitration* (2nd ed.) pp. 249 *et seq.*
[10] See *Eckersley v. Mersey Docks and Harbour Board* [1894] 2 Q.B. 667 (C.A.).
[11] Bowen L.J. in *Jackson v. Barry Railway* [1893] 1 Ch. 238 at 247 (C.A.); *cf. Canterbury Pipe Lines v. Christchurch Drainage* (1979) 16 B.L.R. 76 at 111 (New Zealand Court of Appeal).
[12] *ibid.*; *Ives and Barker v. Willans* [1894] 2 Ch. 478 (C.A.); *Eckersley v. Mersey Docks and Harbour Board* [1894] 2 Q.B. 667 (C.A.).
[13] *Eckersley v. Mersey Docks and Harbour Board* [1894] 2 Q.B. 667 (C.A.).
[14] Lord Moulton in *Bristol Corp. v. Aird* [1913] A.C. 241 at 258 (H.L.); but *cf.* Arbitration Act 1950, s. 24(1). The engineer in the passage cited was in the position of an architect.

Chapter 16—Disqualification for Bias

to have known of his ownership,[15] nor because in his capacity as agent he had previously expressed in strong language a derogatory view of a claim put forward by the contractor in the arbitration.[16]

Where, unknown to one of the parties, the other party at the time of the reference owed the arbitrator money this was held to be not sufficient reason for setting aside the award.[17] But the Court will look more narrowly at the circumstances to see whether the arbitrator has acted improperly, and may find that a large advance of money by the arbitrator to one of the parties has disqualified him.[18]

Where, after the submission of a dispute between the contractor and the employer to the architect as arbitrator, the contractor's assignee commenced proceedings against the architect alleging fraudulent misrepresentation by the architect, and then applied for revocation of the submission on the ground that the architect was disqualified, his application was refused.[19]

Interests which disqualify. In general any interest of the architect which makes him so biased, or puts him in such a position that he cannot give substantial justice disqualifies him from acting as arbitrator.[20] Thus although vigorous actions and expressions of opinion in his capacity as agent may not disqualify him, if a matter at issue involves the architect's professional reputation and capacity the court may in its discretion refuse a stay of proceedings[21] (*i.e.* refuse to enforce the arbitration).[22] And where the dispute is such that it is difficult to see how the matter can properly be dealt with without the cross-examination of the architect in respect of duties performed as agent, it is obviously impossible to permit the architect to act as arbitrator.[23]

---

[15] *Ranger v. G.W. Railway* (1854) 5 H.L.C. 72 (H.L.); *cf. Sellar v. Highland Railway*, 1919 S.C.(H.L.) 19. In *Panamena, etc. v. Fredk Leyland & Co.* [1947] A.C. 428 (H.L.) a certifier was not disqualified merely because he was president of the employer company. Note that s. 24(1) of the Arbitration Act 1950 could not apply because the certifier was not an arbitrator for the purposes of the Act.

[16] *Scott v. Carluke Local Authority* (1879) 6 R. 616; *Cross v. Leeds Corp.* (1902) H.B.C. (4th ed.), Vol. 2, p. 339 (C.A.). These cases were referred to with approval by the House of Lords in *Panamena, etc. v. Fredk Leyland & Co.* [1947] A.C. 428 (H.L.) as showing what conduct would not disqualify a certifier.

[17] *Morgan v. Morgan* (1832) 2 L.J.Ex. 56; *cf. Cook International v. B.V. Handel* [1985] 2 Lloyd's Rep. 225 where an arbitrator and the umpire were employees of subsidiaries of creditors of one of the parties; *Bremer v. Ets Soules* [1985] 2 Lloyd's Rep. 199 (C.A.); *Hagop Ardahalian v. Unifert International* [1984] 2 Lloyd's Rep. 84 (C.A.).

[18] *Malmesbury Railway v. Budd* (1876) 2 Ch.D. 113.

[19] *Belcher v. Roedean School* (1901) 85 L.T. 468 (C.A.).

[20] *Bristol Corp. v. Aird* [1913] A.C. 241 (H.L.); *cf. Tracomin v. Gibbs* [1985] 1 Lloyd's Rep. 587—a case under s. 23(1) of the 1950 Act.

[21] See *Nuttall v. Manchester Corp.* (1892) 8 T.L.R. 513 and (1892) H.B.C. (4th ed.), Vol. 2, p. 203 (D.C.); *cf. Re Donkin and Leeds, etc., Canal Co.* (1893) 9 T.L.R. 192; H.B.C. (4th ed.), Vol. 2, p. 239 (D.C.).

[22] See p. 441.

[23] *Freeman v. Chester* [1911] 1 K.B. 783 at 790 (C.A.); *Bristol Corp. v. Aird* [1913] A.C. 241 (H.L.); *Blackwell v. Derby Corp.* (1909) 75 J.P. 129; H.B.C. (4th ed.), Vol. 2, p. 401 (C.A.).

A secret interest[24] or fraud or collusion or failure to keep an independent attitude will disqualify.[25] So also will gifts or hospitality if they have the effect of influencing the architect's mind, but not otherwise.[26]

Arbitration Act 1950, s. 24(1). Section 24(1) is as follows:

> "*Where an agreement between any parties provides that disputes which may arise in the future[27] between them shall be referred to an arbitrator named or designated in the agreement, and after a dispute has arisen any party applies, on the ground that the arbitrator so named or designated is not or may not be impartial, for leave to revoke the authority of the arbitrator or for an injunction to restrain any other party or the arbitrator from proceeding with the arbitration, it shall not be a ground for refusing the application that the said party at the time when he made the agreement knew, or ought to have known, that the arbitrator, by reason of his relation towards any other party to the agreement or of his connection with the subject referred, might not be capable of impartiality.*"

Where by virtue of the section the court has power to order that an arbitration agreement shall cease to have effect, or to give leave to revoke the authority of an arbitrator, it may refuse to stay proceedings brought in breach of the agreement.[28]

Section 24(1) has been construed to cover a case in which the arbitrator, the British Boxing Board of Control, had a significant interest in the issues raised because the form of contract which the Board prescribed was under attack.[29] The words of the section seem to be peculiarly apt to govern the position of an architect to a building contract who is appointed arbitrator of future disputes. It should be noted that it only applies to arbitrators and does not apply to a certifier performing those parts of his duties where he has to act fairly in applying the terms of the contract.[30]

5. OUSTING THE JURISDICTION OF THE COURT

Subject to section 3 of the Arbitration Act 1979,[31] an arbitration agreement

---

[24] See *Kimberley v. Dick* (1871) L.R. 13 Eq. 1—firm undertaking to employer that cost should not exceed certain amount.
[25] *Hickman v. Roberts* [1913] A.C. 229 (H.L.); see also p. 122.
[26] *Re Hopper* (1867) L.R. 2 Q.B. 367; *Moseley v. Simpson* (1873) L.R. 16 Eq. 226; *Re Maunder* (1883) 49 L.T. 535.
[27] See *Yeu Shing Construction v. A.G. of Hong Kong* (1988) 40 B.L.R. 131 (High Court of Hong Kong)—a decision on the Hong Kong equivalent of s. 24(2) where there is similar wording.
[28] s. 24(3); *cf. Kruger Townswear Ltd v. Northern Assurance Co. Ltd* [1953] 1 W.L.R. 1049 (D.C.).
[29] *Watson v. Prager* [1991] 1 W.L.R. 726. See also the New Zealand case of *Canterbury Pipe Lines v. Att.-Gen.* [1961] N.Z.L.R. 785, where the engineer was the arbitrator and a stay (see p. 437) was refused.
[30] See p. 424.
[31] This section provides in certain circumstances (and subject to s. 4) that parties may enter into

ousting the court's jurisdiction entirely is contrary to public policy and void.[32] Thus although the arbitrator's decision on fact is final, an agreement not to have any "recourse at all to the courts in case of error of law" is void.[33] But a provision making the arbitrator's award a condition precedent to the right to bring an action on the contract is good,[34] for the parties can agree that no action can be brought in a court of law until the amount of the liability has been settled by arbitration.[35] Further a clause providing that arbitration must commence within a limited time or not at all and that thereafter the claim will be barred is good.[36]

Both these types of clause, respectively known as *Scott v. Avery* and *Atlantic Shipping* clauses, may be varied by the court in its limited discretion.[37]

An arbitration clause which purported to free the arbitrator to decide without regard to the law and according, for example, to his own notions of what would be fair would not be a valid arbitration clause.[38] But where a contract provided that arbitrators were "not bound by the strict rules of law, but shall settle any difference referred to them according to an equitable rather than a strictly legal interpretation of the provisions of this agreement", it was held that this did not oust the jurisdiction of the courts.[39] The clause would enable the arbitrators "to view the matter more leniently and having regard more generally to commercial considerations than would be done if the matter were heard in court".[40]

---

an "exclusion agreement" effective to exclude recourse to the court under ss. 1 and 2 of the Act. *cf. Pioneer Shipping v. B.T.P. Tioxide* [1982] A.C. 724 at 740 (H.L.) and see "Appeals to the High Court" on p. 456.

[32] *Scott v. Avery* (1856) 5 H.L.C. 811 (H.L.); *Doleman v. Ossett* [1912] 3 K.B. 257 (C.A.); *Lee v. The Showmen's Guild* [1952] 2 Q.B. 329 (C.A.); *cf. Lloyd v. Wright* [1983] Q.B. 1065 at 1072 (C.A.); *World Pride Shipping v. Daiichi Chuo* [1984] 2 Lloyd's Rep. 489 at 496.

[33] Denning L.J. in *Lee v. The Showmen's Guild* [1952] 2 Q.B. 329 at 342 (C.A.); *Czarnikow & Co. v. Roth* [1922] 2 K.B. 478 (C.A.); *cf.* Lord Roskill in *Antaios Compania v. Salen A.B.* [1985] A.C. 191 at 209 (H.L.)—"the additional, albeit not unrestricted autonomy of arbitral tribunals which the [Arbitration Act 1979] was designed to establish."

[34] *Scott v. Avery* (1856) 5 H.L.C. 811 (H.L.).

[35] *Czarnikow & Co. v. Roth* [1922] 2 K.B. 478 at 489 (C.A.); *Heyman v. Darwins Ltd* [1942] A.C. 366 at 377 (H.L.).

[36] *Atlantic Shipping and Trading Co. v. Louis Dreyfus & Co.* [1922] A.C. 250.

[37] Arbitration Act 1950, ss. 25(4), 27; see *Dennehy v. Bellamy* [1938] 2 All E.R. 262; *Hookway & Co. v. Hooper & Co.* [1950] 2 All E.R. 842 (C.A.); *Liberian Shipping Corp. v. A. King & Sons Ltd* [1967] 2 Q.B. 86 (C.A.); *Nea Agrex S.A. v. Baltic Shipping Co. Ltd* [1976] Q.B. 933 (C.A.).

[38] *Home and Overseas Insurance v. Mentor Insurance* [1990] 1 W.L.R. 153 at 161 (C.A.).

[39] *Eagle Star Insurance v. Yuval Insurance* [1978] 1 Lloyd's Rep. 357 at 362 (C.A.); *cf.* the "honourable engagement" arbitration clause in *Home and Overseas Insurance v. Mentor Insurance* [1990] 1 W.L.R. 153 (C.A.).

[40] *Eagle Star Insurance v. Yuval Insurance* [1978] 1 Lloyd's Rep. 357 at 363 (C.A.).

6. THE RIGHT TO INSIST ON ARBITRATION

Apart from special cases where provision is made by statute,[41] the right to arbitration arises by agreement. Breach of the arbitration agreement gives rise to an action for damages, but unless costs have been thrown away it is difficult to prove any loss,[42] therefore "the appropriate remedy for breach of the agreement to arbitrate is not damages, but its enforcement".[43] This is achieved not by an order for specific performance, but by obtaining an order under section 4 of the Arbitration Act 1950 staying the legal proceedings while arbitration takes place.[44] For an agreement which is not "a domestic arbitration agreement",[45] the court has a similar jurisdiction under section 1 of the Arbitration Act 1975. Under the 1950 Act, the court has a discretion, discussed below, to make an order staying the proceedings.[46] Under the 1975 Act, there is no discretion if the statutory conditions are fulfilled.[47] It is possible to stay the action without referring the matter to arbitration. It is then up to the plaintiff whether he sets an arbitration in motion, but if he chooses not to do so he loses his claim.[48] The court also has an inherent power to stay proceedings brought before it in breach of an agreement to decide disputes by an alternative method, whether or not the agreed procedure for resolving disputes amounts to an arbitration agreement within one of the Acts.[49]

Section 4(1) of the Arbitration Act 1950 provides:

"If any party to an arbitration agreement, or any person claiming through or under him, commences any legal proceedings in any court against any other party to the agreement, or any person claiming through or under him, in respect of any matter agreed to be referred, any party to those legal proceedings may at any time after appearance, and before delivering any pleadings or taking any other steps in the proceedings,[50] apply to that court to stay the proceedings, and that court or a judge thereof, if satisfied that there is no sufficient reason why the matter should not be referred in accordance with the agreement, and that the applicant was, at

---

[41] This does not apply to building contracts as such.
[42] *Doleman & Sons v. Ossett Corp.* [1912] 3 K.B. 257 at 268 (C.A.).
[43] Lord Macmillan in *Heyman v. Darwins Ltd* [1942] A.C. 356 at 374 (H.L.).
[44] *Doleman & Sons v. Ossett Corp.* [1912] 3 K.B. 257 at 268 (C.A.).
[45] As defined in s. 1(4) of the Arbitration Act 1975.
[46] The discretion does not, of course, arise if on examination there is no relevant arbitration clause—see, e.g. *Lakers Mechanical v. Boskalis Westminster Construction* (1986) 23 Con.L.R. 1 and (1989) 5 Const.L.J. 139.
[47] See s. 1(1) of the 1975 Act; *Associated Bulk Carriers v. Koch Shipping* [1978] 1 Lloyd's Rep. 24 (C.A.); *Paczy v. Haendler* [1981] 1 Lloyd's Rep. 302 (C.A.); *A and B v. C and D* [1982] 1 Lloyd's Rep. 166 at 172.
[48] *Channel Tunnel Group v. Balfour Beatty* [1993] A.C. 334 at 354 (H.L.) a decision under s. 1 of the 1975 Act which appears also to apply to s. 4 of the 1950 Act.
[49] *Channel Tunnel Group v. Balfour Beatty* [1993] A.C. 334 (H.L.).
[50] "A 'step in the proceedings' must be one which impliedly affirms the correctness of the proceedings and the willingness of the defendant to go along with a determination by the

the time when the proceedings were commenced, and still remains, ready and willing to do all things necessary to the proper conduct of the arbitration, may make an order staying the proceedings."

The court's discretion under section 4. Even where the various conditions of section 4 are complied with the court has a discretion whether or not to grant a stay and declines to fetter its discretion by laying down any fixed rules on which it will exercise it.[51] But where there is a valid arbitration agreement[52] it has a strong bias in favour of enforcing that agreement by granting a stay,[53] and the onus on an application for a stay is upon the person opposing the stay.[54] Although these principles are applied in every case some guidance can be obtained on the manner in which the court exercises its discretion in particular cases.

Conduct of the defendant. The defendant's conduct relating to the right to arbitration is a factor relevant to the exercise of the court's discretion, as where the court inferred that the defendants' object had been to delay payment and that their motive for applying for a stay was to create further delay.[55]

No dispute. If there is no dispute or difference within the meaning of the arbitration agreement a stay will not be granted.[56] A creditor does not have to go to arbitration to collect an undisputed debt.[57] A stay is very commonly

---

Courts of law instead of arbitration"—Lord Denning M.R. in *Eagle Star Insurance v. Yuval Insurance* [1978] 1 Lloyd's Rep. 357 at 361 (C.A.). See generally Mustill & Boyd, *Commercial Arbitration* (2nd ed.), pp. 472–473; *Blue Flame Mechanical Services v. David Lord Engineering* (1992) 8 Const.L.J. 266. For the position where the plaintiff takes out a summons under R.S.C., Ord. 14, for leave to sign final judgment, see *Pitchers Ltd v. Plaza (Queensbury) Ltd* [1940] 1 All E.R. 151 (C.A.); *Turner & Goudy v. McConnell* (1985) 30 B.L.R. 108 (C.A.).

[51] *Czarnikow v. Roth, Schmidt & Co.* [1922] 2 K.B. 478 at 488 (C.A.). See also *Kaye (P. & M.) Ltd v. Hosier & Dickinson Ltd* [1972] 1 W.L.R. 146 at 152 (H.L.); *Fakes v. Taylor Woodrow Construction Ltd* [1973] 1 Q.B. 436 (C.A.).

[52] Where the matter is in dispute, the court determines it on the application to stay, *Modern Buildings Ltd v. Limmer and Trinidad Co. Ltd* [1975] 1 W.L.R. 1281 (C.A.); *Aughton v. M.F. Kent Services* (1991) 57 B.L.R. 1 (C.A.).

[53] *Bristol Corp. v. Aird* [1913] A.C. 241 at 258–259 (H.L.); *Metropolitan Tunnel Works Ltd v. London Electric Railway* [1926] Ch. 371 (C.A.); *W. Bruce Ltd v. Strong* [1951] 2 K.B. 447 at 457 (C.A.); *Schindler Lifts v. Shui On Construction* (1984) 29 B.L.R. 95 at 105 (Hong Kong C.A.).

[54] *Heyman v. Darwins Ltd* [1942] A.C. 356 at 388 (H.L.); *Metropolitan Tunnel Works Ltd v. London Electric Railway* [1926] Ch. 371 (C.A.); *Willesford v. Watson* (1873) L.R. 8 Ch.App. 473.

[55] *Croudace v. London Borough of Lambeth* (1986) 33 B.L.R. 20 at 36 (C.A.).

[56] *London & N.W. & G.W. Railway v. Billington Ltd* [1899] A.C. 79 (H.L.); *Nova (Jersey) Knit Ltd v. Kammgarn Spinnerei GmbH* [1977] 1 W.L.R. 713 (H.L.); the dispute does not, however, have to be in existence at the time when the proceedings were commenced—*Croudace v. London Borough of Lambeth* (1986) 33 B.L.R. 20 (C.A.); *cp. Peter Leung Construction v. Tai Poon* (1985) 1 Const.L.J. 299 (Hong Kong C.A.) deciding otherwise.

[57] *London & N.W. Railway v. Jones* [1915] 2 K.B. 35 at 38.

refused on the basis that there is no dispute where the plaintiff establishes that he is entitled to summary judgment under R.S.C., Order 14.[58] If part of a claim is indisputably due, judgment may be given for that part leaving the balance, where there is a dispute, to go to arbitration.[59] The court also has jurisdiction first to order an interim payment under R.S.C., Order 29 before granting a stay for the balance of the claim,[60] and has the further power to impose conditions if it decides to grant a stay.[61] A defendant opposing an application for summary judgment who wishes to enforce the arbitration agreement has to apply for a stay at the same time to avoid taking a step in the proceedings.[62]

In building contracts cases, applications under Order 14 and Order 29 (or both) are habitually made where, for instance, a contractor seeks payment on an architect's certificate and considers that the employer has no sustainable ground for not honouring it. Normally the payment of an interim certificate is not a condition precedent to the right to arbitrate.[63]

Where "Crouch" considerations apply.[64] Where the party applying for a stay claims relief which the arbitrator has power to grant but the court does not, the view expressed in the *Crouch* case "will virtually give any party a right of veto on any attempt to bypass the arbitration clauses".[65] It has been held that "Crouch" considerations do not apply to the JCT Agreement for

---

[58] For examples, see *Ellis Mechanical Services v. Wates Construction* [1978] 1 Lloyd's Rep. 33 (Note) (C.A.) and (1976) 2 B.L.R. 57; *C. M. Pillings v. Kent Investments* (1985) 30 B.L.R. 80 (C.A.); *Croudace v. London Borough of Lambeth* (1986) 33 B.L.R. 20 at 36 (C.A.); *Chatbrown v. Alfred McAlpine* (1986) 35 B.L.R. 44 (C.A.); *Imodco v. Wimpey and Taylor Woodrow* (1987) 40 B.L.R. 1 (C.A.). Contrast *Hayter v. Nelson* [1990] 2 Lloyd's Rep. 265 where, under s. 1 of the 1975 Act, Saville J. granted a stay in the face of an Ord. 14 application. He held the modern view to be that there was no good reason why the courts should strive to take matters out of the hands of the tribunal into which the parties had by agreement undertaken to place them, and that if the claimant could persuade the tribunal that there was no defence there was no good reason why the tribunal could not resolve the dispute in his favour without any delay at all. This is not in line with Court of Appeal or Official Referees' practice in building contract cases, but s. 4 of the 1950 Act and s. 1 of the 1975 Act apparently differ in this respect. See also *Thyssen Engineering v. Higgs & Hill* (1990) 23 Con. L.R. 101 which follows *Hayter v. Nelson* in a case under s. 1 of the 1975 Act; *R.M. Douglas v. Bass* (1990) 53 B.L.R. 119 where the view is expressed *obiter* that the same should apply to cases under s. 4 of the 1950 Act; *Smith Ltd v. H. & S. International* [1991] 2 Lloyd's Rep. 127 at 131. *cf. Ellerine Brothers v. Klinger* [1982] 1 W.L.R. 1375 (C.A.). For Summary judgment generally, see p. 502.
[59] *Ellis Mechanical Services v. Wates Construction* [1978] 1 Lloyd's Rep. 33 (Note) and (1976) 2 B.L.R. 57 (C.A.). The position is different under the Arbitration Act 1975—*Associated Bulk Carriers Ltd v. Koch Shipping Inc.* [1978] 1 Lloyd's Rep. 24 (C.A.).
[60] *Imodco v. Wimpey and Taylor Woodrow* (1987) 40 B.L.R. 1. (C.A.) For interim payments, see p. 504.
[61] *C. M. Pillings v. Kent Investments* (1985) 30 B.L.R. 80 (C.A.).
[62] See n. 50 above.
[63] *Modern Engineering v. Gilbert-Ash* [1974] A.C. 689 (H.L.); *C.M. Pillings v. Kent Investments* (1985) 30 B.L.R. 80 (C.A.).
[64] See p. 429 for consideration of *Northern Regional Health Authority v. Derek Crouch* [1984] Q.B. 644 (C.A.).
[65] Sir John Donaldson M.R. [1984] Q.B. 644 at 675 (C.A.); but see "Overlap with court proceedings" on p. 431.

Minor Works and that neither the plaintiff nor the defendant would be at any disadvantage if the matter proceeded by way of litigation.[66]

Architect's certificate condition precedent. The contract may be such as to prevent the person applying for a stay from saying that there was a dispute because he does not have an architect's certificate in his favour. In *Brightside Kilpatrick v. Mitchell Construction (1973)*,[67] the point arose in relation to the Standard Form of Subcontract. The Court of Appeal held that the contractor could not say that there was a dispute in respect of his claim for loss caused by the subcontractor's delay because he did not have in his favour the architect's certificate required by the contract. The court distinguished, and expressed no views upon, the case of *Ramac v. Lesser*[68] where the Standard Form of Building Contract was used and at the time of issue of the writ the architect had issued a certificate for payment which deducted liquidated damages although he had not certified under clause 22.[69] It was admitted that the clause 22 certificate was a condition precedent to the right to deduct liquidated damages.[70] Forbes J. held that a dispute or difference arose the minute the plaintiffs refused to accept that there was only the balance due to them on the certificate for payment and granted a stay. There is a difference of wording in the two contracts and the circumstances of the two cases are different, but it is difficult to see why the reasoning of the Court of Appeal does not apply to the absence of a clause 22 certificate.

Preliminary step. Many contracts provide for some preliminary step to be taken before there is an arbitration. Clause 66 of the I.C.E. Conditions, for instance, provides for the service on the Engineer of a notice in writing and for disputes to be settled in the first instance by the Engineer.[71] This does not entitle a party to disregard the arbitration procedure altogether and start an action at law, merely because the preliminary step has not been taken. A defendant wishing in these circumstances to resist the plaintiff's claim can apply for a stay which the court has an inherent power to grant even if the agreed procedure for resolving disputes does not amount to an arbitration agreement within one of the Arbitration Acts 1950 or 1975.[72]

Disqualification of the arbitrator. The stay will be refused.[73]

---

[66] *Othieno v. Cooper* (1991) 57 B.L.R. 128. See however "Crouch" at p. 429.
[67] [1975] 2 Lloyd's Rep. 493 (C.A.).
[68] [1975] 2 Lloyd's Rep. 431.
[69] If the requisite certificate is issued after the writ but before the hearing the defendant can rely upon it to resist summary judgment. See *Ramac's* case, p. 432 and R.S.C., Ord. 18, r. 9.
[70] See p. 628.
[71] For Clause 66 of the I.C.E. Conditions, see p. 1088.
[72] *Channel Tunnel Group v. Balfour Beatty* [1993] A.C. 334 (H.L.).
[73] *Bristol Corp. v. Aird* [1913] A.C. 241 (H.L.); Arbitration Act 1950, s. 24(3). For disqualification see p. 433.

Arbitration

Void or illegal contracts. A stay will not be granted to an applicant who alleges that the contract was void *ab initio*, as, *e.g.* for illegality, or that he never entered into the contract at all.[74]

Point of law. Where the only point alleged is one of law such as the construction of a contract not involving the meaning of technical terms, the court may refuse a stay as the matter "will only come back to the court on a case stated",[75] but the party opposing the stay must still discharge the burden of showing why he should not be bound by his agreement.[76] And where technical terms, or words used in a technical sense, are to be found in a contract, such as a building contract, and the parties have chosen as arbitrator an expert in the trade with personal knowledge of the meaning of the terms used, a stay will probably be granted.[77]

Fraud or misconduct of one of the parties alleged. Where a dispute involves the question whether a party has been guilty of fraud the court has an express statutory power to refuse a stay.[78] It still has a discretion and one factor it might take into account would be an express agreement to submit questions of fraud to arbitration.[79] It has been said that "where the party charged with the fraud desires it ... it is almost a matter of course to refuse the reference",[80] but there must have been raised a concrete and specific issue of fraud, and the fraud relied on must be fraud by the party opposing the stay.[81] The court is inclined to refuse a stay where allegations of incompetence, negligence and impropriety are made so that a man's professional reputation is at stake.[82] One factor considered by the court where charges of fraud or misconduct such as negligence are made is that there is no appeal from a reference upon the finding of fact.[83] In cases of this

---

[74] *Heyman v. Darwins Ltd* [1942] A.C. 356 at 366 (H.L.). See further p. 428.
[75] Lord Parker in *Bristol Corp. v. Aird* [1913] A.C. 241 at 262 (H.L.). A case stated was a means of appeal from an arbitrator's decision before the Arbitration Act 1979. See now "Appeals to the High Court" on p. 456.
[76] *Metropolitan Works Ltd v. London Electric Railway* [1926] Ch. 371 (C.A.). See also *Heyman v. Darwins Ltd* [1942] A.C. 356 at 369 and 389 (H.L.) and Mustill & Boyd, *Commercial Arbitration* (2nd ed.), p. 477. For a building contract case where a stay would have been refused on this ground, see *Lakers Mechanical Services v. Boskalis Westminster* (1986) 23 Con.L.R. 1 at 14 and (1989) 5 Const.L.J. 139 at 147.
[77] *ibid.*; *cf. Archital Luxfer v. A. J. Dunning* (1987) 47 B.L.R. 1 at 10 (C.A.).
[78] Arbitration Act 1950, s. 24(2) and (3); *cf. Earl of Stradbroke v. Mitchell, The Times,* October 4, 1990 (C.A.). See also "Revocation of arbitrator's authority" on p. 452.
[79] See *Heyman v. Darwins Ltd* [1942] A.C. 356 at 392 (H.L.).
[80] Jessel M.R. in *Russell v. Russell* (1880) 14 Ch.D. 471 at 477.
[81] *Camilla Cotton Co. v. Granadex* [1973] 2 Lloyd's Rep. 10 at 16 (H.L.); *Cunningham-Reid v. Buchanan-Jardine* [1988] 1 W.L.R. 678 (C.A.).
[82] *Turner v. Fenton* [1982] 1 W.L.R. 52; *cf. Charles Osenton v. Johnstone* [1942] A.C. 130 (H.L.); *Radford v. Hair* [1971] Ch. 758.
[83] *Charles Osenton & Co. v. Johnston* [1942] A.C. 130 (H.L.); *Simplicity Products Ltd v. Domestic Installations Ltd* [1973] 1 W.L.R. 837 (C.A.)—whether there should be a reference to the Official Referee—but the principle applies, it is thought, to arbitrations. The provisions for

kind an appellate court may vary the decision of the court of first instance where that court in exercising its discretion did not take into account all the relevant factors.[84]

Expiry of time for arbitration. It is not a sufficient ground for refusing a stay that the party applying for the stay relies on an *Atlantic Shipping* clause[85] to allege that the arbitration is out of time.[86]

Delay in reaching arbitration. Subcontracts sometimes provide (usually subject to exceptions) that without the consent of the parties arbitration cannot commence until the completion or abandonment of the main contract works.[87] It is possible that, if the main contractor refuses to give his consent, thus delaying the hearing of the dispute, the courts would refuse a stay.[88]

More than two parties. In *Taunton-Collins v. Cromie*,[89] the employer sued his architect for bad design and lack of proper supervision of his house and was met with a defence putting the blame for some of the matters alleged upon the contractor. The contract between the employer and the contractor contained an arbitration clause. The refusal of an application for a stay on behalf of the contractor was upheld[90] on the grounds that if there were two proceedings before different tribunals in respect of the matters in question there would be delay, extra cost, procedural difficulties, and the danger of inconsistent findings of fact.[91] The principle of the decision applies, it is submitted, where a plaintiff has proper[92] grounds for joining two or more

---

appeals from Official Referees has since been changed—see R.S.C., Ord. 58, r. 4. There can now be an appeal on a question of fact with leave.

[84] *ibid.* See also as to discretion *Birkett v. James* [1978] A.C. 297 (H.L.).
[85] See p. 437.
[86] *Bruce v. Strong* [1951] 2 K.B. 447 (C.A.); *cf. The Jemrix* [1981] 2 Lloyd's Rep. 544.
[87] See, *e.g.* clause 9.3 of NSC/C on p. 921.
[88] See Lord Salmon in *Gilbert Ash Ltd v. Modern Engineering (Bristol) Ltd* [1974] A.C. 689 at 726 (H.L.). In the unreported case of *Mitchell Construction Ltd v. East Anglian Regional Hospital Board*, decided in 1966, where the 1957 revision of the R.I.B.A. Form limited arbitration as to the validity of determination until after completion, save with the consent of the parties, and the employer refused consent, Goff J., after considering evidence, granted a stay.
[89] [1964] 1 W.L.R. 633 (C.A.).
[90] Distinguishing *Bruce v. Strong* [1951] 2 K.B. 447 (C.A.); applying *Halifax Overseas Freighters Ltd v. Rasmo Export* [1958] 2 Lloyd's Rep. 146. See also *Berkshire Housing v. Fitt* (1979) 15 B.L.R. 27 (C.A.); *Bulk Oil v. Trans-Asiatic Oil* [1973] 1 Lloyd's Rep. 129 at 137. See also "Where 'Crouch' considerations apply" on p. 440.
[91] These considerations may not be sufficient to get an arbitration stopped once it has been commenced, see *City Centre Properties (I.T.C. Pensions) Ltd v. Matthew Hall & Co. Ltd* [1969] 1 W.L.R. 772 (C.A.); *Property Investments v. Byfield Building Services* (1985) 31 B.L.R. 47; *cf. Abu Dhabi Gas v. Eastern Bechtel* [1982] 2 Lloyd's Rep. 425 (C.A.). See also p. 451.
[92] See Pearson L.J. in *Taunton-Collins v. Cromie* [1964] 1 W.L.R. 633 at 637 (C.A.).

defendants initially, but a stay was refused where a nominated sub-contractor brought an action against a main contractor in anticipation of joining a sub-sub-contractor as third party to an expected counterclaim by the main contractor.[93] The principle does not apply where the application to stay is under section 1 of the 1975 Act because the court has no discretion to refuse a stay once it is shown that the claim falls within the scope of the clause.[94] The Arbitration Act 1950 makes no provision for proceedings between more than two parties.[95] The parties concerned may overcome this by agreement[96] but such agreements are often difficult to make and, if made, to give effect to, as an arbitrator lacks the wide powers possessed by the court in third party proceedings.[97]

Part only of dispute referable. Where part of the dispute lies outside the jurisdiction of the arbitrator the court may, if it is convenient, sever the dispute and grant a stay only in respect of that part referable.[98] If the matter cannot be split and a substantial part of the dispute is outside the arbitration agreement a stay will be refused.[99] If only a trifling and subordinate part of the dispute is outside the agreement a stay will not be refused.[1]

Expense of reference. The plaintiff's poverty, if it is such as to preclude him from arbitrating, is not itself a ground for refusing a stay to which the defendant's are prima facie entitled.[2] Section 31(1) of the Legal Aid Act 1988 precludes the court from taking into account when exercising its discretion the fact that the plaintiff would be unable to receive legal aid for arbitration. The question to be asked is whether, if the plaintiff were not legally aided, it would be proper or improper to grant a stay.[3] It has however been held that in some circumstances a plaintiff's poverty can be material, though not

---

[93] *Coltman Precast Concrete v. W. & J. Simons* (1993) 35 Con.L.R. 125.
[94] *A and B v. C and D* [1982] 1 Lloyd's Rep. 166 at 172.
[95] The inability to join a third party is "a fact of life in a great many international and domestic arbitrations"—Steyn J. in *Property Investments v. Byfield Building Services* (1985) 31 B.L.R. 47 at 56. Compare the position in Hong Kong where the Arbitration Ordinance (Cap. 341) does give the court power to consolidate arbitrations.
[96] *Ibid.*
[97] See R.S.C., Ord. 16, r. 4. The arbitrator's only effective power is, on the application of one of the parties, to give a notice marked "peremptory" of his intention to proceed ex parte if one of the parties does not attend, see *Bremer Vulcan v. South India Shipping* [1981] A.C. 909 at 986 and 987 (H.L.) and see "Section 5 of the Arbitration Act 1979" on p. 447.
[98] *Ives & Barker v. Willans* [1894] 2 Ch. 478 at 489 (C.A.); *Bristol Corp. v. Aird* [1913] A.C. 261 (H.L.). See also *Bulk Oil Co. v. Trans-Asiatic Oil* [1973] 1 Lloyd's Rep. 129.
[99] *Turnock v. Sartoris* (1889) 43 Ch.D. 150 (C.A.).
[1] *Ives & Barker v. Willans* [1894] 2 Ch. 478 at 489 (C.A.).
[2] *Smith v. Pearl Assurance Co.* [1939] 1 All E.R. 95 (C.A.); *Jones v. Thyssen (Great Britain) Ltd* (1991) 57 B.L.R. 116 (C.A.).
[3] *Jones v. Thyssen (Great Britain) Ltd* (1991) 57 B.L.R. 116 (C.A.); *cf. Smith v. Pearl Assurance Co.* [1939] 1 All E.R. 95 (C.A.). Legal aid is not currently available for arbitrations.

decisive.[4] If the plaintiff can show that the probabilities point to his poverty being caused by the very breaches of contract by the defendant of which he complains, a stay may be refused.[5]

Where no stay granted. Where no stay is granted, or where proceedings are allowed to continue without an application for a stay being made, "the private tribunal of the parties, [*i.e.* arbitrator or umpire] if it has ever come into existence, is *functus officio*,"[6] and an award made by the arbitrator after the commencement of the action is invalid and affords no defence to the action.[7]

7. ARBITRATION PROCEDURE

Some arbitrations are very long and costly. This can be commercially unsatisfactory and may lead to injustice where one party has a longer pocket than the other.[8] It does not appear that the High Court rules of procedure, applicable in the Queen's Bench Division, with their emphasis upon oral evidence, have been developed for the speedy determination of complex and detailed building disputes. Sometimes they are quite inappropriate.

Suggestions for an approach to procedure include that the arbitrator should be encouraged to read the papers before the hearing and that oral evidence should be confined to those matters where it is really necessary.[9] Massive further and better particulars should be discouraged. In a complex case, pleadings are nearly always necessary. So also is discovery. It is suggested that thereafter the parties prepare and exchange witness statements and written opening submissions with full references to all the documents or parts of documents upon which they wish to rely. Such statements are to be taken as evidence on which the arbitrator can act, provided that either party may give notice of a requirement to cross-examine. The right to supplement witness statements is probably necessary, although it requires control by the arbitrator or much of the point of the procedure will

---

[4] *Goodman v. Winchester Railway* [1985] 1 W.L.R. 141 (C.A.). For applications to stay non-domestic arbitrations under s. 1 of the Arbitration Act 1975, where there is no discretion if the statutory conditions are met, the plaintiff's financial position is, it seems, immaterial—see *Paczy v. Haendler* [1981] 1 Lloyd's Rep. 302 (C.A.).

[5] *Fakes v. Taylor Woodrow Ltd* [1973] Q.B. 436 (C.A.); *Goodman v. Winchester Railway* [1985] 1 W.L.R. 141 at 147 (C.A.); *Othieno v. Cooper* (1991) 57 B.L.R. 128.

[6] *Doleman v. Ossett Corp.* [1912] 3 K.B. 257 at 269 (C.A.), distinguished by the House of Lords in *Kaye (P. & M.) Ltd v. Hosier & Dickinson Ltd* [1972] 1 W.L.R. 146 holding that the court would not go behind an architect's certificate issued after service of a writ in so far as the certificate was expressed to be "conclusive evidence in any proceedings". See further, p. 692.

[7] *ibid.* See however "Overlap with court proceedings" on p. 431.

[8] *cf.* Lawton L.J. in *Ellis v. Wates Construction* [1978] 1 Lloyd's Rep. 33 at 36 (Note) and (1976) 2 B.L.R. 57 at 64 (C.A.).

[9] But arbitrators must act fairly in this respect—see *Carlisle Place v. Wimpey* (1980) 15 B.L.R. 109 at 116.

be lost. At the hearing, as well as dealing with the oral evidence, if any, the advocates would enlarge upon their opening submissions. Final submissions should be encouraged to be in writing with, if necessary, an adjournment for their proper preparation. Something on these lines if carefully followed ought to result in a saving of time and cost.

The problem is to introduce and enforce such procedure. An express agreement between the parties empowering the arbitrator to make such orders removes doubt as to their validity. In the absence of such an agreement, it is not clear how far the arbitrator can go, although the ordinary position is that he is "master of the procedure to be followed in the arbitration ... he has a complete discretion to determine how the arbitration is to be conducted ... so long as the procedure he adopts does not offend the rules of natural justice".[10] However, in most building contract arbitrations at least, unless the parties agree otherwise the arbitrator is required to adopt an adversarial procedure giving each party a full opportunity to present their case at an oral hearing at which each party must have the opportunity to be present with advisers, including legal advisers who may act as advocates, and witnesses.[11]

Arbitrators have wide powers under section 12(1) of the Arbitration Act 1950[12] which sets out specific contractual obligations which the parties assume to one another in the procedure to be followed in the arbitration unless a contrary intention is expressed.[13] There is also a general requirement to "do all other things which during the proceedings on the reference the arbitrator or umpire may require".[14] An arbitrator may make a peremptory direction requiring the claimant to give proper particulars of his claims within a limited time failing which the arbitrator will proceed to a hearing at which the claimant, if he appears, is debarred from tendering evidence of any claim of which he had not given the required particulars. Further, the arbitrator can make a peremptory order requiring the parties to appear at a time and place fixed for the hearing, and if one of them does not appear the arbitrator can proceed in his absence.[15]

> "In requiring particular steps to be taken by any party he [the arbitrator] is entitled to act not only on the application of a party to the arbitration but

---

[10] Lord Diplock in *Bremer Vulkan v. South India Shipping* [1981] A.C. 909 at 985 (H.L.); *cf. Carlisle Place v. Wimpey* (1980) 15 B.L.R. 109 at 116.
[11] *Town & City Properties v. Wiltshier* (1988) 44 B.L.R. 114—H.H. Sir William Stabb Q.C. adopting a passage in Mustill & Boyd, *Commercial Arbitration* (1st ed.), on p. 261. See now Mustill & Boyd, *Commercial Arbitration* (2nd ed.), pp. 289 and 302.
[12] See also s.12(6) of the 1950 Act (as amended by s. 103 of the Courts and Legal Services Act 1990) for powers of the court.
[13] Where the arbitration agreement incorporates one of the institutional Arbitration Rules—see, *e.g.* those in Appendix 4 to Mustill & Boyd, *Commercial Arbitration* (2nd ed.)—the arbitrator will have the powers specified in the Rules.
[14] *cf. Bremer Vulcan v. South India Shipping* [1981] A.C. 909 at 986 (H.L.).
[15] *ibid.* at 986 and 987.

also on his own initiative; but he is not under any duty to do the latter, for in the absence of any application he is justified in assuming that both parties are satisfied with the way in which the proceedings leading up to his making an award are progressing."[16]

Section 5 of the Arbitration Act 1979. This section to some extent supplements an arbitrator's under-defined powers at common law to make peremptory orders to secure timely compliance with his procedural orders. "If any party ... fails ... to comply with an order made by the arbitrator", then upon application to the High Court by the arbitrator or any party to the reference, the court has power to make an order under section 5, whereupon the arbitrator has power, subject to the terms of the order, "to continue with the reference in default of appearance or of any other act by one of the parties in like manner as a judge of the High Court might continue with proceedings" in such circumstances.[17] The operation of this salutary, if cumbersome, procedure was considered in *Waverley v. Carnaud Metalbox Engineering*,[18] where it was held that the court has jurisdiction under the section if at some stage there had been a failure to comply with an order of the arbitrator. It is not necessary for the default to persist at the time the application is made. It was further held that the court's discretion should be exercised in the light of the existence and adequacy of powers already available to the arbitrator and that an order would not ordinarily be made where it was not necessary to enlarge existing powers. The court in that case made an order relating to discovery where there was room for concluding that there was a continuing failure by one party in the face of clear directions from the arbitrator and strong pressure from the other party. It was for the arbitrator to consider whether this was indeed correct and, if so, whether he should make use of the enlarged power.

Dismissal for want of prosecution. The court has power in certain circumstances to dismiss an action for want of prosecution,[19] but formerly an arbitrator did not have an equivalent power,[20] other than upon application to the court under section 5 of the Arbitration Act 1979 as discussed above. Further, since arbitration was consensual and both parties had a mutual obligation to progress the proceedings,[21] an injunction would not be granted

---

[16] *ibid.* at 984.
[17] *cf. Bremer Vulcan v. South India Shipping* [1981] A.C. 909 at 987 (H.L.).
[18] [1994] 1 Lloyd's Rep. 38. For a further discussion, see Mustill & Boyd, *Commercial Arbitration* (2nd ed.), pp. 539 *et seq.*
[19] See p. 496.
[20] *Bremer Vulcan v. South India Shipping* [1981] A.C. 909 (H.L.); *Crawford v. Prowting Ltd* [1973] Q.B. 1.
[21] *Bremer Vulcan v. South India Shipping* [1981] A.C. 909 (H.L.); *Paal Wilson v. Partenreederei Hannah Blumenthal* [1983] 1 A.C. 854 (H.L.).

by the court restraining the continuance of an arbitration merely because there had been shown to be inordinate and inexcusable delay on the part of the claimant.[22] Before the 1979 Act, the remedy of a party prejudiced by delay was, it seems, to apply to the arbitrator to fix a date for the hearing,[23] and for the arbitrator to proceed, if necessary, *ex parte*. After the 1979 Act, the section 5 procedure was not regarded as satisfactory and there were attempts to alleviate a plainly unsatisfactory state of the law by invoking principles of repudiation, frustration and abandonment.[24]

However, by section 13A of the Arbitration Act 1950 as inserted by section 102 of the Courts and Legal Services Act 1990, it is provided that, unless a contrary intention is expressed in the arbitration agreement, an arbitrator now does have power to dismiss a claim where there has been inordinate and inexcusable delay on the part of the claimant and where in consequence there is or is likely to be serious prejudice to the respondent or a substantial risk that it is not possible to have a fair resolution of the issues. The section came into force on January 1, 1992.[25] There were no transitional provisions. The House of Lords has held that, for arbitrations started before January 1, 1992, the section has retrospective effect so that the words "inordinate and inexcusable delay" encompass all delay which has caused a substantial risk of unfairness both before and after that date.[26]

Offer to protect costs. The approximate effect of a payment into court under R.S.C., Order 22[27] can be achieved in arbitration proceedings by a suitably worded letter making an offer of settlement on terms that the letter is not to be disclosed to the arbitrator before all issues of liability and debt or damages are determined and costs come to be considered.[28] The offer should state that it is intended to have the effect of a payment into court.[29] It should say whether or not it includes interest. Normally it should include interest.[30]

---

[22] *ibid.*
[23] *Crawford v. Prowting Ltd* [1973] Q.B. 1.
[24] See, *e.g. Andre et Compagnie v. Marine Transocean* [1981] Q.B. 694 (C.A.); *Paal Wilson v. Partenreederei Hannah Blumenthal* [1983] 1 A.C. 854 (H.L.); *Allied Marine v. Vale Do Rio Doce* [1985] 1 W.L.R. 925 (C.A.); *The Agrabele* [1987] 2 Lloyd's Rep. 223 (C.A.); *Food Corporation of India* [1988] 1 W.L.R. 603 (H.L.); *Unisys v. Eastern Counties* [1991] 1 Lloyd's Rep. 538 (C.A.). There is a number of other cases and see also Mustill & Boyd, *Commercial Arbitration* (2nd ed.), pp. 504 *et seq.*
[25] Courts and Legal Services Act 1990 (Commencement No. 7) Order 1991 (S.I. 1991 No. 2730)
[26] *L'Office Cherifien des Phosphates v. Yamashita-Shinnihon Steamship Co.* [1994] 2 W.L.R. 39 (H.L.).
[27] See p. 513 and especially "Written offers" on p. 517. The power will not normally be exercised within the limitation period—*James Lazenby v. McNicholas Construction* unreported, Rix J., December 21, 1994.
[28] *Tramountana Armadora v. Atlantic Shipping* [1978] 1 Lloyd's Rep. 391; *Architral Luxfer v. Henry Boot* [1981] 1 Lloyd's Rep. 642; *cf. Calderbank v. Calderbank* [1976] Fam. 93 at 106 (C.A.); *Cutts v. Head* [1984] Ch. 290 (C.A.); R.S.C., Ord. 22, r. 14.
[29] See *Dineen v. Walpole* [1969] 1 Lloyd's Rep. 261 at 263 (C.A.).
[30] See "Interest" on p. 516.

Chapter 16—Arbitration Procedure

It should offer to pay costs up to the time of an acceptance within 21 days of the offer (in order to preserve the analogy with payment-in), but should not perhaps otherwise make payment of the sum offered conditional upon acceptance within a particular time. The reason for this would be that if an offer of payment is withdrawn before trial the judge may ignore it when considering costs.[31] If the offer does not stipulate a time for acceptance, it is likely, depending on its terms and all the circumstances, to be construed as being open for a reasonable time. While a reasonable time may be held to have expired before the making of an award, at the very latest it would be held to have expired when an award is made.[32] It is thought, however, that an offer could validly and more closely simulate the effect of a payment into court if it stipulated that it was open for acceptance for 21 days from its receipt and that thereafter acceptance was to be conditional on the recipient agreeing to pay the offeror's subsequent costs or on an application being made to the arbitrator in respect of those costs. Where there is a counterclaim the offer should, by analogy with the rules, state whether it is intended to take into account and satisfy the counterclaim.[33] The claimant can make an offer in respect of the counterclaim.

Such an offer is sometimes called a "sealed offer" from the practice of handing the arbitrator a sealed envelope containing the offer. This has the disadvantage that it may inferentially tell the arbitrator that an offer of some kind has been made.[34] It is also thought to be unnecessary. At the end of the hearing, the arbitrator should be asked, without the existence of the offer being disclosed, to defer consideration of costs until he has made his award on all other issues. As he can ordinarily make only one final award this requires that his award on liability and debt or damages will be an interim award. Costs are usually of such importance and the issues relating to them are sometimes so complex that this procedure is frequently and conveniently followed even if there is no offer to be taken into account. A request to follow this procedure should not, therefore, cause the arbitrator to think that an offer has necessarily been made.[35]

An arbitrator has the same discretion as to costs as a High Court judge,[36] and the effect of such an offer on costs should in substance be the same as that of a payment into court. On being informed of the offer at the appropriate time, the arbitrator's approach is to ask himself whether the claimant achieved more upon his claim by rejecting the offer and going on with the

---

[31] See *The Toni* [1974] 1 Lloyd's Rep. 489 (C.A.); *cp. Garner v. Cleggs* [1983] 1 W.L.R. 862 (C.A.); *Huron Liberian Co. v. Rheinoel* [1985] 2 Lloyd's Rep. 58.
[32] *Krupp Handel v. Intermare Transport* [1986] 1 Lloyd's Rep. 176.
[33] See "Counterclaim" on p. 516.
[34] See *Tramountana Armadora v. Atlantic Shipping* [1978] 1 Lloyd's Rep. 391; *cf. Huron Liberian Co. v. Rheinoel* [1985] 2 Lloyd's Rep. 58.
[35] See *King v. Thomas McKenna Ltd* [1991] 2 Q.B. 480 at 492 (C.A.).
[36] *Cutts v. Head* [1984] Ch. 290 at 309 (C.A.).

arbitration than he would have achieved if he had accepted the offer.[37] This question should only have regard to the claim for principal and interest and should take no account of the incidence of costs in the reference.[38]

Interim awards. Unless a contrary intention in expressed in the arbitration agreement, an arbitrator has power to make an interim award,[39] which may be made subject to any proper condition.[40] In building contract arbitrations, interim awards are often made upon preliminary issues. It is thought that there is no reason in principle why an arbitrator might not make an interim award in circumstances where the court would give summary judgment under R.S.C., Order 14 and upon equivalent affidavit evidence. But he can only do this in exceptional circumstances where he can properly find that he is not satisfied that any defences advanced are made in good faith or on reasonable grounds.[41] All awards which are not final awards are interim awards and interim awards which are in effect final except as to costs or interest are frequently made where the parties need to know the substantive result before ancillary questions are argued.[42] Once an arbitrator has made a valid interim award on an issue, he is *functus officio* in relation to that part of his mandate which comprised the issue and the award creates an issue estoppel between the parties, crystalising the relationship between them in relation to that issue.[43]

Costs and Interest. Arbitrators normally have power, equivalent to the court's power and to be exercised on equivalent principles, to award costs[44] and interest.[45] Cost are taxable in the High Court unless the award otherwise directs.[46] A provision in an arbitration agreement to the effect that the parties shall in any event pay their own costs is void, unless the dispute arose before

---

[37] *Tramountana Armadora v. Atlantic Shipping* [1978] 1 Lloyd's Rep. 391; *Everglade Maritime v. Schiffahrtsgesellschaft* [1993] Q.B. 780 (C.A.).
[38] *Everglade Maritime v. Schiffahrtsgesellschaft* [1993] Q.B. 780 (C.A.)—Kennedy and Evans L.JJ., Sir Thomas Bingham M.R. dissenting).
[39] s. 14 of the Arbitration Act 1950.
[40] *Japan Line v. Aggeliki Charis* [1980] 1 Lloyd's Rep. 288 (C.A.).
[41] See *SL Sethia Liners v. Naviagro Maritime* [1981] 1 Lloyd's Rep. 18 at 25 *et seq.*; *The Modern Trading Co. v. Swale Building and Construction* (1990) 24 Con.L.R. 59 and (1990) 6 Const.L.J. 251; see also "No dispute" on p. 439.
[42] *cf. King v. Thomas McKenna Ltd* [1991] 2 Q.B. 480 at 492 (C.A.) and at first instance at (1990) 6 Const.L.J. 229.
[43] *London Borough of Islington v. Turriff Construction* unreported March 16, 1990 (C.A.).
[44] See s. 18 of the Arbitration Act 1950 and see "Costs" on p. 508.
[45] See s. 19A of the Arbitration Act 1950 as inserted by s. 15(6) of the Administration of Justice Act 1982; *Food Corporation of India v. Marastro Compania* [1987] 1 W.L.R. 134 (C.A.); *Chandris v. Isbrandtsen-Moller Co. Inc.* [1951] 1 K.B. 240 (C.A.). See also "Discretionary interest" on p. 506.
[46] s. 18(2) of the Arbitration Act 1950. There is power to allow upon taxation costs of engaging a person without legal qualifications (such as a claims consultant) to conduct the arbitration—*Piper Double Glazing v. D.C. Contracts* [1994] 1 W.L.R. 777; *cf. James Longley v. South West Regional Health Authority* (1983) 25 B.L.R. 56.

Chapter 16—Arbitration Procedure

the arbitration agreement was made.[47] The High Court has power to review an arbitrator's costs award on grounds of legal error, but it is a power to be exercised with the utmost caution.[48]

Arbitrators' fees. An arbitrator who accepts appointment without any express agreement for his fees is entitled to reasonable remuneration for work done. It is desirable that the arbitrator should make a detailed agreement for his fees with both parties before he accepts the appointment. This is especially so if he wants to insist on a commitment fee since a commitment fee is not payable without agreement. Normally a fee agreement with one party only is undesirable as rendering the arbitrator vulnerable to the imputation of bias and would probably amount to misconduct. It is not improper for an arbitrator who has accepted an appointment without reservation subsequently to propose the payment of a commitment fee, especially where the parties want him to reserve a long period for the hearing well in advance, so long as the proposal is made to both parties and all negotiations relating to it are conducted with both parties. It seems that the parties are not obliged to agree such a proposal.[49]

8. CONTROL BY THE COURT

Although the arbitrator's decision as to fact is final the court retains control over arbitration agreements and references, and a party who considers that there has been some irregularity or other special reason may invoke its assistance.[50] For a full account reference should be made to Mustill & Boyd, *Commercial Arbitration*.[51] There follows an outline as a guide with particular reference to building contracts.

Appointment of arbitrator. The court has discretionary power in certain circumstances to appoint an arbitrator, as for instance where the parties do not concur in the appointment of a single arbitrator or where an appointed arbitrator refuses to or is incapable of acting or dies and the vacancy is not otherwise dealt with.[52]

---

[47] s. 18(3) of the Arbitration Act 1950.
[48] *Everglade Maritime v. Schiffahrtsgesellschaft* [1993] Q.B. 780 at 790 (C.A.)—Sir Thomas Bingham M.R. dissenting, but not on this point.
[49] *K/S Norjarl A/S v. Hyundai Heavy Industries* [1992] Q.B. 863 (C.A.).
[50] The court's power of control over arbitrators is statutory and mainly contained in the Arbitration Acts 1950 and 1979; it has no inherent power, *Exormisis S.A. v. Oonsoo* [1975] 1 Lloyd's Rep. 432. See R.S.C., Ord. 73, for Rules of Court relating to the exercise of the powers discussed in this section.
[51] (2nd ed.) Chaps. 29 to 37.
[52] Arbitration Act 1950, s. 10 as amended by ss. 6(3) and 6(4) of the Arbitration Act 1979; see also ss. 7 and 25. See *Rocco Guiseppe & Figli v. Tupinave* [1992] 1 W.L.R. 1094 for the

Extension of time. Section 27 of the Arbitration Act 1950[53] gives the court a discretion, where there would otherwise be undue hardship,[54] to extend a contractual time for starting arbitration proceedings if doing so will prevent a claim becoming time-barred.[55] The section can apply, for instance, to the time limit in clause 66 of the I.C.E. Conditions.[56] It can apply notwithstanding that the arbitrator may also have jurisdiction to extend time under the terms of the arbitration agreement.[57]

Clause 30.9 of the Standard Form of Building Contract provides that a final certificate shall be conclusive evidence that the contract has been properly performed in the respects set out in the clause except for matters in respect of which arbitration proceedings have been commenced not later than 28 days after the final certificate has been issued.[58] The Court of Appeal has held that section 27 does not apply to empower the court to extend this 28 day period. It was held to be a condition precedent to the exercise by the court of its power under section 27 that the arbitration agreement must provide that any claims to which it applies shall be barred unless the arbitration is commenced within a time stipulated by the arbitration agreement itself. The arbitration agreement in the Standard Form of Building Contract has no time limit within which proceedings have to be started. Clause 30 imposes an evidential bar in arbitration proceedings for which there is no time bar. The evidential bar is relieved if proceedings are started within the 28 day period.[59]

Revocation of arbitrator's authority. By section 1 of the Arbitration Act 1950, the authority of the arbitrator is, unless the agreement expresses a contrary intention, irrevocable except by leave of the court. The power of the court under section 24(1) of the Arbitration Act 1950 to revoke the authority

---

relationship between s. 7 and s. 10(1)(b); *cf. Mayer Newman v. Al Ferro Commodities* [1990] 2 Lloyd's Rep. 290 (C.A.); *Petredec v. Tokumaru Kaiun* [1994] 1 Lloyd's Rep. 162 at 167. The addition of s. 10(2) by s. 6(4) of the 1979 Act was to deal with the problem raised in *National Enterprises Ltd v. Racal Communications Ltd* [1975] Ch. 397 (C.A.).

[53] For its history, see *Ch. E. Rolimper v. Avra Shipping* [1973] 2 Lloyd's Rep. 226 at 229 and *Comdel Commodities v. Siporex* [1991] 1 A.C. 148 (H.L.). It seems that the court's jurisdiction under s. 27 may not be excluded by contract—see *Comdel Commodities v. Siporex* [1989] 2 Lloyd's Rep. 13 (C.A.); [1991] 1 A.C. 148 (H.L.).

[54] See, *e.g. Libra Shipping v. Northern Sales* [1981] 1 Lloyd's Rep. 273 especially at 280 (C.A.) and the cases there cited; *Comdel Commodities v. Siporex* [1989] 2 Lloyd's Rep. 13 at 23 (C.A.) and [1991] 1 A.C. 148 (H.L.); *Unitramp v. Jenson & Nicholson* [1992] 1 W.L.R. 862.

[55] See *Babanaft International v. Avant Petroleum* [1982] 1 W.L.R. 871 at 885 (C.A.). It does not apply to extend any other time limits—*ibid.*; *cf. Jadranska Plovidba v. Oleagine* [1984] 1 W.L.R. 300 (C.A.); *Richurst Ltd v. Pimenta* [1993] 2 All E.R. 559.

[56] See p. 1088 and *cf. International Tank and Pipe v. Kuwait Aviation* [1975] Q.B. 224 (C.A.)—a decision on a substantially similar clause in the F.I.D.I.C. Conditions.

[57] *Comdel Commodities v. Siporex* [1991] 1 A.C. 148 (H.L.).

[58] See p. 692.

[59] *Crown Estates Commissioners v. John Mowlem & Co. Ltd* (1994) 10 Const.L.J. 311 (C.A.) overruling *McLaughlin & Harvey v. P.& O. Developments Ltd* (1991) 55 B.L.R. 101; *cf. Babanaft International v. Avant Petroleum* [1982] 1 W.L.R. 871 at 885 (C.A.).

Chapter 16—Control by the Court

of the arbitrator for want of impartiality has been considered above. By section 24(2) of the Act, where the arbitration agreement concerns disputes which may arise in the future,[60] the court may give leave to revoke the arbitrator's authority where a dispute involves a concrete and specific issue whether any party has been guilty of fraud.[61] The court has a discretion which it will normally exercise where a party charged with substantial fraud desires it.[62] Subject to these provisions and other specific provisions discussed below under which the court can control arbitrations, the court's general discretion to give leave to revoke is only exercised in wholly exceptional circumstances such as fundamentally imperil the fair and proper functioning of the arbitral process.[63] Convenience will never warrant an order under section 1 of the 1950 Act.[64] The discretion is not merely the converse of that exercised under section 4.[65]

Injunction to restrain arbitration proceedings.[66] There is power to restrain arbitration proceedings when, exceptionally perhaps, there has been a repudiatory breach of an arbitration agreement[67] and the innocent party has elected to treat the contract as at an end.[68] There is power to restrain arbitration proceedings where an action has been brought impeaching the document containing the arbitration agreement,[69] or where the arbitrator has no jurisdiction to hear the claims in question.[70] The court may also grant an

---

[60] See *Yeu Shing Construction v. A.G. of Hong Kong* (1988) 40 B.L.R. 131 (High Court of Hong Kong).
[61] *Kruger Townswear Ltd v. Northern Ass. Co.* [1953] 1 W.L.R. 1049 (D.C.); *Camilla Cotton Oil v. Granadex* [1976] 2 Lloyd's Rep. 10 at 16 (H.L.); *Ashville Investments v. Elmer Contractors* [1989] Q.B. 488 at 501, 506 and 517 (C.A.).
[62] *Russell v. Russell* (1880) 14 Ch. D. 471; *Camilla Cotton Oil v. Granadex* [1976] 2 Lloyd's Rep. 10 (H.L.); *Cunningham-Reid v. Buchanan-Jardine* [1988] 1 W.L.R. 678 (C.A.); *cp. Yeu Shing Construction v. A.G. of Hong Kong* (1988) 40 B.L.R. 131 (High Court of Hong Kong). See also "Fraud or misconduct of one of the parties alleged" on p. 442.
[63] *Property Investments v. Byfield Building Services* (1985) 31 B.L.R. 47; *City Centre Properties (I.T.C. Pensions) Ltd v. Matthew Hall & Co. Ltd* [1969] 1 W.L.R. 772 (C.A.); *cf. Scott v. Van Sandau* (1841) 1 Q.B. 102 at 110; *James v. James* (1889) 22 Q.B.D. 669 at 674 (D.C.); *affd* 23 Q.B.D. 12 (C.A.); *Belcher v. Roedean School* (1901) 85 L.T. 468 (C.A.); *Stockport v. O'Reilly* [1983] 2 Lloyd's Rep. 70. "Section 1 must be construed as a provision which was intended to make it more difficult to remove arbitrators."—Steyn J. in *Property Investments* case at 54.
[64] *Property Investments v. Byfield Building Services* (1985) 31 B.L.R. 47 at 56.
[65] *City Centre Properties (I.T.C. Pensions) Ltd v. Matthew Hall & Co. Ltd* [1969] 1 W.L.R. 772 (C.A.). For section 4, see p. 438.
[66] See also "Overlap with court proceedings" on p. 431.
[67] *N.B.* this is not the same as a repudiation of an agreement containing an arbitration clause where the arbitration clause normally survives acceptance of repudiation—see *Heyman v. Darwins* [1942] A.C. 356 (H.L.); see also p. 160.
[68] *Bremer Vulcan v. South India Shipping* [1981] A.C. 909 (H.L.); *cf. Turriff v. Richards & Wallington* (1981) 18 B.L.R. 13; *Compagnie Europeene v. Tradax* [1986] 2 Lloyd's Rep. 301; *The Choko Star* [1987] 1 Lloyd's Rep. 508 (C.A.). See also "Dismissal for want of prosecution" on p. 447.
[69] *Kitts v. Moore* [1895] 1 Q.B. 253 (C.A.); *Bremer Vulcan v. South India Shipping* [1981] A.C. 909 at 981 (H.L.).
[70] *Siporex v. Comdel* [1986] 2 Lloyd's Rep. 428.

injunction where there are effective concurrent court proceedings which ought alone to proceed.[71] In such a case, the considerations are whether a stay of the reference would cause injustice to the claimant and whether continuance of the reference would be oppressive or vexatious to the respondent or an abuse of the process of the court.[72] The power to grant an injunction restraining arbitration is analogous to that of revoking the arbitrator's authority and is in effect the converse of granting a stay. It is a power which the court in practice uses sparingly.

Declaration as to arbitrator's jurisdiction. The court has jurisdiction to grant such a declaration.[73]

Misconduct. If an arbitrator has misconducted himself or the proceedings, the court may remove him or set an award aside.[74] Where misconduct on the part of the arbitrator is alleged an application for his removal is the correct course. If the application is granted the court has power to appoint a fresh arbitrator.[75] The test of misconduct, which does not necessarily involve moral turpitude, is whether there exist grounds from which a reasonable person would think that there was a real likelihood that the arbitrator could not, or would not, fairly determine the issue in question on the evidence and arguments to be adduced before him.[76]

An arbitrator's duty is to decide the matter which is submitted to him in accordance with the agreement under which he was appointed and he also has a duty to act fairly between the parties.[77] However informal an arbitration may be, the fundamental rules underlying the administration of all justice must always be applied.[78] Both sides must be heard, each in the presence of the other. The arbitrator must not permit one side to use means of

---

[71] *Northern Regional Health Authority v. Derek Crouch* [1984] Q.B. 644 at 673 (C.A.) where the application failed on the facts.
[72] *Compagnie Nouvelle France v. Compagnie Navale Afrique* [1966] 1 Lloyd's Rep. 477 at 487 (C.A.); *Northern Regional Health Authority v. Derek Crouch* [1984] Q.B. 644 at 659 (C.A.).
[73] *Gibraltar (Govt of) v. Kenney* [1956] 2 Q.B. 410; *Japan Line v. Aggeliki Charis* [1980] 1 Lloyd's Rep. 288 (C.A.); *cf. Metal Scrap Trade Corporation v. Kate Shipping* [1990] 1 W.L.R. 115 (H.L.); an analogous method is to proceed by way of a construction summons; see, *e.g. A. E. Farr Ltd v. Ministry of Transport* [1960] 1 W.L.R. 956.
[74] Arbitration Act 1950, s. 23. For a case discussing misconduct, see *Prod-export v. Man (E. D. & F.)* [1973] 1 Q.B. 389—error of law (or fact) not in itself misconduct, although illegality is. See also *GKN Centrax Gears Ltd v. Matbro Ltd* [1976] 2 Lloyd's Rep. 555 (C.A.). For a case with a full review of authorities, see *Turner (East Asia) v. Builders Federal* (1988) 42 B.L.R. 122 at 145 (High Court of Singapore).
[75] Arbitration Act 1950, s. 25.
[76] *Hagop Ardahalion v. Unifert International* [1984] 2 Lloyd's Rep. 84 at 89 (C.A.); *cf. Modern Engineering v. Miskin* [1981] 1 Lloyd's Rep. 135; *Asia Construction v. Crown Pacific* (1988) 44 B.L.R. 135 (High Court of Hong Kong); *R. v. Gough* [1993] A.C. 646 at 670 (H.L.).
[77] See *Carlisle Place v. Wimpey* (1980) 15 B.L.R. 109 at 116; *cf. Ashville Investments v. Elmer Contractors* [1988] 3 W.L.R. 687 at 874 (C.A.); *Morgan Grenfell v. Seven Seas Dredging* (1989) 49 B.L.R. 31.
[78] *Maltin v. Donne* (1980) 15 B.L.R. 61 at 75.

influencing the conduct and decisions of the arbitrator, which means are not known to the other side.[79] In building contract disputes, an arbitrator has been removed:

(a) who made an interim award on a point of law without hearing one of the parties, on the basis that he misconducted the proceedings in breach of natural justice[80];
(b) who failed to give the claimants an opportunity to deal with the arbitrator's own special knowledge relating to the facts[81];
(c) who, in face of protests from one party, dispensed with an adversarial hearing in favour of meetings between himself and the parties' technical representatives and then issued a 70-page "Preliminary View" containing specific findings, although he did give the parties a nominal opportunity to make further submissions[82];
(d) who determined a preliminary issue without a proper hearing and then adopted the stance that what he did was fit and proper[83];
(e) who pointed the finger at one party and repeatedly accused them unfairly of deliberate delays; and who did not pay proper heed to their objections but insisted that the hearing must start on the date he had ordered when they could not be in a position to conduct their case properly.[84]

An arbitrator would have been removed, had he not resigned, where in another action against a party to the arbitration he had appeared to be participating in the instructions of counsel for the other party.[85] An arbitrator's award was set aside where he received a prejudicial document from one party but refused to let the other party have a copy of it.[86]

On the other hand, the court does not generally interfere with procedural orders made in the course of an arbitration.[87] An arbitrator in a dispute where 83 roofs were alleged to be defective was held to have acted within his jurisdiction in ordering that liability should be determined by reference to a maximum of 25 of the roofs while leaving open a possibility that application might be made for evidence of additional defects in other roofs to be received.[88]

---

[79] *Harvey v. Shelton* (1844) 7 Beav. 455 at 462.
[80] *Modern Engineering (Bristol) v. C. Miskin & Son* [1981] 1 Lloyd's Rep. 135 (C.A.); *cf. Pratt v. Swanmore Builders* [1980] 2 Lloyd's Rep. 504.
[81] *Fox v. P. G. Wellfair Ltd* [1981] 2 Lloyd's Rep. 514 (C.A.); *cf. Fairclough v. Vale of Belvoir Superstore* (1990) 56 B.L.R. 74; *Unit Four Cinemas v. Tosara Investment* [1993] 2 E.G.L.R. 11.
[82] *Town & City Properties v. Wiltshier* (1988) 44 B.L.R. 109.
[83] *Asia Construction v. Crown Pacific* (1988) 44 B.L.R. 135 (High Court of Hong Kong).
[84] *Damond Lock Grabowski v. Laing Investments* (1992) 60 B.L.R. 112.
[85] *Tracomin v. Gibbs* [1985] 1 Lloyd's Rep. 586. See also "Disqualification for bias" on p. 433.
[86] *Maltin v. Donne* (1980) 15 B.L.R. 61; *cp. Brown v. CBS (Contractors)* [1987] 1 Lloyd's Rep. 279.
[87] See *Carlisle Place v. Wimpey* (1980) 15 B.L.R. 109 at 116; *cf. Stockport v. O'Reilly* [1983] 2 Lloyd's Rep. 70 at 78.
[88] *ibid.*

Removal of arbitrator for delay. An application can be made under section 13(3) of the Arbitration Act 1950 to remove an arbitrator who fails to use all reasonable dispatch.[89]

Preservation of status quo. The court has power to order the detention, preservation or inspection of property as to which any question may arise in the reference.[90]

Interim injunction. Where parties have agreed that disputes shall be settled by arbitration, the court has nevertheless specific power under section 12(6)(h) of the Arbitration Act 1950 to grant interim injunctions. The power can be exercised before there has been any request for arbitration or the appointment of arbitrators, provided that the applicant intends to take the dispute to arbitration in due course. The power may in an appropriate case be exercised by granting an interim mandatory injunction, such as an order to continue performance of a building contract. The power conferred by the section is not available for foreign arbitrations such that the section only applies if the parties have chosen England or Wales as the seat of the arbitration.[91]

Appeals to the High Court. Before the enactment of the Arbitration Act 1979, arbitrators' decisions on points of law could be reviewed by the High Court by means of the statement of a special case.[92] This procedure was abolished by the 1979 Act[93] and replaced by a system of appeal to the High Court which, as applied, promotes greater finality in arbitral awards.[94] Parties may enter into an agreement in writing excluding the right of appeal.[95]

Under section 1(2) of the Arbitration Act 1979, appeals are possible on any question of law arising out of an award with the consent of all the other

---

[89] *cf. Pratt v. Swanmore Builders* [1980] 2 Lloyd's Rep. 504 at 512.
[90] Arbitration Act 1950, s. 12(6)(g). For other powers of the court in relation to the reference, see this section of the Act generally. Thus for an order for security for costs, see *Bilcon Ltd v. Fegmay Investments Ltd* [1966] 2 Q.B. 221; *cf. Coppée Lavalin v. Ken-Ren* [1994] 2 W.L.R. 631 (H.L.).
[91] *Channel Tunnel Group v. Balfour Beatty* [1993] A.C. 334 at 359 (H.L.) and [1992] Q.B. 656 (C.A.).
[92] See the 4th edition of this book on p. 247 for a discussion of the procedure. See also generally Anthony Thornton, "Appeals in Construction Arbitrations" (1984-5) 1 Const.L.J. 103.
[93] See s.1(1). See also s. 2 for the limited possibility of determination by the court of a preliminary point of law.
[94] *Pioneer Shipping v. B.T.P. Tioxide* [1982] A.C. 724 at 742 (H.L.); *Antaios Compania v. Salen A.B.* [1985] A.C. 191 at 203 (H.L.); *Ipswich B.C. v. Fisons* [1990] Ch. 709 at 722 (C.A.).
[95] See s. 3(1); *cf. Arab African Energy v. Olieprodukten Nederland* [1983] 2 Lloyd's Rep. 419; *Marine Contractors v. Shell Petroleum* [1984] 2 Lloyd's Rep. 77 (C.A.)—both cases concerning Article 24 of the ICC Rules of Arbitration. For arbitration under the ICC Rules, see p. 460.

Chapter 16—Control by the Court

parties to the reference,[96] or with leave of the court.[97] The High Court shall not grant leave unless it considers that, having regard to all the circumstances, the determination of the question of law could substantially affect the rights of one or more of the parties.[98] For the purpose of applications for leave to appeal, arbitrators are normally asked to give reasons for their award and the court may order an arbitrator to state reasons where he has not sufficiently done so, provided normally that one of the parties asked him to do so before the award was made.[99] Applications for leave to appeal may be struck out in the court's discretion if there has been a failure to conduct and prosecute an appeal with all deliberate speed.[1]

Applications for leave to appeal may be transferred to an Official Referee where this is appropriate, as it may be in a dispute concerning a building contract.[2] The principles upon which leave to appeal should granted or refused are exactly the same in construction cases as in any other case.[3]

Leave to appeal is granted sparingly. The court has a discretion for whose exercise there are guidelines.[4] In "one-off cases" where the question of law is one which is unlikely to recur, leave is not normally given unless it is apparent to the judge upon a mere perusal of the reasoned award itself and with only brief oral argument[5] that the arbitrator was obviously wrong.[6] "Does it appear upon perusal of the award either that the arbitrator misdirected himself in law or that his decision was such that no reasonable arbitrator could reach?"[7] Where questions of the construction of contracts in standard

---

[96] See s. 1(3)(a)—such consent is rarely forthcoming after an award, but *cf. Ipswich B.C. v. Fisons* [1990] Ch. 709 at 722 (C.A.).

[97] See s. 1(3)(b). See also s. 1(6A) and (7) for appeals to the Court of Appeal and *cf. Antaios Compania v. Salen A.B.* [1985] A.C. 191 at 205 (H.L.); *F. G. Whitley v. Clwyd County Council* (1982) 22 B.L.R. 48 (C.A.); *Geogas S.A. v. Trammo Gas* [1991] 2 Q.B. 139 (C.A.). No appeal against a grant or refusal of leave by the Court of Appeal lies to the House of Lords—*Geogas S.A. v. Trammo Gas* [1991] 1 W.L.R. 776 (H.L.).

[98] See s. 1(4).

[99] See s.1(5) and (6); *cf. Granges Aluminium v. Cleveland Bridge and Engineering, The Times,* May 15, 1990 (C.A.)—power to order further *additional* reasons should be exercised as sparingly as possible. See however *King v. Thomas McKenna Ltd* [1991] 2 Q.B. 480 at 494 (C.A.) where there is an appeal as to costs where no reasons for the costs order have been given. There is no power to order an arbitrator to state his reasons for making a pre-award ruling—*Three Valleys Water v. Binnie & Partners* (1990) 52 B.L.R. 42 at 55.

[1] *Secretary of State for the Environment v. Euston Centre Investments* [1994] 3 W.L.R. 1081 (C.A.).

[2] *Tate & Lyle v. Davy McKee* [1990] Q.B. 1068 (C.A.).

[3] *Higgs & Hill v. University of London* (1983) 24 B.L.R. 139 at 148; *cf. Ipswich B.C. v. Fisons* [1990] Ch. 709 (C.A.).

[4] See *Aden Refinery v. Ugland Management* [1987] Q.B. 650 at 667 *et seq.* (C.A.). In Hong Kong, where the legislation is similar but not identical, the approach is somewhat different—see *P.T. Dover Chemical v. Lee Chang Yung Chemical* (1990) 2 H.K.L.R. 257 (Hong Kong C.A.).

[5] *Ipswich B.C. v. Fisons* [1990] Ch. 709 at 721 (C.A.).

[6] *Pioneer Shipping v. B.T.P. Tioxide* [1982] A.C. 724 at 742 (H.L.); *Antaios Compania v. Salen A.B.* [1985] A.C. 191 at 207 (H.L.); *Seaworld Ocean Line v. Catseye Maritime* [1989] 1 Lloyd's Rep. 30 at 32. For a building contract case where leave was refused, see *F. G. Whitley v. Clwyd County Council* (1982) 22 B.L.R. 48 (C.A.).

[7] Lord Diplock in *Pioneer Shipping v. B.T.P. Tioxide* [1982] A.C. 724 at 744 (H.L.); *cf.* Lord

terms are concerned, leave to appeal is rather more likely to be granted since it is in the public interest that the meaning of such contracts should be clear and certain. But leave is not given in these cases unless there is a strong prima facie case that the arbitrator's construction is wrong.[8] This applies even when there are conflicting judicial *obiter dicta*, although leave should be given if there are conflicting judicial decisions.[9] Where the events to which the standard clause falls to be applied are "one-off" events, stricter criteria are applied.[10] The standard term contract approach may well be appropriate to decisions which will have a recurring effect between the parties[11] and also to awards which raise questions of law of general importance which do not concern standard term contracts, especially where there is little or no direct authority.[12] The High Court has power to review an arbitrator's costs award on grounds of legal error, but it is a power to be excercised with the utmost caution.[13]

Remitting award. The court has a discretionary power, upon application being made in accordance with Rules of the Supreme Court, to remit the matters referred or any of them to the reconsideration of the arbitrator or umpire.[14] The power to remit only comes into play after an award has been made. It does not apply to a pre-award ruling.[15] The power was formerly available where there was an error of fact or law on the face of the award,[16] but that jurisdiction was abolished by section 1(1) of the Arbitration Act 1979. Circumstances where the power to remit is available include those which were recognised before the passing of the Common Law Procedure Act 1854, *viz:*

Diplock in *Antaios Compania v. Salen A.B.* [1985] A.C. 191 at 206 (H.L.)—was the arbitrator "so obviously wrong as to preclude the possibility that he might be right?"; *Bramall & Ogden v. Sheffield City Council* (1983) 29 B.L.R. 73 at 84—was the arbitrator's decision "perverse"?

[8] *Pioneer Shipping v. B.T.P. Tioxide* [1982] A.C. 724 at 743 (H.L.); *cf. Ipswich B.C. v. Fisons* [1990] Ch. 709 at 723 (C.A.). For building contract examples of the application of this guideline, see *E.R. Dyer v. Simon Build/Peter Lind* (1982) 23 B.L.R. 23 (leave refused); *Anglian Water v. R.D.L. Contracting* (1988) 43 B.L.R. 98 (leave granted).

[9] *Antaios Compania v. Salen A.B.* [1985] A.C. 191 at 203 (H.L.).

[10] *Pioneer Shipping v. B.T.P. Tioxide* [1982] A.C. 724 at 743 (H.L.); *cf. Boskalis Westminster v. Liverpool City Council* (1983) 24 B.L.R. 83.

[11] *e.g.* rent review decisions—see *Ipswich B.C. v. Fisons* [1990] Ch. 709 (C.A.).

[12] See *Bulk Oil v. Sun International* [1984] 1 W.L.R. 147 (C.A.); *Aden Refinery v. Ugland Management* [1987] Q.B. 650 at 661 and 668 (C.A.); *Glenlion Construction v. The Guinness Trust* (1987) 39 B.L.R. 89. In Hong Kong, the approach to granting leave to appeal is rather different because local conditions are different and there are differences in the legislation—see *P.T. Dover Chemical v. Lee Chang Yung* (1990) 2 H.K.L.R. 257 (Hong Kong C.A.).

[13] *Everglade Maritime v. Schiffahrtsgesellschaft* [1993] Q.B. 780 at 790 (C.A.)—Sir Thomas Bingham M.R. dissenting, but not on this point.

[14] Arbitration Act 1950, s. 22(1); R.S.C., Ord. 73. For the court's discretion see *King v. Thomas McKenna Ltd* [1991] 2 Q.B. 480 (C.A.); *cf. Universal Cargo Carriers Corp. v. Citati* [1957] 1 W.L.R. 979 (C.A.).

[15] *Three Valleys Water v. Binnie & Partners* (1990) 52 B.L.R. 42 at 55.

[16] See the 4th edition of this book on p. 248.

Chapter 16—Control by the Court

(a) where the award is bad on its face;

(b) where the arbitrator has made an error which amounts to misconduct but which does not justify his removal. An example would be where he had failed to grant relief which he ought to have granted[17];

(c) where the arbitrator admits a mistake and asks for the matter to be remitted[18];

(d) where additional evidence has been discovered after the making of the award;

and also

(e) where, notwithstanding that the arbitrator has acted with complete propriety, due to a procedural mishap or misunderstanding, some aspect of the dispute has not been considered and adjudicated upon as fully as or in a manner which the parties were entitled to expect *and* it would be inequitable to allow any award to take effect without some further consideration by the arbitrator.[19]

Under (e), an award was remitted where the arbitrator made a costs order in ignorance of a sealed offer where counsel erroneously believed that she had successfully communicated her request for an interim award with the issue of costs to be held over.[20]

Awards have also been remitted where the arbitrator has made an insupportable costs order,[21] but "it is of the utmost importance that an arbitrator's discretion as to costs is not interfered with save in plain cases".[22] An award was remitted to an arbitrator for reconsideration when he made an unusual award as to costs without giving his reasons.[23] The award could be justified in certain circumstances. If it could not have been justified at all according to the principles governing the exercise of discretion as to costs[24] it would have been set aside as to costs.[25]

---

[17] See, *e.g. Wildhandel N.V. v. Tucker & Cross* [1976] 1 Lloyd's Rep. 341—arbitrator's failure to award interest where he had sufficient material before him to do so. For an arbitrator's power to award interest, see s. 19A of the Arbitration Act 1950 as inserted by s. 15(6) of the Administration of Justice Act 1982.

[18] See *e.g. Mutual Shipping v. Bayshore Shipping* [1985] 1 W.L.R. 625 (C.A.).

[19] *King v. Thomas McKenna Ltd* [1991] 2 Q.B. 480 (C.A.); *cf. London Borough of Islington v. Turriff Construction* unreported March 16, 1990 (C.A.) citing *Société Franco-Tunisienne v. Government of Ceylon* [1959] 1 W.L.R. 787 (C.A.); *Harrison v. Thompson* [1989] 1. W.L.R. 1325.

[20] *King v. Thomas McKenna Ltd* [1991] 2 Q.B. 480 (C.A.).

[21] See *The Ios I* [1987] 1 Lloyd's Rep. 321.

[22] Parker J. in *Higgs & Hill v. University of London* (1983) 24 B.L.R. 139 at 153; *cf. Thyssen (Great Britain) v. Borough Council of Afan* (1978) 15 B.L.R. 98 (C.A.); *Argolis Shipping v. Midwest Steel* [1982] 2 Lloyd's Rep. 594.

[23] *Centrala Morska v. Cia Nacional* [1975] 2 Lloyd's Rep. 69; *cf. Archital Luxfer v. Henry Boot* [1981] 1 Lloyd's Rep. 642.

[24] See p. 508.

[25] *The Erich Schroeder* [1974] 1 Lloyd's Rep. 192; see also *Pepys v. L.T.E.* [1975] 1 W.L.R. 234 (C.A.)—a Lands Tribunal case, but applying general principles.

But, since the enactment of the Arbitration Act 1979, reasoned awards as to costs can only be challenged by an appeal to the High Court, leave having first been obtained under section 1 of the 1979 Act, and it seems that this may now be the only means of appeal as to costs where no reasons have been given, the appeal being conducted upon reasons ordered to be given under section 1(5) of the Act.[26]

Refusal to enforce award. An award may be enforced by leave of the High Court or a judge thereof in the same manner as a judgment or order.[27] Alternatively an action may be brought on the award.[28] The former is the ordinary procedure where there is an arbitration agreement within the meaning of the Arbitration Act 1950.[29] An action to enforce an award is an independent cause of action accruing for limitation purposes upon failure to honour the award.[30] If there has been no application for leave to appeal or to remit or set it aside the award,[31] it is final and binding upon the parties[32] and leave will be given to enforce the award "unless there is real ground for doubting the validity of the award".[33] An action on the award is necessary where leave is refused, and is necessary, or to be advised, in certain other circumstances.[34]

9. ARBITRATION UNDER ICC RULES

International commercial disputes, in particular international construction contract disputes, are difficult to resolve not least because parties are reluctant to have their disputes adjudicated in the courts of a country other than their own and with whose law and practice they are unfamiliar. Accordingly international construction contracts usually contain an arbitration clause and these often provide for arbitration under the ICC Rules of Conciliation and Arbitration.[35]

---

[26] *King v. Thomas McKenna Ltd* [1991] 2 Q.B. 480 at 494 (C.A.); *Blexen v. Percy Trentham Ltd* (1990) 54 B.L.R. 37 (C.A.).
[27] Arbitration Act 1950, s. 26(1). For enforcement by the County Court of awards not exceeding the County Court jurisdiction, see s. 26(2) as added by the Administration of Justice Act 1977, s. 17(2).
[28] See Mustill & Boyd, *Commercial Arbitration* (2nd ed.), pp. 417 *et seq.*
[29] For meaning, see p. 423. Note that an Adjudicator appointed under Clause 4.30 of NSC/C is not an arbitrator within the meaning of s. 26 of the Arbitration Act 1950 and his decision cannot be enforced summarily under that section—*A. Cameron v. John Mowlem & Co.* (1990) 52 B.L.R. 24 (C.A.) and see p. 863.
[30] *Agromet v. Maulden Engineering* [1985] 1 W.L.R. 762. See also s. 7 of the Limitation Act 1980.
[31] R.S.C., Ord. 73, r. 5 prescribes a time limit of 21 days after the award is made or published for such applications.
[32] Arbitration Act 1950, s. 16.
[33] *Middlemiss & Gould v. Hartlepool Corporation* [1972] 1 W.L.R. 1643 at 1647 (C.A.). See also *Hall & Wodehouse Ltd v. Panorama Ltd* [1974] 2 Lloyd's Rep. 413 (C.A.).
[34] See Mustill & Boyd, *Commercial Arbitration* (2nd ed.), p. 417.
[35] *cf. Coppée Lavalin v. Ken-Ren* [1994] 2 W.L.R. 631 at 638 (H.L.); *Bank Mellat v. Helliniki*

Chapter 16—Arbitration under ICC Rules

The ICC Court of Arbitration was established in 1923 as an international arbitration body attached to the International Chamber of Commerce. Its headquarters are in Paris. Around 40 nationalities are represented on the Court itself. Its staff is multinational and there are National Committees of the ICC in many countries. An ICC arbitration may have arbitrators of any nationality, sitting in any place and using any language. The Court of Arbitration itself does not settle disputes, but it appoints, or confirms the appointment of arbitrators,[36] and supervises the administration of the arbitration. The Court fixes the place of the arbitration unless the parties agree where it is to be.[37] The Court scrutinises the form of Terms of Reference and Awards,[38] sees that time limits are, so far as possible, adhered to and sees that the parties provide for the costs of running the arbitration. The perceived international acceptability of its system greatly helps parties to achieve awards which are not only accepted but, generally speaking, enforceable.[39]

Appointment of arbitrators.[40] Disputes may be settled by a sole arbitrator or by three arbitrators.[41] Where the parties have not agreed on the number of arbitrators, the Court appoints a sole arbitrator unless it appears to the Court that the dispute is such as to warrant the appointment of three arbitrators. A sole arbitrator may be appointed by agreement of the parties confirmed by the Court or, if the parties fail to agree, by the Court. Where the dispute is to be referred to three arbitrators, each party nominates one arbitrator. The third arbitrator, who acts as chairman, is appointed by the Court unless the parties have provided for him to be agreed upon by the two nominees and they do so agree within a time limit fixed by the parties. In nominating a sole arbitrator or chairman, the Court consults with an appropriate National Committee and usually chooses someone from a country other than those of which the parties are nationals. Every arbitrator must be and remain independent of the parties and arbitrators may be challenged and, if the Court upholds the challenge, replaced for lack of

---

Techniki [1984] Q.B. 291 at 314 (C.A.). The ICC Rules in force as from January 1, 1988, are reproduced in Appendix 4 to Mustill & Boyd, *Commercial Arbitration* (2nd ed.). There is a standard ICC arbitration clause recommended by the ICC in various languages on p. 745 of Mustill & Boyd. The Rules also provide for optional conciliation. See Art. 7 of the Rules for circumstances in which an arbitration cannot proceed. A new Appendix III of the Rules (Schedule of Conciliation and Arbitration Costs), not reproduced in Mustill & Boyd, came into force on January 1, 1993.

[36] See Art. 2 of the ICC Rules.
[37] Art. 11 of the ICC Rules.
[38] See *Bank Mellat v. GAA Development* [1988] 2 Lloyd's Rep. 44 at 48.
[39] Often by means of the 1958 New York Convention on the Recognition and Enforcement of Foreign Arbitral Awards or, where this has not been adopted, the 1927 Geneva Convention on the Execution of Foreign Arbitral Awards. The Arbitration Act 1975 gives effect to the New York Convention. See also Art. 26 of the ICC Rules.
[40] See Art. 2 of the ICC Rules.
[41] Where appropriate, references in the text of this section to "the arbitrator" includes reference to a triumvirate.

independence or otherwise. The parties are entitled to an impartial and fair consideration and resolution by the arbitrators, acting together, of all issues in the case.[42] An arbitrator may also be replaced on the ground that he is not fulfilling his functions in accordance with the Rules or within the prescribed time limits. The Court's reasons for its decisions in relation to the appointment, confirmation, challenge or replacement of arbitrators are not communicated and such decisions are final.

Pleadings.[43] The Rules provide for a Request for Arbitration by the Claimant and for an Answer to the Request and, if appropriate, a Counterclaim by the Defendant within 30 days of his receiving the Request subject to extension in exceptional circumstances. The Claimant may file a Reply within 30 days of his receiving the Counterclaim. All these documents are sent to the Secretariat of the Court. If a party challenges the existence or validity of the agreement to arbitrate and the Court is satisfied of the prima facie existence of such an agreement, the arbitration may proceed and any decision as to the arbitrator's jurisdiction is taken by him.[44] It is at this stage that the Secretariat transmits the file to the arbitrator, subject to an advance payment by the parties in equal shares of a sum to cover the costs of the arbitration. The arbitrator may only proceed on those claims for which the advance on costs has been duly paid.[45] A party to an ICC arbitration agreement who was financially unable pay his share of the advance failed to resist an application under section 1(1) of the Arbitration Act 1975 to stay proceedings which he had started in the High Court and for which he had obtained a legal aid certificate with a nil contribution.[46]

Terms of Reference.[47] Before proceeding with the preparation of the case, the arbitrator has to draw up Terms of Reference containing, in addition to formal matters, a summary of the parties' respective claims and a definition of the issues, with particulars of procedural rules and such other particulars as may be required to make the arbitral award enforceable in law. The requirement for such Terms of Reference is sometimes thought by English lawyers familiar with English pleading practice to be an unnecessary addition to the Request for Arbitration and the Answer, but adherence to the procedure is required by the Court and may be essential to ensure that the arbitral award is eventually enforceable. In addition, a Terms of Reference meeting or hearing usually achieves better definition of the issues and is often

---

[42] *Bank Mellat v. GAA Development* [1988] 2 Lloyd's Rep. 44 at 50.
[43] See Arts. 3–6 inclusive of the ICC Rules.
[44] See Art. 8 of the ICC Rules; *Dalmia v. National Bank* [1978] 2 Lloyd's Rep. 223 at 284 (C.A.).
[45] See Arts. 9 and 10 of the ICC Rules.
[46] *Paczy v. Haendler* [1981] 1 Lloyd's Rep. 302 (C.A.).
[47] See Arts. 9 and 13 of the ICC Rules.

Chapter 16—Arbitration under ICC Rules

useful to sort out procedural matters generally. Since the parties may subsequently make new claims or counterclaims before the arbitrator provided that they are within the limits fixed by the Terms of Reference or a rider to that document signed by the parties,[48] the Terms of Reference themselves should be drawn sufficiently widely to encompass the possible addition of amended claims and counterclaims.

Proper law. The parties are free to agree the law to be applied by the arbitrator to the merits of the dispute and this will often appear in the arbitration agreement. If the parties do not so agree, the arbitrator applies "the law designated as the proper law by the rule of conflict which he deems appropriate".[49] This delphic provision appears to mean that the arbitrator has to decide a system of law on the basis of which he is to decide the law to apply to the merits of the dispute, and on the basis of that system he then decides which law to apply to the merits of the dispute. In practice, he will probably choose the law of the country with which the contract has the closest connection which is likely to be the country where the works are situated.[50]

Procedural law. "Certainly there may sometimes be an express choice of curial law which is not the law of the place where the arbitration is to be held: but in the absence of an explicit choice of this kind, or at least some very strong pointer in the agreement to show that such a choice was intended, the inference that the parties when contracting to arbitrate in a particular place consented to having the arbitral process governed by the law of that place is irresistible."[51]

The parties may, without infringing the agreement to arbitrate, apply to any "competent judicial authority" for "interim or conservatory measures".[52] "Competent judicial authority" ought to mean the courts of the place which the parties have chosen as the seat of the arbitration. If it does not, and is wider in scope, it at most amounts to an option to choose some other curial law for that limited purpose. If the parties' chosen seat of arbitration is not England or Wales, the English court has no jurisdiction to grant interim injunctions under section 12(6)(h) of the Arbitration Act 1950 for foreign arbitrations.[53]

---

[48] See Art. 16 of the ICC Rules.
[49] Art. 13.3 of the ICC Rules.
[50] For the English law on what is the proper law of a contract, see generally Dicey & Morris, *The Conflict of Laws* (12th ed.).
[51] Lord Mustill in *Channel Tunnel Group v. Balfour Beatty* [1993] A.C. 334 at 357 (H.L.).
[52] See Art. 8.5 of the ICC Rules. For "interim or conservatory measures", see *Coppée Lavalin v. Ken-Ren* [1994] 2 W.L.R. 631 at 642 (H.L.); *Bank Mellat v. Helliniki Techniki* [1984] Q.B. 291 at 305 (C.A.).
[53] *Channel Tunnel Group v. Balfour Beatty* [1993] A.C. 334 at 359 (H.L.) and [1992] Q.B. 656 (C.A.). See also "Interim injunction" on p. 456.

Procedural rules are those resulting from the ICC Rules themselves and, where these are silent, any rules which the parties themselves, or failing them the arbitrator, may settle.[54] In practice, this normally means that, subject to the ICC Rules, the arbitrator is in charge of his own procedure. Otherwise where an ICC arbitration takes place in England, the procedural law governing the arbitration will be English law[55] and the Rules do not expressly or by necessary implication exclude all applications to the English court.[56] The English court will, for instance, entertain in appropriate circumstances an application to remove an arbitrator or set aside his award for misconduct under section 23 of the Arbitration Act 1950,[57] or an application under section 26(1) of the Act for leave to enforce an award.[58] But if the arbitration agreement expressly stipulates that a party shall not apply to a national court for a particular type of order, the court will almost always honour the agreement and abstain from exercising its powers.[59] The ICC Rules do not preclude the making of an order for security for costs by the English Court under section 12(6)(a) of the Arbitration Act 1950 or under its inherent jurisdiction. In exercising its discretion, the court has regard to the fact that arbitration is consensual and gives effect to the consensus by identifying, as far as possible, the kind of arbitral process that the parties contemplated and considering whether it is inconsistent with that process to make an order for security.[60] In one such case, the majority of the House of Lords held that security should be ordered, in what were described as "very exceptional circumstances", where both the claimant was insolvent and also the arbitration was funded by a third party who had no responsibility for the respondent's costs if the respondent won.[61]

The proceedings. The arbitrator has to establish the facts "by all appropriate means". He has power to appoint one or more experts. He is obliged to hold a hearing in the parties' presence unless they request him to decide the case on the relevant documents alone. The hearing is in private

---

[54] Art. 11 of the ICC Rules.
[55] *Whitworth Street Estates v. James Miller & Partners* [1970] A.C. 583 (H.L.); *Channel Tunnel Group v. Balfour Beatty* [1993] A.C. 334 at 357 (H.L.); *Bank Mellat v. Helliniki Techniki* [1984] Q.B. 291 at 301 (C.A.); *cf. Dalmia v. National Bank* [1978] 2 Lloyd's Rep. 223 (C.A.). Where the arbitration takes place in a country other than England, the procedural law of the arbitration will be determined by the law of that country. English decisions referred to in this Section will not, of course, necessarily be followed in other jurisdictions.
[56] *Coppée Lavalin v. Ken-Ren* [1994] 2 W.L.R. 631 (H.L.).
[57] See *Bank Mellat v. Helliniki Techniki* [1984] Q.B. 291 at 305 (C.A.); *Bank Mellat v. GAA Development* [1988] 2 Lloyd's Rep. 44 where the application failed on the merits.
[58] *Bank Mellat v. GAA Development* [1988] 2 Lloyd's Rep. 44.
[59] *Coppée Lavalin v. Ken-Ren* [1994] 2 W.L.R. 631 at 642 (H.L.).
[60] *Coppée Lavalin v. Ken-Ren* [1994] 2 W.L.R. 631 (H.L.) considering *Bank Mellat v. Helliniki Techniki* [1984] Q.B. 291 (C.A.).
[61] *Coppée Lavalin v. Ken-Ren* [1994] 2 W.L.R. 631 (H.L.).

Chapter 16—Arbitration under ICC Rules

unless the parties and the arbitrator agree that persons not involved in the proceedings may be admitted.[62]

The Award. The arbitrator has power to make an award by consent,[63] and also a "partial award"[64] which in England at least appears to be the same as an interim award.[65] Where there are three arbitrators, the award is if necessary by a majority or, if there is no majority, by the chairman.[66] The award has to fix the costs of the arbitration.[67] There is a time limit of six months from the operative signature of the Terms of Reference for the arbitrator to render his award to the Court for scrutiny. The Court has power to extend this time and does so in appropriate cases, but in general ICC arbitrations proceed rather more quickly than equivalent English domestic arbitrations.[68] The award is deemed to be made at the place of arbitration on the date when it is signed by the arbitrator.[69] The arbitral award is final and the parties are deemed to have undertaken to carry out the resulting award without delay and to have waived their right to any form of appeal in so far as such waiver can be validly made.[70] An application for leave to appeal under section 1 of the Arbitration Act 1979 will normally fail *in limine* on account of this provision which applies also to partial awards as discussed above.[71] Merely asking the arbitrator for reasons does not amount to a waiver of the exclusion agreement.[72]

---

[62] Arts. 14 and 15 of the ICC Rules.
[63] Art. 17 of the ICC Rules.
[64] See Art. 21 of the ICC Rules.
[65] See *Marine Contractors v. Shell Petroleum* [1984] 2 Lloyd's Rep. 77 (C.A.) where the arbitrator had made an interim award deciding certain preliminary issues and the Court of Appeal rejected a construction of the Rules to the effect that there was no power to make an award which was not enforceable in money terms. For interim awards in English arbitrations, see p. 450.
[66] Art. 19 of the ICC Rules.
[67] Art. 20 of the ICC Rules.
[68] See Arts. 18 and 21 of the ICC Rules.
[69] Art. 22 of the ICC Rules.
[70] Art. 24 of the ICC Rules.
[71] See *Marine Contractors v. Shell Petroleum* [1984] 2 Lloyd's Rep. 77 (C.A.); *Arab African Energy v. Olieprodukten Nederland* [1983] 2 Lloyd's Rep. 419, where a telex provision for arbitration "according ICC rules" was held to be a sufficient agreement in writing excluding the right of appeal under s. 3(1) of the Arbitration Act 1979. See generally "Appeals to the High Court" on p. 456.
[72] *Marine Contractors v. Shell Petroleum* [1984] 2 Lloyd's Rep. 77 (C.A.).

Chapter 17

LITIGATION

		Page
1.	Features of Building Contract Litigation	466
2.	Official Referees	467
3.	County Court Jurisdiction	470
4.	Pleadings	472
5.	Contractor's "Claims"	478
6.	Scott or Official Referee's Schedule	480
7.	Preparation for Trial	487
	(a) *Preparation of evidence*	487
	(b) *Discovery*	492
	(c) *Preliminary Point*	494
	(d) *Plans, photographs, models, mechanically recorded evidence*	495
	(e) *View*	495
	(f) *Various interlocutory matters*	496
	(g) *Settlement of actions*	498
8.	Set-off and Counterclaim	498
9.	Summary Judgment and Interim Payment	502
10.	Interest	506
11.	Costs	508
	(a) *Costs are discretionary*	510
	(b) *Recovery of small sums*	512
	(c) *Notice to admit facts*	512
	(d) *Admissions on summons for directions*	512
	(e) *Payment into court*	513
	(f) *Written offers*	517
	(g) *Costs where there are cross-claims*	517

1. FEATURES OF BUILDING CONTRACT LITIGATION

There is no special procedure laid down by the rules for building contract disputes, and any such dispute may follow its own particular course, but there are some features which so frequently recur in disputes of fact over building contracts that they are to some extent characteristic. They are as follows[1]:

(a) the contract may show that the architect's certificate is intended to be a condition precedent to the right to bring an action, or when given is

---

[1] Unless otherwise expressly stated High Court practice and procedure and the Rules of the

binding and conclusive as between the parties unless it can be reviewed or set aside.[2]

(b) the contract may contain a clause referring disputes to an arbitrator in which case if one party commences proceedings in a court of law the other can usually obtain a stay of the proceedings.[3] If there is a formal hearing by the arbitrator much of what is said in this chapter about practice and pleading will apply to the arbitration proceedings.

(c) the technical nature of disputes often gives rise to a reference to a referee or an arbitrator.

(d) the special form of pleading known as a Scott or Official Referee's Schedule is frequently used in detailed disputes of fact.

(e) costs tend to be high even when the amount in issue is small.

(f) a set-off or counterclaim is common and may give rise to various difficult questions.

(g) the number of parties tends to be high and the litigation in consequence to be complicated.

2. OFFICIAL REFEREES

An official referee is a Circuit judge, deputy Circuit judge or recorder nominated by the Lord Chancellor to deal with official referees' business.[4] Official referees' business includes cases which involve a prolonged examination of documents or accounts, or a technical scientific or local investigation, or for which trial by an official referee is desirable in the interests of one or more of the parties on grounds of expedition, economy or convenience or otherwise.[5] Actions may now be started as official referees' business or they may be transferred.[6] An order for a reference may be made by the Court of its own motion at any time and may be made at trial. Alternatively it may be made upon application at any time before trial. Orders are commonly made by the master at the close of pleadings upon the summons for directions and in some cases upon a summons under Order 14 where leave to defend is granted, *e.g.* where there is a claim for work done and an affidavit by the defendant alleging defective workmanship. Official referees have essentially the same powers as High Court judges.[7] They may hold trials at any convenient place.[8]

Supreme Court are referred to, although most of the subject matter of this chapter applies in principle to county court litigation.

[2] See generally Chap. 5.
[3] See "The Right to Insist on Arbitration" on p. 438.
[4] s. 68(1)(a) of the Supreme Court Act 1981 as amended by s. 59 of the Administration of Justice Act 1982. See also R.S.C., Ord. 1, r. 4(1).
[5] See R.S.C., Ord. 36, r. 1.
[6] See R.S.C., Ord. 36, rr. 2, 3. Matters transferred can include applications for leave to appeal under s. 1 of the Arbitration Act 1979—see *Tate & Lyle v. Davy McKee* [1990] Q.B. 1068 (C.A.); see also "Appeals to the High Court" on p. 456.
[7] R.S.C., Ord. 36, r. 4.
[8] R.S.C., Ord. 36, r. 4(3).

Litigation

A majority of building contract actions in the High Court is tried by official referees.[9] In London, judges nominated to deal with official referees business sit full time in courts in St Dunstan's House, Fetter Lane. Outside London, there are nominated judges at various centres. Official referees may also in certain circumstances accept appointments as arbitrators.[10]

Practice. Official referees' business in London is allocated to particular official referees in rotation.[11] The allocated judge then deals personally with interlocutory applications as well as the trial. The plaintiff has to make an application for directions within 14 days of the defendant giving notice of intention to defend or of the date of the order transferring the case.[12] The powers and duties to give directions include those provided by the rules upon a summons for directions,[13] but official referees habitually give special directions aimed at organising the complexities of the case before trial so that it may be tried as efficiently as possible.[14] Such directions include, where appropriate, ordering a Scott or Official Referee's Schedule,[15] directing issues to be tried[16] and giving directions relating to witness statements and expert evidence.[17] It may also be necessary to order a view.[18] The application for directions is usually adjourned at the first hearing and may be restored before trial for further directions. There is an increasing practice to restore it as a pre-trial review about six weeks before the hearing.

Appeals from official referees. Subject to section 18 of the Supreme Court Act 1981,[19] an appeal lies to the Court of Appeal from a decision of an official referee on a question of law and, with the leave of the official referee or

---

[9] For official referees' practice generally, see the commentary to R.S.C., Ord. 36, in *The Supreme Court Practice 1995*; Fay, *Official Referees' Business* (2nd ed.); Newey, *Official Referees' Courts—Practice and Procedure*; Fox-Andrews, "Practice Today in the Official Referees' Courts" (1989) 5 Const.L.J. 246; Newey, "The Preparation and Presentation of Cases in the Official Referees' Courts" (1990) 6 Const.L.J. 216; Newey, "The Official Referees' Courts Today and Tomorrow" (1994) 10 Const.L.J. 20.

[10] See "Official referee as arbitrator" on p. 432.

[11] R.S.C., Ord. 36, r. 5(3).

[12] R.S.C., Ord. 36, r. 6(1).

[13] See R.S.C., Ord. 36, r. 6(4).

[14] See further Practice Direction (Official Referee: Procedure) at [1968] 1 W.L.R. 1425, part of which still applies; paragraph 36/1–9/21 in *The Supreme Court Practice 1995*. Two London official referees have sophisticated video equipment in court which enables drawings, plans and photographs to be displayed on monitors. Witnesses are thereby able to refer to such technical documents much more easily.

[15] See p. 480.

[16] See "Preliminary point" on p. 494.

[17] See p. 488.

[18] See p. 495.

[19] This section, which prohibits or restricts certain classes of appeal to the Court of Appeal, applies to official referees—see R.S.C., Ord. 58, r. 4 and *Giles (Electrical Engineers) v. Plessey Communications* [1985] 1 W.L.R. 243 (C.A.) (Practice Note) given under the former Ord. 58, r. 4 but still, it is thought, applicable. In particular, leave is required for appeals from any interlocutory order or judgment, as to which, see R.S.C., Ord. 59, rr. 1A, 1B and the commentary in *The Supreme Court Practice 1995*.

the Court of Appeal, on any question of fact.[20] The test to be applied in deciding whether to grant leave is whether the ground of appeal which it is sought to argue has a reasonable prospect of success. This depends on what the point is. There will be difficulty in showing that the test is satisfied where the prospective appellant is seeking to challenge (a) a primary finding of fact is based on evaluation of oral evidence, (b) the fine detail of an official referee's factual investigation or (c) findings of fact falling within an official referee's area of specialised expertise especially if he has had the advantage of inspecting the site or the subject matter of the dispute. The test will more easily be discharged if the challenge is to a secondary inference drawn from the facts or where a finding of fact is closely bound up with a legal challenge for which no leave is required. But leave to appeal should not be granted simply because an appeal on legal grounds is proceeding anyway.[21]

Leave to appeal, once granted, is limited to the question or questions of fact to which the leave relates. This means both that applications for leave must be precise and that a respondent will need leave if he wishes to argue on appeal questions of fact to which leave granted to the appellant does not relate.[22] Formerly there was no right of appeal on questions of fact except from a decision relevant to a charge of fraud or breach of professional duty,[23] and this sometimes influenced a decision whether to transfer a case to an official referee or not.[24] Now, however, no distinction is drawn between findings of fact relevant to breach of professional duty and those which do not relate to breach of professional duty.[25]

Inquiry and report. The court may, subject to any right to a trial with a jury,[26] refer to an official referee for inquiry and report any question or issue of fact arising in any cause or matter other than a criminal proceeding by the Crown.[27]

---

[20] See R.S.C., Ord. 58, r. 4. There may also be appeals, usually only with leave of the official referee, as to costs only. For the difference between fact and law, see *Instrumatic Ltd v. Supabrase Ltd* [1969] 1 W.L.R. 519 (C.A.); *Peak Construction (Liverpool) Ltd v. McKinney Foundations Ltd* (1971) 69 L.G.R. 1 at 8, 13 (C.A.) applying *Edwards v. Bairstow* [1956] A.C. 14 (H.L.).

[21] *Virgin Management Ltd v. de Morgan Group* (1994) 68 B.L.R. 26 (C.A.) considering previous cases.

[22] *Lamacrest (Contracts) Ltd v. Case Europe* (1991) 58 B.L.R. 37 (C.A.).

[23] For the application of the former rule to building contract cases, see *Moody v. Ellis* (1983) 26 B.L.R. 39 (C.A.); *Hubert C. Leach v. Norman Crossley & Partners* (1984) 30 B.L.R. 95 at 106 (C.A.); cf. *Lubenham v. South Pembrokeshire D.C.* (1986) 33 B.L.R. 39 at 48 (C.A.); *Greater Nottingham Co-operative v. Cementation Piling* [1989] Q.B. 71 (C.A.).

[24] See, *e.g. Simplicity Products Co. v. Domestic Installations Co. Ltd* [1973] 1 W.L.R. 837 (C.A.); *Scarborough R.D.C. v. Moore* (1968) 112 S.J. 986 (C.A.).

[25] See *West Faulkner Associates v. London Borough of Newham* (1992) 61 B.L.R. 81 at 86.

[26] See R.S.C., Ord. 33, r. 5. Trial by jury is very unusual in civil actions; see *Williams v. Beesley* [1973] 1 W.L.R. 1295 (H.L.).

[27] R.S.C., Ord. 36, r. 8. There may also in certain circumstances be trials before or inquiries by special referees or masters—see R.S.C., Ord. 36, rr. 10, 11.

3. COUNTY COURT JURISDICTION

The ordinary court of first instance for substantial building contract disputes is the High Court, but some disputes may be decided in the county courts where the costs are less and the procedure is speedier.

In actions founded on contract or tort there is now no limit to the jurisdiction of the county courts and in all such cases both the High Court and county court have jurisdiction.[28] Thus, subject to certain provisions, the plaintiff has a choice of forum in which to prosecute a claim. One such provision is article 7 of the High Court and County Courts Jurisdiction Order 1991 which provides (a) that an action of which the value is less than £25,000 shall be tried in the county court unless the court considers transfer to be appropriate,[29] and (b) that an action of which the value is more than £50,000 shall be tried in the High Court unless the court considers transfer to be appropriate.[30] In the few remaining cases where jurisdiction questions arise, a plaintiff who has a cause of action for more than the county court limit may abandon the excess so as to give the court jurisdiction[31] and the parties may by a written memorandum give a county court jurisdiction to hear and determine certain High Court matters.[32]

Transfer from High Court to county court. Section 40 of the County Courts Act 1984 as substituted by section 2(1) of the Courts and Legal Services Act 1990 empowers the High Court, either on its own motion or on the application of any party, to order the transfer of the whole or any part of High Court proceedings to a county court.[33] Although it is a matter for the court's discretion, the factors which must be taken into account are set out in article 7(5) of the High Court and County Courts Jurisdiction Order 1991, namely (a) the financial substance of the action, including the value of any counterclaim; (b) whether the action is otherwise important and, in particular, whether it raises questions of importance to persons who are not parties or questions of general public interest; (c) the complexity of the facts, legal issues, remedies or procedures involved; and (d) whether transfer is

---

[28] s. 15 of the County Courts Act 1984 and art. 4 of the High Court and County Courts Jurisdiction Order 1991.
[29] See "Transfer from High Court to county court" and "Transfer from county court to High Court" below.
[30] See "Transfer from High Court to county court" and "Transfer from county court to High Court" below.
[31] s. 17 of the County Courts Act 1984.
[32] s. 18 of the County Courts Act 1984.
[33] The question of such possible transfer must be considered on the hearing of the summons for directions—see R.S.C., Ord. 25, r. 3(1)(c). In cases to which art. 7 of the 1991 Order applies, the plaintiff (or the defendant where a case is proceeding on a counterclaim only) is obliged to lodge with the court a statement of the value of the action no later than the day before the hearing of the summons for directions—see R.S.C., Ord. 25, r. 6(2A).

likely to result in a more speedy trial of the action, although no transfer is to be made on the grounds of (d) alone. It is thought that building cases which are likely to be lengthy or to involve complicated matters of fact upon which difficult expert evidence is necessary are by virtue of (c) unlikely to be transferred other than by consent. The proceedings should be transferred to such county court as the High Court considers appropriate taking into account the convenience of the parties, other persons likely to be affected and the state of business in the court concerned.[34] Following transfer the county court judge has a discretion to award costs in an action that has been transferred on the High Court scale instead of a county court scale.[35]

Transfer from county court to High Court. The High Court may order transfer if it "thinks it desirable that the proceedings, or any part of them, should be heard and determined in the High Court".[36] Although it is a matter for the court's discretion, the factors which must be taken into account are set out in article 7(5) of the High Court and County Courts Jurisdiction Order 1991.[37] The county court may also order transfer of an action to the High Court[38] either of its own motion or on the application of any party to the proceedings.[39] The provisions and relevant considerations are in the same terms as those applicable upon transfer from the High Court to the county court.

Striking out proceedings wrongly commenced in the High Court or county court. Where the court is satisfied that the person bringing the proceedings knew or ought to have known of any requirement to bring those proceedings in a particular court (including article 7(3) and (4) of the High Court and County Courts Jurisdiction Order 1991), the court has a discretion to strike out the proceedings.[40] Where an action should plainly have been started in the county court and the failure to do so was not due to a *bona fide* mistake but can be seen as an attempt to harass a defendant and deliberately run up unnecessary costs, it may be that an order for striking out would be made although such an order would probably not be made where the only reason was a *bona fide* mistake on the part of a plaintiff or his legal advisors.[41]

---

[34] s. 40(4) of the County Courts Act 1984.
[35] *Forey v. London Buses Ltd* [1991] 1 W.L.R. 327 (C.A.).
[36] s. 41 of the County Courts Act 1984.
[37] s. 41(3) of the County Courts Act 1984. The relevant factors contained in art. 7(5) are set out in "Transfer from High Court to the county court" above.
[38] s. 42 of the County Courts Act 1984.
[39] s. 42(3) of the County Courts Act 1984.
[40] s. 40(1) and s. 42(1) of the County Courts Act 1984 and *Restick v. Crickmore* [1994] 1 W.L.R. 420 (C.A.).
[41] *Restick v. Crickmore* [1994] 1 W.L.R. 420 (C.A.).

Litigation

4. PLEADINGS

Introduction. Building contracts are contracts for work and labour, or for work and labour and materials supplied. Precedents for ordinary pleadings are not given in this book but can be found under these headings in other works.[42] The special form of pleading called a Scott or Official Referee's Schedule and its relationship to the ordinary pleadings are discussed in Section 6 of this chapter.[43]

The purpose of pleadings is to define the issues and inform the parties in advance of the case they have to meet, *i.e.* to provide an agenda for the trial.[44] A pleading should consist of consecutively numbered paragraphs using so far as it is convenient a separate paragraph for each allegation.[45] A party must plead the material facts on which he relies such as are sufficient to found a cause of action or defence but not the evidence by which such facts will be proved.[46] A pleading should consist of a summary of the material facts. It should not include the history of the dispute, a commentary on all events surrounding the action or submissions of fact and/or law.[47]

Causes of action. It is always necessary to identify and plead the cause or causes of action relied on. "A cause of action is simply a factual situation the existence of which entitles one person to obtain from the Court a remedy against another person."[48] Typically there is a contract imposing an obligation and facts constituting breach of that obligation or giving rise to a claim under it. In general, it will usually be a sensible practical expedient to include all known claims arising out of the same contract in the same proceedings, not least because "it is a well settled rule of law that damages resulting from one and the same cause of action must be assessed and recovered once for all".[49] Additionally problems arise if a party seeks to add new causes of action by amendment after the limitation period has expired.[50] An employer therefore should make a careful examination and include all the defects, for instance, in one claim. If he is sued for the balance of the contract

---

[42] *e.g.* Bullen & Leake and Jacob, *Precedents of Pleadings*; Atkins, *Court Forms for High Court Pleadings*; *County Court Precedents and Pleadings* (Butterworths).
[43] See generally *Liverpool Archdiocesan Trustee v. Gibberd* (1986) 7 C.L.R. 113 at 125.
[44] See *Wharf Properties v. Eric Cumine Associates* (1991) 52 B.L.R. 1 at 20 (P.C.).
[45] R.S.C., Ord. 18, r. 6.
[46] R.S.C., Ord. 18, r. 7.
[47] R.S.C., Ord. 18, r. 7, but note that a point of law may be raised on a pleading: R.S.C., Ord. 18, r. 11.
[48] Diplock L.J. in *Letang v. Cooper* [1965] 1 Q.B. 232 at 242 (C.A.); *cf. Coburn v. Colledge* [1897] 1 Q.B. 702 at 706 (C.A.).
[49] Bowen L.J. in *Brunsden v. Humphrey* (1884) 14 Q.B.D. 141 at 147 (C.A.). The rule applies also to arbitrations—*Telfair Shipping v. Inersea Carriers* [1983] 2 Lloyd's Rep. 351.
[50] See *Steamship Mutual v. Trollope & Colls* (1986) 33 B.L.R. 77 (C.A.); and see generally "Amendments" on p. 409. A new cause of action has to be raised by amendment and cannot be raised by way of particulars—*Liverpool Archdiocesan Trustee v. Gibberd* (1986) 7 C.L.R. 113.

Chapter 17—Pleadings

price and is apprehensive lest all the defects have not yet manifested themselves, his correct course is to pay the claim and bring a separate action for the defects at a later stage,[51] unless the terms of the contract show that various defects or classes of defects such as latent defects are intended to give rise to separate causes of action.[52]

"Two actions may be brought in respect of the same facts where those facts give rise to two distinct causes of action,"[53] as, for example, where they result in injury to a man's property and injury to his person.[54] Whether there is a new cause of action in any circumstances is a mixed question of law and fact.[55] A contract may give rise to several causes of action.[56] But in *Conquer v. Boot*[57] an employer claimed and recovered £24 damages for breach of contract to complete a bungalow "in a good and workmanlike manner". Ten months later he made an identical claim save that the words "and with proper materials" were added and recovered a further £81 damages. On appeal it was held that the second judgment must be quashed as the matter was *res judicata*, Sankey L.J. saying, "So far as the claim is concerned it appears to me to be identical in both places—namely, a claim for breach of contract to complete the bungalow in a good and workmanlike manner".[58] By contrast in *Steamship Mutual v. Trollope & Colls*,[59] it was held that a claim for a defective air-conditioning system and a claim for defective brickwork in the same building constructed under the same contract were different causes of action for the purposes of section 35 of the Limitation Act 1980.[60] It seems that claims against an architect for negligent design and negligent supervision are separate causes of action.[61]

---

[51] *Davis v. Hedges* (1871) L.R. 6 Q.B. 687.
[52] *cf.* cl. 30(7) of the 1963 Standard Form of Building Contract in versions preceding the 1976 revision.
[53] Bowen L.J. in *Brunsden v. Humphrey* (1884) 14 Q.B.D. 141 at 146 (C.A.).
[54] *Brunsden v. Humphrey* (1884) 14 Q.B.D. 141 (C.A.); see also *Overstone Ltd v. Shipway* [1962] 1 W.L.R. 118 (C.A.)—a hire-purchase case. *cf. Cahoon v. Franks* (1967) 63 D.L.R. (2d) 274 (Canadian Supreme Court); Griffiths L.J. in *Buckland v. Palmer* [1984] 1 W.L.R. 1109 at 1116 (C.A.).
[55] *Steamship Mutual v. Trollope & Colls* (1986) 33 B.L.R. 77 at 99 (C.A.).
[56] *Conquer v. Boot* [1928] 2 K.B. 336 at 339 (D.C.); *Telfair Shipping v. Inersea Carriers* [1983] 2 Lloyd's Rep. 351; *Lawlor v. Gray* [1984] 3 All E.R. 345; *cf. Bovis Construction (South Eastern) Ltd v. Greater London Council*, unreported, May 28, 1985 (C.A.) where it was held that the words "cause of action" in R.S.C., Ord. 22, r. 1(5) must be read in a broad sense as embracing an identifiable monetary claim which the plaintiff seeks to advance even though it may comprise a number of causes of action. The case concerned a building contractor's claim under various heads and the strict approach may have been that each individual variation or instruction gave rise to a separate cause of action; *cf. Letang v. Cooper* [1965] 1 Q.B. 232 at 242 (C.A.).
[57] [1928] 2 K.B. 336 (D.C.).
[58] *ibid.* at p. 340; see also *H. E. Daniels Ltd v. Carmel Exporters and Importers Ltd* [1953] 2 Q.B. 242; s. 35 of the County Courts Act 1984. For the application of the doctrine to issues, see *Carl Zeiss Stiftung v. Rayner & Keeler Ltd (No. 2)* [1967] 1 A.C. 853 (H.L.); *Khan v. Goleccha International* [1980] 1 W.L.R. 1482; *The Senna (No. 2)* [1985] 1 W.L.R. 490 (H.L.).
[59] (1986) 33 B.L.R. 77 (C.A.).
[60] *cf. Idyll Ltd v. Dinerman Davison* (1971) 1 Const.L.J. 294 (C.A.).
[61] *Brickfield Properties v. Newton* [1971] 1 W.L.R. 862 (C.A.).

The National House-Building Council's Scheme relating to the construction of dwellings[62] envisages serial arbitration, so that a claimant may bring more than one arbitration for alleged defects.[63] But plaintiffs whose claim for defects in a bungalow had failed in an arbitration under a National House-Builders Registration Council's agreement were held to be disentitled from bringing a claim for the same defects in an action for breach of the antecedent building contract. In so far as the builder's obligations under each contract differed, the higher standard was provided under the second contract. The plaintiffs could not pursue the same claim under the first contract as had been unsuccessfully arbitrated under the second contract.[64]

The court will not set aside an arbitrator's award because he gives effect to a trade custom that a party may from time to time refer different disputes arising out of the same contract to arbitration.[65]

Where a contract sum is payable by instalments, each instalment may be sued for as it falls due and the contractor may in proper cases seek summary judgment under Order 14.[66]

Composite claims. Contractors often have claims dependent on a number of separate causes each of which has contributed to delay and extra cost. In principle the loss attributable to each cause should be separately identified and particularised[67] but separation may be difficult. In *Crosby Ltd v. Portland U.D.C.*,[68] Donaldson J. considered a lump sum award made by an arbitrator for claims arising under various terms of the contract. He said that since the extra cost incurred depended upon an extremely complex interaction between the consequences of various matters, it might well be difficult or even impossible to make an accurate apportionment between the several causes, and that there was no need to make an artificial apportionment which had no basis in reality. In such circumstances a single lump sum award was proper provided the arbitrator had ensured that there was no duplication and that there was no profit element in the particular award, having regard to the provisions of some of the clauses which denied the contractor extra profit. It is thought that the same reasoning could apply to claims for damages resulting from various causes, although the problem of exclusion of profit does not then arise.[69] However, the case only establishes that, where the full extent of extra costs depends on a complex interaction between the consequences of various events, so that it may be difficult to make an accurate apportionment of the total extra costs, it may be proper to

---

[62] See p. 397
[63] *Purser & Co. (Hillingdon) v. Jackson* [1977] Q.B. 166.
[64] *Willday v. Taylor* (1976) 241 E.G. 835 (C.A.).
[65] *Brian Smith Ltd v. Wheatsheaf Mills Ltd* [1939] 2 K.B. 302.
[66] *Workman, Clark & Co. Ltd v. Lloyd Brazileno* [1908] 1 K.B. 968 (C.A.).
[67] See *McAlpine Humberoak v. McDermott International* (1992) 58 B.L.R. 1 at 28 (C.A.).
[68] (1967) 5 B.L.R. 121; *Crosby* was followed in *London Borough of Merton v. Leach* (1985) 32 B.L.R. 51 at 98 *et seq.*
[69] See also "Contingency" on p. 214 for the court acting on unsatisfactory evidence.

make individual financial awards for claims which can conveniently be dealt with in isolation and a supplementary award for the financial consequences of the remainder as a composite whole. The plaintiff still has to plead his case with such particularity as is sufficient to alert the opposite party to the case which is going to be made against him at the trial, so that proper particulars of the factual consequences of the each cause alleged must be given. A claim which fails to do so after particulars have been ordered will be struck out as an abuse.[70] Accordingly in short, pleading a composite financial claim may be permissible or permissible in part but composite allegations of delay or disruption are not permissible.

The danger of advancing a composite financial claim is that it might fail completely if any significant part of the delay is not established and the court finds no basis for awarding less than the whole. It might also conceivably fail if the court were to find that proper separate identification and linking of the factual consequences constituting a contractor's entitlement to claim and his losses could have been made.

Particular pleadings.

Statement of Claim. This should plead all the material facts which constitute each element of the cause of action. For example, in a claim for breach of contract, the Statement of Claim should include (i) the parties, (ii) the contract and its relevant express and implied terms, (iii) the events giving rise to the breach, (iv) the factual consequences of the breach, (v) particulars of any special damage[71] and (vi) interest.[72]

Defence. This should plead all matters which would constitute a defence and admit the facts which are not controversial. Every allegation of fact which the defendant does not intend to admit must be traversed specifically in the defence.[73] A defendant who has a cross-claim against the plaintiff should consider whether to advance it as a set-off or a counterclaim or both as set-off and counterclaim and whether any advantage as to costs or otherwise may be gained by the form of pleading employed.[74]

Reply. A reply is necessary only where a plaintiff wishes to go beyond mere joinder of issue.[75] Facts making the defence untenable should be pleaded as should new issues or facts.[76]

---

[70] *Wharf Properties v. Eric Cumine Associates* (1991) 52 B.L.R. 1 (P.C.); *cf. McAlpine Humberoak v. McDermott International* (1992) 58 B.L.R. 1 at 28 (C.A.); *I.C.I. v. Bovis* (1992) 32 Con.L.R. 90; (1992) 8 Const.L.J. 293; *Mid Glamorgan County Council v J. Devonald Williams and Partner* (1992) 8 Const.L.J. 61; (1992) 29 Con.L.R. 129.
[71] See paras. 18/12/6 and 18/12/19 of *The Supreme Court Practice 1995*.
[72] See para. 18/8/9 of *The Supreme Court Practice 1995*.
[73] R.S.C., Ord. 18, r. 13—note that a defendant must plead to the quantum of a plaintiff's claim if he wishes to dispute the sums claimed as opposed to the fact that the plaintiff has suffered any damage: R.S.C., Ord. 18, r. 12(1)(c).
[74] See p. 517.
[75] R.S.C., Ord. 18, r. 14.
[76] R.S.C., Ord. 18, r. 8.

Further and Better Particulars. The functions of particulars are (i) to inform the other party of the case it has to meet, (ii) to define and limit the issues to be tried and (iii) to limit discovery and the evidence required at trial.[77] A party is entitled to particulars of every material allegation pleaded, *e.g.* details of a contract, particulars of alleged breaches and their factual consequences and details of damages claimed. A party is not entitled to particulars of an admission, unless an independent allegation is set up, nor of the evidence which will be called at trial to establish the matters pleaded.[78] A request by letter for particulars should be made before any application to the Court.[79] When particulars are given pursuant to a request or order, the request or order should be incorporated with the particulars.[80] When they are served, the particulars become part of the pleading. Voluntary particulars may be served but these will only form part of the pleading if the other party consents.[81] Voluntary particulars are to be placed immediately after the pleading to which they relate.[82]

Particulars tend to become more and more voluminous in building contract proceedings, but issues must be properly and accurately defined and lengthy particulars are often unavoidable. They should nearly always be pressed for at an appropriately early stage bearing in mind that sometimes discovery can reduce the need for or length of particulars. In appropriate cases, there can be a mutual agreement or direction for their delivery either as part of an Official Referee's Schedule, or in a form suitable for inclusion in such a Schedule.[83] Particulars may be ordered to be given in the form which is most convenient to both parties as, for example, and in a suitable case, by means of a scale plan.[84] The general rule is that a party need not, and ought not, to plead to particulars,[85] but this rule is often not followed in the Official Referee's court, particularly when an Official Referee's Schedule is ordered. Damages which are not the necessary and immediate consequence of a breach must be pleaded.[86]

Schedules. A schedule is information in documentary form which is annexed to a pleading. A schedule does not fall strictly within the definition of a pleading and leave must be sought for service of a schedule attached to a pleading.[87] As a matter of practice, "Scott Schedules" or "Official Referee's

---

[77] See para. 18/12/1 of *The Supreme Court Practice 1995.*
[78] R.S.C., Ord. 18, r. 12.
[79] R.S.C., Ord. 18, r. 12(6).
[80] R.S.C., Ord. 18, r. 12(7).
[81] See para. 18/12/25 of *The Supreme Court Practice 1995.*
[82] R.S.C., Ord. 34, r. 3(2).
[83] See also "Composite claims" below.
[84] *Tarbox v. St Pancras Borough Council* [1952] 1 All E.R. 1306 (C.A.).
[85] *Pinson v. Lloyds & National Provincial Foreign Bank Ltd* [1941] 2 K.B. 72 (C.A.); *Chapple v. E.T.U.* [1961] 1 W.L.R. 1290.
[86] *Perestrello Ltda. v. United Paint Co. Ltd* [1969] 1 W.L.R. 570 (C.A.); *Domsalla v. Barr* [1969] 1 W.L.R. 630 (C.A.).
[87] See para. 18/6/4 of *The Supreme Court Practice 1995.*

Schedules" are ordered in many construction claims to plead the details of allegations made, particularly where the plaintiff claims against more than one defendant.[88]

Interrogatories. Interrogatories are questions put to the other party relating to any matter in question in the action the answers to which may be used in evidence. The purpose of interrogatories is to dispose fairly of the cause or matter in question or to save costs. They are usually served in order to obtain an admission from the other party or further information surrounding a matter in dispute. The period of time within which the interrogatories are to be answered (not less than 28 days from the date of service) must be stated. The person or persons to whom the interrogatories are addressed should be identified. Any objection to the interrogatories must be made by application to the Court within 14 days of service for the interrogatories to be withdrawn or varied. Answers to the interrogatories should be given on affidavit (unless it is otherwise ordered).[89]

Notice to admit facts. A notice to admit facts may be served not later than 21 days after the action has been set down for trial. The notice should include all matters on which it is thought there is no real dispute. A notice to admit puts the other party at risk as to costs (on the issues in the notice) and, if facts are admitted, reduces the evidence required at trial.[90]

Amendments to pleadings.[91] The general principle is that all amendments will be allowed at any stage in the proceedings and of any documents in the proceedings on such terms as the court thinks fit in order to enable the court to make a full and proper determination of the real issues between the parties, provided that the amendment will not prejudice any vested rights of the applicant's opponent.[92]

A plaintiff may amend his writ once without the leave of the court at any time before pleadings are deemed to be closed provided that the writ has not been served on any party[93] and that the amendment does not involve either (a) the addition, omission or substitution of a party or (b) the addition or substitution of a new cause of action.[94] Where a writ has been amended without leave, the defendant may apply to the court to strike out or disallow the amendment.[95]

---

[88] See s. 6 of this chapter and also *I.C.I. v. Bovis* (1992) 32 Con.L.R. 90; (1992) 8 Const.L.J. 293.
[89] R.S.C., Ord. 26.
[90] R.S.C., Ord. 27, r. 2; see also "Notice to admit facts" on p. 512.
[91] For amendments generally, see R.S.C., Ord. 20 and the notes in *The Supreme Court Practice 1995*.
[92] See *Cropper v. Smith* (1883) 26 Ch.D. 700; *Murray Film Finances v. Film Finances Ltd*, unreported, May 19, 1994 (C.A.).
[93] See *Trafalgar Tours Limited v. Henry* [1990] 2 Lloyd's Rep. 298 (C.A.).
[94] R.S.C., Ord. 20, r. 1.
[95] The application is made by summons pursuant to R.S.C., Ord. 32, r. 6, unless the Statement of Claim indorsed on the writ has been amended, in which case the application is made pursuant to R.S.C., Ord. 20, r. 4.

Any party may amend any other pleading[96] once without the leave of the court before pleadings are deemed to be closed.[97] Where the leave of the court is not required for amendment of a pleading, the party on whom the amendment is served may within 14 days of such service apply to the court for the amendment to be disallowed.[98]

The court's general discretion to allow the amendment of a pleading or other document at any stage in the proceedings is subject to the following rules[1]:

(a) usually leave to amend will be granted only where the proposed amendment has been properly and exactly formulated[2];
(b) the party applying for leave to amend will normally have to pay the costs of and occasioned by the amendment[3];
(c) the later the application to amend is made, the more difficult it will be for an applicant to justify the application and to convince a court that no prejudice has been suffered by the opposing party which cannot be compensated for by costs[4];
(d) the amendment takes effect, not from the date of the amendment but from the date of the original document which has been amended.[5] For this reason the court will not allow a party to amend to allege new causes of action which have arisen since the issue of the writ but will allow an amendment to plead new facts and matters which change the relief sought.[6]

Amendments after expiry of limitation period. See "Amendments" on p. 409.

5. CONTRACTOR'S "CLAIMS"

There is a tendency for contractors, or surveyors on their behalf, to spend much time in the preparation of claims for payment. The subject is dealt with

---

[96] This includes the amendment of a Statement of Claim indorsed on a writ but does not include amendment of an acknowledgement of service, where leave of the court is required—see R.S.C., Ord. 20, r. 2.
[97] R.S.C., Ord. 20, r. 3.
[98] R.S.C., Ord. 20, r. 4.
[1] R.S.C., Ord. 20, rr. 5, 8.
[2] See *Derrick v. Williams* (1939) 55 T.L.R. 676; *Hyams v. Stuart King* [1908] 2 K.B. 696; *J. Leavey & Co v. Hirst* [1944] K.B. 24.
[3] See the para. 20/5–8/33 of *The Supreme Court Practice 1995*.
[4] For examples of building contract cases where leave to amend was refused see *Ketteman v. Hansel Properties Ltd* [1987] A.C. 189 (H.L.); *Spaven v. Milton Keynes Borough Council* (1991) C.I.L.L. 643 (C.A.); *Totalstone Construction Ltd v. Hillhouse* (1991) C.I.L.L. 667; For cases where leave to amend was granted see *Cheffick Ltd v. J.D.M. Associates (No. 2)* (1989) 22 Con.L.R. 16; *Jonathan James Ltd v. Balfour Beatty Building Ltd* (1991) C.I.L.L. 666; *Easton v. Ford Motor Company Ltd* [1993] 1 W.L.R. 1511 (C.A.).
[5] s. 35(1) of the Limitation Act 1980.
[6] *Sneade v. Wotherton* [1904] 1 K.B. 295; *Eshelby v. Federated European Bank* [1932] 1 K.B. 254;

Chapter 17—Contractor's "Claims"

briefly here because it is closely related to, and not infrequently results in, litigation. Claims prepared without a careful consideration of the legal principles upon which they may be based are usually a waste of time of both the person who prepares them and he who is asked to read them. Further, the form in which a claim is presented can provide a discipline for the person who prepares it, so as to ensure that he obtains and sets out the necessary information and by so doing assists the person who reads it to see whether, and to what extent, if any, there are grounds for payment.

Meaning and nature of "claims". No exact meaning can be given to the term. It is used here to describe an application for payment by the contractor arising other than under the ordinary provisions for payment of the measured value of the work. A claim in this sense can arise either as a legally enforceable claim or *ex gratia*. Legally enforceable claims comprise rights to payment arising under the contract, claims for damages for breach of contract and occasionally under some other head of law, *e.g.* in tort or for breach of copyright or for misrepresentation.

Preparing the claim. No useful general comment can be made upon the preparation of claims for *ex gratia* payments save to say that where they are made pursuant to some statement of principle accepted by the employer some of the suggestions below may be usefully adapted to bring the claim within the principles. What follows refers to the preparation of a claim enforceable in law.

The claim should be prepared from the beginning with litigation (which includes arbitration) in mind. This is for two reasons. The first is because the sanction for non-payment of a claim is that litigation will follow and if it is a good claim in law, the employer will have to pay the costs and interest as well as whatever is due on the claim. The claim document should therefore be such as to persuade him of the likelihood of this result if he does not pay. The second reason is that if litigation does follow it saves both time and money if the claims document has been so prepared that it can be used as, or form the basis for, the contractor's detailed pleading.[7] In particular the person preparing the claim should have in mind that if there is litigation the contractor is likely to be required to set out most of the material necessary to establish his right to payment in schedule form.[8] Therefore, whether or not the claim is originally prepared as a schedule it is usually prudent to assemble the material in such a way that it can be easily translated into a schedule. As an example, consider a claim made under clause 26.2.1 of the Standard Form of Building Contract for many cases of late delivery of drawings. It is

---

Halliard Property Co. Ltd v. Jack Segal [1978] 1 W.L.R. 377; *Tilcon v. Land and Real Estate Investments* [1987] 1 W.L.R. 46 (C.A.).

[7] For the recovery of the cost of work done by a claims' consultant, see *James Longley v. South West Regional Health Authority* (1983) 25 B.L.R. 56.

[8] See next section and in particular p. 483. See also "Composite claims" on p. 474.

necessary for each such case to state (a) the date when the contractor specifically applied in writing for the drawing, (b) the due time when he should have received it, (c) the date when he actually received it, (d) the written application for direct loss of expense and (e) sufficient information and details of such loss or expense.

In all cases the ground in law relied on should be stated. If it is made under a clause of the contract, give its number. If it is made under an implied term, set out the term and the reasons for the implication. If it is a claim for breach, state the term of which it is alleged there is a breach, the facts relied on as constituting the breach and the factual consequences of the breach. If it is a variation, describe it and refer to the relevant order. In all cases refer to relevant documents. The loss or other monetary claim should be stated showing how it is calculated and why it was caused by the ground relied on. Where the claim is made under various alternatives in law, say so. Thus, where the Standard Form of Building Contract is used there may be a claim for late delivery of drawings. Such a claim is ordinarily made for damages for breach of clause 5.4, or alternatively under clause 26.2.1.

General words intended to arouse sympathy or other emotion favourable to the contractor's interest should be used sparingly lest they excite a suspicion that the contractor really thinks his claim is founded in mercy and not in law. Further, it is rarely useful to say that the contractor has suffered loss due to causes outside his control or which he did not reasonably anticipate. It is elementary law[9] that such factors are not grounds in law for extra payment unless, which is rare, they are expressly so made.[10] If this is put forward as the sole ground of a claim the reader may well assume that there is no other ground.

6. SCOTT OR OFFICIAL REFEREE'S SCHEDULE

The object of this document, widely used before official referees and in building contract arbitrations, is to define and state the issues clearly by assembling all the relevant allegations and defences or admissions in tabular form. If carefully drawn it will prevent confusion arising from the necessity of referring to two or three documents for one matter of detail, and it will save valuable time and energy at trial. Moreover, when it has been completed the parties may find that over a large number of small issues there is so little difference between them that they can be settled, thus reducing the dispute to a few substantial matters.

It is essential that all parties' allegations are properly particularised. If further particulars have to be sought and given, official referees almost invariably require them to be incorporated into a substituted schedule since,

---

[9] See Chaps. 4, 5 and 8.
[10] For an example where they are material in a claim under a contract, see I.C.E. Conditions, cl.12.

Chapter 17—Scott or Official Referee's Schedule

having to look at two or more documents of this kind together increases the length of trial.[11]

Settling the headings. There is no set form prescribed by rules nor even by the textbooks, but the forms suggested below should be found adequate for most purposes. They can, if necessary, be adapted in accordance with common sense in order to present the issues in any particular case as clearly and conveniently as possible. It is often desirable for the headings of the various columns to be settled before the official referee at the hearing of the summons for directions.[12] The parties can then explain what the issues are and suggest the appropriate headings. If the parties cannot agree, the official referee will determine what they should be. The schedule either is ordered to be or is adapted from a pleading. The rules for pleadings apply generally,[13] but with such modifications as the official referee or arbitrator may order or approve. In particular, the essence of an official referee's schedule is that a defendant *is* required to plead systematically to particulars, otherwise the issues could not sensibly be defined.

Form 1. Defects alleged by employer.

Serial No.	Contract Work	DEFENDANT'S		PLAINTIFF'S		Official Referee's Comments	
		Comments	Estimate of Loss	Comments	Estimate of Loss		
1	2	3	4	5	6	7	8

Generally. This form is suited to a dispute arising out of a lump sum contract where there has been substantial completion,[14] and the defendant (the employer) admits the claim subject to his counterclaim or set-off for defects and omissions.[15] The defendant will normally draft the first four columns and then submit the schedule to the plaintiff (the contractor) for his comments. Alternatively if the plaintiff has already delivered a reply dealing with the defendant's particulars the defendant can set out the relevant parts of the reply in column 5

Column 1. Serial numbers should be inserted here for reference purposes.

---

[11] *I.C.I. v. Bovis* (1992) 32 Con.L.R. 90 at 98; (1992) 8 Const.L.J. 293 at 298.
[12] There is no summons for directions as such in an arbitration, but a preliminary meeting between the arbitrator and the legal representatives of the parties is usually arranged to settle the issues and deal with the matters ordinarily dealt with on a summons for directions.
[13] See R.S.C., Ord. 18 and p. 475.
[14] See Chap. 4.
[15] See *Hoenig v. Isaacs* [1952] 2 All E.R. 176 at 181 (C.A.).

If items in the specification or bills of quantities are numbered the item number should appear in column 2.

Column 2. This sets out what the employer alleges should have been done to comply with the contract. If the contract is to do work according to a specification or bills of quantities it should refer to the relevant item. If the work is a variation, it should state what ought to have been done as a variation, giving particulars both of the original work, and of any variation order. If the quality of the work was not specified it should set out what ought to have been done in order to complete the work in accordance with the implied terms.[16] If it is alleged that any Codes of Practice or Regulations are relevant, they should be identified.

Column 3. This sets out the defects alleged.

Column 4. This column sets out the amount of the defendant's claim. In the ordinary lump sum contract the measure of his claim is the difference in value between the work as done and the work as it should have been done to comply with the contract, and this is usually calculated by the cost of rectification, *i.e.* the cost of making the defective work correspond with the quality and quantity of work required by the contract.[17] If all the items are calculated on this basis the headings of columns 4 and 6 can be altered to "Cost to Rectify". If the damages claimed are the difference in value between the work as it is and as it ought to have been, it may be advisable to write "diminution of value" or otherwise to indicate that the cost of rectification is not being claimed. If there is a dispute about the principle by which the defendant's claim should be calculated, column 4 can be subdivided and figures inserted in each subdivision, it being stated that the lesser sum is claimed as an alternative. It may then be sensible to take the issue as a point of principle in the main pleadings and perhaps for it to be determined as a preliminary issue.[18]

Column 5. In this column the plaintiff sets up his defence to the claim admitting, not admitting, or denying the allegations of defects or raising an objection in point of law.[19] He may admit that the work was carried out as alleged, but say that it was done in pursuance of a variation order, giving particulars, or he may plead an architect's final certificate, or waiver or some special defence under the contract. Such defences may again be determined as one or more preliminary issues. If such a plea has been set out in full earlier in the schedule or in the body of the pleadings it is sufficient to refer back.

Column 6. A defendant to a claim must specifically traverse any claim for

---

[16] See p. 56.
[17] See "Defective work" on p. 220.
[18] See "Preliminary point" on p. 494.
[19] See Notes to R.S.C., Ord. 18, r. 13, in *The Supreme Court Practice 1995*.

damages[20] and must plead any facts on which he relies in mitigation of or otherwise in relation to the quantum of the damages claimed.[21] If, therefore, the plaintiff wishes to challenge the quantum of the claim, he should insert the figure which he contends would be reasonable in the event that he is liable. The advantage of this course is that it shows to what extent the parties are at issue over damages.

Columns 7 and 8. These columns are inserted for the use of the official referee.

Form 2. Defects alleged: third Parties or more than one defendant. The form will be as Form 1, save that special directions may have been given by the court[22] or official referee and extra columns must usually be added for each party interested in the allegations. In some cases it may be unnecessary to insert a column for a particular party. This may arise where, for example, a main contractor has made it clear that he will at trial confine himself to the issue of a claim for an indemnity or contribution from a subcontractor who has carried out the allegedly defective work. In such a case the main contractor and the subcontractor may have agreed between themselves, with a view to saving costs, that only the latter should plead to the defects and call evidence about the defects.

Form 3. Extras: claim by contractor.

Serial No.	Extra work carried out	Plaintiff's		Defendant's		Official Referee's Comments	
		Comments	Price	Comments	Price		
1	2	3	4	5	6	7	8

Generally. This form is suitable for a dispute where the contractor is the plaintiff and has issued a claim for extras, and he will normally first draft columns 1 to 4.[23]

Column 2. This sets out the work alleged to have been done.

---

[20] Former R.S.C., Ord. 18, r. 13(4), by which damages were deemed to be in issue, has been revoked.
[21] R.S.C., Ord. 18, r. 12(1)(c).
[22] See R.S.C., Ord. 16, r. 4(4), for third party directions. See p. 443 for the absence of such power on the part of an arbitrator.
[23] Subject to what follows, the comments for Form 1 apply with the necessary modifications.

Column 3. This deals by way of reply with any special defence raised in the pleadings such as absence of an order, or of an order in writing,[24] giving where appropriate particulars of the order or other matters relied on. It may also deal by way of reply with any allegations of defective work raised by the defendant.[25]

Column 5. The defendant (employer) sets up his defence in the usual way giving particulars of any defects upon which he relies by way of set-off in diminution of the price claimed. It is incumbent on the defendant to plead any facts on which he relies in mitigation of or otherwise in relation to the amount of damages claimed.[26] Accordingly, the defendant should insert the figure which he contends would be reasonable or any other facts which would result in a reduction of the sum claimed.

Counterclaim. If the defendant has a counterclaim he should, after completing columns 5 and 6, prepare a separate schedule headed "Counterclaim". This will be as in Form 1 save that the serial numbers will be continued from the schedule for the claim. The plaintiff will complete the counterclaim schedule in the usual way.

Form 4. Reasonable sum: claim by contractor. Form 3 can be adapted by heading column 2 "Work carried out". The content of the columns will vary considerably according to the nature of the issues. Thus if the amount of the work is agreed, the only dispute being the pricing, column 2 may consist of summaries of costs, *e.g.* "Plasterer: 24 hrs. at £5.25 per hour".

Form 5. Schedule contract: claim by contractor. Form 3 can be adapted. In column 3 the contractor should state which part of the contract schedule he relies on. If it provides for varying percentage additions columns 3 and 4 can be adapted as follows:

PLAINTIFF'S			
Comments	Net Cost	Percentage Increase	Price Claimed
3	4	5	6

It will be a question in each case whether the next two columns should be

---

[24] See p. 97 (contractual requirement of order in writing).
[25] See below.
[26] R.S.C., Ord. 18, r. 12(1)(c).

Chapter 17—Scott or Official Referee's Schedule

correspondingly adapted, or whether it is sufficient for the defendant to set out his allegations as comments and the amount he considers should be paid under "price".

In many cases the official referee may direct that a formal schedule is unnecessary and that it is sufficient if the plaintiff supplies lists of labour and materials.[27]

Cost Plus Profit contract. In a cost plus profit contract where the only issue is the amount claimed by the contractor, a schedule is unnecessary unless its preparation has been directed by the official referee or the arbitrator. All that is normally required are two lists:

(i) A clear summary of the time sheets showing the time spent by each class of labour or by each workman, the rates actually paid, insurances, etc.
(ii) A list of materials used upon the work setting out the actual cost and giving references to invoices, receipts and other documents.

Form 6. Contractors "claims" for delay and disruption.[28]

Serial No.	Relevant Event	Basis of Claim	Plaintiff's Claim			Defendant's Comments		Official Referee's Comments
			Delay	Disruption	Quantum	Liability	Quantum	
1	2	3	4	5	6	7	8	9

Column 1. See Form 1.

Column 2. A full description of the event relied upon should be given, *e.g.* a variation, late receipt of information, etc.

Column 3. The nature of the claim should be given (*i.e.* whether it is for payment under one of the terms of the contract or for damages for breach of contract[29] or, unusually, for some other cause of action). Examples are given on p. 481 for a claim for late issue of drawings where the Standard Form of Building Contract is used.[30]

Column 4. Full particulars of the factual consequences of the event must be

---

[27] See below.
[28] For the meaning given to this term, see p. 479.
[29] For damages, see p. 225.
[30] For a discussion of claims for loss and expense and for damages arising under the Standard Form of Building Contract, see pp. 649 *et seq.*

given.[31] The activity or activites affected should be identified together with the period of delay and the dates between which such delay occurred. If the delay was critical and therefore caused a delay to the completion of the works, this should be pleaded.

Column 5. The nature and extent of any disruption should be pleaded, identifying the trades and activities affected, the period of duration of the disruption and the dates between which the disruption occurred.

Column 6. The loss attributable to each event should be pleaded.[32]

Column 7. In order to narrow the issues, the defendant should plead in detail to the allegations and usually is ordered by the court to do so.

Column 8. The defendant is required to plead in detail to the quantum of the plaintiff's claim if it is disputed.[33]

Sometimes it is found convenient to use a chart to supplement or even instead of a schedule. This may arise where, for example, there is a contract programme[34] and the claim is for delay in the issue of drawings or instructions. If the programme is in, or capable of being expressed in, traditional bar-chart form it will set out the periods within which various activities were to be carried out. The contractor can insert, in a colour different from that in the original bars, the periods within which the works were in fact carried out. He then inserts for each activity the date when he alleges he should have received the necessary instruction or drawing referring to any relevant applications for information, and the date or dates when he in fact received them. When they were received over a long period and in various ways, *e.g.* by formal instruction, by letter, by the so-called "site instruction", by oral instruction confirmed in writing or simply by oral instruction, it may be convenient to use a code in order to save space and for clarity.

Damages. They are frequently in issue and their determination may require long and detailed inquiry. This is greatly assisted by full and detailed particulars supported by reference to the documents which will be relied on. Reference should be made to the heading "Employer's breach of contract" on p. 225 for assistance in formulating the claim. No general rule can be stated for the use of a schedule or headings. Sometimes a schedule is not appropriate at all. In other cases it may be useful but the headings may have to be varied from time to time within the schedule according to the various heads of damage alleged. In all cases there should be a sufficient pleading of

---

[31] For a discussion of the degree of particularisation required since the decision in *Wharf Properties v. Eric Cumine* (1991) 52 B.L.R. 1 (P.C.), see p. 475.
[32] See a discussion of the degree of particularisation required at p. 474.
[33] R.S.C., Ord. 18, r. 12(1)(c).
[34] As, *e.g.* in accordance with cl. 14 of the I.C.E. Conditions or agreed at the beginning of the contract with the architect where the Standard Form of Building Contract is used.

Chapter 17—Scott or Official Referee's Schedule

the causal connection between the quantum of damages claimed and the breach alleged, or the term of the contract under which the claim arises or other allegation of liability.

7. PREPARATION FOR TRIAL

This section deals with some of the more important matters that must be considered in the preparation and course of a building contract dispute, and must be read with other sections of this chapter, in particular with Section 11 dealing with costs.[35]

(a) Preparation of evidence

Early and thorough preparation of evidence is advisable. Important questions include how it is proposed to prove basic facts and whether one or more expert witnesses will be necessary and, if so, who they should be. Detailed consideration also needs to be given to documents. There is now a welcome tendency to discourage allowing litigants unlimited time and unlimited scope to conduct their cases in the way which seems best to them. This results not infrequently in torrents of words, written and oral which are oppressive. The remedy lies in the judge taking time to read in advance pleadings, documents and proofs of witnesses, certified by counsel as necessary, and short skeleton arguments, and then, after a short discussion in open court, limiting the time and scope of oral evidence and oral argument.[36] This means that meticulous preparation is essential.

Witness statements.[37] It remains a principle of English procedure that the primary means of proving facts is by oral evidence. But in building contract litigation the mutual disclosure before trial of witness statements is now regarded as normal[38] and, if the procedure is properly followed, much time and expense may thereby be saved. Order 38, rule 2A, which applies in principle to all classes of action,[39] provides that the court may direct any party to serve on the other parties written statements of the oral evidence which the party intends to lead on any issues of fact to be decided at the trial.[40] There

---

[35] See generally Newey, "The Preparation and Presentation of Cases in the Official Referees' Courts" (1990) 6 Const.L.J. 216.
[36] See Lord Templeman in *Banque Keyser Ullmann v. Skandia (U.K.) Insurance* [1991] 2 A.C. 249 at 280 (H.L.).
[37] See generally Burr and Planterose, "The Law and Practice of Exchange of Witness Statements" (1991) 7 Const.L.J. 271.
[38] *cf. Richard Saunders v. Eastglen* [1990] 3 All E.R. 946.
[39] See *Mercer v. Chief Constable of the Lancashire Constabulary* [1991] 1 W.L.R. 367 (C.A.).
[40] See generally R.S.C., Ord. 38, r. 2A, and the commentary in *The Supreme Court Practice 1995*. The rule, which in English litigation originated with official referees, now applies to all divisions of the High Court, the suggestions of Garland J. in *University of Warwick v. Sir Robert McAlpine* (1988) 42 B.L.R. 1 at 24 having been put into effect. See also Practice Direction (Chancery Summons for Directions) [1989] 1 W.L.R. 133; s. 5 of the Courts and Legal Services Act 1990.

are consequent limitations on the oral evidence that may be called. But normally, if the witness is not called, no other party may put the statement in evidence at trial. But it seems that, once a statement is served, there may be circumstances where such a statement may be adduced in evidence by a party upon whom it is served under the terms of the Civil Evidence Acts 1968 and 1972, even though the party who served it subsequently decides not to call the witness.[41] However, mere service of a witness statement pursuant to a court order does not waive privilege in documents connected with the statement.[42]

The normal rule is that exchange of witness statements should be simultaneous although there may be exceptions to this if either party shows a reluctance to "come clean".[43] There is power to direct that statements served under Order 38, rule 2A(2) should stand as evidence in chief.[44] In determining whether to give such a direction, the court has regard to all the circumstances of the case. Such a direction is normally given for opinion evidence of expert witnesses but may not be given for evidence of fact if there is likely to be material controversy or issues of credibility.[45]

Expert witnesses.[46] When it becomes apparent that a dispute on detailed questions of fact is inevitable, each party should at an early stage select the main expert witness on whom he intends to rely. "An expert may be qualified by skill and experience, as well as by professional qualifications."[47] The expert should be given the pleadings, if any, and all the contractual documents or, if the contract is oral, he should be furnished with a written version, giving the fullest possible detail, of the material interviews. An inspection of the site should be arranged, the other party being notified so that he may arrange his inspection at or about the same time. As a result of his observations and his study of the contract, the witness should draw up a detailed report in writing. He should endeavour to make as fair and impartial an appraisal as possible, remembering that an over-optimistic report will probably increase his client's costs in that reasonable offers of settlement may be refused, or too small a sum of money may be paid into court.[48]

---

[41] *Youell v. Bland Welch & Co.* [1991] 1 W.L.R. 122; *Black & Decker Inc. v. Flymo Ltd* [1991] 1 W.L.R. 753; *Comfort Hotels v. Wembley Stadium* [1988] 1 W.L.R. 872; *Balkanbank v. Taher, The Times*, February 19, 1994; *cf. Prudential Assurance Co. v. Fountain Page* [1991] 1 W.L.R. 756; but see *Fairfield–Mabey v. Shell* [1989] 1 All E.R. 576 which comes to a different conclusion; see also *John Mowlem v. Liberal Jewish Synagogue* unreported, H.H. Judge Bowsher Q.C., March 27, 1990.
[42] *Balkanbank v. Taher, The Times*, February 19, 1994.
[43] *Mercer v. Chief Constable of the Lancashire Constabulary* [1991] 1 W.L.R. 367 (C.A.).
[44] Ord. 38, r. 2A(7)(a).
[45] *Mercer v. Chief Constable of the Lancashire Constabulary* [1991] 1 W.L.R. 367 (C.A.).
[46] For a helpful summary of the duties of an expert, see *National Justice Compania Naviera v. Prudential Insurance* [1993] 2 Lloyd's Rep. 68 at 81.
[47] Lloyd J. in *James Longley v. South West Regional Health Authority* (1983) 25 B.L.R. 56 at 62.
[48] See p. 513.

Chapter 17—Preparation for Trial

The details of the report must vary according to the nature of the dispute. In a claim for a reasonable sum, for example, each item must be described and valued and a note made of the basis of the valuation, *e.g.* measurements, labour rates, the cost of materials and percentage additions for profits and overheads.[49] In a claim for variations where he values according to principles stated in the contract the witness should refer to the particular clause, or sub-clause upon which he relies.[50] In a defects case the defects must be described in detail, and either a blank space left after each item for the insertion of the estimated cost of rectification by a contractor, or the witness should give his own estimate making a note of the basis of his valuation. The aim should be to provide a report from which both a Scott Schedule and a proof of evidence can be prepared.

The expense of preparing a report such as that suggested may be considerable.[51] Its great advantage is that it enables the party's legal advisers to attempt a reasonably accurate appraisal of the situation at an early stage in the proceedings, and thus be in a position to advise whether a settlement should be sought, or a sum of money should be paid into, or taken out of, court. Moreover, if the matter does come to trial (this may well be one or two years (or more) after the commencement of proceedings) the main witness is able before trial to read through his own detailed contemporaneous account instead of having to attempt a reconstruction of the processes of thought that led him to general conclusions at some considerable time in the past. When in the witness-box he can refer to his notes made at the time of his inspection to refresh his memory, and in certain circumstances the notes can become admissible as evidence.[52]

Photographs or video recordings can sometimes be very useful. They should be taken under the supervision of the main expert witness and the photographer should keep a note of the date and, where it may be material, the time of day and lighting conditions. In some cases it may be desirable to make a small sketch plan showing the relative positions of the camera and the subject-matter, and of the latter to the whole works.

Experts' reports. In building contract cases, the court invariably orders the substance of expert evidence to be disclosed before trial,[53] although there is no power to order a party to disclose expert evidence on an issue on which that party does not intend to adduce expert evidence at the trial.[54] It may also

---

[49] See further p. 86, "Assessment of a reasonable sum".
[50] *e.g.* Standard Form of Building Contract, cl. 13.
[51] As to whether expert's fees properly incurred are recoverable as costs or damages, see "Cost of reports" on p. 217.
[52] Civil Evidence Act 1968, Pt. I; R.S.C., Ord. 38, r. 3; for restrictions upon adducing expert evidence, see Civil Evidence Act 1972; R.S.C., Ord. 38, r. 4 and p. 490.
[53] See R.S.C., Ord. 38, rr. 35–43, in particular r. 37. See also *Ollett v. Bristol Aerojet* [1979] 1 W.L.R. 1197 (Practice Note). The rules apply regardless of whether the expert witness is an independent witness, an "in house" expert, or one of the parties—see *Shell Pensions Trust v. Pell Frischmann* [1986] 2 All E.R. 911.
[54] *Derby & Co. v. Weldon (No. 9), The Times*, November 9, 1990 (C.A.).

be desirable for the delivery of experts' reports in reply and the court may direct experts to meet "without prejudice" in order to identify those parts of their evidence which are in issue.[55] Where such a meeting takes place, the experts may prepare a joint statement or report. If there is no joint written report recording the precise nature and extent of agreement, all discussions including any "agreements" are privileged. An expert in these circumstances has no implied or ostensible authority to agree facts orally or in any form other than the joint statement or report envisaged by the direction.[56] It is questionable whether the expert derives authority to make *any* agreement binding his client from the mere fact that the court has given a direction, although he may have a greater actual authority.[57] There may be difficulties if further meetings are directed to take place after a trial has begun.[58] Where a party calls his expert, a report disclosed pursuant to the rules may be put in evidence at the beginning of his evidence in chief.[59] Such a report may also be put in by any other party thus making that report part of the evidence of the party putting it in.[60]

The task of an expert witness in litigation is to express an opinion within his expert competence upon matters susceptible to such an opinion relevant to the litigation. He expresses that opinion upon facts agreed, proved or to be proved by evidence. He can additionally give factual evidence of matters of which he has first hand knowledge, but he cannot give hearsay evidence of primary facts,[61] unless it is admissible under the provisions of the Civil Evidence Acts 1968 and 1972. "Once the primary facts on which their opinion is based have been proved by admissible evidence, [experts] are entitled to draw on the work of others as part of the process of arriving at their conclusion. However, where they have done so, they should refer to this material in their evidence so that the cogency and probative value of their conclusion can be tested and evaluated by reference to it."[62] The work of others can include statistical material lying within the field of the expert's expertise of the accuracy of which he has no personal knowledge, but which he has no reason to doubt.[63] An expert may give opinion evidence within his

---

[55] See *University of Warwick v. Sir Robert McAlpine* (1988) 42 B.L.R. 1 at 23; R.S.C., Ord. 38, r. 38.
[56] *Carnell Computer Technology v. Unipart Group* (1988) 45 B.L.R. 100; *cf. Richard Roberts Holdings v. Douglas Smith Stimson* (1989) 47 B.L.R. 113; *Murray Pipework v. U.I.E. Scotland Ltd* (1988) 6 Const.L.J. 56; see also Bray, Burr and Planterose, "The Law and Practice of 'without prejudice' Meetings", 6 Const.L.J. 23.
[57] See *Richard Roberts Holdings v. Douglas Smith Stimson* (1989) 47 B.L.R. 113 at 125.
[58] See *Richard Roberts Holdings v. Douglas Smith Stimson* (1989) 47 B.L.R. 113.
[59] R.S.C., Ord. 38, r. 43.
[60] See R.S.C., Ord. 38, r. 42.
[61] *English Exporters v. Eldonwall Ltd* [1973] 1 Ch. 415 at 421. There is a regrettable tendency for expert reports in building contract litigation to contain inordinately long statements of hearsay fact coupled with inadmissible *factual* opinion. This should be avoided. *Cf.* however *James Longley v. South West Regional Health Authority* (1983) 25 B.L.R. 56 at 63.
[62] Kerr L.J. in *R. v. Abadom* [1983] 1 W.L.R. 126 (C.A.).
[63] *ibid.* The court certified that a point of law of general public importance was involved, but the House of Lords dismissed a petition for leave to appeal—[1983] 1 W.L.R. 405 (H.L.).

Chapter 17—Preparation for Trial

own competence even though he is himself a party to the proceedings. The fact that he is an interested party goes to the weight of the evidence, not to its admissibility.[64]

"While some degree of consultation between experts and legal advisers is entirely proper, it is necessary that expert evidence presented to the court should be, and should be seen to be, the independent product of the expert, uninfluenced as to form or content by the exigencies of litigation."[65] An expert should not enter into the arena in order to advocate his client's case,[66] and it seems that his report should contain his complete opinion and not merely selected parts of it which may be favourable to his client.[67] If a report contains evidence or expertise contributed by some person other than the apparent author, that person and his contribution should be identified so that at the very least he can be tendered for cross-examination. But this does not apply to the leader of a team of investigators or laboratory research assistants under the leader's direction and control.[68]

Experts' immunity. Experts have a limited immunity from proceedings for negligence. This immunity extends to evidence given by the expert in court or arbitration and to work which is preliminary to giving such evidence. The production or approval of a report for the purpose of disclosure would thus be protected. The immunity does not extend to work done for the principal purpose of advising the client as to the merits of the claim, particularly if proceedings have not been started, and *a fortiori* to advice as to whether the expert is qualified to advise at all.[69]

Documents.[70] Much evidence is given by or by reference to documents, often without scrupulous regard to the rules of evidence relating to documents.[71] In practice this is usually unobjectionable and a convenient means of covering historical ground in evidence. Documents may be referred to to refresh a witness' memory, to prove statements made adverse to the interest of a writer who is a party to the proceedings, to enable factual

---

[64] *Lusty v. Finsbury Securities* (1991) 58 B.L.R. 66 (C.A.).
[65] *Whitehouse v. Jordan* [1981] 1 W.L.R. 246 at 256, 268 (H.L.). For the criticisms made by Lord Denning in the same case in the Court of Appeal, where the lawyers had "doctored" an expert's report by blocking out a couple of lines, see [1980] 1 All E.R. 650 at 655. See also *National Justice Compania Naviera v. Prudential Insurance* [1993] 2 Lloyd's Rep. 68.
[66] Garland J. in *University of Warwick v. Sir Robert McAlpine* (1988) 42 B.L.R. 1 at 22; for the position where an expert inadvertently advised both sides, see *Harmony Shipping Co. v. Saudi Europe* [1979] 1 W.L.R. 1380 (C.A.).
[67] See *Kenning v. Eve Construction* [1989] 1 W.L.R. 1189—a decision under R.S.C., Ord. 25, r. 8(1)(b) in a personal injury action; but see *Derby & Co. v. Weldon (No. 9), The Times*, November 9, 1990 (C.A.).
[68] *University of Warwick v. Sir Robert McAlpine* (1988) 42 B.L.R. 1 at 23.
[69] *Palmer v. Durnford Ford* [1992] Q.B. 483 approved in *M. v. Newham London Borough Council* [1994] 2 W.L.R. 554 (C.A.) and unaffected, it is thought, on this point by *Walpole v. Partridge & Wilson* [1993] 3 W.L.R. 1093 (C.A.).
[70] See also "Discovery" on p. 492.
[71] For such rules, see standard text books such as *Phipson on Evidence* (14th ed., 1990).

inferences to be drawn when asserted facts are not rebutted, to establish the fact that the document was written when it was and, it is thought, to narrate uncontroversial facts.

It is essential that legible and clearly paginated bundles of documents are agreed and prepared in a form which will enable the judge, counsel and witnesses to find particular documents easily and without delay. It is equally essential that in large cases the bulk of documents to be used in court is reduced to reasonable proportions by careful selection. Unthinking use of the photocopying machine is a waste of paper, time and money. The main agreed bundles should be provided to the court well in advance of the trial. Granted that judicial reading time may thereby be somewhat increased, the net saving in time and the attendance of the parties and their various advisers can be great.[72]

(b) Discovery

Discovery is the process by which each party lists "the documents which are or have been in their possession, custody or power relating to the matters in question in the action".[73] The documents are then made available for inspection in so far as they are not privileged from production and provided that inspection is necessary for disposing fairly of the proceedings.[74] No complete account of this process is given here, but certain points of particular importance to building contract litigation are made.[75]

In building contract litigation, discovery is often lengthy, tedious and expensive, resulting in an unwieldy mass of duplicated paper. But the requirement to disclose all documents which are relevant frequently makes this unavoidable. There are many cases where discovery is quite essential to a party's case. For example, in claims for a reasonable sum for cost plus profit early discovery may be very important to the employer, for the contractor's wage sheets and invoices for materials used will often show the employer the strength of the case he has to meet. Documents in the possession, custody or power of a defendant which come into existence for the purposes of an arbitration between the defendant and a third party are not *per se* immune from production, but inspection will not be ordered unless it is shown both

---

[72] *cf.* Garland J. in *University of Warwick v. Sir Robert McAlpine* (1988) 42 B.L.R. 1 at 24; *Banque Keyser Ullmann v. Skandia (U.K.) Insurance* [1991] 2 A.C. 249 at 280 (H.L.).

[73] R.S.C., Ord. 24, r. 1(1). The rule applies to photocopies of original documents—*Dubai Bank v. Galadari* [1992] 1 W.L.R. 106. The database of a computer, in so far as it contains information capable of being retrieved and converted into readable form, and whether stored in the computer itself or recorded in backup files, is a "document" within the meaning of R.S.C., Ord. 24—see *Derby & Co. v. Weldon (No. 9)* [1991] 1 W.L.R. 652. The court has yet to evolve a full practical procedure for how such documents should be produced for inspection.

[74] *Dolling–Baker v. Merrett* [1990] 1 W.L.R. 1205 (C.A.); *Science Research Council v. Nassé* [1980] A.C. 1028 (H.L.).

[75] See in elaboration R.S.C., Ord. 24, and the commentary in *The Supreme Court Practice 1995*; see also "Documents" on p. 491.

Chapter 17—Preparation for Trial

that the documents are relevant and that inspection is necessary for the fair disposal of the proceedings.[76]

Legal professional privilege. In brief, this protects from disclosure (a) confidential communications between a client and his solicitor acting in his professional capacity for the purpose of obtaining legal advice, (b) communications between a solicitor and a non-professional agent or third party after litigation is contemplated and with a view to its conduct, and (c) communications between a client and a non-professional agent or third party whose dominant objective purpose was to use it or its contents in order to obtain legal advice or to conduct or aid in the conduct of litigation.[77] An insured's report to insurers under the terms of a professional indemnity policy was held to be privileged under the third of these categories.[78] Privileged documents disclosed or acquired by mistake may be recoverable if privilege has not been waived.[79] Disclosure may be ordered notwithstanding a claim for legal professional privilege if the plaintiff establishes a strong *prima facie* case of relevant fraud. But such disclosure would not extend to documents brought into existence for the dominant purpose of being used in pending or contemplated legal proceedings.[80]

"Without prejudice" communications. Communications between parties to litigation with a view to resolving their disputes are inadmissible in evidence. The rule is founded upon the public policy of encouraging litigants to settle their differences rather than litigate them to a finish.[81] "The rule applies to exclude all negotiations genuinely aimed at settlement whether oral or in writing from being given in evidence. . . . the application of the rule is not dependent upon the use of the phrase 'without prejudice' and if it is clear from the surrounding circumstances that the parties were seeking to compromise the action, evidence of the content of those negotiations will, as a general rule, not be admissible at the trial."[82] Privilege only arises if there is

---

[76] *Dolling–Baker v. Merrett* [1990] 1 W.L.R. 1205 (C.A.) disapproving *Shearson Lehman Hutton v. Maclaine Watson* [1988] 1 W.L.R. 946; *cf. Lorne Stewart v. William Sindall* (1986) 35 B.L.R. 109 and see n.75 above.
[77] *Waugh v. British Railways Board* [1980] A.C. 521 (H.L.); *Guinness Peat v. Fitzroy Robinson* [1987] 1 W.L.R. 1027 (C.A.); *Ventouris v. Mountain* [1991] 1 W.L.R. 607 (C.A.).
[78] *Guinness Peat v. Fitzroy Robinson* [1987] 1027 (C.A.).
[79] See, *e.g.* *English and American Insurance v. Herbert Smith & Co.* (1987) 137 N.L.J. 148; *Guinness Peat v. Fitzroy Robinson* [1987] 1 W.L.R. 1027 (C.A.); *C.H. Beazer v. C.J. Associates* (1985) 4 Con.L.R. 93; *Derby & Co. v. Weldon (No. 8)* [1991] 1 W.L.R. 73 (C.A.).
[80] *Derby & Co. v. Weldon (No. 7)* [1990] 1 W.L.R. 1156; *cf. Finers v. Miro* [1991] 1 W.L.R. 35 (C.A.).
[81] *Rush & Tompkins v. Greater London Council* [1989] A.C. 1280 at 1299 (H.L.); *Cutts v. Head* [1984] Ch. 290 at 306 (C.A.); *South Shropshire D.C. v. Amos* [1986] 1 W.L.R. 1271 (C.A.); *cf. Simaan General Contracting v. Pilkington Glass* [1987] 1 W.L.R. 516 for the inadmissibility of "without prejudice" negotiations on an application for security for costs. See also "Written offers" on p. 517.
[82] Lord Griffiths in *Rush & Tompkins v. Greater London Council* [1989] A.C. 1280 at 1299 (H.L.); *cf. Walker v. Wilsher* (1889) 23 Q.B.D. 335 (C.A.); *Stotesbury v. Turner* [1943] K.B. 370; for without prejudice discussions between experts under R.S.C., Ord. 38, r. 38, see "Experts' reports" on p. 489.

a dispute or negotiation,[83] and a "without prejudice" letter asserting a party's rights but not amounting to an offer to negotiate was held not to be privileged and was admissible in evidence.[84]

If there is an issue whether or not the negotiations resulted in an agreed settlement, or as to the terms of such a settlement, the "without prejudice" material will be admissible for the purpose of deciding that issue.[85] But admissions made with a genuine intention to reach a settlement with a different party in the same litigation are inadmissible whether or not settlement was reached with that party and are further inadmissible in any subsequent litigation connected with the same subject matter.[86] Although it is thought that privilege attaching to bilateral negotiations cannot be unilaterally withdrawn, privilege can be withdrawn by agreement,[87] and a "without prejudice" offer can usually be restated as an open offer by omitting reference to privileged communications, provided that the change in the basis of negotiations is clearly brought to the attention of the other party.[88]

(c) Preliminary Point

"Where there is a point of law which, if decided in one way, is going to be decisive of the litigation, advantage ought to be taken of the facilities afforded by the rules of court to have it disposed of at the close of pleadings or very shortly afterwards."[89]

But this course

"frequently adds to the difficulties of courts of appeal and tends to increase the cost and time of legal proceedings. If this practice cannot be confined to cases where the facts are complicated and the legal issue short and easily decided, cases outside this guiding principle should at least be exceptional."[90]

On the other hand,

"when a judge alive to the possible consequences, decides that a particular

---

[83] *Re Daintrey* [1893] 2 Q.B. 116 at 119 (D.C.).
[84] *Buckinghamshire C.C. v. Moran* [1990] Ch. 623 (C.A.).
[85] *Rush & Tompkins v. Greater London Council* [1989] A.C. 1280 at 1300 (H.L.); *Tomlin v. Standard Telephones & Cables Ltd* [1969] 1 W.L.R. 1378 (C.A.).
[86] *ibid.*; *cf. Lorne Stewart v. William Sindall* (1986) 35 B.L.R. 109—it is an open question whether the "name borrowing" aspect of this case would now distinguish it from the *Rush & Tompkins* decision.
[87] See *Blow v. Norfolk C.C.* [1966] 3 All E.R. 579 (C.A.).
[88] *Cheddar Valley Engineering v. Chaddlewood Homes* [1992] 1 W.L.R. 820.
[89] Romer L.J. in *Everett v. Ribbands* [1952] 2 Q.B. 198 at 206 (C.A.); applied in *Carl Zeiss Stiftung v. Herbert Smith & Co.* [1969] 1 Ch. 93 (C.A.). See R.S.C., Ord. 14A, Ord. 18, r. 11, and Ord. 33, rr. 3, 4 and their notes in *The Supreme Court Practice 1995*. A point of law under Ord. 14A may be determined at any stage in the proceedings. See also *Gold v. Patman & Fotheringham Ltd* [1958] 2 All E.R. 497 at 503 (C.A.); *Nissan v. Att.-Gen.* [1968] 1 Q.B. 286 (C.A.) (decisive of part only of litigation); *Goodchild v. Greatness Timber Co. Ltd* [1968] 2 Q.B. 372 (C.A.); *Warner Bros. Records Inc. v. Rollgreen Ltd* [1976] Q.B. 430 (C.A.).
[90] Lord Wilberforce in *Tilling v. Whiteman* [1980] A.C. 1 at 18 (H.L.).

course should be followed in the conduct of a trial in the interests of justice, his decision should be respected by the parties and upheld by an appellate court unless there are very good grounds for thinking that the judge was plainly wrong."[91]

The determination of a preliminary point of law is to be distinguished from the trial of preliminary issues of mixed fact and law which is often ordered in building contract litigation.[92] Careful thought is required before applying for such an order lest issues apparently separate are in reality so intermingled as to make the order inappropriate.[93] Official referees sometimes divide very complicated cases into a number of sub-trials.[94]

(d) Plans, photographs, models, mechanically recorded evidence

Unless at or before the trial the court or a judge for special reasons otherwise orders or directs, no plan, photograph or model is receivable in evidence at the trial of an action unless at least 10 days before the commencement of the trial the parties, other than the party producing it, have been given an opportunity to inspect it and to agree to the admission thereof without further proof.[95] The court may exceptionally direct non-disclosure where the *bona fides* of a party is in issue.[96] Mechanically recorded evidence is admissible.[97]

(e) View

A view is sometimes helpful. "Where the matter for decision is one of ordinary common sense the judge of fact is entitled to form his own judgment on the real evidence of a view just as much as on the oral evidence of witnesses,"[98] although "there may, of course, be cases in which the matter falls to be decided on technical evidence, and where a view will not be of any assistance, except no doubt as a substitute for a plan or photograph".[99] In any event each party must be given an opportunity of being present,[1] and it is undesirable for the judge even to have a "a mere look" without previously

---

[91] Lord Templeman in *Ashmore v. Corporation of Lloyd's* [1992] 1 W.L.R. 446 at 451.
[92] See R.S.C., Ord. 33, r. 3 and, for an example, *Gloucestershire County Council v. Richardson* [1969] 1 A.C. 480 (H.L.).
[93] See *Schal International Ltd v. Norwich Union* (1992) 28 Con.L.R. 129.
[94] See, *e.g. Holland Hannen & Cubitts v. W.H.T.S.O.* (1981) 18 B.L.R. 80 at 90—the first sub-trial; *cf. Holland Hannen & Cubitts v. W.H.T.S.O.* (1985) 35 B.L.R. 1 (C.A.)—an appeal on issues arising from a partial settlement during a second sub-trial.
[95] Ord. 38, r. 5.
[96] See *McGuinness v. Kellogg Co.* [1988] 1 W.L.R. 913 (C.A.)—a film taken by a private inquiry agent on behalf of defendants in a personal injury action seeking to establish that the plaintiff was malingering; *cf.* however *Khan v. Armaguard* [1994] 1 W.L.R. 1204 (C.A.).
[97] *The Statue of Liberty* [1968] 2 All E.R. 195.
[98] Denning L.J. in *Buckingham v. Daily News Ltd* [1956] 2 Q.B. 534 at 551 (C.A.).
[99] *ibid.*, Parker L.J. at p. 550.
[1] *Goold v. Evans* [1951] 2 T.L.R. 1189.

informing the parties.² It is a matter of discretion for the judge to decide whether or not to have a view.³ What is derived from the view is part of the evidence and the view should take place at or before the conclusion of the evidence.⁴

(f) Various interlocutory matters

The provisions of Order 25 and a summons for directions in blank should be studied and all possible applications made on the first hearing of the summons for directions.

It may be desirable to join sub-contractors or others as third parties,⁵ and in some cases, to apply for detention, preservation or inspection of property.⁶

The Court can appoint a court expert,⁷ or order trial with assessors.⁸

Delay in proceedings.⁹   In recent years the courts have shown a greater willingness than in the past to strike out cases for delay, and the relevant principles have been authoritatively stated by the House of Lords in *Birkett v. James*.¹⁰ Where, as will ordinarily be so, the limitation period has expired,¹¹ the order is "Draconian ... and will not be lightly made".¹² The court must be satisfied either (1) that the default has been intentional and contumelious, or (2)(a) that there has been inordinate and inexcusable delay, and (b) that such delay will give rise to a substantial risk that it is not possible to have a fair trial, or is likely to cause serious prejudice to the defendants, either as between themselves and the plaintiff, or between each other, or between them and a third party.¹³ The fact that the plaintiff may or may not have an alternative remedy against his solicitor is not a relevant consideration in deciding whether or not to dismiss an action for want of prosecution.¹⁴

Except where the plaintiff's conduct is contumelious, the power to dismiss an action for want of prosecution is not normally exercised within the currency of the limitation period, since the plaintiff would normally be entitled to issue a fresh writ for the same cause of action.¹⁵ But disobedience

---

² *Salsbury v. Woodland* [1970] 1 Q.B. 324 (C.A.); *cf. Parry v. Boyle* (1987) R.T.R. 282 (Q.B.D.).
³ R.S.C., Ord. 35, r. 8(1); *Tito v. Waddell* [1975] 1 W.L.R. 1303.
⁴ See *Parry v. Boyle* (1987) R.T.R. 282 (Q.B.D.).
⁵ See R.S.C., Ord. 16, generally. For the position where there is an arbitration agreement with one but not with all the parties, see p. 443.
⁶ See R.S.C., Ord. 29, rr. 2, 3; s. 33 of the Supreme Court Act 1981.
⁷ R.S.C., Ord. 40; see notes in *The Supreme Court Practice 1995*.
⁸ Ord. 33, r. 6.
⁹ For delay in arbitrations, see "Dismissal for want of prosecution" on p. 447.
¹⁰ [1978] A.C. 297 (H.L.).
¹¹ *Birkett v. James* [1978] A.C. 297 (H.L.); *cf. Barclays Bank v. Miller* [1990] 1 W.L.R. 343 (C.A.)—action dismissed where it was open to doubt and serious argument whether a fresh action would be statute-barred.
¹² *Allen v. Sir Alfred McAlpine & Sons Ltd* [1968] 2 Q.B. 229 at 259 (C.A.).
¹³ *Birkett v. James* [1978] A.C. 297 (H.L.); *Department of Transport v. Chris Smaller* [1989] A.C. 1197 at 1203 (H.L.).
¹⁴ *ibid.*
¹⁵ *Birkett v. James* [1978] A.C. 297 (H.L.).

Chapter 17—Preparation for Trial

to a peremptory order of the court generally amounts to "contumelious" conduct attracting the sanction that the plaintiff's action may be dismissed.[16] If it is, it seems that the court has a discretion to strike out a second action as an abuse of the process of the court even if the second action is started within the limitation period.[17]

Up to the expiry of the statutory limitation period, a plaintiff has a legal right to start an action.[18] "To justify dismissal for want of prosecution some prejudice to the defendant additional to that inevitably flowing from the plaintiff's tardiness in issuing his writ must be shown to have resulted from his subsequent delay (beyond the period allowed by rules of court) in proceeding promptly with the successive steps in the action. The additional prejudice need not be great compared with that which may have already been caused by the time elapsed before the writ was issued; but it must be more than minimal; and the delay in taking a step in the action if it is to qualify as inordinate as well as prejudicial must exceed the period allowed by rules of court for taking that step."[19]

The plaintiff has the right to delay issuing his writ until the end of the limitation period. But if he issues it earlier, time elapsed after the issue of the writ but before the expiry of the limitation period can constitute inordinate delay for the purpose of an application to dismiss brought after the expiry of the limitation period.[20]

Prejudice may be of varying kinds and it is not confined to prejudice affecting the actual conduct of the trial.[21] But the mere fact of the anxiety that accompanies any litigation is unlikely by itself to be sufficient prejudice to justify striking out an action.[22] Subsequent conduct by the defendant which induces the plaintiff to incur further expense in pursuing the action does not, in law, constitute an absolute bar preventing the defendant from obtaining a striking-out order. It is a relevant factor to be taken into account by the judge in exercising his discretion whether or not to strike out the claim, the weight to be attached to such conduct depending upon all the circumstances of the particular case.[23]

---

[16] *Tolley v. Morris* [1979] 1 W.L.R. 592 at 603 (H.L.).

[17] *Janov v. Morris* [1981] 1 W.L.R. 1389 (C.A.) considering *Tolley v. Morris* [1979] 1 W.L.R. 592 (H.L.); *cf. Cromlech Property Company v. Costain Construction* (1986) 10 Con.L.R. 110 where there was delay but no contumelious default.

[18] *Birkett v. James* [1978] A.C. 297 at 323 (H.L.).

[19] Lord Diplock in *Birkett v. James* [1978] A.C. 297 at 323 (H.L.); see also Lord Salmon at 331.

[20] *Rath v. C.S. Lawrence & Partners* [1991] 1 W.L.R. 399 (C.A.); *cf. Trill v. Sacher* [1993] 1 W.L.R. 1379 (C.A.).

[21] *Department of Transport v. Chris Smaller* [1989] A.C. 1197 at 1209 (H.L.); *cf. Hayes v. Bowman* [1989] 1 W.L.R. 456 (C.A.). For building contract cases, see *Electricity Supply Nominees v. Longstaff and Shaw* (1986) 3 Const.L.J. 145 (C.A.); *City of Westminster v. Clifford Culpin & Partners* (1987) 4 Const.L.J. 141 (C.A.); *Lowfield Distribution v. Modern Engineering* (1988) 15 Con.L.R. 27; these cases must now to be read in the light of *Department of Transport v. Chris Smaller* [1989] A.C. 1197 (H.L.).

[22] *Department of Transport v. Chris Smaller* [1989] A.C. 1197 (H.L.) expressing caution about decisions such as Lord Denning in *Biss v. Lambeth Health Authority* [1978] 1 W.L.R. 382 at 389 (C.A.).

[23] *Roebuck v. Mungovin* [1994] 2 W.L.R. 290 (H.L.).

Both the claim and counterclaim may be dismissed if plaintiff and defendant have been guilty of delay.[24] Periods of time bear a different complexion in cases of magnitude and complexity than they do in simple accident cases,[25] but building cases are not exempt from the Rules of the Supreme Court.[26]

(g) Settlement of actions

In settling an action the parties should decide whether they wish to be able to refer the action back to the court or whether they are content to rely upon the terms of the settlement as a contract and, if necessary, bring fresh proceedings for any breach of such contract.[27] Interest which might be awarded under section 35A of the Supreme Court Act 1981,[28] if the matter proceeded to judgment, should be taken into account. Breach of a valid compromise does not revive the original claims. The remedy is to sue for breach of the compromise agreement.[29]

8. SET-OFF AND COUNTERCLAIM

Where a defendant has a cross-claim against the plaintiff he may be able to set this up in diminution of the plaintiff's claim, *i.e.* plead a set-off, or he may counterclaim[30] or he may both set off and counterclaim.[31]

Distinction between set-off and counterclaim. A set-off is a defence[32] and as such can be used only "as a shield, not as a sword".[33] Consequently a defendant must counterclaim if he hopes to obtain more on his cross-claim than the plaintiff will obtain on his claim, or if the defendant desires to be in a position to continue his cross-claim in the same proceedings although the plaintiff's claim is discontinued. A cross-claim by a defendant can always be made the subject of a counterclaim but not necessarily of a set-off, and it is sometimes difficult to decide whether a cross-claim can be set off.

---

[24] *Zimmer Orthopaedic v. Zimmer Manufacturing Co.* [1968] 1 W.L.R. 1349 (C.A.).
[25] *City General Insurance Co. Ltd v. Robert Bradford & Co. Ltd* [1970] 1 Lloyd's Rep. 520 at 523 (C.A.).
[26] *Renown Investments Ltd v. Shepherd Ltd, The Times,* November 16, 1976 (C.A.).
[27] See *Green v. Rozen* [1955] 1 W.L.R. 741 for a most useful discussion by Slade J. of various ways of settling actions. See also the *Encyclopedia of Court Forms* (2nd ed.), Vol. 12, title "Compromise and Settlement" where there is a discussion of and precedents for 16 methods of settlement.
[28] See p. 506.
[29] *Supamarl v. Federated Homes* (1981) 9 Con.L.R. 25.
[30] R.S.C., Ord. 15, r. 2; *cf. C.S.I. International v. Archway Personnel* [1980] 1 W.L.R. 1069 (C.A.).
[31] R.S.C., Ord. 18, r. 17.
[32] *Hanak v. Green* [1958] 2 Q.B. 9 at 26 (C.A.); *Modern Engineering (Bristol) Ltd v. Gilbert Ash (Northern) Ltd* [1974] A.C. 689 (H.L.). See also *Henriksens A/S v. Rolimpex T.H.Z.* [1974] 1 Q.B. 233 (C.A.).
[33] Cockburn C.J. in *Stooke v. Taylor* (1880) 5 Q.B.D. 569 at 575 (D.C.).

Chapter 17—Set-off and Counterclaim

The principles which determine whether a cross-claim can be set off were discussed in *Hanak v. Green*,[34] and in short the position is that there may be:

(1) a set-off of mutual liquidated debts;
(2) in certain cases a setting up of matters of complaint which, if established, reduce or even extinguish the claim—this is referred to below as "abatement".
(3) reliance upon equitable set-off and reliance upon matters of equity which formerly might have called for injunction or prohibition.[35]

To this may be added:

(4) contractual set-off, and
(5) statutory set-off.

Mutual liquidated debts. An arguable cross-claim whose amount is known or can be ascertained with certainty can be set off as a defence even if the defendant's right to payment of the liquidated amount is disputed.[36] Such a plea of set-off is only available where the claims on both sides are in respect of liquidated debts or money demands which can readily and without difficulty be ascertained. This would not be so if the amount of the claims could only be ascertained by litigation or arbitration.[37]

Abatement.[38] With building contracts, "it is competent for the defendant, ... not to set off, by a proceeding in the nature of a cross action, the amount of damages which he has sustained by breach of the contract, but simply to defend himself by shewing how much less the subject matter of the action was worth, by reason of the breach".[39] "This is a remedy which the common law provides for breaches of warranty in contracts for sale of goods and for work and labour. It is restricted to contracts of these types. It is available as of right to a party to such a contract. It does not lie within the discretion of the court to withhold it. It is independent of the doctrine of 'equitable set-off' ..."[40] Thus where there is a claim on a lump sum contract

---

[34] [1958] 2 Q.B. 9 (C.A.). All previous decisions should be read in the light of *Hanak v. Green*. See also *Hale v. Victoria Plumbing Co. Ltd* [1966] 2 Q.B. 746 (C.A.).

[35] *Hanak v. Green* [1958] 2 Q.B. 9 at 23 (C.A.), Morris L.J., in whose judgment are given examples of each class of set-off". The judgment contains a "masterly account of the doctrine of equitable set-off"—see Lord Diplock in *Modern Engineering v. Gilbert-Ash* [1974] A.C. 689 at 717 (H.L.); *cf. Federal Commerce v. Molena Alpha* [1978] Q.B. 927 (C.A.); *B.I.C.C. v. Burndy Corporation* [1985] Ch. 232 (C.A.); *Bank of Boston v. European Grain* [1989] A.C. 1056 at 1101 (H.L.).

[36] *Axel Johnson v. Mineral Group* [1992] 1 W.L.R. 270 (C.A.).

[37] *Stooke v. Taylor* (1880) 5 Q.B.D. 569 at 575; *Hargreaves v. Action 2000* (1992) 62 B.L.R. 72 (C.A.); see also *Aectra Refining v. Exmar* [1994] 1 W.L.R. 1634 (C.A.).

[38] See, *e.g. Aries Tanker v. Total Transport* [1977] 1 W.L.R. 185 at 190 (H.L.); *Cathery v. Lithodomus* (1987) 41 B.L.R. 76 at 82 (C.A.). Abatement is sometimes referred to as "legal set-off" but this can be misleading—see *Acsim (Southern) v. Danish Contracting* (1989) 47 B.L.R. 55 (C.A.).

[39] *Mondel v. Steel* (1841) 8 M. & W. 858 at 871 cited by Lord Diplock in *Modern Engineering v. Gilbert-Ash* [1974] A.C. 689 at 717 (H.L.).

[40] Lord Diplock in *Modern Engineering v. Gilbert-Ash* [1974] A.C. 689 at 717 (H.L.); *cf.* s. 53(1)(a) of the Sale of Goods Act 1979.

and the defendant alleges that there are defects he may either set off his loss in diminution of the claim, or he may counterclaim for damages.[41] An employer, whose repudiation of the contract is accepted by the contractor before completion, is nevertheless entitled to abatement of the contractor's entitlement to be paid at contractual rates for work completed, if the incomplete work is defective.[42] The measure of an abatement is "how much less the subject matter of the action [is] worth by reason of the breach".[43] By definition, the measure of an abatement cannot exceed the total of the sum to which it is applied.[44]

Equitable set-off. The scope of the right of equitable set-off is fairly wide. The test whether a cross-claim can be relied on as an equitable set-off is whether it is so closely connected with the claim that it would be manifestly unjust to allow the claim without taking into account the cross-claim.[45] It is not necessary that the subject matter of the cross-claim should actually serve to reduce or diminish the claim itself: that is the test for abatement or legal set-off as discussed above.[46] In *Hanak v. Green* the employer claimed damages for failure to complete properly. Against this the contractor was held entitled to set off a claim on a *quantum meruit* for extra work done outside the contract, loss caused by the employer's refusal to admit the contractor's workmen and damages for trespass to tools. Liquidated damages not exceeding the amount of the claim and arising under the same contract can normally be set off against the claim.

Contractual set-off. Parties may provide for set-off or deduction by contract and they frequently do this in building contracts. Where provision is made for deduction of cross-claims arising out of the same contract, the deduction would often be available any way as a legal or equitable set-off. But it seems that an employer cannot set off a claim arising under another unconnected contract with the same contractor unless he has been given express power by the contract upon which the contractor claims,[47] or there

---

[41] *Hoenig v. Isaacs* [1952] 2 All E.R. 176 at 181 (C.A.), and see p. 78; *Modern Engineering v. Gilbert-Ash* [1974] A.C. 689 (H.L.); *Aries Tanker v. Total Transport* [1977] 1 W.L.R. 185 at 190, 194 (H.L.); *Acsim (Southern) v. Danish Contracting* (1989) 47 B.L.R. 55 at 70, 79, 80 (C.A.); *A. Cameron v. John Mowlem & Co.* (1990) 52 B.L.R. 24 (C.A.); *Dole Dried Fruit v. Trustin Kerwood* [1990] 2 Lloyd's Rep. 309 (C.A.).

[42] *Slater v. Duqemin Ltd* (1992) 29 Con.L.R. 24. For repudiation, see p. 156. For the contractor's entitlement to payment upon repudiation, see "Work partly carried out" on p. 225.

[43] *Mondel v. Steel* (1841) 8 M. & W. 858 at 871; *cf. Duquemin v. Raymond Slater* (1993) 65 B.L.R. 124, where the measure was equated with that under s. 53(3) of the Sale of Goods Act 1979.

[44] See *Duquemin v. Raymond Slater* (1993) 65 B.L.R. 124.

[45] *Dole Dried Fruit v. Trustin Kerwood* [1990] 2 Lloyd's Rep. 309 (C.A.); *Hanak v. Green* [1958] 2 Q.B. 9 at 24, 31 (C.A.). See also *Henriksens A/S v. Rolimpex T.H.Z.* [1974] 1 Q.B. 233 at 248, 252 (C.A.); *Federal Commerce v. Molena Alpha* [1978] Q.B. 927 at 974 (C.A.); *Cathery v. Lithodomus* (1987) 41 B.L.R. 76 at 82 (C.A.); *Guinness plc v. Saunders* [1988] 1 W.L.R. 863 at 870 (C.A.).

[46] *Dole Dried Fruit v. Trustin Kerwood* [1990] 2 Lloyd's Rep. 309 (C.A.).

[47] *Asphaltic Wood Pavement Co., ex p. Lee and Chapman, Re* (1885) 30 Ch.D. 216 (C.A.); *Ellis*

Chapter 17—Set-off and Counterclaim

are special circumstances sufficiently connecting the two claims to sustain an equitable set-off. If there is such an express power, it will be effective according to its construction.[48]

Statutory set-off. Rights of set-off may arise under statute, as for instance under section 323 of the Insolvency Act 1986.[49]

Exclusion of right of set-off. The parties may by agreement limit or exclude their rights to set-off. "It is, of course, open to the parties to a contract ... for work and labour ... to exclude by express agreement a remedy for its breach which would otherwise arise by operation of law .... But in construing such a contract one starts with the presumption that neither party intends to abandon any remedies for its breach arising by operation of law, and clear express words must be used in order to rebut this presumption."[50] But a clause in written standard terms of business seeking to exclude rights of set-off in wide terms was held to come within section 13(1)(b) of the Unfair Contract Terms Act 1977. Since the term, taken as a whole, failed to satisfy the requirement of reasonableness, it was held to be ineffective.[51]

In *Mottram Consultants v. Sunley*,[52] the House of Lords by a majority held that on the particular contract in question the right of set-off had been excluded. The decision of the majority seems to have been materially affected by the special circumstance that there was a contract in being which the parties altered in such a way as to show an intention that a set-off should not be allowed.[53] Some standard forms of subcontract contain elaborate provisions which seek to regulate and limit the contractor's right to set-off cross-claims against sums due for payment to the subcontractor.[54] Such a

---

Mechanical v. Wates Construction [1978] 1 Lloyd's Rep. 33 (C.A.); *cf. Small v. Middlesex Real Estates Ltd* [1921] W.N. 245; *A.B. Contractors v. Flaherty* (1978) 16 B.L.R. 8 (C.A.).

[48] For a clause considered to be effective under both heads considered in the text, see *Modern Engineering v. Gilbert-Ash* [1974] A.C. 689 at 698, 704, 711 (H.L.). A distinct earlier part of the same clause was considered to be an unenforceable penalty. For an example of a clause effecting a contractual set-off in a commercial contract, see *Federal Commerce v. Molena Alpha* [1978] Q.B. 927 (C.A.).

[49] See "Mutual Dealings" on p. 418 and the cases there cited.

[50] Lord Diplock in *Modern Engineering v. Gilbert-Ash* [1974] A.C. 689 at 717 (H.L.); *cf.* C. M. *Pillings v. Kent Investments* (1985) 30 B.L.R. 80 at 92 (C.A.); *Sonat Offshore v. Amerada Hess* (1987) 39 B.L.R. 1 at 21 (C.A.); *N.E.I. Thompson v. Wimpey Construction* (1987) 39 B.L.R. 65 (C.A.); *Connaught Restaurants v. Indoor Leisure* [1994] 1 W.L.R. 501 (C.A.).

[51] *Stewart Gill Ltd v. Horatio Myer & Co. Ltd* [1992] Q.B. 600 (C.A.). For the Unfair Contract Terms Act 1977, see p. 70.

[52] [1975] 2 Lloyd's Rep. 197 (H.L.).

[53] The majority expressly applied the reasoning in the *Modern Engineering* case and it is submitted that there is no clash between the two decisions; *cf.* the vigorous dissenting opinion of Lord Salmon in the *Mottram* case, in particular at p. 215 where he expressed his opinion that the effect of the majority view would be to depart from what was decided by the House in the *Modern Engineering* case. The *Modern Engineering* case is now accepted as definitive; *cf. N.E.I. Thompson v. Wimpey Construction* (1987) 39 B.L.R. 65 (C.A.).

[54] See the discussion of cll. 4.26 to 4.29 of the Standard Form of Nominated Subcontract on p. 889 and *cf. Chatbrown v. Alfred McAlpine Construction* (1986) 35 B.L.R. 44 (C.A.); *B.W.P. (Architectural) v. Beaver* (1988) 42 B.L.R. 86.

clause, effective in some respects, has been construed as not preventing reliance on the remedy of abatement.[55]

9. SUMMARY JUDGMENT AND INTERIM PAYMENT

It has been said that one demerit of our system of justice is that because of our rules of procedure an arbitration under a building contract of some size is likely to take years; cases go to an arbitrator or an official referee and drag on and on and the cash flow is held up so that in the end there is some kind of compromise, very often not based on the merits of the case but on the economic situation of one of the parties.[56] In a proper case where one of the parties is entitled to money this result can be avoided by the application of the procedure for obtaining summary judgment under R.S.C., Order 14 or for interim payment under R.S.C., Order 29.

Summary judgment. This is available where there is no defence to the claim, or no defence to that part of the claim for which summary judgment is sought. It enables the plaintiff in such a case or a defendant on his counterclaim, upon summons supported by affidavit, to obtain judgment summarily without having to await trial.[57] The terms of Order 14 and the notes in *The Supreme Court Practice* should be consulted. Here there are discussed certain matters of particular interest in building disputes.

Degree of proof of indebtedness required. This has been expressed in various ways. Thus the sum claimed or a definable and quantified part of it must be "indisputably due", or it must be "as plain as could be" that the sum is due, or it must be established "on the evidence beyond reasonable doubt".[58] "Order 14 is for clear cases, that is, cases in which there is no serious material factual dispute . . . ."[59] The court arrives at its decision after considering the evidence served on behalf of the plaintiff and any evidence served on behalf of the defendant. The plaintiff does not get his judgment and the defendant will have leave to defend if it is shown that "there is an issue or question in dispute which ought to be tried or that there ought for some other reason to be a trial of the claim or part . . .".[60] On the other hand, the plaintiff may succeed if the court considers that the defendant's evidence is incredible such that there is no fair or reasonable prospect of the defendant

---

[55] *Acsim (Southern) v. Danish Contracting* (1989) 47 B.L.R. 55 (C.A.); cf. *Mellowes PPG v. Snelling Construction* (1989) 49 B.L.R. 109.
[56] Lawton L.J. in *Ellis Mechanical v. Wates Construction* [1978] 1 Lloyd's Rep. 33 at 36 (C.A.)
[57] See R.S.C., Ord. 14, rr. 1, 5; County Court Rules, Ord. 9, r. 4. Note that R.S.C., Ord. 14, now applies to a claim based on an allegation of fraud—see 14/1/1 of *The Supreme Court Practice 1995*.
[58] See judgments in the *Ellis* case; *Associated Bulk Carriers v. Koch Shipping* [1978] 1 Lloyd's Rep. 24 (C.A.). See also notes in *The Supreme Court Practice*.
[59] Bingham L.J. in *Crown House Engineering v. Amec Projects* (1989) 48 B.L.R. 32 at 56 (C.A.).
[60] R.S.C., Ord. 14, r. 3.

Chapter 17—Summary Judgment and Interim Payment

having a real or bona fide defence.[61] Where the plaintiff relies on an oral contract, the terms of which are relevantly disputed, summary judgment will be refused unless the defendant's evidence is not credible or the plaintiff can establish his entitlement even on the defendant's interpretation.[62]

The court may grant conditional leave to defend.[63] The court applies the same test in deciding whether leave to defend should be given as it does in deciding whether there is a dispute to be referred to arbitration and a stay of proceedings under section 4 of the Arbitration Act 1950.[64] There can be summary judgment for part of a claim and leave to defend or a stay of proceedings for arbitration for the remainder.[65]

Evidence upon an application for summary judgment. Every case turns upon its facts but excellent evidence is either an admission by the defendant, or his authorised agent, or a certificate by the defendant's architect or engineer, which is a special and formal kind of admission. When evidence of this nature is established the court usually requires cogent evidence from the defendant before it grants leave to defend. A set-off[66] can be a sufficient defence to a claim for summary judgment for a sum otherwise due.[67] But where for instance a defendant seeks to set-off a counterclaim for unliquidated damages for defects or delay against a sum due upon an architect's certificate, merely to allege the existence of defects in the works, or a claim for damages for delay without in each case giving some reasonable amount of detail and of quantification is unlikely to result in leave to defend.[68] Neither, it seems, will the court accept bare allegations, without satisfactory supporting evidence, that a certificate is not in accordance with the contract or that, for example, extras, part of the subject-matter of the claim, were not sanctioned in writing.[69] It is the practice to allow additional evidence on appeal, even in the Court of Appeal on special grounds.[70]

Points of law. Where the defendant raises an arguable point of law, the

---

[61] *National Westminster Bank plc v. Daniel* [1993] 1 W.L.R. 1453 (C.A.) applying *Banque de Paris v. Costa de Naray* [1984] 1 Lloyd's Rep. 21 (C.A.).
[62] *Mathind v. E. Turner & Sons* (1992) 23 Con.L.R. 16 (C.A.).
[63] See R.S.C., Ord. 14, r. 4 and para. 14/3–4/15 of *The Supreme Court Practice 1995*.
[64] For stay of proceedings where there is an arbitration agreement, see p. 438.
[65] See, *e.g. Archital Luxfer v. A. J. Dunning* (1987) 47 B.L.R. 1 (C.A.).
[66] For set-off see p. 498.
[67] See, *e.g. C. M. Pillings v. Kent Investments* (1985) 30 B.L.R. 80 (C.A.); *cf. Shanning International v. George Wimpey* [1989] 1 W.L.R. 981 (C.A.); *Rosehaugh Stanhope v. Redpath Dorman Long* (1990) 50 B.L.R. 69 (C.A.).
[68] *Dawnays Ltd v. Minter, F. G. Ltd* [1971] 1 W.L.R. 1205 (C.A.), not overruled on this point in *Modern Engineering (Bristol) Ltd v. Gilbert-Ash Ltd* [1974] A.C. 689 at 713 (H.L.), *Kilby & Gayford Ltd v. Selincourt Ltd* (1973) 229 E.G. 1343 (C.A.).
[69] *Kilby & Gayford Ltd v. Selincourt Ltd* (1973) 229 E.G. 1343 (C.A.).
[70] See, *e.g. Kiu May Construction v. Wai Cheong* (1983) 29 B.L.R. 137 (Hong Kong High Court); R.S.C., Ord. 59, r. 10(2) and see paras. 59/10/7 *et seq. The Supreme Court Practice 1995*. Leave to appeal to the Court of Appeal is now required from any order made on an application for summary judgment under R.S.C., Ords. 14, 14A or 86 or under Ord. 9, r. 14, of the County Court Rules—see R.S.C., Ord. 59, r. 1A(6)(aa), and para. 59/1A/12 of *The Supreme Court Practice 1995*.

current practice in England is that the court will nevertheless give summary judgment if it concludes, without reference to contested facts, that the defence advanced, though arguable, is bad. The existence of an arbitration clause makes no difference.[71] But if the point of law relied on by the defendant raises a serious question to be tried which calls for detailed argument and mature consideration, the point is not suitable to be dealt with in summary proceedings.[72] Order 14 is suitable for "no more than a crisp legal question, as well decided summarily as otherwise".[73] If the defence raises an arguable issue which is a mixed question of fact and law, leave to defend may be granted.[74]

The court now has the power to determine a point of law or the construction of a document where such question is suitable for determination without a full trial and where such determination would finally determine the entire cause or matter or any claim or issue.[75] This summary procedure may be adopted on an application by a party or of the court's own motion. An application must be supported by an affidavit deposing to all the material facts relating to the question of law or construction before the court.[76] This procedure is not suitable for cases where there is any material dispute of fact.[77]

Stay of execution. The court has power to order a stay of execution of a judgment pending the determination of a cross-claim,[78] but will not normally do so where there is no defence because the parties have by contract excluded set-off.[79]

Interim payment. The court has no inherent power to order an interim payment on account of damages expected to be recovered.[80] But there is now

---

[71] *Chatbrown v. Alfred McAlpine* (1986) 35 B.L.R. 44 (C.A.); *Ellis Mechanical v. Wates Construction* [1978] 1 Lloyd's Rep. 33 (Note) (C.A.); *Verrall v. Great Yarmouth Borough Council* [1981] Q.B. 202 at 215, 218 (C.A.); *Imodoco v. Wimpey and Taylor Woodrow* (1987) 40 B.L.R. 1 (C.A.); *cf. Sethia Liners v. State Trading Corporation of India* [1985] 1 W.L.R. 1398 (C.A.); *Forestal Mimosa v. Oriental Credit* [1986] 1 Lloyd's Rep. 329 (C.A.). The practice in Hong Kong may be somewhat different—see *Schindler Lifts v. Shui On Construction* (1984) 29 B.L.R. 95 (Hong Kong Court of Appeal).
[72] *Home and Overseas Insurance v. Mentor Insurance* [1989] 1 Lloyd's Rep. 473 at 484 (C.A.); *cf. British Holdings v. Quadrex* [1989] Q.B. 842 at 867 (C.A.); *R.G. Carter Ltd v. Clarke* [1990] 1 W.L.R. 578 at 584 (C.A.); *John Mowlem v. Carlton Gate Development* (1990) 51 B.L.R. 104; *Balli Trading v. Afalona Shipping* [1993] 1 Lloyd's Rep. 1 (C.A.).
[73] Bingham L.J. in *Crown House Engineering v. Amec Projects* (1989) 48 B.L.R. 32 at 57 (C.A.).
[74] *Archital Luxfer v. A.J. Dunning* (1987) 47 B.L.R. 1 (C.A.); *cf.* May L.J. at p. 10, who suggests that points of law amenable to the effects of special expertise might be left to an arbitrator.
[75] R.S.C., Ord. 14A, r. 1(1).
[76] See para. 14A/1-2/9 of *The Supreme Court Practice 1995*.
[77] See para. 14A/1-2/4 of *The Supreme Court Practice 1995*.
[78] See R.S.C., Ord. 14, r. 3(2), where there is a counterclaim proceeding in court and R.S.C., Ord. 47, r. 1(a), where a cross-claim goes to arbitration.
[79] *Tubeworkers v. Tilbury Construction* (1985) 30 B.L.R. 67 (C.A.); *cf. Burnet v. Francis Industries* [1987] 1 W.L.R. 802 (C.A.); *Canada Enterprises v. MacNab Distilleries* [1987] 1 W.L.R. 813 (C.A.).
[80] *Moore v. Assignment Courier Ltd* [1977] 1 W.L.R. 638 (C.A.); *Felix v. Shiva* [1983] Q.B. 82 (C.A.).

Chapter 17—Summary Judgment and Interim Payment

statutory power to order an interim payment on account of any damages, debt or other sum (excluding costs) which a defendant may in future be held liable to pay.[81] Applications for interim payment are often coupled with applications for summary judgment. "Order 29 rule 12 enables the court to order payment to a plaintiff to the extent that a claim, although not actually admitted, can scarcely be effectively denied."[82] The main circumstances relevant to building disputes where the court may exercise this power are if:

(a) the defendant has admitted liability for the plaintiff's damages,
(b) the plaintiff has obtained judgment for damages to be assessed,[83] and
(c) the court is satisfied that, if the action proceeded to trial, the plaintiff would obtain judgment for a substantial amount.[84]

There is jurisdiction to order an interim payment even though the action is to be stayed to enable a dispute between the parties to be referred to arbitration.[85] There is power to make an order against two or more defendants, but care is needed when such an order is made.[86]

Under the third of the heads referred to above, there is a two stage approach. In the first stage, the court has to be satisfied that if the action proceeded to trial the plaintiff would obtain judgment for a substantial sum taking into consideration the likelihood of a set-off or other defence succeeding. Only if the court is satisfied at the first stage does it then proceed to consider at the second stage whether in the exercise of its discretion, it should order an interim payment and of what amount.[87] The burden of proof at the first stage is the civil burden on the balance of probabilities, but it is high.[88] The burden is not discharged where unconditional leave to defend has been granted, but it may be discharged where the court has granted conditional leave to defend in circumstances where it doubted the genuineness of the defence.[89]

---

[81] s. 32 of The Supreme Court Act 1981 and R.S.C., Ord. 29, Part II; *Schott Kem Ltd v. Bentley* [1991] 1 Q.B. 61 at 71 *et seq.*, (C.A.). For a discussion of the amount of interim payments, see *Newport (Essex) Engineering v. Press & Shear Machinery* (1981) 24 B.L.R. 71 at 76 (C.A.). For payment of interest where an interim payment is ordered to be repaid, see *Mercers Company v. New Hampshire Insurance* [1991] 1 W.L.R. 1173; and see [1992] 1 W.L.R. 792.

[82] Bingham L.J. in *Crown House Engineering v. Amec Projects* (1989) 48 B.L.R. 32 at 57 (C.A.).

[83] For an example under this head, see *Croudace v. London Borough of Lambeth* (1986) 33 B.L.R. 20 (C.A.).

[84] R.S.C., Ord. 29, rr. 11(1)(c), 12(1)(c). See also R.S.C., Ord. 29, rr. 11, 12 generally.

[85] *Imodco v. Wimpey and Taylor Woodrow* (1987) 40 B.L.R. 1 (C.A.).

[86] See *Schott Kem Ltd v. Bentley* [1991] 1 Q.B. 61 (C.A.).

[87] *Shanning International v. George Wimpey* [1989] 1 W.L.R. 981 (C.A.). The court may also take account of a counterclaim which, though not available as a set-off, may nevertheless result in a balance judgment at trial—see *Smallman Construction v. Redpath Dorman Long* (1988) 47 B.L.R. 15 (C.A.).

[88] *Shearson Lehman v. Maclaine Watson & Co.* [1987] 1 W.L.R. 480 at 489 (C.A.); *British Holdings v. Quadrex* [1989] Q.B. 842 at 863 (C.A.); *cf. Brian Breeze v. McKennon & Son* (1985) 32 B.L.R. 41 (C.A.); *Imodco v. Wimpey and Taylor Woodrow* (1987) 40 B.L.R. 1 (C.A.).

[89] *British Holdings v. Quadrex* [1989] Q.B. 842 (C.A.); and see generally *Schott Kem Ltd v. Bentley* [1991] 1 Q.B. 61 at 71 *et seq.*, (C.A.); *cf. A. Ltd v. B. Ltd* (1991) 29 Con.L.R. 53 on whether on an application for interim payment the court may be told of a payment into court.

10. INTEREST

Discretionary interest.[90] Under section 35A of the Supreme Court Act 1981,[91] in proceedings before the High Court for the recovery of a debt or damages there may be included in any sum for which judgment is given simple interest on all or any part of the debt or damages. Interest may also be awarded where payment is made before judgment.[92] Interest may not be awarded on a debt for any period during which, for whatever reason, interest already runs.[93] This would be so, for instance, if a contract provided for interest to be payable at a stated rate if a certificate was not honoured within the stipulated period.[94]

All claims for interest must be pleaded in prescribed form.[95] There should be an explicit statement that interest is claimed under section 35A of the Supreme Court Act 1981 to distinguish the claim from one which might arise under other statutes or under contract.[96] Income tax is deductible from interest awarded under the Act.[97]

The court has an equitable discretion to award compound interest where the defendant is presumed to have invested a particular fund, held in a fiduciary capacity, to earn compound interest.[98]

Interest ordinarily awarded. Although an award of interest is discretionary, there is a "well recognised rule of practice ... that prima facie the losing party should be ordered to pay interest at a reasonable rate running from the date when the amount or amounts due should reasonably have been paid".[99] The general principle is that, unless there are special considerations affecting the particular case, interest is awarded on sums recovered so that the successful party should be compensated by the losing party for having kept him out of money to which he was entitled at or before the commencement of the proceedings.[1] An arbitrator who failed to follow the

---

[90] See also "Interest for non-payment of money" and subsequent paragraphs on p. 232; for interest in relation to payments into court, see "Interest" on p. 516.

[91] See s. 69 of the County Courts Act 1984 for equivalent provisions in the county court. Arbitrators also normally have power to award interest—see s. 19A of the Arbitration Act 1950 as amended by s. 15(6) of the Administration of Justice Act 1982.

[92] See s. 35A of the Act; *Edmunds v. Lloyds Italico* [1986] 1 W.L.R. 492 (C.A.).

[93] See s. 35A(4) of the Supreme Court Act 1981; *cf. Bushwall Properties Ltd v. Vortex Properties Ltd* [1975] 1 W.L.R. 1649 at 1660—reversed on other points at [1976] 1 W.L.R. 591 (C.A.).

[94] See, *e.g.* cl. 60(7)of the I.C.E. Conditions on p. 1071.

[95] R.S.C., Ord. 18, r. 8(4); Practice Note [1983] 1 W.L.R. 377.

[96] See para. 18/8/9 of *The Supreme Court Practice 1995*.

[97] *Riches v. Westminster Bank Ltd* [1947] A.C. 390 (H.L.).

[98] See *Guardian Ocean Cargoes v. Banco do Brasil* [1992] 2 Lloyd's Rep. 193; *cf. Mathew v. T.M. Sutton Ltd* [1994] 1 W.L.R. 1455.

[99] *Panchaud Freres S.A. v. Pagnan and Fratelli* [1974] 1 Lloyd's Rep. 394 at 409, Kerr J.; see also in the Court of Appeal 411 at 414.

[1] *Cremer v. General Carriers S.A.* [1974] 1 W.L.R. 341 at 355. See also *Riches v. Westminster Bank Ltd* [1947] A.C. 390 at 397 (H.L.). For the position where the successful party has received insurance money, see *Harbutt's "Plasticine" v. Wayne Tank & Pump Co.* [1970] 1 Q.B. 447 (C.A.); *Cousins (H.) & Co. v. D. & C. Carriers* [1971] 2 Q.B. 230 (C.A.); *Metal Box v. Currys* [1988] 1 W.L.R. 175.

Chapter 17—Interest

ordinary practice as to interest was held to be guilty of technical misconduct and the award was remitted to him.[2] Interest can be awarded upon summary judgment.[3] Interest can be awarded upon a sum allowed by the Court under the Law Reform (Frustrated Contracts) Act 1943.[4] It can be awarded upon an order for repayment of money ordered to be paid as an interim payment.[5] It is, however, inappropriate to award interest on moderate global sums awarded as damages for disappointment and inconvenience.[6]

Period for award of interest. The maximum period for calculating an award of interest is that between the date when the cause of action arose and the date of judgment or payment before judgment respectively.[7] Thus, where no cause of action arose until an arbitrator had made his award, it was held that he could not in the reasonable exercise of his discretion award interest on the principal amount awarded.[8] In deciding the period for which interest should be awarded all the circumstances of the case should be taken into account. Where, for instance, the plaintiff is responsible for unjustifiable delay in bringing the action to trial the period for calculating interest may be reduced.[9] But it is not "a proper exercise of discretion to refuse to award interest against a party who has been held liable for damages for breach of contract on the ground that the successful party has been guilty of delay, unless and until an opportunity has been given to that party to show whether indeed he has been guilty of delay..."[10]

Rate of interest awarded. It is usual in building contract cases to award interest at a commercial rate. "I feel satisfied that in commercial cases the interest is intended to reflect the rate at which the plaintiff would have had to borrow money to supply the place of that which was withheld. I am also satisfied that one should not look at any special position in which the plaintiff may have been: ... The correct thing to do is to take the rate at which plaintiffs in general could borrow money. This does not, however, to my mind mean that you exclude entirely all attributes of the plaintiff other than that he is a plaintiff.... I think that it would always be right to look at the rate at which plaintiffs with the general attributes of the actual plaintiff ... could

---

[2] *Van der Zuden, P.J., Wildhandel, N. V. v. Tucker & Cross* [1976] 1 Lloyd's Rep. 341.
[3] *Gardner Steel Ltd v. Sheffield Bros.* [1978] 1 W.L.R. 916 (C.A.); *cf. Wallersteiner v. Moir (No. 2)* [1975] Q.B. 373 at 387 (C.A.).
[4] *B.P. Explorations Ltd v. Hunt (No. 2)* [1983] 2 A.C. 352 (H.L.).
[5] *Mercers Company v. New Hampshire Insurance* [1991] 1 W.L.R. 1173; and see [1992] 1 W.L.R. 792. For interim payments, see p. 504.
[6] *Saunders v. Edwards* [1987] 1 W.L.R. 1116 (C.A.). See "Inconvenience, discomfort and distress" on p. 223.
[7] See s. 35A of the Supreme Court Act 1981. For a discussion, see *B.P. Exploration Co. v. Hunt (No. 2)* [1979] 1 W.L.R. 783 at 845 *et seq.*
[8] *B.P. Chemicals v. Kingdom Engineering* [1994] 2 Lloyd's Rep. 373.
[9] *Birkett v. Hayes* [1982] 1 W.L.R. 816 at 825 (C.A.); *Metal Box v. Currys Ltd* [1988] 1 W.L.R. 175; *Spittle v. Bunney* [1988] 1 W.L.R. 847 (C.A.); *cf. Wright v. British Railways Board* [1983] 2 A.C. 773 at 779 (H.L.).
[10] *Panchaud Freres S.A. v. R. Pagnan and Fratelli* [1974] 1 Lloyd's Rep. 394 at 414 (C.A.).

borrow money as a guide to the appropriate interest rate."[11] The rate of interest awarded to established companies is commonly assessed at bank base rate or minimum lending rate plus 1 per cent.[12] An adjustment is sometimes made if the plaintiff has saved tax as a result of the defendant's breach.[13]

Interest on judgment debts. Under section 17 of the Judgments Act 1838, every judgment debt carries interest at a prescribed rate from the time of entering up the judgment.[14] Interest is also recoverable on an award of costs from the date of the order.[15] But there is currently no such entitlement to interest on costs which result from the plaintiff's acceptance of a payment into court.[16] Where judgment is entered on liability with quantum to be decided at a later date, this statutory interest runs from the date of the judgment which quantifies or records the damages payable.[17]

11. COSTS

Costs in building contract cases may be heavy. The pleadings are often long and involved, interlocutory applications are frequently necessary, hearings tend to be lengthy and expert witnesses are usually employed. In an arbitration, the arbitrator's fees and expenses are substantial. In the result the total costs may exceed the sum in dispute, and it is therefore important at all stages of the proceedings to have the question of costs well in mind. It is proposed here to deal with some of those matters which most frequently affect costs.[18]

Security for costs. In certain circumstances the defendant may apply for security for costs,[19] and the court has the same power to order security for costs in relation to an arbitration as it has for an action in the High Court.[20]

---

[11] Forbes J. in *Tate & Lyle v. Greater London Council* [1982] 1 W.L.R. 149 at 154; see also *Wentworth v. Wiltshire C.C.* [1993] Q.B. 654 (C.A.).
[12] See *B.P. Exploration Co. v. Hunt (No. 2)* [1979] 1 W.L.R. 783 at 849; *Tate & Lyle v. Greater London Council* [1982] 1 W.L.R. 149 at 154; *Polish Steamship v. Atlantic Maritime* [1985] Q.B. 41 at 66 (C.A.); *Metal Box v. Currys* [1988] 1 W.L.R. 175 at 182. For interest in personal injury cases, see *Jefford v. Gee* [1970] 2 Q.B. 130 (C.A.); *Wright v. British Railways Board* [1983] 2 A.C. 773 (H.L.).
[13] See *Tate & Lyle v. Greater London Council* [1982] 1 W.L.R. 149 at 156.
[14] See generally para. 42/1/12 of *The Supreme Court Practice 1995*. The prescribed rate is currently 8 per cent—Judgment Debts (Rate of Interest) Ord. 1993, S.I. 1993/564.
[15] *Hunt v. R.M. Douglas (Roofing) Ltd* [1990] 1 A.C. 398 (H.L.).
[16] *Legal Aid Board v. Russell* [1991] 2 A.C. 317 (H.L.).
[17] *Thomas v. Bunn* [1991] 1 A.C. 362 (H.L.).
[18] For a full account, see *The Supreme Court Practice 1995* in particular R.S.C., Ord. 62, and the notes thereto, and for county courts, see The County Court Practice. For litigants in person, see the Litigants in Person (Costs and Expenses) Act 1975; R.S.C., Ord. 62, r. 18; *Hart v. Aga Khan Foundation* [1984] 1 W.L.R. 994 (C.A.); *The Law Society v. Persaud*, The Times, May 10, 1990.
[19] See R.S.C., Ord. 23, and, for limited companies, s. 726(1) of the Companies Act 1985.
[20] s. 12(6)(a) of the Arbitration Act 1950.

Chapter 17—Costs

The main possibilities relevant to building contract litigation are (a) where the plaintiff is ordinarily resident out of the jurisdiction,[21] and (b) where the plaintiff is a limited company which may be unable to pay the defendant's costs if the defence is successful.[22] A counterclaiming defendant may be treated as a plaintiff for these purposes if in substance he has taken up a position of plaintiff irrespective of his defence to the original action.[23] This would not be so where the defendant's counterclaim, even if it exceeded the claim, was pleaded as a set-off to the claim and was in substance advanced as a defence.[24] An order may be varied or set aside if there has been a subsequent material change of circumstances.[25]

Section 726(1) of the Companies Act 1985 provides that where a limited company is plaintiff in an action or other legal proceedings, the court may, if it appears by credible testimony[26] that there is reason to believe that the company will be unable to pay the defendant's costs if successful in his defence, require sufficient security to be given for those costs, and may stay all proceedings until the security is given. The leading case is *Sir Lindsay Parkinson & Co. v. Triplan*,[27] where the Court of Appeal held that the court has a discretion whether or not to order security for costs and gave instances of circumstances which may be relevant to the exercise of the discretion. These include "whether the company's claim is bona fide and not a sham and whether the company has a reasonably good prospect of success. Again [the court] will consider whether there is an admission by the defendants on the pleadings or elsewhere that money is due.[28] If there was a payment into court of a substantial sum of money ... that, too, would count. The court might also consider whether the application for security was being used oppressively[29]—so as to try to stifle a genuine claim. It would also consider whether the company's want of means had been brought about by any

---

[21] R.S.C., Ord. 23, r. 1(1). The simplicity of the improved rights of enforcement of judgments under the Convention on Jurisdiction and the Enforcement of Foreign Judgments 1968 is an important factor to take into account in deciding whether to order security for costs against a plaintiff resident in a State which is a party to the Convention—*De Bry v. Fitzgerald* [1990] 1 W.L.R. 552 (C.A.) and see "Recognition and Enforcement of Judgments" on p. 395; *cf. Thune v. London Properties* [1990] 1 W.L.R. 562 (C.A.). R.S.C., Ord. 23, r. 1(1)(a), does not discriminate on the ground of nationality contrary to Article 7 of the E.E.C. Treaty—*Berkeley Administration v. McClelland* [1990] 2 W.L.R. 1021 (C.A.).
[22] s. 726(1) of the Companies Act 1985.
[23] *Neck v. Taylor* [1893] 1 Q.B. 560 (C.A.); *New Fenix Compagnie v. General Accident* [1911] 2 K.B. 619 (C.A.); *L/M International Construction v. The Circle Ltd Partnership* (1992) 37 Con.L.R. 72 (C.A.).
[24] *Cathery v. Lithodomus* (1987) 41 B.L.R. 76 (C.A.); *cf. Sloyan v. Brothers of Christian Instruction* [1974] 3 All E.R. 715.
[25] *Gordano Building Contractors v. Burgess* [1988] 1 W.L.R. 890 (C.A.).
[26] For building cases where there was no sufficient such credible testimony, see *Cheffick v. J.D.M. Associates* (1988) 43 B.L.R. 52 (C.A.); *Kim Barker Ltd v. Aegon Insurance, The Times,* October 9, 1989 (C.A.).
[27] [1973] Q.B. 609 (C.A.).
[28] But "without prejudice" discussions are inadmissible—*Simaan General Contracting v. Pilkington Glass* [1987] 1 W.L.R. 516; *cf.* " 'Without prejudice' communications" on p. 493.
[29] *cf. Cheffick v. J.D.M. Associates* (1988) 43 B.L.R. 52 (C.A.); *Aquila Design v. Cornhill Insurance* [1988] B.C.L.C. 134 (C.A.).

conduct by the defendants, such as delay in payment or delay in doing their part of the work".[30] The application in that case also failed because it was made very late.

The fact that a plaintiff will be unable to pay a successful defendant's costs is a major factor for considering whether security should be given either in a sufficient sum to give the defendant full security or in some lesser sum.[31] An impecunious company should not be allowed to put unfair pressure on a more prosperous company.[32] But the Court of Appeal has recognised as a serious matter in the construction industry that the costs of construction litigation are extremely high and that there are few small but well managed companies which would have the resources to meet the costs of both sides in unsuccessful litigation before an official referee. A claim for security failed against such a company which had a genuine claim, in no way a sham, for payments founded, in the first place, on the defendant's own valuation of the works.[33]

Although the plaintiff company's prospects of success may be a relevant factor, parties should not seek to investigate in detail the likelihood of success in the action,[34] and it may indeed not be possible to do so.[35] Security may be refused where the defendant counterclaims and the costs incurred by the defendant for the purpose of his defence may equally be regarded as costs necessary to prosecute the counterclaim and a determination of the counterclaim, which would not be stayed, may also in effect determine the stayed claim in favour of the plaintiff.[36]

(a) Costs are discretionary

Costs are in the discretion of the trial judge subject to rules of court.[37] Arbitrators have an equivalent discretion to be exercised on equivalent principles.[38] In general, and subject to certain special rules, costs follow the event,[39] that is to say, a successful party is awarded the costs unless there has

---

[30] Lord Denning M.R. in *Sir Lindsay Parkinson & Co. v. Triplan* [1973] Q.B. 609 at 626 (C.A.).
[31] *Europa Holdings v. Circle Industries* (1992) 64 B.L.R. 21 (C.A.).
[32] *Pearson v. Naydler* [1977] 1 W.L.R. 899.
[33] *Europa Holdings v. Circle Industries* (1992) 64 B.L.R. 21 (C.A.).
[34] *Porzelack K.G. v. Porzelack (U.K.)* [1987] 1 W.L.R. 420; *Trident International v. Manchester Ship Canal* [1990] B.C.L.C. 263 (C.A.).
[35] See *Cheffick v. J.D.M. Associates* (1988) 43 B.L.R. 52 (C.A.).
[36] *Crabtree (Insulation) Ltd v. GPT Communication Systems* (1990) 59 B.L.R. 43 (C.A.).
[37] s. 51(1) of the Supreme Court Act 1981; R.S.C., Ord. 62, r. 2(4); Ord. 38, r. 1(2) of the County Court Rules; *Donald Campbell & Co. v. Pollak* [1927] A.C. 732 at 811 (H.L.); *Aiden Shipping v. Interbulk* [1986] A.C. 965 (H.L.).
[38] *Dineen v. Walpole* [1969] 1 Lloyd's Rep. 261 (C.A.) distinguishing *Perry v. Stopher* [1959] 1 W.L.R. 415 (C.A.). See also *The Erich Schroeder* [1974] 1 Lloyd's Rep. 192; *Centrala Morska v. Cia Nacional* [1975] 2 Lloyd's Rep. 69—case remitted for reconsideration by arbitrator who had not given costs to the apparently successful party; cf. *Tramountana Armadora v. Atlantic Shipping* [1978] 1 Lloyd's Rep. 391; *Thyssen v. Borough Council of Afan* (1978) 15 B.L.R. 98 (C.A.); *Archital Luxfer v. Henry Boot* [1981] 1 Lloyd's Rep. 642; *James Allen v. London Export Corporation* [1981] 2 Lloyd's Rep. 632.
[39] R.S.C., Ord. 62, r. 3(3); cf. *The Aghios Nicolaus* [1980] 1 Lloyd's Rep. 17 (C.A.); *Alltrans*

been something in the nature of misconduct on his part.[40] Costs are usually awarded on the "standard basis"[41] which invariably works out at significantly less than the full costs incurred.[42] There is no appeal to the Court of Appeal on costs only unless leave is given by the trial judge or by the Court of Appeal,[43] except where the appeal concerns a wasted costs order or an order against a non-party.[44]

Two defendants. If a plaintiff reasonably joins two defendants in the alternative and succeeds against one, the court in its discretion may order the unsuccessful defendant to pay the costs of the successful defendant. The order may be for payment direct by one defendant to the other (a "Sanderson" order),[45] or for payment to the plaintiff against whom an order for payment of costs in favour of the successful defendant is made (a "Bullock" order).[46]

Third parties. The court should normally order the defendant to pay the costs of a successful third party.[47] But when a defendant has reasonably joined a third party, an unsuccessful plaintiff can, in the exercise of the court's discretion, be ordered to pay the third party's costs, either by adding them to the costs he has to pay to the defendant or direct to the third party.[48]

Wasted costs. The court now has power to disallow, or order a legal or other representative to pay, the whole of any wasted costs or such part of them as be may considered fit.[49]

Express v. C.V.A. Holdings [1984] 1 W.L.R. 394 at 403 (C.A.)—defendant awarded costs where plaintiff recovered nominal damages but there was no payment into court; *Lipkin Gorman v. Karpnale* [1989] 1 W.L.R. 1340 at 1389 (C.A.).

[40] *ibid.*; *Donald Campbell & Co. Ltd v. Pollak* [1927] A.C. 732 at 811, 812 (H.L.); *Unimarine v. Canadian Transport* [1982] 1 Lloyd's Rep. 484 at 489; *In re Elgindata Ltd (No. 2)* [1992] 1 W.L.R. 1207 (C.A.); *cf.* R.S.C., Ord. 62, r. 6.

[41] See R.S.C., Ord. 62, r. 3(4).

[42] For a case where indemnity costs were awarded and where the authorities on that topic were reviewed, see *Connaught Restaurants Ltd v. Indoor Leisure Ltd* (1992) 8 Const.L.J. 372.

[43] s. 18(1A) of the Supreme Court Act 1981; R.S.C., Ord. 59, r. 1B(1)(b) and 59/1B/6 of *The Supreme Court Practice 1995*.

[44] See, *e.g. Land and Property Trust Co. plc, Re* [1991] 1 W.L.R. 601 (C.A.).

[45] *Sanderson v. Blyth Theatre Company* [1903] 2 K.B. 533 (C.A.).

[46] *Bullock v. London General Omnibus Company* [1907] 1 K.B. 264 (C.A.); *cf. Goldsworthy v. Brickell* [1987] Ch. 378 at 418 (C.A.); *Mayer v. Harte* [1960] 1 W.L.R. 770 (C.A.); see also para. 62/A4/119 of *The Supreme Court Practice 1995*.

[47] *Johnson v. Ribbins* [1977] 1 W.L.R. 1458 at 1464 (C.A.).

[48] *Edginton v. Clark* [1964] 1 Q.B. 367 (C.A.); see also para. 62/A4/143 of *The Supreme Court Practice 1995*; *L. E. Cattan Ltd v. Michaelides & Co.* [1958] 1 W.L.R. 117 for observations on the position where there are "string" contracts with more than three parties involved.

[49] s. 51 of the Supreme Court Act 1981. For examples of cases where such orders will be appropriate, see *Ridehalgh v. Horsfield* [1994] 3 W.L.R. 462 (C.A.); *Shah v. Karanjia* [1993] 4 All E.R. 792; *Symphony Group plc v. Hodgson* [1994] Q.B. 179 (C.A.); and see para. 62/11/1 of *The Supreme Court Practice 1995*.

(b) Recovery of small sums

A plaintiff may, if he wishes, commence proceedings in the High Court to recover sums within the jurisdiction of the county court, but he is discouraged from claiming small sums by the risk of being penalised in costs unless there are special circumstances.[50] Such actions, among others, may in any event be transferred to the county court,[51] in which event costs are in the discretion of the court to which the proceedings are transferred.[52]

Where an action founded on contract or tort is commenced in the High Court which could have been commenced in the county court, that fact will be taken into account in determining the amount to be awarded as costs to a successful party, but the amount of any reduction in such costs is limited to 25 per cent.[53]

(c) Notice to admit facts

A notice to admit specific facts[54] may save costs. If the party on whom the notice was served neglects or refuses to admit the facts he must normally pay the costs of proving the facts whatever the result of the case.[55] It is relevant to consider whether a failure to admit the facts in the notice was reasonable. But the costs penalty will normally be imposed where a party fails to admit facts which it is highly probably will be proved and which could not be contested.[56]

(d) Admissions on summons for directions

At the hearing of the summons, the official referee or master must endeavour to secure that the parties make all admissions and all agreements as to the conduct of the proceedings which ought reasonably to be made by them and may cause the order on the summons to record any admissions or agreements so made and (with a view to such special order, if any, as to costs as may be just being made at the trial) any refusal to make any admission or agreement.[57]

Judgment can be signed if there is a clear admission,[58] although an application under R.S.C., Order 14 for summary judgment may sometimes be more appropriate.[59]

---

[50] Cases suitable for Ord. 14 procedure used habitually to be brought in the High Court, but summary judgment is now also available in the county court—see Ord. 9, r. 14 and Ord. 24, r. 1, of the County Court Rules.
[51] See "Transfer from High Court to county court" on p. 470.
[52] See s. 45 of the County Courts Act 1984.
[53] s. 51 of the Supreme Court Act 1981 and para. 5242 of *The Supreme Court Practice 1995*.
[54] See R.S.C., Ord. 27, r. 2; see also "Notice to admit facts" on p. 512.
[55] R.S.C., Ord. 62, r. 6(7).
[56] *Baden, Delvaux and Lecuit v. Societe General* [1983] Com.L.R. 88 upheld on appeal [1985] B.C.L.C. 258 (C.A.).
[57] R.S.C., Ord. 25, r. 4; for official referees, see R.S.C., Ord. 36, r. 6(4).
[58] *Technistudy Ltd v. Kelland* [1976] 1 W.L.R. 1042 (C.A.).
[59] *ibid.* p. 1046; for summary judgment, see p. 502.

(e) Payment into court

In any action for a debt or damages the defendant may at any time after appearance, upon notice to the plaintiff in a prescribed form (No. 23 in Appendix A of the Rules), pay into court a sum of money in satisfaction of the claim or, where two or more causes of action are joined in one action, a sum or sums of money in satisfaction of any or all of the causes of action.[60] The amount paid in can be increased.[61] In the event of the defendant's insolvency, the plaintiff is a secured creditor to the extent of the money in court.[62]

A plaintiff or other person made defendant to a counterclaim may pay money into court in the same manner as a defendant, the rules applying with the necessary modifications.[63]

Taking money out—before trial. Within 21 days after receipt of the notice of payment into court or, where more than one payment has been made, within 21 days after receipt of the notice of the last payment but, in any case, before the trial or hearing of the action begins, the plaintiff may, by giving notice in the prescribed form, accept the sum or sums paid in satisfaction of his claim, or of the cause or causes of action to which the sum or sums relate.[64] The court will not normally allow the plaintiff an extension of time in which to accept the payment if the risks of the case have changed adversely to the plaintiff subsequent to the payment into court.[65] If the money is paid in less than 21 days before the trial, the plaintiff has the lesser period in which to accept it.[66] If the plaintiff has taken out the sum in satisfaction of his claim or if he accepts a sum or sums in respect of one or more specified causes of action and gives notice that he abandons the other cause or causes of action, he may, unless the court otherwise orders, tax and recover his costs down to the date of giving notice of acceptance.[67] All further proceedings in respect of the causes of action to which the acceptance relates

---

[60] R.S.C., Ord. 22, r. 1(1), (2). See the text of the rule, and notes in *The Supreme Court Practice 1995* for the plea of tender. For the position where two or more causes of action are joined in the action, see further, Ord. 22, r. 1(4), (5) and *Walker v. Turpin* [1994] 1 W.L.R. 196 (C.A.). For the right to sign judgment under Ord. 27, r. 3 on admissions, although there has been payment in under Ord. 22, r. 1, see *Lancashire Welders Ltd v. Harland & Wolff Ltd* [1950] 2 All E.R. 1096 (C.A.).

[61] R.S.C., Ord. 22, r. 1(3). For withdrawal of the money where there is a change of circumstances, see *Peal Furniture Co. Ltd v. Adrian Share (Interiors) Ltd* [1977] 1 W.L.R. 464 (C.A.).

[62] *W. A. Sherratt v. John Bromley* [1985] Q.B. 1038 (C.A.).

[63] R.S.C., Ord. 22, r. 6.

[64] R.S.C., Ord. 22, r. 3(1). The text is a summary and the rule itself should be referred to. For the position where there is a counterclaim, see p. 516.

[65] *Proetta v. Times Newspapers* [1991] 1 W.L.R. 337 (C.A.) applying *Gaskins v. British Aluminium Co. Ltd* [1976] Q.B. 524 (C.A.).

[66] *King v. Weston-Howell* [1989] 1 W.L.R. 579 at 584 (C.A.).

[67] R.S.C., Ord. 62, r. 5(4); *Hudson v. Elmbridge Borough Council* [1991] 1 W.L.R. 880 (C.A.); *Hudson v. N.H.B.C.* (1991) 7 Const.L.J. 122 (C.A.); cf. *Q.B.E. Insurance v. Mediterranean Insurance* [1992] 1 W.L.R. 573. For interest on the costs, see *Legal Aid Board v. Russell* [1991] 2 A.C. 317 (H.L.).

are stayed including those against another defendant sued jointly with or in the alternative to the defendant making the payment.[68] But this does not apply where two or more defendants are sued severally,[69] and acceptance of money paid in by one defendant does not debar the plaintiff from proceeding against another defendant where the claims against each are separate causes of action.[70] He cannot, however, recover more than the total sum due and the sum accepted from the defendant who paid into court may have to be attributed to one or more claims against the other defendant.[71]

Taking money out—at trial. Where after the trial or hearing of an action has begun money is paid into court or money in court is increased, the plaintiff may accept the money within two days after receipt of the notice of payment or further payment but in any case before the judge begins to deliver judgment,[72] but is not entitled to tax his costs,[73] so that the question of costs will have to be dealt with by the judge in his discretion.

Order for payment out. If money is not taken out in accordance with the rules it can only be taken out pursuant to an order of the court made at any time before, at or after trial[74] and the court can,[75] and, it seems, normally will, upon making such order,[76] give the defendant the costs after payment in. Ordinarily, no application to take money out while the trial is proceeding should be made without the consent of the defendant.[77]

Failure to take money out—costs. The court in exercising the discretion as to costs must, to the extent, if any, appropriate in the circumstances, take into account any payment into court and its amount.[78] If the plaintiff does not take the money out and recovers more than the sum paid in, the position is unaffected by the payment in save that at the conclusion of the trial the plaintiff must ask for an order for the money to be paid out.[79] If the plaintiff recovers a sum which is no more than the amount paid in and liability was admitted so that the only issue was quantum, the defendant is the successful party after payment in and is normally granted the costs after the date of payment in, and the plaintiff the costs before payment

---

[68] R.S.C., Ord. 22, r. 3(4).
[69] See *Scania (Great Britain) Ltd v. Andrews* [1992] 3 All E.R. 143 (C.A.); *Fell v. Gould Grimwalde Shirbon Partnership* (1992) 36 Con. L.R. 62.
[70] *Townsend v. Stone Toms* [1981] 1 W.L.R. 1153 (C.A.).
[71] See *Townsend v. Stone Toms* (1984) 27 B.L.R. 26 (C.A.).
[72] R.S.C., Ord. 22, r. 3(2).
[73] R.S.C., Ord. 22, r. 4(3); Ord. 62, r. 9(1)(b).
[74] R.S.C., Ord. 22, r. 5.
[75] *Associated Recordings (Sales) v. Thomson Newspapers* (1967) 111 S.J. 376 (C.A.).
[76] *The Katcher 1 (No. 2)* [1968] 3 All E.R. 350 at 555; *Gaskins v. British Aluminium Co. Ltd* [1976] Q.B. 524 at 530 (C.A.).
[77] *Gaskins v. British Aluminium Co. Ltd* [1976] Q.B. 524 (C.A.). See also para. 22/5/2 of *The Supreme Court Practice 1995* and see below "Non-disclosure of payment into court".
[78] R.S.C., Ord. 62, r. 9(b).
[79] See R.S.C., Ord. 22, r. 5.

in.[80] Where liability is denied so that there are two distinct issues, (1) liability, (2) quantum, and the plaintiff recovers no more than the amount paid in the plaintiff was formerly sometimes granted the costs of the issue upon which he had succeeded, *i.e.* liability, and the costs before payment in, and the defendant, the costs incurred after payment in on the issue of damages.[81] But now the costs on both issues after payment in are normally awarded to the defendant,[82] for "a payment into court is an offer to dispose of the action and, if accepted, prevents all further costs. A plaintiff who continues an action after payment in takes a risk and cannot normally complain if he has to pay all the costs which his acceptance of the offer would have avoided".[83]

Although prima facie the plaintiff has 21 days in which to accept the money paid into court,[84] a payment into court made less that 21 days before trial is not ineffective and is to be taken into account when the court exercises its discretion as to costs.[85]

Amendment after payment in. A payment in relates only to the causes of action pleaded at the date of payment in.[86] If the amendment does not alter the causes of action relied on but only facts or figures it seems that, while the particular circumstances must be considered,[87] the usual approach is to look at the case as pleaded at the time of payment in.[88]

Non-disclosure of payment into court. The fact that a payment of money into court has been made must not be disclosed on the pleadings, or at trial, until all questions of liability and of debt or damages have been decided.[89] It is unclear whether there may be disclosure upon an application for interim payment under R.S.C., Order 29.[90]

---

[80] See R.S.C., Ord. 62, r. 9(b); para. 22/5/4 of *The Supreme Court Practice 1995*; *Findlay v. Railway Executive* [1950] 2 All E.R. 969 (C.A.). The matter is still within the discretion of the trial judge, but he must exercise his discretion judicially (*ibid.*). See also *Wagman v. Vare Motors* [1959] 1 W.L.R. 853 (C.A.); *Smiths Ltd v. Middleton* [1986] 1 W.L.R. 598 (C.A.).

[81] *Wagstaffe v. Bentley* [1902] 1 K.B. 124 (C.A.); *Fitzgerald v. Thomas Tilling Ltd* (1907) 96 L.T. 718 (C.A.); *Willcox v. Kettell* [1937] 1 All E.R. 222. But see *British Railways Board v. Jenkinson* [1968] C.L.Y. 3074 (C.A.).

[82] *Hultquist v. Universal, etc., Engineering Co. Ltd* [1960] 2 Q.B. 467 (C.A.). See also para. 22/5/4 in *The Supreme Court Practice 1995*.

[83] *ibid.* at p. 481, Sellers L.J.

[84] See p. 513.

[85] *King v. Weston-Howell* [1989] 1 W.L.R. 579 (C.A.); *cf.* the slightly earlier decision in *Togo Amusements v. Estonian Shipping* [1989] 1 Lloyd's Rep. 542 (C.A.).

[86] *Tingay v. Harris* [1967] 2 Q.B. 327 (C.A.) decided on County Court Rules which then differed from the current Ord. 22, but the principle applies. For this purpose an amendment does not relate back to the date of issue of the writ as it normally does for purposes of the Limitation Act 1980—see "Amendments" on p. 409.

[87] See *The Katcher 1 (No. 2)* [1968] 3 All E.R. 350 at 356.

[88] *Cheeseman v. Bowaters Ltd* [1971] 1 W.L.R. 1773 at 1778 (C.A.).

[89] R.S.C., Ord. 22, r. 7. *Gaskins v. British Aluminium Ltd* [1976] Q.B. 524 (C.A.). The rule does not apply where there is a defence of tender before action.

[90] See *Fryer v. London Transport Executive, The Times*, December 4, 1982 (C.A.); *"A" Limited v. "B" Limited* (1992) 8 Const.L.J. 263 which seeks to distinguish *Fryer's case* so as to reach an opposite conclusion.

Assessment of amount. The amount of money to be paid into court should be carefully assessed.[91] When a figure has been arrived at it may be thought advisable to add a substantial percentage to allow for the hazards of litigation.

Interest.[92] For the purposes of payments into court, the plaintiff's cause of action for debt or damages is construed as including such interest as might be included in the judgment whether under section 35A of the Supreme Court Act 1981 or otherwise.[93] Payments into court should therefore generally include interest and the question whether an amount recovered on a judgment exceeds a payment into court has to be determined by reference to a notional interest calculation at the date of the payment into court.[94]

Set-off not relied on as counterclaim.[95] The defendant should first assess the amount to be paid in as if there were no set-off, then deduct the amount he expects to establish on the set-off and pay in the balance.

Counterclaim. If the defendant makes a counterclaim against the plaintiff for a debt or damages he must by his notice of payment state, if it be the case, that in making the payment he has taken into account and intends to satisfy (a) the cause of action in respect of which he counterclaims, or (b) where two or more causes of action are joined in the counterclaim, all those causes of action or, if not all, which of them.[96] Thus in effect he must elect whether he offers up his cross-claim in satisfaction or whether he wishes to retain it and pay in only on the claim so that if the money is taken out he can still proceed with his counterclaim.[97] If the defendant states by his notice that he takes into account and satisfies his counterclaim and the plaintiff accepts the money paid into court, the defendant is entitled without order to the costs of the counterclaim up to the time when the defendant receives the notice of acceptance by the plaintiff of the money paid into court.[98]

Parties liable to contribution. The provisions as to payment in only apply as between plaintiffs and defendants, but R.S.C., Order 16, rule 10(1), enables a third party[99] or joint tortfeasor who may be liable to another party to contribute towards any debt or damages recovered by the plaintiff, to make (without prejudice to his defence) a written offer to that party reserving the right to bring the offer to the attention of the judge. The offer must not be brought to the attention of the judge until all questions of liability and debt or

---

[91] See generally "Preparation of evidence" on p. 487.
[92] For interest generally, see p. 506.
[93] See R.S.C., Ord. 22, r. 1(8).
[94] See para. 22/1/11 of *The Supreme Court Practice 1995*.
[95] For the distinction, see p. 498, and see Ord. 18, r. 17.
[96] R.S.C., Ord. 22, r. 2; see also Ord. 22, r. 3(5).
[97] See *Martin French v. Kingswood Hill Ltd* [1961] 1 Q.B. 96 (C.A.) and the discussion at para. 22/2/1 of *The Supreme Court Practice 1995*.
[98] R.S.C., Ord. 62, r. 5(6).
[99] See also *Bates v. Burchell* [1884] W.N. 108.

damages have been decided. The judge must take the offer into account in exercising his discretion as to costs.[1] Where there is a split trial of liability and quantum and the issue of liability has been tried and the costs of that issue fall to be decided, any party may bring to the attention of the judge the fact that a written offer has or has not been made and the date (but not the amount) of the offer.[2]

(f) Written offers[3]

"Payment into court is not the only method a defendant may have to save costs."[4] Firstly, he may make an open offer. Secondly, although an ordinary "without prejudice" offer is inadmissible and cannot be referred to,[5] a party to proceedings may at any time make a written offer to any other party which is expressed to be "without prejudice save as to costs" and which relates to any issue in the proceedings.[6] As with a payment into court, the fact that such an offer has been made may not be communicated to the court until the question of costs falls to be decided. Then the court takes it into account, but the court may not take such an offer into account if, at the time it was made, the party making it could have protected his position as to costs by means of a payment into court.[7] Thus, for example, such a letter may be appropriate where what is in issue is not liability but the proportions of contribution to liability where a defence of contributory negligence is raised. But it cannot be relied on in a simple money claim. There a payment in must be made to achieve costs protection.[8]

(g) Costs where there are cross-claims

Where there are cross-claims[9] the court has a very wide discretion as to costs,[10] and will look to the substance of the matter and not be enslaved by the pleadings,[11] but it seems likely that the court's discretion will be influenced to some extent by whether the defendant succeeds upon a set off or a counterclaim which is not or cannot be set off. Thus a set-off may reduce a plaintiff's claim to a sum which does not normally carry costs,[12] while if the

---

[1] Ord. 62, r. 9(1)(a).
[2] R.S.C., Ord. 16, r. 10(2).
[3] See also "Offer to protect costs" on p. 448.
[4] *Martin French v. Kingswood Hill Ltd* [1961] 1 Q.B. 96 at 104 (C.A.).
[5] See " 'Without prejudice' communications" on p. 493.
[6] R.S.C., Ord. 22, r. 14.
[7] R.S.C., Ord. 62, r. 9(1)(d).
[8] See *Cutts v. Head* [1984] Ch. 290 at 310, 312 (C.A.); *cf. Corby D.C v. Holst & Co.* [1985] 1 W.L.R. 427 (C.A.). Both cases were before the introduction of R.S.C., Ord. 22, r. 14.
[9] See "Set-off and counterclaim" on p. 498.
[10] *Childs v. Blacker* [1954] 2 All E.R. 243 at 245, *sub nom. Childs v. Gibson* [1954] 1 W.L.R. 809 (C.A.); see also paras. 15/2/7, 15/2/8 of *The Supreme Court Practice 1995*.
[11] *N.V. Amsterdamsche Lucifersfabrieken v. H. & H. Trading Agencies Ltd* [1940] 1 All E.R. 587 at 590 (C.A.).
[12] See "Recovery of small sums" on p. 512. In the county court it can affect the scale of costs, see, e.g. *Hanak v. Green* [1958] 2 Q.B. 9 (C.A.).

defendant's claim was a counterclaim a "usual order" (see below) may be made, or a sum of money which he has paid into court may be inadequate to secure him the costs of the claim.[13] Where a defendant is liable to the plaintiff on the plaintiff's claim but can rely by way of defence on matters which indicate that had he brought a counterclaim he would have been entitled in law to recover from the plaintiff the sum claimed against him by the plaintiff, there is a circuity of action, and the defendant has not only a valid counterclaim but a valid defence to the claim.[14] It seems that a cross-claim not the subject of a set-off will be ignored in considering the amount of any security for costs to be ordered to be given by the plaintiff where such order is appropriate.[15]

Costs where counterclaim. Where there is a claim and counterclaim and both parties are successful it has been said that the usual and convenient order is judgment for the plaintiff for £x on the claim with costs, and for the defendant £y on the counterclaim with costs.[16] But frequently this order should not be made,[17] for in "most of these cases it is desirable that a judge should consider whether a special order should be made as to costs because the issues are often very much interlocked, and the usual order ... does not always give a just result",[18] and "where the counter-claim amounts to an equitable set-off,[19] it is only right that the judge should deal with the claim and cross-claim as one".[20] The nature of a special order is within the judge's discretion, but one method is "to say that the plaintiff or the defendant is to have his costs less, perhaps, some small proportion".[21]

Admission of claim. Where the defendant by his defence admits the

---

[13] See *Chell Engineering Ltd v. Unit Tool, etc., Ltd* [1950] 1 All E.R. 378 (C.A.) decided before R.S.C., Ord. 22, r. 2, was introduced (see "Counterclaim" on p. 516) but the principle applies, it is thought, where the defendant does not take into account and satisfy his counterclaim, although the relationship of the rule to set off is not altogether clear.

[14] *Post Office v. Hampshire County Council* [1980] Q.B. 124 at 136 (C.A.).

[15] *Sloyan, T. & Sons Ltd v. Brothers of Christian Instruction* [1974] 3 All E.R. 715; *cf. Cathery v. Lithodomus* (1987) 41 B.L.R. 76 (C.A.). See "Security for costs" on p. 508.

[16] Singleton L.J. in the *Chell Engineering Ltd v. Unit Tool, etc., Ltd* [1950] 1 All E.R. 378 at 382 (C.A.); see also *Medway Oil and Storage Co. v. Continental Contractors Ltd* [1929] A.C. 88 (H.L.); *Millican v. Tucker* [1980] 1 W.L.R. 640 (C.A.); *R. & T. Thew v. Reeves* [1982] Q.B. 172 (C.A.).

[17] *Childs v. Blacker* [1954] 2 All E.R. 243 *sub nom. Childs v. Gibson* [1954] 1 W.L.R. 809 (C.A.).

[18] Denning L.J. in the *Chell Engineering Ltd v. Unit Tool, etc., Ltd* [1950] 1 All E.R. 378 at 383 (C.A.) approved by the Court of Appeal in *Childs v. Blacker* [1954] 2 All E.R. 243 *sub nom. Childs v. Gibson* [1954] 1 W.L.R. 809 (C.A.); see also *Cullinane v. British Rema* [1953] 2 All E.R. 1257 at 1271 (C.A.).

[19] See "Admission of claim" below.

[20] Parker L.J. in *Baylis Baxter Ltd v. Sabath* [1958] 1 W.L.R. 529 at 538 (C.A.); *cf. Box v. Midland Bank* [1981] 1 Lloyd's Rep. 434 (C.A.); *Archital Luxfer v. Henry Boot Construction* [1981] 1 Lloyd's Rep. 642 at 650.

[21] Lord Goddard C.J. in *Childs v. Blacker* [1954] 2 All E.R. 243 at 245, *sub nom. Childs v. Gibson* [1954] 1 W.L.R. 809 (C.A.). It was said (at p. 244) that *Chell Engineering Ltd v. Unit Tool, etc., Ltd* [1950] 1 All E.R. 378 (C.A.) dealt only with the application of the County Courts Act 1934.

claim, and the action is fought solely upon his counterclaim upon which he is successful, an order frequently made[22] is that the defendant has the general costs of the action after delivery of defence, and the plaintiff has the costs of the action up to the time of such delivery, and thereafter only the costs of setting down for trial.[23] In a defects case the employer is not bound to set off the defects in diminution of the claim. He may pay or admit the claim and bring a separate cross-action.[24] It seems to follow that by admitting the claim he is in no way estopped from setting up the defects on the counterclaim. If he is successful on his counterclaim for however small a sum he is normally awarded High Court costs where the claim was commenced in the High Court[25] and he is therefore in a very strong position. Where such an admission is made it becomes particularly important for the plaintiff to consider whether he ought to pay money into court in satisfaction of the counterclaim, and whether he should apply for the transfer of the counterclaim to a county court.[26]

Admission of the claim in a defects case simplifies the whole proceedings. At trial the defendant opens the case and affirmative evidence is given at once of the alleged defective work.

---

[22] The judge has a complete discretion to make a different order: *Nicholson v. Little* [1956] 1 W.L.R. 829 (C.A.), but note that in this case (a county court appeal) the defendant claimed to set off his counterclaim so that it was not an admission at all in the sense that judgment could have been signed on it under Ord. 27, r. 3, in High Court proceedings. See also *Proctor & Lavender v. G. T. Crouch* (1966) 110 S.J. 273; where claim admitted subject to set-off and counterclaim and plaintiffs awarded half costs. For application for stay of execution, see R.S.C., Ord. 47, r. 1.
[23] *N. V. Amsterdamsche, etc. v. H. & H., etc., Ltd* [1940] 1 All E.R. 587 (C.A.); *Childs v. Blacker* [1954] 2 All E.R. 243 sub nom. *Childs v. Gibson* [1954] 1 W.L.R. 809 (C.A.); *cf. Nicholson v. Little* [1956] 1 W.L.R. 829 (C.A.).
[24] *Davis v. Hedges* (1871) L.R. 6 Q.B. 687; *Moss v. L. & N.W. Railway* (1874) 22 W.R. 532; *cf.* R.S.C., Ord. 15, r. 2(1) and (3).
[25] See p. 512.
[26] See s. 40(3) of the County Courts Act 1984 and see also p. 470.

CHAPTER 18

THE JCT STANDARD FORM OF BUILDING CONTRACT (1980 EDITION)

INTRODUCTION

A document termed "the Standard Form of Building Contract" is issued by the Joint Contracts Tribunal. This body is neither statutory nor government sponsored. Its constituent bodies are the following: Royal Institute of British Architects; Building Employers Confederation; Royal Institution of Chartered Surveyors; Association of County Councils; Association of Metropolitan Authorities; Association of District Councils; Confederation of Associations of Specialist Engineering Contractors; Federation of Associations of Specialists and Sub-Contractors; Association of Consulting Engineers; British Property Federation; Scottish Building Contract Committee. The copyright is vested in R.I.B.A. Publications Limited and the form is printed here by kind permission. It is the document which, subject to revisions from time to time, was long known as "the R.I.B.A. contract" but its current title reflects the fact that the R.I.B.A. is now only one of the many bodies which sponsor it. The correct expression is now "JCT Form". It is in extensive use both privately and in contracts with Local and Public Authorities.

History of Form. In view of the complexity of rights and liabilities in building contracts it has long been thought desirable to use a standard (or common) form acceptable to the parties concerned, thus avoiding the expense and hazards of special contracts. Towards the end of the nineteenth century a Standard Form was apparently in fairly common use.[1] It seems that later versions of this Form were issued towards the end of the nineteenth century and successive versions have been issued in 1909, 1931, 1939, 1963 and 1980. Revision of the Standard Form is made by the Joint Contracts Tribunal and this body also issues from time to time "Practice Notes".

Six variants. There are variants of the Standard Form of Building Contract as follows:

(i) Form for use by Local Authorities where quantities form part of the contract.

---

[1] See *Clemence v. Clarke* (1880) H.B.C. (4th ed.), Vol. 2, p. 54. The form is set out in H.B.C. (3rd ed.), Vol. 2, p. 630.

Chapter 18—Introduction

(ii) As (i) where quantities do not form part of the contract.
(iii) Form for private use where quantities form part of the contract.
(iv) As (iii) where quantities do not form part of the contract.
(v) and (vi) As for (i) and (iii) but for use with Bills of Approximate Quantities.

Nature of the Standard Form of Building Contract. Each of the variants (i) to (iv) of the Standard Form of Building Contract creates a lump sum contract, that is to say, a contract to complete a whole work for a lump sum.[2] Thus in essence it does not differ from an oral contract to reglaze a window for £75. There is a single lump sum agreed to be payable by the Employer for the completion of a defined whole work by the Contractor. But it has been held not to be an entire contract[3] and, whereas the law will imply many of the terms of the oral reglazing contract, the Form provides in its Conditions an elaborate code of private law[4] which deals with most of the problems which might arise, and the Court's function is usually confined to construing those Conditions, *i.e.* to discovering the intention of the parties as expressed in the Conditions. The problems of the Form are therefore, in the main, problems of construction. The general law becomes of importance only in so far as it assists in the solution of those problems, or fills the gaps left unfilled by the Conditions of the Standard Form, or overrides or controls those Conditions as, for example, in matters of insolvency law. Where the Court has once decided the meaning of words in the Form, it follows its previous decisions[5] but great care must be taken when reading a decision on a version of the Form earlier than that under consideration lest the revision makes the decision no longer applicable.

The variants (i) to (iv) of the Form do not differ in principle but the description of the contract work is very exact where quantities form part of the contract[6] and may be less exact where they do not.[7] The Forms for the use of Local Authorities do not differ in substance from the Forms for Private Use but contain certain provisions necessary to accord with Local Government Law and Practice.

Forms (v) and (vi) are adaptations respectively of Forms (i) and (iii) for use when the quantities in the Bills are approximate and are all to be re-measured.

For a further introduction to some of the main features of the Form, see commentary to the Articles of Agreement.

---

[2] See generally pp. 87 *et seq.*
[3] *Tern Construction Group v. RBS Garages Ltd* (1992) 34 Con.L.R. 137. For entire contracts, see p. 75.
[4] The R.I.B.A. Form was judicially likened to a legislative code: see Denning L.J. in *Amalgamated Building Contractors Ltd v. Waltham Holy Cross U.D.C.* [1952] 2 All E.R. 452 at 453 (C.A.).
[5] *cf. Milestone & Sons v. Yates Brewery* [1938] 2 All E.R. 439 at 444.
[6] Variants (i) and (iii) above.
[7] Variants (ii) and (iv) above.

The 1980 Form. The 1980 Form was a new document. However, as appears below, many of the clauses and much of the drafting are very much the same as in the 1963 edition. The most immediately apparent differences are the adoption of decimal numbering and the way in which nomination is dealt with. The clauses relating to nomination appear separately in Part II of the Form and have to be read for their full understanding with the various Sub-Contract documents prepared by the Tribunal.

Related documents under the 1980 Form. The 1980 Form brought into existence an elaborate scheme of contractual documents for nomination of Sub-Contractors and Suppliers:

(1) J.C.T. Standard Form of Nominated Sub-Contract Tender and Agreement—Tender NSC/1.
(2) J.C.T. Standard Form of Employer/Nominated Sub-Contractor Agreement—Agreement NSC/2.
(3) Agreement NSC/2 adapted for use when the alternative method of nomination used under clauses 35.5.1.2, 35.11 and 35.12 of the Main Contract—Agreement NSC/2a.
(4) Standard Form for Nomination of a Sub-Contractor whose Tender NSC/1 has been used—Nomination NSC/3.
(5) J.C.T. Standard Form of Sub-Contract for Sub-Contractors who have tendered on NSC/1 and executed Agreement NSC/2 and have been nominated by Nomination NSC/3—Sub-Contract NSC/4.
(6) Sub-Contract NSC/4 adapted for use where NSC/1, Agreement NSC/2 and Nomination NSC/3 have not been used—Sub-Contract NSC/4a.
(7) Forms for Nomination of Suppliers—TNS/1: Tender and TNS/2: Warranty.

Related documents under the 1991 procedure. By Amendment 10 of 1991, a new procedure ("the 1991 procedure") was introduced for the nomination of sub-contractors. The necessary documents are now:

(a) Invitation to Tender to be issued by the Architect to prospective tenderers—NSC/T Part 1.
(b) Form of Tender to be submitted by each sub-contractor—NSC/T Part 2.
(c) The Particular Conditions to be agreed by Contractors and sub-contractors prior to entering into a nominated sub-contract—NSC/T Part 3.
(d) The Nominated Sub-Contract Agreement to be entered into by Contractors and sub-contractors subsequent to the latter's nomination by the Architect—NSC/A.
(e) The Conditions of Sub-Contract (derived from Nominated Sub-Contract NSC/4) applicable to a sub-contract entered into on Agreement NSC/A—NSC/C.

Chapter 18—Introduction

(f) The Employer/Nominated Sub-Contractor Agreement entered into between the Employer and the Nominated Sub-Contractor (derived from Agreement NSC/2)—NSC/W.

(g) The form to be used by the Architect to nominate a sub-contractor in accordance with the Main Contract Conditions—Nomination NSC/N.

Amendments to Form. The 1980 Form has been amended on 13 occasions since its publication. Some of the amendments are intended to improve the drafting. Others are to take account of decisions on the Form or developments in the general law. Others, again, are of considerable importance, particularly the 1987 Amendments. All amendments of significance are discussed below. Great care must be taken when using any particular contract or the commentary below to see which amendments have been applied to the Contract in question. These are shown on the front and back of the Form. Assistance can be obtained by reading the 1980 Form in the light of the list of amendments issued by the Joint Contracts Tribunal. These are summarised below. This Commentary is generally to be read with the version of the 1980 Form printed in this book. Subsequent amendments are noted separately.

The version of the 1980 Form reproduced in this book is that printed in 1992 and incorporating Amendments up to and including Amendment 9. The text of Amendments 10, 11, 12 and 13 is printed after the main text and commentary on p. 776.

Amendment 1 issued in January 1984

> **Clause 19.4.** "Sub-letting—determination of employment of Domestic Sub-Contractor"—existing text deleted and new clause 19.4 inserted.

Amendment 2 issued in November 1986, "Insurance and Related Liability Provisions"

1. **Article 5.2.2.** "Whether a determination under clause 22C.4.3.1 will be just and equitable, or", inserted as 2nd item.
2. **Article 5.2.3, line 2.** After "Contractor" insert "under clause 18.1 or clause 23.3.2 in regard to a withholding of consent by the Contractor".
3. **Clause 1.3 Definitions.** "Clause 22 Perils" deleted and "All Risks Insurance", "Excepted Risks", "Joint Names Policy", "Site Materials", "Specified Perils" inserted.
4. **Clause 18.** "Partial Possession" deleted, entirely new clause inserted.
5. **Clause 19A.3.** Deleted. Clauses 19A.4, .5, .6, .7 and .8 renumbered as 19A.3, .4, .5, .6 and .7 respectively.
6. **Clause 20.** Deleted. New clause inserted.

7. **Clause 21.** Deleted. New clause inserted.
8. **Additional clause 22.** Inserted.
9. **Clauses 22A, 22B, 22C.** Deleted and new clauses inserted.
10. **Additional clause 22D.** Inserted.
11. **Additional Sub-clause 23.3.** Inserted.
12. **Clause 25.4.3.** "Specified Perils" substituted for "Clause 22 Perils".
13. **Clause 28.1.3.2.** "Specified Perils" substituted for "Clause 22 Perils".
14. **Clause 30.3.9.** "Specified Perils" substituted for "Clause 22 Perils".
15. **Clause 30.4.1.2.** "18.1.2" deleted, "18.1.1" inserted.
16. **Clause 30.4.1.3.** "18.1.2", "18.1.3" deleted, "18.1.1" and "18.1.2" inserted.

Amendment 3 issued in March 1987

Applied to the Without Quantities version only.

Amendment 4 issued in July 1987, "Miscellaneous Amendments"

1. **Articles 3A, 3B.** "The Contract Administrator" replaced "Supervising Officer" (and throughout the Form).
2. **Articles 3, 4.** Amended.
3. **Article 5.** Redrafted.
4. **Clause 1.3.** "Date of Tender" deleted, "Base Date" substituted.
5. **Clause 2.3.5.** "The Numbered Documents" added.
6. **Clause 7.** Redrafted.
7. **Clause 8.1.** Redrafted.
8. **Clause 11.** Additional sentence inserted.
9. **Clause 13.1.2.** Redrafted.
10. **Clause 13.4.1.** Second paragraph numbered.
11. **Clause 13.5.5.** Redrafted.
12. **Clause 17.2.** Redrafted.
13. **Clause 19.1.** New Clause 19.1.2 inserted.
14. **Clause 19.5.2.** Amended.
15. **Clauses 21.1.1.2, 21.1.2, 21.1.3.** Amended.
16. **Clause 23.1.** New Clause 23.1.2 inserted.
17. **Clause 25.3.1.** New paragraph inserted.
18. **Clause 25.3.2.** Amended.
19. **Clause 25.3.3.** Redrafted.
20. **Clause 26.4.1.** Amended.
21. **Clause 27.1.3.** Amended—Insolvency Act.
22. **Clause 28.1.3.** New clause 28.1.3.5 inserted.
23. **Clause 28.1.4.** Amended—Insolvency Act.
24. **Clause 28.1.3.4.** Amended.

Chapter 18—Introduction

25. **Clause 28A.** New clause "Determination by Employer or Contractor" inserted.
26. **Clause 30.2.** Amended.
27. **Clause 30.6.2.1.** Amended.
28. **Clause 30.6.1.1.** Amended.
29. **Clause 30.6.12.** Redrafted.
30. **Clause 30.8.** Redrafted.
31. **Clause 30.9.** Clauses 30.9.1.3 and 30.9.1.4 added.
32. **Clause 35.13.6.** New clause inserted.
33. **Clause 35.24.** New clause 35.24.4 inserted—subsequent clauses renumbered.
34. **Clause 35.24.7.** Renumbered as 35.24.8 and redrafted.
35. **Clause 35.24.9.** New clause inserted.
36. **Clause 36.4.3.** Redrafted.
37. **Clause 36.4.8.** Redrafted as 36.4.8.1 and 36.4.8.2.
38. **Clause 38.6.4 and clause 39.7.4.** New definition wage-fixing body inserted.
39. **Clause 40.4.** Deleted.
40. **Clauses 41.1 to 41.7.** New Part 4 "Arbitration" inserted.
41. **Appendix.** Amended.

Amendment 5 issued in January 1988

Part 1: New clauses 1.4 (1.5 in Without Quantities version) and **8.2.2**.
Part 2: Revised clause 8.4. (Code of Practice referred to in this clause inserted following clause 41).

Amendment 6 issued in July 1988

1. **Clause 41 "Settlement of disputes—Arbitration".** Revised.
2. **Clause 19A "Fair Wages".** Deleted.

Amendment 7 issued in July 1988   (With Quantities Version only)

Amendments to take account of 7th Edition of Standard Method of Measurement:

1. **Clause 1.3 Definitions.** "Approximate Quantity", "Provisional sum" added.
2. **Clause 2.2.2.** Redrafted.
3. **Clause 13.4.1.** Redrafted.
4. **Clauses 13.5.1, 13.5.3.3 and 13.5.5.** Redrafted.
5. **Clause 25.4.5.1 and 25.4.6.** Redrafted.
6. **Clause 25.4.14.** New Relevant Event added.
7. **Clauses 26.2.1 and 26.2.7.** Redrafted.
8. **Clause 26.2.8.** New matter added.

525

9. **Clause 30.6.2.** Redrafted.

Amendment 8 issued in April 1989. Amendments to VAT provisions.

Clause 15. Drafting revised.
Clause 1A. Added to Supplemental Provisions (the VAT Agreement).

Amendment 9 issued in July 1990

1. **Clause 1.3.** Redrafted.
2. **Clause 2.1.** Redrafted.
3. **Clause 8.** New clauses 8.1.3 and 8.5 inserted.
4. **Clause 19.2.** Redrafted.
5. **Clause 19.5.** Redrafted.
6. **Clause 22C.1.** New footnote.
7. **Clause 24.** Clauses 24.1. and 24.2.1 redrafted and new clause 24.2.3 inserted.

Amendment 10 issued in March 1991

1. **Clauses 35.3 to 35.9.** Redrafted.
2. **Clause 35.24.** Redrafted.
3. **Clause 35.18.1.1.** Corrected.

Amendment 11 issued in July 1992

1. **Clause 21.1.1.2.** Redrafted.
2. **Clause 27.** Entirely redrafted.
3. **Clause 28.** Entirely redrafted.
4. **Clause 28A.** Entirely redrafted.
5. **Clause 32.** Text deleted.
6. **Clause 33.** Text deleted.
7. **Clause 35.** Clauses 35.24.2, 35.24.7 and 35.24.9 redrafted.
8. Various consequential amendments.

Amendment 12 issued in July 1993

1. **Clause 42.** New Clause 42: Part 5—Performance Specified Work.
2. Amendments consequential to the addition of Clause 42: Part 5.
3. **Clause 25.4.** Additional Relevant Event added.

Amendment 13 issued in January 1994

1. **Clause 13.2.** Redrafted.
2. **Clause 13A.** New clause inserted.

Chapter 18—Introduction

3. Consequential amendments.
4. **Clause 27.** Clauses 27.6.2.1 and 27.6.2.2 redrafted.

Criticisms of Standard Form. The 1963 Form was subject to numerous, strongly expressed criticisms, judicial[8] and otherwise[9]. These criticisms may be summarised as including the following principal heads of complaint:

(a) the Form was unnecessarily long, complex and obscure;
(b) it failed despite its length and complexity, to deal adequately or at all with problems which occurred frequently in practice;
(c) from a commercial point of view, it placed nearly all of the risk of the unforeseen upon the Employer;
(d) it was based upon an illusory lump sum in that the price was in fact adjustable in myriad situations, usually to the benefit of the Contractor.

However, the 1963 Form had its defenders. The view was expressed that it worked well enough in practice.[10]

The publication of the 1980 Form did not meet with universal acclaim. On the one hand, it was said that the 1980 Form reproduced the major problems and failings of the 1963 Form, exemplifying "the resistance to change of the U.K. standard forms, and in particular the RIBA/JCT group of contracts".[11] On the other hand, Contractors and Employers found such novelty as it contained difficult to deal with. In the result, many continued to use the 1963 Form after 1980. Equally, from 1984 onwards many made use of the new Intermediate Form of Building Contract. This was intended for use for "works of simple content" but has in fact been employed extensively for substantial construction projects.

However, it is thought that after a hesitant start, the 1980 Form is now in widespread use and working satisfactorily. It should be noted that the Amendments to it summarised above are of great significance. The Joint Contracts Tribunal has shown itself willing to move quickly in order to remedy drafting defects revealed by decided cases or otherwise. Moreover, the 1987 Amendments (which are discussed in detail below) have done much to redress the balance between Employer and Contractor.

It is thought that the policy of the 1980 Form, namely a lump sum price adjustable in defined circumstances, represents a fair attempt at risk allocation between Contractor and Employer. The alternative policy of

---

[8] *e.g.* Edmund Davies L.J. in *English Industrial Estates v. Wimpey* [1973] 1 Lloyds Rep. 118 at p. 126—"... the farrago of obscurities which go to make up the R.I.B.A. contract..."
[9] See the work of Professor Duncan Wallace Q.C. *passim*. A convenient starting point is Chapter 29 of his "Construction Contracts: Principles and Policies in Tort and Contract"—"A Criticism of the 1963 R.I.B.A. Joint Contracts Tribunal Contracts".
[10] *Modern Engineering (Bristol) v. Gilbert Ash (Northern)* [1974] A.C. 689 at p. 726 (H.L.).
[11] Professor Duncan Wallace—"Construction Contracts: Principles and Policies in Tort and Contract" at p. 499.

requiring Contractors to accept most of the risk of unforeseen contingencies at tender stage would be likely to result in tenders at higher rates or widespread insolvency among Contractors. Neither of these would be in the long term interests of Employers. So, with all its faults, it is thought that the extensive use of the Standard Form will continue.

Scope of chapter. The Form for the use of Local Authorities where quantities form part of the contract is printed with a commentary.[12] The other variants are not printed, but the commentary refers to the major differences.

Commentary appears after most clauses intended, not as a paraphrase of the Form, but as an aid to the reading of its text. Footnotes forming part of the published text of the forms are generally indicated by lower case letters in square brackets as in the published text. The editor's footnotes to the commentary are indicated by numerals.

Reference to parts of this book dealing with the subject-matter of the various clauses may be facilitated by the use of the footnotes to this chapter, the index and the table of references to the Standard Form at the front of the book.

The practice notes issued by the Joint Contracts Tribunal are not printed.

---

[12] Note that this is the version published in 1992 incorporating Amendments up to and including Amendment 9.

Articles of Agreement

made the _____ day of _____ 19 _____
between _____
_____
(hereinafter called "the Employer") of the one part and
_____
_____
of (or whose registered office is situated at) _____
_____
(hereinafter called "the Contractor") [a] of the other part.

Whereas

First
the Employer is desirous of [b] _____
_____

at
_____
and has caused Drawings and Bills of Quantities showing and describing the work to be done to be prepared by or under the direction of
_____
_____

Second
the Contractor has supplied the Employer with a fully priced copy of the said Bills of Quantities (which copy is hereinafter referred to as "the Contract Bills").

Third
the said Drawings numbered _____
(hereinafter referred to as "the Contract Drawings") and the Contract Bills have been signed by or on behalf of the parties hereto;

Fourth
the status of the Employer, for the purposes of the statutory tax deduction

---

[a] Where the Contractor is not a limited liability company incorporated under the Companies Acts, see Footnote [v] to clause 35·13·5·4·4.
[b] State nature of intended works.

scheme under the Finance (No. 2) Act, 1975, as at the Base Date is stated in the Appendix;

Now it is hereby agreed as follows

Article 1
For the consideration hereinafter mentioned the Contractor will upon and subject to the Contract Documents carry out and complete the Works shown upon, described by or referred to in those Documents.

Article 2
The Employer will pay to the Contractor the sum of _____
_____ (£ _____ . _____)
(hereinafter referred to as "the Contract Sum") or such other sum as shall become payable hereunder at the times and in the manner specified in the Conditions.

Article 3A [c] [d]
The term "the Architect" in the Conditions shall mean the said _____

of _____

or, in the event of his death or ceasing to be the Architect for the purpose of this Contract, such other person as the Employer shall nominate within a reasonable time but in any case no later than 21 days after such death or cessation for that purpose, *not being a person to whom the Contractor no later than 7 days after such nomination shall object for reasons considered to be sufficient by an Arbitrator appointed in accordance with article 5.* [e] Provided always that no person subsequently appointed to be the Architect under this Contract shall be entitled to disregard or overrule any certificate or opinion or decision or approval or instruction given or expressed by the Architect for the time being.

---

[c] Article 13A is applicable where the person concerned is entitled to the use of the name "Architect" under and in accordance with the Architects Registration Acts, 1931 to 1969. Article 3B is applicable in all other cases. Therefore complete whichever is appropriate and delete the alternative. Where article 3A is completed the expression "the Contract Administrator" shall be deemed to have been deleted throughout the Conditions. Where article 3B is completed the expression "Architect" shall be deemed to have been deleted throughout the Conditions.

[d] In cases where the Works are to be carried out under the direction of officials of the Local Authority, insert the names of such officials as are to perform the respective functions of the "Architect/the Contract Administrator" and the "Quantity Surveyor" under this contract.

[e] Strike out words in italics in cases where "the Architect", "the Contract Administrator" or "the Quantity Surveyor" is an official of the Local Authority.

Articles of Agreement

Article 3B [c] [d]
The term "the Contract Administrator" in the Conditions shall mean the said

of _____

or, in the event of his death or ceasing to be the Contract Administrator for the purpose of this Contract, such other person as the Employer shall nominate within a reasonable time but in any case no later than 21 days after such death or cessation for that purpose, *not being a person to whom the Contractor no later than 7 days after such nomination shall object for reasons considered to be sufficient by an Arbitrator appointed in accordance with article 5.* [e] Provided always that no person subsequently appointed to be the Contract Administrator under this Contract shall be entitled to disregard or overrule any certificate or opinion or decision or approval or instruction given or expressed by the Contract Administrator for the time being.

Article 4 [d]
The Term "the Quantity Surveyor" in the Conditions shall mean

of _____

or, in the event of his death or ceasing to be the Quantity Surveyor for the purpose of this Contract, such other person as the Employer shall nominate within a reasonable time but in any case no later than 21 days after such death or cessation for that purpose, *not being a person to whom the Contractor no later than 7 days after such nomination shall object for reasons considered to be sufficient by an Arbitrator appointed in accordance with article 5.* [e]

Article 5
If any dispute or difference as to the construction of this contract or any matter or thing of whatsoever nature arising thereunder or in connection therewith shall arise between the Employer or the Architect/the Contract Administrator on his behalf and the Contractor either during the progress or after the completion or abandonment of the Works or after the determination of the employment of the Contractor, except under clause 31 (*statutory tax deduction scheme*) to the extent provided on clause 31·9 or under clause 3 of the VAT Agreement, it shall be and is hereby referred to arbitration in accordance with clause 41.

Attestation [g]

_____

[f] Not used.
[g] This page should be completed with the appropriate attestation clause.

Articles of Agreement

Derivation. The Articles of Agreement are derived from the Articles in the 1963 Form. Article 5 is derived from part of clause 35 of the 1963 Form, the Arbitration clause.

The Recitals. The passages beginning "Whereas" are recitals. For the construction of recitals, see p. 63.

The Fourth Recital was introduced by the 1980 Form. It provides for it to be stated in the Appendix whether the Employer is or is not a "contractor" for the purposes of the Finance (No. 2) Act 1975. See clause 31.

The operative part of the agreement. This begins with the words "Now it is hereby agreed as follows".

Articles 1 and 2. Some of the main features of the contract appear from this part of the Articles of Agreement. Thus:

(a) **It is a lump sum contract.** A lump sum contract is a contract to complete the whole work[13] for a lump sum. The whole work to be performed is that the Contractor must "upon and subject to the Contract Documents carry out and complete the Works shown upon, described by or referred to in those documents". The Contract Documents are defined by clause 1.3 of the Conditions as the Contract Drawings, the Contract Bills, the Articles of Agreement, the Conditions and the Appendix. From this definition important results follow as to the nature of extra work.[14] The lump sum payable is the stated sum "or such other sum as shall become payable hereunder at the times and in the manner specified in the Conditions". The manner of payment[15] is upon the Architect's Certificates issued in accordance with and at the times stated in clause 30. The "other sum" may arise by adjustment of the original Contract Sum under many clauses.[16] To be distinguished from such adjustments are the express contractual rights for the Employer to make certain deductions from sums certified for payment.[17]

(b) **The right to payment.** There is a right to be paid instalments of the Contract Sum adjusted as may be necessary upon Architect's Certificates issued in accordance with clause 30. This is not, therefore, an entire contract

---

[13] See pp. 87 *et seq.*
[14] See p. 90.
[15] Apart from the special case of determination—see clauses 27, 28 and 28A.
[16] *e.g.* clauses 2.2.2.2 (correction of errors in items in Contract Bills); 13.3, 13.4, 13.5 (variations, provisional sum work); 17.2, 17.3 (defects); 26.1 (loss and expense); 30.6 (prime cost, provisional sums); 34.3 (antiquities); 37 to 40 in various alternatives (fluctuations). For a full list, see note to clause 30.6.2.
[17] *e.g.* under clauses 4.1.2 (default); 21.1.3 (insurance); 22.A.2 (insurance); 24 (liquidated damages); 35.13 (direct payment to nominated sub-contractor).

in the sense in which the term has been used in certain textbooks because entire completion by the Contractor is not a condition precedent to the right to call for and receive any payment. However, entire completion of the Works[18] is, it is submitted, a condition precedent to the right to the Certificate under clause 30.8 and hence to the release of the residue of the Contract Sum then retained in accordance with clause 30.2.

(c) **Design obligations.** The general approach of the contract is that the Architect designs, and communicates his design to the Contractor who must carry it out but does not accept liability for its fitness for any particular purpose. But the Contractor cannot be indifferent to matters of design for the following reasons:

(i) frequently the Drawings or Bills expressly impose some design responsibility on the Contractor or a nominated sub-contractor[19];
(ii) the Contractor's express or implied duties as to workmanship and the supply of materials may import some element of design responsibility[20];
(iii) the duty of conforming to Building Regulations and the like makes it necessary for the Contractor to give some consideration to whether the Works as designed by the Architect are in accordance with statutory requirements[21];
(iv) There are express duties under clause 2.3 upon the Contractor to bring to the Architect's attention any discrepancy in or divergence between the documents there set out, and under clause 6.1.2 any divergence between the Statutory Requirements and design documents. A Contractor in breach of these duties may be unable to recover loss and expense under clauses 26.1 and may, in certain circumstances, be liable in damages. The duties imposed by clauses 2.3 and 6.1.2 arise only if the Contractor "shall find" a discrepancy or divergence. It seems clear therefore that a Contractor is under no duty positively to search for errors in the Architect's design or the Quantity Surveyor's taking off. But considerable losses can be caused if an obvious error of design goes unnoticed until much work has been done and demolition eventually has to take place with, perhaps, consequential delays. It is an implied term of the contract that the Contractor in his workmanship will use the proper skill to be expected

---

[18] *cf. Hoenig v. Isaacs* [1952] 2 All E.R. 176 at 181 (C.A). For a discussion of entire contracts, see p. 75.
[19] For nominated sub-contractors, see clause 35. For the relationship between the Bills and the Conditions, see clause 2.2.1.
[20] See clause 8. See also "Warranties of fitness for purpose and good quality" on p. 57.
[21] See clause 6. See also p. 411.

of a Contractor.[22] It is suggested that a Contractor who fails to observe errors which ought to have been obvious to him as the Contractor in the circumstances and exercising such proper skill cannot take advantage of such failure.[23]

(d) **The nature of extra work.** The amount of work for which the Contract Sum is payable is defined in exact terms and not by a broad description.[24] The Contractor does not undertake for the Contract Sum to build a house or factory but to complete certain exactly stated quantities of work. He must carry out greater quantities if required to do so by the Architect (clause 4) but in general is entitled to be paid extra for them. The Contractor must bear losses from his faulty pricing unless there is a proper case for the Court or Arbitrator to grant rectification,[25] and many of the risks of an unanticipated expense fall on the Contractor, but the risk of extra cost resulting from faulty description or measurement of the Works is in general borne by the Employer. This appears from reference to the following:

(i) *the Contract Bills*. These, subject to clause 8, describe the quality and quantity of work included in the Contract Sum (clause 14.1). If more work is required to complete the Works, the Contractor is entitled to be paid for it as a Variation, provided he can bring his claim within clause 13.

(ii) *Drawings, instructions and documents*. For the Contractor's duty if he finds any discrepancy or divergence see clause 2.3. The Architect must issue an Instruction in regard thereto (clause 2.3). If an Instruction involves more or less work than that set out in the Contract Bills, it will be treated as a variation and increase or decrease the Contract Sum as the case may be (clauses 2.2, 2.3, 4, 13) and may entitle the Contractor to recover loss and expense under clause 26.2.3.

(iii) *Architect's satisfaction*. See clause 2.1 for where the quality and standards of materials or workmanship may have to be to the reasonable satisfaction of the Architect.[26] But it is submitted that any discretion vested in the Architect by these words cannot enlarge the obligations expressly undertaken by the Contractor as to the description of the Works.[27] The result is that, if the Architect requires a

---

[22] For the proper skill of a contractor, see p. 56.
[23] See further commentary on clause 6 on p. 562.
[24] For exactly defined contracts generally, see p. 89.
[25] For rectification, see p. 288.
[26] For comments on the effects of these words in an earlier version of the Standard Form of Building Contract, see *P. & M. Kaye Ltd v. Hosier & Dickinson Ltd* [1972] 1 W.L.R. 146 at 168 (H.L.); see also discussion of *Colbart v. Kumar* (1992) 59 B.L.R. 89 and *Crown Estates Commissioners v. John Mowlem & Co. Ltd* (1994) 10 Const.L.J. 311(C.A.) on p. 544.
[27] See *Cammell Laird v. Manganese Bronze* [1934] A.C. 402 at 433 (H.L.); *Minster Trust v. Traps Tractors* [1954] 1 W.L.R. 963 at 974; *Cotton v. Wallis* [1955] 1 W.L.R. 1168 (C.A.) but note comment on this case on p. 545. See also clauses 2.2 and 8.

higher quality or standard than that provided for in a description in the Bills, it is a Variation (see also clause 13.1.2).

(iv) *Variations.* The Architect has a very wide power to give Instructions requiring variations (clause 13.2) but the Contractor has, in addition to the right to payment of the costs of the variations, valuable, although carefully limited, rights to recovery of loss and expense in which he is involved by carrying out such variations (clause 26.2.7).

(e) **Unanticipated loss or expense.** The Contractor may find as the Works proceed that he is suffering some loss or expense which he did not anticipate at the time of entering into the contract. The general rule is that the Contractor's undertaking to complete the Works requires that he must bear such loss or expense himself, but there are important exceptions to the rule which can arise under one or more of the following heads:

(i) The express provisions for adjustment of the Contract Sum (see commentary to clause 30 on p. 684);
(ii) The express provisions for determination of the Contractor's employment (see clauses 22C.4.3, 27, and 28A);
(iii) A claim for damages for the Employer's breach of contract or breach of collateral warranty, misrepresentation or misstatement[28];
(iv) A right to treat the contract as at an end by reason of the Employer's repudiation or misrepresentation[29];
(v) Frustration. Frustration is discussed on p. 143. Note in particular *Davis Contractors v. Fareham U.D.C.* which illustrates the difficulty of attempting to rely on frustration.[30] Although the form of contract differed, the principle applies.

For the right in certain cases to an extension of time, see clause 25 and for the right, where there is a suspension of the Works, to determine the Contractor's employment, see clause 27. For fire, storm etc. see clause 22. For the discovery of antiquities, see clause 34. For increases in prices, see clauses 37 to 40, and for war, see clauses 32 and 33.

Articles 3 and 4. For the position of the Architect generally, see p. 329, and for duties of the Quantity Surveyor, see p. 369.

Architect/Contract Administrator. The reason for the two terms appears from the footnote. No contractual difference follows from the use of the term "Contract Administrator" and all references in the commentary to Architect include Contract Administrator. The term "Contract Administrator" was introduced into the 1980 Form by Amendment 4 issued

---

[28] See generally pp. 128 and 188.
[29] See generally pp. 156 and 128.
[30] *Davis Contractors v. Fareham U.D.C.* [1956] A.C. 696 (H.L.). For a more recent illustration of the difficulties, see *Wates Ltd v. G.L.C.* (1983) 25 B.L.R. 1 (C.A.).

July 1987. It is now used throughout the contract in place of the former term "Supervising Officer".

Architect and Quantity Surveyor same person. The contract contemplates two persons, but sometimes one is named as performing both offices. In such a case, if the person named becomes unable to perform the duties of Quantity Surveyor, it seems that the Employer is entitled to appoint another person as Quantity Surveyor.[31] Further, even if different persons are appointed as Architect and Quantity Surveyor respectively, the Architect is, it seems, entitled to consult an independent surveyor with regard to a valuation.[32]

No Architect appointed. If the parties enter into a contract in this form agreeing that no Architect shall in fact be appointed, many of the clauses are nonsense and cannot be of any effect. It is thought, however, that the Court would not say that the contract was void but would enforce it as an ordinary lump sum contract ignoring those clauses which depend for their effect upon the act or decision of the Architect.[33]

Amendments to Articles 3 and 4. By Amendment 4 dated July 1987 the term "Contract Administrator" was introduced into the Articles and throughout the contract. The provisions relating to the death of the Architect or his ceasing to be Architect for the purpose of his contract were varied somewhat. The Employer is now required to nominate a new Architect "within a reasonable time but in any case no later than 21 days after such death or cessation". The Contractor is now required to make any objection to such re-nomination "no later than 7 days after such nomination".

Article 5. This is derived from clause 35 of the 1963 Form. The original version of the 1980 Form set out all the arbitration provisions in Article 5. However by Amendment 4 dated July 1987 a new clause 41 was introduced into the 1980 Form. This clause now contains the detailed arbitration provisions. This amendment also introduced into Article 5 the words "or after the determination of the employment of the Contractor" so as to make it clear that the right to arbitrate is not lost by the determination of the employment of the Contractor. The terms of the Article as to the matters which fall within the arbitration provisions of the contract are very wide. For a consideration of arbitration generally, see Chapter 16. For consideration of the scope and mechanics of arbitration under the 1980 Form, see clause 41 and its commentary on p. 760.

---

[31] See *Burden v. Swansea Corporation* [1957] 1 W.L.R. 1167 (H.L.).
[32] See *Burden v. Swansea Corporation* in the Court of Appeal, (1956) 54 L.G.R. 161 at pp. 167, 168 (C.A.). The point was not dealt with in the House of Lords and the case was decided on the 1939 Form, but the principle, it is thought, applies.
[33] *cf. Nicolene v. Simmonds* [1953] 1 Q.B. 543 at p. 551, discussed on p. 23.

Without Quantities version. In general terms the difference is as follows:

(a) Bills of Quantities in the With Quantities versions describe the work for which the Contract Sum is payable, and provide the basis for the measurement and valuation of variations. In the Without Quantities version, the Bills of Quantities are replaced by the Specification and/or Schedule of Work and the Priced Document.

(b) In the Without Quantities version, the Contract Documents taken together describe the quality and quantity of the work included in the Contract Sum (clause 14.1). Two important results follow:

   (i) *Meaning of extra work.* There is no required standard method for the preparation of Contract Drawings and Specification. They may be in great detail so that they describe the work for which the Contract Sum is payable in exact terms, or they may be lacking in detail and describe the Works for which the Contract Sum is payable in wide terms. The latter class of Contract Drawings and Specification invites disputes as to whether work is contract work or extra work. There is greater opportunity than with the With Quantities version for the Employer to say that, although some item may not be expressly shown or described in the Contract Documents, it is nevertheless impliedly included in the work for which the original Contract Sum is payable and therefore not extra work.[34]

   (ii) *Errors in estimates.* By virtue of clause 14.2 the Contractor must bear the loss flowing from any error, arithmetical or otherwise, in pricing the Contract Sum. However, this is subject to the provisions of clause 2.2.2.2 of the contract which provides that, if in the Contract Documents there is any error in description or in quantity or omission of items, then such error or omission shall be corrected and such correction shall be treated as if it were a Variation and valued under clause 13.5.

(c) Variations are priced by reference to the Priced Document (clause 13).

---

[34] See p. 87.

THE CONDITIONS

PART 1: GENERAL

1 Interpretation, definitions etc.

1·1 Unless otherwise specifically stated a reference in the articles of Agreement, the Conditions or the Appendix to any clause means that clause of the Conditions.

1·2 The Articles of Agreement, the Conditions and the Appendix are to be read as a whole and the effect or operation of any article or clause in the Conditions or item in or entry in the Appendix must therefore unless otherwise specifically stated be read subject to any relevant qualification or modification in any other article or any of the clauses in the Conditions or item in or entry in the Appendix.

1·3 Unless the context otherwise requires or the Articles or the Conditions or an item in or entry in the Appendix specifically otherwise provides, the following words and phrases in the Articles of Agreement, the Conditions and the Appendix shall have the meanings given below or as ascribed in the article, clause or Appendix item to which reference is made:

Word or phrase	Meaning
All risks Insurance:	see **clause 22·2**.
Appendix	the Appendix to the Conditions as completed by the parties.
Approximate Quantity:	a quantity in the Contract Bills identified therein as an approximate quantity.*

---

* General Rules 10.1 to 10.6 of the Standard Method of Measurement 7th Edition provide:
10.1 Where work can be described and given in items in accordance with these rules but the quantity or work required cannot be accurately determined, an estimate of the quantity shall be given and identified as an approximate quantity.
10.2 Where work cannot be described and given in items in accordance with these rules it shall be given as a Provisional Sum and identified as for either defined or undefined work as appropriate.
10.3 A Provisional Sum for defined work is a sum provided for work which is not completely designed but for which the following information shall be provided:
  (a) The nature and construction of the work.
  (b) A statement of how and where the work is fixed to the building and what other work is to be fixed **thereto**.
  (c) **A quantity or quantities which indicate the scope and extent of the work.**
  (d) Any specific limitations and the like identified in Section A35.
10.4 Where Provisional Sums are given for defined work the Contractor will be deemed to have made due allowance in programming, planning and pricing Preliminaries. Any such allowance will only be subject to adjustment in those circumstances where a variation in respect of other work measured in detail in accordance with the rules would give rise to adjustment.
10.5 A Provisional Sum for undefined work is a sum provided for work where the information required in accordance with rule 10.3 cannot be given.
10.6 Where Provisional Sums are given for undefined work the Contractor will be

Clause 1—Interpretation

Arbitrator:	the person appointed under **clause 41** to be the Arbitrator.
Articles or Articles of Agreement:	the Articles of Agreement to which the Conditions are annexed, and references to any recital are to the recitals set out before the Articles.
Architect:	the person entitled to use of the name "Architect" and named in **article 3A** of any successor duly appointed under **article 3A** or otherwise agreed as the person to be the Architect.
Base Date:	the date stated in the Appendix.
Certificate of Completion of Making Good Defects:	see **clause 17·4**.
Completion Date:	the Date for Completion as fixed and stated in the Appendix or any date fixed under either **clause 25** or **33·1·3**.
Conditions:	the clauses 1 to 37 and 41 and either clause 38 or 39 or 40, and the Supplemental Provisions ("the VAT Agreement") annexed to the Articles of Agreement.
Contract Administrator:	the person named in **article 3B** or any successor duly appointed under **article 3B** or otherwise agreed as the person to be the Contract Administrator.
Contractor:	the person named as Contractor in the Articles of Agreement.
Contract Bills:	the Bills of Quantities referred to in the **First recital** which have been priced by the Contractor and signed by or on behalf of the parties to this Contract.
Contract Documents:	the Contract Drawings, the Contract Bills, the Articles of Agreement, the Conditions and the Appendix.
Contract Drawings:	the Drawings referred to in the **First recital** which have been signed by or on behalf of the parties to this Contract.
Contract Sum:	the sum named in **article 2** but subject to **clause 15·2**.
Date for Completion:	the date fixed and stated in the Appendix.
Date of Possession:	the date stated in the Appendix under the reference to **clause 23·1**.
Defects Liability Period:	the period named in the Appendix under the reference to **clause 17·2**.
Domestic Sub-Contractor:	see **clause 19·2**.

---

deemed not to have made any allowance in programming, planning and pricing Preliminaries.

Employer:	the person named as Employer in the Articles of Agreement.
Excepted Risks:	ionising radiations or contamination by radioactivity from any nuclear fuel or from any nuclear waste from the combustion of nuclear fuel, radioactive toxic explosive or other hazardous properties of any explosive nuclear assembly or nuclear component thereof, pressure waves caused by aircraft or other aerial devices travelling at sonic or supersonic speeds.
Final Certificate:	the certificate to which **clause 30·8** refers.
Interim Certificate:	any one of the certificates to which **clauses 30·1** and **30·7** and the entry in the **Appendix** under the reference to **clause 30·1·3** refers.
Joint Names Policy:	a policy of insurance which includes the Contractor and the Employer as the insured.
Nominated Sub-Contractor:	see **clause 35·1**.
Nominated Sub-Contract Documents: Tender NSC/1 Agreement NSC/2 Agreement NSC/2a Nomination NSC/3 Sub-Contract NSC/4 Sub-Contract NSC/4a	see **clause 35·3**.
Nominated Supplier:	see **clause 36·1·1**.
Numbered Documents:	any Document referred to in the first recital in any Sub-Contract with a Nominated Sub-Contractor.
Periods of Interim Certificates:	the period named in the **Appendix** under the reference to **clause 30·1·3**.
person:	an individual, firm (partnership) or body corporate.
Practical Completion:	see **clause 17·1**.
provisional sum:	includes a sum provided for work whether or not identified as being for defined or undefined work.*
Quantity Surveyor:	the person named in **article 4** or any successor duly appointed under **article 4** or otherwise agreed as the person to be the Quantity Surveyor.
Relevant Event:	any one of the events set out in **clause 25·4**.
Retention:	see **clause 30·2**.
Retention Percentage:	see **clause 30·4·1·1** and any entry in the Appendix under the reference to **clause 30·4·1·1**.
Site Materials:	see **clause 22·2**.

Clause 1—Interpretation

Specified Perils:	fire, lightning, explosion, storm, tempest, flood, bursting or overflowing of water tanks, apparatus or pipes, earthquake, aircraft and other aerial devices or articles dropped therefrom, riot and civil commotion, but excluding Excepted Risks.
Statutory Requirements:	see **clause 6·1·1**.
Sub-Contract:	the sub-contractual rights and obligations of the Contractor and a Nominated Sub-Contractor as set out in the Sub-Contract Documents as defined in Sub-Contract NSC/4 or NSC/4a.
Valuation:	see **clause 13·4·1·1**.
Variation:	see **clause 13·1**.
VAT Agreement:	see **clause 15·1**.
Works:	the works briefly described in the **First recital** and shown upon, described by or referred to in the Contract Documents and including any changes made to these works in accordance with this Contract.

1·4 Notwithstanding any obligation of the Architect/the Contract Administrator to the Employer and whether or not the Employer appoints a clerk of works, the Contractor shall remain wholly responsible for carrying out and completing the Works in all respects in accordance with clause 2·1, whether or not the Architect/the Contract Administrator or the clerk of works, if appointed, at any time goes on to the Works or to any workshop or other place where work is being prepared to inspect the same or otherwise, or the Architect/the Contract Administrator includes the value of any work, materials or goods in a certificate for payment, save as provided in clause 30·9·1·1 with regard to the conclusiveness of the Final Certificate.

Clause 1: interpretation, definitions, etc.

This interpretation and definition clause was introduced as a new clause to the 1980 Form. Apart from the word "person" and the phrase "provisional sum", all defined words or phrases are given initial capital letters throughout the contract. Most of the words or phrases defined in clause 1.3 appeared in the 1963 Form with the same meanings. The principal defined expressions which were new to the original version of the 1980 Form are: "Domestic Sub-Contractor", "Nominated Sub-Contract Documents" and "Relevant Event". The definition of "Variation" which appeared in clause 11(2) of the 1963 Form has been enlarged in substance in clause 13.1 of the 1980 Form.[35]

Amendments. Clause 1.3 has been amended in the following respects since the publication of the 1980 Form:

---

[35] See commentary to clause 13 on p. 578.

(a) by Amendment 2 dated November 1986, the expression "Clause 22 Perils" was deleted. New expressions "Specified Perils" and "Excepted Risk" in substance cover the same ground as the expression "Clause 22 Perils". By this Amendment, the following additional expressions relating to insurance have been introduced: "All Risks Insurance", "Joint Names Policy", "Site Materials".
(b) by Amendment 4 dated July 1987, the expression "Contract Administrator" was introduced in place of "Supervising Officer" and the expression "Base Date" was substituted for "Date of Tender".
(c) by Amendment 7 dated July 1988, the expressions "Approximate Quantity" and "provisional sum" were added to clause 1.3.
(d) by Amendment 9 dated July 1990, the definition of "Contract Documents" was transferred to Clause 1.3 and Clause 2.1 consequentially reworded. The definition of Works was reworded to make it clear that they include not only the works shown upon the Contract Documents but also any change made to the Works in accordance with the Conditions.
(e) by Amendment 11 dated July 1992, Amendment 12 dated July 1993 and Amendment 13 dated January 1994 consequential amendments were made.

Clause 1.4 was a new sub-clause introduced by Amendment 5 dated January 1988. The Guidance Note issued with this new sub-clause states that it is intended to make clear:

(i) that the Architect is not, under the Standard Form, made responsible for the supervision of the works which the Contractor is to carry out and complete; and
(ii) that nothing in the Conditions of the Standard Form makes the contractor other than responsible for carrying out and completing the Works as stated in clause 2.1.

It does not appear that this is a change of substance since the responsibility of the Contractor under clause 2.1 to carry out and complete the Works is clear.

2 Contractor's obligations

2.1 The Contractor shall upon and subject to the Conditions carry out and complete the Works in compliance with the Contract Documents, using materials and workmanship of the quality and standards therein specified, provided that where and to the extent that approval of the quality of materials or of the standards or workmanship is a matter for the opinion of the Architect/the Contract Administrator, such quality and standards shall be the reasonable satisfaction of the Architect/the Contract Administrator.

Clause 2—Contractor's Obligations

2·2 ·1 Nothing contained in the Contract Bills shall override or modify the application or interpretation of that which is contained in the Articles of Agreement, the Conditions or the Appendix.
·2 Subject always to clause 2·2·1:
·2·1 the Contract Bills, unless otherwise specifically stated therein in respect of any specified item or items, are to have been prepared in accordance with the Standard Method of Measurement of Building Works, 7th Edition published by the Royal Institution of Chartered Surveyors and the Building Employers Confederation;
·2·2 if in the Contract Bills there is any departure from the method of preparation referred to in clause 2·2·2·1 or any error in description or in quantity or omission of items (including any error in or omission of information in any item which is the subject of a provisional sum for defined work*) then such departure or error or omission shall not vitiate this Contract but the departure or error or omission shall be corrected; where the description of a provisional sum for defined work* does not provide the information required by General Rule 10·3 in the Standard Method of Measurement the correction shall be made by correcting the description so that it does provide such information; any such correction under this clause 2·2·2·2 shall be treated as if it were a Variation required by an instruction of the Architect/the Contract Administrator under clause 13·2.

2·3 If the Contractor shall find any discrepancy in or divergence between any two or more of the following documents, including a divergence between parts of any one of them or between documents of the same description, namely:

·1 the Contract Drawings,
·2 the Contract Bills,
·3 any instruction issued by the Architect/the Contract Administrator under the Conditions (save in so far as any such instruction requires a Variation in accordance with the provisions of clause 13·2) and
·4 any drawings or documents issued by the Architect/the Contract Administrator under clause 5·3·1·1, 5·4 or 7,
·5 the Numbered Documents,

he shall immediately give to the Architect/the Contract Administrator a written notice specifying the discrepancy or divergence, and the Architect/the Contract Administrator shall issue instructions in regard thereto.

Clause 2: Contractor's obligations

Derivation. Clauses 2.1 and 2.3 reproduce with minor drafting amendments clause 1 of the 1963 Form 1976 Revision. Clause 2.2 is derived from part of clause 12 of the 1963 Form.

Amendments. Clause 2.1 was redrafted by Amendment 9 dated July 1990 to take account of the transfer of the definition of "Contract Documents" to clause 1.3.

Clause 2.2.2 was amended by Amendment 7 dated July 1988. This has the effect that:

(a) the reference to the Standard Method of Measurement is updated to the 7th edition;
(b) the word "information" has been included to follow General Rule 10.3 of the Standard Method of Measurement 7th edition which sets out in paragraphs 10.3(a) to (d) what information has to be provided in respect of a provisional sum for defined work.

Clause 2.3.5 was added by Amendment 4 dated July 1987. This introduces a reference to the Numbered Documents which are defined in clause 1.3 as "any Document referred to in the First Recital in any Sub-Contract with a Nominated Sub-Contractor".

Clause 2.4 was added by Amendment 12 dated July 1993. This is an amendment consequential on the new Part 5: Clause 42 (Performance Specified Work).

The contractor's obligations. Clause 2.1 provides a general description of the Contractor's obligations. Clause 2.2 specifies how the Contract Bills should be prepared and their relationship with the Articles, Conditions and Appendix. Clause 2.3 deals with discrepancies in or divergences between documents. Clauses 2.1 and 2.3 should be read in conjunction with clause 4 dealing with Architect's Instructions.

Clause 2.1. *"Such quality and standards shall be to the reasonable satisfaction of the Architect".*

The Court of Appeal has held that this provision is not restricted to such materials and workmanship as are expressly reserved by the contract to the opinion of the architect for approval of quality and standards respectively, but that it includes all materials and workmanship where approval of such matters is inherently something for the opinion of the architect.[36-38] It was previously thought that the words "to the reasonable satisfaction of the Architect" as used in this Form have a special meaning as applying only to that class of materials or workmanship referred to in clauses 2.1, 8.1 and 30.9.1.1 where the Architect's decision as expressed in his Final Certificate is conclusive. The question whether the Architect ought reasonably to be satisfied can, it is thought, be challenged either by the Contractor or the Employer before the Arbitrator, provided that the procedure required by clauses 30.9.3 and 41 is followed.

Effect of Price. When considering whether he is reasonably satisfied, can the Architect take into account whether the price is high or low in comparison with the work to be done? The case of *Cotton v. Wallis*[39] seems to

---

[36-38] *Crown Estates Commissioners v. John Mowlem & Co. Ltd*, (1994) 10 Const.L.J. 311 (C.A.). approving *Colbart Ltd v. Kumar* (1992) 59 B.L.R. 89.
[39] [1955] 1 W.L.R. 1168 (C.A.); see also p. 62.

suggest that he can, and that in particular he can allow a certain tolerance where the price is low even though the Bills of Quantities expressly state, "the whole of the materials and workmanship is to be the best of their respective kinds ...". But *Cotton v. Wallis* is not, it is submitted, a binding authority upon the construction of the contract in disputes between employer and contractor[40] and does not affect the well settled rule that extrinsic evidence may not normally be adduced to add to, vary, modify or contradict the written terms of the document.[41] It is submitted that if this rule is applied to a dispute between the Employer and the Contractor where the Contract Bills use the words quoted above, it results in the exclusion of evidence as to the nature of the price.[42] Nevertheless, until the point is directly decided, *Cotton v. Wallis* is the only authority on the question. It is therefore suggested that the Architect, in deciding whether he is reasonably satisfied as to quality or standards, should first consider carefully the express terms of the Contract, in particular the Contract Bills. If, then, he is still left in doubt, he may as a last resort and, always provided that it is not contrary to any express term, consider whether the contract sum is high or low.

Effect of Architect's Inspection. The contractor cannot rely on lack of inspection by the Architect, or the clerk of works if there is one, as an excuse for not complying with the contract.[43] Can the contractor rely, and if so, to what extent, upon an architect's inspection as evidence of compliance with the contract? No general answer can be given. The facts and the contract documents must be considered in each case. An example is suggested. Say the Contract Bills require the finish of an item to be that of a sample to be approved by the Architect, and the Architect approves a sample. Thereafter it is submitted, he cannot, without requiring a variation, demand a higher standard. Neither, it is submitted, can the Arbitrator substitute a different standard from that approved by the Architect. The reason is that the Architect's approval completes the description of the quality of the Works required by the contract. Where there is no comparable Bill item, approval by the Architect, or even lack of comment by the Architect as to work offered as finished, may be greater or less evidence of compliance with the contract, but

---

[40] Because the issue was whether the Architect as a professional man had been guilty of such a dereliction of duty to his client, the Employer, as to make him guilty of negligence. It was not, and was not argued as, a dispute between the Employer and the Contractor as to the construction of the building contract—the 1939 Edition of the R.I.B.A. Form, pre-1957 Version. Presumably for this reason evidence of whether the price was high or low was, it seems, admitted without objection and in the Court of Appeal it was "conceded that ... one could not leave out of account altogether the price at which the work was to be done"—[1955] 1 W.L.R. 1168 at 1175.

[41] For the rules about extrinsic evidence, see p. 37.

[42] *cf.* the dissenting judgment of Denning L.J. in *Cotton v. Wallis* [1955] 1 W.L.R. 1168 at p. 1170 (C.A.).

[43] *East Ham Corporation v. Bernard Sunley & Sons Ltd* [1966] A.C. 406 (H.L.); *AMF International v. Magnet Bowling* [1968] 1 W.L.R. 1028 at p. 1053; *Sutcliffe v. Chippendale & Edmondson* (1971) 18 B.L.R. 149 at pp. 162 *et seq.*

such action or inaction by the Architect does not ordinarily, it is submitted, prevent the Arbitrator as a matter of law deciding whether the offered finish complied with the contract.

Clause 2.2.1. *"nothing contained in the Contract Bills shall override or modify the application or interpretation of that which is contained in the Articles of Agreement, the Conditions or the Appendix".*

These words are of considerable importance. They may have an effect different from the ordinary rule that written words (*i.e.* the Bills) prevail over printed words (*i.e.* the Conditions).[44] Clause 2.2.1 is derived, as noted above, from clause 12 of the 1963 Form. However, the 1963 Form provided that "nothing contained in the Contract Bills shall override, modify or *affect in any way whatsoever . . .* these Conditions". The italicised words have been deleted from the 1980 Form. Authorities decided under pre-1980 contracts held that provisions in the Bills affecting matters dealt with in the Conditions such as insurance,[45] nomination of sub-contractors[46] or partial possession[47] had to be disregarded.

The words now omitted were considered by Stephenson L.J. in *English Industrial Estates v. Wimpey*.[48] His construction was that in so far as the Bills dealt with matters covered by the Conditions they had no effect on the printed Conditions. It is thought that, under the present wording, the court is entitled to look at the Bills and to give effect to them to the extent that the Bills supplement the Conditions. In so far as the Bills purport to override or modify the Articles of Agreement, the Conditions or the Appendix, they continue to have no effect.

A further difference between clause 2.2.1 and clause 12(1) of the 1963 Form is that the former clause 12(1) provided that "the quality and quantity of the work included in the Contract Sum shall be deemed to be that which is set out in the Contract Bills . . . but save as aforesaid nothing contained in the Contract Bills shall override etc.". In the 1980 Form, clause 2.2.1 provides without qualification that "nothing contained in the Contract Bills shall override etc.". Reference to the "quality and quantity of the work" now appears separately at clause 14.1. It is therefore not wholly clear whether the provision in clause 2.2.1 remains subject to the proviso that it does not apply to the quality and quantity of the work set out in the Contract Bills. It is thought that the 1980 Form assumes that matters of quality and quantity will for practical purposes not feature in the Articles of Agreement, the Conditions or the Appendix other than by reference to the Bills[49] so that clause 2.2.1 would not normally be called into play. If exceptionally, as for

---

[44] For the principle, see p. 45.
[45] *Gold v. Patman & Fotheringham* [1958] 1 W.L.R. 697 at p. 701.
[46] *Bickerton v. North West Metropolitan Regional Hospital Board* [1970] 1 W.L.R. 607 at p. 617.
[47] *English Industrial Estates v. Wimpey* [1973] 1 Lloyd's Rep. 118 (C.A.); *cf. Gleeson v. Hillingdon London Borough* (1970) 215 E.G. 165.
[48] [1973] 1 Lloyd's Rep. 118 at pp. 127 *et seq.* (C.A.).
[49] See, *e.g.* clauses 2.1 and 8.1

example by an amendment to the Conditions,[50] there were provisions relating to quality or quantity in the Conditions, a difficult question of construction would arise. If then there were no other decisive factor, it is thought that the provisions in the Conditions would prevail by virtue of clause 2.2.1.

Even under the pre-1980 wording, the Court was able to give effect to the Contract Bills in a number of circumstances:

(a) in *AMF International v. Magnet Bowling*,[51] the contract was in the 1939 Form. Clause 14 made the Contractor liable for injury to property in words substantially similar to those of clause 20.2 of the 1980 Form. The Bills contained certain items expressly requiring the Contractor to protect all work and materials. Equipment stored in a partially completed part of the Works was damaged by flood. It was held that clause 10 (the then equivalent of clause 12 in the 1963 Conditions) did not prevent the Court from giving full effect to these items in the Bills so that the Contractor was liable.

(b) In *English Industrial Estates v. Wimpey*,[52] the Court of Appeal held that special provisions in the Bills of Quantities could not be used for the purpose of interpreting the contract but were of help in order to follow what was going on.

(c) In *Henry Boot v. Central Lancashire New Town Development Corporation*,[53] the Contract Bills contained provisional sums for work to be executed by certain statutory undertakers but also stated that such sums were to be expended under the direct order of the employer. Various services were constructed by statutory undertakers engaged directly by the employer. The court held that the phrase "quality and quantity of the work included in the Contract Sum" was wide enough for it to look at the Bills and to find that the relevant work, although formally included in the contract, was in reality excluded when the contract was read as a whole.

(d) In *Moody v. Ellis*,[54] the Court of Appeal indicated that a provision in the Bills, by which the contractor was to be responsible for the execution of Works in conformity with a programme agreed with the Architect, did not override, modify or affect the Conditions in any way. There was no reason why this provision should not take effect as part of the Building Contract in the ordinary way.

Amendment of Form. Although the provisions of the pre-1980 clause have been modified, it is still necessary to amend the Form itself if the parties wish to have special terms on any matters dealt with in the Conditions, and

---

[50] See "Amendment of Form" below.
[51] [1968] 1 W.L.R. 1028.
[52] [1973] 1 Lloyd's Rep. 118 (C.A.).
[53] (1980) 15 B.L.R. 1.
[54] (1983) 26 B.L.R. 39 (C.A.).

certainly in so far as they wish to override or modify the Conditions. It is not sufficient to say, for instance, in the Contract Bills that the Articles of Agreement and Conditions will be in the Standard Form "with certain amendments and additional clauses as set out in the bill".[55] Various methods of amendment may be used. One is to follow the procedure very common in engineering contracts of having special conditions. Another, where the amendments are contained in the Preliminary Bill is expressly to write in a reference to that Bill in the Articles of Agreement and in clause 1 which defines the Contract Documents. The greatest care should, however, always be taken to ensure that *ad hoc* amendments do not have unintended consequences.

Clause 2.2.2.1. *"the Contract Bills, unless otherwise specifically stated . . ."*

Unless otherwise specifically stated in respect of any specified item or items, the Contract Bills are to have been prepared in accordance with the Standard Method of Measurement. If they have not been so prepared, there is an error which must be corrected and the correction is deemed to be a variation required by the Architect (clause 2.2.2.2.). For example, if there is no provision in the Contract Bills for excavation in rock but in carrying out the Works it becomes clear that such excavation is necessary then, it is submitted, the Bills must be corrected by inserting an item for excavation in rock and the Contractor will be entitled to extra payment under clause 13.2 and, where appropriate, clause 26.1.[56]

Clause 2.2.2.1. *". . . in respect of any specified item . . ."*

It is a question of construction of the Contract Bills in question whether or not adequate notice is given of any particular departure from the principles of the Standard Method, but it is thought that general statements at the beginning of the Bill such as, "any departure from the Standard Method of Measurement must be accepted" are not sufficient.

Clause 2.2.2.2. *". . . any error in description . . . of items . . . shall be corrected . . ."*

Errors can arise from discrepancies between Contract Drawings and Contract Bills, from mathematical errors of measurement and from failure to prepare the Contract Bills in accordance with the Standard Method.[57] Such failure may be due to facts unknown to the parties at the time of making the contract, *e.g.* the presence of rock. The result is to place upon the Employer many of the risks relating to the soil which would otherwise be upon the Contractor.[58]

---

[55] See *Gleeson v. Hillingdon London Borough* (1970) 215 E.G. 165.
[56] See *Bryant v. Birmingham H.S.F.* [1938] 1 All E.R. 503 where the Contract was the 1931 Edition of the R.I.B.A. Form and the clause corresponding to clause 12 was somewhat different.
[57] See above.
[58] See clause 2.3 and pp. 143 and 535.

Clause 2—Contractor's Obligations

Remeasurement. Correction of the Bills is effected by inserting or deleting items as the case may be, or remeasuring items wrongly described, and valuing in accordance with clause 13.2 and, where appropriate, 26.1. If items in or sections of the Contract Bills are marked "provisional", it is submitted that this operates as an agreement that such items or sections will be remeasured in any event. In some cases there may be a dispute as to the existence of an error, which dispute can only be resolved on a remeasurement. It is thought that there is an implied term that either party may require remeasurement of a disputed item or items but must act reasonably in the exercise of such right, so that if he unreasonably puts the other party to the expense of remeasurement he may be liable to that other party for such expense. There is always remeasurement where the form for use with Approximate Quantities is used.

Clause 2.3. "*... any discrepancy in ...*"

If the Contractor fails to give notice upon finding a discrepancy or divergence and carries out work shown for example on the Contract Drawings but not described in the Contract Bills, he may lose rights to extra payment (clause 13); to extension of time (clause 25.4.5); and to loss and expense (clause 26.2.3). For a discussion of how far the Contractor is under a duty to look out for discrepancies or divergences, see commentary to the Articles of Agreement at p. 532. If there is no breach of such duty and the Contractor only finds the discrepancy or divergence after the work has been carried out, an adjustment must be made under clauses 13.2, 13.4 and 14.2 and the Contractor is entitled to any loss and expense in which he has been involved under clause 26.2.3.

3 **Contract Sum – additions or deductions – adjustment – Interim Certificates**

Where in the Conditions it is provided that an amount is to be added to or deducted from the Contract Sum or dealt with by adjustment of the Contract Sum than as soon as such amount is ascertained in whole or in part such amount shall be taken into account in the computation of the next interim Certificate following such whole or partial ascertainment.

Clause 3: Contract Sum—additions or deductions—adjustment —Interim Certificates

This clause, which was new to the 1980 Form, provides for changes in the amount to be paid to the Contractor to be taken into account in the computation of Interim Certificates. In practice, this will mainly apply to the valuation of Variations (clause 13.7) and the ascertainment of loss and expense (clause 26.5). See also clauses 30.6.2.5 and 30.6.2.16.

4 Architect's/Contract Administrator's instructions

4·1 ·1 The Contractor shall forthwith comply with all instructions issued to him by the Architect/the Contract Administrator in regard to any matter in respect of which the Architect/the Contract Administrator is expressly empowered by the Conditions to issue instructions; save that where such instruction is one requiring a Variation within the meaning of clause 13·1·2 the Contractor need not comply to the extent that he makes reasonable objection in writing to the Architect/the Contract Administrator to such compliance.

·2 If within 7 days after receipt of a written notice from the Architect/the Contract Administrator requiring compliance with an instruction the Contractor does not comply therewith, then the Employer may employ and pay other persons to execute any work whatsoever which may be necessary to give effect to such instruction; and all costs incurred in connection with such employment may be deducted by him from any monies due or to become due to the Contractor under this Contract or may be recoverable from the Contractor by the Employer as a debt.

4·2 Upon receipt of what purports to be an instruction issued to him by the Architect/the Contract Administrator the Contractor may request the Architect/the Contract Administrator to specify in writing the provision of the Conditions which empowers the issue of the said instruction. The Architect/The Contract Administrator shall forthwith comply with any such request, and if the Contractor shall thereafter comply with the said instruction (neither party before such compliance having given to the other a written request to concur in the appointment of an Arbitrator under clause 41 in order that it may be decided whether the provision specified by the Architect/the Contract Administrator empowers the issue of the said instruction), then the issue of the same shall be deemed for all the purposes of this Contract to have been empowered by the provision of the Conditions specified by the Architect/the Contract Administrator in answer to the Contractor's request.

4·3 ·1 All instructions issued by the Architect/the Contract Administrator shall be issued in writing.

·2 If the Architect/the Contract Administrator purports to issue an instruction otherwise than in writing it shall be of no immediate effect, but this shall be confirmed in writing by the Contractor to the Architect/the Contract Administrator within 7 days, and if not dissented from in writing by the Architect/the Contract Administrator to the Contractor within 7 days from receipt of the Contractor's confirmation shall take effect as from the expiration of the latter said 7 days. Provided always:

·2·1 that if the Architect/the Contract Administrator within 7 days of giving such an instruction otherwise than in writing shall himself confirm the same in writing, then the Contractor shall not be obliged to confirm as aforesaid, and the said instruction shall take effect as from the date of the Architect's/the Contract Administrator's confirmation; and

·2·2 that if neither the Contractor nor the Architect/the Contract Administrator shall confirm such an instruction in the manner and at the time aforesaid but the Contractor shall nevertheless comply with the same,

Clause 4—Architect's Instructions

then the Architect/the Contract Administrator may confirm the same in writing at any time prior to the issue of the Final Certificate, and the said instruction shall thereupon be deemed to have taken effect on the date on which it was issued otherwise than in writing by the Architect/the Contract Administrator.

Clause 4: Architect's/Contract Administrator's instructions

Derivation. This clause is substantially the same as clause 2 of the 1963 Form.

Scheme of clause. The clause provides for compliance with Architect's instructions (clause 4.1); testing the validity of Architect's instructions (clause 4.2); the mode of Architect's instructions (clause 4.3).

The position of the architect. The general position is that "it is the function and the right of the [Contractor] to carry out his own building operation as he thinks fit".[59] The Architect has no authority to tell the Contractor how to do the Works. However, it is submitted that the Contract Drawings and Contract Bills must be read to consider whether in respect of any particular item a right to require work to be done in a certain way is reserved to the Architect. The function and right of the Contractor discussed in the preceding sentences is further emphasised by clause 1.4 of the 1980 Form, discussed above, which makes it clear that "the Contractor shall remain wholly responsible for carrying out and completing the Works in all respects in accordance with clause 2.1" and that his responsibility in that regard is not in any way diluted by the presence or involvement of the Architect or the clerk of works.

The Architect has ample power to vary the Works, but, it is submitted, he has no authority to vary or to waive[60] the conditions of the contract[61] nor to vary the whole nature of the Works, for example, to change works designed as a single dwelling house into a complex block of flats. He probably cannot omit work in order to have it carried out by another Contractor.[62] He cannot nominate a sub-contractor or supplier save in accordance with the provisions of clauses 35 and 36. For Variations generally, see clause 13.

The Architect's duty to act fairly and professionally. The parties contract on the understanding that in all matters where the Architect has to apply his professional skill, he will act in a fair and unbiased manner in

---

[59] See *Clayton v. Woodman & Sons Ltd* [1962] 1 W.L.R. 585 at p. 593 (C.A.), a decision in a personal injury case on the 1939 Edition of the R.I.B.A. Form where, arguably, the architect's authority was wider because of his power to give "directions". See also *AMF International v. Magnet Bowling* [1968] 1 W.L.R. 1028 at pp. 1046, 1053.
[60] For waiver see p. 286.
[61] *Sharpe v. San Paulo Railway* (1873) L.R. 8 Ch.App. 597.
[62] See "Omissions" on p. 92.

applying the terms of the contract. This is not limited to the issue of Certificates but applies to every function where he has to form a professional opinion upon matters which would affect the amount paid to (or to be deducted from) the Contractor.[63] The duty of fairness does not have the effect, as was long thought to be the position, of making him a quasi-arbitrator, *i.e.* a person with most of the attributes of an arbitrator although not formally appointed as such.[64] There is, it is submitted, an implied term[65] that the Employer will not so act as to disqualify the Architect. It is a question in each case depending on the nature of the employer's act, and its effect, whether the breach of the term amounts to a repudiation of the Contract.[66] Interference with or obstruction by the Employer in the issue of a Certificate is a ground for determination by the Contractor under clause 28.1.2.[67]

Architect's Certificates. One of the features of the contract is the number of different certificates which the Architect can or must issue under various clauses, thus: of Practical Completion (17.1); of Completion of Making Good Defects (17.4); Frost Damage (17.5); Partial Possession (18.1); Liquidated Damages (24); Loss and Expense upon determination (27.4.4); Interim Certificates for Payment (30.1); Final Certificate (30.8); Failure to complete by a Nominated Sub-Contractor (35.15).

Clause 4.1.1. "*The Contractor shall forthwith comply with all instructions...*"
Failure to comply with a valid instruction is a breach of contract which can have serious consequences. Under this clause, if the non-compliance continues for 7 days after written notice from the Architect, the Employer may employ others to give effect to the instruction and recover the cost from the Contractor. If the failure to comply causes delay, there is a liability in liquidated damages (clause 24), and failure to comply with an instruction can be an element in a default giving rise to a right on the part of the Employer to determine the Contractor's employment (see clause 27.1.3). The Contractor is not in breach of contract if he fails to comply with what purports to be an instruction but is not authorised by the conditions. Clause 4.2 gives the Contractor a method of challenging such a purported instruction and there can be immediate arbitration upon the dispute (clauses 4.2. and 41). Clause 4.2 does not, it is submitted, entitle the Contractor to refuse to comply with what is subsequently determined to have been a valid

---

[63] For a general discussion of these principles, see "Disqualification of the certifier" on p. 121. See also p. 695 for the effect of disqualification under the Standard Form.
[64] See p. 121.
[65] For implication of terms, see p. 48.
[66] For repudiation generally, see p. 156.
[67] For the position of the architect under the 1963 Form, including the question of the implication of terms, see *London Borough of Merton v. Leach* (1985) 32 B.L.R. 51. The court considered that his position was not affected by *Derek Crouch Construction v. North Western Regional Health Authority* [1984] Q.B. 644 (C.A.). For general discussions of *Merton v. Leach* see p. 559 and of *Crouch* see p. 429; *cf. Sutcliffe v. Thackrah* [1974] A.C. 727 at p. 730 (H.L.); *Partington & Son v. Tameside M.B.C.* (1985) 32 B.L.R. 150.

Clause 4—Architect's Instructions

instruction. It is therefore prudent for the Contractor to comply with the purported instruction which he challenges, having first made the request referred to in clause 4.2. If the Arbitrator should subsequently find in the Contractor's favour, the Contractor is, it is submitted, entitled to a reasonable sum for complying with the purported instructions.[68]

Clause 4.1.1. *"... is expressly empowered by the Conditions to issue instructions..."*

The power arises under the following clauses:

2.3	Discrepancies
6.1.3	Statutory Requirements
7.	Errors in setting out
8.3	Opening up and testing
8.4	Work not in accordance with the Contract
8.5	Exclusion of persons employed
12.	Confirmed clerk of work's Directions
13.2	Variations
13.3	Provisional Sums
17.2, 17.3	Defects
23.2	Postponement
32.2, 33.1.2	War (deleted by Amendment 11 of July 1992)
34.2	Antiquities
35.5.2, 35.8, 35.10.2, 35.11.2, 35.18.1.1, 35.23, 35.24.6.1, 35.24.6.3 and 35.25	Nominated Sub-Contractors
36.2	Nominated Suppliers.

Clause 4.1.1. *"... save that where such instruction is one requiring a variation within the meaning of clause 13.1.2. the Contractor need not comply to the extent that he makes reasonable objection..."*

Clause 13.1.2 of the 1980 Form as amended introduced a new class of variation, whereby the Architect is empowered to issue instructions imposing or altering obligations or instructions imposed by the Employer in regard to access to or use of the site, limitations of working space or working hours and the execution or completion of the work in any specific order. By virtue of clause 4.1.1, the Contractor is not absolutely obliged to comply with this

---

[68] See *Molloy v. Liebe* (1910) 102 Law Times 616 and cases cited on p. 99. It is useful although not, it is thought, essential for the Contractor complying with the purported instruction, after making his request under the sub-clause, to say that his compliance is without prejudice to his contentions.

class of variation instruction. He need not do so to the extent that he makes reasonable objection. A dispute under this provision may be determined by immediate arbitration under clause 41.3.3. It is not easy to suggest any general principle by which such a dispute should be determined. A relevant consideration will be that the Contractor is entitled to additional payment for the variation under clause 13.4 and 26.2.7 (loss and expense). It is suggested that special facts personal to the Contractor may establish a reasonable objection under this clause. He might, for instance, show that he was already committed to another subsequent contract, the performance of which would be seriously prejudiced if his working hours were limited. On the other hand, circumstances can readily be envisaged when, for example, restrictions on access or limitations of working hours were legally unavoidable. This might occur if the Employer, contrary to expectation, failed to obtain the grant of a right of way over an adjoining owner's land, or if the Court granted to an adjoining owner an injunction restraining noisy building operations outside certain limited hours. In these examples, under the 1963 Form, the Employer might have been in breach of contract and if there was delay, might have lost his right to claim liquidated damages for non-completion to time. The new class of variation instruction may serve to eliminate these consequences. It is suggested that a Contractor could not sustain a reasonable objection on the ground that he would prefer the Employer to be in breach of contract and to lose his rights to liquidated damages.

Clause 4.1.1.2. This new sub-clause was inserted by Amendment 13 issued in January 1994 to defer the carrying out of a Variation where Clause 13A applies to the Variation instruction until the Contractor has received a confirmed acceptance of his clause 13A quotation—see Clause 13A and its commentary.

Clause 4.1.2. *"If within 7 days ... the Contractor does not comply ..."*
Instructions to which this provision may particularly be applied are those to open up or to test (clause 8.3), to remove defective work, materials or goods (clause 8.4.1) or to make good defects during the Defects Liability Period (clause 17.3). The power under this clause should be compared with the right of determination under clause 27.1.3 which can apply if "works are materially affected" and the other conditions of clause 27.1 are fulfilled.

Clause 4.2. *"... what purports to be an instruction ..."*
See commentary to clause 4.1.1 on p. 553.

Orders by Employer personally. The Contract makes no provision for any order by the Employer himself. It is thought, therefore, that such an order would amount only to an offer by the Employer to enter into a separate contract for the work in question, which offer the Contractor need not accept. If the Contractor does accept the offer, it is prudent to confirm it in

Clause 4—Architect's Instructions

writing both to the Employer and to the Architect. The parties may find it convenient to agree that the order shall be treated as if it were an instruction under the appropriate clause so that the difficulties which might otherwise arise are avoided.

Reasonableness of instructions. Should instructions be limited to a reasonable number and issued at reasonable times? The Court or the Arbitrator, it is submitted, in the absence of words importing an absolute discretion, readily implies a duty to act reasonably, and such a duty may be implied in this Contract.[69] But in considering what is reasonable the Court would have regard to all the circumstances including the terms of the Contract. Thus, for example, in considering whether the Architect is acting reasonably in the number and time of instructions requiring variations the Court will consider the provisions for altering contract rates under clause 13.5 and the right to loss or expense under clause 26.1 so that a very large number of variations ordered at different times might not be unreasonable under this contract although they might be unreasonable under a different contract with less provision for financial compensation to the Contractor.

Clause 4.3. Clause 4.3.1 states the general intention, namely, that instructions should be in writing. Clause 4.3.2 recognises the practice that in fact oral instructions are sometimes given. In the 1963 Form the expression used was "instruction issued orally". In the 1980 Form the expression is "an instruction otherwise than in writing". It is difficult to think, in practice, of an instruction which could be given otherwise than in writing but not orally. It is therefore thought that there is no practical distinction between these expressions. Throughout this commentary reference is made to oral instructions as being synonymous with instructions otherwise than in writing.

Oral instructions. The Contractor cannot ignore an oral instruction. He must confirm it within 7 days and, if it is not dissented from in writing by the Architect, must comply with it at the expiry of 7 days from receipt by the Architect of his, the Contractor's confirmation. Meanwhile the Architect himself may confirm it within 7 days of giving it (clause 4.3.2.1). The Contractor is at risk if before the expiry of the period of 7 days from receipt by the Architect of his, the Contractor's, confirmation he carries out an oral instruction which has not been confirmed by the Architect. He must rely upon the Architect in the exercise of his discretion subsequently to confirm under clause 4.3.2.2. If the Architect refuses to do so, then, it is submitted, the Arbitrator has jurisdiction to exercise the discretion to confirm the instruction and to make an award as if there had been such confirmation (clause 41.4).

---

[69] See also p. 51.

Urgent Oral instruction. In a case where an oral instruction is urgent and cannot await the processes of clause 4.3, what should the Contractor do? It is suggested that when receiving such oral instruction he obtains from the Architect a request to comply with it forthwith and an undertaking to confirm in writing. The Contractor should then as soon as possible confirm in writing to the Architect the instruction, request and undertaking. If the Architect contests the confirmation the Contractor can go to arbitration and if he satisfies the Arbitrator of the fact that there was such instruction, request and undertaking the Arbitrator should, it is submitted, make an award as if the instruction had been confirmed in writing in accordance with clause 4.3.2.2. For the position where there is an emergency compliance with statutory requirements, see clause 6.1.4.1.

Form of instruction. Instructions do not have to be in any particular form, although to avoid disputes, it is good practice to use a common form such as that issued by the R.I.B.A. If this is not used, the Architect should use clear words. Vague words can provoke an argument as to what was intended, *e.g.* where there is a permission or a suggestion.

Site Meeting Minutes. If site meeting minutes are kept and distributed, questions sometimes arise as to their effect, if any, under clause 4. This varies according to the circumstances and any agreement between the parties. If they are prepared and sent out by the Architect they will normally operate as confirmation under clause 4.3.2. If they are prepared by the Contractor and sent to the Architect, they are prima facie only confirmation by the Contractor required by clause 4.3.2 and do not take effect until 7 days from their receipt or earlier confirmation in writing by the Architect. For the purposes of clause 4.3.2 it is therefore better for Site Meeting Minutes to be prepared and issued promptly by the Architect.

Position of clerk of works. See clause 12 and its commentary.

Work done without any instruction. The provisions for confirmation do not apply and prima facie the Contractor cannot recover extra payment. There could, however, be two exceptions:

(1) Under clause 2.2.2.2, where the Contractor, after he has carried out work in accordance with the Drawings finds that the quantities exceed those in the Contract Bills;
(2) Under clause 13.2 where the Architect has a discretion to sanction in writing a variation made by the Contractor otherwise than pursuant to an instruction of the Architect. For the exercise of that discretion see commentary to clause 13.

Oral instructions as Defence. In *G. Bilton & Sons v. Mason*,[70] it was

---

[70] (1957) (unreported) Sir Walker Carter Q.C., Official Referee.

Clause 4—Architect's Instructions

held that compliance with the Architect's oral instructions, unconfirmed in writing, to vary the contract, was a defence to a claim by the Employer for damages for breach of contract, where the breach alleged was that the Contractor had complied with those instructions and not with the original contract.[71]

5 Contract Documents – other documents – issue of certificates

5·1 The Contract Drawings and the Contract Bills shall remain in the custody of the Employer so as to be available at all reasonable times for the inspection of the Contractor.

5·2 Immediately after the execution of this Contract the Architect/the Contract Adminstrator without charge to the Contractor shall provide him (unless he shall have been previously so provided) with:

·1 one copy certified on behalf of the Employer of the Contract Documents;
·2 two further copies of the Contract Drawings; and
·3 two copies of the unpriced Bills of Quantities.

5·3 ·1 So soon as is possible after the execution of this Contract:
·1·1 the Architect/the Contract Administrator without charge to the Contractor shall provide him (unless he shall have been previously so provided) with 2 copies of any descriptive schedules or other like documents necessary for use in carrying out the Works; and
·1·2 the Contractor without charge to the Employer shall provide the Architect/the Contract Administrator (unless he shall have been previously so provided) with 2 copies of his master programme for the execution of the Works and within 14 days of any decision by the Architect/the Contract Administrator under clause 25·3·1 or 33·1·3 with 2 copies of any amendments and revisions to take account of that decision. [*h*]
.2 Nothing contained in the descriptive schedules or other like documents referred to in clause 5·3·1·1 (nor in the master programme for the execution of the Works or any amendment to that programme or revision therein referred to in clause 5·3·1·2) shall impose any obligation beyond those imposed by the Contract Documents. [*i*]

5·4 As and when from time to time may be necessary the Architect/the Contract Administrator without charge to the Contractor shall provide him with 2 copies of such further drawings or details as are reasonably necessary either to explain and amplify the Contract Drawings or to enable the Contractor to carry out and complete the Works in accordance with the Conditions.

5·5 The Contractor shall keep one copy of the Contract Drawings, one copy of the

---

[71] The contract was in the 1939 R.I.B.A. Form but the principle applies, it is submitted, to the current Form.

[*h*] To be deleted if no master programme is required.
[*i*] Words in parentheses to be deleted if no master programme is required.

unpriced Bills of Quantities, one copy of the descriptive schedules or other like documents referred to in clause 5·3·1·1, one copy of the master programme referred to in clause 5·3·1·2 (unless clause 5·3·1·2 has been deleted) and one copy of the drawings and details referred to in clause 5·4 upon the site so as to be available to the Architect/the Contract Administrator or his representative at all reasonable times.

5·6   Upon final payment under clause 30·8 the Contractor shall if so requested by the Architect/the Contract Administrator forthwith return to him all drawings, details, descriptive schedules and other documents of a like nature which bear the name of the Architect/the Contract Administrator.

5·7   None of the documents mentioned in clause 5 shall be used by the Contractor for any purpose other than this Contract, and neither the Employer, the Architect/the Contract Administrator nor the Quantity Surveyor shall divulge or use except for the purposes of this Contract any of the rates or prices in the Contract Bills.

5·8   Except where otherwise specifically so provided any certificate to be issued by the Architect/the Contract Administrator under the Conditions shall be issued to the Employer, and immediately upon the issue of any such certificate the Architect/the Contract Administrator shall send a duplicate copy thereof to the Contractor.

Clause 5: Contract Documents—other documents—issue of certificates

Derivation. Clause 5 is, with one significant addition and two administrative changes, substantially the same as clause 3 of the 1963 Form. The significant addition is the reference to the master programme discussed below. The two administrative alterations are that the Contract Bills and Contract Drawings are to be in the custody of the Employer instead of the Architect, and that the Contractor is now entitled to receive a certified copy of all the Contract Documents.

Scheme of clause.   This clause deals with various matters relating to the provision, custody and use of documents connected with the carrying out of the Works. In considering it, reference should also be made to the Articles of Agreement, clause 2.1 (Contractor's obligations), clause 2.3 (Notification of discrepancies), clause 7 (Accurately dimensioned drawings for setting out) and clauses 8.1 and 14 (Contract Bills). Note that, although the Side Note to this clause is "Contract Documents", they are in fact defined in clause 1.3.

Clause 5.3.1.1.   "... *2 copies of any descriptive schedules or other like documents* ..."

The descriptive schedules and other like documents are intended to be for

Clause 5—Contract Documents

the assistance of the Contractor and are, or should be, prepared from the Contract Documents, *i.e.* Contract Drawings and the Contract Bills.

Clause 5.3.1.2. *"the Contractor ... shall provide the Architect ... with 2 copies of his master programme ..."*

The reference in the Conditions to a master programme is optional, the footnotes indicating that it can be deleted. If the reference is included, the master programme is nevertheless not a Contract Document and does not add to the Contractor's obligation (see clause 5.3.2). It should be noted that there is an express provision requiring the Contractor, if necessary, to amend or revise the master programme each time the Architect fixes a new completion date under clauses 25.3.1 or 33.1.3 to take account of that decision. The Contractor then has to provide the Architect with two copies of the amendments and revisions within 14 days. This sub-clause was amended by Amendment 13 issued in January 1994 to provide that, where a master programme has been required, amendments to it are required where there is a revised Completion Date stated in a confirmed acceptance of a clause 13A quotation—see clause 13A and its commentary.

Clause 5.4. *"As and when from time to time may be necessary ..."*

This clause read with clauses 25.4.6 and 26.2.1 recognises that the Contract Documents are frequently not adequate to enable the work to be carried out. Necessary drawings and details should, it is submitted, be furnished at times which will enable the Contractor to comply with his duties as to progress required by clause 23. Clause 3(4) of the 1963 Form, which is materially identical to clause 5.4 of the 1980 Form, was considered by Vinelott J. in *London Borough of Merton v. Leach*.[72] He held that in relation to clause 3(4) it must have been in the contemplation of the parties when making the contract that the Architect would act with reasonable diligence and would use reasonable skill and care in providing the information required by that clause. He also held that clause 3(4) did not exclude an implied term that "the Architect would provide the Contractor correct information concerning the works".[73]

For the delay in delivery of instructions and drawings there is an express contractual right under clause 26.2.1 to recover loss and expense subject to fulfilment of certain conditions appearing in the clause. This right is expressed to be without prejudice to any other rights and remedies which the Contractor may possess (clause 26.6). The Contractor may therefore claim damages for breach of clause 5.4 or of the implied term set out above. But he will ordinarily only claim damages if he cannot satisfy the requirements of a claim under clause 26.2.1. This is because is it is usually more convenient to recover on a certificate issued under the terms of the contract than to seek damages for breach of the contract, and because a Contractor who cannot

---

[72] (1985) 32 B.L.R. 51.
[73] *ibid.* at pp. 81 *et seq.*

prove compliance with the requirements of clause 26.2.1 may find it difficult to establish his loss as a matter of evidence and to defeat allegations of failure to mitigate his loss, or that the loss is too remote.[74]

Consultants' drawings. The contract makes no provision for the position of consultants although it is common for them to design much of the structural work and specialist services. They act, it is submitted, as agents for the Architect and, as between Contractor and Employer, their delay is the Architect's delay.

Nominated Sub-Contractors' drawings. Nominated Sub-Contractors sometimes have to supply drawings to enable the Contractor to carry out work not to be performed by themselves. Delay in the provision of their drawings is discussed in the commentary to clause 35. The application of clause 3(4) of the 1963 Form to such drawings, which is materially identical to clause 5.4 of the 1980 Form, was considered in *H. Fairweather & Co. v. London Borough of Wandsworth*.[75] On appeal from the Arbitrator one question posed for the Court was whether the Arbitrator was correct in law in finding that drawings produced by Nominated Sub-Contractors were not within the ambit of clause 3(4). It was held that, since the Nominated Sub-Contractors were obliged under the terms of the Sub-Contract to produce various drawings in good time to meet the agreed programme of the work, it necessarily followed that the Contractors had a similar obligation to the Employer. It further followed that the failure of the Nominated Sub-Contractors to supply the drawings could not amount to a breach by the Employer of clause 3(4) nor, without fault on the part of the Employer, could it result in liability to the Main Contractors for the delay.

Clause 5.6. "... *the Contractor shall if so requested,* ... *return* ... *all drawings* ..."

For property in the plans, the Architect's lien and his copyright, see pp. 362 *et seq*. For remedies for breach of confidence, see p. 283.

Clause 5.9. This new sub-clause, introduced by Amendment 12 issued in July 1993, deals with the supply of as-built drawings, *etc.* for Performance Specified Work under the new Clause 42.

Without quantities version. There are many differences to allow for the significance of the Specification as a Contract Document. For the general effect, see the commentary to the Articles of Agreement.

---

[74] For damages generally, see Chapter 8; for Contractors' claims, see p. 478; see also commentary to clause 26.
[75] (1987) 39 B.L.R. 106.

Clause 6—Statutory Obligations

6 Statutory obligations, notices, fees and charges

6·1 ·1 Subject to clause 6·1·5 the Contractor shall comply with, and give all notices required by, any Act of Parliament, any instrument, rule or order made under any Act of Parliament, or any regulation or byelaw of any local authority or of any statutory undertaker which has any jurisdiction with regard to the Works or with whose systems the same are or will be connected (all requirements to be so complied with being referred to in the Conditions as "the Statutory Requirements").

·2 If the Contractor shall find any divergence between the Statutory Requirements and all or any of the documents referred to in clause 2·3 or between the Statutory Requirements and any instruction of the Architect/the Contract Administrator requiring a Variation issued in accordance with clause 13·2, he shall immediately give to the Architect/the Contract Administrator a written notice specifying the divergence.

·3 If the Contractor gives notice under clause 6·1·2 or if the Architect/the Contract Administrator shall otherwise discover or receive notice of a divergence between the Statutory Requirements and all or any of the documents referred to in clause 2·3 or between the Statutory Requirements and any instruction requiring a Variation issued in accordance with clause 13·2, the Architect/the Contract Administrator shall within 7 days of the discovery or receipt of a notice issue instructions in relation to the divergence. If and insofar as the instructions require the Works to be varied, they shall be treated as if they were Architect's/Contract Administrator's instructions requiring a Variation issued in accordance with clause 13·2.

·4·1 If in any emergency compliance with clause 6·1·1 requires the Contractor to supply materials or execute work before receiving instructions under clause 6·1·3 the Contractor shall supply such limited materials and execute such limited work as are reasonably necessary to secure immediate compliance with the Statutory Requirements.

·4·2 The Contractor shall forthwith inform the Architect/the Contract Administrator of the emergency and of the steps that he is taking under clause 6·1·4·1.

·4·3 Work executed and materials supplied by the Contractor under clause 6·1·4·1 shall be treated as if they had been executed and supplied pursuant to an Architect's/a Contract Administrator's instruction requiring a Variation issued in accordance with clause 13·2 provided that the emergency arose because of a divergence between the Statutory Requirements and all or any of the documents referred to in clause 2·3 or between the Statutory Requirements and any instruction requiring a Variation issued in accordance with clause 13·2, and the Contractor has complied with clause 6·1·4·2.

·5 Provided that the Contractor complies with clause 6·1·2, the Contractor shall not be liable to the Employer under this Contract if the Works do not comply with the Statutory Requirements where and to the extent that such non-compliance of the Works results from the Contractor having carried out work in accordance with the documents referred to in clause 2·3 or with any instruction requiring a Variation issued by the Architect/the Contract Administrator in accordance with clause 13·2.

6·2 The Contractor shall pay and indemnify the Employer against liability in respect of any fees or charges (including any rates or taxes) legally demandable under any Act of Parliament, any instrument, rule or order made under any Act of Parliament, or any regulation or byelaw of any local authority or of any statutory undertaker in respect of the Works. The amount of any such fees or charges (including any rates or taxes other than value added tax) shall be added to the Contract Sum unless they:

·1 arise in respect of work executed or materials or goods supplied by a local authority or statutory undertaker as a Nominated Sub-Contractor or as a Nominated Supplier; or
·2 are priced in the Contract Bills; or
·3 are stated by way of a provisional sum in the Contract Bills.

6·3 The provisions of clauses 19 and 35 shall not apply to the execution of part of the Works by a local authority or a statutory undertaker executing such work solely in pursuance of its statutory obligations and such bodies shall not be sub-contractors within the terms of this Contract.

Clause 6—statutory obligations, notice, fees and charges

Derivation. Clause 6 is substantially the same as clause 4 of the 1963 Form save for certain modifications which now appear at clause 6.3.

Clause 6.1.1. "*... shall comply with ...*"
Provided that he has the requisite knowledge (see below) the Contractor has, it is submitted, both to comply with and give statutory notices, and also, to comply with relevant Statutory Requirements including the Building Regulations. It seems that a flagrant breach of the Building Regulations or the like, apparent in the Contract Documents, may make the contract illegal.[76]

Losses caused by non-compliance with Statutory Requirements.
Clauses 6.1.2. and 6.1.3 set out a clear procedure to be followed if the Contractor finds a divergence from Statutory Requirements. There is a useful provision for emergency compliance with Statutory Requirements (clause 6.1.4.1). Clause 6.1.5 qualifies clause 6.1.1 and operates as a valuable protection to the Contractor who either gives the requisite notice to the Architect under clause 6.1.2 or has not found any divergence between Statutory Requirements and the Contract Documents or Variation

---

[76] For illegality, see p. 150.

Clause 6—Statutory Obligations

instructions. For a discussion of whether clause 6.1.5 protects a Contractor who negligently fails to observe a divergence, see p. 546. In any claim for breach of contract by the Employer, damages require careful consideration having regard to the Contractor's right to be paid for work required to comply with Statutory Requirements.

Clauses 6.1.6 and 6.1.7. These sub-clauses were introduced by Amendment 12 issued in July 1993 to provide for divergencies between the Statutory Requirements and the Contractor's Statement and changes in Statutory Requirements after the Base Date relating to the new provisions for Performance Specified Work under new clause 42.

Contractor's Claim against Architect. In certain circumstances where the Contractor is liable for non-compliance with Statutory Requirements to the Employer, he may have a claim against the Architect where he can show a breach of a duty of care owed to him by the Architect. For a discussion of whether a duty of care is owed by the Architect to the Contractor and the scope of the duty, see p. 366.

Unauthorised Variation. If the Contractor at the request of a local official or for some other reason makes a variation in order to comply with Statutory Requirements without following the procedure of this clause and it is not an emergency, he is in breach of contract and prima facie loses any rights under clause 13 to extra payment, under clause 25 to extension of time and under clause 26 to loss or expense. The Architect can, however in his discretion sanction a variation under clause 13.2.[77] In certain special circumstances, where the Contractor has had to pay money which the Employer is legally liable to pay, the Contractor may be able to recover such money in a claim in restitution.[78]

Major alteration necessary. If a major and extensive alteration is necessary to comply with a Statutory Requirement, it is possible that in certain circumstances the Employer might be able to say that the contract is frustrated.[79] Subject to this, if there is a delay the Contractor may be able to found a determination on lack of instructions (clause 28.1.3.3) or postponement of work (clauses 23.2 and 28.1.3.1).

Clause 6.3. This sub-clause deals with such matters the provision by local authorities of crossovers from a site to the highway. The sub-clause makes it clear that a local authority or a statutory undertaker executing part of the

---

[77] For the exercise of that discretion see commentary to clause 13.2.
[78] See discussion in *Owen v. Tate* [1976] Q.B. 402 (C.A.).
[79] The Contractor will not usually object to the alteration because of his rights under clauses 13, 25 and 26. Neither will he plead frustration because of his much better position under clause 28. For frustration generally, see p. 143.

Works "solely in pursuance of its statutory obligations" is not to be regarded as a Domestic Sub-Contractor or a Nominated Sub-Contractor. Extension of time for delay by a statutory undertaker is dealt with by clause 25.4.11. It should be noted that the word "solely" does not appear in clause 25.4.11.[80]

7 Levels and setting out of the Works

The Architect/The Contract Administrator shall determine any levels which may be required for the execution of the Works, and shall provide the Contractor by way of accurately dimensioned drawings with such information as shall enable the Contractor to set out the Works at ground level. The Contractor shall be responsible for, and shall, at no cost to the Employer, amend any errors arising from his own inaccurate setting out. With the consent of the Employer the Architect/the Contract Administrator may instruct that such errors shall not be amended and an appropriate deduction for such errors not required to be amended shall be made from the Contract Sum.

Clause 7—Levels and setting out of the Works

Derivation. The original version of this clause was substantially the same as Clause 5 of the 1963 Form.

". . . such information . . ."
It is thought that the Contractor is entitled to an indemnity from the Employer in respect of claims made against him by an adjoining owner for trespass, committed by the Contractor in reliance upon faulty information furnished by the Architect.[81]

"The Contractor shall be responsible for, and shall, at no cost to the Employer, amend any errors arising from his own inaccurate setting out."
The equivalent sentence in the 1963 Form and in the original version of the 1980 Form read that "unless the Architect/Supervising Officer shall otherwise instruct, in which case the Contract Sum shall be adjusted accordingly, the Contractor shall be responsible for and shall entirely at his own cost amend any errors arising from his own inaccurate setting out". These words apparently gave the Architect a discretion to issue an instruction which could result in the Employer becoming liable to bear the cost of amending errors due to the Contractor's inaccurate setting out. The words were deleted and the last two sentences of Clause 7 inserted by Amendment 4 dated July 1987. This amendment appears substantially to limit the scope of the Architect's discretion. He may allow such errors to

---

[80] See *Henry Boot v. Central Lancashire Development Corporation* (1980) 15 B.L.R. 1 discussed in commentary to clause 25 on p. 646. Note also that there is no equivalent provision for payment of loss and expense under clause 26.1.
[81] See *Kirby v. Chessum & Sons Ltd* (1914) 79 J.P. 81 (C.A.).

Clause 7—Levels and Setting Out

remain without amendment. However, if the Architect so decides, an appropriate deduction from the Contract Sum must be made.

8 **Work, materials and goods**

8·1 ·1 All materials and goods shall, so far as procurable, be of the kinds and standards described in the Contract Bills, provided that materials and goods shall be to the reasonable satisfaction of the Architect/the Contract Administrator where and to the extent that this is required in accordance with clause 2·1.

·2 All workmanship shall be of the standards described in the Contract Bills, or, to the extent that no such standards are described in the Contract Bills, shall be of a standard appropriate to the Works, provided that workmanship shall be to the reasonable satisfaction of the Architect/the Contract Administrator where and to the extent that this is required in accordance with clause 2·1.

·3 All work shall be carried out in a proper and workmanlike manner.

8·2 ·1 The Contractor shall upon the request of the Architect/the Contract Administrator provide him with vouchers to prove that the materials and goods comply with clause 8·1.

·2 In respect of any materials, goods or workmanship, as comprised in executed work, which are to be to the reasonable satisfaction of the Architect/the Contract Administrator in accordance with clause 2·1, the Architect/the Contract Administrator shall express any dissatisfaction within a reasonable time from the execution of the unsatisfactory work.

8·3 The Architect/The Contract Administrator may issue instructions requiring the Contractor to open up for inspection any work covered up or to arrange for or carry out any test of any materials or goods (whether or not already incorporated in the Works) or of any executed work, and the cost of such opening up or testing (together with the cost of making good in consequence thereof) shall be added to the Contract Sum unless provided for in the Contract Bills or unless the inspection or test shows that the materials, goods or work are not in accordance with this Contract.

8·4 If any work, materials or goods are not in accordance with this Contract the Architect/the Contract Administrator without prejudice to the generality of his powers, may:

·1 issue instructions in regard to the removal from the site of all or any of such work, materials or goods; and/or

·2 after consultation with the Contractor (who shall immediately consult with any relevant Nominated Sub-Contractor) and with the agreement of the Employer, allow all or any of such work, materials or goods to remain and confirm this in writing to the Contractor (which shall not be construed as a Variation) and where so allowed and confirmed an appropriate deduction shall be made in the adjustment of the Contract Sum; and/or

·3 after consultation with the Contractor (who shall immediately consult with any relevant Nominated Sub-Contractor) issue such instructions requiring a Variation as are reasonably necessary as a consequence of such an instruction under clause 8·4·1 or such confirmation under clause 8·4·2 and to the extent that such instructions are so necessary and notwithstanding clauses 13·4, 25 and 26 no addition to the Contract Sum shall be made and no extension of time shall be given; and/or

·4 having had due regard to the Code of Practice appended to these Conditions (*following clause 41*), issue such instructions under clause 8·3 to open up for inspection or to test as are reasonable in all the circumstances to establish to the reasonable satisfaction of the Architect/ the Contract Administrator the likelihood or extent, as appropriate to the circumstances, of any further similar non-compliance. To the extent that such instructions are so reasonable, whatever the results of the opening up for inspection or test, and notwithstanding clauses 8·3 and 26 no addition to the Contract Sum shall be made. Clause 25·4·5·2 shall apply unless as stated therein the inspection or test showed that the work, materials or goods were not in accordance with this Contract.

8·5 Where there is any failure to comply with clause 8·1·3 in regard to the carrying out of the work in a proper and workmanlike manner the Architect/the Contract Administrator, without prejudice to the generality of his powers, may, after consultation with the Contractor (who shall immediately consult with any relevant Nominated Sub-Contractor), issue such instructions whether requiring a Variation or otherwise as are reasonably necessary as a consequence thereof. To the extent that such instructions are so necessary and notwithstanding clauses 13·4 and 25 and 26 no addition to the Contract Sum shall be made and no extension of time shall be given in respect of compliance by the Contractor with such instruction.

8·6 The Architect/The Contract Administrator may (but not unreasonably or vexatiously) issue instructions requiring the exclusion from the site of any person employed thereon.

Clause 8: Work, materials and goods

Derivation. Clause 8 is substantially derived from clause 6 of the 1963 Form.

Amendments. The 1980 Form has been amended in the following respects:

(a) clause 8.1 was redrafted by Amendment 4 issued in July 1987;
(b) clauses 8.2 and 8.4 were revised by Amendment 5 issued in January 1988.
(c) new clauses 8.1.3 and 8.5 were inserted by Amendment 9 issued in July 1990.
(d) new clause 8.1.4 was inserted and clause 8.4.4 was redrafted by Amendment 12 issued in July 1992.

These amendments are of significance and are discussed below.

Clause 8—Work, Materials and Goods

Scheme of clause. This clause defines the kinds and standards of materials, goods and workmanship. It gives the Architect certain important powers relating to inspection and testing and to work not in accordance with the contract. It should be read with clauses 2 and 4 and their commentaries.

Clause 8.1. *Amendments*

Clause 6(1) of the 1963 Form and the original version of clause 8.1 of the 1980 form provided that "all materials, goods and workmanship shall so far as procurable be of the respective kinds and standards described in the Contract Bills". By Amendment 4 issued in July 1987, clause 8.1 has been divided into two sub-clauses. Clause 8.1.1 deals with materials and goods and 8.1.2 deals with workmanship.

Clause 8.1.1. The position as to materials and goods is now as follows:

(a) to the extent that clause 2.1 applies,[82] the materials and goods are required to be to the reasonable satisfaction of the Architect;
(b) to the extent that standards are described in the Contract Bills, the materials and goods must be of those standards;
(c) to the extent that the standards are not expressly described in the Contract Bills, the ordinary implied duties of the Contractor as to materials and goods apply[83];
(d) the obligation of the Contractor is limited by the phrase "... so far as procurable". It is submitted that there is an implied duty upon the Contractor who seeks to rely on these words to notify the Architect before supplying materials or goods not of the kinds or standards described in the Contract Bills.

Clause 8.1.2. The position as to workmanship is now as follows:

(a) to the extent that clause 2.1 applies, workmanship is required to be to the reasonable satisfaction of the Architect;
(b) to the extent that standards are described in the Contract Bills, workmanship must be of those standards;
(c) to the extent that standards are not described in the Contract Bills, workmanship must "be of a standard appropriate to the Works". It is probable that this phrase does no more than make express the usual implied duty of the Contractor as to workmanship.[84] However, the words "appropriate to the Works" appear to mean that, in assessing whether the Contractor has complied with his duty, the nature, quality and scale of the work must be taken into account;
(d) the qualification "so far as procurable" does not appear. The deletion of these words has the effect, it is submitted, that it is no defence for a

---
[82] See p. 544.
[83] See p. 56.
[84] See p. 56.

Contractor whose workmanship is criticised to show that he was unable to recruit the necessary skilled workmen.

In the Without Quantities version, "Specification" appears in place of "Contract Bills".

Clause 8.1.3. A new clause 8.1.3 was inserted by Amendment 9 issued in July 1990 to provide expressly what would in any event be implied, namely that all works should be carried out in a proper and workmanlike manner. Consequentially, the new clause 8.5 provides for the Architect to deal with failure to comply with clause 8.1.3.

Clause 8.1.4. This new clause, inserted by Amendment 12 issued in July 1993, provides that the Contractor shall not substitute any materials or goods described in any Contractor's Statement for Performance Specified Work without the Architect's written consent.

Clause 8.2. *Amendments*

Clause 8.2.1 substantially reproduces clause 6(2) of the 1963 Form, and is the same as the unamended version of clause 8.2 in the 1980 Form. Clause 8.2.2 was inserted by Amendment 5 issued in January 1988 and requires the Architect to express dissatisfaction in relation to executed work to which clause 2.1 applies within a reasonable time from the execution of the unsatisfactory work.

Clause 8.3. "*... the cost of such opening up ...*"

The Contractor has a right to extension of time (under clause 25.4.5.2) and to loss and expense additional to such cost (under clause 26.2.2) for delay or disturbance of the regular progress of the works due to an unjustified order to open up or test. The right to loss and expense is qualified by clause 8.4.4 (see below).

The meaning of "executed work" is, it is submitted, a question of fact and degree in each case. The Architect does not have to order a test under clause 8.3 before issuing instructions under clause 8.4.1.

Clause 8.4. *Amendments*

Clause 8.4.1 is substantially the same as clause 6(4) in the 1963 Form and clause 8.4 in the original version of the 1980 Form. Clauses 8.4.2, 8.4.3 and 8.4.4 were inserted by Amendment 5 dated January 1988.

Clause 8.4.1. "*... removal from the site ...*"

The Architect no doubt has the power to issue instructions to remove defective works even without this clause.[85] The power under clause 8.4 is "without prejudice to the generality of his powers". Even where materials or

---

[85] See *Modern Engineering (Bristol) Ltd v. Gilbert-Ash* [1974] A.C. 689 at p. 710 (H.L.) per Viscount Dilhorne.

Clause 8—Work, Materials and Goods

workmanship are not required to be to the Architect's reasonable satisfaction under clause 2.1, the duty to complete the works requires the Contractor to replace defective work with work which is in accordance with the Contract.

The form of an instruction to remove defective work under clause 6(4) of the 1963 Form was considered in *Holland Hannen & Cubitts v. W.H.T.S.O.*[86] The Court considered that the power was simply to instruct the removal of work and that therefore a notice containing a statement that certain work was unsatisfactory which did not require the removal of anything at all was not a valid notice.

Damages. Work may during the construction period not conform to the Contract requirements. If the Architect orders its removal, and it is satisfactorily removed and replaced before completion, does the Employer have a remedy in damages for this temporary disconformity? Lord Diplock in *Kaye (P. and M.) v. Hosier & Dickinson*[87] suggested that there was no such remedy. However, it has since been questioned whether this suggestion was intended to be of universal application.[88]

Clause 8.4.2. This permits the Architect to allow non-conforming work to remain either in part or in whole. Note that:

(a) before acting under clause 8.4.2 the Architect is required both to consult the Contractor and to obtain the agreement of the Employer;
(b) the Architect must confirm in writing to the Contractor what non-conforming work he is allowing to remain;
(c) in respect of that work "an appropriate deduction shall be made in the adjustment of the Contract Sum". The amount of the deduction is a matter for the Quantity Surveyor: see clause 30.6.1.2.2

Clause 8.4.3. Alternatively or additionally to his powers under clause 8.4.1 to order removal and under clause 8.4.2 to allow non-conforming work to remain, the Architect may issue such Variation instructions "as are reasonably necessary". Note that:

(1) before issuing such instructions, the Architect must consult the Contractor;
(2) provided that (a) such consultation has taken place; *and* (b) the instructions are "reasonably necessary", the Contractor is not entitled either to additional remuneration under clause 13 nor to extension of time under clause 25 nor to loss and expense under clause 26.[89]

---

[86] (1981) 18 B.L.R. 80 at p. 120. This case went to the Court of Appeal—see (1985) 35 B.L.R. 1—but this point was not argued.
[87] [1972] 1 W.L.R. 146 at p. 165 (H.L.).
[88] *Lintest Builders v. Roberts* (1980) 13 B.L.R. 38 at 44 (C.A.), Roskill L.J.; *William Tomkinson v. Parochial Church Council of St Michael* (1990) 6 Const.L.J. 319; *cf. Surrey Heath B.C. v. Lovell Construction* (1988) 42 B.L.R. 25—point not argued on appeal.
[89] This provision would appear to deal with the problem exemplified by *Simplex v. The Borough of St Pancras* (1958) 14 B.L.R. 80. In that case the Contractor proposed alternative works in

Clause 8.4.4. This should be read in conjunction with clause 8.3. The Architect can issue instructions to open up or test by one of two routes, namely (1) clause 8.3 and (2) clause 8.3 *via* clause 8.4.4. By route (1), the Architect may issue such instructions without first having discovered non-conforming work. However, if the test does not show non-conforming work, the Contractor is entitled to the cost of such opening up or testing together with loss and expense under clause 26.2.2. By route (2):

(a) non-conforming work must first have been discovered;
(b) the Architect must have had due regard to the Code of Practice[90];
(c) the Architect may issue "such instructions ... as are reasonable in all the circumstances to establish to (his) reasonable satisfaction ... the likelihood or extent ... of any further non-compliance".

Payment. Provided that the instruction is properly issued under clauses 8.4.4 and 8.3, even if the inspection shows that the work conforms to the Contract, the Contractor is entitled neither to the cost of such inspection nor to loss and expense under clause 26. He is however entitled to an extension of time under clause 25.4.5.2. unless the inspection or test showed non-conforming work. If, on the other hand, the instruction does not comply with clause 8.4.4, it is treated as if it were an instruction via route (1). The Contractor has the rights to reimbursement of cost and loss and expense set out above.

Arbitration. A dispute or difference arising out of clause 8.4 is now listed in clause 41.3.3 as one on which arbitration can be opened before Practical Completion. Clause 41.4 provides that "a decision of the Architect ... to issue instructions pursuant to clause 8.4.1" is excepted from the Arbitrator's scope of review. It is submitted that the effect of this is that all of the decisions and instruction of the Architect under clause 8.4 are open to review by the Arbitrator save that his decision to order removal of non-conforming work may not be so reviewed. The Arbitrator certainly has power to review the Architect's conclusion as to non-conformity.

Nominated Sub-Contractors. The powers conferred by clause 8.4 clearly apply to the work of Nominated Sub-Contractors. The opening words of the clause indicate that it applies to "any work" and the Contractor is required under clauses 8.4.2 and 8.4.3 to "consult with any relevant Nominated Sub-Contractor".[91] The instruction is issued to the Contractor

---

substitution for those which had proved defective. The Architect approved the proposal. Edmund Davies J. held that there was thereby a variation for which the Contractors were entitled to additional remuneration. See also *Howard de Walden v. Costain* (1991) 55 B.L.R. 124 in which the *Simplex* case was considered and distinguished on the facts.

[90] Reproduced on p. 766.

[91] See also clauses 35.24.1 and 25.24.5 relating to renomination. In *Fairclough Building v. Rhuddlan Borough Council* (1985) 30 B.L.R. 26 at 44 (C.A.), the Court of Appeal accepted

Clause 8—Work, Materials and Goods

who transmits it to the Nominated Sub-Contractor. If the latter fails to comply, the Architect can reduce the sum which he would otherwise direct the Contractor as due under clause 35.13, and, if necessary, advise the Employer of his remedy under clause 4.1.2. The cost so expended can be deducted from monies which would become due to the Contractor and which would otherwise be directed to be paid to the Nominated Sub-Contractor.

Renomination. A renomination is necessary if the Contractor informs the Architect that in his opinion the Nominated Sub-Contractor has refused or neglected after notice to remove defective work.[92] A new provision for renomination was introduced at clause 35.24.5 by Amendment 5 issued January 1988 in circumstances where the Architect has required "work properly executed" to be taken down under, inter alia, clause 8.4 and the Contractor requires the Nominated Sub-Contractor to re-execute the work but this is refused. It is thought that the Employer cannot validly determine the employment of the Contractor under clause 27.1.3 on the basis of the failure or refusal of a nominated sub-contractor to remove defective work. Such a failure or refusal entitles the Contractor to renomination if the procedure of clause 35.24 is followed.[93]

Clause 8.5. This new clause, inserted by Amendment 9 issued in July 1990, provides for the Architect to deal with non-compliance with clause 8.1.3. He may issue such instructions as are reasonably necessary as a result of such non-compliance. These instructions may require a Variation or otherwise (*e.g.* merely to proceed in future in accordance with Clause 8.1.3). However, the Contractor is not entitled to additional payment, extension of time or loss and expense for complying with such instruction. By Amendment to Clause 41.3.3 a dispute under Clause 8.5 may be arbitrated before Practical Completion.

9 Royalties and patent rights

9.1 All royalties or other sums payable in respect of the supply and use in carrying out the Works as described by or referred to in the Contract Bills of any patented articles, processes or inventions shall be deemed to have been included in the Contract Sum, and the Contractor shall indemnify the Employer from and against all claims, proceedings, damage, costs and

---

without deciding that clause 6(4) of the 1963 Form applied to nominated sub-contract work "although in our view this is not necessarily so".
[92] See clause 35.24.1 and clause 7.1.3 of NSC/C.
[93] *cf. John Jarvis v. Rockdale Housing Association* (1986) 36 B.L.R. 48 (C.A.).

expense which may be brought or made against the Employer or to which he may be put by reason of the Contractor infringing or being held to have infringed any patent rights in relation to any such articles, processes or inventions.

9·2 Provided that where in compliance with Architect's/Contract Administrator's instructions the Contractor shall supply and use in carrying out the Works any patented articles, processes or inventions, the Contractor shall not be liable in respect of any infringement or alleged infringement of any patent rights in relation to any such articles, processes or inventions and all royalties damages or other monies which the Contractor may be liable to pay to the persons entitled to such patent rights shall be added to the Contract Sum.

Clause 9: Royalties and patent rights

Clause 9 reproduces clause 7 of the 1963 Form.

10 Person-in-charge

The Contractor shall constantly keep upon the site a competent person-in-charge and any instructions given to him by the Architect/the Contract Administrator or directions given to him by the clerk of works in accordance with clause 12 shall be deemed to have been issued to the Contractor.

Clause 10: Person-in-charge

Derivation. This clause is substantially derived from clause 8 of the 1963 Form. There are two changes of detail. First, the phrase "person-in-charge" is substituted for "foreman-in-charge" in the 1963 Form. Secondly, the person-in-charge is additionally required to receive "directions given to him by the clerk of works in accordance with clause 12".[94]

General. The person-in-charge is the Contractor's agent to receive instructions and directions. To avoid confusion he should be named and his role within the Contractor's organisation identified. For the procedure relating to instructions, see clauses 2 and 4 and their commentary.

11 Access for Architect/Contract Administrator to the Works

The Architect/The Contract Administrator and his representatives shall at all reasonable times have access to the Works and to the workshops or other places of the Contractor where work is being prepared for this Contract, and when work is to be so prepared in workshops or other places of a Domestic

---

[94] See clause and commentary on p. 573.

Clause 11—Access for Architect

Sub-Contractor or a Nominated Sub-Contractor the Contractor shall by a term in the sub-contract so far as possible secure a similar right of access to those workshops or places for the Architect/the Contract Administrator and his representatives and shall do all things reasonably necessary to make such right effective. Access in accordance with clause 11 may be subject to such reasonable restrictions of the Contractor or any Domestic Sub-Contractor or any Nominated Sub-Contractor as are necessary to protect any proprietary right of the Contractor or of any Domestic or Nominated Sub-Contractor in the work referred to in clause 11.

Clause 11: Access for Architect/Contract Administrator to the Works

Derivation. Clause 11 is substantially the same as clause 9 of the 1963 Form.

Amendments. The second sentence of clause 11 allowing "such reasonable restrictions ... (on the right of access) ... as are necessary to protect any proprietary right..." was introduced by Amendment 4 issued in July 1987.

Generally. "... *a term in the sub-contract* ..."
See, *e.g.* clause 25 of Form NSC/4, or under the 1991 procedure clause 3.12 of Conditions NSC/C.

12 Clerk of works

The Employer shall be entitled to appoint a clerk of works whose duty shall be to act solely as inspector on behalf of the Employer under the directions of the Architect/the Contract Administrator and the Contractor shall afford every reasonable facility for the performance of that duty. If any direction is given to the Contractor by the clerk of works the same shall be of no effect unless given in regard to a matter in respect of which the Architect/the Contract Administrator is expressly empowered by the Conditions to issue instructions and unless confirmed in writing by the Architect/the Contract Administrator within 2 working days of such direction being given. If any such direction is so given and confirmed then as from the date of issue of that confirmation it shall be deemed to be an Architect's/a Contract Adminstrator's instruction.

Clause 12: Clerk of works.

Derivation. Clause 12 is substantially the same as clause 10 of the 1963 Form.

Generally. This clause and these notes should be read with the discussion of the position of clerks of works generally on p. 352. The clerk of works is not the Architect's agent to give instructions. For the effect of inspections by the Architect or clerk of works see commentary to clause 2.

"... *solely as inspector* ..."
The import of these words was considered in *Kensington & Chelsea Westminster A.H.A. v. Wettern Composites*.[95] The plaintiffs' claim was for negligence by architects and engineers in the construction of a building. Such negligence was established. The Judge also considered that the plaintiffs' clerk of works had been negligent and that this materially contributed to the damage suffered. He applied the general rule that the burden of proof rests on the general employer to shift his prima facie responsibility for the negligence of a servant engaged and paid by him. He considered that there was a strong inference that the clerk of works was acting as servant of the Employer, inter alia, because of the words "solely as inspector on behalf of the Employer under the direction of the Architect". There was no evidence to displace the inference that the Employer was vicariously liable for the clerk of works and the plaintiffs' damages were accordingly reduced by 20 per cent.

"*If any direction* ..."
This provision recognises that in practice a clerk of works in the course of his inspection makes comments which in ordinary language amount to "directions" and is an attempt to deal with difficulties which can then arise. When such a direction is given, *e.g.* for the removal of materials alleged to be defective, the Contractor, can, if he is so minded, do nothing and ignore the direction unless and until confirmed by the Architect. In practice the prudent Contractor in any case where he considers a direction involves a variation or extra cost for which he wishes to claim will inform the Architect immediately and seek his instructions.

Sanctioning by Architect of Variation. The Architect has power under clause 13.2 to sanction a Variation made otherwise than pursuant to a direction of the Architect. This power can, it is submitted, be used where the clerk of works in a case of urgency has directed the Contractor to carry out some variation and the Contractor has complied with the direction without awaiting confirmation and it was reasonable in the circumstances for the Contractor to carry out the variation. If the Architect refuses to exercise the power under clause 13.2 the Contractor can go to arbitration and seek an award for the cost of the variation.[96]

"... *expressly empowered* ..."
For instructions by the Architect see clauses 2 and 4 and their commentary and in particular the commentary to clause 4.1.1 for the Architect's powers to issue instructions.

---

[95] (1984) 31 B.L.R. 57 also reported at [1985] 1 All E.R. 346 but not on this point.
[96] See clause 41.4.

Clause 13—Variations and Provisional Sums

13 Variations and provisional sums

13·1 The term "Variation" as used in the Conditions means:

·1 the alteration or modification of the design, quality or quantity of the Works including
·1·1 the addition, omission or substitution of any work,
·1·2 the alteration of the kind or standard of any of the materials or goods to be used in the Works,
·1·3 the removal from the site of any work executed or materials or goods brought thereon by the Contractor for the purposes of the Works other than work materials or goods which are not in accordance with this Contract;
·2 the imposition by the Employer of any obligations or restrictions in regard to the matters set out in classes 13·1·2·1 to 13·1·2·4 or the addition to or alteration or omission of any such obligations or restrictions so imposed or imposed by the Employer in the Contract Bills in regard to:
·2·1 access to the site or use of any specific parts of the site;
·2·2 limitations of working space;
·2·3 limitations of working hours;
·2·4 the execution or completion of the work in any specific order;
but excludes
·3 nomination of a Sub-Contractor to supply and fix materials or goods or to execute work of which the measured quantities have been set out and priced by the Contractor in the Contract Bills for supply and fixing or execution by the Contractor.

13·2 The Architect/The Contract Administrator may, subject to the Contractor's right of reasonable objection set out in clause 4·1·1, issue instructions requiring a Variation and he may sanction in writing any Variation made by the Contractor otherwise than pursuant to an instruction of the Architect/the Contract Administrator. No Variation required by the Architect/the Contract Administrator or subsequently sanctioned by him shall vitiate this Contract.

13·3 The Architect/The Contract Administrator shall issue instructions in regard to:

·1 the expenditure of provisional sums included in the Contract Bills; [j] and
·2 the expenditure of provisional sums included in a Sub-Contract.

13·4 ·1·1 Subject to clause 13·4·1·2 all Variations required by the Architect/the Contract Administrator or subsequent sanctioned by him in writing and all work executed by the Contractor in accordance with instructions by the Architect/the Contract Administrator as to the expenditure of provisional sums which are included in the Contract Bills shall be valued by the Quantity Surveyor and all work executed by the Contractor for which an Approximate Quantity is included in the Contract Bills shall be measured and valued by the Quantity Surveyor and such Valuation (in

---

[j] If the Architect/the Contract Administrator nominates a Sub-Contractor or Supplier by any instructions under clause 13·3·1, then the provisions of Part 2 of the Conditions apply to such nominations.

The JCT Standard Form of Building Contract

the Conditions called "the Valuation") shall, unless otherwise agreed by the Employer and the Contractor, be made in accordance with the provisions of clause 13·5.

·1·2 The valuation of Variations to the Sub-Contract Works executed by a Nominated Sub-Contractor in accordance with instructions of the Architect/the Contract Administrator and of all instructions issued under clause 13·3·2 and all work executed by a Nominated Sub-Contractor for which an Approximate Quantity is included in any bills of quantities included in the Numbered Documents shall (unless otherwise agreed by the Contractor and the Nominated Sub-Contractor concerned with the approval of the Employer) be made in accordance with the relevant provisions of Sub-Contract NSC/4 or NSC/4a as applicable.

·2 Where under the instruction of the Architect/the Contract Administrator as to the expenditure of a provisional sum a prime cost sum arises and the Contractor under clause 35·2 tenders for the work covered by that prime cost sum and that tender is accepted by or on behalf of the Employer, that work shall be valued in accordance with the accepted tender of the Contractor and shall not be included in the Valuation of the instruction of the Architect/the Contract Administrator in regard to the expenditure of the provisional sum.

13·5 ·1 To the extent that the Valuation relates to the execution of additional or substituted work which can properly be valued by measurement or to the execution of work for which an Approximate Quantity is included in the Contract Bills such work shall be measured and shall be valued in accordance with the following rules:

·1·1 where the additional or substituted work is of similar character to, is executed under similar conditions as, and does not significantly change the quantity of, work set out in the Contract Bills the rates and prices for the work so set out shall determine the Valuation;

·1·2 where the additional or substituted work is of similar character to work set out in the Contract Bills but is not executed under similar conditions thereto and/or significantly changes the quantity thereof, the rates and prices for the work so set out shall be the basis for determining the valuation and the valuation shall include a fair allowance for such difference in conditions and/or quantity;

·1·3 where the additional or substituted work is not of similar character to work set out in the Contract Bills the work shall be valued at fair rates and prices;

·1·4 where the Approximate Quantity is a reasonably accurate forecast of the quantity of work required the rate or price for the Approximate Quantity shall determine the Valuation;

·1·5 where the Approximate Quantity is not a reasonably accurate forecast of the quantity of work required the rate or price for that Approximate Quantity shall be the basis for determining the Valuation and the Valuation shall include a fair allowance for such difference in quantity.

Provided that clause 13·5·1·4 and clause 13·5·1·5 shall only apply to the extent that the work has not been altered or modified other than in quantity.

Clause 13—Variations and Provisional Sums

·2 To the extent that the Valuation relates to the omission of work set out in the Contract Bills the rates and prices for such work therein set out shall determine the valuation of the work omitted.

·3 In any valuation of work under clauses 13·5·1 and 13·5·2:

·3·1 measurement shall be in accordance with the same principles as those governing the preparation of the Contract Bills as referred to in clause 2·2·2·1;

·3·2 allowance shall be made for any percentage or lump sum adjustments in the Contract Bills; and

·3·3 allowance, where appropriate, shall be made for any addition to or reduction of preliminary items of the type referred to in the Standard Method of Measurement, 7th Edition, Section A (Preliminaries/General Conditions); provided that no such allowance shall be made in respect of compliance with an Architect's/a Contract Administrator's instruction for the expenditure of a provisional sum for defined work.*

·4 To the extent that the Valuation relates to the execution of additional or substituted work which cannot properly be valued by measurement the Valuation shall comprise:

·4·1 the prime cost of such work (calculated in accordance with the "Definition of Prime Cost of Daywork carried out under a Building Contract" issued by the Royal Institution of Chartered Surveyors and the Building Employers Confederation which was current at the Base Date) together with percentage additions to each section of the prime cost at the rates set out by the Contractor in the Contract Bills; or

·4·2 where the work is within the province of any specialist trade and the said Institution and the appropriate [k] body representing the employers in that trade have agreed and issued a definition of prime cost of daywork, the prime cost of such work calculated in accordance with that definition which was current at the Base Date together with percentage additions on the prime cost at the rates set out by the Contractor in the Contract Bills.

Provided that in any case vouchers specifying the time daily spent upon the work, the workmen's names, the plant and the materials employed shall be delivered for verification to the Architect/the Contract Administrator or his authorised representative not later than the end of the week following that in which the work has been executed.

·5 If compliance with any instruction requiring a Variation or compliance with any instruction as to the expenditure of a provisional sum for undefined work* or compliance with any instruction as to the expenditure of a provisional sum for defined work* to the extent that the instruction for that work differs from the description given for such work in the Contract Bills or the execution of work for which an Approximate Quantity is included in the Contract Bills to such extent as the quantity is more or less than the quantity ascribed to that work in the Contract Bills substantially

---

* See footnote to clause 1·3 (Definitions).

[k] There are three Definitions to which clause 13·5·4·2 refers namely those agreed between the Royal Institution and the Electrical Contractors Association, the Royal Institution and the Electrical Contractors Association of Scotland and the Royal Institution and the Heating and Ventilating Contractors Association.

changes the conditions under which any other work is executed, then such other work shall be treated as if it had been the subject of an instruction of the Architect/the Contract Administrator requiring a Variation under clause 13·2 which shall be valued in accordance with the provisions of clause 13.

·6 To the extent that the Valuation does not relate to the execution of additional or substituted work or the omission or work or to the extent that the valuation of any work or liabilities directly associated with a Variation cannot reasonably be effected in the Valuation by the application of clauses 13·5·1 to ·5 a fair valuation thereof shall be made.

Provided that no allowance shall be made under clause 13·5 for any effect upon the regular progress of the Works or for any other direct loss/or expense for which the Contractor would be reimbursed by payment under any other provision in the Conditions.

13·6 Where it is necessary to measure work for the purpose of the Valuation the Quantity Surveyor shall give to the Contractor an opportunity of being present at the time of such measurement and of taking such notes and measurements as the Contractor may require.

13·7 Effect shall be given to a Valuation under clause 13·5 by addition or to deduction from the Contract Sum.

Clause 13: Variations and provisional sums

Derivation. Clause 13 was generally derived from clause 11 of the 1963 Form, but it was completely redrafted with a number of significant changes of substance. Clause 13.1.1 is derived from clause 11(2). Clause 13.1.2 introduces a new class of variation and the text of clause 13.1.3 is new. Clause 13.2 reproduces clause 11(1). Clause 13.3 is derived in part from clause 11(3), but the former reference to Prime Cost Sums is omitted, nomination of Sub-Contractors and Suppliers being dealt with in Part 2 of the 1980 contract. Clauses 13.4 and 13.5 are derived from clause 11(4), but they are redrafted and expanded. Clause 13.6 is an isolated provision extracted in substance from clause 11(4). Clause 13.7 (read with clause 3) reproduces the substance of clause 11(5). It is important to note that clause 11(6) of the 1963 Form, which provided for direct loss and/or expense caused by Variations, no longer appears in the new clause 13. It has been transferred to the new clause 26 (see clause 26.2.7) and it is now made clear that the claim only arises where the regular progress of the Works is affected. Cases arising under the former clause 11(6) are discussed, where relevant, in the context of clause 26.

Amendments. Clauses 13.1.2, 13.2, 13.4 and 13.5.5 were redrafted by

Clause 13—Variations and Provisional Sums

Amendment 4 issued in July 1987. Except for the amendment to clause 13.1.2 discussed below, these amendments are drafting amendments only. Amendment 7 issued July 1988 made important changes to clauses 13.4 and 13.5, including the insertion of new sub-clauses 13.5.1.4 and 13.5.1.5. These are discussed below.

Clauses 13.4.1.1 and 13.5 were amended by Amendment 12 issued in July 1993 consequentially upon the introduction of the new clause 42. Amendment 13 issued in January 1994 introduced a new Clause 13A and consequentially amended clauses 13.2, 13.4 and 13.7.

Scheme of clause. The clause generally provides for the definition of the term Variation (clause 13.1); the ordering or sanctioning of Variations (clause 13.2); instructions in regard to provisional sums (clause 13.3); the Valuation of Variations and provisional sum work (clause 13.4); rules for Valuation (clause 13.5); giving effect to such Valuations (clause 13.7).

Clause 13.1. *"The term 'Variation'..."*
This sub-clause contains the definition of Variation. For the Contract Drawings and the Contract Bills, see clause 2.1. For the kind or standard of materials or goods, see clause 8.1.1. For removal from the site of work, materials or goods, see clause 8.4.1. For the effect of authority to depart from the specified method of construction to assist the Contractor, see p. 96.

Clause 13.1.2. This clause of the 1980 Form introduced a new class of Variation. The Architect may now issue instructions either imposing obligations or restrictions or changing obligations or restrictions imposed in the Contract Bills in regard to access to or use of the site, limitations of working space or working hours and the execution or completion of the work in any specific order. The power to impose such obligations or restrictions where none is mentioned in the Contract Bills was conferred by Amendment 4 issued in July 1987. Under the 1963 Contract some at least of these changes could not, it is thought, be made on behalf of the Employer within the terms of the contract, although limitation of working hours and delay in the execution or completion of work could be achieved by means of a postponement instruction under clause 21(2).[97] The Contractor can make "reasonable objection" to such instruction (see commentary to clause 4). The new provisions are useful to enable employers to accommodate practical difficulties without being in breach of contract and to enable contractors to be paid for what in practice may be unavoidable restrictions. Clause 13 does not deal specifically with the valuation of this class of Variation, but it can be accommodated, if nowhere else, by clauses 13.5.5, 13.5.6 and 26.2.7.

Clause 13.1.3. This exclusion should be read with clause 35, where the ambit of nomination is somewhat enlarged.

---

[97] See *Harrison v. Leeds* (1980) 14 B.L.R. 118.

Clause 13.2.[98]   "... *subject to the Contractor's right of reasonable objection set out in clause 4.1.1* ..."

This is an amendment inserted by Amendment 4 issued in July 1987. This simply makes clear what is in any event the case under clause 4.1.1.

Clause 13.2.   "... *he may sanction in writing any Variation* ..."

For instructions generally, see clauses 2 and 4 and their commentary, particularly on p. 552. These words give the Architect a discretion to sanction a Variation although the ordinary procedure has not been followed and even, apparently, where there was no order or request at all for the Variation to be carried out.[99] There is no express guidance as to the exercise of the discretion. It is submitted that the test is whether in all the circumstances it is reasonable to exercise it. Matters which might be taken into account include the interests of each of the parties, the reason why the Variation was carried out, the nature and extent of the Variation and the reason why the ordinary procedure was not followed.[1] The power to sanction is not limited to claims for extra payment by the Contractor but includes an unauthorised departure from the contract work not involving extra cost, and omissions which result in a reduction of the Contract Sum.[2] The Architect's discretion is subject to arbitration (see clause 41).

Deemed Variation under clause 2.2.2.2.[3]   This requires, it is thought, neither an instruction nor a sanctioning in writing. But note the Contractor's duty to give notice upon finding a discrepancy between the Contract Drawings and the Contract Bills (clause 2.3 and its commentary), breach of which makes him liable, it is submitted, for any loss thereby suffered, *e.g.* because it deprives the Architect of the opportunity to require a Variation minimising the financial result of the discrepancy.

Clause 13.2.   "*No Variation ... shall vitiate this Contract.*"

It is submitted that the intention is that the ordering of substantial Variations does not entitle the Contractor either to rescind the contract and refuse to do further work or to have the completed work measured and paid for on a *quantum merit* and not in accordance with the terms of the contract.[4] Despite the width of the words, it is submitted that there must be some limit

---

[98] For consideration of the relationship between the Contractor's obligation to insure and his entitlement to certain Variation instructions, see *Higgs & Hill v. University of London* (1983) 24 B.L.R. 139.
[99] See "Work done without request" on p. 96.
[1] For variations ordered by the Employer personally, see p. 554.
[2] See *H. Fairweather & Co. v. Wandsworth* (1987) 39 B.L.R. 106 at pp. 107, 111, 120–123.
[3] See p. 548.
[4] Substantially similar words have been judicially considered but the points at issue and the wording of the contracts were such as to afford but small assistance in the construction of the Standard Form of Building Contract. See *Dodd v. Churton* [1897] 1 Q.B. 562 (C.A.); *Wells v. Army & Navy Co-op. Society* (1902) 86 L.J. 764 referred to on p. 250. For "*Quantum meruit*", see p. 84.

Clause 13—Variations and Provisional Sums

to the nature and extent of the Variations which can be ordered.[5] For the pricing of the Variations not of similar character or not executed under similar conditions to work in the Contract Bills, see clauses 13.5.1.2 and 13.5.1.3. For the position where omissions substantially vary the Conditions under which any remaining items of work are carried out, see clause 13.5.5.

Variations after Practical Completion. It is submitted that the Architect cannot issue instructions requiring a Variation after Practical Completion,[6] so that if thereafter the Employer wishes them to be executed, they should be the subject of a separate agreement.

Clause 13.2. Clauses 13.2.1, 13.2.2, 13.2.4 and 13.2.5 reproduce in numbered sub-clauses the previous text of clause 13.2. Clause 13.2.3 is new and arises out of the new clause 13A (see below). This allows the Architect in an instruction to state that "the treatment and valuation is to be in accordance with clause 13A". If the instruction does state that clause 13A is to apply, the Contractor has 7 days within which to state whether he disagrees with the application of clause 13A. If he does disagree, clause 13A does not apply but the Architect may confirm that the variation is required and is to be valued under clause 13.4.1. If the Contractor does not disagree, clause 13A applies and the Contractor must produce his clause 13A quotation.

Clause 13.3. Clause 13.3 applies only to provisional sums. The awkwardly placed provisions in clause 11(3) or the 1963 Form about Prime Cost Sums are removed, nomination being dealt with in Part 2 of the 1980 Form. The term "provisional sum" is now defined at clause 1.3 of the 1980 Form, such definition having been inserted by Amendment 7 issued in July 1988. Reference should be made to the Footnotes to clause 1.3 which set out the definitions of "a provisional sum for defined work" and "a provisional sum for undefined work" in the Standard Method of Measurement 7th edition. A provisional sum included in the Contract Bills can still be converted into a Prime Cost Sum to enable the Architect to make a nomination (see clauses 35.1.2 and 36.1.1.2). Clause 13.3.2 is a clause enabling the Architect to issue instructions in regard to the expenditure of provisional sums included in a Nominated Sub-Contract. This power could not be found explicitly in the 1963 Contract, although it is a power which Architects often purported to exercise. Careful reference to clauses 35.1.2 and 36.1.1.2 shows that the power to convert a provisional sum into a Prime Cost Sum does not extend to provisional sums included in a Nominated Sub-Contract.

---

[5] See commentary to clauses 2 and 4, in particular "Reasonableness of instructions" on p. 555.
[6] The Works are complete and the procedure for final adjustment of the Contract Sum begins, see clauses 17.1 and 30.6.

Clause 13.4. *Amendments*

This clause was redrafted into two sub-clauses by Amendment 4 issued in July 1987. The effect of Amendment 7 issued in July 1988 is to extend the ambit of the Valuation rules under clause 13.5 to the execution of work for which an Approximate Quantity is included in the Contract Bills. The Architect is not required to give a specific instruction in regard to the execution of such work.

Clause 13.4.1.1 was consequentially amended by Amendment 12 issued in July 1993 and Amendment 13 issued in January 1994. The latter amendment provides that clause 13.5 does not apply to a Variation for which a confirmed acceptance of a clause 13A quotation has been issued.

Clause 13.4. *"the Valuation"*

In *Burden Ltd v. Swansea Corporation*[7] Lord Radcliffe said, referring to a contract not materially different from the Standard Form: "Generally speaking, I regard the surveyor as the person charged with the duty of valuing the contractors' work and advising the architect as to the allowance of their claims for payment, interim and final. But I do not see anything in the contract which suggests the architect is bound to accept the surveyor's opinions or valuations when he exercises his own function of certifying sums for payment. At that point the architect remains master in his own field." The Surveyor must, subject to any special agreement, value in accordance with the rules of clause 13.5. It is submitted that the Architect must give proper consideration to such a valuation.

Clause 13.4. *"... unless otherwise agreed ..."*

The agreement can, it is submitted, have been made or be made, at any time. If a price is quoted by the Contractor, it is desirable to agree whether or not it includes any claim for loss or expense under clause 26.1 and is otherwise inclusive of all "claims". Under clause 13.4.1.1 any such agreement must be made by the Employer and the Contractor. Under clause 13.4.1.2 any such agreement is to be made by the Contractor and the Nominated Sub-Contractor concerned with the approval of the Employer. See also the new clause 13A procedure discussed below.

Pricing errors in Contract Bills. Opportunity for errors can arise in writing down the unit price, the extension of that price and the casting up and carrying forward of the extended prices. Unless there is a case for rectification of prices,[8] both parties are bound by these errors in the carrying out of the original contract work.[9] But must the errors be taken into account in pricing

---

[7] [1957] 1 W.L.R. 1167 at p. 1173 (H.L.).
[8] For rectification, see p. 288; see also the words of clause 14.2.
[9] See clause 14 but the principle would, it is submitted, apply as a matter of construction even without clause 14.2. Note that the provision for correction in clause 2.2.2.2 is for items and not prices.

Clause 13—Variations and Provisional Sums

Variations where there was no express agreement to do so operating as an additional term of the Contract, and the parties cannot agree upon a special method under the provisions of the clause? Consider the following: the Contractor in error inserts a unit price of £50 instead of £500 and the total of his prices (excluding preliminary items, prime cost and provisional sums) is stated to be £10,000. If he had written down £500, the total would have been £10,450. If 5 further units of the item are required by way of Variation, must he carry them out for 5 times £50 thus multiplying the effect of his error? It is thought that, having regard to clause 14.2, the Contractor is bound by his £50 for the purposes of valuation under clauses 13.5.1.1 and 13.5.1.2, but that the Employer is not entitled to say that prices for Variations shall be deemed to be reduced by 45/1045.[10] Further, it is submitted, the Contractor cannot recover the difference between £50 and his intended price of £500 per unit as "loss or expense" under clause 26.1. Conversely, if the Contractor had written £500 when he intended £50 he obtains the benefit of his error.

Clause 13.4.1.2. This is new to the 1980 Form and provides for the valuation of Nominated Sub-Contract Variations and work executed pursuant to provisional sums included in a Nominated Sub-Contract. The 1963 contract did not contain equivalent explicit provisions, although the effect of clause 30(5)(c) of the 1963 Form was probably in substance the same.

Clause 13.5.1. This sub-clause was significantly amended by Amendment 7 issued July 1988. The effect of the amendment is that Rules 13.5.1.1 to 13.5.1.3 refer to the Valuation of additional or substituted work. The additional Rules 13.5.1.4 and 13.5.1.5 refer to the Valuation of work for which an Approximate Quantity is included in the Contract Bills where the work is not altered or modified other than in quantity. The first consideration for Valuation of additional or substituted work is, as in the 1963 Form, whether the work is of a similar character to and executed under similar conditions as work set out in the Contract Bills. These are alternative considerations. It is sufficient to establish either to obtain the Valuation. Similar conditions are those conditions which are to be derived from the express provisions of the Contract Documents and extrinsic evidence of, for instance, the parties' subjective expectations is not admissible.[11] Dissimilar conditions might, it is suggested, include physical site conditions such as wet compared with dry, high compared with low, confined space compared with ample working space and winter working compared with summer working where the Contract Documents show that the Bill prices were based on such conditions. The 1980 Form introduces a new explicit consideration of whether a Variation significantly changes the quantity of the work.

---

[10] See discussion on p. 92.
[11] *Wates Construction v. Bredero Fleet* (1993) 63 B.L.R. 128.

Clause 13.5.3. This provides explicitly that measurement shall, subject to clause 2.2.2.1, be in accordance with the principles of the Standard Method of Measurement, that allowance shall be made for a percentage or lump sum adjustment and that an appropriate allowance shall be made for preliminaries. The proviso to clause 13.5.3.3 was introduced by Amendment 7 issued July 1988. This is to give contractual effect to the statement in the 7th edition of the Standard Method of Measurement that where a provisional sum for defined work is given in the Contract Bills the Contractor will be "deemed to have made due allowance in … pricing preliminaries". If however a provisional sum for defined work is the subject of a Variation instruction under clause 13.2 or is corrected under clause 2.2.2.2 and the correction in consequence is treated as if it were a Variation, the valuation of that Variation may include an allowance, where appropriate, for any addition to or reduction of preliminary items.

Clause 13.5.5. This provides for other contract work to be treated for Valuation purposes as if it were varied work, if compliance with a Variation instruction or an instruction as to the expenditure of a provisional sum or the execution of work for which an approximate quantity is included in the Contract Bills substantially changes the conditions under which the work is executed. "Conditions" is to be construed in the same way as in Clause 13.5.1 (see above). The references to defined and undefined work and to approximate quantity were introduced by Amendment 7 issued July 1988.[12]

Clauses 13.5.6 and 13.5.7. By Amendment 12 issued in July 1993, clause 13.5.6 was renumbered as 13.5.7 and a new clause 13.5.6 was inserted. This deals with the Valuation of Performance Specified Work under the new clause 42. Clause 13.7 was consequentially amended by Amendment 13 issued in January 1944.

Clause 13A. This new clause was inserted by Amendment 13 issued in January 1994. It is not applicable to the With Approximate Quantities version. It sets out a new method of valuing a Variation by providing for the Contractor, if he does not disagree, to submit a quotation for carrying out the Variation. If the Contractor disagrees, the Variation (if it is confirmed) is then valued pursuant to clause 13.4.1 in the normal way. If he does not disagree, the Contractor's quotation, if it is accepted, takes the place of a clause 13.5 valuation. It includes any amount which would otherwise be ascertained for direct loss and expense under clause 26 and for any change to the time required for completion of the Works.

---

[12] As to clause 13.1.1.3, note the provisions of clause 8.4.3 in relation to instructions issued where work, materials or goods are not in accordance with the contract.

14 Contract Sum

14·1 The quality and quantity of the work included in the Contract Sum shall be deemed to be that which is set out in the Contract Bills.

14·2 The Contract Sum shall not be adjusted or altered in any way whatsoever otherwise than in accordance with the express provisions of the Conditions, and subject to clause 2·2·2·2 any error whether of arithmetic or not in the computation of the Contract Sum shall be deemed to have been accepted by the parties hereto.

Clause 14: Contract Sum

Derivation. Clause 14.1 reproduces the first words of clause 12 of the 1963 Form. The balance of that clause has been transferred to clause 2.2 of the 1980 Form. Clause 14.2 substantially reproduces clause 13 of the 1963 Form.

Clause 14.1. *"The quality and quantity ..."*
This clause defines the work for which the Contract Sum is payable. On the importance of these words in defining the Contractor's obligation, see the commentary to the Articles of Agreement, in particular, as to the nature of extra work.[13] For the kinds and standards of materials, goods and workmanship, see clause 8.1. For the Without Quantities Version see commentary to Articles of Agreement and to clause 13. Clause 14.1 should be read in conjunction with clause 2.2.2.2 which provides for the correction of errors in items but not prices in the Contract Bills.

Clause 14.2. *"The Contract Sum shall not be adjusted ..."*
Unless there is a case for the equitable remedy of rectification,[14] the parties are bound by any errors incorporated into the Contract Sum. For the question whether pricing errors affect the pricing of variations, see commentary to clause 13. For the correction of items (not prices) in the Contract Bills, see clause 2.2.2 and its commentary.

15 Value added tax – supplemental provisions

15·1 In clause 15 and in the supplemental provisions pursuant hereto (hereinafter called the "VAT Agreement") "tax" means the value added tax introduced by

---

[13] On p. 534.
[14] See p. 288.

the Finance Act 1972 which is under the care and management of the Commissioners of Customs and Excise (hereinafter and in the VAT Agreement called "the Commissioners").

15·2 Any reference in the Conditions to "Contract Sums" shall be regarded as such Sum exclusive of any tax and recovery by the Contractor from the Employer of tax properly chargeable by the Commissioners on the Contractor under or by virtue of the Finance Act 1972 or any amendment or re-enactment thereof on the supply of goods and services under this Contract shall be under the provisions of clause 15 and of the VAT Agreement. Clause 1A of the VAT Agreement shall only apply where so stated in the Appendix. [k·1]

15·3 To the extent that after the Base Date the supply of goods and services to the Employer becomes exempt from the tax there shall be paid to the Contractor an amount equal to the loss of credit (input tax) on the supply to the Contractor of goods and services which contribute exclusively to the Works.

Clause 15: Value added tax—supplemental provisions

Derivation. Clause 15 is substantially the same as clause 13A of the 1963 Form.

Generally. In the 1980 Form, Value Added Tax is dealt with by means of supplemental provisions substantially similar to the former Supplemental Agreement under the 1963 Form. The parties are not, however, required to execute a separate agreement. For the supplemental provisions, see p. 770.

16 Materials and goods unfixed or off-site

16·1 Unfixed materials and goods delivered to, placed on or adjacent to the Works and intended therefor shall not be removed except for use upon the Works unless the Architect/the Contract Administrator has consented in writing to such removal which consent shall not be unreasonably withheld. Where the value of any such materials or goods has in accordance with clause 30·2 been included in any Interim Certificate under which the amount properly due to the Contractor has been paid by the Employer, such materials and goods shall become the property of the Employer, but, subject to clause 22B or 22C (if applicable), the Contractor shall remain responsible for loss or damage to the same.

[k·1] Clause 1A can only apply where the Contractor is satisfied at the date the Contract is entered into that his output tax on all supplies to the Employer under the Contract will be at either a positive or a zero rate of tax.

On and from 1 April 1989 the supply in respect of a building designed for a "relevant residential purpose" or for a "relevant charitable purpose" (as defined in the legislation which gives statutory effect to the VAT changes operative from 1 April 1989) is only zero rated if the person to whom the supply is made has given to the Contractor a certificate in statutory form: see the VAT leaflet 708 revised 1989. Where a contract supply is zero rated by certificate only the person holding the certificate (usually the Contractor) may zero rate his supply.

Clause 16—Materials and Goods unfixed or off-site

16·2 Where the value of any materials or goods intended for the Works and stored off-site has in accordance with clause 30·3 been included in any Interim Certificate under which the amount properly due to the Contractor has been paid by the Employer, such materials and goods shall become the property of the Employer and thereafter the Contractor shall not, except for use upon the Works, remove or cause or permit the same to be moved or removed from the premises where they are, but the Contractor shall nevertheless be responsible for any loss thereof of damage thereto and for the cost of storage, handling and insurance of the same until such time as they are delivered to and placed on or adjacent to the Works whereupon the provisions of clause 16·1 (except the words "Where the value" to the words "the property of the Employer, but,") shall apply thereto.

Clause 16: Materials and goods unfixed or off-site

Derivation. Clause 16 is substantially the same as clause 14 of the 1963 Form.

Generally. This clause is of a kind sometimes termed a "vesting clause"[15] and is of particular importance in the event of the Contractor's default or insolvency.[16]

Clause 16.1. *"Unfixed materials ... shall not be removed ..."*

A lien[17] is created in favour of the Employer even before certification under clause 30.2. The effect of these words in the 1963 Form was considered in the Scottish case of *Archivent v. Strathclyde Regional Council*.[18] The plaintiffs sold materials to main contractors. The contract of sale contained an effective retention of title clause. The value of the materials was contained in an Interim Certificate which was duly paid by the defendant employers. The main contractors became insolvent and did not pay the plaintiffs. The Court held that the main contractors had conferred a good title on the employers by virtue of Section 25(1) of the Sale of Goods Act 1979. In so holding the Court rejected an argument advanced by the plaintiffs that, by virtue of clause 14(1) of the 1963 Form, the main contractors never came into possession of the materials but always held them for the employers. The proper analysis of the clause was held to be that the main contractors were in possession of the materials prior to delivering them to the employers. The restriction upon removal in the clause was not inconsistent with possession. It is submitted that this analysis is correct and likely to be followed by an English Court.

Passing of property. The property in materials built into the works

---

[15] For ownership of materials and vesting clauses generally, see p. 262.
[16] For insolvency generally, see p. 415 and for default and insolvency of the Contractor, see p. 417.
[17] For meaning see p. 418.
[18] (1984) 27 B.L.R. 98.

normally passes to the owner of the land whether paid for or not.[19] The clear intention of this clause is that the property in materials and goods should pass to the Employer upon payment of the Certificate which includes the value of such materials and goods. However, this intention must be set against the general principle "*Nemo dat quod non habet*". The point was considered in *Dawber Williamson v. Humberside County Council*[20]. The plaintiffs were sub-contractors to supply and fix roof covering under the pre-1980 Non-Nominated Standard Form of Sub-Contract. Clause 1 of the Sub-Contract provided that the plaintiffs were deemed to have notice of all provisions of the Main Contract (which was in the 1963 Form). However, the Sub-Contract made no provision for the passing of property in unfixed materials. The plaintiffs delivered materials to site and they were certified and paid by the defendant employers. The main contractors went into liquidation without paying the plaintiffs. It was held that title in the materials had not passed to the main contractors by reason of any provisions in the sub-contract and that clause 1(1) of the Sub-Contract did not operate to make clause 14 of the Main Contract part of the Sub-Contract. It followed that clause 14(1) of the Main Contract was ineffective to transfer title to the defendant employers because it would only transfer property in the materials if the Main Contractors had a good title to them. The particular problem encountered in *Dawber Williamson* has now been dealt with by an amendment to clause 19.4 of the 1980 Form (see below) in relation to domestic sub-contracts.[21] However, the general principle remains valid, namely that property will only pass under clause 16.1 in circumstances where the Contractor himself has acquired a good title either by payment or by a provision in the sub-contract or by reliance upon provisions of the Sale of Goods Act 1979 where relevant.

Passing of risk.   Both before and after certification the risk remains with the Contractor.

Clause 16.2.   "... *in accordance with clause 30.3* ..."
The Architect is bound to certify for materials and goods properly and not prematurely delivered to or adjacent to the Works (clause 30.2.1.2). He has a discretion whether to certify for materials and goods before delivery (clause 30.3). For a discussion of the problems arising from certification of goods and materials not on the site and of the provisions of clause 30.3, see commentary to clause 30 on p. 687.

---

[19] See generally "Retention of title clauses" on p. 263.
[20] (1979) 14 B.L.R. 70.
[21] See also clauses 4.15.4.1 to 4.15.4.4 of NSC/C discussed on p. 884.

Clause 17—Practical Completion and Defects Liability

17 Practical Completion and Defects Liability

17·1 When in the opinion of the Architect/the Contract Administrator Practical Completion of the Works is achieved, he shall forthwith issue a certificate to that effect and Practical Completion of the Works shall be deemed for all the purposes of this Contract to have taken place on the day named in such certificate.

17·2 Any defects, shrinkages or other faults which shall appear within the Defects Liability Period and which are due to materials or workmanship not in accordance with this Contract or to frost occurring before Practical Completion of the Works, shall be specified by the Architect/the Contract Administrator in a schedule of defects which he shall deliver to the Contractor as an instruction of the Architect/the Contract Administrator not later than 14 days after the expiration of the said Defects Liability Period, and within a reasonable time after receipt of such schedule the defects, shrinkages, and other faults therein specified shall be made good by the Contractor at no cost to the Employer unless the Architect/the Contract Administrator with the consent of the Employer shall otherwise instruct; and if the Architect/the Contract Administrator does so otherwise instruct then an appropriate deduction in respect of any such defects, shrinkages or other faults not made good shall be made from the Contract Sum.

17·3 Notwithstanding clause 17·2 the Architect/the Contract Administrator may whenever he considers it necessary so to do, issue instructions requiring any defect, shrinkage or other fault which shall appear within the Defects Liability Period and which is due to materials or workmanship not in accordance with this Contract or to frost occurring before Practical Completion of the Works, to be made good, and the Contractor shall within a reasonable time after receipt of such instructions comply with the same and at no cost to the Employer unless the Architect/the Contract Administrator with the consent of the Employer shall otherwise instruct; and if the Architect/the Contract Administrator does so otherwise instruct then an appropriate deduction in respect of any such defects, shrinkages or other faults not made good shall be made from the Contract Sum. Provided that no such instructions shall be issued after delivery of a schedule of defects or after 14 days from the expiration of the Defects Liability Period.

17·4 When in the opinion of the Architect/the Contract Administrator any defects, shrinkages or other faults which he may have required to be made good under clause 17·2 and 17·3 shall have been made good he shall issue a certificate to that effect, and completion of making good defects shall be deemed for all the purposes of this Contract to have taken place on the day named in such certificate (the "Certificate of Completion of Making Good Defects").

17·5 In no case shall the Contractor be required to make good at his own cost any damage by frost which may appear after Practical Completion, unless the

Architect/the Contract Administrator shall certify that such damage is due to injury which took place before Practical Completion.

Clause 17: Practical Completion and Defects Liability

Derivation. Clause 17 is derived from clause 15 of the 1963 Form.

Amendments. Clauses 17.2 and 17.3 were redrafted by Amendment 4 issued July 1987. These amendments, which are for clarification, are discussed below. Clause 17.1 was consequentially amended by Amendment 12 issued in July 1993.

Scheme of clause. The clause provides for a Certificate of Practical Completion (clause 17.1), a schedule of defects (clause 17.2), instructions requiring the making good of particular defects (clause 17.3), a Certificate of Completion of Making Good Defects (clause 17.4) and damage by frost (clause 17.5).

For the Contractor's obligations generally, see clause 2. For standards of materials, goods and workmanship, see clause 8.1. For the way in which the provisions of this clause fit into the Final Account procedure, see commentary to clause 30. For a discussion of defects clauses generally, see p. 266.

Clause 17.1. *"When ... Practical Completion of the Works is achieved ..."*

Practical Completion is perhaps easier to recognise than to define. No clear answer emerges from the authorities as to the meaning of the term. The authorities are themselves limited to dicta in two decisions of the House of Lords[22] and two decisions at first instance.[23] It is submitted that the following is the correct analysis:

(a) The Works can be practically complete notwithstanding that there are latent defects;
(b) A Certificate of Practical Completion may not be issued if there are patent defects. The Defects Liability Period is provided in order to enable defects not apparent at the date of Practical Completion to be remedied.[24]
(c) Practical Completion means the completion of all the construction work that has to be done.[25]

---

[22] *Jarvis & Sons v. Westminster Corporation* [1970] 1 W.L.R. 637 at 646, Viscount Dilhorne; *P. & M. Kaye v. Hosier & Dickinson* [1972] 1 W.L.R. 146 at p. 165, Lord Diplock.
[23] *H. W. Nevill (Sunblest) v. William Press* (1981) 20 B.L.R. 78; *Emson Eastern v. E.M.E. Developments* (1991) 55 B.L.R. 114. See also *Big Island Contracting v. Skink* (1990) 52 B.L.R. 110 (Hong Kong C.A.) where, in a clause providing for payment of 25 per cent of the price upon practical completion, it was held that practical completion could not be distinguished from substantial performance. For substantial performance, see p. 78.
[24] See *Jarvis & Sons v. Westminster Corporation* [1970] 1 W.L.R. 637 at pp. 646/7 and *H. W. Nevill (Sunblest) v. William Press* (1981) 20 B.L.R. 78 at p. 87.
[25] See *Jarvis & Sons v. Westminster Corporation* [1970] 1 W.L.R. 637 at p. 646.

Clause 17—Practical Completion and Defects Liability

(d) However, the Architect is given a discretion under clause 17.1 to certify Practical Completion where there are very minor items of work left incomplete, on *"de minimis"* principles.[26]

This discretion of the Architect is to be exercised with caution. He should obtain a written acknowledgement from the Contractor of the items of work left incomplete and an undertaking to complete them. The Architect should satisfy himself that the retention money will cover both the cost of completing such items and the likely cost of attending to remedial works. He should also be satisfied that there is no likelihood of the Employer suffering loss due to interference with his use of the Works while the items are completed. See commentary to clause 23 for the relationship of Practical Completion to liability for liquidated damages.

Clause 17.1. *"... a certificate to that effect..."*

No particular form is specified, but the certificate should be clear and definite. The R.I.B.A. makes available a common form certificate for use under this clause.

Clause 17.1. *"... for all the purposes of this Contract..."*

These are to fix the dates: for the commencement of the Defects Liability Period (clauses 17.2, 17.3 and Appendix), upon which the Employer may assign the right to bring proceedings in his name (clause 19.1.2), for the commencement of the Contractor's liability for damage to the Works (clause 20.3), for the release of the obligation to insure under clause 22, for the release of the first moiety of retention (clause 30.4.1.2 read with clause 17), for the release of the whole retention (clause 30.4.1.3 read with clause 17.4) and for the commencement of the period of the final adjustment of the Contract Sum under clause 30.6.

Clause 17.2. *"... defects, shrinkages or other faults..."*

Excluding frost damage, which is dealt with separately below, defects, including shrinkage or other faults, must be due to "materials or workmanship not in accordance with this Contract...". Thus the failure of the Architect's design of the Works,[27] or the unsuitability for their purpose of goods and materials which are of good quality and exactly described in the Contract Bills or as required by an instruction of, or sanctioned in writing by the Architect,[28] are not defects. For materials or goods not "procurable", see clause 8.1.1. For defects in the work of Nominated Sub-Contractors and the goods of Nominated Suppliers, see commentary to clauses 35 and 36. For limitation of the Contractor's liability where final payment is made to a

---

[26] *H. W. Nevill (Sunblest) v. William Press* (1981) 20 B.L.R. 78 at p. 87.
[27] See p. 533 for a discussion of the extent of the Contractor's design responsibility.
[28] See clauses 2, 4, 8.1, 12 and 13. See also *Young & Marten Ltd v. McManus Childs Ltd* [1969] 1 A.C. 454 (H.L.); *Gloucestershire County Council v. Richardson* [1969] 1 A.C. 480 (H.L.); *Cotton v. Wallis* [1955] 1 W.L.R. 1168 (C.A.).

Nominated Sub-Contractor, see clause 35.18. For the effect, if any, of price see commentary to clause 2. For the effect of inspections of the Architect or the clerk of works, see commentary to clause 2. There is no reference to "goods" in this clause although there is such a reference elsewhere (*e.g.* clause 8). It is submitted that "materials" here is used to include goods.[29] Either party can, subject to clauses 30.8 and 30.9, challenge the Architect's decisions on what is or is not a defect, see clause 41.

Clause 17.2. "... *defects ... which shall appear...*"

These words support the construction of the phrase Practical Completion set out above, namely that a certificate of Practical Completion may not be issued where there are patent defects. Should a certificate nonetheless be issued, it is submitted that defects outstanding at the date of Practical Completion could be dealt with within clause 17. The Contractor who had taken the benefit of the first moiety of retention would be estopped from denying that clause 17 applied to such defects.

Clause 17.2. "... *frost*..."

The Contractor is liable to make good at his own cost damage by frost which appears within the Defects Liability Period but only if the Architect certifies that such damage is due to injury which took place before Practical Completion (clause 17.5). It is thought that an example of the Contractor's liability might arise where concrete is injured by frost while being laid, but the damage does not appear until the Defects Liability Period and the Architect gives his certificate under clause 17.5.

Clause 17.2. "... *a schedule of defects*..."

Compare clause 17.3 which is supplementary to clause 17.2 and what is in substantially similar terms save that it empowers the Architect to issue instructions requiring the making good of defects appearing within the Defects Liability Period "whenever he considers it necessary". Thus, very broadly, clause 17.3 provides for instructions for making good defects from time to time during the Defects Liability Period and clause 17.2 for a schedule of defects at the end of the period.

Clause 17.2. "... *at no cost to the Employer ... deduction ... from the Contract Sum.*"

These words were inserted by Amendment 4 issued July 1987. The former wording suggested that the Architect might issue an instruction resulting in the Employer having to bear the cost of the Contractor making good his own defects. The new wording makes it clear that there are two alternatives only, *viz*: either the Contractor makes good the defects at no cost to the Employer, or the Architect instructs that the defects should not be made good, but an appropriate deduction for such defects is made from the Contract Sum.

---

[29] Under s. 61 of the Sale of Goods Act 1979, "goods" includes materials.

Clause 17—Practical Completion and Defects Liability

Clause 17.3. "... at no cost to the Employer ... deduction ... from the Contract Sum."

See commentary to clause 17.2 above. These words were inserted by Amendment 4 issued July 1987.

Clause 17.4. "*When ... defects ... shall have been made good he shall issue a certificate to that effect ...*"

Contractual remedies for breach. The second half of the retention is not released until this certificate is given (clause 30.4.1.3). The issue of the Final Certificate, with the protection it affords the Contractor (see clause 30.9.1), may be delayed by the absence of this certificate (clause 30.8). For breach of an instruction under clause 17.3, a notice under clause 4.1.2 may be given and upon non-compliance others can be employed to do the work necessary and the cost deducted from the retention. It is not clear whether the power of determination under clause 27.1.3 can be exercised after Practical Completion, but having regard to the other remedies available, it is unlikely, in ordinary circumstances, to be necessary to attempt such a serious step.

Damages for breach. Clause 17 imposes a liability and gives a right to make good defects.[30] It does not exclude a claim for damages in respect of those breaches. It is no more than a simple mechanism for dealing with such breaches, but is not to be construed as depriving the injured party of his other rights. Such damages include damages for consequential loss.[31] However, it is thought that failure by the Employer/Architect to make use of the provisions of the clause may put the Employer at some risk as to costs and may affect the amount of damages recoverable.[32] Thus insofar as the diminution in value of the Works exceeds the cost of rectification, the Employer cannot recover such excess if he has not given the Contractor an opportunity of remedying the defects under clause 17.[33] Conversely, if the Contractor fails to comply with the Architect's requirements, the Employer can recover the cost of remedying defects though such cost is greater than the diminution in value of such unremedied defects.[34]

Effect of the certificate. The Certificate of Completion of Making Good Defects is some, but not conclusive, evidence of the completion of the Works in accordance with the Contract and of the making good of defects (clause 30.10). For the effect of the Final Certificate see clause 30.9 and its commentary.

---

[30] *Kaye (P. & M.) v. Hosier & Dickinson* [1972] 1 W.L.R. 147 at p. 166 (H.L.); see generally "Alternative claim in damages" on p. 267.
[31] *H. W. Nevill (Sunblest) v. William Press & Son* (1981) 20 B.L.R. 78.
[32] For damages generally see Chap. 8.
[33] See *Kaye (P. & M.) Ltd v. Hosier & Dickinson Ltd* [1972] 1 W.L.R. 147 at 163.
[34] *ibid.*

The JCT Standard Form of Building Contract

Irremediable Breach. The Architect may include a defect in an instruction or the schedule, but then find on representation by the Contractor that it cannot be remedied, or cannot be remedied except at unreasonable cost. In such circumstances he has a discretion under clauses 17.2 and 17.3 to issue the certificate and to make an appropriate deduction in the amount certified for payment, the deduction being the amount by which the Works are reduced in value by reason of the unremedied defect. However, if approval of the quality of any materials or the standards of any workmanship is a matter for his opinion, he should not issue a Final Certificate (see clauses 2.1 and 30.9 and their commentary).

Defects after certificate. If defects appear after the Certificate of Completion of Making Good Defects is issued under clause 17.4, the Architect has no power to issue any further instructions but can adjust any further certificate. The amount of the adjustment is, it is submitted, assessed by the cost of rectification or, where the breach is irremediable, the diminution in value of the Works. It should not, it is submitted, include any deduction for consequential loss, this being the subject matter of a claim for damages by the Employer. Insofar as such defects, as they appear, evidence a breach of contract by the Contractor, the usual rules as to damages, including those relating to mitigation, apply so that ordinarily the Employer should give the Contractor an opportunity of remedying the defects if it is reasonable to do so. For defects appearing after the issue of the Final Certificate, see clause 30 and its commentary.

Clause 17.4. "... *for all the purposes of this Contract* ..."

See clause 30.4.1.3 for the release of second half of retention and clause 30.8 for time of issue of Final Certificate.

18 Partial possession by Employer

18·1 If at any time or times before the date of issue by the Architect/the Contract Administrator of the certificate of Practical Completion the Employer wishes to take possession of any part or parts of the Works and the consent of the Contractor (which consent shall not be unreasonably withheld) has been obtained, then notwithstanding anything expressed or implied elsewhere in this Contract, the Employer may take possession thereof. The Architect/The Contract Administrator shall thereupon issue to the Contractor on behalf of the Employer a written statement identifying the part or parts of the Works taken in possession and giving the date when the Employer took possession (in clauses 18, 20·3, 22·3·1 and 22C·1 referred to as "the relevant part" and "the relevant date" respectively).

·1 For the purposes of clauses 17·2, 17·3, 17·5 and 30·4·1·2 Practical Completion of the relevant part shall be deemed to have occurred and the

Clause 18—Partial Possession by Employer

Defects Liability Period in respect of the relevant part shall be deemed to have commenced on the relevant date.

·2 When in the opinion of the Architect/the Contract Administrator any defects, shrinkages or other faults in the relevant part which he may have required to be made good under clause 17·2 or clause 17·3 shall have been made good he shall issue a certificate to that effect.

·3 As from the relevant date the obligation of the Contractor under clause 22A or of the Employer under clause 22B·1 or clause 22C·2 whichever is applicable to insure shall terminate in respect of the relevant part but not further or otherwise; and where clause 22C applies the obligation of the Employer to insure under clause 22C·1 shall from the relevant date include the relevant part.

·4 In lieu of any sum to be paid or allowed by the Contractor under clause 24 in respect of any period during which the Works may remain incomplete occurring after the relevant date there shall be paid or allowed such sum as bears the same ratio to the sum which would be paid or allowed apart from the provisions of clause 18 as the Contract Sum less the amount contained therein in respect of the relevant part bears to the Contract Sum.

Clause 18: Partial possession by Employer

Derivation. Clause 18 of the original 1980 Form was substantially the same as clause 16 of the 1963 Form with the omission of the former clause 16(f) rendered unnecessary by the new clause 30.4. However, by Amendment 2 issued in November 1986 clause 18 was deleted and a new clause 18 inserted. The derivation of the present provisions is as follows:

— clause 18.1 is a substantially redrafted version of clause 18.1 (original) and the introductory part of clause 16 (1963 Form);
— clause 18.1.1 (original) relating to Certificate of Value, the equivalent of clause 16 (a) of the 1963 Form, has been deleted;
— clause 18.1.1 of the amended Form is a redrafted version of clause 18.1.2 (original) and clause 16(b) (1963 Form);
— clause 18.1.2 of the amended Form is materially identical to clause 18.1.3 (original) and clause 16(c) (1963);
— clause 18.1.3 of the amended Form is a substantially redrafted version of clause 18.1.4 (original) and clause 16(d) (1963);
— clause 18.1.4 of the amended Form is a redrafted version of clause 18.1.5 (original) and clause 16(e) (1963).

Scheme of clause. The clause provides for the Employer with the consent of the Contractor to take possession of part or parts of the Works before the Works are completed, and for the application to each part of provisions for Practical Completion, defects, insurance and liquidated damages analogous to those which apply to the whole. Clause 18 should be read with clause 17.

Clause 18.1. *Amendments*

The effect of the amendments[35] was:

(a) to clarify that the reference to Practical Completion was to the date of issue of the Certificate of Practical Completion;

(b) to provide that the consent of the Contractor to the Employer taking possession should not be unreasonably withheld;

(c) to replace the former Certificate of Value with a written statement identifying the relevant part and the relevant date.

Clause 18.1. *"If ... the Employer wishes to take possession ..."*

The Employer is not bound to take possession of a completed part of the Works. But it is thought that where liquidated damages are running, an Employer who, in all the circumstances, was unreasonable in refusing the Contractor's offer of possession of a completed part of the Works might be subject to a proportional reduction in liquidated damages for failing to mitigate his loss.

Sectional Completion. It is well settled that this clause does not provide for sectional completion.[36] This remains so, it is submitted, even if provisions in the Contract Bills set out that the work is to be completed and handed over in sections. The basis of this submission is the words of clause 2.2.1 "Nothing contained in the Contract Bills shall override or modify ...".[37] Clearly, sectional completion amounts to a substantial modification of the Conditions.

If a contract providing for sectional completion is required, the Form itself must be amended. A Sectional Completion Supplement is published by the Joint Contracts Tribunal for this purpose. An alternative, but much less desirable course, is to state the parts of the Works, the dates when they are to be completed and the amount of liquidated damages for each part and to use general words indicating that the Contract must be read as if the necessary consequential amendments had been made. If this latter course is adopted, the likelihood of unintended complications of construction is great.

Use but not possession of part. Where the parties intend that the Employer shall have use of some parts of the Works not amounting to possession, it is again desirable that they should amend the Form. This point was considered in the context of the 1963 Form in *English Industrial Estates v. Wimpey.*[38] Provisions in the Bills envisaged such use. The majority of the Court of Appeal, applying clause 12 of the 1963 Form,[39] held that they could

---

[35] See above.
[36] *Gleeson Ltd v. Hillingdon, London Borough of* (1970) 215 E.G. 165; *Bramall and Ogden v. Sheffield City Council* (1983) 29 B.L.R. 73.
[37] Discussed on p. 546.
[38] [1973] 1 Lloyd's Rep. 118 (C.A.).
[39] Clause 2.2 of the present Form but with significantly different wording—see p. 546.

not look at the Bills to construe the contract but only "in order to follow exactly what was going on".[40] It is suggested that, by virtue of the deletion of the words "or affect in any way whatsoever..." from clause 2.2, it is now permissible to consider such provisions in the Bills. They deal with a matter not provided for at all in the Conditions and thus would be purely supplementary (see commentary to clause 2.2). However, the more prudent and less confusing course is to amend the Form by providing that the relevant items in the Bills are expressly made part of the Contract. Care must be taken to deal with the various consequential matters including, in particular, those relating to insurance.

Clause 18.1. "... *a written statement* ..."

This is a useful innovation. Under the former provisions the Certificate of Value could be given up to seven days from the date of taking possession. The effect of the new provision is that:

(a) the statement must be issued "thereupon", *i.e.*, it is submitted, at the time of or very shortly after the taking of possession. This should leave the parties in no doubt that the various consequences of taking possession have come into effect;
(b) there is now some formality evidencing the transfer of possession;
(c) the statement must identify the relevant part rather than its value;
(d) the statement must give the relevant date;
(e) the terms "the relevant part" and "the relevant date" are now used throughout the insurance clauses of the Form.

Clauses 18.1.3. The insurance part of this clause has been amended. The effect is that:

(a) the obligation to insure, either of Contractor or Employer, "shall terminate" in respect of the relevant part, rather than, as formerly, be reduced in value "by the full value of the relevant part". This amendment is consequential upon the introduction of the written statement in place of the former Certificate of Value, but makes no substantive change;
(b) the relevant part is no longer "at the sole risk of the Employer". Where clause 22C applies (Insurance of Works in or extensions to existing structures), the obligation of the Employer to insure under clause 22C "shall from the relevant date include the relevant part".

However, it seems that where the Works consist of the erection of new buildings, so that clause 22C does not apply *and* clause 18 has been operated, then the Contractor is liable as from the relevant date to indemnify the Employer against damage to the relevant part and to take out and maintain insurance against such liability (see clauses 20.2, 20.3.2 and 21.1.1).

---

[40] *English Industrial Estates v. Wimpey* [1973] 1 Lloyd's Rep. pp. 118 at 126, 128 (C.A.).

Clause 18.1.4. The materially identical provisions of clause 16(e) of the 1963 Form were considered in *Bramall & Ogden v. Sheffield City Council*.[41] In a local authority housing contract, the Appendix provided for liquidated damages "at the rate of £20 per week for each uncompleted dwelling". Dwellings were taken over by the Employer as they were completed. The arbitrator found that dwellings were completed late. It was held on appeal from the arbitrator that the Employer was not entitled to claim or deduct liquidated damages. The basis of the decision was that the contract did not provide for Sectional Completion, that since the Employer had taken possession of some dwellings they were operating under clause 16(e), but that clause 16(e) was not consistent with the liquidated damages as set out in the Appendix. The inconsistency was that the provision for liquidated damages in the Appendix did not allow for the calculation required by clause 16(e). The clause provided for a reduced sum to be payable after taking partial possession for the period during which the Works (*i.e.* all the work that had to be completed under the contract) remained incomplete. The inconsistency would only be resolved if the contract were to provide, as this contract did not, for sectional completion of those parts taken over, to which specific liquidated damages provisions would be applied.[42]

19   Assignment and Sub-Contracts

19·1 ·1 Neither the Employer nor the Contractor shall, without the written consent of the other, assign this Contract.

·2 Where clause 19·1·2 is stated in the Appendix to apply then, in the event of transfer by the Employer of his freehold or leasehold interest in, or of a grant by the Employer of a leasehold interest in, the whole of the premises comprising the Works, the Employer may at any time after Practical Completion of the Works assign to any such transferee or lessee the right to bring proceedings in the name of the Employer (whether by arbitration or litigation) to enforce any of the terms of this contract made for the benefit of the Employer hereunder. The assignee shall be estopped from disputing any enforceable agreements reached between the Employer and the Contractor and which arise out of and relate to this Contract (whether or not they are or appear to be a derogation from the right assigned) and made prior to the date of any assignment.

19·2 ·1 A person to whom the Contractor sub-lets any portion of the Works other than a Nominated Sub-Contractor is in this Contract referred to as a "Domestic Sub-Contractor".

·2 The Contractor shall not without the written consent of the Architect/the Contract Administrator (which consent shall not be unreasonably withheld) sub-let any portion of the Works. The Contractor shall remain wholly responsible for carrying out and completing the Works in all respects in

---

[41] (1983) 29 B.L.R. 73.
[42] See also *Bruno Zornow (Builders) v. Beechcroft Developments* (1989) 51 B.L.R. 16.

Clause 19—Assignment and Sub-Contracts

accordance with clause 2·1 notwithstanding the sub-letting of any portion of the Works.

19·3 ·1 Where the Contract Bills provide that certain work measured or otherwise described in those Bills and priced by the Contractor must be carried out by persons named in a list in or annexed to the Contract Bills, and selected therefrom by and at the sole discretion of the Contractor the provisions of clause 19·3 shall apply in respect of that list.

·2·1 The list referred to in clause 19·3·1 must comprise not less than three persons. Either the Employer (or the Architect/the Contract Administrator on his behalf) or the Contractor shall be entitled with the consent of the other, which consent shall not be unreasonably withheld, to add [/] additional persons to the list at any time prior to the execution of a binding sub-contract agreement.

·2·2 If at any time prior to the execution of a binding sub-contract agreement and for whatever reason less than three persons named in the list are able and willing to carry out the relevant work then

either the Employer and the Contractor shall by agreement (which agreement shall not be unreasonably withheld) add [/] the names of other persons so that the list comprises not less than three such persons

or the work shall be carried out by the Contractor who may sub-let to a Domestic Sub-Contractor in accordance with clause 19·2.

·3 A person selected by the Contractor under clause 19·3 from the aforesaid list shall be a Domestic Sub-Contractor.

19·4 It shall be a condition in any sub-letting to which clause 19·2 or 19·3 refers that:

·1 the employment of the Domestic Sub-Contractor under the Sub-Contract shall determine immediately upon the determination (for any reason) of the Contractor's employment under this Contract; and

·2 the Sub-Contract shall provide that

·2·1 Subject to clause 16·1 of these Conditions (in clauses 19·4·2·2 to ·4 called "the Main Contract Conditions"), unfixed materials and goods delivered to, placed on or adjacent to the Works by the Sub-Contractor and intended therefor shall not be removed except for use on the Works unless the Contractor has consented in writing to such removal, which consent shall not be unreasonably withheld.

·2·2 Where, in accordance with clause 30·2 of the Main Contract Conditions, the value of any such materials or goods shall have been included in any Interim Certificate under which the amount properly due to the Contractor shall have been discharged by the Employer in favour of the Contractor, such materials or goods shall be and become the property of the Employer and the Sub-Contractor shall not deny that such materials or goods are and have become the property of the Employer.

·2·3 Provided that if the Main Contractor shall pay the Sub-Contractor for any such materials or goods before the value therefor has, in accordance with clause 30·2 of the Main Contract Conditions, been included in any Interim Certificate under which the amount properly due to the Contrac-

---

[/] Any such addition must be initialled by or on behalf of the parties.

The JCT Standard Form of Building Contract

tor has been discharged by the Employer in favour of the Contractor, such materials or goods shall upon such payment by the Main Contractor be and become the property of the Main Contractor.

·2·4   The operation of clause 19·4·2·1 to ·3 hereof shall be without prejudice to any property in any materials or goods passing to the Contractor as provided in clause 30·3·5 of the Main Contract Conditions (off-site materials or goods).

19·5   ·1   The provisions of this Contract relating to Nominated Sub-Contractors are set out in Part 2 of the Conditions. Save as otherwise expressed in the Conditions the Contractor shall remain wholly responsible for carrying out and completing the Works in all respects in accordance with clause 2·1, notwithstanding the nomination of a sub-contractor to supply and fix materials or goods or to execute work.

·2   Subject to clause 35·2 the Contractor is not himself required, unless otherwise agreed, to supply and fix materials or goods or to execute work which is to be carried out by a Nominated Sub-Contractor.

Clause 19: Assignment and Sub-Contracts

Derivation.   Clauses 19.1, 19.2 and 19.4 are derived from clause 17 of the 1963 Form. Clauses 19.3 and 19.5 were new to the original 1980 Form.

Amendments.   Amendments have been made as follows:

— by Amendment 1 issued in January 1984, clause 19.4 of the original 1980 Form was renumbered 19.4.1 and a new sub-clause 19.4.2 was inserted;
— by Amendment 4 issued in July 1987:
— clause 19.1 was renumbered 19.1.1 and a new sub-clause 19.1.2 inserted;
— clause 19.5.2 was slightly redrafted.
— by Amendment 9 issued in July 1990, clauses 19.2 and 19.5 were slightly redrafted. These amendments make express what is in any event implied, namely that, save as otherwise expressed in the Conditions in respect of Nominated Sub-Contractors, the Contractor remains wholly responsible for carrying out and completing the Works in all respects in accordance with Clause 2.1, notwithstanding either sub-letting to a Domestic Sub-Contractor or nomination.

Amendments 1 and 4 are significant and they are discussed below.

Generally.   This clause provides for a qualified prohibition on assignment by either party and for a system of Domestic, *i.e.* non-Nominated, Sub-Contracting. Breach of the provisions of clause 19 is a ground for determination by the Employer under clause 27.1.4.

Clause 19—Assignment and Sub-Contracts

Clause 19.1. *"Neither the Employer nor the Contractor..."*

Note that all versions of the 1980 Form now prohibit the Employer, as well as the Contractor, from assigning the Contract without written consent.

Clause 19.1. *"... assign..."*

Clauses with materially identical wording have been construed to prohibit the assignment without consent of the benefit of the contract both in the sense of the right to future performance and the right to benefits accrued under the contract. It was nevertheless held that, where the contract was for a large development of property which, to the knowledge of both employer and contractor, was going to be occupied, and possibly purchased, by third parties and not by the employer itself, the parties were to be treated as having entered into the contract on the basis that the employer would be entitled to enforce against the contractor contractual rights on behalf of those third parties who would suffer from defective performance of the contract but were unable to acquire rights under it.[43]

Clause 19.1.2. This new sub-clause was inserted by Amendment 4 issued July 1987. It qualifies the prohibition upon assignment to meet the practice of some employers who transfer an interest in the building immediately upon Practical Completion. However, this right is extremely limited. Note that:

(a) such assignment may only be made after Practical Completion;
(b) it is not the benefit of the Contract that may be assigned but only "the right to bring proceedings in the name of the Employer", so that it is more akin to a contractual right of subrogation than an assignment proper;
(c) the proceedings are themselves limited to proceedings "to enforce any of the terms of this contract made for the benefit of the Employer hereunder". It is likely that the sub-clause is intended to permit what is in effect an equitable assignment of the right to bring proceedings and the final sentence of the sub-clause approximates to the principle that assignments are subject to equities.[44] If this is the effect, then the assignee is nevertheless on the wording of the sub-clause limited to claiming the *employer's* losses.[45] It is possible that the use of the words "to enforce", and the omission of any reference to a right to obtain damages for breach of the contract, show an intention to restrict the proceedings to specific performance or other proceedings to compel the Contractor to carry out his contractual obligations. It is not easy in practice to conceive what contractual obligations of the Contractor

---

[43] *Linden Gardens v. Lenesta Sludge Disposals* [1994] 1 A.C. 85 (H.L.). See also *Helstan Securities Ltd v. Hertfordshire C.C.* [1978] 3 All E.R. 262. That case concerned I.C.E. Conditions, 4th Edition, Condition 3 of which read "The Contractor shall not assign the Contract or any part thereof or any benefit or interest therein or thereunder without the written consent of the Employer". For assignment generally, see Chap. 12.

[44] See "Subject to equities" on p. 302.

[45] For the difficult general position in relation to ordinary assignments, see "Assignment of warranties" on p. 305.

might be specifically enforced after Practical Completion. For example, the obligation of the Contractor to make good defects under clause 17.2 cannot be intended, it is submitted, to be embraced by this new provision because of the general rule that a contract to carry out building works cannot be specifically enforced against the builder.[46]

Clause 19.2. *"Domestic Sub-Contractor"*
This expression was introduced in the 1980 Form to refer to a person other than a Nominated Sub-Contractor to whom the Contractor sublets any portion of the Works. This encompasses, but is not limited to, a person selected under clause 19.3. The withholding of consent by the Architect to sub-letting is subject to the test of reasonableness and may be challenged in arbitration (see clause 41). Standard Forms of Domestic Sub-Contract have been published and are in widespread use under the style DOM/1 and DOM/2.

Clause 19.3. Under the 1963 Form, a practice not expressly provided for by the form grew up whereby the Contract Bills sometimes contained a provision specifying that certain work should be carried out by a single named Sub-Contractor. The Sub-Contractor was "specified" but not nominated within the meaning of clause 27 of the 1963 Form. This practice enabled the Employer to insist upon work being carried out by a particular specialist but without a nomination. However the practice of "specified sub-contractors" had a number of serious disadvantages from the point of view of the Employer. Firstly, the Contractor was not responsible for whether the "specified" sub-contractor's work was suitable for its purpose (because the choice of specialist was entirely the Employer's). Secondly, if the "specified" sub-contractor repudiated his sub-contract, it was probable that the Employer was obliged to provide a new sub-contractor by analogy with the principles applied in *Bickerton v. North West Metropolitan Regional Hospital Board*[47] in relation to nominated sub-contractors. Further, if the Employer, or his agent, knew that the "specified" sub-contractor would only contract upon terms which excluded or severely limited his liability the Contractor might not even be responsible for latent defects in the quality of goods or materials used by the specified sub-contractor.[48]

The Scheme of clause 19.3. The Contract Bills may list not less than three persons from whom the Contractor must select at his sole discretion a Domestic Sub-Contractor to carry out work described in the Bills. Either party may with the consent of the other add to the list at any time before the execution of a binding Sub-Contract Agreement. Consent is not to be unreasonably withheld. If the number of persons on the list able and willing

---

[46] See p. 292.
[47] [1970] 1 W.L.R. 607 (H.L.).
[48] *Gloucestershire County Council v. Richardson* [1969] A.C. 480 (H.L.).

Clause 19—Assignment and Sub-Contracts

to carry out the relevant work falls below three, either the number must be made up to three by agreement, or the Contractor becomes free to carry out the work himself or (subject to clause 19.2) by a Domestic Sub-Contractor of his choice.

Advantages of this Scheme. Compared with the practice of "specified" sub-contractors, the procedure under clause 19.3 has a number of advantages. The Employer has a reasonable assurance that specialist work will be carried out by a competent specialist while avoiding the complications of nomination. The Contractor is not compelled to work with a sub-contractor not of his own choosing. The Contractor assumes full liability for the sub-contractor's performance so that he is liable for defects in workmanship or materials and for any delay that he causes. The Contractor is (probably) liable for the fitness for purpose of the sub-contractor's work because he chooses the sub-contractor at his sole discretion from a list to which he may himself add names. If the sub-contractor drops out, the Contractor must seek the consent of the Architect to a further sub-letting (clauses 19.2 and 19.3.3) but the Employer is not obliged to provide a new sub-contractor and the Contractor is liable for any extra costs caused by the default of the previous sub-contractor. It is submitted that the Contractor cannot escape liability for a latent defect in the quality of goods and materials used by the sub-contractor because of a limitation of liability in the sub-contractor's conditions of contract because he can select a sub-contractor who does not have such conditions. If all three have such conditions, the Contractor may add further persons to the list who do not have such conditions.[49]

Clause 19.4. Sub-clause 19.4.2 was inserted by Amendment 1 issued in January 1984 and seeks to deal with the problem of unfixed materials and goods which arose in *Dawber Williamson v. Humberside County Council*.[50] Clause 19.4.2 makes it a condition of any sub-letting to a Domestic Sub-Contractor that the Sub-Contract shall provide that:

(a) unfixed materials and goods delivered to the Works shall not be removed except for use on the Works unless the Contractor has consented in writing (19.4.2.1);

(b) if the Main Contractor pays the Sub-Contractor for such materials and goods before their value has been certified and paid under the Main Contract, the materials and goods shall become the property of the Main Contractor (19.4.2.3);

(c) once the value of the materials and goods has been certified and paid under the Main Contract, such materials and goods shall be and

---

[49] It is not clear what the position would be if all available persons have the same objectionable conditions.
[50] (1979) 14 B.L.R. 70; see also clause 16.1 and its commentary.

become the property of the Employer and the Sub-Contractor shall not deny this fact (19.4.2.2).

These provisions remain provisions of the Main Contract. The Contractor binds himself *to the Employer* to enter into certain sub-contract conditions. That by itself is of no effect between the Contractor and the Domestic Sub-Contractor unless the Domestic Sub-Contract in fact contains these conditions. The conditions of the Domestic Sub-Contract require careful drafting to achieve the effect that property should pass not upon payment to the Sub-Contractor but upon payment being made to the Contractor.[51] If, however, the Contractor does not make a subcontract whose terms satisfy clause 19.4, he will be in breach of contract to the Employer and liable in damages for any loss which the Employer suffers in consequence.

Clause 19.5. The original version of clause 19.5.2 reflected the law as stated in *Bickerton v. North West Metropolitan Regional Hospital Board*[52] that, where a nomination had been made, the Contractor had neither right nor duty to carry out the work himself. This sub-clause was amended by Amendment 4 issued July 1987 by the insertion of the words "unless otherwise agreed". This enables the Contractor to carry out the work himself should he so agree with the Employer, presumably with the concurrence of the Architect. This agreement is not subject to any term as to reasonableness so that it would appear that the Contractor has an unfettered discretion to agree or not.

Summary of choice of sub-contractors. In summary, therefore, under the 1980 Form there are only three methods available for choosing sub-contractors:

(a) sub-letting to a Domestic Sub-Contractor chosen entirely by the Contractor, but subject to the written consent of the Architect (clause 19.2);
(b) sub-letting to a Domestic Sub-Contractor chosen under the clause 19.3 procedure;
(c) where the Architect has "... reserved to himself ... the final selection and approval of the sub-contractor ...", the sub-contractor so nominated is a Nominated Sub-Contractor so that the full machinery of clause 35 comes into effect.[53]

It follows that the practice of "specified" sub-contractors has no place within the 1980 Form.

Clause 19A: Fair wages. This clause formerly appeared in the Local

---

[51] Note that the NFBTE/FASS/CASEC Domestic Sub-Contract DOM/1 seeks to achieve precisely this result—see clauses 21.4.5.1 to 21.4.5.4.
[52] [1970] 1 W.L.R. 607 (H.L.).
[53] See p. 713.

Clause 20—Injury to Persons and Property

Authorities Edition only. It was deleted by Amendment 6 issued July 1988 because it could no longer be operated by virtue of the provisions of the Local Government Act 1988.

20 Injury to persons and property and indemnity to Employer

20·1 The Contractor shall be liable for, and shall indemnify the Employer against, any expense, liability, loss, claim or proceedings whatsoever arising under any statute or at common law in respect of personal injury to or the death of any person whomsoever arising out of or in the course of or caused by the carrying out of the Works, except to the extent that the same is due to any act or neglect of the Employer or of any person for whom the Employer is responsible including the persons employed or otherwise engaged by the Employer to whom clause 29 refers.

20·2 The Contractor shall, subject to clause 20·3 and, where applicable, clause 22C·1, be liable for, and shall indemnify the Employer against, any expense, liability, loss, claim or proceedings in respect of any injury or damage whatsoever to any property real or personal in so far as such injury or damage arises out of or in the course of or by reason of the carrying out of the Works, and to the extent that the same is due to any negligence, breach of statutory duty, omission or default of the Contractor, his servants or agents or of any person employed or engaged upon or in connection with the Works or any part thereof, his servants or agents or of any other person who may properly be on the site upon or in connection with the Works or any part thereof, his servants or agents, other than the Employer or any person employed, engaged or authorised by him or by any local authority or statutory undertaker executing work solely in pursuance of its statutory rights or obligations.

20·3 ·1 Subject to clause 20·3·2 the reference in clause 20·2 to "property real or personal" does not include the Works, work executed and/or Site Materials up to and including the date of issue of the certificate of Practical Completion or up to and including the date of determination of the employment of the Contractor (whether or not the validity of that determination is disputed) under clause 27 or clause 28 or clause 28A, where clause 22C applies, under clause 27 or clause 28 or clause 28A or clause 22C·4·3, whichever is the earlier.
·2 If clause 18 has been operated then, in respect of the relevant part, and as from the relevant date such relevant part shall not be regarded as "the Works" or "work executed" for the purpose of clause 20·3·1.

Clause 20: Injury to persons and indemnity to Employer

Derivation. The original version of clause 20 was substantially the same as clause 18 of the 1963 Form. Clauses 20.1 and 20.2 were substantially reworded and a new clause 20.3 introduced by Amendment 2 issued in November 1986. These amendments are important and difficult and are discussed below.

Generally. Clauses 20.1 and 20.2 are indemnity clauses subject to exceptions. The principles relating to indemnity and exception clauses are well established and have been held to apply to these clauses.[54] Thus the indemnity part of the clause should be construed strictly and the Employer must show that the wording of the clause clearly renders the Contractor liable to indemnify him for the loss claimed. Insofar as the Contractor seeks to rely on an exception to a liability otherwise arising under the clause, he has to show that the exception is in plain words and covers his negligence and its consequences. It is inherently improbable that one party should intend to absolve the other from the consequences of the other's negligence. If the words relied upon clearly exempt that party from the consequences of his own negligence, effect must be given to them. If there is no express reference to negligence, the Court must consider whether the words used are wide enough to cover the negligence sought to be exempted. Any doubt should be resolved against the party claiming exemption. If the words used are wide enough, the Court must then consider whether the head of damage may be based on some ground other than negligence which is not exempted and which is not fanciful or remote. If such a head of damage exists, it is fatal to the exemption.[55]

Clause 20.1. *"The Contractor shall be liable for . . ."*

A wide liability is placed upon the Contractor. If an injured person sues the Employer[56] for an injury within the scope of this clause the Employer can join the Contractor as a third party to the action or bring separate proceedings against the Contractor on the indemnity.

Clause 20.1. *". . . except to the extent that the same is due . . ."*

These words were inserted in place of "unless due to . . ." by Amendment 2 issued in November 1986. The effect of this change of wording, it is submitted, is that where loss is caused partly by the negligence of the Employer and partly by the Contractor, there will have to be an apportionment of liability. This is a useful clarification.

Clause 20.1. *". . . any act or neglect . . ."*

The exception does not, it is submitted, save the Contractor from liability to indemnify the Employer where the claim by the injured person arises out of a breach of statutory duty by the Employer not amounting to common law negligence.[57] This is especially so since breach of statutory duty is specifically

---

[54] See *City of Manchester v. Fram Gerrard* (1974) 6 B.L.R. 70, considering Clause 14(b) in the 1939 Form, the predecessor of Clause 20.2.
[55] See *Canada Steamship v. The King* [1952] A.C. 192 (P.C.); *The Raphael* [1982] 2 Lloyd's Rep. 42 (C.A.); see also generally Part B of Chap. 3.
[56] For the rights of third parties to sue Contractor or Employer, see pp. 277 *et seq.* For persons who come upon the site, see the Occupiers' Liability Acts 1957 and 1984.
[57] *Murfin v. United Steel Companies* [1957] 1 W.L.R. 104 (C.A.).

mentioned, by amendment, in clause 20.2, so that its omission from clause 20.1 must be taken to be deliberate.

Clause 20.1. "*... including the persons ... to whom clause 29 refers*"

These words of clarification were introduced by Amendment 2 issued November 1986.

Clause 20.2. "*... subject to ..., where applicable, clause 22C.1 ...*"

These words were introduced by Amendment 2 issued November 1986 in place of "except for such loss or damage as is at the sole risk of the Employer under clause 22B or 22C (if applicable) ...". They present considerable difficulties of construction. To understand this amendment it is necessary to consider clause 22C.1 and the cases decided in relation to the former wording.

Clause 22C.1 requires the Employer to take out a Joint Names Policy in respect of the existing structure, if the Works are alterations or extensions to existing structures, and in respect of the contents owned by the Employer or for which he is responsible. The Policy is to cover "... loss or damage due to one or more of the Specified Perils". This term is defined by clause 1.3. The Perils include some which might occur with or without the negligence of the Contractor (*e.g.* fire) and some which could not be caused by such negligence (*e.g.* lightning). The former wording was considered in *Scottish Special Housing Association v. Wimpey*,[58] where it was held that, on the true construction of clauses 18(2) and 20[C] of the 1963 form (materially identical with clause 20.2 and 22C of the original 1980 Form), it was intended that the Employer should bear the whole risk of damage by fire, including fire caused by the negligence of the Contractor. The opening words of clause 18(2) made it clear that the liability of the Contractor for damage to property caused by his negligence was subject to an exception, the ambit of the exception being found in clause 20[C]. Clause 20[C] provided that the existing structures were to be at the sole risk of the Employer as regards damage by, *inter alia*, fire. There was no difference in the obligation of the Employer to insure under clause 20[C] between perils that might or might not be due to the negligence of the Contractor. The obligation to insure was in quite general terms. The exception in the opening words only had meaning if it had the effect that certain damage caused by the negligence of the Contractor for which he would otherwise be liable is not to result in liability on his part. The nature of such damage appeared from clause 20[C] which referred in general terms to damage by fire to the existing structure.

---

[58] [1986] 1 W.L.R. 995 (H.L.) approving *James Archdale v. Comservices* [1954] 1 W.L.R. 459 (C.A.) and followed in *Computer & Systems Engineering v. John Lelliott* (1990) 54 B.L.R. 1 (C.A.); *cf. Coleman Street Properties v. Denco Miller* (1992) 31 B.L.R. 32. See generally "Liability for Fire Damage under the Standard Form of Building Contract" by J. Kodwo Bentil (1987) 3 Const.L.J. 83.

Thus it was intended that the Employer should bear the whole of risk of such damage.

At first sight and bearing in mind the general principles of construction set out above, especially the inherent improbability of the Employer absolving the Contractor from the consequences of his own negligence, it is arguable that the effect of the change of wording is that the Contractor is now to be liable for damage to the existing structure from a Specified Peril to the extent that it is due to his negligence. The clause no longer contains the word "except". The references to the sole risks of the Employer are deleted from both clause 20.1 and 22C.

It is thought, nevertheless, that the Employer continues to bear the whole risk of damage to the existing structures caused by Specified Perils, including damage caused by the negligence of the Contractor. The words "subject to ... clause 22C.1" must be intended to qualify the liability of the Contractor in some way. The liability of the Contractor would otherwise be simply for damage to property to the extent that it was due to his negligence, etc.[59] Although clause 22C.1 is an insurance provision, these words must be intended to qualify the liability and not just the duty to insure in respect of the liability. Otherwise the words would appear in clause 21 which deals with the obligation to insure in respect of liability under clause 20. The qualification of liability cannot be in respect of Specified Perils which might occur (*e.g.* fire) or could only occur (*e.g.* storm) without the negligence of the Constractor, since the Contractor would not in any event be liable for such Perils under clause 20.2 which imposes liability only to the extent that the injury or damage is due to his negligence. The only remaining meaning to be given to these words is that they qualify the liability of the Contractor in respect of damage to the existing structures by Specified Perils due to his negligence.[60]

Sub-Contractors. The position of a sub-contractor whose employee negligently set fire to an existing building and its extension where the main contract was in the 1963 Form was considered in *Norwich City Council v. Harvey*.[61] It was held that, although there was no direct contractual relationship between employer and sub-contractor, since each had contracted on the basis that the employer assumed the risk of damage by fire, there was no sufficiently close and direct relationship between them to impose on the sub-contractor a duty of care to the employer in respect of such damage. It is thought that this remains the position with the amended wording.

---

[59] For consideration of similar provisions in a non-standard form, see *Dorset County Council v. Southern Felt Roofing* (1989) 48 B.L.R. 96.
[60] The reasoning in this paragraph was followed in *Ossory Road v. Balfour Beatty* (1993) C.I.L.L. 882.
[61] [1989] 1 W.L.R. 828 (C.A.). The *Norwich City* case was followed in *Ossory Road v. Balfour Beatty* (1993) C.I.L.L. 882, but distinguished in relation to the Minor Works Form in *The National Trust v. Haden Young* (1993) 66 B.L.R. 88; *The Times* August 11, 1994, (C.A.).

Clause 20—Injury to Persons and Property

The duration of the exemption. The Contractor continues to benefit from the exemptions from liability under clauses 20.1 and 20.2, notwithstanding destruction of the property or such negligence as would amount to a repudiatory breach of contract.[62]

Clause 20.2. *"... any property real or personal ..."*
The Court of Appeal considered these words in *Surrey Heath Borough Council v. Lovell Construction.*[63] It was held that they include property which belonged to the Employer[64] and thus the Works. The effect of this decision is now negated as regards the Works by the new clause 20.3 (see below), but otherwise the decision remains an effective guide to the meaning of this phrase.

Clause 20.2. *"... to the extent that ..."*
These words were inserted by Amendment 2 issued in November 1986 in place of "provided always that ...". The effect of this change of wording is to provide for an apportionment of liability where both Contractor and Employer are at fault.[65] The Employer must prove that the damage to property is due at least to some extent, to the Contractor's negligence, etc.

Clause 20.2. *"... breach of statutory duty ..."*
These words were inserted by Amendment 2 issued in November 1986. Their effect is that breach of statutory duty not amounting to negligence is now within the scope of the liability.

Clause 20.2. *"... default ..."*
This word in an earlier version of clause 20.2 was considered in *City of Manchester v. Fram Gerrard.*[66] It was held that default would be established if one of the persons covered by the clause either did not do what he ought to have done or did what he ought not to have done in all the circumstances, and

---

[62] *Photo Production v. Securicor* [1980] A.C. 827 (H.L.).
[63] (1990) 48 B.L.R. 108 (C.A.)—a decision on the identical provisions of Clause 20.2 of the 1981 J.C.T. with Contractor's Design Form.
[64] Disapproving *Tozer Kemsley v. Jarvis & Sons* (1983) 4 Con.L.R. 24, where Clause 18(2) of the 1963 Form had been construed as applying only to injury to the property of a third party.
[65] This change of wording negates the effect of *A.M.F. International v. Magnet Bowling* [1968] W.L.R. 1028, which concerned Clause 14(b) of the 1939 Form, materially identical with the unamended version of Clause 20.2. The plaintiff recovered damages against both employer and contractor for breach of duty under the Occupiers' Liability Act 1957, liability being apportioned between them. It was held that, as the employer's liability to the plaintiff was partly in respect of his negligence, he could not recover on the indemnity provided by the clause. Such a clause could not found a claim in respect of the employer's own negligence unless on its true construction it allowed such a claim by express words or necessary implication.
[66] (1974) 6 B.L.R. 70.

provided that the conduct in question involved something in the nature of a breach of duty so as to be properly described as a default.

Clause 20.2. *". . . or of any person . . . any other person who may properly be on the site . . ."*

This wording, inserted by Amendment 2 issued in November 1986, for "or of any sub-contractor, his servant or agents" makes it clear that sub-sub-contractors are within the scope of the liability.[67]

Clause 20.2. *". . . other than the Employer . . . rights or obligations."*

These words were added by Amendment 2 issued in November 1986. Some difficulty might arise as to the construction of the phrase "authorised by [the Employer]". For example, Domestic Sub-Contractors may only be engaged by the Contractor with the written consent of the Employer's agent, the Architect. Are they to be regarded as persons authorised by the Employer or as persons properly on the site in connection with the Works? It is thought that the intention must be that they are the latter but the point is not free from difficulty.

Clause 20.3. This was added by Amendment 2 issued in November 1986. The effect is that the liability under clause 20.2 does not extend to the Works, work executed and/or Site Materials up to the date of Practical Completion or determination, whichever is the earlier. However, if the Employer has taken partial possession under clause 18 then the relevant part becomes subject to the liability as from the relevant date.[68]

Summary. The Contractor is liable to indemnify the Employer in respect of the following classes of damage to property to the extent that it is due to his negligence etc.:

(a) the property of third parties;
(b) damage to the relevant part from the relevant date (see clause 18);
(c) damage to the Works after Practical Completion;
(d) damage to existing structures and their contents not caused by a Specified Peril;
(e) damage to other property of the Employer.

21 Insurance against injury to persons or property

21·1 ·1·1 Without prejudice to his obligation to indemnify the Employer under clause 20 the Contractor shall take out and maintain insurance which shall comply with clause 21·1·1·2 in respect of claims arising out of his liability referred to in clauses 20·1 and 20·2.

---

[67] Held not to be included on the former wording in *City of Manchester v. Fram Gerrard* (1974) 6 B.L.R. 70.
[68] See commentary on clause 18 for these terms.

Clause 21—Insurance

- **·1·2** The insurance in respect of claims for personal injury to, or the death of any person under a contract of service or apprenticeship with the Contractor and arising out of and in the course of such person's employment, shall comply with the Employer's Liability (Compulsory Insurance) Act 1969 and any statutory orders made thereunder or any amendment or re-enactment thereof. For all other claims to which clause 21·1·1·1 applies the insurance cover shall be not less than the sum stated in the Appendix [*l·1*] for any one occurrence or series of occurrences arising out of one event.
- **·2** As and when he is reasonably required to do so by the Employer the Contractor shall send to the Architect/the Contract Administrator for inspection by the Employer documentary evidence that the insurances required by clause 21·1·1·1 have been taken out and are being maintained, but at any time the Employer may (but not unreasonably or vexatiously) require to have sent to the Architect/the Contract Administrator for inspection by the Employer the relevant policy or policies and the premium receipts therefor.
- **·3** If the Contractor defaults in taking out or in maintaining insurance as provided in clause 21·1·1·1 the Employer may himself insure against any liability or expense which he may incur arising out of such default and a sum or sums equivalent to the amount paid or payable by him in respect of premiums therefor may be deducted by him from any monies due or to become due to the Contractor under this Contract or such amount may be recoverable by the Employer from the Contractor as a debt.

21·2
- **·1** Where it is stated in the Appendix that the insurance to which clause 21·2·1 refers may be required by the Employer the Contractor shall, if so instructed by the Architect/the Contract Administrator, take out and maintain a Joint Names Policy for such amount of indemnity as is stated in the Appendix in respect of any expense, liability, loss, claim or proceedings which the Employer may incur or sustain by reason of inquiry or damage to any property other than the Works and Site Materials caused by collapse, subsidence, heave, vibration, weakening or removal of support or lowering of ground water arising out of or in the course of or by reason of the carrying out of the Works excepting injury or damage:
  - **·1·1** for which the Contractor is liable under clause 20·2;
  - **·1·2** attributable to errors or omissions in the designing of the Works;
  - **·1·3** which can reasonably be foreseen to be inevitable having regard to the nature of the work to be executed or the manner of its execution;
  - **·1·4** which it is the responsibility of the Employer to insure under clause 22C·1 (if applicable);
  - **·1·5** arising from war risks or the Excepted Risks.
- **·2** Any such insurance as is referred to in clause 21·2·1 shall be placed with insurers to be approved by the Employer, and the Contractor shall send to the Architect/the Contract Administrator for deposit with the Employer the policy or policies and the premium receipts therefor.

[*l·1*] The Contractor or any sub-contractor may, if they so wish, insure for a sum greater than that stated in the Appendix.

.3 The amounts expended by the Contractor to take out and maintain the insurance referred to in clause 21·2·1 shall be added to the Contract Sum.

.4 If the Contractor defaults in taking out or in maintaining the Joint Names Policy as provided in clause 21·1·1 the Employer may himself insure against any risk in respect of which the default shall have occurred.

21·3 Notwithstanding the provisions of clauses 20·1, 20·2 and 21·1·1, the Contractor shall not be liable either to indemnify the Employer or to insure against any personal injury to or the death of any person or any damage, loss or injury caused to the Works or Site Materials, work executed, the site, or any property, by the effect of an Excepted Risk.

Clause 21: Insurance against injury to persons and property

Derivation. Clause 21 is derived from clauses 19 and 19A of the 1963 Form. It was amended by Amendment 2 issued in November 1986, Amendment 4 issued in November 1987 and by Amendment 11 issued in July 1992. These amendments, which are not of great importance, are noted below.

Generally. This clause should be read with clause 20 (indemnities) and clauses 22A–C (Insurance of the Works and existing structures).

Clause 21.1. The Contractor has to insure against his liabilities under clause 20 for injury to persons and property. Note that for claims, other than those to which the Employer's Liability (Compulsory Insurance) Act relates, the minimum insurance cover for any one occurrence or series of occurrences is that set out in the Appendix.

Clause 21.1 was redrafted without any changes of substance by Amendment 2 issued in November 1986. By Amendment 4 issued in July 1987 all references to insurance by Sub-Contractors were deleted. This recognises the reality that many Sub-Contractors do not carry satisfactory liability insurance. The (Main) Contractor remains liable to the Employer to indemnify him against the negligence etc. of such Sub-Contractors and is obliged to obtain insurance cover to the sum stated in the Appendix. Clause 21.1.1.2, as amended by Amendment 11 issued in July 1992, makes clear that the insurance taken out must meet any claims by third parties against the Employer as well as against the Contractor.

Clause 21.2. The origin of this clause is the case of *Gold v. Patman & Fotheringham Ltd*,[69] where adjoining owners in a crowded city area suffered damage to their property from the carrying out of contract works. There was no negligence on the part of the Contractor. The Employer sought to recover against the Contractor on the ground that a duty to insure, by implication, meant a duty to effect joint insurance. This contention was rejected.

---

[69] [1958] 1 W.L.R. 697 (C.A.).

However, the extent of the exceptions set out in clauses 21.2.1.1 to 21.2.1.5 shows that the situations covered by this insurance are narrow in scope.

Clause 21.2 was amended by Amendment 2 issued in November 1986. The amendments were, in the main, consequential drafting amendments. There is one important administrative change. The original version of clause 21.2 provided for such insurance "where a provisional sum is included in the Contract Bills . . .". Insurance under clause 21.2 is now required when it is so stated in the Appendix.

Clause 19(2) in the 1963 Form, the predecessor of clause 21.2, was considered in *Higgs & Hill Building v. University of London*[70] on an application for leave to appeal under the Arbitration Act 1979. In order to reinstate a policy, insurers required different works from those provided for by the contract. The Arbitrator held that this work ought to have been the subject of a variation instruction. It was held that the Arbitrator was probably right "unless it can be said that the contractor's obligation to insure obliged him to carry out at his own cost any and all works which insurers may require, notwithstanding that it is wholly additional to, or different from, the agreed contract works. Such a proposition appears to me to be unsustainable".[71]

22   Insurance of the Works [m]

22·1   Clause 22A or clause 22B or clause 22C shall apply whichever clause is stated to apply in the Appendix.

22·2   In clauses 22A, 22B, 22C and, so far as relevant, in other clauses of the Conditions the following phrases shall have the meanings given below:

All Risks Insurance: [n]   insurance which provides cover against any physical loss or damage to work executed and Site Materials but excluding the cost necessary to repair, replace or rectify
1   property which is defective due to
·1 wear and tear,
·2 obsolescence,
·3 deterioration, rust or mildew;

---

[70] (1983) 24 B.L.R. 139.
[71] Parker J. (1983) 24 B.L.R. 139 at p. 150.

[m] **Clause 22A** is applicable to the erection of new buildings where the Contractor is required to take out a Joint Names Policy for All Risks Insurance for the Works and **clause 22B** is applicable where the **Employer** has elected to take out such Joint Names Policy. **Clause 22C** is to be used for alterations of or extensions to existing structures under which the **Employer** is required to take out a Joint Names Policy for All Risks Insurance for the Works and also a Joint Names Policy to insure the existing structures and their contents owned by him or for which he is responsible against loss or damage thereto by the Specified Perils.
[n] The definition of "All Risks Insurance" in clause 22·2 defines the risks for which insurance is required. Policies issued by insurers are not standardised and there will be some variation in the way the insurance for those risks is expressed. See also Practice Note 22 and Guide, Part A.

All Risks Insurance: [m·1]

2 any work executed or any Site Materials lost or damaged as a result of its own defect in design, plan, specification, material or workmanship or any other work executed which is lost or damaged in consequence thereof where such work relied for its support or stability on such work which was defective;

3 loss or damage caused by or arising from
·1 any consequence of war, invasion, act of foreign enemy, hostilities (whether war be declared or not), civil war, rebellion, revolution, insurrection, military or usurped power, confiscation, commandeering, nationalisation or requisition or loss or destruction of or damage to any property by or under the order of any government *de jure* or *de facto* or public, municipal or local authority;
·2 disappearance or shortage if such disappearance or shortage is only revealed when an inventory is made or is not traceable to an identifiable event;
·3 an Excepted Risk (as defined in clause 1·3);

and if the Contract is carried out in Northern Ireland
·4 civil commotion;
·5 any unlawful, wanton or malicious act committed maliciously by a person or persons acting on behalf of or in connection with an unlawful association;
(unlawful association shall mean any organisation which is engaged in terrorism and includes an organisation

---

[m·1] In any policy for "All Risks Insurance" taken out under clauses 22A, 22B or 22C·2 cover should not be reduced by the terms of any exclusion written in the policy beyond the terms of paragraph 2; thus an exclusion in terms "This Policy excludes all loss of or damage to the property insured due to defective design, plan, specification, materials or workmanship" would not be in accordance with the terms of those clauses and of the definitions of "All Risks Insurance". Cover which goes beyond the terms of the exclusion in paragraph 2 may be available though not standard in all policies taken out to meet the obligation in clauses 22A, 22B or 22C·2: and leading insurers who underwrite "All Risks" cover for the Works have confirmed that where such improved cover is being given it will not be withdrawn as a consequence of the publication of the terms of the definition in clause 22·2 of "All Risks Insurance".

Clause 22—Insurance

which at any relevant time is a proscribed organisation within the meaning of the Northern Ireland (Emergency Provisions) Act 1973; "terrorism" means the use of violence for political ends and includes any use of violence for the purpose of putting the public or any section of the public in fear.

Site Materials: all unfixed materials and goods delivered to, placed on or adjacent to the Works and intended for incorporation therein.

22·3 ·1 The Contractor where clause 22A applies, and the Employer where either clause 22B or clause 22C applies shall ensure that the Joint Names Policy referred to in clause 22A·1 or clause 22A·3 or the Joint Names Policies referred to in clause 22B·1 or in clause 22C·1 and 22C·2 shall
either provide for recognition of each Sub-Contractor nominated by the Architect/the Contract Administrator as an insured under the relevant Joint Names Policy
or include a waiver by the relevant insurers of any right of subrogation which they may have against any such Nominated Sub-Contractor
in respect of loss or damage by the Specified Perils to the Works and Site Materials where clause 22A or clause 22B or clause 22C·2 applies and, where clause 22C·1 applies, in respect of loss or damage by the Specified Perils to the existing structures (which shall include from the relevant date any relevant part to which clause 18·1·3 refers) together with the contents thereof owned by the Employer or for which he is responsible; and that this recognition or waiver shall continue up to and including the date of issue of the certificate of practical completion of the Sub-Contract Works (as referred to in clause 14·2 of the Sub-Contract NSC/4 or NSC/4a) or the date of determination of the employment of the Contractor (whether or not the validity of that determination is contested) under clause 27 or clause 28 or clause 28A, or, where clause 22C applies, under clause 27 or clause 28 or clause 28A or clause 22C·4·3, whichever is the earlier. The provisions of clause 22·3·1 shall apply also in respect of any Joint Names Policy taken out by the Employer under clause 22A·2.

·2 Except in respect of the Joint Names Policy referred to in clause 22C·1 the provisions of clause 22·3·1 in regard to recognition or waiver shall apply to Domestic Sub-Contractors. Such recognition or waiver for Domestic Sub-Contractors shall continue up to and including the date of issue of any certificate or other document which states that the Domestic Sub-Contract Works are practically complete or the date of determination of the employment of the Contractor as referred to in clause 22·3·1 whichever is the earlier.

22A Erection of new buildings – All Risks Insurance of the Works by the Contractor [m]

22A·1 The Contractor shall take out and maintain a Joint Names Policy for all Risks Insurance for cover no less than that defined in clause 22·2 [n] [o·1] for the full reinstatement value of the Works (plus the percentage, if any, to cover professional fees stated in the Appendix) and shall (subject to clause 18·1·3) maintain such Joint Names Policy up to and including the date of issue of the certificate of Practical Completion or up to and including the date of determination of the employment of the Contractor under clause 27 or clause 28 or clause 28A (whether or not the validity of that determination is contested) whichever is the earlier.

22A·2 The Joint Names Policy referred to in clause 22A·1 shall be taken out with insurers approved by the Employer and the Contractor shall send to the Architect/the Contract Administrator for deposit with the Employer that Policy and the premium receipt therefor and also any relevant endorsement or endorsements thereof as may be required to comply with the obligation to maintain that Policy set out in clause 22A·1 and the premium receipts therefor. If the Contractor defaults in taking out or in maintaining the Joint Names Policy as required by clauses 22A·1 and 22A·2 the Employer may himself take out and maintain a Joint Names Policy against any risk in respect of which the default shall have occurred and a sum or sums equivalent to the amount paid or payable by him in respect of premiums therefor may be deducted by him from any monies due or to become due to the Contractor under this Contract or such amount may be recoverable by the Employer from the Contractor as a debt.

22A·3 ·1 If the Contractor independently of his obligations under this Contract maintains a policy of insurance which provides (*inter alia*) All Risks Insurance for cover no less than that defined in clause 22·2 for the full reinstatement value of the Works (plus the percentage, if any, to cover professional fees stated in the Appendix) then the maintenance by the Contractor of such policy shall, if the policy is a Joint Names Policy in respect of the aforesaid Works, be a discharge of the Contractor's obligation to take out and maintain a Joint Names Policy under clause 22A·1. If and so long as the Contractor is able to send to the Architect/the Contract Administrator for inspection by the Employer as and when he is reasonably required to do so by the Employer documentary evidence that such a policy is being maintained then the Contractor shall be discharged from his obligation under clause 22A·2 to deposit the policy and the premium receipt with the Employer but on any occasion the Employer may (but not unreasonably or vexatiously) require to have sent to the

---

[o·1] In some cases it may not be possible for insurance to be taken out against certain risks covered by the definition of "All Risks Insurance". This matter should be arranged between the parties prior to entering into the Contract and either the definition of "All Risks Insurance" given in clause 22·2 amended or the risks actually covered should replace this definition; in the latter case clause 22A·1, clause 22A·3 or clause 22B·1, whichever is applicable, and other relevant clauses in which the definition "All Risks Insurance" is used should be amended to include the words used to replace this definition.

Clause 22—Insurance

Architect/the Contract Administrator for inspection by the Employer the policy to which clause 22A·3·1 refers and the premium receipts therefor. The annual renewal date, as supplied by the Contractor, of the insurance referred to in clause 22A·3·1 is stated in the Appendix.

·2 The provisions of clause 22A·2 shall apply in regard to any default in taking out or in maintaining insurance under clause 22A·3·1.

22A·4 ·1 If any loss or damage affecting work executed or any part thereof or any Site Materials is occasioned by any one or more of the risk covered by the Joint Names Policy referred to in clause 22A·1 or clause 22A·2 or clause 22A·3 then, upon discovering the said loss or damage, the Contractor shall forthwith give notice in writing both to the Architect/the Contract Administrator and to the Employer of the extent, nature and location thereof.

·2 The occurrence of such loss or damage shall be disregarded in computing any amounts payable to the Contractor under or by virtue of this Contract.

·3 After any inspection required by the insurers in respect of a claim under the Joint Names Policy referred to in clause 22A·1 or clause 22A·2 or clause 22A·3 has been completed the Contractor with due diligence shall restore such work damaged, replace or repair any such Site Materials which have been lost or damaged, remove and dispose of any debris and proceed with the carrying out and completion of the Works.

·4 The Contractor, for himself and for all Nominated and Domestic Sub-Contractors who are, pursuant to clause 22·3, recognised as an insured under the Joint Names Policy referred to in clause 22A·1 or clause 22A·2 or clause 22A·3, shall authorise the insurers to pay all monies from such insurance in respect of the loss or damage referred to in clause 22A·4·1 to the Employer. The Employer shall pay all such monies (less only the percentage, if any, to cover professional fees stated in the Appendix) to the Contractor by instalments under certificates of the Architect/the Contract Administrator issued at the Period of Interim Certificates.

·5 The Contractor shall not be entitled to any payment in respect of the restoration, replacement or repair of such loss or damage and (when required) the removal and disposal of debris other than the monies received under the aforesaid insurance.

22B **Erection of new buildings – All Risks Insurance of the Works by the Employer** [m]

22B·1 The Employer shall take out and maintain a Joint Names Policy for All Risks Insurance for cover no less than that defined in clause 22·2 [n] [o·1] for the full reinstatement value of the Works (plus the percentage, if any to cover professional fees stated in the Appendix) and shall (subject to clause 18·1·3) maintain such Joint Names Policy up to and including the date of issue of the certificate of Practical Completion or up to and including the date of determination of the Employment of the Contractor under clause 27 or clause 28 or clause 28A (whether or not the validity of that determination is contested) whichever is the earlier.

The JCT Standard Form of Building Contract

22B·2 [Number not used]

22B·3
- ·1 If any loss or damage affecting work executed or any part thereof or any Site Materials is occasioned by any one or more of the risks covered by the Joint Names Policy referred to in clause 22B·1 then, upon discovering the said loss or damage, the Contractor shall forthwith give notice in writing both to the Architect/the Contract Administrator and to the Employer of the extent, nature and location thereof.
- ·2 The occurrence of such loss or damage shall be disregarded in computing any amounts payable to the Contractor under or by virtue of this Contract.
- ·3 After any inspection required by the insurers in respect of a claim under the Joint Names Policy referred to in clause 22B·1 has been completed the Contractor with due diligence shall restore such work damaged, replace or repair any such Site Materials which have been lost or damaged, remove and dispose of any debris and proceed with the carrying out and completion of the Works.
- ·4 The Contractor, for himself and for all Nominated and Domestic Sub-Contractors who are, pursuant to clause 22·3, recognised as an insured under the Joint Names Policy referred to in clause 22B·1, shall authorise the insurers to pay all monies from such insurance in respect of the loss or damage referred to in clause 22B·3·1 to the Employer.
- ·5 The restoration, replacement or repair of such loss or damage and (when required) the removal and disposal of debris shall be treated as if they were a Variation required by an instruction of the Architect/the Contract Administrator under clause 13·2.

22C Insurance of existing structures – Insurance of Works in or extensions to existing structures [m]

22C·1 The Employer shall take out and maintain a Joint Names Policy in respect of the existing structures (which shall include from the relevant date any relevant part to which clause 18·1·3 refers) together with the contents thereof owned by him or for which he is responsible, for the full cost of reinstatement, repair or replacement of loss or damage due to one or more of the Specified Perils [o·2] up to and including the date of issue of the certificate of Practical Completion or up to and including the date of determination of the employment of the Contractor under clause 22C·4·3 or clause 27 or clause 28 or clause 28A (whether or not the validity of that determination is contested) whichever is the earlier. The Contractor, for himself and for all Nominated Sub-Contractors who are, pursuant to clause 22·3·1, recognised as an insured under the Joint Names Policy referred to in clause 22C·1 shall authorise the insurers to pay all

---

[o·2] In some cases it may not be possible for insurance to be taken out against certain of the Specified Perils or the risks covered by the definition of "All Risks Insurance". This matter should be arranged between the parties prior to entering into the Contract and either the definition of Specified Perils and/or All Risks Insurance given in clauses 1·3 and 22·2 amended or the risks actually covered should replace the definition, in the latter case clause 22C·1 and/or clause 22C·2 and other relevant clauses in which the definitions "All Risks Insurance" and/or "Specified Perils" are used should be amended to include the words used to replace those definitions.

Clause 22—Insurance

monies from such insurance in respect of loss or damage to the Employer. [o·2A]

22C·2 The Employer shall take out and maintain a Joint Names Policy for All Risks Insurance for cover no less than that defined in 22·2 [n] [o·2] for the full reinstatement value of the Works (plus the percentage, if any, to cover professional fees stated in the Appendix) and shall (subject to clause 18·1·3) maintain such Joint Names Policy up to and including the date of issue of the certificate of Practical Completion or up to and including the date of determination of the employment of the Contractor under clause 22C·4·3 or clause 27 or clause 28 or clause 28A (whether or not the validity of that determination is contested) whichever is the earlier.

22C·3 [Number not used]

22C·4 If any loss or damage affecting work executed or any part thereof or any Site Materials is occasioned by any one or more of the risks covered by the Joint Names Policy referred to in the clause 22C·2 then, upon discovering the said loss or damage, the Contractor shall forthwith give notice in writing both to the Architect/the Contract Administrator and to the Employer of the extent, nature and location thereof and

·1 the occurrence of such loss or damage shall be disregarded in computing any amounts payable to the Contractor under or by virtue of this Contract;

·2 the Contractor, for himself and for all Nominated and Domestic Sub-Contractors who are, pursuant to clause 22·3, recognised as an insured under the Joint Names Policy referred to in clause 22C·2, shall authorise the insurers to pay all monies from such insurance in respect of the loss or damage referred to in clause 22C·4 to the Employer;

·3·1 if it is just and equitable so to do the employment of the Contractor under this Contract may within 28 days of the occurrence of such loss or damage be determined at the option of either party by notice by registered post or recorded delivery from either party to the other. Within 7 days of receiving such a notice (but not thereafter) either party may give to the other a written request to concur in the appointment of an Arbitrator under clause 41 in order that it may be determined whether such determination will be just and equitable;

·3·2 upon the giving or receiving by the Employer of such a notice of determination or, where a reference to arbitration is made as aforesaid, upon the Arbitrator upholding the notice of determination, the provisions of clause 28·2 (except clause 28·2·2·6) shall apply.

·4 If no notice of determination is served under clause 22C·4·3·1, or, where a reference to arbitration is made as aforesaid, if the Arbitrator decides against the notice of determination, then

·4·1 after any inspection required by the insurers in respect of a claim under the Joint Names Policy referred to in clause 22C·2 has been completed, the Contractor with due diligence shall restore such work damaged,

---

[o·2A] Some Employers e.g. tenants may not be able to fufill the obligations in clause 22C·1. If so clause 22C·1 should be amended accordingly.

The JCT Standard Form of Building Contract

replace or repair any such Site Materials which have been lost or damaged, remove and dispose of any debris and proceed with the carrying out and completion of the Works; and

·4·2 the restoration, replacement or repair of such loss or damage and (when required) the removal and disposal of debris shall be treated as if they were a Variation required by an instruction of the Architect/the Contract Administrator under clause 13·2.

22D Insurance for Employer's loss of liquidated damages – clause 25·4·3

22D·1 Where it is stated in the Appendix that the insurance to which clause 22D refers may be required by the Employer then forthwith after the Contract has been entered into the Architect/the Contract Administrator shall either inform the Contractor that no such insurance is required or shall instruct the Contractor to obtain a quotation for such insurance. This quotation shall be for an insurance on an agreed value basis [o·3] to be taken out and maintained by the Contractor until the date of Practical Completion and which will provide for payment to the Employer of a sum calculated by reference to clause 22D·3 in the event of loss or damage to the Works, work executed, Site Materials, temporary buildings, plant and equipment for use in connection with and on or adjacent to the Works by any one or more of the Specified Perils and which loss or damage results in the Architect/the Contract Administrator giving an extension of time under clause 25·3 in respect of the Relevant Event in clause 25·4·3. The Architect/the Contract Administrator shall obtain from the Employer any information which the Contractor reasonably requires to obtain such quotation. The Contractor shall send to the Architect/the Contract Administrator as soon as practicable the quotation which he has obtained and the Architect/the Contract Administrator shall thereafter instruct the Contractor whether or not the Employer wishes the Contractor to accept that quotation and such instruction shall not be unreasonably withheld or delayed. If the Contractor is instructed to accept the quotation the Contractor shall forthwith take out and maintain the relevant policy and send it to the Architect/the Contract Administrator for deposit with the Employer, together with the premium receipt therefor and also any relevant endorsement or endorsements thereof and the premium receipts therefor.

22D·2 The sum insured by the relevant policy shall be a sum calculated at the rate stated in the Appendix as liquidated and ascertained damages for the period of time stated in the Appendix.

22D·3 Payment in respect of this insurance shall be calculated at the rate referred to in clause 22D·2 (or any revised rate produced by the application of clause

---

[o·3] The adoption of an agreed value is to avoid any dispute over the amount of the payment due under the insurance once the policy is issued. Insurers on receiving a proposal for the insurance to which clause 22D refers will normally reserve the right to be satisfied that the sum referred to in clause 22D·2 is not more than a

Clause 22—Insurance

18·1·4) for the period of any extension of time finally given by the Architect/the Contract Administrator as referred to in clause 22D·1 or for the period of time stated in the Appendix, whichever is the less.

22D·4 The amounts expended by the Contractor to take out and maintain the insurance referred to in clause 22D·1 shall be added to the Contract Sum. If the Contractor defaults in taking out or in maintaining the insurance referred to in clause 22D·1 the Employer may himself insure against any risk in respect of which the default shall have occurred.

Clauses 22 to 22D: Insurances

Derivation. The original version of clause 22 was substantially the same as clause 20 of the 1963 Form. The clause was substantially amended by Amendment 2 issued in November 1986.

Scheme of clauses. Clauses 22.1 to 22.3 deal with definitions and introductory matters. Clause 22A is applicable to the erection of new buildings where the Contractor is required to take out a Joint Names Policy for All Risks Insurance for the Works and clause 22B is applicable where the Employer has elected to take out such a Policy. Clause 22C is to be used for alterations of or extensions to existing structures under which the Employer is required to take out a Joint Names Policy to insure the existing structure and their contents against loss or damage thereto by the Specified Perils and a Joint Names Policy for All Risks Insurance for the Works. Clause 22D deals with the insurance of the Employers' loss of liquidated damages. These clauses should be read with clauses 20 and 21 and clause 25 (extension of time) is also material.

Clause 22.2. This introductory clause was added by Amendment 2 issued in November 1986. All Risks Insurance is defined as "insurance which provides cover against any physical loss or damage to work executed and Site Materials ..." subject to certain exclusions.

Clause 22A.1. This sub-clause was significantly amended by Amendment 2 issued in November 1986. In the original version of the 1980 Form, the obligation was to insure against loss or damage by the Clause 22 Perils. The obligation now is to take out and maintain a Policy for All Risks Insurance, as defined in clause 22.2. The last words of the sub-clause "or up to ... whichever is the earlier" were also added by the amendment so that the

---

genuine pre-estimate of the damages which the Employer considers, at the time he enters into the Contract, he will suffer as a result of any delay.

obligation to insure ceases either upon Practical Completion or determination, whichever is the earlier.

Clause 22A.4. This sub-clause deals with the procedure where the Works suffer loss or damage. This was substantially amended by Amendment 2 issued in November 1986. This is of great importance because of the Contractor's entitlement to extension of time (clause 25.4.3) and the right of either party to determine (clause 28A.1.2). Under the former procedure, the Contractor's obligation to restore work damaged arose upon acceptance of a claim under clause 22A. The new procedure is that the Contractor is required to give written notice of the nature, extent and location of the loss or damage upon discovery (clause 22A.4.1); the occurrence of the loss or damage is to be disregarded in computing any amounts payable to the Contractor (22A.4.2); the obligation of the Contractor to restore now arises after inspection by the Insurers has been completed (22A.4.3), so that it arises at an earlier stage than formerly; and the Contractor is now required to authorise insurers to pay insurance monies direct to the Employer (22A.4.4).

Clause 22B. In the 1963 Form and in the original version of the 1980 Form, clause 22B provided that "All work ... shall be at the sole risk of the Employer as regards loss or damage by the Clause 22 Perils". In the Local Authorities version there was no obligation to insure but in the Private version there was. The effect of those words was that the Employer accepted liability for loss or damage caused by the Clause 22 Perils even if caused by the Contractor's negligence (see commentary to clause 20) but damage to the Works due to theft or other risks not within the named contingencies was the liability of the Contractor.

The effect of the amendments is that the obligation to insure now extends to Local Authorities; the insurance is now against All Risks not just the Specified Perils; the obligation continues until Practical Completion or determination, whichever is the earlier; and damage to the Works or Site Materials is not the liability of the Contractor in any circumstance (see clause 20.3) save after Practical Completion or determination.

Clause 22C. Clause 22C.1 has been redrafted substantially. It formerly provided that "The existing structures ... shall be at the sole risk of the Employer as regards loss or damage by the Clause 22 Perils". The Employer is now required to take out and maintain a Joint Names Policy for loss or damage due to the Specified Perils. The effect of this change of wording does not, however, appear to be great. If the existing structures are damaged by a Specified Peril, such damage remains, it is thought, at the sole risk of the Employer whether or not caused by the negligence of the Contractor (see commentary to clause 20). If the existing structures are damaged by a peril that is not a Specified Peril (*e.g.* theft) that is at the risk of the Contractor until

Clause 22—Insurance

Practical Completion or determination to the extent that it is due to his negligence etc.

"Specified Perils". Certain of the Perils have been considered by the court, as "storm, tempest, flood",[72] "explosion"[73] and "bursting or overflowing of water tanks".[74] It has been held that "flood" imports the invasion of the property by a large volume of water caused by a rapid accumulation or sudden release of water from an external source, usually but not necessarily confined to the result of a natural phenomenon such as a storm, tempest or downpour; and that bursting of tanks, apparatus or pipes is confined to the rupture of tank, apparatus or pipe from within typically caused by the exertion of forces, such as expansion or pressure within the vessel or pipe itself. Where a large quantity of water escaped from a sprinkler system because a sub-contractor dropped a heavy purlin on it, this was neither a flood nor the bursting of apparatus or pipes within the definition of Specified Perils.[75]

Clause 22C.4.3.1. *"If it is just and equitable so to do . . ."*
This is a special provision for determination: see also clause 28A.1.2.
It was unsuccessfully argued that clause 20(C) of the 1963 Form required the Employer to indemnify the Contractor in respect of liability to third parties arising out of his negligence and to insure against such liability.[76] Clause 22C of the 1980 Form clearly does not impose any such obligation upon the Employer.

Clause 22D. This new sub-clause was inserted by Amendment 2 issued in November 1986. Where stated in the Appendix and subsequently required by the Architect, the Contractor is to take out insurance for the Employer's loss of liquidated damages in circumstances where loss and damage by one of the Specified Perils results in an extension of time under clause 25.3 and 25.4.3.

---

[72] *Oddy v. Phoenix Assurance* [1966] 1 Lloyd's Rep. 134; *S. & M. Hotels v. Legal & General Assurance* [1972] 1 Lloyd's Rep. 157; *Anderson v. Norwich Union* [1977] 1 Lloyd's Rep. 253; *Young v. Sun Alliance* [1976] 2 Lloyd's Rep. 189; *Computer & Systems Engineering v. John Lelliott* (1990) 54 B.L.R. 1 (C.A.).
[73] *Commonwealth Smelting v. Guardian Royal Exchange* [1986] 1 Lloyd's Rep. 121.
[74] *Computer & Systems Engineering v. John Lelliott* (1990) 54 B.L.R. 1 (C.A.)—a case on the original version of the 1980 Form.
[75] *Computer & Systems Engineering v. John Lelliott* (1990) 54 B.L.R. 1 (C.A.).
[76] *Coleman Street Properties v. Denco Miller* (1982) 31 B.L.R. 32; *Aberdeen Harbour Board v. Heating Enterprises (Aberdeen)* (1988) 4 Const.L.J. 195, Court of Session (Outer House).

The JCT Standard Form of Building Contract

23 Date of Possession, completion and postponement

23·1 ·1 On the Date of Possession possession of the site shall be given to the Contractor who shall thereupon begin the Works, regularly and diligently proceed with the same and shall complete the same on or before the Completion Date.

·2 Where clause 23·1·2 is stated in the Appendix to apply the Employer may defer the giving of possession for a period not exceeding six weeks or such lesser period stated in the Appendix calculated from the Date of Possession.

23·2 The Architect/The Contract Administrator may issue instructions in regard to the postponement of any work to be executed under the provisions of this Contract.

23·3 ·1 For the purposes of the Works insurances the Contractor shall retain possession of the site and the Works up to and including the date of issue of the certificate of Practical Completion, and, subject to clause 18, the Employer shall not be entitled to take possession of any part or parts of the Works until that date.

·2 Notwithstanding the provisions of clause 23·3·1 the Employer may, with the consent in writing of the Contractor, use or occupy the site or the Works or part thereof whether for the purposes of storage of his goods or otherwise before the date of issue of the certificate of Practical Completion by the Architect/the Contract Administrator. Before the Contractor shall give his consent to such use or occupation the Contractor or the Employer shall notify the insurers under clause 22A or clause 22B or clause 22C·2 and ·4 whichever may be applicable and obtain confirmation that such use or occupation will not prejudice the insurance. Subject to such confirmation the consent of the Contractor shall not be unreasonably withheld.

·3 Where clause 22A·2 or clause 22A·3 applies and the insurers in giving the confirmation referred to in clause 23·3·2 have made it a condition of such confirmation that an additional premium is required the Contractor shall notify the Employer of the amount of the additional premium. If the Employer continues to require use or occupation under clause 23·3·2 the additional premium required shall be added to the Contract Sum and the Contractor shall provide the Employer, if so requested, with the additional premium receipt therefor.

Clause 23: Date of Possession, completion and postponement

Derivation. Clause 23 is substantially derived from clause 21 of the 1963 Form. The clause was amended by Amendment 2 issued in November 1986 and Amendment 4 issued in July 1987.

Generally. Clauses 23, 24 and 25 deal with time, liquidated damages and extension of time and should be read together. For the recovery of loss or expense in certain cases where the regular progress of the Works has been materially affected, see clause 26.1. For determination for delay, see clauses

Clause 23—Date of Possession, Completion and Postponement

27 and 28. For time for completion generally, see p. 236. For extension of time clauses, see p. 253. For liquidated damages generally, see p. 240.

Sectional Completion. These clauses only deal with the position where there is one date for handing over the Site to the Contractor and one date for completion of all the Works. Amendment is required if this is not intended.[77]

Clause 23.1. "... *possession of the site* ..."

"The contract necessarily requires the building owner to give the contractor such possession, occupation or use as is necessary to enable him to perform the contract ...."[78] The phrase "possession of the site" was considered in *Whittal Builders v. Chester Le Street D.C.*[79] in the context of clause 21 of the 1963 Form. It was held that the phrase meant possession of the whole site and that, in giving piecemeal possession, the Employer was in breach of contract so as to entitle the Contractor to damages. It is submitted, however, that possession of the site will be a question of fact and degree in all the circumstances. Provided that the Contractor has sufficient possession, in all the circumstances, to enable him to perform, the Employer will not be in breach of contract.[80]

Clause 23.1. "... *regularly and diligently proceed with the same* ..."

Breach of this obligation is a ground for determination under clause 27.1.2. It has been held that "'regularly and diligently' should be construed together and that in essence they mean simply that contractors must go about their work in such a way as to achieve their contractual obligations. This requires them to plan their work, to lead and to manage their workforce, to provide sufficient and proper materials and to employ competent tradesmen, so that the Works are fully carried out to an acceptable standard and that all time, sequence and other provisions of the contract are fulfilled".[81] This construction is very wide and would appear to have the consequence that almost any failure by the Contractor to comply with a contractual requirement would amount to a failure to proceed regularly and diligently, thereby putting the Contractor at risk of a determination notice under clause 27.1.2.

The Contractor is required to provide to the Architect a master

---

[77] See commentary to clause 18.
[78] *Hounslow London Borough v. Twickenham Garden Developments* [1971] Ch. 233 at 257. The decision in this case is further discussed on p. 293 and, with reference to Clause 27 (determination) on p. 658.
[79] (1987) 40 B.L.R. 82.
[80] For a Canadian case on possession of the site, see *The Queen v. Walter Cabott Construction*, 21 B.L.R. 42. See also "Co-operation" on p. 52.
[81] H.H. Judge Newey Q.C. in *West Faulkner Associates v. London Borough of Newham* (1992) 31 Con.L.R. 105 at p. 139, *The Times*, November 11, 1994 (C.A.); *cf. Hounslow London Borough v. Twickenham Garden Developments* [1971] Ch. 233 at p. 269.

programme for the execution of the Works (see clause 5.3.1.2). Failure to comply with such a programme is not itself a breach of contract but it may be some evidence of failure to proceed regularly and diligently. The Contractor may be able to rebut the inference of breach by showing, inter alia, that he is entitled to an extension of time under clause 25, that delay is caused by some act of the Employer not within clause 25 or that some other programme which he is following is in compliance with the duty to proceed regularly and diligently.

Clause 23.1.   "... *complete the same on or before the Completion Date.*"

The expression "Completion Date" is defined in clause 1.3 to include the effect of extensions of time. There is no reference to Practical Completion. However, it has been said that the obligation under clause 21 of the 1963 Form was "to complete the Works in the sense in which the words 'practically completed' and 'practical completion' are used in clauses 15 and 16...."[82]

Date Omitted.   If the Date for Completion is not inserted in the Appendix, liquidated damages are not payable.[83] In a proper case, if the date had been clearly agreed and was accidentally omitted the Court would, it is thought, grant rectification and insert the date, but *Kemp v. Rose*[84] would have to be distinguished.

Earlier Completion.   The Contractor is entitled to complete before the contractual completion date, whether or not he has so programmed the Works. But there is no implied term in the Contract requiring the Employer to so perform the agreement as to enable the Contractor to complete before the contractual date. Such a term would require that the Contractor was both entitled and obliged to complete early which cannot be so.[85]

Clause 23.1.2.   This sub-clause was inserted by Amendment 4 issued in July 1987. Where the sub-clause is stated in the Appendix to apply, the Employer may defer giving possession of the site for up to 6 weeks. Such deferment is not a breach of contract and does not disentitle the Employer from recovering liquidated damages. The Contractor is entitled to an extension of time under clauses 25.3 and 25.4.13, and to loss and expense under clause 26.1.

---

[82] Salmon L.J. in *J. Jarvis & Sons v. City of Westminster* [1969] 1 W.L.R. 1448 at p. 1458 (C.A.); cf. *Kaye (P. & M.) v. Hosier & Dickinson* [1972] 1 W.L.R. 146 at p. 165 (H.L.); *H. W. Nevill (Sunblest) v. William Press & Son* (1981) 20 B.L.R. 78 at p. 87; *Emson Eastern v. E.M.E. Developments* (1991) 55 B.L.R. 114.
[83] *Kemp v. Rose* (1858) 1 Giff. 258 at p. 266.
[84] (1858) 1 Giff. 258.
[85] *Glenlion Construction v. The Guinness Trust* (1987) 39 B.L.R. 89; see also "Co-operation" on p. 52.

Clause 23—Date of Possession, Completion and Postponement

Where the sub-clause does not apply, delay by the Employer in giving possession prima facie disentitles the Employer from recovering liquidated damages,[86] but the Architect can, it is submitted, issue an instruction under clause 23.2 postponing the commencement of the Works. Such an instruction may entitle the Contractor to an extension of time under clause 25.4.5.1 and to loss and expense under clause 26.2.5. Postponement of commencement of the Works may give the Contractor a right of determination under clause 28.1.3.5. Where this may arise, the Architect should advise the Employer who may wish to make a special agreement with the Contractor to avoid the possibility of such determination.

Clause 23.2. *"... the postponement of any work ..."*
An instruction to postpone work leading to a suspension of the Works can be disastrous for the Employer. The Contractor may be able to determine under clause 28.1.3.1.[87] In any event he will usually have a claim to loss and/or expense under clause 26.2.5. Can the Contractor rely on such an instruction when it arose out of a defect in the Works or other matter for which he is responsible? In *Gloucestershire County Council v. Richardson* it was conceded in the Court of Appeal that he could not.[88] When the case went to the House of Lords[89] the concession was maintained but it appeared that some of their Lordships were not satisfied it was necessarily correct. The point must be regarded as open although, having regard to the care with which the Courts approach determination clauses, it may well be that it was correct.

Nomination and Postponement. In *Harrison v. Leeds City Council*,[90] the Court of Appeal held that a nomination requiring a Contractor to enter into a sub-contract, the terms of which contained a provision as to the sub-contract works which was inconsistent with the main contractor's programme and necessarily required part of the main contractor's work to be postponed operated as a postponement instruction under clause 21(2) of the 1963 Form with a right to loss and expense under clause 24(1)(e).

Clause 23.3. This sub-clause was inserted by Amendment 2 issued in November 1986. It deals with insurance arrangements for use or occupation by the Employer prior to the date of Practical Completion.

---

[86] *Amalgamated Building Contractors v. Waltham Holy Cross U.D.C.* [1952] 2 All E.R. 452 at p. 455 (C.A.); see also p. 250.
[87] See commentary on p. 670.
[88] [1967] 3 All E.R. 458 (C.A.).
[89] [1969] 1 A.C. 480 (H.L.). The Contract was in the 1939 edition, where the Contractor had an absolute right of determination and was not subject to the proviso of reasonableness.
[90] (1980) 14 B.L.R. 118 (C.A.).

24 Damages for non-completion

24·1 If the Contractor fails to complete the Works by the Completion Date then the Architect/the Contract Administrator shall issue a certificate to that effect. In the event of a new Completion Date being fixed after the issue of such a certificate such fixing shall cancel that certificate and the Architect/the Contract Administrator shall issue such further certificate under clause 24·1 as may be necessary.

24·2 ·1 Subject to the issue of any certificate under clause 24·1 the Contractor shall, as the Employer may require in writing not later than the date of the Final Certificate, pay or allow to the Employer liquidated and ascertained damages at the rate stated in the Appendix (or at such lesser rate as may be specified in writing by the Employer) for the period between the Completion Date and the date of Practical Completion and the Employer may deduct the same from any monies due or to become due to the Contractor under this Contract (including any balance stated as due to the Contractor in the Final Certificate) or the Employer may recover the same from the Contractor as a debt.

·2 If, under clause 25·3·3, the Architect/the Contract Administrator fixes a later Completion Date, the Employer shall pay or repay to the Contractor any amounts recovered allowed or paid under clause 24·2·1 for the period up to such later Completion Date.

·3 Notwithstanding the issue of any further certificate of the Architect/the Contract Administrator under clause 24·1 any requirement of the Employer which has been previously stated in writing in accordance with clause 24·2·1 shall remain effective unless withdrawn by the Employer.

Clause 24: Damages for non-completion

Derivation.   This clause is derived from clause 22 of the 1963 Form. It differs from clause 22 in a number of important respects dealt with below.

Amendment.   Clauses 24.1 and 24.2.1 were somewhat redrafted and a new clause 24.2.3 inserted by Amendment 9 issued in July 1990. These amendments are discussed below. Clause 24.2.2 was slightly redrafted by Amendment 13 issued in January 1994 to include a consequential reference to the new clause 13A procedure.

Contra proferentem?   Clauses 23 to 25 are not, it is thought, to be construed against either party as they are part of a document prepared by bodies representative of each.[91]

Pre-conditions to liquidated damages.   Before the Employer is entitled to liquidated damages there must be a failure by the Contractor to

---

[91] *Tersons Ltd v. Stevenage Development Corporation* [1963] 2 Lloyd's Rep. 333 at p. 368 (C.A.); see also "Contra proferentem rule" on p. 47.

Clause 24—Damages for Non-completion

complete the Works by the Completion Date. The Architect must have performed his duties in regard to any necessary extension of time under clause 25 or 33.1.3, since the delay is a failure by the Contractor to complete the Works by the Completion Date, which is defined by clause 1.3 as the Date for Completion as fixed and stated in the Appendix or any date fixed under either clause 25 or 33.1.3. The Architect must issue a certificate under clause 24.1. The Employer must require the payment of liquidated damages in writing no later than the date of the Final Certificate.[92] Both a certificate under clause 24.1 and the Employer's requirement in writing are conditions precedent to the deduction of liquidated damages.[93]

Liquidated and ascertained damages. For liquidated damages generally, see p. 240. For the significance of the sum being a genuine pre-estimate of the damage likely to be suffered by non-completion, see p. 242. For damages where the agreed sum is a penalty, see p. 248. For a discussion of whether a liquidated damages clause operates to limit the contractor's liability, see "Exhaustive remedy?" on p. 241. It is thought that clause 24 in the 1980 Form does limit the Contractor's liability for damages for delay, but it does not affect any claim the Employer may have under the Contract or at common law for the costs of having the work completed or rectified by another Contractor. For damages where the employer causes delay, see p. 252.

Clause 24.1. *"... a certificate to that effect."*

The wording of the clause is mandatory, so that the Architect is obliged to issue the certificate irrespective of whether the Employer intends to operate clause 24.2.1.[94] The nature of the certificate under clause 24 is significantly different from that formerly issued under clause 22 of the 1963 Form. Clause 22 required a certificate of the Architect that "in his opinion [the Works] ought reasonably ... to have been completed" by the Date for Completion as extended. The giving of that certificate required, it is thought, the expression by the Architect of a judgment and opinion independent from and additional to that required of him in granting extensions of time. This opinion reflected the law as exemplified by *Peak Construction v. McKinney Foundations*[95] to the effect that liquidated damages are not payable under a building contract if the Employer causes delay to the completion of the works in circumstances where the contract does not provide for an extension of time for completion.[96] In those, and perhaps other circumstances, the Architect might conclude that he could not certify that the Contractor ought

---

[92] See *A. Bell & Son v. C.B.F. Residential Care and Housing Association* (1989) 46 B.L.R. 102 at p. 107; *cf. Jarvis Brent v. Rowlinson Constructions* (1990) 6 Const.L.J. 292.
[93] See *J. F. Finnegan v. Community Housing* (1993) 65 B.L.R. 103.
[94] See *A. Bell & Son v. C.B.F. Residential Care and Housing Association* (1989) 46 B.L.R. 102 at p. 107.
[95] (1970) 1 B.L.R. 111 (C.A.); also (1970) 69 L.G.R. 1.
[96] See "Employer causing delay" on p. 250.

reasonably to have completed the Works by the extended completion date. Clause 24.1 provides for a certificate which requires no additional exercise of judgment by the Architect. It is a simple statement that the Contractor has failed to complete the Works by the Completion Date (as extended, if appropriate). The principle of law referred to above will, of course, still apply, although the additions to what are now referred to as "Relevant Events" in clause 25 may make it less likely that an Employer will lose his right to liquidated damages. Since, however, the giving of the certificate itself will no longer have the effect of applying the principle of law, it will be more necessary for Employers and their advisers to be aware of the principle of law. It is possible that Architects may owe some duty to their clients to inform them of events in the course of a contract to which the principle of law may apply. An awareness of this problem is particularly important when an Employer, who fails to pay money certified relying on an unfounded right to liquidated damages, may risk a determination by the Contractor under clause 28.1.1.

The form of the certificate under clause 24. None is prescribed, but in each case it must be clear that there was an intention to issue the relevant document and that it in substance expressed what is required by clause 24.[97] The Court of Appeal has held that where a certificate issued under clause 22 of the 1963 Form was inconclusive in determining the rights of the parties, the Court had jurisdiction to determine such rights.[98]

More than one certificate. The procedure for damages for non-completion may now, as a result of Amendment 9 issued in July 1990, be summarised as follows:

(1) the Contractor fails to complete by the Completion Date;
(2) the Architect issues a Certificate of Non-Completion;
(3) once such a Certificate has been issued, the deduction or recovery of liquidated damages can be effected by the Employer. He does not have to wait until the total period of default is known;
(4) if, after the issue of a Certificate of Non-Completion, a new Completion Date is fixed, that cancels the Certificate;
(5) however, if the Contractor fails to complete by the new Completion Date, one or more further Certificates of Non-Completion must be issued. Steps (4) and (5) in the procedure are expressly inserted by the

---

[97] *Token Construction v. Charlton Estates* (1973) 1 B.L.R. 50 applying a passage from *Minster Trust Ltd v. Traps Tractors Ltd* [1954] 1 W.L.R. 963 at 982; see also *Crestar v. Carr* (1987) 37 B.L.R. 113. For a form of words held to be a sufficient extension in writing, see *Amalgamated Building Contractors v. Waltham Holy Cross U.D.C.* [1952] 2 All E.R. 452. See also "Form of Certificate" on p. 118.
[98] *Rapid Building v. Ealing Family Housing* (1984) 29 B.L.R. 5 (C.A.) applying *Northern Regional Healthy Authority v. Derek Crouch Construction* [1984] Q.B. 644 (C.A.).

Clause 24—Damages for Non-completion

sentence added to Clause 24.1 by Amendment 9, although this was probably in any event the position;

(6) the new Clause 24.2.3 provides that, notwithstanding the issue of further Certificates of Non-Completion, an earlier requirement of the Employer that the Contractor pay or allow liquidated damages "shall remain effective unless withdrawn by the Employer". It is not clear what is intended by these words. It was thought, prior to the Amendment, that the notice under Clause 24.2.1 in reliance upon a Certificate which was later superseded fell with that Certificate[99] and that a new notice was required. It may be that the intention is to protect the Employer against having to pay interest upon liquidated damages.[1] It is not clear whether the Employer must give fresh notice under Clause 24.2.1. It is thought that the intention is probably that no such notice is required, but that the earlier notice stands as implicitly amended by the issue of the further Certificate. No doubt the prudent course is to give fresh notice for the avoidance of doubt.

Is there a time limit for the issue of the certificate? It seems clear that under the 1980 Form no valid certificate may be issued under clause 24.1 after the issue of the Final Certificate. By clause 24.2.1, the Employer may only make requirement in writing of the payment of liquidated damages not later than the date of the Final Certificate and under clause 30.9.1.3 the Final Certificate is now stated to be conclusive as to extensions of time.[2]

Clause 24.1 certificate and extensions of time. The Architect cannot issue a certificate under clause 24.1 for a date which differs from the extended time under clauses 25 or 33.1.3. The intention of the certificate under clause 24.1 is to ensure that, before the Employer is entitled to liquidated damages, the Architect reviews all extensions of time. The Architect cannot by issuing a certificate under clause 24.1 alter or override his decisions under clause 25 extending time.

Clause 24.2.1. "... *the Contractor shall ... pay or allow ...*"

The Employer can either sue for the liquidated damages or deduct them from money due under the Contract. In any claim by the Contractor against the Employer under another Contract, the Employer can counterclaim for

---

[99] See *A. Bell & Son v. C.B.F. Residential Care and Housing Association* (1989) 46 B.L.R. 102. See also *J. F. Finnegan v. Community Housing* (1993) 65 B.L.R. 103 where *Bell's* case was approved but distinguished on the facts. It was held that a deduction made in reliance on a superseded certificate was not invalidated if there was a subsequent extension of time, since this was catered for by repayment under clause 24.2.2.

[1] See *Department of Environment for Northern Ireland v. Farrans* (1981) 19 B.L.R. 1 (High Court of Northern Ireland); see also note 8 below.

[2] The view had in any event been expressed in relation to the 1963 Form (1972 Revision) that once the Architect has issued a Final Certificate, if no notice of arbitration had been given, the Architect was *functus officio* and precluded thereafter from issuing any valid certificate under Clause 22—see *Fairweather v. Asden* (1979) 12 B.L.R. 40.

liquidated damages due from the Contractor under this Contract but cannot, it is thought, set-off the liquidated damages against the claim.[3] Payment certificates should be for the full amount (see clause 30) and the Employer may deduct the liquidated damages from the amount so certified. The Employer does not waive his claim for liquidated damages by failure to deduct them from money due under the Contract but he may recover them from the Contractor as a debt.

Clause 24.2.1. "... *as the Employer may require in writing* ..."
The requirement must have a degree of precision and formality.[4]

Clause 24.2.1. "... *the rate stated in the Appendix* ..."
These words were considered in *Temloc v. Errill Properties*,[5] a case concerning the 1980 Form. The parties had entered "nil" in the Appendix against clause 24.2. The Court of Appeal held that the effect of this entry was that it had been agreed between the parties that there should be no damages for delayed completion. If clause 24 was incorporated in the Contract and the parties completed the relevant part of the Appendix, that constituted an exhaustive agreement as to damages for delay. No such damages were recoverable at common law on the basis of any implied term.[6]

Clause 24.2.1. "... *may deduct* ... *may recover.*.."
Clause 24.2.1 is expressed entirely in permissive terms. In contrast, although it was always open to an Employer under the 1963 Contract not to enforce payment of liquidated damages, and although clause 22 gave the Employer a discretion whether to deduct liquidated damages from money due to the Contractor under the Contract, the language as to payment of liquidated damages was imperative.

Clause 24.2.2. This provision is necessary because clause 25.3.3 enables the Architect to review extensions of time previously granted and fix a later Completion Date.[7] The Employer is required, if necessary, to repay any liquidated damages deducted or received under clause 24.2.1. It seems that the contractor may be entitled in addition to interest on such repayment from the date of deduction or receipt.[8]

---

[3] See "Set-off and counterclaim" on p. 498 above and in particular "Contractual set-off" on p. 500.
[4] *J. F. Finnegan v. Community Housing* (1993) 65 B.L.R. 103.
[5] (1987) 39 B.L.R. 30 (C.A.), considered but not followed in relation to a different standard form in *Baese Ltd v. R.A. Bracken Building* (1989) 52 B.L.R. 130 (Supreme Court of New South Wales).
[6] See also "Exhaustive remedy?" on p. 241.
[7] See commentary to clause 25 below.
[8] See *Department of Environment for Northern Ireland v. Farrans* (1981) 19 B.L.R. 1 (High Court of Northern Ireland). Interest was held to be payable on the basis that the employer was in breach of contract in deducting liquidated damages in reliance on certificates which were subsequently vitiated. See the editorial comment at 19 B.L.R. 4 on this decision. It is arguable under the 1980 Form that an employer who deducts liquidated damages upon a proper

Clause 24—Damages for Non-completion

Liquidated damages and retention. For consideration of the inter-relationship of clause 24 and the obligation to set aside retention monies under clause 30, see *Henry Boot Building v. Croydon Hotel.*[9]

Sectional completion. For consideration of the inter-relationship between the provisions for partial possession and for liquidated damages, see *Bramall & Ogden v. Sheffield City Council*[10] discussed above in relation to clause 18.

25 Extension of time [*p*]

25·1 In clause 25 any reference to delay, notice or extension of time includes further delay, further notice or further extension of time.

25·2
- ·1·1 If and whenever it becomes reasonably apparent that the progress of the Works is being or is likely to be delayed the Contractor shall forthwith give written notice to the Architect/the Contract Administrator of the material circumstances including the cause or causes of the delay and identify in such notice any event which in his opinion is a Relevant Event.
- ·1·2 Where the material circumstances of which written notice has been given under clause 25·2·1·1 include reference to a Nominated Sub-Contractor, the Contractor shall forthwith send a copy of such written notice to the Nominated Sub-Contractor concerned.
- ·2 In respect of each and every Relevant Event identified in the notice given in accordance with clause 25·2·1·1 the Contractor shall, if practicable in such notice, or otherwise in writing as soon as possible after such notice:
- ·2·1 give particulars of the expected effects thereof; and
- ·2·2 estimate the extent, if any, of the expected delay in the completion of the Works beyond the Completion Date resulting therefrom whether or not concurrently with delay resulting from any other Relevant Event and shall give such particulars and estimate to any Nominated Sub-Contractor to whom a copy of any written notice has been given under clause 25·2·1·2.
- ·3 The Contractor shall give such further written notices to the Architect/the Contract Administrator, and send a copy to any Nominated Sub-Contractor to whom a copy of any written notice has been given under clause 25·2·1·2, as may be reasonably necessary or as the Architect/the Contract Administrator may reasonably require for keeping up-to-date the particulars and estimate referred to in clauses 25·2·2·1 and 25·2·2·2 including any material change in such particulars or estimate.

---

operation of clause 24 is not in breach of contract if the architect subsequently extends time under clause 25.3.3, and that clause 24.2.2. merely stipulates a contractual repayment without providing for interest. See also discussion of the *Farrans* case in *J. F. Finnegan v. Community Housing* (1993) 65 B.L.R. 103 at p. 114.

[9] (1985) 36 B.L.R. 41 (C.A.).
[10] (1983) 29 B.L.R. 73.

[*p*] See clauses 38·4·7, 39·5·7 and 40·7 (restriction of fluctuations or price adjustment during period where Contractor is in default over completion).

25·3 ·1 If, in the opinion of the Architect/the Contract Administrator, upon receipt of any notice, particulars and estimate under clauses 25·2·1·1 and 25·2·2,
·1·1 any of the events which are stated by the Contractor to be the cause of the delay is a Relevant Event and
·1·2 the completion of the Works is likely to be delayed thereby beyond the Completion Date
the Architect/the Contract Administrator shall in writing to the Contractor give an extension of time by fixing such later date as the Completion Date as he then estimates to be fair and reasonable. The Architect/The Contract Administrator shall, in fixing such new Completion Date, state:
·1·3 which of the Relevant Events he has taken into account and
·1·4 the extent, if any, to which he has had regard to any instruction under clause 13·2 requiring as a Variation the omission of any work issued since the fixing of the previous Completion Date,
and shall, if reasonably practicable having regard to the sufficiency of the aforesaid notice, particulars and estimates, fix such new Completion Date not later than 12 weeks from receipt of the notice and of reasonably sufficient particulars and estimate, or, where the period between receipt thereof and the Completion Date is less than 12 weeks, not later than the Completion Date.
If, in the opinion of the Architect/the Contract Administrator, upon receipt of any such notice, particulars and estimate it is not fair and reasonable to fix a later date as a new Completion Date, the Architect/the Contract Administrator shall if reasonably practicable having regard to the sufficiency of the aforesaid notice, particulars and estimate so notify the Contractor in writing not later than 12 weeks from receipt of the notice, particulars and estimate, or, where the period between receipt thereof and the Completion Date is less than 12 weeks, not later than the Completion Date.
·2 After the first exercise by the Architect/the Contract Administrator of his duty under clause 25·3·1 the Architect/the Contract Administrator may in writing fix a Completion Date earlier than that previously fixed under clause 25 if in his opinion the fixing of such earlier Completion Date is fair and reasonable having regard to the omission of any work or obligation instructed or sanctioned by the Architect/the Contract Administrator under clause 13 after the last occasion on which the Architect/the Contract Administrator fixed a new Completion Date.
·3 After the Completion Date, if this occurs before the date of Practical Completion, the Architect/the Contract Administrator may, and not later than the expiry of 12 weeks after the date of Practical Completion shall, in writing to the Contractor either
·3·1 fix a Completion Date later than that previously fixed if in his opinion the fixing of such later Completion Date is fair and reasonable having regard to any of the Relevant Events, whether upon reviewing a previous decision or otherwise and whether or not the Relevant Event has been specifically notified by the Contractor under clause 25·2·1·1; or
·3·2 fix a Completion Date earlier than that previously fixed under clause 25 if in his opinion the fixing of such earlier Completion Date is fair and

Clause 25—Extension of Time

        reasonable having regard to the omission of any work or obligation instructed or sanctioned by the Architect/the Contract Administrator under clause 13 after the last occasion on which the Architect/the Contract Administrator fixed a new Completion Date; or

·3·3 confirm to the Contractor the Completion Date previously fixed.

·4   Provided always

·4·1 the Contractor shall use constantly his best endeavours to prevent delay in the progress of the Works, howsoever caused, and to prevent the completion of the Works being delayed or further delayed beyond the Completion Date;

·4·2 the Contractor shall do all that may reasonably be required to the satisfaction of the Architect/the Contract Administrator to proceed with the Works.

·5   The Architect/The Contract Administrator shall notify in writing to every Nominated Sub-Contractor each decision of the Architect/the Contract Administrator under clause 25·3 fixing a Completion Date.

·6   No decision of the Architect/the Contract Administrator under clause 25·3 shall fix a Completion Date earlier than the Date for Completion stated in the Appendix.

25·4 The following are the Relevant Events referred to in clause 25:

·1   force majeure;

·2   exceptionally adverse weather conditions;

·3   loss or damage occasioned by any one or more of the Specified Perils;

·4   civil commotion, local combination or workmen, strike or lock-out affecting any of the trades employed upon the Works or any of the trades engaged in the preparation, manufacture or transportation of any of the goods or materials required for the Works;

·5   compliance with the Architect's/the Contract Administrator's instructions

·5·1 under clauses 2·3, 13·2, 13·3 (except compliance with an Architect's/a Contract Administrator's instruction for the expenditure of a provisional sum for defined work*), 23·2, 26·2·5, 26·2·7, 34, 35 or 36; or

·5·2 in regard to the opening up for inspection of any work covered up or the testing of any of the work, materials or goods in accordance with clause 8·3 (including making good in consequence of such opening up or testing) unless the inspection or test showed that the work, materials or goods were not in accordance with this Contract, 26·2·2;

·6   the Contractor not having received in due time necessary instructions (including those for or in regard to the expenditure of provisional sums), drawings, details or levels from the Architect/the Contract Admininstrator for which he specifically applied in writing provided that such application was made on a date which having regard to the Completion Date was neither unreasonably distant from nor unreasonably close to the date on which it was necessary for him to receive the same, 26·2;

·7   delay on the part of Nominated Sub-Contractors or Nominated Suppliers which the Contractor has taken all practicable steps to avoid or reduce;

---

* See footnote to clause 1·3 (Definitions).

The JCT Standard Form of Building Contract

- ·8·1 the execution of work not forming part of this Contract by the Employer himself or by persons employed or otherwise engaged by the Employer as referred to in clause 29 or the failure to execute such work, 26·2·4;
- ·8·2 the supply by the Employer of materials and goods which the Employer has agreed to provide for the Works or the failure so to supply, 26·2·4·2;
- ·9 the exercise after the Base Date by the United Kingdom Government of any statutory power which directly affects the execution of the Works by restricting the availability or use of labour which is essential to the proper carrying out of the Works or preventing the Contractor form, or delaying the Contractor in, securing such goods or materials or such fuel or energy as are essential to the proper carrying out of the Works;
- 10·1 the Contractor's inability for reasons beyond his control and which he could not reasonably have foreseen at the Base Date to secure such labour as is essential to the proper carrying out of the Works; or
- 10·2 the Contractor's inability for reasons beyond his control and which he could not reasonably have foreseen at the Base Date to secure such goods or materials as are essential to the proper carrying out of the Works;
- ·11 the carrying out by a local authority or statutory undertaker of work in pursuance of its statutory obligations in relation to the Works, or the failure to carry out such work;
- ·12 failure of the Employer to give in due time ingress to or egress from the site of the Works or any part thereof through or over any land, buildings, way or passage adjoining or connected with the site and in the possession and control of the Employer, in accordance with the Contract Bills and/or the Contract Drawings, after receipt by the Architect/the Contract Administrator of such notice, if any, as the Contractor is required to give, or failure of the Employer to give such ingress or egress as otherwise agreed between the Architect/the Contract of Administrator and the Contractor, 26·3·6;
- ·13 where clause 23·1·2 is stated in the Appendix to apply, the deferment by the Employer of giving possession of the site under clause 23·1·2;
- ·14 by reason of the execution of work for which an Approximate Quantity is included in the Contract Bills which is not a reasonably accurate forecast of the quantity of work required, 26·3·8.

Clause 25: Extension of time

Derivation. Clause 25 is derived from clause 23 of the 1963 Form but there are major innovations in the 1980 Form which include the following:

(a) clauses 25.2 and 25.3 contain elaborate new machinery for the notification of delay by the Contractor and the grant of extensions of time by the Architect;
(b) the undesirable practice of Architects putting off granting extensions of time until the end of a long contract or even until after Practical Completion is discouraged. Under clause 25.3.1 the Architect is now required to grant extensions of time not later than 12 weeks after

Clause 25—Extension of Time

receipt of the Contractor's notice or not later than the Completion Date if that is less than 12 weeks after receipt of the Contractor's notice;

(c) There is now power in clause 25.3.2 for the Architect to reduce a previously granted extension of time if there is a subsequent variation instruction requiring an omission. However, there is no power to fix a Completion Date earlier than the Date for Completion originally stated in the Appendix (see clause 25.3.6);

(d) Under clause 25.3.3, the Architect is now required to deal comprehensively with extensions of time not later than 12 weeks after Practical Completion. In so doing, the Architect can grant further extensions of time both by reviewing previous decisions and by taking into account Relevant Events which have not been notified to him by the Contractor;

(e) Certain additional grounds for extension are included as Relevant Events in clause 25.4.

Amendments. Clause 25 was amended by Amendment 2 issued in November 1986, by Amendment 4 issued in July 1987 and by Amendment 7 issued July 1988. These Amendments principally relate to matters of detail and drafting and are not fundamental.

By Amendment 12 issued in July 1993, clause 25.4.5.1 was reworded consequentially upon the inclusion of the new clause 42 and two new Relevant Events were added—clause 25.4.15 (relating to Performance Specified Work) and clause 25.4.16 (use or threat of terrorism). By Amendment 13 issued in January 1994, clauses 25.3.2, 25.3.3, 25.3.5, 25.3.6 and 25.4.5.1 were reworded consequentially upon the introduction of the new clause 13A variation procedure.

Scheme of clause. Clause 25.2 deals with the time for the giving of notice by the Contractor of the delay to progress and the contents of such notice. Clause 25.3 provides machinery for the Architect to fix and re-fix Completion Dates. Clause 25.4 sets out a list of Relevant Events, the occurrence of which may give rise to an extension of time.

Clause 25.2.1.1. "... *the progress of the Works is being or is likely to be delayed* ..."

Clause 23 of the 1963 Form required notice where "... the progress of the Works is delayed ...". These words were considered in *London Borough of Merton v. Leach*,[11] where it was held that a Contractor was not required under clause 23 to give notice of delay which would be caused by some expected future event however probable its occurrence, but that he was required to give notice if there would be inevitable delay because of events which had

---

[11] (1985) 32 B.L.R. 51 at p. 91.

already happened. A clause 23 notice need not relate to future anticipated delay. In view of the change of wording in the 1980 Form, it would seem that the notice could now refer to future anticipated delay and to expected future events likely to give rise to such delay.

Clause 25.2.1.1.   "... *the Contractor shall forthwith give written notice* ..."

Under the 1963 Form it was held that such notice was not a condition precedent to the performance by the Architect of his duties under the clause.[12] It seems that under the 1980 Form a notice may well be a condition precedent to the grant of extensions of time during the Contract Period and before Practical Completion (see clause 25.3.1). A notice is clearly not a condition precedent to the grant of an extension of time after Practical Completion (see clause 25.3.3.1).

The duty of the Architect in relation to extensions of time was discussed in *London Borough of Merton v. Leach*[13] especially in issues 6 and 14. Despite the changes made in the 1980 Form, it is thought that the discussion remains valid at least in relation to the grant of an extension of time after Practical Completion. It was held that, if the Architect was of the opinion that because of an event falling within clause 23, progress of the Works was likely to be delayed beyond the Completion Date, he must estimate the delay and make an appropriate extension of time. The Architect owed a duty both to the Employer and to the Contractor to do this. The Architect under the 1963 Form was under such a duty notwithstanding the failure of the Contractor to give notice. However, failure by the Contractor to give notice was a breach of contract and this breach could be taken into account by the Architect in making the extension of time. It is not clear how in practice the breach would be taken into account. It is submitted that in any event the Contractor must not benefit from his breach by receiving a greater extension than he would have received had the Architect upon notice at the proper time been able to avoid or reduce the delay by some instructions or reasonable requirement.

Clause 25.2.1.1.   "... *the material circumstances* ..."

The Contractor is required to give notice of material circumstances, even if the cause of the delay is not a Relevant Event entitling him to an extension of time.

Clause 25.2.1.2.   "... *the Contractor shall ... send ... such written notice to the Nominated Sub-Contractor* ..."

Here and in clause 25.2.2, the Contractor is now required to send a copy of his notices to any Nominated Sub-Contractor referred to in the notice.

Clause 25.2.2.   *The contents of the notice.*

This clause requires the Contractor to give written particulars of the

---

[12] *London Borough of Merton v. Leach* (1985) 32 B.L.R. 51 at pp. 89 *et seq.*
[13] (1985) 32 B.L.R. 51 at pp. 89–94.

Clause 25—Extension of Time

expected effects of Relevant Events delaying the Works, to estimate the expected delay and to keep the particulars and estimate up to date. It is no doubt implied that the Contractor shall furnish such information in these respects as the Architect reasonably requires so as to assist him in the performance of his duty in relation to extensions of time.[14]

Application for loss and expense. An extension of time relieves the Contractor from liability for liquidated damages but gives him no right to extra payment. The causes of delay in clauses 25.4.5, 25.4.6, 25.4.8, 25.4.12, 25.4.13 and 25.4.14 are however part of the grounds for recovery of loss and/or expense under clause 26.1. If the Contractor wishes to claim such loss and expense, he should make the appropriate applications or say that his notice of a cause of delay is also an application under clause 26.1. However, the grant of an extension of time under clause 25 is not a condition precedent to a right to direct loss and expense under clause 26.1.[15]

Clause 25.3.1. The Architect is required to give extensions of time, if in his opinion the completion of the Works is likely to be delayed beyond the Completion Date by one or more Relevant Events notified by the Contractor. The Architect has to state which Relevant Events he has taken into account and the extent to which he has operated clause 25.3.2. The Architect has to grant the extension of time not later than 12 weeks from the receipt of the Contractor's notice and of reasonably sufficient particulars and estimate, if it is "reasonably practicable having regard to the sufficiency of the aforesaid notice, particulars and estimates". It is thought that the notice, particulars and estimates will be "sufficient" if they comply with clauses 25.2.2.1 and 25.2.2.2. If this is correct, provided the Contractor gives the best particulars and estimates that he reasonably can, the Architect will not legitimately be able to delay granting an extension beyond the 12 weeks on the grounds he cannot yet judge the effect that the cause of delay will have on the progress. The 12 week period for dealing with extensions of time is reduced if the Architect receives the Contractor's notices, particulars and estimates less than 12 weeks before the Completion Date. This means both that Contractors will want to give their notices before the Completion Date (they are of course obliged by clause 25.2.1.1 to give notice "forthwith"), and that Architects will have to deal before the Completion Date with all notices of Delay received by then. It is to be noted that the Completion Date is defined in clause 1.3 to vary as extensions of time are granted. Thus the requirement for the Architect to deal with notices of Delay "not later than the Completion Date" may occur more than once.

The final paragraph of clause 25.3.1 was introduced by Amendment 4

---

[14] See *London Borough of Merton v. Leach* (1985) 32 B.L.R. 51 at pp. 90–94—issue 6.
[15] *Fairweather v. Wandsworth* (1987) 39 B.L.R. 106.

issued in July 1987. This provides for the Architect to notify the Contractor in writing where his decision is not to fix a later date as a new Completion Date.

Clause 25.3.1.   "... *the opinion of the Architect* ..."

This opinion is subject to the jurisdiction of the Arbitrator. However, it should be noted that by clause 30.9.1.3, introduced by Amendment 4 issued in July 1987, the Final Certificate is conclusive evidence that all and only such extensions of time, if any, as are due under clause 25 have been given. The Architect has to decide whether the cause notified is a Relevant Event. There is no widely expressed general ground for extension of time (such as clause 44(1)(e) of the ICE Conditions).[16] In particular there is no general clause entitling the Architect to extend time for delay caused by the Employer. If there is such delay not falling within the Relevant Events, it will invalidate the provisions for liquidated damages and the Employer will have to prove general damages.[17]

Clause 25.3.1.2.   "... *the completion of the Works is likely to be delayed thereby beyond the Completion Date* ..."

These words mean that clause 25.3.1 can operate only in respect of Relevant Events which occur *before* the original or previously fixed completion date, whichever is the later.[18] Later events can however be taken into account when the Architect reconsiders extensions of time under clause 23.3.3.[19]

Notice must be given if the progress of the Works is or is likely to be delayed, but there is a right to an extension only if the completion of the Works is likely to be delayed. Thus, for example, the delay in the progress of the Works at an early stage, may, by the use of the Contractor's best endeavours, be reduced or eliminated.

Programme date earlier than Date for Completion.   In such a case, there can be no extension of time when the completion of the Works will be delayed beyond the programme date but not beyond the Date for Completion. There may, however, in certain circumstances, be grounds for payment under clause 26.1.

Clause 25.3.1.   "... *fair and reasonable* ..."

These words acknowledge that the period of extension can rarely be arrived at by simple process of arithmetic but has to be the result of a consideration of various factors which it is thought may include:

---

[16] See p. 1031.
[17] See "Employer causing delay" on p. 250.
[18] *Balfour Beatty v. Chestermount Properties* [1993] 62 B.L.R. 1 at 22.
[19] See commentary to clause 23.3.3 below.

Clause 25—Extension of Time

(a) The exact terms and application to the facts of the Relevant Event in question;
(b) The amount of the immediate delay in the progress of the Works;
(c) The effect of any causes of delay, *e.g.* inadequate supervision, which are not within clause 25;
(d) The effect of concurrent causes of delay, whether within clause 25 or not, and whether one of them is an effective, dominant cause of delay[20];
(e) The extent to which the Contractor has used his best endeavours to prevent delay and has done all that might reasonably be required to proceed with the Works (see the provisos at clause 25.3.4).

Clause 25.3.3. This provision requires the Architect in effect to reconsider and deal finally with the question of extension of time within a period of 12 weeks from the date of Practical Completion. The Architect has to to review extensions comprehensively and must then grant fair and reasonable extensions of time. The previous grants of extension of time can only be reduced if there have been omissions justifying a reduction since the last grant of an extension of time. Apart from this, the reconsideration can only operate to confirm the Completion Date previously fixed or grant further extensions of time. Two important innovations in the 1980 Form are that the Architect can (a) review previous decisions and (b) take into account Relevant Events which have not been specifically notified by the Contractor. It is to be noted further that the operation of clause 25.3.3 may result in the repayment to the Contractor under clause 24.2.2 of liquidated damages paid by reference to a Completion Date previously fixed.[21]

It was sometimes argued in relation to clause 23 of the 1963 Form that a Variation Order issued after the current completion date (*i.e.* the Date for Completion as extended by awards of the architect up to the date of the Variation Order) was to be treated as an act of prevention by the Employer. The argument was that the words of clause 23 required the qualifying event to *cause* completion to overshoot the current date for completion, not merely to have the effect that completion was further postponed from a date already past. Thus a Variation Order after the current date for completion could not be a qualifying event since the date was already gone. The effect of such a Variation Order, on this argument, was to set time for completion at large and so prevent the Employer from recovering liquidated damages.[22]

Whether or not this argument was correct for the 1963 Form, it has been held not apply to the 1980 Form. In *Balfour Beatty v. Chestermount Properties*,[23] variation instructions generating additional time were issued at a

---

[20] For concurrent causes, see p. 209.
[21] See commentary to clause 24.2.2 on p. 632.
[22] See "Employer causing delay" on p. 250.
[23] (1993) 62 B.L.R. 1.

time when the contractor was in culpable delay, the Works being incomplete after the latest extended Completion Date. It was common ground between the parties and the Court considered[24] that, in relation to the Contractor's applications under clause 25.2, clause 25.3.1.2 "can operate only in respect of Relevant Events which occur *before* the original or previously fixed completion date, whichever is the later". The Court held, however, that clause 25.3.3 was wide enough to include Relevant Events which occurred after as well as before any previously fixed Completion Date. It was further held that any later Completion Date fixed by this process should be determined by adding a fair and reasonable time to the previously fixed Completion Date (referred to as the "net" method of extension) and not by fixing as the Completion Date the calendar date upon which the work would reasonably be expected to be completed having regard to the calendar date upon which the variations were instructed (referred to as the "gross" method of extension). The Completion Date as adjusted was not a date by which the contractor ought to have achieved Practical Completion but the end of the total number of working days starting from the Date of Possession within which the contractor ought fairly and reasonably to have completed the works.

Clause 25.3.4. This proviso is an important qualification of the right to an extension of time. Thus, for example, in some cases it might be the Contractor's duty to reprogramme the Works either to prevent or to reduce delay. How far the Contractor must take other steps depends upon the circumstances of each case, but it is thought that the proviso does not contemplate the expenditure of substantial sums of money.

Clause 25.4. The expression "Relevant Events" was introduced by the 1980 Form. Many of the events in question were derived from the causes of delay in clause 23 of the 1963 Form but there are three new provisions and some significant alterations or additions to the form of provisions. Four further Relevant Events have since been added by amendment.

Striking out Relevant Events. In the 1963 Form there was an express invitation to strike out one or more of the causes of delay. There is no such express invitation in the 1980 Form, but the parties may agree to strike out one of the Relevant Events. They should not, however, do so without careful consideration since such an amendment may have unintended consequences, *e.g.* in relation to the Employer's ability to recover liquidated damages.

There is some difference of judicial opinion about whether, in order to construe the agreement, it is permissible to look at clauses in printed forms which the parties have deleted. The question is discussed generally on p. 38

---

[24] At (1993) 62 B.L.R. 22.

where it is suggested that it may be permissible to consider deletions physically contained in the document where there is an ambiguity.[25]

Clause 25.4.1. *"force majeure"*
This is a term of foreign law which has been introduced into English Contracts.[26] A statement of its meaning in French law by Goirand, approved by McCardie J. in *Lebeaupin v. Crispin*[27] as applying to many English Contracts, says:

> "*Force majeure*. This term is used with reference to all circumstances independent of the will of man, and which it is not in his power to control ... thus, war, inundations and epidemics are cases of *force majeure*; it has even been decided that a strike of workmen constitutes a case of *force majeure*."

Force majeure is wider in its meaning than the phrases "*vis major*" or the "Act of God"[28] and it has been said that "any direct legislative or administrative interference would of course come within the term: for example, an embargo"[29] but "a '*force majeure*' clause should be construed in each case with a close attention to the words which precede or follow it and with due regard to the nature and general terms of the contract. The effects of the clause may vary with each instrument".[30] Thus it is thought that in the Standard Form *force majeure* has a restricted meaning because matters such as war, strikes, fire, weather and Government action are expressly dealt with in the contract.

Clause 25.4.2. *"exceptionally adverse weather conditions"*
"Adverse" is substituted for "inclement" in the 1963 Form. Exceptional heat may now qualify as a Relevant Event. The former provision was considered in *Walter Lawrence v. Commercial Union Properties*.[31] It was held that the correct test to be applied by the Architect was whether the weather itself was exceptionally inclement so as to give rise to delay and not whether the amount of time lost was exceptional. The effect of the weather was to be

---

[25] Note that, of the cases cited in the passage on p. 39, in *Mottram Consultants Ltd v. Bernard Sunley & Sons Ltd* [1975] 2 Lloyd's Rep. 197 at p. 209 (H.L.), the striking out there was by way of a variation of a contract in being; *Wates Construction v. Franthom Property* (1991) 53 B.L.R. 23 (C.A.), *Jefco Mechanical Services Ltd v. Lambeth* (1983) 24 B.L.R. 1 at p. 8 (C.A.) and *Team Services v. Kier Management* (1993) 63 B.L.R. 76 (C.A.) were also construction contract cases, *Wates* being a case concerning the 1980 Standard Form of Building Contract.
[26] *Lebeaupin v. Crispin* [1920] 2 K.B. 714 at p. 719; cf. *Hackney Borough Council v. Doré* [1922] 1 K.B. 431 (D.C.).
[27] *Lebeaupin v. Crispin* [1920] 2 K.B. 714 at p. 718; see also *Hong Guan & Co. v. R. Jumabhoy & Sons Ltd* [1960] A.C. 684 at p. 700 (P.C.).
[28] *Lebeaupin v. Crispin* [1920] 2 K.B. 714; *Matsoukis v. Priestman* [1915] 1 K.B. 681.
[29] *Lebeaupin v. Crispin* [1920] 2 K.B. 714 at 719.
[30] *Lebeaupin v. Crispin* [1920] 2 K.B. 714 at 720; see also *Yrazu v. Astral Shipping Co.* (1904) 20 T.L.R. 153; *The Concadoro* [1916] 2 A.C. 199 (P.C.); *Re Podar Trading Co., etc.* [1949] 2 K.B. 277.
[31] (1984) 4 Con.L.R. 37.

assessed at the time the work was actually carried out and not when it was programmed to be carried out. It is thought that equivalent reasoning applies to the 1980 Form.

Clause 25.4.3. *"loss or damage occasioned by any one or more of the Specified Perils"*

These are defined by clause 1.3. Their ambit is very wide and their underlying causes may, in some instances, be due to acts of negligence by the Contractor.[32]

Clause 25.4.4. *"civil commotion . . ."*

In the construction of insurance policies these words have been used "to indicate a stage between a riot and civil war".[33]

Clause 25.4.5. *"Architect's . . . instructions . . . under clauses . . . 35 or 36 . . ."*

These are new grounds to the 1980 Form. They relate to instructions connected with nomination.[34] There is no corresponding new ground for loss and expense in clause 26. The Contractor, wishing to protect himself against loss and expense caused by late nomination must make a specific application in writing so as to bring himself within clause 26.2.1. If he does, these new grounds for extension of time become otiose because he can rely on clause 25.4.6. Whether or not he can refuse a late nomination is not clear.

Clause 25.4.6. *". . . in due time . . ."*

These words were considered in the context of materially identical provisions of clause 23(f) of the 1963 Form in *Percy Bilton v. Greater London Council*.[35] It was held that "in due time" means "in a reasonable time" not "in time to avoid delay".

Clause 25.4.6 and the Contractor's programme. In *London Borough of Merton v. Leach*,[36] it was an issue whether the Contractor's programme presented at the commencement of the Works could be a specific application for instructions within the meaning of clause 23(f) of the 1963 Form. It was held that a document which set out in diagrammatic form the planned programme for the work and indicated the dates by which instructions, *etc.* were required could be a specific application so as to meet the requirements of clause 23(f). Such an application might be made at the commencement of the work for all the instructions which the Contractor could foresee would be required in the course of the Works provided that the date specified for

---

[32] See also commentary to clauses 20 and 22.
[33] *Levy v. Assicurazioni Generali* [1940] 3 All E.R. 427 at p. 437.
[34] See clauses 35.5.2, 35.7.1, 35.8, 35.10.2, 35.11.2, 35.18.1.1, 35.23, 35.24.6.1, 35.24.6.3, 35.25 and 36.2 (before 1991); and 35.5.2, 35.6, 35.9, 35.18.1.1, 35.24.6.1, 35.24.6.3, 35.26 and 36.2 (from 1991)
[35] [1982] 1 W.L.R. 794 (H.L.).
[36] (1985) 32 B.L.R. 51 at pp. 85–89—issue 5.

Clause 25—Extension of Time

delivery for each set of instructions met the requirement of not being unreasonably distant from nor unreasonably close to the relevant date. If the Works did not progress strictly according to plan, some modification might be required.

Clause 25.4.6 and Nominated Sub-Contractors. In *Percy Bilton v. Greater London Council*,[37] the House of Lords held that the withdrawal of a Nominated Sub-Contractor did not come within clause 23 of the 1963 Form. Thus the Main Contractor took the risk of any delay caused by such withdrawal. Time did not become at large and the Date for Completion was unaffected. However, delay by the Employer in making a timeous re-nomination of a new Sub-Contractor did come within clause 23(f) so that, if there was such delay, the Contractor was entitled to an extension of time provided that he had made a specific application in writing for the re-nomination.

Clause 25.4.7. *"delay on the part of Nominated Sub-Contractors or Nominated Suppliers..."*

An extension of time on this ground deprives the Employer of remedy for such delay and neither the Contractor nor the Nominated Sub-Contractor or Supplier as the case may be has to pay the liquidated damages payable but for the extension. The cause of the delay is immaterial. It matters not whether it is due to sloth, the remedying of defects, bad luck or other cause.[38] The apparent injustice of this and the encouragement to delay has been much criticised. One remedy is not to nominate. Another is to strike out the sub-clause. The commercial problem which arises when the invitation to tender indicates that the sub-clause will be struck out is that careful Contractors either refuse to tender or demand a material increase in price.[39]

Delay after completion of sub-contract works. This is not within clause 25.4.7. In *Jarvis v. Westminster Corporation*[40] Nominated Sub-Contractors carried out piling. They claimed to have completed their work. The Contractor accepted it as complete and so did the Architect despite his suspicions as to its quality. The Contractor proceeded to the next stage of the Works and while carrying them out discovered substantial defects in the piling. The Sub-Contractors returned to site and carried out extensive remedial work which caused a delay to the completion of the Main Contract Works of 21½ weeks. It was held that the Contractor was not entitled to an extension of time as the sub-clause was limited in its operation to the period when the Sub-Contractor was carrying out the Works and did not apply after

---

[37] [1982] 1 W.L.R. 794 (H.L.).
[38] *Jarvis J. & Sons Ltd v. Westminster Corporation* [1970] 1 W.L.R. 637 (H.L.).
[39] For the protection of the Employer where there are nominations and the clause is retained, see, p. 319.
[40] [1970] 1 W.L.R. 637 (H.L.).

purported completion of the Sub-Contract Works accepted by the Architect and the Contractor.

Contractor's losses. The Employer is not liable to the Contractor for losses caused by Nominated Sub-Contractors and Nominated Suppliers.[41]

Clause 25.4.8. The terminology of clause 29 of the 1963 Form ("... artists, tradesmen or others engaged by the Employer...") has been changed in clause 29 of the 1980 Form and in the equivalent other clauses where the expression appears. It seems that, notwithstanding clause 25.4.11, statutory undertakers who install main services in a new development under direct contract arrangements with the Employer fall within clause 25.4.8.1.[42] The ground for extension of time under clause 25.4.8.1 is also a ground for loss and expense under clause 26.2.4.1.

Clause 25.4.9. This clause is new in the 1980 Form. It will tend to reduce the ambit of *"force majeure"* in clause 25.4.1.

Clause 25.4.10. "... *which he could not reasonably have foreseen* ..."

These words limit the effect of the sub-clause. Thus, for example, a Contractor is not entitled to an extension of time in respect of shortages of labour or materials which he could by reasonable enquiry have reasonably foreseen were likely to continue or to arise. To make clause 25.4.10.1 work, there must be some implication as to the rate of wages to be paid. It is submitted that it is such rate, including bonuses, as the parties must reasonably be taken to have foreseen at the time of the Contract as necessary to obtain labour for the Contract.

Clause 25.4.11. "... *in pursuance of its statutory obligations* ..."

Clause 23(l) of the 1963 Form, from which this provision is derived, was considered in *Henry Boot v. Central Lancashire Development Corporation*.[43] It was held that, where statutory undertakers were doing their work, not because of statutory obligations upon them so to do, but because they had contracted with the Employer, delay so occasioned fell within clause 23(h) (25.4.8.1) and not within clause 23(l) (25.4.11). If, however, without having a contract, the undertakers using statutory powers to fulfil statutory obligations come on the scene and hinder the Works and cause delay, the delay falls within clause 25.4.11. It follows that for most developments on any size, clause 25.4.11 would in practice be of a limited application. Upon such developments, the authority usually enter into a contract either with the Employer or the Contractor.[44] They will thus be carrying out work pursuant

---

[41] See pp. 314 *et seq.*
[42] See commentary to clause 25.4.11.
[43] (1980) 15 B.L.R. 1.
[44] Statutory undertakers' statutory *obligations* are in general quite limited—see, *e.g.* s. 16(1) of the Electricity Act 1989—duty to supply on request in certain specified circumstances.

Clause 25—Extension of Time

to their contract and not in pursuance of statutory obligations. If they are engaged by the Employer, clause 25.4.8.1 will apply. If they are engaged by the Contractor, their delay will be at the Contractor's risk unless they are nominated, in which case clause 25.4.7 might apply.

Clause 25.4.12. *"failure of the Employer to give . . . ingress to or egress from the site . . ."*

This clause is new to the 1980 Form. It seems that clause 25.4.12 is not concerned with possession of the site itself but with access to it over other land in the possession and control of the Employer.

Clause 25.4.13. This is a new Relevant Event introduced by Amendment 4 issued in July 1987. It is consequential upon the insertion of clause 23.1.2.[45] Thus, where clause 23.1.2 is stated in the Appendix to apply, the Contractor is entitled to an extension of time in relation to deferment under the clause. The Employer by such deferment is not in breach of the Contract and remains able to claim liquidated damages for delay.

Clause 25.4.14. This is a new Relevant Event introduced by Amendment 7 issued in July 1988.

Clauses 25.4.15 and 25.4.16. These are new Relevant Events introduced by Amendment 12 issued in July 1993.

26 Loss and expense caused by matters materially affecting regular progress of the Works

26·1 If the Contractor makes written application to the Architect/the Contract Administrator stating that he has incurred or is likely to incur direct loss and/or expense in the execution of this Contract for which he would not be reimbursed by a payment under any other provision in this Contract due to deferment of giving possession of the site under clause 23·1·2 where clause 23·1·2 is stated in the Appendix to be applicable or because the regular progress of the Works or of any part thereof has been or is likely to be materially affected by any one or more of the matters referred to in clause 26·2; and if and as soon as the Architect/the Contract Administrator is of the opinion that the direct loss and/or expense has been incurred or is likely to be incurred due to any such deferment of giving possession or that the regular progress of the Works or of any part thereof has been or is likely to be so materially affected as set out in the application of the Contractor then the Architect/the Contract Administrator from time to time thereafter shall ascertain, or shall instruct the Quantity Surveyor to ascertain, the amount of such loss and/or expense which has been or is being incurred by the Contractor; provided always that:

---

[45] See clause 23.1.2 and its commentary on p. 626.

The JCT Standard Form of Building Contract

- .1 the Contractor's application shall be made as soon as it has become, or should reasonably have become, apparent to him that the regular progress of the Works or of any part thereof has been or was likely to be affected as aforesaid, and
- .2 the Contractor shall in support of his application submit to the Architect/the Contract Administrator upon request such information as should reasonably enable the Architect/the Contract Administrator to form an opinion as aforesaid, and
- .3 the Contractor shall submit to the Architect/the Contract Administrator or to the Quantity Surveyor upon request such details of such loss and/or expense as are reasonably necessary for such ascertainment as aforesaid.

26·2 The following are the matters referred to in clause 26·1:

- .1 the Contractor not having received in due time necessary instructions (including those for or in regard to the expenditure of provisional sums), drawings, details or levels from the Architect/the Contract Administrator for which he specifically applied in writing provided that such application was made on a date which having regard to the Completion Date was neither unreasonably distant from nor unreasonably close to the date on which it was necessary for him to receive the same;
- .2 the opening up for inspection of any work covered up or the testing of any of the work, materials or goods in accordance with clause 8·3 (including making good in consequence of such opening up or testing), unless the inspection or test showed that the work, materials or goods were not in accordance with this Contract;
- .3 any discrepancy in or divergence between the Contract Drawings and/or the Contract Bills and/or the Numbered Documents;
- 4·1 the execution of work not forming part of this Contract by the Employer himself or by persons employed or otherwise engaged by the Employer as referred to in clause 29 or the failure to execute such work;
- 4·2 the supply by the Employer of materials and goods which the Employer has agreed to provide for the Works or the failure so to supply;
- .5 Architect's/Contract Administrator's instructions under clause 23·2 issued in regard to the postponement of any work to be executed under the provisions of this Contract;
- .6 failure of the Employer to give in due time ingress to or egress from the site of the Works, or any part thereof through or over any land, buildings, way or passage adjoining or connected with the site and in the possession and control of the Employer, in accordance with the Contract Bills and/or the Contract Drawings, after receipt by the Architect/the Contract Administrator of such notice, if any, as the Contractor is required to give, or failure of the Employer to give such ingress or egress as otherwise agreed between the Architect/the Contract Administrator and the Contractor;
- .7 Architect's/Contract Administrator's instructions issued under clause 13·2 requiring a Variation or under clause 13·3 in regard to the expenditure of provisional sums (other than instructions to which clause 13·4·2 refers or an instruction for the expenditure of a provisional sum for defined work*);

---

* See footnote to clause 1·3 (Definitions)

Clause 26—Loss and Expense

·8 the execution of work for which an Approximate Quantity is included in the Contract Bills which is not a reasonably accurate forecast of the quantity of work required.

26·3 If and to the extent that it is necessary for ascertainment under clause 26·1 of loss and/or expense the Architect/the Contract Administrator shall in writing to the Contractor what extension of time, if any, has been made under clause 25 in respect of the Relevant Event or Events referred to in clause 25·4·5·1 (so far as that clause refers to clauses 2·3, 13·2, 13·3 and 23·2) and in clauses 25·4·5·2, 25·4·6, 25·4·8 and 25·4·12.

26·4 ·1 The Contractor upon receipt of a written application properly made by a Nominated Sub-Contractor under clause 13·1 of Sub-Contract NSC/4 or NSC/4a as applicable shall pass to the Architect/the Contract Administrator a copy of that written application. If and as soon as the Architect/the Contract Administrator is of the opinion that the loss and/or expense to which the said clause 13·1 refers has been incurred or is likely to be incurred due to any deferment of the giving of possession where clause 23·1·2 is stated in the Appendix to apply or that the regular progress of the Sub-Contract Works or of any part thereof has been or is likely to be materially affected as referred to in clause 13·1 of Sub-Contract NSC/4 or NSC/4a and as set out in the application of the Nominated Sub-Contractor then the Architect/the Contract Administrator shall himself ascertain, or shall instruct the Quantity Surveyor to ascertain, the amount of loss and/or expense to which the said clause 13·1 refers.

·2 If and to the extent that it is necessary for the ascertainment of such loss and/or expense the Architect/the Contract Administrator shall state in writing to the Contractor with a copy to the Nominated Sub-Contractor concerned what was the length of the revision of the period or periods for completion of the Sub-Contract Works or of any part thereof to which he gave consent in respect of the Relevant Event or Events set out in clause 11·2·5·5·1 (so far as that clause refers to clauses 2·3, 13·2, 13·3 and 23·2 of the Main Contract Conditions), 11·2·5·5·2, 11·2·5·6, 11·2·5·8 and 11·2·5·12 of Sub-Contract NSC/4 or NSC/4a as applicable.

26·5 Any amount from time to time ascertained under clause 26 shall be added to the Contract Sum.

26·6 The provisions of clause 26 are without prejudice to any other rights and remedies which the Contractor may possess.

Clause 26: Loss and expense caused by matters materially affecting regular progress of the Works

Derivation. Clause 26 is derived from clauses 11(6) and 24 of the 1963 Form. The 1980 provisions for loss and expense closely follow those of the 1963 Form in substance subject to certain drafting amendments. Clause 26 was amended by Amendment 4 issued in July 1987, Amendment 7 issued in

July 1988, Amendment 12 issued in July 1993 and Amendment 13 issued in January 1994. These are consequential amendments and not of great significance.

Nature of clause. During the carrying out of building contracts, particularly if they are complicated, it is common for Contractors to suffer, or to allege that they suffer, disturbance in the regular progress of the Works due to causes within the Employer's or the Architect's control. With highly paid staff and costly machines, such losses can be heavy. Clause 26 provides a right for the Contractor in certain carefully defined circumstances to obtain payment for some of the more common causes of disturbance of the Works by the ordinary certificate procedure of the Contract. Clause 26.6 preserves any other rights and remedies which the Contractor may possess including, in particular, his right to claim damages.[46]

Meaning of "direct loss and/or expense". This was considered by the Court of Appeal in *F. G. Minter v. W.H.T.S.O.*[47] The Court held that direct loss and/or expense is loss and expense which arises naturally and in the ordinary course of things, as comprised in the first limb in *Hadley v. Baxendale*.[48] The Court approved the definition of "direct damage" in *Saint Line Ltd v. Richardson*[49] as "that which flows naturally from the breach without other intervening cause and independently of special circumstances, whereas indirect damage does not so flow". It follows from the decision in *Minter* that the sole question which arises in relation to any head of claim put forward by a Contractor is whether such claim properly falls within the first limb in *Hadley v. Baxendale* so that it may be said to arise naturally and in the ordinary course of things. The use by Contractors and others of formulae cannot displace or detract from this principle.

Composite claims and concurrent causes. These are both important for claims for direct loss and expense. For composite claims, see p. 474. For concurrent causes, see p. 209.

Prolongation costs: on site overheads. A claim for delay is frequently quantified in whole or in part by extending for the period of delay those items in the Preliminary Bill, or elsewhere in the Contract Bills, the cost of which is affected by time.[50] It should be noted that ordinarily prolongation costs will only begin to be recoverable from the Completion Date. A provision either in the Bills or in the Contractor's Programme which provides for an earlier

---

[46] The nature of Contractors' "claims" generally is discussed on p. 478 with some comments upon the preparation of a claim under this sub-clause. The pleading of a claim and the calculation of losses are discussed on pp. 480 *et seq*. See also "Claims under or for breach of the contract" on p. 228.
[47] (1980) 13 B.L.R. 1 (C.A.).
[48] (1854) 9 Ex. 341. See generally p. 201.
[49] [1940] 2 K.B. 99 at p. 103.
[50] See also "Increased preliminaries" on p. 229.

Completion Date but which does not form part of the Contract does not give rise to any time related contractual obligation. The Contractor cannot therefore claim prolongation costs commencing upon his programmed Completion Date if it is earlier than the Date for Completion stated in the Contract.[51]

Head office overheads. Contractors' claims for direct loss and expense frequently include claims for Head Office overheads and loss of profit. These are discussed under the headings "Overheads", "Loss of profit" and "Hudson formula" on pp. 229 *et seq.*

Loss of productivity or uneconomic working. This is discussed on p. 231.

Interest as direct loss and/or expense. In *F. G. Minter v. W.H.T.S.O.*,[52] the Court of Appeal held that "direct loss and/or expense" in clauses 11 and 24(1) of the 1963 Form could include interest which the Contractor had paid on capital which he had borrowed as a result of the events specified in those clauses and interest which he had been prevented from earning on capital as a result of those events. In the ordinary course of things in the construction industry contractors who are required to finance particular operations will require to use capital. That capital will either have to be borrowed, thus incurring interest charges or may be available from the contractor's own resources, thus foregoing interest. It followed that whenever the carrying out of varied or delayed works involved the Contractor in laying out money which was not reimbursed by proper interim payments for the total value of the work properly executed as provided by clause 30, the amount paid or lost by obtaining the use of the necessary capital was part of the loss or expense which arose naturally and in the ordinary course of things. The historic common law hostility to awards of interest[53] was no bar to the recovering of such finance charges. Stephenson L.J. considered that in the context of the Standard Form the financing charges claimed were part of the direct loss and/or expense recoverable. Ackner L.J. put the matter on a slightly broader basis that what was here claimed was not interest on a debt but a debt which had as one of its constituent parts interest charges which had been incurred. In *Rees & Kirby v. Swansea City Council*,[54] the Court further held that interest did not cease to be recoverable as direct loss and/or expense at Practical Completion and that compound interest with periodic rests was recoverable.[55]

---

[51] *Glenlion Construction v. The Guinness Trust* (1987) 39 B.L.R. 89; *J. F. Finnegan v. Sheffield City Council* (1988) 43 B.L.R. 124.
[52] (1980) 13 B.L.R. 1 (C.A.).
[53] As, *e.g.* in *London Chatham & Dover Railway v. South East Railway* [1893] A.C. 249 (H.L.); see also "Interest as damages" on p. 232.
[54] (1985) 30 B.L.R. 1 (C.A.).
[55] See also "Direct loss and/or expense" on p. 232 and *Ogilvie Builders v. Glasgow* (1994) C.I.L.L. 930.

Interest as damages. This is discussed generally on p. 232. In *Department of Environment for Northern Ireland v. Farrans*,[56] the High Court of Northern Ireland awarded interest as damages[57] where an Employer under a 1963 Form was held liable to repay sums deducted as liquidated damages because the deductions were vitiated by subsequent clause 22 certificates.[58]

Clause 26.1. The limits to the recovery by the Contractor of direct loss and/or expense should be noted. The Contractor must make written application. The direct loss and/or expense must be an item for which the Contractor would not be reimbursed by a payment under any other provision in the Contract. He must incur it either due to deferment of giving possession of the site or because the regular progress of the Works is materially affected by the list of matters in clause 26.2.

Clause 26.1. "... *written application* ..."
The requirements of this application are set out in sub-clauses 26.1.1 to 26.1.3. The Contractor must make his application promptly. He must submit in support of it such information and details as are reasonably necessary.

The contents of the application. This was considered in *London Borough of Merton v. Leach*.[59] This was a case under the 1963 Form which set out the procedure much more shortly, but the decision should apply to the 1980 Form. Applications must be framed with sufficient particularity to enable the Architect to do what he is required to do. The application must be made within a reasonable time. It must not be made so late that the Architect can no longer form a competent opinion of the matters on which he is required to satisfy himself that the Contractor has suffered the loss and expense claimed. In considering whether the Contractor has acted reasonably, it must be borne in mind that the Architect is not a stranger to the claim and it is always open for the Architect to call for further information either before or in the course of investigating it.

Contents of the application: finance charges. If finance charges are claimed, the written application must make some reference to the fact that the Contractor has suffered loss and expense by reason of being kept out of his money, if it is to be read as relating to financing charges.[60] However, "... I do not consider that more than the most general reference is required,

---

[56] (1981) 19 B.L.R. 1 (High Court of Northern Ireland).
[57] Following *Wadsworth v. Lydall* [1981] 1 W.L.R. 598 (C.A.); see also *Rees & Kirby v. Swansea City Council* (1985) 30 B.L.R. 1; *Farrans (Construction) v. Dunfermline District Council* (1988) 4 Const. L.J. 314.
[58] See commentary to clause 24.2.2 on p. 632.
[59] (1985) 32 B.L.R. 51—see Issues 7 and 8 at pp. 94 to 98; see also *Wharf Properties v. Eric Cumine Associates* (1991) 52 B.L.R. 1 at p. 20 (P.C.).
[60] *Rees & Kirby v. Swansea City Council* (1985) 30 B.L.R. 1 (C.A.).

sufficient to give notice that the contractor's application does include loss or expense incurred by him by reason of his being kept out of pocket in respect of the ... relevant event ...".[61]

Clause 26.1. "... *has incurred or is likely to incur* ..."

These words were added in the 1980 Form in place of the wording of the 1963 Form "... has been involved in direct loss and/or expense ...". Under the 1963 Form, successive applications were necessary,[62] but they are no longer necessary under the 1980 Form.

Clause 26.1. "... *for which he would not be reimbursed by a payment under any other provision* ..."

When considering claims for direct loss and/or expense it is always necessary to look carefully at what the Contractor has recovered under clause 13.5. Even the Bill rate under sub-clause 13.5.1.1 ordinarily includes some element for overheads and profit. The daywork rate includes a substantial element although one cannot say that payment at daywork rates automatically excludes any claim under clause 26.1.

Clause 26.1. "... *due to deferment of giving possession* ..."

The references to deferment of giving possession were introduced by Amendment 4 issued in July 1987. This is a new ground for loss and/or expense. It is consequential upon the new provisions of clause 23.1.2 discussed on p. 626.

Clause 26.1. "... *the regular progress of the Works* ..."

See clause 23.1 and its commentary for the Contractor's duty to proceed regularly and diligently. An agreed programme of work is, it is submitted, some, but not conclusive, evidence of what regular progress should be. Where the programme date is earlier than the Date for Completion stated in the Contract, it may be that some direct loss and/or expense may be recoverable on the grounds of disruption. However, provided that the Contractor can still complete within the Contract Period, he cannot recover prolongation costs.[63]

Clause 26.1. "... *the Architect ... shall ascertain* ..."

These words place an important duty upon the Architect. The Contractor must, as provided by clauses 26.1.1 to 26.1.3, provide sufficient information and details to enable the Architect to form the necessary opinion. However,

---

[61] Robert Goff L.J. in *Rees & Kirby v. Swansea City Council* (1985) 30 B.L.R. 1 at 20 (C.A.). Robert Goff L.J. indicated, *obiter*, that upon the revised wording of the 1980 Form (see below) there might be no need for express reference to interest as financing charges in a written application. Prudent contractors will, however, continue to include such a reference.
[62] *F. G. Minter v. W.H.T.S.O.* (1980) 13 B.L.R. 1 at p. 19 (C.A.).
[63] See *Glenlion Construction v. The Guinness Trust* (1987) 39 B.L.R. 89; *J. F. Finnegan Ltd v. Sheffield City Council* (1988) 43 B.L.R. 124.

once the Architect has formed an opinion favourable to the Contractor, it is his duty to ascertain or to instruct the Quantity Surveyor to ascertain the loss or expense suffered.[64] Failure by the Architect to take such steps as are necessary to enable the Contractor's claim for loss or expense to be ascertained, once the Contractor has supplied all necessary information, amounts to a breach of contract entitling the Contractor to damages if he can prove them.[65]

Clause 26.1. *"... the Architect ... shall instruct the Quantity Surveyor to ascertain ..."*

If the Architect so instructs the Quantity Surveyor, is he bound to carry the amount of such ascertainment into his Certificates or can he vary it? The matter is not clear. It is arguable from the wording of clause 26.5 that the Architect is bound by the Quantity Surveyor's ascertainment and that, if he disagrees with it, he must nevertheless include it in his Certificates and, as part of his duty to the Employer, advise that it can be challenged in arbitration proceedings. But it is usually accepted that the Architect can revise his own Certificates other than the Final Certificate, and it is difficult to see why he cannot also revise the Quantity Surveyor's ascertainment. In practice, unless the Surveyor can be shown to have gone wrong in principle, the amount of his ascertainment will be important evidence of the true amount.

Clause 26.2. The matters which may entitle the Contractor to be paid loss and expense are set out in clause 26.2. As with the 1963 Contract these reproduce some, but not all, of the "Relevant Events" in clause 25.4 which may give rise to an extension of time. Clauses 26.2.4 and 26.2.6 are new matters to the 1980 Form. The latter is in line with the introduction of clause 25.4.12 as a ground for extension of time.

Clause 26.2.1. This reproduces clause 25.4.6. See commentary to that clause and discussion in *London Borough of Merton v. Leach*.[66]

Clause 26.2.7. This is in substance the former clause 11(6) of the 1963 Form. Variations may give rise to loss and/or expense in that either the Contractor suffers delay before receiving an instruction requiring a Variation or the Contractor suffers a delay caused by the Variation. It is often, in practice, difficult to draw a precise distinction between these two causes of delay. The Contractor should set out the material facts in his application to the Architect and put his claim for delay on these two alternative grounds.

Clause 26.2.8. This is a new matter introduced by Amendment 7 issued in July 1988.

---

[64] See *London Borough of Merton v. Leach* (1985) 32 B.L.R. 51, issue 10 at p. 103.
[65] *Croudace v. London Borough of Lambeth* (1986) 33 B.L.R. 20 (C.A.).
[66] (1985) 32 B.L.R. 51, issue 5 at pp. 85–89.

Clause 26.3. This is a new provision to the 1980 Form. It provides for the Architect to state in writing to the Contractor what extension of time he has made under clause 25 where that extension of time is necessary for ascertainment of loss and expense under clause 26.

Clause 26.4. This provides for applications for loss and expense made by Nominated Sub-Contractors.

Clause 26.6. "... *without prejudice to any other rights and remedies* ..."

This provision in the 1963 Form was considered in *London Borough of Merton v. Leach*,[67] where it was held that the elaborate machinery of the Contract was not exhaustive of the Contractor's remedies. The Contractor retained an unfettered right to make a claim for damages as an alternative to and independent of a claim for direct loss and/or expense.[68] For the right of determination, see clause 28. For the right to treat the Contract as at an end because of a repudiation by the Employer, see commentary to clause 28. For a discussion of a claim for damages or breach of the relevant terms of this Contract, additional to the rights to recover payment under the Contract, see commentary to clause 5.

27 Determination by Employer

27·1 Without prejudice to any other rights or remedies which the Employer may possess, if the Contractor shall make default in any one or more of the following respects, that is to say:

- ·1 if without reasonable cause he wholly suspends the carrying out of the Works before completion thereof; or
- ·2 if he fails to proceed regularly and diligently with the Works; or
- ·3 if he refuses or neglects to comply with a written notice from the Architect/the Contract Administrator requiring him to remove defective work or improper materials or goods and by such refusal or neglect the Works are materially affected; or
- ·4 if he fails to comply with the provisions of clause 19 or 19A,

then the Architect/the Contract Administrator may give to him a notice by registered post or recorded delivery specifying the default. If the Contractor either shall continue such default for 14 days after receipt of such notice or shall at any time thereafter repeat such default (whether previously repeated or not), then the Employer may within 10 days after such continuance or

---

[67] (1985) 32 B.L.R. 51, issue 11 at pp. 105 to 109 followed in *Fairclough v. Vale of Belvoir Superstore* (1990) 56 B.L.R. 75.
[68] See also "Claims under or for breach of the contract" on p. 228.

The JCT Standard Form of Building Contract

repetition by notice by registered post or recorded delivery forthwith determine the employment of the Contractor under this Contract; provided that such notice shall not be given unreasonably or vexatiously.

27·2   In the event of the Contractor becoming bankrupt or making a composition or arrangement with his creditors or having a proposal in respect of his company for a voluntary arrangement for a composition of debts or scheme or arrangement approved in accordance with the Insolvency Act 1986, or having an application made under the Insolvency Act 1986 in respect of his company to the court for the appointment of an administrator, or having a winding up order made or (except for the purposes of amalgamation or reconstruction) a resolution for voluntary winding up passed or having a provisional liquidator, receiver or manager of his business or undertaking duly appointed, or having an administrative receiver, as defined in the Insolvency Act 1986, appointed, or having possession taken, by or on behalf of the holders of any debentures secured by a floating charge, or any property comprised in or subject to the floating charge, the employment of the Contractor under this Contract shall be forthwith automatically determined but the said employment may be reinstated and continued if the Employer and the Contractor, his trustee in bankruptcy, liquidator, provisional liquidator, receiver or manager as the case may be shall so agree.

27·3   The Employer shall be entitled to determine the employment of the Contractor under this or any other contract, if the Contractor shall have offered or given or agreed to give to any person any gift or consideration of any kind as an inducement or reward for doing or forbearing to do or for having done or forborne to do any action in relation to the obtaining or execution of this or any other contract with the Employer, or for showing or forbearing to show favour or disfavour to any person in relation to this or any other contract with the Employer, or if the like acts shall have been done by any person employed by the Contractor or acting on his behalf (whether with or without the knowledge of the Contractor), or if in relation to this or any other contract with the Employer the Contractor or any person employed by him or acting on his behalf shall have committed any offence under the Prevention of Corruption Acts, 1889 to 1916, or shall have given any fee or reward the receipt of which is an offence under sub-section (2) of section 117 of the Local Government Act 1972 or any re-enactment thereof.

27·4   In the event of the employment of the Contractor under this Contract being determined under clauses 27·1, 27·2 or 27·3 and so long as it has not been reinstated and continued, the following shall be the respective rights and duties of the Employer and the Contractor:

·1   the Employer may employ and pay other persons to carry out and complete the Works and he or they may enter upon the Works and use all temporary buildings, plant, tools, equipment, goods and materials

Clause 27—Determination by Employer

intended for, delivered to and placed on or adjacent to the Works, and may purchase all materials and goods necessary for the carrying out and completion of the Works;

- ·2·1 except where the determination occurs by reason of the bankruptcy of the Contractor or of him having a winding up order made or (other than for the purposes of amalgamation or reconstruction) a resolution for voluntary winding up passed, the Contractor shall if so required by the Employer or by the Architect/the Contract Administrator on behalf of the Employer within 14 days of the date of determination, assign to the Employer without payment the benefit of any agreement for the supply of materials or goods and/or for the execution of any work for the purposes of this Contract but on the terms that a supplier or sub-contractor shall be entitled to make any reasonable objection to any further assignment thereof by the Employer;
- ·2·2 unless the exception to the operation of clause 27·4·2·1 applies the Employer may pay any supplier or sub-contractor for any materials or goods delivered or works executed for the purposes of this Contract (whether before or after the date of determination) in so far as the price thereof has not already been paid by the Contractor. The Employer's rights under clause 27·4·2 are in addition to his obligation or discretion as the case may be to pay Nominated Sub-Contractors as provided in clause 35·13·5 and payments made under clause 27·4·2 may be deducted from any sum due or to become due to the Contractor or shall be recoverable from the Contractor by the Employer as a debt;
- ·3 the Contractor shall as and when required in writing by the Architect/the Contract Administrator so to do (but not before) remove from the Works any temporary buildings, plant, tools, equipment, goods and materials belonging to or hired by him. If within a reasonable time after any such requirement has been made the Contractor has not complied therewith, then the Employer may (but without being responsible for any loss or damage) remove and sell any such property of the Contractor, holding the proceeds less all costs incurred to the credit of the Contractor;
- ·4 the Contractor shall allow or pay to the Employer in the manner hereinafter appearing the amount of any direct loss and/or damage caused to the Employer by the determination. Until after completion of the Works under clause 27·4·1 the Employer shall not be bound by any provision of this Contract to make any further payment to the Contractor, but upon such completion and the verification within a reasonable time of the accounts therefor the Architect/the Contract Administrator shall certify the amount of expenses properly incurred by the Employer and the amount of any direct loss and/or damage caused to the Employer by the determination and, if such amounts when added to the monies paid to the Contractor before the date of determination exceed the total amount which would have been payable on due completion in accordance with this Contract, the difference shall be a debt payable to the Employer by the Contractor; and if the said amounts when added to the said monies be less than the said total amount, the difference shall be a debt payable by the Employer to the Contractor.

Clause 27: Determination by Employer

Derivation. Clause 27 in its original 1980 form was substantially the same as clause 25 of the 1963 Form. It was amended by Amendment 4 issued in July 1987. These amendments were of detail only and not of great significance. By Amendment 11 issued in July 1992, clause 27 was deleted and a substantially redrafted clause substituted. This new clause was further amended by Amendment 13 issued in January 1994. The scheme of the commentary below is to consider clause 27 as it was before the amendments in 1992. The new clause 27 is then considered separately.

Clause 27 before the 1992 Amendments

Outline of clause. Clause 27 provides for the determination of the Contractor's employment by the Employer for certain specified defaults (clause 27.1), automatic determination upon bankruptcy, liquidation and other event symptomatic of insolvency (clause 27.2), determination for corruption (clause 27.3) and the effect of determination (clause 27.4).

This type of clause is often loosely described as a forfeiture clause. Such clauses are discussed generally on p. 256. It is prudent to think carefully before using the clause because if it should turn out that the Employer was not entitled to stop the contract by treating the Contractor's employment as at an end, the Employer himself will ordinarily be guilty of repudiation and will be liable to the contractor in damages.[69]

Performance bonds. For consideration of the relationship between a performance bond and the terms of clause 25 of the 1963 Form, see *Nene Housing Society v. National Westminster Bank*.[70]

Interim injunction to remove contractor. It has been held that such an injunction would not be granted where the affidavits showed the allegations of fact upon which a determination was based were hotly disputed.[71] For a discussion of this case and the reasons for a submission that it would now no longer ordinarily be followed, see p. 293.

Clause 27.1. *Elements of a valid determination*

Forfeiture clauses are strictly construed and care must be taken to see that the terms of the contract are properly complied with.[72] The following is suggested as an introduction both for an Employer minded to determine and the Contractor considering whether he has a defence to a purported

---

[69] For repudiation generally, see p. 156.
[70] (1980) 16 B.L.R. 22; see also *Perar BV v. General Surety and Guarantee Co. Ltd* (1994) 66 B.L.R. 72 (C.A.). For bonds generally see p. 273.
[71] *Hounslow, London Borough Council v. Twickenham Garden Developments* [1971] Ch. 233.
[72] See generally "The mode of forfeiture" on p. 257.

determination. Reference to the exact words of the clause must be made. The procedure is based on two notices[73] which have been termed "the Architect's Notice" and "the Employer's Notice".[74]

The First Notice. Is the Contractor guilty of a default as specified in one of the sub-clauses 27.1.1 to 27.1.4? Does the Notice specify the default? Is it posted correctly?

The Second Notice. Has the Contractor continued the default for a period of 14 days after receipt of the First Notice, or repeated such default at any time after the expiration of such period? Is the Second Notice given within 10 days of such continuance or repetition? Is it posted correctly? Is it given unreasonably or vexatiously?

Clause 27.1. *"Without prejudice to any other rights or remedies . . ."*

It is clear that this express reservation to the Employer of any other rights or remedy preserves his normal rights at common law against the Contractor. If the Contractor's conduct can properly be interpreted as amounting to repudiation of the contract, the Employer is entitled to treat the contract as at an end.[75] It follows that repudiatory conduct by the Contractor which does not constitute an event within clauses 27.1.1 to 27.1.4 nonetheless entitles the Employer to determine the Contract.

There may be a breach by the Contractor which both falls within clause 27.1 and constitutes repudiation.[76] An absolute refusal to carry out the Works or an abandonment of the Works before they are substantially completed, without any lawful excuse, is a repudiation.[77] But delay, bad work and unauthorised sub-letting are not breaches any one of which is automatically a repudiation (compare clauses 27.1.2, 27.1.3 and 27.1.4) although the effect of any such breach or more than one considered together may, in the circumstances, be repudiatory so as to entitle the Employer to treat the contract as at an end.[78] If the Contractor is guilty of default which is both a repudiation and also an event which gives rise to a right of determination under clause 27.1, the Employer has, it is submitted, an option. He may either follow the procedure of clause 27.1 whereupon he will have the advantage of clause 27.4 or he may accept the repudiation and treat the contract as at an end forthwith.[79] Immediate arbitration is available for disputes (see clause 41.3).

---

[73] Save under Clause 27.1.3 where there must additionally have been an earlier notice to remedy defects.
[74] *Hounslow, London Borough Council v. Twickenham Garden Developments* [1971] Ch. 233.
[75] *Sutcliffe v. Chippendale & Edmondson* (1971) 18 B.L.R. 149 at 160 to 162. This case subsequently went to the Court of Appeal and to the House of Lords but these issues were not argued there.
[76] For repudiation generally, see p. 156.
[77] See p. 163.
[78] See pp. 163 *et seq.*
[79] See further "Repudiation and contractual determination clauses" on p. 162.

Clause 27.1.1. "... *without reasonable cause* ..."

This provision under clause 25 of the 1963 Form was considered by the Court of Appeal in *Lubenham v. South Pembrokeshire District Council*.[80] The Architects issued Interim Certificates which were not correctly calculated in that they included unauthorised deductions for liquidated damages and defects. The Contractor thereupon withdrew labour from site. The Employer served 14 day default notices under the predecessor provisions in the 1963 Form of clauses 27.1.1 and 27.1.2. Subsequently the Contractor's employment was determined. The Court of Appeal held that the contracts had been properly determined. The Employer was not obliged to pay more than the amount stated as due on the face of the Interim Certificate. Whatever the cause of the under-valuation, the proper remedy of the Contractor was to request the Architect to make an appropriate adjustment in another Certificate or to go to arbitration. In default of a new Certificate or arbitration, the Contractor had no right to sue for a higher sum than that stated to be due in the Certificate. The issue of the Certificate was a condition precedent to the right of the Contractor to be paid. The Court further held that there was no necessity or scope for the implication of a term that if and when it became known to the Employer that the Architect was departing from his proper function, it was the Employer's duty to stop the Architect and tell the Architect what the function was. It follows that dissatisfaction on the part of the Contractor with Interim Certificates does not amount to reasonable cause within the meaning of clause 27.1.1.

Clause 27.1.2. "... *fails to proceed regularly and diligently with the Works* ..."

This ground of determination applies, it is submitted, after as well as before the Date for Completion is passed. For the Contractor's duty to proceed regularly and diligently, see clause 23.1 and its commentary.

Clause 27.1.3. "... *refuses or neglects to comply* ... *and* ... *the Works are materially affected* ..."

This sub-clause was amended by the removal of the word "persistently" before "neglects" by Amendment 4 issued in July 1987. It follows that, in principle, a single such neglect would entitle the Employer to determine. However, this is qualified by the proviso to clause 27.1 that notice of determination shall not be given unreasonably or vexatiously. It is thought that only in exceptional circumstances would the Employer be able to determine the contract validly for a single such neglect. It is arguable that this ground is only intended to be available before Practical Completion. For failure to comply with a instruction to remedy defects under clause 17, a less drastic remedy is available under clause 4.1.2. Note that for determination under this sub-clause there must be three Notices.

---

[80] (1986) 33 B.L.R. 39 (C.A.).

Clause 27.1.3 and Nominated Sub-Contractors. The Contractor has no right or duty to carry out the work of the Nominated Sub-Contractor,[81] and it may be argued that this sub-clause is not intended to apply. However, it can be said that the the wording of this sub-clause is quite general and that by necessary implication the Contractor has power to remove the defective work of a Nominated Sub-Contractor who refuses to do so himself. This appears more likely to be the intention of the contract in view of the amendments to clause 8.4 (discussed on p. 568) which refer in terms to Nominated Sub-Contractors in the context of work, materials or goods not being in accordance with the Contract.[82]

Clause 27.1. *"... the Architect ... may give ... a notice ..."*

It has been held under a JCT Standard Form of Building Contract (1963 Edition), where a contractor's failure to proceed regularly and diligently was extreme, that the Architect was in breach of his contract with the Employer in failing serve a notice so as to enable the Contractor's employment to be determined.[83]

Clause 27.1. *"... determine the employment ..."*

The contract is not determined, for on both sides important contractual rights and liabilities continue or arise.[84]

Clause 27.1. *"... provided that such notice shall not be given unreasonably or vexatiously."*

If so given it is, it is submitted, void. This proviso imposes an important limitation on the operation of the clause. What is unreasonable or vexatious depends upon the circumstances and may give rise to a lengthy investigation in subsequent proceedings. The identically worded proviso to clause 28.1 was considered by the Court of Appeal in *John Jarvis v. Rockdale Housing Association*.[85] "Unreasonably" was held to be "a general term which can include anything which can be objectively judged to be unreasonable". A notice would not be considered as given unreasonably unless it was one which no reasonable Contractor in the circumstances of the particular Contractor would have given. "Vexatiously" was said to connote "an ulterior motive to oppress, harass or annoy".[86]

Clause 27.2. This clause was somewhat redrafted by Amendment 4 issued July 1987 to take account of the provisions of the Insolvency Act 1986.

---

[81] See p. 317.
[82] *cf.* however *John Jarvis v. Rockdale Housing Association* (1986) 36 B.L.R. 48 (C.A.).
[83] *West Faulkner Associates v. London Borough of Newham* (1992) 31 Con.L.R. 105; *The Times*, November 11, 1994 (C.A.).
[84] See *Mac-Jordan Construction v. Brookmount Erostin* (1991) 56 B.L.R. 1 at 16 (C.A.).
[85] (1986) 36 B.L.R. 48 (C.A.).
[86] Bingham L.J. in *John Jarvis v. Rockdale Housing Association* (1986) 36 B.L.R. 48 at p. 68 (C.A.).

Clause 27.2. *"... automatically determine ..."*

Upon the happening of one of the events set out in clause 27.2, the employment of the Contractor is automatically determined and no notice or other formality is required. Nevertheless, as soon as the Employer discovers the event, if he wishes to take advantage of the clause[87] he is well advised to tell the Contractor, his trustee in bankruptcy, *etc.* that he relies on the clause. Otherwise if the Employer takes no step and permits the Works to continue, it may be said that the Employer has waived his rights under the clause, or, to use the words of the clause, that the employment of the Contractor, his trustee in bankruptcy, etc. has been "reinstated and continued".

The Court of Appeal has held that, upon an automatic determination pursuant to clause 27.2, the Contractor's obligation to continue to perform the Works terminates so that the Contractor is not in breach of contract by failing to perform after automatic determination. It was held that clause 27.2 provides an exclusive code governing administrative receivership, etc. and that Contractor does not commit an anticipatory breach of contract by going into administrative receivership. The parties have agreed that the consequences of the contractor becoming insolvent are to be those specified in clause 27.4.[88]

Right to disclaim. The trustee in bankruptcy and liquidator have a statutory right to disclaim the contract if it is unprofitable, *i.e.* to bring the contract to an end from the date of the disclaimer.[89] It is doubtful how far the provisions of clause 27.4 are good against a trustee in bankruptcy or liquidator who disclaims.[90]

Clause 27.3. The provisions relating to corruption were introduced into the Private Version by Amendment 4 issued in July 1987. They had always formed part of the Local Authorities Edition.

Clause 27.4.1. *"... use all temporary buildings, plant, tools, ..."*

This does not bind a person not party to the contract, *e.g.* owners of cranes, scaffolding and other equipment who have hired it to the Contractor. See also clause 27.4.3.

Clause 27.4.2.2. *"unless the exception to the operation of clause 27.4.2.1 applies the Employer may pay any supplier or sub-contractor ..."*

This provision gives the Employer the right to pay any supplier or

---

[87] In practice it is often to the advantage of both parties for the Contractor's trustee in bankruptcy, etc. to complete the contract.
[88] *Perar BV v. General Surety and Guarantee Co. Ltd* (1994) 66 B.L.R. 72 (C.A.). For the consequence of this in relation to bonds, see p. 274.
[89] Sections 178 and 315 of Insolvency Act 1986.
[90] See further "Insolvency of Contractor" on p. 417 and in particular "Disclaimer" and "Forfeiture, lien and seizure clauses". For the position as to materials upon bankruptcy or liquidation, see further commentary to clause 30 and "Retention of title clauses" on p. 263.

sub-contractor direct. Note that the Employer's discretion to pay suppliers or sub-contractors direct is excluded where the determination of the Contractor's employment occurred because of the Contractor's bankruptcy or liquidation. This reflects the view that the decisions in *Re Wilkinson*[91] and *Re Tout and Finch*[92] have not survived the decision of the House of Lords in *British Eagle v. Air France*.[93]

Clause 27.4.4. *"Until after completion . . . the Employer shall not be bound . . . make any further payment . . ."*

This extends, it is submitted, not only to work not certified for, but to sums certified but not due for payment under clause 30.1 at the date of determination. It only applies if the Employer proceeds to complete, it being implied that, when the Employer expressly states or by conduct shows that he does not intend to complete the works or when after a reasonable time he fails to restart them, the bar on his liability to make payments to the Contractor is lifted.[94] It has been held that "Works" in clause 27.4 does not include snagging and other remedial work undertaken after practical completion and that "completion" in clause 27.4.4 means Practical Completion. Thus when a contractor's employment was determined under clause 27 after Practical Completion but before he had completed making good defects, the Employer could not resist the Contractor's claim for payment by invoking the moratorium under clause 27.4.4. The Employer may, however, be able to rely on ordinary common law rights such as, *e.g.* abatement.[95]

Clause 27.4.4. *". . . the Architect . . . shall certify the amount of expenses properly incurred by the Employer and the amount of any direct loss and/or damage caused to the Employer by the determination . . ."*

The Contractor has to allow or pay these sums subject to receiving a credit for what he would have been paid if the Contract had not been determined. There thus has to be taken a notional final account. Theoretically there could be something payable to the Contractor. In practice this is unlikely to happen because the Employer is entitled to the expenses of completing under clause 27.4.1 and, under the words "direct loss and/or damage" any damages which he has suffered by reason of the determination. This includes, it is submitted, damages for delay. Note the difference in the wording of "direct loss and/or damage" in this clause and direct loss and/or expense in clauses 26 and 34, the meaning of which is discussed in the commentary to clause 26. It appears that there is no difference in meaning between the two terms and that the word "expense" is avoided in clause 27 in order to keep quite distinct the two elements which go to make up the Architect's Certificate under clause 27.4.4

---

[91] [1905] 2 K.B. 713.
[92] [1954] 1 W.L.R. 178.
[93] [1975] 1 W.L.R. 758 (H.L.); *cf. Joo Yee Construction v. Diethelm Industries* (1991) 7 Const.L.J. 53 (High Court of Singapore).
[94] *Tern Construction Group v. RBS Garages Ltd* (1992) 34 Con.L.R. 137 at p. 146.
[95] *Emson Eastern v. E.M.E. Developments* (1991) 55 B.L.R. 114. For abatement, see p. 499.

as allowable or payable to the Employer subject to the credit in favour of the Contractor.[96]

It was held under the 1963 Form that the operation of clause 25(4)(d) created a contingent liability in favour of the Employer provable in the winding-up of the Contractor as a contingent debt or liability within Section 30 of the Bankruptcy Act 1914 (now Section 322 of the Insolvency Act 1986). The Employer had a statutory right under Section 31 of the Bankruptcy Act 1914 (now Section 323 of the Insolvency Act 1986) to set-off such contingent liabilities against sums otherwise due to the Contractor because the term "debt" in Section 31 included a contingent liability and the building contract established that there had been mutual dealings between the parties within the meaning of Section 31.[97]

1992 Amendments to clause 27

Clause 27 was deleted and a substantially redrafted clause 27 was substituted by Amendment 11 issued in July 1992. The principal changes are:

Clause 27.1. This is a new provision setting out the methods for giving any of the written notices required under clause 27.

Clause 27.2. This replaces the former clause 27.1 but it is redrafted as follows:

Clause 27.2.1 substantially reproduces the defaults in the former clause 27.1 with certain detailed drafting changes. The qualification "before the date of Practical Completion" is new.

Clause 27.2.2 deals with the continuation of a specified default notified under 27.2.1 (suspension). The date when the determination takes effect is now identified, namely the date of receipt of the notice.

Clause 27.2.3 applies to a repetition of a specified default after the ending by the Contractor, within the time limit set out in clause 27.2.2, of a specified default notified under clause 27.2.1 or, where the Employer has not given notice of determination under clause 27.2.2 within the time limit, a repetition of the specified default. The Employer does not have to give any further warning notice after a repetition but may proceed to give the determination notice. However, this notice is only valid if it is given either upon or within a reasonable time of the repetition.

Clause 27.2.4 repeats the proviso to the former clause 27.1.

---

[96] See *Wraight Ltd v. P.H. & T (Holdings) Ltd* (1968) 13 B.L.R. 26 discussed on p. 672.
[97] *Willment Brothers. v. North West Thames R.H.A.* (1984) 26 B.L.R. 51 (C.A.). See also "Mutual dealings" on p. 418.

Clause 27—Determination by Employer

Clause 27.3. This replaces the former clause 27.2 redrafted as follows:

Clause 27.3.1 sets out the insolvency events in the former clause 27.2.

Clause 27.3.2 requires the Contractor to inform the Employer of the events referred to (composition, arrangement, etc.).

Clause 27.3.3 provides that on the happening of an event there referred to (winding-up etc.) the Contractor's employment is automatically determined but may be reinstated or continued. This reflects the former clause 27.2.

Clause 27.3.4 is a new provision which gives the Employer an *option* to determine the Contractor's employment if the events there specified have happened. Formerly determination was automatic in these circumstances.

Clause 27.4. This is similar to the former clause 27.3 (corruption).

Clause 27.5. This is a new clause which makes detailed provision for the option included by clause 27.3.4.

Clause 27.6. This is a redrafted version of the former clause 27.4. There are minor administrative changes.

Clause 27.7. This is a new provision dealing with the situation where the Employer decides not to complete the Works.

Clause 27.8. This follows the opening words of the former clause 27.1 in preserving common law rights of determination.

Clauses 27.6.2.1 and 27.6.2.2 were further redrafted by Amendment 13 issued in January 1994.

28   Determination by Contractor

28·1 Without prejudice to any other rights and remedies which the Contractor may possess, if

- ·1 the Employer does not pay the amount properly due to the Contractor on any certificate (otherwise than as a result of the operation of the VAT Agreement) within 14 days from the issue of that certificate and continues such default for 7 days after receipt by registered post or recorded delivery of a notice from the Contractor stating that notice of determination under clause 28 will be served if payment is not made within 7 days from receipt thereof; or
- ·2 the Employer interferes with or obstructs the issue of any certificate due under this Contract; or
- ·3 the carrying out of the whole or substantially the whole of the uncompleted Works (other than the execution of work required under clause 17)

is suspended for a continuous period of the length named in the Appendix by reason of:

- ·3·1 Architect's/Contract Administrator's instructions issued under clause 2·3, 13·2 or 23·2 unless caused by reason of some negligence or default of the Contractor, his servants or agents or any person employed or engaged upon or in connection with the Works or any part thereof, his servants or agents other than a Nominated Sub-Contractor or the Employer or any person employed, engaged or authorised by the Employer or by any local authority or statutory undertaker executing work solely in pursuance of its statutory obligations; or
- ·3·2 the Contractor not having received in due time necessary instructions, drawings, details or levels from the Architect/the Contract Administrator for which he specifically applied in writing provided that such application was made on a date which having regard to the Completion Date was neither unreasonably distant from nor unreasonably close to the date on which it was necessary for him to receive the same; or
- ·3·3 delay in the execution of work not forming part of this Contract by the Employer himself or by persons employed or otherwise engaged by the Employer as referred to in clause 29 or the failure to execute such work or delay in the supply by the Employer of materials and goods which the Employer has agreed to provide for the Works or the failure so to supply; or
- ·3·4 the opening up for inspection of any work covered up or the testing of any of the work, materials or goods in accordance with clause 8·3 (including making good in consequence of such opening up or testing), unless the inspection or test showed that the work, materials or goods were not in accordance with this Contract;
- ·3·5 failure of the Employer to give in due time ingress to or egress from the site of the Works or any part thereof through or over any land, buildings, way or passage adjoining or connected with the site and in the possession and control of the Employer, in accordance with the Contract Bills or the Contract Drawings, after receipt by the Architect/the Contract Administrator of such notice, if any, as the Contractor is required to give, or failure of the Employer to give such ingress or egress as otherwise agreed between the Architect/the Contract Administrator and the Contractor.

then the Contractor may thereupon by notice by registered post or recorded delivery to the Employer or the Architect/the Contract Administrator forthwith determine the employment of the Contractor under this Contract; provided that such notice shall not be given unreasonably or vexatiously.

28·2 Upon such determination, then without prejudice to the accrued rights or remedies of either party or to any liability of the classes mentioned in clause 20 which may accrue either before the Contractor or any sub-contractors shall have removed his or their temporary buildings, plant, tools, equipment, goods or materials or by reason of his or their so removing the same, the following shall be the respective rights and liabilities of the Contractor and the Employer:

Clause 28—Determination by Contractor

- .1 the Contractor shall with all reasonable dispatch and in such manner and with such precautions as will prevent injury, death or damage of the classes in respect of which before the date of determination he was liable to indemnify the Employer under clause 20 remove from the site all his temporary buildings, plant, tools, equipment, goods and materials and shall give facilities for his sub-contractors to do the same, but subject always to the provisions of clause 28·2·2·4;
- .2 after taking into account amounts previously paid under this Contract the Contractor shall be paid by the Employer:
- .2·1 the total value of work completed at the date of determination, such value to be computed as if it were a valuation in respect of the amounts to be stated as due in an Interim Certificate issued under clause 30·1 but after taking account of any amounts referred to in clauses 28·2·2·3 to ·6;
- .2·2 the total value of work begun and executed but not completed at the date of determination, the value being ascertained in accordance with clause 13·5 as if such work were a Variation required by the Architect/the Contract Administrator under clause 13·2 but after taking account of any amounts referred to in clauses 28·2·2·3 to ·6;
- .2·3 any sum ascertained in respect of direct loss and/or expense under clauses 26 and 34·3 (whether ascertained before or after the date of determination);
- .2·4 the cost of materials or goods properly ordered for the Works for which the Contractor shall have paid or for which the Contractor is legally bound to pay, and on such payment by the Employer any materials or goods so paid for shall become the property of the Employer;
- .2·5 the reasonable cost of removal under clause 28·2·1;
- .2·6 any direct loss and/or damage caused to the Contractor or to any Nominated Sub-Contractor by the determination.
- .3 The Employer shall inform the Contractor in writing which part or parts of the amount paid or payable under clause 28·2·2 is or are fairly and reasonably attributable to any Nominated Sub-Contractor and shall so inform each Nominated Sub-Contractor in writing.

Clause 28: Determination by Contractor

Derivation. The original version of clause 28 was substantially the same as clause 26 of the 1963 Form. The clause was substantially amended by Amendment 4 issued in July 1987. The principal change was that suspension of the Works by reason of force majeure, or loss or damage to the Works occasioned by a specified peril or by reason of civil commotion were removed from clause 28. They are now to be found in the new clause 28A. Moreover, these grounds are now available for determination both to the Contractor and the Employer. Formerly such grounds were available to the Contractor only. It follows that the grounds in clause 28.1.3 are now confined to a suspension of the Works by reason of some fault on the part of the Employer. Suspension which is the fault of neither Contractor nor Employer is dealt with by clause 28A. There were also some more minor amendments to clause 28 which are discussed below.

The JCT Standard Form of Building Contract

1992 Amendments. By Amendment 11 issued in July 1992, clause 28 was deleted and a substantially redrafted clause substituted. The commentary below considers clause 28 as it was before the 1992 amendments. The new clause 28 is then considered separately.

Clause 28 before the 1992 Amendments.

Outline of clause. The clause provides for the Contractor, without prejudice to any other rights and remedies he may possess,[98] to determine his employment on certain specified grounds including the suspension of the work due to causes within the control of the Employer for a continuous period which the parties have stated in the Appendix. Clause 28.2 provides for the effect of such determination in terms which, in effect, indemnify the Contractor against loss. Immediate arbitration is available for disputes (see clause 41.3), but proceedings are not always quick. In the Private Version there is a further clause 28.1.4 entitling the Contractor to determine upon the Employer's bankruptcy or other event symptomatic of insolvency.

Nature of clause. It should be compared with clause 27. It gives the Contractor the right upon the happening of events referred to and upon following the procedure set out to withdraw from the site and to have the benefit of the valuable provisions of clause 28.2. As with clause 27, if it is relied upon it must be properly and exactly complied with, for if the Contractor wrongfully withdraws permanently from the site, it is normally a repudiation of the contract by the Contractor which not only deprives him of the benefit of clause 28.2 but renders him liable in damages to the Employer.

Clause 28 events compared with repudiation. For repudiation generally, see p. 156 above and see also commentary to clause 27.1 on p. 659. Most of the clause 28 events would amount to breaches of contract by the Employer. However, they would not necessarily be repudiatory in effect. If, however, the event in clause 28.1 is also a repudiation, the Contractor has, it is submitted, an option either to determine under clause 28 or to accept the repudiation and treat the contract as at an end and forthwith claim damages.[99] The rights under clause 28.2 are so extensive that it is usually in his interests to determine.

Determination of employment. The contract is not determined for on both sides important contractual rights and liabilities continue to arise.[1]

Procedure. The procedure is simpler than under clause 27.1 in that if one

---

[98] For the meaning of this phrase, see *Sutcliffe v. Chippendale & Edmondson* (1971) 18 B.L.R. 149 at p. 160, discussed on p. 163.
[99] See further "Repudiation and contractual determination clauses" on p. 162.
[1] See *Mac-Jordan Construction v. Brookmount Erostin* (1991) 56 B.L.R. 1 at p. 16 (C.A.).

of the conditions in clause 28.1 is satisfied, only one notice is required. But the condition itself must be carefully studied, *e.g.* under clause 28.1.1 a prior written notice and a continuance thereafter of the default for 7 days is required, and under clause 28.1.3.2 prior written application and the expiry of due time is necessary.

Clause 28.1.1. *". . . the Employer does not pay the amount properly due to the Contractor on any certificate . . ."*

What is meant by "the amount properly due"? In the 1963 Form the equivalent expression was "the amount due". This expression was considered by the Court of Appeal in *Lubenham v. South Pembrokeshire District Council.*[2] The Court held that the amount due was the amount stated as due on the face of the Interim Certificate. This was so even if the Interim Certificate contained unauthorised deductions and even if the Employer knew that the Architect was departing from his function by making such unauthorised deductions. In those circumstances, the remedy of the Contractor was by means of arbitration.[3] It is thought that the introduction of the word "properly" may be of significance. It may now be that the first part of the clause 28.1.1 condition would be satisfied if a certificate contained an improper deduction on its face or possibly if such a deduction could be established by reference to accompanying explanatory documents. But the contractor would have to establish what was "properly due" on the certificate in question, not some other certificate which he might argue the Architect could have issued. The first part of the condition would not, it is thought, be satisfied where the Architect's certificate, although low, was within the scope of the discretion entrusted to him by the Contract. The Contractor would have to show more than an under-valuation. He would have to show both that the certificate had been issued in a manner unauthorised by the Contract and that some particular amount other than the purported amount of the certificate was "the amount properly due" on the certificate. This will rarely be possible except where there is a palpably wrong deduction which the Employer nevertheless persists in adopting.

The Employer has express contractual rights to make deductions from sums certified for payments, for example, under clauses 4.1.2, 22A.2 and 24. Commenting on clause 26(1) of the 1963 Form it was said that the reference to "the amount due on any certificate" meant the amount due after deduction of any sums which the Employer was entitled under the contract to deduct.[4] It is submitted that this remains so in the 1980 Form. Further, the Employer may have a right of set-off. There is no authority upon the question whether "the amount properly due" means the amount due after allowing for such set-off, but it is probable that it does. The introduction of the word "properly" makes it more likely that the Employer is entitled to rely upon a

---

[2] (1986) 33 B.L.R. 39 (C.A.).
[3] See also "Prevention by the employer" on p. 110.
[4] *Modern Engineering (Bristol) v. Gilbert Ash (Northern)* [1974] A.C. 689 at 709 (H.L.).

right of set-off.[5] In any event, if the Contractor knew of the Employer's claim to make such set-off and the claim was eventually established, the Arbitrator might well find that a Contractor who had given notice in such circumstances had given it unreasonably.

Clause 28.1.2. *"the Employer interferes with or obstructs the issue of any certificate"*

This includes the Employer "refusing to allow the architect to go on to the site for the purpose of giving his certificate, or directing the architect as to the amount for which he is to give his certificate or as to the decision which he should arrive at on some matter within the sphere of his independent duty".[6] For the Architect's duty to act fairly and professionally when certifying, see p. 121.

Clause 28.1.3. This sub-clause was amended by Amendment 4 issued in July 1987. As previously noted, three causes of suspension were removed from this clause and inserted in the new clause 28A. There is consequential renumbering. Clause 28.1.3.5 is a new cause of suspension introduced by this amendment.

Clause 28.1.3. *"... the length named in the Appendix ..."*

The contract positively requires the insertion of such a period. It is suggested that the Architect should consider carefully with his client whether the period suggested in the Appendix of one month is adequate. For example, in a complex project a technical problem might arise making it necessary to suspend the Works whilst it is solved. One month's suspension might be wholly inadequate.

Clause 28.1.3.1. *"... default ..."*

The meaning of this word was considered in the context of the predecessor provision to clause 20.2 in *City of Manchester v. Fram Gerrard*.[7] It was held that default would be established if either a person did not do what he ought to have done or did what he ought not to have done in all the circumstances and provided that the conduct in question involved something in the nature of a breach of duty so as to be properly describable as a default. It should be noted that breach of statutory duty is not referred to in this clause although, for example, it is specifically mentioned in clause 20.2. It is thought, therefore, that breach of statutory duty which does not amount to negligence does not come within this clause.

Clause 28.1.3.1. *"... his servants or agents ... statutory obligations"*

---

[5] For set-off generally, see pp. 498 *et seq.*
[6] Lord Tucker in *Burden v. Swansea Corporation* [1957] 1 W.L.R. 1167 at p. 1180 (H.L.). This arose on the 1939 Form where the clause was confined to certificates of payment but where the principle was, it is submitted, the same.
[7] (1974) 6 B.L.R. 70.

These words were introduced by Amendment 4 issued in July 1987. The original version of the sub-clause was considered by the Court of Appeal in *John Jarvis v. Rockdale Housing Association*.[8] The Court held that the reference to the Contractor was to the Main Contractor and did not include Nominated Sub-Contractors. It now seems reasonably clear that this clause extends to all sub-contractors except for Nominated Sub-Contractors and to all suppliers, whether nominated or not. This is subject to the question of what is meant by "authorised by the Employer" (see commentary to clause 20.2 above).

Clause 28.1.3.2. This ground of suspension is not subject to the qualification in clause 28.1.3.1 relating to the negligence or default of the Contractor (see above). In the appropriate case, therefore, the Architect will postpone the Works under clause 23.2 and not leave a negligent or defaulting Contractor the opportunity of determining under this sub-clause.

Clause 28.1.3.5. This is a new sub-clause introduced by Amendment 4 issued in July 1987. It corresponds to the Relevant Event relating to extension of time at clause 25.4.12 (see commentary above).

Clause 28.1. "... *by notice by registered post or recorded delivery* ..."

This phrase was considered by the Court of Appeal in the context of clause 26 of the 1963 Form in *J. M. Hill v. London Borough of Camden*.[9] The Court held that the notice of Determination operates only from the time when it is received, not when it is posted.

Clause 28.1. "... *provided that such notice shall not be given unreasonably or vexatiously.*"

The Court of Appeal has twice considered the meaning to be given to these words. In *J. M. Hill v. London Borough of Camden*,[10] the Employer contended that the Contractor's determination was unreasonable or vexatious because the Contractor had withdrawn a substantial proportion of his workforce from the site before the relevant certificate became due for payment. This contention was rejected. Ormrod L.J., discussing the meaning of the term "unreasonably", said: "I imagine that it is meant to protect an Employer who is a day out of time in payment, or whose cheque is in the post, or perhaps because the Bank is closed; or there has been a delay in clearing the cheque or something ... accidental or purely incidental so that the court could see that the contractor was taking advantage of the other side in circumstances in which, from a business point of view, it would be totally unfair and almost smacking of sharp practice."[11] In *John Jarvis v. Rockdale Housing*

---

[8] (1986) 36 B.L.R. 48 (C.A.).
[9] (1980) 18 B.L.R. 31 (C.A.).
[10] *ibid.*
[11] *ibid.*, at p. 149.

Association,[12] the Court held that notice was not given unreasonably or vexatiously unless a reasonable Contractor, circumstanced in all respects as was the Contractor at the time when he gave the notice, would have thought that it was unreasonable or vexatious to give such a notice. "Vexatiously" was said to connote "an ulterior motive to oppress, harass or annoy".[13]

Clause 28.2.2. "... *after taking into account* ..."

The procedure under this sub-clause was considered by the Court of Appeal in the context of clause 26(2) of the 1963 Form in *Lintest Builders Ltd v. Roberts*.[14] The Contractor determined under clause 26(1). The Employer alleged that some work was defective. The Contractor argued, in reliance upon certain dicta in *Kaye (P. & M.) v. Hosier & Dickinson*,[15] that any such defective work amounted only to a temporary disconformity entitling the Employer to purely nominal damages. This contention was rejected. The Court held that the Employer acquired a right to have the defective work put right at the time the defective work was done. This was an accrued right within the terms of clause 26(2). Thus the reasonable cost of the necessary remedial works was to be taken into account when calculating sums due to the Contractor under clause 26(2).

Clause 28.2.6. "... *direct loss and/or damage* ..."

See commentary to clause 27. In *Wraight Ltd v. P. H. & T. (Holdings) Ltd*[16] Megaw J. rejected submissions that, because the clause could operate where there was no fault on the part of the Employer, the words were to have a limited effect different from their natural meaning. He held that the Contractor was entitled to recover that which he would have obtained if the contract had been fulfilled in the terms of the picture visualised in advance but which he had not obtained and could not obtain because of the determination. Such entitlement included loss of profit even though the Contractor had only worked a few weeks out of a 60 week contract when work was suspended due to unanticipated difficulties.

1992 Amendments

By Amendment 11 issued in July 1992, clause 28 was deleted and a substantially redrafted clause 28 substituted. The changes are similar to those to clause 27 and may be summarised as follows:

---

[12] (1986) 36 B.L.R. 48 (C.A.).
[13] Bingham L.J. in *John Jarvis v. Rockdale Housing Association* (1986) 36 B.L.R. 48 at p. 68 (C.A.).
[14] (1980) 13 B.L.R. 38; cf. *William Tomkinson v. Parochial Church Council of St. Michael* (1990) 6 Const.L.J. 319.
[15] [1972] 1 W.L.R. 146 at p. 165 (H.L.).
[16] (1968) 13 B.L.R. 27.

Clause 28—Determination by Contractor

Clause 28.1. This is a new provision setting out the methods for giving notices.

Clause 28.2. This deals with defaults by the Employer and their consequences. The main changes from the former clause 28.1 are:

Clause 28.2.1.3 is a new provision giving the Contractor a right of determination for breach of the assignment provisions of clause 19.1.1.

Clause 28.2.3 is a general notice provision replacing the provision for a warning notice under the former clause 28.1.1. Under the new provision, notice must be given for both a "specified default" and a "specified suspension event", whereas no warning notice was formerly required under clauses 28.1.2 and 28.1.3.

Clause 28.2.2 does not include the reference in the former clause 28.1.3.1 to Architect's instructions issued as a result of the negligence, *etc.* of a local authority. This now appears in clause 28A.1.1.4.

Clause 28.2.2 does not include the suspension event in the former clause 28.1.3.4.

Clause 28.3. (Private Version only) The insolvency provisions are redrafted on lines similar to those in clause 27.3. In certain circumstances, the Contractor has an option under clause 28.3.3 whether to determine. The proviso to this clause has the effect that the Contractor is relieved from his obligation under clause 2.1 while he considers the option.

Clause 28.4. This clause, with drafting amendments, is similar to the former clause 28.2 except that under the new clause the Contractor is to prepare the account.

Clause 28.5. This clause preserves common law rights of determination.

28A   Determination by Employer or Contractor

28A·1 Without prejudice to any other rights and remedies which the Employer or the Contractor may possess, if the carrying out of the whole or substantially the whole of the uncompleted Works (other than the execution of work required under clause 17) is suspended for a continuous period of the length named in the Appendix by reason of:
·1   force majeure; or
·2   loss or damage to the Works occasioned by any one or more of the Specified Perils; or
·3   civil commotion

then the Employer or the Contractor may thereupon by notice by registered post or recorded delivery to the Contractor or to the Employer forthwith determine the employment of the Contractor under this Contract; provided that such notice shall not be given unreasonably or vexatiously.

28A·2 The Contractor shall not be entitled to give notice under clause 28A·1 where the loss or damage to the Works occasioned by the Specified Perils was caused by some negligence or default of the Contractor, his servants or agents or of any person employed or engaged upon or in connection with the Works or any part thereof, his servants or agents other than the Employer or any person employed, engaged or authorised by the Employer or by any local authority or statutory undertaker executing work solely in pursuance of its statutory obligations.

28A·3 Upon such determination under clause 28A·1 the provisions of clause 28·2 shall apply with the exception of clause 28·2·2·6.

Clause 28A: Determination by Employer or Contractor

Generally. This was a new clause introduced into the Contract by Amendment 4 issued in July 1987. The grounds set out at clause 28A.1.1 to 28A.1.3 were formerly only grounds for determination open to the Contractor under clause 28 but not to the Employer under clause 27. The effect of this new clause is that these grounds for determination of the employment of the Contractor are now open both to the Contractor and to the Employer.

1992 Amendments. By Amendment 11 issued in July 1992, clause 28A was deleted and a substantially redrafted clause 28A substituted. This commentary discusses the original clause first and the new clause is discussed separately below.

Clause 28A.1. For the phrases "without prejudice to any other rights or remedies ...", "notice by registered post or recorded delivery ..." and "provided that such notice shall not be given unreasonably or vexatiously", see the commentary to clauses 27 and 28.

Clause 28A.1.1. For the meaning of "*force majeure*", see commentary to clause 25.4.1. For "civil commotion", see commentary to clause 25.4.4.

Clause 28A.2. The right of the Contractor to determine where loss or damage to the Works was occasioned by any one or more of the Specified Perils was subject to the proviso, in the original version of the 1980 Form, "unless caused by the negligence of the Contractor, his servants or agents or of any sub-contractor, his servants or agents ...". It was unclear whether the negligence of Nominated Sub-Contractors and of sub-sub-contractors was included or not.[17] The wording is now apt to include sub-sub-contractors. It

---

[17] See *City of Manchester v. Fram Gerrard* (1974) 6 B.L.R. 70, discussed above in relation to Clause 20.

Clause 28—Determination by Contractor

would appear, by virtue of the specific inclusion of Nominated Sub-Contractors in clause 28.1.3.1 but their exclusion here, that the Contractor is not entitled to give notice of determination where the loss or damage was caused by the negligence of a Nominated Sub-Contractor. However, there remains some difficulty as to the phrase "authorised by the Employer".[18]

Clause 28A.3. Upon determination under this clause the provisions of clause 28.2 apply except that the Contractor is not entitled to claim "direct loss and/or damage" under clause 28.2.2.6.

1992 Amendments

By Amendment 11 issued in July 1992, clause 28A was deleted and a substantially redrafted clause substituted. The principal changes are:

Clause 28A.1.1. The matters in clauses 28A.1.1.1, 28A.1.1.2 and 28A.1.1.3 reproduce those in former clauses 28A.1.1, 28A.1.2 and 28A.1.3. Those in clauses 28A.1.1.4, 28A.1.1.5 and 28A.1.1.6 are new.

The 1992 Appendix entry for clause 28A.1 specifically prescribes a period of suspension for each of the six specified matters if no period is entered. The qualification "before the date of Practical Completion" is new.

Clause 28A.1.2. This clause reproduces the former clause 28A.2 in limiting the Contractor's right to determine his employment for a suspension caused by a Specified Peril if his negligence or default or that of the others specified in the clause caused the Specified Peril. There is no similar limitation on the Employer.

Clause 28A.2. This is a new provision prescribing how the consequences of determination are to be dealt with.

Clauses 28A.3 to 28A.5. These are similar to the new clause 28.4 (see above).

Clauses 28A.6 and 28A.7. These are new provisions dealing further with the consequences of determination under clause 28A.

29 Works by Employer or persons employed or engaged by Employer

29.1 Where the Contract Bills, in regard to any work not forming part of this Contract and which is to be carried out by the Employer himself or by persons employed or otherwise engaged by him, provide such information as is necessary to enable the Contractor to carry out and complete the Works in accordance with the Conditions, the Contractor shall permit the execution of such work.

---

[18] See commentary to clause 20.2.

29·2 Where the Contract Bills do not provide the information referred to in clause 29·1 and the Employer requires the execution of work not forming part of this Contract by the Employer himself or by persons employed or otherwise engaged by the Employer, then the Employer may, with the consent of the Contractor (which consent shall not be unreasonably withheld) arrange for the execution of such work.

29·3 Every person employed or otherwise engaged by the Employer as referred to in clauses 29·1 and 29·2 shall for the purpose of clause 20 be deemed to be a person for whom the Employer is responsible and not to be a sub-contractor.

Clause 29: Works by Employer or persons employed or engaged by the Employer

Derivation. Clause 29 is derived from clause 29 of the 1963 Form. It is substantially redrafted. The former expression "artists, tradesmen or others engaged by the Employer" was somewhat curious and was arguably open to a restrictive interpretation (although such an interpretation was in fact rejected by the Court in *Henry Boot v. Central Lancashire Development Corporation*).[19]

Outline of clause. Clause 29 applies to work to be carried out "by the Employer himself or by persons employed or otherwise engaged by him". The reference to work carried out by the "Employer himself" is an innovation in the 1980 Form. Clause 29 distinguishes between work by others which is sufficiently described in the Contract Bills to put the Contractor on notice when he is tendering (clause 29.1), and work by others which is not so described (clause 29.2). For delay or disruption caused by work the subject of clause 29, see clauses 25.4.8.1, 26.2.4.1 and 28.1.3.3.

Clause 29.1. The wording is wide enough to enable substantial works to be carried out by direct Contractors. Nomination under the 1980 Form involves a long cumbersome procedure which by inadvertence or bad luck may go wrong (see commentary to clause 35). Further, its legal consequences remain somewhat unsatisfactory even if success is achieved in complying with the terms of the Contract. One alternative to nomination is the "three persons" procedure (see clause 19.3 and its commentary). Another is to make direct contracts. This is at least worth considering where the Employer dislikes nomination under the Contract but cannot or does not wish to use the three persons procedure.

Clause 29.2. Where there is no sufficient description in the Bills, the

---

[19] (1981) 15 B.L.R. 1.

Clause 30—Certificates and Payments

Employer has no absolute right to interfere with the Contractor's work by having work which does not form part of the contract carried out. This can now only be done with the Contractor's consent. Consent is not to be unreasonably withheld. Immediate arbitration is not available for a dispute on this subject (see clause 41.3).

30 Certificates and Payments

30·1 ·1·1 The Architect/The Contract Administrator shall from time to time as provided in clause 30 issue Interim Certificates stating the amount due to the Contractor from the Employer and the Contractor shall be entitled to payment therefor within 14 days from the date of issue of each Interim Certificate. [q]

·1·2 Notwithstanding the fiduciary interest of the Employer in the Retention as stated in clause 30·5·1 the Employer is entitled to exercise any right under this Contract of deduction from monies due or to become due to the Contractor against any amount so due under an Interim Certificate whether or not any Retention is included in that Interim Certificate by the operation of clause 30·4. Such deduction is subject to the restriction set out in clause 35·13·5·4·2.

·1·3 Where the Employer exercises any right under this Contract of deduction from monies due or to become due to the Contractor he shall inform the Contractor in writing of the reason for that deduction.

·2 Interim valuations shall be made by the Quantity Surveyor whenever the Architect/the Contract Administrator considers them to be necessary for the purpose of ascertaining the amount to be stated as due in an Interim Certificate. [r]

·3 Interim Certificates shall be issued at the Period of Interim Certificates specified in the Appendix up to and including the end of the period during which the Certificate of Practical Completion is issued. Thereafter Interim Certificates shall be issued as and when further amounts are ascertained as payable to the Contractor from the Employer and after the expiration of the Defects Liability Period named in the Appendix or upon the issue of the Certificate of Completion of Making Good Defects (whichever is the later) provided always that the Architect/the Contract Administrator shall not be required to issue an Interim Certificate within one calendar month of having issued a previous Interim Certificate.

30.2 The amount stated as due in an Interim Certificate, subject to any agreement between the parties as stage payments, shall be the gross valuation as referred to in clause 30·2 less

any amount which may be deducted and retained by the Employer as provided in clause 30·4 (in the Conditions called "the Retention") and

---

[q] This entitlement is subject to the various rights of deduction given to the Employer in the Conditions including any obligation to deduct under clause 31 and to the obligations of the parties under the VAT Agreement.

[r] Where formula adjustment under clause 40 applies see amendment set out in clause 40·2.

The JCT Standard Form of Building Contract

the total amount stated as due in Interim Certificates previously issued under the Conditions.

The gross valuation shall be the total of the amounts referred to in clauses 30·2·1 and 30·2·2 less the total of the amounts referred to in clause 30·2·3 and applied to and including a date not more than 7 days before the date of the Interim Certificate.

- ·1 There shall be included the following which are subject to Retention:
- ·1·1 the total value of the work properly executed by the Contractor including any work so executed to which clause 13·5 refers but excluding any restoration, replacement or repair of loss or damage and removal and disposal of debris which in clauses 22B·3·5 and 22C·4·4·2 are treated as if they were a variation, together with, where applicable, any adjustment of that value under clause 40;
- ·1·2 the total value of the materials and goods delivered to or adjacent to the Works for incorporation therein by the Contractor but not so incorporated, provided that the value of such materials and goods shall only be included as and from such times as they are reasonably, properly and not prematurely so delivered and are adequately protected against weather and other casualties;
- ·1·3 the total value of any materials or goods other than those to which clause 30·2·1·2 refers where the Architect/the Contract Administrator in the exercise of his discretion under clause 30·3 has decided that such total value shall be included in the amount stated as due in an Interim Certificate;
- ·1·4 the amounts referred to in clause 21·4·1 of Sub-Contract NSC/4 or NSC/4a as applicable in respect of each Nominated Sub-Contractor;
- ·1·5 the profit of the Contractor upon the total of the amounts referred to in clauses 30·2·1·4 and 30·2·2·5 less the total of the amounts referred to in clauses 30·2·3·2 at the rates included in the Contract Bills, or, in the cases where the nomination arises from an instruction as to the expenditure of a provisional sum, at rates related thereto, or if none, at reasonable rates.
- ·2 There shall be included the following which are not subject to Retention.
- ·2·1 any amounts to be included in Interim Certificates in accordance with clause 3 as a result of payments made or costs incurred by the Contractor under clauses 6·2, 8·3, 9·2 and 21·2·3;
- ·2·2 any amounts ascertained under clause 26·1 or 34·3 or in respect of any restoration, replacement or repair of loss or damage and removal and disposal of debris which in clauses 22B·3·5 and 22C·4·4·2 are treated as if they were a Variation;
- ·2·3 any amount to which clause 35·17 refers;
- ·2·4 any amount payable to the Contractor under clause 38 or 39, if applicable;
- ·2·5 the amounts referred to in clause 21·4·2 of Sub-Contract NSC/4 or NSC/4a as applicable in respect of each Nominated Sub-Contractor.
- ·3 There shall be deducted the following which are not subject to Retention:
- ·3·1 any amount deductible under clause 7 or 8·4·2 or 17·2 or 17·3 or any amount allowable by the Contractor to the Employer under clause 38 or 39, if applicable;

Clause 30—Certificates and Payments

·3·2 any amount referred to in clause 21·4·3 of Sub-Contract NSC/4 or NSC/4a as applicable in respect of each Nominated Sub-Contractor.

30.3 The amount stated as due in an Interim Certificate may in the discretion of the Architect/the Contract Administrator include the value of any materials or goods before delivery thereof to or adjacent to the Works (in clause 30·3 referred to as "the materials") provided that:
·1 the materials are intended for incorporation in the Works;
·2 nothing remains to be done to the materials to complete the same up to the point of their incorporation in the Works;
·3 the materials have been and are set apart at the premises where they have been manufactured or assembled or are stored, and have been clearly and visibly marked, individually or in sets, either by letters or figures or by reference to a pre-determined code, so as to identify;
·3·1 the Employer, where they are stored on the premises of the Contractor, and in any other case the person to whose order they are held; and
·3·2 their destination as the Works;
·4 where the materials were ordered from a supplier by the Contractor or by any sub-contractor, the contract for their supply is in writing and expressly provides that the property therein shall pass unconditionally to the Contractor or the sub-contractor (as the case may be) not later than the happening of the events set out in clauses 30·3·2 and 30·3·3;
·5 where the materials were ordered from a supplier by any sub-contractor, the relevant sub-contract between the Contractor and the sub-contractor is in writing and expressly provides that on the property in the materials passing to the sub-contractor the same shall immediately thereon pass to the Contractor;
·6 where the materials were manufactured or assembled by any sub-contractor, the sub-contract is in writing and expressly provides that the property in the materials shall pass unconditionally to the Contractor not later than the happening of the events set out in clauses 30·3·2 and 30·3·3;
·7 the materials are in accordance with this Contract;
·8 the Contractor provides the Architect/the Contract Administrator with reasonable proof that the property in the materials is in him and that the appropriate conditions set out in clauses 30·3·1 to ·7 have been complied with;
·9 the Contractor provides the Architect/the Contract Administrator with reasonable proof that the materials are insured against loss or damage for their full value under a policy of insurance protecting the interests of the Employer and the Contractor in respect of the Specified Perils, during the period commencing with the transfer of property in the materials to the Contractor until they are delivered to, or adjacent to, the Works.

30.4 ·1 The Retention which the Employer may deduct and retain as referred to in clause 30.2 shall be such percentage of the total amount included under clause 30·2·1 in any Interim Certificate as arises from the operation of the following rules:
·1·1 the percentage (in the Conditions and Appendix called "the Retention Percentage") deductible under clause 30·4·1·2 shall be 5 per cent (unless a lower rate shall have been agreed between the parties and specified

in the Appendix as the Retention Percentage); and the percentage deductible under clause 30·4·1·3 shall be one half of the Retention Percentage; [s]

·1·2 [t] the Retention Percentage may be deducted from so much of the said total amount as relates to:

work which has not reached Practical Completion (as referred to in clauses 17·1, 18·1·1 or 35·16); and

amounts in respect of the value of materials and goods included under clauses 30·2·1·2, 30·2·1·3 and 30·2·1·4 (so far as that clause relates to materials and goods as referred to in clause 21.4·1 of Sub-Contract NSC/4 or NSC/4a as applicable);

·1·3 [t] half the Retention Percentage may be deducted from so much of the said total amount as relates to work which has reached Practical Completion (as referred to in clauses 17·1, 18·1·1 or 35·16) but in respect of which a Certificate of Completion of Making Good Defects under clause 17·4 or a certificate under clause 18·1·2 or an Interim Certificate under clause 35·17, has not been issued.

·2 The Retention deducted from the value of work executed by the Contractor or any Nominated Sub-Contractor, and from the value of materials and goods intended for incorporation in the Works, but not so incorporated, and specified in the statements issued under clause 30·5·2·1, is hereinafter referred to as the "Contractor's retention" and the "Nomination Sub-Contract retention" respectively.

30·5 The Retention shall be subject to the following rules:

·1 the Employer's interest in the Retention is fiduciary as trustee for the Contractor and for any Nominated Sub-Contractor (but without obligation to invest);

·2·1 at the date of each Interim Certificate the Architect/the Contract Administrator shall prepare, or instruct the Quantity Surveyor to prepare, a statement specifying the Contractor's retention and the Nominated Sub-Contract retention for each Nominated Sub-Contractor deducted in arriving at the amount stated as due in such Interim Certificate;

·2·2 such statement shall be issued by the Architect/the Contract Administrator to the Employer, to the Contractor and to each Nominated Sub-Contractor whose work is referred to in the statement.

·3 [Number not used]

·4 Where the Employer exercises the right to deduct referred to in clause 30·1·1·2 against any Retention he shall inform the Contractor of the amount of that deduction from either the Contractor's retention or the

---

[s] Where the Employer at the tender stage estimates the Contract Sum to be £500,000 or over, the Retention Percentage should not be more than 3 per cent.

[t] By the operation of clauses 30·4·1·2 and 30·4·1·3 the Contractor will have released to him by the Employer upon payment of the next Interim Certificate after Practical Completion of the whole or part of the Works approximately one half of the Retention on the whole or the appropriate part; and upon payment of the next Interim Certificate after the expiration of the Defects Liability Period named in the Appendix, or after the issue of the Certificate of Completion of Making Good Defects, whichever is the later, the balance of the Retention on the whole or the appropriate part. When Retention is so included in Interim Certificates it becomes a "sum due" to the

Clause 30—Certificates and Payments

Nominated Sub-Contract retention of any Nominated Sub-Contractor by reference to the latest statement issued under clause 30·5·2·1.

30·6 ·1·1 Not later than 6 months after Practical Completion of the Works the Contractor shall provide the Architect/the Contract Administrator, or if so instructed by the Architect/the Contract Administrator, the Quantity Surveyor, with all documents necessary for the purposes of the adjustment of the Contract Sum including all documents relating to the accounts of Nominated Sub-Contractors and Nominated Suppliers.

·1·2 Not later than 3 months after receipt by the Architect/the Contract Administrator or by the Quantity Surveyor of the documents referred to in clause 30·6·1·1

·2·1 the Architect/the Contract Administrator, or, if the Architect/the Contract Administrator has so instructed, the Quantity Surveyor shall ascertain (unless previously ascertained) any loss and/or expense under clauses 26·1, 26·4·1 and 34·3, and

·2·2 the Quantity Surveyor shall prepare a statement of all adjustments to be made to the Contract Sum as referred to in clause 30·6·2 other than any to which clause 30·6·1·2·1 applies

and the Architect/the Contract Administrator shall forthwith send a copy of any ascertainment to which clause 30·6·1·2·1 refers and of the statement prepared in compliance with clause 30·6·1·2·2 to the Contractor and the relevant extract therefrom to each Nominated Sub-Contractor.

·2 The Contract Sum shall be adjusted as follows:
There shall be deducted:

·2·1 all prime cost sums, all amounts in respect of sub-contractors named as referred to in clause 35·1, the certified value of any work by a Nominated Sub-Contractor, whose employment has been determined in accordance with clause 35·24, which was not in accordance with the relevant Sub-Contract but which has been paid or otherwise discharged by the Employer, and any Contractor's profit thereon included in the Contract Bills;

·2·2 all provisional sums and the value of all work for which an Approximate Quantity is included in the Contract Bills;

·2·3 the amount of the valuation under clause 13·5·2 of items omitted in accordance with a Variation required by the Architect/the Contract Administrator under clause 13·2, or subsequently sanctioned by him in writing, together with the amount included in the Contract Bills for any other work as referred to in clause 13·5·5 which is to be valued under clause 13·5;

·2·4 any amount deducted or deductible under clause 7 or 8·4·2 or 17·2 or 17·3 or any amount allowed or allowable to the Employer under clause 38, 39 or 40, whichever is applicable;

·2·5 any other amount which is required by this Contract to be deducted from the Contract Sum.

Contractor and therefore subject to the rights of the Employer to deduct therefrom in accordance with the rights of the Employer so to deduct as set out in the Conditions.

There shall be added:
- ·2·6 the amounts of the Nominated Sub-Contract Sums or Tender Sums for all Nominated Sub-Contractors as finally adjusted or ascertained under all relevant provisions of Sub-Contract NSC/4 or NSC/4a as applicable;
- ·2·7 the tender sum (or such other sum as is appropriate in accordance with the terms of the tender as accepted by or on behalf of the Employer) for any work for which a tender made under clause 35·2 has been accepted;
- ·2·8 any amounts properly chargeable to the Employer in accordance with the nomination instruction of the Architect/the Contract Administrator in respect of materials or goods supplied by Nominated Suppliers; such amounts shall include the discount for cash of 5 per cent referred to in clause 36 but shall exclude any value added tax which is treated, or is capable of being treated, as input tax (as referred to in the Finance Act 1972) by the Contractor;
- ·2·9 the profit of the Contractor upon the amounts referred to in clauses 30·6·2·6, 30·6·2·7 and 30·6·2·8 at the rates included in the Contract Bills or in the cases where the nomination arises from an instruction as to the expenditure of a provisional sum at rates related thereto or if none at reasonable rates;
- ·2·10 any amounts paid or payable by the Employer to the Contractor as a result of payments made or costs incurred by the Contractor under clauses 6·2, 8·3, 9·2 and 21·2·3;
- ·2·11 the amount of the Valuation under clause 13·5 of any Variation, including the valuation of other work, as referred to in clause 13·5·5, other than the amount of the valuation of any omission under clause 13·5·2;
- ·2·12 the amount of the Valuation of work executed by, or the amount of any disbursements by, the Contractor in accordance with instructions of the Architect/the Contract Administrator as to the expenditure of provisional sums included in the Contract Bills and of all work for which an Approximate Quantity is included in the Contract Bills;
- ·2·13 any amount ascertained under clause 26·1 or 34·3;
- ·2·14 [Number not used]
- ·2·15 any amount paid or payable to the Contractor under clause 38, 39 or 40, whichever is applicable;
- ·2·16 any other amount which is required by this Contract to be added to the Contract Sum.

30·7 So soon as is practicable but not less than 28 days before the date of issue of the Final Certificate referred to in clause 30·8 and notwithstanding that a period of one month may not have elapsed since the issue of the previous Interim Certificate, the Architect/the Contract Administrator shall issue an Interim Certificate the gross valuation for which shall include the amounts of the sub-contract sums for all Nominated Sub-Contracts as finally adjusted or ascertained under all relevant provisions of Sub-Contract NSC/4 or NSC/4a as applicable.

30·8 The Architect/The Contract Administrator shall issue the Final Certificate (and inform each Nominated Sub-Contractor of the date of its issue) not later than 2 months after whichever of the following occurs last:
    the end of the Defects Liability Period;

Clause 30—Certificates and Payments

the date of issue of the Certificate of Completion of Making Good Defects under clause 17·4;

the date on which the Architect/the Contract Administrator sent a copy to the Contractor of any ascertainment to which clause 30·6·1·2·1 refers and of the statement prepared in compliance with clause 30·6·1·2·2. The Final Certificate shall state:

- ·1 the sum of the amounts already stated as due in Interim Certificates, and
- ·2 the Contract Sum adjusted as necessary in accordance with clause 30·6·2

and the difference (if any) between the two sums shall (without prejudice to the rights of the Contractor in respect of any Interim Certificates which have not been paid by the Employer) be expressed in the said Certificate as a balance due to the Contractor from the Employer or to the Employer from the Contractor as the case may be, and subject to any deductions authorised by the Conditions, the said balance shall as from the 28th day after the date of the said Certificate be a debt payable as the case may be by the Employer to the Contractor or by the Contractor to the Employer.

30·9 ·1 Except as provided in clauses 30·9·2 and 30·9·3 (and save in respect of fraud), the Final Certificate shall have effect in any proceedings arising out of or in connection with this Contract (whether by arbitration under article 5 or otherwise) as

·1·1 conclusive evidence that where and to the extent that the quality of materials or the standard of workmanship are to be to the reasonable satisfaction of the Architect/the Contract Administrator the same are to such satisfaction, and

·1·2 conclusive evidence that any necessary effect has been given to all the terms of this Contract which require that an amount is to be added to or deducted from the Contract Sum or an adjustment is to be made of the Contract Sum save where there has been any accidental inclusion or exclusion of any work, materials, goods or figure in any computation or any arithmetical error in any computation, in which event the Final Certificate shall have effect as conclusive evidence as to all other computations and

·1·3 conclusive evidence that all and only such extensions of time, if any, as are due under clause 25 have been given, and

·1·4 conclusive evidence that the reimbursement of direct loss and/or expense, if any, to the Contractor pursuant to clause 26·1 is in final settlement of all and any claims which the Contractor has or may have arising out of the occurrence of any of the matters referred to in clause 26·2 whether such claim be for breach of contract, duty of care, statutory duty or otherwise.

·2 If any arbitration or other proceedings have been commenced by either party before the Final Certificate has been issued the Final Certificate shall have effect as conclusive evidence as provided in clause 30·9·1 after either:

·2·1 such proceedings have been concluded, whereupon the Final Certificate shall be subject to the terms of any award or judgment in or settlement of such proceedings, or

·2·2 a period of 12 months during which neither party has taken any further step in such proceedings, whereupon the Final Certificate shall be subject to any terms agreed in partial settlement,
whichever shall be the earlier.
·3 If any arbitration or other proceedings have been commenced by either party within 28 days after the Final Certificate has been issued, the Final Certificate shall have effect as conclusive evidence as provided in clause 30·9·1 save only in respect of all matters to which those proceedings relate.

30·10 Save as aforesaid no certificate of the Architect/the Contract Administrator shall of itself be conclusive evidence that any works, materials or goods to which it relates are in accordance with this Contract.

Clause 30: Certificates and Payments

Derivation. Clause 30 was substantially derived from clause 30 of the 1963 form. It was amended by Amendment 2 issued in November 1986, Amendment 4 issued in July 1987 and Amendment 7 issued in July 1988. The 1987 amendments are of great importance and are discussed in detail below. The clause was further amended by Amendment 12 issued in July 1993 and Amendment 13 issued in January 1994. These amendments are consequential only.

Scheme of clause. Clause 30 provides for Interim Certificates and valuations (30.1); ascertainment of amounts due in Interim Certificates (30.2); certification of materials or goods before delivery to the Works (30.3); rules for ascertainment of retention (30.4); rules on treatment of Retention (30.5); procedure for final adjustment of Contract Sum (30.6.1); items to be included in the adjustment of the Contract Sum (30.6.2); final adjustment of Nominated Sub-Contract Sums (30.7); issue of Final Certificate (30.8); effect of Final Certificate (30.9); effect of Interim Certificates (30.10).

For the position of the Architect as agent and his duty to act fairly and professionally, see commentary to clauses 2 and 4, and for his relationship to the Quantity Surveyor, see commentary to clause 13.[20]

Clause 30.1.1.1. "*... the Contractor shall be entitled to payment therefor...*"

The meaning of these words was discussed by the Court of Appeal in *Lubenham v. South Pembrokeshire D.C.*[21] The Court held that the words meant "the Contractor shall be entitled to payment of the sum stated in the

---

[20] For discussions of the Architect's certifying duties under earlier versions of this Form, see *East Ham Borough Council v. Bernard Sunley* [1966] A.C. 406 (H.L.)—1939 Form, pre-1957 revision; *Sutcliffe v. Chippendale & Edmondson* (1971) 18 B.L.R. 149 at p. 166—1963 Form; *Townsend v. Stone Toms* (1984) 27 B.L.R. 26 at pp. 46, 54 (C.A.)—JCT Fixed Fee Form—provisions not materially different from 1963 Form.
[21] (1986) 33 B.L.R. 39 at pp. 54, 55 (C.A.).

Clause 30—Certificates and Payments

Interim Certificates to be due to the Contractor from the Employer". The issue of a Certificate was held to be always a condition precedent to the right of the Contractor to be paid.[22] There are however limited circumstances in which a contractor may be able to recover without a certificate.[23] Immediate arbitration is available on the questions whether a certificate has been improperly withheld or is not in accordance with the Conditions.[24]

Clause 30.1.1.1. "... *within 14 days from the date of issue* ..."

Under the 1980 Form, the period for payment now runs from the issue of the Certificate for both the Local Authorities and the Private Version (see clause 5.8 of the Private Version).

Clause 30.1.1.2. "... *the Employer is entitled to exercise any right under this Contract of deduction* ..."

This is an express provision of the 1980 Form. Deduction from sums certified can be made under clauses 4.1.2 (non-compliance with Architect's instructions), 21.1.3 and 22A.2 (insurance premiums), 24.2.1 (liquidated damages), 27.4.2.2 (direct payment to Nominated Sub-Contractors), 35.24.9 (valid determination by Nominated Sub-Contractor). See also clause 35.13.5.3 (direct payment to Nominated Sub-Contractors).

Clause 30.1.1.3. "... *shall inform the Contractor in writing of the reason for that deduction.*"

This was a new provision introduced by the 1980 Form. It is thought that an otherwise valid deduction will not be invalidated if the Employer fails to inform the Contractor of the reason. It is further thought that, except where in special circumstances an estoppel arises, an Employer's statement of a reason for deduction which upon investigation is proved to be unsustainable will not invalidate a sustainable, but unstated, deduction. Since Interim Certificates are cumulative, the Employer will presumably have a periodic opportunity for restating any reason for deduction.

Clause 30.1.2. Where formula adjustment under clause 40 applies, this clause is amended as set out in clause 40.2 by the deletion of the words "whenever the Architect/the Contract Administrator considers them to be necessary".

Clause 30.2. This is a redrafted and expanded version of clause 30(2) of the 1963 Form. It should be read with clause 3. It gathers together explicitly

---

[22] For summary judgment on a certificate, see p. 502.
[23] These are discussed in the Section "Recovery of payment without certificate" on p. 110. It appears that the decision in *Panamena v. Leyland* [1947] A.C. 428 (H.L.) does not apply at least where there is a wide arbitration clause—see *Lubenham v. South Pembrokeshire D.C.* (1986) 33 B.L.R. 39 at p. 58 (C.A.)—and thus will not normally apply to the 1980 Form.
[24] See clause 41.3.2. In practice, however, such arbitrations often take a long time to arrive at an award.

all the elements of payment to be taken into account in Interim Certificates. The new clause also sets out those elements of payment which are subject to Retention and those which are not.

Clause 30.2.1. This lists the elements of payment which are subject to Retention. These are payments for measured work, variations and formula price adjustment (30.2.1.1), the value of on-site materials and goods (30.2.1.2); the value of off-site materials and goods in accordance with clause 30.3 (30.2.1.3), payments to Nominated Sub-Contractors which by virtue of clause 4.17 of NSC/C are to be paid subject to Retention (30.2.1.4) and the Contractor's profit on Nominated Sub-Contractor's accounts (30.2.1.5).

Clause 30.2.1.1. "... *work properly executed* ..."

The Architect should exclude work which is not properly executed from the value of the work which he certifies. Work properly executed does not include work which is defective at the date of issue of the Certificate but which it is expected that the Contractor will remedy. The Architect should keep the Quantity Surveyor continually informed of any defective work which he has observed.[25] The Architect should not certify works which he knows to be improperly executed but which he thinks may be remedied for a cost within the Retention. The provision of Retention is to protect the Employer against latent defects or non-completion.[26] For the meaning and use of the term "reasonable satisfaction" and the test to be applied by the Architect when certifying, see commentary to clause 2.

Clause 30.2.1.1. "... *but excluding* ... *as if they were a variation* ..."

These words were inserted by Amendment 4 issued in July 1987. Clause 30.2.2.2 has also been amended. The effect is that where such works are treated as a variation by virtue of clauses 22B.3.5 or 22C.4.4.2 they are not subject to Retention unless certified.

Clause 30.2.1.2. "... *delivered to or adjacent to the works* ..."

For the passing of property in unfixed materials which have been paid for, see clause 16.1.

Clause 30.2.2. This lists the elements of payment which are not subject to Retention. These are amounts to be taken into account in Interim Certificates in accordance with clause 3 as a result of payments under certain clauses (30.2.2.1), amounts ascertained for direct loss and/or expense or in respect of restoration, *etc.* (30.2.2.2), final payments to Nominated Sub-Contractors (30.2.2.3), fluctuations other than formula price adjustments

---

[25] For authority for all these propositions, see *Sutcliffe v. Chippendale & Edmondson* (1971) 18 B.L.R. 149 at p. 166.
[26] See *Townsend and Another v. Stone Toms* (1984) 27 B.L.R. 26 at p. 54 (C.A.).

Clause 30—Certificates and Payments

(30.2.2.4) and amounts payable to Nominated Sub-Contractors which by virtue of clause 4.17 of NSC/C are not subject to Retention (30.2.2.5).

Clause 30.2.2.1. This sub-clause was amended by Amendment 4 issued in July 1987 to delete "22B and 22C". This is consequential upon the amendments relating to restoration, *etc.*

Clause 30.2.2.2. "*. . . or in respect of . . . a Variation*"

These words were inserted by Amendment 4 issued in July 1987, as explained above.

Clause 30.2.3. This provides for various deductions not subject to Retention to be made from the gross valuation. These are amounts allowable by the Contractor to the Employer under the provisions for fluctuations (30.2.3.1) and amounts allowable by Nominated Sub-Contractors to the Contractor under clause 4.17.C of NSC/C (clause 30.2.3.2).

Clause 30.3. The Architect may be asked by the Contractor to exercise his discretion to certify off-site materials or goods where, *e.g.* he supplies the goods or materials from his own factory, or by a sub-contractor or supplier. In the latter case the Contractor may ask the Architect not to exercise his discretion (see below). The Architect should, it is suggested, particularly bear in mind whether the Contractor and any sub-contractor or supplier are likely to remain solvent and not in default, and whether the detailed provisions of 30.3.1 to 30.3.9 have been complied with. These provisions have been drafted in an attempt to deal with the problems which can arise. They should be read with clause 16.2.

Clause 30.3.3. This clause is directed at the difficulties which can arise upon the insolvency of the Contractor. For a discussion of this topic, see "Vesting of property" on p. 416.

Passing of property. The property cannot pass from the Contractor to the Employer (see clause 16.2 and commentary to clause 16.1) unless it is already vested in the Contractor, hence sub-clauses 30.3.4, 30.3.5, 30.3.6 and 30.3.8.

Transfer of title to other persons. A person buying in good faith and without notice of the previous passing of the property to the Employer from a supplier (including in the appropriate case the Contractor) who is left in possession of the goods or materials, can take a good title.[27] A bona fide purchaser from the Sheriff selling under a Writ of *fi. fa.* and where no claim

---

[27] See Sale of Goods Act 1979, Section 25(1); *cf. Archivent Sales v. Strathclyde Regional Council* (1984) 27 B.L.R. 98 (Court of Session (Outer House)). Much law is involved and reference should be made to the standard textbooks, *e.g.* Benjamin.

has been made can acquire a good title.[28] In certain circumstances a Landlord can distrain on the materials or goods for unpaid rent.[29] Clause 30.3.1 is particularly aimed at these matters.

Defects after certification. It is submitted that nothing in clause 30.2 affects the Architect's powers under clause 8.4 or otherwise.

The Contractor's objections to the exercise of the Architect's discretion under clause 30.3.

The materials and goods remain at the Contractor's risk (clause 16.2). If they are lost or damaged or by fraud or negligence disposed of by a sub-contractor or supplier, the Contractor is liable to replace them at his own cost. Further, he cannot recover any loss from the Employer due to any delay which might thereby arise and he may have to pay liquidated damages for such delay. If the Architect intends to certify at the request of a supplier or a sub-contractor, it is in the Contractor's interest to see that provisions 30.3.1 to 30.3.9 are enforced and that there is adequate insurance cover.

Clause 30.4. In the 1980 Form Retention is no longer released by specific certificates for that purpose. Clause 30.4.2 provides for "Contractor's retention" and "Nominated Sub-Contract retention" to be separately specified.

Practical Completion to Final Certificate.

There is a detailed but clear procedure to be carried out which may be summarised as follows:
 (a) Certificate of Practical Completion (clause 17.1), and at the same time,
 (b) release of first half of Retention (clause 30.4.1.2),
 (c) Defects Liability Period begins and if none stated is six months from Practical Completion (clause 17.2, Appendix):
  (i) schedule of defects to be delivered not later than 14 days after expiration of Defects Liability Period (clause 17.2),
  (ii) particular defects may be required to be made good before such schedule or such 14 days, whichever is the earlier (clause 17.3),
  (iii) Certificate of Completion of Making Good Defects when in opinion of the Architect they have been made good (clause 17.3),
 (d) Not later than 6 months after Practical Completion the Contractor must provide the Architect with all documents necessary for adjustment of the Contract Sum (clause 30.6.1.1);

---

[28] See Bankruptcy and Deed of Arrangement Act 1913, s. 15.
[29] See Woodfall, *Landlord and Tenant*, (1994 looseleaf ed.) Chap. 9.

(e) Not later than 3 months after receipt of such documents, the Architect must ascertain any loss and expense and the Quantity Surveyor must prepare a statement of all other adjustments to the Contract Sum (clause 30.6.1.2);
(f) The residue of Retention is released on Certificate of Completion of Making Good Defects (clause 30.4.1.3);
(g) Not less than 28 days before issue of the Final Certificate, the Architect must issue an Interim Certificate including a final adjustment or ascertainment of Nominated Sub-Contract sums (clause 30.7);
(h) Final Certificate not later than two months after the latest of end of Defects Liability Period, Certificate of Completion of Making Good Defects under clause 17.4 and the date upon which the ascertainment under clause 30.6.1.2.1 and the statement under clause 30.6.1.2.2 are sent to the Contractor (clause 30.8);
(i) there is a 28 day period from the issue of the Final Certificate for either party to challenge the Final Certificate by arbitration or other proceedings for the effect of which see clauses 30.9.2 and 30.9.3, discussed below (clause 30.9.1).

Clause 30.5.1. *"... fiduciary as trustee ..."*
These words impose an obligation on the Employer to appropriate and set aside as a separate trust fund a sum equal to the Retention. "Clause 30.5.1 creates a clear trust in favour of the contractor and sub-contractors of the retention fund of which the employer is the trustee. The employer would be in breach of his trust if he hazarded the fund by using it in his business and it is his first duty to safeguard the fund in the interests of the beneficiaries."[30] So long as the Employer is solvent, this obligation will be enforced, if necessary, by the grant of a mandatory injunction.[31] Clause 30.5.3 of the Private Version makes explicit provision for this obligation, but an injunction was upheld even where clause 30.5.3 had been deleted.[32] Once sums so set aside have become impressed with the trust, they remain subject to this trust whatever the fate of the Contractor's employment or of the Contract.[33] The effect is that upon the Employer's bankruptcy or liquidation the trustee in bankruptcy or liquidator holds the balance of the trust fund as trustee for the Contractor. However, where the Employer is insolvent, whether or not in liquidation, if no fund has been established, no mandatory injunction will be granted to create such a fund and the Contractor is merely an unsecured

---

[30] Beldam L.J. in *Wates Construction v. Franthom Property* (1991) 53 B.L.R. 23 at p. 37 (C.A.).
[31] *Rayack v. Lampeter* (1979) 12 B.L.R. 30, approved in *Henry Boot Building v. Croydon Hotel* (1985) 36 B.L.R. 41 (C.A.) and *Wates Construction v. Franthom Property* (1991) 53 B.L.R. 23 (C.A.); *Mac-Jordan Construction v. Brookmount Erostin* (1991) 56 B.L.R. 1 (C.A.); *cf. Finnegan v. Ford Sellar Morris* (1991) 53 B.L.R. 38; *Herbert Construction v. Atlantic Estates* (1993) C.I.L.L. 858 (C.A.)
[32] *Wates Construction v. Franthom Property* (1991) 53 B.L.R. 23 (C.A.).
[33] *Re Arthur Sanders Ltd* (1981) 17 B.L.R. 125.

creditor.[34] A floating charge on the assets of the Employer not expressed to be subject to the building contract is not inconsistent with the Contractor's contractual right to have a fund set aside. If the fund has not been set aside at the date of the charge, the contractual right does not take priority over the charge.[35] The right to have a fund set aside is not itself in the nature of a floating charge which would be void if it were not registered in accordance with section 395 of the Companies Act 1985.[36]

Clause 30.5.1. *"... trustee ... for any Nominated Sub-Contractor ..."*

In the 1963 Form the Employer was stated to be trustee for the Contractor, but not reference was made to the position of the Nominated Sub-Contractor (see clause 30(4)(a) 1963 Form). In a number of authorities it was held that the Contractor was in turn trustee for the Nominated Sub-Contractor in relation to his proportion of the Retention. This involved difficult questions of assignment.[37] The 1980 Form makes the Employer trustee directly for the Nominated Sub-Contractor who stands in exactly the same position, and has the same rights, as the Contractor.

Clause 30.5.3 (Private Version only). *"the Employer shall ... place the Retention in a separate banking account ..."*

This makes express the obligation to set aside a separate trust fund. It will be enforced, if necessary, by the grant of a mandatory injunction (see above).

Clause 30.5.4. *"... the right to deduct referred to in clause 30.1.1.2 against any Retention ..."*

Clause 30.1.1.2 expressly entitles the Employer to make deductions authorised by the Contract from amounts certified in Interim Certificates. This sub-clause further entitles the Employer to set these deductions against Retention. The equivalent provisions of the 1963 Form were considered in *Henry Boot Building v. Croydon Hotel*.[38] The Architect had issued a certificate of non-completion. The Employer deducted liquidated damages and set them against Retention. The Court of Appeal held that a mandatory injunction would not be granted to compel the Employer to set aside a trust fund at a time when the Employer was entitled to deduct a greater amount of liquidated damages because there was no subsisting obligation to set aside. This was so although there was a serious issue to be tried as to the validity of the certificates of non-completion.[39] An equivalent mandatory injunction was refused under equivalent provisions in a 1981 JCT Standard Form of

---

[34] *Re: Jartay Developments Ltd* (1982) 22 B.L.R. 134; *Mac-Jordan Construction v. Brookmount Erostin* (1991) 56 B.L.R. 1 (C.A.).
[35] *Mac-Jordan Construction v. Brookmount Erostin* (1991) 56 B.L.R. 1 (C.A.).
[36] *ibid.*, at p. 17.
[37] See *Re Tout & Finch* [1954] 1 W.L.R. 178 and *Re Arthur Sanders Ltd* (1981) 17 B.L.R. 125.
[38] (1985) 36 B.L.R. 41 (C.A.).
[39] For a case decided in Hong Kong on mandatory injunctions and deductions, see *Concorde Construction Ltd v. Colgan Co.* (1984) 29 B.L.R. 120 (High Court of Hong Kong).

Clause 30—Certificates and Payments

Building Contract with Contractor's Design (1986 Amendment) because of injustice arising from the contractors' delay in making the application. The injunction would also have been refused on the ground that the employer was entitled to deduct from the Retention sums due from the contractor both expressly under the contract and by way of their rights of set-off.[40]

Clause 30.6.1. This sub-clause was substantially amended by Amendment 4 issued in July 1987. It provides a stricter timetable for the adjustment of the Contract Sum. The Contractor must now send all necessary documents not later than 6 months after Practical Completion rather than, as formerly, "within a reasonable time after Practical Completion". The revised clause 30.6.1.2 requires an ascertainment of all loss and expense and a statement of all adjustments of the Contract Sum to be sent to the Contractor not later than 3 months after receipt of the Contractor's final account documents rather than, as formerly, "within the period of Final Measurement and Valuation stated in the Appendix".

Clause 30.6.2. This clause sets out comprehensively all the deductions and additions to be made to the Contract Sum.

Clause 30.6.2.1. "... *the certified value ... discharged by the Employer* ..."
These words were added by Amendment 4 issued in July 1987 to take account of the decision of the Court of Appeal in *Fairclough Building v. Rhuddlan B.C.*[41] They allow the Employer a credit for the amount paid to the Contractor for any work not in accordance with the Nominated Sub-Contract performed by a Nominated Sub-Contractor whose employment has been determined under clause 35.24.

Clause 30.7. This requires an Interim Certificate certifying final payment to Nominated Sub-Contractors to be issued not less than 28 days before the issue of the Final Certificate. The purpose is, it seems, to enable the provisions in clause 35.13.5 for direct payment by the Employer to Nominated Sub-Contractors to be operated if the Contractor fails to make final payment to Nominated Sub-Contractors. This will only be possible in practice to the extent that a net amount is certified in the Final Certificate as due to the Contractor which is sufficient to cover any amount which the Contractor may have failed to pay to Nominated Sub-Contractors.

Clause 30.8. This sub-clause was amended by Amendment 4 issued in July 1987. This is part of the stricter timetable. The Final Certificate[42] must be issued not later than 2 months after the occurrence of whichever of the

---

[40] *GPT Realisations v. Panatown* (1992) 61 B.L.R. 88.
[41] (1985) 30 B.L.R. 26 (C.A.).
[42] For consideration of what amounts to a Final Certificate, see *London Borough of Merton v. Lowe* (1981) 18 B.L.R. 130 at pp. 143, 144 (C.A.).

three listed events occurs last. The former reference to the Period of Final Measurement and Valuation is deleted.

Clause 30.8. "... *or to the Employer* ..."

It is a useful feature of this Contract that the Final Certificate can be for the return of monies overpaid in earlier Certificates. However, the Architect is not entitled to retain a sum of money merely to ensure that there is something held in favour of the Employer until the Final Certificate. If he does so, the Contractor can go to immediate arbitration.

Clause 30.9: Conclusive effect of Final Certificate. This sub-clause is very important. The Final Certificate is conclusive in respect of some but not all matters which can arise out of the Contract. The conclusive effect of the Final Certificate is excluded or limited if the parties take certain steps. The matters upon which Final Certificate is conclusive are listed in clauses 30.9.1.1 to 30.9.1.4. Clauses 30.9.1.3 and 30.9.1.4 were added by Amendment 4 issued in July 1987.

Clause 30.9.1.1. "... *conclusive evidence* ..."

This means, it is submitted, that no evidence may be called to contradict or qualify in any way, the Architect's decision as expressed in the Final Certificate.[43] Upon matters with which it deals, it is therefore as binding upon the parties on questions of fact as an Arbitrator's award.[44] It is not, however, an award[45] and is not subject to the Arbitration Acts 1950 to 1979.[46]

The Court of Appeal has held that the conclusive effect as regards quality of materials and standard of workmanship applies to all materials and workmanship where approval of such matters is inherently something for the opinion of the Architect.[47] The words "and to the extent that" were added by Amendment 4 issued in July 1987 to follow more closely the drafting of the proviso in clause 2.1.

Clause 30.9.1.3. The effect of this sub-clause is, it seems, that after the issue of the Final Certificate, no further extensions of time may be granted, and the Contractor cannot dispute the extensions already granted except in arbitration or proceedings commenced within the time limits prescribed (see clauses 30.9.2 and 30.9.3).

Clause 30.9.1.4. This is a very significant amendment. Under the 1963

---

[43] *cf. Kerr v. John Mottram Ltd* [1940] 1 Ch. 657 at p. 660; *Kaye (P. & M.) v. Hosier & Dickinson* [1972] 1 W.L.R. 146 at p. 169 (H.L.).
[44] See *Goodyear v. Weymouth Corp.* (1865) 35 L.J.C.P. 12 at p. 17.
[45] *Sutcliffe v. Thackrah* [1974] A.C. 727 (H.L.).
[46] For arbitration generally, see Chap. 16. For Architect's Certificates generally, see Chap. 5.
[47] *Crown Estates Commissioners v. John Mowlem & Co. Ltd* (1994) 10 Const.L.J. 311 (C.A.). For a discussion of this case, see the commentary to clause 2.1 on p. 544.

Contract it was held that, notwithstanding the elaborate machinery of the Contract for loss and expense and certification, the Contractor might nevertheless recover sums by way of damages in respect of breaches of contract.[48] The effect of this new clause, it is submitted, is that the Contractor is conclusively bound by the Architect's Final Certificate as to loss and expense in respect of compensation for matters described in 26.2 under whatever legal formulation that compensation is sought, subject to clauses 30.9.2 and 30.9.3.

Steps which limit the conclusiveness of the Final Certificate. If no arbitration or other proceedings have been commenced by either party before the Final Certificate is issued (clause 30.9.2) or within 28 days after its issue (clause 30.9.3) the Final Certificate has the full conclusive effect given to it by clause 30.9.1. If arbitration or other proceedings were commenced by either party before its issue, then the conclusive effect of the Final Certificate is subject to clause 30.9.2. If clause 30.9.2.1 applies, the Certificate remains conclusive subject to "to the terms of any award of judgment in or settlement of such proceedings". It will be most desirable that such award, judgment or settlement is a "speaking" award,[49] judgment or settlement in order to determine the remaining ambit of the conclusiveness of the Final Certificate. If clause 30.9.2.2 applies, then if there is "a period of 12 months during which neither party has taken any further steps in such proceedings", prima facie the Final Certificate achieves conclusive effect "subject to any terms agreed in partial settlement". It was so held in one case under equivalent words in the 1963 Standard Form of Building Contract (July 1977 Revision) where it was also held that "a period of 12 months" meant any period of 12 months until the arbitration was concluded by final award.[50] The words "subject to any terms agreed in partial settlement" are not easy to construe. Ordinarily one thinks of a matter as either being settled or not settled.[51] Perhaps what is intended is a reference to an agreement which does not dispose of the whole dispute but of some or all of the matters dealt with in the Final Certificate and that for those matters, the Final Certificate ceases to have any effect.

Clause 30.9.3. *Proceedings commenced within 28 days after the Final Certificate*

The period of 28 days was substituted for 14 days by Amendment 4 issued in July 1987. The Final Certificate has its conclusive effect "save only in respect of all matters to which those proceedings relate". The document by which such proceedings are commenced will therefore be of the greatest importance. If sufficiently widely drawn it can deprive the Final Certificate of

---

[48] *London Borough of Merton v. Leach* (1985) 32 B.L.R. 51, issue 11 at pp. 105 to 109.
[49] *i.e.* it "speaks" on its face as to what it deals with. In the case of an award see further p. 456.
[50] *Blackpool B.C. v. Parkinson* (1991) 58 B.L.R. 85.
[51] For settlement of actions, see p. 498.

all conclusive effect. Proceedings are commenced in the High Court by the issue of a Writ and in arbitration by a written notice to refer to arbitration (see clause 41.1). In such a notice it will be particularly important to define the dispute which it is requested that the Arbitrator should deal with in terms wide enough to prevent the Claimant subsequently being hampered by the conclusive effect of the Certificate. Presumably if proceedings have been commenced upon a somewhat narrow ground before the Certificate is issued, there is nothing to prevent either party commencing further proceedings upon wider grounds within 28 days after the issue of the Final Certificate.

Powers of the court. The Court of Appeal has held that section 27 of the Arbitration Act 1950 does not apply to empower the court to extend the 28 day period in clause 30.9.3. The provision is an evidential bar not a bar on starting arbitration proceedings.[52] For the question of whether a Court has the same powers as the Arbitrator, see commentary to clause 41 and "Crouch" on p. 429.

Written notice under clause 41.1. It has been held under clause 30(7) of the 1963 Edition of the Standard Form of Building Contract (July 1977 Revision) that an arbitration was commenced at the time that it was commenced for limitation purposes within section 34(3) of the Limitation Act 1980. The notice had to be served in accordance with the contractual provisions, and in that case it was held that service on the architect was not sufficient service on the employer. No precise form of words was necessary.[53] As a matter of general principle, it seems that if a party uses less formal language than that used by the Contract but such as to indicate a clear requirement to refer the dispute to arbitration, this will be sufficient.[54] The meaning of the word "commence" in the context of clause 30.9.3 was considered in *Emson Contractors v. Protea Estates*.[55] It was held after some hesitation that it meant the date when one party either invited agreement to a named individual being designated Arbitrator or requested the other to concur in the appointment of an Arbitrator. A party who wishes to rely upon arbitration proceedings to defeat or attack a Final Certificate should, preferably, follow the words of clause 41.1 closely so as to show that he is commencing arbitration proceedings and not merely threatening to commence them in the future. He should so far as possible follow the provisions of sections 34(3) and 34(4) of the Limitation Act 1980.

---

[52] *Crown Estates Commissioners v. John Mowlem & Co. Ltd* (1994) 10 Const.L.J. 311 (C.A.) overruling *McLaughlin & Harvey v. P. & O. Developments Ltd* (1991) 55 B.L.R. 101. For s. 27 of the Arbitration Act 1950, see p. 452.
[53] *Blackpool B.C. v. Parkinson* (1991) 58 B.L.R. 85. For s. 34 of the Limitation Act 1980, see "Arbitration" at p. 410.
[54] See *Nea Agrex S.A. v. Baltic Shipping* [1976] Q.B. 933 (C.A.); *cf. Surrendra Overseas Ltd v. Government of Sri Lanka* [1977] 1 W.L.R. 565.
[55] (1987) 39 B.L.R. 126.

Accordingly, the notice should (a) require the other party to agree to the appointment of an arbitrator, (b) contain proper particulars of the disputes in respect of which the arbitrator is to be appointed and (c) be served in one of the manners set out in section 34(4) of the Act.[56]

Extension of time for arbitration. For the question whether section 27 of the Arbitration Act 1950 applies to clause 30 of the 1980 Form, see "Extension of time" on p. 452.

Attacking a Final Certificate. A party wishing to attack an allegation that a certificate is conclusive evidence upon certain matters within the meaning of clause 30.9.1 should consider one or more of the following:
 (a) commencing proceedings before or within 28 days after the issue of the Final Certificate (see above);
 (b) whether the matters fall within the express exception to the conclusive effect of the Certificate, *i.e.* fraud;
 (c) whether the point at issue is not within the range of matters upon which the Certificate is stated to be conclusive evidence. The range of matters upon which the Certificate is conclusive is now much wider than formerly by virtue of the amendments to clause 30.9.1 discussed above. However, it is clear that many matters remain outside the ambit of the Final Certificate. For example, materials and workmanship not required to be to the Architect's reasonable satisfaction (see above and commentary to clause 2.1);
 (d) that there was an irregularity in the giving of the Certificate so that it cannot be said to be the Certificate required by the contract in which case it will not be conclusive at all.[57] An example might be where the Architect delegated his whole function of certifying.[58] It is submitted that a mere delay in issuing the Final Certificate does not prevent it when issued from being conclusive;
 (e) that the Architect was disqualified at the time when he gave his Certificate, in which case the Certificate is of no effect.[59]

Claims by the Employer for consequential losses. In *P. & M. Kaye v. Hosier & Dickinson*[60] a point arose in the House of Lords under a pre-1976 version of the 1963 Form which the majority of their Lordships refused to consider because it had not been argued in the Courts below. Consequential loss, *i.e.* loss of profits due to defects in a warehouse, had been suffered by the

---

[56] *i.e.* by delivery to the other party or by leaving it at the usual or last known place of abode in England of the other party or by sending it by registered post or recorded delivery addressed to the other party at his last known place of abode.
[57] See generally p. 118.
[58] *C. F. Clemence v. Clarke* (1880) HBC 4th ed., Vol. 2, pp. 54, 59. (C.A.); *Burden v. Swansea Corporation* [1957] 1 W.L.R. 1167 at 1173 (H.L.), cited on p. 670.
[59] See generally p. 121.
[60] [1972] 1 W.L.R. 146 (H.L.).

Employer due to defects which appeared after Practical Completion but before the issue of the Final Certificate. Two meanings were put forward as to the effect of the Certificate. The first was that the whole series of building operations from beginning to end must have been deemed to have been duly carried out and completed so that any claim in respect of alleged past defects and their consequences was excluded. The second meaning was that everything which had to be done by way of building operations had now been done and all defects made good but there was no exclusion of claims in respect of alleged past defects and their consequences. Lord Diplock, contrary to the views of the majority, found it necessary to decide the point. He was in favour of the second meaning. The decision of the majority has been both followed and distinguished in cases under pre-1976 versions of the 1963 Form.[61] The question is one of construction. It is thought that clause 30.9.1.1 of the 1980 Form is to be construed in this respect in the same way as the pre-1976 version of the 1963 Form, although the scope of matters relating to materials and workmanship is more limited in the 1980 Form than it was in the pre-1976 versions of the 1963 Form.[62] If, therefore, the majority decision in *P. & M. Kaye v. Hosier & Dickinson* is properly distinguishable, an employer's claim for consequential loss arising out of breaches of contract before the issue of the Final Certificate is not barred by the Final Certificate.

31 Finance (No. 2) Act 1975 – statutory tax deduction scheme

31·1 In this Condition "the Act" means the Finance (No. 2) Act 1975; "the Regulations" means the Income Tax (Sub-Contractors in the Construction Industry) Regulations 1975 S.I. No. 1960; "'contractor'" means a person who is a contractor for the purposes of the Act and the Regulations; "evidence" means such evidence as is required by the Regulations to be produced to a "contractor" for the verification of a "sub-contractor's" tax certificate; "statutory deduction" means the deduction referred to in S.69(4) of the Act or such other deduction as may be in force at the relevant time; "'sub-contractor'" means a person who is a sub-contractor for the purposes of the Act and the Regulations; "tax certificate" is a certificate issuable under S.70 of the Act.

---

[61] See *Fairweather v. Asden Securities* (1979) 12 B.L.R. 40; *H. W. Nevill (Sunblest) v. Wm. Press* (1981) 20 B.L.R. 78; see further "When is a certificate binding and conclusive?" on p. 114.

[62] The pre-1976 version of the 1963 Form provided by clause 30(7) that the Final Certificate was conclusive evidence that "... the Works have been properly carried out and completed in accordance with the terms of this Contract". The 1976 amendments continued into clause 30.9.1.1 of the 1980 Form limit the range of materials and workmanship matters for which the Final Certificate is conclusive. However, the question posed by *P. & M. Kaye v. Hosier & Dickinson* continues to arise, although in a narrower form, *i.e.* does the issue of a Final Certificate provide conclusive evidence not only that the Architect is satisfied with the quality of materials or the standard of workmanship (where appropriate), but also that he has always been so satisfied so as to preclude claims by the Employer for damages for past defects which were corrected before the Final Certificate was issued?

Clause 31—Statutory Tax Deduction Scheme

31·2 ·1 Clauses 31·3 to ·9 shall not apply if, in the Appendix, the Employer is stated not to be a "contractor".

·2 If in the Appendix the words "is a 'contractor'" are deleted, nevertheless if, at any time up to the issue and payment of the Final Certificate, the Employer becomes such a "contractor", the Employer shall so inform the Contractor and the provisions of clause 31 shall immediately thereupon become operative.

31·3 ·1 Not later than 21 days before the first payment under this Contract is due to the Contractor or after clause 31·2·2 has become operative the Contractor shall:
either
·1·1 provide the Employer with the evidence that the Contractor is entitled to be paid without the statutory deduction; or
·1·2 inform the Employer in writing, and send a duplicate copy to the Architect/the Contract Administrator, that he is not entitled to be paid without the statutory deduction.

·2 If the Employer is not satisfied with the validity of the evidence submitted in accordance with clause 31·3·1·1, he shall within 14 days of the Contractor submitting such evidence notify the Contractor in writing that he intends to make the statutory deduction from payments due under this Contract to the Contractor who is a "sub-contractor" and give his reasons for that decision. The Employer shall at the same time comply with clause 31·6·1.

31·4 ·1 Where clause 31·3·1·2 applies, the Contractor shall immediately inform the Employer if he obtains a tax certificate and thereupon clause 31·3·1·1 shall apply.

·2 If the period for which the tax certificate has been issued to the Contractor expires before the final payment is made to the Contractor under this Contract the Contractor shall not later than 28 days before the date of expiry:
either
·2·1 provide the Employer with evidence that the Contractor from the said date of expiry is entitled to be paid for a further period without the statutory deduction in which case the provisions of clause 31·3·2 shall apply if the Employer is not satisfied with the evidence;
or
·2·2 inform the Employer in writing that he will not be entitled to be paid without the statutory deduction after the said date of expiry.

·3 The Contractor shall immediately inform the Employer in writing if his current tax certificate is cancelled and gave the date of such cancellation.

31·5 The Employer shall, as a "contractor" in accordance with the Regulations, send promptly to the Inland Revenue any voucher which, in compliance with the Contractor's obligations as a "sub-contractor" under the Regulations, the Contractor gives to the Employer.

31·6 ·1 If at any time the Employer is of the opinion (whether because of the information given under clause 31·3·1·2 or of the expiry or cancellation of the Contractor's tax certificate or otherwise) that he will be required by the

Act to make a statutory deduction from any payment due to be made the Employer shall immediately so notify the Contractor in writing and require the Contractor to state not later than 7 days before each future payment becomes due (or within 10 days of such notification if that is later) the amount to be included in such payment which represents the direct cost to the Contractor and any other person of materials used or to be used in carrying out the Works.

·2 Where the Contractor complies with clause 31·6·1 he shall indemnify the Employer against loss or expense caused to the Employer by any incorrect statement of the amount of direct cost referred to in clause 31·6·1.

·3 Where the Contractor does not comply with clause 31·6·1 the Employer shall be entitled to make a fair estimate of the amount of direct cost referred to in clause 31·6·1.

31·7 Where any error or omission has occurred in calculating or making the statutory deduction the Employer shall correct that error or omission by repayment to, or by deduction from payments to, the Contractor as the case may be subject only to any statutory obligation on the Employer not to make such correction.

31·8 If compliance with clause 31 involves the Employer or the Contractor in not complying with any other of the Conditions, then the provisions of clause 31 shall prevail.

31·9 The provisions of article 5 shall apply to any dispute or difference between the Employer or the Architect/the Contract Administrator on his behalf and the Contractor as to the operation of clause 31 except where the Act or the Regulations or any other Act of Parliament or statutory instrument, rule or order made under an Act of Parliament provide for some other method of resolving such dispute or difference.

Clause 31: Finance (No. 2) Act 1975—statutory tax deduction scheme

This clause, providing for statutory tax deduction under the Finance (No. 2) Act 1975, is substantially the same as clause 30B of the 1963 Form.

32 Outbreak of hostilities [u]

32·1 If during the currency of this Contract there shall be an outbreak of hostilities (whether war is declared or not) in which the United Kingdom shall be involved on a scale involving the general mobilisation of the armed forces of the Crown, then either the Employer or the Contractor may at any time by notice by registered post or recorded delivery to the other, forthwith determine the employment of the Contractor under this Contract:

---

[u] The parties hereto in the event of the outbreak of hostilities may at any time by agreement between them make such further or other arrangements as they may think fit to meet the circumstances.

Clause 32—Outbreak of Hostilities

Provided that such notice shall not be given
- .1 before the expiration of 28 days from the date on which the order is given for general mobilisation as aforesaid, or
- .2 after Practical Completion of the Works unless the Works or any part thereof shall have sustained war damage as defined in clause 33.4.

32.2 The Architect/The Contract Administrator may within 14 days after notice under clause 32.1 shall have been given or received by the Employer issue instructions to the Contractor requiring the execution of such protective work as shall be specified therein and/or the continuation of the Works up to points of stoppage to be specified therein, and the Contractor shall comply with such instructions as if the notice of determination had not been given.

Provided that if the Contractor shall for reasons beyond his control be prevented from completing the work to which the said instructions relate within 3 months from the date on which the instructions were issued, he may abandon such work.

32.3 Upon the expiration of 14 days from the date on which a notice of determination shall have been given or received by the Employer under clause 32.1 or where works are required by the Architect/the Contract Administrator under clause 32.2 upon completion or abandonment as the case may be of any such works, the provisions of clause 28.2 (except clause 28.2.2.6) shall apply and the Contractor shall also be paid by the Employer the value of any work executed pursuant to instructions given under clause 32.2, the value being ascertained in accordance with clause 13.5 as if such work were a Variation required by an instruction of the Architect/the Contract Administrator under clause 13.2.

33 War damage

33.1 In the event of the Works or any part thereof or any unfixed materials or goods intended for, delivered to and placed on or adjacent to the Works sustaining war damage as defined in clause 33.4 then notwithstanding anything expressed or implied elsewhere in this Contract:

- .1 the occurrence of such war damage shall be disregarded in computing any amounts payable to the Contractor under or by virtue of this Contract;
- .2 the Architect/the Contract Administrator may issue instructions requiring the Contractor to remove and/or dispose of any debris and/or damaged work and/or to execute such protective work as shall be specified;
- .3 the Contractor shall reinstate or make good such war damage and shall proceed with the carrying out and completion of the Works, and the Architect/the Contract Administrator shall in writing fix such later Completion Date as, in his opinion, is fair and reasonable;
- .4 the removal and disposal of debris or damaged work, the execution of protective works and the reinstatement and making good of such war damage shall be treated as if it were a Variation required by an instruction of the Architect/the Contract Administrator under clause 13.2.

33·2 If at any time after the occurrence of war damage as aforesaid either party serves notice of determination under clause 32, the expression "protective work" as used in clause 32 should in such case be deemed to include any matters in respect of which the Architect/the Contract Administrator can issue instructions under clause 33·1·2 and any instructions issued under clause 33·1·2 prior to the date on which notice of determination is given or received by the Employer and which shall not then have been completely complied with shall be deemed to have been given under clause 32·2.

33·3 The Employer shall be entitled to any compensation which may at any time become payable out of monies provided by Parliament in respect of war damage sustained by the Works or any part thereof or any unfixed materials or goods intended for the Works which shall at any time have become the property of the Employer.

33·4 The expression "war damage" as used in clause 33 means war damage as defined by S.2 of the War Damage Act 1943 or any amendment or re-enactment thereof.

Clause 32: Outbreak of hostilities

Clause 33—War damage

Clauses 32 and 33 of the 1980 Form are substantially the same as clauses 32 and 33 in the 1963 Form.

For frustration, the effect of war and clauses of this kind, see generally p. 143.

1992 Amendments
These two clauses were deleted by Amendment 11 issued in July 1992.

34 Antiquities

34·1 All fossils, antiquities and other objects of interest or value which may be found on the site or in excavating the same during the progress of the Works shall become the property of the Employer and upon discovery of such an object the Contractor shall forthwith:

- ·1 use his best endeavours not to disturb the object and shall cease work if and insofar as the continuance of work would endanger the object or prevent or impede its excavation or its removal;
- ·2 take all steps which may be necessary to preserve the object in the exact position and condition in which it was found; and
- ·3 inform the Architect/the Contract Administrator or the clerk of works of the discovery and precise location of the object.

34·2 The Architect/The Contract Administrator shall issue instructions in regard to what is to be done concerning an object reported by the Contractor under

Clause 34—Antiquities

clause 34·1, and (without prejudice to the generality of his power) such instructions may require the Contractor to permit the examination, excavation or removal of the object by a third party. Any such third party shall for the purposes of clause 20 be deemed to be a person for whom the Employer is responsible and not to be a sub-contractor.

34·3　·1　If in the opinion of the Architect/the Contract Administrator compliance with the provisions of clause 34·1 or with an instruction issued under clause 34·2 has involved the Contractor in direct loss and/or expense for which he would not be reimbursed by a payment made under any other provision of this Contract then the Architect/the Contract Administrator shall himself ascertain or shall instruct the Quantity Surveyor to ascertain the amount of such loss/expense.

·2　If and to the extent that it is necessary for the ascertainment of such loss and/or expense the Architect/the Contract Administrator shall state in writing to the Contractor what extension of time, if any, has been made under clause 25 in respect of the Relevant Event referred to in clause 25·4·5·1 so far as that clause refers to clause 34.

·3　Any amount from time to time so ascertained shall be added to the Contract Sum.

Clause 34: Antiquities

Clause 34 is substantially the same as clause 34 of the 1963 Form, subject to the incorporation of certain drafting amendments to accord with provisions in clauses 25 and 26 of the 1980 Form as to extension of time and loss and/or expense.

Clause 34.3.1.　"... *direct loss and/or expense* ..."

For other grounds for the recovery of loss and expense, see clause 26 and see its commentary for the meaning of these words.

PART 2: NOMINATED SUB-CONTRACTORS AND NOMINATED SUPPLIERS

Nominated Sub-Contractors

35　General

35·1　Where

·1　in the Contract Bills; or

·2　in any instruction of the Architect/the Contract Administrator under clause 13·3 on the expenditure of a provisional sum included in the Contract Bills; or

- .3 in any instruction of the Architect/the Contract Administrator under clause 13·2 requiring a Variation to the extent, but not further or otherwise,
  - ·3·1 that it consists of work additional to that shown upon the Contract Drawings and described by or referred to in the Contract Bills and
  - ·3·2 that any supply and fixing of materials or goods or any execution of work by a Nominated Sub-Contractor in connection with such additional work is of a similar kind to any supply and fixing of materials or the execution of work for which the Contract Bills provided that the Architect/the Contract Administrator would nominate a sub-contractor; or
- ·4 by agreement (which agreement shall not be unreasonably withheld) between the Contractor and the Architect/the Contract Administrator on behalf of the Employer

the Architect/the Contract Administrator has, whether by the use of a prime cost sum or by naming a sub-contractor, reserved to himself the final selection and approval of the sub-contractor to the Contractor who shall supply and fix any materials or goods or execute work, the sub-contractor so named or to be selected and approved shall be nominated in accordance with the provisions of clause 35 and a sub-contractor so nominated shall be a Nominated Sub-Contractor for all the purposes of this Contract. The provisions of clause 35·1 shall apply notwithstanding the requirement in rule A51 of the Standard Method of Measurement, 7th Edition, for a PC sum to be included in the Bills of Quantities in respect of Nominated Sub-Contractors; where however such sum is included in the Contract Bills the provisions of the aforesaid rule A51 shall apply in respect thereof.

35·2
- ·1 Where the Contractor in the ordinary course of his business directly carries out works included in the Contract Bills and to which clause 35 applies, and where items of such works are set out in the Appendix and the Architect/the Contract Administrator is prepared to receive tenders from the Contractor for such items, then the Contractor shall be permitted to tender for the same or any of them but without prejudice to the Employer's right to reject the lowest or any tender. If the Contractor's tender is accepted, he shall not sub-let the work to a Domestic Sub-Contractor without the consent of the Architect/the Contract Administrator. Provided that where an item for which the Architect/the Contract Administrator intends to nominate a Sub-Contractor is included in Architect's/Contract Administrator's instructions issued under clause 13·3 it shall be deemed for the purposes of clause 35·2·1 to have been included in the Contract Bills and the item of work to which it relates shall likewise be deemed to have been set out in the Appendix.
- ·2 It shall be a condition of any tender accepted under clause 35·2 that clause 13 shall apply in respect of the items of work included in the tender as if for the reference therein to the Contract Drawings and the Contract Bills there were references to the equivalent documents included in or referred to in the tender submitted under clause 35·2.
- ·3 None of the provisions of clause 35 other than clause 35·2 shall apply to works for which a tender of the Contractor is accepted under clause 35·2.

35·3 The following documents relating to Nominated Sub-Contractors (identified as under) are issued by the Joint Contracts Tribunal for the Standard Form of

Clause 35—Nominated Sub-Contractors

Building Contract and are referred to in the Conditions and in those documents:

Name of document	Identification No.
The JCT Standard Form of Nominated Sub-Contract Tender and Agreement	Tender NSC/1
The JCT Standard Form of Employer/Nominated Sub-Contractor Agreement	Agreement NSC/2
Agreement NSC/2 adapted for use where Tender NSC/1 has not been used	Agreement NSC/2a
The Standard Form for Nomination of a Sub-Contractor where NSC/1 has been used	Nomination NSC/3
The JCT Standard Form of Sub-Contract for Sub-Contractors who have tendered on Tender NSC/1 and executed Agreement NSC/2 and been nominated by Nomination NSC/3 under the Standard Form of Building Contract (clause 35·10·2)	Sub-Contract NSC/4
Sub-Contract NSC/4 adapted for use where Tender NSC/1 has not been used.	Sub-Contract NSC/4a

PROCEDURE FOR NOMINATION OF A SUB-CONTRACTOR

35·4
- ·1 No person against whom the Contractor make a reasonable objection shall be a Nominated Sub-Contractor.
- ·2 Where the Tender NSC/1 and Agreement NSC/2 are used the Contractor shall make any such reasonable objection at the earliest practicable moment but in any case not later than the date when in accordance with clause 35·10·1 he sends the Tender NSC/1 to the Architect/the Contract Administrator.
- ·3 Where the Tender NSC/1 and Agreement NSC/2 are not used so that the provisions of clauses 35·11 and 35·12 apply the Contractor shall make any such reasonable objection at the earliest practicable moment but in any case not later than 7 days from receipt by him of the instruction of the Architect/the Contract Administrator under clause 35·11 nominating the sub-contractor.

35·5
- ·1·1 Tender NSC/1 and Agreement NSC/2 shall be used in respect of any part of the Works for which a sub-contractor will be nominated by the Architect/the Contract Administrator unless clause 35·5·1·2 is operated.
- ·1·2 The Contract Bills, or any instruction under clause 13·2 requiring a Variation (including an instruction under clause 35·5·2) or under clause 13·3 on the expenditure of a provisional sum, may state that clauses 35·11 and 35·12 (Tender NSC1 and Agreement NSC/2 not used) shall apply to any part of the Works for which a sub-contractor will be nominated by the Architect/the Contract Administrator; and where so stated the Contract Bills or the instruction shall also state whether or not the proposed sub-contractor has tendered, or has been or will be asked to tender on the basis that Agreement NSC/2a will be used.
- ·2 In respect of any part of the Works for which a sub-contractor will be nominated, the Architect/the Contract Administrator may issue an instruc-

tion substituting for the use of Tender NSC/1 and Agreement NSC/2, the application of the provisions of clauses 35·11 and 35·12 or substituting the use of Tender NSC/1 and Agreement NSC/2 for the application of clauses 35·11 and 35·12. Any such instruction shall be treated as if it were a Variation required by an instruction of the Architect/the Contract Administrator under clause 13·2. No such instruction may be issued after the Architect/the Contract Administrator has issued a preliminary notice of nomination under clause 35·7·1 or a nomination instruction under clause 35·11 in regard to any such part of the Works for which a sub-contractor will be nominated, save in any case where clause 35·23 or 35·24 is applicable.

Use of Tender NSC/1 and Agreement NSC/2

35·6 Unless clauses 35·11 and 35·12 apply only persons who have tendered on Tender NSC/1 and entered into Agreement NSC/2 may be nominated.

35·7 ·1 Where under clause 35·6 a proposed sub-contractor has tendered on Tender NSC/1 and entered into Agreement NSC/2 the Architect/the Contract Administrator, before being empowered to issue an instruction as referred to in clause 35·10·2 nominating such proposed sub-contractor, shall send to the Contractor the tender of the proposed sub-contractor set out on the Tender NSC/1 duly completed, a copy of Agreement NSC/2 and a preliminary notice of nomination instructing the Contractor forthwith to settle with the proposed sub-contractor any of the Particular Conditions in Schedule 2 of the Tender NSC/1 which remain to be agreed.

·2 Upon receipt of the preliminary notice of nomination the Contractor shall forthwith proceed to settle with the proposed sub-contractor any of the particular Conditions in Schedule 2 of the Tender NSC/1 which remain to be agreed.

35·8 If the Contractor is unable within 10 working days from receipt of the preliminary notice of nomination to reach agreement with the proposed sub-contractor the Contractor shall continue to comply with clause 35·7 but inform the Architect/the Contract Administrator in writing of the reasons for the inability to reach such agreement; and the Architect/the Contract Administrator shall issue such instructions as may be necessary.

35·9 If the proposed sub-contractor named in the Tender NSC/1 informs the Contractor that he is withdrawing his offer set out in that Tender the Contractor shall immediately inform the Architect/the Contract Administrator in writing and shall taken no further action under clause 35·7 until the further instructions of the Architect/the Contract Administrator are received.

35·10 ·1 Immediately upon settlement with the proposed sub-contractor under clause 35·7·2 the Contractor shall send the duly completed Tender NSC/1 (including the Particular Conditions at Schedule 2) to the Architect/the Contract Administrator.

·2 Upon receipt thereof but not otherwise the Architect/the Contract Administrator shall forthwith issue an instruction to the Contractor (with a copy

Clause 35—Nominated Sub-Contractors

to the proposed sub-contractor) on Nomination NSC/3 nominating the proposed sub-contractor to supply and fix the materials or goods or to execute the work referred to in that Tender.

Tender NSC/1 and Agreement NSC/2 not used

35·11 Where clause 35·5·1·2 has been operated:
- ·1 the Employer shall enter into Agreement NSC/2a with the proposed sub-contractor (unless the tender of the proposed sub-contractor referred to in clause 35·5·1·2 has been requested and submitted and approved on behalf of the Employer on the basis that Agreement NSC/2a shall not be entered into) and
- ·2 the Architect/the Contract Administrator shall issue an instruction to the Contractor (with a copy to the proposed sub-contractor) nominating the proposed sub-contractor to supply and fix the materials or goods or to execute the work.

35·12 The Contractor shall proceed so as to conclude a sub-contract on Sub-Contract NSC/4a with the proposed sub-contractor within 14 days of the nomination instruction under clause 35·11.

PAYMENT OF NOMINATED SUB-CONTRACTOR

35·13
- ·1 The Architect/The Contract Administrator shall on the issue of each Interim Certificate:
  - ·1·1 direct the Contractor as to the amount of each interim or final payment to Nominated Sub-Contractors which is included in the amount stated as due in Interim Certificates and the amount of such interim or final payment shall be computed by the Architect/the Contract Administrator in accordance with the relevant provisions of Sub-Contract NSC/4 or NSC/4a as applicable; and
  - ·1·2 forthwith inform each Nominated Sub-Contractor of the amount of any interim or final payment directed in accordance with clause 35·13·1·1.
- ·2 Each payment directed under clause 35·13·1·1 shall be duly discharged by the Contractor in accordance with Sub-Contract NSC/4 or NSC/4a as applicable.
- ·3 Before the issue of each Interim Certificate (other than the first Interim Certificate) and of the Final Certificate the Contractor shall provide the Architect/the Contract Administrator with reasonable proof of the discharge referred to in clause 35·13·2.
- ·4 If the Contractor is unable to provide the reasonable proof referred to in clause 35·13·3 because of some failure or omission of the Nominated Sub-Contractor to provide any document or other evidence to the Contractor which the Contractor may reasonably require and the Architect/the Contract Administrator is reasonably satisfied that this is the sole reason why reasonable proof is not furnished by the Contractor, the provisions of clause 35·13·5 shall not apply and the provisions of clause 35·13·3 shall be regarded as having been satisfied.

·5·1 The Employer may, but where the Employer and the Nominated Sub-Contractor have executed Agreement NSC/2 or NSC/2a, shall, operate clauses 35·13·5·3 and ·4.

·5·2 If the Contractor fails to provide reasonable proof under clause 35·13·3, the Architect/the Contract Administrator shall issue a certificate to that effect stating the amount in respect of which the Contractor has failed to provide such proof, and the Architect/the Contract Administrator shall issue a copy of the certificate to the Nominated Sub-Contractor concerned.

·5·3 Provided that the Architect/the Contract Administrator has issued the certificate under clause 35·13·5·2 and subject to clause 35·13·5·4, the amount of any future payment otherwise due to the Contractor under this Contract (after deducting any amounts due to the Employer from the Contractor under this Contract) shall be reduced by any amounts due to Nominated Sub-Contractors which the Contractor has failed to discharge (together with the amount of any value added tax which would have been due to the Nominated Sub-Contractor) and the Employer shall himself pay the same to the Nominated Sub-Contractor concerned. Provided that the Employer shall in no circumstances be obliged to pay amounts to Nominated Sub-Contractors in excess of amounts available for reduction as aforesaid.

·5·4 The operation of clause 35·13·5·3 shall be subject to the following:

·5·4·1 where the Contractor would otherwise be entitled to payment of an amount stated as due in an Interim Certificate under clause 30, the reduction and payment to the Nominated Sub-Contractor referred to in clause 35·13·5·3 shall be made at the same time as the Employer pays the Contractor any balance due under clause 30 or, if there is no such balance, not later than the expiry of the period of 14 days within which the Contractor would otherwise be entitled to payment;

·5·4·2 where the sum due to the Contractor is the Retention or any part thereof, the reduction and payment to the Nominated Sub-Contractor referred to in clause 35·13·5·3 shall not exceed any part of the Contractor's retention (as defined in clause 30·4·2) which would otherwise be due for payment to the Contractor;

·5·4·3 where the Employer has to pay two or more Nominated Sub-Contractors but the amount due or to become due to the Contractor is insufficient to enable the Employer to pay the Nominated Sub-Contractors in full, the Employer shall apply the amount available pro rata to the amounts from time to time remaining undischarged by the Contractor or adopt such other method of apportionment as may appear to the Employer to be fair and reasonable having regard to all the relevant circumstances;

·5·4·4 clause 35·13·5·3 shall cease to have effect absolutely if at the date when the reduction and payment to the Nominated Sub-Contractor referred to in clause 35·13·5·3 would otherwise be made there is in existence

either a Petition which has been presented to the Court for the winding up of the Contractor;

or a resolution properly passed for the winding up of the Contractor other than for the purposes of amalgamation or reconstruction

Clause 35—Nominated Sub-Contractors

whichever shall have first occurred. [v]

·6 Where, in accordance with clause 2·2 of Agreement NSC/2 or clause 1·2 of Agreement NSC/2a, the Employer, before the issue of an instruction nominating a Sub-Contractor, has paid to him an amount in respect of design work and/or materials or goods and/or fabrication which is/are included in the subject of the Sub-Contract Sum or Tender Sum:

·6·1 the Employer shall send to the Contractor the written statement of the Nominated Sub-Contractor of the amount to be credited to the Contractor, and

·6·2 The Employer may make deductions up to the amount of such credit from the amounts stated as due to the Contractor in any of the Interim Certificates which include amounts of interim or final payment to the Nominated Sub-Contractor; provided that the amount so deducted from that stated as due in any one interim Certificate shall not exceed the amount of payment to the Nominated Sub-Contractor included therein as directed by the Architect/the Contract Administrator.

EXTENSION OF PERIOD OR PERIODS FOR COMPLETION OF NOMINATED SUB-CONTRACT WORKS

35·14 ·1 The Contractor shall not grant to any Nominated Sub-Contractor any extension of the period or periods within which the Sub-Contract Works (or where the Sub-Contract Works are to be completed in parts any part thereof) are to be completed except in accordance with the relevant provisions of Sub-Contract NSC/4 or NSC/4a as applicable which requires the written consent of the Architect/the Contract Administrator to any such grant.

·2 The Architect/The Contract Administrator shall operate the relevant provisions of Sub-Contract NSC/4 or NSC/4a as applicable upon receiving any notice particulars and estimate and a request from the Contractor and any Nominated Sub-Contractor for his written consent to an extension of the period or periods for the completion of the Sub-Contract Works or any part thereof as referred to in clause 11·2·2 of Sub-Contract NSC/4 or NSC/4a as applicable.

FAILURE TO COMPLETE NOMINATED SUB-CONTRACT WORKS

35·15 ·1 If any Nominated Sub-Contractor fails to complete the Sub-Contract Works (or where the Sub-Contract Works are to be completed in parts of any part thereof) within the period specified in the Sub-Contract or within any extended time granted by the Contractor with the written consent of the Architect/the Contract Administrator, and the Contractor so notifies the Architect/the Contract Administrator with a copy to the Nominated Sub-Contractor, then, provided that the Architect/the Contract Adminis-

---

[v] Where the Contractor is a person subject to bankruptcy law and not the law relating to the insolvency of a company, clause 35·13·5·4·4 will require amendment to refer to the events on the happening of which bankruptcy occurs. (See also Footnote [a].)

trator is satisfied that clause 35·14 has been properly applied, the Architect/the Contract Administrator shall so certify in writing to the Contractor. Immediately upon the issue of such a certificate the Architect/the Contract Administrator shall send a duplicate thereof to the Nominated Sub-Contractor.

·2 The certificate of the Architect/the Contract Administrator under clause 35·15·1 shall be issued not later than 2 months from the date of notification to the Architect/the Contract Administrator that the Nominated Sub-Contractor has failed to complete the Sub-Contract Works or any part thereof.

PRACTICAL COMPLETION OF NOMINATED SUB-CONTRACT WORKS

35·16 When in the opinion of the Architect/the Contract Administrator practical completion of the works executed by a Nominated Sub-Contractor is achieved he shall forthwith issue a certificate to that effect and Practical Completion of such Works for the purposes of clauses 35·16 to 35·19 or clause 18 shall be deemed to have taken place on the day named in such certificate, a duplicate copy of which shall be sent by the Architect/the Contract Administrator to the Nominated Sub-Contractor.

EARLY FINAL PAYMENT OF NOMINATED SUB-CONTRACTORS

35·17 Where the Agreement NSC/2 or NSC/2a has been entered into and provided that clause 5 of agreement NSC/2 or clause 4 of agreement NSC/2a remain in force unamended, then at any time after the day named in the certificate issued under clause 35·16 the Architect/the Contract Administrator may, and on the expiry of 12 months from the aforesaid day shall, issue an Interim Certificate the gross valuation for which shall include the amount of the relevant Sub-Contract Sum or Ascertained Final Sub-Contract Sum as finally adjusted or ascertained under the relevant provisions of Sub-Contract NSC/4 or NSC/4a as applicable; provided always that the Nominated Sub-Contractor:

·1 has in the opinion of the Architect/the Contract Administrator and the Contractor remedied any defects, shrinkages or other faults which have appeared and which the Nominated Sub-Contractor is bound to remedy under the Sub-Contract; and

·2 has sent through the Contractor to the Architect/the Contract Administrator or the Quantity Surveyor all documents necessary for the final adjustment of the Sub-Contract Sum or the computation of the Ascertained Final Sub-Contract Sum referred to in clause 35·17.

35·18 Upon due diligence by the Contractor to the Nominated Sub-Contractor ("the original sub-contractor") of the amount certified under clause 35·17 then:

·1·1 if the original sub-contractor fails to rectify any defect, shrinkage or other fault in the sub-contract works which he is bound to remedy under the Sub-Contract and which appears before the issue of the Final Certificate under clause 30·8 the Architect/the Contract Administrator shall in accordance with clause 35·24·4 issue an instruction nominating a person ("the substituted sub-contractor") to carry out such rectification work and all the provisions relating to Nominated Sub-Contractors in clause 35 shall apply to such further nomination;

·1·2 the Employer shall take such steps as may be reasonable to recover, under the Agreement NSC/2 or NSC/2a as applicable, from the original sub-contractor a sum equal to the sub-contract price of the substituted sub-contractor. The Contractor shall pay or allow to the Employer any difference between the amount so recovered by the Employer and the sub-contract price of the substituted sub-contractor provided that, before the further nomination has been made, the Contractor has agreed (which agreement shall not be unreasonably withheld) to the sub-contract price to be charged by the substituted sub-contractor.

·2 Nothing in clause 35·18 shall override or modify the provisions of clause 35·21.

35·19 Notwithstanding any final payment to a Nominated Sub-Contractor under the provisions of clause 35:

·1 until the date of Practical Completion of the Works or the date when the Employer takes possession of the Works, whichever first occurs, the Contractor shall be responsible for loss or damage to the Works, materials and goods for which a payment to which clause 35·17 refers has been made to the same extent but not further or otherwise than he is responsible for that part of the Works for which a payment as aforesaid has not been made;

·2 the provisions of clause 22A or 22B or 22C whichever is applicable shall remain in full force and effect.

POSITION OF EMPLOYER IN RELATION TO NOMINATED SUB-CONTRACTOR

35·20 Neither the existence nor the exercise of the powers in clause 35 nor anything else contained in the Conditions shall render the Employer in any way liable to any Nominated Sub-Contractor except by way and in the terms of the Agreement NSC/2 or NSC/2a as applicable.

CLAUSE 2 OF AGREEMENT NSC/2 OR CLAUSE 1 OF AGREEMENT NSC/2a – POSITION OF CONTRACTOR

35·21 Whether or not a Nominated Sub-Contractor is responsible to the Employer in the terms set out in clause 2 of the Agreement NSC/2 or clause 1 of the Agreement NSC/2a the Contractor shall not be responsible to the Employer in respect of any nominated sub-contract works for anything to which such terms relate. Nothing in clause 35·21 shall be construed so as to affect the obligations of the Contractor under this Contract in regard to the supply of workmanship, materials and goods.

RESTRICTIONS IN CONTRACTS OF SALE ETC. – LIMITATION OF LIABILITY OF NOMINATED SUB-CONTRACTORS

35·22 Where any liability of the Nominated Sub-Contractor to the Contractor is limited under the provisions of clause 2·3 of Sub-Contract NSC/4 or NSC/4a as applicable the liability of the Contractor to the Employer shall be limited to the same extent.

POSITION WHERE PROPOSED NOMINATION DOES NOT PROCEED FURTHER

35·23 The Architect/The Contract Administrator shall either issue an instruction under clause 13·2 requiring as a Variation the omission of the work for which the Architect/the Contract Administrator intended to nominate a proposed sub-contractor or select another person to be nominated as a sub-contractor under the provisions of clause 35 if:

·1 the Contractor under clause 35·4 sustains a reasonable objection to a proposed sub-contractor; or

·2 where clauses 35·6 to 35·10 apply (use of Tender NSC/1), the proposed sub-contractor does not within a reasonable time settle and agree the Particular Conditions in Schedule 2 of the Tender NSC/1 when so requested by the Contractor on receipt of the Architect's/the Contract Administrator's preliminary notice of nomination under clause 35·7·1; or

·3 where clauses 35·11 and 35·12 apply (use of Sub-Contract NSC/4a), the proposed nominated sub-contractor without good cause fails within a reasonable time to enter into the Sub-Contract NSC/4a.

CIRCUMSTANCES WHERE RE-NOMINATION NECESSARY

35·24 If in respect of any Nominated Sub-Contract:

·1 the Contractor informs the Architect/the Contract Administrator that in the opinion of the Contractor the Nominated Sub-Contractor has made default in respect of any one or more of the matters referred to in clause 29·1·1 to 1·4 of Sub-Contract NSC/4 or NSC/4a as applicable; and the Contractor has passed to the Architect/the Contract Administrator any observations of the Sub-Contractor in regard to the matters on which the Contractor considers the Sub-Contractor is in default; and the Architect/the Contract Administrator is reasonably of the opinion that the Sub-Contractor has made default; or

·2 the Nominated Sub-Contractor becomes bankrupt or makes a composition or arrangement with his creditors or has a proposal in respect of his company for a voluntary arrangement for a composition of debts or a scheme of arrangement approved in accordance with the Insolvency Act 1986 or has an application made under the Insolvency Act 1986 in respect of his company to the Court for the appointment of an administrator, or has a winding up order made or (except for the purposes of amalgamation

Clause 35—Nominated Sub-Contractors

or reconstruction) passes a resolution for voluntary winding up or a provisional liquidator or receiver or manager of the business or undertaking is duly appointed or has an administrative receiver, as defined in the Insolvency Act 1986, appointed, or possession is taken, by or on behalf of the holders of any debentures secured by a floating charge, of any property comprised in or subject to the floating charge; or

·3 the Nominated Sub-Contractor determines his employment under clause 30 of Sub-Contract NSC/4 or NSC/4a as applicable; or

·4 the Contractor has been required by the Employer to determine the employment of the Sub-Contractor under clause 29·3 of Sub-Contract NSC/4 or NSC/4a as applicable and has so determined that employment; or

·5 work properly executed or materials or goods properly fixed or supplied by the Nominated Sub-Contractor have to be taken down and/or re-executed or re-fixed or re-supplied ("work to be re-executed") as a result of compliance by the Contractor or by any other Nominated Sub-Contractor with any instruction or other exercise of a power of the Architect/the Contract Administrator under clauses 7 or 8·4 or 17·2 or 17·3 and the Nominated Sub-Contractor cannot be required under the Sub-Contract and does not agree to carry out the work to be re-executed;

then

·6 where clause 35·24·1 applies:

·6·1 the Architect/the Contract Administrator shall issue an instruction to the Contractor to give to the Sub-Contractor the notice specifying the default to which clause 29·1 of Sub-Contract NSC/4 or NSC/4a as applicable refers; and may in that instruction state that the Contractor must obtain a further instruction of the Architect/the Contract Administrator before determining the employment of the Sub-Contractor under clause 29·1 of Sub-Contract NSC/4 or NSC/4a as applicable; and

·6·2 the Contractor shall inform the Architect/the Contract Administrator whether, following the giving of that notice for which the Architect/the Contract Administrator has issued an instruction under clause 35·24·6·1, the employment of the Sub-Contractor has been determined by the Contractor under clause 29·1 of Sub-Contract NSC/4 or NSC/4a as applicable; or where the further instruction referred to in clause 35·24·6·1 has been given by the Architect/the Contract Administrator the Contractor shall confirm that the employment of the Sub-Contractor has been determined; then

·6·3 if the Contractor informs, or confirms to the Architect/the Contract Administrator that the employment of the Sub-Contractor has been so determined the Architect/the Contract Administrator shall make such further nomination of a Sub-Contractor in accordance with clause 35 as may be necessary to supply and fix the materials or goods or to execute the work and to make good or re-supply or re-execute as necessary any work executed by or any materials or goods supplied by the Sub-Contractor whose employment has been determined which were not in accordance with the relevant Sub-Contract; provided that where the employment of the Nominated Sub-Contractor has been determined for the reasons referred to in clause 29·1·3 of Sub-Contract NSC/4 or NSC/4a as applicable, the Contractor shall agree (which agreement shall not be unreasonably withheld) the price to be charged by the substituted Sub-Contractor as provided in clause 35·18·1.

·7 Where clause 35·24·2 or clause 35·24·4 apply, the Architect/the Contract Administrator shall make such further nomination of a Sub-Contractor in accordance with clause 35 as may be necessary to supply and fix the materials or goods or to execute the work and to make good or re-supply or re-execute as necessary any work executed by or any materials or goods supplied by the Sub-Contractor whose employment has been determined which were not in accordance with the relevant Sub-Contract; provided that where a receiver or manager or administrative receiver or administrator of the business of the Nominated Sub-Contractor is appointed the Architect/the Contract Administrator may postpone the duty to make a further nomination as provided in clause 35·24·7 if there are reasonable grounds for supposing that the receiver or manager or administrative receiver or administrator is prepared to continue to carry out or fulfil the relevant Sub-Contract in a way that will not prejudice the interests of the Employer, the Contractor or any Sub-Contractor whether Nominated or Domestic engaged, or to be engaged, upon or in connection with the Works.

·8·1 Where clause 35·24·3 applies the Architect/the Contract Administrator shall make such further nomination of a Sub-Contractor in accordance with clause 35 as may be necessary to supply and fix the materials or goods or to execute the work and to make good or re-supply or re-execute as necessary any work executed by or any materials or goods supplied by the Sub-Contractor who has determined his employment which were not in accordance with the relevant Sub-Contract.

·8·2 Where clause 35·24·5 applies the Architect/the Contract Administrator shall make such further nomination of a Sub-Contractor in accordance with clause 35 as may be necessary to carry out the work to be re-executed referred to in clause 35·24·5.

·9 The amount properly payable to the Nominated Sub-Contractor under the Sub-Contract resulting from such further nomination under clause 35·24·6·3 or 35·24·7 shall be included in the amount stated as due in Interim Certificates and added to the Contract Sum. Where clauses 35·24·3 and 35·24·8·1 apply any extra amount, payable by the Employer in respect of the Sub-Contractor nominated under the further nomination over the price of the Nominated Sub-Contractor who has validly determined his employment under his Sub-Contract, and where clauses 35·24·5 and 35·24·8·2 apply the amount payable by the Employer, resulting from such further nomination may at the time or any time after such amount is certified in respect of the Sub-Contractor nominated under the further nomination be deducted by the Employer from monies due or to become due to the Contractor under this Contract or may be recoverable from the Contractor by the Employer as a debt.

·10 The Architect/The Contract Administrator shall make the further nomination of a Sub-Contractor as referred to in clauses 35·24·6·3, 35·24·7,

35·24·8·1 and 35·24·8·2 within a reasonable time, having regard to all the circumstances, after the obligation to make such further nomination has arisen.

DETERMINATION OR DETERMINATION OF EMPLOYMENT OF NOMINATED SUB-CONTRACTOR – ARCHITECT'S/CONTRACT ADMINISTRATOR'S INSTRUCTIONS

35·25 The Contractor shall not determine any Nominated Sub-Contract by virtue of any right to which he may be or may become entitled without an instruction from the Architect/the Contract Administrator so to do.

35·26 Where the employment of the Nominated Sub-Contractor is determined under clause 29 of Sub-Contract NSC/4 or NSC/4a as applicable the Architect/the Contract Administrator shall direct the Contractor as to any amount included in the amount stated as due in an Interim Certificate in respect of the value of work executed or materials or goods supplied by the Nominated Sub-Contractor in accordance with clause 29·4 of that Sub-Contract.

Clause 35: Nominated Sub-Contractors

Derivation. In the 1963 Form, the principal clause dealing with Nominated Sub-Contractors was clause 27. Clause 35 of the 1980 Form sets out a completely new code in relation to nomination of sub-contractors. However, some material has been derived from clause 27 of the 1963 Form. Moreover, the basic concept of nomination remains unchanged.

Amendments. Clause 35 was amended by Amendment 4 issued in July 1987 and Amendment 5 issued in January 1988. The only amendments of consequence are to clause 35.24 dealing with re-nomination. These are discussed below.

Clause 35 was substantially amended by Amendment 10 issued in March 1991. Clauses 35.3 to 35.12 were deleted and replaced by provisions making substantial changes to the procedures for nomination. Further amendments were made by Amendment 11 issued in July 1992. **The scheme of the commentary below is to deal first with clause 35 in its pre-1991 form. The 1991 and subsequent changes are then discussed separately.**

The structure of nomination (before the 1991 amendments). In addition to clause 35 itself, clause 35.3 referred to other documents issued by the Joint Contracts Tribunal each of which was referred to in clause 35 and drafted to be used in conjunction with it. NSC/4 and 4a were alternative versions of a Standard Form of Nominated Sub-Contract. Use of one or other of these Standard Forms of Nominated Sub-Contract was obligatory. (If NSC/4 or NSC/4a were not used, the clauses relating to nomination of Sub-Contractors did not work). These replaced the former "Green Form" of

Nominated Sub-Contract. The 1980 Form also introduced new alternative versions of a Standard Form of Employer/Nominated Sub-Contractor Agreement, Forms NSC/2 and NSC/2a. Although clause 35 recognised that NSC/2 or 2a might not be used (see clauses 35.5.1.2 and 35.11.1), there was a clear assumption that this would only rarely occur. If they were not used, the Employer lost the degree of protection of his interests which they were intended to achieve.

1991 Amendments. By Amendment 10 issued in March 1991, the other documents have been rationalised as follows:

(a) Tender NSC/T will always be used (in place of Tender NSC/1 which was not used where clause 35.5.1.2 was operated).
(b) Nomination NSC/N will always be used in place of Nomination NSC/3 which was formerly used where NSC/1 had been used.
(c) Agreement NSC/A and Conditions NSC/C will always be used in place of the former alternatives NSC/4 and NSC/4a. Agreement NSC/A and NSC/C are reproduced with a commentary in Chapter 19.
(d) Agreement NSC/W, the Standard Form of Employer/Nominated Sub-Contractor Agreement, will always be used in place of the former alternatives NSC/2 and NSC/2a. Agreement NSC/W is reproduced with a commentary in Chapter 20.

In the commentary below, references are given to the relevant clauses of NSC/4 and NSC/2 and also to the materially identical provisions of Conditions NSC.C and Agreement NSC/W.

Introduction. The following is a simplified summary of the rights, obligations and relationships resulting from nomination:

(a) the Architect is obliged to nominate Sub-Contractors where, in accordance with clause 35.1, he has "reserved to himself the final selection and approval of the sub-contractor ...". The general principle discussed in *Bickerton v. N.W. Metropolitan Regional Hospital Board*[63] that the Contractor has neither the right nor the obligation to carry out such work himself, applies equally, so it seems, to the 1980 Contract.[64]
(b) subject to a right to make reasonable objection under clause 35.5 and to clause 35.9.2, the Contractor is obliged to execute Agreement NSC/A with the Sub-Contractor—formerly the Contractor was obliged, subject to this right, to enter into Sub-Contract NSC/4 where

---

[63] [1970] 1 W.L.R. 607 (H.L.).
[64] For further consideration and elucidation of the principles of *Bickerton* see: *Fairclough Building v. Rhuddlan B.C.* (1985) 30 B.L.R. 26 (C.A.), *Percy Bilton Ltd v. Greater London Council* [1982] 1 W.L.R. 794 (H.L.) and *John Jarvis v. Rockdale Housing Association* (1986) 36 B.L.R. 48 (C.A.).

Clause 35—Nominated Sub-Contractors

the procedure in clauses 35.6 to 35.10 had been followed, or Sub-Contract NSC/4a where clauses 35.11 and 35.12 applied.

(c) the Nominated Sub-Contractor is entitled to interim and final payment in accordance with his Sub-Contract pursuant to Main Contract Interim Certificates (clauses 35.13.1 and 2). If the Contractor fails to discharge payments in accordance with clause 35.13.2, the Nominated Sub-Contractor is entitled, subject to certain limitations, to receive payment direct from the Employer, who makes an equivalent reduction of amounts due to the Contractor: clause 35.13.5 and clause 7.1 of NSC/W (formerly clauses 7.1 and 6.1 of NSC/2 and 2a respectively).

(d) the nominated Sub-Contractor will be entitled to extensions of the period of completion of the Sub-Contract Works if the relevant provisions of NSC/C (formerly NSC/4 or 4a) apply.

(e) delay on the part of a Nominated Sub-Contractor entitles the Contractor to an extension of time under clause 25.4.7, and constitutes a breach by the Sub-Contractor of clause 3.3.2 of NSC/W (formerly clause 3.4 or 2.4 of NSC/2 or 2a respectively) entitling the Employer to damages.

(f) failure by the Nominated Sub-Contractor to complete the Sub-Contract Works within the period specified in the Sub-Contract, extended if appropriate, will entitle the Contractor to recover any loss or damage from the Sub-Contractor provided that he has obtained a certificate from the Architect under clause 35.15 of the Main Contract: clause 2.9 of NSC/C (formerly clause 12.2 of NSC/4).

(g) the Contractor is ultimately responsible to the Employer for the Nominated Sub-Contractor's workmanship, materials and goods, the general law in this respect being preserved by clause 35.21.

(h) the Contractor is not responsible to the Employer for anything to which the terms of clause 2.1 of NSC/W (formerly clause 2 or clause 1 of NSC/2 or 2a respectively) relate (clause 35.21). The Contractor is thus not responsible for the design of the Sub-Contract Works, the selection of materials and goods for the Sub-Contract Works or for the satisfaction of any performance specification referred to in the description of the Sub-Contract Works.

(i) if a nomination does not result in the making of a Nominated Sub-Contract, the Architect is obliged either to issue a Variation instruction omitting the work or to make a further nomination (clause 35.23; clause 35.9.2 under the 1991 procedure).

(j) if a *Bickerton* situation arises,[65] and in certain other circumstances, the Architect is obliged to re-nominate (clause 35.24). The Architect is also obliged to re-nominate, if an original Nominated Sub-Contractor

---

[65] *Bickerton v. N.W. Metropolitan Regional Hospital Board* [1970] 1 W.L.R. 607 (H.L.). For further discussion of the decision in *Bickerton*, see pp. 317 and 727.

fails to rectify defects after Practical Completion which he is bound to remedy under the Sub-Contract (clause 35.18.1).

Default of Nominated Sub-Contractor—summary of Contractor's liability. The Nominated Sub-Contractor, despite the elaborate terms, remains a sub-contractor. The starting point is therefore that the Contractor is as responsible for his sub-contractor's default as he is for his own default. But the Contractor's liability is always subject to the terms of the Contract. The effect here is to diminish the Contractor's liability substantially and to leave the Employer's remedy for many defaults of the Nominated Sub-Contractor against the Nominated Sub-Contractor direct under NSC/W (formerly NSC/2 or NSC/2a if one of them were used). But at least one potentially heavy liability remains with the Contractor. Very roughly and subject always to the detailed words of the Contract one can attempt a summary of the Contractor's liability for a Nominated Sub-Contractor's default thus:

(a) *No liability for his delay.* The Contractor has a right to an extension of time under clause 25.4.7 for such delay. Delay by a Nominated Sub-Contractor is not a ground upon which the Contractor can rely to determine his employment under clause 28 or to claim his losses from the Employer.[66] For delay causing a suspension of the Works, see commentary to clause 28. Authority by the Architect to depart from the specified method of construction in order to reduce loss being caused by a Nominated Sub-Contractor is not, it is submitted, a ground for additional payment unless it can be shown that there was an intention to issue an instruction requiring a Variation under clause 13.1.[67]

(b) *No liability for the delay of the Nominated Sub-Contractor relating to drawings and information.* It is often necessary to obtain information from Nominated Sub-Contractors or proposed Nominated Sub-Contractors as to the details of their work to enable adequate instructions, details and drawings to be given to the Contractor. Failure to give such information may delay the progress of the Works. If the failure arises before nomination it will ordinarily give the Contractor a right to an extension of time under clause 25.4.6 if completion is delayed, and if he has suffered loss and expense, to payment under clause 26.2.1 or to claim damages for delay in the issue of drawings or instructions. After nomination the position is the same as regards delay generally by a Nominated Sub-Contractor, but the

---

[66] See p. 665.
[67] See, for some assistance, *Kirk & Kirk Ltd v. Croydon Corporation* (1956) J.P.L. 585; *Simplex Concrete Piles Ltd v. St Pancras B.C.* (1958) 14 B.L.R. 80; cp. *Tharsis Sulphur & Copper Co. v. M'Elroy & Sons* (1878) 3 App.Cas. 1040 at p. 1053 (H.L.).

Clause 35—Nominated Sub-Contractors

Contractor may be able to show that what appears, prima facie, to be delay by the Nominated Sub-Contractor is on the facts, delay by the Architect. Thus the Nominated Sub-Contractor may be delayed by lack of information by the Architect, or the Architect may have relied on the Nominated Sub-Contractor to provide the Contractor with information which he, the Architect, is under a duty to provide under clause 5.3. In such instances the Contractor can claim from the Employer under clause 26.2.1 or for breach of contract.

(c) *No liability for his design.*[68] Clause 35.21 is explicit that the Contractor is not to be responsible for the Nominated Sub-Contractor's design.

(d) *No liability for fitness for purpose.* It is in the nature of the system of nomination that there is no reliance upon the Contractor's skill and judgment. Therefore the Contractor is under no liability if the work, materials or equipment carried out and supplied by the Nominated Sub-Contractor are not fit for their purpose.[69]

(e) *No liability for his repudiation and the like* (subject to a restricted liability under clause 35.18.1.2).

(f) *A liability for bad workmanship and materials* which in general (and subject as before to clause 35.18.1.2) only becomes enforceable after the issue of the Final Certificate under clause 30.8. In practice, and assuming that the Architect has properly performed his duty to the Employer to supervise, the liability is limited to latent defects, of which examples might be poor concrete in beams or missing fixings in cladding. The liability should therefore only rarely arise, but if it does, it may be very great. The effect is comparable to that of a guarantee of latent defects of workmanship and materials.

Guarantees. Unless this is written in to the Bills, in which case the clause 2.2.1 problems arise,[70] it is submitted that the Court would not imply a term that the Contractor accepted liability for a guarantee given to him by the Sub-Contractor.[71] If this is correct the guarantee is of no value to the Employer. If a guarantee is required by the Employer he should obtain it direct from the Nominated Sub-Contractor and have it expressed to be given in consideration of nomination or alternatively pay a sum for it.

Clause 35.1. *The duty to nominate*

This arises where under clause 35.1 the Architect has reserved to himself the final selection and approval of a sub-contractor either by the use of a prime cost sum or by naming the sub-contractor. This may be done in the Contract Bills (clause 35.1.1); or by an instruction relating to a provisional

---

[68] See generally "Design" and "Installation or shop drawings" on p. 316.
[69] See generally "Fitness for purpose of completed works" on p. 59 and "Fitness for purpose" on p. 315.
[70] See p. 546.
[71] For implication of terms generally, see p. 48.

sum included in the Contract Bills (clause 35.1.2); or by a Variation instruction instructing work similar to work for which the Contract Bills already provide for a nomination (clause 35.1.3); or by agreement (clause 35.1.4).

Delay in giving instructions. Delay by the Architect in giving instructions nominating a Sub-Contractor can give rise to claims for extensions of time under clause 25.4.6,[72] to loss or expense under clause 26.2.1 and probably to damages at common law.

Nomination of designer. The right of nomination is in respect of persons to supply and fix materials or goods or to execute work. It does not extend to persons who are to design and the Contractor can, it is submitted, refuse to accept a purported nomination of a person who is expressed to be required to carry out design work.

Clause 35.2. This clause is substantially the same as clause 27(g) of the 1963 Form.

PROCEDURE FOR NOMINATION (BEFORE 1991)

Clause 35.4.1. "... *reasonable objection* ..."

These words appeared in clause 27(a) of the 1963 Form. In *Bickerton* in the Court of Appeal[73] it was said that the Contractor cannot object merely because he considers the price is too low, and "He has no right to object to any of the details in the specifications in the sub-contract, any more than to the sub-contract price. Provided the sub-contract conforms to the provisions of condition 27, his sole right of objection is to the person nominated".[74] No guidance is given as to the grounds which might be held to be reasonable, but it is suggested that they can include both the technical competence and financial viability of the proposed Nominated Sub-Contractor.

There is no equivalent in the 1980 Form of that part of Condition 27(a) of the 1963 Contract which followed the words "against whom the Contractor shall make reasonable objection", *i.e.* the model Sub-Contract clauses in Condition 27(a)(i) to (x) upon which the Contractor was entitled to insist as a condition of nomination. These are now unnecessary since it is obligatory to use Sub-Contract NSC/4 or NSC/4a.[75]

---

[72] *cf. Bilton Ltd v. G.L.C.* [1982] 1 W.L.R. 794 (H.L.).
[73] [1969] 1 All E.R. 977 (C.A.).
[74] Sachs L.J. in *Bickerton v. N.W. Metropolitan Regional Hospital Board* [1969] 1 All E.R. 977 at p. 983 (C.A.).
[75] In relation to Clause 27(a) of the 1963 Form, it was held that a Contractor was entitled to refuse a nomination or a re-nomination of a Sub-Contractor who did not offer to complete his part of the work within the overall completion period for the Contract as a whole: see *Bilton Ltd v. G.L.C.* [1982] 1 W.L.R. 794 and *Fairclough Building v. Rhuddlan B.C.* (1985) 30 B.L.R. 26

Clause 35—Nominated Sub-Contractors

Clause 35.5.1. *"Tender NSC/1 and Agreement NSC/2 shall be used ... unless clause 35.5.1.2 is operated"*
The effect of clause 35.5 is that the procedure and documents referred to in clauses 35.6 to 35.10 inclusive are obligatory unless either (a) the document which is the genesis of the nomination states that clauses 35.11 and 35.12 shall apply, or (b) the Architect issues an instruction under clause 35.5.2.

Clause 35.5.2. *"... the Architect ... may issue an instruction substituting ... Any such instruction shall be treated as if it were a Variation ..."*
The effect of this clause is that the Architect may by instruction substitute the procedure in clauses 35.6 to 35.10 inclusive for that in clauses 35.11 and 35.12 or vice versa. He cannot do so after he has issued a preliminary notice of nomination under clause 35.7.1 or a nomination instruction under clause 35.11 unless a further nomination or a re-nomination is necessary under clause 35.23 or 35.24. An instruction under clause 35.5.2 is to be treated as if it were a Variation. This presumably means that it is a Variation to which the valuation provisions of clauses 13.4 and 13.5 apply and to which the provisions of clause 25.4.5.1 for extension of time and clause 26.2.7 for loss and expense also apply.

The difference between the procedure in clauses 35.6 to 35.10 inclusive on the one hand and clauses 35.11 and 35.12 on the other.
It is essentially a difference of procedure, not of substance. The Appendix to Sub-Contract NSC/4 provides for the completed tender (NSC/1) to be attached to the Sub-Contract. Sub-Contract NSC/4a has on the other hand an extensive Appendix of its own. But tender NSC/1 and the Appendix to Sub-Contract NSC/4a contain essentially the same material. The difference between the two procedures lies in the fact that clauses 35.6 to 35.10 inclusive embody a formal procedure whereby "the Particular Conditions" in Schedule 2 of tender NSC/1 are agreed between the Contractor and the Nominated Sub-Contractor before the formal nomination instructions issued, whereas this is not so under clauses 35.11 and 35.12. The only differences between Agreement NSC/2 and NSC/2a are that NSC/2 contains (but NSC/2a does not) clause 1, dealing with the agreement between the Sub-Contractor and the Contractor of the Particular Conditions and clause 9 dealing with any conflict between the terms of the tender and the Agreement.

Clauses 35.6 to 35.10 Inclusive. These clauses, which are annotated in detail below, set out a procedure leading to nomination after the Contractor and proposed Sub-Contractor have agreed upon the "Particular Conditions in Schedule 2 of the tender NSC/1". These Conditions include many

---

(C.A.). These decisions are superseded by the fact that the Sub-Contractor must now enter into either Form NSC/4 or NSC/4a.

important matters, in particular the programme. The intention of the procedure set out in these clauses is, presumably, to provide for the problem which frequently arises in practice when there is a failure to agree promptly upon the terms of the Sub-Contract. This can lead to delay in nomination, disruption in the progress of the Works and delay in completion. Sometimes the Sub-Contract Works are started (and sometimes even completed) before the terms of the Sub-Contract have been agreed. The procedure set out here is, at first glance, attractive and clear. But there are, on examination, potential difficulties.

Clause 35.7.1. "*a preliminary notice of nomination instructing the Contractor forthwith to settle . . .*"

This is an instruction which may entitle the Contractor to an extension of time under clause 25 but lateness in giving it does not as such entitle the Contractor to loss and expense under clause 26. It is thought that it must be implied that the instruction must be given within such reasonable time as will enable the procedure contemplated by clauses 35.6 to 35.10 to be carried out. If this is correct, breach of the implied term gives rise to a right to damages.

Clause 35.7.2. "*. . . the Contractor shall forthwith proceed to settle . . .*"

These words cannot be given their literal meaning. It takes two to make an agreement. Presumably the intention under clause 35.7.2 is that the Contractor shall enter into bona fide negotiations.

Clause 35.8. "*If the Contractor is unable . . . the Architect shall issue such instructions as may be necessary*"

What instructions does the Architect issue? He cannot instruct the Contractor to agree. By clause 4.1.1 the Architect can issue instructions where he is expressly empowered so to do. Upon the duty arising under clause 35.8 to issue instructions, the Architect might, for example, issue a Variation instruction under clause 13.2, a postponement instruction under clause 23.2 or a fresh preliminary notice of nomination under clause 35.7.1 insofar as the proposed Sub-Contractor has not within a reasonable time settled and agreed the conditions (see clause 35.23.2). Is the Architect expressly empowered by clause 35.8 to issue instructions independently of a power arising under other clauses? The answer is not clear. It may be that he can instruct the Contractor to continue negotiating. Subject to this it is thought that no power arises under clause 35.8 independently of other clauses.

Delay in agreeing a Sub-Contract. See clause 35.23.2 for the Architect's duty either to issue an instruction to omit or a fresh preliminary notice of nomination. There may be arguments of fact as to what is a reasonable time to settle and agree the Particular Conditions of the

Clause 35—Nominated Sub-Contractors

Sub-Contract. What of time and loss and expense? As to this, see commentary to clause 25. The Contractor is entitled to an extension of time under clause 25 if the completion of the Works is likely to be delayed by compliance with the Architect's instructions, but is not entitled to loss and expense under clause 26. The Architect's preliminary notice of nomination under clause 35.7.1 must have been given at a proper time (see above). If it was not, there is a claim for damages for breach of contract. Thereafter the Contractor is probably not entitled to loss and expense or damages during the period which is a reasonable time within which to settle and agree the Particular Conditions because he has accepted this risk (see clause 35.23.2). But presumably he is not to be taken as having accepted the risk of an indeterminate number of notices of nomination, or even, perhaps, more than one. How is the Contractor's loss dealt with? If he has specifically applied in writing for instructions, he will have a claim under clause 26.2.1, alternatively it may be that there is some kind of implied term.

Clauses 35.11 and 35.12. The alternative procedure under clauses 35.11 and 35.12 in effect requires the Contractor to agree with the Sub-Contractor those parts of the Appendix to NSC/4a which are the equivalent of the Particular Conditions in Schedule 2 of tender NSC/1 within 14 days of the nomination (see above). Presumably the intention in clause 35.12 is that the Contractor shall enter into bona fide negotiations and use his best endeavours to conclude a Sub-Contract. The relationship of clause 35.12 to clause 35.23.3 is not altogether clear. If the Contractor under clause 35.12 has to conclude a Sub-Contract within 14 days then, presumably, it is contemplated that if the proposed Nominated Sub-Contractor fails without good cause to enter into the Sub-Contract within 14 days, the reasonable time will have expired so that the Architect has to apply the provisions of clause 35.23. As to loss caused to the Contractor, see "Delay in agreeing a Sub-Contract" above.

PROCEDURE FOR NOMINATION (FROM 1991)

By Amendment 10 issued in March 1991, the nomination procedure was amended. Clauses 35.3. to 35.12 were deleted and substantially redrafted clauses 35.3 to 35.9 were substituted. The changes arise mainly from the replacement of the two alternative procedures with a single method which avoids the coming and going which Tender NSC/1 formerly required. The main changes are:

Clause 35.4. The documents relating to Nominated Sub-Contractors have been renumbered and to some extent changed and amended—see Chapters 19 and 20.

Clause 35.5.1. This substantially reproduces the former clauses 35.4.1

The JCT Standard Form of Building Contract

and 35.4.3. Clause 35.4.2, which related to Tender NSC/1, is no longer used.

Clause 35.5.2. This deals with what happens where the Contractor makes a reasonable objection to the Nominated Sub-Contractor. The Architect may then issue further instructions to remove the objection or cancel the nomination instruction and proceed to issue either an instruction omitting the work or one nominating another Sub-Contractor.

Clause 35.6. The Architect now proceeds to issue an instruction nominating the Sub-Contractor, accompanied by certain specified documents included a copy of completed Agreement NSC/W. (There is no longer a provision for preliminary notice of nomination which was required under the former clauses 35.7 and 35.8.)

Clause 35.7. On receipt of the instruction, the Contractor has to execute Agreements NSC/A and NSC/T Part 3 with the Sub-Contractor.

Clause 35.8. If he has not executed these agreements within 10 working days, the Contractor must either notify the Architect of the dates by which he expects to have complied with clause 35.7 (clause 35.8.1) or that non-compliance is for other specified reasons (clause 35.8.2).

Clause 35.9. Within a reasonable time of such notification, the Architect shall:
- (a) where clause 35.8.1 applies, fix a later date for execution of the agreements (after consultation and so far as he considers it reasonable);
- (b) where clause 35.8.2 applies, either state that he does not consider the reasons specified justify non-compliance "in which case the Contractor shall comply with clause 35.7 in respect of such nomination instruction"—it is unclear what happens if there is a complete impasse—or inform the Contractor that he does accept the reasons given and then issue further instructions (*i.e.* enabling the Contractor to proceed under clause 35.7 or omitting the work or making a fresh nomination).

Clauses 35.10 to 35.12 are not used because the alternative procedure is no longer available.

In short:
- (a) there are no longer alternative procedures with or without Tender NSC/1 and Agreement NSC/2. The parties must use NSC/T (Standard Form of Tender), NSC/A (Agreement) and NSC/N (Standard Form of Nomination Instruction).
- (b) The Architect simply proceeds to issue a nomination instruction on Form NSC/N. There is no longer a preliminary notice of nomination.

Clause 35—Nominated Sub-Contractors

(c) The Contractor forthwith proceeds to execute NSC/A and NSC/T Part 3 with the Sub-Contractor. If he cannot or will not do so, he issues notification under clause 35.8 to the Architect who responds under clause 35.9.

PAYMENT OF NOMINATED SUB-CONTRACTOR

Clauses 35.13.1 and 35.13.2. *"The Architect ... shall ... direct the Contractor. ... Each payment directed ... shall be duly discharged by the Contractor ..."*
These clauses, providing for certification in Interim Certificates and the discharge of sums due to Nominated Sub-Contractors, are in substance derived from clause 27(b) of the 1963 Form. Both the calculation of the amount due and its discharge by the Contractor are now expressly required to be made in accordance with the terms of the relevant Sub-Contract.

Clauses 35.13.3 to 35.13.5 inclusive. *Direct payment to Sub-Contractors*
These much expanded and redrafted clauses are derived from clause 27(c) of the 1963 Form. For direct payment clauses generally, see p. 309. For the position of Sub-Contractors on insolvency, see p. 419. Clause 35.13.3 now makes it obligatory for the Contractor to provide the Architect with reasonable proof that he has discharged all sums due to Nominated Sub-Contractors under clause 35.13.2. This obligation arises before the issue of each Interim Certificate. Under clause 27(c) of the 1963 Form, the obligation to provide reasonable proof only arose upon request by the Architect. If the Contractor fails to provide reasonable proof of payment, the direct payment provisions of clause 35.13.5 apply. The Employer is obliged to operate the direct payment procedure both by virtue of clause 35.13.5.1 and by clause 7.1 of NSC/W (formerly clauses 7.1 and 6.1 of NSC/2 and 2a respectively). Direct payment is effected under clause 35.13.5.3 by reducing the amount of any future payment otherwise due to the Contractor by any amounts due to Nominated Sub-Contractors which the Contractor has failed to discharge. The Employer himself pays the Nominated Sub-Contractor direct, but is not obliged to make payments in excess of amounts due to the Contractor and available for reduction.

Clause 35.13.5.4 provides for the time when direct payment is to be made; for the direct payment against Retention not to exceed the Contractor's retention as defined in clause 30.4.2; for the division of an insufficient amount available for direct payments between two or more Nominated Sub-Contractors; and for the rights and obligations as to direct payment to cease upon the Contractor's insolvency. This last provision recognises the uncertainty of the law as to the effectiveness of direct payment clauses in cases of insolvency.[76] Clause 7.2 of NSC/W (formerly Clauses 7.2 and 6.2 of

---

[76] See commentary to clause 27 on p. 658.

NSC/2 and 2a respectively) provides for repayment by the Nominated Sub-Contractor to the Employer of direct payments made contrary to clause 35.13.5.4.4 in ignorance of the Contractor's insolvency. An example of the operation of the direct payment provisions is given in the commentary to clauses 4.14 to 4.21 of NSC/W (formerly clause 21 of NSC/4) on p. 884.

Clause 35.13.6. This new sub-clause was inserted by Amendment 4 issued in July 1987. It should be read in conjunction with amendments to the Nominated Sub-Contracts and the Employer/Nominated Sub-Contractor Agreements. These amendments deal with payment by the Employer under clause 2.2 of Agreement NSC/W (formerly Agreements NSC/2 (clause 2) or NSC/2a (clause 1)) to a Nominated Sub-Contractor before the nomination, and with the resultant credit for such payments due to the Employer.

Clauses 35.14 and 35.15. These clauses deal with extension of the period for completion of Nominated Sub-Contract Works and failure to complete Nominated Sub-Contract Works on time. They are derived from clause 27(d) of the 1963 Form. A Certificate of the Architect under clause 35.15.1 of the 1980 Form remains a condition precedent to the Contractor's right to claim loss or damage caused by the Nominated Sub-Contractor's failure to complete on time (see clause 2.9 of NSC/C and its commentary on p. 841). The nature of the certificate to be issued by the Architect has, however, changed in line with the certificate now to be issued under clause 24 of the 1980 Form (see commentary to clause 24).

Clause 35.14.1. *"The Contractor shall not grant..."*
If the Contractor grants an extension in breach of this clause the Architect can, it is thought, take the breach and its effect, if any, into account in considering any extension of time under clause 25 for the Nominated Sub-Contractor's delay (see generally clause 25.4.7 and commentary to clause 25). Further, the Architect is, it appears, released from the duty of granting a Certificate under clause 35.15.1.

Clause 35.15.1. *"... shall so certify in writing to the Contractor..."*
It has been held in relation to such a certificate under clause 27(d)(ii) of the 1963 Form that provided the date in the certificate was the same or later than the Sub-Contract completion date, as extended, the certificate was valid.[77]

Clause 35.16. *"... practical completion of the works executed by a Nominated Sub-Contractor..."*
This provision, requiring the Architect to certify practical completion of works executed by a Nominated Sub-Contractor, in appropriate circumstances in advance of the Practical Completion of the Works under

---

[77] See *R. M. Douglas Ltd v. C.E.D. Building Services* (1985) 1 Const.L.J. 232.

clause 17 or partial possession by the Employer under clause 18, is introduced as part of the machinery to enable final payment to be made to Nominated Sub-Contractors under clauses 35.17 to 35.19 inclusive.

Clauses 35.17 to 35.19 inclusive. *Early Final Payment of Nominated Sub-Contractors*

These clauses derive from clause 27(e) of the 1963 Form, but have been redrafted and much extended. They should be read with clause 5 of Agreement NSC/W and clause 4.16.2 of NSC/C (formerly clauses 5 and 4 of NSC/2 and 2a respectively and clause 21.3.2 of NSC/4).

Under clause 27(e) of the 1963 Form, the making of early final payment to a Nominated Sub-Contractor was discretionary. Under clause 35.17 of the 1980 Form, it is obligatory on the expiry of 12 months from a certificate of Practical Completion under clause 35.16, where the terms of clause 35.17 are fulfilled. The operation of clause 35.17 is in particular conditional upon clause 5 of NSC/W (formerly clauses 5 and 4 of NSC/2 and 2a respectively) remaining in force unamended so that the Employer has, inter alia, a direct right of recovery against the Nominated Sub-Contractor for the purpose of clause 35.18.1.2. The Sub-Contractor's indemnity to the Contractor formerly required under clause 27(e) of the 1963 Form is now to be found in clause 4.16.2.2 of NSC/C (formerly clause 21.3.2.2 of NSC/4).

Clause 27(e) of the 1963 form contained a provision that "upon such final payment the Contractor shall, save for latent defects, be discharged from all liability for the work, materials or goods executed or supplied by such sub-contractor under the sub-contract to which the payment relates". This does not appear in the 1980 Form. The position under the 1980 Form appears to be as follows:

(a) early final payment can only occur at a date after the Architect has certified practical completion of the Nominated Sub-Contract Works;
(b) such a certificate cannot be issued unless the Architect is satisfied that the Nomiated Sub-Contract Works are complete and do not contain patent defects[78];
(c) the Contractor remains liable for latent defects appearing in the Nominated Sub-Contract Works before the issue of the Final Certificate to the extent and in the maaner set out in clause 35.18.1;
(d) the Contractor is liable for patent defects if and only if the certificate under clause 35.16 is opened up and revised.

Clause 35.18 operates where a Nominated Sub-Contractor has received final payment and fails to rectify defects of workmanship or materials (see clause 35.18.2) which he is obliged to remedy under his sub-contract and which appeared before the issue of a Final Certificate. The Contractor is ultimately responsible for the failure of his Sub-Contractor, by virtue of

---

[78] See clause 17 and its commentary for the meaning of "Practical Completion".

clauses 17.2 and 17.3 of the Main Contract, but this responsibility is modified by two important qualifications. First, the Contractor is not obliged to remedy the defects himself. The Architect has to make a re-nomination to which the provisions of clause 35 are to apply, so that the Contractor is entitled to be paid by the Employer sums which are due to the substituted Sub-Contractor. Secondly, the onus is on the Employer, not the Contractor, to take reasonable steps to recover from the original Sub-Contractor a sum equal to the Sub-Contract price of the substituted Sub-Contractor under or as damages for breach of clause 5.2 of NSC/W (formerly clauses 5.2 or 4.2 of NSC/2 or 2a respectively). It is only if the Employer fails to make full recovery from the original Sub-Contractor that the Contractor becomes responsible, and then only if he has agreed to the Sub-Contract price to be charged by the substituted Sub-Contractor. Before, therefore, the Contractor becomes liable, there may, in addition to arbitration between the Employer and Nominated Sub-Contractor, have to be arbitration between Employer and Contractor to determine whether the Contractor's withholding of agreement to the Sub-Contract Price was unreasonable. Compared to the position under the 1963 Form, the position under the 1980 Form is therefore very favourable to the Contractor.

It is submitted that the Contractor is liable in damages in respect of defects in the Sub-Contract works which appear after the issue of the Final Certificate save to the extent that the Final Certificate is conclusive.[79]

POSITION OF EMPLOYER IN RELATION TO NOMINATED SUB-CONTRACTOR

Clause 35.20. This clause is derived from clause 27(f) of the 1963 Form. It is probable that the words "Neither the existence nor ..." both negative any trust, apart from that arising under clause 30.5.1, and also any actionable duty of care. The reference to agreement NSC/W is added, and the mandatory use of this direct contract between the Employer and the Nominated Sub-Contractors will result in a triangular contractual relationship between Employer, Contractor and Nominated Sub-Contractor (see commentary to clause 35.21).

Clause 35.21. This important new clause helps to clarify the nature of the triangular relationship referred to in the previous paragraph. The Contractor is responsible to the extent and at the time discussed above, for the quality of the workmanship, materials and goods of his Nominated Sub-Contractor, but any responsibility on his part to the Employer for the Sub-Contractor's design of the Sub-Contract Works, or the suitability of materials or goods selected by the Sub-Contractor, or the satisfaction of any performance specification or requirement referred to in the description of the Sub-

---

[79] See clause 30 and its commentary.

Contract Works is expressly excluded. In general, therefore, design obligations and obligations as to the suitability of Sub-Contract materials do not travel on the lines of the triangle which link the Employer to the Contractor or the Contractor to the Sub-Contractor, and a nomination instruction which sought to impose such design obligations would be invalid.[80] Such obligations travel, if at all, on the line which links the Sub-Contractor directly with the Employer. It is for this reason that, under the 1991 procedure, Agreement NSC/W must be entered into before a nomination instruction can be made. The clause also highlights the increasing tendency for substantial elements of the detailed design of modern buildings to be carried out by Nominated Sub-Contractors.

Clause 35.22. *"Where any liability ... is limited ..."*

This clause, which should be read with clause 1.7 of NSC/C (formerly clause 2.3 of NSC/4) and compared with clause 36.5, states expressly what the majority of the House of Lords would not imply in *Gloucestershire County Council v. Richardson.*[81]

POSITION WHERE PROPOSED NOMINATION DOES NOT PROCEED FURTHER

Clause 35.23—pre 1991 procedure. This provides what is to happen where the making of a Nominated Sub-Contract is not achieved by the Contractor through no fault of his. The Architect can issue a Variation instruction omitting the work or he has to operate the procedure for nomination again. In either of these circumstances there may be delay and loss, as to which see commentary on p. 649.

Clause 35.23—1991 Amendments. This clause is deleted since the same provision is made by new clauses 35.5.2 and 35.9.2.

CIRCUMSTANCES WHERE RE-NOMINATION NECESSARY

Background. *Bickerton v. N.W. Metropolitan Regional Hospital Board*[82]

The position under the 1963 form where a nominated Sub-Contractor repudiated his sub-contract was considered by the House of Lords in *Bickerton*. It was held, that where, in the course of, and before completion of, the Sub-Contract Works, a Nominated Sub-Contractor repudiates[83] his

---

[80] See clause 35.1, where the Nominated Sub-Contractor is to "supply and fix any materials or goods or execute work", not to design.
[81] [1969] 1 A.C. 480; see also *Norta v. John Sisk* (1971) 14 B.L.R. 49 (Irish Sup.Ct.).
[82] [1970] 1 W.L.R. 607 (H.L.). See p. 317 for the facts of this case.
[83] Used as including both a refusal to carry out a contract and a breach of contract of such kind as to entitle the innocent party to treat the contract as at an end. For a full discussion see pp. 156 *et seq.*

Sub-Contract, the Employer, must, unless he omits the rest of the Sub-Contract Works, nominate a new Sub-Contractor, bearing any increased costs resulting from such re-nomination, and must pay damages to the Contractor for any delay suffered by the Contractor awaiting a re-nomination. "... if a contractor wrongfully terminates the sub-contract—it may be because he thinks erroneously that the sub-contractor is in fundamental breach of the sub-contract ... the contractor would be in breach of his contract with the employer. A new sub-contractor would have to be nominated. But the contractor would have to pay damages for his breach of contract including any loss caused to the employer by that breach."[84] It should be observed that the Employer's duty of re-nomination was said to arise upon repudiation and not liquidation as such. The decision in *Bickerton* left a number of matters unclear, including at what point the right of re-nomination arose, what terms were to be required of the new Sub-Contract and who was to bear the cost of putting right the first Nominated Sub-Contractor's defective work.

Clause 35.24 deals expressly with the problems arising out of the *Bickerton* case. The 1980 Form maintains the principle that, apart from the case where the departure of the Nominated Sub-Contractor from site is due to the defaults of the Contractor, the Employer bears the risks of the Nominated Sub-Contractor's default. Further, clause 35.24 increases the risks to the Employer. The exact effect of the decision in *Bickerton* was not wholly clear, but it seems that under the 1963 Form the Employer had to pay the costs of re-nomination only when the Nominated Sub-Contractor both repudiated the Contract and left the site. Now the position is different. The procedure is not limited to repudiation. The grounds appear in clause 7.1 of NSC/C (formerly clause 29 of NSC/4). These include matters which at common law would amount to repudiation such as wholly suspending the Works without reasonable cause, matters which would not be held to be repudiation such as sub-letting any portion of the work without the written consent of the Architect and other matters which may or may not be held to be a repudiation according to the circumstances. Reference should be made to clause 7.1 of NSC/C and its commentary. When the Nominated Sub-Contractor stops work by reason of determination under clause 7.1 of NSC/C, the effect of clause 35.24 is that there has to be a re-nomination at the Employer's expense.

Scheme of clause 35.24. Clauses 35.24.1 to 35.24.5 set out five circumstances where re-nomination is necessary. Clauses 35.24.6 to 35.24.8 set out the procedure for re-nomination. Clause 35.24.9 deals with the financial consequences of re-nomination. Clause 35.24.10 deals with the time for re-nomination.

---

[84] Lord Reid in *Bickerton v. N.W. Metropolitan Regional Hospital Board* [1970] 1 W.L.R. 607 at p. 613 (H.L.).

Clause 35—Nominated Sub-Contractors

Clause 35.24.1. The operation of the determination provisions by the Contractor under NSC/C, and in consequence of the re-nomination provisions of clause 35.24 of the Main Contract depends upon the Architect forming the opinion that the Nominated Sub-Contractor has made default (clause 35.24.1), and the issuing of an instruction by the Architect to the Contractor to give notice (clause 35.24.6.1). It appears that, once the Architect has formed his opinion under clause 35.24.1, he has no discretion whether or not to issue the instruction under clause 35.24.6.1 but must issue such instruction. The Architect and Contractor may disagree. The Contractor may be of the opinion that the Nominated Sub-Contractor is not proceeding with the diligence required by clause 2.1 of NSC/C (formerly clause 11.1 of NSC/4) and may wish to get rid of him because of the losses which he, the Contractor, is suffering. The Architect may disagree. The Contractor cannot, it seems, determine the Nominated Sub-Contractor's employment under clause 7.1 of NSC/C (formerly clause 29 of NSC/4) without being instructed to do so by the Architect (see clause 35.24.6.1) and cannot determine the Nominated Sub-Contract without an Architect's instruction (see clause 35.25). Thus it appears that the Contractor must continue to employ the Nominated Sub-Contractor but can take the question of whether or not the Architect's opinion was reasonable to arbitration under Article 5 of the Articles of Agreement and clause 41.

Clause 35.24.2. This clause was redrafted by Amendment 11 of July 1992 as a consequence of the amendment to clause 7.2 of NSC/C in Amendment 1 of July 1992. The amended clause 7.2 gives the Contractor an option to determine the employment of the Nominated Sub-Contractor upon certain events of insolvency. After all other insolvency events, the employment of the Nominated Sub-Contractor is automatically determined.

Clause 35.24.4. This is a new circumstance where re-nomination is necessary introduced by Amendment 4 issued in July 1987. It deals with the obligation to re-nominate where the Nominated Sub-Contractor's employment has been determined as a result of an instruction of the Employer due to "corruption".

Clause 35.24.5. This is a further circumstance where re-nomination is necessary introduced by Amendment 5 issued in January 1988. It deals with the situation where work of a Nominated Sub-Contractor has to be taken down and re-executed as a result of compliance by the Contractor or another Nominated Sub-Contractor with the instructions issued by the Architect under clauses 7, 8.4, 17.2 or 17.3.

Clause 35.24.6. This sets out the procedure to be adopted where clause 35.24.1 applies. First, the Architect must issue an instruction to the Contractor to give a notice of default to the Sub-Contractor. Next, the Contractor must inform the Architect whether the Employment of the Sub-Contractor has been determined. Finally, if he is so informed, the Architect must make a re-nomination.

Clause 35.24.6.3.   "... and to make good ... with the relevant Sub-Contract ..."

These words were inserted by Amendment 4 issued in July 1987. Identically worded provisions were inserted in clauses 35.24.7 and 35.24.8.1. These provide that the work for which a replacement Nominated Sub-Contractor has been appointed must include the putting right of work not in accordance with the Nominated Sub-Contract by the Sub-Contractor whose employment has been determined. These amendments were inserted because the Court of Appeal had held in *Fairclough Building v. Rhuddlan B.C.*[85] that a re-nomination was invalid where the proposed Nominated Sub-Contract did not include remedial work. The words "provided that..." to the end of the clause were deleted by Amendment 10 issued in March 1991.

Clause 35.24.7.   This sets out that the Architect shall make a re-nomination where clauses 35.24.2 (bankruptcy, etc. of Nominated Sub-Contractor) or 35.24.4 (corruption) apply. The clause was amended by Amendment 11 issued in July 1992 to deal with the situation where the Contractor has an option to determine the Nominated Sub-Contractor's employment.

Clause 35.24.8.1.   This sets out the procedure for re-nomination where clause 35.24.3 (determination of employment by Nominated Sub-Contractor) applies.

Clause 35.24.8.2.   This new sub-clause was introduced by Amendment 4 issued in January 1988 consequentially upon the new clause 35.24.5. Where clause 35.24.5 applies, the Architect must make a re-nomination to deal with the re-execution of work. This provision, for obvious reasons, does not include the provision relating to remedial works.

Clause 35.24.9.   This sub-clause provides that amounts properly payable to a new Nominated Sub-Contractor under the re-nomination procedure shall be added to the Contract Sum. The words "where clause 35.24.3 ... by the Employer as a debt" were added by Amendment 4 issued in July 1987. Their effect is to confer upon the Employer a right of deduction in circumstances where the obligation to re-nominate arose due to default by the Contractor. Otherwise, the Employer has no such right of deduction. The Court of Appeal held in *Fairclough Building v. Rhuddlan B.C.*[86] that there

---

[85] (1985) 30 B.L.R. 26 (C.A.).
[86] (1985) 30 B.L.R. 26 (C.A.).

was no basis upon which the Employer could charge the Contractor with the full cost of remedial work when the obligation to re-nominate included the obligation to include remedial work in the works to be done by the re-nominated Sub-Contractor which the Contractor was neither obliged nor entitled to do.

Clause 35.24.10. This new sub-clause was inserted by Amendment 4 issued in July 1987. It makes express what was held to be implied in *Percy Bilton Ltd v. G.L.C.*,[87] that the obligation to re-nominate was to be performed within a reasonable time.

Terms of the new Sub-Contract. These must be the same as the original Sub-Contract, namely NSC/A and NSC/C (formerly NSC/4 or NSC/4a). Such terms must provide for the new Nominated Sub-Contractor to complete his part of the work within the overall completion period for the Main Contract as a whole.[88]

More than one re-nomination. The *Bickerton* principle and the express provisions of the Contract are not limited to one re-nomination. The Employer must supply an effective Nominated Sub-Contractor, or alternatively, omit the work.

Extension of time. In so far as the completion of the Works is likely to be delayed as a result of the instruction issued under clause 35.24.6.1 and clause 35.24.6.2 then, presumably, the Contractor is entitled to an extension of time under clause 25.4.5.1. The question of whether the Contractor is entitled to loss and expense resulting from the interference with the progress of the work caused by the instruction to determine is not dealt with expressly. It is thought that the position is the same as under the 1963 Form, namely, that the Contractor is only entitled to extra payment if and in so far that he can prove a breach of the implied term to give instructions at reasonable times, alternatively to bring himself within the provisions of clause 26.2.1. Note that, in general, the Contractor is not entitled to an extension of time simply because the Nominated Sub-Contractor has dropped out.[89] Such extension of time must be founded either upon an instruction (under clause 25.4.5.1) or a delay in receipt of the necessary instructions (under clause 25.4.6).

Determination due to delay. If the Contractor has specifically applied in writing for a re-nomination and the Works are brought to a standstill for one month or whatever other period is inserted in the Appendix, can the Contractor serve notice of determination under clause 28? It appears that he

---

[87] [1982] 1 W.L.R. 794 (H.L.).
[88] See *Percy Bilton Ltd v. G.L.C.* [1982] 1 W.L.R. 794 at p. 800C (H.L.).
[89] See *Percy Bilton Ltd v. G.L.C.* [1982] 1 W.L.R. 794 (H.L.).

can but it is thought that the Court or an Arbitrator would look at the circumstances to consider whether the notice was given unreasonably and therefore was not effective.[90]

Clause 35.26. This was deleted and replaced by a new sub-clause by Amendment 11 issued in July 1992. The amendments were consequential on the content of Section 7 (Determination) of the Conditions of Nominated Sub-Contract 1991 Edition as amended by Amendment 1 of July 1992.

36 Nominated Suppliers

36·1 ·1 In the Conditions "Nominated Supplier" means a supplier to the Contractor who is nominated by the Architect/the Contract Administrator in one of the following ways to supply materials or goods which are to be fixed by the Contractor:

·1·1   where a prime cost sum is included in the Contract Bills in respect of those materials or goods and the supplier is either named in the Contract Bills or subsequently named by the Architect/the Contract Administrator in an instruction issued under clause 36·2;

·1·2   where a provisional sum is included in the Contract Bills and in any instruction by the Architect/the Contract Administrator in regard to the expenditure of such sum the supply of materials or goods is made the subject of a prime cost sum and the supplier is named by the Architect/the Contract Administrator in that instruction or in an instruction issued under clause 36·2;

·1·3   where a provisional sum is included in the Contract Bills and in any instruction by the Architect/the Contract Administrator in regard to the expenditure of such a sum materials or goods are specified for which there is a sole source of supply in that there is only one supplier from whom the Contractor can obtain them, in which case the supply of materials or goods shall be made the subject of a prime cost sum in the instructions issued by the Architect/the Contract Administrator in regard to the expenditure of the provisional sum and the sole supplier shall be deemed to have been nominated by the Architect/the Contract Administrator.

·1·4   where the Architect/the Contract Administrator requires under clause 13·2, or subsequently sanctions, a Variation and specifies materials or goods for which there is a sole supplier as referred to in clause 36·1·1·3, in which case the supply of the materials or goods shall be made the subject of a prime cost sum in the instruction or written sanction issued by the Architect/the Contract Administrator under clause 13·2 and the sole supplier shall be deemed to have been nominated by the Architect/the Contract Administrator.

---

[90] See Clause 28.1.3.2 and also *Gloucestershire County Council v. Richardson* [1969] 1 A.C. 480 (H.L.) but noting that under the form of R.I.B.A. Contract there used the Contractor had an absolute right of determination and was not subject to the proviso of reasonableness.

Clause 36—Nominated Suppliers

·2 In the Conditions the expression "Nominated Supplier" shall not apply to a supplier of materials or goods which are specified in the Contract Bills to be fixed by the Contractor unless such materials or goods are the subject of a prime cost sum in the Contract Bills, notwithstanding that the supplier has been named in the Contract Bills or that there is a sole supplier of such materials or goods as defined in clause 36·1·1·3.

36·2 The Architect/the Contract Administrator shall issue instructions for the purpose of nominating a supplier for any materials or goods in respect of which a prime cost sum is included in the Contract Bills or arises under clause 36·1.

36·3 ·1 For the purposes of clause 30·6·2·8 the amounts "properly chargeable to the Employer in accordance with the nomination instruction of the Architect/the Contract Administrator" shall include the total amount paid or payable in respect of the materials or goods less any discount other than the discount referred to in clause 36·4·4, properly so chargeable to the Employer and shall include where applicable:

·1·1 any tax (other than any value added tax which is treated, or is capable of being treated, as input tax (as referred to in the Finance Act 1972) by the Contractor) or duty not otherwise recoverable under this Contract by whomsoever payable which is payable under or by virtue of any Act of Parliament on the import, purchase, sale, appropriation, processing, alteration, adapting for sale or use of the materials or goods to be supplied; and

·1·2 the net cost of appropriate packing, carriage and delivery after allowing for any credit for return of any packing to the supplier; and

·1·3 the amount of any price adjustment properly paid or payable to, or allowed or allowable by the supplier less any discount other than a cash discount for payment in full within 30 days of the end of the month during which delivery is made.

·2 Where in the opinion of the Architect/the Contract Administrator the Contractor properly incurs expense, which would not be reimbursed under clause 36·3·1 or otherwise under this Contract, in obtaining the materials or goods from the Nominated Supplier such expense shall be added to the Contract Sum.

36·4 Save where the Architect/the Contract Administrator and the Contractor shall otherwise agree, the Architect/the Contract Administrator shall only nominate as a supplier a person who will enter into a contract of sale with the Contractor which provides, inter alia:

·1 that the materials or goods to be supplied shall be of the quality and standard specified provided that where and to the extent that approval of the quality of materials or of the standards of workmanship is a matter for the opinion of the Architect/the Contract Administrator, such quality and standards shall be to the reasonable satisfaction of the Architect/the Contract Administrator;

·2 that the Nominated Supplier shall make good by replacement or otherwise any defects in the materials or goods supplied which appear up to and including the last day of the Defects Liability Period under this

The JCT Standard Form of Building Contract

Contract and shall bear any expenses reasonably incurred by the Contractor as a direct consequence of such defects provided that:

·2·1 where the materials or goods have been used or fixed such defects are not such that reasonable examination by the Contractor ought to have revealed them before using or fixing;

·2·2 such defects are due solely to defective workmanship or material in the materials or goods supplied and shall not have been caused by improper storage by the Contractor or by misuse or by any act or neglect of either the Contractor, the Architect/the Contract Administrator or the Employer or by any person or persons for whom they may be responsible or by any other person for whom the Nominated Supplier is not responsible;

·3 that delivery of the materials or goods supplied shall be commenced, carried out and completed in accordance with a delivery programme to be agreed between the Contractor and the Nominated Supplier including, to the extent agreed, the following grounds on which that programme may be varied:

force majeure; or

civil commotion, local combination of workmen, strike or lock-out; or

any instruction of the Architect/the Contract Administrator under clause 13·2 (Variations) or clause 13·3 (provisional sums); or

failure of the Architect/the Contract Administrator to supply to the Nominated Supplier within due time any necessary information for which he has specifically applied in writing on a date which was neither unreasonably distant from nor unreasonably close to the date on which it was necessary for him to receive the same; or

exceptionally adverse weather conditions

or, if no such programme is agreed, delivery shall be commenced, carried out and completed in accordance with the reasonable directions of the Contractor.

·4 that the Nominated Supplier shall allow the Contractor a discount for cash of 5 per cent on all payments if the Contractor makes payment in full within 30 days of the end of the month during which delivery is made;

·5 that the Nominated Supplier shall not be obliged to make any delivery of materials or goods (except any which may have been paid for in full less only any discount for cash) after the determination (for any reason) of the Contractor's employment under this Contract;

·6 that full discharge by the Contractor in respect of payments for materials or goods supplied by the Nominated Supplier shall be effected within 30 days of the end of the month during which delivery is made less only a discount for cash of 5 per cent if so paid;

·7 that the ownership of materials or goods shall pass to the Contractor upon delivery by the Nominated Supplier to or to the order of the Contractor, whether or not payment has been made in full;

·8·1 that in any dispute or difference between the Contractor and the Nominated Supplier which is referred to arbitration the Contractor and the Nominated Supplier agree and consent pursuant to Sections 1(3)(a) and 2(1)(b) of the Arbitration Act 1979 that either the Contractor or the Nominated Supplier

Clause 36—Nominated Suppliers

- may appeal to the High Court on any question of law arising out of an award made in the arbitration and
- may apply to the High Court to determine any question of law arising in the course of the arbitration;

and that the Contractor and the Nominated Supplier agree that the High Court should have jurisdiction to determine any such questions of law;

·8·2 that if any dispute or difference between the Contractor and the Nominated Supplier raises issues which are substantially the same as or are connected with issues raised in a related dispute between the Employer and the Contractor under this contract then, where clauses 41·2·1 and 41·2·2 apply, such dispute or difference shall be referred to the Arbitrator to be appointed pursuant to clause 41; that the Arbitrator shall have power to make such directions and all necessary awards in the same way as in the procedure of the High Court as to joining one or more defendants or joining co-defendants or third parties was available to the parties; that the agreement and consent referred to in clause 36·4·8·1 on appeals or applications to the High Court on any question of law shall apply to any question of law arising out of the awards of such arbitrator in respect of all related disputes referred to him or arising in the course of the reference of all the related disputes referred to him; and that in any case, subject to the agreement referred to in clause 36·4·8·1, the award of such Arbitrator shall be final and binding on the parties.

·9 that no provision in the contract of sale shall override, modify or affect in any way whatsoever the provisions in the contract of sale which are included therein to give effect to clauses 36·4·1 to 36·4·9 inclusive.

36·5 ·1 Subject to clauses 36·5·2 and 36·5·3, where the said contract of sale between the Contractor and the Nominated Supplier in any way restricts, limits or excludes the liability of the Nominated Supplier to the Contractor in respect of materials or goods supplied or to be supplied, and the Architect/the Contract Administrator has specifically approved in writing the said restrictions, limitations or exclusions, the liability of the Contractor to the Employer in respect of the said materials or goods shall be restricted, limited or excluded to the same extent.

·2 The Contractor shall not be obliged to enter into a contract with the Nominated Supplier until the Architect/the Contract Administrator has specifically approved in writing the said restrictions, limitations or exclusions.

·3 Nothing in clause 36·5 shall be construed as enabling the Architect/the Contract Administrator to nominate a supplier otherwise than in accordance with the provisions stated in clause 36·4.

Clause 36: Nominated Suppliers

Derivation. Clause 36 is substantially derived from clause 28 of the 1963 Form. The structure of the clause is essentially unchanged. It was subject to certain relatively minor or consequential amendments by Amendment 4 issued in July 1987, discussed below.

Structure of clause. This clause provides for the definition of a Nominated Supplier (clause 36.1), Architect's Instructions for nominating suppliers (clause 36.2), price (clause 36.3), the terms of the contract which should be used with the Nominated Supplier (clause 36.4) and approved limitation of the Contractor's liability (clause 36.5).

Comparison with Sub-Contractors nominated under clause 35. There is a difference of subject matter in that Nominated Suppliers do not fix. Further, the Contract does not attempt such elaborate regulation of matters affecting Nominated Suppliers as it does for Nominated Sub-Contractors. But there are substantial similarities as regards the liability of the Contractor for the default of the Nominated Suppliers. There is no right for the Contractor to make reasonable objection to a Nominated Supplier. There is no equivalent to clause 35.2 (Tender by Contractor), clause 35.13 (Direct Payment) or clauses 35.14, 35.15 (Delay).

Default of nominated supplier—contractor's liability. The Contractor's liability is broadly similar to that for Nominated Sub-Contractors and reference should be made to the commentary to clause 35. This particularly applies to delay on the part of a Nominated Supplier, delay by the Nominated Supplier in giving information, fitness for purpose of the materials or goods to be supplied by the Nominated Supplier, design by the Nominated Supplier and guarantee by the Nominated Supplier. It seems that it is the Contractor's duty to make a reasonable inspection of materials or goods delivered by a Nominated Supplier and that if he accepts the goods with defects which a reasonable inspection using proper skill and care would have disclosed, he is liable to the Employer in respect of such defects.[91]

Defects of quality. Subject to clause 36.5, the Contractor is liable, it is submitted, for defects in the quality of the materials or goods delivered even though a reasonable inspection by him at the time of delivery of the goods or materials could not have disclosed such defects of quality.[92] This submission is based upon general principles as to liability of a Contractor for the supply of goods discussed on p. 56 and upon the effect of clause 36.5, which deals with the most important ground upon which the case of *Gloucestershire County Council v. Richardson*[93] was decided. The existence of the clause indicates that, where and to the extent that it does not operate, the Contractor is liable for quality defects in Nominated Suppliers' goods and materials.

Clause 36 does not deal with the possibility or necessity of re-nomination.

---

[91] See *Young & Marten Ltd v. McManus Childs Ltd* [1969] 1 A.C. 454 (H.L.); *Gloucestershire County Council v. Richardson* [1969] 1 A.C. 480 (H.L.), discussed on p. 59. See also *I.B.A. v. E.M.I. and B.I.C.C.* (1980) 14 B.L.R. 1 (H.L.); *Rumbelow v. A.M.K.* (1980) 19 B.L.R. 25.
[92] *ibid.*, n. 91.
[93] See above, n. 91.

Clause 36—Nominated Suppliers

It is thought that the reasoning in *Bickerton v. N.W. Metropolitan Regional Hospital Board*[94] still applies to a Nominated Supplier so that upon repudiation there must be a re-nomination. It should be noted, however, that clause 35 now deals expressly with the re-nomination of sub-contractors, so that a general argument might be advanced to the effect that the omission to deal with re-nomination in clause 36 by contrast means that re-nomination upon repudiation by the Nominated Supplier is not required. It is thought that this argument would not prevail, but in any event the argument would not be available in practice where it was a "sole supplier" who had repudiated. In these circumstances, a variation instruction would be necessary unless very exceptionally the contract was frustrated. Clause 36.1.1.4 might apply to such a Variation Instruction. It is thought also, that if there was repudiation by a sole supplier who came within clause 36.1.2 (as he was thus not a Nominated Supplier), a Variation Instruction would be necessary, and again clause 36.1.1.4 might apply. In these circumstances the second sole supplier would be a Nominated Supplier.

Clause 36.1.1. *"In the Conditions "Nominated Supplier" means..."*

The Architect's obligation under clause 36.2 to nominate a supplier is defined to arise in two types of circumstance namely:

(a) where a prime cost sum is either included in the Contract Bills or arises by an instruction converting a provisional sum into a prime cost sum; and
(b) where, either in an instruction in relation to a provisional sum or in a Variation instruction, the Architect specifies materials or goods for which there is a "sole supplier".

Clause 36.1.2 provides that a supplier of materials or goods which are specified in the Contract Bills to be fixed by the Contractor but for which there is no prime cost sum is not a Nominated Supplier, even if the supplier is named in the Contract Bills or is a sole supplier.

Clause 36.2. This clause contains the duty to nominate formerly to be found in the 1963 Form in clauses 11(3) and 28(b). See commentary to clause 35.

Clause 36.3.1. *"...the total amount paid or payable..."*

The Contractor is entitled to be paid under the Main Contract the total of all sums that he has to pay to the Nominated Supplier, but he is entitled to retain the 5 per cent discount for cash referred to in clause 36.4.4, provided of course that he earns that discount. The amounts payable to the Nominated Supplier are expressed to include any tax (other than Value Added Tax), the cost of packing, carriage and delivery and the amount of any price adjustment.

---

[94] [1970] 1 W.L.R. 607 (H.L.).

Clause 36.3.2. This entitles the Contractor to be paid any other proper expense incurred in obtaining materials or goods from the Nominated Supplier which is not covered by clause 36.3.1.

Clause 36.4. This clause is an expanded version of the former clauses 28(b) and 28(c) in the 1963 Form. Clauses 36.4.7, 36.4.8 and 36.4.9 are new to the 1980 Form.

Clause 36.4. *"... the Architect ... shall only nominate ..."*
It is important to note that the sale contract provisions set out at clauses 36.4.1 to 36.4.9 can have no effect themselves upon any contract of sale. They must be given effect to and incorporated into the contract of sale before it is entered into.

Clause 36.4.3. This sub-clause was redrafted by Amendment 4 issued in July 1987. The material part of the amendment is to add the words from "including" to "exceptionally adverse weather conditions". This amendment sets out grounds for varying a delivery programme which may be included in the contract of sale without the risk of them being considered as constituting a breach of clause 36.4.9. Note that if the Nominated Supplier does vary his delivery programme in accordance with these provisions, the Contractor would be able to establish a Relevant Event in clause 25.4.7 in regard to any application for an extension of time.

Clause 36.4.7. See commentary to clause 16, and for an example of the position where the ownership did not pass before payment, see *Dawber Williamson Roofing v. Humberside C.C.*[95] there discussed. This decision is an illustration of the important general principle that provisions in the Main Contract have no effect upon any sub-contract unless and until they are expressly incorporated into the sub-contract.

Clause 36.4.8. This sub-clause accords with the provisions for multipartite arbitration in clause 41 (see commentary to clause 41). The sub-clause was amended by Amendment 4 issued in July 1987. The substance of this amendment is to provide that the provisions in the contract of supply relating to arbitration should include an agreement by the Contractor and the Nominated Supplier to consent to the jurisdiction of the High Court on appeals and applications relating to questions of law.

Clause 36.5: Exclusion clauses. This clause is very important. Its existence shows, it is submitted, that, where there is no exclusion or limitation of liability to which this sub-clause applies, the Contractor is under a liability for latent defects in materials or goods supplied by a Nominated

---

[95] (1979) 14 B.L.R. 70.

Clause 36—Nominated Suppliers

Supplier. Therefore he should read the offer of any proposed Nominated Supplier carefully. Such offers frequently contain exclusion clauses.[96] If the Contractor finds such a clause he can require the Architect specifically to approve it in writing. If the Architect gives such specific approval the Contractor is protected by having the benefit of an equivalent exclusion. If the Architect refuses to give the approval, the Contractor can reject the nomination. If the Contractor does not follow this procedure and enters into a contract of supply containing an exclusion clause without referring it to the Architect he is ordinarily, it is submitted, liable for losses suffered by the Employer due to latent defects which appear even though he, the Contractor, is subject to the exclusion clause as between himself and the Nominated Supplier. Early nomination is desirable. If the Architect is asked to approve an exclusion clause he can consult with the Employer and discuss the risks involved. If the nomination was not early, delay in consideration of the matter may give the Contractor a claim for loss and/or expense or damages and may delay completion.

Clause 36.5.3, which is new to the 1980 Form, will, it seems, restrict the possibility of having approved exclusion clauses in a Nominated Supplier's contract of supply. It is submitted, for example, that a clause which purported to limit the Nominated Supplier's liability for breach of a clause equivalent to clause 36.4.1 or clause 36.4.3 would contravene clause 36.5.3.

Nominated supplier warranty. See Form TNS/2 reproduced on p. 955.

PART 3: FLUCTUATIONS

37 ·1 Fluctuations shall be dealt with in accordance with whichever of the following alternatives [w]
clause 38; or
clause 39; or
clause 40 [y]
is identified in the Appendix. The provisions so identified shall be [x] deemed to be incorporated with the Conditions as executed by the parties hereto.

---

[96] For exclusion clauses generally, see p. 68.

[w] Clause 39 should be used where the parties have agreed to allow the labour and materials cost and tax fluctuations to which clause 39·1 to ·3 refers. Alternatively, clause 40 should be used where the parties have agreed that fluctuations shall be dealt with by adjustment of the Contract Sum under the Price Adjustment Formulae for Building Contracts.

[x] Notwithstanding the provisions of clause 37·1 on deemed incorporation the parties may nevertheless wish to incorporate the agreed alternative fluctuation provisions in the executed Contract.

[y] Clause 40 is used where the parties have agreed that fluctuations shall be dealt with by adjustment of the Contract Sum under the Price Adjustment Formulae for Building Contracts.

The JCT Standard Form of Building Contract

·2 Clause 38 shall apply where neither clause 39 nor 40 is identified in the Appendix.
Clause 38: Contributions, levy and tax fluctuations
Clause 39: Labour and materials cost and tax fluctuations
Clause 40: Use of price adjustment formulae

These clauses are published separately in "Fluctuation clauses for use with the Local Authorities Editions With, Without and With Approximate Quantities".

Clause 38—For use with the Local Authorities Edition With Quantities

38   Contribution, levy and tax fluctuations

38.1   The Contract Sum shall be deemed to have been calculated in the manner set out below and shall be subject to adjustment in the events specified hereunder:

·1   The prices contained in the Contract Bills are based upon the types and rates of contribution, levy and tax payable by a person in his capacity as an employer and which at the Base Date are payable by the Contractor. A type and rate so payable are in clause 38·1·2 referred to as a "tender type" and "tender rate".

·2   If any of the tender rates other than a rate of levy payable by virtue of the Industrial Training Act 1964, is increased or decreased, or if a tender type ceases to be payable, or if a new type of contribution, levy or tax which is payable by a person in his capacity as an employer becomes payable after the Base Date, then in any such case the net amount of the difference between what the Contractor actually pays or will pay in repect of

·2·1   workpeople engaged upon or in connection with the Works either on or adjacent to the site, and

·2·2   workpeople directly employed by the Contractor who are engaged upon the production of materials or goods for use in or in connection with the Works and who operate neither on nor adjacent to the site and to the extent that they are so engaged.

or because of his employment of such workpeople and what he would have paid had the alteration, cessation or new type of contribution, levy or tax not become effective, shall, as the case may be, be paid to or allowed by the Contractor.

·3   There shall be added, to the net amount paid to or allowed by the Contractor under clause 38·1·2, in respect of each person employed by the Contractor who is engaged upon or in connection with the Works either on or adjacent to the site and who is not within the definition of "workpeople" in clause 38·6·3 the same amount as is payable or allowable in respect of a craftsman under clause 38·1·2 or such proportion of that amount as reflects the time (measured in whole working days) that each such person is so employed.

·4   For the purposes of clause 38·1·3:
no period less than 2 whole working days in any week shall be taken into

Clause 38—Fluctuations

account and periods less than a whole working day shall not be aggregated to amount to a whole working day;

the phrase "the same amount as is payable or allowable in respect of a craftsman" shall refer to the amount in respect of a craftsman employed by the Contractor (or by any Domestic Sub-Contractor under a sub-contract to which clause 38·3 refers) under the rules or decisions or agreements of the National Joint Council for the Building Industry or other wage-fixing body and, where the aforesaid rules or decisions or agreements provide for more than one rate of wage emolument or other expense for a craftsman, shall refer to the amount in respect of a craftsman employed as aforesaid to whom the highest rate is applicable; and the phrase "employed by the Contractor" shall mean an employment to which the Income Tax (Employment) Regulations 1973 (the PAYE Regulations) under S.204 of the Income and Corporation Taxes Act 1970, apply.

·5 The prices contained in the Contract Bills are based upon the types and rates of refund of the contributions, levies and taxes payable by a person in his capacity as an employer and upon the types and rates of premium receivable by a person in his capacity as an employer being in each case types and rates which at the Base Date are receivable by the Contractor. Such a type and such a rate are in clause 38·1·6 referred to as a "tender type" and a "tender rate".

·6 If any of the tender rates is increased or decreased or if a tender type ceases to be payable or if a new type of refund of any contribution, levy or tax payable by a person in his capacity as an employer becomes receivable or if a new type of premium receivable by a person in his capacity as an employer becomes receivable after the Base Date, then in any such case the net amount of the difference between what the Contractor actually receives or will receive in respect of workpeople as referred to in clauses 38·1·2·1 and 38·1·2·2 or because of his employment of such workpeople and what he would have received had the alteration, cessation or new type of refund or premium not become effective, shall, as the case may be, be paid to or allowed by the Contractor.

·7 The references in clauses 38·1·5 and 38·1·6 to premiums shall be construed as meaning all payments howsoever they are described which are made under or by virtue of an Act of Parliament to a person in his capacity as an employer and which affect the cost to an employer of having persons in his employment.

·8 Where employer's contributions are payable by the Contractor in respect of workpeople as referred to in clauses 38·1·2·1 and 38·1·2·2 whose employment is contracted-out employment within the meaning of the Social Security Pensions Act 1975 the Contractor shall for the purpose of recovery or allowance under clause 38·1 be deemed to pay employer's contributions as if that employment were not contracted-out employment.

·9 The reference in clause 38·1 to contributions, levies and taxes shall be construed as meaning all impositions payable by a person in his capacity

The JCT Standard Form of Building Contract

as an employer howsoever they are described and whoever the recipient which are imposed under or by virtue of an Act of Parliament and which affect the cost to an employer of having persons in his employment.

38·2 The Contract Sum shall be deemed to have been calculated in the manner set out below and shall be subject to adjustment in the events specified hereunder:

·1 The prices contained in the Contract Bills are based upon the types and rates of duty if any and tax if any (other than any value added tax which is treated, or is capable of being treated, as input tax (as referred to in the Finance Act 1972) by the Contractor) by whomsoever payable which at the Base Date are payable on the import, purchase, sale, appropriation, processing or use of the materials, goods, electricity and, where so specifically stated in the Contract Bills, fuels, specified in a list submitted by the Contractor and attached to the Contract Bills under or by virtue of any Act of Parliament. A type and a rate so payable are in clause 38·2·2 referred to as a "tender type" and a "tender rate".

·2 If in relation to any materials or goods specified as aforesaid, or any electricity or fuels specified as aforesaid and consumed on site for the execution of the Works including temporary site installations for those Works, a tender rate is increased or decreased, or a tender type ceases to be payable or a new type of duty or tax (other than any value added tax which is treated, or is capable of being treated as input tax (as referred to in the Finance Act 1972) by the Contractor) becomes payable on the import, purchase, sale, appropriation, processing or use of those materials, goods, electricity or fuels, after the Base Date then in any such case the net amount of the difference between what the Contractor actually pays in respect of those materials, goods, electricity or fuels and what he would have paid in respect of them had the alteration, cessation or imposition not occurred, shall, as the case may be, be paid to or allowed by the Contractor. In clause 38·2·2 the expression "a new type of duty or tax" includes an additional duty or tax and a duty or tax imposed in regard to specified materials, goods, electricity or fuels in respect of which no duty or tax whatever was previously payable (other than any value added tax which is treated, or is capable of being treated, as input tax (as referred to in the Finance Act 1972) by the Contractor).

38.3 Fluctuations—work sub-let—Domestic Sub-Contractors

·1 If the Contractor is obliged by clause 19·3, or shall decide subject to clause 19·2, to sub-let any portion of the Works to a Domestic Sub-Contractor he shall incorporate in the sub-contract provisions to the like effect as the provisions of

clause 38 (excluding clause 38·3) including the percentage stated in the Appendix pursuant to clause 38·7 which are applicable for the purposes of this Contract.

·2 If the price payable under such a sub-contract as referred to in clause 38·3·1 is increased above or decreased below the price in such sub-contract by reason of the operation of the said incorporated provisions,

Clause 38—Fluctuations

then the net amount of such increase or decrease shall, as the case may be, be paid to or allowed by the Contractor under this Contract.

38·4—·6 Provisions relating to clause 38

38·4 ·1 The Contractor shall give a written notice to the Architect/the Contract Administrator of the occurrence of any of the events referred to in such of the following provisions as are applicable for the purposes of this Contract:

·1·1 clause 38·1·2;
·1·2 clause 38·1·6;
·1·3 clause 38·2·2;
·1·4 clause 38·3·2.

·2 Any notice required to be given under clause 38·4·1 shall be given within a reasonable time after the occurrence of the event to which the notice relates, and the giving of a written notice in that time shall be a condition precedent to any payment being made to the Contractor in respect of the event in question.

·3 The Quantity Surveyor and the Contractor may agree what shall be deemed for all the purposes of this Contract to be the net amount payable to or allowable by the Contractor in respect of the occurrence of any event such as is referred to in any of the provisions listed in clause 38·4·1.

·4 Any amount which from time to time becomes payable to or allowable by the Contractor by virtue of clauses 38·1 and ·2 or clause 38·3 shall, as the case may be, be added to or deducted from:

·4·1 the Contract Sum; and
·4·2 any amounts payable to the Contractor and which are calculated in accordance with either clauses 28·2·2·1 or 28·2·2·2.

The addition or deduction to which clause 38·4·4 refers shall be subject to the provisions of clauses 38·4·5 to ·4·7.

·5 As soon as is reasonably practicable the Contractor shall provide such evidence and computations as the Architect/the Contract Administrator or the Quantity Surveyor may reasonably require to enable the amount payable to or allowable by the Contractor by virtue of clauses 38·1 and ·2 or clause 38·3 to be ascertained; and in the case of amounts payable to or allowable by the Contractor under clause 38·1·3 (or clause 38·3 for amounts payable to or allowable by the Domestic Sub-Contractor under provisions in the sub-contract to the like effect as clauses 38·1·3 and 38·1·4)—employees other than workpeople—such evidence shall include a certificate signed by or on behalf of the Contractor each week certifying the validity of the evidence reasonably required to ascertain such amounts.

·6 No addition to or deduction from the Contract Sum made by virtue of clause 38·4·4 shall alter in any way the amount of profit of the Contractor included in that Sum.

·7 Subject to the provisions of clause 38·4·8 no amount shall be added or deducted in the computation of the amount stated as due in an Interim

Certificate or in the Final Certificate in respect of amounts otherwise payable to or allowable by the Contractor by virtue of clauses 38·1 and ·2 or clauses 38·3 if the event (as referred to in the provisions listed in clause 38·4·1) in respect of which the payment or allowance would be made occurs after the Completion Date.

·8 Clause 38·4·7 shall not be applied unless:

·8·1 the printed text of clause 25 is unamended and forms part of the Conditions; and

·8·2 the Architect/the Contract Administrator has, in respect of every written notification by the Contractor under clause 25, fixed or confirmed in writing such Completion Date as he considers to be in accordance with clause 25.

38·5 Clauses 38·1 to ·3 shall not apply in respect of:

·1 work for which the Contractor is allowed daywork rates under clause 13·5·4;

·2 work executed or materials or goods supplied by any Nominated Sub-Contractor or Nominated Supplier (fluctuations in relation to Nominated Sub-Contractors and Nominated Suppliers shall be dealt with under any provision in relation thereto which may be included in the appropriate sub-contract or contract of sale);

·3 work executed by the Contractor for which a tender made under clause 35·2 has been accepted (fluctuations in relation to such work shall be dealt with under any provision in the accepted tender of the Contractor);

·4 changes in the rate of value added tax charged on the supply of goods or services by the Contractor to the Employer under this Contract.

38·6 In clause 38:

·1 the expression "the Base Date" means the Date stated in the Appendix;

·2 the expressions "materials" and "goods" include timber used in formwork but do not include other consumable stores, plant and machinery (save that electricity and, where specifically so stated in the Contract Bills, fuels are dealt with in clause 38·2);

·3 the expression "workpeople" means persons whose rates of wages and other emoluments (including holiday credits) are governed by the rules or decisions or agreements of the National Joint Council for the Building Industry or some other wage-fixing body for trades associated with the building industry;

·4 the expression "wage-fixing body" shall mean a body which lays down recognised terms and conditions of workers. For the purposes of clause 38 "recognised terms and conditions" means terms and conditions of workers in comparable employment in the trade or industry, or section of trade and industry, in which the employer in question is engaged, which have been settled by an agreement or award, to which the parties are employers' associations and independent trade unions which represent (generally, or in the district in question, as the case may be) a substantial proportion of the employers and of the workers in the trade, industry or section being workers of the description to which the agreement or award relates.

Clause 38—Fluctuations

38·7 Percentage addition to fluctuation payments or allowances

·1 There shall be added to the amount paid to or allowed by the Contractor under:

·1·1 clause 38·1·2,
·1·2 clause 38·1·3,
·1·3 clause 38·1·6,
·1·4 clause 38·2·2

the percentage stated in the Appendix.

Clause 39—For use with the Local Authorities Edition With Quantities

39 Labour and materials cost and tax fluctuations

39·1 The Contract Sum shall be deemed to have been calculated in the manner set out below and shall be subject to adjustment in the events specified hereunder:

·1 The prices (including the cost of employer's liability insurance and of third party insurance) contained in the Contract Bills are based upon the rates of wages and the other emoluments and expenses (including holiday credits) which will be payable by the Contractor to or in respect of

·1·1 workpeople engaged upon or in connection with the Works either on or adjacent to the site, and

·1·2 workpeople directly employed by the Contractor who are engaged upon the production of materials or goods for use in or in connection with the Works and who operate neither on nor adjacent to the site and to the extent that they are so engaged

in accordance with:

·1·3 the rules or decisions of the National Joint Council for the Building Industry or other wage-fixing body which will be applicable to the Works and which have been promulgated at the Base Date; and

·1·4 any incentive scheme and/or productivity agreement under the provisions of Rule 1.16 or any successor to this Rule (Productivity Incentive Schemes and/or Productivity Agreements) of the Rules of the National Joint Council for the Building Industry (including the General Principles covering Incentive Schemes and/or Productivity Agreements published by the aforesaid Council to which Rule 1.16 or any successor to this Rule refers) or provisions on incentive schemes and/or productivity agreements contained in the rules or decisions of some other wage-fixing body; and

·1·5 the terms of the Building and Civil Engineering Annual and Public Holidays Agreements (or the terms of agreements to similar effect in respect of workpeople whose rates of wages and other emoluments and expenses (including holiday credits) are in accordance with the rules or

The JCT Standard Form of Building Contract

decisions of a wage-fixing body other than the National Joint Council for the Building Industry) which will be applicable to the Works and which have been promulgated at the Base Date;

and upon the rates or amounts of any contribution, levy or tax which will be payable by the Contractor in his capacity as an employer in respect of, or calculated by reference to, the rates of wages and other emoluments and expenses (including holiday credits) referred to herein.

·2   If any of the said rates of wages or other emoluments and expenses (including holiday credits) are increased or decreased by reason of any alteration in the said rules, decisions or agreements promulgated after the Base Date, then the net amount of the increase or decrease in wages or other emoluments and expenses (including holiday credits) together with the net amount of any consequential increase or decrease in the cost of employer's liability insurance, of third party insurance, and of any contribution, levy or tax payable by a person in his capacity as an employer shall, as the case may be, be paid to or allowed by the Contractor.

·3   There shall be added, to the net amount paid to or allowed by the Contractor under clause 39·1·2, in respect of each person employed by the Contractor who is engaged upon or in connection with the Works either on or adjacent to the site and who is not within the definition of "workpeople" in clause 39·7·3 the same amount as is payable or allowable in respect of a craftsman under clause 39·1·2 or such proportion of that amount as reflects the time (measured in whole working days) that each such person is so employed.

·4   For the purposes of clauses 39·1·3 and 39·2·3:
no period less than 2 whole days in any week shall be taken into account and periods less than a whole working day shall not be aggregated to amount to a whole working day;
the phrase "the same amount as is payable or allowable in respect of a craftsman" shall refer to the amount in respect of a craftsman employed by the Contractor (or by any Domestic Sub-Contractor under a sub-contract to which clause 39·4 refers) under the rules or decisions or agreements of the National Joint Council for the Building Industry or other wage-fixing body and, where the aforesaid rules or decisions or agreements provide for more than one rate of wage, emolument or other expenses for a craftsman, shall refer to the amount in respect of a craftsman employed as aforesaid to whom the highest rate is applicable; and
the phrase "employed by the Contractor" shall mean an employment to which the Income Tax (Employment) Regulations 1973 (the PAYE Regulations) under S.204 of the Income and Corporation Taxes Act 1970, apply.

·5   The prices contained in the Contract Bills are based upon:
the transport charges referred to in a basic transport charges list submitted by the Contractor and attached to the Contract Bills and incurred by the Contractor in respect of workpeople engaged in either of the capacities referred to in clauses 39·1·1·1 and 39·1·1·2; or

Clause 39—Fluctuations

the reimbursement of fares which will be reimbursable by the Contractor to workpeople engaged in either of the capacities referred to in clauses 39·1·1·1 and 39·1·1·2 in accordance with the rules or decisions of the National Joint Council for the Building Industry which will be applicable to the Works and which have been promulgated at the Base Date or, in the case of workpeople so engaged whose rates of wages and other emoluments and expenses are governed by the rules or decisions of some wage-fixing body other than the National Joint Council for the Building Industry, in accordance with the rules or decisions of such other body which will be applicable and which have been promulgated as aforesaid.

·6 If:

·6·1 the amount of transport charges referred to in the basic transport charges list is increased or decreased after the Base Date; or

·6·2 the reimbursement of fares is increased or decreased by reason of any alteration in the said rules or decisions promulgated after the Base Date or by any actual increase or decrease in fares which takes effect after the Base Date,

then the net amount of that increase or decrease shall, as the case may be, be paid to or allowed by the Contractor.

39·2 The Contract Sum shall be deemed to have been calculated in the manner set out below and shall be subject to adjustment in the events specified hereunder:

·1 The prices contained in the Contract Bills are based upon the types and rates of contribution, levy and tax payable by a person in his capacity as an employer and which at the Base Date are payable by the Contractor. A type and a rate so payable are in clause 39·2·2 referred to as a "tender type" and a "tender rate".

·2 If any of the tender rates other than a rate of levy payable by virtue of the Industrial Training Act 1964, is increased or decreased or if a tender type ceases to be payable, or if a new type of contribution, levy or tax which is payable by a person in his capacity as an employer becomes payable after the Base Date, then in any such case the net amount of the diffrence between what the Contractor actually pays or will pay in respect of workpeople as referred to in clauses 39·1·1·1 and 39·1·1·2 or because of his employment of such workpeople and what he would have paid had the alteration, cessation or new type of contribution, levy or tax not become effective, shall, as the case may be, be paid to or allowed by the Contractor.

·3 There shall be added, to the net amount paid to or allowed by the Contractor under clause 39·2·2, in respect of each person employed by the Contractor who is engaged upon or in connection with the Works either on or adjacent to the site and who is not within the definition of "workpeople" in clause 39·7·3, the same amount as is payable or allowable in respect of a craftsman under clause 39·2·2 or such proportion of that amount as reflects the time (measured in whole working days) that each such person is so employed. The provisions of clause 39·1·4 shall apply to clause 39·2·3.

.4 The prices contained in the Contract Bills are based upon the type and rates of refund of the contributions, levies and taxes payable by a person in his capacity as an employer and upon the types and rates of premium receivable by a person in his capacity as an employer being in each case types and rates which at the Base Date are receivable by the Contractor. Such a type and such a rate are, in clause 39·2·5 referred to as a "tender type" and a "tender rate".

.5 If any of the tender rates is increased or decreased or if a tender type ceases to be payable or if a new type of refund of any contribution, levy or tax payable by a person in his capacity as an employer becomes receivable or if a new type of premium receivable by a person in his capacity as an employer becomes receivable after the Base Date, then in any such case the net amount of the difference between what the Contractor actually receives or will receive in respect of workpeople as referred to in clauses 39·1·1·1 and 39·1·1·2 or because of his employment of such workpeople, and what he would have received had the alteration, cessation or new type of refund or premium not become effective, shall, as the case may be, be paid to or allowed by the Contractor.

.6 The reference in clauses 39·2·4 and 39·2·5 to premiums shall be construed as meaning all payments howsoever they are described which are made under or by virtue of an Act of Parliament to a person in his capacity as an employer and which affect the cost to an employer of having persons in his employment.

.7 Where employer's contributions are payable by the Contractor in respect of workpeople as referred to in clauses 39·1·1·1 and 39·1·1·2 whose employment is contracted-out employment within the meaning of the Social Security Pensions Act 1975, the Contractor shall, subject to the proviso hereto, for the purpose of recovery or allowance under clause 39·2 be deemed to pay employer's contributions as if that employment were not contracted-out employment; provided that clause 39·2·7 shall not apply where the occupational pension scheme, by reference to membership of which the employment of workpeople is contracted-out employment, is established by the rules of the National Joint Council for the Building Industry or of some other wage-fixing body so that contributions to such occupational pension scheme are within the payment and allowance provisions of clause 39·1.

.8 The reference in clauses 39·2·1 to 39·2·5 and 39·2·7 to contributions, levies and taxes shall be construed as meaning all impositions payable by a person in his capacity as an employer howsoever they are described and whoever the recipient which are imposed under or by virtue of an Act of Parliament and which affect the cost to an employer of having persons in his employment.

39·3 The Contract Sum shall be deemed to have been calculated in the manner set out below and shall be subject to adjustment in the events specified hereunder:

.1 The prices contained in the Contract Bills are based upon the market prices of the materials, goods, electricity and, where specifically so stated in the Contracts Bills, fuels, specified in a list submitted by the Contractor and

Clause 39—Fluctuations

attached to the Contract Bills, which were current at the Base Date. Such prices are hereinafter referred to as "basic prices" and the prices set out by the Contractor on the said list shall be deemed to be the basic prices of the specified materials, goods, electricity and fuels.

·2 If after the Base Date the market price of any of the materials or goods specified as aforesaid increases or decreases, or the market price of any electricity or fuels specified as aforesaid and consumed on site for the execution of the Works (including temporary site installations for those Works) increases or decreases, then the net amount of the difference between the basic price thereof and the market price payable by the Contractor and current when the materials, goods, electricity or fuels are bought shall, as the case may be, be paid to or allowed by the Contractor.

·3 The references in clauses 39·3·1 and 39·3·2 to "market prices" shall be construed as including any duty or tax (other than value added tax which is treated, or is capable of being treated as input tax (as referred to in the Finance Act 1972) by the Contractor) by whomsoever payable which is payable under or by virtue of any Act of Parliament on the import, purchase, sale, appropriation, processing or use of the materials, goods, electricity or fuels specified as aforesaid.

39·4 Fluctuations—work sub-let—Domestic Sub-Contractors

·1 If the Contractor is obliged by clause 19·3, or shall decide subject to clause 19·2, to sub-let any portion of the Works to a Domestic Sub-Contractor he shall incorporate in the sub-contract provisions to the like effect as the provisions of
  clause 39 (excluding clause 39·4) including the percentage stated in the Appendix pursuant to clause 39·8
which are applicable for the purposes of this Contract.

·2 If the price payable under such a sub-contract as referred to in clause 39·4·1 is increased above or decreased below the price in such sub-contract by reason of the operation of the said incorporated provisions, then the net amount of such increase or decrease shall, as the case may be, be paid to or allowed by the Contractor under this Contract.

39·5–·7 Provisions relating to clause 39

39·5

·1 The Contractor shall give a written notice to the Architect/the Contract Administrator of the occurrence of any of the events referred to in such of the following provisions as are applicable for the purposes of this Contract:

·1·1 clause 39·1·2;
·1·2 clause 39·1·6;
·1·3 clause 39·2·2;
·1·4 clause 39·2·5;
·1·5 clause 39·3·2;
·1·6 clause 39·4·2.

The JCT Standard Form of Building Contract

·2 Any notice required to be given by clause 39·5·1 shall be given within a reasonable time after the occurrence of the event to which the notice relates and the giving of written notice in that time shall be a condition precedent to any payment being made to the Contractor in respect of the event in question.

·3 The Quantity Surveyor and the Contractor may agree what shall be deemed for all the purposes of this Contract to be the net amount payable to or allowable by the Contractor in respect of the occurrence of any event such as is referred to in any of the provisions listed in clause 39·5·1.

·4 Any amount which from time to time becomes payable to or allowable by the Contractor or by virtue of clause 39·1 to ·3 or clause 39·4 shall, as the case may be, be added to or from sum deducted from:

·4·1 the Contract Sum; and

·4·2 any amounts payable to the Contractor and which are calculated in accordance with either clauses 28·2·2·1 or 28·2·2·2.

The addition or deduction to which clause 39·5·4 refers shall be subject to the provisions of clauses 39·5·5 to ·5·7.

·5 As soon as is reasonably practicable the Contractor shall provide such evidence and computations as the Architect/the Contract Administrator or the Quantity Surveyor may reasonably require to enable the amount payable to or allowable by the Contractor by virtue of clauses 39·1 to ·3 or clause 39·4 to be ascertained; and in the case of amounts payable to or allowable by the Contractor under clause 39·1·3 (or clause 39·4 for amounts payable to or allowable by the Domestic Sub-Contractor under provisions in the sub-contract to the like effect as clauses 39·1·3 and 39·1·4)—employees other than workpeople—such evidence shall include a certificate signed by or on behalf of the Contractor each week certifying the validity of the evidence reasonably required to ascertain such amounts.

·6 No addition to or deduction from the Contract Sum made by virtue of clause 39·5·4 shall alter in any way the amount of profit of the Contractor included in that Sum.

·7 Subject to the provisions of clause 39·5·8 no amount shall be added or deducted in the computation of the amount stated as due in an Interim Certificate or in the Final Certificate in respect of amounts otherwise payable to or allowable by the Contractor by virtue of clauses 39·1 to ·3 or clause 39·4 if the event (as referred to in the provisions listed in clause 39·5·1) in respect of which the payment or allowance would be made occurs after the Completion Date.

·8 Clause 39·5·7 shall not be applied unless:

·8·1 the printed text of clause 25 is unamended and forms part of the Conditions; and

·8·2 the Architect/the Contract Administrator has, in respect of every written notification by the Contractor under clause 25, fixed or confirmed in writing such Completion Date as he considers to be in accordance with clause 25.

39·6 Clauses 39·1 to ·4 shall not apply in respect of:

Clause 39—Fluctuations

- .1 work for which the Contractor is allowed daywork rates under clause 13·5·4;
- .2 work executed or materials or goods supplied by any Nominated Sub-Contractor or Nominated Supplier (fluctuations in relation to Nominated Sub-Contractors and Nominated Suppliers shall be dealt with under any provision in relation thereto which may be included in the appropriate sub-contract or contract of sale);
- .3 work executed by the Contractor for which a tender made under clause 35·2 has been accepted (fluctuations in relation to such works shall be dealt with under any provision in the accepted tender of the Contractor);
- .4 changes in the rate of value added tax charged on the supply of goods or services by the Contractor to the Employer under this Contract.

39·7 In clause 39:

- .1 the expression "the Base Date" means the Date stated in the Appendix;
- .2 the expressions "materials" and "goods" include timber used in formwork but do not include other consumable stores, plant and machinery (save that electricity and, where specifically so stated in the Contract Bills, fuels are dealt with in clause 39·3),
- .3 the expression "workpeople" means persons whose rates of wages and other emoluments (including holiday credits) are governed by the rules or decisions or agreements of the National Joint Council for the Building Industry or some other wage-fixing body for trades associated with the building industry;
- .4 the expression "wage-fixing body" shall mean a body which lays down recognised terms and conditions of workers. For the purposes of clause 39 "recognised terms and conditions" means terms and conditions of workers in comparable employment in the trade or industry, or section of trade and industry, in which the employer in question is engaged, which have been settled by an agreement or award, to which the parties are employers' associations and independent trade unions which represent (generally, or in the district in question, as the case may be) a substantial proportion of the employers and of the workers in the trade, industry or section being workers of the description to which the agreement or award relates.

39·8 Percentage addition to fluctuation payments or allowances

- .1 There shall be added to the amount paid to or allowed by the Contractor under:

  - .1·1 clause 39·1·2,
  - .1·2 clause 39·1·3,
  - .1·3 clause 39·1·6,
  - .1·4 clause 39·2·2,
  - .1·5 clause 39·2·5,
  - .1·6 clause 39·3·2

  the percentage stated in the Appendix.

The JCT Standard Form of Building Contract

Clause 40—For use with the Local Authorities Edition with Quantities

40   Use of price adjustment formulae

·1·1   The Contract Sum shall be adjusted in accordance with the provisions of clause 40 and the Formula rules current at the Base Date issued for use with clause 40 by the Joint Contracts Tribunal for the Standard Form of Building Contract (hereinafter called "the Formula Rules").

·1·2   Any adjustment under clause 40 shall be to sums exclusive of value added tax and nothing in clause 40 shall affect in any way the operation of clause 15 and the VAT Agreement.

·2   The Definitions in rule 3 of the Formula Rules shall apply to clause 40.

·3   The adjustment referred to in clause 40 shall be effected (after taking into account any Non-Adjustable Element) in all certificates for payment issued under the provisions of the Conditions.

·4   If any correction of amounts of adjustment under clause 40 included in previous certificates is required following any operation of rule 5 of the Formula Rules such correction shall be given effect in the next certificate for payment to be issued.

40·2   Interim valuations shall be made before the issue of each Interim Certificate and accordingly the words "whenever the Architect/the Contract Administrator considers them to be necessary" shall be deemed to have been deleted in clause 30·1·2.

40·3   For any article to which rule 4(ii) of the Formula Rules applies the Contractor shall insert in a list attached to the Contract Bills the market price of the article in sterling (that is the price delivered to the site) current at the Base Date. If after that Date the market price of the article inserted in the aforesaid list increases or decreases then the net amount of the difference between the cost of purchasing at the market price inserted in the aforesaid list and the market price payable by the Contractor and current when the article is bought shall, as the case may be, be paid to or allowed by the Contractor. The reference to "market price" in clause 40·3 shall be construed as including any duty or tax (other than any value added tax which is treated, or is capable of being treated, as input tax (as defined in the Finance Act 1972) by the Contractor) by whomsoever payable under or by virtue of any Act of Parliament on the import, purchase, sale, appropriation or use of the article specified as aforesaid.

40·4   [Number not used.]

40·5   The Quantity Surveyor and the Contractor may agree any alteration to the methods and procedures for ascertaining the amount of formula adjustment to be made under clause 40 and the amounts ascertained after the operation of such agreement shall be deemed for all the purposes of this Contract to be the amount of formula adjustment payable to or allowable by the Contractor in respect of the provisions of clause 40. Provided always:

Clause 40—Fluctuations

    ·1   that no alteration to the methods and procedures shall be agreed as aforesaid unless it is reasonably expected that the amount of formula adjustment so ascertained will be the same or approximately the same as that ascertained in accordance with Part I or Part II of Section 2 of the Formula Rules whichever Part is stated to be applicable in the Contract Bills; and

    ·2   that any agreement under clause 40·5 shall not have any effect on the determination of any adjustment payable by the Contractor to any sub-contractor.

40·6 ·1   If at any time prior to the issue of the Final Certificate under clause 30·8 formula adjustment is not possible because of delay in, or cessation of, the publication of the Monthly Bulletins, adjustment of the Contract Sum shall be made in each Interim Certificate during such period of delay on a fair and reasonable basis.

    ·2   If publication of the Monthly Bulletin is recommenced at any time prior to the issue of the Final Certificate under clause 30·8 the provisions of clause 40 and the Formula Rules shall apply for each Valuation Period as if no delay or cessation as aforesaid had occurred and the adjustment under clause 40 and the Formula Rules shall be substituted for any adjustment under clause 40·6·1.

    ·3   During any period of delay or cessation as aforesaid the Contractor and Employer shall operate such parts of clause 40 and the Formula Rules as will enable the amount of formula adjustment due to be readily calculated upon recommencement of publication of the Monthly Bulletins.

40·7 ·1·1   If the Contractor fails to complete the Works by the Completion Date, formula adjustment of the Contract Sum under clause 40 shall be effected in all Interim Certificates issued after the aforesaid Completion Date by reference to the Index Numbers applicable to the Valuation Period in which the aforesaid Completion Date falls.

    ·1·2   If for any reason the adjustment included in the amount certified in any Interim Certificate which is or has been issued after the aforesaid Completion Date is not in accordance with clause 40·7·1·1, such adjustment shall be corrected to comply with that clause.

    ·2   Clause 40·7·1 shall not be applied unless:

    ·2·1   the printed text of clause 25 is unamended and forms part of the Conditions; and

    ·2·2   the Architect/the Contract Administrator has, in respect of every written notification by the Contractor under clause 25, fixed or confirmed in writing such Completion Date as he considers to be in accordance with clause 25.

Clause 37: Fluctuations

The fluctuation clauses are now printed in a separate booklet. They may be incorporated in the Contract by reference by completing the appropriate part of the Appendix. If deletions are not made in the Appendix, clause 38 will apply.

Amendment. Clause 37 was amended by Amendment 13 issued in January 1994 by the addition of a new clause 37.3 to provide that the fluctuation provisions are not to apply to any work for which the Architect has issued to the Contractor a confirmed acceptance of a clause 13A quotation.

Clauses 38 and 39: Fluctuations Provisions

Derivation. These clauses are derived from and in large measure reproduce clauses 31A to 31E of the 1963 Form. Clauses 31A and 31B of the 1963 Form were different versions of basic fluctuations provisions. Clauses 31C, D and E applied as machinery if either clause 31A or clause 31B was chosen. Clause 38 is substantially derived from clause 31B and clause 31C, D and E insofar as they applied to the former clause 31A.

Generally. Clause 38 is a fluctuations clause providing for increases or decreases in statutory contributions, levies or taxes. Clause 39 is a fluctuations clause providing for increases or decreases in labour and materials costs as well as tax fluctuations.

As the term "fluctuations" suggest, these are "rise and fall" clauses. These clauses, if properly operated, provide a considerable measure of protection for the Contractor, but not an indemnity against increased costs. For example, they do not apply to increases in head office or administrative costs. They do not apply to consumable stores, plant and machinery other than timber used in formwork, electricity and fuels where so stated in the Contract Bills (see clause 39.7.3). For these reasons prudent contractors incorporate an adjustment to their rates to allow for non-recoverable increases. Clauses 38.7 and 39.8 expressly allow for a percentage addition to fluctuation payments or allowances where so stated in the Appendix.

Scheme of clause 38. Clauses 38.1.2 to 38.1.4 provide for alteration in the type and rates of statutory contributions, levies and taxes payable by a person in his capacity as Employer. Clauses 38.1.5 to 38.1.7 provide for alterations in statutory refunds or premiums receivable by a person in his capacity as Employer. Clause 38.2 provide for alterations in statutory duties or taxes affecting materials or goods specified in a list attached to the Contract Bills. Clause 38.3 requires the Contractor to incorporate relevant fluctuation clauses in Domestic Sub-Contracts. Clauses 38.4 to 38.6 deal with the procedure for fluctuations. The Contractor has to give written notice of any relevant alterations. There is machinery for adjustment of price. The clause is not to apply to dayworks or work executed by or materials supplied by Nominated Sub-Contractors or Nominated Suppliers. Clause 38.7 provides for the percentage addition.

Scheme of clause 39. Clause 39.1 provides for alterations in wages, emoluments and expenses. Clause 39.3 deals with alterations in market prices in materials and goods specified in a list attached to the Contract Bills, such alterations to include alteration of any statutory duty or tax. Clause 39.4 substantially reproduces clause 38.3. Clauses 39.5 to 39.7 reproduces the procedure at clauses 38.4 to 38.6. Clause 39.8 provides for the percentage addition.

Matters common to clauses 38 and 39

Definition of "workpeople": clauses 38.1.2, 38.1.3, 38.6.3 and 39.1.1, 39.1.3, 39.7.3.

In the 1963 Form the reference was to prices etc. "payable by the Contractor to or in respect of workpeople ... in accordance with the rules or decisions of the National Joint Council ...". In *J. Murphy & Sons v. London Borough of Southwark*,[97] the Court of Appeal held that this wording applied only to those workpeople directly employed whose rates of wages was governed by the N.J.C., *i.e.* not to self-employed labour. The effect of the new definition, it is submitted, is that it covers:

(a) workpeople directly employed whose rates of wages are governed by the N.J.C.;
(b) workpeople directly employed whose rates of wages are not so governed (by virtue of 38.1.3), but not self-employed labour.

The reference to "workpeople" and to the machinery for fixing their wages excludes, in general, from the operation of clauses 38 and 39, administrative staff. Further, head office staff are usually not within the words "workpeople engaged upon or in connection with the Works".

Electricity and fuels

Fluctuations are allowed for these: see clauses 38.2.1 and 39.3.2.

Notice condition precedent: clauses 38.4.2 and 39.5.2.

This is plain language. If the Contractor does not give notice within a reasonable time after the occurrence of the event to which it relates he is not, in ordinary circumstances, entitled to payment. What is reasonable is a question of fact but it is thought that a most important consideration is whether an opportunity to check the facts has been lost.

Agreement between Quantity Surveyor and Contractor: clauses 38.4.3 and 39.5.3.

The scope of this agreement was considered in *John Laing v. County and District*,[98] where it was held that this did not confer on the Quantity Surveyor

---

[97] (1982) 22 B.L.R. 41 (C.A.)
[98] (1982) 23 B.L.R. 1.

authority to waive the Contractor's failure to comply with the requirement for written notice. The words should be construed as if the emphasis were on the words "net amount", *i.e.* to confer authority on the Quantity Surveyor to agree quantum only as opposed to liability. Looking at the words in the context of the Contract as a whole, the function and authority of the Quantity Surveyor is confined to measuring and quantifying.

Evidence

Clauses 38.4.5 and 39.5.5 require the Contractor to submit evidence and computations to the Architect or the Quantity Surveyor.

Contractor's default over completion

Clauses 38.4.7, 38.4.8, 39.5.7 and 39.5.8 were new to the 1980 Form. The effect is that if the printed text of clause 25 is unamended and if the Architect has properly operated clause 25, the Contractor will not be entitled to fluctuation payments for increases which occur after the Completion Date as extended.[99]

"Wage fixing body"

Note that a new definition of this term was inserted by Amendment 4 issued in July 1987 (clauses 38.6.4 and 39.7.4).

Clause 39.1.1.3.   "... *which have been promulgated at the Base Date* ..."
The Contractor cannot claim an increase in respect of a wage award which becomes effective during the course of carrying out the Works but which had been promulgated at the Base Date. The Base Date is defined in the Appendix by insertion.

Clause 39.1.1.4.   "... *any incentive scheme* ..."
This sub-clause provides for the terms of incentive schemes or productivity agreements included in the rules of wage fixing bodies to be taken into account. This takes account of the decision in *Sindall (William) v. N.W. Thames Regional Health Authority*.[1] The House of Lords there held that the increase in cost in operating a bonus scheme, based upon wage rates, where that scheme was voluntarily entered into by the Contractors was not an increase recoverable under the equivalent clause in the 1963 Form.

Clauses 39.1.5 and 39.1.6.   Fluctuations are allowable for transport charges and fares.

---

[99] Thus avoiding the effect of *Peak Construction v. McKinney Foundations* (1970) 1 B.L.R. 114 at p. 125 (C.A.).
[1] [1977] I.C.R. 294 (H.L.).

Clause 40—Fluctuations

Clause 40: Price Adjustment Formulae

Derivation. This clause, with other provisions elsewhere in the 1980 Form, substantially reproduces clause 31F of the 1963 Form introduced in March 1975. Those concerned with the detailed application of the clause should refer to the Formula Rules, which are published separately and not printed in this Book.

Clause 40.5. This gives the Quantity Surveyor a carefully limited authority to agree variations of formula with the Contractor.

Clause 40.7. This deals with the position where the Contractor is in delay: see commentary to clauses 38.4.7, 38.4.8, 39.5.7 and 39.5.8.

PART 4: SETTLEMENT OF DISPUTES—ARBITRATION

41·1 When the Employer or the Contractor require a dispute or difference as referred to in Article 5 including:
  any matter or thing left by this Contract to the discretion of the Architect/the Contract Administrator, or
  the withholding by the Architect/the Contract Administrator of any certificate to which the Contractor may claim to be entitled, or
  the adjustment of the Contract Sum under clause 30·6·2, or
  the rights and liabilities of the parties under clauses 27, 28, 32 or 33, or
  unreasonable withholding of consent or agreement by the Employer or the Architect/the Contract Administrator on his behalf or by the Contractor
to be referred to arbitration then either the Employer or the Contractor shall give written notice to the other to such effect and such dispute or difference shall be referred to the arbitration and final decision of a person to be agreed between the parties as the Arbitrator, or, upon failure so to agree within 14 days after the date of the aforesaid written notice, of a person to be appointed as the Arbitrator on the request of either the Employer or the Contractor by the person named in the Appendix.

41·2 ·1 Provided that if the dispute or difference to be referred to arbitration under this Contract raises issues which are substantially the same as or connected with issues raised in a related dispute between:
  the Employer and Nominated Sub-Contractor under Agreement NSC/2 or NSC/2a as applicable, or
  the Contractor and any Nominated Sub-Contractor under Sub-contract NSC/4 or NSC/4a as applicable, or
  the Contractor and/or the Employer and any Nominated Supplier whose contract of sale with the Contractor provides for the matters referred to in clause 36·4·8·2,
and if the related dispute has already been referred for determination to an Arbitrator, the Employer and the Contractor hereby agree

that the dispute or difference under this Contract shall be referred to the Arbitrator appointed to determine the related dispute;

that the JCT Arbitration Rules applicable to the related dispute shall apply to the dispute under this Contract;

that such Arbitrator shall have power to make such directions and all necessary awards in the same way as if the procedure of the High Court as to joining one or more defendants or joining co-defendants or third parties was available to the parties and to him; and

that the agreement and consent referred to in clause 41.6 on appeals or applications to the High Court on any question of law shall apply to any question of law arising out of the awards of such arbitrator in respect of all related disputes referred to him or arising in the course of the reference of all the related disputes referred to him;

41.2 .2 save that the Employer or the Contractor may require the dispute or difference under this Contract to be referred to a different Arbitrator (to be appointed under this Contract) if either of them reasonably considers that the Arbitrator appointed to determine the related dispute is not appropriately qualified to determine the dispute or difference under this Contract.

.3 Clauses 41.2.1 and 42.2.2 shall apply unless in the Appendix the words "clauses 41.2.1 and 41.2.2 apply" have been deleted.

41.3 Such reference, except

.1 on article 3 or article 4; or

.2 on the questions

whether or not the issue of an instruction is empowered by the Conditions; or

whether or not a certificate has been improperly withheld; or

whether a certificate is not in accordance with the Conditions; or

whether a determination under clause 22C.4.3.1 will be just and equitable; or

.3 on any dispute or difference under clause 4.1 in regard to a reasonable objection by the Contractor, under clause 8.4, under clause 8.5, under clause 18.1 or under clause 23.3.2 in regard to withholding of consent by the Contractor, and under clauses 25, 32 and 33,

shall not be opened until after Practical Completion or alleged Practical Completion of the Works or termination or alleged termination of the Contractor's employment under this Contract or abandonment of the Works, unless with the written consent of the Employer or the Architect/the Contract Administrator on his behalf and the Contractor.

41.4 Subject to the provisions of clauses 4.2, 30.9, 38.4.3, 39.5.3 and 40.5 the Arbitrator shall, without prejudice to the generality of his powers, have power to rectify the contract so that it accurately reflects the true agreement made by the Employer and the Contractor, to direct such measurements and/or valuations as may in his opinion be desirable in order to determine the rights of the parties and to ascertain and award any sum which ought to have been the subject of or included in any certificate and to open up, review and revise any certificate, opinion, decision (except, where clause 8.4 is relevant, a

Clause 41—Arbitration

decision of the Architect/the Contract Administrator to issue instructions pursuant to clause 8·4·1), requirement or notice and to determine all matters in dispute which shall be submitted to him in the same manner as if no such certificate, opinion, decision, requirement or notice had been given.

41·5 Subject to clause 41·6 the award of such Arbitrator shall be final and binding on the parties.

41·6 The parties hereby agree and consent pursuant to Section 1(3)(a) and 2(1)(b) of the Arbitration Act, 1979, that either party

- ·1 may appeal to the High Court on any question of law arising out of an award made in an arbitration under this Arbitration Agreement; and
- ·2 may apply to the High Court to determine any question of law arising in the course of the reference;

and the parties agree that the High Court should have jurisdiction to determine any such question of law.

41·7 Whatever the nationality, residence or domicile of the Employer, the Contractor, any sub-contractor or supplier or the Arbitrator, and wherever the Works or any part thereof are situated, the law of England shall be the proper law of this Contract and in particular (but not so as to derogate from the generality of the foregoing) the provisions of the Arbitration Acts 1950 (notwithstanding anything in S.34 thereof) to 1979 shall apply to any arbitration under this Contract wherever the same, or any part of it, shall be conducted. [y·2]

41·8 If before making his final award the Arbitrator dies or otherwise ceases to act as the Arbitrator, the Employer and the Contractor shall forthwith appoint a further Arbitrator, or, upon failure so to appoint within 14 days of any such death or cessation, then either the Employer or the Contractor may request the person named in the Appendix to appoint such further Arbitrator. Provided that no such further Arbitrator shall be entitled to disregard any direction of the previous Arbitrator or to vary or revise any award of the previous Arbitrator except to the extent that the previous Arbitrator had power so to do under the JCT Arbitration Rules and/or with the agreement of the parties and/or by the operation of law.

41·9 The arbitration shall be conducted in accordance with the "JCT Arbitration Rules" current at the Base Date. [y·3] Provided that if any amendments to the

---

[y·2] Where the parties do not wish the proper law of the Contract to be the law of England appropriate amendments to clause 41·7 should be made. Where the Works are situated in Scotland then the forms issued by the Scottish Building Contract Committee which contain Scots proper law and arbitration provisions are the appropriate documents. It should be noted that the provisions of the Arbitration Acts 1950 to 1979 do not extend to Scotland.

[y·3] The JCT Arbitration Rules contain stricter time limits than those prescribed by

Rules so current have been issued by the Joint Contracts Tribunal after the Base Date the Employer and the Contractor may, by a joint notice in writing to the Arbitrator, state that they wish the arbitration to be conducted in accordance with the JCT Arbitration Rules as so amended.

Clause 41 (and Article 5): Arbitration

Derivation. In the original version of the 1980 Form, arbitration was dealt with exclusively by Article 5. This, in turn, substantially reproduced clause 35 of the 1963 Form with the significant addition that provision was made for multipartite arbitration.

However, by Amendment 4 issued in July 1987 the scheme was changed again. A new Part 4 of the Contract for settlement of disputes was introduced which set out in clause 41 the details of the arbitration procedures. Article 5 was, however, retained. Article 5, as amended, now briefly states that the method of settling disputes is to be by arbitration. The detailed provisions are transferred to clause 41. Article 5 and clause 41 are therefore dealt with together in this commentary.

The arbitration provisions have, in addition, been amended as to matters of detail by Amendment 2 issued in November 1986, Amendment 4 issued in July 1987, Amendment 5 issued in January 1988 and Amendment 6 issued in July 1988. These amendments are referred to below as appropriate.

Scope of arbitration provisions: the general law. In order to determine the jurisdiction of the Arbitrator one must consider the terms of the arbitration clause and the contract of which it forms a part. However, there are certain general principles which apply to arbitration clauses including this one.

In summary,[2] an arbitrator cannot make a binding award as to the initial existence of the Contract.[3] He cannot decide whether the contract was void *ab initio* for illegality[4] or some other reason, *e.g.* that the parties had never entered into a contract at all. He cannot make a binding decision as to the existence of facts said to found his jurisdiction.[5] An arbitrator may rule, however, on the continued existence of the contract because normally the arbitration clause survives the termination of the contract.[6] He therefore

---

some arbitration rules or those frequently observed in practice. The parties should note that a failure by a party or the agent of a party to comply with the time limits incorporated in these Rules may have adverse consequences.

[2] For arbitration generally, see Chapter 16 and especially "Jurisdiction of the arbitrator" on p. 426.
[3] *Duke of Buccleuch v. Metropolitan Board of Works* (1870) L.R. 5 Exch. 221 at p. 222.
[4] *Heyman v. Darwins Ltd* [1942] A.C. 356; *cf. Harbour Assurance v. Kansa Ltd* [1993] Q.B. 701 (C.A.).
[5] See *Smith v. Martin* [1925] 1 K.B. 745 (C.A.). Building Contract provided that arbitration should not take place until after completion of the works. Held that the parties were not bound by the decision of the arbitrator that the works were completed (see also Clause 41.3 discussed below).
[6] *Heyman v. Darwins Ltd* [1942] A.C. 356.

generally has power to decide whether the contract has been repudiated,[7] whether the contract has been frustrated,[8] and whether one party is entitled to avoid the Contract on grounds of misrepresentation.[9]

Scope of Article 5. The key words are "any dispute or difference as to the construction of this contract or any matter or thing of whatsoever nature arising thereunder or in connection therewith". These words were considered by the Court of Appeal in *Ashville Investments v. Elmer Contractors*.[10]

Article 5. *". . . as to the construction of this Contract . . ."*

This establishes that any dispute concerning the interpretation of the contract terms and documents is to be referred to arbitration.[11]

Article 5. *". . . any matter . . . arising thereunder . . ."*

This provides for the reference to arbitration of all contractual claims arising under the Contract as executed. It does not cover claims in tort.[12]

Article 5. *". . . any matter . . . in connection therewith . . ."*

These words are very wide. They cover misrepresentation and negligent misstatement. The Court of Appeal held that these were in connection with the contract because they were said to have induced it. Thus a dispute between the parties based upon an allegation of mistake at the time they entered into the contract, and upon allegations of misrepresentation or negligent misstatement were within the scope of the clause.[13] Nothing in the clause precludes the Arbitrator from granting rectification[14] or awarding damages if such allegations are made out.

Article 5. *". . . after the determination of the employment of the Contractor . . ."*

These words were inserted by Amendment 4 issued in July 1987. Since, in any event, the arbitration provision survives the termination of the Contract, they appear to be unnecessary.

Article 5. *". . . except . . . VAT Agreement . . ."*

As an exception to the very wide jurisdiction explained above, these matters are excluded.

---

[7] *ibid.*
[8] *ibid.*; see also *Kruse v. Questier & Co.* [1953] 1 Q.B. 669; *Government of Gibraltar v. Kenney* [1956] 2 Q.B. 410.
[9] See *Ashville Investments v. Elmer Contractors* [1989] 1 Q.B. 488 (C.A.), discussed below.
[10] [1989] 1 Q.B. 488 (C.A.).
[11] See *ibid.* at p. 508.
[12] *ibid.* at p. 508.
[13] Distinguishing *Printing Machinery v. Linotype & Machinery* [1912] 1 Ch. 566; *Monro v. Bognor U.D.C.* [1915] 3 K.B. 167; *Crane v. Hegemann Harris Co. Inc.* [1939] 4 All E.R. 68; and not following dicta of Purchas L.J. in relation to I.C.E. Conditions in *Blue Circle Industries v. Holland Dredging Co.* (1987) 37 B.L.R. 40 (C.A.).
[14] See also Clause 41.4.

Employer challenging architect. The Employer, as well as the Contractor, can ask the Arbitrator to review the Architect's decisions.[15]

Does the court have the arbitrator's powers? This important and difficult question arises from the Court of Appeal decision in *Northern Regional Health Authority v. Derek Crouch*,[16] and is discussed under the heading "Crouch" on p. 429. On the authority of that case, subject to certain qualifications the Court did not have power to "open up, review and revise any certificate, opinion, decision . . ." of the Architect under the 1980 Form. Under section 100 of the Courts and Legal Service Act 1990, the court does have the arbitrator's powers, but only where the parties agree.

Stay of court proceedings. Where one party has commenced proceedings in court, if the other party wishes to arbitrate he can usually insist on arbitration by taking the appropriate steps to obtain a stay of the court proceedings. There are however exceptions.[17]

Clause 41.1. The matters listed are substantially the same as those listed in clause 35 of the 1963 Form. They are, in any event, only examples of the very wide jurisdiction discussed above.

The clarification of the requirement for written notice to commence the arbitration was inserted by Amendment 6 issued in July 1988. For the degree of formality required of a notice for the purposes of clause 30.9, see clause 30.9 and its commentary.

Clause 41.2. This substantially reproduces Articles 5.1.4 to 5.1.6 of the original version of the 1980 Form which introduced provisions for multipartite arbitrations.[18]

Amendments. By Amendment 4 issued in July 1987 it was provided that the agreement of the parties to the jurisdiction of the High Court over questions of law (under clause 41.6) extended to multipartite arbitrations. By Amendment 6 issued in July 1988 it was provided that the JCT Arbitration Rules (as to which, see below) applicable to the related dispute should apply to the Main Contract dispute.

---

[15] *Modern Engineering (Bristol) v. Gilbert-Ash (Northern)* [1974] AC 689 at 709 (H.L.).
[16] [1984] Q.B. 644 (C.A.).
[17] See s. 4 of the Arbitration Act 1950 and see generally "The right to insist on arbitration" on p. 438.
[18] For some assistance, see *Higgs & Hill Building v. Campbell Denis* (1982) 28 B.L.R. 47; *Multi Construction (Southern) Ltd v. Stent Foundations Ltd* (1988) 41 B.L.R. 98 (decisions on the not dissimilar Clause 24 of the "Green Form"); and *Hyundai Engineering v. Active Building* (1988) 45 B.L.R. 62 (decision on clause in Form similar to Clause 24).

Clause 41—Arbitration

Scheme of sub-clause. In addition to a dispute between the Employer and the Contractor, there may be a related dispute between either of them and a Nominated Sub-Contractor or Nominated Supplier. Agreement NSC/W and Sub-Contract NSC/A incorporating Condition NSC/C contain equivalent joinder provisions. All potential parties to multipartite arbitrations will thus have agreed in advance to the procedure and it is thought that this nexus of agreement would be regarded as effective in principle to overcome the difficulties discussed on p. 443 between the parties referred to. These difficulties remain if it is sought to involve other parties. In multipartite arbitration the Arbitrator's powers of controlling the proceedings are particularly important.[19]

Clause 41.2.1. "*... dispute or difference ...*"

It would appear that this will be held to mean a difference on a specific item or at least those grouped under a specific heading so that the Courts would not regard a very long unrelated list of complaints as falling within the phrase.[20]

Clause 41.2.1. "*... issues which are substantially the same as or connected with ...*"

These words are wide. In view of the meaning given to the phrase "in connection therewith" in *Ashville Investments v. Elmer Contractors*,[21] it seems that similar considerations to those by which the Court determines under R.S.C., Order 16, rule 1 whether Third Party proceedings are appropriate should apply to determine whether there is a sufficient connection between the disputes for there to be multipartite arbitration proceedings.

Clause 41.2.1. "*... if the related dispute has already been referred for determination ...*"

The scheme is that multipartite disputes are referred to the Arbitrator appointed to determine whichever of the related disputes is first referred to arbitration.

Clauses 41.2.2 and 41.2.3. These provide that the parties may exclude the joinder provisions altogether and that either the Employer or the Contractor may require a dispute between them to be referred to a different Arbitrator if he considers that the Arbitrator appointed is not appropriately qualified.

Clause 41.3. The embargo on arbitration prior to Practical Completion is important, but note the exceptions. These include the issue and amount of Interim Certificates and extensions of time under clause 25. With care a great

---

[19] See p. 443.
[20] See *Hyundai Engineering v. Active Building* (1988) 45 B.L.R. 62.
[21] [1989] Q.B. 488 (C.A.) discussed on p. 427.

range of matters may be brought within these exceptions. This is very important from the point of view of the Contractor in view of the decision of the Court of Appeal in *Lubenham v. South Pembrokeshire D.C.*[22]

The range of excepted matters has been still further extended by Amendments to include

(a) whether a determination under clause 22C.4.3.1 will be just and equitable (41.3.2 added by Amendment 2 issued in November 1986);
(b) the Contractor's obligation under clauses 4.1 and 8.4 (Amendment 5 issued in January 1988);
(c) the reasonableness of the Contractor in withholding consent under clauses 18.1 and 23.3.2 (Amendment 2).

Clause 41.4. *"... have power to rectify..."*

This express power was inserted by Amendment 6 issued in July 1988. The Arbitrator probably had such power in any event.[23]

Clause 41.4. *"... to direct such measurements and/or valuations..."*

When he so directs, the Arbitrator is not acting as an arbitrator. But when the time comes to determine the rights of the parties arising from such measurements, he must act in a proper arbitral fashion and in accordance with the rules of natural justice.[24]

Clause 41.4. *"... to open up, review and revise any certificate, opinion..."*

For general discussion of these words, see "Does the court have the arbitrator's powers?" on p. 672. Note that they give the Arbitrator power to open up, review or revise assessments made by the Quantity Surveyor under clause 26.1.[25]

Clause 41.4. *"... except ... pursuant to clause 8.4.1..."*

These words were inserted by Amendment 5 issued in January 1988. The intention, it seems, is that the decision of the Architect under clause 8.4 that work is non-conforming is open to review, but that his discretion to order removal of such work under clause 8.4.1, as opposed to deploying his alternative remedies, is not reviewable.

Clause 41.4. *"... requirement or notice..."*

Insofar as the Conditions require the Contractor to take specified steps before the Architect is obliged to issue a certificate, form an opinion or make a decision, the Arbitrator cannot waive these requirements.[26]

---

[22] (1986) 33 B.L.R. 39, discussed on p. 669 in relation to determination under Clause 28 and on p. 684 in relation to recovery without a certificate under Clause 30.
[23] *Ashville Investments Ltd v. Elmer Contractors Ltd* [1989] 1 Q.B. 488 (C.A.); see also "Arbitrators" on p. 290 and the intriguing question raised at footnote 79 under "Crouch" on p. 431.
[24] *Town & City Properties v. Wiltshier* (1988) 44 B.L.R. 109.
[25] *Moody v. Ellis* (1983) 26 B.L.R. 39 (C.A.).
[26] *London Borough of Merton v. Leach* (1985) 32 B.L.R. 51 at p. 113—Issue 15.

Clause 41—Arbitration

Clause 41.6. This clause, by which the parties agree that the High Court shall have jurisdiction on questions of law under the Arbitration Act 1979, was inserted by Amendment 4 issued in July 1987.[27] The effect is that a party seeking, *e.g.* to challenge an award on a point of law does not need the leave of the court. Such leave is generally difficult to obtain, so that the Amendment greatly increses the opportunity to have access to the court on matters being arbitrated.

Clause 41.8. This clause, providing for the procedure in the event of the death of the Arbitrator before making his final award, was inserted by Amendment 6 issued in July 1988.

Clause 41.9. This new clause, inserted by Amendment 6 issued in July 1988, provides that the arbitration shall be conducted in accordance with the "JCT Arbitration Rules" current at the Base Date. These Rules are published separately and not reprinted in this book. They were operational as from 18th July 1988.[28] Unless the parties otherwise consent, whatever the scope of the dispute, the Arbitrator is required to adopt an adversarial rather than inquisitorial procedure allowing each party to present its case in accordance with the rules of natural justice.[29]

Clause 42—Performance Specified Work

By Amendment 12 issued in July 1993, a new Part 5: Clause 42 was introduced dealing with "Performance Specified Work" and consequential amendments were made throughout the Form.

Clause 42.1 defines Performance Specified Work as work to be provided by the Contractor which is identified in the Appendix and for which certain requirements are shown on the Contract Drawings. The performance required by the Employer for such work must be stated in the Contract Bills.

Before carrying out Performance Specified Work, the Contractor must provide the Architect with a "Contractor's Statement", in accordance with which he must carry out the Performance Specified Work (clause 42.2). The contents and timing of the Contractor's Statement are defined by clauses 42.3 and 42.4. The Architect may give notice to the Contractor requiring him to amend his Statement or to correct deficiencies in it (clauses 42.5 and 42.6). However, whether or not the Architect gives such a notice, the Contractor remains responsible for any deficiency in the Statement and for the Performance Specified Work.

Clauses 42.7 to 42.15 deal with various procedural and consequential

---

[27] For consideration of the Arbitration Act 1979, see generally Chapter 16 and in particular "Control by the Court" on p. 451.
[28] For a discussion, see "The JCT Arbitration Rules in Practice" by I. Ndekugri and P. Hughes (1992) 8 Const.L.J. 118.
[29] *Town & City Properties v. Wiltshier* (1988) 44 B.L.R. 109.

matters relating to Performance Specified Work: provisional sums (clauses 42.7 and 42.8); preparation of Contract Bills (clauses 42.9 and 42.10); variation in Performance Specified Work (clauses 42.11 and 42.12); analysis (clause 42.13); integration of Performance Specified Work (clause 42.14); Contractor's notice of "injurious affection" (clause 42.15).

Clause 42.16 provides that the Contractor is not to receive an extension of time nor loss and expense where the progress of the Works is delayed by his delay in providing or amending the Contractor's Statement.

Clause 42.17 defines the Contractors' obligation for Performance Specified Work. He is to exercise reasonable skill and care in providing Performance Specified Work, provided that this is not to affect his obligations under the Contract is respect of the supply of workmanship, material or goods, and nothing is to operate as a guarantee of fitness for purpose of Performance Specified Work.

Clause 42.18 excludes nomination for Performance Specified Work.

In essence, it appears that the design, fitness for purpose and performance requirements of Performance Specified Work remain with the Architect/Employer, but the new procedure enables the Architect to enlist the Contractor's expertise in securing the required performance and to agree very precisely how that is to be achieved.

Code of Practice: referred to in clause 8·4·4

1 This is the Code of Practice referred to in clause 8·4·4. The purpose of the Code is to help in the fair and reasonable operation of the requirements of clause 8·4·4.

2 The Architect/the Contract Administrator and the Contractor should endeavour to agree the amount and method of opening up or testing but in any case in issuing his instructions pursuant to clause 8·4·4 the Architect/the Contract Administrator is required to consider the following criteria:

   ·1 the need in the event of non-compliance to demonstrate at no cost to the Employer either that it is unique and not likely to occur in similar elements of the Works or alternatively the extent of any similar non-compliance in the Works already constructed or still to be constructed;

   ·2 the need to discover whether any non-compliance in a primary structural element is a failure of workmanship and/or materials such that rigorous testing of similar elements must take place; or where the non-compliance is in a less significant element whether it is such as is to be statistically expected and can be simply repaired; or whether the non-compliance indicates an inherent weakness such as can only be found by selective testing the extent of which must depend upon the importance of any detail concerned;

   ·3 the significance of the non-compliance having regard to the nature of the work in which it has occurred;

Code of Practice

- .4 the consequence of any similar non-compliance on the safety of the building, its effect on users, adjoining property, the public, and compliance with any Statutory Requirements;
- .5 the level and standard of supervision and control of the Works by the Contractor;
- .6 the relevant records of the Contractor and where relevant of any sub-contractor resulting from the supervision and control referred to in paragraph 2·5 above or otherwise;
- .7 any Codes of Practice or similar advice issued by a responsible body which are applicable to the non-complying work, materials or goods;
- .8 any failure by the Contractor to carry out, or to secure the carrying out of any tests specified in the Contract Documents or in an instruction of the Architect/the Contract Administrator;
- .9 the reason for the non-compliance when this has been established;
- .10 any technical advice that the Contractor has obtained in respect of the non-complying work, materials or goods;
- .11 current recognised testing procedures;
- .12 the practicability of progressive testing in establishing whether any similar non-compliance is reasonably likely;
- .13 if alternative testing methods are available, the time required for and the consequential costs of such alternative testing methods;
- .14 any proposals of the Contractor;
- .15 any other relevant matters.

Appendix

	Clause etc.	
Statutory tax deduction scheme—Finance (No. 2) Act 1975	Fourth recital and 31	Employer at Base Date *is a "contractor"/is not a "contractor" for the purposes of the Act and the Regulations *(Delete as applicable)
Base Date	1·3	
Date for Completion	1·3	
VAT Agreement	15·2	Clause 1A of the VAT Agreement *applies/does not apply [k·1] *(Delete as applicable)

[k·1] Clause 1A can only apply where the Contractor is satisfied at the date the Contract is entered into that his output tax on all supplies to the Employer under the Contract will be at either a positive or a zero rate of tax.
On and from 1 April 1989 the supply in respect of a building designed for a "relevant residential purpose" or for a "relevant charitable purpose" (as defined in the legislation which gives statutory effect to the VAT changes operative from 1 April 1989) is only zero rated if the person to whom the supply is made has given to the Contractor a certificate in statutory form: see the VAT leaflet 708 revised 1989. Where a contract supply is zero rated by certificate only the person holding the

The JCT Standard Form of Building Contract

Defects Liability Period (if none other stated is 6 months from the day named in the Certificate of Practical Completion of the Works)	17·2	_____
Assignment by Employer of benefits after Practical Completion	19·1·2	Clause 19·1·2* applies/does not apply *(Delete as applicable)
Insurance cover for any one occurrence or series of occurrences arising out of one event	21·1·1	£ _____
Insurance—liability of Employer	21·2·1	Insurance *may be required/is not required Amount of indemnity for any one occurrence or series of occurrences arising out of one event £ _____ [y·1] *(Delete as applicable)
Insurance of the Works—alternative clauses	22·1	*Clause 22A/Clause 22B/Clause 22C applies (See Footnote [m] to Clause 22) *(Delete as applicable)
Percentage to cover professional fees	*22A 22B·1 22C·2 *(Delete as applicable)	_____
Annual renewal date of insurance as supplied by Contractor	22A·3·1	_____
Insurance for Employer's loss of liquidated damages—clause 25·4·3	22D	Insurance *may be required/is not required *(Delete as applicable)
	22D·2	Period of time _____
Date of Possession	23·1	_____
Deferment of the Date of Possession	23·1·2 25·4·13 26·1	Clause 23·1·2 *applies/does not apply Period of deferment if it is to be less than 6 weeks is _____ *(Delete as applicable)

certificate (usually the Contractor) may zero rate his supply.
This footnote repeats footnote [k·1] for clause 15·2.
[y·1] If the indemnity is to be for an aggregate amount and not for any one occurrence or series of occurrences the entry should make this clear.

Appendix

Liquidated and ascertained damages	24·2	at the rate of
		£ _____ per _____
Period of delay: [z·1]	28·1·3	
Period of delay: [z·2]	28A·1·1	
	28A·1·3	_____
Period of delay: [z·3]	28A·1·2	_____
Period of Interim Certificates (if none stated is one month)	30·1·3	_____
Retention Percentage (if less than 5 per cent) [aa]	30·4·1·1	_____
Work reserved for Nominated Sub-Contractors for which the Contractor desires to tender	35·2	_____
Fluctuations:	37	Clause 38 [cc]
(if alternative required is not shown clause 38 shall apply)		Clause 39
		Clause 40
Percentage addition	38·7 or 39·8	_____
Formula Rules	40·1·1·1	
	rule 3	Base Month
		_____ 19 _____
	rule 3	Non-Adjustable Element
		_____ (not to exceed 10%)
	rules 10 and 30(i)	Part I/Part II [dd] of Section 2 of the Formula Rules is to apply
Settlement of disputes—Arbitration—appointer (if no appointer is selected the appointer shall be the President or a Vice-President, Royal Institute of British Architects)	41·1	President or a Vice-President: *Royal Institute of British Architects *Royal Institution of Chartered Surveyors *Chartered Institute of Arbitrators *(Delete as applicable)
Settlement of disputes—Arbitration	41·2	Clauses 41·2·1 and 41·2·2 apply (See clause 41·2·3)

Appendix

Liquidated and ascertained damages. For the significance of inserting

---

[z] It is suggested that the periods should be:
   z·1 one month;
   z·2 two months;
   z·3 three months.
[aa] The percentage will be 5 per cent unless a lower rate is specified here.
[bb] Not used.
[cc] Delete alternatives not used.
[dd] Strike out according to which method of formula adjustment (Part I—Work

The JCT Standard Form of Building Contract

"nil" in the Appendix, see *Temloc v. Errill Properties Ltd*[30] discussed above on p. 632 in relation to Clause 24. For liquidated damages generally, see p. 240.

SUPPLEMENTAL PROVISIONS
(the VAT Agreement)

The following are the supplemental provisions (the VAT Agreement) referred to in clause 15·1 of the Conditions:

1   The Employer shall pay to the Contractor in the manner hereinafter set out any tax properly chargeable by the Commissioners on the Contractor on the supply to the Employer of any goods and services by the Contractor under this Contract. Supplies of goods and services under this Contract are supplies under a contract providing for periodical payment for such supplies within the meaning of Regulation 21(1) of the Value Added Tax (General) Regulations 1972 or any amendment or re-enactment thereof.

1A·1   Where it is stated in the Appendix pursuant to clause 15·2 of the Conditions that Clause 1A of this Agreement applies clauses 1·1 to 1·2·2 inclusive hereof shall not apply unless and until any notice issued under clause 1A·4 hereof becomes effective or unless the Contractor fails to give the written notice required under clause 1A·2. Where Clause 1A applies clauses 1 and 1·3 to 8 of this Agreement remain in full force and effect.

1A·2   Not later than 7 days before the date for the issue of the first interim Certificate the Contractor shall give written notice to the Employer, with a copy to the Architect/the Contract Administrator, of the rate of tax chargeable on the supply of goods and services for which Interim Certificate and the Final Certificate are to be issued. If the rate of tax so notified is varied under statute the Contractor shall, not later than 7 days after the date when such varied rate comes into effect, send to the Employer, with a copy to the Architect/the Contract Administrator, the necessary amendment to the rate given in his written notice and that notice shall then take effect as so amended.

1A·3   For the purpose of complying with the VAT Agreement for the recovery by the Contractor, as stated in clause 15·2 of the Conditions, from the Employer of tax properly chargeable by the Commissioners on the Contractor, an amount calculated at the rate given in the aforesaid written notice (or, where relevant, amended written notice) shall be shown on each Interim Certificate issued by the Architect/the Contract Administrator and, unless the procedure set out in clause 1·3 hereof shall have been completed, on the Final Certificate issued by

---

Category Method or Part II—Work Group Method) has been stated in the documents issued to tenderers.

[30] (1987) 39 B.L.R. 30 (C.A.); *cp. Baese Pty Ltd v. R.A. Bracken* (1989) 52 B.L.R. 130 (Supreme Court of New South Wales).

The VAT Agreement

the Architect/the Contract Administrator. Such amount shall be paid by the Employer to the Contractor or by the Contractor to the Employer as the case may be within the period for payment of certificates set out in clause 30·1·1·1 (Interim Certificates) or clause 30·8 (Final Certificate) as applicable.

1A·4 Either the Employer or the Contractor may give written notice to the other, with a copy to the Architect/the Contract Administrator, stating that with effect from the date of the notice clause 1A shall no longer apply. From that date the provisions of clauses 1·1 to 1·2·2 inclusive hereof shall apply in place of clause 1A hereof.

1·1 Unless clause 1A applies the Contractor shall not later than the date for the issue of each Interim Certificate and, unless the procedure set out in clause 1·3 of this Agreement shall have been completed, for the issue of the Final Certificate give to the Employer a written provisional assessment of the respective values (less any Retention Percentage applicable thereto) of those supplies of goods and services for which the Certificate is being issued and which will be chargeable, at the relevant time of supply under Regulation 21(1)(a) of the Value Added Tax (General) Regulations 1972 on the Contractor at

·1 a zero rate of tax (Category (i)) and
·2 any rate or rates of tax other than zero (Category (ii)).

The Contractor shall also specify the rate or rates of tax which are chargeable on those supplies included in Category (ii), and shall state the grounds on which he considers such supplies are so chargeable.

1·2 ·1 Upon receipt of such written provisional assessment the Employer, unless he has reasonable grounds for objection to that assessment, shall calculate the amount of tax due by applying the rate or rates of tax specified by the Contractor to the amount of the assessed value of those supplies included in Category (ii) of such assessment, and remit the calculated amount of such tax, together with the amount of the Certificate issued by the Architect/the Contract Administrator, to the Contractor within the period for payment of certificates set out in clause 30·1·1·1 of the Conditions.

·2 If the Employer has reasonable grounds for objection to the provisional assessment he shall within 3 working days of receipt of that assessment so notify the Contractor in writing setting out those grounds. The Contractor shall within 3 working days of receipt of the written notification of the Employer reply in writing to the Employer either that he withdraws the assessment in which case the Employer is released from his obligation under clause 1·2·1 of this Agreement or that he confirms the assessment. If the Contractor so confirms then the Contractor may treat any amount received from the Employer in respect of the value which the Contractor has stated to be chargeable on him at a rate or rates of tax other than zero as being inclusive of tax and issue an authenticated receipt under clause 1·4 of this Agreement.

The JCT Standard Form of Building Contract

1·3 ·1 Where clause 1A is operated clause 1·3 only applies if no amount of tax pursuant to clause 1A·3 has been shown on the Final Certificate issued by the Architect/the Contract Administrator. After the issue of the Certificate of Completion of Making Good Defects under clause 17·4 of the Conditions the Contractor shall as soon as he can finally so ascertain prepare a written final statement of the respective values of all supplies of goods and services for which certificates have been or will be issued which are chargeable on the Contractor at

·1·1   a zero rate (Category (i)) and
·1·2   any rate or rates of tax other than zero (Category (ii))
and shall issue such final statement to the Employer.

The Contractor shall also specify the rate or rates of tax which are chargeable on the value of those supplies included in Category (ii) and shall state the grounds on which he considers such supplies are so chargeable.

The Contractor shall also state the total amount of tax already received by the Contractor for which a receipt or receipts under clause 1·4 of this Agreement have been issued.

·2 The statement under clause 1·3·1 of this Agreement may be issued either before or after the issue of the Final Certificate under clause 30·8 of the Conditions.

·3 Upon receipt of the written final statement the Employer shall, subject to clause 3 of this Agreement, calculate the final amount of tax due by applying the rate or rates of tax specified by the Contractor to the value of those supplies included in Category (ii) of the statement and deducting therefrom the total amount of tax already received by the Contractor specified in the statement, and shall pay the balance of such tax to the Contractor within 28 days from receipt of the statement.

·4 If the Employer finds that the total amount of tax specified in the final statement as already paid by him exceeds the amount of tax calculated under clause 1·3·3 of this Agreement the Employer shall so notify the Contractor who shall refund such excess to the Employer within 28 days of receipt of the notification, together with a receipt under clause 1·4 of this Agreement showing the correction of the amounts for which a receipt or receipts have previously been issued by the Contractor.

1·4 Upon receipt of any amount paid under certificates of the Architect/the Contract Administrator and any tax properly paid under the provisions of clause 1 or clause 1A of this Agreement the Contractor shall issue to the Employer a receipt of the kind referred to in Regulation 21(2) of the Value Added Tax (General) Regulations 1972 containing the particulars required under Regulation 9(1) of the aforesaid Regulations or any amendment or re-enactment thereof to be contained in a tax invoice.

2·1 If, when the Employer is obliged to make payment under clause 1·2 or 1·3 of this Agreement he is empowered under clause 24 of the Conditions to deduct any sum calculated at the rate stated in the Appendix as liquidated and ascertained damages from sums due or to become due to the Contractor under this Contract he shall disregard any such deduction in calculating the tax

The VAT Agreement

due on the value of goods and services supplied to which he is obliged to add tax under clause 1·2 or 1·3 of this Agreement.

2·2 The Contractor when ascertaining the respective values of any supplies of goods and services for which certificates have been or will be issued under the Conditions in order to prepare the final statement referred to in clause 1·3 of this Agreement shall disregard when stating such values any deduction by the Employer of any sum calculated at the rate stated in the Appendix as liquidated and ascertained damages under clause 24 of the Conditions.

3·1 If the Employer disagrees with the final statement issued by the Contractor under clause 1·3 of this Agreement he may but before any payment or refund becomes due under clause 1·3·3 or 1·3·4 of this Agreement request the Contractor to obtain the decision of the Commissioners on the tax properly chargeable on the Contractor for all supplies of goods and services under this Contract and the Contractor shall forthwith request the Commissioners for such decision. If the Employer disagrees with such decision then, provided the Employer indemnifies and at the option of the Contractor secures the Contractor against all costs and other expenses, the Contractor shall in accordance with the instructions of the Employer make all such appeals against the decision of the Commissioners as the Employer shall request. The Contractor shall account for any costs awarded in his favour in any appeals to which clause 3 of this Agreement applies.

3·2 Where, before any appeal from the decision of the Commissioners can proceed, the full amount of the tax alleged to be chargeable on the Contractor on the supply of goods and services under the Conditions must be paid or accounted for by the Contractor, the Employer shall pay to the Contractor the full amount of tax needed to comply with any such obligation.

3·3 Within 28 days of the final adjudication of an appeal (or of the date of the decision of the Commissioners if the Employer does not request the Contractor to refer such decision to appeal) the Employer or the Contractor, as the case may be, shall pay or refund to the other in accordance with such final adjudication any tax underpaid or overpaid, as the case may be, under the provisions of this Agreement and the provisions of clause 1·3·4 of this Agreement shall apply in regard to the provision of authenticated receipts.

4 Upon receipt by the Contractor from the Employer or by the Employer from the Contractor, as the case may be, of any payment under clause 1·3·3 or 1·3·4 of this Agreement or where clause 1A of this Agreement is operated of any payment of the amount of tax shown upon the Final Certificate issued by the Architect/the Contract Administrator or upon final adjudication of any appeal made in accordance with the provisions of clause 3 of this Agreement and any resultant payment or refund under clause 3·3 of this Agreement, the Employer shall be discharged from any further liability to pay tax to the Contractor in accordance with the VAT Agreement. Provided always that if after the date of discharge under clause 4 of this Agreement the Commissioners decide to correct the tax due from the Contractor on the supply to the Employer of any goods and services by the Contractor under this Contract the amount of any such correction shall be an additional payment by the Employer to the Contractor or by the Contractor to the Employer, as the case may be. The provisions of clause 3 of this Agreement in regard to disagreement with any decision of the Commissioners shall apply to any decision referred to in this proviso.

5   If any dispute or difference is referred to an Arbitrator appointed under article 5 or to a court then insofar as any payment awarded in such arbitration or court proceedings varies the amount certified for payment for goods or services supplied by the Contractor to the Employer under this Contract or is an amount which ought to have been so certified but was not so certified then the provisions of this Agreement shall so far as relevant and applicable apply to any such payments.

6   The provisions of article 5 shall not apply to any matters to be dealt with under clause 3 of this Agreement.

7   Notwithstanding any provisions to the contrary elsewhere in the Conditions the Employer shall not be obliged to make any further payment to the Contractor under the Conditions if the Contractor is in default in providing the receipt referred to in clause 1·4 of this Agreement. Provided that clause 7 of this Agreement shall only apply where:

·1   the Employer can show that he requires such receipt to validate any claim for credit for tax paid or payable under this Agreement which the Employer is entitled to make to the Commissioners, and
·2   the Employer has
paid tax in accordance with the provisional assessment of the Contractor under clause 1 of this Agreement unless he has sustained a reasonable objection under clause 1·2 of this Agreement; or
paid tax in accordance with clause 1A of this Agreement.

8   Where clause 27·4 of the Conditions becomes operative there shall be added to the amount allowable or payable to the Employer in addition to the amounts certified by the Architect/the Contract Administrator any additional tax that the Employer has had to pay by reason of determination under clause 27 of the Conditions as compared with the tax the Employer would have paid if the determination had not occurred.

Supplemental Provisions (the Vat Agreement)

These Supplemental provisions are substantially the same as the Supplemental VAT Agreement in the 1963 Form.

Nature of VAT.   VAT is a tax introduced by the Finance Act 1972, as amended and extended by subsequent legislation, and in Orders and Regulations made under the Act. It is a substantial subject and it is not appropriate to deal with it as such here. Reference should be made to the relevant statutes, Orders and Regulations and textbooks thereon, and assistance can be gained from the literature issued by the Commissioners of Customs and Excise who are charged with the management of the tax. The tax is chargeable on the supply of all goods and services unless there is a specific provision to the contrary in the VAT legislation. Relief from VAT arises either by zero rating or because a person supplying exempt goods or services does not have to charge his customers' output tax.

Reason for Supplemental Provisions. The Joint Contracts Tribunal decided, when VAT was introduced, that the Contract Sum should be exclusive of the tax. Hence there are these Supplemental Provisions to provide for the payment of whatever tax is payable by the Employer to the Contractor and for dealing with difficulties which may arise.

Zero rating. For a full consideration, reference should be made to Schedule 5 Group 8 of the VAT Act 1983 as amended. As from 1st April 1989 the majority of work supplied by Contractors under this Form will be chargeable on the Contractor at the standard rate of tax. The supply of such services is zero rated if it is made in the course of construction of a building designed as one or more dwellings or intended for use solely for relevant residential purposes (*e.g.* an Old People's Home) or for a relevant charitable purpose. However, a person does not supply services in the course of the construction of the building if he carries out the conversion, reconstruction, alteration or enlargement of an existing building or constructs an extension or annex to an existing building, so that domestic alterations are chargeable on the Contractor at the standard rate of tax. Certain alteration works carried out to listed buildings are zero rated.

Supplemental Provisions. If tax is chargeable it has to be charged upon each Interim Payment. Therefore the provisions allow for a provisional assessment and a final statement (Clause 1). Liquidated damages are disregarded (clause 2). Provision is made in clause 3 for the Employer to challenge the tax claimed by the Contractor. Effectively he has to indemnify and pay for the litigation to be carried out in the name of the Contractor. The other clauses are ancillary. If there are problems with the Provisions it would be prudent to consult Practice Note No. 6.

Amendment. The VAT Provisions were amended by Amendment 8 issued in April 1989.

Since the scope of zero rating is now very limited, it will be possible in a great number of building contracts for the Contractor to be aware at the outset of the Contract that all supplies thereunder will be standard rated. Therefore there will be a very considerable reduction in the need, as required hitherto, for each supply to be analysed by the Contractor into what proportion of that supply is chargeable on him at the standard rate and what proportion is chargeable on him at the zero rate.

A new clause 1A was therefore inserted into the Supplemental Provisions by Amendment 8. This provides an alternative system which is for use where the Appendix so states pursuant to an additional sentence in clause 15.2. Where clause 1A is operated, each Interim Certificate and the Final Certificate must have shown thereon an amount calculated at the rate of tax notified by the Contractor. In this way the Employer, where clause 1A applies, will receive Certificates which show the VAT exclusive amount as certified by the Architect and the amount of VAT chargeable. He thus pays one total sum and avoids the problem of the Contractor having to provide the Employer, once he is aware of the amount of the Certificate, with a provisional assessment of the value upon which VAT is due and the Employer having himself to calculate the amount of VAT. There are certain consequential amendments throughout the Supplemental Provisions.

Amendment 10
Issued July 1992

1: Clause 35   Nominated Sub-Contractors

Delete clauses 35·3 to 35·9 inclusive and insert:
PROCEDURE FOR NOMINATION OF A SUB-CONTRACTOR

35·3   The nomination of a sub-contractor to which clause 35·1 applies shall be effected in accordance with clauses 35·4 to 35·9 inclusive.

35·4   The following documents relating to Nominated Sub-Contractors are issued by the Joint Contracts Tribunal for the Standard Form of Building Contract and are referred to in the Conditions and in those documents either by the use of the name or of the identification term:

Name of document	Identification term
The Standard Form of Nominated Sub-Contract Tender 1991 Edition which comprises:	NSC/T
Part 1: The Architect's Invitation to Tender to a Sub-Contractor	– Part 1
Part 2: Tender by a Sub-Contractor	– Part 2
Part 3: Particular Conditions (to be agreed by a Contractor and a Sub-Contractor nominated under clause 35·6)	– Part 3
The Standard Form of Articles of Nominated Sub-Contract Agreement between a Contractor and a Nominated Sub-Contrctor, 1991 Edition	Agreement NSC/A
The Standard Conditions of Nominated Sub-Contract, 1991 Edition, incorporated by reference into Agreement NSC/A	Conditions NSC/C

Amendment 10

The Standard Form of Employer/Nominated Sub-Contractor Agreement, 1991 Edition	Agreement NSC/W
The Standard Form of Nomination Instruction for a Sub-Contractor	Nomination NSC/N

35·5 ·1 No person against whom the Contractor makes a reasonable objection shall be a Nominated Sub-Contractor. The Contractor shall make such reasonable objection in writing at the earliest practicable moment but in any case not later than 7 working days from receipt of the instruction of the Architect under clause 35·6 nominating the sub-contractor.

·2 Where such reasonable objection is made the Architect may either issue further instructions to remove the objection so that the Contractor can then comply with clause 35·7 in respect of such nomination instruction or cancel such nomination instruction and issue an instruction either under clause 13·2 omitting the work which was the subject of that nomination instruction or under clause 35·6 nominating another sub-contractor therefor. A copy of any instruction issued under clause 35·5·2 shall be sent by the Architect to the sub-contractor.

35·6 The Architect shall issue an instruction to the Contractor on Nomination NSC/N nominating the sub-contractor which shall be accompanied by:

·1 NSC/T Part 1 (*Invitation to Tender*) completed by the Architect and NSC/T Part 2 (*Tender by a Sub-Contractor*) completed and signed by the sub-contractor and signed by or on behalf of the Employer as 'approved' together with a copy of the numbered tender documents listed in and enclosed with NSC/T Part 1 together with any additional documents and/or amendments thereto as have been approved by the Architect;

·2 a copy of the completed Agreement NSC/W (*Employer/Nominated Sub-Contractor Agreement*) entered into between the Employer and the sub-contractor; and

·3 confirmation of any alterations to the information given in NSC/T Part 1 (*Invitation to Tender*)
item 7: obligations or restrictions imposed by the Employer
item 8: order of Works: Employer's requirements
item 9: type and location of access

A copy of the instruction shall be sent by the Architect to the sub-contractor together with a copy of the completed Appendix for the Main Contract.

35·7 The Contractor shall forthwith upon receipt of such instruction:

·1 complete in agreement with the sub-contractor NSC/T Part 3 (*Particular Conditions*) and have that completed NSC/T Part 3 signed by or on behalf of the Contractor and by or on behalf of the sub-contractor; and

·2 execute Agreement NSC/A (*Articles of Nominated Sub-Contract Agreement*) with the sub-contractor

and thereupon shall send a copy of the completed Agreement NSC/A and of the agreed and signed NSC/T Part 3 (but **not** the other Annexures to Agreement NSC/A) to the Architect.

35·8 If the Contractor, having used his best endeavours, has not, within 10 working days from receipt of such instruction, complied with clause 35·7, the Contractor shall thereupon by a notice in writing inform the Architect
either
·1   of the date by which he expects to have complied with clause 35·7
or
·2   that the non-compliance is due to other matters identified in the Contractor's notice. [u·1]

35·9 Within a reasonable time after receipt of a notice under clause 35·8 the Architect shall:

·1   **where clause 35·8·1 applies,** after consultation with the Contractor and so far as he considers it reasonable, fix a later date by which the Contractor shall have complied with clause 35·7;

·2   **where clause 35·8·2 applies,** inform the Contractor in writing

either   that he does not consider that the matters identified in the notice justify non-compliance by the Contractor with such nomination instruction in which case the Contractor shall comply with clause 35·7 in respect of such nomination instruction

or   that he does consider that the matters identified in the notice justify non-compliance by the Contractor with such nomination instruction in which case the Architect shall either issue further instructions so that the Contractor can then comply with clause 35·7 in respect of such nomination instruction or cancel such nomination instruction and issue an instruction either under clause 13·2 omitting the work which was the subject of the nomination instruction or under clause 35·6 nominating another sub-contractor therefor. A copy of any instruction issued under clause 35·9·2 shall be sent by the Architect to the sub-contractor.

2:   Clause 35·24   Circumstances where re-nomination necessary

---

35·24·6·3   Lines 8 to 12 after 'relevant Sub-Contract' **insert** a full stop; **delete** from 'provided that where ...' to the end of the clause.

[u·1] The 'other matters identified in the Contractor's notice' may include: any discrepancy in or divergence between the numbered tender documents or a discrepancy in or divergence between the numbered tender documents and the documents referred to in clauses 2·3·1 to 2·3·4; and any reasons given to the Contractor by the sub-contractor for not agreeing the items in NSC/T Part 3 or for not being prepared to have NSC/T Part 3 signed by or on his behalf which may relate to: the items in the Main Contract Appendix sent to him by the Architect with a copy of the Nomination Instruction differing from those in the Main Contract Appendix attached to the Architect's Invitation to tender (NSC/T Part 1); or to any information given to him in items 7, 8 and 9 of the Architect's Invitation to Tender having been changed as confirmed by the Architect when issuing his Nomination Instruction (see clause 35·6·3), which changes have to be identified in NSC/T Part 3.

Amendment 10

Correction
35·18·1·1   Line 4 **delete** 'in accordance with clause 35·24·4'.

Local Authorities versions only

In this Amendment 10 the term 'the Architect' wherever appearing is deemed to have been deleted and the term 'the Architect/the Contract Administrator' is deemed to have been substituted.

Amendments consequential on the amendments set out on pages 3 to 5: and corrections

Articles of Agreement	**delete**	in footnote [a] '35·13·5·4·4'
	insert	'35·13·5·3·4'
1·3	**insert**	after 'Joint Names Policy' a **new definition**: 'Nominated Sub-Contract an Agreement NSC/A (*Articles of Nominated Sub-Contract Agreement*), the Conditions NSC/C (*Conditions of Nominated Sub-Contract*) incorporated therein and the documents annexed thereto'
	delete	entry 'Nominated Sub-Contract Documents'
	delete	the meaning of 'Numbered Documents'
	insert	'the Numbered Documents annexed to Agreement NSC/A (*Articles of Nominated Sub-Contract Agreement*)
	delete	'Sub-Contract' and its meaning
13·3·2	**delete**	'Sub-Contract'
	insert	'Nominated Sub-Contract'
13·4·1·2	**delete**	in lines 7 and 8 'Sub-Contract NSC/4 or NSC/4a as applicable'
	insert	'Conditions NSC/C (*Conditions of Nominated Sub-Contract*)'
22·3·1	**delete**	in line 16 '14·2 of the Sub-Contract NSC/4 or NSC/4a'
	insert	'2·11 of the Conditions NSC/C (*Conditions of Nominated Sub-Contract*)'
26·4·1	**delete**	in line 2 '13·1 of Sub-Contract NSC/4 or NSC/4a as applicable'; in line 8 '13·1 of Sub-Contract NSC/4 or NSC/4a'
	insert	'4·38·1 of Sub-Contract Conditions NSC/C (*Conditions of Nominated Sub-Contract*)'
26·4·2	**delete**	in line 5 'clause 11·2·5·5·1'
	insert	'clause 2·6·5·1'
	delete	from '11·2·5·5·2' in line 6 to the end
	insert	'2·6·5·2, 2·6·6, 2·6·8, 2·6·12 and 2·6·15 of Conditions NSC/C (*Conditions of Nominated Sub-Contract*)'

The JCT Standard Form of Building Contract

30·2·1·4	**delete**	in lines 1 and 2 '21·4·1 of Sub-Contract NSC/4 or NSC/4a as applicable'
	insert	'4·17·1 of Conditions NSC/C (*Conditions of Nominated Sub-Contract*)'
30·2·2·5	**delete**	in lines 1 and 2 '21·4·2 of Sub-Contract NSC/4 or NSC/4a as applicable'
	insert	'4·17·2 of Conditions NSC/C (*Conditions of Nominated Sub-Contract*)'
30·2·3·2	**delete**	in lines 1 and 2 '21·4·3 of Sub-Contract NSC/4 or NSC/4a as applicable'
	insert	'4·17·3 of Conditions NSC/C (*Conditions of Nominated Sub-Contract*)'
30·4·1·2	**delete**	in second inset '21·4·1 of Sub-Contract NSC/4 or NSC/4a as applicable'
	insert	'4·17·1 of Conditions NSC/C (*Conditions of Nominated Sub-Contract*)'
30·6·2·6	**delete**	in line 3 'Sub-Contract NSC/4 or NSC/4a as applicable'
	insert	'Conditions NSC/C (*Conditions of Nominated Sub-Contract*)'
30·7	**delete**	in last line 'Sub-Contract NSC/4 or NSC/4a as applicable'
	insert	'Conditions NSC/C (*Conditions of Nominated Sub-Contract*)'
35·10 to 35·12	**delete**	text of each clause and
	insert	'[Number not used]'
35·13·1·1	**delete**	in lines 4 and 5 'Sub-Contract NSC/4 or NSC/4a as applicable'
	insert	'Conditions NSC/C (*Conditions of Nominated Sub-Contract*)'
35·13·2	**delete**	in line 2 'Sub-Contract NSC/4 or NSC/4a as applicable'
	insert	'Conditions NSC/C (*Conditions of Nominated Sub-Contract*)'
35·13·5	**delete**	clause 35·13·5·1
	re-number	clauses 35·13·5·2, 35·13·5·3 and 35·13·5·4 as 35·13·5·1, 35·13·5·2 and 35·13·5·3;
		in re-numbered clause 35·13·5·2 amend clause references to read '35·13·5·1' and '35·13·5·3';
		in re-numbered clause 35·13·5·3 amend clause reference to read '35·13·5·2';
		in re-numbered clause 35·13·5·3·1 amend clause reference to read '35·13·5·2';
		in re-numbered clause 35·13·5·3·2 amend clause reference to read '35·13·5·2';

Amendment 10

		in re-numbered clause 35·13·5·3·4 amend clause reference (twice) to read '35·13·5·2'
		in footnote [v] amend clause reference to read '35·13·5·3·4'
35·13·6	**delete**	in lines 1 and 2 '2·2 of Agreement NSC/2 or clause 1·2 of Agreement NSC/2a'
	insert	'2·2 of Agreement NSC/W (*Employer/Nominated Sub-Contractor Agreement*)'
	insert	in line 2 after 'before the' the words 'date of the'
35·14·1	**delete**	in line 4 'Sub-Contract NSC/4 or NSC/4a as applicable'
	insert	'Conditions NSC/C (*Conditions of Nominated Sub-Contract*)'
35·14·2	**delete**	in lines 1 and 2 'Sub-Contract NSC/4 or NSC/4a as applicable'
	insert	'Conditions NSC/C (*Conditions of Nominated Sub-Contract*)'
	delete	in line 5 '11·2·2 of Sub-Contract NSC/4 or NSC/4a as applicable'
	insert	'2·3 of Conditions NSC/C (*Conditions of Nominated Sub-Contract*)'
35·17	**delete**	in lines 1 and 2 'Where the Agreement ... unamended'
	insert	'Provided clause 5 of Agreement NSC/W (*Employer/Nominated Sub-Contractor Agreement*) remains in force unamended'
	delete	in line 7 'Sub-Contract NSC/4 or NSC/4a as applicable'
	insert	'Conditions NSC/C (*Conditions of Nominated Sub-Contract*)'
35·18·1·2	**delete**	in line 2 'NSC/2 and NSC/2a as applicable'
	insert	'NSC/W (*Employer/Nominated Sub-Contractor Agreement*)'
35·20	**delete**	in line 3 'NSC/2 or NSC/2a as applicable'
	insert	'NSC/W (*Employer/Nominated Sub-Contractor Agreement*)'
35·21	**delete**	in heading 'clause 2 ... NSC/2a'
	insert	'clause 2·1 of Agreement NSC/W'
	delete	in line 2 'clause 2 of ... NSC/2a'
	insert	'clause 2·1 of Agreement NSC/W (*Employer/Nominated Sub-Contractor Agreement*)'
35·22	**delete**	in line 2 '2·3 of Sub-Contract NSC/4 or NSC/4a as applicable'
	insert	'1·7 of Conditions NSC/C (*Conditions of Nominated Sub-Contract*)'

35·23	delete	heading and text and
	insert	'[Number not used]'
35·24·1	delete	in line 3 'clause 29·1·1 ... or NSC/4a as applicable'
	insert	'clauses 7·1·1 to 7·1·4 of Conditions NSC/C (*Conditions of Nominated Sub-Contract*)'
35·24·3	delete	'clause 30 of Sub-Contract NSC/4 or NSC/4a as applicable'
	insert	'clause 7·6 of Conditions NSC/C (*Conditions of Nominated Sub-Contract*)'
35·24·4	delete	in line 2 '29·3 of Sub-Contract NSC/4 or NSC/4a as applicable'
	insert	'7·3 of Conditions NSC/C (*Conditions of Nominated Sub-Contract*)'
35·24·6·1	delete	in lines 2 and 3 and lines 5 and 6 '29·1 of Sub-Contract NSC/4 or NSC/4a as applicable'
	insert	'7·1 of Conditions NSC/C (*Conditions of Nominated Sub-Contract*)'
35·24·6·2	delete	in line 4 '29·1 of Sub-Contract NSC/4 or NSC/4a as applicable'
	insert	'7·1 of Conditions NSC/C (*Conditions of Nominated Sub-Contract*)'
35·26	delete	in lines 1 and 2 'clause 29 of Sub-Contract NSC/4 or NSC/4a as applicable'
	insert	'clauses 7·1 to 7·5 of Conditions NSC/C (*Conditions of Nominated Sub-Contract*)'
	delete	in last line '29·4 of that Sub-Contract'
	insert	'7·4 of those Conditions'
41·2·1	delete	in first inset 'NSC/2 or NSC/2a as applicable'
	insert	'NSC/W (*Employer/Nominated Sub-Contractor Agreement*)'
	delete	in second inset 'Sub-Contract NSC/4 or NSC/4a as applicable'
	insert	'a Nominated Sub-Contract'

Corrections

35·13·3	delete	in line 3 'of the discharge referred to in clause 35·13·2.'
	insert	'of discharge by the Contractor pursuant to clause 35·13·2.'
35·16	delete	in line 3 'for the purposes of clauses 35·16 to 35·19 or clause 18'
	delete	in line 5 the full stop
	insert	'; where clause 18 applies practical completion of works executed by a Nominated Sub-Contractor in a relevant part shall be deemed

Amendment 10

to have occurred on the relevant date to which clause 18·1 refers and the Architect shall send to the Nominated Sub-Contractor a copy of the written statement which he has issued pursuant to clause 18·1.'

35·19·1	delete	in line 3 'Works, materials, or goods'
	insert	'sub-contract works'
35·21	delete	in line 5 'work'
	insert	'workmanship'

(*Note: this is a correction to the amendment made to clause 35·21 in Amendment 9*)

Amendment 11
Issued November 1992

1: Clause 21·1·1·2   Contractor's insurance – personal injury or death – injury or damage to property

---

21·1·1·2   **Delete** the second sentence and **insert**:

"For all other claims to which clause 21·1·1·1 applies the insurance cover:
— shall indemnify the Employer in like manner to the Contractor but only to the extent that the Contractor may be liable to indemnify the Employer under the terms of this Contract; and
— shall be not less than the sum stated in the Appendix [*I·1*] for any one occurrence or series of occurrences arising out of one event."

Delete the text of Footnote [*I·1*] and **insert**:

[*I·1*] The Contractor may, if he so wishes, insure for a sum greater than that stated in the Appendix.

2: Clause 27   Determination by Employer

Delete the text and **insert** the following text:

27   Determination by Employer

27·1   Any notice or further notice to which clauses 27·2·1, 27·2·2, 27·2·3 and 27·3·4* refer shall be in writing and given by actual delivery, or by registered post or by recorded delivery. If sent by registered post or recorded delivery the notice or further notice shall, subject to proof to the contrary, be deemed to have been received 48 hours after the date of posting (excluding Saturday and Sunday and public holidays).

27·2   ·1   If, before the date of Practical Completion, the Contractor shall make a default in any one or more of the following respects:

---

* "27·3·3" was corrected to "27·3·4" by a Correction issued September 1992.

- .1 without reasonable cause he wholly or substantially suspends the carrying out of the Works; or
- .2 he fails to proceed regularly and diligently with the Works; or
- .3 he refuses or neglects to comply with a written notice or instruction from the Architect requiring him to remove any work, materials or goods not in accordance with this Contract and by such refusal or neglect the Works are materially affected; or
- .4 he fails to comply with the provisions of clause 19·1·1 or clause 19·2·2, the Architect may give to the Contractor a notice specifying the default or defaults (the "specified default or defaults").

·2 If the Contractor continues a specified default for 14 days from receipt of the notice under clause 27·2·1 then the Employer may on, or within 10 days from, the expiry of that 14 days by a further notice to the Contractor determine the employment of the Contractor under this Contract. Such determination shall take effect on the date of receipt of such further notice.

·3 If

the Contractor ends the specified default or defaults, or

the Employer does not give the further notice referred to in clause 27·2·2 and the Contractor repeats a specified default (whether previously repeated or not) then, upon or within a reasonable time after such repetition, the Employer may by notice to the Contractor determine the employment of the Contractor under this Contract. Such determination shall take effect on the date of receipt of such notice.

·4 A notice of determination under clause 27·2·2 or clause 27·2·3 shall not be given unreasonably or vexatiously.

27·3
- ·1 If the Contractor

makes a composition or arrangement with his creditors, or becomes bankrupt, or being a company,

makes a proposal for a voluntary arrangement for a composition of debts or scheme of arrangement to be approved in accordance with the Companies Act 1985 or the Insolvency Act 1986 as the case may be or any amendment or re-enactment thereof, or

has a provisional liquidator appointed, or

has a winding-up order made, or

passes a resolution for voluntary winding-up (except for the purposes of amalgamation or reconstruction), or

under the Insolvency Act 1986 or any amendment or re-enactment thereof has an administrator or an administrative receiver appointed

then:

- ·2 the Contractor shall immediately inform the Employer in writing if he has made a composition or arrangement with his creditors, or being a company, has made a proposal for a voluntary arrangement for a composition of debts or scheme of arrangement to be approved in accordance with the Companies Act 1985 or the Insolvency Act 1986 as the case may be or any amendment or re-enactment thereof;
- ·3 where a provisional liquidator or trustee in bankruptcy is appointed or a winding-up order is made or the Contractor passes a resolution for voluntary winding-up (except for the purposes of amalgamation or reconstruction) the employment of the Contractor under this Contract

Amendment 11

shall be forthwith automatically determined but the said employment may be reinstated if the Employer and the Contractor [*p·1*] shall so agree;

·4 where clause 27·3·3 does not apply the Employer may at any time, unless an agreement to which clause 27·5·2·1 refers has been made, by notice to the Contractor determine the employment of the Contractor under this Contract and such determination shall take effect on the date of receipt of such notice.

27·4 The Employer shall be entitled to determine the employment of the Contractor under this or any other contract, if the Contractor shall have offered or given or agreed to give to any person any gift or consideration of any kind as an inducement or reward for doing or forbearing to do or for having done or forborne to do any action in relation to the obtaining or execution of this or any other contract with the Employer, or for showing or forbearing to show favour or disfavour to any person in relation to this or any other contract with the Employer, or if the like acts shall have been done by any person employed by the Contractor or acting on his behalf (whether with or without the knowledge of the Contractor), or if in relation to this or any other contract with the Employer the Contractor or any person employed by him or acting on his behalf shall have committed an offence under the Prevention of Corruption Acts 1889 to 1916. [or, where the Employer is a local authority, shall have given any fee or reward the receipt of which is an offence under sub-section (2) of Section 117 of the Local Government Act 1972 or any amendment or re-enactment thereof].

27·5 Clauses 27·5·1 to 27·5·4 are only applicable where clause 27·3·4 applies.

·1 From the date when, under clause 27·3·4, the Employer could first give notice to determine the employment of the Contractor, the Employer, subject to clause 27·5·3, shall not be bound by any provisions of this Contract to make any further payment thereunder and the Contractor shall not be bound to continue to carry out and complete the Works in compliance with clause 2·1.

·2 Clause 27·5·1 shall apply until
either ·1 the Employer makes an agreement (a "27·5·2·1 agreement") with the Contractor on the continuation or novation or conditional novation of this Contract, in which case this Contract shall be subject to the terms set out in the 27·5·2·1 agreement
or ·2 the Employer determines the employment of the Contractor under this Contract in accordance with clause 27·3·4, in which case the provisions of clause 27·6 or clause 27·7 shall apply.

·3 Notwithstanding clause 27·5·1, in the period before either a 27·5·2·1 agreement is made or the Employer under clause 27·3·4 determines the employment of the Contractor, the Employer and the Contractor may make an interim arrangement for work to be carried out. Subject to clause

---

[*p·1*] See the Guidance Notes: after certain insolvency events an Insolvency Practitioner acts for the Contractor.

27·5·4 any right of set-off which the Employer may have shall not be exercisable in respect of any payment due from the Employer to the Contractor under such interim arrangement.

·4 From the date when, under clause 27·3·4, the Employer may first determine the employment of the Contractor (but subject to any agreement made pursuant to clause 27·5·2·1 or arrangement made pursuant to clause 27·5·3) the Employer may take reasonable measures to ensure that Site Materials, the site and the Works are adequately protected and that Site Materials are retained in, on the site of, or adjacent to the Works as the case may be. The Contractor shall allow and shall in no way hinder or delay the taking of the aforesaid measures. The Employer may deduct the reasonable cost of taking such measures from any monies due or to become due to the Contractor under this Contract (including any amount due under an agreement to which clause 27·5·2·1, or under an interim arrangement to which clause 27·5·3, refers) or may recover the same from the Contractor as a debt.

27·6 In the event of the determination of the employment of the Contractor under clause 27·2·2, 27·3·3, 27·3·4, or 27·4 and so long as that employment has not been reinstated then:

·1 the Employer may employ and pay other persons to carry out and complete the Works and to make good defects of the kind referred to in clause 17 and he or they may enter upon the site and the Works and use all temporary buildings, plant, tools, equipment and Site Materials, and may purchase all materials and goods necessary for the carrying out and completion of the Works and for the making good of defects as aforesaid; provided that where the aforesaid temporary buildings, plant, tools, equipment and Site Materials are not owned by the Contractor the consent of the owner thereof to such use is obtained by the Employer;

·2·1 except where an insolvency event listed in clause 27·3·1 has occurred the Contractor shall if so required by the Employer or by the Architect on behalf of the Employer within 14 days of the date of determination, assign to the Employer without payment the benefit of any agreement for the supply of materials or goods and/or the execution of any work for the purposes of this Contract to the extent that the same is assignable;

·2·2 unless the exception to the operation of clause 27·6·2·1 set out in clause 27·6·2·1 applies, the Employer may pay any supplier or sub-contractor for any materials or goods delivered or works executed for the purposes of this Contract before the date of determination in so far as the price thereof has not already been discharged by the Contractor. The Employer's rights under clause 27·6·2·2 are in addition to his obligations to pay Nominated Sub-Contractors direct pursuant to clause 35·13·5. Payments made under clause 27·6·2·2 may be deducted from any sum due or to become due to the Contractor or may be recoverable from the Contractor by the Employer as a debt;

·3 the Contractor shall, when required in writing by the Architect so to do (but not before) remove from the Works any temporary buildings, plant, tools, equipment, goods and materials belonging to him and the Contractor shall have removed by their owner any temporary buildings, plant, tools,

Amendment 11

equipment, goods and materials not owned by him. If within a reasonable time after such requirement has been made the Contractor has not complied therewith in respect of temporary buildings, plant, tools, equipment, goods and materials belonging to him, then the Employer may (but without being responsible for any loss or damage) remove and sell any such property of the Contractor, holding the proceeds less all costs incurred to the credit of the Contractor.

·4·1 Subject to clauses 27·5·3 and 27·6·4·2 the provisions of this Contract which require any further payment or any release or further release of Retention to the Contractor shall not apply; provided that clause 27·6·4·1 shall not be construed so as to prevent the enforcement by the Contractor of any rights under this Contract in respect of amounts properly due to be discharged by the Employer to the Contractor which the Employer has unreasonably not discharged and which, where clause 27·3·4 applies, have accrued 28 days or more before the date when under clause 27·3·4 the Employer could first give notice to determine the employment of the Contractor or, where clause 27·3·4 does not apply, which have accrued 28 days or more before the date of determination of the employment of the Contractor.

·4·2 Upon the completion of the Works and the making good of defects as referred to in clause 27·6·1 (but subject where relevant, to the exercise of the right under clause 17·2 and/or clause 17·3 of the Architect, with the consent of the Employer, not to require defects of the kind referred to in clause 17 to be made good) then within a reasonable time thereafter an account in respect of the matters referred to in clause 27·6·5 shall be set out in a statement either prepared by the Employer or in a certificate issued by the Architect.

·5·1 The amount of expenses properly incurred by the Employer including those incurred pursuant to clause 27·6·1 and of any direct loss and/or damage caused to the Employer as a result of the determination;

·5·2 the amount of any payment made or otherwise discharged in favour of the Contractor;

·5·3 the total amount which would have been payable for the Works in accordance with this Contract.

·6 If the sum of the amounts stated under clauses 27·6·5·1 and 27·6·5·2 exceeds or is less than the amount stated under clause 27·6·5·3 the difference shall be a debt payable by the Contractor to the Employer or by the Employer to the Contractor as the case may be.

27·7 ·1 If the Employer decides after the determination of the employment of the Contractor not to have the Works carried out and completed, he shall so notify the Contractor in writing within 6 months from the date of such determination. Within a reasonable time from the date of such written notification the Employer shall send to the Contractor a statement of account setting out:

·1·1 the total value of work properly executed at the date of determination of the employment of the Contractor, such value to be ascertained in accordance with the Conditions as if the employment of the Contractor had not been determined together with any amounts due to the Contractor under the Conditions not included in such total value;

·1·2 the amount of any expenses properly incurred by the Employer and of any direct loss and/or damage caused to the Employer as a result of the determination.

After taking into account amounts previously paid to or otherwise discharged in favour of the Contractor under this Contract, if the amount stated under clause 27·7·1·2 exceeds or is less than the amount stated under clause 27·7·1·1 the difference shall be a debt payable by the Contractor to the Employer or by the Employer to the Contractor as the case may be.

·2 If after the expiry of the 6 month period referred to in clause 27·7·1 the Employer has not begun to operate the provisions of clause 27·6·1 and has not given a written notification pursuant to clause 27·7·1 the Contractor may require by notice in writing to the Employer that he states whether clauses 27·6·1 to 27·6·6 are to apply and, if not to apply, require that a statement of account pursuant to clause 27·7·1 be prepared by the Employer for submission to the Contractor.

27·8 The provisions of clauses 27·2 to 27·7 are without prejudice to any other rights and remedies which the Employer may possess.

3: **Clause 28 Determination by Contractor**

Delete the text and **insert** the following text:

28 Determination by Contractor

28·1 Any notice or further notice to which clauses 28·2·1, 28·2·2, 28·2·3, 28·2·4 and 28·3 refer shall be in writing and given by actual delivery or by registered post or by recorded delivery. If sent by registered post or recorded delivery the notice or further notice shall, subject to proof to the contrary, be deemed to have been received 48 hours after the date of posting (excluding Saturday and Sunday and public holidays).

28·2 ·1 If the Employer shall make default in any one or more of the following respects:
 ·1·1 does not discharge in accordance with this Contract the amount properly due to the Contractor in respect of any certificate and/or any VAT due on that amount pursuant to the VAT Agreement; or
 ·1·2 interferes with or obstructs the issue of any certificate due under this Contract; or
 ·1·3 fails to comply with the provisions of clause 19·1·1
 the Contractor may give to the Employer a notice specifying the default or defaults (the "specified default or defaults").
 ·2 If, before the date of Practical Completion, the carrying out of the whole or substantially the whole of the uncompleted Works is suspended for the continuous period of the length stated in the Appendix by reason of one or more of the following events:

Amendment 11

- .2.1 the Contractor not having received in due time necessary instructions, drawings, details or levels from the Architect for which he specifically applied in writing provided that such application was made on a date which having regard to the Completion Date was neither unreasonably distant from nor unreasonably close to the date on which it was necessary for him to receive the same; or
- .2.2 Architect's instructions issued under clause 2·3, 13·2 or 23·2 unless caused by reason of some negligence or default of the Contractor, his servants or agents or of any person employed or engaged upon or in connection with the Works or any part thereof, his servants or agents other than a Nominated Sub-Contractor the Employer or any person employed or engaged by the Employer; or
- .2.3 delay in the execution of work not forming part of this Contract by the Employer himself or by persons employed or otherwise engaged by the Employer as referred to in clause 29 or the failure to execute such work or delay in the supply by the Employer of materials and goods which the Employer has agreed to supply for the Works or the failure so to supply; or
- .2.4 failure of the Employer to give in due time ingress to or egress from the site of the Works or any part thereof through or over any land, buildings, way or passage adjoining or connected with the site and in the possession and control of the Employer, in accordance with the relevant Contract documents after receipt by the Architect of such notice, if any, as the Contractor is required to give, or failure of the Employer to give such ingress or egress as otherwise agreed between the Architect and the Contractor.

the Contractor may give to the Employer a notice specifying the event or events ("the specified suspension event or events").

- .3 If
  — the Employer continues a specified default, or
  — a specified suspension event is continued

  for 14 days from receipt of the notice under clause 28·2·1 or clause 28·2·2 then the Contractor may on, or within 10 days from, the expiry of that 14 days by a further notice to the Employer determine the employment of the Contractor under this Contract. Such determination shall take effect on the date of receipt of such further notice.

- .4 If
  — the Employer ends the specified default or defaults or
  — the specified suspension event or events cease or
  — the Contractor does not give the further notice referred to in clause 28·2·3

  and
  — the Employer repeats (whether previously repeated or not) a specified default or
  — a specified suspension event is repeated for whatever period (whether previously repeated or not), whereby the regular progress of the Works is or is likely to be materially affected

  then, upon or within a reasonable time after such repetition, the Contract-

The JCT Standard Form of Building Contract

or may by notice to the Employer determine the employment of the Contractor under this Contract. Such determination shall take effect on the date of receipt of such notice.

·5   A notice of determination under clause 28·2·3 or clause 28·2·4 shall not be given unreasonably or vexatiously.

28·3   ·1   If the employer [p·2]

makes a composition or arrangement with his creditors, or becomes bankrupt or being a company,

makes a proposal for a voluntary arrangement for a composition of debts or scheme of arrangement to be approved in accordance with the Companies Act 1985 or the Insolvency Act 1986 as the case may be or any amendment or re-enactment thereof, or

has a provisional liquidator appointed, or

has a winding-up order made, or

passes a resolution for voluntary winding-up (except for the purposes of amalgamation or reconstruction), or

under the Insolvency Act 1986 or any amendment or re-enactment thereof has an administrator or an administrative receiver appointed

then

·2   the Employer shall immediately inform the Contractor in writing if he has made a composition or arrangement with his creditors, or, being a company, has made a proposal for a voluntary arrangement for a composition of debts or scheme of arrangement to be approved in accordance with the Companies Act 1985 or the Insolvency Act 1986 or any amendment or re-enactment thereof as the case may be;

·3   the Contractor may by notice to the Employer determine the employment of the Contractor under this Contract. Such determination shall take effect on the date of receipt of such notice. Provided that after the occurrence of any of the events set out in clause 28·3·1 and before the taking effect of any notice of determination of his employment issued by the Contractor pursuant to clause 28·3·3 the obligation of the Contractor to carry out and complete the Works in compliance with clause 2·1 shall be suspended.

28·4   In the event of the determination of the employment of the Contractor under clauses 28·2·3, 28·2·4 or 28·3·3 and so long as that employment has not been reinstated the provisions of clauses 28·4·1, 28·4·2 and 28·4·3 shall apply; such application shall be without prejudice to the accrued rights or remedies of either party or to any liability of the classes mentioned in clause 20 which may accrue either before the Contractor or any sub-contractors, their servants or agents or others employed on or engaged upon or in connection with the Works or any part thereof other than the Employer or any person employed or engaged by the Employer shall have removed his or their temporary buildings, plant, tools, equipment, goods or materials (including Site Materials) or by reason of his or their so removing the same. Subject to clauses 28·4·2 and 28·4·3 the provisions of this Contract which require any payment or release or further release of Retention to the Contractor shall not apply.

[*p·2*] See the Guidance Notes: after certain insolvency events an Insolvency Practitioner acts for the Employer.

Amendment 11

- .1 The Contractor shall with all reasonable dispatch and in such manner and with such precautions as will prevent injury, death or damage of the classes in respect of which before the date of determination he was liable to indemnify the Employer under clause 20 remove from the site all his temporary buildings, plant, tools, equipment, goods and materials (including Site Materials) and shall ensure that his sub-contractors do the same, but subject always to the provisions of clause 28·4·3·5.
- .2 Within 28 day of the determination of the employment of the Contractor the Employer shall pay to the Contractor the Retention deducted by the Employer prior to the determination of the employment of the Contractor but subject to any right of the Employer of deduction therefrom which has accrued before the date of determination of the Contractor's employment.
- .3 The Contractor shall with reasonable dispatch prepare an account setting out the sum of the amounts referred to in clauses 28·4·3·1 to 28·4·3·5 which shall include as relevant amounts in respect of all Nominated Sub-Contractors:
  - ·3·1 the total value of work properly executed at the date of determination of the employment of the Contractor, such value to be ascertained in accordance with the Conditions as if the employment of the Contractor had not been determined together with any amounts due to the Contractor under the Conditions not included in such total value; and
  - ·3·2 any sum ascertained in respect of direct loss and/or expense under clauses 26 and 34·3 (whether ascertained before or after the date of determination); and
  - ·3·3 the reasonable cost of removal pursuant to clause 28·4·1; and
  - ·3·4 any direct loss and/or damage caused to the Contractor by the determination; and
  - ·3·5 the cost of materials or goods (including Site Materials) properly ordered for the Works for which the Contractor shall have paid or for which the Contractor is legally bound to pay, and on such payment in full by the Employer such materials or goods shall become the property of the Employer.

  After taking into account amounts previously paid to or otherwise discharged in favour of the Contractor under this Contract the Employer shall pay to the Contractor the amount properly due in respect of this account within 28 days of its submission by the Contractor to the Employer but without any deduction of Retention.

28·5 The provisions of clauses 28·2 to 28·4 are without prejudice to any other rights and remedies which the Contractor may possess.

Note: See item 8 of this Amendment for the revised Appendix entry on clause 28.

4: Clause 28A   Determination by Employer or Contractor

Delete the text and **insert** the following text:

The JCT Standard Form of Building Contract

28A Determination by Employer or Contractor

28A·1 ·1 If, before the date of Practical Completion, the carrying out of the whole or substantially the whole of the uncompleted Works is suspended for the relevant continuous period of the length stated in the Appendix by reason of one or more of the following events:

·1·1 force majeure; or
·1·2 loss or damage to the Works occasioned by any one or more of the Specified Perils; or
·1·3 civil commotion; or
·1·4 Architect's instructions issued under clause 2·3, 13·2 or 23·2 which have been issued as a result of the negligence or default of any local authority or statutory undertaker executing work solely in pursuance of its statutory obligations; or
·1·5 hostilities involving the United Kingdom (whether war be declared or not); or
·1·6 terrorist activity

then the Employer or the Contractor may upon the expiry of the aforesaid relevant period of suspension give notice in writing to the other by actual delivery or by registered post or recorded delivery that unless the suspension is terminated within 7 days after the date of receipt of that notice the employment of the Contractor under this Contract will determine 7 days after the date of receipt of the aforesaid notice; and the employment of the Contractor shall so determine 7 days after receipt of such notice. If sent by registered post or recorded delivery the notice shall, subject to proof to the contrary, be deemed to have been received 48 hours after the date of posting (excluding Saturday and Sunday and public holidays).

·2 The Contractor shall not be entitled to give notice under clause 28A·1·1 in respect of the matter referred to in clause 28A·1·1·2 where the loss or damage to the Works occasioned by any one or more of the Specified Perils was caused by some negligence or default of the Contractor, his servants or agents or of any person employed or engaged upon or in connection with the Works or any part thereof, his servants or agents other than the Employer or any person employed or engaged by the Employer or by any local authority or statutory undertaker executing work solely in pursuance of its statutory obligations.

·3 A notice of determination under clause 28A·1·1 shall not be given unreasonably or vexatiously.

28A·2 Upon determination of the employment of the Contractor under clause 28A·1·1 the provisions of this Contract which require any further payment or any release or further release of Retention to the Contractor shall not apply; and the provisions of clauses 28A·3 to 28A·6 shall apply.

28A·3 The Contractor shall with all reasonable dispatch and in such manner and with such precautions as will prevent injury, death or damage of the classes in respect of which before the date of determination of his employment he was liable to indemnify the Employer under clause 20, remove from the site all his

Amendment 11

temporary buildings, plant, tools, equipment, goods and materials (including Site Materials) and shall ensure that his sub-contractors do the same, but subject always to the provisions of clause 28A·5·4.

28A·4 The Employer shall pay to the Contractor one half of the Retention deducted by the Employer prior to the determination of the employment of the Contractor within 28 days of the date of determination of the Contractor's employment and the other half as part of the account to which clause 28A·5 refers but subject to any right of deduction therefrom which has accrued before the date of such determination.

28A·5 The Contractor shall, not later than 2 months after the date of the determination of the Contractor's employment, provide the Employer with all documents (including those relating to Nominated Sub-Contractors and Nominated Suppliers) necessary for the preparation of the account to which this clause refers. Subject to due discharge by the Contractor of this obligation the Employer shall with reasonable dispatch prepare an account setting out the sum of the amounts referred to in clauses 28A·5·1 to 28A·5·4 and, if clause 28A·6 applies, clause 28A·5·5 which shall include as relevant amounts in respect of all Nominated Sub-Contractors:

- ·1 the total value of work properly executed at the date of determination of the employment of the Contractor, such value to be ascertained in accordance with the Conditions as if the employment of the Contractor had not been determined together with any amounts due to the Contractor under the Conditions not included in such total value; and
- ·2 any sum ascertained in respect of direct loss and/or expense under clauses 26 and 34·3 (whether ascertained before or after the date of determination); and
- ·3 the reasonable cost of removal under clause 28A·3; and
- ·4 the cost of materials or goods (including Site Materials) properly ordered for the Works for which the Contractor shall have paid or for which the Contractor is legally bound to pay, and on such payment in full by the Employer such materials or goods shall become the property of the Employer; and
- ·5 any direct loss and/or damage caused by the Contractor by the determination.

After taking into account amounts previously paid to or otherwise discharged in favour of the Contractor under this Contract the Employer shall pay to the Contractor the amount properly due in respect of this account within 28 days of its submission by the Employer to the Contractor but without deduction of any Retention.

28A·6 Where determination of the employment of the Contractor has occurred in respect of the matter referred to in clause 28A·1·1·2 and the loss or damage to the Works occasioned by any one or more of the Specified Perils was caused by some negligence or default of the Employer or of any person for whom the

Employer is responsible, then upon such determination of the employment of the Contractor the account prepared under clause 28A·5 shall include the amount, if any, to which clause 28A·5·5 refers.

28A·7 The Employer shall inform the Contractor in writing which part or parts of the amounts paid or payable under clause 28A·5 is or are fairly and reasonably attributable to any Nominated Sub-Contractor and shall so inform each Nominated Sub-Contractor in writing.

Note: See item 8 of this Amendment for the revised appendix entries on clause 28A.

5: Clause 32 Outbreak of hostilities

Delete heading, side headings and text of clause 32; and **insert** "Number not used".

Delete text of Footnote [*u*] and **insert** "Letter not used".

6: Clause 33 War damage

Delete heading, side headings, and text of clause 33; and **insert** "Number not used".

7: Clause 35 Nominated Sub-Contractors

Delete text and **insert**:

"the Contractor informs the Architect that one of the insolvency events referred to in clause 7·2·1 of Conditions NSC/C (*Insolvency of Nominated Sub-Contractor*) has occurred and that **either** under clause 7·2·3 of the aforesaid Conditions the employment of the Nominated Sub-Contractor has been automatically determined **or** that under clause 7·2·4 of those Conditions the Contractor has an option, with the written consent of the Architect, to determine the employment of the Nominated Sub-Contractor, or"

Delete text and **insert**:

35·24 ·7·1 Where clause 35·24·2 applies and the Contractor has an option under clause 7·2·4 of Conditions NSC/C (*Insolvency of Nominated Sub-Contractor*) to determine the employment of the Nominated Sub-Contractor, clause 35·24·7·2 shall apply in respect of the written consent of the Architect to any determination of the employment of the Nominated Sub-Contractor.

Amendment 11

·7·2 Where
- the administrator or the administrative receiver of the Nominated Sub-Contractor, or
- the Nominated Sub-Contractor after making a composition or arrangement with his creditors or, being a company, after making a voluntary arrangement for a composition of debts or a scheme of arrangement approved in accordance with the Companies Act 1985 or the Insolvency Act 1986 or any amendment or re-enactment thereof as the case may be

is, to the reasonable satisfaction of the Contractor and the Architect, prepared and able to continue to carry out the relevant Nominated Sub-Contract and to meet the liabilities thereunder, the Architect may withhold his consent. Where continuation on such terms does not apply the Architect shall give his consent to a determination by the Contractor of the employment of the Nominated Sub-Contractor unless the Employer and the Contractor otherwise agree.

·7·3 Where the written consent of the Architect to the determination of the employment of the Nominated Sub-Contractor has been given and the Contractor has determined that employment or where, under clause 7·2·3 of the Conditions NSC/C (*Conditions of Nominated Sub-Contract*), the employment of the Nominated Sub-Contractor has been automatically determined the following shall apply. The Architect shall make such further nomination of a sub-contractor in accordance with clause 35 as may be necessary to supply and fix materials and goods or to execute the work and to make good or re-supply or re-execute as necessary any work executed by or any materials or goods supplied by the Nominated Sub-Contractor whose employment has been determined which were not in accordance with the relevant Nominated Sub-Contract.

·7·4 Where clause 35·24·4 applies the Architect shall make such further nomination of a sub-contractor in accordance with clause 35 as may be necessary to supply and fix the materials or goods or to execute the work and to make good or re-supply or re-execute as necessary any work executed by or any materials or goods supplied by the Nominated Sub-Contractor whose employment has been determined which were not in accordance with the relevant Nominated Sub-Contract."

Line 2 **delete** "35·24·7" and **insert** "35·24·7·3 or 35·24·7·4".

8: Amendments consequential on the amendments in items 2 to 6 and in Amendment 1, July 1992, to the Conditions of Nominated Sub-Contract NSC/C, 1991 Edition

---

1·3 In the meaning column for "Completion Date" **delete** "either clause 25 or clause 33·1·3" and **insert** "clause 25".

In the meaning column for "Site Materials" **delete** "see clause 22·2" and **insert** "all unfixed materials and good delivered to, placed on or adjacent to the Works and intended for incorporation therein".

The JCT Standard Form of Building Contract

5·3·1·2 Line 4 **delete** "or 33·1·3".

22·2 Line 2 **delete** "phrases" and **insert** "phrase"; **delete** "meanings" and **insert** "meaning".
Delete the phrase "Site Materials" and its meaning.

22C·4·3·2 Line 3 **delete** "clause 28·2 (except clause 28·2·2·6)" and **insert** "clauses 28A·4 and 28A·5 except clause 28A·5·5".

35·24·1 Line 3 **delete** "7·1·1 to 7·1·4" and **insert** "7·1·1·1 to 7·1·1·4".

35·24·3 Line 1 **delete** "7·6" and **insert** "7·7".

35·24·6·1 Line 2 after "default" **insert** "or defaults"; **delete** "7·1" and **insert** "7·1·1".
Line 5 **delete** "7·1" and **insert** "7·1·2 or 7·1·3".

35·24·6·2 Line 4 **delete** "7·1" and **insert** "7·1·2 or 7·1·3".

35·26 **Delete** text and **insert**:

35·26 ·1 Where the employment of the Nominated Sub-Contractor is determined under clauses 7·1 to 7·5 of Conditions NSC/C (*Conditions of Nominated Sub-Contract*) the Architect shall provide the Contractor with the information and with the direction in an Interim Certificate to enable the Contractor to comply with clause 7·5·2 of Conditions NSC/C: namely the amount of expenses properly incurred by the Employer and the amount of direct loss and/or damage caused to the Employer by the determination of the employment of the Nominated Sub-Contractor; and shall, pursuant to clause 35·13·1, issue an Interim Certificate which certifies the value of any work executed or goods and materials supplied by the Nominated Sub-Contractor to the extent that such value has not been included in previous Interim Certificates.

·2 Where the employment of the Nominated Sub-Contractor is determined under clause 7·7 of Conditions NSC/C (*Conditions of Nominated Sub-Contract*) and clause 7·8 of those Conditions applies, the Architect shall, pursuant to clause 35·13·1, issue an Interim Certificate which certifies the value of any work executed or goods and materials supplied by the Nominated Sub-Contractor to the extent that such value has not been included in previous Interim Certificates.

41·3·3 Line 3 **delete** "clauses 25, 32 and 33" and **insert** "clause 25".

Appendix **Delete** entry relating to clause 28·1·3 and the marginal note and **insert**
Period of suspension (if none   28·2·2
stated is 1 month)

Delete Footnote reference [*z·1*]

Delete entries relating to clause 28A·1·1, 28A·1·2 and 28A·1·3 and the marginal note and **insert**:

Amendment 11

Period of delay (if none stated is, in respect of clauses 28A·1·1·1 to 28A·1·1·3, 3 months, and, in respect of clauses 28A·1·1·4 to 28A·1·1·6, 1 month)

28A·1·1·1 to 28A·1·1·3 _____

28A·1·1·4 to 28A·1·1·6 _____

Delete Footnote [z]

Correction:

Without Quantities Private and Local Authorities versions

13·5·3 Line 3 **delete and insert** "in the Standard Method of Measurement, 7th Edition, Section A (Preliminaries/General Conditions)".

Local Authorities versions only

In this Amendment 11 the term "the Architect" wherever appearing is deemed to have been deleted and the term "the Architect/the Contract Administrator" is deemed to have been substituted.

Amendment 12
Issued July 1993

1: New Part 5: Performance Specified Work

After clause 41 **insert** as Part 5:

Part 5: Performance Specified Work [ee]

42·1 The term "Performance Specified Work" means work:
- ·1 identified in the Appendix, and
- ·2 which is to be provided by the Contractor, and
- ·3 for which certain requirements have been predetermined and are shown on the Contract Drawings, and
- ·4 in respect of which the performance which the Employer requires from such work and which the Contractor, by this Contract and subject to the Conditions, is required to achieve has been stated in the Contract Bills and these Bills have included
  - either information relating thereto sufficient to have enabled the Contractor to price such Performance Specified Work
  - or a provisional sum in respect of the Performance Specified Work together with the information relating thereto as referred to in clause 42·7.

The JCT Standard Form of Building Contract

42·2 Before carrying out any Performance Specified Work, the Contractor shall provide the Architect with a document or set of documents; referred to in these Conditions as the "Contractor's Statement", and, subject to the Conditions, the Contractor shall carry out the Performance Specified Work in accordance with that Statement.

42·3 The Contractor's Statement shall be sufficient in form and detail adequately to explain the Contractor's proposals for the execution of the Performance Specified Work. It shall include any information which is required to be included therein by the Contract Bills or, where there is a provisional sum for the Performance Specified Work, by the instruction of the Architect on the expenditure of that sum; and may include information in drawn or scheduled form and a statement of calculations.

42·4 The Contractor's Statement shall be provided to the Architect:
— by any date for its provision given in the Contract Bills or
— by any reasonable date for its provision given in the instruction by the Architect on the expenditure of a provisional sum for Performance Specified Work.

If no such date is given it shall be provided at a reasonable time before the Contractor intends to carry out the Performance Specified Work.

42·5 Within 14 days after receipt of the Contractor's Statement the Architect may, if he is of the opinion that such Statement is deficient in form and/or detail adequately to explain the Contractor's proposals for the execution of the Performance Specified Work, by notice in writing require the Contractor to amend such Statement so that it is in the opinion of the Architect not deficient. Whether or not an amendment is required by the Architect, the Contractor is responsible in accordance with the Conditions for any deficiency in such Statement and for the Performance Specified Work to which such Statement refers.

42·6 If the Architect shall find anything in the Contractor's Statement which appears to the Architect to be a deficiency which would adversely affect the performance required by the Employer from the relevant Performance Specified Work, he shall immediately give notice to the Contractor specifying the deficiency. Whether or not a notice is given by the Architect, the Contractor is responsible in accordance with the Conditions for the Performance Specified Work.

42·7 A provisional sum for Performance Specified Work means a sum provided in the Contract Bills for Performance Specified Work where the following information has been provided in the Contract Bills;
- ·1 the performance which the Employer requires from such work;
- ·2 the location of such Performance Specified Work in the building;
- ·3 information relating thereto sufficient to have enabled the Contractor to have made due allowance in programming for the execution of such Performance Specified Work and for pricing all preliminary items relevant to such Performance Specified Work.

Amendment 12

42·8 No instruction of the Architect pursuant to clause 13·3·1 on the expenditure of provisional sums included in the Contract Bills shall require Performance Specified Work except an instruction on the expenditure of a provisional sum included in the Contract Bills for Performance Specified Work.

42·9 The inclusion of Performance Specified Work in the Contract Bills shall not be regarded as a departure from the method of preparation of these Bills referred to in clause 2·2·2·1.

42·10 If in the Contract Bills there is any error or omission in the information which, pursuant to clause 42·7·2 and/or 42·7·3, is to be included in the Contract Bills in respect of a provisional sum for Performance Specified Work such error or omission shall be corrected so that it does provide such information; and any such correction shall be treated as if it were a Variation required by an instruction of the Architect under clause 13·2.

42·11 Subject to clause 42·12 the Architect may issue instructions under clause 13·2 requiring a Variation to Performance Specified Work.

42·12 No instruction of the Architect under clause 13·2 may require as a Variation the provision by the Contractor of Performance Specified Work additional to that which has been identified in the Appendix unless the Employer and the Contractor otherwise agree.

42·13 Where the Contract Bills do not provide an analysis of the portion of the Contract Sum which relates to any Performance Specified Work the Contractor shall provide such an analysis ("the Analysis") within 14 days of being required to do so by the Architect.

42·14 The Architect shall, within a reasonable time before the Contractor intends to carry out the Performance Specified Work, give any instructions necessary for the integration of such Performance Specified Work with the design of the Works. The Contractor shall, subject to clause 42·15, comply with any such instruction.

42·15 If the Contractor is of the opinion that compliance with any instruction of the Architect injuriously affects the efficacy of the Performance Specified Work, he shall within 7 days of receipt of the relevant instruction specify by notice in writing to the Architect such injurious affection. Except where the Architect amends the instruction to remove such injurious affection, the instruction shall not have effect without the written consent of the Contractor which consent shall not be unreasonably withheld or delayed.

42·16 Except for any extension of time in respect of the Relevant Event stated in clause 25·4·15 an extension of time shall not be given under clause 25·3 and clauses 26·1 and 28·2·2 shall not have effect where and to the extent that the cause of the progress of the Works having been delayed, affected or suspended is that the Architect has not received the Contractor's Statement by the time referred to in clause 42·4 or any amendment to the Contractor's Statement pursuant to clause 42·5.

42·17 ·1 The Contractor shall exercise reasonable skill and care in the provision of Performance Specified Work provided that:
·1·1 clause 42·17 shall not be construed so as to affect the obligations of the Contractor under this Contract in regard to the supply of workmanship, materials and goods and
·1·2 nothing in this Contract shall operate as a guarantee of fitness for purpose of the Performance Specified Work.
·2 The Contractor's obligation under clause 42·17·1 shall in no way be modified by any service in respect of any Performance Specified Work which he has obtained from others and, in particular, the Contractor shall be responsible for any such service as if such service had been undertaken by the Contractor himself.

42·18 Performance Specified Work pursuant to clause 42 shall not be provided by a Nominated Sub-Contractor under a Nominated Sub-Contract or by a Nominated Supplier under a contract of sale to which clause 36 refers.

Approximate Quantities versions

In Amendment 12, clause 42·8 **delete** "13·3·1" and **insert** "14·3·1"; and clauses 42·10, 42·11 and 42·12 **delete** "13·2" and **insert** "14·2".

2: *Clause* **Amendments consequential on the inclusion of Part 5: clause 42**

1·3 **Insert** in alphabetical order the following additional definitions:

"Analysis see **clause 42·13**"
"Contractor's Statement see **clause 42**"
"Performance Specified Works see **clause 42·1**"

In the "meaning" column for "provisional sum" after "defined or undefined work*" **insert** "and a provisional sum for Performance Specified Work: see **clause 42·7**"

2 **Insert** an additional clause 2·4:

2·4 ·1 If the Contractor shall find any discrepancy or divergence between his Statement in respect of Performance Specified Work and any instruction of the Architect issued after receipt by the Architect of the Contractor's Statement, he shall immediately give to the Architect a written notice specifying the discrepancy or divergence, and the Architect shall issue instructions in regard thereto.

2·4 ·2 If the Contractor or the Architect shall find any discrepancy in the Contractor's Statement, the Contractor shall correct the Statement to remove the discrepancy and inform the Architect in writing of the correction made. Such correction shall be at no cost to the Employer.

5 **Insert** an additional clause 5·9 with a side heading:

Amendment 12

5·9 Before the date of Practical Completion the Contractor shall without further charge to the Employer supply to the Employer such drawings and information showing or describing any Performance Specified Work as built, and concerning the maintenance and operation of any Performance Specified Work including any installations forming a part thereof, as may be specified in the Contract Bills or in an instruction on the expenditure of the provisional sum for the Performance Specified Work.

6·1 **Insert** additional clauses 6·1·6 and 6·1·7 with side headings:

·6 If the Contractor or the Architect shall find any divergence between the Statutory Requirements and any Contractor's Statement he shall immediately give the other a written notice specifying the divergence. The Contractor shall inform the Architect in writing of his proposed amendment for removing the divergence; and the Architect shall issue instructions in regard thereto. The Contractor's compliance with such instructions shall be subject to clause 42·15 and at no cost to the Employer save as provided in clause 6·1·7.

·7 If after the Base Date there is a change in the Statutory Requirements which necessitates some alteration or modification to any Performance Specified Work such alteration or modification shall be treated as if it were an instruction of the Architect under clause 13·2 requiring a Variation.

8·1·1 Line 2 after "the Contract Bills," **insert** "and also, in regard to any Performance Specified Work, in the Contractor's Statement,"

8·1·2 Line 1 after "the Contract Bills," **insert** "and also, in regard to any Performance Specified Work, in the Contractor's Statement,"
Line 2 after "the Contract Bills," **insert** "or, in regard to any Performance Specified Work, in the Contractor's Statement,"

8·1 **Insert** an additional clause 8·1·4 with a side heading:

·4 The Contractor shall not substitute any materials or goods described in any Contractor's Statement for Performance Specified Work without the Architect's consent in writing which consent shall not be unreasonably withheld or delayed. No such consent shall relieve the Contractor of any other obligation under this Contract.

8·4·4 Line 2 **delete** *"clause 41"* and **insert** *"clause 42"*.

With Quantities versions only

3·4·1·1 At end, after "provisions of" **delete** "clause 13·5." and **insert** "clauses 13·5·1 to 13·5·5 and 13·5·7 and, in respect of Performance Specified Work, with the provisions of clauses 13·5·6 and 13·5·7."

13·5 **Re-number** clause 13·5·6 as "13·5·7"; **insert** as clause 13·5·6:

·6·1 The Valuation of Performance Specified Work shall include allowance for the addition or omission of any relevant work involved in the preparation and production of drawings, schedules or other documents;

The JCT Standard Form of Building Contract

- ·6·2 the Valuation of additional or substituted work relating to Performance Specified Work shall be consistent with the rates and prices of work of a similar character set out in the Contract Bills or the Analysis making due allowance for any changes in the conditions under which the work is carried out and/or any significant change in the quantity of work set out in the Contract Bills or in the Contractor's Statement. Where there is no work of a similar character set out in the Contract Bills or the Contractor's Statement a fair valuation shall be made;
- ·6·3 the Valuation of the omission of work relating to Performance Specified Work shall be in accordance with the rates and prices for such work set out in the Contract Bills or the Analysis;
- ·6·4 any valuation of work under clauses 13·5·6·2 and 13·5·6·3 shall include allowance for any necessary addition to or reduction of preliminary items of the type referred to in the Standard Method of Measurement, 7th Edition, Section A (Preliminaries/General Conditions);
- ·6·5 where an appropriate basis of a fair valuation of additional or substituted work relating to Performance Specified Work is daywork the Valuation shall be in accordance with clauses 13·5·4·1 or 13·5·4·2 and the proviso to clause 13·5·4 shall apply;
- ·6·6 if

    compliance with any instruction under clause 42·11 requiring a Variation to Performance Specified Work or

    compliance with any instruction as to the expenditure of a provisional sum for Performance Specified Work to the extent that the instruction for that Work differs from the information provided in the Contract Bills pursuant to clause 42·7·2 and/or clause 42·7·3 for such Performance Specified Work

    substantially changes the conditions under which any other work is executed (including any other Performance Specified Work) then such other work (including any other Performance Specified Work) shall be treated as if it had been the subject of an instruction of the Architect requiring a Variation under clause 13·2 or, if relevant, under clause 42·11 which shall be valued in accordance with the provisions of clause 13·5.

13·5·6 Delete "13·5·1 to ·5" and **insert** "13·5·1 to ·6".
(re-numbered
as **14·5·7**) *Approximate Quantities versions only*

14·4·1·1 At end, after "provisions of" **delete** "clause 14·5." and **insert** "clauses 14·5·1 to 14·5·5 and 14·5·7 and also, in respect of Performance Specified Work, with the provisions of clause 14·5·6."

14·5 **Re-number** clause 15·5·6 as "14·5·7"; **insert** as clause 14·5·6:

- ·6 The Valuation of Performance Specified Work shall include allowance for the work involved in the preparation and production of drawings, schedules or other documents.

Amendment 12

14·5·6 **Delete** "14·5·1 to ·5" and **insert** "14·5·1 to ·6".

re-numbered
as 14·5·7 ***With Quantities and With Approximate Quantities versions***

17·1 Line 1 after "of the Works is achieved," **insert** "and, if relevant, the Contractor has complied with clause 5·9 (*Supply of as-built drawings etc.—Performance Specified Work*),"

25·4·5·1 After "2·3," **insert** "2·4·1,"; after "provisional sum for defined work*" **insert** "or of a provisional sum for Performance Specified Work".

25·4 **Insert** an additional Relevant Event as clause 25·4·15:

·15 delay which the Contractor has taken all practicable steps to avoid or reduce consequent upon a change in the Statutory Requirements after the Base Date which necessitates some alteration or modification to any Performance Specified Work.

26·2·7 Second inset, line 3, after "provisional sum for defined work*" **insert** "or of a provisional sum for Performance Specified Work".

30·10 **Delete** and **insert**:
30·10 Save as aforesaid no certificate of the Architect shall of itself be conclusive evidence that

·1 any works, materials or goods
    or
·2 any Performance Specified Work
    to which it relates are in accordance with this Contract.

Appendix At the end **insert** an additional entry:
Performance Specified Work   42·1·1   Identify below or on a separate sheet each item of Performance Specified Work to be provided by the Contractor and insert the relevant reference in the Contract Bills [*ee*]

Approximate Quantities versions

In Amendment 12, "Amendments consequential on the inclusion of Part 5: clause 42", clause 6·1·7 **delete** "13·2" and **insert** "14·2".

3: Clause 25·4   Relevant Events

Insert as an additional Relevant Event:

25·4 ·16 the use or threat of terrorism and/or the activity of the relevant authorities in dealing with such use or threat.

803

Local Authorities versions only

In this Amendment 12 the term "the Architect" wherever appearing is deemed to have been deleted and the term "the Architect/the Contract Administrator" is deemed to have been substituted.

Amendment 13
Issued January 1994

1: Clause 13·2 Instructions requiring a Variation

Delete the text and **insert** the following text and footnote:

13·2
- ·1 The Architect may issue instructions requiring a Variation.
- ·2 Any instruction under clause 13·2·1 shall be subject to the Contractor's right of reasonable objection set out in clause 4·1·1.
- ·3 The valuation of a Variation instructed under clause 13·2·1 shall be in accordance with clause 13·4·1 unless the instruction states that the treatment and valuation of the Variation are to be in accordance with clause 13A or unless the Variation is one to which clause 13A·8 applies. Where the instruction so states, clause 13A shall apply unless the Contractor within 7 days (or such other period as may be agreed) of receipt of the instruction states in writing that he disagrees with the application of clause 13A to such instruction. If the Contractor so disagrees, clause 13A shall not apply to such instruction and the Variation shall not be carried out unless and until the Architect instructs that the Variation is to be carried out and is to be valued pursuant to clause 13·4·1. [i-1]
- ·4 The Architect may sanction in writing any Variation made by the Contractor otherwise than pursuant to an instruction of the Architect.
- ·5 No Variation required by the Architect or subsequently sanctioned by him shall vitiate this Contract.

2: New clause 13A Variation instruction—Contractor's quotation in compliance with the instruction

After clause 13 **insert** a new clause 13A:

13A Variation instruction—Contractor's quotation in compliance with the instruction

Clause 13A shall only apply to an instruction where pursuant to clause 13·2·3 the Contractor has not disagreed with the application of clause 13A to such instruction.

[i-1] A longer period than 7 days may need to be agreed where the Variation involves a major input from sub-contractors.

Amendment 13

13A·1   ·1   The instruction to which clause 13A is to apply shall have provided sufficient information [*i-2*] to enable the Contractor to provide a quotation, which shall comprise the matters set out in clause 13A·2 (a "13A Quotation"), in compliance with the instruction; and in respect of any part of the Variation which relates to the work of any Nominated Sub-Contractor sufficient information to enable the Contractor to obtain a 3·3A Quotation from the Nominated Sub-Contractor in accordance with clause 3·3A·1·2 of the Conditions NSC/C *(Conditions of Nominated Sub-Contract)*. If the Contractor reasonably considers that the information provided is not sufficient, then, not later than 7 days from the receipt of the instruction, he shall request the Architect to supply sufficient further information.

·2   The Contractor shall submit to the Quantity Surveyor his 13A Quotation in compliance with the instruction and shall include therein 3·3A Quotations in respect of any parts of the Variation which relate to the work of Nominated Sub-Contractors not later than 21 days from

the date of receipt of the instruction

or if applicable, the date of receipt by the Contractor of the sufficient further information to which clause 13A·1·1 refers

whichever date is the later and the 13A Quotation shall remain open for acceptance by the Employer for 7 days from its receipt by the Quantity Surveyor.

·3   The Variation for which the Contractor has submitted his 13A Quotation shall not be carried out by the Contractor or as relevant by any Nominated Sub-Contractor until receipt by the Contractor of the confirmed acceptance issued by the Architect pursuant to clause 13A·3·2.

13A·2   The 13A Quotation shall separately comprise:

·1   the value of the adjustment to the Contract Sum (other than any amount to which clause 13A·2·3 refers) including therein the effect of the instruction on any other work including that of Nominated Sub-Contractors supported by all necessary calculations by reference, where relevant, to the rates and prices in the Contract Bills [Without Quantities versions: in the Priced Document] and including, where appropriate, allowances for any adjustment of preliminary items;

·2   any adjustment to the time required for completion of the Works (including where relevant stating an earlier Completion Date than the Date for Completion given in the Appendix) to the extent that such adjustment is not included in any revision of the Completion Date that has been made by the Architect under clause 25·3 or in his confirmed acceptance of any other 13A Quotation;

·3   the amount to be paid in lieu of any ascertainment under clause 26·1 of direct loss and/or expense not included in any other accepted 13A Quotation or in any previous ascertainment under clause 26;

[*i-2*] The information provided to the Contractor should normally be in a similar format to that provided at the tender stage; and may be in the form of drawings and/or in an addendum bill of quantities and/or in a specification or otherwise. If an addendum bill is provided see the consequential amendments to clause 2·2·2.

··4 a fair and reasonable amount in respect of the cost of preparing the 13A Quotation;

and, where specifically required by the instruction, shall provide indicative information in statements on

·5 the additional resources (if any) required to carry out the Variation; and
·6 the method of carrying out the Variation.

Each part of the 13A Quotation shall contain reasonably sufficient supporting information to enable that part to be evaluated by or on behalf of the Employer.

13A·3 ·1 If the Employer wishes to accept a 13A Quotation—the Employer shall so notify the Contractor in writing not later than the last day of the period for acceptance stated in clause 13A·1·2.
·2 If the Employer accepts a 13A Quotation the Architect shall, immediately upon that acceptance, confirm such acceptance by stating in writing to the Contractor (in clause 13A and elsewhere in the Conditions called a "confirmed acceptance):
·2·1 that the Contractor is to carry out the Variation;
·2·2 the adjustment of the Contract Sum, including therein any amounts to which clause 13A·2·3 and clause 13A·2·4 refer, to be made for complying with the instruction requiring the Variation;
·2·3 any adjustment to the time required by the Contractor for completion of the Works and the revised Completion Date arising therefrom (which, where relevant, may be a date earlier than the Date for Completion given in the Appendix) and, where relevant, any revised period or periods for the completion of the Nominated Sub-Contract work of each Nominated Sub-Contractor; and
·2·4 that the Contractor, pursuant to clause 3·3A·3 of the Conditions NSC/C *(Conditions of Nominated Sub-Contract)*, shall accept any 3·3A Quotation included in the 13A Quotation for which the confirmed acceptance has been issued.

13A·4 If the Employer does not accept the 13A Quotation by the expiry of the period for acceptance stated in clause 13A·1·2, the Architect shall, on the expiry of that period
either

·1 instruct that the Variation is to be carried out and is to be valued pursuant to clause 13·4·1;
or
·2 instruct that the Variation is not to be carried out.

13A·5 If a 13A Quotation is not accepted a fair and reasonable amount shall be added to the Contract Sum in respect of the cost of preparation of the 13A Quotation provided that the 13A Quotation has been prepared on a fair and reasonable basis. The non-acceptance by the Employer of a 13A Quotation shall not of itself be evidence that the Quotation was not prepared on a fair and reasonable basis.

Amendment 13

13A·6 If the Architect has not, under clause 13A·3·2, issued a confirmed acceptance of a 13A Quotation neither the Employer nor the Contractor may use that 13A Quotation for any purpose whatsoever.

13A·7 The Employer and the Contractor may agree to increase or reduce the number of days stated in clause 13A·1·1 and/or in clause 13A·1·2 and any such agreement shall be confirmed in writing by the Employer to the Contractor. Where relevant the Contractor shall notify each Nominated Sub-Contractor of any agreed increase or reduction pursuant to this clause 13A·7.

13A·8 If the Architect issues an instruction requiring a Variation to work for which a 13A Quotation has been given and in respect of which the Architect has issued a confirmed acceptance to the Contractor such Variation shall not be valued under clause 13·5; but the Quantity Surveyor shall make a valuation of such Variation on a fair and reasonable basis having regard to the content of such 13A Quotation and shall include in that valuation the direct loss and/or expense, if any, incurred by the Contractor because the regular progress of the Works or any part thereof has been materially affected by compliance with the instruction requiring the Variation.

3: Clause Amendments consequential on the amendments in items 1 and 2

With and Without Quantities versions

1·3 At the beginning insert additional definitions:

"3·2A Quotation: a Quotation by a Nominated Sub-Contractor pursuant to clause 3·3A of Conditions NSC/C *(Conditions of Nominated Sub-Contract)*"

"13A Quotation: see clause 13A·1·1"

Re-draft the definition of "Completion Date" (as amended by Amendment 11, July 1992) to read: "the Date for Completion as fixed and stated in the Appendix or any date fixed either under clause 25 or in a confirmed acceptance of a 13A Quotation".

With Quantities versions only

2·2·1 Line 1 after "Contract Bills" **insert** "(or any addendum bill issued as part of the information referred to in clause 13A·1·1 for the purpose of obtaining a 13A Quotation)".

2·2·2 Line 1 after "Contract Bills" **insert** "(or in any addendum bill issued as part of the information referred to in clause 13A·1·1 for the purpose of obtaining a 13A Quotation which Quotation has been accepted by the Employer)".

The JCT Standard Form of Building Contract

With and Without Quantities versions

4·1·1 Line 3 after "save that" **insert** the remainder of the clause as "clause 4·1·1·1"; **insert** as clause 4·1·1·2:

4·1 ·1·2 where pursuant to clause 13·2·3 clause 13A applies to an instruction, the Variation to which that instruction refers shall not be carried out until
— the Architect has issued to the Contractor a confirmed acceptance of the 13A Quotation
or
— an instruction in respect of the Variation has been issued under clause 13A·4·1.

5·3·1·2 Line 4 after "25·3·1" **insert** "or of the date of issue of a confirmed acceptance of a 13A Quotation";

Line 5 after "decision" **insert** "or of that confirmed acceptance".

13·4·1·1 Line 10 (Without Quantities versions: line 6) after "Employer and the Contractor" **insert** "or unless the Architect has issued to the Contractor a confirmed acceptance of a 13A Quotation for such Variation or is a Variation to which clause 13A·8 applies".

13·7 After "under clause 13·5" **insert** ", to an agreement by the Employer and the Contractor to which clause 13·4·1·1 refers, to a 13A Quotation for which the Architect has issued to the Contractor a confirmed acceptance and to a valuation pursuant to clause 13A·8".

Amend side heading to read: "Valuations—Employer/Contractor agreement—13A Quotation for a Variation and Variations thereto—addition to or deduction from the Contract Sum".

24·2·2 In **clause 24·2·2**, line 1, after "fixes a later Completion Date", **insert** "or a later Completion Date is stated in a confirmed acceptance of a 13A Quotation."

25·3·2 **Re-draft** lines 1 and 2 to read: "After the first exercise by the Architect of his duty under clause 25·3·1 or after any revision to the Completion Date stated by the Architect in a confirmed acceptance of a 13A Quotation in respect of a Variation the Architect may in writing fix a Completion Date earlier than that previously fixed under clause 25 or than that stated by the Architect in a confirmed acceptance of a 13A Quotation if in his opinion...".

At the end **insert** a Proviso: "Provided that no decision under clause 25·3·2 shall alter the length of any adjustment to the time required by the Contractor for the completion of the Works in respect of a Variation for which a 13A Quotation has been given and which has been stated in a confirmed acceptance of a 13A Quotation."

25·3·3 In clause 25·3·3·2 line 1 after "clause 25" and at the end of clause 25·3·3·3 line 1 **insert** "or stated in a confirmed acceptance of a 13A Quotation".

Amendment 13

In **clause 25·3·3**, at end **insert** a Proviso: "Provided that no decision under clause 25·3·3·1 or clause 25·3·3·2 shall alter the length of any adjustment to the time required by the Contractor for the completion of the Works in respect of a Variation for which a 13A Quotation has been given and which has been stated in a confirmed acceptance of a 13A Quotation."

25·3·5 **Re-draft** as follows: "The Architect shall notify in writing to every Nominated Sub-Contractor each decision of the Architect under clause 25·3 fixing a Completion Date and each revised Completion Date stated in the confirmed acceptance of a 13A Quotation together with, where relevant, any revised period or periods for the completion of the work of each Nominated Sub-Contractor stated in such confirmed acceptance."

25·3·6 Line 1 **delete** "clause 25·3" and **insert** "clause 25·3·2 or clause 25·3·3·2".

25·4·5·1 After "13·2", **insert** "(except for a confirmed acceptance of a 13A Quotation)";

Line 2 before "23·2" **insert** "13A·4·1,"

26·2·7 Line 2 after "13·2" **insert** "or clause 13A·4·1;" after "requiring a Variation" **insert** "(except for a Variation for which the Architect has given a confirmed acceptance of a 13A Quotation or for a Variation thereto)"

30·6·2 Line 1, **delete** and **insert**:

"The Contract Sum shall be adjusted by:

— the amount of any Valuations agreed by the Employer and the Contractor to which clause 13·4·1·1 refers, and
— the amounts stated in any 13A Quotations for which the Architect has issued to the Contractor a confirmed acceptance pursuant to clause 13A·3·2 and for the amount of any Variations thereto as valued pursuant to clause 13A·8

and as follows:"

37 **Insert** as clause 37·3:

37·3 Neither clause 38 nor clause 39 nor clause 40 shall apply in respect of the work for which the Architect has issued to the Contractor a confirmed acceptance of a 13A Quotation or in respect of a Variation to such work.

4: Clause 27·6   Consequences of determination under clauses 27·2 to 27·4

Delete the text of clause 27·6·2·1 and clause 27·6·2·2 and **insert**:

27·6 ·2·1 except where an insolvency event listed in clause 27·3·1 (other than the Contractor being a company making a proposal for a voluntary arrangement for a composition of debts or schemes of arrangement to be approved in accordance with the Companies Act 1985 or the Insolvency Act 1986 as the case may be or any amendment or re-enactment) has occurred the Contractor shall if so required by the Employer or by the Architect on behalf of the Employer within 14 days of the date of determination, assign to the Employer without payment the benefit of any agreement for the supply of materials or goods and/or for the execution of any work for the purposes of this Contract to the extent that the same is assignable;

·2·2 except where the Contractor has a trustee in bankruptcy appointed or being a company has a provisional liquidator appointed or has a petition alleging insolvency filed against it and which is subsisting or passes a resolution for voluntary winding-up (other than for the purposes of amalgamation or reconstruction) which takes effect as a creditors voluntary liquidation the Employer may pay any supplier or sub-contractor for any materials or goods delivered or works executed for the purposes of this Contract before or after the date of determination in so far as the price thereof has not already been discharged by the Contractor. Payments made under clause 27·6·2·2 may be deducted from any sum due or to become due to the Contractor of may be recoverable from the Contractor by the Employer as a debt;

Local Authorities versions only

In this Amendment 13 the term "the Architect" wherever appearing is deemed to have been deleted and the term "the Architect/the Contract Administrator" is deemed to have been substituted.

CHAPTER 19

COMMENTARY ON JCT NOMINATED SUB-CONTRACT AGREEMENT NSC/A AND CONDITIONS NSC/C

Introduction. With their 1980 Edition of the Standard Form of Building Contract, the Joint Contracts Tribunal published a series of new Nominated Sub-Contract Documents, and for the first time published Standard Forms of Nominated Sub-Contract. The basic form was referred to as Sub-Contract NSC/4. There was an adapted version of the Sub-Contract, referred to as Sub-Contract NSC/4a. NSC/4 was for use where the Sub-Contractor had tendered on Tender NSC/1, and the essential difference between NSC/4 and NSC/4a was that NSC/4a contained in its Appendix material which for NSC/4 was to be found in Tender NSC/1. These sub-contracts were the successors of the former "Green Form" of Nominated Sub-Contract.

The 1991 Procedure. By Amendment 10 of 1991 to the Main Contract, a new procedure ("the 1991 procedure") was introduced for the nomination of sub-contractors. The necessary documentation is now as follows:

(1) NSC/T Part 1 : Invitation to Tender to be issued by the Architect to prospective Sub-Contractors.
(2) NSC/T Part 2 : Form of Tender to be submitted by each Sub-Contractor.
(3) NSC/T Part 3 : the particular Conditions to be agreed by Contractors and Sub-Contractors prior to their entering into a Nominated Sub-Contract.
(4) Agreement NSC/A : the Nominated Sub-Contract Agreement to be entered into by Contractors and Sub-Contractors subsequent to the latter's nomination by the Architect.
(5) Conditions NSC/C : the Conditions of Sub-Contract (derived from Nominated Sub-Contract NSC/4) applicable to a Sub-Contract entered into on Agreement NSC/A.
(6) Agreement NSC/W : the Employer/Nominated Sub-Contractor Agreement entered into between the Employer and the Nominated Sub-Contractor (derived from agreement NSC/2).
(7) Nomination NSC/N : the form to be used by the Architect to nominate a sub-contractor in accordance with the Main Contract Conditions.

The effect is that there are no longer alternatives of NSC/4 and NSC/4a.

The principal documents for the Nominated Sub-Contract will now be Agreement NSC/A (substantially derived from the Articles of Sub-Contract

Agreement for NSC/4) and Conditions NSC/C. The latter substantially reproduce the clauses of NSC/4 and NSC/4a, but the clause numbers are entirely different.

Amendments. Conditions NSC/C have been amended on two occasions, by Amendment 1 issued in July 1992 and Amendment 2 issued in January 1994.

The version of NSC/C reproduced in this book is that printed in 1991. The text of amendments is printed after the main text and commentary on p. 928. Amendments are discussed below as necessary in relation to the relevant clause.

Comparison with NSC/4. As noted above, Conditions NSC/C are substantially derived from the clauses of NSC/4. For ease of reference, where the commentary refers to a particular provision, the equivalent clause is also given for NSC/4.

JCT Nominated Sub-Contract Agreement NSC/A

Agreement NSC/A

Articles of Nominated Sub-Contract Agreement

The identification term in column 1 is used in NSC/A for the document whose full title is given in column 2.

Identification term	Title
SF 80 35	Clause 35 of the Standard Form of Building Contract, 1980 Edition, all versions, incorporating Amendments 1 to 9 and Amendment 10 (*Nominated Sub-Contractors*).
NSC/T	The Standard Form of Nominated Sub-Contract Tender 1991 Edition which comprises
—Part 1	Part 1: The Architect's/The Contract Administrator's Invitation to Tender to a Sub-Contractor.
—Part 2	Part 2: Tender by a Sub-Contractor.
—Part 3	Part 3: Particular Conditions: to be agreed by a Contractor and a Sub-Contractor nominated under SF 80 35·6.
Agreement NSC/A	The Standard Form of Articles of Nominated Sub-Contract Agreement between a Contractor and a Nominated Sub-Contractor, 1991 Edition.
Conditions NSC/C	The Standard Conditions of Nominated Sub-Contract incorporated by reference into Agreement NSC/A, Article 1·1, 1991 Edition.
Agreement NSC/W	The Standard Form of Employer/Nominated Sub-Contractor Agreement, 1991 Edition.
Nomination NSC/N	The Standard Form of Nomination Instruction for a Sub-Contractor nominated under SF 80 35·6.

Main Contract Works and location: ...
Sub-Contract Works: ...

Articles of Agreement

made the ... day of ... 19 ...
Between
...
of (or whose registered office is situated at)

...
(hereinafter called "the Contractor") of the one part and
...
of (or whose registered office is situated at)
...
(hereinafter called "the Sub-Contractor") of the other part.

Whereas

First
the Sub-Contractor in response to an invitation to tender set out in NSC/T Part 1 by the Employer and the Architect/the Contract Administrator named in that Part has submitted an offer set out in NSC/T Part 2 to supply and fix materials or goods or execute work (hereinafter called "the Sub-Contract Works") referred to in NSC/T Part 1 and particulars of which were set out in the numbered tender documents enclosed therewith;

Second
the Sub-Contract Works are to be executed as part of the works (hereinafter called "the Main Contract Works") referred to in NSC/T Part 1 being carried out by the Contractor under a contract with the Employer named in NSC/T Part 1 and as described in that Part items 1 to 11 (hereinafter called "the Main Contract";

Third
pursuant to clause 35·1 of the Main Contract Conditions the Architect/the Contract Administrator has selected the Sub-Contractor whose Tender on NSC/T Part 2 for carrying out the Sub-Contract Works has been approved by or on behalf of the Employer;

Fourth
the Employer and the Sub-Contractor have entered into Agreement NSC/W under hand/as a deed

Fifth
under clause 35·6 of the Main Contract Conditions the Architect/the Contract Administrator has issued an instruction on Nomination NSC/N with a copy thereof to the Sub-Contractor dated ... 19 ... nominating the Sub-Contractor to carry out the Sub-Contract Works and has included with that instruction:

NSC/T Part 1 completed by or on behalf of the Architect/the Contract Administrator;
a copy of the numbered tender documents enclosed with NSC/T Part 1 together with any additional documents and/or amendments thereto as have been approved by the Architect/the Contract Administrator;
NSC/T Part 2 completed and signed by or on behalf of the Sub-Contractor and signed by or on behalf of the Employer as "approved";
confirmation, where relevant, of any alteration to the information given in NSC/T Part 1 in respect of

JCT Nominated Sub-Contract Agreement NSC/A

    item 7: obligations or restrictions imposed by the Employer
    item 8: order of Works: Employer's requirements
    item 9: type and location of access;
approval, where relevant, of changes to the "other items of attendance" in NSC/T Part 1, item 16 made by the Sub-Contractor in NSC/T Part 2;
and, with the copy of this instruction sent to the Sub-Contractor, a copy of the completed Appendix for the Main Contract;

and **such completed NSC/T Part 1 and Part 2 and the numbered tender documents referred to above** (together with any additional documents and/or amendments thereto as have been approved by the Architect/the Contract Administrator) **hereinafter called "the Numbered Documents" and the completed Appendix for the Main Contract are annexed hereto;**

Sixth
the Contractor and the Sub-Contractor have agreed NSC/T Part 3 which has been signed by or on behalf of each of them and **annexed hereto;**

Seventh
the Sub-Contractor has submitted his offer on NSC/T Part 2 on the basis that he will conclude a Sub-Contract on the Standard Form of Articles of Nominated Sub-Contract Agreement (Agreement NSC/A) with the Contractor as referred to in clause 35·7·2 of the Main Contract Conditions forthwith after receipt by him of a copy of the Nomination Instruction (Nomination NSC/N) issued under clause 35·6 of the Main Contract Conditions;

Eighth
at the date of the Sub-Contract

(A) the Sub-Contractor is/is not the user of a current sub-contractor's tax certificate under the provisions of the Income and Corporation Taxes Act 1988 (hereinafter called "the Act") in one of the forms specified in Regulation 15 of the Income Tax (Sub-Contractors in the Construction Industry) Regulations, 1975, and the Schedule thereto (hereinafter called "the Regulations") or any amendment or re-enactment or re-making thereof. Where the words "is not" are deleted, clause 5C and not clause 5D of the Standard Conditions of Nominated Sub-Contract (Conditions NSC/C) shall apply to the Sub-Contract (unless the Contractor operates the "self-vouchering system" to which footnote **k** to clause 5C refers in which case appropriate contractual arrangements other than clause 5C must be agreed and clause 5C shall not apply). Where the word "is" is deleted, clause 5D shall apply to the Sub-Contract and clauses 5C·2 to 5C·8 shall not apply;
(B) the Main Contractor is/is not the user of a current sub-contractor's tax certificate under the Act and the Regulations;
(C) the Employer under the Main Contract is/is not a "contractor" within the meaning of the Act and the Regulations.

Now it is hereby agreed as follows

Article 1: The Sub-Contract
1·1 This Sub-Contract consists of:
these Articles of Agreement,
the completed NSC/T, Part 1, Part 2 and Part 3 **annexed hereto**,
the Numbered Documents **annexed hereto** and
subject to Article 1·3, the Standard Conditions of Nominated Sub-Contract (Conditions NSC/C) clauses 1·1 to 9·10 inclusive and either clause 4A or clause 4B or clause 4C as specified in either NSC/T, Part 1 or Part 2 annexed hereto.
1·2 In the Conditions NSC/C
Clause 2.15: NSC/C Sectional Completion Supplement applies
Clause 5C/clause 5D/self vouchering applies
1·3 The Conditions NSC/C 1991 Edition incorporating Amendments numbered shall be applicable
unamended
subject to the schedule of modifications attached to NSC/T Part 1 and referred to in item 12 thereof

Article 2: The Sub-Contractor's obligations
2·0 The Sub-Contractor will upon and subject to the Sub-Contract carry out and complete the Sub-Contract Works.

Article 3: Payment
3·1 The VAT-exclusive Sub-Contract Sum is (*words*) ...

£

The Contractor will discharge to the Sub-Contractor that Sum or such other sum as shall become payable in accordance with the Sub-Contract.
3·2 The VAT-exclusive Tender Sum is (*words*) ...

£

The Contractor will discharge to the Sub-Contractor such sum or sums as shall become payable in accordance with the Sub-Contract ("the Ascertained Final Sub-Contract Sum").

Article 4: Settlement of disputes—Arbitration
If any dispute or difference as to the construction of this Sub-Contract or any matter or thing of whatsoever nature arising thereunder or in connection therewith, except a dispute or difference under clause 5C or clause 5D of the Conditions NSC/C to the extent provided in clause 5C·8 or clause 5D·6, shall arise between the Contractor and the Sub-Contractor, whether arising during the execution or after the completion or abandonment of the Sub-Contract Works or after the determination of the employment of the Sub-Contractor under the Sub-Contract (whether by breach or in any other manner) it shall be

JCT Nominated Sub-Contract Agreement NSC/A

and is hereby referred to arbitration in accordance with section 9 of the Conditions NSC/C.

AS WITNESS THE HANDS OF THE PARTIES HERETO

Signed by or on behalf of the
   Contractor _____
in the presence of:

Signed by or on behalf of the Sub-
   Contractor _____
in the presence of:

EXECUTED AS A DEED BY THE CONTRACTOR

hereinbefore mentioned namely _____

by affixing hereto its common seal

in the presence of:

OR
acting by a director and its secretary/two directors whose signatures are here subscribed:
namely _____

[Signature] _____ *DIRECTOR*

and _____

[Signature] _____ *SECRETARY/DIRECTOR*

AND AS A DEED BY THE SUB-CONTRACTOR

hereinbefore mentioned namely _____
by affixing hereto its common seal
in the presence of:

OR
acting by a director and its secretary/two directors whose signatures are here subscribed:
namely _____

[Signature] _____ *DIRECTOR*

and _____

[Signature] _____ *SECRETARY/DIRECTOR*

Annexures to the Articles of Nominated Sub-Contract Agreement

- NSC/T Part 1 completed by or on behalf of the Architect/the Contract Administrator;
- the NUMBERED DOCUMENTS (that is, the tender documents numbered by the Architect/the Contract Administrator and enclosed with NSC/T Part 1 as sent to the Contractor pursuant to clause 35·6·1 of the Main Contract Conditions together with any amendments or additions thereto as have been approved by the Architect/the Contract Administrator);
- the completed Appendix for the Main Contract;
- NSC/T Part 2 completed and signed by the Sub-Contractor and signed by or on behalf of the Employer as "approved"; items 1, 2 and 3 **must be deleted** and the deletion initialled by the Contractor and the Sub-Contractor; if the Sub-Contract Sum or Tender Sum stated on NSC/T Part 2 page 2 differs from that inserted in Article 3 amend NSC/T Part 2 to conform to Article 3;
- NSC/T Part 3 signed by or on behalf of the Contractor and the Sub-Contractor.

Agreement NSC/A—Articles of Sub-Contract Agreement

The Recitals. The first seven recitals essentially state that the procedure for nomination envisaged by clauses 35.3 to 35.9 inclusive of the Main Contract has taken place.

Article 1: The Sub-Contract. The Sub-Contract consists of Agreement NSC/A; completed Tender NSC/T Parts 1, 2 and 3; the Numbered Documents; NSC/C Conditions. By Article 1.3, the Conditions may either apply unamended or subject to the Schedule of Modifications attached to NSC/T Part 1.

Article 4: Arbitration. The Article states shortly that the method of settling disputes is to be by arbitration. The detailed provisions relating to the appointment and powers of the Arbitrator are set out in Section 9 of NSC/C which is discussed below.

SECTION 1: INTENTIONS OF THE PARTIES

Interpretation, definitions etc. (1·1 to 1·4)

1·1 The following documents relating to Nominated Sub-Contractors are issued by the Joint Contracts Tribunal for the Standard Form of Building Contract and are referred to in the Main Contract Conditions, in these Conditions and in

Section 1: Intentions of the Parties

those documents either by the use of the name or the identification term given below.

Name of document	**Identification term**
The Standard Form of Building Contract, 1980 Edition, all versions, incorporating the Amendments listed in NSC/T, Part 1 item 1;	SF 80 35
The Standard Form of Nominated Sub-Contract Tender 1991 Edition which comprises;	NSC/T
Part 1: The Architect's Invitation to Tender to a Sub-Contractor	—Part 1
Part 2: Tender by a Sub-Contractor	—Part 2
Part 3: Particular Conditions: to be agreed by a Contractor and a Sub-Contractor nominated under SF 80 35·6;	—Part 3
The Standard Form of Articles of Nominated Sub-Contract Agreement between a Contractor and a Nominated Sub-Contractor, 1991 Edition	Agreement NSC/A
The Standard Conditions of Nominated Sub-Contract incorporated by reference into Agreement NSC/A, Article 1·1, 1991 Edition;	Conditions NSC/C
The Standard Form of Employer/Nominated Sub-Contractor Agreement, 1991 Edition;	Agreement NSC/W
The Standard Form of Nomination Instruction for a Sub-Contractor nominated under SF 80 35·6	Nomination NSC/N

A reference in the Sub-Contract to a document listed in clause 1·1 is, unless the context otherwise requires, a reference to that document as completed by the relevant person or persons.

1·2 Unless otherwise specifically stated a reference in Agreement NSC/A or Conditions NSC/C to any clause means that clause in these Conditions.

1·3 The Sub-Contract is to be read as a whole and the effect or operation of any recital, article or clause or section in the Sub-Contract must therefore unless otherwise specifically stated be read subject to any relevant qualification or modification in any other recital, article, clause or section in the Sub-Contract.

1·4 Unless the context otherwise requires or the Sub-Contract specifically otherwise provides, the following words and phrases shall have the meanings given below or as ascribed in the article, clause, section or other provision to which reference is made:

JCT Nominated Sub-Contract Conditions NSC/C

Word or phrase	Meaning
Approximate Quantity	a quantity in any bills of quantities included in the Numbered Documents identified therein as an approximate quantity.
Arbitrator:	the person appointed under **section 9** to be the Arbitrator.
Architect:	the person named as "the Architect/the Contract Administrator" in **NSC/T Part 1** or any successor appointed or otherwise agreed under the Main Contract Conditions to be the Architect/the Contract Administrator.
Ascertained Final Sub-Contract Sum:	where **Agreement NSC/A Article 3·2** applies, the total of such sum or sums as shall become payable in accordance with **clauses 4·10 to 4·13** and all other relevant provisions of the Sub-Contract.
Base Date:	the date set out **NSC/T Part 1 item 17**.
Completion Date:	the Completion Date for the Main Contract as defined in **clause 1·3** of the Main Contract Conditions.
Contractor:	the person named as "the Contractor" in **Agreement NSC/A**.
Contract Bills:	the Bills of Quantities referred to in the Main Contract Conditions, **first recital and clause 1·3**.
Contract Drawings:	the drawings referred to in the Main Contract Conditions, **first recital and clause 1·3**.
Date for Completion:	the date stated in the completed Appendix for the Main Contract Conditions attached to **NSC/T Part 1** or, if different, the date stated in the completed Appendix of the Main Contract Conditions enclosed with the copy of Nomination NSC/N sent to the Sub-Contractor by the Architect.
Employer:	the person with whom the Contractor has entered into the Main Contract.
Excepted Risks:	ionising radiations or contamination by radioactivity from any nuclear fuel or from any nuclear waste from the combustion of nuclear fuel, radioactive toxic explosive or other hazardous properties of any explosive nuclear assembly or nuclear component thereof, pressure waves caused by aircraft or other aerial devices travelling at sonic or supersonic speeds.

Section 1: Intentions of the Parties

Joint Names Policy:	a policy of insurance which includes the Contractor and the Employer as the insured.
Main Contract:	the contract between the Contractor and the Employer as described by or referred to in **NSC/T Part 1 items 1 to 11**, or, if different, with the completed Appendix of the Main Contract Conditions enclosed with the copy of Nomination NSC/N sent to the Sub-Contractor by the Architect.
Main Contract Conditions:	the Articles of Agreement, Conditions and finally completed Appendix of the edition of the Standard Form of Building Contract identified in **NSC/Part 1 items 1 to 3**.
Numbered Documents:	the **NUMBERED DOCUMENTS** annexed to NSC/A
Person:	an individual, firm (partnership) or body corporate.
Provisional sum:	includes, where bills of quantities are included in the Numbered Documents, a sum provided in those bills for work whether or not identified as being for defined or undefined work.
Quantity Surveyor:	the person named as "the Quantity Surveyor" in **NSC/T Part 1** or any successor appointed or otherwise agreed under the Main Contract Conditions as the person to be the Quantity Surveyor.
Relevant Event:	see **clause 2·6**.
Site Materials:	all unfixed materials and goods delivered to, placed on or adjacent to the Works and intended for incorporation therein.
Specified Perils:	fire, lightning, explosion, storm, tempest, flood, bursting or overflowing of water tanks, apparatus or pipes, earthquake, aircraft and other aerial devices or articles dropped therefrom, riot and civil commotion but excluding Excepted Risks.
Sub-Contract:	an **Agreement NSC/A** and the documents annexed thereto and **Conditions NSC/C** with the alternatives referred to in **NSC/T Part 3** and **Agreement NSC/A** and with any modifications thereto in any schedule of modifications attached to **NSC/T Part 1**.

JCT Nominated Sub-Contract Conditions NSC/C

Sub-Contract Conditions:	the Conditions in NSC/C with the alternatives referred to in **NSC/T Part 3** and **Agreement NSC/A** including any modifications thereto in any schedule of modifications attached to **NSC/T Part 1**.
Sub-Contract Documents:	see **clause 1·5**.
Sub-Contract Sum:	the sum referred to in **clause 4·2**.
Sub-Contract Works:	the works (or, where the context so requires, any part thereof) described in the Numbered Documents annexed to **Agreement NSC/A** to be executed as part of the Works and including any changes made to such works in accordance with this Sub-Contract.
Sub-Contractor:	the person named as "the Sub-Contractor" in **Agreement NSC/A**.
Tender Sum:	the sum referred to in **clause 4·3**.
Terminal Dates:	the dates identified in **clause 6·4**.
Variation:	where **Agreement NSC/A Article 3·1** applies the term "Variation" means any of the following changes which are required by an instruction of the Architect:

·1 the alteration or modification of the design, quality or quantity of the Sub-Contract Works including:
  ·1 the addition, omission or substitution or any work;
  ·2 the alteration of the kind or standard of any of the materials or goods to be used in the Sub-Contract Works:
  ·3 the removal from the site of any work, materials or goods executed or brought thereon by the Sub-Contractor for the purposes of the Sub-Contract Works other than work, materials or goods which are not in accordance with the Sub-Contract.
·2 the imposition by the Employer of any obligations or restrictions in regard to the matters set out in paragraphs ·2·1 to ·2·4 or the addition to or alteration or omission of any such obligations or restrictions so

Section 1: Intentions of the Parties

                    imposed or imposed by the Employer as set out or referred to in **NSC/T Part 1 item 7** including any amendments thereto set out in NSC/T Part 3 item 6 in regard to:
- .1 access to the site or use of any specific parts of the site;
- .2 limitations of working space;
- .3 limitations of working hours;
- .4 the execution or completion of the work in any specific order.

                    Where **Agreement NSC/A Article 3·2** applies the term "Variation" has the same meaning but in lines 4 and 5 of this definition **delete** "design, quality or quantity" **insert** "design or quality".

Works: the Main Contract works referred to in **Agreement NSC/A** including the Sub-Contract Works and including any changes made to such works in accordance with the Main Contract.

The Sub-Contract (1·5 to 1·8)

1·5 Agreement NSC/A, the documents annexed thereto and the Sub-Contract Conditions shall constitute the Sub-Contract Documents.

1·6 If any conflict appears between the terms of the Main Contract as described by or referred to in NSC/T Part 1 items 1 to 11 (or, if different, with the completed Appendix of the Main Contract Conditions enclosed with the copy of Nomination NSC/N sent to the Sub-Contractor by the Architect) and the other Sub-Contract Documents, the terms of the Main Contract as so described or referred to shall prevail. If any conflict appears between the terms of the Sub-Contract Conditions and any other Sub-Contract Document the Sub-Contract Conditions shall prevail.

1·7 ·1 If in the Sub-Contract Documents the Sub-Contractor is required to enter into a sub-sub-contract or a contract of sale with a person other than the Contractor, then clauses 1·7·2 to 1·7·4 shall apply.

     ·2 If the said sub-sub-contract or contract of sale in any way restricts, limits or excludes the liability of the sub-sub-contractor or supplier in respect of work or services carried out or the goods or materials supplied then the Sub-Contractor shall forthwith inform the Contractor in writing of the restriction, limitation or exclusion who shall thereupon send a copy of such information to the Architect.

     ·3 Where the Contractor, and the Architect through the Contractor, have specifically approved in writing the said restriction, limitation or exclusion, the liability of the Sub-Contractor to the Contractor in respect of the said work, services, materials or goods shall be restricted, limited or excluded to the same extent as the liability of the sub-sub-contractor or supplier to the Sub-Contractor is restricted, limited or excluded.

JCT Nominated Sub-Contract Conditions NSC/C

.4 The Sub-Contractor shall not be obliged to enter into a sub-sub-contract or a contract of sale as aforesaid until the specific written approval referred to above has been obtained.

1·8 If the Sub-Contractor shall find any discrepancy in, or divergence between any two or more of, the documents referred to in clause 2·3 of the Main Contract Conditions, including a divergence between parts of any one of them or between documents of the same description, he shall immediately give to the Contractor a written notice specifying the discrepancy or divergence, and the Contractor shall forthwith send that notice to the Architect and request instructions under clause 2·3 of the Main Contract Conditions.

Execution of the Sub-Contract Works—Sub-Contractor's obligations

1·9
- .1 The Sub-Contractor shall carry out and complete the Sub-Contract Works in compliance with the Sub-Contract Documents and in conformity with all reasonable directions and requirements of the Contractor (so far as they may apply) regulating for the time being the due carrying out of the Works.
- .2 All materials and goods shall, so far as procurable, be of the kinds and standards described in the Sub-Contract Documents provided that where and to the extent that approval of the quality and standards of materials and goods is a matter for the opinion of the Architect such quality and standards shall be to the reasonable satisfaction of the Architect.
- .3 All workmanship shall be of the standards described in the Sub-Contract Documents, or, to the extent that no such standards are described in the Sub-Contract Documents, shall be of a standard appropriate to the Sub-Contract Works provided that where and to the extent that approval of workmanship is a matter for the opinion of the Architect such workmanship shall be to the reasonable satisfaction of the Architect.
- .4 All work shall be carried out in a proper and workmanlike manner.

Sub-Contractor's liability under incorporated provisions of the Main Contract—acts or omissions of Employer or Contractor etc. (1·10 and 1·11)

1·10 The Sub-Contractor shall:
- .1 observe, perform and comply with all the provisions of the Main Contract on the part of the Contractor to be observed, performed and complied with so far as they relate and apply to the Sub-Contract Works (or any portion of the same). Without prejudice to the generality of the foregoing, the Sub-Contractor shall observe, perform, and comply with the following provisions of the Main Contract Conditions: clauses 6, 7, 9, 16, 32, 33 and 34; and
- .2 indemnify and save harmless the Contractor against and from:
  - 2·1 any breach, non-observance or non-performance by the Sub-Contractor or his servants or agents or sub-sub-contractors of any of the provisions of the Main Contract and
  - 2·2 any act or omission of the Sub-Contractor or his servants or agents or sub-sub-contractors which involves the Contractor in any liability to the Employer under the provisions of the Main Contract.

Section 1: Intentions of the Parties

1·11 Nothing contained in the Sub-Contract Documents shall be construed so as to impose any liability on the Sub-Contractor in respect of any default, whether by act or omission, on the part of the Employer, the Contractor, his other sub-contractors or their respective servants or agents or sub-sub-contractors nor (except by way of and in the terms of the Agreement NSC/W) create any privity of contract between the Sub-Contractor and the Employer or between the Sub-Contractor and any other sub-contractor.

Bills of quantities—Standard Method of Measurement
1·12 Subject always to clause 1·6, if bills of quantities are a Sub-Contract Document:
- ·1 such bills, unless otherwise specifically stated in respect of any specified item or items, are to have been prepared in accordance with the Standard Method of Measurement of Building Works, 7th Edition published by the Royal Institution of Chartered Surveyors and the Building Employers Confederation;
- ·2 if in the bills of quantities there is any departure from the method of preparation referred to in clause 1·12·1 or any error in description or in quantity or omission of items (including any error in or omission of information in any item which is the subject of a provisional sum for defined work) then such departure or error or omission shall not vitiate this Sub-Contract but the departure or error or omission shall be corrected; where the description of a provisional sum for defined work* does not provide the information required by General Rule 10·3 in the Standard Method of Measurement the correction shall be made by correcting the description so that it does provide such information; any correction under this clause 1·12·2 shall be treated as if it were a Variation required by an instruction of the Architect under clause 13·2 of the Main Contract Conditions;
- ·3 the quality and quantity of the work included in the Sub-Contract Sum or Tender Sum shall be deemed to be that which is set out in the bills of quantities.

Benefits under Main Contract
1·13 The Contractor will so far as he lawfully can at the request of the Sub-Contractor obtain for him any rights or benefits of the provisions of the Main Contract so far as the same are applicable to the Sub-Contract Works and not inconsistent with the express terms of the Sub-Contract but not further or otherwise. Any action taken by the Contractor in compliance with any aforesaid request shall be at the cost of the Sub-Contractor and may include the provision by the Sub-Contractor of such indemnity and security as the Contractor may reasonably require.

Strikes—loss or expense (1·14 and 1·15)
1·14 If the Works or the Sub-Contract Works are affected by a local combination of workmen, strike or lockout affecting any of the trades employed upon the Works or any of the trades engaged in the preparation, manufacture or transportation of any of the goods or materials required for the Works:

.1 neither the Contractor nor the Sub-Contractor shall be entitled to make any claim upon the other for any loss and/or expense resulting from such action as aforesaid;
.2 the Contractor shall take all reasonably practicable steps to keep the site open and available for the use of the Sub-Contractor;
.3 the Sub-Contractor shall take all reasonably practicable steps to continue with the Sub-Contract Works.

1·15 Nothing in Clause 1·14 shall affect any other right of the Contractor or the Sub-Contractor under the Sub-Contract if such action as aforesaid occurs.

Section 1.

This deals with miscellaneous provisions of the Sub-Contract as follows:

Clauses 1.1 to 1.4.	Interpretation, Definitions etc.
Clauses 1.5 to 1.8.	The Sub-Contract.
Clause 1.9.	Sub-Contractor's obligations.
Clauses 1.10 to 1.11.	Sub-Contractor's liability under incorporated provisions of the Main Contract.
Clause 1.12.	Bills of Quantities etc.
Clause 1.13.	Benefits under the Main Contract.
Clauses 1.14 to 1.15.	Strikes, loss or expense.

Clause 1.4. (Formerly clause 1.3 of NSC/4). This interpretation and definitions clause is the equivalent of clause 1 of the Main Contract. See commentary to that clause on p. 541.

The definition of "Variation" is the same as that in clause 13 of the Main Contract, except that there is no equivalent in the Sub-Contract of the exclusion in clause 13.1.3. This definition makes clear that where the Employer has not in the Contract or Sub-Contract documents imposed any obligations or restrictions of the type identified in paragraph 2 of the definition, such obligations may nevertheless be imposed by a Variation instruction. This is complementary with the identical provision of the Main Contract.

In the Sub-Contract there is no power of nomination, but clause 1.7.1 contemplates that the Sub-Contractor may be required to enter into a sub-sub-contract or a contract of sale with a person or persons other than the Contractor.

Clauses 1.5 to 1.8: Sub-Contract Documents

Clause 1.5. (Formerly clause 2.1 of NSC/4). The Sub-Contract Documents are Agreement NSC/A, with the documents annexed to it, and Sub-Contract Conditions NSC/C.

Clause 1.6. (Formerly clause 2.2 of NSC/4). *"If any conflict appears..."*
With the exception of the terms of the Main Contract as described by or

Section 1: Intentions of the Parties

referred to in NSC/T Part 1 items 1 to 11, Agreement NSC/A and Conditions NSC/C are the prevailing documents. The terms of the Main Contract as described by or referred to in NSC/T are to prevail over other Sub-Contract Documents. It is unlikely that there will be any conflict between the terms of the Main Contract and Agreement NSC/A itself, but the terms of the Main Contract might be differently described in, for example, the introduction to a Sub-Contract specification. Note that this clause does not refer to the terms of the Main Contract simpliciter, but to the terms of the Main Contract as described by or referred to in NSC/T Part 1. This provides for extensive transcription or details of the terms of the Main Contract. If mistakes are made in this transcription, it seems that the mistakes will be perpetuated into the Sub-Contract, unless the Sub-Contract could be rectified.[1]

Clause 1.7.2. (Formerly clause 2.3.2. of NSC/4). *"if the said sub-sub-contract or contract of sale . . . restricts, limits or excludes the liability . . ."*

This clause contemplates the possibility that the Sub-Contract Documents may require the Sub-Contractor to enter into a sub-sub-contract or a contract of sale with particular persons. The Sub-Contractor is not obliged to do so, where the sub-sub-contract or Contract of Sale contains terms restricting, limiting or excluding the liability of the sub-sub-contractor or the supplier, until the specific written approval of the Contractor and the Architect has been obtained. If that approval is obtained, the Sub-Contractor's own liability to the Contractor is to be equivalently restricted, limited or excluded. It is unclear how specific a requirement is needed in the Sub-Contract Documents for these provisions to apply. Reference to clauses 36.1 and 36.5 of the Main Contract might indicate that the specification of a "sole supplier" might be sufficient. It should, however, be noted that, if the construction of clause 36.5 of the Main Contract suggested in the commentary to clause 36 is correct, the Architect's power to approve restrictions, limitations or exclusions of liability is wider under clause 1.7.3 of NSC/C than for Nominated Suppliers under clause 36.5 of the Main Contract.

Clause 1.9: Execution of Sub-Contract Works—Sub-Contractor's Obligations

Generally. Clause 1.9 in substance reproduces in the Sub-Contract context equivalent provisions of the Main Contract as follows:

clause 1.9.1 is the equivalent of Main Contract clause 2.1;
clause 1.9.2 is the equivalent of Main Contract clause 8.1.1;
clause 1.9.3 is the equivalent of Main Contract clause 8.1.2;
clause 1.9.4 is the equivalent of Main Contract clause 8.1.3.

See the commentary on those Main Contract clauses.

---

[1] For rectification, see p. 288.

Clause 1.9.2 to 1.9.4. (Formerly clause 4.1.2 to 4.1.4 of NSC/4). These provisions are complementary to the redrafted clause 8.1 of the Main Contract. The requirement that all materials and goods should be of the kinds and standard described in the Sub-Contract Documents is qualified by the words "so far as procurable" (clause 1.9.2). The requirement for workmanship is that it should be "of a standard appropriate to the Sub-Contract Works" if no standards are specified in the Sub-Contract Documents (clause 1.9.3).

Clause 1.9.4. This clause makes express the implied obligation of the Sub-Contractor to carry out work in a proper and workmanlike manner.

Clauses 1.10 and 1.11: Sub-Contractor's liability under incorporated provisions of the Main Contract

Generally. These clauses oblige the Sub-Contractor so to perform his obligations under the Sub-Contract that his performance shall *pro tanto* constitute performance of the Main Contractor's obligations under the Main Contract. The Sub-Contractor indemnifies the Main Contractor against failure to achieve such performance.

Clause 1.10.1. (Formerly 5.1.1 of NSC/4). *"The Sub-Contractor shall... comply with all the provisions of the Main Contract..."*

Consistently with clause 1.6, it is the terms of the Main Contract as transcribed into NSC/T Part 1 that are to be complied with (see commentary to Sub-Contract clause 1.6). The Sub-Contractor does not, of course, become a party to the Main Contract (see clause 1.11), and his obligation to comply with the terms of the Main Contract, being an obligation to the Contractor, only extends so far as the provisions of the Main Contract relate and apply to the Sub-Contract Works. The second sentence of clause 1.10.1 refers to seven specific Main Contract clauses which the Sub-Contractor is to comply with. These are, it seems, given what might appear to be misleading prominence because they deal with matters which are not specifically dealt with elsewhere in the Sub-Contract.[2]

Clause 1.10.2. (Formerly 5.1.2 of NSC/4). *"The Sub-Contractor shall... indemnify... the Contractor..."*

This important indemnity clause gives the Main Contractor rights in excess of the ordinary right to claim damages for breach of clause 1.10.1. In particular, the period of limitation may be extended.[3]

---

[2] For a case where the Court of Appeal considered the effect of incorporating terms of a Main Contract into a Sub-Contract, see *Brightside Kilpatrick v. Mitchell Construction (1973)* [1975] 2 Lloyd's Rep. 493 (C.A.).
[3] See p. 408.

Section 1: Intentions of the Parties

Clause 1.12 (formerly clause 18 of NSC/4): Bills of Quantities—Standard Method of Measurement

Clauses 1.12.1 and 1.12.2 are the Sub-Contract equivalent of clauses 2.2.2.1 and 2.2.2.2, respectively of the Main Contract. Clause 1.12.3 is the Sub-Contract equivalent of clause 14.1 of the Main Contract. See commentaries to clauses 2 and 14 of the Main Contract. The introductory words to clause 1.12 recognise the possibility that Bills of Quantities may not be a Sub-Contract Document.

Clause 1.13 (formerly clause 22 of NSC/4): Benefits under Main Contract

This clause should be read with clauses 2.7, 3.11 and 4.20 and see commentary to clause 3.11. Under those clauses, the Sub-Contractor has an express right to take proceedings himself. There are other rights under the Main Contract for which the Sub-Contractor is not given an express right to take proceedings, *e.g.* under clause 4.38 of the Sub-Contract. The extent of the duty of the Contractor under clause 1.13 is not altogether clear. A clause (Clause 12) with substantially the same wording in the pre-1980 Standard "Green Form" of Nominated Sub-Contract was considered at some length by Judge Forbes Q.C. in *Gordon Durham & Co. v. Haden Young*,[4] where he said:

> "It can be seen that clause 12 is expressed in very wide terms. I do not think that it is appropriate or necessary for me to try and identify all the rights and benefits of the main contract which are capable of being regarded as applicable to the sub-contract works. However, I do consider that the powers of an arbitrator to open up, review and revise such things as the decisions and certificates of the architect are benefits of the main contract which are capable, on the facts of a particular case, of being applicable to the sub-contract works. In such a case, clause 12 of the sub-contract entitled to sub-contractor to require the contractor to obtain for the sub-contractor, at the cost of the sub-contractor, the benefit (for example) of the power of an arbitrator to open up, review and revise a decision or certificate of the architect. ... However, such an arbitration under the main contract although initiated by the sub-contractor pursuant to his contractual rights under clause 12 of the sub-contract, is to be distinguished from a 'name borrowing' arbitration. An arbitration under clause 35 of the main contract, which is initiated by the exercise by the sub-contractor of his contractual rights under clause 12 of the sub-contract, is nevertheless an arbitration between main contractor and employer which is controlled and conducted by the main contractor and in which only the main contractor and the employer are entitled to be heard. However, it is difficult to see how clause 12 can be used when the main

---

[4] (1990) 52 B.L.R. 61 at 81.

contractor disagrees with the claim that the sub-contractor wishes to make. This is particularly so if the sub-contractor is seeking a benefit under the main contract which conflicts with the main contractor's rights under the main contract; eg where (as here) the sub-contractor seeks a revision of a clause 27(d)(ii) certificate on the basis that delay to the progress of the sub-contract works resulted, at least in part, from some act or omission on the part of the main contractor."

In addition to the matters identified in this passage, the clause presumably requires the Contractor, for example, to arrange for meetings with the Architect or Employer, write letters and perhaps even, at the Sub-Contractor's expense, take legal advice upon matters under the Main Contract which may benefit the Nominated Sub-Contractor. *Gordon Durham & Co. v. Haden Young*[5] also decides that the "name borrowing" provisions are strictly limited to specific matters of dispute which do not involve any conflict with the main contractor.[6] On this basis, a sub-contractor who, for instance, was dissatisfied with the certificate of the Architect under clause 35.15.1 or the Architect's opinion under clause 35.24.1 of the Main Contract would have no obvious route to a remedy under the Sub-Contract, since these are matters which probably do not arise for determination under the Arbitration provisions of the Sub-Contract.[7] In these circumstances the Nominated Sub-Contractor might consider bringing proceedings against Employer, Architect and Main Contractor for a suitable declaration and other relief, although there could be difficulties here arising from *Northern Regional Health Authority v. Derek Crouch*.[8]

Clauses 1.14 to 1.15 (formerly clause 33 of NSC/4): Strikes—loss or expense

The events with which clause 1.14 deals are Relevant Events under both clause 25.4.4 of the Main Contract and clause 2.6.4 of the Sub-Contract. They are thus events entitling the Main Contractor and the Sub-Contractor in appropriate circumstances to extensions of time. They are not, however, events which reappear in clause 26 of the Main Contract or clause 4.38.2 of the Sub-Contract as entitling the Main Contractor or the Sub-Contractor to claim loss and expense, and it is thought, therefore, that clause 1.14 is strictly unnecessary.

---

[5] (1990) 52 B.L.R. 61 at 81.
[6] For "name borrowing" arbitrations, see further commentary to Sub-Contract Clause 3.11.
[7] See *Brightside Kilpatrick v. Mitchell Construction* [1975] 2 Lloyd's Rep. 493 at 497 (C.A.).
[8] [1984] Q.B. 644 (C.A.)—see p. 429. See *ibid.* at 674, where Sir John Donaldson M.R. recognised that "every conceivable complication will arise" if the main contractor disagrees with the case which the nominated sub-contractor wishes to submit.

SECTION 2: COMMENCEMENT AND COMPLETION

Sub-Contractor's obligation—carrying out and completion of Sub-Contract Works—extension of Sub-Contract time (2·1 to 2·7)

2·1 The Sub-Contractor shall carry out and complete the Sub-Contract Works in accordance with the agreed programme details in NSC/T Part 3 item 1, and reasonably in accordance with the progress of the Works but subject to receipt of the notice to commence work on site as detailed in NSC/T Part 3 item 1, and to the operation of clauses 2·2 to 2·7. The Contractor shall give to the Sub-Contractor sufficient information on the progress of the Works to enable him to fulfill his obligation under clauses 2·1 and 2·2.

2·2 ·1 If and whenever it becomes reasonably apparent that the commencement, progress or completion of the Sub-Contract Works or any part thereof is being or is likely to be delayed, the Sub-Contractor shall forthwith give written notice to the Contractor of the material circumstances including the cause or causes of the delay and identify in such notice any matter which in his opinion comes within clause 2·3·1. The Contractor shall forthwith inform the Architect of any such written notice by the Sub-Contractor and submit to the Architect any written representations made to him by the Sub-Contractor as to such cause as aforesaid.

·2 In respect of each and every matter which comes within clause 2·3·1, and identified in the notice given in accordance with clause 2·2·1, the Sub-Contractor shall, if practicable in such notice, or otherwise in writing as soon as possible after such notice:

·2·1 give particulars of the expected effects thereof; and

·2·2 estimate the extent, if any, of the expected delay in the completion of the Sub-Contract Works or any part thereof beyond the expiry of the period or periods stated in the agreed programme details in NSC/T Part 3 item 1, or beyond the expiry of any extended period or periods previously fixed under clauses 2·2 to 2·7 which results therefrom whether or not concurrently with delay resulting from any other matter which comes within clause 2·3·1; and

·2·3 give such further written notices to the Contractor as may be reasonably necessary or as the Contractor may reasonably require for keeping up to date the particulars and estimate referred to in clauses 2·2·2·1 and 2·2·2·2 including any material change in such particulars or estimate.

·3 The Contractor shall submit to the Architect the particulars and estimate referred to in clauses 2·2·2·1 and 2·2·2·2 and the further notices referred to in clause 2·2·2·3 to the extent that such particulars and estimate have not been included in the notice given in accordance with clause 2·2·1 and shall, if so requested by the Sub-Contractor, join with the Sub-Contractor in requesting the consent of the Architect under clause 35·14 of the Main Contract Conditions.

2·3 If on receipt of any notice, particulars and estimate under clause 2·2 and of a request by the Contractor and the Sub-Contractor for his consent under clause 35·14 of the Main Contract Conditions the Architect is of the opinion that:

·1 any of the matters which are stated by the Sub-Contractor to be the cause of the delay is the occurrence of a Relevant Event or is an act, omission or default of the Contractor or any person for whom the Contractor is responsible (*see clause 6·1*); and

·2 the completion of the Sub-Contract Works is likely to be or has been delayed thereby beyond the period or periods stated in the agreed programme details in NSC/T Part 3 item 1, or any revision of such period or periods

then the Contractor shall, with the written consent of the Architect, give in writing to the Sub-Contractor an extension of time by fixing such revised or further revised period or periods for the completion of the Sub-Contract Works as the Architect in his written consent then estimates to be fair and reasonable. The Contractor shall, in agreement with the Architect, when fixing such revised period or periods state:

·3 which of the matters, including any of the Relevant Events, referred to in clause 2·3·1 they have taken into account; and

·4 the extent, if any, to which the Architect, in giving his written consent, has had regard to any instruction under clause 13 of the Main Contract Conditions requiring the omission of any work or obligation or restriction since the previous fixing of any such revised period or periods for the completion of the Sub-Contract Works or any part thereof,

and shall, if reasonably practicable having regard to the sufficiency of the aforesaid notice, particulars and estimate, fix such revised period or periods not later than 12 weeks from the receipt by the Contractor of the notice and of reasonably sufficient particulars and estimates, or, where the time between receipt thereof and the expiry of the period or periods for the completion of the Sub-Contract Works or the applicable part thereof is less than 12 weeks, not later than the expiry of the aforesaid period or periods.

If, upon receipt of the aforesaid notice, particulars and estimate and request of the Contractor and the Sub-Contractor, the Architect is of the opinion that he is unable to give his written consent to any revision or further revision of the period or periods for completion of the Sub-Contract Works or any part thereof, the Architect shall so inform the Contractor who shall inform the Sub-Contractor of the opinion of the Architect not later than 12 weeks from the receipt by the Contractor of the aforesaid notice, particulars and estimate and request by the Sub-Contractor or, where the period of time between such receipt and the expiry of the period or periods for the completion of the Sub-Contract Works or the applicable part thereof is less than 12 weeks, not later than the expiry of the aforesaid period or periods.

2·4 After the first exercise by the Contractor of the duty under clause 2·3, the Contractor, with the written consent of the Architect, may in writing to the Sub-Contractor fix a period or periods for completion of the Sub-Contract Works or the applicable part thereof shorter than that previously fixed under clause 2·3 if, in the opinion of the Architect, the fixing of such shorter period or periods is fair and reasonable having regard to any instructions issued under clause 13 of the Main Contract Conditions requiring the omission of any work

Section 2: Commencement and Completion

or obligation or restriction where such issue is after the last occasion on which the Contractor with the consent of the Architect made a revision of the aforesaid period or periods.

2·5 If the expiry of the period of periods when the Sub-Contract Works should have been completed in accordance with the agreed programme details in NSC/T Part 3 item 1, as revised by any operation of the provisions of clause 2·3 or 2·4, occurs before the date of practical completion of the Sub-Contract Works certified under clause 35·16 of the Main Contract Conditions, the Contractor, with the consent of the Architect, may
and
not later than the expiry of 12 weeks from the aforesaid date of practical completion of the Sub-Contract Works, the Contractor, with the consent of the Architect, shall
either:

·1 fix such a period or periods for completion of the Sub-Contract Works longer than that previously fixed under clause 2·3 or 2·4 as the Architect in his written consent considers to be fair and reasonable having regard to any of the matters referred to in clause 2·3·1 whether upon reviewing a previous decision or otherwise and whether or not such matters have been specifically notified by the Sub-Contractor under clause 2·2·1; or

·2 fix such a period or periods for completion of the Sub-Contract Works shorter than that previously fixed under clause 2·3 or 2·4 as the Architect in his written consent considers to be fair and reasonable having regard to any instruction issued under clause 13 of the Main Contract Conditions requiring the omission of any work or obligation to restriction where such issue is after the last occasion on which the Contractor, with the consent of the Architect, made a revision of the aforesaid period or periods; or

·3 confirm to the Sub-Contractor the period or periods for the completion of the Sub-Contract Works previously fixed.

Provided always the Sub-Contractor shall use constantly his best endeavours to prevent delay in the progress of the Sub-Contract Works or any part thereof, howsoever caused, and to prevent any such delay resulting in the completion of the Sub-Contract Works or any part thereof being delayed or further delayed beyond the period or periods for completion stated in the agreed programme details in NSC/T part 3 item 1; and the Sub-Contractor shall do all that may reasonably be required to the satisfaction of the Architect and the Contractor to proceed with the Sub-Contract Works or any part thereof.

2·6 The following are the Relevant Events referred to in clause 2·3·1:

·1 *force majeure;*
·2 exceptionaly adverse weather conditions;
·3 loss or damage occasioned by any one or more of the Specified Perils;
·4 civil commotion, local combination of workmen, strike or lock-out affecting any of the trades employed upon the Works or any of the trades engaged in the preparation, manufacture or transportation of any of the goods or materials required for the Works;

JCT Nominated Sub-Contract Conditions NSC/C

- ·5 compliance by the Contractor and/or the Sub-Contractor with the Architect's instructions:
- ·5·1 under clauses 2·3, 13·2, 13·3 (except, where bills of quantities are included in the Numbered Documents, compliance with an Architect's instruction for the expenditure of a provisional sum for defined work*), 23·2, 34, 35 or 36 of the Main Contract Conditions, or
- ·5·2 in regard to the opening up for inspection of any work covered up or the testing of any of the work, materials or goods in accordance with clause 8·3 of the Main Contract Conditions (including making good in consequence of such opening up or testing) unless the inspection or test showed that the work, materials or goods were not in accordance with the Main Contract or the Sub-Contract as the case may be;
- ·6 the Contractor, or the Sub-Contractor through the Contractor, not having received in due time necessary instructions (including those for or in regard to the expenditure of provisional sums), drawings, details or levels from the Architect for which the Contractor, or the Sub-Contractor through the Contractor, specifically applied in writing provided that such application was made on a date which having regard to the Completion Date or the period or periods for the completion of the Sub-Contract Works was neither unreasonably distant from nor unreasonably close to the date on which it was necessary for the Contractor or the Sub-Contractor to receive the same;
- ·7 delay on the part of nominated sub-contractors (other than the Sub-Contractor) or of nominated suppliers in respect of the Works which the Contractor has taken all practicable steps to avoid or reduce;
- ·8·1 the execution of work not forming part of the Main Contract by the Employer himself or by persons employed or otherwise engaged by the Employer as referred to in clause 29 of the Main Contract Conditions or the failure to execute such work;
- ·8·2 the supply by the Employer of materials and goods which the Employer has agreed to provide for the Works or the failure so to supply;
- ·9 the exercise after the Base Date by the United Kingdom Government of any statutory power which directly affects the execution of the Works by restricting the availability or use of labour which is essential to the proper carrying out of the Works, or preventing the Contractor or the Sub-Contractor from, or delaying the Contractor or the Sub-Contractor in, securing such goods or materials or such fuel or energy as are essential to the proper carrying out of the Works;
- ·10·1 the Contractor's or the Sub-Contractor's inability for reasons beyond his control and which he could not reasonably have foreseen at the Base Date for the purposes of the Main Contract or the Sub-Contract as the case may be to secure such labour as is essential to the proper carrying out of the Works; or
- ·10·2 the Contractor's or the Sub-Contractor's inability for reasons beyond his control and which he could not reasonably have foreseen at the Base Date for the purposes of the Main Contract or the Sub-Contract as the

Section 2: Commencement and Completion

·11   case may be to secure such goods or materials as are essential to the proper carrying out of the Works;
·11 the carrying out by a local authority or statutory undertaker of work in pursuance of its statutory obligations in relation to the Works, or the failure to carry out such work;
·12 failure of the Employer to give in due time ingress to or egress from the site of the Works or any part thereof through or over any land, buildings, way or passage adjoining or connected with the site and in the possession and control of the Employer, in accordance with the Contract Bills and/or the Contract Drawings, after receipt by the Architect of such notice, if any, as the Contractor is required to give, or failure of the Employer to give such ingress or egress as otherwise agreed between the Architect and the Contractor;
·13 the valid exercise by the Sub-Contractor of the right in clause 4·21 to suspend the further execution of the Sub-Contract Works;
·14 where it is stated in the completed Appendix of the Main Contract Conditions (attached to NSC/T Part 1 or, if different, in the completed Appendix of the Main Contract Conditions enclosed with the copy of Nomination NSC/N sent to the Sub-Contractor by the Architect) that clause 23·1·2 of the Main Contract Conditions applies to the Main Contract, any deferment by the Employer in giving possession of the site of the Works to the Contractor.
·15 where bills of quantities are included in the Numbered Documents, by reason of the execution of work for which an Approximate Quantity is included in those bills which is not a reasonably accurate forecast of the quantity of work required.

2·7 If the Sub-Contractor shall feel aggrieved by:
    a failure of the Architect to give the written consent referred to in clause 2·3; and/or
    a failure of the Architect to give the written consent referred to in clause 2·3 within the period allowed in that clause; and/or
    the terms of any written consent referred to in clause 2·3
then, subject to the Sub-Contractor giving the Contractor such indemnity and security as the Contractor may reasonably require, the Contractor shall allow the Sub-Contractor to use the Contractor's name and if necessary will join with the Sub-Contractor in arbitration proceedings at the instigation of the Sub-Contractor to decide the matter as aforesaid.

Failure of Sub-Contractor to complete on time (2·8 and 2·9)

2·8 If the Sub-Contractor fails to complete the Sub-Contract Works or any part thereof within the period or periods for completion stated in the agreed programme details in NSC/T Part 3 item 1 or any revised period or periods fixed under clauses 2·2 to 2·7, the Contractor shall so notify the Architect and give to the Sub-Contractor a copy of such notification.

2·9 The Sub-Contractor shall pay or, subject to clauses 4·26 to 4·29, allow to the Contractor a sum equivalent to any loss and/or damage suffered or incurred by the Contractor and caused by the failure of the Sub-Contractor as aforesaid.

Provided that the Contractor shall not be entitled to such sum unless the Architect in accordance with clause 35·15 of the Main Contract Conditions shall have issued to the Contractor (with a copy to the Sub-Contractor) a certificate in writing certifying any failure notified under clause 2·8.

Practical completion of Sub-Contract Works—liability for defects (2·10 to 2·14)

2·10 If the Sub-Contractor notifies the Contractor in writing of the date when in the opinion of the Sub-Contractor the Sub-Contract Works will have reached practical completion, the Contractor shall immediately pass to the Architect any such notification together with any observations thereon by the Contractor. A copy of any such observations must immediately be sent by the Contractor to the Sub-Contractor.

2·11 Practical completion of the Sub-Contract Works shall be deemed to have taken place on the day named in the certificate of practical completion of the Sub-Contract Works issued by the Architect under clause 35·16 of the Main Contract Conditions or, where clause 18 of the Main Contract Conditions applies, as provided in clause 18·1·1 of the Main Contract Conditions.

2·12 Subject to clauses 17·2 to 17·5 of the Main Contract Conditions but without prejudice to the obligation of the Sub-Contractor to accept a similar liability to any liability of the Contractor under the Main Contract to remedy defects in the Sub-Contract Works, the Sub-Contractor shall be liable to make good at his own cost and in accordance with any instruction of the Architect or direction of the Contractor all defects, shrinkages and other faults in the Sub-Contract Works or in any part thereof considered necessary by reason by such defects, shrinkages or other faults due to materials or workmanship not in accordance with the Sub-Contract or due to frost occurring before the date of practical completion of the Sub-Contract Works.

2·13 Where under clause 17·2 or clause 17·3 of the Main Contract Conditions an appropriate deduction from the Contract Sum is made then to the extent that such deduction is relevant to the Sub-Contract Works a pro rata share of such appropriate deduction shall be borne by the Sub-Contractor; and such share may be deducted from any monies due or to become due to the Sub-Contractor under the Sub-Contract or may be recoverable by the Contractor from the Sub-Contractor as a debt.

2·14 The Sub-Contractor upon practical completion of the Sub-Contract Works shall properly clear up and leave the Sub-Contract Works, and all areas made available to him for the purpose of executing them and, so far as used by him for that purpose, clean and tidy to the reasonable satisfaction of the Contractor.

Adaptation—Main Contract Conditions with Sectional Completion Supplement

2·15 Where in NSC/T Part 1 item 1, it is stated that the Sectional Completion Supplement (JCT Practice Note 1) applied to the Main Contract Conditions and a copy of the completed "Appendix (Sectional Completion Supplement)" has been attached to NSC/T Part 1 item 6 and/or enclosed with the copy of Nomination NSC/N sent to the Sub-Contractor by the Architect, the Sub-

Section 2: Commencement and Completion

Contract Conditions shall be deemed to incorporate the modifications set out in the "NSC/C Sectional Completion Supplement" at pages 67 and 68 of these Conditions.

Section 2.

This deals with provisions of the Sub-Contract relating to commencement and completion as follows:

Clauses 2.1 to 2.7.	Sub-Contractor's obligation—carrying out and completion of Sub-Contract Works—extension of Sub-Contract Time.
Clauses 2.8 to 2.9.	Failure of Sub-Contractor to complete on time.
Clauses 2.10 to 2.14.	Practical Completion of Sub-Contract Works, liability for defects.
Clause 2.15.	Adaptation—Main Contract Conditions with Sectional Completion Supplement.

Clauses 2.1 to 2.7 (formerly clause 11 of NSC/4): Sub-Contractor's obligation—carrying out and completion of Sub-Contract Works—extension of Sub-Contract time

Generally. Clauses 2.1 to 2.7 are the sub-contract equivalent of clauses 23.1 and 25 of the Main Contract. See the commentary on those Main Contract clauses. There are certain differences between this clause and the Main Contract clauses as follows:

(a) in clause 23.1 of the Main Contract, the Main Contractor is obliged to proceed "regularly and diligently". In clause 2.1 of the Sub-Contract, the Sub-Contractor is obliged to carry out and complete the Sub-Contract Works "in accordance with the agreed programme details ... and reasonably in accordance with the progress of the Works".[9]

(b) under clause 25.3.1 of the Main Contract, extensions of time are granted by the Architect. Under clause 2.3 of the Sub-Contract, extensions of time are granted by the Contractor, but with the written consent of the Architect. See clause 35.14 of the Main Contract, and see also commentary below.

(c) there are two grounds for extension of time in clause 2.6 of the Sub-Contract which do not appear in clause 25 of the Main Contract. These are:

(i) "an act, omission or default of the Contractor..." in clause 2.3.1, and
(ii) the additional Relevant Event in clause 2.6.13, *i.e.* the valid exercise by the Sub-Contractor of a right to suspend the Sub-Contract Works.

Clause 2.1. (Formerly 11.1 of NSC/4). *"... in accordance with the agreed programme details in NSC/T Part 3 item 1..."*

---

[9] See commentary to clause 2.1 and see also the commentary to the Amendments to section 7 below.

It may be anticipated that a period for completion of the Sub-Contract and a Sub Contract Completion Date will have been agreed. The Sub-Contractor is obliged to carry out the Sub-Contract Works "reasonably in accordance with the progress of the Works" subject to extensions of time under clause 2.3. The express obligation which appeared in clause 8(a) of the former "Green Form" of Nominated Sub-Contract that the Sub-Contractor should proceed "with due expedition" is not perpetuated in NSC/C. Failure without reasonable cause "to proceed with the Sub-Contract Works in the manner provided in clause 2.1" is a ground for determination of the Sub-Contractor's employment under clause 7.1.2 (but see commentary on the 1992 Amendments to clause 7 at p. 919).

A distinction is to be drawn between an obligation to complete and an obligation to proceed at a particular speed or in a particular manner towards completion. Disputes often arise, especially on large building projects with many Sub-Contractors, about the speed or manner in which a Sub-Contractor is obliged or entitled to proceed. This occurs particularly where a Main Contractor's programme is dislocated by a variety of causes some or all of which may have nothing to do with the particular Sub-Contractor. Each such dispute will have its particular facts. Generally, however, it is submitted that upon the construction of this Sub-Contract or as a matter of necessary implication:

(a) the Sub-Contractor is both obliged and entitled to start his Sub-Contract Works at the time provided in the agreed programme details. If he fails to do so, having been given notice to commence work, he will be in breach of contract. If the Contractor is unable to permit him so to start, the Contractor will be in breach of contract.

(b) the Sub-Contractor, having started the Sub-Contract Works, is obliged and entitled to carry them out in accordance with the agreed programme detail and at such a pace as will enable him to complete in accordance with the agreed programme details. This obligation and right is qualified by the provisions in clause 2.3 for extensions of time, and further qualified to the extent that the Sub-Contractor is obliged to proceed "reasonably in accordance with the progress of the Works". It is suggested that this last obligation presupposes that the Main Contract Works are proceeding "regularly and diligently" (see clause 23.1 of the Main Contract), and that it is not to be construed as obliging the Sub-Contractor to proceed without recompense in accordance with a Main Contract progress which is not in accordance with the agreed Sub-Contract programme details.[10]

(c) if the Sub-Contractor fails to proceed in accordance with the obligations outlined in (b) above, he will be in breach of contract. If the Main Contractor is unable to permit the Sub-Contractor to

---

[10] The approach suggested in this sentence was approved in *Pigott Foundations Ltd. v. Shepherd Construction Ltd* (1993) 67 B.L.R. 48 at 62 (considering clause 11.1 of DOM/1).

Section 2: Commencement and Completion

    proceed in accordance with the rights outlined in (b) above, he will be in breach of contract.

(d) some of the consequences of failures referred to in (a) and (c) above are dealt with in clause 4.38 of the Sub-Contract (see below).

(e) if the Sub-Contractor fails to complete the Sub-Contract Works in accordance with and subject to clause 2.1, he will be in breach of contract and is liable to the Contractor in damages. He will also be liable to the Employer under clause 3.3.2 of Agreement NSC/W.

Clause 2.3. (Formerly 11.2.2 of NSC/4). *"... the Contractor shall, with the written consent of the Architect, give ... an extension of time ..."*

The scheme for granting extensions of time to the Sub-Contractor is essentially the same as that contained in clause 8(b) of the former "Green Form" of Nominated Sub-Contract. The Sub-Contractor gives notice of material circumstances (clause 2.2.1) and also gives the particulars and estimate required by clause 2.2.2. The Contractor submits these to the Architect with a request for the Architect's consent to an extension of time under clause 35.14 of the Main Contract. The Architect is then required by clause 35.14.2 of the Main Contract to express (or refuse to express) the opinion envisaged by clause 2.3 of the Sub-Contract, and, if appropriate, to estimate a fair and reasonable extension of time for the Sub-Contract Works and give his written consent to such an extension. The Contractor then gives the Sub-Contractor that extension. The Sub-Contractor must be notified where the Architect is of the opinion that he will not consent to the Contractor granting an extension of time to the Sub-Contractor (final paragraph of clause 2.3).

Cumbersome though it may be, this machinery is in a sense straightforward. Nevertheless, there are practical difficulties and the granting of extensions of time to Nominated Sub-Contractors under clause 8(b) of the "Green Form" did not work well. This was for two principal reasons. First, as often as not, the Contractor has an interest not to promote a Sub-Contractor's request for extension. If the Sub-Contractor's ground for an extension is "an act, omission or default of the Contractor ... or any person for whom the Contractor is responsible ..." (clause 2.3.1) the Contractor's interest is obvious. Even if the ground for extension is a Relevant Event under clause 2.6, the Contractor still has an interest, where the Main Contract is generally delayed, in denying his Sub-Contractors extensions of time, since by this means the Sub-Contractors may be liable to him for the delay. Secondly, Architects frequently do not know all the facts relevant to the grant or refusal of an extension of time for the Sub-Contract Works. They usually do not see correspondence passing between the Contractor and the Sub-Contractor and often do not attend Sub-Contractors' site meetings. However, a close analysis of clause 2.3 indicates, it seems, that the decision whether or not to grant an extension of time for the Sub-Contract Works is in effect the Architect's alone. It is the Architect's opinion in the opening words of clause 2.3 that governs the giving of the extension and the Architect's estimate of a fair and reasonable extension that the Contractor is to grant. Although the Contractor has an executive function, he is not, it seems, required to exercise any judgment. There seems no reason why the difficulties in operating the Green Form should not apply to NSC/C.

Clause 2.6.13. (Formerly 11.2.5.13 of NSC/4). *"the valid exercise by the Sub-Contractor of the right ... to suspend ..."*

Under Sub-Contract clause 4.21, the Sub-Contractor is in certain circumstances where he has not received payment entitled to suspend the further execution of the Sub-Contract Works. By clause 4.21.2 such a period of suspension is not a delay for which the Sub-Contractor is liable under the Sub-Contract, and in these circumstances is included as a Relevant Event which has no equivalent in the Main Contract.

Clause 2.6.14. (Formerly 11.2.5.14 of NSC/4). *"... any deferment by the Employer in giving possession of the site ..."*

This Relevant Event brings into the Sub-Contract the consequences of the inclusion in the Main Contract at clause 23.1 of a right for the Employer to defer the giving of possession of the site for a period not exceeding six weeks.

Clause 2.6.16. This new Relevant Event (terrorism *etc.*) was added by Amendment 2 issued in January 1994.

Clause 2.7. (Formerly 11.3 of NSC/4). This clause enables the Sub-Contractor to take arbitration proceedings under the Main Contract in the Contractor's name, if he is aggrieved by the Architect's performance or non-performance of his functions under clause 2.3. For this form of proceeding, see commentary to Subcontract clause 3.11.

Clause 2.8 to 2.9. (Formerly clause 12 of NSC/4): Failure of Sub-Contractor to complete on time

Clause 2.9. (Formerly 12.2 of NSC/4). *"The Sub-Contractor shall pay ... any loss or damage ..."*

This clause is the Sub-Contract equivalent of clause 24 of the Main Contract. In the Sub-Contract the Contractor's damages are not liquidated. A failure by the Sub-Contractor to complete on time will also give rise to a liability to the Employer under clause 3.3.2 of Agreement NSC/W.[11]

Clause 2.9. (Formerly 12.3 of NSC/4). *"The Sub-Contractor shall pay ... or allow ..."*

This provision is subject to clauses 4.26 to 4.29, so that the Contractor will not be able to set-off a claim against the Sub-Contractor under this clause which is not agreed unless the requirements of clauses 4.26 or 4.27 are complied with.[12]

---

[11] See commentary to clause 3.3.2 of NSC/W on p. 954.
[12] This was the conclusion for the equivalent provisions of the Standard Form of Domestic

Section 2: Commencement and Completion

Clause 2.9. (Formerly 12.2 of NSC/4). "... *the Contractor shall not be entitled to such sum unless the Architect ... shall have issued ... a certificate in writing certifying any failure notified under clause 2.8*"

The procedure relating to the certificate must be followed with some care. This matter has been before the Courts on a number of occasions and the following propositions emerge:

(1) the certificate is a condition precedent to the Contractor's right to claim loss or damage for delay.[13]
(2) if there is no such certificate, the Contractor will not be entitled to set-off any claim for the Sub-Contractor's delay in completion against sums due to the Sub-Contractor (see clause 4.27.1).
(3) it follows that where the Contractor seeks to rely upon such a Certificate for the purposes of set-off, it must have been issued prior to the date upon which the monies claimed became due.[14]
(4) the certificate must be clear and unambiguous, stating as required that the Sub-Contract Works ought to have been completed within the specified time or extended period. A bald statement that the Sub-Contractor is in delay will not suffice.[15]
(5) in the absence of such a certificate, the Contractor is not entitled to claim damages for breach of some separate duty to proceed.[16]
(6) the Arbitrator cannot waive the requirement for a certificate.[17]

Clauses 2.10 to 2.14 (formerly clause 14 of NSC/4): Practical Completion of Sub-Contract Works—liability for defects

These clauses are the Sub-Contract equivalent of clause 17 of the Main Contract, but are drafted to recognise the possibility that the Sub-Contract Works may have reached Practical Completion before the Main Contract Works are practically complete. For clause 17 of the Main Contract see above. The Architect's obligation to certify Practical Completion of works executed by a Nominated Sub-Contractor is contained in clause 35.16 of the Main Contract. Upon such certification, clauses 35.17 to 35.19 of the Main Contract come into operation. See also clause 5 of Agreement NSC/W.

Clause 2.15. The Sectional Completion Supplement is not reproduced in this book.

Sub-Contract (DOM/1) in *Hermcrest v. G. Percy Trentham* (1991) 53 B.L.R. 104 (C.A.). In NSC/C, clauses 4.26 and 4.27 are explicit—see p. 862.
[13] See *Brightside Kilpatrick v. Mitchell Construction (1973)* [1975] 2 Lloyd's Rep. 493 (C.A.).
[14] See *William Cox v. Fairclough Building* (1988) 16 Con. L.R. 7.
[15] See *Savage Brothers v. Shillington (Heating & Plumbing)* (1985) 5 Const.L.J. 295 (High Court of Northern Ireland); *Pyrok v. Chee Tai* (1988) 41 B.L.R. 124 (Supreme Court of Hong Kong). It is submitted that these cases were rightly decided and would be followed in England.
[16] *Savage Brothers v. Shillington (Heating & Plumbing)* (1985) 5 Const.L.J. 295 (High Court of Northern Ireland).
[17] *ibid.*

SECTION 3: CONTROL OF THE WORKS

Documents other than Sub-Contract Documents—Sub-Contractor's person-in-charge (3·1 and 3·2)

3·1 Nothing contained in any descriptive schedule or other document issued in connection with and for use in carrying out the Sub-Contract Works shall impose any obligation beyond those imposed by the Sub-Contract Documents.

3·2 The Sub-Contractor shall continually keep upon the Sub-Contract Works while such Sub-Contract Works are being executed a competent person-in-charge and any instruction of the Architect given to him by the Contractor, or any direction given to him by the Contractor, shall be deemed to have been issued to the Sub-Contractor.

Instructions of Architect—directions of Contractor

3·3
·1 The Contractor shall forthwith issue to the Sub-Contractor any written instruction of the Architect issued under the Main Contract affecting the Sub-Contract Works (including the ordering of any Variation therein); and may issue any reasonable direction in writing to the Sub-Contractor in regard to the Sub-Contract Works.

·2 The Sub-Contractor shall forthwith comply with any instruction or direction referred to in clause 3·3·1 save that where such instruction is one requiring a Variation within the definition of "Variation" clause 1·4, paragraph ·2, the Sub-Contractor need not comply to the extent that he makes reasonable objection in writing to such compliance. Upon receipt by the Contractor of any such written objection by the Sub-Contractor, the Contractor shall thereupon submit that objection to the Architect.

·3 If the Architect or the Contractor purports to issue any instruction or direction referred to in clause 3·3·1 otherwise than in writing to the Sub-Contractor or his person-in-charge then such instruction or direction shall be of no immediate effect but shall be confirmed in writing by the Sub-Contractor to the Contractor within 7 days and if not dissented from in writing by the Contractor within 7 days from the receipt of the Sub-Contractor's confirmation shall take effect as from the expiration of the latter said 7 days. Provided always:

·3·1 that if the Contractor within 7 days of such an instruction or direction otherwise than in writing having been issued shall himself confirm the same in writing, then the Sub-Contractor shall not be obliged to confirm as aforesaid and the said instruction or direction shall take effect as from the date of the Contractor's confirmation; and

·3·2 if neither the Contractor nor the Sub-Contractor shall confirm such an instruction or direction in the manner and at the time aforesaid but the Sub-Contractor shall nevertheless comply with the same, then the Contractor may confirm the same in writing (and must if the Architect has confirmed in writing in similar circumstances under the Main Contract) at any time prior to the final payment of the Sub-Contractor in accordance with the Sub-Contract Conditions and the said instruction or direction shall thereupon be deemed to have taken effect on the date on which it was issued.

Section 3: Control of the Works

Work etc. not in accordance with the Sub-Contract (3·4 to 3·9)

3·4 ·1 Where any work, materials or goods are not in accordance with this Sub-Contract ("non-complying work") and the provisions of clause 8·4 of the Main Contract Conditions ("Main Contract 8·4") are operated in respect of such non-complying work clauses 3·5, 3·6, 3·7·1 and 3·9 shall apply.

·2 Where there is any failure to comply with clause 1·9·4 in regard to carrying out the work in a proper and workmanlike manner and the provisions of clause 8·5 of the Main Contract Conditions ("Main Contract 8·5") are operated in respect of such failure clauses 3·7·2 and 3·9 shall apply.

·3 Where the Architect consults with the Contractor as required by Main Contract 8·4 and 8·5 the Contractor shall immediately, as required by Main Contract 8·4·2, 8·4·3 and 8·5, consult with the Sub-Contractor and report the outcome of such consultation to the Architect in writing with a copy of that report to the Sub-Contractor.

3·5 The Sub-Contractor shall comply

·1 with any instructions under Main Contract 8·4·1 issued to the Sub-Contractor by the Contractor pursuant to clause 3·3·1; and

·2 with any instructions under Main Contract 8·4·3 issued to the Sub-Contractor by the Contractor pursuant to clause 3·3·1 requiring a Variation to the extent that they are reasonably necessary as a consequence of an instruction under Main Contract 8·4·1; and to the extent that such instructions are so necessary and notwithstanding clauses 4·4 to 4·9 (*Valuation of Variations and provisional sum work*) and clauses 4·10 to 4·13 (*Valuation of all work comprising the Sub-Contract Works*), clause 2·3 (*extension of Sub-Contract time*) and clauses 4·38 to 4·41 (*matters affecting regular progress—direct loss and/or expense*) no adjustment shall be made to the Sub-Contract Sum or be included in the computation of the Ascertained Final Sub-Contract Sum and no extension of time shall be given.

3·6 ·1 Where the Architect under Main Contract 8·4·2 allows all or any non-complying work to remain the Contractor shall so inform the Sub-Contractor in writing and an appropriate deduction shall be made from the Sub-Contract Sum or in the computation of the Ascertained Final Sub-Contract Sum.

·2 The Sub-Contractor shall comply with any instructions under Main Contract 8·4·3 issued to the Sub-Contractor by the Contractor pursuant to clause 3·3·1 requiring a Variation to the extent that they are reasonably necessary as a consequence of the Architect allowing all or any non-complying work to remain; and to the extent that such instructions are so necessary and notwithstanding clauses 4·4 to 4·9 (*Valuation of Variations and provisional sum work*) and clauses 4·10 to 4·13 (*Valuation of all work comprising the Sub-Contract Works*), clause 2·3 (*extension of Sub-Contract time*) and clauses 4·38 to 4·41 (*matters affecting regular progress—direct loss and/or expense*) no adjustment shall be made to the Sub-Contract Sum or be included in the computation of the Ascertained Final Sub-Contract Sum and no extension of time shall be given.

JCT Nominated Sub-Contract Conditions NSC/C

3·7 ·1 Where there is non-complying work the Sub-Contractor shall comply with such instructions issued by the Architect pursuant to Main Contract 8·4·4 and issued to the Sub-Contractor by the Contractor pursuant to clause 3·3·1 to open up for inspection or to test as are reasonable in all the circumstances to establish to the reasonable satisfaction of the Architect the likelihood or extent, as appropriate to the circumstances, of any further similar non-compliance. To the extent that such instructions are so reasonable, whatever the results of the opening up for inspection or test and notwithstanding clause 8·3 of the Main Contract Conditions and clauses 4·38 to 4·41 (*matters affecting regular progress—direct loss and/or expense*) no addition shall be made to the Sub-Contract Sum nor shall any monies be included in the computation of the Ascertained Final Sub-Contract Sum in respect of such instructions. Clause 2·6·5·2 shall apply unless as stated therein the inspection or test showed that the work, materials or goods were not in accordance with this Sub-Contract.

·2 Where there is any failure to comply with clause 1·9·4 as referred to in clause 3.4.2 the Sub-Contractor shall comply with such instructions issued by the Architect pursuant to Main Contract 8·5 and issued to the Sub-Contractor pursuant to clause 3·3·1 whether requiring a Variation or otherwise to the extent that they are reasonably necessary as a consequence thereof; and to the extent that such instructions are so necessary and notwithstanding clauses 4·4 to 4·9 (*Valuation of Variations and provisional sum work*) and clauses 4·10 to 4·13 (*Valuation of all work comprising the Sub-Contract Works*), clause 2·3 (*extension of Sub-Contract time*) and clauses 4·38 to 4·41 (*matters affecting regular progress—direct loss and/or expense*) no adjustment shall be made to the Sub-Contract Sum, or be included in the computation of the Ascertained final Sub-Contract Sum and no extension of time shall be given in respect of compliance by the Sub-Contractor with such instructions.

3·8 ·1 Where compliance by the Contractor or by any other nominated sub-contractor with any instruction or other exercise of a power of the Architect under Main Contract 8·4 and/or 8·5 necessarily results in work properly executed or materials or goods properly fixed or supplied under this Sub-Contract having to be taken down and/or re-executed or re-fixed or re-supplied, the Sub-Contractor shall, in accordance with directions, so take down and/or re-execute or re-fix or re-supply if the direction so to do is issued at any time before the date of practical completion of the Sub-Contract Works (as referred to in clause 2·11). A copy of such directions shall be sent forthwith by the Contractor to the nominated sub-contractor in respect of whose non-complying work or failure to carry out work in a proper and workmanlike manner the Architect issued instructions or allowed non-complying work to remain under Main Contract 8·4 or 8·5.

·2 The Sub-Contractor shall be paid by the Contractor on the basis of a fair valuation for any taking down and/or re-execution or re-fixing or re-supply directed under clause 3·8·1 and which has been carried out by the Sub-Contractor and the provisions of clause 2·3 (*extension of Sub-Contract time*) and clauses 4·38 to 4·41 (*matters affecting regular progress—direct loss and/or expense*) shall apply in respect of any com-

Section 3: Control of the Works

pliance with directions to which clause 3·8·1 refers. The payment to which clause 3·8·2 refers shall be made by the Contractor within 14 days after the end of the month during which the taking down and/or re-execution or re-fixing or re-supply was carried out.

3·9 The Sub-Contractor shall indemnify the Contractor in respect of any liability, and reimburse the Contractor for any costs, which the Contractor has incurred as a direct result of compliance by the Sub-Contractor with clauses 3·5 and/or 3·7·1 and/or 3·7·2 or arising out of the operation of clause 3·8 in other nominated sub-contracts but only to the extent that such operation is a direct result or the provisions of Main Contract 8·4 being operated in respect of non-complying work or Main Contract 8·5 being operated in respect of the failure to carry out work in a proper and workmanlike manner.

Sub-Contractor's failure to comply with directions

3·10 If within 7 days after receipt of a written notice from the Contractor requiring compliance with a direction of the Contractor the Sub-Contractor does not begin to comply therewith, then the Contractor may, if so permitted by the Architect, employ and pay other persons to comply with such direction and all costs incurred in connection with such employment may be deducted from any monies due or to become due to the Sub-Contractor under the Sub-Contract or shall be recoverable by the Contractor from the Sub-Contractor as a debt.

Architect's instructions—statement of authority therefor

3·11 Upon receipt of what purports to be an instruction of the Architect issued in writing by the Contractor to the Sub-Contractor, the Sub-Contractor may require the Contractor to request the Architect to specify in writing the provision of the Main Contract which empowers the issue of the said instruction. The Contractor shall forthwith comply with any such requirement and deliver to the Sub-Contractor a copy of the Architect's answer to the Contractor's request. If the Sub-Contractor shall thereafter comply with the said instruction then the issue of the same shall be deemed for all the purposes of the Sub-Contract to have been empowered by the provision of the Main Contract specified by the Architect in answer to the Contractor's request. Provided always that if before compliance the Sub-Contractor shall have made a written requirement to the Contractor to request the Employer to concur in the appointment of an Arbitrator under the Main Contract Conditions in order that it may be decided whether the provision specified by the Architect empowers the issue of the said instruction then, subject to the Sub-Contractor giving the Contractor such indemnity and security as the Contractor may reasonably require, the Contractor shall allow the Sub-Contractor to use the Contractor's name and if necessary will join with the Sub-Contractor in arbitration proceedings at the instigation of the Sub-Contractor to decide the matter as aforesaid.

Right of access of Contractor and Architect

3·12 The Contractor and the Architect and all persons duly authorised by either of them shall at all reasonable times have access to any work which is being prepared for or will be utilised in the Sub-Contract Works subject to such reasonable restrictions of the Sub-Contractor as are necessary to protect any proprietary right of the Sub-Contractor.

Assignment—sub-letting (3·13 and 3·14)

3·13 The Sub-Contractor shall not without the written consent of the Architect and the Contractor assign the Sub-Contract.

3·14 The Sub-Contractor shall not without the written consent of the Architect and the Contractor (which consents shall not be unreasonably withheld) sub-let any portion of the Sub-Contract Works. In case of any difference of opinion on this issue between the Architect and the Contractor the opinion of the Architect shall prevail. The Sub-Contractor shall remain wholly responsible for carrying out and completing the Sub-Contract Works in all respects in accordance with the Sub-Contract notwithstanding the sub-letting of any portion of the Sub-Contract Works.

General attendance—other attendance etc. (3·15 to 3·18)

3·15 ·1 General attendance shall be provided by the Contractor free of charge to the Sub-Contractor and shall be deemed to include only the use of the Contractor's temporary roads, pavings and paths, standing scaffolding, standing power operated hoisting plant, the provision of temporary lighting and water supplies, clearing away rubbish, provision of space for the Sub-Contractor's own offices and for the storage of his plant and materials and the use of mess rooms, sanitary accommodation and welfare facilities.

·2 Without prejudice to the obligations set out in clause 3·15·1 the Sub-Contractor shall from time to time during the execution of the Sub-Contract Works clear away to a place provided on the site all rubbish resulting from his execution of the Sub-Contract Works and shall keep access to those Sub-Contract Works clear at all times.

3·16 The Contractor shall provide, free of charge to the Sub-Contractor, the other items of attendance detailed in NSC/T Part 1 item 16 and any changes thereto or further items of attendance set out in NSC/T Part 2 page 5 which have been approved by the Architect in Nomination NSC/N.

3·17 Subject to clauses 3·15 and 3·16 the Sub-Contractor shall at his own expense provide, erect, maintain and subsequently remove all necessary workshops, sheds or other temporary buildings for his employees and workmen at or from such places on the site as the Contractor, subject to any reasonable objection by the Sub-Contractor, shall appoint and the Contractor agrees to give all reasonable facilities to the Sub-Contractor for such erection.

3·18 The Contractor, the Sub-Contractor, their employees and workmen respectively in common with all other persons having a like right shall for the purposes of the Works (but not further or otherwise) be entitled to use any erected scaffolding belonging to or provided by the Contractor or the Sub-Contractor as the case may be while it remains so erected upon the site. Provided that such use shall be on the express condition that no warranty or other liability on the part of the Contractor or the Sub-Contractor as the case may be or of their sub-contractors shall be created or implied under the Sub-Contract in regard to the fitness, condition or suitability of the said scaffolding.

Contractor and Sub-Contractor not to make wrongful use of or interfere with the property of the other

3·19   The Contractor and the Sub-Contractor respectively and their respective servants or agents or sub-contractors shall not wrongfully use or interfere with the plant, ways, scaffolding, temporary works, appliances or other property belonging to or provided by the other of them or be guilty of any breach or infringement of any Act of Parliament or bye-law, regulations, order or rule made under the same or by the local or other public or competent authority; provided that nothing herein contained shall prejudice or limit the rights of the Contractor or of the Sub-Contractor in the carrying out of their respective statutory duties or contractual duties under the Sub-Contract or under the Main Contract.

Section 3.

This deals with control of the Sub-Contract Works as follows:

Clauses 3.1 to 3.2.	Documents, person-in-charge.
Clause 3.3.	Instructions of architect—directions of contractor.
Clauses 3.4 to 3.9.	Work etc. not in accordance with the Sub-Contract.
Clause 3.10.	Sub-Contractor's failure to comply with directions.
Clause 3.11.	Architect's instructions—statement of authority therefor.
Clause 3.12.	Right of access of Contractor and Architect.
Clauses 3.13 to 3.14.	Assignment and Sub-Letting.
Clauses 3.15 to 3.18.	General attendance, *etc*.
Clause 3.19.	Contractor and Sub-Contractor not to make wrongful use of property of the other.

Clause 3.3.1. (Formerly 4.2 of NSC/4).   "*the Contractor* ... may issue any reasonable direction ..."

In addition to passing on to the Sub-Contractor Architect's instructions issued under the Main Contract, the Contractor is entitled to issue "any reasonable direction" to the Sub-Contractor. By Clause 3.3.2, the Sub-Contractor is required to comply with any such direction, and this is to be contrasted with directions given to the Contractor by the clerk of works under clause 12 of the Main Contract. See the commentary on Main

Contract, clause 12. The subject-matter of Main Contractor's "directions" must as a matter of construction be different from matters which can be the subject of Architect's instructions under the Main Contract. Thus, for example, it is submitted that orders to remove defective work (see clause 8.4.1 of the Main Contract) or changes coming within the expanded definition of Variations (see clause 13.1 of the Main Contract and 1.4 of the Sub-Contract) cannot come within the ambit of Main Contractor's "directions". For this reason, and because additionally the Sub-Contract does not provide for any financial consequence of Main Contractor's directions, it seems that they will in practice be limited to matters such as the general organisation of the site.

Clause 3.3A. This new sub-clause was introduced into the Sub-Contract by Amendment 2 issued in January 1994. This sets out a new method of valuing a Variation by providing for the Sub-Contractor, if he does not disagree, to submit through the Contractor a clause 3.3A quotation for carrying out the Variation. This reflects Amendment 13 to the Main Contract under which the Contractor, if he does not disagree, may submit under the new clause 13A his quotation for carrying out a Variation. This must include all relevant clause 3.3A quotations from Nominated Sub-Contractors. If the Contractor's clause 13A quotation is accepted, the Contractor is required to accept all clause 3.3A quotations included in it. A clause 3.3A quotation is in place of any valuation under clauses 4.5 to 4.8 or clauses 4.11 to 4.13, and includes for an amount in lieu of ascertainment under clause 4.38 of direct loss and/or expense and is in place of any revision to the period or periods for completion of the Sub-Contract Works under clauses 2.2 to 2.7.

If the Sub-Contractor disagrees with the clause 3.3A procedure, or if the quotation is not accepted, the Variation is then valued in accordance with clauses 4.5 to 4.9 or 4.11 to 4.13 in the normal way.

Clauses 3.4 to 3.8. (Formerly 4.3 of NSC/4). These clauses bring into the Sub-Contract the revised provisions of clause 8.4 of the Main Contract about non-conforming work. For commentary on these revised provisions, see commentary to clause 8.4.

Clause 3.7.2. This clause requires the Sub-Contractor to comply with any instruction issued by the Architect under Main Contract clause 8.5 in respect of non-compliance with clause 1.9.4. To the extent that such instructions are reasonably necessary in consequence of such non-compliance, the Sub-Contractor is entitled neither to extension of time nor to additional remuneration. Note that:
 (1) the indemnity provisions of clause 3.9 apply also to any breach by the Sub-Contractor of the new obligation in Clause 1.9.4 and resultant compliance with an instruction pursuant to Main Contract clause 8.5.
 (2) an arbitration concerning a dispute under clause 3.7.2 may be opened before Practical Completion.

Section 3: Control of the Works

Clause 3.11. (Formerly 4.6 of NSC/4). "... *the Contractor shall allow the Sub-Contractor to use the Contractor's name* ..."

Here, as in clauses 2.7 and 4.20 of the Sub-Contract, where the Sub-Contractor's rights or liabilities depend upon the operation of terms of the Main Contract, the Sub-Contract enables the Sub-Contractor, subject to suitable indemnity and security, to take arbitration proceedings under the Main Contract in the name of the Main Contractor. See also clause 1.13 of the Sub-Contract. It is thought that in principle this procedure, which is analogous to an insurer exercising by subrogation the rights of his insured, would be held to be effective. In practice, however, complications are likely to arise if, as may happen, the Contractor's own interest in the subject-matter of the dispute is other than neutral.

The complications inherent in "name borrowing" provisions were recognised by the Court of Appeal in *Northern Regional Health Authority v. Derek Crouch*.[18] The pre-1980 versions of clauses 2.7, 3.11 and 4.20 were considered in detail in *Gordon Durham & Co. v. Haden Young*,[19] where it was held that the subject matter of each of the relevant disputes for which the "name borrowing" procedure is available is limited by the wording of the appropriate clause to a dispute between Sub-Contractor and Employer arising out of a decision, act or omission on the part of the Architect on behalf of the Employer which affects the Sub-Contractor. It was further held that the provisions are limited to matters of dispute between the Sub-Contractor and Employer which do not involve any conflict with the Main Contractor. This appears to result in a potentially serious lacuna in the remedies available to Nominated Sub-Contractors which is discussed further in the commentary to clause 1.13 above.

A further example of such problems is the case of *Lorne Stewart v. William Sindall*.[20] Lorne Stewart were nominated Sub-Contractors to Sindall under the old "Green Form". Three arbitrations were commenced:

(a) a Main Contract arbitration between Sindall and the Employer;
(b) a "name borrowing" arbitration commenced by Lorne Stewart in the name of Sindall against the Employer;
(c) a Sub-Contract Arbitration between Lorne Stewart and Sindall.

Arbitration (a) was settled, but (b) and (c) remained active. Considerable difficulties arose in relation to discovery. It was held that there was an implied term of the Sub-Contract that "Upon the sub-contractor exercising its right to use the main contractor's name in an arbitration against the employer, the main contractor will render to the sub-contractor such assistance and co-operation as may be necessary in order to enable the sub-contractor properly to conduct the said arbitration".[21] In the name borrowing arbitration, it was held that the Arbitrator was entitled to order discovery

---

[18] [1984] Q.B. 644 at 661, 665, 674 (C.A.). For *Crouch* generally, see p. 429.
[19] (1990) 52 B.L.R. 61.
[20] (1986) 35 B.L.R. 109.
[21] See (1986) 35 B.L.R. 109 at 127–129.

against both Lorne Stewart and Sindall on the basis that this was effectively a tripartite arbitration agreement.[22]

It is to be hoped that the provisions for multipartite arbitrations to be found in clause 41 of the Main Contract and clause 9.2 of the Sub-Contract may help to reduce the procedural problems raised by Name Borrowing Arbitrations.

Clause 3.12 (formerly clause 25 of NSC/4): Right of Access of Contractor and Architect

This clause contains a proviso in order to protect the proprietary interests of Sub-Contractors.

Clauses 3.13 to 3.14 (formerly clause 26 of NSC/4): Assignment—sub-letting

These clauses are the Sub-Contract equivalent of clauses 19.1 and 19.2 of the Main Contract.

The final sentence of clause 3.14 makes clear that the Sub-Contractor is to remain wholly responsible for carrying out and completing the Sub-Contract Works in all respects in accordance with the Sub-Contract, notwithstanding any sub-letting.

Clauses 3.15 to 3.18 (formerly clause 27 of NSC/4): General Attendance—other attendance, *etc.*

The provisions for general attendance and other attendance follow the provisions in the Standard Method of Measurement (7th Edition), sections A42 and 51.

Clause 3.19 (formerly clause 28 of NSC/4): Contractor and Sub-Contractor not to make wrongful use of or interfere with property of the other

No commentary.

SECTION 4: PAYMENT

Sub-Contract Sum—computation of Ascertained Final Sub-Contract Sum—additions or deductions—adjustment—interim payment

4·1 Where in the Sub-Contract Conditions it is provided that an amount is to be added to or deducted from the Sub-Contract Sum or dealt with by adjustment of the Sub-Contract Sum or included in the computation of the Ascertained

---

[22] The Judge also reached conclusions in relation to the use that could be made of documents in one arbitration that were privileged in another arbitration. Those conclusions are now open to considerable doubt in view of the decision of the House of Lords in *Rush & Tompkins v. G.L.C.* [1989] A.C. 1280 (H.L.).

Section 4: Payment

Final Sub-Contract Sum, then as soon as such amount is ascertained in whole or in part such ascertained amount shall be taken into account in the computation of the interim payment next following such whole or partial ascertainment.

Price for Sub-Contract Works (4·2 and 4·3)

4·2 Where Agreement NSC/A Article 3·1 applies the price for the Sub-Contract Works shall be the Sub-Contract Sum or such other sum as shall become payable in accordance with the Sub-Contract and clauses 4·10 to 4·13 and clause 4·24 shall be deemed to have been deleted.

4·3 Where Agreement NSC/A, Article 3·2 applies the price for the Sub-Contract Works shall be the Ascertained Final Sub-Contract Sum: and clauses 4·4 to 4·9 and clause 4·23 shall be deemed to have been deleted.

Valuation of Variations and provisional sum work (4·4 to 4·9)

4·4 Where **Agreement NSC/A Article 3·1 applies:**

all Variations (including any sanctioned by the Architect in writing) and all work executed by the Sub-Contractor in accordance with the instructions of the Architect as to the expenditure of a provisional sum included in the Sub-Contract Documents, shall be valued by the Quantity Surveyor and all work executed by the Sub-Contractor for which an Approximate Quantity is included in any bills of quantities which are included in the Numbered Documents shall be measured and valued by the Quantity Surveyor

and such valuation (in clauses 4·5 to 4·9 called "the Valuation") shall (unless otherwise agreed by the Contractor and the Sub-Contractor and approved by the Employer) be made in accordance with the provisions of clauses 4·5 and 4·6.

4·5 Where the Sub-Contractor has attached to NSC/T Part 2 page 3 thereof a schedule of rates or prices for measured work and/or a schedule of daywork prices, such rates or these prices shall be used in determining the Valuation in substitution for any rates or prices or daywork definitions which would otherwise be applicable under the relevant provisions of clause 4·6.

4·6 ·1 To the extent that the Valuation relates to the execution of additional or substituted work which can properly be valued by measurement or, where bills of quantities are included in the Numbered Documents, to the execution of work for which an Approximate Quantity is included in those bills, such work shall be measured and shall be valued in accordance with the following rules:

·1·1 where the additional or substituted work is of similar character to, is executed under similar conditions as, and does not significantly change the quantity of, work set out in bills of quantities and/or other documents comprised in the Sub-Contract Documents, the rates and prices for the work so set out shall determine the Valuation;

·1·2 where the additional or substituted work is of similar character to work set out in bills of quantities and/or other documents comprised in the Sub-Contract Documents but is not executed under similar conditions thereto and/or significantly changes the quantity thereof, the rates and prices for the work so set out shall be the basis for determining the Valuation and the Valuation shall include a fair allowance for such difference in conditions and/or quantity;

·1·3 where the additional or substituted work is not of similar character to work set out in bills of quantities and/or other documents comprised in the Sub-Contract Documents the work shall be valued at fair rates and prices;

·1·4 where the Approximate Quantity is a reasonably accurate forecast of the quantity of work required the rate of price for that Approximate Quantity shall determine the Valuation;

·1·5 where the Approximate Quantity is not a reasonably accurate forecast of the quantity of work required the rate or price for that Approximate Quantity shall be the basis for determining the Valuation and the Valuation shall include a fair allowance for such difference in quantity.

Provided that clause 4·6·1·4 and clause 4·6·1·5 shall only apply to the extent that the work has not been altered or modified other than in quantity.

·2 To the extent that the Valuation relates to the omission of work set out in bills of quantities and/or other documents comprised in the Sub-Contract Documents the rates and prices for such work therein set out shall determine the Valuation of the work omitted.

·3 In any valuation of work under clauses 4·6·1 and 4·6·2:

·3·1 where bills of quantities are a Sub-Contract Document measurement shall be in accordance with the same principles as those governing the preparation of those bills of quantities as referred to in clause 1·12;

·3·2 allowance shall be made for any percentage or lump sum adjustments in bills of quantities and/or other documents comprised in the Sub-Contract Documents; and

·3·3 allowance, where appropriate, shall be made for any addition to or reduction of preliminary items in the preliminaries section of the Sub-Contract Documents provided that, where bills of quantities are included in the Numbered Documents, no such allowance shall be made in respect of compliance with an instruction of the Architect for the expenditure of a provisional sum for defined work.

·4 Where the appropriate basis of valuation is daywork the Valuation shall comprise the prime cost of such work calculated in accordance with the Definition or Definitions applicable thereto identified in NSC/T Part 2 page 3 together with percentage additions to each section of the prime cost at the rates set out in NSC/T Part 2 page 3.

Provided that in any case vouchers specifying the time daily spent upon the work, the workmen's names, the plant ad the materials employed shall be delivered for verification to the Contractor for transmission to the Architect or his authorised representative not later than the end of the week following that in which the work has been executed.

·5 to the extent that the Valuation des not relate to the execution of additional or substituted work or the omission of work or to the extent that the

Section 4: Payment

valuation of any work or liabilities directly associated with a Variation cannot reasonably be effected in the Valuation by the application of clauses 4·6·1 to 4·6·4 a fair valuation thereof shall be made.

Provided that no allowance shall be made under clause 4·6 for any effect upon the regular progress of the Sub-Contract Works or for any other direct loss and/or expense for which the Sub-Contractor would be reimbursed by payment under any other provision in the Sub-Contract.

4·7 If compliance with any instruction requiring a Variation under clause 13·2 of the Main Contract Conditions or compliance with any instruction as to the expenditure of a provisional sum under clause 13·3 of the Main Contract Conditions except, where bills of quantities are included in the Numbered Documents, a provisional sum for defined work included in those bills other than to the extent that the instruction for that work differs from the description given for such work in the bills of quantities or where bills of quantities are included in the Numbered Documents, the execution of work for which an Approximate Quantity is included in those bills to such extent as the quantity is more or less than the quantity ascribed to that work in the bills of quantities substantially changes the conditions under which any other part or parts of the Sub-Contract Works is executed, then such other part or parts shall be treated as if it had been the subject of an instruction of the Architect requiring a Variation under clause 13·2 of the Main Contract Conditions which shall be valued in accordance with the provisions of clause 4·6.

4·8 Where it is necessary to measure work for the purpose of the Valuation the Contractor shall give to the Sub-Contractor an opportunity of being present at the time of such measurement and of taking such notes and measurements as the Sub-Contractor may require.

4·9 Effect shall be given to a Valuation under clauses 4·6 and 4·7 by addition to or deduction from the Sub-Contract Sum.

Valuation of all work comprising the Sub-Contract Works (4·10 to 4·13)

4·10 Where **Agreement NSC/A Article 3·2 applies** all work executed by the Sub-Contractor in accordance with the Sub-Contract Documents and the instructions of the Architect, including any instruction requiring a Variation or as to the expenditure of a provisional sum included in the Sub-Contract Documents, shall be valued by the Quantity Surveyor and such valuation (in clauses 4·11 to 4·13 called "the Valuation") shall (unless otherwise agreed by the Contractor and the Sub-Contractor and approved by the Employer) be made in accordance with the provisions of clauses 4·12 and 4·13.

4·11 Where it is necessary to measure work for the purpose of the Valuation the Contractor shall give to the Sub-Contractor an opportunity of being present at the time of such measurement and of taking such notes and measurements as the Sub-Contractor may require.

4·12 Where the Sub-Contractor has attached to NSC/T Part 2 page 3 thereof a schedule of rates or prices for measured work and/or a schedule of daywork prices, such rates or these prices shall be used in determining the Valuation in substitution for any rates or prices or daywork definitions which would otherwise be applicable under the relevant provisions of clause 4·13.

JCT Nominated Sub-Contract Conditions NSC/C

4·13 ·1 To the extent that the Valuation relates to the execution of work which can properly be valued by measurement such work shall be measured and shall be valued in accordance with the following rules:
·1·1 where the work is of similar character to, is executed under similar conditions as, and does not significantly change the quantity of, work set out in bills of quantities and/or other documents comprised in the Sub-Contract Documents, the rates and prices for the work so set out shall determine the Valuation;
·1·2 where the work is of similar character to work set out in bills of quantities and/or other documents comprised in the Sub-Contract Documents but is not executed under similar conditions thereto and/or significantly changes the quantity thereof, the rates and prices for the work so set out shall be the basis for determining the Valuation and the Valuation shall include a fair allowance for such difference in conditions and/or quantity;
·1·3 where the work is not of similar character to work set out in bills of quantities and/or other documents comprised in the Sub-Contract Documents the work shall be valued at fair rates and prices.
·2 In any valuation of work under clause 4·13·1:
·2·1 where bills of quantities are a Sub-Contract Document measurement shall be in accordance with the same principles as those governing the preparation of those bills of quantities as referred to in clause 1·12;
·2·2 allowance shall be made for any percentage or lump sum adjustments in bills of quantities and/or other documents comprised in the Sub-Contract Documents; and
·2·3 any amount priced in the preliminaries section of the Sub-Contract Documents adjusted, where appropriate, to take into account any instructions of the Architect requiring a Variation or in regard to the expenditure of a provisional sum included in the Sub-Contract Documents, shall be included provided that, where bills of quantities are included in the Numbered Documents, no such adjustment shall be made in respect of compliance with an instruction of the Architect for the expenditure of a provisional sum for defined work.
·3 To the extent that the appropriate basis of the Valuation is daywork the Valuation shall comprise the prime cost of such work calculated in accordance with the Definition or Definitions applicable thereto identified in NSC/T Part 2 page 3 together with percentage additions to each section of the prime cost at the rates set out in NSC/T Part 2 page 3.
Provided that in any case vouchers specifying the time daily spent upon the work, the workmen's names, the plant and the materials employed shall be delivered for verification to the Contractor for transmission to the Architect or his authorised representative not later than the end of the week following that in which the work has been executed.
·4 If compliance with
any instruction requiring a Variation under clause 13·2 of the Main Conract Conditions or
any instruction as to the expenditure of a provisional sum under clause

Section 4: Payment

13·3 of the Main Contract Conditions except, where bills of quantities are included in the Numbered Documents, a provisional sum for defined work* included in those bills other than to the extent that the instruction for that work differs from the description given for such work in the bills of quantities or

an instruction as a result of which work included in the Sub-Contract Documents is not executed

substantially changes the conditions under which any part or parts of the Sub-Contract Works which are not the subject of the aforementioned instruction is executed, then such other part or parts shall be valued in accordance with the provisions of clause 4·13·2.

·5 To the extent that the Valuation of any instruction of the Architect requiring a Variation or any instruction as to the expenditure of a provisional sum does not relate to the execution of work or to the extent that the valuation of any work or liabilities directly associated with such Variation cannot reasonably be effected in the Valuation by the application of clauses 4·13·1 to 4·13·4 a fair valuation thereof shall be made.

Provided that no allowance shall be made under clause 4·13 for any effect upon the regular progress of the Sub-Contract Works or for any other direct loss and/or expense for which the Sub-Contractor would be reimbursed by payment under any other provision in the Sub-Contract.

Payment of Sub-Contractor (4·14 to 4·25)

4·14 Interim payments and final payment shall be made to the Sub-Contractor in accordance with the provisions of clauses 4·15 to 4·25.

4·15 ·1 Notwithstanding the requirement that the Architect shall issue Interim Certificates under clause 30 of the Main Contract Conditions, the Contractor shall, if so requested by the Sub-Contractor, make application to the Architect as to the matters referred to in clauses 30·2·1·4, 30·2·2·5 and 30·2·3·2 of the Main Contract Conditions.

·2 The Contractor shall include in or annex to any application under clause 4·15·1 any written representations of the Sub-Contractor which the Sub-Contractor wishes the Architect to consider including those referred to in clause 4C·3·2.

·3 The Sub-Contractor shall observe any relevant conditions in clause 30·3 of the Main Contract Conditions before the Architect is empowered to include the value of any off-site materials or goods in Interim Certificates.

·4·1 Subject to clause 16·1 of the Main Contract Conditions, unfixed materials and goods delivered to, placed on or adjacent to the Works by the Sub-Contractor and intended therefor shall not be removed except for use upon the Works unless the Contractor has consented in writing to such removal, which consent shall not be unreasonably withheld.

·4·2 Where, in accordance with clause 30·2 of the Main Contract Conditions, the value of any such materials or goods has been included in any Interim Certificate under which the amount properly due to the Contractor has been discharged by the Employer in favour of the Contractor, such materials or goods shall be and become the property of the Employer and the Sub-Contractor shall not deny that such materials or goods are

JCT Nominated Sub-Contract Conditions NSC/C

and have become the property of the Employer. Provided always that the Architect shall in accordance with clause 35·13·1·2 of the Main Contract Conditions have informed the Sub-Contractor of the amount of the interim or final payment directed by the Architect in the Interim Certificate to which clause 4·15·4·2 refers.

·4·3 Provided that if the Contractor shall pay the Sub-Contractor for any such materials or goods before the value therefor has, in accordance with clause 30·2 of the Main Contract Conditions, been included in any Interim Certificate under which the amount properly due to the Contractor has been discharged by the Employer in favour of the Contractor, such materials or goods shall upon such payment by the Contractor be and become the property of the Contractor.

·4·4 The property in any off-site materials or goods shall pass to the Contractor in accordance with clause 30·3·5 of the Main Contract Conditions on the operation of clause 30·3 thereof (*off-site materials or goods*).

4·16 ·1·1 Within 17 days of the date of issue of an Interim Certificate (including the Interim Certificates referred to in clause 35·17 and clause 30·7 of the Main Contract Conditions) the Contractor shall notify to the Sub-Contractor the amount of the interim or final payment in respect of the Sub-Contract Works which, in accordance with clauses 30·2 and 35·13·1 of the Main Contract Conditions, is included in the amount stated as due in the Interim Certificate. The Contractor shall duly fulfill his obligation under clause 35·13·2 of the Main Contract Conditions and discharge that payment within the aforementioned 17 days but less a cash discount of 2½ per cent if discharge is so effected. Immediately upon discharge by the Contractor as aforesaid the Sub-Contractor shall supply the Contractor with written proof of such discharge so as to enable the Contractor to provide the Architect with the "reasonable proof" referred to in clause 35·13·3 of the Main Contract Conditions.

·1·2 Where the Employer has exercised any right under the Main Contract to deduct from monies due to the Contractor and such deduction is in respect of some act or default of the Sub-Contractor, his servants or agents, or sub-sub-contractors the amount of such deduction may be deducted by the Contractor from any monies due or to become due under the Sub-Contract or may be recoverable by the Contractor from the Sub-Contractor as a debt.

·2·1 The Contractor shall only be under an obligation duly to discharge any amount certified in an Interim Certificate issued under clause 35·17 of the Main Contract Conditions provided clause 5 of Agreement NSC/W is unamended in any way;

·2·2 Upon discharge by the Contractor of any amount certified in an Interim Certificate issued under clause 35·17 of the Main Contract Conditions the Sub-Contractor upon such discharge hereby agrees to indemnify the Contractor in respect of any omission, fault or defect in the Sub-Contract Works caused by the Sub-Contractor, his servants or agents or sub-sub-contractors for which the Contractor may at any time become liable to the Employer but subject always to the terms of clause 35·19·1 of the Main Contract Conditions.

Section 4: Payment

·3 Where, in accordance with clause 2·2 of Agreement NSC/W, the Employer, before the issue of an instruction on Nomination NSC/N nominating the Sub-Contractor, has paid to him an amount in respect of design work and/or materials or goods and/or fabrication which is/are included in the subject of the Sub-Contract Sum or Tender Sum and the Employer has made a deduction from the amount due to the Contractor in an Interim Certificate in accordance with clause 35·13·6 of the Main Contract Conditions, then, to the extent of the amount deducted by the Employer, the Contractor shall be deemed to have discharged the interim or final payment to the Sub-Contractor directed by the Architect as being included in the amount due in that Interim Certificate.

4·17 Subject to any agreement between the Sub-Contractor and the Architect as to stage payments, the amount of an interim payment to the Sub-Contractor which is to be included in the amount stated as due in an Interim Certificate and to which the provisions of clause 35·13 of the Main Contract Conditions apply shall be the gross valuation as referred to in clause 4·17 less

an amount equal to any amount which may be deducted and retained by the Employer pursuant to clause 30·2 of the Main Contract Conditions (referred to in the Main Contract Conditions and hereinafter as "the Retention") in respect of the Sub-Contract Works; and
the sum of the amounts in respect of the Sub-Contract Works included in the amount stated as due in all Interim Certificates previously issued under the Main Contract Conditions.

The gross valuation shall be the total of the amounts referred to in clauses 4·17·1 and 4·17·2 less the total of the amounts referred to in clause 4·17·3 as applied up to and including a date not more than 7 days before the date of the Interim Certificate as follows:

·1·1 the total value of the sub-contract properly executed by the Sub-Contractor including any work so executed to which clause 4·4 refers but excluding any restoration, replacement or repair of loss or damage and removal and disposal of debris which in clauses 6B·4 and 6C·4 are treated as if they were a Variation, together with, where applicable, any adjustment of that total value under clause 4C;

·1·2 the total value of any materials and goods delivered to or adjacent to the Works for incorporation therein by the Sub-Contractor but not so incorporated provided that the value of such materials and goods shall only be included as and from such times as they are reasonably, properly and not prematurely so delivered and are adequately protected against weather and other casualties;

·1·3 the total value of any materials or goods other than those to which clause 4·17·1·2 refers where the Architect in the exercise of his discretion under clause 30·3 of the Main Contract Conditions has decided the such total value shall be included in the amount stated as due in an Interim Certificate.

JCT Nominated Sub-Contract Conditions NSC/C

·2·1 any amount required to be included in an Interim Certificate pursuant to clause 4·1 as result of payments made or costs incurred by the Sub-Contractor;

·2·2 any amount ascertained as a result of the application of clause 4·38 or in respect of any restoration, replacement or repair of loss or damage and removal and disposal of debris which in clauses 6B·4 and 6C·4 are treated as if they were a Variation;

·2·3 any amount payable to the Sub-Contractor under clause 4A or 4B where applicable;

·2·4 an amount equal to one thirty-ninth of the amounts referred to in clauses 4·17·2·1, 4·17·2·2 and 4·17·2·3.

·3 any amount deductible under clause 2·13 or 3·6·1 or any amount allowable by the Sub-Contractor to the Contractor under clause 4A or 4B where applicable, together with an amount equal to one thirty-ninth of that amount.

4·18 The Retention which the Employer may deduct and remain as referred to in clause 30·2 of the Main Contract Conditions and clause 4·17 is such percentage of the total amount included under clauses 4·17·1·1 to 4·17·1·3 in any Interim Certificate as arises from the operation of the rules set out in clause 30·4 of the Main Contract Conditions.

4·19 The Retention is subject to the rules set out in clause 30·5 of the Main Contract Conditions.

4·20 If the Sub-Contractor shall feel aggrieved by any amount certified by the Architect or by his failure to certify, then subject to the Sub-Contractor giving to the Contractor such indemnity and security as the Contractor may reasonably require, the Contractor shall allow the Sub-Contractor to use the Contractor's name and if necessary will join with the Sub-Contractor in arbitration proceedings at the instigation of the Sub-Contractor in respect of the said matters complained of by the Sub-Contractor.

4·21 ·1 If:

·1·1 subject to clauses 4·26 to 4·29 the Contractor shall fail to discharge his obligation to make any payment to the Sub-Contractor as hereinbefore provided; and

·1·2 the Employer has either for any reason not operated the provisions of clause 35·13·5 of the Main Contract Conditions or has operated those provisions but for any reason has not paid the Sub-Contractor direct the whole amount which the Contractor has failed to discharge, within 35 days from the date of issue of the Interim Certificate in respect of which the Contractor has so failed to make proper discharge of this obligation in regard to payment of the Sub-Contractor,

then, provided the Sub-Contractor shall have given 14 days' notice in writing to the Contractor and the Employer of his intention to suspend the further execution of the Sub-Contract Works, the Sub-Contractor may (but without prejudice to any other right or remedy) suspend the further execution of the Sub-Contract Works until such discharge or until such direct payment is made whichever first occurs.

·2 Such period of suspension shall not be deemed a delay for which the Sub-Contractor is liable under the Sub-Contract. The Contractor shall be

Section 4: Payment

liable to the Sub-Contractor for any loss, damage or expense caused to the Sub-Contractor by any suspension of the Sub-Contract Works under the provisions of clause 4·21·1.

·3 The right of the Sub-Contractor under clause 4·21·1 shall not be exercised unreasonably or vexatiously.

4·22 ·1 The Contractor's interest in the Sub-Contractor's retention (as identified in the statement issued under clause 30·5·2 of the Main Contract Conditions and referred to in clause 4·19) is fiduciary as trustee for the Sub-Contractor (but without obligation to invest) and if the Contractor attempts or purports to morgtage or otherwise charge such interest or his interest in the whole of the amount retained as aforesaid (otherwise than by floating charge if the Contractor is a limited company) the Contractor shall thereupon immediately set aside in a separate bank account and become a trustee for the Sub-Contractor of a sum equivalent to the Sub-Contractor's retention as identified in the aforesaid statement; provided that upon payment of the same to the Sub-Contractor the amount due to the Sub-Contractor upon final payment under the Sub-Contract shall be reduced accordingly by the amount so paid.

·2 If any of the Sub-Contractor's retention is withheld by the Contractor after the period within which such retention should be discharged by the Contractor, the Contractor shall immediately upon the expiry of the aforesaid period place any such unpaid retention money in a separate trust account so identified as to make clear that the Contractor is the trustee for the Sub-Contractor of all such undischarged retention.

4·23 ·1·1 Where **Agreement NSC/A Article 3·1 applies,** not later than six months after practical completion of the Sub-Contract Works the Sub-Contractor shall sent to the Contractor or, if so instructed by him, to the Architect or the Quanity Surveyor, all documents necessary for the purpose of the adjustment of the Sub-Contract Sum.

·1·2 Not later than three months after receipt by the Contractor (or, if so instructed under clause 4·23·1·1, after receipt by the Architect or the Quantity Surveyor) of the documents referred to in clause 4·23·1·1 a statement of all adjustments to the Sub-Contract Sum to which clause 4·23·2 refers shall be prepared by the Architect or, if the Architect has so instructed, by the Quantity Surveyor, and the Architect shall forthwith send a copy of the statement to the Contractor and the Sub-Contractor which shall be before the Architect certifies final payment for the Sub-Contract Works under clause 35·17 or clause 30·7 of the Main Contract Conditions.

·2 The Sub-Contract Sum shall be adjusted as follows:

There shall be deducted:

·2·1 all provisional sums and the value of all work described as provisional included in the Sub-Contract Documents and, where bills of quantities are included in the Numbered Documents, the value of all work for which an Approximate Quantity is included in those bills.

·2·2 the amount of the valuation under clause 4·6·2 of items omitted in accordance with a Variation required by an instruction of the Architect or subsequently sanctioned by him in writing together with the amount of

JCT Nominated Sub-Contract Conditions NSC/C

any other work included in the Sub-Contract Documents as referred to in clause 4·7 which is to be valued under clause 4·6;

·2·3 any amount deducted or deductible under clause 2·13 or 3·6·1 or any amount allowed or allowable to the Contractor under clause 4A, 4B or 4C, whichever is applicable, together with, in respect of any amount allowed or allowable under clause 4A or 4B, an amount equal to one thirty-ninth of that amount;

·2·4 any other amount which is required by the Sub-Contract Documents to be deducted from the Sub-Contract Sum.

There shall be added:

·2·5 any amount paid or payable by the Contractor to the Sub-Contractor as a result of payments made or costs incurred by the Sub-Contractor under clause 6 of the Main Contract Conditions as referred to in clause 1·10·1;

·2·6 the amount of the valuation under clause 4·6 of any Variation including the valuation of other work, as referred to in clause 4·7 which is to be valued under clause 4·6 but excluding the amount of the valuation of any omission under clause 4·6·2 and/or 4·7;

·2·7 the amount of the valuation of work executed by, or the amount of any disbursement made by, the Sub-Contractor in accordance with the instructions of the Architect as to the expenditure of provisional sums included in the Sub-Contract Documents and of all work described as provisional in the Sub-Contract Documents and, where bills of quantities are included in the Numbered Documents, of all work for which an Approximate Quantity is included in those bills;

·2·8 any amount ascertained as a result of the application of clause 4·38;

·2·9 any amount paid or payable to the Sub-Contractor under clause 4A, 4B or 4C, whichever is applicable;

·2·10 any other amount which is required by the Sub-Contract to be added to the Sub-Contract Sum;

·2·11 an amount equal to one thirty-ninth of the amounts referred to in clauses 4·23·2·5, 4·23·2·8 and, where clause 4A or 4B applies, of the amount referred to in clause 4·23·2·9.

4·24 ·1 Where **Agreement NSC/A Article 3·2 applies,** not later than 6 months after practical completion of the Sub-Contract Works the Sub-Contractor shall send to the Contractor or, if so instructed by him, to the Architect or the Quantity Surveyor, all documents necessary for the purpose of computing the Ascertained Final Sub-Contract Sum.

·2 Not later than 3 months after receipt by the Contractor (or, if so instructed under clause 4·24·1, after receipt by the Architect or the Quantity Surveyor) of the documents referred to in clause 4·24·1 a statement of the computation of the Ascertained Final Sub-Contract Sum to which clause 4·24·3 refers shall be prepared by the Architect or, if the Architect has so instructed, by the Quantity Surveyor, and the Architect shall forthwith send a copy of the statement to the Contractor and the Sub-Contractor which shall be before the Architect certified final payment for the

Section 4: Payment

Sub-Contract Works under clause 35·17 or clause 30·7 of the main Contract Conditions.

·3 The Ascertained Final Sub-Contract Sum shall be the aggregate of the following:

·3·1 any amount paid or payable by the Contractor to the Sub-Contractor as a result of payments made or costs incurred by the Sub-Contractor under clause 6 of the Main Contract Conditions as referred to in clause 1·10·1;

·3·2 the amount of the valuation under clauses 4·10 to 4·13;

·3·3 any amount ascertained as a result of the application of clause 4·38;

·3·4 any amount deducted or deductible under clause 2·13 or 3·6·1 or any amount paid or payable to or allowed or allowable by the Sub-Contractor under clause 4A, 4B or 4C, whichever is applicable;

·3·5 any other amount which is required to be included or taken into account in computing the Ascertained Final Sub-Contract Sum;

·3·6 an amount equal to one thirty-ninth of the amounts referred to in clauses 4·24·2·1, 4·24·2·3 and 4·21·2·4 (so far as clause 4·21·2·4 refers to clause 4A or 4B).

4·25 ·1 Except as provided in clauses 4·25·2 and 4·25·3 (and save in respect of fraud) the Final Certificate issued under clause 30·8 of the Main Contract Conditions shall have effect in any proceedings arising out of or in connection with this Sub-Contract (whether by arbitration under section 9 or otherwise) as

·1·1 conclusive evidence that where and to the extent that the quality of materials or goods or the standard of workmanship are to be to the reasonable satisfaction of the Architect the same are to such satisfaction, and

·1·2 conclusive evidence that any necessary effect has been given to all the terms of this Sub-Contract which require that an amount is to be added to or deducted from the Sub-Contract Sum or included in the calculation of the Ascertained Final Sub-Contract Sum save where there has been an accidental inclusion or exclusion of any work, materials, goods or figure in any computation or any arithmetical error in any computation, in which event the Final Certificate shall have effect as conclusive evidence as to all other computations, and

·1·3 conclusive evidence that all and only such extensions of time, if any, as are due under clauses 2·2 to 2·6 have been given, and

·1·4 conclusive evidence that the reimbursement of direct loss and/or expense, if any, to the Sub-Contractor pursuant to clause 4·38 is in final settlement of all or any claims which the Sub-Contractor has or may have arising out of the occurrence of any of the matters referred to in clause 4·38·2 whether such claim be for breach of contract, duty of care, statutory duty or otherwise.

·2 If any arbitration or other proceedings have been commenced by either party (or by the Employer and to which the Sub-Contractor is a party) before the Final Certificate under clause 30·8 of the Main Contract Conditions has been issued the Final Certificate shall have effect as conclusive evidence as provided in clause 4·25·1 after either:

JCT Nominated Sub-Contract Conditions NSC/C

·2·1 such proceedings have been concluded, whereupon the Final Certificate shall be subject to the terms of any award or judgment in or settlement of such proceedings, or

·2·2 a period of 12 months during which no party has taken any further steps in such proceedings, whereupon the Final Certificate shall be subject to any terms agreed in partial settlement

whichever shall be the earlier.

·3 If any arbitration or other proceedings have been commenced by either party (or by the Employer and to which the Sub-Contractor is a party) within 21 days after the Final Certificate under clause 30·8 of the Main Contract Conditions has been issued, the Final Certificate shall have effect as conclusive evidence as provided in clause 4·25·1 save only in respect of all matters to which those proceedings relate.

Contractor's right to set-off (4·26 to 4·29)

4·26 The Contractor shall be entitled to deduct from any money (including any Sub-Contractor's retention, notwithstanding the fiduciary obligation of the Contractor under clause 4·22·1) otherwise due under the Sub-Contract any amount agreed by the Sub-Contractor as due to the Contractor, or finally awarded in arbitration or litigation in favour of the Contractor and which arises out of or under the Sub-Contract.

4·27 ·1 Subject to clause 4·27·2 and clauses 4·30 to 4·37, where the Contractor has a claim for loss and/or expense and/or damage which he has suffered or incurred by reason of any breach of, or failure to observe the provisions of, the Sub-Contract by the Sub-Contractor (whether or not the Contractor may have further claims for loss and/or expense and/or damage by reason of any such breach or failure) the Contractor shall be entitled to set-off the amount of such loss and/or expense and/or damage so suffered or incurred against any money otherwise due under the Sub-Contract from the Contractor to the Sub-Contractor including any Sub-Contractor's retention notwithstanding the fiduciary obligation of the Contractor under clause 4·22·1. No loss and/or expense and/or damage suffered or incurred by the Contractor which relates to any delay in completion by the Sub-Contractor may be set-off under clause 4·27 unless the certificate of the Architect has been issued in accordance with clause 35·15 of the Main Contract Conditions as referred to in clause 2·9 to the Contractor with a dulicate copy to the Sub-Contractor.

·2 No set-off under clause 4·27·1 may be made unless

such set-off has been qualified in detail and with reasonable accuracy by the Contractor;

and

the Contractor has given to the Sub-Contractor notice in writing specifying his intention to set-off the amount so quantified together with the details referred to above and the grounds on which such set-off is claimed to be made. Such notice shall be given not less than 3 days before the date of issue of the Interim Certificate which includes, in the amount stated as due, an amount in respect of the Sub-Contractor from which amount the Contractor intends to make the set-off

Section 4: Payment

provided that such written notice shall not be binding in so far as the Contractor may amend it in preparing his pleadings or statements for any arbitration pursuant to the notice of arbitration referred to in clause 4·30·1·1.

4·28 Any amount set off under the provisions of clause 4·27 is without prejudice to the rights of the Contractor or the Sub-Contractor in any subsequent negotiations, arbitration proceedings of litigation to seek to vary the amount claimed and set-off by the Contractor under clause 4·27.

4·29 The rights of the parties to the Sub-Contract in respect of set-off are fully set out in the Sub-Contract Conditions and not other rights whatsoever shall be implied as terms of the Sub-Contract relating to set-off.

Contractor's claims not agreed by the Sub-Contractor— appointment of Adjudicator (4·30 to 4·37)

4·30 ·1 If the Sub-Contractor, at the date of the written notice of the Contractor issued under clause 4·27·2, disagrees the amount (or any part thereof) specified in that notice which the Contractor intends to set off, the Sub-Contractor may, within 14 days of receipt by him of such notice, send to the Contractor by registered post or recorded delivery a written statement setting out the reasons for such disagreement and particulars of any counterclaim against the Contractor arising out of the Sub-Contract to which the Sub-Contractor considers he is entitled, provided always that he shall have quantified such counterclaim in detail and with reasonable accuracy (which statement and counterclaim if any, shall not however be binding insofar as the Sub-Contractor may amend it in preparing his pleadings or statements for any arbitration pursuant to the notice of arbitration referred to in clause 4·30·1·1) and shall at the same time:
·1·1 give notice of arbitration under section 9 to the Contractor; and
·1·2 request action by the Adjudicator in accordance with the right given in clause 4·30·2 (and immediately inform the Contractor of such request) and send to the Adjudicator by registered post or recorded delivery a copy of the aforesaid statement and the written notice of the Contractor to which that statement relates and the aforesaid counterclaim (if any) and brief particulars [c] of the Sub-Contract sufficient to identify for the Adjudicator the terms thereof and where relevant a copy of the certificate of the Architect referred to in clause 2.9.
·2 Subject to the provisions of clause 4·30 and of clauses 4·16 and 4·26 to 4·29 the Sub-Contractor shall be entitled to request the Adjudicator named in NSC/T Part 3 item 3 to act as the Adjudicator to decide those matters referable to the Adjudicator under the provisions of clause 4·30. If
an Adjudicator is not named in NSC/T Part 3 item 3; or
the Adjudicator so named is deceased or is otherwise unable or unwilling to act as the Adjudicator
the Adjudicator shall be a person appointed by the Sub-Contractor from the list of Adjudicators maintained by the Building Employers Confederation. Provided that no person shall be appointed, or if appointed shall act, as Adjudicator who has any interest in the Sub-Contract or the Main

JCT Nominated Sub-Contract Conditions NSC/C

Contract of which the Sub-Contract is part or in other Contracts or Sub-Contracts in which the Contractor or the Sub-Contractor is engaged unless the Contractor, the Sub-Contractor and the Adjudicator so interested otherwise agree in writing within a reasonable time of the Adjudicator's interest becoming apparent.

4·31 Upon receipt of the aforesaid statement, the Contractor may within 14 days from the date of such receipt send to the Adjudicator by registered post or recorded delivery a written statement with a copy to the Sub-Contractor setting out brief particulars of his defence to any counterclaim by the Sub-Contractor.

4·32 ·1 If

no statement by the Contractor under clause 4·31 has been received by the Adjudicator within the time limit set out in clause 4·31, then within 7 days of expiry of that time limit, or

a statement by the Contractor under clause 4·31 has been received within that time limit, then within 7 days of receipt by the Adjudicator of such statement,

the Adjudicator without requiring any further statements than those submitted to him under clause 4·30 and where relevant clause 4·31 (save only such further written statements as may appear to the Adjudicator to be necessary to clarify or explain any ambiguity in the written statements of either the Contractor or the Sub-Contractor) and without hearing the Contractor or the Sub-Contractor in person, shall, subject to clause 4·32·2, in his absolute discretion and without giving reasons, decide, in respect of the amount notified by the Contractor under clause 4·27·2, whether the whole or any part of such amount shall be dealt with as follows:

·1·1 shall be retained by the Contractor; or

·1·2 shall, pending arbitration, be deposited by the Contractor for security with the Trustee-Stakeholder named in NSC/T part 3 item 3 or if no Trustee-Stakeholder is so named, with the Trustee-Stakeholder, being a deposit-taking bank, selected by the Adjudicator; or

·1·3 shall be paid by the Contractor to the Sub-Contractor, or

·1·4 any combination of the courses of action set out in clauses 4·32·1·1, 4·32·1·2 and 4·32·1·3.

The Adjudicator's decision shall be binding upon the Contractor and the Sub-Contractor until the matters upon which he has given his decision have been settled by agreement or determined by an Arbitrator or the court.

·2 The Adjudicator shall reach such decision under clause 4·32·1 as he considers to be fair, reasonable and necessary in all the circumstances of the dispute as set out in the statements referred to in clauses 4·30 to 4·32·1 and such decision shall deal with the whole amount notified by the Contractor under clause 4·27·2.

·3 The Adjudicator shall immediately notify the Contractor and the Sub-Contractor in writing of his decision under clause 4·32·1.

4·33 ·1 Where any decision of the Adjudicator notified under clause 4·32·3 requires the Contractor to deposit an amount with the Trustee-Stakeholder, the Contractor shall thereupon deposit such amount with the

Section 4: Payment

Trustee-Stakeholder to hold upon the terms hereinafter expressed provided that the Contractor shall not be obliged to deposit a sum greater than any amount due from the Contractor under clause 4·16 in respect of which the Contractor has exercised the right of set-off referred to in clause 4·27.

·2 Where any decision of the Adjudicator notified under clause 4·32·3 requires the Contractor to pay an amount to the Sub-Contractor, such amount shall be paid by the Contractor immediately upon receipt of the decision of the Adjudicator but subject to the same proviso as set out in clause 4·33·1.

4·34 ·1 The Trustee-Stakeholder shall hold any sum received under the provisions of clauses 4·32 and 4·33 in trust for the Contractor and the Sub-Contractor until such time as:
·1·1 the Arbitrator appointed pursuant to the notice of arbitration given under clause 4·30·1·1; or
·1·2 the Contractor and the Sub-Contractor in a joint letter signed by each of them or on their behalf,
shall otherwise direct and shall, in either of the above cases, forthwith dispose of the said sums as may be directed by the Arbitrator, or failing any direction by the Arbitrator, as the Contractor and Sub-Contractor shall jointly determine. The Trustee-Stakeholder shall deposit the sum received in a deposit account in the name of the Trustee-Stakeholder and shall add any inerest thereon to the sum deposited. The Trustee-Stakeholder shall be entitled to deduct his reasonable and proper charges from the sum deposited (including any interest added thereto). The Sub-Contractor shall notify the Trustee-Stakeholder of the name and address of the Adjudicator and the Arbitrator referred to in clauses 4·30 to 4·37.
·2 Where the Trustee-Stakeholder is a deposit-taking bank then any sum so received by it under the provisions of clauses 4·32 and 4·33 may, notwithstanding the trust imposed, be held by the Trustee-Stakeholder as an ordinary bank deposit to the credit of an account of the bank as a Trustee-Stakeholder re the Contractor and the Sub-Contractor; and in respect of such deposit the Trustee-Stakeholder shall pay such usual interest which shall accrue to and form part of the deposit subject to the right of the Trustee-Stakeholder to deduct its reasonable and proper charges and any tax in respect of such interest from the sum deposited.

4·35 The Arbitrator appointed pursuant to the notice of arbitration given under clause 4·30·1·1 may in his absolute discretion at any time before his final award on the application of either party vary or cancel the decision of the Adjudicator given under clause 4·32 if it appears just and reasonable to him so to do.

4·36 Any action taken by the Contractor under clause 4·27 and by the Sub-Contractor in respect of any counterclaim under clause 4·30·1 is without prejudice to similar action by the Contractor or the Sub-Contractor as the case may be if and when further sums become due to the Sub-Contractor.

4·37 The fee of the Adjudicator shall be paid by the Sub-Contractor but the Arbitrator appointed pursuant to the notice of arbitration given under clause 4·30·1·1 shall in his final award settle the responsibility of the Contractor or the

JCT Nominated Sub-Contract Conditions NSC/C

Sub-Contractor or both for payment of the fee or any part thereof and where relevant for the charges of the Trustee-Stakeholder or any part thereof.

Matters affecting regular progress—direct loss and/or expense—Contractor's and Sub-Contractor's rights (4·38 to 4·41)

4·38 ·1 If the Sub-Contractor makes written application to the Contractor stating that he has incurred or is likely to incur direct loss and/or expense in the execution of the Sub-Contract for which he would not be reimbursed by a payment under any other provision in the sub-Contract due to deferment by the Employer of giving to the Contractor possession of the site of the Works where it is stated in the completed Appendix of the Main Contract Conditions (attached to NSC/T Part 1 or, if different, in the completed Appendix of the Main Contract Conditions enclosed with the copy of Nomination NSC/N sent to the Sub-Contractor by the Architect) that clause 23·1·2 of the Main Contract Conditions applies to the Main Contract or by reason of the regular progress of the Sub-Contract Works or of any part thereof having been or being likely to be materially affected by any one or more of the matters set out in clause 4·38·2, the Contractor shall require the Architect to operate clause 26·4 of the Main Contract Conditions so that the amount of that direct loss and/or expense, if any, may be ascertained. Provided always that:

·1·1 the Sub-Contractor's application shall be made as soon as it has become, or should reasonably have become, apparent to him that the regular progress of the Sub-Contract Works or of any part thereof has been or was likely to be affected as aforesaid; and

·1·2 the Sub-Contractor shall submit to the Contractor such information in support of his application as the Contractor is requested by the Architect to obtain from the Sub-Contractor in order reasonably to enable the Architect to operate clause 26·4 of the Main Contract Conditions; and

·1·3 the Sub-Contractor shall submit to the Contractor such details of such loss and/or expense as the Contractor is requested by the Architect or the Quantity Surveyor to obtain from the Sub-Contractor in order reasonably to enable the ascertainment of that loss and/or expense under clause 26·4 of the Main Contract Conditions.

·2 The matters to which clause 4·38·1 applies are:

·2·1 the Contractor, or the Sub-Contractor through the Contractor, not having received in due time necessary instructions (including those for or in regard to the expenditure of provisional sums), drawings, details or levels from the Architect for which the Contractor, or the Sub-Contractor through the Contractor, specifically applied in writing provided that such application was made on a date which having regard to the Completion Date or the period or periods for completion of the Sub-Contract Works was neither unreasonably distant from nor unreasonably close to the date on which it was necessary for the Contractor or the Sub-Contractor to receive the same; or

·2·2 the opening up for inspection of any work covered up or the testing of any of the work, materials or goods in accordance with clause 8·3 of the Main Contract Conditions (including making good in consequence of such opening up or testing), unless the inspection or test showed that

Section 4: Payment

   the work, materials or goods were not in accordance with the Main Contract or the Sub-Contract as the case may be; or

·2·3 any discrepancy in or divergence between the Contract Drawings and/or the Contract Bills and/or the Numbered Documents; or

·2·4 the execution of work not forming part of the Main Contract by the Employer himself or by persons employed or otherwise engaged by the Employer as referred to in clause 29 of the Main Contract Conditions or the failure to execute such work or the supply by the Employer of materials and goods which the Employer has agreed to provide for the Works or the failure so to supply; or

·2·5 Architect's instructions issued in regard to the postponement of any work to be executed under the provisions of the Main Contract or the Sub-Contract; or

·2·6 failure of the Employer to give in due time ingress to or egress from the site of the works or any part thereof through or over any land, buildings, way or passage adjoining or connected with the site and in the possession and control of the Employer, in accordance with the Contract Bills and/or the Contract Drawings, after receipt by the Architect of such notice, if any, as the Contractor is required to give or failure of the Employer to give such ingress or egress as otherwise agreed between the Architect and the Contractor; or

·2·7 Architect's instructions issued under clause 13·2 of the Main Contract Conditions requiring a Variation or under clause 13·3 of the Main Contract Conditions in regard to the expenditure of a provisional sum (other than an instruction to which clause 13·4·2 of the Main Contract Conditions refers or, where bills of quantities are included in the Numbered Documents, an instruction for the expenditure of a provisional sum for defined work); or

·2·8 where bills of quantities are included in the Numbered Documents the execution of work for which an Approximate Quantity is included in those bills which is not a reasonably accurate forecast of the quantity of work required.

·3 Any amount from time to time ascertained as a result of the operation of clause 4·38·1 shall be added to the Sub-Contract Sum or included in the computation of the Ascertained Final Sub-Contract Sum.

·4 The Sub-Contractor shall comply with all directions of the Contractor which are reasonably necessary to enable the ascertainment which results from the operation of clause 4·38·1 to be carried out.

4·39 If the regular progress of the Sub-Contract Works (including any part thereof which is sub-sub-contracted) is materially affected by any act, omission or default of the Contractor, or any person for whom the Contractor is responsible (*see clause 6·3·1*), the Sub-Contractor shall within a reasonable time of such material effect becoming apparent give written notice thereof to the Contractor and the agreed amount of any direct loss and/or expense thereby caused to the Sub-Contractor shall be recoverable by the Sub-Contractor from the Contractor as a debt. Provided always that:

JCT Nominated Sub-Contract Conditions NSC/C

·1 The Sub-Contractor's application shall be made as soon as it has become, or should reasonably have become, apparent to him that the regular progress of the Sub-Contract Works or of any part thereof has been or was likely to be affected as aforesaid; and

·2 the Sub-Contractor, in order to enable the direct loss and/or expense to be ascertained, shall submit to the Contractor such information in support of his application including details of the loss and/or expense as the Contractor may reasonably require from the Sub-Contractor.

4·40 If the regular progress of the Works (including any part thereof which is sub-contracted) is materially affected by an act, omission or default of the Sub-Contractor or any person for whom the Sub-Contractor is responsible (*see clause 6·3·1*), the Contractor shall within a reasonable time of such material effect becoming apparent give written notice thereof to the Sub-Contractor and the agreed amount of any direct loss and/or expense thereby caused to the Contractor (whether suffered or incurred by the Contractor or by sub-contractors employed by the Contractor on the Works from whom claims under similar provisions in the relevant sub-contracts have been agreed by the Contractor, sub-contractor and the Sub-Contractor) may be deducted from any monies due or to become due to the Sub-Contractor or may be recoverable from the Sub-Contractor as a debt. Provided always that:

·1 the Contractor's application shall be made as soon as it has become, or should reasonably have become, apparent to him that the regular progress of the Works (including any part thereof which is sub-contracted) has been or was likely to be affected as aforesaid; and

·2 the Contractor, in order to enable the direct loss and/or expense to be ascertained, shall submit to the Sub-Contractor such information in support of his application including details of the loss and/or expense as the Sub-Contractor may reasonably request from the Contractor.

4·41 The provisions of clauses 4·38 to 4·40 are without prejudice to any other rights or remedies which the Contractor or the Sub-Contractor may possess.

Choice of fluctuation provisions—NSC/T Part 1 item 17 and NSC/T Part 2 pages 3 and 4 [e] (4·42 and 4·43)

4·42 Fluctuations shall be dealt with in accordance with whichever of the following alternatives:

clause 4A, or

clause 4B, or

clause 4C

is stated in NSC/T Part 1 item 17 or NSC/T Part 2 page 3 as being applicable to the Sub-Contract.

4·43 Clause 4A shall be used where neither clause 4B nor clause 4C is stated in NSC/T Part 1 item 17 or NSC/T Part 2 page 3 as being applicable to the Sub-Contract.

Footnote: [e] Clause 4B is for use where the parties have agreed to allow the labour and materials cost and tax fluctuations to which clauses 4B·1 to ·3 refer. Clause 4C is for use where the parties have agreed tha the Sub-Contract Sum or the Tender Sum shall be adjusted by the formula method under the JCT Sub-Contract/Works Contract Formula Rules.

Section 4A–4B–4C: Fluctuations

SECTION 4A–4B–4C: FLUCTUATIONS—ALTERNATIVE PROVISIONS

Contribution, levy and tax fluctuations (4A)

4A·1 The Sub-Contract Sum or Tender Sum as the case may be shall be deemed to have been calculated in the manner set out below and shall be subject to adjustment in the events specified hereunder:

·1 The prices contained in the Sub-Contract Sum or the Tender Sum are based upon the types and rates of contribution, levy and tax payable by a person in his capacity as an employer and which at the Base Date are payable by the Sub-Contractor. A type and rate so payable are in clause 4A·1·2 referred to as a "tender type" and a "tender rate".

·2 If any of the tender rates other than a rate of levy payable by virtue of the Industrial Training Act 1964 or any amendment or re-enactment thereof, is increased or decreased, or if a tender type ceases to be payable, or if a new type of contribution, levy or tax which is payable by a person in his capacity as an employer becomes payable after the Base Date, then in any such case the net amount of the difference between what the Sub-Contractor actually pays or will pay in respect of

·2·1 workpeople engaged upon or in connection with the Sub-Contract Works either on or adjacent to the site, and

·2·2 workpeople directly employed by the Sub-Contractor who are engaged upon the production of materials or goods for use in or in connection with the Sub-Contract Works and who operate neither on nor adjacent to the site and to the extent that they are so engaged

or because of his employment of such workpeople and what he would have paid had the alteration, cessation or new type of contribution, levy or tax not become effective, shall, as the case may be, be paid to or allowed by the Sub-Contractor.

·3 There shall be added, to the net amount paid to or allowed by the Sub-Contractor under clause 4A·1·2, in respect of each person employed by the Sub-Contractor who is engaged upon or in connection with the Sub-Contract Works either on or adjacent to the site and who is not within the definition of "workpeople" in clause 4A·6·2, the same amount as is payable or allowable in respect of a craftsman under clause 4A·1·2 or such proportion of that amount as reflects the time (measured in whole working days) that each such person is so employed.

·4 For the purposes of clause 4A·1·3:

no period less than 2 whole working days in any week shall be taken into account and periods less than a whole working day shall not be aggregated to amount to a whole working day;

the phrase "the same amount as is payable or allowable in respect of a craftsman" shall refer to the amount in respect of a craftsman employed by the Sub-Contractor (or by any sub-sub-contractor under a sub-sub-contract to which clause 4A·3 refers) under the rules or decisions or agreements of the National Joint Council for the Building Industry or other wage-fixing body and, where the aforesaid rules or decisions or agreements provide for more than one rate of wage emolument or other expense for a craftsman, shall refer to the amount in respect of a

JCT Nominated Sub-Contract Conditions NSC/C

craftsman employed as aforesaid to whom the highest rate is applicable; and

the prase "employed by the Sub-Contractor" shall mean an employment to which the Income Tax (Employment) Regulations 1973 (the PAYE Regulations) under S·204 of the Income and Corporation Taxes Act, 1970, or any amendment or re-enactment thereof apply.

·5 The prices contained in the Sub-Contract Sum or the Tender Sum are based upon the types and rates of refund of the contributions, levies and taxes payable by a person in his capacity as an employer and upon the types and rates of premium receivable by a person in his capacity as an employer being in each case types and rates which at the Base Date are receivable by the Sub-Contractor. Such a type and such a rate are in clause 4A·1·6 referred to as a "tender type" and a "tender rate".

·6 If any of the tender rates is increased or decreased or if a tender type ceases to be payable or if a new type of refund of any contribution, levy or tax payable by a person in his capacity as an employer becomes receivable, or if a new type of premium receivable after the Base Date then in any such case the net amount of the difference between what the Sub-Contractor actually receives or will receive in respect of workpeople as referred to in clauses 4A·1·2·1 and 4A·1·2·2 or because of his employment of such workpeople and what he would have received had the alteration, cessation or new type of refund or premium not become effective, shall, as the case may be, be paid to or allowed by the Sub-Contractor.

·7 The references in clauses 4A·1·5 and 4A·1·6 to premiums shall be construed as meaning all payments howsoever they are described which are made under or by virtue of an Act of Parliament to a person in his capacity as an employer and which affect the cost to an employer of having persons in his employment.

·8 Where employer's contributions are payable by the Sub-Contractor in respect of workpeople as referred to in clauses 4A·1·2·1 and 4A·1·2·2 whose employment is contracted-out employment within the meaning of the Social Security Pensions Act 1975, or subsequent legislation the Sub-Contractor shall for the purpose of recovery or allowance under clause 4A·1 be deemed to pay employee's contributions as if that employment were not contracted-out employment.

·9 The references in clause 4A·1 to contributions, levies and taxes shall be construed as meaning all impositions payable by a person in his capacity as an employer howsoever they are described and whoever the recipient which are imposed under or by virtue of an Act of Parliament and which affect the cost to an employer of having persons in his employment.

4A·2 The Sub-Contract Sum or the Tender Sum as the case may be shall be deemed to have been calculated in the manner set out below and shall be subject to adjustment in the events specified hereunder:

·1 the prices contained in the Sub-Contract Sum or the Tender Sum are based upon the types and rates of duty if any and tax if any (other than value added tax which is treated, or is capable of being treated, as input tax (as referred to in the Finance Act 1972 or any amendment or re-enactment thereof) by the Sub-Contractor) by whomsoever payable

Section 4A–4B–4C: Fluctuations

which at the Base Date are payable on the import, purchase, sale, appropriation, processing or use of the materials, goods, electricity and, where so specifically stated in NSC/T Part 1 item 17, fuels, listed in the Schedule attached to NSC/T Part 2, under or by virtue of any Act of Parliament. A type and a rate so payable are in clause 4A·2·2 referred to as a "tender type" and a "tender rate";

·2 if in relation to any materials or good listed as aforesaid, or any electricity or fuels set out as aforesaid and consumed on site for the execution of the Sub-Contract Works including temporary site installations for those Sub-Contract Works, a tender rate is increased or decreased, or a tender type ceases to be payable or a new type of duty or tax (other than value added tax which is treated, or is capable of being treated, as input tax (as referred to in the Finance Act 1972 or any amendment or re-enactment thereof) by the Sub-Contractor) becomes payable on the import, purchase, sale, appropriation, processing or use of those materials, goods, electricity or fuels, after the Base Date, then in any such case the net amount of the difference between what the Sub-Contractor actually pays in respect of those materials goods, electricity or fuels and what he would have paid in respect of them had the alteration, cessation or imposition not occurred, shall, as the case may be, be paid to or allowed by the Sub-Contractor. In clause 4A·2·2 the expression "a new type of duty or tax" includes an additional duty or tax and a duty or tax imposed in regard to materials, goods, electricity or fuels listed as aforesaid in respect of which no duty or tax whatever was previously payable (other than any value added tax which is treated, or is capable of being treated, as input tax (as referred to in the Finance Act 1972 or any amendment or re-enactment thereof) by the Sub-Contractor).

Fluctations—work sub-let to sub-sub-contractors

4A·3   ·1   If the Sub-Contractor shall decide, subject to clause 3·14, to sub-let any portion of the Sub-Contract Works he shall incorporate in the sub-sub-contract provisions to the like effect as the provisions of
clauses 4A·1 to 4A·7 (excluding clause 4A·3) including the percentage stated in NSC/T Part 1 item 17, pursuant to clause 4A·7
which are applicable for the purposes of the Sub-Contract.

·2   If the price payable under such a sub-sub-contract as referred to in clause 4A·3·1 is decreased below or increased above the price in such sub-sub-contract by reason of the operation of the said incorporated provisions, then the net amount of such decrease or increase shall, as the case may be, be allowed by or paid to the Sub-Contractor under the Sub-Contract.

Provisions relating to clause 4A (4A·4 to 4A·6)

4A·4   ·1   The Sub-Contractor shall give a written notice to the Contractor of the occurrence of any of the events referred to in such of the following provisions as are applicable for the purposes of the Sub-Contract:
·1·1   clause 4A·1·2;
·1·2   clause 4A·1·6;
·1·3   clause 4A·2·2;
·1·4   clause 4A·3·2.

JCT Nominated Sub-Contract Conditions NSC/C

- .2 Any notice required to be given by clause 4A·4·1 shall be given within a reasonable time after the occurrence of the event to which the notice relates, and the giving of a written notice in that time shall be a condition precedent to any payment being made to the Sub-Contractor in respect of the event in question.
- .3 The Contractor and the Sub-Contractor may agree with the Quantity Surveyor what shall be deemed for all the purposes of the Sub-Contract to be the net amount payable to or allowable by the Sub-Contractor in respect of the occurrence of any event such as is referred to in any of the provisions listed in clause 4A·4·1.
- .4 Any amount which from time to time becomes payable to or allowable by the Sub-Contractor by virtue of clauses 4A·1 and 4A·2 or clause 4A·3 shall, as the case may be, be added to or deducted from
- .4·1 the Sub-Contract Sum; and
- .4·2 any amounts payable to the Sub-Contractor and which are calculated in accordance with clause 7·7·2·1 or 7·7·2·2.
  or included in the calculation of the Ascertained Final Sub-Contract Sum. The addition or deduction or inclusion to which clause 4A·4·4 refers shall be subject to the provisions of clauses 4A·4·5 to 4A·4·7.
- .5 As soon as is reasonably practicable the Sub-Contractor shall provide such evidence and computations as the Contractor and the Architect or the Quantity Surveyor may reasonably require to enable the amount payable to or allowable by the Sub-Contractor by virtue of clauses 4A·1 and 4A·2 or clause 4A·3 to be ascertained, and in the case of amounts payable to or allowable by the Sub-Contractor under clause 4A·1·3 (or clause 4A·3 for amounts payable to or allowable by the Sub-Contractor under provisions in the sub-sub-contract to the like effect as clauses 4A·1·3 and 4A·1·4)—employees other than workpeople—such evidence shall include a certificate signed by or on behalf of the Sub-Contractor each week certifying the validity of the evidence reasonably required to ascertain such amounts.
- .6 No addition to or deduction from the Sub-Contract Sum or inclusion in the calculation of the Ascertained Final Sub-Contract Sum made by virtue of clause 4A·4·4 shall alter in any way the amount of profit of the Sub-Contractor included in that Sum.
- .7 Subject to the provisions of clause 4A·4·8 no amount shall be added or deducted in the computation of the amount stated as due in an Interim Certificate in respect of amounts otherwise payable to or allowable by the Sub-Contractor by virtue of clauses 4A·1 and 4A·2 or clause 4A·3 if the event (as referred to in the provisions listed in clause 4A·4·1) in respect of which the payment or allowance would be made occurs after the date of the failure by the Sub-Contractor to complete as certified by the Architect as referred to in clause 2·9.
- .8 Clause 4A·4·7 shall not be applied unless:
- .8·1 the printed text of clauses 2·2 to 2·7 is unamended and forms part of the Sub-Contract Conditions; and

Section 4A–4B–4C: Fluctuations

·8·2 the Architect has in respect of every written request by the Contractor and the Sub-Contractor under clause 2·2, consented or not consented in writing to such revision of the period or periods for completion of the Sub-Contract Works as he considered to be in accordance with clauses 2·3 to 2·6 and with clause 35·14 of the Main Contract Conditions.

4A·5 Clauses 4A·1 to 4A·3 shall not apply in respect of:
·1 work for which the Sub-Contractor is allowed daywork rates under clause 4·5, 4·6·4, 4·12 or 4·13·3;
·2 changes in the rate of value added tax charged on the supply of goods or services by the Sub-Contractor to the Contractor under the Sub-Contract.

4A·6 In clause 4A:
·1 the expressions "materials" and "goods" include timber used in formwork but do not include other consumable stores, plant and machinery (save that electricity and, where specifically so stated in NSC/T Part 1 item 17, fuels are dealt with in clause 4A·2);
·2 the expression "workpeople" means persons whose rates of wages and other emoluments (including holiday credits) are governed by the rules or decisions or agreements of the National Joint Council for the Building Industry or some other wage-fixing body for trades associated with the building industry;
·3 the expression "wage-fixing body" shall mean a body which lays down recognised terms and conditions of workers. For the purposes of clause 4A "recognised terms and conditions" means terms and conditions of workers in comparable employment in the trade or industry, or section of trade or industry, in which the employer in question is engaged, which have been settled by an agreement or award, to which the parties are employers' associations and independent trade unions which represent (generally or in the district in question, as the case may be) a substantial proportion of the employers and of the workers in the trade, industry or section being workers of the description to which the agreement or award relates.

Percentage addition to fluctuation payments or allowances

4A·7 ·1 There shall be added to the amount paid to or allowed by the Sub-Contractor under:
·1·1 clause 4A·1·2;
·1·2 clause 4A·1·3;
·1·3 clause 4A·1·6;
·1·4 clause 4A·2·2
the percentage stated in NSC/T Part 1 item 17.

Labour and Materials Cost and Tax Fluctuations (4B)

4B·1 The Sub-Contract Sum or the Tender Sum as the case may be shall be deemed to have been calculated in the manner set out below and shall be subject to adjustment in the events specified hereunder:
·1 The prices contained in the Sub-Contract Sum or Tender Sum (including the cost of employer's liability insurance and of third party insurance) are

JCT Nominated Sub-Contract Conditions NSC/C

based upon the rates of wages and the other emoluments and expenses (including holiday credits) which will be payable by the Sub-Contractor to or in respect of

·1·1 workpeople engaged upon or in connection with the Sub-Contract Works either on or adjacent to the site, and

·1·2 workpeople directly employed by the Sub-Contractor who are engaged upon the production of materials or goods for use in or in connection with the Sub-Contract Works and who operate neither on nor adjacent to the site and to the extent that they are so engaged

in accordance with:

·1·3 the rules or decisions of the National Joint Council for the Building Industry or other wage-fixing body which will be applicable to the Sub-Contract Works and which have been promulgated at the Base Date; and

·1·4 any incentive scheme and/or productivity agreement under the provisions of Rule 1·16 or any successor to this Rule (Productivity Incentive Schemes and/or Productivity Agreement) of the Rules of the National Joint Council for the Building Industry (including the General Principles covering Incentive Schemes and/or Productivity Agreements published by the aforesaid Council to which Rule 1·16 or any successor to this Rule refers) or provisions on incentive schemes and/or productivity agreements contained in the rules or decisions of some other wage-fixing body; and

·1·5 the terms of the Building and Civil Engineering Annual and Public Holidays Agreements (or the terms of agreements to similar effect in respect of workpeople whose rates of wages and other emoluments and expenses (including holiday credits) are in accordance with the rules or decisions of a wage-fixing body other than the National Joint Council for the Building Industry) which will be applicable to the Sub-Contract Works and which have been promulgated at the Base Date;

and upon the rates or amounts of any contribution, levy or tax which will be payable by the Sub-Contractor in his capacity as an employer in respect of, or calculated by reference to, the rates of wages and other emoluments and expenses (including holiday credits) referred to herein.

·2 If any of the said rates of wages or other emoluments and expenses (including holiday credits) are increased or decreased by reason of any alteration in the said rules, decisions or agreements promulgated after the Base Date, then the net amount of the increase or decrease in wages and other emoluments and expenses (including holiday credits) together with the net amount of any consequential increase or decrease in the cost of employer's liability insurance, of third party insurance, and of any contribution, levy or tax payable by a person in his capacity as an employer shall, as the case may be, be paid to or allowed by the Sub-Contractor.

·3 There shall be added to the net amount paid to or allowed by the Sub-Contractor under clause 4B·1·2, in respect of each person employed

Section 4A–4B–4C: Fluctuations

by the Sub-Contractor who is engaged upon or in connection with the Sub-Contract Works either on or adjacent to the site and who is not within the definition of "workpeople" in clause 4B·7·2 the same amount as is payable or allowable in respect of a craftsman under clause 4B·1·2 or such proportion of that amount as reflects the time (measured in whole working days) that each such person is so employed.

·4 For the purposes of clauses 4B·1·3 and 4B·2·3:

no period less than 2 whole working days in any week shall be taken into account and periods less than a whole working day shall not be aggregated to amount to a whole working day;

the phrase "the same amount as is payable or allowable in respect of a craftsman" shall refer to the amount in respect of a craftsman employed by the Sub-Contractor (or by any sub-sub-contractor under a sub-sub-contract to which clause 4B·4 refers) under the rules or decisions or agreements of the National Joint Council for the Building Industry or other wage-fixing body and, where the aforesaid rules or decisions or agreements provide for more than one rate of wage, emolument or other expense for a craftsman, shall refer to the amount in respect of a craftsman employed as aforesaid to whom the highest rate is applicable; and

the phrase "employed by the Sub-Contractor" shall mean an employment to which the Income Tax (Employment) Regulations 1973 (the PAYE Regulations) under S·204 of the Income and Corporation Taxes Act 1970 or any amendment or re-enactment thereof, apply.

·5 the prices contained in the Sub-Contract Sum or the Tender Sum are based upon:

the transport charges referred to in the basic transport charges list set out in the Schedule attached to NSC/T Part 2 which will be incurred by the Sub-Contractor in respect of workpeople engaged in either of the capacities referred to in clauses 4B·1·1·1 or 4B·1·1·2, or

the reimbursement of fares which will be reimbursable by the Sub-Contractor to workpeople engaged in either of the capacities referred to in clauses 4B·1·1·1 or 4B·1·1·2 in accordance with the rules or decisions of the National Joint Council for the Building Industry which will be applicable to the Sub-Contract Works and which have been promulgated at the Base Date or, in the case of workpeople so engaged whose rates of wages and other emoluments and expenses are governed by the rules or decisions of some wage-fixing body other than the National Joint Council for the Building Industry, in accordance with the rules or decisions of such other body which will be applicable and which have been promulgated as aforesaid.

.6 If:

·6·1 the amount of transport charges set out in the basic transport list is increased or decreased after the Base Date; or

·6·2 the reimbursement of fares is increased or decreased by reason of any alteration in the said rules or decisions promulgated after the Base Date

JCT Nominated Sub-Contract Conditions NSC/C

or by an actual increase or decrease in fares which takes effect after the Base Date

then the net amount of that increase or decrease shall, as the case may be, be paid to or allowed by the Sub-Contractor.

4B·2 The Sub-Contract Sum or the Tender Sum as the case may be shall be deemed to have been calculated in the manner set out below and shall be subject to adjustment in the events specified hereunder:

·1 The prices contained in the Sub-Contract Sum or the Tender Sum are based upon the types and rates of contribution, levy and tax payable by a person in his capacity as an employer and which at the Base Date are payable by the Sub-Contractor. A type and rate so payable are, in clause 4B·2·2, referred to as a "tender type" and a "tender rate".

·2 If any of the tender rates other than a rate of levy payable by virtue of the Industrial Training Act 1964 or any amendment or re-enactment thereof, is increased or decreased or if a tender type ceases to be payable, or if a new type of contribution, levy or tax which is payable by a person in his capacity as an employer becomes payable after the Base Date, then in any such case the net amount of the difference between what the Sub-Contractor actually pays or will pay in respect of workpeople as referred to in clause 4B·1·1·1 and 4B·1·1·2 or because of his employment of such workpeople, and what he would have paid had the alteration, cessation or new type or contribution, levy or tax not become effective, shall, as the case may be, be paid to or allowed by the Sub-Contractor.

·3 There shall be added, to the net amount paid to or allowed by the Sub-Contractor under clause 4B·2·2, in respect of each person employed by the Sub-Contractor who is engaged upon or in connection with the Sub-Contract Works either on or adjacent to the site and who is not within the definition of "workpeople" in clause 4B·7·2 the same amount as is payable or allowable in respect of a craftsman under clause 4B·2·2 or such proportion of that amount as reflects the time (measured in whole working days) that each such person is so employed. The provisions of clause 4B·1·4 shall apply to clause 4B·2·3.

·4 The prices contained in the Sub-Contract Sum or the Tender Sum are based upon the types and rates of refund of the contributions, levies and taxes payable by a person in his capacity as an employer and upon the types and rates of premium receivable by a person in his capacity as an employer being in each case types and rates which at the Base Date are receivable by the Sub-Contractor. Such a type and such a rate are, in clause 4B·2·5 referred to as a "tender type" and a "tender rate".

·5 If any of the tender rates is increased or decreased or if a tender type ceases to be payable or if a new type of refund of any contribution, levy or tax payable by a person in his capacity as an employer becomes receivable or if a new type of premimum receivable by a person in his capacity as an employer becomes receivable after the Base Date, then in any such case the net amount of the difference between what the Sub-Contractor actually receives or will receive in respect of workpeople as referred to in clauses 4B·1·1·1 and 4B·1·1·2 or because of his employment of such workpeople, and what he would have received had the

Section 4A–4B–4C: Fluctuations

alteration, cessation or new type of refund or premium not become effective, shall, as the case may be, be paid to or allowed by the Sub-Contractor.

.6 The references in clauses 4B·2·4 and 4B·2·5 to premiums shall be construed as meaning all payments howsoever they are described which are made under or by virtue of an Act of Parliament to a person in his capacity as an employer and which affect the cost to an employer of having persons in his employment.

.7 Where employer's contributions are payable by the Sub-Contractor in respect of workpeople as referred to in clauses 4B·1·1·1 and 4B·1·1·2 whose employment is contracted-out employment within the meaning of the Social Security Pensions Act 1975 or subsequent legislation, the Sub-Contractor shall, subject to the proviso hereto, for the purpose of recovery or allowance under clause 4B·2 be deemed to pay employer's contributions as if that employment were not contracted-out employment; provided that clause 4B·2·7 shall not apply where the occupational pension scheme, by reference to membership of which the employment of workpeople is contracted-out employment, is established by the rules of the National Joint Council for the Building Industry or of some other wage-fixing body so that contributions to such occupational pension scheme are within the payment and allowance provisions of clause 4B·1.

.8 The reference in clauses 4B·2·1 to 4B·2·5 and 4B·2·7 to contributions, levies and taxes shall be construed as meaning all impositions payable by a person in his capacity as an employer howsoever they are described and whoever the recipient which are imposed under or by virtue of an Act of Parliament and which affect the cost to an employer of having persons in his employment.

4B·3 The Sub-Contract Sum or the Tender Sum as the case may be shall be deemed to have been calculated in the manner set out below and shall be subject to adjustment in the events specified hereunder:

.1 The prices contained in the Sub-Contract Sum or the Tender Sum are based upon the market prices of the materials, goods, electricity and, where specifically so stated in NSC/T Part 1 item 17, fuels, listed in the Schedule attached to NSC/T Part 2, which were current at the Base Date. Such prices are hereinafter referred to as "basic prices", and the prices set out by the Sub-Contractor in the said Schedule shall be deemed to be the basic prices of the specified materials, goods, electricity and fuels.

.2 If after the Base Date the market price of any of the materials or goods listed as aforesaid increases or decreases, or the market price of any electricity or fuels listed as aforesaid and consumed on site for the execution of the Sub-Contract Works, including temporary site installations for those Sub-Contract Works, increases or decreases, then the net amount of the difference between the basic price thereof and the market price payable by the Sub-Contractor and current when the materials, goods, electricity or fuels are bought shall, as the case may be, be paid to or allowed by the Sub-Contractor.

.3 The references in clause 4B·3·1 and 4B·3·2 to "market prices" shall be construed as including any duty or tax (other than value added tax which is

JCT Nominated Sub-Contract Conditions NSC/C

treated, or is capable of being treated as input tax (as referred to in the Finance Act 1972 or any amendment or re-enactment thereof) by the Sub-Contractor) by whomsoever payable which is payable under or by virtue of any Act of Parliament on the import, purchase, sale, appropriation, processing or use of the materials, goods, electricity or fuels listed as aforesaid.

Fluctuations—work sub-let to sub-sub-contractors

4B·4
·1 If the Sub-Contractor shall decide, subject to clause 3·14, to sub-let any portion of the Sub-Contract Works he shall incorporate in the sub-sub-contract provisions to the like effect as the provisions of
clauses 4B·1 to 4B·8 (excluding clause 4B·4) including the percentage stated in NSC/T Part 1 item 17, pursuant to clause 4B·8.
which are applicable for the purposes of the Sub-Contract.

·2 If the price payable under such a sub-sub-contract as referred to in clause 4B·4·1 is decreased below or increased above the price in such sub-sub-contract by reason of the operation of the said incorporated provisions, then the net amount of such decrease or increase shall, as the case may be, be allowed by or paid to the Sub-Contractor under the Sub-Contract.

Provisions relating to clause 4B (4B·5 to 4B·7)

4B·5
·1 The Sub-Contractor shall give a written notice to the Contractor of the occurrence of any of the events referred to in such of the following provisions as are applicable for the purposes of the Sub-Contract:
·1·1 clause 4B·1·2
·1·2 clause 4B·1·6
·1·3 clause 4B·2·2
·1·4 clause 4B·2·5
·1·5 clause 4B·3·2
·1·6 clause 4B·4·2

·2 Any notice required to be given by clause 4B·5·1 shall be given within a reasonable time after the occurrence of the event to which the notice relates, and the giving of a written notice in that time shall be a condition precedent to any payment being made to the Sub-Contractor in respect of the event in question.

·3 The Contractor and the Sub-Contractor may agree with the Quantity Surveyor what shall be deemed for all the purposes of the Sub-Contract to be the net amount payable to or allowable by the Sub-Contractor in respect of the occurrence of any event such as is referred to in any of the provisions listed in clause 4B·5·1.

·4 Any amount which from time to time becomes payable to or allowable by the Sub-Contractor by virtue of clauses 4B·1 to 4B·3 or clause 4B·4 shall, as the case may be, be added to or deducted from:
·4·1 the Sub-Contract Sum; and
·4·2 any amounts payable to the Sub-Contractor and which are calculated in accordance with clauses 7·7·2·1 or 7·7·2·2
or included in the calculation of the Ascertained Final Sub-Contract Sum. The addition or deduction or inclusion to which clause 4B·5·4 refers shall be subject to the provisions of clauses 4B·5·5 to 4B·5·7.

Section 4A–4B–4C: Fluctuations

- .5 As soon as is reasonably practicable the Sub-Contractor shall provide such evidence and computations as the Contractor and the Architect or the Quantity Surveyor may reasonably require to enable the amount payable to or allowable by the Sub-Contractor by virtue of clauses 4B·1 to 4B·3 or clause 4B·4 to be ascertained; and in the case of amounts payable to or allowable by the Sub-Contractor under clause 4B·1·3 (or clause 4B·4 for amounts payable to or allowable by the sub-sub-contractor under provisions in the sub-sub-contract to the like effect in clauses 4B·1·3 and 4B·1·4)—employees other than workpeople—such evidence shall include a certificate signed by or on behalf of the Sub-Contractor each week certifying the validity of the evidence reasonably required to ascertain such amounts.
- .6 No addition to or deduction from the Sub-Contract Sum or inclusion in the calculation of the Ascertained Final Sub-Contract Sum made by virtue of clause 4B·5·4 shall alter in any way the amount of profit of the Sub-Contractor included in that Sum.
- .7 Subject to the provisions of clause 4B·5·8 no amount shall be added or deducted in the computation of the amount stated as due in an Interim Certificate in respect of amounts otherwise payable to or allowable by the Sub-Contractor by virtue of clauses 4B·1 to 4B·3 or clause 4B·4 if the event (as referred to in the provisions listed in clause 4B·5·1) in respect of which the payment or allowance would be made occurs after the date of the failure by the Sub-Contractor to complete as certified by the Architect as referred to in clause 2·9.
- .8 Clause 4B·5·7 shall not be applied unless:
- .8·1 the printed text of clauses 2·2 to 2·7 is unamended and forms part of the Sub-Contract Conditions; and
- .8·2 the Architect has, in respect of every request by the Contractor and Sub-Contractor under clause 2·2, consented or not consented in writing to such revision of the period or periods for completion of the Sub-Contract Works as he considered to be in accordance with clauses 2·3 to 2·6 and with clause 35·14 of the Main Contract Condition.

4B·6 Clauses 4B·1 to 4B·4 shall not apply in respect of:
- ·1 work for which the Sub-Contractor is allowed daywork rates under clause 4·5, 4·6·4, 4·12 or 4·13·3
- ·2 changes in the rate of value added tax charged on the supply of goods or services by the Sub-Contractor to the Contractor under the Sub-Contract.

4B·7 In clause 4B:
- ·1 the expressions "materials" and "goods" include timber used in formwork but do not include other consumable stores, plant and machinery (save that electricity and, where specifically so stated in the NSC/T Part 1 item 17, fuels are dealt with in clause 4B·3);
- ·2 the expression "workpeople" means persons whose rates of wages and other emoluments (including holiday credits) are governed by the rules or decisions or agreements of the National Joint Council for the Building Industry or some other wage-fixing body for trades associated with the building industry;

JCT Nominated Sub-Contract Conditions NSC/C

- .3 the expression "wage-fixing body" shall mean a body which lays down recognised terms and conditions of workers. For the purposes of clause 4B "recognised terms and conditions" means terms and conditions of workers in comparable employment in the trade or industry, or section of trade or industry, in which the employer in question is engaged, which have been settled by an agreement or award, to which the parties are employers' associations and independent trade unions which represent (generally or in the district in question, as the case may be) a substantial proportion of the employers and of the workers in the trade, industry or section being workers of the description to which the agreement or award relates.

Percentage addition to fluctuation payments or allowances

4B·8 ·1 There shall be added to the amount paid to or allowed by the Sub-Contractor under:
- ·1·1 clause 4B·1·2;
- ·1·1 clause 4B·1·3;
- ·1·3 clause 4B·1·6;
- ·1·4 clause 4B·2·2;
- ·1·5 clause 4B·2·5;
- ·1·6 clause 4B·3·2

the percentage stated in NSC/T Part 1 item 17.

Formula Adjustment (4C)

4C·1 The Sub-Contract Sum or amounts ascertained under clause 4·10 as the case may be shall be adjusted in accordance with the following provisions of clause 4C and the JCT "Sub-Contract/Works Contract Formula Rules" (Formula Rules) identified in NSC/T Part 1 item 17, that is to say

- ·1 where the Sub-Contract is for the supply and fixing of materials or goods or the execution of work to which one or more of the Works Categories referred to in Section 2, Part 1 of the Formula Rules applies, adjustment shall be under the formula (but subject to rule 7) in that Part of the Rules;
- ·2 where the Sub-Contract is for the supply and fixing of materials or goods or the execution of works to which one of the formula set out in Section 2, Part 111 of the Formula Rules applies, adjustment shall be under the relevant formula in that Part of the Rules.

4C·2 ·1 Any adjustment under clause 4C shall be to sums exclusive of value added tax and nothing in clause 4C shall affect in any way the operation of clauses 5A or 5B (value added tax).

·2 The Definitions in rule 3 of the Formula Rules shall apply to clause 4C.

·3 Where clause 40 of the Main Contract Conditions does not apply to the Main Contract but clause 4C applies to adjustment of the Sub-Contract Sum or to amounts ascertained under clause 4·10, valuations shall be made for the purposes of calculating formula adjustment due under clause 4C.

4C·3 ·1 The Contractor shall ensure that the adjustment referred to in clause 4C shall be effected in all Interim Certificates to which clauses 4·14 to 4·24 apply.

Section 4A–4B–4C: Fluctuations

- .2 The Sub-Contractor shall be entitled through the Contractor, to make to the Architect any representations on the value of the work to which formula adjustment is to be made. The Contractor shall forthwith pass such representations to the Architect.
- .3 Where any Non-Adjustable Element applies to formula adjustment under the Main Contract, the amount of the Non-Adjustable Element stated in NSC/T Part 1 item 17, shall apply to the amount of adjustment under clause 4C.
- .4 Where clause 40 of the Main Contract Conditions does not apply to the Main Contract but clause 4C applies to the Sub-Contract with a Non-Adjustable Element, the amount of the Non-Adjustable Element shall be stated in NSC/T Part 1 item 17 provided that clause 4C·3·4 shall only apply where the Main Contract Conditions are those set out in the Local Authorities version of the Standard Form of Building Contract identified in NSC/T Part 1 items 1 to 3.

4C·4 For any article to which rule 4(ii) of the Formula Rules applies the Sub-Contractor shall set out in the Schedule attached to NSC/T Part 2, the market price of the article in sterling (that is the price delivered to the site) current at the Base Date. If after the Base Date the market price of the article so listed increases or decreases then the net amount of the difference between the market price to set out and the market price payable by the Sub-Contractor and current when the article is brought shall, as the case may be, be paid to or allowed by the Sub-Contractor. The reference to "market price" in clause 4C·4 shall be construed as including any duty or tax (other than any value added tax which is treated, or is capable of being treated, as input tax (as defined in the Finance Act 1972 or any amendment or re-enactment thereof) by the Sub-Contractor) by whomsoever payable under or by virtue of any Act of Parliament on the import, purchase, sale, appropriation or use of the articles specified as aforesaid.

4C·5 The Contractor on behalf of and with the consent of the Sub-Contractor may agree with the Quantity Surveyor any alteration to the methods and procedures for ascertaining the amount of formula adjustment to be made under the formula to which clause 4C refers and the amounts ascertained in accordance with, and from the effective date of, such agreement shall be deemed for all the purposes of the Sub-Contract to be the amount of formula adjustment payable to or allowable by the Sub-Contractor in respect of the provisions of clause 4C. Provided always that no alterations to the methods and procedures shall be agreed as aforesaid unless it is reasonably expected that the amount of formula adjustment will be the same or approximately the same as that ascertained in accordance with Section 2, Part 1 or Part 111 of the Formula Rules.

4C·6 .1 If at any time prior to the final payment of the Sub-Contractor under clause 4·16·1·1 formula adjustment is not possible because of delay in, or cessation of, the publication of the Monthly Bulletins, adjustment of the Sub-Contract Sum or of amounts ascertained under clause 4·10 shall be made in each interim payment during such period of delay on a fair and reasonable basis.

JCT Nominated Sub-Contract Conditions NSC/C

.2 If publication of the Monthly Bulletins is recommenced at any time prior to the final payment of the Sub-Contractor under clause 4.16.1.1 the provisions of clause 4C and the Formula Rules shall operate and the adjustment under clause 4C and the aforesaid Rules shall be substituted for any adjustment under clause 4C.6.1.

.3 During any period of delay or cessation as aforesaid the Employer, the Contractor and the Sub-Contractor shall operate such parts of clause 4C and the aforesaid Rules as will enable the amount of formula adjustment to be readily calculated upon recommencement of publication of the Monthly Bulletins.

4C.7 .1 If the Sub-Contractor fails to complete the Sub-Contract Works within the period or periods specified in NSC/T Part 3 item 1 or within any revised period or periods fixed in accordance with clauses 2.2 to 2.7, formula adjustment under clause 4C shall be effected in the computation of the amount due in Interim Certificates issued after the expiry of the aforesaid period or periods (or any revision thereof) by reference to the Index Numbers applicable to the Valuation Period in which the aforesaid date of expiry (or any revision thereof) falls.

.2 Clause 4C.7.1 shall not be applied unless:

.2.1 the printed text of clauses 2.2 to 2.7 is unamended and forms part of the Sub-Contract Conditions; and

.2.2 the Architect has, in respect of every request by the Contractor and Sub-Contractor under clause 2.2 consented or not consented in writing to such revision of the period or periods for completion of the Sub-Contract Works as he considered to be in accordance with clauses 2.3 to 2.6 and with clauses 35.14 of the Main Contract Conditions.

Section 4

This section deals with payment as follows:

Clause 4.1.	Sub-Contract Sum.
Clauses 4.2 to 4.3.	Price for Sub-Contract Works.
Clauses 4.4 to 4.9.	Valuation of variations and provisional sum work.
Clauses 4.10 to 4.13.	Valuation of all work comprising the Sub-Contract Works.
Clauses 4.14 to 4.25.	Payment of Sub-Contractor.
Clauses 4.26 to 4.29.	Contractor's right to set-off.
Clauses 4.30 to 4.37.	Adjudication procedure.
Clauses 4.38 to 4.41.	Rights to direct loss and/or expense.
Clauses 4.42 to 4.43 and sections 4A, 4B and 4C.	Fluctuations.

Section 4: Payment

Clause 4.1 (formerly clause 3 of NSC/4): Sub-Contract Sum

This clause is the Sub-Contract equivalent of clause 3 of the Main Contract. See commentary on that clause on p. 549.

Clauses 4.2 and 4.3 (formerly clause 15 of NSC/4): Price for Sub-Contract Works

Tender NSC/T provides for alternative forms of quotation. One is referred to as the "Sub-Contract Sum", the other as the "Tender Sum". Clauses 4.2 and 4.4 to 4.9 apply to the first alternative, which is essentially a lump sum quotation subject to adjustment for Variations, provisional sums and approximate quantities only. Clauses 4.3 and 4.10 to 4.13 apply to the second alternative where the Sub-Contract Works are subject to complete remeasurement. For lump sum contracts generally, see p. 74. For what constitutes extra work in a lump sum contract see p. 87. For measurement and value contracts see p. 91. VAT is dealt with in clauses 5A and 5B.

Clauses 4.4 to 4.9 (formerly clause 16 of NSC/4): Valuation of Variations and Provisional Sum Work

Generally. These clauses provide for the valuation of Variations and provisional sum work where the Sub-Contract Works are not subject to complete remeasurement. See the commentary on clauses 4.2 and 4.3 above. "Variations" are defined in clause 1.4 and the Sub-Contractor is obliged to comply with Variation instructions issued under clause 13.2 of the Main Contract by virtue of clause 3.3.2 of the Sub-Contract. The Architect is obliged to issue instructions in regard to the expenditure of provisional sums included in a Sub-Contract by clause 13.3.2 of the Main Contract and clause 3.3.2 of the Sub-Contract applies equally to those instructions. Clause 13.4.1.2 of the Main Contract applies to the valuation of Variations and provisional sum work in the Sub-Contract, stating that the relevant provisions of the Sub-Contract shall apply.

Clause 4.4. (Formerly 16.1 of NSC/4). *"... such valuation ... shall ... be made in accordance with the provisions of Clauses 4.5 and 4.6."*
   Clause 4.6 is the Sub-Contract equivalent of clause 13.5 of the Main Contract (see its commentary above). Clause 4.6 is to be read subject to clause 4.5.

Clause 4.7. (Formerly 16.5 of NSC/4). The effect of this sub-clause is that when Variations to the Main Contract Works affect the Sub-Contract Works, then such parts of the Nominated Sub-Contract Works shall be treated as if they were subject to Variation instructions and are to be valued in accordance with clause 4.6.

Clauses 4.10 to 4.13 (formerly clause 17 of NSC/4): Valuation of all work comprising the Sub-Contract Work

These clauses apply where there is to be complete remeasurement of the Sub-Contract Works (see commentary on clause 4.3). The scheme of the clause is similar to that of clauses 4.4 to 4.9 and the rules for valuation in clause 4.13 are similar to those in clause 4.6.

Clauses 4.14 to 4.25 (formerly clause 21 of NSC/4): Payment of Sub-Contractor

Generally. These clauses deal with interim and final payments to the Sub-Contractor and should be read with clause 30 of the Main Contract. They also contain in clause 4.21 an important provision entitling the Sub-Contractor in certain circumstances where he has not been fully paid to suspend the further execution of the Sub-Contract Works (see commentary below).

Clause 4.15.1. (Formerly 21.2.1 of NSC/4). "... *the Contractor shall, if so requested by the Sub-Contractor, make application to the Architect* ..."
Clause 30.2 of the Main Contract requires the Architect to include in Interim Certificates the amounts due to each Nominated Sub-Contractor under clause 4.17 of NSC/C without application. It is, however, often convenient for the Nominated Sub-Contractor to inform the Architect of his understanding of his entitlement.

Clauses 4.15.4.1 to 4.15.4.4. (Formerly clauses 21.2.4.1 to 21.2.4.4 of NSC/4). These sub-clauses are directed to dealing with the problem exemplified by *Dawber Williamson Roofing v. Humberside County Council*[23] namely that provisions in the Main Contract for the passing of property from Contractor to Employer are of no effect in circumstances where the Contractor has not acquired a good title in materials or goods from his Sub-Contractor. The scheme of these sub-clauses is that:

(a) unfixed materials and goods delivered to the Works by the Sub-Contractor and intended therefor are not to be removed except for use on the Works unless the Contractor otherwise consents;
(b) where such materials and goods have been credited in an Interim Certificate under the Main Contract and the Certificate discharged "such materials or goods shall be and become the property of the Employer" and the Sub-Contractor is not to deny this fact;
(c) the latter provision is subject to two provisos:

---

[23] (1979) 12 B.L.R. 70; see discussion in the commentary to clause 16 of the Main Contract.

Section 4: Payment

(i) the Architect must have informed the Sub-Contractor of the amount of the payment in the Interim Certificate;

(ii) if the Contractor has already paid the Sub-Contractor prior to the Interim Certificate, property passes on payment to the Contractor.

It is thought that these provisions are probably effective to pass title to the Employer and to protect him against the Contractor's liquidation. However, they will bear harshly upon the Sub-Contractor who has not been paid for certified materials or goods in circumstances where the Contractor has gone into liquidation.

Clause 4.16.1.1. (Formerly 21.3.1.1 of NSC/4). *"Within 17 days of the date of issue of an Interim Certificate . . . the Contractor . . . shall duly . . . discharge . . ."*

Under clause 30.1.1.1 of the Main Contract, the Contractor is himself entitled to payment within 14 days from the date of issue of each Interim Certificate. Thus, in theory, the Main Contractor is not expected to fund payments to Nominated Sub-Contractors. The Sub-Contractor's entitlement to payment, however, is not dependent upon the Contractor himself receiving payment under the Main Contract. It is submitted that an amount due to a Nominated Sub-Contractor will be "duly discharged" by the valid exercise of a right of set-off under clauses 4.26 or 4.27.[24]

Clause 4.16.1.1. (Formerly 21.3.1.1 of NSC/4). *". . . written proof of such discharge . . ."*

This is necessary for the operation of the direct payment provisions in clause 35.13.5 of the Main Contract.[25] An example of the operation of the direct payment provisions and of the Sub-Contractor's right to suspend the further execution of the Sub-Contract Works is given in the commentary to clause 4.21.

Clause 4.16.1.2. (Formerly 21.3.1.2 of NSC/4). It is thought that the Contractor's right of deduction under this clause, where the Employer has exercised a right of deduction under the Main Contract for some act or default of the Sub-Contractor, is not a provision to which clauses 4.26 to 4.29 apply.[26]

Clause 4.16.2.1. (Formerly 21.3.2.1 of NSC/4). This clause should be read with clauses 35.16 to 35.19 inclusive of the Main Contract and their commentaries.

Clause 4.16.3. (Formerly 21.3.3 of NSC/4). This clause deals with the treatment of payments by the Employer under NSC/W to a Nominated Sub-Contractor and with the resultant credit due to the Employer. The scheme is that:

---

[24] See *Modern Engineering v. Gilbert-Ash* [1974] A.C. 689 at 708 (H.L.); c.f. *Scobie & McIntosh v. Clayton Bowmore* (1990) 49 B.L.R. 119.
[25] See commentary to Main Contract clause 35 and see also clause 7 of Agreement NSC/W.
[26] See *Mellowes PPG v. Snelling Construction* (1989) 49 B.L.R. 109.

(a) such payments are ignored in computing the amounts stated as due in certificates issued to the Main Contractor;
(b) deductions representing the credit are made by the Employer from the amounts stated as due to the Main Contractor in any Interim Certificate up to an amount not exceeding the total included in it for the relevant Nominated Sub-Contractor;
(c) where the Employer has made such deductions the Main Contractor may make a deduction of the same amount from the amount directed for payment to the Nominated Sub-Contractor.

Clause 4.17. (Formerly 21.4 of NSC/4). This clause is the Sub-Contract equivalent of clause 30.2 of the Main Contract (see commentary to Main Contract clause 30). Additionally, clauses 30.2.1.4, 30.2.2.5 and 30.2.3.3 of the Main Contract provide for the various amounts in clause 4.17 of the Sub-Contract to be taken into account in ascertaining the amounts due in Interim Certificates. The "one-thirty-ninth" referred to in clauses 4.17.2.4 and 4.17.3 represents the Main Contractor's cash discount of $2\frac{1}{2}$ per cent referred to in clause 4.16.1.1.[27]

Clause 4.17.1.1. (Formerly 21.4.1.1 of NSC/4). "... *the total value of the sub-contract work properly executed by the Sub-Contractor* ..."

These words have been considered in the context of attempts by the Main Contractor to circumvent the very limited availability of the defence of set-off in this and similar forms of Sub-Contract (as to which see clauses 4.26 to 4.29 and their commentary). The provisions of clauses 4.26 to 4.29 do not deprive the Main Contractor of the opportunity to show that sums claimed are not in fact due either because the Sub-Contractor has sought to claim the value of work not in fact done, or because the sum claimed is calculated upon a mistaken basis as to the agreed price of the work done, or because part of the work done is worth less than the agreed price by reason of breach by the Sub-Contractor of the terms of the Sub-Contract. The Main Contractor is entitled to resist the claim by proving that the Sub-Contract Works are not properly executed and thus advancing the defence of abatement (as distinct from equitable set-off) which is not caught by the provisions of clauses 4.26 to 4.29.[28]

Clause 4.20. (Formerly 21.7 of NSC/4). "*If the Sub-Contractor shall feel aggrieved* ..."

---

[27] For a consideration of the term "cash discount" in a non-standard contract based on the former "Green Form", see *Team Services v. Kier Management* (1993) 63 B.L.R. 76 (C.A.).
[28] See *Acsim (Southern) v. Danish Contracting* (1989) 47 B.L.R. 55 (C.A.) disapproving on this point *B.W.P. (Architectural) v. Beaver* (1988) 42 B.L.R. 86 where it had been held in the context of the similar provisions of Form NAM/SC that Main Contractors were not entitled to allege that work to which the application related was not properly executed since that would have the effect of nullifying Condition 21 of that form (equivalent to clauses 4.26 to 4.29 of NSC/C) which contained the exclusive machinery by which a Contractor might challenge the Sub-Contractor's right to an interim payment of work not properly executed. For "Abatement" and "Equitable set-off" generally, see pp. 499 and 500.

Section 4: Payment

This clause enables the Sub-Contractor to take proceedings in the name of the Main Contractor to enforce his rights to certification (see commentary to Sub-Contract clause 3.11).

Clause 4.21. (Formerly 21.8 of NSC/4). "*... the Sub-Contractor may ... suspend ...*"

The detailed operation of this clause may be illustrated by an example as follows:

October 1	— the Architect issues Certificate No. 10 under clause 30.1.1.1 of the Main Contract, and directs the Contractor under clause 35.13.1.1 of the Main Contract that there is included £20,000 for a Nominated Sub-Contractor.
October 15	— payment of Certificate No. 10 is due to the Main Contractor under clause 30.1.1.1 of the Main Contract.
October 18	— payment is due to the Sub-Contractor under clause 35.13.2 of the Main Contract and clause 4.16.1.1 of the Sub-Contract. If payment is made, Sub-Contractor has to provide written proof "immediately" to the Contractor (clause 4.16.1.1 of the Sub-Contract).
Before November 1	— Contractor has to provide Architect with reasonable proof of discharge under clause 35.13.3 of the Main Contract.
If he fails to do so	
November 1	— Architect issues Certificate No. 11 for (say) £50,000. Architect certifies amount (£20,000) for which the Contractor has failed to provide reasonable proof (clause 35.13.5.1 of the Main Contract).
November 5	— expiry of 35 day period in clause 4.21.1.2 of the Sub-Contract.
November 6	— Sub-Contractor serves 14 day notice of intention to suspend under clause 4.12.1.2 of the Sub-Contract.
November 15	— payment of Certificate No. 11 due. Employer pays Contractor £30,000 and Sub-Contractor £20,000.
November 20	— expiry of Sub-Contractor's 14 day notice.

In this example, the Sub-Contractor cannot suspend because he was paid on November 15 before the expiry of his 14 day notice. If, however, either the Employer did not pay the Sub-Contractor or Certificate No. 11 was for less than £20,000 so that the Employer was not obliged to pay the whole of the

£20,000 direct (see the proviso to clause 35.13.5.2 of the Main Contract), the Sub-Contractor may suspend the further execution of the Sub-Contract Works on November 21. The maximum period during which the Sub-Contractor is obliged under this procedure to continue to work without payment is 34 days (*i.e.* October 18 to November 20). The right to suspend is, however, without prejudice to any other right or remedy. The valid exercise by the Sub-Contractor of his right to suspend is a Relevant Event under clause 2.6.13 of the Sub-Contract, and compare clause 7.1.1 under which a suspension without reasonable cause may lead to determination of the Sub-Contractor's employment.

Clause 4.21.3. (Formerly 21.8.2 of NSC/4). *"... shall not be exercised unreasonably or vexatiously."*

For some assistance as to the meaning of this phrase, see commentary to Main Contract clauses 27 and 28. It is thought that the exercise of a right to suspend is generally less likely to be regarded as unreasonable or vexatious than the exercise of a right of determination.

Clause 4.22.1. (Formerly 21.9 of NSC/4). *"... the Sub-Contractor's retention..."*

For holding retention money "as trustee", see commentary to clause 30 of the Main Contract. The retention referred to in clause 4.22.1 is, of course, retention held by the Employer under clauses 30.4 and 30.5 of the Main Contract. The money is not expected to be in the hands of the Contractor other than for a brief period upon its release, and the Contractor is not normally required to set aside an identified fund for Nominated Sub-Contractor's retention. Where a Nominated Sub-Contract retention is released under the Main Contract, the Contractor will have to pay this to the Sub-Contractor under clause 4.16.1.1 of the Sub-Contract. He will have to make this payment even if the Employer has exercised a right of deduction to which clause 30.5.4 of the Main Contract applies, unless clause 4.16.1.2 also applies. Clause 4.22.2 recognises that the Contractor may have a valid right to withhold payment of retention under clause 4.27. In those circumstances, he has to set up a separate trust account pending a determination under clause 4.32.

Clauses 4.23 and 4.24. (Formerly clauses 21.10 and 21.11 of NSC/4). These clauses are the Sub-Contract equivalent of clause 30.6 of the Main Contract and apply respectively where clause 4.2 and 4.3 apply (see commentary to Sub-Contract clauses 4.2 and 4.3).

Clause 4.25. (Formerly 21.12 of NSC/4). *Effect of Final Certificate.*

This important clause has the result that the Final Certificate is of conclusive effect in any proceedings arising out of or in connection with the Sub-Contract in respect of the same matters, *mutatis mutandis*, as in the Main Contract. For consideration of the effect of the Final Certificate generally, see commentary to Main Contract clause 30.

Section 4: Payment

As with the Main Contract, such effect is qualified where arbitration or other proceedings are commenced before or within 21 days after the issue of the Final Certificate, except that the equivalent period in Main Contract clause 30.9.3 is 28 days. The 7 day difference is presumably to enable the Contractor to start protective Main Contract proceedings in time upon receiving notice of arbitration from the Sub-Contractor. It follows that both the Contractor and the Sub-Contractor should carefully consider the terms and effect of the Final Certificate in respect of the matters listed at clause 4.25.1.1 to 4.25.1.4.

Clauses 4.26 to 4.29 (formerly clause 23 of NSC/4): Contractor's right to set-off

Clauses 4.30 to 4.37 (formerly clause 24 of NSC/4): Contractor's claims not agreed by the Sub-Contractor—appointment of Adjudicator

Background.[29] These clauses reproduce with modifications clauses 13A and 13B of the former "Green Form" of Nominated Sub-Contract. The clauses were introduced in 1976 in response to developments in the law of set-off with particular reference to money due under Architect's Certificates in Building Contracts. The practical problem for the building industry lay in the varying results of applications for summary judgment[30] for money certified in Architect's certificates where payment was withheld in reliance on cross-claims usually for defects or delay. In the period after *Dawnays v. Minter*[31] and before *Modern Engineering (Bristol) v. Gilbert-Ash*[32], summary judgment was given for sums that had been certified even in the face of the strongest (although disputed) cross-claim. After *Modern Engineering (Bristol) v. Gilbert-Ash*, it was possible at least that shadowy cross-claims might be dressed up to be sufficient to defeat an application for summary judgment. Neither of these extreme positions was regarded as satisfactory. The scheme of the clauses was to recognise that there was no special principle limiting the ordinary rules of set-off but that those rules could be modified by express agreement[33]; to give the Contractor a modified contractual right of set-off against sums certified as due to Nominated Sub-Contractors; but to discourage and in certain circumstances prevent the Contractor from unfairly holding onto money which he ought, broadly speaking, to pay to the Sub-Contractor. The machinery to achieve this is elaborate.

Scheme of Clauses 4.26 to 4.29. The Contractor may set-off against any money otherwise due under the Sub-Contract:

---

[29] For a useful account, see "Adjudicators, Experts and Keeping out of Court" by Mark C. McGaw at (1992) 8 Const. L.J. 332.
[30] For summary judgment, see p. 502.
[31] [1971] 1 W.L.R. 1205 (C.A.).
[32] [1974] A.C. 689 (H.L.).
[33] For set-off, see p. 498.

(a) any amount agreed by the Sub-Contractor as due to the Contractor (clause 4.26);
(b) any amount finally awarded in arbitration or litigation in favour of the Contractor and which arises out of or under the Sub-Contract (clause 4.26);
(c) a claim for loss and/or expense as defined in clause 4.27.1 and subject to the notice provisions of clause 4.27.2.

Clause 4.28 provides consequentially that any amount set-off under clause 4.27 may subsequently be varied. Clause 4.29 seeks to exclude any implied right of set-off which is wider than that contained in clauses 4.26 and 4.27.

Clause 4.26. (Formerly 23.1 of NSC/4). *"... or finally awarded in arbitration or litigation ..."*

It is suggested that this refers to any amount for which the Contractor has obtained an enforceable award or judgment. It would not include a judgment under appeal where there was a stay of execution pending the appeal. It would include an amount for which the Contractor had himself obtained summary judgment.

Clause 4.27.1. (Formerly 23.2 of NSC/4). Clause 23.2 of NSC/4 was entirely redrafted by Amendment 4 issued in July 1987. The most material change was the rewording of the scope of what might be set-off. The original wording of clause 23.2 provided for the set-off of "any claim for loss and/or expense which has actually been incurred by the Contractor". This wording was considered in *Chatbrown Ltd. v. Alfred McAlpine*.[34] At first instance, the court was satisfied that some meaning should be attached to the word "actually". The word added emphasis to the fact that the loss and/or expense had been incurred and had a "temporal connotation".[35] The Court of Appeal approved this construction saying that "... it was not sufficient that a liability should have been incurred which would, or was liable to, lead to loss and/or damage in the future ... it was necessary that loss and/or expense should actually have been incurred prior to the notice ...".[36]

The redrafted form of clause 23.2 has been adopted as clause 4.27.1 of NSC/C without further amendment. The scope of the set-off is now defined as "... where the Contractor has a claim for loss and/or expense and/or damage which he has suffered or incurred ... the Contractor shall be entitled to set-off the amount of such loss and/or expense and/or damage so suffered or incurred ...". "Suffered" is therefore now an alternative to "incurred". The word "actually" is deleted before "incurred". This new wording has not yet been judicially considered. It is thought that it is at least arguable that the scope of set-off is thereby widened to include the situation where the Contractor has incurred a present liability to suffer or incur loss and/or expense in the future.

---

[34] (1986) 7 Con. L.R. 131; (1986) 35 B.L.R. 44 (C.A.).
[35] (1986) 7 Con. L.R. 131 at 137.
[36] Kerr L.J. (1986) 35 B.L.R. 44 at 52 (C.A.).

Section 4: Payment

Clause 4.27.1. (Formerly 23.2.1 of NSC/4). "... *delay in completion* ..."

The proviso in the final sentence relates to the need for a certificate of the Architect as referred to in clause 2.9 (see commentary to that clause).

Clause 4.27.2. (Formerly 23.2.2 of NSC/4). "... *notice in writing* ..."

The notice requirements must be carefully complied with.[37] The Contractor must give his notice 3 days before the date of issue of the relevant Interim Certificate. This period is to give the Sub-Contractor the opportunity to initiate the machinery of clauses 4.30 to 4.37.[38]

Clause 4.29. (Formerly 23.4 of NSC/4). "*the rights ... in respect of set-off are fully set out ... and no other rights whatsoever shall be implied* ..."

For rights of set-off generally, see p. 498. It is possible by contract to limit some or all of the rights of set-off which the law would otherwise recognise. *Modern Engineering (Bristol) v. Gilbert-Ash*[39] is an example of a case where the Court considered whether contractual terms had effectively limited or excluded rights of set-off. The House of Lords held in that case that they had not. It is thought that this clause is effective to limit the parties' rights of set-off and the substantially similar clause in DOM/1 has been so construed.[40]

Stay of Execution. If the Sub-Contractor brings an application for summary judgment and the Contractor is unable to bring his counterclaim for loss and/or expense within the set-off provisions of clauses 4.26 and 4.27, such counterclaim will not without more constitute "special circumstances" entitling the Contractor to a stay of execution within R.S.C. Order 47 rule 1(a). To hold otherwise would be to negate the contractual machinery.[41]

Clause 4.32.1. (Formerly 24.3 of NSC/4). "... *the Adjudicator ... without hearing the Contractor or Sub-Contractor in person, shall ... in his absolute discretion and, without giving reasons, decide* ..."

The Adjudicator is not an Arbitrator within the meaning of the Arbitration Acts 1950 to 1979.[42] The material upon which the Adjudicator has to reach his decision is limited to:

(i) the Contractor's notice under clause 4.27.2 specifying the grounds on which set-off is claimed;
(ii) the Sub-Contractor's written statement under clause 4.30.1 setting out his reasons for disagreement and particulars of any counterclaim;

---

[37] *Hermcrest v. G. Percy Trentham* (1990) 24 Con. L.R. 115—a decision on the substantially similar clause of DOM/1.
[38] For some assistance on what may be held to be a sufficient notice for the purposes of Clause 4.27.2, see *Archital Luxfer v. A.J. Dunning & Son* (1987) 47 B.L.R. 1 (C.A.).
[39] [1974] A.C. 689 (H.L.).
[40] *Hermcrest v. G. Percy Trentham* (1990) 24 Con. L.R. 115.
[41] See *Tubeworkers v. Tilbury Construction* (1985) 30 B.L.R. 67 (C.A.).
[42] *A. Cameron v. John Mowlem & Co.* (1990) 52 B.L.R. 24 (C.A.). See also p. 423 and in particular the section entitled "The difference between arbitration and certification" on p. 424.

(iii) brief particulars of the Sub-Contract;
(iv) a copy of the Architect's Certificate under clause 2.9 (where relevant);
(v) the Contractor's written statement under clause 4.31 setting out brief particulars of his defence to any counterclaim by the Sub-Contractor; and
(vi) any further written statements under clause 4.32.1 which the Adjudicator may consider necessary to clarify or explain any ambiguity.

The Adjudicator is forbidden to hear the Contractor or Sub-Contractor in person, has an "absolute discretion" and decides without giving reasons. Under clause 4.32.2 his discretion is to be such as "he considers to be fair, reasonable and necessary in all the circumstances of the dispute as set out in the statements." Under clause 4.32.1, his decision is binding until the dispute is settled by agreement or determined by an Arbitrator or the Court. By clause 4.30.1 the Sub-Contractor is required to give notice of arbitration at the same time as he requests action by the Adjudicator. The extent of the Adjudicator's powers of decision are contained in clause 4.32.1. These extend only to deciding the interim destination of the amount which the Contractor claims to be entitled to set-off against money otherwise due to the Sub-Contractor.

The Adjudicator has power only where a valid notice has been given by the Contractor and the Sub-Contractor disputes the amount specified by the Sub-Contractor in the notice. Where the notice itself has been impugned and not the amount in the notice, the Adjudicator has no powers.[43]

In these circumstances, it is submitted that the function of the Adjudicator is to achieve a rough, temporary settlement between the parties. He makes no decision as to their final rights and is not, it seems, obliged or able to reach his decision according to the strict legal rights of the parties (or at least what their strict legal rights would have been had they not made a contract which contained clause 4.32). Under clause 4.35, the discretion to decide the interim destination of the money in dispute passes to the Arbitrator upon his appointment. There is, therefore, in a sense a right of appeal from the Adjudicator to the Arbitrator, and it is submitted that on an application under clause 4.35 the Arbitrator would not be limited to considering the written material which under clause 4.32 is the Adjudicator's sole basis for decision. Unlike the Adjudicator's decision, a decision of the Arbitrator to vary or cancel the Adjudicator's decision would presumably be an interim award in the arbitration.

A decision by an Adjudicator does not prevent the Contractor from relying on legitimate matters outside the scope of the adjudication, such as a defence of abatement, to resist payment to the Sub-Contractor.[44]

---

[43] See *Chatbrown Ltd. v. Alfred McAlpine* (1986) 7 Con. L.R. 131 at 134.
[44] *A. Cameron v. John Mowlem & Co.* (1990) 52 B.L.R. 24 (C.A.). For abatement, see p. 499.

Section 4: Payment

In a case under the equivalent provisions of DOM/1, where the adjudicator had ordered the contractor to pay money to a trustee-stakeholder pending arbitration and the contractor had failed to do so, the court granted the sub-contractor a mandatory injunction to enforce the order of the adjudicator.[45]

Clauses 4.38 to 4.41 (formerly clause 13 of NSC/4): Matters affecting regular progress—direct loss and/or expense—Contractor's and Sub-Contractor's rights

Generally. Clauses 4.38.1 and 4.38.2 are the Sub-Contract equivalent of clauses 26.1 and 26.2 of the Main Contract. See commentary on clause 26 of the Main Contract above and see in particular clauses 26.4.1 and 26.4.2 for the integration of Sub-Contractor's claims for loss and expense under clause 4.38 with the Main Contract machinery. By clause 4.17.2.2 of the Sub-Contract and clause 30.2.2.5 of the Main Contract, payments for Sub-Contractor's loss and expense are to be made in Interim Certificates and are not subject to Retention.

Clauses 4.39 and 4.40. (Formerly clauses 13.2 and 13.3 of NSC/4). "*... the agreed amount of any direct loss and/or expense ...*"

These two clauses provide for the payment of loss and expense as between the Contractor and the Sub-Contractor where the Sub-Contract Works have been materially affected by an act, omission or default of the Contractor, or where the Works have been materially affected by an act, omission or default of the Sub-Contractor. Each clause blandly refers to the payment of "the agreed amount" of the loss and expense, but such matters are often not agreed. By virtue of clause 4.41 (and, it is submitted, in any event), agreement is not a prerequisite of ultimate recovery.[46] Claims by the Contractor under clause 4.40 are affected by the provisions of clauses 4.26 to 4.37. Under clause 4.26, the Contractor has a right of set-off and deduction for agreed claims. For claims which are not agreed, the Contractor's right of set-off and deduction is circumscribed by clauses 4.27 to 4.37. Claims by the Sub-Contractor under clause 4.39 or the Contractor under clause 4.40 will have to be enforced, in the absence of agreement, by arbitration or litigation.

Clause 4.41. (Formerly 13.4 of NSC/4). This is the Sub-Contract equivalent of clause 26.6 of the Main Contract.

Clauses 4.42 and 4.43. (Formerly clause 34 of NSC/4). Choice of fluctuation provisions—NSC/T Part 2 pages 3 and 4.

---

[45] *Drake & Scull Engineering v. McLaughlin & Harvey* (1992) 60 B.L.R. 102.
[46] In *Pigott Foundations v. Shepherd Construction Ltd* (1993) 67 B.L.R. 48 at 64 it was held that a main contractor could not rely on a provision for "the agreed amount of direct loss and/or expense" under clause 13.4 of DOM/1 unless it was in fact agreed. It is thought, however, that failure to agree constitutes a dispute to be resolved by litigation or arbitration and the text of the commentary is (with diffidence) maintained.

JCT Nominated Sub-Contract Conditions NSC/C

These clauses are the Sub-Contract equivalent of clause 37 of the Main Contract (see its commentary).

Clauses 4A, 4B and 4C.

These clauses are the clauses referred to in clause 4.42 of the Sub-Contract and provide for fluctuation payments or formula price adjustment. They are the Sub-Contract equivalent of clauses 38, 39 and 40 of the Main Contract (see their commentary).

SECTION 5: STATUTORY OBLIGATION

Value added tax—Standard arrangement (5A)

5A·1
- ·1 In this clause "tax" means the value added tax introduced by the Finance Act 1972, which is under the care and management of the Commissioners of Customs and Excise (hereinafter called "the Commissioners").
- ·2 To the extent that after the Base Date the supply of goods and services to the Contractor becomes exempt from the tax there shall be paid to the Sub-Contractor an amount equal to the loss of credit (input tax) on the supply to the Sub-Contractor of goods and services which contribute exclusively to the Sub-Contract Works.

5A·2 Any reference in the "Sub-Contract Sum", "Tender Sum" or "Ascertained Final Sub-Contract Sum" shall be regarded as such Sum exclusive of any tax and recovery by the Sub-Contractor from the Contractor of tax properly chargeable by the Commissioners on the Sub-Contractor under or by virtue of the Finance Act 1972, or any amendment or re-enactment thereof on the supply of goods and services under the Sub-Contract shall be under the provisions of clause 5A. Clause 5A·5 shall only apply where so stated in NSC/T Part 3 item 4.

5A·3 Supplies of goods and services under the Sub-Contract are supplies under a contract providing for periodical payment for such supplies within the meaning of Regulation 26 of the Value Added Tax (General) Regulations 1985 or any amendment or re-making thereof.

5A·4 The Contractor shall pay to the Sub-Contractor in the manner set out in clause 5A any tax chargeable by the Commissioners on the Sub-Contractor on the supply to the Contractor of any goods and services by the Sub-Contractor under the Sub-Contract.

5A·5
- ·1 Where it is stated in NSC/T Part 3 item 4 that clause 5A·5 applies, clause 5A·6 shall not apply unless and until any notice issued under clause 5A·5·4 hereof becomes effective or the Sub-Contractor fails to give the written notice required under clause 5A.5·2. Where clause 5A·5 applies, clauses 5A·1·1, 5A·1·2, 5A·2, 5A·3, 5A·4 and 5A·7 to 5A·10 remain in full force and effect.
- ·2 Not later than 14 days before the first payment under the Sub-Contract is due to the Sub-Contractor, the Sub-Contractor shall give written notice to the Contractor of the rate of tax chargeable on the supply of goods and

Section 5: Statutory Obligation

    services for which interim and final payments are to be made. If the rate of tax so notified is varied under statute the Sub-Contractor shall, not later than 7 days after the date when such varied rate comes into effect, send to the Contractor the necessary amendment to the rate given in his written notice and that notice shall then take effect as so amended.

·3 For the purpose of complying with clause 5A·2 for the recovery by the Sub-Contractor from the Contractor of tax properly chargeable by the Commissioners on the Sub-Contractor, an amount calculated at the rate given in the aforesaid written notice (or, where relevant, amended written notice) shall be added to the amount of each interim payment and of the final payment to which clause 4·16·1·1 refers.

·4 Either the Contractor or the Sub-Contractor may given written notice to the other stating that with effect from the date of the notice, clause 5A·5 shall no longer apply. From that date the provisions of clause 5A·6 shall apply in place of clause 5A·5.

5A·6 ·1 Unless clause 5A·5 applies the Sub-Contractor shall, not later than 7 days before the date when payment is due to the Sub-Contractor under clause 4·16·1·1, give to the Contractor a written provisional assessment of the respective values (less the Retention and cash discount referred to in clauses 4·17 and 4·16·1·1) of those supplies of goods and services for which payment is due as aforesaid and which will be chargeable at the relevant time of supply under the aforesaid Regulation 26 on the Sub-Contractor at a zero rate of tax (category one) and any rate of rates of tax other than zero (category two). The Sub-Contractor shall also specify the rate or rates of tax which are chargeable on those supplies included in category two and shall state the grounds on which he considers such supplies are so chargeable.

·2 The Contractor shall in relation to any amount in accordance with the provisions of clauses 4·14 to 4·24 calculate, by applying the rate or rates of tax specified by the Sub-Contractor as applicable to the sub-contract supply, the tax properly chargeable on such supply and remit such tax to the Sub-Contractor within the period prescribed by clause 4·16·1·1 for the payment of the amount in relation to which the tax was calculated.

5A·7 Upon receipt of the amounts referred to in clause 4·16·1·1 and in either clause 5A·5·3 or clause 5A·6·2 whichever is applicable the Sub-Contractor shall immediately issue to the Contractor a receipt as referred to in Regulation 12(4) of the Value Added Tax (General) Regulations 1985 containing the particulars required under Regulation 13(1) of the Value Added Tax (General) Regulations 1985 or any amendment or re-making thereof.

5A·8 If the Sub-Contractor disallows any cash discount deducted by the Contractor under clause 4·16·1·1 and the Contractor pays the amount of such discount to the Sub-Contractor the provisions of clause 5A·5·3 or clause 5A·6·2 whichever is applicable shall not apply to such payment.

5A·9 If for any reason the amount paid under either clause 5A·5·3 or clause 5A·6·2 whichever is applicable is not the amount of tax properly chargeable on the Sub-Contractor by the Commissioners, the Sub-Contractor shall notify the Contractor and the Contractor shall forthwith make any adjustment that may be necessary.

5A·10 Notwithstanding any provisions to the contrary elsewhere in the Sub-Contract, the Contractor, if he has not received from the Sub-Contractor, within 21 days of a payment to which clause 5A refers, any receipt or receipts due under clause 5A·7, may so notify the Sub-Contractor in writing and shall be entitled in that notice to state that he will withhold further payments to the Sub-Contractor unless the receipt or receipts outstanding as specified in the aforesaid written notice have been received before the next payment becomes due. If any pauyment to the Sub-Contractor is withheld in accordance with clause 5A·10, such payment shall be released to the Sub-Contractor immediately upon receipt by the Contractor of the outstanding receipt or receipts as specified in the aforesaid written notice. Clause 5A·10 does not entitle the Contractor to withhold any payment due to the Sub-Contractor on any ground other than that specified in clause 5A·10.

Value Added Tax—Special arrangement—Value Added Tax Act 1983 S 5(4)—VAT (General) Regulations 1985, Regulations 12(3) and 26 (5B)

5B·1 ·1 In this clause "tax" means the value added tax introduced by the Finance Act 1972, which is under the care and management of the Commissioners of Customs and Excise (hereinafter called "the Commissioners").

·2 To the extent that after the Base Date the supply of goods and services to the Contractor becomes exempt from the tax there shall be paid to the Sub-Contractor an amount equal to the loss of credit (input tax) on the supply to the Sub-Contractor of goods and services which contribute exclusively to the Sub-Contract Works.

5B·2 Any reference in the Sub-Contract to "Sub Contract Sum", "Tender Sum" or "Ascertained Final Sub-Contract Sum" shall be regarded as such Sum exclusive of any tax and recovery by the Sub-Contractor from the Contractor of tax properly chargeable by the Commissioners on the Sub-Contractor under or by virtue of the Finance Act 1972, or any amendment or re-enactment thereof on the supply of goods and services under the Sub-Contract shall be under the provisions of clause 5B. Clause 5B·5 shall only apply where so stated in NSC/T Part 3 item 4.

5B·3 Supplies of goods and services under the Sub-Contract are supplies under a contract providing for periodical payment for such supplies, within the meaning of Regulation 26 of the Value Added Tax (General) Regulations 1985 or any amendment or re-making thereof.

5B·4 The Contractor shall pay to the Sub-Contractor in the manner set out in clause 5B any tax chargeable by the Commissioners on the Sub-Contractor on the supply to the Contractor of any goods and services by the Sub-Contractor under the Contract.

5B·5 ·1 Where it is stated in NSC/T Part 3 item 4 that clause 5B·5 applies, clause 5B·6 shall not apply unless and until any notice issued under clause 5B·5·4 becomes effective or unless the Sub-Contractor fails to give the written notice required under clause 5B·5·2. Where clause 5B·5 applies, clauses 5B·1·1, 5B·1·2, 5B·3, 5B·4, 5B·7·1 to 7·3 and 5B·8 to 5B·10 remain in full force and effect.

Section 5: Statutory Obligation

·2 Not later than 14 days before the first payment under the Sub-Contract is due to the Sub-Contractor, the Sub-Contractor shall give written notice to the Contractor of the rate of tax chargeable on the supply of goods and services for which interim and final payments are to be made. If the rate of tax so notified is varied under statute the Sub-Contractor shall, not later than 7 days after the date when such varied rate comes into effect, send to the Contractor the necessary amendment to the rate given in his written notice and that notice shall then take effect as so amended.

·3 For the purpose of complying with clause 5B·2 for the recovery by the Sub-Contractor from the Contractor of tax properly chargeable by the Commissioners on the Sub-Contractor, an amount calculated at the rate given in the aforesaid written notice (or, where relevant, amended written notice) shall be added to the amount of each interim payment and of the final payment to which clause 4·16·1·1 refers.

·4 Either the Contractor or the Sub-Contractor may give written notice to the other stating that with effect from the date of the notice clause 5B·5 shall no longer apply. From that date the provisions of clause 5B·6 shall apply in place of clause 5B·5.

5B·6 ·1 Unless clause 5B·5 applies the Sub-Contractor shall, not later than 7 days before the date when payment is due to the Sub-Contractor under clause 4·16·1·1, give to the Contractor a written provisional assessment of the respective values (less the Retention and cash discount referred to in clauses 4·17 and 4·16·1·1) of those supplies of goods and services for which payment is due as aforesaid and which will be chargeable at the relevant time of supply under the aforesaid Regulation 26 on the Sub-Contractor at a zero rate of tax (category one) and any rate or rates of tax other than zero (category two). The Sub-Contractor shall also specify the rate or rates of tax which are chargeable on those supplies included in category two and shall state the grounds on which he considers such supplies are so chargeable.

·2 The Contractor shall in relation to any amount payable in accordance with the provisions of clauses 4·14 to 4·24 calculate, by applying the rate or rates of tax specified by the Sub-Contractor as applicable to the sub-contract supply, the tax properly chargeable on such supply and remit such tax to the Sub-Contractor within the period prescribed by clause 4·16·1·1 for the payment of the amount in relation to which the tax was calculated.

5B·7 ·1 The contractor shall together with the payment under clause 4·16·1·1 and the payment of tax under clause 5B·5·3 or clause 5B·6·2, whichever is applicable, issue to the Sub-Contractor a document approved by the Commissioners under Regulations 12(3) and 26 of the Value Added Tax (General) Regulations 1985, or any amendment or re-making thereof and shall not insert in this document any date or other writing which purports to represent for any purposes whatsoever the time of supply in respect of which the Sub-Contractor becomes liable for tax (output tax) on the relevant supplies of goods and services to the Contractor. Without prejudice to the above obligation of the Contractor in relation to the time of supply by the Sub-Contractor, the Contractor shall insert in this document

JCT Nominated Sub-Contract Conditions NSC/C

the date of despatch of the document to the Sub-Contractor. Provided always that the payment including tax referred to in the document (or reconciled with the actual payment received by the Sub-Contractor in accordance with clause 5B·7·3) has been received, the Sub-Contractor shall insert on this document in a space left thereon for this purpose by the Contractor the date of receipt of the document by the Sub-Contractor. If such payment has not been received the Sub-Contractor shall immediately reject the document and explain to the Contractor the reasons for such rejection.

·2 If the Sub-Contractor disallows any cash discount deducted by the Contractor under clause 4·16·1·1 and the Contractor pays the amount of such discount to the Sub-Contractor the provisions of clause 5B·5·3 or clause 5B·6·2 whichever is applicable and clause 5B·7·1 shall not apply to such payment.

·3 If the payment pursuant to clause 5B·5·3 or clause 5B·6 whichever is applicable received by the Sub-Contractor is different from that stated in the document issued by the Contractor to the Sub-Contractor, the Contractor shall issue with that document a reconciliation statement.

5B·8 If
·1 at any time the Commissioners withdraw the approval referred to in clause 5B·7·1 (in which event the Contractor shall immediately so inform the Sub-Contractor in writing); or
·2 the Sub-Contractor withdraws his consent to the procedure referred to in clause 5B·7·1 and so notifies the Commissioners and the Contractor in writing

then clause 5A shall be deemed to be incorporated in the Sub-Contract Conditions in respect of payment and tax thereon for any supplies of goods and services remaining to be supplied and/or paid for under the Sub-Contract.

5B·9 Subject to clause 5B·8 the Sub-Contractor shall at no time in respect of supplies and goods and services under the Sub-Contract issue a document which is or purports to be an authenticated receipt within the meaning of Regulation 12(4) of the Value Added Tax (General) Regulations 1985 or any amendment or re-making thereof.

5B·10 It is hereby agreed and declared that in issuing any documents referred to in clause 5B the Contractor is not acting as agent for the Sub-Contractor.

Income and Corporation Taxes Act 1988—Tax Deduction Scheme (5C and 5D)

5C·1 In clause 5C and in clause 5D "the Act" means the Income and Corporation Taxes Act 1988 and "the Regulations" means the Income Tax (Sub-Contractors in the Construction Industry) Regulations 1975 S.I. No. 1960 or any re-enactment or amendment or re-making thereof.

Sub-contractor user of a current tax certificate (5C·2 to 5C·8)

5C·1 ·1 Subject to clause 5C·2·2:
either
·1·1 the Sub-Contractor, not later than 21 days before the first payment is due to the Sub-Contractor, shall produce to the Contractor his current tax

Section 5: Statutory Obligation

        certificate issued to him under S.561 of the Act and the Contractor shall within 7 days of the date of such production confirm to the Sub-Contractor in writing such production and his satisfaction or non-satisfaction under Regulation 21(1)(a) of the Regulations;

or

1·2   at the sole option of the Sub-Contractor where the Sub-Contractor is a company which is the user of a tax certificate in the form numbered 714C in the Schedule to the Regulations, the Sub-Contractor, not later than 21 days before the first payment is due to the Sub-Contractor, shall lodge with the Contractor a document, as referred to in Regulation 22(1)(c) of the Regulations, referable to his current tax certificate, and the Contractor shall within 7 days of such production confirm to the Sub-Contractor in writing such production and that he has no reason to doubt the correctness of the information shown on the document under Regulation 22(1) of the Regulations.

·2   Clause 5C·2·1 shall not apply where the Sub-Contractor has previously produced to the Contractor either the tax certificate referred to in clause 5C·2·1·1 or the document referred to in clause 5C·2·1·2 and the Contractor has previously expressed in writing to the Sub-Contractor either his satisfaction as referred to in Regulation 21(1)(a) of the Regulations or that he has no reason to doubt the correctness of the information shown on the document under Regulation 22(1) of the Regulations, whichever is applicable.

·3   Where under clause 5C·2·1·2 the Sub-Contractor has produced to the Contractor the document referred to therein the Sub-Contractor shall notify the Contractor in writing of any change in the nominated bank account or accounts specified in that document.

·4   Where either production of the tax certificate and notification of satisfaction under clause 5C·2·1·1 or lodgement of the document and admission that the Contractor has no reason to doubt under clause 5C·2·1·2 have been made, payment under the Sub-Contract shall, subject to clause 5C·4, be made without the statutory deduction referred to in S·559(4) of the Act or such other deduction as may be in force at the relevant time.

5C·3 ·1 the Sub-Contractor shall immediately inform the Contractor in writing if the tax certificate produced by him or referred to in the document produced by him is withdrawn or cancelled and give the date of such withdrawal or cancellation.

      ·2 The Contractor shall immediately inform the Sub-Contractor of any change in the position stated in NSC/A Eighth Recital paragraph (B) in regard to the user by the Contractor of a sub-contractor's tax certificate or in the position stated in NSC/A Eighth Recital paragraph (C) as to whether the Employer is or is not a "contractor" within the meaning of the Act and the Regulations.

5C·4 ·1 Where the tax certificate produced to the Contractor is in one of the forms numbered 7141 or 714P in the Schedule to the Regulations the Sub-Contractor shall immediately upon receipt of any payment from which the deduction referred to in S.559(4) of the Act (or such other deduction as may be in force at the relevant time) has not been made issue to the

JCT Nominated Sub-Contract Conditions NSC/C

Contractor a voucher as required by Regulation 23(1) of the Regulations in the form numbered 715 in the aforesaid Schedule.

·2 Where the tax certificate produced to the contractor is in the form numbered 714S in the Regulations, not later than 7 days before any payment under this Sub-Contract becomes due the Sub-Contractor shall inform the Contractor in writing of the amount to be included in such payment which represents the direct cost to the Sub-Contractor of materials used or to be used by the Sub-Contractor and give to the Contractor a special voucher as required by the Regulations in the form numbered 715S. Where the remainder of the payment as indicated by the voucher exceeds for payment during any one week £150 the Contractor will in accordance with the Regulations deduct the statutory deduction for the time being in force from any excess.

·3 The Contractor shall immediately on receipt pass all vouchers referred to in clause 5C·4·1 and clause 5C·4·2 to the Inland Revenue.

5C·5 ·1 If at any time before a payment is due under the Sub-Contract the Contractor is required by the Act and the Regulations (whether by reason of expiry, withdrawal or cancellation of the Sub-Contractor's tax certificate or otherwise) to make the deduction referred to in S.559(4) of the Act (or such other deduction as may be in force at the relevant time) the Contractor shall immediately notify the Sub-Contractor in writing and require him to state not later than 7 days before such payment becomes due (or, if the said notification is less than 7 days before the payment becomes due, within 10 days of such notification) the amount to be included in such payment which represents the direct cost to the Sub-Contractor of materials used or to be used by the Sub-Contractor.

·2 Where the Sub-Contractor complies with clause 5C·5·1 he shall indemnify the Contractor against any loss or expense caused to the Contractor by any incorrect statement of the amount of direct cost referred to in clause 5C·5·1.

·3 Where the Sub-Contractor should comply with but does not comply with clause 5C·5·1 the Sub-Contractor shall be entitled to make a fair estimate of the amount of direct cost referred to in clause 5C·5·1 and calculate the deduction to be made under S.559(4) of the Act (or such other deduction as may be in force at the relevant time) by taking into account the amount of that fair estimate.

5C·6 Where any error or omission has occurred in calculating or making the deduction referred to in S.559(4) of the Act (or such other deduction as may be in force at the relevant time) the Contractor shall correct that error or omission by repayment to, or by further deduction from payments to, the Sub-Contractor as the case may be, subject only to any statutory obligation on the Contractor not to make such correction.

5C·7 If compliance with clause 5C involves the Contractor or the Sub-Contractor in not complying with any other provisions of the Sub-Contract, then the provisions of clause 5C shall prevail.

5C·8 The provisions of Article 4 of Agreeement NSC/A shall apply to any dispute or difference as to the operation of clause 5C except where the Act or the

Section 5: Statutory Obligation

Regulations or any other Act of Parliament or statutory instrument rule or order made under an Act of Parliament provide for some other method of resolving such dispute or difference.

Sub-Contractor not user of a current tax certificate (5D·1 to 5D·6)

5D·1 ·1 Not later than 7 days before any payment under this Sub-Contract becomes due the Sub-Contractor shall inform the Contractor in writing of the amount to be included in such payment which represents the direct cost to the Sub-Contractor of materials used or to be used by the Sub-Contractor in order that the deduction referred to in S.559(4) of the Act (or such other deduction as may be in force at the relevant time) can be made from that payment.

·2 Where the Sub-Contractor complies with clause 5D·1·1 he shall indemnify the Contractor against any loss or expense caused to the Contractor by any incorrect statement of the amount of direct cost referred to in clause 5D·1·1.

·3 Where the Sub-Contractor does not comply with clause 5D·1·1 the Contractor shall be entitled to make a fair estimate of the amount of direct cost referred to in clause 5D·1·1 and calculate the deduction to be made under S.559(4) of the Act (or such other deduction as may be in force at the relevant time) by taking into account the amount of that fair estimate.

5D·2 Where any error or omission has occurred in calculating or making the deduction referred to in S.559(4) of the Act (or such other deduction as may be in force at the relevant time), the Contractor shall correct that error or omission by repayment to, or by further deduction from payments to, the Sub-Contractor, as the case may be, subject only to any statutory obligation on the Contractor not to make such correction.

5D·3 The Contractor shall immediately inform the Sub-Contractor of any charge in the position stated in NSC/A Eighth Recital paragraph (B) in regard to the user by the Contractor of a sub-contractor's tax certificate or in the position stated in NSC/A Eighth Recital paragraph (C), as to whether the Employer is or is not a "contractor" within the meaning of the Act and the Regulations.

5D·4 If compliance with clause 5D involves the Contractor or the Sub-Contractor in not complying with any other provisions of the Sub-Contract, then the provisions of clause 5D shall prevail.

5D·5 If at any time up to and including the date when the last payment under the Sub-Contract is due to the Sub-Contractor, the Sub-Contractor becomes the user of a current sub-contractor's tax certificate under the Act and the Regulations, the Sub-Contractor shall immediately notify the Contractor in writing and clauses 5C·2 to ·8 of the Sub-Contract Conditions shall apply and clauses 5D·1 to 5D·4 shall not apply from the date of such notification with the following amendment:

clauses 5C·2·1·1 and 5C·2·1·2

delete "first payment"
insert "first or next payment"

5D·6 The provisions of Article 4 of Agreement NSC/A shall apply to any dispute or difference as to the operation of clause 5D except where the Act or the

Regulations or any other Act of Parliament or statutory instrument, rule or order made under an Act of Parliament provide for some other method of resolving such dispute or difference.

Section 5: Statutory Obligations

Clauses 5A and 5B (formerly clauses 19A and 19B of NSC/4): Value Added Tax

Clause 5A is the Sub-Contract equivalent of clause 15 of the Main Contract and the Supplemental Provisions (the VAT Agreement). See their commentaries. Clause 5B is an alternative clause which can only be used where there is a special arrangement under the VAT (General) Regulations 1985, Regulations 12(3) and 26.

Clause 5C (formerly clause 20A of NSC/4): Income and Corporation Taxes Act 1988—Tax Deduction Scheme

Clause 5D (formerly clause 20 B of NSC/4): Income and Corporation Taxes Act 1988—Tax Deduction Scheme— Sub-Contractor not user of current tax certificate

These clauses are the Sub-Contract equivalent of clause 31 of the Main Contract. Clause 5C applies where the Sub-Contractor holds a current tax certificate, except that it is not appropriate where the Contractor operates with the permission of Inland Revenue the system of dealing with the Tax Deduction Scheme known as "self-vouchering". Clause 5D applies where the Sub-Contractor is not the holder of a current tax certificate. By clause 5D.5, if the Sub-Contractor obtained a tax certificate before the last payment under the Sub-Contract is due to him, clause 5C is reinstated.

SECTION 6: INJURY, DAMAGE AND INSURANCE

Definitions

6·1 In clauses 6·1 to 6·11 inclusive and in clauses 2·3·1, 4·39 and 4·40 the phrase in column 1 shall have the meaning set out in column 2:

Column 1	Column 2
the Contractor or any person for whom the Contractor is responsible	the Contractor, his servants or agents or any person employed or engaged upon or in connection with the Works or any part thereof his servants or agents (other than the Sub-Contractor or any person for whom the Sub-Contractor is responsible), or any other person who may properly be on the site upon or in connection with the Works or any part thereof, his servants or agents; but such person shall not include the Employer or any

Section 6: Injury, Damage and Insurance

	person employed, engaged or authorised by him or by any local authority or statutory undertaker executing work solely in pursuance of its statutory rights or obligations;
the Sub-Contractor or any person for whom the Sub-Contractor is responsible	the Sub-Contractor, his servants or agents, or any person employed or engaged by the Sub-Contractor upon or in connection with the Sub-Contract Works or any part thereof, his servants or agents or any other person who may properly be on the site upon or in connection with the Sub-Contract Works or any part thereof, his servants or agents; but such person shall not include the Contractor or any person for whom the Contractor is responsible nor the Employer or any person employed, engaged or authorised by him or by any local authority or statutory undertaker executing work solely in pursuance of its statutory rights or obligations.

Injury to persons and property—indemnity to Contractor (6·2 to 6·4)

6·2 The Sub-Contractor shall be liable for, and shall indemnify the Contractor against, any expense, liability, loss, claim or proceedings whatsoever arising under any statute or at common law in respect of personal injury to or the death of any person whomsoever arising out of or in the course of or caused by the carrying out of the Sub-Contract Works except to the extent that the same is due to any act or neglect, breach of statutory duty, omission or default of the Contractor or any person for whom the Contractor is responsible or of the Employer or any person for whom the Employer is responsible including the persons employed or otherwise engaged by the Employer to whom clause 29 of the Main Contract Conditions refers or of any local authority or statutory undertaker executing work solely in pursuance of its statutory rights or obligations.

6·3 The Sub-Contractor shall, subject to clause 6·4 and where applicable clause 6C·1·1, be liable for, and shall indemnify the Contractor against, any expense, liability, loss, claim or proceedings in respect of any injury or damage whatsoever to any property real or personal including the Works in so far as such injury or damage arises out of or in the course of or by reason of the carrying out of the Sub-Contract Works, and to the extent that the same is due to any negligence, breach of statutory duty, omission or default of the Sub-Contractor or any person for whom the Sub-Contractor is responsible.

6·4 The liability and indemnity to the Contractor referred to in clause 6·3 shall not include any liability or indemnity in respect of injury or damage to the Works and/or Site Materials (nor, where clause 6C applies, injury or damage to the existing structures and the contents thereof owned by the Employer or for which the Employer is responsible) by one or more of the Specified Perils, whether or not caused by the negligence, breach of statutory duty, omission or default of the Sub-Contractor or any person for whom the Sub-Contractor is responsible, for the period up to and including whichever of the following is the earlier date:

> the date of issue of the certificate of practical completion of the Sub-Contract Works (as referred to in clause 2·11) or
>
> the date of determination of the employment of the Contractor (whether or not the validity of that determination is contested) under clause 22C·4·3 (where applicable) or clause 27 or clause 28 or 28A of the Main Contract Conditions.

Insurance against injury to persons or property

6·5 ·1 Without prejudice to his obligation to indemnify the Contractor under clauses 6·2 and 6·3, the Sub-Contractor shall take out and maintain insurance which shall comply with clause 6·5·2 in respect of claims arising out of his liability referred to in clauses 6·2 and 6·3 as modified by clause 6·4, except that the obligation of the Sub-Contractor to take out and maintain insurance in respect of his liability for injury or damage to property as stated in clause 6·3 shall not extend to taking out and maintaining insurance for injury and damage to the Works up to and including whichever is the earlier of the Terminal Dates.

·2 The insurance in respect of claims for personal injury to, or the death of any person under a contract of service or apprenticeship with the Sub-Contractor and arising out of and in the course of such person's employment, shall comply with the Employer's Liability (Compulsory Insurance) Act, 1969, and any statutory orders made thereunder or any amendment or re-enactment thereof. For all other claims to which clause 6·5·1 applies the insurance cover shall be not less than the sum stated in NSC/T Part 3 item 2 for any one occurrence or series of occurrences arising out of one event.

·3 Notwithstanding the provisions of clauses 6·2, 6·3 and 6·5·1 the Sub-Contractor shall not be liable either to indemnify the Contractor or to insure against any personal injury to or the death of any person or any damage, loss or injury caused to the Works, work executed, Site Materials, the site or any property by the effect of an Excepted Risk.

Loss or damage to the Works and to the Sub-Contract Works (6·6 to 6C)

6·6 ·1 Clause 6A shall apply where it is stated in the Sub-Contract Documents that clause 22A shall apply to the Main Contract; clause 6B shall apply where it is stated in those Documents that clause 22B shall apply to the Main Contract; clause 6C shall apply where it is stated in those Documents that clause 22C shall apply to the Main Contract.

·2 The exception set out in clause 6A·2·1 or clause 6B·2·1 or clause 6C·2·1 whichever is applicable shall extend to any loss or damage for which either the Employer or the Contractor as Joint Insured under the Joint Names Policy referred to in clause 22A or clause 22B or clause 22C·2 of the Main Contract Conditions does not make a claim under that Policy or to the extent that no claim under that Policy can be made because of a condition

Section 6: Injury, Damage and Insurance

therein that the insured shall bear the first part of any claim for loss or damage.

.3 Nothing in clause 6A or clause 6B or clause 6C whichever is applicable shall in any way modify the Sub-Contractor's obligations in regard to defects in the Sub-Contract Works as set out in clause 2·12.

.4 Where the Sub-Contractor is, pursuant to clause 22·3 of the Main Contract Conditions, recognised as an insured under a Joint Names Policy referred to in clause 22A or clause 22B or clause 22C of the Main Contract Conditions, whichever is applicable to the Main Contract, the Sub-Contractor shall not object to the payment by the insurers under such Joint Names Policy to the Employer of any relevant insurance monies.

.5 The occurrence of loss or damage affecting the Sub-Contract Works occasioned by one or more of the Specified Perils shall be disregarded in computing any amounts payable to the Sub-Contractor under or by virtue of this Sub-Contract.

Sub-Contract Works in New Buildings—Main Contract Conditions Clause 22A (6A)

6A·1 The Contractor shall, prior to the commencement of the Sub-Contract Works, ensure that the Joint Names Policy referred to in clause 22A of the Main Contract Conditions shall be so issued or so endorsed that, in respect of loss or damage by the Specified Perils to the Works and Site Materials insured thereunder, the Sub-Contractor is either recognised as an insured under the Joint Names Policy or the insurers waive any rights of subrogation they may have against the Sub-Contractor; and that this recognition or waiver shall continue up to and including whichever is the earlier of the Terminal Dates.

6A·2 .1 Before whichever is the earlier of the Terminal Dates the Sub-Contractor shall (subject to clause 6A·2·2) be responsible for the cost of restoration of sub-contract work lost or damaged, replacement or repair of Site Materials for the Sub-Contract Works and removal and disposal of any debris arising therefrom in accordance with clause 6A·3 except to the extent that the loss or damage to the Sub-Contract Works or Site Materials for the Sub-Contract Works is due to:

one or more of the Specified Perils (whether or not caused by the negligence, breach of statutory duty, omission or default of the Sub-Contractor or any person for whom the Sub-Contractor is responsible) or

any negligence, breach of statutory duty, omission or default of the Contractor or any person for whom the Contractor is responsible or of the Employer or any person employed, engaged or authorised by him or by any local authority or statutory undertaker executing work solely in pursuance of its statutory rights or obligations.

.2 Where during the progress of the Sub-Contract Works, sub-contract materials or goods have been fully, finally and properly incorporated into the Works before practical completion of the Sub-Contract Works, the Sub-Contractor shall be responsible, in respect of loss or damage to sub-contract work comprising the materials or goods so incorporated caused by the occurrence of a peril other than a Specified Peril, for the cost of restoration of such work lost or damaged and removal and disposal of any debris arising therefrom in accordance with clause 6A·3 but only to the extent that such loss or damage is caused by the negligence, breach of statutory duty, omission or default of the Sub-Contractor or any person for whom the Sub-Contractor is responsible.

6A·3 If before the earlier of the Terminal Dates any loss or damage affecting the Sub-Contract Works or Site Materials for the Sub-Contract Works is occasioned, whether by one or more of the Specified Perils or otherwise, then, upon discovering the loss or damage, the Sub-Contractor shall forthwith give notice in writing to the Contractor of the extent, nature and location thereof. The Sub-Contractor shall, in accordance with any instructions of the Architect or directions of the Contractor, with due diligence restore sub-contract work lost or damaged, replace or repair any Site Materials for the Sub-Contract Works which have been lost or damaged, remove and dispose of any debris arising therefrom and proceed with the carrying out and completion of the Sub-Contract Works.

6A·4 Where under clause 6A·2 the Sub-Contractor is not responsible for the cost of compliance with clause 6A·3, such compliance shall be treated as if it were a Variation required by an instruction of the Architect to which clause 3·3·1 refers and valued under clauses 4·4 to 4·9 or clauses 4·10 to 4·13 whichever are applicable. The amount of the valuation under clauses 4·4 to 4·9 shall not be added to the Sub-Contract Sum and the amount of the valuation under clauses 4·10 to 4·13 shall not be included in the gross valuation referred to in clause 4·17 but such amounts shall be paid by the Contractor to the Sub-Contractor or recoverable by the Sub-Contractor from the Contractor as a debt.

6A·5 On or after the earlier of the Terminal Dates the Sub-Contractor shall not be responsible for loss or damage to the Sub-Contract Works except to the extent of any loss or damage caused thereto by the negligence, breach of statutory duty, omission or default of the Sub-Contractor or any person for whom the Sub-Contractor is responsible.

Sub-Contract Works in new buildings—Main Contract Conditions clause 22B (6B)

6B·1 The Contractor shall, prior to the commencement of the Sub-Contract Works, ensure that the Employer arranges that the Joint Names Policy referred to in clause 22B·1 of the Main Contract Conditions shall be so issued or so endorsed that, in respect of loss or damage by the Specified Perils to the Works and Site Materials insured thereunder, the Sub-Contractor is either recognised as an insured under the Joint Names Policy or the insurers waive any rights of subrogation they may have against the Sub-Contractor; and that this recognition or waiver shall continue up to and including whichever is the earlier of the Terminal Dates.

6B·2 ·1 Before whichever is the earlier of the Terminal Dates the Sub-Contractor shall (subject to clause 6B·2·2) be responsible for the cost of restoration of sub-contract work lost or damaged, replacement or repair of Site Materials for the Sub-Contract Works and removal and disposal of any debris arising therefrom in accordance with clause 6B·3 except to the

Section 6: Injury, Damage and Insurance

extent that the loss or damage to the Sub-Contract Works or Site Materials for the Sub-Contract Works is due to:

one or more of the Specified Perils (whether or not caused by the negligence, breach of statutory duty, omission or default of the Sub-Contractor or any person for whom the Sub-Contractor is responsible) or

any negligence, breach of statutory duty, omission or default of the Contractor or any person for whom the Contractor is responsible or of the Employer or any person employed, engaged or authorised by him or by any local authority or statutory undertaker executing work solely in pursuance of its statutory rights or obligations.

·2 Where during the progress of the Sub-Contract Works, sub-contract materials or goods have been fully, finally and properly incorporated into the Works before practical completion of the Sub-Contract Works, the Sub-Contractor shall be responsible, in respect of loss or damage to sub-contract work comprising the materials or goods so incorporated caused by the occurrence of a peril other than a Specified Peril, for the cost of restoration of such work lost or damaged and removal and disposal of any debris arising therefrom in accordance with clause 6B·3 but only to the extent that such loss or damage is caused by the negligence, breach of statutory duty, omission or default of the Sub-Contractor or any person for whom the Sub-Contractor is responsible.

6B·3 If before the earlier of the Terminal Dates any loss or damage affecting the Sub-Contract Works or Site Materials for the Sub-Contract Works is occasioned, whether by one or more of the Specified Perils or otherwise, then, upon discovering the loss or damage, the Sub-Contractor shall forthwith give notice in writing to the Contractor of the extent, nature and location thereof. The Sub-Contractor shall, in accordance with any instructions of the Architect or directions of the Contractor, with due diligence restore sub-contract work lost or damaged, replace or repair any Site Materials for the Sub-Contract Works which have been lost or damaged, remove and dispose of any debris arising therefrom and proceed with the carrying out and completion of the Sub-Contract Works.

6B·4 Where under clause 6B·2 the Sub-Contractor is not responsible for the cost of compliance with clause 6B·3, such compliance shall be treated as if it were a Variation required by an instruction of the Architect to which clause 3·3·1 refers and valued under clauses 4·4 to 4·9 or clauses 4·10 to 4·13 whichever are applicable.

6B·5 On or after the earlier of the Terminal Dates the Sub-Contractor shall not be responsible for loss or damage to the Sub-Contract Works except to the extent of any loss or damage caused thereto by the negligence, breach of statutory duty, omission or default of the Sub-Contractor or any person for whom the Sub-Contractor is responsible.

Sub-Contract Works in or in extensions to existing structures—Main Contract Conditions clause 22C (6C)

6C·1 The Contractor shall, prior to the commencement of the Sub-Contract Works, ensure

·1 that the Employer arranges that the Joint Names Policy referred to in clause 22C·1 of the Main Contract Conditions shall be so issued or so endorsed that, in respect of loss or damage by the Specified Perils to the existing structures and the contents thereof owned by the Employer or for which the Employer is responsible and which are insured thereunder, the Sub-Contractor is either recognised as an insured under the Joint Names Policy or the insurers waive any rights of subrogation they may have against the Sub-Contractor; and

·2 that the Employer arranges that the Joint Names Policy referred to in clause 22C·2 of the Main Contract Conditions shall be so issued or so endorsed that, in respect of loss or damage by the Specified Perils to the Works and Site Materials insured thereunder, the Sub-Contractor is either recognised as an insured under the Joint Names Policy or the insurers waive any rights of subrogation they may have against the Sub-Contractor; and

·3 that the recognition or waiver referred to in clauses 6C·1·1 and 6C·1·2 shall continue up to and including whichever is the earlier of the Terminal Dates.

6C·2 ·1 Before whichever is the earlier of the Terminal Dates the Sub-Contractor shall (subject to clause 6C·2·2) be responsible for the cost of restoration of sub-contract work lost or damaged, replacement or repair of Site Materials for the Sub-Contract Works and removal and disposal of any debris arising therefrom in accordance with clause 6C·3·3 except to the extent that the loss or damage to the Sub-Contract Works or Site Materials for the Sub-Contract Works is due to:

one or more of the Specified Perils (whether or not caused by the negligence, breach of statutory duty, omission or default of the Sub-Contractor or any person for whom the Sub-Contractor is responsible) or

any negligence, breach of statutory duty, omission or default of the Contractor or any person for whom the Contractor is responsible or of the Employer or any person engaged, employed or authorised by him or by any local authority or statutory undertaker executing work solely in pursuance of its statutory rights or obligations.

·2 Where during the progress of the Sub-Contract Works, sub-contract materials or goods have been fully, finally and properly incorporated into the Works before practical completion of the Sub-Contract Works, the Sub-Contractor shall be responsible, in respect of loss or damage to sub-contract work comprising the materials or goods so incorporated caused by the occurrence of a peril other than a Specified Peril, for the cost of restoration of such work lost or damaged and removal and disposal of any debris arising therefrom in accordance with clause 6C·3·3 but only to the extent that such loss or damage is caused by the negligence, breach of

Section 6: Injury, Damage and Insurance

statutory duty, omission or default of the Sub-Contractor or any person for whom the Sub-Contractor is responsible.

6C·3 ·1 If before the earlier of the Terminal Dates any loss or damage affecting the Sub-Contract Works or Site Materials for the Sub-Contract Works is occasioned, whether by one or more of the Specified Perils or otherwise, then, upon discovering the loss or damage, the Sub-Contractor shall forthwith give notice in writing to the Contractor of the extent, nature and location thereof.

·2 If the occurrence of such loss or damage or any other loss or damage gives rise to a determination of the employment of the Contractor under clause 22C·4 of the Main Contract Conditions clause 7·9 shall apply as if the employment of the Contractor had been determined under clause 28 of the Main Contract Conditions but subject to the exception in regard to the application of clause 28·2·2·6 of the Main Contract Conditions referred to in clause 22C·4·3·2 of the Main Contract Conditions.

·3 If the employment of the Main Contractor is not determined under clause 22C·4 of the Main Contract Conditions the Sub-Contractor shall, in accordance with any instructions of the Architect or directions of the Contractor, with due diligence restore sub-contract work lost or damaged, replace or repair any Site Materials for the Sub-Contract Works which have been lost or damaged, remove and dispose of any debris arising therefrom and proceed with the carrying out and completion of the Sub-Contract Works.

6C·4 Where under clause 6C·2 the Sub-Contractor is not responsible for the cost of compliance with clause 6C·3·3, such compliance shall be treated as if it were a Variation required by an instruction of the Architect to which clause 3·3·1 refers and valued under clauses 4·4 to 4·9 or clauses 4·10 to 4·13 whichever are applicable.

6C·5 On or after the earlier of the Terminal Dates the Sub-Contractor shall not be responsible for loss or damage to the Sub-Contract Works except to the extent of any loss or damage caused thereto by the negligence, breach of statutory duty, omission or default of the Sub-Contractor or any person for whom the Sub-Contractor is responsible.

Policies of Insurance—production—payment of premiums—default by Contractor or Sub-Contractor (6·7 to 6·10)

6·7 The Sub-Contractor shall, as and when reasonably required to do so by the Contractor, produce documentary evidence showing that the insurance required under clause 6·5 has been taken out and is being maintained by the Sub-Contractor. On any occasion the Contractor may, but not unreasonably or vexatiously, require the Sub-Contractor to produce the relevant policy or policies and premium receipts therefor.

6·8 If the Sub-Contractor defaults in insuring as provided in clause 6·5, the Contractor may himself take out insurance against any liability or expense which he may incur arising out of such default and the premium for such insurance shall be paid by the Sub-Contractor to the Contractor or recoverable by the Contractor from the Sub-Contractor as a debt.

6·9 Except where the Main Contract Conditions include clause 22B or clause 22C of a Local Authorities version of the Standard Form the Contractor shall, as and when reasonably required to do so by the Sub-Contractor, produce documentary evidence of compliance by the Contractor with the provisions of clause 6A·1 or clause 6B·1 or clause 6C·1 whichever is applicable and the Sub-Contractor may on any occasion, but not unreasonably or vexatiously, require the Contractor to produce the relevant policy or policies and premium receipts, therefor.

6·10 If the Contractor defaults in compliance with clause 6·9 the Sub-Contractor may himself take out insurance against any liability or expense which he may incur arising out of such default and the premium for such insurance shall be paid by the Contractor to the Sub-Contractor or recoverable by the Sub-Contractor from the Contractor as a debt.

Sub-Contractor's plant, *etc.*—responsibility of Contractor

6·11 The Contractor shall only be responsible for any loss or damage to the plant, tools, equipment or other property belonging to or provided by the Sub-Contractor, his servants or agents or sub-sub-contractors and to any materials or goods of the Sub-Contractor which are not Site Materials for the Sub-Contract Works to the extent that such loss or damage is due to any negligence, breach of statutory duty, omission or default of the Contractor or any person for whom the Contractor is responsible.

Section 6

This section deals with injury, damage and insurance as follows:

Clause 6.1.	Definitions.
Clauses 6.2 to 6.4.	Injury to persons and property—indemnity to Contractor.
Clause 6.5.	Insurance against injury to persons or property.
Clause 6.6.	Loss or damage to the Works and to the Sub-Contract Works.
Clauses 6.7 to 6.10.	Policies of insurance—production—payment of premiums—default by Contractor or Sub-Contractor.
Clause 6.11.	Sub-Contractor's plant etc.—responsibility of Contractor.

Clauses 6.2 to 6.4 (also clauses 6.2 to 6.4 of NSC/4): Injury to persons and property—indemnity to Contractor

Generally. These clauses are the Sub-Contract equivalent of clause 20 of the Main Contract. See commentary on that clause on p. 605.

Clause 6.2. This provides for the liability of and indemnity by the Sub-Contractor for personal injury or death. It contains materially identical provisions to those in clause 20.1 of the Main Contract.

Section 6: Injury, Damage and Insurance

Clauses 6.3 and 6.4. These clauses provide for liability and indemnity by the Sub-Contractor for damage to property. The provisions may be summarised as follows:

(a) The Sub-Contractor is liable to indemnify the Contractor in respect of any damage to any property including the Works to the extent that this is due to the negligence etc. of the Sub-Contractor;

(b) However, this liability is qualified in two respects:

   (i) the Sub-Contractor is not so liable for damage to the Works by a Specified Peril until the earlier of two dates, namely the Practical Completion of the Sub-Contract Works or the date of determination of the employment of the Contractor. These dates are known throughout the Sub-Contract as the "Terminal Dates";

   (ii) The liability is qualified by the words "subject to ... where applicable clause 6C.1.1 ...", which refers to the insurance of existing structures required by clause 22C of the Main Contract. For the reasons given in the commentary to Main Contract clause 20, it is thought that the Employer bears the sole risk of damage to existing structures by a Specified Peril.[47]

Clause 6.5 (formerly clause 7 of NSC/4): Insurance against injury to person or property

This clause is the Sub-Contract equivalent of clause 21.1.1 of the Main Contract. See commentary on that clause on p. 612. The Sub-Contract equivalent of clauses 21.1.2 and 21.1.3 are clauses 6.7 and 6.8 of the Sub-Contract.

Clause 6.5.3 makes clear that the Sub-Contractor is not liable to indemnify the Contractor or to insure against injury to person or property by the effect of an Excepted Risk.

Clause 6.6 (formerly clause 8 of NSC/4): Loss or damage to the Works or the Sub-Contract Works

This clause deals with the application to the Sub-Contract of the provisions of clause 22 of the Main Contract, as amended. See commentary on that clause. The scheme in respect of loss or damage to Main Contract Works, including the Sub-Contract Works, and Site Materials and to existing structures and their contents may be summarised as follows:

(1) clause 6.6 follows the three alternative clauses 22A, 22B and 22C by providing that clauses 6A, 6B or 6C applies according to which of the three possible clauses are included in the Main Contract;

(2) each NSC possible clause requires the Contractor to obtain for the Nominated Sub-Contractor the benefit of the Joint Names Policy referred to in the relevant part of clause 22;

---

[47] See *Ossory Road v. Balfour Beatty* (1993) C.I.L.L. 882.

JCT Nominated Sub-Contract Conditions NSC/C

(3) the benefit which the Nominated Sub-Contractor obtains is in respect of loss or damage to the Main Contract Works and Site Materials, including Nominated Sub-Contract Works and Sub-Contract Site Materials, caused by Specified Perils;

(4) the duration of the benefit is up to the first of the "Terminal Dates" as to which see the commentary to Sub-Contract clause 6.4;

(5) up to the Terminal Dates, the Sub-Contractor is thus liable for loss to Nominated Sub-Contract Works and Site Materials except to the extent that this is due to a Specified Peril or to the negligence, etc., of the Contractor or the Employer;

(6) up to the Terminal Dates, the Sub-Contractor is not liable for loss or damage by the Specified Perils to the Main Contract Works and Site Materials (other than the Nominated Sub-Contract Works and Site Materials) or to existing structures where clause 22C applies, however the loss or damage is caused;

(7) for any loss or damage up to the Terminal Dates caused by a risk other than a Specified Peril, the position is as follows:

    (a) *to the Nominated Sub-Contract Works and Site Materials*—the Nominated Sub-Contractor is responsible unless the loss or damage was due to the Contractor's negligence etc., except that if Sub-Contract Materials or Goods have been finally incorporated into the Works, the Nominated Sub-Contractor is only liable if the loss is due to his own negligence;

    (b) *to the Main Contract Works and Site Materials*—the Nominated Sub-Contractor is only responsible if the loss is due to his negligence etc.

    (c) *to the existing structures*—the Nominated Sub-Contractor is responsible if the loss is due to his negligence etc.

(8) after the Terminal Dates, the Nominated Sub-Contractor is only liable for any loss to the Main Contract Works and Site Materials, including the practically completed Nominated Sub-Contract Works, and to existing structures if the loss is due to his own negligence.

The following general points should be noted:

(1) the references above to the negligence of the Contractor and the Sub-Contractor are, respectively, to "the Contractor or any person for whom the Contractor is responsible" and to "the Sub-Contractor or any person for whom the Sub-Contractor is responsible" (see Sub-Contract clause 6.1);

(2) the Specified Perils do not include a number of obvious risks such as theft and vandalism. The Sub-Contractor is not obliged to insure against such risks but would be wise to do so;

(3) clause 6.6 is not concerned with defects in the Sub-Contract Works (see clause 6.6.3);

Section 6: Injury, Damage and Insurance

(4) responsibility for the Sub-Contractor's plant, etc., is dealt with in clause 6.11.

Clauses 6.7 to 6.10 (formerly clause 9 of NSC/4): Policies of Insurance

This clause is the Sub-Contract equivalent of clauses 21.1.2 and 21.1.3 of the Main Contract. See also clause 6.5 and the commentary on clause 21 of the Main Contract.

Clause 6.11 (formerly clause 10 of NSC/4): Sub-Contractor's responsibility for his own plant, etc.

This provides shortly that the Contractor should only be responsible for loss or damage to plant, etc., of the Sub-Contractor to the extent that such loss or damage is due to any negligence, etc., of the Contractor.

SECTION 7: DETERMINATION

Determination of the employment of the Sub-Contractor by the Contractor (7·1 to 7·5)

7.1 Without prejudice to any rights or remedies which the Contractor may possess, if the Sub-Contractor shall make default in any one or more of the following respects that is to say:

- ·1 if without reasonable cause he wholly suspends the carrying out of the Sub-Contract Works before completion thereof; or
- ·2 if without reasonable cause he fails to proceed with the Sub-Contract Works in the manner provided in clause 2·1; or
- ·3 if he refuses or neglects after notice in writing from the Contractor to remove defective work or improper materials or goods and by such refusal or neglect the Works are materially affected, or wrongly fails to rectify defects, shrinkages or other faults in the Sub-Contract Works, which rectification is in accordance with his obligations under the Sub-Contract; or
- ·4 if he fails to comply with the provisions of clauses 3·13 and/or 3·14;

then the Contractor shall so inform the Architect and send to the Architect any written observation of the Sub-Contractor is regard to the default or defaults of which the Contractor is informing the Architect. If so instructed by the Architect under clause 35·24·6·1 of the Main Contract Conditions the Contractor shall issue a notice to the Sub-Contractor by registered post or recorded delivery specifying the default (and send a copy thereof by registered post or recorded delivery to the Architect). If the Sub-Contractor shall either continue such default for 14 days after receipt of such notice or shall at any time thereafter repeat such default (whether previously repeated or not), then the Contractor may (but subject where relevant to the further instruction of the Architect to which clause 35·24·6·1 of the Main Contract Conditions refers) within 10 days after such continuance or repetition by notice by registered post or recorded delivery forthwith determine the employment of the Sub-Contractor under the Sub-Contract; provided that such notice shall not be given unreasonably or vexatiously.

7·2 In the event of the Sub-Contractor becoming bankrupt or making a composition or arrangement with his creditors or having a proposal in respect of his company for a voluntary arrangement for a composition of debts or scheme of arrangement for a composition of debts or scheme or arrangement approved in accordance with the Insolvency Act 1986, or having an application made under the Insolvency Act 1986 in respect of his company to the court for the appointment of an administrator, or having a winding up order made or (other than for the purposes or amalgamation or reconstruction) having a resolution for voluntary winding up passed, or having a provisional liquidator, receiver or manager of his business or undertaking duly appointed or having an administrative receiver, as defined in the Insolvency Act 1986, appointed, or having possession taken by or on behalf of the holders of any debentures secured by a floating charge, of any property comprised in or subject to the floating charge, the employment of the Sub-Contractor under the Sub-Contract shall forthwith automatically be determined. Such determination shall be without prejudice to any other rights or remedies of the Contractor.

7·3 If the Sub-Contractor or any person employed by the Sub-Contractor or acting on his behalf (whether with or without the knowledge of the Sub-Contractor)

·1 shall have offered or given or agreed to give to any person any gift or consideration of any kind as an inducement or reward for doing or forbearing to do or for having done or forborne to do any action in relation to the obtaining or execution of this or any other sub-contract with the Contractor where the Employer is the same Employer as named in NSC/T Part 1, or for showing or forbearing to show any favour or disfavour to any person in relation to this or any other sub-contract where the Employer is the same Employer as named in NSC/T Part 1; or

·2 in relation to this or any other sub-contract with the Contractor where the Employer is the same Employer as named in NSC/T Part 1, shall have committed any offence under the Prevention of Corruption Acts, 1889 to 1916 or where the Employer is a local authority shall have given any fee or reward the receipt of which is an offence under sub-section (2) of Section 117 of the Local Government Act 1972 or any re-enactment thereof

then, if the Employer so requires, the Contractor shall determine the employment of the Sub-Contractor under this Sub-Contract or any other sub-contract referred to in clause 7·3.

7·4 In the event of the employment of the Sub-Contractor under this Sub-Contract being determined under clause 7·1 or clause 7·2 or clause 7·3 the following shall be the respective rights and duties of the Contractor and the Sub-Contractor:

·1 when the Employer through the Architect nominates a person to carry out and complete the Sub-Contract Works such person may enter upon the Sub-Contract Works and use all temporary buildings, plant, tools, equipment, goods and materials intended for, delivered to and placed on or

Section 7: Determination

adjacent to the Works, and may purchase all materials and goods necessary for the carrying out and completion of the Sub-Contract Works;

·2·1 except where the determination occurs by reason of the bankruptcy of the Sub-Contractor or of him having a winding up order made or (other than for the purposes of amalgamation or reconstruction) a resolution for voluntary winding up passed, the Sub-Contractor shall if so required by the Employer or by the Architect on behalf of the Employer and with the consent of the Contractor within 14 days of the date of determination, assign to the Contractor without payment the benefit of any agreement for the supply of materials or goods and/or for the execution of any work for the purposes of the Sub-Contract to the extent that the same is assignable but on the terms that the supplier or sub-sub-contractor shall be entitled to make any reasonable objection to any further assignment thereof by the Contractor;

·2·2 unless the exception to the operation of clause 7·4·2·1 applies the Contractor, if so directed by the Architect, shall pay any supplier or sub-sub-contractor for any materials or goods delivered or works executed for the purposes of the Sub-Contract (whether before or after the determination) insofar as the price thereof has not already been paid by the Sub-Contractor;

·2·3 the Sub-Contractor shall as and when required by a direction of the Contractor or by an instruction of the Architect so to do (but not before) remove from the Works any temporary buildings, plant, tools, equipment, goods and materials belonging to or hired by him. If within a reasonable time after any such requirement has been made the Sub-Contractor has not complied therewith, then the Contractor may (but without being responsible for any loss or damage) remove and sell any such property of the Sub-Contractor holding the proceeds less all costs incurred to the credit of the Sub-Contractor.

7·5 The Sub-Contractor shall allow or pay to the Contractor in the manner hereinafter appearing the amount of any direct loss and/or damage caused to the Contractor by the determination. Until after completion of the Sub-Contract Works as referred to in clause 7·4·1 the Contractor shall not be bound by any provision of the Sub-Contract to make any further payment to the Sub-Contractor. Upon such completion the Sub-Contractor may apply to the Contractor who shall pass such application to the Architect who shall ascertain or instruct the Quantity Surveyor to ascertain the amount of expenses properly incurred by the Employer and the amount of direct loss and/or damage caused to the Employer by the determination; and shall issue an Interim Certificate certifying the value of any work executed or goods and materials supplied by the Sub-Contractor to the extent that their value has not been included in previous Interim Certificates; in discharging that Certificate the Employer may deduct the amount of the expenses and direct loss and/or damage of the Employer as aforesaid. The Contractor in discharging his obligation to pay the Sub-Contractor such amount may deduct therefrom a cash discount of 2½ per cent and, without prejudice to any other rights of the

Contractor, the amount of any direct loss and/or damage caused to the Contractor by the determination.

Determination of employment under the Sub-Contract by the Sub-Contractor (7·6 and 7·7)

7·6 Without prejudice to any other rights or remedies which the Sub-Contractor may possess, if the Contractor shall make default (for which default a remedy under any other provisions of the Sub-Contract would not adequately recompense the Sub-Contractor) in any of the following respects:

·1 if without reasonable cause he wholly suspends the Works before completion; or

·2 if without reasonable cause he fails to proceed with the Works so that the reasonable progress of the Sub-Contract Works is seriously affected:

then the Sub-Contractor may issue to the Contractor a notice by registered post or recorded delivery (a copy of which must be sent at the same time to the Architect by registered post or record delivery) specifying the default. If the Contractor shall continue such default for 14 days after receipt of such notice or if the Contractor shall at any time thereafter repeat such default (whether previously repeated or not) the Sub-Contractor may thereupon by notice by registered post or recorded delivery determine the employment of the Sub-Contractor; provided that such notice shall not be given unreasonably or vexatiously.

7·7 Upon such determination, then without prejudice to the accrued rights or remedies of either party or to any liability of the classes mentioned in clauses 6·2 to 6·4 which may accrue before the Sub-Contractor shall have removed his temporary buildings, plant, tools, equipment, goods or materials or by reason of his so removing the same, the respective rights and duties of the Sub-Contractor and Contractor shall be as follows:

·1 the Sub-Contractor shall with all reasonable dispatch and in such manner and with such precautions as will prevent injury, death or damage of the classes in respect of which he is liable to indemnify the Contractor under clauses 6·2 to 6·4 remove from the site all his temporary buildings, plant, tools, equipment, goods or materials subject to the provisions of clause 7·7·2·4.

·2 after taking into account amounts previously paid under the Sub-Contract and any sum ascertained in respect of direct loss and/or expense under clause 4·40 (whether ascertained before or after the date of determination) the Sub-Contractor shall be paid by the Contractor.

·2·1 the total value of work completed at the date of determination, such value to be ascertained in accordance with clauses 4·17·1, 4·17·2 and 4·17·3;

·2·2 the total value of work begun and executed but not completed at the date of determination, such value to be ascertained either under clauses 4·4 to 4·9 as if it were a Valuation of a Valuation (where Agreement NSC/A Article 3·1 applies) or under clauses 4·10 to 4·13 (where Agreement NSC/A Article 3·2 applies);

Section 7: Determination

- .2.3 any sum ascertained in respect of direct loss and/or expense under clause 4·39 (whether ascertained before or after the date of determination);
- .2.4 the cost of materials or goods properly ordered for the Sub-Contract Works (but not incorporated therein) for which the Sub-Contractor shall have paid or is legally bound to accept delivery and on such payment by the Contractor any materials or goods so paid for shall become the property of the Contractor.
- .2.5 the reasonable cost of removal under clause 7·7·1;
- .2.6 any direct loss and/or expense caused to the Sub-Contractor by the determination.

Determination of the Contractor's employment under the Main Contract (7·8 and 7·9)

7·8 If the employment of the Contractor is determined under clause 27 of the Main Contract Conditions, then the employment of the Sub-Contractor under the Sub-Contract shall thereupon also determine and the provisions of clause 7·7 shall thereafter apply.

7·9 ·1 If the employment of the Contractor is determined under clause 28 or clause 28A of the Main Contract Conditions, then the employment of the Sub-Contractor under the Sub-Contract shall thereupon also determine. The entitlement of the Sub-Contractor to payment shall be the proportion fairly and reasonably attributable to the Sub-Contract Works of the amounts paid by the Employer under clause 28·2·2·1 to ·5 of the Main Contract Conditions inclusive together with, where the determination is under clause 28 of the Main Contract Conditions, any amounts paid in respect of the Sub-Contractor under clause 28·2·2·6 of the Main Contract Conditions provided the Sub-Contractor shall have supplied to the Contractor all evidence reasonably necessary to establish the direct loss and/or damage referred to in clause 28·2·2·6 of the Main Contract Conditions caused to the Sub-Contractor by the determination.

·2 Nothing in clause 7·9·1 shall affect the entitlement of the Sub-Contractor to the proper operation of clauses 4·14 to 4·24 in respect of the amount, included in the amount stated as due therein, in respect of the Sub-Contract Works in an Interim Certificate of the Architect whose date of issue was prior to the date of determination of the employment of the Contractor under clause 28 or clause 28A of the Main Contract Conditions.

Section 7: Determination

Clauses 7.1 to 7.5. These deal with the determination of the employment of the Sub-Contractor by the Main Contractor.

Clauses 7.6 and 7.7. These deal with the determination of the employment of the Sub-Contractor by the Sub-Contractor.

Clauses 7.8 and 7.9. These deal with determination of the Contractor's employment under the Main Contract.

Amendment. Clause 7 has been amended by Amendment 1 issued in July 1992 (see below).

Clauses 7.1 to 7.5 (formerly clause 29 of NSC/4): Determination of the employment of the Sub-Contractor by the Contractor

These clauses are the Sub-Contract equivalent of clause 27 of the Main Contract (see its commentary). It should also be noted that, under this clause and clause 35.24 of the Main Contract, the Contractor can only determine the employment of the Sub-Contractor under Sub-Contract clause 7.1 upon the instructions of the Architect. This is because, as between the Contractor and the Employer, the financial risk of determining the employment of the Sub-Contractor and the consequent re-nomination falls upon the Employer.[48] Under clause 35.24.6 of the Main Contract, the Employer bears the extra cost if the Contractor determines the Sub-Contractor's employment. Conversely, under clause 35.24.9, the Contractor bears the extra cost, if the Sub-Contractor determines his employment under clause 7.6 of the Sub-Contract.

Clauses 7.6 to 7.8 (formerly clause 30 of NSC/4): Determination of employment under the Sub-Contract by the Sub-Contractor

This clause is the Sub-Contract equivalent of clause 28 of the Main Contract (see its commentary). Some of the grounds for determination which appear in clause 28 of the Main Contract do not have their equivalent in clause 7.6 of the Sub-Contract. Some of these are inappropriate to the relationship between the Contractor and the Sub-Contractor. Others are dealt with elsewhere in the Sub-Contract. In particular, clause 4.21 provides a remedy where the Sub-Contractor is not duly paid, and the effect of clause 7.8 is to effect a determination of the Sub-Contractor's employment upon the terms of clause 7.7 in the event of the Contractor's insolvency (see clause 27.2 of the Main Contract). For renomination where the Sub-Contractor determines his Employment under clauses 7.8 and 7.9 see clause 35.24.3 and 35.24.8.1 of the Main Contract and the commentary to Sub-Contract clauses 7.1 to 7.5.

Clauses 7.8 and 7.9 (formerly clause 31 of NSC/4): Determination of the Main Contractor's employment under the Main Contract

Under this clause, if the employment of the Contractor is determined under clause 27, clause 28 or clause 28A of the Main Contract, the employment of the Sub-Contractor is also determined. If the Main Contractor's employment was determined under clause 27 of the Main Contract (*i.e.* by reason of his default), the consequences for the Sub-Contractor are as if he

---

[48] See the commentary on Main Contract clause 35.24.

Section 7: Determination

had determined his own employment under clause 7.6 of the Sub-Contract. If the Main Contractor's employment was determined under clause 28 of the Main Contract (*i.e.* by reason of events for which the Employer is responsible), then the Sub-Contractor participates in the consequences provided by clause 28 of the Main Contract. Clause 7.9.1 deals with additional clause 28A in the Main Contract under which either Employer or Contractor can determine the Contractor's employment for events which are the fault of neither. The position for the Sub-Contractor is as for determination under clause 28 except that he is not entitled to any direct loss or damage where the Contract is determined under clause 28A. The Sub-Contractor remains entitled under Sub-Contract clause 7.9.2 however, to be paid any amount included for him in an Interim Certificate issued before the date of determination.

1992 Amendments. By Amendment 1 issued in July 1992, the determination provisions were amended to reflect the amendments made to the Determination provisions in the Main Contract by Amendment 11. The main changes are as follows:

Clause 7.0. This new sub-clause prescribes the means by which notices under the relevant clauses in section 7 are to be given.

Clause 7.1.1. As amended, clause 7.1.1 only applies *before* the date of practical completion of the Sub-Contract Works.

Three of the specified defaults have been redrafted:

Clause 7.1.1.1. now includes the words "or substantially" before "suspends".

Clause 7.1.1.2. now provides "if without reasonable cause he fails to proceed regularly and diligently with the Sub-Contract Works" in place of "if without reasonable cause he fails to proceed with the Sub-Contract Works in the manner provided in clause 2.1". The amendment is somewhat puzzling—pursuant to clause 2.1, the Sub-Contractor is not obliged to proceed regularly and diligently but reasonably in accordance with the progress of the (Main Contract) Works.

Clause 7.1.1.3. is redrafted as to procedure but also contains a new requirement that "by such refusal or neglect the Works are materially affected".

Clauses 7.1.2 and 7.1.3. These new sub-clauses deal separately with determination following a failure to end a specified default (7.1.2) and determination following repetition of a specified default (7.1.3). The latter must now be effected "within a reasonable time after" such repetition (formerly within 10 days after such repetition).

Clause 7.2. For certain insolvency events (*i.e.* those not identified in clause 7.2.3), the Contractor is given an option to determine the Sub-Contractor's employment. The determination is no longer automatic.

JCT Nominated Sub-Contract Conditions NSC/C

Clause 7.7.1. This sets out the defaults of the Contractor which may give the Sub-Contractor grounds for determining his employment. The defaults are the same as in the former clauses 7.6.1 and 7.6.2, but must now have occurred prior to Practical Completion. In clause 7.7.1.1 the words "or substantially" have been added before "suspends the carrying out of the Works".

Clauses 7.7.2 and 7.7.3. These new sub-clauses mirror clauses 7.1.2 and 7.1.3 noted above.

Clause 7.9. This new clause expressly preserves the Sub-Contractor's common law rights (which would, of course, in any event be preserved).

Clause 7.12. This new sub-clause makes detailed provision for the exercise of the Employer's option under Main Contract Conditions clauses 27.3.4 and 27.5.

SECTION 8: NUMBER NOT USED

SECTION 9: SETTLEMENT OF DISPUTES—ARBITRATION

Settlement of disputes—Arbitration (9·1 to 9·10)

9·1 When the Contractor or the Sub-Contractor require a dispute or difference as referred to in Article 4 of NSC/A to be referred to arbitration then either the Contractor or the Sub-Contractor shall give written notice to the other to such effect and such dispute or difference shall be referred to the arbitration and final decision of a person to be agreed between the parties as the Arbitrator, or, upon failures so to agree within 14 days after the date of the aforesaid written notice, of a person to be appointed as the Arbitrator on the request of either the Contractor or the Sub-Contractor by the person named in NSC/T, Part 3, item 7.

9·2 ·1 Provided that if the dispute or difference to be referred to arbitration under this Sub-Contract raises issues which are substantially the same as or connected with issues raised in a related dispute between

> the Contractor and the Employer under the Main Contract, or
> the Contractor and any other nominated Sub-Contractor carrying out part of the Works with whom the Contractor has entered into a Sub-Contract incorporating NSC/C, or
> the Sub-Contractor and the Employer under Agreement NSC/W

and if the related dispute has already been referred for determination to an arbitrator, the Contractor and the Sub-Contractor hereby agree that the dispute or difference under this Sub-Contract shall be referred to the arbitrator appointed to determine the related dispute; that any JCT Arbitration Rules applicable to the related dispute shall apply to the dispute under this Sub-Contract, that such arbitrator shall have power to make such directions and all necessary awards in the same way as if the procedure of the High Court as to joining one or more defendants or joining co-defendants or third parties was available to the parties and to him; and that the agreement and consent referred to in clause 9·7 on

Section 9: Settlement of Disputes

appeals or applications to the High Court on any question of law shall apply to any question of law arising out of the awards of such arbitrator in respect of all related disputes referred to him or arising in the course of the reference of all the related disputes referred to him.

·2 Save that the Contractor or the Sub-Contractor may require the dispute or difference under this Sub-Contract to be referred to a different arbitrator (to be appointed under this Sub-Contract) if either of them reasonably considers that the arbitrator appointed to determine the related dispute is not appropriately qualified to determine the dispute or difference under this Sub-Contract.

·3 Clauses 9·2·1 and 9·2·2 shall apply unless in the completed Appendix of the Main Contract Conditions attached to NSC/T Part 1 (or if different in the completed Appendix of the Main Contract Conditions enclosed with the copy of Nomination NSC/N sent to the Sub-Contractor by the Architect) the words "clauses 41·2·1 to 41·2·2 apply" have been deleted.

9·3 Such Arbitrator shall not without the written consent of the Contractor and the Sub-Contractor enter on the arbitration until after the practical completion or alleged practical completion of the Works or termination or alleged termination of the Sub-Contractor's employment under this Sub-Contract or abandonment of the Works, except to arbitrate:

·1 whether a payment has been improperly withheld or is not in accordance with the Sub-Contract; or

·2 whether practical completion of the Sub-Contract Works shall be deemed to have taken place under clause 2·11; or

·3 in respect of a claim by the Contractor or counterclaim by the Sub-Contractor to which the provisions of clauses 4·30 to 4·37 apply in which case the arbitrator may exercise the power given to him pursuant to clause 4·35 and shall exercise the power given to him pursuant to clause 4·37; or

·4 any matters in dispute under clause 3·3·2 in regard to reasonable objection by the Sub-Contractor or under clauses 3·4 to 3·9 inclusive or under clauses 2·2 to 2·7 as to extension of time.

9·4 In any such arbitration as is provided for in section 9 any decision of the Architect which is final and binding on the Contractor under the Main Contract shall also be and be deemed to be final and binding between and upon the Contractor and the Sub-Contractor.

9·5 Subject to the provisions of clauses 3·11, 4·25, 4A·4·3, 4B·5·3, 4C·5 and clause 30 of the Main Contract Conditions the Arbitrator shall, without prejudice to the generality of his powers, have power to rectify the Sub-Contract so that it accurately reflects the true agreement made by the Contractor and the Sub-Contractor, to direct such measurements and/or valuations as may in his opinion be desirable in order to determine the rights of the parties and to ascertain and award any sum which ought to have been the subject of or included in any certificate and to open up, review and revise any payment, certificate, opinion, decision (except a decision of the Architect to issue instructions pursuant to clause 8·4·1 of the Main Contract Conditions and which instructions were issued to the Sub-Contractor as referred to in clause 3·5·1), requirement or notice and to determine all matters in dispute which shall be submitted to him in the same manner as if no such certificate, opinion, decision, requirement or notice had been given.

9·6 Subject to clause 9·7 the award of such Arbitrator shall be final and binding on the parties.

9·7 The parties hereby agree and consent pursuant to Sections 1(3)(a) and 2(1)(b) of the Arbitration Act 1979 that either party.
- ·1 may appeal to the High Court on any question of law arising out of an award made in an arbitration under this Arbitration Agreement; and
- ·2 may apply to the High Court to determine any question of law arising in the course of the reference;

and the parties agree that the High Court should have jurisdiction to determine any such questions of law.

9·8 Whatever the nationality, residence or domicile of the Employer, the Contractor, the Sub-Contractor or any sub-contractor or supplier or the Arbitrator, and wherever the Works or Sub-Contract Works, or any parts thereof, are situated, the law of England shall be proper law applicable to this Sub-Contract and in particular (but not so as to derogate from the generality of the foregoing) the provisions of the Arbitration Acts 1950 (notwithstanding anything in S·34 thereof) to 1979 shall apply to any arbitration under this Sub-Contract wherever the same, or any part of it, shall be conducted.

9·9 If before making his final award the Arbitrator dies or otherwise ceases to act as the Arbitrator, the Contractor and the Sub-Contractor shall forthwith appoint a further Arbitrator, or, upon failure so to appoint within 14 days of any such death or cessation, then either the Contractor or the Sub-Contractor may request the person named in NSC/T Part 3 item 7, to appoint such further Arbitrator. Provided that no such further Arbitrator shall be entitled to disregard any direction of the previous Arbitrator or to vary or revise any award of the previous Arbitrator except to the extent that the previous Arbitrator had power so to do under the JCT Arbitration Rules and/or with the agreement of the parties and/or by the operation of law.

9·10 The arbitration shall be concluded in accordance with the "JCT Arbitration Rules" current at the Base Date. Provided that if any amendments to the Rules so current have been issued by the Joint Contracts Tribunal after the Base Date the Contractor and the Sub-Contractor may, by a joint notice in writing to the Arbitrator, state that they wish the arbitration to be conducted in accordance with the JCT Arbitration Rules as so amended.

Section 9 (formerly clause 38 of NSC/4): Settlement of disputes—Arbitration

Generally. This section contains the detailed provisions for the arbitration which Article 4 prescribes as the method of settling disputes.[49] The scheme and wording of section 9 closely follow clause 41 of the Main Contract, as to which see p. 760.

---

[49] For arbitration generally, see Chapter 16.

Section 9: Settlement of Disputes

Clause 9.2. (Formerly 38.2 of NSC/4). *Multipartite arbitrations*

The provisions for such arbitrations are optional in the Main Contract and by Sub-Contract clause 9.2.3 the choice made in the Main Contract determines whether clauses 9.2.1 and 9.2.2 apply.

Provisions for multipartite arbitrations have been considered in the context of clause 24 of the Green Form and similar provisions.[50] The following points emerge:

(1) such provisions on their proper construction contain not one but two separate unequivocal submissions to Arbitration, the first comprising the reference of all disputes to Sub-Contract Arbitration subject only to the proviso (*i.e.* Article 4) and the second comprising all related disputes as defined to Main Contract Arbitration (*i.e.* clause 9.2);

(2) the first submission is the dominant one out of which the proviso is carved;

(3) in the sphere of building contracts, "dispute" in its natural meaning means a difference on a specific item or at least those grouped under a specific heading;

(4) the machinery contained in clause 9.2 does not come into play unless both conditions there set out are fulfilled;

(5) once the Sub-Contract dispute has been referred to the Arbitrator already appointed to deal with the related dispute, his authority cannot be revoked. There is then a single reference in which the Arbitrator must proceed to deal with both related disputes.

It is not, however, entirely clear who is to decide whether "the dispute or difference to be referred to arbitration under this Sub-Contract raises issues which are substantially the same as or connected with issues raised in a related dispute." In *Higgs & Hill Building v. Campbell Denis*,[51] where the related dispute was between Employer and Contractor under the Main Contract, it was suggested this was a matter for the judgment of the Main Contractor. However, in *Hyundai Engineering v. Active Building*,[52] the Court directed that this question should be determined by the Court. It is submitted that, in the event of disagreement whether a dispute is or is not properly related, it is the Court that should resolve such disagreement. It is thought that one party to a prospective arbitration cannot unilaterally determine finally whether the necessary conditions are fulfilled.[53]

---

[50] *Higgs & Hill Building v. Campbell Denis* (1982) 28 B.L.R. 47; *Hyundai Engineering v. Active Building* (1988) 45 B.L.R. 62; see also *Multi Construction v. Stent Foundations* (1988) 41 B.L.R. 98.
[51] (1982) 28 B.L.R. 47.
[52] (1988) 45 B.L.R. 62.
[53] For the possibility of the arbitrator determining the point, see "Challenge to arbitrator's jurisdiction" on p. 432.

NSC/C SECTIONAL COMPLETION SUPPLEMENT

See CLAUSE 2·15

TABLE OF MODIFICATIONS TO THE CONDITIONS IN NSC/C

The clauses indicated in the first column of this Table are modified at the places therein shown in the second column, by the deletion or insertion of such words as are shown in the third column

Clause number	Place in text	Words to be deleted/inserted
1·4	In the definition of "Completion Date" **after** "the Completion Date for"	**insert** "each Section of"
	In the definition of "Date for Completion" **after** "the date"	**insert** "for each Section"
	after definition of "Relevant Event"	**insert** as an **additional definition**: "Section: one of the Sections into which the Works have been divided as shown in the completed Appendix of the Main Contract Conditions attached to NSC/T Part 1 (or if different in the completed Appendix of the Main Contract Conditions enclosed with the copy of Nomination NSC/N sent to the Sub-Contractor by the Architect)"
1·9·1	**after** "Sub-Contract Works"	**insert** "in the Sections"
2·1	**after** "Sub-Contract Works"	**insert** "in the Sections"
	after "progress of"	**insert** "each Section of"
2·2·1	**after** "Sub-Contract Works"	**insert** "in any Section"

NSC/C Sectional Completion Supplement

Clause number	Place in text	Words to be deleted/inserted
2·2·2·2	**after** "Sub-Contract Works"	**insert** "in the relevant Section"
2·3·2	**after** "Sub-Contract Works"	**insert** "in the relevant Section"
2·3	**after** "revised or further revised period or periods for the completion of the Sub-Contract Works"	**insert** "in the relevant Section"
	after "the expiry of the period or periods for the Completion of the Sub-Contract Works"	**insert** in the relevant Section"
2·4	**after** "Sub-Contract Works"	**insert** "in any Section"
2·5	**after** "Sub-Contract Works" in lines 1, 4 and 8	**insert** "in a Section"
2·5·1	**after** "Sub-Contract Works"	**insert** "in the relevant Section"
2·5·2	**after** "Sub-Contract Works"	**insert** "in the relevant Sections"
2·5·3	**after** "Sub-Contract Works"	**insert** "in the relevant Section"
2·5 Proviso	**after** "completion of the Sub-Contract Works"	**insert** "in each Section"
2·6·6	**after** "Sub-Contract Works"	**insert** "in any Section"
2·8	**after** "Sub-Contract Works"	**insert** "in any Section"
2·10 to 2·14	Heading **after** "Practical completion of"	**insert** "each Section of the"
	after "Sub-Contract Works"	**insert** "and of the Sub-Contract Works"
2·10	Side heading **after** "Sub-Contract Works"	**insert** "in a Section"
	after "Sub-Contract Works"	**insert** "in a Section"

JCT Nominated Sub-Contract Conditions NSC/C

Clause number	Place in text	Words to be deleted/inserted
2·11	Side heading **after** "Sub-Contract Works"	**insert** "in a Section"
	after "Sub-Contract Works" in line 1	**insert** "in a Section"
	after "Sub-Contract Works" in line 2	**insert** "in that Section"
2·12	**after** "faults in the Sub-Contract Works"	**insert** "in any Section"
	after "completion of the Sub-Contract Works"	**insert** "in the relevant Section"
2·14	Side heading **after** "Sub-Contract Works"	**insert** "in each Section"
	after "practical completion of the Sub-Contract Works"	**insert** "in each Section"
	after leave the "Sub-Contract Works"	**insert** "in the relevant Section"
	after "clause 2·14"	**insert new sub-clause 2·14A:** "Practical completion of the Sub-Contract Works in all Sections shall be deemed to have taken place on the day named in the certificate of practical completion of the Sub-Contract Works in all Sections issued by the Architect under clause 35·16 of the Main Contract Conditions."
4·23·1·1	**after** "Sub-Contract Works"	**insert** "or where relevant the Sub-Contract Works in any Section"
4·24·1	**after** "Sub-Contract Works"	**insert** "or where relevant the Sub-Contract Works in any Section"
4·38·1	**after** "Sub-Contract Works"	**insert** "in any Section"
4·38·1·1	**after** "Sub-Contract Works"	**insert** "in a Section"
4·38·2·1	**after** "Sub-Contract Works"	**insert** "in a Section"

NSC/C Sectional Completion Supplement

Clause number	Place in text	Words to be deleted/inserted
4A·4·7	**after** "Sub-Contractor to complete"	**insert** "the Sub-Contract Works in any Section"
4A·4·8·1	**after** "clauses 2·2 to 2·7"	**insert** "(as modified by this Supplement)"
4A·4·8·2	**after** "Sub-Contract Works"	**insert** "in the relevant Section"
4B·5·7	**after** "Sub-Contractor to complete"	**insert** "the Sub-Contract Works in any Section"
4B·5·8·1	**after** "clauses 2·2 to 2·7"	**insert** "as modified by this Supplement"
4B·5·8·2	**after** "Sub-Contract Works"	**insert** "in the relevant Section"
4C·7·1	**after** "Sub-Contract Works"	**insert** "in any Section"
	after "any revised period or periods"	**insert** "in relation thereto"
	after "clause 4C"	**insert** "relevant to that Section"
4C·7·2·1	**after** "clauses 2·2 to 2·7"	**insert** "(as modified by this Supplement)"
4C·7·2·2	**after** "Sub-Contract Works"	**insert** "in the relevant Section"
6·4	**after** "practical completion of the Sub-Contract Works"	**insert** "in any Section"
9·3	**after** "abandonment of the Works"	**insert** "or unless in the completed Appendix of the Main Contract Conditions attached to NSC/T Part 1 (or if different in the completed Appendix of the Main Contract Conditions enclosed with the copy of Nomination NSC/N sent to the Sub-Contractor by the Architect) it is stated that a reference to arbitration may be opened on practical completion of any Section of the Works"
9·3·2	**after** "Sub-Contract Works"	**insert** "in any Section"

JCT Nominated Sub-Contract Conditions NSC/C

**Amendment 1
Issued July 1992**

---

1. **Determination of the employment of the Sub-Contractor by the Contractor (7·1 to 7·5)**

In heading **delete** "(7·1 to 7·5)" and **insert** "(7·1 to 7·6)"

Insert before clause 7·1:
Notices under section 7

7·0 Any notice or further notice to which clauses 7·1·1, 7·1·2, 7·1·3, 7·2·4, 7·7·1, 7·7·2, 7·7·3 and 7·12·5 refer shall be in writing and given by actual delivery or by registered post or by recorded delivery. If sent by registered post or recorded delivery the notice or further notice shall, subject to proof to the contrary, be deemed to have been received 48 hours after the date of posting (excluding Saturday and Sunday and public holidays).

Delete text and **insert**:

7·1·1 If before the date of practical completion of the Sub-Contract Works the Sub-Contractor shall make default in any one or more of the following respects:
 ·1 without reasonable cause he wholly or substantially suspends the carrying out of the Sub-Contract Works; or
 ·2 without reasonable cause he fails to proceed regularly and diligently with the Sub-Contract Works; or
 ·3 he refuses or neglects to comply with an instruction of the Architect issued to the Sub-Contractor by the Contractor pursuant to clause 3·3·1 requiring him, or with a written direction from the Contractor requiring him, to remove any work, materials or goods not in accordance with this Sub-Contract and by such refusal or neglect the Works are materially affected; or
 ·4 he fails to comply with the provisions of clauses 3·13 and/or 3·14
 then the Contractor shall so inform the Architect and send to the Architect any written observation of the Sub-Contractor in regard to the default or defaults of which the Contractor is informing the Architect. If so instructed by the Architect under clause 35·24·6·1 of the Main Contract Conditions the Contractor shall issue a notice to the Sub-Contractor (and give a copy thereof to the Architect by actual delivery or by registered post or recorded delivery) specifying the default or defaults (the "specified default or defaults").

7·1·2 If the Sub-Contractor continues a specified default for 14 days from receipt of the notice under clause 7·1·1 then, subject where relevant to the further instruction of the Architect under clause 35·24·6·1 of the Main Contract Conditions, the Contractor may on, or within 10 days from, the expiry of that 14 days by a further notice to the Sub-Contractor determine the employment of the Sub-Contractor under this Sub-Contract. Such determination shall take effect on the date of receipt of such further notice.

7·1·3 If the Sub-Contractor ends the specified default, or the Contractor does not give the further notice referred to in clause 7·1·2 and the Sub-

Amendment 1

Contractor repeats a specified default (whether previously repeated or not) then, upon or within a reasonable time after such repetition and subject where relevant to the further instruction of the Architect under clause 35·24·6·1 of the Main Contract Conditions, the Contractor may by notice to the Sub-Contractor determine the employment of the Sub-Contractor under this Sub-Contract. Such determination shall take effect on the date of receipt of such notice.

7·1·4 A notice of determination under clause 7·1·2 or clause 7·1·3 shall not be given unreasonably or vexatiously.

Delete side heading and text and **insert**:

7·2·1 If the Sub-Contractor makes a composition or arrangement with his creditors, or becomes bankrupt, or being a company makes a proposal for a voluntary arrangement for a composition of debts or scheme of arrangement to be approved in accordance with the Companies Act 1985 or the Insolvency Act 1986 as the case may be or any amendment or re-enactment thereof, or has a provisional liquidator appointed, or has a winding-up order made, or passes a resolution for voluntary winding-up (except for the purposes of amalgamation or reconstruction), or under the Insolvency Act 1986 or any amendment or re-enactment thereof has an administrator or an administrative receiver appointed then:

·2 the Sub-Contractor shall immediately inform the Contractor in writing if he has made a composition or arrangement with his creditors, or being a company, has made a proposal for a voluntary arrangement for a composition of debts or scheme of arrangement to be approved in accordance with the Companies Act 1985 or the Insolvency Act 1986 as the case may be or any amendment or re-enactment thereof;

·3 where a provisional liquidator or trustee in bankruptcy is appointed or a winding-up order is made or the Contractor passes a resolution for voluntary winding-up (except for the purposes of amalgamation or reconstruction) the employment of the Sub-Contractor under this Sub-Contract shall be forthwith automatically determined but the said employment may be reinstated if the Contractor, with the written consent of the Architect, and the Sub-Contractor **[0.1]**, shall so agree;

·4 where clause 7·2·3 does not apply the Contractor may, with the written consent of the Architect, by notice to the Sub-Contractor determine the employment of the Sub-Contractor under this Sub-Contract and such determination shall take effect on the date of receipt of such notice.

Insert a new Footnote to clause 7·2·3:
Footnote [0·1] See the Guidance Notes: after certain insolvency events an Insolvency Practitioner acts for the Sub-Contractor.

7·4 Lines 2 and 3 **delete** "the following shall ... and the Sub-Contractor" and **insert** "and so long as that employment has not been reinstated then clause 7·5 shall apply:"

7·4·1, 7·4·2, and 7·5 Renumbered as 7·5·1, 7·5·2 and 7·5·3.

7·4·1 (as renumbered) Line 1 **delete** "when the Employer through" and **insert** "if"; after "nominates" **insert** "or instructs"; Line 2 after "Sub-Contract Works" **insert** "and to make good defects of the kind referred to in clause 2·12", after "person may" **delete** "enter upon the Sub-Contract Works and"; Line 5 after "of the Sub-Contract Works" **insert** "and the making good of defects as aforesaid; provided that where the aforesaid temporary buildings, plant, tools, equipment, goods and materials are not owned by the Contractor or by the Sub-Contractor the consent of the owner thereof is obtained by the Contractor;"

7·4·2·1 (as renumbered) Line 8, after "assignable" **insert** a semi-colon; lines 8 and 9 **delete**

7·4·2·2 **(as renumbered) Line 1 delete** "7·4·2·1" and **insert** "7·5·2·1"; line 2 after "sub-sub-contractor" **insert** "to the Sub-Contractor"; line 4 **delete** "(whether before or after the determination)" and **insert** "before the determination"; line 5 **delete** "paid" and **insert** "discharged".

7·4·2·3 (as renumbered) Line 2 after "Architect" **insert** "(issued to the Sub-contractor by the Contractor pursuant to clause 3·3·1)"; after "the Works" **insert** "or the site thereof"; Line 4 **delete** "or hired by him" and **insert** "and have removed by the owner any temporary buildings, plant, tools, equipment, goods and materials not owned by him",

Line 5 after "not complied therewith" **insert** "in respect of temporary buildings, plant, tools, equipment, goods and materials belonging to him".

Insert as clause 7·5·3:

"7·5·3 Until after completion of the Sub-Contract Works and the making good of defects as referred to in clause 2·12 the Contractor shall not be bound by any provisions of the Sub-Contract to make any further payment to the Sub-Contractor; provided that clause 7·5·3 shall not be construed so as to prevent the enforcement by the Sub-Contractor of any rights under this Sub-Contract in respect of amounts properly due to be discharged by the Contractor to the Sub-Contractor which the Contractor has unreasonably not discharged and which have accrued 31 days or more before the happening of any of the events listed in clause 7·2·1.

Re-number clause 7·5 as "7·5·4". **Delete** the text and **insert**:

"7·5·4 Upon completion of the Sub-Contract Works and the making good of defects of the kind referred to in clause 2·12 the Sub-Contractor may apply to the Contractor who shall pass such application to the Architect to ascertain pursuant to clause 35·26·1 of the Main Contract Conditions the amount of expenses properly incurred by the Employer and the amount of direct loss and/or damage caused to the Employer by the determination of the employment of the Sub-Contractor; and to issue an Interim Certificate pursuant to clause 35·13·1 of the Main Contract Conditions certifying the value of any work executed or goods and materials supplied by the Sub-Contractor to the extent that their value has not been included in previous Interim Certificates; when the Employer discharges that Certificate to the Contractor, the Contractor

Amendment 1

shall permit the Employer to deduct the amount of the expenses and direct loss and/or damage of the Employer as aforesaid. The Contractor, in discharging his obligation in respect of the aforesaid Interim Certificate to pay the Sub-Contractor the amount directed therein after account has been taken of the aforesaid deduction by the Employer, may deduct therefrom a cash discount of 2½ per cent and, without prejudice to any other rights of the Contractor, the amount of any direct loss and/or damage caused to the Contractor by the determination; or, to the extent that such deduction does not account for the full amount of any such direct loss and/or damage, may recover the difference between the amount deducted and the aforesaid full amount as a debt from the Sub-Contractor."

Insert an additional clause 7·6

"7·6   The provisions of clauses 7·1 to 7·5 are without prejudice to any other rights or remedies which the Contractor may possess."

2.   Determination of employment under the Sub-Contract by the Sub-Contractor (7·6 and 7·7)

In heading **delete** "(7.6 and 7·7)" and **insert** "(7·7 to 7·9)"
Renumber as 7·7 and 7·8 respectively
Delete text and **insert**:

7·7·1   If before the date of practical completion of the Sub-Contract Works the Contractor shall make default in one or more of the following respects
 ·1   without reasonable cause he wholly or substantially suspends the carrying out of the Works; or
 ·2   without reasonable cause he fails to proceed with the Works so that the reasonable progress of the Sub-Contract Works is seriously affected
then the Sub-Contractor may give the Contractor a notice specifying the default or defaults (the "specified default or defaults").

7·7·2   If the Contractor continues a specified default for 14 days from receipt of the notice under clause 7·7·1 then the Sub-Contractor may on, or within 10 days from, the expiry of that 14 days by a further notice to the Contractor determine the employment of the Sub-Contractor under this Sub-Contract. Such determination shall take effect on the date of receipt of such further notice.

7·7·3   If the Contractor ends the specified default or defaults or the Sub-Contractor does not give the further notice referred to in clause 7·7·2 and the Contractor repeats (whether previously repeated or not) a specified default then, upon or within a reasonable time after such repetition, the Sub-Contractor may by notice to the Contractor determine the employment of the Sub-Contractor under this Sub-Contract. Such determination shall take effect on the date of receipt of such notice.

7·7·4   A notice of determination under clause 7·7·2 or clause 7·7·3 shall not be given unreasonably or vexatiously."

Re-draft the opening paragraph to read:

JCT Nominated Sub-Contract Conditions NSC/C

7.8 In the event of the determination of the employment of the Sub-Contractor under clause 7·7·2 or clause 7·7·3 and so long as that employment has not been reinstated then;"

The Sub-Contractor shall with reasonable dispatch and in such manner and with such precautions as will prevent injury, death or damage of the classes in respect of which before the date of determination he was liable to indimnify the Contractor under clauses 6·2 and 6·4 remove from the site all his temporary buildings, plant, tools, equipment, goods and materials (including Site Materials) and shall ensure that his sub-sub-contractors do the same, but subject always to the provisions of clause 7·8·2·4.

Delete text and **insert**

"the Sub-Contractor shall with reasonable dispatch prepare and submit to the Contractor an account setting out the sum of the amounts referred to in clauses 7·8·2·1 to 7·8·2·4:

- ·1 any sum agreed in respect of direct loss and/or expense under clause 4·39 (whether agreed before or after the date of determination); and
- ·2 the reasonable cost of removal pursuant to clause 7·8·1; and
- ·3 any direct loss and/or damage caused to the Sub-Contractor by the determination; and
- ·4 the cost of materials or goods (including Site Materials) properly ordered for the Sub-Contract Works for which the Sub-Contractor shall have paid or for which the Sub-Contractor is legally bound to pay (other than materials or goods to be included in an Interim Certificate pursuant to clause 35·26·2 of the Main Contract Conditions) and on such payment in full by the Contractor such materials or goods shall become the property of the Contractor.

After taking into account amounts previously paid to or otherwise discharged in favour of the Sub-Contractor under this Sub-Contract in respect of the amounts referred to in clauses 7·8·2·1 to 7·8·2·4 inclusive and any sum agreed in respect of direct loss and/or expense under clause 4·40 whether agreed before or after the determination, the Contractor shall pay to the Sub-Contractor the amount properly due in respect of this account within 28 days of its submission by the Sub-Contractor to the Contractor without deduction of Retention and without deduction of any cash discount thereon."

Insert an additional clause 7·9:

"7·9 The provisions of clauses 7·7 and 7·8 are without prejudice to any other rights or remedies which the Sub-Contractor may possess."

3. Determination of the Contractor's employment under the Main Contract (7·8 and 7·9)

In heading **delete** "(7.8 and 7·9)" and **insert** "(7·10 to 7·11)"
Renumber as 7·10 and 7·11 respectively.

Line 2 from "the employment" to "also determine" number as 7·10·1; **delete** "the Sub-Contract" and **insert** "this Sub-Contract". Line 3 **delete** "and the provisions of clause 7·7 shall thereafter apply" and **insert** as clause 7·10·2: "the

Amendment 1

Sub-Contractor shall with reasonable dispatch and in such manner and with such precautions as will prevent injury, death, or damage of the classes in respect of which before the date of determination he was liable to indemnify the Contractor under clauses 6·2 to 6·4 remove from the site all his temporary buildings, plant, tools, equipment, goods and materials (including Site Materials) and shall ensure that his sub-sub-contractors do the same, but subject always to the provisions of clause 7·10·3·6."

Insert as clauses 7·10·3 and 7·10·4; "The Sub-Contractor shall with reasonable dispatch prepare and submit to the Contractor an account setting out the sum of the amounts referred to in clauses 7·10·3·1 to 7·10·3·6:

- ·1 the total value of the Sub-Contract Works properly executed at the date of the determination of the employment of the Sub-Contractor such value to be ascertained in accordance with this Sub-Contract as if the employment of the Sub-Contractor had not been determined together with any amounts due to the Sub-Contractor under this Sub-Contract not included in such total value; and
- ·2 any sum ascertained in respect of direct loss and/or expense under clause 4·38 (whether ascertained before or after the determination); and
- ·3 any sum in respect of direct loss and/or expense agreed under clause 4·39 (whether agreed before or after the determination); and
- ·4 the reasonable cost of removal pursuant to clause 7·10·2; and
- ·5 any direct loss and/or damage caused to the Sub-Contractor by the determination; and
- ·6 the cost of materials or goods (including Site Materials) properly ordered for the Sub-Contract Works for which the Sub-Contractor shall have paid or for which the Sub-Contractor is legally bound to pay, and on such payment in full by the Contractor such materials and goods shall become the property of the Contractor.

After taking into account amounts previously paid to or otherwise discharged in favour of the Sub-Contractor under this Sub-Contract the Contractor shall pay to the Sub-Contractor the amount properly due in respect of this account within 28 days of its submission by the Sub-Contractor to the Contractor without deduction of Retention and without deduction of any cash discount thereon.

The provisions of clause 7·10 are without prejudice to any other rights or remedies which the Sub-Contractor may possess."

Delete side heading and **insert** "Determination of Contractor's employment—clause 28 or clause 28A of Main Contract Conditions—determination of Sub-Contractor's employment".

Delete text and **insert**:

- ·1 If the employment of the Contractor is determined under clause 28 ("clause 28 determination") or clause 28A ("clause 28A determination") of the Main Contract Conditions, then the employment of the Sub-Contractor under this Sub-Contract shall thereupon also determine; and the Contractor shall with reasonable dispatch and in such manner and with such precautions as will prevent injury, death, or damage of the classes in respect of which before the date of determination he was liable to

JCT Nominated Sub-Contract Conditions NSC/C

indemnify the Contractor under clauses 6·2 to 6·4 remove from the site all his temporary buildings, plant, tools, equipment, goods and materials (including Site Materials) and shall ensure that his sub-sub-contractors do the same.

·2 After a clause 28 determination the Sub-Contractor shall be paid by the Contractor the Nominated Sub-Contract retention included in the Retention paid to the Contractor by the Employer under clause 28·4·2 of the Main Contract Conditions within 7 days of such payment to the Contractor; and within 7 days of payment by the Employer to the Contractor such part or parts of the amounts so paid by the Employer under clause 28·4·3 of the Main Contract Conditions as are fairly and reasonably attributable to the Sub-Contract Works.

·3 After a clause 28A determination the Sub-Contractor shall be paid by the Contractor within 7 days of payment by the Employer to the Contractor: the Nominated Sub-Contract retention included in the Retention paid to the Contractor by the Employer under clause 28A·4 of the Main Contract Conditions; and the amount of which, pursuant to clause 28A·7 of the Main Contract Conditions, the Employer has given written information to the Sub-Contractor.

·4 The payments by the Contractor to the Sub-Contractor pursuant to clauses 7·11·2 and 7·11·3 shall be subject to the deduction of cash discount of 2½ per cent if discharged within the times stated therein.

·5 The Sub-Contractor shall supply to the Contractor all evidence reasonably necessary to establish the direct loss and/or damage to which clause 28·4·3·4, and, if relevant, clause 28A·5·5, of the Main Contract Conditions refer."

Line 1 **delete** "7·9·1" and **insert** "7·11·1"; after "Sub-Contractor" **insert** "in respect of Interim Certificates".

4. Clause 7·12 Main Contract Conditions clauses 27·3·4 and 27·5—option of Employer

After clause 7·9 (renumbered as clause 7·11) insert a new clause 7·12:

"7·12 ·1 The provisions of clause 7·12 shall apply from the date (in clause 7·12 called 'the Date') when the Contractor informs the Sub-Contractor that one of the insolvency events has occurred after which, pursuant to clause 27·3·4 of the Main Contract Conditions, the Employer has a right to determine the employment of the Contractor (in clause 7·12 called 'the Employer's option'). In clause 7·12 the term '7·12·3 Agreement' means an agreement reached pursuant to clause 7·12·3.

·2 From the Date the obligation of the Sub-Contractor to comply with clause 2·1 (*Sub-Contractor's obligation—carrying out and completion of the Sub-Contract Works*) shall be suspended until either ·1 a 7·12·3 Agreement has been entered into by the Sub-Contractor whereupon clause 7·12·4 shall apply; or ·2 the Employer has exercised the Employer's option and determined the employment of the Contractor whereupon clause 7·10 shall apply; or ·3 a period of 3 calendar weeks (or such further period as may have been agreed between the Contractor and the Sub-Contractor) has expired whereupon clause 7·12·5 shall apply whichever first occurs.

Amendment 1

- .3 After the Date the Sub-Contractor shall seek to agree with the Contractor the terms on which the Sub-Contractor will proceed to comply with clause 2·1.
- .4 Where a 7·12·3 Agreement has been reached the suspension under clause 7·12·2 shall cease from the date of that Agreement and the Sub-Contractor shall thereupon comply with clause 2·1 subject to the terms of the 7·12·3 Agreement.
- .5 Unless a 7·12·3 Agreement has been reached, upon the expiry of the period or further period referred to in clause 7·12·2·3 the Sub-Contractor may by notice to the Contractor determine the employment of the Sub-Contractor whereupon the provisions of clause 7·10·3 shall apply.
- .6 A suspension under clause 7·12·2 shall be deemed for the purposes of clause 2·3·1 (extension of time) and clause 4·39 (*disturbance of regular progress of Sub-Contract Works—Sub-Contractor's claims*) to be a default of the Contractor."

5. Amendments consequential on amendments to section 7: Determination

Delete "be added to or deducted from

- ·1 the Sub-Contract Sum; and
- ·2 any amounts payable to the Sub-Contractor and which are calculated in accordance with clause 7·7·2·1 or 7·7·2·2"

and **insert** "be added to or deducted from the Sub-Contract Sum".

Delete "be added to or deducted from:

- ·1 the Sub-Contract Sum; and
- ·2 any amounts payable to the Sub-Contractor and which are calculated in accordance with clause 7·7·2·1 or 7·7·2·2"

and **insert** "be added to or deducted from the Sub-Contract Sum".

Delete text and **insert**:

"If the occurrence of such loss or damage or any other loss or damage gives rise to a determination of the employment of the Contractor under clause 22C·4 of the Main Contract Conditions, clauses 7·11·1·3 and 7·11·1·4 shall apply as if the employment of the Contractor had been determined under clause 28A of the Main Contract Conditions."

Amendment 2
Issued January 1994

1. Clause 2·6 Relevant Events

Insert as an additional Relevant Event:

"2·6·16 the use or threat of terrorism and/or the activity of the relevant authorities in dealing with such use or threat".

JCT Nominated Sub-Contract Conditions NSC/C

2. Clause 3·3·2 Sub-Contractor to comply with instructions or directions

Delete text and **insert**:

3·3·2·1 The Sub-Contractor shall, subject to clauses 3·3·2·3 and 3·3·2·4, forthwith comply with any instruction or direction referred to in clause 3·3·1.
  ·2 Where the instruction requires a Variation within the definition of 'Variation' clause 1·4, paragraph ·2, the Sub-Contractor need not comply to the extent that he makes reasonable objection in writing to such compliance. Upon receipt by the Contractor of any such written objection by the Sub-Contractor, the Contractor shall thereupon submit that objection to the Architect.
  ·3 Where the Architect's instruction under clause 13·2·1 of the Main Contract Conditions states that the treatment and valuation of the Variation are to be in accordance with clause 13A of the Main Contract Conditions and that instruction affects the Sub-Contractor's work, clause 3·3A shall apply unless the Sub-Contractor within 5 days (or within such other period as the Contractor and the Sub-Contractor may agree) of receipt of the instruction states in writing to the Contractor that he disagrees with the application of clause 3·3A to such instruction. If the Sub-Contractor so disagrees clause 3·3A shall not apply to such instruction and the Contractor shall immediately inform the Architect.
  ·4 Where pursuant to clause 3·3·2·3 clause 3·3A applies to an instruction, the Variation to which that instruction refers shall not be carried out by the Sub-Contractor until receipt by the Sub-Contractor of its acceptance by the Contractor pursuant to clause 3·3A·3 or a direction in respect of the Variation has been issued under clause 3·3A·4·1.

3. **New clause 3·3A: Instruction requiring a Variation: Sub-Contractor's Quotation in compliance with the instruction**

After clause 3·3·3 **insert** an additional clause 3·3A:

Variation instruction—Sub-Contractor's Quotation in compliance with the instruction (3·3A·1 to 3·3A·8)

3·3A Clause 3·3A shall only apply to an instruction where pursuant to clause 3·3·2·3 the Sub-Contractor has not disagreed with the application of clause 3·3A to such instruction. Any reference in clause 3·3A and elsewhere in the conditions to an acceptance by the Contractor of a 3·3A Quotation is an acceptance pursuant to clause 13A·3·2·4 of the Main Contract Conditions.

3·3A·1·1 The instruction to which clause 3·3A is to apply shall have provided sufficient information to enable the Sub-Contractor to provide a quotation, which shall comprise the matters set out in clause 3·3A·2 (a "3·3A Quotation"), in compliance with the instruction. If the Sub-Contractor reasonably considers that the information provided is not sufficient, then, not later than 4 days from the receipt of the

Amendment 2

instruction, he shall request the Contractor to ask the Architect to supply sufficient further information; and the Contractor shall immediately submit that request to the Architect.

3·3A·1·2 The Sub-Contractor shall submit to the Contractor his 3·3A Quotation in compliance with the instruction not later than 17 days from the date of receipt of the instruction or if applicable, the date of receipt by the Sub-Contractor of the sufficient further information to which clause 3·3A·1·1 refers whichever date is the later. The Contractor shall send the 3·3A Quotation with his 13A Quotation to the Quantity Surveyor and the 3·3A Quotation shall remain open for acceptance by the Contractor for 14 days (or for such other number of days as may have been agreed pursuant to clause 3·3A·7) from the date of receipt by the Quantity Surveyor of the 13A Quotation.

3·3A·1·3 The Variation for which the Sub-Contractor has submitted his 3·3A Quotation shall not be carried out by the Sub-Contractor until receipt by the Sub-Contractor of its acceptance by the Contractor pursuant to clause 3·3A·3·1.

3·3A·2 The 3·3A Quotation shall separately comprise:

·1 the value of the adjustment to the Sub-Contract Sum or the amount to be taken into account in the computation of the Ascertained Final Sub-Contract Sum (other than any amount to which clause 3·3A·2·3 refers) supported by all necessary calculations by reference, where relevant, to the rates and prices in the Numbered Documents and including, where appropriate, allowances for any adjustment of preliminary items;

·2 any adjustment to the time required for the completion of the Sub-Contract Works by reference to the period or periods stated in NSC/T Part 3 item 1 to the extent that such adjustment is not included in any other revision of time that has been given by the Contractor, with the written consent of the Architect, or included in any other 3·3A Quotation accepted by the Contractor.

·3 the amount to be paid in lieu of any ascertainment under clause 4·38·1 of direct loss and/or expense not included in any other 3·3A Quotation accepted by the Contractor or in any previous ascertainment under clause 4·38·1;

·4 a fair and reasonable amount in respect of the cost of preparing the 3·3A Quotation;

and, where specifically required by the instruction, shall provide indicative information in statements on

·5 the additional resources (if any) required to carry out the Variation; and

·6 the method of carrying out the Variation.

Each part of the 3·3A Quotation shall contain reasonably sufficient supporting information to enable that part to be evaluated by or on behalf of the Contractor and the Employer.

3·3A·3 Not later than the last day of the period for acceptance stated in clause 3·3A·1·2 the Contractor shall notify the Sub-Contractor in

JCT Nominated Sub-Contract Conditions NSC/C

writing if he wishes to accept the 3·3A Quotation and, if so, the Contractor shall state in such acceptance:

·1 that the Sub-Contractor is to carry out the Variation;

·2 the adjustment to the Sub-Contract Sum or the amount to be taken into account in the computation of the Ascertained Final Sub-Contract Sum, including therein any amounts to which clauses 3·3A·2·3 and 3·3A·2·4 refer, to be made for complying with the instruction requiring the Variation; and

·3 any revised period or periods for completion of the Sub-Contract Works.

3·3A·4 If the Contractor does not accept the 3·3A Quotation by the expiry of the period for acceptance stated in clause 3·3A·1·2, the Contractor shall, on the expiry of that period **either**

·1 direct that the Variation is to be carried out and is to be valued pursuant to clauses 4·5 to 4·8 or clauses 4·11 to 4·13 whichever are applicable; **or**

·2 direct that the Variation is not to be carried out.

3·3A·5 If a 3·3A Quotation is not accepted by the Contractor a fair and reasonable amount shall be added to the Sub-Contract Sum or included in the Ascertained Final Sub-Contract Sum in respect of the cost of preparation of the 3·3A Quotation provided that the 3·3A Quotation has been prepared on a fair and reasonable basis. The non-acceptance by the Contractor of a 3·3A Quotation shall not of itself be evidence that the Quotation was not prepared on a fair and reasonable basis.

3·3A·6 If the Contractor has not, under clause 3·3A·3, accepted a 3·3A Quotation neither the Contractor nor the Sub-Contractor may use that 3·3A Quotation for any purpose whatsoever.

3·3A·7 The Contractor and the Sub-Contractor may agree to increase or reduce the number of days stated in clause 3·3A·1·1 and/or in clause 3·3A·1·2, and any such agreement shall be confirmed in writing by the Contractor to the Sub-Contractor.

3·3A·8 If the Architect issues an instruction requiring a Variation to work for which a 3·3A Quotation has been accepted by the Contractor such Variation shall not be valued under clauses 4·5 to 4·8 or clauses 4·11 to 4·13; but the Variation shall be valued by the Quantity Surveyor on a fair and reasonable basis having regard to the content of such 3·3A Quotation and shall include in that valuation the direct loss and/or expense, if any, incurred by the Sub-Contractor because the regular progress of the Sub-Contract Works has been materially affected by compliance with the instruction requiring the Variation. The valuation under clause 3·3A·8 shall be dealt with by adjustment of the Sub-Contract Sum or be taken into account in the computation of the Ascertained Final Sub-Contract Sum.

Amendment 2

4. Amendments consequential on the amendments in items 2 and 3

At the beginning **insert** additional definitions:

"3·3A Quotation: see **clause 3·3A·1·1**"
"13A Quotation: a quotation by the Contractor pursuant to clause 13A·1 of the Main Contract Conditions".

Line 1, after "such bills" **insert** "(or any addendum bill issued as part of the information referred to in clause 3·3A·1·1 for the purpose of obtaining a 3·3A Quotation)'.

Line 1, after "bills of quantities" **insert** "(or any addendum bill issued as part of the information referred to in clause 3·3A·1·1 for the purpose of obtaining a 3·3A Quotation which Quotation has been accepted by the Contractor)".

Line 4, after "clauses 2·2 to 2·7" **insert** "and any revision to the period or periods for the completion of the Sub-Contract Works in respect of a Variation for which a 3·3A Quotation has been given and which has been stated by the Contractor in his acceptance of the 3·3A Quotation".

Lines 1 to 4 re-draft to read:

"After the first exercise by the Contractor of the duty under clause 2·3 or after any revision to the period or periods for the completion of the Sub-Contract Works stated by the Contractor in his acceptance of a 3·3A Quotation in respect of a Variation, the Contractor, with the written consent of the Architect, may in writing to the Sub-Contractor fix a period or periods for the completion of the Sub-Contract Works or the applicable part thereof shorter than that previously fixed under clause 2·3 or stated by the Contractor in his acceptance of a 3·3A Quotation if, in the opinion of the Architect, the fixing of such shorter ...".

At the end **insert** a Proviso: "Provided that no decision under clause 2·4 shall alter the length of any revision to the period or periods for the completion of the Sub-Contract Works in respect of a Variation for which a 3·3A Quotation has been given and which has been stated by the Contractor in his acceptance of the 3·3A Quotation".

Line 3, after "clause 2·3 or 2·4" **insert** "or stated by the Contractor in his acceptance of a 3·3A Quotation".

In clause 2·5·1 line 2 and in clause 2·5·2 line 2 after "clause 2·3 or 2·4" **insert** "or stated by the Contractor in his acceptance of a 3·3A Quotation".

At the end **insert** a Proviso: "Provided that no decision under clause 2·5·1 or clause 2·5·2 shall alter the length of any revision to the period or periods for the completion of the Sub-Contract Works in respect of a Variation for which a 3·3A Quotation has been given and which has been stated by the Contractor in his acceptance of the 3·3A Quotation".

Line 1 after "13·2" **insert** "(except for a confirmed acceptance of a 13A Quotation)". Line 3 before "23·2" **insert** "13A·4·1,".

JCT Nominated Sub-Contract Conditions NSC/C

Line 3, after "clauses 2·2 to 2·7" **insert** "or any revised period stated by the Contractor in his acceptance of a 3·3A Quotation".

Line 10 after "approved by the Employer" **insert** "or unless a 3·3A Quotation for the Variation has been accepted by the Contractor or unless the Variation is one to which clause 3·3A·8 applies".

First paragraph, line 1 after "clause 13·2" **insert** "(except for a confirmed acceptance of a 13A Quotation) or under clause 13A·4·1".

Line 1 after "4·6 and 4·7" **insert** "and under clause 3·3A·8, to a valuation agreed by the Contractor and the Sub-Contractor with the approval of the Employer to which clause 4·4 refers and to a 3·3A Quotation which has been accepted by the Contractor".

Line 6 after "approved by the Employer" **insert** "or unless a 3·3A Quotation for the Variation has been accepted by the Contractor or unless the Variation is one to which clause 3·3A·8 applies".

Line 2 after "clause 4·4 refers" **insert** "and including any work so executed for which a 3·3A Quotation has been accepted by the Contractor and any Variations thereto to which clause 3·3A·8 applies and any Variations for which a valuation has been agreed by the Contractor and the Sub-Contractor and approved by the Employer to which clause 4·4 and clause 4·10 refer".

Line 1, **delete** and **insert**:

"The Sub-Contract Sum shall be adjusted by the amount of any valuations agreed by the Contractor and the Sub-Contractor with the approval of the Employer to which clause 4·4 refers, and the amount stated by the Contractor in his acceptance of any 3·3A Quotations and the amount of any Variations thereto to which clause 3·3A·8 applies and as follows:"

After clause 4·24·3·6 **insert**

"adjusted for

·7   the amount of any valuations agreed by the Contractor and the Sub-Contractor with the approval of the Employer to which clause 4·10 refers, and

·8   the amount stated by the Contractor in his acceptance of any 3·3A Quotations and the amount of any Variations thereto to which clause 3·3A·8 applies".

Line 2 **delete** text and **insert** "under clause 13·2 or under clause 13A·4·1 of the Main Contract Conditions requiring a Variation except for a Variation for which the Architect has issued to the Contractor a confirmed acceptance of a 13A Quotation pursuant to clause 13A·3·2 of the Main Contract Conditions or for a variation to such work or".

Insert a new clause 4·44:

"4·44   Neither clause 4A nor clause 4B nor clause 4C shall apply in respect of the work for which a 3·3A Quotation has been accepted by the Contractor or in respect of a Variation to such work".

Amendment 2

5. Clause 6·5·2 Insurance against injury to persons or property

Delete the second sentence and **insert**:

"For all other claims to which clause 6·5·1 applies the insurance cover shall indemnify the Contractor in like manner to the Sub-Contractor but only to the extent that the Sub-Contractor may be liable to indemnify the Contractor under the terms of this Sub-Contract; and shall be not less than the sum stated in NSC/T Part 3 item 2 [m] for any one occurrence or series of occurrences arising out of one event."

6. Clauses 7·5·2·1 and 7·5·2·2 Determination of Sub-Contractor's employment by Contractor—rights and duties of Contractor and Sub-Contractor

Delete the text (In Amendment 1 issued July 1992) and **insert**:

7·5·2·1 except where an insolvency event listed in clause 7·2·1 (other than the Sub-Contractor being a company making a proposal for a voluntary arrangement for a composition of debts or a scheme of arrangement to be approved in accordance with the Companies Act 1985 or the Insolvency Act 1986 as the case may be or any amendment or re-enactment thereof) has occurred the Sub-Contractor shall if so required by the Employer or by the Architect on behalf of the Employer and with the consent of the Contractor within 14 days of the date of determination, assign to the Contractor without payment the benefit of any agreement for the supply of materials or goods and/or for the execution of any work for the purposes of the Sub-Contract to the extent that the same is assignable;

7·5·2·2 except where the Sub-Contractor has a trustee in bankruptcy appointed or being a company has a provisional liquidator appointed or has a petition alleging insolvency filed against it and which is subsisting or passes a resolution for voluntary winding-up (other than for the purposes of amalgamation or reconstruction) which takes effect as a creditor's voluntary liquidation the Contractor, if so directed by the Architect, shall pay any supplier or sub-sub-contractor to the Sub-Contractor for any materials or goods delivered or works executed for the purposes of the Sub-Contract before the determination insofar as the price thereof has not already been discharged by the Sub-Contractor;

CHAPTER 20

ANCILLARY STANDARD FORMS

In this Chapter, there are reproduced with commentary the JCT Standard Form of Employer/Nominated Sub-Contractor Agreement (NSC/W) and the JCT Nominated Supplier Warranty (TNS/2).

JCT STANDARD FORM OF EMPLOYER/NOMINATED SUB-CONTRACTOR AGREEMENT

Agreement between a Sub-Contractor prior to being nominated for Sub-Contract Works in accordance with clauses 35·3 to 35·9 of the Standard Form of Building Contract (1980 Edition incorporating Amendments 1 to 9 and Amendment 10) and an Employer.
Main Contract Works ("Works") and location: ....
Job reference: ....
Sub-Contract works: ....

This Agreement

made the...................... day of.......................... 19..........
between
...
of (or whose registered office is situated at)
...
(hereinafter called "the Employer") and
...
of (or whose registered office is situated at)
...
(hereinafter called "the Sub-Contractor").

Whereas

First
the Sub-contractor has submitted a tender on Tender NSC/T Part 2 (hereinafter called "the Tender") on the terms and conditions in that Tender and in the Invitation to Tender NSC/T Part 1 to carry out works (as set out in the numbered tender documents enclosed therewith and referred to above and hereinafter called "the Sub-Contract Works") as part of the Main Contract Works referred to above to be or being carried out on the terms and conditions relating thereto referred to in the Tender NSC/T Part 1 (hereinafter called "the Main Contract"); and the Tender has been signed as "approved" by or on behalf of the Employer;

JCT Standard Form of Employer/Nominated Sub-Contractor Agreement

Second
the Employer has appointed

....

to be the Architect/the Contract Administrator for the purposes of the Main Contract and this Agreement (hereinafter called "the Architect/the Contract Administrator" which expression as used in this Agreement shall include his successors validly appointed under the Main Contract or otherwise if appointed before the Main Contract is operative);

Third
the Architect/the contract Administrator on behalf of the Employer intends that after this Agreement has been executed and, if a Main Contract has not been entered into, after a Main Contract has been so entered into, to nominate the Sub-Contractor to carry out and complete the Sub-Contract Works on the terms and conditions of the Tender and the Invitation to Tender NSC/T Part 1;

Fourth
nothing contained in this Agreement nor anything contained in the Tender or in the Invitation to Tender NSC/T Part 1 is intended to render the Architect/the Contract Administrator in any way liable to the Sub-Contractor in relation to matters in the said Agreement, Tender or Invitation to Tender.

Now it is hereby agreed

1·1   The Sub-Contractor shall, after receipt of a copy of the Nomination Instruction (Nomination NSC/N) issued to the Main Contractor under clause 35·6 of the Main Contract Conditions, forthwith complete in agreement with the Main Contractor the Particular Conditions (NSC/T Part 3) and sign the completed NSC/T Part 3 or have it signed on his behalf and execute with the Main Contractor the Articles of Nominated Sub-Contract Agreement (Agreement NSC/A) unless, for good reasons stated in writing to the Main Contractor, the Sub-Contractor is unable to comply with clause 1·1.

1·2   If the identity of the Main Contractor has not been notified in writing to the Sub-Contractor by the Employer or by the Architect/the Contract Administrator on his behalf before or on the date the Sub-Contractor signs this Agreement or enters into this Agreement as a deed then, not later than 7 days after receipt by the Sub-Contractor of a written notification by the Employer or by the Architect/the Contract Administrator on his behalf of the identity of the person who becomes the Main Contractor, the Sub-Contractor may by notice in writing to the Employer state that:

·1   this Agreement shall cease to have effect except in respect of the warranty in clause 2·1 hereof and any amounts due under clause 2·2·2 hereof; and

·2   the OFFER on Tender NSC/T Part 2 is withdrawn notwithstanding any approval of that Tender by signature on page 8 thereof by or on behalf of the Employer.

Ancillary Standard Forms

1·3 If for any reason no Sub-Contract is entered into between a Main Contractor and the Sub-Contractor, this Agreement shall cease to have effect except in the respect of the warranty in clause 2·1 hereof and any amounts due under clause 2·2·2 hereof.

2·1 The Sub-Contractor warrants that he has exercised and will exercise all reasonable skill and care in

·1 the design of the Sub-Contract Works in so far as the Sub-Contract Works have been or will be designed by the Sub-Contractor; and

·2 the selection of the kinds of materials and goods for the Sub-Contract Works in so far as such kinds of materials and goods have been or will be selected by the Sub-Contractor; and

·3 the satisfaction of any performance specification or requirement in so far as such performance specification or requirement is included or referred to in the description of the Sub-Contract Works included in or annexed to the numbered tender documents enclosed with NSC/T Part 1.

Nothing in clause 2·1 shall be construed so as to affect the obligations of the Sub-Contractor under the Sub-Contract entered into by the execution by the Main Contractor and the Sub-Contractor of Agreement NSC/A in regard to the supply under that Sub-Contract of workmanship, materials and goods.

2·2 ·1 If, after the date of this Agreement and before the date of issue by the Architect/the Contract Administrator of the instruction on Nomination NSC/N under clause 35·6 of the Main Contract Conditions, the Architect/the Contract Administrator instructs in writing that the Sub-Contractor should proceed with

·1·1 the designing of, or

·1·2 the purchase under a contract of sale of materials or goods for, or

·1·3 the fabrication of components for

the Sub-Contract Works the Sub-Contractor shall forthwith comply with the instruction and the Employer shall make payment or reimbursement for such compliance in accordance with clauses 2·2·2 to ·2·2·4.

2·2 ·2 The Employer

·2·1 shall pay the Sub-Contractor the amount of any expense reasonably and properly incurred by the Sub-Contractor in carrying out work in the designing of the Sub-Contract Works and upon such payment the Employer may use that work for the purpose of the Sub-Contract Works and/or the Works but not further or otherwise; and/or

·2·2 shall pay the Sub-Contractor for any component properly fabricated and shall reimburse the Sub-Contractor for any amounts properly due and paid by the Sub-Contractor under a contract of sale for materials or goods properly purchased by the Sub-Contractor for the Sub-Contract Works and upon such payment or reimbursement the component, materials and goods shall become the property of the Employer.

JCT Standard Form of Employer/Nominated Sub-Contractor Agreement

·3 No payment or reimbursement referred to in clause 2·2·2·1 and/or 2·2·2·2 shall be made after the date of issue of the instruction of the Architect/the Contract Administrator on Nomination NSC/N nominating the Sub-Contractor except
·3·1 in respect of any design work properly carried out and/or materials or goods properly ordered under a contract of sale or components properly fabricated in compliance with an instruction under clause 2·2·1 but which are not used for Sub-Contract Works by reason of some written decision against such use given by the Architect/the Contract Administrator before the date of issue of the instruction of the Architect/the Contract Administrator on Nomination NSC/N nominating the Sub-Contractor; and/or
·3·2 where pursuant to clauses 35·3 to 35·9 of the Main Contract Conditions the nomination of the Sub-Contractor does not result in a Sub-Contract being entered into between a Main Contractor and the Sub-Contractor and no payments in respect of the Sub-Contractor are directed by the Architect/the Contract Administrator under clause 35·13·1 of the Main Contract Conditions.

·4 Where
any payment and/or reimbursement has been made by the Employer under clause 2·2·2; and
the nomination, pursuant to clauses 35·3 to 35·9 of the Main Contract Conditions, of the Sub-Contractor results in a Sub-Contract being entered into between a Main Contractor and the Sub-Contractor the Numbered Documents for which Sub-Contract incorporate the design, materials or goods or components to which clause 2·2·1 refers
the Sub-Contractor shall provide the Employer with a written statement, in duplicate, of the amount so paid or reimbursed and to be credited to the Main Contractor and the Sub-Contractor shall allow to such Main Contractor credit for such payment or reimbursement in the discharge of the amount due in respect of the Sub-Contract Works.

3·1 The Sub-Contractor shall not be liable under clause 3·2 or 3·3 until the Architect/the Contract Administrator has issued his instruction on Nomination NSC/N nominating the Sub-Contractor which results in a Sub-Contract being entered into between a Main Contractor and the Sub-Contractor nor in respect of any revised period of time for delay in carrying out or completing the Sub-Contract Works which the Sub-Contractor has been granted under clauses 2·2 to 2·7 of Conditions NSC/C (*Conditions of Nominated Sub-Contract*).

3·2 The Sub-Contractor shall so supply the Architect/the Contract Administrator with information (including drawings) in accordance with the agreed programme details or at such time as the Architect/the Contract Administrator may reasonably require so that the Architect/the Contract Administrator will not be delayed in issuing necessary instructions or drawings under the Main Contract, for which delay the Main Contractor may have a valid claim to an extension of time for completion of the Main Contract Works by reason of the

Ancillary Standard Forms

Relevant Event in clause 25·4·6 or a valid claim for direct loss and/or expense under clause 26·2·1 of the Main Contract Conditions.

3·3 ·1 The Sub-Contractor shall so perform his obligations under the Sub-Contract that the Architect/the Contract Administrator will not by reason of any default by the Sub-Contractor be under a duty to consider the issue of an instruction to determine the employment of the Sub-Contractor under clause 35·24 of the Main Contract Conditions provided that any suspension by the Sub-Contractor of further execution of the Sub-Contract Works under clause 4·21 of conditions NSC/C (*Conditions of Nominated Sub-Contract*) shall not be regarded as a "default by the Sub-Contractor" as referred to in clause 3·3.

·2 The Sub-Contractor shall so perform the Sub-Contract that the Main Contractor will not become entitled to an extension of time for completion of the Main Contract Works by reason of the Relevant Event in clause 25·4·7 of the Main Contract Conditions.

4 The Architect/The Contract Administrator shall operate the provisions of [*c*] clause 35·13·1 of the Main Contract Conditions.

5·1 The Architect/The Contract Administrator shall operate the provisions in [*d*] clauses 35·17 to 35·19 of the Main Contract Conditions.

5·2 After due discharge by the Main Contractor of a final payment under clause 35·17 of the Main Contract Conditions the Sub-Contractor shall rectify at his own cost (or if he fails to rectify, shall be liable to the Employer for the costs referred to in clause 35·18 of the Main Contract Conditions) an omission, fault or defect in the Sub-Contract Works which the Sub-Contractor is bound to rectify under Conditions NSC/C (*Conditions of Nominated Sub-Contract*) after written notification thereof by the Architect/the Contract Administrator at any time before the issue of the Final Certificate under clause 30·8 of the Main Contract Conditions.

5·3 After the issue of the Final Certificate under the Main Contract Conditions the Sub-Contractor shall in addition to such other responsibilities, if any, as he has under this Agreement, have the like responsibility to the Main Contractor and to the Employer for the Sub-Contract Works as the Main Contractor has to the Employer under the terms of the Main Contract relating to the obligations of the Contractor after the issue of the Final Certificate.

6 Where the Architect/the Contract Administrator has been under a duty under clause 35·24 of the Main Contract Conditions except as a result of the operation

---

[*c*] Note: Clause 35·13·1 requires that the Architect/the Contract Administrator, upon directing the Main Contractor as to the amount included in any Interim Certificates in respect of the value of the Nominated Sub-Contract works issued under clause 30 of the Main Contract Conditions, shall forthwith inform the Sub-Contractor in writing of that amount.

[*d*] Note: Clause 35·17 deals with final payment by the Employer for Sub-Contract Works prior to the issue of the Final Certificate under the Main Contract Conditions.

JCT Standard Form of Employer/Nominated Sub-Contractor Agreement

of clause 35·24·3 to issue an instruction to the Main Contractor making a further nomination in respect of the Sub-Contract Works, the Sub-Contractor shall indemnify the Employer against any direct loss/or expense resulting from the exercise by the Architect/the contract Administrator of that duty.

7·1 The Architect/The Contract Administrator and the Employer shall operate the provisions in regard to the payment of the Sub-Contractor in clause 35·13 of the Main Contract Conditions.

7·2 If, after paying any amount to the Sub-Contractor under clause 35·13·5·3 of the Main Contract Conditions, the Employer produces reasonable proof that there was in existence at the time of such payment a petition or resolution to which clause 35·13·5·4·4 of the Main Contract Conditions refers, the Sub-Contractor shall repay on demand such amount.

8 Where [e] clause 1·7 of conditions NSC/C (*Conditions of Nominated Sub-Contract*) applies, the Sub-Contractor shall forthwith supply to the Main Contractor details of any restriction, limitation or exclusion to which that clause refers as soon as such details are known to the Sub-Contractor.

9 Where clause 19·1·2 of the Main Contract applies then, in the event of transfer by the Employer of his freehold or leasehold interest in, or of a grant by the Employer of a leasehold interest in, the whole of the premises comprising the Works, the Employer may at any time after Practical Completion of the Works assign to any such transferee or lessee the right to bring proceedings in the name of the Employer (whether by arbitration or litigation) to enforce any of the terms of this Agreement made for the benefit of the Employer hereunder. The assignee shall be estopped from disputing any enforceable agreements reached between the Employer and the Sub-Contractor and which arise out of and relate to this Agreement (whether or not they are or appear to be a derogation from the rights assigned) and made prior to the date of any assignment.

10 If any conflict appears between the terms of the Tender and this Agreement, the terms of this Agreement shall prevail.

1·1 If any dispute or difference shall arise between the Employer or the Architect/the Contract Administrator on his behalf and the Sub-Contractor, either during the progress or after the completion or abandonment of the Sub-Contract works or after the determination or alleged determination of the employment of the Sub-Contractor, as to the construction of this Agreement or any matter or thing of whatsoever nature arising thereunder or in connection therewith it shall be and is hereby referred to arbitration. When the Employer or the Sub-Contractor require such dispute or difference to be referred to arbitration then either the Employer or the Sub-Contractor shall give written notice to the other to such effect and such dispute or difference shall be referred to the

---

[e] Note: Clause 1·7 deals with specified supplies and restrictions etc. in the contracts of sale for such supplies.

Ancillary Standard Forms

arbitration and final decision of a person to be agreed between the parties as the Arbitrator, or, upon failure so to agree within 14 days after the date of the aforesaid written notice, of a person to be appointed as the Arbitrator on the request of either the Employer or the Sub-Contractor by the appointor named in the Appendix of the Main Contract.

11·2 ·1 Provided that if the dispute or difference to be referred to arbitration under this Agreement raises issues which are substantially the same as or connected with issues raised in a related dispute between the Employer and the Main Contractor under the Main Contract or between the Sub-Contractor and the Main Contractor under the Sub-Contract entered into between the Main Contractor and the Sub-Contractor or between the Employer and any other nominated sub-contractor under an Agreement NSC/W, and if the related dispute has already been referred for determination to an Arbitrator, the Employer and the Sub-Contractor hereby agree that the dispute or difference under this Agreement shall be referred to the Arbitrator appointed to determine the related dispute; and the JCT Arbitration Rules applicable to the related dispute shall apply to the dispute under this Agreement; and such Arbitrator shall have power to make such directions and all necessary awards in the same way as if the procedure of the High Court as to joining one or more defendants or joining co-defendants or third parties was available to the parties and to him; and the agreement and consent referred to in clause 11·5 on appeals or applications to the High Court on any question of law shall apply to any question of law arising out of the awards of such Arbitrator in respect of all related disputes referred to him or arising in the course of the reference of all the related disputes referred to him.
·2 Save that the Employer or the Sub-Contractor may require the dispute or difference under this Agreement to be referred to a different Arbitrator (to be appointed under this Agreement) if either of them reasonably considers that the Arbitrator appointed to determine the related dispute is not appropriately qualified to determine the dispute or difference under this Agreement.
·3 Clauses 11·2·1 and 11·2·2 shall apply unless in the Appendix to the Main Contract Conditions the words "clauses 41·2·1 and 41·2·2 apply" have been deleted.

11·3 Such reference shall not be opened until after Practical Completion or alleged Practical Completion of the Main Contract Works or termination or alleged termination of the Main Contractor's employment under the Main Contract or abandonment of the Main Contract Works, unless with the written consent of the Employer or the Architect/the Contract Administrator on his behalf and the Sub-Contractor.

11·4 Subject to clause 11·5 the award of such Arbitrator shall be final and binding on the parties.

11·5 The parties hereby agree and consent pursuant to Sections 1(3)(a) and 2(1)(b) of the Arbitration Act, 1979, that either party

JCT Standard Form of Employer/Nominated Sub-Contractor Agreement

- .1 may appeal to the High Court on any question of law arising out of an award made in an arbitration under this Arbitration Agreement, and
- .2 may apply to the High Court to determine any question of law arising in the course of the reference;

and the parties agree that the High Court should have jurisdiction to determine any such question of law.

11·6 Whatever the nationality, residence or domicile of the Employer, the Main Contractor, the Sub-Contractor or any sub-contractor or supplier or the Arbitrator, and wherever the Main Contract Works or the Sub-Contract Works or any part thereof are situated, the law of England shall be the proper law of this Agreement and in particular (but not so as to derogate from the generality of the foregoing) the provisions of the Arbitration Acts 1950 (notwithstanding anything in S·34 thereof) to 1979 shall apply to any arbitration under this Agreement wherever the same, or any part of it, shall be conducted. [f]

11·7 If before making his final award the Arbitrator dies or otherwise ceases to act as the Arbitrator, the Employer and the Sub-Contractor shall forthwith appoint a further Arbitrator, or, upon failure so to appoint within 14 days of any such death or cessation, then either the Employer or the Sub-Contractor may request the person named in the Appendix of the Main Contract to appoint such further Arbitrator. Provided that no such further Arbitrator shall be entitled to disregard any direction of the previous Arbitrator or to vary or revise any award of the previous Arbitrator except to the extent that the previous Arbitrator had power so to do under the JCT Arbitration Rules and/or with the agreement of the parties and/or by the operation of law.

11·8 The arbitration shall be conducted in accordance with the "JCT Arbitration Rules" current at the Base Date as defined in clause 1·3 of conditions NSC/C (*Conditions of Nominated Sub-Contract*). [g] Provided that if any amendments to the Rules so current have been issued by the Joint Contracts Tribunal after the aforesaid Base Date the Employer and the Sub-Contractor may, by a joint notice in writing to the Arbitrator, state that they wish the arbitration to be conducted in accordance with the JCT Arbitration Rules as so amended.

AS WITNESS THE HANDS OF THE PARTIES HERETO [h1]

Signed by or on behalf of the Employer [h1]

---

[f] Where the parties do not wish the proper law of this Agreement to be the law of England appropriate amendments to clause 11·6 should be made. Where the Main Contract Works are situated in Scotland then the forms issued by the Scottish Building Contract Committee which contain Scots proper law and arbitration provisions are the appropriate documents. It should be noted that the provisions of the Arbitration Acts 1950 to 1979 do not extend to Scotland.

[g] The JCT Arbitration Rules contain stricter time limits than those prescribed by some arbitration rules or those frequently observed in practice. The parties should note that a failure by a party or the agent of a party to comply with the time limits incorporated in these Rules may have adverse consequences.

[h1] For Agreement executed under hand and NOT as a deed.

Ancillary Standard Forms

in the presence of:

Signed by or on behalf of the Sub-Contractor [h1]

in the presence of:

Complete under hand (above) or as a deed (below) as applicable: see NSC/T Part 1, page 2.

EXECUTED AS A DEED BY THE EMPLOYER [h2]

hereinbefore mentioned namely

by affixing hereto its common seal [h3]

in the presence of: [h4]

---

* OR --
acting by a director and its secretary*/two directors* whose signatures are here subscribed [h5]:
namely

[Signature]   DIRECTOR

and

[Signature]   SECRETARY*/DIRECTOR*

AND AS A DEED BY THE SUB-CONTRACTOR [h2]

hereinbefore mentioned namely

by affixing hereto its common seal [h3]

in the presence of [h4]:

[h2] For Agreement executed as a deed under the law of England and Wales by a company or other body corporate: insert the name of the party mentioned and identified on page 1 and then use either [h3] and [h4] or [h5].
If the party is an individual see note [h6].
[h3] For use if the party is using its common seal, which should be affixed under the party's name.
[h4] For use of the party's officers authorised to affix its common seal.
[h5] For use if the party is a company registered under the Companies Acts which is not using a common seal: insert the names of the two officers by whom the company is acting who MUST be either a director and the company secretary or two directors, and insert their signatures with "Director" or "Secretary" as appropriate. This method of execution is NOT valid for local authorities or certain other bodies incorporated by Act of Parliament or by charter if exempted under s. 718(2) of the Companies Act 1985.
* *Delete as appropriate*

JCT Standard Form of Employer/Nominated Sub-Contractor Agreement

* OR --

acting by a director and its secretary*/two directors* whose signatures are here subscribed [*h5*]:
namely

[Signature]   DIRECTOR

and

[Signature]   SECRETARY*/DIRECTOR*

Commentary on JCT Standard Form of Employer/Nominated Sub-Contractor Agreement (Agreement NSC/W)

Introduction. Recent developments in the law relating to liability in negligence for purely economic loss[1] make it highly desirable for Employers to enter into collateral contracts with Nominated Sub-Contractors. Without such a collateral agreement, there will, of course, be no contractual connection between Employer and Sub-Contractor. There is unlikely to be any liability in tort except for personal injury and certain limited classes of property damage.

Background. With the 1980 edition of the Standard Form of Building Contract, the Joint Contracts Tribunal published Employer/Nominated Sub-Contract Agreements, NSC/2 and NSC/2a. These agreements were derived from the 1973 R.I.B.A. Form of Agreement between Employer and Nominated Sub-Contractor. The agreements were alternatives, in accordance with the two possible methods of nomination provided for by clauses 35.4 to 35.12 of the Main Contract. NSC/2 was to be used if clauses 35.6 to 35.10 of the Main Contract were operated and NSC/2a if clauses 35.11 and 35.12 were used.

The 1991 Procedure. By Amendment 10 of 1991 to the Main Contract, a new procedure was introduced for the nomination of sub-contractors.[2] As part of these changes the alternative agreements NSC/2 and NSC/2a were replaced by Agreement NSC/W. Agreement NSC/W is largely derived from Agreement NSC/2, and must now be used with all nominations. Note that, under clause 35.6.2 of the Main Contract, the Architect's nomination instruction to the Contractor must be accompanied by a copy of the

---

[1] See Chap. 7 and in particular "Specialist Subcontractors" on p. 193.
[2] See the commentary to cl. 35 of the Main Contract on p. 713.

Completed Agreement NSC/W entered into between the Employer and the Sub-Contractor.

First Recital. *"the Sub-Contractor has submitted a tender on Tender NSC/T Part 2 ..."*

This Tender has a section to insert details of the Main Contract Appendix and its entries. These entries include the Date for Completion and the rate of Liquidated and Ascertained Damages. Provided these entries are properly made in the Tender, they will fix the Sub-Contractor with knowledge of the loss which the Employer will suffer by reason of the Sub-Contractor's default resulting in the Contractor obtaining an extension of time.[3] Therefore, ordinarily this will be the measure of damages payable by the Nominated Sub-Contractor for delay in breach of clause 3 of NSC/W, discussed below.

Third Recital. *"the Architect ... intends that after this Agreement has been executed ... to nominate the Sub-Contractor ..."*

Agreement NSC/W must be executed by the Employer and the Sub-Contractor before the nomination is effected. Under clause 35.6 of the Main Contract, the Architect will include the completed Agreement NSC/W in his nomination instruction to the Contractor. This will not, however, necessarily result in an effective nomination.[4] In particular, the Architect may eventually issue an instruction under clause 35.9.2 cancelling the nomination instruction and either omitting the work the subject of the nomination instruction or nominating another sub-contractor for it.

There are, however, obligations in NSC/W which are binding or contingently capable of being binding before nomination. Clause 1.1 comes into the first of these categories and clause 2.2 into the second. Note however that:

(a) Under clause 1.2, the Sub-Contractor may withdraw his Tender in certain circumstances once the identity of the Main Contractor is made known to him. NSC/W then ceases to have effect except for the warranty under clause 2.1 and any amounts due under clause 2.2.2.
(b) If no sub-contract is ever entered into, NSC/W will cease to have effect except for clauses 2.1 and 2.2.2 (see clause 1.3).
(c) The Sub-Contractor's liability under clause 3 does not begin until a Nomination Instruction has been issued (see clause 3.1).

Fourth Recital. This is presumably intended to negative any personal liability in contract on the part of the Architect.[5] It may also be intended to

---

[3] For the significance of such knowledge, see "Principles upon which Damages are Awarded" on p. 200.
[4] See the commentary to the 1991 procedure for cl. 35 of the Main Contract on p. 721.
[5] See "Architect's Personal Liability on Contracts" on p. 334.

JCT Standard Form of Employer/Nominated Sub-Contractor Agreement

prevent a duty of care arising as between Architect and Nominated Sub-Contractor in relation to the matters in the Agreement and Tender.

Clause 1.1. Under the 1991 procedure, the Contractor and Sub-Contractor are obliged to enter into a sub-contract once the Architect has issued his Nomination instruction under clause 35.6 of the Main Contract unless either "for good reasons stated in writing to the Main Contractor, the Sub-Contractor is unable to comply with clause 1.1" or the Contractor fails to comply with the instruction. In either such event, the Contractor must give notice to the Architect under clause 35.8 of the Main Contract either of the date by which he expects to have complied with clause 35.7 or that the non-compliance is due to other matters identified in the notice. The Architect then proceeds to give instructions under clause 35.9.[6]

Clause 1.2. *"If the identity of the Main Contractor..."*
This is a new provision in NSC/W, allowing the Sub-Contractor (subject to clauses 2.1 and 2.2.2) to withdraw from the provisions of NSC/W and from the nomination procedure once he discovers the Main Contractor's identity, if he did not know this when he entered into NSC/W.

Clause 1.3. *"If for any reason..."*
Note that, if no Sub-Contract is ever entered into, the Sub-Contractor remains liable on his warranty under clause 2.1, but is entitled to payment under clause 2.2.2.

Clause 2.1. *"the Sub-Contractor warrants..."*
The Sub-Contractor's warranty is substantially the same as that in A(1) of the former Employer/Nominated Sub-Contractor Agreement. The warranty is limited in two respects. First, it is restricted to the exercise of all reasonable skill and care. There is no absolute warranty. Secondly, it is confined to the particular aspects of design, selection of materials and goods and satisfaction of performance specification set out at clauses 2.1.1 to 2.1.3.

Clause 2.2. *"If... the Architect... instructs... that the Sub-Contractor should proceed..."*
This useful clause enables the designing of the Sub-Contract Works and ordering materials or goods or fabrication of components to proceed before a formal nomination is made. This is often in practice desirable. The Employer becomes expressly liable to pay for the design work or the materials or goods (clauses 2.2.2.1 and 2.2.2.2). As between himself and the Nominated Sub-Contractor, the Architect has, it is submitted, ostensible authority to make the Employer liable. As between himself and the Employer, it is, at the least, a question of some doubt whether the Architect has implied authority

---

[6] See commentary to Main Contract on p. 722.

Ancillary Standard Forms

to make the Employer liable.[7] The Architect would therefore be well advised to obtain the Employer's express agreement.

Clause 2.2.4 provides for payments made in advance of nomination to be allowed as credits after nomination against amounts due for the Sub-Contract Works. This is subject to clause 2.2.3.1 which provides that the Employer receives no credit for such payments where the design works or materials or goods are not in the event used by reason of some written decision against such use by the Architect. Again, the Architect will have to consider his position carefully *vis-à-vis* the Employer.

Clause 3. *Delay and non-performance by the Sub-Contractor*

After a nomination instruction has been issued which results in a Sub-Contract being entered into, the Sub-Contractor becomes liable to the Employer for three specific aspects of his performance of the Sub-Contract Works. Each of these is subject to his entitlement to be granted an extension of time under clause 2.3 of NSC/C (see clause 3.1). The three liabilities are:

(a) under clause 3.2, to supply the Sub-Contract design information to the Architect in due time so that necessary instructions or drawings are not delayed.
(b) under clause 3.3.1, to perform his Sub-Contract obligations so as not to cause a determination under clause 35.24 of the Main Contract.
(c) under clause 3.3.2, not to cause delay to the Main Contract Works.

Provided that the Nominated Sub-Contractor is solvent when the liability is sought to be enforced, these are valuable rights. Breaches of the obligations arising under clauses 3.2, 3.3.1 and 3.3.2 are likely to cause the Employer loss which he cannot recover from the Contractor. The earlier Forms of Agreement of this kind contemplated the possibility of insurance by the Nominated Sub-Contractor against his liabilities. This has now gone. It is thought that in practice insurance for design can be obtained but not for bad work or delay. The prudent Employer might consider requiring the Nominated Sub-Contractor to insure and keep himself insured so far as he is able against the Nominated Sub-Contractor's liabilities.

Clause 5. *Final payment of Nominated Sub-Contractors*

This clause requires the Architect to operate the provisions for final payment of Nominated Sub-Contractors in clauses 35.17 to 35.19 of the Main Contract, and contains in clause 5.2 the obligation which forms the basis of clause 35.18.1.2 of the Main Contract. See the commentary on these clauses of the Main Contract.

---

[7] See "The Architect's Authority as Agent" on p. 330 and, where it applies, the Architect's appointment and, in particular, cl. 3.2 on p. 1147.

JCT Standard Form of Employer/Nominated Sub-Contractor Agreement

Clause 6. *"... the Sub-Contractor shall indemnify ..."*

This clause provides for the Sub-Contractor to become directly liable to the Employer if a re-nomination becomes necessary because of default by the Sub-Contractor. This is a potentially valuable and important addition to the liabilities undertaken by the Nominated Sub-Contractor towards the Employer under the previous Form of Agreement.

Clause 7. *Payment to Sub-Contractor*

This clause obliges the Architect and the Employer to operate provisions for direct payment in clause 35.13 of the Main Contract.

The direct payment procedure is subject to a very important proviso which protects the interests of the Employer in the event of the Main Contractor's insolvency. This reflects the uncertainty in the law about the effectiveness of such direct payment provisions in the event of insolvency. The proviso has the result that the direct payment procedure ceases to have effect if there is in existence a winding up petition or resolution to which Main Contract clause 35.13.5.4.4 refers. The Sub-Contractor is liable to repay any direct payments where they were made in ignorance of such petition or resolution.

Clause 9: Assignment. This clause follows the insertion into the Main Contract of the new clause 19.1.2 introduced by Amendment 4 issued in July 1987 (see commentary to Main Contract clause 19). For the reasons set out in that commentary, the benefit to be assigned appears to be extremely limited.[8]

Clause 11. *Arbitration*

This arbitration clause is drafted to complement the provisions for arbitration in the Main Contract. See Article 5 and clause 41 of the Main Contract and the commentary to clause 41. Note in particular that the provisions for multipartite arbitration are optional in the Main Contract and that by clause 11.2.3 of Agreement NSC/W the choice made in the Main Contract determines whether clauses 11.2.1 and 11.2.2 are to apply.

(Agreement TNS/2)

To the Employer: _____

named in our Tender dated _____

For _____
   (abbreviated description of goods/materials)

_____

[8] See also "Assignment of Warranties" on p. 305.

Ancillary Standard Forms

To be supplied to: _____

1 Subject to the conditions stated in the above mentioned Tender (that no provision in this Warranty Agreement shall take effect unless and until the instruction nominating us, the order of the Main Contractor accepting the Tender and a copy of this Warranty Agreement signed by the Employer have been received by us) WE WARRANT in consideration of our being nominated in respect of the supply of the goods and/or materials to be supplied by us as a Nominated Supplier under the Standard Form of Building Contract referred to in the Tender and in accordance with the description, quantity and quality of the materials or goods and with the other terms and details set out in the Tender ("the supply") that:

1·1 We have exercised and will exercise all reasonable skill and care in:
·1 the design of the supply in so far as the supply has been or will be designed by us; and
·2 the selection of materials and goods for the supply in so far as such supply has been or will be selected by us; and
·3 the satisfaction of any performance specification or requirement as such performance specification or requirement is included or referred to in the Tender as part of the description of the supply.

1·2 We will:
·1 save in so far as we are delayed by:
·1·1 *force majeure*; or
·1·2 civil commotion, local combination of workmen, strike or lock-out; or
·1·3 any instruction of the Architect/the Contract Administrator under SFBC clause 13·2 (Variations) or clause 13·3 (provisional sums); or
·1·4 failure of the Architect/the Contract Administrator to supply to us within due time any necessary information for which we have specifically applied in writing on a date which was neither unreasonably distant from nor unreasonably close to the date on which it was necessary for us to receive the same
so supply the Architect/the Contract Administrator with such information as the Architect/the Contract Administrator may reasonably require; and
·2 so supply the Contractor with such information as the Contractor may reasonably require in accordance with the arrangements in our contract of sale with the Contractor; and
·3 so commence and complete delivery of the supply in accordance with the arrangements in our contract of sale with the Contractor
that the Contractor shall not become entitled to an extension of time under SFBC clauses 25·4·6 or 25·4·7 of the Main Contract Conditions nor become entitled to be paid for direct loss and/or expense ascertained under SFBC clause 26·1 for the matters referred to in clause 26·2·1 of the Main Contract Conditions; and we will indemnify you to the extent but not further or otherwise that the Architect/the Contract Administrator is obliged to give an extension of time so that the Employer is unable to recover damages under the Main Contract for delays in completion, and/or pay an amount in respect of

JCT Standard Form of Warranty by a Nominated Supplier

direct loss and/or expense as aforesaid because of any failure by us under clause 1·2·1 or 1·2·2 hereof.

2 We have noted the amount of the liquidated and ascertained damages under the Main Contract, as stated in TNS/1 Schedule 1, item 8.

3 Nothing in the Tender is intended to or shall exclude or limit our liability for breach of the warranties set out above.

4·1 In case any dispute or difference shall arise between the Employer or the Architect/the Contract Administrator on his behalf and ourselves as to the construction of this Agreement or as to any matter or thing of whatsoever nature arising out of this Agreement or in connection therewith then such dispute or difference shall be and is hereby referred to arbitration. When we or the Employer require such dispute or difference to be referred to arbitration we or the Employer shall give written notice to the other to such effect and such dispute or difference shall be referred to the arbitration and final decision of a person to be agreed between the parties as the Arbitrator, or, upon failure so to agree within 14 days after the date of the aforesaid written notice, of a person to be appointed as the Arbitrator on the request of either ourselves or the Employer by the person named in the Appendix to the Standard Form of Building Contract referred to in the Tender.

4.2   ·1 Provided that if the dispute or difference to be referred to arbitration under this Agreement raises issues which are substantially the same as or connected with the issues raised in a related dispute between the Employer and the Contractor under the Main Contract or between a Nominated Sub-Contractor and the Contractor under Sub-Contract NSC/4 or NSC/4a or between the Employer and any other Nominated Supplier, and if the related dispute has also been referred for determination to an Arbitrator, the Employer and ourselves hereby agree that the dispute or difference under this Agreement shall be referred to the Arbitrator appointed to determine the related dispute; and the JCT Arbitration Rules applicable to the related dispute shall apply to the dispute under this Agreement; and such Arbitrator shall have power to make such directions and all necessary awards in the same way as if the procedure of the High Court as to joining one or more of the defendants or joining co-defendants or third parties was available to the parties and to him; and the agreement of consent referred to in paragraph 4·6 on appeals or applications to the High Court on any question of law shall apply to any question of law arising out of the awards of such Arbitrator in respect of all related disputes referred to him or arising in the course of the reference of all the related disputes referred to him.

·2 Save that the Employer or ourselves may require the dispute or difference under this Agreement to be referred to a different Arbitrator (to be appointed under this Agreement) if either of us reasonably considers that the Arbitrator appointed to determine the related dispute is not properly qualified to determine the dispute or difference under this Agreement.

Ancillary Standard Forms

.3   Paragraphs 4·2·1 and 4·2·2 hereof shall apply unless in the Appendix to the Standard Form of Building Contract referred to in the Tender the words "clause 41·2·1 and 41·2·2 apply" have been deleted.

4·3 Such reference shall not be opened until after Practical Completion or alleged Practical Completion of the Main Contract Works or termination or alleged termination of the Contractor's employment under the Main Contract or abandonment of the Main Contract Works, unless with the written consent of the Employer or the Architect/the Contract Administrator on his behalf and ourselves.

4·4 Subject to paragraph 4·5 the award of such Arbitrator shall be final and binding on the parties.

4·5 The parties hereby agree and consent pursuant to Sections 1(3) and 2(1)(b) of the Arbitration Act, 1979, that either party

- .1   may appeal to the High Court on any question of law arising out of an award made in any arbitration under this Arbitration Agreement; and
- .2   may apply to the High Court to determine any question of law arising in the course of the reference;

and the parties agree That the High Court should have jurisdiction to determine any such question of law.

4·6 Whatever the nationality, residence or domicile of ourselves or the Employer, the Contractor, any sub-contractor or supplier or the Arbitrator, and wherever the Works or any part thereof are situated, the law of England shall be the proper law of this Warranty and in particular (but not so as to derogate from the generality of the foregoing) the provisions of the Arbitration Acts 1950 (notwithstanding anything in S.34 thereof) to 1979 shall apply to any arbitration under this Contract wherever the same, or any part of it, shall be conducted.[*]

4·7 If before his final award the Arbitrator dies or otherwise ceases to act as the Arbitrator, the Employer and ourselves shall forthwith appoint a further Arbitrator, or, upon failure so to appoint within 14 days of any such death or cessation, then either the Employer or ourselves may request the person named in the Appendix to the Standard Form of Building Contract referred to in the Tender to appoint such further Arbitrator. Provided that no such further Arbitrator shall be entitled to disregard any direction of the previous Arbitrator or to vary or revise any award of the previous Arbitrator except to the extent that the previous Arbitrator had the power so to do under the JCT Arbitration Rules and/or with the agreement of the parties and/or by the operation of law.

---

[*] Where the parties do not wish the proper law of the Warranty to be the law of England appropriate amendments to paragraph 4·7 should be made. Where the Works are situated in Scotland then the forms issued by the Scottish Building Contract Committee which contain Scots proper law and arbitration provisions are the appropriate documents. It should be noted that the provisions of the Arbitration Acts 1950 to 1979 do not apply to arbitrations conducted in Scotland.

JCT Standard Form of Warranty by a Nominated Supplier

4·8 The arbitration shall be conducted in accordance with the "JCT Arbitration Rules" current at the date of the Tender. Provided that if any amendments to the Rules so current have been issued by the Joint Contracts Tribunal after the aforesaid date the Employer and Supplier may, by a joint notice in writing to the Arbitrator, state that they wish the arbitration to be conducted in accordance with the JCT Arbitration Rules as so amended.[†]

[††]Signature of or on behalf of the Supplier: ....

[††]Signature of or on behalf of the Employer: ....

Commentary on JCT Standard Form of Warranty by a Nominated Supplier (Agreement TNS/2)

Preliminary Note. The version of Agreement TNS/2 printed here is that first published in 1980 and revised in certain minor respects in 1991.

History. The R.I.B.A. in 1969 issued forms of warranty to be given respectively by Nominated Sub-Contractors and Nominated Suppliers in consideration of nomination. TNS/2 broadly follows the scheme of the 1969 form save that:

(a) the Performance Specification aspect of the warranty is diluted;
(b) optional provisions for a Performance Bond and/or insurance are removed;
(c) provision is made for arbitration, including multipartite arbitration.

Recital. "... *our Tender dated* ..."

The tender is to be made upon form TNS/1. This has a section to insert certain details of the Main Contract Appendix and its entries. These include the Completion Date of the Main Contract and the rate of Liquidated and Ascertained Damages.

Provided these entries are properly made in the Tender, they together with clause 2 of TNS/2 will fix the Supplier with knowledge of the loss which the Employer will suffer if the Supplier's default results in the Contractor obtaining an extension of time.[9] Therefore, ordinarily, this will be the

---

[†] The JCT Arbitration Rules contain stricter time limits than those prescribed by some arbitration rules or those frequently observed in practice. The parties should note that a failure by a party or the agent of a party to comply with the time limits incorporated in these Rules may have adverse consequences.
[††] If the Warranty Agreement is to be executed as a deed advice should be sought on the correct method of execution.

---

[9] For the significance of such knowledge, see "Principles upon which Damages are Awarded" on p. 200.

measure of damages payable by the Nominated Supplier for delay in breach of clause 1.2 of TNS/2, discussed below.

Clause 1. *"Subject to the Conditions stated in the above mentioned Tender..."*

No provision of the Warranty Agreement is to take effect unless the Nominated Supplier has received (a) a copy of the Nomination instruction, (b) the Main Contractor's order accepting Tender TNS/1 and (c) a copy of TNS/2 signed by the Employer. This is in contrast with the position of the Nominated Sub-Contractor whereby Agreement NSC/W will come into force between Employer and Sub-Contractor before a nomination is made.[10]

Clause 1.1. *"We have exercised and will exercise all reasonable skill and care..."*

The Warranty is limited in two respects. First, it is restricted to the exercise of all reasonable skill and care. There is no absolute warranty. Under the 1969 Form of Warranty, the Supplier undertook an absolute obligation to comply with the Performance Specification. This was potentially a very heavy duty. Secondly, the warranty is confined to the particular aspects of design, selection of materials and goods and satisfaction of performance specification set out at clauses 2.1.1 to 2.1.3. Nonetheless, the warranties are potentially valuable.

Clause 1.2. *Delay and non-performance of the Supplier*

Once the Conditions stated in the Tender are satisfied, the Supplier becomes liable to the Employer for three specific aspects of his performance of the Contract of Sale. The three liabilities are:

(a) to supply the Architect with such information as he may reasonably require (clause 1.2.1);
(b) to supply the Contractor with such information as he may reasonably require in accordance with arrangements in the Contract of Sale (clause 1.2.2);
(c) to commence and complete delivery of the supply in accordance with the Contract of Sale (clause 1.2.3)

so that the Contractor is not entitled to an extension of time under clauses 25.4.6 or 25.4.7 of the Main Contract nor to loss and expense under clause 26.2.1.

The Supplier's liability is subject to the events mentioned at clauses 1.2.1.1 to 1.2.1.4. He is likely to be entitled to an extension of time under the Contract of Sale for these events (see clause 36.4.3 of the Main Contract).[11]

---

[10] See the Third Recital of NSC/W and Commentary on p. 952.

[11] Cl. 36.4 of the Main Contract requires the contract of sale between the Contractor and Nominated Supplier to contain certain provisions. Cl. 36.4.3 requires a provision for a delivery programme. However, that programme may be varied on grounds which are identical with those set out in cl. 1.2.1.1 to 1.2.1.4 of TNS/2.

JCT Standard Form of Warranty by a Nominated Supplier

If the Supplier fails to comply with clauses 1.2.1 or 1.2.2, he must indemnify the Employer against consequent loss of liquidated damages or payment of loss and expense. Provided that the Nominated Supplier is solvent when the liability is sought to be enforced, these are valuable rights. The prudent Employer might consider requiring the Supplier to insure himself so far as he was able against his liabilities. There was an optional provision in the 1969 form for insurance against liability for breach of the warranties now found at clause 1.1, but there is no such provision in TNS/2.

Clause 4. *Arbitration*

This clause is drafted to complement the provisions for Arbitration in the Main Contract. See Article 5 and clause 41 of the Main Contract and their commentary. Note in particular that the provisions for multipartite arbitration are optional in the Main Contract and that by clause 4.2.3 of TNS/2 the choice made in the Main Contract determines whether clauses 4.2.1 and 4.2.2 are to apply.

The arbitration provisions were revised in 1991. Clause 4.2.1 was redrafted. Clauses 4.3 and 4.5 to 4.8 inclusive were added. These revisions bring into TNS/2 various amendments and revisions to the arbitration procedures of the Main Contract—see clause 41 of the Main Contract and its commentary.

CHAPTER 21

THE I.C.E. FORM OF CONTRACT—6TH EDITION 1991

A Standard Form of Civil Engineering Contract, commonly known as the I.C.E. Conditions of Contract, is issued under the sponsorship and approval of the Institution of Civil Engineers (I.C.E.), the Association of Consulting Engineers (A.C.E.) and the Federation of Civil Engineering Contractors (F.C.E.C.). The Form is used extensively in all types of civil engineering work, both by Private Employers and by Local and Central Government Departments.

This commentary deals with the 6th Edition, published in 1991 and incorporating a variety of earlier revisions to the 5th Edition made between 1973 and 1986. The 6th Edition is more a revision than a new edition, because it follows the same format and clause numbering and many clauses are substantially unamended. The new Edition is produced by the Conditions of Contract Standing Joint Committee ("C.C.S.J.C."), set up expressly to review the 5th Edition. This commentary deals only with the Main Contract Conditions. The so-called I.C.E. Form of Sub-Contract is published by the F.C.E.C. and, while being intended for use with the I.C.E. main contract, it is a quite separate document.

The I.C.E. Conditions of Contract have a surprisingly short history as such. The 1st Edition was issued in December 1945, followed by further Editions in 1950, 1951 and 1955. During the next 18 years, there were attempts to produce a new edition containing radical revisions, but in the event the 5th Edition of 1973 followed closely the format and much of the wording of the 4th Edition. Despite much criticism, the 5th Edition has proved remarkably popular with all sides of the industry. The fact that the document has survived virtually intact for 17 years amid the sea of change surrounding most other aspects of construction law is perhaps sufficient justification for adhering to the same format for the new Edition.

Unlike the Standard Form of Building Contract,[1] the I.C.E. Conditions are published in one version only. The Institution of Civil Engineers has, however, in recent years embarked upon the production of alternative forms of contract, aimed at specific types of project. Thus, a set of Conditions of Contract for Minor Works was produced in 1988 by the I.C.E. and approved by the same sponsoring bodies as those involved in the main I.C.E. Form. The Minor Works Form is published with notes for guidance which indicate that the Form is intended for use in simple and straightforward contracts

---

[1] See Chap. 18.

specifically limited to six months duration and £100,000 value. The Form has proved very popular and is occasionally used for contracts outside these limits. A notable feature of this form was the introduction of an optional conciliation procedure alongside a conventional arbitration clause (clause 11), an innovation which has now been introduced into the I.C.E. Main Contract Conditions. A new edition of the Minor Works Form is to be published in late 1994.

The policy of producing alternative forms of contract has also led the I.C.E. to produce two new forms of main contract one of which, the New Engineering Contract ("N.E.C."), involves a radical new approach.[2] The first version of the N.E.C. was produced in 1991 as a consultative document followed, in 1993, by the "First Edition". The N.E.C. is intended to operate for a wide range of different types of contract including conventionally priced contracts with or without bills of quantities, target cost contracts, costs reimbursable contracts and management contracts. The documentation makes use of core clauses which are common to all versions and the forms are intended for use with a wide range of projects, not limited to building and civil engineering. The N.E.C. has, since its inception, had a mixed reception, not least on account of its unconventional style of drafting. The F.C.E.C. decided not to support the new form and it was therefore produced not by the combined drafting body but by the I.C.E. alone through its New Engineering Contract Working Group and published by the Institution's publishers, Thomas Telford Services Limited. Use of the form has been limited but considerable interest has been shown by the Government. More recently, in the report by Sir Michael Latham, "Constructing the Team",[3] it is recommended that a new family of contract documents should be built up around the N.E.C., eventually to replace both the I.C.E. and J.C.T. forms of contract.

In addition to the N.E.C., the I.C.E. together with the other sponsoring bodies of the main form produced, in 1992, a version of the I.C.E. conditions of contract for work of design and construction. This document follows exactly the form and structure of the I.C.E. main form, including its clause numbering. The same sponsoring bodies are also considering a separate form of contract for maintenance works based on the minor works form. It is to be noted that the I.C.E. has not sought to produce a dedicated form of sub-contract (other than that produced by the F.C.E.C.—see above). This reflects the limited use of nomination in civil engineering projects. The N.E.C. documentation does however include a dedicated form of sub-contract.

Nature of the I.C.E. Form. The Form creates what is known as a

---

[2] See Barnes: The Role of Contracts in Management: Proceedings of a Conference on *Construction Contract Policy*, Kings College, London, 1989.
[3] Final Report of the Government/Industry Review of Procurement and Contractual Arrangements in the UK Construction Industry, H.M.S.O., July 1994.

"Measure and Value" or "Re-Measurement" contract, by which the Employer undertakes to pay for the actual quantities of work executed. Prima facie, the work is to be paid for at the rates quoted, but the rates themselves are subject to adjustment depending upon the nature or the volumes of work executed. The Conditions of Contract also contain numerous provisions by which additional or adjusted payments may become due. The contract contains a substantial body of administrative machinery, employing language which has been refined from time to time, but which remains rooted in the public authority contracts which were the forerunners of the I.C.E. Conditions.[4] In large measure, the administrative machinery operates by placing wide discretionary powers on the Engineer. The Engineer's powers under the 4th Edition of the I.C.E. Conditions have been referred to as "wide and arbitrary".[5] Under the present edition, the Engineer's powers are wider. The question whether and in what circumstances the Engineer is bound to exercise his powers requires particular consideration in the light of recent authorities.[6]

The policy of the I.C.E. in maintaining the clause numbering from earlier editions is to be welcomed. Generally, the document is clearly presented and well laid out, containing, as in previous editions, a table of contents and index to the Conditions. The Conditions are published together with a Form of Tender, Appendix, Form of Agreement and Form of Bond. Also provided is a copy of the I.C.E. Arbitration Procedure (1983) which is now normally mandatory under clause 66, the I.C.E. Conciliation Procedure and the Contract Price Fluctuation Clauses. One clause which has been dropped from previous editions is the previous clause 71: Metrication, presumably in view of the now universal adoption of metric units in civil and structural engineering practice. The final clause (Special Conditions) is therefore renumbered 71.

The principal changes introduced in the 6th Edition are the following:

(a) some altered and some new definitions are added in Clause 1;
(b) under Clause 2, provision is made for identifying a Chartered Engineer who is to act as the Engineer where the contract identifies only a firm or company in this position;
(c) there are changes to the clauses dealing with assignment and sub-contracting and as to the supply of documents;
(d) the Contractor's duty when undertaking design is now provided for in Clause 8;
(e) as regards claims for unforeseen conditions, Clauses 11 and 12 contain some amendments, the most important of which is that the

---

[4] See generally Uff: Origin and Development of Construction Contracts: Proceedings of a Conference on *Construction Contract Policy*, Kings College, London 1989 and Hudson's *Building Contracts*, 4th ed., Vol. 2 for many examples of 19th Century Public Works Contracts.
[5] Buckley J. in *A. E. Farr v. Ministry of Transport* [1960] 1 W.L.R. 956 at 964.
[6] See cl. 8(3): Methods of Construction and Commentary to cl. 51.

The I.C.E. Form of Contract—6th Edition 1991

Contractor is now entitled to assume that the Employer has made available relevant information that he may have;
(f) there are amendments to the insurance and liability provisions in Clauses 20 to 25;
(g) the provision governing commencement and delays in Clauses 41 to 46 have been revised and the liquidated damages clause (47) re-written;
(h) in Clause 49 (and elsewhere) references to "maintenance" have been dropped, and replaced by "defects correction";
(i) the provisions dealing with property in materials and plant (Clause 53) have been extensively redrafted;
(j) Clauses 59A, B and C have been simplified and consolidated into a single clause with the Main Contractor now taking an increased share of the risk in nomination;
(k) there are some changes in Clause 60 relating to retention and interest;
(l) Clause 63 (formerly having a marginal note "Forfeiture") has been renamed "Determination of the Contractor's Employment" and the clause has been clarified to some extent;
(m) Clause 66, which was substantially amended in 1985, has been further substantially amended and enlarged to incorporate some of the provisions introduced by the Minor Works Form including optional conciliation.

Corrigenda of August 1993. A corrigenda sheet has been issued by C.C.S.J.C. which is provided free of charge with copies of the Conditions. The Conditions of Contract will presumably be reprinted with the corrigenda in due course. For the present, it will be necessary to incorporate them by reference.

Since many users of this book will be dealing with the Conditions as they were originally published, the corrigenda are not incorporated in the printed text, with two exceptions. The corrigenda are, however, all noted with comments on the effect of the changes. In the main they are cosmetic or matters of clarification, but the new clause 59(4)(f) raises matters of some importance. The first exception referred to is the new clause 27, rendered necessary by replacement of the Public Utilities Streetworks Act 1950 by the New Roads and Streetworks Act 1991. The new clause and its commentary are printed below. For the old clause and its commentary, reference must be made to the 5th Edition of this work. The second exception is the new clause 59(4)(f) which is printed in its appropriate place within the Conditions.

The reproduction of the Conditions in this book creates a small editorial problem in regard to identification of the corrigenda. In the commentary below, appropriate line numbers are given for both the text as printed in this book and for the text as it appears in the printed Conditions.

As a further departure from precedent, the C.C.S.J.C. in 1993 published a 20-page document called "Guidance Notes", incorporating "Notes on

Specific Clauses", with a detailed note on the Contract Price Fluctuation Clauses (Appendix 1) and also the Corrigenda (Appendix 2). The introduction states that the Guidance Notes are to assist users of the form and do not purport to provide legal interpretation. Despite this, they might well be considered by a Court as part of the "genesis" of the contract.[7] It appears that the C.C.S.J.C. will no longer issue individual guidance notes of the type previously issued with the Fifth Edition of the form.[8]

I.C.E. CONDITIONS OF CONTRACT

DEFINITIONS AND INTERPRETATION

Definitions

1 (1) In the Contract (as hereinafter defined) the following words and expressions shall have the meanings hereby assigned to them except where the context otherwise requires.

(a) "Employer" means the person or persons firm company or other body named in the Appendix to the Form of Tender and include the Employer's personal representatives successors and permitted assigns.

(b) "Contractor" means the person or persons firm or company to whom the Contract has been awarded by the Employer and includes the Contractor's personal representatives successors and permitted assigns.

(c) "Engineer" means the person firm or company appointed by the Employer to act as Engineer for the purposes of the Contract and named in the Appendix to the Form of Tender or such other person firm or company so appointed from time to time by the Employer and notified in writing as such to the Contractor.

(d) "Engineer's Representative" means a person notified as such from time to time by the Engineer under clause 2(3)(a).

(e) "Contract" means the Conditions of Contract Specification Drawings Bill of Quantities the Tender the written acceptance thereof and the Contract Agreement (if completed).

(f) "Specification" means the specification referred to in the Tender and any modification thereof or addition thereto as may from time to time be furnished or approved in writing by the Engineer.

(g) "Drawings" means the drawings referred to in the Specification and any modification of such drawings approved in writing by the Engineer and such other drawings as may from time to time be furnished or approved in writing by the Engineer.

---

[7] See *Prenn v. Simmonds* [1971] 1 W.L.R. 1381 (H.L.).
[8] Some of these are noted in the commentary in the 4th and 5th eds. of this book.

Clause 1—Definitions and Interpretations

(h) "Bill of Quantities" means the priced and completed Bill of Quantities.

(i) "Tender Total" means the total of the Bill of Quantities at the date of award of the Contract or in the absence of a Bill of Quantities the agreed estimated total value of the Works at that date.

(j) "Contract Price" means the sum to be ascertained and paid in accordance with the provisions hereinafter contained for the construction and completion of the Works in accordance with the Contract.

(k) "Prime Cost (PC) Item" means an item in the Contract which contains (either wholly or in part) a sum referred to as Prime Cost (PC) which will be used for the execution of work or the supply of goods materials or services for the Works.

(l) "Provisional Sum" means a sum included and so designated in the Contract as a specific contingency for the execution of work or the supply of goods materials or services which may be used in whole or in part or not at all at the direction and discretion of the Engineer.

(m) "Nominated Sub-contractor" means any merchant tradesman specialist or other person firm or company nominated in accordance with the Contract to be employed by the Contractor for the execution of work or supply of goods materials or services for which a Prime Cost has been inserted in the Contract or ordered by the Engineer to be employed by the Contractor to execute work or supply goods materials or services under a Provisional Sum.

(n) "Permanent Works" means the permanent works to be constructed and completed in accordance with the Contract.

(o) "Temporary Works" means all temporary works of every kind required in or about the construction and completion of the Works.

(p) "Works" means the Permanent Works together with the Temporary Works.

(q) "Works Commencement Date"—as defined in clause 41(1).

(r) "Certificate of Substantial Completion" means a certificate issued under clause 48(2)(a) 48(3) or 48(4).

(s) "Defects Correction Period" means that period stated in the Appendix to the Form of Tender calculated from the date on which the Contractor becomes entitled to a Certificate of Substantial Completion for the Works or any Section or part thereof.

(t) "Defects Correction Certificate"—as defined in clause 61(1).

(u) "Section" means a part of the Works separately identified in the Appendix to the Form of Tender.

(v) "Site" means the lands and other places on under in or through which the Works are to be executed and any other lands or places provided by the Employer for the purposes of the Contract together with such other places as may be designated in the Contract or subsequently agreed by the Engineer as forming part of the Site.

(w) "Contractor's Equipment" means all appliances or things of whatsoever nature required in or about the construction and completion of the Works but does not include materials or other things intended to form or forming part of the Permanent Works.

Singular and plural

(2) Words importing the singular also include the plural and vice-versa where the context requires.

Headings and marginal notes

(3) The headings and marginal notes in the Conditions of Contract shall not be deemed to be part thereof or be taken into consideration in the interpretation or construction thereof or of the Contract.

Clause references

(4) All references herein to clauses are references to clauses numbered in the Conditions of Contract and not to those in any other document forming part of the Contract.

Cost

(5) The word "cost" when used in the Conditions of Contract means all expenditure properly incurred or to be incurred whether on or off the Site including overhead finance and other charges properly allocatable thereto but does not include any allowance for profit.

Communications in writing

(6) Communications which under the Contract are required to be "in writing" may be hand-written typewritten or printed and sent by hand post telex cable or facsimile.

Clause 1: Definitions and Interpretation

The definitions in sub-clause (1) are not of uniform importance; (a) to (c) are matters of identification; (d) needs to be read with clause 2(3); (e) to (h) are part of the defined structure of the Contract (see clause 5); (i) and (j) are convenient shorthand expressions which appear in other clauses (see *e.g.* clause 10); (k), (l) and (m) are an important part of the machinery of clauses 58 and 59; (n), (o) and (p) appear throughout the Conditions and occasionally give rise to problems of interpretation which are not wholly answered by the definitions; (q) notes the definition in clause 41(1); (r) links in with clause 48; (s) needs to be read into clause 49; (t) notes the definition in clause 61; (u) is a definition required under clauses 47, 48 and 49; (v) needs to be read into other clauses (*e.g.* clause 11(2)), and (w) likewise (*e.g.* clause 53).

Sub-Clause (1)(c): Engineer. Note that by clause 2(2), where the identified Engineer is a firm or company, the Contractor is to be notified of

Clause 1—Definitions and Interpretations

an individual Chartered Engineer who will act as the Engineer under the Contract.

Sub-Clause (1)(d): Engineer's Representative. See clause 2(3) and (4) for the powers of the Engineer's representative, or other delegate of the Engineer.

Sub-Clause (1)(e): Contract. See clause 5 for the mutual effect of the Contract Documents. The tender and the Contract Agreement may incorporate other documents which thereby become part of the Contract.

Sub-Clause (1)(f), (g): Specification, Drawings. The references to modification or addition to these documents complement the powers of the Engineer to issue modified or further drawings, specification or instructions under clause 7(1).

Sub-Clause (1)(n), (o): Permanent Works, Temporary Works.
While the distinction may be of considerable importance (see clause 8(2)) it is far from clear. It is not clear that the two definitions are mutually exclusive, and there may well be items which could fall into both. Common examples are a cofferdam which is subsequently built into the permanent structure, or grouting around the periphery of a tunnel. The Standard Method of Measurement[9] does not clarify the matter. Where work which may be regarded as temporary is to be billed, the Contract should make clear that such work is to be regarded as Temporary Works for the purpose of responsibility.

Note that clause 1(1)(p) defines "Works" as meaning "the Permanent Works together with the Temporary Works". Clauses 20 and 21 make provision for responsibility for and insurance of "the Works" so that the distinction is of little importance in this regard.

Sub-Clause (1)(s), (t): Defects Correction. This is identical with the former term "maintenance" appearing in clause 49 of the 5th Edition.

Sub-Clause (1)(v): Site. References to the Site appear in Clauses 11(1), 22(2), 32, 42, 53 and 54. It is often important to know what is and what is not within the term. The Contract contains no obligation on the Employer to provide land beyond what is necessary to make the work possible to perform. It is therefore of importance from the Contractor's point of view to have a satisfactory definition. Uncertainty can arise in relation to land utilised by the Contractor not directly for execution of the works, but for ancillary purposes, *e.g.* a borrow pit for providing fill material. The definition still leaves it uncertain whether such locations are to be regarded as part of the Site, and by

---

[9] The 2nd Ed. of the C.E.S.M.M. (see cl. 57 below) states in S. 2 General Principles: "2.6 all work which is expressly required should be covered in the Bill of Quantities."

what criteria the Engineer should agree (or not) to extend the Site. The better course is to adopt as precise a definition as possible in the contract.

Sub-Clause (1)(w): Contractor's Equipment. This is a new term replacing the former "Constructional Plant". The definition does not help to distinguish this term from "Temporary Works", nor does the definition of that term assist. Clauses 8(1) and 53(1) appear to draw such a distinction. Clause 21(1) (Insurance of Works etc.) uses a different expression "plant and equipment".

Clause 1(5): Cost. The word "cost" appears extensively in the Conditions where provision is made for contractual claims.[10] The express inclusion of overheads does not limit the generality of the term. The words "properly incurred" do, however, impose a potential limit, as does the express exclusion of profit. An addition for profit is expressly permitted, *e.g.* under clause 12(6).

It is thought that "cost" may include interest charges,[11] where appropriate, running up to the date of certifying the relevant sums. The Guidance Notes issued by C.C.S.J.C. also express the view that "cost" includes "the contractor's finance and other charges".[12] Such interest may not be limited to simple interest.[13]

Clause 1(6): Communications in Writing. This provision should be read with clause 68 (designating the address for service). The reference to modern electronic communications is useful, but it is still necessary for service to take place at the correct place.

ENGINEER AND ENGINEER'S REPRESENTATIVE

Duties and authority of Engineer

2 (1) (a) The Engineer shall carry out the duties specified in or necessarily to be implied from the Contract.
(b) The Engineer may exercise the authority specified in or necessarily to be implied from the Contract. If the Engineer is required under the terms of his appointment by the Employer to obtain the specific approval of the Employer before exercising any such authority particulars of such requirements shall be those set out in the Appendix to the Form of Tender. Any requisite approval shall be deemed to have been given by the Employer for any such authority exercised by the Engineer.

---

[10] See cl. 7(3), 12(3), 13(3), 14(6), 17, 27(6), 31(2), 36(2), (3), 38(2), 40(1), 42(1), 50.
[11] *F. G. Minter v. W.H.T.S.O.* (1980) 13 B.L.R. 1, (C.A.); see also "Direct Loss and/or Expense" on p. 232.
[12] p. 6 of Guidance Notes 1993.
[13] *Rees & Kirby v. Swansea City Council* (1985) 30 B.L.R. 1 (C.A.); see also "Simple or Compound Interest?" on p. 234.

Clause 2—Engineer and Engineer's Representative

(c) Except as expressly stated in the Contract the Engineer shall have no authority to amend the Terms and Conditions of the Contract nor to relieve the Contractor of any of his obligations under the Contract.

Named individual

(2) (a) Where the Engineer as defined in clause 1(1)(c) is not a single named Chartered Engineer the Engineer shall within 7 days of the award of the Contract and in any event before the Works Commencement Date notify to the Contractor in writing the name of the Chartered Engineer who will act on his behalf and assume the full responsibilities of the Engineer under the Contract.
(b) The Engineer shall thereafter in like manner notify the Contractor of any replacement of the named Chartered Engineer.

Engineer's Representative

(3) (a) The Engineer's Representative shall be responsible to the Engineer who shall notify his appointment to the Contractor in writing.
(b) The Engineer's Representative shall watch and supervise the construction and completion of the Works. He shall have no authority
  (i) to relieve the Contractor of any of his duties or obligations under the Contract
nor except as expressly provided hereunder
  (ii) to order any work involving delay or any extra payment by the Employer or
  (iii) to make any variation of or in the Works.

Delegation by Engineer

(4) The Engineer may from time to time delegate to the Engineer's Representative or any other person responsible to the Engineer any of the duties and authorities vested in the Engineer and he may at any time revoke such delegation. Any such delegation

(a) shall be in writing and shall not take effect until such time as a copy thereof has been delivered to the Contractor or his agent appointed under clause 15(2)
(b) shall continue in force until such time as the Engineer shall notify the Contractor in writing that the same has been revoked
(c) shall not be given in respect of any decision to be taken or certificate to be issued under clauses 12(6), 44, 46(3), 48, 60(4), 61, 63 or 66.

Assistants

(5) (a) The Engineer or the Engineer's Representative may appoint any number of persons to assist the Engineer's Representative in the carrying out of his duties under sub-clause (3)(b) or (4) of this clause. He shall notify to the Contractor the names duties and scope of authority of such persons.

(b) Such assistants shall have no authority to issue any instructions to the Contractor save insofar as such instructions may be necessary to enable them to carry out their duties and to secure their acceptance of materials and workmanship as being in accordance with the Contract. Any instructions given by an assistant for these purposes shall where appropriate be in writing and be deemed to have been given by the Engineer's Representative.

(c) If the Contractor is dissatisfied by reason of any instruction of any assistant of the Engineer's Representative appointed under sub-clause (5)(a) of this clause he shall be entitled to refer the matter to the Engineer's Representative who shall thereupon confirm reverse or vary such instruction.

Instructions

(6) (a) Instructions given by the Engineer or by the Engineer's Representative exercising delegated duties and authorities under sub-clause (4) of this clause shall be in writing. Provided that if for any reason it is considered necessary to give any such instruction orally the Contractor shall comply with such instruction.

(b) Any such oral instruction shall be confirmed in writing by the Engineer or the Engineer's Representative as soon as is possible under the circumstances. Provided that if the Contractor shall confirm in writing any such oral instruction and such confirmation is not contradicted in writing by the Engineer or the Engineer's Representative forthwith it shall be deemed to be an instruction in writing by the Engineer.

(c) Upon the written request of the Contractor the Engineer or the Engineer's Representative exercising delegated duties or authorities under sub-clause (4) of this clause shall specify in writing under which of his duties and authorities any instruction is given.

Reference on dissatisfaction

(7) If the Contractor is dissatisfied by reason of any act or instruction of the Engineer's Representative he shall be entitled to refer the matter to the Engineer for his decision.

Impartiality

(8) The Engineer shall except in connection with matters requiring the specific approval of the Employer under sub-clause (1)(b) of this clause act impartially within the terms of the Contract having regard to all the circumstances.

Clause 2: Engineer and Engineer's Representative

The intention of this clause is to facilitate limited delegation of the powers of the Engineer. The clause is unnecessarily cumbersome for the matters it deals with. It appears to be drafted on the assumption the Engineer is a party

Clause 2—Engineer and Engineer's Representative

to the Contract, which he is not. The provisions must, therefore, take effect as defining or limiting the rights of the parties in regard to actions of the Engineer.[14]

Clause 2(1)(b): Need for Specific Approval of the Employer. This provision is borrowed from Clause 2.1 of the FIDIC Form of Contract. It is unlikely to be of much practical effect if the requirement for approval is not stated in the Appendix. Interference with the actions of the Engineer outside any stated limitation may give grounds for disqualification of the Engineer[15] or even termination of the Contract. Conversely, where restriction on the Engineer's independence is set out, the Contractor will have no ground for complaint if the Employer acts within such terms.

Clause 2(1)(c): No authority to relieve the Contractor. The Engineer would not normally have such authority unless it arises outside the Contract. This might otherwise be so where the Engineer is an Officer of a Local Authority Employer,[16] but this provision will negative any such authority.

Clause 2(2): Named Chartered Engineer to act. It is rare to have an individual named as Engineer: more often a partnership or limited company is named. The requirement for such a body to act through a named Chartered Engineer (who may be replaced where necessary) is obviously sensible, and represents what must frequently in fact happen.

Clause 2(3): Engineer's Representative. He is sometimes referred to as the Resident Engineer. Note the restriction in sub-clause (4)(c) on delegation of power to the Engineer's Representative. He may be given delegated power to order variations (clause 51) and to deal with all matters of account (clause 60) save for the Final Account. The title "Engineer's Representative" under the Contract is of little importance, since the power of delegation under sub-clause (4) may be exercised also in favour of "any other person responsible to the Engineer".

Appeals Procedure. Sub-Clause (5)(c) provides that, if the Contractor is dissatisfied with an instruction from an Assistant, he may refer the matter to the Engineer's Representative. Similarly, sub-clause (7) allows an appeal from the Engineer's Representative to the Engineer. Such references are distinct from the further reference of a dispute to the Engineer under clause 66.

---

[14] For the position of the Engineer, see generally *Sutcliffe v. Thackrah* [1974] A.C. 727 (H.L.); *Pacific Associates v. Baxter* [1990] Q.B. 993 (C.A.); see also *Edgeworth Construction v. N. D. Lea & Associates* (1993) 66 B.L.R. 56 (Supreme Court of Canada); *Auto Concrete Curb Ltd v. Southern River Conservation Authority* (1994) 10 Const. L.J. 39 (Ontario Court of Appeal); and see "Employer's pre-contract information" on p. 191.
[15] See p. 121.
[16] *Carlton Contractors v. Bexley Corporation* (1962) 60 L.G.R. 311; *Roberts & Co. Ltd v. Leicestershire County Council* [1961] Ch. 555.

Clause 2(6)(a). Corrigendum, line 1 (lines 1–2 in printed conditions): delete "the Engineer's Representative" and insert "any person". Note the power under sub-clause (4) to delegate to "any other person responsible to the Engineer". The amendment brings sub-clause (6) into line with this provision.

Clause 2(6)(b). Corrigendum, lines 1–2 (lines 1–2 in printed conditions) : delete "by the Engineer or the Engineer's Representative". The oral instruction referred to is presumably now to be confirmed in writing by the person who gave it. Where the Contractor confirms in writing, any contradiction must come from the Engineer or the Engineer's representative.

Clause 2(7). Corrigendum, line 2 (line 2 in printed conditions): after "the Engineer's Representative" add "or any other person responsible to the Engineer". This again brings the provision into line with sub-clause (4).

Clause 2(8): Engineer to act impartially. This requirement appears (subject to sub-clause (1)(b)) to apply to all actions of the Engineer under the Contract. While impartiality may be appropriate to some actions (*e.g.* valuing the work or granting an extension of time) it is not appropriate when the Engineer is required to act in the Employer's interest (*e.g.* when deciding whether to instruct a variation). It is thought that the clause will have little effect other than to reinforce the need for the Engineer to act fairly where he is required to adjudicate between the parties.

ASSIGNMENT AND SUB-CONTRACTING

Assignment

3 Neither the employer nor the Contractor shall assign the Contract or any part thereof or any benefit or interest therein or thereunder without the prior written consent of the other party which consent shall not unreasonably be withheld.

Sub-contracting

4 (1) The Contractor shall not Sub-Contract the whole of the Works without the prior written consent of the Employer.
(2) Except where otherwise provided the Contractor may sub-contract any part of the Works or their design. The extent of the work to be Sub-Contracted

and the name and address of the Sub-Contractor must be notified in writing to the Engineer prior to the Sub-Contractor's entry on to the Site or in the case of design on appointment.

(3) The employment of labour-only Sub-Contractors does not require notification to the Engineer under sub-clause (2) of this clause.

(4) The Contractor shall be and remain liable under the Contract for all work Sub-Contracted under this clause and for acts defaults or neglects of any Sub-Contractor his agents servants or workpeople.

(5) The Engineer shall be at liberty after due warning in writing to require the Contractor to remove from the Works any Sub-Contractor who mis-conducts himself or is incompetent or negligent in the performance of his duties or fails to conform with any particular provisions with regard to safety which may be set out in the Contract or persists in any conduct which is prejudicial to safety or health and such Sub-Contractor shall not be again employed upon the Works without the permission of the Engineer.

Clauses 3 and 4: Assignment and Sub-Contracting

Clause 3: Assignment. The prohibition on assignment applied, under the 5th Edition, to the Contractor alone. Assignment by Employers is now perhaps as common as assignment by Contractors. Note that the embargo applies to "any benefit or interest", which includes money due under the Contract. Any purported assignment without consent is invalid.[17]

Clause 4: Sub-Contracting. Sub-Clause (1) prevents sub-contracting of the whole without consent, but there is no restriction on sub-contracting of parts of the works under sub-clause (2), subject to notifying the Engineer of the Sub-Contractors concerned.

Clause 4(4): Contractor liable for acts, defaults or neglects of any Sub-Contractor. The Main Contractor would be liable for sub-contracted work in any event. These words are, however, wide enough to cover tortious acts of the Sub-Contractor, for which the Main Contractor may be held liable "under the Contract".[18]

CONTRACT DOCUMENTS

Documents mutually explanatory

5 The several documents forming the Contract are to be taken as mutually explanatory of one another and in case of ambiguities or discrepancies the same shall be explained and adjusted by the Engineer who shall thereupon

---

[17] *Helstan Securities Ltd v. Hertfordshire C.C.* [1978] 3 All E.R. 262; *cf. Linden Gardens v. Lenesta Sludge Disposals* [1993] 3 W.L.R. 408 (H.L.). For assignment generally, see Chap. 12.
[18] But there will be no general liability in tort: see *D. & F. Estates v. Church Commissioners* [1989] A.C. 177 (H.L.).

issue to the Contractor appropriate instructions in writing which shall be regarded as instructions issued in accordance with clause 13.

Clause 5: Contract Documents This clause avoids the type of problem which can arise when some documents are given precedence over others.[19] The requirement for all documents to be construed mutually will, it is submitted, override the principle of giving precedence to specially prepared documents as against printed forms.[20]

The documents forming the Contract consist of the Conditions, the Specification, the Drawings, the Bill of Quantities, the Tender and written acceptance thereof and the Contract Agreement (if completed)[21]; together with any modification to the Specification or Drawings[22] and any further documents that may be incorporated into the Contract. The task of mutual construction can pose particular problems where the parties incorporate correspondence and other documents in which views are expressed as to the proposed contract. In such a case, although full effect is to be given to all such documents, they must, it is submitted, be construed in the context of ascertaining the mutual intention of the parties at the date that the Contract is concluded.

"Ambiguities or Discrepancies". This clause is unique to I.C.E. Contracts and their derivatives.[23] Ordinarily, an ambiguity[24] or discrepancy will be resolved by the process of legal construction, if necessary on a reference to the Engineer under clause 66. It is thought that the words here need be given no wider meaning than "uncertainty" concerning the technical description of the works. This is plainly an area in which the Engineer needs to impose certainty. Note that an instruction issued in accordance with clause 13 gives a right to payment under clause 13(3), but only for "cost beyond that reasonably to have been foreseen by an experienced contractor at the time of tender." Thus, if the discrepancy is reasonably plain, the Engineer may correct it without incurring liability on behalf of the Employer to pay.

Supply of documents

6 (1) Upon award of the Contract the following shall be furnished to the Contractor free of charge

(a) four copies of the Conditions of Contract Specification and (unpriced) bill of quantities and

---

[19] See Standard Form of Building Contract, 1980 Edition, cl. 13 and 2.2.1; and see *English Industrial Estates v. Wimpey* [1973] 1 Lloyds Rep. 118 (C.A.).
[20] See *Robertson v. French* (1803) 4 East 130; *Glynn v. Margetson* [1893] A.C. 351 (H.L.) and Lord Denning M.R. in *English Industrial Estates v. Wimpey* [1973] 1 Lloyds Rep. 118 (C.A.).
[21] Cl. 1(1)(e).
[22] Cl. 1(1)(f) and (g), Cl. 7(1).
[23] It appears also in cl. 5.2 of the F.I.D.I.C. Form of Contract.
[24] Note that the technical meaning of this term is a provision having two meanings.

Clauses 6 and 7—Supply of Documents

(b) the number and type of copies as entered in the Appendix to the Form of Tender of all Drawings listed in the Specification.

(2) Upon approval by the Engineer in accordance with clause 7(6) the Contractor shall supply to the Engineer four copies of all Drawings Specifications and other documents submitted by the Contractor. In addition the Contractor shall supply at the Employer's expense such further copies of such Drawings Specifications and other documents as the Engineer may request in writing for his use.

(3) Copyright of all Drawings specifications and the Bill of Quantities (except the pricing thereof) supplied by the Employer or the Engineer shall not pass to the Contractor but the Contractor may obtain or make at his own expense any further copies required by him for the purposes of the Contract. Similarly copyright of all documents supplied by the Contractor under clause 7(6) shall remain in the Contractor but the Employer and the Engineer shall have full power to reproduce and use the same for the purpose of completing operating maintaining and adjusting the Works.

Further Drawings Specifications and instructions

7 (1) The Engineer shall from time to time during the progress of the Works supply to the Contractor such modified or further Drawings Specifications and instructions as shall in the Engineer's opinion be necessary for the purpose of the proper and adequate construction and completion of the Works and the Contractor shall carry out and be bound by the same.

If such Drawings Specifications or instructions require any variation to any part of the works the same shall be deemed to have been issued pursuant to clause 51.

Contractor to provide further documents

(2) Where sub-clause (6) of this clause applies the Engineer may require the Contractor to supply such further documents as shall in the Engineer's opinion be necessary for the purpose of the proper and adequate construction completion and maintenance of the Works and when approved by the Engineer the Contractor shall carry out and be bound by the same.

Notice by Contractor

(3) The Contractor shall give adequate notice in writing to the Engineer of any further Drawing or Specification that the Contractor may require for the construction and completion of the Works or otherwise under the Contract.

Delay in issue

(4) (a) If by reason of any failure or inability of the Engineer to issue at a time reasonable in all the circumstances Drawings Specifications or instructions requested by the Contractor and considered necessary by the Engineer in accordance with sub-clause (1) of this clause the Contractor suffers delay or incurs cost then the Engineer shall take such

delay into account in determining any extension of time to which the Contractor is entitled under clause 44 and the Contractor shall subject to clause 52(4) be paid in accordance with clause 60 the amount of such cost as may be reasonable.

(b) If the failure of the Engineer to issue any Drawing Specification or instruction is caused in whole or in part by the failure of the Contractor after due notice in writing to submit drawings specifications or other documents which he is required to submit under the Contract the Engineer shall take into account such failure by the Contractor in taking any action under sub-clause (4)(a) of this clause.

One copy of documents to be kept on Site

(5) One copy of the Drawings and Specification furnished to the Contractor as aforesaid and of all Drawings Specifications and other documents required to be provided by the Contractor under sub-clause (6) of this clause shall at all reasonable times be available on the Site for inspection and use by the Engineer and the Engineer's Representative and by any other person authorized by the Engineer in writing.

Permanent Works designed by Contractor

(6) Where the Contract expressly provides that part of the Permanent Works shall be designed by the Contractor he shall submit to the Engineer for approval

> (a) such drawings specifications calculations and other information as shall be necessary to satisfy the Engineer as to the suitability and adequacy of the design and
>
> (b) operation and maintenance manuals together with as completed drawings of that part of the Permanent Works in sufficient detail to enable the Employer to operate maintain dismantle reassemble and adjust the Permanent Works incorporating that design. No certificate under clause 48 covering any part of the Permanent Works designed by the Contractor shall be issued until manuals and drawings in such detail have been submitted to and approved by the Engineer.

Responsibility unaffected by approval

(7) Approval by the Engineer in accordance with sub-clause (6) of this clause shall not relieve the Contractor of any of his responsibilities under the Contract. The Engineer shall be responsible for the integration and co-ordination of the Contractor's design with the rest of the Works.

Clauses 6 and 7: Supply of Documents

These clauses deal with the supply of Contract Documents upon the award of the contract, and further documents that may from time to time become necessary. Clause 7 provides for additional payment in the event of delay in

Clauses 6 and 7—Supply of Documents

the provision of necessary information. Clause 7 has been enlarged to cover the mechanics of design work carried out by the Contractor. These provisions should be read with clauses 8(2) and 58(3).

Clause 7(1): "Necessary for the purpose of the proper and adequate construction and completion of the Works". The question when further Drawings, Specifications or Instructions are "necessary" requires reference to other provisions of the Contract, particularly clauses 8, 11, 13(2) and 14(9). Prima facie, the Contractor's entitlement under this clause is limited to those matters for which the Employer (or the Engineer) takes responsibility, *i.e.* the permanent works together with any temporary works designed by the Engineer, and any other matters for which the Employer is responsible.[25]

The Contract Drawings rarely contain sufficient particulars to construct the Works, and it is anticipated that they will be followed by more detailed Drawings and Schedules, *e.g.* detailing reinforced concrete work. In other cases, such as earthworks contracts, details of the construction will depend on materials that become available as a result of excavation. In all such cases it is anticipated that detailed instructions will be given in such time as will allow the Contractor to carry out the work within the contract timescale.[26]

Clause 7(4): Late Instructions: Notice by the Contractor. The right to make a claim arises upon the Engineer's failure or inability to issue drawings, etc., "requested by the Contractor". The notice required by sub-clause (3) is, therefore, effectively a condition precedent. The notice under sub-clause (3) must be "adequate" and in writing, and the Engineer is then obliged to deliver the required information "at a time reasonable in all the circumstances". If the Contractor is unable to bring a claim under sub-clause (4), a claim for damages for breach of the primary obligation under clause 7(1) may be available.

Clause 7(6): Design by the Contractor. Note that this applies only to design of the permanent works where there is express provision to this effect in the Contract.[27] The Contractor is not required to produce to the Engineer full working drawings, but only drawings and other information to satisfy the Engineer as to the suitability and adequacy of the design, together with operation and maintenance manuals and "as completed" drawings. The possibility of delay in provision of the Contractor's drawings is noted under sub-clause (4)(b), where the Engineer may take such delay into account if it affects the Engineer's ability to issue details of his part of the design.

---

[25] See Notes on "Methods of Construction" under cl. 8.
[26] For the Contractor's right to receive instructions generally, see *Neodox v. Swinton & Pendelbury B.C.* (1958) 5 B.L.R. 34; *London Borough of Merton v. Leach* (1985) 32 B.L.R. 51; and see also pp. 53 *et seq.*
[27] See cl. 8(2) and 58(3).

Clause 7(7): Contractor's responsibility for design. This is unaffected by the Engineer's approval under sub-clause (6). The Contractor's responsibility is limited to the works that he designs, the Engineer remaining responsible for integration and co-ordination with the rest of the works. Note that, despite the reference in sub-clause (6)(a) to "suitability and adequacy", clause 8(2) requires the Contractor to exercise "reasonable skill care and diligence".[28]

GENERAL OBLIGATIONS

Contractor's general responsibilities

8   (1)   The Contractor shall subject to the provisions of the Contract

(a) construct and complete the Works and
(b) provide all labour materials Contractor's Equipment Temporary Works transport to and from and in or about the Site and everything whether of a temporary or permanent nature required in and for such construction and completion so far as the necessity for providing the same is specified in or reasonably to be inferred from the Contract.

Design responsibility

(2)   The Contractor shall not be responsible for the design or specification of the Permanent Works or any part thereof (except as may be expressly provided in the Contract) or of any Temporary Works designed by the Engineer. The Contractor shall exercise all reasonable skill care and diligence in designing any part of the Permanent Works for which he is responsible.

Contractor responsible for safety of site operations

(3)   The Contractor shall take full responsibility for the adequacy stability and safety of all site operations and methods of construction.

Clause 8: General Obligations

This clause has been re-arranged, but is substantially the same as the clause appearing in the 5th Edition, save for the express provision dealing with the Contractor's design responsibility.

    Clause 8(1)(a) repeats the obligation set out in the Tender and in the Form of Agreement, to "construct and complete" the Works. There is no reference here, or elsewhere in the Contract to "maintenance". This term appeared extensively in the first five Editions.[29] The term was capable of being misunderstood, and has now been recast as "defects correction".[30]

---

[28] But see Commentary to cl. 8(2).
[29] See cls. 8(1) and 49 of the 5th Ed., 1973.
[30] The term is borrowed from the I.C.E. Minor Works Form of Contract.

Clause 8—General Obligations

References to maintenance are therefore omitted from the Contractor's general obligations. If the Contract requires the Contractor to maintain the works during some period of their operation, express provisions should be made.

Clause 8(1)(b). *". . . so far as the necessity for providing the same is specified in or reasonably to be inferred from the Contract"*

These words probably add nothing to what would otherwise be the effect of the Contract.[31] The words quoted do not, it is submitted, override the limitation on the work which is taken to be included within the Contractor's prices by virtue of clauses 57 and 55(2).[32] This clause confirms the Contractor's obligation to carry out all such work,[33] subject to the possibility of extra payment.

Clause 8(2): Design Responsibility. *". . . except as may be expressly provided in the Contract"*

It is reasonably plain that this refers to responsibility for the adequacy, and not mere provision of the design or specification. A requirement to carry out design may be contained in any part of the Contract documentation and difficult questions of construction may arise whether a particular requirement is sufficiently expressed. Where the Contractor in fact carries out the design of the permanent works, either by invitation or as part of an alternative tender, there will be no responsibility for such design unless the Contract contains wording sufficient to create such responsibility.[34] See also clause 58(3) as to design requirements under Provisional Sum or Prime Cost items.

Clause 8(2): Contractor to exercise reasonable skill. The wording of the sub-clause is not wholly clear. The intention appears to be to limit the Contractor's design responsibility to one requiring proof of negligence.[35] However, the wording is not sufficient to limit the Contractor's responsibility to make good any loss or damage to the Works, etc., under clause 20(3). The Contractor's design is not an excepted risk.[36] It is thought that an express requirement to produce a design fit for purpose would prevail over the apparent intention to limit the duty (see also clause 7(6) and (7)).

Clause 8(3): Safety of Site Operations. The equivalent clause in the 5th Edition was construed as not applying to a case where inadequacy or

---

[31] See particularly the words of cl. 13(1), the Tender and the Form of Agreement.
[32] See Commentary to these clauses.
[33] Subject to impossibility: see "Methods of Construction" below.
[34] *c.p.* "Suitability for Purpose" on p. 8, "Fitness for Purpose of Completed Works" on p. 59 and "Package Deals" on p. 60.
[35] This is the view of the C.C.S.J.C.—see p. 9 of Guidance Notes; but see also commentary to cl. 58(3).
[36] See commentary to cls. 20 and 21.

instability of site operations or methods of construction was brought about by the Contractor's having encountered physical conditions within clause 12(1). The material wording of this clause and clause 12(1) of the 6th Edition is the same as in the 5th Edition.[37]

The placing of contractual responsibility upon the Contractor will not affect liability under Part 1 of the Health and Safety at Work etc. Act. 1974.[38] The general duty under section 4 of that Act applies to any person "who has, to any extent, control of premises" (which may include the Employer) and requires that the premises and any plant, etc., should be "safe and without risks to health". See also clauses 15 (Contractor's Superintendence) and 19 (Safety and Security) of this Contract, especially the reference to the new C.D.M. Regulations.

Clause 8(3): Methods of Construction. This provision is to be read with clauses 13(2) and 14(1), (6), (7) and (9). These provisions are substantially to the same effect as those under the 5th Edition, where the effect of a method statement being bound into the Contract has been considered by the Courts. In *Yorkshire Water Authority v. Sir Alfred McAlpine*,[39] Skinner J. held that, despite clause 8(3),[40] the incorporation of a method statement bound the Contractor to follow the specified method. If the Works then became impossible within the meaning of clause 13(1),[41] the Contractor became entitled to a variation order with consequent entitlement to payment pursuant to clauses 51 and 52. A distinction was drawn between a method statement bound into the Contract, and one submitted post-contract pursuant to clause 14. In the latter case, clauses 8 and 14 preserved the Contractor's responsibility for the method. This case was followed by the Court of Appeal in *Holland Dredging v. Dredging & Construction Co.*,[42] where an incorporated method statement was held to impose a limit on what the Contractor had undertaken to do by restricting the sources of fill material. In consequence, work that had to be carried out beyond the limit imposed was held to be an extra.

These cases do not, it is submitted, affect the question of responsibility for the methods of construction. The judgment of Skinner J. includes the following passage:

> "Clause 8(2) is only relevant in the context of the present agreement (and I emphasise those words "in the context of the present agreement") to such part of the method or programme as is submitted, or may be submitted, post-contractually under clause 14."[43]

---

[37] *Humber Oil Terminals Trustee v. Harbour and General* (1991) 59 B.L.R. 1 (C.A.). For cl. 12(1), see p. 988.
[38] See particularly ss. 4, 6 and 36.
[39] (1985) 32 B.L.R. 114.
[40] Equivalent to cl. 8(2) of the 5th ed.
[41] Substantially the same as cl. 13(1) of the 5th ed.
[42] (1987) 37 B.L.R. 1 (C.A.).
[43] (1985) 32 B.L.R. 114 at 126.

Clause 8—General Obligations

In view of the finding that the Contractor was entitled to a variation order if work in accordance with the stipulated method became physically impossible (and not if otherwise), the suggested limit on the application of clause 8(2) is *obiter* and does not appear to have any compelling foundation. There is no reason in principle why the Contractor should not remain responsible for the method in the ordinary sense (being liable for the consequences if use of the method leads to damage or additional cost) while at the same time being entitled to a variation order when (but not before) continued use of the method becomes impossible. These distinctions may have important consequences.

Contract Agreement

9   The Contractor shall if called upon so to do enter into and execute a contract agreement to be prepared at the cost of the Employer in the form annexed to these Conditions.

Clause 9: Contract Agreement

The Form of Agreement (see above) adds nothing to the obligations contained in other Contract Documents.[44] In order for this clause to be binding, there will already be a contract in existence, formed by the written acceptance of the Form of Tender (see below). If the Form of Agreement is to contain any new terms, this clause amounts to an agreement to agree, unenforceable under English law, unless the new agreement was already in existence and known to the parties when the tender was accepted, in which case the parties may have bound themselves already to the additional terms. Such problems rarely occur in practice. It is much more common for the parties to continue negotiating after the work has commenced, sometimes not reaching agreement by the date of completion. In such a case, this clause will be of no avail.

The principal difference between the contract formed by acceptance of the tender and the written agreement, is that the latter may be made as a deed,[45] increasing the limitation period in contract, for both parties, to 12 years.[46] The Form of Agreement[47] provides for signing or sealing as alternatives. If it is made clear in the contract documents that the form is to be under seal, there is no reason why the Contractor should not be bound by such a stipulation to convert a simple contract into a deed. From the Contractor's point of view, the extended period of contractual liability may be regarded as

---

[44] See commentary to cl. 5.
[45] Note that seals as such have been abolished by the Law of Property (Miscellaneous Provisions) Act 1989: a document may be made a deed by signing with a witness coupled with physical delivery of the document.
[46] s. 8 of the Limitation Act 1980. See generally s. 3 of Chap. 15.
[47] See p. 1115.

a matter of some importance in the light of the retrenchment which has occurred in the law of tort.[48]

Performance security

10 (1) If the Contract requires the Contractor to provide security for the proper performance of the Contract he shall obtain and provide to the Employer such security in a sum not exceeding 10% of the Tender Total within 28 days of the award of the Contract. The security shall be provided by a body approved by the Employer and be in the Form of Bond annexed to these Conditions. The Contractor shall pay the cost of such security unless the Contract provides otherwise.

Arbitration upon security

(2) For the purposes of the arbitration provisions in such security
(a) the Employer shall be deemed a party to the said security for the purpose of doing everything necessary to give effect to such provisions and
(b) any agreement decision award or other determination touching or concerning the relevant date for the discharge of such security shall be wholly without prejudice to the resolution or determination of any dispute or difference between the Employer and the Contractor under clause 66.

Clause 10: Performance Security. *"If the Contract requires . . ."*

The Form of Tender, which will form part of the initial contract agreement, contains an undertaking "if required" to provide security for the due performance of the Contract; and the form of Appendix provides for a statement whether security is required. For notes on the Form of Bond annexed to the Conditions, see below and refer to the recent decision of *Trafalgar House Construction v. General Surety*[49] for the effect of the bond. It is important to note that the Bond provides security only during and for a limited period after performance of the work. The principal protection which it affords is against failure to complete the works through insolvency or other default. It affords no effective protection against latent defects in the work.

Arbitration under the Bond. The subject matter of such arbitration is limited to the date of the Maintenance Certificate, for the purpose of discharge of the security. Note that the parties to the Bond are the Contractor, the Surety and the Employer. An arbitration under the Bond will be separate and distinct from any dispute under the Head Contract. Both the Bond (see above) and clause 10(2) provide that a decision concerning the

---

[48] See generally Chap. 7.
[49] (1994) 66 B.L.R. 42 (C.A.). See also "Conditional Bonds" on p. 274.

Maintenance Certificate for the purpose of the Bond is without prejudice to any dispute under the Head Contract. These provisions do not, however, prevent the parties making an ad hoc agreement to consolidate the two related disputes or to be bound by one determination.

Provision and interpretation of information

11 (1) The Employer shall be deemed to have made available to the Contractor before the submission of the Tender all information on the nature of the ground and sub-soil including hydrological conditions obtained by or on behalf of the Employer from investigations undertaken relevant to the Works.

The Contractor shall be responsible for the interpretation of all such information for the purposes of constructing the Works and for any design which is the Contractor's responsibility under the Contract.

Inspection of Site

(2) The Contractor shall be deemed to have inspected and examined the Site and its surrounding and information available in connection therewith and to have satisfied himself so far as is practicable and reasonable before submitting his Tender as to

(a) the form and nature thereof including the ground and sub-soil
(b) the extent and nature of work and materials necessary for constructing and completing the Works and
(c) the means of communication with and access to the Site and the accommodation he may require

and in general to have obtained for himself all necessary information as to risks contingencies and all other circumstances which may influence or affect his Tender.

Basis and sufficiency of Tender

(3) The Contractor shall be deemed to have

(a) based his Tender on the information made available by the Employer and on his own inspection and examination all as aforementioned and
(b) satisfied himself before submitting his Tender as to the correctness and sufficiency of the rates and prices stated by him in the Bill of Quantities which shall (unless otherwise provided in the Contract) cover all his obligations under the Contract.

Clause 11: Provision and Interpretation of Information

This clause is an important part of the placing of risks, and must be read with the provisions of clause 12, which entitles the Contractor to seek extra payment for unforeseen events. In previous editions of the I.C.E. Conditions, clause 11 has dealt primarily with examination of the site and any information provided. The clause now contains, in sub-clause (1), an apparent obligation upon the Employer to provide information. The drafting is based on clause 11.1 of the F.I.D.I.C. Civil Engineering Contract, 4th Edition, 1987.

Clause 11(1). Corrigendum, lines 1–4 (lines 1–5 in printed conditions): delete the first paragraph and insert:

"(1) The Employer shall be deemed to have made available to the Contractor before the submission of his tender all information on
  (a) the nature of the ground and sub-soil including hydrological conditions; and
  (b) pipes and cables in on or over the ground
  obtained by or on behalf of the Employer from investigations undertaken relevant to the Works."

The effect of this correction is to add express reference to "pipes and cables in on or over the ground" to the information which the Employer is to make available (or which he is deemed to have made available). This brings the clause more closely into line with clause 12(1) by including this particular class of "artificial obstructions".

Clause 11(1). *"The Employer shall be deemed to have made available..."*

The words appear to constitute a promise by the Employer that he has provided all the information which has been obtained by him or on his behalf relevant to the Works. If this is correct, interesting questions of damages may arise in the event of breach.[50] In principle, the Contractor is entitled to be put into the position he would have been in had the promise been performed, *i.e.* had the undisclosed information been provided. Prima facie, the measure of damage will, therefore, be the difference between the tender that would have been submitted had the information been available, and the tender that was submitted. What is the position if the Contractor would not have tendered at all, had all the information been available on the basis that the risk was unacceptable? In such a case, it is arguable that the breach should be regarded as fundamental, giving a right, upon discovery, to terminate the contract.[51]

Clause 11(1). *"... obtained by or on behalf of the Employer from investigations undertaken relevant to the Works."*

These words are potentially very wide and not necessarily limited to information in the Employer's possession. Data concerning other sites, not

---

[50] In the C.C.S.J.C. Guidance Notes on p. 9, the view is expressed that if the Employer should fail to make available relevant information as required "he will not be in breach of contract but may well find that he cannot later successfully argue that the contractor ought to have known of such missing information". The view expressed in the text is respectfully maintained. The Guidance Note appears to give insufficient weight to the actual words of the clause.

[51] See p. 225 for the consequences of such termination.

Clause 11—Provision and Interpretation of Information

necessarily adjoining the contract site, might be regarded as relevant. The obligation might include data obtained by Consultants engaged by the Employer on previous projects and not supplied in full to the Employer. All such information appears to be within the obligation. Employers who undertake successive capital projects in the same area will, therefore, be under an onerous duty carefully to record data obtained by or on their behalf, in order to comply with this obligation. It may be anticipated that Contractors will be keen to pursue the possible existence of undisclosed data through the discovery process.

Clause 11(1). *"The Contractor shall be responsible for the interpretation..."*
Information relating to the ground and sub-soil typically consists of test data obtained from a series of identified locations. By clause 11(3)(a) the Contractor is deemed to base his tender on this information. To use such information at all necessarily involves interpolation and sometimes extrapolation. There may be a fine line between "use" and "interpretation".

Clause 11(2). *"The Contractor shall be deemed to have inspected and examined the Site... and to have satisfied himself..."*
These are traditional words, found in public authority contracts going back into the 19th Century. Similar words have been held to protect an Employer where a limited amount of information was supplied which, although not incorrect, was misleading. There was held to be no implication that the information was complete or exhaustive.[52] The site cannot be limited to the surface, having regard to the definition[53] and to the following sub-paragraphs which refer expressly to "the ground and sub-soil". Subject to the effect of sub-clause (1) and clause 12 (see below), these provisions reaffirm the general principle, under English Law at least, that the Contractor takes the risk in the ground and sub-soil.[54]

Clause 11(3). *"The Contractor shall be deemed to have... based his tender on the information made available..."*
These words confirm the effect of the information as suggested above under sub-clause (1). The Contractor must use the information in order to base his tender on it. The Employer will therefore be responsible for such use, provided it is reasonable.[55] It is reasonably clear that in this sub-clause "made available" refers to the actual and not deemed provision of information—see the opening words of sub-clause (1).

---

[52] *Dillingham Construction Pty v. Downs* (1972) 2 N.S.W.L.R. 49; see also p. 191.
[53] See cl. 1(1)(v).
[54] *Thorn v. London Corporation* (1876) 1 App. Cas. 120; *Bottoms v. York Corporation* (1892) H.B.C., 4th ed., Vol. 2, p. 208 and cf. *Morrison-Knudsen Co. v. State of Alaska* (1974) 519 P2d 834, discussed by I. N. D. Wallace, Proceedings of a Conference on *Construction Contract Policy*, Kings College, London 1989.
[55] See also *Bacal v. Northampton Development Corporation* (1975) 8 B.L.R. 88 (C.A.), where the simple provision of borehole data with an invitation to tender gave rise to an implied warranty.

The I.C.E. Form of Contract—6th Edition 1991

Clause 11(3). *"The Contractor shall be deemed to have ... satisfied himself ... as to the correctness and sufficiency of the rates and prices stated ..."*

This provision will not affect the overall pricing of the contract but may be important in relation to the application or re-fixing of rates under clause 52. It is submitted that the effect of this provision is that the rates are deemed to cover the work described notwithstanding evidence to the contrary, *e.g.* that the rates have been artificially weighted or adjusted.

Adverse physical conditions and artificial obstructions

12 (1) If during the execution of the Works the Contractor shall encounter physical conditions (other than weather conditions or conditions due to weather conditions) or artificial obstructions which conditions or obstructions could not in his opinion reasonably have been foreseen by an experienced contractor the Contractor shall as early as practicable give written notice thereof to the Engineer.

Intention to claim

(2) If in addition the Contractor intends to make any claim for additional payment or extension of time arising from such condition or obstruction he shall at the same time or as soon thereafter as may be reasonable inform the Engineer in writing pursuant to clause 52(4) and/or clause 44(1) as may be appropriate specifying the condition or obstruction to which the claim relates.

Measures being taken

(3) When giving notification in accordance with sub-clauses (1) and (2) of this clause or as soon as practicable thereafter the Contractor shall give details of any anticipated effects of the condition or obstruction the measures he has taken is taking or is proposing to take their estimated cost and the extent of the anticipated delay in or interference with the execution of the Works.

Action by Engineer

(4) Following receipt of any notification under sub-clauses (1) (2) or (3) of this clause the Engineer may if he thinks fit *inter alia*

    (a) require the Contractor to investigate and report upon the practicality cost and timing of alternative measures which may be available
    (b) give written consent to measures notified under sub-clause (3) of this clause with or without modification
    (c) give written instructions as to how the physical conditions or artificial obstructions are to be dealt with
    (d) order a suspension under clause 40 or a variation under clause 51.

Clause 12—Adverse Physical Conditions and Artificial Obstructions

Conditions reasonably foreseeable

(5) If the Engineer shall decide that the physical conditions or artificial obstructions could in whole or in part have been reasonably foreseen by an experienced contractor he shall so inform the Contractor in writing as soon as he shall have reached that decision but the value of any variation previously ordered by him pursuant to sub-clause (4)(d) of this clause shall be ascertained in accordance with clause 52 and included in the Contract Price.

Delay and extra cost

(6) Where an extension of time or additional payment is claimed pursuant to sub-clause (2) of this clause the Engineer shall if in his opinion such conditions or obstructions could not reasonably have been foreseen by an experienced contractor determine the amount of any costs which may reasonably have been incurred by the Contractor by reason of such conditions or obstructions together with a reasonable percentage addition thereto in respect of profit and any extension of time to which the Contractor may be entitled and shall notify the Contractor accordingly with a copy to the Employer.

Clause 12: Adverse Physical Conditions and Artificial Obstructions.

The essence of this clause is to place the particular defined risk of adverse conditions on the Employer and not the Contractor. There could be a substantial overlap between loss recoverable under this clause and a claim made pursuant to clause 11(1), and other claims such as misrepresentation.[56] There are two grounds on which the policy of this clause is open to serious question, *viz.* first, whether the Contractor should be required to undertake any part of the risk in ground conditions, and secondly, whether the particular apportionment of risk is efficient and workable. As to the first point, contrary to what appears to be implicit in clause 11(2), modern tendering procedures do not permit Contractors to do more than examine the surface of the site and to consider the information concerning the sub-soil provided by the Employer. It is the Employer who decides how much money and effort to invest in the site investigation process, and this determines the reliability of the data provided. While the Contractor may be left with some responsibility for adverse ground conditions, the Employer often has no clear incentive to provide the best information possible.[57] As to the second point, the division between the Employer's risk and the Contractor's risk is such as to lead frequently to major and costly disputes. Further, there is no clear incentive on the Contractor, when adverse conditions are encountered, to

---

[56] And consider also the possibility, not yet recognised under English Law, of a claim based on breach of duty of disclosure: see *Morrison-Knudsen v. State of Alaska* (1974) 519 P2d 834.
[57] See generally Methods of Procurement for Ground Investigation: C.I.R.I.A. SP45, 1988.

minimise their effect. The ability to recover comparatively generous compensation under this clause could be seen as tending to inefficiency.

A solution which has been suggested is to utilise "reference conditions" against which the Contractor's prices are deemed to apply, with provision for pricing more adverse conditions in the Bill of Quantities. In this way, the Contractor is paid for what is actually encountered and the Employer has a positive incentive to make the reference conditions as accurate as possible.[58]

Drafting of Clause 12. There are a number of amendments in the new edition of this clause, but none of substance. The 4th Edition of the I.C.E. Conditions contained a provision that additional cost could be claimed only if incurred after the giving of notice. This provision was reversed in the 5th Edition of the Conditions, and the present clause maintains that position. Much of the present clause is purely procedural and enabling, without substantive effect. The essential matters dealt with in the clause are (a) definition of the conditions which fall within the clause and (b) provisions governing compensation.

Clause 12(1). "... *physical conditions* ..."

These words are very wide. They suggest a state of affairs having a pre-existence before being "encountered". However, there is no justification for limiting the clause to conditions occurring after the Contract nor even to pre-existing conditions.[59] The equivalent clause of the 5th Edition, with materially identical wording, has been construed to apply to a combination of soil conditions and applied stresses. The soil conditions were foreseeable but the result of applying particular stresses to those soil conditions was a collapse which was not foreseeable. The court rejected the argument that the term "physical conditions" was limited to something intransient which was there to be encountered. The expression was capable of applying to a transient combination.[60]

Clause 12(1). "... *other than weather conditions or conditions due to weather conditions* ..."

This provision is apt to exclude both heavy rainfall and consequent floods. More difficult questions may arise where the adverse condition arises from the action of weather upon some other physical condition, *e.g.* a rising water table giving rise to instability in soil. The words "due to" appear to indicate an intention to exclude matters only where weather conditions are the effective or proximate cause.[61]

---

[58] See further C.I.R.I.A. Report R79: Tunnelling—Improved Contract Practices, 1978; Contract Documents and the Division of Risk: J.F. Uff, Proceedings of the 7th Annual Conference, King's College C.C.L.M. 1994.
[59] See *Holland Dredging v. Dredging & Construction* (1987) 37 B.L.R. 1 at 35 (C.A.).
[60] *Humber Oil Terminals Trustee v. Harbour and General* (1991) 59 B.L.R. 1 (C.A.).
[61] See *Wayne Tank & Pump v. Employer's Liability Assurance Corporation* [1974] Q.B. 57 (C.A.).

Clause 12—Adverse Physical Conditions and Artificial Obstructions

Clause 12(1). *"... artificial obstructions..."*

These words are much more specific than "physical conditions", and must be limited to non-naturally occurring events which obstruct, *i.e.* hinder or stop, some part of the Contractor's operations. In their context, it is thought that the words must contemplate a physical occurrence and not matters such as statutory controls or even (as sometimes suggested) obstructive members of the professional team. A typical example of an artificial obstruction is buried services. The obstruction may, however, be transient. See also words added by Corrigendum to clause 11(1).

Clause 12(1). *"... could not .... reasonably have been foreseen by an experienced contractor..."*

Although expressed objectively, the intention is plainly to allow or disallow claims by reference to the particular circumstances of the Contract, but attributing to the real Contractor an objective degree of foresight. Thus the assessment of what could or could not reasonably have been foreseen must take into account all the available sources of information.[62] This must include the actual knowledge of the real Contractor, even if this goes beyond what an experienced Contractor would know, otherwise there would be recovery for conditions which the real Contractor should have foreseen or even did foresee.

Determining whether a condition could "reasonably" have been foreseen habitually gives rise to the greatest difficulty of interpretation in civil engineering arbitration. The words of the sub-clause seem to defy precise analysis and it is thought that little is to be gained from analysing the words in terms of probability. It is always worthwhile to bear in mind that a ruling that a condition could reasonably have been foreseen leaves the Contractor in a position of loss, while the opposite ruling may leave him in a position of unexpected profit. It is indeed unfortunate that there is virtually no authority on the application of this difficult test. It is thought that most arbitrators in practice apply the clause by asking whether it is reasonable to expect *this* Contractor, assuming him to be experienced, to have foreseen the particular condition or obstruction.

Requirement for Notice. The clause contains a number of notice provisions. Sub-clause (1) requires the Contractor to give written notice "as early as practicable" of the condition or obstruction encountered. Sub-clause (2) requires additional notice "pursuant to clause 52(4) and/or clause 44(1)" if the Contractor wishes to claim payment or an extension of time. Sub-clause (3) also requires notice "as soon as practicable thereafter" of the anticipated effects of the condition or obstruction, the measures proposed and their estimated cost. None of these notices, it is thought, can operate as a condition precedent to the right to press a claim. Clause 52(4) (see below)

---

[62] See *C.J. Pearce v. Hereford Corporation* (1968) 66 L.G.R. 647, a case on the 4th ed. of the I.C.E. Conditions.

expressly permits claims out of time, provided that the Engineer has not been prejudiced.[63]

Clause 12(4): Corrigendum, line 1 (line 1 in printed conditions): delete "(1) (2) or (3)" and insert "(1) or (2) or receipt of details in accordance with sub-clause (3)". This change is purely cosmetic. The original provision was clear, if not accurate.

Clause 12(4): Action by the Engineer. The Engineer is given a battery of express powers under this clause, notwithstanding the breadth of his powers under clauses 13(1) and 51 which are also exercisable, if necessary, under this clause. In practice, Engineers are usually extremely cautious in responding to claims under clause 12 because of the serious financial consequences. In many cases, the Contractor is left to pursue remedies of his own choosing and to seek to recover the costs subsequently by negotiation or arbitration.[64]

Clause 12(6): Corrigendum, add to end of sub-clause: "The Contractor shall subject to Clause 52(4) be paid in accordance with Clause 60 the amount so determined". The added words were implicit in the original printed form.

Clause 12(6): Sums payable. This sub-clause has been greatly simplified. It permits the recovery of any costs[65] "which may reasonably have been incurred by the Contractor by reason of such conditions or obstructions". This formula avoids strict questions of causation. It may also place an onus on the Engineer to act under sub-clause (4) or otherwise to control the incurring of additional cost. The Contractor is entitled to an additional percentage for profit on the whole of his cost, a change from the previous edition where profit was allowed only on additional work or plant.

Work to be to satisfaction of Engineer

13 (1) Save insofar as it is legally or physically impossible the Contractor shall construct and complete the Works in strict accordance with the Contract to the satisfaction of the Engineer and shall comply with and adhere strictly to the Engineer's instructions on any matter connected therewith (whether mentioned in the Contract or not). The Contractor shall take instructions only from the Engineer or (subject to the limitations referred to in clause 2) from the Engineer's Representative.

---

[63] cl. 52(4)(e).
[64] For an alternative provision see *New Civil Engineer*, July 6th, 1989.
[65] See cl. 1(5) for definition.

Clause 13—Work to be to Satisfaction of Engineer

Mode and manner of construction

(2) The whole of the materials plant and labour to be provided by the Contractor under clause 8 and the mode manner and speed of construction of the Works are to be of a kind and conducted in a manner acceptable to the Engineer.

Delay and extra cost

(3) If in pursuance of clause 5 or sub-clause (1) of this clause the Engineer shall issue instructions which involve the Contractor in delay or disrupt his arrangements or methods of construction so as to cause him to incur cost beyond that reasonably to have been foreseen by an experienced contractor at the time of tender then the Engineer shall take such delay into account in determining any extension of time to which the Contractor is entitled under clause 44 and the Contractor shall subject to clause 52(4) be paid in accordance with clause 60 the amount of such cost as may be reasonable except to the extent that such delay and extra cost result from the Contractor's default. Profit shall be added thereto in respect of any additional permanent or temporary work. If such instructions require any variation to any part of the Works the same shall be deemed to have been given pursuant to clause 51.

Clause 13

This clause contains a number of important general obligations and powers, and should be read with clauses 5, 8 and 14. Sub-clause (1) contains an important restriction on the Contractor's obligation to carry out the Works, where they become legally or physically impossible. Sub-clause (3) makes provision for additional payments in circumstances which may have wide application.

Clause 13(1). *"... legally ... impossible ..."*
This applies to the construction process, as well as to the permanent and temporary works.[66] Thus the Contractor would be absolved from carrying out the work if the only means of doing it would contravene the Health and Safety at Work etc. Act 1974. Similarly, if the permanent works or the temporary works would infringe a statutory provision such as the Public Health Acts, or a private right capable of protection by injunction, the Contractor would similarly be absolved to the extent of such impossibility.

Clause 13(1). *"... physically impossible ..."*
The effect of this provision was considered in the case of *Yorkshire Water Authority v. McAlpine*,[67] where it was held that if a method of construction

---

[66] See cl. 1(1)(p).
[67] (1985) 32 B.L.R. 114.

which was contractually binding became impossible, clause 13(1) had the effect of entitling the Contractor to a variation and to payment under clauses 51 and 52. The same principle was applied in a dredging case, where an incorporated method statement was held to limit the area from which fill was to be obtained.[68] Where there are no constraints upon the Contractor's methods of working, the Contractor will rarely be in a position to allege physical impossibility. However, in *Turriff Ltd. v. Welsh National Water Development Authority*,[69] work consisting of constructing rectangular pre-cast concrete segments of a sewer to specific tolerances was held to be physically impossible within clause 13(1) where, although not absolutely impossible, the work was impossible in the ordinary commercial sense. The Contractor was, therefore, not bound to complete the relevant parts of the work.

Clause 13(1). "... *in strict accordance with the Contract to the satisfaction of the Engineer* ..."

These words are traditional, and are probably otiose. The Engineer cannot withhold his satisfaction where the work is fully defined in the Contract, nor can he give his satisfaction where the work does not comply with the requirements of the Contract.[70] The obligation to comply with the Contract is repeated in clause 8(1) and in the Tender and Form of Agreement.

Clause 13(1). "... *adhere strictly to the Engineer's instructions on any matter connected therewith (whether mentioned in the Contract or not)*"

These words are important because they appear to give the Engineer considerable powers to give instructions. The words empower the Engineer to give an instruction (i) on any matter connected with the Works, and (ii) which need not be mentioned in the Contract. However, the words do not mean, it is submitted, that any instruction connected with the Works is to be regarded as given under clause 13(1).[71] Under sub-clause (3), provision is made for payment for an instruction given "in pursuance of ... sub-clause (1) of this clause".

Clause 13(2): Corrigendum, line 1 (line 1 in printed conditions): delete "plant" and insert "Contractor's Equipment". This is a cosmetic change which brings the sub-clause into line with the new wording of clause 8(1).

Clause 13(2): Mode and manner of construction. It is not clear what distinction, if any, is to be drawn between "mode and manner" and "method". The latter is dealt with in clause 8(2), where the Contractor is made responsible, and in clause 14, where the Engineer is empowered to

---

[68] *Holland Dredging v. Dredging and Construction* (1987) 37 B.L.R. 1 (C.A.).
[69] (1979) 1994 Con. L.Y.B. 122; see also 32 B.L.R. 117.
[70] See cl. 2(1)(c).
[71] See commentary to cl. 13(3).

require further detail and to impose restrictions. Clause 13(2) entitles the Engineer, without invoking clause 14, to withhold his acceptance.

Clause 13(3). "*If in pursuance of Clause 5 or sub-clause (1) of this clause the Engineer shall issue instructions . . .*"

The ambit of instructions which are to be regarded as issued "in pursuance of" sub-clause (1) is not defined. Sub-clause (1) itself gives no assistance, since practically any instruction may come within its words. It is significant that the right to payment under sub-clause (3) is materially restricted compared with other clauses in the Contract, and this would indicate that instructions which could be regarded as issued under some other clause should be so regarded. The last sentence of the sub-clause is not wholly consistent with this view, but it may refer to a composite instruction which includes a variation to part of the Works. Note that under clause 2(6)(c) the Engineer or his representative must specify in writing the authority for any instruction given.

The instruction under sub-clause (3) requires no particular form, and need not even be in writing. The sub-clause has great potential for disputes, but, since its introduction in 1973, the clause does not appear to have been greatly relied on by Contractors. This may be a reflection of the limitation on recovery of cost, or alternatively a reflection on the availability of other grounds of claim.

Clause 13(3). "*. . . beyond that reasonably to have been foreseen by an experienced contractor . . .*"

These words appear, curiously, to qualify "cost", despite the fact that the Contractor is then entitled to payment of "such cost as may be reasonable", *i.e.*, the cost recoverable is subject to two qualifications. The intention appears to be to allow claims only where the instruction, or the resulting disruption were unforeseeable, but the effect is far from clear. As indicated above, the clause has been little used.

Programme to be furnished

14 (1) (a) Within 21 days after the award of the Contract the Contractor shall submit to the Engineer for his acceptance a programme showing the order in which he proposes to carry out the Works having regard to the provisions of clause 42(1).
(b) At the same time the Contractor shall also provide in writing for the information of the Engineer a general description of the arrangements and methods of construction which the Contractor proposes to adopt for the carrying out of the Works.
(c) Should the Engineer reject any programme under sub-clause (2)(b) of this clause the Contractor shall within 21 days of such rejection submit a revised programme.

Action by Engineer

(2) The Engineer shall within 21 days after receipt of the Contractor's programme

    (a) accept the programme in writing or
    (b) reject the programme in writing with reasons or
    (c) request the Contractor to supply further information to clarify or substantiate the programme or to satisfy the Engineer as to its reasonableness having regard to the Contractor's obligations under the Contract.

    Provided that if none of the above actions is taken within the said period of 21 days the Engineer shall be deemed to have accepted the programme as submitted.

Provision of further information

(3) The Contractor shall within 21 days after receiving from the Engineer any request under sub-clause (2)(c) of this clause or within such further period as the Engineer may allow provide the further information requested failing which the relevant programme shall be deemed to be rejected.

    Upon receipt of such further information the Engineer shall within a further 21 days accept or reject the programme in accordance with sub-clauses (2)(a) or (2)(b) of this clause.

Revision of programme

(4) Should it appear to the Engineer at any time that the actual progress of the work does not conform with the accepted programme referred to in sub-clause (1) of this clause the Engineer shall be entitled to require the Contractor to produce a revised programme showing such modifications to the original programme as may be necessary to ensure completion of the Works or any Section within the time for completion as defined in clause 43 or extended time granted pursuant to clause 44. In such event the Contractor shall submit his revised programme within 21 days or within such further period as the Engineer shall allow. Thereafter the provisions of sub-clauses (2) and (3) of this clause shall apply.

Design criteria

(5) The Engineer shall provide to the Contractor such design criteria relevant to the Permanent Works or any Temporary Works design supplied by the Engineer as may be necessary to enable the Contractor to comply with sub-clauses (6) and (7) of this clause.

Methods of construction

(6) If requested by the Engineer the Contractor shall submit at such times and in such further detail as the Engineer may reasonably require information

Clause 14—Programme to be Furnished

pertaining to the methods of construction (including Temporary Works and the use of Contractor's Equipment) which the Contractor proposes to adopt or use and calculations of stresses strains and deflections that will arise in the Permanent Works or any parts thereof during construction so as to enable the Engineer to decide whether if these methods are adhered to the Works can be constructed and completed in accordance with the Contract and without detriment to the Permanent Works when completed.

Engineer's consent

(7) The Engineer shall inform the Contractor in writing within 21 days after receipt of the information submitted in accordance with sub-clauses (1)(b) and (6) of this clause either

(a) that the Contractor's proposed methods have the consent of the Engineer or
(b) in what respects in the opinion of the Engineer they fail to meet the requirements of the Contract or will be detrimental to the Permanent Works.

In the latter event the Contractor shall take such steps or make such changes in the said methods as may be necessary to meet the Engineer's requirements and to obtain his consent. The Contractor shall not change the methods which have received the Engineer's consent without the further consent in writing of the Engineer which shall not be unreasonably withheld.

Delay and cost

(8) If the Contractor unavoidably incurs delay or cost because

(a) the Engineer's consent to the proposed methods of construction is unreasonably delayed or
(b) the Engineer's requirements pursuant to sub-clause (7) of this clause or any limitations imposed by any of the design criteria supplied by the Engineer pursuant to sub-clause (5) of this clause could not reasonably have been foreseen by an experienced Contractor at the time of Tender

the Engineer shall take such delay into account in determining any extension of time to which the Contractor is entitled under clause 44 and the Contractor shall subject to clause 52(4) be paid in accordance with clause 60 such sum in respect of the cost incurred as the Engineer considers fair in all the circumstances. Profit shall be added thereto in respect of any additional permanent or temporary work.

Responsibility unaffected by acceptance or consent

(9) Acceptance by the Engineer of the Contractor's programme in accordance with sub-clauses (2) (3) or (4) of this clause and the consent of the Engineer to the Contractor's proposed methods of construction in accordance with sub-clause (7) of this clause shall not relieve the Contractor of any of his duties or responsibilities under the Contract.

Clause 14

This clause covers two important matters, *viz.* programme and the method of working. The Employer, through the Engineer, needs to exercise some degree of control over each of these, but without relieving the Contractor from his overall responsibility to carry out and complete the Works within the stated time for completion.

Clause 14(1) to (3): Contractor's initial programme. These sub-clauses contain elaborate provisions for the submission, consideration and revision of an initial programme for the work. The drafting assumes that an acceptable programme will be produced by these means. There is no provision which applies otherwise, beyond requiring the Contractor to submit a revision. In practice, programming problems tend to occur during, rather than at the commencement of, the Works. Note that sub-clause (1)(b) also requires the Contractor to provide "a general description of the arrangements and methods of construction". These are not subject to the review procedure which applies to the programme, but see commentary to sub-clause (7) below.

Clause 14(4): Corrigendum, line 9 (line 9 in printed conditions): delete "shall" and insert "may". This is cosmetic. The meaning of the printed text was not open to doubt.

Clause 14(4): Requirement for revised programme. It should be noted that none of these programmes are contractually binding. The Contractor remains under an obligation to complete within the time stated, subject to any extension,[72] and to proceed with "due expedition and without delay".[73] The sanction or remedy provided against delay is set out in Clause 46.

Clause 14(6). "... *information pertaining to the methods of construction* ..."
It is important to note that this sub-clause, and the procedure which follows, has to be invoked by the Engineer. He is perfectly entitled, as an alternative, to signify his non-acceptance of the mode or manner of construction under clause 13(2), without putting into effect the procedure which may lead to a claim for additional cost under this clause. If the Engineer decides to request information under this clause, it must include what may be elaborate stress and strain calculations. Note that under sub-clause (5), the Engineer is to provide relevant design criteria to enable the Contractor to comply with these obligations.

Clause 14(7): Engineer's response to information submitted. This

---

[72] cl. 43.
[73] cl. 41(2).

Clause 14—Programme to be Furnished

sub-clause has an interesting history. When originally introduced with the 5th Edition of the I.C.E. Conditions, it was part of the procedure which applied if (but only if) the Engineer decided to invoke sub-clause (6). It will be noted that these provisions now apply also to the information which the Contractor is bound to submit under sub-clause (1)(b). Accordingly, whether or not sub-clause (6) is invoked, the Engineer must now deal with information submitted about the methods of construction proposed by the Contractor, and either (a) give his consent or (b) indicate in what respects they fail to meet "the requirements of the Contract or will be detrimental to the Permanent Works".

It will be noted that this phrase turns into "the Engineer's requirements" in the latter part of the sub-clause. There does not appear to be any need for the Engineer to make requirements. He need only point out where the Contractor's method fails to meet the requirements of the Contract or will be detrimental to the Permanent Works.

Clause 14(7): Contractor not to change methods without consent.
Approval of the Contractor's method under this clause does not render the Employer responsible (see sub-clause (9)) nor is the Contractor entitled to a variation order if it becomes impossible to continue with the method.[74] The Engineer need only consent to a change of method.

Clause 14(8): Claim for delay and additional cost. The grounds of claim include "Engineer's requirements" or design criteria being not reasonably foreseeable. As noted above, it is not clear why the Engineer should need to make requirements. Note that the sum recoverable is not the cost incurred, but what the Engineer considers "fair in all the circumstances". It is not clear how this is to be assessed, but presumably it is not to exceed the actual cost incurred.

Clause 14(9): Contractor's responsibility unaffected. This clause confirms that the Contractor's responsibility under clauses 8(3) and 13(2) remains unaffected by the submission of information and the giving of the Engineer's consent. The Engineer should, however, be mindful of the dangers of going beyond the machinery of this clause as regards the method, having regard to the terms of clause 51(1).

Contractor's superintendence

15 (1) The Contractor shall give or provide all necessary superintendence during the construction and completion of the Works and as long thereafter as the Engineer may consider necessary. Such superintendence shall be given by sufficient persons having adequate knowledge of the operations to be carried out (including the methods and techniques required the hazards likely to be

---

[74] cf. *Yorkshire Water Authority v. McAlpine* (1985) 32 B.L.R. 114.

encountered and methods of preventing accidents) as may be requisite for the satisfactory and safe construction of the Works.

Contractor's agent

(2) The Contractor or a competent and authorized agent or representative approved of in writing by the Engineer (which approval may at any time be withdrawn) is to be constantly on the Works and shall give his whole time to the superintendence of the same. Such authorized agent or representative shall be in full charge of the Works and shall receive on behalf of the Contractor directions and instructions from the Engineer or (subject to the limitations of clause 2) the Engineer's Representative. The Contractor or such authorized agent or representative shall be responsible for the safety of all operations.

Removal of Contractor's employees

16 The Contractor shall employ or cause to be employed in and about the construction and completion of the Works and in the superintendence thereof only such persons as are careful skilled and experienced in their several trades and callings.

The Engineer shall be at liberty to object to and require the Contractor to remove or cause to be removed from the Works any person employed thereon who in the opinion of the Engineer misconducts himself or is incompetent or negligent in the performance of his duties or fails to conform with any particular provisions with regard to safety which may be set out in the Contract or persists in any conduct which is prejudicial to safety to health and such persons shall not be again employed upon the Works without the permission of the Engineer.

Clauses 15 and 16

The Contractor's obligations under these clauses are not such as may readily give rise to damages for breach. The Employer's only effective remedy lies in the threat of determination under clause 63, but this would be available only if the Contractor were "persistently or fundamentally" in breach of his obligations.[75]

Clause 15(2). *"The Contractor or such authorised agent or representative shall be responsible . . ."*

This amounts to a statement of the authority which the agent is required to be given. It cannot relieve the Contractor of his primary responsibility under Clause 8(3) "for the adequacy stability and safety of all site operations and methods of construction".

---

[75] Cl. 63(1)(b)(iv).

Setting-out

17 (1) The Contractor shall be responsible for the true and proper setting-out of the Works and for the correctness of the position levels dimensions and alignment of all parts of the Works and for the provision of all necessary instruments appliances and labour in connection therewith.

(2) If at any time during the progress of the Works any error shall appear or arise in the position levels dimensions or alignment of any part of the Works the Contractor on being required so to do by the Engineer shall at his own cost rectify such error to the satisfaction of the Engineer unless such error is based on incorrect data supplied in writing by the Engineer or the Engineer's Representative in which case the cost of rectifying the same shall be borne by the Employer.

(3) The checking of any setting-out or of any line or level by the Engineer or the Engineer's Representative shall not in any way relieve the Contractor of his responsibility for the correctness thereof and the Contractor shall carefully protect and preserve all bench-marks sight rails pegs and other things used in setting out the Works.

Clause 17(2). "... *the Contractor on being required so to do by the Engineer shall at his own cost rectify such error* ..."

This is a useful provision, apart from which the Engineer's only sanction is to refuse to certify payment for the erroneous work. Equivalent provisions for defective work or materials are contained in clause 39, which also includes power to employ others to do the work if the Contractor does not comply. Clause 17 does not contain such a provision.

Boreholes and exploratory excavation

18 If at any time during the construction of the Works the Engineer shall require the Contractor to make boreholes or to carry out exploratory excavation such requirement shall be ordered in writing and shall be deemed to be a variation under clause 51 unless a Provisional Sum or Prime Cost Item in respect of such anticipated work shall have been included in the Bill of Quantities.

Safety and security

19 (1) The Contractor shall throughout the progress of the Works have full regard for the safety of all persons entitled to be upon the Site and shall keep the Site (so far as the same is under his control) and the Works (so far as the same are not completed or occupied by the Employer) in an orderly state appropriate to the avoidance of danger to such persons and shall inter alia in connection with the Works provide and maintain at his own cost all lights guards fencing warning signs and watching when and where necessary or required by the Engineer or the Engineer's Representative or by any competent statutory or other authority for the protection of the Works or for the safety and convenience of the public or others.

Employer's responsibilities

(2) If under clause 31 the Employer shall carry out work on the Site with his own workmen he shall in respect of such work

    (a) have full regard to the safety of all persons entitled to be upon the Site and

    (b) keep the Site in an orderly state appropriate to the avoidance of danger to such persons.

If under clause 31 the Employer shall employ other contractors on the Site he shall require them to have the same regard for safety and avoidance of danger.

Clauses 18 and 19

Clause 19: Generally: This clause should be read with clauses 8(3), 15 and 22, and in the light of the general law relating to occupiers of premises.[76] If a failure to observe the requirements for safety results in a claim being brought against the Employer, there will be a claim over against the Contractor for breach of this clause. Alternatively, clause 22(1) requires the Contractor to indemnify the Employer against claims, etc., "which may arise out of or in consequence of the execution of the Works".

Clause 19: Responsibility for Health and Safety. Health and safety on construction sites, or the lack of it, has been the subject of periodic legislation. The Health and Safety at Work Act 1974 introduced a new approach under English law with the creation of the Health and Safety Executive. These developments, however, had little effect on construction activities which continued to be subject to regulations made under the Factories Act 1961.

More recently, the European Community has taken action with the adoption in 1989 of the framework Directive on Health and Safety at Work. This directive did not apply to construction sites but the Commission subsequently issued the Temporary or Mobile Construction Sites Directive pursuant to which the Construction (Design and Management) Regulations have been issued together with an Approved Code of Practice. At the time of writing, both of these exist in draft only and further regulations are awaited to implement parts of the directive. However, the form of the new provisions is clear. Essentially, the C.D.M. Regulations will place duties on many more parties than hitherto, and specifically on the client, the designer, the planning supervisor, the principal contractor and other contractors. There must be a health and safety plan and designers are specifically required to take steps to avoid foreseeable risks to health and safety. The regulations generally do not confer a right of action in civil proceedings.[77] The new range of duties means

---

[76] See p. 282.
[77] Draft Reg. 21.

Clause 19—Safety and Security

that the main contractor can no longer be assumed to take full responsibility for health and safety on site.

Clause 19(1). "... *all persons entitled to be upon the Site* ..."

The obligations under the clause should not be regarded as so limited. Both the Contractor and the Employer could attract liability in tort to trespassers.[78]

Clause 19(1). "... *the Site (so far as the same is under his control)* ..."

The Contractor will remain in control notwithstanding occupation by a sub-contractor. Note that clause 42(2) contemplates handover of the site in sections "as may be required." It is plainly in the interests of both parties to avoid any doubt or misunderstanding as to control and responsibility.

Care of the Works

20 (1) (a) The Contractor shall save as in paragraph (b) hereof and subject to sub-clause (2) of this clause take full responsibility for the care of the Works and materials plant and equipment for incorporation therein from the Works Commencement Date until the date of issue of a Certificate of Substantial Completion for the whole of the Works when the responsibility for the said care shall pass to the Employer.
(b) If the Engineer issues a Certificate of Substantial Completion for any Section or part of the Permanent Works the Contractor shall cease to be responsible for the care of that Section or part from the date of issue of such Certificate of Substantial Completion when the responsibility for the care of that Section or part shall pass to the Employer.
(c) The Contractor shall take full responsibility for the care of any outstanding work and materials plant and equipment for incorporation therein which he undertakes to finish during the Defects Correction Period until such outstanding work has been completed.

Excepted Risks

(2) The Excepted Risks for which the Contractor is not liable are loss or damage to the extent that it is due to

(a) the use or occupation by the Employer his agents servants or other contractors (not being employed by the Contractor) of any part of the Permanent Works
(b) any fault defect error or omission in the design of the Works (other than a design provided by the Contractor pursuant to his obligations under the Contract)
(c) riot war invasion act of foreign enemies or hostilities (whether war be declared or not)
(d) civil war rebellion revolution insurrection or military or usurped power

---

[78] See Occupiers' Liability Act 1984.

(e) ionizing radiations or contamination by radioactivity from any nuclear fuel or from any nuclear waste from the combustion of nuclear fuel radioactive toxic explosive or other hazardous properties of any explosive nuclear assembly or nuclear component thereof and
(f) pressure waves caused by aircraft or other aerial devices travelling at sonic or supersonic speeds.

Rectification of loss or damage

(3) (a) In the event of any loss or damage to
  (i) the Works or any Section or part thereof or
  (ii) materials plant or equipment for incorporation therein
while the Contractor is responsible for the care thereof (except as provided in sub-clause (2) of this clause) the Contractor shall at his own cost rectify such loss or damage so that the Permanent Works conform in every respect with the provisions of the Contract and the Engineer's instructions. The Contractor shall also be liable for any loss or damage to the Works occasioned by him in the course of any operations carried out by him for the purpose of complying with his obligations under clauses 49 and 50.
(b) Should any such loss or damage arise from any of the Excepted Risks defined in sub-clause (2) of this clause the Contractor shall if and to the extent required by the Engineer rectify the loss or damage at the expense of the Employer.
(c) In the event of loss or damage arising from an Excepted Risk and a risk for which the Contractor is responsible under sub-clause (1)(a) of this clause then the Engineer shall when determining the expense to be borne by the Employer under the Contract apportion the cost of rectification into that part caused by the Excepted Risk and that part which is the responsibility of the Contractor.

Insurance of Works etc.

21 (1) The Contractor shall without limiting his or the Employers obligations and responsibilities under clause 20 insure in the joint names of the Contractor and the Employer the Works together with materials plant and equipment for incorporation therein to the full replacement cost plus an additional 10 per cent to cover any additional costs that may arise incidental to the rectification of any loss or damage including professional fees cost of demolition and removal of debris.

Extent of cover

(2) (a) The insurance required under sub-clause (1) of this clause shall cover the Employer and the Contractor against all loss or damage from whatsoever cause arising other than the Excepted Risks defined in clause 20(2) from the Work Commencement Date until the date of issue of the relevant Certificate or Substantial Completion.
(b) The insurance shall extend to cover any loss or damage arising during

the Defects Correction Period from a cause occurring prior to the issue of any Certificate of Substantial Completion and any loss or damage occasioned by the Contractor in the course of any operation carried out by him for the purpose of complying with his obligations under clauses 49 and 50.

(c) Nothing in this clause shall render the Contractor liable to insure against the necessity for the repair or reconstruction of any work constructed with material or workmanship not in accordance with the requirements of the Contract unless the Bill of Quantities shall provide a special item for this insurance.

(d) Any amounts not insured or not recovered from insurers whether as excesses carried under the policy or otherwise shall be borne by the Contractor or the Employer in accordance with their respective responsibilities under clause 20.

Clauses 20 and 21

These Clauses lay down responsibilities for damage to the Works, materials, plant and equipment, by making the Contractor generally liable, subject to specific exceptions. Insurance is required in the joint names of the Contractor and the Employer. Apart from this clause, the Contractor is prima facie liable for damage to the Works, through the overriding obligation to complete the Works.[79] The principal effect of clause 20 is to define those areas in which the Contractor is relieved of liability. These clauses have been re-arranged and the drafting clarified for the 6th Edition, which also contains some amendments.

Clause 20(1)(a). "*... full responsibility for the care of the Works ...*"

These words do not accurately reflect the Contractor's responsibility, which is not simply to exercise (reasonable) care. The Contractor is responsible irrespective of fault within the terms of the clause. The effect of sub-clause (1) is to define the period during which the Contractor is responsible before such responsibility passes to the Employer.

Clause 20(1): Period of Contractor's responsibility. This is stated in paragraph (a) as extending from the Works Commencement Date to the date of the issue of a Certificate of Substantial Completion for the whole of the Works. But by paragraph (b), a Certificate of Substantial Completion for any Section or part immediately transfers responsibility for that Section or part to the Employer. In each case, by paragraph (c), this is subject to any outstanding work, etc., remaining the Contractor's responsibility until it is complete. Note that a "Section" means a part of the Works separately identified in the Appendix,[80] but a part has no definition.[81]

---

[79] Cl. 8(1)(a), Tender and Form of Agreement.
[80] Cl. 1(1)(u).
[81] See cl. 48(3) and (4).

The I.C.E. Form of Contract—6th Edition 1991

Clause 20(2)(a). *"... use or occupation by the Employer his agents servants or other Contractors ..."*

This is a potentially wide exception, because use or occupation may occur informally. The words apply *ex hypothesi* to use or occupation not recognised by a Certificate of Substantial Completion.[82] But the exception operates only where the loss or damage in question is "due to" such use or occupation.

Clause 20(2)(b). *"... any fault defect error or omission in the design of the Works ..."*

These words are not limited to a failure by the designer to comply with accepted standards of skill, nor to a failure to take account of existing engineering knowledge. A "fault" in the design of the Works may exist where the only error consists in the inability of available knowledge or theory to predict the actual stresses to which a structure will be subjected.[83] Note that the exception applies to any part of the design other than one provided by the Contractor pursuant to his obligations under the Contract. Design which is not excluded, and which therefore remains the Contractor's responsibility, is the design of the temporary works (unless designed by the Engineer[84]), and design of the permanent works where the Contract contains an express obligation to carry out such design.[85] (See further, note to Clause 21 (2) below.)

Clause 20(3)(a). *"In the event of any loss or damage ..."*

The clause now omits the words "from any cause whatsoever" which have appeared in previous Editions of the form of Contract, and which have been held to render the Contractor liable for loss due to the Employer's negligence.[86] This omission does not cut down the Contractor's obligation to put right the loss or damage, but the present wording would not prevent the Contractor mounting a cross-claim for indemnity, either in contract or in tort[87] where the Employer is at fault.[88]

Clause 20(3). *"... the Contractor shall at his own cost rectify such loss or damage ..."*

Provided that the loss occurs while the Contractor is responsible, as defined by sub-clause (1), the Contractor is automatically required to reinstate the Works or any materials, plant or equipment. Where the damage

---

[82] See cl. 20(1)(b) and 48(3).
[83] *Manufacturers' Mutual Insurance v. Queensland Government Railway* [1969] 1 Lloyd's Rep. 214 and see also *Pentagon Construction v. Fidelity & Guarantee Co.* [1978] 1 Lloyd's Rep. 93.
[84] Cl. 8(2).
[85] See cl. 8(2) and 58(3).
[86] *Farr v. The Admiralty* [1953] 1 W.L.R. 965; see, however, "Loss caused by negligence" on p. 64 and in particular footnote 45, where it is suggested that *Farr v. The Admiralty* might not be followed today.
[87] See p. 66.
[88] But see *Candlewood Navigation v. Mitsui O.S.K. Lines* [1986] A.C. 1 (P.C.); *Leigh & Sillivan v. Aliakmon Shipping Co.* [1986] A.C. 785 (H.L.).

Clauses 20 and 21—Care and Insurance of the Works

is due to an Excepted Risk, the Contractor is required to rectify, at the Employer's expense, only if and to the extent instructed.

Clause 20(3)(c): Concurrent causes of loss. The power to apportion the cost of rectification may have the effect of preventing the Contractor (and the Insurer under clause 21) from avoiding liability where a cause of the loss (not being the sole cause) is one of the Excepted Risks.[89]

Clause 21(1): Insurance in Joint Names. The Employer, named as principal in the policy, can bring a claim in his own name. The Employer may also bring a claim against the Contractor under Clause 20, but the Contractor (depending on its terms) will also be entitled to rely on the policy, so that the Insurer's right of subrogation will effectively disappear.[90] Insurance in the Employer's name is strictly unnecessary, because where the Contractor only is insured, the Employer has a statutory right to proceed against the Insurer in the event of the Contractor's insolvency.[91]

Clause 21(2). *"... insurance ... shall cover the Employer and Contractor against all loss or damage from whatsoever cause arising other than the Excepted Risks ..."*

Note that the words "from whatsoever cause arising" have been re-inserted in this clause, to ensure that the insurance cover is at least as wide as the liability provided under clause 20 (see commentary to clause 20(3)(a) above). Design provided by the Contractor pursuant to his obligations under the Contract is not within the excepted risks (see clause 20(2)(b)). The Contractor is therefore fully liable for any resulting loss or damage under clause 20, and should be covered by insurance under clause 21, without the need to prove negligence.[92] There is, however, a serious lacuna arising from the excepted risks. The potential liability of the Engineer for design fault will not normally extend beyond negligence[93] so that the Employer will have no cover against loss due to design fault which does not amount to negligence.

Damage to persons and property

22 (1) The Contractor shall except if and so far as the Contract provides otherwise and subject to the exceptions set out in sub-clause (2) of this clause indemnify and keep indemnified the Employer against all losses and claims in respect of

---

[89] See *Wayne Tank Co. v. Employers' Liability Ltd* [1974] Q.B. 57 (C.A.); see also p. 210.
[90] See *Petrofina v. Magnaload* [1984] Q.B. 127.
[91] Third Parties (Rights against Insurers) Act 1930 and see *M/S Aswan Engineering v. Iron Trades Mutual Insurance* [1989] 1 Lloyds Rep. 289.
[92] See commentary to cl. 8(2).
[93] See *Greaves Contractors v. Baynham Meikle* [1975] 1 W.L.R. 1095 (C.A.); *Manufacturers' Mutual Insurance v. Queensland Government Railway* [1969] 1 Lloyd's Rep. 214; see also *Wimpey v. Poole* [1984] 2 Lloyds Rep. 499.

(a) death of or injury to any person or
(b) loss of or damage to any property (other than the Works)

which may arise out of or in consequence of the execution of the Works and the remedying of any defects therein and against all claims demands proceedings damages costs charges and expenses whatsoever in respect thereof or in relation thereto.

Exceptions

(2) The exceptions referred to in sub-clause (1) of this clause which are the responsibility of the Employer are

(a) damage to crops being on the Site (save in so far as possession has not been given to the Contractor)
(b) the use or occupation of land (provided by the Employer) by the Works or any part thereof or for the purpose of executing and maintaining the Works (including consequent losses of crops) or interference whether temporary or permanent with any right of way light air or water or other easement or quasi-easement which are the unavoidable result of the construction of the Works in accordance with the Contract
(c) the right of the Employer to construct the Works or any part thereof on over under in or through any land
(d) damage which is the unavoidable result of the construction of the Works in accordance with the Contract and
(e) death of or injury to persons or loss of or damage to property resulting from any act neglect or breach of statutory duty done or committed by the Employer his agents servants or other Contractors (not being employed by the Contractor) or for or in respect of any claims demands proceedings damages costs charges and expenses in respect thereof or in relation thereto.

Indemnity by Employer

(3) The Employer shall subject to sub-clause (4) of this clause indemnify the Contractor against all claims demands proceedings damages costs charges and expenses in respect of the matters referred to in the exceptions defined in sub-clause (2) of this clause.

Shared responsibility

(4) (a) The Contractor's liability to indemnify the Employer under sub-clause (1) of this clause shall be reduced in proportion to the extent that the act or neglect of the Employer his agents servants or other contractors (not being employed by the Contractor) may have contributed to the said death injury loss or damage.
(b) The Employer's liability to indemnify the Contractor under sub-clause (3) of this clause in respect of matters referred to in sub-clause (2)(e) of this clause shall be reduced in proportion to the extent that the act or

Clauses 22 and 23—Damage and Insurance

neglect of the Contractor or his sub-contractors servants or agents may have contributed to the said death injury loss or damage.

Third party insurance

23 (1) The Contractor shall without limiting his or the Employer's obligations and responsibilities under clause 22 insure in the joint names of the Contractor and the Employer against liabilities for death of or injury to any person (other than any operative or other person in the employment of the Contractor or any of his sub-contractors) or loss of or damage to any property (other than the Works) arising out of the execution of the Contract other than the exceptions defined in clause 22(2)(a)(b)(c) and (d).

Cross liability clause

(2) The insurance policy shall include a cross liability clause such that the insurance shall apply to the Contractor and to the Employer as separate insured.

Amount of insurance

(3) Such insurance shall be for at least the amount stated in the Appendix to the Form of Tender.

Clauses 22 and 23

These clauses divide and apportion responsibility between the Contractor and the Employer for damage other than to the Works, etc., and provide for corresponding insurance. Clause 22 is the main indemnity clause of the Contract. Other indemnities which may overlap with this clause are contained in clauses 24 (Accident or Injury to Work People), 26(3) (Contractor to conform with statutes), 28(1) (Interference with Traffic etc.), 28(2) (noise, disturbance and pollution) and 30(2) and (3) (claims arising from transport).

Clause 22(1)(b). "... *loss of or damage to any property (other than the Works)* ..."

The Contractor's materials, plant and equipment are within the indemnity, which therefore duplicates the wider responsibility (and insurance) provided for in clauses 20 and 21.

Clause 22(1). "... *which may arise out of or in consequence of the execution of the Works* ..."

Note that the indemnity is much narrower than the obligations in regard to the Works etc., which cover "any loss or damage."[94] Equivalent words in the fourth edition were held not to permit the Employer to recover costs incurred

---

[94] See commentary to cls. 20(3) and 21(2).

in defending a third party claim for injury allegedly caused by the Works, but held not to be.[95]

Clause 22(2)(e): Liability for injury to persons or property resulting from neglect or breach of the statutory duty. This exception to the Contractor's indemnity applies to neglect or breach "by the Employer, his agents, servants or other Contractors (not being employed by the Contractor)." Sub-clause (3) requires the Employer to indemnify the Contractor in regard to such matters, but sub-clause (4)(b) provides a limit to the Employer's liability, where the act or neglect of the Contractor, his sub-contractors, servants or agents may have contributed to the loss or damage. It is difficult to see any application for this latter restriction, since the original exception applies only to the act, neglect or breach of the Employer.

Clause 22(4)(a). *"The Contractor's liability ... shall be reduced in proportion ..."*

Such words are necessary to preserve the right to indemnity, where the party claiming indemnity has been negligent.[96] The corresponding provision covering the Employer's liability is limited to the matter in sub-clause 2(e) (see above).

Clause 23(1): Insurance required. Note that insurance is now required in joint names and with a cross liability clause (clause 23(2)). The cover excludes the matters set out in clause 22(2)(a), (b), (c) and (d), but includes (e). The risk to be insured is defined as that "arising out of the execution of the Contract", in contrast to the wider words (including "in consequence of") appearing in clause 22(1). It is not clear why there is a change in the wording. The Contractor may, of course, take out any insurance he wishes to, and the parties would be well advised to ensure that the relevant wording of the liability and insurance cover coincide. The period during which the policy is to be in force is not stated. The reference to "the execution of the contract" suggests that the policy should extend at least during the Defects Correction Period. Clause 22(1), however, includes "the remedying of any defects" in the Works, which might extend further. It is plainly in the interests of the parties to ensure that adequate insurance is available whenever there are third party risks.

Accident or injury to workpeople

24   The Employer shall not be liable for or in respect of any damages or compensation payable at law in respect or in consequence of any accident or injury to any operative or other person in the employment of the Contractor

---

[95] *Richardson v. Buckinghamshire C.C.* (1971) 6 B.L.R. 58 (C.A.).
[96] *A.M.F. International v. Magnet Bowling* [1968] 1 W.L.R. 1028.

Clauses 24 and 25—Damage and Insurance

or any of his sub-contractors save and except to the extent that such accident or injury results from or is contributed to by any act or default of the Employer his agents or servants and the Contractor shall indemnify and keep indemnified the Employer against all such damages and compensation (save and except as aforesaid) and against all claims demands proceedings costs charges and expenses whatsoever in respect thereof or in relation thereto.

Clause 24

This provision should be read with clause 22. It does not affect the right of any workmen or other person employed by the Contractor or a sub-contractor to bring proceedings against the Employer, for example, under the Occupiers Liability Act 1957.[97] In the event of the Employer being found liable, he is entitled to indemnity from the Contractor except to the extent of the Employer's default. Such apportionment of liability is necessary to preserve the right to indemnity where the Employer has been negligent.[98] The clause makes no requirement for insurance, but the Contractor is obliged by statute[99] to insure against injury to employees arising out of the course of their employment.

Evidence and terms of insurance

25 (1) The Contractor shall provide satisfactory evidence to the Employer prior to the Works Commencement Date that the insurances required under the Contract have been effected and shall if so required produce the insurance policies for inspection. The terms of all such insurances shall be subject to the approval of the Employer (which approval shall not unreasonably be withheld). The Contractor shall upon request produce to the Employer receipts for the payment of current insurance premiums.

Excesses

(2) Any excesses on the policies of insurance effected under clause 21 and 23 shall be as stated by the Contractor in the Appendix to the Form of Tender.

Remedy on Contractor's failure to insure

(3) If the Contractor shall fail upon request to produce to the Employer satisfactory evidence that there is in force any of the insurances required under the Contract then and in any such case the Employer may effect and keep in force any such insurance any pay such premium or premiums as may be necessary for that purpose and from time to time deduct the amount so paid from any monies due or which may become due to the Contractor or recover the same as a debt due from the Contractor.

---

[97] See also the Occupiers' Liability Act 1984.
[98] *A.M.F. International v. Magnet Bowling* [1968] 1 W.L.R. 1028.
[99] Employers' Liability (Compulsory Insurance) Act 1969.

The I.C.E. Form of Contract—6th Edition 1991

Compliance with policy conditions

(4) Both the employer and the Contractor shall comply with all conditions laid down in the insurance policies. In the event that the Contractor or the Employer fails to comply with any condition imposed by the insurance policies effected pursuant to the Contract each shall indemnify the other against all losses and claims arising from such failure.

Clause 25

Clause 25(3). *"... the Employer may effect ... any such insurance ..."*

The Employer has no authority to insure in the Contractor's name, or in joint names, and must effect the necessary insurance in his own name. In any such case, the Insurer would be entitled to exercise his right of subrogation, where the Contractor is prima facie liable for the loss under the Contract. It is plainly in the Contractor's interest to ensure that all joint name policies are effected

Giving of notices and payment of fees

26 (1) The Contractor shall save as provided in clause 27 give all notices and pay all fees required to be given or paid by any Act of Parliament or any Regulation or Bye-law of any local or other statutory authority in relation to the construction and completion of the Works and by the rules and regulations of all public bodies and companies whose property or rights are or may be affected in any way by the Works.

Repayment by Employer

(2) The Employer shall repay or allow to the Contractor all such sums as the Engineer shall certify to have been properly payable and paid by the Contractor in respect of such fees and also all rates and taxes paid by the Contractor in respect of the Site or any part thereof or anything constructed or erected thereon or on any part thereof or any temporary structures situated elsewhere but used exclusively for the purposes of the Works or any structures used temporarily and exclusively for the purposes of the Works.

Contractor to conform with Statutes etc.

(3) The Contractor shall ascertain and conform in all respects with the provisions of any general or local Act of Parliament and the Regulations and Bye-laws of any local or other statutory authority which may be applicable to the Works and with such rules and regulations of public bodies and companies as aforesaid and shall keep the Employer indemnified against all penalties and liability of every kind for breach of any such Act Regulation or Bye-law. Provided always that

Clause 26—Giving of Notices and Payment of Fees

(a) the Contractor shall not be required to indemnify the Employer against the consequences of any such breach which is the unavoidable result of complying with the Contract or instructions of the Engineer

(b) if the Contract or instructions of the Engineer shall at any time be found not to be in conformity with any such Act Regulation or Bye-law the Engineer shall issue such instructions including the ordering of a variation under clause 51 as may be necessary to ensure conformity with such Act Regulation or Bye-law and

(c) the Contractor shall not be responsible for obtaining any planning permission which may be necessary in respect of the Permanent Works or any Temporary Works design supplied by the Engineer and the Employer hereby warrants that all the said permissions have been or will in due time be obtained.

Clause 26

Construction works are subject to many important statutory controls, and the consequences of non-compliance can be serious. This clause deals with the important question of liability for non-compliance. By sub-clause (3), the Contractor is made generally responsible for compliance subject to some important limitations. The question of liability in tort for non-compliance with statutes in relation to construction works, has been the subject of considerable judicial activity over the past two decades. For the present position see pp. 412 *et seq.*

Clause 26(1): Corrigendum, line 1 (line 1 in printed conditions): delete "save as provided in Clause 27". Clause 27(3) formerly provided for the Employer to give notices in respect of streetworks. Under the new clause 27(3) (see below) the Contractor is now responsible for giving notices.

Clause 26(1). "*... give all notices ... required to be given ...*"
The Contractor's obligation under this clause will not be limited to notices required under the relevant statute to be given by a Contractor or other person carrying out the physical work. The principal notices to which this clause will apply are those required by the Building Regulations 1985.[1] While the initial application under the regulations for approval is termed a Notice, it is thought the clear intention of this sub-clause is to require the Contractor to give only those Notices in the nature of "notification" rather than "application". Under the London Building Acts, notices are also required to be served on adjoining owners at prescribed times before commencement of work.[2] Such notices are in practice normally served by the Employer or his

---

[1] Note that the Regulations now apply with very limited exceptions throughout the whole of England and Wales, including Inner London. See generally Chap. 15, s. 4.
[2] See London Building Acts (Amendment) Act 1939, Pt. VI.

The I.C.E. Form of Contract—6th Edition 1991

Engineer or Surveyor. But the Contractor's obligation under this sub-clause must include such notices.

Clause 26(2). "... *any structures used temporarily and exclusively for the purposes of the Works*"

The Employer is to repay rates and taxes for these structures, which need not be on the site. The ordinary meaning of "structure" is very wide, and is apt to include any building.[3] It is thought that use "for the purposes of the Works" would limit such structures or buildings to those used for physical operations rather than, for example, the Contractor's offices. But this is by no means clear.

Clause 26(3)(a). "*Provided ... the Contractor shall not be required to indemnify the Employer against ... the unavoidable result of complying with the Contract or instructions of the Engineer*"

This is the principal limitation on the Contractor's blanket obligation to comply with statutes and to indemnify the Employer. Note that the Contractor is only absolved from indemnifying the Employer. He remains liable to comply with the statute, subject to the effect of paragraph (b) (see below). The proviso will apply only where the Contractor has no choice regarding the nature of the work, so that the result becomes "unavoidable". With a breach arising from the method of working, the Contractor will not normally be confined to a particular method, unless through instructions of the Engineer.[4]

Clause 26(3)(b). "*Provided ... if the Contract or instructions of the Engineer shall at any time be found not to be in conformity ...*"

The Contractor is under an obligation, under sub-clause (3), to "ascertain" as well as to conform with the provisions of any applicable statutes. Consequently, it is thought that this proviso does not limit the Contractor's obligation, but rather the obligation of the Engineer to issue instructions.[5] The effect, it is submitted, is that the Contractor is entitled to payment only for work carried out, and varied as necessary, to achieve conformity with applicable statutes, and not to payment for work carried out in breach of statute, nor to the costs of demolition.[6]

Clause 26(3)(c). "... *the Employer hereby warrants ...*"

Breach of such warranty will entitle the Contractor to damages including any loss or expense incurred by delay waiting for necessary planning permission. If planning permission is not obtained at all, the Contractor will

---

[3] *Almond v. Birmingham Royal Institution for the Blind* [1968] A.C. 37 at 51 (H.L.).
[4] But see commentary to cls. 8(3) and 14(6), (7).
[5] Otherwise, the obligation to supply necessary instructions under cl. 7(1) would prevail.
[6] Consider *Townsends (Builders) Ltd v. Cinema News* [1959] 1 W.L.R. 119 (C.A.), and now fully reported at 20 B.L.R. 118; see also p. 94.

Clause 26—Giving of Notices and Payment of Fees

generally be entitled to be paid the price of the work carried out.[7] Note that work done without planning consent is not *per se* unlawful, even though it may be the subject of enforcement proceedings.

New Roads and Street Works Act 1991—definitions

27 (1) (a) In this clause "the Act" shall mean the New Roads and Street Works Act 1991 and any statutory modifications or re-enactment thereof for the time being in force.
(b) For the purpose of obtaining any licence under the Act required for the Permanent Works the undertaker shall be the Employer who for the purposes of the Act will be the licensee.
(c) For all other purposes the undertaker under the licence shall be the Contractor.
(d) All other expressions common to the Act and to this Clause shall have the same meaning as those assigned to them by the Act.

Licences

(2) (a) The Employer shall obtain any street works licence and any other consent licence or permission that may be required for the carrying out of the Permanent Works and shall supply the Contractor with copies thereof including details of any conditions or limitations imposed.
(b) Any conditions or limitation in any licence obtained after the award of the Contract shall be deemed to be an instruction under Clause 13.

Notices

(3) The Contractor shall be responsible for giving to any relevant authority any required notice (or advance notice where prescribed) of his proposal to commence any work. A copy of each such notice shall be given to the Employer.

Clause 27: New Roads and Street Works Act 1991. The new clause is printed above. It was published by the C.C.S.J.C. in August 1993 to replace clause 27 of the published Form of Contract which applied to the legislation then in force, the Public Utilities Streetworks Act 1950. The new Act followed a comprehensive review of the operation of streetworks carried out for the Department of Transport by Professor M.R. Horne.

In the terminology of the Act, streetworks[8] require a streetworks licence,[9] which is to be granted by the street authority.[10] The term "undertaker"[11] is retained from the old Act and means the person by whom the relevant

---

[7] See *Strongman (1945) v. Sincock* [1955] 2 Q.B. 525 (C.A.).
[8] s. 48(3).
[9] s. 50(1).
[10] s. 49(1).
[11] s. 48(4).

statutory right is exercisable or the licensee under the streetworks licence. A licence is required to place, to retain and thereafter to inspect, maintain, etc. "apparatus" in the street,[12] which includes a sewer, drain or tunnel.[13]

The Act requires the undertaker to give not less than seven days' notice prior to the start of works to the street authority, to any other relevant authority and to any other person whose apparatus is likely to be affected.[14] There are special provisions for emergency works.[15] Provision is made for regulations requiring other notices.[16] Notice lapses after seven days if the work is not begun.[17] The Act places many obligations on the undertaker including a duty to carry on and complete works with despatch,[18] a duty to reinstate[19] and a general obligation to co-operate with the street authority and with other undertakers.[20] Regulations may provide for charges to be levied against the undertaker where work is delayed.[21] The licensee is required to indemnify the street authority against third party claims.[22]

Clause 27(1)(b). *"the undertaker shall be the Employer who for the purposes of the Act will be the licensee"*

The Act contemplates that the licence will be granted:

(a) to a person on terms permitting or prohibiting its assignment, or
(b) to the owner of land and his successors in title.

Clause 27(2)(a) confirms that the Employer is intended to obtain the licence and any other consent and that such licence is to be granted in the Employer's name. The Contractor is presumably intended to carry out the work as the agent of the licensee.

Clause 27(1)(c). *"For all other purposes the undertaker under the licence shall be the Contractor"*

The intention is that the Employer obtains the licence and the Contractor does the work. The provision appears to create an indemnity, but this will not be the effect in relation to delay, for example, where the "undertaker" may become liable for a statutory charge[23] or may even commit an offence.[24] It would be necessary to invoke the sectional completion provisions in the contract to render the Contractor liable for intermediate delay, and the damages recoverable would be limited to liquidated damages.

---

[12] s. 50(1).
[13] s .89(3).
[14] s. 55(1).
[15] s. 57.
[16] s. 54.
[17] s. 55(7).
[18] s. 66(1).
[19] s. 70(1).
[20] s. 60(1).
[21] s. 74(1).
[22] Sched. 3, para. 8.
[23] See reference above to s. 74.
[24] s. 66(2).

Clause 27—New Roads and Street Works Act 1991

Clause 27(2)(d). *"Any condition or limitation in any licence ... shall be deemed to be an instruction under clause 13"*

Note the limitations on recovery under clause 13(3). The additional cost must be "beyond that reasonably to have been foreseen by an experienced contractor at the time of tender".

Clause 27(3). *"The Contractor shall be responsible for giving ... any required notice..."*

This will operate effectively as an indemnity as regards failure to give notice. Compare the position of the Contractor where the work is late or defective. The Employer has no indemnity and must rely on establishing breach of contract. It is to be noted that clause 27(7) of the superseded clause did contain a general indemnity.

Patent rights

28 (1) The Contractor shall save harmless and indemnify the Employer from and against all claims and proceedings for or on account of infringement of any patent right design trademark or name or other protected right in respect of any

    (a) Contractor's Equipment used for or in connection with the Works
    (b) materials plant and equipment for incorporation in the Works

and from and against all claims demands proceedigs damages costs charges and expenses whatsoever in respect thereof or in relation thereto except where such infringement results from compliance with the design or Specification provided other than by the Contractor. In the latter event the Employer shall indemnify the Contractor from and against all claims and proceedings for or on account of infringement of any patent right design trademark or name or other protected right aforesaid.

Royalties

(2) Except where otherwise stated the Contractor shall pay all tonnage and other royalties rent and other payments or compensation (if any) for getting stones sand clay or other materials required for the Works.

Clause 28

This clause deals with the increasingly important area of law compendiously known as "intellectual property" rights. Sub-clause (1) contains no provision for apportionment of liability[25] because the relevant design of equipment or plant will be provided by the Employer or the Contractor alone.

---

[25] See commentary to cl. 22 above.

The I.C.E. Form of Contract—6th Edition 1991

Interference with traffic and adjoining properties

29 (1) All operations necessary for the construction and completion of the Works shall so far as compliance with the requirements of the Contract permits be carried on so as not to interfere unnecessarily or improperly with

(a) the convenience of the public, or
(b) the access to public or private roads footpaths or properties whether in the possession of the Employer or of any other person and with the use or occupation thereof.

The Contractor shall save harmless and indemnify the Employer in respect of all claims demands proceedings damages costs charges and expenses whatsoever arising out of or in relation to any such matters.

Noise disturbance and pollution

(2) All work shall be carried out without unreasonable noise or disturbance or other pollution.

Indemnity by Contractor

(3) To the extent that noise disturbance or other pollution is not the unavoidable consequence of constructing and completing the Works or performing the Contract the Contractor shall indemnify the Employer from and against any liability for damages on that account and against all claims demands proceedings damages costs charges and expenses whatsoever in regard or in relation to such liability.

Indemnity by Employer

(4) The Employer shall indemnify the Contractor from and against any liability for damages on account of noise disturbance or other pollution which is the unavoidable consequence of carrying out the Works and from and against all claims demands proceedings damages costs charges and expenses whatsoever in regard or in relation to such liability.

Clause 29

Clause 29(1): Duty not to interfere with traffic. The obligation to avoid inconvenience or interference with access is qualified by the words "unnecessarily" and "so far as compliance with the requirements of the Contract permits". No such qualifications are expressed in the indemnity which follows. It is thought that the words "whatsoever arising out of or in relation to" mean that the matters which are the subject of the indemnity cannot be limited by the qualifications referred to. However, the sub-clause must be read with and subject to clause 22, particularly the exceptions in sub-clause (2) and the Employer's Indemnity in sub-clause (3) of clause 22.

Clause 29(2) to (4): Noise and pollution. The scheme of cross-

Clause 29—Interference with Traffic and Adjoining Properties

indemnity, depending upon whether the matter is an unavoidable consequence of performing the Contract, follows the scheme set out in clause 22.[26] Noise on construction sites may be the subject of action in nuisance by an aggrieved individual.[27] Noise is also subject to statutory control by a local authority under the Control of Pollution Act 1974.[28] This Act also contains provision for obtaining prior consent to particular methods of work, which may be subject to conditions.[29]

Avoidance of damage to highways etc.

30 (1) The Contractor shall use every reasonable means to prevent any of the highways or bridges communicating with or on the routes to the Site from being subjected to extraordinary traffic within the meaning of the Highways Act 1980 or in Scotland the Roads (Scotland) Act 1984 or any statutory modification or re-enactment thereof by any traffic of the Contractor or any of his sub-contractors and in particular shall select routes and use vehicles and restrict and distribute loads so that any such extraordinary traffic as will inevitably arise from the moving of Contractor's Equipment and materials or manufactured or fabricated articles from and to the Site shall be limited as far as reasonably possible and so that no unnecessary damage or injury may be occasioned to such highways and bridges.

Transport of Contractor's Equipment

(2) Save in so far as the Contract otherwise provides the Contractor shall be responsible for and shall pay the cost of strengthening any bridges or altering or improving any highway communicating with the Site to facilitate the movement of Contractor's Equipment or Temporary Works required in the execution of the Works and the Contractor shall indemnify and keep indemnified the Employer against all claims for damage to any highway or bridge communicating with the Site caused by such movement including such claims as may be made by any competent authority directly against the Employer pursuant to any Act of Parliament or other Statutory Instrument and shall negotiate and pay all claims arising solely out of such damage.

Transport of materials

(3) If notwithstanding sub-clause (1) of this clause any damage shall occur to any bridge or highway communicating with the Site arising from the transport of materials or manufactured or fabricated articles in the execution of the Works the Contractor shall notify the Engineer as soon as he becomes aware of such damage or as soon as he receives any claim from the authority entitled to make such claim.

---

[26] See cl. 22(2)(d) and (3).
[27] See p. 401.
[28] ss. 60 and 61: see also *City of London v. Bovis Construction Ltd* [1992] 3 All E.R. 697 and (1988) 49 B.L.R. 1 (C.A.). See generally Chap. 15, s. 2.
[29] s. 61.

Where under any Act of Parliament or other Statutory Instrument the haulier of such materials or manufactured or fabricated articles is required to indemnify the highway authority against damage the Employer shall not be liable for any costs charges or expenses in repect thereof or in relation thereto.

In other cases the Employer shall negotiate the settlement of and pay all sums due in respect of such claim and shall indemnify the Contractor in respect thereof and in respect of all claims demands proceedings damages costs charges and expenses in relation thereto. Provided always that if and so far as any such claim or part thereof shall in the opinion of the Engineer be due to any failure on the part of the Contractor to observe and perform his obligations under sub-clause (1) of this clause then the amount certified by the Engineer to be due to such failure shall be paid by the Contractor to the employer or deducted from any sum due or which may become due to the Contractor.

Clause 30

Clause 30(1). "... *extraordinary traffic* ..."
The Highways Act 1980 provides, by section 59, for recovery by the Highway Authority from any person "by or in consequence of whose order the traffic has been conducted" of the excess maintenance expenses arising from "excessive weight passing along the highway or other extraordinary traffic thereon". These latter terms are not defined in the Act, but are subject to much case law.[30] It is not apparent why sub-section (1) limits the Contractor's obligation of using "every reasonable means" to the avoidance of "extraordinary traffic" only, but the obligation is probably sufficiently wide to impose a general duty to prevent avoidable damage.

Clause 30(2) and (3). The scheme of these sub-clauses is to require the Contractor, subject to sub-clause (1), to accept responsibility only for damage caused by transport of "Contractor's Equipment or Temporary Works"; and to place the corresponding liability for transport of "materials or manufactured or fabricated articles" upon the Employer, subject to possible liability of the haulier. Where claims arise, the Act makes provision for determination of liability by arbitration, or the appropriate County Court.[31]

Facilities for other contractors

31 (1) The Contractor shall in accordance with the requirements of the Engineer or Engineer's Representative afford all reasonable facilities for any other Contractors employed by the Employer and their workmen and for the workmen of the Employer and of any other properly authorised authorities or

---

[30] See *Hill v. Thomas* [1893] 2 Q.B. 333 (C.A.), and *Halsbury's Statutes*, 4th ed., Vol. 20, p. 207.
[31] Highways Act 1980, s. 59(3) and (4).

statutory bodies who may be employed in the execution on or near the Site of any work not in the Contract or of any contract which the Employer may enter into in connection with or ancillary to the Works.

Delay and extra cost

(2) If compliance with sub-clause (1) of this clause shall involve the Contractor in delay or cost beyond that reasonably to be foreseen by an experienced contractor at the time of tender then the Engineer shall take such delay into account in determining any extension of time to which the Contractor is entitled under clause 44 and the Contractor shall subject to clause 52(4) be paid in accordance with clause 60 the amount of such cost as may be reasonable. Profit shall be added thereto in respect of any additional permanent or temporary work.

Clause 31

Clause 31(1). *". . . afford all reasonable facilities . . ."*

This obligation upon the Contractor does not, it is thought, displace the Employer's obligation under clause 42(2)(a), to give the Contractor possession of so much of the site "as may be required to enable the Contractor to commence and proceed with the construction of the Works".[32] Accordingly, if the other Contractors, etc., interfere with the Contractor's ability to proceed, a claim for compensation will be available under clause 42(3), as an alternative to the claim provided under sub-clause (2). A claim under clause 31(2) is limited to cost which was not reasonably foreseeable,[33] while a claim under clause 42 is not so limited.

Fossils etc.

32 All fossils coins articles of value or antiquity and structures or other remains or things of geological or archaeological interest discovered on the Site shall as between the Employer and the Contractor be deemed to be the absolute property of the Employer and the Contractor shall take reasonable precautions to prevent his workmen or any other persons from removing or damaging any such article or thing and shall immediately upon discovery thereof and before removal acquaint the Engineer of such discovery and carry out at the expense of the Employer the Engineer's orders as to the disposal of the same.

Clearance of Site on completion

33 On the completion of the Works the Contractor shall clear away and remove from the Site all Contractor's Equipment surplus material rubbish and Temporary Works of every kind and leave the whole of the Site and Permanent Works clean and in a workmanlike condition to the satisfaction of the Engineer.

---

[32] See also cl. 41(2), where the Contractor is to proceed "with due expedition and without delay".
[33] See also cl. 13(3).

Clause 34 (Not used)

This clause formerly contained an obligation to comply with the fair wages resolution, which has now been repealed.

Returns of labour and Contractor's Equipment

35   The Contractor shall if required by the Engineer deliver to the Engineer or the Engineer's Representative a return in such form and at such intervals as the Engineer may prescribe showing in detail the numbers of the several classes of labour from time to time employed by the Contractor on the Site and such information respecting Contractor's Equipment as the Engineer may require. The Contractor shall require his sub-contractors to observe the provisions of this clause.

WORKMANSHIP AND MATERIALS

Quality of materials and workmanship and tests

36   (1) All materials and workmanship shall be of the respective kinds described in the Contract and in accordance with the Engineer's instructions and shall be subjected from time to time to such tests as the Engineer may direct at the place of manufacture or fabrication or on the Site or such other place or places as may be specified in the Contract. The Contractor shall provide such assistance instruments machines labour and materials as are normally required for examining measuring and testing any work and the quality weight or quantity of any materials used and shall supply samples of materials before incorporation in the Works for testing as may be selected and required by the Engineer.

Cost of samples

(2) All samples shall be supplied by the Contractor at his own cost if the supply thereof is clearly intended by or provided for in the Contract but if not then at the cost of the Employer.

Cost of tests

(3) The cost of making any test shall be borne by the Contractor if such test is clearly intended by or provided for in the Contract and (in the cases only of a test under load or of a test to ascertain whether the design of any finished or partially finished work is appropriate for the purposes which it was intended to fulfil) is particularized in the Specification or Bill of Quantities in sufficient detail to enable the Contractor to have priced or allowed for the same in his Tender. If any test is ordered by the Engineer which is either

Clause 36—Workmanship and Materials

(a) not so intended by or provided for or

(b) (in the cases above mentioned) is not so particularized

then the cost of such test shall be borne by the Contractor if the test shows the workmanship or materials not to be in accordance with the provisions of the Contract or the Engineer's instructions but otherwise by the Employer.

Clause 36(1): Quality Generally. This is the principal clause within the conditions dealing with quality. It is directed towards materials and workmanship "described in the contract" which will usually be in the specification and perhaps added to by the bills, drawings and other contract documents. The clause is intended to operate on the basis of examination by the Engineer or his staff with appropriate instructions being given in the event of non-compliance—see clauses 38, 39 and 63(1)(b)(iii). Notably, the clause takes no account of recent developments in Quality Management.[34] It is now common for Quality Assurance to be required as part of the Contractor's obligations. This may involve elaborate procedures which effectively render much of these provisions otiose.

Clause 36(1). *". . . shall be of the respective kinds described in the Contract and in accordance with the Engineer's instructions . . ."*

The Engineer has no general authority to give instructions regarding the quality of materials or workmanship. The Contractor's obligation is to comply with the descriptions contained in the Contract, and with the Engineer's instruction or direction thereon only where specific provision is made to this effect in the Contract. An instruction which makes requirements outside these limits would take effect, it is thought, under clause 13(1), giving rise to a claim for additional payment under clause 13(3).

Clause 36(3): Cost of Tests. The apparently simple scheme set out does not always operate easily in practice. Consider the position where the Engineer entertains a reasonable suspicion about the quality of certain materials or work and orders tests which show defects in some cases but not in others. Should the Employer pay the cost of those tests which do not reveal defects? The same problem arises under clause 38(2) in relation to uncovering work, and clause 50 in relation to tests or trials to determine the cause of any defect. Under the present clause, it is submitted that where the Engineer orders a series of investigations, if they are sufficiently closely related, they may be regarded as one test for the purpose of determining whether or not they show "the workmanship or materials not to be in accordance with the provisions of the Contract or the Engineer's instruction". Where such a procedure is repeated, to widen the area of tests, it would be a matter of fact and degree to determine which tests should be

---

[34] See generally C.I.R.I.A. Special Publication 84, 1992: Quality Management in Construction—Contractual Aspects, J. N. Barber.

paid for by whom, assuming that some tests revealed defects and others did not.[35]

Access to Site

37 The Engineer and any person authorized by him shall at all times have access to the Works and to the Site and to all workshops and places where work is being prepared or whence materials manufactured articles and machinery are being obtained for the Works and the Contractor shall afford every facility for and every assistance in obtaining such access or the right to such access.

Examination of work before covering up

38 (1) No work shall be covered up or put out of view without the consent of the Engineer and the Contractor shall afford full opportunity for the Engineer to examine and measure any work which is about to be covered up or put out of view and to examine foundations before permanent work is placed thereon. The Contractor shall give due notice to the Engineer whenever any such work or foundations is or are ready or about to be ready for examination and the Engineer shall without unreasonable delay unless he considers it unnecesary and advises the Contractor accordingly attend for the purpose of examining and measuring such work or of examining such foundations.

Uncovering and making openings

(2) The Contractor shall uncover any part or parts of the Works or make openings in or through the same as the Engineer may from time to time direct and shall reinstate and make good such part or parts to the satisfaction of the Engineer. If any such part or parts have been covered up or put out of view after compliance with the requirements of sub-clause (1) of this clause and are found to be executed in accordance with the Contract the cost of uncovering making openings in or through reinstating and making good the same shall be borne by the Employer but in any other case all such cost shall be borne by the Contractor.

Clause 38

Clause 38(1): Examination. A necessary distinction is drawn between examination and measurement. In regard to the former, the Contractor must give "due notice" to the Engineer when work or foundations are ready, and afford full opportunity for examination. The work must not be covered up without consent. It is thought that consent would be implied from the Engineer's failure to examine within a reasonable time after notice. The sanction against the Contractor's failure to comply with the sub-clause is uncovering under sub-clause (2) at the Contractor's cost.

---

[35] For recovery from the contractor of the cost of tests paid for by the Employer, see *Hall & Tawse Construction v. Strathclyde Regional Council* [1990] S.L.T. 774, noted at 51 B.L.R. 88.

Clause 38(1): Measurement. These provisions must be read with clause 56. The Engineer must give reasonable notice to the Contractor under clause 56(3) when he requires to measure any part of the work. Under clause 38(1), upon the Contractor giving notice that "any such work" (*i.e.* work which is about to be covered up) is ready for examination, the Engineer is bound (unless he considers it unnecessary) to attend for measurement. It is not thought that the Engineer could exercise his right to measure under clause 56(3) after the Works have been properly covered up.

Clause 38(2): Cost of making openings. See commentary to clause 36(3). The same problem may arise in relation to making openings. It is thought that the wording of this sub-clause lends itself more readily to the conclusion suggested, namely that a series of openings could be regarded as a single operation for the purpose of determining who should bear the cost.

Removal of unsatisfactory work and materials

39 (1) The Engineer shall during the progress of the Works have power to instruct in writing the

> (a) removal from the Site within such time or times specified in the instruction of any materials which in the opinion of the Engineer are not in accordance with the Contract
> (b) substitution with materials in accordance with the Contract and
> (c) removal and proper re-execution notwithstanding any previous test thereof or interim payment therefor of any work which in respect of
>   (i) material or workmanship or
>   (ii) design by the Contractor or for which he is responsible
> is not in the opinion of the Engineer in accordance with the Contract.

Default of Contractor in compliance

(2) In case of default on the part of the Contractor in carrying out such instruction the Employer shall be entitled to employ and pay other persons to carry out the same and all costs consequent thereon or incidental thereto as determined by the Engineer shall be recoverable from the Contractor by the Employer and may be deducted by the Employer from any monies due or to become due to him and the Engineer shall notify the Contractor accordingly with a copy to the Employer.

Failure to disapprove

(3) Failure of the Engineer or any person acting under him pursuant to clause 2 to disapprove any work or materials shall not prejudice the power of the Engineer or any such person subsequently to take action under this clause.

Clause 39

Clause 39(1). "... *during the progress of the Works* ..."

The expression is not defined, but it plainly refers to the period from commencement to the Completion Certificate.[36] Clause 49 contains parallel provisions to be operated during the Defects Correction Period.

Clause 39(1): Removal, substitution and re-execution. An express power is needed for the removal of non-conforming work. Withholding payment may not be effective and, on the assumption that defective work gives rise to an immediate legal right,[37] the Employer could otherwise enforce it only by stopping the work. The power to order substitution or re-execution is strictly unnecessary, in view of the Contractor's overriding obligation to complete the Contract.[38] The power to order substitution or re-execution should be exercised sparingly, since an incautiously drafted instruction might be alleged to constitute a variation.[39] If sub-clause (1)(c) is to be read as requiring the instruction to specify re-execution, the Engineer is entitled to order "re-execution in accordance with the Contract".

Clause 39(1)(c)(ii). "... *design by the Contractor or for which he is responsible is not ... in accordance with the Contract.*"

This raises the question of the level of the Contractor's design responsibility. The Contract is neither clear nor consistent whether such responsibility is limited to taking reasonable care or achieving fitness for purpose (see notes to clause 8(2) and 20(3) above and 58(3) below). If the Engineer came to the conclusion that part of the work where the design was the Contractor's responsibility was unfit for purpose, it would be necessary to give a carefully worded instruction which would protect the Employer if the Contractor were found to be liable (and protect the Contractor if he were not).

Clause 39(2): Remedy for default. In addition to the power under sub-clause (2) to employ and pay other persons, clause 63(1)(b)(iii) gives a potential right of determination for matters falling within clause 39(1) where the Contractor fails to comply within 14 days of receiving notice.[40] Note that where remedial or other work of repair is urgently necessary, the Engineer may act under clause 62 to have it done immediately.

---

[36] See also cls. 7(1), 40(1) and 46(1). Note also that cl. 62 uses the expression "during the execution of the Works", which appears to have the same meaning.
[37] See *Kaye v. Hosier & Dickinson* [1972] 1 W.L.R. 146 at 157 (H.L.); *cf. Lintest Builders v. Roberts* (1980) 13 B.L.R. 38 (C.A.).
[38] The power has traditionally been omitted from the JCT Standard Form of Building Contract for the reason given.
[39] See *Simplex Concrete Piles v. St Pancras B.C.* (1958) 14 B.L.R. 80; *Howard de Walden Estates v. Costain Management Designs* (1991) 55 B.L.R. 124.
[40] But cl. 63(1)(b)(iii) is not dependent upon notice having been given in terms of cl. 39—*Tara Civil Engineering v. Moorfield* 46 B.L.R. 72 at 78.

Clause 39—Removal of Unsatisfactory Work and Materials

Clause 39(3). *"Failure of the Engineer... to disapprove any work or materials shall not prejudice..."*

There is no implication that approval will prejudice the Engineer's right subsequently to disapprove the work. Neither failure to disapprove nor approval will prejudice the right of the Employer to bring a claim for defects after completion.[41]

Suspension of work

40 (1) The Contractor shall on the written order of the Engineer suspend the progress of the Works or any part thereof for such time or times and in such manner as the Engineer may consider necessary and shall during such suspension properly protect and secure the work so far as is necessary in the opinion of the Engineer. Subject to clause 52(4) the contractor shall be paid in accordance with clause 60 the extra cost (if any) incurred in giving effect to the Engineer's instructions under this clause except to the extent that such suspension is

    (a) otherwise provided for in the Contract or
    (b) necessary by reason of weather conditions or by some default on the part of the Contractor or
    (c) necessary for the proper execution or for the safety of the Works or any part thereof in as much as such necessity does not arise from any act or default of the Engineer or the Employer or from any of the Excepted Risks defined in clause 20(2).

Profit shall be added thereto in respect of any additional permanent or temporary work.

The Engineer shall take any delay occasioned by a suspension ordered under this clause (including that arising from any act or default of the Engineer or the Employer) into account in determining any extension of time to which the Contractor is entitled under clause 44 except when such suspension is otherwise provided for in the Contract or is necessary by reason of some default on the part of the Contractor.

Suspension lasting more than three months

(2) If the progress of the Works or any part thereof is suspended on the written order of the Engineer and if permission to resume work is not given by the Engineer within a period of 3 months from the date of suspension then the Contractor may unless such suspension is otherwise provided for in the Contract or continues to be necessary by reason of some default on the part of the Contractor serve a written notice on the Engineer requiring permission within 28 days from the receipt of such notice to proceed with the Works or that part thereof in regard to which progress is suspended. If within the said 28

---

[41] See also cl. 60(8).

days the Engineer does not grant such permission the Contractor by a further written notice so served may (but is not bound to) elect to treat the suspension where it affects part only of the Works as an omission of such part under clause 51 or where it affects the whole Works as an abandonment of the Contract by the Employer.

Clause 40

Suspension of work is an extreme remedy, only to be entertained where no other course is available, in view of the serious consequences which may ensue under sub-clause (2). The Engineer is never obliged under the Contract to order suspension. Such an order would normally be given after consultation with the Employer. It has been held in a case under the JCT Standard Form of Building Contract that an instruction nominating a Sub-Contractor on terms which involved stopping other work necessarily operated as a postponement (or suspension) order.[42]

Clause 40(2). "... *elect to treat the suspension where it affects part only of the Works as an omission* ..."

The omission of the suspended part of the Works entitles the Contractor to compensation under clause 52, which permits a claim for new rates to be fixed for other work where the prices are rendered "unreasonable or inapplicable" by the variation (*i.e.* the omission).

Clause 40(2). "... *or where it affects the whole Works* ..."

The apparent intention of these words is to permit the Contractor to be released from further performance where what has been suspended is the whole of the uncompleted works.[43] A suspension is most unlikely to affect the whole of the Works as defined in clause 1(1). However, it is thought that the palpable intention would be achieved by applying to the definition the opening words of clause 1(1)(p): "Except where the context otherwise requires."

Clause 40(2). "... *abandonment of the Contract by the Employer.*"

This term is not defined, nor is there any provision for its consequences.[44] The Contractor clearly ceases to be bound to complete the Works, but it is not clear whether the Contractor has any right to compensation, and if so, on what basis.[45]

---

[42] *Harrison v. Leeds City Council* (1980) 14 B.L.R. 118 (C.A.), a decision described by Megaw L.J. as "unlikely to be repeated".
[43] See JCT Standard Form of Building Contract 1980, cl. 28.1.3.
[44] Compare cl. 63(1)(b)(i), where express provision is made.
[45] See p. 225 for the position if the employer is to be treated as in breach.

COMMENCEMENT TIME AND DELAYS

Works Commencement Date

41 (1) The Works Commencement Date shall be

(a) the date specified in the Appendix to the Form of Tender or if no date is specified
(b) a date within 28 days of the award of the Contract to be notified by the Engineer in writing or
(c) such other date as may be agreed between the parties.

Start of Works

(2) The Contractor shall start the Works on or as soon as is reasonably practicable after the Works Commencement Date. Thereafter the Contractor shall proceed with the Works with due expedition and without delay in accordance with the Contract.

Clause 41

Clause 41(2). *"The Contractor shall start the Works on ..."*
The actual start date does not affect the required Completion Date, which is calculated from the "Works Commencement Date". Failure to start the work at all may lead to notice of determination under clause 63(1)(b)(ii).

Clause 41(2). *"... proceed with the Works with due expedition ..."*
Clause 63(1)(b)(iv) gives a right of determination for failure to proceed with the Works "with due diligence". The two terms, whilst similar, are not the same. There is no sanction which attaches separately to the obligation to proceed with "due expedition". Clause 46 provides a limited remedy where the rate of progress of the Works is too slow. But the remedy is limited to requiring the Contractor to take unspecified steps to expedite progress. An appropriate measure of "due expedition" will be the Contractor's Programme submitted under clause 14.

Possession of Site and access

42 (1) The Contract may prescribe

(a) the extent of portions of the Site of which the Contractor is to be given possession from time to time
(b) the order in which such portions of the Site shall be made available to the Contractor
(c) the availability and the nature of the access which is to be provided by the Employer
(d) the order in which the Works shall be constructed.

(2) (a) Subject to sub-clause (1) of this clause the Employer shall give to the

Contractor on the Works Commencement Date possession of so much of the Site and access thereto as may be required to enable the Contractor to commence and proceed with the construction of the Works.

(b) Thereafter the Employer shall during the course of the Works give to the Contractor possession of such further portions of the Site as may be required in accordance with the programme which the Engineer has accepted under clause 14 and such further access as is necessary to enable the Contractor to proceed with the construction of the Works with due despatch.

Failure to give possession

(3) If the Contractor suffers delay and/or incurs additional cost from failure on the part of the Employer to give possession in accordance with the terms of this clause the Engineer shall determine

> (a) any extension of time to which the Contractor is entitled under clause 44 and
> (b) subject to clause 52(4) the amount of any additional cost to which the Contractor may be entitled. Profit shall be added thereto in respect of any additional permanent or temporary work.

The Engineer shall notify the Contractor accordingly with a copy to the Employer.

Access and facilities provided by the Contractor

(4) The Contractor shall bear all costs and charges for any access required by him additional to those provided by the Employer. The Contractor shall also provide at his own cost any additional facilities outside the Site required by him for the purposes of the Works.

Clause 42

Clause 42(2)(a). *"... so much of the site and access thereto as may be required to enable the Contractor to commence and proceed ..."*

This obligation is stated to be "subject to sub-clause (1)", which states that the Contract may prescribe the handing over of the site. Accordingly, the Contractor is entitled either to have the site delivered in accordance with a programme or otherwise to have possession of sufficient to allow the work to proceed. The latter option may give rise to dispute about the adequacy of the land available, for example, for purposes of storage and items of fixed plant. It is clearly preferable for the land which is to be made available to be clearly defined.

Clause 42(3). *"... failure ... to give possession in accordance with the terms of this Clause ..."*

The obligation to give possession may be that arising under sub-clause (1) or (2). It is thought that the obligation to provide facilities for other

Contractors under clause 31 does not override the Contractor's entitlement to possession of the site. Failure to give possession could give rise to an alternative claim for damages for breach of contract (see commentary to clause 31).

Time for completion

43 The whole of the Works and any Section required to be completed within a particular time as stated in the Appendix to the Form of Tender shall be substantially completed within the time so stated (or such extended time as may be allowed under clause 44) calculated from the Works Commencement Date.

Clause 43

The Employer's remedy for non-compliance is liquidated damages as provided by clause 47. The Contractor is entitled to carry out the work faster and to complete earlier than is required by the Contract. The Employer under such circumstances is obliged to pay for the work as and when done, but is under no further obligation to facilitate earlier performance or pay compensation if the Contractor is prevented from achieving an accelerated programme,[46] unless it is agreed under clause 46(3).

Clause 43: Corrigendum, line 3 (line 4 in printed conditions): within the bracket, after "clause 44" insert "or revised time agreed under clause 46(3)". This is probably a necessary amendment to ensure that an agreement made under clause 46(3) becomes part of the obligations under the principal contract. See also notes under clause 46.

Extension of time for completion

44 (1) Should the Contractor consider that

   (a) any variation ordered under clause 51(1) or
   (b) increased quantities referred to in clause 51(4) or
   (c) any cause of delay referred to in these Conditions or
   (d) exceptional adverse weather conditions or
   (e) other special circumstances of any kind whatsoever which may occur

be such as to entitle him to an extension of time for the substantial completion of the Works or any Section thereof he shall within 28 days after the cause of any delay has arisen or as soon thereafter as is reasonable deliver to the Engineer full and detailed particulars in justification of the period of extension claimed in order that the claim may be investigated at the time.

---

[46] *Glenlion Construction v. The Guinness Trust* (1987) 39 B.L.R. 89.

Assessment of delay

(2) (a) The Engineer shall upon receipt of such particulars consider all the circumstances known to him at that time and make an assessment of the delay (if any) that has been suffered by the Contractor as a result of the alleged cause and shall so notify the contractor in writing.

(b) The Engineer may in the absence of any claim make an assessment of the delay that he considers has been suffered by the Contractor as a result of any of the circumstances listed in sub-clause (1) of this clause and shall so notify the Contractor in writing.

Interim grant of extension of time

(3) Should the Engineer consider that the delay suffered fairly entitles the Contractor to an extension of the time for the substantial completion of the Works or any Section thereof such interim extension shall be granted forthwith and be notified to the Contractor in writing. In the event that the Contractor has made a claim for an extension of time but the Engineer does not consider the Contractor entitled to an extension of time he shall so inform the Contractor without delay.

Assessment at due date for completion

(4) The Engineer shall not later than 14 days after the due date or extended date for completion of the works or any Section thereof (and whether or not the Contractor shall have made any claim for an extension of time) consider all the circumstances known to him at that time and take action similar to that provided for in sub-clause (3) of this clause. Should the Engineer consider that the Contractor is not entitled to an extension of time he shall so notify the Employer and the Contractor.

Final determination of extension

(5) The Engineer shall within 14 days of the issue of the Certificate of Substantial Completion for the Works or for any Section thereof review all the circumstances of the kind referred to in sub-clause (1) of this clause and shall finally determine and certify to the Contractor with a copy to the Employer the overall extension of time (if any) to which he considers the Contractor entitled in respect of the Works or the relevant Section. No such final review of the circumstances shall result in a decrease in any extension of time already granted by the Engineer pursuant to sub-clauses (3) or (4) of this clause.

Clause 44

Clause 44(1): Grounds for extension. Apart from the four specific grounds referred to at (a), (b), (d) and (e), the following causes of delay are referred to in the Conditions:

Clause 44—Extension of Time for Completion

Clause 7(4):	failure by the Engineer to issue necessary drawings or instructions at reasonable times;
Clause 12(2):	adverse physical conditions or artificial obstructions;
Clause 13(3):	instructions under clause 13(1) or clause 5;
Clause 14(8):	delay in giving consent or notifying requirements regarding the method of work;
Clause 31(2):	facilities for other Contractors;
Clause 40(1):	suspension of work;
Clause 42(1):	failure to give possession;
Clause 59(4)(f):	default of Nominated Sub-Contractor.

Clause 44(1)(e). *"... other special circumstances ..."*

The words "of any kind whatsoever" mean that the circumstances need not be related to other enumerated grounds. Whether particular facts amount to "special circumstances" will depend upon construction of the contract as a whole, including any special terms. Matters reasonably with the contemplation of the parties, such as delay by sub-contractors (whether nominated or not) will not rank as special, but see the new clause 59(4)(f) which introduces a specific right to extension in respect of "default" of a nominated sub-contractor.[47] Such general words will not be construed as entitling the Engineer to grant an extension for delay arising from the Employer's default.[48] Any such delay must be brought within one of the express grounds of extension. Failure to do so may invalidate the liquidated damages clause.

Clause 44(1). *"... he shall within 28 days after the cause of any delay has arisen ..."*

This is not a condition precedent. The Contractor may deliver his claim "as soon thereafter as is reasonable". Further, under sub-clause (2)(b), the Engineer is empowered to make an extension in the absence of a claim, which presumably includes the absence of a valid or timely claim.

Clause 44(2) and (3). These two sub-clauses govern the assessment and granting of extensions. The wording is not wholly clear, but the process appears to involve the following steps: (1) the Engineer must make an assessment of the delay suffered; (2) he must consider whether this delay fairly entitles the Contractor to an extension of the time for substantial completion. The Contractor is required to be notified of both matters. No

---

[47] See also cls. 4(4) and 59(3).
[48] *Peak Construction v. McKinney Foundations* (1970) 69 L.G.R. 1 and 1 B.L.R. 111 (C.A.).

further criteria are laid down. Presumably, the second step involves considering how far the individual delayed items are critical to progress of the Works or any relevant Section. Note that in assessing the delay suffered, the Engineer is required to consider "all the circumstances known to him at the time", which may include factors outside the grounds put forward by the Contractor.

Clause 44(3). *"... or any Section thereof..."*

The application and grant of extensions may be applied to Sections, *i.e.* a part of the Works separately identified in the Appendix to the tender.[49] Liquidated damages may be provided separately for Sections pursuant to clause 47(2).

Clause 44(4): Re-assessment of extension at Due Date. This is required whether or not the Works are complete. The Engineer is required to assess an extension of time whether or not the Contractor has applied for one, and whether or not an interim extension has previously been granted. The purpose of this interim assessment is to fix the Employer's entitlement to deduct liquidated damages under clause 47 from the contractual completion date or extension thereof.

Clause 44(5): Final Determination. This will be a final review of the extension which must be assessed under sub-clause (4). Note that the final review may not decrease extensions previously granted, whereas the assessment under sub-clause (4) may do so.

Effect of Revised Extensions. While the provisions for interim and final assessments of extension of time recognise what must frequently occur in practice, some difficulties remain. The root of the problem is the nature of the "temporary" default where the Contractor is in delay and has not yet been granted an extension of time.[50] During the course of the work, this difficulty may give rise to requirements under clause 14(4) for a revised programme, or under clause 46 for steps to expedite progress. At completion, the question arises whether the Contractor is to be regarded as in breach of contract, pending the final determination of extension of time. The right to recover liquidated damages under these circumstances is expressly dealt with in clause 47. In regard to a claim for general damages, the point is free from authority.[51]

---

[49] cl. 1(1)(u).
[50] See reference by Lord Diplock to "temporary disconformity" in *Kaye v. Hosier & Dickinson* [1972] 1 W.L.R. 146 at 157 (H.L.).
[51] The point was argued but not decided by the Court of Appeal in *Rosehaugh Stanhope v. Redpath Dorman Long* and *Beaufort House v. Zimmcor* (1990) 50 B.L.R. 69 and 91 (C.A.).

Night and Sunday work

45 Subject to any provision to the contrary contained in the Contract none of the Works shall be executed during the night or on Sundays without the permission in writing of the Engineer save when the work is unavoidable or absolutely necessary for the saving of life or property or for the safety of the Works in which case the Contractor shall immediately advise the Engineer or the Engineer's Representative. Provided always that this clause shall not be applicable in the case of any work which it is customary to carry out outside normal working hours or by rotary or double shifts.

Clause 45

Clause 45. "... *without the permission in writing of the Engineer* ..."

Subject to the exceptions set out in the clause, the Contractor has no right to carry out night or Sunday work. There is no implication that withholding of consent must be reasonable. See clause 46(2), however, where such permission is not to be unreasonably refused.

Rate of progress

46 (1) If for any reason which does not entitle the Contractor to an extension of time the rate of progess of the Works or any Section is at any time in the opinion of the Engineer too slow to ensure substantial completion by the time or extended time for completion prescribed by clause 43 and 44 as appropriate the Engineer shall notify the Contractor in writing and the Contractor shall thereupon take such steps as are necessary and to which the Engineer may consent to expedite the progress so as substantially to complete the Works or such Section by that prescribed time or extended time. The Contractor shall not be entitled to any additional payment for taking such steps.

Permission to work at night or on Sundays

(2) If as a result of any notice given by the Engineer under sub-clause (1) of this clause the Contractor shall seek the Engineer's permission to do any work on Site at night or on Sundays such permission shall not be unreasonably refused.

Provision for accelerated completion

(3) If the Contractor is requested by the Employer or the Engineer to complete the Works or any Section within a revised time being less than the time or extended time for completion prescribed by clauses 43 and 44 as

appropriate and the Contractor agrees so to do then any special terms and conditions of payment shall be agreed between the Contractor and the Employer before any such action is taken.

Clause 46

Clause 46(1): Corrigendum, line 4 (line 5 in printed conditions): after "appropriate" insert "or the revised time for completion agreed under sub-clause (3) of this Clause". This is a necessary addition to ensure that the clause remains capable of operation after an acceleration agreement. See also notes to clause 43 above and clause 46(3) below.

Clause 46(1). Notice given under this clause is likely to result in the Contractor incurring expense to expedite progress. The question arises whether the Contractor is entitled to bring a claim where the basis of the notice given is removed by a later review of extensions of time, based on grounds existing at the date the notice was given. Although the matter is not free from doubt (see last note to clause 44 above) it is thought that an instruction under clause 46(1), which is retrospectively invalidated by an extension of time, could take effect under clause 13(1) and give rise to a claim for compensation under clause 13(3). It would be necessary, however, for the Contractor to have applied for the extension in order to demonstrate that there was an entitlement at the date of the clause 46(1) notice.[52]

Clause 46(3): Acceleration Measures. This provision, which is new to the 6th Edition of the I.C.E. Conditions, merely records the possibility of agreement being reached.[53] Note that clause 51(1) empowers the Engineer to order a variation including "changes in any specified ... timing of construction required by the Contract". Note also the Corrigenda in clauses 43 and 46(1), intended to ensure that the agreement under this sub-clause becomes enforceable under the principal contract. Appropriate wording was included in clauses 47(1) and (2) of the original version of the Conditions to ensure that liquidated damages may be recovered by reference to any accelerated completion date. It would, perhaps, have been simpler to have added words to this sub-clause making deemed amendments to all clauses where reference is made to completion dates.

---

[52] For "acceleration" claims generally, see *Perini Corporation v. Commonwealth of Australia* (1969) 12 B.L.R. 82 (Supreme Court of New South Wales); *Morrison-Knudsen v. BC Hydro and Power* (1978) 85 D.L.R. (3d) 186; (1991) 7 Const.L.J. 227 (British Columbia Court of Appeal); and the U.S. Court of Claims Case *Norair Engineering Corp. v. U.S.*, 666 F. 2d 546 (1981). There are many U.S. cases particularly from the Federal Court of Claims, but no direct English authority.

[53] For alternative clauses to similar effect see J.C.T. Management Contract, 1987 ed., cl. 3.6 and GC/Works/1—Ed. 3, 1989, cl. 38.

Clause 47—Liquidated Damages for Delay

LIQUIDATED DAMAGES FOR DELAY

Liquidated damages for delay in substantial completion of the whole of the Works

47 (1) (a) Where the whole of the Works is not divided into Sections the Appendix to the Form of Tender shall include a sum which represents the Employer's genuine pre-estimate (expressed per week or per day as the case may be) of the damages likely to be suffered by him if the whole of the Works is not substantially completed within the time prescribed by clause 43 or by any extension thereof granted under clause 44 or by any revision thereof agreed under clause 46(3) as the case may be.
(b) If the Contractor fails to complete the whole of the Works within the time so prescribed he shall pay to the Employer the said sum for every week or day (as the case may be) which shall elapse between the date on which the prescribed time expired and the date the whole of the Works is substantially completed.

Provided that if any part of the Works is certified as complete pursuant to clause 48 before the completion of the whole of the Works the said sum shall be reduced by the proportion which the value of the part so completed bears to the value of the whole of the Works.

Liquidated damages for delay in substantial completion where the whole of the Works is divided into Sections

(2) (a) Where the Works is divided into Sections (together comprising the whole of the Works) which are required to be completed within particular times as stated in the Appendix to the Form of Tender sub-clause (1) of this clause shall not apply and the said Appendix shall include a sum in respect of each Section which represents the Employer's genuine pre-estimate (expressed per week or per day as the case may be) of the damages likely to be suffered by him if that Section is not substantially completed within the time prescribed by clause 43 or by any extension thereof granted under clause 44 or by any revision thereof agreed under clause 46(3) as the case may be.
(b) If the Contractor fails to complete any Section within the time so prescribed he shall pay to the Employer the appropriate stated sum for every week or day (as the case may be) which shall elapse between the date on which the prescribed time expired and the date of substantial completion of that Section.

Provided that if any part of that Section is certified as complete pursuant to clause 48 before the completion of the whole thereof the appropriate stated sum shall be reduced by the proportion which the value of the part so completed bears to the value of the whole of that Section.
(c) Liquidated damages in respect of two or more Sections may where circumstances so dictate run concurrently.

Damages not a penalty

(3) All sums payable by the Contractor to the Employer pursuant to this clause shall be paid as liquidated damages for delay and not as a penalty.

Limitation of liquidated damages

(4) (a) The total amount of liquidated damages in respect of the whole of the Works or any Section thereof shall be limited to the appropriate sum stated in the Appendix to the Form of Tender. If no such limit is stated therein then liquidated damages without limit shall apply.
(b) Should there be omitted from the Appendix to the Form of Tender any sum required to be inserted therein either by sub-clause (1)(a) or by sub-clause (2)(a) of this clause as the case may be or if any such sum is stated to be "nil" then to that extent damages shall not be payable.

Recovery and reimbursement of liquidated damages

(5) The Employer may

(a) deduct and retain the amount of any liquidated damages becoming due under the provision of this clause from any sums due or which become due to the Contractor or
(b) require the Contractor to pay such amount to the Employer forthwith.

If upon a subsequent or final review of the circumstances causing delay the Engineer grants a relevant extension or further extension of time the Employer shall no longer be entitled to liquidated damages in respect of the period of such extension.

Any sum in respect of such period which may already have been recovered under this clause shall be reimbursed forthwith to the Contractor together with interest at the rate provided for in clause 60(7) from the date on which such sums were recovered from the Contractor.

Intervention of variations etc.

(6) If after liquidated damages have become payable in respect of any part of the Works the Engineer issues a variation order under clause 51 or adverse physical conditions or artificial obstructions within the meaning of clause 12 are encountered or any other situation outside the contractor's control arises any of which in the Engineer's opinion results in further delay to that part of the Works

(a) the Engineer shall so inform the Contractor and the Employer in writing and
(b) the Employer's entitlement to liquidated damages in respect of that part of the Works shall be suspended until the Engineer notifies the Contractor and the Employer in writing that the further delay has come to an end.

Such suspension shall not invalidate any entitlement to liquidated damages

Clause 47—Liquidated Damages for Delay

which accrued before the period of delay started to run and any monies deducted or paid in accordance with sub-clause (5) of this clause may be retained by the Employer without incurring liability for interest thereon under clause 60(7).

Clause 47: Liquidated Damages for delay

This clause has been redrafted for the 6th Edition of the I.C.E. Conditions. It provides for the deduction of liquidated damages upon the Contractor's failure to complete on time, with the following refinements:

(i) by sub-clause (1), liquidated damages for the whole of the Works, subject to proportional deduction for completed parts;
(ii) by sub-clause (2), liquidated damages for Sections as specified in the Appendix, each Section subject to proportional reduction for completed parts;
(iii) by sub-clause (4), limitation of the damages recoverable to a stated sum;
(iv) reimbursement of damages deducted, together with interest, arising from a subsequent review of extensions of time;
(v) by sub-clause (6), provision for variations, etc., causing delay after liquidated damages have begun to accrue.

Clause 47(1)(a) and (2)(a). "*... the Employer's genuine pre-estimate ... of the damages likely to be suffered ...*"

These are technical words which denote the type of damages which the Court will regard as liquidated damages as opposed to a penalty.[54] Note that sub-clause (3) states expressly that all sums payable under this clause "shall be paid as liquidated damages for delay and not as a penalty". No such words can prevent the Court inquiring whether the payment stipulated is in fact a penalty. The Employer should therefore be advised to ensure that the stipulated sums comply with the words of the Contract. It is unnecessary for a precise calculation to be made, and the damages will not become invalid because the Employer's loss is difficult or even impossible to calculate in money. Indeed, the difficulty of calculation may be a compelling reason for adopting liquidated damages. In practice, such clauses frequently operate as a limitation on the Contractor's liability.[55]

Clause 47(1)(a) and (2)(a). "*... or by any revision thereof agreed under clause 46(3) ...*"

Note the *Corrigenda* adding similar words in clauses 43 and 46(1). Clause 46(3) states that "any special terms and conditions of payment shall be

---

[54] Lord Dunedin in *Dunlop Ltd v. New Garage Co. Ltd* [1915] A.C. 79 at 86 (H.L.). For liquidated damages generally, see Chap. 9, Pt. B.
[55] See Lord Wilberforce in *Suisse & Atlantique v. NV Rotterdamsche Kolen* [1967] 1 A.C. 361 at 435 (H.L.).

agreed between the Contractor and the Employer...". Of course, it may be that one of the special terms is that there should be no liability for liquidated damages in the event that the accelerated completion date cannot be achieved.

Clause 47(2): Liquidated damages for Sections. This provision operates by abrogating sub-clause (1) and treating the whole contract as a series of independent parts, each subject to its own separate damages provision, each such provision subject to proportional reduction if part of the section is completed earlier. This approach avoids the considerable difficulties of attempting to combine an overall damages provision with separate provision for some sections, as was contained in the 5th Edition of the Conditions.[56] The successful operation of these provisions depends also on sectional treatment of extensions of time, as provided for in clause 44, so that there is always a contractual completion date for each section.[57]

Clause 47(4)(a): Limitation of damages. The limitation applies once the liquidated damages have built up to a capping figure, beyond which there is to be no further increase. There can be no objection in principle to such a clause, since liquidated damages frequently operate as a limit in any event. This method is greatly to be preferred to the practice, frequently adopted, of specifying the limit as a percentage of a figure which is itself variable.[58]

Clause 47(4)(b): Damages not specified. This provision covers the possibility of accidental omission and also the not infrequent practice of inserting "nil" in the relevant part of the Appendix. In the latter case, such a provision has been held to amount to an agreement that there should be no damages for delayed completion.[59] The position would be different in the case of omission where, subject to any other relevant provisions of the Contract, the Employer would normally retain the right to general damages. Sub-clause (4)(b) seeks to reverse this, by providing that in such a case, damages are not to be payable. While the objective of this provision is reasonably clear, the wording leaves some room for doubt.

Clause 47(5): Corrigenda, line 10 (line 13 in the printed conditions): after "interest" insert "compounded monthly". Clause 60(7) already provides for interest compounded monthly at the rate of 2 per cent above base rate. The additional words are probably unnecessary.

Clause 47(5): Recovery of liquidated damages. This sub-clause refers

---

[56] See Commentary on cl. 47 in the 4th ed. of this book at pp. 497–499.
[57] See *Peak Construction v. McKinney Foundations* (1970) 69 L.G.R. 1 and 1 B.L.R. 111 (C.A.).
[58] See Model Form A, for Mechanical and Electrical Erection, cl. 26, which applies a capping percentage of the "Contract Value", which means the Contract Price adjusted for variations, etc. In one case, the percentage limit was applied to a figure expressed in dual currencies subject to relative fluctuations, the liquidated damages being expressed in one currency only.
[59] *Temloc v. Errill Properties* (1987) 39 B.L.R. 30 (C.A.).

Clause 47—Liquidated Damages for Delay

to deduction of "any liquidated damages becoming due". Such damages become due by virtue of sub-clause (1)(b) or (2)(b), each of which contain the words "if the Contractor fails ... he shall pay the Employer ...". The liquidated damages thus become due automatically without the need for any Certificate or other action by the Engineer or the Employer.[60]

Clause 47(5): Subsequent extension of time and return of damages. This provision deals with the difficulty referred to in the last note to clause 44. Note also that interest payable under clause 60(7) is to be payable at a commercial rate (2 per cent above base lending rate). Accordingly, where there is thought to be a possibility that some part of the damages may become repayable with interest, the Employer might be best advised to defer deduction, or to place the money deducted on deposit.

Clause 47(6): Subsequent grounds for extension of time. This sub-clause deals with the difficult question of delay arising after the contractual completion date has passed. It is sometimes argued that, in such circumstances, the Contractor must be granted a full extension up to the end of the period of subsequent delay. This sub-clause does not deal as such with this argument, but rather assumes it to be invalid, as is the better view.[61] While the intention of the clause is clear, its operation may result in difficulty, *e.g.* as to the precise date from which the "further delay" is operative, and therefore from which the further accrual of liquidated damages is suspended. Once the full period of the further delay has been ascertained, this difficulty should disappear.

Clause 47(6): Retention of liquidated damages without liability for interest. It is not clear what damages this provision applies to. Sub-clause (6) is intended to result in liquidated damages being frozen at the point when further delay occurs, and then continuing to accrue when the delay has come to an end, so that there should not be any question of damages being repaid. It may be that the provision is intended to deal with the case where the intervening delay is recognised and accepted only retrospectively, in which case the Employer will have deducted his liquidated damages too early. If this is the intention, the last paragraph of the sub-clause ought to read: "But if the Employer has continued to deduct liquidated damages after the date on which they should have become suspended the Employer may retain such damages without incurring liability for interest thereon under clause 60(7), provided that the total liquidated damages deducted does not exceed the amount properly recoverable having regard to the further delay."

---

[60] Compare cl. 47(4) of the 5th ed. of the I.C.E. Conditions and equivalent provisions in the Standard Form of Building Contract.
[61] The argument depends upon construction of the extension of time clause, and it is not thought that it is maintainable under cl. 44. But the position cannot be regarded as beyond argument.

CERTIFICATE OF SUBSTANTIAL COMPLETION

Notification of substantial completion

48 (1) When the Contractor considers that

(a) the whole of the Works or
(b) any Section in respect of which a separate time for completion is provided in the Appendix to the Form of Tender

has been substantially completed and has satisfactorily passed any final test that may be prescribed by the Contract he may give notice in writing to that effect to the Engineer or to the Engineer's Representative. Such notice shall be accompanied by an undertaking to finish any outstanding work in accordance with the provisions of clause 49(1).

Certificate of substantial completion

(2) The engineer shall within 21 days of the date of delivery of such notice either

(a) issue to the Contractor (with a copy to the Employer) a Certificate of Substantial Completion stating the date on which in his opinion the Works were or the Section was substantially completed in accordance with the Contract or
(b) give instructions in writing to the Contractor specifying all the work which in the Engineer's opinion requires to be done by the Contractor before the issue of such certificate.

If the Engineer gives such instructions the Contractor shall be entitled to receive a Certificate of Substantial Completion within 21 days of completion to the satisfaction of the Engineer of the work specified in the said instructions.

Premature use by Employer

(3) If any substantial part of the Works has been occupied or used by the Employer other than as provided in the Contract the Contractor may request in writing and the Engineer shall issue a Certificate of Substantial Completion in respect thereof. Such certificate shall take effect from the date of delivery of the Contractor's request and upon the issue of such certificate the Contractor shall be deemed to have undertaken to complete any outstanding work in that part of the Works during the Defects Correction Period.

Substantial completion of other parts of the Works

(4) If the Engineer considers that any part of the Works has been substantially completed and has passed any final test that may be prescribed by the Contract he may issue a Certificate of Substantial Completion in respect of that part of the Works before completion of the whole of the Works and upon the issue of such certificate the Contractor shall be deemed to have undertaken to complete any outstanding work in that part of the Works during the Defects Correction Period.

Reinstatement of ground

(5) A Certificate of Substantial Completion given in respect of any Section or part of the works before completion of the whole shall not be deemed to certify completion of any ground or surfaces requiring reinstatement unless such certificate shall expressly so state.

Clause 48: Certificate of Substantial Completion

Clause 48(1). *"... substantially completed ..."*
This term (or equivalent words) now appears consistently throughout the Conditions, *inter alia*, in clauses 43 and 47. The term is not defined, but the expressed reference to "outstanding work" to be completed within the Defects Correction Period[62] indicates a state plainly falling short of literal completion.[63] Neither is there any definition of "outstanding work". There is no reason to limit it to work that has not been carried out. It may include work which is defective, but is to be re-executed or remedied in accordance with the Contract.

Clause 48(2): Entitlement to Certificate of Substantial Completion. The lack of definition of the term may give rise to disputes as to when the Contractor is entitled to have the Certificate of Substantial Completion issued. What is the extent of "outstanding work" that may be permitted? The question will be of considerable importance when large liquidated damages are potentially claimable. Clearly the clause gives the Engineer a discretion as to the degree of outstanding work which should be accepted. But his decision may be reviewed by an arbitrator who will have "full power to open up, review and revise any decision, opinion, instruction, direction, certificate or valuation of the Engineer".[64] It is suggested that the relevant criterion for accepting substantial completion is whether the Works have reached a state when they are fit to be taken into use by the Employer.[65]

Clause 48(3). *"If any substantial part of the Works has been occupied or used by the Employer ..."*
See sub-clause (4), where provision is made for parts of the Works to be accepted as substantially complete. Sub-clause (3) accordingly applies where a part of the Works would not otherwise qualify for a Certificate of Substantial Completion. The degree of occupation or use is not specified, but it is thought that it must be substantial.

---

[62] See cl. 49(1).
[63] Consider *Westminster Corporation v. Jarvis* [1970] 1 W.L.R. 637 (H.L.), a decision on the Standard Form of Building Contract.
[64] Cl. 66(8)(a).
[65] See I.C.E. Conditions of Contract for Minor Works, cl. 4.5 (1), which contains a useful definition to this effect.

Clause 48(4): Completion of parts. A part of the Works is a portion which is undefined.[66] The decision to issue the Certificate is discretionary. The Engineer and the Employer must, it is submitted, consider accepting completed parts in order to mitigate any claim for liquidated damages.[67]

OUTSTANDING WORK AND DEFECTS

Work outstanding

49 (1) The undertaking to be given under clause 48(1) may after agreement between the Engineer and the Contractor specify a time or times within which the outstanding work shall be completed. If no such times are specified any outstanding work shall be completed as soon as practicable during the Defects Correction Period.

Execution of work of repair etc.

(2) The Contractor shall deliver up to the Employer the Works and each Section and part thereof at or as soon as practicable after the expiry of the relevant Defects Correction Period in the condition required by the Contract (fair wear and tear excepted) to the satisfaction of the Engineer. To this end the Contractor shall as soon as practicable execute all work of repair amendment reconstruction rectification and making good of defects of whatever nature as may be required of him in writing by the Engineer during the relevant Defects Correction Period or within 14 days after its expiry as a result of an inspection made by or on behalf of the Engineer prior to its expiry.

Cost of execution of work of repair etc.

(3) All work required under sub-clause (2) of this clause shall be carried out by the Contractor at his own expense if in the Engineer's opinion it is necessary due to the use of materials or workmanship not in accordance with the Contract or to neglect or failure by the Contractor to comply with any of his obligations under the Contract. In any other event the value of such work shall be ascertained and paid for as if it were additional work.

Remedy on Contractor's failure to carry out work required

(4) If the Contractor fails to do any such work as aforesaid the Employer shall be entitled to carry out such work by his own workpeople or by other contractors and if such work is work which the Contractor should have carried

---

[66] Compare definition of "Section" in cl. 1(1)(u).
[67] *British Westinghouse v. Underground Electric Railways* [1912] A.C. 673 at 689 (H.L.).

Clause 49—Outstanding Work and Defects

out at his own expense the Employer shall be entitled to recover the cost thereof from the Contractor and may deduct the same from any monies that are or may become due to the Contractor.

Clause 49: Outstanding Work and Defects

This clause in previous editions of the I.C.E. Conditions referred extensively to "maintenance", which has now been replaced by the term "defects correction". The clause refers to both work of repair and completion of outstanding work. As regards latent defects which come to light during the Defects Correction Period (or later) the Contractor will be in breach of contract and liable to the Employer in damages, *e.g.* if the defects are such as to prevent beneficial use of the Works.[68] The clause therefore gives the Contractor the right to mitigate any damages that might be claimable. As regards outstanding work, including patent defects existing at the date of Substantial Completion, clauses 48 and 49 give the Contractor a right effectively to defer such work to the Defects Correction Period, so that no question of breach of contract would arise. These clauses have no effect on the continuing liability of the Contractor for latent defects. Any damages recoverable will be general damages, not limited by any provision as to liquidated damages.

Clause 49(2). "... *defects of whatever nature as may be required of him in writing by the Engineer* ..."

The Contractor is obliged to put right any defects including, *e.g.* defects attributable to the Engineer's design, if so instructed. Sub-clause (3) provides that the Contractor is to bear the cost only where the work is due to breach of the Contractor's obligations under the Contract. In other cases the work is to be paid for as additional work. Note that the effect of sub-clause (4) is that the Employer's remedy of calling in other contractors and charging the cost to the Contractor is available only for "work which the Contractor should have carried out at his own expense". It is thought that the Contractor would nevertheless be in breach of contract and liable in damages if he declined to carry out the rectification of other defects when properly instructed.

Contractor to search

50 The Contractor shall if required by the Engineer in writing carry out such searches tests or trials as may be necessary to determine the cause of any defect imperfection or fault under the directions of the Engineer. Unless such defect imperfection or fault shall be one for which the Contractor is liable

---

[68] See Lord Diplock in *Kaye v. Hosier & Dickinson* [1972] 1 W.L.R. 146 at 157 (H.L.).

under the Contract the cost of the work carried out by the Contractor as aforesaid shall be borne by the Employer. But if such defect imperfection or fault shall be one for which the Contractor is liable the cost of the work carried out as aforesaid shall be borne by the Contractor and he shall in such case repair rectify and make good such defect imperfection or fault at his own expense in accordance with clause 49.

Clause 50

Refer to the Commentary to clauses 36(3) and 38(2). The same problem arises under this clause, *viz.* what is the position if a number of tests or trials are carried out, only some of which reveal fault on the part of the Contractor? Under the present clause, the position is clearer, because there must be a perceived "defect imperfection or fault", and provided that it is a matter for which the Contractor is liable, it is necessary only to establish that the searches, tests or trials were "necessary to determine the cause". However, difficult factual questions will arise in the same way as under clauses 36 and 38, where a defect or fault is known or suspected, but the cause and responsibility depend on the result of the searches, tests or trials. For example, if one of a group of foundation piles has failed a load test, the cause of failure, and therefore the nature of the fault or defect, can only be ascertained by carrying out tests, which may be elaborate and expensive, and may also cause costly delay to the project. These tests may reveal that some of the piles are defective and others not. In such cases, it is suggested that the same principles must apply as under clauses 36 and 38. If some defect, imperfection or fault is found for which the Contractor is liable, it is a question of fact and degree whether the tests or trials carried out should be regarded as reasonably arising from the Contractor's fault.

ALTERATIONS, ADDITIONS AND OMISSIONS

Ordered variations

51 (1) The Engineer

(a) shall order any variation to any part of the Works that is in his opinion necessary for the completion of the Works and
(b) may order any variation that for any other reason shall in his opinion be desirable for the completion and/or improved functioning of the Works.

Such variations may include additions omissions substitutions alterations changes in quality form character kind position dimension level or line and

Clause 51—Alterations, Additions and Omissions

changes in any specified sequence method or timing of construction required by the Contract and may be ordered during the Defects Correction Period.

Ordered variations to be in writing

(2) All variations shall be ordered in writing but the provisions of clause 2(6) in respect of oral instructions shall apply.

Variation not to affect Contract

(3) No variation ordered in accordance with sub-clauses (1) and (2) of this clause shall in any way vitiate or invalidate the Contract but the value (if any) of all such variations shall be taken into account in ascertaining the amount of the Contract Price except to the extent that such variation is necessitated by the Contractor's default.

Changes in quantities

(4) No order in writing shall be required for increase in the quantity of any work where such increase or decrease is not the result of an order given under this clause but is the result of the quantities exceeding or being less than those stated in the Bill of Quantities.

Clause 51: Alterations Additions and Omissions

A clause permitting variation of the work (as opposed to the Contract) is an essential feature of any construction contract. Without it the Contractor is not bound to execute additional work or to make omissions or changes. Further, if extra work is carried out, the Contractor must seek payment outside the Contract. Changes may occur to the work without invoking this clause, *e.g.* under clause 13 or through a concession accepting work carried out otherwise than in accordance with the Contract. Clause 51, however, is the principal mode of changing the designated work.

Clause 51(1). *"The Engineer (a) shall order..."*

These words are clearly imperative, in contrast to the words of paragraph (b) "may order". The obligation to give a variation order is, however, severely limited by the words which follow: "necessary for the completion of the Works." The Contractor is ordinarily obliged to achieve completion by whatever means may be necessary or appropriate. If the method of work chosen becomes impossible within the meaning of clause 13(1), the Contractor must find another method. The circumstances in which the Engineer will order a variation necessary for completion include:

(i) where, in the course of supplying further necessary details or instructions, the details or instructions amount to a variation to the existing Works[69];

---

[69] See cl. 7(1).

(ii) where the Contract binds the Contractor to adopt a specified method of working, which method becomes impossible within the meaning of Clause 13(1)[70];

(iii) where the work becomes physically impossible by any available method, or where the work becomes legally impossible[71];

(iv) where the Contract imposes some physical limit on the work, and it is necessary to go beyond such limit to achieve completion.[72]

Clause 51(1)(b). *"... desirable for the completion and/or improved functioning of the Works"*

These words may limit the Engineer's power to order variations. The words do not easily cover, *e.g.* the omission of work in order to achieve a saving, unless perhaps the Employer cannot otherwise afford to complete the Works. It is not clear why such restrictive wording is employed. It may be that the Engineer could instruct a variation outside these words by using his powers under clause 13(1). Clause 13(3) provides that if an instruction under sub-clause (1) requires a variation, it is deemed to have been given under clause 51. Alternatively, if the Contractor acts on any variation which may be outside the ambit of clause 51(1)(b), he may waive the right to object.

Clause 51(1). *"Such variations may include additions omissions substitutions alterations..."*

The contract does not contain a definition of what may constitute a variation. The words are illustrative and not definitive. Disputes often arise as to whether an instruction constitutes a Variation Order. One useful test is that a variation imposes a new obligation, *e.g.* by removing a choice or option.[73]

Clause 51(1). *"... changes in any specified sequence method or timing of construction required by the Contract..."*

This is a new concept in variations, which has no parallel in other forms of contract. Similar words were included in the 5th Edition of the I.C.E. Conditions, but the present Edition adds the words "required by the Contract". These words will ensure that a variation can occur only in relation to a sequence, method or timing of construction which is binding on the Contractor and not, *e.g.* to a programme or method submitted under clause 14.[74] An interesting question which arises under this provision is whether the reference to "timing of construction required by the Contract" allows the

---

[70] See *Yorkshire Water Authority v. McAlpine* (1985) 32 B.L.R. 114, and see also commentary to cl. 8(3).

[71] Cl. 13(1).

[72] *Holland Dredging v. Dredging & Construction Co.* (1987) 37 B.L.R. 1 (C.A.).

[73] See *Crosby v. Portland U.D.C.* (1967) 5 B.L.R. 121 and *English Industrial Estates v. Kier* (1991) 56 B.L.R. 93.

[74] See cl. 14(7), under which the Contractor requires the consent of the Engineer (not to be unreasonably withheld) to change methods which have previously received consent.

Clause 51—Alterations, Additions and Omissions

Engineer to order a change to the time for completion, whether by advancing or retarding the work. Although the wording is less than clear, it is difficult to see what else these particular words could refer to. Clause 46(3) provides for accelerated completion by agreement, but there is no reason why it should not be ordered as a variation, with the accelerated work being valued by new rates under clause 52(2).

Clause 51(2): Variations to be in writing. Clause 2(6) requires oral instructions to be confirmed in writing by the Engineer or the Engineer's representative as soon as possible, and also permits the Contractor to confirm in writing, which confirmation is deemed to be an instruction in writing if not contradicted forthwith.

Clause 51(3). "... *except to the extent that such variation is necessitated by the Contractor's default.*"

This provision is new to the 6th Edition of the I.C.E. Conditions. It has been argued for and included in other forms of contract.[75] These words will prevent the Contractor relying on an unintended instruction to avoid the consequences of work not complying with the Contract.[76]

Valuation of ordered variations

52 (1) The value of all variations ordered by the Engineer in accordance with clause 51 shall be ascertained by the Engineer after consultation with the Contractor in accordance with the following principles.

(a) Where work is of similar character and executed under similar conditions to work priced in the Bill of Quantities it shall be valued at such rates and prices contained therein as may be applicable.
(b) Where work is not of a similar character or is not executed under similar conditions or is ordered during the Defects Correction Period the rates and prices in the Bill of Quantities shall be used as the basis for valuation so far as may be reasonable failing which a fair valuation shall be made.

Failing agreement between the Engineer and the Contractor as to any rate or price to be applied in the valuation of any variation the Engineer shall determine the rate of price in accordance with the foregoing principles and he shall notify the Contractor accordingly.

Engineer to fix rates

(2) If the nature or amount of any variation relative to the nature or amount of the whole of the contract work or to any part thereof shall be such that in the

---

[75] Particularly by Mr I. N. Duncan Wallace, Q.C., who has incorporated an equivalent provision in the Singapore Institute of Architects (SIA) Form of Building Contract.
[76] *Simplex Concrete Piles v. Borough of St Pancras* (1958) 14 B.L.R. 80; see also *Howard de Walden Estates v. Costain Management Designs* (1991) 55 B.L.R. 124.

opinion of the Engineer or the Contractor any rate or price contained in the Contract for any item of work is by reason of such variation rendered unreasonable or inappliable either the Engineer shall give to the Contractor or the Contractor shall give to the Engineer notice before the varied work is commenced or as soon thereafter as is reasonable in all the circumstances that such rate or price should be varied and the Engineer shall fix such rate or price as in the circumstances he shall think reasonable and proper.

Daywork

(3) The Engineer may if in his opinion it is necessary or desirable order in writing that any additional or substituted work shall be executed on a daywork basis in accordance with the provisions of clause 56(4).

Notice of claims

(4) (a) If the Contractor intends to claim a higher rate or price than one notified to him by the Engineer pursuant to sub-clauses (1) and (2) of this clause or clause 56(2) the Contractor shall within 28 days after such notification give notice in writing of his intention to the Engineer.
(b) If the Contractor intends to claim any additional payment pursuant to any clause of these Conditions other than sub-clauses (1) and (2) of this clause or clause 56(2) he shall give notice in writing of his intention to the Engineer as soon as may be reasonable and in any event within 28 days after the happening of the events giving rise to the claim. Upon the happening of such events the Contractor shall keep such contemporary records as may reasonably be necessary to support any claim he may subsequently wish to make.
(c) Without necessarily admitting the Employer's liability the Engineer may upon receipt of a notice under this clause instruct the Contractor to keep such contemporary records or further contemporary records as the case may be as are reasonable and may be material to the claim of which notice has been given and the Contractor shall keep such records. The Contractor shall permit the Engineer to inspect all records kept pursuant to this clause and shall supply him with copies thereof as and when the Engineer shall so instruct.
(d) After the giving of a notice to the Engineer under this clause the Contractor shall as soon as is reasonable in all the circumstances send to the Engineer a first interim account giving full and detailed particulars of the amount claimed to that date and of the grounds upon which the claim is based. Thereafter at such intervals as the Engineer may reasonably require the Contractor shall send to the Engineer further up to date accounts giving the accumulated total of the claim and any further grounds upon which it is based.
(e) If the Contractor fails to comply with any of the provisions of this clause in respect of any claim which he shall seek to make then the Contractor shall be entitled to payment in respect thereof only to the extent that the Engineer has not been prevented from or substantially

Clause 52—Valuation of Ordered Variations

prejudiced by such failure in investigating the said claim.

(f) The Contractor shall be entitled to have included in any interim payment certified by the Engineer pursuant to clause 60 such amount in respect of any claim as the Engineer may consider due to the Contractor provided that the Contractor shall have supplied sufficient particulars to enable the Engineer to determine the amount due. If such particulars are insufficient to substantiate the whole of the claim the Contractor shall be entitled to payment in respect of such part of the claim as the particulars may substantiate to the satisfaction of the Engineer.

Clause 52

This clause makes provision for two vital matters: valuation of variations and the procedure for claims generally, including claims arising under sub-clauses (1) and (2) of this clause. In regard to the valuation of variations, it is important to note that there is no provision under the Contract for recovery of additional costs arising from variations other than under this clause.[77] If the Contractor considers that variations have disrupted other non-varied work, then a claim must be made under sub-clause (2) in terms of adjustment of rates. There is no provision for claims based on cost.

Clause 52(1): Valuation of the varied work. This sub-clause deals with fixing appropriate rates and prices for the work within the variation. There are three possible approaches:

(i) if the varied work is both of similar character and executed under similar conditions to work in the Bill of Quantities, applicable rates in the Bill are to be used;

(ii) where either of these requirements is not met, or if the work is ordered during the Defects Correction Period, then rates and prices in the Bills are to be used "as the basis for valuation so far as may be reasonable". This formula contemplates adjustment to the specified rates to take account of any changed circumstances;

(iii) if it is not reasonable to use the rates and prices as a basis, the Contractor is entitled to a "fair valuation".

Similar conditions in clause 52(1)(a) are those conditions which are to be derived from the express provisions of the Contract Documents and extrinsic evidence of, for instance, the parties' subjective expectations is not admissible.[78]

The sub-clause places emphasis on consultation between the Engineer and the Contractor. It may be necessary to ask for a breakdown of the Contractor's rates in order to determine to what extent it is reasonable to apply them. In the absence of agreement, however, the Engineer is to

---

[77] Compare cl. 26 of the J.C.T. 1980 Standard Form of Building Contract.
[78] *Wates Construction v. Bredero Fleet* (1993) 63 B.L.R. 128.

determine the appropriate rates, which may then be challenged by the Contractor.[79]

Clause 52(2): Engineer's power to fix rates. The power is exercisable for "any rate or price contained in the Contract for any item of work". The rate to be fixed is such price "as in the circumstances (the Engineer) shall think reasonable and proper". This is equivalent to the "fair valuation" under sub-clause (1), but applied to any other items of work.

The condition for operating rate fixing is that the nature or amount of the variation relative to the unvaried work is such as to render the rate or price "unreasonable or inapplicable".[80] Note that either the Engineer or the Contractor can bring the clause into operation, claiming a decrease or increase in the rates as appropriate. Note also that notice is required from the party invoking the clause either "before the varied work is commenced or as soon thereafter as is reasonable in all the circumstances" (see below).

The Contract gives no further guidance for the method of rate fixing. It will normally be necessary to break down the quoted rates into the elements of plant, materials, labour and overheads, in order to make the appropriate adjustments.[81] Note that by clause 11(3)(b), the Contractor is deemed to have satisfied himself as to the correctness and sufficiency of the rates and prices in the Bill.

Clause 52(2): Notice. The party invoking clause 52(2) is required to give notice either "before the varied work is commenced or as soon thereafter as is reasonable in all the circumstances". Such notice is a condition precedent to the ability to bring such a claim. The notice need only identify the rate or price required to be varied. There is no requirement to specify the rate claimed. As to the timing of notice, some assistance may be gained from the case of *Tersons v. Stevenage Development Corporation*,[82] where a wide interpretation was given to the words "as soon thereafter as is practicable" appearing in the equivalent clause of an earlier Edition of the Conditions. In *Hersent Offshore v. Burmah Oil*,[83] where the contract was similar to the I.C.E. 4th Edition, notice four months after completion of extra work was held not to be "as soon thereafter as is practicable".

Clause 52(4): Notice of claims. This sub-clause applies to claims throughout the Conditions of Contract, and is expressly invoked in many instances where provision is made for payment of additional cost, *e.g.* clauses

---

[79] See *Mears Construction v. Samuel Williams* (1977) 16 B.L.R. 49; see also cl. 52(4)(a).
[80] See *Mitsui v. Attorney General of Hong Kong* (1986) 33 B.L.R. 1 (P.C.), on appeal from (1984) 26 B.L.R. 113.
[81] See Rate Fixing in Civil Engineering Contracts, C. K. Haswell Proc. I.C.E. Feb. 1963 and Civil Engineering Contracts, Practice and Procedure: Haswell & de Silva (1982).
[82] [1963] 2 Lloyd's Rep. 333 (C.A.), a case on the 2nd ed. of the Conditions, but applicable to the 4th ed.
[83] [1978] 2 Lloyds Rep. 565 and 10 B.L.R. 1.

Clause 52—Valuation of Ordered Variations

7(4), 12(5), 13(3), 14(8), 27(6), 31(2), 40(1) and 42(3). The key to the operation of this sub-clause is in paragraphs (f) and (e), which govern respectively the right to interim and final payment where the preceding requirements have not been fully complied with. The requirements of paragraphs (a) to (d) are procedural and apparently subject to paragraphs (f) and (e).

Clause 52(4)(a): Claims under Clause 52(1) and (2) or 56(2). These claims relate to establishing appropriate rates arising from variations or changes in quantity. Both sub-clauses (a) and (b) appear to refer to rights to bring claims under the Contract. In regard to (b), there is a substantial number of express claims subject to clause 52(4) (see above). As regards (a), however, there is no express right under the Contract to claim a higher rate than that notified by the Engineer under the clauses mentioned. It may be that this clause indicates that the Engineer may review his first decision, or alternatively it may refer to the submission of a claim as a dispute under clause 66. In either case, the requirement for notice 28 days after the Engineer's notification is plainly subject to sub-clause (e). The provision is, therefore, of little effect.

Clause 52(4)(f): Interim Payments. This requires the supply of particulars, which will presumably comply concurrently with sub-clause (d), and may further constitute written notice under (b). The only practical issue will therefore be what amount the Engineer "may consider due", having regard to the particulars supplied. Subject to this, it is submitted that the Contractor is entitled to interim payments.

Clause 52(4)(e): Final Payments. If there has been a failure to comply with paragraphs (a) to (d), the Contractor is entitled to payment "only to the extent that the Engineer has not been prevented from or substantially prejudiced by such failure in investigating the said claim". If the Engineer excludes any part of the claim on the grounds of prevention or prejudice, it is necessary to consider the rights of the Contractor to submit further proof of the claim, and the effect of a reference under clause 66 to the Engineer and to an arbitrator.

First, it should be noted that paragraph (e) sets no time-limit on the Engineer's investigation. If the Contractor is able to furnish further proof, he may re-submit the claim under the relevant clause of the Contract at any time before the final certificate.[84] Secondly, where a claim has been rejected on the ground of prevention or prejudice, the dispute to be decided by an arbitrator under clause 66 is whether the *Engineer* has been prevented or prejudiced.[85] It

---
[84] *i.e.* the Certificate issued under cl. 60(4).
[85] It may be that this curious feature, which first appeared in the 5th ed., was accidental. It has been corrected in the 4th ed. of the F.I.D.I.C. Conditions (cl. 53.4) but not in the current ed. of the I.C.E. Conditions.

is irrelevant whether or not the arbitrator is similarly prevented or prejudiced. However, the arbitrator would be bound, it is submitted, to consider all information made available to the Engineer before the final certificate, whether or not there has been a formal resubmission of the claim under the Contract.

PROPERTY IN MATERIALS AND CONTRACTOR'S EQUIPMENT

Vesting of Contractor's Equipment

53 (1) All Contractor's Equipment Temporary Works materials for Temporary Works or other goods or materials owned by the Contractor shall when on Site be deemed to be the property of the Employer and shall not be removed therefrom without the written consent of the Engineer which consent shall not unreasonably be withheld where the items in question are no longer immediately required for the purposes of the completion of the Works.

Liability for loss or damage to Contractor's Equipment

(2) The Employer shall not at any time be liable save as mentioned in clauses 22 and 65 for the loss of or damage to any Contractor's Equipment Temporary Works goods or materials.

Disposal of Contractor's Equipment

(3) If the Contractor fails to remove any of the said Contractor's Equipment Temporary Works goods or materials as required by clause 33 within such reasonable time after completion of the Works as the Engineer may allow then the Employer may sell or otherwise dispose of such items. From the proceeds of the sale of any such items the Employer shall be entitled to retain any costs or expenses incurred in connection with their sale and disposal before paying the balance (if any) to the Contractor.

Clause 53: Property in Materials and Contractor's Equipment

Clause 53(1): Effect of sub-clause. For definitions of "Contractor's Equipment" and "Temporary Works" see clause 1(1)(w) and (o). The expression "other goods or materials owned by the Contractor" covers goods and materials intended for the Works themselves. The purpose of the sub-clause is to ensure that plant and materials are available to the Employer if the Contractor fails to perform the Contract. A clause providing for vesting upon the Contractor's insolvency is likely to be unenforceable.[86] The present sub-clause raises issues as to its enforceability against the Contractor and against Third Parties.

---

[86] *Re Harrison ex p. Jay* [1880] 14 Ch.D. 19 (C.A.); *Re Walker ex p. Barter* [1884] 26 Ch.D. 510 (C.A.); see also p. 419.

Clause 53—Property in Materials and Contractor's Equipment

Enforceability of sub-clause (1). The effectiveness of words such as "deemed to be the property of..." has been doubted[87] but it is thought that the provision for vesting when on site would be enforced against the Contractor.[88] The sub-clause cannot and does not purport to bind third parties. Accordingly, plant and materials etc. owned by sub-contractors and suppliers will be unaffected.

Clause 53(2): Employer not liable for damage to Contractor's Equipment. The excepted clauses refer to the Employer's indemnities (cl. 22) and the War Clause (cl. 65). The exclusion of liability applies, it is submitted, to accidental damage, but does not preclude a claim under the Contract which includes the cost of damage to Contractor's Equipment or Temporary Works, *e.g.* where this is part of a claim for unforeseen conditions under clause 12. All such plant and works will, however, be insured in joint names under clause 21.

Vesting of goods and materials not on Site

54 (1) With a view to securing payment under clause 60(1)(c) the Contractor may (and shall if the Engineer so directs) transfer to the Employer the property in goods and materials listed in the Appendix to the Form of Tender before the same are delivered to the Site provided that the goods and materials

(a) have been manufactured or prepared and are substantially ready for incorporation in the Works and
(b) are the property of the Contractor or the contract for the supply of the same expressly provides that the property therein shall pass unconditionally to the Contractor upon the Contractor taking the action referred to in sub-clause (2) to this clause.

Action by Contractor

(2) The intention of the Contractor to transfer the property in any goods or materials to the Employer in accordance with this clause shall be evidenced by the Contractor taking or causing the supplier of those goods or materials to take the following actions.

(a) Provide to the Engineer documentary evidence that the property in the said goods or materials has vested in the Contractor.
(b) Suitably mark or otherwise plainly identify the goods and materials so as to show that their destination is the Site that they are the property of the Employer and (where they are not stored at the premises of the Contractor) to whose order they are held.

---

[87] *Bennett v. Sugar City* [1951] A.C. 786 at 814 (P.C.); *Re Keen ex p. Collins* [1902] 1 K.B. 555; *cf. Re Winter, ex p. Bolland* [1878] 8 Ch.D. 225; see also p. 264.
[88] For the position upon a disputed termination some assistance is given by *Attorney General of Hong Kong v. Ko Hon Mau* (1988) 44 B.L.R. 144. For further discussion see H.B.C. 10th ed., pp. 669–673.

(c) Set aside and store the said goods and materials so marked or identified to the satisfaction of the Engineer.
(d) Send to the Engineer a schedule listing and giving the value of every item of the goods and materials so set aside and stored and inviting him to inspect them.

Vesting in Employer

(3)   Upon the Engineer approving in writing the transfer in ownership of any goods and materials for the purposes of this clause they shall vest in and become the absolute property of the Employer and thereafter shall be in possession of the Contractor for the sole purpose of delivering them to the Employer and incorporating them in the Works and shall not be within the ownership control or disposition of the Contractor.
   Provided always that

(a) approval by the Engineer for the purposes of this clause or any payment certified by him in respect of goods and materials pursuant to clause 60 shall be without prejudice to the exercise of any power of the Engineer contained in this Contract to reject any goods or materials which are not in accordance with the provisions of the Contract and upon any such rejection the property in the rejected goods or materials shall immediately revest in the Contractor and
(b) the Contractor shall be responsible for any loss or damage to such goods and materials and for the cost of storing handling and transporting the same and shall effect such additional insurance as may be necessary to cover the risk of such loss or damage from any cause.

Lien on goods or materials

(4)   Neither the Contractor nor a sub-contractor nor any other person shall have a lien on any goods or materials which have vested in the Employer under sub-clause (3) of this clause for any sum due to the Contractor Sub-Contractor or other person and the Contractor shall take all such steps as may reasonably be necessary to ensure that the title of the Employer and the exclusion of any such lien are brought to the notice of Sub-Contractors and other persons dealing with any such goods or materials.

Delivery to the Employer of vested goods or materials

(5)   Upon cessation of the employment of the Contractor under this Contract before the completion of the Works whether as a result of the operation of clause 63 or otherwise the Contractor shall deliver to the Employer any goods or materials the property in which has vested in the Employer by virtue of sub-clause (3) of this clause and if he shall fail to do so the Employer may enter any premises of the Contractor or of any Sub-Contractor and remove such goods and materials and recover the cost of so doing from the Contractor.

Clause 54—Vesting of Goods and Materials

Incorporation in Sub-Contracts

(6) The Contractor shall incorporate provisions equivalent to those provided in this clause in every Sub-Contract in which provision is to be made for payment in respect of goods or materials before the same have been delivered to the Site.

Clause 54

This clause should be read with clause 60(1)(c) and 60(2)(b), which govern the Contractor's entitlement to payment. There is no limitation on when the Contractor may seek payment. But the clause applies only to goods, etc., expressly listed in the Appendix to the Tender. The amount to be paid is subject to the Engineer's discretion under clause 60(2) and to the percentage of the value stated in the Appendix to the Tender.[89] Provided the Engineer is satisfied that the goods comply with every requirement of this clause, the Engineer is bound to give his approval in writing under sub-clause (3). Such approval is, however, subject to the power subsequently to reject the goods and withhold payment by a later Certificate and under clause 60(8).

The vesting of property is no longer subject to the doctrine of reputed ownership.[90] However, the effective transfer of property remains subject to possible difficulties arising from retention of title clauses in supply contracts.[91]

MEASUREMENT

Quantities

55 (1) The quantities set out in the Bill of Quantities are the estimated quantities of the work but they are not to be taken as the actual and correct quantities of the Works to be executed by the Contractor in fulfilment of his obligations under the Contract.

Correction of errors

(2) Any error in description in the Bill of Quantities or omission therefrom shall not vitiate the Contract nor release the Contractor from the execution of the whole or any part of the Works according to the Drawings and Specification or from any of his obligations or liabilities under the Contract. Any such error or omission shall be corrected by the Engineer and the value of the work actually carried out shall be ascertained in accordance with clause 52. Provided that there shall be no rectification of any errors omissions or wrong

---

[89] The payment is not subject to retention: see cl. 60(2).
[90] Abolished by the Insolvency Act 1986.
[91] See *Aluminium Industrie Vaassen v. Romalpa Aluminium* [1976] 1 W.L.R. 676; *Pfeiffer v. Arbuthnot Factors* [1988] 1 W.L.R. 150; *Armour v. Thyssen Edelstahlwerke A.G.* [1991] 2 A.C. 339 (H.L.)(Sc.); see also p. 263.

The I.C.E. Form of Contract—6th Edition 1991

estimates in the descriptions rates and prices inserted by the Contractor in the Bill of Quantities.

Measurement and valuation

56 (1) The Engineer shall except as otherwise stated ascertain and determine by admeasurement the value in accordance with the Contract of the work done in accordance with the Contract.

Increase or decrease of rate

(2) Should the actual quantities executed in respect of any item be greater or less than those stated in the Bill of Quantities and if in the opinion of the Engineer such increase or decrease of itself shall so warrant the Engineer shall after consultation with the Contractor determine an appropriate increase or decrease of any rates or prices rendered unreasonable or inapplicable in consequence thereof and shall notify the Contractor accordingly.

Attending for measurement

(3) The Engineer shall when he requires any part or parts of the work to be measured give reasonable notice to the Contractor who shall attend or send a qualified agent to assist the Engineer or the Engineer's Representative in making such measurement and shall furnish all particulars required by either of them. Should the Contractor not attend or neglect or omit to send such agent then the measurement made by the Engineer or approved by him shall be taken to be the correct measurement of the work.

Daywork

(4) Where any work is carried out on a daywork basis the Contractor shall be paid for such work under the conditions and at the rates and prices set out in the daywork schedule included in the Contract or failing the inclusion of a daywork schedule he shall be paid at the rates and prices and under the conditions contained in the "Schedule of Dayworks carried out incidental to Contract work" issued by The Federation of Civil Engineering Contractors current at the date of the execution of the daywork.

The Contractor shall furnish to the Engineer such records receipts and other documentation as may be necessary to prove amounts paid and/or costs incurred. Such returns shall be in the form and delivered at the times the Engineer shall direct and shall be agreed within a reasonable time.

Before ordering materials the Contractor shall if so required submit to the Engineer quotations for the same for his approval.

Method of measurement

57 Unless otherwise provided in the Contract or unless general or detailed description of the work in the Bill of Quantities or any other statement clearly shows to the contrary the Bill of Quantities shall be deemed to have been

Clauses 55, 56 and 57—Measurement

prepared and measurements shall be made according to the procedure set out in the "Civil Engineering Standard Method of Measurement Second Edition 1985" approved by the Institution of Civil Engineers and the Federation of Civil Engineering Contractors in association with the Association of Consulting Engineers or such later or amended edition thereof as may be stated in the Appendix to the Form of Tender to have been adopted in its preparation.

Clauses 55, 56 and 57: Measurement

These clauses should be read together. Clauses 55(1) with clause 56(1) and (2) make it clear that the Contractor is to be paid for the actual quantities of work executed at the billed rates or at such other rates as may be determined under clause 56(2). Any inference to the contrary is removed by the absence of any sum being stated in the Tender. The Contract Agreement contains an obligation to pay to the Contractor the "Contract Price", which is defined as the sum to be ascertained and paid in accordance with the provisions of the Contract.[92] The Contract is accordingly a "remeasure" and not a "lump sum" Contract.

Clause 55(2). "... *error in description in the Bill of Quantities or omission therefrom* ..."

The error or omission referred to will be in relation to the Standard Method of Measurement referred to in clause 57 (see below). By this provision, the drawings and specification are made to prevail over the Bill of Quantities contrary to the general rule (see clause 5). Errors in quantity are automatically accounted for in remeasurement.

Clause 56(2). "... *increase or decrease of any rates or prices rendered unreasonable or inapplicable* ..."

The mechanism created by this clause is similar in effect to that created by clause 52(2), save that the change of rates or prices is more usually applicable to the item which has itself undergone the change of quantity. The clause nevertheless applies to "any rates or prices rendered unreasonable etc." It is important to note that the clause applies only where the increase or decrease in quantities "of itself" warrants the adjustment of rate. Thus, there can be no change simply on the ground that the Contractor is making an excessive profit or loss. The Contractor's rates are to be taken as correct and sufficient.[93] There must, it is thought, be some change in the nature of the work, *e.g.* requiring different plant or organisation. See clause 52(4)(a) for the notice required where the Contractor wishes to challenge the Engineer's decision.

Clause 56(3): Measurement. See also clause 38(1) for examination and

---

[92] Cl. 1(1)(j).
[93] Cl. 11(3)(b).

measurement before covering up. It is submitted that measurement which is to be taken as correct under sub-clause (3) will bind both the Contractor and an arbitrator subsequently appointed.[94] However, what is to be taken as correct is limited to the physical measurements. Calculations made from measurements, *e.g.* volumes of excavation and fill, may not be binding. In practice, Bills of Quantities under civil engineering contracts tend to be shorter than under Building Contracts, and less susceptible to disputes about measurement of quantities.

Clause 57: The Standard Method of Measurement. The effect of this clause, when read with clause 55(2), is to limit the Contractor's prices to the work described in the Bill of Quantities, assuming those descriptions to be in accordance with the Standard Method. Work which is required to be measured separately, but is not so measured, must be paid for as an extra.[95] There are two important exceptions. First, there may be some contrary provision in the contract to indicate that the billing is not in accordance with the Standard Method. Secondly, the general or detailed description of the work in the Bill itself may indicate to the contrary. In either case, the Contractor will be bound to do the work at the prices stated, including any work not specifically mentioned but reasonably to be inferred from the Contract.[96]

PROVISIONAL AND PRIME COST SUMS AND NOMINATED SUB-CONTRACTS

Use of Provisional Sums

58 (1) In respect of every Provisional Sum the Engineer may order either or both of the following:

(a) Work to be executed or goods materials or services to be supplied by the Contractor the value thereof being determined in accordance with clause 52 and included in the Contract Price.
(b) Work to be executed or goods materials or services to be supplied by a Nominated Sub-Contractor in accordance with clause 59.

Use of Prime Cost Items

(2) In respect of every Prime Cost Item the Engineer may order either or both of the following:

(a) Subject to clause 59 that the Contractor employ a Sub-Contractor nominated by the Engineer for the execution of any work or the supply of any goods materials or services included therein.

---

[94] See *Kaye v. Hosier & Dickinson* [1972] 1 W.L.R. 146 (H.L.).
[95] See *A.E. Farr v. Ministry of Transport* (1965) 5 B.L.R. 94 (H.L.).
[96] See cl. 8(1)(b) and *Williams v. Fitzmaurice* (1858) 3 H. & N. 844.

Clauses 58 and 59—Provisional and Prime Cost Sums

(b) With the consent of the Contractor that the Contractor himself execute any such work or supply any such goods materials or services in which event the Contractor shall be paid in accordance with the terms of a quotation submitted by him and accepted by the Engineer or in the absence thereof the value shall be determined in accordance with clause 52 and included in the Contract Price.

Design requirements to be expressly stated

(3) If in connection with any Provisional Sum or Prime Cost Item the services to be provided include any matter of design or specification of any part of the Permanent Works or of any equipment or plant to be incorporated therein such requirement shall be expressly stated in the Contract and shall be included in any Nominated Sub-Contract. The obligation of the Contractor in respect thereof shall be only that which has been expressly stated in accordance with this sub-clause.

Nominated Sub-contractors—objection to nomination

59 (1) The Contractor shall not be under any obligation to enter into a Sub-Contract with any Nominated Sub-Contractor against whom the Contractor may raise reasonable objection or who declines to enter into a Sub-Contract with the Contractor containing provisions.

(a) that in respect of the work goods materials or services the subject of the Sub-Contract the Nominated Sub-Contractor will undertake towards the Contractor such obligations and liabilities as will enable the Contractor to discharge his own obligations and liabilities towards the Employer under the terms of the Contract

(b) that the Nominated Sub-Contractor will save harmless and indemnify the Contractor against all claims demands and proceedings damages costs charges and expenses whatsoever arising out of or in connection with any failure by the Nominated Sub-Contractor to perform such obligations or fulfil such liabilities

(c) that the Nominated Sub-Contractor will save harmless and indemnify the Contractor from and against any negligence by the Nominated Sub-Contractor his agents workmen and servants and against any misuse by him or them of any Contractor's Equipment or Temporary Works provided by the Contractor for the purposes of the Contract and for all claims as aforesaid

(d) that the Nominated Sub-Contractor will provide the Contractor with security for the proper performance of the Sub-Contract and

(e) equivalent to those contained in clause 63.

Engineer's action upon objection to nomination or upon determination of Nominated Sub-contract

(2) If pursuant to sub-clause (1) of this clause the Contractor declines to enter into a Sub-Contract with a Sub-Contractor nominated by the Engineer or if during the course of the Nominated Sub-Contract the Contractor shall validly

terminate the employment of the Nominated Sub-Contractor as a result of his default the Engineer shall

>(a) nominate an alternative Sub-Contractor in which case sub-clause (1) of this clause shall apply or
>(b) by order under clause 51 vary the Works on the work goods materials or services in question or
>(c) by order under clause 51 omit any of any part of such works goods materials or services so that they may be provided by workmen contractors or suppliers employed by the Employer either
>>(i) concurrently with the Works (in which case clause 31 shall apply) or
>>(ii) at some other date
>
>and in either case there shall nevertheless be included in the Contract Price such sum [if any] in respect of the Contractor's charges and profit being a percentage of the estimated value of such omission as would have been payable had there been no such omission and the value thereof had been that estimated in the Bill of Quantities or inserted in the Appendix to the Form of Tender as the case may be or
>(d) instruct the Contractor to secure a Sub-Contractor of his own choice and to submit a quotation for the work goods materials or services in question to be so performed or provided for the Engineer's consideration and action or
>(e) invite the Contractor himself to execute or supply the work goods materials or services in question under clause 58(1)(a) or clause 58(2)(b) or on a daywork basis as the case may be.

Contractor responsible for Nominated Sub-Contractors

(3) Except as otherwise provided in clause 58(3) the Contractor shall be as responsible for the work executed or goods materials or services supplied by a Nominated Sub-Contractor employed by him as if he had himself executed such work or supplied such goods materials or services.

Nominated Sub-Contractor's default

(4) (a) If any event arises which in the opinion of the Contractor justifies the exercise of his right under the Forfeiture Clause to terminate the Sub-Contract or to treat the Sub-Contract as repudiated by the Nominated Sub-Contractor he shall at once notify the Engineer in writing.

Termination of Sub-Contract

>(b) With the consent in writing of the Engineer the Contractor may give notice to the Nominated Sub-Contractor expelling him from the Sub-Contract works pursuant to the Forfeiture Clause or rescinding the Sub-Contract as the case may be. If however the Engineer's consent if withheld the Contractor shall be entitled to appropriate instructions under clause 13.

Clauses 58 and 59—Provisional and Prime Cost Sums

Engineer's action upon termination

(c) In the event that the Nominated Sub-Contractor is expelled from the Sub-Contract works the Engineer shall at once take such action as is required under sub-clause (2) of this clause.

Recovery of additional expense

(d) Having with the Engineer's consent terminated the Nominated Sub-contract the Contractor shall take all necessary steps and proceedings as are available to him to recover all additional expenses that are incurred from the Sub-Contractor or under the security provided pursuant to sub-clause (1)(d) of this clause. Such expenses shall include any additional expenses incurred by the employer as a result of the termination.

Reimbursement of Contractor's loss

(e) If and to the extent that the Contractor fails to recover all his reasonable expenses of completing the Sub-Contract works and all his proper additional expenses arising from the termination the Employer will reimburse the Contractor his unrecovered expenses.

Consequent delay

(f) The Engineer shall take any delay to the completion of the Works consequent upon the Nominated Sub-Contractor's default into account in determining any extension of time to which the Contractor is entitled under Clause 44.

Provisions for payment

(5) For all work executed or goods materials or services supplied by Nominated Sub-contractors there shall be included in the Contract Price

(a) the actual price paid or due to be paid by the Contractor in accordance with the terms of the sub-contract (unless and to the extent that any such payment is the result of a default of the Contractor) net of all trade and other discounts rebates and allowances other than any discount obtainable by the Contractor for prompt payment.
(b) the sum [if any] provided in the Bill of Quantities for labours in connection therewith and
(c) in respect of all other charges and profit a sum being a percentge of the actual price paid or due to be paid calculated (where provision has been made in the Bill of Quantities for a rate to be set against the relevant item of prime cost) at the rate inserted by the Contractor against that item or (where no such provision has been made) at the rate inserted by the

Contractor in the Appendix to the Form of Tender as the percentage for adjustment of sums set against Prime Cost Items.

Production of vouchers etc.

(6) The Contractor shall when required by the Engineer produce all quotations invoices vouchers sub-Contract documents accounts and receipts in connection with expenditure in respect of work carried out by all Nominated Sub-Contractors.

Payment to Nominated Sub-Contractors

(7) Before issuing any certificate under clause 60 the Engineer shall be entitled to demand from the Contractor reasonable proof that all sums (less retentions provided for in the Sub-Contract) included in previous certificates in respect of the work executed or goods or materials or services supplied by Nominated Sub-Contractors have been paid to the Nominated Sub-Contractor or discharged by the Contractor in default whereof unless the Contractor shall

> (a) give details to the Engineer in writing of any reasonable cause he may have for withholding or refusing to make such payment and
> (b) produce to the Engineer reasonable proof that he has so informed such Nominated Sub-Contractor in writing

the Employer shall be entitled to pay such Nominated Sub-Contractor direct upon the certification of the Engineer all payments (less retentions provided for in the Sub-Contract) which the Contractor has failed to make to such Nominated Sub-Contractor and to deduct by way of set-off the amount so paid by the Employer from any sums due or which become due from the Employer to the Contractor. Provided always that where the Engineer has certified and the Employer has made direct payment to the Nominated Sub-Contractor the Engineer shall in issuing any further certificate in favour of the Contractor deduct from the amount thereof the amount so paid but shall not withhold or delay the issue of the certificate itself when due to be issued under the terms of the Contract.

Clauses 58 and 59: Provisional and Prime Cost Sums and Nominated Sub-Contracts.

These clauses need to be read together. Clause 58 follows closely the same clause of the 5th Edition, but has been shortened by moving the definitions of "Provisional Sum", "Prime Cost (PC) Item" and "Nominated Sub-Contractor" to clause 1(1). Clause 59 covers substantially the same ground as the former clauses 59A, B and C, but has been shortened by the omission of the following:

> (i) there is no longer provision enabling the Engineer to nominate on terms not complying with clause 59(1);

Clauses 58 and 59—Provisional and Prime Cost Sums

(ii) in place of the lengthy provisions of the former clause 59 B(2) to (5), clause 59(4) now contains a much simplified procedure requiring instructions under clause 13, where the Engineer does not consent to termination;

(iii) the former clause 59A(6) is omitted and 59B(6) simplified.

The effect of these clauses is substantially unaltered with one major exception, *viz.* the Main Contractor is now fully responsible for a Nominated Sub-Contractor, unless his performance gives grounds for termination, whereupon the Employer effectively takes the risk. The Contractor's widened responsibility is mitigated by a new provision (cl. 59(1)(d)) entitling the Main Contractor to ask for security from the Sub-Contractor and there has recently been added by *corrigendum* a right to extension of time for default by the Sub-Contractor (see below).

Clause 58(1) and (2): Provisional Sums, Prime Cost Items. See clause 1(1)(l) and (k) for definitions. A Provisional Sum is a "Contingency ... which may be used in whole or in part or not at all at the direction and discretion of the Engineer". A Prime Cost item includes "a sum ... which will be used for the execution of work or the supply of goods, materials or services for the Works". What is the difference between these two definitions? It seems that the Contractor can only be ordered to execute Prime Cost work himself with consent (cl. 58(2)(d)), no such consent being required for use of a Provisional Sum. A further distinction is that a PC item may allow a nomination for any volume of work, provided it remains within the words defining the Prime Cost Item. But it is thought that a Provisional Sum may be available to be utilised only up to its stated value.

Clause 58(3): Design Requirements. These are to be "expressly stated in the Contract" and to be included in any Nominated Sub-Contract. The last sentence of the sub-clause ensures that the Contractor's liability arises only if both these conditions are satisfied. This provision has not been amended in line with clause 8(2) to refer to "reasonable skill, care and diligence." Although the position is not clear, it is thought that clause 8(2) is not sufficient to prevent an obligation being created through a Nominated Sub-Contract to carry out design to the higher standard of "fitness for purpose".[97]

Clause 59(1): Reasonable objection to Nominated Sub-Contractor. There is no indication what matters may be taken into account in deciding whether the Contractor's objection is reasonable. It is thought that competence and reputation are relevant matters, and also financial standing (see, however, sub-clause (1)(d)).

---

[97] For the distinction see *Greaves Contractors v. Baynham Meikle* [1975] 1 W.L.R. 1095 (C.A.); see also p. 315.

Clause 59(1)(d): Sub-Contractor to provide security. This is a new ground of objection. There is no indication of the level of security contemplated or its terms. It is not thought that the provision contemplates an "on demand" bond, but there may be a wide disparity in what is regarded as "security", ranging, perhaps, from 10 per cent upwards. It is relevant to consider the extent of the Contractor's risk, which is effectively limited to breach short of repudiation. But the Contractor is prima facie responsible for delay by the Nominated Sub-Contractor. This may lead to disputes unless some limit is placed on the security to be provided.

Clause 59(2): Engineer's action. This clause expressly requires the Engineer to take action, which may be to "re-nominate", where a Nominated Sub-Contract is validly terminated. It provides an express remedy for the situation which arose in the *Bickerton* case.[98] It is of interest to note that an express right of re-nomination was included in the 5th Edition of the I.C.E. Conditions in 1973, while the J.C.T. Form did not provide an express remedy until the publication of the 1980 Edition. Note that the Engineer has a wide range of alternative options to renomination.

Clause 59(3). "... *the Contractor shall be as responsible ... as if he had himself executed such work* ..."

There is an important change to the Contractor's responsibility. In the 5th Edition of the I.C.E. Conditions, clause 59A(6) prevented the Employer enforcing the Main Contract where a breach was due to a Nominated Sub-Contractor, unless the Main Contractor could recover under the Sub-Contract. This provision has gone, leaving the Main Contractor fully responsible for Nominated Sub-Contractors save for the restriction effectively imposed by sub-clause (4)(e) (see below). The further restriction provided by clause 58(3) relates to design requirements, which are unenforceable through the Main Contract, unless expressly included therein (see above).

Clause 59(4): Options on repudiation by Nominated Sub-Contractor. The clause now provides two options only, *i.e.* termination with the Engineer's consent, or alternatively instructions being given under clause 13. The previous Edition contained lengthy provisions covering termination by the Contractor without consent.[99] This is no longer an option, and a Contractor who terminates a Nominated Sub-Contract otherwise than in accordance with this sub-clause will remain responsible for completion subject, however, to contending that the Engineer should have given instructions under clause 13. It is submitted that a decision of the Engineer to withhold his consent to terminating the Sub-Contract is not open to arbitration.

---

[98] [1970] 1 W.L.R. 607 (H.L.).
[99] 5th ed., 1973, cl. 59B(2) to (5).

Clause 59(4)(a): Corrigenda, line 2 (line 2 in the printed conditions) and clause 59(4)(b) line 3 (line 3 in printed conditions): delete "the Forfeiture Clause" and insert "any forfeiture clause". In both cases the amendment is intended to avoid any difficulty if the Sub-Contract contains more than one provision entitling the contractor to terminate the Sub-Contract. Both in the corrigenda and in the original Conditions, the draftsmen appear not to have taken note that the somewhat imprecise term "forfeiture" has been omitted from Clause 63 of the Conditions and replaced by the word "determination".

Clause 59(4)(b). *". . . appropriate instructions under Clause 13."*
This remedy is intended to cover the situation in which the Main Contractor is entitled to terminate the Sub-Contract, but the Engineer withholds his consent. Clause 13 contains a perfectly general power to give instructions "on any matter connected therewith (whether mentioned in the Contract or not)". In circumstances where the Sub-Contractor is in repudiatory breach, what instructions are "appropriate"? It is relevant to note that upon termination with consent, sub-clause (4)(e) protects the Contractor against loss, while the Contractor is himself responsible for breaches which do not lead to termination. It is thought that, at the least, the Engineer's instructions should be such as to facilitate continued performance and completion of the Sub-Contract Work, if necessary by instructing the Contractor himself to undertake parts, directly or through other Sub-Contractors. Note also that under clause 13(3), the Contractor is not entitled automatically to payment of additional cost incurred, but must show that it was "not reasonably to have been foreseen at the time of tender".

Clause 59(4)(d): Corrigendum: delete marginal note and insert "Recovery of additional expense". The marginal note is printed above as a heading. The original version is inaccurate because the sub-clause does not provide for delay. However, by clause 1(3), headings and marginal notes are not to be taken into consideration.

Clause 59(4)(d): Recovery of extra expense. This applies where the termination is with the Engineer's consent. The obligation to seek recovery from the Sub-Contractor should be read with the right under sub-clause (4)(e) to be reimbursed by the Employer in the event of non-recovery. The Contractor is also required to seek recovery of "any additional expenses incurred by the Employer as a result of the termination". The Main Contractor will not himself be liable for these additional expenses (unless they result from his breach of contract). The additional cost of re-nomination is not claimable against the Main Contractor, since the Main Contract provides expressly for these additional costs to be paid under Clause 59(5). It is difficult to see what the Employer can effectively recover by virtue of this provision. The Employer should therefore be advised to protect himself against the possibility of repudiation by obtaining a direct warranty, which should expressly cover loss arising from termination of the sub-contract.[1]

Clause 59(4)(e): Reimbursement of Contractor's loss. Contrary to the Employer's position, the Contractor is entitled to seek recovery first from the Sub-Contractor, and if unsuccessful, he is entitled virtually to a full indemnity from the Employer (subject only to the expenses being reasonable or proper). This clause is, in its effect, similar to clauses found in Management Contracts to the effect that the Main Contractor is liable only to the extent he can recover from the Sub-Contractor.[2] It is thought that objection to the enforceability of such clauses[3] would not apply under this clause, because the Contractor is prima facie liable, *e.g.* for the consequences of delay. The Employer's indemnity is similar to an insurance provision.

Clause 59(4)(f): Corrigendum, new sub-clause. Consequent delay. The new sub-clause is printed above. It was added as part of the August 1993 *Corrigenda*. The effect is to add a new ground of delay to clause 44. The drafting is deficient in not making clear the circumstances in which the Contractor will become entitled to an extension. Does "Nominated Sub-contractor's default" refer exclusively to repudiatory conduct, the subject of clause 59(4), or does it refer to any default by a nominated sub-contractor? If the latter, the draftsmen will, by a side-wind, have introduced into the I.C.E. Conditions the equivalent of the much criticised provision of the JCT form.[4] The draftsmen almost certainly intended the former, relying on the marginal note at sub-clause (4)(a): "Nominated Sub-Contractor's default". If so, they overlooked clause 1(3) of the Conditions which states that marginal notes "shall not be deemed to be part (of the Conditions) or be taken into consideration in the interpretation or construction thereof." It is perhaps of some significance that the C.C.S.J.C. offer no comment on the new clause in the Guidance Notes (which include the Corrigenda as an appendix). On balance it is thought that "default" should be read as limited to a serious default falling within sub-clause (4) because of the limited context of sub-clause (4) and because of the far-reaching consequences of giving effect to the wider meaning.

Clause 59(7): Payment to Nominated Sub-Contractors. The right of direct payment arises only upon the Certificate of the Engineer, which must take into account "any reasonable cause for withholding payment". If the Contractor claims a right of set-off for breach by the Sub-Contractor the

---

[1] For further discussion on warranties, see pp. 139 and 319.
[2] See J.C.T. Management Contract 1987 ed., cl. 3.21.
[3] See Liability for Default of Sub-Contractors: Peter Barber: Proceedings of a Conference on *Legal Obligations in Construction*, Kings College, London, 1990.
[4] See cl. 25.4.7 of the Standard Form of Building Contract considered in Chap. 18 and specifically the observations of the House of Lords in *Westminster Corporation v. Jarvis* [1970] 1 W.L.R. 637 (H.L.).

Engineer must, it is submitted, make an assessment of, and deduct the reasonable amount of the set-off before certifying to the Employer. The right of direct payment arises only where the sums in question have already been certified to the Contractor. The provision will not, therefore, entitle the Employer to make direct payments to Nominated Sub-Contractors upon the Contractor's insolvency without running the risk of double payment. It seems that the right of direct payment and the right of deduction may be exercised against the Contractor despite insolvency, where performance of the contract is continued.[5]

CERTIFICATES AND PAYMENT

Monthly statements

60 (1) The Contractor shall submit to the Engineer at monthly intervals a statement (in such form if any as may be prescribed in the Specification) showing

(a) the estimated contract value of the Permanent Works executed up to the end of that month
(b) a list of any goods or materials delivered to the Site for but not yet incorporated in the Permanent Works and their value
(c) a list of any of those goods or materials identified in the Appendix to the Form of Tender which have not yet been delivered to the Site but of which the property has vested in the Employer pursuant to clause 54 and their value and
(d) the estimated amounts to which the Contractor considers himself entitled in connection with all other matters for which provision is made under the Contract including any Temporary Works or Contractor's Equipment for which separate amounts are included in the Bill of Quantities.

unless in the opinion of the Contractor such values and amounts together will not justify the issue of an interim certificate.

Amounts payable in respect of Nominated Sub-Contracts are to be listed separately.

Monthly payments

(2) Within 28 days of the date of delivery to the Engineer or Engineer's

---

[5] *Re Tout v. Finch* [1954] 1 W.L.R. 178; *Re Wilkinson, ex p. Fowler* [1905] 2 K.B. 713. For the possible effect of *British Eagle Ltd v. Air France* [1975] 1 W.L.R. 758 (H.L.) (discussed p. 420) on cases such as these, see *Re Arthur Sanders Ltd* (1981) 17 B.L.R. 125 at 140; *Joo Yee Construction v. Diethelm Industries* (1991) 7 Const.L.J. 53 (High Court of Singapore); and see also *Carreras Rothmans v. Freeman Mathews* [1985] Ch. 207.

Representative in accordance with sub-clause (1) of this clause of the Contractor's monthly statement the Engineer shall certify and the Employer shall pay to the Contractor (after deducting any previous payments on account)

>   (a) the amount which in the opinion of the Engineer on the basis of the monthly statement is due to the Contractor on account of sub-clauses (1)(a) and (1)(d) of this clause less a retention as provided in sub-clause (5) of this clause and
>   (b) such amounts (if any) as the Engineer may consider proper (but in no case exceeding the percentage of the value stated in the Appendix to the Form of Tender) in repect of sub-clauses (1)(b) and (1)(c) of this clause.

The amounts certified in respect of Nominated Sub-Contracts shall be shown separately in the certificate.

Minimum amount of certificate

(3) Until the whole of the Works has been certified as substantially complete in accordance with clause 48 the Engineer shall not be bound to issue an interim certificate for a sum less than that stated in the Appendix to the Form of Tender but thereafter he shall be bound to do so and the certification and payment of amounts due to the Contractor shall be in accordance with the time limits contained in this clause.

Final account

(4) Not later than 3 months after the date of the Defects Correction Certificate the Contractor shall submit to the Engineer a statement of final account and supporting documentation showing in detail the value in accordance with the Contract of the Works executed together with all further sums which the Contractor considers to be due to him under the Contract up to the date of the Defects Correction Certificate.

Within 3 months after receipt of this final account and of all information reasonably required for its verification the Engineer shall issue a certificate stating the amount which in his opinion is finally due under the Contract from the Employer to the Contractor or from the Contractor to the Employer as the case may be up to the date of the Defects Correction Certificate and after giving .credit to the Employer for all amounts previously paid by the Employer and for all sums to which the Employer is entitled under the Contract.

Such amount shall subject to clause 47 be paid to or by the Contractor as the case may require within 28 days of the date of the certificate.

Retention

(5) The retention to be made pursuant to sub-clause (2)(a) of this clause shall be the difference between

>   (a) an amount calculated at the rate indicated in and up to the limit set out in the Appendix to the Form of Tender upon the amount due to the Contractor on account of sub-clauses (1)(a) and (1)(d) of this clause and

Clause 60—Certificates and Payment

(b) any payment which shall have become due under sub-clause (6) of this clause.

Payment of retention

(6) (a) Upon the issue of a Certificate of Substantial Completion in respect of any Section or part of the Works there shall become due to the Contractor one half of such proportion of the retention money deductible to date under sub-clause (5)(a) of this clause as the value of the Section or part bears to the value of the whole of the Works completed to date as certified under sub-clause (2)(a) of this clause and such amount shall be added to the amount next certified as due to the Contractor under sub-clause (2) of this clause.

The total of the amounts released shall in no event exceed one half of the limit of retention set out in the Appendix to the Form of Tender.

(b) Upon issue of the Certificate of Substantial Completion in respect of the whole of the Works there shall become due to the Contractor one half of the retention money calculated in accordance with sub-clause (5)(a) of this clause. The amount so due (or the balance thereof over and above such payments already made pursuant to sub-clause (6)(a) of this clause) shall be paid within 14 days of the issue of the said Certificate.

(c) Upon the expiry of the Defects Correction Period or if more than one the last of such periods the remainder of the retention money shall be paid to the Contractor within 14 days notwithstanding that at that time there may be outstanding claims by the Contractor against the Employer.

Provided that if at that time there remains to be executed by the Contractor any outstanding work referred to under clause 48 or any work ordered pursuant to clauses 49 or 50 the Employer may withhold payment until the completion of such work of so much of the said remainder as shall in the opinion of the Engineer represent the cost of the work remaining to be executed.

Interest on overdue payments

(7) In the event of

(a) failure by the Engineer to certify or the Employer to make payment in accordance with sub-clauses (2) (4) or (6) of this clause or
(b) any finding of an arbitrator to such effect

the Employer shall pay to the Contractor interest compounded monthly for each day on which any payment is overdue or which should have been certified and paid at a rate equivalent to 2 per cent per annum above the base lending rate of the bank specified in the Appendix to the Form of Tender. If in an arbitration pursuant to clause 66 the arbitrator holds that any sum or additional sum should have been certified by a particular date in accordance with the aforementioned sub-clauses but was not so certified this shall be regarded for the purposes of this sub-clause as a failure to certify such sum or additional sum. Such sum or additional sum shall be regarded as overdue for payment 28 days after the date by which the arbitrator holds that the Engineer should have certified the sum or if no such date is identified by the arbitrator shall be regarded as overdue for payment from the date of the Certificate of Substantial Completion for the whole of the Works.

Correction and withholding of certificates

(8) The Engineer shall have power to omit from any certificate the value of any work done goods or materials supplied or services rendered with which he may for the time being be dissatisfied and for that purpose or for any other reason which to him may seem proper may by any certificate delete correct or modify any sum previously certified by him. Provided that

> (a) the Engineer shall not in any interim certificate delete or reduce any sum previously certified in respect of work done goods or materials supplied or services rendered by a Nominated Sub-Contractor if the Contractor shall have already paid or be bound to pay that sum to the Nominated Sub-Contractor and
> (b) if the Engineer in the final certificate shall delete or reduce any sum previously certified in respect of work done goods or materials supplied or services rendered by a Nominated Sub-Contractor which sum shall have been already paid by the Contractor to the Nominated Sub-Contractor the Employer shall reimburse to the Contractor the amount of any sum overpaid by the Contractor to the Sub-Contractor in accordance with the certificates issued under sub-clause (2) of this clause which the Contractor shall be unable to recover from the Nominated Sub-Contractor together with interest thereon at the rate stated in sub-clause (7) of this clause from 28 days after the date of the final certificate issued under sub-clause (4) of this clause until the date of such reimbursement.

Copy of certificate for Contractor

(9) Every certificate issued by the Engineer pursuant to this clause shall be sent to the Employer and at the same time copied to the Contractor with such detailed explanation as may be necessary.

Payment advice

(10) Where a payment made in accordance with sub-clause (2) of this clause differs in any respect from the amount certified by the Engineer the Employer shall notify the Contractor forthwith with full details showing how the amount being paid has been calculated.

Clause 60: Certificates and Payment

This clause requires the Contractor to submit at monthly intervals a valuation of the Works (sub-clause (1)) and requires the Engineer to issue an interim certificate within 28 days (sub-clause (2)). After issue of the Maintenance Certificate the Engineer must give a certificate (no longer called the Final Certificate) stating the amount finally due (sub-clause (4)).

Clause 60—Certificates and Payment

Interim payments are subject to retention (sub-clause (2)(a) and (4)), save that for goods and materials, the amount to be certified is not subject to retention but is to be the amount which the Engineer "may consider proper", not exceeding the percentage stated in the Appendix to the Tender (sub-clause (2)(b)). The retention is to be paid half on Substantial Completion (with provision for sectional arrangements) and the remainder 14 days after expiry of the Directs Correction Period, but subject to deductions (sub-clause (6)). There are provisions for payment of interest on over-due payments (sub-clause (7)) and for the correction and withholding of certificates (sub-clause (8)).

Clause 60(1). "... *goods or materials* ..."

The interim valuation may include goods or materials on site (paragraph (b)) and those not on site in which the property has vested in the Employer pursuant to clause 54 (paragraph (c)). In the latter case the vesting is to be signified by the Engineer's approval in writing under clause 54(3). Note that in each case the goods and materials are not subject to retention, but to a capping percentage, which is to be stated in the Appendix to the Tender (sub-clause (2)(b)).

Clause 60(1)(d). "... *all other matters for which provision is made under the Contract* ..."

This includes claims under various clauses of the Conditions: see commentary to clause 52(4) for claims expressed to be subject to that clause. Other claims or rights to additional payment may arise under clause 17 (setting out), 20(3) (reinstatement works), 22(3) (damage to persons or property), 26(2) (fees, rates), 30(3) (damage to highways), 32 (fossils), 36(3) (tests), 38(2) (uncovering), 49(3) (repair work), 50 (searches), 64 (frustration), 65 (war) and 69 (tax fluctuations). The Contractor is expressly required by clause 69(2) to inform the Engineer of changes in taxes etc. VAT is dealt with under clause 70. The Engineer's certificate is required to be net of VAT, the Employer being required separately to identify and pay any VAT properly chargeable. The Contractor is not required himself to assess the VAT.

Clause 60(2). "... *the Engineer shall certify and the Employer shall pay* ..."

The Employer's obligation to pay arises within 28 days of the delivery to the Engineer of the Contractor's monthly statement, not within a specific period after the Engineer's Certificate.[6] The question whether an interim certificate is a condition precedent to the right to payment has not been definitively decided.[7] However, in the light of the decision in the *Crouch*

---

[6] See *Enco Civil Engineering Ltd v. Zeus International Developments Ltd* (1991) 56 B.L.R. 43 at 50 and the Editors' Commentary at p. 45.

[7] See *Dunlop & Ranken Ltd v. Hendall* [1957] 1 W.L.R. 1102 at 1106 (Q.B.D.); *Lubenham Fidelities v. South Pembrokeshire D.C.* (1986) 33 B.L.R. 39 (C.A.); see also *Gilbert-Ash v. Modern Engineering* [1974] A.C. 689 (H.L.).

case,[8] the Court could not entertain a claim for payment without a certificate, unless interference or other misconduct were also alleged.[9] Where a certificate has been given, the Court may, despite the *Crouch* case, entertain an application for Summary Judgment[10] on the basis that there is no dispute to be referred to arbitration.[11] A similar application may now be made under the I.C.E. Arbitration Procedure (1983), rule 14, for a "Summary Award".[12] The advantage of an application to an arbitrator is that he is empowered to open up and revise any certificate or valuation of the Engineer,[13] which will include the power to supply any certificate that ought to have been given.

The Employer retains the right of set-off.[14] The Engineer should certify the full amount due in accordance with sub-clause (2), leaving the Employer to make any deduction, *e.g.* for liquidated damages. The right to make a deduction from certificates for sums due from the Contractor to the Employer arises under sub-clause (4) only on the final account.[15]

Clause 60(2)(a). "... *the amount which in the opinion of the Engineer on the basis of the monthly statement is due* ..."

This Clause does not require the Engineer to have measured the work exactly, the use of the word "opinion" in Clause 60(2)(a) implying that there may be a degree of latitude. The Engineer must within 28 days produce a reasonable estimate of the value of the Works. He must correctly apply the provisions of the Contract, but there may well be room for differences of opinion.[16]

Clause 60(2)(b). "... *such amounts (if any) as the Engineer may consider proper* ..."

These words qualify the Contractor's right to payment for goods or materials. There is no indication of the matters which the Engineer may, or is bound to take into account. It is thought that the Engineer should take into account their conditions of storage and security of goods or materials delivered to the site. For materials both on site and off-site, the Engineer may take into account the date by which they are likely to be required and, where the goods are provided substantially in advance, the reasons for this.

---

[8] *Northern Regional Health Authority v. Derek Crouch* [1984] Q.B. 644 (C.A.)—see p. 429.
[9] See pp. 110 and 121 *et seq.*
[10] See *Ellis Mechanical v. Wates* [1978] 1 Lloyds Rep. 33 (C.A.); the *Kostas Melas* [1981] 1 Lloyds Rep. 18 at 27.
[11] But see *Hayter v. Nelson* [1990] 2 Lloyd's Rep. 265; *Mayer Newman v. Al Ferro* [1990] 2 Lloyd's Rep. 290 (C.A.) and generally footnote 58 on p. 440.
[12] See commentary to cl. 66.
[13] Cl. 66(8)(a).
[14] *Gilbert-Ash v. Modern Engineering* [1974] A.C. 689 (H.L.).
[15] See *Hall & Tawse Construction v. Strathclyde Regional Council* [1990] S.L.T. 774 noted at 51 B.L.R. 86.
[16] *Royal Borough of Kingston-upon-Thames v. AMEC Civil Engineering* (1993) 35 Con. L.R. 39—a decision under the 5th ed., but the relevant wording has not changed—applying *The Secretary of State for Transport v. Birse-Farr Joint Venture* (1993) 62 B.L.R. 36.

Clause 60—Certificates and Payment

Clause 60(4): Final Account. References to the "Final certificate" appearing in the 5th Edition of the I.C.E. Conditions have been removed. The Engineer is required to issue a certificate (which will in fact be the final one issued) stating the amount finally due to or from the Contractor after making allowance for "all sums to which the Employer is entitled under the Contract". This appears to mean that the Engineer is to set-off cross-claims, which may include liquidated damages. However, the closing words of the sub-clause refer to payment "subject to Clause 47", which would entitle the Employer to deduct liquidated damages from the certified sum. The sums to be deducted before giving the certificate do not include cross-claims for damages, which are not due "under the contract", nor is the Engineer empowered to consider such claims save on a reference under clause 66. Whatever it is called, the last certificate is of no evidential effect as regards performance of the Contract, in contrast with the Final Certificate under the Standard Form of Building Contract.[17]

Clause 60(5) and (6): Retention. The maximum recommended percentages stated in the Appendix are 5 per cent with a limit of 3 per cent of the "Tender Total",[18] which will give a fixed monetary limit. Retention will be deducted pursuant to sub-clause (2)(a) on the value of work and other amounts due. There is an effective retention on goods and materials by virtue of sub-clause (2)(b), which is likely to be greater than the retention percentage, and this will be converted into a normal retention as the goods and materials become incorporated into the Works.

On any Section or part reaching substantial completion, a proportional part of the retention deducted up to that date becomes payable. This may turn out to be more than would have been released had the capping figure been reached, but it will be adjusted automatically for later Sections or parts so that the Employer ends up holding half of the limit of retention at substantial completion of the whole of the Works. Retention which is released is either to be added to the next interim certificate or, at substantial completion of the whole of the Works, any outstanding retention money up to the limit of one half becomes payable automatically 14 days after the Certificate of Substantial Completion. Note that the second half of retention is payable in one sum on expiry of the last of the Defects Correction Periods, subject to deduction for any outstanding work.

Clause 60(7): Interest on overdue payments. This redrafted clause has finally clarified the Contractor's entitlement to interest, which will run from the date on which the payment became due (if certified) or the date on which it should have been certified and paid (if not certified). The entitlement covers any sums capable of certification under clause 60(1), which includes all payments becoming due "under the Contract". It does not

---

[17] See p. 683.
[18] See cl. 1(1)(i).

include claims for damages (see above). To establish that there has been a "failure by the Engineer to certify", the Contractor must prove that the Engineer did not act in accordance with the provisions of the Contract. Simply to assert that sums subsequently awarded were not included in earlier certificates does not without more prove a failure to certify in accordance with the terms of clause 60(2).[19] This clause does not require the Engineer to have measured the work exactly, the use of the word "opinion" in clause 60(2)(a) implying that there may be a degree of latitude.[20]

In a decision under the I.C.E. 5th Edition, where the equivalent clause provided for simple, not compound interest, it was held that the interest was payable as a contractual sum due under the contract and that further interest could be payable on that sum if the Contractor were to claim it in subsequent monthly statements and thereafter it was either not certified or not paid.[21] In the 5th Edition of this book, it was said that there is no provision under the I.C.E. 6th Edition for certifying interest under this sub-clause, that it is payable automatically upon a failure to certify or make payment being admitted or established by arbitration, and that interest will be payable under the sub-clause whether or not formally included in the arbitrator's award. It was suggested that it would normally be convenient to include it in the award, however, to facilitate payment or enforcement. The question whether interest under clause 60(7) may be included in the Contractor's monthly statements turns, it seems, on the construction of clause 60(1)(d) and whether it is one of the "matters for which provision is made under the Contract". It is suggested that this interest is not within clause 60(1)(d) and the view expressed in the 5th Edition of this book is, with hesitation, maintained. If this view were wrong, the Contractor under this Contract might, in certain circumstances, become entitled to what in commercial terms was interest doubly compounded.

The new provisions avoid problems which have occurred under the equivalent clause in the 5th Edition.[22] The contractual right to interest on overdue payments does not affect the question of interest being recovered as part of the cost incurred and payable under other provisions of the Contract.[23] Nor does the provision abrogate the power of an arbitrator to award discretionary interest.[24] The arbitrator's statutory power is, however, limited to the award of simple interest. Given a choice of statutory or

---

[19] *The Secretary of State for Transport v. Birse-Farr Joint Venture* (1993) 62 B.L.R. 36. This case considers *Morgan Grenfell v. Seven Seas Dredging (No. 2)* (1990) 51 B.L.R. 85, *Nash Dredging v. Kestrel Marine* [1986] S.L.T. 62 and *Hall and Tawse v. Strathclyde Regional Council* [1990] S.L.T. 774. See also *Blaenau Gwent B.C. v. Lock (Contractors' Equipment) Ltd* (1994) 37 Con. L.R. 121.
[20] *Royal Borough of Kingston-upon-Thames v. AMEC Civil Engineering* (1993) 35 Con. L.R. 39—a decision under the 5th Ed., but the relevant wording has not changed.
[21] *The Secretary of State for Transport v. Birse-Farr Joint Venture* (1993) 62 B.L.R. 36.
[22] See *Morgan Grenfell (Local Authority Finance) v. Seven Seas Dredging* (1990) 51 B.L.R. 85.
[23] See commentary to cls. 1(5) and 52(2).
[24] Arbitration Act 1950, s.19A.

Clause 60—Certificates and Payment

contractual interests, there would seem to be no circumstances in which the Contractor would wish to opt for the former.

Clause 60(8): Correction and Withholding of certificates. The Engineer has a wide discretion to modify previous certificates and to deduct sums accordingly from subsequent certificates.[25] There is no inference that an interim certificate constitutes any approval or has any binding effect on either party.

The proviso to sub-clause (8) prevents reduction of sums for nominated sub-contract work where the Contractor has paid or is bound to pay the sub-contractor. Where the Main Contractor has himself withheld payment by reason of a set-off, he is not "bound to pay" the sum in question and the Engineer may reduce the valuation accordingly. There is no restriction on the right of adjustment on the Final Account. The Employer may have to repay the sum with interest, but the obligation to repay will arise only when the Contractor can demonstrate that he is "unable to recover" from the Nominated Sub-Contractor. Where the sub-contractor remains solvent, it is thought this would require the Contractor to bring arbitration proceedings and to bear the cost of such proceedings himself.[26]

Defects Correction Certificate

61 (1) Upon the expiry of the Defects Correction Period or where there is more than one such period upon the expiration of the last of such periods and when all outstanding work referred to under clause 48 and all work of repair amendment reconstruction rectification and making good of defects imperfections shrinkages and other faults referred to under clauses 49 and 50 shall have been completed the Engineer shall issue to the Employer (with a copy to the Contractor) a Defects Correction Certificate stating the date on which the Contractor shall have completed his obligations to construct and complete the Works to the Engineer's satisfaction.

Unfulfilled obligations

(2) The issue of the Defects Correction Certificate shall not be taken as relieving either the Contractor or the Employer from any liability the one towards the other arising out of or in any way connected with the performance of their respective obligations under the Contract.

Clause 61

The Defects Correction Certificate (formerly known as the Maintenance Certificate) signifies completion to the Engineer's satisfaction. It further sets

---

[25] See *Mears Construction v. Samuel Williams* (1977) 16 B.L.R. 49, a case on the 4th ed. of the I.C.E. Conditions.
[26] See also cl. 59(4)(e), which applies only where a Nominated Sub-Contract has been terminated with the Engineer's consent.

in train the procedure under clause 60(4) leading to the final account and final certificate (not actually called the final certificate). Sub-clause (2) makes clear that the Defects Correction Certificate has no substantive effect on the rights or obligations of either party. It is an administrative step only, but it affects the operation of other clauses under the contract. Thus the Contractor has no duty or right himself to carry out further remedial work under clause 49 once the Certificate has been given. In theory, this will leave the Employer having to sue for damages if further defects or outstanding work are discovered. In practice, there is nothing to prevent the parties coming to an agreement for the Contractor to carry out further work, and the Employer may fail to mitigate his loss if he does not so permit the Contractor to do so.

REMEDIES AND POWERS

Urgent repairs

62 If by reason of any accident or failure or other event occurring to in or in connection with the Works or any part thereof either during the execution of the Works or during the Defects Correction Period any remedial or other work or repair shall in the opinion of the Engineer or the Engineer's Representative be urgently necessary and the Contractor is unable or unwilling at once to do such work or repair the Employer may by his own or other workpeople do such work or repair. If the work or repair so done by the Employer is work which in the opinion of the Engineer the Contractor was liable to do at his own expense under the Contract all costs and charges properly incurred by the Employer in so doing shall on demand be paid by the Contractor to the Employer or may be deducted by the Employer from any monies due or which may become due to the Contractor. Provided that the Engineer shall as soon after the occurrence of any such emergency as may be reasonably practicable notify the Contractor thereof in writing.

Clause 62

This useful power may be exercised by the Engineer or his Representative at any time up to the date of the Defects Correction Certificate. The right to bring in other people to do the work and to charge the Contractor therefor is dependant upon notice being given "as soon after the occurrence ... as may be reasonably practicable". In the absence of notice, the Employer may not be entitled to set-off his costs unless it can be shown that the Contractor was in default.[27] Where the urgency is not immediate, the Engineer should consider acting under the alternative provisions of clauses 39(1) before the Certificate of Substantial Completion, or under clause 49 afterwards.

---

[27] See commentary to cl. 39(1).

Clause 63—Determination of the Contractor's Employment

Determination of the Contractor's employment

63 (1) If

(a) the Contractor shall be in default in that he
  (i) becomes bankrupt or has a receiving order or administration order made against him or presents his petition in bankruptcy or makes an arrangement with or assignment in favour of his creditors or agrees to carry out the Contract under a committee of inspection of his creditors or (being a corporation) goes into liquidation (other than a voluntary liquidation for the purposes of amalgamation or reconstruction) or
  (ii) assigns the Contract without the consent in writing of the Employer first obtained or
  (iii) has an execution levied on his goods which is not stayed or discharged within 28 days

or

(b) the Engineer certifies in writing to the Employer with a copy to the Contractor that in his opinion the Contractor
  (i) has abandoned the Contract or
  (ii) without reasonable excuse has failed to commence the Works in accordance with clause 41 or has suspended the progress of the Works for 14 days after receiving from the Engineer written notice to proceed or
  (iii) has failed to remove goods or materials from the Site or to pull down and replace work for 14 days after receiving from the Engineer written notice that the said goods materials or work have been condemned and rejected by the Engineer or
  (iv) despite previous warnings by the Engineer in writing is failing to proceed with the Works with due diligence or is otherwise persistently or fundamentally in breach of his obligations under Contract

then the Employer may after giving 7 days' notice in writing to the Contractor specifying the default enter upon the Site and the Works and expel the Contractor therefrom without thereby avoiding the Contract or releasing the Contractor from any of his obligations or liabilities under the Contract. Provided that the Employer may extend the period of notice to give the Contractor opportunity to remedy the default.

Where a notice of determination is given pursuant to this sub-clause it shall be given as soon as is reasonably possible after receipt of the Engineer's certificate.

Completing the Works

(2) Where the Employer has entered upon the Site and the Works as hereinbefore provided he may himself complete the Works or may employ any other contractor to complete the Works and the Employer or such other contractor may use for such completion so much of the Contractor's

Equipment Temporary Works goods and materials which have been deemed to become the property of the Employer under clauses 53 and 54 as he or they may tnink proper and the Employer may at any time sell any of the said Contractor's Equipment Temporary Works and unused goods and materials and apply the proceeds of sale in or towards the satisfaction of any sums due or which may become due to him from the Contractor under the Contract.

Assignment to Employer

(3) By the said notice or by further notice in writing within 7 days of the date of expiry thereof the Engineer may require the Contractor to assign to the Employer and if so required the Contractor shall forthwith assign to the Employer the benefit of any agreement for the supply of any goods or materials and/or for the execution of any work for the purposes of this Contract which the Contractor may have entered into.

Payment after determination

(4) If the Employer enters and expels the Contractor under this clause he shall not be liable to pay to the Contractor any money on account of the Contract until the expiration of the Defects Correction Period and thereafter until the costs of completion damages for delay in completion (if any) and all other expenses incurred by the Employer have been ascertained and the amount thereof certified by the Engineer.

The Contractor shall then be entitled to receive only such sum or sums (if any) as the Engineer may certify would have been due to him upon due completion by him after deducting the said amount. But if such amount shall exceed the sum which would have been payable to the Contractor on due completion by him then the Contractor shall upon demand pay to the Employer the amount of such excess and it shall be deemed a debt due by the Contractor to the Employer and shall be recoverable accordingly.

Valuation at date of determination

(5) As soon as may be practicable after any such entry and expulsion by the Employer the Engineer shall fix and determine as at the time of such entry and expulsion

(a) the amount (if any) which had been reasonably earned by or would reasonably accrue to the Contractor in respect of work actually done by him under the Contract and
(b) the value of any unused or partially used goods and materials and any Contractor's Equipment and Temporary Works which had been deemed to become the property of the Employer under clauses 53 and 54

and shall certify accordingly.

The said determination may be carried out ex parte or by or after reference to the parties or after such investigation or enquiry as the engineer may think fit to make or institute.

Clause 63—Determination of the Contractor's Employment

Clause 63

This clause has been rearranged and rewritten in part. It still suffers from a number of difficulties, largely through the possibility of there being a technical defect in the operation of the clause. This will usually mean that the Employer cannot rely on the clause, and unless it can be shown that the Contractor was in repudiatory breach of the contract,[28] the Employer is likely to be held himself to be in repudiation by expelling the Contractor. Determination of the Contractor's employment does not terminate the contract. Both parties remain bound to perform the secondary obligations under this clause which come into play upon a correct determination.

Clause 63: Interim Measures. A preliminary question is what is to happen if the contractor disputes the Employer's determination of the Contractor's employment and attempts to remain on site. Will the Court grant an injunction? It was held in *Tara Civil Engineering Limited v. Moorfield Developments Limited*[29] under the equivalent clause of the 5th Edition that, where the Engineer had issued documents which on their face appeared to put in motion the machinery of the clause, the Court should only go behind the documents if there was proof of bad faith or proof that the decisions were unreasonable on *Wednesbury* principles.[30] The court accordingly granted orders removing the contractor from the site.[31]

Clause 63(1)(a): Automatic right of determination. The grounds are matters of record which, if they occur, give an immediate right to serve the seven-day notice. The clause does not deal with the question of delay before giving notice. This is expressly dealt with where the Engineer gives a certificate. Nor does the clause deal with any delay in the Employer becoming aware of the relevant events. This may well be significant in the case of assignment without consent. Each case would depend on the particular facts, and the Employer should be advised to proceed with considerable caution where there is a possibility of waiver or estoppel being raised.[32]

Clause 63(1)(b): Grounds dependant upon the Engineer's certificate:

(i) "... *has abandoned the contract*..."
Abandonment is referred to in Clause 40(2) in connection with a suspension

---

[28] See pp. 163 *et seq.*
[29] (1989) 46 B.L.R. 72.
[30] *i.e.* that no reasonable person could have come to such a decision: see *Associated Provincial Picture Houses v. Wednesbury Corporation* [1948] 1 K.B. 223 (C.A.).
[31] See also *Attorney General of Hong Kong v. Ko Hon Mau* (1988) 44 B.L.R. 144.
[32] See pp. 284 *et seq.*

of the progress of the Works. It is thought that abandonment denotes at least a suspension coupled with an apparent intention not to continue.

(ii) *"... failed to commence ..."*
Clause 41 requires the Contractor to start the Works "as soon as is reasonably practicable after the Works Commencement Date." The Engineer must therefore be satisfied that it is reasonably practicable to start and that there is no reasonable excuse. It is not clear to what circumstances the 14-day suspension refers, and whether the Engineer's notice to proceed is simply the notice under Clause 41(1)(b), or some specific notice.[33]

(iii) *"... failed to remove ... or to pull down and replace ..."*
This provision clearly links with clause 39. The 14-day period would seem to apply whether or not the Engineer's notice itself specified a period for compliance.[34] Clause 39 contains an alternative remedy of employing others to do the work, but there is no restriction on operation of the alternative remedy of determination. However, it has been held under the 5th Edition that the operation of this provision does not require prior notice under clause 39 as such.[35]

(iv) *"... is failing to proceed with the Works with due diligence ..."*
Refer to Commentary to clause 42(2), which uses the term "due expedition". This refers to the rate of progress, whereas it is thought that, to establish a lack of "due diligence", it would have to be shown that the Contractor was not putting enough effort or resources into the work. The distinction is therefore important in terms of the material and evidence which the Employer would need to rely upon in order to justify a disputed determination. Note that there must be "previous warnings" from the Engineer, which indicates at least two such warnings.

(v) *"... or is otherwise persistently or fundamentally in breach of his obligations under the contract ..."*
This appears also to require previous warnings. "Persistently" and "fundamentally" are alternatives. A breach need not be serious in order to be persistent, but it must involve either repeated or continuing occurrences, *e.g.* repeated execution of bad work or continuing failure to rectify. "Fundamentally" indicates a breach of a very serious nature going to the root of the contract.[36]

Clause 63(1): Action by the Employer. Provided that the relevant

---

[33] Comparison with the equivalent provisions in the 5th and 4th eds. of the I.C.E. Conditions suggests a connection which is, however, not readily apparent under the present ed.
[34] Compare cl. 39(1)(a), where time may be specified, and (c), where apparently it may not.
[35] *Tara Civil Engineering Limited v. Moorfield Developments Limited* (1989) 46 B.L.R. 72 at 78.
[36] See p. 158.

Clause 63—Determination of the Contractor's Employment

event under sub-clause 1(1)(a) has occurred or the Engineer's certificate under (b) has been given, the Employer must then himself give seven days' notice in writing "specifying the default". This is apparently the "notice of determination" which is to be given as soon as reasonably possible[37] after receipt of the Engineer's certificate, *i.e.* the Employer must make up his mind at once whether to determine. Plainly, such a fundamental step is not to be taken without careful thought and planning. The Employer must be careful not to influence the Engineer in giving or withholding his certificate under clause 63(1)(b).[38] However, it is perfectly proper for the Employer, if he wishes to consider termination, to request the Engineer to consider whether he is prepared to give a certificate under sub-clause 1(1)(b). The Employer should be advised to be quite open about his intentions, since correspondence with the Engineer will be discoverable in any subsequent arbitration proceedings.

It is unclear whether the Employer's right of determination crystallises when a correct notice is served, so that the Contractor may be expelled from the site irrespective of any steps taken to remedy the matters complained of during the 7-day notice period. The proviso allowing the Employer to extend "the period of notice to give the Contractor opportunity to remedy the default" suggests that the right of determination may be lost if the Contractor puts right his default. This question is of such importance that the clause ought to be clarified.

The contract gives no further guidance about what is meant by "enter upon the site and the Works" or "expel the Contractor therefrom". Since the Employer may be an occupier of the site, entry must contemplate an act going beyond mere occupation. The Employer must, it is thought, take such action as will leave no doubt that the right of entry and expulsion has been exercised. This will usually consist of locking up the site and taking other measures to secure materials and equipment which the Employer intends to claim as security.[39]

Clause 63(2): Completing the Works. The right to use or dispose of the Contractor's plant and materials, etc., is dependant upon the Employer being able to defeat any adverse claims thereto from other persons claiming property in them, including the Contractor's Receiver or Trustee in Bankruptcy. Note that materials under clause 54 should be the Employer's property beyond dispute, if the clause has been properly operated. However, the Employer will not have paid for such materials in full.[40]

Clause 63(3): Requirement to Assign. It is not at all clear what is meant

---

[37] See *Mvita Construction Co. Ltd v. Tanzania Harbours Authority* (1988) 46 B.L.R. 19.
[38] See pp. 121 *et seq.*
[39] See cl. 53.
[40] See cl. 60(1)(c) and 60(2)(b).

by "the said notice". The Engineer's notice under sub-clause 1(1)(b) is to be given to the Employer, and the notice of determination is given by the Employer. Nor is it at all clear when the said notice expires. These points are of little importance, save that they might be said to restrict the Engineer's right to require the Contractor to assign. There is nothing to prevent the Employer entering into direct arrangements with sub-contractors and suppliers. In practice, the arrangement will usually amount to a novation, and it will be necessary to consider carefully the payment obligations which the Employer is to take on.

Clause 63(4): Payment after determination: Determination is likely to lead to a large net deficit which the Employer must seek to recover from the Contractor. The accounting process does not appear to permit the Employer to recover his loss until completion of the Works. An arbitration may be commenced at any time, and it may be that the parties can circumvent this procedural difficulty (if the reference proceeds before completion) by a preliminary hearing on the validity of the termination, assuming this to be in dispute. If the Employer alternatively relies on common law repudiation, there could be a damages claim brought immediately after termination.

FRUSTRATION

Payment in event of frustration

64 In the event of the contract being frustrated whether by war or by any other supervening event which may occur independently of the will of the parties the sum payable by the Employer to the Contractor in respect of the work executed shall be the same as that which would have been payable under clause 65(5) if the Contract had been determined by the Employer under Clause 65.

Clause 64

The term "frustrated" is used, it is thought, in the legal sense, meaning a supervening event which renders performance or further performance of the contract radically different from that contemplated.[41] The words "by any other supervening event which may occur independently of the will of the parties" confirm what would otherwise be the position at common law. It is thought that the provision entitling the Contractor to payment of a sum calculated by reference to clause 65(5) excludes the operation of section 1 of the Law Reform (Frustrated Contracts) Act 1943.[42] This section would otherwise require the Contractor to prove that the Employer had obtained a

---

[41] See p. 143.
[42] By s. 2(3).

Clause 64—Frustration

valuable benefit from the contract in order to be able to recover even the value of work done.[43]

WAR CLAUSE

Works to continue for 28 days on outbreak of war

65 (1) If during the currency of the Contract there shall be an outbreak of war (whether war is declared or not) in which Great Britain shall be engaged on a scale involving general mobilization of the armed forces of the Crown the Contractor shall for a period of 28 days reckoned from midnight on the date that the order for general mobilization is given continue so far as is physically possible to execute the Works in accordance with the Contract.

Effect of completion within 28 days

(2) If at any time before the expiration of the said period of 28 days the Works shall have been completed or completed so far as to be usable all provisions of the Contract shall continue to have full force and effect save that

> (a) the Contractor shall in lieu of fulfilling his obligations under clauses 49 and 50 be entitled at his option to allow against the sum due to him under the provisions hereof the cost (calculated at the prices ruling at the beginning of the said period of 28 days) as certified by the Engineer at the expiration of the Defects Correction Period of repair rectification and making good any work for the repair rectification or making good of which the Contractor would have been liable under the said clauses had they continued to be applicable
> (b) the Employer shall not be entitled at the expiry of the Defects Correction Period to withhold payment under clause 60(5)(c) of the second half of the retention money or any part thereof except such sum as may be allowable by the Contractor under the provisions of the last preceding paragraph which sum may (without prejudice to any other mode of recovery thereof) be deducted by the Employer from such second half.

Right of Employer to determine Contract

(3) If the Works shall not have been completed as aforesaid the Employer shall be entitled to determine the Contract (with the exception of this clause and clauses 66 and 68) by giving notice in writing to the Contractor at any time after the aforesaid period of 28 days has expired and upon such notice being given the Contract shall (except as above mentioned) forthwith determine but

---

[43] s. 1(2) and (3). See further "Law Reform (Frustrated Contracts) Act 1943" on p. 149.

The I.C.E. Form of Contract—6th Edition 1991

without prejudice to the claims of either party in respect of any antecedent breach thereof.

Removal of Contractor's Equipment on determination

(4) If the Contract shall be determined under the provisions of the last preceding sub-clause the Contractor shall with all reasonable despatch remove from the Site all his Contractor's Equipment and shall give facilities to his sub-contractors to remove similarly all Contractor's Equipment belonging to them and in the event of any failure so to do the Employer shall have the like powers as are contained in clause 53(3) in regard to failure to remove Contractor's Equipment on completion of the Works but subject to the same condition as is contained in clause 53(3).

Payment on determination

(5) If the Contract shall be determined as aforesaid the Contractor shall be paid by the Employer (insofar as such amounts or items shall not have been already covered by payment on account made to the Contractor) for all work executed prior to the date of determination at the rates and prices provided in the Contract and in addition

> (a) the amounts payable in respect of any preliminary items so far as the work or service comprised therein has been carried out or performed and a proper proportion as certified by the Engineer of any such items the work or service comprised in which has been partially carried out or performed
> (b) the cost of materials or goods reasonably ordered for the Works which have been delivered to the Contractor or of which the Contractor is legally liable to accept delivery (such materials or goods becoming the property of the Employer upon such payment being made by him)
> (c) a sum to be certified by the Engineer being the amount of any expenditure reasonably incurred by the Contractor in the expectation of completing the whole of the Works in so far as such expenditure shall not have been covered by the payments in this sub-clause before mentioned
> (d) any additional sum payable under sub-clause (6)(b)(c) and (d) of this clause and
> (e) the reasonable cost of removal under sub-clause (4) of this clause.

Provisions to apply as from outbreak of war

(6) Whether the Contract shall be determined under the provisions of sub-clause (3) of this clause or not the following provisions shall apply or be deemed to have applied as from the date of the said outbreak of war notwithstanding anything expressed in or implied by the other terms of the Contract viz

> (a) The Contractor shall be under no liability whatsoever by way of indemnity or otherwise for or in respect of damage to the Works or to property (other than property of the Contractor or property hired by him

Clause 65—War Clause

for the purposes of executing the Works) whether of the Employer or of third parties or for or in respect of injury or loss of life to persons which is the consequence whether direct or indirect of war hostilities (whether war has been declared or not) invasion act of the Queen's enemies civil war rebellion revolution insurrection military or usurped power and the Employer shall indemnify the Contractor against all such liabilities and against all claims demands proceedings damages costs charges and expenses whatsoever arising thereout or in connection therewith.

(b) If the Works shall sustain destruction or any damage by reason of any of the causes mentioned in the last preceding paragraph the Contractor shall nevertheless be entitled to payment for any part of the Works so destroyed or damaged and the Contractor shall be entitled to be paid by the Employer the cost of making good any such destruction or damage so far as may be required by the Engineer or as may be necessary for the completion of the Works on a cost basis plus such profit as the Engineer may certify to be reasonable.

(c) In the event that the Contract includes the Contract Price Fluctuations Clause the terms of that clause shall continue to apply but if subsequent to the outbreak of war the index figures therein referred to shall cease to be published or in the event that the Contract shall not include a Contract Price Fluctuations Clause in that form the following paragraph shall have effect:

If under decision of the Civil Engineering Construction Conciliation Board or of any other body recognized as an appropriate body for regulating the rates of wages in any trade or industry other than the Civil Engineering Construction Industry to which Contractors undertaking works of civil engineering construction give effect by agreement or in practice or by reason of any Statute or Statutory Instrument there shall during the currency of the Contract be any increase or decrease in the wages or the rates of wages or in the allowances or rates of allowances (including allowances in respect of holidays) payable to or in respect of labour of any kind prevailing at the date of outbreak of war as then fixed by the said Board or such other body as aforesaid or by Statute or Statutory Instrument or any increase in the amount payable by the Contractor by virtue or in respect of any Scheme of State Insurance or if there shall be any increase or decrease in the cost prevailing at the date of the said outbreak of war of any materials consumable stores fuel or power (and whether for permanent or temporary works) which increase or increases decrease or decreases shall result in an increase or decrease of cost to the Contractor in carrying out the Works the net increase or decrease of cost shall form an addition or deduction as the case may be to or from the Contract Price and be paid to or allowed by the Contractor accordingly.

(d) If the cost of the Works to the Contractor shall be increased or decreased by reason of the provisions of any Statute or Statutory Instrument or other Government or Local Government Order or Regulation becoming applicable to the Works after the date of the said outbreak of war or by reason of any trade or industrial agreement entered in to after such date to which the Civil Engineering Construction Conciliation Board or any other body as aforesaid is party or gives effect or by reason of any amendment of whatsoever nature of the Working Rule Agreement of the said Board or of any other body as aforesaid or by reason of any other circumstance or thing attributable to or consequent on such outbreak of war such increase or decrease of cost as certified by the Engineer shall be reimbursed by the Employer to the Contractor or allowed by the Contractor as the case may be.

(e) Damage or injury caused by the explosion whenever occurring of any mine bomb shell grenade or other projectile missile or munition of war and whether occurring before or after the cessation of hostilities shall be deemed to be the consequence of any of the events mentioned in sub-clause (6)(a) of this clause.

Clause 65

Each of these corrects a typographical error.

This clause applies to war involving general mobilisation. Its only practical importance is that, upon the contract being frustrated under clause 64, the payment provisions of sub-clause (5) are to apply.

Clause 65(2)(b): Corrigendum line 2 (line 2 in printed conditions): delete "65(5)(c)" and insert "60(6)(c)".

Clause 65(4): Corrigendum line 8 (line 8 in printed conditions): delete "53(3)" and insert "53(2)".

SETTLEMENT OF DISPUTES

Settlement of disputes

66 (1) Except as otherwise provided in these Conditions if a dispute of any kind whatsoever arises between the Employer and the Contractor in connection with or arising out of the Contract or the carrying out of the Works including any dispute as to any decision opinion instruction direction certificate or valuation of the Engineer (whether during the progress of the Works or after their completion and whether before or after the determination abandonment or breach of the Contract) it shall be settled in accordance with the following provisions.

Notice of Dispute

(2) For the purpose of sub-clauses (2) to (6) inclusive of this clause a dispute shall be deemed to arise when one party serves on the Engineer a notice in writing (hereinafter called the Notice of Dispute) stating the nature of the dispute. Provided that no Notice of Dispute may be served unless the party

Clause 66—Settlement of Disputes

wishing to do so has first taken any steps or invoked any procedure available elsewhere in the Contract in connection with the subject matter of such dispute and the other party or the Engineer as the case may be has

  (a) taken such step as may be required or
  (b) been allowed a reasonable time to take any such action.

Engineer's decision

(3) Every dispute notified under sub-clause (2) of this clause shall be settled by the Engineer who shall state his decision in writing and give notice of the same to the Employer and the Contractor within the time limits set out in sub-clause (6) of this clause.

Effect on Contractor and Employer

(4) Unless the contract has already been determined or abandoned the Contractor shall in every case continue to proceed with the Works with all due diligence and the Contractor and the Employer shall both give effect forthwith to every such decision of the Engineer. Such decisions shall be final and binding upon the Contractor and the Employer unless and until as hereinafter provided either

  (a) the recommendation of a conciliator has been accepted by both parties or
  (b) the decision of the Engineer is revised by an arbitrator and an award made and published.

Conciliation

(5) In relation to any dispute notified under sub-clause (2) of this clause and in respect of which

  (a) the Engineer has given his decision or
  (b) the time for giving an Engineer's decision as set out in sub-clause (3) of this clause has expired

and no Notice to Refer under sub-clause (6) of this clause has been served either party may give notice in writing requiring the dispute to be considered under the Institution of Civil Engineers' Conciliation Procedure (1988) or any amendment or modification thereof being in force at the date of such notice and the dispute shall thereafter be referred and considered in accordance with the said Procedure. The recommendation of the conciliator shall be deemed to have been accepted in settlement of the dispute unless a written Notice to Refer under sub-clause (6) of this clause is served within one calendar month of its receipt.

Arbitration

(6) (a) Where a Certificate of Substantial Completion of the whole of the Works has not been issued and either

The I.C.E. Form of Contract—6th Edition 1991

    (i) the Employer or the Contractor is dissatisfied with any decision of the Engineer given under sub-clause (3) of this clause or

    (ii) the Engineer fails to give such decision for a period of one calendar month after the service of the Notice of Dispute or

    (iii) the Employer or the Contractor is dissatisfied with any recommendation of a conciliator appointed under sub-clause (5) of this clause

then either the Employer or the Contractor may within 3 calendar months after receiving notice of such decision or within 3 calendar months after the expiry of the said period of one month or within one calendar month of receipt of the conciliator's recommendation (as the case may be) refer the dispute to the arbitration of a person to be agreed upon by the parties by serving on the other party a written Notice to Refer.

(b) Where a Certificate of Substantial Completion of the whole of the Works has been issued the foregoing provisions shall apply save that the said periods of one calendar month referred to in (a) above shall be read as 3 calendar months.

President or Vice-President to act

(7) (a) If the parties fail to appoint an arbitrator within one calendar month of either party serving on the other party written Notice to Concur in the appointment of an artibrator the dispute or difference shall be referred to a person to be appointed on the application of either party by the President for the time being of the Institution of Civil Engineers.

(b) If an arbitrator declines the apppointment or after appointment is removed by order of a competent court or is incapable of acting or dies and the parties do not within one calendar month of the vacancy arising fill the vacancy then either party may apply to the President for the time being of the Institution of Civil Engineers to appoint another arbitrator to fill the vacancy.

(c) In any case where the President for the time being of the Institution of Civil Engineers is not able to exercise the functions conferred on him by this clause the said function shall be exercised on his behalf by a Vice-President for the time being of the said Institution.

Arbitration—procedure and powers

(8) (a) Any reference to arbitration under this clause shall be deemed to be a submission to arbitration within the meaning of the Arbitration Acts 1950 to 1979 or any statutory re-enactment or amendment thereof for the time being in force. The reference shall be conducted in accordance with the Institution of Civil Engineers Arbitration Procedure (1983) or any amendment or modification thereof being in force at the time of the appointment of the arbitrator. Such arbitrator shall have full power to open up review and revise any decision opinion instruction direction certificate or valuation of the Engineer.

(b) Neither party shall be limited in the proceedings before such arbitrator

to the evidence or arguments put before the Engineer for the purpose of obtaining his decision under sub-clause (3) of this clause.
(c) The award of the arbitrator shall be binding on all parties.
(d) Unless the parties otherwise agree in writing any reference to arbitration may proceed notwithstanding that the Works are not then complete or alleged to be complete.

Engineer as witness

(9) No decision given by the Engineer in accordance with the foregoing provisions shall disqualify him from being called as witness and giving evidence before the arbitrator on any matter whatsoever relevant to the dispute or difference so referred to the arbitrator.

Clause 66: Settlement of Disputes

Nature of Clause. The Contract embodies a three or four-stage dispute process. An issue will normally arise first under the Contract by one party making a claim or assertion. The Engineer will usually give a decision on such issue in the form of a Certificate or other action as provided under the Contract. The second stage is the reference to the Engineer under sub-clauses (2) and (3) of this clause. His decision (or failure to give a decision) may then be followed by a reference to arbitration. There is an additional, fourth stage, of conciliation which may take place at the option of either party between reference to the Engineer and arbitration. In some circumstances, conciliation may result in a binding resolution of the issue.

Multi-stage dispute procedure was unique to I.C.E. Contracts. Its use has, however, become widespread internationally as a result of adoption in the International F.I.D.I.C. Conditions of Contract.[44] The current Edition of these Conditions also provides a form of conciliation through a requirement that arbitration is not to commence until a period has elapsed during which the parties may attempt amicable settlement.[45] The complexity of these multi-stage disputes clauses is such that procedural and jurisdictional disputes are now common.[46]

Clause 66, after remaining virtually unchanged through five editions of the I.C.E. Conditions, has now undergone a number of substantial revisions. The version printed with the 5th Edition provided a single timetable for the Engineer's decision and reference to arbitration, with a general embargo on proceeding with an arbitration until completion, save with the consent of the other party. Both these provisions were substantially amended in a revision

---

[44] Federation Internationale des Ingenieurs-Conseils Conditions of Contract for Works of Civil Engineering Construction, 4th ed. 1987.
[45] Cl. 67.2.
[46] It is understood that significant numbers of disputes under the F.I.D.I.C. Form of Contract referred to the I.C.C. concern or include jurisdictional questions. For I.C.C. arbitration generally, see Chap. 16. s. 9.

The I.C.E. Form of Contract—6th Edition 1991

published in March 1985.[47] That revision, for the first time, required the Engineer's decision to be given in one calendar month where a dispute was referred before completion and (most importantly) removed any bar to arbitration during the course of the work. The present clause adopts these changes and introduces the further option of conciliation. This provision, together with sub-clause (2) (Notice of Dispute), owes its origin to the I.C.E. Conditions of Contract for Minor Works, produced in 1988.

This clause, as other arbitration clauses under construction contracts, is of immense importance in the light of the *Crouch* case.[48] The clause must be read as defining the circumstances in which an arbitral dispute may be raised. Failure or inability to comply with the procedural requirements of this clause means, in general, that the parties are bound by existing decisions of the Engineer.[49]

Clause 66(1). *"Except as otherwise provided in these Conditions..."*

These words are strictly unnecessary. Where the Contract does not permit a decision to be challenged there cannot, technically, be a "dispute".[50]

Clause 66(1). *"... dispute of any kind whatsoever..."*

These are very wide words, and are widened further by the following words "in connection with or arising out of the contract or the carrying out of the Works...". Disputes arising out of the Contract may include the question whether the Contract has been frustrated (see cl. 64) or repudiated[51] and also a dispute as to whether the Contract is void for illegality.[52] There may be a claim for rectification of the Contract,[53] or alternatively a dispute as to adjustment of the terms of the Contract as provided in clause 5 (see above). A dispute arising out of the carrying out of the Works may include a claim in tort.[54]

Clause 66(2): Notice of Dispute. The express requirement for Notice only after taking steps under the Contract should avoid uncertainty whether a matter has been referred to the Engineer.[55] There might still be a dispute

---

[47] Printed in the Institution of Civil Engineer's Arbitration Practice, Hawker, Uff and Timms 1986, p. 207.
[48] *Northern Regional Health Authority v. Derek Crouch* [1984] Q.B. 644, C.A.; see also *Finnegan v. Sheffield City Council* (1988) 43 B.L.R. 124.
[49] For exceptions see generally pp. 113 *et seq*. See also commentary to cl. 66(6).
[50] See *e.g.* cl. 4(1) where sub-letting the whole of the Works is not permitted without consent of the Employer. But see also *Hayter v. Nelson* [1990] 2 Lloyd's Rep. 265; *Mayer Newman v. Al Ferro* [1990] 2 Lloyd's Rep. 290 (C.A.) and see generally footnote 58 on p. 440.
[51] *Heyman v. Darwins* [1942] A.C. 356 (H.L.).
[52] *Harbour Assurance v. Kansa* [1993] Q.B. 701 (C.A.).
[53] For rectification, see p. 288.
[54] *Ashville Investments v. Elmer Contractors* (1987) 37 B.L.R. 55 (C.A.); but see also *Blue Circle Industries v. Holland Dredging* (1987) 37 B.L.R. 40 (C.A.).
[55] See *Monmouth County Council v. Costelloe & Kemple* (1965) 63 L.G.R. 429 and 5 B.L.R. 83 (C.A.) and see also the decision at first instance of Mocatta J. at (1964) 63 L.G.R. 131. For the

Clause 66—Settlement of Disputes

whether the Notice of Dispute was premature. This could arise *e.g.* where the Engineer or the Employer contends that a claim has not been properly formulated so as to require response.[56] Alternatively, where a party is potentially barred through failure to give a Notice to Refer under sub-clause (6), there might be a challenge to the validity of the process through attacking the Notice of Dispute. Where doubt might exist, an arbitrator or conciliator would be well advised to ascertain and record the parties' acceptance that a dispute had arisen and also that it had been referred to the Engineer.

Clause 66(2) and (3): Notice and the Engineer's Decision. The Notice of Dispute constitutes reference of the dispute to the Engineer, and therefore sets in motion the timetable in sub-clause (6), which may lead to the decision of the Engineer or the recommendation of a Conciliator becoming binding.[57] This is different from the procedure under clause 11 of the I.C.E. Conditions of Contract for Minor Works (the origin of sub-clause (2)), where a further notice is required to continue the settlement process. Under this Contract, the timetable continues automatically. Consequently, parties to the Contract should consider carefully at what stage they wish to initiate the disputes procedure by serving the Notice of Dispute. Clause 66 permits a dispute to be processed to a final decision at any stage. But the party initiating the dispute may, of course, choose when to do so. The mere fact that a Notice of Dispute may not yet have been given or that the Engineer has not given his decision will not prevent the Court from granting a stay of proceedings.[58] See below for further comment on Interim Arbitration.

Nature of Engineer's Decision. The requirement for the dispute to be "settled" means no more than that he should give a decision on the basis of the matters referred to him. There is no obligation to afford the parties a hearing, nor to invite comment. The Engineer does not act as an arbitrator.[59] There is, however, nothing to prevent the Engineer considering the views of the other party, nor of soliciting further information from the party initiating the reference. Plainly, the Engineer will take into account matters within his own knowledge arising from his position as Engineer under the Contract and it must be implicit that the parties expect him to do so. Provided the decision is stated to be that of the Engineer, it will not normally be relevant that it has been drafted by an assistant.[60] The Engineer's decision, if rendered binding by the Contract, should in principle be open to challenge in the same way as

---

effect of a notice of dispute see *Mid-Glamorgan County Council v. Land Authority for Wales* (1990) 49 B.L.R. 61.
[56] See *Comiat v. South African Transport Services* (1991) Con L.Y.B. 1994 at 149.
[57] *cf. The Secretary of State for Transport v. Birse-Farr Joint Venture* (1993) 62 B.L.R. 36 at 67.
[58] *Channel Tunnel Group v. Balfour Beatty* [1993] A.C. 334 (H.L.); *cf. Enco Civil Engineering Ltd v. Zeus International Developments Ltd* (1991) 56 B.L.R. 43. See also "Preliminary step" on p. 441.
[59] *Sutcliffe v. Thackrah* [1974] A.C. 727 at 737, 751 (H.L.).
[60] See *Anglian Water Authority v. RDL Contracting* (1988) 43 B.L.R. 98.

The I.C.E. Form of Contract—6th Edition 1991

the decision of a valuer.[61] Thus the Engineer's decision might be questioned e.g. if he had decided the wrong issues, or if the decision embodied a patent error of law.[62]

The Engineer's decision binds both parties unless and until changed by conciliation or arbitration. It follows that the monetary element of any such decision will create a debt immediately payable irrespective of any reference to arbitration or conciliation. There are no requirements for the form of the Engineer's decision. It has been said that clarity is required because of the possible forfeiting effect.[63] However, the clause may also produce a barring effect if there is no decision at all (see below). Note that the Engineer's decision is required to be given within one calendar month of the Notice of Dispute where the Certificate of Completion for the whole of the Works has not been issued.[64] The period of three calendar months, which formerly applied in all cases, now applies only after the Completion Certificate has been given.[65]

Failure to give a Decision. Sub-clauses (5) and (6) provide for the conciliation or arbitration timetable to proceed on the expiry of the period for the Engineer's decision if no decision is given. Sub-clause (4) does not deal with the position if (as is bound to occur from time to time) the Engineer fails to give a decision at all, or gives a decision outside the time-limit. In the latter case, it is submitted that, in the absence of agreement by the parties to extend time, such decision is of no effect and is equivalent to a failure to give a decision. What is the position if, in the absence of a valid Engineer's decision, neither party refers the matter to conciliation or arbitration within the prescribed time-limit? It remains arguable that the party aggrieved may serve a fresh Notice of Dispute under sub-clause (2). However, in the light of the *Crouch* decision[66] it is thought that a subsequent reference of the same dispute is not possible, and the parties, not having invoked arbitration, will remain bound by the Engineer's previous decision. The reason for this conclusion is that the arbitration machinery has to be regarded as the exclusive means of challenging decisions under the Contract which, in the absence of such machinery, are not open to challenge.[67] The position is less clear where there is no previous ruling by the Engineer to bind the parties in

---

[61] See *Collier v. Mason* (1858) 25 Beav. 200; *Dean v. Prince* [1954] Ch. 409 (C.A.); *Campbell v. Edwards* [1976] 1 W.L.R. 403 (C.A.); *Toepfer v. Continental Grain Co.* [1974] 1 Lloyd's Rep. 11 (C.A.); *Jones v. Sherwood Computer Services* [1992] 1 W.L.R. 277 (C.A.).
[62] See generally Chap. 5 and in particular "Mistake by Architect" on p. 120.
[63] See *Monmouth County Council v. Costelloe & Kemple* (1965) 63 L.G.R. 429 and 5 B.L.R. 83, especially the judgment of Harman L.J.; see also *ECC Quarries v. Merriman* (1988) 45 B.L.R. 90, in which a late decision under cl. 66 was held valid and final in the absence of challenge.
[64] Sub-clause (6)(a)(ii).
[65] Sub-clause (6)(b).
[66] *Northern Regional Health Authority v. Derek Crouch* [1984] Q.B. 644 (C.A.).
[67] See *Oram Builders v. Pemberton* (1985) 29 B.L.R. 23; *Finnegan v. Sheffield City Council* (1988) 43 B.L.R. 124.

Clause 66—Settlement of Disputes

the absence of a decision under sub-clause (3). In such a case, the effect of the *Crouch* case must be taken as barring the right to bring the claim.

Clause 66(5): Corrigendum, line 7 (line 7 in printed conditions): After "either party may" insert "within one calendar month after receiving notice of such decision or within one calendar month after the expiry of the said period". Sub-clause (5) previously gave no time-limit for the notice requiring conciliation. Such notice could therefore be served at any time up to expiry of the period of three calendar months for giving notice referring the Engineer's decision to arbitration under sub-clause (6)(a). This was capable of producing at least theoretical uncertainty, *e.g.* if one party gave notice of arbitration and the other notice of conciliation, each on the last day. The *corrigendum* now limits the period for giving notice of conciliation to the first month, after which arbitration is the only option. While this regularises the position, the possibility of simultaneous notices under sub-clauses (5) and (6) remains during the first month. It must be remembered, however, that conciliation is essentially a consensual process and the parties may agree to invoke the conciliation procedure at any time. Should they do so, attention should be given to the possible barring effect of the conciliator's recommendation under the timetable laid down.

Clause 66(5): Conciliation. This process is available so long as no Notice to Refer to Arbitration has been given by either party under sub-clause (6). Once either party has given notice under sub-clause (5), the matter is required to proceed to conciliation, and the time-limit for subsequent arbitration will run from receipt of the conciliator's recommendation. The I.C.E. Conciliation Procedure (1988) was first published with the I.C.E. Conditions of Contract for Minor Works. It provides a set of rules, including time-limits, which are designed to result in a recommendation from the conciliator being produced within an overall period of 2 months from appointment.[68] The conciliator is not an arbitrator, nor is he a mediator.[69] The conciliator is required by the Rules to investigate the dispute including the parties' submissions and to produce a "recommendation". While this need not, it is thought, comprise a ruling on the disputes, it is intended to be a resolution in accordance with the merits, and not merely a recommendation for commercial settlement.[70]

The importance of the I.C.E. Conciliation Procedure and the conduct of the conciliation itself lies in the binding effect of the recommendation if no written Notice to Refer is given within one calendar month of receipt. Should there be such an unintended failure, an aggrieved party may seek to argue

---

[68] For a brief account of the procedure, see *the I.C.E. Conditions of Contract for Minor Works 1988* Ed. Vincent Powell-Smith, Legal Studies and Services (Publishing) Limited, 1989, p. 66.
[69] See generally *Alternative Forms of Dispute Resolution—Their Strengths and Weaknesses*, Philip Naughton, Q.C., Arbitration Vol. 56, No. 2, p. 76.
[70] This is usually taken to be the meaning of "mediation", although there is no uniform terminology.

that the conciliation process was procedurally flawed. It is thought that the decision of the conciliator should, in principle, be susceptible to challenge on similar grounds to the Engineer's decision.[71]

Clause 66(6): Notice to Refer to arbitration. There is no indication what the Notice must contain. It must in principle identify the dispute, and contain sufficient wording to indicate the intention of the party giving notice to exercise the right of arbitration. The Notice will also operate as the commencement of proceedings.[72] The High Court has jurisdiction to extend the time for commencing arbitration[73] but this will be exercise sparingly and only in cases of undue hardship.[74]

Clause 66(6)(b): Corrigendum, line 3 (line 3 in printed text): delete "periods" and insert "period", and after "(a)" insert "(ii)". Clause 66(6)(b) should now read:

> "Where a Certificate of Substantial Completion of the whole of the Works has been issued the foregoing provisions shall apply save that the said period of one calendar month referred to in (a)(ii) above shall be read as 3 calendar months."

The original draft was imprecise and appeared to have the effect of extending to three months both the period for the Engineer to give his decision under sub-clause (6)(a)(ii) and the period for giving notice of arbitration after receipt of the conciliator's recommendation. The *Corrigendum* limits the change to the former.

The I.C.E. Arbitration Procedure (1983). This is now mandatory. It vests the arbitrator with powers which go considerably beyond those created by the Arbitration Acts. Under the Rules, the arbitrator may order security for costs or security for the sum in dispute (r. 6); he may debar a party in default (r. 11); the arbitrator may himself conduct the examination of experts (r. 13). A *Summary Award* may be made on grounds similar to those where the High Court may order summary judgment or an interim payment[75] (r. 14). The arbitrator may order disclosure and exchange of proofs, and that proofs may stand as evidence in chief (r. 16). There are new forms of procedure including a Short Procedure conducted largely on documents (pt. F) and a Special Procedure for issues depending largely on technical expertise (pt. G). Generally, the procedure has proved popular and beneficial in helping to speed up engineering arbitration.

---

[71] See note 61 above.
[72] Limitation Act 1980, s. 34(3).
[73] Arbitration Act 1950, s. 27.
[74] *Liberian Shipping v. King* [1967] 2 Q.B. 86 (C.A.); *Libra Shipping v. Northern Sales* [1981] 1 Lloyd's Rep. 273 (C.A.); *Comdel v. Siporex (No. 2)* [1991] 1 A.C. 148 (H.L.); see also "Extension of time" on p. 452.
[75] See R.S.C., Ord. 14 and Ord. 29, Pt. II and see generally Chap. 17, s. 9.

Clause 66(8)(a): Power to open up, review and revise.

These words are of great importance as a result of the *Crouch* case.[76] They define and limit the power of the parties to raise disputes through arbitration. The Court will not normally exercise these powers subject, however, to the possibility of agreement.[77]

Clause 66(8)(b). *"Neither party shall be limited..."*

These words empower, or confirm the power of the arbitrator to go beyond the grounds put to the Engineer.[78] The words may also allow the whole of an account or certificate to be reviewed even though part only has been formally challenged.[79]

APPLICATION TO SCOTLAND

Application to Scotland

67 (1) If the Works are situated in Scotland the Contract shall in all respects be construed and operate as a Scottish contract and shall be interpreted in accordance with Scots Law and the provisions of this clause shall apply.

(2) In the application of these conditions and in particular clause 66 thereof

(a) the word "arbiter" shall be substituted for the word "arbitrator"
(b) for any reference to the "Arbitration Acts" there shall be substituted reference to the "Arbitration (Scotland) Act 1894"
(c) for any reference to the Institution of Civil Engineers Arbitration Procedure (1983) there shall be substituted a reference to the Institution of Civil Engineers Arbitration Procedure (Scotland) (1983) and
(d) notwithstanding any of the other provisions of these Conditions nothing therein shall be construed as excluding or otherwise affecting the right of a party to arbitration to call in terms of Section 3 of the Administration of Justice (Scotland) Act 1972 for the arbiter to state a case.

Clause 67

Clause 67: Corrigendum, after heading "APPLICATION TO SCOTLAND" add "AND NORTHERN IRELAND".

Clause 67(1): Corrigendum, line 3 (line 3 in printed conditions): after "provisions of" insert "sub-clause (2) of".

The contract is intended for use in Scotland and in Northern Ireland

---

[76] *Northern Regional Health Authority v. Derek Crouch* [1984] Q.B. 644 (C.A.).
[77] See s. 43A of the Supreme Court Act 1981, inserted by s. 100 of the Courts and Legal Services Act 1990.
[78] See *Morgan Grenfell v. Seven Seas Dredging* (1989) 49 B.L.R. 31; but see *Wigan M.B.C. v. Sharkey Bros.* (1987) 43 B.L.R. 115.
[79] *Mid-Glamorgan County Council v. Land Authority for Wales* (1990) 49 B.L.R. 61.

without amendment. Sub-clauses (1) or (3) (see *Corrigendum* below) will operate as a choice of law clause (compare clause 5 of F.I.D.I.C. Conditions). There is nothing to prevent a contract to be performed in Scotland or Northern Ireland being made subject to English (or any other) law. Should this be the intention of the parties, these sub-clauses will need to be amended. It should be emphasised that this commentary is based on English law, and the contract may not have the same effect under Scots law or Northern Irish law.

Clause 67(2): Arbitration. The incorporation of Scottish arbitration law and procedure applies, by virtue of sub-clause (1), "if the works are situated in Scotland". This would appear to take effect as an express choice of Scots law as the applicable procedural law,[80] even though the arbitration might be conducted elsewhere, such as in England. This will be the case whatever the nationality or domicile of the parties. There are important differences between English and Scottish law[81] including the availability of appeal by case stated under s.3 of the Administration of Justice (Scotland) Act 1972.[82]

Clause 67(3) and 67(4): Corrigendum, add new sub-clauses.

"Application to Northern Ireland

(3) If the Works are situated in Northern Ireland the Contract shall in all respects be construed and operate as a Northern Irish contract and shall be interpreted in accordance with the law of Northern Ireland and the provisions of sub-clause (4) of this Clause shall apply.
(4) In the application of these Conditions and in particular Clause 66 thereof for any reference to the "Arbitration Acts" there shall be substituted reference to the "Arbitration (Northern Ireland) Act 1937".

The original printed conditions, strangely, omitted any reference to Northern Ireland, despite the I.C.E. representing all three "law districts".[83]

Clause 67(4): Arbitration. As with a Scottish contract, the incorporation of Northern Irish arbitration law would appear to take effect as an express choice of the applicable procedural law.[84] There are important differences between the English and the Northern Irish arbitration statutes. Particularly, the English Arbitration Act 1979 does not apply and the

---

[80] *James Miller & Partners v. Whitworth Street Estate* [1970] A.C. 583 (H.L.).
[81] After the recommendation of the Mustill Committee in 1989 that England should not adopt the UNCITRAL Model Law, the Scottish Advisory Committee recommended its adoption, which has now been implemented by the Law Reform (Miscellaneous Provision) (Scotland) Act 1990; see Arb. Intl 1990, Vol. 6, No.1 at pp. 3 and 63.
[82] Note that all right of appeal will be excluded if the Model Law is adopted: see n.81. For the right of appeal under English law, see page 456.
[83] The term was used in the Mustill Report, the districts being England and Wales, Scotland and Northern Ireland; see Arb. Intl. 1990, Vol. 6, No. 7 p. 4.
[84] *James Miller & Partners v. Whitworth Street Estate* [1970] A.C. 583 (H.L.).

Clause 67—Application to Scotland

Northern Irish Act of 1937, being based on the English Act of 1934, does not contain some of the familiar provisions of the English Arbitration Act 1950.[85]

NOTICES

Service of notices on Contractor

68 (1) Any notice to be given to the Contractor under the terms of the Contract shall be served in writing at the Contractor's principal place of business (or in the event of the Contractor being a Company to or at its registered office).

Service of notices on Employer

(2) Any notice to be given to the Employer under the terms of the Contract shall be served in writing at the Employer's last known address (or in the event of the Employer being a Company to or at its registered office).

Clause 68

The service of notices under the contract may be a matter of considerable importance. By virtue of this clause, all notices required under the contract must be in writing, whether or not the relevant clause refers to a written notice. The equivalent clause in the 5th Edition referred to notices being "served by sending the same by post to or leaving the same at ...". This passage has been truncated to "served in writing at" the Contractor's principal place of business. The words in the brackets have not, however, been amended, and this accounts for the curious inclusion of "to or at" at the end of each sub-clause. The important question that arises under the clause is whether the term "served" which now replaces the alternatives of sending by post or leaving, is to be construed as referring to some technical process analogous to service of legal proceedings[86] or simply to bringing the document effectively to the attention of the other party. It is thought the latter is intended, and this is consistent with the provisions for "communications" in clause 1(6). If this is so, notices may be "served" by post or other effective means. This question would, however, benefit from clarification. Note that the clause does not cover notices to be given to the Engineer. Clause 52(4) lays down general requirements for notice of claims. Other clauses in the Contract contain their own particular requirements for the form, content and timing of notices, *e.g.* clause 7(3) refers to "adequate notice in writing" of further information, and Clause 38(1) requires the Contractor to give "due notice to the Engineer" when work is ready for examination.

---

[85] For a very brief introduction to the Northern Irish and the Scottish statutes, see I.C.E. Arbitration Practice, Hawker, Uff and Timms, Thomas Telford.
[86] See particularly R.S.C., Order 65.

TAX MATTERS

Labour-tax fluctuations

69 (1) The rates and prices contained in the Bill of Quantities shall be deemed to take account of the levels and incidence at the date for return of tenders of the taxes levies contributions premiums or refunds (including national insurance contributions but excluding income tax and any levy payable under the Industrial Training Act 1964) which are by law payable by or to the Contractor and his sub-contractors in respect of their workpeople engaged on the Contract.

The rates and prices contained in the Bill of Quantities do not take account of any level or incidence of the aforesaid matters where at the date for return of tenders such level or incidence does not then have effect but although then known is to take effect at some later date.

(2) If after the date for return of tenders there shall occur any change in the level and/or incidence of any such taxes levies contributions premiums or refunds the Contractor shall so inform the Engineer and the net increase or decrease shall be taken into account in arriving at the Contract Price. The Contractor shall supply the information necessary to support any consequent adjustment to the Contract Price. All certificates for payment issued after submission of such information shall take due account of the additions or deductions to which such information relates.

Clause 69

This clause has been simplified and reduced from 6 to 2 sub-clauses compared with the version in the 5th Edition. There is no longer any definition of "workpeople" for whom labour-tax fluctuations are payable. The definition in the previous version of the clause required the persons in question to be engaged in manual labour and normally on the site. This restriction has gone, and the clause now appears to cover "anyone engaged on the contract" which need not require them to work on the site. Nor is it limited to manual labour. Note that the clause operates both ways and the Contractor is required to give notice to the Engineer whether the net change is up or down. In the absence of notice where there is a net decrease, the Engineer would have to make an estimate. Alternatively, the Engineer might be justified in omitting work from the certificate under clause 60(8) until particulars are given.

Value Added Tax

70 (1) The Contractor shall be deemed not to have allowed in his tender for the tax payable by him as a taxable person to the Commissioners of Customs and Excise being tax chargeable on any taxable supplies to the employer which are to be made under the Contract.

Clause 69—Tax Matters

Engineer's certificates net of Value Added Tax

(2) All certificates issued by the Engineer under Clause 60 shall be net of Value Added Tax.

In addition to the payments due under such certificates the Employer shall separately identify and pay to the Contractor any Value Added Tax properly chargeable by the Commissioners of Customs and Excise on the supply to the Employer of any goods and/or services by the Contractor under the Contract.

Disputes

(3) If any dispute difference or question arises between either the Employer or the Contractor and the Commissioners of Customs and Excise in relation to any tax chargeable or alleged to be chargeable in connection with the Contract or the Works each shall render to the other such support and assistance as may be necessary to resolve the dispute difference or question.

Clause 66 not applicable

(4) Clause 66 shall not apply to any dispute difference or question arising under this Clause.

Clause 70

The effect of this clause is that the Engineer is not concerned with VAT and all Certificates are issued for the value of work net of VAT. Subsequently, the Employer is to pay any chargeable VAT on the goods or services supplied. The additional paperwork required to facilitate payment of VAT will depend on the current Regulations.[87] Any dispute between the Contractor and the Employer concerning VAT is not subject to arbitration under clause 66, and would have to be resolved initially by the Commissioners and subsequently in Court if necessary.

SPECIAL CONDITIONS

Special conditions

71 The following special conditions form part of the Conditions of Contract.

(Note. Any special conditions including contract price fluctuation which it is desired to incorporate in the conditions of contract should be numbered consecutively with the foregoing conditions of contract).

---

[87] See p. 774.

Clause 71

There is a widespread practice of adding "special conditions" numbered as part of the Conditions of Contract. Clause 5 makes this unnecessary. Provisions incorporated into the Contract are to be given equal weight whether contained in the Conditions of Contract or elsewhere, *e.g.* in the Specification or Bills or in incorporated correspondence. Clauses do not acquire any added weight by being referred to as "special".

CONTRACT PRICE FLUCTUATIONS CLAUSES

Contract Price Fluctuations

Reprinted January 1986   CPF Clause

| The Institution of Civil Engineers | The Association of Consulting Engineers | The Federation of Civil Engineering Contractors |

This clause has been prepared by the Institution of Civil Engineers, the Association of Consulting Engineers and the Federation of Civil Engineering Contractors, in consultation with the Government in its revised form, for use in appropriate cases as a Special Condition of the Conditions of Contract for use in connection with Works of Civil Engineering Construction SIXTH EDITION dated January 1991.

(1) The amount payable by the Employer to the Contractor upon the issue by the Engineer of an interim certificate pursuant to clause 60(2) or of the final certificate pursuant to clause 60(4) (other than amounts due under this clause) shall be increased or decreased in accordance with the provisions of this clause if there shall be any changes in the following Index Figures compiled by the Department of the Environment and published by Her Majesty's Stationery Office (HMSO) in the Monthly Bulletin of Construction Indices (Civil Engineering Works)

    (a) the Index of the Cost of labour in civil engineering construction
    (b) the Index of the Cost of providing and maintaining constructional plant and equipment
    (c) the Indices of constructional material prices applicable to those materials in sub-clause (4) of this clause.

The net total of such increases and decreases shall be given effect to in determining the Contract Price.

Contract Price Fluctuations Clauses

(2) For the purpose of this clause

(a) "Final Index Figure" shall mean any Index Figure appropriate to sub-clause (I) of this clause not qualified in the said bulletin as provisional

(b) "Base Index Figure" shall mean the appropriate Final Index Figure applicable to the date 42 days prior to the date for the return of Tenders

(c) "Current Index Figure" shall mean the appropriate Final Index Figure to be applied in respect of any certificate issued or due to be issued by the Engineer pursuant to clause 60 and shall be the appropriate Final Index Figure applicable to the date 42 days prior to

    (i) the due date (or extended date) for completion or

    (ii) the date certified pursuant to clause 48 of completion of the whole of the Works or

    (iii) the last day of the period to which the certificate relates

whichever is the earliest.

Provided that in respect of any work the value of which is included in any such certificate and which work forms part of a Section for which the due date (or extended date) for completion or the date certified pursuant to clause 48 of completion of such Section precedes the last day of the period to which the certificate relates the Current Index Figure shall be the Final Index Figure applicable to the date 42 days prior to whichever of these dates is the earliest.

(d) The "Effective Value" in respect of the whole or any Section of the Works shall be the difference between

    (i) the amount which in the opinion of the Engineer is due to the Contractor under clause 60(2) (before deducting retention) or the amount due to the Contractor under clause 60(4) (but in each case before deducting sums previously paid on account) less any amounts for Dayworks Nominated Sub-contractors or any other items based on actual cost or current prices and any sums for increases or decreases in the Contract Price under this clause and

    (ii) the amount calculated in accordance with (i) above and included in the last preceding interim certificate issued by the Engineer in accordance with clause 60.

Provided that in the case of the first certificate the Effective Value shall be the amount calculated in accordance with sub-paragraph (i) above.

(3) The increase or decrease in the amounts otherwise payable under clause 60 pursuant to sub-clause (1) of this clause shall be calculated by multiplying the Effective Value by a Price Fluctuation Factor which shall be the net sum of the products obtained by multiplying each of the proportions given in (a) (b) and (c) of sub-clause (4) of this clause by a fraction the numerator of which is the relevant Current Index Figure minus the relevant Base Index Figure and the denominator of which is the relevant Base Index Figure.

(4) For the purpose of calculating the Price Fluctuation Factor the proportions referred to in sub-clause (3) of this clause shall (irrespective of the actual constituents of the work) be as follows and the total of such proportions shall amount to unity

The I.C.E. Form of Contract—6th Edition 1991

    (a) 0.____* in respect of labour and supervision costs subject to adjustment by reference to the Index referred to in sub-clause (1)(a) of this clause

    (b) 0.____* in respect of costs of provision and use of all civil engineering plant road vehicles etc. which shall be subject to adjustment by reference to the Index referred to in sub-clause (1)(b) of this clause

    (c) the following proportions in respect of the materials named which shall be subject to adjustment by reference to the relevant indices referred to in sub-clause (1)(c) of this clause

        0.____* in respect of Aggregates
        0.____* in respect of Bricks and Clay Products generally
        0.____* in respect of Cements
        0.____* in respect of Cast Iron products
        0.____* in respect of Coated Roadstone for road pavements and bituminous products generally
        0.____* in respect of Fuel for plant to which the DERV Fuel Index will be applied
        0.____* in respect of Fuel for plant to which the Gas Oil Index will be applied
        0.____* in respect of Timber generally
        0.____* in respect of Reinforcement (cut, bent and delivered)
        0.____* in respect of other Metal Sections
        0.____* in respect of Fabricated Structural Steel
        0.____* in respect of Labour and Supervision in fabricating and erecting steelwork

    (d) 0.10____ in respect of all other costs which shall not be subject to any adjustment

    Total 1.00____.

(5) Provisional Index Figures in the Bulletin referred to in sub-clause (1) of this clause may be used for the provisional adjustment of interim valuations but such adjustments shall be subsequently recalculated on the basis of the corresponding Final Index Figures.

(6) Clause 69—Tax Fluctuations—shall not apply except to the extent that any matter dealt with therein is not covered by the Index of the Cost of Labour in Civil Engineering Construction.

CONTRACT PRICE FLUCTUATIONS FABRICATED STRUCTURAL STEELWORK

Revised March 1976   FSS Clause

The Institution of Civil Engineers	The Association of Consulting Engineers	The Federation of Civil Engineering Contractors

---

* To be filled in by the Employer prior to inviting tenders.

Contract Price Fluctuations Clauses

This clause has been prepared by the Institution of Civil Engineers, the Association of Consulting Engineers and the Federation of Civil Engineering Contractors, in consultation with the Government, for use in those cases where it is required to make special provision for adjustment of Price Fluctuation in respect of Fabricated Structural Steelwork only or predominantly Fabricated Structural Steelwork together with a negligible amount of Civil Engineering work, as a Special Condition of the Conditions of Contract for use in connection with Works of Civil Engineering Construction SIXTH EDITION dated January 1991.

(1) The amount payable by the Employer to the Contractor upon the issue by the Engineer of an interim certificate pursuant to clause 60(2) or of the final certificate pursuant to clause 60(4) (other than amounts due under this clause) shall be increased or decreased in accordance with the provisions of this clause if there shall be any changes in the following Index Figures compiled by the Department of the Environment and published by Her Majesty's Stationery Office (H.M.S.O.) in the Monthly Bulletin of Construction Indices (Civil Engineering Works)

    (a) the Index of the cost of labour in fabrication of steelwork and erection of steelwork
    (b) the Index for structural steel

The net total of such increases and decreases shall be given effect to in determining the Contract Price.

(2) For the purpose of this clause
    (a) "Fabricated Structural Steelwork" shall mean those items of work listed in sub-clause (6) of this clause and shall include any variations as may be ordered under clause 51 involving work of a description which in the opinion of the Engineer is similar to the description of the items so listed
    (b) "Final Index Figure" shall mean any Index Figure appropriate to sub-clause (1) of this clause not qualified in the said bulletin as provisional
    (c) "Base Index Figure" shall mean the appropriate Final Index Figure applicable to the date 42 days prior to the date for the return of tenders
    (d) "Current Index Figure" shall mean the appropriate Final Index Figure to be applied in respect of any certificate issued or due to be issued by the Engineer pursuant to clause 60 being such figure applicable
        (i) in respect of labour employed in fabrication—to a date 56 days prior to the last day of the period to which the certificate relates or
        (ii) in respect of labour employed in erection—to a date 14 days prior to the last day of the period to which the certificate relates or
        (iii) in respect of materials specifically purchased for inclusion in the Works—to the date of delivery to the fabricator's premises (of which date the Contractor shall produce such evidence relating to gross tonnages delivered as the Engineer may reasonably require) or
        (iv) in respect of materials (if any) not specifically purchased for

inclusion in the Works—to the date of the last of the deliveries referred to in sub-paragraph (iii) of this paragraph
as the case may be

Provided always that should the due date (or extended date) for completion or the date certified pursuant to clause 48 of completion of the whole of the Works precede any of the aforesaid then such due date or extended date or certified date whichever is the earliest shall be substituted for those aforesaid.

Provided further that if in respect of any work which forms part of a Section and whose value is included in any certificate the due date (or extended date) for completion of that Section or the date certified pursuant to clause 48 of completion of that Section precede any of the dates aforesaid in sub-paragraphs (i) to (iv) above then such due date or extended date or certified date whichever is the earliest in respect of that Section shall be substituted for those aforesaid

(e) The "Effective Value" in respect of the whole or any Section of the Works shall be the difference between

   (i) the amount which in the opinion of the Engineer is due to the Contractor under clause 60(2) (before deducting retention) or the amount due to the Contractor under clause 60(4) (but in each case before deducting sums previously paid on account) less any amounts for Dayworks Nominated Sub-contractors or any other items based on actual cost or current prices and any sums for increases or decreases in the Contract Price under this clause and

   (ii) the amount calculated in accordance with (i) above and included in the last preceding interim certificate issued by the Engineer in accordance with clause 60.

Provided that in the case of the first certificate the Effective Value shall be the amount calculated in accordance with sub-paragraph (i) above.

(3) The Effective Value shall be apportioned between labour and materials in the following manner that is to say

   (a) labour
   (i) employed in erection—by multiplying the total tonnage erected during the period to which the certificate relates by the average cost per tonne entered at (b) of sub-clause (5) of this clause
   (ii) employed in fabrication and delivery—by deducting the summation of the values calculated in respect of materials and in respect of labour employed in erection from the Effective Value
   (b) materials
by multiplying the total tonnage of steel delivered to the Site for inclusion in the Works during the period to which the certificate relates by the average price per tonne entered at (a) of sub-clause (5) of this clause.

(4) (a) The increase or decrease in the amounts otherwise payable under clause 60 pursuant to sub-clause (1) of this clause shall be calculated by multiplying each portion of the Effective Value by a fraction the numerator of which is the product of 0.90 and the difference between

Contract Price Fluctuations Clauses

      the relevant Current Index Figure and the relevant Base Index Figure and the denominator of which is the relevant Base Index Figure.

    (b) The relevant indices to be used in connection with this sub-clause are
- (i) for labour and supervision in fabrication and erection—the Index referred to in sub-clause (1)(a) of this clause
- (ii) for materials—the Index referred to in sub-clause (1)(b) of this clause.

(5) For the purpose of the apportionment in sub-clause (3) of this clause the full average costs per tonne (inclusive of all associated labour plant power maintenance overheads and profit) to be used are

    (a) Materials delivered to fabricators premises   ...... £ per tonne*
    (b) Erection   ...... £ per tonne*
    (c) Subject to sub-paragraphs (i) (ii) and (iii) of this paragraph the relevant figures to be used in connection with this sub-clause shall be in accordance with sub-clause (2) of this clause.

Provided that in respect of materials
- (i) the Current Index Figure subsequent to the first established Current Index Figure pursuant to sub-clause (2)(d)(iii) of this clause shall not be used until a tonnage of steel greater than the tonnage to which the Current Index Figure first established applies has been delivered to the Site for inclusion in the Works and
- (ii) for the purpose of establishing the appropriate subsequent Current Index Figures to apply to all later deliveries of steel to the Site for inclusion in the Works the provisions of sub-paragraph (i) of this paragraph shall apply mutatis mutandis and
- (iii) the Current Index Figure referred to in sub-clause (2)(d)(iv) of this clause shall not be used until the total tonnage of steel delivered to the Site for inclusion in the Works exceeds the total tonnage of steel specifically purchased for inclusion in the Works and delivered to the fabricator's premises.

(6) For the purposes of this clause the expression "Fabricated Structural Steelwork" shall comprise those items listed hereunder†

Bill No.†	Page No.†	Item No.†

* To be filled in by the Contractor at time of tendering.
† To be filled in by the Employer prior to inviting tenders.

(7) Provisional Index Figures in the Bulletin referred to in sub-clause (1) of this clause may be used for the provisional adjustment of interim valuations but such adjustments shall be subsequently recalculated on the basis of the corresponding Final Index Figures.

(8) Clause 69—Tax Fluctuations—shall not apply except to the extent that any matter dealt with therein is not covered by the Index of the Cost of labour in fabrication of steelwork and erection of steelwork.

CONTRACT PRICE FLUCTUATIONS
CIVIL ENGINEERING WORK AND FABRICATED STRUCTURAL STEELWORK

Revised March 1976   CE/FSS Clause

The Institution of Civil Engineers	The Association of Consulting Engineers	The Federation of Civil Engineering Contractors

This clause has been prepared by the Institution of Civil Engineers, the Association of Consulting Engineers and the Federation of Civil Engineering Conractors, in consultation with the Government, for use in those cases where it is required to make special provision for adjustment of Price Fluctuation in respect of both Civil Engineering work and Fabricated Structural Steelwork, as a Special Condition of the Conditions of Contract for use in connection with Works of Civil Engineering Construction SIXTH EDITION dated January 1991.

(1) This clause shall apply only to those contracts which incorporate the Contract Price Fluctuation Clause Revised March 1976 for Civil Engineering work and the Fabricated Structural Steelwork Clause Revised March 1976 (referred to in this clause as the CE Clause and the FSS Clause respectively).

(2) For the purposes of this clause

(a) "Civil Engineering work" shall mean all Works with the exception of Fabricated Structural Steelwork and
(b) "Fabricated Structural Steelwork" shall mean the work defined in sub-clause (2)(a) of the FSS Clause.

(3) The Effective Value (as defined both in the CE Clause and in the FSS Clause) shall be sub-divided to show the amounts included in respect of the Civil Engineering work and the Fabricated Structural Steelwork. The amount in respect of the former shall then be treated as if it were the Effective Value as defined in the CE Clause and adjusted in accordance with the provisions of that clause. The amount in respect of the latter shall then be treated as if it were the

Effective Value as defined in the FSS Clause and adjusted in accordance with that clause.

Contract Price Fluctuations Clauses

The printed version of the 6th Edition of the ICE Conditions does not include a fluctuations clause. Separate clauses are provided as inserts, which are identical (save for minor changes to clause numbers) with those published with the 5th Edition.

The fluctuations provisions comprise three separate clauses. The first is for use alone where the work consists of civil engineering work which is not predominantly fabricated structural steelwork (the CE clause). The second clause is used alone where the work consists solely or predominantly of fabricated structural steelwork (the FSS clause). Where the work involves both civil engineering and fabricated structural steelwork, both of these clauses are to be used together with the third clause (the CE/FSS clause).

Outline of Clauses. The price fluctuation clauses operate as simple algebraic formulae, whose resolution depends upon current cost and price index figures published by H.M.S.O. and upon the net value of work carried out by the Contractor. Irrespective of the actual constituents of that work in labour, plant costs and materials, the increase or decrease payable depends upon a predetermined apportionment. In the CE clause that apportionment is itself subject to adjustment by reference to the relevant published indices.

In the CE clause fluctuations are calculated on index changes from a base date 42 days prior to the date for return of tenders to a date 42 days prior to the end of the period to which the certificate relates (sub-clause (2)). In the FSS clause the relevant date for the current index figures depends upon whether the labour is engaged in fabrication or erection and upon whether materials are purchased specifically for the works or not (sub-clause (2)). In each case fluctuations are to be allowed only up to the due date, or extended date for completion, so that, if the contractor overruns, no further increases in price will be allowable.

CE and FSS clauses, sub-clause (1). *"The amount payable shall be increased or decreased in accordance with the provisions of this clause..."*

These words appear in both the CE and FSS clauses. They give the Contractor a right to payment of fluctuations in addition to the sums to be certified under clause 60(2) (interim) or 60(4) (final account). It follows that fluctuation payments need not be subject to retention. However the draughtsmen have indicated a different view,[88] and if fluctuations are included in the certificate under clause 60(2)(a) they will be subject to retention.

---

[88] See Guidance Notes (1993) Appendix 1: Contract Price Fluctuation issued by the C.C.S.J.C.

The I.C.E. Form of Contract—6th Edition 1991

CE and FSS clauses, sub-clause (2): Effective Value. *"The amount which in the opinion of the Engineer is due to the Contractor under Clause 60(2)..."*

The Engineer has a discretion over the monthly measurement and generally as to sums to be certified. Delayed certification does not necessarily prejudice the Contractor since later payment will attract higher fluctuation payments if the index is rising.

CE and FSS clauses, sub-clause (2): Effective Value. *"... less any amounts for Dayworks, Nominated Sub-Contractors or any other items based on actual cost or current prices..."*

These words appear in both the CE and FSS clauses. They define the "effective value" on which fluctuations are to be calculated. It is submitted that these words exclude from the effective value, goods and materials delivered to the site or in which the property has vested in the Employer pursuant to Clause 60(1)(b) or (c), since the sums due are based on the value of the goods or materials.[89] Such goods or materials will be included in the effective value and therefore qualify for fluctuation payments when they are incorporated into the works.

---

[89] See Guidance Notes *ibid*.

Contract Price Fluctuations Clauses

FORM OF TENDER

SHORT DESCRIPTION OF WORKS

All Permanent and Temporary Works in connection with* ....
....
....

FORM OF TENDER

(NOTE: The Appendix forms part of the Tender)

To ....
....
....

GENTLEMEN,

Having examined the Drawings, Conditions of Contract, Specification and Bill of Quantities for the Construction of the above-mentioned Works (and the matters set out in the Appendix hereto) we offer to construct and complete the whole of the said Works in conformity with the said Drawings, Conditions of Contract, Specification and Bill of Quantities for such sum as may be ascertained in accordance with the said Conditions of Contract.

We undertake to complete and deliver the whole of the Permanent Works comprised in the Contract within the time stated in the Appendix hereto.

If our tender is accepted we will, if required, provide security for the due performance of the Contract as stipulated in the Conditions of Contract and the Appendix hereto.

Unless and until a formal Agreement is prepared and executed this tender together with your written acceptance thereof, shall constitute a binding Contract between us.

We understand that you are not bound to accept the lowest or any tender you may receive.

We are, Gentlemen,
Yours faithfully,

Signature ....
Address ....
....

Date ....

---

* Complete as appropriate

The I.C.E. Form of Contract—6th Edition 1991

FORM OF TENDER (APPENDIX)

(NOTE: Relevant clause numbers are shown in brackets)

Appendix—Part 1

(to be completed prior to the invitation of Tenders)

1 Name of the Employer (clause 1(1)(a)) ....
   Address ....
2 Name of the Engineer (clause 1(1)(c) ....
   Address ....
3 Defects Correction Period (clause 1(1)(s))   .... weeks
4 Number and type of copies of Drawings to be provided (clause 6(1)(b))
   ....
   ....

5 Contract Agreement (clause 9)   Required/Not required
6 Performance Bond (clause 10(1))   Required/Not required
   Amount of Bond (if required) to be   .... per cent of Tender Total
7 Minimum amount of third party insurance   £ ....
   (persons and property) (clause 23(3))   each and every occurrence
8 Works Commencement Date (if known) (clause 41(1)(a)) ....
9 Time for Completion (clause 43)[a]
   EITHER for the whole of the Works   .... weeks
   OR for Sections of the Works (clause 1(1)(u))[b]
   Section A .... weeks
   Section B .... weeks
   Section C .... weeks
   Section D .... weeks
   the Remainder of the Works   .... weeks
10 Liquidated damages for delay (clause 47)

                                       per day/week   limit of liability[c]
   EITHER for the whole of
   the Works   £ ....   £ ....

---

[a] If not stated is to be completed by Contractor in Part 2 of the Appendix.
[b] To be completed if required, with brief description. Where Sectional completion applies the item for "the Remainder of the Works" must be used to cover the balance of the Works if the Sections described do not in total comprise the whole of the Works.
[c] Delete where not required.

Form of Tender

	OR for Section A (as above)	£	£ ....
	Section B (as above)	£	£ ....
	Section C (as above)	£	£ ....
	Section D (as above)	£	£ ....
	the Remainder of the Works (as above)	£	£ ....

11 Vesting of materials not on Site (clauses 54(1) and 60(1)(c)) (if required by the Employer)[d]

    1 ....   4 ....

    2 ....   5 ....

    3 ....   6 ....

12 Method of measurement adopted in preparation of Bills of Quantities (clause 57)[e] ....
....

13 Percentage of the value of goods and materials to be included in Interim Certificates (clause 60(2)(b)) .... per cent

14 Minimum amount of Interim Certificates (clause 60(3))   £ ....

15 Rate of retention (recommended not to exceed 5 per cent) (clause 60(5)) .... per cent

16 Limit of retention (per cent of Tender Total) (clause 60(5)) (Recommended not to exceed 3 per cent) .... per cent

17 Bank whose Base Lending Rate is to be used (clause 60(7)) ....

18 Requirement for prior approval by the Employer before the Engineer can act.
DEATILS TO BE GIVEN AND CLAUSE NUMBER STATED (clause 2(1)(b))[f]

....
....
....
....
....
....

---

[d] (If used) Materials to which the clauses apply must be listed in Part 1 (Employer's option) or Part 2 (Contractor's option).

[e] Insert here any amendment or modification adopted if different from that stated in clause 57.

[f] If there is any requirement that the Engineer has to obtain prior approval from the Employer before he can act full particulars of such requirements must be set out above.

The I.C.E. Form of Contract—6th Edition 1991

Appendix—Part 2

(To be completed by Contractor)

1. Insurance Policy Excesses (clause 25(2))

    Insurance of the Works (clause 21(1))   £ ....

    Third party (property damage) (clause 23(1))   £ ....

2. Time for Completion (clause 43) (if not completed in Part 1 of the Appendix)

    EITHER for the whole of the Works .... weeks

    OR for Sections of the Works (clause 1(1)(u)) (as detailed in Part 1 of the Appendix)

    Section A .... weeks

    Section B .... weeks

    Section C .... weeks

    Section D .... weeks

    the Remainder of the Works .... weeks

3. Vesting of materials not on site (clauses 54(1) and 60(1)(c)) (at the option of the Contractor—see [d] in Part 1)

    1 .... 4 ....

    2 .... 5 ....

    3 .... 6 ....

4. Percentage(s) for adjustment of PC sums (clauses 59(2)(c) and 59(5)(c)) (with details if required)

    ....
    ....

Form of Tender and Appendix

Note that by clause 1(1)(e) the Tender and written acceptance thereof are full contract documents. The fourth paragraph of the Tender contemplates a simple contract being formed by written acceptance of the Tender. No sum is stated in the Tender, even though the definitions in clause 1 refer to the "Tender Total".[90]

---

[90] Cl. 1(1)(i).

FORM OF AGREEMENT

THIS AGREEMENT made the .... day of .... 19 ....
BETWEEN ....
of ....
in the County of .... (herinafter called "the Employer")
and ....
of ....
in the county of .... (hereinafter called "the Contractor").
WHEREAS the Employer is desirous that certain Works should be constructed, namely the Permanent and Temporary Works in connection with ....
....

and has accepted a Tender by the Contractor for the construction and completion of such Works.

NOW THIS AGREEMENT WITNESSETH as follows

1. In this Agreement words and expressions shall have the same meanings as are respectively assigned to them in the Conditions of Contract hereinafter referred to.
2. The following documents shall be deemed to form and be read and construed as part of this Agreement, namely

   (a) the said Tender and the written acceptance thereof
   (b) the Drawings
   (c) the Conditions of Contract
   (d) the Specification
   (e) the priced Bill of Quantities.

3. In consideration of the payments to be made by the Employer to the Contractor as hereinafter mentioned the Contractor hereby covenants with the Employer to construct and complete the works in conformity in all respects with the provisions of the Contract.
4. The Employer hereby covenants to pay to the Contractor in consideration of the construction and completion of the Works the Contract Price at the times and in the manner prescribed by the Contract.

IN WITNESS whereof the parties hereto have caused this Agreement to be executed the day and year first above written.

SIGNED on behalf of the said .... Ltd/plc

Signature .... Signature ....
Position .... Position ....
In the presence of .... In the presence of ....
or SIGNED SEALED AND DELIVERED AS A DEED
by the said .... Ltd/plc
in the presence of ....

Form of Agreement

The Agreement provides for execution as a deed, for which the only formality now required is a witnessing signature.[91] Otherwise, the Form of Agreement is consistent with the Conditions of Contract. Many public authority employers use their own form of agreement. It is also a common practice to list in a formal agreement other documents to be incorporated, such as correspondence.

---

[91] See p. 30.

Form of Bond

FORM OF BOND

BY THIS BOND [1]We ....
of ....
in the County of ....
[2]We .... Ltd/plc
whose registered office is at ....
in the County of ....
[3]We ....
and ....
carrying on business in partnership under the name or style of ....
....
at ....
in the County of .... (hereinafter called "the Contractor")
[4]and .... Ltd/plc
whose registered office is at ....
in the County of .... (hereinafter called "the Surety")
are held and firmly bound unto ....
(hereinafter called "the Employer") in the sum of
.... pounds
(£ ....) for the payment of which sum the Contractor and the Surety bind themselves their successors and assigns jointly and severally by these presents.

Sealed with our respective seals and date this
.... day of .... 19 ....

WHEREAS the Contractor and the Employer have entered into a Contact (hereinafter called "the said Contract") for the construction and completion of the Works as therein mentioned in conformity with the provisions of the said Contract.

NOW THE CONDITIONS of the above-written Bond are such that if

(a) the Contractor shall subject to Condition (c) hereof duly perform and observe all the terms provisions conditions and stipulations of the said Contract on the Contractor's part to be performed and observed according to the true purport intent and meaning thereof or if

(b) on default by the Contractor the Surety shall satisfy and discharge the damages sustained by the Employer thereby up to the amount of the above-written Bond or if

(c) the Engineer defined in clause 1(1)(c) of the said Contract shall pursuant to the provisions of clause 61 thereof issue a Defects Correction Certificate then upon the date stated therein (hereinafter called "the Relevant Date")

this obligation shall be null and void but otherwise shall remain in full force and effect but no alteration in the terms of the said Contract made by

---

[1] Is appropriate to an individual.
[2] To a Limited company and
[3] To a firm. Strike out whichever two are inappropriate.
[4] Is appropriate where the Surety is a Bank or Insurance Company.

The I.C.E. Form of Contract—6th Edition 1991

agreement between the Employer and the Contractor or in the extent or nature of the Works to be constructed and completed thereunder and no allowance of time by the Employer or the Engineer under the said Contract nor any forbearance or forgiveness in or in respect of any matter or thing concerning the said Contract on the part of the Employer or the said Engineer shall in any way release the Surety from any liability under the above-written Bond.

PROVIDED ALWAYS that if any dispute or difference shall arise between the Employer and the Contractor concerning the Relevant Date or otherwise as to the withholding of the Defects Correction Certificate then for the purpose of this Bond only and without prejudice to the resolution or determination pursuant to the provisions of the said Contract of any dispute or difference whatsoever between the Employer and Contractor the Relevant Date shall be such as may be.

(a) agreed in writing between the Employer and the Contractor or
(b) if either the Employer or the Contractor shall be aggrieved at the date stated in the said Defects Correction Certificate or otherwise as to the issue or withholding of the said Defects Correction Certificate the party so aggrieved shall forthwith by notice in writing to the other refer any such dispute or difference to the arbitration of a person to be agreed upon between the parties or (if the parties fail to appoint an arbitrator within one calendar month of the service of the notice as aforesaid) a person to be appointed on the application of either party by the President for the time being of the Institution of Civil Engineers and such arbitrator shall forthwith and with all due expedition enter upon the reference and make an award thereon which award shall be final and conclusive to determine the Relevant Date for the purposes of this Bond. If the arbitrator declines the appointment or after appointment is removed by order of a competent court or is incapable of acting or dies and the parties do not within one calendar month of the vacancy arising fill the vacancy then the President for the time being of the Institution of Civil Engineers may on the application of either party appoint an arbitrator to fill the vacancy. In any case where the President for the time being of the Institution of Civil Engineers is not able to exercise the aforesaid functions conferred upon him the said functions may be exercised on his behalf by a Vice-President for the time being of the said Institution.

Signed Sealed and Delivered as a Deed by the
said .... Ltd/plc
in the presence of ....

(Similar form of Attestation Clause for the Surety)

Form of Bond[92]

The Form of Bond was amended and re-issued in 1979. It deals with the difficult question of when the surety is to be released. Although of interest to the surety, this may be of even more interest to the Contractor, since there is

---

[92] For Bonds generally, see section 5 of Chapter 10.

likely to be a counter-guarantee. These provisions, in effect, entitle the Contractor to call for release of the Bond when the Defects Correction Period has expired and the work is apparently satisfactory (see clause 61(1)). The Employer is thus not intended to have the protection of the Bond against latent defects in the event of the Contractor's insolvency. The Bond provides for arbitration on the question of withholding the Defects Correction Certificate. The parties to such arbitration are to be the Contractor and the Employer. Clause 10 of the Conditions of Contract stipulates that the Employer is deemed to be a party to the Bond for the purpose of the arbitration provisions. Both the Bond and clause 10 provide that the resolution of such a dispute is not to affect any dispute under the Main Contract. But this is of no practical importance (see Clause 61(2)).

It was held by the Court of Appeal in *Trafalgar House Construction v. General Surety and Guarantee Co.*[93] that a bond in virtually identical wording in a sub-contract entitled the Main Contractor to summary judgment upon the surety being called upon to pay damages where the sub-contractor had become insolvent and failed to complete the work. The Bond was held to cover such sum as the Main Contractor asserted in good faith as the amount of damages, up to the amount of the Bond, the sum payable not to be limited to the "net" amount after taking into account other debts and credits between the parties. The decision has occasioned some surprise.[94]

---

[93] (1994) 66 B.L.R. 42 (C.A.).
[94] See "Loose Cannons in the Court of Appeal : on demand per incuriam" I. N. Duncan Wallace, Q.C. (1994) 10 Const. L.J. 189.

APPENDIX

Standard Form of Agreement for the Appointment of an Architect (1992 RIBA Edition)

Standard Form of Agreement for the Appointment of an Architect (SFA/92)

NOTES ON USE AND COMPLETION

The Standard Form of Agreement consists of a set of documents which, taken together, should enable architect and client to express formally and unequivocally the agreement reached between them; the completed Memorandum will signify common understanding and acceptance. It is in the interests of both parties that the Agreement fully reflects their intentions and requirements.

These notes briefly describe the function and format of the documents and indicate the way they are best completed. In all cases the Schedules will be used as a basis for discussion, and in most instances the architect will complete the documents to record the agreement reached with the client. Wherever possible, the details of appointment should be agreed in sufficient detail for the Memorandum of Agreement to be signed at the outset by both parties.

If the agreed professional services need to be revised subsequently, the best way to do this is to record the variation in a formal amending letter which will then become part of the Agreement. Attempts by the parties to amend the Agreement itself could lead to confusion and misunderstanding.

This and other matters connected with using and completing the SFA are covered in a Guide, which is published separately. It is addressed primarily to architects, but clients also will find it helpful and relevant to their own concerns. As well as guidance on use and completion, the Guide contains worked examples of the SFA documents, specimen letters, a description of methods of charging, instalment payment plans for clients, and a recent survey of architects' fees.

A Guide to the Standard Form of Agreement for the Appointment of an Architect can be bought at RIBA and RIAS bookshops or ordered from RIBA Publications (071-251 0791), as can further copies of the SFA itself, and the alternative/supplementary schedules of services (see below).

THE SFA DOCUMENTS

Standard Form of Agreement for the Appointment of an Architect

The Memorandum of Agreement

Use
The Memorandum identifies the parties, states their intentions, and defines the nature, scope and cost of the professional services to be provided.

Completion
The Memorandum is signed by both parties. Some clients may wish it to be executed as a deed, in which case the alternative form of Memorandum should be used.

The Conditions

Use
The Conditions are plainly worded, and should be regarded as standard. They begin with Definitions, and are in four parts.

- *Part One* is common to all commissions, and relates to the law of the contract; the obligations of the parties; assignment and sub-contracting; payment; suspension, resumption and termination; copyright; and dispute resolution.

- *Part Two* relates specifically to matters concerning the design of building projects during work stages A–H of the RIBA's model *Plan of Work*.

- *Part Three* relates specifically to matters concerning the administration of the building contract and inspection of the works during work stages J–L of the RIBA's model *Plan of Work*.

- *Part Four* relates specifically to the appointment of consultants and specialists where the architect is lead consultant.

Amendments
Amendments to the Conditions are undesirable; if it is absolutely necessary to alter or delete anything, each agreed amendment should be initialled and dated by both parties. Proposed amendments may need to be referred to legal and insurance advisers.

1121

Standard Form of Agreement for the Appointment of an Architect

Notes *continued*

The Schedules

Use

There are four Schedules.

- *Schedule One* identifies the information to be supplied by the client;
- *Schedule Two* identifies the services to be provided by the architect;
- *Schedule Three* sets out the way payment for the services is calculated, charged and paid;
- *Schedule Four* is used where the client accepts a recommendation to appoint consultants, specialists and site staff.

Completion

The Schedules are used to help identify the client's requirements and match these with the professional services to be provided by the architect. They will form the basis for discussion and will be completed by the architect to record agreement on the information to be supplied by the client (Schedule One), the complement of professional services to be provided by the architect (Schedule Two), and the anticipated fees and charges arising and their method of payment (Schedule Three). Where consultants, specialists and site staff are to be appointed, Schedule Four will also be used.

Alternative/Supplementary Schedules

Alternative/supplementary schedules of services are available for commissions relating to:

Historic Buildings;
Community Architecture;
Design and Build procurement.

These are published separately from the basic set of SFA documents.

Standard Form of Agreement for the Appointment of an Architect

CONTENTS OF SFA PACK

Cover (including list of agreed Contents)	*Sheet 1*
Notes on use and completion	2
Memorandum of Agreement	3
Memorandum of Agreement *(for execution as a Deed)*	4
Definitions	5
Schedule One	
Schedule Two/Conditions of Appointment *(foldout)*	6a, 6b, 6c
Schedule Three	7
Schedule Four	8

Standard Form of Agreement for the Appointment of an Architect

Memorandum of Agreement

Parties

BETWEEN

(1) _____ ('the Client')

of _____

(2) _____ ('the Architect')

of _____

Recitals

A The Client intends to proceed with:

_____ ('the Project')

The Project relates to the land and/or buildings at:

_____ ('the Site')

B The Client wishes to appoint the Architect for the Project and the Architect has agreed to accept such appointment upon and subject to the terms set out in this Agreement.

It is agreed that:

1 The Client hereby appoints the Architect and the Architect hereby accepts appointment for the Project.

Standard Form of Agreement for the Appointment of an Architect

2   This Appointment is made and accepted on the Conditions of Appointment and Schedules attached hereto.

3   The Architect shall provide the Services specified in Schedule Two.

4   The Client shall pay the Architect the fees and expenses and disbursements specified in Schedule Three.

5   No action or proceedings for any breach of this Agreement shall be commenced against the Architect after the expiry of _____ years from completion of the Architect's Services, or, where the Services specific to building projects Stages K–L are provided by the Architect, from the date of practical completion of the Project.

6.1   The Architect's liability for loss or damage shall be limited to such sum as the Architect ought reasonably to pay having regard to his responsibility for the same on the basis that all other consultants, Specialists, and the contractor, shall where appointed, be deemed to have provided to the Client contractual undertakings in respect of their services and shall be deemed to have paid to the Client such contribution as may be appropriate having regard to the extent of their responsibility for such loss or damage.

6.2   The liability of the Architect for any loss or damage arising out of any action or proceedings referred to in clause 5 shall, notwithstanding the provisions of clause 6.1, in any event be limited to a sum not exceeding £ _____ .

6.3   For the avoidance of doubt the Architect's liability shall never exceed the lower of the sum calculated in accordance with clause 6.1 above and the sum provided for in clause 6.2.

Dated _____ 19 ____

AS WITNESS the hands of the parties the day and year first before written

_____   _____
(the Architect)   (the Client)

Standard Form of Agreement for the Appointment of an Architect

Memorandum of Agreement

(Alternative version for execution as a Deed under the law of England and Wales)

Parties

BETWEEN

(1) _____

of _____ ('the Client')

(2) _____

of _____ ('the Architect')

Recitals

A The Client intends to proceed with:

_____
_____ ('the Project')

The Project relates to the land and/or buildings at:

_____
_____ ('the Site')

B The Client wishes to appoint the Architect for the Project and the Architect has agreed to accept such appointment upon and subject to the terms set out in this Agreement.

It is agreed that:

1 The Client hereby appoints the Architect and the Architect hereby accepts appointment for the Project.

Standard Form of Agreement for the Appointment of an Architect

2 This Appointment is made and accepted on the Conditions of Appointment and Schedules attached hereto.

3 The Architect shall provide the Services specified in Schedule Two.

4 The Client shall pay the Architect the fees and expenses and disbursements specified in Schedule Three.

5 No action or proceedings for any breach of this Agreement shall be commenced against the Architect after the expiry of _____ years from completion of the Architect's Services, or, where the Services specific to building projects Stages K–L are provided by the Architect, from the date of practical completion of the Project.

6.1 The Architect's liability for loss or damage shall be limited to such sum as the Architect ought reasonably to pay having regard to his responsibility for the same on the basis that all other consultants, Specialists, and the contractor, shall where appointed, be deemed to have provided to the Client contractual undertakings in respect of their services and shall be deemed to have paid to the Client such contribution as may be appropriate having regard to the extent of their responsibility for such loss or damage.

6.2 The liability of the Architect for any loss or damage arising out of any action or proceedings referred to in clause 5 shall, notwithstanding the provisions of clause 6.1, in any event be limited to a sum not exceeding £ _____.

6.3 For the avoidance of doubt the Architect's liability shall never exceed the lower of the sum calculated in accordance with clause 6.1 above and the sum provided for in clause 6.2.

Dated _____ 19 _____

continued

Standard Form of Agreement for the Appointment of an Architect

Memorandum of Agreement (alternative version) *continued*

IN WITNESS whereof this Agreement was executed as a Deed and delivered on the above date.

Executed on behalf of
the Architect

_____   _____
                                    Witness Name [1]

Partner [3]/Director [2]   _____
                                    Address

Partner [3]/Director [2]

Executed on behalf of
the Client

_____   _____
                                    Witness Name [1]

Director/Sec. [2]   _____
                                    Address

Standard Form of Agreement for the Appointment of an Architect

Director/Sec. [2]

Footnotes

[1] Under the law of England and Wales, signatures only need witnessing where the document is executed by an *individual*, not a corporate body.

[2] For a corporate body, the signature of two directors, or one director and the company secretary, is required.

[3] For a partnership, all partners must sign except where one has been designated (by Deed) to be their signatory.

Definitions

Where the defined terms are used in the SFA documents they are distinguished by an initial capital letter.

Appointment The agreement between the Client and the Architect for the Project as set out in the Standard Form of Agreement documents.

Architect The party specified as Architect in the Memorandum of Agreement.

Budget The sum the Client proposes to spend on the Project inclusive of:

- professional fees and expenses
- disbursements
- statutory charges
- the Construction Budget;

but excluding:

- site acquisition costs
- client's legal and in-house expenses
- and any VAT thereon.

Client The party specified as Client in the Memorandum of Agreement.

Client's Requirements The objectives which the Client wishes to achieve in the Project including functional requirements, environmental standards, life span, and levels of quality.

Collateral Agreement An agreement between the Architect and a third party existing in parallel with the agreement between the Architect and the Client. Sometimes known as a collateral warranty or a duty of care agreement.

Standard Form of Agreement for the Appointment of an Architect

Construction Budget	The sum the Client proposes to spend on the construction of the Project.
Contract Documents	The documents forming the building contract between the Client and a contractor, usually comprising conditions of contract, drawings, specifications and bills of quantities or schedules of rates.
Lead Consultant	The consultant given the authority and responsibility by the Client to coordinate and integrate the services of the other consultants.
Procurement Method	The method by which the building project is to be achieved, determining: · the relations between the Client, the design team and the construction team · the methods of financing and management, and · the form of construction contract
Project	As specified in the Memorandum of Agreement.
Services	The Services to be provided by the Architect as specified in Schedule Two.
Site	As specified in the Memorandum of Agreement.
Site Staff	Staff appointed by either Architect or Client to provide inspection of the Works on behalf of the Client.

continued

Definitions *continued*

Specialist

A person or firm, other than the consultants, appointed to provide expertise, skill and care, involving design, in the supply or manufacture of goods, materials or components or in the construction of parts of the Project.

Timetable

The Timetable for the completion of the Services showing *inter alia* any points and/or dates during the course of the carrying out of the Services at which the Architect shall seek the authority of the Client before proceeding further with the Services.

Total Construction Cost

The cost as certified by the Architect of all Works including site works executed under the Architect's direction and control.

It shall include:

- the cost of all works designed by consultants and co-ordinated by the Architect irrespective of whether such work is carried out under separate building contracts for which the Architect may not be responsible. The Architect shall be informed of the cost of any such contract;

- the actual or estimated cost of any work executed which is excluded from the contract and which is otherwise designed by the Architect;

- the cost of built-in furniture and equipment. Where the cost of any special equipment is excluded from the Total Construction Cost the Architect may charge additionally for work in connection with such items;

- the cost estimated by the Architect of any material, labour or carriage supplied by a Client who is not the contractor.

It shall exclude:

- the design fees of any Specialists for work on which otherwise consultants would have been employed. Where such fees are not known the Architect will estimate a reduction from the Total Construction Cost.

Standard Form of Agreement for the Appointment of an Architect

Where the Client is the contractor, a statement of the ascertained gross cost of the works may be used in calculating the Total Construction Cost of the Works. In the absence of such a statement the Architect's own estimate shall be used. In both a statement of the ascertained gross cost and an Architect's estimate there shall be included an allowance for the contractor's profit and overheads.

Work Stages Stages into which the process of designing building projects and administering building contracts may be divided in accordance with the RIBA's model *Plan of Work* for design team operation.

Works The works to be carried out by the construction contractor as described in the Contract Documents; the place where those works are carried out.

Standard Form of Agreement for the Appointment of an Architect

Schedule One — Information to be supplied by Client

Part One

All Commissions

The information to be supplied by the Client under Conditions 1.3.2 and 1.3.3 shall specifically include:

Client's Requirements   Budget   Timetable

Other matters:

Part Two

Commissions where Services are specific to the design of Building Projects, Work Stages A–H

Where this Part applies, the further information to be supplied by the Client shall specifically include:

matters relating to the site and any buildings thereon including
- ownership and interests
- boundaries
- easements and restrictive and other covenants
- other legal constraints
- planning consents obtained and applied for
- measured surveys
- explorations
- any requirement to conform to client systems/working methods

Standard Form of Agreement for the Appointment of an Architect

Further matters relating to Client's Requirements including
- schedule of accommodation
- general level of quality of specification

Other matters:

Part Three   **Commissions where Services are specific to Contract Administration and Inspection of the Works, Work Stages J–L**

Where this Part applies, information to be supplied by the Client shall specifically include:

As referred to in the Memorandum of Agreement dated   between   and   *(parties to initial)*

Standard Form of Agreement for the Appointment of an Architect

Schedule Two   Services to be provided by Architect

1 Design Skills	2 Consultancy Services	3 Buildings / Sites	4 All Commissions
1.01 Provide interior design services	2.01 Provide services as a consultant Architect on a regular or intermittent basis	3.01 Advise on the suitability and selection of sites	(4.01) Obtain the Client's Requirements, Budget and Timetable
1.02 Advise on the selection of furniture and fittings	2.02 Consult statutory authorities	3.02 Make measured surveys, take levels and prepare plans of sites	(4.02) Advise on the need for and the scope of consultants' services and the conditions of their appointment
1.03 Design furniture and fittings	2.03 Provide information in connection with local authority, government and other grants	3.03 Arrange for investigations of soil conditions of sites	4.03 Arrange for and assist in the selection of other consultants
1.04 Inspect the making up of furnishings	2.04 Make applications for local authority, government and other grants	3.04 Advise on the suitability and selection of buildings	
1.05 Advise on works of special quality, e.g. shopfittings	2.05 Conduct negotiations for local authority, government and other grants	3.05 Make measured surveys and prepare drawings of existing buildings	
1.06 Prepare information for installation of works of special quality	2.06 Make submissions to RFAC, UK heritage bodies and/or non-statutory bodies	3.06 Inspect and prepare report and schedule of condition of existing buildings	
1.07 Inspect installation of works of special quality	2.07 Provide information to advisory bodies	3.07 Inspect and prepare report and schedule of dilapidations	
1.08 Advise on commissioning or selection of works of art	2.08 Negotiate with advisory bodies	3.08 Prepare estimates for the replacement and reinstatement of buildings and plant	
1.09 Prepare information for installation of works of art	2.09 Advise on rights including easements and responsibilities of owners and lessees	3.09 Prepare, submit, negotiate claims following damage by fire and other causes	
1.10 Inspect installation of works of art	2.10 Provide information on rights including easements and responsibilities of owners and	3.10 Investigate and advise on means of escape in existing buildings	
1.11 Provide industrial design services			
1.12 Develop a building system or components for mass production			

1136

Standard Form of Agreement for the Appointment of an Architect

1.13 Examine and advise on existing building systems
1.14 Monitor testing of prototypes, mock-ups or models of building systems
1.15 Provide town planning and urban design services
1.16 Provide landscape design services
1.17 Provide graphic design services
1.18 Provide exhibition design services
1.19 Provide presentation material design services
1.20 Provide perspective and other illustrations
1.21 Provide model-making services
1.22 Provide photographic record services
1.23 ....

2.11 Negotiate rights including easements
2.12 Provide services in connection with party wall negotiations
2.13 Provide services in connection with planning appeals and/or inquiries
2.14 Advise on the use of energy in new or existing buildings
2.15 Carry out life cycle analyses of proposed or existing buildings to determine their likely cost in use
2.16 Provide services in connection with environmental studies
2.17 Act as coordinator in health and safety matters
2.18 Prepare, settle proofs, attend conferences and give evidence
2.19 Act as witness as to fact
2.20 Act as expert witness
2.21 Act as arbitrator
2.22 Provide project management services
2.23 ....

lessees
3.11 Investigate and advise on change of use in existing buildings
3.12 Investigate and report on building failures
3.13 Arrange for and inspect exploratory work by contractors and specialists in connection with building failures
3.14 Prepare a layout for the development of a site
3.15 Prepare a layout for a greater area than that which is to be developed immediately
3.16 Prepare development plans for a site or a large building or a complex of buildings
3.17 Prepare drawings and specifications of materials for the construction of estate roads and sewers
3.18 Make structural surveys and report on the structural elements of buildings
3.19 Investigate and advise on floor loadings in existing buildings
3.20 Investigate and advise on sound insulation in existing buildings
3.21 Investigate and advise on fire protection and alarms in existing buildings
3.22 Investigate and advise on security systems in existing buildings
3.23 Inspect and prepare a valuation report for mortgage or other purpose
3.24 ....

As referred to in the Memorandum of Agreement dated   between   and   *(parties to initial)*

Schedule Two — Services specific to Building Projects

Standard Form of Agreement for the Appointment of an Architect

Stages

	A–B Inception and Feasibility		C Outline Proposals		D Scheme Design		E Detail Design
01	Obtain information about the Site from the Client	01	Analyse the Client's Requirements; prepare outline proposals	01	Develop scheme design from approved outline proposals	01	Develop detail design from approved scheme design
02	Visit the Site and carry out an initial appraisal	02	Provide information to, discuss proposals with and incorporate input of other consultants	02	Provide information to, discuss proposals with and incorporate input of other consultants into scheme design	02	Provide information to, discuss proposals with and incorporate input of other consultants into detail design
03	Assist the Client in preparation of Client's Requirements	03	Provide information to other consultants for their preparation of an approximation of construction cost	03	Provide information to other consultants for their preparation of cost estimate	03	Provide information to other consultants for their revision of cost estimate
04	Advise the Client on methods of procuring construction	03A	Prepare an approximation of construction cost	03A	Prepare cost estimate	03A	Revise cost estimate
05	Advise on the need for specialist contractors, sub-contractors and suppliers to design and execute parts of the Works	04	Submit outline proposals and approximation of construction cost for the Client's preliminary approval	04	Prepare preliminary timetable for construction	04	Prepare applications for approvals under Building Acts and/or Regulations and other statutory requirements
06	Prepare proposals and make application for outline planning permission	05	Propose a procedure for cost planning and control	05	Consult with planning authorities	04A	Prepare building notice under Building Acts and/or Regulations✱
07	Carry out such studies as may be necessary to determine the feasibility of the Client's Requirements	06	Provide information to others for cost planning and control throughout the Project	06	Consult with building control authorities	05	Agree form of building contract and explain the Client's obligations thereunder
08	Review with the Client alternative design and construction approaches and cost implications	06A	Operate the procedure for cost planning and control throughout the Project	07	Consult with fire authorities	06	Obtain the Client's approval of the type of construction, quality of materials and standard of workmanship
09	Advise on the need to obtain planning permission, approvals under Building Acts and/or Regulations and other statutory requirements	07	Prepare and keep updated a Client's running expenditure plan for the Project	08	Consult with environmental authorities	07	Apply for approvals under Building Acts and/or Regulations and other statutory requirements
				09	Consult with licensing authorities		
				10	Consult with statutory undertakers		
				11	Prepare an application for full planning permission		

1138

Standard Form of Agreement for the Appointment of an Architect

07A	Give building notice under Building Acts and/or Regulations ✱
08	Negotiate if necessary over Building Acts and/or Regulations and other statutory requirements and revise production information
09	Conduct exceptional negotiations for approvals by statutory authorities
10	Negotiate waivers or relaxations under Building Acts and/or Regulations and other statutory requirements
11	....

12	**Submit scheme design showing spatial arrangements, materials and appearance, together with cost estimate, for the Client's approval**
13	Consult with tenants or others identified by the Client
14	Conduct exceptional negotiations with planning authorities
15	Submit an application for full planning permission
16	Prepare multiple applications for full planning permission
17	Submit multiple applications for full planning permission
18	Make revisions to scheme design to deal with requirements of planning authorities
19	Revise planning application
20	Resubmit planning application
21	Carry out special constructional research for the Project including design of prototypes, mock-ups or models
22	Monitor testing of prototypes, mock-ups or models etc.
23	....

✱	Not applicable in Scotland

08	Prepare special presentation drawings, brochures, models or technical information for use of the Client or others
09	Carry out negotiations with tenants or others identified by the Client
10	....

10	Develop the Client's Requirements
11	Advise on environmental impact and prepare report
12	....

Work Stages are specified by circling the stage letters.

Basic Services indicated by the coloured area are specified unless struck out.

Additional Services are specified by circling the relevant numbered items.

Standard Form of Agreement for the Appointment of an Architect

Schedule Two — Services specific to Building Projects

Stages

F–G Production Information and Bills of Quantities	H Tender Action	J Project Planning	K–L Operations on Site and Completion
01 Prepare production drawings	01 Advise on and obtain the Client's approval to a list of tenderers for the building contract	01 Advise the Client on the appointment of the contractor and on the responsibilities of the parties and the Architect under the building contract	01 Administer the terms of the building contract
02 Prepare specification	02 Invite tenders	02 Prepare the building contract and arrange for it to be signed	02 Conduct meetings with the contractor to review progress
03 Provide information for the preparation of bills of quantities and/or schedules of works	03 Appraise and report on tenders with other consultants	03 Provide production information as required by the building contract	03 Provide information to other consultants for the preparation of financial reports to the Client
03A Prepare schedule of rates and/or quantities and/or schedules of works for tendering purposes	03A Appraise and report on tenders		03A Prepare financial reports for the Client
04 Provide information to, discuss proposals with and incorporate input of other consultants into production information	04 Assist other consultants in negotiating with a tenderer	04 Provide services in connection with demolitions	04 Generally inspect materials delivered to the site
05 Co-ordinate production information	04A Negotiate with a tenderer	05 Arrange for other contracts to be let subsequent to the commencement of the building contract	05 As appropriate instruct sample taking and carrying out tests of materials, components, techniques and workmanship and examine the conduct and results of such tests whether on or off site
06 Provide information to other consultants for their revision of cost estimate	05 Assist other consultants in negotiating a price with a contractor	06	
06A Revise cost estimate	05A Negotiate a price with a contractor		06 As appropriate instruct the opening up of completed work to determine that it is generally in accordance with the Contract Documents
07 Review timetable for construction	06 Select a contractor by other means		
08 Prepare other production information	07 Revise production information to adjust tender sum		07 As appropriate visit the sites of the extraction and fabrication and assembly of materials and components to inspect such materials and
09 Submit plans for proposed	08 Arrange for other contracts to be let prior to the main building contract		

Standard Form of Agreement for the Appointment of an Architect

07	workmanship before delivery to site
08	At intervals appropriate to the stage of construction visit the Works to inspect the progress and quality of the Works and to determine that they are being executed generally in accordance with the Contract Documents
09	Direct and control the activities of Site Staff
10	Provide drawings showing the building and the main lines of drainage
11	Arrange for drawings of building services installations to be provided
12	Give general advice on maintenance
13	Administer the terms of other contracts
14	Monitor the progress of the Works against the contractor's programme and report to the Client
15	Prepare valuations of work carried out and completed
16	Provide specially prepared drawings of a building as built
17	Prepare drawings for conveyancing purposes
18	Compile maintenance and operational manuals
19	Incorporate information prepared by others in maintenance manuals
20	Prepare a programme for the maintenance of a building
21	Arrange maintenance contracts
22	....

09	....
10	building works for approval of landlords, funders, freeholders, tenants or others as requested by the Client

Conditions of Appointment

PART ONE CONDITIONS COMMON TO ALL COMMISSIONS

1.1 Governing law/interpretation

1.1.1 The application of the Appointment shall be governed by the laws of [England and Wales] [Northern Ireland] [Scotland]. *Delete those parts not applicable.*

1.1.2 The conditions headings and side notes are for the convenience of the parties to this Agreement only and do not affect its interpretation.

1.1.3 Words denoting the masculine gender include the feminine gender and words denoting natural persons include corporations and firms and shall be construed interchangeably in that manner.

1.2 Architect's obligations

Duty of care

1.2.1 The Architect shall in providing the Services exercise reasonable skill and care in conformity with the normal standards of the Architect's profession.

Architect's authority

1.2.2 The Architect shall act on behalf of the Client in the matters set out or necessarily implied in the Appointment.

1.2.3 The Architect shall at those points and/or dates referred to in the Timetable obtain the authority of the Client before proceeding with the Services.

No alteration to services

1.2.4 The Architect shall make no material alteration to or addition to or omission from the Services without the knowledge and consent of the Client except in case of emergency when the Architect shall inform the Client without delay.

Variations

1.2.5 The Architect shall inform the Client upon its becoming apparent that there is any incompatibility between any of the Client's Requirements; or between

1.4 Assignment and sub-contracting

Assignment

1.4.1 Neither the Architect nor the Client shall assign the whole or any part of the benefit or in any way transfer the obligation of the Appointment without the consent in writing of the other.

Sub-contracting

1.4.2 The Architect shall not sub-contract any of the Services without the consent in writing of the Client, which consent shall not be unreasonably withheld.

1.5 Payment

Payment

1.5.1 Payment for the Services shall be calculated, charged and paid as set out in Schedule Three.

Percentage fees

1.5.2 Where it is stated in Schedule Three that fees and/or expenses are payable on a percentage basis, then, unless any other basis has been agreed between the Architect and the Client and confirmed by the Architect to the Client in writing, the fees and/or expenses shall be based on the Total Construction Cost of the Works. On the issue of the final certificate under the building contract the fees and/or expenses shall be recalculated on the actual Total Construction Cost.

1.5.3 The following bases shall be used for the calculation of percentage fees based on the Total Construction Cost until that cost has been ascertained:
- until tenders are obtained – the cost estimate;
- after tenders have been obtained – the lowest acceptable tender;
- after the contract is let – the contract sum.

Revise rates

1.5.4 Unless otherwise stated in Schedule Three, time rates and mileage rates for vehicles shall be revised every twelve months from the date of the Appointment.

Fee variation

1.5.5 Where any change is made to the Architect's Services, the Procurement Method, the Client's Requirements, the Budget, or the Timetable, or where the Architect consents to enter into any Collateral Agreement with the

Standard Form of Agreement for the Appointment of an Architect

	1.2.6	the Client's Requirements, the Budget and the Timetable; or any need to vary any part of them. The Architect shall inform the Client on its becoming apparent that the Services and/or the fees and/or any other part of the Appointment and/or any information or approvals need to be varied. The Architect shall confirm in writing any agreement reached.	
	1.3	**Client's obligations**	
Client's representative	1.3.1	The Client shall name the person who shall exercise the powers of the Client under the Appointment and through whom all instructions to the Architect shall be given.	
Information	1.3.2	The Client shall provide to the Architect the information specified in Schedule One.	
	1.3.3	The Client shall provide to the Architect such further information as the Architect shall reasonably and necessarily request for the performance of the Services; all such information to be provided free of charge and at such times as shall permit the Architect to comply with the Timetable.	
	1.3.4	The Client accepts that the Architect will rely on the accuracy, sufficiency and consistency of the information supplied by the Client.	
	1.3.5	The Client shall advise the Architect of the relative priorities of the Client's Requirements, the Budget and the Timetable and shall inform the Architect of any variations to any of them.	
Decisions and approvals	1.3.6	The Client shall give such decisions and approvals as are necessary for the performance of the Services and at such times as to enable the Architect to comply with the Timetable.	
Architect does not warrant	1.3.7	The Client acknowledges that the Architect does not warrant the work or products of others nor warrants that the Services will or can be completed in accordance with the Timetable.	

		form or beneficiary of which had not been agreed by the Architect at the date of the Appointment, the fees specified in Schedule Three shall be varied.
Vary lump sum	1.5.6	Where fees and/or expenses are specified in Schedule Three to be a lump sum, that lump sum shall also be varied in accordance with the provisions of Schedule Three.
Additional fees	1.5.7	Where the Architect is involved in extra work and/or expense for which the Architect is not otherwise remunerated caused by: - the Clients variations to completed work or services; - the examination and/or negotiation of notices, applications or claims under a building contract; - delay or for any other reason beyond the Architect's control; the Architect shall be entitled to additional fees calculated on a time basis.
	1.5.8	Where fees and/or expenses are varied under conditions 1.2.6, 1.5.4, 1.5.5 and/or 1.5.6 or where additional fees are payable under condition 1.5.7, the additional or varied fees and/or expenses shall be stated by the Architect in writing.
Incomplete Services	1.5.9	Where the Architect carries out only part of the Services specified in Schedule Two, fees shall be calculated as described in Schedule Three for: - completed Work Stage [Schedule Two] - completed Service [Schedule Two] - completed part [Timetable, Schedule One] and for the balance of any of the above the fee shall be on the basis of the Architect's estimate of the percentage of completion.
Expenses and disbursements	1.5.10	The Client shall pay the expenses specified in Schedule Three. Expenses other than those specified shall only be charged with the prior authorisation of the Client.
	1.5.11	The Client shall reimburse the Architect as specified in Schedule Three for any disbursements made on the Client's behalf.

As referred to in the Memorandum of Agreement dated   between   and   *(parties to initial)*

Standard Form of Agreement for the Appointment of an Architect

Maintain records	1.5.12	The Architect shall maintain records of expenses and of disbursements and shall make these available to the Client on reasonable request.	
Instalments	1.5.13	All payments due under the Appointment shall be made by instalments specified in Schedule Three. Where no such basis is specified, payments shall be made monthly on the basis of the Architect's estimate of percentage of completion of the Services.	
Payment	1.5.14	Payment shall become due to the Architect on submission of the Architect's account.	
No set off	1.5.15	The Client may not withhold or reduce any sum payable to the Architect under the Appointment by reason of claims or alleged claims against the Architect. All rights of setoff which the Client may otherwise exercise in common law are hereby expressly excluded.	
Disputed accounts	1.5.16	If any item or part of an item of any account is disputed or subject to question by the Client, the payment by the Client of the remainder of that account shall not be withheld on those grounds.	
Interest on outstanding accounts	1.5.17	Any sums remaining unpaid at the expiry of twenty-eight days from the date of submission of an account shall bear interest thereafter, such interest to accrue from day to day at the rate specified in Schedule Three.	
Payment on suspension or termination	1.5.18	On suspension or termination of the Appointment the Architect shall be entitled to, and shall be paid, fees for all Services provided to that time calculated as incomplete Services, and to expenses and disbursements reasonably incurred to that time.	
	1.5.19	During any period of suspension the Architect shall be reimbursed by the Client for expenses, disbursements and other costs reasonably incurred as a result of the suspension.	
	1.5.20	On the resumption of a suspended Service within six months, fees paid prior to resumption shall be regarded solely as payments on account of the total fee.	
	1.5.21	Where the Appointment is suspended or terminated by the Client or suspended or terminated by the	
	1.7	**Copyright**	
Copyright	1.7.1	Copyright in all documents and drawings prepared by the Architect and in any work executed from those documents and drawings shall remain the property of the Architect.	
	1.8	**Dispute resolution**	
Arbitration	1.8.1	In England and Wales, and subject to the provisions of conditions 1.8.2 and 1.8.3 in Northern Ireland, any difference or dispute arising out of the Appointment shall be referred by either of the parties to arbitration by a person to be agreed between the parties or, failing agreement within fourteen days after either party has given the other a written request to concur in the appointment of an arbitrator, a person to be nominated at the request of either party by the President of the Chartered Institute of Arbitrators provided that in a difference or dispute arising out of the conditions relating to copyright the arbitrator shall, unless otherwise agreed, be an architect.	
Scotland	1.8.1S	In Scotland, subject to the provisions of conditions 1.8.2 and 1.8.3, any difference or dispute arising out of the Appointment shall be referred to arbitration by a person to be agreed between the parties or, failing agreement within fourteen days after either party has given the other a written request to concur in the appointment of an arbiter, a person to be nominated at the request of either party by the Dean of the Faculty of Advocates, provided that in a difference or dispute arising out of the conditions relating to copyright the arbiter shall, unless otherwise agreed, be an architect.	
Opinion	1.8.2	In Northern Ireland or Scotland, any difference or dispute arising from the Appointment may be referred respectively to the RSUA or the RIAS for an opinion provided that: · the opinion is sought on a joint statement of undisputed facts; · the parties agree to be bound by the opinion.	
Negotiation	1.8.3	In Northern Ireland or Scotland, the parties shall attempt to settle any dispute by negotiation and no procedure shall be commenced under condition 1.8.1 or 1.8.1S until the expiry of twenty-eight days after notification has been given in writing by one to the other of a difference or dispute.	

Standard Form of Agreement for the Appointment of an Architect

	1.8.4	Nothing herein shall prevent the parties agreeing to settle any difference or dispute arising out of the Appointment without recourse to arbitration.
PART TWO		**CONDITIONS SPECIFIC TO DESIGN OF BUILDING PROJECTS, STAGES A–H**
	2.1	**Architect's obligations**
Architect's authority	2.1.1	The Architect shall, where specified in the Timetable, obtain the authority of the Client before initiating any Work Stage and shall confirm that authority in writing.
Procurement Method	2.1.2	The Architect shall advise on the options for the Procurement Method for the Project.
No alteration to design	2.1.3	The Architect shall make no material alteration, addition to or omission from the approved design without the knowledge and consent of the Client and shall confirm such consent in writing.
	2.2	**Client's obligations**
Statutory requirements	2.2.1	The Client shall instruct the making of applications for planning permission and approval under Building Acts, Regulations and other statutory requirements and applications for consents by freeholders and all others having an interest in the Project and shall pay any statutory charges and any fees, expenses and disbursements in respect of such applications.
	2.2.2	The Client shall have informed the Architect prior to the date of the Appointment whether any third party will acquire or is likely to acquire an interest in the whole or any part of the Project.
Collateral Agreements	2.2.3	The Client shall not require the Architect to enter into any Collateral Agreement with a third party which imposes greater obligations or liabilities on the Architect than does the Appointment.
Procurement Method	2.2.4	The Client shall confirm the Procurement Method for the Project.

		Architect on account of a breach of the Appointment by the Client, the Architect shall be paid by the Client for all expenses and other costs necessarily incurred as a result of any suspension and any resumption or termination.
VAT	1.5.22	All fees, expenses and disbursements under the Appointment are exclusive of Value Added Tax. Any Value Added Tax on the Architect's services shall be paid by the Client.
	1.6	**Suspension, resumption and termination**
Services impracticable	1.6.1	The Architect shall give reasonable notice in writing to the Client of any circumstances which make it impracticable for the Architect to carry out any of the Services in accordance with the Timetable.
Suspension	1.6.2	The Client may suspend the performance of any or all of the Services by giving reasonable notice in writing to the Architect.
	1.6.3	In the event of the Client's being in default of payment of any fees, expenses and/or disbursements, the Architect may suspend the performance of any or all of the Services on giving notice in writing to the Client.
Resumption	1.6.4	If the Architect has not been given instructions to resume any suspended Service within six months from the date of suspension, the Architect shall request in writing such instructions. If written instructions have not been received within twenty-eight days of the date of such request the Architect shall have the right to treat the Appointment as terminated.
Termination	1.6.5	The Appointment may be terminated by either party on the expiry of reasonable notice in writing.
Architect's death or incapacity	1.6.6	Should the Architect through death or incapacity be unable to provide the Services, the Appointment shall thereby be terminated.
Accrued rights	1.6.7	Termination of the Appointment shall be without prejudice to the accrued rights and remedies of either party.

Standard Form of Agreement for the Appointment of an Architect

2.3 Copyright

2.3.1 Notwithstanding the provisions of condition 1.7.1, the Client shall be entitled to reproduce the Architect's design by proceeding to execute the Project provided that:
- the entitlement applies only to the Site or part of the Site to which the design relates, and
- the Architect has completed a scheme design or has provided detail design and production information, and
- any fees, expenses and disbursements due to the Architect have been paid.

This entitlement shall also apply to the maintenance repair and/or renewal of the Works.

2.3.2 Where the Architect has not completed a scheme design, the Client shall not reproduce the design by proceeding to execute the Project without the consent of the Architect.

2.3.3 Where the Services are limited to making and negotiating planning applications, the Client may not reproduce the Architect's design without the Architect's consent, which consent shall not be unreasonably withheld, and payment of any additional fees.

2.3.4 The Architect shall not be liable for the consequences of any use of any information or designs prepared by the Architect except for the purposes for which they were provided.

PART THREE — CONDITIONS SPECIFIC TO CONTRACT ADMINISTRATION AND INSPECTION OF THE WORKS STAGES J–L

3.1 Architect's obligations

Visits to the Works

3.1.1 The Architect shall in providing the Services specified in stages K and L of Schedule Two make such visits to the Works as the Architect at the date of the Appointment reasonably expected to be necessary. The Architect shall confirm such expectation in writing.

Variations to visits to the Works

3.1.2 The Architect shall, on its becoming apparent that the expectation of the visits to the Works needs to be varied, inform the Client in writing of his

3.3 Site Staff

3.3.1 The Architect shall recommend the appointment of Site Staff to the Client if in his opinion such appointments are necessary to provide the Services specified in K–L 04–08 of Schedule Two.

3.3.2 The Architect shall confirm in writing to the Client the Site Staff to be appointed, their disciplines, the expected duration of their employment, the party to appoint them and the party to pay, and the method of recovery of payment to them.

3.3.3 All Site Staff shall be under the direction and control of the Architect.

PART FOUR — CONDITIONS SPECIFIC TO APPOINTMENT OF CONSULTANTS AND SPECIALISTS WHERE ARCHITECT IS LEAD CONSULTANT

4.1 Consultants

Nomination

4.1.1 The Architect shall identify professional services which require the appointment of consultants. Such consultants may be nominated at any time by either the Client or the Architect subject to acceptance by each party.

Appointment

4.1.2 The Client shall appoint and pay the nominated consultants.

4.1.3 The consultants to be appointed at the date of the Appointment and the services to be provided by them shall be confirmed in writing by the Architect to the Client.

Collateral Agreements

4.1.4 The Client shall, where the Architect consents to enter into a Collateral Agreement with a third party in respect of the Project, procure that all consultants are equally bound.

Lead Consultant

4.1.5 The Client shall appoint and give authority to the Architect as Lead Consultant in relation to all consultants however employed. The Architect shall be the medium of all communication and instruction between the Client and the consultants, coordinate and integrate into the overall design the services of the consultants, require reports from the consultants.

Standard Form of Agreement for the Appointment of an Architect

	3.1.3	recommendations and any consequential variation in fees.	4.1.6	The Client shall procure that the provisions of condition 4.1.5 above are incorporated into the conditions of appointment of all consultants however employed and shall provide a copy of such conditions of appointment to the Architect.
More frequent visits to the Works		The Architect shall, where the Client requires more frequent visits to the Works than that specified by the Architect in condition 3.1.1, inform the Client of any consequential variation in fees. The Architect shall confirm in writing any agreement reached.		
			Responsibilities of consultants	4.1.7 The Client shall hold each consultant however appointed and not the Architect responsible for the competence and performance of the services to be performed by the consultant and for the general inspection of the execution of the work designed by the consultant.
Alteration to design only in emergency	3.1.4	The Architect may in an emergency make an alteration, addition or omission without the Client's knowledge and consent but shall inform the Client without delay and shall confirm that in writing. Otherwise the Architect shall make no material alteration or addition to or omission from the approved design during construction without the knowledge and consent of the Client, and the Architect shall confirm such consent in writing.	Responsibilities of Architect	4.1.8 Nothing in this Part shall affect any responsibility of the Architect for issuing instructions under the building contract or for other functions ascribed to the Architect under the building contract in relation to work designed by a consultant.
	3.2	**Client's obligations**	4.2	**Specialists**
Contractor	3.2.1	The Client shall employ a contractor under a separate agreement to undertake construction or other works relating to the Project.	Nomination	4.2.1 A Specialist who is to be employed directly by the Client or indirectly through the contractor to design any part of the Works may be nominated by either the Architect or the Client subject to acceptance by each party.
Responsibilities of contractor	3.2.2	The Client shall hold the contractor and not the Architect responsible for the contractor's management and operational methods and for the proper carrying out and completion of the Works and for health and safety provisions on the Site.	Appointment	4.2.2 The Specialists to be appointed at the date of the Appointment and the services to be provided by them shall be those confirmed in writing by the Architect to the Client.
Products and materials	3.2.3	The Client shall hold the contractor and not the Architect responsible for the proper installation and incorporation of all products and materials into the Works.	Collateral Agreements	4.2.3 The Client shall, where the Architect consents to enter into a Collateral Agreement with a third party in respect of the Project, procure that all Specialists are equally bound.
Collateral Agreements	3.2.4	The Client shall, where the Architect consents to enter into a Collateral Agreement with a third party in respect of the Project, procure that the contractor is equally bound.	Coordination and integration	4.2.4 The Client shall give the authority to the Architect to coordinate and integrate the services of all Specialists into the overall design and the Architect shall be responsible for such coordination and integration.
Instructions	3.2.5	The Client shall only issue instructions to the contractor through the Architect, and the Client shall not hold the Architect responsible for any instructions issued other than through the Architect.	Responsibilities of Specialists	4.2.5 The Client shall hold any Specialist and not the Architect responsible for the products and materials supplied by the Specialist and for the competence, proper execution and performance of the work with which such Specialists are entrusted.

Standard Form of Agreement for the Appointment of an Architect

Schedule Three   Fees and Expenses

VAT, where applicable, is charged on all fees and expenses

1 Fees

2 Time rates

The rates for Services to be charged on a time basis shall be calculated as follows:

Time rates shall be revised each year on:

3 Expenses

The following expenses shall be charged by the Architect:

Standard Form of Agreement for the Appointment of an Architect

	Mileage rates where applicable shall be: • at cost • cost plus £_____ • a lump sum of _____% • an additional % fee of _____%	and shall be revised each year on:

4 Disbursements

For disbursements made under Condition 1.5.11 the Architect shall charge:
• at cost plus _____%   • other _____

5 Instalments

Fees and expenses shall be paid by instalments in accordance with the following programme:

6 Site Staff

For Site Staff (under Conditions 3.3.1 and 3.3.2) appointed and paid by the Architect, the Architect shall be reimbursed as follows:

• on a Time Basis, or
• on Annual Salary Cost plus: _____% (salaries to be stated, where appropriate)

7 Interest on overdue accounts

The interest rate payable under Condition 1.5.17 shall be: • either _____%

• or _____% over _____ (measure of base rate)

As referred to in the Memorandum of Agreement dated _____ between _____ and _____   *(parties to initial)*

Standard Form of Agreement for the Appointment of an Architect

Schedule Four — Appointment of Consultants, Specialists and Site Staff

Consultants (under Conditions 4.1.2 and 4.1.3)

Services* Name, address *(where known)*

Standard Form of Agreement for the Appointment of an Architect

Specialists (under Condition 4.2.2)

Services* | Name, address (*where known*) | To be appointed
(a) directly by Client
(b) indirectly by Contractor

*Extent of services to be defined in appointing letter or other document – to be copied to the Architect.

Site Staff (under Condition 3.3.2)

Description | Duration | No. of staff | By whom appointed and paid

As referred to in the Memorandum of Agreement dated between and *(parties to initial)*

INDEX

ADR. *See* **Alternative Dispute Resolution**
Abandonment of Work, 76, 81
  damages for, 219
  payment upon, 75–78
  repudiation, as, 163
Abatement, 226, 354, 499–500
Acceptance, 19–28
  conduct, by, 26
  extra work, of, 99
  incomplete work, of, 80–81
  offer, of, 26–27
    communication of, 26–27
    course of dealing, by, 28
    fax, by, 27
    postal, 26–27
    silence, by, 26
    "subject to contract", 22
    telex, by, 26–27
  repudiation, of, 136, 156, 160–162
    effect of, 129
  unconditional, 19–26
Act of God, 148–149
Addition. *See* **Extra Work**
Adjoining Owner,
  architect's duties regarding, 344
  architect's liability to, 345–346
  arrangements with architect, 332
  claim against contractor by, 280–281
Advances,
  entire contract, where, 76–77
  position of assignee, 298–299
  progress certificates, 107–108
  recovery of, 77
Affirmation,
  repudiation, after, 161–163
Agent,
  alter ego, as, 105
  architect as, 2, 94–95, 105, 330–332
  authority of, 94–95, 139
  breach of warranty of authority by, 33, 332–334
  bribes and secret commissions to, 336–337
  certifier as, 105–106
  clerk of works as, 353
  contract by, 33
Agreement. *See* **Building Contract, Contract**
Alien, 31
Alteration of Contract,
  alteration of document, by, 42, 288–289
  architect's authority to, 87, 94–95, 331–332
  effect upon surety of, 272–273

Alter Ego,
  approval by, 105
Alterations. *See* **Extra Work**
Alternative Dispute Resolution, 10–11
Ambiguity. *See* **Construction of Contract**
"And" Clauses, 116–117
Anticipatory Breach, 159, 161, 162
Appropriation of Payments,
  extra work for, 102
Approval,
  alter ego, by, 105
  architect, by. *See* **Certificate**
  architect and employer, by, 105
  condition precedent to payment, as, 104
  contractor by,
    sub-contract work, of, 104–105
  employer, by, 104–105
  tests before, 104
Arbitration, 422–465
  bankruptcy, where, 420–421
  case stated, 441
  certification distinguished, 424–426
  control by the Courts, 450–460
  costs of, 448–449, 450. *See also* **Litigation**
  sealed offer, 448–449
  liability of surety, 272–273
  damages. *See* **Damages**
  delay in, 447–448
  dismissal of claims, 447–448
  evidence in, 422–423
  extension of time, 451–452
  fraud alleged, 429, 442
  generally, 422–423
  ICC Rules, under, 460–465
  injunction to restrain, 453
  interim awards, 450
  interim injunction in, 456
  limitation of action, 410
  overlap with Court proceedings, 431
  peremptory hearing, 446–447
  position of assignee, 302
  preliminary steps before, 441
  premature, 432
  preservation of status quo, etc. 456
  procedure, 445–450
  right to insist upon, 438–444
  Scott Schedule, 480–487
  sealed offer, 448
  statutory definition, 423–424
  stay of proceedings, 437–444
  time limited for, 437, 442
  trustee in bankruptcy, by, 420–421

Index

Arbitration—*cont.*
  valuation distinguished, 425–426
Arbitration Agreement, 423–426
  assignment, effect of, 302
  bankruptcy, effect of, 420–421
  breach of, 437
  certificate, effect upon, 124–125
  definition of, 423–424
    agreement to refer, 423–424
    submission as, 424
  enforcement, 420–421, 437
  extra work, as to, 100, 432–433
  frustration excluded in, 146
  jurisdiction conferred by, 426–433
    certificates, as to, 113–114, 433, 440
    challenge to, 432
    custom, as to, 427
    extras, as to, 432
    fraud, as to, 429
    frustration, as to, 428–429
    questions of law, as to, 429–431
    repudiation, as to, 428–429
    terms of reference, 433
    void contracts, as to, 428–429
  ousting Court's jurisdiction, 436–437
  oral, 424
  stay of proceedings, where, 437–444
  waiver of,
    implied, 121
  written, 424.
Arbitration Clause. *See* **Arbitration Agreement**
Arbitrator,
  appointment by Court, 451
  architect, 112, 113–116, 434
    disqualification of, 433–435
  certifier distinguished, 424–426
  delay by, 456
  disqualification of, 433–436, 441
  fees of, 451
  jurisdiction of, 426–433, 444
    challenge to, 432
  misconduct of, 454–455
  negligence of, 424
  official referee, as, 432, 467
  powers of, 429–431
    dismissal for want of prosecution, 447–448
  quasi-arbitrator distinguished, 426
  refusal to act, 112, 431, 451
  removal of, 453–455
  resignation of, 455
  revocation of authority, 452
  statement of special case by, 456
Arbitrator's Award,
  appeals to the High Court, 456–457
  certificate distinguished, 113
  condition precedent to payment, as, 124, 432
  costs, as to, 459

Arbitrator's Award—*cont.*
  enforcement of, 459–460
  error on the face of, 108, 458
  interim, 450
  remission of, 458–459
  setting aside, 433, 458–459
  superseding certificate, 112
Architect, 325–368
  agent as, 2, 121, 330
    arrangement with adjoining owners, 332
    authority of, 330–332
    authority to engage quantity surveyor, 370–371
    breach of warranty of authority by, 331, 333–334
    bribes to, 336
    contracts by, 331, 334
    excess of authority by, 332–334
    extra work, 87, 94–95, 331
    misconduct by, 336–337
    ostensible authority of, 331
    pledging credit, 310, 331
    secret commissions to, 336
    supervision by, 331
    tenders to, 330
    variations by, 331–332
  appointment of, 329
  approval by, 105. *See also* **Certificate**
  arbitrator, as, 112–116, 433–435. *See also* **Arbitrator**
  bankruptcy of, 359
  certificates of, 6, 105–124, 354. *See also* **Certificate**
  certifier, as. *See* **Certifier**
  collusion by, 122
  competing for work, 329
  contract with employer, 322, 329
  copyright of, 363–366
  death of, 112, 142, 359
  definition of, 325
  delegation of duties, 119, 341–343
    certifier, as, 119
    clerk of the works, to, 351–353
    design, as to, 347
    generally, 338–340
  disciplinary proceedings, against, 227–228
  dishonesty by, 122
  dismissal of, 337, 355, 356
  disqualification of, 122
  duration of duties, 358–359
  duties in detail, 343–355
    advice on contract, as to, 348–349
      need for consultancy services, as to, 347–348
    certificates, as to, 354–355
    compliance with by-laws, as to, 345
    design, as to, 347
    estimates, as to, 346

Index

Architect—*cont.*
duties in detail—*cont.*
examination of site, as to, 345
Hudson's list of, 344
inspection, as to, 351–352
knowledge of law, as to, 345
materials, as to, 348
notices, as to, 355
plans, etc., as to, 346
recommending contractors, as to, 349
skill, as to, 338–339
supervision, as to, 349–351
duties generally, 2, 338
duties to contractor, 366–368
duties to employer, 338–343
duty to act fairly, 330
employed, 332
extension of time, 253–255
failure to certify by, 122
fees of. *See* remuneration of,
forfeiture, power as to, 257–258
fraud by, 122, 333, 335–336, 368
fraudulent misrepresentation by, 335–336
independent position of, 121–123
interest conflicting with duty of, 337–338
interference with, 110–112, 122–123, 250
lien of, 362–363
limitation of actions against, 357–358
negligence of,
acts, 351
degree of skill required, 338–339
final certificate, 351, 354–355, 366–368
instructions, 176
misstatements, 368
reliance upon quantity surveyor, 346
survey, 356–357
new, appointment of, 53, 112
others in position of, 322
partial services by, 365
property contract documents, 363
property in plans, 363
quasi-arbitrator compared, 2, 121, 354
registration of, 326–327
remuneration of, 354, 359–362
amount of, 360
employer's liability for, 359
estimates for, 360
reasonable sum, in, 361–362
R.I.B.A. Scale, implications of, 361
right to, 359, 360
when right arises, 360
where work useless, 355
resident, 352
resignation of, 358–359

Architect—*cont.*
R.I.B.A. Conditions of Engagement, 329, 347–348, 351–352, 1120–1151. *See also* **R.I.B.A. Conditions of Engagement**
satisfaction of, *See* **Certificate**
signing contract, effect of, by, 334–335
state of the art, 340
tenders, and, 330–331, 340
title, use of, 326
tort, liability in, 357–358, 366–368
unauthorised sub-contracting, 356
waiver of right to dismiss, 337
warranty of fitness of design by, 340
Architect's Registration Council, 326–328
Admission Committee, 327
appeal from, 328
Board of Architectural Education, 327
Discipline Committee, 327
European qualifications, 327
removal from register, 327–328
right to register, 327
Trade Description Act 1968, 328
Articles of Agreement, 4
Assignment, 296–307. *See also* **Vicarious Performance**
absolute, 301, 302
arbitration clause, subject to, 304
assignor bankrupt, 420
benefit of, 396, 298–304
prohibition of, 296
burden of, 296–298, 304–305
cause of action, of, 305
certificated completion, and, 303
charge, by way of, 301
conditional, 302–303
consideration for, 302
contractor, by, 296–298
counterclaim, right to, 304
employer by, 304–307
equitable, 299–302
equities, subject to, 302–303
forfeiture, subject to, 303
fraud, and, 303–304
future property, of, 301, 305
instalment of, 298–299
legal, 299–301
monies due, 298–304
mortgage, by way of, 300
notice of, 302
novation, 297, 305
option of, 302–303
personal element of, 298, 305
retention money, 298–299
rival claims, where, 304
warranties, of, 305–307
Atlantic Shipping Clause, 437

1155

Index

Bankruptcy, 415–421
  administration order, 416
  architect, of, 359
  assignee, position of, 303, 420
  certificate refused, where, 415
  contractor, of, 6, 417–421
  court,
    control by, 415–416
    winding up order by, 416
  employer, of, 421
  forfeiture, upon, 257, 265, 419
  generally, 415
  lien, effect upon, 265, 419
  mutual dealings, and, 418–419
  reputed ownership, 263, 416
  retention of title, 263–264, 420
  seizure clauses and, 419
  stay of proceedings upon, 416
  sub-contractor, position of, in, 419–421
  surety, position of, in, 271
  trustee in, 415–421
    adoption of contract by, 417
    arbitration by, 420
    claims by, 265
    completion by, 417
    delay by, 417
    disclaimer by, 417
    forfeiture against, 419
    vesting of property in, 265, 416
Bankrupt, 31–32
  capacity of, 31–32
  set-off against, 418
Bills of Quantities, 3, 4, 5
  checked by quantity surveyor, 291, 372
  contract documents, whether, 4, 90–91, 92
  contract, part of, as, 90–91
  cost of, 337
  definition of, 4
  errors in, 88–89, 90–91, 92, 132, 291, 331, 346
    claim for extra work, 90
    pricing, 92, 132
    rectification of, 90, 291
  measurement and value contracts, and, 91–92
  nature of, 4
  omissions from, 90–91, 92
  representations in, 89, 126, 130–131
  warranty as to accuracy, of, 89, 130–131, 331
  work in excess of, 90–91
Bills of Sale,
  forfeiture and, 261
Bonds, 273–277
  conditional, 274–275
  liability of bondsman, 273
  on demand, 275–276
  performance, 273–277
  release by employer, 276–277

Bonus, 235
Breach of Condition, 157–159
Breach of Confidence, 283
Breach of Contract,
  causation between, and, 207–214
  certifier's jurisdiction as to, 117–118
  contractor, by, 219–225
  employer, by, 117–118, 225–240
  forfeiture and, 165, 247–248
  remedies for, 201–255. *See also* **Damages, Injunction, Liquidated Damages**
  repudiation, 156–167. *See also* **Repudiation**
Breach of Warranty of Authority, 332–334
Builder. *See* **Contractor**
Building Agreement. *See* **Building Contract**
Building By-Laws. *See* **Building Regulations**
Building Contract, *see also* **Design and Build Contracts, Contract**
  definition, 1
  documents, 3–4
    architect's plans and drawings, 4
    articles of agreement, 4
    bills of quantities, 4
    conditions, 4
    miscellaneous, 5
    specification, 4
  equitable remedies, 284–293
  formalities for, 28–30
  formation of, 12–35
  general law of contract, in relation to, 1
  management, 9–10
  nature of, 1–11
  package deal, 7. *See also* **Design and Build Contracts**
  parties to, 2–3
    capacity of, 30–36
  procedure, 5–7
  sale of goods compared, 79, 80, 106
  sale of land compared, 28–29, 62
  small, 10
  specific performance of, 292
  standard form of. *See* **JCT Standard Form of Building Contract (1980 Edition)**
  writing, where necessary, 28–29
Building Contractor. *See* **Contractor**
Building Control Act 1966, 154
Building Owner. *See* **Employer**
Building Regulations, 411–414
  architects duties, 345
  breach of statutory duty, 413
  by-laws, to replace, 411
  compliance with, 94, 149, 152
  contractor, liability of, 412–413
  contravention of, 62, 152, 412–413

Index

Building Regulations—*cont.*
extra work and, 94
local authority, liability of, 414
plans, approval of, 411
statutory duty, breach of, 413
supervision, 412
Building Society Valuations, 196
By-Laws. *See* **Building By-Laws**

Capacity of Parties, 30–35
Certificate, 105–125. *See also* **Certifier**
appeal to arbitrator, 111, 124
arbitration clause, effect of, 111–112, 124–125
arbitrator's award compared, 113, 124
arbitrator's jurisdiction, 109
architect's duties, 119, 354–355
assignee, position of, 303
attacking, 117–125
binding and conclusive, 113–117
after a period, 117
"and" clauses, 116
defects, as to, 268–269
expiration of time, 117
extra work, as to, 100–101, 113–114
generally, 113–114, 117
breach of contract by employer, as to, 117–118
condition precedent as, 108, 109–110, 466
employer's right to arbitration, 108
liquidated damages to, 240–241
payment to, 109–110, 114
waiver of, 110
construction of, 103, 119
disqualification of certifier, 110, 121–124
extension of time, as to, 108, 118, 254
implication, by, 253–255
failure to issue, 106, 110, 111, 122–123
final, 6, 100–101, 108
architect's liability for, 354–355
binding, 100–101, 108, 113–117, 268–269
condition precedent, as, 114
defects as to, 114–115, 268–269
defects liability period, 268–269
extension of time, as to, 108, 118, 254
extra work, 100–101, 113–114
nature of, 100–101, 108
satisfaction of, 109, 113–114, 266, 351
form of, 100–101, 104, 105, 108, 118–119
interim. *See* progress
invalidity of, 118–121
mistake in, 120–121
money not certified, 100–101
negligent issue of, 338–340, 354–355, 368

Certificate—*cont.*
not properly made, 118–121
obstruction of, 110–111
opening up, as to, 117–125
oral, 119
other, 108
overcertification, 354
parties not heard, 120
progress, 107–108
adjustment of, 107
creative debt due, 107
nature of, 107–108, 114
not binding, 107, 114
retention money, deduction of, 108
property in materials, as to, 262
recovery of payment without, 110–112
requirements of, 105–107
satisfaction of, 109, 113–114, 266, 354–355
sub-contractor, position of, 323
superseded by arbitrator's award, 112
third parties affected by, 110
types of, 105–108
undercertification, 107, 166–167
wrong in law, 121
wrong person, by, 119–120
Certifier,
agent, where, 105
arbitrator compared, 113, 121–124, 424–426, 429–431
architect, as, 105
collusion by, 122
control by the courts, 451
delegation of duties, 119, 341–343
designated, 119–120
dishonesty of, 122
disqualification of, 110, 121–124, 429
failure to certify, 110–112, 122, 260
fraud by, 122
hearing the parties, 120
incapacity of, 112
independence of, 110–112, 121–123
influenced by employer, 110–112, 123
interference with, 110–112, 122–123
mistake as to powers by, 111
mistake by, 120–121
negligence of, 354–355
new, appointment of, 111
quasi-arbitrator distinguished, 424–426
Claims Documents, 487–488, 491–492, 495. *See also* **Contractor's Claims**
Clerk of Works,
agent of architect, as, 353
architect compared, 353
architect relying on, 352–353
delegation of duties, 352–353
duties of, 352–353
fraud by, 353
liability to contractor, 353
liability to employer, 353

1157

Index

Clerk of Works—*cont.*
  liability to sub-contractor, 353
  liability to third parties, 354
  manual of, 353
Club, 36
Collateral Contract. *See* **Collateral Warranty**
Collateral Warranty, 29, 42, 127, 139–142
  nominated sub-contractor, by, 942–955
  nominated supplier, by, 955–961
  sub-contractor, by, 308–309
Company. *See also* **Corporation**
  architect's duties, performing, 329
  capacity of, 32–33
  contracts with, 33
  liquidation, 416–421
  taking over partnership, 300
  winding up. 416–418
Competition,
  architect, engagement by, 329
  contractor, employment by, 5
Completion,
  absolute contract, where, 143
  assignment after, 296
  band for, 273
  condition precedent for payment, 75, 80, 96–101
  cost of, 219
  date for,
    omitted, 37, 236–237
  difficulties, 146
  divisible contract, where, 82
  employer, by, 219, 261
  entire, 75–76, 80–82
  extension of time for, 236–240. *See also* **Extension of Time**
  forfeiture, after, 261
  guarantee of, 269–273
  non-completion, 75, 80–82
    acceptance of work, 80–81
    acts of God, 148–149
    agreement, by, 80
    damages for, 219–220
    defects in soil, 146
    delay, 147
    destruction by fire etc., 148
    difficulties, 146
    employer's delay, 52, 250–251
    excuses for, 126–168
    impossibility, 143–150, 165
    inaccuracy of plans, etc., 146
    liquidated damages, for, 240–255
    meaning of, 74–75
    prevention by employer, 55–56, 80, 165–166
    prices, changes in, 146
    prohibition by law, 146–147
    quantum meruit, where, 80, 84

Completion—*cont.*
  non-completion—*cont.*
    repudiation, as, 80, 166
    rescission by agreement, 288
    right to payment where, 80
    strikes, 149
    unpaid instalments, 81–82
    variations, due to, 288
    waiver of, 80–81
    war, due to, 147
    weather, 148–149
  prevention of, 55–56, 80, 165–166
  substantial, 78–79, 83
  time for, 236–240
  trustee in bankruptcy, by, 417
  work after, 100
Condition Precedent,
  arbitrator's award as, 124, 432
Conditions of Agreement, 4
Consideration, 12–13
  absence of, 97
  assignment, for, 302
  evidence to show, 42
  extra work for, 97
  guarantee for, 269
  standing offers, for, 13
  total failure of, 77
Construction of Contracts, 36–73
  agreed factual assumption, 41
  alterations, 48
  ambiguities, 39, 40, 43–46
  bills of quantities, 90–91
  blanks, 37
  clerical errors, 45
  common form contracts, 63
  contra preferentem, 47–48
  contract partly in writing, where, 42–43
  contract read as a whole, 45
  custom as to, 41
  deeds, 62–63
  deletions, 38–39
  ejusdem generis, 46–47
  estoppel by deed, 62–63
  exclusion clauses, 68–69
  extrinsic evidence, 37–43
  factual background, 40
  foreign words, 40–41
  generally, 36–37
  implied term. *See* **Implied Term**
  inconsistency, 41–48
  intention of the parties, 37
  irreconcilable clauses, 48
  meaning of words, 36
    custom and usage as to, 41
    ordinary, 43
    parties' own, 41
    reasonable, 44
    uniform, 44–45
    valid, 45
  meaningless words, 23–24

Index

Construction of Contracts—*cont.*
preliminary negotiations, 37–38
previous decisions as to, 63
recitals, 48
repugnancy, 43
rules of, 43–48
subsequent conduct, 38
surrounding circumstances, 40
technical words, 40–41
terms of art, 44
usage, 41
valid meaning, 45
written words prevailing, 37, 45
Contract. *See also* **Breach of Contract**
absolute, 143, 251
adoption of, 417
alterations to documents, 42, 288–289
assignment of, 296–307
blanks in, 37
collateral, 29, 139–142. *See also* **Collateral Warranty**
common form, 63
completion. *See* **Completion**
consideration. *See* **Consideration**
construction. *See* **Construction of Contracts**
cost plus percentage, 83
deed, 30
deletions, 38–39
design and build. *See* **Design and Build Contracts**
divisible, 82
documents, 3–5, 7, 90–91, 346, 362, 363–364
 alteration to, 42, 288–289
elements of, 12–13
entire, 75–76
essential terms of, 21–22
estoppel, subject to, 29
exclusion, 16
extra work for, 95–96
forfeiture, 256–261. *See also* **Forfeiture**
formalities, 28–30
formation of, 12–35
frustration of, 42, 143–150, 428–429
government. *See* **Government Contracts**
illegality, 42, 150–154
immoral, 151
implied, 37, 80–81, 95–100, 359, 361
implied term, *see* **Implied Term**
impossibility, 143–150
inconsistency in, 43
infant, with, 31
instalments, 76–77
irreconcilable clauses, 48
letter of intent, effect of, in, 16–17
local authority, 34. *See also* **Local Authority**
lump sum, 74–82, 87–91

Contract—*cont.*
management, 9–10
meaningless words in, 23
measurement and value, 82–83, 87–91
misrepresentation incorporated into, 129, 137
negotiate, to, 25
negotiations, after, 25
negotiations, for, 20–21
no price fixed, 24–25
notice of terms of, 27–28
novation of, 297, 304–305
offer, 13–19. *See also* **Offer**
oral, partly, 42–43
package deal, 6. *See also* **Design and Build Contracts**
part performance of, 24
partnership, by, 35
periodic work, for, 17–18
price, 24–25. *See also* **Price**
production of, 96, 310
ratification of, 331
rectification of. *See* **Rectification**
repudiation of, 156–168. *See also* **Repudiation**
rescission, 128–133
sale of land, for, 28–29
seal, under, 33–34
seizure clauses, 419
signature of, 27
similar, 63
specific performance of, 292
standing offers, 17
"subject to contract", 22
substituted, 307
suretyship, of, 29, 269–273
unfair terms of, 70–73
unincorporated associations, by, 35
"usual terms", 23–24, 56–62
variation of, 42
vicarious performance of, 297–298
void, 13, 42
voidable, 13, 42
 fraud for, 13, 42, 130–132
 misrepresentation, for, 13, 42, 127–132
 mistake for, 13, 42
work outside, 100, 102
writing necessary, where, 28–30, 42
written, partly, 42–43
Contract Documents, 4–5, 7
architect's lien upon, 363
bills of quantities, as, 90–91
property in, 363–366
warranty as to accuracy of, 89
Contract Sum. *See also* **Payment**
assignment of, 298–307
extras included in, 87–89
Contractor,
architect's liability to, 366–368

Index

Contractor—*cont.*
assignment by, 398–307
claims by, 225–235, 366–368, 478–480, 483–484
claims documents, 478–480, 483, 484
collateral warranty, 139–142. *See also* **Collateral Warranty**
death of, 142
definition, 2
ignorance of difficulties, 88, 146
implied duties, 56–62, 91
injunction against,
insolvency of, 417–421
liability of,
  clerk of works, to, 353
  employer's property, for, 283
  employer's safety, for, 282
  quantity surveyor, to, 373
  third party, for, 277–278
  tort, in, 61
  torts of employer, for, 277–278
  visitors, to, 61
negligence 61, 277–279
ownership of materials, 262–264
ownership of plant, 262
reliance on skills and judgment of, 59–60
repudiation by, 163–165. *See also* **Repudiation**
right of payment, 74–82. *See also* **Payment**
specialist, 61, 320, 347
statutory duty,
  defective premises, as to, 61
  occupier, as, 61
sub-contractor and, 307–308, 317–319
Contractor's Claims, 225–235, 366–368, 478–480, 483, 484
Contributory Negligence, 207–208
Copyright, 363–366
Corporation,
agents, acts through, 33
aggregate, 32
capacity of, 32–33
chartered, 32
liquidation of, 414–421
local authority contracts, 32
seal, when required, 33
unregistered charges against, 301
winding up of, 415–421
Cost plus Percentage Contract, 83
nature of, 83
Scott Schedule for, 480–485
Costs, 508–519
admissions, 512–513, 518–519
counterclaim, where, 509–510, 518–519
county court, 512
discretion as to, 510–511
interpleader, where, 304
notice to admit, 512

Costs—*cont.*
payment into courts, 489, 513–517
  amendment after, 515
  assessment of amount, 516
  counterclaim, where, 516
  increased, may be, 513
  interest on, 516
  joint tortfeasors, by, 516
  money not taken out, 514
  non-disclosure of, 515
  notice of, 513
  order for payment out, 514
  set-off where, 516
  taking money out, 513, 514
plans, photographs, models, of, 479
pleadings, relevance to, 478
sealed offer and, 448–449
security for, 509–510
set-off and counterclaim, 517–518. *See also* **Set-Off**
small sums, 512
third parties, where, 511, 516
two defendants, where, 511
wasted, 511
written offer, 517
written offer of contribution, 516–517
Counterclaim, 104
affecting costs, 513, 516, 518–519
assignee not liable, 304
county court in, 470, 518–519
defects, for, 78, 83, 503, 519
liquidated damages, for, 499
negligence, for, 355–357
non-completion, for, 82
payment into court, where, 513
pleading of, 475
Scott Schedule, separate, 480–485
set-off distinguished, 498–499
County Court,
jurisdiction of, 470–471
  abandoning excess, 470
  agreement as to, 470
  counterclaims, as to, 470
  no limit as to, 470
  transfer, by, 470
  transfer from, 471

Damages, 200–255. *See also* **Liquidated Damages**
action on bonds, 273
aggravated, 200
agreed, 242, 248
apportionment of, 213–214
assessment date, of, 205–206
assignee's liability, 304–305
betterment value deducted from, 221–222
bonus, loss of, 235
breach of confidence, for, 283

Index

Damages—*cont.*
breach of contract, for, 77, 200–214
breach of warranty, for, 140
breach of warranty of authority for, 334
causation of loss, 207–214
claims, in foreign currency, 218–219
claims in tort and contract compared, 207–214
contingency and, 214–215
contractor's breach, for, 219–225
contributory negligence, for, 207–208
cost of completion, as, 219–220, 227–228
deceit, 131–132, 304, 335
defects, 82–83, 220–221, 224, 267
delay, 210, 222–223, 227, 228
employer's breach, for, 225–235
exemplary, 200
extension of time, where, 255
financial charges, for, 232–233
forfeiture, where, 261
general principles governing, 200–207
going slow, 223
goodwill, loss of, for 215
Hadley v. Baxendale, rule in 202–204
hiring charges, loss of, for, 229
Hudson formula, 230
impecuniosity of innocent party, 214
inconvenience and discomfort, for, 223
increased cost, credit for, 216
inflation, increased costs due to, for, 231–232
inspection by architect, lack of, 224
interest, for, 232, 233–235
interim payment, 502, 505
liquidated, 240–255. *See also* **Liquidated Damages**
local authorities and, 235
managerial expenses, 215–216
measure of, 200–204
misrepresentation, for, 129, 132–137
mitigation of, 206–207, 355–356
negligent misstatement, for, 188
nominal, 77, 200, 219
nuisance, for, 280
overheads, for, 229–230
particulars for, 486–487
preliminaries, extension for, 225–227
premises, destruction of, for, 222
productivity, loss of, for, 231
profit, loss of, for, 215, 230
punitive, 366
remoteness of, 200–204
rent, loss of, for, 222
report, cost of, for, 217
specific performance and, 292
sub-contract, under, 323–324
third party claims, 216–218
time for assessment of, 205–206
undertaking as to, 294

Damages—*cont.*
waiver of claim to, 287
wasted expenditure, for, 215, 225
work not carried out, where, 219, 229
work partly carried out, where, 225–227
Death,
architect of, 112, 142–143, 359
certifier of, 112
contractor, of, 142
employer, of, 142
generally, 142–143
revoking offer, 19
Debt,
appropriation of, 102
assignment of, 298–304
progress certificate creating, 107
Deceit, Tort of, 131–132, 304, 335
Deed, 30
construction of, 62–63
estoppel by, 62–63
Defective Premises, 62, 397–400
Act of 1972, 62, 397–400
damages, measure of, 400
disposal of premises, continuing duty upon, 400
dwelling, duty to build properly, 398–399
generally, 397–398
instructions, defence of, 399–400
limitation of action, 400
persons owing duty, 400
Defects,
approval not conclusive, 116–117
architect's duty, 351–355
assignee's liability, 304–305
concealed by contractor, 268
damages for, 79, 83, 220–221, 224, 267
evidence of, 488–491
final certificate, effect of, 108, 114–115, 266
incomplete work, where, 226
investigation of, 266–267, 491
latent, 57, 406
measurement and value contract, where, 83
notice to contractor as to, 267
patent, 56
payment, where, 78–79
repudiation and, 163
retention money and, 108
Scott Schedule, 480–485
set-off for, 78, 500
single cause of action for, 472
site, in, 55
waiver of claim for, 287
Defects and Maintenance Clauses, 266–269
alternative claim in damages, 267–268
defects liability period, 266
generally, 266

1161

Index

Defects and Maintenance Clauses—*cont.*
  investigation for defects, 266–267
  liability after expiry of maintenance period, 268–269
  maintenance period, 266
  notice to contractor, 267
  replacement of parts, 266
  terminology, 266
  wear and tear, 266
Defects Liability Period, 266
Delay, 210
  act of God, due to, 148–149
  arbitration proceedings, in, 447–448
  arbitrator, by, 455
  architect, by, 56
  assignee's liability, 304–305
  contractor, by, 164, 222–223, 259–261
  damages for, 222–223, 227, 228
  employer, by, 250–252
    agents, by, 55–56
    appointing architect, 52
    damages for, 227–228
    implied term, as to, 52–56
    interference, due to, 53–56, 112, 250
    liquidated damages, effect on, 245, 250–252
    ordering extras, due to, 250–251
    possession of site, as to, 52, 250
    supplying plans, in, 53, 250
    waiver of, 287
    who forfeits, 260
  engineer, by, 56
  frustrating contract, 147
  litigation, in, 496–498
  nominated sub-contractor, by, 55, 311–312
  nominated supplier, by, 318, 956–957, 960–961
  sub-contractor, by, 55, 311–312
  trustee in bankruptcy, by, 417
Design,
  copyright in, 364–366
  costs of, 15–16
  defects in, 78, 347
  delegation of, 341–343
  design and build contract, in, 7–9
  negligent, 347–348
  sub-contractor, by, 55, 313–314, 347–348
  collateral warranty as to, 309
Design and Build Contracts, 7–9, 60, 141
  construction of, 8
  professional men, liability of, in, 9
  suitability of purpose, 8
Determination of Contract
  clause for, 162–163

Determination of Contract—*cont.*
  forfeiture clause, 257. *See also* **Forfeiture**
  liquidated damages, effect on, 255
  misrepresentation, where, 127–132
  repudiation, where, 156–168
  trustee in bankruptcy, by, 417
Developer, 346, 400
Deviations. *See* **Extra Work**
Difficulties,
  frustrating contract, 146–150
  no excuse, 146
  terrain, of, 88, 271
  unexpected, 88, 146–149
Discount, 83–84
Discovery, 362–363, 492–493
Divisible Contract, 82
Drawings,
  contract documents, whether, 4
  defective, 346
  no implied warranty as to, 89, 141, 340
  probationary, 359
  property, in, 363
  remuneration for, 359
Dwelling,
  defective, 397–400. *See also* **Defective Premises**
  implied warranty, 60

Economic Duress, 131, 154–155
  non-performance, excuse for, 154–155
Economic Loss, 169–180
  breach of contract, effect of, 171
  consequential, 178–179
  generally, 169–170
  nature of, 176–178
  negligence, effect of, 171
    breach of contract compared, 171
    local authority, of, 179–180
    physical damage compared, 170
  recovery of, 176–178
Employer,
  acceptance of incomplete work by, 80–81
  agent's authority, 121, 338–343
  approval by, 103–105
    agent, by, 105
    architect and, 105
    condition precedent, as, 104
    construction of clause, 104
    honest, 104
    reasonable, 104–105
  assignment by, 304–307
  collateral contract with sub-contractor, 942–955
  collateral warranty by, 139–142. *See also* **Collateral Warranty**
  construction against, 104
  death of, 142

Index

Employer—*cont.*
definition of, 2
delay by. *See* **Delay**
ex gratia payment by, 479
exercise of statutory powers, 89
failure to appoint architect, 167
forfeiture by. *See* **Forfeiture**
implied term. *See* **Implied Term**
influencing certifier, 110–112
insolvency of, 421
interference by. *See* **Interference**
liabilities of,
  clerk of works, to, 353
  damages, in, 225–235
  third party, to, 278–279
  torts of contractor, for, 278–279
  torts of independent contractor, for, 278–279
  tower cranes, for, 282
misrepresentation by. *See* **Misrepresentation**
preventing certification, 110–111
preventing completion, 55, 80, 165–166
property of, 283
ratification of contracts by, 331
reliance on contractor's skill, by, 59–60
repudiation by, 165–167. *See also* **Repudiation**
safety of, 282
sub-contractors and, 308–311, 942–955
visits to site, 282
waiver by, 287
Engineer, 2, 368. *See also* **Architect**
architect, compared, 368–369
certifier. *See* **Certifier**
resident, 368–369
Entire Completion, 75–76, 80–82, 83. *See also* **Completion**
Entire Contract. *See* **Completion, Lump Sum Contracts**
Entire Work, 74–75, 80–82, 83
Environmental Protection,
Act of 1990, 401–403
pollution control, 402–403
statutory nuisance, 403
Errors. *See also* **Mistake**
bills of quantities, in, 88–89, 90–91, 92, 132, 291, 331, 346, 372
design in, 347
invitation to tender, in, 89, 126–132, 330–331, 372
plans, quantities or specifications, in, 45, 59–60
  architect's liability for, 341–343, 346
  claim for extras, 88, 90–92
  damages, 134–137, 139
  fraud, 130–132, 335–336
  misrepresentation, 127–132, 335–336
  rescission, 127–132

Errors—*cont.*
plans, quantities or specifications, in—*cont.*
  warranties, 59–60, 89, 139–142, 330–331
  pricing, in, 92, 101–102, 132, 291, 372
  rectification of, 92, 102, 132, 291, 372. *See also* **Rectification**
Estimate. *See also* **Tender**
architect by, 346
offer as, 17
tender as, 17
Estoppel, 284–286
convention, by, 285
deed, by, 62–63
promissory, 285–286
representation, by, 284–285
European Community Law, 374–396
architect, registration of, 327
competition law, 386–389
  remedies, 388–389
establishment of, 374–375
harmonisation of construction law, 391
implications on construction industry of, 374–375
jurisdiction, 391–396
  arbitration, 395, 396
  basic principles, 393–395
  Civil Jurisdiction and Judgments Act 1982, 391–392
  civil matters, 391–392
  commercial matters, 392
  enforcement of judgment, 395
  recognition of judgment, 395
lis pendens, 395
objectives, 375–376
procurement, 376–383
  legislation, 377–381
  local authorities, position of, 377–381
  public bodies, position of, 377–381
  remedies, 381–383
  utilities, position of, 377–381
product liability, 389–390
restrictive agreements, 383–389. *See also* **Restrictive Agreements**
services liability, 391
Evidence. *See also* **Litigation**
application for summary judgment, on, 503
arbitration, in, 422–423
claim for *quantum meruit*, on, 86
conduct, as to, 38
employer's loss, of, 221
expert, 488–491
extrinsic, 37–43
models, 495
photographs, 489, 495
plans, 489, 495
preparation of, 487–492

1163

Index

Evidence—*cont.*
  reasonable sum, as to, 86
  rectification, for, 289
  witness statements, 487
Exception Clause, 68–69
Exclusion Clause, 68–69
Exemption Clause, 68–69
Extension of Time,
  absolute contract, where, 251
  certificate as to, 108, 118, 254
  completion date, after, 253–255
  employer's delay, due to, 251–252
  failure to grant, 252–253
  forfeiture, after, 259–260
  frustration, and, 146–147
  liquidated damages where, 240–255
  position of surety where, 272
  retrospective, 252, 253–255
Extra Work,
  absence of consideration, where, 97
  absolute contract, where, 251
  agent's authority as to, 87, 94–95
  appropriation of payments to, 102
  arbitrator's jurisdiction as to, 432–433
  architect's authority as to, 87, 94–95, 331–332
  bills of quantities contract, where, 90–91
  Building Regulations, effect of, 94
  certificates, as to, 98, 100–101, 113–114
  contractor, by, 6
  delay due to, 250–251
  difficulties in terrain, 88
  emergency, in, 96
  employer's exercise of statutory powers, due to, 89
  errors in contract documents, due to, 89
  express provision for, 95–96
  fresh contract for, 95–96
  implied promise to pay for, 87, 95, 98–100
  indispensable, 87–89
  lump sum contract, 87–91
  meaning of, 87
  measurement and value contract, where, 91–92
  method of work, due to, 88–89
  omissions, 88, 92–93
  prime cost and provisional sums, 93–94
  promise to pay for, 95–96
  rate of payment for, 101–102
  Scott Schedule of, 483–484
  surety, effect on, 272–273
  unlicensed, 153–154
  without request, 96
  work exceeding contract limit, 97
  work outside contract, 100, 102
  written orders, 97–98
    acceptance of work, 99
    arbitrator dispensing with, 99
    architect dispensing with, 99

Extra Work—*cont.*
  written orders—*cont.*
    fraud on contractor, 99
    recovery without, 98
    waiver of, 98–99

Fair Trading Act 1973, 385
  reform of, 389
Fees,
  architect, of, 359–362
  expert witness, of,
  quantity surveyor, of, 372–373
Final Certificate. *See* **Certificate**
Fire,
  contractor's negligence, due to, 279
  destruction of works, by, 148, 222
  duty to rebuild, after, 222
  frustrating contract, 148
  position of surety, 272
  reinstatement by insurers after, 150
  third party liability for, 279
Fitness for Purpose, 7–9, 56–60, 315–316
Fixtures, 262
Flood Defence Committees, 34
Force Majeure, 253
Forfeiture,
  arbitrator's jurisdiction as to, 426–433
  ascertainment of the event, 257
  bankruptcy, on, 257, 265, 419
  bills of sale, and, 261, 265
  certificate as to, 108
  completion after, 261
  construction of clause, 257–258
  delay for, 259–260
  effect of, 260–261
  employer's claim for damages, 261
  employer's duty to account, 261
  employer's rights, 260
  injunction, to enforce, 261, 293–295
  injunction to restrain, 261, 295
  liquidated damages, and, 247–248
  materials, of, 260, 261, 262–265
  mode of, 257–258
  nature of, 257
  notice before, 259
  penalty as, 247–248, 260
  plant, of, 260, 261, 262–265
  position of assignee, 303
  relief against, 257, 261
  retention money, of, 247–248
  time for, 259–260
  trustee in bankruptcy against, 418–419
  waiver of, 259
  when third parties intervene, 259
  wrongful, 257, 260
Form of Warranty to be given by Nominated Supplier, 955–961

Index

Formalities of Contracts, 28–30
Formation of Contract, 12–28
Fraud,
  arbitration where, 429, 442
  arbitrator's jurisdiction where, 429
  architect, by, 122, 333, 335–336, 368
  certificates and, 110, 113, 122–124
  concealment of cause of action, 407–408
  damages for, 132
  dishonesty essential to, 335–336
  fraudulent misrepresentation, 130–132.
    See also **Misrepresentation**
  architect, by, 355–356, 368
  employer, by, 336
  exclusion of liability for, 336
  secret dealings, 334, 336
  surety's liability for, 270
Frustration, 42, 143–150
  arbitration agreements and, 146
  arbitrator's jurisdiction as to, 428–429
  Building Regulations, compliance with, and, 149
  consequences of,
    at common law, 149–150
    under contract, 149–150
    under statute, 149–150
  delay, 147
  destruction by fire, etc., 148
  discharge of parties, by, 149
  express terms, effect of, 145–146
  generally, 143–145
  increase in prices, where, 148
  judicial basis of, 143–145
  leases, and, 146
  prohibition by law, 146–147
  shortage of labour and materials, where, 144
  statutory requirements and, 149
  statutory right to payment on, 82
  strikes, 149
  supervening illegality, 147, 150
  war, 147
  weather and acts of God, 148–149

Government Contracts, 16, 34, 313, 319, 369
Government Form of Contract CCC/Wks./1, 369
Government Form of Contract GC/Wks./1, 313, 316, 319
Guarantee, 3, 269–273. *See also* **Bond, Surety**
  bonds, 273–277
  consideration by, 269
  non-disclosure of, 271
  writing required, 29–30

Highway,
  employer's liability as to, 279
Hoardings,
  ownership of, 262
House,
  defective, 62. *See also* **Defective Premises**
  implied warranty, 60

I.C.E. Conditions of Contract for Minor Works, 1093
I.C.E. Form of Contract, 1973 Edition Chaps. 1–17
  Conditions, 6
  design and build contracts, unsuitable for, 7
  decision of engineer, 118, 355
  engineer's position, 355
  impossibility and, 143
  indemnity clause, 66
  interest, 232
I.C.E. Form of Contract, 6th Edition, 1991 Chap. 21
  abandonment of works,
    suspension of work as, 1027, 1028
    termination by employer for, 1079, 1081–1082
  accident,
    contractor's indemnity as to, 1010, 1011
    employer's liability, for, 1010, 1011
  additional cost,
    ambiguities or discrepancies in contract documents, due to, 975, 976
    delay in approval of method of construction, due to, 997, 999
    delay in giving possession of site, due to, 1030, 1031
    delay in issuing further drawings, due to, 977–978, 979
    engineer's instructions, due to, 993, 994, 995
    failure to obtain planning permission, due to, 1013, 1014–1015
    limitation of design criteria, due to, 996, 999
    overheads, of, 968, 970
    provision of facilities to other contractors, due to, 1020, 1021
    reinstatement of works, due to, 1004, 1006
    sub-contractor's default, due to, 1063, 1067–1068
    termination of sub-contract, due to, 1063, 1067–1068
    tests, due to, 1022, 1023
    uncovering works, due to, 1024, 1025

Index

I.C.E. Form of Contract—*cont.*
  additional payment. *See* additional cost, claims for additional payment
  additions. *See* variations
  adjoining occupiers, 1018
  adjustment of contract price. *See also* additional cost
    adverse physical condition, where, 989
    contractor's failure to insure, where, 1011, 1012
    employer effecting insurance, where, 1011, 1012
    fluctuations, where, 1102, 1105, 1109
    fluctations in taxes, where, 1100
    liquidated damages for, 1037–1041
    searches, tests or trials, where, 1046
    statutory fees, etc., for, 1012
    termination of sub-contract, where, 1062
    urgent repairs, where, 1078
    works of repair, etc., where, 1044
  adverse physical conditions, 988–992.
    See also exceptionally adverse weather conditions
    additional cost due to, 988, 989
    arbitration as to, 989–990
    extension of time due to, 988, 989
    foreseeability of, 989, 991
    meaning of, 990
    notice of, 988, 991–992
  agreement, 963, 964, 969
    Conditions of Contract, 964, 966–1110
    consideration for, 964
    covenant to pay, 964, 984
    documents incorporated in, 966, 976. *See also* contract documents
    execution of, 983
    form of, 964, 983–984, 1115–1116
  ambiguities in contract documents, 975, 976
    explanation of, engineer, by, 975, 976
  amendments to, 964–965
  Appendix, 964, 977, 984
  application to Scotland and Northern Ireland, 1097–1099
  arbitration, 1089–1099
    Bond, under, 994
    contractor's duty to proceed during, 1089
    condition precedent to, 1089–1090
    disputes, settlement of, 1088–1089
    engineer as witness, 1091
    engineer's decision as condition precedent to, 1089, 1093–1094
    engineer's instructions, etc., as to, 1088
    interim, 976, 1089, 1093–1095
    Northern Ireland, in, 1097–1099

I.C.E. Form of Contract—*cont.*
  arbitration—*cont.*
    notice of dispute, 1088–1089
    procedure, 1090–1091, 1096–1097
    security, upon, 984
    time for, 1091–1092
    when Scots law applies, 1097–1099
  arbitration award, 1074, 1091, 1096
  arbitrator,
    appointment of, 1090
    engineer as, 1088–1089, 1093–1095
    jurisdiction of, 1088, 1092
  arbitrator's jurisdiction, 1089–1091, 1096–1097
    adjustment of the contract terms, as to, 1092
    frustration, as to, 1092
    illegality, as to, 1092
    rectification, as to, 1092
    repudiation, as to, 1092
  articles of value, 1021
  artificial obstruction, 988–992
    additional cost due to, 988–989
    arbitration as to, 991
    extension of time due to, 988–989
    foreseeability of, 981, 991
    meaning of, 991
    notice of, 988, 991–992
  assignment, 974, 975. *See also* sub-letting amendments, 964
    consent to, 974
    determination of contractor's employment for, 1079
    employer, to, 1080, 1083–1084
    prohibition of, 974, 975
  bills of quantities,
    copyright in, 977
    errors in, 1057, 1059
    omissions from, 1057, 1059
    rectification of, 1057, 1059
    Standard Method of Measurement, 1058–1059, 1060
  Bond, 964, 984–985
    amount of, 984
    approval of terms of, 984
    arbitration under, 984–985
    condition of, 984
    contractor's undertakings as to, 964, 984
    form of, 964, 984, 1117–1119
  boreholes, 1001
  building regulations, 1012–1015
  by-laws, 1012–1015
  certificates, 1069–1078
    amendments as to, 965
    arbitration as to, 1074, 1076, 1077
    completion of, 1042–1044
    condition precedent to payment, as, 1073–1074
    copies of, 1072

Index

I.C.E. Form of Contract—*cont.*
certificates—*cont.*
  correction of, 1072, 1077
  defects correction, of, 967, 1077–1078
  direct payment, as to, 1064, 1068–1069
  final. *See* final certificate
  final extension of time, as to, 1032
  interim. *See* interim certificate
  interim arbitration, as to, 1088
  recovery of payment without, 1074
  retention monies and, 1070–1071
  statutory fees, etc., included in, 1012
  termination of contractor's employment, as to, 1079
  valuation upon termination, of, 1080
  withholding of, 1072, 1077
certificate of completion, 1042–1044
  notice requesting, 1042
  parts of work, as to, 1042, 1044
  sections, as to, 1042, 1043
  substantial completion, where, 1042, 1043
  whole works, as to, 1042, 1043
claims for additional payment,
  final certificate including, 1050, 1053
  interim certificate including, 1051, 1053
  notice of, 1050, 1053
  particulars of, 1051, 1053
  summary of claims expressly subject to clause 52(4), 1053
  summary of claims not expressly subject to clause 52(4), 1053
commencement of works, 967
completion,
  accelerated, 1035–1036
  bond for, 964, 984
  certificate of, 1042–1044
  employer, by, 1079–1080
  latent defects, where, 1045
  outbreak of war, after, 1085
  parts of, 1042–1044
  reinstatement of ground on, 1043
  substantial, 967, 1003, 1037
  time for, 1031
conciliation, 1089, 1095–1096
I.C.E. Conciliation procedure, 964
Conditions of contract, 964, 966–1110
  special, 964, 1101–1102
construction of, 975–976
construction of works,
  method of. *See* method of construction
contract. *See* agreement
contract documents, 966, 969, 975–980
  ambiguities and discrepancies in, 975, 976
  construction of, 975–976

I.C.E. Form of Contract—*cont.*
contract documents—*cont.*
  copyright in, 977
  custody of, 978
  delay in issue of, 977–978
  specified, 966–967, 969, 977
  supply of, 976–977, 978–979
contract price,
  adjustment of. *See* adjustment of contract price
  definition of, 967
  fluctuations in, 1102–1110
contractor. *See also* contractor's duties, contractor's responsibilities
  agent of, 1000
  amendments, 964
  definition of, 966
  duties of. *See* contractor's duties
  expedition of work by, 1035–1036
  failure to conform with programme, by, 995–996, 998–999
  failure to insure, by, 1011
  indemnities by, 1007–1013
  insolvency of, 984, 1079
  objection to nomination by, 1061–1062, 1065–1066
  reinstatement of highway by,
  responsibilities of. *See* contractor's responsibilities
  service of notice upon, 1099
contractor's duties. *See also* contractor, contractor's responsibilities
  clearance of site, as to, 1021
  compliance with statutes, 1012–1015
  expedition of works, as to, 1035–1036
  facilities for other contractors, as to, 1020–1021
  insurance of works, as to, 1004–1005, 1007
  keeping copies of drawings, etc., as to, 978
  maintenance of temporary works, as to, 979
  method of construction, as to, 980, 982–983
  notices, as to, 1012, 1013
  pursuance of remedies against sub-contractors, as to, 1062, 1063, 1065–1068
  removal of employees, as to, 1000
  repairs, etc., as to, 1044–1045
  statutory fees, etc., as to, 1012, 1013
  submission of programme for approval, as to, 995, 998
  superintendence, as to, 999–1000
contractor's equipment,
  definition, 967, 970, 1054
  disposal of, 1054
  liability for loss or damage to, 1054, 1055

Index

I.C.E. Form of Contract—*cont.*
  contractor's equipment—*cont.*
    property in, 1054
    returns of, 1022
    transport of, 1019
  contractor's responsibilities. *See also* contractor; contractor's duties
    care of works, as to, 1003, 1005
    damage to highways, as to, 1019
    design for, 964, 980, 981, 1025, 1026, 1061, 1065
    generally, 980–983
    nominated sub-contractors, for, 1062, 1066
    reasonable skill, to exercise, 980, 981
    royalties, as to, 1017
    safety and security, as to, 980, 981–982, 1001, 1002
    site and subsoil, as to, 985, 986, 987
    specification, for, 985
    sub-contract work, 974, 975
    sufficiency of tender, for, 985, 987–988
    works for, 999, 1005
  copyright, 977
  cost, meaning of, in, 968, 970
    reasonable, 993, 995
  daywork, 1050, 1058
  Daywork Schedule, 1058
  defects, 1044–1045
    certificate for defects correction, 967, 1077–1078. *See also* defects correction certificate
    engineers instructions as to, 1044, 1045
    failure to make good, 1044–1045
    inspection by engineer of, 1044
    making good, 1044, 1046
    notice of, 1044
    period of defects correction, 1042, 1043, 1044, 1045
    searches, tests and trials as to cause of, 1045–1046
    temporary reinstatement of, 1044
    upon completion, 1042, 1043
  defects correction certificate, 1077–1078
    arbitration as to, 1074, 1076, 1077
    definition of, 967, 1077–1078
    effect of, 1077–1078
    withholding of, 1077
  defects correction period, definition of, 967
  definitions, 966–970
  delay,
    ambiguity or discrepancy in contract documents, due to, 975–976
    approval of method of construction, in, 966, 999
    assessment of, 1032

I.C.E. Form of Contract—*cont.*
  delay—*cont.*
    engineer's instructions, due to, 993, 995, 1033
    exceptionally adverse weather conditions, due to, 1031, 1033
    extension of time for, 1031–1034
    failure to conform with programme, due to, 996–998
    failure to obtain planning permission, due to, 1013, 1014
    failure to proceed diligently, due to, 1079, 1082
    foreseeability of, 993, 995
    further drawings and instructions, due to, 977–978, 979, 1033
    giving possession of site, in, 1030, 1033
    limitations to design criterion, due to, 997, 999
    liquidated damages for, 1039
    provision of facilities for other contractors, due to, 1021, 1033
    suspension of work, due to, 1027, 1033
    termination of contractor's employment, due to, 1079, 1081
    termination of sub-contract, due to, 1063, 1067, 1068
  delegation by engineer, 971
  design,
    contractor's responsibility for, 964, 978, 979, 980, 1003
    criteria, 996
    excepted risk, as, 1003, 1005
    fault in, 1003, 1005
    requirements, 1061, 1065
  determination by employer, 1079–1084
    action by employer, 1079, 1082–1083
    amendments, 965
    arbitration as to, 1084
    assignment of goods and materials after, 1080, 1084
    certificate of valuation after, 1080
    failure to commence work, for, 1029
    failure to keep site, etc., safe, for, 1001, 1002
    failure to superintend, for, 999–1000
    grounds for, 1079, 1081–1082
    payment after, 1080–1084
    unauthorised sub-letting for, 975, 1079, 1081
    use of contractor's plant and materials, on, 1079, 1083
    valuation after, 1080
    war, outbreak of, due to, 1085–1086
  discrepancies in contract documents, 975–976
    adjustment of, 976

Index

I.C.E. Form of Contract—*cont.*
disputes. *See also* arbitration
  reference to arbitrator, 1089–1091
  reference to engineer, 1089–1091
  settlement of, 1088–1099
drawings,
  ambiguities or discrepancies in, 975–976
  availability on site of, 978
  construction of, 976
  contract documents as, 966, 976
  copyright in, 977
  definition of, 966, 969
  further, 977–978
  modified, 977–978
employer,
  approval of terms of bond by, 984
  definition of, 966
  indemnities for contractor by, 1006, 1008, 1010
  loss and expense due to sub-contractor's default, 1063, 1067–1068
  reimbursement of contractor by, 1063, 1068
  reinstatement of highway by, 1016
  responsibility for accidents, etc., 1010–1011
  responsibility for contractor's equipment, 1054, 1055
  responsibility for damage to highways, 1019
  responsibility for safety, 1001–1003
  right to insure, 1011–1012
  right to pay sub-contractors direct, 1064, 1068–1069
  service of notice upon, 1099
  warranty as to planning permission, etc., 1013, 1014–1015
  warranty as to site and subsoil by, 985, 986
employees,
  removal of, 1000
engineer,
  access to site by, 1024
  adjustment of discrepancies by, 975–976
  agents of, 971–972. *See also* engineer's representatives
  amendments as to, 964
  appeals to, 972, 973
  approval of contractor's design by, 978
  approval of methods of construction by, 996, 997, 999
  approval of programme by, 995, 996
  authority of, 970, 971, 972
  decision of, 1089, 1093–1095
  definition of, 966, 969
  delegation by, 971, 972–973

I.C.E. Form of Contract—*cont.*
engineer—*cont.*
  duty to certify, 1069–1070, 1073–1074
  duty to provide design criteria, 996, 997
  employer's approval of authority of, requirement for, 970, 973
  explanation of ambiguities by, 975–976
  failure to certify, 1076
  fixing of rate, etc., by, 1049–1050, 1052
  further drawings by, 977, 979
  impartiality required by, 972, 974
  inspection by, 1044, 1045
  instructions of. *See* engineer's instructions
  measurement by, 1058–1060
  named chartered engineer to act, 968–969, 971, 973
  powers of, 964, 996–999
  proof of payment to sub-contractor required by, 1064
  representative of, 966, 969. *See also* engineer's representative
  revised programme required by, 996, 998
  satisfaction of, 992–995
  valuation by, 1049–1050, 1051–1052, 1058–1060
  witness, as, 1091
engineer's instructions, 993–995
  additional cost due to, 993–994, 995
  ambiguity and discrepancy, as to, 975–976
  arbitration as to, 1088
  artificial obstruction, where, 988–992
  boreholes and excavations, as to, 1001
  daywork, as to, 1050, 1054
  errors in setting out, as to, 1001
  extension of time due to, 993, 995
  foreseeability of, 993, 995
  further, 977, 979
  late, 977–978
  modified, 977, 979
  outstanding work, as to, 1044–1045
  prime cost and provisional sums, as to, 1060–1061, 1065
  receipt of, 1000
  re-execution of works, as to, 1025, 1026
  reinstatement of work's, as to, 1004, 1006–1007
  removal of work, as to, 1025, 1026
  safety, as to, 1001, 1002
  searches, tests or trials, as to, 1045–1046
  substitution of work, as to, 1025, 1026

Index

I.C.E. Form of Contract—*cont.*
  engineer's instructions—*cont.*
    suspension of work, as to, 1027–1028
    variations, as to, 977, 1046, 1047
    works of repair, etc., as to, 1044, 1045
    writing required, 972, 974
  engineer's representative, 966, 969, 973
    appeal against instructions, 972, 973
    appeal to, 972, 973
    appointment of assistants by, 971
    functions of, 971
    instructions of, 971–974
    powers of, 971–974
  errors,
    bills of quantities, in, 1057–1058, 1059
    setting out works in, 1001
  examination of works, 1024
  exceptionally adverse weather conditions, 1031, 1033. *See also* adverse physical conditions
    delay due to, 1031, 1033
    extension of time due to, 1031, 1033
  exploratory excavations, 1001
  extension of time, 1031–1034
    assessment of, 1032
    claim for, 1031–1034
    completion, for, 1031–1032
    delay due to ambiguities, etc., for, 975–976
    delay due to engineer's instructions, for, 993–995, 1033
    delay in approval by engineer, for, 997, 1033
    delay in giving possession of site, for, 1030, 1033
    delay in issuing modified drawings, etc., for, 977–978, 1033
    exceptionally adverse weather conditions, due to, 1031, 1033
    final determination of, 1032, 1034
    interim, 1032, 1033, 1034
    limitation of design criteria, due to, 997, 999
    provision of facilities for other contractors, due to, 1021, 1033
    revised, 1032, 1034
    special circumstances, due to, 1031, 1033
    summary of grounds for, 1033
    suspension of work, due to, 1027, 1033
    termination of sub-contract, due to, 1062
  extra work. *See* variations
  fair wages, 1022
  fees, 1012, 1013
  final account, 1070, 1072, 1075

I.C.E. Form of Contract—*cont.*
  final certificate, 1070–1077
    arbitration as to, 1074, 1076, 1077
    contents of, 1070, 1075
    corrections, 1072, 1077
    effect of, 1077
    failure to pay, 1075–1077
    interest, including, 1071–1072
    liquidated damages and, 1075, 1076
    reimbursement of contractor, 1070
    withholding of, 1072, 1077
  fluctuations, 1102–1110
    CE Clause, 1102–1104, 1109, 1110
    CE/FSS clause, 1108–1109, 1110
    civil engineering clause, 1102–1104, 1109, 1110
    civil engineering work and fabricated structural steelwork clause, 1108–1109
    fabricated structural steelwork clause, 1104–1108, 1109–1110
    FFS clause, 1104–1108, 1109–1110
    taxes, in, 1100, 1104, 1108
  form of agreement, 964, 983–984, 1115–1116. *See also* agreement
  fossils, 1021
  frustration, 1084–1085
    arbitrator's jurisdiction as to, 1092
    meaning of, 1084
    payment after, 1084–1085
  goods. *See also* goods and materials not on site
    assignment to employer, 1080, 1083–1084
    availability of, 1054
    lien over, 1056
  goods and materials not on site. *See also* goods; materials
    lien over, 1056
    marking, setting aside, etc., of, 1055
    payment for, 1055–1056, 1063–1064, 1069, 1073
    vesting of, 1055, 1056
  ground, reinstatement of, 1043
  guarantee. *See* bond
  highway,
    damage to, 1019–1020
    reinstatement of, 1016
  history of form, 962
  illegality,
    arbitrator's jurisdiction as to, 1092
  impossibility, 992, 993–994
  indemnity,
    contractor, by, 1006–1011, 1018
    employer, by, 1006–1010, 1018
  injury,
    contractor, indemnity, as to, 1010–1012
    employer's liability for, 1010–1012

Index

I.C.E. Form of Contract—*cont.*
- insolvency of contractor, 984, 1054, 1079
  - determination of employment for, 1079
  - property in materials and equipment, 1054
- inspection of site, 985–986, 987, 1044, 1045
- insurance, 1004–1012
  - amendments as to, 965
  - contractor's responsibility for, 1004–1010
  - cover, extent of, 1004–1005, 1007, 1009
  - cross liability clause, 1009, 1010
  - employer, by, 1011, 1012
  - excepted risks, 1003–1004, 1008, 1010
  - failure to effect, 1011, 1012
  - joint names of contractor and employer, in, 1004, 1007, 1009, 1010, 1012
  - persons and property, of, 1007–1009
  - third party, 1009–1010
  - workpeople, of, 1010–1011
  - works, of, 1004–1007
- interest,
  - liquidated damages on, 1038, 1039
  - overdue payment on, 1071–1072, 1075–1077
- interim arbitration. *See* arbitration
- interim certificate, 1069–1070, 1072–1073
  - additional cost, including, 1050–1051, 1052–1053
  - arbitration as to, 1074, 1076, 1077
  - contents of, 1069–1070, 1073
  - copies of, 1072
  - deductions from, 1070
  - failure to pay, 1071–1072, 1075–1077
  - interest on, 1071–1072, 1075–1077
  - withholding of, 1072, 1077
- lien, 1056
- liquidated damages, 1037–1041
  - deduction of, 1038–1041
  - delay, for, 1037–1041
  - final certificate and, 1075, 1076
  - interest on, 1038, 1039
  - limitations of, 1038, 1040
  - penalty, as to, 1038
  - sections for, 1037, 1039–1040
  - subsequent extension of time, where, 1038, 1041
  - variations, where, 1038, 1041
  - whole works for, 1037, 1039–1040
- loss and expense. *See* additional cost
- making good. *See* works of repair, etc.
- materials. *See also* goods and materials not on site

I.C.E. Form of Contract—*cont.*
- materials—*cont.*
  - assignment to employer of, 1080, 1083–1084
  - availability of, 1054
  - lien over, 1056
  - quality of, 1022, 1023
  - samples of, 1022, 1023
  - testing of, 1022–1023
- measurement and valuation, 964, 1057–1060
  - arbitrator's jurisdiction as to, 1059–1060
  - attendance upon, 1058, 1059–1060
  - engineer by, 1058
  - notice of, 1058, 1059
  - Standard Method of Measurement, 1058–1060
- method of construction, 996–999
  - amendment as to, 963
  - approval of, 996, 997, 999
  - information as to, 996, 998
- mode of construction. *See* method of construction
- monthly statements, 1069, 1072–1073
- nature of, 963–964
- New Roads and Street Works Act 1991, definitions, 1015–1017
  - licences, 1015, 1016–1017
  - notices, 1015, 1017
- night and Sunday work, 1035
- noise, 1018–1019
- nominated sub-contractor, 1061–1069. *See also* prime cost item; provisional sum; sub-contractor
  - alternative, 1062, 1066
  - amendments as to, 965
  - contractor's responsibility for, 1062, 1065, 1068
  - default by, 1062, 1068
  - definition of, 967
  - determination of employment of, 1062–1063, 1065, 1066–1068
  - direct payment to, 1064, 1068–1069
  - objection to, 1061–1062, 1065–1066
  - overpayments to, 1072, 1077
  - proof of payment to, 1064
  - release of contractor's obligations to, 1062, 1067
  - repudiation by, 1062–1063, 1066
  - security to be provided by, 1061, 1066
  - set-off against, 1068–1069, 1077
- notice, 1012, 1013–1014, 1099–1100
  - appointment of assistant, of, 971
  - claim for additional payment of, 1050, 1052–1053
  - contractor's duty as to, 1012–1013
  - defects, etc., of, 1042, 1044
  - delegation by engineer, of, 971

1171

I.C.E. Form of Contract—*cont.*

notice—*cont.*
  fluctuation of taxes, of, 1100
  granting of extension of time, of, 1032
  measurement and valuation, of, 1050, 1058, 1059–1060
  readiness for examination, of, 1024–1025
  requesting certificate of practical completion of, 1042
  required by public body, 1012, 1013–1014
  service of, 1099
  slow progress of, 1035, 1036
  statutory, 1012, 1013–1014
  termination of sub-contract, as to, 1062
  urgent repairs of, 1078
  variation in rates and prices of, 1047, 1049
nuisance, 1018–1019
occupiers liability, 1002, 1003, 1011
omissions, 1046–1049. *See also* variation
  suspension of work as, 1027–1028
other contractors,
  facilities for, 1020–1021
  urgent repairs, 1078
  works of repair, etc., by, 1044
overhead costs, 968, 970
patent rights,
  infringement of, 1017
payment, 1069–1077
  advice of, 1072
  arbitrator's award of, 1073–1074
  certificate as condition precedent, to, 1073–1074
  covenant as to, 964
  deduction of liquidated damages, 1038–1041
  frustration, after, 1084–1085
  goods and materials not on site, for, 1069, 1073, 1074
  interest, of, 1071–1072, 1075–1077
  monthly, 1069–1070, 1072
  recovery without certificate, 1073–1074
  reimbursement of contractor, 1072
  retention monies, of, 1070–1071, 1075
  termination of employment, after, 1080, 1084
  work by sub-contractors, for, 1063
performance, security for, 984–985, 1061, 1066
period of maintenance. *See* defects correction period
permanent works, 967, 969
persons,
  damage to, 1007–1010
  insurance of, 1009–1010

I.C.E. Form of Contract—*cont.*

planning permission,
  employer's warranty as to, 1013, 1014–1015
  failure to obtain, 1015
pollution, 1018–1019
possession of site, 1029–1031
  delay in giving, 1030, 1033
Priced Bills of Quantities. *See also* bills of quantities
  contract documents as, 966, 976
prime cost item, 967, 1061–1062, 1065.
  See also nominated sub-contractor
  design requirements as to, 1061, 1065
  expenditure of, 1061–1062, 1063–1064
programme of work, 995–999
  failure to conform with, 996, 998
  revised, 996, 998
  supply of, 995
progress of work, 1035–1036
  expedition of, 1035–1036
  notice of slow progress, 1035, 1036
property,
  damage to, 1007–1010
  insurance of, 1009–1010
provisional sum, 967, 1061–1062, 1065.
  See also nominated sub-contractor
  design requirements as to, 1061, 1065
  expenditure of, 1061–1062, 1063–1064
public utilities, 1015–1017. *See also* New Roads and Street Works Act 1991
rates and prices. *See also* valuation
  fixed by engineers, 1049–1050, 1052
  notice of variation, 1047, 1049
  variation of, 1047, 1049
reconstruction. *See* works of repair, etc.
rectification of contract,
  arbitrator's jurisdiction as to, 1092
rectification of works. *See* works of repair, etc.
re-execution of work, 1025–1026
reinstatement,
  ground of, 1043
  works of, 1004, 1006–1007
removal of work,
  engineer's instructions as to, 1025–1026
  failure to effect, 1079, 1082
repairs. *See also* works of repair, etc.
  urgent, 1078
repudiation,
  arbitrator's jurisdiction as to, 1092
retention money, 1070–1071, 1075
  amount of, 1071
  deduction of, 1070
  interim arbitration as to, 1089
  interim certificate and, 1070

Index

I.C.E. Form of Contract—*cont.*
retention money—*cont.*
  limit of, 1070, 1075
  payment of, 1071, 1073
royalties, 1017
safety,
  contractor's responsibility for, 980, 981–982, 1001–1003
  employer's responsibility for, 1002–1003
samples, 1022–1024
Scots law, application of, 1097–1099
searches, tests and trials, 1045–1046
section,
  completion of, 1031–1032, 1037
  definition of, 967, 1005
  expediting work of, 1035–1036
  extension of time for completion of, 1031, 1034
  liquidated damages for, 1037
  time for completion of, 1031
security, 1001–1003
setting out works, 1001
  contractor's responsibility for, 1001
  engineer's instructions as to, 1001
  errors in, 1001
site,
  access to, 1024–1025, 1029, 1030
  clearance of, 1021
  control of, 1001, 1003
  definition of, 967, 969
  employer's warranty as to, 985–986
  inspection of, 985–986, 987, 990
  possession of, 1029–1031
  safety and security of, 1001–1003
special circumstances,
  extension of time due to, 1031, 1033
  meaning of, 1033
special conditions, 964, 1101–1102
specification,
  availability on site, 978
  contract document, as, 966, 976
  copyright in, 977
  definition of, 966, 969
Standard Form of Agreement for the Appointment of an Architect 1992 (R.I.B.A.) Edition, 1120–1151
Standard Method of Measurement, 1058–1059, 1060
  method-related charges, 1060
street works, 1015–1017
sub-contract, 974–975
  amendments as to, 964
  consent of employer to, 974, 975
  design requirements of, 1061, 1065
  termination of, 1062–1064, 1067–1068
  terms of, 974, 975
sub-contractor. *See also* nominated sub-contractor,

I.C.E. Form of Contract—*cont.*
sub-contractor—*cont.*
  defective work by, 1062
  direct payment to, 1063–1064, 1068–1069
  security to be provided by, 1061, 1065, 1066
  torts of, 974, 975
sub-letting, 974, 975. *See also* assignment
  consent to, 974
  determination for, 975, 1079, 1081
  prohibition of, 974, 975
  unauthorised, 974, 975
subsoil,
  employer's warranty as to, 985, 986, 987
  inspection of, 985, 986, 987
substitution of work, 1025, 1026. *See also* variations
Sunday Work, 1035
superintendence, 999–1000
suppliers,
  nominated, supply to nominated sub-contractor. *See* nominated sub-contractor
sureties, 984–985. *See also* bond
suspension of work, 1027–1028
  abandonment, as, 1027–1028
  delay due to, 1027
  exceeding three months, 1027
  extension of time due to, 1027
  omission, as, 1027–1028
taxes, 1100–1101
  fluctuations in, 1100
temporary works, 967, 969, 980
  duty to maintain, 1003, 1004
tender,
  acceptance of, 966
  contract document, as, 966
  form of, 964, 966, 983, 984, 1111–1114
  sufficiency of, 985, 987–988
  total, 967
tender total, definition of, 967
tests, 1022–1026, 1045–1046
third parties. *See also* other contractors
  contractor's indemnity as to, 1008, 1009–1010
  injury to, 1008, 1009–1010
  insurance as to, 1009–1010
  property of, 1008, 1009–1010
time,
  commencement of work, for, 1029
  completion, for, 1031–1034
torts,
  sub-contractor, of, 974, 975
trials, 1045–1046
trespassers, 1003
uncovering work, 1024, 1025

1173

Index

I.C.E. Form of Contract—*cont.*
urgent repairs, 1078
valuation,
  agreement, by, 1049
  bills of quantities based on, 1049, 1051
  determination of employment, after, 1080
  engineer, by, 1049–1050
  fair, 1049, 1050, 1052
  rates and prices applied in, 1049–1050, 1051–1052
  variations, of, 1049–1051
value added tax, 1100–1101
  adjustment for variations, 1100–1101
  litigation as to, 1101
  payment procedure, 1100–1101
variations,
  adjustment of value added tax for, 1100–1101
  engineer's instructions as to, 994, 1046–1047
  extension of time due to, 1031
  valuation of, 1049–1051
war, 1085–1088
  completion after outbreak of, 1085
  determination by employer, right of, due to, 1085
  payment upon exercise of, 1086
  removal of contractor's equipment, upon, 1086
  provisions to be applied, as from outbreak of, 1086–1088
warranty,
  planning permission, as to, 1013, 1014–1015
  site and subsoil, as to, 985, 986
weather. *See* adverse physical conditions; exceptionally adverse weather conditions
workmanship,
  quality of, 1022–1024
  tests as to, 1022–1024
workmen,
  contractor's indemnity, as to, 1010–1011
  injury to, 1010–1011
works, 967, 969, 980
  abandonment of, 1079, 1081–1082
  care of, 1003, 1005
  commencement of, 1029
  covering up, 1024
  damage to, 1003–1007
  examination of, 1024
  expedition of, 1029, 1035–1036
  failure to commence, 1079, 1082
  impossibility of, 992, 993
  inspection of, 1044
  insurance of, 1004–1007
  maintenance of, 978, 979

I.C.E. Form of Contract—*cont.*
works—*cont.*
  measurement of, 1025
  permanent, 967, 969
  progress of, 1035–1036
  re-execution of, 1025–1026
  reinstatement of, 1004, 1006–1007
  removal of parts of, 1025–1026
  safety and security of, 1001–1003
  setting out of, 1001
  standard of, 992–995
  substitution of, 1025–1026
  superintendence of, 999–1000
  suspension of, 1027–1028
  temporary, 967, 969
  uncovering of, 1024, 1025
  variation to, 1046–1049
works of repair, etc.,
  costs of, 1044, 1078
  engineer's instructions as to, 1044
  notice as to, 1078
  other contractors, by, 1044, 1078
  urgent, 1078
  variations as, 1046–1049
Illegality, 150–154
contracts tainted with, 151
contravention of statute,
  Building Regulations, 152–153
  effect of, 152
  licensing regulations, 154
  town and country planning, 153
  Trade Descriptions Act 1968, 154
economic duress, 154–155
effect of, 150–154
forfeiture clauses, and, 257
ignorance of, 151
immoral purpose, 150–151
insurance policies and, 152
severance, 151
supervening, 147, 150–151
unlicensed work, 154
Implied Contract,
acceptance of work, by, 80–81
carrying out work, by, 88
extra work, for, 95–100
services, for, 359
Implied Term, 48–62
appointment of architect, 52–53
arbitration clause and, 52–53
business efficacy, to promote, 50–51
compliance with Building Regulations, as to, 94
confidential information, as to, 283
co-operation by employer, as to, 52–53
defective instructions, as to, 59–60
express term, effect of, 50–51, 54–55, 61–62
fitness for human habitation, as to, 60–62

Index

Implied Term—*cont.*
fitness for purpose, as to, 7–9, 57–61, 315–316
fitness for materials, as to, 57–58, 314–315
fitness of site, 55
general principles, 48–49
instalments, as to, 76–77
interference by employer, as to, 53, 56
lien, as to, 265
necessary, where, 50–62
payment on R.I.B.A. Scale, 361
planning permission, provision of, 52
plans, provision of, 53
pleading of, 55, 480
possession of site, as to, 52
price, effect of, 62
reliance on contractor's skill, where, 58–59
removal of materials, as to, 262
statutory, 49
supply of materials, as to, 56–57
time for completion, as to, 54–55
use of materials, as to, 56, 262, 265
usual terms, 50–62
work by specialist contractor, as to, 61
workmanship, as to, 56, 315
Implied Warranty. *See* **Implied Term**
Impossibility, 143–150. *See also* **Frustration**
at time of contract, 143
no excuse, 143
non-completion due to, 82
physical, 143
supervening, 143–144
Indemnity Clause, 66–67
construction of, 30, 66–67
guarantee compared, 30, 269
insurer, liability of, 67
limitation for liability under, 67
subrogation, 67
third party affected by, 66–67, 278
unreasonable, 67
Independent Contractor, 278–279
Infants, 31
Injunction,
breach of confidence against, 283
breach of copyright against, 365
criminal law, in aid of, 295
forfeiture, enforcing, 293–295
forfeiture, restraining, 295
generally, 293
interim, 294
interlocutory, 293
nuisance, against, 293
Insolvency. *See* **Bankruptcy**
Instalment,
assignment of, 298–299
certificate for, 107–108, 354
clear words required, 75

Instalment—*cont.*
entire completion, 76
express provision for, 76
failure to pay, 166
implied right to, 76–77
overcertifying, 354
summary judgment for, 107, 474
unpaid, 81–82
where no price fixed, 84
Insurance,
advisability of, 150
architect's advice as to, 349
obligation to take out, 65
policy, no implied warranty as to, 152
risk clause, 66
surety and, 272
Interest, 506–508
damages for, 232, 233–235
payment into court, where, 448
rate of, 507–508
recovery of, 506–508
sealed offer, where, 449
settlement of action, where, 498
statute pursuant to, 506–507
summary judgment, where, 508
Interference,
employer, by,
 agents, of, 55–56, 110–112
 certifier, with, 110–112, 118
 exercising statutory powers, 88
 implied term as to, 55–56
 liquidated damages, where, 250–251
 preventing completion, 55–56
 repudiation amounting to, 167
third party, by, 55
Interim Certificate. *See* **Certificate**
Interim Payments, 6
Interpleader Proceedings, 304
Interpretation. *See* **Construction of Contract**
Interruption of Work, 146–149
Invitation to tender, 13
architect's authority as to, 330–331
collateral warranty in, 14
contractual effect of, 14
errors in, 89, 126–132, 330–331, 372
fraudulent, 15
incorporation into contract, 14
misrepresentation in, 127–131
offer to treat, 14
statements of fact in, nature of, 14
usual contents of, 13
warranty as to accuracy of, 126

JCT Nominated Sub-Contract Agreement (NSC/A), 811–941
amendments as to, 811–812
annexures to, 818

1175

Index

JCT Nominated Sub-Contract Agreement (NSC/A)—*cont.*
approximate quantities. *See* bills of approximate quantities
arbitration as to, 816, 818, 829–830, 835, 840, 845, 849, 858, 920–923
  adjudication, compared, 891
  award, 890, 921, 922
    final and binding, 921, 922
  contractor's claims not agreed where, 863–866
  failure to certify for, 858
  JCT Arbitration Rules to apply, 920, 922
  multipartite, 920–921, 923
  notice of, 920
  practical completion after, 921
  sub-contractors, using contractor's name, by, 835, 840, 845, 849, 887
arbitrator,
  appointment of, 845, 920
  death of, 922
  jurisdiction of, 920–921
  powers of, 921
architect,
  authorities of, 845
  consent of, 873
  definition of, 820
  instructions of, 814, 832, 833, 842, 843–844, 845, 867, 928
    failure to comply with, 928
    late, 834, 866
    verbal, 842
  nomination of sub-contractor by, 814
  satisfaction of, 824
Articles of, 813–818
ascertained final sub-contract sum,
  computation of, 860–861, 867, 872
  definition of, 820
  interim payment, included in, 850–851
  non-conforming work, no adjustment for, 843, 844
  value added tax and, 894, 896
assignment of, 846
base date,
  definition of, 820
benefits under main contract of, 825, 829–830
bills of approximate quantitites, 835, 851
  definition of, 820
  valuation by quantity surveyor of, 851
  variations, adjustment for, 851–853, 883
bills of quantities, 820, 829
  errors in, 825
  Standard Method of Measurement, according to, 825, 829

JCT Nominated Sub-Contract Agreement (NSC/A)—*cont.*
bills of quantities—*cont.*
  sub-contract document as, 825, 829
cash discounts, 856, 886, 895, 898
certificate,
  arbitration as to, 858
  failure to complete, 836, 841, 858
    condition precedent as to contractors rights to claim loss or damage, 841
  final, 860, 861. *See also* final certificate
  interim. *See* interim certificate
  waiver of, 841
civil commotion, 833
commencement of, 831–841
  notice of, 831, 838
completion of, 831–841,
  failure by sub-contractor to complete on time, 835–836, 840–841
  certificate of, 836, 841
  notice of, 835, 841
  practical, 836, 841
  sectional, 836–837, 841
conditions of, 818–941
contract bills,
  definition of, 820
contract drawings,
  definition of, 820
contractor,
  abatement, defence of, 886
  attendance of, 846, 850
  definition of, 820, 902–903
  information as to progress of works by, 831
  property in off-site materials of, 855, 884–885
  property in unfixed goods and materials, included in interim certificate, of, 856, 884–885
  right to set-off of, 862–863
contract sum, 850–851, 851–853, 883
  adjustment of, 859–860, 867, 872
  value added tax and, 894, 896
control of sub-contract works, 842–850
  access, rights of architect and contractor, 846, 850
  architect's instructions as to, 842, 845
  assignment and sub-letting, 846, 850
  contractor and sub-contractor not to make wrongful use of property of the other, 847
  documents person-in-charge, 842
  general attendance, 846–847, 850
  person-in-charge, 842
  sub-contractor's failure to comply with directions, 845, 847–848
  work not in accordance with, 843–845, 569–570

Index

JCT Nominated Sub-Contract Agreement (NSC/A)—*cont.*
damage or loss to works and sub-contract works, 904–909
  existing structures, in, 908, 911
  extensions, in, 908, 911
  generally, 904–905
  new buildings, in, 905–907
  site materials, to include, 904–909, 911
  specified perils, for, 905–909
  sub-contractor's plant and materials, to, 910
  terminal date, before, 905–909
damages,
  sub-contractor's liability for breach of contract in, 839, 840
date for completion,
  definition of, 820
  revised, 832, 833
deed, as a, 814, 827
deemed variation, 825
defective work,
  removal of, 848
defects, 836, 841
  deductions for, 836
  frost, due to, 836
  liability for, 836
  materials, in, 836
  workmanship, in, 836
definitions of, 821
delay,
  arbitration as to, 835, 840
  civil commotion, due to, 833
  deferment of giving of access, due to, 835, 840
  exceptionally adverse weather conditions, due to, 833
  execution or failure of works by employer or other contractors, due to, 834
  extent of estimate as to, 831, 832, 833
  failure to comply with architect's instructions, due to, 834
  failure to give access to site, due to, 835, 840
  force majeure, 833
  inaccuracies in bills of quantity, due to, 835
  nominated contractor or supplier, due to, 834
  notice of, 831, 832, 839
  opening up of works, due to, 834
  relevant event, due to, 831–832, 833–835, 839
  specified peril, loss or damage due to, 833
  statutory undertaker, by, 835
  suspension of works, due to, 835, 840
  terrorism, due to, 840

JCT Nominated Sub-Contract Agreement (NSC/A)—*cont.*
delay—*cont.*
  unforeseen inability to secure labour, goods or materials, due to, 834–835
determination of employment by contractor under, 913–915, 918, 928–931
  amendments, 918, 928–931
  architect's instructions as to, 913, 918
  completion of works after, 914–915
  corruption for, 914
  employer, effect on, 918
  failure to carry out work in accordance with programme of work, for, 913, 919, 928
  failure to comply with architect's instructions, for, 928
  failure to proceed regularly and diligently with works of, for, 919, 928
  failure to remove defective work, for, 913
  insolvency for, 914, 919–920, 929
  notice of, 913–914, 919, 928, 929
  reimbursement of direct loss on, 915–916, 930–931
  specified default for, 919, 928–929
  suspension of works for, 913, 919, 928
  unauthorised sub-letting for, 913, 918, 919
determination of employment by sub-contractor, under, 916–917, 918, 920, 931–932
  amendments, 920, 931–932
  before practical completion, 920, 931
  failure to pay sub-contractor, for, 858–859, 918
  failure to proceed with the reasonable progress of the works, for, 916, 919, 931
  insolvency of contractor, for, 916, 917, 918
  notice of, 916, 931
  rights of sub-contractor on, 916–917, 932
  suspension of the works, 916, 931
determination of employment under Main Contract, 917, 918–919
  amendments, 920, 932–935
  employer's option: 920, 934–935
  interim certificate issued before, and, 917
  payment on, 933–934
  reimbursement of direct loss and, or, damage on, 917, 919, 932–933

Index

JCT Nominated Sub-Contract Agreement (NSC/A)—*cont.*
  direct loss and or expense,
    application for reimbursement for, 867, 886
    architect's instructions postponing work, for, 867
    architect's instructions requiring a variation, 867
    discrepancies and divergences in the contract documents, where, 867
    execution of work outside the contract, for, 867
    failure to give access to site, for, 867
    inaccuracies in bills of quantity, where, 867
    opening up for inspection of works, for, 866
  documents of, 816, 818, 822, 823, 824, 826
    bills of quantity as, 825
    discrepancy or divergence in, 824
    numbered, 814–815, 816, 821
    other than, 842
    related, 819
  employer,
    definition of, 820
    property in unfixed goods and materials, included in interim certificate, of, 855–856, 884–885
  errors,
    bills of quantities in, 825
  excepted risks,
    definition of, 820
    insurance for, 904, 911
  exceptionally adverse weather conditions, 833
  extension of time for,
    architect's consent as to, 831–832, 838 839–840
    grounds for, 833–835, 837,
  final certificate, 860, 861–862, 888
    arbitration as to, 861–862, 888
    conclusive effect of, 861–862, 888
  fluctuations
    choice of provisions, 868, 893
    contribution, levy and tax, for, 869–870, 894
      sub-contract sum to include, 870–871
      tender sum to include, 870–871
    labour and materials cost and tax, for, 873–880, 894
    notice of, 871–872, 878–879
    percentage addition, 873, 880
    work sub-let to sub-sub-contractors, for, 871, 878
  force majeure, 833
  formula adjustment, 880–882, 893

JCT Nominated Sub-Contract Agreement (NSC/A)—*cont.*
  formula adjustment—*cont.*
    JCT Sub-Contract Works Formula Rules, 880
    market prices, 881
    Monthly Bulletin, 881, 882
  goods,
    meaning of, 879
    off-site, property in, 856, 884–885
    quality of, 824
    unfixed,
      property in, 885–856, 884–885
      removal of, 855, 884
  injury to persons and property, 903–904, 911
    indemnity to contractor for, 903, 911
    insurance against, 904, 911
    liability of sub-contractor for, 913, 911
    period of, 904, 911
    site materials at to, 903, 912
    specified peril, by, 903, 911
    statutory undertakers, by, 903
    works, to, 903
  insurance,
    damage to works, against, 904–910
    documentary evidence of, 909–910
    excepted risks, 904, 911
    failure to effect, 909, 910
    injury to persons and property, against, 904
    joint names policy, 904–909, 911
    policy of, 909
    premium, payment of, 909–910
    specified perils, against, 905–909, 911, 912
    terminal date, and, 905–909, 911, 912
    waiver of, 905
  interim certificate, 855
    formula adjustment in, 882
    off-site materials and goods included in, 855
    unfixed materials and goods included in, 855–856
  joint names policy,
    definition of, 821
  loss, damage or expense,
    direct. *See* direct loss and/or expense
    liability of contractor for, 858–859, 866–868
    reimbursement by sub-contractor, for, 835, 840, 868
    right of contractor to set-off, 862–863, 868
  main contract, as to,
    benefits under, 825, 829–830
    conditions of, 814, 815, 821
    definition of, 821

Index

JCT Nominated Sub-Contract Agreement (NSC/A)—*cont.*
main contract—*cont.*
  empowerment of architect under, 845
  sub-contractor to comply with instruction under, 843, 848
  terms of, 814, 815
    prevail over sub-contract conditions, 823, 826–827
materials,
  meaning of, 879
  off-site, property in, 856, 884–885
  quality of, 824
  unfixed,
    property in, 855–856, 884–885
    removal of, 855, 884
measurement,
  rules of, 851–853, 854–855
  valuation purposes for, attendence of sub-contractor, 853
non-conforming work, 569–570, 843–844
  architects instructions as to, 843–844
  indemnity by sub-contractor for, 845
  re-execution of, 844
    payment for, 844–845
  removal of, 844, 848
notice,
  appointment of arbitrator, concurrence in, of, 845
  commencement of, 831, 838
  compliance with directions of, 845
  delay, of, 831, 832, 839
  determination of employment, of, 913–914, 916, 919, 928–929, 931
  failure to complete on line, of, 835
  fluctuations, of, 871–872, 878–879
  non-conforming work, of, 843
  practical completion, of, 836
  set-off, of, 862–863, 865
  suspension of works, of, 858
  value added tax, of, 894–895, 896–897
payment for,
  cash discounts, 856, 886
  contractors by, 856
  deductions from, 856, 857, 885, 886
  failure of contractor to make, 858–859
  proof of, 856, 885
  retention, 857, 858
  set off by contractor, 835–836, 840–841, 862–863, 885, 889–891
    adjudication as to, 863–866, 889–893
    counterclaim by sub-contractor, 863–866
    summary judgment for, 889, 890

JCT Nominated Sub-Contract Agreement (NSC/A)—*cont.*
person,
  definition of, 821
practical completion of works of, 836, 841
  deemed, 836
  main contract, before, 836, 841
  notice of, 836
  procedure of, 811–812, 818
programme of works, 831, 835, 836, 837–839
  matters affecting regular progress, 866–868, 893
  direct loss and or expense for, 866–868, 893
provisional sum,
  definition of, 821
  error in, 825
  expenditure of, 851, 854–855, 866, 883
  valuation of, 851, 883
relevant event, 831, 833–835, 839, 840, 935
  amendment as to, 840, 935
  definition of, 821
retention monies, 857, 858
  contractor's interest in, fiduciary as trustee, 859, 862, 888
  release of, 859, 888
  trustee/stakeholder, held by, 864–866
  undischarged, 859, 888
  withholding of, 859, 888
scaffolding, 846–847
  interference with, 847
  warranty as to fitness of, 847
sectional completion, 836–837, 841
  supplement, 924–927
site,
  deferment of access to, 835, 840
    direct loss or expense due to, 866
  failure to give access to, 835
site materials,
  definition of, 821
specified perils, definition of, 821
  loss or damage occasioned by, 833
Standard Method of Measurement and, 825
  provision for general attendance, 850
stay of execution, 890, 891
strikes, 825–826, 833
sub-contractor,
  counterclaim of, 863–866
  damages, liability for, 839, 840
  definition of, 822, 903
  determination of employment of, 888, 913–919, 928–935
  direct loss and expense of, 866
  indemnity of, 824, 828
  liability of, 823, 824–825, 827–828

Index

JCT Nominated Sub-Contract Agreement (NSC/A)—*cont.*
sub-contractor—*cont.*
  notice of discrepancy or divergence by, 824
  obligations of, 816, 824, 827–828, 831–835, 837–840, 842
  payment of, 816, 835–836, 840–841, 855–862, 884–889, 933–934
sub-contract works,
  access to, 815, 846
  approval of employer for, 814
  control of, 842–850
  definition of, 822
  execution by contractor, 814
  liability for defects in, 836
  location of, 813, 815
  loss or damage to, 904–909
  non-conforming, 843–845
  order of, 815
  practical completion of, 836, 841
  price of, 851, 883
  programme for, 831, 835, 836, 837–839
  sub-letting of, 846
  suspension of, 836, 840, 858, 884, 885, 887–888
  temporary, 846
  variations to, 842
sub-sub-contract, 823–824, 826, 827
tax certificate, 815
tax deduction scheme, 898–902
  sub-contractor not user of a tax certificate, where, 901–902
  sub-contractor user of a tax certificate, where, 898–901, 902
tender,
  numbered documents of, 814–815
  sub-contract works, for, 814
  sum, 822, 851, 853–855, 883
    value added tax and, 894, 896
terminal dates,
  definition of, 822
terrorism, 840, 935
valuation,
  daywork of, 852, 854
  fair rates and prices, at, 852
  prime cost item, of, 852
  provisional sum work of, 851–853
  quantity surveyor, by, 851, 853
  rules of, 851–853, 854–855
  schedule of rates and prices, 851, 853
  variations of, 851–853, 854–855, 883
  vouchers for, 852–853, 855
  work comprising sub-contract works, 853–855, 884
value added tax, 894–898
  ascertained final contract sum and, 894, 896
  cash discounts and, 895, 898

JCT Nominated Sub-Contract Agreement (NSC/A)—*cont.*
value added tax—*cont.*
  notice of, 894–895, 896, 897
  payment of, 895–896
  special arrangements for, 896–898
  sub-contract sum and, 894, 896
  tender sum and, 894, 896
variation,
  contractor's relay of sub-contractor's objection to, 842
  deemed, 825
  definition of, 822, 826
  instruction of main contract, as a consequence of, 843, 883
  non-conforming work, due to, 844–845
  quotation of sub-contractor for, 848
  sub-contractor's reasonable objection to, 842
wage fixing body,
  meaning of, 880
workmanship,
  quality of, 824
workpeople,
  meaning of, 879
works,
  definition of, 823
  non-conforming, 569–570, 843–845
  notice of, 843
JCT Standard Agreement for Minor Works, 10
JCT Standard Form of Building Contract (1980 Edition), Chaps. 1–17
arbitration agreement in, 452–453
architect,
  duties of, 121, 313
  liabilities of, 369
  position of, 354–355
  satisfaction of, 109
certificate of, 108, 109, 114, 451
certifier, 354–355
Clerk of Works Manual, 353
confidential information, 283
construction of, 52, 53
contractor's indemnity, 65, 277–278
contractor's lien, 265
delay,
  nomination, in, 312
  sub-contractor, by, 307
design responsibilities, 313
direct payment to sub-contractor, 310
errors, 67
extension of time, 253, 452
forfeiture, 259
frustration, 150
illegality, 152
implied terms, 51
injunction to enforce forfeiture, 293

1180

Index

JCT Standard Form of Building Contract (1980 Edition)—*cont.*
interest, 232
late instructions, 485, 486
liquidated damages, 240
materials, 264
nominated sub-contractors, 56, 318
non-completion, 75
payment, 108
  condition precedent to payment, 252
  non-completion, where, 75
prime cost and provisional sums, 313
priority of clauses, 52
rectification of, 67, 288
repudiation of nominated sub-contractor, 318
statutory requirements, compliance with, 105
sub-contractors,
  direct payment to, 310
  responsibility for, 307
third parties,
  liability to, 278
vesting clauses, 264

JCT Standard Form of Building Contract (1980) Edition, Chap. 18
abatement, 663
adjustment of contract sum, 549, 585, 681–683
  amendments, 523, 524, 525
  arbitration and, 757
  bills of approximate quantities, where, 682
  defects for, 589, 591, 592
  determination by contractor, on, 667, 791, 793
  determination by employer, on, 657, 660, 669, 786, 787–788, 793
  direct payment to sub-contractor, where, 657, 685, 706, 723–724, 730–731
  fees of statutory undertakers, for, 562, 564
  final certificate, for, 681–683, 689, 691
  fluctuations, for, 740–751
  infringement of patent rights, for, 572
  interim certificate, for, 549
  liquidated damages, for, 628, 632, 685
  loss and expense to contract, for, 577, 648–649, 654, 682
  non-conforming works, where, 566, 570
  opening up works, where, 566, 569
  partial possession by employer, on, 595, 598
  prime cost and provisional sum, for, 576, 681
  rates and taxes, for, 562, 681

JCT Standard Form of Building Contract (1980) Edition—*cont.*
adjustment of contract sum—*cont.*
  sectional completion, where, 596, 625
  setting out, where, 564, 565
  statutory fees and charges, for, 562
  variations, for, 578, 685
amendments to, 523–527, 776–810
antiquities 700–701
appendix, 767–770
approximate quantities. *See* bills of approximate quantities
arbitration, 531, 536, 757–765, 769, 804–807
  amendments, 525, 578–579, 782
  apportionment of liability, 609
  architect's instructions, as to, 550, 551–553, 555, 556
  completion of works, after, 758, 760, 763
  completion of works, before, 763–764
  control by the court, 759, 762, 764
  defects, as to, 531, 761
  determination by contractor, as to, 668, 731–732, 758, 764
  determination by employer, as to, 659, 660, 758, 764
  enforcement of, 758
  extension of time, as to, 695, 763
  final certificate, as to, 684, 692, 693–694
  multipartite, 757–758, 762–763
  nominated sub-contractor, by, 757–758, 762–763
  rules of, 758, 759–760, 765
  stay of proceedings, 762
  sums indisputably due, time for, 683–684, 692, 757, 759
  VAT Agreement, under, 531, 761
  work outside contract, unavailable for, 677
arbitration award,
  effect of, 759, 765
arbitrator,
  death of, 759, 765
  jurisdiction of, 757–760, 760–765
  notice to concur in appointment of, 757, 762
  waiver of, 764
arbitrator's jurisdiction,
  architect's instructions, as to, 551, 521, 556
  defects, as to, 757
  final certificate, as to, 683, 692–695
  frustration, as to, 761
  interim certificate, as to, 669–670 757–758, 763 764.
  measurement and valuation, as to, 758–759, 764
  misrepresentation, as to, 761

Index

JCT Standard Form of Building Contract (1980) Edition—*cont.*
arbitrator's jurisdiction—*cont.*
  non-conforming work, as to, 570, 758–759
  own jurisdiction, as to, 760
  rectification, as to, 534, 757, 758–759, 764
  repudiation, as to, 761
  variations, as to, 574
  void contracts, as to, 760
  voidable contracts, as to, 760
architect,
  access to site by, 572–573
  also surveyor, where, 536
  ascertainment of loss and expense by, 648–649, 653–655
  ceasing to act, 530, 536
  certificate of, 552. *See also* certificate
  clerk of works, and, 573, 574
  copyright of, 560
  death of, 531, 536
  defined, 530, 539
  delay in nomination by, 644, 718
  discretion of, 534, 556, 564, 565, 581, 589, 591, 679, 688
  disqualification of, 552, 695
  duties generally, 551–552
  duty to nominate, 702, 714, 717
  failure to appoint, 536
  instructions of, *See* architect's instructions
  lien of, 560
  new, 530, 536
  quasi-arbitrator distinguished, 552
  reasonable satifaction of, 534, 542, 544, 565, 567, 568, 569, 570
  variations by. *See* variations
  verbal instructions of, 550, 556, 557
architect's instructions,
  antiquities, as to, 700–701
  application for, 543, 575
  arbitration, as to, 545, 550, 552–553, 555, 556
  challenge by contractor, 545, 550, 552
  confirmation of, 551, 556, 557
  contractor's obligation, as to, 543–544, 550–551, 552–557
  defects, as to, 589, 590, 591, 592
  delay in giving. *See* late instructions
  discrepancy or divergence in, 543, 549
  exclusion from site, as to, 567
  failure to comply with, 544, 549, 552–557
  form of, 556
  late. *See* late instructions
  mode of, 551
  nomination, as to, 551, 777–778

JCT Standard Form of Building Contract (1980) Edition—*cont.*
architect's instructions—*cont.*
  postponement of work, as to, 624, 627
  prime cost and provisional sums, as to, 575, 576, 582
  protective work, as to, 699
  reasonableness, of, 555
  site, access to or use, as to, 575–576, 579–580
  site meetings, as to, 556
  urgent, 556
  variations, as to, 535, 563, 574, 575, 581
  verbal, 550, 556, 557
  work done without, 556
  writing required in, 550, 555
articles of agreement, 529–537
ascertained final sums, 682, 689
assignment,
  amendments, 524, 526
  contractor by, 598–602
  employer by, 598, 601, 768
  sub-contracts and, 598–604
  unauthorised, 599–600
base date, 539, 542, 563, 586, 744–745, 756, 767
bills of approximate quantities,
  amendments, 802–803
  ascertained final sum and, 681, 682
  principles of measurement, 575–577, 582–584
bills of quantities, 557–561, 575–584
  amendments, 525, 526
  availability of copy of, 529, 557, 558
  compliance with, 533–534
  confidentiality of, 558
  copies, supply of, 529, 557, 558
  custody of, 557
  discrepancy or divergence, 533, 534, 543, 549, 580
  effect of, 533, 534, 543, 545, 546–548
  errors in, 533, 548–549, 553, 582–583
  inconsistencies in, 548–549, 553
  prime costs and provisional sums, 562, 575–577, 582
  scope of, 536
  Standard Method of Measurement, 543, 544, 548, 577
  variations to, 534, 548–549, 575–584
breach of confidence, 561
building regulations, 533, 562. *See also* statutory requirements
by-laws, 561. *See* statutory requirements
cash discount, 682, 733, 734, 737
certificate, 677–696
  adjudication to, 660

1182

Index

JCT Standard Form of Building Contract (1980) Edition—*cont.*
certificate—*cont.*
  amendments, 524, 525
  completion delayed, where, 628, 629–631
  condition precedent to payment, as, 533, 660, 677, 682, 685, 707–708, 724
  contractor's objections to, 688
  copies supply of, 558
  determination by employer on, 657, 660, 663
  failure to issue, 660, 685
  failure to pay, 665, 669
  final. *See* final certificate
  form of, 630
  interim. *See* interim certificate
  making good defects of, 589, 590, 593, 594, 677, 680, 688, 689
  non-completion of, 628, 629, 630, 631, 690
  non-payment of sub-contractor, as to, 599–600, 603–604
  partial possession by employer, where, 594–595
  practical completion of, 589, 590, 591, 677, 688, 708, 724
  prevention of issue, 665, 670, 788
  previous certifier, by, 530
  procedure as to, 688–689
  recovery of payment without, 684–685
  release of retention money, for, 591, 594, 680, 688
  sub-contractor's delay, as to, 707, 715, 724
  sub-contractor's failure to complete, as to, 707–708, 715, 724
  summary judgment on, 683–684, 693
  variation, 678, 686, 687
  waiver of 685
  withholding of, 685, 757, 758
civil commotion, 614, 635, 644, 667, 673, 734, 792
clerk of works, 573, 574
  architect and, 574
  duties of, 574
  inspector, as, 574
  instruction by, 573, 574
Code of Practice, 566, 570, 766–767
collateral contracts, 709
compensation for war damage, 699–700
completion, 624–627
  amendments, 524
  date for 624, 634, 641, 699
    definition of, 539, 626
  defects after, 590, 594
  earlier, 626, 634
  employer, by, 656–657, 663, 665, 788
  entire, 521, 532

JCT Standard Form of Building Contract (1980) Edition—*cont.*
completion—*cont.*
  ommission of date for, 626
  practical. *See* practical completion
  substantial, 590, 591
construction of, 531, 628, 630, 761
  contra proferentem, 628
  precedent, doctrine of, 521
consultant's drawings, 560
contract administrator, 535–536. *See also* architect
contract bills, 529, 533, 543, 544, 557–561, 575–584. *See also* bills of quantities
contract documents, 557–561
  amendments, 523, 524
  confidential, 558
  copies, supply of, 557, 559
  custody of, 557–558
  definition of, 532, 539, 542, 559
  discrepancy or divergence in, 534, 543, 549
  inspection of, 557
  return of, 558
  specification, as, 561
  use of, by contractor, 558
contract drawings, 529
  as built, 561
  availability of copies of, 557
  copies, supply of, 557, 559
  definition of, 532
  discrepancy or divergence in, 533, 543, 549
  errors in, 533
  signature of, 529
contractor,
  agent of, 572
  corruption by, 656, 662
  damage to property of, 611
  delay by, 753, 756, 757
  determination by. *See* determination by contractor
  duties as to design, 533
  duties generally, 541–542
  duty to comply with statutory requirements, 561–562
  duty to co-operate with other contractors, 603
  duty to insure, 612–613, 605, 610
  duty to issue notices. *See* notices
  duty to issue VAT invoices, 772
  duty to proceed regularly and diligently, 624, 625, 655, 660
  duty to render final account, 681, 691
  foreman-in-charge, 572
  insolvency of, 656, 657, 661, 662, 687
  liability as occupier, 605–610
  liability for damage to works, 605–610

1183

Index

JCT Standard Form of Building Contract (1980) Edition—*cont.*
contractor—*cont.*
  liability for errors in setting out works, 564–565
  liability for infringement of patent rights, 572
  liability for injury to persons, 605–610
  liability for nominated sub-contractors and suppliers, 701–702, 715, 716–717, 735–739
  liability for rates and taxes, 562
  lien of, 586–587, 686–687
  negligence of, 605–610, 673
  objection to nomination of sub-contractor by, 703, 710, 715, 718, 727
  obligations of, 542–549
  reasonable objection to architect's instructions by, 553–554
  refusal to remove defective work by, 655–656, 660
  statement of, 563
  statutory duty, breach of, by, 605, 606–607, 609
  tender for prime cost items by, 576, 702, 744
  work outside contract by, 557, 676–677
contract sum, 585
  adjustment of. *See* adjustment of contract sum
  definition of, 530, 547
  error in, 585
  right to, 530, 532–533
  royalties, deemed to include, 572
  statutory fees, to include, 562
criticism of, 527–528
damage by storm, 541. *See also* specified perils
damages,
  defects for, 593–594
  delay for, 640, 663
  determination of employment, after, 668
  implied term, breach of, for, 559
  non-completion, for, 628–633
  repudiation, for, 658, 668
  temporary non-conformity, for, 569
date for completion, 539, 624, 626, 628, 630
  omitted, 626
date for possession, 624–627
daywork rates, 577
deemed variations, 535, 537, 543, 548, 580, 584, 719
defects,
  after certificate of making good, 594
  after practical completion, 591
  amendments, 524

JCT Standard Form of Building Contract (1980) Edition—*cont.*
defects—*cont.*
  arbitration as to, 531, 761
  failure to make good, 594–595
  final certificate, effect of, 594–595
  frost, due to, 589, 590, 592
  irremedial, 594
  latent, 590, 602, 686, 717, 725, 738–739
  making good, 554, 589–590, 593, 602
  meaning of, 593
  patent, 590, 592, 725
  remedies for, 593–595
  schedule of, 589, 590, 593, 594, 688
defects liability period, 589–593, 595, 677, 682, 688, 768
  partial possession by employer, where, 595
definitions, 538–542
delay,
  certificate as to, 628, 629–631
  contractor by, 635, 636, 640, 641–642, 753, 756, 757
  damages for, 640, 663
  discrepancy or divergence in contract documents, due to, 549, 635
  extension of time for, 633–647
  fire etc., due to. *See* specified perils.
  forseeability of, 636, 646
  issuing instructions, in. *See* late instructions
  labour shortage due to, 636
  liquidated damages for, 632, 639–647
  nominated sub-contractors, by, 633, 635, 638, 645
  nominated suppliers, by, 635, 645, 736
  notice of, 633–634, 635, 636, 637, 638–639
  opening up works, due to, 635
  other contractors, by, 636, 648, 666
  postponement of work, due to, 648
  statutory undertaker, by, 564, 636, 646
  unliquidated damages, for, 640, 663
  variation, due to 641–642
descriptive schedules, 558, 559
design,
  failure of, 591
  nominated sub-contractor, by, 533, 709, 715, 717
  obligation as to, 533
determination by contractor, 665–675, 788–794
  amendments, 524, 525, 526, 672–673, 674–675, 788–794
  arbitration as to, 536, 668

JCT Standard Form of Building Contract (1980) Edition—*cont.*
determination by contractor—*cont.*
assignment provisions, breach of, for, 673, 788
civil commotion, for, 667, 673, 674, 792
common law remedies preserved, 673, 791
delay by other contractors, for, 666, 789
delay in re-nomination, for, 731–732
effect of, 666–667, 669–673
failure to give access to site, for, 666, 789
failure to pay, for, 665, 669–670, 788
force majeure, due to, 667, 792
late instructions, for, 666, 789
lien over materials, etc., where, 586–587, 667, 668 686–687, 790–791
loss or damage to works by a specified peril, for, 673, 674, 675, 792
loss to contractor, where, 667, 672, 675, 793
nature of, 668
notice of, 666, 671, 673, 788, 790
opening up of work, for, 666
outbreak of hostilities, upon, 698–699, 792
payment, after, 667, 672, 791, 793
prevention of issue of certificate, for, 665, 670, 788
procedure for, 665–667, 668–672, 788–791
repudiation and, 535, 668
specified default, for, 673, 788, 789
statutory requirements, due to, 563, 665, 671, 792
suspension of work, due to, 562, 627, 666, 667, 671, 673, 675, 788, 789, 792
terrorist activity, due to, 792
determination by employer, 655–665, 673–675, 783–788 792–794
amendments, 524, 526, 527, 664–665, 674–675, 783–788, 791–794
arbitration as to, 659, 761
civil commotion, for, 673, 674, 792
corruption, for, 656, 662, 785
effect of, 656–657, 662–664, 675, 792–794
failure to comply with architect's instructions, for, 552, 655, 660, 784
failure to proceed diligently, for, 625–626, 655, 660, 784
force majeure, due to, 673, 674, 792
hostilities, due to, 792
injunction to enforce, 658

JCT Standard Form of Building Contract (1980) Edition—*cont.*
determination by employer—*cont.*
insolvency, for, 656, 657, 662, 664, 665, 784, 786
loss to employer, where, 657, 663–664, 674–675, 786–787, 793
notice of, 655–656, 659, 660, 664, 673–674, 783–784, 792
practical completion, after, 657, 660, 663,
practical completion, before, 664, 783
procedure for, 655–656, 659, 661, 664, 665, 783–784, 785
refusal to remove defective work, for, 655, 659, 784
repudiation and, 658, 659
specified default for, 664, 784
specified perils, for, 667, 673, 674, 792
suspension of work, for, 655, 660, 664, 784
terrorist activity, due to, 792
unauthorised sub-letting, etc., for, 659
direct payment to sub-contractor, 657, 685
discount. *See* cash discount
disturbance. *See* delay
domestic sub-contractor, 598–604
definition, 539, 598–599
determination of contractor's employment and, 599–600
drawings. *See also* contract drawings
consultants, by, 560
sub-contractors, by, 560
employer,
collateral contract with sub-contractor, 709, 726–727
determination by, 655–665, 673–675, 783–788, 792–794. *See also* determination by employer
failure to appoint architect by, 536
failure to pay by, 665, 669–670, 788
fiduciary interest in retention money of, 677, 680, 689–690
indemnity of, 562, 597, 605–610, 768
interference by, 552, 665, 670, 676–677, 788
liability as occupier, 605, 606, 609
liability for infringement of patent rights, 571–572
liability for trespass, 564
liability to nominated sub-contractors and suppliers, 709, 710, 726–727
lien of, 586–588
negligence of, 574, 605, 606, 607, 609
apportionment of, 605, 606, 609
orders by, 554–555

1185

JCT Standard Form of Building Contract (1980) Edition—*cont.*
employer—*cont.*
  preventing issue of certificate, 665, 670, 685, 788
  waiver of certificate by, 685
  waiver of right to determine by, 662
entire completion, 532–533
errors,
  bills of approximate quantitities, in, 636
  contract documents, in, 533–534, 537, 543, 548–549, 582–583
  correction of, 537, 548–549, 582–583
  price, as to, 537, 582–583
  quantities, as to, 534, 548–549, 553
  setting out work, where, 564–565
extension of time, 633–647
  amendments as to, 524, 525, 526
  application for, 636–638
  arbitration as to, 692, 695, 763
  architect's instructions, due to, 634–635, 644, 645
  bills of approximate quantities, where, 636
  certificate, and, 631
  civil commotion, due to, 635, 644
  delay by nominated sub-contractors, 635, 645
    and suppliers, for, 633, 635, 636, 639, 645–646
  delay by other contractors, by, 636, 646
  delay by statutory undertaker, for, 533, 636, 646
  delay in nomination, for, 644, 645
  delay in ordering variation, 648, 654
  failure to supply goods and materials, for, 636
  fair and reasonable, 636, 641–642
  force majeure, due to, 635, 643, 646
  labour shortage due to, 636
  late instructions, due to, 635, 644, 645
  opening up works, due to, 568, 635
  partial possession by employer, where, 636
  relevant events, due to, 633–647
    definition of, 540, 635–636, 803
  retrospective, 641–642, 645–646
  site, deferment of possession of, 636, 647
  site, failure to give access to, for, 636, 647
  strikes etc., due to, 635
  variations, due to, 566, 634, 641–642
  weather, 635, 643
extra work. *See* variations
fair wages, 605

JCT Standard Form of Building Contract (1980) Edition—*cont.*
final account,
  sectional completion, where, 594, 596, 598
  procedure for, 688–689
final certificate, 682–684, 691–696
  accidental errors in, 683
  amendments to, 525
  arbitration as to, 684, 692, 694, 695
  architect disqualified, where, 695
  attacking, 695
  conclusive, 683, 692–694
  contents of, 683, 692–694
  defects, as to, 594, 683, 692–696
  delay in issue of, 695
  effect of, 683, 692–696
  exceptions to finality, 692, 695–696
  extension of time as to, 683, 692, 695
  final account procedure, 688–689
  fraud, where, 683, 695
  irregularity in, 695
  liquidated damages and, 631–632
  payment of, 683
  period of issue of, 682–683, 691–692
  procedure, 688–689
  retention moneys and, 682, 691
fluctuations, 739–757
  agreement as to amount due, 743, 750, 752–753
  amendments as to, 525, 754, 756
  bills of approximate quantities, where, 583
  bonus scheme, where, 745, 756
  evidence required for, 743, 750, 756
  formula adjustment. *See* formula adjustment
  Formula Rules. *See* formula adjustment
  market prices, in, 748–749, 752
  non-completion, where, 744, 750, 753, 756
  notice as condition precedent, 743, 750, 755
  notice of, 743, 749, 750, 755, 756
  percentage addition, 745, 751, 754
  provision in sub-contract for, 742, 743, 749
  rise and fall clauses, 754
  statutory contributions, etc., effect of, 740–742, 754
  statutory duties, etc., on materials and goods, effect of, 742, 754
  statutory refunds and premiums, effect of, 741, 754
  transport charges and fares, in, 746–747, 756
  wages, emoluments and expenses, in, 745–748, 754–755

Index

JCT Standard Form of Building Contract (1980) Edition—*cont.*
force majeure, 635, 643, 667, 673, 674, 734
foreman in charge, 572. *See also* person-in-charge
forfeiture clause, 655–665. *See also* determination by employer
formula adjustment, 752–753, 757
  agreement as to amount due, 752, 753, 757
  amendments, 525
  Formula Rules, 752–753, 757, 769
  monthly bulletins, 753
  non-completion, where, 753
  provision in sub-contract for, 750, 751
  specified events for, 745–749, 754–756
Formula Rules, 752–753, 757. *See also* formula adjustment
fraud, 683, 695
frost damage, 589, 590, 592
frustration, 535
  arbitrator's jurisdiction as to, 761
  damage by storm, due to, 541. *See also* statutory requirements, due to, 563
goods, 565–571. *See also* nominated suppliers
  amendments as to, 524, 526, 566, 567, 568
  damage to, 586
  defective, 589–594, 733–734, 736
  fitness for purpose, 736
  fluctuations in price of, 741, 742
  inspection of, 565, 566, 567
  insurance of, 605, 610–611, 613
  not available, 565, 567
  off site, 586–588
  property in, 586, 587–588, 600, 603–604
  quality of, 565, 567, 733, 736
  removal of, 565, 568–569, 586, 587
  reputed ownership of, 734
  undelivered, 587
  unfixed, 587–588, 732–739
  vesting clauses, 586–587, 734
  vouchers as to quality of, 565
guarantee, 717, 736
history of form, 520
implied terms,
  architect to provide correct information, 559
  concerning the works, 559
  employer will not act so as to disqualify architect, 552
  goods and materials, as to, 567
  knowledge of errors, as to, 533–534

JCT Standard Form of Building Contract (1980) Edition—*cont.*
implied terms—*cont.*
  remeasurement, as to, 549
  workmanship, as to, 567
injunction to enforce forfeiture, 658
injury to persons, 605–607
injury to property, 605–610
instalments, 532, 677
instructions. *See* architect's instructions
insurance, 546, 610–624
  all risks, against, 542, 613–615, 616–618, 621, 622
    definition of, 538, 613–615
  amendments, as to, 524, 526
  documentary evidence required, 611, 616
  excepted risks, 540, 542, 611–614
  fire, etc., against, 607, 608. *See also* specified perils
  injury to persons, against, 610–613
  injury to property, against, 610–613
  inspection of policies, 611
  joint names policy, 540, 542, 607, 611, 612, 615, 616–619, 621–623
  liquidated damages, loss of, against, 620–621, 623, 768
  partial possession by employer, where, 595, 597
  payment direct to employer, 617, 622
  specified perils, against, 607–608, 615, 618–619, 621–623
    definition of, 541, 542
  unfixed materials, 614–619. *See also* site materials
  works, of, 613–620, 621–625, 768
interest,
  damages, as, 652
  direct loss, as, 651
interference by employer, 552, 665, 670, 676–677, 788
interim certificate, 677–682, 684–692
  adjustment of contract sum, 549
  condition precedent to payment, as, 660, 677, 685
  contents of, 677–679, 685–686
  deductions from, 660, 677, 685–687
  failure to pay, 665, 669–670
  formula adjustment, where, 750, 752, 753
  loss included in, 649, 650, 681–682
  period of, 677, 685
  practical completion, after, 677
  retention monies and, 677–678, 679, 687
  valuation before issue of, 757

1187

Index

JCT Standard Form of Building Contract (1980) Edition—*cont.*
interim certificate—*cont.*
  value of offsite goods and materials included in, 587, 588, 678–679, 686
  value of provisional sum work included in, 538, 678, 686, 687
  value of variations included in, 678, 686, 687
JCT's List of Amendments, 524–527
labour shortage, 636
late instructions,
  determination by contractor for, 666, 789
  extension of time for, 635, 644, 645
  loss and expense due to, 647–649
  nomination for, 718
levels, 564
lien,
  architect, of, 560
  contractor, of, 586–587
liquidated damages, 628–633, 690, 772–773, 769
  certificate as to, 628, 629–630, 630–631
  date for completion omitted, where, 626
  deduction of, 628, 632, 690, 772–773, 769
  final certificate and, 629
  partial possession by employer, where, 596, 598, 633
  payment of, 628, 632
  rate of, 628, 632, 769
  retention monies and, 633
  waiver of, 632
litigation,
  arbitration and, 762–763
  stay of proceedings, 762
  sums indisputably due, 762
  VAT, as to, 773–774
local authority by-laws. *See* statutory requirements
local authorities edition,
  with quantities version of, 520–521, 529–536
  without quantities version of, 520–521. *See also* without quantities version
loss and expense, etc., 534, 535
  adjustment of contract sum, for. *See* adjustment of contract sum
  antiquities, due to, 700–701
  application for, 639, 647–649, 652–655
  ascertainment by architect, 639, 649, 653, 654, 681

JCT Standard Form of Building Contract (1980) Edition—*cont.*
loss and expense—*cont.*
  ascertainment by quantity surveyor, 639, 648, 649, 653–654, 681
  contractor executing provisional sum work, due to, 652
  damages for, 650
  delay in nomination, due to, 635, 644, 648, 654, 718
  determination by contractor, where, 667, 672
  direct, 650, 651
  discrepancy or divergence from contract documents, 549, 648
  disturbance of regular progress, due to, 647–649
  extension of time, where, 639
  failure to complete, nominated sub-contractor, by, 715
  final certificate, included in, 683
  finance charges, 652–653
  interest as, 651
  interim certificate, included in, 650, 681–682
  late instructions, due to, 635, 644, 648, 654, 718
  meaning of, 650
  nature of, 650
  nominated sub-contractors, incurred by, 649, 655
  opening up of work, due to, 565, 568, 570 648
  payment of, 647, 652, 655
  site, deferment of possession of, due to, 627, 647, 653
  site, failure to give access to, due to, 648, 654
  supply of materials or failure of, due to, 648, 654
  unanticipated, 534, 535
  variations, due to, 535, 578, 648, 654
lump sum contract, 532
master programme. *See* programme of work
materials,
  amendments as to, 524, 526, 566, 567, 568
  damage, 586
  defective, 589–594, 733–734, 736
  fitness for purpose, 717, 736
  fluctuations in price of, 741, 742
  insurance of, 605, 610–611, 613
  not available, 565, 567
  offsite, 586–588
  property in, 586, 587–588
  quality of, 565, 567, 733, 736
  removal of, 565, 568–569, 586, 587
  reputed ownership of, 734
  site. *See* site materials

JCT Standard Form of Building Contract (1980) Edition—*cont.*
materials—*cont.*
  undelivered, 587
  unfixed, 587, 732–739
  vesting clauses, 586–587, 734
  vouchers as to quality of, 565
measurement and valuation, 758–759, 764
  bills of approximate quantities, where, 576–578, 582–584
  provisional sum work, of, 575–578, 581
  quantity surveyor, by, 575–576, 578
  variations of, 575–585
nature of, 521, 522
nominated sub-contractors, 600, 701–732, 776–779, 794–795. *See also* sub-contractor, domestic sub-contractor
  amendments as to, 525, 526, 713, 714, 794–797
  collateral contract with employer by, 709, 726–727
  contractor's liability for, 709, 715, 716–717
  contractor's objection to, 703, 710, 714, 718, 722
  damages, 715, 726, 728, 777
  default of, 710, 716–717, 729
  definition of, 702
  delay by, 560, 633, 635, 638, 645, 715, 716, 720–721, 731
  design by, 533, 709, 715, 717, 718, 727
  determination of employment of, 710–713, 729–732, 796
  direct payment to, 705, 706, 715, 723
  drawings by, 560, 716–717
    failure to supply, 561
  early final payments to, 708–709, 725–726
  employer's liability for, 709, 726–727
  extension of time where, 701, 707, 715, 731
  failure to complete by, 707–708, 715
  guarantee by, 717
  insolvency of, 710–711, 729, 794–795
  limited liability of, 710, 727
  liquidated damages against,
  loss and expense caused by, 715
  loss and expense incurred by, 649, 655
  main contract terms, effect of, 706–707, 715
  nominated supplier compared, 736
  payment of, 705–707, 712, 715, 723–726

JCT Standard Form of Building Contract (1980) Edition—*cont.*
nominated sub-contractors—*cont.*
  proof of payment to, 705–706, 723
  re-nomination of, 710–713, 715, 726, 727–732, 778
  repudiation by, 709, 717, 727–728
  variation, omitting work of, 710, 715, 731
nominated suppliers, 732–739
  amendments as to, 525
  arbitration as to, 734–735, 738
  cash discount by, 682, 733, 734, 737
  contractor's inspection of goods, etc., 736
  default of, 736–739
  defective goods and materials, 589–594, 733–734, 736–737
  definition of, 732, 737
  delay by, 635, 645–646, 736
  design by, 736
  employer's liability to, 736
  guarantee by, 736
  liability of contractor for, 735, 736, 738–739
  main contract terms, effect of, 733, 737, 738
  nominated sub-contractor compared, 736
  payment to, 733–734, 736, 737
  re-nomination of, 736–737
  repudiation by, 737
  variation instruction as to, 732, 737
nomination, 546, 580, 776–778
  architect's authority as to, 551, 732–733, 737, 777–778
  delay in, 718
  designer of, 718
  no prime costs or provisional sums, where, 538–539
  notice of compliance as to, 778
  procedure for, sub-contractor of, 703–705, 719–723, 776–778
  re-nomination, 710–713, 715
  second, 710, 715, 727
notice,
  compliance as to nomination, of, 778
  concur in appointment of arbitrator to, 757
  condition precedent to grant of extension, 638
  delay, of, 633–634, 638
  determination by contractor, of, 666, 671–673, 673, 673–674, 789, 792
  determination by employer, of, 655–656, 659, 660, 664, 673–674, 783–784, 792
  divergence or discrepancy, 561, 580

1189

Index

JCT Standard Form of Building Contract (1980) Edition—*cont.*
notice—*cont.*
  fluctuation in prices, of, 743, 749–750
    loss, of, 618, 619, 622
  substandard work, as to, 569
occupier's liability, 605, 606
omission of work. *See* variations
opening up of work, 566, 569
  delay, due to, 635
  determination by contractor, where, 666
  disturbance due to, 568, 648
  extension of time for, 568, 635
  loss and expense due to, 648, 654
oral instructions. *See* verbal instructions
other contractors, 675–678
  completion by, 656–657, 662, 665, 786
  contractor's duty to co-operate with, 675
  delay by, 636, 646, 666, 670–671, 789
outbreak of hostilities, 698–699, 794
  abandonment of work on, 699
  amendment, 794
  determination on, 698
  payment after, 699
  protective works after, 699
P.C. *See* prime cost sum
partial possession by employer, 546, 594–598, 610. *See also* sectional completion
  certificate of, 595
  certificate of making good defects where, 595
  extension of time where, 633
  insurance where, 595, 597
  liquidated damages where, 596, 598
  practical completion where, 594–595
  retention money where, 595
  sectional completion compared, 598, 633
  sectional completion where, 596–598, 633
patent rights,
  infringement of, 571–572
payment, 677–696
  amendments as to, 524, 525
  cash discounts, 682, 733, 734, 737
  certificate as condition precedent to, 533, 660, 677, 682, 685, 707–708, 724
  direct to sub-contractor, 705, 706, 715, 723
  early final payment to sub-contractor, 708–709, 725–726
  extra work, for, 548
  nominated sub-contractor, to, 705–707, 712, 715, 723–725

JCT Standard Form of Building Contract (1980) Edition—*cont.*
payment—*cont.*
  nominated supplier, to, 733–734, 736
  non-conforming work, for, 570
  outbreak of hostilities, after, 699
  proof of, 705–706
  recovery without certificate, 685
  retention money, of. *See* retention money
percentage addition, 745, 751, 754, 768, 769
performance specified work, 765–766, 797–800
  analysis, 799, 800
  appendix, identified in, 765, 797
  consequential amendments, 765, 800–802, 803
    approximate quantities where, 800, 802–803
  contract bills to be included in, 765, 797, 799
  contractor's obligations as to, 766, 798, 800
  contractor's statement of, 765, 798, 800
    architect's notice to amend, 765, 798
    contents of, 765, 798
    delay in provision of, 766, 799
    extension of time for, 766, 799
    timing of, 765, 798
  provisional sum for, 797, 798
  variation as to, 799
period of final measurement and valuation, 692
period of interim certificates, 677, 752, 769
plans,
  architect's lien over, 561
  copyright in, 561
possession of site, 624–628
  date for, 624, 768
  deferment of, 624, 626–627, 636, 647, 652–653, 768
postponement of work, 624–628
  delay due to, 648
  determination for, 655, 658, 660
practical completion, 589–594
  arbitration after, 758, 763–764
  arbitration before, 570, 758, 763–764
  assignment upon, 601–602
  certificate of, 589, 590, 591, 677, 688, 708
  completion and, 626
  defects appearing after, 589, 594
  defects at time of, 589–594
  determination by employer after, 567, 660, 663
  extension of time and, 633, 639

1190

Index

JCT Standard Form of Building Contract (1980) Edition—*cont.*
practical completion—*cont.*
  meaning of, 590–591
  nominated sub-contract works, of, 708
  partial possession by employer, where, 595
  procedure after, 688–689
  release of retention money and, 593, 680
  sectional completion, where, 624, 625
  variations after, 581
Practice Notes, 520, 528
price,
  effect of, 544–545
  errors in, 582–583
  fluctuations in, 752–753, 754
prime cost sums, 575–576, 581–582, 583, 701, 702, 717–718, 732, 737. *See also* nominated sub-contractor; nominated supplier
  amendments as to, 523, 524, 526, 578–579
  contractor's tender for, 576, 702, 718, 744, 769
  expenditure of, 575, 576, 581
  instructions as to, 576, 582
  work done by statutory undertakers, 562, 564
private edition,
  assignment by employer, 601
  contractor's option to determine, 668, 673
  corruption, provisions relating to, 662
  employer's liability as occupier, 606
  fiduciary duty of employer, 689
  generally, 521, 528
  insolvency of employer, 668, 673, 790
  retention money, requirement for separate bank account to hold, 690
  time for payment, 685
  with quantities version, 521
  without quantities version, 521, 797
procedure, 688–689
programme of work, 557, 559, 625–626, 640, 644–645
protective work, 699, 700
provisional sums, 575–577, 578, 579, 581–584, 701, 702, 717–718, 732–739. *See also* nominated sub-contractor; nominated supplier
  amendments as to, 524, 525, 526, 579
  cash discounts, 682, 733, 734, 737
  definition of, 538–539, 541, 581
  expenditure of, 575, 576, 581, 701

JCT Standard Form of Building Contract (1980) Edition—*cont.*
provisional sums—*cont.*
  items marked "provisional", 549
  valuation of, 575–578, 582–584
  work done by statutory undertakers, 562, 564
quantities, approximate. *See* bills of approximate quantities
quantities forming part of contract, 521, 522, 537
quantities not forming part of contract, 521, 522, 537, 797, 807, 808
quantity surveyor,
  also architect, where, 536
  ascertainment of loss and expense, 649, 655
  ceasing to act, 530, 536
  death of, 531
  definition, 531
  new, 531
  valuation by, 575–578, 582–584
rates and taxes,
  fluctuations in, 740–742, 754
  liability for, 561–562
recitals, 529, 532
rectification, 534, 549, 594
related documents,
  1980 Form as to, 522
  1991 Procedure, under, 522–523, 811–812
re-nomination, 571, 710–713, 727–732, 778–779
  amendments, 778–779
repudiation,
  arbitrator's jurisdiction as to, 761
  contractor, by, 659
  employer, by, 552
  nominated sub-contractor, by, 709, 717, 727–728
  nominated supplier, by, 737
retention money, 591, 593, 595, 677–678, 679–681, 685–691
  amendment as to, 525, 685–686
  amount of, 679, 684
  employer's fiduciary interest in, 677, 680, 689–690
  interim certificate and, 677–681, 684, 690
  limit of, 679–680
  partial possession by employer, where, 595
  percentage for, 679, 680, 769
  release of, 594
royalties, 572
schedule of work, 537
sectional completion, 596–597, 598, 625. *See also* partial possession by employer
setting out of works, 564

Index

JCT Standard Form of Building Contract (1980) Edition—*cont.*
site,
  architrect's access to, 572–573, 575, 579
  ejection from, 566, 658
  materials on. *See* site materials
  removal of materials from, 565, 568, 586, 587
site materials, 540, 615, 619, 795
  definition of, 540, 615, 795
site meeting minutes, 556, 618
  architect's instructions, as, 556
  confirmation of instructions, 556
specification, 537, 561, 568
specified sub-contractors, 602, 603, 604
specialist, 577, 602
  nominated sub-contractors, 701–732, 776–779, 794–795
  nominated suppliers, 732–739
  standard forms of sub-contract, 522–523, 541
  text of, 811–941
Standard Method of Measurement, 543, 544, 577, 581, 584
statutory requirements, 561–564
  divergence from, 561–564
  definition of, 561
  determination by contractor due to, 563
  frustration due to, 563
  necessitating major variation, 563
  notices required by, 562, 563
  protection of contractors, 562–564
statutory tax deduction scheme, 529, 531, 696–698, 767
statutory undertakers, 562, 564
  delay by, 564, 636, 646
  fees and charges of, 562, 564
stay of proceedings, 762
strikes, 635, 734
sub-contract. *See also* domestic sub-contractor, nominated sub-contractor
  amendments, 523, 524, 525, 526, 600
  fluctuations clause in, 742–744
  standard forms of, 522–523, 541, 701–739
sub-contract works,
  fitness for purpose of, 603
  removal of, 599, 603
  right of access to, 572–573
sub-contractor. *See* domestic sub-contractor; nominated sub-contractor
sub-letting,
  arbitration as to, 601
  architect's consent to, 598, 603, 604
  unauthorised, 659, 728
substitution of work. *See* variations

JCT Standard Form of Building Contract (1980) Edition—*cont.*
summary judgment, 683–684, 693
Supplemental Agreement. *See* VAT Agreement
supplier. *See* nominated supplier
surveyor. *See* quantity surveyor
suspension of work, 627, 665–666, 670, 788–789, 792–794
  determination by contractor for, 563, 627, 666, 667, 671, 674, 675
  determination by employer for, 655, 660, 673
tax deduction scheme, 529, 531, 696–698, 767
tender,
  contractor by, for prime cost sums, 576, 702, 744
  date of, 539, 767. *See also* base date
  fluctuations in, 744
terrorism, 792, 803
third party,
  injury to persons of, 605–607
  injury to property of, 605–610
  proceedings, 763
trespass, 56
unanticipated loss and expense, 534, 535. *See also* loss and expense
VAT Agreement, 586, 683, 767, 770–776
  arbitration under, 774
  duty to issue tax invoices, 771
  litigation as to amount payable, 771–772, 774
valuation,
  agreement as to, 575, 576, 582, 583
  amendments, 524, 525, 582
  interim, 677
  omissions, of, 577
  quantity surveyor, by, 576, 578, 582
value added tax. *See also* VAT Agreement
  amendments as to, 526, 775–776
  nature of, 774–775
  supplemental provisions, 586–587, 770–776
  variant forms of, 520–521
variations, 575–584
  acceptance of, 555, 805, 806–807
  after practical completion, 581
  amendments as to, 523, 524, 525, 578–579, 582, 584, 805–807
  arbitrations as to, 575, 580, 758–759
  architect's authority as to, 535, 563, 574, 575 580, 805
  architect's instructions as to, 535, 543, 550, 553–554, 566, 569, 574, 575, 805
  bills of approximate quantities, where, 575–578, 582, 583, 584

Index

JCT Standard Form of Building Contract (1980) Edition—*cont.*
variations—*cont.*
  certificate, included in, 678, 686, 687
  clerk of works' directions, due to, 574, 575
  confirmation of, 563, 573, 574, 575, 581, 585
  contract without quantities, where, 537
  contractor's quotation for, 805–807
  contractor's reasonable objection to, 550, 553–554, 575, 579–580, 581, 584
  deemed, 534, 537, 543, 548, 580, 584, 719
  definition of, 541, 575, 579
  delay, due to, 641–642
  divergence from statutory requirements, 561–564
  effect of, 577–578, 583–584, 805–807
  employer, by, 575, 579, 580
  acceptance of, 806–807
  extension of preliminaries, where, 577, 584
  extension of time, where, 634, 641–642
  loss and expense, due to, 535, 578, 584, 648, 654, 805
  meaning of, 541, 575–579
  omissions as, 577
  payment for, 578
  pricing of, 576, 577, 578
  pricing errors, due to, 582–583
  statutory requirements, due to, 563
  unauthorised, 563
  valuation by agreement of, 575, 576, 582
  valuation by quantity surveyor of, 575, 576, 578, 582
  valuations of, 575, 576, 578, 579, 580–584
  verbal instructions as to, 550, 556, 557
verbal instructions,
  architect, by, 550, 556, 557
  clerk of the works, by, 574
  compliance with, 550–551, 556–557
  confirmation of, 550, 556
  defence, as a, 556–557
  employer, by, 554–555
vesting clause, 587
vouchers as to quality, 565
wages, emoluments, etc.,
  fluctuations in, 740–741, 744, 755
  wage fixing body, 744, 751, 756
waiver,
  architect, by, 551
  certificate, of, 685

JCT Standard Form of Building Contract (1980) Edition—*cont.*
waiver—*cont.*
  liquidated damages, of, 632
  right to determine contract, of, 662
  war, 698–701. *See also* outbreak of hostilities
  weather, 635, 643–644, 734, 738
with quantities version,
  local authorities edition of, 520, 528, 529–803
  private edition, of, 521. *See also* private edition
without quantities version,
  contract documents in, 537
  description of goods and materials, 568
  drawings in, 537
  errors in estimates, as to, in, 537
  extra work, meaning of, in, 537
  generally, 521
  local authorities edition, of, 521
  private edition, of, 521, 797. *See also* private edition
  specification in, 537, 561, 568
workmanship,
  amendments, 524, 567
  defective, 589–594, 717
  standard of, 542, 544, 565–568, 594
  work, performance specified. *See* performance specified work
works,
  abandonment of, 659, 699
  access to, 572–573
  clerk of, 573–574
  completion of. *See* completion
  damage to, 605, 610
  defined, 530
  disturbance of regular progress of, 648, 650
  errors in description, 543, 548
  insurance of, alternative clauses, 768
  meaning of, 541
  measurement and valuation of, 758–759, 764
  opening up, 565, 566, 569, 570
  possession of, 624–627
  postponement of, 624, 627, 648, 650
  removal of parts of, 565, 566, 568, 569
  specialist, 603
  specified, 530
  sub-letting of, 598–604
  suspension of, 627, 665–666, 670, 788–789, 792–794
  without instruction, 557
  written instructions, requirement of, 550. *See also* architect's instructions

Index

JCT Standard Form of Employer/ Nominated Sub-Contractor Agreement (NSC/W), 942–955
  arbitration as to, 947–949, 955
  assignment of, 947, 955
  background to, 951
  collateral agreement, as, 951
  commencement of works before, 944, 953–954
  delay by sub-contractor, 946, 954
  form of, 942–951
  indemnity by sub-contractor, 946–947, 955
  instruction to nominate, 943, 953
  intention to nominate, 943, 952
  liability of architect, 943, 952–953
  non-performance by sub-contractor, 946, 954
  payment of sub-contractor, 946, 947, 954, 955
  procedure, 943–944, 951–952, 953
  tender by sub-contractor, 942, 952
  warranty by sub-contractor, 944, 953
  withdrawal of sub-contractor, 944, 953
JCT Standard Form of Intermediate Contract, 10
JCT Standard Form of Sub-Contract, 320, 811–941
  arbitration, 440
  certificate as condition precedent to payment, 334, 440
  retention monies, 301
  text of, 811–941
JCT Standard Form of Warranty by a Nominated Supplier (Agreement TNS/2), 955–961
  amendments, 959
  arbitration, as to, 957–958, 961
  delay by supplier, 956–957, 960–961
  form of, 955–959
  non-performance by supplier, 956–957, 960–961
  tender by supplier, 956, 959–960
  warranty by supplier, 956, 960

Laches, 271–272
Latent Damage, 406
Letter of Intent, 16–17
  acceptance, as, 17
  effect of, 16
Licence,
  defence regulations, 154
  implied term, as to, 61
  occupy site, to, 61, 165
Lien, 265
  architect, of, 362–363
  bankruptcy, effect of, 265, 418–419
  seizure of goods, effect of, 260, 265
  sub-contractor, of, 308

Lien—*cont.*
  surveyor, of, 362–363
  unfixed materials over, 265
Limitation Clause, 65, 66–67, 97
Limitation of Actions, 67, 268–269, 403–410
  amendment of a claim, 409–410
  arbitration, in, 410
  concealment, where, 407
  contract, in, 404
  expiry of limitation period, 496–498
  fraud, where, 407
  indemnities, where, 408
  latent damage, where, 406
  mistake, where, 407
  recovery of contributions, where, 408
  statute, claims under, where, 405
  tort in, 404–405
Limited Company. *See* **Company**
Liquidated Damages, 240–255
  absolute contract, where, 251
  condition precedent to right to, 252
  date omitted, where, 249
  defences, 242–249
  delay by employer, 250, 251–252
  delay by employer's agent, 111–112
  determination of contract, where, 255
  extension of time, where, 236–240
  extras ordered, where, 251
  failure to deduct, 250
  final certificate, effect of, 250
  forfeiture, where, 247–248
  generally, 240–241
  lump sum or penalty, 248–249
  nature of, 241–242
  penalties, and, 242–249
  rescission of contract, where, 255
  set off, 240, 248
  waiver of, 249–250
Liquidation. *See* **Bankruptcy**
Litigation. *See also* **Costs, County Court, Set Off, Counterclaim**
  accruement of cause of action, 403
  admission of claim, 518–519
  alternative to, 10–11
  arbitration agreement, where, 124–125
  causes of action, 472–474
  characteristics of building contract, 466–467
  composite claims, 474–475
  contractor's claims. *See* **Contractor's Claims**
  damages. *See* **Damages**
  delay in, 496–498
  discovery, 362–363, 492–493
  estoppel, 284–286
  evidence, 487, 488, 502, 503
  expert evidence, 340–341, 488–491
  inspection, 362–363, 496
  interest, 406–508. *See also* **Interest**

Index

Litigation—*cont.*
  interlocutory matters, 496–498
  interpleader proceedings, 304
  interrogatories, 477
  joinder of parties, 496
  notice to admit facts, 477
  offer of contribution, 517
  official referee, 467–469
  particulars, 475–476
  payment into court, 513–517. *See also* **Costs**
  photographs, 489, 495
  pleadings, 471–478
    amendments to, 477–478
    preliminary issue, 494–495
  preparations for trial, 487–498
    assessors, 496
    court expert, 496
    discovery, 492–494
    preliminary issue, 494–495
    summons for directions, 496
  Referee's Schedule. *See* Scott Schedule
  references, 467–469, 498
    inquiry and report, for, 469
  Scott Schedule, 472, 476, 480–487
    damages, 486
    defect, 481–483
    evidence for, 468
    extras, 483–484
    more than one defendant, 483
    reasonable sum, for, 484
    schedule contract, 484–485
    specimen forms, 481–486
    third parties, 483
  set off, 498–502. *See also* **Set-Off**
  settlement of actions, 498
  stay of proceedings, 437–444
    appointment of liquidator, on, 416
    winding up order, where, 416
  striking out claim, 471, 496–498
  summary judgment, 107, 322–323, 474, 502–506
  third party proceedings, 483, 496
  view, 468, 495
Local Authority,
  consents by, 5, 153–154
  contracts by, 34
  liability for defects of, 414
  restrictive tendering agreements and, 16
  standing orders from, 34
Lump Sum Contracts, 74–82
  amount payable, 74–75
  bills of quantities contract, as, 90–91
  entire performance of, 75–78
  extra work, 74–75, 87–91
  non-completion of, 75, 80–82
  substantial performance of, 78–79
  work exactly defined, 90–91
  work widely defined, 87–89

Maintenance. *See* **Defects and Maintenance Clauses**
Maintenance Period, 6, 266
Materials,
  fitness for purpose of, 57–60, 315–316
  forfeiture of, 247, 260
  implied term as to, 56–58
  interference with supply of, 56
  latent defects in, 56–58, 315
  lien over, 260, 265, 305, 416, 418–419
  ownership of, 262–264
  patent defects in, 56
  removal and replacement of, 262
  sub-contractors, 315–316
  vesting in employer, 263, 264–265
    effect of certificate, 263
    express clause, 264–265
    fixed, where, 264
    implied rights, 265
Measurement and Value Contracts, 82–83, 91–92
Measuring Up,
  variations,
    architect, by, 337, 369–370
    quantity surveyor, by, 369–370
Minor, 31
Misrepresentation, 127–132
  after April 21, 1967, 133–139
  agent by, 135–136, 139
  before April 22, 1967, 128–133
  contractual protection against, 130
  damages for, 129, 132–137
  fraudulent, 130–132, 368. *See also* **Fraud**
  incorporated into contract, 129, 137–138
  innocent, 128–130, 133–134
  nature of, 127
  reckless, 130
  repudiation, 136
  rescission for, 128–129, 133–135, 136
Mistake. *See also* **Errors, Rectification**
  avoiding contract, 13
  architect, by, 120–121
  certifier by, 120–121
  clerical, 45
  equitable relief for, 13
  mutual, 13, 288–289
  rectification of, 288–291
  unilateral, 289–290
Mitigation of Loss, 206–207, 355–356
Mortgage,
  monies due, of, 300

Negligence, 169–200
  arbitrator, of, 123, 424
  architect, of, 120, 176, 338–339, 346, 351, 354–357, 366–368
  breach of contract, compared with, 171

Negligence—*cont.*
 causation, 207
 certifier, of, 120, 176
 collateral, 279
 contractor, of, 61, 277–279
 contractual influences, 183–186
 contributory, 207–208
 economic loss and, 169–180
 liability for, 64–66, 70–72, 171–180
 local authority, of, 179–180, 414
 personal injury, liability for, 174
 physical damage, liability for, 171–176
 professional, 186–188
 quantity surveyor, of, 371–372
 responsibility for, assumption of, 181–183
 sub-contractor, of, 179, 309
Negligent Instructions, 176
Negligent Misstatement, 127, 132, 188–198
 architect by, 197
 consultant, by, 195–196, 197
 contractor, by, 192–193, 197
 disclaimer, and, 198
 employer by, 191–192, 197
 financial advisor, by, 196–197
 generally, 188–191
 public servant, by, 197
 references, and, 197
 reliance, where there is, 191–201
 specialist sub-contractor, by, 193–194
 sub-contractor, by, 193–194
 surveyor, by, 371
 valuer by, 196
Net Cost, 93. *See also* **Prime Cost**
Noise on Construction Sites, 401
Nominated Sub-Contractor, 311–320. *See also* **Sub-Contractor**
Nominated Supplier, 311–320
 collateral contract by, 955–961
Non-Completion. *See* **Completion**
Notice,
 abatement, of, 403
 act of brankruptcy, of, 419
 agent's authority, of, 334
 assignment, of, 301–302
 defects, of, 267
 disclaimer, 417
 dismissal of agent, of, 334
 forfeiture, before, 259
 repudiation, of, 164
 stop work, to, 163
 terms of contract, 27–28
 time for completion, of, 239–240
Novation, 297, 304–305
Nuisance, 280–282, 401, 403
 abatement notice, 403
 statutory, 403

Offer, 13–19
 acceptance and, 13–28
 battle of forms, 20
 counter-offer, 18, 19
 death and, 19
 invitation to tender, as, 14–15
 lapse of, 19
 rejection of, 18
 request for more information, and, 19
 revocation of, 18–19
 standing offers, 17–18
 tender as, 14–15
Official Referee, 467–469
 appeal from, 468–469
 arbitrator as, 432, 467
 assessors, sitting with, 467
 direction of, 467–468
 inquiry and report by, 469
 power of, 467
 practice as to, 468
 Practice Direction July 8, 1968, 468
 reference to, 467
 schedule of, 467–468, 476
Omission of Work,
 express provision for, 92–93
 payment where, 75

Package Deal Contracts, 7, 60. *See also* **Design and Build Contracts**
Part Performance, 24
Partnership,
 company taking over, 300
 contract with, 35
Payment. *See also* **Quantum Meruit**
 appropriation of, 102
 condition precedent to, 75, 80, 104
 consideration, absence of, where, 97
 contractor's right to, 74–82
 defects, where, 78–79
 direct to sub-contractor, 309–310, 415, 419
 discharge of surety by, 27
 entire completion, 74–76
 entire contracts, 75–78
 ex gratia, 479
 extra work, for, 74–75, 87–94, 95–102. *See also* **Extra Work**
 generally on account, 102
 instalments, by, 76–77. *See also* **Instalment**
 interim, 502
 interpleader proceedings, 304
 non-completion, where, 75, 77–78, 80–82
 on account, 77, 102
 "pay-when-paid" clause, 323
 prime cost and provisional sums, 93–94
 progress payments, 77
 pro rata, 77

Index

Payment—*cont.*
quantum meruit, 74, 78–80. *See also* **Quantum Meruit**
recovery without certificate, 110–112
retention money, 77
right to, 74–82
rival claims to, 304
sub-contract, under. *See* **Sub-Contract**
substantial completion, where, 78–79
third party, by, 25
waiver of, 287
wrongly withheld, 167
Payment into Court, 489, 513–517. *See also* **Costs**
P.C. *See* **Prime Cost**
Penalty, 242–249. *See also* **Liquidated Damages**
agreed sum as, 242–249
forfeiture clause, as, 247–248
liquidated damages and, 248–249
set-off as, 248
test of, 243–247
Performance. *See also* **Completion**
according to varied agreements, 288
excuses for non-performance, 126–168
part performance, 24
refusal, 163, 165
vicarious, 297–298
Personal Contracts,
architect, by, 142
bankruptcy, 415
death, 142
vicarious performance, 297–298
Personal Representatives, 142
Persons of Unsound Mind, 32
Planning Consents, 5, 153–154
Plans,
approval of, 153–154
architect's lien over, 362
copyright in, 363–366
defective, 346
delay in supplying, 167, 249, 260
errors in, 45, 59–60, 88–89, 90–92, 139–142, 330–331, 341–343, 346, 355
failure to supply, 167, 249, 260
omissions from, 88
property in, 363
provision of, 53
rectification of, 355
remuneration for, 359–362
warranty as to accuracy of, 89, 130–132, 139–142, 330–331
Plant, 262–264. *See also* **Materials**
forfeiture of, 247–248, 260, 262–264
ownership of, 262–264
Pleading, 471–478
amendment to, 477–478
causes of action, 472–474
claim for interest, 475

Pleading—*cont.*
composite claim, 474–475
damages, of, 472
detailed, 475–477
generally, 471–472
Scott Schedule, 480–487
Pollution Control, 401–403
Price,
adjustment of, 92
change, in, 148
defects, where, 78–79
errors as to, 92, 101–102, 132, 288, 291
essential term, as, 24
extra work, for, 92
fixed by arbitrator, 24
formula for determination of, 24
generally, 24–25
not fixed, 24–25
payable by another, 25
standard of work, and, 62, 346
Prime Cost, 93–94, 311
meaning of, 93
sub-contractors and, 311
Progress Certificate, 107–108, 114, 354. *See also* **Certificate**
Project Manager, 3
Provisional Sum, 93–94, 311
meaning of, 94
sub-contractor and, 311

Quantities. *See* **Bills of Quantities**
Quantity Surveyor, 3, 369–373
architect relying on, 348
architect's authority to engage, 370–371
checking bills of quantities, 372
contractor with employer, 370–372
duties generally, 369–370
duties to contractor, 373
duties to employer, 371–372
duties to third parties, 373
lithography, 371–372
measuring up variations, 371
negligence of, 371–372
negligent misrepresentation by, 371
reducing tenders, 370–371
remuneration of, 372–373
amount of, 372
architect, by, 372
contractor, by, 372–373
employer, by, 372–373
out of contract sum, 373
scale charges, 372
Quantum Meruit,
acceptance of incomplete work, where, 80
architectural services for, 361–362
assessment of reasonable sum, 86
cost of tendering, for, 15
express provision for, 84

1197

Index

Quantum Meruit—*cont.*
  extra work, for, 101–102
  generally, 84–86
  non-completion, where, 80, 84, 227
  price not fixed, where, 84
  quasi-contract, where, 84–85
  repudiation by employer, where, 227
  rescission, where, 128–129
  substantial performance, where, 78
  void contract, where, 86
  work outside contract for, 85–86
    liability for defects for, where, 397
Quasi-Arbitrator. *See also* **Certifier**
  arbitrator compared, 425
  certifier compared, 426
  definition of, 425
  disqualification of, 429
  use of term, 2, 426

Reasonable Sum. *See* **Quantum Meruit**
Recovery of Money, 77
Rectification, 42, 92, 102, 132, 288–291
  arbitrator's jurisdiction as to, 290
  arithmetical errors, where, 290
  bills of quantities, of, 291
  common mistake, where, 288–289
  discretionary, 288
  evidence required, 289
  express term as to, 288
  extrinsic evidence for, 37–43
  mutual mistake, where, 288–289
  pricing errors, 92, 132, 288, 291
  unilateral mistake, where, 289–290
Repair,
  contracts to, 59, 83
  express clause for, 262, 266
Representation. *See* **Misrepresentation**
Repudiation, 156–168
  acceptance of, 129, 136, 156, 160–162
  affirmation after, 161–163
  anticipatory breach, 159, 161, 162
  arbitrator's jurisdiction as to, 428–429
  contractor by, 163–165
  contractual determination clause and, 162–163
    acts amounting to, 163–165
    damages for, 209–213
  employer by the, 165–167
    acts amounting to, 165–167
    damages for, 225–235
    quantum meruit, where, 227
  forfeiture compared, 165
  frustration and, 160–162
  fundamental breach, 158–159
  generally, 156–157
  meaning of, 156
  rescission after, 160–161
  rescission compared, 129
  sub-contractor, by, 317–319

Repudiation—*cont.*
  wrongful forfeiture as, 164, 165, 166
Reputed Ownership, 263, 416
Rescission,
  agreement, by, 288
  bars to, 128–129, 133
  fraud, where, 336
  liquidated damages where, 255
  misrepresentation, for, 128–129, 133–134
    innocent, after April 21, 1967, 133–136
    innocent, before April 22, 1967, 128–129
  repudiation distinguished, 129, 136
  repudiation, where, 129, 159–160
Restitutio Integrum, 128–129, 132
Restrictive Tendering Agreements, 16, 383–389. *See also* **European Community Law**
  common law,
    contractor's position at, 383–384
    employer's position at, 384
  E.C. competition law, 386–389
    remedies for violation of, 388–389
  procurement, 376–383
  U.K. legislation, 384–386, 389
    Competition Act 1980, 386
    Fair Trading Act 1973, 385
    reform of, 389
    remedies under, 386
    Restrictive Trade Practices Act 1976, 384–385
Retention Money, 6, 77, 108, 266
  assignment of, 298–299, 418
  condition precedent to payment, 77
  contractor bankrupt, where, 416–417
  defects liability period, 266
  entire completion, 77
  forfeiture of, 247–248
  fraud, obtained by, 273
  meaning of, 108, 266
  progress certificate and, 108
  purpose of, 108
  sub-contract, under, 321
  surety, release of, 270, 273
R.I.B.A. Conditions of Engagement, 347–348, 351, 352, 365, 1120–1151
  application outside U.K., 329
  copyright in, 365
  duty to apply, 329
  payment under, 359–360
  R.I.B.A. scale, 361, 365
  text of, 1120–1151
R.I.B.A. Scale of Charges, 361. *See also* **R.I.B.A. Conditions of Engagement**
Risk Clause, 65, 66, 68–69
Ryde's Scale, 361

1198

Index

Sale of Goods, 264
Sale of Land,
 buildings, with, 61
 writing required, 28–29
Schedule Contract,
 Scott Schedule, 484
Scott and Avery Clause, 437
Scott Schedule, 480–487. *See also* **Litigation**
Seal,
 when required, 30, 33–34
Sealed Offer, 448–449
Secret Commissions, 336–337
Seizure Clauses, 418–419
Set-off,
 abatement compared, 499–500
 affecting costs, 509–510, 516–519
 assignee, against, 302, 304
 bankrupt, against, 418
 contractual, 500
 counterclaim distinguished, 498–499
 defects, for, 78, 500
 equitable, 500
 exclusion of right to, 501–502
 express power as to, 248, 500
 liquidated damages, of, 248, 501
 mutual dealings, where, 418
 mutual liquidated debts, where, 499
 payment into court, where, 516
 pleading of, 475
 separate contract, under, 304, 517–518
 statutory, 501
 sub-contractor, against, 322–323
 sub-contractor, by, 322–323
 trustee in bankruptcy, against, 418
 where available, 500
Settlement,
 amount of, as damages, 224
Shipbuilding Contract,
 instalments under, 76–77
 property in ships, 262
Signature,
 alterations before, 48
 architect by, 334
Site,
 access to, sub-contractor, by, 322
 examination by architect, 345, 355
 expulsion from, 164, 165, 166
 failure to give possession of, 165–166
 fitness of, 141
 licence to occupy, 61, 165
 possession of,
  implied term as to, 52
 safety of, 277–282
 visitors to, 277, 279, 282
Specialist Contractor, 61, 312. *See also* **Contractor**
Specific Performance, 292
Specific Work. *See* **Whole Work**

Specification,
 contract document as, 4
 defective, 346
 errors in, 88, 130–132, 141, 330–331, 341–343, 346
 nature of, 4
 omissions from, 88
 warranty as to accuracy of, 89, 130–132, 139–142, 330–331
Standard Form of Building Contract
 design and build contracts, unsuitable for, 7
Standard Form of Building Contract with Contractor's Design, 7
 liability of contractor, 8
 set off against retention and, 690
Standing Offers, 17–18
Stay of Proceedings, 321, 416, 437–444
Strikes, 149, 231
Sub-Contract, 307–324
 certificate as condition precedent to payment, 323, 334, 440
 contractors approval, 104–105
 damages under, 323–324
 extra work, payment for, 310
 forfeiture of, 259, 320–321
 frustration of, 322
 incorporating terms of main contract, 321–322
 "pay-when-paid" clause, 323
 repudiation of, 317–319
 standard form of, 320, 811–941. *See also* **JCT Standard Form of Sub-Contract**
 tender for,
  inaccurate statements in, 191–194, 324
 unauthorised sub-letting, 165
Sub-Contractor, 3
 architect's liability to, 334
 architects orders to, 310
 assignment to, 300–301
 clerk of works' liability to, 353
 collateral warranty by, 308–309
 contractor, and, 307–308, 320–324
 contractor insolvent, where, 419
 contractor's liability for, 312–313
  defective materials, 314–315
  defective workmanship, 315
  delay, 55, 104–105, 311, 314
  design, 315, 316–317
  express term as to, 313–314
  fitness for purpose, 315–316
  installation drawings as to, 317
  repudiation, 317–319
  tort, 277–278
 delay by, 55, 104–105, 259, 311
 delay in nomination of, 312
 design, 315, 316–317, 348
 direct payments to, 309
 extra work, payment for, 310

Index

Sub-Contractor—*cont.*
  employer and, 308–311
  employer's order to, 310
  failure to nominate, 167
  guarantee by, 317
  liability in damages of, 323–324
  lien of, 308, 419
  negligence of, 79, 309
  nominated, 311–320. *See also*
    Nominated Sub-Contractor
  nomination of, 311
  protection of employer, 319–320
  repudiation by, 317–319
  separate contract with employer, 309, 310–311
  set-off by, 322–323
  site, access to, by, 322
  specialist, 193, 347–348
  torts of, 277–278
Substantial Completion, 78–79, 83
  damages where, 220
  measurement and value contract, where, 83
Substituted Contract, 307
Suitability for Purpose, 7–9, 56–60, 315–316
Summary Judgment, 502–504, 512–513
  certificate on, 502
  evidence required, 503
  interest on, 508
Superintendence,
  architect's duties as to, 331, 349–351
  effect on surety, 272
Supplier,
  defective materials, 61
  nominated, 311–320
  specialist, 347–348
  warranty by,
    standard form, 955–961
Surety, 3, 269–273. *See also* **Guarantee**
  bonds, 273–279
  contract of, 29–30
    writing required, 29–30
  co-surety, release of, 272
  discharge of, 270
    completion, 270
    failure to insure, 272
    failure to superintend, 272
    fraud, 270
    invalid payment, 271
    laches, 271–273
    material alteration in contract, 272–273
    non-disclosure, 271
    release, 270, 272
    repudiation, 270
  fraud, 270
  meaning of, 269
  non-disclosure to, 271–272
  obligation of, 6

Surety—*cont.*
  right to indemnity, 269
Survey,
  lien over, 362
  negligent, 356–357
  remuneration for, 360–362
Surveyor, 2, 369–373. *See also* **Quantity Surveyor**
  certifier, as, 2. *See also* **Certifier**

Tender, 14
  acceptance of, 14
  architect's authority as to, 330–331
  costs of, 15
  estimate as, 17
  gratuitous work by contractor, 15
  invitation to, *see* **Invitation to Tender**
  misrepresentation in, 330–331
  mistake in, 289–290
  offer as, 14–15
  periodic work, for, 17–18
  pricing error in, 101
  restrictive tendering agreements, 16
  standing offer, as, 17–18
Theft,
  employer's property, of, 283
Third Party,
  architects liability to, 366
  certificate, effect on, 110
  claim by, 6
  clerk of works' liability to, 353–354
  contractor's liability to, 277–278
  employer's liability to, 278–279
  forfeiture and, 259
  indemnity clause, 66–67, 278
  interference by, 55
  proceedings against, 483, 496
Time for Completion, 236–240
  extension of, 253–255. *See also* **Extension of Time**
  time of the essence, where, 237–240
Time of the Essence, 237–240, 286
Tower Cranes, 282
Trustee in Bankruptcy. *See* **Bankruptcy**
Turnkey, 8
Ultra Vires,
  certificate, 118–121
  contracts by corporations, 32–33
Unfair Contract Terms, 70–73
Unincorporated Associations, 35
Unsound Mind, Persons of, 32
Usage. *See* **Custom**
Usual Conditions of Contract, 24

Valuation,
  arbitration distinguished, 425–426
  extra work of, 107

Index

Valuation—*cont.*
  mistake in, 120
  negligent, 356
Variation of Contract, 288
  alteration of document, by, 42
  architect's authority as to, 87, 331–332
  defence, as, 288
  surety, effect on, 272–273
Variations, 6. *See also* **Extra Work, Omission of Work**
Vesting Clauses, 264–265
Vicarious Performance, 297–298
  acquiescence in, 298
  assignment distinguished, 297–298
  personal element, where, 298
  prohibition of, 298
Visitors to Site, 277, 279, 282

Waiver, 286–287
  agent's breach of duty, of, 337–338
  architect, by, 98, 287, 331–332
  condition precedent, of, 81, 110
  contractor, by, 287
  defects, of, 287
  employer, by, 287
  forfeiture, of, 259
  generally, 286–287
  liquidated damages, where, 249–250
  necessity for certificate, of, 110
  non-completion, of, 81
  repudiation, 161
  requirement of writing, 98–100
Warranty,
  accuracy of contract documents, as to, 89, 130–132, 139–142, 330–331
  architect, by, 338, 340
  authority, of, 331, 333–334

Warranty—*cont.*
  collateral. *See* **Collateral Warranty**
  exclusion of, 58–59
  fitness of materials, as to, 56–58
  fitness of the site, as to, 55
  implied, 52. *See also* **Implied Term**
  sub-contractor, by. *See* **Collateral Warranty**
Weather, 148–149, 231
Whole Work,
  contract for, 74–75
  divisible, 82
  extras, 87–89
Winding-Up. *See* **Bankruptcy**
Words and Phrases,
  ad idem, 288
  "any other cause", 46
  "architect", 2
  contra proferentem, 47–48
  ejusdem generis, 46–48
  "entire work", 75
  "et cetera", 46
  "in due time", 644
  "or other approved", 307–308
  "other causes", 46
  "prime cost", 93
  "provisional sum", 94
  "puff", 127
  restituo in integrum, 128
  "specific work", 74
  "subject to contract", 22
  "whatsoever", 47
  "whole work", 75
Workmanship,
  implied term, 56
  standard of,
    implied term as to, 56
Wrongful Forfeiture, 257, 260